Gesamtverzeichnis des deutschsprachigen Schrifttums (GV) 1700 – 1910

Bearbeitet unter der Leitung von
Hilmar Schmuck und Willi Gorzny
Bibliographische und redaktionelle Beratung:
Hans Popst und Rainer Schöller

13

Beri - Bern

K · G · Saur München · New York · London · Paris 1980

Redaktion:

Monika Eichler, Ursula Geier, Robert Mittelstaedt, Sabine Nebinger,
Hildegard Roßberg, Hermann Schrott, Brigitte Semmler,
Eva von Troschke, Helga Werner, Gabriele Winter

CIP-Kurztitelaufnahme der Deutschen Bibliothek

Gesamtverzeichnis des deutschsprachigen Schrifttums :
(GV). – München, New York, London, Paris : Saur.
Bd. 1 – 6 bearb. unter d. Leitung von Peter Geils
u. Willi Gorzny.
ISBN 3-598-30000-X

1700 – 1910 / bearb. unter d. Leitung von Hilmar
Schmuck u. Willi Gorzny. Bibliograph. u. red.
Beratung: Hans Popst u. Rainer Schöller

NE: Schmuck, Hilmar [Bearb.]

13. Beri – Bern. – 1980.

Techn. Realisierung und Druck: Norbert Gärtner, Mainz-Kastel
Binden: Karl Schaumann, Darmstadt
Printed in the Federal Republic of Germany
ISBN 3-598-30000-X (Gesamtwerk)

Bericht s. a. Berichte

Bericht über den Cäcilienverein Aarau im Musikjahre 1879/80 u. Mitgliederverzeichniss. In-8°, 20 S. Aarau, H. R. Sauerländer. 1880?

Bericht über den Cäcilien-Verein Aarau im Musikjahr 1880/81 und Mitgliederverzeichniss auf October 1881. In-8°, 24 S. Aarau, H. R. Sauerländer. 1881?

— über den Cäcilienverein Aarau im Musikjahre 1881—82. In-8°, 22 S. Aarau, Sauerländer. 1882?

Bericht über den Cäcilienverein Aarau im Musikjahr 1882/83, nebst Mitglieder-Verzeichniss. In-8°, 22 S. Aarau, Sauerländer. 1883?

Bericht über den Cäcilienverein Aarau im Musikjahr 1883/84. In-8°, 28 S. Aarau, Sauerländer.

Bericht über den Cäcilienverein Aarau im Musikjahr 1884/85. In-8°, 30 S. Aarau, H. R. Sauerländer. 1885?

Bericht des Gemeinderathes Aarau an die Einwohnergemeinde betr. den Orgelbau und die Kirchenrestauration. Gr. in-8°. 56 S. Aarau, H. R. Sauerländer. 1891? 1 —

Kantonal-Sektion Aargau vom Roten Kreuz. Bericht über die Jahre 1898 bis 1901. II + 7 S. 8. Aarau, H. R. Sauerländer & Co., 1902.

— Aargauischer, über die Kloster-Aufhebung. Auszug aus der Denkschrift. gr. 8. Zürich u. Frauenfeld 841, Beyel. 1/6 ℔

BERICHT ÜBER DIE WISSENSCHAFTLICHEN ABEND(-)VERSAMMLUNGEN DER OBERLAUSITZISCHEN GESELLSCHAFT DER WISSENSCHAFTEN erstattet von GOTTLOB TRAUGOTT LEBERECHT HIRCHE. Heft 1—3. (Separat-Abdruck aus dem 36. 37. und 39. Bande des Neuen Lausitzischen Magazins.) Görlitz 1859—1861. Druck von H. Jungandreas. 8°.

Bericht, Abgeforderter, an das hochpreisliche Kaiserliche und Reichskammergericht; ... Hildesheim 1796. V: *Runde, Justus Friedrich.*

Bericht, Abgeforderter, an das K. Reichs-Cammer-Gericht von der R. K. Maiestät Räthen ... O. O. 1771. V: *Klotz, Chn Ehrenfr.* (Holz)

Bericht, Abgeforderter, vom Ursprung, Beschaffenheit, Umständen und Verrichtungen der K. R. C. G. Visitationen. Leipz. u. Freyb. 1766. V: *Nettelbla [Nettelbladt], Chn Freih. v.* (Pütter, Litt. d. Teutsch. Staatsr. Gött. 1773—91. III, 433.) (Holz) (Schletter, Handb. d. jurist. Litt. Grimma 1843.)

([St. Gallischer] kant. Gewerbeverband.) Bericht der Abgeordneten zur Besichtigung der Gewerbehalle der Kantonalbank Zürich (betr. Gründung einer st. gallischen kant. Gewerbehalle. 1902 Juni 22). 8 S. 8.

Bericht, Abgesonderter, vom Ursprung, ... derer Kayserlichen Reichskammergerichtlichen Visitationen, ... Leipz. u. Freyb. 1766 ... V: *Nettelbla [Nettelbladt], Christian Freiherr von.*

Bericht, abgesonderter, vom Ursprung, Beschaffenheit, Umständen u. Verrichtungen d. k. Reichskammergerichtl. Visitationen, besonders von Anordnung, Vorschlägen &c. 4. Leipz. u. Frburg 766. Verm. u. verb. (von Chr. v. Nettelbladt). 4. Frburg 767.

Bericht betreffend Abnahme der von ... Siemens und Halske ... für das städtische Elektrizitätswerk gelieferten Einrichtungen. O. O. 1892. V: *Leitgebel, Benno.* (Kat. d. Druckschr. üb. Breslau. Breslau 1903. S. 106.)

Bericht der stadträtlichen Abordnung für Besichtigung der Kehricht-Verbrennungsanlagen in Hamburg und Berlin. Zürich 1896. V: *Fritschi, Benj., Casp. Grob & Hnr. Staub.* (Zuwachsverz. d. Bibliotheken in Zürich 1898 ff.)

Bericht u. Abrechnung des Bundes der technisch-industriellen Beamten. Bericht über den Bundestag der technisch-industr. Beamten, s.: Schriften des Bundes der technisch-industr. Beamten.

— u. **Abrechnung** des deutschnationalen Handlungsgehilfen-Verbandes, s. a.: Schriften des deutschnationalen Handlungsgehilfen-Verbandes.

Deutschnationaler Handlungsgehilfen-Verband. Bericht und Abrechnung f. d. Geschäftsj. 1903/04 ff. Hamburg 1905 ff. 8°.
1903/04. 1905—1907/08, 1909.
(Schriften d. Deutschnat. Handlungsgehilfen-Verbandes. Bd 26. 37. 46.)

— der engeren Vereinigung deutscher Wäschereibesitzer Göttingen f. d. J. 1907—1908. (81 S.) 8. Göttingen 908. (E. Kelterborn.) — 50

Bericht über den ... Deutschen Abstinententag ... 3. Hrsg. von Rich. Bretschneider, Zeichenlehrer, Dresden. Hamburg: Allgem. Deutsch. Zentralverband z. Bekämpfung d. Alkoholismus (1905). 8°
[1 u. 2 sind nicht im Druck erschienen.]

Bericht üb. den IV. deutschen Abstinententag zu Barmen-Elberfeld, 4. bis 8. X. 1906. Hrsg. vom allgemeinen deutschen Zentralverband zur Bekämpfg. des Alkoholismus. E. V. (VIII, 178 S.) Lex. 8. Jena 907. G. Fischer. 2. 40

Bericht aus der inneren Abteilung des St. Katharinen-Hospitals zu Stuttgart. (Fall von tödlicher Alkoholvergiftung mit Sektionsbericht.) Med. Korr.-Bl. d. württemb. ärztl. Ver. XLI. Nr. 29. 4°. Stuttgart. 1872.

Bericht d. vereinigten Ackerbau- u. höheren Bürgerschule zu Cloppenburg f. 1909/10. Cloppenb. 1910.

— vom Adel in Deutschland. 4. Frankf. 8 K

Bericht über die Administration des allgemeinen Krankenhauses zu Hamburg im Jahr ... 1-4. (Hamburg) 1825 - 28: Nestler. 4°
(Fortges. u. d. T.:) Bericht über die Verwaltung des allgemeinen Krankenhauses zu Hamburg. 4. 1828.
1 = 1824: 1825.
2 = 1825: 1826.
3 = 1826: 1827.
4 = 1827: 1828.

Bericht des katholischen Administrationsrates über Errichtung einer Kantonsschule. St. Gallen 1856.

Bericht, Administrativer, über die Betheiligung Oesterreichs an der Weltausstellung in Paris im Jahre 1878. Herausgegeben von der k. k. Central-Commission für die Weltausstellung 1878 in Paris und verfasst von Dr. Paul Beck, Secretär des Executivcomités etc. (Mit 4 Tabellen.) 8. Wien 1879.

—— administrativer und technischer, über die zweite allgem. schweizer. Industrie- und Gewerbeausstellung in Bern, abgehalten daselbst in den Monaten Juli, August und September 1848. gr. 8. (LXVIII und 117 S.) Bern 849. Zürich, Schultheß. *

Bericht der Deutschen Afrika-Bank Aktiengesellschaft für die am 23. Mai 1907 ff. stattfindende ordentliche Generalversammlung d. Aktionäre. Geschäftsj. 1 ff. (Hamburg 1907) ff 4°

Comité, internationales, in Genf. zur Unterstutzung verwundeter Krieger. Bericht der Agentur in Basel. Nr. 1–13. (S 1–180.) Basel. Druck v. G. A. Bonfantini. 1871?

Bericht über die allgemeine Agricultur- und Industrie-Ausstellung zu Paris im Jahre 1855. Nach den Arbeiten u. Materialien der österreichischen Berichterstatter u. Jury-Mitglieder im Auftrage des k. k. Ministeriums für Handel, Gewerbe u. öffentliche Bauten herausg. unter der Red. v. Carl Noback u. Eberh. A. Jonák. 1—6. Heft. Wien 856, 57. (Leipzig, Brockhaus.) Lex.-8. n. 1 ℛ 20 ngℓ

1. Heft. I. Classe: Rohproducte des Mineralreiches. Bergbau. Hüttenwesen. (IV, 179 S. mit Holzschn. im Text.) n. 15 ngℓ
2. „ XXII. Classe: Flachs- u. Hanf-Industrie. (63 S.) n. 7 ngℓ
3. „ XX. Classe: Schafwoll-Industrie. (148 S.) n. 10 ngℓ
4. „ IV. Classe: Mechanische Motoren u. Hebezeuge. (VI, 96 S. mit Holzschn. im Text.) n. 8 ngℓ
5. „ XVII. Classe: Gold-, Silber-, Juwelier- und Kunstbronze-Arbeiten. (1 Bl., 77 S.) n. 8 ngℓ
6. „ XXIV. Classe: Industriezweige zur Möblirung u. Decoration. (1 Bl., 74 S.) n. 8 ngℓ

Bericht über die allg. Agrikultur- und Industrie-Ausstellung zu Paris im Jahre 1855. Nach den Arbeiten und Materialien der österreichischen Berichterstatter und Jury-Mitglieder im Auftrage des k. k. Minist. für Handel etc. herausgegeb. v. Dr. *B. A. Jonák*. 7.—13. Heft. *Wien* 1857. *Staatsdruckerei*. (S. 142, 104, 52, 110, 51, 110 und 115 in 8°. und 4 Taf. Fol.)

Bericht von dem ewigen Juden Ahasverus aus Jerusalem, welcher vorgibt, er sei bei der Kreuzigung Christi gewesen, und ist derselbe bis auf den heutigen Tag am Leben erhalten worden.
Reutlingen. Druck und Verlag von R. Bardtenschlager. o.J, 31 S., 178x101.

Bericht (1884/85 Jahresbericht) üb. die königl. bayerische Akademie f. Landwirtschaft u. Brauerei in Weihenstephan. 1884/85, 1909/10. Freising 1885, 1910. 4°.

Bericht an die französ. Academie zu Paris: Ueber d. Vortheile, Nachtheile u. Gefahren, bei d. Anwendung v. Dampfmaschienen v. einfachem, mittlerem u. hohem Drucke, u. Vorsichtsmaaßregeln, welche die franz. Regierung f. d. Gebr. d. Dampfmaschinen v. höherem Drucke vorgeschrieben hat; zusammengetr. u. übers. v. M. F. G. gr. 8. (4 B. incl. 1 Tab.) Freyberg 827, Engelhardt.

Bericht der kaiserl. Akademie d. Wissenschaften zu St. Petersburg üb. d. vierte Zuerkennung der, von d. Kammerherrn Paul v. Demidow gestift. Preise f. d. J. 1834. Zusammengest. u. vorgetr. v. d. beständ. Secretär d. Akad. in d. öffentl. Sitzung v. 17. April 1835. Hiebei, als Anh., e. Auszug a. d. 1. Bde. v. Prof. Paucker's Metrologie Rußlands u. seiner deutschen Provinzen. gr. 8. (3¾ B. u. 1 Kpfrt.) St. Petersburg 835. (Leipzig, Voß.) *

Bericht der Königlichen Akademie für Kunst und Kunstgewerbe in Breslau [1] Ü berd J 1910/11 (Breslau Akad 1911) 8° A 14.5324 B

Bericht über die königl. Academie der bildenden Künste zu Leipzig Ostern 1871 bis Ostern 1874. Leipzig 1874. V: *Nieper, Ludw.* (Kat. d. stat. Bureaus. Dresden 1890.)

Bericht der K Akademie für graphische Künste und Buchgewerbe zu Leipzig. 1908 10. Leipzig 1910

Bericht, Actenmässiger, in Sachen Baden-Durlach . . . die Herrschaft Lahr betreffend. O. O. 1724. V: *Stadelmann, v.* (Holz)

—actenmäß., als Beitr. z. Gesch. d. Juden rc. (v. G. F. D. Göß). 8. Franken. (Nürnb.) 804. Bauer u. Raspe. 4 𝒦

Bericht, Actenmässiger, daß die Oldenburgische Regierungs-Canzley und derselben untergebenes Landgericht zu Ovelgünne . . . ihre heilige Würde entehrt. Wien 1772. V: *Beckher, Gerh. v.* (Holz)

Acten-mässiger Bericht von einer zu Kiel im Umbschlag 1725 ertappten Diebes-Rotte, u. was es mit derselben für einen Ausgang gewonnen. Absonderlich wie Chrph. Werner am 3. May 1726 hingerichtet worden. Nebst e Vorr – Hamburg 1727

— actenmäßiger, über Oken's Dienstentlassung. No. I. 8. Leipzig, Brockhaus. 819.

Bericht. Aktenmässiger B' über die Ermordung des Herrn Rathsherrn Joseph Leu von Ebersol. (Luzern) s (S[chleuniger, Johann Nepomuk]).

—actenmäßiger, über die am 3. Sept. 1816 zu Rom erfolgte wunderbare Heilung d. Maria Catalani. 8. Prag 817. G. Haase S. 2 𝒦 Dass. 8. Grätz 817. Ferstl. 1 𝒦

— actenmäß. histor., über die Auseinandersetzung der Huth- u. Weide-Reviere rc. 8. Braunschw. u. Petersb. Pluchart.

— actenmäß., Mecklenb. Ritterschaft, von dem, was seit 1703. mit des Herz. Carl Leopolds Regierung rc. bis 1709. ergangen. Fol. 720.

—actenmäßiger, über d. in d. Herzogth. Holstein u. Schleswig vorhandenen Stipendien f. Studirende. gr. 8. Schlesw. 823. Taubstummen-Inst. 3 𝒦

Bericht, Actenmässiger, von der jetztmahligen schweren Verfolgung derer Evangelischen in dem Ertzbissthum Salzburg. Frankf. u. Leipz. 1732. V: *Moser, Johann Jacob.* »Tübingen 1732«

Aktenmäßiger Bericht über die erste Versammlung deutscher Schriftstellerinnen, gehalten zu Weimar am 5., 6. u. 7 Oktober 1846, herausgegeben von den Sekretairinnen. Eine Weihnachtsgabe für Freunde und Freundinnen der schönen Literatur Leipzig, Gerhard 1846. 103 S. 8.

Bericht, actenmäß., üb. die 1. Versammlg. deutscher Schriftstellerinnen, gehalten zu Weimar am 5., 6. u. 7. Octbr. 1846. Hrsg. von den Secretairinnen. 8. (103 S.) Leipzig 847, W. Gerhard. ½ ₰

Bericht der Aktiengesellschaft für Erstellung von Arbeiterwohnungen. 1-10, 1862-71, 82, 85. Zürich. 4.

Aktiengesellschaft für Gasbeleuchtung in Glarus. 10. Bericht pr. 1872. 4 Stn. 4. 1873?

Aktien-Gesellschaft für Gasbeleuchtung in Winterthur. Bericht pro 1. Mai 1871 bis 30. April 1872. 11 Stn. 8. Winterthur, Druck von Bleuler-Hausheer & Co. 1872?

Glarner Aktiengesellschaft für Gasbeleuchtung [in Glarus]. 38. Bericht über das Jahr 1900. 4 S. 4. (1901.)

Zürcher Aktiengesellschaft für Gasbeleuchtung. Bericht üb. d. J. 1870. Zürich, Druck v. Orell, Füssli & Co. 8 Stn. 8. 1871?

Zürcher Actien-Gesellschaft für Gasbeleuchtung. Bericht f. 1871. 8 Stn. 8. Zürich, Druck von Orell, Füssli & Co. 1872?

Bericht von der d 29 Oct bey Calsch vorgefallenen blutigen Action 4 1706

Bericht an die Aktionäre der Südostbahn über den dermaligen Stand des Unternehmens. Chur 1856.

— üb. den I. österreich. Alkoholgegnertag, abgeh. in Wien, 12.—14. X. 1908 unter dem Ehrenpräsidium Sr. Exz. des Herrn Dr. Richard Frhrn. v. Bienerth, k. k. Minister des Innern. Hrsg. vom Organisationskomitee, zusammengestellt v. A. Daum u. F. Eicher. (XII, 239 S.) Lex. 8. Wien 909. F. Deuticke. 5. —

Bericht, Allerunterthänigster, an Sr. Kgl. Hoh. den Prinzen Friedrich wegen die Kgl. dänische Insuln, die Nicobaren, mit Anzeige der Nutzbarkeit und Nothwendigkeit da Besitzung handzuhaben. Kopenh. [1785]. V: *Eschels Kroon, Adolph.* (Bruun, Bibl. Danica. II, 557 f.)

Allerunterthänigster Bericht an Kais. Maj. von der Fränk. Kreisversammlung Nürnberg d. d. 1. Febr. 1794, die aktenmäßigen Vorgänge in der Kreisarmatursache enthaltend. (Nürnberg 1794.) 4°

Allerunterthänigster Bericht über die öffentlichen Veranstaltungen, welche zum Besten der durch die Sturmfluth vom 3. und 4. Februar 1825 beschädigten Bewohner der Westküsten Jütlands und der Herzogthümer Schleswig und Holstein getroffen worden sind, so wie über die Verwendung des Betrags der zur Unterstützung derselben angeordneten Kirchencollecte und Haussammlung Erstattet von der in dieser Beziehung allerhöchst angeordneten Committée Copenhagen. 1827 Fol

Bericht, Allgemeiner, und Bericht über den I. Aufsichtsbezirk (Amtssitz: Wien) aus dem Berichte der k. k. Gewerbe-Inspectoren über ihre Amtsthätigkeit im Jahre 1895. Lex.-8. (54 S.) Wien 1896 (?) Staatsdruckerei —.20

— — II. Aufsichtsbezirk (Amtssitz: Wiener-Neustadt). Lex.-8. (53 S.) —.20

— — III. Aufsichtsbezirk (Amtssitz: Linz). Lex.-8. (43 S.) —.20

— — IV. Aufsichtsbezirk (Amtssitz: Graz). Lex.-8. (50 S.) —.20

— — V. Aufsichtsbezirk (Amtssitz: Klagenfurt). Lex.-8. (44 S) —.20

— — VI. Aufsichtsbezirk (Amtssitz: Triest). Lex.-8. (35 S.) —.20

— — VII. Aufsichtsbezirk (Amtssitz: Innsbruck). Lex.-8. (34 S.) —.20

— — VIII. Aufsichtsbezirk (Amtssitz: Prag). Lex.-8. (42 S.) —.20

— — IX. Aufsichtsbezirk (Amtssitz: Reichenberg). Lex.-8. (49 S.) —.20

— — X. Aufsichtsbezirk (Amtssitz: Pilsen). Lex.-8. (48 S.) —.20

— — XI. Aufsichtsbezirk (Amtssitz: Budweis). Lex.-8. (46 S.) —.20

— — XII. Aufsichtsbezirk (Amtssitz: Königgrätz). Lex.-8. (49 S.) —.20

— — XIII. Aufsichtsbezirk (Amtssitz: Brünn). Lex.-8. (59 S.) —.20

Bericht, Allgemeiner, über die, in Bezug auf Verfassungsbesserung und Gesetzgebung eingekommenen Bittschriften, Anträge und Wünsche; ... [Aarau 1831.] V: *Zschokke, Johann Heinrich.*

— allgem., v. Büchern u. Kunstsachen. 1r — 16r Jahrg. 1808 — 22. gr. 8. Heidelberg, Mohr. à 16 gr.

— allgem., v. neuen Büchern u. Kunst-Sachen. 4 Jahrg. 8. Heidelb. Mohr u. Zimmer. 807—10. (à 1 Thlr.)

Allgemeiner Bericht und Chronik der ... im Beobachtungsgebiete eingetretenen Erdbeben. Zsgest. von Dr. Edmund v. Mojsisovics. [1.] 1900. Wien: C. Gerold's Sohn in Comm. 1901. 8°
= Mittheilungen d. Erdbeben-Commission d. Kais. Akad. d. Wiss. in Wien. N. F No 2.

— allgemeiner, u. Chronik der in den J. 1904—1906 in Österreich beobachteten Erdbeben. Fortsetzung der gleichnamigen Publikation der Erdboden-Kommission der kaiserl. Akademie der Wissenschaften. Nr. I—III. Offizielle Publikation. Hrsg. v. der Direktion der k. k. Zentralanstalt f. Meteorologie u. Geodynamik. (VII, 155; VI, 210 u. VI, 199 S.) gr. 8. Wien 906—08. (W. Braumüller) à nn 5. -
Vergl.: Mojsisovics, Edm. v.

— — dasselbe. Nr. IV. Offizielle Publikation. Hrsg. v. der Direktion der k. k. Zentralanstalt f. Meteorologie u. Geodynamik. (X, 209 S.) gr. 8. Wien 909. (Gerold & Co.) 6. —

— Allgemeiner, u. Chronik d. in d. J. '08 u. '09 in Österr. beobachteten Erdbeben. Fortsetzg d. gleichnam. Publikation d. Erdbeben-Kommission d. kais. Akad. d. Wiss. Nr V u. VI. Offiz. Publikation. Hrsg. v. d. Direktion d. k. k. Zentralanst. f. Meteorol. u. Geodynamik. (6, 281 m. 3 Ktn u. 7, 188) gr8° Wien, Gerold & Co. '10'11. je 6 —

Bericht, Allgemeiner, der Gesellschaft für Erstellung billiger Wohnhäuser in Winterthur, umfassend die 20 Jahre von 1872 bis und mit 1891. Mit 9 Bauplänen, 4 photogr. Ansichten u. 4 Situationsplänen. In-8°. 64 S. Winterthur, Buchdr. Binkert & Müller. 1892? 2 —

Bericht Allgemeiner B' des St Gallischen kantonalen Hülfskomite für Kriegsnoth (St Gallen den 19 Mai 1871) [Mit 3 Tabellen.] 8 St. Gallen 1871

Konsumverein Aadorf Allgemeiner Bericht (u. 1 gedruckte Jahresrechnung) d. Vorstandes d. Genossenschaft
Zürich. Buchdr. d. Schweiz. Grütlivereins 1901
II + 7 S. 1902.

Bericht, allgemeiner der Kantonalschul-Kommission über den Gesetzesentwurf für die Organisation des Schulwesens im Kt Bern Bern 1856.

Bericht. Allgemeiner B' des eidgenössischen Oberbefehlshabers über die Bewaffnung und den Feldzug von 1847 s.a. (Dufour, G[uillaume-]H[enri]).

— allgem., des eidgenössischen Oberbefehlshabers (General G. H. Dufour) über die Bewaffnung und den Feldzug von 1847. gr. 8. (82 S. und 6 lith. Pläne in Imp.-4. und Fol.) Bern. Zürich 848, Schultheß.

Allgemeiner **Bericht** über den Zustand, der, während der Belagerung aus Hamburg Vertriebenen, und über die, zur Milderung ihres Schicksals, angewandten Mittel. 1. Bericht, bis Ende März 1814. Den Wohlthätern dieser Unglücklichen vorgelegt von der Central-Commission. Altona. o. J. 8°.

— der 15. Allianz-Konferenz zur Vertiefung des Glaubenslebens. Vom 27. bis inkl. 31. VIII. 1900 im Allianzhaus, Blankenburg i/Thür. gr. 8. (74 S.) Blankenburg i/Thür. 900. Verlag des ev. Allianzblattes. — 75
Vergl. Allianz-Konferenz.

— der 17. Allianz-Konferenz z. Vertiefung des Glaubenslebens. Vom 25. bis inkl. 29. VIII. 1902 im Allianzhaus, Blankenburg i. Thür. (126 S.) gr. 8. Blankenburg i/Th. (902). Ev. Allianzhaus. n. 1. —
Vergl.: Reden u. Ansprachen.

— üb. die Alp- u. Weide-Inspektion im Kanton Solothurn im Sommer 1905. Im Anschluß an die Lfg. II der schweizer. Alpstatistik: „Die Weidewirtschaft im Kanton Solothurn 1896". Ausgeführt u. publiziert durch den schweizer. alpwirtschaftl. Verein. (130 S.) 8. Solothurn 906. (A. Lüthy.) n.n. 1. 50

Bericht über die Alp- und Weide-Inspektion im Kanton Solothurn. [1.] Im Sommer 1905. Im Anschluß an d. Lfg 2 d. schweiz. Alpstatistik: 'Die Weidewirtschaft im Kanton Solothurn 1896.' Ausgeführt u. publiz. durch d. schweiz. alpwirtsch. Verein. Solothurn 1906: Union. 8° [F.]
(Schweizerische Alpstatistik.)

Bericht über die St. Gallischen Alpinspektionen im Sommer 1905. [Mit 11 Tafeln.] II + 225 S. 8. Solothurn, Zepfel, 1906.
([Berichte über die] periodisch wiederkehrenden Alpinspektionen, angeordnet vom Schweizerischen Alpwirtschaftlichen Verein. [Heft 1.])

— über die Alp- u. Weide-Inspektionen im Kanton Zug im Sommer 1908. Im Anschluß an die Lfg. XI der schweizer. Alpstatistik: Die Alp- u. Weidewirtschaft im Kanton Zug. Ausgeführt u. publiziert durch den schweizer. alpwirtschaftl. Verein. Verf. v. Alois Weiß. (32 S.) gr. 8. Solothurn 909. A. Lüthy. — 80

— üb. d. Alpwanderkurse d. schweiz. alpwirtschaftl. Vereins i. Sommer 1896. Kursgebiete: I. Graubünden: Prättigau-Schanfigg. II. Bern: Frutigen-, Ober- u. Niedersimmenthal. gr. 8. (52 S.) Solothurn 896. (Jent & Co.) n. — 50

— üb. die Alpwanderkurse des schweizerischen alpwirtschaftlichen Vereins im Sommer 1897—1901. gr. 8. Solothurn (A. Lüthy). à n. 1. —
1897. Kursgebiete: I. Freiburg-Bern. II. Prättigau-Calfenserthal. (68 S.) 897. — 1898. Kursgebiete: I. Waadt-Wallis. II. Kanton Schwyz. (69 S.) 898. — 1899. Kursgebiete: I. Glarus-St. Gallen. II. Ober-Wallis. (74 S.) 900. — 1900. Kursgebiete: I. Kanton Graubünden: Avers-Engadin. II. Solothurn-Baselland-Bern: Nordwestlicher Jura. (77 S.) 900. — 1901. Kursgebiete: I. Waadt-Wallis. II. Luzern-Bern. (80 S. m. 1 Taf.) 901.

— über die Alpwanderkurse des schweiz. alpwirtschaftlichen Vereins im Sommer 1902—1905. gr. 8. Ebd. n.n. 3. 80
1902. Kursgebiete: I. Glarus-St. Gallen-Graubünden. II. Luzern-Ob- u. Nidwalden. (74 S. m. Abb. u. 1 Taf.) 902. n.n. 1. —
1903. Kursgebiete: I. Freiburg-Waadt-Bern. II. St. Gallen-Appenzell. (104 S. m. Abbildgn. u. 1 Taf.) 903. n.n. 1. —
1904. Kursgebiete: I. Bündner Oberland-Misox. II. Napf-Schangnau-Oberemmental. (81 S. m. Abbildgn. u. 1 Taf.) 905. n.n. — 80
1905. Kursgebiete: I. Uri-Wallis. II. Oestlicher Berner-Jura. (78 S. m. Abbildgn. u. 1 Taf.) 906. n.n. 1. —

Bericht über die Alpwanderkurse des schweiz. alpwirtschaftlichen Vereins. [1.] Im Sommer 1905. Solothurn 1906: Zepfel. 8° [F.]
(Schweizerische Alpstatistik.)

— über die Alpwanderkurse des schweizer. alpwirtschaftl. Vereins im Sommer 1906, 1908 u. 1909. gr. 8. Ebd. à nn 1. —
1906. Kursgebiete: I. Albula-Engadin-Puschlav. II. Reichenbach-Frutigen-Lötschenpaß, Turtmann-Einfisch- u. Eringertal. (71 S. m. Abb. u. 1 Taf.) 906.
1908. I. Amden-Toggenburg-Glarus-Muotatal. — II. Gstaad-Gsteig-Ormont-Morgins-St. Gingolf. — III. Wengen-Grindelwald. (91 S. m. Abb. u. 1 Taf.) 908.
1909. 1. Klosters-Davos. 2. Simmental-Rawyl-Sitten. 3. Nordwestl. Jura. (89 S. m. Titelbild.) 909.
1907 nicht im Handel.

— üb. d. Alpwanderkurse d. schweiz. alpwirtschaftl. Vereins im Sommer '09 u. '10. gr8° Soloth., (A Lüthy). je 1 —
'09. Kursgebiete: 1. Klosters-Davos. 2. Simmental-Rawyl-Sitten. 3. Nordwestl. Jura. (89 m. Titelbild.) '09. || '10. Kursgebiete: 1. Gotthardgebiet. 2. Maloja-Bergell. 3. Berner Oberland. 4. Einsiedeln-Zug. (84 m. Abb. u. Titelbild.) '11.

—— 34., zur Alterthumskunde Schleswig-Holsteins. A. u. d. T.: Vorgeschichtliche Steindenkmäler in Schleswig-Holstein. Von Heinr. Handelmann. 3. Heft. 4. (8 S. mit 2 Taf. und 6 Holzschn.) Kiel 874, (v. Maack.) *

— 35., zur Alterthumskunde Schleswig-Holsteins. Von Heinr. Handelmann. Mit 15 (eingedr.) Holzschn. 4. (18 S.) Kiel 878. (v. Maack.) n. 1. 20

—— 36., zur Alterthumskunde Schleswig-Holsteins. Von Heinr. Handelmann. gr. 4. (15 S. mit eingedr. Holzschn.) (Ebendas.) 879. *

. . . . Bericht zur Alterthumskunde Schleswig-Holsteins. Von Heinrich Handelmann. 4°.
35.—38. ebd. 1878—85.

Bericht des Herforder Altertums-Vereins. 1. Herford 1905: (Heidemann). 8°

Bericht des Alterthumsvereins in Lüneburg. 2-3. (Ohne bes. Titelblatt. Lüneburg 1852 - 1855.) 4°

BERICHT DES KÖNIGLICH SÄCHSISCHEN ALTERTHUMS-VEREINS über die Arbeiten, Bestrebungen, Resultate und Vorgänge in den Geschäftsjahren 1842 bis 1844. Dresden s. a. Gedruckt bei Ernst Blochmann & Sohn. 8°

Bericht des Alterthums-Vereines zu Wien. Band I. Abtheilung II. Wien, 1855. Gedruckt bei A. Pichler's Witwe und Sohn. In Commission bei Prandel und Meyer. (S. 93—158. 4.) (Vgl. 4145, 1855.)
Inhalt: Bildnisse Oesterreichischer Herzoge des 14. Jahrhunderts und ihrer Gemahlinen zum ersten Mal herausgegeben von Ernst Birk. — Ueber einige alt-italienische Gemälde in der k. k. Akademie der bildenden Künste in Wien. Von Rud. Eitelberger von Edelberg. — Archäologische Beschreibung einiger Ritterburgen und Schloßruinen im Kreise Unter dem Wienerwalde von weiland Friedrich Otto Edlen von Leber.

BERICHT ÜBER DEN ALTERTHUMS-VEREIN IM ZABERGAU. Von KARL KLUNZINGER. Auf Kosten des Vereins.
1. 1841—45. Stuttgart. Gedruckt in der Guttenberg'schen Buchdruckerei. 8°.
Dasselbe. 2. unveränderte Auflage. ib. 1854. Druck von Carl Hauber.
2. 1846. ib. 1847. Gedruckt in der Königlichen Hofbuchdruckerei Zu Guttenberg.
3. 1848. ib. 1848. Gedruckt in der J. G. Munder'schen Buchdruckerei.
4—7. 1849—1860. ib. 1850—1860. Druck von Carl Hauber.

Bericht Der Aeltesten der Kaufmannschaft von Berlin, betr. die legislative Aenderung der gesetzlichen Vorschriften über die Aktien-Gesellschaften. Rescript (des Ministers für Handel usw.) vom 28. Mai 1873. Als Ms. gedr. (Berlin 1873.)

Bericht über den 6. internationalen Altkatholiken-Kongress in Olten vom 1. bis 4. September 1904. Zusammengestellt von den Sekretären des Organisations-Komitees und des Kongresses. Hrg. vom Org'-Komitee. II + 149 S. 8. Aarau, Emil Wirz, 1905. [fr. 2. —]

Bericht über die Provinzialausstellung Altona vom 24.—29. M. 1905, bearb. v. Koch und Schiller. Kiel. 1906. 4°. = Arbeit der Landwirtschaftskammer etc. H. 12.

Bericht e. Engl. Amerikaners v. Philadelphia an seine Freunde in England. 8. Frankf. u. Leipz. 777. Perrenon. 3 gr.

Amtlicher *Bericht* üb. Fellenbergs landwirthschaftliche Anstalten zu Hofwyl, v. Heer (etc.). Übers. u. m. einigen Anmerk. begl. v. G. H. Heinse. Basel 1809. 106 S. Flick 1809. 106 S.

Bericht, amtlicher, über die allgemeine Ausstellung deutscher Industrie- u. Gewerbs-Erzeugnisse zu München im J. 1854, von der zur Einleitung und Durchführung bestellten Commission veröffentlicht. Mit 16 lith. Taf. (in qu. Fol.) München 855. Franz. Lex.-8. (1 Bl., 324 S.) n. 4 Thlr 16 Ngr

— amtlicher, über die allgemeine pariser Ausstellung von Erzeugnissen der Landwirthschaft, des Gewerbfleißes und der schönen Kunst im J. 1855. Erstattet unter Mitwirkung der Hrn. Preisrichter und Berichterstatter der deutschen Staatsregierungen durch G. v. Viebahn und Schubarth. Lex.-8. (XVI und 832 S. mit 2 lithogr. Grundrissen des Ausstellungs-Palastes und 1 Situationsplane in qu. Imp.-Fol.) Berlin 856, Deckersche geheime Ober-Hofbuchdr. *

Bericht, amtlicher, über die im Herbste 1870 in Graz abgehaltene Ausstellung von Erzeugnissen der Land- und Forstwirthschaft, des Bergbaues und Hüttenwesens, der Industrie und Kunst. 1. Lfg. A. u. d. T.: die Produkte des Bergbaues und Hüttenwesens auf der Grazer Ausstellung. Besprochen von F. Seeland und A. Brunner. gr. 8. (128 S. mit 2 lithogr. Taf. und 10 in den Text gedr. Holzschn.) Wien 872, (Faesy und Frick.) *

Amtlicher Bericht über die Ausstellung zu London im Jahre 1862. Berlin, 1863.

— amtlicher, üb. die vierte allgem. Bauernversammlung in Mecklenburg, gehalt. zu Güstrow am 28., 29. u. 30. Oct. 1846, z. Förderung der Gewerbthätigkeit u. d. Wohlstandes der Bauern u. kleineren Landwirthe überhaupt. gr. 8. (164 S.) Schwerin 847. (Hildebrand.) n. 1/2 Thlr

— amtlicher, über die 5. allgem. Bauernversammlung in Mecklenburg, gehalt. zu Schwerin am 14., 15. u. 16. Oct. 1847, zur Förderg. der Gewerbthätigkeit u. des Wohlstandes der Bauern u. kleineren Landwirthe überhaupt. gr. 8. (VIII u. 119 S. m. 1 lith. Taf. in gr. 4.) Rostock 848, Stiller. n. 1/2 Thlr

Exposition universelle de 1855, Amtlicher Bericht über die —. Erstattet von Dr. G. von Viebahn und Dr. Schubarth. Berlin 1856.

— amtlicher, üb. d. akadem. Feier a. Anlass d. feierl. Schlusssteinlegg. u. Eröffng. d. neuen Hauptgebäudes d. k. k. Carl-Franzens-Universität in Graz a. 4. Juni 1895. gr. 8. (36 S.) Graz 895. (Leuschner & Lubensky.) n. 1. —

Bericht, amtlicher, üb. d. Fischereiausstellung zu Berlin 1880. 2 Bde Berlin 1881

— amtlicher, über die erste General-Versammlung d. Landwirthe aus d. preuß. Provinz Sachsen u. den anhaltinischen Landen, welche am 7., 8. u. 9. Novbr. 1843 in Halle stattgefunden hat. gr. 8. (13½ B.) Halle 844. [Knapp.] *

— amtlicher, über die erste General-Versammlung der Landwirthe aus der Preuß. Provinz Sachsen u. den Anhaltinischen Landen, welche am 7., 8. u. 9. Novbr. 1843 in Halle stattgefunden hat. gr. 8. Halle 844, Kümmel's Sort.-Buchh. n. 1 Thlr

— amtlicher, über die allg. deutsche Gewerbe-Ausstellung in Berlin 1844. (Redigirt von v. Viebahn, v. Reden, Brix u. Nottebohm.) 1.—10. Lfg. Lex.-8. Berlin 845, 46, Reimarus. à n. 1/3 Thlr

— amtlicher, über die allgem. deutsche Gewerbe-Ausstellung in Berlin 1844. 11—13. Lfg. Lex. 8. (2. Thl. 1. Abth. S. 465—563, 2 Abth. 232 S., Nachträge rc. 79 S.) Berlin 847, Reimarus (jetzt Ernst & Korn). à n. 1/3 Thlr (cplt. n. 4 1/2 Thlr)

Amtlicher Bericht über die Gewerbe-Ausstellung zu München im Jahre 1854. Mit Atlas. Mannheim. 1855.

Amtlicher Bericht über die Gründung des Centralvereins zur Beförderung der Landwirthschaft im Königreich Sachsen, sowie über die von demselben im Mai 1839 zu Altenzella veranstaltete Thierschau und landwirthschaftliche Productenausstellung nebst Protocollauszug im Betreff der Generalversammlung zu Zella am 2. October, herausgegeben von dem Vorstand des Vereins, Dresden 1839 (Arnold).

(Amtlicher) Bericht über die . . . Hauptversammlung (Generalversammlung) des Evangelischen Vereins der Gustav-Adolph-Stiftung . . . 8°
1843 v. Propst Nielsen. Schleswig. 1843.
(3, 1844.) v. Friedrich Lübker. ebd. 1845.
6, 1847 v. Propst Nielsen. ebd. 1847.
12, 1854. Darmstadt. 1854.
15, 1857 v. [Gustav Adolf] Fricke. Itzehoe. 1857.
24, 1869. Leipzig. 1869.
25, 1871. ebd. 1871.

— amtlicher, über die am 9. u. 10. Sept. 1844 in Göttingen abgehaltene 3. Hauptversammlung des Evangel. Vereins der Gustav-Adolf-Stiftung, erstattet von der ernannten Commission des Centralvorstandes. Aus dem Boten des Evangel. Vereins der Gustav-Adolf-Stiftung abgedruckt. gr. 8. Darmstadt 845, Leske. 1/6 Thlr

— amtlicher, über die am 28. und 29. Aug. 1849 in Breslau abgehalt. 7. Hauptversammlung des evangel. Vereins der Gustav-Adolph-Stiftung, erstattet von der hierzu ernannten Commission. gr. 8. (62 S.) Darmstadt 849, Leske. *

— amtlicher, üb. die am 25. u. 26. Septbr. 1850 zu Eisenach abgehalt. 8. Hauptversammlung des evangel. Vereins der Gustav-Adolf-Stiftung erstattet v. der hierzu ernannten Commission. gr. 8. (68 S.) Darmstadt 850, Leske. n. 3 Ngr

— dass. — Ueber die am 23. und 24. Septbr. 1851 zu Hamburg abgehalt. 9. Hauptversammlung des evangel. Vereins der Gustav-Adolph-Stiftung, erstattet von der hierzu ernannten Commission. gr. 8. (90 S.) Darmstadt 851, Leske. *

Bericht, amtlicher, über die am 7., 8. und 9. Septbr. 1852 zu Wiesbaden abgehaltene 10. Hauptversammlung des evangel. Vereins der Gustav-Adolf-Stiftung, erstattet von der hierzu ernannten Commission. gr. 8. (108 S.) Darmstadt 852, Leske. Thlr. *

— amtlicher, über die am 6., 7. und 8. Septbr. 1853 in Coburg abgehaltene 11. Hauptversammlung des evangel. Vereins der Gustav-Adolf-Stiftung, erstattet von der hierzu ernannten Commission. gr. 8. (70 S.) Darmstadt 853, Leske. *

— amtlicher, über die am 5., 6. und 7. Septbr. 1854 zu Braunschweig abgehaltene 12. Hauptversammlung des evangel. Vereins der Gustav-Adolf-Stiftung, erstattet von der hierzu ernannten Commission. gr. 8. (70 S.) Darmstadt 854, Leske. *

— amtlicher, über die am 11., 12. und 13. Septbr. 1855 zu Heidelberg abgehaltene 13. Hauptversammlung des evangel. Vereins der Gustav-Adolf-Stiftung, erstattet von der hierzu ernannten Commission. gr. 8. (72 S.) Darmstadt 855, Leske. *

— amtlicher, über die 14. Hauptversammlung des evangel. Vereins der Gustav-Adolf-Stiftung in Bremen am 2., 3. und 4. Septbr. 1856 erstattet von der hierzu ernannten Commission. gr. 8. (52 S.) Darmstadt 856, Leske. *

— amtlicher, über die 15. Hauptversammlung des evangelischen Vereins der Gustav-Adolf-Stiftung in Cassel am 31. Aug., 1. und 2. Sept. 1857 erstattet von der hierzu ernannten Commission. gr. 8. (52 S.) Darmstadt 857, Leske. *
16. Hauptvers. (112) Lpzg. 58, Breitkopf u. H. n. – 10
17. Hauptvers. (119) Ulm 60, (Nübling.) – 15
18. Hauptvers. (99) Hann. 61, Hahn. n.–10
19. Hauptver. (203) Nürnb. 62, Sebald. – 10 1/2
20. Hauptvers. (190) Lüb. 63, v. Rohden. n. –15
21. Hauptvers. (180) Dresd. 65, Meinhold u. S.

— amtlicher, über die Industrie- und Kunst-Ausstellung zu London im J. 1862, erstattet nach Beschluß der Kommissarien der deutschen Zollvereins-Regierungen. 18 Hefte. gr. 8. Berlin, v. Decker'sche geheime Ober-Hofbuchdruckerei.
Subscr.-Pr. * 9 Thlr. 2½ Ngr.; Ladenpr. * 11

Inhalt:

Heft 1. (1. Klasse.) Bergbau, Steinbrucharbeiten, Metallurgie und Mineralien. (S. 1—52.) 863. Subscr.-Pr. * 7 Ngr.; Ladenpr. * 8¾ Ngr.
„ 2. (16. Klasse.) Musikalische Instrumente. (S. 53—132.) 863. Subscr.-Pr. * 10½ Ngr.; Ladenpr. * 13 Ngr.
„ 3. (10. Klasse.) Zivilbau- und Bau-Vorrichtungen. (S. 133—228.) 863. Subscr.-Pr. * 12½ Ngr.; Ladenpr. * 15½ Ngr.
„ 4. (11. Klasse.) Militär-Geniewesen, Ausrüstungsgegenstände, Geschütze und Fahrzeuge, kleine Waffen rc. (12. Klasse.) Schiffbaukunst und Schiffsgeräthschaften. (S. 229—344.) 863. Subscr.-Pr. * 15 Ngr.; Ladenpr. * 18¾ Ngr.
„ 5. (29. Klasse.) Unterrichts- und Erziehungsgegenstände. (S. 345—420.) 863. Subscr.-Pr. * 10 Ngr.; Ladenpr. * 12½ Ngr.
„ 6. (13. Klasse.) Physikalische und mathematische Instrumente. (14. Klasse.) Photographische Apparate und Photographien. (15. Klasse.) Zeitmeßinstrumente; Uhren. (S. 421—551.) 863. Subscr.-Pr. * 17 Ngr.; Ladenpr. * 21¼ Ngr.
„ 7. (2. Klasse.) Chemische Produkte; pharmazeutische Stoffe und Präparate.) (4. Klasse.) Animalische und vegetabilische Substanzen zur Verarbeitung in den Gewerben. (S. 552—751.) 863. Subscr.-Pr. * 25 Ngr.; Ladenpr. * 1 Thlr. 2 Ngr.
„ 8. (30. Klasse.) Hausgeräth und Tapezierer-Arbeiten einschließlich Papier-Tapeten und Papiermaché. (34. Klasse.) Glaswaaren. (35. Klasse.) Töpferwaaren. (S. 1—220.) 864. Subscr.-Pr. * 28 Ngr.; Ladenpr. * 1 Thlr. 5 Ngr.
„ 9. (7. Klasse.) Arbeitsmaschinen und Werkzeuge. (S. 221—359.) 864. Subscr.-Pr. * 18 Ngr.; Ladenpr. * 22½ Ngr.
„ 10. (18. Klasse.) Baumwollenstoffe. (19. Klasse.) Flachs- und Hanfstoffe. (20. Klasse.) Seide und Sammet. (21. Klasse.) Wollene und gemischte Waaren. (S. 360—484.) 864. Subscr.-Pr. * 16 Ngr.; Ladenpr. * 20 Ngr.
„ 11. (28. Klasse.) Papier, Papier- und Papparbeiten, Schreibmaterialien, Buchdruck- und Buchbinderarbeiten. (36. Klasse.) Toilettenkästen, Necessaires, Reisetaschen, Reisekoffer rc. (S. 485—576.) 864. Subscr.-Pr. * 12 Ngr.; Ladenpr. * 15 Ngr.
„ 12. (6. Klasse.) Wagen. (32. Klasse.) Stahl- und Stahlwaaren. (33. Klasse.) Arbeiten in edlen Metallen, Nachahmungen derselben und Juwelierarbeiten. (S. 577—688.) 864. Subscr.-Pr. * 14½ Ngr.; Ladenpr. * 18 Ngr.
„ 13. (22. Klasse.) Teppiche. (23. Klasse.) Gewebte, gesponnene, gefilzte und andere Zeuge als Druck- und Färbeproben. (24. Klasse.) Tapisserie, Spitzen und Stickereien. (25. Klasse.) Häute, Pelze, Federn und Haare. (26. Klasse.) Leder, einschließlich Sattlerwaaren und Pferdegeschirr. (27. Klasse.) Bekleidungsgegenstände. (S. 1—148.) 864. Subscr.-Pr. * 19 Ngr.; Ladenpr. * 23¾ Ngr.
„ 14. (3. Klasse.) Nahrungsmittel, einschließlich Spirituosen und Tabak. (S. 149—252.) 864. Subscr.-Pr. * 13½ Ngr.; Ladenpr. * 17 Ngr.
„ 15. (9. Klasse.) Acker- und Gartenbaumaschinen und Geräthschaften. (S. 253—332.) 864. Subscr.-Pr. * 10½ Ngr.; Ladenpr. * 13½ Ngr.
„ 16. (31. Klasse.) Eisen- und Metallwaaren im Allgemeinen. (17. Klasse.) Chirurgische Instrumente und Vorrichtungen. (S. 333—401.) 865. Subscr.-Pr. * 9½ Ngr.; Ladenpr. * 12 Ngr.
„ 17. (5. Klasse.) Eisenbahn-Geräthschaften mit Einschluß von Lokomotiven und Wagen. (8. Klasse.) Maschinen im Allgemeinen. (S. 405—548.) 865. Subscr.-Pr. * 18½ Ngr.; Ladenpr. * 23 Ngr.
„ 18. (37. Klasse.) Architektur. (38 A. Klasse.) Zeichnungen für Manufakturen. (38. Klasse.) Malerei und Zeichnung. (39. Klasse.) Skulpturen, Stempelschneidekunst. (40. Klasse.) Kupferstiche und Radirungen. Titel, Vorwort, Inhalts-Verzeichniß und alphabet. Register. (XI und S. 549—655.) 865. Subscr.-Pr. * 16 Ngr.; Ladenpr. * 20 Ngr.

— amtlicher, über die Industrie-Ausstellung aller Völker zu London im J. 1851, von der Berichterstattungs-Commission der deutschen Zollvereins-Regierungen. 3 Thle. Lex.-8. Berlin 852—53, Deckersche geheime Ober-Hofbuchdr. [1. (XVI und 943 S.) 2. (VI und 714 S. mit 2 Tab. in qu. Fol.) 3. (VIII und 864 S.) **

Amtlicher Bericht üb. die im Mai 1857 abgehaltene 50jährige Jubelfeier d. k. k. Landwirthschafts-Gesellschaft in Wien, v. A. v. Fuchs. Wien 1858. (119) 556 S. Fig. 6 Tvl. 4°.
(Festen var en Udstilling med Møder etc.).

Amtl. Bericht d. Kommission d. deut. Zollvereins-Regierungen üb. d. Industrie-Ausstellung in London 1851. 3 Bde. Berl. 853. (26. —)

— — in London 1862. 3 Bde. Berlin 865. (26. —)

— — in Paris 1855. Berlin 856. (13. —)

— amtlicher, über den 2. internationalen Congress von Thierärzten zu Wien am 21.—27. Aug. 1865. Auf Grundlage der stenograph. Protocolle zusammengestellt von M. F. Röll und L. Forster. Imp.-4 (V und 180 S.) Wien 865, Braumüller. *
Vgl.: Hering, Ed.

— amtlicher, über den dritten internationalen Congress von Thierärzten zu Zürich am 2.—7. Septbr. 1867. Auf Grundlage der stenograph. Protocolle zusammengestellt von R. Zangger. gr. 4. (VII, 112 S. mit 4 lithogr. Taf. in Farbendr.) Zürich 869, Schabelitz'sche Buchh. *

Amtlicher Bericht des Congresses deutscher Thierärzte zu Frankfurt a.M. am 21./22. Aug. 1872. Auf Grundlage d. stenogr. Protocolle zsgest. von G. Pflug. Augsburg 1873. 127 S.

— amtlicher, über die internationale Mähe-Maschinen-Konkurrenz, welche vom landwirthschaftl. Provinzial-Verein für die Mark Brandenburg und Niederlausitz vom 8. bis 11. Juli 1868 bei Berlin veranstaltet worden ist. Im Auftrage des Haupt-Direktoriums hrsg. von Carl Filly. gr. 8. (IV, 126 S. mit 9 lithogr. Taf. in Fol. und qu. Fol. und 9 in den Text gedr. Holzschn.) Berlin 869, Wiegandt, Hempel und Parey. *

Amtlicher Bericht über das Militär-Quarantänewesen im Kriege 1904/05. Tokio 1907.

Amtlicher Bericht über die Württembergische Obst- und Trauben-Ausstellung von 1857. Erstattet der Königl. Württ. Centralstelle für die Landwirthschaft von der Ausstellungs-Kommission. Stuttgart: Aue in Comm. 1858. 53 S.

[Bericht.] Der Internationale Kongress für Arbeiterschutz in Zürich vom 23. bis 28. Aug. 1897. Amtlicher Bericht des Organisationskomitees. Zürich 1898. 8°.

(Amtlicher) Bericht über die . . . (Plenar-)-Versammlung des Deutschen Veterinärrathes. Erstattet von dessen ständ. Ausschusse. 1. 1874 ff. München (u. a.) 1874 ff.
1. Zu Berlin . . . 1874. München 1874.
2. Zu Berlin . . . 1875. Augsburg 1875.
3. Zu Cassel . . . 1876. Augsburg 1877.
4. Zu Hannover . . . 1878. Augsburg 1879.
5. Zu Leipzig . . . 1885. Karlsruhe 1885.
6. Zu Eisenach . . . 1889. Karlsruhe 1889.
7. Zu Berlin . . . 1893. Berlin 1893.
8. Zu Cassel . . . 1897. Berlin 1897.
10. Zu Breslau . . . 1906. Berlin 1906.
11. Zu Stuttgart . . . 1909. Berlin 1909.

— amtlicher, über die am 2. und 3. Oktbr. 1865 in Breslau abgehaltene schlesische Provinzial-Lehrer-Versammlung. Erstattet von dem Büreau der Versammlung. gr. 8. (16 S.) Breslau 865, (Maruschke und Berendt.) **

Bericht, Amtlicher, über die Allerhöchst anbefohlene Special-Enquête in Wien, bezüglich der einheimischen Webe- und Eisenwaaren-Fabrikation. Enthaltend: A. Die Erhebungen des vorbereitenden Enquête-Comités in Wien. B. Die hierauf gestützten Verhandlungen und Anträge der nied.-österr. Handelskammer. 8. Wien 1859.

Ackerbauministerium (Österreich). Bericht, Amtlicher, über den Stand der Hopfenanlagen. – 1901-1917.

amtlicher, statistischer, über Industrie u. Gewerbe d. Erzherzogthums Oesterreich im J. 1880. Wien 883.

Bericht, amtlicher stenographischer, des preußischen Abgeordnetenhauses über die Debatte am 7. Septbr. 1866 betr. die Vereinigung des Königr. Hannover, des Kurfürstenth. Hessen, des Herzogth. Nassau u. der freien Stadt Frankfurt mit der preußischen Monarchie. Berlin 866. Moeser. gr. 8. (62 S.) 5 ngr

Bericht, amtlicher stenographischer, über die Verhandlungen vor dem Urtheils-Senat des Königl. Kammergerichts für Staats-Verbrechen zu Berlin in der Untersuchungssache wider den Dr. Ladendorf und Genossen wegen Hochverraths, nebst Anklageschrift u. Urtheil. Berlin 854. Hayn. Lex.-8. (364 S.) 1 ℛ︁ 15 ngr

Bericht, amtlicher, über die Thätigkeit des k. k. Ackerbau-Ministeriums in der Zeit vom 1. Jänner 1869 bis 30. Juni 1874. 1. und 2. Thl. Lex.-8. (150; 125 S. mit 2 Tab.) Wien 874, Faesy und Frick. à Thl. * ℳ 3,20. *

Bericht, amtlicher, üb. die Verhandlungen in der allgem. Bauernversammlung gehalten in Schwerin am 29., 30. u. 31. Oct. 1845 z. Förderung d. Industrie u. des Wohlstandes d. kleineren Landwirthe, Bauern rc. in Mecklenburg. Gegründ. v. F. J. C. Pogge, fortges. v. Berckholz sen. gr. 8. (18½ B., m. 3 lith. Abbild.) Leipzig 846. (Klinkhardt.) Thlr. *

— amtlicher, üb. d. Verhandlungen in d. von d. mecklenburgischen patriot. Vereine gestifteten allgem. Versammlung z. Förderung d. Industrie rc. zu Güstrow am 3. Nov. 1842. Von F. J. C. Pogge. 8. (10 5/8 B.) Rostock 843, Oeberg. (Leipzig, Klinkhardt.) *

Bericht, Amtlicher, über die 6. allgemeine Versammlung deutscher Pomologen, Obst- u. Weinzüchter in Braunschweig vom 10. bis 13. Octbr. 1872 verbunden mit einer Obst-, Gemüse- u. Pflanzenausstellung. Von W. Schönermark. Braunschweig 1873. gr. 8.

Bericht amtlicher, über die 7. Versamml. 2c. zu Altenburg im Sept. 1843. Mit 3 lithogr. Taf. Lex.-8. Altenburg 844, Pierer. n. 3 ℛ

— ders. über die 8. Versamml. 2c. v. 30. Sept. bis 7. Okt. 1844 zu München. (Herausgeg. v. Stichauer, Baron v. Closen, Frhrr. v. Welden u. Dr. Kaiser.) Mit 2 lith. Taf. u. 3 Tab. Lex.-8. München 845, Palm. n. 3½ ℛ

— amtlicher, üb. die am 11. Nov. 1846 stattgehabte außerordentl. Versammlung der Mitglieder d. götting. Hauptvereins zum evangel. Verein d. Gustav-Adolph-Stiftung, nebst d. Bericht d. D. Lücke üb. d. berliner Hauptversammlung. gr. 8. (4 B.) Göttingen 846, Vandenhoeck u. Ruprecht.

— amtlicher, über die am 11. Nov. 1846 stattgehabte außerordentl. Versammlung des göttinger Hauptvereins der Gustav-Adolph-Stiftung, nebst dem Bericht des Abt Dr. Lücke über die berliner Hauptversammlung. gr. 8. (VIII und 56 S.) Göttingen 847, Vandenhoeck und Ruprecht.

— amtlicher, über die von dem Haupt-Directorium des landwirthschaftlichen Provinzialvereins für die Mark Brandenburg u. Niederlausitz berufene Versammlung der Delegirten aller zum norddeutschen Bundesgebiete gehör. landwirthschaftl. Central- u. Hauptvereine zu Berlin in den Tagen am 12., 13., 15., 16. Febr. 1870, erstattet durch die Geschäftsführer v. Schlicht u. W. Korn. Berlin 870. Wiegandt & Hempel. gr. 8. (95 S.) n. 1 ℛ

— amtlicher, über die 18. Versammlung der Gesellschaft deutscher Naturforscher u. Aerzte zu Erlangen im September 1840, erstattet von 2c. J. M. Leupoldt u. L. Stromeyer. Mit den Facsimiles der Theilnehmer (auf 15 Bl.) gr. 4. Erlangen 841, (Bläsing.) n. 1⅔ ℛ

— ders. über die 19. Versammlung 2c. zu Braunschweig im Sept. 1841. Erstattet 2c. v. F. K. v. Strombeck u. Dr. Mansfeld. Mit 2 Steintaf. gr. 4. Braunschw. 842, Vieweg u. Sohn. n. 2⅔ ℛ

— amtlicher, über d. 20. Versammlung der Gesellschaft deutscher Naturforscher und Aerzte zu Mainz im Septbr. 1842. Hrsg. v. Gröser u. Bruch. gr. 4. (51½ B. u. 2 Stnt.) Mainz 843, Kupferberg. *

— der 21. Versamml. in Gräz im Septbr. 1843. Hrsg. v. Langer u. Schrötter .... (?)

— ders. über die 22. Versammlung 2c. in Bremen im Sept. 1844. Herausg. von den Geschäftsführern derselben Bürgermeister Smidt u. G. W. Focke, 1. u. 2. Abth. Mit 3 Tafeln Abbild. 4. Bremen 845, (Schünemann.) n. 3 ℛ

Bericht, amtl., üb. d. 29. Vers. d. Ges. deut. Naturforscher u. Aerzte zu Wiesbaden 1852. Hrsg. v. R Fresenius u. Braun. 4. (312) Wiesb. 53, Kreidel. *n.* 2. — || 31. Vers. zu Göttingen 1854. Hrsg. v. Baum u. Listing. (238) Gött. 60, Vandenhoeck u. R. *n.* 1. 20 || 32. Vers. in Wien 1856. Hrsg. v. Hyrtl u. Schrötter. (314 m. 23 K.) Wien 58, Gerold's S. *n.* 5. — || 33. Vers. zu Bonn 1857. Hrsg. v. J Noeggerath u. HF Kilian. (311 m. 2 K.) Bonn 59, (Weber.) *n.* 2. — || 34. Vers. zu Carlsruhe 1858. Hrsg. v. Eisenlohr u. Volz. (316 m. 5 K.) Carlsr. 59, Müller. *n.* 2. — || 35. Vers. in Königsberg 1860. Hrsg. v. Wittich u. Wagner. (315 m. 21 K.) Königsb. 61, (Bon's Bh.) *n.* 5. —

Amtlicher *Bericht* üb. die (1.) internationale thierärztliche Versammlung zu Hamburg 1863. Von E. Hering u. W. Probstmayr. Stuttg. 1864. 58 S. 4°.

— amtlicher, üb. d. Versammlung deutscher Landwirthe zu Dresden im Okt. 1837. Hrsg. v. H. W. Pabst u. A. G. Schweitzer. gr. Lex.-8. (13½ B.) Dresden u. Leipzig 838, Arnoldische Buchh.

Amtlicher **Bericht** über die. . . Versammlung deutscher Landwirthe zu. . . im. . . - 1.-2. Vers. 1837-1838.
Forts. s.: Amtl. Ber. üb.d. Vers. dtsch. Land-u. Forstwirthe.

Amtlicher **Bericht** über die . . . Versammlung deutscher Land- und Forstwirthe zu. . . im. . . - 3.-28. Vers. 1839-1873. - (M.n.ersch.)
Früher s. : Amtl. Ber. üb.d. Vers. dtsch. Landwirthe.

— amtlicher, über die Versammlung deutscher Land- u. Forstwirthe zu Potsdam im September 1839. Herausg. von Dr. Alex. v. Lengerke, Geschäftsführer d. Versammlung. gr. Lex.-8. Berlin 840. Hold. n. 4 ℛ

— amtlicher, über die Versammlung Deutscher Land- und Forstwirthe zu Doberan im September 1841. Herausgeg. von Alex. v. Lengerke. gr. Lex.-8. Güstrow 842, Opitz u. Comp. n. 3⅓ ℛ

— amtlicher, über die 6. Versammlung deutscher Land- u. Forstwirthe zu Stuttgart vom 21. bis 28. Sept. 1842. Lex.-8. Stuttgart 843, Metzler. 3⅚ ℛ

— amtlicher, üb. die 7. Versamml. deutscher Land- u. Forstwirthe zu Altenburg im Septbr. 1843. Lex.-8. (43½ B. u. 3 Stnt.) Altenburg 844, Pierer. *

Bericht, Amtlicher, über die achte Versammlung deutscher Land- und Forstwirthe ... München 1845. H: *Stichauer, Baron von Closen, Freiherr von Welden & Kaiser.*

— amtlicher, über die XI. Versammlung deutscher Land- und Forstwirthe zu Kiel, im September 1847. Redig. von W. Hirschfeld und H. Carstens. Hrsg. von dem Vorstande der Versammlung. Lex.-8. (XXII und 900 S. mit 1 Stahlst.) Altona 848. (Kiel, Schröder und Comp.) *

— amtlicher, üb. die XII. Versammlung deutscher Land- u. Forstwirthe zu Mainz im Octbr. 1849. gr. Lex. 8. (XII u. 276 S.) Mainz 850, Kupferberg. n. 1½ ℛ

— amtlicher, üb. die XIII. Versammlung deutscher Land- u. Forstwirthe zu Magdeburg im Sptbr. 1850. [Vereinsjahr v. Thünen.] Mit 8 Taf. Abbildgn. (in gr. 8. u. gr. 4. wovon 1 radirt u. 7 lith.) Lex. 8. (XVI u. 619 S.) Halle 851. Berlin, Wiegandt & Grieben. baar. n. 5 ℛ

— amtlicher, üb. die XIV. Versammlung deutscher Land- u. Forstwirthe zu Salzburg im Septbr. 1851. gr. 8. (IV u. 575 S.) Salzburg 852, Oberer. n. 3 ℛ 14 ngr

— amtlicher, über die XV. Versammlung deutscher Land- und Forstwirthe zu Hannover im Septbr. 1852. Hrsg. von C. Wolf. gr. Lex.-8. (XI und 444 S.) Hannover 853, Helwingsche Hofbuchh. *

— amtlicher, über die XVI. Versammlung deutscher Land- und Forstwirthe zu Nürnberg im August und September 1853. Herausg. von deren Geschäftsführer C. Fraas. Mit dem (lith.) Bildniß des Direktors M. Schönleutner. München 854. Palm. Lex.-8. (XII, 703 S.) n. 3 ℛ 26 ngr

— amtlicher, über die XVII. Versammlung deutscher Land- und Forstwirthe zu Cleve vom 27. August bis 1. Septbr. 1855. Herausg. von deren 1. Geschäftsführer Hartstein. Bonn 856. Marcus. gr. 8. (XII, 414 S. u. lith. Portr. Fr. Teichmann's.) n. 2 ℛ 10 ngr

— amtlicher, über die XVIII. Versammlung deutscher Land- und Forstwirthe zu Prag im Septbr. 1856. Hrsg. von Frz. Xav. Assenbaum. gr. 4. (XII und 551 S. mit 1 Tab. in qu. gr. Fol. und lithogr. Portr. von Alb. Graf v. Nostiz-Rienek.) Prag 857, (Calve'sche Universitäts-Buchh.) *

— amtlicher, über die XVIII. Versammlung deutscher Land- und Forstwirthe zu Prag im Septbr. 1856. Herausg. von Friedr. Xav. Assenbaum. Prag 857. Tempsky in Comm. gr. 8. (XII, 551 S., lith. Portr. des Grafen Alb. v. Nostitz-Rienek u. 1 Tab. in qu. Fol.) n. 2 ℛ

— amtlicher, über die XIX. Versammlung deutscher Land- und Forstwirthe zu Coburg vom 30. Aug. bis 5. Septbr. 1857. Hrsg. von deren 1. Geschäftsführer C. Deyßing. gr. 8. (VIII und 467 S.) Coburg 858, (Meusel und Sohn.) *

Bericht, amtlicher, über die XX. Versammlung deutscher Land und Forstwirthe zu Braunschweig vom 29. Aug. bis 4. Septbr. 1858. Herausg. von deren 1. Geschäftsführer C. Seitel. Braunschweig 859. (J. H. Meyer.) gr. 8. (VII, 496 S.) n. 2 Thlr.

— amtlicher, über die XXI. Versammlung deutscher Land- und Forstwirthe zu Heidelberg vom 16. bis 22. Septbr. 1860. Hrsg. von deren 1. Geschäftsführer Friedr. Bissing. Lex.-8. (VIII und 460 S.) Heidelberg 861, Emmerling'sche Universitäts-Buchh. *

— - über die XXI. Versammlung deutscher Land und Forstwirthe zu Heidelberg vom 16. bis 22. September 1860. Herausg. von deren 1. Geschäftsführer Frdr. Bissing. Heidelberg 861. (Weiß.) gr. 8. (VIII, 460 S.) n. 2 Thlr.

— — über die XXII. Versammlung deutscher Land und Forstwirthe zu Schwerin in Mecklenburg vom 11. bis 18. September 1861. Herausg. im Vereine mit den Sections Vorständen vom Geschäftsführer O. Zickermann. Schwerin 862. Hildebrand in Comm. gr. 8. (VIII, 439 S.) n. 2 Thlr. 20 ngr.

— — über die XXIII. Versammlung deutscher Land und Forstwirthe zu Würzburg vom 13. bis 19. September 1862. Herausg. vom Geschäftsführer V. Medicus. Würzburg 863. Stuber in Comm. gr. 8. (VIII, 332 S.) n. 1 Thlr. 15 ngr.

— — über die XXIV. Versammlung deutscher Land- und Forstwirthe zu Königsberg vom 23. bis 29. August 1863. Herausg. vom Geschäftsführer O. Hausburg. Königsberg 864. (Berlin, Wiegandt & Hempel.) gr. 8. (XII, 606 S.) n. 4 Thlr.

— amtlicher, über die 25. Versammlung deutscher Land- u. Forstwirthe zu Dresden vom 25. Juni bis 1. Juli 1865. Dresden 866. Schönfeld's Verlag: gr. 8. (VIII, 611 S. u. 1 lith. Taf. in 4.) n. 1 Thlr. 20 ngr.

— amtlicher, über die 27. Versammlung deutscher Land- und Forstwirthe zu Breslau vom 10. bis 15. Mai 1869. Hrsg. von dem Geschäftsführer der Versammlung W. Korn. gr. 8. (XV, 551 S.) Breslau 869, (Korn.) *

— amtlicher, über die Versammlung deutscher Landwirthe zu Karlsruhe im September 1838. Herausg. von der Versammlung zweitem Vorsteher H. W. Pabst u. erstem Geschäftsführer Dr. B. Vogelmann. Mit 1 Tabelle. gr. Lex.-8. Karlsruhe 839. Groos. n. 2 2/3 Thlr.

· amtlicher, üb. die Versammlg. der Land- u. Forstwirthe bei Gelegenheit der fünfzigjähr. Jubelfeier der Steierm. Landwirthschafts-Gesellschaft im Septbr. 1870. gr. 8. (XI, 139 S.) Graz 871. (Leuschner & Lubensky.) n. 2. -

— amtlicher, über die 1. Versammlung thüring. Landwirthe zu Sondershausen im Juli 1842. Herausgeg. von Ad. Magerstedt. gr. 8. Sondershausen 843, (Eupel.) 1/2 Thlr.

— ders. über die 2. Versammlung ꝛc. im Juli 1843. gr. 8. Ebd. 844. 2/3 Thlr.

— amtlicher, über die 1 Versammlung deutscher Meister und Freunde der Erdkunde in Frankfurt a. M. im Heumonat 1865. Hrsg. von dem geschäftsleit. Vorsitzenden derselben. gr. 4. (71 S. mit 1 Steindrucktaf. in gr. Fol.) Frankfurt a. M. 865, Freies deutsches Hochstift. (Leipzig. Brockhaus' Sortiment und Antiquarium.) *

AMTLICHER BERICHT ÜBER DIE VERSAMMLUNG DEUTSCHER NATURFORSCHER UND ÄRZTE.

(7.)*) Versammlung . zu Berlin im September 1828, erstattet von . A. v. HUMBOLDT und H. LICHTENSTEIN. Nebst einer lithographirten Sammlung eigenhändiger Namenszüge der Theilnehmer. Berlin. 1829. Bei T Trautwein. 4°

(8.) Versammlung in Heidelberg im September 1829, erstattet von . F. TIEDEMANN und L. GMELIN. Nebst einer lithographirten Sammlung eigenhändiger Namenszüge der Theilnehmer. Heidelberg. 1829. C. F Winter

(9.) Versammlung . in Hamburg im September 1830 erstattet von J. H. BARTELS und J C. G. FRICKE. Nebst einer lithographirten Sammlung eigenhändiger Namenszüge der Theilnehmer. Hamburg. 1831. Bei Perthes & Besser.

— amtlicher, über d. Versammlung deutscher Naturforscher u. Aerzte zu Berlin im Sept. 1828. Erstattet v. Alex. v. Humboldt u. H. Lichtenstein. Nebst ein. lithogr. Sammlung eigenhändiger Namenszüge der Theilnehmer. gr. 4. (7 3/4 gedruckte u. 5 lithogr. Bogen.) Berlin 829, Trautwein.

— ders. über d. Versamml. etc. in Heidelberg im Sept. 1829. Erstattet v. F. Tiedemann u. L. Gmelin. Nebst ein. lithogr. Samml. eigenhänd. Namenszüge d. Theilnehmer. gr. 4. (10 B. u. 11 lith. Blätter.) Heidelberg, Winter.

Bericht, amtlicher, üb. d. Versammlung deutsch. Naturforscher u. Aerzte in Hamburg im Sept. 1830, erstattet v. J. H. Bartels u. J. C. G. Fricke. Nebst ein. lithogr. Samml. eigenhänd. Namenszüge d. Theilnehmer. gr. 4. (9 1/4 gedr. u. 3 lith. B.) Hamburg 831, Perthes u. Besser. Thlr.

— ders. über d. Versamml. etc. in Wien im Sept. 1832. Von Frh. v. Jacquin u. J. J. Littrow. gr. 4. (17 B. u. 19 lith. Bl. eigenhänd. Unterschriften.) Wien, Beck.

— amtlicher, über die Versammlung deutscher Naturforscher u. Aerzte zu Breslau im September 1833, erstattet von den damal. Geschäftsführern J. Wendt u. A. W. Otto. Nebst einer lithogr. Samml. eigenhänd. Namenszüge der Theilnehmer. gr. 4. Breslau 834. (Schulz u. Comp.) 1 1/3 Thlr.

Bericht, amtlicher, üb. d. Versammlung deutsch. Naturforscher u. Aerzte zu Stuttgart im Sept. 1834, hrsg. v. C. v. Kielmeyer u. G. Jäger. gr. 4. (17 1/4 B. u. 1 Stnt.) Stuttgart 835, Metzler'sche Buchh. * Thlr.
Ein amtlicher Bericht der Versamml. d. Naturforscher etc. zu Bonn im Sept. 1835 (Geschäftsführer Chr. Fr. Harless u. Jac. Nöggerath), scheint nicht besonders gedruckt worden zu sein.

— ders. über d. Versamml. deutsch. Naturforscher etc. zu Jena im Sept. 1836, v. D. G. Kieser u. J. C. Zenker. Mit 5 lith. Taf. u. d. Facsimiles d. Mitglieder d. Versamml. (auf 11 Bl.) gr. 4. (20 B. u. 5 Stnt. [11 Bl.] Facsim.) Weimar 837, Voigt.

— ders. über d. Versamml. deutsch. Naturforscher etc. in Prag im Sept. 1837, v. Grafen Kasp. Sternberg u. J. V. Edl. v. Krombholz. gr. 4. (30 1/2 B. u. 13 Stnt. Facsim.) Prag 838, Haase Söhne.

— über d. Versamml. teutsch. Naturforscher ꝛc. abgehalten in Freiburg im Sept. 1838 unt. d. Geschäftsführ. d. Profess. G. F. Wucherer u. F. S. Leuckart. Verfaßt. v. Leuckart. Lex.-8. (6 1/8 B.) Freiburg 839, Emmerling, Univ.-Buchh. *
Ueber die Versamml. d. Naturforscher etc. zu Pyrmont im Sept. 1839, erschien wahrscheinlich ebenfalls kein apart gedruckter amtlicher Bericht.

— amtl. üb. d. neunzehnte Versammlung deutsch. Naturforscher etc. in Braunschweig im Sept. 1841. Erstattet v. F. K. v. Strombeck u. Mansfeld. M. 2 Stnt. gr. 4. (33 B.) Braunschweig 842, Vieweg u. Sohn. *

— amtlicher, über die 21. Versammlung Deutscher Naturforscher u. Aerzte in Gratz im Septbr. 1843. Herausgeb. von den Geschäftsführern derselben C. Langer u. A. Schrötter. gr. 4. (Mit 3 Kupfr.-, 2 lith. Taf. u. 24 Bl. lithogr. Autograph.) Gratz 844. (Damian & Sorge.) n. 2 Thlr.

— amtlicher, üb. d. 22. Versamml. deutscher Naturforscher u. Aerzte in Bremen im Septbr. 1843. Hrsg. von Smidt u. G. W. Focke. 1. u. 2. Abthl. 4. (51 B. u. 3 Stnt.) Bremen 845. (Schünemann.) *

— amtlicher, üb. d. 23. Versamml. deutscher Naturforscher u. Aerzte in Nürnberg im Septbr. 1845. Hrsg. v. J. S. Dietz u. J. S. Ohm. gr. 4. (35 1/2 B.) Nürnberg 846, Riegel u. Wiessner.

— amtlicher, über die 24. Versammlung deutscher Naturforscher und Aerzte in Kiel im Septbr. 1846. Hrsg. von den Geschäftsführern derselben, G. A. Michaelis und H. F. Scherk. gr. 4. (VI und 292 S. mit 4 Stnt.) Kiel 847, Akademische Buchh. *

— ders. über die 25. Versammlung etc. in Aachen im Septbr. 1847, hrsg. von den Geschäftsführern derselben J. P. J. Monheim u. M. H. Debey. Mit 6 Steindrtaf. (in gr. 4. u. Fol.) gr. 4. (XIV u. 435 S.) Aachen 849. (Mayer, E. ter. Meer.) n. 4 ℛ

— amtlicher, über die 31. Versammlung deutscher Naturforscher und Aerzte zu Göttingen im Septbr. 1854. Erstattet von den Geschäftsführern derselben, Baum und Listing. gr. 4. (XII und 238 S. mit Abbild. in eingedr. Holzschn.) Göttingen 860, (Vandenhoeck und Ruprecht's Verlagsh.) *

Bericht, amtlicher, über die 32. Versammlung deutscher Naturforscher und Aerzte zu Wien im Sept. 1856. Hrsg. von den Geschäftsführern derselben Hyrtl und Schrötter. gr. 4. (VII und 314 S. mit 28 Stnt., wovon 10 chromolithogr. in gr. 4., qu. Fol., qu. gr. Fol. und Imp.-Fol.) Wien 858, (Gerold's Sohn.) Thlr. *

— amtlicher, über die 33. Versammlung deutscher Naturforscher und Aerzte zu Bonn im Septbr. 1857. Hrsg. von den Geschäftsführern derselben J. Noeggerath und H. F. Kilian. gr. 4. (V und 311 S. mit 2 Stnt.) Bonn 859, (Weber.) *

— amtlicher, über die 34. Versammlung deutscher Naturforscher und Aerzte in Carlsruhe im Septbr. 1858. Hrsg. von den Geschäftsführern derselben Eisenlohr und Volz. gr. 4. (IX und 316 S. mit 5 Stnt., wovon 1 in Buntdr., in gr. Fol. und 16 eingedr. Holzschn.) Carlsruhe 859, Müller'sche Hofbuchh. *

— amtlicher, über die 35. Versammlung deutscher Naturforscher und Aerzte in Königsberg in Pr. im Septbr. 1860. Hrsg. von den Geschäftsführern derselben v. Wittich und Wagner. gr. 4. (VII und 315 S. mit eingedr. Holzschn. und 21 Taf., wovon 4 chromolithogr., 16 lithogr. und 1 Kpfrt. in gr. 4. und gr. Fol.) Königsberg 861, (Bon's Buchh.) *
Vgl. 12. Bd. 1. Abthl. S. 88.

— amtlicher, über die 37. Versammlung deutscher Naturforscher und Aerzte in Carlsbad im Septbr. 1862. Hrsg. von den Geschäftsführern derselben J. Loeschner und G. Ritter v. Hochberger. gr. 4. (VIII und 826 S. mit 8 Stnt. in gr. 4. und qu. Fol.) Carlsbad 863.

— amtlicher, über die 38. Versammlung deutscher Naturforscher und Aerzte in Stettin im Septbr. 1863. Hrsg. von den Geschäftsführern derselben C. A. Dohrn und Behm. gr. 4. (192 S. mit 1 Karte in gr. Fol. und 1 Stnt. in gr. 4.) Stettin 864.

— amtlicher, über die 39. Versammlung deutscher Naturforscher und Aerzte in Giessen im Septbr. 1864. Hrsg. von den Geschäftsführern Wernher und Leuckart. gr. 4. (VII und 261 S. mit 6 Stnt. in gr. 4., Fol. und gr. Fol.) Giessen 865, (Ricker.) *

— amtlicher, über die 40. Versammlung deutscher Naturforscher und Aerzte zu Hannover im Septbr. 1865. Hrsg. von den Geschäftsführern C. Krause und K. Karmarsch und den Schriftführern W. Krause und K. Kraut. gr. 4. (III und 348 S. mit 14 Stnt., wovon 1 in Buntdr., in gr. 4. und qu. Fol.) Hannover 866, Hahn'sche Hofbuchh. *

— amtlicher, der 50. Versammlung deutscher Naturforscher u. Aerzte in München vom 17. bis 22. September 1877. Zusammengestellt vom Redactionscomité. gr. 4. (XXXV, 364 S.) München 878. Th. Ackermann in Comm. n. 8. 50

— amtlicher, über die 56. Versammlung deutscher Naturforscher und Aerzte, welche zu Freiburg im Breisgau vom 18. bis 22. Septbr. 1883 tagte. Redig. in Gemeinschaft mit L. Stickelberger, C. Seidel, Fr. Gräff etc. und hrsg. von Ad. Claus. gr. 4. (XI, XXIX, 328 S.) Freiburg i. Br. 884, Wagner'sche Universitätsbuchh. *

— amtlicher, über die am 22., 23. und 24. April 1875 in Berlin stattgefundene zweite Versammlung des deutschen Veterinärrathes. Erstattet von dem ständ. Ausschusse. gr. 8. (III, 115 S.) Augsburg 875, (Lüderitz.) **

— amtlicher, über die am 16. September 1842 in Leipzig gehaltene Versammlung der Vereine zur Unterstützung bedrängter protestantischer Gemeinden. gr. 8. Leipzig 842, (W. Vogel.) 1/4 ℛ

AMTLICHER BERICHT UBER DIE ... VERSAMMLUNG DES DEUTSCHEN VETERINÄRRATHES. Erstattet von dessen ständigem, später: von dem ständigen Ausschusse.
Über die am 13. und 14. April 1874 in Berlin stattgefundene 1. Versammlung ... München 1874. Verlag von J. Gotteswinter & Mössl. 8°.
Über die am 22. 23. und 24. April 1875 in Berlin stattgefundene 2. Versammlung ... Augsburg, 1875. In Comm. von W. Lüderitz.

— amtlicher, über die Verwaltung des Medicinalwesens und über die öffentl. Kranken- und Versorgungsanstalten des Kanton Zürich in den J. 1870—1875. 8. (VIII, 464 S. mit 12 statist. Tab. in 4., gr. und qu. Fol.) Zürich 877, Schmidt. *

— dass. — vom J. 1876. [Mit (4 lithogr.) wissenschaftl. Beilagen (in 4.) und statist. Tab.] 8. (292 S.) Ebendas. 878. *
Nicht weiter erschienen.

Amtlicher Bericht über die Verwaltung der naturhistorischen, archaeologischen und ethnologischen Sammlungen des Westpreussischen Provinzial-Museums für das Jahr —. 1887. 1890—1893 16. 1895—18. 1897. Danzig 1888 ff. 4°.

Bericht, Amtlicher. über die Verwaltung der naturhistorischen. archaeologischen und ethnologischen Sammlungen des Westpreussischen Provinzial-Museums. Bd. XVI (1895); XVII (1896). Danzig 1896 und 1897. Desgl. XX (1899). Danzig 1900. 4.

— amtl., üb. d. Weltausstellung in Chicago 1893, erstattet v. Reichskommissar. 2 Bde. Imp.-4. (X, 232, 75 u. IV, V, 1263 S. m. Abb. u. 2 farb. Plänen.) Berlin 894. (München u. Berlin, M. Schorß.)
Geb. in Leinw. n.n. 30. —

— amtlicher, über die Weltausstellung in St. Louis 1904. Erstattet vom Reichskommissar. 2 Tle. in 1 Bde. (VIII, 171 u. IV, 577 S. m. 48 Taf. u. 1 farb. Plan.) 4. Berlin 906. C. Heymann. n. 12. —

Amtlicher Bericht über die Weltausstellung in Saint Louis 1904. Erstattet v. Reichskommissar (Theodor Lewald). (2 T. in 1 Bde.) Berlin 1906: Reichsdr. (171, 577 S.) 4°(2°) [F.]

Bericht, amtlicher, üb. die Wiener Weltausstellung im J. 1873. Erstattet v. der Centralcommission d. deutschen Reiches f. die Wiener Weltausstellung. 1—20. Hft. gr. 8. Braunschweig 874. 75. Vieweg & Sohn. n. 67. 60

1. I. Gruppe: Bergbau u. Hüttenwesen, v. Serlo u. C. Stölzel. (104 S.) n. 2. —
2. Die bildenden Künste der Gegenwart v. Ant. Springer. (46 S.) n. 3. —
3. IV. Gruppe: Nahrungs- u. Genussmittel als Erzeugnisse der Industrie. Von Carl Eug. Thiel. (S. 153—348.) n. 3. 60
4. VI. Gruppe. Leder- u. Kautschuk-Industrie v. Carl Frz. Deninger. (51 S.) n. 1. —
5. V. Gruppe. Textil- u. Bekleidungs-Industrie. Von Max Weigert. (S. 401—618.) n. 4. —
6. XII. Gruppe: Graphische Künste. Von Carl B. Lorck. (1. Bd. S. 619—753.) n. 2. 80
7. XI. Gruppe. Papier-Industrie. Von Rud. Weber. (1. Bd. XI u. S. 754—808.) n. 1.
8. XIII. Gruppe: Maschinenwesen u. Transportmittel. Von Herrmann, Hartig, T. Rittershaus, A. Wöhler (290 S.) n. 5. 60
9. XIII. Gruppe. Bau- u. Civil-Ingenieurwesen. Von Schwedler, H. Sternberg, Giersberg, Housselle (S. 291—398.) n. 2.
10. XIII. Gruppe. Industrie der Stein-, Thon-, Glaswaaren Von v. Cohausen u. G. v. Poschinger. (S. 401—485.) n. 1. 60
11. XIV. Gruppe. Wissenschaftliche Instrumente. Von Ph. v. Jolly, Listing, Frick u. Gurlt. (S. 489—561.) n. 1. 50
12. XV. Gruppe: Musikalische Instrumente. Von Oscar Paul. (S. 562—670.) n. 2. 20
13. II. Gruppe: Forstwirthschaft v. Judeich. (S. 673—749.) n. 1. 40. — Landwirthschaft. (S. 750—912.) n. 3.

14. XVI. Gruppe: Heerwesen v. Regely. (3. Bd. S. 1—220.) n. 4. 20
15. VII. Gruppe: Metall-Industrie v. G. Seelhorst. (3. Bd. S. 221—368.) n. 2. 80
16. III. Gruppe: Chemische Industrie, Im Verein m. Freunden u. Fachgenossen v. A. W. Hofmann. Mit e. Rückblick auf die Entwickelg. der chem. Industrie während der letzten Jahrzehends. 1. Abth. Metalloide. (348 S.) n. 6. 60
17. Einleitung: Deutschland auf der Wiener Weltausstellung 1873. (89 S.) n. 1. 80
18. VIII. Gruppe. Holz-Industrie. Von Justus Brinckmann. (3. Bd. S. 369—600.) n. 4. 40
19. X. Gruppe: Kurzwaaren. Von Carl Senfft. (3. Bd. 2. Abth. S. 601—686.) n. 1. 80
20. III. Gruppe: Chemische Industrie. Im Verein m. Freunden u. Fachgenossen v. A. W. Hofmann. Mit e. Rückblick auf die Entwickelg. der chem. Industrie während d. letzten Jahrzehends. 2. Abth. Metalloide. (3. Bd. S. 349—1044.) n. 13. 20

Bericht, amtl., über die Wiener Weltausstellung im Jahre 1873. Erstattet von der Centralcommission des Deutschen Reiches für die Wiener Weltausstellung. 21. Hft. gr. 8. Braunschweig 877. Vieweg & Sohn. n. 10. 20; (1—21.: n. 77. 80)
III. Gruppe. Chemische Industrie. Von A. W. Hofmann. Mit einem Rückblick auf die Entwickelung der chemischen Industrie während des letzten Jahrzehnts. 3. Abth. Organische Verbindungen. (3. Bd. 1. Abth. 1. Hälfte XIII S. u. 2. Hälfte 526 S.)

— amtlicher, der allerhöchst angeordneten K. Bayer. Central-Industrie-Ausstellungs-Commission über die 1840 aus den 8 Kreisen des Königr. Bayern in Nürnberg stattgehabte Industrie-Ausstellung. gr. 8. Nürnberg 842, (Campe.) 2/3 rf

Amtlicher Bericht der Königl. Bayer. Central-Industrie-Ausstellungs-Kommission über die im Jahre 1840 aus den 8 Kreisen des Königreichs Bayern in Nürnberg stattgehabte Industrie-Ausstellung. Nürnberg 1843. 8.

Bericht über die Amtseinführung des Rektor Karl G. A. Barlen. 4 (S. 10—19 der Schuln.). **Progr.** Prg. *Trarbach* 1889 (433).

Genossengemeinde der Stadt St. Gallen. Bericht und Amtsrechnungen des Verwaltungsrates. Vom 1. Juli 1900 bis 30. Juni 1901. (Mit einem Anhang....) 60 + *Anhang* 35 S. 4. St. Gallen, Zollikofer, 1901.

Anhang u. d. T.: Berichte über die Stadtbibliothek und die Sammlungen im Städtischen Museum. Beilage zum Bericht des Verwaltungsrates der Genossengemeinde der Stadt St. Gallen vom 1. Juli 1900 bis 30. Juni 1901. St. Gallen, Zollikofer, 1901.

Genossengemeinde der Stadt St. Gallen. Bericht und Amtsrechnungen des Verwaltungsrates. Vom 1. Juli 1901 bis 30. Juni 1902. ([Mit] Anhang.) 62 + *Anhang* II + 43 S. 4. St. Gallen, Honegger, 1902.

Anhang u. d. T.: Berichte über die Stadtbibliothek, das Stadtarchiv und die Sammlungen im Städtischen Museum 1901/1902. Beilage zum Bericht des Verwaltungsrates der Genossengemeinde der Stadt St. Gallen vom 1. Juli 1901 bis 30. Juni 1902. [Mit 2 Abbildungen.] II + 43 S. St. Gallen, Zollikofer, 1902.

Bericht über die Amtstätigkeit der k. ungarischen Gewerbeinspektoren 1902.

Evang. Kirchenkommission des Kantons Glarus. Bericht über die Amtstätigkeit Oktober 1899 bis September 1902. II + 19 S. 8. Glarus, D. Hefti, 1902.

— der internationalen Analysen-Kommission an den VI. internationalen Kongress f. angewandte Chemie in Rom 1906. (In deutscher, französ. u. engl. Sprache) Von G. Lunge. (VI, 421 S. m. Fig.) gr. 8. Zürich 906. Zürcher & Furrer. n. 10. —

Bericht üb. die Anbauversuche d. deutschen Kartoffel-Kultur-Station im Jahre 1900. Erstattet v. C. v. Eckenbrecner. Berl. 1901. 4°. (Zeitschrift f. Spiritusindustrie. Ergänzungsheft).

Anderweitiger **Bericht** des Ausschusses für die New-Yorker Grosslogen-Angelegenheit an die Grosse Landes-Loge von Sachsen. [Dat.:] Dresden, den 22. Februar 1851. [Unterz.:] v. Reinhardt, v. Stieglitz, Schwarze. 3 S. 4°. [Kopftit.]

BERICHT ÜBER DIE ANGELEGENHEITEN UND DIE VERWALTUNG DES NATURWISSENSCHAFTLICHEN VEREINS IM FÜRSTENTHUM LIPPE. 1872. Anlage: „Ueber das Sachsenlager am Tönsberge.“ Vorgetragen in der Versammlung des N. V. am 4. Febr. d. J. von ... WEERTH ... (Mit Tafeln.) Detmold. 1873. Hofbuchdruckerei. 8°.

Bericht, Zweiter, über Anlage einer Eisenbahn von Winkeln nach Herisau. [St. Gallen 1872.] V: *Dardier, R.*

Bericht über Anlage von Pferdebahnen in den Strassen der Stadt Köln. [Köln 1877.] V: *Hegener, A.*

Bericht über die Anlage und Rentabilität der projektirten Drahtseilbahn Thunersee-St. Beatenberg [Bern 1887.] V: *Frutiger, Joh.* & *Frdr. Hofer.* (Zuwachsverz. d. Bibl. in Zürich 1898 ff., 7.)

Bericht und Anrede an den Gr. Rath der Stadt und Republik Bern bei Eröffnung der periodischen Wintersitzung den 6. Christm. 1830. Bern [1830]. V: *Fischer.*

Bericht und Anrede an den Grossen Rath der Stadt und Republik Bern... den 6. Christmonat 1830. Bern s. [Fischer, Emanuel Friedrich von]

Bericht (Jahresbericht) des (Industrie- u) Gewerbevereins Ansbach für 1868-79.

Anstalt zur Ausbildung von Krankenpflegerinnen im Schwesternhaus vom rothen Kreuz in Fluntern-Zürich. 19. Bericht 1900. II + 16 S. 8. Zürich, E. Cotti's Ww., 1901.

Anstalt zur Ausbildung von Krankenpflegerinnen im Schwesternhaus vom rothen Kreuz in Fluntern-Zürich. 20. *u.* 21. Bericht. 1901 *u.* 1902. II + 17 *u.* II + 19 S. 8. Zürich, E. Cotti's Wwe., 1902 *u.* Juchli & Beck, 1903.

— über die industrielle Anstalt für katholische Mädchen in Richtersweil, umfassend den Zeitraum vom 1. März bis 31. Dezember 1881. In-8°, 10 S. Zürich, Druck von J. Herzog. 1882

— 4. u. 5. d. Anstalt f. schwachsinnige Kinder a. Schloß Biberstein b. Aarau (gegr. 1889), erstattet v. d. Direktion. gr. 8. Aarau. (H. R. Sauerländer & Co.) à n.n. — 50
4. 1894 u. 1895 (33 S.) 896.
5. V. 1. Jan. 1896 b. Frühjahr 1897. (28 S.) 897.

— 6., der Anstalt f. schwachsinnige Kinder auf Schloß Biberstein bei Aarau (gegründet 1889), umfassend die Zeit vom 1. VII. 1897 bis 30. VI. 1899, erstattet v. der Direktion. gr. 8. (64 S. m. 1 Abbildg. u. 1 Bildnis.) Aarau (H. Sauerländer & Co.). n. — 80

— dasselbe. 7. Bericht, umfassend die Zeit vom 1. VII. 1899 bis 30. VI. 1901, erstattet v. der Direktion. Mit folg. Beilage: Anstalten f. schwachsinn. Kinder der Schweiz. gr. 8. (25 S. m. 1 Abbildg.) Ebd. 901. n.n. — 50

— 8., der Anstalt f. schwachsinnige Kinder auf Schloß Biberstein bei Aarau (gegründet 1889), umfassend die Zeit vom 1. V. 1901—31. VII. 1903, erstattet v. der Direktion. (21 S.) gr. 8. Aarau 903. (H. R. Sauerländer & Co.) n.n. — 50

— dasselbe. 9., umfassend den Zeitraum vom 31. VII. 1903 bis 31. VII. 1905. (25 S.) gr. 8. Ebd. 905. n.n — 50

— 10., der Anstalt f. schwachsinnige Kinder auf Schloß Biberstein bei Aarau (gegründet 1889), umfassend den Zeitraum vom 1. VIII. 1905 bis 31. VII. 1907, erstattet v. der Direktion. (24 S. m. 1 Taf.) gr. 8. Aarau 907. (H. R. Sauerländer & Co.) nn — 50

— 11., d. Anstalt f. schwachsinnige Kinder auf Schloss Biberstein b. Aarau (gegründet 1889), umfass. d. Zeitraum v. 1.8.'07—31.12.'09. (20 m. 1 Taf.) gr8° Aar., (HR Sauerländer & Co.) '10. — 80 d

Anstalt für schwachsinnige Kinder in Kriegstetten ⟨Solothurn⟩. 4. Bericht. Umfassend die Jahre 1900 und 1901. [Mit illustriertem Umschlag.] 56 S. 8. Solothurn, Zepfel, 1902.

. Anstalt für schwachsinnige Kinder in Mauren. 5. Bericht pro 1900 bis 1902. Zu Handen der Thurgauischen Gemeinnützigen Gesellschaft. [Mit 1 Tafel.] 16 S. 8. Frauenfeld, Huber & Co., 1903.

Bericht der physicalischen Anstalt im Jahr 1883. [Basel 1884.] V: *Hagenbach-Bischoff, Eduard.* (Erman & Horn, Bibl. d. dtsch. Universitäten. 2. Leipz. u. Berl. 1904.)

Bericht der schweiz. Anstalt für Epileptische in Zürich. 1—7. 1886—92.

Schweizerische Anstalt für Epileptische in Zürich. 15. Bericht 1900. Erstattet von... Direktor F[riedrich] Kölle und Dr. med. A[lfred] Ulrich. [Mit 1 Ansichts-Tafel.] IV + 71 S. 8. Zürich, Art. Institut Orell Füssli, 1901.

Schweizerische Anstalt für Epileptische in Zürich. 16. Bericht 1901. Erstattet von ... Direktor F[riedrich] Kölle und Dr. med. A(lfred) Ulrich. (Mit 1 Plan im Texte und 2 Ansichts-Tafeln.] IV + 87 S. 8. Zürich, Art. Institut Orell Füssli, 1902.

Schweizerische Anstalt für Epileptische in Zürich. 17. Bericht 1902. Erstattet von ... Direktor F[riedrich] Kölle und Dr. med. A(lfred) Ulrich. [Mit 2 Ansichts-Tafeln.] IV + 74 S. 8. Zürich, Art. Institut Orell Füssli, 1903.

Bericht über die Anstalten des Vereins Kinderhort zu Königsberg i. P. [1.] Ihr Entstehen u. ihre Entwickelung bis April 1901. *Königsberg in Pr. 1901: R. Leupold.* 8° [F.]

— über die landwirthschaftlichen Anstalten Fellenbergs z. Hofwyl zc. gr. 8. Zürich, Orell, Füßli u. C. 808.

Bericht über den Anteil der Landsmannschaft Pomeriana am Kriege gegen Frankreich 1870/71. O. O. [1897]. V. *Modler.* (Erman & Horn, Bibliogr. d. dtsch. Universitäten. 2. Leipz. u. Berl. 1904.)

— antiquarischer, 24 Numm. gr. 4. Berlin 833. Finke. Pränum.-Pr. 1 ₰

Bericht über den Antrag einer Aenderung der Taxen für das Weissenbühlquartier. [Bern 1895.] V. *Berghoff, W.*

Bericht und Antrag des Reg.-Rates Bern betreff. das Trace Bern-Biel. Bern 1861.

Bericht und Antrag des Schweizerischen Bundesrathes an die Bundesversammlung in Sachen der freiburgischen Kontributionen. (Bern, den 7. März 1850.) [SA.] 8. [Bern 1850.]

Bericht und Antrag des (schweiz[erischen]) Bundesrathes an die h. Bundesversammlung, betreffend Anwendung des Bundesgesezes über den Eintritt in verbotene fremde Kriegsdienste, gegenüber den aus päpstlichen Diensten zurükgekehrten Söldnern. ⟨Vom 28. November 1870.⟩ [SA.] 8. [Bern 1870.]

Bericht und Antrag des eidg. Depart. d. Innern betreff. die Lebensversicherung der eidg. Beamten und Angestellten. 11. Dez. 1865.

Schweiz. Nordostbahn-Gesellschaft. Bericht u. Antrag der Direction an die am 28. Sept. stattfindende ausserordentl. Generalversammlung der Actionäre. 26 Stn. 4. Zürich, Druck v. Zürcher & Furrer.
1872

Bericht und Antrag d. Direction d. Schweiz. Nordostbahngesellschaft an die Generalversammlung betr. die in Sachen d. Liquidation d. Nationalbahn bisher eingenommene und weiter einzunehmende Stellung. In-8°, 37 S. Zürich, Orell Füssli & Co. 1879

Einwohner-Gemeinde der Stadt Solothurn. Bericht und Antrag des Einwohner-Gemeinderates an die Versammlung ... vom 10. März 1903 betreffend Ankauf des Gaswerkes. (1903 Februar 20.) 46 S. 8.

— u. eventueller Antrag der zu Erörterung der Dotationsangelegenheit niedergesetzten Commission an den Gr. Rath der Republik Bern. 8. Bern 841, Fischer. 1/4 ₰

Bericht und Antrag der Standeskommission Glarus betreff. Vollziehungsmassregeln zum Fabrikpolizeigesetz. Ca. 1865. 4.

Bericht über den Antrag des Gross-Orients des Schottischen, alten und angenommenen (33°) Ritus und Souveränen Sanktuariums des Ordens der alten Freimaurer vom Memphis und Misraim-Ritus in Berlin auf Anerkennung. 8 S. 8°. [Kopftit.]

Bericht und Antrag der Kollegiumskommission an den h. Regierungsrath d. Kts. Uri (betr. Errichtung eines Kollegiums [in Altdorf]. Mitte Februar 1901). II + 31 S. 8. Altdorf, Gisler & Cie., 1901.

Bericht und Antrag der landrätlichen Kommission betr. die Konkurse von Handelsgesellschaften. Glarus 1862. 4.

Bericht und Antrag der vom Grosslogentage am 25./26. Mai 1890 niedergesetzten Commission betreffend die Schaffung eines allgemeinen deutschen Maurertages. [Hamburg 1890: Altschwager.] 8 S. 2° [Kopftit.]

Bericht und Antrag des Reg.-Rates Luzern betreff. Staatsbeteiligung beim Unternehmen der schweiz. Ostwestbahn. 1858.

Hypothekar- und Ersparnisskasse in Winterthur. Bericht und Antrag der Rechnungsrevisoren betr. die Geschäftsführung i. J. 1872. 8 Stn. 4.
1873

Bericht und Antrag des Regierungsrates über das Projekt der Wasserversorgung der Reyatgemeinden und der Gemeinden Barzheim und Buchberg, zu Handen des h. Grossen Rates des Kantons Schaffhausen. ⟨Vorlage des Reg' vom 8. August 1906.⟩ ([Mit den zugehörigen Aktenstücken seit dem] 15. Januar 1906.) 8. Schaffhausen, H. Meier & Cie., 1906.

Ausg. A: ([Anhang:] Kostenverteiler ....) 56 S.
Ausg. B: ([Anhang:] Grossratsbeschluss betreffend Bewilligung eines ausserordentlichen Staatsbeitrages an ... [diese Wasserv']. Vom 9. November 1906.) 52 S.

Bericht und Antrag des Regierungsrates an den hohen Grossen Rat betreffend die Versicherung d. Beamten, Angestellten u. Bediensteten d. Staates sowie der Arbeiter beim Hochbau, Strassenbau und der Feuerwehren, gegen Unfall auf Rechnung des Staates. (1901 Febr. 13.) [Mit 1 Tabelle.] 9 S. 8. [Schaffhausen, H. Meier & Cie.]

Schweiz. Nordostbahn-Gesellschaft. Bericht und Antrag der Revisionskommission an die Generalversammlung vom 29. Juni 1901 ([über die] Rechnungen und Geschäftsberichte pro 1900). [4 S.] 4.

Bericht und Antrag der Spezial-Kommission an die Eisenbahn-Kommission Riesbach. 7 Stn. 8. 1872?

Bericht und Antrag des Engeren Stadtrathes an die Einwohner-Gemeinde Luzern betr. die Wasserversorgung der Stadt Luzern. Nebst Organisationsentwurf. 13 Stn. 4. Luzern, Druck v. Meyer. 1873?

Einwohner-Gemeinde Luzern. Bericht und Antrag des Stadtrates von Luzern über die Verwaltungsrechnungen für das Jahr 1900. II + 57 S. 4. Luzern, J. L. Bucher & Sohn, (1901).

Einwohner-Gemeinde Luzern. Bericht und Antrag des Stadtrates von Luzern über die Verwaltungs-Rechnungen für das Jahr 1901. Vom 12. Juni 1902. II + 57 S. 4.

Einwohnergemeinde Luzern. Bericht und Antrag des Stadtrates von Luzern betreffend die Voranschläge für das Jahr 1901 und den Bezug einer Gemeindesteuer.... (1901 Januar 7.) 51 S. 4.

Einwohnergemeinde Luzern. Bericht und Antrag des Stadtrates über die Verwaltungs-Rechnungen für das Jahr 1902. Vom 1. Mai 1903. II + 56 S. 4.

Einwohnergemeinde Luzern. Bericht und Antrag des Stadtrates betreffend die Voranschläge für das Jahr 1902 und den Bezug einer Gemeindesteuer.... (1902 Januar 28.) 56 S. 4.

Einwohnergemeinde Luzern. Bericht und Antrag des Stadtrates betreffend die Voranschläge für das Jahr 1903 und den Bezug einer Gemeindesteuer.... (1903 Januar 27.) 59 S. 4.

Bericht und Antrag der Standeskommission über die Errichtung einer Kantonalbank. Glarus 1865. 4.

Bericht und Antrag der Subkommission für Taubstummenpastoration an den bernischen Ausschuss für kirchliche Liebesthätigkeit über die stattgefundene Inspektion der erwachsenen Taubstummen des Kantons Bern und deren Resultate. 31 S. 8. Bern, Stämpfli & Cie., 1901.

Evang. Kirchenrat des Kantons Thurgau. (Bericht und Antrag) an die Evangelische Synode (*betr.* Beitrag an den Altersfond der thurgauischen evangelischen Geistlichen aus den Zinsüberschüssen des Stipendienfonds für Theologiestudierende. 1902 März 21). 15 S. 8.

Bericht und Antrag über die Vereinigung (Fusion) sämtlicher Pfälzischen Eisenbahn-Gesellschaften. 4° Ludwigshafen 1869

Bericht und Antrag des Verwaltungs-Ausschusses über den Rechnungs-Abschluß des Stadtgemeinde-Fondes, sowie der übrigen städtischen u. unter städtischer Verwaltung stehenden Fonde für das Rechnungsjahr 1907. Klgft., Leon, (1908). Quart. 42 S.

(Stadt Zürich,) Rechnungsprüfungskommission. Bericht und Antrag (** 1902:* Anträge) betreffend den Voranschlag.... 8.
... des Gemeindegutes für 1901. (1901 Februar 6.) 12 S.
... für 1902. (1902 Februar 4.) 15 S.

Kaufmännische Gesellschaft. Bericht und Antrag des erweiterten Vorstandes der Kaufmännischen Gesellschaft Zürich an die Generalversammlung derselben betr. die Erwerbung eines Platzes zum Bau einer Börse. 12 S. 8. Zürich, Druck von Orell Füssli & Cie. 1876?

Bericht u. Antrag des Stadtrates Zürich betr. Ankauf d. Lettengutes in Wipkingen. 1871.

Bericht und Antrag des Stadtrates Zürich betreff. die Wasserversorgung. 4. Juli 1868.

Bericht und Anträge derjenigen Abteilung der Münzkommission des Nationalrats, welche das System des auf die kölnische Mark basierten Schweizerfrankens empfiehlt. 1850.

Bericht und Anträge derjenigen Abteilung des Nationalrates, welche den Bau und Betrieb von Eisenbahnen den Kantonen bezw. der Privatthätigkeit überlassen will. 1. Mai 1852.

Bern-Schwarzenburg-Bahn. Bericht und Anträge der Direktion der Bauten und Eisenbahnen an den Regierungsrat zu Handen des Grossen Rates (von Bern) betreffend Statutengenehmigung, Aktienbeteiligung und Genehmigung des Finanzausweises. (März 1902.) 7 S. 4.

Sensethalbahn (Flamatt-Laupen-Gümmenen). Bericht und Anträge der Direktion der Bauten und Eisenbahnen an den Regierungsrat zu Handen des Grossen Rates (des Kantons Bern) betreffend Genehmigung der Statuten und des allgemeinen Bauprojektes, Aktienbeteiligung und Genehmigung des Finanzausweises. (Juni 1902.) 7 S. 4.

Evangelische Kirchgemeinde Frauenfeld. Die erweiterte Kirchenvorsteherschaft an die stimmberechtigten Einwohner. (Bericht und Anträge.) 8.

(Central-Polizeibureau.) ([Bericht und] Anträge [erstattet vom]) Eidg. Justiz- und Polizei-Departement an den Schweizerischen Bundesrat ([betr.] Einrichtung eines Central-Polizeibureaus. 1901 März 20.) 24 S. 8. (Bern, Neukomm & Zimmermann.)

Bericht und Anträge des Comite der Quellwasserversorgung der Stadt Bern. 1864.

—— und Anträge des von der Commission für die Donauregulirung bei Wien ernannten Comité's. Vorgetragen in der Plenarversammlung am 27. Juli 1868 und von derselben einstimmig angenommen. hoch 4. (215 S. mit 2 lithogr. Karten, wovon 1 in Buntdr.) Wien 868, k. k. Hof- und Staatsdruckerei. *

Bericht und Anträge des von der Commission für die Donauregulirung bei Wien ernannten Comité's. Vorgetragen in der Plenarversammlung am 27. Juli 1868 u. von derselben einstimmig angenommen. Wien 870. k. k. Hof- u. Staatsdruckerei. 4. (215 S. u. 2 lith. Karten.) n. 1 ℳ

Bericht und Anträge der zur Prüfung des Berieselungsprojektes niedergesetzten Kommission. Zürich 1878.

Bericht und Anträge der zur Prüfung des bundesrätlichen Gesetzesentwurfs über die Mass- und Gewichtsordnung vom Nationalrate niedergesetzten Kommission. 1851. 4.

Bericht und Anträge der in der Schatzgelderangelegenheit niedergesetzten Kommission an den Gr. Rat des Kts. Bern. Bern 1853.

Bericht und Anträge der Mehrheit der vom Grossen Rathe am 8. Oktober 1851 in der Schatzgelderangelegenheit niedergesetzten Kommission (* *Umschlag:* Schatzgelder-Kommission) an den Grossen Rath des Kantons Bern. [Mit 2 Tabellen.] 8. Bern 1853.

Bern. Bericht und Anträge der Mehrheit, sowie solche der Minderheit d. Schatzgelder-Kommission a. d. Gr. R. (Unters. üb. d. Stand u. d. Schicksal d. Staatsschatzes v. 1798.) 1853.

Bericht und Anträge der Minderheit der vom Grossen Rathe am 8. Oktober 1851 in der Schatzgelderangelegenheit niedergesetzten Kommission (* *Umschlag:* Schatzgelder-Kommission) an den Grossen Rath des Kantons Bern. 8. Bern 1853.

—— und Anträge an den kleinen Rath des Kantons St. Gallen von Seite der von demselben zur Begutachtung der eidgenöss. Münzfrage niedergesetzten Kommission. (Im Novbr. 1840.) 8. (18 S.) St. Gallen 840, Huber und Comp. *

Bericht und Anträge des Kleinen Rates des Kts. St. Gallen über die aufrührerischen Bewegungen in Bütschwil, Schmerikon, Gommiswald u. Mels 21.—23. Okt. 1847. 4.

Bericht und Anträge des Kleinen Rathes des Kantons St. Gallen an den Grossen Rath desselben über die aufrührerischen Bewegungen in den Gemeinden Bütschwil, Schmerikon, Gommiswald und Mels am 21., 22. und 23. Oktober 1847 und über die in Folge derselben geführten Kriminalprozeduren. (St. Gallen, im Mai 1848.) 4. *o. O.*

Bericht und Anträge der Specialcommission zur Prüfung d. Berieselungsangelegenheit. Zürich, 17. Juli 1879. In-8⁰, 21 S. Zürich. 1879

[C]Kanton Zürich. Bericht und Anträge der Staatsrechnungsprüfungskommission ... über den Voranschlag für das Jahr 1901. (1900 Dezember 27.) 14 S. 8.

Kanton Bern. Bericht und Anträge der Staatswirtschaftskommission zum Bericht über die Staatsverwaltung für das Jahr 1900 ⟨November 1901⟩ u. 1901 ⟨Juli 1902⟩. 6 u. 8 S. 4.

([Kanton] Bern.) Bericht und Anträge der Staatswirtschaftskommission zum Bericht über die Staatsverwaltung, die Staatsrechnung und die Nachkreditbegehren pro 1902. ⟨Juli 1903.⟩ 8 S. 4.

BERICHT über die Antworten auf die an die gewerblichen Kreise gerichteten Fragebogen betreffend gewerblich-technische Reichsbehörde. (o. O. o. Dr., ohne bes. Titelbl.) 4⁰.

Bericht über die Antworten der □ auf die von der Grossloge [von Ungarn] ausgegebenen Fragen. [Budapest 1878 bis 1880: Fauda.] 21, 7, 14 S. 4⁰ [Kopftit.]

in: O. 4 (1877—1878) Beil. zu No 4 u. 5; 6 (1880) Beil. zu No 1; FZ. 32 (1878) S. 242 bis 244, 252—254, 261—263, 267—269, 276 bis 278.

Die Fragen betreffen die Ursache der Antipathie der Profanen gegen die Frmrei, Grund der Gleichgültigkeit vieler brauchbarer Mitglieder des Bundes gegen denselben, Mittel zur Abhilfe.

Bericht des Bezirksarztes (Dr. [Theodor] Aepli) und der Gesundheitskommission über die Pocken-Epidemie in (der Stadtgemeinde) St. Gallen vom 20. Juni 1905 bis 23. Februar 1906. [Mit 1 Tabelle.] II + 26 S. 8. St. Gallen, Buchdr. Merkur, 1906.

— über die wissenschaftlichen Apparate auf der Londoner internationalen Ausstellung im Jahre 1876, den Herren Ministern Achenbach u. Falk erstattet von den Herren Abbe, Biedermann, Bruns etc. u. im Auftrage der Herren Minister hrsg. v. A. W. Hofmann. Mit zahlreichen in den Text eingedruckten Holzst. gr. 8. (XXVI, 846 S.) Braunschweig 878. 81. Vieweg & Sohn. n. 24. —

Bericht des Appellationsgerichts zu Wiesbaden vom 9. Nov. 1868 an den Justizminister zu Berlin über die im Bezirke des Amtsgerichts zu Homburg bezügl. der Verträge über Immobilien etc. geltenden Bestimmungen. (Abschr.)

Bericht über die Arbeit der Fabrikkinder. Bern, eidg. statist. Bureau, 1869.

Bericht über die Arbeit der Schleswig-Holsteinischen evang.-lutherischen Missionsgesellschaft zu Breklum. Breklum. 8⁰
1886/87. 1895/96. 1901/02 ff.

Bericht über die Arbeit der Schleswig-Holsteinischen evangelisch-lutherischen Missionsgesellschaft für die Zeit vom 1. April 1890 bis dahin (1891). Breklum. 1891. 8⁰

Deutscher Bund für Mutterschutz. **Bericht** über die praktische Arbeit 1908-1910. — Berlin 1910: Edelmann. 8⁰

Forts. u. d. T.: Geschäftsbericht der Ortsgruppe Berlin.

Berichte über die Jahre vor 1908 sind enthalten in: Schriften des Deutschen Bundes für Mutterschutz. [1.] 1906 und [3.] 1907.

Bericht über die Arbeiten der Königl. Baierschen Akademie der Wissenschaften zu München vom November 1823 bis März 1824. München 1824. 4.

BERICHT ÜBER DIE ARBEITEN UND FORTSCHRITTE DES PHYSIKALISCHEN VEREINS an die verehrlichen Mitglieder von dem Vorstande desselben.
1. Frankfurt am Main, den 28. April 1826. 4⁰.

Bericht über die im Interesse der ärmeren Bewohner des Hohen Venn der Eifel 1889 und 1890 ausgeführten Arbeiten ... Köln 1891. V: *Giese, O.*

Bericht über die Arbeiten der mathematisch-physikalischen Klasse der Königl. bayrischen Akademie der Wissenschaften. Bd. 1—4 (1807—1811). München. 4.

Bericht, vierter, üb. die Arbeiten d. mathematisch-physikalischen Klasse d. königl. Baierschen Academie der Wissenschaften. 4. München, Lindauer. 815.

Bericht über die Arbeiten der Internationalen Kommission für die Analyse der Kunstdünger und Futtermittel des 5. Internationalen Kongresses für angewandte Chemie zu Berlin 1903. Erstattet von Dr. M. Ullmann-Hamburg. Berlin 1904: Deutscher Verl. (64 S.) 8⁰

Internat. Ständiger Verband d. Schiffahrts-Kongresse. 11. internat. Schiffahrts-Kongress. St. Petersburg 1908. **Bericht** über die Arbeiten des Kongresses. Brüssel 1908: Impr. d. Travaux publics. 553 S. 8⁰

— üb. d. Arbeiten z. Landeskunde d. Bukowina währ. d. J. 1896 u. 1897. (6. u. 7. Jahrg.) (Von Raim. Frdr. Kaindl.) M. Unterstützg. d. Bukowiner Landesmuseums-Vereins. gr. 8. Czernowitz (H. Pardini). à n.n. — 40
1896. 6. Jahrg. (13 S.) 897. — 1897. 7. Jahrg. (16 S.) 898.

— über die Arbeiten zur Landeskunde der Bukowina während der J. 1898—1900. (8.—10. Jahrg.) Von Raim. Frdr. Kaindl. Mit Unterstützg des Bukowiner Landesmuseum-Vereines. gr. 8. Czernowitz (H. Pardini). n.n. 1. 40
1898 (12 S.). 899. n.n. — 40. — 1899 (12 S.). 900. n.n. — 50. — 1900 (8 S.). 901. n.n. — 50.

— über die Arbeiten zur Landeskunde der Bukowina während der J. 1901/2. (11. u. 12. Jahrg.) Von Raim. Frdr. Kaindl. Mit Unterstützg. des Bukowiner Landesmuseum-Vereines. (11 S.) gr. 8. Czernowitz 903. (H. Pardini.) n. —, 40

— üb. d. Arbeiten d. k. bayer. Moorkulturanstalt, s.a. Jahrbuch, Landwirtschaftl., f. Bayern.

Bericht über die Arbeiten der K. Bayer. Moorkulturanstalt. München, seit 1908: Stuttgart. 1907 u. 1908

— über d. Arbeiten d. k. bayr. Moorkulturanstalt im J. 1908. (VI, 244 S. m. Abbildgn.) gr. 8. Stuttgart 909. E. Ulmer. 2. —

— üb. d. Arbeiten d. k. Moorkulturanst. im J. 1900. [S.-A.] (155 m. 3 Pl.) 8⁰ Münch., (M Rieger)'05. 1.50 d

— über die Arbeiten der k. Moorkulturanstalt in d. J. 1904 u. 1905. 8. München (M. Rieger). à n. 1. 50
1904. (4, 155 S. m. 3 Planbeilagen.) 905.
1905. (183 S. m. 5 Taf.) 906.
Sonderabdrucke aus: „Vierteljahresschr. d. bayer. Landwirtschaftsr."

— üb. d. Arbeiten d. k. Moorkulturanst. in d. J. 05—7. [SA] (183 m. 5 Taf.; 188 m. 2 Taf. u. 183 m. 2 Taf.) gr8⁰ Münch., (M Rieger)'06-8. Je 1.50 d

— üb. die Arbeiten zu Pergamon 1900—1908. Lex.-8 Athen, Beck & Barth. n.n. 6. —
1900—1901. Von A. Conze, W. Dörpfeld, W. Kolbe, A. Philippson, H. v. Prott, H. Thiersch. Mit 8 Taf. (160 S. m. Abbildgn.) 902. n.n. 3. —
1902, 1903. Von W. Altmann, W. Dörpfeld, W. Kolbe, Br. Schröder, H. Schrader, Fr. Winter. Mit 15 Taf., 1 Beilage u. 38 Abbildgn. (S. 113—211). 904. n.n. 3. —
Sonderabdrucke aus: „Mittlgn. d. kais. deut. arch. Inst., athen. Abtlg."

(Kantonale Rebschaukommission) des Kantons Thurgau. Bericht über die Arbeiten zur Reblausvertilgung am Immenberg und in Landschlacht im Jahr 1900. 20 S. 8. ([Frauenfeld, Huber & Co.,] 1901.)

(Kantonale Rebschaukommission) des Kantons Thurgau. Bericht über die Arbeiten zur Reblausvertilgung am Immenberg und in Landschlacht in den Jahren 1901 und 1902. 23 S. 8.

BERICHT ÜBER DIE ARBEITEN DER ÄRZTLICHEN SECTION DER NIEDERRHEINISCHEN GESELLSCHAFT FÜR NATUR- UND HEILKUNDE ZU BONN. Für den Zeitraum vom Mai 1851 bis zum December 1853 in der Sitzung vom 7. December 1853 vorgelegt durch C. W. WUTZER. (Separat-Abdruck aus den »Verhandlungen des naturhistorischen Vereines der preussischen Rheinlande und Westphalens. XI. Jahrg., 1854.«) Bonn 1854. 8°.

— über die Arbeiten der Sektion für medizinische Statistik während der 43. Versammlung deutscher Naturforscher u. Aerzte zu Innsbruck vom 18. bis 24. Septbr. 1869 sowie der 1. Versammlung des deutschen Vereins für medizinische Statistik vom Centralbureau des Vereins. Berlin 870. Th. Enslin. gr. 8. (21 S.) n. 5 ngr.

BERICHT ÜBER DIE ARBEITEN DES KÖNIGL. SÄCHSISCHEN VEREINS FÜR ERFORSCHUNG UND ERHALTUNG VATERLÄNDISCHER ALTERTHÜMER.
1835 bis 1838. Dresden 1838. Gedruckt von Ernst Blochmann. fol.
Vom 1. März 1838 bis 1. März 1841. ib. 1839—1841. —

Bericht üb. einige Arbeiten d. agriculturchemischen Versuchsstation d. landw. Central-Vereins für Kurhessen zu Heidau. Mitgetheilt v. G. Th. Dietrich. 1. Kassel 1862.

Bericht üb. die Arbeiten d. agriculturchemischen Versuchsstation ([1-3] d. landw. Centralvereins d. Provinz Sachsen) **zu Salzmünde.** Ausgearb. v. H. Grouven. 1-3. [1] Halle 1862, [2] Berl. 1864, [3] Glogau 1868.
(2 se 425 Grouven, 3 se 391 do.).

—— erster, über Arbeiten der k. k. landwirthschaftlich-chemischen Versuchs-Station in Wien aus den J. 1870—1877. gr. 8. (IV, 178 S. und Tab. XLVII S.) Wien 878, (Faesy und Frick.)

Bericht üb. d. Arbeiten d. Wildschutz-Kommission d. deut. Kolonial-Gesellsch., s: Abhandlungen, Koloniale.

Bericht über die wissenschaftlichen Arbeiten der Deutschen Südpolar-Expedition. H. (1.) 2. Berlin 1902: E. S. Mittler & Sohn. 2 Bde 4°(8°)
1. Auf d. Fahrt von Kiel bis Kapstadt nebst Mittheilungen über d. Expeditionsschiff 'Gauss' u. d. Errichtung d. Kerguelenstation. Mit 1 Textskizze, 3 Abb. u. 4 Beil.
2. Auf d. Fahrt von Kapstadt bis zu d. Kerguelen nebst Mittheilungen über d. Arbeiten auf d. Kerguelen-Station. Mit 5 Abb. u. 2 Beil.

Bericht des Schleswiger Arbeiterbauvereins <E. G. m. b. H.> für das Jahr 1900. Erstattet in der ordentlichen Generalversammlung am 29. April 1901. Schleswig. 1901. 8°

Arbeitersäle im Engelhof (Basel). Bericht vom Herbst 1900 bis zum Herbst 1901. [3 S.] 4. (Basel, Basler Druck- und Verlags-Anstalt.)

Arbeitersäle im Engelhof (Basel). Bericht vom Herbst 1901 bis zum Herbst 1902. [3 S.] 4. ([Basel,] Buchdr. zum Basler Berichthaus A.-G.)

Arbeitersäle im Engelhof (Basel). Bericht vom Herbst 1902 bis zum Herbst 1903. [3 S.] 4. ([Basel,] Basler Berichthaus A.-G.)

Basler Arbeitersekretariat..., Basel. Bericht 1. 8. Basel 1901.
s. [Wassilieff, Nicolaus].

Bericht des Arbeiter-Sekretariats für Gelsenkirchen und Umgegend. 3. Gelsenkirchen, Selbstverlag o. J. 8°.
3. 1906, 1907 u. 1908.

Bericht des Arbeitersekretariats und des Gewerkschaftskartells für Bremerhaven und Umgegend. Geschäftsj. 1905 ff. Bremerhaven (1906) ff. 8°.
1905, 1906; 1906, 1917; 1907, 1908; 1908, (1909).

Bericht (1.) des Arbeitersekretariates, sowie des Gewerkschaftskartells Cassel für 1905. 8°. Cassel, Selbstverlag, 1906.

— des schweizerischen Arbeitersekretariats üb. die Anwendung des eidgenössischen Fabrikgesetzes. 8. (40 S.) Zürich 899. (Buchh. des schweiz. Grütlivereins.) — 80

Bericht d. Arbeitgeb.-Verband. Hamburg-Altona f. 1906-07. 11. 12. Hamburg 1907-13

Bericht (7.) über das öffentliche Arbeitsnachweisbureau des Kantons Basel-Stadt und Bericht über die Vermittlungstätigkeit im Jahre 1896. 8°. Basel 1897.

Öffentliches Arbeitsnachweisbureau des Kantons Basel-Stadt. 11. Bericht vom Jahre 1900. [Mit 2 Tabellen.] 8 S. 8. [1901.]

— XV—XVII., üb. d. öffentl. Arbeitsnachweisbureau d. Kts Basel-Stadt u. Bericht üb. d. Vermittlgstätigk. in d. J. 04—6, v. F Mangold. gr8° Bas., (Wepf, Schwabe & Co.) nn 2.50
XV. '04. (20 m. 2 graph. Darstellgn.) 05. nn — 70 ‖ XVI. 05. (24 m. 2 graph. Darstellgn.) '06. — 80 ‖ XVII. '06. (35 m. 1 graph. Darstellg.) '07. 1 —
Bericht I—XIV wurden nicht eingesandt.

Bericht über das öffentliche Arbeitsnachweisbureau des Kantons Basel-Stadt 1906-12. Basel 1907-13

Bericht der Loge Archimedes zum ewigen Bunde in Gera über ihre Thätigkeit in der Zeit von 1855 bis 1869 ... f. d. J. 1870. Gera 1869. V: *Fischer, Robert.*

Bericht der Loge Archimedes zum ewigen Bunde in Gera über ihre Thätigkeit in den Jahren 1870 u. 1871, 1872 u. 1873, 1874 u. 1875, 1876 u. 1877, 1878 u. 1879, 1880 u. 1881, 1882 u. 1883 nebst Nachtrag zu den Mitgliederverzeichnissen. 7 Hefte. Gera, 1871—1884. 8.

— über den VIII. internationalen Architekten-Kongress Wien 1908 unter dem Protektorate Sr. k. u. k. apostol. Maj. des Kaisers Franz Josef I. (788 S. m. Abb., 3 Taf. u. 1 Bildnis.) gr. 8. Wien 909. A. Schroll & Co. 10. —

— üb. Aristoteles u. d. ältesten Akademiker u. Peripatetiker f. 1894. Von Frz. Susemihl [Aus: Jahresber. üb. d. Fortschr. d. class. Altertumswiss."] gr. 8. (48 S.) Berlin 896. S. Calvary & Co. n.n 1.80

— üb. Aristoteles u. d. ält. Akademiker u. Peripatetiker f. 1894. Von F Susemihl. 8° (48) Berl. 96. Lpzg, OR Reisland. nn 1.80

Bericht der Armenbad-Kommission Baden pro 1877, 81, 82, 84—87, 89—91.

Bericht der Armenbad-Kommission in Baden über die Armenbadanstalt. Jahresbericht von 1885. In-8°, 21 S. Baden, Zehnders Buchdruckerei. 1887?

Armenbad-Anstalt in Baden. Bericht der Armenbad-Kommission vom Jahr... = Établissement des bains pour indigents à Baden. Rapport de la Commission pour l'année.... 8. Baden, O. Wanner.
... 1900. 26 S. 1901. — ... 1901. 26 S. 1902. — ... 1902. 26 S. 1903.

Bericht der städtischen Armen-Deputation zu Crefeld über ihre zehnjährige Wirksamkeit in den Jahren 1893–1903. *Crefeld (1903): Kramer & Baum.* (44 S.) 8°

Bericht an das Armendirectorium der Stadt Leipzig über die Ergebnisse der jüngsten Armenzählung. Leipzig 1851. V: *Roscher, Wilh. & E. Stephani.* (Kat. d. stat. Bureaus. Dresden 1890.)

Armen-Erziehungsanstalt für Knaben auf der Grube (Post Thörishaus bei Bern). Bericht über das 76. und 77. Jahr (1900 und 1901). [Mit 5 Porträts.] 15 S. 8. Bern, Buchdr. des Berner Tagblatt, 1902.

Armen-Erziehungsverein des Bezirks Brugg. 8.
43. Bericht für das Jahr 1900. 15 S. Brugg, «Effingerhof», 1901.
44. Bericht für das Jahr 1901. 15 S. Brugg, Effingerhof, 1902.
45. Bericht für das Jahr 1902. (April 1903.) 16 S. Brugg, Epprecht, 1902.

Armenerziehungs-Verein im Bezirk Kriegstetten. 8. Solothurn, Zepfel.
10. Bericht vom Jahre 1900. 26 + 1 S. 1901.
11. Bericht vom Jahre 1901. 30 S. 1902.

Armenerziehungs-Verein im Bezirk Kriegstetten. 12. Bericht vom Jahre 1902. 27 S. 8. Solothurn, Zepfel, 1903.

Armen-Erziehungs-Verein des Bezirks Lenzburg. 39. u. 40. u. 41. Bericht über das Jahr 1900 u. 1901 u. 1902. 26 u. II + 23 u. II + 23 S. 8. Lenzburg, G. Müller, 1901 u. Lenzburg, Hegner, 1902 u. Seengen, J. J. Melliger, (1903).

Armenerziehungs-(* 12: Armen-Erziehungs)Verein im Kanton Thurgau. 8.
12. Bericht 1900. 30 S. Romanshorn, E. Billeter, 1901.
13. Bericht 1901. 17 S. Frauenfeld, Huber & Co., 1902.

Bericht der Armenkommission und des Gemeindewaisenrats über den Stand und die Verwaltung der öffentlichen Armen- und Waisenpflege in der Stadt Kiel im Rechnungsjahr 1901 ff. Kiel. 1902 ff. 4°.

Bericht der Armen-Commission über die Resultate der Armen-Verwaltung der Stadt Altona im Jahre 1880/81. Altona. 1881.

Bericht über die Armenpflege zu Aachen während des Jahres 1823. Aachen 1824.

Bericht des Armenrats der Stadt Flensburg (über den Stand der Verwaltung der öffentlichen Armenpflege während des) über das Rechnungsjahr(es) 1904 ff. Flensburg. 1906 ff. 8°

Bericht der Armenverwaltung der Stadt Altona für das Jahr 1882/83. Altona 1884.

Bericht ... üb. das Armenwesen in den Herzogthümern Schleswig u. Holstein. Altona 1818. 259 S. 27 Tab.
(= Schriften d. schleswig holstein. patriot. Gesellschaft. Bd. 1 H. 2/3). 731.
— Nachträglicher Bericht (etc.). Sst. 1821. 172 S. 10 Tab.
(= Do. Bd. 4 H. 2). 731.

Bericht üb. d. Prozess Arnim. Berlin 874.

Bericht über die von der hochlöblichen Militärcommission der hohen teutschen Bundesversammlung angeordneten und in den Monaten Mai, Juni, Juli, August und September 1828 bei Mainz ausgeführten Artillerieversuche. (Mit 1 Plan.) (Donation Liechtenstein.) Fol. Mainz 1829.

— baierischer Aerzte über Cholera morbus. Auf Allerhöchsten Befehl ausgezogen u. redigirt v. Dr. Bern. Röser und Dr. Aloys Urban. 2 Abthll. (Außerordentl. Beilage Nr. 1—27 zu den baierischen Annalen.) gr. 4. München 832, 33. (Fleischmann.) 5/6 ₰

Bericht, ärztlicher — des k. k. Bezirks-Krankenhauses Wieden vom Solarjahre 1853. Mit 20 Tafeln. Wien. 1855 Gedruckt bei A. Pichler's Witwe und Sohn. (70 S. 20 Taf. 8.)

—— ärztl., d. Bez.-Krankenhauses Wieden v. J. 1854. 8. (100 m. 22 Tab.) Wien 56, (Seidel u. S.) n. — 20 || 1857. 4. (112) Wien 59, (Gerold's S.) n. — 24 || 1858. 4. (136) 60. n. 1. —

Bericht, ärztlicher — des k. k. Bezirks-Krankenhauses Wieden, vom Solar-Jahre 1854. Mit zwei und zwanzig Tafeln. Im Auftrage des hohen Ministeriums veröffentlicht durch die Direktion dieser Anstalt. Wien, 1856. Gedruckt bei A. Pichlers Witwe & Sohn. (100 S. 8.)

Bericht, Aerztlicher — des k. k. Bezirks-Krankenhauses Wieden, vom Solar-Jahre 1855. (Mit 32 Tafeln.) Wien, bei A. Pichlers Witwe u. Sohn 1857. (51 S. 32 Bl. 4.)

Bericht, Ärztlicher, über die Blatternepidemie, welche vom 1. Okt. 1861 bis Ende Juni 1863 andauerte. Wien 1863. V: *Hebra, Ferdinand Ritter von.*

—— aerztlicher, über das kaiserliche St. Petersburgische Erziehungs-(Findel-)Haus vom J. 1857. gr. 8. (V und 135 S. mit 9 Stnt. in gr. 8. und Fol.) St. Petersburg 860. (Münx.) *

— aerztlicher, über das kaiserliche St. Petersburgische Erziehungs- [Findel-] Haus vom J. 1857. St. Petersburg 860. Ricker. gr. 8. (V, 135 S. u. 9 lith. Taff. in 8. u. Fol.) n. 18 ngr

Bericht, ärztlicher, der k.k. Findel-Anstalt in Wien vom Solarjahre 1865. gr. 8° (181 S.) Ebds. in Comm. 1867.

Ärztlicher Bericht über die ... Heilstätte 'Frauenwohl' bei Allenstein Ostpr. (1.) Vom 1. Okt. 1907 bis 31. März 1908. Königsberg i. Pr. 1910: Ostpr. Dr. 8°

Bericht, ärztlicher — des k. k. Gebär- und Findelhauses zu Wien, vom Solar-Jahre 1854. Zufolge hohen Ministerial-Erlasses vom 23. Juli 1855, Zahl 14838, hoh. Statthalterei-Erlasses vom 10. August 1855, Zahl 34908 veröffentlicht durch die Direktion dieser Anstalt. Wien, 1856. Gedruckt bei A Pichlers Witwe & Sohn. (108 S. 8.)

Bericht, ärztlicher — des k. k. Gebär- und Findelhauses zu Wien, vom Solar-Jahre 1855. Zufolge hohen Ministerial-Erlasses vom 28. Juli 1856, Zahl 18,232, und hohen Statthalterei-Erlasses vom 7. August 1856, Zahl 34,623, veröffentlicht durch die Direktion der k. k. Gebär- und Findel-Anstalt. Wien, 1856. Gedruckt bei A. Pichlers Witwe und Sohn. (133 S. 8. Mit 7 Tabellen.)

— ärztlicher, des k. k. Gebär- und Findelhauses zu Wien, vom Solar-Jahre 1856. Zufolge hohen Ministerial-Erlasses etc. veröffentlicht durch die Direction der k. k. Gebär- u. Findel-Anstalt. Wien 858. (Braumüller.) gr. 8. (2 Bl., 199 S. u. 12 Tab., wovon 3 lith., in 4. u. Fol.) n. 1 ₰ 5 ngr

— ärztlicher, des k. k. Gebär- und Findelhauses zu Wien vom Solar-J. 1856—1862. (à 12—15 Bgn. mit Tab. u. lith. Taf.) Im Auftrage des k. k. Ministeriums des Innern. Wien 860—64. Braumüller in Comm. gr. 8. Jeder Jahrg. n. 1 ₰ 6 ngr

Bericht, ärztlicher, der k. k. Gebär- u. Findelhauses zu Wien vom J. 1863. Wien 864. Braumüller in Comm. gr 8. (IV, 275 S. u. 10 Tabb. in 8. u. Fol.) n. 1 ₰ 6 ngr

Ärztlicher Bericht der Heilstätte bei Hohenstein Ostpr. Betriebsjahr 1/2. Königsberg i. Pr. 1907: Ostpr. Dr. 8° [F.]

— ärztlicher, d. k. k. allgemeinen Krankenhauses zu Prag vom J. 1875. gr. 8. (383 S. m. 1 Steintaf. in qu. gr. Fol.) Prag 877. Calve in Comm. n. 6. —

— dasselbe, vom Jahre 1876. gr. 8. (451 S. m. Tab. u. 3 zum Thl. farb. Steintaf.) Ebend. 877. n. 6. —

— dasselbe, vom Jahre 1877. gr. 8. (VII, 311 S. m. 1 Tab. u. 3 graph. Steintaf.) Ebend. 879. n. 3. —

— dasselbe, vom Jahre 1878. gr. 8. (V, 331 S. m. 1 Tab. u. 5 graph. Steintaf.) Ebend. 880. n. 3. —

— dasselbe, vom Jahre 1879. gr. 8. (VIII, 367 S. m. 1 Tab. u. 2 lith. Curventaf.) Ebend. 881. n. 3. —

— dasselbe, vom Jahre 1880. gr. 8. (III, 323 S. m. 1 Tab. u. 3 graph. Steintaf.) Ebend. 882. n. 3. —

— ärztlicher, d. k. k. allgemeinen Krankenhauses zu Prag vom J. 1881 u. 1882. gr. 8. (III, 415 u. III, 315 S. m. Tab. u. Steintaf.) Prag 883—84. Calvo. à n. 3. —

— ärztlicher, d. k. k. allgemeinen Krankenhauses zu Prag f. die J. 1883 u. 1884. Lex.-8. (VIII, 663 S. m. 2 Tab.) Prag 886. (Calve.) n. 6. —

— dasselbe, vom J. 1885. gr. 8. (III, 175 S. m. 1 Tab.) Ebd. 887. n. 2. 50

— ärztlicher, d. k. k. allgemeinen Krankenhauses zu Prag vom J. 1889, 1890, 1891. Lex.-8. (III, 192 S. m. 1 Tab.; III, 180 S. m. 1 Tab.; III, 187 S. m. 1 Tab.) Prag 891—893. J. G. Calve. à Jahr n. 4. —

— ärztlicher, d. k. k. allgem. Krankenhauses z. Prag v. J. 1892 u. 1893. 2 Thle. in 1 Bd. gr. 8. (III, 174 u. II, 167 S. m. 2 Tab.) Prag 895. G. Calve. n. 4. —

Bericht, Aerztlicher — über das k. k. allgemeine Krankenhaus zu Wien im Solarjahre 1852. Mit 15 Tabellen und einem lithographirten Tableau. 8. (106 S.) Wien. Gedruckt bei A. Pichler's Witwe und Sohn. 1854.

Bericht, ärztlicher — über das k. k. allgemeine Krankenhaus zu Wien im Solar-Jahre 1853. Mit 19 Tafeln und einem lithographirten Tableau. Zufolge h. Ministerial-Erlasses vom 30 Jänner 1854 veröffentlicht durch die Direction dieser Anstalt. 8. (132 S. und 19 Taf.) Wien. Gedruckt bei A. Pichler's Wwe. und Sohn. 1854.

Bericht, ärztlicher — über das k. k. allgemeine Krankenhaus zu Wien, im Jahre 1854. Mit 23 Tafeln und zwei lithographirten Tableaux. Wien, 1855. Gedruckt bei A. Pichlers Witwe und Sohn. (271 S. 8.)

Bericht, ärztlicher — aus dem k. k. allgemeinen Krankenhause zu Wien, vom Civil-Jahre 1855. Wien, 1857. Gedruckt bei A. Pichlers Witwe und Sohn. (135 S. 2 Bl. 8.) (Mit zwei synoptischen Tabellen und einer graphischen Darstellung in Farben.

Bericht, ärztlicher — aus dem k. k. allgemeinen Krankenhause zu Wien, vom Civil-Jahre 1856. Im hohen Auftrage des Ministeriums des Innern veröffentlicht durch die Direktion des allg. Krankenhauses. Wien, 1857. Gedruckt bei A. Pichlers Witwe und Sohn. (258 S. 8.) (Mit 10 Tabellen, welche die Verhältnisse der Aufnahme, Heilung und Sterblichkeit bei den wichtigeren Krankheitsformen während der letzten 10 Jahre darthun.)

Bericht, ärztlicher, — aus dem k. k. allgemeinen Krankenhause zu Wien vom Civil-Jahre 1857. *Wien* 1858. *A. Pichler's Wtw. & S.* XIV, 267 S., 2 Bl. Mit 6 Tab. u. 2 lithogr. Taf.
Vergl. Nr. 2271 (Juni).
Im hohen Auftrage des Ministeriums des Innern veröffentlicht durch die Direction des allgem. Krankenhauses.

— ärztlicher, aus dem k. k. allgemeinen Krankenhause zu Wien, vom Civil-J. 1855—60. Im hohen Auftrage des Ministeriums des Innern veröffentlicht durch die Direktion des allgemeinen Krankenhauses. Lex.-8. Wien, (Braumüller's Sortiment.) [1855. (135 S. mit 2 synopt. Tab. in Lex.-8 und qu. Fol. und 1 lithogr. Darstellung in Farben in qu. gr. Fol.) 857. * 1 Thlr. 5 Ngr., 1856. (259 S. mit 6 Tab. in Fol., wovon 1 chromolithogr.) 857. * 1 Thlr. 20 Ngr., 1857. (272 S. mit 6 Tab. und 2 Stnt. in gr. 4. und qu. Fol.) 858. * 1 Thlr. 10 Ngr., 1858. (360 S. mit 6 Tab. in Lex.-8. und gr. 4. und 1 Stnt. in Fol.) 859. * 1 Thlr. 12 Ngr., 1859. (311 S. mit 4 Tab. in gr. 4. und 1 Stnt. in gr. 4.) 860. * 1 Thlr. 12 Ngr., 1860. (XX und 249 S. mit 4 Tab. in gr. 4. und 1 Stnt.) 861. * 1 Thlr. 12 Ngr.] *

— ärztlicher, aus dem k. k. Krankenhause zu Wien, von den Civil-J. 1861 und 1862. Im hohen Auftrage des Ministeriums des Innern veröffentlicht durch die Direction des allgem. Krankenhauses. Lex.-8. Wien 862,63, (Braumüller.) [Jahrg. 1861. (XXI und 274 S. mit 4 Tab. in gr. 4. und 1 Stnt.) Jahrg. 1862. (XXI und 288 S. mit 4 Tab. in gr. 4 und 1 Stnt.)] à Jahrg. *

— ärztlicher, des k. k. allgemeinen Krankenhauses zu Wien, von den Solar-J. 1863—1866. Im hohen Auftrage des k. k. Staats-Ministeriums durch die Direction des allgem. Krankenhauses veröffentlicht. gr. 8. Wien, (Braumüller.) [Jahrg. 1863. (XXI und 312 S. mit 3 Tab. in 4.) 864. * 1 Thlr. 12 Ngr., Jahrg. 1864. (XX und 286 S. mit 3 Tab. in 4.) 865. * 1 Thlr. 12 Ngr., Jahrg. 1865. (XX und 311 S. mit 3 Tab. in 4.) 866. * 1 Thlr. 6 Ngr., Jahrg. 1866. (XX und 398 S. mit 1 Chromolithogr. und 3 Tab. in 4. und Fol.) 867. * 1 Thlr. 12 Ngr.] *

— ärztlicher, des k. k. allgemeinen Krankenhauses zu Wien von den J. 1867—1869. Im Auftrage des k. k. Staats-Ministeriums durch die Direction des allgemeinen Krankenhauses veröffentlicht. gr. 8. (XXI, 362 S. mit 2 Tab. in hoch 4.; XXXV, 266; XXIII, 296 S.) Wien 868—70, (Braumüller.) à Jahrg. *

— dass. — von den J. 1870—1873. gr. 8. (XXIV, 465; XXVIII, 448 S. mit 1 Tab. in Fol.; XXIX, 574 S. mit 1 Tab. in Fol.; XXIV, 294 S.) (Ebendas.) 871—74. à Jahrg.

— ärztlicher, des k. k. allgemeinen Krankenhauses zu Wien vom J. 1874—1878. Im Auftrage des hohen k. k. Ministeriums des Innern veröffentlicht durch die Direction dieser Anstalt. gr. 8. (XXIV, 289 S. mit 1 Tab. in gr. Fol.; XXIV, 289 S. mit 1 Tab. in qu. gr. Fol.; XLI, 316, 179; XXV, 375 S. mit 1 Tab. und 2 Stnt.; XXV, 388 S. mit 1 Tab.) Wien 875, (Braumüller.) à Jahrg. *

— ärztlicher, des k. k. allgemeinen Krankenhauses zu Wien vom J. 1879—1883. Im Auftrage des hohen k. k. Ministeriums des Innern veröffentlicht durch die Direction dieser Anstalt. gr. 8. (XXV, 401 S. mit 1 Tab.; XXXVI, 335 S. mit 1 Tab.; XXXVII, 311 S.; XXXVII, 365 S. mit 1 Stnt.; XXXVII, 441 S. mit 1 Stnt.) Wien 880—84, (Braumüller.) à Jahrg. *

— ärztlicher, des k. k. allgemeinen Krankenhauses zu Wien vom J. 1884—1886. Im Auftrage des hohen k. k. Ministeriums des Innern veröffentlicht durch die Direction dieser Anstalt. gr. 8. (XXXIX, 384; XXXIX, 358; XXXVII, 410 S.) (Ebendas.) 885—88. à Jahrg. *

— dasselbe, vom J. 1887. gr. 8. (LIX, 232 S.) Ebd. 889. n. 5. —

— dasselbe, vom J. 1888. gr. 8. (LIX, 250 S.) Ebd. 890. n. 5. —

— ärztl., d. k. k. allg. Krankenhauses zu Wien v. J. 1889. Veröffentlicht durch d. Direktion dieser Anstalt. 8° (312) Ebd. 91. || 1890. (332) 92. || 1891 (336) 93. à 5 —
Fortsetzg ist im Jahrbuch d. k. k. Krankenanstalten enthalten.

Bericht, ärztl., über die von d. wissensch. Commission der internationalen elektrischen Ausstellung Wien 1883 an Dynamomaschinen u. elektrischen Lampen ausgeführt. Messungen. gr. 8°. (XXI, 224 S.) mit eingedr. Holzschn. Wien, Hölder. fl. 4.80.
1886.

— IV.—VI. ärztlicher, der Kuranstalt Neuwittelsbach bei München, 1. Jan. 1889 bis 31. Dezbr. 1891. Hrsg. von Rud. v. Hoesslin. gr. 8. (20, 20, 23 S.) München 890—892. J. F. Lehmann's Verl. à n. — 60

— ärztlicher, der Privat-Heil-Anstalt des Dr. Albin Eder von dem J. 1869 bis Ende 1875, Wien, Josefstadt, Langegasse Nr. 53. gr. 8. (X, 250 S. mit 15 lithogr. Taf. in qu. gr. 4.) Wien 876. (Braumüller.) *

— dass. — von dem J. 1876. gr. 8. (V, 56 S.) Ebendas. 877. *

— dass. — von dem J. 1877. gr. 8. (IX, 187 S. mit 1 lithogr. Taf.) Ebendas. 878. *

— ärztlicher, der Privat-Heil-Anstalt des Dr. Albin Eder von dem J. 1878. gr. 8. (VII, 114 S.) Wien 879. (Braumüller.) *

— dass. — von dem J. 1879. gr. 8. (VII, 64 S.) (Ebendas.) 880. *

— dass. — von dem J. 1880. gr. 8. (VII, 96 S.) (Ebendas.) 881. *

— dass. — von dem J. 1881. gr. 8. (XIII, 214 S.) (Ebendas.) 882. *

— dass. — von dem J. 1882. gr. 8. (XIII, 247 S.) (Ebendas.) 883. *

— — ärztl., der Privat-Heilanstalt des Dr. Albin Eder von dem Jahre 1883. gr. 8. (XIII u. 202 S.) Ebds. geh. 2 fl. 1884.

— ärztlicher, der Privat-Heilanstalt des Dr. A. Eder von dem J. 1884. 8. (XIII, 183 S.) Wien 885. (Braumüller.) *

— dass. — von dem J. 1885. 8. (XIII, 186 S.) (Ebendas.) 886. *

— ärztl., der Privat-Heilanstalt d. Dr. Albin Eder v. d J. 1886—1887. gr. 8. (VII, 194; XVIII, 230 S.) Wien 887,88. (Braumüller). à Bericht * 4 —
— dass. — v. d. J. 1888—89. gr. 8. (XXII, 292; XX, 246 S.) (Ebd.) 889,90. à Bericht * 6 —

— — ärztlicher, der k. k. Kranken-Anstalt Rudolfs-Stiftung in Wien vom Jahre 1882. gr. 8. (548 S. mit 6 Tabellen.) Wien, *Wilhelm Braumüller. 2 fl. 1884.

Aerztlicher Bericht des Rigaschen Stadt-Krankenhauses für die 10 Jahre von 1886 bis 1896. *Riga: N. Kymmel 1897.* (341 S., 1 Bl., 1 Pl.) 1 Bd 4.(8.)

— ärztlicher, des k. k. Bezirks-Krankenhauses Wieden vom Solar-Jahre 1854. Lex.-8. (100 S. mit 22 Taf. in Lex.-8., gr. 4. und Fol., wovon 3 lithogr.) Wien 856. (Seidel.) *

— ärztlicher, des k. k. Krankenhauses Wieden vom Solar-Jahre 1857. Mit 37 Taf. (in 4. u. Fol.) Im Auftrage des hohen Ministeriums veröffentlicht durch die Direction dieser Anstalt. Wien 859. Tendler & Co. gr. 4. (112 S.) n. 24 *ngr.*

— — vom Civil-Jahre 1857. Im hohen Auftrage des Ministeriums des Innern veröffentlicht durch die Direction des allgem. Krankenhauses. Mit 6 Tab. u. 2 lith. Taf. (in 4. u. Fol.) Wien 858. (Braumüller.) Lex.-8. (1 Bl., 272 S.) n. 1 *ℛ* 10 *ngr*

— — vom Solar-Jahre 1858. Mit einem Specialbericht über die Typhusepidemie von 1858—59 u. 38 gedr. u. 3 lith. Taf. Ebend. 860. gr. 4. (IV, 135 S.) n. 1 *ℛ*

Bericht der Association für die Ausstellung der Industrie-Erzeugnisse aller Nationen in New-York im Jahre 1853. Stuttgart (1853)

Bericht der Association über die Industrieausstellung aller Nationen in New-York 1853. New-York 1854.

Asyl für gefallene Mädchen in Hottingen-Zürich.... 13. Bericht. Vom Mai 1899 bis Mai 1901. 11 S. 8. Zürich, Berichthaus, 1901.

Bericht üb. d. Aufführung der Bevollmächtigten d. National-Convents bei d. Armee unter Gen. Dumouriez, ihre Gefangennahme u. Wegführung nach Mastricht. 8. Strasburg 1796.

— über die Aufführung d. Bevollmächt. des National-Convents u. des Kriegsministers. 8. Basel. Flick. 796.

Aufgefangener Bericht eines Weinhändlers aus dem Russischen Laager an seinen Compagnon in Grodno. Cracau 1758. 4. (24 S.)

Bericht über die in der heutigen Sitzung erfolgte Auflösung der 2. Kammer. Druck von C. Lindow. 1 Bl. Fol.
Flugblatt. Berlin, 27. Apr. 1849.

Bericht über die geologische Aufnahme von Ohio. Bd. 1. Theil 2: Paläontologie Columbus 1874.

— die Aufnahme der Vorstadtdörfer in den Stadtbezirk Leipzig betr. Lex.-8. (221 S.) Leipzig 886. (Duncker & Humblot.) n. 4. —

Bericht über den I. Aufsichtsbezirk. (Amtssitz: Wien.) Gr.-8°. (LXVIII, 24 S.) K —.40

Bericht über den II. Aufsichtsbezirk. (Amtssitz: Wien.) Gr.-8°. (LXVIII, Pag. 25—40) K —.40

Bericht über den III. Aufsichtsbezirk (Amtssitz: Linz.) Gr.-8°. (LXVIII, Pag. 51—66) K —.40

Bericht über den IV. Aufsichtsbezirk. (Amtssitz: Graz.) Gr.-8°. (LXVIII, Pag. 67—84) K —.40

Bericht über den V. Aufsichtsbezirk. (Amtssitz: Leoben.) Gr.-8°. (LXVIII, Pag. 85—111) K —.40

Bericht über den VI. Aufsichtsbezirk. (Amtssitz: Klagenfurt.) Gr.-8°. (LXVIII, Pag. 113—126) K —.40

Bericht über den VII. Aufsichtsbezirk. (Amtssitz: Triest.) Gr.-8°. (LXVIII, Pag. 127—143) K —.40

Bericht über den VIII. Aufsichtsbezirk. (Amtssitz: Innsbruck.) Gr.-8°. (LXVIII, Pag. 146—167) K —.40

Bericht über den IX. Aufsichtsbezirk. (Amtssitz: Trient.) Gr.-8°. (LXVIII, 169—193) K —.40

Bericht über den X. Aufsichtsbezirk. (Amtssitz: Prag.) Gr.-8°. (LXVIII, Pag. 195—212) K —.40

Bericht über den XI. Aufsichtsbezirk. (Amtssitz: Prag.) Gr.-8°. (LXVIII, Pag. 213—229) K —.40

Bericht über den XII. Aufsichtsbezirk. (Amtssitz: Reichenberg.) Gr.-8°. (LXVIII, Pag. 231—253) K —.40

Bericht über den XIII. Aufsichtsbezirk. (Amtssitz: Tetschen.) Gr.-8°. (LXVIII, Pag. 255—272) K —.40

Bericht über den XIV. Aufsichtsbezirk. (Amtssitz: Komotau.) Gr.-8°. (LXVIII, Pag. 273—292) K —.40

Bericht über den XV. Aufsichtsbezirk. (Amtssitz: Pilsen.) Gr.-8°. (LXVIII, Pag. 293—311) K —.40

Bericht über den XVI. Aufsichtsbezirk. (Amtssitz: Budweis.) Gr.-8°. (LXVIII, Pag. 313—327) K —.40

Bericht über den XVII. Aufsichtsbezirk. (Amtssitz: Pardubitz.) Gr.-8°. (LXVIII, Pag. 329—345) K —.40

Bericht über den XVIII. Aufsichtsbezirk. (Amtssitz: Königgrätz.) Gr.-8°. (LXVIII, Pag. 347—364) K —.40

Bericht über den XIX. Aufsichtsbezirk. (Amtssitz: Brünn.) Gr.-8°. (LXVIII, Pag. 365—383) K —.40

Bericht über den XX. Aufsichtsbezirk. (Amtssitz: Olmütz.) Gr.-8°. (LXVIII, Pag. 385—408) K —.40

Bericht über den XXI. Aufsichtsbezirk. (Amtssitz: Troppau.) Gr.-8°. (LXVIII, Pag. 409—428) K —.40

Bericht über den XXII. Aufsichtsbezirk. (Amtssitz: Lemberg.) Gr.-8°. (LXVIII, Pag. 429—447) K —.40

Bericht über den XXIII. Aufsichtsbezirk. (Amtssitz: Krakau.) Gr.-8°. (LXVIII, Pag. 449—461) K —.40

Bericht über den XXIV. Aufsichtsbezirk. (Amtssitz: Czernowitz.) Gr.-8°. (LXVIII, Pag. 463—478) K —.40
1–24. Wien 1902 (?): Hof- u. Staatsdruckerei.

Bericht über die XXIX Aufsichtsbezirke im Anschlusse an den Vorlagebericht und den allgemeinen Bericht des k. k. Zentral Gewerbe-Inspektors. In 29 Heften à K --.40
Wien 1903 (?): Hof- u. Staatsdruckerei.

Bericht des Aufsichtsrats und der Direktion der Ostpreussischen Südbahn-Gesellschaft an die am 6. März 1903 stattfindende ausserordentliche Generalversammlung der Aktionäre. *(Königsberg i. Pr. 1903.)* (8 S.) 4°(2°) [Kopft. F.]

Dr. Richard Schander: **Bericht** über das Auftreten von Krankheiten und tierischen Schädlingen an Kulturpflanzen in den Provinzen Posen und Westpreußen. [1.] Für d. J. 1907. Berlin: Deutsche Tageszeitung 1908. 8° [F.]
= **Mitteilungen** d. Kaiser Wilhelms Instituts f. Landw. in Bromberg. Bd 1, H. 1. 13500 2

Bericht üb. das Auftreten v. Krankheiten u. tierischen Schädlingen an Kulturpflanzen in den Provinzen Posen u. Westpreussen 1907—08. Berl. 1908—10.
(Mitteilungen d. Kaiser Wilhelms Instituts I, 1 og II, 1). 373.

Kantonaler zürcherischer Rebbau-Kommissär. Bericht über das Auftreten des falschen, sowie des echten Mehltaues im Jahre 1900 und die Bekämpfung dieser Schädlinge. (1901 März 20.) 15 S. 8.

Kantonaler Zürcherischer Rebbau-Kommissär. Bericht über das Auftreten des falschen, sowie des echten Mehltaues im Jahre 1901 u. die Bekämpfung dieser Schädlinge. 12 S.

– dass. im Jahre 1902. 11 S.

Bericht üb. das Auftreten der *Phylloxera vastatrix* in Oesterreich. Wien 1874. 32 S. P.

Kantonaler zürcherischer Rebbau-Kommissär. Bericht über das Auftreten der Reblaus im Jahre 1900 und die Bekämpfung derselben. (1901 April 3.) [Mit 2 Tabellen.] 25 S. 8.

Kantonaler Zürcherischer Rebbau-Kommissär. Bericht über das Auftreten der Reblaus im Jahre 1901 u. die Bekämpfung derselben. (Mit 2 Tab.) 23 S.

– dass. im Jahre 1902. (Mit 2 Tab.) 23 S.

— über die Augenklinik der Wiener Universität. 1863—1865. Unter Mitwirkung des Prof. Dr. Ferd. Arlt herasg. von Max Tetzer, L. Rydel u. O. Becker. Mit in den Text gedr. Holzschn. u. 6 lith. Taff. Wien 867. Braumüller. Lex.-8. (VIII, 195 S.) n. 1 ℛ 20 ngr.

R. v. L. Bericht eines Augenzeugen von dem Feldzuge der während den Monaten September und October 1806 unter dem Kommando H.

— eines Augenzeugen v. d. Feldzuge im Octob. 1806. v. R. v. L. 2 Thle. gr. 8. Tübing. Cotta. 809.

Bericht eines Augenzeugen von dem Feldzuge der ... unter dem Kommando des Fürsten zu Hohenlohe-Ingelfingen gestandenen preuss. u. sächs. Truppen ... Tübingen 1807. 2. verb. Ausg. Tübingen 1809. V: *Rühle v. Lilienstern*, *Joh. Jac. Otto Aug.*

Bericht eines Augenzeugen über die Kriegsereignisse in Schleswig. (Nebst einem Plan der Umgegend von Schleswig.) Abdruck aus dem Beiheft zum Militär-Wochenblatt für April und Mai 1848. Berlin, E. S. Mittler (1848). 21 S. 4.

— eines Augenzeugen, üb. die Operationen, des 4., 7. u. 12. Französ. Armeekorps, unt. d. General Bertrand, Reynier u. Oudinot, vom 12. August bis 6. Sept. 1813, von F. v. D. (L. A. de Guehery). 8. Dresd. 813. Arnold. 4 K

— v. Augenzeugen über die neuesten Revolutionen zu Konstantinopel. 8. Berl. Kunst- u. Ind. Compt. 809.

— d. grossh. bad. landwirtschaftl. Versuchsanst. Augustenberg üb. ihre Tätigk. im J. '09 verbunden m. e. Rückblick auf d. 50jähr. Gesch. d. Anstalt v. F Mach. (154) gr8° Karlsr., G Braun'sche Hofbdr. '10. 1.50 d

Bericht über die Ausarbeitung eines Gutachtens über die Organisation polytechnischer Schulen. Berlin, 1865.

Bericht über die körperliche Ausbildung der Jugend (Jber. d. Theresianischen Akademie in Wien f. d. Schulj. 1891, Anh. S. 79—123), Wien 1891, 43 S., 3 Tab., 8°.

— v. Ausbruch d. Vesuvs, d. 15. Jun. 1794. a. d. Ital. nebst Forts. m. K. Dresd. Walther. 795. (à 10 gr.)

Ausführl. Bericht von der höchstnützl. Andacht der marianischen Liebsversammlung, unter d. Schutze des durchl. Churfürsten in Baiern etc. Maximilian Emanuel &c. Zu München in *St. Peterspfarrkirchen* eingesetzt, u. von Pabst Innocentio XI. d. 18. Aug. Anno 1684. bestättiget. Darinn ausführlich erklärt wird, wie nützlich diese Andacht sey; u. wie man seine Schuldigkeit verrichten soll. Samt einigen andächtigen Gebethern, ... C. permissu & approbatione Superiorum. Mit 2 Kpfrn. München, gedr. bey Joseph Wenzesl. Zangl, bürgerl. Stadtbuchdr. in der Fürstenfeldergassen. 1789. 12°. Alter Ldrb. 72 S. (incl. TK. u. 2 Bll. Privil. Kaiser Leopold's I., dat. Laxenburg, d. 20. Mai 1685). Die Bruderschaft bildete sich aus Anlass der durch die Belagerung Wien's 168; drohenden Türkengefahr, und hielt behufs Abwendung derselben täglich in der Peterskirche ihre Andachten. — Selten!

Ausführlicher Bericht von der Artzney, Ess. dulcis genannt, durch welche unter dem Segen Gottes schwere Krankheiten, Gicht, Epilepsie, Stein, allerley Gebrechen der Augen, auch wenn sich Felle angesetzet, Mangel an Gehör, Contraktur u. dergl. bisher curirt worden, zum dritten Male verbessert und in Druck gegeben. Halle. 4°. 1703

Bericht, Ausführlicher, von dem letztern Ausbruche des Vesuvs, am 15. Juni 1794; ... aus dem Italienischen übersetzt. Dresden 1795. V: *Onofrio*, *A. d'*. Ü: *Walther*, *G. S.* (MS) »Ü: *Walther*, *Conrad Salomon*«

Ausführl. Bericht über die in der H. Christ-Nacht 1705 von dem rebellischen Bauern-Volk vorgenommene Belagerung der Stadt München, und harten Niederlage in dem Dorff Sendlingen. (4.) 4. M. 1 Taf. s. l. & a. (1706.)

Ausführlicher **Bericht** über die Beteiligung der deutschen Künstlerschaft an der Weltausstellung in St. Louis 1904. Vom Hauptvorst. d. Allg. Deutschen Kunstgenossenschaft in Dresden. (Dresden 1905: C. Heinrich.) (59 S.) 4°(8°)

Bericht, Ausführlicher, von allerhand neuen Büchern und andern Dingen, so zur heutigen Historie und Gelehrsamkeit gehörig, ... Frankf. u. Leipz. 1708—1710. V: *Krause*, *Johann Gottlieb* & *Christoph Woltereck*, später *Justus Gotthard Rabener*, *Hieron. Augustinus Groschoff*, *Chn Schoettgen* & *Hieron. Gundling*.

Ausführl. Bericht, in Form e. Diarii, von der durch die Waffen Sr. Cath. Maj. geschehenen Eroberung Barcellona u. vieler anderer Plätze in Catalonien biss 3. Nov. [1705]. (23.) 8. M. 1 Pl. Hamburg 1706.

Ausführlicher **Bericht** über den Doppel-Mord aus Liebe und Geldsucht, welchen der Tischlergesell Fr. Wilhelm Steinecke am 24. August 1855 an seiner Braut und sich selbst in Hamburg verübt hat. Oldenburg 1855. Klesser. 4 Bl.

— ausführlicher, üb. die große allgem. deutsche Gewerbe-Ausstellung in Berlin im J. 1844. Hrsg. v. Amand. Ferd. Neukrantz. 14 Lfgn. gr. 8. (41½ B. u. Plan d. Ausstell. in gr. Fol.) Berlin 844—47, Simion. à L. * 5 Ngr. *

Bericht, ausführlicher, über die große allgemeine deutsche Gewerbe-Ausstellung in Berlin im Jahre 1844. Herausgeg. von Amand. Ferd. Neukrantz, unter Mitwirkung vieler Mitarbeiter am Gewerbe-Blatt und Mitglieder der Gewerbe-Ausstellungs-Commission. 14 Liefg. gr. 8. Ebd. 845—47. à n. 1/6 ℛ

A u s f ü h r l i c h e r **Bericht** eines 4fachen Kindermords, welcher von einem Landmanne zu Niost in Folge einer Hungersnoth verübt worden ist. Salzhemmendorf: Henneberg. o.J., 8 S.

A u s f ü h r l i c h e r **Bericht** über die in der Alster bei Hamburg gefundene geheimnißvolle Leiche der Charlotte Runge aus Elmshorn. Hamburg: Druck und Verlag von J. Kahlbrock Wwe.
o.J. (1857), 4 Bl.

BERICHT, Ausführlicher, derer in Hamburg hingerichteten Miffethäter, welche durch die Juftiz, theils mit dem Schwerdt, Strange, Feuer, Rad und herquebufiert, vom Leben zum Tode gebracht find. — Mit Holzfchnitt-Vignetten (Juftitia darftellend), gedruckt in diefem Jahr. — [Reicht lt. Überfchrift von 1390 bis 1801. Durch Nachdruck ift hinzugefügt: 1804: J. G. Rüfau.] 38 S. Selten!

Ausführl. Bericht von der am 15. Junii 1717 bei Panzowa vorgen. Passirung der Donau, Anlandung der Kays. Armee unter Belgrad, Abschneidung besagter Festung und Einsperrung aller türkischer Fregatten u. Schiffen. 4. München 1717.

A u s f ü h r l i c h e r **Bericht** über die blutige Schlacht bei Solferino zwischen den mit den sardinischen Truppen verbundenen Franzosen und den Oesterreichern.
Hamburg: o.J., 4 Bl.

A u s f ü h r l i c h e r **Bericht** der Schlacht bei Düppel, am 5. Juni, sowie über die bei Düppel und Gravenstein vorhergehende Affaire. Hamburg 1848: Kahlbrock. 8 S. + 1 Bl.

— ausführl., v. d. Schlacht bey Siptitz ohnw. Torgau. Fol. Leipz. Hilscher. 776.

Ausführl. Bericht üb. die Schwurgerichts-Verhandlung gegen die 2 verworfenen Raubmörder Jak. Echter aus München, Josef Schmittner aus Münster, dann gegen die 2 Mordbrenner Jak. Fassl von Kolmermoor (sic), Wilh. Strohhofer von München. O. O. u. J. (München, Druck von Eckhart u. Magge, ca. 1882). Fol. Cart.
3 Bll. à 3 Col. Mit 4 Hlzsch.-Portr.

— ausführlicher stenograph., des Prozesses gegen den Dichter Ferd. Freiligrath, angeklagt der Aufreizung zu hochverrätherischen Unternehmungen durch das Gedicht: Die Todten an die Lebenden, verhandelt vor dem Assisenhofe zu Düsseldorf am 3. Oktbr. 1848. Nebst einer zum ersten Male ausführl. bearb. Biographie des Dichters. Hrsg. von Carl Arenz. 1—3., vervollständ. Aufl. br. gr. 8. (75 S.) Düsseldorf 848, Buddeus'sche Buchh. *

Bericht, Ausführlicher, [des] Internationalen Straßenbahn- und Kleinbahn-Kongress[es]. Von 16. 1910 ab mit: **Beantwortungen** der Fragebogen. 14—16. 1906—10. Brüssel

— ausführlicher, üb. den Tod König Ludwig II. v. Bayern. Nebst Charakterzügen aus seinem Leben. 8. (16 S.) Wien 886. Neidl. n. —20

Bericht, Ausführlicher, des Ursprungs und Fortgangs derer Gnaden und Wohlthaten, welche die Allmögende Hand Gottes durch seine übergebene . . . jungfräuliche Mutter Mariam in ihrer gnadenreichen Bildniss in Ofen zum heil. Blut genannt an verschiedenen Betrangten und Presshaften gewirkt hat. Ofen 1750. V: *Ambrosius a S. Spiritu* (Carmeliter). (Austria 1846, S. 113)

A u s f ü h r l i c h e r **Bericht** über ein schauderhaftes Verbrechen, welches an einer Nonne der Carmeliterinnen in Krakau durch 21jährige Einsperrung verübt wurde. Zerbst: Giese. o.J., 4 Bl.

— ausführlicher, über die Verhandlungen der Assisen der Provinz Starkenburg zu Darmstadt in Anklagesachen gegen Johs. Stauff wegen Ermordung der Gräfin v. Görlitz, Raubs, Brandstiftung, Diebstahls und Versuchs der Vergiftung des Grafen v. Görlitz, sowie gegen Heinr. und Jak. Stauff wegen Begünstigung der vorgenannten vier ersten Verbrechen. Nebst dem Anklageact, den Actenstücken über den objectiven Thatbestand, dem Gutachten der Experten und den gerichtl. Erkenntnissen. Nach stenograph. Aufzeichnungen verfaßt und zusammengestellt von mehreren Juristen, welche den Verhandlungen beigewohnt haben. Mit den Portr. der Angeklagten, einem genauen Situationsplan und Grundriß des Görlitz'schen Wohnhauses. gr. 8. (XV und 772 S. mit 2 Stnt.) Darmstadt 850, Leske.

— dass., Nachtrag, s. Nachtrag.

Bericht, A u s f ü h r l i c h e r , über die Verhandlungen des 1. deutschen Webertages, abgehalt. zu Glauchau in Sachsen vom 28–30. Mai 1871. Hrsg. vom deutschen Weber-Central-Comité. 8°. Crimmitschau 1871.

— ausführlicher, über d. articulirte Verhör u. die erhobene fiscalische Anklage gegen die Hren. Jamberts, Wurmb, Hocker u. Meldau in puncto erlassen., verfaßt. u. verbreiteter Pasquille gegen das höchstpreisliche Obergericht u. verschiedene Mitglieder des hochw. hamburger Senats rc. 8. (1 B.) Altona 843, Heilbutt. *

AUSFÜHRLICHER BERICHT über die Versammlung der Landwirthe im Tivolisaale zu Weimar am 23. April 1893. Berlin. Wilhelm Isleib (Inhaber Gustav Schuhr). 8°.

Bericht, Ausführlicher, wegen Verstossung des päpstlichen Nunzius, Kardinal Acciajuoli, aus Lissabon . . . O. O. 1761. V: *Le Bret, Johann Friedrich.*

— ausführl., wegen der Verstossung des päbstl. Nuntius Acciaiouli. 4. Ulm, Stettin. 761.

— ausführl. u. wahrhafter, d. Begebenheiten zu Nimes d. 13n Brachm. 1790. 8. Straßb. 790. Acad. B. 3 K

Ausführlicher u. wahrhafter Bericht von dem Thüring. Feldzuge i. J. 1757 zwischen der Reichs-Execut. u. Französ. combinirten Armee ingl. der Königl. Preuss. Kriegsmacht vorgefallen, insonderheit was die Stadt Gotha betroffen — — — verfasset von einem in Gotha sich aufgehalt. Passagiere. (Abtheil. 1—3.) Erfurth 1759. 4.

Ausführl. Bericht wie die merkw. Schlacht bey Siptitz ohnw. Torgau am 3. Nov. 1760 geschehen. (20.) 4. M. Pl. Leipzig (1760).

Bericht, Ausführlicher, worin gezeigt wird, dass das dem . . . Hause Hessen, Casselischer Linie, ohnlängst zugeschriebene Erbrecht auf das Herzogthum Brabant ein fürstliches Samt-Recht sey. O. O. 1748. V: *Koch, Chph Ludw.* (ML) (Stri)

— üb. d. Ausführg d. Züricher. Quaiunternehmens in d. J. 1881—1888, erstattet v. d. Direktion d. Quaibauten. 4. (170 m. e. Tab., 9 Taf. u. e. Plan.) Zür. 89, (C Schmidt). n. 3. —

Bericht über die Ausführung von Taucherarbeiten auf der Zeche Tiefbau Krug von Nidda bei Iserlohn. (Preufsische Zeitschr., Bd. 18.) Berlin 1870. 4.

— erster, über die vom Altertumsverein Kempten [a. B.] vorgenommenen Ausgrabungen römischer Baureste auf dem Lindenberge bei Kempten. hoch 4. (45 S. m. 27 Taf., 1 Karte u. 1 Grundriß.) Kempten 888. (Kösel.) n. 6. —

— 2., üb. die vom Allgäuer Altertumsverein Kempten [a. B.] vorgenommenen Ausgrabungen römischer Baureste auf dem Lindenberge bei Kempten. hoch 4. (17 S. m. 2 Plänen u. 1 Abbildg.) Kempten 890. (Kösel.) n. 3. — (1. 2.: n. 9. —)

Verband Schweiz. Verkehrsvereine. Bericht über das Offizielle Auskunftsbureau der Schweiz im Schweizerdorf in Paris anlässlich der Weltausstellung von 1900, erstattet vom Vorort Zürich. 15 S. 8. Zürich, Jean Frey, 1901.

Deutscher Handelstag. — BERICHT ÜBER DIE AUSLEGUNG UND ANWENDUNG DES REICHSSTEMPEL-GESETZES vom 1. Juli 1881. (Ohne bes. Titelblatt. Druck von Liebheit & Thiesen in Berlin.) fol.

-- des v. Architekten- u. Ingenieurverein zu Hamburg eingesetzten Ausschusses zur Prüfung der Frage betr. die Einführg. v. technischen Schiedsgerichten. (15 S.) 8. Hamburg 909. Boysen & Maasch. — 50

Bericht des ausserordentlichen Ausschusses zur Berathung der Frage über die Umgestaltung des Börsenblattes. (Ohne bes. Titelblatt. Leipzig 1880. Druck von B. G. Teubner.) 8°.

Deutscher Handelstag. — BERICHT DES BLEIBENDEN AUSSCHUSSES DES DEUTSCHEN HANDELSTAGES, BETREFFEND DIE BILDUNG EINES VOLKSWIRTHSCHAFTLICHEN SENATS, in Gemässheit der Verhandlungen der Plenar-Versammlung vom 30. October 1878. Berlin, 1878. Druck von Liebheit & Thiesen. 4°.

Bericht des Ausschusses des Börsenvereins der Deutschen Buchhändler über den Gesetzentwurf der Deutschen Bundesversammlung zum Schutze der Urheberrechte... Leipzig [1864]. V *Hinschius, Frz.* (Kat. d. stat. Bureaus. Dresden 1890.)

— des provisorisch dirigir. Ausschusses der Unternehmer e. Eisenbahn v. Nürnberg bis Bamberg u. von da über Culmbach u. Hof u. an die nördl. Reichsgränze über die bisherigen Verhandlungen u. Vorarbeiten zur Ausführung dieser Unternehmung. Mit 6 Beilagen, und 1 Karte. gr. 4. Nürnberg 838. (Riegel u. Wießner.) n. 1/3 ß

Bericht des Ausschusses der Glückstadt-Heider Eisenbahn-Gesellschaft. Itzehoe, den 20. Juni 1846. o. O. u. J. Fol.

Bericht erstattet vom engeren Ausschuss des Comités zur Begründung einer Helmholtz-Stiftung. *Berlin: Hirschwald 1892.* (VIII, 32 S.) 4°.

Bericht des engern Ausschusses des Vertheidigungsvereins im [aargauischen] Freienamte, wie er den Mitgliedern desselben in ihrer Versammlung am 3. Brachmonat 1833 zu Aristau abgestattet worden ist. 8. *o. O.*

An die hochverehrliche Holsteinische Ständeversammlung. **Bericht** des von der Versammlung erwählten Ausschusses, betreffend: Den Vorschlag zu einer Petition um Aufhebung der Berechnung nach Reichsbankthalern und Reichsbankschillingen im Herzogthum Holstein und Wiedereinführung der Rechnung nach Schlesw. Holst. Courant Erstattet den 14. December 1835. o. O. (1835.) 4° k.

Bericht des Ausschusses an die dritte Generalversammlung des Arader israelitischen Unterstützungs-Vereines für Gewerbe und Ackerbau. Abgehalten zu Arad am 16. November 1856. Arad. Gedruckt bei Heinrich Goldscheider. (14 S. 8.)

Bericht, erster, des Ausschusses der Genossenschaft für die Cultur im untern Freysinger Moose. Genossenschaftsjahr 1858. Freysing 859. (Wölfle.) Lex. 8. (IV, 46 S.) n. 10 *ngr.*

zweiter und dritter, des Ausschusses der Genossenschaft für die Cultur im untern Freysinger Moose. Genossenschaftsjahr 1859 u. 1860. Ebend. 861. Lex.-8. (IV, 90 S.) n. 10 *ngr.*

BERICHT DES GESCHÄFTSFÜHRENDEN AUSSCHUSSES DER GOETHE-GESELLSCHAFT.
1. Weimar. December 1886. 8°.

Bericht des Ausschusses der Gesellschaft patriotischer Kunstfreunde in Prag für die Periode vom 23. April 1855 bis 27. April 1856. Prag, 1856. Druck der k. k. Hofbuchdruckerei von Gottlieb Haase Söhne. (4 Bl. 8.)

Bericht des Ausschusses der Gesellschaft patriotischer Kunstfreunde in Prag für die Periode vom 28. April 1856 bis 25. April 1857. Prag, 1857. Dr. der k. k. Hofbuchdr. von Gottl. Haase Söhne. (4 Bl. 4.)

Bericht des Ausschusses für Gesetzgebung, betreffend die Einführung der, in der zu Leipzig vom 20. October bis 9. December 1847 abgehaltenen Conferenz berathenen Wechsel-Ordnung. Berichterstatter: von Breuning. Beilage I. zum Protokoll der 112. öffentlichen Sitzung vom 9. November 1848. o. O. (1848.) 4°.

Bericht des zur Begutachtung d. Entwurfs e. Strafgesetzbuches für d. Großherz. Hessen gewählten Ausschusses I. u. II. Kammer, erstattet v. Abgeordn. Hesse. Darmstadt: Leske 1840.

Bericht, 1., des in d. General-Versamml. am 12. Mai 1828 gewählt. Ausschusses d. Rheinisch-Westphäl. Gefängniß-Gesellschaft zur sittl. u. bürgerl. Besserung d. Gefangenen. 16. (3½ B.) Düsseldorf 828, (Schreiner.)

—— dass. 2., enthalt. den in d. zweiten General-Versamml. am 12. Mai 1829 vorgelegt. Jahresbericht der rc. 8. (6 B. u. 1 Tab.) Ebds.

—— dass. 3., am 1. Jul. 1830 vorgelegt. 8. (4 B. u. 3 Tab.) Ebds.

—— dass. 4., am 24. Mai 1831 vorgelegt. 8. (4 B. u. 3 Tab. qu. Fol.) Ebds.

—— dass. 5., am 27. Jul. 1832 vorgelegt. gr. 8. (2¾ B. u. 2 Tab. gr. 4.) Ebds.

Bericht des Ausschusses des Schweizerischen Gewerbevereins betreffend leichtsinnige Nachlassverträge. (48 S) (Gewerbliche Zeitfragen 24) Bern 1910

Bericht des Ausschusses für Industrie-Statistik bei dem Vereine zur Ermunterung des Gewerbegeistes in Böhmen über d. Wirkungen der Gewerbefreiheit. Prag 1864

— d. Ausschusses d. österr. Ingenieur- u. Archititekten-Ver. z. Studium d. Abnahmeverfahren u. Prüfgsmethoden f. d. Material eiserner Brückenkonstruktionen. [SA] (60 m. Abb. u. 12 Taf.) 4° Berl., (W Ernst & S.)'06. 4 —

— d. Ausschusses d. österr. Ingenieur- u. Architekten-Vereins f. d. Wasserversorgung Wiens. Fol. (VI, 213 S. m. Fig. u. 9 Taf.) Wien 895. (Lehmann & Wentzel.) n. 14. —

Bericht des Ausschusses des allgem. Landtags über den Anschluß des Großherzogth. Oldenburg an das berliner Bündniß. gr. 4. (7 S.) Oldenburg 849, Stalling.

Bericht des Ausschusses (der Handelskammer Leipzig) über den Entwurf eines Reichs-Unfall-Versicherungs-Gesetzes. 8°. Leipzig 1881.

— d. leit. Ausschusses d. schweiz. Gewerbevereins betr. leichtsinn. Nachlassverträge, s.a. Zeitfragen, Gewerbliche.

Bericht des Leitenden Ausschusses des Schweizer. Gewerbevereins betreffend leichtsinnige Nachlassverträge (Dr. jur. Fr[iedrich] Volmar, Berichterstatter). 56 S. kl.-4. Bern, Verlag des Schweizerischen Gewerbevereins ⟨Komm. Büchler & Co.⟩, 1910. [fr. 1. —]
Gewerbliche Zeitfragen. Heft 24.

Bericht des in der New-Yorker Gr.-Logen-Angelegenheit niedergesetzten Ausschusses an die Gr. Landesloge von Sachsen. [Dat.:] Dresden, den 27. December 1850. [Unterz.:] v. Reinhardt, v. Stieglitz, Schwarze. 8 S. 4°. [Kopftit.]

Bericht des XIII. Ausschusses an die Plenarversammlung der rheinischen Provinzialstände über die Verhältnisse des Ackerbaues, der Fabriken und des Handels in den Rheinprovinzen, Elberfeld 1827.

Bericht des Ausschusses zur Prüfung des E. Vieweg'schen Antrages auf Begründung einer kritischen Zeitschrift durch den Börsenverein. (Ohne bes. Titelblatt. Leipzig 1862. Druck von B. G. Teubner.) 4°.

Bericht des Ausschusses zur Prüfung einiger die Gewerbefrage betreffenden Anträge. 4°. Hamburg 1861.

Bericht des Ausschusses zur Prüfung des ... Zoll-Tarifs für das vereinte Deutschland. [Schwerin 1849.] Berichterstatter: *Bolten.*

Bericht des ständigen Ausschusses der Großhgl. Weinbau-Commission, erstattet in der Sitzung vom 12. Januar 1888, über die Ergebnisse der im Jahre 1887 zur Bekämpfung der Rebenperonospora angestellten Versuche. Luxemburg: Bück 1888. 15 S.

Bericht des Ausschusses über die Thätigkeit des Deutschen Vereins für öffentliche Gesundheitspflege in den ersten 12 Jahren seines Bestehens 1873—1885. Frankfurt a. M. 1886

Deutscher Verein für öffentliche Gesundheitspflege. — BERICHT DES AUSSCHUSSES über die Thätigkeit des Vereins in den ersten zwölf Jahren seines Bestehens. 1873—1885. (Frankfurt a. M. 1886. Mahlau & Waldschmidt.) 8°.

Bericht des Ausschusses des volkswirtschaftlichen Vereins zu Frankfurt a. M. über die Gewerbefrage. (Flugblatt No. I.) 4° Frankfurt 1860

BERICHT DES AUSSCHUSSES ÜBER DIE ... VERSAMMLUNG DES DEUTSCHEN VEREINS FÜR ÖFFENTLICHE GESUNDHEITSPFLEGE ...
13. Versammlung ... zu Breslau vom 13. bis 15. September 1886
ist enthalten in: DEUTSCHE VIERTELJAHRSSCHRIFT FÜR ÖFFENTLICHE GESUNDHEITSPFLEGE. Herausgegeben von FINKELNBURG, GÖTTISHEIM, ... Redigirt von A. SPIESS und M. PISTOR. Bd. 19. Heft 1. (Mit Tafeln.) Braunschweig, 1887. Friedrich Vieweg und Sohn. 8°.*)

BERICHT DES AUSSCHUSSES ÜBER DIE ... VERSAMMLUNG DES DEUTSCHEN VEREINS FÜR ÖFFENTLICHE GESUNDHEITSPFLEGE [1])
14., zu Frankfurt a. M. vom 13. bis 15. September 1888. Sonderabdruck aus der „Deutschen Vierteljahrsschrift für öffentliche Gesundheitspflege". Bd. XXI. Heft 1 u. 2. Braunschweig 1889. Druck und Verlag von Friedrich Vieweg und Sohn. 8°.

Bericht des Ausschusses über die 3. Versammlung des Deutschen Vereins für öffentl. Gesundheitspflege zu München am 13.—15. Septbr. 1875. (Sep.-Abdr. aus der „Deutschen Vierteljahrsschrift f. öffentl. Gesundheitspflege. Bd. VIII, Heft 1.) Braunschweig 1876. Gr. 8°. Cart.*)
IV—190 S.

Deutscher Verein für Öffentliche Gesundheitspflege. **Bericht** des Ausschusses über die 21. Versammlung des Deutschen Vereins für öffentliche Gesundheitspflege zu Kiel vom 10.—12. Sept. 1896. Sonderabdruck aus der „Deutschen Vierteljahrsschrift für öffentl. Gesundheitspflege". Bd. 29. Heft 1. Braunschweig. 1897. 8°.

Bericht des Ausschusses über die Versammlungen des Deutschen Vereins für öffentliche Gesundheitspflege. 18—33. 1893—1908 u. 35—42. 1910—21. Braunschweig
Von 39. 1918 ab: **Bericht** über die Versammlungen ...

— des Ausschusses f. die kirchliche Versorgung Bremens. (32 S.) 8. Bremen (907). G. Winter. — 30

Bericht des volkswirthschaftlichen Ausschusses über den Antrag Lienbacher und Genossen, betreffend die Krisis von 1873. Wien 1875. V: *Herbst, Eduard & Jos. Neuwirth.*

Bericht des volkswirthschaftlichen Ausschusses, betreffend die Beschwerden über die Dampfschiffahrt auf dem Rheine und seinen Nebenflüssen. [O. O. 1848 oder 49.] 4.

Bericht des volkswirthschaftlichen Ausschusses über den Entwurf einer Gewerbeordnung von Veit und Hollandt. 4°. Frankfurt a. M. 1849.

Bericht des volkswirthschaftlichen Ausschusses über den Entwurf des deutschen Heimathsgesetzes. Berichterstatter: B. Hildebrand. Beilage I. zum Protokoll der 127. öffentlichen Sitzung vom 2. December 1848. o. O. (1848.) 4.

— d. volkswirtschaftl. Ausschusses d. 2. Kammer zu d. Anträgen d. Abg. Gröber u. Gen., Keil u. d. dazu gestellten Zusatzanträgen, sowie zu d. Eingaben d. Verb. württ. Gewerbever. u. Handwerkervereinign E. V. v. 13. 4. '10 u. d. Handwerkskammer Stuttg. v. 3. 4. '10 betr. d. Vergebg öffentl. Arbeiten u. Liefergn. Berichterstatter: Bauer. (801—890) 30,5×21,5 cm. Stuttg., (C Grüninger) ('10). nn 1.20 d

Bericht des zweiten Ausschusses über die Vorlage Gr. Ministeriums der Justiz, den Gesetzesentwurf, die Erwerbung des Grundeigenthums und verschiedener anderer Rechte an Liegenschaften sowie das Hypothekenwesen in der Provinz Rheinhessen betr; erstattet von dem Abgeordneten Becker (Nebst) Nachträglicher Bericht des zweiten Ausschusses. o.O. (um 1869).
(Ausschußberichte d. 2. Kammer. Beil. Nr. 424 z. 83. Protokoll u. Nr. 472 z. 93. Protokoll.)

Bericht des Ausschusses des Lübeckischen Zweigvereins zur Hebung der Fluss- und Canal-Schiffahrt über die projectirte Correction des Stecknitzcanals nebst einem technischen Berichte des Baumeisters Marcks in Berlin und Kostenanschlägen. Mit 1 Karte. Lübeck. 1874. 4°

— über die Ausschuss-Berathungen des deutschen Verbandes f. das kaufmännische Unterrichtswesen, s.a: Veröffentlichungen des deutschen Verbandes f. das kaufm. Unterrichtswesen. 15. Bd.

Bericht über die Ausschuss-Berathungen des Deutschen Verbandes für das Kaufmännische Unterrichtswesen. Weimar, 21. bis 23. Mai 1900. *Braunschweig: Braunschw. Verl. f. kaufm. Unterrichtswesen 1900.* (67 S.) 8°
= **Veröffentlichungen** d. Deutschen Verbandes f. d. kaufm. Unterrichtswesen. Bd 15. [01. 4414

Bericht der zur Prüfung der, gemeinsame Angelegenheiten der Monarchie betreffenden, Gesetzvorlagen erwählten Ausschüsse. Erstattet den 9. Febr. 1863. o. O. u. J. 4°.

Bericht der zur Begutachtung des Entwurfs eines Strafgesetzbuchs für das Großherzogthum Hessen gewählten Ausschüsse 1. u. 2. Kammer erstattet von dem Abgeordneten Heße. Darmstadt im Juli 1840.

Verein zur Wahrung der gemeinsamen wirthschaftlichen Interessen in Rheinland und Westphalen. — BERICHT ÜBER DIE AUSSCHUSSSITZUNG VOM 10. FEBRUAR 1872. (Ohne bes. Titelblatt. — Druck von Spiethoff & Krabe in Düsseldorf.) 4°.

BERICHT über die am 5. März 1875 in Hannover stattgehabte Ausschusssitzung des Deutschen Aerztevereinsbundes. s. l. & a. (Weimar. — G. Uschmann & Co.) 8°.***)

Bericht üb. d. Ausspruch d. Commission zur Vertheilung d. Preise für d. öffentl. National-Ausstellung vaterländ. Fabrikate, welche im J. 1822 stattgefunden hat. gr. 8. Berlin 823, Dunker u. H.

Bericht über d. Allgem. deutsche Ausstell. auf d. Geb. d. Hygiene. Berlin 1882—83. Hrsg. v. P. Börner. Berlin 1885—86. 3 Bde.

— üb. d. allg. deut. Ausstellg auf d. Gebiete d. Hygiene u. d. Rettungswesens Berlin 1882—83, hrsg. v. P Boerner. 2 Bde. 8. (1057 m. Illustr.) Bresl. 85, Schottländer. *n.* 35. —; geb. *n.* 40. —

— üb. d. allg. deut. Ausstellg auf d. Gebiete d. Hygiene u. d. Rettungswesens unter d. Protectorate Ihrer Maj. d. Kaiserin u. Königin. Berlin 1882—93. Hrsg. v. P Boerner u. vollendet v. H Albrecht. 3. Bd. 8° (685 m. Abbildgn.) Bresl. 86, Schles. Buchdr. etc. Einzelpr. 15 — (kplt: 45 —; geb. 52.50

— über die allgemeine Ausstellung deutscher Industrie- und Gewerbs-Erzeugnisse zu München im J. 1854, Amtlicher. Mit 16 lithogr. Tafeln. München 1855. 8.

— über die allgemeine Ausstellung f. hygienische Milchversorgung im Mai 1903 zu Hamburg. Hrsg. vom deutschen milchwirtschaftl. Verein. (V, 130 S. m. 3 Abbildgn. u. 4 Karten.) gr. 8. Hamburg 904. C. Boysen. n. 3. —

South Kensington Museum, Bericht über die Ausstellung wissenschaftlicher Apparate im —, 1876; zugleich vollständiger und beschreibender Katalog der Ausstellung, von Rudolf Biedermann. Berlin 1877.

Bericht über die Ausstellung wissenschaftlicher Apparate im South Kensington-Museum nebst Katalog von Biedermann. London 1877

-- üb. die Deutsche Allgemeine Ausstellung f. Unfallverhütung Berlin 1889 unter dem Allerhöchsten Protektorate Sr. Maj. d. Kaisers u. Königs. Hrsg. von Vorstand. 1. Bd. gr. Lex.-8. (LXXVI, 957 S. m Fig.) Berlin 890. C. Heymann's Verl. n. 25. –

— über die deutsche allgemeine Ausstellung f. Unfallverhütung Berlin 1889, unter dem Allerhöchsten Protektorate Sr. Maj. d. Kaisers u. Königs. Hrsg. vom Vorstand. 2 Bde. gr. Lex.-8. (Mit Abbildgn.) Berlin, C. Heymanns Verl. n. 70. —
I. (LXXVI, 957 S.) 890. n. 25. —
II. 1. (IV, 421 S.) 891. n. 20. —
II. 2. (XV, 737 S.) 891. n. 25. —

Bericht über die Ausstellung des IX. deutschen Geographentages zu Wien 1891. Nebst Ausstellungs-Katalog. Herausgegeben vom Ausstellungs-Comité. 8. Wien 1891.

Bericht üb. d. Ausstell. v. Gewerbs-Erzeugn. a. Kurhessen 1842 u 46. Kassel 1843. 47

Bericht über die Ausstellung von Gewerbs-Erzeugnissen aus Kurhessen, welche vom 13. Juli bis zum 1. August 1846 in d. Residenz Kassel stattfand. Kassel 1847. 8.

— üb. die Ausstellung sächs. Gewerb-Erzeugnisse im J. 1831. Schmal gr. 4. Dresd. u. Leipz. 832. Arnold. 1/2 Thlr. Derselbe im Jahre 1834. Schmal gr. 4. Ebd. 836. 1/2 Thlr. Derselbe im Jahr 1837. Mit 1 Tab. Ebd. 839. 7/8 Thlr.

Bericht über die Ausstellung Sächs. Gewerb-Erzeugnisse im Jahre 1837. Dresden u. Leipzig 1839. 8

Bericht über die Ausstellung Sächs. Gewerb-Erzeugnisse im Jahre 1840. Dresden u. Leipzig 1841. 8. [2 Ex.]

— üb. d. Ausstellung sächsischer Gewerberzeugnisse im Jahre 1840. gr. 8. Dresden u. Leipzig 845, Arnoldische B. 3/4 Thlr.

Bericht über die Ausstellung sächsischer Gewerberzeugnisse im Jahre 1845. gr. 8. Leipzig 846, Teubner. 5/6 Thlr.

— über die heraldische Ausstellung des Vereines „Adler" in Wien 1878. gr. 4. (XXXIX, 218 S. m. 67 Bildtaf. in Photogr., Holzschn., Lith. u. Farbendr. u. 25 in den Text gedr. Illustr.) Wien 881. (Braumüller.) n.n. 50. —

— über die 1. internat. botanische Ausstellung in Wien vom 11. bis 25. VI. 1905, veranstaltet v. der Organisations-Kommission des II. intern. botan. Kongresses in Verbindg. m. der Association internationale des botanistes. Erstattet von dem Präs. der Ausstellungskommission Th. Ritter v. Weinzierl. (35 S. m. 8 Abbildgn.) Lex.-8. Wien 906. (W. Frick.) n. 1. 20

Bericht über die internationale elektrische Ausstellung in Wien 1883. Breslau 1883. V: *Schneider, Valentin.* (Kat. d. Druckschr. üb. Breslau. Bresl. 1903. S. 106.)

-- über die internationale elektrische Ausstellung Wien 1883, unter Mitwirkg. hervorrag. Fachmänner hrsg. vom niederösterr. Gewerbe-Vereine. Red.: Frz. Klein. Mit nahezu 400 Illustr. 9 Lfgn. gr. 8. (VI, 581 S.) Wien 884. 85. Seidel & Sohn. à n. 1. 20

Bericht über die internationale elektrotechnische Ausstellung zu Frankfurt a/M. I. II. Frankfurt. 1893/94.

Bericht über die internationale landwirthschaftliche Ausstellung von 1856 zu Paris [Zürich 1856.] V: *Zangger, Rudolph.* (Cat. d. Stadtbibl. Zürich. Zürich 1864–97.)

Bericht über die internationale landwirtschaftliche Ausstellung zu Bremen 1874. 7 Hefte. Berlin 1874

Bericht über die Kant(onale) landwirtschaftliche Ausstellung in St. Gallen vom 20. bis 26. September 1907. [Mit 6 Tafeln und illustriertem Umschlag.] 274 S. 8. St. Gallen, Buchdr. der «Ostschweiz», 1908.

Bericht über die II. Kantonale landwirtschaftliche Ausstellung in Luzern vom 2.–7. Oktober 1909. [Mit 1 Vignette und 11 Tafeln.] 372 S. 8. Luzern, Buchdr. Keller, 1910.

Bericht über die kunstgeschichtliche Ausstellung zu Erfurt im Jahre 1903. Magdeburg 1904. V: *Doering, Oscar.* (HH-BD III, 31)

Landwirtschaftliche Ausstellung beider Basel 1901 — 15. Mai bis 8. Oktober —, im Anschluss an die Gewerbe-Ausstellung in Basel ... stattgefunden. Bericht. Erstattet vom Organisationskomitee. 100 S. 8. Liestal, Gebr. Lüdin, 1902.

Bericht über die land- u. forstwirtschaftliche Ausstellung zu Wien i. J. 1866. Herausgegeben durch das Ausstellungs-Comite. Wien 1867. Enthält sämtliche Fachberichte.

— über die 2. landwirthschaftliche Ausstellung von Vieh, Produkten, landwirthschaftl. Maschinen u. Geräthe am 5., 6. u. 7. Oktbr. 1867 in Schaffhausen. Veranstaltet vom landwirthschaftl. Verein in Verbindung mit der Tit. Viehschau-Kommission des Kantons Schaffhausen. Schaffhausen 868. (Schoch.) 8. (72 S.) 4½ ngr.

— über die von der k. k. Landwirthschafts-Gesellschaft veranstaltete land- und forstwirthschaftliche Ausstellung zu Wien im J. 1866. Hrsg. durch das Ausstellungs-Comité. gr. 8. (LXXV und 780 S. mit eingedr. Holzschn., nebst Abbild., 2 Chromolithogr. und 1 Holzschntaf. in gr. 8. und Fol. und 1 lithogr. und ill. Karte in qu. gr. Fol.) Wien 867, (Gerold's Sohn.) *

Bericht über die vom landw. Verein Neumünster-Wipkingen-Zürich vom 28. Sept. bis zum 2. Okt. 1871 abgeh. landw. Ausstellung, sowie Bericht des kantonalen Preisgerichts für Obstbau über den Befund der preiserwerbenden Obstbaumpflanzungen. 80 Stn. 8. Zürich, Druck v. J. Herzog. 1872?

— üb. d. österr. Ausstellg London 06, erstattet an d. österr.-ungar. Handels- u. Gewerbekammer in London. (49) Lex 8°. Wien, M Perles '07. 1.60

Bericht üb. d. Ausstell. v. Schul- u Unterrichtsgegenständ. in Wien v. A v Helfert. Wien 1862

Bericht über die zur Feier des Geburtstages Sr. Maj. des Kaisers Franz Joseph I. von Seite des Ausschusses des kathol. Centralvereins in Linz am 18. Aug. 1852 veranstaltete Austheilung von Sparkassabücheln und silbernen Ehrenmedaillen an Schulkinder u. s. w. Linz 1852. 8.

Bericht über die zur Erhöhung der Feier des glorreichen Geburtstages Sr. k. k. apost. Majestät des Kaisers Franz Josef I. von Seite des Ausschusses des katholischen Central-Vereines in Linz am 18. August 1855, theils in der Landeshauptstadt Linz, theils in mehreren anderen Ortgemeinden des Erzherzogthums Oesterreich ob der Enns veranstaltete feierliche Austheilung von Sparkassabücheln und silbernen Ehren-Medaillen an solche Schulkinder, welche sich durch Tugend und Frömmigkeit besonders hervorgethan haben. Linz, 1855. Aus der Eurich'schen Buchdruckerei. (48 S. 8.) geb.

Bericht über die zur Erhöhung der Feier des glorreichen Geburtstages Sr k k. apostol. Majestät des Kaisers Franz Josef I. von Seite des Ausschusses des katholischen Central-Vereines in Linz am 18. August 1856, theils in der Landeshauptstadt Linz, theils in mehreren anderen Ortsgemeinden des Erzherzogthums Oesterreich ob der Enns veranstaltete feierliche Austheilung von Sparkassabücheln und silbernen Ehren-Medaillen an solche Schulkinder, welche sich durch Tugend und Frömmigkeit besonders hervorgethan haben. Linz, 1856. Aus der Eurich'schen Buchdruckerei. (35 S. 8.)

Bericht über den Austritt des Br. [Herm.] Settegast aus der Gr. Loge von Preussen, gen. Royal-York zur Freundschaft. (Als Ms. gedr.) Berlin [1894]: Stankiewicz. 32 S. 8° [Umschlagtit.]
Von der Grloge Royal York der Kommission zur Prüfung u. Berichterstattung üb. die Frage der Anerkennung der Grloge Kaiser Friedrich zur Bundestreue überreicht.

Bericht. Verein f. Innere Mission in Bremen. Abt.: Fürsorge f. Auswanderer (1906ff.: Bericht d. Auswanderer-Mission in Bremen). 1905—07. 1911. Bremen.

Bericht und Ausweis über den Stand der vom Preßburger israel. Casino-Verein gegründeten Kleinkinderbewahr-Anstalt. Für das Jahr 1853. 8. (10 S.) Preßburg. Druck von Karl Friedrich Wigand. 1854.

Bericht, Authentischer, über die Ermordung des A. v. Kotzebue. Mannh. [Nordh.] 1819. V: *Nikolai, Carl.* (Ky) (Wr)

— authentischer, üb. die Ermordung d. Kaiserl. Ruß. Staatsraths August von Kotzebue. Nebst vielen interessanten Notizen über ihn und über Carl Sand. 2te Aufl. 8. Nordhausen, Happach. 819.

— authentischer, von der am 8. Juni 1857 erfolgten schrecklichen Explosion des Laboratoriums des königl. preuß. Theaterfeuerwerkers F. Dobermont. Nebst einer kurzgefaßten Lebensbeschreibung des F. Dobermont. 8. (16 S.) Berlin 857, [Streerath und Comp.]

— authentischer, über die Generalversammlung des allgemeinen Vereins für Volkserziehung u. Verbesserung des Frauenlooses, verbunden mit der 2. deutschen Frauenconferenz, abgehalten in Stuttgart vom 17—20. Octbr. 1868. Nebst Programm, Statuten u. Geschäftsordnung des Vereins. Herg. von P. A. Korn. Stuttgart 869. Exped. der allg. Frauen-Zeitung. 8 (134 S.) n. 17½ ngr.

— authent., über das Land- u. Seetreffen bei Eckernförde am 5. April 1849 (von Wilh. v. Rahden.) Mit 1 (lith. u. color.) Plane (in qu. gr. 4.) gr. 8. (14 S.) Berlin 849, A. Duncker. — 2. Abdr. gr. 8. Ebd. 849. n. 6 ngr

— authentischer, von dem an der französischen Friedensgesandtschaft bei ihrer Rückreise von dem Congreß in der Nähe von Rastadt verübten Meuchelmord. Nebst einigen weiteren Actenstücken und Zusätzen des Herausgebers. 1799. [Unveränderter Abdr.] 8. (X, 56 S.) Carlsruhe 869, Bielefeld's Hofbuchh.

— authent., v. d. an d. franz. Gesandtschaft in der Nähe von Rastadt verübten Meuchelmord. 8. Frankf. Gebhardt u. K. 799.

— authentischer, d. Makrena Mieczyslawska, Aebtissin d. Basilianerinnen v. Minsk od. Geschichte einer 7jähr. Verfolgung, erlitten wegen d. Glaubens v. ihr u. ihren Nonnen. Auf Befehl des Pabstes Gregor XVI. von ihr zu Protokoll gegeben. A. d. Franz. v. J. S. 16. Gera u. Leipzig 846, Armbruster. ¼ ng

Authentischer **Bericht** über den Raubmord, welcher zwischen Bremerhaven und Lehe am 30. September dieses Jahres von Leopold Müller verübt wurde. Bremen Ordemann. o.J, (1854), 8 S.

— authentischer, üb. die Schlacht bei Leipzig den 18. u. 19. Oct. 1813. Mit 1 ill. Grundr. d. Schlacht. 8. Hamb. 814. (Herold jun.) 6 gr Ohne Grundriß 2 gr

— authentischer, üb. die Schlacht bei Leipzig den 18. u. 19. Oct. 1813, als 2r Theil des authent. Bericht üb. d. Rückzug d. französischen Armee v. Moskau. Mit 1 illum. Grundriß der Schlacht. 8. Hamb. Vollmer. 814.
ohne Grundriß

— authentischer, üb. die Schlacht bei Wagram am 5. u. 6. Juli 1809, mit 2 Pl. gr. 8. Hannov. 811. Hahn. 1 ng 12 gr

Authentischer Bericht über die Schlacht bei Wagram am 5. u. 6. Juli 1809. Von einem Augenzeugen. Nebst einigen Anm. d. Hrsg. Mit Pl Hannover 1813. 59 S.

— dasselbe vom Jahre 1876. [Mit 4 (lith.) wissenschaftl. Beilagen (in 4.) u. statist. Tab.] 8. (292 S.) Ebend. 878. n. 3. —

Bericht von einer abermaligen von denen Venetianern gegen die Türken in den Wassern zw. Coron u. Calamata glücklich erhaltenen Avantage, auch Eroberung der Hauptstadt Issmusch in Areigovinen, unterm 13 Aug. aus Venedig berichtet 4. Regenspurg 1717

Bericht über ein Avant-Projekt der pneumatischen Abteilung der Liernurschen Kanalisation zu Winterthur. Winterthur 1876. V: *Liernur, Charles T. & de Bruyn-Kops.* (Zuwachsverz. d. Bibl. Zürich 1898 ff. 8.)

Handwerkerschule Baden. Bericht über das Schuljahr 1900/1901 ... erstattet von Hans Hasler, Rektor. II + 12 S. 8. Baden, Jäger, April 1901.
Einziger bis Oct. 1903 im Druck erschienener Bericht.

Bericht über Bahnanlagen mit Dampfbetrieb auf öffentlichen Strassen. [Zürich 1890.] V. *Schmid, G.* (BSchwLk V 9 h)

Bank für Appenzell-Ausserrhoden. 6. Bericht pr. 1872. 12 Stn. 4. 1873

Bank f. Appenzell-Ausserrhoden. 8. Bericht 1874. 16 Stn. 4. 1875

Bank für Appenzell Ausserrhoden. 9. Bericht, umfassend das Geschäftsjahr 1875. 16 S. 4. 1876

Bank für Appenzell-Ausserrhoden (in Herisau). 34. Bericht 1900. II + 15 S. 4. Herisau, Schläpfer & Cie., 1901.

Bank für Appenzell-Ausserrhoden (in Herisau). 35. Bericht 1901. II + 14 S. 4. Herisau, Schläpfer & Cie., 1902.

Bank für Appenzell-Ausserrhoden (in Herisau). 36. Bericht 1902. II + 15 S. 4. Herisau, Schläpfer & Cie., 1903.

Bericht der Brasilianischen Bank für Deutschland für die am 10. Nov. 1910 stattfindende ordentliche Generalversammlung der Aktionäre. 23. ff.- Abschluß. 30. Juni 1910 ff. (Hamburg 1910) ff. 4°

Bericht der Bank für Chile und Deutschland: Jahrgang 1, 1895/96
Published by the Banco de Chile y Alemania. Valparaiso

Bericht der Landschaftlichen Bank der Provinz Pommern üb. d. 11 ff. Geschäftsj. 1904 ff. Stettin 1905 ff. 4°.
11, 1904—16, 1909.

Solothurnische Bank. 13. Bericht pro 1870. Solothurn 1871: Gassmann. 20 S. u. 1 Tab.

Solothurnische Bank. 17. Bericht pro 1874. 29 Stn. in-4. und 1 Tab. Solothurn, Druck von J. Gassmann Sohn. 1875?

Solothurnische Bank. 18. Bericht über den Geschäftsbetrieb im Jahre 1875. 26 S. 4. (Mit 4 Tabellen.) Solothurn, Druck von J. Gassmann Sohn. 1876?

Bank in Winterthur. 8. Bericht, umfassend das Geschäftsjahr 1870/71. Winterthur, Druck von J. Westfehling. 16 S. 4. 1871?

Bank in Winterthur. 12. Bericht f. 1874—1875. Winterthur, Druck v. J. Westfehling, 1875. (13 Stn. in-4. m. 1 Tab.)

Bank in Winterthur. 13. Bericht, umfassend das Geschäftsjahr 1875/76. 16 S. 4. Winterthur, Druck von J. Westfehling. 1876?

Bank in Winterthur. 38. *u.* 39. *u.* 40. Bericht umfassend das Geschäftsjahr 1900 *u.* 1901 *u.* 1902. 21 *u.* 23 *u.* 23 S. 4. Winterthur, Buchdr. Winterthur, 1901 *u.* 1902 *u.* 1903.

Bank in Wyl. Bericht über das 32. Geschäftsjahr 1901. 19 S. 4. Wyl, J. Zehnder, 1902.

Bank in Wyl. Bericht über das 33. Geschäftsjahr 1902. 19 S. 4. Wyl, J. Zehnder, 1903.

Banque foncière du Jura in Basel. 21. Bericht über das Geschäftsjahr 1900. II + 16 S. 4. Basel, Kreis, 1901.

Banque foncière du Jura in Basel. 22. Bericht über das Geschäftsjahr 1901. II + 16 S. 4. Basel, Kreis, 1902.

Banque foncière du Jura in Basel. 23. Bericht über das Geschäftsjahr 1902. II + 16 S. 4. Basel, Kreis, 1903.

Bericht üb. d. franz. Baracken-Lazarett f. Verwundete im Parke v. St. Cloud im Jahre 1871. Wien 1872.

Bericht über die physikalische Anstalt Basel. 1879. 83. 85. 86. 91—92.

Frauenarbeits-Schule Basel. Bericht über das Schuljahr 1900/1901. II + 9 S. 4. Basel, Emil Birkhäuser, 1901.

Frauenarbeits-Schule Basel. Bericht über das Schuljahr 1901/1902 *u.* 1902/1903. *je* II + 9 S. 4. Basel, Emil Birkhäuser, 1902 *u.* 1903.

Frauenspital Basel. Bericht über das Jahr 1900. 62 S. 8. Basel, Kreis, 1901.

Frauenspital Basel. Bericht über das Jahr 1901 *u.* 1902. 61 *u.* 56 S. 8. Basel, Basler Druck- und Verlags-Anstalt, 1902 *u.* 1903.

— des Frauenspitals Basel üb. d. J. 1903. (85 S.) gr. 8. Basel 904. Frauenspital. n. 1. —

Bericht der allgemeinen Gewerbeschule Basel 1889-91 4° Basel 1890-91

Bericht der allgemeinen Gewerbeschule Basel. 1894-1906. 4° Basel 1895-06

Allgemeine Gewerbeschule Basel. Bericht 1900/1901 *u.* 1901/1902. II + 36 *u.* II + 34 S. 4. Basel, Birkhäuser & Dubi, 1901 *u.* 1902.

Allgemeine Gewerbeschule Basel. Bericht 1902/1903. II + 34 S. 4. Basel, Birkhäuser & Dubi, 1903.

Bericht der allgemeinen Gewerbeschule Basel 1906/07. 08/09. 4° Basel 1907-09

Bericht über das Gymnasium Basel 1871—94.

Bericht der Mädchensekundarschule Basel 1875—79.

Bericht des Realgymnasiums Basel 1871—81.

Bericht der Realschule Basel 1872—74, 75—78, 83—86, 88—89. 90—92, 94—95.

Bericht des Erziehungsrates Basel-Landschaft über die Amtsperiode 1835 — 36. Liestal 1837.

Bericht, Bassermann's, und die Abgesandten aus der Berliner Versammlung. Frankf. 1848. V: *Haym, Rud.* (Hauptkat. d. Univ.-Bibl. Tübingen. F. Nachtr. 11.)

Bericht über den Bau und Bestand der österreichischen Nordwestbahn. Wien 1873. fol.

—— über den Bau und den Bestand der k. k. priv. oesterreichischen Nordwestbahn mit Bezug auf die im eigenen Pavillon ausgestellten Gegenstände, Pläne und statistischen Ausweise. Wiener Weltausstellung 1873. Gruppe XIII und XVIII. gr. 4. (XVI, 181 S. mit 20 Stnt. in gr. 4. und Fol.) Wien 874, Lehmann und Wentzel. *

Bericht betreffend Bau und Betrieb der Sihlthalbahn. Zürich 1890. V: *Meister, Ulr., Rob. Strehler & Alfr. Schwarzenbach.* (Zuwachsverz. d. Bibliotheken in Zürich 1898 ff.)

— über den Bau u. Betrieb des städtischen Wasserwerkes zu Iserlohn für die Zeit vom 1. April 1877 bis dahin 1879. Iserlohn 1879. 4°. brosch. (10 S.)

Bericht über den Bau des Hauses für die k. k. mechanisch-technische Lehrwerkstätte in Klgft. Klgft., Leon, 1889. Quart. 11 S.

Bericht über den Bau der Turnhalle nebst Vereinshaus des T. V. für Neu- u. Antonstadt Dresden i. d. J. 1880 u. 1881, Dresden 1881, 24 S., 8°.

Bericht über den Bau der Zuleitung, erstattet in der IV. General-Versammlung am 15. April 1874. (A.-G. Frankfurter Quellwasserleitung) Frankfurt a. M. 1874. Beigeb.: 1. Bericht erstattet in der V. General-Versammlung am 4. Februar 1875. Frankfurt a. M. 1875. 2. Bericht erstattet an die VI. ordentliche General-Versammlung am 29. April 1876. Frankfurt a. M. 1876

— des gemeinderäthl. Bauausschusses, betreffend die Erbauung e. neuen Fruchthalle auf d. Platze d. Dominikanerklosters, so wie über die Verwendung d. südlichen Theils d. Platzes Gutenberg. gr. 8. Mainz 835. Wirth. 1/6 rl

Interlaken. Berner-Oberland-Bahnen. Bericht ([vom] Baudirektor [und] Finanzdirektor) an den Regierungsrat zu Handen des Grossen Rates (des Kantons Bern). (Januar (28/Februar 5.) 1902.) 6 S. 4.

Berner Baugesellschaft. 11. Bericht üb. d. J. 1870. 6 Stn. 8. 1871?

Bericht des Bau-Kollegiums über die Wasserversorgung Basels. Basel 1863.

[Bericht.] Kolonial-Wirtschaftliches Komitee. Deutsch-koloniale Baumwollunternehmungen. Ber. 3 ff. Berlin 1903 ff. 2°.
3, 1903/1904
4—8 hrsg. von Karl *Supf.* 1904—1907.
9—12 hrsg. von Karl *Supf.* 1907—1910 s. Tropenpflanzer, Beih., Bd 8 ff.

Bericht [über die] Deutsch-koloniale[n] Baumwoll-Unternehmungen. Hrsg. von Karl *Supf*. 9. 1907 ff. Berlin 1907 ff. 8°
9. 1907 — 12. 1910.
(Tropenpflanzer. Beih. 8, 4; 9, 8; 10, 8; 11, 8.)
[Fortges. u. d. Tit.:]
Verhandlungen der Baumwollbau-Kommission des Kolonial-Wirtschaftlichen Komitees. E. V., wirtschaftl. Ausschuß d. Deutsch. Kolonialgesellsch. 1910—1911. (Berlin 1910—1911.) 8° *[Umschlagtit.]*

— der Lancashire privat. Baumwoll-Untersuchungskommission üb. ihren im Frühj. 1906 erfolgten Besuch der Baumwolle erzeugenden Gegenden der Vereinigten Staaten v. Nordamerika. Aus dem Engl. übers. v. Frdr. Wilhelm. (40 S.) Lex. 8. Chemnitz (907). (O. May.) 1.50

— dass. Bericht üb. d. Bau-Unfallversichergsges. Berichterstatter: Fischbeck. — Bericht üb. d. Unfallversichergsges. f. Land- u. Forstw. Berichterstatter: Opfergelt. Nebst: Zusammenstellg d. Entwurfs e. Unfallversichergsges. f. Land- u. Forstw. m. d. Beschlüssen d. XXI. Kommission. Fol. (47, 97 u. 121) Ebd. 1900. 6 —

Bericht über die Bautätigkeit in der Stadt Cöln während d. J. 1905 [von 1906 ab] nebst d. Anl.: d. Bautätigkeit in deutschen Städten während d. J. 1906 ff. [von 1907 ab] sowie seit d. J. 1909. Aufgest. im Statist. Amte. Cöln 1905—1908. 4°.

Bericht über die Bautätigkeit in der Stadt Cöln während d. 1. Viertels des Jahres 1905 ff. Aufgest. im Statist. Amte. O. O. u. J. 4°.
1905, 1—4 — 1910. 1—3.

Bericht des Beamten-Collegii der Loge zum goldenen Apfel in Dresden: 1852. 2 Bl. 8°. [Kopftit.]

— u. Bedenken, d. Kriebelkrankheit betreff. 8. Kopenh. Rothe. 772.

Bericht über die volkswirthschaftliche Bedeutung der concurrirenden Tracen des Rhein-Weser-Kanals; insbesondere über die präsumtiven Transport-Kosten, den Kanal-Tarif und die Rentabilität.
Dortmund 1864.

Bericht (62ster u. 65ster) an die Beförderer der Institute für weibliche und männliche Kranke. (Hamburg. Druck v. Nobiling. 1859 u. 1862.) 8. 7 u. 4 S.
Seit 1868 werden die Berichte im Hamburger Logenblatt bekannt gegeben. Im J. 1883 wurden 398 Kranke mit 11904 Pflegetagen aufgenommen und M. 41588.34 verausgabt.

— üb. d. Begebenheiten, welche sich mit e. Landbauer in La-Beauce in d. ersten Monaten d. J. 1826 zugetragen haben. A. d. Französ. 8. Würzburg 827, Strecker.

Bericht über die Begründung einer Hauptstelle für deutsche Volkskunde. Gemeinsam erstattet von d. Vorsitzenden d. Gesamtvereins d. Deutschen Geschichts- u. Altertumsvereine u. d. Verbandes Deutscher Vereine f. Volkskunde im Herbst 1909. Hamburg 1910: Lütcke & Wulff. 7 S. 8° [Umschlagt.]

BERICHT ÜBER DIE BEGRÜNDUNG EINES MUSEUMS vaterländischer Alterthümer und Kunstwerke in den Kreuzgängen des Doms zu Freiberg. Nebst Einladung zu fernern Unterzeichnungen.
1—2. Dresden 1837—1838. Gedruckt von Ernst Blochmann. 8°.

Bericht, 1. [und 2.], über die Begründung eines Museums . . . in den Kreuzgängen des Doms zu Freiberg. Dresden 1837—38. V: *Klemm, Gust. & Herm. Freih. v. Friesen.* (Kat. d. stat. Bureaus. Dresden 1890.)

BERICHT ÜBER DIE BEISPIELSDÜNGUNGSVERSUCHE des landwirtschaftlichen Zentralvereins in Insterburg, angestellt im Frühjahr 1906 mit Mitteln der Deutschen Landwirtschafts-Gesellschaft. Im Auftrage des Zentralvereins verfasst von Landwirtschaftslehrer JOHANNES TOMZIG-Insterburg. Insterburg 1907. Druck von Dr. Albert Bittner. 8°.

Bericht über die wunderbare Bekehrung des jungen Israeliten M. Alph. Ratisbonne rc. Nebst Einleitung v. Stiftskapitular L. Hecht. 2e Aufl. 12. Einsiedeln 1843, Benziger. 6 ggr. — 24 kr.

Bericht über die im Sept. 1860 stattgefundene Belagerungs-Übung bei Jülich. (Mit) Atl. Berlin 1861. 8° u. 2°.

Bericht, beleuchtender zum züricher. Gesetz betr. Ausgabe von Banknoten. 10 S. 8. Amtsbl. 1877 Nr. 28. 1877?

Bericht über die Bemerkungen der hochwürdigsten Väter des Concils zum Schema „Ueber den Primat des römischen Pontifex." Deutsche Uebersetzung mit latein. Texte. München 870. Oldenbourg. gr. 8. (83 S.) n. 14 ngr.

Bericht über die in den Jahren 1848 und 1849 auf den Stationen des meteorologischen Instituts im Preussischen Staate angestellten Beobachtungen. Berlin 1851. Fol.
Ist: Tabellen u. amtl. Nachrichten ü. d. Preuss. Staat. Th. 3.

Bericht über neue und wichtigere Beobachtungen aus dem Jahre 1884 ff. Abgestattet von der Commission für die Flora von Deutschland. Separatabdruck aus den Berichten der Deutschen Botanischen Gesellschaft. Jg. 1855 ff.
6. Schleswig-Holstein
(incl. Lauenburg, Hamburg, Lübeck). Referent: C. T. Timm. 1884; 1887; Referenten: Peter Prahl und C. T. Timm. 1889; 1890; Referent: Peter Prahl. 1891. 1892.

Bericht über die Beobachtungen an den Regenstationen der livländischen gemeinnützigen und ökonomischen Sozietät für 1885. 86. 88. 4° Dorpat 1886-91

[Bericht]. Zur Frage der Berufsvormundschaft. Bericht über die 1. Beratung Deutscher Berufsvormünder erstatt. vom Ständ. Ausschuss. Dresden 1906 8°.
1. zu Frankfurt a. M. am 27. u. 28. April 1906.
[Fortges. u. d. Tit.]
Berichte der 2. Tagung Deutscher Berufsvormünder . . . hrsg. vom Ständ. Ausschuss. Dresden 1908. 8°.
2. in Eisenach, 17. u. 18. Sept. 1907.

—— über die in Prag stattgefundene Berathung in Betreff der Sammlung und Ausnützung von städtischen Düngestoffen. gr. 8. (71 S.) Prag 866, (Reichenecker.) *

— üb. d. 1898 im k. k. Ackerbau-Ministerium abgeh. Berathgn in Flachsbau-Angelegenheiten. 2. Aft. 8° (20 m. 1 Karte.) Wien 93, (A Hölder.) — 70

—— über die Berathungen der vorbereitenden Kommission für Erörterung der Gewerbs- und Arbeitsverhältnisse in Sachsen; abgehalten in Dresden vom 29. Mai bis 3. Juni 1848. Nebst: Fragepunkte für die Ausschüsse der Gewerbtreibenden und Arbeiter. gr. 4. (21 S.) Dresden 848, Meinhold und Söhne. *

Bericht über die Beratungen der am 18. u. 19. Juli 1896 zu Eisenach abgehaltenen Versammlung von Delegierten deutscher Universitäten betr. d. Revision d. medizin. Prüfungen. *(Marburg 1896?: R. Friedrich.)* (9 S.) 4°(2°) [Kopft. J.]

Bericht über die Bergakademie und Bergschule Clausthal. 5. 1877—81.

Bericht über den am 11. und 12. Februar 1906 in Essen-Ruhr abgehaltenen [2.] Bergarbeiter-Delegiertentag. Essen-Ruhr, 1906. 111 S.

Bericht vom Bergbau. Freyberg 1769. 4. — Desgl. ein zweites Exemplar. Leipzig 1772. 4.

— v. Bergbau, m. K. 4. Leipz. F. C. W. Vogel. 772.

Bericht über den Bergbau am Silberberg in der Bündtnischen Landschaft Davos. [Bern 1809.] V: *Tscharner, Pet. Conradin.*

Bericht über die Bergbau-Unternehmungen bei Ehren-Friedersdorf. Freiberg, 1881.

Bericht der Bergbehörden über die Beschäftigung jugendlicher Arbeiter auf den Bergwerken, Salinen und Aufbereitungsanstalten für 1882.
dgl. für 1883. Berlin, 1883/84.

— üb. d. VI. allg. deut. Bergmannstag, Hannover 1895. Hrsg. v. vorbereit. Ausschuss unter Mitwirkg d. Red. d. Zeitschrift „Glückauf". 4° (75 m. 3. Taf.) Ess. 95, (GD Baedeker). Kart. 3 —

— über den VII. allgemeinen deutschen Bergmannstag zu München vom 30. VIII. bis incl. 1. IX. 1898. Hrsg. v. der Red. der Zeitschrift „Glückauf", unter Mitwirkg. des vorbereit. Ausschusses. gr. 4. (108 S. m. Abbildgn. u. 11 Taf.) Essen 899. (G. D. Baedeker). Kart. n. 6. —

— über den VIII. allgemeinen deutschen Bergmannstag zu Dortmund vom 11. bis 14. IX. 1901. Hrsg. v. der Red. der Zeitschrift „Glückauf" unter Mitwirkg. des vorbereit. Ausschusses. Lex.-8. (IV, 270 S. m. Abbildgn. u. 15 Taf.) Berlin 902. J. Springer. Gebunden in Leinw. n.n. 15. —

— über den 9. allgemeinen deutschen Bergmannstag zu St. Johann-Saarbrücken vom 7. bis 10. IX, 1904. (III, 180 S. m. 58 Fig. u. 10 lith. Taf.) Lex.-8. Berlin 905. J. Springer. Geb. in Leinw. n. 4. —

Bericht über den 10. Allgemeinen Deutschen Bergmannstag zu Eisenach vom 9.—12. September 1907. Halle a. S., 1908. 72 S. mit 8 Abb. und 2 Taf.
Tübben, L., Praktische Vorschläge zum Zweischachtsystem beim Stein- und Kalisalzbergbau.
Schulz-Briesen, B., Die Genossenschaft zur Regulierung der Vorflut und der Abwässerreinigung im Emschergebiet.
Noé, Dampfturbinen.

Bericht über den 2. Allgemeinen [österreichischen] Bergmannstag zu Klagenfurt, 1893. Wien, 1893. 144 S. mit 7 Taf.

Bericht über den 1. Allgemeinen [österreichischen] Bergmannstag zu Wien, September 1888. Wien, 1889. 298 S. mit 12 Taf.

Bericht über den 4. Allgemeinen [österreichischen] Bergmanntsag in Wien, September 1903. Hrsg. vom Komitee des Allg. Bergmannstages. Wien, 1904. 406 S. mit Abb. und 1 Taf.

Bericht über den Allgemeinen Bergmannstag zu Wien 3. bis 7. September 1888. Wien 1889

— über den allgemeinen Bergmannstag in Wien, 21. bis 26. IX. 1903. Hrsg. vom Komitee des allgemeinen Bergmannstages in Wien. (IV, 406 S. m. Abbildgn. u. 1 Taf.) gr. 8. Wien 904. (F. Deuticke.) Geb. in Leinw. n.n. 6. —

Bericht der Aachener Bergschule über die Schuljahre 1903/05, 1906/07 u. 1907/08. Hrsg. zur Schlußprüfung und Entlassung der Schüler des 20. und 21. Unterkursus, 1. Maschinensteigerkursus und 2. Aachener Oberkursus. Aachen, 1905—1908.

Bericht über die Bergschule zu Dillenburg. Jg. 1903/04–1906/07. Dillenburg, 1905—1907.

Bericht über die Bergschule zu Düren. 5. Lehrcursus. 1865—67. 4.

Bericht über die Bergschule zu Essen. Essen, Jgge. 1879—1889 und 1889—1891.

Bericht über die Bergschule zu Essen. Essen Jgge. 1895—97 bis zur Gegenwart.

Bericht über die Königliche Bergschule zu Freiberg. Jg. 1902/03—1906/07. Freiberg, 1903—1907.

Bericht über die Oberschlesische Bergschule für das Schuljahr 1899—1900. 1900—1901.

Bericht der öffentlichen Bergschule in Klgft. Klgft., Bertschinger, Leon, 1868—.

Bericht über die Bergschule zu Tarnowitz. Lehrcursus 1864.

Bericht über die Bergschulen im Bezirke der Königlichen Bergwerksdirektion zu Saarbrücken. 3.—28. Lehrgang (1876/77—1902/03). St. Johann-Saarbrücken, 1876—1903.

Bericht über die Bergschulen im Bezirke der Bergwerks-Direction zu Saarbrücken. Saarbrücken, 1877.
dgl. Kursus 1876—1885.

Bericht über die Bergschulen im Bezirke der Bergwerks-Direction zu Saarbrücken. Kursus 1891—93 u. 1892—94. ferner Lehrgänge 21—25.

Bericht über die Bergwerks-Besitzungen und Gerechtsame der Gewerkschaft „Westböhmische Bergbau- und Hütten-Vereine". 1863

Handelshochschule Berlin. Bericht 1906/07. Berlin 1908

— — Bericht üb. d. erste Rektoratsperiode 1906-09 v. Jastrow. (278 S) Berlin 1909

Bericht üb. d. 1. Rektoratsperiode d. Handelshochschule Berlin Oktbr. 1906—1909. Erstattet v. dem Direktor der Handelshochschule Jastrow. (Korporation der Kaufmannschaft v. Berlin.) (VIII, 278 S. m. Abbildgn.) Lex. 8. Berlin 909. G. Reimer. 3. —

— üb. d. 4. u. 5. Studienj. d. Handels-Hochsch. Berlin Oktbr '09/11. Erstattet v. A Binz. (76) Lex8° Berl., G Reimer '11. 1.50

Städtische Armendirektion Bern. Bericht pro 1900. 12 S. gr.-8. Bern, Neukomm & Zimmermann, [1901].

Bericht des Gemeinderates Bern an die Einwohnergemeinde über den Bundesrathausbau. Bern 1860.

— des Handwerker- und Gewerbevereins Bern über seine Einvernahme betreffend Vergebung öffentlicher Arbeiten. In-8°, 19 S. E. W. Krebs. 1884? — 50

Ortsverein Bern des Alkoholgegnerbundes. Bericht über das Vereinsjahr 1900/1901. 8 S. 8.
(1. gedruckter Jahresbericht.)

Ortsverein Bern des (*1902:* Schweizerischen) Alkoholgegnerbundes. Bericht über das Vereinsjahr 1. Mai—31. Dezember 1901 u. 1. Januar—31. Dezember 1902. 8 u. 16 S. 8. [1902] u. (1903).

Bericht der Realschule Bern 1835–36, 44–48, 50–51, 53–54, 56–57, 58–60, 62–79.

Bericht des Reg.-Rates Bern betreff. den Bau einer Eisenbahn Biel-Neuenstadt und Biel-Bern. 1858.

Bericht des Reg.-Rates Bern über den Eisenbahn-Vertrag mit der Centralbahn-Gesellschaft. Bern 1854. 4.

Bericht des Reg.-Rates Bern über die letzten Ereignisse im Kt. Luzern. 25. April 1845.

Bericht des Reg.-Rates Bern über die Hauptergebnisse der Staatsverwaltung 1846—50.

Städtische Schuldirektion Bern. Bericht pro 1900(/1901). 47 S. gr.-8. Bern, Neukomm & Zimmermann.

Bericht über Beschaffenheit eines getriebenen alten Kupfer-Reliefs .. O. O. [1888]. V: *Stichler, Carl.* (Cat. d. Stadtbibl. Zürich. Zürich 1864—97)

Bericht von der Beschaffenheit des Waisenhauses zu Wien. 1776

— — und Beschluß des schweizerischen Bundesrathes in Sachen der deutschen Arbeitervereine in der Schweiz. gr. 8. (58 S.) Bern 850. Zürich, Schultheß.

(Rundschreiben.) Deutscher Handelstag. – An die Mitglieder des deutschen Handelstages. . . **Bericht** über die Beschlüsse des bleibenden Ausschusses betreffs der gegenwärtig im Seefrachtverkehr üblichen Connossemente. . . (Ohne bes. Titelblatt. – Berlin, den 15. November 1885. Druck von Liebheit & Thiesen.) 4°

— u. Beschlüsse der Börsen-Enquête-Commission, s.a.: Sammlung amtlicher Veröffentlichungen aus dem Reichs- u. Staatsanzeiger.

Bericht und Beschlüsse der Börsen-Enquête-Kommission. (256 S) Berlin 1894

— m. den Beschlüssen der Kommission. (Drucksachen des Hauses der Abgeordneten. Nr. 273 u. zu Nr. 273.) Fol. (80 u. 84 S.) Berlin (899). (W. Moeser.) n. 4. —

Bericht über die Besprechung von Handelskammern und landwirtschaftlichen Vereinen etc., betreffend den Reichsweinsteuergesetz-Entwurf, Mainz 13. Nov. 1893. 8°. Mainz 1893.

Bericht über den Bestand der Handwerkerschule 1827—34. Bern 1828—34. V (1827—29): *Brunner, Carl.* (Cat. d. Stadtbibl. Zürich. Zürich 1864—97.) (Doubletten-Anzeiger. 1903. Nr. 7.)

Bericht über den Bestand der Sammlungen des Kartenvereins in Zürich. Zürich 1894. V: *Pestalozzi, Salomon.* (Cat. d. Stadtbibl. Zürich. Zürich 1864—97.)

BERICHT ÜBER BESTAND UND WIRKEN DES HISTORISCHEN VEREINS ZU BAMBERG.
41. 1878. (Mit 2 Tafeln.) ib. 1879. —
42. 1879. ib. 1880. — Darin: HEINRICH WEBER, Geschichte der gelehrten Schulen im Hochstift Bamberg von 1007—1803. Abtheilung 1. ib. 1880. —
43. 1880. (Mit 3 Tafeln.) ib. 1881. — Darin: HEINRICH WEBER, Geschichte der gelehrten Schulen im Hochstift Bamberg von 1007—1803. Abtheilung 2. ib. 1881. —
44. 1881. ib. 1882. — Darin: HEINRICH WEBER, Geschichte der gelehrten Schulen im Hochstift Bamberg von 1007—1803. Beilagen. ib. 1882. —

BERICHT ÜBER BESTAND UND WIRKEN DES HISTORISCHEN VEREINS ZU BAMBERG.
45. 1882. Bamberg, 1883. Druck der Reindl'schen Officin. 8°.
46. 1883. ib. 1884. — Darin mit bes. Titelblatt: HEINRICH WEBER, Bamberger Weinbuch. Ein Beitrag zur Culturgeschichte. ib. 1884. —
47. 1884. Mit einem Stadtplan Bambergs vom Jahre 1602. ib. 1885. — Darin mit bes. Titelblatt: JOSEPH METZNER, Geschichte des Ernestinums und Ottonianums zu Bamberg. Als Fortsetzung der Geschichte des Ernestinischen Klerikalseminars von L. Schmitt. ib. 1885. —

BERICHT ÜBER BESTAND UND WIRKEN DES HISTORISCHEN VEREINS (später: anerkannter Verein) ZU BAMBERG.
48., im Jahre 1886. Bamberg 1886: Druck der Reindl'schen Offizin. 8°.
49., für die Jahre 1886 und 87. (Mit 3 Tafeln.) ib. (1888.) —
50., für das Jahr 1888. (Mit 6 Tafeln.) ib. 1888. —
51., für das Jahr 1889. (Mit Tafeln.) ib.: Commissions-Verlag der Buchnerschen Verlagsbuchhandlung. — (Darin mit bes. T.:) ANDREAS LAHNER, Die ehemalige Benediktiner-Abtei Michelsberg zu Bamberg. ib. 1889. —
52., für das Jahr 1890. ib. (1890.) — (G. Duckstein.)
53., für das Jahr 1891. ib. 1893. —
54., für das Jahr 1892. (Mit 1 Bildnis.) ib. 1893. — (Buchner's Sort.)
55., für das Jahr 1893. (Mit 1 Grundriss.) ib. 1894. —
56., für die Jahre 1894 und 1895. (Mit 2 Tafeln.) ib. — (Darin mit bes. T.:) HEINRICH WEBER, Das Bisthum und Erzbisthum Bamberg, seine Eintheilung in alter und neuer Zeit und seine Patronatsverhältnisse. Nebst einer Beilage über die Vicarien und Benefizien am Domstift. Quellenmässig dargestellt. ib. 1895. Druck der Reindl'schen Offizin.
57., für das Jahr 1896. Mit einer Beilage „Der Dom zu Bamberg" von MICHAEL PFISTER. ib. (1896.) Comm.-Verlag der Buchnerschen Sortimentsbuchhandlung Gustav Duckstein. —
58., für das Jahr 1897. ib. 1897. —
59., für das Jahr 1898. ib. 1898. —
60., für das Jahr 1899. Mit einer Beilage: Die Privilegien des alten Bistums Bamberg von H. WEBER. [Aus: Jahrbuch der Görres-Gesellschaft.] ib. 1900. —
61., für das Jahr 1902. — (Darin mit bes. T.:) Geschichte des K. Lyceums Bamberg und seiner Institution unter besonderer Berücksichtigung der allgemeinen Verhältnisse der bayerischen Lyceen. Von WILHELM HESS. Teil 1. ib. (1903.) Druck von J. M. Reindl. (Bamberger Tagblatt.) —
62., für das Jahr 1903. (Mit 1 Tafel und 1 genealogischen Tabelle.) ib. (1904.) Comm.-Verlag der Buchner'schen Sortimentsbuchhandlung Gustav Duckstein.
63., für das Jahr 1904. — (Darin mit bes. T.:) Lupold von Bebenburg von ADAM SENGER. (Den verehrlichen Teilnehmern der Hauptversammlung des Gesamtvereins der deutschen Geschichts- und Altertumsvereine in Bamberg, 25.—29. September 1905 gewidmet vom historischen Verein daselbst.) (Mit 1 Tafel.) ib. (1905.) —
64., für das Jahr 1905. — (Darin mit bes. T.:) Geschichte des K. Lyzeums Bamberg und seiner Institution unter besonderer Berücksichtigung der allgemeinen Verhältnisse der bayerischen Lyzeen. Von WILHELM HESS. Teil 2. ib. (1906.) Druck vom J. M. Reindl (Bamberger Tagblatt). —

— 52., üb. Bestand u. Wirken d. historischen Vereins [anerkannter Verein] zu Bamberg f. d. J. 1890. gr. 8. (XXXIV, 168; 7 u. 4 S.) Bamberg 891. (G. Duckstein.) n. 3. —

— 59., üb. Bestand u. Wirken des historischen Vereins (anerkannter Verein) zu Bamberg f. d. J. 1898. gr. 8. (XXXI, 146, 64 u. 8 S.) Bamberg (899). (Buchner's Sort.) n. 4. —

Bericht über den Bestand und die Wirksamkeit der naturf. Gesellschaft in Graubünden von 1825—27. Chur 1827.

Turnverein Lorraine-Breitenrain [Bern]. Bericht über den 10jährigen Bestand, 1891-1900. 32 S. 8. Bern, Berger & Albrecht, 1901.

Victoria-Anstalt für arme Mädchen des Kantons Bern, in Kleinwabern bei Bern, Bericht üb. den 10jährigen Bestand derselben. Bern, Druck von K. J. Wyss. 30 Stn. 8. 1871.

BERICHT ÜBER DAS BISHERIGE BESTEHEN UND WIRKEN DES HISTORISCHEN VEREINES DES OBER-MAIN-KREISES ZU BAMBERG.
(1.) 1834. Bamberg 1834. Gedr. mit Fr. Humann'schen Schriften. 2. Aufl. ib. 1873. Gedr. bei J. M. Reindl. 8°.

Bericht über das 25jährige Bestehen des Stenographischen Vereins nach Stolze zu Frankfurt a. Oder. 1868—1893. *(Frankfurt a. O.: Dr. v. H. Andres & C. 1893.* (4 Bl.) 1 Bd 4.

Bericht über das 25jähr. Bestehen des Vereins Chemnitzer Wirkschule im allgemeinen und das Schuljahr 1906/1907 im besonderen. — (Chemnitz 1907: Heyde.) 18 S. 8°

Bericht anläßlich des fünfzigjährigen Bestehens der ‚Concordia' Bergbau-Actien-Gesellschaft in Oberhausen <Rheinland>. — Düsseldorf (1900): Bagel. 36 S., 6 Taf. 4° [Umschlagt.:] 1850 bis 1900. ‚Concordia' Bergbau-A.G. Oberhausen.

Bericht über das 50jährige Bestehen des Ortsgewerbevereins und seiner Schulen zu Worms. Worms 1891

—— zweiter, über das Bestehen u. Wirken d. histor. Vereins zu Bamberg in Oberfranken v. Bayern, vorgeles. u. genehmigt in d. Sitzung v. 4. Okt. 1837, u. hrsg. im Namen u. auf Kosten d. Vereins. Nebst Jak. Ayrer's bamberger Reim-Chronik v. J. 900—1599, mit J. Heller's Anmerkn gr. 8. (13 B.) Bamberg 838, (Literar.-artist. Institut.)

—— 3—9., über das Bestehen u. Wirken des histor. Vereins zu Bamberg in Oberfranken von Bayern, (vorgelesen in den jährlichen Versammlungen des Vereins.) gr. 8. Bamberg 840—46. (Literar.-artist. Institut, auch Züberlein.)
2. Bericht ebendas. 1838. 17½ Ngr. Der 1. Bericht fehlt gänzlich.

—— 10. und 11., über das Bestehen und Wirken des historischen Vereins zu Bamberg in Oberfranken von Bayern, vorgelesen und genehmigt in den jährl. Sitzungen des Vereins. gr. 8. Bamberg, (Züberlein.) [10. (XXII und 100 S.) 847, * 20 Ngr., 11. (XXVIII und 91 S.) 848. * 17½ Ngr.] *

Bericht, Erster, über das Bestehen und Wirken des naturforschenden Vereines zu Bamberg. Bamberg 1852 4.

[Bericht über den Besuch des Prinzen Wilhelm von Preussen in der Provinzial-Loge von Schlesien in Breslau.] Verhandelt in der Provinzial-Loge von Schlesien in Breslau am 28. Junius 1855. o. O. [1855]. 2 Bl. 4°. [Kopftit.]

— über die Betheiligung Bayerns an der Wiener Weltausstellung 1873. Mit Benutzg. amtl. Quellen hrsg. vom bayr. Gewerbemuseum zu Nürnberg. gr. 8. (X, 198 S.) Nürnberg 874. Korn. n. 2. —

Bericht über die Betheiligung der II. Infanterie-Brigade an der Erstürmung der Düppeler Schanzen. Berl. [1863]. V: *Canstein, Freih. von.* (Russell II, 2, 36)

—— über die Betheiligung des Kantons Luzern an der 3. schweizerischen Industrie-, Kunst- und landwirthschaftlichen Ausstellung in Bern im J. 1857. Aus Auftrag der Regierung zum Drucke verordnet. gr. 8. (76 S. mit 1 Tab. in qu. Fol.) Luzern 858, (Gebr. Räber.) *

Kinderheim Bethanien und seine Filiale Eben-Ezer [in Bern]. Bericht vom November 1898 bis November 1901 abgelegt von Frau E[ugénie] v. Steiger-Fischer. 15 S. 8.

Kinderheim Bethesda ... (in Basel). *je* 4 S. 8.
8. Bericht 1900. (1901.) — 9. Bericht 1901. (1902.)

Kinderheim Bethesda ... (in Basel). 10. Bericht 1902. 4 S. 8. (1903.)

Bericht über das Kinderkrüppelheim ⟨Bethesda⟩ zu Angerburg ... von Superint. [Hermann Adalbert] Braun in Angerburg. [1.] 1903 bis Mich. 1904. [Berlin 1904: Vaterl. Verl. u. Kunst-Anst.] 8° [J.]

Bericht über den Betrieb elektrischer Beleuchtungsanlagen mittels Gasmotoren im Vergleich zum Dampfmaschinen-Betrieb. O. O. 1886. V: *Schneider, Valentin.* (Kat. d. Druckschr. üb. Breslau. Breslau 1903. S. 106.)

— — über den Betrieb des Ludwigs-Spitals Charlottenhilfe in Stuttgart in den J. 1879—1883. gr. 8. (VI, 53, 58, 21 S.) Stuttgart 884, (Kohlhammer.) cart. *

—— über den Betrieb des Ludwigs-Spitals Charlottenhilfe in Stuttgart im J. 1884. gr. 8. (IV, 73 S.) Stuttgart 885, (Kohlhammer.) cart. *

—— über den Betrieb d. Ludwigs-Spitals Charlottenhilfe in Stuttgart in den J. 1885—1887. gr. 8. (IV, 64, 160, 14 S.) Stuttg. 889, (Kohlhammer). * 4 —

Bezirkskrankenanstalt in Langenthal. Bericht über den fünfundzwanzigjährigen Betrieb 1876 bis 1900 und spezieller Jahresbericht pro 1900. [Mit 6 Tafeln und 1 Tabelle.] 83 S. 8. Langenthal, G. Matthys-Geiser, 1901.

(Jugendspielkommission in Basel.) Bericht über den Betrieb der Jugendspiele im Sommer 1900. 10 S. 8. [1901.]

Bericht über den Betrieb der Seiden- und Wolltrocknungs-Anstalt in Wien für das Jahr 1855. Wien, 1856. Druck und Papier von Leop. Sommer. (8 S. Mit einer Tabelle.)

Bericht über den Betrieb der Seiden- und Wolltrocknungs-Anstalt in Wien, für das Jahr 1856. Wien, 1857. Druck und Papier von Leopold Sommer. (8 S. u. 4 Bl. 8. und 2 Tab. in Fol.)

Bericht über den Betrieb der Seiden- und Wolltrocknungs-Anstalt in Wien für das J. 1857 *Wien* 1858. Druck von *L. Sommer.* 12 S., 2 Bl., 2 Tab. 4°.

Bericht über den Betrieb der k. k. Dalmatiner Staatseisenbahnen im Jahre 1882. 4. Wien 1883.

— u. Beurtheilung des in Hamburgs deutschen Schauspielhause am 20. April d. J. vorgefallenen Aufstandes. 8. Hamb. 801. Kratzsch. 4 ℊ

Bericht der Beurteilungskommission über die Ausstellung der Industrie-Erzeugnisse Böhmens in den Jahren 1829, 31 u 36. Prag 1831-37

—— der Beurtheilungs-Commission üb. d. im J. 1829 unt. d. Leitung d. böhm. k. k. Landesguberniums statt gefund. öffentl. Ausstellung d. Industrie-Erzeugnisse Böhmens. Von d. k. k. Landesgubernium am 5. April 1831, dem Tage d. Prämienfestes, durch d. Druck zur allgem. Kenntniß gebracht. gr. 8. (18 B.) Prag, [Haase Söhne.]

— der Beurtheilungs-Commission bei der allgemeinen deutschen Industrie-Ausstellung zu München 1854. (12 Hefte.) München 854. Franz. gr. 8. n. 1 ℛ 22 ℊ

1. Heft: Referat des I. Ausschusses über Mineralien und Brennstoffe, erstattet von Chr. Schmitz. (47 S.) n. 5 ℊ
2. „ Referat des II. Ausschusses über land- u. forstwirthschaftliche Rohproducte und Erzeugnisse der ersten Zurichtung, dann landwirthschaftliche Geräthe, erstattet von C. Zeller u. C. H. Temme. (61 S.) n. 6 ℊ
3. u. 4. „ Referat des III. Ausschusses über chemische und pharmazeutische Produkte u. Farbwaaren und hierher gehörige Vorrichtungen u. Maschinen, verf. von Pettenkofer. - Referat des IV. Ausschusses über Nahrungsmittel u. Gegenstände des persönlichen Verbrauchs, verf. von Wilh. Stein. — Bericht über die Weine, von M. Oppmann. (15; 47 S.) n. 6 ℊ
5. „ Referat des V. Ausschusses über Maschinen (mit Ausschluß der haus- und landwirthschaftlichen Geräthe u. der Apparate für chemische u. pharmaceutische Zwecke, aber mit Einschluß aller Hilfstheile, auch der Arbeitsmaschinen), verf. von Jul. Hülße. (74 S.) n. 8 ℊ
6. „ Referat des VI. Ausschusses über Instrumente und zwar I. über mathemat.-physikal. Instrumente von K. Steinheil; II. über Uhren von M. Dietz; III. über chirurgische Instrumente von Fr. Chr. Rothmund; IV. über musikalische Instrumente von K. Schafhäutl. (234 S. u. 1 Tab. in qu. gr. 4.) n. 24 ℊ
7. „ Referat des VII. Ausschusses über Webe- und Wirkwaaren, Leder- und Bekleidungs-Gegenstände, verf. von Weinlig. (110 S. u. 1 Tab. in qu. Fol.) n. 12 ℊ
8. „ Referat des VIII. Ausschusses über Metallwaaren u. Waffen, verf. von Chr. Schwenku. B. W. Ohligs. (52 S.) n. 6 ℊ
9. „ Referat des IX. Ausschusses über Stein-, Erd- und Glaswaaren, verf. von Fr. Knapp. (52 S.) n. 6 ℊ
10. „ Referat des X. Ausschusses über Holzwaaren u. kurze Waaren verschiedener Art, erstattet von Steinbeis. (150 S. u. 1 Tab. in qu. Fol.) n. 16 ℊ
11. „ Referat des XI. Ausschusses über Papier, Schreib- u. Zeichnungs-Material u. Druck, u.

zwar I. über Papier, Pappe u. Presspäne, von W. Oechelhäuser; II. über Buntpapier, Buchbinder- u. Portefeuille-Arbeiten, Spielkarten, Schreib- u. Zeichnungsmaterialien, von J. C. Hering; III. über Schriftguß, Buch- u. Kunstdruck rc., dann Landkarten, Globen rc., auch Tapeten u. Manufakturzeichnungen von J. G. Weiß. (93 S.) n. 9 ngr
12. Heft: Referat des XII. Ausschusses über Leistungen der bildenden Künste, verf. von Ph. Foltz. (46 S.) n. 5 ngr

Bericht d. Beurth.-Commiss. bei d. Industrie-Ausstellg zu München 1854. 8. Münch. 55, Franz. *n.* 8. —
Foltz, P, Ref. üb. bild. Künste. (46) n. — 5
Hülsse, J, Ref. üb. Maschinen. (74) n. — 8
Knapp, J, Ref. üb. Stein-, Ird.- u. Glaswaaren. (52) n. — 6
Oechelhäuser, W, JC Hering u. JG Weiss, Ref. üb. Pap., Buchb. u. Buchdr. (93) n. — 9
Pettenkofer u. W Stein, Ref. üb. chem. u. pharm. Prod. u. üb. Nahrgsmittel. (62) n. — 6
Schmitz, O, Ref. üb. Miner. u. Brennstoffe. (47) n. — 5
Schwenk, C, u. BW Ohligs, Ref. üb. Metallw. u. Waffen. (52) n. — 6
Steinbeis, v., Ref. üb. Holz- u. kurze Waaren. (150) n. — 16
Steinheil, K, Dietz, FCH Rothmund u. K. Schafhäutl, Ref. üb. Instrumente. (234) n. — 24
Weinlig, Ref. üb. Webewaaren. (110) n. — 12
Zeller, C, u. CH Temme, Ref. üb. land- u. forstw. Rohprod. (61) n. — 6

Bericht der v. d. Kön. v. Frankreich ernannten Bevollmächtigten (4 Prof. d. med. Facultät d. 4 Acad., darunter: B. *Franklin*, J. J. *Guillotin*, A. L. *Lavoisier* etc.) zur Untersuchung des thierischen Magnetismus. Nebst Vortr. darüber in d. Acad. v. J. S. *Bailly*. — (Zweyter) Bericht der rc. (4) Bevollmächtigten a. d. Kgl. Gesellschaft der Aerzte über d. thier. Magnetismus (mit fortl. Seitenzahl). A. d. Franz. Altenb. 8°. A. D. B. LVII, 415. *Blumenbach*, Bibl. I, 681. 691. 1785

— der, v. d. Kön. in Frankr. ernannten Bevollmächtigten zur Untersuchung über den thierischen Magnetism. 8. Altenb. (Acad. Handl. in Jena) 785.

Die freistudentische Bewegung im Winterhalbjahr 1910/1911. 24. **Bericht**. Hrsg. im Auftr. d. Deutschen Freien Studentenschaft von Dr. Paul Ssymank. Egeln b. Magdeburg: Deutsche Freie Studentenschaft 1911. 8°
Früheres in: Finkenblätter (seit 1899), Freistud. Rundschau (1908), Freistudentenblätter (1909) u. Akad. Rundschau (1909–1910).

Bericht über die i. J. 1902 eingelaufenen **Bewerbungsschriften** und Bekanntmachung der neuen Preisaufgaben. *Greifswold 1903: J. Abel.* (7 S.) 8°
Greifswald, Einladungsprogr. zur Rektoratsübernahme 1903

Bericht, Bezirksärztlicher, über die Choleraepidemie des Bezirkes Zürich im Herbst 1855 ... Zürich [1856]. V: *Schrämli, Johann Jacob.* (Cat. d. Stadtbibl. Zürich. Zürich 1864—97.)

Bericht über die erste Bezirksversammlung des Vereins deutscher Freimaurer in Halle a. S. in der Loge „Zu den drei Degen“ [in Halle] am 24. Mai 1908. (Leipzig: Zille) [1908]. 152 S. 8° [Umschlagtit.]
Aus: FZ. 62 (1908) S. 233—238, 241—246, 249 bis 256, 257—263, 265—271, 273—279, 281 bis 286.
cf. Brh. 5 (1908) S. 161.

Bericht über die Bezirksversammlung des Vereins deutscher Frmr in Merseburg am 6. Juni 1909. [Merseburg 1909.] 16 S. 8° [Kopftit.]

Andrer Bericht in: H. 20 (1909) Nr 31.
cf. L. 32 (1909) S. 204—205.
Reden der Brr F. Zimmer (Zur gegenwärtigen Lage), u. A. Osswald (Leitsätze üb. Logentum u. Volkserziehung), abgedr. in: H. 20 (1909) Nr 21.

BERICHT aus der heiligen Bibel, auf die Frage: Wo stets geschrieben? Nachdruck. Preßburg 1772: M. Landerer. 32 S. - 8°

— d. (10r — 12r) brittischen u. ausländ. Bibelanstalt vom Jahr 1814, 15 u. 16, nebst Beilagen; aus d. Engl. übersetzt. gr. 8. Leipz. 815—16. (Hartknoch). à 12 gr 1 rthl

Bericht, v. der Altonaer u. Hamburger Bibelgesellschaft rc. s. Jahresbericht.

— erster, von der Göttingischen Bibelgesellschaft seit ihrer Stiftung vom 4ten Jan. 1818 bis dahin 1819. gr. 8. Göttingen, Vandenhöck und R. geh. 820.

—— von d. Götting. Bibelgesellschaft seit ihrer Stiftung am 4. Jun. 1819—30. 1—12. Bericht. gr. 8. Göttingen, Vandenhoeck u. Ruprecht.

Bericht der Bibelgesellschaft für das Herzogthum Schleswig. 1.—5. Flensburg. (1857)—61. 8°.

— erster, d. Thüring. Bibelgesellschaft zu Erfurt, s. J. F. Möller.

— der Werderschen Bibelgesellschaft. Bibelfestpredigt, gehalten zu Jüterbogk v. Fr. Ed. Doyé. gr. 8. Jüterbogk 841, (Berlin, Wohlgemuth.) n. 1/12 rthl

Freiherrlich Carl von Rothschild'sche öffentliche Bibliothek. Bericht für die Jahre 1891—1900. Erstattet von dem Bibliothekar Dr. Christ(ian) Wilh[elm] Berghoeffer. Mit 5 Tafeln [und 2 Planskizzen]. 48 S. gr.-8. Frankfurt a. M., Joseph Baer & Co., [1901].

Bericht der Senckenbergischen Bibliothek zu Frankfurt a/M. 1. Frankfurt a. M. 1908: Knauer. 8°
Aus: Bericht d. Senckenb. Naturf. Gesellschaft.

— I. u. II. der Senckenbergischen Bibliothek zu Frankfurt a. M. gr. 8. Frankfurt a/M. (Viktoria-Allee 7.) 908. (Senckenbergische Bibliothek.) 2.25
I. 1907—1908. (36 S.) — 75
II. Über die Zeit vom 1. IV. 1908—31. III. 1909, v. Gust. Wahl. (68 S.) 1.50
Sonderabdr. a. „Bericht d. Senckenb. naturf. Gesellsch.“

Bericht der Senckenbergischen Bibliothek zu Frankfurt a. M. Borna-Leipzig [Bd. 1.] Umfassend Bericht 3—12, 1909—1919

Bericht über die wohlfeile katholische Bibliothek; s. Bericht. Jahrgänge der wohlfeilen katholischen Bibliothek.

Bericht der Bibliotheks-Kommission 1897. (Als Ms. gedr.) Kiel 1897: Schmidt & Klaunig. (22, 4 S.) 8°

Bericht der Handwerkskammer Bielefeld f. d. Geschäftsj. 1901/1902 ff. Bielefeld-Gadderbaum o. J. 8°.
1901/1903—1905/1906.

Bericht über d. zweiten schweizerischen Bildungskurs für Lehrer an Handfertigkeits- und Fortbildungsschulen in Bern vom 19. Juli bis 14. August 1886. Dem schweizerischen Handels- und Landwirthschafts-Departement und der Erziehungs-Direktion des Kantons Bern erstattet von *S. Rudin*. In-8°, 51 S. Basel, Louis Jenke. 1886 1 20

Bericht des k. k. Binnenschiffahrts-Inspectorates als Special-Gewerbe-Inspectorat für das Schiffergewerbe auf Binnengewässern. (Amtssitz: Wien.) Gr.-8°. (LXVIII, Pag. 479–489) K —.40

Wien 1902 (?): Hof- u. Staatsdruckerei.

Bericht und Bitte des Schulhülfskomitees (1913/14ff.: Bericht d. Schulhülfskomitees) f. d. dt. ev. Gemeinden Galiziens u. d. Bukowina. ⟨Lehrerunterstützungskomitee⟩ pro 1909/10. 1910/11. 1913/14. 1916/17. 1917/18. o. O. 4°

— über die Blinden-Anstalt zu Friedberg im Großherzogthum Hessen nebst Rechnungsablage vom Aug. 1849 bis Ende 1850. 8. (33 S.) Friedberg 852. Frankfurt a. M., Zimmer'sche Sort.-B. (Völcker.) n. 4 ngr

. . . **Bericht** über die Blindenanstalt zu Kiel 8°
2. in den Jahren 1863 u. 1864. Kiel. 1865.
3. in den Jahren 1865 u. 1866. o. O. 1867.
4. in den Jahren 1867—1871. Kiel. 1872.

Ostschweizerischer Blindenfürsorge-Verein (in St. Gallen). Bericht über das Jahr 1902. 64 S. 8. 1903.

— über den 1. deutschen Blindenkongress in Hannover vom 19.—21. IX. 1908. Zugleich e. Denkschrift üb. die Blindenbewegg. in Deutschland u. e. Mahnwort an die deutschen Blinden v. Konr. Luthmer. (III, 119 S.) gr. 8. Heidelberg 910. (J. Hörning). 2.—; Nachwort (S. 120—135) — 40

— über den X. Blindenlehrer-Kongress in Breslau, vom 29. VII. bis 2. VIII. 1901. Nach stenograph. Aufzeichngn. bearb. u. zusammengestellt v. R. Rackwitz, A. Nentwig u. J. Lorenz. Hrsg. vom Kongress-Komitee, gr. 8. (IV, 342 S.) Breslau (902). (E. Ziboll). n. 4. —; geb. n. 4. 80

— über den XII. Blindenlehrerkongress in Hamburg vom 23.—27. IX. 1907. Nach stenograph. Aufzeichngn. zusammengestellt v. den Schriftführern des Kongresses K. Menzel, H. Peyer u. P. Grasemann. Hrsg. v. der Blindenanstalt v. 1830 in Hamburg. (IV, 432 S.) gr. 8. Hamburg 908. (Agentur des Rauhen Hauses). 5. —

1. **Bericht** des Holsteinischen Blindenvereins erstattet in der Generalversammlung zu Kiel am 19. Januar 1863. Kiel. 1863. 8°

Bericht der Börse-Deputation über den Verkehr von Triest. 1860-64. 4° Triest 1865

Bericht der Börsen-Enquète-Kommission, s.a. Börsen-Enquète-Kommission. Bd.6.

Bericht der Börsen-Enquete-Kommission. Nebst 8 Anlagen. Fol. Berlin 892. 893. (Puttkammer & Mühlbrecht.) n.n. 30. —
Bericht. (III, III, 190 S.) — Anlagen: Die hauptsächlichsten Börsen Deutschlands u. des Auslandes, ihre Organisationen, Einrichtgn., Gebräuche u. s. w. Dargestellt auf Grund der durch das auswärt. Amt des Deutschen Reichs bezw. des königl. preuß. Ministerium f. Handel u. Gewerbe beschafften Orig.-Materialien. gr. 4. (IV, 186 S.) — Die Rechtsprechung des Reichsgerichts, betr. den Einwand des Differenzgeschäfts (45 S.) — Systematische Darstellung der Geschäftsbedingungen v. 21 Bankfirmen. (18 S.) — Statistische Anlagen. (XXVI S.) — Uebersicht üb. die an der Berliner Börse von 1882 bis 1892 zur Einführung gelangten Werthpapiere. Zusammengestellt unter Benutzg. der Akten der Börsen-Registratur u. der Berliner Börsen-Zeitg., sowie der entsprech. Ausgaben v. Saling's Börsen-Jahrbuch. (396 S. m. 6 graph. Taf.) — Zusammenstellung der Vorschläge der Börsen-Enquete-Kommission. A. (Nach der Systematik des Berichts geordnet.) (18 S.) — Dasselbe B. (Nach gesetzgeber. u. verwaltungsrechtl. Gesichtspunkten geordnet.) (18 S.) — Uebersicht der abgelehnten od. zurückgezogenen Anträge, nebst Abstimmungen. (76 S.)

— d. Börsen-Enquête-Kommission. Jetzt: Lpzg, (CF Winter). nn 10 —; m. d. Berichten üb. d. Sachverständigen-Vernehmgn nn 25 —

Bericht über den Brand von Rebstein ⟨30. Oktober 1891⟩ und die Hilfeleistung an die Geschädigten. 8. Altstätten 1893.

Bericht über den Brand von Rüthi und Moos am 21./22. September 1890. Die Hülfeleistung und der Wiederaufbau von Rüthi und Moos. [Mit 2 Plänen.] 8. Altstätten 1892.

—— üb. d. Brand zu Waldkappell. 8. (15) Cass. 54. (Halle, Barthel.) n.n. — $2^1/_2$

Brandassekuranzwesen im Kanton Schaffhausen. Bericht.... 8.
...pro 1900. II + 11 S. Schaffhausen, Kühn & Cie., 1901.
...pro 1901. II + 6 S. Schaffhausen, Kühn & Comp., 1902.

Brandassekuranzwesen im Kanton Schaffhausen. Bericht pro 1902. II + 10 S. 8. Schaffhausen, Kühn & Comp., 1903.

Bericht der Sektion Mark Brandenburg des D. u. Oe. Alpenvereins über das Gründungsjahr 1899 und die sechs Sektionsjahre 1900–1905. [Nebst] Anh. (Berlin 1905: C. Schulz.) (94 S.) 8°
[Umschlagt.:] Sektion Mark Brandenburg. D.Œ.A/. 1899–1905.

— üb. das die Stadt Leipzig am 29. Aug. 1846 u. den folgenden Tagen betroffene Brandunglück. Nebst e. Abbildg. d. durch das Feuer verwüsteten Häusermassen in ihrem früheren u. in ihrem jetzigen Zustande, so wie d. bei d. Beerdigung d. Verunglückten v. Hrn. Superint. Dr. Großmann u. Hrn. Diak. Dr. Meißner gehaltenen Grabreden. gr. 8. Leipzig 846, Pönicke u. Sohn. 3 ngr

Bericht des Deutschen Braunkohlen-Industrie-Vereins. Jg. 1887/88.–1903/04. Halle, 1888—1904.

Bericht über die Bremsproben an der Francisturbine Nr. 1 der Zürcher Papierfabrik an der Sihl. O. O. [1899]. V: *Prášil, Frz.* (Zuwachsverz. d. Bibliotheken in Zürich 1898 ff.)

BERICHT DER ORTSGRUPPE BRESLAU DER GESELLSCHAFT FÜR SOZIALE REFORM über ihre Thätigkeit
in den Jahren 1901 und 1902. Breslau (1903). Otto Gutsmann. 8°.

BERICHT DER SECTION BRESLAU des Deutschen und Oesterreichischen Alpenvereins über die ersten fünf Jahre ihres Bestehens (1878—1882). Breslau 1883. Druck der Breslauer Genossenschafts-Buchdruckerei. 8°.

BERICHT DER SECTION BRESLAU DES DEUTSCHEN UND OESTERREICHISCHEN ALPENVEREINS
über das Jahr 1898. (Breslau. Druck von Adolf Stenzel, vorm. Brehmer & Minuth.) 8°
über das Jahr 1899. (ib. —.)

BERICHT DER SECTION BRESLAU DES DEUTSCHEN U. OESTERREICH. ALPEN-VEREINS.
über das Vereins-Jahr 1900. (ib. —.)
Vereinsjahr 1901. (ib. —.)
... BERICHT DER SEKTION BRESLAU DES DEUTSCHEN U. ÖSTERREICHISCHEN ALPENVEREINS.
5–8., 25–28. Vereinsjahr 1902—1905. (ib. —.)

DEUTSCHER U. ÖSTERREICHISCHER ALPENVEREIN.
IX. Bericht der Sektion Breslau 29. Vereinsjahr 1906. (ib. —.) 8°.
X. Bericht der Sektion Breslau der Deutschen und Österreichischen Alpenvereins 1907. 30. Vereinsjahr.[1]) (ib. —.)

Bericht an die Brückenbau-Commission der Stadt Bern vom 20. Sept. 1837. Bern 1837. V: *Negrelli, L.* (AarK)

Bericht über die diesjährigen (1909) Brutergebnisse auf Jordsand, dem Ellenbogen und Norderoog (und dem Langenwerder bei Poel) v. F. Dietrich. (Magdeburg. 1910.) 8° Ausschnitt aus: Ornithologische Monatsschrift. Jg. 35, Nr. 1.
—— Dass. für die Jahre 1910. 1911. 1919. 1920. ebd. 1911—21. 8° Ausschnitt aus: Ornithologische Monatsschrift. Jg. 36, Nr. 1. Jg. 37, Nr. 1. Jg. 45, Nr. 1. Jg. 46, Nr. 1.

Bücherei u. Lesehalle zu Bergisch Gladbach. Richard Zanders Stiftung. **Bericht** 1. v. 6. Juli 1907–31. Dez. 1908 von Emmy Francke. B.-Gladbach (1909): Heider. 8°

Bericht der Krupp'schen Bücherhalle. [1.] Über d. Betriebsjahr 1899/1900. *Essen 1900: Buchdr. d. Gußstahlfabrik von F. Krupp.* 4°

Bericht der Kruppschen Bücherhalle. Betriebsjahr 1899/1900—1907/08. Essen

BERICHT DER ÖFFENTLICHEN BUCHHÄNDLER-LEHRANSTALT ZU LEIPZIG, 17., Über das Biennium 1881—1883. (29. und 30. Schuljahr.) Einladungsschrift ... von WILLEM SMITT.
Inhalt: I. Regulativ der Schule. II. Lehrplan. III. Lehrmittel. IV. Lehrerkollegium. V. Lehrbericht über die Schuljahre 1881—1882 und 1882—1883. VI. Schulchronik über die Zeit von Ostern 1881 bis dahin 1883. VII. Schülerverzeichnis. ib. —

BERICHT DER ÖFFENTLICHEN BUCHHÄNDLER-LEHRANSTALT ZU LEIPZIG, 18., über das Biennium 1883—1885. (31. und 32. Schuljahr.) Einladungsschrift ... von WILLEM SMITT.
Inhalt: I. Kurze Vorbemerkungen des Direktors. II. Regulativ der Schule. III. Lehrbericht über das Schuljahr 1883—1884. IV. Lehrplan auf das Schuljahr 1884—1885. V. Lehrmittel. VI. Lehrerkollegium. VII. Schulchronik. VIII. Schülerverzeichnis. Leipzig, Druck von Breitkopf & Härtel. 4°.

— d. allgem. Buchhandlung d. Gelehrten 1781. 9 Stck. 8. Dessau. 781.

— — dieselb., 3 Jahrg. v. 782—84. zu 12 St. 8. Ebend.

— des Generalsecretairs Bück an den Hauptvorsteher des landwirthschaftl. Centralvereins für Littauen und Masuren Herrn v. Saucken-Julienfelde über die von ihm besuchten Abtheilungen des landwirthschaftl. Theiles der allgem. Ausstellung von Paris 1867. (70 S.) Gumbinnen 867, (Sterzel's Buchh.) *

— üb. d. antike Bühnenwesen 1885—1895. Von Ernst Bodensteiner. [Aus: „Jahresber. üb. d. Fortschr. d. class. Altertumswiss."] gr. 8. (70 S.) Berlin 896. S. Calvary & Co. n.n. 2.40

— üb. das antike Bühnenwesen 1885—1895. Von E. Bodensteiner. 8° (70) Berl. 96. Lpzg, OR Reisland. nn 2.40

Bericht des Internationalen Bundes der Ethischen Gesellschaften. (1.) 1907–09. Wien: Ethische Gesellschaft 1909. 8°

— 20., üb. d. internat. Bund d. Vereine d. blauen Kreuzes '03—07 (Jahrb. d. blauen Kreuzes). (111 m. Abb.) 8° Bern ('08). Barm., Buchh. d. blauen Kreuzes ('08). — 40 d
Kat. 01/05 s: Jahrbuch d. blauen Kreuzes. — Fortsetzg s. u. d. T.: Jahrbuch.

Bericht. (20.) B' über den Internat(ionalen) Bund der Vereine des Blauen Kreuzes, 1903—1907. (Jahrbuch des Bl' Kr'.) Hrg. von der germanischen Kommission des Bundesvorstandes. [Illustriert.] IV + 112 S. 8. Bern, (Schweiz.) Agentur des Blauen Kreuzes; Barmen ..., [1908]. [fr. —. 50]
Forts. von: Jahrbuch des Blauen Kreuzes....

Bericht d. Bundeskomitee d. allgem. schweiz. Gewerkschaftsbund a. d. Sectionen. umfass. d. Zeitraum v. 1. Jan. 1894 —31. Dezbr. 1895, erstatt. a. d. i. Zürich a. 4. u. 5. Apr. 1896 stattfind. Gewerkschafts-Kongreß. 8. (70 S.) Zürich 896. (Buchh. d. Schweiz. Grütlivereins.) — 40

— dasselbe, umfass. d. Zeitraum v. 1. I. 1896 b. 31. XII. 1897, erstatt. a. d. i. Solothurn a. 10. u. 11. IV. 1898 stattfind. Gewerkschafts-Kongreß. 8. (122 S.) Ebd. 898. n. — 60

Bericht der Bundes-Militärkommission über die im Jahre 1858 stattgefundenen gegenseitigen Musterungen der Kontingente des deutschen Bundesheeres. o. O. 1859. 495 S. 4°

Erstellung von Hauptreparaturwerkstätten der Nordostbahn (*3: Reparaturwerkstätten der N.O.B.). 8. [Bern, Stämpfli & Cie.]

[1.] Bericht des Bundesrates über die Beschwerde des Regierungsrates des Kantons Zürich und des Stadtrates von Zürich, vom 5. und 6. Dezember betreffend den Vergleich in Sachen. ⟨Vom 28. März 1901.⟩ 22 S. 1901.
[2.] Nachtragsbericht des Bundesrates über die Beschwerde der Zürcher Behörden betreffend den Vergleich in Sachen. ⟨Vom 24. Juni 1901.⟩ 12 S. 1901..

Bericht des Bundesrates an die Bundesversammlung betreffend den Bruch der diplomatischen Beziehungen zwischen der Schweiz und Italien. Vom 15. April 1902. II + 36 S. 8. ([Bern, Stämpfli & Cie.,] 1902.)

Alkoholverwaltung. Bericht des Bundesrates an die Bundesversammlung betreffend die Geschäftsführung und die Rechnung pro 1900. Vom 12. September 1901. II + 45 S. 8. [Bern, Stämpfli & Cie.]

— d. Bundesrates an d. Bundesvers., betr. d. Revision d. Obligationenrechts (Nachtr. z. Botschaft v. 3.III.05). (Vom 1.VI.09.) (227) 8° Bern, (A Francke)'09. nn 2.50

Bericht des Bundesrates an die [schweizerische] Bundesversammlung, betreffend Mitwirkung des Bundes bei Institutionen für Arbeitsnachweis und für Schutz gegen Arbeitslosigkeit. Vom 8. Nov. 1904. Bern, 1904. 124 S.

(Schweiz. Eidgenossenschaft.) Bericht des Bundesrates an die Bundesversammlung über die eidgenössische Staatsrechnung für das Jahr 1900. Vom 30. April 1901. [Mit 11 Tabellen.] II + 287 S. 8. ([Bern, Stämpfli & Cie.,] 1901.)

(Schweiz. Eidgenossenschaft.) Bericht des Bundesrates an die Bundesversammlung über die eidgenössische Staatsrechnung für das Jahr 1901. Vom 6. Mai 1902. [Mit 11 Tabellen.] II + 309 S. 8. ([Bern, Stämpfli & Cie.,] 1902.)

(Schweiz. Eidgenossenschaft.) Bericht des Bundesrates an die Bundesversammlung über die eidgenössische Staatsrechnung für das Jahr 1902. Vom 8. Mai 1903. [Mit 11 Tabellen.] II + 323 S. 8. ([Bern, Stämpfli & Cie.,] 1903.)

Bericht an den Bundesrat über das Forstwesen in der Schweiz. Vom schweiz. Forstverein. 7. Juli 1856.

Bericht des Bundesrates, betreffend die Frage der internationalen Regelung des Arbeiterschutzes. 8°. Bern 1890.

Bericht des Bundesrats betr. die Geschäftsführung und die Rechnung der Alkoholverwaltung für 1887-98. Bern 1888-99

Bericht des Bundesrates betreffend die Geschäftsführung und die Rechnung der Alkoholverwaltung für 1899-1905. Bern 1900-06

Bericht des Bundesrates betr. die Geschäftsführung u die Rechnung der Alkoholverwaltung 1906. 1908-12. Bern 1907-13

Bericht der. des Bundesrates über die Goldtarifierung. mit Anmerkungen von einem Kaufmann. Basel 1854.

Bericht an den hohen Bundesrath der Schweizerischen Eidgenossenschaft über die Maschinen-Industrie. Winterthur 1877

— an den hohen schweizerischen Bundesrath über die Untersuchung der schweizerischen Hochgebirgswaldungen, vorgenommen in den Jahren 1858, 1859 u. 1860. Bern 862. (Fiala.) gr. 8. (367 S.) n. 1 Rthlr 3 ngr.

Bericht an den hohen schweizerischen Bundesrath über die Untersuchung der Hochgebirgswaldungen in den Kantonen Tessin, Graubünden, St. Gallen und Appenzell. 1858. Zürich 1860. V: *Landolt, Elias.* »in ... Glarus, Zug, Schwyz ... 1859. Bern 1860.« (Cat. d. Stadtbibl. Zürich. Zürich 1864—97.)

—— an den hohen schweizerischen Bundesrath über die Untersuchung der schweiz. Wildbäche, vorgenommen in den J. 1858, 1859, 1860 und 1863. gr. 8. (XXVIII und 651 S. mit 16 Stnt.) Zürich 864,(66), (Meyer und Zeller's Verlag.) *

Bericht an den hohen Bundesrath über die Sendung eines Abgeordneten ... an die Viehausstellung in Paris 1856. Bern 1856. V: *Erlach*, *Rob. v.* (Cat. d. Stadtbibl. Zürich. Zürich 1864—97.)

Bericht des schweiz. Bundesrates betreff. die Beiträge des Bundes für Erstellung der Furka-, Oberalp- u. Axenstrasse. etc. 26. Juni 1861.

Bericht des schweiz. Bundesrates an die Bundesversammlung betreffend die Frage internationaler Regelung des Arbeiterschutzes u. d. Berliner Konferenz. Bern 1890.

Bericht des schweizerischen Bundesrates an die Bundesversammlung über seine Geschäftsführung. 1848—94.

— — des schweizerischen Bundesrates an die Bundesversammlung über seine Geschäftsführung i. J. 1880. 1883. Mit Krt. etc. Bern 1881. 1884.

Schweizerische (Eidgenossenschaft). Bericht des schweizerischen Bundesrates an die Bundesversammlung über seine Geschäftsführung im Jahre 1900. [Mit 24 Tabellen und 1 Karte.] II + 857 S. 8. ([Bern, Stämpfli & Cie.,] 1901.)

Schweizerische (Eidgenossenschaft). Bericht des schweizerischen Bundesrates an die Bundesversammlung über seine Geschäftsführung im Jahre 1901. ([Mit 23 Tabellen, 1 Karte und] Beilage...: Postulate der gesetzgebenden Räte.) II + 809 + *Beilage* 6 S. 8. ([Bern, Stämpfli & Cie.,] 1902.)

Bericht des (schweiz[erischen]) Bundesrathes an die h. Bundesversammlung über die im Interesse der Neutralität getroffenen Massregeln. ⟨Vom 1. Juli 1859.⟩ [SA.] 8. [Bern 1859.]
Ausg. A.
Ausg. B. Anhang: Nachträglicher Bericht.... Vom 13. Juli 1859.)

Bericht des schweizerischen Bundesrathes an die hohe schweizerische Bundesversammlung über den Konflikt mit Oesterreich. ⟨Vom 8. Juli 1853.⟩ [SA.] 8. [Bern 1853.]

Bericht des (schweiz.) Bundesrates an die Bundesversammlung, betreffend Mitwirkung des Bundes bei Institutionen für Arbeitsnachweis und für Schutz gegen Arbeitslosigkeit. ⟨Vom 8. November 1904.⟩ 124 S. 8. [Bern, Stämpfli & Cie.,] 1904.

Bericht des schweiz. Bundesrates betreff. die Dappenthal-Frage. Bern 1859.

Bericht des schweiz. Bundesrates über die Einführung der schweiz. Münzreform. 1849.

Bericht des schweizerischen Bundesrats über seine Geschäftsführung 1862. 63. 73 und 77. Bern 1863-78

Bericht des schweiz. Bundesrates betreff. Geschäftsführung und Rechnung der Alkoholverwaltung. pro 1887—94.

Bericht des schweiz. Bundesrates betreff. Leistungen u. Hülfsmittel des eidg. statistischen Bureau. 2. Juli 1873.

Bericht des (schweiz[erischen]) Bundesrathes an den h. schweizerischen Nationalrath, betreffend Aufhebung des Strafverfahrens gegen schweizerische Reisläufer. ⟨Vom 19. Juli 1861.⟩ [Mit 1 Tabelle. SA.] 8. [Bern 1861.]

Bericht des schweizerischen Bundesrathes an die beiden gesetzgebenden Räthe der Eidgenossenschaft über den Konflikt zwischen der Schweiz und Oesterreich. ⟨Vom 16. Januar 1854.⟩ [SA.] 8. [Bern 1854.]

Bericht des schweizerischen Bundesrathes an die gesetzgebenden Räthe der schweiz. Eidgenossenschaft, betreffend die Dappenthal-Frage. [Mit 2 Karten.] 8. Bern 1859.

Bericht des (schweiz[erischen]) Bundesrathes an den schweiz. Ständerath über eine Vorstellung der Offiziere der ehemaligen grossbritannischen Schweizerlegion, betreffend ihre Forderung an die englische Regierung für rükständigen Retraitegehalt. ⟨Vom 25. Oktober 1865.⟩ [SA.] 8. [Bern 1865.]

Bericht an d. schweiz. Bundesrat über d. Untersuchung d. schweiz. Hochgebirgswaldungen. Bern 1862. Fiala.

Verpflegung der (schweizerischen) Armee. Bericht des Bundesrates betreffend Verwendung inländischer landwirtschaftlicher Produkte. Postulate Nr. 533, 534 und 557. ⟨Vom 12. Juni 1902.⟩ 30 S. 8. [Bern, Stämpfli & Cie.,] 1902.

— üb. d. ordentl. Bundestag d. technisch-industriellen Beamten, s: Schriften d. Bundes d. techn.-industriellen Beamten.

Bericht über das 24. Bundesturnfest, abgehalten in Newark, N. J., v. 20.—25. 6. 1885, zsgest. v. W. H. Germann, Milwaukee, Wis. 1886, 116 S., 8°.

Verkehrs- und Verschönerungs-Verein Burgdorf. Bericht über die Jahre 1893 bis 1900. [Mit illustriertem Umschlag.] 23 S. 8. Burgdorf, P. Eggenweiler, 1901.

Bericht über die am 21., 22. u. 23. III. 1903 abgeh. Bürgerschul-Enquete. Zusammengestellt im Auftrage des Präsidiums des deutsch-österr. Bürgerschullehrerbundes v. Pet. Paul Untorkofler. (154 S.) 8. Wien 903. (Sallmayer'sche Buchh.) n.n. 1. —

Ersparniss-Anstalt Bütschwil. Bericht über das 24. Geschäftsjahr 1900. II + 16 S. 4. Bütschwil, Gottfr. Hildebrand, 1901.

Bericht über die Calven-Feier 28., 29. V., 4. VI. 1899 in Chur. Hrsg. vom Organisationskomitee. gr. 8. (114 S. m. Abbildgn. u. Plänen.) Chur 900. (Stehli & Keel.) n.n. 1. —

— d. Volksrepräsentanten Camus, Bancal etc. über Beurnonville, Semonville und Maret Gefangenschaft im Oestreichischen, a. d. Franz. mit Anmerk. 8. Frankf. u. Lpz. (Tourneysen in Paris u. Cassel.)

Der Congreß der kath. Wohlthätigkeitsvereine Österreichs in Wien. ⟨20. bis 22. Mai 1900.⟩ Bericht (1), erstattet von d. Ständigen Comité d. Congresses (2 ff.: **Bericht** über den Charitas-Kongress). Wien: Selbstverl. 1900. 8°

— üb. d. III. Charitas-Kongress, Linz 06. Hrsg. v. „Reichsverb. d. kathol. Wohltätigk.-Organisationen Oesterr.'s". (88) Lex8° Wien, (H Kirsch)'06. 3 — d
Die Berichte üb. d. I. u. II. Kongress sind nicht im Handel.

— üb. d. 4. Charitas-Kongress Wien '10. Hrsg. v. „Reichsverb. d. kath. Wohltätigk.-Organisationen Österr.'s". (136) gr8° Wien, St Norbertus '10. 2.50 d

— d. Vereins Carnuntum i. Wien f. d. J. 1892—1896. gr. 8. 2 Hfte. Wien (Gerold & Co.). n. 3. 60; geb. n.n. 4. 60
1892—94. (79 S. m. Abb. u. 2 Taf.) 895. n. 1. 60; geb. n.n. 2. 10
1895—96. (92 S. m. Abb. u. 7 Taf.) 897. n. 2. —; geb. n.n. 2. 50

— des Vereins Carnuntum in Wien f. die J. 1897. 1898. gr. 4. (124 Sp. m. 30 Abbildgn. u. 14 Taf.) Wien 899. (Gerold & Co.) n. 4. 20; geb. n. 5. —

—— über die Cholera in Posen im J. 1848 zusammengestellt nach den Erfahrgn. der DDr. C. van Baren, Flies, Freudenreich, Hantke, Herzog, Jaffé, Jagielski, Kramarkiewicz, Laube, Lehmann, Mayer, Neustadt, Ordelin, Rehfeld, Suttinger und Wernicke zu Posen. gr. 8. (37 S. mit 3 Tab. in qu. 4.) Posen 840, (Mittler.) *

Bericht über das Königliche Christianeum in den Schuljahren 1868/69 - 1870/71 Altona 1869 - 71 4°
1872/73, 1873/74 ebd 1873 - 74
1877/78, 1878/79 ebd 1878 - 79

Bericht über das Königl. Christianeum in dem Schuljahre Erstattet v. Marx Johann Friedrich Lucht.
1874/75, 75/76, 79/80—81/82. ebd. 1875—76, 80—82 4°.

Muster- und Modellsammlung Chur. 8.
11. Bericht pro 1901. 10 S. Chur, Bischofberger, Buntzler & Hotzenköcherle, 1902.
12. Bericht pro 1902. 12 S. Chur, Jos. Casanova, 1903.

Bericht in Sachen Cleri secundarii zu Münster contra Se Kurfürstliche Gnaden zu Köln als Fürstbischof zu Münster. O. O. [17??] V: *Sprickmann*, *Anton Matthias*. (Hitzig)

Bericht, Erster, des Clubs der Linken. [Dresden 1849.] V: *Fritzsche*. (Kat. d. stat. Bureaus. Dresden 1890.)

—— der Cochituate-Wasserleitungs-Commission an den Stadtrath von Boston im J. 1852. Aus dem Engl. übers. von Alfr. Lenz. gr. 8. (VII und 47 S. mit 1 lithogr. Situationsplane in gr. Fol.) Wien 866, Gerold's Sohn. *

Kolumbus z. Weltmeer: **Bericht** der ger.·. und vollk.·. Loge Columbus zum Weltmeer im Or. Pressburg für das Johannisjahr 5876—5877. Pressburg [1877]: Angermayer. 10 S. 8⁰ [Umschlagtit.]

Bericht der Loge Constantia zur Zuversicht in Constanz am Schlusse des Jahres 1873 und pro 1882/83. 2 Hefte. Constanz 1874 u. 1883. 8. 16 u. 7 S.

—— des Hrn. Staatsraths, Prof. M. V. Cousin üb. d. Zustand d. öffentl. Unterr. in einigen Ländern Deutschlands, u. besond. in Preußen. 1. Abthl. Frankfurt a. M., Großherzogthum Weimar, Königreich Sachsen. — Als Beytr. z. Kenntniß d. deutsch. u. französ. Unterrichtswesens a. d. Franz. übers., u. mit Anmerkn. begl. v. J. C. Kröger. Nach dess. Rede: Ueber Gewerbschulen, in besond. Beziehung auf Hamburg. gr. 8. (12 B.) Altona 832, Hammerich.

—— dass. 2. Abthl. Elementarschulen u. Seminarien im Königr. Preußen. gr. 8. (22¾ B. u. 2 Tab. in qu. gr. Fol.) Altona 833, Hammerich.
Vgl. Kruse, C. A. M.

Bericht üb. die landwirtschaftliche Winterschule ... «Custerhof»
1—2: 1896/98—1898/99; 4—11: 1900/01—08/09; 13—15: 1910/11 - 1913/16. [1]St. Gallen. [2ff.] Rheineck 1898—1916.

Landwirtschaftliche Winterschule und Milchwirtschaftliche Station «Custerhof» (Rheineck). 4. Bericht vom 1. Mai 1900 bis 30. April 1901. [Mit 1 Tabelle und illustriertem Umschlag.] 44 S. 8. Rheineck, Indermaur, 1901.

Landwirtschaftliche Winterschule und Milchwirtschaftliche Station «Custerhof» (Rheineck). 5. Bericht vom 1. Mai 1901 bis 30. April 1903. [Mit 2 Tabellen und illustriertem Umschlag.] 53 S. 8. Rheineck, Indermaur, 1903.

— über die Reise Eppolas, s. Ternaux-Compans, Amerika 2r Bd.

Bericht über die im Jahre 1875 vorgekommenen Dampfkessel-Revisionen im Bezirke der Kgl. Bergwerks-Direction zu Saarbrücken. — Desgl. für 1878 und 1885. 8⁰ Saarbrücken 1876. 1878. 1885.

Bericht über Dampfkesselrevisionen im Bezirke der Königl. Bergwerksdirektion zu Saarbrücken im Jahre 1890—94. 1896. 1898. Saarbrücken. 8. Ferner: Im Jahre 1899. St. Johann a. d. S. 8.

— des Dampfkessel-Revisionsvereins. Mannheim 1875

Bericht über den in Dresden am 14. Sept. d. J gegründeten deutschen Dante-verein, abgestattet in der am 10. Okt. stattgehabten Sitzung der Berliner Gesellschaft für das Studium der neueren Sprachen ... [Berlin 1865) V: *Mahn*, *Carl Aug. Frdr.* (ABJP)

— Danziger, v. neuen theol. Büchern u. Schriften, 120 St. oder 12 Bde. gr. 8. Leipz. Gleditsch. 771—83.

[C]Konsum-Verein Davos und Umgebung. Bericht über das 2. Betriebsjahr (1900 Februar 1 — 1901 Januar 31). 16 S. 8. (Davos-Dorf, Carl Neweczerzal, 1901.)

— der im April 1896 zum Studium elektrischer Strassenbahnen entsendeten Delegirten der Gemeinde Wien Magistratsrath Ludwig Linsbauer, Baurath Friedrich Ehlers und Ingenieur Gustav Klose. 4. (54 S.) In Comm. 1:50
Wien: Braumüller 1898 ?

Bericht der Hamburger Delegation über die Organisations-, Arbeits- u. Lohnverhältnisse in England, Holland u. Belgien. 8⁰. Hamburg, J. Hagemann, 1908.

Bericht der Delegierten der Wiener Handels- und Gewerbekammer über den allgem. deutschen Handelstag in Heidelberg. 4° Wien 1861

VI. Tagung des Internationalen Arbeiterversicherungs-Kongresses in Düsseldorf ⟨17.—24. Juni 1902⟩. Bericht der schweizerischen Delegierten (An ... [den] Vorsteher des schweizerischen Industriedepartements). Vom 7. Juli 1902. Delegierte: ... E[dmund] v[on] Steiger..., Dr. F[ridolin] Schuler..., Professor Dr. [Christian] Moser.... 15 S. 4. Bern, Genossenschafts-Buchdr., 1902.

Bericht des stadtzürcherischen Delegirten über den 8. internationalen Kongress für Hygiene und Demographie 1894 in Budapest. Zürich 1894 V· *Leuch*, *Gfr.* (Zuwachsverz. d. Bibl. in Zürich 1898 ff.)

Bericht über die 9. Delegirten-Conferenz Deutscher Seehandelsplätze. 1.—3. Tag. (7.—9. Mai 1878.) Berlin (1878.) Fol.

Bericht über den 1. Delegiertentag christlicher Bergarbeitervereine Deutschlands, Bochum 1897. Hrsg. von A. Brust. Altenessen, 1897. 95 S.

Bericht über die am 12. und 16. Januar und 9. Februar 1905 in Essen abgehaltenen Delegiertenversammlungen der an der Ausstandsbewegung der Bergarbeiter im Ruhrgebiet beteiligten Organisationen. Essen-Ruhr, 1905. 76 S.

Bericht über die Denkmalpflege in der Provinz Posen. (Hrsg.: Prof. Dr. [Ludwig] Kaemmerer.) [1.] 1. April 1905–31 März 1907. Posen 1907: Arbeits- u. Landarmenhaus in Bojanowo. 8°

Bericht des Departements der innern Angelegenheiten (der helvetischen Republik) über die Annahme der Helvetischen Staatsverfassung (vom 25. May 1802). 8. Bern 1802.

Bericht des Eidgenössischen Departements des Auswärtigen über seine Geschäftsführung. 4. Abt. Amt für geistiges Eigentum. 1888 ff. Bern
Seit 1896: **Bericht** des Eidgenössischen Justiz- und Polizeidepartements über seine Geschäftsführung. E. Amt für geistiges Eigentum.
Seit 1919: **Bericht** des Bundesrats über seine Geschäftsführung. Justiz- und Polizeidepartement. VI. Amt für geistiges Eigentum.

Bericht des eidgenössischen Departements des Auswärtigen über seine Geschäftsführung im Jahre 1888-91: Handelsabteilung. Bern (?)

Bericht an das eidgenössische Departement des Innern über die bisherigen Ergebnisse der Bestrebungen von Bund und Kantonen betreffend Hebung der schweizerischen Pferdezucht. Freiburg 1876. V: *Wehrli, Heinrich.* (Cat. d. Stadtbibl. Zürich. Zürich 1864—97.)

Schweizerdeutsches Idiotikon. Bericht an das h. eidg. Departement des Innern über den Gang der Arbeiten während des Jahres 1900. ([Erstattet vom] Leitenden Ausschuss in Zürich.) 3 S. 8.

Schweizerisches Idiotikon. Bericht an das h. eidg. Departement des Innern über den Gang der Arbeiten während des Jahres 1901. ([Erstattet vom] Leitenden Ausschuss in Zürich.) 3 S. 8. (1902.)

Schweizerdeutsches Idiotikon. Bericht an das hohe eidg. Departement des Innern über den Gang der Arbeiten während des Jahres 1902. ([Erstattet vom] Leitenden Ausschuss in Zürich.) 4 S. 8. (1903.)

Bericht des Departements des Innern an den schweizerischen Bundesrat betreffend den Kleinverkauf gebrannter Wasser. (Vom 17. März 1900.) 8°. Bern. 1900.

Bericht des Departements des Innern des Kantons St. Gallen an den Regierungsrath über die Hülfeleistungen an die Rheinbeschädigten vom September und Oktober 1868 im Kanton St. Gallen. Vom 24. September 1869. 8. St. Gallen 1869.

Bericht des Departements des Innern des Kantons St. Gallen über die Rheinüberschwemmung vom Sommer 1871 und über die Hülfeleistung an die Geschädigten derselben. Vom 23. August 1872. [Mit 1 Tabelle.] 8. St. Gallen 1872.

Bericht des Departements des Innern des Kantons St. Gallen über die Wasserschäden im Rheintal vom Sommer 1890 und über die Hülfeleistung an die Geschädigten. Vom 30. Mai 1891. 8. Altstätten 1891.

Bericht des schweiz. Depart. des Innern betreff. den Wasserstand der Juraseen im Frühjahr 1888. Bern 1888.

Eidg. Kommission der Gottfried Keller-Stiftung. Bericht an das Tit. Departement des Innern der schweiz. Eidgenossenschaft über die Thätigkeit im Jahre 1900. [Mit 3 Tafeln.] 19 S. 8. Zürich, Schulthess & Co., 1901.

Eidg. Kommission der Gottfried Keller-Stiftung. Bericht an das Tit. Departement des Innern der schweiz. Eidgenossenschaft über die Tätigkeit im Jahre 1901 u. 1902. [*je* Mit 1 Tafel.] 22 u. 16 S. 8. Zürich, Schulthess & Co., (1902 u. 1903).

Bericht der von der Evangelischen Allianz nach Wien abgesandten Deputation im Jahr 1879. In-8⁰, 63 S. Basel, C. F. Spittler. 1880?

Bericht über die Deputation aus Angeln nach Berlin, ... Flensburg 1849. V: *Schmidt, Gg Carl Wilh., H. Hansen & J. Hansen.* (schles)

Bericht der ausserordentlichen Deputation für die Anträge über die künftige Verwaltung und Verwendung des sogenannten Invalidenfonds. Dresden [1873]: Heinrich. 15 S. 8°.

Bericht der Deputation des Sächsischen forstlichen Ausschusses über die dem letzteren gestellte Aufgabe. - Dresden 1849. 67 S.

Verein zur Wahrung der gemeinsamen wirthschaftlichen Interessen in Rheinland und Westfalen. – **Bericht** über die Deputation nach Berlin (in Betreff des Nothstandes in dem Transportwesen der Rheinisch-Westfälischen Eisenbahnen). Düsseldorf, im December 1871. (Ohne bes. Titelblatt.) 4⁰

—— der zur Durchsicht d. Stadt-Cämmerei-Rechnung auf d. Jahr v. 1. Mai 1828 b. dahin 1829, erwählten Deputation d. Commun-Repräsentn. zu Dresden; nebst zehnjähr. Durchschnitt d. Commun-Vermögens u. dess. Nutzungen, u. anderer Beilagen. gr. 8. (5½ B. u. 1 Tab. in Fol.) Dresden 831, Arnold.

Bericht der dritten Deputation der ersten Kammer die Petition ... über die Verwaltung der Presspolizei und Vorlegung eines Pressgesetzes betreffend. [Dresden] 1837. V: *Hartz.*

Bericht der dritten Deputation der zweiten Kammer über das allerhöchste Decret vom 27. Febr. 1837, die Angelegenheiten der Presse betreffend. [Dresden.] V: *Haase, C. H.*

Bericht der ersten Deputation der zweiten Kammer, den Entwurf einer Wechselordnung betr. Eingegangen am 27. Mai 1843. (Dresden 1843.)
(Königl. Sächs. Landtags-Acten. Samml. 3, Abth. 3, Beil.)

Bericht der vierten Deputation der ... zweiten Kammer, die Entziehung der Concession bei den Zeitschriften »Das Echo vom Hochwalde«, »Die Sonne« und »Sächsische Vaterlandsblätter« ... betreffend. Dresden 1846. V: *Brockhaus, F. A.*

Bericht d. Deputation f. d. städt. Kanalisationswerke u. Rieselfelder für d. Zeit v. 1. 4. 97—1. 4. 03. Berlin 1899—1904. 5 Bde.

— über die Offenbacher Deputation an den Hochwürdigsten Bischof Dr. W. E. Kaiser in Mainz. Verbürgt von den Redactionen des Katholiken u. der Kathol. Sonntagsblätter zu Mainz. Nebst einem Anhang. gr. 8. Offenbach a/M. 845, Heinemann. 1/8 ℔

Bericht der zur Prüfung der Verwaltungsgrundsätze der Armen-Versorgungs-Behörde niedergesetzten gemischten Deputation. 8⁰. Dresden 1848.

—— der städtischen statistischen Deputation über das Resultat der Volkszählung vom 3. Dezbr. 1867 für die Erkenntniß der wirthschaftlichen und socialen Zustände von Stettin. gr. 8. (50 S. mit 6 Stnt. in Fol. und qu. Fol., wovon 5 in Buntdr.) Stettin 869, v. der Nahmer.

— der, zur Vorberathung üb. d. Entwurf e. Criminalgesetzbuchs für d. Königr. Sachsen von d. ersten Kammer d. Ständeversamml. niedergesetzten Deputation. (Beilage z. 2. Abtheil. d. Landtagsacten.) gr. 4. (Dresd. 837; Leipz., Fr. Fleischer.) 1 ℔

Bericht üb. d. Desinfektionspulver v. Lüder u. Leidloff i. Dresden. Dresd. 1872.

Bericht über einen Desinfektionsversuch vermittelst des Flügge'schen Formaldehyd-Apparates. Im Auftrage des Schweizerischen Gesundheitsamtes ausgeführt durch das Institut für Infektionskrankheiten in Bern. Separat-Abdruck aus dem Sanit.-demograph. Wochenbulletin der Schweiz, Jahrg. 1902. 12 S. 8. [Bern, C. Sturzenegger.]

Bericht. Deutlicher, der vom Groß-Sultan, durch das gantze Ottomannische Gebieth, angeordneten Fasten und Proceßion. Welche geschehen soll durch drey Freytäg nach jedem Neumond, als im Ragab, oder Januario, Sabbàn, oder Februario, und Ramadan, oder Martio. Aus der zu Neapel in Wällischer Sprach gedruckten Beschreibung treulich ins Teutsche übersetzet, ssambt einer Anmerckung. Flugblatt. O. O., Dr. u. J. (Wien? 1716). Anonymes Kupfer (171:307 mm), 2 Sp. Text in Typendruck. Gr.-Fol. (43:32 cm). 40.—

Das Kupfer zeigt den Bußumzug, der nach einer Verordnung des Sultans Ahmed III. nach den Niederlagen des Jahres 1716 regelmäßig stattfinden sollte. Darin eine Lade mit Gebeinen Gefallener, Büßende, die sich mit Dornstauden peitschen, die Lade des Propheten, ein Jude und ein Esel, die erschlagen werden, ein Vezier auf einem hinkenden Esel u. a. — Der Text gibt die Verordnung wieder.

Deutlicher Bericht der vom Groß-Sultan durch das gantze Ottomanische Gebiet angeordnete Fasten und Proceßion. 1717. o. O. u. J. 8°.

Bericht über das zweite Decennium des Akademischen Naturwissenschaftl. Vereins zu Breslau. Breslau 1894. V. *Kling, Max.* (Erman & Horn, Bibliogr. d. dtsch. Universit. 2. Leipz. u. Berl. 1904.) (Berl)

— 3., üb. das Barmer Diakonissen- u. Mägdehaus f. d. J. 1871. gr. 8. (16 S.) Barmen 872. (Klein.) n. — 20

— dasselbe. 4. Bericht f. d. J. 1872. 8. (16 S.) Barmen 873. Wiemann. n. — 30

Bericht über die Diaspora-Anstalten zu Bischofswerder in Westpreussen seit ihrer Begründung am 18. Nov. 1895 bis zum 1. April 1901. Danzig 1901: A. Schroth. (55 S.) 8° [F.] 106. 18,16 10

Bericht über die im Schneideramte zwischen den Meistern u. den Gesellen entstandenen Differenzen ... Hamb. 1846. V: *Mangelsdorff, Guilliam Siegmund.*

— 1., vom Dikopshof, v. J. Hansen, s.a.: Jahrbücher, landwirtschaftliche. 37. Bd. 3. Erg.-Bd.

— 2., v. Dikopshof, unter Mitwirkg v. K Hofmann hrsg. v. J Hansen, s.a. Jahrbücher, Landwirtschaftl.

1.—2. **Bericht v. Dikopshof.** ([1]Die Einrichtungen u.) die Versuchstätigkeit auf dem zur königl. landwirtschaftlichen Akademie Bonn-Poppelsdorff gehörigen Gut Dikopshof 1905—09. Von J. Hansen. Berl. 1908—11. 4°.
(Landwirtschaftliche Jahrbücher. Bd. 37 Erg.-bd. 3 og Bd. 40 Erg.-bd. 1). 373.

Bericht der Diöcesan-Abgeordneten an den hohen Regierungs-Rath des Kantons Aargau betreffend die Amtsenthebung des Herrn Eugen Lachat ... O. O. 1873. V: *Keller, Aug.*

Bericht über die am 13. Sept. 1905 zu Hanau abgehaltene Diözesan-Synode d. Diözese Hanau. Erstattet von d. Diözesan-Synodal-Vorstand. Hanau (1905): Waisenhaus. (49 S.) 8° [F.]

Bericht der Direktion der öffentlichen Arbeiten betreffend die Glattkorrektion. Zürich 1867.

Bericht der Direktion der pfälzer Eisenbahnen über die Verwaltung der unter ihrer Leitung stehenden Bahnen im Jahre 1870—79 — Ludwigshafen a/Rh. 1871—80 — 4°.

Bericht der Direktion der Berlin-Anhaltischen Eisenbahngesellschaft über die Ausführung des ganzen Bahnbaues. 1842. 4.

Bericht der Direction der berlin-anhaltischen Eisenbahngesellschaft über die Ausführung des ganzen Bahnbaues. Berlin (1843).

Bericht der Direction der Finanzen an den Regierungsrath zu dem Gesetzentwurfe, betreffend die Vermögens- und Einkommensteuer. Zürich, 12. Aug. 1859.

(Bericht der Direktion des Gemeindewesens) An den Regierungsrat (des Kantons Schaffhausen) betreffend «Den Zustand unseres kantonalen und Gemeinde-Vermessungswesens.» (1901 Juli 17.) 16 S. 8. [Schaffhausen, H. Meier & Cie.]

Bericht der Direktion des Gemeindewesens) An den Regierungsrat (des Kantons Schaffhausen) betreffend «Den Zustand unseres kantonalen und Gemeinde-Vermessungswesens.» (1901 August 25.) 30 S. 8. [Schaffhausen, H. Meier & Cie.]

Bericht der Direktion des Innern an den Regierungsrath des Kantons Bern ... über die Revision des Wirthschaftgesetzes ... Bern 1875. V: *Bodenheimer, Const.*

BERICHT DER INTERIMISTISCHEN DIRECTION DES COLONISATIONS-VEREINS VON 1849 IN HAMBURG. (Mit 1 Karte.) Hamburg. Gedruckt bei F. H. Nestler und Melle. 4°.

Bericht der Direction des Colonisations-Vereins in Hamburg (über die Colonie Dona Franziska). 1—39. — Hbg: Colonisations-Verein 1849—1892. 4°

BERICHT DER DIRECTION DES COLONISATIONS-VEREINS VON 1849 IN HAMBURG.
2—3. Im Mai 1852 — Im April 1853. (Mit 1 Karte.) (Hamburg.) Gedruckt bei F. H. Nestler und Melle.
4. Im Juli 1854. ib. Druck von G. F. Thiele.
5. Im December 1855. Druck aus Carl Fischer's Buchdruckerei.
6—8. Im Mai 1857 — Im September 1859. Druck von Rundt & Wichers.
9—13. Im September 1860 — Im October 1864. (Mit Karten.) ib. Druck von J. G. A. Trübenbach.
14. Im December 1865. ib. Druck von M. Rosenberg.
15—17. Im November 1866 — Im October 1868. ib. Druck von Rud. Rundt.
18—32. Im November 1869 — Im December 1883. (Mit Karten.) ib. Druck von A. F. M. Kümpel, später H. A. Kümpel.

BERICHT DER DIRECTION DES COLONISATIONS-VEREINS VON 1849 IN HAMBURG.
33—34. Im December 1884 — Im December 1885. (Mit 1 Karte.) Hamburg. Typ. H. A. Kümpel. 4°.

Bernische Musikgesellschaft. Bericht der Direktion über das 43., 44. und 45. Musikjahr 1899/1900—1900/1901—1901/1902. 38 S. 8. Bern, H. Jent, 1902.

Bericht der Direction des Berliner Pfandbrief-Amtes an die ... General-Versammlung des Berliner Pfandbrief-Institutes ... 1874. 1878. 1882. 1885. 1892. 1894. 1905. 1909. Berlin o. J. 2°.

—— d. Direkt. d. Polizei an d. Regiergsrath d. Kant. Zürich betr. d. in d. Kantonalstrafanst. vorhand. Uebelstände. 8. (69) Zür. 56, Orell, F. u. Co. — $7\frac{1}{2}$

Bericht der Direction betr. die Rechnungsverhältnisse zwischen Leu & Comp. u. dem verstorb. Hrn. K. Escher-Bodmer. 8 S. 4.

Bericht der Direktion der Bukowinaer Spar-Cassa über die Geborung dieses Institutes ... Czernowitz: Selbstverl. d. Sparkasse 1875/1914. (Erschienen für die Jahre 1874–1913.)

Bericht der Direktion des Vereines zur Beförderung der Tonkunst in Galizien an die Generalversammlung, für die Verwaltungsperiode vom 1ten Sept. 1855 bis letzten April 1857. Druck von E. Winiarz in Lemberg.

Bericht an die Direktion der Vorbereitungsgesellschaft der Juragewässerkorrektion ... Bern 1862. V: *Schneider, Joh. Rud.*

Bericht der Direktion der Zeche ver. Westphalia in Dortmund an ihre Gewerken über den Arbeitsausstand der Bergleute im Mai 1889. Dortmund, 1889. 22 S.

Bericht der Direktion der Central-Gesellschaft für Flachs- und Hanf-Kultur. Vorgetragen in der General-Versammlung vom 31. Mai 1855 Wien, 1855. Druck von Karl Gerold & Sohn. (14 S. 8.)

Schweiz. Centralverein vom Roten Kreuz und seine Sektionen. 6. Bericht der Direktion für das Jahr 1900/1901. [Mit 9 Tafeln.] II + 180 S. 8. Bern, Genossenschafts-Buchdr., 1901.

Bericht der Direktion der Niederschlesischen Zweigbahngesellschaft zu der Generalversammlung 20 Mai 1847 4

— der Direktoren beider Abtheilgn. d. Großherzogl. Landkrankenhauses zu Jena an die Großherzogl. Landesdirektion zu Weimar üb. den äußern Zustand der Landesheilanstalten. Nebst Vorschlägen zu Bauverändergn. u. dem Plane e. Neubaues, unter technischer Mitwirkg. des Hrn. Kopp entworfen. [Manuscript.] Mit 2 Kpfrst. (in Fol.) gr. 4. (23 S.) Jena 848, (Frommann.) n. 1/2 ₰

— üb. d. internat. meteorolog. Direktorenkonferenz in Innsbruck, s.: Jahrbücher d. k. k. Zentral-Anstalt f. Meteorol. u. Geodynamik.

Bericht der Directorien beider Abtheilungen des Grossherzoglichen Landkrankenhauses ... Jena 1848. V: *Siebert & Ried.* (EngMt)

Bericht des kaufmännischen Direktoriums über Handel, Industrie und Geldverhältnisse im Kanton St. Gallen für 1876. 79. 80 und 81. St. Gallen 1877-82

— des kaufm. Directoriums über Handel, Industrie und Geldverhältnisse des Kantons St. Gallen im Jahre 1883. In-4°, 47 S. St. Gallen, Zollikofer.

Bericht des Kaufmännischen Directoriums über Handel, Industrie und Geldverhältnisse des Kantons St. Gallen im Jahre 1900. Mit [1 Tabelle und] einer Beilage: Industriestatistik der drei Kantone St. Gallen, Appenzell und Turgau. 45 + *Beilage* IV + 112 S. 4. St. Gallen, Zollikofer, 1901.
Beilage s. (Schlatter, Hermann, und Schlatter, Max.) Industriestatistik.

Bericht des Kaufmännischen Directoriums über Handel, Industrie und Geldverhältnisse des Kantons St. Gallen im Jahre 1901. [Mit 1 Figur.] 47 S. 4. St. Gallen, Zollikofer, 1902. [fr. —. 50]

Bericht des Kaufmännischen Directoriums über Handel, Industrie und Geldverhältnisse des Kantons St. Gallen im Jahre 1902. [Mit 1 Figur.] 47 S. 4. St. Gallen, Zollikofer, 1903. [fr. —.50]

Bericht des Kaufmännischen Directoriums über Handel, Industrie und Geldverhältnisse des Kantons St. Gallen im Jahre 1903. [Mit 1 Figur.] 48 S. 4. St. Gallen, Zollikofer, 1904. [fr. —. 50]

Bericht des Kaufmännischen Directoriums über Handel, Industrie und Geldverhältnisse des Kantons St. Gallen im Jahre 1904. [Mit 1 Figur.] 48 S. 4. St. Gallen, Zollikofer, 1905. [fr. —. 50]

Bericht des Kaufmännischen Directoriums über Handel, Industrie und Geldverhältnisse des Kantons St. Gallen im Jahre 1905. [Mit 1 Figur.] 46 S. 4. St. Gallen, Zollikofer & Cie., 1906. [fr. —.50]

Bericht des Kaufmännischen Directoriums über Handel, Industrie und Geldverhältnisse des Kantons St. Gallen im Jahre 1906. [Mit 1 Figur.] 48 S. 4. St. Gallen, Zollikofer & Cie., 1907. [fr. —.50]

Bericht des Kaufmännischen Directoriums über Handel, Industrie und Geldverhältnisse des Kantons St. Gallen im Jahre 1907. [Mit 1 Figur.] 50 S. 4. St. Gallen, Zollikofer & Cie., 1908. [fr. —.50]

Bericht des Kaufmännischen Directoriums über Handel, Industrie und Geldverhältnisse des Kantons St. Gallen im Jahre 1908. [Mit 1 Figur.] 54 S. 4. St. Gallen, Zollikofer & Cie., 1909.

Bericht des Kaufmännischen Directoriums über Handel, Industrie und Geldverhältnisse des Kantons St. Gallen im Jahre 1909. [Mit 1 Figur.] 58 S. 4. St. Gallen, Zollikofer & Cie., 1910.

Bericht der Westlichen District Konferenz der Amischen Mennoniten, abgehalten am 26. September 1901 mit der Gemeinde nahe Gridley, Livingston County, Ill. *[s. l. 1901.] 8 S.*

Bericht über die Distrikts-Butterausstellungen der Bezirks-Meierei-Verbände in Schleswig-Holstein f. d. Jahr 1899. Zsgefasst v. G. von Marées. Kiel. 1899. 4°.
—— f. 1900/01 u. 1901/02. ebd. 1902. 4°.

Aargauisches Centenarfeierstipendium (für Zöglinge der höheren kantonalen Lehranstalten). Bericht an die verehrl. Donatoren ([erstattet von] Dr. Julius Werder, Basel, und R[emigius] Sauerländer, Aarau. 1903 August). II + 10 S. 8. (Aarau, H. R. Sauerländer & Co., 1903.)

—— der Donauregulirungs-Commission in Wien über ihre Amtswirksamkeit vom 1. Jänner bis 31. Decbr. 1870. 8. Wien 871, k. k. Hof- und Staatsdruckerei.

Bericht über den in der Christnacht des Jahres 1894 bestialisch verübten ... Doppel-Raubmord in Kalladorf ... Oberhollabrunn 1895. V: *Jordan, Maximilian.* (EB)

Bericht über d. Steinkohlen-Bergwerke Drasche zu Wien. fol Wien 1867

BERICHT des Generals v. Drauf bei Erftürmung der Feftung Venusberg. O. O. u. J. 8°.
Verb. d. Ldg. Köln II M 124/95.

Bericht der Gewerbe-Kammer Dresden. Dresden 1901—1913

Bericht der Handelskammer Dresden. 1901-05. Dresden 1902-06

— d. Handelskammer Dresden üb. d. J. 05—7 je 3 Tle u. 08, I. u. II. Tl. gr8° Dresd., (C Heinrich). †20.60 d
1. Tätigk. d. Kammer. '05. (110) '06. †1.30 ‖ '06. (90) '07. †1.40 ‖ '07. (120) '08. †1.40 ‖ '08. (115) '09. †1.50.
2. Berichte üb. d. Lage d. einz. Zweige v. Handel u. Gewerbe. '05. (255) '06. †2.70 ‖ '06. (235) '07. †2.70 ‖ '07. (224) '08. †2.70 ‖ '08. (227) '09. †2.80.
3. Statistik. '05. (80) '06. 1.30 ‖ '06. (72) '07. †1.40 ‖ '07. (76) '08. †1.40.

— d. Handelskammer Dresden üb. '08—10. Je 3 Tle. gr8° Dresd., (C Heinrich). d
Die fehlenden Tle waren nicht zu erhalten.
1. Tätigk. d. Kammer '08. (115) '09. † 1.50 ‖ '09. (127) '10. † 1.50 ‖ '10. (124) '11. † 1.40
2. Berichte üb. d. Lage d. einz. Zweige v. Handel u. Gewerbe. '08. (227) '09. † 2.80 ‖ '09. (9, 230) '10. † 2.80
3. Statistik. '08. (90) '09. 1.40

Bericht der Handels- und Gewerbekammer Dresden, Eisenbahnfrachttarif-Reform und Missstände im Eisenbahnwesen betreffend. (54 S) fol Dresden 1875

— der Handels- und Gewerbekammer Dresden. Übereignung der Eisenbahnen an das Reich betreffend. (7 S) fol Dresden 1876

Bericht über das Kgl. Polytechnikum Dresden ⟨Kgl. Sächsische Technische Hochschule⟩ auf das Studienj. 1888/1889 und das W.-S. 1889/1890. 1890.
Fortges. u. d. T.:
Bericht über die Kgl. sächsische Technische Hochschule.

BERICHT DER SECTION DRESDEN DES DEUTSCHEN UND OEST(ER)REICHISCHEN ALPENVEREINS
auf das Jahr 1874–1879. (Ohne bes. Titelblatt.) 8°.

BERICHT DER SECTION DRESDEN DES D. U. OE. ALPEN-VEREINS
auf das Jahr 1880–1882. (Mit Tafeln.) Dresden. Druck von Johannes Pässler. 8°.

BERICHT DER SECTION DRESDEN DES D. U. OE. ALPEN-VEREINS
auf das Jahr 1883. Dresden. Druck von Johannes Pässler. 8°.

— Nr. 247 der Drucksachen —. Berichterstatter: Gamp. (157 S.) hoch 4. Berlin, C. Heymann. 1902. 4. —

— Nr. 350 der Drucksachen —. Berichterstatter: Dröscher. (60 S.) Berlin, C. Heymann. 1908. 1. 60.

— Nr. 987 der Drucksachen —. Dem Reichstage erstattet am 4. III. 1909. (74 S.) Berlin, C. Heymann. 1. —

Bericht über die vom Kreiskommite des Landw. Vereins für Schwaben und Neuburg in den Jahren 1875-1880 im Donaumoos angestellten Düngungs- und Anbauversuche. o.O. 1880.

Bericht der Herren [Leonz] Eder, (H[enri]) Drüey und (I[gnaz] Edward) Dorer, eidgenössischer Kommissarien im Kanton Basel, an den H. eidgenössischen Vorort, d. d. 4. Christmonat 1832. [SA.] fol. [Zürich 1833.]

Eigentl. Bericht von der zw. Gen. Graf Ad. Ludw. Löwenhaupt u. I. Czar. Maj. d. 29. Sept. 1708 bey Liesna vorgefallenen scharfen Action. (1½ B.) 4. 1709

Bericht, Eygentlicher und ausführlicher, dess Criminals-Process, wegen denen vielen grausamen Mordthaten, Strassen-Raubereyen, u. a. ... Missethaten deren ... Siechen-Leuthen, wie auch deren Inhaftierung und ... Execution ... Cöln 1712. V: *Schlösser, J. H.* (StBKöln II, 55)

EIGENTLICHER Bericht von sechs heiligen Messen. Buziás 1909: Josef Jun. Brach.
8 S. - 170 mm

Bericht über die Einführung des Professors Dr. Friedrich Georg Christian Beneke als Direktor der Anstalt. (Aus: „Westfälischer Anzeiger".) 4 (S. 24—28).
Progr. Kgl. G. *Hamm* 1896

Bericht betreffend die Einführung einer Einheitszeit für das bürgerliche Leben in Deutschland auf dem Wege der Reichsgesetzgebung. (Drucksache d. Gewerbekammer f. d. Provinz Schleswig-Holstein Nr. 35.) Kiel. 1891. Fol.

Bericht über die am 12. Jan. 1894 erfolgte Einführung Seiner Königlichen Hoheit des Prinzen Friedrich Leopold von Preussen in die Grosse Loge von Preussen gen. Royal York zur Freundschaft im Or. Berlin. [Berlin 1894: Stankiewicz.] 18 S. 8⁰ [Umschlagtit.]

– **Bericht** über die am 16. Dez. 1893 erfolgte Einführung Seiner Königlichen Hoheit des Prinzen Friedrich Leopold von Preussen in die Grosse National-Mutterloge zu den drei Weltkugeln im Or. Berlin. [Berlin 1893: Büxenstein.] 19 S. 8⁰
cf. Bbl. 8 (1894) S. 6—14; FZ. 48 (1894) S. 29 bis 30.

Bericht über die Einführung des Rektors Prof. Dr. (Hermann) Schmidt. Roßleben 1909: Sauer. S. III—XI. 4°
Roßleben, Kloster-S P 1909 (338)

Bericht über die Einführung unentgeltlichen Schwimmunterrichts an unbemittelte Bezirksschüler Dresdens im Sommer 1899, erstatt. v. Dresdner Turnlehrerver. (S. Abdr. a. d. Monatsschr. f. d. Turnwes., Jg. 1899, H. 10/11), Berlin, 16 S., 8°.

(Stadt Zürich,) Stadtrat. Bericht über die Eingabe der Quartiervereine zu den Vorschriften für offene Bebauung. (1901 April 3.) 14 S. 8.

Bericht über die Einigungsversuche in Angelegenheiten des Berliner Bierboykotts. 8°. Berlin 1894.

Bericht über Einnahme und Ausgabe des Gelterkindervereins in Basel 1832. (Basel, den 8 December 1832.) 4. *o. O.*

Bericht üb. d. Einrichtg. u. d. Betrieb d. städt. Kochschule in Ohrdruf 1895/96. gr. 8. (12 S.) Ohrdruf 896. (C. Grapenthin.) n.n. — 30

— üb. die Einrichtung u. die Ergebnisse d. chir.-ophthalmologisch. Clinik z. Freiburg während d. letztverflossen. 9 Jahre unt. d. Leitung d. verstorb. Geh.-Raths Dr. Beck Nebst dessen Lebensbeschreib. Herausg. v. Dr. J. Schwörer. Der 16 Versammlung d. Aerzte u. Naturforscher Deutschlands vorgelegt Mit e. Anhang über Resection u Exarticulation des Unterkiefers, nebst Beschreib. u. Abbild. e. durch das eben bezeichn. operative Verfahren entfernte Osteosarcoms d. rechten Unterkieferastes. Angefügt sind einige nosologische Bemerkk. üb. „ungleiche od. örtliche" Dyscrasieen u. die Stellung der operativen Chirurgie zu denselben, besond. in Bezug auf deren Wiedererzeugung ꝛc. 4. Freiburg 838. Herder. 1⅓ ℳ

Bericht über die neue Einrichtung der hiesigen obern und untern Schulen. Bern 1797. V: *Ith, Johannes.*

Bericht über Einrichtung und Wirksamkeit des Vereins zur Förderung der Erwerbsfähigkeit des weiblichen Geschlechts seit Gründung desselben am 27. Febr. bez. 15./16. März bis Juni 1866. -- Berlin 1866: Janke. 8⁰
Forts. u. d. T.: Rechenschaftsbericht.

Bericht über die feierliche Einsetzung der Bundesloge Friedrich zur Gerechtigkeit im Or. Berlin. Mittwoch den 18. Okt. 1893. [Berlin 1893.] 25 S. 8⁰ [Kopftit.]

Abgedr. in: MitthF. (NF.) 193 (1893) S. 194 bis 218.
Andere Berichte in: Wöchentl. Anzeiger d. Joh.-Logen zu Berlin. 25 (1893) No 44—45 (Löwenthal); Bh. 36 (1893) S. 337—341; FZ. 47 (1893) S. 404—408, 414—415; H. 4 (1893) S. 109—110 (F. Dross); ML. 22 (1893 bis 1894) S. 55—58, 63—68.

Bericht über die Einsicht der Rechnungen in der allgemeinen Finanz-Verwaltung von 1840 bis zur Gegenwart. (Berlin.) O. J. 51 S. 4.

— üb. die Einweihung d. Neubaues der Fürsten- u. Landesschule zu Grimma u. die damit verbundene Feier d. Stiftungsfestes am 23. u. 24. Septbr. 1891. gr. 8. (III, 77 S.) Grimma 892. (G. Gensel.) n. — 80

— über die Einweihung der neuen Thomasschule zu Leipzig. 4. (36 S. m. 2 Holzschn.- u. 5 Steintaf.) Leipzig 878. (O. Klemm.) n. 1. —

Bericht über die Einweihungsfeier der von Conradischen Realschule zu Langfuhr am 17. Oktober 1900 und über die Gebäude und die Gartenanlage des neuen Conradinums. 16 S. 4.
v. Conradisches Schul- u. Erziehungs-Institut Conradinum. Real-
Progr. schule u. Vorschule *Langfuhr bei Danzig* 1901
Bonstedt, [Ernst]: Die Einweihungsfeier der von Conradischen Realschule zu Langfuhr. S. 3—12. Schmidt, Otto (Baumstr.): Der Neubau des von Conradischen Schul- und Erziehungsinstituts zu Langfuhr. S. 12 bis 14. Schnibbe-Schellmühl, Georg: Die Gartenanlage des Conradinum zu Langfuhr. S. 14—16.

[**Bericht** über das Einweihungsfest des neuen Logenhauses Amalia in Weimar am 24. Okt. 1853 und über die Schwesternloge am 15. Febr. 1854 daselbst, dem Andenken an das 50jährige segensreiche Wirken der Grossherzogin-Grossfürstin Maria Paulowna gewidmet. Weimar 1854: Hofbuchdr.] 53 S. 8° (Frmr-Analecten. 9.)
Einweihungsfestrede von Teuscher: Unsere heutige Begeisterung. Vortrag in der Schwesternloge von Weber: Üb. Maria Paulowna, das ermunternde Vorbild u. Muster mrischer Tugenden.

Bericht eines pohlnisch. Einwohners v. d. Schicksal. der Dissidenten in Pohlen. 2 Theile. gr. 8. Lemgo, Meyer. 774 — 79. (1r 8 gr. 2r 6 gr.) Rthlr.

Bericht an die Einwohnerschaft der Gemeinde Hirsland über das Rechnungsjahr 1879. In-8°, 31 S. Zürich, Druck von Orell Füssli & Cie. 1880?

Bericht an die Einwohnerschaft der Gemeinde Oberstrass, abgelegt von den Gemeindebehörden. 1886—1891.

Bericht an die Einwohnerschaft der Gemeinde Riesbach über 1868, 70, 71, 74, 81 abgelegt von dem Gemeinderate.

Gemeinde Riesbach. Bericht an die Einwohnerschaft der Gemeinde Riesbach über d. J. 1870, vorgelegt vom Gemeindrath. Zürich, Druck v. Gebr. Lohbauer. 47 Stn. 8. 1871

Bericht an die Einwohnerschaft der Gemeinde Riesbach üb. 1871. Nebst Auszügen a. d. Rechnungen üb. die öffentl. Güter. 43 Stn. 8. Druck d. Genossenschaftsbuchdr. 1872

Einzig vollständ. authent. Bericht üb. d. Rückzug der franz. Armee v. Moskau im Okt. u. Nov. 1812. 8. Stockholm 1813. — 8. Hamburg 1813. 0,25.

— einzig vollständig authentisch üb. den Rückzug d. franz. Armee von Moskau. Neue sehr vermehrte Ausgabe. gr. 8. Hamb. Vollmer. 813.

Bericht des eidgenöss. Eisenbahn- und Handelsdepartements über seine Geschäftsführung. 1874—76. 1878. o. O. 1874—78. 8°.

Bericht über die Bischofszeller Eisenbahnfrage. Frauenf. 1871. V: *Looser, Fr.* (Zuwachsverz. d. Bibl. in Zürich 1898 ff.)

— des Eisenbahn-Comité zu Leipzig an d. Publikum. 1—7. Ber. M. 1 lith. Karte in Fol. gr. 4. (6½ B.) Leipzig 834, 35, (Fr. Fleischer.)

Bericht über die projektirte Eisenbahn-Verbindung von Olten nach Luzern. Lenzbg 1852. V: *Näff, Adolph.* (Cat. d. Stadtbibl. Zürich. Zürich 1864—97.)

Bericht der oberschlesischen Eisen-Industrie, Action-Gesellschaft für Bergbau und Hüttenbetrieb. 1892—93. Gleiwitz

Bericht des Dr. Eisenmann an seine Wähler in Nürnberg und Bayreuth über unsere Zustände und Aufgaben. Nürnberg u. Erlangen, Ferd. Enke, 1848. 16 S. 8°.

Bericht der Stadtbücherei Elberfeld. Jg. 1902/03—1907/08. Elberfeld, 1903—1908.

Bericht der Stadtbücherei Elberfeld über das Betriebsjahr 7—9. Elberfeld 1909—1911

Bericht, . . . [des] Stadtbücherei-Verein[s] Elberfeld. Im Auftr. d. Vorstandes hrsg. von Fr. *Elsas.* Elberfeld 1906. 8°. [Umschlagtit.]
1 (Von d. Begründung bis Ende 1905) 1906.

Stadtbücherei-Verein Elberfeld. Erster **Bericht** ... Im Auftr d. Vorst. hrsg. von Oberl. Fr[iedrich] Elsas. Elberfeld (1906): J. H. Born. 8° [F.]

Bericht des Rheinisch-Westfälischen Elektrizitätswerks, A.-G., Essen-Ruhr. Jg. 1898/99—1906/07. Essen Ruhr, 1899—1907.

Bericht, 8., über das Kinder-Spital (Eleonoren-Stiftung) in Hottingen bei Zürich. 1. Januar bis 31. Dezember 1881. In-8°. Druck von J. J. Ulrich. 1882?

— 31., des Elisabeth-Krankenhauses. [Mit dem Bilde des Hauses.] Die Geschichte des Frauen-Kranken-Vereins u. des Elisabeth-Krankenhauses. 1833—1863. Mit dem Jahresbericht von 1864. Berlin 866. (Buchh. d. Miss.-Vereins.) gr. 8. (36 S.) 3 *ngr.*

Landwirtschaftliche Winterschule Elmshorn. **Bericht** über das . . Schuljahr. . . . erstattet v. Lilienthal (von 1900-05 v. Kuhnert). Elmshorn. 8°
2 ff., 1897/98 ff.
Bericht 19 nicht erschienen. Bericht 21 fehlt.

Bericht aus dem Deutschen Emigrantenhause: 1873
Founded by Lutherische Emigrantenhaus Association in New York, 16 State St

Bericht über die Emilie-Rudolf Mosse-Stiftung . . . f. d. Zeit vom 1. April 1907 bis 31. März 1909. Berlin o. J. 8°.
vorh. u.d. T.: Bericht über d. Rudolf Mosse'sche Erziehungsanstalt für Knaben und Mädchen, 1895-1907.

— IX., d. Gemeinderates Enge an die Einwohnerschaft über seine Geschäftsführung im Jahre 1883. In-8°, 70 S. Zürich, Druck der Genossenschaftsbuchdruckerei.

10. Bericht des Gemeindrates Enge an die Einwohnerschaft über seine Geschäftsführung im J. 1885. In-8°, 76 S. Druck der Genossenschafts-Buchdruckerei. 1886

Bericht des Gemeinderates Enge an die Einwohnerschaft über seine Geschäftsleitung. 1884—86. Zürich.

Lycée international Engiadina. Hochalpines Reformgymnasium u. Oberrealschule in *Zuoz*, Ober-Engadin. Bericht über d. Schulj. 1904/1905. Bern '05

— üb. d. im Auftr. d. Hauptdirektoriums d. landwirthschaftl. Prov.-Ver. f. d. Mark Brandenburg u. d. Niederlausitz zu Berlin v. Molkerei-Revisions-Verbande f. d. Provv. Brandenburg, Pommern, Sachsen u. d. Grossherzogthümer Mecklenburg in Prenzlau im J. 1894 erhobene Enquête, betr. d. in Folge d. Maul- u. Klauenseuche entstand. Verluste. 8° (20) Prenzl. 95, A Mieck. 1 —

Bericht über die Enquête bei den schweizerischen Krankenkassen betreffend die Wiederaufnahme der Krankenversicherung. Aufruf an die schweiz. Krankenkassen. (1902 Juli 19.) 42 S. 8. [Zürich, Grütli-Buchdr., 1902.] ([fr. —. 25,] 4 Stück zu fr. 1. —, 20 Stück zu fr. 5. —)

Bericht über die von der □ „Pionier" veranstaltete Enquête über Mittel und Wege die Freimaurerei in Österreich auf gesetzlicher Grundlage einzuführen. Pressburg: Verlag der Loge 1906. 92 S. 8°.

Bericht der Enquête-Kommission für die Baumwollen- und Leinen-Industrie. (Bundesrats-Session 1878/79.) 4° Berlin

Bericht der Enquêtekommission über die Raiffeisenschen Darlehnskassenvereine. Berlin 1875.

Bericht der Enquête-Commission über die Lage der Landwirthschaft in Elsass-Lothringen. 8°. Strassburg 1887.

—— der Enquete-Kommission zur Revision des Patentgesetzes. Fol. (65 S.) Berlin 887, v. Decker's Verlag.

—— erster, über den am 18. Nov. 1838 in Eutin gestift. Enthaltsamkeits-Verein. Für die Generalversamml. v. 27. Dec. 1839 bestimmt v. derzeit. Vorstande. gr. 8. (3¼ B.) Eutin 840, Griem's Buchh.

—— zweiter rc. In d. Generalversamml. v. 25. Apr. 1841 statutengemäß erstattet v. Vorstande. gr. 8. (2 B.) Oldenburg, Schulze'sche Buchh..

BERICHT ÜBER DAS ENTSTEHEN, DIE ZWECKE UND DIE BISHERIGE WIRKSAMKEIT DES LEIPZIGER LITTERATENVEREINS. (Vorgetragen in der 18. Versammlung des Vereins, den 30. April 1842 und als Manuscript für die Vereinsmitglieder gedruckt.) a. l. & a. (Leipzig. Druck von Fr. Rückmann.) 4°.

Bericht über die Entstehung . . . der Konsumgenossenschaft Dübend. Wülfl. 1892. V: *Straumann, Johann Jacob.* (Cat. d. Stadtbibl. Zürich. Zürich 1864—97.)

Bericht über die Entstehung und Entwicklung der Berliner Turnerschaft von 1863—1871. Berlin 1871. 55 S.

BERICHT ÜBER DIE ENTSTEHUNG, FORTBILDUNG UND GEGENWÄRTIGE LAGE DES HISTORISCHEN VEREINS VON OBERFRANKEN ZU BAYREUTH. Bayreuth 1842. Auf Kosten des Vereins. 8°.

— von der Entstehung des evangel. Missionsvereins im Großherzogth. Baden. gr. 8. Heidelb. 840. K. Winter. 1½ ℳ

BERICHT ÜBER DIE ENTSTEHUNG UND THÄTIGKEIT DES VEREINS RHÖN-CLUB in den Jahren 1876 bis 1880. Fulda. 1880. Druck von J. L. Uth's Hofbuchdruckerei. 8°.

— — über die Entstehung, Verhältnisse und Wirksamkeit der landwirthschaftlichen Versuchs-Station zu Rostock von der Zeit ihrer Begründung im J. 1875 bis zum Schlusse des J. 1881, erstattet von dem Curatorium der landwirthschaftl. Versuchs-Station. gr. 8. (88 S. mit 3 lithogr. Plänen.) Wismar 882, Hinstorff'sche Hofbuchh. *

Bericht über die Entstehung und Wirksamkeit des Vereins Berliner Künstler. Berlin 1871 und 1881. 8°.

Bericht von der wunderbaren Entstehung und Erhaltung des Gnadenbildes Maria Hilf auf dem h. Berge nächst Gutenstein. Wien, C. Ueberreuter 1852. 8.

— über die Entwerfung e. verbesserten Catasters für d. Stadt Kiel, an Rath u. Bürgerschaft erstattet d. 14. April 1838. Als Manuscript gedruckt. Mit 5 Anlagen u. einem Anhange, enthaltend das Kieler Stadtcataster von 1682 nebst dem Entwurfe dazu v. 1678, verglichen mit früheren Catastersätzen u. allen bis jetzt erfolgten Veränderungen. gr. 4. Kiel 839. Baurmeister u. Comp. n. 1¼ ℳ

—— über d. Entwerfung e. verbess. Catasters f. d. Stadt Kiel, an Rath u. Bürgerschaft erstattet d. 14. April 1838. Als Mspt. gedr. M. 5 Anlagen u. e. Anh., enth. d. Kieler Stadtcataster v. 1682 nebst d. Entwurfe dazu v. 1678, verglichen mit früheren Catastersätzen u. allen bis jetzt erfolgten Veränderungen. gr. 4. (12 B.) Kiel 839, [Schuberth u. Comp.] *

Bericht über die Entwicklg u. d. Fortschr. d. preuß. Militärsanitätswesens. (O. J.) Berlin.

Bericht über die Entwickelung der Gemeinde-Angelegenheiten der Stadt Stolp i. P. und ihren Stand bei Ablauf des 19. Jahrhunderts. *Stolp i. P. 1900: W. Delmanzo.* (138 S.) 4° [J.]

Bericht über die Entwicklung des Schalker Gruben- und Hüttenvereins (in Gelsenkirchen) vom Tage der Gründung (1872) ab bis heute. Zsgest. aus Anlaß d. 25jähr. Dienstjubiläums des General-Direktors Franz Burgers, 1. Nov. 1903. – Mülheim-Ruhr (1903): Bagel. 23 S. 4°.

Bericht über die Entwickelung der chemischen Jndustrie während des letzten Jahrzehends. Erstattet von A. W. Hofmann. Hälfte 1. 2. Braunschweig 1875—1877

Bericht über die Entwicklung der Palaestra Albertina. [1.] In d. Jahren 1901–1904. Berlin-Schöneberg: Meisenbach, Riffarth & Co. [1905]. 8°

Bericht über die Entwicklung und Tätigkeit der (Köln-) Ehrenfelder Arbeiterwohnungs-Genossenschaft, e.G.m.b.H., von 1899 – 1909. – Cöln-Ehrenfeld (1909): Schirk & Wagener. 24 S. 4°. (Umschlagt.)

Zwickau: V. **Bericht** über die Entwickelung und Thätigkeit der Loge Bruderkette zu den 3 Schwanen im Or. Zwickau auf die Zeit der beiden Logenjahre vom Stiftungsfeste 1896 bis dahin 1898. Zwickau 1898: Förster. 25 S. 8°.

AUSZUG AUS DEM BERICHT über Entwickelung und Thätigkeit des Thüringer-Wald-Vereins vom 24. März 1880 bis 31. März 1882. (Separatabdruck aus der Eisenacher Zeitung. Ohne bes. Titelblatt.) 8°.

BERICHT ÜBER ENTWICKELUNG UND THÄTIGKEIT DES THÜRINGERWALD-VEREINS in der Zeit vom 1. April 1883 bis 31. März 1884. Eisenach. 1884. Buchdruckerei der »Eisenacher Tagespost«. 8°.

(ERSTER) BERICHT über die Entwicklung und die Tätigkeit der Verbandes für weibliche Vormundschaft in Berlin von 1904 bis 1907. (Berlin. Buchdruckerei Gutenberg (Fr. Zillessen). 8°.

ZWEITER BERICHT über die Entwicklung und die Tätigkeit des Verbandes für weibliche Vormundschaft E. V. in Berlin. Für die Zeit von Januar 1907 bis April 1911. (Burg i. M. A. Hopfer.) 8°.

BERICHT ÜBER DIE ENTWICKELUNG, DIE THÄTIGKEIT UND DAS WIRKEN DES VEREINS SÄCHSISCHER, später: PRAKTISCHER GEOMETER ... von CARL FROHNSDORFF
im 1. Vereinsjahre 1854/56. Dresden. Druck von B. G. Teubner. 8°.
im 2. Vereinsjahre 1857/58. Nebst einem Anhange, einen Vortrag des Professor NAGEL über Urmaasse und Maasssysteme enthaltend. ib. —
im 3. Vereinsjahre 1859/60. Nebst einem Anhange, einen Vortrag des Steuerconducteur HÖFER über Dismembrationen und die dabei vorkommenden geometrischen Arbeiten enthaltend. ib. —
im 4. Vereinsjahre 1861/62. ib. 1863. —

Deutsche Turnerschaft, 4. Kreis 'Norden', Ostholstein. Gau. Kieler Turnerbund Brunswik. **Bericht** über seine Entwickelung. [1.] Von d. Gründung am 11. Aug. 1899 bis Ende 1900. Kiel 1901: Vollbehr & Riepen. 8° [F.]

Bericht über die Entwicklung des Verbandes der thüring. Vorschussvereine 1905. 8⁰. Meiningen 1906.

[F.] **Bericht** über die Entwicklung der Verwaltung der Gemeinde-Angelegenheiten in der Stadt Schlüchtern seit d. J. 1834 u. den Stand ders. am Schluss d. J. 1898. *(Schlüchtern: C. Hohmeister 1899.)* (48 S.) 1 Bd 4.

—— über die Entwicklung und den Zustand des Volksschulwesens in Kärnten 1870 bis 1885. Erstattet vom k. k. Landesschulrathe für Kärnten. gr. 8. (43 S. mit 1 Tab.) Klagenfurt 886, Leon sen.

Bericht über den Entwurf der Advokaten-Ordnung für Bayern 1870 im Auftrage des Anwaltsrathes vom 10. April 1870 demselben erstattet am 7. Mai 1870. Passau [1870]. V: *Lössl, E. R. von.*

—— über d. Entwurf einer Bundesurkunde, erstattet an d. Eidgenöss. Stände v. d. Commiss. d. Tagsatzung. Berathen u. beschlossen in Luzern, d. 15. Christmonath 1832. Amtliche Uebers. gr. 8. (9 B.) Zürich 833, Orell, Füßli u. Comp.

Bericht zum Entwurf eines Programms betreffend die Errichtung eines Musterlagers für Gewerbe und Industrie in Zürich. O. O. [1874]. V: *Landolt, Elias.* (Cat. d. Stadtbibl. Zürich. Zürich 1864—97.)

Bericht betreffend den Entwurf für eine Rieselfeld-Anlage zur Reinigung der Abwässer der Stadt Münster sowie f. d. Regulirung d. Aa unterhalb d. Stadt, nebst e. Bericht üb. d. Berliner Rieselfelder. *Münster 1898: L. Espagne.* (Getr. Pag.) 4°(2°)

BERICHT ÜBER DEN ENTWURF ZU EINEM ZOLLTARIF FÜR DAS VEREINTE DEUTSCHLAND. Abgestattet in der General-Versammlung des Vereins für Handelsfreiheit, am 12. December 1848, in Hamburg. Berichterstatter: AUGUST SANDERS. (Ohne bes. Titelblatt.) 4⁰.

Bericht, Erachtlicher, über die Rechtsverhältnisse der zur römisch-katholischen Kirche sich bekennenden Landeseinwohner in Mecklenburg. O. O. 1852. V: *Ditmar, L. P. F.* (Bachmann, Mecklenburg. Güstrow 1889. S. 339.)

—— erbaulicher, über das berühmte Originalbild Mariahilf in der St. Jakobs-Pfarrkirche zu Innsbruck, verfaßt von einem Verehrer desselben bei Gelegenheit der 2. Sekularfeier seiner Einsetzung in obgenannte Kirche, nebst dem Titelkpfr. desselben und einem Anhang von Gebethen zu Mariahilf in diesem Gnadenbilde auf das Jubeljahr 1850. 12. (X und 116 S.) Innsbruck 851, (Wagner'sche Buchh.) **

Bericht über die Erdbebenbeobachtungen in Kremsmünster ... von Prof. Franz Schwab. [1.] 1900. Wien: C. Gerold's Sohn in Comm. 1901. 8°
= **Mittheilungen** d. Erdbeben-Commission d. Kais. Akad. d. Wiss. in Wien. N. F. No 4.

Bericht über die Erdbebenbeobachtungen in Lemberg ... von Prof. Dr. W[enzel] Láska. [1.] (1899/1900.) Wien: C. Gerold's Sohn in Comm. 1901. 8°
— **Mittheilungen** d. Erdbeben-Commission d. Kais. Akad. d. Wiss. in Wien. N. F. No 1.

—— üb. die Ereignisse zu Köln vom 3. u. 4. Aug. 1840 u. den folg. Tagen. Zusammengest. nach den bei d. Bürger-Ermittelungs-Commission abgegeb. Aussagen von Augenzeugen u. veröffentl. Aktenstücken. 8. (5¾ B.) Mannheim 840, Hoff. *

— über die Ereignisse zu Köln vom 3. u. 4. August 1840 u. den folgenden Tagen. Zusammengestellt nach den bei der Bürger-Ermittelungs-Commission abgegebenen Aussagen, v. Augenzeugen u. veröffentl. Aktenstücken. 8. (88 S.) Mannheim 847, Hoff. 6 ngl.

—— über die Ereignisse in der königl. gynäkologischen Universitäts-Klinik zu Königsberg in Pr. während der Zeit vom 1. Novbr. 1874 bis 1. Novbr. 1877. Bearb. von den Assist.-Aerzten der Klinik: H. Münster, M. Berthold, Fr. Dahlmann. Durchgesehen und veröffentlicht von H. Hildebrandt. gr. 8. (108 S.) Königsberg 879, Hartung'sche Zeitung und Verlagsdruckerei.

* Bericht über die Erfindung einer neuen Dresch-Machine aus dem Französischen ins Teutsche übersetzt. Von *** Frankfurt am Mayn, bey Fried. Christ. Kochendörffer Buchhandlung. 8. 140. m. 1 Kupft. 1765.

[Kopft.:] Statistisches Amt der Stadt Dortmund. **Bericht** über das Ergebniss einer Rundfrage bei 40 deutschen Städten, betreffend Volksbibliotheken und Lesehallen. (Anhang: Ueber d. Nothwendigkeit öffentl. Bücher- u. Lesehallen u. ihre Organisation. Von Dr. Ernst Schultze.) *(Dortmund 1899.)* (23 S.) 1 Bd 4.

—— über das Ergebniß der Schwurgerichtsverhandlung gegen die vormaligen Stadtkämmerei-Bediensteten Kern und Banzer wegen der in der Stadtkämmerei-Kasse Bamberg vorhandenen Defekte.. 8. (85 S.) Bamberg 876, (Hübscher.)

Kaiserl. livländ. gemeinnützige Sozietät.
Bericht über die Ergebnisse der Beobachtungen an den Regenstationen der —, für das Jahr 1885, 86, 87. Dorpat 1886, 87, 89.

Livland, Kaiserl. livländische gemeinnützige und ökonomische Sozietät,
Bericht über die Ergebnisse der Beobachtungen an den Regenstationen der — für die Jahre 1892, 93, 94, 95—97.
Dorpat (Jurjew) 1893, 94, 95, 96—98.
(17307, 18744—44a, 18913, 18920, 19732, 20769)

Bericht über die Ergebnisse des Betriebes der für Rechnung des preussischen Staates verwalteten Eisenbahnen im Betriebsjahre 1881/82. Berlin.
Derselbe für 1882/83 ff. bis 1896/97.

Bericht über die Ergebnisse des Betriebes — der für Rechnung des preussischen Staates verwalteten Eisenbahnen —, seit 1891: der preussischen Staatsbahnen, seit 1897/98: der vereinigten preussischen und hessischen Staatseisenbahnen. Berlin 1880/81—1913

Bericht über die Ergebnisse des Betriebes der für Rechnung des Preußischen Staates verwalteten (seit 1890/91: Preußischen) Eisenbahnen, (seit 1898/99:) vereinigten preussischen u. hessischen Staatseisenbahnen. Berlin: (Möser). 9 Bde. fol.
In den Betriebsjahren (später:) Rechnungsjahren: 1889/90. 1890/91. 1892/93. 1894/95. 1896/97. 1898/99. 1909. 1910.

Bericht über die Ergebnisse des Betriebes d. Kgl. Bayr. Staatseisenbahnen,. . .
Fortges. u.d. T.:
Jahresbericht d. Königl. Bayr. Staatseisenbahn-Verwaltung.

Bericht über die Ergebnisse des Betriebes der preuß. Staatseisenbahnen. 1878/79 ff. Berlin. 4°.

Bericht über die Ergebnisse des Betriebes der Preussischen Staatseisenbahnen im Betriebsjahre 1894/95 ff. Berlin. o. J. Fol. m.

Bericht über die Ergebnisse des Betriebes der vereinigten Preußischen und Hessischen Staatseisenbahnen. [Bis 1896/97 einschl. ohne die Hessischen Bahnen; bis 1878 u. d. T.: „Übersicht über den Fortgang des Baues und über die Ergebnisse des Betriebes der Staatseisenbahnen".] Jg. 1865. 1867. 1873—1906. Berlin. 1866—1908.

— über die bisherigen Ergebnisse des Schiffsverkehrs am Eisernen Tor, s.a.: Verbands-Schriften des deutsch-österreichisch-ungarischen Verbandes f. Binnenschiffahrt. N. F. 14.

Bericht über die bisherigen Ergebnisse des Schiffsverkehrs am Eisernen Tor. Zsgest. durch die Kgl. ungar. Schiffahrtsbehörde in Orsova. Mit 5 Beilagen. *Budapest: Techn. litter. u. Dr.-A.G. 1903.* (23 S.) 8°
= Deutsch-Oesterr.-Ung. Verband f. Binnenschiffahrt. **Verbands-Schriften**. N. F. No 14.

Bericht über die finanziellen Ergebnisse der Kämmereirechnung sowie über die Ergebnisse der Steuerveranlagung der Stadt Dortmund f. d. Rechnungsj. 1907. (1. April 1907–31. März 1908.) Dortmund 1909. 4°.

Bericht über die Ergebnisse d. städt. Fleischbeschau für d. Jahr 1888/89. Berlin 1889.
Fortges. u.d. T.:
Bericht über d. Resultate d. Fleischbeschau auf d. städt. Zentral-Schlachthofe. 1887/88.

Bericht über die Ergebnisse der Gemeinde-Verwaltung und Haushalts-Pläne der Stadt Saarbrücken.
(1910 fortges. u. d. Tit.:)
Haushalts-Etat [der] Stadt Saarbrücken f. d. Rechnungsj. 1910. o. O. u. J.

Bericht über die Ergebnisse der für das Jahr 1872 bis 1873 an der Universität Strassburg bestimmten **Preisbewerbung** und über die für das Jahr 1873 bis 1874 gestellten Preisaufgaben. Strassburg, Univ.-Buchdr. v. J. H. Ed. Heitz, 1873. 8. 16 S.

Bericht über die Ergebnisse der für das Jahr 1873 bis 1874 an der Universität Strassburg bestimmten **Preisbewerbung**, über die für das Jahr 1874 bis 1875 gestellten Preisaufgaben und über die Max Müller'sche Preisstiftung. Strassburg, Univ.-Buchdr. von J. H. Ed. Heitz, 1874, 8. 18 S.

Bericht über die Ergebnisse der Provinzialverwaltung erstattet vom Provinzialausschusse an den Hannoverschen Provinziallandtag; für die Jahre 1869, 70. 1881—1892/93. o. O. u. J. 4°.

Bericht über die Ergebnisse der in der Zeit vom 10. August bis 3. September d. J. stattgefundenen Pumpversuche. (Städtisches Wasserwerk Darmstadt) Darmstadt (1881)

Bericht über die Ergebnisse der Reichs-Postverwaltung während der Jahre 1870—72. Berlin 1874. 4.
(Später: Statistik der deut. Reichs-Postverwaltung.)

Bericht über die Ergebnisse der Reichs-Post- und Telegraphenverwaltung während der (Etats-) Jahre 1876—1878; 1891—1895; 1896—1900; 1901—1905. Berlin 1879 bis 1906. 4°.

Bericht über die Ergebnisse der Reichs-Post- und Telegraphenverwaltung während der Etatsjahre 1879—1881. Berlin.
Derselbe für: 1882—1884. 1885—1887. 1888—1890. 1891—1895. 1896—1900. 1901—1905. 1906—1910.

Reichs-Post- und Telegraphen-Verwaltung, Bericht über die Ergebnisse der — während der Etatsjahre 1882—84, 1891—95.
Berlin 1885, 96.

Bericht über die Ergebnisse der Schiessübungen der Artillerie in den Schulen und Kursen von 1867. Aarau 1868.

— über die Ergebnisse der Sommerpflege [Ferien-Colonien, Kinderheilstätten] im J. 1885. Erstattet v. der Centralstelle der Vereiniggn. f. Sommerpflegen. gr. 8. (102 S.) Berlin 886. H. S. Hermann. n. 2.

— üb. d. Ergebnisse d. Sommerpflege in Deutschl. (Ferienkolonien, Kinderheilstätten u. s. w.) in d. J. 1891 u. 1892. Erstattet v. d. Centralstelle d. Vereiniggn f. Sommerpflege in Deutschl. 8° (35 u. 22) Berl. 92.93, (Puttkammer & M.).
à nn — 75
Frühere Berichte s. u. d. T.: Überblick üb. d. Ergebnisse d. Sommerpflege etc. — Spätere Berichte s. u. d. T.: Ergebnisse d., der Sommerpflege etc. — 1889/90 ist vergriffen.

Bericht über die Ergebnisse der von der Aerzte-Kammer angestellten Untersuchung des Krankenkassenwesens in Schleswig-Holstein.
1. Orts-Krankenkassen. Berichterstatter: Dr. Deneke-Flensburg. Flensburg. 1890. 4°.

Bericht über die Ergebnisse der Versuchsbrunnen für die Wasserversorgung der Stadt Breslau. O. O. 1898. V: *Thiem, A.* (Kat. d. Druckschr. üb. Breslau. Breslau 1903. S. 124.)

— üb. d. Erhebg betr. d. Arbeitsverhältnisse in d. Kleider- u. Wäschekonfektion, s.a.: Drucksachen d. Kommission f. Arbeiterstatistik.

[F.] **Bericht** über die Erhebung betreffend die Arbeitsverhältnisse in der Kleider- u. Wäschekonfektion. *Berlin: C. Heymanns 1897.* (2 Bl., 13 S.) 1 Bd 4.
= **Drucksachen** d. Kommission f. Arbeiterstatistik. Verhandlgn. No 13.

— üb. d. Erhebg. betr. d. Arbeitszeit, Kündigungsfristen u. d. Lehrlings-Verhältnisse f. Handelsgewerbe, s.a. Drucksachen d. Kommission f. Arbeiterstatistik

[F.] **Bericht** über die Erhebung betreffend die Arbeitszeit, Kündigungsfristen u. d. Lehrlings-Verhältnisse im Handelsgewerbe. *Berlin: C. Heymanns 1896.* (2 Bl., 36 S.) 1 Bd 4.
= **Drucksachen** d. Kommission f. Arbeiterstatistik. Verhandlgn No 8. '(Bericht.)'

— über die Erhebung der Handelswerthe, s.: Statistik, österreichische.

— üb. d. Erhebgn betr. d. Arbeitszeit in Bäckereien u. Konditoreien, s.a. Drucksachen d. Kommission f. Arbeiterstatistik.

[F.] **Bericht** über die Erhebungen betreffend die Arbeitszeit in Bäckereien und Konditoreien. *Berlin: C. Heymanns 1894.* (1 Bl., 38 S.) 1 Bd 4.
= **Drucksachen** d. Kommission f. Arbeiterstatistik. Verhandlgn. No 6.

—— über die Erhebungen der Wasser-Versorgungs-Commission des Gemeinderathes der Stadt Wien. gr. 4. (XII und 295 S. mit eingedr. Holzschn. und 21 Stnt., wovon 12 in Buntdr. und 2 ill., in gr. 4., gr. Fol. und Imp.-Fol.) Wien 864, (Sallmayer und Comp.)

Bericht über die am 23. November 1907 an der Klosterschule zu Ilfeld gehaltene Erinnerungsfeier an jüngst verstorbene frühere Angehörige der Anstalt ([nebst] Verzeichnis der Verstorbenen, deren Nekrologe in d. J. 1899—1906 verlesen sind). [Verf. nach hs. Notiz: Georg Meyer.] Ilfeld 1907: Eckert. 54 S. 8° ¶[Forts. d. P-Beil. 1896—98 v. Schimmelpfeng, 1899 v. Tüselmann, u. d. T.: Die Feier d. Erinn. an...]
Ilfeld, k. Kloster-S P 1908

— erneuter, üb. den Zschokke-Verein zu Magdeburg 1848. 8. (15 S.) Magdeburg 848, Creutz. n. 1 ngr

Vereinigung f. gerichtl. Psychologie u. Psychiatrie im Großherzogt. Hessen. **Bericht** über die Eröffnungsversammlung am 5. November 1904 in Gießen. Hrsg. im Auftr. d. Vorstandes von Privatd. A[dolf] Dannemann. Enth.: Die Reform d. Verfahrens im Strafprozeß. Von Prof. (W[olfgang]) Mittermaier in Gießen. Die Forschungen z. Psychologie d. Aussage. Von Prof. (R[obert]) Sommer in Gießen. Halle a. S.: C. Marhold 1905. (71 S.) 8°
= **Grenzfragen**, Juristisch-psychiatrische. Bd 2, H. 6. [cs. 1544 6]

Bericht über die Erprobung eines neuen Modelles des Gatling-Geschützes auf dem Schiessplatze bei Felixdorf am 19. Jan. 1884. Wien 1884. V: *Schmid-Marneffe, Hermann.* (EB)

—— über d. Erscheinung ein. Kreuzes in d. Pfarrei Migné; a. d. Franz. 8. ... Koblenz 827, Hölscher.

— üb. d. wunderb. Erscheinung des Kreuzes. Aus d. Französ. 8. Coblenz 1827, Hölscher. 9 kr.
R. Leiß (Propst zu Scheyern) die Erscheinung e. Kreuzes zu Migné. Schmid in R. 9 kr.

— über neue Erscheinungen u. Antiquaria aus dem Gesammtgebiete der Rechts- u. Staatswissenschaften. Hrsg. v. R. L. Prager. Jahrg. 1886—1890. à 4 Nrn. ($1^1/_2$ B.) gr. 8. Berlin, R. L. Prager. à Jahrg. n. 1. —

— über neue Erscheinungen u. Antiquaria aus dem Gesammtgebiete der Rechts- u. Staatswissenschaften. Hrsg. v. R. L. Prager. Jahrg. 1891—1893. à 4 Nrn. (à $1^1/_2$—2 Bog.) gr. 8. Berlin, R. L. Prager. à Jahrg. n. 1. —

— üb. neue Erscheingn. u. Antiquaria a. d. Gesammtgebiete d. Rechts- u. Staatswissenschaften. Hrsg. v. R. L. Prager. Jahrg. 1895—1898. à 4 Nrn. gr. 8. (à Nr. 40 S.) Berlin, R. L. Prager.
à Jahrg. n. 1. —

— über neue Erscheinungen u. Antiquaria aus dem Gesammtgebiete der Rechts- u. Staatswissenschaften. Hrsg. v. R. L. Prager. Jahrg. 1899 - 1902. à 4 Nrn. gr. 8. (à Nr. ca. 48 S.) Berlin, R. L. Prager. à Jahrg. n. 1. —

— über neue Erscheinungen u. Antiquaria aus dem Gesamtgebiete der Rechts- u. Staatswissenschaften. Hrsg. v. R. L. Prager. Jahrg. 1903—1906. à 4 Nrn. (à Jahrg. 192 S.) 8. Berlin, R. L. Prager. à Jhrg. n. 1. —

— über neue Erscheinungen u. Antiquaria aus dem Gesamtgebiete der Rechts- u. Staatswissenschaften. Hrsg. v. R. L. Prager. Jahrg. 1907 bis 1910. à 4 Nrn. (à Jhrg. 192 S.) 8. Berlin, R. L. Prager. à Jahrg. 1. —

Bericht über Erstellung meteorologischer Stationen zu forstlichen Zwecken im Kanton Bern. Bern 1868. 4.

— über die Erstellung eines neuen Theaters in Zürich. November 1879. In-8°. 16 S. Zürich.

Tabea-Kässlein (Basel). 18. u. 19. u. 20. Bericht über den Ertrag vom Jahr 1900 u. 1901 u. 1902. 12 u. 8 u. 15 S. 8. (Basel, M. Werner-Riehm, 1901 u. 1902 u. 1903.

Bericht über die Erweiterung des Elektricitätswerkes. Köln 1898. V: *Joly, F.* (stBKöln II, 172)

Bericht betreffend die Erweiterung des städtischen Elektrizitätswerkes ... Breslau 1894. 1902. V: *Leitgebel, Benno.* (Kat. d. Druckschr. üb. Breslau. Breslau 1903. S. 106.)

— über die zur Industrie-Ausstellung 1841 in Grätz eingeschickten Erzeugnisse. Grätz 1843.

Bericht über die zur Industrie-Ausstellung in Laibach 1844 eingeschickten Erzeugnisse. Grätz 1845.

Erziehungsanstalt für schwachsinnige Kinder in Masans bei Chur. 1. Bericht vom 1. September 1899 bis 31. Dezember 1902. [Mit 1 Ansicht.] II + 47 S. 8. Chur, Sprecher & Valer, 1903.

Erziehungsanstalt für arme und verwahrloste Mädchen in Frenkendorf. 23. Bericht (1898—1900) und Rechnung (1900). 7 S. 8. Basel, Fr. Reinhardt, 1901.

Meyer'sche Erziehungsanstalt in Effingen. 34. u. 35. u. 36. Bericht pro 1900 u. pro 1901 u. pro 1902. *je* 12 S. 8. Brugg, Epprecht, 1901 u. 1902 u. 1903.

Bericht über die Rudolf Mosse'sche Erziehungsanstalt für Knaben und Mädchen zu Wilmersdorf-Berlin für die Zeit vom 1. April 1895 bis 31. März 1905, erstattet von [Georg] *Heinitz*. Berlin o. J. 8°.
1895—1905. 1905—1907.

Bericht über d. Rudolf Mosse'sche Erziehungsanstalt für Knaben u. Mädchen. 1895 - 1907.
Fortges. u. d. T.: **Bericht** über die Emilie-Rudolf Mosse-Stiftung. 1907 - 1909.

Bericht, Zweyter, von der neuen und doppelten Erziehungsanstalt in Schemnitz. Schemnitz 1805. V: *Ambrozy, Samuel.* (pk 1/64) (szinnyei 1/152) (bibliport)

Erziehungsanstalt in Schiers. 64. Bericht 1900 auf 1901. ⟨Beilage: Ein Begleitwort (Willst du nicht ein Lehrer werden?).⟩ 51 S. 8. Schiers, Richter & Good, 1901.

— erster, über die Erziehungs- u. Unterrichts-Anstalt in Stetten im Remsthale im Königr. Würtemberg, auf den Frühling 1832 gegeben v. d. Vorstehern d. Anstalt. Mit 3 Steindr. gr. 8. Stuttg. 832. Löflund u. S. 12 gr.

Erziehungsdirektion des Kantons Basellandschaft. Bericht über das Jahr 1900. ⟨Aus dem regierungsrätlichen Amtsbericht.⟩ II + 37 S. 8. Sissach, J. Schaub-Buser, 1901.

Erziehungsdirektion des Kantons Basellandschaft. Bericht über das Jahr 1901 u. 1902. ⟨Aus dem regierungsrätlichen Amtsbericht.⟩ II + 40 u. II + 30 S. 8. Sissach, J. Schaub-Buser, 1902 u. 1903.

Das Schulwesen des Kantons Appenzell I.-Rh. Bericht der kantonalen Erziehungsdirektion... umfassend die Schuljahre 1898, 1899 und 1900. [Mit 1 Tabelle.] 70 S. 8. Appenzell, Genossenschafts-Buchdr., 1901.

Bericht der Erziehungsdirektion über die Schulgesetz-Projekte. Bern 1855.

Schulen von Nidwalden. Bericht zu Handen des h. Erziehungsrates von Schulinspektor F(ranz) Jos(eph) Frank, Kaplan in Büren, für 1899/1900. (1901 Januar.) [Mit 3 Tabellen.] 28 S. 8. Stans, Paul von Matt.

Schulen Nidwaldens. Bericht zu Handen des h. Erziehungsrates von Schulinspektor F(ranz) Jos(ef) Frank für 1900/1901. (1902 Januar.) [Mit 2 Tabellen.] 20 S. 8. Stans, Paul von Matt.

St. Gallen. Regierungsrat. **Bericht** des Erziehungsrates an den Regierungsrat ... s. Amtsbericht, Auszug aus dem Amtsbericht des Regierungsrates an den Grossen Rat. Erziehungsdepartement.

— des Erziehungsrathes an d. Regierungsrath üb. d. Gang d. Unterrichtswesens im Kanton Zürich, v. Ostern 1833 bis dahin 1834. — Zur öffentl. Bekanntmach. bestimmter Auszug. gr. 8. (3 B.) Zürich 834, Orell, Füßli u. Comp.

Erziehungswesen im Kanton Schaffhausen. Bericht über das Schuljahr 1900/1901. ⟨Aus dem Geschäftsbericht des Regierungsrates an den Grossen Rat⟩. [Mit 1 Tabelle.] II + 27 S. 8. Schaffhausen, Kühn & Comp., 1901.

Erziehungswesen im Kanton Schaffhausen. Bericht über das Schuljahr 1901/1902. ⟨Aus dem Geschäftsbericht des Regierungsrates an den Grossen Rat⟩. [Mit 1 Tabelle.] II + 27 S. 8. Schaffhausen, Kühn & Comp., 1902.

Erziehungswesen im Kanton Schaffhausen. Bericht über das Schuljahr 1902/1903. ⟨Aus dem Geschäftsbericht des Regierungsrates an den Grossen Rat⟩. [Mit 1 Tabelle.] II + 29 S. 8. Schaffhausen, Kühn & Comp., 1903.

Erziehungswesen des Kantons Thurgau. Bericht.... 8. Frauenfeld, Huber & Co.
... [vom] Schuljahre 1900/1901. 38 S. 1901.
... [vom] Schuljahre 1901/1902. 36 S. 1902.

Evangelisation im Kanton Tessin (Komite in Basel). 8. Bericht für die Jahre 1900, 1901 und 1902. [Mit 1 Ansicht.] 13 S. 8. Basel, Friedrich Reinhardt, (1903).
Beilage zum «Christlichen Volksboten».

— evangel., über d. Leben Jesu Christi ꝛc. (Thl. I. S. 222), setze hinzu: welches Nikodemus, ein Rabbi u. Oberster der Juden, beschrieben, wie er solches selbst gesehen u. erfahren, weil er ein Nachfolger u. heimlicher Jünger Jesu Christi gewesen. Auch sind viele schöne Stücke u. Geschichten dabei zu finden, welche die Evangelisten nicht beschrieben haben. Sodann auch d. erschreckl. Strafen u. Klagen der XII jüdischen Stämme. 12. Chemnitz ... 8e A. 769. N. A. 783. Vgl. auch Nikodemus. Thl. IV. S. 240.

— evangel., üb. d. Leben Jesu Christi ꝛc. 12. Chemn. 783. Stößel. 4 gr.

Bericht und Eventual-Entwurf eines Gesetzes betreffend den gewerbsmässigen Betrieb des Viehhandels im Kanton Bern. ⟨Kommissionalentwurf vom 21. Dezember 1901.⟩ 24 S. 8. Bern, Neukomm & Zimmermann, 1902.
Kantonale bernische Handels- und Gewerbekammer. Serie der Berichte und Entwürfe: Nr. 4.

Bericht des Executiv-Ausschusses des Nothstands-Comités über seine Thätigkeit zur Bekämpfung des durch die Cholera vom Herbst 1892 hervorgerufenen Nothstandes. Hamburg 1893: Verlagsanst. u. Dr. A.-G. (47 S.) 4°

Bericht des Exekutivkomites der aargauischen Südbahn an die betheiligten Gemeinden. Aarau, Druck von Sauerländer. 35 Stn. 8. mit einer Karte. 1871[e]

Bericht über die Excursion des IV. Jahrganges der k. k. Infanteriekadettenschule zu Innsbruck am Schluss des Schuljahres 1883/84. Innsbruck 1885. V: *Manussi, Max Edler von.* (Margr)

Bericht über die Exkursion der Maschinenbauschule der technischen Hochschule zu Darmstadt. Darmstadt 1885

—— über die Excursion der Maschinenbauschule des Karlsruher Polytechnicum nach dem Saarbrücker Industriegebiete. Ausgeführt unter Leitung des Hrn. Prof. J. Hart am 11. bis 16. Juni 1878. 4. (102 autogr. S. mit Illustr.) Karlsruhe 878, (Bielefeld's Hofbuchh.)

—— über die im Studienjahre 1886/87 ausgeführten Excursionen der Bau-Ingenieure der königl. technischen Hochschule zu Aachen unter Leitung der Proff. Baur. Dr. F. Heinzerling, O. Intze und Dr. Ph. Forchheimer. Fol. (IV, 19 S. mit 28 Fig.-Taf. und 6 Textfig.) Aachen 888, J. A. Mayer.

—— über die wissenschaftlichen Excursionen unternommen während der Studienjahre 1873—74 und 1874—75 mit den Hörern der Maschinenbau-Schule an der k. k. technischen Hochschule in Wien. Bearb. von den Excursions-Theilnehmern unter Leitung von A. Riedler. Mit 1 Atlas von 75 (lithogr.) Taf. (in qu. gr. Fol.). gr. 4. (42 S.) Wien 876, Lehmann und Wentzel. In Mappe *

Bericht üb. d. aerologische Exped. d. kgl. aeronaut. Observatoriums n. Ostafrika '08, erstattet v. Arth. Berson, s: Ergebnisse d. Arbeiten d. kgl. preuss. aeronaut. Observatoriums bei Lindenberg.

Bericht von der Expedition der englischen Flotte nach Sicilien unter Admiral Byng 1718—20. Aus d. Engl. 1739.

Bericht der vom Gemeinderathe der Stadt Wien berufenen Experten über die Wienfluß-Regulirung im August 1882. 4. (127 S.) Cart. 4 fl. Brünn: Karafiat 1882.

Bericht der vom Gemeinderathe der Stadt Wien berufenen Experten über die Wienfluß-Regulirung im August 1882. Wien 1882

— der vom Gemeinderathe der Stadt Wien berufenen Experten üb. die Wienfluß-Regulirung im Aug. 1882. 4. (127 S. m. 15 Steintaf.) Wien 883. (Spielhagen & Schurich.) geb. n. 8. —

Bericht und Expertengutachten über die im Februar und September 1875 in Horgen vorgekommenen Rutschungen ‹vom 20. Januar und vom 13. Februar 1876›. [Mit 3 Tafeln.] 4. Zürich.

Bericht der eidg. Expertenkommission in Handelssachen über die Handelsverhältnisse der Schweiz zum Auslande. Luzern 1844.

— der eidgenössischen Expertenkommission über die Handelsverhältnisse der Schweiz zum Auslande. Luzern 1844

—— d. v. d. Gemeinderathe d. Stadt Wien z. Prüfg d. neuen Wasserleitgs-Röhren ernannten Experten-Commission. 8. (71) Wien 71, v. Waldheim. n. 1. 60

Bericht der von dem Gemeinderate der Stadt Wien zur Prüfung der neuen Wasserleitungs-Röhren ernannten Experten-Kommission. – Wien: v. Waldheim 1874.

Bericht der Expertenkommission zur Prüfung der Frage der Ableitung des Wildwassers der Sihl in den Zürich- oder Zugersee. [Zürich] 1899. V: *Burkhard, Werner, Alb. Heim & Jac. Maag.* (Zuwachsverz. d. Bibliotheken in Zürich 1898 ff.)

Bericht der Expertenkommission für Prüfung der Jagdfrage in Graubünden an den Hochlöbl. Kleinen Rat des Kantons Gr'. ([Verfasst von den] Experten: G[ustav] von Burg ..., C[arl] Zurburg-Geisser, F[lorian] Enderlin.) 75 S. 8. Chur, Manatschal Ebner & Cie., 1910.

— üb. d. internat. Experten-Conferenz f. Wetterschiessen in Graz, s.: Jahrbücher d. k. k. Centralanst. f. Meteorol. u. Erdmagnetismus.

Bericht üb. die v. k. k. Ackerbauministerium einberufene Expertise betreffend die landwirtschaftliche Verwerthung d. Wiener Abfallwässer 1893—94. Wien 1895. 76 S. 3 Pl. 4°.

— über die Explosion e. Lokomobile zu Nürnberg am 6. Dezbr. 1884. Mit 1 Taf. Zeichngn. u. 2 (autotyp.) Abbildgn. Hrsg. v. bayer. Dampfkessel-Revisions-Verein. gr. 4. (3 S.) München 886, (Th. Ackermann's Verl.) n. 1. —

Bericht über die Fabrikation des Parmesan-Käses. Bern 1831. V: *Karlen, J. J.* (AarK)

— über die Fabrikinspektion in der Schweiz. 1882 u. 1883. gr. 8. (108 S. m. eingedr. Fig.) Aarau 884. Sauerländer. n. 1. 60

— dasselbe. 1884 u. 1885. (Deutsch u. französisch.) gr. 8. (135 S.) Ebend. 886. n. 1. 80

— d. eidgenöss. Fabrikinspektoren. Aarau.

1879.	1	20	1884 u. 85.
1880.	1	20	1886 u. 87.
1882 u. 83.	1	60	

— der eidg. Fabrikinspektoren über ihre Amtsthätigkeit in den J. 1892 u. 1893. (Deutsch u. französisch.) Gr. in 8°. 236 S. Aarau, H. R. Sauerländer & Co. 1894[e] 3 50

Bericht der eidgenössischen Fabrikinspectoren über ihre gemeinsamen Fabrikinspectionen und über ihre gemeinsamen Inspectionsreisen (vom Mai 1879). In-8°, 71 S. Bern, Druck v. Stämpfli.

1880[e]

Bericht der eidgenössischen Fabrikinspektoren über ihre gemeinsamen Inspektionsreisen; (vom Mai 1879). Bern 1879. V: *Schuler, Fridol., Klein & Nüsperli.* (Zuwachsverz. d. Bibliotheken in Zürich 1898 ff.)

Bericht über das thurgauische Fabrikwesen . . . Frauenfeld 1869. V: *Mann Frdr., Frdr. Albrecht & Ernst Walder.* (Zuwachsverz. d. Bibl. in Zürich 1898 ff.)

—— des engeren und weiteren Fachkomités über die Errichtung eines neuen Wasserwerkes für die kgl. Hauptstadt Prag. 2 Thle. gr. 4. (III, 95; 31 S. mit 6 Stnt.) Prag 877, (Rziwnatz.) *

Bericht üb. d. städt. Fachschule f. Feinmechanik zu Göttingen. 1910. Göttingen 1910

Bericht der Fachschule für die Stahlwarenindustrie. Solingen 1904/08 u. 1908/09—1913/14
Fortges. u.d. T.: Jahresbericht d. Fachschule für d. Stahlwarenindustrie.

Bericht über das Fahnenweihefest der Turnerschaft Mühlhausen i. Th., 10.—12. 6. 1893, bearb. v. G. Gr., 22 S., Kl.-8°.

—— der theolog. Facultät zu Leipzig. Erstattet zur höchsten Behörde in Bezug auf d. Prof. Krug Schrift: „Was sollten jetzt die protestant. Katholiken in Deutschland thun?" Mit einigen Bemerkn. 8. (1½ B.) Altenburg 828, Schnuphase.

Bericht der Facultäten der K. Akademie zu Münster über die für 1887/88 gestellten Preisaufgaben und Mittheilung der neuen Preisaufgaben. Münster, den 22. März 1888. *Münster*, Druck d. Coppenrath'schen akad. Buchdr. (1888); 7 S. 4°

Bericht der **Fakultäten** der Königlichen **Akademie** zu Münster über die für 1901 gestellten Preisaufgaben und Mittheilung der neuen Preisaufgaben. Münster, den 27. Januar 1902. *(Münster 1902): J. Bredt.* (8 S.) 4°

Bericht der Facultäten über den Erfolg der diesjährigen Preisbewerbung. Breslau den 3. August 1848 (*u. ff. bis* 1851). (Breslau 1848—51.) 4 Bde 4° *(Umfang zwischen 9 u. 13 S.)*

Bericht der Fakultäten über den Erfolg der diesjährigen Preisbewerbung. Breslau den 3. Aug. 1853. (Breslau 1853.) (12 S.) 4°

Bericht der Facultäten über die an der Königlichen Universität zu Breslau gestellten Preis-Aufgaben. Breslau, den 3. August 1858 (*u. ff. bis* 1865). (Breslau 1858—65.) 8 Bde 4° *(Umfang zwischen 10 u. 16 S.)*

Bericht der Facultäten über die an der Königlichen Universität zu Breslau gestellten Preis-Aufgaben *(1877 ff.: Preisaufgaben)*. Breslau, den 22. März 1867 (*u. ff. bis* 1885). (Breslau 1867—85.) 19 Bde 4° *(Umfang zwischen 7 und 16 S.)*

Bericht der Facultäten über die an der K. Universität zu Breslau gestellten Preisaufgaben. Breslau 1887, Druck d. K. Univ.-Buchdr. Wilhelm Koebner, 4°. 12 S.

Bericht der Facultäten über die an der Kgl. Universität zu Breslau gestellten Preisaufgaben. Breslau d. 27. Jan. 1897. *Breslau*, Druck d. Kgl. Univ.-Buchdr. '(W. Friedrich.)', *1897;* 12 S. 4.

Bericht der **Facultäten** über die an der Königlichen Universität zu Breslau gestellten Preisaufgaben. Breslau, den 27. Januar 1902. *(Breslau 1902): Univ.-Buchdr.* (8 S.) 4°

Bericht der **Facultäten** über die an der Königlichen Universität zu Breslau gestellten Preisaufgaben. Breslau, den 27. Januar 1903. *(Breslau 1903): Univ.-Buchdr.* (13 S.) 4°

Bericht der **Fakultäten** über die an der Königlichen Universität zu Breslau gestellten Preisaufgaben. Breslau, den 27. Januar 1904. *(Breslau 1904): W. Friedrich.* (9 S.) 4°

Bericht der Fakultäten über die an der Königlichen Universität zu Breslau gestellten Preisaufgaben. Breslau, den 27. Januar 1905. (Breslau 1905:) Univ.-Buchdr. (13 S.) 4°

Bericht der Fakultäten über die an der Königlichen Universität zu Breslau gestellten Preisaufgaben. Breslau, den 27. Januar 1906. (Breslau 1906): Kgl. Univ.-Bucndr. (12 S.) 4°

Bericht der Fakultäten über die an der Königlichen Universität zu Breslau gestellten Preisaufgaben. Breslau, den 27. Januar 1907. (Breslau 1907): Univ.-Buchdr. (12 S.) 4°

Bericht der Fakultäten über die an der Königlichen Universität zu Breslau gestellten Preisaufgaben. Breslau. den 27. Januar 1908. (Breslau 1908:) Universitäts-Druckerei. (12 S.) 4°

Bericht der Fakultäten über die an der Königlichen Universität zu Breslau gestellten Preisaufgaben. Breslau, d. 27. Jan. 1909. Breslau (1909): Winter. 13 S. 4°

Bericht der Fakultäten über die an der Königlichen Universität zu Breslau gestellten Preisaufgaben. Breslau, den 27. Januar 1910. Breslau (1910): Winter. 10 S. 4°

Bericht der **Facultäten** an der K. Universität zu Breslau über die Preisvertheilung bei der Feier des Geburtstages Sr. Majestät des Kaisers am 27. Jan. 1891 und über die neu gestellten Preisaufgaben. *Breslau*, Druck d. K. Univ.-Buchdr. (W. Friedrich), *1891;* 9 S. 4°

Bericht der Facultäten an der Kgl. Universität zu Breslau über die Preisvertheilung bei der Feier des Geburtstages Sr. Maj. des Kaisers am 27. Jan. 1893 u. über d. neu gestellten Preisaufgaben. *Breslau*, Druck d. Kgl. Univ.-Buchdr. '(W. Friedrich.)', *1893;* 9 S. 4.

Bericht der **Fakultäten** der Königlichen Universität zu Münster über die für 1902 gestellten Preisaufgaben und Mitteilung der neuen Preisaufgaben. Münster, den 27. Januar 1903. *(Münster 1903): J. Bredt.* (8 S.) 4°

Bericht der **Fakultäten** der Königlichen Universität zu Münster über die 1903 gestellten Preisaufgaben und Mitteilung der neuen Preisaufgaben. Münster, den 27. Januar 1904. *(Münster 1904): J. Bredt.* (14 S.) 4°

Bericht der Fakultäten der Königlichen Universität zu Münster über die für 1904 gestellten Preisaufgaben und Mitteilung der neuen Preisaufgaben. Münster, den 27. Januar 1905. (Münster 1905): J. Bredt. (8 S.) 4°

Bericht der Fakultäten der Königlichen Universität zu Münster über die für 1905 gestellten Preisaufgaben und Mitteilung der neuen Preisaufgaben. Münster, den 27. Januar 1906. (Münster 1906): J. Bredt. (11 S.) 4°

Bericht der Fakultäten der Königlichen Universität zu Münster über die für 1906 gestellten Preisaufgaben und Mitteilung der neuen Preisaufgaben. Münster, den 27. Januar 1907. (Münster 1907): J. Bredt. (10 S.) 8°

Bericht der Fakultäten der Westfälischen Wilhelms-Universität zu Münster über die für 1907 gestellten Preisaufgaben und Mitteilung der neuen Preisaufgaben. Münster, den 27. Januar 1908. Münster i. W. (1908): J. Bredt. (8 S.) 4°

Bericht der Fakultäten der Westfälischen Wilhelms-Universität zu Münster über die für 1908 gestellten Preisaufgaben und Mitteilung der neuen Preisaufgaben. Münster, den 27. Januar 1909. Münster i. W. (1909): Bredt. 12 S. 4°

Bericht der Fakultäten der Westfälischen Wilhelms-Universität zu Münster über die für 1909 gestellten Preisaufgaben und Mitteilung der neuen Preisaufgaben. Münster, den 27. Januar 1910. Münster i. W. (1910): Bredt. 11 S. 4°

Bericht über den Fechtbetrieb von Ende 1877 bis Anfang 1881 im Märkischen Turngau im 8. Kreise (Rheinland u. Westfalen) der Deutschen Turnerschaft. Hierbei e. Anh.: Die Hiebfechtlehre. Iserlohn 1881. 23 S.

Bericht über die Feier der Affiliation der Bundesloge „Carl zum Lindenberg" in Frankfurt a/M. am 26. Mai 1878.
Anhang zum Protocoll Nr. 57 der Grossloge des Eklekt. Frmrbundes. S. 101—119.
Eine schön durchgeführte Feier. Reden von Oppel, Lincker u. A.

Bericht über die Feier des 25jährigen Amtsjubiläums des Prof. Dr. Emil Hermes. (Aus „der Grafschafter" 1898 N. 83.) 4 (S. 13—15). **Progr.** Kgl. G. Adolfinum *Mörs* 1899

Bericht zur Feier des 25jährigen Bestandes der Anstalt Annagut . . . Zürich 1894. V: *Appenzeller, Casp.* (CatZür)

Bericht über die Feier des 25jährigen Bestandes der Burschenschaft „Suevia" in Innsbruck. St. Veit a. d. Gl., Schlick, (1894). 17 S.

— üb. d. Feier d. 50jähr. Bestandes d. Hermannstädter Bürger- u. Gewerbever. Zusammengestellt v. Vereins-Sekretär. 8° (80) Hermannst. 00, (H Krafft). n.n. — 50

— über die Feier des 300jährigen Bestehens des königl. Gymnasiums zu Oels i. Schl. am 3. u. 4. Oktbr. 1894, nebst e. kurzen Darstellg. seiner Geschichte. gr. 8. (46 S. m. 1 Abbildg. u. 1 Bildnis.) Oels 894. (A. Grüneberger & Co.) n.n. 1.25

[F.] **Bericht** über die **Feier** des 300jährigen Bestehens des Kgl. Gymnasiums zu Oels i. Schl. am 3. u. 4. Okt. 1894, nebst e. kurzen Darstellg s. Gesch. *Oels: Hofbuchdr. v. A. Ludwig (1894).* (46 S.) 1 Bd 8.

Bericht über die Feier des 25jähr. Bestehens des Städtischen Turnvereins „Eichenkranz" Meuselwitz, 19.—21. 6. 1909, 4 S., 8°.

Bericht zur Feier des 25jähr. Bestehens der Zuckerfabrik Kleinwanzleben, vorm. Rabbethge & Giesecke A.-G. 1885-1910. – (Magdeburg 1910: Faber.) 19 S. 4°

BERICHT BEI DER FEIER FÜNFUNDZWANZIGJÄHRIGEN BESTEHENS des historischen Vereins von und für Oberbayern, am 26. Mai 1863 erstattet durch . . . FRIEDRICH HECTOR Grafen HUNDT. Zugleich combinirter XXIV und XXV Jahresbericht für die Jahre 1861 und 1862. München, 1863. Druck von Dr. C. Wolf & Sohn. 8°.

Bericht über die Feier des fünfzigjährigen Bestehens der Alsterdorfer Anstalten im April 1900. Norden. (1900.) 8°

Bericht über die Feier des 50jährigen Bestehens [der physikalischen Gesellschaft zu Berlin] am 4. Jan. 1896. M. 1 Heliograv. *Leipzig: J. A. Barth 1896.* (1 Bl., 40 S., 1 Taf.) 8.
— **Verhandlungen** d. physikal. Gesellschaft zu Berlin. Jg. 15. No 1.

Bericht über die Feier des 150jährigen Bestehens der vereinigten St. Johannis-Loge gen. Zu den 3 Todtengerippen, Zur Säule und Zur Glocke zu Breslau am 17., 18. und 19. Mai 1891. I. A. der Loge erstattet von [Bernh.] Bergmann, [Max] Franke, [Herm.] Speck. Breslau [1891]: Grass, Barth & Co. 71 S. 8⁰ [Umschlagtit.]
Ansprache von H. Fiedler: Rückblick auf die Entwicklung der Loge, Festrede von H. Speck: Abriss der Logengesch.

Bericht über die Feier des hundertjährigen Bestehens der Handelskammer zu Aachen am 20. September 1904 ...

Bericht über die Feier des hundertjährigen Bestehens der Loge zu den drei Pfeilen im Or. Nürnberg am Sonntag den 17. März 1889. Nürnberg [1889]: Stich. 31 S. 8⁰ [Umschlagtit.]
Festrede von G. Merkel üb. die Worte: Ich bin ein Mensch und nichts Menschliches ist mir fremd.

Bericht über die Feier der Einweihung des neuen Logenhauses in Freiburg i B. verbunden mit der Feier des 90jährigen Bestehens und dem Johannisfeste der dortigen Loge zur edlen Aussicht am 27. Septemb. 1874. Freiburg i/B., Druck v. Poppen & Sohn. 8. 40 S.

Bericht über die Feier der Einweihung des neuen Logenhauses in Freiburg i. Br. verbunden mit der Feier des 90jährigen Bestehens und dem Johannisfeste der dortigen Loge zur edlen Aussicht am 27. Sept. 1874. Freiburg i. Br. [1874]. V: *Wentzel*, C. (wolfstieg I, 510)

Technische Hochschule Karlsruhe. **Bericht** über die Feier der Einweihung der Neubauten und der Aula am 17., 18. und 19. Mai 1899. 1899. 32 S. 4⁰

Bericht über die Feier zur Erinnerung des 25-jährigen Bestehens des Realgymnasiums zu Iserlohn, am 20. Oktober 1889. 4 (S. 12—29, 1 Taf.). **Progr.** Rg. *Iserlohn* 1889

Bericht über die Feier des 100. Geburtstages Ferdinand Redtenbachers an der Großh. Technischen Hochschule Fridericiana zu Karlsruhe am 26. Juni 1909. Karlsruhe (1909)

Bericht über die Feier von Rudolf Virchow's achtzigsten Geburtstag am 13. Oktober 1901. *(Berlin [1902:] L. Schumacher.)* (40 S.) 8°

— von d. gesegneten Feier d. ersten Secularfestes der erneuerten Brüderkirche in Herrnhut am 17., 18., 19. Juni 1822. Mit 1 Kupf. gr 8. (Leipzig 822, Kummer.)

Technische Hochschule Karlsruhe. Bericht über die Feier der Jahrhundertwende u. die Verleihung des Promotionsrechtes am 10. Jan. 1900. — Karlsruhe 1900: Braun. 16 S. 4° 1.

Bericht der Feier des 25jaehrigen Jubilaeums der King Solomon □ No. 279, f. & a. m. abgehalten zu New York, am 31. Oct., 1877, nebst Bericht des Fest-Committees, sowie Jahresbotschaft des Br. A. Ascher, am Schluss des Maurerjahres 5877. New York 1878: Ludwig. 47 S. 8⁰

Bericht über die Feier des 25jährigen Jubiläums des Geheimen Regierungsrates Dr. (Eduard) Küsel als Direktor des Königlichen Luisen-Gymnasiums zu Memel am 15. Oktober 1907. Memel 1907: F. W Siebert. (19 S.) 8° [F. u. Ant.]

Bericht über die Feier des 25-jähr. Jubiläums der Zeddelmann'schen Privat-Lehranstalt am 17., 18. und 19. Dez. 1900. — Jurjew 1901: Mattiesen. 47 S. [Als Ms. gedr.]

Bericht über die Feier der 50jährigen Lehrthätigkeit des Prof. Dr. Wilhelm Erler. 4 (S. 14—16). **Progr.**
Kgl. Pädag. u. Waisenhaus (Steinbartsch. Erziehungs- u. Unterrichtsanstalten) *Züllichau* 1892

Bericht über die am 21. Mai 1855 begangene Feier des 50jährigen Bestehens der unter Constitution der grossen National-Mutterloge der Preussischen Staaten genannt zu den 3 Weltkugeln arbeitenden St. Johannis-Freimaurer-Loge Phöbus Apollo im Or. zu Güstrow. Bützow, Druck v. Werner. 1855. 8. 32 S.
Enthält eine Beschreibung der Feier mit Ritual, eine Festrede von G. C. H. Raspe und einen Vortrag über die Geschichte der Loge von Friedr. Piper.

[**Bericht** über die Feier des 50jährigen Mrjubiläums des Brs. Heeren in der Loge Augusta zum goldenen Zirkel in Göttingen. 1835.]
in: [Rundschreiben d. L. Augusta, Göttingen vom 10. Nov. 1835] S. 7—12.

Bericht über die am 12. Sept. 1899 in Brilon stattgefundene Feier der Enthüllung des dem verewigten Präsidenten der ersten Kommission zur Ausarbeitung des Entwurfs eines BGB., Wirkl. Geh.R. Dr. (Eduard) Pape errichteten Denkmals. Brilon 1899: M. Friedländer. (18 S.) 8° [F.]

Bericht über die Feier des hundertjährigen Stiftungsfestes der Johannis-Loge „Carl zum Felsen" in Altona am 22. März / 12. April 1896. Hs. f. Bbr. Altona 1896. 75 S. 8⁰
cf. Bh. 40 (1897) S. 212 (O. Gotthold); Bbl. 11 (1897) S. 450—451.
Reden von E. Holst, W. Weick u. a. m.

Bericht über die Feier des 100jährigen Stiftungsfestes der Loge [zur Pyramide] zu Plauen am 8. Sept. 1889. [Leipzig 1889: Vollrath.] 31 S. 8⁰ [Umschlagtit.]
Abgedr. in: FZ. 43 (1889) S. 310—318, 320 bis 326, 329—332.
Festrede von G. Günther: Üb. den Zweck der Mrei.

Bericht über die Feier des 50jährigen Zusammenwohnens der drei Logen Friedrich zum weissen Pferde, zum schwarzen Bär, zur Ceder im Logenhause, Herrenstrasse 9, zu Hannover am 13. Jan. 1907. [Hannover 1907: Jacob.] 31 S. 8°
Reden von Th. Colshorn: Weisheit leitete den Bau, L. Körting: Stärke führte ihn aus, G. Chr. L. Jaenecke: Schönheit ziert ihn, H. Wanner d. Aelt.: Üb. das Streben nach Vollkommenheit.

— über die Feierlichkeit zur Weihung der Fahne der Hanauer Turngemeinde am 29. Juli 1846. Mit 1 Abbild. gr. 8. Hanau 846, Edler. 4 *ngl*

—— über die Feierlichkeit zur Weihe der Fahne der hanauer Turngemeinde am 29. Juli 1846. gr. 8. (24 S. und 1 Abbild.) Hanau 847, Edler'sche Buchh.

Städt. Handels-Hochschule Cöln. **Bericht** über die Feierlichkeiten zur Eröffnung des Neubaus der Handels-Hochschule am 26. Oktober 1907. Cöln: Neubner 1908. 76 S. 8°
Aus: Bericht über d. Studienjahre 1906 u. 1907.

Ludwig Georg Karl, Landgraf von Hessen-Darmstadt: [**Bericht** über die Feierloge.] Bei dem Geburtstage ihres Hochw. Ordensbr. und Allverehrten Altmeisters des Durchlauchtigsten Herrn Ludwig Georg Carl, Landgrafen von Hessen bei Rhein; die Loge Johannes der Evangelist zur Eintracht im Aufgange zu Darmstadt, am 27. III. 5817. Ms. nur allein f. Brr. Darmstadt [1817]: Stahl. 48 S. 8°

Bericht über die Felddienstübungen der VI. Division 1882. Zürich 1883. V: *Bühler, Adolph.* (Cat. d. Stadtbibl. Zürich. Zürich 1864—97.)

Bericht über den Feldzug der französ. Armee in Spanien 1808. (A. d. Moniteur.) (263.) 8. Leipzig 1809. 0,50.

— über den Feldzug d. franz. Armee in Spanien, im J. 1808. 8. Leipz. Baumgärtner.

Ferienkolonie und Milchkur für erholungsbedürftige Kinder in Zofingen. 7. Bericht pro 1901. 12 S. 8. Zofingen, Fehlmann, 1902.

Ferienkolonie und Milchkur für erholungsbedürftige Kinder in Zofingen. 8. Bericht pro 1902. 15 S. 8.

—— über die deutschen Feriencolonien für arme und schwächliche Schulkinder der Stadt Prag in den J. 1882 und 1883. gr. 8. (15; 20 S.) Prag 883, (Dominicus.) à Bericht *

—— über die deutschen Feriencolonien für arme und schwächliche Schulkinder der Stadt Prag im J. 1884—1886. gr. 8. (23; 19; 12 S.) Prag 885—87, (Dominicus.) à Jahrg. *
Fortsetzung, s. Jahresbericht des Vereins für deutsche Feriencolonien.

Bericht üb. die deut. Ferien-Colonien f. Schulkinder der Stadt Prag im J. 1886—91. Prag 887—91. Jährlich

Ferienkolonien am Hörnli, sowie Kinderhort und Milchstation [in Winterthur]. Bericht in den Jahren 1900 und 1901. 10 S. 8. Winterthur, Buchdr. Winterthur, 1902.

Ferienkolonien am Hörnli, sowie Milchstation und Kinderhort [in Winterthur]. Bericht im Jahre 1902. 8 S. 8. Winterthur, Geschwister Ziegler, 1903.

Wien: **Bericht** des Ferien-Colonien-Comités des humanitären Vereines „Einigkeit" pro 1887. Wien: Verein „Einigkeit". Wien [1887]. 16 S. 8°.

Schweizerischer Ferienkurs für Lehrer, veranstaltet vom Erziehungsrate des Kantons Zürich an der Universität Zürich. Bericht über den [1.] ... Ferienkurs ... 3.—15. August 1903. 7 S. 8.

Ferienversorgung erholungsbedürftiger Schüler der Stadt Bern. Bericht über die 22. Ferienversorgung pro Sommer 1900. 15 S. 8. (1901.)

Ferienversorgung erholungsbedürftiger Schulkinder der Stadt Bern. Bericht über die 23. Ferienversorgung im Sommer 1901. [Mit 1 Ansicht.] 16 S. 8. Bern, Buchdr. «Berner Tagblatt», 1902.

Bericht. Ferner (* *Ausg. B:* Fehrner) und außführlicher Bericht / Mit was Ungrůnd von Seithen der Stånden Lucern und Ury / Die sith vermeynt (* *Ausg. B:* Urj / Die sint vermeint) geschlossenem Frieden verůbte Feindthåtlichkeiten lediglich auf dero widerspenstige (* *Ausg. B:* widerspeustige) Underthanen und Bauren zulegen understanden werde. (Geben den 30. Heumonat 1712. Cantzley Bern.) 4. *o. O.* Anno (* *Ausg. B:* An.) 1712.
Ausg. A. — *Ausg. B.*

Bericht über das Fest des 25jährigen Bestehens der Anstalt als Gymnasium. 4 (S. 8—16 der Schuln.). **Progr.** G. *Marienburg* 1886

Kgl. Bergakademie in Berlin. **Bericht** über den in der Aula der Bergakademie aus Anlass des 50jähr. Bestehens der Hochschule u. d. Ablaufes von 140 Jahren seit d. ersten Gründung e. berg- u. hüttenmänn. Unterrichtsanstalt in Berlin durch König Friedrich d. Gr. am 12. Nov. 1910 veranstalteten Festakt. (Berlin 1910: Feister.) 75 S. 8°

Bericht über den in der Bergakademie Berlin aus Anlaß des 50jährigen Bestehens der Hochschule am 12. November 1910 veranstalteten Festakt. Hrsg. von der Kgl. Bergakademie.– Berlin 1910. 75 S.

Bericht über die am 13. Sept. 1890 zur Feier des 150jährigen Bestehens der Gr. Nat.-Mutter-Loge „Zu den drei Weltkugeln" im Or. Lübben veranstaltete Festarbeit der drei vereinigten Bauhütten „Licht, Liebe, Leben", Or. Dahme, „Zum Leoparden" Or. Luckau, „Wilhelm zur Wahrheit und Brudertreue", Or. Lübben. Lübben 1891: Driemel & S. 27 S. 8° [Umschlagtit.]
Reden von M. Theinert, M. Bohnstedt, L. v. Schell. Toast von H. Zimmermann.

Deutsche Gesellschaft der Stadt New York. Bericht über das Festessen zur Feier des 118 jährigen Bestehens, 8. März 1901, Hotel Waldorf-Astoria. NY, 1902.

Bericht über die zu Ehren des am 5. Nov. 1853 zu Berlin geschehenen Eintrittes Sr. Königl. Hoheit des Prinzen Friedrich Wilhelm von Preussen in den Freimaurer-Orden in der g. u. v. Loge zur Einigkeit Or. Danzig am 3. Dec. 1853 begangene Festfeier. [Danzig 1853: Wedel.] 7 S. 4° [Kopftit.]

Schaffhauser Centenarfeier 1901. Bericht über die Fest-Rechnung an das Organisationskomite der Centenarfeier zu Handen des Regierungsrates des Kantons Schaffhausen. (Berichterstatter: C[arl] Rahm, Regierungsrat. — 1902 Mai 29.) 46 + 29 S. 8. Schaffhausen, Kühn & Comp., 1902.

13. BERICHT FEST-SCHRIFT ZUR HALBSAECULAR-FEIER DER NATURFORSCHENDEN GESELLSCHAFT IN BAMBERG. 1884. Bamberg 1884. Druck der Humann'schen Buchdruckerei (Fr. Göttling). 8°.

Bericht über die am 4. März 1901 von d. Gesellschaft zur Förderung deutscher Wissenschaft, Kunst u. Literatur in Böhmen aus Anlass ihres 10jähr. Bestandes abgehaltene Festsitzung. Mit e. Uebersicht d. Leistungen d. Gesellschaft während d. Decenniums 1891–1900. *Prag: Gesellsch. z. Förd. deutsch. Wissensch. in Böhmen 1901.* (71 S.) 8°

Jubiläumsfeier. Bericht über die Festsitzung des Verbandes Deutscher Handlungsgehülfen zu Leipzig anläßlich seines 25jährigen Bestehens 1906. Leipzig: Verb. Deutscher Handlungsgehülfen (1906). (60 S.) 8° [F. u. Ant.]
= Schrift d. Verbandes Dtsch. Handlungsgehülfen zu Leipzig. 13.

Bericht über das Festungs-Manöver bei Komorn im Jahre 1891. Wien 1892. 8°.

Bericht über die am 23. und 24. Juni 1886 in Kolomea abgehaltene Festversammlung des Zweigvereines der Gustav-Adolf-Stiftung für Galizien und die Bukowina. Biala: Selbstverl. 1886.

6. Schaffhauser kantonaler Feuerwehrkurs 1902 in Schaffhausen. Bericht ([erstattet vom] Leiter: H[einrich] Rauschenbach). 12 S. 8. [Schaffhausen, H. Meier & Cie.]

Bericht von dem ohnlängst in Chursächsischen Landen entdeckten Filtrir-Steine. Leipz. 1748. V: *Hoppe, Tob. Conr.* (EB)

— des Finanzausschusses, s. Krzeczunowicz.

Bericht des eidgenössischen Finanz- und Zolldepartements über seine Geschäftsführung im Jahre 1897. (Enthaltend Berichte über Bankwesen, Notenzirkulation, Wechselkurse etc.). — Derselbe für 1898 ff.

Bericht der Finanz-Deputation über die Revision des Gemeindeanlagenfusses vom 27. Mai 1870. 8°. Dresden.

([C]Kanton Bern.) Bericht der Finanzdirektion... über den Voranschlag für das Jahr 1901. (Dezember 1900.) 6 S. 4.

Bericht der Finanzdirektion an den hohen Regierungsrat betreffend die Bankfrage. Zürich 1868. V: *Wild, Fel.* (Zuwachsver. d. Bibliothek. in Zürich 1898 ff.)

Bericht des Finanzministers an Se Majestät den Kaiser über das Reichsbudget für das Jahr 1898. Reichsbudget f. d. Jahr 1898. *St. Petersburg: Buchh. d. Kaiserl. Akad. d. Wiss. 1897.* (45 S.) 1 Bd 4

Bericht des Finanzministers an Se. Majestät den Kaiser über das Reichsbudget für das Jahr 1899. St. Petersburg 1898.
Derselbe für 1900 ff. bis 1906.

— des Finanzministers an Se. Maj. den Kaiser über das Reichsbudget f. d. J. 1905. Reichsbudget f. d. J. 1905. (65 S.) 4. Ebd. 904. n. 8.—

— des Finanzministers der Vereinigten Staaten, Herrn Hugh McCulloch, dem Vereinigten Staaten-Congresse eingereicht am 4. Decbr. 1867. New-York. (Bremen, Geisler.) gr. 8. (36 S.) n. 15 ngr.

— üb. die Finanz-Verwaltung der Stadt Neidenburg insbesond. f. d. J. 1843 unter steter Berücksichtig. d. früheren Zustände. Erstattet vom Magistrate. gr. 8. (3¼ B.) Graudenz 844, Röthe'sche Buchh.

Bericht der Leipziger Finkenschaft. 1. W.S. 1896/97. Leipzig: G. Fock in Komm. 1897. 8° [F.]

Bericht über Flachs u Hanf-Kultur u Industrie in Österreich. Wien 1859

Bericht über eine Art Flach-Schiffe mit wasserdichten Hüllen ... O. O. [1857]. V: *Jacovenco, P.* (WFM)

Bericht über d. städtische Fleischbeschau erst. von Hertwig. III. 1. April 1885/86. Berlin (1886). Fortges. u.d. T.:
Bericht über die Resultate d. städt. Fleischbeschau pro 1. April 1886/87.

Rettungsanstalt Foral [bei Chur]. Bericht über die Jahre 1892—1901. [Mit 1 Ansicht.] 16 S. 8. Chur, Dr. der A.-G. Bündner Tagblatt, 1902.

— des Forstvereins für Nordtirol. Redig. vom Vereinsvorstande Andr. Sauter. 1. Heft. Innsbruck 858. Wagner in Comm. gr. 8. (VII, 160 S.) n. 20 ngr.

(1.) — — des Forstvereins für Nordtirol. Redigirt vom Vereinsvorstande Andreas Sauter. 3. Heft. Mit 1 lith. Tafel. gr. 8. (244 S.) Innsbruck, Wagner. 1862. 1 fl. 8 kr.

Bericht des Forst-Vereines für Oesterreich ob der Enns. Redigirt vom Vereins-Sekretär Karl Reinisch. 1tes Heft. Linz, 1856. Druck von F. Feichtinger's Erben. (110 S. und eine Tafel. 8.)
Inhalt: Gründung des Forstvereines für Oesterreich ob der Enns. — Verhandlungen der ersten allgemeinen Versammlung am 3. und 4. Dezember 1855. — Flächen- und Agrikultur-Statistik nebst Bevölkerung des Kronlandes Oesterreich ob der Enns.

— — des Forstvereines für Oesterreich ob der Enns. Redigirt vom Vereins-Secretär Carl Reinisch, k. k. Salinen- und Forst-Directions-Concipist, zugleich Forst-Ingenieur und Taxator. Drittes Heft *Linz.* Druck von *J. Feichtinger's Erben.* 124, LXXXIX S. 8°.
INHALT. Verhandlungen der dritten allgem. Versammlung. — Dienstesvorschrift für die von Amtswegen bestellten Forstwirthe, dann für das aufgestellte Forstschutz- und Aufsichts-Personale des Kronlandes Oesterreich ob der Enns. — Specielle Forststatistik des Kronlandes Oesterreich ob der Enns. I. Theil. 1. Abschnitt. Holzproduction.

— des Forstvereines für Oesterreich ob der Enns. Redigirt vom Vereins-Secretär Carl Reinisch. 4. Heft. gr. 8. (142 S.) Linz, Haslinger in Comm. 1861. 1 fl.

Bericht d. Forst-Vereines f. Oesterreich o. d. Enns. Red. v. Rud. Thoma. 1896. 36. Bd. 1. Vierteljahrshft. gr. 8. (55 S.) Gmunden (E. Mänhardt). n.n. 1.20
D. 36. Bd. ist noch nicht erschienen.

Gewerbliche Fortbildungs-Schule (*14:* in) Chur. 8.
14. Bericht für das Schuljahr 1900/1901. 19 S. Chur, Jos. Casanova, 1901.
15. Bericht für das Schuljahr 1901/02. 20 S. Chur, Bischofberger, Buntzler & Hotzenköcherle, 1902.
16. Bericht für das Schuljahr 1902/1903. 20 S. Chur, A.-G. Bündner Tagblatt, 1903.

Fortbildungsschulen der Stadt Olten. Bericht, Schuljahr 1900—1901. 22 S. 4. Olten, August Michel, 1901.

Fortbildungsschulen der Stadt Olten. Bericht, Schuljahr 1901-1902. 21 S. 4. Olten, August Michel, 1902.

Fortbildungsschulen der Stadt Olten. Bericht, Schuljahr 1902-1903. 22 S. 4. Olten, August Michel, 1903.

Bericht des Wiener Fortbildungsschulrates. 1907/08. Wien 1909

Bericht über den Fortgang des Unternehmens: 'Für die Feste u. Freunde des Gustav-Adolf-Vereins.' 1–8. Barmen: H. Klein (1887–93). 8 Bde 8° [F.]
1. 2. 1887. 3. 4. 1888. 5. 1889. 6. 1890. 7. 1891. 8. 1893.

Bericht über Fortgang der Missionsanstalt „Kommt zu Jesu":
1879 -? Allentown, PA
In Alt-Tschau bei Neusalz a.O. in Niederschlesien. Die Jahre vom 1. Sept. 1874 bis 1. Juli 1879 umfassend. Für die Freunde und Wohltäter der Anstalt in Nordamerika herausgegeben von Fr. A. Ruhmer. Im Selbstverlage der Anstalt und zu haben bei den Herren Pastor Somme; in Brooklyn, N.Y. und Redakteur Trexler in Allentown, Pa., 1879.

— fortgesetzte theologische rc. 16—108 Stück. 8. Leipz. Jacobäer, 774. 75.

— über die Fortschritte der Anatomie und Physiologie im J. 1856. Herausg. von J. Henle u. G. Meissner. Als besondere Abth. der „Zeitschrift für rationelle Medicin." Leipzig 857. C. F. Winter. gr. 8. (1 Bl., IV, 630 S. u. 1 Kpfrtaf.) n. 2 ℳ 15 ngr.

— — im J. 1857. Ebend. 858. gr. 8. (IV, 630 S. u. 1 Kpfr.-taf.) n. 2 ℳ 15 ngr.

Bericht über die Fortschritte der Anatomie und Physiologie im J. 1858—60. à 3 Hefte (à ca. 16 Bgn.) Herausg. von J. Henle und G. Meissner. Als besond. Abth. der „Zeitschrift für rationelle Medicin." Leipzig, C. F. Winter. gr. 8. Jeder Jahrg. n. 2 *ℛ* 15 *ngr.*

— im J. 1861—1863. à 3 Hefte. Herausg. von J. Henle, W. Keferstein und G. Meissner. Ebend. gr. 8. Jeder Jahrg. n. 2 *ℛ* 15 *ngr.*

— über die Fortschritte der Anatomie u. Physiologie im J. 1864—1868. à 3 Hefte (à 10 Bgn.). Hersg. von J. Henle, W. Keferstein u. G. Meissner. [Als besond. Abth. der „Zeitschrift für rationelle Medicin."] Leipzig 865—69. C. F. Winter. gr. 8. Jeder Jahrg. n. 2 *ℛ* 15 *ngr.*

— — im J. 1869. Hersg. von J. Henle, G. Meissner u. H. Gernacher. 1. Heft. Ebend. 870. gr. 8. (160 S.) n. 28 *ngr.*

— über die Fortschritte der Anatomie u. Physiologie. Hrsg. v. J. Henle, G. Meissner u. H. Gernacher. Jahrg. 1869. 2. u. 3. Hft. gr. 8. (VI u. S. 160—520.) Leipzig 871. C. F. Winter. n. 6. 20

— dasselbe. Jahrg. 1870. 1. u. 2. Hft. gr. 8. (S. 1—323.) Ebend. 871. n. 6.

Bericht üb. die Fortschritte d. Anatomie u. Physiologie. Herausg. v. J. Henle u. G. Meissner (etc.). 1856-71 (16 Vol.). Leipz. u. Heidelb. 1857-72.
(1856-68: als besondere Abth. d. Zeitschr. f. rationelle Medicin; Fortsetzung se Jahresbericht).

Bericht über die Fortschritte der Eisenhüttentechnik, nebst einem Anhange, enthaltend die Fortschritte der andern metallurgischen Gewerbe, von A. **Kerpely.** Jahrgang 1—20, für 1864—83. Leipzig 1866—86. 8. — Desgl. Neue Folge Jahrgang 1—11. für 1884—94. (Jahrgang 1—5 herausgegeben von B. **Kossmann,** von Jahrgang 6 ab von Th. **Beckert.**) Leipzig 1887—99. 8.

— über die Fortschritte der römisch-germanischen Forschung im J. 1904. Hrsg. v. der römisch-german. Kommission des kaiserl. archäolog. Instituts. (II, 94 S. m. 2 Taf.) Lex.-8. Frankfurt a/M. 905. J. Baer & Co. n. 3. —
Sonderabdruck aus: „Bonner Jahrbb."

— über die Fortschritte der römisch-germanischen Forschung in d. J. 1905 u. 1906/07. Hrsg. v. der römisch-german. Kommission des kaiserl. archäolog. Instituts. Lex. 8. Frankfurt a/M., J. Baer & Co. 9. —
1905. (II, 114 S. m. Abb. u. 1 Karte.) 906. 3. -
1906/07. (II. 220 S. m. Abb. u. 1 Karte.) 909. 6. -
Fortsetzung u. d. T.

— über die neuesten Fortschritte in der Chemie, Physik etc. s.: Ergänzungen zu dem Handwörterbuch der Chemie u. Physik.

Bericht über die neuesten Fortschritte der Physik, in ihrem Zusammenhange dargestellt. Herausgegeben von J. Müller. Bd. 1. Braunschweig 1849—51. 8.

— über die neuesten Fortschritte in der chemischen u. physikalischen Technik. Hersg. von dem techn. Vereine zu Carlsruhe. 1865. 1. Halbjahr. Carlsruhe 865. Müller. gr. 8. (VIII, 212 S.) n. 24 *ngr.*

— über die Fortschritte d. gesammten Veterinär-Medicin u. d. veterinärärztl. Unterrichts-, Standes- u. Vereins-Angelegenheiten in d. Jahren 1844 u. 1845. Herausgeg. v. J. M. Kreutzer. Mit 2 lith. Taf. Lex.-8. Augsburg 846, v. Jenisch u. Stage. n. 2⅔ *ℛ*

— üb. d. Fortschr. d. Zeugdrucks, s: Lauber, Eduard, Handb. d. Zeugdrucks.

— üb. d. Frage d. Errichtg neuer Lagerhausgebäude in Leipzig. Hrsg. v. d. Handelskammer in Leipzig. (80) 8° Lpzg, (JC Hinrichs' V.) '08. 1 — d

Bericht über die Frage der Münzreform, erstattet durch die Kommission des Ständerates. 1849. (Bericht der Mehrheit u. Minderheit.)

Bericht über die Frage des Musterschutzes. Handelskammer von Mülhausen. Mülhausen 1875

Bericht über die österreichische Frage vom Verein Westendhall. 16 S. 8°.

Bericht über die Frage einer Rheinkorrektion, dem Ständerat erstattet von dessen Kommission. 21. Jan. 1854.

Bericht über die einem ausserordentlichen Ausschusse zur Begutachtung überwiesene Frage über die Zweckmässigkeit der Fixirung der Buchhändlermesse auf einen bestimmten Tag, ohne Rücksicht auf die Zeit des Eintritts der allgemeinen Messe, erstattet von OTTO WIGAND in der Generalversammlung des Börsenvereins am 10. Mai 1846. (Ohne bes. Titelblatt. Leipzig. Druck von B. G. Teubner.) 8°.

Bericht über die Frage der Verwendung des Alpinafonds. Bern 1888. V: *Ducommun, Elie.* (wolfstieg II, 686)

— d. Fragen d. d. Separatfrieden Preußens mit Frankreich rc. -8. Frankf. Eßlinger. 795.

Bericht d Museum Francisco-Carolinum. Linz 1839—92. 8.

Bericht, Vierzehnter — über das Museum Francisco-Carolinum. Nebst der 9. Lieferung der Beiträge zur Landeskunde von Oesterreich ob der Enns. 8. (30 S.) Linz. Druck von Jos Wimmer. 1854.

Bericht, Fünfzehnter — über das Museum Francisco-Karolinum. Nebst der zehnten Lieferung der Beiträge zur Landeskultur von Oesterreich ob der Enns. Linz. 1855. Druck von Jos. Wimmer. (30 S. 8.)

Bericht, sechzehnter — über das Museum Francisco-Carolinum. Nebst der eilften Lieferung der Beiträge zur Landeskunde von Oesterreich ob der Enns. Linz, 1856. Druck von Josef Wimmer. (31, 66, 56, 13, 23, 11, 7 S. 8.)

Bericht, siebzehnter — über das Museum Francisco Carolinum. Nebst der 12. Lief. der Beiträge zur Landeskunde von Oesterreich ob der Enns. Linz, 1857. Dr. von Josef Wimmer. (XXVIII. 276 S. 8 u. 2 Tafeln 4.)

— 52., üb. d. **Museum Francisco-Carolinum.** Nebst d. 46. Lfg d. Beitr. z. Landeskde v. Oesterr. ob d. Enns. 8° (66, 47, 44, 4 u. 2) Linz 94, (V Fink). 2 —
Früh. Berichte, soweit noch vorhanden, zu gleichem Preise, — Fortsetzg s. u. d. T.: Jahresbericht.

Bericht [des] Bezirksverein[s] Frankfurt am Main des Verbandes Deutscher Diplom-Ingenieure über das Vereinsjahr. 1—4. Frankfurt a. M. 1909/10—1913

Bericht d. Deutsch. Frauenabt. b. d. Weltausst. in Chicago 1893: Krippen, Kinderschutzver. etc. v. E Pappenheim, E Vogelsang u O Janke. (253 S) Berlin 1893

Freiwilliger Armen-Verein Frauenfeld. 31. Bericht. ⟨Umfassend die Jahre 1899 bis 1901.⟩ 31 S. 8. ([Frauenfeld, Huber & Co.,] 1902.)

— 1.—7., für die Frauen-Hilfs-Vereine der evangelisch-lutherischen Mission zu Leipzig von v. Schwartz. gr. 8. Leipzig, Verlag der ev.-luther. Mission. n. 1. 90
1. (23 S.) 896. n. — 20. — 2. (27 S. m. 2 Bild.) 897. n. — 20
3. (48 S. m. 2 Bild.) (898.) — 30. — 4. (71 S. m. 2 Bild.) 899. — 30
5. (45 S. m. 1 Bild.) 900. — 30. — 6. (32 S. m. 1 Bild. (901. — 30
7. (80 S. m. 1 Taf.) 902. — 30.

— 8.—10., f. die Frauen-Hilfs-Vereine der evangelisch-lutherischen Mission zu Leipzig von v. Schwartz. (60 S. m. 1 Taf.; 42 S. m. 1 Taf. u. 60 S. m. 3 Abbildgn.) gr. 8. Leipzig 903—905. Verlag der ev.-luther. Mission. à n. — 30

Bericht, 11., f. die Frauen-Hilfs-Vereine der evang.-lutherischen Mission zu Leipzig von v. Schwartz. (84 S. m. 2 Abbildgn.) 8. Leipzig 906. Verlag der ev.-luther. Mission. — 30
Fortsetzg., s.: Lydia.

Bericht über die Frauenkonferenz. [1.] 1900 ff. in: Protokoll über die Verhandlungen des Parteitages der Sozialdemokratischen Partei Deutschlands (später u. d. T.: Sozialdem. Parteitag. Protokoll). — Berlin: Vorwärts (später: Dietz) 1900 ff. 8°

[1.] 1900. Mainz.
2. 1902. München.
3. 1904. Bremen.
4. 1906. Mannheim.
5. 1908. Nürnberg.
6. 1911. Jena.
dann ohne Zählung:
1920. Kassel.
1924. Berlin.
1925. Heidelberg.
1926. Linz.
1927. Kiel.

— üb. d. Hermannsburger Frauenmission in Indien im J. '10 u. '11. (19 bezw. 12) 8° Hermannsbg, Missionshdlg '11 '12. je — 10 d

Bericht über den allgemeinen österreichischen katholischen Frauentag. Hrsg. von d. Kath. Reichsfrauenorganisation Osterreichs. 1. Wien: Herder in Komm. 1910. 8°

Berliner Frauenverein gegen den Alkoholismus. E. V. ⟨Deutscher Verein gegen den Missbrauch geistiger Getränke; 14 ff.: Deutscher Verein gegen den Alkoholismus.⟩ Bericht üb. d. ... Geschäftsjahr (1: ... üb. Gründung u. 1. Geschäftsjahr; 7-11: ... üb. d. Geschäftsjahr u. üb. d. Kriegsarbeit). 1 ff. — Berlin 1908 ff.: Hartmann (später: Cont. Telegr.-Comp.) 8°

Bericht des evang.-luth. Frauenvereins zu Tiflis. 1893 bis 1915

Frauenverein für weibliche Gefangene (in Basel). Bericht über die Jahre 1899 und 1900. 8 S. 8. Basel, Fr. Reinhardt, 1901.

Frauenverein für weibliche Gefangene (in Basel). Bericht über die Jahre 1901 und 1902. 10 S. 8. Basel, M. Werner-Riehm, 1903.

Bericht des Kieler Frauenvereins über das ... Jahr seines Bestehens. 1. (Kiel. 1846.) Bei: Wochenschrift zum Besten der Armen in Kiel. (Jg. 54.) Kiel. 1846. 4°.

Frauenverein für Mässigkeit und Volkswohl (in Zürich). 3. Bericht, abgelegt im März 1901. [Mit 1 Ansicht.] 28 S. 8. Zürich, Art. Institut Orell Füssli, 1901.

Hochschul-Verein Freiburg ⟨Schweiz⟩. 8. Bericht für das Jahr 1900. 22 S. 8. Basel, Aktiendr. des «Basler Volksblatt», 1901.

Hochschul-Verein Freiburg ⟨Schweiz⟩ = Société académique de Fribourg ⟨Suisse⟩. 9. Bericht = 9e rapport 1901/1902. 52 S. 8. Freiburg ⟨Schweiz⟩, Buchdr. des heil. Paulus = Fribourg ⟨Suisse⟩ ... 1902.

Bericht des Staatsrates Freiburg über die Eisenbahnfrage im Kt. Freiburg. 1855. 4.

Universität Freiburg, Schweiz. Bericht über das Studienjahr 1899—1900. Erstattet von dem zurücktretenden Rektor Professor E(mil) Bise. 39 S. 8. Freiburg, Schweiz, Buchdr. und Buchh. des Werkes vom hl. Paulus, 1901. [fr. —. 50]

Universität Freiburg, Schweiz. Bericht über das Studienjahr 1900—1901. Erstattet von dem zurücktretenden Rektor Professor Dr. Gustav Schnürer. 31 S. 8. Freiburg ⟨Schweiz⟩, Buchdr. des Werkes vom heiligen Paulus, 1901 (* *Umschlag:* 1902).

Universität Freiburg, Schweiz. Bericht über das Studienjahr 1902—1903. Erstattet von dem zurücktretenden Rektor P. Mandonnet, O. P. Freiburg, Schweiz 1904. 31 S. 8°.
Freiburg i. Schw. Univ.-Schr. 1903/1904.

Universität Freiburg, Schweiz. Bericht über das Studienjahr 1903—1904. Erstattet von dem zurücktretenden Rektor Professor Dr. Hugo Oser. Freiburg (Schweiz) 1905. 34 S. 8°.
Freiburg i. Schw. Univ.-Schr. 1904/1905.

Universität Freiburg, Schweiz. Bericht über das Studienjahr 1904—1905. Erstattet von dem zurücktretenden Rektor Professor Dr. A. Büchi. Freiburg (Schweiz) 1906. 40 S. 8°.
Freiburg i. Schw. Univ.-Schr. 1905/1906.

Universität Freiburg. Schweiz. Bericht über das Studienjahr 1905—1906. Erstattet von dem zurücktretenden Rektor Professor Dr. M.-Fr. Daniëls. Freiburg (Schweiz) 1907.
Freiburg i. Schw. Univ.-Schr. 1906/1907.

Universität Freiburg, Schweiz. Bericht über das Studienjahr 1906—1907, erstattet von dem zurücktretenden Rektor Professor Dr. Joseph Beck. Freiburg (Schweiz) 1908. 43 S. 8°.
Freiburg i. Schw. Univ.-Schr. 1907/08.

Universität Freiburg, Schweiz. Bericht über das Studienjahr 1908—1909 erstattet von dem zurücktretenden Rektor Professor Dr. Hubert Grimme. Freiburg (Schweiz) 1910. 38 S. 8°.
Freiburg i. Schw. Univ.-Schr. 1909/10.

Bericht der Rettungsanstalt Freienstein über das 53. und 54. Jahr. Zürich 1892.

Bericht, Dritter, an sämtliche Freimaurerlogen im Königreich Sachsen über deren gemeinsames Werk der Ausstattung ... armer Schulkinder mit den zum Schulbesuche nöthigen Kleidern. Zwickau 1856. V: *Sperber, Julius.* (Tt)

Bericht über den Fresser in den Reben, aus den Preissschriften der Landleuten gezogen. Zürich ca. 1783.

Schweiz. Friedensverein, Sektion Graubünden ⟨vormals Sektion Engadin und benachbarte Thalschaften⟩. Bericht für das Jahr 1900. 36 S. 8. Samaden, Simon Tanner, 1901.

Kantonale Heil- und Pflege-Anstalt Friedmatt [bei Basel]. Bericht 1900. 85 S. 8. Basel, Basler Druck- und Verlags-Anstalt, 1901.
Darin S. 47—69: (Beilage.) Fankhauser, E(mil). Ueber das Vorkommen der Tuberkulose in der Heil- und Pflegeanstalt Friedmatt.

Kantonale Heil- und Pflege-Anstalt Friedmatt [bei Basel]. Bericht 1901. 60 S. 8. Basel, Basler Druck- und Verlags-Anstalt, 1902.

Bericht an den Kronprinzen Friedrich zu Dänemark wegen die dänische Insuln, die Nicobaren, ... Kopenh. [1785]. V: *Eschels Kroon, A.* (CBH)

Bericht über die Frühjahrs-Versammlung [1908] des Stuhlmeister-Verbandes der Provinz Brandenburg. [Berlin 1908: Denter & Nicolas.] 38 S. 8° [Kopftit.] cf. Bbl. 22 (1908) S. 313—350.

—— 25jähriger ärztlicher, der Privat-Heilanstalt des Dr. Albin Eder. Fol. (VII, 344 S.) (Ebd.) 890. * 12 —

— üb. d. v. Reichsamte d. Innern unterstützten Fütterungsversuche. (Verhandlgn d. 38. bezw. 39. Plenarversammlg d. deut. Landw.-Rats '10 bezw. '11.) [Aus: „Archiv d. deut. Landw.-Rats".] Lex8° Berl., P Parey.
'10. (1—6) ('10) nn — 75 ‖ '11. (740—752) '11. nn — 60

— der akademisch-wissenschaftl. Vereinigg. „Gabelsberger" an der Universität Leipzig üb. ihre Tätigkeit in den J. 1904—1909. Hierzu als Beigabe vier Aufsätze v. A. Blachstein, R. Fuchs, K. Mahler u. R. Weinmeister. (86 S.) gr. 8. Berlin 909. Gerdes & Hödel. — 60

| — d. akad.-wiss. Vereinigg Gabelsb. Jetzt: Lpzg, (H Haessel V.).

Bericht über den Gang des Handels, der Gewerbe und der Schiffahrt in Elbing. *[Wird fortges.]*
[Umschlagtit.:] Jahresbericht d. Aeltesten d. Kaufmannschaft zu Elbing.

Bericht über den botanischen Garten in Bern 1903. [Von Prof. Ed. Fischer.] Bern 1904. 8 S. 8°.

Bericht des Garten- und Blumenbau-Vereins für Hamburg, Altona und deren Umgegenden über die Wirksamkeit der Administration während des Jahres 1861. Hrgg. vom Secretair des Vereins. Hamburg. 1862. 4°

— d. kgl. Gärtnerlehranst. zu Dahlem bei Steglitz-Berlin (früher Wildpark) f. d. J. 06 u. 7, erstattet v. Th. Echtermeyer. (266 m. Abb. u. 1 Taf.) gr8° Berl., Gea '08. Geb. 4 — d

— d. kgl. Gärtnerlehranstalt zu Dahlem bei Steglitz-Berlin (früher Wildpark) f. '08 u. '09, erstattet v. Th. Echtermeyer. (8, 237 m. Abb.) gr8° Berl., Gea '11. 3 —

Bericht der Königl. Gärtnerlehranstalt zu Dahlem. Jg. 1. 1905; 2. 1906/07; 3. 1908/09; 4. 1910/11. Berlin
(1905 u. d. T.: Jahresbericht ...)
(Forts. u. d. T.: Berichte der Königl. Gärtnerlehranstalt zu Dahlem ...;
= w 132/700)

Gasbeleuchtungs-Gesellschaft in Biel. 9. Bericht f. 1871. 4 Stn. 4. 1872 ?

Gasbeleuchtungs-Gesellschaft in Biel. Bericht pr. 1872/73. 4 Stn. 4. **1873?**

Bericht der Gas- und Wasserleitungs-Deputation über die Einführung der Wasserleitung und Kanalisation in den eingemeindeten Vororten von Stettin. [Stettin 1903.] V: *Benduhn, Carl.* (Berl)

Bericht über das 20. Gauturnen in Oberweimar des XIII. Kreises, Mittelthüringer Gau B 14. 7. 1907, Schleiz 1907, 19 S., 8°.

Bericht über das 15. Gauturnfest in Jena 6.—7. 8. 1899 (Mittelthüringer Gau D. T.), Jena 1899, 12 S., 1 Tab., 4°.

Bericht über das 2. Mährisch-Schlesische Gauturnfest in Bielitz-Biala 15.—17. 8. 1879, Teschen 1879, 31 S., Kl.-8°.

Bericht des Gauturnwarts des Turngaues „Unter-Elsaß" über das Gauturnjahr 1886/87 u. über das 5. Gauturnen in Straßburg i. E., 10. 7. 1887, Straßburg 1887, 18 S., 8°.

Bericht über die Gauturnwartsversammlung des X. deutschen Turnkreises zu Karlsruhe am 28. und 29. 11. 1891, 20 S., 8°.

Bericht über die Gebär-Anstalt u. Abtheilung für Frauenkrankheiten in den kärntnerischen Landes-Wohlthätigkeits-Anstalten zu Klgft. Klgft., Bertschinger, 1901. 13 S. (Verf.: Franz Torggler.)

— über die Geburten u. Sterbefälle in München während d. J. 1884 m. Rückblicken auf die Vorjahre. Veröffentlicht vom statist. Bureau der Stadt München. Mit 4 gezeichneten Taf. gr. 4. (54 S.) München 885. Lindauer. n. 2. —

Bericht über die am 12. Nov. 1892 zur Erinnerung an das 25jährige Bestehen d. Deutschen chemischen Gesellschaft u. an ihren ersten Präsidenten A. W. v. Hofmann veranstaltete Gedächtnißfeier. *Berlin 1892: (A. W. Schade).* (48 S.) 8°

[F.] **Bericht** über die Gedenkfeier der Inneren Mission und das 50jähr. Jubiläum des Centralausschusses für die Innere Mission der deutschen evangel. Kirche am 21. Sept. 1898 in Wittenberg. Festrede. Predigten. Ansprachen. *Wittenberg: P. Wunschmann 1898.* (VIII, 121 S.) 1 Bd 8.

Bericht. Gedrängter B. über das Brand-Unglück des Oberdorfes in Malix. 8. Chur 1867.

— über das Gefecht bey Saalfeld, mit einer vollständigen Situationskarte. 4. Dresd. Arnold. 807.

Bericht über die von der Abtheilung »Bahnbau« der Schweizerischen Nordostbahngesellschaft zur Ausstellung [in Philadelphia] gebrachten Gegenstände. Zürich 1876. V: *Moser, Robert.* (BSchw Lk V. 9h)

Bericht, Gegründeter, von dem denen Reichsfr. . . . Johann Wilhelm Friedrich Riedesel . . . zustehenden Erbfolge-Recht . . . O. O. 17??. V: *Buri, Frdr. Carl von.* (Holz)

An die Hochverehrliche Provinzialstände-Versammlung des Herzogthums Schleswig. Gehorsamster **Bericht** des zur Prüfung des Entwurfs einer neuen Zollordnung für die Herzogthümer Schleswig und Holstein, erwählten Ausschusses. Erstattet Schleswig, den 4. Juli 1836. o.O. (1836) 4°k.

Bericht der vom Schweizerischen Bundesrathe einberufenen Herren Rathsherr Geigy von Basel und Ingenieur Ziegler von Winterthur über die Ausführung eines schweizerischen Eisenbahnnetzes in finanzieller Beziehung. Bern 1850. 175 S., 10 Tb. 8°.

— an d. gesammte protestantische Geistlichkeit in Baiern, den Fortgang der in der Schrift, Frage u. Bitten ꝛc. zur Sprache gebrachten Angelegenheiten betreffend. 8. (Leipzig, Vot.) 816.

Gelehrtenschule zu Flensburg 1842. Einladung zur öffentlichen Prüfung . . . von dem Rector und Lehrercollegium. **Bericht** über die drei Semester von Ostern 1841 bis Michaelis 1842, vom Rector (Hermann Koester). Flensburg. 1842. 4°.

Hamburg, Gelehrtenschule des Johanneums, Bericht über das 355., 365. **bis** 370. **Schuljahr** 1883, 84, 93/94—98/99. **Hamburg** 1884, 94—99.

Bericht über die Gelehrten- und höhere Realschule in Upsala. Stockholm 1873.

Deutsche evangelische Gemeinde in Marseille ⟨Kirche, Mädchenheim, Seemannsmission⟩. **Bericht** üb. d. J. 1905—13. Basel.

Bericht an die Herren Gemeindehäupter erstattet für die Jahresversammlung vom 28. Febr. 1875. Leipzig. V: *Kirchhoff, Albr.* (cb)

Bericht an die Herren Gemeindehäupter erstattet für die Jahres-Versammlung vom 26. März 1876. Leipzig. V: *Kirchhoff, Albr.* (cb)

—— d. ausscheid. Gemeinde-Kirchenraths zu St. Ambrosi-Sudenburg an d. Gemeinde. 8. (29) Magdeb. 73, Heinrichshofen. — 50

— des ausscheidenden Gemeinde-Kirchenraths zu St. Ambrosi-Sudenburg an die Gemeinde. gr. 8. (29 S.) Magdeburg 874. Heinrichshofen. — 50

Einwohner- & Ortsbürgergemeinde Aarburg. Bericht des Gemeinderates über seine Geschäftsführung und das Rechnungswesen.... 8. Aarburg, Buchdr. Aarburg.
...im Jahre 1900. 52 S. (1901.) — ...im Jahre 1901. 58 S. (1902.)

Einwohner-Gemeinde Zofingen. Bericht des Gemeinderates über seine Geschäftsführung und das Rechnungswesen im Jahre 1900 *u.* 1901 *u.* 1902. 47 *u.* 47 *u.* 42 S. 8. Zofingen, Francke & Cie., 1901 *u.* P. Ringier, (1902) *u.* Joh. Fehlmann, 1903.

Ortsbürger-Gemeinde Zofingen. Bericht des Gemeinderates über seine Geschäftsführung ... und das Rechnungswesen im Jahre 1900 *u.* 1901 *u.* 1902. 35 *u.* 38 *u.* 46 S. 8. Zofingen, Ringier, (1901) *u.* Joh. Fehlmann, (1902) *u.* Francke, Ringier & Cie. A.-G., 1903.

Einwohnergemeinde Burgdorf. Bericht des Gemeinderathes über das Rechnungsjahr 1900. 80 S. 4. Burgdorf, ⟨S. Haller⟩, 1901.

Einwohnergemeinde Burgdorf. Bericht des Gemeinderathes über das Rechnungsjahr 1901. 76 S. 4. Burgdorf, P. Eggenweiler, 1902.

Einwohnergemeinde Burgdorf. Bericht des Gemeinderates über das Rechnungsjahr 1902. 67 S. 4. Burgdorf, ⟨S. Haller⟩, 1903.

Bericht über die Gemeinde-Verwaltung der Stadt Altona in den Jahren 1863–1888 (2. 3: –1900). T. 1–3. Altona: A. C. Reher in Komm. (2. 3: H. W. Köbner & Co.) 1889–1906. 3 Bde 4°(8°) [J.]
1. 1889. 2. 3. 1906.

— über die Gemeinde-Verwaltung der Stadt Altona in den J. 1863—1888. 1. Thl. gr. 4. (IX, 431 S. m. 12 Plänen, 2 graph. Darstellgn. u. 2 Tab.) Altona 890. (Reher.) geb. n. 10. —

— über die Gemeinde-Verwaltung der Stadt Altona in den J. 1863—1900. 2. u. 3. Tl. 4. Altona 906. (J. Harder, Sort.). Geb. in Leinw. à n.n. 6. —
2. (XI, 762 S. m. 22 farb. Plänen u. 3 farb. Karten.)
3. (XI, 734 S. m. 59 Taf. u. 15 Plänen.)
1. Tl. jetzt Ebd. 890. erm. Pr. n. 6. —.

— über die Gemeinde-Verwaltung der Stadt Berlin in den J. 1861 bis 1876. 3 Hfte. Lex.-8. Berlin 879—81. Sittenfeld in Comm. geb. n. 15. —
1. (X, 155 S. m. eingedr. Holzschn., Tab. u. 2 chromolith. Plänen.) n. 4. —
2. (VII, 447 S. m. eingedr. Holzschn., Tab., 2 Lichtdr. u. Plänen.) n. 6. —
3. (VII, 320 S.) n. 5. —

— über die Gemeinde-Verwaltung der Stadt Berlin in den J. 1877—1881. 1.—3. Thl. hoch 4. (VIII, 287; VII, 256 u. V, 260 S. m. Tab. u. Taf.) Berlin 883, 84 u. 85. (Sittenfeld.) geb. à n. 5. —

— über die Gemeinde-Verwaltung der Stadt Berlin in den J. 1882—1888. 1. Thl. Lex.-8. (XXXV, 324 S.) Berlin 889. (Sittenfeld.) geb. n.n. 5. —

— über die Gemeinde-Verwaltung der Stadt Berlin in den J. 1882 bis 1888. 2. u. 3. Thl. Lex.-8. Berlin 890. (J. Sittenfeld.) Geb. n. 9. —
2. (III, 268 S. m. 1 Plane.) n. 5. —
3. (III, 218 S. m. Tab., farb. Plänen u. 2 Lichtdr.-Taf.) n. 4. —

— üb. d. Gemeinde-Verwaltg. d. Stadt Berlin i. den J. 1889—1895. 1. Thl. Lex.-8. (XIII, 300 S. m. Abb., Karten u. Plänen.) Berlin 898. C. Heymann's Verl. Geb. in Leinw. n. 5. —

— über die Gemeinde-Verwaltung der Stadt Berlin in den J. 1889 bis 1895. 2. u. 3. Thl. Lex.-8. Berlin 899. 900. C. Heymann's Verl. Geb. in Leinw. à n. 5. —
2. (III, 310 S. m. Abb. u. Plänen.) — 3. (III, 309 S. m. Abb. u. Plänen).

— üb. die Gemeinde-Verwaltung der Stadt Berlin in den Verwaltungs-Jahren 1895—1900. Mit Abbildgn., graph. Darstellgn. u. e. Karte. 3 Tle. (XI, 318; III, 326 u. III, 368 S.) Lex.-8. Berlin 904. 905. C. Heymann. Geb. in Leinw. à n. 5. —

— über die Gemeinde-Verwaltung der Stadt Berlin in den Verwaltungs-Jahren 1901 bis 1905. Mit Abbildgn., Plänen u. graph. Darstellgn. 3 Tle. (VIII, 272; III, 300 S. m. 1 Bildnis u. III, 340 S. m. 1 Bildnis.) Lex. 8. Berlin 907. 08. C. Heymann. Geb. in Leinw. 15. —

Bericht über die Gemeinde-Verwaltung der Stadt Berlin. Berlin.
In d. Verwaltungs-Jahren 1906–10. Bd. 3. 1912.

Gemeindeverwaltung der Stadt Zürich. Bericht pr. 1872. 64 Stn. 4. Zürich, Druck v. J. J. Ulrich.
1873?

— üb. d. 10. allg. deut. Gemeinschaftskonferenz — Gnadauer Pfingstkonferenz — Schönebeck a. d. Elbe 06. Bearb. v. Otto Sartorius. (156) 8° Stuttg., Bh. d. deut. Philadelphiaver. (06). — 80 d
Die 9) Konf. erschien u. d. T.: Reich, d. ewige, uns. HErrn Jesu Christi. — Fortsetzg s.: Verhandlungen d. allg. deut. Gnadauer Pfingstkonferenz.

Bericht der General-Agentie der Eisen-Industrie des Oesterreichischen Kaiserreiches Nr. 2. Wien, C. Gerold u. S. 1852. 4.

⟨Bericht der Generaldirektion der schweizerischen Bundesbahnen⟩ An das eidg. Post- und Eisenbahndepartement ⟨Eisenbahnabteilung⟩ Bern (über die Revision des Arbeitsgesetzes). 1902 Juni 20. 7 S. 8. *o. O.*

Schweizerische Bundesbahnen. Kreisdirektion II (in Basel). Bericht an die Generaldirektion über die Geschäftsführung im Jahre 1902. ⟨Vom 6. März 1903.⟩ 35 [+ *Berichtigungen* 2] S. 8.

Bericht der General-Feuersocietäts-Direktion der ostpreussischen Landschaft an die geehrte Versammlung d. ordentl. 45. General-Landtages. Königsberg i. Pr. 1904. 4°.

Bericht d. General-Landamtes d. Verein. Staaten v. Amer. f. 1866. Washington 1867

Bericht der Ostpreussischen General-Landschafts-Direktion und Bericht des Plenar-Kollegiums der Ostpreussischen Landschaft an die geehrte Versammlung des 45. ff. ordentl. (u. ausserord.) General-Landtages. Königsberg i. Pr. 1904 ff. 4°.
45. ord. Gen.-Landt. 1904.
46. ausserord. Gen.-Landt. 1906.
47. ord. Gen.-Landt. 1907.
48. ausserord. Gen.-Landt. 1908.

Bericht des Generalprokurators über den Zustand der Strafrechtspflege des Kts. Bern. 1851—52. Bern 1854.

Arbeiter-Association, Internationale. — Bericht des Generalraths der — — — an den IV. allgem. Congress in *Basel* (de dato London, d. 1. Septbr. 1869). Basel 1869. 8°. 15 S. Cart.

Bericht des General-Sekretärs der Centrale Toscane Eisenbahn von Empoli Siena an die ordentliche General-Versammlung vom 30 April 1855. Wien. Druck von J. B. Wallishausser. (4 Bl. 4)

Bericht des österr. Generalstabes über den Feldzug in Italien von 1848. 2 Th. Wien 1850.

Bericht des österr. Generalstabes über den Feldzug in Italien 1849. Wien 1850.

— über die von der evangelisch-lutherischen Kirche in Preußen im September und Oktober 1860 zu Breslau gehaltene General-Synode, nebst einem Anh. Bekannt gemacht vom Ober-Kirchen-Kollegium der evang. luther. Kirche in Preußen. Breslau 862. Dülfer in Comm. gr. 8. (190 S.) n. 15 ngr.

—— über die außerordentliche General-Versammlung des Heidelberger Schloßvereins am 30. Juli 1885, das Project einer Drahtseilbahn nach Schloß und Molkenkur betr. Hrsg. von dem Ausschuß des Schloßvereins. gr. 8. (35 S.) Heidelberg 885, K. Groos.

Bericht über die IV. und V. Generalversammlnng der deutschen Bekleidungsakademie zu Heidelberg 1862 und Dresden 1864. Dresden 1862. 64

—— üb. d. 4. Gen.-Vers. d. deut. Bekleidgs-Akad., abgeh. zu Heidelb. 1862. 8. (76) Dresd. 63, (Exped. d. europ. Modenzeitg.) n. — 10

— dass. üb. d. V. General-Versammlg in Elberfeld '03. (54) 8° Ebd. ('03). 1.20 d

Bericht über die Generalversammlung der Dampfschiffahrts-Gesellschaft auf d. Zürich- und Wallensee. Apr. 1854. Zürich. 4.

Bericht üb. d. 8. Gen.-Versammlg d. Vaterländ. Frauenvereins am 24. 3. 74. — Dass. 10. Gen.-Vers. am 24. 3. 76. Berlin. (Je 1 Bd.) 2 Bde.

Bericht über die . . . General-Versammlung des Vaterländischen Frauen-Vereins. 1880. 1886—88 (u.) 1890. Berlin 1880—90. 8°.

— üb. d. Generalversammlg d. bayer. Genossenschaftverbandes, Traunstein 1894. Mit e. Anh.: „Schulze u. Raiffeisen". 4° (48 m. 2 Tab.) Münch. 94, (J Lindauer). — 60

Bericht über die am 2. 3. u. 4. August cr. in Nürnberg abgehaltene II. General-Versammlung des deutschen Geometer-Vereins. (Von A. HOFACKER. Düsseldorf, im August 1873. Autographirt. Ohne bes. Titelblatt.) fol.

Bericht über die am 23. Juni 1880 zu Königsberg abgehaltene General-Versammlung des Ost- und Westpreussischen Geometer-Vereins, erstattet vom Vorstande. (Ohne bes. Titelblatt.) 8°.

— üb. d. Generalversammlg d. Gesammtvereins d. deut. Geschichts- u. Alterthumsvereine zu Eisenach. 1894. 4° (40) Berl. 95, (ES Mittler & S.). — 60
Bisher u. d. T.: Protokolle d. Generalversammlg etc. — Im J. 1892 wurde keine Generalversammlg abgehalten; d. Bericht üb. d. Generalversammlg d. J. 1893 kam nicht in d. Handel.

— üb. d. Generalversammlg d. Gesammtver. d. deut. Geschichts- u. Alterthumsver. etc., Fortsetzg, s.: Protokolle d. Generalversammlg etc.

Bericht über die Generalversammlung des Gesamtvereins der deutschen Geschichts- und Altertumsvereine in Stuttgart 1893. (58 S) 4° Stuttgart 1893

Bericht an die Gen.-Vers. d. Gotthardbahn. d. d. 15. Juni 1878. 8°. Zürich 1878.

Bericht an die Generalversammlung der Gotthardbahn betreff. die finanz. Reorganisation, 16. Juni 1877.

Bericht an die Generalversammlung der Gotthardbahn betreff. die finanz. Reorganisation, 15. Juni 1878.

Bericht an die Generalversammlung der Gotthardbahngesellschaft betr. die Finanzlage der Unternehmung d. d. 17. Juni 1876. 50 S. 8. Zürich, Druck von D. Bürkli. 1876?

Bericht über die Generalversammlung des Allgemeinen Mecklenburgischen Handels-Vereins. 22. 23. 1897—98. [Doberan und Ludwigslust ?]

Bericht üb. d. Generalversamml. d. Stuttgarter Handelsvereins 1866. Stuttgart 1866

Bericht über die constituirende Generalversammlung der Allgemeinen Anti-Duell-Liga für Österreich abgeh. in Wien am 4. Dez. 1902. Wien: Selbstverl. 1902. 32 S. 8° [Umschlagt.]

Bericht über die 5. General-Versammlung der deutschen Kunstgenossenschaft 1860 in Düsseldorf, von Friedrich Stache. Wien 1860.

Schweiz(erischer) katholischer Mädchenschutzverein. Bericht ueber die ... Generalversammlung.... 8. Freiburg, Buchdr. des Werkes vom heiligen Paulus.
...4. Generalversammlung... 16. Oktober 1900. 55 S. 1901.
... 5. Generalversammlung... 2. und 3. Oktober 1901. 48 S. Freiburg (Schweiz)... 1902.

—— über d. am 25. März gehalt. Generalversamml. d. Hülfs-Vereins d. Bremer Taubstummenanstalt, u. die dabey geschehene öffentl. Prüfung d. Taubstummen; nebst einigen Mittheiln. aus d. Tagebuche d. Anstalt. (Von Ortgies.) 8. (3½ B.) Bremen 829, (Kaiser.)

— über die Generalversammlung des Meierei-Verbandes f. Westfalen, Lippe u. Waldeck am 30. Jan. 1894 zu Hamm. [Aus: „Milch-Zeitung".] gr. 8. (8 S.) Bremen 894. M. Heinsius Nachf. n. — 40

— über die 4. ordentliche Generalversammlung der deutschen Bekleidungs-Akademie, abgehalten zu Heidelberg den 6. u. 7. August 1862. Auf Grund des offiz. Protokolls geführt von Theuerle. Dresden 863. (Expedit. der europ. Modenzeitung.) gr. 8. (76 S.) n. 10 ngr.

Bericht über die ordentliche Generalversammlung des Vereins deutscher Fabriken feuerfester Produkte. Berlin 1896-1900.

Bericht über die — von 1896 bis 1900: Protokoll für die — ordentliche Generalversammlung — von 1901 ab: über die ordentliche Hauptversammlung — des Vereins deutscher Fabriken feuerfester Producte. 15—18. 1895—98 u. 20—34. 1900—1914. Berlin

BERICHT über die 25. ordentliche Generalversammlung des Vereins Berliner Kaufleute und Industrieller am Montag, den 29. Februar 1904 im Sitzungs-Saale, Berlin W, Jäger-Strasse 22. Berlin. (Berlin, Otto v. Holten.) 8°.

Reichenhaller Kurfonds und Sanatorium (milde Stiftung für Freimaurer) Or. Bad Reichenhall (Bayr. Hochalpen). Bericht über die 1.—4. ordentliche Generalversammlung. [Reichenhall 1907—1910.] 8° [Umschlagtit.] [1909.] 4° [Kopftit.]
1. Zu Bad Reichenhall am 20. Juni 1907. 1. und 2. Spenden-Verzeichnis. Neue Satzungen. 19 S. 1 Bild.
2. Am 20. Juni 1908 u. die Installierung des Kränzchen Mozart, Salzburg. 3. Spendenverzeichnis. 47 S.
3. Am 12. Juni 1909. [Nebst Spendenverzeichnis 4.] 4 Bl.
4. Am 11. Juni 1910. [Nebst Spendenverzeichnis 5.] 6 Bl.

BERICHT ÜBER DIE 24. ORDENTLICHE GENERAL-VERSAMMLUNG DES VEREINS für das Notariat in Rheinpreussen, verbunden mit dem 25jährigen Stiftungsfeste dieses Vereins. (Ohne bes. Titelblatt. Cöln 1880. Druck von Wilh. Hassel.) 4°.

BERICHT ÜBER DIE 1. ORDENTLICHE GENERAL-VERSAMMLUNG des Vereins zur Wahrung der gemeinsamen wirthschaftlichen Interessen in Rheinland und Westfalen am 15. November 1871 in der Städtischen Tonhalle zu Düsseldorf. Nach stenographischen Aufzeichnungen. Druck von Fr. Dietz, Düsseldorf. 4°.

– über die 1.-7. ordentliche Generalversammlung der Centralstelle f. Vorbereitung v. Handelsverträgen, s.a. Schriften der Centralstelle f. Vorbereitung v. Handelsverträgen. 6., 11., 15. u. 19. 23. 26.)

Bericht über die Ordentliche Generalversammlung der Centralstelle für Vorbereitung von Handelsverträgen zu Berlin. 1–5. [6 nicht ersch.] 7. Berlin: Siemenroth & Troschel (2 ff.: Guttentag) 1899–1906. 8°
1. 1898. 1899. 2. 1900. 1900. 3. 1901. 1901. 4. 1902. 1902. 5. 1903. 1903. 7. 1906. 1906.
(Schriften d. Centralstelle f. Vorbereitung von Handelsverträgen. H. 6. 11. 15. 19. 23. 26.)

Bericht über die ... General-Versammlung des Allgemeinen Organisten-Vereins. 1. *Köln (1893): Greven & Bechtold.* 8° [F.]

Bericht an die Generalversammlung der schweiz. Ost-Westbahn betreff. die Geschäftsführung der Liquidationsbehörde 1861–62. Bern 1862. 4.

Bericht an die Generalversammlung der schweiz. Ost-Westbahn betreff. Liquidation des Gesellschafts-Vermögens. 1861. fol. Autogr.

Bericht über die Zweite General-Versammlung des Deutsch-Amerikanischen Priester Vereins: 1887? –1890? Cincinnati, OH.

BERICHT über die am 2. Februar 1873 abgehaltene General-Versammlung der katholischen Repräsentanz der Stadt Pressburg. Pressburg 1873: Carl Angermayer. 15 S. - 8°

Bericht über die 8. Generalversammlung des Verbandes Rheinischer Baugenossenschaften ... Düsseldorf: Rhein. Verein f. Kleinwohnungswesen 1910. 8°
[Die früheren Berichte sind enth. in: Bericht über d. General-Versammlung d. Rhein. Vereins z. Förderung d. Arbeiterwohnungswesens. 1903 ff.]

—— üb. d. am 10. Mai 1845 abgehaltene 7. General-Versammlung d. Vereins zur geognostisch-montanist. Durchforschung d. Landes Tirol u. Vorarlberg. 8. (6 B. u. 1 Stnt.) Innsbruck 845, Wagner'sche Buchh. *

—— üb. die am 9. Mai 1846 abgehaltene 8. General-Versammlung d. Vereins zur geognostisch-montanist. Durchforschung d. Landes Tirol u. Vorarlberg. gr. 8. (5 B. u. 1 Karte.) Innsbruck 846, Wagner'sche Buchh. *

—— über die am 15. Mai 1847 abgehalt. 9. Generalversammlung des Vereins zur geognost.-montanist. Durchforschung des Landes Tirol und Vorarlberg. gr. 8. (XX und 50 S. mit 1 Stnt. in 8. und 1 ill. Stnt. in Fol.) Innsbruck 847, (Wagner'sche Buchh.) *

Bericht über die Generalversammlung des Vereins deutscher Eisenhüttenleute am 28. November 1880 zu Düsseldorf. Düsseldorf, 1880. 48 S.

Bericht über die erste General-Versammlung des Vereins zur Förderung weiblicher Gewerbsthätigkeit in Hamburg. Hamburg 1867

— üb. d. General-Versammlg d. Vereins z. Förderg d. Moorkultur im Deut. Reiche 1892 zu Berlin. 8° (62) Berl. 92, P Parey. 1 —

Bericht über die am 3. Mai 1858 zu Linz abgehaltene zweite General-Versammlung des Vereines zur Förderung der Seiden-Cultur in Ober-Oesterreich. *Linz* 1858. *Eurich'sche* Buchdr. 40 S. 8°. Nicht ber.

Bericht über die Generalversammlung des Vereins Berliner Kaufleute und Industrieller. 25. 1904. Berlin

— über die erste General-Versammlung d. Vereins v. Lehrern höherer Unterrichts-Anstalten der Provinz Preußen, geh. zu Elbing am 2. u. 3. Juni 1873. Hrsg. v. dem Vorstande d. Vereins. gr. 8. (24 S.) Tilsit 873. Loesch. n. — 30

— über die zweite General-Versammlung d. Vereins v. Lehrern höherer Unterrichts-Anstalten der Provinz Preußen, geh. zu Königsberg am 30. Mai 1874. Hrsg. v. dem Vorstande d. Vereins. gr. 8. (31 S.) Königsberg 874. Akadem. Buchh. in Comm. n. — 50

BERICHT ÜBER DIE ... GENERALVERSAMMLUNG DES CLAUSTHALER NATURWISSENSCHAFTLICHEN VEREINES MAJA.

Erstattet von ... FR. WIMMER und E. METZGER.:

1. zu Goslar am 26. April 1851. Goslar 1851. Gedr. bei W. Ph. Brückner's Wittwe. 8°.

Erstattet von ... FR. WIMMER und B. OSANN.:

2. zu Clausthal am 18. September 1851, nebst kurzem Jahresberichte vom Sept. 1851 bis 1852. (Mit Tafeln). ib. 1852. —
3. zu Clausthal am 18. September 1852, nebst kurzem Jahresberichte vom September 1852 bis 1853. Mit 3 Tafeln. Halle 1854. Gedr. bei W. Plötz.

Bericht über die am 5 Oktober 1854 zu Linz Statt gehabte dritte General-Versammlung des Vereins gegen Mißhandlung der Thiere im Erzherzogthume Oesterreich ob der Enns und im Herzogthume Salzburg. 8. (80 S.) Linz. Aus der Buchdruckerei von Fr. Eurich's Wwe. 1854.

Bericht über die am 26. Jänner 1856 zu Linz Statt gehabte vierte General-Versammlung des Vereines gegen Mißhandlung der Thiere im Erzherzogthume Oesterreich ob der Enns und im Herzogthume Salzburg. Linz, 1856. Aus der Buchdruckerei von Friedrich Eurichs Witwe. (67 S. 8.)

Bericht über die am 24. Jänner 1857 zu Linz Statt gehabte fünfte Generalversammlung des Vereines gegen Mißhandlung der Thiere im Erzherzogthum Oesterreich ob der Enns und im Herzogthume Salzburg. Linz, 1857. Eurichs Buchdruckerei. (64 S. 8.)

Bericht über die am 1. October 1846 gehaltene Generalversammlung des oldenburg. Vereins der evangel. Gustav-Adolph-Stiftung. gr. 8. (19 S.) Oldenburg 847, Stalling. Thlr.

BERICHT ÜBER DIE ... GENERALVERSAMMLUNG DES RHEINISCHEN VEREINS ZUR FÖRDERUNG DES ARBEITERWOHNUNGSWESENS.

3., am 8. November 1899, nachmittags $3^1/_2$ Uhr im Ständehaus zu Düsseldorf. (o. O. o. Dr.)
4., am Mittwoch, den 13. März 1901, Mittags $12^1/_2$ Uhr im Ständehaus zu Düsseldorf (o. O. o. Dr.)
V., und über die Versammlung des Verbandes der Rheinischen Baugenossenschaften am 14. und 15. Mai 1903 in der Stadthalle zu Elberfeld. Düsseldorf. Friedr. Wolfrum, Verlagsbuchhandlung für Architektur und Kunstgewerbe. 8°.
VI., und über die II. Versammlung des Verbandes der Rheinischen Baugenossenschaften am 21. und 22. Juni 1904 im Ständehaus zu Düsseldorf. ib. Druck von August Bagel.
VII., und über die III. Versammlung des Verbandes der Rheinischen Baugenossenschaften am 23. und 24. November 1905 im Ständehause zu Düsseldorf. ib. —

— über die VIII. Generalversammlung des rheinischen Vereins zur Förderung des Arbeiterwohnungswesens u. üb. die IV. Generalversammlung des Verbandes rhein. Baugenossenschaften am 17. u. 18. XI. 1906 im Ständehaus zu Düsseldorf. (132 S.) 8. Berlin 907. C. Heymann. 1. 60

Fortsetzg. s.: Jahresbericht des rheinischen Vereins zur Förderung des Arbeiterwohnungswesens.

Bericht über die 5. Generalversammlung des Vereins badischer Thierärzte, abgeh. am 14. u. 15. Okt. 1868 zu Karlsruhe. Karlsruhe 1869. 59 S.

Bericht über die Generalversammlung des Vereins für Volkserziehung und Verbesserung des Frauenloses in Stuttgart 1868. I. Stuttgart 1869

BERICHT über die XVII. Generalversammlung des Vereinsbundes Deutscher Zahnärzte am 2. und 3. April 1907 in Cassel, Hotel Schirmer (Buchdruckerei Schmitz & Bukofzer Berlin). 8°.

BERICHT [1]) über die XVIII. Generalversammlung des Vereinsbundes Deutscher Zahnärzte am 21. und 22. April 1908 in Berlin, Hotel de Russie (o. O. o. Dr.)

—— üb. d. General- u. Wanderversammlg d. montanist. Ver. f. Steiermark u. d. berg- u. hüttenmänn. Ver. f. Kärnten. Verf. v. J v. Ehrenwerth u. E Purtscher, red. v. H Höfer. 8. (71) Klagenf. 75, (Bertschinger u. H.). n. 1. 20

— über die 1. u. 2. Generalversammlg. d. mitteleuropäischen Wirtschaftsvereins in Deutschland, s.a. Veröffentlichungen des mitteleuropäischen Wirtschaftsvereins in Deutschland. 4. u. 6. Heft.

Bericht über die Generalversammlung des mitteleuropäischen Wirtschaftsvereins in Deutschland. 1. (Dresden, 1907.) Berlin: Puttkammer & Mühlbrecht 1907. 4°(8°)

— **Veröffentlichungen** d. Mitteleurop. Wirtschaftsvereine. H. 4. [08. 1073]

Bericht über die 1. ff. Generalversammlung des Mitteleuropäischen Wirtschaftsvereins in Deutschland. Berlin 1907 ff. 8°.

1: (Dresden, 27. Mai 1907.) 1907.
2: (Ausserord.) (Mannheim 15. Sept. 1908.) 1908.
(Veröffentlichungen d. Mitteleurop. Wirtschaftsver. in Deutschland. H. 4.)

—— üb. d. 3. Generalversammlg d. mitteleurop. Wirtschaftsvereins in Deutschld, s: Veröffentlichungen d. mitteleurop. Wirtschaftsvereins in Deutschld.

Bericht über die Generalversammlung der landwirtschaftlichen Zentral-Darlehnskasse für Deutschland und den Generalverbandstag ländlicher Genossenschaften für Deutschland am 26. u. 27. Juni 1907 in Danzig. Neuwied 1906. 8°.

Bericht über die Generalversammlung der Landwirtschaftlichen Zentral-Darlehnskasse für Deutschland und den Generalverbandstag ländlicher Genossenschaften für Deutschland 1907 ff. Neuwied 1907 ff. 8°

In Danzig am 26. u. 27. Juni 1907.
In Breslau am 23. u. 24. Juni 1909.
In Kassel am 5. u. 6. Juli 1910.

—— über die am 1. Juli 1861 abgehaltene General-Versammlung des Central-Vereines der Stenographen des österr. Kaiserstaates zu Wien. Stenographisch aufgenommen, autographirt und herausgegeben von Ant. V. Kübnelt. gr. 8. (29 S.) Wien, Rosvini. 40 kr. 1861.

Bericht über die Generalversammlung des Centralvorstandes Kaufmännischer Verbände und Vereine Deutschlands am 8. Sept. 1889 zu Leipzig. . . . . (HC.)

Bericht über die General- (später: Jahres-) Versammlung des kärntnerischen Zweig-Vereins der Gustav-Adolf-Stiftung. Klgft., Leon, v. Kleinmayr, Bertschinger & Heyn, Schlick in St. Veit a. d. Gl., 1862—.

Bericht über die Genesungsheime der Ortskrankenkasse für kaufmännische Geschäfte zu Hamburg, belegen in Trittau (Holstein) und in Kollow bei Schwarzenbek. Hamburg 1901. V: *Spangenberg, L.* (Berl)

Bericht der Genossenschaft der Büchsenmacher im Gerichtsbezirke Ferlach pro 1888—90. Klgft., Bertschinger, (1891). 59 S. — (Von Josef Just.)

— d. Genossensch.-Instruktoren d. k. k. Handels-Ministeriums üb. ihre Amtstätigk. in d. Zeit v. 1.X.1899—31.XII.'02. (383) 8° Wien, Hof- u. Staatsdr.'04. 2 —

Bericht der Landwirtschafts- u Gewerbebank Gerabronn 34. (1902) Gerabronn 1903

Bericht über die erste bayerische G e r s t e n und Hopfen a u s s t e l l u n g . München 1900.

Bericht üb. die 27. Gesamtsitzung d. preuss. botanischen Vereins zu Graudenz am 2. Oktbr. 1888. Erstattet v. Abromeit. [Aus: „Schriften der physik.-ökonom. Gesellsch. zu Königsberg".] gr. 4. (30 S.) Königsberg 890. (Koch.) n. — 80

— dasselbe. 28. Gesamtsitzung zu Braunsberg am 8. Oktbr. 1889. Erstattet v. Abromeit. [Aus: „Schriften der physik.-ökonom. Gesellsch. zu Königsberg".] gr. 4. (32 S.) Ebd. 890. n. 1. —

Bericht des G e s a m t v o r s t a n d e s des Tonkünstler-Vereins (über den Tonkünstler-Verein) zu Dresden. 1-76. Dresden 1854/1855 - 1931.

Bericht über den Geschäftsbetrieb der Hypothekar- & Ersparnisskassa in Winterthur, i. J. 1870. Druck v. Bleuler-Hausheer u. Co. 14 S. 4. mit Tabelle. 1871?

2. Bericht über den Geschäftsbetrieb der Hypothekarkasse d. Kantons Solothurn im Jahre 1870, erstattet von dem Verwaltungsrath an die Versammlung der Actionäre. Solothurn, Druck von J. Gassmann Sohn. 23 Stn. 4. mit 1 Tab.

1871?

Bericht über die Geschäftsergebnisse (4 ff.: **Geschäftsbericht**) der Sparkasse der Stadt Schöneberg. [1.] Im J. 1899. Berlin-Schöneberg 1900: R. Kühn. 4° A 12,10601

Deutscher Verein gegen den Missbrauch geistiger Getränke. **Bericht** des Geschäftsführers über das Jahr 1893—99 ⟨11. bis 17. Geschäftsjahr⟩. Hildesheim. 1894—1900. 8°.

Eidgenössisches Handels-, Industrie- und Landwirtschaftsdepartement. Bericht über seine Geschäftsführung im Jahre 1900. Abteilung 3: Landwirtschaft. [Mit 1 Tabelle.] 38 S. 8. 1901.

Bericht über die Geschäftsführung des eidgenöss. Militairdepartements 1862—63. (Bern.) 8°.

Schweizerische Postverwaltung. Bericht über ihre Geschäftsführung im Jahre 1900. 39 S. 8. [Bern, Stämpfli & Cie.,] 1901.

Schweizerische Postverwaltung. Bericht über ihre Geschäftsführung im Jahre 1901. 34 S. 8. [Bern, Stämpfli & Cie.,] 1902.

Schweizerische Postverwaltung. Bericht über ihre ... im Jahre 1902. 8. [Bern, Stämpfli & Cie.]
... Geschäftsführung.... 37 S. 1903.

Schweizerische Nordostbahngesellschaft. Bericht über die Geschäftsführung des Verwaltungsrates im Jahr 1901. ([Mit 1 graphischen Tabelle und statistischen Zusammenstellungen] betreffend die Entwicklung der Nordostbahn bis 1901.) II + 59 S. 4. Zürich, Art. Institut Orell Füssli, 1902.

Bericht über die Geschäftstätigkeit des Kaufmannsgerichts zu Charlottenburg im Geschäftsjahre 1. Charlottenburg 1906. 4°

BERICHT über die Geschäftsthätigkeit des Rhein. Vereins zur Förderung des Arbeiterwohnungswesens seit Anfang 1901. (Düsseldorf 1901.) 8°.

Bericht über die im Jahre 1877. 1879. 1881. 1885 den Herzoglichen Sammlungen des Schlosses Friedenstein zugegangenen G e s c h e n k e . Gotha 1878-1886.

Geschichtlicher **Bericht** über die Entwicklung der Loge zum Tempel der Freundschaft im Or. zu Heiligenstadt zur Erinnerung an das 75 jährige Stiftungsfest am 18. Febr. 1885. Worbis [1885]: B. Müller. 24 S. 8° [Umschlagtit.]

Bericht, Geschichtlicher, über den Gnadenort Mariabrunn ... Wien 1884. V: *Janisch, Joseph.* (EB)

— — geschichtl., über die wunderb. Medaille etc. Von M***, Priester der Congregat. d. heil. Lazarus. Nach d. Französ. 3e Aufl. 12. Münster 1839, Deiters. 11 1/2 Ngr. — 42 kr. Die Wundermedaille, welche 1832 zu Paris geprägt wurde, nebst Beschreibung deren Wunderwirkgn. etc. A. d. Frz. 3e Aufl. gr. 16. Aachen, Hensen. M. d. Medaille. 5 Ngr. — 18 kr.

— geschichtlicher, über das wunderbare Muttergottesbild in Rimini. Nebst einer getreuen (lith.) Abbildg. des Bildes. gr. 12. (12 S.) Aachen 850, Hensen & Co. 3 ngl

Bericht, geschichtlicher — über den Ursprung und die Wirkung der neuen Medaille, geprägt zur Ehre der unbefleckten Empfängniß der allerseligsten Jungfrau Maria und allgemein bekannt unter dem Namen: Die wunderbare Medaille. Wien. 1855. Gedr. bei Karl Ueberreuter. (40 S. 8.)

— geschichtlicher, über den Ursprung u. die Wirkungen der neuen Medaille, geprägt zur Ehre der unbefleckten Empfängniß der allein seligsten Jungfrau Maria und allgemein bekannt unter d. Namen: Die wunderbare Medaille. Nebst e. neuntägigen Andacht. Von M***, Priester d. Congregation vom h. Lazarus. Nach der 5n verm. Ausg. (Paris 1835) aus d. Franz. übersetzt. Mit 1 Abbild. 12. Münster 836. Deiters. 3/8 ngl 2e revidirte Aufl. Vermehrt mit e. Meß-Andacht u. a. Gebeten. 12. Ebd. 836. 3/8 ngl — 3e Aufl. Ebd. 839. 3/8 ngl

Bericht über die Geschlechtskrankheiten in Kiel und Umgebung für das Jahr ... Kiel. 8°
1.—4/5., 1898/99—1901/03.

Gesellschaft der Schweizer Ameisen. Bericht der Sektionen Basel, Liestal, Aarau und Sissach. 8. Basel, Fr. Reinhardt.
7. Jahr 1900. 26 S. 1901. — 8. Jahr 1901. 31 S. 1902.

Gesellschaft der Schweizer Ameisen. Bericht der Sektionen Basel, Liestal, Aarau und Sissach. 9. Jahr 1902. 27 S. 8. Basel, Friedrich Reinhardt, 1903.

Gesellschaft für wirtschaftliche Ausbildung zu Frankfurt am Main (später) e. V. — BERICHT über das ...
1. Geschäftsjahr 1903. Frankfurt am Main 1904. Druck von C. Adelmann. 4°.
2. Geschäftsjahr 1904 erstattet vom Vorstand. ib. 1905. —
3. Geschäftsjahr 1905 erstattet vom Vorstand. ib. 1906. —
4. Geschäftsjahr 1906 erstattet vom Vorstand. ib. 1907. —
5. Geschäftsjahr 1907. ib. 1908. —
6. Geschäftsjahr 1908 gemäss Beschluss der Generalversammlung vom 15. Mai 1909. ib. 1909. —
7. Geschäftsjahr 1909 gemäss Beschluss der Generalversammlung vom 28. Mai 1910. ib. 1910. —
8. Geschäftsjahr 1910 gemäss Beschluss der Generalversammlung vom 12. April 1911. ib. 1911. —
9. Geschäftsjahr 1911. ib. 1912. —
10. Geschäftsjahr 1912. ib. 1913. —

BERICHT DER CHEMISCHEN GESELLSCHAFT ZU FRANKFURT AM MAIN für die Jahre 1869—1880. Frankfurt a. M. 1881. Druck von Mahlau & Waldschmidt. 8°.

— der deutschen botanischen Gesellschaft, gegründet den 17. Septbr. 1882. Red.: S. Schwendener u. A. W. Eichler. 1—3. Jahrg. 1883—1885. gr. 8. (à ca. 650 S. m. Holzschn. u. Steintaf.) Berlin, Bornträger. à Jahrg. n. 15. —

Bericht der deutschen chem. Gesellschaft.

Jahrg.	I. 1868.	3.60
—	II. 1869.	5.40
—	III. 1870.	7.20
—	IV-VI. 1871—73.	à 10.80
—	VII. 1874.	12.00
—	VIII. 1875. Redigirt v. Wichelhaus.	14.40
—	VIII-XI. 1876—78.	à 19.20
—	XII-XV. 1879-1882. Rd. v. Wichelhaus	à 19.20

(Einige Jahrgänge sind im Preise erhöht. Generalregister üb. Jahrg I—X v. Dr. C. Bischoff 1880. 18.—

— der deutschen chemischen Gesellschaft. Red.: Wichelhaus u. Ferd. Tiemann. 16—19. Jahrg. 1883—1886. ca. 20 Hfte. gr. 8. (à ca. Hft. 98 S.) Berlin, (Friedländer & Sohn). à Jahrg. n. 32. —

Bremen, Deutsche Gesellschaft zur Rettung Schiffbrüchiger, Bericht über das Rechnungsjahr 1896—97, 31. Heft. Bremen [o. J.]

— der durstigen chemischen Gesellschaft. Unerhörter Jahrg. Nr. 20. [Ausg. am 20. Septbr.] gr. 8. (III, 52 S.) Ebend. 886. n. 1. —

— 14., der evangelischen Gesellschaft für die protestantischen Deutschen in Nord-Amerika, in Langenberg, Elberfeld u. Barmen. 1868. Barmen, Buchh. d. ev. Gesellsch. in Comm. gr. 8. (35 S.) n. 5 ngr.

—— 14., d. evang. Ges. f. d. protest. Deutschen in N.-Amerika, in Langenberg etc. 1868. 8. (35) Barm. 70, Klein. n. — 5

23. Bericht der Evangelischen Gesellschaft für Stadtmission in Basel vom 1. Januar bis 31. December 1886 In-8°, 18 S. Basel, Druck der „Allg. Schweizer-Ztg." 1887?

Evang. Gesellschaft für Stadtmission in Basel. 37. Bericht 1900. 23 S. 8. Basel, Basler Druck- und Verlags-Anstalt, 1901.

Evang. Gesellschaft für Stadtmission in Basel. 38. Bericht 1901. 21 S. 8. Basel, Basler Druck- und Verlags-Anstalt, 1902.

Evang. Gesellschaft für Stadtmission in Basel. 39. Bericht 1902. 19 S. 8. Basel, Basler Druck- und Verlags-Anstalt, 1903.

BERICHT DER GESELLSCHAFT NÜTZLICHER FORSCHUNGEN für das Jahr 1849. (Ohne bes. Titelblatt.) 4°.

— an die Gesellschaft d. Freunde d. Constitution über die Verbesser. d. Juden im Elsaß. gr. 8. Straßb. Acad. 791.

BERICHT ÜBER DIE GERMANISTISCHE GESELLSCHAFT an der Universität Leipzig von H. BRANDES.

1. Angefügt ist eine Abhandlung über die »Nobiles des Tacitus« von H. BRANDES. Leipzig 1863. Comm.-Verlag der Dürr'schen Buchhandlung. 8°.
2. Angefügt sind 3 Abhandlungen zur ältern Deutschen Verfassungs- und Rechtsgeschichte. ib. 1863. —
3. Angefügt sind 3 Abhandlungen zur ältern Deutschen Geschichte. ib. 1864. —
4. ib. 1866. —

Gesellschaft gegen den Hausbettel (in Basel). 22. Bericht. 31. Dez. 1900. 4 S. 8. (Basel, Buchdr. Basler Anzeiger, 1901.)

Gesellschaft gegen den Hausbettel (in Basel). 23. Bericht. 31. Dezember 1901. 4 S. 8. ([Basel,] Basler Druck- und Verlags-Anstalt, [1902].)

Bericht der Gesellsch. f. innere Mission im Sinne der luther. Kirche 1850/51. gr. 8. (48 S.) Nürnberg 851. (Nördlingen, Beck.) 2 ngr

BERICHT DER NATURFORSCHENDEN GESELLSCHAFT ZU BAMBERG.

5—9. 1860—1870. (Mit Tafeln.) ib. 1861—1870. Druck bei J. M. Reindl. 8°.

10. 1871—1874. Mit 3 Tabellen. ib. 1875. Druck von E. Th. Jacob in Erlangen. Darin: H. C. KÜSTER, Die Binnenconchylien Dalmatiens mit Zuziehung der Faunen von Triest, Istrien und Montenegro. III. Die Gattung Clausilia. ib. 1875.*)

11—12. 1875—1882. (Mit Tabellen.) ib. 1876—1882. Druck von J. M. Reindl.

Bericht der naturforschenden Gesellschaft in Bamberg. 13. (Fest-Schrift zur Halbsaecular-Feier.) (1884) — 18. (1901). Bamberg 1884 ff. 8°.

BERICHT DER NATURFORSCHENDEN GESELLSCHAFT IN BAMBERG.

XIV., Bamberg, 1887. Druck der Humann'schen Buchdruckerei (Fr. Göttling). 8°. — XV., ib. 1890. — XVI., ib. 1893. — XVII., ib. 1899. Druckerei der „Bam-

Emden, Naturforschende Gesellschaft, 71., 78.—82. Bericht der — in Emden für 1885/86, 92/93—96/97. Emden 1887, 94—98.

— d. naturforsch. Gesellsch. zu Freiburg i/B. Hrsg. v. A Gruber. 6. u. 7. Bd. 8° (6. Bd. 1. Hft 82) Freib. i/B. 91—93, JCB Mohr. à Bd 12 —

— dass. 8. Bd. 8° Ebd. 94. 12 —

Zoolog. Abhandlgn, August Weismann zu s. 60. Geburtstage gewidmet v. C Apstein, H Blanc, O Bürger, F Dahl, A Fritze, A Gruber, V Häcker, H Henking, C Ishikawa, E Korschelt, O vom Rath, HE Ziegler u. v. d. Naturforsch. Gesellschaft in Freiburg i. B. (200 m. Abbildgn u. 5 Taf.)

— dass. 9. Bd. 8° (1. Hft 59 m. Abbildgn.) Ebd. 94.95. 12 —

—— 1., d. naturwiss. Ges. zu Chemnitz, umfass. d. J. 1859—64. 8. (30) Chemn. 65, Focke. n. — 4. || 2. Ber. 1864—68. (55) Chemn. 68, Brunner. n. — 6

—— 3., der naturwiss. Ges. vom 1. Octbr. 1868 bis 31. Decbr. 1870. 8. (120) Chemn. 71, Brunner. || 4. Vom Jan. 1871 bis Dezbr. 1872. (101) 73. à n. 1. 50 (1—4.: n. 4. —)

—— 5., d. naturwissenschaftl. Ges. zu Chemnitz, umf. d. Zeit v. 1. Jan. 1873 bis 31. Decbr. 1874. 8. (270 m. 1 L.) Chemn. 75, Bülz. n. 3. — || 6. umfass. d. Zeit v. 1. Jan. 1875 bis 31. Decbr. 1877. (150 m. 3 L.) 78. n. 4. — (1—6.: n. 11. —)

—— 7., d. naturwissenschaftl. Gesellsch. zu Chemnitz, umfass. d. Zeit vom 1. Jan. 1878 bis 31. Dezbr. 1880. 8. (305 m. 1 L.) Chemn. 81, Bülz. n. 4. 50 || 8. v. 1. Jan. 1881 bis 31. Dezbr. 1882. (112) 83. n. 2. 40 || 9. v. 1. Jan. 1883 bis 31. Aug. 1884. (228 m. 2 L.) 84. n. 6. —

—— 10., d. naturwissenschaftl. Gesellsch. zu Chemnitz, umfass. d. Zeit v. 1. Septbr 1884 bis 31. Dezbr 1886. 8. (262 m. 3 Taf.) Chemn. 87, Bülz. || 11., umfass. d. Zeit v. 1. Jan. 1887 bis 30. Juni 1889. (255) 90. à n. 6. —

— 12., d. naturwissenschaftl. Gesellschaft zu Chemnitz, umfassend d. Zeit v. 1. Juli 1889 bis 30. Juni 1892. 8° (245 m. 5 Taf.) Chemn. 93, M Bülz. 8 —

— 13., d. naturwiss. Gesellsch. zu Chemnitz, v. 1.VII.'92—31.XII.'95. 8° (100, 143 m. Fig. u. 9 Taf.) Chemn. 96, M Bülz. 9 —

— 14. u. 15., d. naturwiss. Gesellsch. zu Chemnitz, umfassend d. Zeit v. 1.I.1896—z. 30.IX.'03. 8° Chemn., M Bülz. 9 —

14. 1.I.1896—31.X.1899. Zusammengest. v. E Hempel. (130, 179 m. Abb. u. 9 Taf.) 1900. 7 — | 15. 22.X.1899—30.IX.'03. (128, 185 m. Fig. u. 8 Taf.) '04. 2 —

— 16. u. 17., d. naturwiss. Gesellsch zu Chemnitz. 8° Chemn., K Brunner. Je 2 —

16. 1.X.03—30.IX.07. (88, 102)'07. | 17. 1.X.07—31.VIII.09, zugl. Festschrift z. Feier d. 50-jähr. Bestehens d. Gesellsch. (124 m. Abb.)'09.

—— 1. und 2., der oberhessischen Gesellschaft für Natur- und Heilkunde. gr. 8. Giessen, (Ricker.) [1. (62 S.) 847. * 10 Ngr., 2. (120 S. mit 2 Stnt. und 1 Tab.) 849. * 1 Thlr.] *

— dritter, der Oberhessischen Gesellschaft für Natur- u. Heilkunde. Mit 3 Steindrucktaf. (in Fol.) Giessen 853. (Ricker.) gr. 8. (1 Bl., 184 S.) n. 1 ℛ︎ 10 ngr

— vierter etc. Mit 1 illum. Steintaf. (in Fol.) u. 1 Tab. (in 4.) Ebend. 854. gr. 8. (1 Bl., 168 S.) n. 1 ℛ︎ 10 ngr

— fünfter etc. Mit 2 Steindrucktaf. Ebend. 856. gr. 8. (2 Bl., 92 S.) n. 24 ngr

— sechster etc. Mit 2 Steindrucktaf. (in 4. u. Fol.) Ebend. 857. gr. 8. (2 Bl., 152 S. u. 1 Tab. in qu. Fol.) n. 1 ℛ︎ 10 ngr

— siebenter, der Oberhessischen Gesellschaft für Natur- und Heilkunde. Mit 3 Steindrucktaf. Giessen 859. (Ricker.) gr. 8. (XII, 138 S. u. 2 Tab. in Fol.) n. 1 ℛ︎ 10 ngr

—— 15., der oberhess. Gesellschaft für Natur- und Heilkunde. gr. 8. (182 S. mit 1 Stnt.) Giessen 876, Ricker. *

—— 16., der oberhess. Gesellschaft für Natur- und Heilkunde. gr. 8. (140 S. mit 6 Stnt. in 8. und qu. Fol.) Ebendas. 877. *

—— 17., der oberhess. Gesellschaft für Natur- und Heilkunde. gr. 8. (IV, 132 S. mit 2 Stnt. in qu. Fol.) Ebendas. 878. *

—— 18., der oberhess. Gesellschaft für Natur- und Heilkunde. gr. 8. (150 S. mit 2 Stnt. in Fol.) Ebendas. 879. *
1.—14. Bericht. Ebendas. 1847—73. *M 52,50.

Bericht, 19., der oberhessischen Gesellschaft für Natur- und Heilkunde. gr. 8. (188 S. mit 8 lithogr. Taf.) Giessen 880, (Ricker.) *

—— 20., der oberhessischen Gesellschaft für Natur- und Heilkunde. gr. 8. (150 S. mit 3 lithogr. Taf.) (Ebendas.) 881. *

— 21., der oberhessischen Gesellschaft für Natur- u. Heilkunde. Mit 4 lith. Taf. gr. 8. (III, 159 S.) Giessen 882. (Ricker.) n. 3. —

— 22., der oberhessischen Gesellschaft f. Natur- u. Heilkunde, zugleich Festschrift zur Feier d. 50jähr. Bestehens der Gesellschaft. Mit 5 lith. Taf. gr. 8. (XVI. 413 S.) Giessen 883. (Ricker.) n. 8. —

—— 23., der oberhessischen Gesellschaft für Natur- und Heilkunde. gr. 8. (III, 179 S. mit 3 Taf.) Giessen 884, (Ricker.) *

—— 24., der oberhessischen Gesellschaft für Natur- und Heilkunde. gr. 8. (III, 178 S. mit 2 Taf.) (Ebendas.) 886. *

— 25.—27., der oberhessischen Gesellschaft f. Natur- u. Heilkunde. gr. 8. Giessen, (Ricker). n. 9. 60
25. (IV, 172 S. m. 2 lith. Taf.) 887. n. 3. —
26. (146 S. m. 3 lith. Taf.) 889. n. 3. —
27. (IV, 193 S. m. 3 Taf.) 890. n. 3. 60

— 28. u. 29., der oberhessischen Gesellschaft f. Natur- u. Heilkunde. gr. 8. (IV, 200 S. m. 8 Lichtdr.-Taf.; IV, 242 S. m. 1 Lichtdr.-Bildn.) Giessen 892. 893. (J. Ricker.) à n. 4. —

Bericht, 30., d. oberhess. Gesellschaft f. Natur- u. Heilkunde. gr. 8. (IV, 294 S. m. Fig. u. 1 Taf.) Giessen 895. (J. Ricker.) n. 5. 20

— dasselbe, 31. Ber. gr. 8. (V, 210 S. m. 2 Abb. u. 1 Taf.) Ebd. 896. n. 3. 60

— 32. u. 33., der oberhessischen Gesellschaft f. Natur- u. Heilkunde. gr. 8. (V, 238 S. m. 2 Taf. u. IV, 222 S.) Giessen 897—902. (J. Ricker.) n. 7. 20; (32: n. 4. —; 33: n. 3. 20)

— 34., der oberhessischen Gesellschaft f. Natur- u. Heilkunde. Mit Taf., Abbildgn. u. Karten im Text. (III, II, 137; V, 45; VI, 63; VI, 81, XV u. VIII S.) gr. 8. Ebd. 905. n. 6. —

— der oberhessischen Gesellschaft f. Natur- u. Heilkunde. Register zu den Bdn. 1—34 (alte Folge, Jhrg. 1849—1904). (IV, 88 S.) gr. 8. Giessen 910. (A. Töpelmann.) 2. —

— der oberhessischen Gesellschaft f. Natur- u. Heilkunde zu Giessen. Medizinische Abteilg. Hrsg. v. Sommer u. Best. Jahrg. 1902—1903. (VI, 63 S.) gr. 8. Leipzig 904. G. Thieme. n. 3. —
* Sonderabdruck aus: „Deut. medizin. Wochenschr."

— dasselbe. Neue Folge. Medizinische Abtlg. 1. Bd. (VI, 84 S.) gr. 8 Giessen 906. A. Töpelmann. n. 1. 40
Sonderabdruck aus: „Deut. med. Wochenschr."

— dasselbe. Neue Folge. Medizinische Abtlg. 2.—5. Bd. gr. 8. Ebd. 3. 80
2. (VII, 37 S.) 907. 1. . — 3. (VII, 50 S.) 908. 1.20. — 4. (VII, 18 S.) 908. — 60. — 5. (VII, 39 S.) 909. 1.—.
Sonderabdrucke aus: „Deut. med. Wochenschr."

— dass. Naturwiss. Abtlg. I. u. II. Bd. gr8° Ebd. 7.50
I. (04—6.) (116 m. Abb. u. 5 Taf.)'07. 3 — II. (07—8.) (72 m. Abb. u. 5 Taf.) '08. 4.50.

— dass. Naturwissenschaftl. Abtlg. 3. u. 4. Bd. gr8° Ebd.
3. ('08—09) (9, 177) '10. 3 — 4. ('10—11) (150 m. Fig., 5 Taf. u. 3 Bl. Erklärgn.) '12. 4 —

— d. pharmaceut. Gesellsch. Hrsg. v. Vorstande. Red.: H Thoms. 1—3. Jahrg. 1891—1893 à 12 Hfte. 8° (1891. 1. u. 2. Hft 69) Berl., R Gaertner. 4. u. 5. Jahrg. 1894 u. 1895. Red.: P Siedler. à Jahrg. 8 —

Bericht der physikalisch-ökonomischen Gesellschaft. Datirt: Königsberg, den 3ten Julius 1800. Ohne bes. Titelblatt. 8 Seiten. 8°

(Bericht der physikalisch-ökonomischen Gesellschaft. Unterzeichnet: Direktion der ostpreuss. physikal. ökonomischen Gesellschaft. Ohne bes. Titelblatt. Königsberg c. 1803. 8 Seiten.) 8°.

Bericht der St. Gallischen naturwissenschaftl. Gesellschaft während des Vereinsjahres 1873/74. Redactor: Rector Dr. Wartmann. 517 Stn. 8. St. Gallen, Zollikofer'sche Buchdruckerei.
Inhalt: 1875?
I. Jahresbericht, erstattet in der 55. Hauptversammlung (20. Oktober 1874) von Rektor Dr. Wartmann — II. Verzeichniss der von Anfang Juli 1873 bis Ende Juni 1874 eingegangenen Druckschriften — III. Genera et species muscorum systematice disposita seu adumbratio florae muscorum totius orbis terrarum auctore Dr. A. Jaeger — IV. Kriegsbereitschaft im Reiche Flora's. Vortrag, gehalten am 20. Oktober 1874 v. Dr. E. Spitzenberger — V. Chemische Untersuchung d. Brunnenwasser d. Stadt St. Gallen. Von Dr. J. A. Kaiser — VI. Ueber die bei St. Gallen und Rorschach ausgeführten Bohrversuche zur Herstellung artesischer Brunnen. (Mit 1 Tafel) von A. Gützwiller — VII. Verzeichniss der erratischen Blöcke, welche im Jahre 1874 erhalten worden sind. Von A. Gutzwiller — VIII. Der Zaunammer (Emberiza cirlus L.) Bei Zürich beobachtet von G. Vogel — IX. Ueber Schnabelmissbildungen (Mit 2 Tafeln) Von Dr. C. Stölker — X. Meteorologische Beobachtungen: a) In Altstädten von R. Wehrli — b) In St. Gallen von J. Zollikofer — c) In Trogen von S. Wanner — d) Auf d. Gäbris von S. Wanner.

St. Gallische Naturwissenschaftliche Gesellschaft. Bericht über das 82. Vereinsjahr (1900-1901), erstattet ... am 30. November 1901 von Direktor Dr. (B[ernhard]) Wartmann. II + 75 S. 8. St. Gallen, Zollikofer, 1901.

Bericht, 15., der Schleswig-Holstein-Lauenburg. Gesellschaft f. die Sammlung vaterländ. Alterthümer, s.a. Friedlaender u. Müllenhoff.

. . . Bericht der Königl. Schleswig-Holstein-Lauenburgischen Gesellschaft für die Sammlung und Erhaltung vaterländischer Alterthümer. Erstattet von dem Vorstande gedachter Gesellschaft. 8°.
1. August 1836. Mit 2 Tafeln. Kiel. (1836.)
2.—14. Januar 1837—Januar 1849. Mit Tafeln. Kiel. 1837—49.
(15.) Der Silberfund von Farve beschrieben und Namens der schleswig-holstein-lauenburgischen Gesellschaft für Sammlung und Erhaltung vaterländischer Alterthümer bekannt gemacht von Julius Friedlaender und Karl Müllenhoff. Mit zwei Kupfertafeln. Kiel. 1850. 8°.
(16.) Zur Runenlehre. Zwei Abhandlungen v. Rochus von Liliencron und Karl Müllenhoff. Besonders abgedruckt aus der Allgemeinen Monatsschrift für Wissenschaft und Literatur. Halle. 1852. 4° k.
17. fehlt. Dieser Bericht führt den Titel: Zur Kunde vaterländischer Alterthümer. S. H. L. antiquarische Mittheilungen vom Jahr 1859, und ist ein Separat-Abdruck der Kleinen Mittheilungen XII. Nr. 8 und XVI, Nr. 4 u. 5 in Jahrbücher für die Landeskunde etc. Bd. 2. Kiel 1859, die man vergleichen wolle.
18. Zur Kunde vaterländischer Alterthümer. S. H. L. antiquarische Mittheilungen vom Jahr 1860. (Nr. 18 der seit dem Jahre 1836 veröffentlichten „Berichte".) (Separat-Abdruck aus den „Jahrbüchern für die Landeskunde der Herzogthümer Schleswig, Holstein und Lauenburg". Bd. 3. 1860.) (Kiel. 1860.) 8°.
19. Die Pferdeköpfe auf den Bauernhäusern, besonders in Norddeutschland. Von Christian Petersen. Als 19. Bericht etc. (Separat-Abdruck aus den „Jahrbüchern für die Landeskunde" etc. Bd. 3.) Mit 1 Tafeln. ebd. 1860.

— 20., der Königl. Schleswig-Holstein-Lauenburgischen Gesellschaft für die Sammlung und Erhaltung vaterländischer Alterthümer. Mit 5 Steindrucktaf. Namens des Vorstandes herausg. von Heinr. Handelmann. Kiel 861. Akadem. Buchhdlg. in Comm. gr. 8. (2 Bl., 66 S.) n. 15 ngr.

21. Bericht, s.a. Petersen, G., der Donnerbesen.

—— 20., d. Schlesw.-H.-L. Ges. f. d. Sammlg u. Erhaltg vaterländ. Alterth. Hrsg. v. H Handelmann. 8. (66) Kiel 60, v. Maack. n. — 15 || 21. Ber. (40 m. 7 L.) 61. n. — 18 || 22. Ber. (32 m. 1 L.) 62. n. — 6 || 23. Ber. (96 m. 4 L.) 63. n. — 24 || 24. Ber. (86 m. 1 L.) 65. n. — 15 || 25. u. 26. Ber. (233 m. 1 L.) 65. à n. — 24

Petersen, O, d. Donnerbesen. (40 m. 7 L.) 61. n. – 18
Handelmann, H, Mitth. z. Alterthumskde d. Herz. Schlesw., H. u. L. (96 m. 4 L.) 63. n. – 24
Weinhold, K, Mitth. z. Alterthumskde v. Schlesw.-H.-L. M. 1 L. – Handelmann u. Klander, Vers. d. Münzsamml. in Kiel. 2. Hft. (86) 65. n. – 15

—— 27., der Schleswig-Holstein-Lauenburg. Gesellschaft für die Sammlung und Erhaltung vaterländischer Alterthümer. Erstattet von dem Vorstande im J. 1866. gr. 8. (16 S.) (Ebendas.) 866. *

—— 28.—30., der Schleswig-Holstein-Lauenburgischen Gesellschaft für die Sammlung und Erhaltung vaterländischer Alterthümer. Erstattet von dem Vorstande. gr. 8. Kiel, (v. Maack's Buchh.) [28. (48 S.) 868. * ℳ 1.; 29. (91 S. mit 2 Stnt. in qu. Fol.) 869. * ℳ 2,40.; 30. (47 S.) 870. * 80 Pf.] *

—— 31., der schleswig-holstein-lauenburgischen Gesellschaft für die Sammlung und Erhaltung der vaterländischen Alterthümer. gr. 4. (16 S.) Ebendas. 871. *

—— dass. — 32. A. u. d. T.: Vorgeschichtliche Steindenkmäler in Schleswig-Holstein. (1. Heft.) gr. 4. (7 S. mit 5 lithogr. Taf.) (Ebendas.) 872. *

—— 33., der vormaligen schleswig-holstein-lauenburgischen Gesellschaft für die Sammlung und Erhaltung vaterländischer Alterthümer. A. u. d. T.: Vorgeschichtliche Steindenkmäler in Schleswig-Holstein. 2. Heft. gr. 4. (15 S. mit 3 lithogr. Taf. und 3 eingedr. Holzschn.) Kiel 878, (v. Maack's Buchh.) *
Vgl.: Berichte.

BERICHT ÜBER DIE SENCKENBERGISCHE NATURFORSCHENDE GESELLSCHAFT IN FRANKFURT AM MAIN.
Vom Jahr 1850*)—1858. (Ohne bes. Titelblatt.) 4°.
Vom Jahr 1859/60—1864/65. (Ohne bes. Titelblatt.) 8°.
Vom Jahr 1865 bis 1868. (Ohne bes. Titelblatt.)
Von Juni 1868 bis Juni 1869. (Ohne bes. Titelblatt.)

—— üb. d. Senckenberg. naturforsch. Gesellschaft in Frankfurt a. M. 1869—1870. 8. (159 m. 1 L.) Frkft. 70, Alt. || Von Juni 1870 bis Juni 1871. (72) à n. 2. —

BERICHT ÜBER DIE SENCKENBERGISCHE NATURFORSCHENDE GESELLSCHAFT. 1869-1870 — 1882-1883. (Mit Tafeln und Karten.) Frankfurt a. M. 1870—1883. Druck von Mahlau & Waldschmidt. 8°.

BERICHT ÜBER DIE SENCKENBERGISCHE NATURFORSCHENDE GESELLSCHAFT.
1884—1885. Mit Tafeln, Karten und verschiedenen Abbildungen im Text. Frankfurt a. M. 1884—1886. Druck von Mahlau & Waldschmidt. 8°.

— üb. d. Senckenbergische naturforschende Gesellschaft in Frankfurt a/M. 1886—1888. gr. 8. (90 u. 183 S. mit 3 Taf.; 74 u. 191 S. mit 5 Taf.; 72 u. 210 S. mit 3 Taf.) Frankfurt a/M., (Diesterweg). à Jahrg. n. 4. —

— über die Senckenbergische naturforschende Gesellschaft in Frankfurt am Main. 1889—1893. gr. 8. Frankfurt a/M. 894. (M. Diesterweg.) n.n. 21. —
1889. (364 S. m. Abbildgn., 1 Taf. u. 2 lith. Karten.) 889. n.n. 4. —
1890. (CIX, 304 S. m. 9 Taf.) 890. n.n. 4. —
1891. (CVI, 338 S. m. 3 Taf. u. 1 lith. Karte.) 891. n.n. 4. —
1892. (CVIII, 178 S. m. 6 Taf.) 892. n.n. 4. —
1893. (CXXVIII, 254 S. m. 5 Taf., 1 Karte u. 1 Bildnis.) 893. n.n. 5. —

— üb. d. Senckenberg. naturforschende Gesellschaft i. Frankfurt a/Main 1894—1897. gr. 8. Frankfurt a/M., M. Diesterweg. à n.n. 4. —
1894. V. Juni 1893—Juni 1894. (CX, 228 S. m. Abb. u. 3 Taf.) 894.
1895. V. Juni 1894—Juni 1895. (CXIX, 140 S. m. 2 Fig. u. 1 Taf.) 895.
1896. V. Juni 1895—Juni 1896. (CXV, 304 S.) 896.
1897. V. Juni 1896—Juni 1897. (CXLVIII, 140 S.) 897.

— dasselbe. 1898. M. 6 Taf. u. mehr. Textfig. gr. 8. (CXXIX, 208 S.) Ebd. 898. n.n. 5. —

— der Senckenbergischen naturforschenden Gesellschaft in Frankfurt am Main 1899—1902. gr. 8. Frankfurt a/M., (M. Diesterweg). n.n. 18. —
1899. Vom Juni 1898 bis Juni 1899. (XCVIII, 158 S. m. 6 Taf., 1 Karte u. 1 Bildnis.) 899. n.n. 4. —
1900. Vom Juni 1899 bis Juni 1900. (CLXII, 168 S. m. 9 Taf. u. 1 Bildnis.) 900. n.n. 5. —
1901. Vom Juni 1900 bis Juni 1901. (Mit 1 perspektiv. Ansicht des projektierten Museums-Neubaues, 4 Taf. u. zahlreichen Textfig.) (120 S.) 901. n.n. 4. —
1902. Vom Juni 1901 bis Juni 1902. (Mit 8 Taf., 1 Karte u. 5 Textfig., sowie m. dem Verzeichnis der Vorträge, Vorlesgn. u. prakt. Kurse vom Oktbr. 1902 bis Septbr. 1903. (162 u. 165 S.) (902.) n.n. 5. —

Bericht der Senckenbergischen naturforschenden Gesellschaft in Frankfurt am Main. 1903—1906. gr. 8. Frankfurt a/M. (M. Diesterweg). à n.n. 5. —
1903. Vom Juni 1902 bis Juni 1903. (Mit 1 Portr., 6 Taf. u. 2 Textfig., sowie m. dem Verzeichnis der Vorträge, Vorlesgn. u. prakt. Kurse v. Oktbr. 1903 bis Septbr. 1904.) (174 u. 206 S.) (903.)
1904. Vom Juni 1903 bis Juni 1904. (182 u. 116 S. m. 10 Fig. u. 6 Taf.) (904.)
1905. Vom Juni 1904 bis Juni 1905. (255 u. 112 S. m. 5 Fig., 4 Bildnissen u. 5 lith. Taf.) 905.
1906. Vom Juni 1905 bis Juni 1906. (178 u. 103 S. m. 4 Taf. u. 2 Karten.) 906.

— der Senckenbergischen naturforschenden Gesellschaft in Frankfurt am Main. 1907 u. 1908. Vom Juni 1906 bis Juni 1908. (191 u. 144 S. m. 4 Taf. u. 2 Kart. u. 208 u. 150 S. m. 1 Fig., 3 Taf. u. 2 Bildnissen.) gr. 8. Frankf. a/M. (Viktoria-Allee 7) 907. 08. Senckenberg. naturforsch. Gesellschaft. à nn 5. —

— dasselbe. 40. u. 41. Bericht. gr. 8. Ebd. nn 11. —
40. Mit 2 Taf., 8 Porträts u. 6 Textfig. (251 u. 80 S.) 909. nn 5. —
41. 4 Hefte. (1. u. 2. Heft. VI, 160 S. m. Abbildgn.) 910. nn 6.—; 1 u. 2 allein: nn 4. —

— 41—43., d. Senckenberg. naturforschenden Gesellsch. in Frankfurt a. M. je 4 Hefte. (41: 6, 320 m. Abb.) gr8° Frankf.M. (Viktoria-Allee 7), Senckenberg. naturforsch. Gesellsch. '10—12. je nn 6 —; einz. Hefte nn 2 —

Gesellschaft für allgemeine Speiseanstalten in Basel. Bericht über das Jahr 1900 *u.* 1901 *u.* 1902. *lithogr.* 10 *u.* 11 *u.* 11 S. 8. (1901 *u* 1902 *u.* 1903.)

Gesellschaft für die Steinbrüche von Ostermundigen (in Ostermundigen). Bericht über das 35. *u.* 36. *u.* 37. Geschäftsjahr 1900 *u.* 1901 *u.* 1902. II + 6 *u.* II + 5 *u.* II + 5 S. 4. Bern, Gebhardt, Rösch & Schatzmann (**37:* Rösch & Schatzmann), (1901 *u.* 1902 *u.* 1903).

Bericht der Gesellschaft deutscher Studirender in Zürich. 16 Stn. 4. Berlin, Druck v. W. Büxenstein. 1874?

— der Gesellschaft zur Verhütung v. Fabrikunfällen, gegründet m. Unterstützg. der industriellen Gesellschaft v. Mülhausen. 21. Jahrg. 1888. Lex.-8. (58 S. m. 12 eingedr. Fig., 2 Tab. u. 10 lith. Taf.) Straßburg 889. (Mülhausen i/E., Detloff.) n. 3. —

— der Gesellschaft zur Verhütung v. Fabrikunfällen, gegründet unter dem Patronate der Industriellen Gesellschaft v. Mülhausen. 22. Jahrg. 1889. Lex.-8. (89 S. m. 2 Tab. u. 12 Taf.) Straßburg i/E. 890. (Mülhausen i/E., C. Detloff.) n. 6. —

— dasselbe. 23. u. 24. Jahrg. 1890 u. 1891. Lex.-8. (41 S. m. 2 Tab. u. 4 Taf.) Ebd. 892. n. 4. —; französ. Ausg. Lex.-8. (99 S. m. 2 Tab. u. 4 Taf.) n. 4. —

— d. Gesellschaft z. Verhütg. v. Fabrikunfällen, gegr. unt. d. Patronate d. industriellen Gesellschaft v. Mülhausen. 25. u. 26. Jahrg. 1892 u. 1893. Lex.-8. (32 S. m. 4 Tab. u. 2 Taf.) Mülhausen i/E. 894. (C. Detloff.) n. 4. —

— dasselbe, 27. u. 28. Jahrg. 1894 u. 1895. Lex.-8. (41 S. m. 8 Tab. u. 1 Taf.) Ebd. 896. n.n. 4. —
Erscheint nicht mehr weiter.

GESELLSCHAFT FÜR VÖLKER- U(ND) ERDKUNDE ZU STETTIN. — BERICHT
über das Vereinsjahr 1899/1900. Wohlau 1901. Buchdruckerei Dr. Schulze. 8°.
über das Vereinsjahr 1900/01. Greifswald. 1902. Druck von Julius Abel.
über das Vereinsjahr 1901/02. ib. 1903. —
über das Vereinsjahr 1902/03 nebst einem Anhange: Zusammenstellung der Literatur über die Landes- und Volkskunde Pommerns für die Jahre 1900, 1901 und 1902. ib. 1903. —
über das Vereinsjahr 1903/04 nebst einem Anhange: Zusammenstellung der Literatur über die Landes- und Volkskunde Pommerns für das Jahr 1903. ib. 1905. —
über das Vereinsjahr 1905/06 nebst einem Anhange: Zusammenstellung der Literatur über die Landes- und Volkskunde Pommerns für das Jahr 1905. ib. 1907. —
über die Vereinsjahre 1906/07 und 1907/08. (Nebst einem Anhange: Zusammenstellung der Literatur über die Landes- und Volkskunde Pommerns für die Jahre 1906 und 1907.) ib. 1908. —
über die Vereinsjahre 1908/09 und 1909/10 erstattet vom Vorsitzenden Dr. BUSCHAN. Nebst einem Anhange: Zusammenstellung der Literatur über die Landes- und Volkskunde Pommerns für die Jahre 1908 und 1909. ib. 1911. —

BERICHT DER WETTERAUISCHEN GESELLSCHAFT FÜR DIE GESAMMTE NATURKUNDE ZU HANAU
Über den Zeitabschnitt vom 14. October 1863 bis 31. December 1867, erstattet vom ... Reallehrer BECKER. Nebst einigen naturkundlichen Abhandlungen. (Mit 1 Tafel und meteorologischen Tabellen.) ib. 1868. — Darin mit bes. Titelblatt: G. PH. RUSS, Flora der Gefäss-Pflanzen der Wetterau. Zum Gebrauch auf botanischen Excursionen bearbeitet. Lief. 1. s. l. & a.
Über den Zeitraum vom 1. Januar 1868 bis 31. December 1873, erstattet vom ... Real-Oberlehrer FRIEDR. BECKER. Nebst einer Abhandlung über die klimatischen Verhältnisse von Hanau und meteorologischen Tabellen. ib. 1874. Druck von J. G. Kittsteiner.
Über den Zeitraum vom 13. Dezember 1873 bis 25. Januar 1879. Nebst zwei biographischen Skizzen und einem Verzeichnisse in der Umgegend von Hanau vorkommender Schmetterlinge. ib. 1879. Waisenhaus-Buchdruckerei.
Über den Zeitraum vom Januar 1879 bis 31. December 1882 erstattet von ... FRIEDRICH BECKER. Nebst 5 biographischen Skizzen vom Berichterstatter und einem Verzeichniss der Fauna und Flora des Kreises Rotenburg a. d. F. [1. Theil] von EISENACH. ib. 1883. —

BERICHT DER WETTERAUISCHEN GESELLSCHAFT FÜR DIE GESAMMTE NATURKUNDE ZU HANAU
über den Zeitraum vom 1. Januar 1883 bis 31. März 1885 erstattet von dem Director derselben FRIEDRICH BECKER. Nebst einer biographischen Notiz über Professor Dr. Lucae zu Frankfurt. Beigabe: Verzeichniss der Fauna und Flora des Kreises Rotenburg a. d. F. von EISENACH. (2. Theil.) Hanau 1885. Waisenhaus-Buchdruckerei. 8°.

BERICHT DER WETTERAUISCHEN GESELLSCHAFT FÜR DIE GESAMMTE NATURKUNDE ZU HANAU A. M., erstattet von dem Director derselben CARL KNOOP:
über den Zeitraum vom 1. April 1889 bis 30. November 1892. Nebst vier naturwissenschaftlichen Abhandlungen mit 4 Tafeln. ib. 1893. —
über den Zeitraum vom 1. Dezember 1892 bis 30. April 1895. Nebst zwei naturwissenschaftlichen Abhandlungen und 1 Tafel. ib. 1895. —

BERICHT DER WETTERAUISCHEN GESELLSCHAFT FÜR DIE GESAMTE NATURKUNDE ZU HANAU A. M.,
erstattet von dem I. Direktor derselben CARL KNOOP:
über den Zeitraum vom 1. Mai 1895 bis 31. März 1899. Nebst einer naturwissenschaftlichen Abhandlung und einer Tafel. ib. 1899. —
erstattet von dem I. Direktor derselben C. LUCANUS.
über den Zeitraum vom 1. April 1899 bis 30. September 1903. Nebst 3 naturwissenschaftlichen Abhandlungen und 5 Tafeln. ib. 1903. Druck und Cliché von Georg Heydt Nachf., Buch- und Kunstdruckerei.
über den Zeitraum vom 1. Oktober 1903 bis 30. September 1909. Nebst 3 naturwissenschaftlichen Abhandlungen. ib. 1910. —

Bericht u. Gesetzentwurf betr. Regulirung des Fabrikswesens im Canton Basel Landschaft. 8°. Liestal 1868.

—— der Gesetzgebungs-Commission, erstattet an Se. Kgl. Hoheit d. Großherzog am 15. Nov. 1830, mit d. Vorlegung d. Entwurfs d. Prozeßordnung in bürgerl. Rechtsstreitigkeiten für das Großhrzgth. Baden, die allgem. Motive d. Entwurfs enthalt. gr. 8. (3 B.) Freiburg 831, Gebr. Groos.

Bericht der Gesetzgebungs-Kommission der Grossen Mutterloge des Eklektischen Freimaurerbundes über den Entwurf der Achter-Kommission des Grosslogentages, „Nachtrag zu dem Statut des deutschen Grosslogenbundes" betreffend. (Kreisschreiben II vom 31. Okt. 1891. S. 7 Anl. 4.) [Dat.:] Frankfurt a. M. 1892. 20 S. 8° [Kopftit.]

Bericht der Gesetzgebungs-Kommission der Grossen Mutterloge des Eklektischen Freimaurerbundes über den Entwurf der Achter-Kommission des Grosslogentages, „Nachtrag zu dem Statut des deutschen Grosslogenbundes" betreffend. (Kreisschreiben II vom 31. Okt. 1891. S. 7, Anl. 4.) [Dat.:] Frankfurt a. M. 1892. 20 S. 8° [Kopftit.]

Bericht an die Gesetzgebungs-Conferenz über die Revision des Gesetzbuchs unserer Loge [zur Harmonie]. [Dat.:] Chemnitz 1878. 2 Bl. 8° [Kopftit.]

Bericht der Gesetz-Kommission an die Ehrw. Gr. Mutterloge des Eklekt. Freimaurerbundes, die Durchsicht ihrer Verfassung und des Gesetzbuches betreffend. [Dat.:] Frankfurt a. M. 1895. 11 S. 8° [Kopftit.]
(Beil. zu MitthF. (NF.) 205.)

[Dasselbe.] Ebendas. 1896. 24 S. 8°

(* Just. Kerner) d. Gesichte des Thom. Ign. Martin, Landmanns zu Gallardon (in der Labeauce). Nach d. Französ. 8. Heilbronn 1835, Drechsler. 10 Ngr. — 36 kr.

Bericht über die weitere Gestaltung der Wasserversorgung Zürichs ... Zürich 1873. V: *Bürkli-Ziegler, Arn.* (Cat. d. Stadtbibl. Zürich. Zürich 1864—97.)

Bericht und Gesuch an den hohen schweizerischen Bundesrat betreffend die Gründung einer Witwen- und Waisenkasse der Lehrerschaft ... [Zürich 1899.] V: *Herzog, Albin & Carl Schröter.* (Zuwachsverz. d. Bibliotheken in Zürich 1898 ff.)

Bericht des Gesundheitsrates an die hohe Regierung in Zürich über das Medizinalwesen des Kantons im Jahre 1840. 122 S. Orelli, Füssli & Co. Zürich. 8. Aug. 1841; Ref. Schmidts Jahrbücher. XXXIX. 370. 1843.

Bericht des Gesundheitsrates des Kts. Zürich s. Jahresbericht über die Verwaltung des Medicinalwesens.

— üb. d. Gesundheitsverhältnisse u. Gesundheitsanstalten in Nürnberg. Hrsg. v. Verein f. öffentl. Gesundheitspflege. (14.) Jahrg. 1890. 8° (253 m. 2 farb. u. 1 graph. Taf. u. 1 Tab.) Nürnb. 92, (JL Schrag). || (15.) Jahrg. 1891. (232 m. Tab. u. 1 Pl.) 92. || (16.) Jahrg. 1892. (316 m. Tab. u. 1 Pl.) 93. || (17.) Jahrg. 1893. (278 m. Tab. u. 1 Karte.) 94. à 3 —
Früher u. d. T.: Mitteilungen a. d. Ver. f. öffentl. Gesundheitspflege.

— üb. d. Gesundheitsverhältnisse u. Gesundheitsanst. in Nürnberg. Hrsg. v. Ver. f. öffentl. Gesundheitspflege unter Mitwirkg d. Stadtmagistrats. Jahrg. 1894. 8° (301 m. 17 Tab., 2 graph. Taf. u. 1 Karte.) Nürnbg 96, (JL Schrag). ‖ 1895. (301 m. 5 Tab., 4 graph. Taf. u. 1 Karte.) 96. ‖ 1896. (270 m. 2 Tab. u. 1 graph. Taf.) 98. ‖ 1897. (240 m. 2 Tab. u. 1 graph. Taf.) 98. ‖ 1898. (222) 1900. à 3 —

— üb. d. Gesundheitsverhältn. u. Gesundheitsanst. in Nürnberg. Hrsg. v. Ver. f. öffentl. Gesundheitspflege unter Mitwirkg d. Stadtmagistrats. Jahrg. 1898—1903. 8° Nürnbg, (JL Schrag.) Je 3 — d

1899. Mit e. Anh. üb.: 1. Die hygien. Würdigg d. typograph. Ausstattg d. Schulbücher. 2. Die Kostordng im Kettgshaus Veilhof, berechnet n. ihrem Nährwerte. (307) (1900.) ‖ 1900. (266 m. 1 Pl.)'01. ‖ '01. (325)'02. ‖ '02. (305 m. 3 graph. Taf.)'04. ‖ '03. (302 m. 2 graph. Taf.) 04.

— üb. d. Gesundh.-Verhältn. u. Gesundh.-Anst. in Nürnberg. Hrsg. v. Ver. f. öffentl. Gesundh.-Pflege unter Mitwirkg d. Stadtmagistrats. J. 04—7. gr8° Nürnbg, (JL Schrag). Je 3 —

'04. (296 m. 1 Fig. u. 1 Tab.)'05. ‖ '05. (416 m. Kurven u. 8 Tab.)'06. ‖ '06. (305 m. 1 Tab.)'07. ‖ '07. (287 m. Abb. u. 1 Tab.)'08.

— üb. d. Gesundheitsverhältn. u. Gesundheitsanst. in Nürnberg. Hrsg. v. Verein f. öffentl. Gesundheitspflege unter Mitwirkg d. Stadtmagistrats. Jahrg. '08—10. gr8° Nürnbg, JL Schrag. je 3 —

'08. (337 m. 1 Kurve u. 1 Tab.) ('09) ‖ '09. (389 m. 2 Taf.) ('10) ‖ '10. (375 m. 1 Taf.) ('11)

— üb. d. öffentl. Gesundheitswesen d. Reg.-Bez. Merseburg f. d. J. 1889, 1890 u. 1891, erstattet v. E Wolff. 4° (144) Mersebg 93, F Stollberg. 4 —

Frühere Jahrgge wurden unter E Wolff aufgenommen.

— üb. d. öffentl. Gesundheitswesen d. Reg.-Bez. Merseburg, Fortsetzg, s.: General-Bericht.

— üb. d. öffentl. Gesundheitswesen d. Reg.-Bez. Potsdam, in d. J. 1889—91 v. O Kanzow. 8° (122) Potsd. 93, WO Link. 3.50 ‖ 1892—94. (177) 97. 4 —

Frühere Berichte s. u.: Kanzow, O.

— üb. d. Gesundheitszustand in Bremen, Fortsetzg, s.: Jahresbericht üb. d. öffentl. Gesundheitszustand usw. in Bremen.

— s., über den Gesundheitszustand u. die Verwaltung der öffentlichen Gesundheitspflege in Bremen, umfassend die J. 1887 bis 1892. Erstattet vom Gesundheitsrate. gr. 8. (V, 192 S.) Bremen 894. (Rühle & Schlenker.) n. 2. —

s. 1889 Jahresbericht üb. den öffentlichen Gesundheitszustand etc. in Bremen.

— getreuer, über die Kolonieverhältnisse in Brasilien zur Warnung vor leichtsinniger Auswanderung und zur Belehrung für jene, die dennoch auswandern wollen. Von einem deutschen Pfarrer in Südbrasilien. Innsbruck 861. Wagner. gr. 8. (24 S.) n. 4 ngr.

(Bericht der, wider das Löbl. Hochgericht Oberengadin... unterfangenen, seit einigen Jahren fortdaurenden, und... ganz unerhörten Gewaltthätigkeiten. [Erstattet durch] Die Deputirten des Löbl. Hochgerichts Oberengadin.... Chur, den 24. Aprill. 1790.) fol. *o. O.*

Bericht der Gewerbe-Aufsichtsbeamten im Herzogtum Sachsen-Altenburg f. 1906. 4°. Altenburg 1907.

— f. 1907. 4°. Altenburg 1908.

Bericht über die 3. allgemeine österreichische Gewerbe-Ausstellung in Wien 1845. Wien 1846

Bericht über die Gewerbeausstellung in Esslingen 1843. Esslingen 1844

—— über die grosse allgemeine deutsche Gewerbe-Ausstellung in Berlin im J. 1844, Ausführlicher. Herausg. von A. F. Neukrantz ... Berlin 1844—47. 8.

Bericht über die Gewerbe-Ausstellung zu St. Petersburg im Jahre 1849, der Handelskammer in Wien erstattet von L Damböck und J Manner. Wien 1849

Bericht üb. die erste Gewerbeausstellung d. Kantons Schaffhausen auf der Herrenstube in Schaffhausen v. 5. Aug. bis 3. Septbr. 1850. 8. (60 S.) Schaffhausen 850, Brodtmann. 6 ngr

Bericht über die Schlesische Gewerbe- u. Industrie-Ausstellung in Breslau im Jahre 1881. Im Auftrage des geschäftsführenden Ausschusses der Ausstellung bearb. durch B. Milch. Breslau 1884. 4.

— üb. die vom Altonaer Industrieverein veranstalt. Gewerbe-Ausstellung für die Herzogth. Schleswig, Holstein u. Lauenburg. 1847. (Von S. B. Ketels.) gr. 8. (VI u. 108 S.) Altona 847, Schlüter. n. 1/3 ℛ

— d. Gewerbeförderungs-Anstalt f. d. Rheinprov. zu Cöln üb. d. Betriebszeit Okt. '07—Jan. '09, v. Frdr. Romberg. (111 m. Abb.) Lex8° Köln, P Neubner ('10). 1.50

Bericht des Gewerbeförderungsinstitutes (des technolog. Gewerbemuseums) der Handels- und Gewerbekammer in Prag. 1909. 10. Prag 1910. 11

Bericht der Kärntner Gewerbehalle. Klgft., Leon, Gutenberghaus, (1875)—.

Bericht der k. k. Gewerbeinspektion über ihre Amtstätigkeit in den Jahren 1895—1910. gr. 8°. Wien, Hof- u. Staatsdruckerei, 1896—1911.

— d. k. k. Gewerbeinspectors f. d. öffentl. Verkehrsanlagen in Wien (Amtssitz Wien) a. d. Berichte d. k. k. Gewerbe-Inspectoren üb. ihre Amtsthätigkeit im J. 1895. 8° (53) Wien 96, Hof- u. Staatsdr. ‖ 1896. (86, 26) 97. ‖ 1897. (59, 21) 98. ‖ 1898. (47, 18) 99. ‖ 1899. (18) 1900. à — 40

Bisher u. d. T.: Vorlage-, allg. Bericht u. Bericht etc. — Jahrg. 1894 war nicht zu erhalten.

— d. k. k. Gewerbe-Inspectors f. d. öffentl. Verkehrsanlagen in Wien (Amtssitz: Wien) a. d. Berichte d. k. k. Gewerbe-Inspectoren üb. ihre Amtsthätigk. im J. 1900. (15) 8° Wien, Hof- u. Staatsdr.'01. — 40

Fortsetzg s. u. d. T.: Bericht d. Gewerbeinspectors.

— dass. Bericht d. k. k. Gewerbe-Inspectors f. d. öffentl. Verkehrsanlagen in Wien (Amtssitz: Wien) im Anschl. a. d. Vorlagebericht u. d. allg. Bericht d. k. k. Central-Gewerbe-Inspectors. 1901 u. 02. 8° Ebd. Je — 40

'01. (58 u. 491—505) 02. ‖ '02. (74 u. 703—715)'03.

Bisher u. d. T.: Bericht d. k. k. Gewerbeinspectors f. d. öffentl. Verkehrsanlagen in Wien.

Bericht der k. k. Gewerbe-Inspectoren üb. ihre Amtsthätigkeit im J. 1884. Lex.-8. (IV, 340 S.) Wien 885. Hof- u. Staatsdruckerei. n. 4. —

— dasselbe im J. 1885. Lex.-8. (V, 508 S.) Ebend. 886. n. 5. —

— der k. k. Gewerbe-Inspectoren üb. ihre Amtsthätigkeit im J. 1886. Lex.-8. (X, 482 S.) Wien 887. Hof- u. Staatsdruckerei. n. 5. —

— dasselbe, im J. 1887. Lex.-8. (VIII, 421 S.) Ebd. 888. n. 4. —

— dasselbe. Vorlage- u. allgemeiner Bericht. Bericht üb. die 15 Aufsichtsbezirke. Lex.-8. Ebd. 887. à n. 1. —

1. Amtssitz Wien. (91 S.) — 2. Amtssitz Wiener Neustadt. (77 S.) — 3. Amtssitz Linz. (74 S.) — 4. Amtssitz Graz. (88 S.) — 5. Amtssitz Klagenfurt. (87 S.) — 6. Amtssitz Triest. (64 S.) — 7. Amtssitz Innsbruck. (69 S.) — 8. Amtssitz Prag. (73 S.) — 9. Amtssitz Reichenberg. (72 S.) — 10. Amtssitz Pilsen. (63 S.) — 11. Amtssitz Budweis. (70 S.) — 12. Amtssitz Brünn. (78 S.) — 13. Amtssitz Olmütz. (75 S.) — 14. Amtssitz Troppau. (68 S.) — 15. Amtssitz Lemberg. (83 S.)

— dasselbe. Bericht d. k. k. Schifffahrts-Gewerbe-Inspectors. [Amtssitz: Linz.] Lex.-8. (74 S.) Ebd. 887. n. 1. —

— dasselbe, im J. 1888. Lex.-8. (VIII, 390 S.) Ebd. 889. n. 4. —

— dasselbe, im J. 1889. Lex.-8. (VIII, 418 S.) Ebd. 890. n. 4. —

— der k. k. Gewerbe-Inspectoren üb. ihre Amtsthätigkeit im J. 1890, 1891, 1892, 1893. Lex.-8. (VI, 375; VIII, 416; VIII, 471; XIII, 442 S.) Wien 891 bis 894. Hof- u. Staatsdruckerei. à n. 4.

— d. k. k. Gewerbe-Inspectoren üb. ihre Amtsthätigkeit i. d. J. 1894—1897. Lex.-8. Wien, Hof- u. Staatsdruckerei. à n. 4. —
1894. (IX, 425 S.) 895. — 1895. (XII, 454 S.) 896. — 1896. (LII, 442 S.) 897. — 1897. (LXXV, 400 S.) 898.

— der k. k. Gewerbe-Inspectoren üb. ihre Amtsthätigkeit i. d. J. 1898—1901. Lex.-8. Wien, Hof- u. Staatsdruckerei. à n. 4. —
1898. (LXI, 421 S.) 899. — 1899. (LXIX, 461 S.) 900. — 1900. (LXXV, 417 S.) 901. — 1901. (CVI, 548 S.) 902.

Bericht der k. k. Gewerbe-Inspectoren über ihre Amtsthätigkeit im Jahre 1901. Bericht des k. k. Gewerbe-Inspectors für die öffentl. Verkehrsanlagen in Wien (Amtssitz: Wien) im Anschlusse an den Vorlagebericht u. den allgem. Bericht des k. k. Central-Gewerbe-Inspectors. Lex.-8. (LXVIII u. S. 491—505.) Wien 902. Hof- u. Staatsdruckerei. n. — 40

—dasselbe üb. ihre Amtsthätigkeit im J. 1901. Einzel-Ausgaben. Bericht über den I.—XXIV. Aufsichtsbezirk im Anschlusse an den Vorlagebericht u. den allgemeinen Bericht des k. k. Central-Gewerbe-Inspectors. Lex.-8. Ebd. 902. à n. — 40
I. Wien. (LXVIII, 24 S.) — II. Wien. (LXVIII u. S. 25—49.) — III. Linz. (LXVIII, u. S. 51—65.) — IV. Graz. (LXVIII u. S. 67—84.) — V. Leoben. (LXVIII u. S. 85—111.) — VI. Klagenfurt. (LXVIII u. S. 113—126.) — VII. Triest. (LXVIII u. S. 127—143.) — VIII. Innsbruck. (LXVIII u. S. 145—167.) — IX. Trient. (LXVIII u. S. 169—193.) — X. Prag. (LXVIII u. S. 195—212.) — XI. Prag. (LXVIII u. S. 213—229.) — XII. Reichenberg. (LXVIII u. S. 231—253.) — XIII. Tetschen. (LXVIII u. S. 255—272.) — XIV. Komotau. (LXVIII u. S. 273—292.) — XV. Pilsen. (LXVIII u. S. 293—311.) — XVI. Budweis. (LXVIII u. S. 313—327.) — XVII. Pardubitz. (LXVIII u. S. 329—345.) — XVIII. Königgrätz. (LXVIII u. S. 347—364.) — XIX. Brünn. (LXVIII u. S. 365—383.) — XX. Olmütz. (LXVIII u. S. 385—408.) — XXI. Troppau. (LXVIII u. S. 409—428.) — XXII. Lemberg. (LXVIII u. S. 429—447.) — XXIII. Krakau. (LXVIII u. S. 449—461.) — XXIV. Czernowitz. (LXVIII u. S. 463—478.)
Vergl.: Vorlage-, allgemeiner Bericht u. Bericht der Gewerbe-Inspectoren.

— dasselbe. Bericht des k. k. Binnenschiffahrts-Inspectorates als Special-Gewerbe-Inspectorat f. das Schiffergewerbe auf Binnengewässern (Amtssitz: Wien) im Anschlusse an den Vorlagebericht u. den allgemeinen Bericht des k. k. Centralgewerbe-Inspectors. Lex.-8. (LXVIII u. S. 479—489.) Ebd. 902. n. — 40
Vergl.: Vorlage-, allgemeiner Bericht u. Bericht der Gewerbe-Inspectoren.

— dasselbe, im J. 1902. Bericht des k. k. Gewerbe-Inspektors f. die öffentl. Verkehrsanlagen in Wien (Amtssitz: Wien) im Anschlusse an den Vorlagebericht u. den allgemeinen Bericht des k. k. Zentral-Gewerbe-Inspektors. (74 S. u. S. 703—715.) Lex.-8. Ebd. 903. n. — 40

— dasselbe. Bericht des k. k. Binnenschiffahrts-Inspektorates als Spezial-Gewerbe-Inspektorat f. das Schiffergewerbe auf Binnengewässern (Amtssitz: Wien) im Anschlusse an den Vorlagebericht u. den allgemeinen Bericht des k. k. Zentral-Gewerbe-Inspektors. (74 S. u. S. 689—701.) Lex.-8. Ebd. 903. n. — 40

— dasselbe. Einzel-Ausgaben. Bericht üb. den I.—XXIX. Aufsichtsbezirk im Anschlusse an den Vorlagebericht u. den allgemeinen Bericht des k. k. Zentral-Gewerbe-Inspektors. Lex.-8. Ebd. 903. à n. — 40
I. Wien. (74 S. u. S. 139—161.) — II. Wien. (74 S. u. S. 163—176.) — III. Wiener-Neustadt. (74 S. u. S. 177—199.) — IV. St. Pölten. (74 S. u. S. 201—218.) — V. Linz. (74 S. u. S. 219—233.) — VI. Graz. (74 S. u. S. 235—254.) — VII. Leoben. (74 S. u. S. 255—274.) — VIII. Klagenfurt. (74 S. u. S. 275—291.) — IX. Triest. (74 S. u. S. 293—308.) — X. Innsbruck. (74 S. u. S. 309—330.) — XI. Trient. (74 S. u. S. 331—354.) — XII. Prag I. (74 S. u. S. 355—383.) — XIII. Prag II. (74 S. u. S. 385-404.) — XIV. Reichenberg. (74 S. u. S. 405—425.) — XV. Tetschen. (74 S. u. S. 427—441.) — XVI. Komotau. (74 S. u. S. 443—460.) — XVII. Pilsen. (74 S. u. S. 461—483.) — XVIII. Budweis. (74 S. u. S. 485-503.) — XIX. Pardubitz. (74 S. u. S. 505—520.) — XX. Königgrätz. (74 S. u. S. 521—538.) — XXI. Brünn. (74 S. u. S. 539—555.) — XXII. Znaim. (74 S. u. S. 557—568.) — XXIII. Olmütz. (74 S. u. S. 569—586.) — XXIV. Prerau. (74 S. u. S. 587—602.) — XXV. Troppau. (74 S. u. S. 603—616.) — XXVI. Lemberg. (74 S. u. S. 617—632.) — XXVII. Krakau. (74 S. u. S. 633—655.) — XXVIII. Stanislau. (74 S. u. S. 657—671.) — XXIX. Czernowitz. (74 S. u. S. 673—688.)

— der k. k. Gewerbe-Inspektoren üb. ihre Amtstätigkeit in d. J. 1902—1905. Lex.-8. Wien, Hof- u. Staatsdruckerei. à n. 4. —
1902. (753 S.) 903. — 1903. (717 S. m. 10 Taf. u. 3 Karten.) 904. 1904. (XC, 511 S. m. 27 Abbildgn. u. 1. Taf.) 905. 1905. (CXXXII, 512 S. m. 8 Abbildgn.) 906.

— dasselbe. Einzelausg. Bericht üb. den I.—XXXIV. Aufsichtsbezirk u. die öffentl. Verkehrsanlagen in Wien. Lex.-8. Ebd. 906. à n. — 40
I. Wien. (19 S.) — II. Wien. (S. 21—39.) — III. Wien. (S. 41—54.) — IV. Wien. (S. 55—70.) — V. Wiener-Neustadt. (S. 71—85.) – VI. St. Pölten. (S. 87—98.) — VII. Linz. (S. 99—108.) — VIII. Graz. (S. 109—125.) — IX. Leoben. (S. 127—143.) — X. Klagenfurt. (S. 145—156.) — XI. Laibach. (S. 157—168.) — XII. Triest. (S. 169—180.) — XIII. Pola. S. 181—191.) — XIV. Innsbruck. (S. 193—203.) — XV. Trient. (S. 205—224.) — XVI. Bregenz. (S. 225—237.) — XVII. Prag. (S. 239—252.) — XVIII. Prag. (S. 253—265.) — XIX. Reichenberg. (S. 267—280.) — XX. Tetschen. (S. 281—292.) — XXI. Komotau. (S. 293—306.) — XXII. Pilsen. (S. 307—321.) — XXIII. Budweis. (S. 323—334.) — XXIV. Pardubitz. (S. 335—347.) — XXV. Königgrätz. (S. 349—359.) — XXVI. Brünn. (S. 361—374.) — XXVII. Znaim. (S. 375—384.) — XXVIII. Olmütz. (S. 385—396.) — XXIX. Prerau. (S. 397—409.) — XXX. Troppau. (S. 411—422.) — XXXI. Lemberg. (S. 423—432.) — XXXII. Krakau. (S. 433—444.) — XXXIII. Stanislau. (S. 445—455.) — XXXIV. Czernowitz. (S. 457—469.) — Öffentliche Verkehrsanlagen in Wien. (S. 477—486.)

— der k. k. Gewerbe-Inspektoren üb. ihre Amtstätigkeit in d. J. 1906—1909. Lex. 8. Wien, Hof- u. Staatsdruckerei. à 4. —
1906. (CXXVIII, 487 S. m. 13 Abbildgn. u. 4 Taf.) 907.
1907. (CXLVI, 497 S. m. 10 Abbildgn. u. 4 Taf.) 908.
1908. (CXLV, 522 S. m. 1 Abbildg. u. 2 Taf.) 909.
1909. (CXXXVIII, 619 S. m. 12 Abbildgn. u. 5 Taf.) 910.

— d. k. k. Gewerbe-Inspektoren üb. ihre Amtstätigk. '09—11. (138, 619 m. Abb. u. 5 Taf.; 149, 647 m. Abb. u. 3 Taf.; 170, 670 m. Abb. u. 9 Taf.) Lex8° Wien, Hof- u. Staatsdr. '10'11'12. je 4 —

— der k. k. Gewerbe-Inspectoren üb. die Heimarbeit in Österreich. Hrsg. v. k. u. k. Handels-Ministerium. 3 Bde. Lex.-8. Wien, A. Hölder. à n. 3. —
1. Böhmen. (XV, 471 S. m. 1 eingedr. Kartenskizze.) 900. — 2. Mähren, Schlesien, Galizien u. Bukowina. (XII, 380 S. m. 1 Taf.) 901. — 3. Niederösterreich, Oberösterreich u. Salzburg, Tirol u. Vorarlberg, Kärnten, Steiermark, Krain, österreichisch-illyr. Küstenland u. Dalmatien. (XIII, 367 S. m. Taf.) 901.

Bericht (Jahresbericht) der Brem. Gewerbekammer 1879-99. Bremen 1879-1900

Bericht der bremischen Gewerbekammer. 1900-06. Bremen 1901-06

Bericht (Jahresbericht) der Gewerbe- und Handelskammer von Niederbayern 1863. 64. 79-81. 85-99. Passau 1864-1900

— der lübeckischen Gewerbekammer über ihre Einsetzung u. Organisation, sowie über ihre Thätigkeit während der J. 1867 bis 1875, nebst einer Uebersicht über die gewerblichen Verhältnisse in der freien Hansestadt Lübeck. gr. 4. (VIII, 189 S.) Lübeck 876. Grautoff. n. 3. —

— dasselbe, für d. J. 1876. 4. (IV, 92 S.) Ebend. 877. n. 1. 50

— dasselbe, für d. J. 1877. 4. (VI, 94 S.) Ebend. 878. n. 1. 50

Bericht der Gewerbekammer für die Provinz Schleswig-Holstein über den Gesetzentwurf, betreffend die Abänderung der Gewerbeordnung. Kiel. (1890.) 8°.

Bericht über das Gewerbemuseum zu Bremen. 1901. 4° Bremen 1902

Bericht des pfälzischen Gewerbemuseums für 1880-82. Kaiserslautern 1881-83

Bericht [über das] pfälzische Gewerbemuseum in Kaiserslautern. 1882—1913; 1917—1921/22 u. 1923/24. Kaiserslautern
Von 1911 ab: Jahresbericht [des] pfälzischen Gewerbemuseums in Kaiserslautern

Bericht des technolog. Gewerbemus. d. Handels- u Gewerbekammer in Prag. 1900-05.

Bericht des technologischen Gewerbemuseums der Handels- und Gewerbekammer in Prag. 1906. 08. Prag 1907. 09

Bericht der Gewerbeordnungskommission des Reichstages, 8. Legislaturperiode, I. Session 1890/91. Samml. der Drucksachen Nr. 190.

Bericht (Jahresbericht) der allgemeinen Gewerbeschule und der Schule für Bauhandwerker 1867-95. Hamburg 1867-95

Bericht der Gewerbeschule (Höhere Bürgerschule und gewerbliche Fachschule für Maschinentechnik) zu Hagen i. W. über das Schuljahr 1888/89. Hagen

⊙ Bericht über die Kieler Gewerbeschule 1841—47. Kiel. 1847. 8°

Bericht der städt. Gewerbeschule in Stuttgart üb. d. Schuljahr 1888-89. Stuttgart 1889

— der Gewerbeschul-Kommission in Wien. 1889/90. 1905/07. Wien 1891. 1907

Bericht der Gewerbeschulkommission in Wien über ihre Wirksamkeit im Jahre 1890/91-98/99. Wien 1892-1900

— 20., d. Gewerbesch.-Commission in Wien üb. ihre Wirksamkeit im Schulj. 1896/97. 8° (549) Wien 97, (C Konegen). 2.50 || 27. f. 1897/98. (396 m. 3 Tab.) 99. 2— || 28. f. 1898/99. (428 m. 3 Tab.) 1900. 2—

Siebenundzwanzigster Bericht der Gewerbeschul-Commission in Wien über ihre Wirksamkeit im Schuljahre 1897/98. Wien. 1899. Verlag der Gewerbeschul-Commission. [In Comm. Konegen.] Gr.-8°. 396 S. Mit 4 Tafeln. fl. 1.20

Achtundzwanzigster Bericht der Gewerbeschul-Commission in Wien über ihre Wirksamkeit im Schuljahre 1898/99. Wien. 1900. Verlag der Gewerbeschul-Commission. [In Comm. Konegen.] Gr.-8°. 428 S. mit 3 Tafeln. K 2.40

Bericht über den II. österreichischen Gewerbetag. Reichenberg 1877

Bericht über den 9. Gewerbetag der Provinz Ostpreußen zu Memel. 1883. Königsberg i. Pr.

Bericht über den 7. Gewerbetag der Provinzen Ost- und Westpreußen zu Insterburg. 1881. Königsberg i. Pr.

Bericht üb. den II. Gewerbetag d. Provinz Preussen zu Danzig 1876. Königsberg 1877

Bericht über den 1. 3. 5.-7. 10. und 11. schlesischen Gewerbetag. 1862. 64 1867-73. Breslau 1862-74

— über den 5. schlesischen Gewerbetag zu Brieg am 2., 3. u. 4. Juni 1867. Herausg. vom Ausschusse des schles. Central-Gewerbevereins. Breslau 867. Morgenstern in Comm. gr. 8. (39 S.) n. 5 ngr.

Bericht über den 29. schlesischen Gewerbetag, abgehalten zu Liebau am 14., 15. u. 16. Juli 1895. Hrsg. vom Ausschuss des schlesischen Centralgewerbevereins zu Breslau. gr. 8°. Breslau 1895.

— Hamburger Gewerbetreibender über die Wiener Weltausstellung 1873. Hrsg. auf Veranlassung der Hamburger Landes-Commission. 8. (VIII, 461 S. mit 6 Stnt. in qu. gr. 4.) Hamburg 878. (Altona, Verlags-Bureau.) *

— dass. Bericht üb. d. Gewerbe-Unfallversichergsges. Berichterstatter: Trimborn. Nebst: Zusammenstellg d. Entwurfs e. Gewerbe-Unfallversichergsges. m. d. Beschlüssen d. XXI. Kommission. Fol. (48, 154, 123, 22, 8, 4 u. 8 m. 1 graph. Darstellg.) Ebd. 1900. 9 —

Bericht über den Gewerbeverein zu Freiberg 1863-66. 68-70. Freiberg (1866-71)

Bericht des Gewerbe- und Industrie-Vereins in Mannheim für 1887. Mannheim 1879

Bericht des Gewerbevereins in Nürnberg. 1868 und 69. 4° Nürnberg 1868. 69
Industrie, die, Nürnbergs, mit Rücksicht auf d. polytechnische Schule. Nürnberg 1861
Lotter H, Grossindustrie u Grosshandel v. Nürnberg-Fürth u Umgebung. (180 S) 4°

Bericht d. Oberösterr. Gewerbevereins in Linz. 1895-97. 1899-1901. Linz 1896-01

Bericht des oberösterreichisch. Gewerbevereins in Linz. 1901/02-12. Linz 1902-12

Bericht d. oberösterr. Gewerbevereins üb. seine Thätigkeit f. 1884-99. Linz 1885-1900

Bericht (Jahresbericht) d. Gewerbever. z. Weimar 1880/81-1900. Weimar 1881-1900

Bericht des Gewerbevereins zu Weimar 1900-05. Weimar 1901-05

— über die erste allgem. österr. Gewerbsprodukten-Ausstellung im J. 1835. gr. 8. (27 B.) Wien 837, Gerold.

Schweizer. Gewerkschaftsbund. Bericht vom 1. Januar 1900 bis Ende Dezember 1901. 88 S. 8. Zürich, Buchdr. des Schweiz. Grütlivereins, 1902.

Bericht des Gewerkschaftskartells und des Arbeiter-Sekretariats von Hamburg-Altona. Jg. 1—4 u. 6—10 (1891—1900 u. 1902—1906). Hamburg, 1895—1907.

— d. Gewerkschaftskommission Oesterr.'s an d. 5. ordentl. Kongress d. Gewerksch. Oesterr.'s, Wien '07. — Verhandlgsprotokoll d. 5. ordentl. Gewerkschaftskongr. Oesterr.'s., Wien '07. (Umschlag: Rechenschaftsbericht bezw. Protokoll.) (260) gr8° Wien, (Wiener Volksbh.) ('08). nn 2 — d

— d. Gewerkschaftskommission Oesterr.'s an d. 6. ordentl. Kongress d. Gewerksch. Oesterr.'s in Wien '10 u. Protokoll d. 6. ordentl. Gewerkschaftskongresses, abgch. zu Wien '10. (380) gr8° Wien, (Wiener Volksbh.) ('11). 2.50d

Bericht über die Gewerkschaftsorganisation in Oberösterreich, anlässlich der Landesgewerkschaftskonferenz 1895. 8°. Linz 1905.

— des 2. Gewölbe-Ausschusses. I. Thl. Druckversuche m. Mauerwerkskörpern. Erstattet in der Geschäfts-Versammlg. am 9. II. 1901 v. Sigm. Kulka. (10 S. m. 18 Abbildgn.) Imp.-4. Wien 901. (Spielhagen & Schurich.) n. 1. —
Sonderabdr. a.: „Ztschr. d. österr. Ingen.- u. Archit.-Ver."

— d. Gewölbe-Ausschusses d. österr. Ingenieur- u. Architekten-Vereines. [Aus: „Zeitschr. d. österr. Ingen.- u. Archit.-Vereines".] Fol. (III, 131 S. m. Fig. u. 27 Taf.) Wien 895. (Lehmann & Wentzel.) n. 10. —

Bericht über die Glasindustrie und ihre Notlage im Gablonzer Bezirk. O. O. 1876. V: *Luke, Jos. J.* (stam)

Bericht, glaubhafter, v. d. Leben Jesu Christi, welches Nicodemus, e. Rabbi u. Oberster d. Juden, beschrieben, wie er solches selbst gesehen u. erfahren, weil er e. Nachfolger u. heiml. Jünger Jesu Christi gewesen. Nebst e. Anh. v. verschied. Nachrichten, welche d. Evangelisten nicht mitgetheilt haben. 8. (80) Hamb. 80, Koch. n. — 60

[Schweizerische] Gletscher-Kommission. Bericht für das Jahr.... Separatabdruck aus den Verhandlungen der Schweizerischen Naturforschenden Gesellschaft.... 8.
... 1900/1901. Separatabdruck aus ... 1901. 10 S. Zofingen, P. Ringier, 1902.
... 1901/1902. Separatabdruck aus ... 1902. 8 S. Genf, W. Kündig & Sohn, 1902.

Bericht über die Glyptothek in München. [Stuttgart 1820.] V: *Waagen, Gustav Friedrich.* (MGT)

BERICHT ... ÜBER DIE GOBINEAU-VEREINIGUNG. (Herausgegeben von L. SCHEMANN.)
1. Wilhelmshöhe, im September 1895. (o. O. o. Dr.) 8°.
2. Freiburg, im Mai 1897. (o. O. o. Dr.)
3. Nervi, Riviera, an der Jahreswende 1898/99. (o. O. o. Dr.)
4. Freiburg im Juli 1900. (o. O. o. Dr.)
5. Freiburg i./B., Februar 1902. (o. O. o. Dr.)
6. Freiburg i./B., September 1903. (o. O. o. Dr.)
7. Freiburg i./B., Februar 1905. (o. O. o. Dr.)
8. Freiburg i./B., Anfang 1907. (o. O. o. Dr.)
9 und 10. Freiburg i./B., Sommer 1907. (o. O. o. Dr.)

— v. Gold- u. Silber-Dratziehen, Vergulden rc. m. K. 8. Lübeck, 744.

Bericht [der] Deutsche[n] Gold- und Silber-Scheide-Anstalt vormals Roessler in Frankfurt am Main. 22./1893/94 ff. Frankfurt a. M.
[Dazu:] Bericht, Gemeinsamer, des Aufsichtsrates und der Direktion an die ausserordentliche Generalversammlung vom 26. März 1902. Frankfurt a. M. 1902

— über Goethe, vorgetragen in d. allgem. Versamml. der Kaiserl. Academie der Wissenschaften zu St. Petersburg am 22. März 1833 vom Präsidenten d. Academie. Aus d. Franz. übers. von R. St. gr. 8. Leipzig 833. Voß. 1/4 ng

«Gottesgnad». Asyl für Unheilbare ⟨Stiftung der bernischen Landeskirche⟩. 15. Bericht 1900. [Mit 1 Ansicht] 110 S. 8. Thun, Th. Rippstein, 1901.

«Gottesgnad». Asyl für Unheilbare ⟨Stiftung der bernischen Landeskirche⟩. 16. Bericht 1901. [Mit 1 Tabelle und 2 Tafeln.] 113 S. 8. Grosshöchstetten, C. Rhyn & Sohn. 1902.

«Gottesgnad». Asyl für Unheilbare ⟨Stiftung der bernischen Landeskirche⟩. 17. Bericht 1902. [Mit 1 Tabelle und 2 Tafeln.] 116 S. 8. Grosshöchstetten, C. Rhyn & Sohn, (1903).

Bernische Gotthelf-Stiftung, Sektion Frutigen-Niedersimmenthal. 3. Bericht. Vom Mai 1897 bis Ende 1901. (1902 Dezember 16.) 16 S. 8. (Spiez, G. Maurer.)

Gotthelf-Stiftung des Amtes Interlaken. Bericht pro 1900 u. pro 1901 u. pro 1902. 20 u. 16 u. 14 S. 8. Interlaken, Aemmer & Balmer, 1901 u. H. Balmer, 1902 u. Otto Schlaefli, (1903).

Bericht der Ortsgruppe Göttingen des Deutsch-Evangelischen Frauenbundes über ihre Tätigkeit. [1.] Göttingen (1910): Hubert. 8°
A 12. 2124 7

—— über die Rheinische Provinzial-Irrenanstalt Grafenberg in den J. 1876—1885. gr. 4. (84 S.) Düsseldorf 887, (Voss und Comp.)

Bericht über die Grippe-Erkrankungen in der preußischen Armee. Berlin 1890.

Bericht der Grossratskommission in Sachen der Biel-Bern Tracé-Frage. Bern 1862.

Bericht der Grossratskommission über den Gesetzesentwurf betreff. Kanalisation der Stadt Basel. Basel 1876.

Bericht der Grossratskommission über die Gesetzentwürfe betr. 1. Errichtung einer staatlichen Versicherungsanstalt für Arbeitslose; 2. Unterstützung privater Arbeitslosenkassen. Dem grossen Rate des Kantons Basel-Stadt vorgelegt den 14. I. 1909. 8⁰. Basel, C. F. Lendorff, 1909.

Wasserwerk (der Stadt Basel). Bericht der Grossrats-Kommission über den Ratschlag ... betreffend den Bau eines grössern Reservoirs und die Anlage von Filtern auf dem Bruderholz. Dem Grossen Rate [des Kantons Basel-Stadt] vorgelegt den 10. April 1902. 24 S. 8.

[Ratschläge. №] 1324.

Bericht der Grossratskommission über Sanktion des Bistumskonkordates (Minorität und Majorität). St. Gallen 1845.

Vorberatung des Bürgerrechtsgesetzes. Bericht der Grossrats-Kommission. ⟨Dem Grossen Rate (des Kantons Basel-Stadt) vorgelegt den 13. Juni 1901.⟩ 24 S. 8.
[Ratschläge. №] 1283.

Bericht des Deutschen Gruben- und Fabrikbeamten-Verbandes. Jg. 1893—1902. Gelsenkirchen, 1894—1903.

Bern. Bericht über die Grundlagen e. einheitl. Civilgesetzgebung f. d. Kanton. 1868.

Bericht, Gründlich historischer, Von denen Alten Reichs-Vogteyen ... Ulm 1732—33. V: *Heider, Daniel.* (EB)

Bericht, Gründlich historischer, von der kayserlichen und Reichslandvoigtey in Schwaben, ... [Lindau] 1755. V: *Wegelin, Johann Reinhard.* (BB) (BrMm) (EngJ) (Heyd) (ML) (Ky) (AarK) (Weber)

Bericht, Gründlicher, Von der Beschaffenheit des Ostfriesischen Reichs-Manns-Lehns Und der dem Königl. Chur Hause Preußen und Brandenburg In diesem Ostfriesischen Reichs Lehn Vermöge der Von Weyl. Kayser Josephi Majestät Als auch Anno 1715 von jetzt glorwürdigst regierender Caroli VI Kayserlicher Majestät, In Amplissima forma Confirmirten Expectanz Auf Abgang des Ostfriesischen Hauses Mannes Stammes ohnstreitig zustehenden Successionen [1715]. V: *Homfeld, Sebastian Anton.* (Preuss. Staatsschriften. Berlin 1885. II, S. 370.)

Bericht. Gründlicher B' dem Publico mitgetheilt Von Ihro Hochfürstlichen Gnaden, Bischoffen zu Chur; wieder die Von der Gemeind Rossa In dem Calanker-Thal Denen Gemeinden der Hochlöbl. drey Pündten übergebene. so betittelte Bittschrift. fol. Chur 1762.

Bericht, Gründlicher, und Erläuterung, Nach denen Reichs-Creyss-Fundamental-Müntz-Gesetzen/ Ob denen Eisen-Schneidern/Bey dermaligen Zeiten und Zustand des verfallenen Müntz-Wesens/Der Gebrauch Der Müntz-Wercker (so!) Oder sogenannten grossen Anwurffs Zu Ausprägung der Medaillien (so!) zu gestatten seye? Anno 1732.

Bericht, Gründlicher aus bewährten Urkunden erprobter, von dem A. 1759. an dem Seckelamt zu Lucern verübten beträchtlichen Diebstal . . . O. O. 17??. V: *Ruprechts, Gg Ludw.* (Holz)

Bericht, Gründlicher, von der löblichen Erzbruderschaft des heil. Rosenkranzes. Augsburg 1789. V: *Goehl, Honoratus.* (Ztsch. d. hist. Ver. f. Schwaben. u. Neuburg 30, S. 102) (Zeitschr. f. Büch. 1923, S. 80)

Bericht, Gründlicher, von dem Evangel. Reformirten Exercitio religionis in der kaiserl. freyen Reichsstadt Frankfurt a. M. . . . O. O. 1733. V: *Wiederhold, Chn Frdr.* (Holz)

Bericht, Gründlicher, von dem Gehalt und denen Wirckungen des Curbrunnens zu Embs . . . Herborn 1769. V: *Forell.* (Linde, Nassauer Drucke. Wiesbaden 1882.)

Gründlicher Bericht von dem Ditzenbacher Heilbrunnen in der Grafschaft Wiesensteig, dessen Gehalt, Wirckung und Krafft. . . Hrsg. durch Johann Anton Edlen von Woltter (Wolter). Deggingen: Kolb 1755. 52 S. 8⁰
Beigeb.: Claproth, Justus: Abhandlung von denen Mitteln, wodurch einem durch Krieg entkräfteten Staate wieder aufzuhelfen stehe. Göttingen 1758.

Gründlicher und kurtzer **Bericht** welchergestalt nach tödlichem Hintritt ... August Friderichs Erwehlten Bischoffen des Stifftes Lübeck ... Christian August, Erwehlter Bischoff des Stifftes Lübeck ... Hertzog und Administrator der Hertzogthumbe Schlesswig, Holstein ... Als vorhin legitimè erwehlter Coadjutor des Stiffts Lübeck Die Possession, des also erledigten Bischoffthumbs zu Lübeck, so wol auff der Bischofflichen Residentz Stadt Euthin, als auch auff dem Bischofflichen Hoffe, und der Cathedral-Kirchen zu Lübeck, solenniter ergriffen, und darauff die Huldigung zu Euthin eingenommen. o. O. 1705. 4°k.

Bericht, Gründlicher, von der Natur, Eigenschaft und dem wahren Ursprung der Pest. Braunschweig 18??. V: *Behrens, Conrad Barthold.* (Rotermund, Gel. Hannover. Bremen 1823.)

* Gründlicher Bericht von dem durch den anitzo zu Merseburg sich befindenden Mathematicum Herrn Orffyreum glücklich inventirten Perpetuo ac per se Mobili, nebst dessen accurater Abbilduug, wie solches seit dem Monath Junio dieses 1715ten Jahrs zu gedachten Merseburg von einer grosen Menge hoher Standes-Persohnen, gelehrte Leuthe, Künstler und curiosorum in Augenschein genommen und genau examiniret, auch allda noch zu sehen ist. Cum censura et approbatione. Gedruckt Mens. Decembr. und zu haben bey Johann Theod. Boetio zu Leipzig. 4. 32 S. m. Abbildung der Maschine. 1715

Bericht, Gründlicher, von der in dem Herzogl. Sachsen Gothaischen Samt-Haus festgestellten Sammtbeleyhung ... O. O. 1748. V: *Gruner, Joh. Frdr.* (Holz)

Bericht, Gründlicher, von der Holstein-Plönischen Successions-Sache. Copenhagen 1725. V: *Breitenau, von.* (Myl)

Bericht, Gründlicher, über die im Jahre 1696 geflossenen Thränen des Bildes der heiligsten Jungfrau Maria von Potsch ... bei Gelegenheit der hundertjährigen Feyer. Wien 1796. V: *Migazzi, Chph.* (Neuer Deutscher Merkur 1796, 12. Stück, S. 404) (Kat. d. nö. Landesbibl., S. 15) (BiblPort)

— gründl., v. d. Ueberfall, welcher den Kön. in Pohlen betroffen, m. K. 4. Lpz. Müller. 772.

Bericht, Gründlicher und überzeugender, von dem Betragen derer Höfe zu Wien und Dresden und ihren gefährlichen Anschlägen wider Sr. Königl. Majestät in Preußen und denen zum Beweise gehorigen Original-Beylagen und Briefen. Nach dem Frantzösischen genau berichtigte zweyte Ausgabe. Berlin 1756. V: *Herzberg, Ewald Friedrich Graf von.* (Preuss. Staatsschriften. Berlin 1892. III, S. 340.)

Gründ- und Umständlicher **Bericht** Von Denen Römisch-Kayserlichen Wie auch Ottomanischen Groß-Bothschafften, Wodurch Der Friede ... Zwischen Dem ... Römischen Kayser Leopoldo primo und Dem Sultan Mustafahan III. Den 26. Januarii, 1699. Zu Carlowiz in Sirmien auf 25. Jahr geschlossen ... Wienn in Oesterreich. Zu finden bey Johann Baptist Schönwetter ... MDCCII [1702].
Tit., 1 Bl., 132 S., 2 Bl.; 12 Taf. in Kupferst. 4°.

Gründlicher Bericht Von dem wunderbarlichen Ursprung und Erhaltung des Heiligen Gnaden-Bilds und Wallfahrts-Orts ober dem Markt Guttenstein in Unter-Oesterreich gelegen Auf dem Heiligen Berg Maria Hülf genannt: Unter Obsorg des Ordens der Diener unserer lieben Frau. Sammt kurzer Verfassung der Gnaden, welche GOtt durch Fürbitt Mariae denen Andächtigen alldort ertheilet hat. Dem beigefüget ist die Beschreibung der Feyerlichkeit, so in dem ersten hundertjährigen Jubel-Fest 1768. auferbaulichst gehalten. Von einem Priester obbesagten Heiligen Ordens in Druck gegeben. Tyrnau 1769: Gedr. in der Buchdruck. des Acad. Collegiums. 237 S. - 170 mm

Bericht, Gründlicher, von der kaiserl. und Reichsvogtey in Schwaben. Lindau 1751. V: *Wegelin.* (L. W. Gilbert, Handbuch für Reisende. Leipzig 1791 bis 1795. Bd. 1, S. 149.) (BiblPort)

Gründlicher und wahrhaffter **Bericht** wegen der auf dem adelichen Guth Bürau in Hollstein im Monat Martio 1722 inhafftirten und gestorbenen Unterthanen, denen bißhero hievon ausgesprengten und falschen Erzehlungen entgegen gesetzet, nebst beygefügten glaubwürdigen Documenten. o. O. 1722. 8°

Bericht, Gründlicher, was es mit des Heil. Röm. Reichs Churfürsten und Stände, Post und Botenwesen, ... vor eine eigentliche Beschaffenheit gehabt und noch habe. 1710. V: *Harpprecht, Steph. Chph.* (Heyd)

Bericht über die feierliche Grundsteinlegung zum Neubau des Hennebergischen Gymnasiums am 10. Sept. 1870. 16 S. u. Tab. – Schleusingen, Progr. 1871.

Bericht über die Grundsteuer (in Elsass-Lothringen). 8°. s. l. s. a. (1790).

Bericht über die Gründung und weitere Entwicklung der Spar- und Leihkasse in Eckernförde, erstattet am 7. Juni 1888 in Anlaß der Feier des 50jährigen Stiftungstages. Eckernförde. 1888. 8°

Bericht über die unter dem Vorsitze Sr. Kgl. Hoheit des Prinzen Ludwig von Bayern am 28. Juni 1903 ... in München erfolgte Gründung des Museums von Meisterwerken der Naturwissenschaft und Technik. *(München [1903]: R. Oldenbourg.)* (19 S.) 4°

Bericht über die Gründung und Thätigkeit der Sektion Königsberg i. Pr. des Deutschen u. Oesterreichischen Alpen-Vereins. [1.] 1890–1894. *Königsberg i. Pr. 1894: A. Hausbrand's Nachf.* 8°

Männerchor Gundoldingen, Basel. Bericht ... nebst Mitglieder-Verzeichnis. 8. Basel, Schweizer. Verlags-Druckerei.
... über das 8. Vereinsjahr 30. September 1900 bis 30. September 1901. 40 S. 1901.
... über das 9. Vereinsjahr 30. September 1901 bis 30. September 1902. 42 S. 1902.

— erster, üb. den rhein.-westphälischen Gustav-Adolphs-Verein. 8. (1 B.) Elberfeld 844. (Baedeker). *

Bericht und Gutachten in Angelegenheiten des kaufmännischen Fondes zu St. Gallen. St. Gallen 1843.

Bericht und Gutachten über die Assekuranzfrage an den Landrat. Glarus 1863. 4.

Bericht und Gutachten der Direction der Polizei über die Frage: Sind Kartoffeln, Getreide ... nach dem Gewicht zu verkaufen? Zürich 1855. V: *Dubs, Jac.* (Cat. d. Stadtbibl. Zürich. Zürich 1864—97.)

BERICHT ÜBER DIE beim bleibenden Ausschusse des deutschen Handelstages eingegangenen **GUTACHTEN, BETREFFEND DIE BANKFRAGE** (Ohne bes. Titelblatt. — Druck von C. H. Storch und Comp. in Breslau.) 4°.

—— und Gutachten d. Oberlausitz.-Gesellschaft d. Wissenschaften üb. ein in d. Kalksteingruben bei Sorau in d. Niederlausitz aufgefund. fossiles Menschenbein. Nebst 1 lith. Abbild. gr. 8. (10 Seiten.) Görlitz 835, Heyn'sche Buchh.
Abgedruckt aus dem Nieder-Lauf. Magazin.

Bericht und Gutachten eines Teutschen Reichstags-Gesandten an seinen Hof über das kaiserliche Hofdekret vom 9ten Sept. 1795; ... Germanien [Heilbronn] im November 1795. V: *Becke, F. A. von der.* (MGT) (Wr) »1796« (Ky)

—— und Gutachten der zu Untersuchung u. Erörterung d. bernischen Dotationsverhältnisse niedergesetzten Spezialkommission an d. Großen Rath der Republik Bern. 8. (32½ B.) Bern 836, Jenni Sohn. *

Bericht und Gutachten der in Angelegenheiten des Kantons Basel niedergesetzten Tagsatzungs-Kommission über die Bezahlung der Interventionskosten. (Zürich, den 4. September 1833.) [SA.] fol. *o. O.*

Bericht und Gutachten über die Versuche bezüglich der Abblendung der Schiffs-Seitenlichter ausgeführt im Sommer 1895 auf Anordnung d. Reichs-Marineamtes von d. Dir. d. Deutschen Seewarte. (Mit 1 Kurven-Taf.) *Hamburg 1895: Hammerich & Lesser in Altona.* (28 S.) 4°
= Archiv, Aus dem, d. Deutschen Seewarte. Jg. 18, No 2.

Bericht, Gutächtlicher, über den Antrag, die Errichtung einer »Vereinigten Grossloge von Deutschland« betreffend. [Frankfurt a. M. 1878.] V: *Auerbach, Jacob.* (Tt)

Gutachtlicher **Bericht** über den Entwurf eines allgemeinen Gesetzes über die freimaurerische Rechtspflege für die zum deutschen Grosslogenbunde gehörigen Logen. [Frankfurt a. M. 1885.] 7 S. 8° [Kopftit.]

Gutachtlicher **Bericht** über Reformen im Logenwesen. Abgefasst von den durch das Meistercollegium der Loge Friedrich August zu den drei Zirkeln im Or. Zittau hierzu gewählten Brüdern: Wilh. Jahn, Friedr. Küchenmeister, Edm. Oberreit. [Zittau 1849]: Seyfert. 24 S. 8° [Umschlagtit.] Selten.

Bericht über das Gymnasium in Basel, Schuljahr 1881—82. In-4°, 24 S. Basel, Schulze'sche Buchdruckerei (L. Reinhardt). 1882?

Bericht über das Gymnasium in Basel. Schuljahr 1886/87. In-4°, 16 S. Basel, Schultze'sche Univers.-Buchdruckerei (L. Reinhardt).

1887?

Gymnasium in Basel. Bericht. Schuljahr 1901-1902. Wissenschaftliche Beilage: Fr(itz) Burckhardt: Zur Geschichte des Thermometers. II + 16 + *Beilage* 22 S. 4. Basel, Fr. Reinhardt, 1902.

Gymnasium in Basel. Bericht. Schuljahr 1900—1901. Wissenschaftliche Beilage: Rudolf Löw, Programmmusik. II + 16 + *Beilage* 17 S. 4. Basel, Fr. Reinhardt, 1901.

Bericht über das Gymnasium in Basel. Schuljahr 1887—88. Gr. in-4°, 16 S.

Gymnasium in Basel. Bericht. Schuljahr 1902-1903. Wissenschaftliche Beilage: J[ohann] J[acob] Oeri: Die Sophokleische Responsion.... II + 16 + *Beilage* 45 S. 4. Basel, Friedrich Reinhardt, 1903.

Bericht, über das humanist. Gymnasium zu Basel nebst der Rechenschaft über den Lehrkurs und der Collocation der Schüler im Schuljahr 1874/5. 8. Basel, Druck von Schweighauser.

Bericht über das humanistische Gymnasium zu Basel, Schuljahr 1879—1880. In-8°, 27 S. Basel, Druck von Schweighauser.

1880?

— über das humanistische Gymnasium zu Basel. Schuljahr 1880—81. In-8°, 27 S. Basel, Schweighauserische Buchdruckerei. 1881?

Aktiengesellschaft Elektrizitätswerk Hagneck in Biel. (2.) Bericht für das Jahr 1900. 12 S. 4. Biel, W. Gassmann, 1901.

Aktiengesellschaft Elektrizitätswerk Hagneck in Biel. (3. u. 4.) Bericht für das Jahr 1901 u. 1902. 17 u. 15 S. 4. Biel, W. Gassmann, 1902 u. 1903.

Halbjährl. Bericht des ersten Bauarbeiter-Vereins zu Berlin. Berlin 1848. 8.

— des Volksheims Hamburg üb. das 9. Vereinsjahr 1909—1910. (74 S.) 8. Hamburg (910). (C. Boysen.) — 50

Bericht des Arbeitgeber-Verbandes Hamburg-Altona üb. d. J. 1901 ff. Berichterstatter W[ilh.] G[eorg] H[einr.] *Reiswitz.* Hamburg o. J. 8°.
1901—1909.

— Hanauischer, v. Religionssachen. 16 Thle. u. Regist. 8. Ebersd. 750—51.

— erster, über die Handarbeitsschule für Knaben in Kleinbasel. Winter 1882/83. In-8°, 16 S. Nebst Statuten des Vereins. Basel, Druck von Bürgin. 1883?

Verein der Handarbeitschulen für Knaben (in Basel). 20. Bericht. 1. Oktober 1901 bis 30. September 1902. 22 S. 8. Basel, Schweighauser, 1903.

—— zu Stieler's Hand-Atlas etc., s. a. Stieler, Ado.

— zu Stielers Hand-Atlas über alle Theile der Erde nach dem neuesten Zustande und über das Weltgebäude. Nebst ausführl. Erläuterungen einzelner Karten desselben. Für die Besitzer der in dem Zeitraum von 1817 bis 1836 erschienenen Ausgaben des Hand-Atlas. 2e Aufl. gr. 4. Gotha, im Jan. 1837. J. Perthes. Mit d. Hand-Atlas n. 16 ngß

Supplement zu dem Berichte über den Handel von Damaskus. 8. Wien, C. Gerold u. S. 1852.

Bericht über den Handel und die Industrie von Berlin. [1–51.] In d. Jahren 1850–1902. Erstattet von d. Aeltesten d. Kaufmannschaft von Berlin. *Berlin: R. Gaertner in Comm. (1873–91 u. 1894: Druck von Gebr. Unger; 1892–93 u. 1895–96: von A. Hausmann; 1897: gedr. bei J. Sittenfeld; 1900 ff: gedr. bei R. Boll) 1852–1903.* 55 Bde 4°
[1.] 1850–51. 1852. [2.] 1852–53. [1854.] [3.] 1854. (1855.)
[4–15.] 1855–66. [1856–67.] [16–21.] 1867–72. (1868–73.)
[22–47.] 1873–1898. 1874–99. [48.] 1899, Th. 1. 2. 1900.
[49.] 1900, Th. 1 nebst Nachtr.: Denkschrift ... betr. d. Neugestaltung d. deutschen Handelspolitik. Th. 2. 1901.
[50.] 1901, Th. 1. 2. 1902. [51.] 1902, Th. 1. 2. 1903.
Forts. s. u. d. T.: Berliner Jahrbuch f. Handel u. Industrie. [04. 3999

— über den Handel u. die Industrie v. Berlin im J. 1882—1884, nebst e. Uebersicht üb. die Wirksamkeit d. Aeltesten-Kollegiums vom Mai 1882 bis Mai 1885, erstattet v. den Aeltesten d. Kaufmannschaft v. Berlin. Fol. (à ca. IV, 190 S.) Berlin 883—85. (Puttkammer & Mühlbrecht.) à n. 5.—

— über den Handel u. die Industrie v. Berlin im J. 1888, nebst e. Übersicht üb. die Wirksamkeit d. Ältesten-Kollegiums vom Mai 1888 bis Mai 1889, erstattet v. den Ältesten der Kaufmannschaft v. Berlin. Fol. (V, 224 S.) Berlin 889. (Puttkammer & Mühlbrecht.) n. 5. —

— dasselbe, im J. 1889, nebst e. Übersicht üb. die Wirksamkeit d. Ältesten-Kollegiums vom Mai 1889 bis Mai 1890, erstattet v. den Ältesten der Kaufmannschaft v. Berlin. Fol. (IV, 182 S.) Ebd. 890. n. 5. —

— über Handel u. Industrie v. Berlin im J. 1890, nebst e. Übersicht üb. die Wirksamkeit d. Ältesten-Kollegiums vom Mai 1890 bis Mai 1891, erstattet v. den Ältesten der Kaufmannschaft v. Berlin. Fol. (IV, 180 S.) Berlin 891. (Puttkammer & Mühlbrecht.) n. 5. —

— dasselbe, nebst e. Uebersicht üb. die Wirksamkeit d. Aeltesten-Kollegiums im J. 1891. Fol. (V, 289 S.) Ebd. 892. n. 5. —

— dasselbe, nebst e. Uebersicht üb. die Wirksamkeit des Aeltesten-Kollegiums im J. 1892. Fol. (V, 299 S.) Ebd. 893. n. 5. —

— dasselbe, nebst e. Uebersicht üb. die Wirksamkeit des Aeltesten-Kollegiums im J. 1893. Fol. (V, 294 S.) Ebd. 894. n. 5. —

— üb. Handel u. Industrie v. Berlin, nebst e. Uebersicht üb. d. Wirksamkeit d. Aeltesten-Kollegiums i. d. J. 1894—1897, erstattet v. d. Aeltesten d. Kaufmannschaft v. Berlin. Fol. Berlin. (Puttkammer & Mühlbrecht.) à n. 5. —
1894. (VI, 298 S.) 895. — 1895. (VII, 263 S.) 896. — 1896. (VII, 290 S.) 897. — 1897. (VII, 291 S.) 898.

— über Handel u. Industrie v. Berlin, nebst e. Uebersicht üb. die Wirksamkeit des Aeltesten-Kollegiums in d. J. 1898—1901 erstattet v. den Aeltesten der Kaufmannschaft v. Berlin. Fol. Berlin (Puttkammer & Mühlbrecht). à n. 5. —
1898. (VII, 263 S.) 899. n. 5. —
1899. 2 Tle. (VII, 92 u. IV, 192 S.) 900. à n. 2. 50
1900. 2 Tle. (IV, 98 u. IV, 248 S.) 901. à n. 2. 50
1901. 2 Tle. (VII, 108 u. IV, 231 S.) 902. à n. 2. 50

— über Handel u. Industrie v. Berlin, nebst e. Uebersicht üb. die Wirksamkeit des Aeltesten-Kollegiums im J. 1902, erstattet v. den Aeltesten der Kaufmannschaft v. Berlin. 1. u. 2. Tl. (IV, 108 u. IV, 152 S.) Fol. Berlin 903. (Puttkammer & Mühlbrecht.) à n. 2.50
Fortsetzung, s.: Jahrbuch, Berliner, f. Handel u. Industrie.

— über Handel und Industrie der Schweiz. 1878-99. 4° Zürich 1878-99

Bericht über Handel und Industrie der Schweiz in den Jahren 1880 und 81. Vom Secretariat des Schweizer. Handels- und Industrievereins. Bern, Druck von Stämpfli, Lack und Scheim. In-4°, 57 S. 1882?

— über Handel u. Industrie d. Schweiz im Jahre 1883. Erstattet vom Vororte des schweiz. Handels- und Industrievereins. In-4°, 186 S. Zürich, Druck von Ulrich & Cie. im Berichthaus.

— über Handel u. Industrie d. Schweiz im J. 1884. Erstattet vom Vorort d. schweizer. Handels- u. Industrie-Vereins. 4. (206 S.) Zürich 885. (Meyer & Zeller.) n. 2. 70

— dass. — im J. 1885. Erstattet vom Vorort des schweizer. Handels- und Industrie-Vereins. 4. Ebendas. 886. *

— über Handel u. Industrie d. Schweiz im J. 1886. Erstattet vom Vorort des schweizer. Handels- u. Industrie-Vereins. 4. (248 S.) Zürich 887. (Meyer & Zeller.) n. 3. —

Bericht über Handel u. Industrie der Schweiz im Jahre 1889. Erstattet vom Vorort des schweizer. Handels- u. Industrievereins. In-4°. 234 S. Zürich, Selbstverlag des Schweizer. Handels- u. Industrievereins. 1890? 3 —

Bericht üb. Handel u. Industrie d. Schweiz im J. 1891. Erstattet v. Vorort d. schweiz. Handels- u. Industrie-Ver. 4° (266) Zür. 92, (A Raustein). || 1892 (nicht eingesandt). 93. || 1893. (338) 94. à 4 —

Bericht üb. Handel u. Industrie d. Schweiz im J. 1896. Erstattet v. Vorort d. schweiz. Handels- u. Industrie-Ver. 4° (248) Zür. 97, (E Rascher). || 1897. (211) 98. || 1898. (223) 99. || 1899. (201) 1900. à 4 —
Der Bericht üb. d. J. 1894 u. 1895 wurde nicht eingesandt.

Bericht über Handel u. Industrie der Schweiz im Jahre 1897. Erstattet vom Vorort des schweizer. Handels- u. Industrie-Vereins. 4°. V, 211 S. Zürich, Selbstverlag des schw. H.- u. I.-V., 1899? 3 —

Bericht über Handel und Industrie der Schweiz im Jahr 1898. Erstattet vom Vorort des schweizer. Handels- und Industrie-Vereins. 4°. IV, 223 S. Zürich. Selbstverlag des schweizer. Handels- u. Industrie-Vereins. 1899? 3 —

Bericht über Handel und Industrie der Schweiz im Jahr 1899. Erstattet vom Vorort des Schweiz. Handels- und Industrie-Vereins. 4°. IV, 201 S. Zürich, Selbstverlag des Schweiz. Handels- und Industrie-Vereins. 1900? 3 —

Bericht über Handel und Industrie der Schweiz im Jahr 1900. Erstattet vom Vorort des Schweizerischen Handels- und Industrie-Vereins. VI + 243 S. 4. Zürich, Berichthaus, 1901. [fr. 3. —]

Bericht über Handel und Industrie der Schweiz im Jahr 1901. Erstattet vom Vorort des Schweizerischen Handels- und Industrie-Vereins. VI + 269 S. 4. Zürich, Berichthaus, 1902. [fr. 3. —]

Bericht über Handel und Industrie der Schweiz im Jahr 1902. Erstattet vom Vorort des Schweizerischen Handels- und Industrie-Vereins. VI + 258 S. 4. Zürich, Berichthaus, 1903. [fr. 3. —]

Bericht über Handel und Industrie der Schweiz im Jahr 1903. Erstattet vom Vorort des Schweizerischen Handels- und Industrie-Vereins. VI + 241 S. 4. Zürich, Berichthaus, 1904. [fr. 3. —]

Bericht über Handel und Industrie der Schweiz im Jahr 1904. Erstattet vom Vorort des Schweizerischen Handels- und Industrie-Vereins. VI + 206 S. 4. Zürich, Berichthaus, 1905. [fr. 3. —]

Bericht über Handel und Industrie der Schweiz im Jahr 1905. Erstattet vom Vorort des Schweizerischen Handels- und Industrie-Vereins. VI + 216 S. 4. Zürich, Berichthaus, 1906. [fr. 3. —]

Bericht über Handel und Industrie der Schweiz im Jahr 1906. Erstattet vom Vorort des Schweizerischen Handels- und Industrie-Vereins. VI + 247 S. 4. Zürich, Berichthaus, 1907. [fr. 3. —]

Bericht über Handel und Industrie der Schweiz im Jahr 1907. Erstattet vom Vorort des Schweizerischen Handels- und Industrie-Vereins. VI + 250 S. 4. Zürich, Berichthaus, 1908. [fr. 3. —]

Bericht über Handel und Industrie der Schweiz im Jahr 1908. Erstattet vom Vorort des Schweizerischen Handels- und Industrie-Vereins. VI + 246 S. 4. Zürich, Berichthaus, 1909. [fr. 3. —]

— üb. Handel u. Industrie d. Schweiz '09—11. Erstattet v. Vorort d. schweiz. Handels- u. Industrie-Vereins. Lex8° Zür., Schweizer Handels- u. Industrie-Verein. (Nur dir.) '09. (270) '10. 3 — || '10. (5, 266) '11. 3 — || '11. (5, 283) '12. 4 —

Kaufmännische Gesellschaft. Bericht über Handel und Industrie im Kanton Zürich f. das Jahr 1875. Erstattet an die Direktion des Innern des Kant. Zürich von dem Vorstand der kaufmännischen Gesellschaft Zürich. IV und 59 S. 4. Zürich, Druck von Lohbauer & Wirth. 1876?

—— über Handel und Industrie im Canton Zürich für das J. 1875. Erstattet an die Kaufmänn. Gesellschaft Zürich von dem Vorstande derselben. gr. 4. (IV, 59 S.) Zürich 876, (Schmidt.) *

— über Handel u. Industrie im Canton Zürich f. d. J. 1876. Erstattet an die kaufmänn. Gesellschaft Zürich v. dem Vorstande derselben. gr. 4. (74 S. m. 2 Steintaf.) Zürich 877. Schmidt in Comm. n. 2. 80

— dasselbe, für d. J. 1877. Erstattet an die kaufmännische Gesellschaft Zürich v. dem Vorstande derselben. 4. (78 S.) Ebend. 878. n. 2. 50

—— dass. — für das J. 1878. gr. 4. (94 S. mit 1 graph. Tab.) (Ebendas.) 879. *

—— über Handel und Industrie im Canton Zürich für die J. 1879—1882. Erstattet an die Kaufmänn. Gesellschaft Zürich von dem Vorstande derselben. gr. 4. (106; 81; VIII, 158; VIII, 189 S.) Zürich 880—83, (Schmidt.)
Jahrg. 1879 und 1880 à *
Jahrg. 1881 und 1882 à *

Bericht über Handel und Industrie im Kanton Zürich für das Jahr 1884, erstattet an die kaufmännische Gesellschaft von dem Vorstande derselben. In-4°, 139 S. Zürich, Druck der Genossenschafts-Buchdruckerei. 1885?

— über Handel u. Industrie im Kanton Zürich f. d. J. 1886 u. 1887. Hrsg. v. der kaufmänn. Gesellschaft Zürich. 4. (IV, 186 S.) Zürich 888. (Bern, Jenni.) n.n. 3. —

— dasselbe, f. d. J. 1888. 4. (IV, 105 S.) Zürich 889. (Meyer & Zeller.) n.n. 4. —

— über Handel u. Industrie im Kanton Zürich f. d. J. 1890, 1891, 1892. Hrsg. v. der kaufmänn. Gesellschaft Zürich. 4. Zürich, [Meyer & Zeller]. A. Raustein. n.n. 10. —
1890. (VII, 151 S. m. 1 Tab.) 891. n.n. 3.30. — 1891. (VII, 168 S.) 892. n.n. 3.40. — 1892. (VII, 168 S. m. 1 Tab.) 893. n.n. 3.30.

— üb. Handel u. Industrie i. Kanton Zürich f. d. J. 1896. Hrsg. v. d. kaufmänn. Gesellschaft Zürich. 4. (VII, 149 S.) Ebd. 897. n. 3.40

— üb. Handel u. Industrie im Kant. Zürich f. 1896. Hrsg. v. d. kaufmänn. Gesellsch. Zürich. 4° (149) Zür. 97, (E Rascher). 3.40
Der Bericht üb. d. J. 1893—1895, sowie Fortsetzg wurden nicht eingesandt.

Bericht über Handel und Industrie im Kanton Zürich für das Jahr 1900. Hrg. von der Zürcher Handelskammer. VIII + 175 S. 4. Zürich, Druckerei der Neuen Zürcher Zeitung, 1901. [bei der Handelskammer fr. 2.—, im Buchhandel fr. 2.50]

Bericht über Handel und Industrie im Kanton Zürich für das Jahr 1901. Hrg. von der Zürcher Handelskammer. VIII + 183 S. 4. Zürich, Druckerei der Neuen Zürcher Zeitung, 1902. [Bei der Handelskammer und im Buchhandel fr. 2. 50]

Bericht über Handel und Industrie im Kanton Zürich für das Jahr 1902. Hrg. von der Zürcher Handelskammer. VIII + 175 S. 4. Zürich, Buchdr. der Neuen Zürcher Zeitung, 1903. [Bei der Handelskammer und im Buchhandel fr. 2.50]

Bericht über Handel und Industrie im Kanton Zürich für das Jahr 1903. Hrg. von der Zürcher Handelskammer. [Mit 1 Figur.] VIII + 137 S. 4. Zürich, Verlag der Z' H' (Typ. Neue Zürcher Zeitung), 1904. [fr. 2.50]

Bericht über Handel und Industrie im Kanton Zürich für das Jahr 1904. Hrg. von der Zürcher Handelskammer. [Mit 1 Figur.] VIII + 111 S. 4. Zürich, Verlag der Z' H' (Typ. Neue Zürcher Zeitung), 1905. [fr. 2. —]

Bericht über Handel und Industrie im Kanton Zürich für das Jahr 1905. Hrg. von der Zürcher Handelskammer. [Mit 1 Figur und 1 Tabelle.] VIII + 131 S. 8. Zürich, Verlag der Z' H' (Buchdr. der Neuen Zürcher Zeitung), 1906. [fr. 2. 50]

Bericht über Handel und Industrie im Kanton Zürich für das Jahr 1906. Hrg. von der Zürcher Handelskammer. [Mit 1 Figur und 1 Tabelle.] VIII + 181 S. 8. Zürich, Verlag der Z' H' (Buchdr. der Neuen Zürcher Zeitung), 1907. [fr. 2. —]

Bericht über Handel und Industrie im Kanton Zürich für das Jahr 1907. Hrg. von der Zürcher Handelskammer. [Mit 1 Figur und 1 Tabelle.] VIII + 159 S. 8. Zürich, Verlag der Z' H' (Buchdr. der Neuen Zürcher Zeitung), 1908. [fr. 2. —]

Bericht über Handel und Industrie im Kanton Zürich für das Jahr 1908. Hrg. von der Zürcher Handelskammer. [Mit 1 Figur und 1 Tabelle.] VIII + 175 S. 8. Zürich, Verlag der Z' H' (Buchdr. der Neuen Zürcher Zeitung), 1909. [fr. 2. —]

Bericht über Handel und Industrie im Kanton Zürich für das Jahr 1909. Hrg. von der Zürcher Handelskammer. [Mit 1 Figur und 1 Tabelle.] VIII + 184 S. 8. Zürich, Verlag der Z' H' (Buchdr. der Neuen Zürcher Zeitung), 1910. [fr. 2. —]

— über den Handel u. die Schifffahrt von Königsberg im J. 1867. Königsberg 868. (Hübner & Matz.) gr. 8. (VII, 111 S.) n. 12½ ngr.

— über den Handel u. die Schifffahrt v. Königsberg im J. 1875. Fol. (IV, 91 S.) Königsberg 876. Hartung. n. 3. —

— über den Handel u. die Schifffahrt v. Königsberg im J. 1876. Fol. (IV, 76 S. m. 8 graph. u. 1 lith. Plan.) Königsberg 877. Hartung. n. 6. —

—— dass. — im J. 1877 und 1878. Fol. (X, 74; VIII, 74 S.) Ebendas. 878,79. à Jahrg. *

—— über den Handel und die Schifffahrt von Königsberg im J. 1879—1882. (à Jahrg. ca. 11 Bog.) 8. Königsberg 880—83, Hartung'sche Verlagsdruckerei.
Nicht im Handel.

Bericht über Stettin's Handel. [1–11.] Im Jahre 1854–65. *Stettin 1855–(66).* 10 Bde 4°, 1 Bd 8° [F.]
Forts. s. u. d. T.: Stettin's Handel, Industrie u. Schiffahrt.

Bericht über Stettins Handel, Industrie und Schiffahrt erstattet von den Vorstehern der Kaufmannschaft. 1900-05. 4° Stettin 1901-06

Bericht über Stettins Handel, Industrie u. Schiffahrt. [1–3.] Im Jahre 1900–02. Nebst e. Übersicht über ihre Wirksamkeit erstattet von d. Vorstehern d. Kaufmannschaft zu Stettin. *Stettin 1901–03: F. Hessenland.* 3 Bde 4° [F.]
Forts. s. u. d. T.: Bericht der Vorsteher d. Kaufmannschaft zu Stettin.

Bericht über Triests Handel und Industrie im Quinquennium 1876—1880 gr. 8. Triest (1881).

Bericht über Triests Handel und Schiffahrt im Jahre 1881, 1882, 1883, 1886, 1887. (5 Bde.) 8. (Triest 1884--1888.)

Bericht über Triests Handel und Schiffahrt 1902-04. 4° Triest 1903-05

Bericht über Triest's Handel und Schiffahrt. 1905. 06. 4° Triest 1906. 07

— über den Handel u. Verkehr Constantinopels im J. 1882. Verf. v. der österreichisch-ungar. Handels- u. Gewerbekammer in Constantinopel. [Aus: „Austria".] Lex.-8. (38 S.) Wien 883. Hof- u. Staatsdruckerei. n. — 60

Internationale Handels-Akademie in Zürich von Dr. R[oland] (†) & E[rwin] Bertsch. Bericht... im (5.) Studienjahr 1899/1900. Beilage: Die Bilanz der Aktiengesellschaften. Skizze von Dr. (A[nton Friedrich]) von Palitschek. (zus. 22 Bl.,) *Maschinenschrift-Druck.* 4.
Beilage s. Palitschek, A[nton Friedrich] von.

— des eidgenössischen Handels- und Landwirtschaftsdepartements über seine Geschäftsführung von 1881-91. Bern 1882-92

Bericht des Handelsgremiums in Klgft. Klgft., Bertschinger, Röschnar, (1886)—.

Handelshochschule, die städtische in Köln. **Bericht.** 1903/04. 06/07. Berlin 1905.

— d. aarg. Handelskammer an d. aarg. Handels- u. Industriever. f. 1903. (161) 8° Aar., (HR Sauerländer & Co.) ('04). 2.40 || 04. (195) (05.) 2.50

— d. aarg. Handelskammer an d. aarg. Handels- u. Industriever. üb. d. J. 05—8. gr8° Aar., (HR Sauerländer & Co.). nn 8.70
'05. (216) ('06.) nn 2.40 || '06. (142) ('07.) nn 2.50 || '07. (111) ('08.) nn 2 —|| '08. (100) ('09.) 1.80.

Bericht d. aarg. Handelskammer and. aarg. Handels- u. Industrieverein üb. '09—11. (124; 5, 128; 108) gr8° Aar., (HR Sauerländer & Co.) ('10'11'12). je 1.80

Bericht der Handelskammer zu Berlin über die Heimarbeit in ihrem Bezirk. 8°. Berlin, Selbstverlag, 1906.

Bericht der Handelskammer zu Bielefeld. Umfassend die Kreise Bielefeld (Stadt- und Landkreis), Halle, Höxter, Lippstadt, Wiedenbrück und einen Teil des Kreises Herford. 1900—01. Bielefeld

— der Handelskammer zu Braunschweig f. d. J. 1888. gr. 8. (VIII, 167 S.) Braunschweig 889. (Lohmann.) n. 2. 50

— dasselbe, f. d. J. 1889. gr. 8. (VIII, 239 S.) Ebd. 890. n. 2. 50

— der Handelskammer f. das Herzogth. Braunschweig f. die J. 1890—1892. gr. 8. Braunschweig 894. (Schulbuchh.) à n. 2. —
1890. (XVI, 219 S.) 891. — 1891. (XXIII, 262 S.) 892. — 1892. 1. u. 2. Thl. (42 u. 78 S.) 893.

— d. Handelskammer f. d. Herzogth. Braunschweig f. d. J. 1893—1895. Je 2 Thle. in 1 Bde. gr. 8. (VII, 149, 87 u. 68 S.) Braunschweig 894/96. (Schulbuchh.) à n. 2. —

Bericht (Jahresbericht) der Handelskammer in Bremen für 1865-99. Bremen 1866-1900.

— der Handelskammer in Bremen für 1900-06. Bremen 1901-07

Bericht der Handelskammer in Bremen. 1906-12 Bremen 1907-13

— der Brodyer Handels- u. Gewerbekammer an Se. Exc. den Hrn. Handels-Minister üb. den Zustand des Handels, der Gewerbe u. der Verkehrsverhältnisse im Kammerbezirke in den J. 1886, 1887, 1888, 1889, 1890. gr. 8. (587 S. m. 3 Tab.) Brody 892. (F. West.) n. 6. —

— der Budapester Handels- und Gewerbekammer über Gewerbe und Industrie des Budapester Kammerdistriktes für 1870-75. Budapest 1877

— der Handelskammer zu Dresden üb. d. J. 1904. 3 Tle. (VI, 106; VII, 251; 67 u. 5 S.) gr. 8. Dresden 905. Handelskammer. n. 4. —

— dasselbe, üb. d. J. 1905. 3 Tle. gr. 8. Dresden 906. (C. Heinrich.) n. 5. 30
1. Tätigkeit der Kammer, hrsg. 26. II. 1906. (VI, 110 S.) n. 2. 70
2. Berichte üb. die Lage der einzelnen Zweige v. Handel u. Gewerbe, hrsg. 20. VI. 1906. (VIII, 206 S.) n. 1. 80
3. Hrsg. 15. VIII. 1906. Statistik. (IV, 80 S.) n. 1. 30

Bericht der Handelskammer zu Düsseldorf. 1901—1903. Düsseldorf

Bericht der Egerer Handels- und Gewerbekammer über die 9te ordentliche Monatssitzung am 25. Okt. 1852. Eger, J. Kobetsch und Gschihay 1852. 4.

Bericht der Egerer Handels- und Gewerbekammer an das hohe k. k. Ministerium für Handel und Volkswirthschaft über die Gewerbs- und Handelsverhältnisse ihres Bezirkes für das Jahr 1858, 1868. (2 Bde.) 8 Eger 1859, 1869.

— der Handelskammer zu Emden für das Jahr 1866, 1867 u. 1868. Emden 867—70. (Haynel.) gr. 8. (42; 66; 59 S.) Jeder Jahrg. n. 10 ngr.

Bericht der Handels- und Gewerbekammer in Brody an das hohe k. k. Ministerium für Handel, Gewerbe und öffentliche Bauten über den Zustand der Gewerbe, des Handels und der Verkehrsverhältnisse des Kammerbezirkes in den Jahren 1854—1857. 8. Lemberg 1859.

— — in Brody an das hohe k. k. Finanz-Ministerium über den Zustand des Handels, der Gewerbe und der Verkehrsverhältnisse im Kammerbezirke in den Jahren 1857—1860. 8. Tarnopol 1860.

— — in Brody an das hohe k. k. Handels-Ministerium über den Zustand des Handels, der Gewerbe und der Verkehrsverhältnisse im Kammerbezirke. In den Jahren 1869, 1871—1876. 1881—1885. (12 Bde.) 8. Brody 1871—1886.

— der Handels- u. Gewerbe-Kammer in Brünn üb. die Geschäftsjahre 1872 u. 1873. 4. (99 S.) Brünn 874. Hauptmann's Buchh. n. 2. —

Bericht der Handels- und Gewerbekammer in Brünn an das k. k. hohe Ministerium für Handel und Volkswirthschaft über den Zustand der Industrie, des Handels und der Verkehrsmittel ihres Bezirkes im Jahre 1861, 1862, 1863, 1864. (4 Bde.) 8. Brünn 1862—1865.

— der Handels- u. Gewerbekammer in Brünn üb. die geschäftlichen Verhältnisse in ihrem Bezirke während d. J. 1884. Lex.-8. (IV, 95 S.) Brünn 885. Winkler. n. 3. 60

Bericht der Handels- und Gewerbekammer in Brünn über die gewerbs- und handelsstatistischen Verhältnisse ihres Bezirkes im Jahre 1851. 8. (4 Blätter, 322 und 168 S m. 8 Tab.) Brünn. Druck von Karl Winiker. 1854.

Bericht der Handels- und Gewerbekammer in Brünn.., über den Zustand der Industrie... im J. 1851. Brünn, C. Winiker 1852. 8.

Bericht der Handels- und Gewerbekammer in Budapest über Verhältnisse des Handels, der Gewerbe etc. 1870-97. 4° Budapest 1871-98

Bericht (Jahresbericht) der Handels- und Gewerbekammer in Budweis für 1852. 53. 1857-60. 1871-75. Budweis 1853-79

Bericht der Handels- und Gewerbe-Kammer in Budweis. Ueber Industrie, Handel und Verkehr in den Jahren 1854—1856. 1861—1866, 1871—1875. (3 Bde.) 8. Budweis 1858, 1867, 1879.

Bericht der Handels- und Gewerbekammer zu Chemnitz über das deutsche Versicherungswesen. Chemnitz 1869.

Bericht der Handels- und Gewerbekammer in Debrezin an das hohe k. k. Ministerium für Handel, Gewerbe und öffentliche Bauten über den Zustand der Landeskultur, des Handels, der Industrie, der Gewerbs-Verhältnisse und des Verkehrs im Jahre 1852. 8. (64 S.) Pest. Druck von Landerer und Heckenast. 1853.

Bericht der Handels- und Gewerbekammer für den Kaschauer District an das k. k. Ministerium für Handel, Gewerbe und öffentliche Bauten, über die Handels-, Industrie- und Verkehrsverhältnisse 1852/53. 8. (100 S. und 15 Taf.) Kaschau. Gedruckt bei C. Werfer.

Bericht (Jahresbericht) der Handels- und Gewerbekammer zu Dresden für 1863 und 1866-99. Dresden 1863-99

— der Handels- u. Gewerbe-Kammer zu Dresden. 1872—1876. gr. 8. (VIII, 360 S.) Dresden 877. Burdach in Comm. n.n. 3. —

Bericht der Handels- und Gewerbe-Kammer zu Dresden. 1877—80 u. 1896—1911 Dresden
Seit 1901: Bericht der Handelskammer Dresden

Bericht der Handels- und Gewerbekammer für das Erzherzogthum unter der Enns an das k. k. Ministerium für Handel, Gewerbe und öffentliche Bauten über den Handel, die Industrie- und die Verkehrsverhältnisse des Kammerbezirkes im Jahre 1853. Wien, 1854. Druck von Leopold Sommer. (XXXII, 244 S. 8. und 7 Tab. Quer 4.) geh.

Bericht d. Handels- u Gewerbekammer für den Kreis Hildburghausen f. d. J. 1893 u 94.

Bericht der Handels- und Gewerbekammer für den Kreis Hildburghausen. 1895—1900; 1901—1905 u. 1909—1910. Hildburghausen

Bericht der Handels- und Gewerbekammer in Innsbruck an das hohe k. k. Ministerium für Handel, Gewerbe und öffentliche Bauten über den Zustand der Landeskultur, der Industrie, der Gewerbsverhältnisse und des Verkehres im Jahre 1851. 8. (80 S.) Innsbruck. Gedruckt in der Wagner'schen Buchdruckerei. 1853.

Bericht der Handels- und Gewerbekammer in Innsbruck an das hohe k. k. Ministerium für Handel, Gewerbe und öffentliche Bauten über den Zustand der Landeskultur, der Industrie, der Gewerbsverhältnisse und des Verkehrs im Jahre 1852. 8. (62 S. und 7 Tabellen.) Innsbruck. Gedruckt in der Rauch'schen Buchdruckerei. 1853.

Bericht der Handels- und Gewerbekammer in Innsbruck an das hohe k. k. Ministerium für Handel, Gewerbe und öffentliche Bauten über den Zustand der Landeskultur, der Industrie, der Gewerbsverhältnisse und des Vekehrs im Jahre 1853. Innsbruck, 1855. Druck der Wagner'schen Buchdruckerei. (56 S. und 7 Tabellen. 8.)

Bericht der Handels- und Gewerbekammer in Innsbruck an das hohe k. k. Handelsministerium über den Zustand des Handels, der Industrie, der Gewerbe und des Verkehres in den Jahren 1854 einschliesslich 1858 und in den Jahren 1865 einschliesslich 1867. (2 Bde.) 8. Innsbruck 1860—1870.

Bericht der Handels- und Gewerbekammer für das Kronland Krain zu Laibach an das hohe k. k. Ministerium des Handels-, Gewerbe und öffentliche Bauten, über den Zustand des Handels und der Industrie im Jahre 1852. 8. (92 S.) Laibach. Druck von Ignaz v. Kleinmayr und Fedor Bamberg. 1853.

Bericht der Handels- und Gewerbekammer für das Kronland Krain zu Laibach über den landwirthschaftlichen, industriellen und commerciellen Zustand ihres Kammerbezirkes in den Jahren 1854 bis 1856, 1857—1860. (2 Bde.) 8. Laibach 1857—1861.

Bericht der Handels- und Gewerbekammer in Krakau an das k. k. Ministerium für Handel u. s. w. über den Zustand der Industrie . . . im J. 1851. 8. (16 S.) Krakau, Buchdr. des „Czas" 1852.

Bericht der Handels- und Gewerbekammer in Krakau an das k. k. hohe Ministerium für Handel, Gewerbe und öffentliche Bauten, über den Zustand der Industrie, des Handels und der Verkehrsmittel im Jahre 1852. 8. (48 S. und 2 Tabellen.) Krakau. Gedruckt in der Buchdruckerei des „Czas". 1854.

Bericht der Handels- und Gewerbekammer für Kroatien an das hohe k. k. Ministerium für Handel, Gewerbe und öffentliche Bauten über den Zustand der Urproduktion, der Gewerbe, des Handels und der Verkehrsmittel ihres Bezirkes während des Jahr 1852. Agram. 1853. Gedruckt bei Franz Suppan. 8. brosch. 1. Hft. 84

Bericht der Handels- und Gewerbekammer für Kroatien an das k. k. Ministerium für Handel, Gewerbe und öffentliche Bauten über den Zustand der Urproduktion, der Gewerbe, des Handels und der Verkehrsmittel ihres Bezirkes im Jahre 1853. 8. (24 S.) Agram. National Buchdruckerei des Dr. Ljudevit Gaj. 1854.

Bericht der Handels- und Gewerbekammer für Croatien an das hohe k. k. Ministerium für Handel, Gewerbe und öffentliche Bauten über den Zustand der Urproduction, der Gewerbe, des Handels und der Verkehrsmittel ihres Bezirkes in den Jahren 1854—1856. 8. Agram 1858.

— — für Croatien an das hohe k. k. Finanz-Ministerium über den Zustand der Urproduction, der Gewerbe, des Handels, der Creditverhältnisse und der Verkehrsmittel des Bezirkes in den Jahren 1857—1859 8. Agram 1860.

Bericht der Handels- und Gewerbekammer in Kronstadt an das hohe k. k. Ministerium für Handel, Gewerbe und öffentliche Bauten über den Zustand der Gewerbe, des Handels und der Verkehrsverhältnisse des Kammerbezirkes im Jahre 1851. 8. (44 S. 2 Tab.) Kronstadt. Johann Gött. 1853.

Bericht der Handels- und Gewerbekammer in Kronstadt an das hohe k. k. Ministerium für Handel, Gewerbe und öffentliche Bauten, über den Zustand der Gewerbe, des Handels und der Verkehrsverhältnisse des Kammerbezirkes im Jahre 1852. 8. (164 S.) Kronstadt. Gedruckt bei Johann Gött. 1853.

Bericht der Handels- und Gewerbekammer in Kronstadt an das k. k. hohe Ministerium für Handel, Gewerbe und öffentliche Bauten über den Zustand der Gewerbe, des Handels und der Verkehrsverhältnisse des Kammerbezirkes in den Jahren 1853 bis 1856; sammt Tabellen. (2 Bde.) 8. Kronstadt 1859.

Bericht d. Handels- u Gewerbekammer in Kronst. 1880-84. 89-99. Kronstadt 1886-1900

— der Handels- u. Gewerbekammer in Kronstadt üb. die geschäftlichen Verhältnisse in ihrem Bezirke im J. 1889. gr. 8. (XV, 134 S.) Kronstadt 890. (Zeidner.) n. — 80

Bericht der Handels- und Gewerbekammer in Lemberg an das hohe k. k. Ministerium für Handel, Gewerbe und öffentliche Bauten, über die Zustände des Handels und der Industrie in ihrem Kammerbezirke in den Jahren 1854—1856. 8. Lemberg 1859.

Bericht der Handels- und Gewerbekammer für den Kreis Meiningen. 1882. 84. 85. 90. 94. Meiningen 1883-95

Bericht d. Handels- u Gewerbek. f. d. Kr. Meining. 1898. 1901-05. Meiningen 1899-1906

Bericht d. Handels- u Gewerbekammer f. d. Kr. Meiningen. 1906-09. Meiningen 1909
Mittelfranken.

Bericht der Handels- und Gewerbekammer in Oedenburg an das hohe k. k. Ministerium für Handel, Gewerbe und öffentliche Bauten über den Zustand des Handels, der Industrie und der Verkehrsverhältnisse des Kammerbezirkes im Jahre 1851. — 8. (44 S.) Wien, Karl Gerold und Sohn 1853.

Bericht der Handels- und Gewerbekammer in Olmütz an das hohe k. k. Ministerium für Handel, Gewerbe und öffentliche Bauten über den Zustand der Landeskultur, der Industrie, der Gewerbsverhältnisse und des Verkehrs im Jahre 1852. 8. (110 S.) Olmütz. Buchdruckerei von Franz Slawik. 1853.

Bericht der Handels- und Gewerbekammer in Olmütz an das hohe k. k. Ministerium für Handel, Gewerbe und öffentliche Bauten, über den Zustand der Landeskultur, der Industrie, der Gewerbsverhältnisse und des Verkehrs im Jahre 1853. 8. (120 S. und 6 Tabellen.) Olmütz. Druck von Franz Slawik. 1854.

—— der Handels- und Gewerbekammer in Olmütz über den Zustand der Industrie, Gewerbe und des Handels der J. 1857—59. Olmütz 860, Slavik.

Bericht der Handels- und Gewerbekammer für d. Erzh. Oesterreich u. d. Enns an das k. k. Ministerium für Handel .... im J. 1851. Wien, C. Gerold u. S. 1852. 8.

Bericht der Handels- und Gewerbskammer für das Erzherzogthum Oesterreich unter der Enns an das k. k. Ministerium für Handel, Gewerbe und öffentliche Bauten über den Handel, die Industrie und die Verkehrsverhältnisse des Kammerbezirkes im Jahre 1853. Wien, 1854. Druck und Papier von Leopold Sommer. (XXXII. 243 S. 8.)

Bericht der Handels- und Gewerbekammer für das Erzherzogthum Oesterreich unter der Enns an das k. k. Ministerium für Handel und Volkswirthschaft über die Verkehrsverhältnisse des Kammerbezirkes. (Auch unter dem Titel: Bericht über die Industrie, den Handel und die Verkehrsverhältnisse in Nieder-Oesterreich.) Während des Jahres 1854 bis 1866, 1868, 1877—1885, 1887—1889, 1892—1894. (19 Bde.)
gr. 8. Wien 1857—1895.

Bericht der Handels- u. Gewerbekammer für das Erzherzogth. Oesterr. u. d. E. über den Handel, die Industrie und die Verkehrsverhältnisse des Kammerbezirkes in den JJ. 1854, 1855 und 1856. Nebst einer Darstellung d. gegenw. Standpunktes der Industrie in N.-Oest. *Wien* 1857. Druck v. *L. Sommer.* XXXII. 578 S. 8°. 1 Bl.
2 fl. 30 kr.

Bericht der Handels- und Gewerbekammer in Pilsen an das hohe k. k. Ministerium für Handel, Gewerbe und öffentliche Bauten über den Zustand der Industrial- und bürgerlichen Gewerbe, des Handels und der Verkehrsmittel im Jahre 1852. (Mit der Handels- und Gewerbestatistik des Pilsner-Kreises als Anhang. 8. (60 und 108 S. und 3 Tabellen.) Prag. Druck der k. k. Hofbuchdruckerei von Gottlieb Haase Söhne. 1853.

— d. Handels- u. Gewerbekammer in Pozsony üb. d. volkswirtschaftl. Verhältn. d. Kammerbez. in d. J. 1902—4. Erstattet d. kön. ung. Handelsminister. (107, 131 u. 124) 8° Pozsony (Pressbg), (G Heckenast's Nf.) '03-05). Je 2 — d
Bisher u. d. T.: Jahresbericht d. Pressburger Handels- u. Gewerbekammer.

— d. Handels- u. Gewerbekammer in Pozsony üb. d. volkswirtschaftl. Verhältn. d. Kammerbezirkes (kön. Freistadt Pozsony [Pressburg], Komitate: Nyitra, Pozsony, Trencsén u. Turócz) in d. J. 05—7. (18, 155; 171 u. 23, 134) 8° Pozsony (Pressbg), (G Heckenast's Nf.) '06—'8. Je 3 — d

— der Handels- u. Gewerbekammer in Prag an das hohe k. k. Ministerium f. Handel, Gewerbe u. öffentl. Bauten über den Zustand der Gewerbe, d. Handels u. der Verkehrsmittel im J. 1851. gr. 8. (121 S.) Prag 852. (Calve.) n. 16 ngr

—— der Handels- und Gewerbekammer in Prag an das hohe k. k. Ministerium für Handel, Gewerbe und öffentl. Bauten über den Zustand der Gewerbe, des Handels und der Verkehrsmittel im J. 1851. gr. 8. (121 S.) Prag 852. [Tempsky.]

Bericht der Handels- und Gewerbekammer in Prag an das hohe k. k. Ministerium für Handel, Gewerbe und öffentliche Bauten über den Zustand der Gewerbe, des Handels und der Verkehrsmittel im Jahre 1852. 8. (116 S.) Prag. Gottlieb Haase Söhne. 1853.

Bericht der Handels- und Gewerbekammer in Prag 1854-58. 65. 66. 70. 75. 77-84. 86-90. 96. fol und 8° Prag 1854-96

Bericht der Handels- u. Gewerbekammer in Prag an das hohe kaiserl. königl. Ministerium für Handel, Gewerbe und öffentliche Bauten über den Zustand der Gewerbe, des Handels und der Verkehrsmittel in den Jahren 1854—1858. (Mit 1 Karte.)
8. Prag 1859.

— d. Handels- u. Gewerbekammer in Prag üb. d. volksw. Verhältn. ihres Bez. im J. 1896. (1. Jahrg.) 8° (29, 496 m. 1 Tab. u. 4 graph. Taf.) Prag 97, (F Řivnáč). 4 —

—— d. Handels- u. Gewerbekammer in Prag üb. d. Zustand d. Gewerbe, d. Handels u. d. Verkehrsmittel im J. 1851. 8. (121) Prag 52, (Tempsky.) n. — 16 || 2. Hft. (494) 59. n. 2. —

Bericht der Handels- und Gewerbekammer in Preßburg im Jahre 1906. Gr.-8°. (172 S.) K 3.—
Pressburg: Drodtleff 1908.

Bericht der Handels- und Gewerbekammer in Reichenberg. Erstattet dem hohen k. k. Ministerium für Handel- und Volkswirthschaft über den Zustand der Gewerbe, des Handels und der Verkehrsmittel im Kammerbezirke von 1857—1860.
8. Reichenberg 1862.

— d. Handels- u. Gewerbekammer i. Reichenberg üb. d. geschäftl. Verhältn. ihres Bezirks i. J. 1896. gr. 8. (XII, 373 S.) Reichenberg 897. Verlag d. Handels- u. Gewerbekammer. n. 3.40

Bericht der Handels- und Gewerbekammer in Reichenberg über die gewerbs- und handelsstatistischen Verhältnisse ihres Bezirkes im J. 1856. *Reichenberg.* Druck von *Heinr. T. Stiepel.* 311 S., 3 Bl., 8°.

INHALT. Einleitung (Lage, Grösse etc. des Kammerbezirkes; Boden- und Bevölkerungsverhältnisse; Ortsverhältnisse; Bodenelevation und fliessende Gewässer; Communication; Bildungsanstalten; Association). — Industrie (Maschinen, Transportmittel, Instrumente; Erzeugnisse aus nicht metallischen Mineralien; Metalle und Metallwaaren; chemikal. Produkte; Nahrungsmittel etc.; Garne, gewebte etc. Stoffe und Arbeiten aus denselben; Arbeiten aus sonstigen organ. Stoffen; Erzeugnisse der Bau- und Kunstgewerbe). — Der Handel.

Bericht der Handels- und Gewerbekammer für das Herzogthum Salzburg über den Zustand der Landeskultur, der Industrie, des Handels und der Verkehrmittel in den Jahren 1852 und 1853. Salzburg, 1855. Druck der Oberer'schen Buchdruckerei. (62 S. 8.)

Bericht der Handels- und Gewerbekammer für das Herzogthum Salzburg in den Jahren 1854—1858. 8. Salzburg 1858.

Bericht der Handels- und Gewerbekammer für das Herzogthum Schlesien, an das hohe k. k. Ministerium für Handel, Gewerbe und öffentliche Bauten, über den Zustand des Handels, der Industrie und der Verkehrsverhältnisse des Kammerbezirkes im Jahre 1853. 8. (106 S.) Troppau. Druck von Adolph Traßler. 1854.

Bericht der Handels- und Gewerbekammer für das Herzogthum Schlesien an das hohe k. k. Ministerium für Handel, Gewerbe und öffentliche Bauten über den Zustand des Handels, der Industrie und der Verkehrsverhältnisse des Kammerbezirkes in den Jahren 1854—1846. 8. Troppau 1857.

Bericht der Handels- und Gewerbekammer für das Herzogthum Schlesien an das hohe k. k. Ministerium für Handel, Gewerbe und öffentliche Bauten, über den Zustand des Handels, der Industrie und der Verkehrsverhältnisse des Kammerbezirkes in den Jahren 1854, 1855, 1856. *Troppau* 1857. Druck v. *Adolf Trassler*. 239 S. 8°.

Bericht der Handels- und Gewerbekammer in Temesvar an das hohe k. k. Ministerium für Handel, Gewerbe und öffentliche Bauten, über den Zustand der Landeskultur, des Handels, der Industrie, der Gewerbsverhältnisse und des Verkehrs im J. 1851. — 8. (42 S.) Temesvar, Druck. J. Beichels Erben 1852.

— der Handels- und Gewerbekammer von Triest. 1857-59. Triest 1861

Bericht der Handels- und Gewerbekammer in Troppau an das hohe k. k. Ministerium für Handel, Gewerbe und öffentliche Bauten über den Handel rc. des Kronlandes Schlesien 1851 und 1852. 8. (86 S.) Troppau, A. Traßler 1853.

Bericht der Handels-und Gewerbekammer zu Wien vom Jahre 1882. Veröffentl. d.d. Direktion dieser Anstalt. Wien: Braumüller 1883. XXXVII, 364 S.

Bericht der Handels- und Gewerbekammer in Wien über die Reform des Patent-(Privilegien-) Gesetzes und Referat von H. Klinger über die Reform des Patent- (Privilegien-) Gesetzes. (Wien) 1885

Bericht (Jahresbericht) der Handels- und Gewerbekammer zu Zittau 1866-69. 71-75. 79-99. Zittau 1867-1900

Bericht der Handels- und Gewerbekammer zu Zittau 1871—75. Gutachtlicher Theil. Zittau 1876. gr. 8.
Sieh: K. Roscher. Zur Kritik der neuesten wirthsch. Entwickelung. . . . . (D.)

Bericht der Handels- und Gewerbekammer zu Zittau. 1881—82. Zittau

Bericht der Gratzer Handels- und Gewerbekammer an das hohe k. k. Ministerium für Handel, Gewerbe und öffentliche Bauten über den Zustand der Landeskultur, der Industrie, der Gewerbeverhältnisse und des Verkehres im Jahre 1852. 8. (158 S. und 9 Tabellen.) Gratz. Druck von Jos. A. Kienreich. 1853 (?)

Bericht der Gratzer Handels- und Gewerbekammer an das hohe k. k. Ministerium für Handel, Gewerbe und öffentliche Bauten über den Zustand der Landeskultur, der Industrie, der Gewerbsverhältnisse und des Verkehres im Jahre 1853. Gratz. 1855 Druck von J. A. Kienreich. (20½ Bog. 8.)

Bericht der Grazer Handels- und Gewerbekammer für die Jahre 1854, 1855 und 1856, erstattet an das hohe k. k. Handelsministerium. *Graz* 1857. Druck und Papier von *Jos. A. Kienreich*. 60 S. 8°.

— — der Grazer Handels- und Gewerbekammer über den Zustand der Industrie, des Handels und der Gewerbe in den Jahren 1857—1865, nebst einer statistischen Darstellung für die Jahre 1858 und 1859. Erstattet an das hohe k. k. Finanzministerium. (3 Bde.) 8. Graz 1860—1866.

— d. grossh. Handelskammer zu Darmstadt f. 1903 (37. Bericht d. Handelskammer). I. Tl. Anh.: Die kaufmänn. Fortbildgssch. Darmstadt. (110) 8° Darmst., (E Zernin)'04. 2.80
Bisher u. d. T.: Jahresberichte d. grossh. hess. Handelskammer zu Darmstadt.

— d. grossh. Handelskammer zu Darmstadt f. d. Kreise Bensheim, Darmstadt, Erbach, Gross-Gerau u. Heppenheim üb. 05. (39. Bericht d. Handelskammer.) 1. Tl. (111) Lex 8° Darmst., Handelskammer'05. †nnn 2 — öH
Betr. d. II. Tle d. J. 03, 04 u. 05 war Antwort nicht zu erhalten.

Bericht der grossh. Handelskammer zu Darmstadt. 1907-11. Darmstadt 1908-12

Bericht der Handelskammer zu Hanau über den Antrag auf Einführung eines Zolles für geschliffene Diamanten. Dat. Hanau 24. Jan. 1902. [Fing. T.] (3 Bl.) 4°(2°)

Bericht der kärntnerischen Handels- u. Gewerbekammer an d. hohe k. k. Handels-Ministerium, die Abänderung einiger Eisenbahntarife betreffend. Klgft., Bertschinger & Heyn, (1880). 41 S.

Bericht der kärntnerischen Handels- und Gewerbekammer zu Klagenfurt an das hohe k. k. Ministerium für Handel, Gewerbe und öffentliche Bauten über die kärntnerische Eisenindustrie und ihre Verkehrsbeziehungen im Jahre 1851. 8. (38 S.) Druck von Ferd. v. Kleinmayr.

Bericht der kärntnerischen Handels- u. Gewerbekammer zu Klgft. Klgft., v. Kleinmayr, Leon, Bertschinger & Heyn, 1852—. (1871 bis 1892 unter dem Titel: Statistischer Bericht über die volkswirtschaftlichen Zustände Kärntens; von 1908 an: Summarischer Bericht der kärntn. Handels- u. Gewerbekammer in Klgft.)

Bericht der kärnt. Handels u. Gewerbekammer zu Klagenfurt an das h. k. k. Ministerium für Handel, Gewerbe und öffentliche Bauten über den Zustand der Gewerbe, des Handels und der Verkehrsmittel im Jahre 1852. 8. (88 S.) Klagenfurt. Druck von Ferd. v. Kleinmayr. 1853.

Bericht der Lemberger Handels-und Gewerbekammer über den Handel u. die Industrie, so wie deren Beförderungsmittel in ihrem Kammerbezirke für die Jahre 1861-1865 an das h.k.k. Ministerium für Handel und Volkswirthschaft. fr. 8°. (302 S. u. eine Tabelle. Lemberg, Wild in Comm. 1867.

— der Lemberger Handels- und Gewerbekammer an das hohe k. k. Ministerium für Handel- und Volkswirthschaft in der Frachten-Tariffrage. 8. (28 S.) Lemberg, Wild. 1864. 20 kr.

—— der Lemberger Handels- und Gewerbekammer an das hohe k. k. Ministerium für Handel- und Volkswirthschaft in der Frachten-Tariffrage. 8. (28 S.) Lemberg 866, Wild.

Bericht der Leobner Handels- und Gewerbekammer an das hohe k. k. Ministerium für Handel, Gewerbe und öffentliche Bauten, über den Stand der Oesterr. Eisen- und Stahl-Industrie und ihre Verkehrsbeziehungen, mit besonderer Rücksicht auf den Stahlhandel zu Triest und die dort sich kundgebende Konkurrenz Schwedischen Stahles und mit besonderer Rücksicht auf die von der Linzer Kammer hierüber erstatteten Aeußerungen. 8. (33 S.) Gratz, Ged. A. Leykams Erben 1852.

— der Handelskammer f. das Fürstentum Lippe in Detmold f. d. J. 1905. Nach statist. Mitteilgn. f. 1904. (IX, 64 u. 123 S.) 8. Detmold (906). (H. Hinrichs.) n. 2. —
Vergl.: Jahresbericht des Lippischen Handels- u. Gewerbevereins.

— der Handelskammer für das Fürstent. Lippe in Detmold f. die J. 1906 u. 1907. 8. Detmold, (Meyer'sche Hofbuchdr.) à 2. —
1906. Mit statistischen Mitteilungen f. 1905. (VII, 158 S.) 907.
1907. Mit statistischen Mitteilungen f. 1906. (VII, 140 S.) 908.

— (Jahresbericht) d. Handelskammer zu Lüb. f. 1862. 1866-69. 91-94. Lübeck 1863-95

— dass. — im J. 1866 unter Berücksichtigung des Lübeck. Handels- und Schifffahrts-Verkehr zur selben Zeit; erstattet der Kaufmannschaft in ihrer Juni-Versammlung 1867. gr. 8. (68 S. mit 3 Tab. in qu. 8. und qu. Fol.) (Ebendas.) 867. *

Bericht d. Handelskammer z. Lübeck 1879-86. 88. 97. 1900-06. Lübeck 1880-1906

*Bericht der Handelskammer zu Lübeck über das Jahr 1890 ff. Lübeck. 1890 ff. 8° m.

Bericht der Handelskammer zu Lübeck. 1907-10. Lübeck 1908-11

— der Handelskammer zu Lübeck über ihre Wirksamkeit im J. 1865 unter Berücksichtigung des Lübeck. Handels- u. Schifffahrts-Verkehrs zur selben Zeit. Lübeck 866. (Aschenfeldt.) 8. (70 S. u. 2 Tabb. in 4.) n. 10 ngr.

— — im J. 1866; erstattet der Kaufmannschaft in ihrer Juni-Versammlung 1867. Ebend. 867. gr. 8. (68 S. u. 3 Tabb. in 8. u. Fol.) n. 10 ngr.

Bericht der Oedenburger Handels- und Gewerbekammer an das hohe k. k. Handelsministerium über die Zustände der Industrie und des Handels in den Jahren 1860—1862. 8. Oedenburg 1863.

Bericht der Handelskammer f. den Reg.-Bezirk Oppeln f. 1886-99. Oppeln 1887-1900

Bericht an die N. Oesterr. Handels- und Gewerbekammer erstattet von der Kommission, welche über das Allerh. Patent vom 19. Okt. 1846 zum Schutze des literarisch-artistischen Eigenthums zu berathen hatte. (Als Manuskript gedruckt.) 8. (60 S.) Wien, K. Gerold u. S. 1853.

Bericht der Pesth-Ofner Handels- und Gewerbekammer über den Zustand des Handels und der Industrie im Jahre 1853. 8. (VI, 234 S. u. 1 Taf.) Pesth. Buchdruckerei von Gustav Emich. 1854.

(Jahres-)Bericht der Handelskammer für den Amtsbezirk Pforzheim. 1900-05. Pforzheim 1901-06

Bericht der Handelsk. für den Amtsbez. Pforzheim. 1906-11. Pforzheim 1907-12

— der Handels- und Gewerbe-Kammern in Bozen und Innsbruck über die gesammten wirthschaftlichen Verhältnisse ihrer Bezirke für das Jahr 1890, beziehungsweise für das Quinquennium 1886—1890 erstattet an das hohe k. k. Handelsministerium. 8. Bozen und Innsbruck 1894.

— d. k. k. Handelsminister. üb. d. Verwendg. d. z. Förderg. d. Kleingewerbes bewill. Credits währ. d. J. 1892—1894. gr. 4. (59 S. m. 1 Karte.) Wien 895. (Hof- u. Staatsdruckerei.) n. 1. —

— dasselbe währ. d. J. 1895. Erstatt. i. Austr. d. k. k. Handelsministers Hugo Frhrn. v. Glanz. gr. 4. (117 S. m. Abb. u. 1 Karte.) Ebd. 896. n. 1. 50

— dasselbe währ. d. J. 1896. gr. 4. (144 S. m. Abb.) Ebd. 897. n. 1. 50

— dasselbe währ. d. J. 1897. gr. 4. (151 S. m. eingedr. Plänen, 3 Karten u. 3 graph. Darstellgn.) Ebd. 898. n. 1. 50

— des k. k. Handelsministeriums üb. die Förderung des Kleingewerbes im J. 1898. Erstattet im Auftrage des k. k. Handelsministers Jos. Frhrn. Di Pauli v. Treuheim. gr. 4. (204 S. m. Abbildgn. u. 3 Karten.) Wien 899. Hof- u. Staatsdruckerei. n. 1. 50

Bericht des k. k. Handelsministeriums üb. die Förderung des Kleingewerbes i. d. J. 1899 u. 1900. Erstattet im Auftrage des k. k. Handelsministers Guido Frhrn. v. Call. gr. 4. Wien, Hof- u. Staatsdruckerei. à n. 2. —
1899. (220 S. m. 19 Fig. u. 4 Karten.) 900.
1900. (207 S. m. 7 Fig. u. 4 Karten.) 901.

— des k. k. Handelsministeriums üb. die Förderung des Kleingewerbes im J. 1901. Erstattet im Auftrage des k. k. Handelsministers Guido Frhrn. v. Call. (208 S. m. 6 Karten.) gr. 4. Wien 902. Hof- u. Staatsdruckerei. n. 3. —

— dasselbe, in den J. 1902 u. 1903. (208 S.) 4. Ebd 904. n. 3. —

— d. k. k. Handelsministeriums üb. d. Verwendg d. z. Förderg d. Kleingewerbes bewill. Credites währ. d. J. 1892—1894. 4° (59 m. 1 Karte.) Wien 95, (Hof- u. Staatsdr.). 1 — ‖ 1895. Erstattet im Auftr. v. H Frhrn v. Glanz. (117 m. Abb. u. 1 Karte.) 96. 1.50 ‖ 1896. (144 m. Abb.) 97. 1.50 ‖ 1897. (151 m: Pl., 3 Kart. u. 3 graph. Darstellgn.) 98. 1.50

Bericht des Handelssachverständigen in Sydney über Australien. (Berichte über Handel und Industrie, Bd. VIII, Heft 4.) Berlin 1905.

Bericht der höheren Handelsschule zu Stuttgart. 1871-72. 77. 78. 80. 81. 92-93. 96-97. Stuttgart 1872-97

— des schweizerischen Handels- und Industrievereins über die Verwaltungsjahre 1870-72. 4° Bern 1872 u Zürich 1873

— üb. d. schweizerischen Handelsverhältnisse zu den verschied. Staaten des Auslandes. gr. 8. Zürich 834. Orell. 1 1/2 ꝟl

— über den Handfertigkeitsunterricht zu Osnabrück in den 10 ersten Jahren seines Bestehens, 1881—1891. Erstattet vom Vorstande d. Vereins zur Förderg. d. Handfertigkeitsunterrichts. gr. 8. (35 S. m. 1 Taf.) Osnabrück 891. (Rackhorst.) n. — 60

Bernische Handwerker- und Kunstgewerbeschule [in Bern]. 2. Bericht. Schuljahr 1900/1901. 64 + 117 S. 8. Bern, Büchler & Co., 1901.

Bernische Handwerker- und Kunstgewerbeschule [in Bern]. 4. Bericht. Schuljahr 1902/1903. 16 + 73 S. 8. Bern, Büchler & Co., 1903.

Handwerker- und Gewerbe-Verein der Stadt Bern. Bericht über das Vereinsjahr 1902. 48 S. 8. Bern, Büchler & Co., 1903.

Bericht der Handwerkskammer für das Herzogtum Anhalt. 1905/06-12. Dessau 1906-13
Argentinien.

Bericht der Handwerkskammer zu Bielefeld. 1905/08. Bielefeld 1908
Bochum.

Bericht der Handwerkskammer zu Halle a. S. 1900-04. 4° Halle 1901-05

Bericht der Handwerkskammer zu Halle a. S. [1.] Über d. Geschäftsjahr 1900. Halle a. S.: Handwerkskammer 1901. 8° [F.] [illegible]

Bericht der Handwerkskammer zu Halle a. S. 1905-12. Halle a. S. 1906-13

Bericht der Handwerkskammer zu Reutlingen. 1906/07-11. Reutlingen 1907-11

Bericht der Handwerkskammer zu Saarbrücken. 1900-04. St. Johann 1901-04

Bericht des Hauptausschusses für private Pensionsverhältnisse der Privatangestellten über seine Tagung am 21. und 22. Nov. 1908 in Berlin. 8°. Hamburg, Selbstverlag, 1909.

(Hauptausschuß f. d. staatl. Pensionsversicherung d. Privatangestellten, Hamburg.) **Bericht** des Hauptausschusses über seine Tagung am 21. und 22. November 1908 in Berlin. Hamburg: Hauptausschuß 1909. 132 S. 8°

Schleswig-Holsteinische Landwirtschaftliche Haupt-Genossenschaft, eingetragene Genossenschaft mit beschränkter Haftpflicht zu Kiel. **Bericht** für das . . . Geschäftsjahr. Kiel. 4°
5 ff., 1901/02 ff. 1902 ff.
Das 5. Geschäftsjahr geht vom 1. Juni 1901 bis 31. Mai 1902, das 6. umfaßt dieselbe Zeit 1902/03, das 7. geht vom 1. Juni bis 31. Dez. 1903: die folgenden Geschäftsjahre sind Kalenderjahre.

Bericht über die 7 Hauptkirchen und andere Merkwürdigkeiten Roms. Herausgegeben von einem Landmann aus Südtirol ... Bozen 1866. V: *Sulzer, Johann.* (Margr)

Bericht an die Hauptkommission (betr. die Branntweinsteuer). Berichterstatter: Weber. (Drucksachen des Reichstags. 12. Legislatur-Periode. I. Session 1907/1909. XXXII. Kommission. Nr. 70.) (39 S.) 31×22 cm. Berlin (909). (C. Heymann). — 50

Bericht der k. k. Haupt- und Unter-Realschule zu St. Pölten für das Schuljahr 1854, nebst Angabe der Prüfungstage. 8. St. Pölten. Gedruckt bei Franz Lorenz.
Inhalt: Geschichte des Schulwesens in St. Pölten.

Bericht über die Haupt- und Vorbergschulen im Oberbergamtsbezirk Halle a/S. pp. Festbericht über die Eislebener Bergschule für 1862—1887. Halle, 1888.
dgl. Bericht für 1891—1893. 1893—1895 bis zur Gegenwart.

— **des Haupt- und Berlin-Märkischen Central-Vereines gegen die Vergiftung durch Alkohol (Branntwein) oder Statistische Chronik der Alkohol-Vergiftung und der Vergiftung überhaupt. Ein Beiblatt zum „ärztlichen Volksfreunde" herausg. von F. W. G. Kranichfeld. 13—17. Jahrg. 1853—57. à 12 Nrn. (à 1 Bgn.) Berlin, Evangelische Buchhdlg. in Comm. Jeder Jahrg.** n. 15 *ngl*

— zweiter, über d. Hauptverein d. evangel. Gustav-Adolf-Stiftung in der Rheinprovinz. (Von J. C. F. Sander.) gr. 8. Elberfeld 845, (Hassel.) n. 4 *ngl*

Bericht des Holsteinischen Hauptvereins der evangelischen Gustav-Adolf-Stiftung
über das Jahr 1857—58. (Kiel. 1859.)
über die Jahresversammlungen 1859—61. ebd. 1862.
Siehe in: Jahrbücher für die Landeskunde etc. Bd. 2. Kiel. 1859. Bd. 5. ebd. 1862. 8°.

[Bericht] Ausschuß für Wohlfahrtspflege auf dem Lande. (Bericht über die) 1. ff. Hauptversammlung „des Ausschusses für Wohlfahrtspflege auf dem Lande" 1897 ff. Berlin 1897 ff. 8°
1. 1897 — 3. 1899.
(1. Bericht Aus: Das Land. Jg. 5. 1896/97. Nr 11.)
[Fortges. u. d. Tit.:]
Wohlfahrtsarbeit. Ländliche. 4. ff.

— üb. d. 2. **Hauptversammlg d. Ausschusses f. Wohlfahrtspflege auf d. Lande 1898 im grossen Saale d. Klubs d. Landwirte. 8° (86) Berl. 98, Trowitzsch & S.** ‖ 3. Vers. 1899. (98) 99. à — 80
Den 1. Bericht s. u. d. T.: Hauptversammlung, 1., etc.

— über die 3. Hauptversammlung des Ausschusses f. Wohlfahrtspflege auf dem Lande am 15. II. 1899 im großen Saale des Klubs der Landwirte. 8. (98 S.) Berlin 899. Trowitzsch & Sohn. n. — 80

— über die außerordentliche Hauptversammlung des rheinischen Vereins zur Förderung des Arbeiterwohnungswesens u. üb. die Versammlung der rheinischen Bauvereine am 5. u. 6. XII. 1901 im Ständehaus zu Düsseldorf. gr. 8. (67 S. m. Abbildgn.) Düsseldorf (902). F. Wolfrum. n. 2. —

— **üb. d. V—VIII. u. X—XII. Haupt-Vers. d. deut. Beton-Ver. gr8° Berl., Tonindustrie-Zeitg.** Je (3 —) 5 —
V. 02. (171) '02. ‖ VI. '03. (219 m. Abb. u. 1 Taf.) '03. ‖ VII. '04. (189 m. Abb. u. 4 Taf.) '04. ‖ VIII. '05. (240 m. Abb. u. 1 Taf.) '05. ‖ X. '07. (241 m. Abb., 9 Tab. u. 6 Taf.) '07. ‖ XI. '08. (210 m. Abb. u. 5 Taf.) '08. ‖ XII. '09. (334 m. Abb. u. 5 Taf.)
I—IV u. IX sind vergriffen.

— über die V.—VIII. u. X.—XII. Haupt-Versammlung des deutschen Beton-Vereins. gr. 8. Berlin, Tonindustrie-Zeitg. à 3. —
V. Am 26. u. 27. II. 1902. (171 S.) 902. — VI. Am 20. u. 21. II. 1903. (219 S. m. Abbildgn. u. 1 Taf.) 903. — VII. Am 26. u. 27. II. 1904. (189 S. m. Abbildgn. u. 4 Taf.) 904. — VIII. Am 24. u. 25. II. 1905. (240 S. m. Abbildgn. u. 1 Taf.) 905. — X. Am 22. u. 23. II. 1907. (241 S. m. Abbildgn., 2 Tab. u. 6 Taf.) 907. — XI. Am 28. u. 29. II. 1908. (216 S. m. Abbildgn. u. 5 Taf.) 908. — XII. Am 10., 11. u. 12. III. 1909. (334 S. m. Abbildgn. u. 5 Taf.) 909.

— üb. d. 13., 14. u. 15. Haupt-Versammlg d. deut. Beton-Vereins. (Mit Abb.) 8° Berl., Tonindustrie-Zeitg. je 5 —
13. 10. (214 m. 11 Taf.) '10. ‖ 14. '11. (334) ('11) ‖ 15. '12. (360) ('12).

Bericht über die 1. Hauptversammlung des Bundes vaterländischer Arbeitervereine, abgehalten zu Hamburg, am 19. u. 20. Mai 1907. Berlin, 1907. 86 S.

— üb. d. 3. Hauptversammlg d. Ernst Ludwig-Ver., hess. Zentralver. f. Erbaug bill. Wohngn, Darmstadt '04. (87) 8° Darmstadt (Wilhelminenstr. 3), Hess. Zentralver. f. Erbaug bill. Wohngn '04. 1.50 d

Bericht über die Hauptversammlung (Jg. 43-53: Versammlung) des Badischen Forstvereins. - Jg. 43-64. 1901-1931.
Früher s.: Verh. d. Bad. Forstver.
Forts. s.: Ber. üb. d. Hauptvers. d. Landesgr. Baden d. Dtsch. Forstver.

Bericht über die ... Hauptversammlung des Deutschen Forstvereins. (Versammlung deutscher Forstmänner) - Berlin. Jg. 1 (28) - 21 (48). 1900-1924.
Früher s.: Ber. üb. d. Vers. dtsch. Forstmänner
Forts. s.: Jahresber. d. Dtsch. Forstver.

— **üb. d. I—V. Hauptversammlg d. deut. Forstver. (28—32. Versammlg deut. Forstmänner.) 8° Berl., J Springer. Je 3— d**
I. Wiesbaden 1900. (240) '01. ‖ II. Regensburg '01. (202) '02. ‖ III. Leipzig '02. (240) '03. ‖ IV. Kiel '03. (179 m. 1 Karte.) '04. ‖ V. Eisenach '04. (178) '05.

— **üb. d. 6—9. Hauptvers. d. deut. Forstver. (33—36. Vers. deut. Forstmänner.) gr8° Berl., J Springer.** 13 — d
6 (33). Darmstadt '05. (199) '06. 3 — ‖ 7 (34). Danzig '06. (306) '07. 4 — ‖ 8 (35). Strassburg i. E. '07. (214) '08. 3 — ‖ 9 (36). Düsseldorf '08. (206) '09. 3 —

— **üb. d. 10—12. Hauptversammlg d. deut. Forstvereins (37—39. Versammlg deut. Forstmänner). gr8° Berl., J Springer.** je 3 — d
10 (37). Heidelberg '09. (245) '10. ‖ 11 (38). Ulm '10. (221) '11. ‖ 12 (39). Königsberg i. Pr. '11. (4, 201) '12.

Bericht über die neunte Hauptversammlung des ungarischen Forstvereines in Oedenburg vom 20. bis 23. Juli 1858. *Pressburg* 1858. Vormals *Schmid'sche* Buchdruckerei. 12 S. 8°.

— — über die 9. Hauptversammlung des westgalizischen Forstvereins in Makow im Sept. 1858. *Krakau* 1858. Gedr. b. *Karl Budweiser*. 16 S. 8°.

Bericht über die ... (Haupt)Versammlung Thüringer Forstwirte (des Vereins Thüringer Forstwirte). Ber. 25-42. 1896-1931.
Früher s.: Protocoll üb. d. Vers. Thüringer Forstwirte
Forts. s.: Jahresber. d. Ver. Thüringer Forstwirte

Bericht über die VIII. Hauptversammlung des Deutschen Geometer-Vereins zu Danzig (1879), erstattet vom Deligirten des Rheinisch-Westfälischen Geometer-Vereins: Stadtgeometer HEIDENREICH **zu Essen. (Autographirt.** Ohne bes. Titelblatt.) **fol.**

BERICHT ÜBER DIE 5. HAUPTVERSAMMLUNG DES CASSELER GEOMETER-VEREINS **am 16. Juli 1882. Cassel, Druck von C. Richartz. 8°.**

Bericht über die 1. Hauptversammlung (der Deutschen Gesellschaft für Vorgeschichte) ... Würzburg: Kabitzsch 1910. 4°(8°)
(Mannus. Erg. Bd 1.)

Bericht über die Hauptversammlung des Deutschen Gipsvereins. 2. und 14—16. Berlin 1901 u. 1902—1914
Nebst: Nachtrag zu 2. Bericht über die Prüfung von Gips. 1901

Rügisch-Pommerscher Geschichtsverein. **Bericht** ... erstattet in der Hauptversammlung ... in Greifswald. Geschäftsjahr 1. (Greifswald 1901: J. Abel.) 8° [F.]

Bericht über die constituierende Hauptversammlung des Deutschen Beton-Verein 1898. Berlin 1899: R. F. Funcke. 8°

— üb. d. 2. u. 3. Hauptversammlg d. bayer. Landesvereins z. Förderg d. Wohnungswesens, s.a. Schriften d. bayer. Landesvereins z. Förderg d. Wohngswesens.

BERICHT ÜBER DIE ... HAUPTVERSAMMLUNG DES BAYERISCHEN LANDESVEREINS ZUR FÖRDERUNG DES WOHNUNGSWESENS (E. V.)
I. Hauptversammlung in Nürnberg, den 26. Juni 1910. (Mit 1 Tabelle.) München. Druck von Knorr & Hirth, G. m. b. H. 8°.
II.[1]) Hauptversammlung in Augsburg, 30. April 1911. (Mit 2 Tafeln.) ib. Verlag von Ernst Reinhardt.

— üb. d. 1. Hauptversammlg d. Landesver. preuss. Lehrerbildner, erstattet v. Daerr, s.a Blätter, pädagog., f. Lehrerbildg etc.

Bericht über die erste Hauptversammlung des Landesvereins preussischer Lehrerbildner, erstattet von d. Schriftführer d. Vereins Seminarl. [Th.] **Daerr** in Kreuzburg. *Gotha: E. F. Thienemann 1901.* (46 S.) 8° [F.]
—**Blätter**, Pädagogische, f. Lehrerbildung u. Lehrerbildungsanstalten. Erg.H. 2.

BERICHT ÜBER DIE III.–IV. ORDENTLICHE HAUPTVERSAMMLUNG DES VERBANDES selbstständiger öffentlicher Chemiker Deutschlands. Frankfurt a-M. und Wiesbaden, 1898–1899.

— über die IV. ordentliche Hauptversammlung des Verbandes selbständiger öffentlicher Chemiker Deutschlands am 2. u. 3. VI. 1899 in Wiesbaden. gr. 8. (95 S.) Plauen 899. (A. Kell.) n. 1. 50
Sonderabdruck aus: „Zeitschr. f. öffentl. Chemie".

Bericht über die ordentliche Hauptversammlung des Verbandes selbständiger öffentlicher Chemiker Deutschlands. 4 u. 6—15. Plauen i. V. 1899 u. 1901—1910
(Aus Zeitschrift für öffentliche Chemie 1899, H. 13 ff.)

— üb. d. 21—29. ordentl. Haupt-Vers. d. Ver. deut. Fabriken feuerfester Produkte. Berlin '01—9. gr8° Berl., Tonindustrie-Zeitg. Je 3 —
21. (20, 101 m. 5 Tab.) '01. ‖ 22. (83 m. Abb.) '02. ‖ 23. (91 m. 2 Tab. u. 3 Taf.) '03. ‖ 24. (83 m. 1 Taf.) '04. ‖ 25. (90 m. Abb.) '05. ‖ 26. (67 m. Fig.) '06. ‖ 27. (115 m. Abb. u. 1 Taf.) '07. ‖ 28. (121 m. Abb.) '08. ‖ 29. (90, 35 u. 10 m. Abb., 1 Taf. u. 2 Tab.) '09.
Frühere Berichte s.: Protokoll.

— üb. d. 30—32. ordentl. Haupt-Versammlg d. Vereins deut. Fabriken feuerfester Produkte zu Berlin, '10, '11 u. '12. 8° Berl., Tonindustrie-Ztg.
30. (111 u. 16 m. Abb. u. 1 Tab.) '10. 3 — ‖ 31. (98 u. 23) '11. 2 — ‖ 32. (239 u. 24 m. Abb.) '12. 5 —

BERICHT ÜBER DIE ... HAUPTVERSAMMLUNG DES RHÖNCLUB(S)
15., abgehalten am 15. August 1891 zu Fulda (o. O. o. Dr. ohne bes. Titelbl.) 8°.
21., abgehalten am Sonntag den 1. August 1897 in Kaltennordheim (o. O. o. Dr.)
22., abgehalten am Sonntag den 14. August 1898 in Meiningen (o. O. o. Dr.)
26., zu Bischofsheim v. d. Rhön (o. O. o. Dr.)
27., zu Würzburg am 25., 26. und 27. Juli 1903 (o. O. o. Dr.)

BERICHT ÜBER DIE ... HAUPTVERSAMMLUNG DES RHÖNKLUB
28., zu Tann a. d. Rhön am Sonntag den 7. August 1904 (o. O. o. Dr.)

BERICHT ÜBER DIE ... HAUPTVERSAMMLUNG DES RHÖNCLUB(S)
29., abgehalten am Sonntag den 6. August 1905 zu Münnerstadt (o. O. o. Dr.)
30., zu Nürnberg am 12. August 1906 (o. O. o. Dr.)
31., zu Vacha an der Werra am Sonntag den 18. August 1907 (o. O. o. Dr.)

—— über die Haupt-Versammlung des Turnvereines in Wien, abgehalten im Vereins-Turnsaale beim Sperl am 8. Oct. 1861. Stenographisch aufgenommen. gr. 8. (86 S.) Wien 862, Rosvini. *

Bericht über die Hauptversammlung des Verbandes selbständiger Chemiker Deutschlands. 5. 4° Plauen 1900

Bericht über die Hauptversammlung des Verbandes keramischer Gewerke in Deutschland. 1904. 1913. Bonn 1904. 13

Bericht über die .. Hauptversammlung des Verbandes keramischer Gewerbe in Deutschland. 27—37. Bonn 1904—1914

Bericht über die Hauptversammlung des Verbandes der deutschen Rechtsauskunftsstellen. 2. 3. Koburg 1909. 11

Bericht über die 1. ff. Hauptversammlung des Verbandes der deutschen gemeinnützigen und unparteiischen Rechtsauskunftsstellen. O. O. u. J. 8°.
1: Cöln a. Rh., d. 23. Nov. 1907.
2: Coburg, d. 18. Okt. 1909.

Bericht über die Hauptversammlung des Verbandes der deutschen gemeinnützigen und unparteiischen Rechtsauskunftsstellen. Neukölln
2. 1909
4. 1913

Bericht über die Hauptversammlung des Vereins deutscher Chemiker. Berlin 1902 u. 1905—1913
(Aus: Zeitschrift für angewandte Chemie, Jg. 1902 ff.)

—— über die 16. Hauptversammlung des evangelischen Vereins der Gustav-Adolf-Stiftung, abgehalten in Leipzig am 24., 25. und 26. Aug. 1858. Auf Grund stenograph. Niederschrift. Lex.-8. (112 S.) Leipzig 858, Breitkopf und Härtel.

— über die 17. Hauptversammlung des Evangelischen Vereins der Gustav-Adolf-Stiftung, abgehalten in Ulm am 28., 29. u. 30. August 1860. Auf Grund stenograph. Niederschrift. Ulm 861. (Gebr. Nübling.) gr. 8. (119 S.) 15 ngr.

— über die 18. Hauptversammlung des Evangelischen Vereins der Gustav-Adolf-Stiftung, abgehalten in Hannover am 27., 28. u. 29. August 1861. Hannover, Hahn. gr. 8. (99 S.) n. 10 ngr.

—— über die 19. Hauptversammlung des evangelischen Vereins der Gustav-Adolf-Stiftung, abgehalten in Nürnberg den 26., 27. und 28. Aug. 1862. gr. 8. (203 S.) Nürnberg 862, Sebald'sche Verlagsh.

— über die 20. Hauptversammlung des evangelischen Vereins der Gustav-Adolf-Stiftung, abgehalten in Lübeck den 1., 2. u. 3. September 1863. Lübeck, v. Rohden. gr. 8. (190 S.) n. 15 ngr.

— über die 21. Hauptversammlung des evangel. Vereins der Gustav-Adolf-Stiftung, abgehalten in Dresden den 5., 6. u. 7. Septbr. 1865. Dresden 865. Meinhold & S. gr. 8. (180 S.) n. 15 ngr.

—— über die 22. Hauptversammlung des Evangelischen Vereins der Gustav-Adolf-Stiftung, abgehalten in Worms den 27., 28. und 29. Aug. 1867. gr. 8 (160 S.) Leipzig 867, Vogel. *

— über die 29. Hauptversammlung d. Evangelischen Vereins der Gustav-Adolf-Stiftung abgeh. in Potsdam am 24., 25. u. 26. Aug. 1875. gr. 8. (200 S.) Leipzig 875. (Hinrichs' Verl.) n.n. 1. 50

— über die 30. Hauptversammlung d. Evangelischen Vereins der Gustav-Adolf-Stiftung, abgeh. in Erfurt am 12., 13. u. 14. Septbr. 1876. gr. 8. (252 S.) Leipzig 876. (Hinrichs' Verl.) n.n. 1. 50

— über die 36. Hauptversammlung d. Evangel. Vereins der Gustav-Adolf-Stiftung, abgeh. in Leipzig am 12., 13. u. 14. Septbr. 1882, u. über die mit derselben verbunden gewesene Jubelfeier d. 50jähr. Bestehens der Gustav-Adolf-Stiftung. gr. 8. (310 S.) Ebend. 882. n. 1. 50

— über die 37. Hauptversammlung d. Evangel. Vereins der Gustav-Adolf-Stiftung, abgehalten in Lübeck am 25., 26. und 27. Septbr. 1883. gr. 8. (191 S.) Leipzig 883. (Hinrichs' Verl.) n.n. 1. 20

— über die 38. Hauptversammlung d. Evangel. Vereins der Gustav-Adolf-Stiftung, abgeh. in Wiesbaden am 9., 10. u. 11. Septbr. 1884. gr. 8. (249 S.) Ebend. 884. n. 1. 50

—— üb. d. 40. Hauptversammlg d. Ev. Ver. d. Gustav-Adolf-Stiftg, abgeh. in Düsseldorf am 7—9. Septbr 1886. 8. (248) Lpzg 86, (Hinrichs' S.). *n.n.* 1. 20 ‖ 41. Hauptversammlg, abgeh. in Nürnberg am 13—15. Septbr 1887. (216) 87. *n.n.* 1. 60 ‖ 42. Hauptversammlg, abgeh. in Halle a/S. am 4—6. Septbr 1888. (274) 88. *n.* 1. 50 ‖ 43. Hauptversammlg, abgeh. in Danzig am 3—5. Septbr 1889. (202) 89. *n.* 1. 50

— üb. die 44. Hauptversammlg d. ev. Ver. d. Gustav-Adolf-Stiftg, Mannheim 1890. 8° (218) Lpzg 90, (JC Hinrichs' S.). ‖ 45. Hauptvers., Görlitz 1891. (334) 91. ‖ 46. Hauptvers., Bremen 1893. (252) 93. ‖ 47. Hauptvers., Darmstadt 1894. (248) 94. ‖ 48. Hauptvers., Hannover 1895. (246) 95. à 2 —

— üb. d. 49. Hauptversammlg d. ev. Ver. d. Gustav-Adolf-Stiftg, Dessau 1896. 8° (282) Lpzg 96, (JC Hinrichs' V.). ‖ 50. Vers., Berlin 1897. (298) 97. ‖ 51. Vers., Ulm 1898. (262) 98. ‖ 52. Vers., Braunschweig 1899. (295) 99. à 2 —

— üb. d. 53—57. Hauptversammlg d. ev. Ver. d. Gustav Adolf-Stiftg. 8° Lpzg, (JC Hinrichs' V.). Je 2 — d
53. Königsberg 1900. (257) 1900. ‖ 54 Köln '01. (302)'01. ‖ 55. Cassel '02. (310)'02. ‖ 56. Hamburg '03. (252)'03. ‖ 57. Heidelberg '04. (324) 04.
Für 1904 u. d. T.:

— üb. d. 58—61. Hauptvers. d. ev. Ver. d. Gustav Adolf-Stiftg. gr8° Lpzg, (JC Hinrichs' V.). Je 2 — d
58. Augsburg'06. (320)'06. ‖ 59. Jena'07. (240)'07. ‖ 60. Strassburg i. E.'08. (278)'08. ‖ 61. Bielefeld'09. (293)'09.

— üb. d. 62—64. Hauptversammlg d. evang. Ver. d. Gustav-Adolf-Stiftung. gr8° Lpzg, (JC Hinrichs). je 2 — d
62. Stralsund '10. (371) '10. ‖ 63. Frankfurt a. M. '11. (263) '11. ‖ 64. Posen '12. (327) '12.

BERICHT über die 5. Hauptversammlung des Vereins für Geschichte der Neumark in Neudamm am 29. und 30. Oktober 1895. (Landsberg 1895. Ohne bes. Titelbl.) 8°.

Bericht über die Hauptversammlung des Vereines deutscher Ingenieure. 7. 1864. 4.

— üb. d. 7—9. Hauptvers. d. Ver. d. Kalksandsteinfabriken, Berlin 07—9. (64, 35, 3, 4, 1, 4, 136, 24, 4 u. 128, 32, 4 u. 6 m. 1 Taf. u. Abb.) gr8° Berl., Tonindustrie-Zeitg'07—'9. Je 3 —
1—6 s. u. d. T.: Protokoll.

Bericht über die ... Hauptversammlung des Vereins kath. deutscher Lehrerinnen. 3 ff. — Paderborn 1888 ff.: Schöningh.

— üb. d. IV. Hauptversammlg d. zahnärztl. Vereins f. Niedersachsen. Abgeh. am 11. u. 12. Juli 1886 zu Hannover. Ein Beitr. z. deut. Zahnheilkunde. 8. (53) Lpzg 87. Kummer. n. — 80

— üb. d. 10. Hauptversammlg. d. Vereinigg. öffentl. analyt. Chemiker Sachsens i. Chemnitz i. S. a. 1. Dezbr. 1897. [Aus: „Ztschr. f. öffentl. Chemie".] gr. 8. (82 S. m. 1 Taf.) Weimar 898. C. Steinert. n. 1. 40

Bericht über die Hauptversammlung des Zentralausschusses zur Förderung der Volks- und Jugendspiele in Deutschland und des nordwestdeutschen Turnlehrervereins am 25. u. 26. 9. 1897 in Altona (S. Abdr. a. d. Zeitschr. f. Turnen u. Jugendspiele, 1897, Nr. 16), Leipzig 1897, 8 S., 8°.

[Bericht] Ernst-Ludwig-Verein. Hessischer Zentralverein für Errichtung billiger Wohnungen. Bericht üb. d. 4. Hauptversammlung 1905 ff. zu Darmstadt. Darmstadt 1906 ff. 8°

Bericht der Hauptverwaltung der Staatsschulden über ihre Geschäftsführung seit dem Jahre 1820. Gedruckt in d. Decker'schen Geh. Ob.-Hofbuchdruckerei. — Desgl. Bericht für die Jahre 1833—1842 in der Allg. Preuß. Ztg. v. 2. Febr. 1844.

Bericht des Hauptvorstandes der deutschen Kunstgenossenschaft über die Jahre 1879, 1880 und 1881 und Mitglieder-Verzeichniss des Jahres 1881. Dresden. 8°.

— üb d. 2. internat. Hausbesitzerkongress Berlin, '12, hrsg. v. Arbeitsausschuss d. Kongresses. 4 Bde. gr8° Berl., J Springer '12. 13 —; zusammen bez. 10 —
Der 1. Kongress fand in Paris statt.
1. Organisation d. Kongresses. Eröffngssitzg. Verz. d. Mitgl. u. sonstiges. (4, 88) 2 — ‖ 2. Heimstättenrecht. (4, 102) 3 — ‖ 3. Die Realkreditfrage u. ihre beste Lösg. f. d. Hausbesitz. (4, 268) 5 — ‖ 4. Vergleich. Wohngs-Statistik (76) 3 —

Bericht, VI, des Hausfleissvereins zu Dorpat. Dorpat 1883

— über den Haushalt u. die Verwaltung der Stadt Riga f. 1880 u. 1881. à 2 Thle. Lex.-8. (XI, 598 u. VI, 616 S.) Riga 883. (Kymmel.) à n. 9. —

— über den Haushalt u. die Verwaltung der Stadt Riga f. 1887. 2 Thle. Lex.-8. (VI, 930 S.) Riga 888. (Kymmel's Sort.) n. 9. —

— üb. d. Haushalt u. d. Verwaltg d. Stadt Riga f. 1888. 4° (962) Riga 89, (N Kymmel's S.). Kart. 9 —
Fortsetzg erscheint nur noch in russ. Sprache.

Bericht über die Haushaltschule für schulentlassene Mädchen in Marienburg Westpr. [1.] Erstattet von d. Leiterin Mathilde Nouvel. [Mehr nicht erschienen.] Marienburg: L. Giesow 1897. (12 S.) 8° [F.]

— 3., üb. d. Haushaltungsschule i. Naumburg a/S. f. d. Zeit v. Ostern 1892 b. Ostern 1895. Erstattet v. Rentner u. Kraatz. gr. 8. (34 S.) Naumburg 895. (Domrich.) n. 1. —

Gewerbliche Zeichnungsschule Heiden. 8. u. 9. u. 10. Bericht. 9. u. 10. u. 11. Schuljahr: 1900/1901 u. 1901/02 u. 1902/1903. je 11 S. 8. Heiden, R. Weber, 1901 u. 1902 u. 1903.

Bericht über d. in d. J. 1893 u. 94 in Neu-Rahnsdorf bei Erkner erbaute Heilanstalt. (Nordd. Holzberufsgenossensch. Berlin.) (O. J.)

— d. histor. Ver. Heilbronn a. d. J. 1889—1903. IV—VII. Heft. 8° Heilbr., Histor. Ver. Je nn 2.50 d
IV. 1889—90. (62 m. 15 Taf.) 1891. ‖ V. 1891—95. (78 m. 6 Taf.) (1896.) ‖ VI. 1896—99. (105 m. 1 Abb., 5 Taf. u. 1 Karte.) 1900. ‖ VII. 1900—03. (96 m. Abb. u. 5 Taf.)'04.

— d. histor. Ver. Heilbronn a. d. J. 03—9. 8. u. 9. Heft. gr8° Heilbronn, Histor. Ver. Je nn 2.50
'03—6. 8. Heft. Die Sammlgn d. histor. Museums. (125 m. Abb.)'06. ‖ '06—9. 9. Heft. (120 m. Abb. u. 1 Karte.)'09.

— d. histor. Vereins Heilbronn. Aus d. J. '09/12. 10. Heft. (8, 56 m. Abb., 14 Taf. u. 2 Bl. Erklärgn.) Lex8° Heilbr., Histor. Verein '12. (Nur dir.) † 4 —

Bericht, 6. ff, des Vereins Heilstätte für Nervenkranke, „Haus Schönow" in Zehlendorf (Wannseebahn). Berlin 1905 ff. 8°.
6, 1904—11, 1909.

— über die am 21. Juli d. J. in der Stadt Lünen durch Anwendung einer Reliquie von d. sel. Diener Gottes Caspar Bufalo erfolgte wunderb. Heilung einer kranken Dienstmagd. 8. (Emmerich) 843, Romen. (Leipz., B. Hermann.) 1/24 ℛ

— über die wunderb. Heilung der M. Catalani. 8. Prag 1817, Haase. 2 ggr. — 9 kr.
J. Doyle Nachricht v. d. Wunder des Fürsten Hohenlohe an Miß Lalor v. Roßkilton. Aus dem Engl. 8. Bamberg 1823. 18 kr.

— über die wunderbaren Heilungen, welche sich, zur Zeit der öffentl. Ausstellung des heil. Rockes unseres Herrn u. Heilandes Jesu Christi in dem hohen Dom zu Trier vom 18. Aug. bis 6. October 1844, an 11 frommen Pilgern ereignet. (Von Fr. Gregoire.) gr. 12. Luxemburg 844 (Trier, Gall.) n. 4 ngl

Heim für männliche Hôtel-Angestellte, Christl. Kellnerheim in Zürich I.... Bericht (Juni 1897—August 1901). [Mit Ansicht.] IV + 11 S. 8. Zürich, Emil Cotti's Wwe., 1901.

Waisen-Asyl «zur Heimath» (... in Brünnen bei Bümpliz und in Bern, Kramgasse Nr. 55). 8.
29. Bericht. 1. August 1900 bis 31. Juli 1901. 8 S.
30. Bericht. 1. August 1901 bis 31. Juli 1902. 7 S.

Bericht über die schweiz. Hengstenausstellung in Bern vom 6.—9. Sept. 1879. Bern, Stampfli, Lack & Schein. 1879?

— über die deutsche Herberge in London, 28 Finsbury Square, E. C. Eröffnet am 1. Septbr. 1872. 8. (16 S.) Barmen 874. Klein. n. — 50

Herberge zur Heimat, Logierhaus für Arbeiter und Hospiz im Engelhof (in Basel). 24. Bericht 1900. [4 S.] 4. (1901.)

Herberge zur Heimat, Logierhaus für Arbeiter und Hospiz im Engelhof (in Basel). 25. Bericht 1901. [3 S.] 4. (1902.)

Herberge zur Heimat, Logierhaus für Arbeiter und Hospiz im Engelhof (in Basel). 26. Bericht 1902. [3 S.] 4. ([Basel,] Basler Berichthaus A.-G., 1903.)

Bericht der Hergangenheit des Hirtenfestes zu Unspunnen. Bern 1805. V: *Wagner, Sigmund v.* (Cat. d. Stadtbibl. Zürich. Zürich 1864—97.) (Doubletten-Anzeiger. 1903. Nr. 7.)

Töchter-Fortbildungs-Schule Herisau. 8. Herisau, Schläpfer & Cie.
9. Bericht von Anfang Mai 1900 bis Ende April 1901. II + 15 S. 1901.
10. Bericht. Von Anfang Mai 1901 bis Ende April 1902. II + 16 S. 1902.

Töchter-Fortbildungs-Schule Herisau. 11. Bericht von Anfang Mai 1902 bis Ende April 1903. II + 16 S. 8. Herisau, Schläpfer & Cie., 1903.

Volkskochschule Herisau. je II + 10 S. 8. Herisau, Schläpfer & Cie.
5. Bericht über den 12. und 13. Kurs vom 1. Juli 1900 bis 24. Juni 1901. 1901.
6. Bericht über den 14. und 15. Kurs vom 8. Juli 1901 bis 24. Juni 1902. (1902.)

Volkskochschule Herisau. 7. Bericht über den 16. Kurs vom 7. Juli bis 18. Dezember 1902. II + 9 S. 8. Herisau, Schläpfer & Cie., 1903.

Bericht des Herrn Herzogs von Sachsen-Coburg-Salfeld ... über die Beschwerden der Prinzen Friedrich und Ludwig. Coburg Mai 1805. V: *Kretschmann, Theodor Conrad von.* (MGT)

Bericht des Herrn Herzogs von Sachsen-Coburg-Saalfeld an den kaiserl. Reichshofrath über die Beschwerden der Prinzen Friedrich und Ludwig. Coburg 1805. V: *Gönner, Nic. Thadd. v.* (ADB 17, 139)

Bericht des Herrn Herzogs von Sachsen-Coburg-Saalfeld an den kaiserl. Reichshofrath über die Dienstentlassung des ehemaligen Vicepräsidenten v. Wangenheim. Coburg 1805. V: *Gönner, Nic. Thadd. v.* (ADB 17, 139)

Bericht des Herrn Herzogs von Sachsen-Coburg-Saalfeld an den kaiserl. Reichshofrath wider die Landstände des Fürstenthums Coburg, Mai 1805. V: *Gönner, Nic. Thadd. v.* (ADB 17, 140)

Spar- und Leih-Kasse Herzogenbuchsee. Bericht über das 14. Geschäftsjahr vom 30. Juni 1874 bis 30. Juni 1875. 19 Stn. 8. Herzogenbuchsee, Druck von Joh. Spahr. **1878?**

Bericht des Heufieberbundes von Helgoland 1—15 in 2 Bden. Braunschweig 1899—1913
Nebst: Verzeichnis der ordentlichen Mitglieder. 1913

Bericht des Hilfsausschusses für die notleidenden Deutschen Rußlands zu Berlin von Dez. 1905 bis Nov. 1906. (Berlin 1906: Preuß.) 64 S. 8°

Hilfs- und Pensionskasse des Tonhalleorchesters (in Zürich). 13. Bericht über das Rechnungsjahr 1900/1901. ⟨1. Mai 1900 bis 30. April 1901.⟩ 3 S. 4.

Hilfs- und Pensionskasse des Tonhalleorchesters (in Zürich). 14. *u.* 15. Bericht über das Rechnungsjahr 1901/1902 *u.* 1902/1903 ⟨1. Mai 1901 bis 30. April 1902 *u.* 1. Mai 1902 bis 30. April 1903⟩. 3 *u.* 4 S. 4.

Solothurner Hülfs-Kasse. Bericht üb. das Rechnungsjahr 1874. Solothurn, Druck v. J. Gassmann Sohn 1875. (7 Stn. in-4. m. 1 Tabelle.)

Bericht des bayer. Hilfskomitees für Ostasien über die in Bayern entwickelte Hilfstätigkeit aus Anlaß der ostasiatischen Expedition.
Berlin 1903. 39 S.

Bericht des Hilfs-Comité für die Brandbetroffenen in Sevelen auf Anlass des Brandunglücks vom 25. März 1892. 8. Buchs 1894.

Bericht des Hilfskomites über Eingang und Verwendung der Liebesgaben für die Wasserbeschädigten der Gemeinde Lungern vom Jahr 1869. (Sarnen, den 10. August 1870.) 8. *o. O.*

Bericht des Internationalen Hilfskomitees für Kriegsgefangene in Basel 1870/71. Basel 1871.

BERICHT . . . DER HILFSSCHULEN DEUTSCHLANDS . . .
Herausgegeben vom Ortsausschuss.
über den Ersten Verbandstag . . . zu Hannover am 12. und 13. April 1898. Neudruck. Magdeburg-N. Druck von R. Zacharias. 8°.
über den Zweiten Verbandstag . . . zu Cassel am 4. und 5. April 1899. Langensalza 1899. Druck von Hermann Beyer & Söhne.
erstattet von WEHRHAHN und HENZE.
über den Dritten Verbandstag . . . zu Augsburg am 10., 11. und 12. April 1901. ib. 1901.
erstattet von WEHRHAHN und BASEDOW.
über den Vierten Verbandstag . . . zu Mainz am 14., 15. und 16. April 1903. Hannover 1903. Druck von C. L. Schrader.
erstattet von WEHRHAHN und HENZE.
über den Fünften Verbandstag . . . zu Bremen am 25., 26. und 27. April 1905. ib. 1905. Hofbuchdruckerei Gebrüder Jänecke.
über den Sechsten Verbandstag . . . zu Charlottenburg am 3., 4. und 5. April 1907. Magdeburg 1907. Buchdruckerei R. Zacharias.
erstattet von WEHRHAHN und A. HENZE.
über den VII. Verbandstag . . . zu Meiningen am 13., 14. und 15. April 1909. Halle a. S. 1909. Kommissionsverlag: Carl Marhold Verlagsbuchhandlung.
über den VIII. Verbandstag . . . zu Lübeck am 18., 19. und 20. April 1911. ib. 1911. —
über den IX. Verbandstag . . . zu Bonn am 24., 25. und 26. März 1913. ib. 1913. —

Aargauischer Hülfsverein für arme Geisteskranke. 10. Bericht... vom 1. Januar 1899 bis 31. Dez. 1900.... 46 S. 8. Brugg, «Effingerhof», 1901.

Hülfsverein für die Stadt Bern. 10. Bericht umfassend den Zeitraum vom Frühjahr 1899 bis Frühjahr 1901. (1901 März.) 8 S. 8. (Bern, Typ. Berner Tagblatt.)

Hülfsverein für die Stadt Bern. 11. Bericht vom Frühjahr 1901 bis Frühjahr 1903. 8 S. 8. ([Bern,] Buchdr. Berner Tagblatt.)

Bernischer [kantonaler] Hülfsverein für Geisteskranke (in Bern). 21. Bericht (für das Jahr 1900/)1901 (März 15). 140 S. 8. Bern, Stämpfli & Cie., 1901.
Darin S. 8—20: Welche Kranke müssen und dürfen in eine Irrenanstalt? ⟨Vortrag von Dr. R[obert] Walker, Sek.-Arzt der Waldau, gehalten... 22. April 1901.⟩

Bernischer [kantonaler] Hülfsverein für Geisteskranke (in Bern). 22. Bericht (für das Jahr 1901/)1902 (April 12). II + 41 S. 8. Bern, Stämpfli & Cie., 1902.
Darin S. 3—14: Fürsorge für entlassene Geisteskranke. Vortrag, gehalten ... (27. Mai 1902) von Dr. Richard Hagen, Arzt der Waldau, jetzt... in Ins.

Bündner Hülfsverein für arme Knaben, die ein Handwerk erlernen wollen. Bericht. Vom 1. Januar bis zum 31. Dezember 1899 *und* 1900. 19 S. 8. Chur, Jos. Casanova, 1901.

Bündnerischer Hülfsverein für arme Taubstumme. 11. Bericht vom 1. Januar 1896 bis 31. Dezember 1902. II + 23 S. 8. Chur, Sprecher & Valer, 1903.

Bericht über den deutschen Hilfsverein im Aargau pro 1884 u. 1885. Gr. in-8°, 8 S. Aarau, H. R. Sauerländer. **1887?**

9. u. 11. **Bericht** des deutschen Hilfsvereins in Basel. Basel 1871.

Bericht, neunzehnter, des deutschen Hilfsvereins in Basel. Erstattet im März 1881. In-8°, 16 S. Basel, Druck von K. J. Wyss. **1881?**

25. Bericht des Deutschen Hülfsvereins in Basel. Erstattet im März 1887. In-8°, 16 S. Basel, Schultze'sche Buchdruckerei (L. Reinhardt). **1887?**

Deutscher Hilfs-Verein in Basel. 39. Bericht (1900). 16 S. 8. Basel, R. Ehrich, 1901.

Deutscher Hilfs-Verein in Basel. 40. Bericht (1901). 16 S. 8. Basel, R. Ehrich, 1902.

Deutscher Hilfs-Verein in Basel. 41. Bericht (1902). 19 S. 8. Basel, R. Ehrich, 1903.

Deutscher Hülfsverein in Paris, gegr. 1844. Bericht üb. d. J. 1873. 1909. Ps.

Bericht des kantonalen bernischen Hülfsvereines für schweizerische Wehrmänner. (Bern, den 10. April 1871.) 4. (Bern.)

Protestantisch-kirchl. Hülfsverein im Kt. Aargau. 19. öffentl. Bericht de 1871. 9 Stn. 8. Aarau, H. R. Sauerländer. 1872 ♀

Protest.-kirchl. Hilfsverein im Kanton Graubünden. 14. Bericht vom Komité über die Jahre 1894—1900. 14 S. 8. Chur, C. Schädler-Stocher, 1901.

St. Gallischer Hülfsverein f. genesende Gemüthskranke. VII. Bericht üb. d. J. 1873. Ragaz, Druck v. W. Lehmann. 42 Stn. 8. 1875 ♀

St. Gallischer [kantonaler] Hülfsverein für Gemütskranke. 34. Bericht pro 1900. 91 S. 8. Ragaz, Lehmann-Good, 1901.

St. Gallischer [kantonaler] Hülfsverein für Gemütskranke. 35. Bericht pro 1901. 68 S. 8. Wattwil, J. Kutz, 1902.

St. Gallischer [kantonaler] Hülfsverein für Gemütskranke. 36. Bericht pro 1902. 71 S. 8. Ragaz, Lehmann-Good, 1903.

—— dritter, über den Hülfsverein, nunmehr St. Johannis-Zweigverein für freiwillige Armenpflege, in Schweinfurt und das Waisen- und Rettungshaus Marienthal. gr. 8. (42 S.) Schweinfurt 854, Giegler.

— erster, d. Hülfsvereins der Stadt Schweinfurt. 8. (61 S.) Schweinfurt 852, Giegler. n.n. $^{1}/_{12}$ ℛ

—— 3., üb. d. Hülfsver. f. Schweinf. u. d. Wais.- u. Rettgshaus. Marienthal. 8. (42) Schweinf. 54, Giegler. n. - 3

Schweizerischer Hülfsverein in Manchester. 18. Bericht über ... 1900. 10 S. 8. Manchester, Thiel & Tangye, (1901).

Thurgauischer [kantonaler] Hülfsverein für Gemütskranke. 10. Bericht über die Jahre 1896, 1897, 1898 und 1899. 27 S. 8. Frauenfeld, Huber & Co., 1901.

— zweiter, über den Hülfsverein und das Waisen- u. Rettungshaus in Schweinfurt. Schweinfurt 853. Giegler. 8. (40 S.) n. 2 ℊ

Zürcher [kantonaler] Hülfsverein für Geisteskranke. 25. u. 26. u. 27. Bericht über das Jahr 1900 u. 1901 u. 1902. 55 u. 49 u. 56 S. 8. Zürich, Berichthaus, 1901 u. 1902 u. 1903.
In 25. Bericht ..., *S. 16—33:* Über Grenzgebiete geistiger Krankheiten. Nach einem Vortrag von Direktor J[ost] Lisibach in St. Urban.
In 26. Bericht ..., *S. 13—26:* Über Erkennung und Verkennung der Geisteskrankheiten. [Von Prof. Dr. Eugen Bleuler.]
In 27. Bericht ..., *S. 15—32:* Ein Gang durch eine Irrenanstalt. Von Dr. med. Walter Inhölder, Rorschach.

Bericht, Hinlänglicher, von dem Ursprung . . der Wallfahrt Maria Plain. Salzb. 1768. V: *Deixlperger, Innocenz.* (Hr)

Bericht, Historisch erachtlicher, über die Entstehung und Fortbildung der landesherrlichen oberbischöflichen Gewalt in Mecklenburg. O. O. 1851. V: *Ditmar, L. P. F.* (Bachmann, Mecklenburg. Güstrow 1889. S. 335.)

Bericht, Historischer, über die am 1. Dezember 1869 begonnene achtwöchentliche allgemeine Arbeitseinstellung der Waldenburger Bergleute. Schweidnitz. 1870. 40 S.

Bericht, historischer, über die Rettungsanstalt Bächtelen bei Bern. Zürich 1865.

Bericht, Historischer, über Entstehung, Zweck und Verhältniß der kaufmännischen Korporation und des Direktorialfonds in St. Gallen . . . St. Gallen 1840. V: *Näf, Aug.* (AarK) (Cat. d. Stadtbibl. Zürich. Zürich 1864—97.)

— histor., über Entstehung, Zweck u. Verhältnisse der kaufmänn. Korporation u. d. Direktorialfonds in St. Gallen. Aus d. Acten bearb. gr. 8. St. Gallen 841, Huber u. Comp. n. $^{1}/_{4}$ ℛ

— histor., v. d. Feyerlichkeit b. Einführung Harders. 8. Riga, (Hartknoch in Leipz.) 772.

Bericht, Historischer, von der Feyerlichkeit des Kaiserl. Lycei zu Riga. Riga 1772. V: *Harder, Johann Jacob.* (Mitt. von Alex. E. Seeligmüller, Riga-Sassenhof.)

Bericht, Historischer, von der Stadt Flensburg. Flensburg 1759—61. V: *Hoyer, Jonas.* (EB)

— histor., v. d. Friedens-Unterhandlungen zwischen Frankreich u. Engl. 4. Nürnb. Monath. 762.

Bericht, Historischer, in einem Gesang von dem Ungewitter den 21. Augstm. 1763. O. O. 1763. V: *Brendli, Wilh.* (Cat. d. Stadtbibl. Zürich. Zürich 1864—97.)

Historischer Bericht der Kauf- und Handels-Stadt Hamburg, und was sich vom Ursprung und Aufnehmen der Stadt bis Anno 1821 begeben hat. Alles historisch und kurzbündig beschrieben und mit dem Unglücksjahr der Hamburger bey dieser neuen Auflage ansehnlich vermehret. Hamburg. (1824.) 8°.

— histor. u. kritischer, über das neue Normalinstitut f. d. Landschullehrer des Cant. Zürich rc. gr. 8. Winterth. Steiner 807.

— histor., von der kaiserl. u. Reichslandvogtei in Schwaben, wie auch dem kaiserl. Landgericht u. Leutkircher Haid u. in der Pirs. Aus Urkunden rc. (v. Jh. Reinh. Wegelin). 2 Bde. Fol. ... 755.

— histor., über die durch die franz. Occupation Hannovers daselbst veranlaßten militär. Maasregeln, 2 Hefte. gr. 8. Helmst. Fleckeisen. 803. 4.

Bericht, Historischer, über Hamburgs Rechte an die Alster. Hamb. 1859. V: *Lappenberg, Joh. Mart.* (schz)

— hist., v. d. sämtl. d. Engl. gescheh. Reisen um die Welt. 6 Bde. a. d. Engl. 8. Leipz. Gleditsch. 775—80 (1r—3r à 1 Tblr. 4r 16 gr. 5r 6r à 18 gr.)

— histor. v. d. Stiftung d. hallischen Bibelgesellschaft, nebst der, bey d. Stiftungsfeyer gehalt. Einweihungsrede. Herausgeg. v. Knapp u. Niemeyer. 8. Halle, Waisenhaus-Buchh. 817.

Bericht, Historischer, von dem Ursprung und Schicksalen der uralten Pfarrkirche des heil. Johannes des Taufers Christi bey dem bürgerl. Lazaret in der sogenannten Währingergasse ausser der Stadt Wien verfasst durch J. G. V. S. k. k. H. A. Wien [1779]. V: *Schwandtner (Schwandner), Joh. Gg. von,* k. k. Hof-Agent. (Bibl. Seebarn.) (Ig. Luca, Wiens gegenw. Zustand. Wien 1787. S. 161) (BiblPort)

Bericht, Historischer, über das Wesen der Verfassung des ehemaligen Herzogthums Würtemberg, . . . Heilbronn 1816. V: *Pfister, Johann Christian.* (GGr)

Bericht, Historischer, von dem vormahligen und gegenwärtigen Zustande der Schleswig-Hollsteinischen Ritterschafft und ihrer Privilegien ... [Rendsburg?] 1714. V: *Amthor, Chph Heinr.* (BrMm) (schles)

Bericht des Hochbauamtes über den Umbau des alten Rathauses und der alten Börse in d. Jahren 1906–1909. Leipzig 1909: (Bär & Hermann). 16 S., 85 Taf. 4°
(Verwaltungs-Bericht d. Rates der Stadt Leipzig. Hochbauamt. 1909.)

Bericht über das Hochgewitter am Rhein und an der Thur 1881. Zürich 1881. V: *Landolt, Elias.* (Cat. d. Stadtbibl. Zürich Zürich 1864—97.)

Bericht üb. das Studienjahr 1881/82—1883/84, 1915/16 an der k. k. Hochschule f. Bodenkultur in Wien. Wien 1882—84, 1915.
K. k. Hochschule f. Bodenkultur in Wien. Programm etc. 1883/84, 1885/86, 1890/91, 1891/92, 1896/97, 1907/08, 1910/11, 1912/13, 1913/14]. Wien 1883—1913. 4°.

Bericht über die Königliche Technische Hochschule zu Berlin für das Rektoratsjahr 1910/11 ff. Berlin

Bericht über die Königlich Technische Hochschule zu Dresden. 1901-05. 4°

München, Königl. Technische Hochschule, Bericht über die — für das Studienjahr 1896–97, 97–98. Nebst Programm der — für die Studienjahre 1897–98, 98–99. München 1897, 98.

Bericht über die Königliche Technische Hochschule zu München für das Studienjahr 1902/03 ff.
Von 1913/14 ab: **Jahresbericht** [der] Königlichen Technischen Hochschule in München

Bericht der K. Techn. Hochschule in Stuttgart. 1900/01-09/10. 4° Stuttgart 1901-10

Bericht der Königlichen Technischen Hochschule in Stuttgart. Jg. 1903/04—1906/07. Stuttgart, 1904—1908.

— üb. d. kgl. tierärztl. Hochsch. zu Dresden f. 06—8, erstattet v. Rektor u. Senat. N. F. I—III. (222, 326 u. 275 m. Abb. u. 8 Taf.) gr8° Dresd., v. Zahn & J.'07—9. Je nn 1.75
Bisher im Bericht üb. d. Veterinärwesen im Kgr. Sachsen mitenth.

— üb. d. kgl. tierärztliche Hochsch. zu Dresden f. '09—11 Erstattet v. Rektor u. Senat. N. F. 4—6. (Mit Abb.) 8° Dresd., v. Zahn & J. je nn 1.75
4. '09. (383 m. 6 Taf.) '10. ‖ 5. '10. (343 m. 8 [3 farb.] Taf.) '11. ‖ 6. '11. (334 m. 4 Taf.) '12.

Bericht über d. Kgl. Sächs. Technische Hochschule.
Vorh. u.d. T.:
Bericht über d. kgl. Polytechnikum Dresden.

Bericht über die Kgl. sächsische technische Hochschule zu Dresden. 1888/89. Dresden 1889.

Bericht über die Kgl. Sächs. Technische Hochschule (1893/94 ff.: zu Dresden) auf (1893/94ff.: für) das Jahr (1891/92. 1892/93 ff.: Studienj.) 1890/91—1911/12. 1890—[1912].

Darin: Rede zur Feier d. Geburtstages (1897/98: u. d. Regierungsjubiläums) d. Königs:

1888/89. Fischer, Hugo: Die Entwickelung der Dampfschiffahrt auf der sächsischen Elbe. [Erw. in: Der Civilingenieur. Jg. 1890. N. F. Bd 36.]

1890/91. Hempel, Walther: Über den Einfluss der chemischen Technik auf Leben und Sitte. [Auch in: Hempel: Ausgewählte Vorträge u. Aufsätze. Berlin 1913.]

1892/93. Heyn, R(udolph): Die Fortschritte der Neuzeit auf dem Gebiete des Hochbaues.

1893/94. Krause, (Martin): Die Entwickelung der höheren Analysis.

1894/95. Renk, Friedrich: Über den hygienischen Unterricht auf den technischen Hochschulen. [Auch in: Arbeiten aus d. Kgl. hygien. Institute zu Dresden. Bd 1. 1903.]

1895/96. Stern, Adolf: Die Anfänge der modernen deutschen Litteratur.

1897/98. Meyer, Ernst von: Justus von Liebig als Reformator der Chemie.

1898/99. Mollier, Richard: Ueber die technische Entwickelung der Kriegsflotten seit der Verwendung von Dampfschiffen.

1899/1900. Rohn, Karl: Die Entwickelung der Raumanschauung im Unterricht.

1900/01. Mehrtens, [Georg]: Bilder aus der Geschichte der Technik. [Gekürzt in: Frankfurter Zeitung. Nr 356 v. 24. 12. 1911; zum Teil in erw. Form mit 5 Abb. in: Jung-Deutschland 1913. Kalender d. Jung-Deutschland-Bundes. S. 237 ff.]

1901/02. Hempel, Walther: Ueber die Erziehung der jungen Männer. [Auch in: Hempel: Ausgewählte Vorträge u. Aufsätze. Berlin 1913.]

1906/07. Drude, Oscar: Die Rohstoffproduktion der Pflanzen und die Fortschritte der chemischen Synthese in der Weltwirtschaft.

1908/09. Möhlau, Richard: Die Entwicklung und nationalökonomische Bedeutung der deutschen chemischen Industrie im XX. Jahrhundert.

1909/10. Hartung, Hugo: Einheitliche Baukunst.

1910/11. Helm, (Georg): Die Stellung der Theorie in Naturwissenschaft und Technik.

Bericht über die Technische Hochschule zu Dresden. Jgge. 1898—99 bis zur Gegenwart.

Bericht über die Technische Hochschule zu Dresden. Dresden, Jgge. 1890/91.

Bericht der Technischen Hochschule in St. für 1900/01, 03/04, 1905/06 [bis] 1910/11. Stuttg. 1901—11. 4°.

Gemeinverständliche Hochschulvorträge [Bern]. Bericht Winter 1900/1901 ([und] Hochschul-Bibliothek. Bericht über das Jahr 1900/1901). [4 S.] 4.

— über usw. volkstüml. Hochschulvorträge, Fortsetzg., s.: Bericht üb. die Verhandlungen des III. deutschen Volkshochschultages.

— des Freien deutschen Hochstiftes zu Frankfurt am Main. Hrsg. vom akadem. Gesamt-Ausschuß. Jahrg. 1885/86. 4 Lfgn. gr. 8. (IV, 411 S.) Frankfurt a/M. 886. Verl. d. Freien Deutschen Hochstifts. n. 6. —

— Hrsg. v. akadem. Gesamt-Ausschuss. Neue Folge. 7—11. Bd. Jahrg. 1891—1895 à 4 Hfte. 8° (1895. 1. u. 2. Hft 342 m. 2 Taf.) Frankf. a. M., Freies Deutsches Hochstift. à Jahrg. 6 —; einzelne Hfte 2 —; Doppelhfte 3 —

Bericht, Höchstwichtiger actenmässiger, als Beitrag zur Geschichte der Juden. . . . Franken [Nürnberg] 1804. V: *Göss, Georg Fried. Dan.* (Ky) (Wr) (Fiker)

Landkreis Adenau. **Bericht** über die Hochwasserkatastrophe im Kreise Adenau vom 12./13. Juni 1910. (Cöln 1911: Quos.) 30 S. 4°
(Verwaltungsbericht d. Kreises Adenau. 1910, Beil.) A 12. 10371

Bericht des Pommerschen H o f g e r i c h t s zu Cöslin vom 9. Oct. 1780, betr. das in den hinterpommerschen Städten geltende Lübische Recht und das in den Aemtern geltende Gewohnheitsrecht, nebst e. Anh. enth. den 4. Tit. der Pommerschen Bauerordnung vom 30. Dec. 1764. (Amtl. hrsg.) Cöslin 1854.

Bericht an die k. k. Hofkammer über das Operat der galizischen Salinen- und Domänen-Administration . . . [Aussee 1814.] V: *Lenoble, Jos.* (WFM)

Münchenstein. Erholungsstation Hofmatt bei Münchenstein. 8. Bericht 1899—1900. 18 S. 8. Basel, M. Werner-Riehm, 1901.

Bericht von den Holländereyen in den Herzogthümern Schleswig und Holstein. Glückstadt. 1755. 8°

— v. Flecken Holzhausen wegen Hessen-Cassel. Fol. Marb. 741.

Bericht über die Gemeinde-Verwaltung Hottingen im Jahr 1883 nebst Auszügen aus den Gemeinderechnungen. In-8°, 48 S. Zürich, Druck von Schiller & Cie.

Bericht über die Hundertjahrfeier der Joh.-Loge „Phöbus Apollo" im Or. Güstrow. [Berlin 1905: Denter & Nicolas.] 11 S. 8° [Kopftit.]

Engbünde: Allgemeines: **Bericht** über die 100 Jahr-Feier der Gründung der Schröderschen Engbünde im Engbund der Loge Balduin zur Linde in Leipzig am 25. Oct. 1902. [Leipzig 1902: Zechel.] 8 S. 4° [Kopftit.]
Aus: R. 30 (1903) S. 2—8, 12—14.
Enth. in Hauptsache den Vortrag von W. Kunis üb. Gründung u. Zweck der Engbünde.

Bericht über die Hundertjahr-Feier der unter der Constitution der Ehrw. Gr. Loge von Preussen, gen. „Royal York zur Freundschaft" arbeitenden vier vereinigten Johannis-Logen zu Berlin am 24. Juni 1898. [Berlin 1898]: Denter & Nicolas. 34 S. 8° [Umschlagtit.]

Bericht über den Verein „Hütte" an der Königlichen technischen Hochschule zu Stuttgart seit seiner Gründung 1869-95. (63 S) Stuttgart (1895)

Bericht über die Hüttenschule zu Duisburg. Duisburg, Lehrjahr 1891/92.

Hypothekarbank in Winterthur. 35. Bericht 1900. 26 S. 4. Winterthur, Geschwister Ziegler, 1901.

Hypothekarbank in Winterthur. 36. Bericht 1901. 26 S. 4. Winterthur, Geschwister Ziegler, 1902.

Hypothekarbank in Winterthur. 37. Bericht 1902. 26 S. 4. Winterthur, Geschwister Ziegler, 1903.

Hypothekar- und Ersparnisskassa in Winterthur. 5. Bericht de 1871. 18 Stn. 4. und 1 Tabelle. Winterthur, Druck von Bleuler-Hausheer & Co. 1872?

Hypothekar- und Ersparnisskasse in Winterthur. 7. Bericht pr. 1872. 14 Stn. 4. u. 1 Tabelle. Winterthur, Druck v. Bleuler-Hausheer & Co. 1873?

Hypothekar- und Ersparniss-Kasse in Winterthur. 9. Bericht 1874. Winterthur, Druck v. Bleuler-Hausheer u. Co. 1875. (22 S. in-4. m. 1 Tab.)

Hypothekarkasse des Kantons Solothurn. 4. Bericht über das Jahr 1872. Solothurn, Druck v. J. Gassmann, Sohn. 22 Stn. 4. und 3 Tabellen. 1873?

Hypothecar-Casse d. Kant. Solothurn. 6. Bericht 1874. 17 Stn. 4. m. 2 Tabellen. Solothurn, Druck v. J. Gassmann Sohn. 1875?

Hypothekar-Kasse des Kantons Solothurn. 7. Bericht über den Geschäftsbetrieb im Jahre 1875. 19 Stn. 4. (Mit 2 Tabellen.) Solothurn, Druck von J. Gassmann Sohn. 1876?

— — über das Hypothekarwesen des Kantons Zug. 12 S. 8. 1876?

Hypothekenbank, vormals Hypothekar- und Ersparnisskasse in Winterthur. 10. Bericht f. das Jahr 1875. 22 St. 4. Winterthur, Druck v. Bleuler-Hausheer & Co. 1876?

Basellandschaftliche Hypothekenbank. Bericht von 1874. Liestal, Buchdr. v. Lüdin u. Walser, 1875. (31 Stn. in-4.)

Bericht des Turnvereins „Jahn" Berndorf, N.-Ö., 1898, Berndorf 1899, 27 S., 8°.

Bericht des Turnvereins „Jahn" in Schlag, m. Abb., Schlag 1886, 19 S., 8°.

Bericht über das Jahr 1879 und über 112 Staar-Extractionen nach Graefe's Methode von Dr. Ross u. Dr. Friedr. Kerschbaumer. (Augenheilanstalt Salzburg.) 8. (76 S.) geh. 1 fl. nur baar. Salzburg 1881: Mayr.

[*Kopft.*] [*F.*] Ausserord. Beilage zum Bonner Wochenblatt. Nro 58. Sonntag, d. 20 July 1828. **Bericht** für das academische Jahr von 1826 auf 1827 über die Verwaltung des Unterstützungs-Fonds für würdige und dürftige Studirende bei der Rhein-Universität zu Bonn. (*Am Ende:* Bonn, d. 2ten July 1828. Der Königl. ausserord. Regierungs-Bevollmächtigte *etc.*) [Bonn, gedr. bei P. Neusser] (1828). 2 Bl. 4.

[*Kopft.*] [*F.*] **Bericht** für das akademische Jahr von 1827 auf 1828 über die Verwaltung des Unterstützungs-Fonds für würdige und dürftige Studirende auf der Königl. rheinischen Friedrich-Wilhelms-Universität zu Bonn. (*Am Ende:* Bonn, d. 18ten Okt. 1829. Der Königl. ausserord. Regierungs-Bevollmächtigte *etc.*) [Bonn, gedr. bei P. Neusser 1829.] 2 Bl. 4.

Bericht über das . . . Jahr des Wirkens des freimaurerischen Vereins Fürsorge [in Dresden]. Dresden [1906ff.]: Ulrich. 8°. [Umschlagtit.]
. . . über das 12. Jahr [d. i. 1905]. [1906] 12 S.
. . . über das 16. Jahr [d. i. 1909]. [1910] 23 S.
. . . über das 20. Jahr [d. i. 1913]. [1914] 11 S.

— 65. u. 66., u. **Jahrbuch** 07 u. 8 d. histor. Ver. f. d. Pflege d. Gesch. d. ehemal. Fürstbist. Bamberg zu Bamberg. 8° Bambg, (Buchner's S.). nn 11.50 d
65. '07. (40, 159) '07. 4.50 ‖ 66. '08. (14, 21, 586 m. Abb. u. 5 Taf.) ('08.) nn 7 — *Bisher u. d. T.: Bericht üb. Bestand u. Wirken d. histor. Ver. zu Bamberg.*

— 67., 68., 69., u. Jahrb. '10 u. '11 d. histor. Vereins f. d. Pflege d. Gesch. d. chemal. Fürstbist. Bamberg zu Bamberg. 8° Bambg, Buchner's Sort. d
67. (32) ('10) 1 — ‖ 68., u. Jahrb. '10. (103 u. 49) ('11) 5.30 ‖ 69., u. Jahrb. '11. (34, 12 u. 114) ('12) 4.60

— u. Jahrbuch d. histor. Vereins f. d. Pflege d. Gesch. d. ehemal. Fürstbist. Bamberg. Fortsetzg. s: Bericht.

Bericht über die Jahre 1891–1900. Erstattet von dem Bibliothekar Christ. Wilh. Bergnoetfer. Mit 5 Tafeln. Frankfurt a. M. (1901.) 8°.

—— für die Jahre 1901—1905 v. dem Ersten Bibliothekar Christ. Wilh. Berghoeffer. ebd. (1906.) 8°.

— über die ersten 15 Jahre des Bestehens des Vereins Beethoven-Haus in Bonn. 1889—1904. (VII, 111 S m. 8 Taf. u. 8 Fksms.) Lex.-8. Bonn (904). Verein Beethoven-Haus. Geb. in Leinw. n.n. 5. —; in Halbfrz. n n. 7. —

Zweiter Bericht, enthaltend den in der zweiten General-Versammlung am 12ten May 1829 vorgelegten Jahresbericht der Rheinisch-Westphälischen Gefängnifs-Gesellschaft zur sittlichen und bürgerlichen Besserung der Gefangenen. *Düsseldorf.* 1 8 2 9

Dritter Bericht, enthaltend den in der dritten General-Versammlung am 1. Juli 1830 vorgelegten Jahres-bericht der Rheinisch-Westphälischen Gefängnifsgesellschaft zur sittlichen und bürgerlichen Besserung der Gefangenen. 8. *Düsseldorf, Jos. Wolf.* 1 8 3 0

Bibelgesellschaft in Basel. Bericht über die 57ste öffentliche Jahresfeier. Basel, Druck v. Bahnmaier (C. Schultze) 47 Stn. 8. 1 8 7 3?

— üb. d. 19. Jahresfest d. bayer. Hauptver. d. Gustav-Adolf-Stiftung (Umschl.: 19. Jahresfest d. Gustav-Adolf-Ver.) in Schweinfurt '09. (63) 8° Schweinf., (E Stoer) ('10). 1 — d

Bericht über das Jahres- und Jubiläums-Fest des Evangelischen Rettungshauses in Wiesbaden am 16. Sept. 1903. Dillenburg 1903: E. Weidenbach. (23 S.) 8° [F.] [os. 10435

Bericht über die christlichen Jahresfeste in Basel vom 2.—5. Juli 1883. In-8°. Basel, Missionsbuchhandlung. 1 8 8 3? 1 —

— über die christlichen Jahresfeste in Basel 29. Juni bis 3. Juli 1885. 8. (84 S.) Basel 885. Missionsbuchh. n. — 80

—— dass. — vom 28. Juni bis 2. Juli 1886. gr. 8. (96 S.) Ebendas. 886. *

—— dass. — vom 27. bis 30. Juni 1887. gr. 8. (91 S.) Ebendas. 887. *

—— dass. — vom 2. bis 5. Juli 1888. gr. 8. (94 S.) Ebendas. 888. *

— dasselbe, vom 1. bis 4. Juli 1889. 8. (94 S.) Ebd. 889. n. — 80

— dasselbe, vom 30. Juni bis 4. Juli 1890. 8. (88 S.) Ebd. 890. n. — 80

— üb. d. christl. Jahresfeste in Basel, Juni 1892, 8° (100) Bas. 92, Missionsbh. ‖ Juni 1893. (102) 93. ‖ Juli 1894. (84) 94. ‖ Juli 1895. (67) 95. à — 80

— dasselbe, v. 29. VI. b. 2. VII. 1896. 8. (128 S. m. 2 Abb.) Ebd. 896. n. — 80

— dasselbe, v. 28. VI. b. 2. VII. 1897. gr. 8. (114 S.) Ebd. 897. n. — 80

— dasselbe, v. 27. VI. b. 1. VII. 1898. gr. 8. (116 S.) Ebd. 898. n. — 80

— über die christlichen Jahresfeste in Basel vom 26. VI. bis 30. VI. 1899. gr. 8. (138 S.) Basel (899). Missionsbuchh. n. — 80

— dasselbe v. 2. VII. bis 6. VII. 1900. gr. 8. (111 S.) Ebd. 900. n. — 80

— üb. d. christl. Jahresfeste in Basel 1901—05. (122, 142, 82, 70 u. 96) 8° Bas., Basler Missionsbh. ('01-05). Je — 80 d
1904 u. 5 hrsg. v. A Wenger.

— üb. d. christl. Jahresfeste in Basel 06—9. (06 u. 7 hrsg. v. Alb. Wenger.) (87, 86, 96 m. Abb. u. 88) 8° Bas., Basler Missionsbh. ('06-'09). Je — 80 d

— üb. d. christl. Jahresfeste in Basel '10, '11 u. '12. (100, 90, 103) 8° Bas., Basler Missionsbh. ('10—12). je — 80 d

— über die religiösen Jahresfeste in Basel vom 1. bis 4. Juli 1878. 8. (IV, 72 S.) Basel 878. Missionsbuchhandlung. n. — 80

— dasselbe, vom 30. Juni bis 3. Juli 1879. Als Mskr. gedr. gr. 8. (IV, 76 S.) Ebend. 879. n. — 80

—— über die religiösen Jahresfeste in Basel vom 28. Juni bis 2. Juli 1880. gr. 8. (IV, 92 S.) Basel 880, Missionsbuchh. *

— — dass. — vom 27. bis 30. Juni 1881. 8. (IV, 95 S.) Ebendas. 881. *

—— dass. — vom 26. bis 30. Juni 1882. 8. (102 S.) Ebendas. 882. *

— — dass. — vom 2. bis 5. Juli 1883. 8. (104 S.) Ebendas. 883. *

Bericht an die Jahres-Generalversammlung über das Rheinisch-Westfälische Kohlen- und Koks-Lager Hamburg-Bahnhof-Sternschanze G. m. b. H. 1.—14. Jg. (1890—1908). Düsseldorf, 1891—1904.

Arbeiter-Kranken-Unterstützungs-Alters- und Sterbe-Kasse des Eisenwerkes Gerlafingen. 33. Bericht und Jahres-Rechnung vom 1. Dezember 1900 bis 30. November 1901. 9 S. 8. Solothurn, Zepfel, 1901.

Arbeiter-Kranken-Unterstützungs-, Alters- und Sterbe-Kasse des Eisenwerkes Gerlafingen. 34. Bericht und Jahres-Rechnung vom 1. Dezember 1901 bis 30. November 1902. 8 S. 8. Solothurn, Zepfel, 1903.

Basler Bauverein (in Basel). 28. Bericht und Jahresrechnung (vom 1. Oktober 1900 bis) 30. September 1901. 14 S. 8. Basel, M. Werner-Riehm, 1901.

Basler Bauverein (in Basel). 29. Bericht und Jahresrechnung (vom 1. Oktober 1901 bis) 30. September 1902. 16 S. 8. Basel, M. Werner-Riehm, 1902.

Brandversicherungs-Anstalt des Kantons Basel-Stadt. Bericht und Jahresrechnung 1900. [Mit 3 Tabellen.] II + 4 S. 8. [1901.]

Brandversicherungs-Anstalt des Kantons Basel-Stadt. Bericht und Jahresrechnung. 1901 *u.* 1902. [*je* Mit 3 Tabellen.] *je* II + 4 S. 8. [1902 *u.* 1903.]

Bericht und Jahres-Rechnung über die Evangelische Kirche und Schule in Bukarest an die Gemeinde-Versammlung v. 1./13. Juni 1898. *Bucarest: G. Ionescu, Storck & Müller 1898.* (72 S., 1 Tab.) 1 Bd 8. [w. 978

Kur- und Verkehrs-Verein Ragaz. Bericht und Jahresrechnung des Comité.... 8.
... pro 1900. II + 12 S. (1901.)
... pro 1901. II + 12 S. (Ragaz, Lohmann-Good, 1902.)
... pro 1902. II + 17 S. Ragaz, Lehmann-Good, 1903.

Marienstiftung [in Schaffhausen]. [1.] Bericht und Jahresrechnung pro 1901. [3 S.] 4. [Schaffhausen, H. Meier & Cie., 1902.]

Basler Verein für die Predigerseminare in Mangalur und Talatscheri. 8.
(Bericht [und] Jahresrechnung pro 1899.) Ausgegeben im März 1901. 6 S. [Basel, M. Werner-Riehm.]
(Bericht [und] Jahresrechnung pro 1900.) Ausgegeben im Februar 1902. 8 S. (Basel, M. Werner-Riehm.)

Basler Verein für die Predigerseminare in Mangalur und Talatscheri. ([Bericht und] Jahresrechnung pro 1902 [*d. i.* 1901].) Ausgegeben im März 1903. 8 S. 8. (Basel, M. Werner-Riehm.)

Städtische Strassenbahnen Bern. 1. Bericht und Jahresrechnungen pro 1900. [Mit 1 graphischen Tabelle.] 29 S. 4. Bern, Siebenmann & Co., (1901).

Städtische Strassenbahnen Bern. 2. Bericht und Jahresrechnungen pro 1901. [Mit 1 graphischen Tabelle.] 36 S. 4. Bern, Siebenmann & Co., (1902).

Städtische Strassenbahnen Bern. 3. Bericht und Jahresrechnungen pro 1902. [Mit 2 Tabellen.] 23 S. 4. Bern, Neukomm & Zimmermann, (1903).

Bericht über die . . . (Jahres-) Versammlung des Pfälzischen Forstvereins zu . . . 13. - 20. Vers. 1893 - 1912. - (M. n. erm.)
Früher s.: Verh. d. Pfälz. Forstver.

BERICHT ÜBER DIE JAHRES-VERSAMMLUNG DER ALLGEMEINEN DEUTSCHEN ORNITHOLOGISCHEN GESELLSCHAFT ZU BERLIN. Herausgegeben von JEAN CABANIS.
(I.) Abgehalten in Berlin am 13—16. September 1876. Leipzig 1877. L. A. Kittler. 8°.
(II.) Abgehalten zu Dresden am 15—17. September 1877. ib. 1878. —
(III.) Abgehalten zu Berlin am 3—6. October 1878. ib. 1879. —
IV. Abgehalten zu Stettin am 23.—26. Mai 1879. ib. 1880. —
(V.) Abgehalten zu Berlin, vom 27.—31. Mai 1880. ib. 1880. —
(VI.) Abgehalten zu Hamburg, vom 31. August bis 3. September 1881. ib. 1881. —
(VII.)†) Abgehalten zu Berlin vom 21. bis 23. September 1882. ib. 1882. —

BERICHT ÜBER DIE ... JAHRES-VERSAMMLUNG DER ALLGEMEINEN DEUTSCHEN ORNITHOLOGISCHEN GESELLSCHAFT zu Berlin. Herausgegeben von J. CABANIS.:
(VIII.)*) Abgehalten zu Oldenburg, vom 20. — 23. Juni 1883. Leipzig, 1884. L. A. Kittler. 8°.

Bericht der Jahresversammlung der Deutsch-Amerikanischen Historischen Gesellschaft: 1901? –? 215
Edited by Marion Dexter Learned. Published in Americana Germanica, and in German-American Annals. Philadelphia, PA.

— üb. die I. Jahresversammlung d. deutschen elektrochemischen Gesellschaft, am 5. u. 6. Oktbr. 1894 in Berlin. gr. Lex.-8. (61 S. m. Fig.) Halle 894. (W. Knapp.) n. 5. —

Bericht über die . . . Jahresversammlung von Deutschlands Großloge II des Gut-Templer-Ordens. J. O. G. T. Hamburg. 8°
12. in Lübeck, Juli 1901. 13. in Kiel, Juli 1902.
14. in Berlin, Aug. 1903. 15. in Altona, Juli 1904.
16. in Danzig, Juli 1905. 17. in Schwerin, Juli 1906.
18. in Flensburg, Juli 1907. 19. in Stettin, Juli 1908.
20. in Dresden, Aug. 1909.
Fortges. u. d. T.:
. . . Jahres-Versammlung von Deutschlands Großloge II des J. O. G. T. Hamburg. 8°
21. in Bielefeld, Juli 1910. 25. in Flensburg, Juli 1914.

Bericht über die Jahresversammlung der Grossloge zur Sonne in Bayreuth 1905. 27 S. 8°. [Kopftit.]

BERICHT über die Jahresversammlung des Bundes Heimatschutz in Goslar am 12.—14. Juni 1905. Mit 40 Abbildungen. Halle a. S. 1906. Verlag von Gebauer-Schwetschke. 8°.

—— üb. d. am 29. Juli v. J. zu Lissa abgeh. Jahres-Vers. d. Seutin-Ver. 8. (53) Berl. 61. (Pos., Jagielski.) n. — 10

— über die am 29. Juli vorigen Jahres zu Polnisch-Lissa abgehaltene Jahres-Versammlung des Seutin-Vereins. Berlin 861. Nicolai'sche Sorthdlg. in Comm. gr. 8. (VIII, 53 S.) n. 10 ngr.

BERICHT ÜBER DIE ... JAHRESVERSAMMLUNG DES RHÖNCLUBS
5., abgehalten in Fulda am 14. August 1881. (Fulda. J. L. Uth, Hofbuchdruckerei.)

BERICHT ÜBER DIE ... JAHRES-VERSAMMLUNG DES RHÖNCLUBS
6., abgehalten am 13. August 1882 zu Neustadt a/Saale. (ib. —).
8.,[1]) abgehalten am 3. August 1884 zu Vacha. (ib. —).
9., abgehalten am 15. August 1885 zu Hammelburg. (ib. —).

Bericht an die Jahres-Versammlung der Rigaschen Section der Evangelischen Bibel-Gesellschaft in Rußland, am 10. Nov. 1836. Riga 1836. H: *Grave, Carl Ludwig von.* (R-N)

Bericht über die 13.—15. Jahresversammlung des Verbandes Deutscher Elektrotechniker (e. V.). Berlin, 1905—1907.
13. Dortmund-Essen. 4.—8. Juni 1905. 1905. 40 S.
14. Stuttgart. 21.—27. Juli 1906. 1906. 53 S.
15. Hamburg. 7. u. 8. Juni 1907. 1907. 73 S. mit 15 Abb. u. 1 Taf.

Bericht über die Jahresversammlung des Verbandes deutscher Elektrotechniker.
17 u. 19. 20. Berlin 1909 u. 1911—1912
(Aus: Elektrotechnische Zeitschrift)

(Bericht über die) Jahresversammlung des Deutschen Vereins gegen den Misbrauch (von 1893 an Missbrauch) geistiger Getränke
(2.—3.) Bremen. 1885—86. 8°.
7.—8. ebd. 1890—91.
10.—18. Hildesheim. 1893—1901.

— üb. d. 19. u. 20. Jahresversammlg d. deut. Ver. geg. d. Missbr. geist. Getränke (E. V.). Anh.: Bericht üb. d. 3. u. 4. Konferenz d. Trinkerheilanst. d. deut. Sprachgebietes. 8° Berl., Mässigkeits-Verl. nn 1.10 d
19. Stuttgart '02. (120) '03. nn — 60 ‖ 20. Berlin '03. (108) '04. — 50.

— üb. d. 21—25. Jahresvers. d. deut. Ver. geg. d. Missbr. geist. Getränke (e. V.). 8° Berl., Mässigkeits-Verl. 4.75 d
21. Erfurt '04. Anh.: Bericht üb. d. 5. Konferenz d. Verb. d. Trinkerheilstätten d. deut. Sprachgeb. (192) Mit Beil.: Möller, Karl: Ein deut. Branntweinmonopol. (23) '05. — 75
22. Münster i. W. '05. Anh.: Bericht üb. d. 6. Konferenz d. Verb. v. Trinkerheilstätten d. deut. Sprachgeb. (169) '06. — 75
23. Karlsruhe '06. Anh.: Bericht üb. d. 7. Konferenz d. Verb. v. Trinkerheilstätten d. deut. Sprachgeb. (147) '07. — 75
24. Posen '07. Anh.: Bericht üb. d. 8. Jahresvers. d. Verb. v. Trinkerheilstätten d. deut. Sprachgeb. (106) '08. 1.25
25. Jubiläums-Jahresvers. Cassel '08. Anh.: Bericht üb. d. 9. Jahresvers. d. Verb. v. Trinkerheilstätten d. deut. Sprachgeb. (174) '09. 1.25

— üb. d. 26—28. Jahres-Versammlg d. deut. Vereins gegen d. Missbrauch geist. Getränke. '09—11. Anh.: Bericht üb. d. 10—12. Jahresversammlg d. Verbandes v. Trinkerheilstätten d. deut. Sprachgebietes. 8° Berl., Mässigkeitsverl. je 1.25
26. Nürnberg '09. (120) '10. ‖ 27. Kiel '10. (160) ('10) ‖ 28. Düsseldorf '11 (126 m. 1 Tab.) ('11)

— von der 14. Jahresversammlung des evangelischen Vereins zu Frankfurt a. M. z. Förderung christlicher Erkenntniß u. christlichen Lebens. Gehalten am 9. Septbr. 1851. [Abdr. aus dem Christlichen Hausfreund.] gr. 8. (14 S.) Frankfurt a. M. 851, Zimmer'sche Sort.-B. (Völcker.) 3 ngr

[Bericht über die Jahresversammlung des Vereins deutscher Freimaurer.]

1869 in Dresden. Von Rud. Seydel. [Leipzig 1869: Bär & Hermann.] 20 S. 8° [Kopftit.] Aus: Bh. 12 1869 S. 298—303. Und in: FZ. 23 1869 S. 308—311; HL. 2 1869 S. 141—142; MitthVdF. 3 1869 S. 217—236.

43. Jahresversammlung des Vereins deutscher Freimaurer am 23. und 24. Sept. 1905 in Hanau und Wilhelmsbad. [Hanau a. M. 1905: Döring & Huning.] 6 Bl. 8°
[Umschlagtit.:] Wilhelmsbad. Freimaurer-Convent 16. Juli—29. Aug. 1782. Verein deutscher Freimaurer 24. Sept. 1905.
Progr. u. 4 Liedertexte. 3.
[1906 in Leipzig.] o. O. [1906.] 4 S. 8° [Kopftit.] 193.

Verein deutscher Freimaurer. 45. Jahresversammlung des Vereins deutscher Freimaurer am 21. und 22. Sept. 1907 in Magdeburg. [Magdeburg 1907.] 6 Bl. 8°
[Progr. u. 3 Liedertexte.]

1908 in Gnesen. [Unterz.:] P[aul] F[ischer] und R[einhold] T[aute]. o. O. 1908. 8 S. 8° [Umschlagtit.]

1909 in Stuttgart. [Von Ernst Clausen und Reinhold Taute.] o. O. [1909] 16 S. 8° [Umschlagtit.]

— Verein gegen das Moorbrennen, Bericht über die Jahres-Versammlung am 18. Mai 1873. Bremen 1873.

— üb. die 30. Jahresversammlung des preussischen botanischen Vereins zu Königsberg am 6. Oktbr. 1891. Erstattet v. Abromeit. [Aus „Schriften d. physikal.-ökonom. Gesellsch. zu Königsberg i/Pr."] gr. 4. (S. 73—139.) Ebd. 892. n. 2. 80

— dasselbe üb. die 31. Jahresversammlg. zu Marienburg am 4. Oktbr. 1892. Erstattet v. Joh. Abromeit. [Aus „Schriften d. physikal.-ökonom. Gesellsch. in Königsberg".] gr. 4. (53 S.) Ebd. 893. n. 1. 60

— üb. die 32. Jahresversammlg. d. preuss. botanischen Vereins a 3. Oktbr. 1893 z. Mohrungen. Erstattet v. J. Abromeit. [A.: „Schriften d. physikal.-ökonom. Gesellsch. in Königsberg".] gr. 4. (40 S.) Königsberg 894. (W. Koch.) n. 1. 35

— dasselbe üb. d. 33. Jahresversammlg. a. 6. Oktbr. 1894 z. Marienwerder. Erstattet v. J. Abromeit. [A.: „Schriften d. physikal.-ökonom. Gesellsch. in Königsberg".] gr. 4. (52 S.) Ebd. 895. n. 1. 95
Die späteren Berichte werden einzeln nur noch an die Mitglieder des Preuss. Botanischen Vereins geliefert.

— üb. die 11. Jahresversammlung des Vereins norddeutscher Psychiater u. Neurologen, s.: Mitteilungen aus d. hamb. Staatskrankenanstalten. XI, 13.

Bericht über die Jahresversammlung der Freien Vereinigung deutscher Nahrungsmittelchemiker. 1. 3.-5. Berlin 1902-06

— über die 4. u. 5. Jahres-Versammlung der freien Vereinigung deutscher Nahrungsmittelchemiker. Hrsg. v. dem geschäftsführ. Ausschusse unter Red. v. C. Mai. Lex.-8. Berlin, J. Springer. à n.n. 3. —
4. in Dresden am 2. u. 3. VI. 1905. (III, 161 S. m. Fig. u. 1 Bildnis.) 905.
5. in Nürnberg am 25. u. 26. V. 1906. (III, 151 S.) 906.
Sonderabdrucke aus: „Zeitschrift f. Untersuchg. d. Nahrgs.- u. Genussmittel". — Von d. Berichten üb. die 1.—3. Versammlung sind Sonderabdrucke nicht erschienen.

— über die 6. u. 7. Jahres-Versammlung der freien Vereinigung deutscher Nahrungsmittelchemiker. Hrsg. v. dem geschäftsführ. Ausschusse unter Schriftführg. v. C. Mai. (III, 214 S.) Lex. 8. Berlin, J. Springer. 7. —
6. Frankfurt a. M. am 10. u. 11. V. 1907. 907. 4. —
7. in Bad Nauheim am 29. u. 30. V. 1908. (III, 151 S.) 908. nn 3. —
Sonderabdrucke aus: „Ztschr. f. Untersuchg. d. Nahrgs.- u. Genußmittel".

Bericht über die Jahresversammlung der freien Vereinigung Deutscher Nahrungsmittelchemiker. 6. 8. Berlin 1907. 09

— üb. d. Jahresversammlg d. Vereinigg d. technischen Oberbeamten deut. Städte in Elberfeld, s.a. Mitteilungen d. Vereinigg d. techn. Oberbeamten deut. Städte.

— über die Jahresversammlung der Vereinigung der technischen Oberbeamten deutscher Städte in Zürich, s.a. Mitteilungen der Vereinigung der techn. Oberbeamten deut. Städte.

Bericht über die Jahresversammlung der Vereinigung der technischen Oberbeamten deutscher Städte. H. 1—9. 1908—19 u. 12—15. 1921—24. Berlin
H. 1 u. d. T.: Bericht über die Zusammenkunft der Vereinigung ...
(H. 1 u. 2 Sonderabdr. aus d. Technischen Gemeindeblatt Jg. 11 u. 12)

Bericht über die Jahresversammlung der Vereinigung der technischen Oberbeamten Deutscher Städte in Zürich am 6. und 7. September 1909. Abgehalten vor der in Z' vom 8. bis 11. Sept' 1909 stattgefundenen 34. Versammlung des Deutschen Vereins für öffentliche Gesundheitspflege. Sonderdruck aus dem Technischen Gemeindeblatt Jahrg. 12. 88 S. 8. Berlin, Carl Heymann, 1910. [M. 2.—]
Mitteilungen der Vereinigung der technischen Oberbeamten Deutscher Städte. Heft 2.

Bericht üb. d. 50 Jahrfeier d. kais. deutsch. archäolog. Instituts in Rom. 1879. 46
4°. Italienisch. 1.

— über die bis jetzt erschienenen 7 Jahrgänge der wohlf. kathol. Bibliothek zur Unterhaltung, Belehrung u. Erbauung. Herausgeg. von einem Vereine zur Verbreitung guter Bücher. 8. Aachen 845, Cremer. gratis.

—— über Rossetti's Ideen zu e. neuen Erläuterung d. Dante u. der Dichter seiner Zeit. In zwei Vorlesn. Lex.-8. (5¼ B.) Berlin 840, A. Duncker.

*. . . Bericht über die Idioten-Anstalt in Kiel. 9. pro 1880, Kiel 1880: 11.–12. pro 1882 u. 83, ebd. 1883 u. 84; 15. ebd. 1887: 20. für das Jahr 1891, ebd. 1892: 24. ff. für das Jahr 1895 ff., ebd. 1896 ff. 8°.

— XI., über d. schweizerdeutsche Idiotikon, umfassend den Zeitraum vom 1. Weinmonat 1882 bis z. 31. Heumonat 1885. In-8°, 15 S. Frauenfeld, Huber. 1885?

— über die Jesuiten, herausgegeben für das Schweizervolk von der Kulturgesellschaft d. Bez. Zofingen. gr. 8. Aarau, ... Sauerländer. 1/24 ߹

Bericht über die Jesuiten, hrg. für das Schweizervolk von der Kulturgesellschaft des Bezirks Zofingen. 8. *o. O. u. J.* [ca. 1844].

—— über die ersten auf Befehl Sr. Maj. des Kaisers in Neurussland angestellten Impfungen der Rinderpest. Hrsg. von dem wissenschaftl. Comité des Ministeriums der Reichs-Domainen. Imp.-4. (III und 112 S. mit 2 ill. und 1 schw. Stnt.) St. Petersburg 854. (Dorpat, Glaeser's Verlag.) (Leipzig, Voss. ** 2 Thlr. 10 Ngr.) *

Bericht über die feierliche Inauguration des Rektors der k. k. technischen Hochschule in Wien. 1887—89, 91—94. Wien.

Bericht über Industrie und Handel des Stadt- und Landratamtsbezirks Gera für 1871. 74. 86-92 und 96. Gera 1872-97

Bericht über Industrie und Handel des Stadt- und Landrathsamts-Bezirks Gera. 31. 1880 ff. Gera
Seit 1900: Jahresbericht der Handelskammer zu Gera.

Bericht über die Industrie, den Handel und die Verkehrsverhältnisse in Nieder-Oesterreich. Wien 1857-1896.

Bericht über die Industrie, den Handel und die Verkehrsverhältnisse in Nieder-Oesterreich (Fortsetzung) während des Jahres 1895—1903. Dem k. k. Handels-Ministerium erstattet von der Handels- und Gewerbekammer in Wien. (9 Bde.) gr. 8. Wien 1896—1904.

Bericht über die Industrie, den Handel und die Verkehrsverhältnisse in Niederösterreich. 1900-05 Wien 1901-06

Bericht über die Industrie, den Handel und die Verkehrsverhältnisse in Niederösterreich. 1906-10. 12. Wien 1907-13

—— über die Aargauische Industrie- und Gewerbe-Ausstellung in Aarau vom J. 1880, verbunden mit einer Ausstellung von landwirthschaftl. Geräthen, Produkten der Land- und Forstwirthschaft und des Gartenbaues, erstattet vom Organisations-Comité an den tit. Handwerker- und Gewerbe-Verein in Aarau. 8. (95 S.) Aarau 881, (Sauerländer's Verlag.) **

—— üb. d. gegenwärt. österr. allgem. Industrie-Ausstellung. Beil. z. Journale d. österr. Lloyd. Redig. v. Ernst v. Schwarzer. 40 Nrn. gr. Fol. (30½ B.) Wien 845. (C. Gerold, Verl.) *

Bericht über die von dem Gewerbverein für das Grossherzogthum Hessen im Jahre 1842 veranstalteten allgemeinen deutschen Industrie-Ausstellung zu Mainz. Ausführlicher. Im Auftrag des Grhzgl. Hessischen Gewerbvereins verfasst von H. Rössler. Darmstadt 1843. 8. . . . .

Bericht über die im Jahre 1834 aus den 8 Kreisen des Königr. Baiern in München stattgehabte Industrie-Ausstellung. München 1835. 8.

Bericht über die im Jahre 1835 aus den 8 Kreisen des Königr. Baiern in München stattgehabte Industrie-Ausstellung. München 1836. 8. Mit 16 Beilagen. 4. [2 Ex.]

— ü. d. Londoner Ind.-Ausst. (1862) an das kaufmänn. Direktorium. 4° St. Gallen 1863

Bericht ü. d. pfälz. Ind.-Ausst. zu Kaiserslautern v. O Beylich. Kaiserslautern 1861

— über die Industrie-Ausstellung des kgl. bayerischen Regierungsbezirkes Schwaben und Neuburg in Augsburg vom 4. September bis 18. Oktober 1852. Augsburg 853. Jaquet in Comm. Lex.-8. (1 Bl., 200 S.) n. 22½ ngr.

— über die dritte schweizerische Industrie-Ausstellung in Bern 1857. Bern 1858

Bericht über die Industrie-Ausstellung in Willisau 1855. Luzern 1856.

Bericht über das Industrie- und Gewerbemuseum St. Gallen und über die Zeichnungsschule für Industrie und Gewerbe. 1900-02. St. Gallen 1901-03

Bericht über das St. Gallische Industrie- und Gewerbemuseum und die Zeichenschule für Industrie. und Gewerbe. 1878-1898/99. 4° St. Gallen 1878-99

BERICHT ÜBER DIE CHEMISCHEN INDUSTRIEN AUF DER WELTAUSSTELLUNG ZU PARIS 1900. Herausgegeben von dem K. K. Oesterreichischen General-Commissariate. Wien, 1901. 4to.

—— des mecklenburgischen Industrieschul-Vereins zu Rostock, vom 1. Febr. 1880 bis 1. Decbr. 1882. gr. 8. (32 S.) Ludwigslust 883, Hinstorff's Verlag. *

—— über einige Industrieverhältnisse im Kanton Zürich. gr. 8. (1¾ B.) Zürich 833, Orell, Füßli u. Comp.

Bericht über die Königl. Sächs. Infanterie-Brigade von Klengel ... in dem Feldzuge 1812 gegen Russland ... [Leipzig 1817.] V: *Beck, Carl August.* (MGT)

— üb. die Influenza-Epidemie in Oesterreich zu Ende 1889 u. im Beginne d. J. 1890, verf. m. Berücksicht. der v. der medicin. Akademie in Paris aufgestellten Fragepunkte. [Aus: „Das österr. Sanitätswesen".] Lex.-8. (S. 21—38.) Wien 891. A. Hölder. n. — 60

Bericht des Ingenieurs der Minen im Jura über die Anträge auf Revision des Gesetzes über die Bergwerke v. 17. März 1853 ... Basel 1857. V: *Quiquerez, Aug.* (AarK)

— über den deutschen Innungs- u. Handwerkertag in Eisenach vom 18. bis 20. VIII. 1907. (16 S.) 8. Eisenach (907). Hofbuchdr. Eisenach, H. Kahle. — 50
Sonderabdruck aus „Eisenacher Zeitg."

Bericht des Instituts für Gemeinwohl zu Frankfurt a. M.. 1902/03. 4° Frankfurt 1903

Bericht des Instituts für Gemeinwohl zu Frankfurt a. M. über d. 9. ff. Geschäftsjahr. Frankfurt a. M. 1905 ff. 4°.
9—13. 1904/05—1908/09.

— I—V., des hygienischen Instituts üb. die Nahrungsmittelkontrolle in Hamburg. Lex.-8. Hamburg (C. Behre). n. 13. 75
I. Bis zum J. 1896 incl., erstattet v. Dunbar u. K. Farnsteiner. (127 S.) 897. n. 2. 50
II. 1897, erstattet v. Dunbar u. K. Farnsteiner. (62 S.) 898. n. 2. 50
III. 1898 u. 1899, erstattet v. Dunbar unter Mitwirkg. v. K. Farnsteiner, K. Lendrich u. J. Zink. (109 S. m. 1 Grundriss.) 900. n. 2. 50
IV. In den J. 1900, 1901 u. 1902, erstattet v. K. Farnsteiner unter Mitwirkung v. K. Lendrich, J. Zink u. P. Buttenberg. (90 S.) 903. n. 2. 50
V. In den J. 1903 u. 1904, erstattet v. K. Farnsteiner unter Mitwirkung v. K. Lendrich u. P. Buttenberg sowie v. A. Kickton u. M. Klassert. (102 S. m. 10 Taf. u. 1 farb. Plan.) 905. n. 3. 75

— erster, vom neuen landwirthschaftlichen Institut der Universität Leipzig. Hrsg. v. Ad. Blomeyer. gr. 8. (III, 166 S. m. 1 Holzschntaf.) Leipzig 881. H. Voigt. n. 4. 50

Rostock: **Erster Bericht** über das bei der ger. und vollk St. Johannisloge zu den drei Sternen im Or. zu Rostock bestehende Institut zur Bekleidung armer Confirmanden. [Rostock 1866: Adler.] 2 Bl. 8° [Kopftit.]
Abgedr. in: FZ. 21 (1867) S. 356—357.

— über die wissenschaftlichen Instrumente auf der Berliner Gewerbeausstellung im J. 1879, bearb. v. A. Christiani, Dittmer, R. Doergens, W. Erfurth, G. Fritsch, O. Frölich, W. Giese, J. Hirschberg, J. Kaupert, H. Landolt, Th. Liebisch, L. Loewenherz, A. Pinner, A. Sprung, F. Steinhausen, H. W. Vogel, K. Ed. Zetzsche u. unter Mitwirkung von v. Morozowicz, v. Schleinitz, Helmholtz, Neumayer, W. Foerster hrsg. v. L. Loewenherz. Mit 292 in den Text gedr. Holzschn. gr. 8. (VIII, 535 S.) Berlin 880. Springer. n. 20.—

Ostschweizerischer Blindenfürsorge-Verein (in St. Gallen). Interimistischer Bericht über seine bisherige Thätigkeit [und] Kassa-Rechnung vom 1. Juni bis 31. Dezember 1901. [4 S.] 8. (1902.)

— 1. internat., üb. d. Gewerkschaftsbewegg '03. Hrsg. v. d. internat. Sekretär d. gewerkschaftl. Landeszentralen. (112 m. 7 Tab.) 8° Berl., Generalkommission d. Gewerkschaften Deutschlds '04. 1.50

— 2—5. internat., üb. d. Gewerkschaftsbewegg 04—7. Hrsg. v. d. internat. Sekretär d. gewerkschaftl. Landeszentralen. (168 m. 3 Tab.; 130, 22; 139, 24 u. 172, 24) gr8° Berl., (Bh. Vorwärts) '06—'9. Je 1.50

— 6—8. internat., üb. d. Gewerkschaftsbewegung '08—10. Hrsg. v. d. internat. Sekretär d. gewerkschaftl. Landeszentralen. gr8° Berl., Buchh. Vorwärts. je 1.50
6. '08. (220 u. 28) '10. ‖ 7. '09. Nebst Anh.: Internat. Adressenverz. d. Gewerkschaften. Internat. trade union directory. Manuel internat. des adresses des organisations syndicales. (In deut., engl. u. französ. Spr.) (247 u. 40) '11. ‖ 8. '10. (188) '11.

Bericht über das gemeinschaftliche Johannisfest der sechs schwäbischen Logen, gefeiert am 12. Juni 1881 in der Liederhalle (Von J. Sittard.) Stuttgart, Druck von Metzler. 1881. 8. 30 S.
Enthält ausser dem Festbericht zwei schwungvolle Reden von F. Loewe und B. Blancke. Vgl. Bauhütte 1881, S. 211. 215 u. 283.

Bericht an den Herrn Finanzminister Take Jonescu über die Steuereinschätzung vom Jahre 1905. Bukarest 1906. V: *Capitaneanu, N. R.* (KGBerlin II, 2310) (BerlZU 1906)

Bericht über das Pesther städtische Josephinum-Waisenhaus vom Jahre 1854/55. Pesth. 1856. Gedruckt bei Landerer und Heckenast. (19 S. 8.)

Bericht über den ersten deutschen Journalistentag, s. Biedermann, Karl.

Zweiter Bericht des Basler Irrenhilfsvereins erstattet vom Vorstande auf Ende März 1888. In-8°, 51 S. Basel, Buchdruckerei von Franz Wittmer.

Basler Irrenhilfsverein (in Basel). 15. Bericht (pro 1900/1901) auf Ende März 1901. 48 S. 8. Basel, Basler Druck- und Verlags-Anstalt, 1901.

Basler Irrenhilfsverein (in Basel). 16. Bericht (pro 1901/1902) auf Ende März 1902. 48 S. 8. Basel, Basler Druck- und Verlags-Anstalt, 1902.

Basler Irrenhilfsverein (in Basel). 17. Bericht (pro 1902/1903) auf Ende März 1903. 43 S. 8. Basel, Basler Druck- und Verlags-Anstalt, 1903.
Darin S. 9—19: Ein schweizerisches Irrengesetz. (Vortrag) von Prof. L(udwig) Wille.

— naturh. Irrthümer u. Fabeln. 16 St. 8. Altdorf. 797.

Bericht über das Pester Israelitenspital vom Jahre 1854. Pest. 1855. Druck von Johann Herz. (16 S. 4.)

BERICHT ÜBER DIE AM 24. APRIL 1860 BEGANGENE JUBEL-FEIER der Gründung des Vereins für meklenburgische Geschichte und Alterthumskunde am 24. April 1835, ... mit angehängtem Jahresberichte von W. G. BEYER. ib. 1860. — 8º.
(Dazu 3 Beilagen: BEYER, Ueber die bisherige Wirksamkeit des Vereins ... — F. LISCH, Ueber die Verdienste des Grofsherzogs Friedrich Franz I. um die vaterländische Geschichte und Alterthumskunde ... — Programm zur Feier des 25jährigen Bestehens des Vereins ... — Ohne bes. Titelblatt.)

1831-1906. **Bericht** über die 75jähr. J u b e l f e i e r der Öffentlichen Handelslehranstalt zu Leipzig am 20., 21. u. 22. Jan. 1906. – Leipzig: Hesse & Becker 1906. 84 S. 8º

Bericht über die fünfundzwanzigjährige Jubelfeier der Abteilung für Tier- und Pflanzenschutz der Gesellschaft von Freunden d. Naturwiss. in Gera, Reuss. *Gera 1900: Th. Hoffmann.* (20 S.) 8° [ot. 4431 9

— über die 50jährige Jubelfeier der Stolzeschen Kurzschrift u. den damit verbundenen Stolzetag, 26.—30. Septbr. 1891 zu Berlin. Auf Veranlassg. d. Ausschusses f. den Stolzetag als Sonderabdr. aus dem „Magazin f. Stenographie" hrsg. v. Max Bäckler. gr. 8. (72 S.) Berlin 898. G. Oehmke. n. 1. —

Bericht über die fünfzigjährige Jubelfeier des Kgl. Realgymnasiums nebst Progymnasium zu Annaberg. 4 (11 unp. S.).
Progr. Kgl. Rg. nebst Prg. *Annaberg* 1893

Bericht über Haffner's Jubelfeier; nebst der Jubel-Predigt ... Straßburg 1830. V: *Reuss, Eduard.* (Hauptkat. d. Univ.-Bibl. Tübingen. K S. 99.)

— von der hundertjährigen Jubelfeier der Gemeine Gnadenfrey im Januar 1843. 8. Breslau 843. (Leipz. Kummer.) baar 1/3 ₰

Bericht von dem zur danckbezeugender Wider-Gedächtnuss der vor 200 Jahren von Gott gegeben ... Reformation in ... Zürich, auf den 1. und 2. Tag Jenner 1719 angestellten Jubel-Jahre, samt einem nothwendigen Nachricht von ... der Reformation selbst ... Zürich 1719. V: *Fäsi, Heinrich.* (zuwzür 13, 1909, I, S. 35)

Bericht über das 50jährige Jubiläum der rheinischen Friedrich-Wilhelms-Universität Bonn. Herg. vom Rector u. Senat. Bonn 868. Cohen & S. gr. 8. (2 Bll. 145 S.) n. 22½ ngr.

Bericht über das 50 jähr. Jubiläum des Mannheimer Turnvereins, Straßburg 1896, 14 S., 8º.

Bericht über d. internat. Jubiläums-Ausst. in Melbourne 1888-89. fol Berlin 1889

Klüsener, Herm.: **Bericht** über die Jubiläumsfeier zu Ehren des Br. H. Klüsener, anlässlich seines 40 jährigen Maurer- und 25 jährigen Jubiläums als Meister v. Stuhl [der Loge zur Säule an den Vogesen in Mülhausen i. Els.] am 11. März 1906. Bayreuth 1906: Mühl. 19 S. 8º [Umschlagtit.]

Bericht von einem J u d e n namens Ahasverus. o.O. o.J. 24 Bl.

— über die 10. internationale Jünglingsconferenz zu Berlin vom 20.—24. Aug. 1884. gr. 8. (134 S.) Berlin 884. Buchh. der Berliner Stadtmission. n. 1. —

— der internationalen Jury der Vereinigten-Staaten-Ausstellungs-Commission zur Weltausstellung zu Philadelphia 1876 über die Seitens derselben angestellten Proben mit Turbinen u. Wasserrädern, Dampffeuerspritzen u. Dampfkesseln. Ins Deutsche übertr. u. hrsg. auf Veranlassung des königl. preuss. Ministers für Handel, Gewerbe u. öffentl. Arbeiten. gr. 8. (VII, 180 S. m. eingedr. Fig.) Berlin 879. C. Heymann's Verl. n. 6. —

Bericht des eidg. Justiz- und Polizeidepartementes an den schweizerischen Bundesrath über ein von Hrn. Nationalrath Louis Wuilleret verfasstes Memorial, betreffend Anrufung der Intervention der französischen Regierung in die innern Angelegenheiten der Schweiz. (Vom 25. Januar 1874.) — (Nachtrag.... Vom 29. Januar 1874. — Bericht ... an den schweiz. Bundesrath, betreffend den Appel des Catholiques suisses aux Puissances signataires du traité de Vienne.... Vom 29. Januar 1874. — Bundesrathsbeschluss.... Vom 29. Januar 1874.) [SA.] 8. [Bern 1874.]

Bericht der J u s t i z g e s e t z g e b u n g s - c o m m i s s i o n der Kammer der Abgeordneten, betr. den Entwurf eines Gesetzes über die Gerichtsverfassung. (Darmstadt) 1867.

Bericht über die Justizverwaltung und Rechtspflege in Preußen 1887—1901. Berlin 1901

Justizwesen des Kantons Appenzell A. Rh. Bericht pro 1900/1901. Auszug aus dem 42. Rechenschaftsbericht des Regierungsrates.... II + 7 S. 8. Herisau, Schläpfer & Cie., 1901.

Justizwesen des Kantons Appenzell A. Rh. Bericht pro 1901/1902. Auszug aus dem 43. Rechenschaftsbericht des Regierungsrates.... II + 6 S. 8. Herisau, Schläpfer & Cie., 1902.

Bericht über das Naturhistorische Cabinet und die Bibliothek des Museums (in Bremen.) Bremen. 1871. Bei: Abhandlungen hrgg. v. naturw. Ver. zu Bremen, Bd. 2. 8º.

Bericht über die Kaiser Franz Josef-Jubiläumsstiftung. 8 (S. 19—29). **Progr.** K. k. Staats-Oberg. *Iglau* 1899.

Bericht über den Kaiser-Franz-Josefs-Verein nach 25jährigem Bestehen. Czernowitz: Selbstverl. d. Vereins 1880.

— d. Kaiserin Auguste Victoria-Hauses z. Bekämpfg d. Säuglingssterblichk. im Deut. Reiche, s: Zeitschrift f. Säuglingsschutz.

— 8., üb. d. usw. Kaiserin Auguste Victoria-Stiftung auf d. Oelberge bei Jerusalem, hrsg. v. E Frhr v. Mirbach, s: Festtage, Die deut., '10 in Jerusalem.

— üb. d. Kaisermanöver v. 7.—12. IX. 1896. M. 1 Uebersichtskarte u. 3 Skizzen. [A.: „Militär-Wochenbl."] 8. (35 S.) Berlin 896. E. S. Mittler & Sohn. n. — 75

Bericht des Städtischen Kaiser Wilhelm-Museums in Krefeld. 1. Über d. Zeitraum von d. Eröffnung d. Museums am 6. Nov. 1897 bis z. 31. März 1899. Dem Kuratorium erstattet vom Dir. Dr. F[riedrich] Deneken. Krefeld 1899: J. B. Klein. 4° [ot. 4370 5

Bericht über den 1.—3. Deutschen Kalitag. Berlin, 1905—1907.
1 Hannover: 9. u. 10. Dezember 1905. 1905. 19 S. mit 8 Abb.
2. Staßfurt-Leopoldshall: 12. u. 13. Mai 1906. 1906. 11 S.
3. Hildesheim: 4. u. 5. Mai 1907. 1907. 38 S. mit 2 Abb.

Bericht an den 2. internationalen Kältekongres in Wien 1910 eingesandt v. dem dänischen Komité. Kopenh. 1910. 42 S. Fig. 2 Pl. 4°.

— üb. d. 2. internat. Kältekongress. Wien '10. 2 Bde. (7, 308 u. 1085 m. Fig.) Lex8° Wien, (W Frick) '11. 24 —
Der Bericht d. 1. Kongresses (Paris '08) ist nicht im Handel.

Bericht der 2. Kammer über die Aufhebung des Belagerungszustandes. Verlag von C. Lindow. 1 Bl. 4.
Flugblatt. Berlin, 26. Apr. 1849.

Bericht der Kammer betr. die Bitte von Handwerkern und Vertretern der Innungen um staatlichen Schutz der Sonntagsruhe. 4°. Karlsruhe 1886.

— über den neuesten in Frankreich u. zunächst im Elsaß von der römischen Kirche gegen die evangelische unternommenen Kampf. Sendschreiben an den Herausgeber der Zeitschrift für die histor. Theologie. Aus dem 13. Bde. von Illgens Zeitschrift f. d. histor. Theologie abgedruckt. gr. 8. Leipzig 843, T. O. Weigel. n. 1/2 ℔

Bericht des Kampfgerichts über das 15. basellandschaftliche Kantonalturnfest Birsfelden 7. bis 8. 8. 1898, Liestal 1898, 10 u. VIII S., 4°.

Thurgauisches [C]Kantonalgesangfest in Weinfelden den 28. und 29. Juli 1901. Bericht des Kampfgerichtes. II + 40 S. 8. Frauenfeld, Huber & Co., 1901.

Aargauisches Kantonal-Turnfest (in) Aarau 24.—26. August 1901. Bericht des Kampfgerichts. II + 65 S. 8. Baden, J. Jäger, 1901.

Bericht des Kampfgerichts über die Leistungen der wettsingenden Vereine am 14. eidgenössischen Sängerfeste in Neuenburg, 9., 10. und 11. Juli 1870. XXVIII u. 164 Stn. 12. St. Gallen, Zollikofer'sche Buchdr. 1871?

4. Ostschweizerisches Musikfest in Frauenfeld am 8. Juni 1902. Bericht des Kampfgerichts über die Leistungen der wettspielenden Vereine. 16 S. 8. Frauenfeld, Huber & Co., 1902.

Bericht des Kampfgerichtes über die Leistungen der wettspielenden Vereine an der Jubel-Feier der Stadtmusik »Concordia« . . Zürich 1894. V: *Wolfensberger, Jean.* (Cat. d. Stadtbibl. Zürich. Zürich 1864—97.)

Bericht des Kampfgerichtes über das 12. Schauturnen des Karlsruher Turngaues am 31. 7. 1892 in Bruchsal, Bruchsal 1892, 20 S., 8°.

Zürcher Kantonalturnfest in Wetzikon den 20. und 21. Juli 1902. Bericht des Kampfgerichtes samt den Statistischen Tabellen (über die Leistungen im Wetturnen). II + 32 S. 8. Zürich, Hürlimann & Fischer, (1902).

Bericht des Kampfgerichts über das Eidgenössische Turnfest in Lausanne 16.—20. 7. 1880, 51 S., 8°.

Bericht des Kampfgerichts über das Eidgen. Turnfest in Lugano 4. bis 7. 8. 1894, Biel 1895, 55 S., 8°.

Bericht des Kampfgerichtes über das 6. Zentralschweizerische Turnfest in Emmenstrand 1893, Luzern 1893, 26 S., 4°.

Bericht des Kampfgerichtes an das Zentral-Komite des eidgenössischen Sängervereines über die Leistungen der wettsingenden Vereine am Feste in Zürich Juli 1858. Zürich 1859. V: *Baumgartner, Wilh.* (Zuwachsverz. d. Bibl. in Zürich 1898 ff.)

Bericht des Kampfgerichtes und des Zentralkomitees über das Eidgen. Turnfest in Chaux-de-Fonds 4. bis 7. 8. 1900, Zürich 1900, 93 S., 8°.

Bericht des Kampfgerichtes und des Zentralkomitees über das Eidgen. Turnfest in Luzern v. 30. 6. bis 3. 7. 1888, Zürich 1888, 43 S., 8°.

Bericht des Kampfgerichtes und des Zentralkomitees über das Eidgen. Turnfest in Schaffhausen 24. bis 27. 7. 1897, Zürich 1897, 72 S., 8°.

Bericht des Kampfgerichtes und des Zentralkomitees über das Eidgen. Turnfest in Zürich 18. bis 21. 7. 1903, Zürich 1904, 72 S., 4°.

Bericht über das 8. Solothurner Kantonalturnfest 7.—8. 7. 1901 in Olten, Olten 1901, 36 S., 8°.

Zürcherischer Kantonalverband für die Naturalverpflegung armer Durchreisender. 14. Bericht über das Jahr 1900. II + 28 S. 8. Zürich-Selnau, Ed. Leemann, 1901.

Zürcherischer Kantonalverband für die Naturalverpflegung armer Durchreisender. 15. u. 16. Bericht über das Jahr 1901 u. 1902. II + 26 u. II + 34 S. 8. Zürich-Selnau, Gebr. Leemann & Co., 1902 u. 1903.

— der Kantonsregierungen üb. die Ausführung d. Bundesgesetzes betr. die Arbeit in den Fabriken 1883 u. 1884. gr. 8. (III, 136 S.) Aarau 885. Sauerländer. n. 1. 80

— der Kantonsregierungen üb. die Ausführung des Bundesgesetzes betr. die Arbeit in den Fabriken 1907 u. 1908. Veröffentlicht vom schweizer. Industriedepartement. — Rapports des gouvernements cantonaux sur l'exécution de la loi fédérale concernant le travail dans les fabriques. (III, 130 S.) Lex.-S. Aarau, H. R. Sauerländer & Co. 1909. 1. 80.

Bericht der Kantonsregierungen über die Ausführung des Fabrikgesetzes 1883/84. Gr. in-8°, 140 S. Aarau, Sauerländer. 1885? 1 80

Bericht der Handelskammer Karlsruhe. 1866-72. Karlsruhe 1866-72

Bericht der Sektion Kärnten des Bundes Österreichischer Industrieller. Klgft., Bertschinger, Gutenberghaus, v. Kleinmayr, 1903—.

Dr. J. M. Ziegler'sche Kartensammlung (in Basel). 22. Bericht 1900. 4 S. 8. (1901.)

Dr. J. M. Ziegler'sche Kartensammlung (in Basel). 23. Bericht 1901. 3 S. 8. (1902.)

Dr. J. M. Ziegler'sche Kartensammlung (in Basel). 24. Bericht 1902. 5 S. 8. (1903.)

Bericht über Gruppe 36: Kartographie. (Berichterstatter: Professor K. C. Amrein in St. Gallen.) In Verbindung mit dem Relief und dem Katasterwesen der Schweiz. (Specialberichte der Professoren A. Heim und J. Rebstein in Zürich.) (Schweizerische Landesausstellung, Zürich 1883.) Zürich 1894. 39 S. 8°.

Bernischer [kantonaler] Käsereiverband. Bericht über die Käserei-Inspektion. [Formular *resp.* Fragen-Schema.] 18 S. 8. Bern, Bühler & Werder, 1902. VII.

Stickfachschule Amriswil. (Bericht [und] Kassa-Rechnungen des) Garantie-Komitee (pro 1899/1900—1902/1903). 8 S. 8. (1903.)

Bericht der Sektion Cassel des Deutschen u. Oesterr. Alpenvereins. [1.] Über d. ersten 10 Jahre ... 1887—1897. *Cassel 1897: Hof- u. Waisenhaus-Buchdr.* 8° [04. 4370 4

Bericht über die Kassen- und Vermögensverwaltung des Frauenbildungsvereins zu Cassel. [1.] Betr. d. Geschäftsjahr 1905. Cassel 1906: F. Scheel. 8° [?] [04. 13894 4

Armen-Erziehungs-Anstalt Casteln (bei Aarau). 16. Bericht f. 1871. 11 Stn. 8. Aarau, H. R. Sauerländer. 1872?

Armen-Erziehungs-Anstalt Casteln (bei Aarau.) 17. Bericht f. 1872. 11 Stn. 8. Aarau, Druck v. H. R. Sauerländer. 1873?

Armen-Erziehungs-Anstalt Casteln. 18. Bericht f. 1874. 10 Stn. 8. Aarau, Druck von H. R. Sauerländer. 1875?

Bericht, vierundzwanzigster, über die Armen-Erziehungsanstalt Casteln f. das Jahr 1879. In-8°, 12 S. Aarau, Sauerländer. 1880?

Bericht (25.) über die Armen-Erziehungs-Anstalt Kasteln für das Jahr 1880. In-8°, 24 S. Aarau, H. R. Sauerländer. 1881?

Bericht, 26., über die Armen-Erziehungsanstalt Kasteln. In-8°, 12 S. Aarau, H. R. Sauerländer. 1882?

Bericht, 27., über die Armen-Erziehungs-Anstalt Kasteln pro 1882. In-8°, 12 S. Aarau, Sauerländer. 1883?

Bericht, 30., über die Armenerziehungsanstalt Kasteln bei Aarau für das Jahr 1885. In-8°, 12 S. Aarau, H. R. Sauerländer. 1886?

Bericht, 31., über die Armen-Erziehungs-Anstalt Kasteln für das Jahr 1886. In-8°, 12 S. Aarau, H. R. Sauerländer. 1887?

Erziehungsanstalt Kasteln bei Aarau. 44. Bericht für das Jahr 1900. 16 S. 8. Aarau, H. R. Sauerländer & Co., 1901.

Erziehungsanstalt Kasteln bei Aarau. 45. Bericht für das Jahr 1901. 16 S. 8. Aarau, H. R. Sauerländer & Co., 1902.

Erziehungsanstalt Kasteln bei Aarau. 46. Bericht für das Jahr 1902. 21 S. 8. Aarau, H. R. Sauerländer & Co., 1903.

— über den Katechetentag zu Aschaffenburg vom 23.—25. IX. 1906. (Von Göbel.) (64 S.) Lex.-8. Kempten (906). J. Kösel. n. 1.—
Sonderabdruck aus: „Katechet. Blätter".

— über den III. allgemeinen österreichischen Katholikentag in Linz vom 8. bis incl. 11. Aug. 1892. Hrsg. vom vorbereit. Comité. gr. 8. (VIII, 552 S. m. 1 Bildnis.) Linz 892. (Qu. Haslinger.) n.n. 3.—
s. 1889 (Bd. XXVI): Verhandlungen d. II. allgemeinen österreichischen Katholikentages.

— üb. d. 4. allgem. österr. Katholikentag i. Salzburg v. 31. VIII. b. incl. 3. IX. 1896. Hrsg. v. vorbereit. Comité. gr. 8. (469 S.) Salzburg 896. (A. Pustet.) n. 4.—

Bericht über d. V. allgemeinen österreichischen Katholikentag in Wien, 18. bis 21. XI. 1905. Hrsg. vom vorbereit. Diözesankomitee. (299 S. m. Bildnissen.) gr. 8. Wien 906. (H. Kirsch). n.n. 3.—

— über den VI. allgemeinen österreich. Katholikentag in Wien, 16. bis 19. XI. 1907. Hrsg. vom vorbereit. Diözesankomitee. (293 S. m. 8 Bildnistaf.) gr. 8. Wien 908. A. Opitz Nachf. 3.—

— üb. d. 7. allg. österr. Katholikentag in Innsbruck '10. (254 m. 11 Taf.) gr8° Innsbr., (Vereinsbh. & Bdr.) ('11). nn 2.50 d

Bericht über die am 10. April 1871 in München abgehaltene Katholiken-Versammlung. Nach stenograph. Aufzeichng. gr. 8. (31 S.) München 871. (Fritsch.) n. — 20

BERICHT DES VEREINS BERLINER KAUFLEUTE UND INDUSTRIELLER für die Geschäftsperiode 1886/87. (Von Januar 1886 bis Juni 1887.) Anhang: I. Denkschrift, betreffend die Abänderungen der Reichs-Konkurs-Ordnung. II. Denkschrift, betreffend die Miethsteuer von Geschäftsräumen. ib. Druck von S. Haber.
für das Etatsjahr 1887/1888 (vom 1. April 1887 bis 31. März 1888). ib. 1888. —
für das Etatsjahr 1888/1889 (vom 1. April 1888 bis 18. October 1889). ib. 1889. —

Kinder-Bewahranstalt in Zürich. 44. Bericht. Zürich, Druck v. J. J. Ulrich. 14 Stn. 8. 1875?

Kinderbewahrungsanstalt in Zürich. Bericht 1870 bis 71. 12 Stn. 8. Zürich, Druck v. J. J. Ulrich. 1872?

Bericht über die Kinderbewahrungsanstalten in Zürich, 1870. Zür., gedr. bei J. J. Ulrich. 14 Stn. 8. 1871?

Kinderkrippe in St. Gallen. 4. Bericht vom 1. März 1900 bis 28. Februar 1901. 13 S. 8.

Kinderkrippe in St. Gallen.... 5. Bericht vom 1. März 1901 bis 28. Februar 1902. 16 S. 8.

Kinderkrippe in St. Gallen.... 6. Bericht vom 1. März 1902 bis 28. Februar 1903. 14 S. 8.

— 3., üb. die Kinderrettungs-Anstalt zu Kloster Arnsburg im Großherzogth. Hessen. 8. (32 S.) Frankfurt a. M. 850, Zimmer'sche Sort.-B. [Th. Völcker.] n.n. 3 ngr

Kinderspital in Brugg. Bericht vom 1. Jan. 1900 bis 31. Dez. 1901. 14 S. 8. Brugg, «Effingerhof», 1902.

— (VII.) über das Kinderspital in Hottingen. In-16°, 29 S., mit 2 Tabellen. Zürich, Druck von J. Ulrich. 1880?

Bericht des Turnvereins Kirchdorf im Kremsthale (Oberösterr.) über die Jahre 1885—1894, Kirchdorf 1895, 31 S., 8°.

Bericht der Evangelischen Kirchengemeinde zu Lemberg über das Jahr 1905. Erstattet im Namen des Presbyteriums von Pf. P. Pomykacz. Lemberg 1906. - (18)

Bericht des Strasburgischen Kirchenkonvents über ein neben dem Katechismus Lutheri... einzuführendes Handbuch der christlichen Lehre. Strasburg 1792. H: *Müller, Phil. Jacob* & *Schweickhard.* (ML)

BERICHT des Pressburger Kirchenmusik-Vereines zu St. Martin und Verzeichnis der Mitglieder über das Vereinsjahr 1899. Pozsony (Preßburg) 1900. 25 S.
- Dass. für 1902. Pozsony (Preßburg) 1903. 25 S.
- Dass. für 1907-8. Pozsony (Preßburg) 1909. 57 S.

Bericht über die Kirchenthurmbauten in Pfäffikon 1890—92. Pfäffikon 1893. V: *Kündig, Alb.* (Cat. d. Stadtbibl. Zürich 1864—97.)

Bericht der allgemeinen Kirchenversammlung der Lutherischen Gemeine zu Amsterdam an das unpartheyische Publikum, ... Aus dem Holländischen übersetzt von F. J. M. Aurich 1792. Ü: *Müller, Franz Jacob.* (MGT)

Bern, Bericht des kath. Kirchgemeinderathes — über die erste Verwaltungsperiode 1873—75. Varia 67. 8.

Bericht des Dekans u. Pfarrers Jäck zu Kirchhofen, vormaligen Pfarrverwalters zu Mühlhausen an der Wurm, über die pietistischen Umtriebe des Pfarrers Aloys Henhöfer u. die durch ihn bewirkte Glaubensspaltung in der kath. Gemeinde daselbst. Ein Seitenstück zu dem Berichte des Herrn Superintendent Tzschirner zu Leipzig, vorgetragen in der Pastoralkonferenz des Landkapitels Breisach. In allen Buchhandlungen Deutschlands zu haben. 1824, 8°, VI, 62 S.

Akademie der Wissenschaften
Bericht. Mathematisch-naturwissenschaftliche Classe insbesondere über ihre Wirksamkeit und die Veränderungen vom 1. Juni 1901 bis 28. Mai 1902. Erstattet von Generalsecretar Dr. Victor von Lang. 8. Wien 1902.

Kleinkinderschule zum hohen Dolder (in Basel). Bericht vom Jahr 1900 *und* vom Jahr 1901. [4 S. *und* 3 S.] *lithogr.* 8. [1901] *und* (1902).

Kleinkinderschule zum hohen Dolder (in Basel). Bericht vom Jahre 1902. *lithogr.* [3 S.] 8. (1903.)

Kleinkinderschule in Neu-Allschwyl [bei Basel]. Bericht 1890—1900. [3 S.] 8. [1901.]

— XV., üb. die Kleinkinderschulen in Aussersihl. Umfassend das Schuljahr 1883. Kl. in-8°, 12 S. Zürich, Ulrich & Cie.

Kleinkinderschulen in Zürich III ⟨Aussersihl⟩. 32. *u.* 33. *u.* 34. Bericht. Umfassend das Schuljahr 1900 *u.* 1901 *u.* 1902. 12 *u.* 12 *u.* 14 S. 8. Zürich, Berichthaus, 1901 *u.* 1902 *u.* 1903.

— 3. u. 4. ('08 u. '11), a. d. psychiatr. Klinik d. Univ. Würzburg. Von Conr. Rieger. gr8° Würzbg, C Kabitzsch.
Der 1. Bericht erschien in d. Verhandlgn. d. physikal.-med. Gesellsch. zu Würzburg, d. 2. Bericht ist nicht im Handel.
3. ('08) Beiträge z. Gesch. Unterfrankens, z. Lit.-Gesch. u. Gesch. d. Medizin a. d. Archiv d. psychiatr. Klinik z. Würzburg. (115) '10. 3.50 ‖ 4. ('11) Ueb. ärztl. Gutachten im Strafrecht u. Versichergswesen. (6, 218 m. Abb.) '12. 6.50

Klub, industrieller. Bericht über die X. allgemeine Klubversammlung. Wien 1885

Koch- und Haushaltungskurse der Kulturgesellschaft des Bezirks Aarau. [2.] Bericht über das Jahr 1902-1903 ([erstattet von] J[acob] Suter, Rektor). II + 10 S. 8. Aarau, Buchdr. Aargauer Nachrichten, (1903).

Bericht der Rheinischen Kohlenhandel- und Reederei-Gesellschaft m. b. H. [Kohlenkontor] in Mülheim-Ruhr. Jg. 1906/07 u. 1907/08. Essen-Ruhr, 1907—1908.

Bericht über den 2. Deutschen Kohlenhändlertag und die Verhandlungen der 4. u. 5. ordentlichen Generalversammlung des Zentralverbandes der Kohlenhändler Deutschlands. Hamburg, 1906—1907.

Bericht des Rheinisch-Westfälischen Kohlensyndikats. Jg. 1893—1903. Essen, 1894—1904.

Bericht des Rheinisch-Westfälischen Kohlensyndikats üb. d. Geschäftsj. 1904 ff. Essen-Ruhr 1905 ff. 4°.
1904—19..

— üb. d. 1—3. Studienj. d. hamburg. Kolonialinstitutes, Wintersem. '08/09, '09/10 u. '10/11, Sommersem. '09, '10 u. '11. Lex8° Hambg, (L Gräfe & Sillem). je 2 —
1. W. S. '08/09 u. S. S. '09. Erstattet v. G Thilenius u. Stuhlmann. (88) '09. ‖ 2. W.S. '09/10. S.S.'10. Erstattet v. G Thilenius u. Stuhlmann. Reden v. G Thilenius u. K Rathgen bei d. Feier d. Übergabe d. Vorsitzes im Professorenrat. (134) '10. ‖ 3. W.S.'10/11 u. S.S.'11. Erstattet v. K Rathgen u. Stuhlmann. (96) '11.

Bericht in Bezug auf deutsche Kolonisation und sonstige Auswanderungs-Verhältnisse in portugiesischer Sprache. Berlin 1858. V: *Sturz, Joh. Jac.*

— des christlichen Colportage-Vereins im Großherzogth. Baden üb. das Arbeitsj. 1870—1871. gr. 8. (40 S.) Karlsruhe 871. (Barmen, Klein.) n. — 30

Bericht des Comité zur Begründung eines Actien-Vereins für die Eisenbahn-Verbindung zwischen Berlin u. Hamburg. gr. 4. (Mit 2 Karten, jede 60 Zoll lang.) Berlin im December 842. (Springer.) n. 1 ℛ

Bericht des Comité zur Begründung eines Actienvereins für die Eisenbahn-Verbindung zwischen Berlin und Hamburg. Berlin. 1843. 8.

Bericht des von der Kaufmännischen Gesellschaft bestellten Komitee für Erweiterung und Verbesserung des bestehenden Saalbaues in Aarau. [Mit 7 Beilagen und 7 Tafeln.] II + 23 S. 8. Aarau, Müller & Trüb, 1901.

— des Comités für Eisenbahnen im Großherzogth. Baden an das Großh. Ministerium des Innern (v. C. F. Nebenius). Lex.-8. (Mit 1 ill. Kärtchen.) Karlsruhe 837. Müller'sche Hofbuchh. 1/2 ℛ

Bericht des Comite der Potsdam-Magdeburger Eisenbahngesellschaft an deren Aktionäre. 12. Dez. 1844. 4.

— der zur Erforschung der Trichinen-Krankheit von der k. k. Gesellschaft der Aerzte ernannten Comité's, erstattet am 2. Novbr. 1866. [Aus den „Medizin. Jahrbüchern."] Wien 867. (Leipzig, Hinrichs.) gr. 8. (38 S.) n. 8 ngr.

Bericht der ernannten Comitee zur Untersuchung der Friedensstörung am Sitze der Regierung. Harrisburg 1839.

Bericht des Comité für die Errichtung von Gewerbeschulen in Niederösterreich ausserhalb Wiens. 4° (Wien 1867)

Bericht der für die 3. Grossherzogl. Schwerinsche und Grossherzogl. Strelitzsche Landtags-Proposition, betreffend die Verbesserungen im Steuer- und Zollwesen erwählten Comitee d. d. Malchin 6. Dec. 1860, nebst den darüber gefassten Landtagsbeschlüssen. 4°. Schwerin 1860.

Bericht des am 24. Mai 1879 erwählten Kommitte mecklenburgischer Erbpächter. Schwerin 1888. V· *Löwenthal, F.* (Bachmann, Mecklenburg. Güstrow 1889.)

Bericht des Komitees für Göttinger Ferienkolonien. [1.]. 1902. *Göttingen 1903: L. Hofer.* 8° [F.] [..] 7

— des Comité's f. Ferien-Colonien armer kränklicher Schulkinder in Königsberg i. Pr. f. d. J. 1882. gr. 8. (22 S.) Königsberg 883. (Gräfe & Unzer.) n.n. — 30

Bericht an das Comité der schweizerischen gemeinnützigen Gesellschaft über die Reise nach den Kantonen Uri und Tessin zur Untersuchung der dortigen ... wasserbeschädigten Gemeinden. Zürich 1834. V: *Pestalozzi, Joh. v., Hirzel & Iselin-Iselin.* (BSchwLk V, 9 d)

Bericht, dritter, des Comités des aargauischen Hülfsvereins f. arme Geisteskranke. In-8°, 48 S. Brugg, Fisch Wild & Co. 1887?

Protestantisch-kirchlicher Hilfsverein von Appenzell A. Rh. Bericht des Komite für das Jahr 1900 *u.* 1901 *u.* 1902. 15 *u.* 15 *u.* 16 S. 8. Trogen, U. Kübler, 1901 *u.* 1902 *u.* 1903.

— d. internat. meteorolog. Komitees. Versammlgn 1899, 1900 u. '03. Hrsg. v. kgl. preuss. meteorolog. Instit. 8° Berl., A Asher & Co. nn 7 —
St. Petersburg 1899. (94 m. Fig.) '08. 4 — ‖ Paris 1900 u. Southport '03. (80) 05. nn 3 —

— des internationalen meteorologischen Komitees. Versammlung zu St. Petersburg 1899. Hrsg. vom königl. preuss. meteorolog. Institut. (IV, 94 S. m. 6 Fig.) Lex.-8. Berlin, Behrend & Co. n.n. 4. —

— dasselbe. Versammlungen zu Paris 1900 u. zu Southport 1903. Hrsg. vom königl. preuss. meteorolog. Institut. (III, 80 S.) Lex.-8. Ebd. 905. n.n. 3. —

— d. internat. meteorologischen Comités u. d. internat. Commission f. Wolkenforschg. Versammlg. z. Upsala. 1894. Hrsg. v. kgl. preuss. meteorolog. Institut. Lex.-8. (III, 45 S.) Berlin 895. A. Asher & Co. n.n. 1. 50

Königl. Preuss. Meteorolog. Institut, Bericht des internationalen meteorolog. Comités über die internationale meteorolog. Konferenz zu Paris 1896. Berlin 1899. 8°.

— des kathol. sozialpolitischen Komité's erstattet an die 31. General-Versammlg. der Katholiken Deutschlands zu Amberg. gr. 8. (16 S.) Amberg 884. Habbel. — 25

BERICHT AN DAS COMITE DER LANDWIRTHSCHAFTS-GESELLSCHAFT ZU STRASSBURG, über die Behandlung des Viehes, das bey der Ueberschwemmung lang im Wasser stund. (Ohne bes. Titelblatt. Strassburg, bey Gebrüdern Levrault.) 8°.

Bericht des leitenden Komités des österreichischen Kunst-Vereines in Wien über die vier Verwaltungsjahre 1852/53 bis 1855/56. Wien, 1857. Dr. von Karl Gerolds Sohn. (7 Bl. 38 S. 4.)

Ber. d. preuß. Komitees z. Unterstützg d. Kriegsgefangenen z. Berlin. Berlin 1871. 4.

Bericht erstattet vom Comite des Provinzial-Vereins zur Pflege im Felde verwundeter und erkrankter Krieger über die Leistungen der Vereine der Provinz Schleswig-Holstein während des Krieges 1870 und 1871. Kiel. 1871. 8°

Bericht des provisorischen Comitées des Vereins zur Gründung einer höheren Töchterschule in Czernowitz. Czernowitz 1871. (*Lithographiert.*)

— der provisorischen Comité zur Vorberath. über eine in Hamburg zu gründende Universität. gr. 8. (IV u. 55 S.) Hamburg 847, Perthes-Besser & Mauke. 8 ngr.

— d. Committee des britt. Unterhauses über die Bittschr. d. Dr. Jenner, im Betr. d. Kuhpockenimpfung, a. d. Engl. v. Kramer. 8. Halberst. Büreau f. L. u. K. 803.

Bericht, Commercieller, für die schmalspurig projectirte steirische Nordostbahn. Graz 1886. V: *Dietrich, M.* (JoanStyrA)

Bericht, Commercieller, über die voraussichtliche Rentabilität der Localbahn Wr.-Neustadt-Fischau . . .-Schneeberg. Wien 1893. V: *Tauber, Jos.* (EB)

Bericht, Commercieller, für die schmalspurig projectirte Linie Rettenegg, Weiz-Gleisdorf. Graz 1885. V: *Dietrich, M.* (JoanStyrA)

Bericht der eidg. Kommissäre im Kt. Neuenburg an den Bundesrat. 20. Sept. 1856.

— erster und zweiter, der königl. großbrittanischen Commissäre für die londoner Industrie-Ausstellung im J. 1851, an den R. Hon. Spencer Horatio Walpole, J. M. der Königin Staatssecretär des Innern. Auf königl. Befehl beyden Parlamentshäusern überreicht. Aus dem Orig.-Berichte entnommen und ins Deutsche übertr. im Novbr. 1852 und im Jan. 1853 von B. J. Schubarth. gr. 8. (100 S.) Regensburg 853, Manz.

Bericht des eidgenössischen Kommissariats im Kanton Wallis an den hohen eidgenössischen Vorort. (Luzern, den 19. Brachmonat 1844.)
Ausg. A. [SA.] fol. *o. O.*
Ausg. B. 8. Luzern 1844.

Bericht der Herren eidgenössischen Kommissarien im Kanton Basel an die H. eidgenössische Tagsatzung über die Ursachen des Anfangs August 1833 im Kanton Basel erfolgten Landfriedensbruches. (Basel, den 26. August 1833.) [SA.] fol. [Zürich 1833.]

Bericht der Herren eidgenössischen Kommissarien im Kanton Basel an die H. Tagsatzung, über ihre Verrichtungen daselbst, vom 3. August bis 8. Herbstmonat 1833. (Basel, am 8. Herbstmonat 1833.) [SA.] fol. [Zürich 1833.]

Bericht der Herren eidgenössischen Kommissarien im Kanton Basel an den H. eidgenössischen Vorort, über ihre Verrichtungen daselbst, vom 8. Herbstmonat bis Anfangs Wintermonats 1833, als dem Zeitpunkt ihrer einstweiligen Beurlaubung. (Liestal, am 2. Wintermonat 1833.) [SA.] fol. [Zürich 1833.]

Bericht der eidgenössischen Kommissarien im Kanton Wallis an den H. eidgenössischen Vorort, enthaltend eine geschichtliche Darstellung der Ereignisse in diesem Kanton, vom 1. Aprill bis den 15. Brachmonat 1839. (Sitten, den 15. Brachmonat 1839.) fol. *o. O.*
Uebersetzung *der* [Beilage zum Abschied der ordentlichen Tagsatzung von 1839, Litt. G G].

— commissarischer, üb. die Erkrankungen durch Minengase bei der Graudenzer Mineurübung im Aug. 1873. Mit 2 (lith.) Plänen (in gr. Fol.) [Aus: „Deutsche militär-ärztl. Zeitschrift."] gr. 8. (V, 125 S.) Berlin 875. Mittler & Sohn. n. 2. 40

Bericht der Kommission... (Zählung und Zugehörigkeit bleiben bei der weiteren Ordnung unberücksichtigt)

Bericht der Kommission zur Abänderung des Agrarprogrammes der Arbeiterpartei in Holland. (Dokumente des Socialismus, Heft 5,6,) 1904.

Bericht, Fünfter, (Schlussbericht) der Commission für die Adria an die k. Akad. d. Wissensch. Redig. v. Dr. J. R. Ritter von Lorenz u. Prof. Ferd. Osnaghi. 4. (147 S.) geh. In Comm. 4 fl.
Wien: Gerold 1881 (?)

Bericht der Kommission für Agrar-Angelegenheiten über den Entwurf eines Gesetzes, betr. die Abwehr und Unterdrückung der Viehseuchen (Nr. 56 d. Drucksachen). Berlin 1875. 63 S. 4°
(Drucksache d. Herrenhauses. Sitzungs-Periode 1875. Nr. 82.)

— der VI. Kommission wegen Änderung des Brausteuergesetzes — Anlage 1 der Nr. 10 der Drucksachen —. Dem Reichstage erstattet am 26. IV. 1906. (57 S.) 4. Berlin (906). C. Heymann. n. 1. 60

Bericht der VI. Kommission, betr. Änderung des Reichsstempelgesetzes — Anlage 4 der Nr. 10 der Drucksachen —. Dem Reichstage erstattet am 2. V. 1906. (95 S.) 4. Berlin (906). C. Heymann. n. 2. 50

— der VI. Kommission wegen Änderung des Tabaksteuergesetzes — Anlage 2 d. Nr. 10 d. Drucksachen —. Dem Reichstage erstattet am 26. IV. 1906. (7 S.) 4. Berlin (906). C. Heymann. n. — 30

—— der zur Revision d. Schulplanes v. 8. Febr. 1829 angeordn. Kommission an Se. Maj. d. König bey Vorlage d. Entwurfes d. „Ordnung d. latein. Schulen u. d. Gymnasien in d. Königr. Bayern“, welche durch nachgefolgte allerh. Entschließung v. 13. März 1830 genehmigt, u. unt. dies. Datum publicirt wurde. gr. 4. (1 B.) München 832. (Landshut, Manz.)

— d. 14. Kommission üb. 1. d. Antrag Bassermann, betr. Abänderg d. § 63 d. Handelsgesetzb., 2. d. Antrag Bassermann, betr. Abänderg d. Gewerbeordng, 3. d. Antrag Bassermann, Nacken, Patzig, Potthoff, Schack, Sittard, Trimborn, betr. d. Rechtsverhältn. d. techn. Angestellten. Dem Reichstage erstattet am 28. XI.06. (35) 4° Berl., C Heymann ('06). 1 — d

Bericht der XIX. Kommission über den Antrag der Abgeordneten Dr. von Savigny und Genossen, betreffend gesetzgeberische Maßregeln gegen das Stillegen von Bergwerksunternehmungen. Berlin, 1904. 76 S.

— der Kommission f. Arbeiterhygiene u. -Statistik der Abteilung f. freie Arztwahl 1904—1906. Mit e. Anh.: Die Enquete im Schneidergewerbe. Hrsg. v. M. Epstein. (102, 12 u. 18 S.) gr. 8. München 906. Seitz & Schauer. n. 1. —

Bericht der Commission für die weitere Ausbildung der Statistik des Zollvereins, betreffend die Gewerbestatistik. (Berlin. 1871.) Siehe in: Zeitschrift des Königlich Preussischen Statistischen Bureaus. Jg. 11. 4°.

— der Commission zur Begutachtung des in der Gesammtsitzung am 30. Jänner 1868 gestellten Antrages auf Herbeiführung von Veränderungen in der Organisation der kais. Akademie der Wissenschaften. Wien 868. (Gerold's Sohn.) gr. 8. (67 S.) n. 6 ngr.

Bericht der Commission zur Begutachtung des Antrages auf Herbeiführung von Veränderungen in der Organisation der kaiserl. Akademie der Wissenschaften. Wien 1868.

Bericht der Commission zur Begutachtung des Antrags der Grossen Landesloge der Freimr. von Deutschland, die Abänderung des § 7 des Statuts des deutschen Grosslogenbundes betreffend. (Angenommen von der Grossen Mutterloge durch Beschluss v. 2. Dec. 1881. Frankfurt a M.: 1881. 8. 11 S.

—— d. Commiss. z. Begutachtg d. v. d. Schulcolleg. vorgel. Pläne betr. e. Reform d. Alton. Volksschulwesens. 8. (43) Hamb. 64, (Haendcke u. L.) — 7½

— 1., der Kommission zur Bekämpfung d. Rauches in Königsberg i. Pr. Von Ascher, Kobbert, Rolin sowie Hurdelbrink. Mit 4 Abb., 2 Tab. u. e. Muster. (S. 121—154 m. Abb.) Lex. 8. Königsberg 907. (W. Koch.) 1. 50
Sonderabdr. aus „Schrftn. d. physikal.-ökonom. Gesellsch.“

— d. 1. Kommission z. Beratg d. Entwurfs e. Fernsprechgebühren-Ordnung. Dem Reichstage erstattet am 11.1. '11. (63) 31×22 cm. Berl., C Heymann ('11). — 80 d

— dass. üb. d. 3. Lesg. Dem Reichstage erstattet am 11. 1. '11. (171) 31×22 cm. Ebd. ('11). 2.20 d

— d. 12. Kommission z. Beratg d. Entwurfs e. Gesetzes, betr. d. Änderg d. §§ 114a usw. d. Gewerbeordnung. Berichterstatter: Enders. Reichstag. 12. Legislatur-Periode. 2. Session '09/11. Nr 1048. (18) 31,5×22,5 cm. Berl., C Heymann) ('11). nn — 30 d

— der 7. Kommission zur Beratg. d. Entwurfs e. Gesetzes, betr. Änderung des Strafgesetzbuchs — Nr. 6 der Drucks. — Dem Reichstage erstattet am 19. IV. 1910. (130 S.) 31×22,5 cm. Berlin (910). C. Heymann. 1. 70

— der 12. Kommission zur Beratung des Entwurfs e. Hausarbeitgesetzes — Nr. 237 der Drucksachen —. Dem Reichstage erstattet am 29. XI. 1910. (51 S.) 31,5×22 cm. Berlin (910.) C. Heymann. nn — 70

Bericht d. 10. Kommission z. Beratg d. Entw. e. Stellenvermittlergesetzes. Dem Reichstag erstattet am 26. 4. '10. (33) 31×22,5 cm. Berl., C Heymann '10. — 50 d

Bericht der von der Generalversammlung bestellten Kommission über die Situation der Nordostbahn. Schaffhausen 1878.

Bericht der von dem Landtage zur Ausarbeitung des Projektes einer galizischen Eisenbahn bestellten Kommission, welcher von derselben den versammelten Ständen im Monate September 1842 erstattet wurde. Lemberg, 1842. Gedruckt mit Pillerischen Schriften. (115 S. 8.)

Bericht der vom Reg.-Rath zur Untersuchung der Zustände in der kantonalen Irrenheilanstalt *Burghölzli* bestellten Kommission. In-8°, 174 S. (Sep. Abdr.) 1878?

— der VI. Kommission üb. Besteuerung der Erbschaften — Anlage 5 der Nr. 10 der Drucksachen —. Dem Reichstage erstattet am 2. V. 1906. (118 S.) 4. Berlin (906). C. Heymann. n. 3. —

Bericht der VI. Kommission über die Besteuerung der Zigaretten — Anlage 8 der Nr. 10 der Drucksachen. — Dem Reichstage erstattet am 1. V. 1906. (46 S.) 4. Berlin (906.) C. Heymann. n. 1. 20

Bericht der Kommission des Bundesrathes zur Erörterung der Einführung einer Reichserbschaftsstempelsteuer. gr. 8°. Berlin 1877/78.

Bericht der Commission der schweiz. Bundesversammlung über die am 24. Juli stattgefundenen Wahlverhandlungen. 1858.

Boricht der vom k. k. Ackerbauministerium im Jahre 1900 eingesetzten Commission zur Untersuchung der Betriebsverhältnisse des Bergbaues im Brüxer Braunkohlenreviere. *Wien: Hof- u. Staatsdr. 1902.* (VII, 199 S.) 8° [illegible]

Bericht der zur Begutachtung der Abhandlung des Herrn Hofrathes G. Wex über die Wasserabnahme in den Quellen und Strömen eingesetzten Commission. ([S.-A.] Sitzungsberichte der kais. Akademie der Wissenschaften. Bd. 69. Abth. II. 1874.) Wien 1874. 13 S. 8°.

Bericht [der vom Eklektischen Frmrbunde in Frankfurt a. M. eingesetzten Kommission zur Begutachtung der Vorlagen des Grosslogentages], den vom letzten Grosslogentag beschlossenen Gesetzentwurf „Verfahren bei Verletzung maurerischer Pflichten“ betreffend. [Dat.:] Frankfurt a. M. 1886. 7 S. 8° [Kopftit.]

Bericht der seitens der Gewerbekammer für die Provinz Schleswig-Holstein eingesetzten Kommission zur Begutachtung des Entwurfs einer Bauordnung für das platte Land. o. O. u. J. Fol.

Bericht der Seitens der Gewerbekammer für die Provinz Schleswig-Holstein eingesetzten Kommission über die Motorenfrage. Kiel. 1890. Nebst 5 Anlagen. Fol

Bericht der von der Gewerbekammer für die Provinz Schleswig-Holstein eingesetzten Kommission zur Prüfung der Kranken-, Unfall- sowie Invaliditäts- und Altersversicherung für die Fischerei: festgestellt in der Sitzung der Kommission am 21. Oktober 1890. (Drucks. d. Gew.-K. f. d. Prov. Schlesw.-Holst. Nr. 32.) Kiel. 1890. Fol.

Bericht der vom 3. Congress eingesetzten Commission zur Prüfung der Rententheorie von Rodbertus. 2 Hefte. 8° Berlin 1871.

Bericht der durch den Raths- und Bürgerschluß vom 27. September 1849 in Betreff der Verfassungs-Angelegenheit eingesetzten Commission. Uebergeben am 3. November 1849. (Hamburg 1849). 91 S. 4.

Bericht, 3., der zur Untersuchung der Rinderpest in England eingesetzten Commission. Nach e. Bearbeitung des Herrn Prof. Dr. Bruckmüller. 1. u. 2. Aufl. Neustadt a. d. H. 807. Gottschick-Witter. gr. 8. (39 S.) n. 5 ngr.

—— der von dem ostpreußischen Provinzial-Landtage entsandten Commission über Armen- und Arbeitshäuser, sowie Arbeiter-Colonieen in Dänemark, Schleswig-Holstein, Hannover, Westfalen, Königr. Sachsen. gr. 8. (66 S.) Königsberg 884, Gräfe und Unzer. *

—— der durch die Generalversammlung der k. Freistadt Pest zur Prüfung des Reitter'schen Kanal-Projektes in technischer und finanzieller Beziehung entsendeten Commission. gr. 8. (63 S. mit 1 Stnt. in qu. gr. Fol.) Pest 868, (Lauffer.) *

Bericht der von industriellen und wirthschaftlichen Vereinen nach England entsendeten Kommission zur Untersuchung der dortigen Arbeiterverhältnisse. 8°. Berlin 1890.

[Bericht der Kommission zur Entwerfung eines neuen Konstitutionsbuches der Grloge von Hamburg. Hamburg 1878]: Nobiling. 6 S. 2°
Enth. die Anträge der verschiedenen Tochterlogen u. Übergangs-Bestimmungen.

— der 34. Kommission üb. den Entwurf e. Arbeitskammergesetzes — Nr. 1048 der Drucksachen —. Dem Reichstage erstattet am 15. V. 1909. (112 S.) 31×22,5 cm. Berlin (909). C. Heymann. 1. 40

— dasselbe der 11. Kommission — Nr. 236 der Drucksachen. — Dem Reichstage erstattet am 10. V. 1910. (142 S.) 31×22 cm. Ebd. (910). 1. 80

— der XV. Kommission üb. den Entwurf e. Ausführungsgesetzes zur Grundbuchordnung. — Nr. 140 der Drucksachen. — Berichterstatter: Zimmermann. (Drucksachen des Hauses der Abgeordneten Nr. 223.) Fol. (26 S.) Berlin 899. (W. Moeser). n. 1. —

— der XV. Kommission üb. den Entwurf e. Ausführungsgesetzes zum Handelsgesetzbuch — Nr. 135 d. Drucksachen. Berichterstatter: Kirsch. (Drucksachen d. Hauses der Abgeordneten. Nr. 249.) Fol. (14 S.) Berlin 899. (W. Moeser). — 60

— d. XV. Kommission (d. Abgeordnetenh.) üb. d. Entwurf e. Ausführgsges. z. Reichsges. üb. d. Zwangsversteigerg u. d. Zwangsverwaltg. Berichterstatter: Goerdeler. Fol. (20) Berl. 99. W Moeser. — 70

— der 8. Commission d. deutschen Reichstages üb. den Entwurf e. Bankgesetzes [No. 27 der Drucksachen]. Berichterstatter Abg. Bamberger. Nebst der Zusammenstellg. d. Bankgesetz-Entwurfs nach der Vorlage, nach dem auf Grund der Erklärgn. d. Bundesraths in der Commission gestellten Abänderungs-Antrage u. nach den Beschlüssen der 8. Commission. Mit den in der 3. Lesg. definitiv festgestellten Abändergn. gr. 4. (77 S.) Berlin 875. C. Heymann's Verl. n. 4.

— der 1. Kommission (des Reichstags) üb. den Entwurf e. Besoldungsgesetzes — Nr. 1022 der Drucksachen —. Berichterstatter: Dröscher f. das Besoldungsgesetz u. die Beilagen I bis IV; Beck (Heidelberg) f. die Beilagen V u. VI des Besoldungsgesetzes. Mit Anlagen. (235 u. 378 S.) 31×23 cm. Berlin (909). C. Heymann. 8. —

— der XV. Kommission des Reichstages üb. den Entwurf eines Gesetzes, betr. die Abänderung des Branntweinsteuergesetzes vom 24. VI. 1887/16. VI. 1895 — Nr. 247 der Drucksachen —. Berichterstatter: Gamp. hoch 4. (157 S.) Berlin (902). C. Heymann. n. 4. —

Bericht der XII. Kommission üb. den Entwurf eines Gesetzes üb. die Abänderung d. Gesetzes, betr. die Krankenversicherung der Arbeiter, vom 15. Juni 1883. Berlin 891.

— d. VIII. Kommission (d. Reichstags) üb. d. Entwurf e. Gesetzes betr. d. Abänderg. d. Gewerbeordnung — Nr. 718 d. Drucksachen —. Fol. (91 S.) Berlin 897. C. Heymann's Verl. n. 2. 40

— der XVI. Kommission (des Reichstags) üb. d. Entwurf e. Gesetzes, betr. die Abänderung der Gewerbeordnung — Nr. 165 der Drucksachen —. Berichterstatter: Hilse. Fol. (59 S.) Berlin 899. C. Heymann's Verl. n. 1. 60

— d. XVII. Kommission (d. Reichstags) üb. d. Entwurf e. Ges., betr. d. Abänderg d. Unfallversichergsges. I—V. Thl. Fol. Berl. 97, (C Heymann's V.). 9 —
I. (20) — 40 | II. Gewerbe-Unfallversichergsges. (107) 4 — | III. Unfallversichergsges. f. Land- u. Forstw. (111) 1.60 | IV. Bau-Unfallversichergsges. (45) 1 — | V. See-Unfallversichergsges. (110) 2 —
Der V. Thl ist vergriffen.

— d. XXI. Kommission (d. Reichstags) üb. d. Entwurf e. Ges., betr. d. Abänderg d. Unfallversichergsges. Berichterstatter: Fischbeck. Fol. (47) Ebd. 1900. 2.40

— der 9. Kommission üb. den Entwurf e. Gesetzes üb. den Absatz v. Kalisalzen — Nr. 219 der Drucksachen. — Dem Reichstage erstattet am 6. V. 1910. (108 S.) 31×22,5 cm. Berlin (910). C. Heymann. 2. 60

— d. 37. Kommission üb. d. Entwurf e. Ges., betr. Änderg d. Bankges. Dem Reichstage erstattet am 4. V. 09. (47) 31×23 cm. Berl., C Heymann ('09). — 60 d

— d. 19. Kommission (d. Reichstags) üb. d. Entwurf e. Ges., betr. Änderg d. § 63 d. Handelsgesetzb. Berichterstatter: Schack. (33) 31,5×22,5 cm. Ebd. ('08). 1 — d

— der XI. Kommission (des Reichstags) üb. den Entwurf e. Gesetzes betr. Aenderungen u. Ergänzungen des Strafgesetzbuchs — Nr. 112 der Drucksachen — in Verbindung m. den Anträgen Prinz v. Arenberg u. Genossen — Nr. 81 der Drucksachen — u. Freiherr v. Stumm-Halberg — Nr. 124 der Drucksachen. Berichterstatter: de Witt. Fol. (61 S. m. 4 Tab.) Berlin 899. C. Heymann's Verl. n. 2. —

— der 30. Kommission üb. den Entwurf e. Gesetzes, betr. Änderungen des Gerichtsverfassungsgesetzes, der Zivilprozeßordnung, des Gerichtskostengesetzes u. der Gebührenordnung f. Rechtsanwälte — Nr. 735 u. Zu Nr. 735 der Drucksachen —. Dem Reichstage erstattet am 31. III. 1909. (229 S.) 31,5×22,5 cm. Berlin (909). C. Heymann. 3. —

— d. VI. Kommission (d. Reichstags), d. Entwurf e. Gesetzes üb. d. Angelegenheiten d. freiwill. Gerichtsbarkeit betr. — Nr. 21 d. Drucksachen —. Fol. (94 S.) Berlin 898. (C. Heymann's Verl.) n. 2. —

— der XV. Kommission üb. den Entwurf e. Gesetzes zur Ausführung des Reichsgesetzes betr. die Aenderung der Civilprozeßordnung v. 17. V. 1898. Berichterstatter: Wenge. (Drucksachen des Hauses der Abgeordneten. Nr. 250.) Fol. (14 S.) Berlin 899. (W. Moeser.) — 60

— d. 13. Kommission üb. d. Entw. e. Ges. z. Ausführg d. rev. Berner Übereinkunft z. Schutze v. Werken d. Literatur u. Kunst v. 13.11.'08. Dem Reichstage erstattet am 29.4.'10. (45) 31×22 cm. Berl., C Heymann ('10). — 60 d

— der 8. Kommission üb. den Entwurf e. Gesetzes üb. die Haftung des Reichs f. seine Beamten — Nr. 5 der Drucksachen. — Dem Reichstage erstattet am 17. III. 1910. (26 S.) 31×22 cm. Berlin (910.) C. Heymann. — 40

— d. 13. Kommission üb. d. Entwurf e. Ges. üb. d. Hilfskassen. Dem Reichstage erstattet am 12. V. 06. (79) 4° Berl., C Heymann ('06). 2 — d

— d. 6. Kommission üb. d. Entw. e. Ges. betr. d. Ordng d. Reichshaushalts u. d. Tilgg d. Reichsschuld, m. d. Anl.: a) Ges. weg. Änderg d. Brausteuerges., b) Ges. weg. Änderg d. Tabaksteuerges., c) Ges. weg. Besteuerg d. Zigaretten, d) Ges. weg. Änderg d. Reichsstempelges., e) Ges. weg. Besteuerg d. Erbschaften. Dem Reichstage erstattet am 9. V. 06. (127) 4° Berl., C Heymann ('06). 3.20 d

— d. XV. Kommission (d. Abgeordnetenh.), betr. d. Entwurf e. preuss. Ges. üb. d. freiwill. Gerichtsbarkeit. Berichterstatter: Wellstein f. d. 1. bis 5. Abschn.; Schettler f. d. 6. bis 8. Abschn. Nebst: Zusammenstellg d. Entwurfs e. preuss. Ges. üb. d. freiwill. Gerichtsbarkeit m. d. Beschlüssen d. Kommission. Fol. (80 u. 34) Berl. 99. (W Moeser). 4 —

— der X. Kommission (des Reichstags) üb. den Entwurf e. Gesetzes, betr. die gemeinsamen Rechte der Besitzer v. Schuldverschreibungen — Nr. 105 der Drucksachen —. Berichterstatter: Dietrich. Fol. (27 S.) Berlin 899. C. Heymann's Verl. n. 1. —

— der X. Kommission üb. den Entwurf e. Gesetzes, betr. das Urheberrecht an Werken der bildenden Künste u. der Photographie — Nr. 30 der Drucksachen —. Dem Reichstage erstattet am 16. V. 1906. (41 S.) 4. Ebd. (906). n. 1. 20

Bericht d. XI. Kommission (d. Reichstags) üb. d. Entwurf e. Ges., betr. d. Urheberrecht an Werken d. Lit. u. d. Tonkunst. Berichterstatter: Esche. (100) Fol. Berl., C Heymann ('01). 2.40 d

— d. 29. Kommission üb. d. Entwurf e. Ges. üb. d. Verkehr m. Kraftfahrzeugen. Dem Reichstage erstattet am 10. III. 09. (110) 31×22,5 cm. Berl., C Heymann ('09). 1.40 d

— d. XI. Kommission (d. Reichstags) d. Entwurf e. Ges. üb. d. Verlagsrecht betr. Berichterstatter: Wellstein. (72) Fol. Ebd. ('01). 2 — d

— d. VII. Kommission (d. Reichstags) betr. d. Entwurf e. Ges. üb. d. privaten Versichergsunternehmgn. (188) Fol. Berl., C Heymann ('01). 8 — d

Bericht der XV. Kommission üb. d. Entwurf e. Gesetzes, enth. die landesgesetzlichen Vorschriften üb. die Gebühren der Rechtsanwälte u. der Gerichtsvollzieher — Nr. 144 der Drucksachen. Berichterstatter: Holtschke. (Drucksachen des Hauses der Abgeordneten. Nr. 296.) Fol. (23 S.) Berlin (899). (W. Moeser). n. — 80

— d. XVI. Kommission (d. Reichstags) üb. d. Entwurf e. Gesetzes üb. d. Zwangsversteigerung u. d. Zwangsverwaltg. sow. d. zugehör. Entwurf e. Einführungsgesetzes — Nr. 607 d. Drucksachen —. Fol. (74 S.) Berlin 897. (C. Heymann's Verl.) n. 2. —

— d. X. Kommission (d. Reichstags) üb. d. Entwurf e. Hypothekenbankges. Berichterstatter: Rembold. Fol. (56) Berl. 99, C Heymann's V. 2 —

— der IX. Kommission (des Reichstags) üb. den Entwurf e. Invalidenversicherungsgesetzes. Berichterstatter: Hofmann (Dillenburg). Fol. (161 S.) Berlin 899. C. Heymann's Verl. n. 8. —

Bericht der X. Kommission über den Entwurf einer Landgüterordnung für die Provinz Schleswig-Holstein, mit Ausnahme des Kreises Herzogthum Lauenburg. ⟨Nr. 9 der Drucksachen.⟩ (Berlin. 1886.) 4° [Sonderabdruck aus: Stenogr. Berichte über die Verhandlungen des Herrenhauses. Session 1886. Anlagen. Drucksache Nr. 27.]

— der IX. Kommission über den Entwurf e. Maß- u. Gewichtsordnung — Nr. 88 der Drucksachen —. Dem Reichstage erstattet am 16. XI. 1906. (51 S.) 4. Berlin (906). C. Heymann. n. 1. 20

— der 7. Kommission des deutschen Reichstages betr. den Entwurf eines Patentgesetzes. Berichterstatter Hammacher. Nebst der Zusammenstellung des Entwurfes eines Patentgesetzes nach den Beschlüssen der Kommission. hoch 4. (69 S.) Berlin 877. C. Heymann's Verl. 3. —

— der 12. Kommission üb. den Entwurf e. Provinzial-Ordnung f. die Provinzen Preußen, Pommern, Schlesien u. Sachsen, erstattet v. Miquel. Mit 6 Anlagen u. der Zusammenstellg. der Regierungs-Vorlage m. den Kommissions-Beschlüssen. Besonderer Abdr. der amtl. Vorlage. Imp.-4. (58 S.) Berlin 875. Kortkampf. n. 1. 20

— der VI. Kommission d. Deutschen Reichstages über den Entwurf einer Rechtsanwaltsordnung. Berichterstatter Wolffson. Nebst Zusammenstellung des Entwurfs einer Rechtsanwaltsordnung mit den Beschlüssen der Kommission. Imp.-4. (101 S.) Berlin 878. C. Heymann's Verl. n. 2. —

— d. XIII. Kommission (d. Reichstags) üb. d. Entwurf e. Schaumweinsteuerges. Berichterstatter: Dasbach. (47) 4° Berl., C Heymann ('02). 1.20 d

— der XIV. Kommission (des Reichstags) üb. den derselben zur Vorberathung überwiesenen Entwurf e. Fernsprechgebühren-Ordnung — Nr. 129 der Drucksachen —. Berichterstatter: Paasche. Fol. (33 S.) Berlin 899. C. Heymann's Verl. n. 1. —

— der VIII. Kommission (des Reichstags) üb. den derselben zur Vorberathung überwiesenen Entwurf e. Gesetzes, betr. die Abänderung des Bankgesetzes vom 14. III. 1875 — Nr. 95 der Drucksachen —. Berichterstatter: Müller (Fulda). Fol. (65 S.) Berlin 899. C. Heymann's Verl. n. 1. 60

— d. VII. Kommission (d. Reichstags) üb. d. derselben z. Vorberathg überwies. Entwurf e. Gesetzes, betr. d. Abänderg d. Gesetzes üb. d. Erwerbs- u. Wirthschaftsgenossensch. v. 1. V. '89. Fol. (28) Berl. 96, (C Heymann's V.). — 80

— d. XII. Kommission üb. d. derselben z. Vorberathg überwies. Entw. e. Gesetzes üb. d. Abänderg d. Gesetzes, betr. d. Krankenversicherg d. Arbeiter, v. 15. Juni 1883. Fol. (157) Berl. 91. (C Heymann's V.). 8 —

— d. 25. Kommission (d. Reichstags) üb. d. derselben z. Vorberatg überwies. Entwurf e. Ges., betr. d. Abänderg d. Gewerbeordng. Berichterstatter: Dröscher. (60) 31,5×22,5 cm. Berl., C Heymann ('08). 1.60 d

— d. 36. Kommission üb. d. derselben z. Vorberatg überwies. Entwurf e. Ges. z. Abänderg d. Reichsges. weg. Beseitigg d. Doppelbesteuerg v. 13. V. 1870. Dem Reichstage erstattet am 6. III. 09. (19) 31×22,5 cm. Berl., C Heymann ('09). nn — 30 d

— d. XIV. Kommission (d. Reichstags) üb. d. derselben z. Vorberathg überwies. Entwurf e. Ges., betr. ein. Aendergn v. Bestimmgn üb. d. Postwesen. Berichterstatter: Paasche. Fol. (53) Berl. 99, C Heymann's V. 2 —

— der VI. Kommission üb. den derselben zur Vorberatung überwiesenen Entwurf e. Gesetzes, betr. die Ordnung des Reichshaushalts u. die Tilgung der Reichsschuld, m. den Anlagen: a) Gesetz wegen Änderg. des Brausteuergesetzes, b) Gesetz wegen Änderg. des Tabaksteuergesetzes, c) Gesetz wegen Besteuerg. der Zigaretten, d) Gesetz wegen Änderg. des Reichsstempelgesetzes, e) Gesetz wegen Besteuerg. der Erbschaften — Nr. 10 der Drucksachen —. Dem Reichstage erstattet am 9. V. 1906. (127 S.) 4. Berlin (906). C. Heymann. n. 3. 20

— d. XX. Kommission (d. Reichstags) üb. d. derselben z. Vorberathg überwies. Entwurf e. Ges., betr. d. Patentanwälte. Berichterstatter: Müller. Fol. (28) Berl. 1900, C Heymann's V. 1 —

— der XV. Kommission (des Reichstags) üb. den derselben zur Vorberathung überwiesenen Entwurf e. Gesetzes, betr. die Schlachtvieh- u. Fleischbeschau — Nr. 138 d. Drucksachen —. Berichterstatter: Herold. Fol. (47 S.) Berlin (900). C. Heymann's Verl. n. 2. —

— der 31. Kommission üb. d. Entw. e. Weingesetzes — Nr. 987 d. Drucksachen —. Dem Reichstage erstattet am 4. III. 1909. (74 S.) 31×22,5 cm. Berlin (909). C. Heymann. 1. —

— der XVI. Kommission (des Reichstags) üb. den Entwurf e. Zolltarifgesetzes — Nr. 373 der Drucksachen—. Berichterstatter: Speck. gr. 4. (563 S.) Berlin (902). C. Heymann. n. 8. —

Bericht der 16. Kommission über den Entwurf eines Zolltarifgesetzes. (No 373 der Aktenstücke des Reichstages X, 2 1900/03) Berlin 1903

— d. 15. Kommission üb. d. Entw. e. Zuwachssteuergesetzes. Dem Reichstage erstattet am 10. 5. '10. (181.) 31×22,5 cm. Berl., C Heymann ('10). 2.30 d

— d. 21. Kommission üb. d. Entwürfe e. Gesetzes üb. d. Verfassg Elsass-Lothringens u. e. Gesetzes f. d. Wahlen z. 2. Kammer d. Landtags f. Elsass-L. Berichterstatter Vonderscheer. Reichstag. 12. Legislatur-Periode 2. Session '09/11. (68) 31,5×22,5cm. Berl., (C Heymann) ('11). nn — 90 d

— d. 8. Kommission üb. d. Entwürfe e. Ges. üb. d. Versichergsvertrag, e. zugehör. Einf.-Ges. u. e. Ges., betr. Änderg d. Vorschriften d. Handelsgesetzb. üb. d. Seeversicherg. Dem Reichstage erstattet am 7.XII.06. (222) 4° Berl., C Heymann ('06). 5 — d

Bericht der 14. Kommission üb. die Entwürfe a) e. Gesetzes, betr. die Zuständigkeit des Reichsgerichts, b) e. Gesetzes, betr. Änderungen der Rechtsanwaltsordnung — Nr. 309 der Drucksachen —. Dem Reichstage erstattet am 29. IV. 1910. (61 S.) 31×22 cm. Berlin (910). C. Heymann. — 80

— der Kommission zur Erhaltung der Kunstdenkmäler im Königr. Sachsen. Thätigkeit in den J. 1898 u. 1899. Lex.-8. (91 S. m. Abbildgn. u. 2 Taf.) Dresden (900). Selbstverlag. n. 2. —

— der Kommission zur Erhaltung der Kunstdenkmäler im Königr. Sachsen. Tätigkeit in den J. 1900, 1901 u. 1902. (100 S. m. Abbildgn.) Lex.-8. Dresden (904). Selbstverlag. Unentgeltlich.

Bericht der Commission des Nationalrates betreffend Erhöhung des Kredites für die schweiz. meteorolog. Centralanstalt. 1891.

Bericht der zur Berathung des von Herrn Dr. Heinrich Brockhaus gestellten Antrags auf Verlegung des bisherigen Abrechnungstermins ernannten Commission. (Ohne bes. Titelblatt. Leipzig 1862. Druck von B. G. Teubner.) 4°.

Bericht der 1832 ernannten eidgenössischen Kommission zur Revision der Gesetze für die Rechtspflege bei den eidgenössischen Truppen vom Jahre 1818. Bern 1834. V: *Koch*, *Carl.* (Zuwachsverz. d. Bibliotheken in Zürich 1898 ff.)

—— der von der technischen Section der hamburgischen Gesellschaft zur Beförderung der Künste und nützlichen Gewerbe ernannten Commission zur Untersuchung der Gewerbe-Verhältnisse in Hamburg. Berichterstatter C. W. Asher. gr. 8. (56 S.) Hamburg 861, O. Meißner. *

—— der vom Mecklenburgischen patriotischen Vereine ernannten Commission zur Berathung über die Verhältnisse der ländlichen Arbeiterklassen, über Auswanderung und Arbeitermangel in Mecklenburg. gr. 8. (VII, 101 S.) Rostock 878, Kuhn. [Werther's Verlag.] *

Bericht der vom Mecklenburgischen patriotischen Verein ernannten Commission zur Berathung über die Verhältnisse der ländl. Arbeiterklassen über Auswanderung und Arbeitermangel in Mecklenburg. — Schwerin 1873: Sandmeyer. VII, 101 S.

Bericht der Commission wegen Errichtung neuer Mittelschulen in Wien. An die Schul-Section erstattet am 5. Februar 1864. Wien 1864. V: *Ficker*, *Adolph*. (EB)

Bericht der Kommission des Ständerates betreffend Erstellung einer Schulwandkarte der Schweiz. ⟨Vom 18. November 1893.⟩ [SA.] 8. ([Bern] 1893.)

—— der nach Beschluß der Stadtcollegien vom 9. März 1864 erwählten Commission zur Begutachtung der von dem Schulcollegium vorgelegten Pläne betr. einer Reform des Altonaer Volksschulwesens. gr. 8. (43 S.) Altona 864, [Haendcke und Lehmkuhl.]

Bericht der Französischen Commission zur Prüfung der Mittel gegen die Explosion schlagender Wetter in den Steinkohlengruben, erstattet von Haton de la Goupillière. Deutsch von A. Hasslacher. Berlin, 1881.

Bericht der Kommission der Geld-Kredit-Institute des Landes. Berlin 1851.

— der Kommission des Nationalrates über die Geschäftsführung des Bundesrates u. des Bundesgerichtes während des Jahres 1883. Vom 14. Mai 1884. In-8°, 52 S.

(Schweizerische [Eidgenossenschaft].) Bericht der Kommission des Ständerates über die Geschäftsführung des Bundesrates und des Bundesgerichts im Jahre 1900. Vom 14. Mai 1901. II + 63 S. 8. [Bern, Stämpfli & Cie.]

(Schweizerische [Eidgenossenschaft].) Bericht der Kommission des Nationalrates über die Geschäftsführung des Bundesrates und des Bundesgerichts im Jahre 1901. Vom 26. Mai 1902. II + 55 S. 8. [Bern, Stämpfli & Cie.]

Bericht d. 14. Kommission üb. d. Ges.-Entwurf, betr. d. Abänderg d. allg. Bergges. v. 24.VI.1865. Berichterstatter: Röchling. (Drucksachen d. Hauses d. Abg.) (81) 30,5×22 cm. Berl., (W Moeser) '07. nnn 2 — d

— d. XVI. Kommission (d. Reichstags) üb. d. Gesetzentwurf, betr. d. Grundbuchordng. Fol. (52) Berl. 97, (C Heymann's V.). 1.20

— der VIII. Kommission üb. den Gesetzentwurf betr. die Krankenversicherung der Arbeiter. Nebst e. Zusammenstellg. d. Gesetzentwurfs m. den Beschlüssen der Kommission. Fol. (178 S.) Berlin 883. C. Heymann's Verl. n. 5. —

—— der VIII. Kommission über den Gesetzentwurf betr. die Krankenversicherung der Arbeiter. Nebst einer Zusammenstellung des Gesetzentwurfs mit den Beschlüssen der Kommission. Fol. (178 S.) Berlin 884, C. Heymann's Verlag. *

— d. VI. Kommission üb. d. derselben z. Vorberathg überwiesenen Gesetzentwurf, betr. Aendergn u. Ergänzgn d. Strafgesetzbuchs, d. Militärstrafgesetzbuchs u. d. Gesetzes üb. d. Presse. Fol. (95) Berl. 95, (C Heymann's V.). 2 —

— d. XX. Kommission d. Hauses d. Abgeordneten üb. d. Gesetzentwurf, betr. d. Herstellg u. d. Ausbau v. Wasserstrassen, u. zwar üb.: 1. d. Herstellg e. Schiffahrtskanals v. Rhein n. Hannover, 2. d. Verbesserg d. Wasserstrasse zw. Oder u. Weichsel, 3. d. Verbesserg d. Schiffahrtsstrasse d. Warthe v. d. Mündg d. Netze bis Posen, 4. d. Kanalisierg d. Oder v. d. Mündg d. Glatzer Neisse bis Breslau sowie d. Ausführg v. Versuchsbauten f. d. Strecke v. Breslau bis Fürstenberg a. O. Berichterstatter: am Zehnhoff. (Einbd: Kommissionsbericht üb. d. Wasserstrassen-Vorlage d. J. '04 m. Ausnahme d. Grossschiffahrtsweges Berlin—Stettin.) (351 m. Abb., Taf. u. Kart.) 4° Berl., (W Moeser) ('05). L. 6 — d

— der XII. Kommission des Hauses der Abgeordneten üb. den Gesetzentwurf, betr. die Unterhaltung der öffentlichen Volksschulen, Drucksache Nr. 11. Berichterstatter: Abg. Kreth. (642, 28, 36 u. 3 S.) 4. Berlin (906). (W. Moeser.) n. 6. —

Bericht der II. Kommission (des sächsischen Landeskulturrathes) über den Gesetzentwurf betr. die Versicherung der in Bergwerken, Fabriken etc. beschäftigten Arbeiter. 8°. Dresden 1881.

Bericht der am 22. December 1869 vom Preussischen Anwaltsverein gewählten Commission zur Berathung des Entwurfs einer Processordnung in bürgerlichen Rechtsstreitigkeiten für den Norddeutschen Bund. Berlin. 1870. 4°.

— I.—III., der vom ärztlichen Bezirksverein München zur Prüfung d. Einflusses der Steil- u. Schräg-Schrift (Schiefschrift) gewählten Commission. [Aus: „Münch. med. Wochenschr."] gr. 8. (28, 26 u. 26 S. m. 1 graph. Fig. u. 1 Tab.) München 892—894. J. F. Lehmann's Verl. à n. 1. —

Bericht der Commission [der Frankfurter Grloge] zur Begutachtung des Antrags der ehrw. Grossen Landesloge der Freimaurer von Deutschland, die Abänderung des § 7 des Statuts des deutschen Grosslogenbunds betreffend. (Angenommen von der Grossen Mutterloge durch Beschluss v. 2. Dez. 1881.) [Dat.:] Frankfurt a. M. 1881. 11 S. 8° [Kopftit.]
Abgedr. in: Bh. 25 (1882) S. 20—23; FZ. 36 (1882) S. 34—38.

Bericht an die grosstadträthliche Commission für Prüfung des Finanzplanes für die städtischen Neubauten. Zürich 1877. V: *Nabholz, Adolf & Joh. Eduard Blaser.* (Cat. d. Stadtbibl. Zürich. Zürich 1864—97.)

Bericht der Commission für Handel und Schiffahrt zum Auftrage vom 20. Febr. 1884, betr. die Aufstellung einer Rentabilitätsberechnung für den Elbe-Trave-Kanal. (Lübeck. 1884.) 4° [Kopft.]

— der holländischen Kommission über die Anschaffung und Untersuchung des von der Pulver-Fabrik Rottweil-Hamburg gelief. prismat. Pulvers für die Stahlkanone von 30,5 cm Kaliber. Rottweil a. N. 1884. 3 Bl. 4°

Bericht der Commission für Kanalisation der Stadt Basel über den Erwerb der bestehenden Wasserversorgung durch den Staat. Basel 1875.

Kommission für Kinder-Versorgung im Bezirk Winterthur. 11. u. 12. u. 13. Bericht ... vom 1. Juni 1900 bis 31. Mai 1901 u. vom 1. Juni 1901 bis 31. Mai 1902 u. vom 1. Juni 1902 bis 31. Mai 1903. 16 u. 16 u. 1 38. 8. Winterthur, Geschwister Ziegler (*12: Buchdr. Winterthur), 1901 u. 1902 u. 1903.

Commission zu den Kleinkinderschulen (Basel). Bericht für das Jahr 1900 u. 1901 u. 1902. 8 u. 9 u. 8 S. 8. Basel, Schweighauser, 1901 u. 1902 u. 1903.

Bericht der Commission des Nationalrates über den Konflikt mit Oesterreich. 26. Juli 1853.

Bericht der Kommission für die Lehrlingsfrage. Berlin 1890

Bericht der Commission zur Leitung der Vorarbeiten für ein neues Wasserwerk in Halle a. d. S. Halle 1867

Bericht an die Commission für Licht- und Wasserwerke der Stadt Zürich über Untersuchungen von See- und Quellwasser 1891. Zürich 1891. V: *Bertschinger, Alfred.* (Cat. d. Stadtbibl. Zürich. Zürich 1864—97.)

Bericht der meteorologischen Commission des Naturforschenden Vereins in Brünn. Ergebnisse der meteorologischen Beobachtungen im Jahre —. [1.] 1881 — 20. 1900. Brünn 1882 ff. 8°.

Bericht der Kommission des Midland-Institute of Mining, Civil and Mechanical Engineers für Untersuchung der Sicherheitslampen. [Handschriftliche Übersetzung aus dem Englischen.] o. O., ca. 1884. 149 S.

—— d. Münchener Commission üb. d. Besichtigg d. Canalisations- u. Berieselungs-Anlagen in Frankfurt a/M., Berlin, Danzig u. Breslau, sowie d. Liernur-Anlagen in Amsterdam, Leiden u. Dordrecht. 4. (122 m. 13 Beilagen.) Münch. 79, (A Ackermann). n. 15. —

Bericht der Comission der Grossen Mutterloge [des Eklektischen Freimaurerbundes] über die zum Entwurf des eklektischen Gesetzbuchs von den Bundeslogen eingelaufenen Verbesserungsvorschläge. (Ausgegeben am 29. Oct. 1881.) [Frankfurt a. M. 1881: Mahlau & Waldschmidt.] 48 S. 8° [Kopftit.]

Bericht der nationalräthlichen Kommission über Einführung des metrischen Mass- und Gewichtsystems. 6. Juli 1866.

Bericht der nationalräthlichen Commission. betreffend die Stellung der Eidgenossenschaft bei gegenwärtiger Weltlage. ‹Vom 14. Juli 1866.› [SA.] 8. [Bern 1866.]

Bericht der in Angelegenheiten des Standes Basel niedergesetzten Kommission. (Zürich, den 25. Aprill 1833.) [SA.] fol. [Zürich 1833.]

Bericht der am 30. August von der Tagsatzung in der Angelegenheit des Aug. Conseil niedergesetzten Kommission. Zürich 1836. V: *Keller, Frdr. Ludw.* (Zuwachsverz. d. Bibl. Zürich 1898 ff.)

BERICHT der zur Berathung der Trichinen-Frage niedergesetzten Commission der medicinischen Gesellschaft zu Berlin über öffentliche Schlachthäuser. Berichterstatter A. C. FEIT. Mit 1 lithographirten Tafel. Berlin 1864. Georg Reimer. 8°.

Bericht der zu Entwerfung eines Fabrikpolizeigesetzes niedergesetzten Kommission an den hohen dreifachen Landrat. Glarus [1864]. V: *Blumer, Joh. Jac.* (Zuwachsverz. d. Bibliotheken in Zürich 1898 ff.)

— der von der Würtembergischen Kammer der Abgeordneten zur Begutachtung des Entwurfs eines Strafgesetzbuches für das Königr. Würtemberg niedergesetzten Commission. Referenten: Schott, Römer, v. Probst. Correferent u. Redacent: v. Hufnagel. gr. 8. Stuttg. 837. (Metzlersche B.) 1 1/6 ₰

— der von der Württembergischen Kammer der Abgeordneten zur Begutachtung des Entwurfs einer Strafprozeß-Ordnung für das Königreich Württemberg niedergesetzten Commission. Referent: v. Scheurlen. Correferent: Knapp. gr. 8. Stuttgart 841, (Ferd. Steinkopf.) geb. n. 2 ₰

— der vom Kriegs-Ministerium am 16. Aug. 1848 zur Einleitung einer Reform des Militair-Medicinalwesens niedergesetzten Kommission. gr. 8. (96 S.) Berlin 848, Decker. 10 1/2 ₰

Bericht der von dem Reg.Rate des Kts. Thurgau niedergesetzten Kommission zur Begutachtung der Subsidienfrage für eine Eisenbahn durch den St. Gotthard. Frauenfeld 1870.

Bericht der in Sache der Gründung einer Kantonalbank niedergesetzten Kommission. Glarus 1862. 4.

Bericht, Zweiter, der von der h. Tagsatzung 1835 niedergesetzten eidgenössischen Kommission zur Prüfung des neuen Entwurfs eines Strafgesetzbuches ... Bern 1836. V: *Chambrier, Frdr. Alex.* (Zuwachsverz. d. Bibliotheken in Zürich 1898 ff.)

Bericht, Dritter, der von der h. Tagsatzung 1835 niedergesetzten eidgenössischen Kommission zur Prüfung des neuen Entwurfes eines Strafgesetzbuches .. O. O. 1837. V: *Keller, Ferd. Ludw.* (Zuwachsverz. d. Bibliothek. in Zürich 1898 ff

Bericht der am 5. März 1845 von der (*Ausg. B:* h.) Tagsatzung niedergesetzten Kommission, betreffend die Jesuitenfrage, die Frage über Amnestie und über die Freischaaren. (Zürich, den 17. März 1845. – Anträge zum Bericht....) fol.

Ausg. A. Beilage zum Abschiede der am 24. Hornung 1845 zusammengetretenen ausserordentlichen Tagsatzung. Litt. J.

Ausg. B. Sep.-Ausg. [Zürich 1845.]

Bericht der von der hohen Tagsatzung niedergesetzten Kommission, betreffend die Vertheilung der sämmtlichen milden Gaben, welche für die Opfer des Feldzuges vom Spätjahr 1847 eingelangt sind. [SA. 2 Theile.] fol. *o. O.*

[Theil 1.] Bericht.... (Bern, den 19. April 1848.)

[Theil 2] *u. d. T.:* Verzeichniss der bei Anlass des Feldzuges im Spätjahr 1847 Gefallenen, Verwundeten und Erkrankten, und Vertheilung der für dieselben eingegangenen Liebesgaben. (Bern im April 1848.)

— der Seitens d. Aerztlichen Vereines niedergesetzten Commission zur Begutachtung der v. der Localschulcommission gestellten Frage der Zulässigkeit einer Erhöhung der Maximalzahl v. Schülern in den Volksschulen Münchens. [Aus: „Aerztl. Intelligenzbl."] gr. 8. (44 S.) München 884. J. A. Finsterlin. n. 1. 20

Bericht der österreich. Kommission über die Weltausstellung in Paris 1878. Mit Atl. fol.

Bericht der österreich. Kommission über die Weltausstellung in Philadelphia. 1876.

Bericht der Commission über den Pauperismus im Kt. Freiburg. Freiburg 1868.

Luzernische Ferienversorgung auf Würzenalp. Bericht der Permanenten Kommission und der Betriebs-Kommission (in Luzern) über das Betriebsjahr 1900. ([Mit] Beilage 1–4.) 39 S. 8. Luzern, H. Keller, 1901.

Luzernische Ferienversorgung auf Würzenalp. Bericht der Permanenten Kommission und der Betriebs-Kommission über das Betriebsjahr 1901 u. 1902. [*je* Mit] Beilage 1—4. 35 u. 36 S. 8. Luzern, H. Keller, 1902 u. 1903.

Bericht der Kommission zur Prüfung der zürcherischen Hypothekarverhältnisse, erstattet der Hauptversammlung der Delegierten des Regierungsrates des Kantons Zürich, des Stadtrates von Zürich, des Gewerbeverbandes von Zürich und von 31 Kreditinstituten. (1901 Dezember 18. Berichterstatter: G[eorg Gottfried] Schaertlin.) II + 57 S. 4. Zürich, Zürcher & Furrer, 1901.

Obergericht und Kassationsgericht ([des Kantons] Zürich). Bericht der Kommission für Prüfung des Rechenschaftsberichtes.... 8.

[1.]... über das Jahr 1899. (1901 Januar 15.) 4 S.
[2.]... über das Jahr 1900. (1902 Januar 8.) [2 S.]

(Kanton Zürich.) Kommission für Prüfung des Rechenschaftsberichtes des Regierungsrates. Bericht pro 1900 *u.* 1901. *je* 6 S. 8. (1901) *u.* (1902).

Zürcher Kantonalbank. Bericht der Kommission für Prüfung der Rechnung und Geschäftsführung im Jahre 1900 an den Kantonsrat. (1901 November 21.) 4 S. 8.

Zürcher Kantonalbank. Bericht der Kommission für Prüfung der Rechnung und Geschäftsführung im Jahre 1901 an den Kantonsrat. (1902 November 29.) 4 S. 8.

Bericht der Kommission zur Prüfung des Staatshaushalts über die Petition des Reichsabgeordneten Moritz Wiggers betreffend den projektirten Rostock-Berliner Schiffahrtskanal. [Berlin] 1876. V: *Berger.* (Bachmann, Mecklenburg. Güstrow 1889. S. 504.)

Bericht der Commission zur Prüfung der Berliner Vorschläge zur Reform des Buchhandels. Leipzig 1878. H: *Schmitt, Aug.* (cb)

Verkehrs- und Verschönerungs-Verein für Rapperswil und Umgebung. Bericht der Kommission und Rechnung vom 1. Januar 1900 bis 31. Januar 1901. Nebst Mitgliederverzeichniss. [Mit 1 Ansicht.] 14 S. 8. Rapperswil, A. Bauer, 1901.

— 4. u. 5., d. römisch-germanischen Kommission. Kais. archäolog. Instit. Lex8° Frankf.M., J Baer & Co.
1—3 erschienen u. d. T.: „Bericht üb. d. Fortschritte d. römisch-german. Forschg.
4. '03. (115 m. Abb.) '10. 3 — ‖ 5. '09. (98 m. Abb.) '11. 3 —

([C]Kanton) Appenzell A.-Rh. Bericht der staatswirtschaftlichen Kommission über das Amtsjahr 1899/1900 und die Jahresrechnungen der kantonalen Verwaltungen vom Jahre 1900. II + 39 S. 8. Gais, Buchdr. Gais, 1901.

(Kanton) Appenzell A.-Rh. Bericht der staatswirtschaftlichen Kommission über das Amtsjahr 1900/1901 und die Jahresrechnungen der kantonalen Verwaltungen vom Jahre 1901. II + 36 S. 8. Gais, C. Indermaur, 1902.

(Kanton) Appenzell A.-Rh. Bericht der staatswirtschaftlichen Kommission über das Amtsjahr 1901/1902 und die Jahresrechnungen der kantonalen Verwaltungen vom Jahre 1902. II + 30 S. 8. Gais, C. Indermaur, 1903.

(Stadt Zürich.) Bericht der Kommission an den Grossen Stadtrat über die Differenzen zwischen Regierungsrat und Stadtrat, sowie die Anschuldigungen des Herrn [Paul] Pflüger betreffend die Fremdenpolizei und das Kontrolwesen. (1902 März 14.) II + 136 S. 8. Zürich, Müller, Werder & Cie., (1901).

Bericht der Kommission an den Grossen Stadtrat über die Differenzen zwischen Regierungsrat und Stadtrat sowie d. Anschuldigungen d. Herrn Pflüger betr. d. Fremdenpolizei u. d. Kontrolwesen. (Zürich 1902: Müller, Werder & Cie.) 134 S. 8° A 12.474

Bericht der ständeräthlichen Kommission über die Generalrechnung der Kosten des Feldzuges vom Jahr 1847/48. ⟨Vom 9. Juli 1853.⟩ [SA.] 8. [Bern 1853.]

Bericht der ständerätlichen Kommission in der Neuenburgerfrage (Mehrheit). 16. Januar 1857.

—— erster, der ständigen Commission für die Adria an die kaiserl. Akademie der Wissenschaften. gr. 8. (IV, 122 S. mit 7 Stnt. in gr. 8. und qu. 4.) Wien 870, (Gerold's Sohn.) *

—— zweiter, der ständigen Commission für die Adria an die kaiserl. Akademie der Wissenschaften betr. die J. 1869—1870. Redig. von J. R. Lorenz. gr. 4. (VI, 141 S. mit 5 Stnt. in gr. 4. und qu. Fol.) (Ebendas.) 871. *

—— dritter, der ständigen Commission für die Adria an die kaiserl. Akademie der Wissenschaften betr. die J. 1870 [für meteorolog. Beobachtungen] und 1870—1872 [für maritime Beobachtungen]. Redig. von J. R. Lorenz. gr. 4. (171 S.) (Ebendas.) 873. *

—— 4., d. ständ. Commission f. d. Adria an d. kais. Akad. d. Wissensch. betr. d. J. 1871—1873 f. meteorolog. Beobachtgn u. 1873 f. maritime Beobachtgn. Red. v. JR Ritter v. Lorenz u. F Osnaghi. 4. (279 m. 2 L.) Wien 78, Gerold's S. n. 8. — (1—4.: n. 27. —)

—— 5., [Schlussbericht] d. Commission f. d. Adria an d. kaiserl. Akad. d. Wissensch. Red. v. JR Ritter v. Lorenz u. F Osnaghi. 4. (147 m. 7 L.) Wien 80, Gerold's S. n. 8. — (cplt.: n. 35. —)

Bericht der Commission der preußischen National-Versammlung über die Steuerverweigerung, vorgetragen in der Sitzung vom 15. November 1848. Druckerei für die National-Versammlung. 4 Bl. 4.

Flugblatt. Berlin, 15. Nov. 1848.

Bericht der technischen Commission des Altonaer Industrie-Vereins über die Siele. Verlesen am 10. Mai 1867. Altona. (1867.) 8°.

Bericht der tessinischen grossrätlichen Kommission betreff. die Verteidigung der Ehre und Unabhängigkeit des Kts. Tessin wider die Bundesbehörden. 1882.

BERICHT DER COMMISSION ÜBER DIE TRINKWASSERFRAGE der Stadt Dresden erstattet in der Sitzung der Gesellschaft für Natur- und Heilkunde am 11. Februar 1865. (Ohne bes. Titelblatt.) 8°.

Bericht der Commission des Gr. Rates des Kts. Freiburg über die mit einer Gesellschaft abgeschlossene Uebereinkunft bezüglich des Baues der Eisenbahn von der bernischen Kantonsgrenze bis Lausanne. Freiburg 1856.

Bericht der Commission zur Untersuchung der Linthangelegenheiten. 1810.

— 4., der Commission zur wissenschaftlichen Untersuchung der deutschen Meere in Kiel für d. J. 1877 bis 1881. Im Auftrage des kgl. preuss. Ministeriums f. Landwirtschaft, Domänen u. Forsten hrsg. v. H. A. Meyer, K. Möbius, G. Karsten, V. Hensen, A. Engler. 7—11. Jahrg. 1. Abth. (IX, 184 S. m. 14 Steintaf.) Berlin 882. Parey. n. 25. —

— 4., der Commission zur wissenschaftlichen Untersuchung der deutschen Meere in Kiel f. die J. 1877 bis 1881. Im Auftrage d. kgl. preuss. Ministeriums f. Landwirthschaft, Domänen u. Forsten hrsg. v. H. A. Meyer, K. Möbius, G. Karsten, V. Hensen, A. Engler. 7—11. Jahrg. 2. u. 3. (Schluss-)Abth. Fol. (S. 185—312 u. III, 70 S. m. eingedr. Holzschn., 6 Steintaf., 1 Lichtdr. u. 1 chromolith. Karte.) Berlin 883. 84. Parey. à n. 12. — (4. Bericht cplt.: n. 49. —)

— 5., der Kommission zur wissenschaftlichen Untersuchung d. deutschen Meere, in Kiel, f. die J. 1882 bis 1886. Im Auftrage d. kgl. preuss. Ministeriums f. Landwirthschaft, Domänen u. Forsten hrsg. v. H. A. Meyer, K. Möbius, G. Karsten, V. Hensen, J. Reincke. XII.—XVI. Jahrg. Mit 8 Taf. Fol. (VIII, 157 S. m. Tabellen.) Berlin 887. Parey. n. 25. —

— dasselbe, 6., f. die J. 1887 bis 1889. XVII.—XIX Jahrg. 1. Hft. Mit 8 Holzschn. u. 1 Vegetationskarte. Fol. (XI, 101 S.) Ebd. 889. n. 12. —

— 6., der Kommission zur wissenschaftlichen Untersuchung der deutschen Meere in Kiel f. die J. 1887 bis 1891. Im Auftrage des kgl. preuss. Ministeriums f. Landwirthschaft, Domänen u. Forsten hrsg. v. G. Karsten, V. Hensen, J. Reinke, K. Brandt. XVII. bis XXI. Jahrg. 2. u. 3. (Schluss-) Hft. Fol. (III u. S. 149—256 m. 1 Karte, 6 Holzschn. u. 1 Photolith.) Berlin, P. Parey. n. 15. —
(17.—21. Jahrg. kplt.: n. 27. —)
2. (V u. S. 103—147 m. 1 Taf. u. 1 Tab.) 890. n. 5. —
3. (III u. S. 149—256 m. 1 Karte, 6 Holzschn. u. 1 Photolith.) 893. n. 10. —

— dasselbe, Fortsetzg., s.: Meeresuntersuchungen, wissenschaftliche, hrsg. v. der Kommission etc.

Breslauer Physikalischer Verein. — ALLGEMEINE SITZUNG VOM 7. NOVEMBER 1884. Bericht der Kommission über Untersuchungen der Diffusionsursache von Flüssigkeiten und Gasen vom Standpunkte der Drucktheorie. Breslau. Druck von Wilh. Gottl. Korn. 8°.

Bericht der Commission des Vereines deutscher Ingenieure über die Organisation polytechnischer Schulen. Berlin 1865.

BERICHT DER COMMISSION FÜR VEREINBARUNG ALLGEMEINER BEDINGUNGEN zur Ausführung und Bezahlung von sog. Privat-Vermessungen an die IX. Hauptversammlung des Deutschen Geometer-Vereins. Frankfurt a. M. 1880. Druck von Mahlau & Waldschmidt. 8°.

Bericht der Commission für Vermessung der Binnenschiffe über die verschiedenartigen Schiffsvermessungen auf der Elbe und den östlichen Wasserstrassen sowie Vorschläge bezüglich einer einheitlichen Vermessung. (Dresden 1888.) 4. . .

Bericht der Kommission (der K. Preuss. I. Kammer) über I. die Verordnung vom 30. Juni 1849, betreffend die Vervielfältigung und Verbreitung von Schriften und verschiedene . . . strafbare Handlung . . . Berlin 1851. V: *Jordan*, *von*. (cb)

Bericht der verstärkten Kommission für Handel u. Gewerbe über den Entwurf eines Gewerbegesetzes. (Berichterstatter Dr. Lette.) fol. Berlin 1861.

— der verstärkten (IV.) Kommission (des Herrenhauses) f. Justiz-Angelegenheiten üb. den Entwurf e. Ausführungsgesetzes zum bürgerlichen Gesetzbuch; Nr. 118 der Drucksachen. Berichterstatter: v. Schelling. Fol. (40 S.) Berlin 899. C. Heymann's Verl. n. 1. —

— der verstärkten (IV.) Kommission (des Herrenhauses) f. Justiz-Angelegenheiten üb. den Entwurf e. Ausführungsgesetzes zur Grundbuchordnung; Nr. 120 der Drucksachen. Berichterstatter: Loersch. Fol. (8 S.) Berlin 899. (C. Heymann's Verl.). n. — 40

— d. verstärkten (IV.) Kommission (d. Herrenh.) f. Justiz-Angelegenh. üb. d. Entwurf e. Ausführgsges. z. Reichsges. üb. d. Zwangsversteigerg u. d. Zwangsverwaltg. Berichterstatter: Loersch. Fol. (8) Berl. 99, (C Heymann's V.). — 30

— d. verstärkten (IV.) Kommission (d. Herrenh.) f. Justiz-Angelegenh. üb. d. Entwurf e. preuss. Ges. üb. d. freiwill. Gerichtsbarkeit. Berichterstatter: Persius. Fol. (8) Berl. 99, C Heymann's V. — 40

— der verstärkten (IV.) Kommission (des Herrenhauses) f. Justiz-Angelegenheiten üb. den Entwurf e. Gesetzes, enth. die landesgesetzlichen Vorschriften üb. die Gebühren der Rechtsanwälte u. der Gerichtsvollzieher; Nr. 131 der Drucksachen. Berichterstatter: Jachne. Fol. (7 S.) Berlin 899. (C. Heymann's Verl.) n. — 40

— d. XX. Kommission (d. Reichstags) üb. d. derselben z. Vorberathg überwies., am 5JII.'02 in Brüssel zw. d. Reiche u. mehreren and. Staaten abgeschloss. Vertrag üb. d. Behandlg d. Zuckers u. d. Entwurf e. Ges. weg. Abänderg d. Zuckersteuerges. Berichterstatter: Speck. (68) Fol. Ebd.'02. 1.70 d

— der Commission für Volksbildung an die St. Gallisch-Appenzellische gemeinnützige Gesellschaft bei ihrer Frühlingsversammlung 1836. 8. Trogen 836. (St. Gallen u. Bern, Huber u. Comp.) 1/8 ß

— der volkswirthschaftlichen Commission der württembergischen Kammer der Abgeordneten über den preußisch-französischen Handelsvertrag und über die im Zusammenhang damit abgeschlossenen weiteren Verträge. gr. 4. (674 S.) Stuttgart 863, Cotta'sche Buchh.

— d. Commission f. d. Vorarbeiten z. Errichtg e. öffentl. Lagerhauses f. d. Getreidehandel in Riga. 4. (38 m. 5 L.) Riga 85, Kymmel's S. n. 2. —

Bericht der X. Kommission [des Preuß. Abgeordnetenhauses] zur Vorberatung des Antrages Dr. v. Korn-Rudelsdorf und Genossen, betr. die Mißstände bei dem Verschleiß der Kohlenproduktion. Berlin, 1901. 61 S.

— der XV. Kommission zur Vorberathung des Entwurfs e. Ausführungsgesetzes zum bürgerlichen Gesetzbuch, Nr. 34 der Drucksachen. Berichterstatter: Göschen. Nebst: Anträge, welche in der XV. Kommission zu dem Entwurf e. Ausführungsgesetzes zum bürgerl. Gesetzbuche, Nr. 34 u. zu Nr. 34 der Drucksachen, gestellt sind. (Drucksachen des Hauses der Abgeordneten Nr. 227.) Fol. (215 u. 39 S.) Berlin 899. (W. Moeser.) n. 8. —

Bericht der 20. Kommission z. Vorberatg. d. Entw. e. Ges. zur Abänderung d. Gesetzes, betr. die Abwehr u. Unterdrückung v. Viehseuchen — Nr. 484 der Drucks. —. Dem Reichstage erstattet am 30. IV. 1909. (122 S.) 32×22,5 cm. Berlin (909). C. Heymann. 1.60

— der XXVI. Kommission zur Vorberatung des Entwurfes e. Gesetzes, betr. die Abänderung der Gewerbeordnung — Nr. 552 der Drucksachen —. I. Tl. Umfassend die Bestimmgn., betr. die Regelg. der gewerbl. Frauenarbeit u. die Abgrenzg. des Geltungsbereichs der §§ 133g—139a. Dem Reichstage erstattet am 27. XI. 1908. (105 S.) 31,5—22,5 cm. Ebd. (908.) 1.40

— der XI. Kommission zur Vorberatung des Entwurfs e. Gesetzes betr. Änderung des Abschnitts IV des Börsengesetzes. Dem Reichstage erstattet am 23. V. 1905. (60 S.) 4. Berlin (905). C. Heymann. n. 1.40

— d. 15. Kommission (d. Reichstags) z. Vorberatg d. Entwurfes e. Ges., betr. d. Änderg d. Börsenges. (162) 31,5×22,5 cm. Berl., C Heymann ('08). 4.20 d

— der XII. Kommission zur Vorberatung des Entwurfs e. Gesetzes, betr. die Änderung des Gesetzes üb. den Unterstützungswohnsitz — Nr. 28 d. Drucksachen —. Dem Reichstage erstattet am 20. XI. 1906. (41 S.) 4. Berlin (906). C. Heymann. n. 1.20

— der XVII. Kommission (des Reichstags) zur Vorberatg. des Entw. e. Gesetzes, betr. die Änderung des Gesetzes üb. den Unterstützungswohnsitz — Nr. 849 d. Drucks. —. Berichterstatter: Horn (Reuß). (84 S.) 31,5×22,5 cm. Berlin (908). C. Heymann. 1. —

Bericht der XVIII. Kommission zur Vorberathung des Entwurfs e. Gesetzes, betr. den Bau e. Schiffahrtskanals vom Rhein bis zur Elbe u. der Staatsverträge zwischen Preußen und Bremen, sowie zwischen Preußen, Braunschweig u. Bremen nebst zugehör. Schlußprotokollen vom 15. III. 1899 u. ferner des Staatsvertrages zwischen Preußen u. Lippe nebst Schlußprotokoll vom 1. IV. 1899 üb. die Kanalisirg. der Weser von Hameln bis Bremen. Nr. 102 u. 160 der Drucksachen. Berichterstatter: am Zehnhoff. (Drucksachen des Hauses der Abgeordneten. Nr. 209.) Fol. (127 S. m. Fig.) Berlin 899. (W. Moeser.) n. 4. —

— dasselbe. 2. Thl. (Drucksachen des Hauses der Abgeordneten. Nr. 316.) Fol. (70 S.) Ebd. 899. n. 2.40

— der VI. Kommission zur Vorberatung des Entwurfs e. Gesetzes, betr. Kaufmannsgerichte — Nr. 148 der Drucksachen — in Verbindg. m. dem v. den Abgeordneten Lattmann, Liebermann v. Sonnenberg, Graf zu Reventlow eingebrachten Entwurf e. Gesetzes, betr. Kaufmannsgerichte — Nr. 114 der Drucksachen —. (62 S.) hoch 4. Berlin (904). C. Heymann. n. 1.60

— d. 9. Kommission (d. Reichstags) z. Vorberathg d. Entwurfs e. Ges., betr. d. Pflichten d. Kaufleute bei Aufbewahrg fremder Werthpapiere. Fol. (18) Berl. 96, (C Heymann's V.). — 60

— d. IX. Kommission d. Herrenh. z. Vorberathg d. Entwurfs e. Ges., betr. d. Umlegg v. Grundstücken in Frankfurt a/M. Berichterstatter: Adickes. (80) 4° Berl., (C Heymann) '01. 1.20 d

— d. 35. Kommission z. Vorberatg d. Entwurfs e. Ges. geg. d. unlaut. Wettbewerb. Dem Reichstage erstattet am 5.V.09. (107) 31,5×23 cm. Berl., C Heymann ('09). 1.40 d

— d. 14. Kommission z. Vorberatg d. Entw. e. Vereinsges. Berichterstatter: Junck. (200) 31,5×23 cm. Ebd. ('08). 5 — d

— der XII. Kommission zur Vorberatung der Entwürfe e. Gesetzes üb. den Versicherungsvertrag, e. zugehör. Einführungsgesetzes u. e. Gesetzes, betr. Änderung der Vorschriften des Handelsgesetzbuchs üb. die Seeversicherung — Nr. 364 d. Drucks. —. Berichterstatter v. Damm. (Drucks. d. Reichstags. 12. Legislatur-Periode. I. Session 1907/1908. Nr. 626.) (77 S.) 31,5×22,5 cm. Berlin (908). (C. Heymann.) 2. —

— der 13. Kommission zur Vorberatung des Gesetzentwurfs üb. die Sicherung der Bauforderungen — Nr. 365 der Drucksachen —. Dem Reichstage erstattet am 17. III. 1909. (135 S.) 31,5×22,5 cm. Ebd. (909). nn 1.70

— d. 12. Kommission z. Vorberatg d. Ges.-Entwurfs geg. d. Verunstaltg v. Ortschaften u. landschaftlich hervorrag. Gegenden. Berichterstatter: Lusensky (Hohensalza). (Drucksachen d. Hauses d. Abgeordneten.) (47) 30,5×22 cm. Berl., (W Moeser) '07. nnn 1.20 d

Bericht der Commission zur Vorbereitung einer Reichs-Medicinalstatistik. Berlin. 1874. Siehe in: Zeitschrift des Königl. Preussischen Statistischen Bureaus. Jg. 14. 4°.

—— der IV. Commission der Generalsynode über die Vorlage des evangelischen Oberkirchenrathes, die Gottesdienst-Ordnung betreffend. gr. 8. (54 S.) Karlsruhe 850, Braun'sche Hofbuchh. *

Bericht der Commission, welche der Gewerbeverein zu Eisenach zur Prüfung des von der Hamburger Gewerbekammer gefertigten Entwurfs zu einer Reform des Titels III (VI) der Reichsgewerbeordnung ernannt hat. (Schrift. d. Ver. f. Soz.-Pol., Bd. 10, Leipzig 1875.)

Bericht, erster bis fünfter, der Kommission, welche über das a. h. Patent vom 19. Oktober 1846 zum Schutze des literarisch-artistischen Eigenthums zu berathen hatte. (Sitzungen vom 13. Dezember 1852 bis 4. Jänner 1853.) 8. (60 S.) Wien, C. Gerold u. Sohn.

II. Bericht der Kommission der akadem. Witwen- und Waisenkasse. Vom Dezember 1907. [Bern 1907.] 3 S. 8°.
Bern. Univ.-Schr. 1907/08.
Nicht zur Versendung bestimmt.

Wunderly-Zollinger-Stiftung, Meilen. 8. Bericht der Kommission. ⟨9. Amtsdauer August 1898 bis Juli 1901.⟩ 7 S. 8. Meilen, H. Ebner, 1901.

Bericht der Kommission des Nationalrates *und* des Ständerates betreffend den diplomatischen Zwischenfall zwischen der Schweiz und Italien. ⟨Vom 22. April 1902.⟩ *und* ⟨Vom 24. April 1902.⟩ 7 S. *und* 16 S. 8. [Bern, Stämpfli & Cie.,] 1902.

Bericht und Commissional-Gutachten [zu Handen des Grossen Rathes des Cantons Basel] über die Petition aus dem Bezirk Birseck, verschiedene Wünsche und Begehren enthaltend. (Basel, den 2 Februar *u.* 29 Januar 1833.) 8. *o. O.*
Mit Beilagen, woron 4 Tabellen.

Bericht des Commissionär des General-Landamtes der vereinigten Staaten von Amerika für das Jahr 1867. Mit 1 grossen Karte. Washington 1868. 8°.

Bericht der von den Vereinigten Staaten Brauervereinen ernannten Commissionäre an die Vereinigten Staaten Revenue-Commission über die Besteuerung und Fabrication von Malzgetränken in Grossbritannien und auf dem Continent von Europa. Philadelphia 1866.

Stadt Zürich. [1.] Bericht der Kommissionsminderheit an den Grossen Stadtrat über die Anschuldigungen des Herrn [Paul] Pflüger gegen das Zentralkontrollbureau. (1902 April.) II + 20 S. 8. Zürich, ⟨Kirsten & Zeisberg⟩, 1902.

(Stadt Zürich.) [2.] Bericht der Kommissionsminderheit an den Grossen Stadtrat über die Differenzen zwischen Regierungsrat und Stadtrat (betr. Einwohnerkontrolle *etc.* 1902 April). II + 26 S. 8. Zürich, ⟨Kirsten & Zeisberg⟩, 1902.

Bericht üb. d. Münchener Commissionsverhandlgn. betr. Wasserversorgg., Canalisation u. Abfuhr im J. 1877. München bis 878.

Bericht an seine Commitenten; über die Arbeiten der... Tagsatzung in Bern.... Von einem Mitglied dieser T. 1801s.a.(Koch, C[arl]).

Bericht an seine Committenten über die Arbeiten der allgemeinen helvetischen Tagsatzung in Bern . . . O. O. 1801. V: *Koch, Carl.* (AarK)

— dritte Allgemeine Conferenz vom 21. bis 30. September 1871 zu Wien. Berlin 1872. 4°.

— vierte Allgemeine Conferenz vom 23. bis 28. September 1874 zu Dresden. Berlin 1875. 4°.

— üb. d. IX. allg. luther. Konferenz, Braunschweig 1898. Bearb. v. WAC Kirchberg. 8° (98) Bruschw. 99, H Wollermann. 1 —

Bericht über die... Allgemeine Konferenz der Mennoniten in Canada:
no. 1, 1902? ?
Annual report of the Allgemeine Konferenz der Mennoniten in Canada. Octavo, each 78 - 94 pages. Conference held in various cities: 29th, 1931 in Rosthern; 30th, 1932 in Laird, Sask; 31st, 1933, in Gnadenthal bei Plum Coules, Manitoba; 32d, 1934 in Rosewater Gemeinde zu Hagus, Sask. Published by Druck von Dietrich H. Epp, Rosthern, except 29th which was published by Der Bote, Rosthern, Sask.
Rosthern, Sask.

Bericht üb. d. v. 3. bis 11. Aug. 1848 zu Wien abgehalt. Conferenz in Angelegenheiten der evangel. Kirche Oesterreichs. Mit 3 Beilagen. 8. (31 S.) Wien 848, Gerold in Comm. n. 4 ngr

Bericht über die Konferenz rheinischer Baumeister einberufen v. Rhein. Verein z. Förderung d. Arbeiterwohnungswesens, Düsseldorf 1908 ... (Berlin: C. Heymann 1908.) 56 S. 8° [09. 1006] 5

Deutscher Verein gegen d. Mißbrauch geistiger Getränke. **Bericht** über die Konferenz zur Bekämpfung der Animierkneipen am 30. Juni 1908 ... in Berlin. (Komm.R. [Otto] Münsterberg-Danzig, Frl. Hedwig Leonhardt-Stettin u. a.) Berlin: Mäßigkeits-Verl. 1908. 80 S. 8°
[Umschlagt.:] Die Animierkneipe. Notstände u. Abhilfe. Bericht über die v. Deutschen Verein ... einberufene allgem. Konferenz. [10. 12319

Interparlamentar. Union. **Bericht** über die 15. Conferenz in Berlin 17–19. September 1908. Berlin [&] Leipzig: Hillger [1909]. 231 S. 4° [09. 16134

— üb. d. 1896 in Berlin abgeh. 5. Konferenz d. Vertreter v. Vereiniggn f. Sommerpflege. Hrsg. v. d. Zentralstelle d. Vereiniggn f. Sommerpflege in Deutschl. 8° (76) Ebd. 96. 1 —
Die 3. Konferenz s. u. d. T.: Verhandlungen etc. f. Sommerpflege. — Der Bericht üb. d. 4. Konferenz ist vergriffen.

—— über die am 15. Septbr. 1885 in Bremen abgehaltene zweite Conferenz der Vertreter von Vereinen und Comités für Ferienkolonien. gr. 8. (68 S.) Berlin 885, H. S. Hermann.

— üb. d. am 15.IX.'85 in Bremen abgeh. 2. Conferenz d. Vertreter v. Vereinen u. Comités f. Ferienkolonien. 8° (68) Berl. 85, (Puttkammer & M.). 1.40
Die 1. Conferenz s. u. d. T.: Verhandlungen etc. f. Ferienkolonien. — Die 3. Conferenz s. u. d. T.: Verhandlungen etc. f. Sommerpflege.

Bericht über die Conferenz der Dampfkessel-Revisions-Vereine. 1875. 1877. 1878. 8° div. loc. 1875—78. — Protocolle der 8. 9. 10. 11. Delegirten- und Ingenieur-Versammlung des Verbandes der Dampfk.-Ueberw.-Vereine 8° div. loc. 1879—82.

Bericht über die Conferenz der Dampfkessel-Revisions-Vereine 1875, 77, 78. 8. Div. loc. 1875—78. Protokolle der 8.—13., 15.—25. Delegirten- und Ingenieur-Versammlung des Verbandes der Dampfkessel-Ueberwachungs-Vereine. 8. Div. loc. 1879—84, 1886—96.

Bericht über die Konferenz von Delegierten deutscher Handels- und Gewerbekammern in Leipzig. 1878. Leipzig 1878

Trinkerfürsorge. **Bericht** über d. erste deutsche Konferenz f. Trinkerfürsorgestellen am 26. Okt. 1909 zu Berlin nebst Material f. d. Fürsorgetätigkeit. Berlin: Mäßigkeits-Verl. d. Deutschen Vereins gegen d. Mißbrauch geistiger Getränke 1910. 176 S. 8° [10. 6400

Bericht über die deutsch-nationale Konferenz (2 ff.: über die deutsche Nationalkonferenz) zur Bekämpfung des Mädchenhandels (5 ff.: z. internat. Bekämpfung d. Mädchenhandels). Hrsg. v. Dtsch. Nationalkomitee. — 1-9. — Berlin 1903-1912: B. Paul. 8°
6. zu Breslau am 8. u. 9. Okt. 1908. 1908.
7. zu Leipzig am 15. u. 16. Nov. 1909. 1909.
8. zu Karlsruhe am 10. u. 11. Okt. 1911. 1911.
9. zu Stettin am 13. u. 14. Nov. 1912. 1912.
[1.] zu Frankf. a. M. am 7. Okt. 1902. 1903.
2. zu Berlin am 28. Okt. 1903. 1904.
3. zu München am 26. Okt. 1904. 1905.
4. [Vergriffen! Bibliogr. nicht festzustellen.]
5. zu Düsseldorf am 27. Sept. 1907. 1907.

BERICHT ÜBER DIE ... CONFERENZ, später: KONFERENZ FÜR IDIOTEN-HEILPFLEGE ...
über die am 4., 5., 6. November 1874 zu Berlin gehaltene Conferenz ... im Auftrage der Versammlung und unter Mitwirkung der Vice-Präsidenten, ... BARTHOLD und KIND, abgefasst von dem Präsidenten der Conferenz ... H. SENGELMANN. Hamburg, 1875. Druck von Ackermann & Wulff. 8°.
über die am 16., 17. und 18. October 1877 zu Leipzig und Wermsdorf gehaltene II. Conferenz ... Im Auftrage der Versammlung und unter Mitwirkung der Vice-Präsidenten, ... BARTHOLD und KIND, abgefasst von ... H. SENGELMANN. ib. 1878. Druck von Gebrüder Koch.
über die III. Konferenz .. Stuttgart, am 13. — 15. September 1880. Nach stenographischen Niederschriften unter Verantwortlichkeit des Präsidiums bearbeitet von E. REICHELT. Dresden. 1880. Druck von Johannes Püssler.
über die IV. Konferenz ... Hamburg, am 4. — 6. September 1883. Bearbeitet von E. REICHELT. Dresden. 1883. In Komm. der Kgl. Hofbuchhandlung von Hermann Burdach (Warnatz & Lehmann).

BERICHT ÜBER DIE ... KONFERENZ FÜR DAS IDIOTENWESEN.
V. Konferenz ... Frankfurt a. M., vom 14.–16. September 1886. Bearbeitet von E. REICHELT. Dresden. 1886. In Komm. von Hermann Burdach (Warnatz & Lehmann). 8°.

Bericht der Indiana Conferenz der Amisch-Mennoniten-Dienerschaft : no. 1, 1872—
Report of the Annual Conference, held in October of each year, published in both English and German. The Report for 1872 is first printed report. Organ of the Amisch-Mennoniten-Dienerschaft. Elkhart, In.

Bericht über die internationale Conferenz zur Berathung der Mittel für die Erforschung und Erschliessung von Central-Afrika . . . Wien 1876. V: *Hochstetter, Ferdinand von.* (EB)

— über die internationale meteorologische Conferenz zu Paris 1896. Hrsg. vom königl. preuss. meteorolog. Institut. gr. 8. (III, 95 S. m. Abbildgn.) Berlin 898. A. Asher & Co. n.n. 4. —

Kgl. Preuss. Meteorol. Inst. Bericht über die Internationale Meteorologische Conferenz zu Paris 1896. *Berlin: A. Asher & C. 1899.* (2 Bl., 95 S.) 1 Bd 4. I.-o. 4626

Bericht über die in Cassel am 12. und 13. September 1878 abgehaltene Conferenz: Die Organisation eines meteorologischen Dienstes im Interesse der Land- und Forstwirthschaft für das Gebiet des Deutschen Reiches. Berlin 1879.

— d. 2. u. 3. Konferenz gläub. Kaufleute u. Fabrikanten, Berlin '03 u.'4. (58 u. 40) 8° Cottb.'03:04. (Lpzg, M Költz.) Je — 30 d
Fortsetzg u. d. T.:

5.-8. Konferenz des Verbandes gläubiger Kaufleute. 1908 ff.

— üb. d. 2. österr. Konferenz d. Schwachsinnigenfürsorge u. üb. d. damit verbund. Spezialausstellg: Lehr- u. Beschäftiggsmittel f. Hilfssch. u. Anst. schwachsinn. Kinder, Wien'06. Hrsg. v.Ver.„Fürsorge f.Schwachsinnige u.Epileptische". (125 m.1 Bildn.) gr8° Wien, (Sallmayer'sche Bh.)'06. nn 2 — d
Der Bericht üb. d. 1. Konferenz war nicht zu erhalten.

— d. 3. österr. Konferenz d. Schwachsinnigenfürsorge, Graz '08. Hrsg. v. Ver. „Fürsorge f. Schwachsinnige u. Epileptische". (Umschl.: Das schwachsinn. Kind im Lichte d. neueren Forschgn.) (185 m. Fig. u. 20 Taf.) gr8° Ebd.'08. nn 3 — d
Die 2. Afl. s. u. d. T.: Kind, d. schwachsinn.

— über die reformirte Conferenz, gehalten zu Frankfurt a. M. den 24. u. 25 Sept. 1854 bei Gelegenheit des VII. deutschen evangelischen Kirchentags. Abdruck aus der neuen reformirten Kirchenzeitung. Erlangen 854. Deichert. gr. 8. (68 S.) n. 8 ngr

Bericht über die vom 30. September bis 7. Oktober 1867 abgehaltene allgemeine Conferenz der europäischen Gradmessung. Berlin 1868. 8.

— v. d. Konferenz d. christl. Studenten-Weltbundes, Zeist in Holland'05. (207 m.3 Taf.) gr8° Halle ('05). (Ascona, C v.Schmidtz.) (?) (Komm.: Thomas.) nn 1.50

— dass. 7. Konferenz, Tokio in Japan '07. (278 m. 1 Taf.) gr8° Berl. ('08). (Halle, Wischan & Burkhardt.) 1.75

— über die II. Konferenz der Turnlehrer an den schweizerischen Lehrerbildungsanstalten vom 26. bis 31. X. 1903 in Zürich. Ausg. A. (127 S.) gr. 8. Zürich 904. Art. Institut Orell Füssli. n. 2. —

— d. 5—8. Konferenz d. Verbandes gläub. Kaufleute, Berlin 08—9. 8° Ebd. nn 1.40 d
5. 08. (81 m. 1 Taf.) ('08.) — 50 | 6—8. 07—9. (67, 53 u. 38) ('07—'9.) Je nn — 30.
Der Bericht üb. d. 1. Konferenz ist vergriffen, der üb. d. 4. Konferenz war nicht zu erhalten.
Vorh. u.d. T.: **Bericht** d. 2. u. 3. Konferenz gläubiger Kaufleute u. Fabrikanten. 1903 ff.

— d. 9. Konferenz d. Verbandes gläub. Kaufleute, Berlin. (47) gr8° Lpzg, M Költz ('10). — 30 d

Bericht der Conferenz, gehalten am 11. Oktober 1872, in Yellow Creek Versammlungshause, in Elkhart County, Ind. *[s. l. 1872.] 4 S.*
[Die ersten gedruckten Verhandlungen der Indiana Konferenz.]

— über die Conferenzen des Verbandes der Dampfkesselrevisionsvereine. In Dresden am 12. u. 13. Juni 1875. Mannheim 1875. 8°. brosch. (78 S.)

— Desgleichen. In Kaiserslautern am 15. und 16. Juni 1877. Breslau 1878. 8°. brosch. (119 S.) Desgleichen in Hamburg am 13. und 14. Juni 1878. Hamburg 1878. 8°. brosch. (80 S.)

Bericht über die Conferenzen des Verbandes der Dampfkesselrevisionsvereine. In Zürich am 26., 27., 28. Juni 1879. Frauenfeld 1879. 8°. brosch. (16 S.)

Bericht über den Kongress zur Bekämpfung d. Tuberkulose als Volkskrankheit. Berlin, 24.—27. V. 1899. Hrsg. v. der Kongressleitg. Unter Mitwirkg. der Abtheilungsvorstände red. v. Pannwitz. gr. 8. (XV, 855 S. m. 16 farb. Taf.) Berlin (Wilhelmplatz 2) 899. Central-Komité zur Errichtg. v. Heilstätten f. Lungenkranke. Geb. in Leinw. n. 10. —

— üb. d. Kongress f. Heizg u. Lüftg (6. u. 7. Vers. v. Heizgs- u. Lüftgsfachmännern). Vom geschäftsführ. Ausschuss hrsg. gr8° Münch., R Oldenbourg. 7 —
6. Wien '07. (202 m. Abb. u. 6 Taf.) '07. 4 — | 7. Frankfurt a. M. '09. (188 m. Abb. u. 2 Taf.) '09. 3 —

— üb. den VIII. internationalen Congress gegen den Alkoholismus, abgeh. in Wien, 9.—14. IV. 1901. Unter dem Ehrenpräsidium Sr. Exc. des Hrn. Dr. Wilhelm Ritter v. Hartel, Sr. Maj Geh. Rath u. k. k. Minister f. Cultus u. Unterricht, hrsg. vom Congress-Bureau. Red. v. Rud. Wlassak. (VII, 591 S.) gr. 8. Wien 902. F. Deuticke. n. 5. —

— üb. den IX. internationalen Kongress gegen den Alkoholismus. Abgeh. in Bremen vom 14.—19. IV. 1903 unter dem Ehrenpräsidium Sr. Exz. des Staatsministers Staatssekretär d. Innern Dr. Graf v. Posadowsky-Wehner, Berlin u. Sr. Magnifizenz dem Bürgermeister Dr. Pauli, Bremen. Im Auftrage des Organisationskomitees hrsg. u. red. v. Franzisk. Hähnel. (VII, 536 S. m. 3 Taf.) gr. 8. Jena 904. G. Fischer. n. 5. —
Fortsetzung, s.: Congrès etc. contre l'alcoolisme.

Bericht über den 9. u. 10. Internationalen Kongreß gegen den Alkoholismus. Jena u. Budapest, 1904—1906.
9. Bremen, 1903. 1904. 514 S. mit Diagr. u. 3 Taf.
10. Budapest, 1905. 1906. 512 S. mit 2 Taf.

Bericht über den 11. internationalen Kongress gegen den Alkoholismus. Abgehalten in Stockholm vom 28. Juli - 3. August 1907 ... Im Auftr. d. Organisationskomitees hrsg. u. red. von Prof. Curt Wallis. Stockholm 1908: Eklund. XXXVII, 395, 193 S. 4°(8°) [09. 5213

— üb. d. internat. Kongress geg. d. Alkoholismus, Fortsetzg, s.: Congrès etc. contre l'alcoolisme.

Bericht über den 2. internationalen Kongreß zur Bekämpfung des Mädchenhandels zu Frankfurt a. M. am 8. u. 9. Okt. 1902. Hrsg. v. Deutschen Nationalkomitee. *Berlin 1903: B. Paul.* (189 S.) 8° [04. 9114

— üb. d. V. internat. Kongress z. Bekämpfg d. Missbr. geist. Getränke, Bas. 1895. 8° (562) Bas. 96, Schriftstelle d. Alkoholgegnerbundes. — (R Reich). 4 —

Bericht über den 5. Internationalen Kongreß für Bergbau, Hüttenwesen, angewandte Mechanik und praktische Geologie, Düsseldorf 1910. 6 Teile.
Düsseldorf 1910. 1508 S. mit Abb. u. Taf.

— üb. d. 9. internat. Kongress f. kaufmännisches Bildgswesen in Wien '10. (14, 354 m. 4 Tab. u. 1 Taf.) Lex8° Wien, Manz '11. 6.40

— über den III. internationalen Congress f. angewandte Chemie. Wien, 1898. 3 Bde., verf. v. Frdr. Strohmer. gr. 8. (VII, 291; XI, 697 u. X, 504 S.) Wien 899. (Lehmann & Wentzel.) n. 24. —

— üb. den V. internationalen Kongress f. angewandte Chemie Berlin 2.- 8. VI. 1903, erstattet vom Präsidenten des Kongresses Otto N. Witt u. dem wissenschaftlichen Sekretär des Kongresses Geo. Pulvermacher. 4 Bde. (XII, 795; XII, 1021; XII, 1075 u. XV, 1156 S. m. Abbildgn. u. 23 [1 farb.] Taf.) Lex.-8. Berlin 904. Deutscher Verlag. Geb. in Leinw. n. 60. —

— d. internat. Kongr. f. gregorian. Choralgesang, s.: Acta generalis cantus gregoriani studiosor. conventus.

— über den XIV. international. Kongress f. Hygiene u. Demographie, Berlin, 23—29. IX. 1907. Hrsg. v. der Kongressleitg. Red. vom Generalsekretär Nietner. 4 Bde. Lex. 8. Berlin 908. A. Hirschwald. 50. —
I. (VII, 314 S. m. Abbildgn.) 6.—. — II. (XII, 1171 S. m. 4 Taf.) 14.—. — III. 2 Tle. (XV, 1484 S. m. Abbildgn., 2 eingedr. Karten u. 8 eingedr. Taf.) à 10.—. — IV. (Mit General-Namen- u. Sach-Register.) (XXIII, 861 S.) 10.—

Bericht des III. internationalen Congresses gegen den Missbrauch geist. Getränke in Christiania vom 3. bis 5 September 1890. Herausgegeben vom Organisationscomite. Christiania 891.

— über den III. internationalen Kongress f. Philosophie zu Heidelberg 1—5. IX. 1908. Hrsg. v. Th. Elsenhans. (XV, 1138 S.) Lex. 8. Heidelberg 909. Carl Winter. 30. —

— über den I. internationalen Kongress f. d. Rettungswesen zu Frankfurt a. M. 10—14. VI. 1908. Hrsg. v. der Kongressleitg. Red. von George Meyer. 2 Bde. gr. 8. Berlin, A. Hirschwald. 26. —
I. Vorträge. (XII, 701 S. m. Abb.) 908. 14. —
II. Vorträge u. Diskussion. (XXIV, 438 S.) 909. 12. —

— üb. d. 3. internat. Kongress f. Säuglingsschutz (gouttes de lait) Berlin '11. Red. v. Arth. Keller. (8, 1256 m. 3 Taf. u. 1 Tab.) Lex8° Berl., G Stilke '12. 12 —
Die Berichte üb. d. 1. u. 2. Kongress erschienen in Paris u. Brüssel.

— über den 1. internationalen Kongress f. Schulgesundheitspflege in Nürnberg vom 4.—9. IV. 1904. (III, 201 S. m. Abbildgn. u. 8 Taf.) gr. 8. Zürich 904. Zürcher & Furrer. n. 2. 50
Sonderabdruck aus: „Jahrb. d. schweiz. Gesellsch. f. Schulgesundheitspflege".

— über d. I. internationalen Kongress f. Schulhygiene. Nürnberg 4.—9. IV. 1904. — Compte-rendu du Ier congrès international d'hygiène scolaire. — Report of the 1st international congress on school hygiene. Hrsg. v. Paul Schubert u. dem Red.-Ausschuss: F. Bauer, Eiselein, A. Frankenburger u. a. 4 Bde. (561, 516, 562 u. 528 S. m. Abbildgn. u. 7 Taf.) gr. 8. Nürnberg 904. J. L. Schrag. n. 40. —; erm. Pr. n. 30. —

Bericht über den 2. internationalen Kongreß von Tierärzten zu Wien 1865. Zigert. von M.F. Röll u. L. Forster.
Wien 1865. 180 S.

— über den 3. internationalen Congress von Thierärzten zu Zürich am 2—7. Septbr. 1867. Auf Grundlage der stenograph. Protocolle zusammengestellt von R. Zangger. Mit 4 (lith.) Taff. Zürich 860. Schabelitz. gr. 4. (VII, 112 S.) n. 2 ℛ 20 ngr.

— — d. 6. internat. tierärztl. Kongresses Bern 1895. Hrsg. v. E Noyer. 8° (40, 1—32 b., 33—907 m. 10 Tab. u. 3 graph. Taf.) Bern 96, (Schmid & Fr.) 15 —; französ. Asg. (875) 15 —
Den Bericht üb. d. 7. Kongress s. u. d. T.: Kongress.

— über den VIII. internat. tierärztlichen Kongreß in Budapest 1905. (In deutscher, ungar., französ. u. engl. Sprache.) 3 Bde. (IX, 848; VIII, 704 u. CXIX, 860 S. m. 1 Taf.) gr. 8. Budapest 906. (F. Kilián's Nachf.) nn 30. —

Bericht über den Kongress für Kinderforschung und Jugendfürsorge in Berlin. ⟨1.–4. Okt. 1906.⟩ Im Auftr. d. Vorstandes bearb. u. hrsg. von Karl L. Schaefer. Langensalza: H. Beyer & Söhne 1907. (XXVII, 432 S.) 8° [F.] [07. 9690 3

Bericht über den 2. Congress deutscher Kunstgewerbe-Vereine . . . . vom 2.—6. Septbr. 1883 zu München. Hrsg. vom bayer. Kunstgewerbe-Vereine in M. nach stenogr. Aufzeichnungen. München 1883. Gr. 8°. Cart. XX—141 S.

Bericht über den zweiten Kongress der Internationalen Musikgesellschaft zu Basel vom 25.—27. September 1906. [Mit Notenbeispielen.] XXVIII + 247 S. 8. Leipzig, Breitkopf & Härtel, 1907. [M. 7. 50]
(Berichte der Internationalen Musikgesellschaft. [Heft] 1.)

— über den I. Kongress f. experimentelle Psychologie in Giessen vom 18. bis 21. IV. 1904. Im Auftrage des Vorstandes hrsg. v. F. Schumann. (XXV, 127 S.) gr. 8. Leipzig 904. J. A. Barth. n. 4. 50

— über den II.—IV. Kongress f. experimentelle Psychologie. Im Auftrage des Vorstandes hrsg. v. F. Schumann. gr. 8. Leipzig, J. A. Barth. 29. —
II. in Würzburg vom 18. bis 22. IV. 1906. (XVIII, 200 S.) 907. 9. —
III. in Frankfurt a. Main vom 22.—25. IV. 1908. (XXII, 263 S.) 909. 9. —
IV. in Innsbruck vom 19.—22. IV. 1910. (XXVIII, 312 S. m. Fig.) 911. 11. —

Bericht über den Kongress des D. Ver. f. Knabenhandarb. 1904. 06. Leipzig 1905. 06

Bericht über den Kongress des deutschen Vereins für Knabenhandarbeit und Werkunterricht. 1908-10. 12. Leipzig 1908-12

— über den Congreß der Vertreter sämmtlicher landwirthschaftlichen Hauptvereine aller preuß. Provinzen, s.a.: Annalen der Landwirthschaft.

Bericht üb. den Congress d. Vertreter sämmtlicher landwirthschaftlicher Hauptvereine aller preussischer Provinzen mit dem königl. Landes-Oekonomie-Collegium zu Berlin, im Mai 1850. Redig. v. A. v. Lengerke. 2 Abth. (1 Vol.). Berl. 1850.
(= Annalen d. Landwirthschaft. Jahrg. 8. Supplement. Abth. 1-2). 373.

Bericht anläßlich des 50jährigen Bestehens der Konkordia Bergbau-Aktien-Gesellschaft in Oberhausen (Rheinland). Düsseldorf, 1900. 36 S. mit 6 Taf.

Bericht über die internationale Concurrenz mit Dampf- und Bespannpflügen in Cakovic bei Prag 1879. Prag (1879)

— über die internationale Concurrenz mit Dampf u. Bespannpflügen, welche auf der Besitzung d. Hrn. Filip Ritter v. Schöller & Co. in Čakovic bei Prag am 9. bis 13. Septbr. 1879 vom landwirthschaftl. Club für Böhmen veranstaltet wurde. gr. 8. (XVI, 51 S. m. 29 eingedr. Holzschn.) Prag 880. Calve in Comm. n. 1. 60

Bericht über die Konkurrenzverhältnisse der Elektrizitäts-, Gas- u(nd) Wasserwerke gegenüber den Gewerbetreibenden. Erstattet vom leitenden Ausschuss des Schweizer. Gewerbevereins. Bern, September 1910. II + 19 S. kl.-4. (Altdorf, Huber.)

Verein für Förderung der Wissenschaften, der Landwirthschaft und der Künste von Unter-Elsass. BERICHT ÜBER DEN 5ten KONKURS FÜR CHEVALIERGERSTE in öffentlicher Sitzung, Sonntags den 15. Februar 1880 vorgelesen von WAGNER. (Ohne bes. Titelblatt. Mit Tabellen. Strasbourg, typ. G. Fischbach.) 8°.*)

Bericht des Konservators der Denkmäler im Regierungsbezirk Cassel über seine Tätigkeit vom 11. April 1902 bis 31. März 1904. Nebst einleitenden Nachrichten über die Geschehnisse in den Jahren 1891 bis 1901. Cassel. 1904. 4°.

Bericht des Konservators der Denkmäler für die Provinz Posen über die Etatsjahre 1895—96 und 1896—97 ff. Posen. 1897 ff. 4°.

Bericht des Konservators der Denkmäler für die Provinz Posen. [1.] Über d. Etatsjahre 1899–1902. *Posen 1903: Arbeits- u. Landarmenhaus in Bojanowo.* 4°(8°) [F.] [03. 14813 4

(Erster) Bericht des Konservators der Kunstdenkmäler der Provinz Ostpreußen über seine Tätigkeit vom 1. Febr. bis 1. Dez. 1902 an d. Provinzialkommission z. Erforschung u. z. Schutze d. Denkmäler in d. Prov. Ostpreußen. *Königsberg i. Pr.: Ostpreuß. Dr. u. Verlagsanst. 1903.* 4° [F.] [03. 6678

Bericht des Konservators der Kunstdenkmäler der Provinz Ostpreußen über seine Tätigkeit vom 1. Dezember 1903 bis 30. November 1904 ff. ⟨3. Jahresbericht ff.⟩ Königsberg. 1905 ff. 4°.

— d. Konservators d. Kunstdenkmäler d. Prov. Ostpreussen üb. s. Tätigk. v. 1. XII. 05—31. XII. 08 an d. Prov.-Kommission z. Erforschg u. z. Schutze d. Denkmäler in d. Prov. Ostpreussen. (5—7. Jahresbericht.) (40, 70 u. 42 m. Abb. u. je 1 Taf.) Lex8° Köngsbg, (B Teichert) '07—'9. Je 1 — d
Der 1—4. Jahresbericht waren nicht zu erhalten.

— d. Konservators d. Kunstdenkmäler d. Prov. Ostpreussen üb. s. Tätigk. '09 u. '10 an d. Prov.-Kommission z. Erforschg u. z. Schutze d. Denkmäler in d. Prov. Ostpreussen. (Von Dethlefsen.) (8. u. 9. Jahresbericht.) (41 bezw. 42 m. Abb. u. je 1 Taf.) Lex8° Königsbg, B Teichert '10'11. je 1 — d

Bericht des Fürstlichen Konservatoriums der Musik in Sondershausen (gegründet im April 1883). Sondershausen: Fr. Aug. Eupels, Hofbuchdruckerei. 1909/1910 – 1914/1915?

Bericht des Königl.(ichen) Conservatoriums für Musik (und Theater) zu Dresden. Dresden. [1.1856] – 81.1936/1937

— 13—15. d. Königl. Conservatoriums f. Musik in Dresden. 28—30. Studienjahr 1883/84, 1884/85 u. 1885/86. gr. 8. (57, 48 u. 48 S.) Dresden 884—86. Tamme. à n. — 20

— 16.—19., d. königl. Conservatoriums f. Musik in Dresden. 31.—34. Studienj. 1886/87, 1887/88, 1888/89, 1889/90. gr. 8. (24, 41, 39, 43 S.) Dresden, (Tamme). à n. — 20

— des königl. Conservatoriums f. Musik (u. Theater) zu Dresden über das 35.—38. Studienj. 1890/91, 1891/92, 1892/93 u. 1893/94. gr. 8. (42, 72, 59 u. 60 S.) Dresden 891—894. Warnatz & Lehmann. à n. — 30

— des königl. Conservatoriums f. Musik (u. Theater) z. Dresden üb. d. 39.—42. Studienj. 1894/95—1897/98. gr. 8. Dresden. H. Burdach. à n. — 30
39. 1894/95. (53 S.) 895.
40. 1895/96. (55 S.) 896.
41. 1896/97. (51 S.) 897.
42. 1897/98. (70 S.) 898.

— des königl. Conservatoriums f. Musik u. Theater zu Dresden üb. das 43.—45. Studienj. 1898/99—1900/01. gr. 8. Dresden, H. Burdach. à n. — 30
43. (71 S. m. 1 Bildn.) 899. — 44. (65 S. m. 1 Bildn.) 900. 45. (67 S.) 901.

Bericht des Consistoriums der ev.-reformirten Gemeinde zu Leipzig an die Gemeindehäupter uber die Revision der Gemeinde-Statuten. Leipzig 1869. H: *Kirchhoff, Albr.* (cb)

— üb. die Konstituierung des mitteleuropäischen Wirtschaftsvereines in Österreich. Wien, am 8. IV. 1905. (15 S.) gr. 8. Wien 905. (Manz.) n. — 35

Bericht des Königlich Württembergischen Konsulats in Köln f. 1870. 71. Köln 1872. 73

Konsum-Verein für Königsberg und Umgegend. E. G. m. b. H. **Bericht.** 3. Geschäftsjahr v. 1. Okt. 1904 bis 30. Sept. 1905. Königsberg i. Pr. (1905): H. Jäger. 8° [F.]
Auf. s. u. d. T.: Geschäftsbericht d. Konsum-Ver. f. Königsberg u. Umg. [06. 4004 10

Korporation d. Kaufmannschaft von Berlin. Die Handelshochschule Berlin. **Bericht** über die erste Rektoratsperiode Oktober 1906–1909. Erstattet von d. Rektor Prof. Dr. [Ignaz] Jastrow. Berlin: G. Reimer 1909. 8° [10. 301 2

Bericht über die Korrektions-Arbeiten an der Aar. 1824—1830.

Bericht der Kraftwagen-Kommission über die Ergebnisse ihrer Versuche. Berlin 1907

Bericht über die auf der Klinik des Herrn Professors Dr. Frerichs in Breslau im Wintersemester 1852—53 behandelten Kranken. Erstattet vom Assistenzarzt Dr. Rühle in Breslau. Gedruckt bei A. Pichler's Witwe & Sohn. (22 S. 8.) 1855.

— XXVI., über d. Kranken- u. Diakonissenanstalt der evangelischen Gesellschaft in Neumünster, 1883—84. Vorgetragen am Jahresfest den 30. Nov. 1884. In-8°, 31 S. Zürich, Druck von Ulrich & Cie. 1885?

Bericht, 27., über die Kranken- u. Diakonissen-Anstalt der ev. Gesellschaft in Neumünster, 1884/85. In-8°, 25 S. Zürich, Druck von Ulrich & Cie. 1886?

Kranken- und Diakonissen-Anstalt der Evangelischen Gesellschaft in Neumünster(-Zürich). 43. u. 44. Bericht 1900—1901 (August 31) u. 1901—1902 (August 31). [je Mit 1 Ansicht.] 40 u. 36 S. 8. Zürich, Berichthaus, 1901 u. 1902.

Bericht über das allgemeine K r a n k e n h a u s in München am Schlusse des . . . Jahres der magistratischen Verwaltung. . . 1. München: Verl. bei der magistrat. verwaltung . . . 1820. 4°

Bericht des k.k. allgemeinen Krankenhauses zu Wien vom Solarjahre 1866. 8°. (XX u. 398 S.) Ebds. in Comm. 1867.

Hinterländisches Krankenhaus in Herisau. Bericht über das Betriebsjahr 1900. II + 41 S. 8. Herisau, Schläpfer & Cie., (1901).

Hinterländisches Krankenhaus in Herisau. Bericht über das Betriebsjahr 1901 u. 1902. II + 41 u. II + 39 S. 8. Herisau, Schläpfer & Cie., (1902 u. 1903).

Krankenhaus (der Stadt Schaffhausen). Bericht der Grossrätlichen Krankenhaus-Kommission an den h. Grossen Rat ([betr.] Erwerbung und Erweiterung des städtischen Krankenhauses zum Kantonsspital). (1901 Mai 20.) 20 S. 8. [Schaffhausen, H. Meier & Cie.]

Schweizerische Pflegerinnenschule mit Frauenspital in Zürich. 4. Bericht erstattet von der Krankenpflegekommission des Schweiz. Gem. Frauenvereins. 1. Mai 1900—30. April 1901. [Mit 1 Ansicht.] 40 S. 8. Zürich, W. Coradi-Maag, 1901.

Schweizerische Pflegerinnenschule mit Frauenspital in Zürich. 5. Bericht erstattet von der Krankenpflegekommission des Schweiz. Gem. Frauenvereins. 1. Mai 1901—31. Dezember 1901. [Mit 1 Ansicht.] 40 S. 8. Zürich, W. Coradi-Maag, 1902.

Zürich. Schweizerische Pflegerinnenschule mit Frauenspital in Zürich. 6. Bericht erstattet von der Krankenpflegekommission des Schweiz. Gem. Frauenvereins. 1902. [Mit 1 Ansicht.] 36 S. 8. Zürich, W. Coradi-Maag, 1903.

Entomologisches Kränzchen zu Königsberg i. Pr. E. V. **Bericht.** 1. 1908/09. Königsberg i. Pr. (1909): Masuhr. 8° [10. 5770 10

[C]Kreditanstalt in St. Gallen. 46. Bericht über das Geschäftsjahr 1900. 19 S. 4. St. Gallen, A. Loehrer, 1901.

Kreditanstalt in St. Gallen. 47. Bericht über das Geschäftsjahr 1901. 15 S. 4. St. Gallen, A. Loehrer, 1902.

Kreditanstalt in St. Gallen. 48. Bericht über das Geschäftsjahr 1902. 15 S. 4. St. Gallen, A. Loehrer, 1903.

Bericht des Kreisausschusses des Landkreises Bonn über die Verwaltung und den Stand der Kreis-Kommunal-Angelegenheiten. [1.] Für d. J. 1904. Bonn (1905): Carthaus. 4° [11. 10473

* **Bericht** des Kreis-Ausschusses des Kreises Tondern über die Verwaltung und den Stand der Kreis-Kommunal-Angelegenheiten für die Zeit vom 1. April . . . bis Ende März . . .
1893/94 ff. Tondern. 1894 ff. 4°.

* **Bericht** des Kreisausschusses über die Verwaltung und den Stand der Kreiskommunalangelegenheiten des Kreises Eiderstedt für das Rechnungsjahr
1890. (Abschrift) Fol. 1891. (Tönning. 1892.) Fol.
vom 1. Jan. 1892—31. März 1893. (ebd. 1893.) Fol.
1893/94 ff. (ebd. 1894 ff.) Fol.
Die Berichte für 93/94 und 95/96 sind nur in Abschrift vorhanden.

* **Bericht** des Kreisausschusses über die Verwaltung und den Stand der Kommunalangelegenheiten des Kreises Hadersleben im Rechnungsjahr . . .
1889/90 und 90/91. 91/92 ff. o. O. 1891. 1892 ff. 4°.

Bericht des Kreisausschusses über die Verwaltung und den Stand der Kreiskommunalangelegenheiten des Landkreises Linden. [1.] Für d. Geschäftsj. 1907. Linden (1908): Wengler. 8° A 18. 10372

Bericht über die schwäbische Kreis-, Industrie-, Gewerbe- und kulturhistorische Ausstellung zu Augsburg 1886. Augsburg 1889

—— über den sechsten oberfränkischen Kreis-Feuerwehrtag in Pegnitz am 26. Aug. 1883. 8. (55 S.) Hof 883, (Grau und Comp.)

—— üb. d. 6. oberfränk. Kreis-Feuerwehrtag in Pegnitz am 26. Aug. 1883. 8. (55) Hof 83, (Lion). n. — 60

— des Kreiskomitees in Woronesch üb. die landwirtschaftliche Notlage. (In russ. Sprache.) (84 S.) gr. 8. Stuttgart 903. [J. H. W. Dietz Nachf.] Paris, A. Schulz. n. — 80
Sonderabdruck aus: „Osswobosohdenje".

Bericht der k. k. Kreis-Haupt- und Unter-Realschule zu St. Pölten für das Schuljahr 1855 nebst Angabe der Prüfungstage. St. Pölten. Gedruckt bei Franz Lorenz. (13 S. 8.) 1856?
Inhalt: Aufgabe der Schule.

Bericht über die oberbayer. *Kreisthierschau*, abgeh. am 26.—29. Mai 1877. Rosenheim, M. Niedermayr, 1877. 8°. Cart.*)
38 S. u. 1 Situationsplan.

Bericht über das 5. Kreisturnen in Freiburg i. B. (Kr. X) 5.—7. 8. 1893, Straßburg 1894, 36 S., 8°.

Bericht über den 3. ordentl. Kreisturntag und das 3. Kreisturnen des X. Deutschen Turnkreises zu Pforzheim, 14.—16. 8. 1886 u. d. 4. in Kaiserslautern, 2.—4. 8. 1890, Mannheim 1886 u. Bühl 1891, 4°. 2 Bde.

Bericht über den ordentl. Kreisturntag in Straßburg des X. Deutschen Turnkreises (Baden, Elsaß-Lothringen, Pfalz), Straßburg i. E. 1894, 18 S., 8°.

Bericht des Kreisvertreters und des Kreisturnwarts auf d. 25., 26. u. 27. Kreisturntage d. V. Kr. D. T., 1905, 1907 u. 1909, Osnabrück, 8 S. 3 Bde.

Bericht über den K r i e g gegen Mexiko, unternommen durch Frankreich, Spanien und England und allein fortgesetzt durch Frankreich im Jahr 1862. Mulhausen: J.P. Risler. 12 S.

Bericht vom Kriege in Schwaben. 12. Frankfurt 1705.

Bericht von dissmahligen Kriegs-Bewegungen in der Eydgenossenschaft mit Erzählung des bey Bremgarten den 26. May 1712 von Bern gegen Lucern erfochtenen Sieges. (8.) 4.

Bericht von den dissmaligen Kriegs-Bewegungen in der Eydgenossenschaft, mit Erzählung, was sich bis Eroberung von Baden begeben. (8.) 4.

Bericht über die Kriegsereignisse in Schleswig I. (Offizieller) Bericht über das Treffen bei Schleswig. II. Bericht e. Augenz. über die Kriegsereignisse in Schleswig. (28.) 4. M. 1 Pl., 2 Beil. Berlin 1848.

—— üb. d. Kriegs-Operat. d. russ. Truppen geg. d. ungar. Rebellen im J. 1849. N. offiz. Quellen v. H v. N. 3 Thle. 8. (325) Berl. 51, Schropp. 1. 15

Bericht über die Kriegs-Übungen der Kgl. Württemb. Truppen im Spätjahr 1821. Ludwigsburg 1821. 8°.

Bericht über die Kriegs-Übungen der Kgl. Württemb. Truppen im Spätjahr 1822. Ludwigsburg 1823. 8°.

Krippe in Klein-Basel. 11. Bericht 1899—1901. 10 S. 8. Basel, Fr. Reinhardt, 1902.

Krippe zu St. Alban [in Basel]. 25. Bericht. 1. Dezember 1899 bis 30. November 1902. [Mit 1 Ansicht.] 13 S. 8. Basel, Friedrich Reinhardt, 1903.

Bericht, Kritisch-diplomatischer, über eine Handschrift der lateinischen Uebersetzung des Alten und Neuen Testaments nach Alkuins Ausg. [Freiburg] 1828. V: *Hug, Johann Leonhard.* (Gl)

— kritischer, üb. Janssens Geschichte d. deutschen Volkes 4. Bd., enth. allgemeine Zustände des deutschen Volkes vom J. 1555 bis zum J. 1580, v. e. prakt. Theologen. gr. 8. (XIV, 79 S.) Frankfurt a/M. 886. (Drescher.) n. 1. 20

— krit., üb. Janssens Geschichte d. deut. Volkes 4. Bd.; enth. allg. Zustände d. deut. Volkes v. J. 1555 bis z. J. 1580. 8. (79) Frankf. a/M. 86, Schriftenniederl. d. Ev. Ver. (?) n. 1. 20
Au d. (?) Verf. zurückgegangen.

— kritischer, über Janssens Geschichte des deutschen Volkes 4. Bd., enthaltend allgemeine Zustände des deutschen Volkes vom J. 1555 bis zum J. 1580, von einem prakt. Theologen. gr. 8. (XIV, 79 S.) Frankfurt a. M. 886. Leipzig, Wilh. Weber. *

Armenanstalt Kühlewyl [bei Kehrsatz]. Bericht pro 1900. 20 S. gr.-8. Bern, Neukomm & Zimmermann, [1901].

— üb. die Berliner Kunst-Ausstellung im J. 1834. No. 1. (Aus d. „Museum" abgedr.) 8. Berl. 835. Gropius. 1/2 ₰

— dies. im J. 1836. No. 1 - 25. 8. Ebd. 837. n. 1 ₰ — dies. im J. 1838. gr. 8. Ebd. 839. n. 1/2 ₰

— über die zentralschweizerische Kunst- u. Gewerbe-Ausstellung in Luzern im Sommer 1879. gr. 8. (99 S.) Luzern 880. Prell. n. — 80

Bericht üb. die k. Dresdener Kunstgewerbesch. u. d. Kunstgewerbemuseum. 1897-1905.

— über die K. Kunstgewerbeschule und das Kunstgewerbemuseum zu Dresden 1905/06 und 06/07. Dresden 1907

Bericht über d. Königl. Sächs. Kunstgewerbeschule u. d. Kunstgewerbemuseum zu Dresden a. d. Jahre 1887/88-94/95 Dresden 1888-95

Bericht über die Königlich Sächsische Kunstgewerbeschule und das Kunstgewerbe-museum zu Dresden 1887/8-1894/5. Dresden 1888-94

Bericht über die k. Sächsische Kunstgewerbeschule und das Kunstgewerbe-Museum zu Dresden. 1897-1905 Dresden 1898-05

Bericht, achter, über das Städel'sche Kunstinstitut 1871. 4° Frankfurt a. M. 1871

Deutscher Künstler-Verein zu Rom. Bericht üb. d. Vereinsj. 1906/07. Roma. 4°

— vierter, des Kunst- u. Gewerb-Vereines in Leipzig. Mittheilungen aus den im Jahre 1840 gehalt. Versammlungen. gr. 8. Leipzig 841. (Schreck.) n. 1/3 ₰

Bericht über den Schleswig-Holsteinischen Kunstverein für das Jahr 1885 ff. Kiel. 1886 ff. 8°.

Aktiengesellschaft Curanstalt zum Hinterhof in Baden. Bericht über das erste Betriebsjahr 1872. 4 Stn. 4.

— üb. d. Dr. v. Ehrenwall'sche Kuranstalt f. Gemüths- u. Nervenkranke z. Ahrweiler (Rheinprovinz). M. 23 Lichtdr.-Taf. u. 10 Plänen. gr. 4. (IV, 64 S.) Köln 898. J. P. Bachem. Kart. n. 3. —

Bericht des Kuratoriums der höheren Töchterschule Czernowitz über das Schuljahr 1871/72. Czernowitz 1872. (Lithographiert.)

Bericht d. Kuratoriums d. Stiftung „Heilstätte f. Lupuskranke". Jahrg. 1904. (115 S. m. Abbildgn.) 8. Wien 905. (J. Šafář.) n. 1. 40

— des Kuratoriums der Stiftung „Heilstätte f. Lupuskranke". Jhrg. 1905. (87 S.) 8. Wien 906. (J. Šafář) 1. —

Kunstgewerbl. Museum d. Handels- u. Gewerbekammer in Prag. Bericht d. Curatoriums f. d. Verwaltungsj. 1903—15. Prag. 4°

Grossloge Kaiser Friedrich z. Bundestreue: Zweiter **Bericht** des Curatoriums der Br. Hermann Settegast-Stiftung am 1. September 1896. [Berlin 1896: Unger.] 2 Bl. 4°.

— d. Gr. Kurfürsten an d. General-Staaten d. Niederl., s.a. Sendschreiben Sr churfürstl. Durchl. v. Brandenburg.

Bericht des Grossen Kurfürsten an die General-Staaten der Niederlande über die Einnahme von Rathenow und die Vertreibung der gesammten Schwedischen Armee aus der Mark Brandenburg im Juni 1675. Übersetzt aus dem Holländischen. 8. Rathenow 1903.

Bericht des „Celler Kurier" vom 4.—7. 11. 1910 über die 50-Jahr-Feier des Männerturnvereins Celle, Gr.-8°.

[C]Kurkolonie des Bezirkes Andelfingen in Hundwil (Appenzell). Bericht vom 9. bis 29. August 1900. Vorgelegt der... Gemeinnützigen (Bezirks-)Gesellschaft.... 11 S. 8. Andelfingen, W. Hepting, 1901.

Kurkolonie des Bezirkes Andelfingen in Hundwil (Appenzell). Bericht vom 8. bis 28. August 1901. Vorgelegt der... Gemeinnützigen (Bezirks-)Gesellschaft.... 16 S. 8. Andelfingen, W. Hepting, 1902.

Kurkolonie-Kommission des Bezirkes Andelfingen. Bericht über das Betriebsjahr 1902 und über die Kurkolonie in Hundwyl vom 6.—26. August 1902. Vorgelegt der... Gemeinnützigen [Bezirks-]Gesellschaft.... 15 S. 8. Andelfingen, W. Hepting, 1903.

Bericht über den Kurs für militärischen Vorunterricht, III. Stufe, d. Winterthur u. Umgebung, Herbst 1893, Winterthur 1894, 42 u. 14 S., 8°.

Bericht über die interkantonalen Kurse über Bekämpfung der Kartoffel-Krankheit durch Kartoffel-Spritzen... den 14.—18. März 1890. Bern 1890. V: *Wüthrich, Ernst.* (Bibliogr. d. Schweiz. Landeskunde. Bern 1892 ff. V 9 a b.)

Bericht über den 18. Cursus der Bardenberger Bergschule. 1899—1901.

Bericht über den Cursus der Niederschlesischen Bergschule von 1887 bis 1889, ferner 1891—93. 1897—99.

Bericht über den Kursus der Niederschlesischen Bergschule in Waldenburg. Jg. 1889—1901/03. Waldenburg, 1891—1903.

Kurtzer Bericht von der Action zw. Schwed. Trouppen unter Gen. M. Hjerta, u. den von der Dän. Esquadre unter Tordenschjöld an Land gesetzten Völkern bey Strömstadt. (1 B.) 4. 1717.

Bericht, Kurzer, entstandener Andacht und häuffigen Wallfahrten zu dem Wunder- und Gnaden-Ort Ettisweil... Luzern 1757. V: *Schumacher, F. X. A.* (BSchwLK V 5, 1/2)

KURZER Bericht Von denen jährlichen Andachten. und grossen Ablässen auf dem in der k. k. freyen Bergstadt Schemnitz herrlichen heiligen Calvary-Berg, was allda auf der heil. Stiegen sich für das kostbare heil. Reliquien befinden, wie selbe zu besteigen, auf was Weis man ganz leicht zu allen Stunden sich könne des Leidens Christi erinnern, wie die fürnehmsten Akten eines Christen: nämlich der Glaube, Hofnung und Liebe, wahre Reu und Leid Zu erwecken, sammt noch andern anmuthigen Gebetern . . . von einem Priester der Gesellschaft Jesu. Schemnitz 1802. Gedr. Bey Franz Johann Sulzer. 48 S. - kl. 8°

Kurzer Ber v d Anstalten in den Luth Gmden in P-ien und einigen benachbarten Staaten. Phila, 1808.

Bericht, Kurzer, über die Aufnahme, Erziehung, und den Unterricht der Jugend in der k. k. Ingenieurs-Akademie zu Wien. (Donation Liechtenstein.) Fol. (Ohne Druckort u. Jahr.)

— kurzer, eines Augenzeugen über den Brand zu Waldkappell in der Nacht vom 25—26. Oktober 1854. Cassel 854. Bertram. 8. (15 S.) nn. 2½ ngr

KURZER Bericht und Begriff des berühmten und heiligen Ablasses Portiuncula. o. O. o. J. o. Dr. 12 S. - 140 mm

Bericht, Kurzer, von der Beschaffenheit der zerstreuten zahlreichen Illyrischen Nation ... [Verfasst 1761.] Frankfurt und Leipzig 1802. V: *Bartenstein, Joh. Chph Freih. von.* (Karajan) (KU) (Pk)

—kurzer, v. d. Beschaffenheit d. zerstreuten Illyrischen Nation in k. k. Erblanden. gr. 8. Münch. 802. J. Lindauer. 15 kr

Bericht, Kurtzer, wie das heilige Blut Jesu Christi auß Constantinopel in Groß-Kirchaimb Landes Cärnthen Salzburgerischer Dioeces unter das Ertz-Priesterthumb Gmünd in Ober-Cärnthen gehörig, von dem seeligen Briccio anno 914 wunderbarlich überbracht worden. Klgft., Kleinmayr, 1716. 12 S.

Kurzer Bericht | Der | Unter Anruffung | Des H. Martyrers | Donatus, | Schutzpatrons gegen Ungewit-|ter, Blitz, Donner, Sturmwinde | und sonstige böse Einflüsse der Luft, | in der Abtey-Kirche Maria-Mün-|ster zu Lutzemburg im Jahr 1767 | Aufgerichteten | Bruderschaft, | welche | CLEMENS der XIIIte | Römische Papst mit vielen Gnaden | und vielfältigem Ablaß | begnadiget hat, | Und | Durch das hohe Ordinariat zu Trier bestätiget | worden. | Lutzemburg, | Bey den Erben des Andraeas Chevalier | 1767. | Mit Erlaubniß der Obern. | 48 S., mit Notendruck, kl-8° (145 × 85 mm).

Kurzer Bericht der von den Schleswig-Holsteinischen Ständemitgliedern nach Kopenhagen abgesandten Deputation. Kiel, den 26. März 1848. Fol.

Kurzer Bericht über diejenigen, so sich Freimäurer-Brüder nennen, nebst genauer Beschreibung eines Schwesternfestes u. s. w. Nach wieder aufgefundenen Briefen aus dem nächsten Jahrhundert bearb. 10. Aufl. 11. Hundert-Tausend. Da die ersten neun Aufl. jedenfalls doch gleich vergriffen sein würden, so ist vorsichtshalber von deren Drucklegung abgesehen worden. [Hamburg 1892.] 4 Bl. 8° [Umschlagtit.]

Bericht, Kurzer, das Directorum inter evangelicos betreffend. O. O. [17??]. V: *Zech, Bernhard von.* (Pütter, Litt. des Teutsch. Staatsr. Gött. 1774—91. IV, 211.)

—— kurzer, über die Entstehung u. einfache Begründ. d. Mäßigkeits-Vereine in Berlin. 8. (2½ B.) Berlin 837, L. Oehmigke.

KURZER BERICHT über die Entstehung, Entwickelung und Wirksamkeit der Gesellschaft für bildende Kunst und vaterländische Alterthümer zu Emden. Emden. 1854. Druck von Theodor Hahn Wittwe. 8°.

Bericht, kurzer — über die Entstehung der Pfarr- und Wallfahrtskirche Maria-Taferl. Von dem Pfarr- und Kirchenvorsteher daselbst. Druck und Papier von A. Pichlers Witwe und Sohn. (11 S. 8.) (Ohne A. d. O. u. J.) 1857?

Bericht, Kurzer, von den knollichten und essbaren Erdäpfeln, oder denen Solanis tuberosis esculentis ... Gera 1745. V: *Hoppe, Johann Tobias.* (ML)

Kurzer Bericht über die Erscheinungen U.L. Frau bei Mettenbuch. Von P. Benedikt Braunmüller, O.S.B. Vierte vermehrte Auflage. Mit einem Situationsplane. Zum Besten des Kirchenbaues in Neuhausen. Deggendorf 1878. Verlag von J. Pfeiffer. 62 S.

ROSENKRANZ-ERZBRUDERSCHAFT. Kurzer Bericht von der gnadenreichen Ertz-Bruderschaft Iesu Maria deß Allerheiligsten Rosenkrantzes / Wie man solchen... betten, und dero so vil unterschiedlichen Ablass (welche die päbstl. Heiligkeiten ... verlyhen, auch Innocentius XI. ... 1679 erneuert hat) sich theilhaftig machen kann. Raab 1731. Gedruckt bey Jos. Ant. Streibig. 12 f. - 12°

ERZBRUDERSCHAFT DES ROSENKRANZES. Kurzer Bericht Von der gnadenreichen Ertz-Bruderschafft Jesu Mariae deß Allerheiligsten Rosenkrantzes, / Wie man solchen in Betrachtung, und Eintheilung deren H. 15. Geheimnussen betten, und dero so viel unterschiedlichen Ablaß welche die Päbstl. Heiligkeiten allergnädigst verlyhen, auch Innocentius XI. im Jahr 1679. erneuert und mit allen Special-Gnaden bekräfftiget hat, sich theilhaftig machen kan. Allen Brüdern und Schwestern ernannter H. Ertz-Bruderschafft hoch- und niedern Stands in Pappa zu mehreren Unterricht in diese Form gebracht. Raab 1755. Gedruckt bey Greg. Johann Streibig. 96 S. - 130 mm

Bericht. Kurzer B' über die Feuersbrunst des Dorfes Travers vom 13. September 1865.... Aus dem Französischen übersetzt von J J St . 8. Genf 1866.

Bericht, Kurzer und gegründeter, über die Frage: Ob die Römisch Kayserl. Majestät in Sachen Fürstenthum ... belangend, allein ... zu erkennen und zusprechen? [ca. 1700.] V: *Freher, Marquard.* (Plas)

Bericht, Kurzer, die Geschichte des Baues der hiesigen katholischen Hofkirche enthaltend. Dresden o. J. V: *Kaskel, Carl.* (Kat. d. stat. Bureaus. Dresd. 1890.)

Bericht, Kurzer, einer entstehenden deutschen Gesellschaft edler Beförderer reiner Lehre ... Basel 1780—81. V: *Urlsperger, Joh. Aug.* (Cat. d. Stadtbibl. Zürich. Zürich 1864—97.)

KURZER BERICHT über die Gesellschaft für bildende Kunst und vaterländische Alterthümer in Emden. (Ohne bes. Titelblatt. Emden, im Januar 1871. Druck von Th, Hahn Wwe.) 4°.

Bericht, Kurzer und gründlicher — vom Gesundheitswasser und Bad in Egerdach bei Innsbruck. 16. (32 S.) Innsbruck. Druck von A. Witting. 1854.

KURTZER doch gründlicher Bericht der Edlen Jägerey, In welchem I. Die Waldung und deren vielerley Gehöltze; II. Die wilden Thiere, so Edle als Unedle; III. Das Wald-, Feld- und Wasser-Geflügel; IV. Allerhand Jagd-Requisita und Wissenschafften nebst Nutz und Arbeiten des Leit-Hundes deutlich beschrieben, nicht weniger die Weidmännische Redens-Arten jeden Ortes angebracht, und dadurch dasjenige, was einem Jäger so wohl von der Hohen und Niedern Jagd, Als auch sonst in Jagd-, Forst-, Gross- und Kleinen Weidewercks-Sachen zu wissen nöthig, abgehandelt worden. Mit einem Anhange "Von der Fischerey". - Nordhausen 1730. - 2. Aufl. ebd. 499 u. 136 S. - 3. Aufl. ebd. 1745. 501 u. 135 S.

Bericht, Kurzer aber so viel möglich gründlicher, von der uralten, weitberühmten Wallfahrt auf Unser Lieben Frauen Berg zu Rankweil. Feldkirch [1728]. V: *Sumer, Johann Evang.* (Margr)

Bericht, Kurtzer, von den fürnehmsten historicis des Meissner-Landes. Dresden 1708 V: *Knauth, Johann Konrad.* (Bem I, 1, S. 1)

Bericht, Kurzer historischer, über Altenklingen und seine Besitzer; II. Kurze Beschreibung des Zollikofer'schen Familienmuseums in Altenklingen. [St.Gallen ca. 1870.] V: *Zollikofer, Traugott.* (zuwzür 1912)

Bericht, Kurzer historischer, Von dem Ursprung, wundervollen Verherrlichung und beglückten Ankunft des Wunderthätigen heiligen Jesus oder sogenannten Salzburger Kindlein in dasiges Frauen-Kloster Tert. Ord. S. Francisci Capaus unseren Archivschaften gezogen. Salzburg 1750. V: *Badense, P. R.* (M. Mittermüller 33/579.) (biblPort)

Bericht, Kurzer, von dem Inhalt der Bibel. Hildesheim 1721. V: *Neumann, Caspar.* (Myl)

Kurzer Bericht von dem Jubilaeo, welches Von . . . Clemente XIII. um von Gott zu erhalten, . . . Ausgeschrieben in der Königlichen Frey- und Crönungs-Stadt Pressburg im Jahr 1759. Pressburg 1759: J. M. Landerer. gr. 8°

Kurzer Bericht von den Conferenzen der **Vereinigten** Evangelisch Lutherischen Predigern, und Abgeordneten, in dem Staat Nord-Carolina, vom Jahr 1803, bis zum Jahr 1810. *New Market, Va.: Ambrosius Henkel und Co. Shenandoah County, Va. 1811. 34 S.*

Bericht. Kurzer, über den Kongreß des Internationalen Verbandes für die Materialprüfung der Technik in Brüssel (Kleingefüge, Festigkeitsprüfung und Müllverbrennung). Berlin 1906

Bericht, Kurtzer, von dem Wunderthätigen Heiligen Kreuze, welches In der Benediktinerischen Stiftsbibliothek zu Melk durch viele Jahrhunderte schon aufbehalten, und am 13ten Hornung, als an dem Fasttage der Erfindung desselben zur öffentlichen Verehrung ausgesetzet wird. Nebst den Tagzeiten von eben demselben. Krems 1774. V: *Paradeiser, Marian.* (Scriptores Ord. S. Benedicti, S. 330) (biblPort)

Kurzer **Bericht** über das Leben und Wirken M(itrofan) P[etrovič] Belaieffs [Belaev] u. den gegenwärt. Stand s. musikal. Unternehmungen. (Leipzig 1910: Röder.) 16 S. 8° [Umschlagt.] 10.16.94

Bericht, Kurzer, über das Gnadenbild Maria-Hilf in Inzing zu dessen 200jähriger Säkularfeier. Innsbruck 1885. V: *Schöpf, Johann.* (Margr)

Bericht, Kurzer, über das Marienbild auf dem heil. Berge. Olmütze 1751. V: *Ruebner, Adam Ernst.* (WBL 27/232) (biblPort)

— kurzer, üb. die zur Verehrung der allerseligsten Jungfrau Maria mit hoher geistl. Erlaubniß geprägte Medaille. 3. Abdr. 8. (¼ B. u. 1 Messing-Medaille.) Düsseldorf 843. (Cöln, Roschütz u. Comp.) *

— kurzer, über die jodhaltigen Mineralquellen und das jodhaltige Quellsalz von Krankenheil bei Tölz in Oberbayern, und namentlich ihre Wirkungen bei Drüsenkrankheiten, Flechten, rheumat. und gichtischen Beschwerden etc. 5. Aufl. 12. (33 S.) München 849, (Kaiser.) *

Bericht, Kurtzer, mit was für Solennitäten die heilige Gebein der seel. Jungfrau Notburg auf dem Eben . . . zu zierlicher Fassung deroselben . . . an das . . . Haus v. Tannenberg zu Schwatz etc. . . . 1735 . . . ausgelieferet . . . worden. Ynsbrugg [1735]. V: *Roschmann, Anton.* (Margr) (biblPort)

Kurtzer **Bericht** von den Nutz und Gebrauch des Retzelischen Licht- und Lebens-Pulvers als einer Panaceen und Bezoardici universalis wie auch von dessen balsamischen Pillen. Auf Verlangen einiger Freunde. . . zum Dr. beffodert. Blanckenburg (1720): Struve. 8 Bl. 8°

Bericht, Kurtzer, von Pietisten. Leipzig 1706. V: *Mayer, Joh. Frdr.* (Jöch)

Bericht, Kurtzer, an alle Puysancen von Europa in deren Gebiet Juden sind, wo jetzt von Oliger Paulli geredet wird, betreffend seinen Beruff von der Vereinigung der Juden und Christen. O. O. 1704. V: *Paulli, Holger.* (Bruun, Bibl. Danica. I, 247.)

— kurzer, von den hingerichteten 6 Raubmördern in Heidelberg. gr. 8. Karlsruhe, Braun. 812.

—— kurzer, über das kleine himmelblaue Scapulier zu Ehren der unbefleckten Empfängniß der allerseligsten Jungfrau Maria nebst einem Verzeichniß der demselben verliehenen Ablässe. 8. München 871, Stahl. *

— kurzer, wegen d. Schrift: Weitere Ausführung der Lehre v. Ebenbilde Gottes. 8. Hannov. 752. Hahn. 4 K

Kurzer **Bericht** über den Stand und die Verwaltung der Gemeinde-Angelegenheiten der Stadt Dortmund. [1.] Für d. Jahr 1907/08. T. 1. Dortmund 1910: Ruhfus. 4° [II. 1164

KURZER BERICHT ÜBER DIE THÄTIGKEIT DES WESTDEUTSCHEN VEREINS FÜR KOLONISATION UND EXPORT
im 1. Jahre seines Bestehens. 1882. Druck von Wilh. Wandt in Barmen. 4°.

Bericht, Kurtzer, auf das in Basel wider die . . . Separatisten herausgegebenen Tractätleins 1753. [Basel 1753.] V: *Meville, Hans Ulrich* & *Hieronymus Fäsch*. (Cat. d. Stadtbibl. Zürich. Zürich 1864—97.) (BSchLk V 5, 1/2)

KURZER Bericht und Unterricht von der heilsamen und fruchtbaren Andacht sieben freytätigen Andacht zu dem heiligen und wunderthätigen Vater Vincentio Ferrerio. Pesth 1803: Landerer. 72 S. - 180 mm

Bericht, Kurzer, über das Urkunden-Archiv des Klosters St. Lambrecht und seine Ordnung. Vorgelegt bei Abgabe von Proben seiner Fachkataloge zur Wiener Weltausstellung von 1873. Graz 1873. V: *Zahn, Josef.* (wonisch S. 8)

KURZER Bericht von dem Ursprunge, den Privilegien, Ablässen und Verbindlichkeiten der Marianischen Erzbruderschaft des gnadenreichen, wunderthätigen hochheiligen Skapulier. Pest o. J.: A. Bucsánszky. 20 S. - 8°

Bericht, Kurzer, von der alten und neuen Verfassung der Academie zu Rostock, Mit nöthigen Anmerkungen versehen ... [Rostock] 1761. V (Bericht): *Burgmann, J. Chr.* (Anmerk.): *Aepinus, Angelius Johann Daniel.* (Erman & Horn, Bibliogr. d. dtsch. Universitäten. 2. Leipz. u. Berl. 1904.)

—— kurzer, aus den Verhandlungen über die Ausstattung des osnabrück'schen Bisthums. 12. (10 S.) Osnabrück 848, Fredewest. *

Kurzer Bericht über die bisherigen Verhandlungen über den Charakter der höheren Schule in Cuxhaven und die neue Benennung derselben. 4 (S. 1—2). Höh. Staatssch. *Cuxhaven* 1899
Progr.

—— kurzer, üb. d. Verhandlungen d. kgl. Landgerichts zu Elberfeld, in Sachen d. 29 Schwelmer Repräsentanten wider Hrn. M. J. F. E. Sander, Diener am göttl. Worte zu Wichlinghausen. gr. 8. (1 B.) Elberfeld 836, Becker. *

—— kurzer, über die therapeutische Verwendung des Homburger Luisen-Brunnens. Von den Homburger Brunnen-Aerzten. Homburg 859. Schick. gr. 8. (11 S.) 5 ngr.

Kurtzer u. warhafter Bericht von der expedition der Kgl. Schwed. Kriegsflotte v. 13.—21. Sept. 1712. 4.

—— kurzer und wahrhaftiger, von der letzten Verfolgung der evangelischen Prediger in Ungarn, s. Beiträge zur Geschichte des Protestantismus in Ungarn.

— kurzer, über das Wirken des Kunst- u. Gewerbe-Vereines zu Leipzig in den Jahren 1836—39, aus den Protokollen geschichtlich dargestellt. gr. 8. Leipz. 839, 40. Schreck. n. 2/3 ngr

Kurtzer Bericht von Zubereytung einer Visier-Ruthen, auss einem geeichten Weinfass, Für die angehende Visierer gestellet, durch *Johann Hartmann Beyern*, D. Medic. ordinar. der Statt Frankfurt am Mayn. Zu Erläuterung dess 28 Capituls seiner Visierkunst, und 4 Capituls Geometriae Mauritianae. Gedruckt zu Frankfurt. 4. 6 S. 1729.

— kurzgef., v. d. Feyerlichkeiten b. d. Wahl u. Krönung eines deutschen Kaisers ic. m. K. 8. Leipz. Fleischer. 790.

— aus dem physiologischen Laboratorium u. der Versuchsanstalt d. landwirthschaftlichen Instituts der Universität Halle. Hrsg. v. Jul. Kühn. 5. Hft. gr. 8. Dresden 884. G. Schönfeld's Verl. n. 4. 50 (1—5.: n. 18. 70)
Untersuchungen üb. das Verhältniß d. Geschlechtes bei einhäusigen u. zweihäusigen Pflanzen unter Berücksicht. d. Geschlechtsverhältnisses bei den Thieren u. dem Menschen. Von Frdr. Heyer. (152 S.) Zur Controverse üb. die Ursache der Kleemüdigkeit. Von Sigm. Linde u. Vict. Kutzleb. (S. 153—165.)

— a. d. physiolog. Laboratorium u. d. Versuchsanstalt d. landwirthschaftl. Inst. d. Univ. Halle. Hrsg. v. J Kühn. 8—12. Hft. 8° Dresd., G Schönfeld. 30 — (1—12: 60.70)
8. Untersuchgn üb. d. Schwankgn in d. Zusammensetzg d. Milch bei gebrochenem Melken. Von H Kaull. — Ein Beitr. z. Prüfg u. Vervollkommng d. exakten Versuchsmethode z. Lösg schweb. Pflanzen- u. Bodenkulturfragen. Von F Wohltmann. — Das Drainagewasser u. d. durch dasselbe hervorgeruf. Verluste an Pflanzennährstoffen. Von H Scheffler. (108 m. Abbildgn u. 6 Tab.) 91. 6 —
9. Erläutergn zu d. komanerten geolog. Profil im Garten d. landwirthschaftl. Inst. d. Univ. Halle. Von K v. Fritsch. (40 m. 1 Taf.) 91. 2 —
10. Oscinis frit (vastator Curt.) u. pusilla. Ein Beitr. z. Kenntniss d. kleinen Feinde d. Landwirthschaft. Von G Rörig. — Die wirthschaftlich werthvollen Bestandtheile, insbes. d. stickstoffhalt. Verbindgn im Roggenkorn unter d. Einfluss d. Düngungsweise, d. Jahreswitterg u. d. Saatgutes. Von M Fischer. — Die Überwinterg d. Oscinis-Larven u. d. durch diese Schmarotzer hervorgegangenen Schädiggn d. z. Gewinng v. zeit. Grünfutter angesäten Roggen-Sandwickengemenges. Von J Kühn. (141 m. 2 Taf.) 6 —
11. Ueber e. Clematis-Krankheit. Von M Fischer. — Die Erhöhg d. Reinertrages d. deut. Merinoschafzucht. Von H Wübbe. — Die Bestandtheile d. Samens d. Ackermelde, Chenopodium album L., u. ihr Vorkommen im Brodmehle u. in d. Kleien. Von K Halpern. — Wissenschaftl. Ergebnisse d. im Hausthiergarten d. landwirthschaftl. Instituts angestellten Versuche d. Kreuzg d. hornes. Wildschweins u. d. europ. Wild- bezw. Hausschwein. Von R v. Spillner. — Ueber Untergrunddüngg m. bes. Berücks. ihrer Bedeutg f. d. Zuckerrübenbau. Von J Kühn. (168 m. 8 Taf.) 94. 10 —
12. Ueber Entbitterg u. Entgiftg d. Lupinenkörner. Von L Steiner. — Das Löhnert'sche Lupinen-Entbitterungsverfahren nach gemeinschaftlich m. W Lenz u. L Steiner ausgeführten vergleich. Untersuchgn. Von G Baumert. — Die Bedeutg d. verdauten Antheils d. Rohfaser f. d. thier. Ernährg. Von P Holdefleiss. — Die wirthschaftl. Bedeutg d. Gründüngg u. d. Ausnutzg d. Stickstoffs im Stallmist u. Gründung. Von J Kühn. (207 m. 2 H.) 95. 6 —

— a. d. physiolog. Laboratorium u. d. Versuchsanst. d. landwirtschaftlichen Instit. d. Universität Halle. Hrsg. v. Jul. Kühn. 20. Heft. (4, 1, 227 m. 1 farb. Taf.) Lex8° Hann., M & H Schaper '11. 16.50 (vollst., ermäss. Pr.: 100 —) d

Bericht, Zweiter, über die Lage des Emscher-Kanal-Projektes. Hrsg. von dem Emscher-Kanal-Komitee. Düsseldorf, [1876]. 26 S.

Bericht über die Lage der Industrie und ihrer Arbeiter in Hamburg. Herausgegeben von der Handelskammer. 1897-98. Hamburg 1898

Bericht über die Lage der im Verein für die berg- und hüttenmännischen Interessen im Aachener Bezirk vertretenen Industriezweige. Jg. 1877—1887 u. 1889—1903. Aachen, 1878—1904.

Bericht üb. d. mater. Lage d. Arbeiter im Leipaer Kreise Böhmens, erstattet v. d. Handelskammer. Reichenberg 852. N. i. Hdl.

Bericht über die materielle Lage der Arbeiter in dem Leipaer und Gitschiner Kreise Böhmens, im Auftrage des hohen k. k. Ministeriums für Handel, Gewerbe und öffentliche Bauten erstattet von der Handels- und Gewerbekammer zu Reichenberg. (Als Manuskript) 8. (112 S.) Prag, C. W. Medau 1852.

Bericht von Landammann und Rath des Kantons Schwyz an die hohe Kantonsgemeinde [betreffend die Stellung des Standes Schwyz zum Sonderbund]. (Schwyz den 17. Herbstmonat 1847.) [Mit Titelvignette.] 8. Schwyz 1847.

Bericht von verschiedenen Ländern, Städten und Gegenden des Herzogthums Schleswig. Flensburg 1761. V: *Hoyer, Jonas.* (EB)

Bericht des Landesausschusses des Königreiches Böhmen betreffend die Verbreitung der Trunksucht im Königreiche Böhmen sowie Vorkehrungen gegen den Alkoholismus. Berichte des Landesausschusses des Königreiches Böhmen über die Landeshumanitätsanstalten und über den Stand des öffentlichen Sanitätswesens. 1 Bd. Heft IV. 83 S. Tafelz. 6. Gr. 8°. Prag. 1901.

Bericht des niederösterreichischen Landesausschusses, betr. die Alkoholikerfrage. 1899. 23 S. 4°.

—— d. niederösterr. Landesausschusses üb. s. Amtswirksamkeit v. 1. Jänner 1880 bis 30. Juni 1881. 8. (307) Wien 81, Hof- u. Staatsdr. || 1. April 1883 bis 30. Juni 1884. (336) 84. à n. 2. 40

—— d. niederösterr. Landesausschusses üb. s. Amtswirksamkeit v. 1. Juli 1884— 30. Juni 1885. 8. (359) Wien 85, Hof- u. Staatsdr. || 1. Juli 1886— 30. Juni 1887. (403) 87. || 1. Juli 1887—30. Juni 1888. (413) 88. || 1. Juli 1888— 30. Juni 1889. (479) 89. || 1. Juli 1889— 30. Juni 1890. (495 m. Tab.) 90. à n. 2. 40

— d. niederösterr. Landesausschusses üb. s. Amtswirksamkeit v. 1. Juli 1890 bis 30. Juni 1891. 8° (573) Wien 91, (Hof- u. Staatsdr.). || 1891/92. (631) 92. || 1892/93. (643) 93. || 1893/94. (719) 94. || 1894/95. (672) 95. à 2.40

— d. niederösterr. Landesausschusses üb. s. Amtswirksamkeit v. 1. VII.'95—30. VI.'96. 8° (728) Wien 96, (Hof- u. Staatsdr.). || 1896—97. (684) 97. à 2.40

— dass. v. 1. VII.'97—30. VI. 1900. à 6 Thle. 8° Ebd. à Bericht 2.40
1897/98. 1. Gemeindeangelegenh., Gültbuch, Körnervorschusscassen, Personalangelegenh. Referent: J Scheicher. (80) || 2. Unterr.-Angelegenh., Stiftgn u. Landesfreiplätze, Landesarchiv u. Bibliothek, ständ. Agenden. Referent: A Gessmann. (160) || 3. Landesculturangelegenh. A, Feuerwehrwesen, Spar- u. Darlehenscassenver. u. landw. Genossensch., Localb., Hagelversicherg. Referent: F Richter. (107) || 4. Landesculturangelegenh. B, Flussbauten, Cassagebarg u. Controle. Referent: F Pirko. (61) || 5. Öffentl. Sicherheit, Waisen-, Bau- u. Mautangelegenh. Referent: J Schöffel. (107) || 6. Gesundheitswesen, Landes-Wohlthätigkeitsanst., Militäreinquartierg u. Vorspann. Referent: L Steiner. (421) 98.
1898/99. 1. Gemeindeangelegenh., Gültbuch, Körnervorschusscassen, Personalangelegenh. Referent: J Scheicher. (96) || 2. Unterr.-Angelegenh., Stiftgn u. Landesfreiplätze, Landesarchiv u. Bibliothek, ständ. Agenden. Referent: A Gessmann. (224) || 3. Landesculturangelegenh. A, Feuerwehrwesen, Spar- u. Darlehenscassenver. u. landw. Genossensch., Localb. Referent: F Richter. (154) || 4. Landesculturangelegenh. B, Strassen- u. Mautangelegenh., Flussbauten. Referent: F v. Pirko. (88) || 5. Öffentl. Sicherheit, Waisen-, Cassa- u. Hausadministrationsangelegenh. Referent: J Schöffel. (105) || 6. Gesundheitswesen, Landes-Wohlthätigkeitsanst., Militäreinquartierg u. Vorspann. Referent: L Steiner. (365) 99.
1899/1900. 1. Gemeindeangelegenh., Gültbuch, Personalangelegenh. Referent: J Scheicher. (23) || 2. Unterr.-Angelegenh., Stiftgn u. Landesfreiplätze, Landesarchiv u. Bibliothek, ständ. Agenden. Referent: A Gessmann. (156) || 3. Landesculturangelegenh. A, Feuerwehrwesen, Spar- u. Darlehenscassenver. u. landw. Genossensch., Localb. Referent: F Richter. (148) || 4. Landesculturangelegenh. B, Strassen- u. Mautangelegenh., Flussbauten. Referent: F v. Pirko. (112) || 5. Öffentl. Sicherheit, Waisen-, Cassa- u. Hausadministrationsangelegenh. Referent: J Schöffel. (140) || 6. Gesundheitswesen, Landes-Wohlthätigkeitsanst., Militäreinquartierg u. Vorspann. Referent: L Steiner. (448) 1900.

— d. niederösterr. Landesausschusses üb. s. Amtswirksamk. v. 1. VII. 1900—30. VI.'01. 6 Thle. 8° Wien, (Hof- u. Staatsdr.)'01. 2.40 d
1. Gemeindeangelegenh., Gültbuch, Personalangelegenh. Referent: J Scheicher. (22) || 2. Unterr.-Angelegenh., Stiftgn u. Landesfreiplätze, Landesarchiv u. Bibliothek, ständ. Agenden. Referent: A Gessmann. (166) || 3. Landesculturangelegenh. A, Feuerwehrwesen, Spar- u. Darlehenscassenver. u. landw. Genossensch., Localb. Referent: F Richter. (160) || 4. Landesculturangelegenh. B, Strassen- u. Mautangelegenh., Flussbauten. Referent: F v. Pirko. (126) || 5. Öffentl. Sicherheit, Cassa- u. Hausadministrationsangelegenh. Referent: J Schöffel. (120) || 6. Gesundheitswesen, Landes-Wohlthätigkeitsanst., sonst. Wohlfahrtsangelegenh., Militäreinquartierg u. Vorspann. Referent: L Steiner. (484)

Bericht d. niederösterr. Landesausschusses üb. s. Amtswirksamk. v. 1. VII.'01—30. VI.'02. 6 Tle. (80, 155, 143, 117, 122 u. 500) 8° Wien, (Hof- u. Staatsdr.)'02. 2.40 d

— dass. f. 1. VII.'02—30. VI.'03. 7 Tle. 8° Ebd.'03. 8 — d
I. Unterr.-Angelegenh., Stiftgn u. Landesfreiplätze, Landesarchiv u. Bibliothek, ständ. Angelegenh., Personalangelegenh. Referent: A Gessmann. (228) || II. Gemeindeangelegenh., Gültbuch, agrar. Operationen, Strassensachen u. Sanitätswesen. Referent: J Scheicher. (138) || III. Lokalb., Spar- u. Darlehenskassenver. u. landw. Genossensch., Landeshypothekenanst., Kassagebarg u. Kontrolle. Referent: R Pattai. (18) || IV. Landeskulturangelegenh. B, Flussbauten. Referent: F v. Pirko. (97) || V. Öffentl. Sicherheit, Wein- u. Obstbau. Referent: J Mayer. (145) || VIa. Wohlfahrtsangelegenh. Referent: L Steiner. (683 m. 4 Taf.) || VIb. Häuseradministration u. Militärwesen. Referent: L Steiner. (4)
Fortsetzg, s. u. d. T.: Bericht d. Landesausschusses d. Erzh. Österreich u. d. Enns.

— d. Landesausschusses d. Erzh. Österr. u. d. Enns üb. s. Amtswirksamk. v. 1. VII.'03—30. VI.'04. I—V, VIa u. VIb. 8° Wien, (Hof- u. Staatsdr.). 8 — d
I. Unterr.-Angelegenh., Stiftgn u. Landesfreiplätze, Landesarchiv u. Bibliothek, ständ. Angelegenh., Personalangelegenh. Referent: A Gessmann. (225) || II. Öffentl. Sicherheit, Wein- u. Obstbau. Referent: J Mayer. (154) || III. Landesfinanzen, Schulbeitr. v. Verlassenschaften, Lokalb., Spar- u. Darlehnskassenver. u. landw. Genossensch., Landes-Hypothekenanst., Kassagebarg u. Kontrolle. Referent: R Pattai. (16) || IV. Landeskulturangelegenh. B, Flussbauten. Referent: F v. Pirko. (122) || V. Gemeindeangelegenh., Gültb., agrar. Operationen. Strassensachen u. Sanitätswesen. Referent: J Scheicher. (147) || VIa. Wohlfahrtsangelegenh. Referent: L Steiner. (707 m. 1 Taf. u. 1 Pl.) || VIb. Häuseradministration u. Militärwesen. Referent: L Steiner. (4) 05.
Bisher u. d. T.: Bericht d. niederösterr. Landesausschusses.

Bericht über die Schweizerische Landesausstellung Zürich 1883. 1884

Gruppe 1. Seidenindustrie. Von R. Schwarzenbach-Zeuner. Zürich
Gruppe 2. Baumwoll-Jndustrie. Von H. Rieter-Fenner u. a. Winterthur
Gruppe 3. Wollenindustrie. Von F. Hefti-Luchsinger. Zürich
Gruppe 4. Leinen-Jndustrie. Von N. Steinmann. Luzern
Gruppe 5. Die Stickerei. Von L. Jklé. St. Gallen
Gruppe 6. Bekleidung. Von R. Philippi-Stierlin u. a. Zürich
Gruppe 7. L'industrie du cuir en Suisse. Par E. Mercier. Lausanne
Gruppe 8. Papier-Jndustrie. Von O. Miller. Luzern
Gruppe 9. Stroh-Jndustrie. Von O. Isler. Zürich
Gruppe 10. Holzschnitzerei. Von E. Davinet. Zürich
Gruppe 11. Möbel und Hausgeräthe. Von F. Bluntschli. Winterthur
Gruppe 12. Orfèvrerie, bijouterie, joaillerie et industries similaires. Par L. Martin. Zürich
Gruppe 13. L'horlogerie. Par A. Favre. Genève
Gruppe 14. Kurzwaaren. Von O. Meyer. Zürich
Gruppe 15. Chemische Jndustrie. Von Lunge. Zürich
Gruppe 16. Produits bruts. Par E. Stockalper. Lausanne
Gruppe 17. Keramik. Von A. Koch. Zürich
Gruppe 18. Baumaterialien. Von R. Moser. Luzern
Gruppe 19. Hochbau und Einrichtung des Hauses. Von G. Lasius. Zürich
Gruppe 20—21. Jngenieur- und Transportwesen. Von E. Gerlich und K. Pestalozzi. Zürich
Gruppe 22. Maschinen-Jndustrie. Von G. Veith u. a. Zürich und Luzern
Gruppe 23. Metallindustrie. Von H. Maey. Zürich
Gruppe 24. Waffen. Von R. Schmidt. Zürich
Gruppe 25. Nahrungs- und Genußmittel.
Abth. 1. A. Mahl- und Mehlprodukte. B. Teigwaaren. Von C. Auer u. a. (Zürich)
Abth. 2. Confiserie. Von R. Sprüngli-Ammann. (Zürich)
Abth. 3. Conserven, condensirte Milch usw. Von E. Schumacher-Kopp. (Zürich)
Abth. 4. Bier. Von Abeljanz. (Zürich)
Abth. 5. Liqueure, Limonaden, Wermuth usw. Von A. Huber. (Zürich)
Abth. 6. Tabak. Von R. Trueb. (Zürich)
Gruppe 26. Landwirthschaft.
Bd 1. Einleitender General-Bericht. Von A. Hafter. Zürich
Abth. 1. Förderung der Landwirthschaft. Von Schneeboli und Kollbrunner. Zürich
Abth. 2. Landwirthschaftliche Geräthe und Maschinen. Von H. Fritz. Zürich
Bd 2. Abth. 3. Acker- und Pflanzenbau. Von H. Mercanton u. a. Zürich
Abth. 4. Milchwirthschaft. Von Schatzmann. Zürich
Abth. 5. Bienenzucht. Von Kramer. Zürich
Bd 3. Abth. 6. Pferdezucht. Von C. Mallet u. a. Zürich
Abth. 7. Rindvieh. Von Meyer u. a. Zürich
Abth. 8. Kleinvieh. Von Baumgartner und J. Cramer. Zürich
Gruppe 27—28. Forstwirthschaft, Jagd und Fischerei. Von E. Landolt. Zürich
Gruppe 29. Der Gartenbau. Von E. Mertens. Zürich
Gruppe 30. Unterrichtswesen. Von H. Wettstein. Zürich
Jnstruction et éducation. Par B. Dussaud. Genève
Gruppe 31. Hygieine, Balneologie. Von Guillaume u. a. Rettungswesen. Von Langsdorf. Zürich
Gruppe 32. Physikalische Jndustrie. Von H. F. Weber. Zürich
Gruppe 33. Musikalische Jnstrumente. Von G. Arnold. Luzern
Gruppe 34. Vervielfältigungsverfahren. Von A. Benziger. Zürich
Gruppe 35. La photographie. Par H. Boissonnas. Genève
Gruppe 36. Kartographie in Verbindung mit dem Relief und dem Katasterwesen der Schweiz. Von A. Heim und J. Robstein. Zürich
Gruppe 37. Kunst der Gegenwart. Von J. Stadler. Luzern
Gruppe 38. Alte Kunst. Von J. Rahn. Zürich
Gruppe 41. Das Hotelwesen. Von E. Guyer. Zürich: Orell Füssli 1884.

—— über Gruppe 2 der schweizerischen Landesausstellung Zürich 1883: Baumwoll-Industrie. Baumwoll-Spinnerei, Zwirnerei, Weiss- und Buntweberei, Bleicherei, Appretur, Färberei und Druckerei. gr. 8. (38 S. mit 1 farb. Stnt.) Zürich 884, Orell, Füssli und Comp.

—— über Gruppe 6 der schweizerischen Landesausstellung Zürich 1883: Bekleidung. Herren- und Damen-Confection, Schuhe, Bonneterie, Lingerie, Schirme, Herrenhüte, Mützen, Kürschnerarbeiten, Cravatten, Handschuhe und künstl. Blumen, gr. 8. (138 S.) Ebendas. 884. *

—— über Gruppe 22 der schweizerischen Landesausstellung Zürich 1883: Maschinen-Industrie. Von G. Veith, Friedr. Kick, Amsler-Laffon, Jul. Becker-Becker, C. Locher-Mittner, H. Wuhrmann. gr. 8. (124 S.) Zürich 884, Orell, Füssli und Comp. *

—— dass. — Gruppe 25. Nahrungs- und Genussmittel. 6 Abthlgn. gr. 8. Ebendas. 884. à Abthl. * 50 Pf. *

Inhalt:

Abthl. 1. Auer, C., E. Ottiker und C. Schweizer. A. Mahl- und Mehlproducte. B. Teigwaaren. (30 S.)
» 2. Sprüngli-Ammann, R., Confiserie. (16 S.)
» 3. Schumacher-Kopp, E., Conserven, condens. Milch etc. (47 S.)
» 4. Abeljanz, Bier. (17 S.)
» 5. Huber, A., Liqueure, Limonaden, Wermuth etc. (27 S.)
» 6. Trueb, R., Tabak. (13 S.)

—— dass. — Gruppe 26. Landwirthschaft. 1.—3. Bd. gr. 8. Ebendas. 884. *

Inhalt:

Bd. 1. Einleitung, Generalbericht. Abthl. 1: Förderung der Landwirthschaft. Abthl. 2: Geräthe und Maschinen. (102, 149, 42 S.) * ℳ 3.

Bericht über Gruppe 26 der schweizerischen Landesausstellung Zürich 1883 etc.

Bd. 2. Abthl. 3: Acker- und Pflanzenbau. I. Allgemeiner Bericht von H. Mercanton. II. Wiesen von Rud. Häni. III. Getreide von F. G. Stebber. IV. Obst und Wein von A. Kraft. V. Wein von Jules Doge und J. Rimathé. VI. Handelspflanzen von F. Anderegg. (198 S.) * ℳ 1,50. — Abthl. 4: Milchwirthschaft. Von Schatzmann. (31 S.) * 50 Pf. — Abthl. 5: Bienenzucht. Von Kramer. (15 S. mit 1 Tab.) * 50 Pf.
» 3. Abthl. VI: Pferdezucht. Abthl. VII: Rindvieh. Abthl. VIII: Kleinvieh. Schlussbericht. (92, 128, 23, 102 S. mit 4 Tab.) * ℳ 3.

Bericht üb. Gruppe 31 der schweizerischen Landesausstellung Zürich 1883. Hygieine, Balneologie v. Guillaume, Schuler, Ed. Killias u. Rettungswesen v. Langsdorf. gr. 8. (68 S. m. 13 Taf.) Zürich 884. Orell Füssli & Co. Verl. n. 1. 50

— dasselbe. Gruppe 32. Physikalische Industrie. Von H. F. Weber, unter Mitwirkg. v. Ed. Hagenbach-Bischoff, Schneebeli, Billwiller, Ad. Tobler, Rothen. gr. 8. (118 S.) Ebend. 884. n. 1. 50

Bericht über die kärntnerische Landes-Blinden-Anstalt in Klgft. Hg. v. Rupert Mayer. Klgft., v. Kleinmayr, 1901. 112 S.

Bericht der Landes-Deputation der Provinz Schlesien an den (23.) Provinzial-Landtag (1873), die Ergebnisse der Verwaltung des Jahres 1871 betreffend. (Breslau. 1872.) 4°.

— über die bayerische Landes-Industrie-, Gewerbe- u. Kunst-Ausstellung zu Nürnberg 1882. Hrsg. vom Ausschusse d. polytechn. Vereins in München, red. v. Egb. Hoyer. Mit 42 Text-Fig. [Aus: „Bayer. Industrie- u. Gewerbeblatt".] gr. 8. (IV, 315 S.) München 884. Literarisch-artist. Anstalt. n. 3. —

— üb. d. Landesirrenanst. in Buitenzorg (Java, Niederl.-Ostindien) v. 1894—Anfang Juli 1901. (122 m. 6 Taf.) 8° Batavia '02. (Haag, M Nijhoff.) +2 —

Bernische Landeskirche. Bericht über... 1898—1902 s. Ris, G(ottlieb).

Bericht der Landesschulkommission über das Schulwesen im Kt. Appenzell A. Rh. 1855—65.

Bericht über den 11. ordentlichen Landesverbandstag (des Preussischen Landesverbandes der Haus- und Grundbesitzer-Vereine) am 8. u. 9. März 1908 in Berlin ... Spandau; Stettin: Grassmann 1908. 8°
[Früher nicht gesondert erschienen.]
(Mitteilungen d. Preuss. Landesverbandes d. Haus- u. Grundbesitzer-Vereine. H. 15.) (09. 18535 9

Bericht üb. d. am 10. Mai 1890 zu Esslingen abgehaltene 1. [konstituierende] Landesversammlung humanistischer Lehrer. [Aus: „Korrespondenz-Blatt für die Gelehrten- u. Realschulen".] gr. 8. (12 S.) Tübingen 890. Fues. n. — 20

— d. 8. Landesversammlg d. internat. kriminalist. Vereinigg (Landesgruppe: Deut. Reich) 1893 zu Berlin. Bearb. v. E Friedeberg. 8° (96) Berl. 93, J Guttentag. 1.50

Bericht über die Landesverwaltung des Kts. Graubünden. 1853—66, 71—72, 75—85.

Bericht der kärntnerischen Landes-Wohlthätigkeits-Anstalten in Klgft. Klgft., Leon, v. Kleinmayr, Gutenberghaus, 1898—. Quart.

Ostpreußische Landgesellschaft m. b. Haftung zu Königsberg i. Pr. Bericht. [1.] Für d. Zeit v. März 1906 bis Okt. 1908. Königsberg i. Pr.: Ostpreuß. Dr.- u. Verlagsanst. 1908. 4° (09. 12135

Bericht an die sämmtlichen Landleute des Kantons Schwyz. (Gegeben zu Schwyz, den 21. Christm. 1830. Aus Auftrag der Regierung von Schwyz: Kanzlei Schwyz.) 8. *o. O.* 1830.
(*Mit:* Berichtigung.)

Bericht der Landrats-Kommission (Präsident und Berichterstatter der Kommissionsmehrheit: Rud[olf] Gallati) betreffend die Besteuerung der anonymen Erwerbsgesellschaften an den Landrat des Kantons Glarus vom 25. Februar 1902. 32 S. 8. Glarus, B. Vogel, 1902.

(Bericht der Schleswig-Holsteinischen Landschafts-Direktion betr. den vorläufigen Entwurf eines Gesetzes über Familienfideikommisse.) Datiert: Kiel, den 21. Aug. 1903. (Kiel. 1903.) Fol.

— zweiter, e. Würtemberg. Landstandes an seine Mitbürger, üb. d. Verhandll. des wieder einberufenen Landtags v. 16. Oct. 1815 bis Juli 1816. gr. 8. Heidelb. 816. Winter. 6 gr.

— üb. den außerordentl. Landtag vom J. 1848. [Nr. 4—23 des Mecklenburgischen Landtagsboten enth.] 4. Schwerin 848, Kürschner, (jetzt Hildebrand.) n. 1/2 ℛ

— üb. Land- u. Forstwirtschaft in Deutsch-Ostafrika. Hrsg. v. kais. Gouvernement v. Deutsch-Ostafrika (biolog.-landwirtschaftl. Instit. in Amani). III. Bd, 5. Heft. (219—320 m. 8 Taf.) gr8° Heidelbg, Carl Winter '11. 2.50
(III vollst.: 6.60: I—III: 38 —) 6F

Bericht, Landwirthschaftlicher, aus Mittel-Deutschland. Enthaltend das Neueste und Wissenswürdigste für Landwirthe, z. B. die Quintessenz der ökonom. Tages-Literatur u. Journalistik, der agrar. Gesetzgebung, der Protokolle der landw. Vereine, der Berichte über den Stand der Feldfrüchte und den Ertrag der Ernten, der Correspondenz und Mittheilungen aus verschiedenen Gegenden, Recensionen neuer Schriften etc. etc. Herausg. v. Ch. G. Gumprecht. In zwangl. Hftn. 1.—6. Heft. Mit 7 Stut. Ilmenau 1833—34. gr. 4.

Bericht der Landwirtschaftskammer für den Regierungsbezirk Cassel über die Entwickelung der Landwirtschaft in d. 5jähr. Zeitr. vom 1. April 1901 bis 31. März 1906 ff. Cassel 1906 ff. 8°

Bericht der Landwirtschaftskammer zu Stettin über den Zustand der Landeskultur in der Provinz Pommern. [1.] Für d. J. 1905. Stettin 1906: Pommersche Reichspost. 8° [F.]
Anl. s. u. d. T.: Jahresbericht d. Landwirthschaftskammer zu Stettin über d. Zustand ... (07. 973 9

Bericht des Landwirtschaftskammer-Ausschusses für Oberhessen über die Ergebnisse von Leistungsprüfungen ausgeführt bei Simmentaler und Vogelsberger Rindvieh. [Darmstadt]: Landwirtschaftskammer f. d. Großh. Hessen 1909. 30 S., 9 Tab. 8°
(Arbeiten d. Landwirtschaftskammer f. d. Großh. Hessen. H. 3.) (09. 16150 3

— d. deut. Landw.-Rats betr. Füttergsversuche m. Pferden üb. d. Ersatz v. Hafer u. Mais durch Trockenkartoffeln, m. e. Einl. v. O Kellner. — Mästgsversuche m. Schweinen üb. d. Wirkg v. Trockenkartoffeln u. Mais. 1. Allg. Bericht v. O Kellner, s.a. Berichte üb. Landw.

— dasselbe m. Schweinen üb. die Verdaulichkeit verschiedener Futtermittel, v. Fr. Lehmann, O. Kellner u. J. König, s.a. Berichte üb. Landwirtschaft 15. Heft.

Bericht des Deutschen Landwirtschaftsrats, betr. Fütterungsversuche mit Pferden über den Ersatz von Hafer und Mais durch Trockenkartoffeln ausgeführt von ... mit e. Einl. von Geh. Hofrat Prof. Dr. O[skar] Kellner. Mästungsversuche mit Schweinen über d. Wirkung von Trockenkartoffeln u. Mais, ausgeführt in 16 landwirtschaftl. Betrieben u. Versuchsanst. 1. Berlin: Parey 1909. 88 S. 8°
(Berichte über Landwirtschaft. H. 11.) 109. 8635

Bericht des deutschen Landwirtschaftsrats betr. Fütterungsversuche mit Schweinen über die Verdaulichkeit verschiedener Futtermittel, ausgeführt an d. landwirtschaftl. Versuchsstationen zu Göttingen, Möckern und Münster i. W. von Prof. Dr. Fr. Lehmann, Geh. Hofrat Prof. Dr. O. Kellner, u. Geh. Reg.R. Prof. Dr. J. König. Berlin: Parey 1909. 71 S. 8°
(Berichte über Landwirtschaft. H. 15.) 109. 11061

— des deutschen Landwirtschaftsrats betr. Mästungsversuche m. Schweinen üb. die Wirkung v. Trockenkartoffeln u. Mais, s.a. Berichte üb. Landwirtschaft. 12. Heft.

— des deutschen Landwirtschaftsrats an das Reichsamt des Innern betr. Mästungsversuche m. Schweinen üb. die Verwertung der Kartoffeln bei verschiedener Eiweißzufuhr, ausgeführt in 17 landwirtschaftlichen Betrieben. A. Allgemeiner Bericht üb. den Plan, die Ausführg. u. die hauptsächlichsten Ergebnisse d. Versuche, bearb. v. O. Kellner. (32 S.) Lex. 8. Berlin 908. P. Parey. — 40

— dasselbe. B. Berichte üb. die einz. Versuche, ausgef. zu Bargfeld v. Ratjen, zu Blankenhain v. Diez, zu Bockdorf v. G. Faßbender (Ref.), zu Eldena v. Becker u. R. Bloeck (Ref.), zu Garnholz v. Luers, zu Georgenhausen v. Stoll u. P. Wagner (Ref.), zu Großenglis v. F. Neuße, zu Hohenstein v. Sieglin, zu Karstädt v. Rosenfeld, zu Kleinkugel v. Frz. Walther, zu Mantitz v. F. Heinke, C. Hey u. O. Kellner (Ref.), zu Nottuln v. Kellermann u. A. Bömer (Ref.), zu Pommerhof v. G. Herfeldt u. H. Neubauer (Ref.), zu Ringfurth v. Thiele, zu Röddinghof v. Matzen, zu Weihenstephan v. Th. Henkel (Ref.) u. zu Weißenborn v. W. Krüger, Kohlschmidt u. O. Kellner (Ref.) (III, 216 S.) gr. 8. Ebd. 908. 1. 80

— des deutschen Landwirtschaftsrats an das Reichsamt d. Innern betr. Untersuchgn. über die Wirkg. d. Nahrungsfettes auf die Milchproduktion der Kühe, ausgeführt an der landw. Versuchsstation zu Bonn v. H. Neubauer, am agrikulturchem. u. bakteriolog. Institut der Universität zu Breslau v. Th. Pfeiffer, an der landw. Versuchsstation zu Danzig v. M. Schmöger, an der großherzogl. landw. Versuchsstation zu Darmstadt v. P. Wagner, an der landw. Versuchsstation d. Universität Jena v. Immendorff, an der Versuchsstation f. das Molkereiwesen zu Kiel v. H. Weigmann, an der Versuchswirtschaft zu Lauchstädt v. W. Schneidewind, an der agrikulturchem. Versuchsstation zu Pommritz v. G. Loges, an der kgl. landw. Versuchsstation zu Triesdorf v. A. Kleemann u. am milchwirtschaftl. Institut der kgl. landw. Hochschule zu Weihenstephan v. Th. Henkel. A. Allgem. Bericht v. O. Kellner. (32 S.) Lex. 8. Berlin 907. P. Parey. — 40

— dasselbe. B. Spezialberichte der Versuchsansteller. (III, 412 S.) Lex. 8. Ebd. 907. 8. 80

— d. deut. Landwirtschaftsrats an d. Reichsamt d. Innern betr. Untersuchgn üb. d. Wirkg d. Palmkernkuchen auf d. Milchproduktion, s: Berichte üb. Landwirtschaft.

— dass. üb. d. Wirkg v. Trockenkartoffeln u. Mais, s.: Berichte üb. Landw.

Landwirthschaftsschule in Flensburg.
Progr. Nr. 1 und 2. Bericht über die Schuljahre 1875—77. Erstattet v. dem Direktor G. Liedke. Flensburg. 1877. 4°.
Progr. Nr. 3—5. Bericht über das 3.—5. Schuljahr Ostern 1877/78—79/80 etc. ebd. 1878—(80). 4°.
Progr. Nr. 7. Bericht über das 7. Schuljahr Ostern 1881/82 etc. ebd. (1882.) 4°.

Landwirtschafts- und Handelsschule in Flensburg.
Bericht über das $\frac{11}{2}$ Schuljahr Ostern 1885—86 erstattet v. dem Director G. Liedke. Flensburg. (1886.) 4°.
Ostern 1886. Progr. Nr. 11 der Landwirtschaftsschule, Progr. Nr. 2 der Handelsschule.

Handwerkerschule Langenthal. Bericht pro Schuljahr vom Okt. 1900—Okt. 1901 u. von Oktober 1901 bis Oktober 1902. II + 28 u. II + 23 S. 8. Langenthal, G. Matthys-Geiser, 1902 u. G. Dysli, 1903.

Patronat Länggasse (Bern). Bericht pro 1899/1900 und 1900/1901. (1901 September 12.) 5 S. 8.

— 1., üb. d. Versuchswirthschaft Lauchstädt d. Landwirtschaftskammer f. d. Prov. Sachsen. Unt. Mitwirkg. v. F. Albert, W. Schneidewind u. C. Spallok, hrsg. v. M. Maercker. [Aus: „Landwirthschaftl. Jahrbb."] Lex.-8. (IV, 247 S. m. 9 Taf.) Berlin 898. G. Parey. n. 6. —

— 2. u. 3., üb. die Versuchswirtschaft Lauchstädt der Landwirtschaftskammer f. die Prov. Sachsen. Umfassend d. J. 1897 u. 1898. Unter Mitwirkg. von F. Albert, W. Schneidewind u. C. Spallek hrg. von M. Maercker. Lex.-8. (VIII, 465 S. m. 1 Taf.) Berlin 899. P. Parey. n. 10. —
Sonderabdruck aus: „Landwirtsch. Jahrbücher."

— 4., üb. die Versuchswirtschaft Lauchstädt der Landwirtschaftskammer f. die Prov. Sachsen. Umfassend d. J. 1899—1901. Unter Mitwirkung von D. Meyer u. W. Gröbler hrsg. von W. Schneidewind. gr. 8. (III, 148 S.) Ebd. 902. n. 3. —

— 5., über die Versuchswirtschaft Lauchstädt der Landwirtschaftskammer für die Prov. Sachsen. Umfassend die J. 1902 u. 1903. Unter Mitwirkung von H. C. Müller, D. Meyer, H. Frese, W. Gröbler hrsg. v. W. Schneidewind. (IV, 170 S.) Lex.-8. Berlin 904. P. Parey. n. 5. —

— 6. u. 7., üb. die Versuchswirtschaft Lauchstädt der Landwirtschaftskammer f. die Prov. Sachsen. Lex. 8. Berlin, P. Parey. 8. 50
6. Umfassend die J. 1904—1906. Unter Mitwirkg. v. D. Meyer, F. Münster, F. Huflage u. W. Gröbler hrsg. v. W. Schneidewind. (IV, 177 S. m. 5 [4 farb.] Taf.) 907. 4. —
7. Umfassend die J. 1907—1909. Unter Mitwirkg. v. D. Meyer, F. Münter, J. Graff u. W. Gröbler hrsg. v. W. Schneidewind. (IV, 207 S. m. 3 [2 farb.] Taf.) 910. 4. 50

Bergbahn Lauterbrunnen-Mürren. 10. Bericht für das Jahr 1900. [Mit illustriertem Umschlag.] IV + 24 S. 4. Interlaken, Otto Schlæfli, 1901.

Bergbahn Lauterbrunnen-Mürren. 11. Bericht für das Jahr 1901. [Mit illustriertem Umschlag.] IV + 24 S. 4. Interlaken, Otto Schlaefli, 1902.

Bergbahn Lauterbrunnen-Mürren. 12. Bericht für das Jahr 1902. [Mit illustriertem Umschlag.] IV + 26 S. 4. Interlaken, Otto Schlaefli, 1903.

Bericht der freiwilligen Lazareth-Commission zu Schleswig über ihre Thätigkeit während der Zeit vom 7. Februar bis ult. November 1864. Schleswig. 1865. 8°.

— über das Leben und Wirken der Diener Gottes, deren feierliche Heiligsprechung in Rom zu Pfingsten 1862 erfolgt. Vorgetragen im öffentl. Consistorium zu Rom am 15. Mai 1862. Aus dem Latein. Regensburg 862. Pustet. 8. (48 S.) 4 ngr.

Bericht über die letzten Lebenstage u. Stunden Dr. Mart. Luthers u. seinen am 18. Febr. 1546 erfolgten Tod, v. einigen namhaften Augenzeugen an d. damal. protestant. Welt deutscher Lande erstattet ꝛc. gr. 8. (1½ B.) Leipzig 845, Pönicke u. Sohn. Thlr.

BERICHT DER LEHRANSTALT FÜR BUCHHANDLUNGSLEHRLINGE ZU LEIPZIG, veröffentlicht von ... PAUL MÖBIUS.
1—7. Leipzig, Ende März 1854 — Ende März 1862. (Druck von C. E. Elbert.) 8°.
8. Inhalt: 1) Ueber das Studium der deutschen Dichtung als eines der vorzüglichsten nationalen Bildungsmittel. Von MÖBIUS. 2) Schulnachrichten. ib. Anfang März 1864. (—)

Bericht der Königl. L e h r a n s t a l t für Obst & Weinbau zu Geisenheim a/Rhein für das Etatsjahr. . . (1887/88-92/93. . . für Obst- und Weinbau (Höhere Gärtnerlehranstalt)). Erstattet von R(udolph) Goethe. 1881/82-92/93. Rüdesheim, Wiesbaden (1882-)1893.
Forts. u.d. T.: Bericht der Kgl. Lehranstalt für Obst-, Wein- und Gartenbau. . .

Bericht der Kgl. L e h r a n s t a l t für Obst-, Wein- und Gartenbau zu Geisenheim a. Rh. für das Etatsjahr. . . erstattet von R(udolph) Goethe. 1893/94-1899/1900. Wiesbaden 1894-1900.
Früheres u.d. T.: Bericht der Königl. Lehranstalt für Obst & Weinbau. . .
Forts. u.d. T.: Bericht der Königl. Lehranstalt für Wein-, Obst- und Gartenbau.

— der königl. Lehranstalt f. Wein-, Obst- u. Gartenbau zu Geisenheim a. Rh. f. das Etatsj. 1902, erstattet v. J. Wortmann. (223 S. m. Abbildgn. u. 2 Taf.) gr. 8. Wiesbaden 903. (R. Bechtold & Co.) n 1.—

— dasselbe f. d. Etatj. 1903—1905 erstattet v. Jul. Wortmann. gr. 8. Berlin, P. Parey. n. 11.50
1903. (IV, 206 S. m. Abbildgn.) 904. n. 3.50
1904. (IV, 203 S. m. Abbildgn. u. 9 Taf.) 905. n. 4.—
1905. (IV, 319 S. m. 49 Abbildgn. u. 9 Taf.) 906. n. 4.—

— der kgl. Lehranstalt f. Wein-, Obst- u. Gartenbau zu Geisenheim a. Rh f. d. Etatsj. 1906—1909, erstattet v. d. Direktor Jul. Wortmann. gr. 8. Berlin, P. Parey. 15.50
1906. (IV, 324 S. m. 72 Abbildgn. u. 4 Taf.) 907. 4.—
1907. (IV, 405 S. m. 87 Abbildgn.) 908. 5.—
1908. (IV, 212 S. m. 21 Abbildgn.) 909. 3.—
1909. (IV, 204 S. m. 49 Abbildgn.) 910. 3.50

— d. kgl. Lehranst. f. Wein-, Obst- u. Gartenbau zu Geisenheim a. Rh. f. '09, '10 u. '11 v. Jul. Wortmann. gr8° Berl., P Parey '10—12.
'09. (4, 264 m. Abb.) '10. 3.50 ‖ '10. (4, 236 m. Abb.) '11. 3.50 ‖ '11. (4, 326 m. Abb. u. 2 farb. Taf.) '12. 4.50
Fortges. u.d. T.: Berichte der königl. G ä r t n e r - l e h r a n s t a l t zu Dahlem.

Bericht d. landwirtschaftlichen Lehranstalt zu A u e r b a c h. 34: 1909—1910. U. St. o. A.

— 28., der Lehranstalt f. die Wissenschaft des J u d e n t u m s in Berlin [N. 24, Artilleriestr. 14]. (74 S.) gr. 8. Berlin 910. Mayer & Müller. 1.50

— des Vereins Leipziger L e h r e r auf d. J. 1884 u. 1885. gr. 8. Leipzig 886. M. Hesse. n. 1.—
P f a l z, die Einheit der Schule. (18 S.) — Alb. R i c h t e r, Quellen im Geschichtsunterrichte. (S. 19—41.) Zur Geschichte des Vereins. Mitgliederverzeichnis. (S. 42—49.)
1886: R i c h t e r, Alb., Volksschulen im Mittelalter. — W e b e r, Hugo, vom Verknüpfen und Verweben der Unterrichtsstoffe. — Zur Geschichte des Vereins. — Mitgliederverzeichnis. (58 S.) 887.

— über die evangelische L e h r e r b i l d u n g s a n s t a l t zu Bielitz in österreich. Schlesien. Lehrpläne und Nachrichten. Hrsg. von Karl Riedel. gr. 8. (95 S.) Bielitz 870, (Zamarski und Fröhlich.) **

— über die evangelische L e h r e r b i l d u n g s a n s t a l t in Bielitz. Schuljahr 1870—71. Zugleich Einladungsschrift zur Prüfungs-, Schluss- u. Entlassungsfeier. Hrsg. v. K a r l R i e d e l. gr. 8. (43 S.) Bielitz 871. Zamarski & Fröhlich in Comm. n. — 75

—, vierter, der k. k. Lehrerbildungs-Anstalt in Klagenfurt. 1885. 8°. (101 S.) Klagenfurt, J. Leon. In Comm. baar fl. —.60. 1886?

— d. k. k. L e h r e r - u. L e h r e r i n n e n b i l d u n g s - a n s t a l t i. Czernowitz üb. d. Schulj. 1870/71—1895/96, veröffentl. v. d. Direction. gr. 8. Czernowitz 896. (H. Pardini) n. — 60
D. Pruththal i. Galizien u. i. d. Bukowina von L. A. S i m i g i n o w i c z. — Zur Geschichte d. 25jähr. Bestandes d. Anstalt von I s o p e s c u l. (153 S.)

— 3., üb. d. k. k. Lehrerinnen-Bildungsanstalt i. Wien. Veröffentl. a. Schlusse d. Schulj. 1894/95. gr. 8. Wien 895. (A. L. Hasbach.) n. 1.—
1. Üb. d. Gebrauch d. Sprachbuches i. d. Volks- u. Bürgerschule. (Von Jos. L e h m a n n.)
2. Z. Geschichte d. 25jähr. Bestehens d. Anstalt. (Von Joh. R u p p.)
3 Schulnachr. pro 1894/95. (Von dems.) (114 S.) n. 1.—.

B e r i c h t der Lehrerkonferenz an die Aufsichtskommission des kant. T e c h n i k u m s in Burgdorf über die Errichtung einer an das Technikum anzugliedernden Abteilung zur Ausbildung von Lehrern an gewerblichen Fortbildungsschulen <Gewerbeseminar>. (Burgdorf, im Juli 1910.) 32 S. 8. Burgdorf, E. Baumgartner.

1. Bericht über das e v a n g e l i s c h e L e h r e r s e m i n a r in Unterstrass bei Zürich. 1870. Gedr. bei J. J. Ulrich. 27 Sn. 8. 1871?

Bericht, 8., über das evangel. Lehrerseminar in Unterstrass bei Zürich. Mai 1876 bis Mai 1877. 57 S. 8. Zürich, S. Höhr. 1877?

— 19. u. 20., über das evangelische L e h r e r s e m i n a r in Unterstraß bei Zürich. Mai 1887 bis Mai 1889. gr. 8. (80 S.) Zürich 890. (Höhr.) n. — 50

— 21., üb. das evangelische L e h r e r s e m i n a r in Unterstraß bei Zürich. Mai 1889 bis Mai 1891. 8. (58 S.) Zürich 892. Faesi & Beer. n. — 50

Bericht, XXI., über das evangelische Lehrerseminar in Unterstrass-Zürich (Mai 1889 bis Mai 1891). In-8°. 53 S. Zürich, Comm.-Verlag von S. Höhr. 1892? — 50

Bericht, 22. u. 23., üb. d. evang. L e h r e r s e m i n a r i. Unterstraß b. Zürich. Mai 1891—Mai 1893, resp. Mai 1893—Mai 1896. 8. (50 u. 66 S.) Zürich 894/96. (Fäsi & Beer.) à n. — 50

— XXIV., üb. das evangel. Lehrerseminar in Unterstrass b. Zürich Mai 1896 bis Mai 1898. 8°. 54 S. Zürich (Fäsi & Beer). 1899? — 50

Evangelisches L e h r e r s e m i n a r in Unterstrass-Zürich. 27. u. 28. Bericht. Mai 1900 bis Mai 1901 u. Mai 1901 bis Mai 1902. 50 u. 42 S. 8. Zürich, Komm. Fäsi & Beer, 1901 u. 1902.

— 3., über das königl. Lehrerseminar zu Annaberg i. Erzgeb. auf die Zeit von Neujahr 1873 bis dahin 1889. Hrsg. v. E. Schwerdtner. M. e. Ansicht der Seminargebäude u. 1 Situationsplan d. Seminargrundstücks. Beilage: Kurze geognostisch-geologische Beschreibung v. Annaberg u. Umgegend. Von R. Herrig. Mit 1 Karte u. 2 Profilen. gr. 8. (V, 235 u. 56 S.) Annaberg 889. (Graser.) n.n. 2. 50; Beilage ap. n.n. 1. 50

— 4., üb. d. königl. Lehrerseminar z. Annaberg i/Erzgeb. a. d. Zeit v. Neujahr 1889 b. dahin 1897. Hrsg. v. Ernst Schwerdtner. Beilage: Bartusch, d. Annaberger Lateinschule z. Zeit d. ersten Blüte d. Stadt u. ihrer Schule i. 16. Jahrh. gr. 8. (VII, 132 u. VII, 193 S.) Annaberg 897. (Graser.) n.n. 2. 50

— zweiter, über den schweizerischen Lehrerverein 1858—1861. Abdr. aus der pädagog. Monatsschrift. Zürich 862. Meyer & Zeller. gr. 8. (84 S.) n. 12 ngr.

Bericht, dritter, über den schweizerischen Lehrerverein 1861—1863. Bern 864. Heuberger. gr. 8. (75 S.) n. 8 ngr.

— über die 2. allgemeine deutsche Lehrer-Versammlung am 26. bis 29. Septbr. 1849 zu Nürnberg. [Abgedr. aus d. Schulboten aus Franken.] gr. 8. (46 S.) Ansbach 849, Gummi. 1/4 ℔

— über die 21. allgemeine deutsche Lehrer-Versammlung abgehalten zu Breslau vom 26. bis 30. Mai 1874. gr. 8. (143 S.) Breslau 874. Priebatsch in Comm. n. — 80

Bericht über die allgemeine deutsche Lehrerversammlung (deutscher Lehrertag) in Stuttgart vom 14.-17. Mai 1894. Stuttgart 1894

— über die erste allgemeine luxemburger Lehrerversammlung, geh. zu Luxemburg am 27. Septbr. 1871. 8. (61 S.) Luxemburg 871. Brück. — 50

Bericht über die Deutsche Lehrerversammlung, Pfingsten 1898 in Breslau. Hrsg. vom Litterar. Ausschuß. Leipzig 1898: Klinkhardt. 207 S. 8° [10. 14034

— üb. die deutsche Lehrerversammlung Pfingsten 1904 in Königsberg i. Pr. Hrsg. v. Presse-Ausschuß. (164 S.) 8. Königsberg 904. (Gräfe & Unzer, Buchh.) n. 1. 50

— dasselbe in München, Pfingsten 1906 (4. bis 7. VI.). Hrsg. vom Preß-Ausschuß. (178 S.) 8. Leipzig 906. (München, M. Kellerer.) n.n. 1. —

— über die deutsche Lehrerversammlung in Dortmund. Pfingsten 1908. Hrsg. vom geschäftsführ. Ausschuss des deutschen Lehrervereins. (168 S.) 8. Leipzig (908). J. Klinkhardt. 1. 20

— üb. d. deut. Lehrerversammlung zu Strassburg i/Els. Pfingsten '10 u. Berlin, Pfingsten '12. Hrsg. v. geschäftsführ. Ausschuss d. deut. Lehrervereins. (240, 248) 8° Lpzg, J Klinkhardt ('10'12). je 1.20

Bericht über den Lehrgang der Kieler gelehrten Schule in dem Semester von Michaelis 1850 bis Ostern 1851. Erstattet v. Johannes Friedrich Lucht. Kiel. 1851. 4°.
—— in den beiden Schuljahren von Ostern 1851 bis Ostern 1853. Erstattet von demselben. Kiel. 1853. 4°.
—— von Ostern 1853 bis Ostern 1854. Erstattet v. Jürgen Friedrich Horn. Kiel. 1854. 4°.

Bericht über den Lehrgang der Kieler Stadtschule (später gelehrten Schule) in dem Schuljahre Michaelis . . . bis Michaelis . . . Abgestattet v. Johannes Friedrich Lucht.
1844/45, 1846/47, 47/48, 49/50. ebd. 1845, 47, 48, 50. 4°.

Bericht über das Lehr-Institut der Loge zur Bruderkette [in Hamburg] am Stiftungsfeste 1866. Hamburg [1866:] Kümpel. 11 S. 8° [Umschlagtit.]
Tt. 1227.

Bericht über das maurerische Lehr-Institut der Loge „zur Bruderkette“ [in Hamburg]. (Hamburg, 1852.) 8 S. 8°. [Kopftit.]

Bericht betreffend die schweizerischen gewerblichen Lehrlingsprüfungen 1896-1906 4° Bern 1896-06

Schweizerische Gewerbliche Lehrlingsprüfungen. Bericht [vom] Herbst und Frühjahr 1900—1901. Erstattet von der Central-Prüfungskommission ... des Schweizerischen Gewerbevereins. II + 28 S. kl.-4. (Luzern, J. Schill, 1901.)

Schweizerische Gewerbliche Lehrlingsprüfungen. Bericht [vom] Herbst 1901 und Frühjahr und Herbst 1902. Erstattet von der Zentral-Prüfungskommission ... des Schweizerischen Gewerbevereins. [Mit 1 Tabelle.] II + 32 S. kl.-4. Bern, Büchler & Co., (1902).

Bericht betr. die Schweizerischen gewerblichen Lehrlingsprüfungen. 1907-12. Bern (1908-13)

Bericht über das Lehrlingswesen, dem Thüringischen Städtetage erstattet. Jena 1876. V: *Blochmann*. (Kat. d. stat. Bureaus. Dresden 1890.)

Bericht über die Lehr- und Lernmittel-Ausstellung des deutschen Lehrervereins, s.a. Berichte über die Lehr- und Lernmittel-Ausstellung.

Bericht über die Lehr- und Lernmittel-Ausstellung des deutschen Lehrervereins, Bezirksverband Berlin 1874. Berlin 1875

Bericht von den heiligen Leibern und Reliquien, welche in dem fürstlichen Reichsgotteshaus St. Emmeram aufbehalten werden; . . . O. O. 1761. V: *Kraus [Krauss], Joh. Bapt.* (ML)

Bericht des Leib-Grenadier-Regiments über seine Theilnahme an der Erstürmung der Düppeler Schanzen am 18. April 1864. M. Pl. — Die Gefechte bei Sönder-Tranders und Lundby am 3. Juli 1864. Mit Pl. (15.) 4. Berlin 1864. 0.50.

Solothurnische Leihkasse. Bericht über d. Jahr 1870. 3 Stn. 4. 1871?

Solothurnische Leihkasse. Bericht f. 1871. 3 Stn. 4. 1872?

BERICHT DER SECTION LEIPZIG DES DEUTSCHEN UND OESTERREICHISCHEN ALPENVEREINS ueber das erste Jahrzehnt ihres Bestehens 1869—1879. Leipzig 1880. 8°.

Bericht über die Leistungen auf dem Gebiete der Anatomie des Centralnervensystems. [1.] In d. Jahren 1901 u. 1902. Von Prof. Dr. L[udwig] Edinger u. Dr. A[dolf] Wallenberg. *Leipzig: S. Hirzel 1903.* 8°
Aus: Schmidt's Jahrbücher d. gesammten in- u. ausländ. Medizin. 1903. [03. 13564 7

— über die Leistungen auf dem Gebiete der Anatomie des Centralnervensystems. Von L. Edinger u. A. Wallenberg. 8. u. 4. Bericht. 1905/06 u. 1907/08. (V, 238 u. V, 332 S.) 8. Leipzig 907. 09. S. Hirzel. à 4. —

— üb. d. Leistgn auf d. Gebiete d. Anatomie d. Z(C)entralnervensystems. Von L Edinger u. A Wallenberg. 5. Bericht ('09 u. '10). (7, 376) 8° Bonn, A Marcus & E Weber '12. 4 —

Bericht über die Leistungen auf dem Gebiete der Forst- u. Jagdzoologie ... von K. Eckstein. Jhg. 1. 1890. Frankfurt 1892. gr. 8.
—, — Jhg. 2 u. 3. 1891 u. 1892. Ebda 1893. gr. 8.

— über die Leistungen u. Fortschritte im Hochbauwesen. Hrsg. v. Germano Wanderley unter Mitwirkg. v. O. Burghart, L. Erdmenger, A. Göllner etc. 1. Bd. [1882.] (In 4 Lfgn.) 1. Lfg. Lex.-8. (160 S. m. eingedr. Holzschn., 2 Lichtdr., 2 Heliograv. u. 2 Tab.) Leipzig 882. Morgenstern. n. 5. —

— über die Leistungen und Fortschritte im Hochbauwesen. Hrsg. von Germano Wanderley unter Mitwirkung von O. Burghart, L. Erdmenger, A. Göllner etc. 1. Lfg. Lex.-8. (160 S. mit eingedr. Holzschn., 2 Lichtdr., 2 Heliograv. und 2 Tab.) [Leipzig 882.] Brünn, Selbstverlag des Herausgebers. *
Nicht weiter erschienen.

— betr. die Leistungen und Hilfsmittel des eidgenöss. statist. Bureaus 1873. Bern 1873

Bericht über die Leistungen der Kinder-Hospize (während des Jahres 1884). (Von Thalheim, Gerber, Wagner.) Separatabdruck aus dem „Archiv für Kinderheilkunde". Stuttgart. (1884.) 8°.

— über die Leistungen in der Naturgeschichte der Vögel während d. J. 1882 u. 1883 v. Ant. Reichenow. gr. 8. (78 u. 72 S.) Ebend. 884. 85. à n. 3. —

Bericht üb. d. Leistungen in d. Naturgeschichte d. Vögel während d. J. 1884—1887 v. A. Reichenow. gr. 8. (99, 88, 90, 68 S.) Berlin 886—889. Nicolai's Verl. à Jahrg. n. 3. —

— über die Leistungen in der Naturgeschichte der Vögel während d. J. 1888, 1889 v. Ant. Reichenow. gr. 8. (63, 78 S.) Ebd. 891. 892. à Jahr n. 3. —

Bericht üb. die Leistungen in der Pflanzengeographie u. systematischen Botanik. Von A. Griesebach. 1843—51. (1 Vol.). Berl. 1845—54. 1905. [Rostr. Saml.].
[Tit. noget varierende].

Bericht über die Leistungen des weiblichen Vereins für Armen- und Krankenpflege, den Freunden u. Beförderern ds. Institution ... gewidm. v. Amalie Wilhelmine Sieveking. [1]-81. [Mehr nicht ersch.] — Hamburg 1833-1913/14: Langhoff (27 ff.: Rauh. Haus). 8°

— über die Leistungen des Willibrordus-Bau-Vereins, von Mitte Mai 1864 bis Mitte Juni 1865. [Abdr. aus d. 4. Hefte d. christl. Kunst-Vereines.] Luxemburg 866. Brück. gr. 8. (20 S.) 4 ngr.

— über die wissenschaftlichen Leistungen im Gebiete der Entomologie während der J. 1865 und 1866 von A. Gerstäcker. 2 Hälften. gr. 8. Berlin, Nicolai'sche Verlagsh. [1. Hälfte. (188 S.) 868. * ℳ 4,50.; 2. Hälfte. (229 S.) 869. * ℳ 5,50.] *

— dass. — während der J. 1867 und 1868 von Friedr. Brauer und A. Gerstaecker. 2 Hälften. gr. 8. Ebendas. [1. Hälfte. (S. 1—152.) 870. * ℳ 4.; 2. Hälfte. (S. 153—226.) 871. * ℳ 2.]

— dass. — während des J. 1870 von Friedr. Brauer und während der J. 1869 und 1870 von A. Gerstaecker. gr. 8. (206 S.) Ebendas. 873. *

— über die wissenschaftlichen Leistungen im Gebiete der Entomologie während der J. 1871 und 1872 von Phpp. Bertkau. gr. 8. (192 S.) Berlin 876, Nicolai'sche Verlagsh. *
Aus: Archiv für Naturgeschichte, besonders abgedruckt.

— dass. — während der J. 1873 und 1874. gr. 8. (288 S.) Ebendas. 877. *

— dass. — während der J. 1875 und 1876. gr. 8. (428 S.) Ebendas. 878. *

— dass. — während der J. 1877 und 1878. gr. 8. (568 S.) Ebendas. 879. *

— über die wissenschaftlichen Leistungen im Gebiete der Entomologie während des J. 1879 von Phpp. Bertkau. gr. 8. (340 S.) Berlin 880, Nicolai'sche Verlagsh. *

— dass. — während der J. 1880—1883 von Phpp. Bertkau. gr. 8. (IV, 256; 298; III, 292; IV, 266 S.) Ebendas. 881—84. à Jahrg. *

— üb. d. wissenschaftl. Leistgn im Gebiete d. Entomologie währ. d. J. 1884 v. P Bertkau u. E v. Martens. 8. (272) Berl. 85, Nicolai's V. n. 10. — ‖ währ. d. J. 1885 v. P Bertkau. (328) 86. n. 12. — ‖ währ. d. J. 1886. (Crustacea 1885 u. 1886) v. P Bertkau u. GH Fowler. (387) 87. n. 14. — ‖ währ. d. J. 1887 v. P Bertkau. (227) 88. n. 14. — ‖ währ. d J. 1888 [Crustacea 1887] v. P Bertkau u. GH Fowler. (290) 89. n. 15. — ‖ währ. d. J. 1889 v. P Bertkau. (318) 90. n. 13. —

— üb. d. wissenschaftl. Leistgn im Gebiete d. Entomologie [Arthropoden] währ. d. J. 1890 [Crustacea 1888] v. P Bertkau u. F Hilgendorf. 8° (419) Berl. 91, Nicolai's V. 22 — ‖ 1891 [Crustacea 1889]. (398) 92. 22 — ‖ 1892. [Crustacea 1890]. (416) 93. 24 — ‖ 1893 [Crustacea 1891—1893]. (434) 94. 25 —

Bericht üb. d. wiss. Leistgn im Gebiete d. Entomol. währ. d. J. 1897, 2. Hlfte; 1898, 2. Hlfte; 1899—1901 je 2 Hlftn; 1902, 1. Hlfte u. 1903, 1. Lfg. 8° Berl., Nicolai's V. 376 —
1897. II. Von T Kuhlgatz, R Lucas, B Wandolleck. (821—1206)'01. 60 — (Vollst.: 84 —)
1898. II. Von T Kuhlgatz, R Lucas, B Wandolleck. (331—1003)'02. 50 — (Vollst.: 74 —)
1899. I. Von R Lucas u. G Seidlitz. (306)'01. 26 — ‖ II. Von R Lucas, B Wandolleck. (309—1244)'03. 60 —
1900. I. Insecta: Allg. u. Coleoptera v. G Seidlitz. (288)'02. 22 — ‖ II,1. Insecta: Hymenoptera u. Lepidoptera. Von R Lucas, B Wandolleck, T Kuhlgatz. 2 Lfgn. (289—1471)'04.05. 86 —
1901. I. Insecta: Allg. u. Coleoptera v. G Seidlitz. (284)'03. 22 —
1902. I. Insecta: Allg. u. Coleoptera v. G Seidlitz. (290)'04. 22 —
1903. I. Insecta: Allg. u. Coleoptera v. G Seidlitz. (356)'05. 28 —

— üb. d. wiss. Leistgn im Geb. d. Entomol. währ. d. J. 01. II. Hlfte. 2 Lfgn; '02. 2. u. 3. Lfg; '03. 2. u. 3. Lfg; '04. 1. Lfg; '05. 1. Lfg u. '06. 1. Lfg. gr8° Berl., Nicolai's V. 396 —
01. II,1. Lfg. Insecta: Hymenoptera u. Lepidoptera. Von Rob. Lucas. '06. 52 —

— üb. d. wissenschaftl. Leistgn im Gebiete d. Entomologie '04—08 jährl. 3 Lfgn. Je 1. Insecta: Allg. u. Coleoptera; 2. Insecta: Hymenoptera, Rhynchota u. Lepidoptera; 3. Myriopoda, Arachnida. Prototracheata. Crustacea. gr8° Berl., Nicolai's V.
'04. 1. v. Geo. Seidlitz. (360) '06. 28 — ‖ 2. v. Rob. Lucas, H Schouteden. (361—786) '10. 46 — ‖ 3. v. Benno Wandolleck, Rob. Lucas u. FE Rühe. (787—1093) ('10) 36 — ('04 vollst.: 110 —)
'05. 1. v. Geo. Seidlitz. (308) '07. 26 — ‖ 2. v. Rob. Lucas, H Schouteden. (309—652) '10. 40 — ‖ 3. v. Benno Wandolleck, W la Baume, Rob. Lucas u. a. (653—894) '10. 28 — ('05 vollst.: 94 —)
'06. 1. v. Geo. Seidlitz. (448) '08. 40 — ‖ 2. v. Rob. Lucas, H Schouteden, K Grünberg. (3, 280) ('10) 32 — ‖ 3. v. Benno Wandolleck, Embrik Strand, Rob. Lucas, Willy Ramme, C Hennings, FE Rühe. (236) '10. 28 — ('06 vollst.: 100 —)
'07. 1. v. Geo. Seidlitz. (392) '09. 40 — ‖ 2. v. Rob. Lucas, Heinr. Schouteden, Karl Grünberg. (262) '10. 32 — ‖ 3. v. Rud. Stobbe, Rob. Lucas, Embrik Strand, W La Baume, C Hennings, W. Stendell. (318) '11. 36 — ('07 vollst.: 108 —)
'08. 1. v. Geo. Seidlitz. (416) '11. 48 — ‖ 2. v. Rob. Lucas, Heinr. Schouteden, Embrik Strand, Willy Ramme. (324) '11. 36 — ‖ 3. v. Kurt Neigln, Rob. Lucas, W La Baume, Embrik Strand, Walt. Stendell. (368) '11. 36 — ('08 vollst.: 120 —)

— dass. '09 u. '10 je 6 Hefte. Je 1. u. 2.: Insecta: Allg. u. Coleoptera. 3.: Hymenoptera. 4.: Lepidoptera. 5. Insecta Schluss. 6. Myriopoda. Arachnida. Prototracheata. Crustacea. gr8° Ebd.
'09. 1. u. 2. v. Geo. Seidlitz. (348) '12. 40 — ‖ 3. v. Rob. Lucas. (309) ('11) 32 — ‖ 4. v. Karl Grünberg. (136) ('11) 13 — ‖ 5. v. Rob. Lucas, Heinr. Schouteden, W La Baume. (486) ('11) 48 — ‖ 6. v. Embrik Strand, G Illig, FW Rühe, Rob. Lucas. (160) ('11) 15 — ('09 vollst.: 148 —)
10. 1. u. 2. v. Geo. Seidlitz. (360) ('12) 40 — ‖ 3. v. Rob. Lucas. (325) ('12) 36 — ‖ 4. v. Karl Grünberg. (173) '12. 20 — ‖ 5. v. Karl Grünberg, Heinr. Schouteden, W La Baume, Rob. Lucas. (344) '12. 36 — ‖ 6. v. Embrik Strand, Rob. Lucas, W Stendell. (199) '12. 24 — ('10 vollst.: 156 —)

— dassolbo, s.: Zoitsohrift, deutsche outomologisohe.

—— üb. d. wissenschaftl. Leistgn im Geb. d. Naturgeschichte der Insekten währ. d. J. 1869. Von F Brauer 8. (176) Berl. 71, Nicolai's V. n. 5, 50
Fortges. u.d. T.: **Bericht** über d. wissenschaftlichen Leistungen in der Naturgeschichte der niederen Tiere.

Bericht üb. die wissenschaftlichen Leistungen in der Naturgeschichte d. niederen Thiere. 1857-83. V. [1857-79] R. Leuckart, [1880-81] M. Braun u. v. Linstow, [1882-83] do. u. Th. Studer. (5 Vol.). Berl. 1859-85.
(1857-60 aarlig, 61/62, 63, 64/65, 66/67, 68/69, 70/71, 72/75 Th. 1-2, 76/79, 80/81 Th. 1, 82/83 Th. 1).
— Neue Folge. Bd. 1-5 [1880-81 Th. 2 etc.]. (1 Vol. + 3 H.). Von M. Braun (etc.). Sst. 1887-92.

—— üb. d. wissenschaftl. Leistgn in d. Naturgeschichte d. niederen Thiere während der J. 1876—1879. Von R Leuckart. 8. (848) Berl. 82.83, Nicolai's V. n. 32. — || 1880—1881. Von M Braun u. v. Linstow. 2 Thle. (360) 83.84. n. 16. — || 1882—1883. Von M Braun, v. Linstow u. T Studer. 1. Thl. (192) 85. n. 9. —

—— üb. d. wissenschaftl. Leistgn in d. Naturgeschichte d. nied. Thiere währ. d. J. 1882—1883 [bezügl. 1880—1884]. Von J Kennel, v. Linstow u. E v. Martens. 2. Thl. 8. (131) Berl. 86, Nicolai's V. n. 6. — (1. u. 2.: n. 15. —)

—— dass. Begründet v. R Leuckart. Neue Folge. 1. Bd. 1880 bis 1885. Von M Braun, v. Linstow, K Kraepelin u. W Weltner. 8. (214) Ebd. 87. n. 9. — || 2. Bd. [1882—1886.] Von E Haase, v. Linstow, M Braun, K Kraepelin, J Dewitz, L Will. (380) 88. n. 15. — || 3. Bd. Von v. Linstow, M Braun, E v. Martens, E Haase, A Ortmann, W Weltner, L Will. (405) 90. n. 15. —

— üb. d. wissenschaftl. Leistgn in d. Naturgeschichte d. nied. Thiere. Begründet v. R Leuckart. Neue Folge. IV. Bd. Von M Braun, W Michaelsen, M Meissner, J Dewitz, E Haase, E Vanhöffen, A Ortmann, W Weltner, L Will. 8° (304) Berl. 91, Nicolai's V. 16 — || V. Bd. Von M Braun, v. Linstow, W Michaelsen, A Collin, M Meissner, E Vanhöffen, A Ortmann. (179) 92. 12 — || VI. Bd. Von A Collin, C Matzdorff, v. Linstow, M Meissner, W Weltner. (256) 93. 16 — || VII. Bd. Von A Collin, C Matzdorf, v. Linstow, M Meissner, E Vanhöffen. (188) 94.

— üb. d. wiss. Leistgn in d. Naturgesch. d. nied. Thiere. Begründet v. R Leuckart. Neue Folge. 8. Bd. Von C Matzdorf, M Meissner, A Collin, v. Linstow, E Vanhöffen, W Weltner, L Will. 8° (292) Berl. 95, Nicolai's V. 18 —
|| 9. Bd. (329) 97. 20 — || 10. Bd. (338) 99. 22 —

— üb. d. wiss. Leistgn in d. Naturgesch. d. nied. Thiere. Begründet v. R Leuckart. Neue Folge. 11—15. Bd. 8° Berl., Nicolai's V. 136 —
11. Von v. Linstow, C Matzdorff, E Vanhöffen, O Carlgren, A Collin. (320) 02. 22 —
12. Von v. Linstow, M Meissner, A Collin, O Carlgren, W Weltner, S Prowazek. (290) '03. 22 —
13. Von v. Linstow, C Matzdorff, M Meissner, A Collin, W Bergmann, O Carlgren, W Weltner, Grünberg, Lucas, Thiele. (506) '04. 34 —
14. Von A Collin, v. Linstow, C Matzdorff, W Bergmann. (229) '05. 18 —
15. Von F Römer, K Grünberg, R Lucas, v. Linstow, A Collin, M Meissner, W Bergmann, W Weltner. (526) '05. 40 —

— üb. d. wiss. Leistgn in d. Naturgesch. d. niederen Thiere. Begründet v. R Leuckart. N. F. 16—23. Bd. gr8° Berl., Nicolai's V. 434 —
16. Von Walth. May, F Römer, Rob. Lucas, W Bergmann, Thilo Krumbach, W Weltner, Max Meissner, Ant. Collin. (590) '06. 44 —
17. Von Walth. May, FW Winter, v. Linstow, Ant. Collin, Th. Saling, Rob. Lucas, W Weltner, Thilo Krumbach, Carl Matzdorff. (621) '07. 46 —
18. Von Joh. Thiele, W Michaelsen, v. Linstow, Ernst Berliner, Thilo Krumbach, Walth. May u. Rob. Lucas. (16, 40, 56, 38, 68, 52 u. 188) '07. 38 —
19. Von K Grünberg, Carl Matzdorff, Max. Meissner, Rud. Ritter v. Záhony, Ernst Berliner, Embrik Strand, Rob. Lucas. (56, 50, 24, 4, 18, 16, 28, 70, 70, 92 u. 86) '08. 46 —
20. Von Rud. v. Ritter-Záhony, W Michaelsen, Alex. Schepotieff, J Wilhelmi, Ant. Collin, C Klausener, Embrik Strand, Thilo Krumbach, Walth. May, Rob. Lucas. (56, 26, 22, 60, 34, 24, 148, 42, 8, 8, 12 u. 135) '08. 52 —
21. Von K Grünberg, Hans Laackmann, Heinz Korb, H Augener, Kurt Nägler, Rud. v. Ritter-Záhony, W Michaelsen, Embrik Strand, F Römer, Rob. Lucas, FW Winter. (24, 20, 28, 26, 26, 42, 22, 12, 14, 25, 44, 168, 9, 9, 6, 132 u. 78) '09. 60 —
22. Von Hans Laackmann, Kurt Nägler, Embrik Strand, Rob. Lucas. (32, 32, 28, 26, 22, 72, 74, 82, 100, 164 u. 188) '09. 72 —
23. Von C Matzdorff, W Kobelt, Ferd. Pax, Joh. Thiele, Kurt Nägler, Rud. v. Ritter-Záhony, W Michaelsen, Alex. Schepotieff, C Hennings, J Wilhelmi, O Fuhrmann, C Klausener, Embrik Strand, Hans Laackmann, Thilo Krumbach, Walth. May, W Weltner, Rob. Lucas. (19, 58, 66, 1, 2, 2, 15, 22, 22, 20, 6, 56, 3, 4, 6, 30, 4, 20, 51, 16, 69, 57, 6, 4, 4, 30, 19, 20 u. 100) '09. 76 —

— üb. d. wissenschaftl. Leistgn in d. Naturgeschichte d. nied. Tiere. Begründet v. R Leuckart. N. F. 24. u. 25. Bd. gr8° Berl., Nicolai's V.
24. (16, 44, 50, 1, 1, 14, 22, 4, 19, 4, 4, 12, 4, 26, 42, 10, 74, 40, 14, 36, 170, 61, 8 u. 8) '10. 66 — || 25. (17, 37, 56, 3, 9, 20, 3, 10, 4, 3, 5, 3, 12, 23, 11, 29, 3, 3, 2, 42, 18, 26, 161, 105, 81, 55 u. 6 S.) ('10) 68 —

— dass. '09, 2 Hefte u. '10, 1. Heft. gr8° Ebd. ('12).
'09.1. (258) 28 —; 2. (317) 36 — || '10,1. (229) ('12) 26 —)

Bericht üb. d. wissenschaftl. Leistgn in d. Naturgeschichte d. Vögel währ. d. J. 1888 v. A Reichenow. 8° (63) Berl. 92, Nicolai's V. || 1889. (78) 93. à 3 —

Bericht über die Leistungsfähigkeit der deutschen Eisenbahnen zu militärischen Zwecken, erstattet durch die in Folge Bundesbeschlusses vom 7 Februar 1861 einberufene Specialcommission. fol Frankfurt a. M. 1861.

Bericht des Leiters des versicherungstechnischen Bureaus über die Berechnungen betreffend die österreichischen Bruderladen. Wien 1885

Bericht von der Leiternersteigung von Prag durch die Franzosen u. Sachsen 1741. 4.

— d. Lese- u. Redehalle d. deut. Studenten in Prag üb. d. J. 1899. 8° (93) Prag 1900, Lese- u. Redehalle. 1.20

Bericht, 52—56., d. Lese- u. Redehalle d. deut. Studenten in Prag üb. d. J. 1900—04. 8° Prag (Krakauerg. 14), Lese u. Redehalle d. deut. Studenten. 9.40
52. Üb. 1900. (86) 01. †1.60 || 53. Üb. '01. Beil.: R Batka: Die moderne Oper. (91) 02. †1.60; Beilage allein nn — 60 || 54. Üb. '02. Beil.: O Lenz: Die engl. Militärstationen auf d. Seewege nach Indien: Gibraltar, Malta u. Aden. (59) 03. †1.60 d || 55. Üb. '03. Beilagen: Lecher, E: Üb. Elektronen. — Egerer, L: Was d. Prager Studenten lesen. (52 m. 1 Fig.) '04. †1.60 d || 56. Üb. '04. Beil.: Unser Haus. (108 m. 2 Pl. u. 4 Lichtdr.) ('05.) 3 — d.

— 57. u. 58., d. Lese- u. Redehalle d. deut. Studenten in Prag. '05 u. '06. 8° Prag (Krakauergasse 14), Lese- u. Redehalle d. deut. Studenten. Je †1.50
57. Beil.: Rietsch, Heinr.: Diabellis „Vaterländ. Künstlerver.". (Mit Noten-Taf.) (75 u. 2) '06.
58. Beil.: I. Wilh. Waiblinger. Charakterbild v. Osk. Benda. — II. Üb. Versuche z. Deduktion d. stöchiometr. Grundgesetze. Von S Fischel. (92 m. Fig.) '07.

Öffentlicher Lesesaal für Männer, Hinterlauben Nr. 8 — z. Goldapfel. (St. Gallen). 8. Bericht 1901. 9 S. 8. St. Gallen, V. Schmid, 1902.

Öffentliche Lesesäle für Männer, Hinterlauben Nr. 8 — zum Goldapfel, (St. Gallen). 7. Bericht 1900. II + 7 S. 8. St. Gallen, Honegger, 1901.

Aktiengesellschaft Leu & Co. in Zürich. 17. Bericht über das Rechnungsjahr vom 1. November 1870 bis 31. Oktober 1871. 51 Stn. 4. Zürich, Druck von J. J. Ulrich. 1872?

Taubstummenanstalt Liebenfels bei Baden. Bericht vom 1. Januar 1900 bis 31. Dezember 1901. Erstattet ... von Franz Groth, Vorsteher. [Illustriert.] II + 16 S. 8. Baden, Otto Wanner, 1902.

Bericht über die Liebessteuern für (das Werk der Schuldentilgung) Sternenberg(s) und Danksagung. (Zürich den 12. Januar 1852.) 8. [Zürich.]

Bericht über das Liebeswerk für die Brandbeschädigten von Airolo und Marchissy, an die Schweiz. gemeinnützige Gesellschaft erstattet von der Zentralkommission. (Der Berichterstatter, J[ohann] L[udwig] Spyri.) SA. 8. Zürich 1878.

Bericht über das Liebeswerk des Pfarrers Wangemann in *Rustschuk* (Auszug aus H. Meyer, Diaspora darger. v. Vorst. d. dt. ev. Gemeinde in Rustschuk. Potsdam '02. 14 S.

Bericht an alle der Helvetischen Landen Liebhaber. Zürich 1710. V: *Hottinger, Dav.* (Cat. d. Stadtbibl. Zürich. Zürich 1864—97.)

Basler Liedertafel (in Basel). Das 49. Vereinsjahr 1. September 1900 bis 31. August 1901. Bericht... erstattet von Dr. G(ustav) Brodbeck.... 68 S. 8. Basel, Schweighauser, 1901.

Basler Liedertafel (in Basel). Das 50. Vereinsjahr 1. September 1901 bis 31. August 1902. Bericht... erstattet von Dr. G(ustav) Brodbeck.... 88 S. 8. Basel, Schweighauser, 1902.

Aktiengesellschaft Gas- und Lichtwerk Liestal. Bericht über das 28. Betriebsjahr 1900/1901. 11 S. 4. Liestal, Suter & Cie., 1901.

Aktiengesellschaft Gaswerk Liestal. Bericht über das 29. Betriebsjahr 1901 (Mai 1)/1902 (April 30). 9 S. 4. Liestal, Gebrüder Lüdin, 1902.

Aktiengesellschaft Gaswerk Liestal. Bericht über das 30. Betriebsjahr 1902/1903 (April 30). 9 S. 4. Liestal, Suter & Cie., 1903.

Bericht der Linken u. des linken Centrums über ihre Wirksamkeit in der bayer. Volkskammer. München, Druck der Dr. Wild'schen Buchdr. 1849. 8'. 16 S. Cart.

—— literarischer, für die Schweiz über die bedeutenderen Erscheinungen der deutschen Literatur. 1. Jahrg. 1884. 13 Nrn. (Bog.) gr. 8. Olten, Schweizer Vereinssortiment. *

— literar., a. Ungarn, Register, s.: Register.

— üb. d. in d. J. 1892 u. d. 1. Hlfte d. J. 1895 erschien. Litt. zu Aristoteles' *Ἀθηναίων πολιτεία*. Von V v. Schoeffer. 8° (84) Ebd. 96. nn 3.60

BERICHT ÜBER DIE NEUERE LITTERATUR ZUR DEUTSCHEN LANDESKUNDE. Herausgegeben im Auftrage der Zentralkommission für wissenschaftliche Landeskunde von Deutschland von Prof. Dr. ALFRED KIRCHHOFF und Prof. Dr. KURT HASSERT.
Bd. I. (1896—1899). Berlin 1901. Alfred Schall, Königliche Hofbuchhandlung. 4°.

BERICHT ÜBER DIE NEUERE LITERATUR ZUR DEUTSCHEN LANDESKUNDE.
Bd. II. (1900 und 1901). Im Auftrage der Zentralkommission für wissenschaftliche Landeskunde von Deutschland herausgegeben von Prof. Dr. ALFRED KIRCHHOFF und Prof. Dr. FRITZ REGEL. Breslau 1904. Ferdinand Hirt, Königliche Universitäts- und Verlags-Buchhandlung. 8°.
Bd. III. (1902 und 1903.) . . . von Prof. Dr. KIRCHHOFF und Prof. Dr. WILLI ULE. ib. 1906. —

—— über die österreichische Literatur der Zoologie, Botanik und Palaeontologie aus den J. 1850, 1851, 1852, 1853. Hrsg. von dem zoologisch-botan. Vereine in Wien. gr. 8. (IV und 370 S.) Wien 855, (Braumüller.) *

— üb. d. Litteratur z Phaedrus u. Avianus f. d. J. 1892–1894. Von H. Draheim. [Aus: „Jahresber. üb. d. Fortschr. d. class. Altertumswiss."] gr. 8. (24 S.) Berlin 896. S. Calvary & Co. n.n. 1. 20

— üb. d. Litt. zu Phaedrus u. Avianus f. 1892—1894. Von H Draheim. 8° (24) Berl. 96. Lpzg, OR Reisland. nn 1.20

— üb. d. psychiatr. Lit., red. v. F Schuchardt, s.: Zeitschrift, allg., f. Psychiatrie.

— über die Literatur zur Religionsgeschichte ausschliesslich des Christenthums aus dem J. 1900, bearb. v. B. Baentsch u. E. Lehmann. Lex.-8. (III, 98 S.) Berlin 901. C. A. Schwetschke & Sohn. n. 3. — Sonderabdruck aus: „Theolog. Jahresber., hrsg. v. G. Krüger.

— üb. d. Litteratur zu Ciceros rhetor. Schriften a. d. J. 1881—1893. Von Ed. Ströbel. 1. u. 2. Tl. [Aus: „Jahresber. üb. d. Fortschr. d. class. Altertumswiss."] gr. 8. Berlin, S. Calvary & Co. n.n. 4. 20
1. (56 S.) 894. n.n. 2. 40. — 2. (53 S.) 896 n.n. 1. 80.

Bericht der Litteraturarchiv-Gesellschaft in Berlin. [1.] Für die Jahre 1899–1902. *Berlin: Litteraturarchiv-Gesellsch. 1903.* 8°
Anf. a. u. d. T.: Jahresbericht d. Litt.-Ges. in Berlin. 1892 ff.

Schweizer. Lloyd in Winterthur. 7. Bericht, umfassend die Geschäftsperiode v. 1. Jan. bis 31. Decbr. 1870. Winterthur, Buchdr. v. J. Westfehling. 13 Stn. 4. 1871?

Schweizer. Lloyd. Transport-Versicherungsgesellschaft in Winterthur. Bericht über das Jahr 1871. 13 Stn. 4. Winterthur, Druck v. J. Westfehling. 1872?

Schweizer. Lloyd, Transport-Versicherungsgesellschaft in Winterthur. 9. Bericht pr. 1872. 15 Stn. Winterthur, Druck v. J. Westfehling. 1873?

Schweizerischer Lloyd, Transportversicherungs-Gesellschaft in Winterthur. 12. Bericht, umfassend die Geschäftsperiode vom 1. Jan. bis 31. Dezb. 1875. 15 Stn. Winterthur, Druck von J. Westfehling. 1876?

Bericht der vereinten Loge z. d. 3 Schwerdtern und Asträa zur grünenden Raute in Dresden auf das Maurerjahr 1857—1858. 8. 4 S.

Erlangen: **Bericht** an die ger.·. u. voll.·. □□ zur Einigkeit und Sokrates zur Standhaftigkeit [in Frankfurt a. M.] in Betreff des v. Liederskron'schen Erziehungs-Instituts von der für diese Angelegenheit aus beiden □□ erwählten Commission. [Frankfurt a. M. 1833.] 4 S. 8° [Kopftit.]
Vorschlag, das Institut durch ein von den Brrn zu gründendes Darlehn zu unterstützen.

Bericht über den Genfer [Logen-]Antrag, den allgemeinen Weltfrieden und das internationale Schiedsgericht betreffend. [Bern 1890.] 6 S. 8° [Kopftit.]

Auszug aus dem **Bericht** über das □ Kaiserfest [in der Loge „zum tr. Herzen"] i. O. Strassburg i. E. am 12. September 1886. 1 Bl. 4°. [Kopftit.]

Bericht über den 10. nordwestdeutschen Logen-Verbandstag am 9. Sept. 1906, abgehalten in der St. Johannisloge „Zur Ostfriesischen Union" Or. von Emden. Emden [1906]: Hahn. 12 S. 8° [Umschlagtit.]

Bericht des Lokal-Gewerbevereins zu Wiesbaden i. J. 1888/89-99. Wiesbaden 1889-99

Bericht des Lokal-Gewerbevereins zu Wiesbaden für 1899/1900. Wiesbaden 1900

BERICHT AN DEN COBURGER LOKALVEREIN DER DEUTSCHEN ANTHROPOLOGISCHEN GESELLSCHAFT pro 1875 von A. Freiherr v. UEXKÜLL. Mit 2 lithographischen Tafeln. Inhalt: 1) Vortrag, gehalten den 28. December 1875. 2) Das Mirsdorfer Gräberfeld. 3) Die Hügel am Rennsteig. 4) Schädelmessungen u. s. w. beim Militair in Coburg. 5) Die prähistorischen Fundorte im Herzogthum Coburg. Coburg, 1876. Commissionsverlag von G. Sendelbach. 8°.

Bericht, Br Ludewigs wahrer, d. d. Germantown 20. Febr. 1741/2 wegen sein und seiner Brüder Zusamenhanges mit Pennsylvania. O. O. 1792. V: *Zinzendorf, Nic. Ludw. Graf v.* (Kat. d. ständ. Bibl. Stuttg. 1907. S. 73.)

— v. Blanchards Luftreise z. Frankf. am M. m. K. gr. 4. Frankf. Eßlinger. 786.

Bericht v. Blanchards Luftreise zu Frankf. a. M. M. Kpf. gr. 4. Frkf. a. M. 786. (Schäfer). 4 K

Bericht des Lukmanier-Komite's an den Verwaltungsrath der vereinigten Schweizerbahnen. St. Gallen 1861. V: *Planta, Andr. Rud. v.* (Zuwachsverz. d. Bibliotheken in Zürich 1898 ff.)

Bericht, 9.—11., üb. d. landwirtschaftliche Kreis-Winterschule „Lüneburg", Winterhalbj. 1899/1900. 1900/1901 u. 1901/1902. Von F. Koenig. gr. 8. (à 23 S.) Lüneburg 900—902. Herold & Wahlstab. . à n.n. — 50

— 12., üb. die landwirtschaftliche Kreis-Winterschule „Lüneburg". Winterhalbj. 1902/1903. Von F. Koenig. (22 S.) gr. 8. Lüneburg (903). (Herold & Wahlstab.) n.n. — 50

Mädchenschule der Stadt Bern. Bericht 1900/1901. 62 S. 8. Bern, Gebhardt, Rösch & Schatzmann, 1901.

— über d. gymnasiale Mädchenschule. — Gedenkfeier f. Serafin Bondi. — Vorkämpferinnen d. Frauenstudiums in Österreich-Ungarn. — »Jahresbericht d. Vereins f. erweiterte Frauenbildung in Wien. Beilagen.« Ebd. 1895/96. Bermann u. Altmann. —.60

Bericht über die Höhere Mädchenschule in Preetz. Ostern 1905. Preetz. 1905. 4°.

Bericht über die Städtische höhere Mädchenschule zu Flensburg. Ostern ... bis Ostern ... 8°.
1. ff. 1887/88 ff. Flensburg. 1888 ff.

Bericht über die städtische höhere Mädchenschule zu Kiel für das Schuljahr ...
(1)—11 ff. 1887/88—97/98 ff. Kiel. 1888—98 ff. 4°.

Bericht über die städtische höhere (Töchterschule) Mädchenschule und das städtische Lehrerinnenseminar in Altona für das Schuljahr ...
19. ff. 1896/97 ff. ebd. 1897 ff. 4°.

Fünfundzwanzig Jahre unter dem Geleit des Herrn! Bericht über das gräfl. Lehndorff'sche Mädchen-Waisenhaus zu Drengfurt in den 25 Jahren seines Bestehens v. 30. Mai 1877 bis 30. Mai 1902 der Kirchengemeinde Drengfurt u. d. Freunden d. Anst. dargereicht v. Kuratorium. *(Königsberg i. Pr. 1902: Ostpr. Dr. u. Verlagsanst.)* (11 S.) 8° [F.]
[02. 9000 10

Bericht des Gewerkschafts-Sekretariats (3: Arbeiter-Sekretariats) und Gewerkschafts-Kartells Magdeburg. [1]–3. Magdeburg: F. Bethge 1904–06. 3 Bde 8° [F.]
[1.] Das Jahr 1903. 1904. 2. ... 1904. 1905. 3. (1905.) 1906.
Forts. s. u. d. T.: Das Arbeitersekretariat u. d. Gewerkschaften Magdeburgs. 1907.
[08. 8415 3

3. Bericht über die Mägdeherberge zum Hellenstein in Hottingen. 1869. Gedr. bei J. J. Ulrich. 8 Stn. 8. 1871?

Bericht des Magistrats zu Cöpenick über die Verwaltung und den Stand der Gemeinde-Angelegenheiten für 1908/09. Cöpenick 1910. 8°

Bericht üb. die internationale Mähemaschinen-Concurrenz auf der Besitzung ... d. Kaisers Ferdinand zu Hostiwitz bei Prag 31. Juli, 1. u. 2. August 1872. Im Auftrage d. ... Patriot-økonomischen Gesellschaft in Böhmen verfasst v. J. B. Lambl u. G. Schmidt. Prag 1872. 99 S. Fig. 4°.

Bericht an Sr. Maj. d. Kaiser üb. d. Ministerium d. öffentl. Unterrichts für d. Jahr 1834. Lex.-8. St. Petersburg 835. (Leipzig, Voß.) $1/4$ Rthl. — ders. f. d. J. 1835. Lex.-8. Ebd. 836. (Ebd.) $1/4$ Rthl. — ders. f. d. J. 1836. Lex.-8. Ebd. 837. Eggers u. Pelz.) $1/4$ Rthl. — ders. f. d. J. 1837. Lex.-8. Ebd. 838. (Ebd.) $1/4$ Rthl. — ders. f. d. J. 1838. gr. 4. Ebd. 839. (Hamburg, Nestler u. Melle.) $3/8$ Rthl.

—— an Se. Maj. d. Kaiser (v. Russland,) üb. d. Ministerium d. öffentl. Unterrichts f. d. J. 1834—36. Lex.-8. St. Petersburg 835—37. (Leipzig, Voss.) [834. ($10\frac{1}{2}$ B.), 835. ($9\frac{1}{2}$ B.), 836. ($9\frac{3}{4}$ B.) à * $\frac{1}{4}$ Thlr.] *

—— ders. f. d. J. 1837 — 39. gr. 12. Hamburg 839 — 41, Nestler u. Melle. [837. ($5\frac{3}{4}$ B.), 838. ($4\frac{1}{4}$ B.), 839. (5 B.) à * $\frac{3}{8}$ Thlr.] *

— an Se. Maj. den Kaiser über den Zustand des Unterrichtswesens in den Jahren 1872, 1874, 1875/76, erstattet vom Minister des Unterrichts. St. Petersburg 1874, 1876, 1877—79. 3 Bde. 8°.

— an Sr. Majestät den König von Schweden, von dessen Minister des Staats u. der auswärtigen Angelegenheiten, datirt den 7. Januar 1813 öffentlich bekannt gemacht, auf Befehl Sr. Maj., übers. v. Kotzebue. 4. (Leipz. 813. W. A. Künzel.) $3/8$ Rthl.

— an Se. Majestät d. Königs v. Schweden abgestattet zu Stockholm d. 7. Jan. 1813 von s. Staatsminister d. auswärtigen Angelegenheiten 2c. 8. Leipzig, Rein und Comp. 813. Rthlr.

Bericht an Se. Majestät den König von Schweden, abgestattet zu Stockholm, den 7. Januar 1813, von Seinem Staatsminister der auswärtigen Angelegenheiten und auf Befehl Sr. Majestät bekannt gemacht. 8. Stockholm (1813).

Bericht an Seine Majestät den König von Schweden [über die politischen Verhältnisse mit Frankreich] 1813. O. O. V: *Engeström, Lor. v.* (Hauptkat. d. Univ.-Bibl. Tübingen. F. Nachtr. 11.)

— malabarische, s. Ziegenbalg, Barthol.

Bericht. Dt. Schule *Malaga*. 6—9. 1904—07. Malaga (07: Bielefeld).

Bericht über die Manifestations-Versammlung der Wiener Techniker am 22. Juni 1902. 8°. (16 S.) K —.30
Wien: Konegen 1902?

Altersasyl Männedorf. 5. u. 6. u. 7. Bericht betreffend das Jahr 1900 u. 1901 u. 1902. *je* 9 S. 8. Männedorf, E. Meyer, 1901 u. 1902 u. 1903.

Krankenasyl Männedorf. ... Bericht betreffend das Jahr .... 8. Männedorf, E. Meyer.
19. Bericht ... 1900. 15 S. 1901.
20. Bericht ... 1901. [Mit 1 Ansichts-Tafel.] 16 S. 1902.
21. Bericht ... 1902. [Mit 1 Porträt.] 16 S. 1903.

Bericht des Männerturnvereins zu Fraustadt, 1862—1887, Fraustadt 1887, 16 S., 8°.

Erziehungs-Anstalt «Maria Krönung» Baden. 10. u. 11. u. 12. Bericht. 1900 u. 1901 u. 1902. 10 u. 9 u. 8 S. 8. Klingnau, Ferdinand Bürli, 1901 u. 1902 u. 1903.

FÜNFTER Bericht über den Temesvarer röm. kath. Maria-Radna-Wallfahrtsverein und die Temesvárer Wallfahrt 1896. Temesvár (Temeswar) 1897: Csanáder (Tschanader) Diöc. Buchdruck. 22 S. - 160 mm

— erster, über das Martinshaus zu Groß-Rosen, auf die Zeit vom 1. April 1852 bis 1. November 1853. Nebst der Einweihungsrede des Pastor Wätzoldt, gehalten am 11. Novbr. 1852. Schreiberhau 854. (Breslau, Dülfer.) 8. (51 S.) $1\frac{1}{2}$ ngr.

Bericht über das Martinsstift (bei Flensburg) für das Jahr v. 18. Febr. ... bis zum 18. Febr. ...
1884/85. Flensburg. 1885; 1889/90. ebd. 1890; 1890/91. ebd. 1891; 1895/96. ebd. 1896. 8°.

— über die heil. Martyrer von Gorkum u. deren glorreichen Tod. Nach Estius, Laforet u. A. bearb. von einem Priester. München 868. Lentner. 8. (70 S.) 6 ngr.

—— über die heiligen Martyrer von Gorkum und deren glorreichen Tod. Nach Estius, Laforet u. A. bearb. von einem Priester des Franciskaner-Ordens in Bayern. 8. (70 S.) München 868, Stahl. (60 Pf.)

— über Maschinenindustrie auf der Ausstellung zu Philadelphia. Winterthur 1877

— d. Maschinenprüfgsstation d. Landw.-Kammern f. d. Prov. Ostpreussen üb. usw. Prüfg v. Federzahnkultivatoren u. -Eggen, s.a. Arbeiten d. Landw.-Kammer f. d. Prov. Ostpreussen.

Bericht der Maschinenprüfungsstation der Landwirtschaftskammer für die Provinz Ostpreußen über die von ihr am 31. August und am 14. Oktober 1905 in Metgethen angestellte Prüfung von Federzahnkultivatoren u. -Eggen. Königsberg i. Pr. 1905: Ostpr. Dr. (8 S.) 8° [F.]
— Arbeiten d. Landwirtschaftskammer f. d. Prov. Ostpreußen. No 13. [06. 4681 10

Bericht über die am 8. Januar 1864 im Cooper Institute zu New-York stattgefundene Massen-Versammlung der Deutschen, zur Unterstützung der Rechte von Schleswig-Holstein. New-York. 1864. 8°
[Umschlagt.:] Die Schleswig-Holstein-Frage in New-York.

— üb. die m. Staats- u. Landessubvention durchgeführten Maßnahmen zur Förderung d. Pflanzenbaues (Futterbau, Getreidezüchtung, Flachsbau, Kartoffel- u. Maiskultur u. Streuwiesen) in Niederösterreich im J. 1909, erstattet von Th. Ritter v. Weinzierl. (Publikat. der k. k. Samen-Kontroll-Station in Wien. [K. k. landwirtsch.-botan. Versuchsstation] Nr. 401.) (48 S.) gr. 8. Wien 910. (W. Frick.) 1. —

Bericht des Königlichen Materialprüfungsamtes der Technischen Hochschule Berlin 1906—1920. Berlin
Von 1910 ab: **Jahresbericht** ...
(Forts. in: »Mitteilungen aus dem Materialprüfungsamt« = t 295)

Die Loge Zum wiedererbauten Tempel der Bruderliebe Or. Worms a. Rh. **Bericht** über die Maurerjahre 1903—1905. (Worms 1905: Esser.) 11 S. 8°.

Bericht, D. Wilhelm Mavor's historischer, von den berühmtesten See- und Landreisen, und Entdeckungen von Columbus Zeiten bis zu unsern Tagen. Nach dem Englischen, ... Liegnitz 1800—1801. Ü: *Wichmann, Christian August.* (MGT)

— über die Musterſennereien Mayenfeld u. Grüſch. Winterhalbjahr 1871. gr. 8. (22 S.) Chur 871. (Gſell.) n. — 40

Bericht, Eines berühmten Medici Glaubwürdiger, von dem Zustande, In welchem Er den [S. T.] Herrn Prof. Philippi den 20ten Juni 1794 angetroffen. Merseburg 1734. V: *Liscow, Chn Ludw.* (ML) (Mn) (Litzmann, Liscow. Hamburg 1887) (GGr)

Bericht d. K. Medizinal-Behörde f. d. Armee an K. Kriegsministerium betr. Larreys Bemerkgn üb. Hygiene d. Hospitäler. (O. J.)

Bericht der Medizinaldirektion des Kts. Zürich über die Cholera-Epidemie 1867. Zürich.

Bericht der Medizinaldirection an den Regierungsrath des Cant. Zürich üb. die Cholera-Epidemie 1867. Zürich 1867. br. 8. —. 75

Bericht des Medizinal-Inspektorats üb. d. med. Statistik d. Hamburg. Staates f. d. J. 1872—95, 1897—1903. 10 Bde.

Medizinalrath, Bericht des — über die medizinische Statistik des Hamburgischen Staates für das Jahr 1883, 84, 88, 93—97.
Hamburg.

— d. Medizinalrates üb. d. medizin. Statistik d. Hamburg. Staates f. 1901—04. (Mit Abb.) 8° Hambg, L Voss. Je 7 —
'01. (108 m. 9 Taf.) '03. ‖ '02. (114 m. 9 Taf.) '03. ‖ '03. (124 m. 11 Taf.) 04. ‖ '04. (108 m. 9 Taf.) '05.

— d. Medizinalrates üb. d. medizin. Statistik d. Hamburg. Staates f. 05 u. 6. (104 u. 102 m. Abb. u. je 9 Taf.) Lex 8° Hambg, L Voss. '06:07. Je 7 —

— dass. f. 07 u. 8. Nebst Anh.: Schulärztl. Untersuchgn in d. Volkssch. im Schulj. 07 u. 08/9. (102 m. Abb. u. 9 Taf. u. 17 u. 100 m. 1 Tab. u. 26) Lex 8° '08:09. Ebd. Je 7 —; Anh. allein je 1 —

— (d. Medizinalrates) üb. d. medizin. Statistik d. Hamburgischen Staates f. '09—11. Nebst Anh.: Schulärztl. Untersuchgn in d. Volkssch. im Schulj. '09/10, '10/11 u. '11/12. (100, 22 m. 1 Tab.; 102, 32 m. 1 Tab.; 103, 28) Lex 8° Hambg '10—12. Lpzg, L Voss. je 7 —

— üb. den I. österreichischen Mediziner-Kongress, abgeh. in Wien vom 7. bis 10. VI. 1903. Unter dem Ehrenpräsidium des Dekanes der Wiener medizin. Fakultät Hofrat Prof. Dr. E. Ludwig, des Präsidenten der k. k. Gesellschaft der Ärzte in Wien Hofrat Prof. Dr. R. Chrobak u. des Präsidenten der Wiener Ärztekammer Primarius Dr. J. Heim. Hrsg. vom Vollzugsausschusse der Wiener medezin. Studentenschaft. Red. v. Jul. Wonzl. (228 S.) Lex.-8. Wien 903. W. Braumüller. n. 5. —

Medicinischer **Bericht** an einen guten Freund, betr. die americanische Fieber- Rinde, cortex Peruvianus oder China de China genannt. Abgef. von G.D.H.M.D. o.O. 1721. 4 Bl. 8°.

Jennersches Kinderspital in Bern. 13. medizinischer Bericht f. 1875. Veröffentlicht von dem Arzte des Spitals, Prof. Dr. R. Demme. 45 Stn. 8. Bern, Druck von Stämpfli. 1876?

—— 15. und 16. medicinischer, über die Thätigkeit des Jenner'schen Kinderspitals in Bern für 1877 und 1878, hrsg. von R. Demme. 8. (56 S. mit 1 Tab.; 68 S. mit 1 Tab.) Bern, (Dalp'sche Buchh.) 1877 80 Pf.; 1878

Bericht, 17.—20. medicinischer, über die Thätigkeit des Jenner'schen Kinderspitals in Bern für 1879—1882, hrsg. von R. Demme. 8. (70; 104; 109; 90, 63 S. mit je 1 Tab.) Bern, (Schmid, Francke und Comp.) Jahrg. 1879 *
Jahrg. 1880—1882 à *

Bericht, XXI., medizinischer, üb. d. Thätigkeit des Jenner'schen Kinderspitals in Bern im Laufe d. Jahres 1883. Von *R. Demme.* Mit e. Photolithogr. u. e. Tabelle. In-8°, 63 S. Bern, Dalp. 1885? 2 50

— 21.—25. medizinischer, über die Thätigkeit des Jenner'schen Kinderspitals in Bern im Laufe d. J. 1883—1887, hrsg. v. R. Demme. 8. (63, 72, 72, 69, 81 S. mit je 1 Tab.) Bern 884—888. (Schmid, Francke & Co.) à Jahrg. n. 2. —

—— 26.—28. medizinischer, über die Thätigkeit des Jenner'schen Kinderspitals in Bern im Laufe der J. 1888—1890, hrsg. von R. Demme. 8. (69; 69; 88 S. mit je 1 Tab. u. 1 Lithographie.) Bern 889—91, (Schmid, Francke u. Comp.). à Jahrg. * 2 —

— 29. medizin., üb. d. Thätigkeit d. Jennerschen Kinderspitales in Bern i. Laufe d. J. 1891—1894. Veröffentl. v. M. Stooss. Mitteilgn. a. d. Gebiete d. Kinderheilkunde. gr. 8. (98 S. m. 4 Tab. u. 1 Bildn.) Bern 895. (Schmid & Francke.) n. 2. —

— dasselbe, 30. Ber. f. d. J. 1895. gr. 8. (92 S.) Ebd. 896. n. 2. —

— dasselbe, 31. Ber. f. d. J. 1896 u. 1897. gr. 8. (84 S.) Ebd. 898. n 2. —

— 32. u. 33. medizinischer, üb. die Thätigkeit des Jennerschen Kinderspitales in Bern während der J. 1898—1900 v. Max Stooss. gr. 8. Bern, (A. Francke). à n. 2. —
32. Jahr 1898. Bericht üb. das Projekt e. neuen Spitalgebäudes. (39 S.) 899. — 33. Jahre 1899 u. 1900. (41 S.) 904. Vergl. auch: Stooss, M., der Neubau des Jennerschen Kinderspitals in Bern.

Jennerscher Kinderspital in Bern. 33. medizinischer Bericht über die Thätigkeit während der Jahre 1899 und 1900 von Prof. Dr. M(ax) Stooss. 41 S. 8. Bern, Stämpfli & Cie., 1901.

Bericht der k. k. priv. konischen Mehlmühle, dessen Vortheile über das gegenwärtige Mahlsystem vergleichsweise enthaltend, erfunden von Walter Westrup in London. 8. (8 S. und 1 Tafel.) Wien. Gedruckt bei Josef Stöckholzer von Hirschfeld. 1854.

Bericht der Mehrheit der nationalrätlichen Eisenbahnkommission, Mai 1852.

Bericht über die Meisterkurse in Köln. 1905. 4° Köln 1905

Bericht über die Meisterkurse in der Provinz Schlesien. Abgehalten zu Breslau. [1.] Berichtsjahr 1906–1907. (Hrsg.: [Richard] Heyer. Breslau 1907: C. Dülfer.) 8° [F.] (07. 4811

—— über den kaufmännischen Bildungsverein „Merkur" zu Neumünster i. H. und seine kaufmännische Fortbildungsschule, erstattet vom Schriftführer des Bildungsvereins. gr. 8. (8 S.) Neumünster 888, (Buchh. des Schleswig-Holsteinischen Schriftenvereins.) *

Merkwürdiger Bericht von dem Gebete, welches der König von Preussen knieend in einem Walde verrichtet, u. wie Denselben eine Stimme zugerufen: Fürchte Dich nicht. 1758. Gedr. nach dem Hallischen Exemplar. 4.

Merkwürdiger Bericht der vom Könige in Frankreich zur Untersuchung des thierischen Magnetismus abgeordneten Kommissäre. A. d. Franz. von K***. Wien 785. 8.

— über die von der wissenschaftlichen Commission der internationalen elektrischen Ausstellung Wien 1883 an Dynamomaschinen und elektrischen Lampen ausgeführten Messungen. gr. 8. (XXI, 224 S. m. eingedr. Holzschn.) Wien 886. Hölder. n. 9. —

METEOROLOGISCHER BERICHT DES MEDIZINISCH-NATURWISSENSCHAFTLICHEN VEREIN(E)S zu Weimar, ... von B. ERFURTH.
2., umfassend die Jahre 1871 und 1872. (Ohne bes. Titelblatt. Autographirt.) fol.
3., umfassend das Jahr 1873. (Autographirt.) s. l. & a.
4., umfassend das Jahr 1874. s. l. & a. 8°.
5., umfassend das Jahr 1875. s. l. & a.
6., umfassend das Jahr 1876. (Mit 1 Tafel.) s. l. & a.
7., umfassend das Jahr 1877 und die Wärmemittel 1868/77. (Mit 1 Tafel.) s. l. & a.
8., umfassend das Jahr 1878 und zum Theil die Jahre 1868–78. s. l. & a.
9., umfassend das Jahr 1879 und zum Theil die Jahre 1868–79. (Mit Tafeln.) s. l. & a.
10., umfassend das Jahr 1880 und zum Theil die Jahre 1868—80. s. l. & a.
11., umfassend die Jahre 1881 und 1882 und zum Teil die Jahre 1868—1881. Weimar 1883. Druck von R. Wagner.

Bericht des Militärdepartements an den Bundesrat über die im Anschluss an die Manöver des IV. Armeecorps im Herbst 1902 ausgebrochene Typhusepidemie. ⟨Vom 28. Februar 1903.⟩ Beilage zum Geschäftsbericht des Bundesrates pro 1902. [Mit 2 Tabellen und 1 Plan.] 119 S. 8. [Bern, Stämpfli & Cie.,] 1903.

Bericht des eidgenöss. Militärdepartements über seine Geschäftsführung i. J. 1861–1865, 1868, 1870, 1872, 1874, 1878–1880, 1882, 1884–1887. Mit Krt. ꝛc. Bern 1861–1887.
(i. a. Geschaeftsbericht.)

Bericht des eidgenössischen Militärdepartements über seine Geschäftsführung im Jahre 1864, 1868—1872, 1874—1879. (Mit 33 Beilagen und 3 Karten.) (12 Bde.) 8. Bern 1864—1879.

Bericht an das hohe schweizerische Militärdepartement über die Waffenübungen an den Schulen in Winterthur. Winterthur 1894. V: *Geilinger*, *Rudolph*. (Cat. d. Stadtbibl. Zürich. Zürich 1864—97.) (BSCHWLK V 8, 1)

Bericht des schweizerischen Militärdepartements zu dem Entwurf einer Militär-Organisation der schweizerischen Eidgenossenschaft. 8. Bern, den 1. November 1868.

Bericht an das schweiz. Militär-Departement über die Frage der Fussbekleidung der Armee. 4. Februar 1881. 4.

Militärischer Vorunterricht III. Stufe im Kanton Bern. Bericht an das Schweizerische Militärdepartement über den Sommer.... 8. Bern, Berger & Albrecht.
... 1900. 13. Kurs. 39 S. 1901. — ... 1901. 14. Kurs. 25 S. 1902. — ... 1902. 15. Kurs. II + 26 S. 1903.

Bericht des Militär-Musik-Vereines vom Jahre 1855 Prag, 1856 Druck des artistisch-typogr. Instituts von Karl Bellmann. (2 Bl. 4.)

Bericht des Bukowiner I. k. k. Militär-Veteranen-Korps ... Czernowitz: Selbstverl. d. Militär-Veteranen-Korps 1876/1901. *(Erschienen für die Jahre 1875–1900.)*

Bericht der Minderheit der Kommission des Nationalrathes, betreffend die Niederschlagung des [gegen die Mitglieder des einstigen sonderbündischen Kriegsrathes angestrengten] Hochverrathsprozesses. ⟨Vom 14. Juli 1856.⟩ [SA.] 8. [Bern 1856.]

— der Minderheit der vom schweizer. Ständerath niedergesetzten Kommission üb. den Gesetzesvorschlag f. d. eidgenöss. Münzwesen u. denjenigen für Ausführung der schweizerischen Münzreform. 8. (60 S. u. 1 Tab. in 4.) (St. Gallen 850, Huber & Co.) 6 ngr

Bericht der Minderheit der ständeräthlichen Kommission über die Gesetzesvorlage eines Branntweinmonopols für den Bund ... Bern 1886. V: *Rusch*, *Joh. Bapt.* (BSCHWLK V 9 j)

Bericht über das Mineral-Bad „Zur Vitusquelle" in St. Veit a. d. Glan in Kärnten. St. Veit a. d. Glan, Schlick, (1894). 10 S.

Bericht an den Herrn Minister des Innern über die Zerstückelung der Bauerhöfe und die Zersplitterung der Grundstücke in der Provinz Westphalen. (Als Handschrift gedruckt.) 8°. s. l., 1824.

—— der allerhöchst angeord. k. baier. Ministerial-Commission üb. d. im J. 1834 u. 1835 aus d. 8 Kreisen d. Königr. Bayern in München stattgehabte Industrie-Ausstellung. gr. 8. München 835, 36, (Kgl. Hof-Buchh.) [834. (15 B. u. 5 B. Tab.) * 3/4 Thlr., 835. (20 1/4 B. u. 10 Stnt.) * 7/8 Thlr.] *

— der allerhöchst angeordneten Königl. Baier. Ministerial-Commission über die im Jahre 1834 aus d. 8 Kreisen des Königreich Baiern in München stattgeh. Industrie-Ausstellung. Mit 5 Bg. Tabb. gr. 8. Münch. 835. Webersche B. (Bayer.) 3/4 ᵲ

— dies. im Jahre 1835. Mit 1 Hfte Lithogr. 8. München 836. Webersche Hofbuchh. (Bayer.) 7/8 ᵲ

Bericht der Minorität der vom Nationalrate niedergesetzten Kommission zur Prüfung des Gesetzesentwurfes über Masse und Gewichte. 1851. 4.

Bericht der Minorität der Kommission des Ständerathes über den Nachlass der Sonderbundskriegsschuld. ⟨Vom 28. Juli 1852.⟩ [SA.] 8. [Bern 1852.]

Bericht der Minorität der neuen Revisionskommission, nebst Entwurf einer umgeänderten Konstitution. Bern 15. Jan. 1800.

— der deutschen lutherischen Mission in Chota-Nagpore in Indien für das J. 1869. Entw. u. zunächst für die Missionsfreunde in Indien in engl. Sprache herg. von den Missionaren der Kolhs-Mission. Uebersetzt u. für Deutschland hersg. Berlin 870. (Buchh. d. Missions- ꝛc. Vereins.) 8. (39 S.) n. 3 ngr.

— üb. d. Hermannsburger Mission f. '09—11. Hrsg. v. Geo. Haccius. (74, 68, 67) 8° Hermannsbg, Missionshdlg '10'11 '12. je — 20 d

Continuation des **Berichts** der Königlich-dänischen Missionarien in Ost-Indien ... Hrgg. v. Gotthilf August Francken. Halle. 1763—64. 8°

— d. rhein. Missions-Gesellschaft. Hrsg. v. A Schreiber unter Mitwirkg v. K Krafft. 48—52. Jahrg. 1891—1895 à 12 Hfte. (2 B. m. H.) 8° Barm., Comptoir d. Missionsh. (— DB Wiemann). à Jahrg. n.n. 1.75

Missions-Handlungs-Gesellschaft (in Basel). 41. Bericht über das Geschäftsjahr 1900. [Illustriert.] 16 S. 8. Basel, M. Werner-Riehm, 1901.

Missions-Handlungs-Gesellschaft (in Basel). 42. Bericht über das Geschäftsjahr 1901. 15 S. 8. Basel, M. Werner-Riehm, 1902.

Bericht des Missions-Hülfsvereins der Synode Bahn über die ... in den Gemeinden gesammelten Missionsbeiträge. [1.] im J. 1903. *(Diesdorf 1904.)* 8° [F.] (04. 8343 θ

Bericht des Missions-Hilfsvereins der Synode Freienwalde i. Pomm. über die im Jahre ... in den Gemeinden gesammelten Missionsbeiträge. (1.) 1905. Diesdorf [1906]: Rettungsanstalten. 8° [J.] [06. 14903 9

Bericht des **Missions-Hülfsvereins**, Stettin-Land für d. Jahr 1902. *Stettin 1903: Pommersche Reichspost 1903.* 8° [J.] [03. 13880 9

Bericht über die **Missions-Jahrhundertfeier** in Herrnhut vom 7. 10. Juni 1900. *Herrnhut: Missionsbuchh. (1900).* (127 S.) 8° [J.] [01. 6705 4

Missionskinder-Erziehungs-Commission der evang. Missionsgesellschaft in Basel, 17. Bericht. Basel, Druck v. C. Schultze. 25 Stn. 8. 1871/2

Bericht der Missions-Committee der holsteinischen evangelisch-lutherischen Landeskirche über die Verwendung der ihr anvertrauten Missionsbeiträge für das Jahr 1861/62. Nebst der specificirten Rechnungsablage u. einer Ansprache des Bischofs W. H. Koopmann an die holsteinischen Gemeinden. Itzehoe. 1862. 8°

— des Missions-Vereins zu Celle über das J. 1868 u. 1869. Celle 870. (H. Schulze.) 8. (23 S.) 3 ngr.

—— des Missions-Vereins für China in Berlin. Umfassend die J. 1850—1854. gr. 8. (16 S.) Berlin 854, Wiegandt und Grieben. gratis.

Bericht an die geehrten Mitglieder des Börsenvereins des deutschen Buchhandels über den Bau einer allgemeinen deutschen Buchhändlerbörse in Leipzig. (Nebst Actienplan.) (Ohne bes. Titelblatt. Leipzig 1834.) 8°.

Bericht, 1., an die Mitglieder der Deutschen Gesellschaft zur Erforschung der vaterländischen Sprache und Alterthümer. Leipzig 1827.

—— vom J. 1829—34 an d. Mitglieder d. deutsch. Gesellschaft zu Erforschung vaterländ. Sprache u. Alterthümer in Leipzig. gr. 8. Leipzig, (Vogel.) [829. (6 B. u. 4 Stnt.) nebst Anhang v. Chr. Ludw. Stieglitz. (5 B. u. 5 Stnt.) 9 Gr., 830. (7¾ B. u. 7 Stnt.) 12 Gr., 831. (9 B. u. 8 Stnt.) 16 Gr., 832. Hrsg. v. Chr. Ludw. Stieglitz. (6½ B. u. 3 Stnt.) 16 Gr., 833. Hrsg. v. Chr. Ludw. Stieglitz. (7½ B. u. 6 Stnt.) 16 Gr., 834. Hrsg. v. Karl Aug. Espe. (6¼ B., 2 Stn. u. 1 Kpfrt.) Nebst Beil.: Ueb. die Feste Grona v. dems. (1¼ B.) 16 Gr.] Thlr.

1. u. 2. Bericht d. sächs. Vereins, 1825, 26, u. 1. Bericht d. deutsch. Gesellsch. 1827, u. Bericht v. J. 1828 d. deutsch. Gesellsch. gr. 8. (17½ B. u. 17 Stnt.) Ebendas. 1 Thlr. 8 Gr.

—— vom Jahre 1835—42 an d. Mitglieder d. Deutschen Gesellschaft zu Erforsch. vaterländ. Sprache u. Alterthümer in Leipzig. Hrsg. v. Karl Aug. Espe. gr. 8. Leipzig, Brockhaus. [835. (5 B.), 36. (5 B.), 37. (5¼ B.), 38. (5 B.), 39. (5 B.), 40. (5 B.), 41. (6 B.), 42. (5 B.) à 5/12 Thlr.]

—— vom J. 1843—46 an die Mitglieder d. deutschen Gesellschaft zur Erforschung vaterländ. Sprache u. Alterthümer in Leipzig. Hrsg. v. Karl Aug. Espe. gr. 8. Leipzig, Brockhaus. [843. (5 B.) 44. (5½ B.) 45. u. 46. (à 5 B.) à * 12 Ngr.] *

—— vom J. 1847 und 1848 an die Mitglieder der deutschen Gesellschaft zu Erforschung vaterländischer Sprache und Alterthümer in Leipzig. Hrsg. von Carl Aug. Espe. gr. 8. Leipzig, Brockhaus. [1847. (80 S.) 1848. (58 S.) à * 12 Ngr.] *

— erster, den helfenden Mitgliedern des Paderborner Diöcesan-Kunstvereins erstattet v. dem leitenden Ausschusse desselben im Aug. 1852. gr. 8. (32 S.) Paderborn 852, Junfermann. n. ⅓ ₰

. Zweiter Bericht der im deutschen Hofe versammelten Mitglieder der Linken. 16 S. 8°.

Dritter Bericht der im deutschen Hofe versammelten Mitglieder der Linken. 24 S. 8°.

Vierter Bericht der im deutschen Hofe versammelten Mitglieder der Linken. (Frankfurt 1849.) 23 S. 8°.

Bericht über die 38. ff. Mitglieder-Versammlung und die Delegierten-Versammlung des Vaterländischen Frauen-Vereins [u. seit 1909] Jahresbericht d. Vaterlaend. Fr.-V. f. 1908. Berlin 1904 ff. 8°.
38: am 19. u. 20. Mai 1904.
39: am 15. u. 16. Juni 1905.
40: am 19. u. 20. April 1906.
41: am 23. u. 24. Mai 1907.
42: am 12. u. 13. Juni 1908.
43: am 4. u. 5. Juni 1909 u. Jahresbericht f. 1908.

Bericht erstattet in der Mitgliederversammlung des Fideikommißvereins Schleswig-Holstein am 12. 1. 1910 durch Rendtorff. (Kiel. 1910.) Fol.

Bericht über die am 30. März 1905 abgehaltene Mitgliederversammlung der Vaterländischen Frauenvereine im Regierungsbezirk Cassel. Cassel 1905: Gebr. Gotthelft. (37 S.) 8° [J.] [06. 13893 4

Bericht üb. d. Mitglieder-Versammlung d. Deutschen Sparkassen-Verbandes am 4. Dez. 1909 zu Charlottenburg. Hannover 1910. 8°

Bericht über die 3. Mitglieder-Versammlung des Westfälischen Vereins zur Förderung des Kleinwohnungswesens verbunden mit Bericht über den 2. Verbands-Tag d. Verbandes westfäl. Baugenossenschaften am 15. u. 16. Dez. 1904 zu Dortmund. Münster (1904). 8°.
(Fortges. u. d. Tit.:)
Berichte über die 4. ff. Mitglieder-Versammlung des Westfälischen Vereins zur Förderung des Kleinwohnungswesens zugl. 3. ff. Jahresbericht und über den 3. ff. Verbandstag des Verbandes westfälischer Baugenossenschaften zugl. 2. ff. Jahresbericht. Münster 1905—1908. 8°. — Hf 5521. —
4. Mitglieder-Versamml. zugl. 3. Jahresber. 3. Verbandstag zugl. 2. Jahresber. 16. u. 17. Nov. 1905.
5. Mitglieder-Versamml. zugl. 4. Jahresber. 4. Verbandstag zugl. 3. Jahresber. 7. u. 8. Okt. 1906.
6. Mitglieder-Versamml. zugl. 5. Jahresber. 5. Verbandstag zugl. 4. Jahresber. 17. u. 18. Nov. 1907.
7. Mitglieder-Versamml. zugl. 6. Jahresber. 6. Verbandstag zugl. 5. Jahresber. 19. u. 20. Nov. 1908.

Bericht (4 ff.: **Berichte**) über die Mitglieder-Versammlung des Westfälischen Vereins zur Förderung des Kleinwohnungswesens u. über den ... Verbandstag d. Verbandes westf. Baugenossenschaften. 3. Münster i. W. (1904): Der Westfale. 8°
Auf s.: Jahresbericht d. Westfäl. Vereins z. Förderung d. Kleinwohnungswesens. [05. 15335 0

Bericht über die wissenschaftliche Mitgliederversammlung des deutschen Vereins f. Versicherungs-Wissenschaft, s.a.: **Veröffentlichungen des deutschen Vereins für Versicherungs-Wissenschaft. 1. Hft.**

Bericht über die am 12. Dez. 1902 abgehaltene wissenschaftliche **Mitgliederversammlung** des Deutschen Vereins für Versicherungs-Wissenschaft. *Berlin: E. S. Mittler & Sohn 1903.* (118 S.) 8°
= **Veröffentlichungen** d. Deutschen Vereins f. Versicherungs-Wissenschaft. H. 1. [04. 3196

Bericht und Mittheilungen des Alterthums-Vereines zu Wien. 1. Band. 2. Abtheilung. Wien, 1856. Gedr. bei A. Pichlers Witwe und Sohn. In Kommission bei Prandel und Meyer. (I. Bd. XXII. S. 159–330 und 7 Abbild. 4.) Schluß des I. Bandes. Die Abbildungen enthalten: Plan des nordöstlichen Theils der Stadt Wien im Jahre 1483 gezeichnet von Albert Camesina mit Benützung der Pläne von Augustin Hirsvogel 1547, Bonifaz Wolmuet 1547, Daniel Suttinger 1684, und Werner Arnold Steinhauser 1710. — Perspektiv-Ansicht des Bergschlosses

Bericht über die Mittheilungen von Freunden der Naturwissenschaften in Wien, herausgegeben von W. Haidinger. Wien, 1847—1851.

Bericht über **Mittel** und Wege zur Hebung des bündnerischen Forstwesens von der von dem bündnerischen landwirthschaftlichen Vereine zur Begutachtung dieses Gegenstandes am 18. Mai 1846 niedergesetzten Kommission. - Chur 1846. I, 47 S.

— über den Schäfer Heinrich Mohr zu Niederempt u. dessen Wunderkuren. Von einem Freunde der Religion. (Mit Mohr's Bildniß.) 12. Aachen 842, Cremer'sche B. ⅙ ₰

—— über die erste oesterreichische **Molkerei-Ausstellung** zu Wien vom 13.—17. Decbr. 1872. Zusammengestellt und im Auftrag des k. k. Ackerbau-Ministeriums hrsg. vom General-Comité. gr. 8. (XXI, 159 S. und 1 Beilage in 4.) Wien 873, (Gerold's Sohn.)

Monatlicher **Bericht** von de Plattdütsche Grot-Gilde: 1890—Sept. 15, 1934.
Monthly. Organ of the Plattdütsche Grot-Gilde. Edited by H. L. Nordegg, & published by Engelbert Leuner. Chikago, Il.

Bericht über einen Mord im pathologischen Rauschzustand. Jahresbericht der Irrenanstalt Leubus 1901.

Bericht über drei Mordanschläge, welche in dem kurzen Zeitraume von fünf Tagen in dem Elsaße stattgefunden haben. Mühlhausen, 1847. 8 S.

Bericht des **Mozart-Vereins** zu Dresden.
Dresden: C.A. Klemm, ([ab 4. 1900/02:] Hansa-Druckerei.)
1. 1894/1896-7. 1906/1908.

Bericht aus München über die Ereignisse d. 9., 10., 11. Februar *1848.* München, Leonh. Henzel, 1848. Kl. 8°. 21 S. Cart.
Betrifft vornehmlich Lola Montez.

—— aus München über die Ereignisse des 9. 10. 11. Febr. 1848. 12. (21 S.) München 848, [Rieger'sche Buchh.]

Bericht der Heizversuchsstation München. Bericht 1 u. 2. Berichterstatter H. Bunte. 8°. München 1879—81.

—— 11., d. Heizversuchsstation München üb. d. Versuche 77 bis 211, ausgeführt vom Aug. 1879 bis Juli 1880. Berichterstatter H Bunte. 8. (76 m. 5 L. u. 15 Tab.) Münch. 81, (T Ackermann). n.n. 5. —

Bericht, Mündlicher, des XI. (besonderen) Ausschusses über den Entwurf eines Gesetzes, betreffend Änderung einiger Bestimmungen des Berggesetzes für das Königreich Bayern vom 20. März 1869. München. 1900.

Bericht, mündlicher, der Kommission zur Vorberathung der Entwürfe der Reichs-Justizgesetze über die Beschlüsse des Bundesrathes. Bericht über den Entwurf eines Gerichtsverfassungs-Gesetzes, einer Civilprozeß-Ordnung und einer Strafprozeß-Ordnung. Zweites und letztes Suppl. zu der Zusammenstellung der Entwürfe der Reichs-Justizgesetze. Aus den Drucksachen des Reichstages. Imp.-4. (42 S.) Berlin 876, C. Heymann's Verlag.
1. Suppl. vgl.: Berichte der Kommission über die Entwürfe der Reichs-Justizgesetze.

— 1., d. Musoums dithmarsisohor Alterthümer i. Moldorf. Zugl. o. Fostgruss z. Eröffng. d. nouon Musoumsgobäudos a. 15. Juli 1896. Hrsg. v. Vorstando d. Musoums. hooh 4. (III, 127 S. m. Abb. u. 1 Taf.) Meldorf 896. (M. Hansen.) n. 3. —

Bericht über das Hamburgische Museum für Kunst und Gewerbe. Hamburg 1886

Bericht über das Kaukasische Museum und die Oeffentliche Bibliothek in Tiflis für das Jahr —. 1892—1901. Tiflis 1892ff. 8°.

Bericht des musikhistorischen M u s e u m s zu Leipzig.
Leipzig 1. 1893.

Bericht des Schleswig-Holsteinischen Museums vaterländischer Alterthümer. 8°.
39. hrgg. vom Museumsdirektor. Kiel. 1890.
40. hrgg. v. Johanna Mestorf. ebd. 1894.

— 39., d. Schleswig-Holsteinischen Museums vaterländ. Alterthümer. Hrsg. v. d. Museumsdirektor. gr. 8. (16 S. m. Holzschn.) Kiel 890. Universitäts-Buchhandlg. n. — 40
Bericht 36—38 sind vergriffen.

— 42, d. schleswig-holstein. Museums vaterländ. Alterthümer bei d. Univ. Kiel, hrsg. v. J Mestorf. 8° (34 m. Abb.) Kiel 1900, Univ.-Bh. 1 —

— 43., des schleswig-holsteinischen Museums vaterländischer Altertümer bei der Universität Kiel, hrsg. v. J. Mestorf. (30 S. m. 12 Abbildgn.) gr. 8. Kiel 904. (Lipsius & Tischer.) n.n. 1. —

— 44., des schleswig-holsteinischen Museums vaterländischer Altertümer bei der Universität Kiel, hrsg. v. J. Mestorf. (54 S. m. Abb. u. 2 Taf.) gr. 8. Kiel 907. (Lipsius & Tischer.) nn 1. —

Bericht des Museum für Völkerkunde in Leipzig. 1–28. 1873–1900. Leipzig 1874–1901: Grimme & Trömel (2–6: Naumann; 7: Ferber & Seydel; 8–12: H. Hüthel; 13. 14: Frankenstein & Wagner; 15. 16: O. Leiner; 17. 18. o. Dr.; 19–28: Giesecke & Devrient). 27 Bde 8°
17. 18 (in 1 Bd). 1889 u. 1890. 1891.
Forts. s. u. d. T.: Jahrbuch d. städt. Museums f. Völkerkunde zu Leipzig. 1907. [07. 9/98]

BERICHT DES CREFELDER MUSEUMS-VEREINS
2., über seine Thätigkeit im Jahre 1886. (o. O. o. Dr.)
3., über seine Thätigkeit im Jahre 1887. (Crefeld. Druck von Kramer & Baum.)
4., über seine Thätigkeit im Jahre 1888. (ib. J. B. Klein'sche Buchdr., M. Buscher.)
5., über seine Thätigkeit im Jahre 1889. (ib. Druck von Kramer & Baum.)
6., über seine Thätigkeit im Jahre 1890. (ib. J. B. Klein'sche Buchdruckerei, M. Buscher.)
7., über seine Thätigkeit im Jahre 1891. (ib. Druck von Kramer & Baum.)
8., über seine Thätigkeit im Jahre 1892. (ib. J. B. Klein'sche Buchdr., M. Buscher.)
9., über seine Thätigkeit im Jahre 1893. (Mit 1 Tafel.) (ib. —)
10., über seine Thätigkeit im Jahre 1894. (Mit 1 Tafel.) (ib. —)
11., über seine Thätigkeit im Jahre 1895. (ib. Druck von Kramer & Baum.)
12., über seine Thätigkeit im Jahre 1896. (ib. J. B. Klein'sche Buchdr., M. Buscher.)

BERICHT DES KREFELDER MUSEUMS-VEREINS
13., über seine Thätigkeit im Jahre 1897. (ib. Druck von Kramer & Baum.)

BERICHT DES MUSEUMSVEREINS ODER VEREINS FÜR KUNDE DER NATUR UND DER KUNST IM FÜRSTENTHUM HILDESHEIM UND IN DER STADT GOSLAR
vom 1. Januar 1899 bis 31. Dezember 1901 mit 6 Tafeln, 7 Autotypien im Text und 2 Plänen. ib. Januar 1902. —
vom 1. Januar 1902 bis 31. Dezember 1906. Mit 8 Tafeln und 9 Autotypien im Text. ib. Januar 1907. —

Bericht der Dresdener M u s i k - S c h u l e . Herausgegeben von R.L. Schneider.
Dresden: Liepsch & Reichardt. 1. 1890-19./20./21.1908/1911.

Bericht üb. d. Musterriegenturnen beim 7. dtsch. Turnf. in München am 28., 29. u. 30. 7. 1889, Leipzig o. J., 38 S., 4°.
(Angeb.) Bericht üb. d. Wetturnen b. 7. dtsch. Turnf. in München, erst. v. Woldemar Bier, —, 11 S., 4°.

Bericht von den auf der Akademie zu Greifswald wöchentlich auszugebenden Critischen Nachrichten. [Greifswald 1749.] V: *Dähnert, Johann Carl.* (Erman & Horn, Bibliogr. d. dtsch. Universitäten. 2. Leipz. u. Berl. 1904.)

— nachträglicher, üb. d. Armenwesen in d. Herzogthüm. Schleswig u. Holstein, s.a. Schriften d. Schleswig-Holstein. Gesellschaft. IV. 2s Heft.

Bericht, Nachträglicher, über das Armenwesen in den Herzogthümern Schleswig und Holstein. Altona 1821. V: *Poel, Peter.* (schles)

BERICHT ÜBER DIE IN DER 20sten SITZUNG DES NATURWISSENSCHAFTLICHEN VEREINS DES HARZES beschlossene Nachversammlung am 6. October 1849. (Ohne bes. Titelblatt.)

Naturalverpflegung armer Durchreisender im Kanton Thurgau. Bericht pro 1900. Erstattet vom Kantonal-Vorstand zu Handen… der den thurgauischen Verband für Naturalverpflegung repräsentierenden Gemeinde-Delegierten. 11 S. 8. Frauenfeld, Huber & Co., 1901.

Naturalverpflegung armer Durchreisender im Kanton Thurgau. Bericht pro 1901. Erstattet vom Kantonal-Vorstand zu Handen … der den thurgauischen Verband für Naturalverpflegung repräsentierenden Gemeinde-Delegierten. 10 S. 8. Frauenfeld, Huber & Co., 1902.

Naturalverpflegung armer Durchreisender im Kanton Thurgau. Bericht pro 1902. Erstattet vom Kantonal-Vorstand zu Handen… der den thurgauischen Verband für Naturalverpflegung repräsentierenden Gemeinde-Delegierten. 11 S. 8. Frauenfeld, Huber & Co., 1903.

Naturalverpflegung armer Durchreisender im Bezirk Zürich. Bericht (pro 1897—1900). Abgeschlossen 31. Dezember 1900. II + 11 S. 8. Zürich IV, Siegfried & Co., 1901.

Staatliche Naturalverpflegung bedürftiger Durchreisender im Kanton Aargau. 8.
Bericht pro 1900. [Mit 1 Tabelle.] II + 9 S. Aarau, G. Keller, 1901.
Bericht pro 1901. 17 S. Zofingen, Joh. Fehlmann, 1902.

Staatliche Naturalverpflegung bedürftiger Durchreisender im Kanton Aargau. Bericht pro 1902. 17 S. 8. Zofingen, Joh. Fehlmann, 1903.

Bericht über die Staatliche Naturdenkmalpflege in Preußen. [1.] Im J. 1900. Von H[ugo] Conwentz. Berlin: Gebr. Borntraeger 1907. 4°(8°)
= Beiträge z. Naturdenkmalpflege. H. 1. [07. 14854]

Bericht über den Neubau einer Gas-Fabrik so wie die Um- resp. Neulegung des Gasrohrnetzes für die Stadt Köln. Köln 1875. V: *Hegener, A.* (stbKöln II, 171)

— üb. Neuergn auf d. Geb. d. Pharmakotherapie u. Pharmazie. (Umschl.: E Merck's Jahresberichte. XVIII. Jahrg. '04.) (249) 8° Darmst. '05. (Borl., J Springer.) nn 1.50
Bisher unter „Merck, E" aufgenommen.

— üb. Neuergn auf d. Geb. d. Pharmakotherapie u. Pharmazie. (Umschl.: E Merck's Jahresberichte.) 19—21. J. '05—'7. (269, 325 u. 317) 8° Darmst. '06—'8. (Berl., J Springer.) Je nn 1.50
Fortsetzg s. u. d. T.: Merck's, E, Jahresbericht.

Städt. Museum f. Kunst u. Kunstgewerbe. Halle a. S. Bericht über die Neuerwerbungen. [1.] Des Verwaltungs-Jahres 1908. Halle a. S. 1909: Hendrichs. 4° [09. 1615 3

Bericht, neuester — des hochw. Priesters Nikolaus Olivieri über das Gedeihen des frommen Vereins zum Loskaufe armer Mohrenmädchen. Aus dem Italienischen 8. (52 S.) Innsbruck. Gedruckt bei Felizian Rauch. 1854.

— neuester, über eine Reise von Hamburg nach Süd-Australien sowie über das Land selbst v. einem deutschen Auswanderer für Auswandernde u. Nichtauswandernde (v. Bruns.) 8. (43 S.) Dresden 850. Naumann in Comm. n. 1/6 ₰

—— über die Neugestaltung der Gesellschafts-Zeitschrift. 8. (24 S.) Wien 860, (Wallishausser'sche Buchh.)

Hausverdienstkommission Neumünster. Bericht v. J. 1872. 6 Stn. 8. 1873?

— 7—10., d. Kuranstalt Neu-Wittelsbach bei München. 1.I.1892—31.XII.1895. Hrsg. v. Rud. v. Hösslin. (98 m. Abb.) 8° Münch., JF Lehmann's V. 1897. 1 —
Fortsetzg s. u. d. T.: Jahresbericht.

Bericht von L. E. Corson, Haupt-Ingenieur der Norristown und Allentown Eisenbahn-Gesellschaft: 1854 -?
Samt einem Anhang zu der Akte, welche besagte Gesellschaft inkorperirt. Allentown: Gedruckt bei Blumer, Busch & Co. 1864. 22 pp.
Allentown, PA.

Bernische Trinkerheilstätte «Nüchtern» in Kirchlindach bei Bern. 10. Bericht für das Jahr 1900. [Illustriert.] IV + 36 S. 8. Bern, Buchdr. des Berner Tagblatt, 1901.

Bernische Trinkerheilstätte «Nüchtern» in Kirchlindach bei Bern. 11. Bericht für das Jahr 1901. IV + 34 S. 8. Bern, Haller, 1902.

—— des Oberaufsehers der Volks-Schulen von Pennsylvanien. Für das Jahr endigend Juni 2, 1857. gr. 8. (581 S. mit eingedr. Holzschn.) Harrisburg 858. (Philadelphia, Schäfer und Koradi.) *

— des k. k. evangelischen Oberkirchenrathes augsburgischer u. helvetischer Confession an die auf den 7. Juni 1871 einberufene zweite General-Synode d. einen u. d. anderen Bekenntnisses. gr. 8. (CXI, 236 S.) Wien 871. (Faesy & Frick.) n. 4.

— des k. k. evangelischen Oberkirchenrathes augsburgischer u. helvetischer Confession an die auf den 14. Nov. 1877 einberufene 3. General-Synode d. e. u. d. andern Bekenntnisses. gr. 8. (VI, 322 S.) Klagenfurt 880. Heyn. n. 3. —

—— des k. k. evangelischen Oberkirchenrathes augsburgischer und helvetischer Confession an die auf den 14. Novbr. 1877 einberufene 3. General-Synode des einen und des andern Bekenntnisses. gr. 8. (VI, 322 S.) Klagenfurt 881, Heyn's Buchh. *

Bericht des dän. Ober-Commandos über den Kampf am 18. April 1864. (15.) 4. Berlin 1864.

— des großherzogl. Obermedizinalraths am großherzogl. Ministerium d. Innern üb. den Zustand d. Medizinalwesens im Großherzogth. Baden im J. 1869. 4. (VII, 175 S.) Karlsruhe 871. Ch. Th. Groos. n. 3. —

—— d. grossh. Obermedizinalraths üb. d. Zustand d. Medizinalwes. im Grossh. Baden im J. 1869. 4. (175) Karlsr. 74, Groos. n. 3. —

—— über die IV. allgemeine bayerische Obst-Ausstellung der bayerischen Gartenbau-Gesellschaft zu München. In den Tagen vom 28. Septbr. bis 8. Octbr. 1879. Bearb. im Auftrage des Ausschusses von Jak. Möhl. gr. 8. (X, 110 S.) München 882, (Th. Ackermann.)

Bericht der Obstbau-Anstalt der Landwirtschaftskammer für den Regierungsbezirk Cassel zu Oberzwehren. [1.] Über ihre Tätigkeit in d. J. 1902–07. Erstattet von Karl Huber. Cassel 1908: Weber & Weidemeyer. 4°(8°) [09. 407

Bericht. Oeffentlicher B' des Hülfskomite's von Zweisimmen über die in Folge des Brandes vom 6. Dezember 1862 eingegangenen Liebesgaben und deren Verwendung. [Mit 1 Tabelle.] 8. Bern 1864.

Offentl. Bericht d. Vereins z. Transport schwer verwund. Militärs. Zürich 1848. 4.

Bericht. Oeffentlicher B' des Vereins der Stadt Zürich zum Transport von schwer verwundeten Militärs im Jahr 1847. [Mit 4 lithographierten Tafeln.] 4. Zürich 1848.

Oeffentlicher Bericht über die Wirksamkeit des Rendsburger Mässigkeits-Vereins, zur zweiten Jahresfeier am 13. Mai 1842 erstattet von dem derzeitigen Vorstande [verfasst v. August Cirsovius Heimreich]. Rendsburg. 1842. 8°.

Bericht, der officielle, des Herrn Thilenius über die Verhandlungen der Petitions-Commission des Deutschen Reichstages über die Impfpetitionen von 1882. VII. Bericht der Commission für die Petitionen. Nebst: Kritik des Berichtes (v. H. Oidtmann). hoch 4. (59 S. und Kritik 44 S.) Leipzig 883, (Verlag des Reichs-Medicinalanzeigers.) *

Bericht, offizieller, üb. d. 1. Amtsärzte-Kongress. (II. Hauptversammlung des Reichsverbandes österr. Amtsärzte) Wien am 15. u. 16. X. 1909. (IV, 122 S.) gr. 8. Wien 909. F. Deuticke. 2. —

Offizieller Bericht über den ersten Amtsärztekongreß in Wien am 15. und 16. Oktober 1909. Gr.-8°. (122 S.) K 2.40
Wien 1910 ? : Hof- und Staatsdruckerei

Bericht, offizieller
elektrische Ausstellung zu Wien 1883. Red. von F Klein. (581 S) Wien 1885

— offiz., üb. d. internat. elektrotechn. Ausstellg in Frankfurt am Main 1891. Hrsg. v. Vorstand. 2 Bde. 4° Frankf. a/M., JD Sauerländer. Geb. in Lnw. à 20 —
1. Allg. Bericht. (632 m. Illustr., 10 Taf. u. 1 Pl.) 93.
2. Bericht üb. d. Arbeiten d. Prüfungs-Kommission. Hrsg. durch d. Red.-Kommission. (487 m. Illustr. u. 1 farb. Taf.) 94.

Bericht, Officieller, über die Internationale Ausstellung für Leder, Lederwaaren u. Eichenkultur. Bearb. u. hrsg. von W. Dust etc. Berlin 1878. 8.

Bericht. Officieller B' über den fürchterlichen und verheerenden Bergfall im Canton Schwyz am 2ten Herbstmonat 1806. [Mit Titelvignette.] 8. Bern 1806.

Bericht, offiz., üb. die im kgl. Glaspalaste zu München 1882 unter dem Protektorate Sr. Maj. d. Königs Ludwig II. v. Bayern stattgehabte internationale Elektricitäts-Ausstellung, verbunden m. elektrotechnischen Versuchen. Bearb. u. hrsg. v. der Prüfungs-Commission. Red.: W. v. Beetz, O. v. Miller, E. Pfeiffer. Mit 225 in den Text gedr. Abbildgn. gr. 8. (VII, 160 S.) München 883. Autotypie-Verlag. n. 18. —; geb. n. 21. —

—— offizieller, des Londoner Generalraths, verlesen in öffentl. Sitzung des internationalen Kongresses. 4. (4 S.) Braunschweig 873, Bracke jr.

Offizieller Bericht der ... General Versammlung 21: und des Katholikentages des Deutschen Römisch-Katholischen Staats-Verbandes von Californien, abgehalten am ... in ...: 1896? ? No place given
o.O.: Deutsch Römisch-Katholischer Staats-Verband von Californien (zu beziehen: St. Louis: Katholischer Centralverein von Amerika.) Location and dates vary according to situation but general title remains as above.

Offizieller Bericht über die General Versammlung des D.K.K. Staats-Verband von Texas: no. 1, 1899?—1918? New Braunfels, TX.
Imprint varies: but many were published by the Office of the Neu-Braunfelser Zeitung.

Offizieller Bericht über die General-Versammlung des Deutschen Römisch-Katholischen Central-Vereins in den Vereinigten Staaten von Nord-Amerika: No. 1—99, 1856?—1954? St. Louis, MO.
Octavo, varying paging, in 1871, 46 pages. Imprint varies: Rochester, N.Y., 1871; Cincinnati, Mecklenburg & Rosenthal, 17—20, 1872—75; NYC., etc.

Offizieller Bericht (über Gewaltthaten der Polen gegen Deutsche). — Der Verein für Wahrung deutscher Interessen in der Provinz Posen. Druck von C. A. Schiementz. 1 Bl. Fol.
Flugblatt. Berlin, 27. Apr. 1848.

— offizieller, über die sächsische Gewerbe- und Industrie-Ausstellung zu Dresden 1875. Unter Mitwirkung von Clauß, Eberle, Filsinger ꝛc. hrsg. von W. H. Uhland. gr. 8. (XXXIV, 266 S. mit vielen Illustrat. in Holzschn.) Leipzig 875, Baumgärtner's Buchh. *

Deutscher Medizinalbeamten-Verein. Offizieller Bericht über die ... Hauptversammlung. 1. *Berlin: Fischer 1902.* 8°
— Zeitschrift f. Medizinal-Beamte. Jg. 15. Beil.

— offizieller, üb. die 6.—11. Hauptversammlung des preussischen Medizinalbeamten-Vereins zu Berlin. gr. 8. Berlin, Fischer's medicin. Buchh. à n. 2.—
6. 26. u. 27. Septbr. 1888. (III, 109 S.) 888. — 7. 11. u. 12. Septbr. 1889. (III, 99 S.) 889. — 8. 1. u. 2. Aug. 1890. (III, 111 S.) 890. — 9. 28. u. 29. Septbr. 1891. (III, 120 S.) 891. — 10. 10. u. 11. Apr. 1893. (III, 165 S.) 893. — 11. 23. u. 24. Apr. 1894. (III, 167 S.) 894.

— offizieller, üb. d. 12. Hauptversammlg. d. preuss. Medizinalbeamten-Vereins z. Berlin a. 26. u. 27. Apr. 1895. gr. 8. (III, 154 S.) Berlin 895. Fischer's medicin. Buchh. n. 2.—

— dasselbe. 13. Hauptversammlg. a. 15. u. 16. Septbr. 1896. gr. 8. (III, 188 S. m. 4 Taf.) Ebd. 896. n. 2.—

— dasselbe. 14. Hauptversammlg. a. 27. u. 28. IX. 1897. gr. 8. (III, 208 u. IV S. m. 3 Taf.) Ebd. 897. n. 2.70

— offiz., üb. d. 300jähr. Jubiläum d. Marian. Congregation Altötting u. d. 1. deut. Sodalentag dortselbst 1899. Hrsg. v. JB Mehler. (192 m. Abb.) 16° Neuötting (1899). Rgnsbg, Kongregat.-Präs. JB Mehler. (Nur dir.) — 50 d

Bericht, Offizieller, der Bayerischen Jubiläums-Landes-Industrie-, Gewerbe- und Kunstausstellung Nürnberg 1906. Im Auftrage des Hauptausschusses unter Mitwirkung anderer Ausstellungsbeamter und einzelner Fachleute verfaßt vom Vorstand des Literarischen Bureaus P. J. Rée. Nürnberg, 1907. 508 S. mit 90 Abb. u. 4 Plänen.

Offizieller Bericht über den Kongreß der europäischen Baptisten. [1.] Hrsg. im Auftr. d. Kongreßkomitees von F. W. Simoleit. (Berlin 1908: Verlagsh. d. deutschen Baptisten.) 8°

Bericht, offizieller, des internationalen Kongresses der Baumwoll-Spinner- und Weber-Vereinigungen. 1905-11. Manchester 1905-11

Bericht, offizieller, des I. Internationalen Kongresses der Delegierten von Verbänden von Baumwollmeisterspinnern und Baumwoll-Industriellen Zürich 1904. (111 S) Manchester 1904

— Offizieller, üb. d. 4. internat. Kongress z. Fürsorge f. Geisteskranke. Berlin '10. Hrsg. v. Boedecker u. Falkenberg. (5, 1027) Lex8° Halle, C Marhold '11. 20 —

Bericht, Offizieller, über den 1. internationalen Kongreß der Kälte-Industrie in Paris 1908. Bearb. von Constanz Schmitz. Berlin 1909

Bericht, Officieller, über die Kriegsereignisse vom 13ten December 1793 bis zum 4ten Januar 1794; .... [ca. 1797.] V: *Kampz, Aug. Ernst.* (MGT) (Adel)

Officieller Bericht über die Kriegsereignisse zw. Hannover und Preussen, Juni 1866. 2 Bde. (159.) 8. M. 1 Krte., 3 Pl. Wien 1866/67. 4.80.

— officieller, über die Kriegsereignisse zwischen Hannover u. Preußen im Juni 1866 u. Relation der Schlacht bei Langensalza am 27. Juni 1866. 1. 2. Thl. Wien 867. Gerold's Sohn in Comm. gr. 8. Jeder Thl. n. 24 ngr.
1. Thl.: Mit 1 (lith.) Uebersichtskarte u. 24 Anlagen (in Fol.). (V, 101 S.) — 2. Thl.: Mit 3 (lith.) Schlachtplänen u. 3 Anlagen (in 4. u. Fol.) (58 S.).

Bericht, Offizieller, über . . . Landesversammlung [des] Bayerische[n] Medizinalbeamten-Verein[s]. Berlin 1905 ff. 8°.
(Zeitschr. f. Medizinalbeamte Beil. 1905 ff.)

— — officieller, über die auf der Ringbahn zu Arnheim in den Monaten April und Mai 1881 stattgefundenen Proben von Tramway-Locomotiven. [Autoris. Uebersetzung.] Aus dem Holländ. übers. und mit einleit. Vorrede versehen von Fr. Th. Avé-Lallemant. Fol. (IV, 32 S. mit 18 Stnt.) Hamburg 882, Grädener. *

— officiell., ü. d. Schlacht von Enzersdorf u. Wagram, mit Chart. 4. Weim. Geogr. Inst. 810.

Kiel-Rendsburger-Correspondenz, Nr. 4. Kiel-Rendsburg, den 17. August 1850. Darin: Officieller Bericht eines See-Officiers über das Seegefecht der Schlesw.-Holst. Marine vor dem Kieler Hafen am 16. August. 1 Bl. Fol. Hectographiert.

Offizieller Bericht über die Verhandlungen des Delegiertentages der Vereinigung Deutscher Hebammen. [1]-14. — Berlin: Staude 1891-1908. 4° u. 8°
[1] u. d. T.: Protokoll üb. die Verhandlungen des Delegiertentages d. Dt. Hebammenvereine angebd. an: Offiz. Bericht üb. d. Verhandlungen d. Dt. Hebammentages.
2 fehlt. 3, 4 sind nicht ersch.

— offizieller, üb. die Verhandlungen des 4.—7. u. 9—15. Delegiertentages der Vereinigung deutscher Hebammen. 8. Berlin, E. Staude. nn 6. 50
4. am 31. VIII., 1. u. 2. IX. 1895 in Berlin. Stenographische Aufnahme v. Heinr. Dröse. (183 S.) (902.) — 50
5. Straßburg im Elsaß am 3. u. 4. IX. 1896. [Aus: „Allg. deutsche Hebammen-Zeitg."] (64 S.) (897.) — 50
6. Stettin am 2. u. 3. IX. 1897. [Aus: „Allg. deutsche Hebammen-Zeitg."] (51 S.) (898.) — 50
7. Halle a. S. u. Erfurt am 15. u. 16. IX. 1898. [Aus: „Allg. deutsche Hebammen-Zeitg."] (81 S.) (899.) — 50
9. Kaiserslautern am 3. u. 4. IX. 1901. [Aus: „Allg. deutsche Hebammen-Ztg."] (36 S.) (902.) — 50
10. Stuttgart am 2. u. 3. IX. 1902. [Aus: „Allg. deutsche Hebammen-Zeitg.] (81 S.) (903.) — 50
11. Hannover am 1. u. 2. IX. 1903. (184 S.) (903.) — 50
12. Mainz am 22. u. 23. IX. 1904. Stenographischer Bericht v. Heinr. Dröse. (161 S.) (905.) — 50
13. Am 20., 21. u. 22. IX. 1906 in Düsseldorf. Stenographische Aufnahme v. Heinr. Dröse. (181 S.) (907.) — 50
14. Am 25. u. 26. V. 1908 in München. Stenographische Aufnahme v. Heinr. Dröse. (123 S.) (909.) nn 1. —
15. Am 17. u. 18. VI. 1909 in Jena. Stenographische Aufnahme v. Max Cohn. (130 S.) 910. nn 1. —
Über den 8. Delegiertentag ist kein Bericht erschienen.

Offizieller Bericht über die Verhandlungen zur Gründung eines deutschen Parlaments, Frankfurt a. M. 31. März bis 3. April 1848. 95 S. 4.

— officieller, üb. die Verhandlungen d. 1. deutschen Hebammentages zu Berlin am 22. u. 23. Septbr. 1890. [Beilage zur allgemeinen deutschen Hebammen-Zeitg.] (VI) 4. (23 S.) Berlin 891. Staude. n. — 60

Bericht, offizieller, üb. die Verhandlungen des 3. allgemeinen deutschen Hebammentages zu Berlin am 31. VIII. u. 1. IX. 1900. gr. 8. (152 S.) Berlin (901). E. Staude. n. — 50

— offizieller, über die Verhandlungen des VII. internationalen kunsthistorischen Kongresses in Innsbruck, 9.—12. IX. 1902. (110 S.) Lex.-8. Berlin (903). (Leipzig, E. A. Seemann.) n. 2. —

— offizieller, üb. die Verhandlungen des VIII. internationalen kunsthistorischen Kongresses in Darmstadt, 23—26. IX. 1907. (117 S.) Lex. 8. Leipzig (908). (E. A. Seemann.) 3. —

— offizieller, üb. die Verhandlungen des kunsthistorischen Kongresses zu Nürnberg 25.—27. Septbr. 1893. Lex.-8. (85 S.) Nürnberg 894. (Leipzig, E. A. Seemann's Sep.-Cto.) n. 2. 50

— offizieller, üb. d. Verhandlgn. d. kunsthistorischen Kongresses zu Köln. 1.—3. Oktbr. 1894. Lex.-8. (102 S. m. 4 Taf.) Nürnberg 895. (Leipzig, E. A. Seemann's Sep.-Cto.) n. 3. 60

— offizieller, üb. die Verhandlungen des kunsthistorischen Kongresses zu Budapest 1.—3. X. 1896. gr. 8. (48 S.) Nürnberg (896). (Leipzig, E. A. Seemann.) n. 2. —

— dassolbe in Amsterdam. 29. IX. bis 1. X. 1898. gr. 8. (63 S.) Ebd. (898). n. 3. —

— dassolbe in Lübock 16. bis 19. IX. 1900. gr. 8. (108 S.) Ebd. (901). n. 4. —

— offiz., üb. d. Verhandlgn d. kunsthistor. Kongresse 1896, 98, 1900 u. 02. 8° (Lpzg, EA Seemann.) 11 —
1896. Budapest. (48) Nürnbg (1896). 2 — ‖ 1898. Amsterdam. (68) Nürnbg (1898). 3 — ‖ 1900. Lübeck. (108) Nürnbg (01). 4 — ‖ 1902. Innsbruck. (110) Berl. (03). 2 —

— offiz., üb. d. Verhandlgn d. 8. internat. kunsthistor. Kongresses, Darmstadt 07. (117) Lex 8° Lpzg, (EA Seemann) ('08). 3 —

— Offizieller, üb. d. Verhandlgn d. 9. internat. kunsthistorischen Kongresses in München '09. (138) Lex8° Lpzg, EA Seemann ('12). 3 —

Offizieller Bericht über die Verhandlungen des Verbandstages des Preussischen Hebammen-Verbandes. 1-5. — Berlin: Staude 1907-12. 8°

Bericht, officioller, dor k. k. östorr. Central-Commission f. dio Woltausstollung in Chicago 1893. 1.—5. Hft. Lox.-8. Wion 894. (Gorold & Co.) n. 31. 20
1. Administrativer Bericht. Erstattet vom geschäftsführ. Vice-Präsidenten. Allgemeiner Bericht. Einleitung zu d. Special-Berichten. (V, 74 S.) n. 1. 20
2. Erziehung von Ottilie Bondy. Musik-Instrumente von Gaston Bodart. Kunst u. Kunstgewerbe von Henri Kautsch. Die Edelmetall-Industrie von Geo. Adam Scheid. (V, 51 S.) n. 1. 20
3. Die Textil-Industrie auf der columbischen Weltausstellung in Chicago 1893 u. die Entwicklung derselben in den Vereinigten Staaten v. Henry Latzko. (VIII, 194 S.) n. 3. 60
4. Papier-Industrie, keramische u. Glas-Industrie v. Karl Vogel. Leder- u. Schuhwaren-Industrie v. Jul. Löwenstein. Garne u. Gewebe aus Flachs von Emil Siegl. Haushalt- u. Toilette-Seifen, Parfumerien u. aetherische Oele v. Alfr. Taussig. (V, 69 S.) n. 1. 20
5. Amerikanische Brau-Industrie auf der Weltausstellung in Chicago. Von Frz. Schwackhöfer. (III, 135 S. m. 60 Taf.) Kart. n. 24.

— officioller, d. k. k. östorr. Central-Commission f. d. Woltausstollg. in Chicago 1893. 6.—9. (Schluss-) Hft. Lox.-8. Wion 895. (Gorold & Co.) n. 28 —; (kplt.: n. 59. 50)
6. Werkzeuge u. Werkzeug-Maschinen a. d. Weltausstellg. i. Chicago v. Jos. Pechan. (V, 69 S. m. 13 Taf.) 894. n. 4. —
7. D. Berg- u. Hüttenwesen a. d. Weltausstellg. i. Chicago, nebst Mittheilgn. üb. montanist. Verhältn. i. d. Vereinigten Staaten, m. besond. Berücksicht. d. Eisenhüttenwesens, v. Jos. Gängl v. Ehrenwerth. (VII, 396 S. m. 98 Fig. u. 11 Taf.) n. 12. —
8. D. Eisenbahnwesen a. d. Weltausstellg. i. Chicago. Von Herm. v. Littrow. (IX, 147 S. m. 19 Taf.) n. 8. —
9. D. Elektrotechnik a. d. Weltausstellg. i. Chicago. Von Joh. Sahulka. (VII, 101 S. m. 7 Taf.) n. 4. —

— dasselbe. 4 Bde. Lex.-8. Ebd. Kart. n. 58. —
1. (VII, 74; III, 51; VI, 194 u. VI, 69 S.) 894. n. 6. —
2. (III, 135 S. m. 60 Taf.) 894. n. 24. —
3. (VII, 69 u. VII, 396 S. m. 98 Fig. u. 24 Taf.) 895. n. 16. —
4. (IX, 147 u. VII, 101 S. m. 26 Taf.) 896. n. 12. —

Bericht über die Offiziersübung im Terrain 28.—29. Juni 1884 unter Oberleitung des Kommandanten der VII. schweiz. Armeedivision. Frauenfeld 1884.

Bericht (Jahresbericht) des Gewerbe- und Handelsvereins Oldenburg für 1873-88. Oldenburg 1874-89

Landwirtschaftliche Winterschule Oldesloe.
Bericht über das ... Schuljahr.
2. ff. 1899/1900 ff. Oldesloe. 1900 ff. 8°.

— Sr. Exc. d. Finanzministors v. Portugal Senhor Joaquim Pedro de Oliveira Martins. Den Cortes vorgelegt am 28. Jan. 1892. Im Auftrag der königl. portugies. Regierg. in's Deutsche übertr. gr. 8. (22 S.) Frankfurt a/M. 892. H. Emden. n. — 50

Bericht über die Operationen der Division Ochsenbein im Entlebuch, im Spätherbste 1847. Von einem Augenzeugen (° *Umschlag:* Mit einer Karte des Entlebuchs). 8. Bern [1848].

Bericht der großherzoglichen Orchester- und Musikschule.
Weimar: Uschmann 1882.
Fortges. u.d. T.: Bericht der großherzoglichen Orchester-, Musik- und Opernschule.
1889.

Bernischer Orchesterverein (in Bern). Bericht über das 24. Geschäftsjahr vom 1. Mai 1900 bis zum 30. April 1901. II + 26 S. 8. (Bern, Jent & Co., 1901.)

Bern. Orchesterverein (in Bern). Bericht über das 25. Geschäftsjahr vom 1. Mai 1901 bis 30. April 1902. [Mit 2 Tabellen.] II + 24 S. 8. Bern, Buchdr. des Berner Tagblatt, 1902.

Bericht über die Organisation und das Wirken der eidg. polytechnischen Schule in Zürich. Ausgearbeitet für die Weltausstellung in Wien 1873. Zürich 1873. 64 S. 8. **Progr.-Schr.**

Bericht des Organisationskomitees des Eidgenössischen Turnfestes in Zürich 18.—21. 7. 1903, Zürich 1905, 63 S., 8°.

Ortsbürgergemeinde Luzern. Bericht des Engern Ortsbürgerrates über die Verwaltungsrechnungen für das Jahr 1900. II + 38 S. 4. Luzern, H. Keller, 1901.

Ortsbürgergemeinde Luzern. Bericht des Engern Ortsbürgerrates über die Verwaltungsrechnungen für das Jahr 1901 u. 1902. II + 16 u. II + 13 S. 4. Luzern, C. J. Bucher, 1902 u. H. Keller, 1903.

—— österreichischer, über die internationale Ausstellung in London 1862 im Auftrage des k. k. Ministeriums für Handel und Volkswirthschaft hrsg. unter der Leitung von Jos. Arenstein. Lex.-8. (LIII und 741 S. mit 305 eingedr. Holzschn. und 11 Stnt. in qu. gr. Fol.) Wien 863, (Lechner'sche Universitäts-Buchh.) geb. * *

Vierter und fünfter Bericht von Overdyck und Düsselthal an alle Menschenfreunde in Deutschland; und Aufruf an Jeden, der heiliges Mitgefühl für fremdes Elend im liebenden Herzen nährt. *Düsseldorf.* 1829?

Bericht, Pädagogischer amtlicher, an d. Publ. über die Lehrmethode des Herrn Prof. Olivier. Leipzig 1805. H: *Tillich, E.* (ERSCHDL)

Bericht über das Königliche Pädagogium zu Halle ... Voran: Bürger auf der Schule von Dr. Herm. Adalb. Daniel. 1845. 4°.

—, erster, über d. Parkteichanlage vor der Kantonsschule in Aarau. 8°. 12 S. Aarau, H. R. Sauerländer & Co. Verlag. 1898?

Bericht eines Parlaments-Ausschusses zur Untersuchung des Zustandes des Ackerbaues in Grosbritannien nebst Beurtheilung des vorstehenden Berichts aus dem Quarterly Review. (Altona. 1822.) Schriften der Schleswig-Holsteinischen patriotischen Gesellschaft. Bd. 4. Heft 1. 8°.

Erster Bericht der demokratischen Partei in der zweiten Kammer zu Berlin. Druck von Ed. Krause. 2 Bl. Fol.
Flugblatt. Berlin, 12. März 1849.

— erster, der demokrat. Partei der deutschen constituirenden National-Versammlg. v. 1. Aug. 1848. 12. (30 S.) Düsseldorf 848. (Kampmann.) 1⅓ ngl

— zweiter, der demokrat. Partei der deutschen constituir. National-Versammlung vom 19. Aug. 1848. (Von Wesendonck.) gr. 8. (S. 21—30.) Ebd. 848. 1⅓ ngl

Sechster Bericht der demokratischen Partei der deutschen Nationalversammlung vom 4. April 1849. 8 S. 8°.

Bericht der national-liberalen Partei über die abgelaufenen Legislaturperioden des Reichstags, des Zollparlaments und des preuß. Abgeordnetenhauses erstattet im Auftrage des Vorstandes. gr. 8. (61 S.) Berlin 870, Peiser's Verlag. *

— über den deutsch-sozialen [antisemitischen] Parteitag zu Leipzig am 18. u. 19. Mai 1891. gr. 8. (42 S.) Leipzig 891. [Th. Fritsch.] H. Beyer. n. — 50

Bericht über den deutsch-socialen P a r t e i t a g in Frankfurt a.M. am 7., 8. u. 9. Sept. 1907. 8°. Hamburg, Deutschnationale Buchhdlg. u. Verlags-Anstalt, 1907.

Bericht des Partei-Vorstandes, des Bildungsausschusses und der Vertrauensperson der Genossinnen Deutschlands. Bericht über d. parlamentarische Tätigkeit d. Reichstagsfraktion an d. Parteitag zu Nürnberg 1908. Berlin: Vorwärts 1908. 96 S. 8°
(Volksblatt f. Halle u. d. Saalkreis. 1908. Beil.) [09. 15344 3

Bericht des P a r t e i - V o r s t a n d e s an den Parteitag zu Dresden 1903. 8°. Berlin, Buchhdlg. Vorwärts. 1903.

Bericht des Partei-Vorstandes an den Parteitag zu Dresden 1903; zu Jena 1905. Berlin 1903. 1905. 8°.

Bericht des P a r t e i v o r s t a n d e s und der Vertrauensperson der Genossinnen Deutschlands. (Vorwärts, 1906, Nr. 199-200, Beilage.)

Bericht über die am 9. u. 10. Mai 1871 in Erlangen abgehaltene II. allgemeine Pastoral-Conferenz evangelisch-luther. Geistlicher Bayern's. gr. 8. (III, 56 S.) Ansbach 871. Junge. n. — 50

— über die am 18. u. 19. Juni 1873 in Erlangen abgehaltene 4. allgemeine **Pastoral-Conferenz** evangel.-luther. Geistlicher Bayerns. gr. 8. (50 S.) Erlangen 873. Deichert. n. — 70

— über die am 17. u. 18. Juni 1874 in Erlangen abgehaltene 5. allgemeine **Pastoral-Conferenz** evangelisch-lutherischer Geistlicher Bayerns. gr. 8. (56 S.) Ebend. 874. n. — 80

— über die am 16. u. 17. Juni 1875 in Erlangen abgehaltene 6. allgemeine **Pastoral-Conferenz** evangelisch-lutherischer Geistlicher Bayerns. gr. 8. (66 S.) Ebend. 875. — 75

— über die am 14. u. 15. Juni 1876 in Erlangen abgeh. VII. allgemeine **Pastoral-Conferenz** evangelisch-lutherischer Geistlicher Bayerns. gr. 8. (50 S.) Ebend. 876. n. — 80

— über die am 17. u. 18. Juni 1885, am 23. Juni 1886, am 16. Juni 1887 u. am 13. u. 14. Juni 1888 in Erlangen abgeh. XV., XVI., XVII. u. XVIII. **Pastoral-Konferenz** evangel.-luther. Geistlicher Bayerns. gr. 8. Leipzig 885—88. Deichert Nachf. n. 3. 20
XV. Vortrag von Wiener, u. Verhandlungen über d. Revision der Luther'schen Bibel-Uebersetzung. (84 S.) n. — 70
XVI. Vortrag von Kolde über Methodismus u. seine Bekämpfung. (50 S.) n. — 70
XVII. Vorträge von Haußleiter und Herold. (76 S.) n. — 80
XVIII. Vortrag von Frank, über d. kirchliche Bedeutung Ritschl's. (76 S.) n. 1. —

— üb. die am 19. u. 20. Juni 1889 zu Nürnberg abgeh. XIX. allgem. **Pastoralkonferenz** evangel.-luther. Geistlicher Bayerns. gr. 8. (92 S.) Nürnberg 889. [Banckwitz.] Raw. n. — 80

— üb. die am 18. u. 19. Juni 1890 zu Nürnberg abgeh. XX. allgem. **Pastoralkonferenz** evangel.-luther. Geistlicher Bayerns. (Der evangel. Bund. — Die moderne Predigt.) gr. 8. (103 S.) Ebd. 890. n. 1. —

— über die am 10. u. 11. Juni 1891 zu Nürnberg abgehaltene XXI. allgemeine **Pastoralkonferenz** evangelisch-lutherischer Geistlicher Bayerns. gr. 8. (81 S.) Nürnberg 891. A. Bh. Raw. n. 1. —

— dasselbe, über die am 15. u. 16. Juni 1892 abgeh. XXII. allgemeine **Pastoralkonferenz**. gr. 8. Nürnberg 892. G. Löhe. n. 1. —
Die Vorbildung unserer Theologen f. das Amt v. Caspari. — Das Taufpaten-Institut v. Kopp. (87 S.)

— dasselbe, über die am 7. u. 8. Juni 1893 abgeh. XXIII. allgemeine **Pastoralkonferenz**. Ebd. 893. n. 1. — ; m. Anmerkgn. n. 1. 10
Der Kampf um das Apostolikum. Von D. Zahn. — Die Leichenverbrennung u. unsere Stellung zu derselben. Von Geyer. (109 S.)

— dasselbe, über die am 6. Juni 1894 abgeh. XXIV. allgemeine **Pastoralkonferenz**. gr. 8. Ebd. 894. n. 1. —
Die Bedeutung der Eschatologie f. das geistliche Amt v. Holzmüller. — Herstellg. e. bibl. Lesebuches v. Dietlen. (96 S.)

— üb. d. a. 12. Juni 1895 z. Nürnberg abgeh. XXV. allgem. **Pastoralkonferenz** evang.-luther. Geistlicher Bayerns. gr. 8. Nürnberg 895. G. Löhe. n. 1. —
D. Glaube d. Kirche u. d. Aufgabe d. Kritik gegenüber der hl. Schrift d. Alten Testaments. Vortrag v. Engelhardt. — D. Stellung d. Geistlichen z. d. Gemeinschaftsversammlgn. Vortrag v. Schmetzer. (98 S.)

— dasselbe. XXVI. Konferenz, a. 10. Juni 1896 z. Nürnberg abgeh. gr. 8. Ebd. 896. n. 1. —
D. Religionsunterr. i. d. evang. Volksschule Bayerns u. d. gegenwärt. Bewegg. Von Caspari. — D. Bedeutg. heilsgeschichtl. Thatsachen f. d. Glauben. Von Knast. (75 S.)

— dasselbe. XXVII. Konferenz, a. 16. VI. 1897 z. Nürnberg abgeh. gr. 8. Ebd. 897. n. 1. —
D. Pfarrer i. d. evang.-soz. Bewegg. Von Bürkhauer. — Das decorum pastorale. Von Winter. (64 S.)

— über die zu Nürnberg abgeh. XXVIII.—XXX. allgemeine **Pastoralkonferenz** evangelisch-lutherischer Geistlicher Bayerns. gr. 8. Nürnberg, F. Banckwitz. à n. 1. —
XXVIII. Am 18. VI. 1898. Biblische Ansprache. Von Rohrer. — Die bleibende Bedeutung der Theologie v. Hofmann's. Von Braun. — Die Behandlung des Aberglaubens in Predigt, Unterricht und Seelsorge. Von Eichhorn. (91 S.) 898.
XXIX. Am 7. VI. 1899. Biblische Ansprache. Von Hopfmüller. — Der neu eingeführte Landeskatechismus. Von Caspari. — Der Kampf gegen die Trunksucht u. die Stellung des evang. Geistlichen zu den verschiedenen Formen derselben. Von Seeberger. (62 S.) 899.
XXX. Am 20. VI. 1900. Biblische Ansprache. Von Stirner. — Der Pfarrer u. das bürgerliche Gesetzbuch. Von Schilling. — Glaube u. Leben in unserer Landeskirche während des 1. Jahrh. ihres Bestehens. Von Sperl. (103 S.) 900.

— dasselbe. XXXI. u. XXXII. Konferenz. gr. 8. Nürnberg, Schriften-Niederlage des Vereins f. innere Mission. n. 1. 80
XXXI. Am 12. VI. 1901. (79 S.) 901. n. — 80
XXXII. Am 4. VI. 1902. (96 S.) 902. n. 1. —

— üb. die zu Nürnberg abgeh. 33.—36. allgem. **Pastoralkonferenz** evangelisch-lutherischer Geistlicher Bayerns. gr. 8. Nürnberg, Buchhandlung des Vereins f. innere Mission. n. 3. 40
33. am 10. VI. 1903. (79 S.) 903. n. 1. —
34. am 8. VI. 1904. (60 S.) 904. n. — 80
35. am 21. VI. 1905. (67 S.) 905. n. — 80
36. am 20. VI. 1906. (65 S.) 906. n. — 80

Bericht üb. d. zu Nürnberg abgeh. 37.—40. allgem. **Pastoralkonferenz** evangelisch-lutherischer Geistl. Bayerns. 8. Nürnberg 909. 10. Buchh. d. Vereins f. innere Mission. à — 80
37. am 5. VI. 1907 (62 S.). — 38. am 17. VI. 1908 (68 S.). — 39. am 16. VI. 1909 (72 S.). — 40. am 1. VI. 1910 (64 S.).

— üb. d. 40. u. 41. allg. **Pastoralkonferenz** ev.-luth. Geistl. Bayerns, Nürnbg '10'11. (64 u. 64) 8° Nürnbg, Buchh. d. Ver. f. inn. Miss. '10. je — 80 d

— über das kaiserliche **Patentamt** an den Hrn. Reichskanzler erstattet von dem Vorsitzenden d. kaiserl. Patentamts f. d. J. 1878. Lex.-8. (39 S. m. 2 color. Steintaf.) Berlin 879. C. Heymann's Verl. n. 5. —

Das **Paul Gerhardt-Stift** unter dem Protektorat I. M. der Kaiserin u. Königin. Berlin N. Müller-Straße 56—57a. **Bericht.** [1.] Über d. Jahr 1902/1903. (*[Berlin: P. Gerhardt-Stift] 1903.*) 8° [F.] [04. 933

— d. k. k. Permanenz-Kommission f. d. **Handelswerte** d. Zwischenverkehrsstatistik im k. k. Handelsministerium üb. d. Bewertg u. Bewegg d. Zwischenverkehres zw. d. im Reichsrate vertret. Königr. u. Ländern u. d. Ländern d. ungar. Krone in d. J. 1900—04. 8° Wien, Hof- u. Staatsdr. Je 2 —
1900. (22, 207) 01. ‖ '01. (23, 243) '02. ‖ '02. (25, 250) '03. ‖ '03. (27, 282) '04. ‖ '04. (25, 309) '05. (s. a.: Berichte.)

— d. k. k. Permanenz-Kommission f. d. **Handelswerte** d. Zwischenverkehrsstatistik im k. k. Handelsministerium üb. d. Bewertg u. Bewegg d. Zwischenverkehres zw. d. im Reichsrate vertret. Königreichen u. Ländern u. d. Ländern d. ungar. Krone 05—7. (24, 297; 27, 304 u. 26, 520) Lex 8° Wien, Hof- u. Staatsdr. '06—'9. Je 2 —

— dass. f. d. Handelswerte d. Zwischenverkehrsstatistik im k. k. Handelsministerium üb. d. Bewertg u. Bewegg. d. Zwischenverkehres zwischen d. im Reichsrate vertretenen Kgreichen u. Ländern u. d. Ländern d. hl. ungar. Krone '08, '09 u. '10. (32, 583; 29, 583; 28, 504) Lex8° Wien, Hof- u. Staatsdr. '10—12. je 6 — *3, 5, 6, 10, 12, 15 u. 16 sind noch nicht erschienen.*

Pestalozzihaus der Stadt Zürich. Bericht für das Jahr 1900 *u.* 1901 *u.* 1902. ⟨Separatabdruck aus dem Geschäftsbericht der Zentralschulpflege der Stadt Zürich 1900 *u.* 1901 *u.* 1902.⟩ 7 *u.* 5 *u.* 4 S. 8. (1901 *u.* 1902 *u.* 1903.)

Pestalozziheim ⟨Erziehungsanstalt für schwachbegabte Kinder⟩ in Pfäffikon ⟨Zürich⟩.... 2. *u.* 3. Bericht ... vom 1. Juli 1901 bis 30. Juni 1902 *u.* ... vom 1. Juli 1902 bis 30. Juni 1903. [*je* Mit illustriertem Umschlag.] II + 23 *u.* II + 24 S. 8. Pfäffikon, J. Peter, [1902] *u.* E. Zwingli, 1903.

Bericht, Erster, über die Pestalozzi-Stiftung in Billwärder an der Bille,... Hamburg 1848. V: *Denner, Jacob.*

Bericht, Zweiter, über die Pestalozzi-Stiftung in Billwärder an der Bille ... Hamburg 1849. V: *Detmer, Alexander* (nicht *Denner, Jac.*). (schr)

Bericht, Dritter, über die Pestalozzi-Stiftung in Billwärder an der Bille . Hamburg 1850. V: *Detmer, Alexander* (nicht *Denner, Jac.*). (schr)

Bericht über die zürcher. Pestalozzistiftung für Knaben bei Schlieren 1867 (1) — 94.

Zürcher Pestalozzistiftung für Knaben bei Schlieren. 33. *u.* 34. *u.* 35. Bericht. Ostern 1900 bis Ostern 1901 *u.* Ostern 1901 bis Ostern 1902 *u.* Ostern 1902 bis Ostern 1903. 15 *u.* 17 *u.* 16 S. 8. Zürich (*35:* -Selnau), Gebr. Leemann & Co. (**33:* Ed. Leemann), 1901 *u.* 1902 *u.* 1903.

Bericht (12.) über die Zürcher Pestalozzistiftung bei Schlieren. Ostern 1879 bis Ostern 1880. In-16°, Zürich, Druck von J. Herzog. 1880?

Der Wildpark Peter und Paul bei St. Gallen. 9. Bericht vom 1. Juli 1900 bis 30. Juni 1901. 12 S. 8. St. Gallen, Zollikofer, 1901.

Der Wildpark Peter und Paul bei St. Gallen. 10. Bericht vom 1. Juli 1901 bis 30. Juni 1902 und kurzer Rückblick auf das abgelaufene 1. Dezennium seines Bestandes. 15 S. 8. St. Gallen, Zollikofer, 1902.

Bericht der Petitions-Kommission über die in Folge des von dem Ministerium Brandenburg beabsichtigten Staatsstreiches an die National-Versammlung eingesandten Adressen. Nr. 1—7. 4.

Flugblatt. Berlin, 28. Nov. 1848.

Bericht über den Kontrollverein Petkus und die Ergebnisse seiner ersten beiden Rechnungsjahre. Im Auftr. d. Ver. erstattet von J. Deicke. Berlin: Parey 1909. 8°
(Berichte über Landwirtschaft. H. 10.) [09. 1825 2

Bericht über die Petri-Pauli-Kirchenschulen zu Moskau f. d. J. 1886—1913. Moskau '01—14.

— an Churf. v. Pfalzbayern v. Münchner Magistrate, die Getraidesperre betr. 8. Münch. Strobl. 795.

Bericht des Berliner Pfandbrief-Amtes über das Geschäftsjahr 1905 ff. Berlin o. J. 1905—1909.

Basler Pfandleih-Anstalt (in Basel). Bericht über die 17. Geschäftsperiode vom 1. Juli 1900 bis 30. Juni 1901. 20 S. 8. Basel, Franz Wittmer, 1901.

Basler Pfandleih-Anstalt (in Basel). Bericht über die 18. Geschäftsperiode vom 1. Juli 1901 bis 30. Juni 1902. 28 S. 8. Basel, Franz Wittmer, 1902.

Bericht über das Wiener Pferderennen im Frühjahre 1858. *Wien. A. Pichler's Witwe et S.* 33. Jahrg. 28 S., 1 Bl. 8°.

— über die während der Periode 1900—1901 angestellten Pflanzversuche nach den Vorschriften v. H. M. Stringfellow, Practical Horticulturist in Texas, America. (Victoria-Baumschule in Schöllschitz bei Brünn [Mähren].) (Von Frdr. Wannieck.) gr. 8. (81 S. m. Abbildgn.) Frankfurt a. O. 902. (Trowitzsch & Sohn.) n. 1. —

Victoria-Baumschule in Schöllschitz bei Brünn ⟨Mähren⟩. Bericht über die ... Pflanzversuche nach den Vorschriften von H. M. Stringfellow, Practical Horticulturist in Texas, America. (Hrsg.: Friedrich Wannieck.) [1.] *Schöllschitz: Selbstverl. d. Victoria-Baumschule 1902.* 8° [F.] [Umschlagt.:] Bericht über Stringfellow-Versuche ... [03. 13179

— 2., üb. die während der Periode 1901—1902 angestellten Pflanzversuche nach den Vorschriften v. H. M. Stringfellow, Practical Horticulturist in Texas, America. (Victoria-Baumschule in Schöllschitz) (59 S. m. 48 Abbildgn.) gr. 8. Frankfurt a/O. 903. (Trowitzsch & Sohn.) n. 1. —

Pflichtmäßiger Bericht über den Feldzug der franz. Armee in Spanien 1808. Leipzig (1808). 8°.

Bericht, Pflichtschuldigster, an ... den hochseligen und hochwohlheiligen Herrn Sankt Johannes, zugenannt der Täufer; über die Skandala, welche in der heiligen Johannisnacht ... von vielen Weltkindern beyderley Geschlechts ... mit dem Johannisblutsuchen alljährlich verübt worden. Hamburg [17??] V: *Schäffer, Johann Christian Heinrich.* (GGr)

Bericht der Pharmacopöe-Commission des Deutschen Apotheker-Vereins. Nach den Arbeiten der einzelnen Commissions-Mitglieder zusammengestellt vom Vorsitzenden der Commission Chr. Brunnengräber. Rostock 1879: Adler.

BERICHT DER PHILOMATHIE ZU BRIEG A./O.
für das Jahr 1878. Brieg. Buchdruckerei Emil Kirchner & Co. 8°.
für das Jahr 1879 und Notizen für das Jahr 1880. ib. —
für das Jahr 1880 und Notizen für das Jahr 1881. ib. —
für das Jahr 1881 und Notizen für das Jahr 1882. (Enthält auch die neuesten Erwerbungen der Bibliothek.)
für das Jahr 1882 und Notizen für das Jahr 1883. ib. —
für das Jahr 1883 und Notizen für das Jahr 1884. ib. —
für das Jahr 1884 mit dem Titel: Geschichte der Philomathie zu Brieg a./O. 1860—1884. (Zugleich Jahres-Bericht für 1884.) ib. —
für das Jahr 1885 und Notizen für das Jahr 1886. Brieg. Buchdruckerei B. Türpitz.
für das Jahr 1886 und Notizen für das Jahr 1887. ib. (—.)
für das Jahr 1887 und Notizen für das Jahr 1888. (o. O. o. Dr.)
für das Jahr 1888 und Notizen für das Jahr 1889. (o. O. o. Dr.)
für das Jahr 1889 und Bemerkungen für das Jahr 1890. Brieg. Buchdruckerei Emil Kirchner.
für das Jahr 1890 und Bemerkungen für das Jahr 1891. ib. —
für das Jahr 1891 und Bemerkungen für das Jahr 1892. ib. —

BERICHT DER PHILOMATHIE ZU BRIEG
für die Zeit von Anfang 1892 bis Ostern 1893. ib. Druck von Otto Falch.
für die Zeit von April 1893 bis April 1894. ib. —
für die Zeit von April 1894 bis April 1895. ib. Buchdruckerei: Dr. A. Rühl.
für die Zeit von April 1895 bis April 1896. ib. —
für die Zeit von April 1896 bis September 1897. (ib.)
für das Rechnungsjahr 1897/98. (ib. —.)
über die Zeit von Michaelis 1898 bis Ostern 1900. ib. (Buchdruckerei C. L. Albrecht.)
über die Zeit von Ostern 1900 bis 17. Oktober 1902. (ib. —.)
über die Zeit vom 17. Oktober 1902 bis Oktober 1904. ib.
über die Zeit vom Ende des Jahres 1904 bis Oktober 1908. (ib.). Buchdruckerei der Brieger Zeitung.
über die Zeit vom Ende des Jahres 1909 bis Oktober 1912. (ib.) —

— 21—27., d. wissenschaftl. Gesellsch. Philomathie in Neisse. Hrsg. v. d. Sekretär. 8° Neisse, J Graveur. 14.50
21. Septbr 1879 bis Oktbr 1882. (228 m. 2 Taf.) 82. 2 — ‖ 22. Oktbr 1882 bis Oktbr 1884. (245) 84. 2 — ‖ 23. Oktbr 1884 bis Oktbr 1886. (204 m. Abbildgn u. 2 Taf.) 86. 2 — ‖ 24. Oktbr 1886 bis Oktbr 1888, zugleich Festschrift z. Feier d. 50jähr. Bestehens. (436 m. 3 Taf.) 88. 2 — ‖ 25. Oktbr 1888 bis Oktbr 1890. (523) 90. 2 — ‖ 26. Oktbr 1890 bis Oktbr 1892. (508 m. 1 Taf.) 92. 2 — ‖ 27. Oktbr 1892 bis Oktbr 1894. (378 m. 1 Taf.) 95. 2.50.

— 28., d. wiss. Gesellsch. Philomathie in Neisse, v. Oktbr '94 bis z. Oktbr '96. Hrsg. v. H Rose. 8° (25, 445 m. 1 Tab.) Neisse 97, J Graveur. 3 — ‖ 29. Bericht. 1896/98. Hrsg. v. O May. (54, 96 u. 104) 98. 2.50

— 30—32., d. wiss. Gesellsch. Philomathie in Neisse. Hrsg. v. Christoph. 8° Neisse, J Graveur's V. Je 2 —
30. Oktbr 1898—Oktbr 1900. (22, 220 m. 5 Taf.) (1900.)
31. Oktbr 1900—Oktbr '02. (21, 250 m. 1 Taf. u. 3 Kart.) (03.)
32. Oktbr '02—Oktbr '04. (21, 240) (05.)

— 33. u. 34., d. wiss. Gesellsch. „Philomathie" in Neisse. Hrsg. v. Sekretär d. Gesellsch. gr8° Neisse, J Graveur's V. 3.50
33. Oktbr 04—Oktbr '06. (20, 148) (07.) 2 — ‖ 34. Oktbr '06—Oktbr '08. (19, 67 u. 53 m. 1 Fig.) (09.) 1.50.

— 35., d. wissenschaftl. Gesellsch. „Philomathie" in Neisse, v. Okt. '08—Okt. '10. (23, 131 u. 64) 8° Neisse, J Graveurs V. '10. 2 —

BERICHT DER PHILOMATHIE ZU GLATZ, vom November 1878 bis November 1880. s. l. & a. 8°.

BERICHT DER PHILOMATHIE IN, auch: ZU NEISSE
14., vom März 1863 bis zum März 1865. Neisse. 1865. Joseph Graveur. 8°.
15., vom März 1865 bis zum Juli 1867. (Mit Tafeln und 1 Tabelle.) ib. 1867. —
16., vom August 1867 bis zum August 1869. ib. 1869. Graveur'sche Buchhandlung. (Kiepert).
17., vom October 1869 bis zum April 1872. (Mit 1 Tafel.) ib. 1872. —
18., vom April 1872 bis zum Mai 1874. ib. 1874. Graveur'sche Buchhandlung (G. Neumann.)
19., vom Mai 1874 bis zum Mai 1877. Mit 1 Figurentafel. ib. 1877. —
20., vom Mai 1877 bis zum August 1879. Mit 4 Figurentafeln. ib. 1879. —
21., vom September 1879 bis October 1882. Mit 2 Tafeln. ib. 1882. —
22., vom Oktober 1882 bis zum Oktober 1884. ib. 1884. —

—— 23., der Philomathie in Neisse vom October 1884 bis zum October 1886. 8. (XXIV, 240 S. mit 2 Figurentaf. und 6 Abbild.) Neisse 886, (Josef Graveur's Verlag.) *

— IV—VII., der Phonogramm-Archivs-Kommission der kaiserl Akademie der Wissenschaften in Wien. gr. 8. Wien (A. Hölder). n. 1 80
IV. Physiologische Untersuchungen üb. Tierstimmen. (I. Mitteilg.) Stridulation v. Gryllus campestris. Von Alois Kreidl u. Joh. Regen. (25 S. m. 1 Taf.) 905. n. — 70
V. Phonographische Aufnahmen in Indien u. Neu-Guinea. Von Fel. M. Exner u. Rud. Pöch. (8 S.) 905. n. — 20
VI. Die Anfertigung der Metall-„Archivplatte". Von Fritz Hauser. (4 S.) 905. n. — 20
VII. Gebrauchsanweisung f. die Type III des Archivphonographen. Von Fritz Hauser. (7 S.) 905. n. — 20
‖ Sonderabdrucke aus: „Sitzungsber. d. k. Akad. d. Wiss."
Die Berichte I—III sind als Sonderabdrucke nicht erschienen. Fortsetzung, s.: Berichte.

— XIV., der Phonogramm-Archivs-Kommission der kaiserl. Akademie der Wissenschaften in Wien. Nr. XIV. gr. 8. Wien (A. Hölder). — 85
Eine Methode z. Aufzeichnung phonographischer Wellen. Von Fritz Hauser. (8 S. m. 3 Fig.) 908.
Sonderabdruck aus „Sitzungsber. d. k. Akad. d. Wiss." XIII, s.: Mitteilung.

Bericht des Deutschen Pionier-Verein von New Jersey:
Published in English and German. Report year irregular. Octavo; illustrated, including portraits. Includes BERICHT DES DAMEN PIONIER-VEREIN. Yersey City, NY.
DLC: 1901, 1902, 1904, 1905.

— über Plan u. Unternehmen eine deutsche Missionskolonie in Palästina zu gründen. Abgestattet von dem Vorstande der in Hessen dazu vereinigten Gesellschaft. Mai 1849. 8. (16 S.) Frankfurt a. M. 849, Zimmer'sche Sort.-B. [Völker.] n. n. 3 ngr.

— über die den lithographischen Stein ersetzenden, in mehreren Ländern patentirten künstlichen lithograph. Platten und deren Handhabung. gr. 12. Berlin 839. (Voß.) n. 1/6 ℛ

— über die 6. Plenarversammlung des Deutschen Veterinärrates am 17. und 18. Juni 1889 zu Eisenach. Karlsruhe 89. Braun. M. 3.—

— über die 7. Plenarversammlung des Deutschen Veterinärrates zu Berlin am 17. und 18. Februar 1893. Berlin 93. Schoetz.

— über die 8. Plenarversammlung des Deutschen Veterinärrates am 9. und 10. Oktober 1897 zu Kassel. Berlin 97.

— 3., d. Poliklinik f. Zahn- u. Mundkrankh. d. zahnärztl. Instit. d. kgl. Univ. Breslau. Erstattet v. O Partsch u. Perliński. Beobachtgszeit: 1.IV.1894—1.IV.1896. [S.-A.] (128 m. Abb.) 8° Lpzg, (A Felix) 1897. 3.20
Der 4. Bericht befindet sich bereits im Katalog 1896/1900.

— 4., d. Poliklinik f. Zahn- u. Mundkrankh. d. zahnärztl. Instit. d. kgl. Univ. Breslau. Erstattet v. O Partsch u. A Kunert. Beobachtgszeit: 1.IV.'96—1.IV.'98. 8° (151 m. Abb. u. 1 Taf.) Lpzg 99, (A Felix). 4 —
Berichte 1—3 sind nicht im Buchh.

Naturalverpflegung ... im Kanton Schaffhausen. Bericht der Polizeidirektion. 8. Schaffhausen, Kühn & Comp.
Naturalverpflegung armer Durchreisender ... pro 1900. II + 7 S. 1901.
Naturalverpflegung (armer Durchreisender) ... 1901. 10 S. 1902.

Naturalverpflegung (armer Durchreisender) im Kanton Schaffhausen. Bericht der Polizeidirektion 1902. 9 S. 8. Schaffhausen, Kühn & Comp., 1903.

Bericht der ausgetretenen Polytechniker über die Vorgänge am eidgenössischen Polytechnikum. 8. (31 S.) Zürich 864, (Verlags-Magazin.)

Bericht über das eidgenössische Polytechnikum. 1860—94. (Aus dem Bundesblatt.)

—— pomologischer, über die pfälzische Obst-Ausstellung in Neustadt a. d. Haardt vom 26. Septbr. bis 3. Octbr. 1875 in Verbindung mit der Bezirks-Industrie-Ausstellung Neustadt-Dürkheim. gr. 8. (107 S.) Speyer 875, (Neidhard's Buchh.) *

— a. d. Sanatorium Dr. Poras im Kurorte Solka in d. Bukowina f. 1892—1902. Hrsg. v. d. Anstaltsleitg. (105 m. 1 Bildnis.) 8° Wien, F Deuticke '02. 2 —

Bericht des eidgenössischen Post- und Eisenbahndepartements über seine Geschäftsführung im Jahre 1897. (o. O.)

Bericht über die Prähistoriker-Versammlung am 23. bis 31. Juli 1907 zur Eröffnung des Anthropologischen Museums in Cöln. Hrsg. von d. Cölner Anthropol. Gesellsch. Mit 193 Abb. u. 5 Taf. Cöln 1908: Dauer. 179 S. 4° [09. 7149 B]

Bericht an den Präsidenten der grossräthlichen Kommission zur Untersuchung der Finanzlage der Bern-Luzern-Bahn ... [Bern 1875.] V: *Werdt, Frdr. v.* (BSchwLk V 9 h)

— aus der Praxis üb. die Einrichtung v. Unterstützungs-Stationen f. bedürftige Wandersleute. 4. (14 S.) Uelzen 884. Starcke. n. — 20

Ev. Predigerschule in Basel. *je* 11 S. 8. Basel, M. Werner-Riehm.
25. Bericht. Für das Schuljahr Ostern 1900 bis Ostern 1901.
26. Bericht. Für das Schuljahr Ostern 1901 bis Ostern 1902.

Ev. Predigerschule in Basel. 27. Bericht. Für das Schuljahr Ostern 1902 bis Ostern 1903. 11 S. 8. Basel, M. Werner-Riehm.

Bericht über die i. J. 1903 eingelaufenen **Preisarbeiten** und Bekanntmachung der neuen Preisaufgaben. *Greifswald 1904: J. Abel.* (7 S.) 8°
Greifswald, Einladungsprogr. zur Rektoratsübernahme 1904

Bericht über die i. J. 1904 eingelaufenen Preisarbeiten und Bekanntmachung der neuen Preisaufgaben. Greifswald 1905: J. Abel. (8 S.) 8°
Greifswald, Einladungsprogr. zur Rektoratsübernahme 1905

Bericht über die i. J. 1905 eingelaufenen Preisarbeiten und Bekanntmachung der neuen Preisaufgaben. Greifswald 1906: J. Abel. (7 S.) 8°
Greifswald, Einladungsprogr. zur Rektoratsübernahme 1906

Bericht über die i. J. 1906 eingelaufenen Preisarbeiten und Bekanntmachung der neuen Preisaufgaben. Greifswald 1907: J. Abel. (7 S.) 8°
Greifswald, Einladungsprogr. z. Rektoratsübernahme 1907

Bericht über die i. J. 1907 eingelaufenen Preisarbeiten und Bekanntmachung der neuen Preisaufgaben. Greifswald 1908: J. Abel. (8 S.) 8°

Greifswald, Einladungsprogr. z. Rektoratsübernahme 1908

Bericht über die i. J. 1908 eingelaufenen Preisarbeiten und Bekanntmachung der neuen Preisaufgaben. Greifswald 1909: Abel. 8 S. 8°

Greifswald, Einladungsprogr. z. Rektoratsübernahme 1909 [U 09. 1436

Bericht über die i. J. 1909 eingelaufenen Preisarbeiten und Bekanntmachung der neuen Preisaufgaben. Greifswald 1910: Abel. 8 S. 8°

Greifswald, Einladungsprogr. z. Rektoratsübernahme 1910 [U 10. 1499

Bericht über die Zeit vom 1. October 1874 bis 1. April 1876 erstattet von dem Prorector Dr. Schmoller, o. Prof. der Staatswissenschaften. Bericht über die **Preisbewerbung** für das Jahr 1875/76 und über die Preisaufgaben für das Jahr 1876/77. Strassburg, Buchdr. R. Schultz u. Comp. Berger-Levrault's Nachf., 1876. 8. 26 S.

Bericht des Preisgerichtes über die Ausstellung landwirtschaftlicher Geräte u. Maschinen in Zürich 1859. Aarau 1859.

Bericht des Preisgerichtes über die bis zum 1. Juni 1882 eingegangenen Entwürfe zu einem Zwingli-Denkmale in Zürich. 8. [Zürich 1882.]

Zweite interkantonale Mastviehausstellung mit Markt in Langenthal. Bericht des Preisgerichtes. (Berichterstatter: C[arl] Moser. Rütti, 30. April 1902.) Abdruck aus dem «Schweizer Bauer» [Jahrg. 56, 1902]. II + 18 S. 8. Bern, K. J. Wyss, 1902.

Kommission für Landwirtschaft des Kantons Zürich. Bericht des Preisgerichtes über die Prämirung der rationellen Obstverwertung und Mostbehandlung im Jahre 1901. 38 S. 8. Zürich, J. Rüegg, 1902.

Bericht des Preisgerichtes betreff. die Quaiprojekte in Zürich. Zürich 1874. 4.

Preisgericht für die Viehschauen [im] Kanton Zürich. Bericht des Jahres 1900. 129 S. 8. (1901.)

Preisgericht für die Viehschauen [im] Kanton Zürich. Bericht des Jahres 1901. 123 S. 8. (1902.)

Preisgericht für die Viehschauen [im] Kanton Zürich. Bericht des Jahres 1902. 106 S. 8. (1903.)

— der deutschen Preisrichter an die Reichscommission für die Weltausstellung in Philadelphia. Herausgegeben von der Redaction des deutschen Reichs- u. preussischen Staats-Anzeigers. Berlin 1877. 8°.

Bericht der deutsch. Preisrichter über die Weltausstell. i. Philadelphia 1876. Berlin 1877

— des Presbyteriums der evangelischen Gemeinde A. B. in Wien. 1. Jan. 1894. Lex.-8. (34 S.) Wien 894. (Leipzig, Literar. Anstalt, A. Schulze.) n. — 60

— d. Presbyteriums d. evang. Gemeinde A. B. i. Wien. 1. Jan. 1895. Lex.-8. (32 S.) Wien 895. (Leipzig, Literar. Anstalt, A. Schulze.) n. — 60

— dasselbe, 1. Jan. 1896. Lex.-8. (38 S.) Ebd. 896. n. — 60

— dasselbe, 1. Jan. 1897. Lex.-8. (32 S.) Ebd. 897. n. — 60

— dasselbe, 1. Jan. 1898. Lex.-8. (36 S.) Ebd. 898. n. — 60

— des Presbyteriums der evangelischen Gemeinde A. B. in Wien. 1. I. 1899, 1900 u. 1901. Lex.-8. (34, 34 u. 36 S.) Wien 899—901. (Leipzig, Literar. Anstalt, A. Schulze.) à — 60.

Bericht über die Primarschulen Obwaldens. Dem hohen Erziehungsrath erstattet durch den kantonalen Schulinspector Jos. Jg. von Ah, Pfarrer in Kerns. In-8°, 58 S. Sarnen, Buchdr. Jos. Müller. 1884?

Primar- & Sekundarschulen (*1901/1902:* Volks-Schulen) des Kantons Uri. Bericht vom Schuljahr... erstattet vom kantonalen Schulinspektorat. Daherige Beschlüsse des Erziehungsrates. 8.

... Schuljahr 1900/1901. II + 72 S. Altdorf, Gisler & Cie., 1901.
... Schuljahr 1901/1902. 45 S. Altdorf, Högger, 1902.

Primarschulen des Kantons Unterwalden ob dem Wald. Bericht. Dem hohen Erziehungsrat erstattet durch den kantonalen Schulinspektor M[elchior] Britschgi, ... Pfarrer in Sarnen. Schuljahr: 1899-1900 und 1900-1901. [Mit 2 Tabellen.] 66 S. 8. Sarnen, Jos. Müller, (1902).

Bericht über die Privatanstalt für Nerven- und Gemütskranke weiblichen Geschlechts Schellhorner Berg b. Preetz (Holstein) in den Jahren 1897—1905 erstattet v. Otto Jaspersen. Kiel. 1906. 4°

— der Privat-Augen-Heilanstalt des Dr. J. Hock, Privatdocent an d. Universität Wien. Vom März 1882 bis März 1883 Nebst Beiträgen zur Lehre von der Neuritis retrobulbaris. 8. (68 S. mit 4 eingedruckten zinkograph. Fig.) Wien, *L. W. Seidel & Sohn. 1 fl. 1883.

— 5., d. Geh. Hofrat Dr. Flamm'schen Privat-Heilanst. f. psychisch Kranke im Schloss Pfullingen, hrsg. v. T Kölle. (52 m. 16 Taf.) 4° Tüb., Osiander 1900. 3 —
Früh. Berichte erschienen u. d. T.: Flamm, OEO.

— üb. verschied. Privat-Wohlthätigkeits-Anstalten in Darmstadt. gr. 8. (II, 96 S.) Darmstadt 888. Wittich'sche Hofbuchdr. 1. 50

Bericht und Programm betreffend den Bau und Betrieb der Eisenbahnlinie Immensee-Luzern. [Burgdorf 1880.] V: *Bucher, Alexander.* (BSchwLK V 9h)

Progymnasium in Biel. Bericht für das Schuljahr 1900/1901. [Mit 1 Tabelle.] 23 S. 8. Biel, Schüler & Cie., 1901.

Progymnasium in Biel (*1902/3:* ‹und die Tertia des Gymnasiums›). Bericht für das Schuljahr 1901/1902 *u.* 1902/1903. [*je* Mit 1 Tabelle.] 30 *u.* 27 S. 8. Biel, Schüler & Cie., 1902 *u.* 1903.

Bericht zu dem Projekt über den Umbau der linksufrigen Zürichseebahn vom Hauptbahnhof bis Wollishofen, Juni 1903. Zürich 1903. V: *Tobler, Arn. Eduard & Vict. Wenner.* (Zuwachsverz. d. Bibl. Zürich 1898 ff. 7.)

Bericht über das Projekt der Wasserversorgung der Reyatgemeinden und der Gemeinde Buchberg zu Handen des Regierungsrates des Kantons Schaffhausen. ([Erstattet von] der kantonalen Baudirektion bezw. einer Expertenkommission, den 15. Januar 1906. [Nebst dem] Regierungsratsbeschluss [darüber] vom 17. Januar 1906.) 33 S. 8. Schaffhausen, H. Meier & Cie., 1906.

— über die bisher bekannt gewordenen Prophezeihungen, s.: Hermann v. Lehnin.

Bericht (des Propstei-Synodalausschusses der Propstei Münsterdorf) über die kirchliche Verwaltung und die kirchlichen und sittlichen Zustände in den Gemeinden der Propstei Münsterdorf, erstattet der . . . Synode. Itzehoe. 8°
(8—9.), 1886—88. 15 ff., 1893 ff.

— über den zu Hildesheim am 20. u. 21. Mai geh. nordwestdeutschen Protestantentag. Mit Beilagen: 1) Predigt Schmeidlers aus Breslau am 20. Mai 1875. 2) Aufruf an die evangel. Gemeinden im nordwestl. Deutschland. gr. 8. (39 S.) Hildesheim 875. Gerstenberg. — 30

— über den zu Harburg am 7. u. 8. Juni 1876 geh. 2. nordwestdeutschen Protestantentag u. Festpredigt d. Herrn W. Buck. Hrsg. vom Schriftführer d. Vororts. gr. 8. (62 S.) Bremen 876. Bruns. n. — 60

— über den zu Hameln am 5. u. 6. Juni 1877 geh. 3. nordwestdeutschen Protestantentag u. Fest-Predigt des Hrn. Bernh. Schenkel. Hrsg. vom Schriftführer des Vereins. gr. 8. (75 S.) Bremen 877. Bruns. n. — 60

— über den zu Bremen, am 4. u. 5. Oktbr. 1880, geh. 5. nordwestdeutschen Protestantentag. Hrsg. vom Schriftführer des Vororts. gr. 8. (68 S.) Bremen 881. Rühle & Schlenker. n. — 60

Bericht, Protokoll und Antrag der nationalrätlichen Kommission über den Erlaß eines Bundesgesetzes betreffend den Branntwein. 8°. 72 S. Basel. 1886. (Von S. 66 an Antrag-Bundesgesetz betreffend den Branntwein, auf Grundlage des Monopols.)

— u. stenographisches **Protokoll** üb. die Versammlung v. Nahrungsmittel-Chemikern u. Mikroskopikern, abgeh. am 12. u. 13. Octbr. 1891 im grünen Saale der k. k. Akademie der Wissenschaften in Wien. [Aus: „Zeitschr. f. Nahrungsmittel-Untersuchg. u. Hygiene".] Lex.-8. (III, IV, 100 S.) Wien 892. (M. Perles.) n. 4. —

— u. Protokoll üb. die Vollversammlung des Komitees zur wirtschaftlichen Hebung der Wachau, abgeh. in Krems, am 15. XI. 1905. Mit 9 Druck- u. 1 farb. Beilage. Hrsg. vom Aktionskomitee zur wirtschaftl. Hebg. der Wachau. (65 S.) Lex.-8. Wien 905. (W. Braumüller.) n. 1. —

PROTOKOLLARISCHER BERICHT ÜBER DIE IV. HAUPTVERSAMMLUNG DES KASSELER GEOMETER-VEREINS am 26. Mai 1881. Kassel, Druck von C. Richartz. 8°.

PROTOCOLLARISCHER BERICHT ÜBER DIE .. VERSAMMLUNG DER VOLKSWIRTHSCHAFTLICHEN GESELLSCHAFT FÜR NORDDEUTSCHLAND ...
. . . 1. Versammlung . . . gehalten zu Lübeck am Montag den 13. November 1862. Lübeck: In Commission bei Friedr. Asschenfeldt. 8°.
. . . 2. Versammlung . . . gehalten zu Kiel am Montag den 12. Juli 1869. Kiel: Druck von A. F. Jensen.

— protocollarischer, über die 2. Versammlung der volkswirthschaftlichen Gesellschaft für Norddeutschland, gehalten zu Kiel am Montag d. 12. Juli 1869. Kiel 869. (Schwers.) gr. 8. (36 S.) n. 6 *ngr.*

Bericht des Provinzial-Ausschusses über die Angelegenheiten des Provinzial-Verbandes von Pommern vom 18. August 1877. Stettin. (1877.)

Bericht des rheinisch-westfälischen Provinzial-Ausschusses für innere Mission nebst dem auf der Generalversammlung zu Bonn gehaltenen Referat „die Sonntagsschule" von Bröckelmann. Langenberg 870. (Barmen, Buchh. d. ev. Gesellsch. in Comm.) gr. 8. (23 S.) n. 5 *ngr.*

— des rheinisch-westfälischen Provinzial-Ausschusses f. innere Mission. Ende Novbr. 1871. Neue Folge. 5. gr. 8. (15 S.) Langenberg 872. (Barmen, Klein.) n. — 30

— des rheinisch-westfälischen Provinzial-Ausschusses für innere Mission über seine 25jährige Thätigkeit, nebst dem auf der Generalversammlung zu Bonn am 30. Juni geh. Vortrag: Ueber Gründung eines kirchlichen Bauvereins v. Christlieb. gr. 8. (82 S.) Düsseldorf 877. (Barmen, Klein.) n. — 60

Bericht des Provinzialausschusses der Rheinprovinz über die Ergebnisse der Provinzialverwaltung. 1890 ff. (Aus den Verhandlungen genommen.)

Bericht des Provinzial-Ausschusses über die Verwaltung der Angelegenheiten des Provinzial-Verbandes von Pommern im Jahre 1877 ff. ebd. 1878 ff. 4°.

Bericht über das am 3., 4. u. 5. Juli 1898 in Bartenstein abgehaltene 12. Ostpreußische Provinzial-Bundesschießen. Bartenstein 1898: Gebr. Kraemer. (19 S.) 8° [F.] 10

Bericht über die Provinzial-Idioten-Anstalt zu Schleswig. Schleswig. 4°
1906/07 ff.
Frühere Berichte sind nicht gedruckt erschienen.

Bericht über die Provinzial-Irrenanstalt zu Dziekanka für die Zeit vom 1. Okt. 1894 bis Ende März 1895 ff. (Posen.) o. J. 4°.

Bericht über die Provinzial-Irren- und Idioten-Anstalt zu Kosten für die Zeit vom 1. 4. 1893 bis 31. 3. 1895 ff. 1896 ff. (Posen.) o. J. 4°.

Bericht über das 60. Verwaltungsjahr der Provinzial-Irren-, Heil- und Pflege-Anstalt bei Schleswig für die Zeit vom 1. Januar 1880 bis ult. März 1881. Schleswig. 1881. 4°.

Bericht über das . . . Verwaltungsjahr der Provinzial-Irren-Heil- und Pflege-Anstalt bei Schleswig
das 63. vom 1. April 1883/84. Schleswig. 1884.
das 70. 1890/91. ebd. 1891.
das 75. ff. 1895/96 ff. ebd. 1896 ff. 4°.

Bericht über die Provinzial-Irrenanstalt zu Owinsk für die Zeit vom 1. April 1892 bis 31. März 1893 ff. (Posen.) 4°. o. J.

Bericht der Provinzialkommission für Denkmalpflege und der Altertums- und Geschichtsvereine innerhalb der Rheinprovinz von 1907/08. Bonn: Georgi 1909. 4°
[Frühere Berichte enthalten in: 'Bonner Jahrbücher'.]
(Bonner Jahrbücher. Bd 118, Beil.) 6

BERICHT der Provinzialkommission für Denkmalpflege und der Altertums- und Geschichtsvereine innerhalb der Rheinprovinz vom 1. April 1908 bis 31. März 1909. Beilage zu „Bonner Jahrbücher" 119. (Mit Tafeln.) Bonn 1910. Carl Georgi, Universitäts-Buchdruckerei und Verlag. 4°.

Bericht der Provinzialkommission für die Verwaltung der Westpreußischen Provinzialmuseen über ihre Tätigkeit und die Verwendung der ihr zur Verfügung gestellten Mittel im Jahre 1893 ff. (Danzig.) o. J. Fol.

Bericht des Provinzial-Conservators .. der Provinz Schlesien über seine Thätigkeit . . . Breslau 1898. V: *Lutsch, Hans.* (Nent)

[F.] **Bericht** des Provinzial-Conservators der Kunstdenkmäler der Provinz Schlesien über seine Thätigkeit vom 1. April 1896 bis 31. März 1898 an die Provinzial-Comm. z. Erhaltg u. Erforschg d. Kunstdenkm. Schlesiens. *Breslau: Dr. v. Grass, Barth & C. [1898].* (31 S., 3 Taf.) 1 Bd 8.
= **Veröffentlichungen** d. Provinzial-Commission z. Erhaltung u. Erforschg d. Denkmäler d. Prov. Schlesien. [Heft] 1. 2

Bericht des Provinzial-Konservators der Kunstdenkmäler der Provinz Schlesien über die Tätigkeit vom 1. Jan. 1900—31. Dez. 1902. Breslau. (1903.) 1. Jan. 1903—31. Dez. 1904. ebd. (1905.) 8°.

— über die Provinzial-Obst-Ausstellung, Potsdam 1901 u. üb. die Verhandlungen des im Anschluß an die Ausstellung am 30. IX. u. 1. X. 1901 abgeh. Obstbau-Kongresses. Mit Unterstützung des königl. preuß. Ministeriums f. Landwirthschaft, Domänen u. Forsten. Hrsg. v. der Geschäftsführg. gr. 8. (IX, 183 S. m. 11 Abb.) Berlin 902. Gebr. Borntraeger. Kart. n. 4. —

Bericht über die Provinzial-Pflege-Anstalt bei Neustadt i. H. Neustadt i. H. 4°
1895/97 ff.

BERICHT DES POSENER PROVINZIALVEREINS ZUR BEKÄMPFUNG DER TUBERKULOSE ALS VOLKSKRANKHEIT.
(1.) Zusammengestellt für die erste Mitgliederversammlung am 9. Februar 1901. (Posen, Merzbach'sche Buchdruckerei.) 4°. — 2. ib. 1902. — 3. ib. 1903. — 4. ib. 1904. — 5. ib. 1905. — 6. ib. 1906. — 7. ib. 1907. — 8. ib. 1908. — 9. ib. 1909. — 10. ib. 1910. — 11. ib. 1911. — 12. ib. 1912. Ostdeutsche Buchdruckerei und Verlagsanstalt Akt.-Ges.

Bericht des Rheinischen Provinzial-Verwaltungs-Raths über die Ergebnisse der provinzialständischen Verwaltung. Jg. 1879—88. o. O. u. J. 4°.

Bericht der Provinzial-Wein-und Obstbauschule zu Kreuznach für die Zeit vom 1. Oktober 1904 bis 30. September 1905, erstattet von August Schulte. Kreuznach: Harrach 1906. 78 S.

—— üb. d. Prozess d. Grafen Harry v. Arnim, ehemal. Botschafter d. deut. Reiches in Paris vor der 7. Criminal-Deputation d. Stadtger. zu Berlin. 8. (134) Berl. 74. Staude. n. — 50

— über die im Auftrage d. landwirthschaftlichen Provinzialvereines f. die Mark Brandenburg u. die Niederlausitz im Octbr. 1888 ausgeführte Prüfung v. Locomobilen. Bearb. v. E. A. Brauer, H. Bunte, Max Ezth, C. Schneider, F. Schotte. Hrsg. v. F. Schotte. Mit 7 lith. Taf. [Aus: „Civilingenieur".] gr. 4. (80 Sp.) Leipzig 884. Felix. n. 3. —

— auf die zwanzigste Prüfung in der Erziehungs-Anstalt zum Bürgli den 29. März 1860. St. Gallen, Huber & Co. 8. (35 S.) n. 4 ngr.

Bericht über die Prüfung von Wiesenbearbeitungs-Geräten angestellt von der Maschinen-Prüfungsstation der Landwirtschaftskammer für dieProvinzOstpreußen. Königsberg i.Pr.1903: Ostpr.Dr. (20 S.) 8° [J.] = Arbeiten d.Landwirtschaftskammer f.d.Prov.Ostpreußen.No10.[4.III.]10

Deutsche Seewarte, Hamburg Bericht über die in der Zeit vom 14. Juni bis 6. Juli 1880 seitens der Deutschen Seewarte ausgeführte Prüfung von Nebelhörnern. (Mit 22 Abbildungen.) Veröffentlicht vom Reichsamt des Innern, Berlin, unter dem 18. August 1880, No. 10505. (Autographirt.) Berlin 1880. Fol.

Bericht über die am 9., 10. u. 11. Februar 1893 in Berlin vorgenommenen Prüfungen feuersicherer Baukonstruktionen. Im Auftrage des Preisgerichts bearb. von Stude u. Reichel. Berlin 1893. 8. [2 Ex.]

Theologische Prüfungsbehörde der Kantone Zürich, Aargau, Appenzell-Ausserrhoden, Thurgau, Glarus, Schaffhausen, St. Gallen, Basel-Stadt und Basel-Land. Bericht über die Jahre 1897—1901. Als Fortsetzung der Festschrift von 1887 und der Berichte von 1887—1891 und 1892—1896 verfasst vom Aktuar ... F[riedrich] Meyer, V. D. M. 31 S. 8. Zürich, Zürcher & Furrer, 1902.

[Kanton Basel-Stadt.] Bericht der Prüfungskommission über den Verwaltungsbericht des Regierungsrates und des Appellationsgerichtes.... 8.
... vom Jahre 1900. Dem Grossen Rate vorgelegt den 14. November 1901. [Ratschläge. N°] 1300. 18 S.
... vom Jahre 1901. Dem Grossen Rate vorgelegt den 9. Oktober 1902. [Ratschläge. N°] 1342. 15 S.

Bericht an das Publicum, wegen der Ausgabe eines neuen Bibelwerks. Zürich 1753. V: *Ulrich, Joh. Casp.* (Cat. d. Stadtbibl. Zürich. Zürich 1864—97.) (Doubletten-Anzeiger. 1903. Nr. 7.)

Bericht des Raff-Conservatorium zu Frankfurt am Main. ([Ab 2. 1883/84:] Raff-Conservatorium am Main. Bericht.) Frankfurt am Main: Knauer. 1. 1882/1883 - 20. 1901/1902.

Gewerbliche Fortbildungsschule Ragaz. 8. Ragaz, Lehmann-Good.
9. Bericht für das Schuljahr 1900/1901. II + 15 S. 1901.

Bericht an den E. Grossen Rath [des Cantons Basel-Stadttheil] über das Ereigniss vom 3 August [1833]. (Beilage zum Bericht.... Basel den 1 September 1833.) 8. *o. O.*

Bericht an den Gr. Rat des Kts. Bern betreffend die Erbauung von Eisenbahnen im Jura. 1867.

—— an den Großen Rath d. Stadt u. Republik Bern üb. d. Staats-Verwalt. in d. letzten 17 Jahren, v. 1814—1830. 2. Aufl. gr. 8. (82 B. u. 12 B. Beil., u. 2 lith. Kart. in qu. gr. Fol.) Bern 832. (Schaffhausen, Hurter.)

— an d. großen Rath d. Stadt u. Republik Bern üb. d. Staatsverwaltung in den letzten 17 Jahren, von 1814 bis 1830. 2e Aufl. Mit 2 Karten u. 12 Beilagen. gr. 8. Bern 832. (Schaffhausen, Hurter.) 4 ₰ — ders. über Staatsverwaltung im J. 1838. gr. 8. Bern 840. Fischer. 3/4 ₰

[C]Kanton Graubünden. Bericht des Kleinen Rates über seine Geschäftsführung und die Staatsrechnung pro 1900. [Mit 30 Tabellen.] 231 + VIII S. kl.-4. Chur, Manatschal Ebner & Cie., 1901.

Bericht des Kleinen Rathes an den Grossen Rath des Kantons Aargau über die Frage konfessioneller Trennung in Kirche und Schule. Vom 28. Oktober 1845. Gedruckt zu Handen der Mitglieder des Grossen Rathes. 8. *o. O.*

Bericht des Kleinen Rathes an den Grossen Rath von Aargau über die Zürcher-Ereignisse. (Aarau den 21. Oktober 1839.) Gedruckt zu Handen der Mitglieder des Grossen Rathes. 8. Aarau 1839.

Bericht des Kleinen Rates des Kantons St. Gallen über das Aufgebot von Truppen im Oktober 1847. 4.

Bericht des Kleinen Rathes des Kantons St. Gallen an den Grossen Rath desselben über das Aufgebot von Truppen im Monat Oktober 1847 gegen Gefährde an den Kantonsgrenzen (* *Theil 2:* der Kantonsgrenze) und zu Handhabung des Landfriedens und gesetzlicher Ordnung im Innern. [2 Theile.] 8. *o. O.*
[Theil 1.] Bericht.... (St. Gallen, den 3. November 1847.)
[Theil 2.] Bericht.... Fortsetzung [und Schluss]. (St. Gallen, den 20. Dezember 1847.)

Bericht des Kleinen Rates des Kts. St. Gallen über Sanktion des Bistumskonkordates. St. Gallen 1845. 4.

(Kurverein und Verkehrsverein in Davos.) Bericht der Rauchkommission (*d. i.* der Sonderkommission für die Rauchfrage. 1903 Februar). [11 S.] 4. (Davos, Buchdr. Davos A.-G.)

Bericht über das Realgymnasium zu Basel. Schuljahr 1874/75. 8. Basel, Druck von Schweighauser.

Bericht über das Realgymnasium zu Basel, Schuljahr 1879—1880. In-8°, 44 S. Druck von Schweighauser. 1880?

Real-Gymnasium des Johanneums, Bericht über das 60. Schuljahr. Hamburg 1894.

Bericht über die Realschule zu Basel. Schuljahr 1874/75. 8. Basel Druck von Wittmer.

Bericht über die Realschule zu Basel, Schuljahr 1879—1880. In-8°, 38 S. Basel, Druck von F. Bürgin. 1880?

Bericht der Realschule zu Basel 1886—87. Mit einer wissenschaftlichen Beilage: Gustav Adolf und die Eidgenossen, 1629—32, von Dr. *Franz Fäh.* In-8°, 58 S., mit 1 Facsimile. Basel, Buchdruckerei Frehner & Rudin.

1887?

Realschule zu Basel. Bericht 1900-1901. Wissenschaftliche Beilage: Kinematische Geometrie von F(riedrich) Münger, Dr. phil. [Mit 4 Tafeln, *auf 2 Blättern.*] II + 46 + *Beilage* 23 S. 4. Basel, Fr. Bürgin, 1901.
Beilage s. Münger, F(riedrich).

Realschule zu Basel. Bericht 1901—1902. Wissenschaftliche Beilage: Quadraturen von Prof. Dr. Hermann Kinkelin. II + 46 + *Beilage* 31 S. 4. Basel, K. J. Wyss, 1902.
Beilage s. Kinkelin, Hermann.

Realschule zu Basel. Bericht 1902—1903. Wissenschaftliche Beilage [illustriert]: Über die Kunst und über die Zeichenschulen in Italien und Frankreich von H(ermann) Hinderling. II + 51 + *Beilage* 36 S. 4. Basel, Emil Birkhäuser, 1903.

— über die erste sächsische Realschulmänner-Versammlung in Dresden am 26. u. 27. Mai 1874. Hrsg. v. e. Mitgliede d. Vereinsausschusses. gr. 8. (25 S.) Dresden 874. Höckner. — 50

Bericht über den Realschul-Neubau. pg. 3 - 16. 8°. Mit 2 Tafeln. (Baubeschreibung von Prof. Hauser.) Julius Waldkirch. Progr. Ludwigshafen a. Rh. 1893/94.

Bericht ... über die in Frankreich aufgetretene Rebenlaus. [Zürich 1872.] V: *Kopp, Emil & Adolph Krämer.* (Cat. d. Stadtbibl. Zürich. Zürich 1864—97.)

Arbeiterwohnungen in Aussersihl. Bericht zu der 9. Rechnung ders., auf den 31. Dezbr. 1870. 8 Seiten. 4. 1871?

—— und Rechnung über die Arbeiter-Wohnungen in Basel an die Gesellschaft des Guten und Gemeinnützigen 1857. gr. 4. (20 S. mit 10 Steint. in gr. 4. und qu. gr. Fol.) Basel 857, (Amberger.) *

—— u. Rechnung üb. d. Arbeiter-Wohngn in Basel. 8. (20 m. 10 L.) Bas. 57, (Bahnmaier.) n. — 16
1851—65.

Bericht und Rechnung über die Arbeiter-Wohnungen in Basel an die Gesellschaft des Guten u. Gemeinnützigen 1857. Basel. (Schweighauser'sche Sortbdlg.) gr. 8. (20 S. u. 10 lith. Taf. in 4. u. Fol.) n. 16 ngl.

Der Armenerziehungsverein in Baselland. ([Bericht und] 51. Rechnung 1900.) Nr. 30. Herbst 1901. 21 S. 8.

Der Armenerziehungsverein in Baselland. ([Bericht und] 52. Rechnung 1901.) Nr. 31. Herbst 1902. [Mit 1 Illustration.] 18 S. 8.

Asyl für schutzbedürftige Mädchen in St. Gallen. 11. u. 12. u. 13. Bericht samt Rechnung über das Jahr 1900 u. 1901 u. 1902. 12 u. 14 u. 12 S. 8. St. Gallen, Zollikofer, 1901 u. 1902 u. 1903.

Augenheilanstalt in Basel. Bericht und Rechnung für das Jahr 1900 u. 1901 u. 1902. [je 4 S.] 4. (Basel, M. Werner-Riehm, 1901 u. 1902 u. 1903.)

Versorgungs-Kommission Basel-Stadt. Bericht und Rechnung über das Jahr 1901. 15 S. 8. Basel, Franz Wittmer, 1902.

Versorgungs-Kommission Basel-Stadt. Bericht und Rechnung über das Jahr 1902. Beilage: Das Versorgungswesen im Kanton Basel-Stadt. Eine Übersicht (von Dr. Franz Fäh). 29 S. 8. Basel, Franz Wittmer, 1903.

Consumverein Bazenhaid. Bericht und Rechnung vom Betriebsjahre 1. August 1900 bis 31. Juli 1901 u. 1. August 1901 bis 31. Juli 1902. 12 u. 11 S. 8. Bazenhaid, Buchdr. Bazenhaid, 1901 u. 1902.

Konsumgenossenschaft Bern. 8.
([12.] Bericht und Rechnung für das Geschäftsjahr 1900/1901.) 8 S. (1901.)

Bernische Bibel- und Missionsgesellschaft (in Bern). Bericht und Rechnung für die Jahre 1900 und 1901 (d. i. vom 1. April 1899 bis 31. März 1901). 58 S. 8. Bern, J. Fischer-Lehmann, 1901.

«Bierbrauerei am Uetliberg» (in Zürich III). Bericht und Rechnung über das 27. u. 28. Betriebsjahr vom 1. Oktober 1900 bis 30. September 1901 u. vom 1. Oktober 1901 bis 30. September 1902. 10 u. 11 S. 8. Zürich, Arnold Bopp, 1901 u. 1902.

Konsumverein Bremgarten und Umgebung ⟨Eingetragene Genossenschaft⟩. Bericht und Rechnung über 8. u. 9. Betriebsjahr 1. Oktober 1900 bis 30. September 1901 u. 1. Oktober 1901 bis 30. September 1902. II + 8 u. IV + 8 S. 8. [Bremgarten,] Buchdr. des «Bremgarter Volksblatt», 1901 u. 1902.

Bericht und Rechnung über den Empfang und die Verwendung der zur Unterstützung der Brandbeschädigten in Büchel. Gemeinde Rüthi ⟨Kt. St. Gallen⟩ eingegangenen Liebesgaben. Gefertigt vom Hülfskomite daselbst. 8. Altstätten 1888.

Erziehungsanstalt für arme und verwahrloste Mädchen in Frenkendorf. 24. Bericht (1901—1902) und Rechnung (1902). 7 S. 8. Basel, Fr. Reinhardt, 1903.

Ferienkolonien und Milchkuren erholungsbedürftiger Schulkinder der Stadt Zürich, sowie Erholungsheim Schwäbrig. 25. Bericht und Rechnung. 1900. 16 S. 8. Zürich, Druckerei der Neuen Zürcher Zeitung, 1901.

Ferienkolonien und Milchkuren erholungsbedürftiger Schulkinder der Stadt Zürich, sowie Erholungsheim Schwäbrig. 26. Bericht und Rechnung. 1901. [Illustriert.] 24 S. 8. Zürich, Druckerei der Neuen Zürcher Zeitung, 1902.

Ferienkolonien und Milchkuren erholungsbedürftiger Schulkinder der Stadt Zürich, sowie Erholungsheim Schwäbrig. 27. Bericht und Rechnung. 1902. [Mit Illustrationen und 2 Tafeln.] II + 30 S. 8. Zürich, Dr. der Neuen Zürcher Zeitung, 1903.

Ferienversorgung armer und erholungsbedürftiger Schulkinder von Basel. Bericht und Rechnung. Sommer 1901 ⟨Jahrg. 24⟩. 24 S. 8. Basel, Wackernagel, 1901.

Ferienversorgung armer und erholungsbedürftiger Schulkinder von Basel. Bericht und Rechnung. Sommer 1902 ⟨Jahrg. 25⟩. 44 S. 8. Basel, Basler Berichthaus A.-G., 1903.

[C]Kanton Unterwalden ob dem Wald. Bericht und Rechnung über die Finanzverwaltung für das Amtsjahr 1900/1901. (1901 April 15.) II + 20 S. 8. Sarnen, Jos. Müller.

[C]Konsumverein Frauenfeld und Umgebung ⟨Eingetragene Genossenschaft⟩. Bericht und Rechnung über das 9. Geschäftsjahr (1. August) 1900/(31. Juli) 1901. II + 16 S. 8. Frauenfeld, Huber & Co., 1901.

Konsumverein Frauenfeld und Umgebung ⟨Eingetragene Genossenschaft⟩. Bericht und Rechnung über das 10. Geschäftsjahr (1. August) 1901/1902 (Juli 31). IV + 20 S. 8. Frauenfeld, Huber & Co., 1902.

Bericht und Rechnung des Zürcher'schen Frauen-Vereines zu Unterstützung der [im Jahr 1834] wasserbeschädigten Schweizer über den Betrag und die Verwendung der empfangenen Gaben. [Mit 1 Tabelle.] 4. Zürich, im Februar 1835.

Rettungsanstalt Friedheim (bei Bubikon, Ct. Zürich). 14. Bericht und Rechnung vom 1. Mai 1869 bis 30. April 1871. Zürich, gedr. bei J. J. Ulrich. 16 Stn. 8. 1871?

Bericht über die 95. für den Zeitraum vom 1. Dezember 1853 bis Ende November 1854 gelegte Rechnung der mit dem Doktoren-Kollegium der juridischen Fakultät an der Wiener Universität verbundenen Witwen- und Waisen-Versorgungs-Societät. Wien. Druck von U. Klopf sen. und Alex. Eurich. (14 S. 4.) 1856?

Genossenschaft der Speiseanstalt der obern Stadt Bern. Bericht und Rechnung über das Betriebsjahr 1900. 8 S. 8. Bern, Stämpfli & Cie., 1901.

Genossenschaft Buchdruckerei des Schweiz. Grütlivereins (in Zürich). 12. Bericht und Rechnung über den Geschäftsgang im Jahre 1901, nebst Bericht der Rechnungsrevisoren. 22 S. 4. Zürich, Buchdr. des Schweiz. Grütlivereins, 1902.
Für die Sektionen des Schweiz. Grütlivereins in Separat-Ausgabe gedruckt.

Bericht und Rechnung des Hülfscomité's für die Brandbeschädigten von Lavin. Kanton Graubünden. [Mit 2 Plänen.] 8. Chur 1873.

Bericht und Rechnung des Hülfskomite's für die Brandbeschädigten von Schleins. Kantons Graubünden. 8. Chur [1857].

Bericht und Rechnung des Hilfskomite's für die [durch den Rheineinbruch vom 16./17. Juni 1855 heimgesuchten] Wasserbeschädigten im [st. gallischen] Rheinthale. (Altstätten, den 28. Mai 1856.) 8. o. O.

Bericht und Rechnung der Kapell-Direktion an den Kapell-Verein. 1874—1875. Basel, Schweighauser. 23 S. 8. 1878?

Kinderspital in Basel. Bericht und Rechnung für das Jahr 1900. [4 S.] 4. (Basel, M. Werner-Riehm, 1901.)

Kinderspital in Basel. Bericht und Rechnung für das Jahr 1901. [4 S.] 4. (1902.)

Kinderspital in Basel. Bericht und Rechnung für das Jahr 1902. [4 S.] 4. (1903.)

Bericht und Rechnung der neuen Kirche in Amrisweil. Amrisweil 1894 s. H(ess), H(ermann).

Allgemeiner Consumverein in Basel. Bericht und Rechnung über das 37. Geschäftsjahr 1902. IV + 55 S. 4. Basel, Buchdr. des Schweizerischen Typographenbundes, 1903.

Concert-Verein der Stadt St. Gallen. Bericht und Rechnung... 4.
... über das 24. Vereinsjahr 1900—1901 (Mai 31). 10 S. (1901.)
... über das 25. Vereinsjahr 1901—1902 (Mai 31). [Mit 2 Tabellen.] II + 14 S. St. Gallen, Zollikofer, 1903.

Bericht und Rechnung des Basler Münsterbauvereins 1880—89.

Basler Münsterbauverein. Bericht und Rechnung. 3. Jahr, 1882. In-8°, 28 S. Basel, Buchdruckerei von J. G. Baur, 1883. 1883?

Bericht und Rechnung des Basler Münsterbauvereins. 6. Jahr, 1885, 30 S. Basel, Druck v. J. G. Baur. 1886?

Basler Münsterbauverein. Bericht u. Rechnung. 7. Jahr, 1886. In-8°, 26 S. Basel, Buchdruckerei von J. G. Baur. 1887?

Basler Münsterbauverein. Bericht u. Rechnung. Achtes Jahr. 1887. In-8°, 36 S. Basel, Buchdruckerei von J. G. Baur.

Spielschulen Neumünster[-Zürich]. 31. Bericht und Rechnung 1900. Abgelegt... von Pfarrer P[aul] Liechti, Präsident. 14 S. 8. Zürich, F. Lohbauer, [1901].

Schularmen-Kommission St. Gallen. Bericht und Rechnung (vom 1. Mai 1900 bis) 30. April 1901. 27 S. 8. [St. Gallen,] Zollikofer.

Schularmen-Kommission St. Gallen. Bericht und Rechnung (vom 1. Mai 1901 bis) 30. April 1902. 25 S. 8. [St. Gallen,] Zollikofer.

Schularmen-Kommission St. Gallen. Bericht und Rechnung (vom 1. Mai 1902 bis) 30. April 1903. 20 S. 8. [St. Gallen,] Zollikofer.

Städtische Licht- und Wasserwerke Schaffhausen (Gaswerk, Elektrizitätswerk, Wasserversorgung, Wasserwork), sowie Strassenbahn. Bericht und Rechnung 1900. [Mit 4 Tafeln graphischer Darstellungen.] 46 S. 4. Schaffhausen, H. Meier & Cie., 1901.

Städtische Licht- und Wasserwerke Schaffhausen (Gaswerk, Elektrizitätswerk, Wasserversorgung, Wasserwerk), sowie Strassenbahn. Bericht und Rechnung 1901. [Mit 6 Tafeln graphischer Darstellungen.] 53 + 30 S. 4. Schaffhausen, H. Meier & Cie., 1902.

Sparkassa der Gemeinde Schwyz. 90. Geschäftsjahr 1901. (Bericht und Rechnung.) II + 11 S. 8. Schwyz, Caspar Triner & Cie., 1902.

Schweizerische Sterbe- und Alterskasse (Caisse de prévoyance suisse) (in Basel). 8. (Basel, Fr. Bürgin.)
19. Bericht und Rechnung über das Jahr 1900. [4 S.] (1901.)
20. Bericht und Rechnung über das Jahr 1901. [4 S.] (1902.)

Schweizerische Sterbe- und Alterskasse (Caisse de prévoyance suisse) (in Basel). 21. Bericht und Rechnung über das Jahr 1902. [4 S.] 8. (Basel, Fr. Bürgin, 1903.)

Strassenbahn-Verwaltung der Stadt Winterthur. 5. Bericht und Rechnung pro 1902. 23 S. 8. Winterthur, Buchdr. Winterthur, 1903.

Taubstummen-Anstalt in St. Gallen. 42. Bericht und Rechnung (1. April) 1900/(31. März) 1901. Erstattet... von C(arl) Pestalozzi, Pfarrer. 43 S. 8. St. Gallen, Buchdr. Merkur, 1901.

Taubstummen-Anstalt in St. Gallen. 43. Bericht und Rechnung (1. April) 1901/1902 (März 31). Erstattet... von C(arl) Pestalozzi, Pfarrer. 44 S. 8. St. Gallen, A. Loehrer, 1902.

Taubstummen-Anstalt in St. Gallen. 44. Bericht und Rechnung 1902/1903 (März 31). Erstattet... von C(arl) Pestalozzi, Pfarrer. [Mit Porträt-Tafel.] 51 S. 8. St. Gallen, Zollikofer, 1903.

Evangelischer Taufpaten-Verein (= Patenverein in Basel). Bericht und Rechnung 1900—1902. [4 S.] 8. (1903.)

Bericht und Rechnung des Vereins für Kinderpflege in Aussersihl. 1869. Zürich. gedr. bei J. J. Ulrich. 16 Stn. 8. 1871?

Verein zur Unterstützung armer Wöchnerinnen, Zürich. Bericht und Rechnung für das Jahr 1900. 18 S. 8. Zürich, Art. Institut Orell Füssli, 1901.

Verein zur Unterstützung armer Wöchnerinnen, Zürich. Bericht und Rechnung für das Jahr 1901. 16 S. 8. Zürich, Art. Institut Orell Füssli, 1902.

Das Christliche Vereinshaus in Basel. Bericht und Rechnung über das Jahr 1900/1901. (1901 April.) 8 S. 8. Basel, M. Werner-Riehm, 1901.

Das Christliche Vereinshaus in Basel. Bericht und Rechnung über das Jahr 1901/1902. (1902 April.) 8 S. 8. Basel, M. Werner-Riehm, 1902.

Das Christliche Vereinshaus in Basel. Bericht und Rechnung über das Jahr 1902/1903. (1903 April.) 7 S. 8. Basel, M. Werner-Riehm, 1903.

Volksbibliotheken [in Basel]. (Bericht und Rechnung 1900.) 6 S. 8. ([Basel, Schweighauser,] 1901.)
Forts. s. Allgemeine Bibliotheken.

Evangelisches Werk unter den Italienern in Basel. 8.
(Bericht [und] Rechnung vom 1. Juli 1901 bis 30. Juni 1902.) 8 S. (Basel, H. Brutschin.)

Bericht und Rechnung über die Wirksamkeit des Hülfskomite für die Brandbeschädigten von Kappel. Kantons St. Gallen. [Mit 1 Tabelle.] 8. Ebnat 1855.

Bericht und Rechnung über die Wirksamkeit des kantonalen Hülfskomite für die Brandbeschädigten von Seewis im Prätigau. Kantons Graubünden. 4. Chur 1866.

Bericht und Rechnung über die Wirksamkeit des Hülfskomite's für die Wasserbeschädigten [vom Jahr 1853] des Bezirks Werdenberg. [Mit 1 Tabelle.] (Buchs, den 29. Juni 1854.) 8. *o. O.*

Bericht und Rechnung über die Ferienkolonien Zürich. 1880—92

Bericht und Rechnung über das Erholungshaus Zürich-Fluntern. 1—3. 1890—92.

Elektr. Strassenbahn Zürich-Oerlikon-Seebach. 4. Oerlikon. Gebr. Meyer.
5. Bericht und Rechnung pro 1901. II + 22 S. 1902.
6. Bericht und Rechnung pro 1902. [Mit 1 graphischen Tabelle.] II + 22 S. 1903.

Gemeinde Urnäsch. Bericht über die Rechnungen der Gemeindeverwaltungen pro 1900. ([Mit] Büdget für 1901. — 1901 Januar 17.) II + 47 S. 8.

Gemeinde Urnäsch. Bericht über die Rechnungen der Gemeinde-Verwaltungen pro 1901. ([Mit] Büdget für 1902. — 1902 Januar 16.) II + 47 S. 8. Herisau, Schläpfer & Cie., 1902.

Bericht und Rechnungen des kantonalen Hülfs-Comite für schweiz. Wehrmänner, Schaffhausen. über die Kriegs-Periode 1870/71. (Schaffhausen, im Mai 1871.) 8. (Schaffhausen [1871].)

Kulturgesellschaft des Bezirks Lenzburg. (*pro 1901 f.*: (Gemeinnützige Gesellschaft).) Bericht und Rechnungen.... 8.
...für 1900. II + 24 S. Lenzburg, Hegner, 1901.
...pro 1901. II + 30 S. Seengen, Melliger, 1902.
...pro 1902. II + 35 S. Lenzburg, Müller, 1903.

Stadt Zürich, Rechnungsprüfungskommission. Bericht über die Rechnungen vom Jahre 1900, sowie über das Gemeindegut und die allgemeinen Fonds. (1901 November 26.) 9 S. 8.

Schmalspurbahn Bern-Schwarzenburg. Bericht und Rechnungsablage der Direktion und des Verwaltungsrates umfassend den Zeitraum vom 17. Dezember 1901 bis 31. Dezember 1902. II + 8 S. 4. Bern, Rösch & Schatzmann, 1903.

Gesellschaft zum Wettsteinhof (Basel). Bericht und Rechnungsablage für die Jahre 1897—1900. (Februar 1902.) 11 S. 8.

Bericht und Rechnungs-Ablage des Pellwormer Vereins zur Unterstützung der nothleidenden Halligbewohner an der Westküste des Herzogthums Schleswig. Flensburg 1860. 8°

— u. Rechnungs-Abschluss der Commission f. Verkehrsanlagen in Wien üb. die Gebarungsperiode vom 25. Juli 1892 bis 31. Decbr. 1893. gr. 4. (III, 131 S. m. 1 Plan.) Wien 894. (Hof- u. Staatsdruckerei.) n. — 40

Bericht und Rechnungs-Abschluss der Commission für Verkehrsanlagen in Wien für das Jahr 1896. Mit einer Beilage. 4. (III, 98 S.) Wien 1897 (?): Hof- und Staatsdruckerei. —.20

Bericht und Rechnungs-Abschluss der Commission für Verkehrsanlagen in Wien für das Jahr 1897. Mit einer Beilage. 4. (III, 91 S.) —.20

— u. Rechnungs-Abschluss der Commission f. Verkehrsanlagen in Wien f. d. J. 1898—1901. gr. 4. Wien. (Hof- u. Staatsdruckerei.) à n. —.40
1898. (III, 121 S. m. 1 Plan.) 899. — 1899. (III, 106 S. m. 1 Plan.) 899. — 1900. (III, 109 S. m. 1 Plan.) 901. — 1901. (III, 93 S.) 902.

— u. Rechnungs-Abschluss der Kommission f. Verkehrsanlagen in Wien f. d. J. 1902—1904. gr. 4. Wien, (Hof- u. Staatsdruckerei). à n. — 40
1902. (III, 123 S.) 903. — 1903. (III, 101 S. m. 1 Taf.) 904. 1904. (III, 79 S. m. 1 Taf.) 905.

— u. Rechnungsabschluss der Kommission f. Verkehrsanlagen in Wien f. die J. 1905, 1906 u. 1907. (III, 68 S. m. 1 Taf.; III, 65 S. u. III, 60 S.) Lex. 8. Wien 906—08. (Hof- u. Staatsdruckerei.) 906. 07. à — 40

Volksküche in St. Gallen. Bericht und 33ster Rechnungs-Abschluss über das Betriebsjahr 1900. 17 S. 4. (1901.)

Volksküche in St. Gallen. Bericht und 34ster Rechnungs-Abschluss über das Betriebsjahr 1901. 11 S. 4. (1902.)

Bericht und Rechnungsausweis des Kirchen-Musikvereines an der k. k. Gelübde- und Pfarrkirche St. Karl Borromäus auf der Wieden in Wien, für das J. 1856. Wien, 1857. Druck von L. C. Zamarski. (27 S. 8.)

Bericht und Rechnungsausweis des unter dem Präsidium Sr. Durchlaucht, des Herrn Ferdinand Fürsten von Lobkowitz, Herzog zu Raudnitz u. s. w. stehenden Vereines zur Beförderung echter Kirchenmusik für das Verwaltungsjahr 1855. Wien, 1856. Druck und Papier von Leopold Sommer. (4 Bl. 4.

Armen-Erziehungsanstalt Friedberg bei Seengen. 10. Bericht nebst Rechnungs-Auszügen. Zu ihrem 50jährigen Bestande. 16 S. 8. Seengen, Melliger, 1901.

Schweizerische Postverwaltung. Bericht über ihre Rechnungsergebnisse im Jahre 1900. [Mit 6 Tabellen.] 33 S. 8. [Bern, Stämpfli & Cie., 1901.]

Schweizerische Postverwaltung. Bericht über ihre Rechnungsergebnisse im Jahre 1901. [Mit 6 Tabellen.] 34 S. 8. [Bern, Stämpfli & Cie., 1902.]

[Kanton Basel-Stadt.] Bericht der Rechnungskommission über die Staatsrechnung.... 8.
... vom Jahre 1900. Dem Grossen Rate vorgelegt den 10. Oktober 1901. [Ratschläge. N°] 1295. 37 S.
... vom Jahre 1901. Dem Grossen Rate vorgelegt den 13. November 1902. [Ratschläge. N°] 1344. 24 S.

(Kanton Basel-Stadt.) Bericht der Rechnungskommission über den Voranschlag der Einnahmen und Ausgaben.... 8.
... für das Jahr 1901. Dem Grossen Rate vorgelegt den 10. Januar 1901. [Ratschläge. N°] 1269. 82 S.
... für das Jahr 1902. Dem Grossen Rate vorgelegt den 9. Januar 1902. [Ratschläge. N°] 1306. 25 S.

Bericht von dem Rechte des Hauses Braunschweig-Lüneburg an denen Lauenburgischen Landen. O. O. u. J. V: *Hugo, Lud.* (JStBbH)

Obergericht und Aufsichtsbehörde für Schuldbetreibung u. Konkurs des Kantons Solothurn. Bericht über die Rechtspflege, sowie die Geschäftsführung der Amtschreibereien und der Betreibungs- und Konkursämter im Jahre 1900. [Mit 7 Tabellen.] 171 + IV S. 8. Olten, August Michel, 1901.

Obergericht und Aufsichtsbehörde für Schuldbetreibung und Konkurs des Kantons Solothurn. Bericht über die Rechtspflege, sowie die Geschäftsführung der Amtschreibereien und der Betreibungs- und Konkursämter im Jahre 1901. ([Mit 7 Tabellen.]— Beilage: Auszüge aus [den] Entscheidungen des Obergerichts des Kantons Solothurn vom Jahre 1901.) 142 + III S. 8. Olten, Buchdr. des «Oltner Tagblatt», 1902.

Bericht der Freiburgischen Regierung an den schweizerischen Bundesrath, über die von dem Komite von Posieux an die hohe schweizerische Bundesversammlung gerichtete Bittschrift. ⟨Vom 20. Juli 1852.⟩ [SA.] 8. [Bern 1852.]

Bericht der provisorischen Regierung an den Tit. Grossen Rath des Kantons Luzern. (Luzern, den 17. Dezember 1847.) 8. Luzern.

Bericht der Regierung des Kantons Tessin an den schweizerischen Bundesrath über die in genanntem Kanton vom 27. September bis 4. Oktober 1868 eingetretenen Wasserverheerungen. ⟨Vom 9. Oktober 1868.⟩ [SA.] 8. [Bern 1868.]

Bericht einer badischen Regierungs-Kommission über die posen-westpreussischen Ansiedelungen. (Beilage zum Wochenblatt des Landw. Vereines im Grossherz. Baden, Nr. 31, 3. Aug. 1889.)

Bericht des Regierungsrates (des Kantons Aargau) an den (*1:* h.) Grossen Rat über die Vollziehung des Art. 70 der kantonalen Verfassung (*2: der aarg. Staatsverf*) betreffend die Ausscheidung der Pfrund- und Kirchengüter.... [Redigiert vom kant' Finanzdirektor, Hermann Huber. 2 Teile.] 8. [Brugg, «Effingerhof».]
[Teil 1:] ... in Bezug auf die Klosterkollaturgemeinden. (1906 Februar 24.) 28 S.
[Teil 2:] ... in B' auf die reformierten Kirchgemeinden. (1906 April 14.) 32 S.

Bericht an den Regierungsrath des Kantons Bern über die Erstellung meteorologischer Stationen zu forstlichen Zwecken. - Bern 1868. 11 S., 3 Taf.

Bericht. Zweiter B' (des Regierungsrathes [des Cantons Bern] an den Grossen Rath) über Ausserordentliche Ausgaben in den Jahren 1870 und 1871 und über die Deckung derselben. 4. Bern 1871.

— des Regierungsrathes der Republik Bern an den Gr. Rath über die Staatsverwaltung im J. 1839. gr. 8. Bern 841, Fischer. 2/3 ₰

Bericht an den hohen Regierungsrath betreffend die Umgestaltung der Statistik der zürcherischen Rechtspflege. Zürich 1869. V: *Treichler, Johann Jacob.* (Cat. d. Stadtbibl. Zürich. Zürich 1864—97.) (Hof- u. Landesbibl. Carlsruhe. Zugangsverz. 1900.)

Bericht des Regierungsrates an den Kantonsrat über die Finanzlage des Kantons Zürich. Vom 28. November 1901. [Mit 3 Tabellen.] 124 S. 8. [Zürich, J. Rüegg, 1901.]

Gemeindewesen im Kanton Schwyz. Bericht des Regierungsrates an den hohen Kantonsrat, nach dem Ergebnis des Kommunaluntersuches von 1901. 242 S. 4. Schwyz, Caspar Triner & Cie., 1902.

Bericht des Regierungsrathes des Kantons Luzern an den Grossen Rath über den Aufruhr vom 8. Christmonat 1844. (Luzern, den 31. Christmonat 1844.) 8. (Luzern 1845.)

Bericht des Regierungsrates des Kantons Luzern an den h. Grossen Rat desselben über die Katasterschatzungsrevision pro 1908. ⟨Vom 14. Oktober 1910.⟩ [Mit Beilagen und 8 Tabellen.] II + 37 + 48 S. 8. Luzern, Räber & Cie., 1910.

Bericht. Erster B' (des Regierungsrathes [an den Grossen Rath des Cantons Bern]) betreffend die durch die Grenzbesetzung verursachten Ausgaben und die zur Bestreitung derselben getroffenen Massnahmen. (Bern, den 24. November 1870.) 4. Bern 1870.

Bericht des Regierungsrathes an den Grossen Rath der Republik Bern über die letzten Ereignisse im Kanton Luzern und ihren Einfluss auf den politischen Zustand des Kantons Bern. (Bern, den 25. April 1845.) 8. *o. O.*

Bericht des Regierungsrathes an den Grossen Rath der Republik Bern über die dermalige politische Lage des Kantons. (Bern, den 1. Herbstmonat 1845.) 8. *o. O.*

Bericht des Regierungsrathes an den Grossen Rath der Republik Bern, betreffend die Zustände des Kantons Wallis. (Bern, den 31.) Mai 1844. 8. *o. O.*

Bericht des Regierungsrates an den Grossen Rat des Kantons Schaffhausen betreffend die Erstellung der Wasserversorgungsanlagen in den Berg-Gemeinden Büttenhardt, Lohn, Stetten, Barzheim und Buchberg mit Staats- und Bundessubventionen, 1906—1909. 39 S. 8. Schaffhausen, H. Meier & Cie., 1910.

Kanton Luzern. Bericht des Regierungsrates an den h. Grossen Rat über die gesamte Staatsverwaltung in den Jahren 1900 und 1901. 246 S. 4. Luzern, Räber & Cie., 1902.

Bericht des Regierungsrathes des Kantons Thurgau an den Grossen Rath über die Wasserverheerungen im Jahre 1876 und über die bezüglichen Massnahmen. [Mit 1 Tabelle.] 8. Frauenfeld 1878.

Bericht des Regierungsrates (des Kantons Zürich) an den Kantonsrat betreffend die Prüfung des Etzelwerk-Projektes. ⟨Vom 16. Juni 1906.⟩ [Mit] Beilagen: 1. Geologisches Gutachten; 2. Gutachten über die Wasserverhältnisse [mit 2 graphischen Tabellen]. II + 97 + *Beilagen* 78 [+ 4] + 40 S. 8. [Zürich, Grütli-Buchdr.]

Beilage 1 u. d. T.: Geologische Begutachtung des Stausee-Projektes... (1904 Juli 29/September 1). 78 [+ 4] S. Zürich, Aschmann & Scheller. — *s. Bulletin 1905, S. 6:* N 3870[21]

Beilage 2 u. d. T.: Gutachten über die Wasserverhältnisse ... von Ing. J[oseph] Epper.... 10. November 1904. [Mit 2 graphischen Tabellen] 40 S. Zürich, A' & Sch'. — *s. Bulletin 1905, S. 14:* N 3870[23]

Bericht des Regierungsrathes [des Cantons Zürich] an den Kantonsrath über die Vorgänge vom 9. bis 11. März 1871 in Zürich. (Zürich, den 18. April 1871.) 8. *o. O.* [1871].

Bericht des Züricher Regierungsrats an den Kantonalsrat über die Frage der Errichtung einer allgemeinen, staatlichen, obligatorischen Fahrhabeversicherung. Zürich 1893.

Bericht der k. k. geologischen Reichsanstalt vom 30. Juni 1858. *Wien.* k. k. Hof- u. Staatsdr. 12 S. gr. 8°.
Separatabdruck aus dem „Jahrbuche der k. k. geologischen Reichsanstalt" 9. Jahrgang. 1858. Verhandlungen Seite 79.

—— vom 31. August 1858. *Wien*, k. k. Staatsdr. 16 S. gr. 8°.
Separatabdruck aus dem „Jahrb. der k. k. geol. Reichsanstalt", 9. Jahrg. 1858, Verhandlungen, S. 111.

Bericht an den Kaiserlichen Reichshofrath von Seite des Herzogs von Sachsen-Coburg-Salfeld, wider die Landstände des Fürstenthums Coburg, ... Coburg 1805. V: *Kretschmann, Theodor Conrad von.* (MGT)

Bericht der zur Untersuchung der Rheinstromverhältnisse niedergesetzten Reichskommissission d. d. Godesberg 9. Oktober 1891. 4° Berlin (1891)

— eines Reichstagsgesandten an seinen Hof über das kaiserl. Decret in Betreff des v. Hessen-Cassel mit Frankreich geschloss. Friedens. gr. 8. Heilbr. Claß. 796.

Bericht d. Reichstags-Kommission über Abänderung der Gewerbeordnung. Berichterstatter **Hitze**. Berlin 891.

Bericht der Reichstags-Kommission über den Entwurf. Berlin 897.

— d. Reichstags-Kommission üb. d. derselben z. Vorberathg überwies. Entw. e. Gesetzes betr. Abänderg d. Patentgesetzes. Berichterstatter: Goldschmidt. Fol. (57) Berl. 91, C Heymann's V. 3 —

— der Reichstags-Kommission üb. den Entwurf e. Gesetzes betr. die Alters- u. Invaliditätsversicherung. Fol. (350 S.) Berlin 889. C. Heymann's Verl. n. 15. —

— d. Reichtags-Kommission üb. d. Entwurf e. Gesetzes betr. Aendergn. u. Ergänzgn. d. Gerichtsverfassungsgesetzes u. d. Strafprozeßordng. Berichterstatter Lenzmann. Fol. (152 S.) Ebd. 896. n. 6. —

Bericht der Reichstagskommission üb. den Entwurf e. Gesetzes, betr. Aenderungen u. Ergänzungen des Strafgesetzbuchs. Berlin 899.

Bericht der Reichstags-Kommission üb. den Entwurf e. Gesetzes betr. Aenderungen des Gerichtsverfassungsgesetzes u. der Strafprozessordnung. Berlin 896.

Bericht der Reichtags-Kommission, den Entwurf e. Gesetzes üb. die Angelegenheiten der freiwilligen Gerichtsbarkeit betr. Berlin 898.

— der Reichstags-Kommission üb. den Entwurf e. Gesetzes betr. die Erwerbs- u. Wirthschaftsgenossenschaften. Fol. (133 S.) Berlin 889. C. Heymann's Verlag. n. 6. —

—— der Reichstags-Kommission üb. den derselben zur Vorberathung überwiesenen Entwurf e. Gesetzes betr. die Gesellschaften m. beschränkter Haftung. Berichterstatter: Abg. Schenck. Fol. (36 S.) Berl. 892, C. Heymann. * 2 —

Bericht d. Reichstagscommission üb. den Entwurf e. Gesetzes, betr. die gemeins. Rechte d. Besitzer v. Schuldverschreibngn. Berlin 899.

— der Reichstags-Kommission über den Entwurf e. bürgerlichen Gesetzbuchs u. Einführungsgesetzes nebst e. Zusammenstellung der Kommissionsbeschlüsse. Berichterstatter: Enneccerus, v. Buchka, Bachem, Schroeder. gr. 8. (VII, 450 S.) Berlin 896. J. Guttentag. n. 4. —; geb. in Halbfrz. n.n. 6. —

Bericht der Reichstags-Kommission über den Entwurf eines Bürgerlichen Gesetzbuchs und Einführungsgesetzes nebst einer Zusammenstellung der Kommissionsbeschlüsse. Berichterstatter: Abgeordn. Dr. [Ludwig] **Enneccerus**, Dr. [Gerhard] v. Buchka, Dr. K[arl] Bachem, [Hugo] Schroeder. Berlin: C. Heymann 1896. (264 S.) 4° [F.] 108. 16281

Bericht der Reichstags-Kommission üb. den Entwurf e. Hypothekenbankgesetzes. Berlin 899.

Bericht der 7. Reichstags-Kommission, betreffend den Entwurf eines Patentgesetzes. Berlin 1877. Fol.

—— der Reichstags-Kommission über den Gesetz-Entwurf betr. Abänderung des Gesetzes über die Erhebung von Reichsstempelabgaben vom 1. Juli 1881. Fol. (68 S.) Berlin 885, C. Heymanns Verlag. *

— d. Reichstags-Kommission üb. d. Gesetz-Entwurf wegen Abänderg d. Gesetzes betr. d. Erhebg v. Reichsstempelabgaben v. 1. Juli 1881/29. Mai 1885. Berichterstatter: Gamp. Fol. (43) Berl. 94, C Heymann's V. 2.50

— der Reichstags-Kommission üb. den Gesetzentwurf betr. die Abänderung des Gesetzes über die eingeschriebenen Hülfskassen. Fol. (43 S.) Berlin 884. C. Heymann's Verl. n. 1. 20

—— der Reichstags-Kommission üb. den derselben zur Vorberathung überwiesenen Gesetz-Entwurf betr. Abänderung der Gewerbeordnung. Berichterstatter: Abg. Hitze. Fol. (170 S.) Berl. 891, C. Heymann. * 5 —

—— der Reichstags-Kommission über den Gesetz-Entwurf betr. die Kommanditgesellschaften auf Aktien und die Aktiengesellschaften. Fol. (123 S.) Berlin 884, C. Heymann's Verlag. *

Bericht der Reichstagskommission über den Gesetzentwurf betreffend die Unfallversicherung der Arbeiter. fol. Berlin, C. Heymann's Verl., 1884.

Bericht d. Reichstags-Kommission z. Vorberathg. d. Entwurfs e. Börsengesetzes. Berichterstatter Gamp. Fol. (74 S.) Berlin 896. C. Heymann's Verl. n. 3. —

— d. Reichstags-Kommission z. Vorberathg. d. Entwurfs e. Gesetzes z. Bekämpfg. d. unlaut. Wettbewerbes. Berichterstatter Meyer (Halle). Fol. (37 S.) Ebd. 896. n. 1. 60

— der Reichstags-Kommission zur Vorberathung des Gesetz-Entwurfs betr. die Abänderung des Gesetzes gegen die gemeingefährlichen Bestrebungen der Sozialdemokratie, vom 21. Oktbr. 1878. Berichterstatter Kurtz. Fol. (43 S.) Berlin 890. C. Heymann's Verl. n. 2. 40

— der Reichstags-Kommission zur Vorberathung d. Gesetz-Entwurfs betr. die Gewerbegerichte. Berichterstatter: Bachem. Fol. (77 S.) Berlin 890. C. Heymann's Verl. n. 4. —

—— von den alten Reichs-Vogteyen und deren Pfalzgrafschaft. Th. 1. 2. Ulm 1732. 4.

— v. d. alten Reichs-Vogteyen u. deren Pfalzgrafschaft. 2 Thle. 4. Ulm, Stettin. 742. (à 1 Thlr. 12 gr.)

Bericht zum Reichs-Weinsteuergesetzentwurf. Ibid. Session 1893/1894. Nro. 54. I. Anlage-Bd. 440 ff. Berlin.

Bericht des Vereins Reichs-Wohnungsgesetz üb. sein 1.—6. Geschäftsjahr. Frankfurt a. M. (1899)—1904. 8°.
Gesch.-J. 1—3. 1899—1901. Gesch.-J. 5, 1902 mit e. Uebersicht üb Stand u. Ergebnisse d. Bewegung f. Reichs-Wohnungsreform 1903. Gesch.-J. 6, 1903 mit Jahrbuch d. Wohnungsreform i. J. 1903. 1904
[Fortges. u. d. Tit.:]
Bericht d. Deutschen V e r e i n s für Wohnungsreform.

— des Vereins Reichs-Wohnungsgesetz (eingetragener Verein, Frankfurt a. M.) f. das 6. Geschäftsjahr vom 1. I. bis 31. XII. 1903 m. Jahrbuch der Wohnungsreform im J. 1903. (80 S.) gr. 8. Göttingen 904. (Vandenhoeck & Ruprecht.) n. 1. —

Bericht über eine Reise dreier Artillerie-Offiziere nach Belgien, Frankreich u. England. I—III. Mit 1 Atlas. Berlin 1866.
I Die belgische Artillerie.
II Die französische Artillerie
III Die englische Artillerie

Bericht über d. Reise Cybolas, unternommen 1540. Von Pedro de Castaneda de Magera, s. Ternaux-Compans, H.

Bericht über eine forstliche R e i s e durch den hessischen Odenwald und den unteren Theil des Königsreichs Württemberg. Im Auftrag des Herrn Präsidenten des badischen Finanzministeriums, Staatsrath Dr. Vogelmann im Sommer 1864 vorgenommen von Konstantin Föhlisch, Revierförster in Ziegelhausen. – Karlsruhe 1865. 56 S.

Bericht über eine Reise in die Provinz Groningen im Herbste 1869 zur Instruction über die Behandlung und Verwerthung des Gassenkoths der Stadt Groningen und der Moor-Colonien der Provinz. Oldenburg 1869. V: *Hofmeister, L.* (Russell IX, 26)

—— üb. e. Reise in d. Prov. Groningen im Herbste 1869, z. Instruct. üb. d. Behandlg u. Verwerthg d. Gassenkoths d. Stadt Groningen u. d. Moor-Colonien d. Provinz. 8. (48 m. 3 L.) Oldenb. 70, (Schulze.) n.n. — 6

—— einer Reise durch die Süderdithmarsischen Hölzungen im Monat April und Mai 1861, von einem Forstmanne. Mit einem Vorwort begleitet von einem Freunde der Holzcultur. gr. 8. (24 S.) Meldorf 861. (Altona, Mentzel.) *

Bericht über die Reise des Liederkranzes am Bachtel an das eidgenössische Sängerfest in Bern . . . 1899. Grün [1900]. V: *Zollinger, Alfr.* (Zuwachsverz. d. Bibliotheken in Zürich 1898 ff.)

Bericht der Reise Ihrer Majestäten des Königs Ludwig und der Königin Therese von Baiern im Rheinkreise, vom 7. bis zum 14. Junius 1829. Zweibrücken 1829. H: *Ritter, G.* (EngG) (Ky)

— über eine auf Befehl Sr. Herzogl. Durchlaucht von Sachsen-Altenburg nach Baden u. Würtemberg unternomm. landwirthschaftl. Reise von d. Rittmeister v. Bärenstein, Postmeister Voigt u. xc. Pachter Löhner, Bauer Kresse. gr. 8. Altenburg 841, Pierer. 5/12 ₰

Bericht über eine zur Vervollständigung der Geschichtskunde des Feldzugs des Herzogs Friedrich Wilhelm v. Braunschweig Oels i. J. 1809 durch Sachsen, Böhmen u. Schlesien im Mai u. Juni unternommenen Reise. Braunschw. 1844. V: *Vechelde, C. Fr. von.* (Pr)

Bericht der Reisekommission des deutschen Vereins gegen den Mißbrauch geistiger Getränke. Die niederländischen Vereine und die niederländische Gesetzgebung gegen den Mißbrauch geistiger Getränke. Bonn. 1884.

Bericht. Zweiter B' über das Reise-Unternehmen des Herrn Dr. Alexander Schläfli s. (Mousson, Alb[ert].) Dr. A' Schläfli und sein Reise-Unternehmen.

Bericht des Rektors [der] Akademie für Sozial- und Handelswissenschaften zu Frankfurt am Main über d. 2 ersten ff. Studienjahre. Jena 1904 ff. 8°.
Studienj. 1—8 W.-S. 1901/2. 1901 — S. S. 1909. 1910.

— über die Religionsgeschichte des Oelsnischen Fürstenthums in Schlesien. gr. 8. Bresl. Korn d. ält. 789.

Bericht der Isr. Religionsschule zu Kiel über das Schuljahr 1891/92 erstattet vom Dirigenten Dr. M. Stern. (Kiel. 1892.) 8°.

Bericht über die Rentabilität der Sektion Wallisellen-Uster der Jone-Glatthalbahn. Uster 1853. 4.

Bericht über d. schweizerische Repetier-Gewehr. Brugg 1868. 16 S.

Bericht der eidgenössischen Repräsentanten im Kanton Wallis an den eidgenössischen Vorort. (Siders den 1. Dezember 1839.) [SA.] fol. [Zürich 1839.]

Bericht über die R e s u l t a t e d. städtischen Fleischbeschau pro 1. April 1886/87. Berlin 1887.
Vorh. u.d. T.:
Bericht über die städtische F l e i s c h b e s c h a u. 1885/86.
Fortges. u.d. T.:
Bericht über die R e s u l t a t e d. Fleischbeschau auf d. städt. Centralschlachthofe.

Bericht über die R e s u l t a t e der Fleischbeschau auf d. städt. Zentral-Schlachthofe pro 1. April 1887/88. Berlin 1888.
Fortges. u.d. T.:
Bericht über d. E r g e b n i s s e d. städt. Fleischbeschau. 1888/89.
Forh. u.d. T.:
Bericht über d. R e s u l t a t e d. städt. Fleischbeschau 1886/87.

Bericht über die R e s u l t a t e der Untersuchung des von ausserhalb nach Berlin eingeführten frischen Fleisches pro 14. April 1887 bis 21. März 1888. Berlin 1888.

— über die Resultate der vom 25. Februar 1831 bis zum 22. Mai 1837 stattgefund. Verhandlungen in Verfassungsangelegenheiten der freien Hansestadt Bremen, dem Senate erstattet von seinen Mitgliedern des zu diesen Verhandlungen bestellten gemeinsamen Ausschusses des Senats u. d. Bürgerschaft. gr. 4. Bremen 837. (Heyse.) n. 1 1/6 ₰

Bericht über die Rettung eines Kindes durch die freiwillige Feuerwehr Enzersdorf a. d. Leitha am 23. Juni 1892. [Wien] 1892. V: *Schuster, Johann.* (EB)

— (10.) über die Meyer'sche Rettungsanstalt in Effingen pro 1880. In-8°, 10 S. Brugg, Druck von Fisch, Wild & Cie. 1881?

Bericht, 15., über die Meiersche Rettungsanstalt in Effingen pro 1885. In-8°, 11 S. Brugg, Druck von Fisch, Wild & Cie. 1886?

17. Bericht über die Meyer'sche Rettungsanstalt in Effingen pro 1887. In-8°, 12 S. Brugg, Buchdruckerei „Effingerhof". 1888?

Bericht der Münchener freiwilligen Rettungsgesellschaft für das Gründungsjahr 1894 und das Jahr 1895. München.

— über das Rettungshaus in Puckenhof bei Erlangen. Nebst Rechnungsablage über Einnahme u. Ausgabe des Kinderrettungsvereins zu Erlangen, u. einer (lith.) Abbildg. des Hauses. gr. 8. (104 S.) Erlangen 852, Bläsing in Comm. n. 8 ngr

—— üb. d. Rettgshaus in Puckenhof bei Erlangen. 8. (104) Erl. 52, Deichert. *n.* — 8

Vereinigte Schweizerbahnen. Bericht d. Revision d. Statuten. VI, 20 Stn. 4. 1875?

Bericht über die Arbeiter-Colonie Rickling im . . . Verwaltungsjahr. 8°.
9., 10. Bordesholm 1892—93

Bericht über die Arbeiter-Colonie Rickling im . . . Verwaltungsjahr. 8°
11. 12. Bordesholm. 1894—95.
13—15. ebd. 1896—98.
Fortges. u. d. T.:
. . . **Jahresbericht** der (Arbeiter-Colonie) Arbeiterkolonie Rickling für das Verwaltungsjahr . . . 8°

Süd Afrikanische Republik. **Bericht** über den internationalen Rinderpestcongress, gehalten zu Pretoria vom 2ten bis zum 13ten August 1897. (Vorr.: C. E. Schulte.) *Pretoria: Gedr. ter staatsdr. v. de Zuid-Afrikaansche Republ. 1898.* (74 S.) 1 Bd 8. 198. 6754 Ki

Reitverein Schaffhausen. Bericht über den Ritt vom 19./21. Juli 1902. (1902 August.) II + 11 S. 8. Schaffhausen, H. Meier & Cie.

„Rother's Bericht über die Hauptverwaltung der preussischen Staatsschulden seit 1820", Düsseldorf 1836. — Vorh.: Preußische Staatsbibl. Berlin.

— über das Landesmuseum Rudolfinum in Laibach f. d. J. 1907, erstattet von Walt. Šmid. Durch Munifizenz der krain. Sparkasse m. Illustr. ausgestattet. Zeichnungen von P. Žmitek. (49 S. m. 4 [1 farb.] Taf. u. 4 Bl. Erklärgn.) Lex. 8. Laibach 908. (I. v. Kleinmayr & F. Bamberg.) 1.50
Sonderabdruck aus „Carniola".

— der k. k. Krankenanstalt Rudolph-Stiftung in Wien vom J. 1865—1868. Im Auftrage des hohen k. k. Staats-Ministeriums veröffentlicht durch die Direction der Krankenanstalt. Wien 866—69. Braumüller in Comm. gr. 8. (VIII, 212 S.; IV, 289 S.; 314 S.; 404 S.) Jeder Jahrg. n. 1 ngr

der k. k. Krankenanstalt Rudolph-Stiftung in Wien vom J. 1869—1873. Im Auftrag d. k. k. Ministerium d. Innern. Veröffentlicht durch die Direction dieser Anstalt. gr. 8. (à ca. 271 S.) Wien 870—74. (Braumüller.) à n. 3. —

— dasselbe vom Jahre 1874. gr. 8. (IV, 573 S. m. 6 Steintaf. in gr. 8., qu. gr. 4. u. Fol.) Ebend. 875. n. 4. —

— der k. k. Krankenanstalt Rudolph-Stiftung in Wien vom J. 1875. Im Auftrage d. k. k. Ministeriums d. Innern veröffentlicht durch die Direction dieser Anstalt. gr. 8. (IV, 519 S. m. 6 Steintaf. in gr. 8., qu. 4. u. Fol.) Wien 876. (Braumüller.) n. 4. —

— dasselbe vom J. 1876. gr. 8. (IV. 467 S. m. 6. Tab.) Ebend. 877. n. 4. —

— dasselbe vom J. 1877. gr. 8. (IV, 514 S. m. 1 Tab. u. 5 Steintaf.) Ebend. 878. n. 4. —

— dasselbe vom J. 1878. gr. 8. (IV, 492 S. m. 1 Tab. u. 5 Steintaf.) Ebend. 879. n. 4. —

— dasselbe vom J. 1879. gr. 8. (IV, 512 S. m. 1 Tab. u. 5 Steintaf.) Ebend. 880. n. 4. —

— dasselbe vom J. 1880. gr. 8. (IV, 504 S. m. 1 Tab. u. 5 Steintaf.) Ebend. 881. n. 4. —

— der k. k. Krankenanstalt Rudolph-Stiftung in Wien vom J. 1881—1884. Im Auftrage d. hohen k. k. Ministeriums d. Innern veröffentlicht durch die Direction dieser Anstalt. gr. 8. (IV, 467; IV, 548; IV, 414 u. IV, 464 S. m. z. Thl. lith. Tab.) Wien 882—85. (Braumüller.) à n. 4. —

— der k. k. Krankenanstalt Rudolph-Stiftung in Wien vom J. 1885—1888. Im Auftrage d. hohen k. k. Ministerium d. Innern veröffentlicht durch die Direction dieser Anstalt. gr. 8. (IV, 461 S. m. 6 z. Thl. lith. Tab.; IV, 430 S. m. 6 z. Thl. lith. Tab.; IV, 414 S. m. 6 z. Thl. lith. Tab.; IV, 444 S. m. 6 Tab.) Wien 886—890. (Braumüller.) à Jahrg. n. 4. —

— der k. k. Krankenanstalt Rudolph-Stiftung in Wien v. J. 1889, 1890, 1891. Im Auftrage d. hohen k. k. Ministeriums d. Innern veröffentlicht durch die Direction dieser Anstalt. gr. 8. (IV, 440 S. m. 5 Tab.; IV, 379 S. m. 2 Tab.; VII, 455 S. m. 5 Tab.) Wien 890—893. (W. Braumüller.) à Jahr n. 4. —

Bericht des Centralcomité S. A. C. über die Verwendung der zu Gunsten der Lawinenbeschädigten vom Winter 1887/88 gesammelten Liebesgaben. 4. Glarus 1889.

— üb. d. Saatreiniggsmaschinen-Prüfg d. Maschinenprüfgs-Station d. Landw.-Kammer zu Königsberg i. P., erstattet unter Mitwirkg v. Bartels u. Gisevius. [S.-A.] (45 m. Abb.) 8° Berl., P Parey'03. 1 —

— d. kgl. bayer. Saatzuchtanstalt in Weihenstephan, s: Jahrbuch. Landwirtschaftl., f. Bayern.

— des Hauses Sachsen, was wegen Herz. Anton Ulrich fürgegangen. Fol. Coburg. Abl 745.

Bericht des Herzogs von Sachsen-Coburg-Saalfeld an den Reichshofrath über Dienstentlassung des Vicepräsidenten von Wangenheim. Mit Urknnden u. wichtigen Familienpapieren. 2 Bde. Coburg 1805.

Bericht über die Säcularfeier der Loge Carl zur gekrönten Säule im Or. von Braunschweig am 11. u. 12. Febr. 1844. Altenburg: Pierer 1844. 32 S. 8°
Aus: Mh. 3 (1844) S. 320—343.
cf. Zd. 8 (1844) S. 17—27.
Tt. 468.

— üb. d. Saecularfeier d. Erinnerg an d. vor 300 Jahren erfolgte Ableben d. Reformators d. beobacht. Astronomie Tycho Brahe, welche d. kgl. böhm. Gesellsch. d. Wiss. am 24.X.'01 veranstaltet hat. (30 m. 1 Bildnis.) 8° Prag, (F Řivnáč)'02. — 30

Bericht über die Säcularfeier der Loge zu den drei Degen im Or. von Halle am 13. und 14. Dec. 1843. Altenburg: Pierer 1844. 116 S. 8°
Aus Mh. 3 (1844) S. 145—260.
Tt. 407.

— über die Saison rätischer Bäder u. Kurorte im J. 1877 u. 1878. Hrsg. auf Veranstaltung der Graubündner Section des schweizer. ärztlichen Centralvereins. gr. 8. (à IV, 48 S.) Chur 878. 79. Hitz in Comm. à n. 1. —

Bericht des Samariter-Vereins zu Leipzig. 8°.
4. 1887. (Leipzig. 1888.)
5.—6. auf das 7.—8. Vereinsjahr 1888—89. ebd. 1889—90.

— üb. d. v. Komitée f. Krebsforschg am 15.X.1900 erhob. Sammelforschg. hrsg. v. E v. Leyden, Kirchner, Wutzdorff, v. Hansemann, G Meyer. 1. Ergänzgsbd. z. klin. Jahrb. (77 m. 2 [1 eingedr.] Pl. u. 8 Kart.) 4° Jena, G Fischer'02. 10 —; f. Abnehmer d. klin. Jahrb. 8 —

Bericht über die städtische Sammlung zu Bitterfeld für Heimatskunde und Geschichte des Kreises Bitterfeld. Hrsg. von Emil Obst. 2. Bitterfeld 1895: J. G. Schencke & Sohn. 8° [F.]
1 erschien im Bitterfelder Kreisblatt 1893, No 8, Beilage. [16. 6124

Bericht über die städt. Sammlungen für Wissenschaft und Kunst zu Mainz. [1.] Für 1900/01. *o. O. (1901).* 4° [F.]
Aus: Verwaltungs-Rechenschaft d. Grossherzogl. Bürgermeisterei. [03. 4066

Bericht über die im Museum vereinigten Sammlungen der Stadt Wiesbaden. [1.] Für d. Verwaltungsjahr 1902. *Wiesbaden 1903: C. Schnegelberger & Cie.* 4° [F.] [04. 8498 3

Bericht über den Sanitätsdienst in der k. k. Theresianischen Akademie. 8 (S. 119—127). 8 (S. 149—157). 8 (S. 81—88). 8 (S. 92—98). 8 (S. 81—87).
Progr. G. d. k. k. Theresianisch. Akademie *Wien* 1896—1900.

Bericht der Sanitäts-Commission des Gemeinderaths der Stadt Bern über die Typhus-Epidemie im Winter 1873/74. Bern 1876. V: *Wyttenbach, Albert.* (Cat. d. Stadtbibl. Zürich. Zürich 1864—97.)

Sanitätsstatistischer Bericht des K. und K. Heeres. Wien 1905 bis 1910. Ueber die Berichtsjahre 1904 bis 1908. (Dopp.) — Der „Anhang zum Sanitätsstatistischen Bericht" ist von 1904 bis 1908 den Sanitätsberichten angebunden. 12 Bde.

— sanitätsstatist., d. k. u. k. Heeres f. 05 u. 6. Bearb. u. hrsg. v. d. III. Sektion d. k. u. k. techn. Militärkomitee. (261 u. 259) 31,5×24,5 cm. Wien, (Hof- u. Staatsdr.)'06:07. Je 6 —
Bisher u. d. T.: Statistik d. Sanitätsverhältnisse d. Mannschaft d. k. u. k. Heeres.

— sanitätsstatistischer, d. k. u. k. Heeres f. '07—09. Bearb. u. hrsg. v. k. u. k. techn. Militärkomitee. 31,5× 24,5 cm. Wien, (Hof- u. Staatsdr.). je 6 —
'07. (257) '08. ‖ '08. (85) '10. ‖ '09. (112 m. Abb. u. 17 Taf.) '11.

Sanitätswesen des Kantons Appenzell A. Rh. Bericht pro 1900/1901. Auszug aus dem 42. Rechenschaftsbericht des Regierungsrates.... 48 S. 8. Herisau, Schläpfer & Cie., 1901.

Bericht über das Sanitätswesen im Kt. Schwyz. 1860—64.

Industrie- und Gewerbemuseum St. Gallen und Zeichnungsschule für Industrie und Gewerbe, Ateliers und Einzelkurse. Bericht 1. Mai 1900 bis 30. April 1901. 34 S. 4. St. Gallen, Zollikofer, 1901.

Industrie- und Gewerbemuseum St. Gallen und Zeichnungsschule für Industrie und Gewerbe, Ateliers und Einzelkurse. Bericht 1. Mai 1901 bis 30. April 1902. 34 S. 4. St. Gallen, Honegger, 1902.

Industrie- und Gewerbemuseum St. Gallen und Zeichnungsschule für Industrie und Gewerbe, Ateliers und Einzelkurse. Bericht 1. Mai 1902 bis 30. April 1903. (Mit einer Beilage: Gutachten von Otto Alder.) 37 + *Beilage* XIX S. 4. St. Gallen, Zollikofer, 1903.

Bericht über das Industrie- und Gewerbemuseum St. Gallen und über die Zeichenschule für Industrie und Gewerbe. 1906/07-09. St. Gallen 1907-09

Kinderhort St. Gallen. 14. Bericht 1900. 15 S. 8. St. Gallen, Zollikofer, 1901.

Kinderhort St. Gallen. 15. Bericht 1901. 11 S. 8. St. Gallen, Zollikofer, 1902.

[Bericht der St.-Joh.-Loge zur Pyramide an die Grosse Landes-Loge von Sachsen i. O. v. Dresden. Seit 1886/87.]

Bericht der St. Joh. Loge zur Pyramide i. O. v. Plauen über ihre Thätigkeit im Logenjahr 1882/83 u. 1883/84. 2. Hefte. Plauen, Druck v. Neupert. 1883 u. 1884. 8. 11 u. 15 S.

Töchter-Pensionat St. Clara in Stans, Unterwalden, Schweiz. Bericht über das 34. *u.* 35. Schuljahr. 1900/1901 *u.* 1901/1902. [*je* Mit 1 Tafel.] *je* 25 S. 8. Stans, Paul von Matt, (1901 *u.* 1902).

Bericht über das Stift St. Wilhelm, an die Protestanten des Ober- und Nieder-Rheins. Straßburg 1829. V: *Dahler, Joh. Georg.* (Erman & Horn, Bibliogr. d. dtsch. Univers. 2. Leipz. u. Berlin 1904.)

Deutscher Nautischer Verein
Bericht des Vorsitzenden Sartori für das Jahr 1887. Kiel 1888.

Bericht des Königsberger Vereins Säuglingsschutz E. V. 1. (Königsberg i. Pr. 1909: Leupold.) 8° [09. 2686 10

Bericht des Reg.-Rates Schaffhausen, die Beteiligung des Kts. Schaffhausen an der Gotthardbahn betreffend. 1866. 4.

— über die Scheck-Konferenz der mitteleuropäischen Wirtschaftsvereine in Deutschland, Österreich-Ungarn, s. a. Veröffentlichungen d. mitteleurop. Wirtschaftsvereins.

Bericht über die Scheck-Konferenz der mitteleuropäischen Wirtschaftsvereine in Deutschland, Österreich und Ungarn. Budapest, 8. u. 9. Nov. 1907. Berlin: Puttkammer & Mühlbrecht 1908. (XI, 176 S.) 4°(8°)
= **Veröffentlichungen** d. mitteleurop. Wirtschaftsvereins in Deutschland. H. 5. [08. 4877

Bericht über die Scheck-Konferenz der mitteleuropäischen Wirtschaftsvereine in Deutschland, Österreich und Ungarn, Budapest 1907. (176 S) (Veröffentlichungen des mitteleuropäischen Wirtschaftsvereins 5) Berlin 1909

Schnellbahn-System August Scherl. Modellwagen-Vorführung vom 10.—15. Nov. 1909 in d. Ausstellungshallen am Zool. Garten zu Berlin. **Bericht**. Berlin: Scherl 1909. 38 S. quer-8° [10. 1333

Bericht des eidgenössischen Schiedsgerichtes in der Baseler Theilungssache an Schultheiss und Staatsrath des eidgenössischen Vorortes Bern. (Bern, den 13. Aprill 1835.) [SA.] fol. *o. O.*

Evangelische Lehranstalt Schiers. 65. Bericht 1901 auf 1902. [Mit] Beilage: «Das Prättigau steht auf.» ⟨Auszug aus Pfr. (D[aniel] A[ugust]) Ludwigs Buch: «Der Prättigauer Freiheitskampf.» 63 + *Beilage* 52 S. 8. Schiers, ⟨Walt & Hoffmann⟩, 1902.

Bericht über die Schiessübungen der Infanterie i. J. 1871, 75—79. Bern.

— über Schießversuche gegen Eisen-Konstruktionen zur Erhöhung der Sturmfreiheit provisorischer Werke. s. V. b. Mitteilungen d. Ing.-Komitees. H. 12. (1872.)

Bericht über die Schießversuche gegen den gepanzerten Schumann'schen Geschützstand 1866 bei Mainz. Berlin 1867. 8°.

— Nr. 1 über Schießversuche des Grusonwerk. Versuche mit einer 12cm Schnellfeuer-Haubitze in Panzerlafette. 1. Aufl. Mit Taf. Magdeburg-Buckau 1889. 31 S.
(3. Aufl. s. Schieß-Versuche des Grusonwerk.)

Bericht über die in Silberberg 1870 ausgeführten Schießversuche aus dem gezogenen 8zöll. Mörser und dem gezogenen kurzen 24Pfünder.
Mit Skz. u. Anl. Berlin 1870. 122 S. 4°

Bericht. Dasselbe. Bericht des k. k. Schiffahrts-Gewerbe-Inspectors. (Amtssitz: Linz.) Lex.-8°. (74 S.) Ebd. fl. —.40.

Bericht des Schiffahrts-Gewerbe-Inspektors (Amtssitz Wien). Wien: Hof- u. Staatsdr. 1894. 70 S.

Schillerverein von St. Louis. Bericht. St. Louis, 1908. UC

Bericht der Auskunftei W. Schimmelpfeng (Zürich, Berlin, Wien u. s. w., über das Jahr 1900). Januar 1901. IV + 36 S. 8. [Zürich, Art. Institut Orell Füssli.]

Bericht der Auskunftei W. Schimmelpfeng. Januar 1903.

Bericht über die Schlacht bei Eckernförde, welche am Gründonnerstag, den 5. April 1849 Statt gefunden, und von Morgens 8 bis Abends 8 Uhr dauerte, nebst Angabe der gefangenen dänischen Seeofficiere. Segeberg. 1849. 8°.

Bericht von d. Schlacht bei Marengo. gr. 4. Stuttg. u. Tüb. 809. v. Cotta. 12 gr. Mit Kpf. Velinp. 1 Thlr 12 gr.

Bericht von der Schlacht bey Stafarde (1690). Breslau 1770. 4°. (in: Bd 20—2)

Bericht über die Schlacht bei Wagram am 5. und 6. Juli 1809. Von einem Augenzeugen. Hannover 1811. V: *Hedemann*. (Russell V, 636)

Bericht über Schlachthäuser und Vieh-Märkte in Deutschland, Frankreich, Belgien, Italien, England und der Schweiz. Im Auftrage des Magistrats der Haupt- und Residenzstadt Berlin. Th. 1. Bericht über die Statistik, Verwaltung und die polizeiliche und staatliche Gesetzgebung von T. Risch. Th. 2. Zeichnung und Beschreibung der hauptsächlichsten Anlagen von I. Hennicke, enthaltend 20 Kupfertafeln. Bericht 1866. 8..

Bericht über die Schleiden-Gedächtnisfeier an der Universität Jena 18. Juni 1904 (u. Festrede d. Prof. Dr. Ernst Stahl über Matthias Jacob Schleiden). Jena 1905: (Kämpfe). 20 S. 4° [10. 10987 11

Bericht üb. Schlosserarbeiten a. d. Industrie-Ausstellung London 1862. St. Gallen 1863

Bericht der deutschen Schlosserschule zu Roßwein i. S. Jg. 3. 1896/97 u. 10. 1903/04. Roßwein i. S.
Jg. 10. 1903/04 u. d. T.: Jahresbericht der deutschen Schlosserschule zu Roßwein i. S.

Kleinkinderschulen. 8. [Schaffhausen, H. Meier & Cie.]

[1.] Der Stadtrat von Schaffhausen an den Grossen Stadtrat, Hier. ([Bericht und] Schlussanträge. 1901 November 27.) 8 S.

Bericht und Schlussrechnung über die Tieferlegung des Lungern-Sees. Luzern 1838.

Bericht und Schlußrechnung über die Verwaltung und Verwertung der Konkursmasse der Volksbank Stuttgart E. G. 4. (III, 60 S.) Stuttgart 886, (Kohlhammer.)

—— über die öffentliche Schluß-Verhandlung vor dem Ober-Appellationsgericht zu Rostock am 26. und 27. Jan. 1866 wider die Wittwe Kannengießer und ihren Sohn Alex. Kannengießer aus Ludwigslust wegen complotmäß. Ermordung des Dr. Bothe daselbst. Nach stenograph. Aufzeichnung. 16. (92 S.) Wismar 866, Hinstorff'sche Hofbuchh.
Aus: Rostocker Tageblatt, besonders abgedruckt.

Haushaltungsschule Schönenwerd. [1. gedruckter] Bericht über das Jahr 1901/1902 vom 6. Mai 1901 bis 31. März 1902. [2 S.] 4. (Schönenwerd, J. Widmer-Roth, 1902.)

Freiwillige Haushaltungsschule Schönenwerd. 12. [*d. i.* 2. gedruckter] Bericht über das Schuljahr 1902/1903. [3 S.] 4. (Schönenwerd, J. Widmer-Roth, 1903.)

— d. Häberlin'schen Schrift über Berlepsch. gr. 8. Hann. Hahn. 797.

Bericht über die Schriften, welche die k. sächsische Gesellschaft der Wissenschaften in Leipzig seit ihrer Begründung veröffentlicht hat. Leipzig 1875.

— über die erste deutsche Schriftstellerversammlung, gehalten z. Leipzig am 27.—29. April. gr. 8. Leipzig 846, (Schrey.) 1/6 Thlr

Allgemeiner deutscher Sprachverein. — 1. BERICHT ÜBER DIE BISHERIGEN SCHRITTE UND ERFOLGE ZUR BILDUNG DES VEREINS. (Ohne bes. Titelblatt. — Datirt: Braunschweig, den 18. Januar 1886.) 8°.

Bericht über die Schrotmühlen-Concurrenz veranstaltet von d. Prüfungsstation f. landw. Maschinen u. Geräthe zu Münster i. W. 1901. Münster i. W. [um 1902]: Der Westfale. (15 S.) 8° [F.] [06. 13496 6

Bericht über meine Schulanstalt an die Eltern meiner Schüler. Hamb. 1808. V: *Kunge, Joh. Heinr. Chn.* (schr)

Deutsche Schulanstalten der ev. Gemeinde zu Bukarest. Bericht über d. Schulj. 1900/01. 02/03. 13/14. 17/18. Bukarest. 4°

Bericht über die von Frankreich den vormaligen Kurhessischen Schuldnern, vorzüglich in Mecklenburg, in den J. 1806—1810 abgedrungenen Schuldentilgungen, von H. Grafen von S. 8°. Neubrandenburg, Dümmler, 1826.

Deutsche Schule in Athen. Bericht über das Schulj. 4. 1899/1900. 17. 1912/13. Athen.

Deutsche Schule in *Barcelona*. Bericht (1908 09: Jahresber. d. dt. Schule in Barcelona; 1909/10 ff: Ber. d. dt. Schulver. zu Barcelona) über d. Schulj. 1902/03 ff. Barcelona 8° u. 4°

Deutsche Schule in Brüssel. o. O. [um '10.] 4°

Bericht über das Schuljahr der Deutschen Evangelischen Schule in Rom. 1904/05—1906/07. Roma.

Deutsche Schule zu *East London*, Süd-Afrika. Bericht. 1. East London '09.

Deutsche Schule in *Kairo* (1912/13: Dt. Realschule zu Kairo). Bericht über d. Schulj. 1900/01. 1903/04. 1911—13. Kairo '02(—13).

Bericht der deutschen Schule in Rom (1908/09: Dt. Schulver. in Rom. Dt. Schule. Berichte über d. Vereinsj.) 1905/06. 1908/09. Rom.

Die freie Schule in Aussersihl[-Zürich]. 10. *u.* 11. *u.* 12. Bericht (1900/1901 *u.* 1901/1902 *u.* 1902/1903). [*je* Mit Titelvignette.] 20 *u.* 10 *u.* 11 S. 8. Zürich, Berichthaus, 1901 *u.* 1902 *u.* 1903.

Freie Schule in Zürich I. 8. Zürich, Berichthaus.
16. Bericht. Vom Mai 1900 bis Mai 1901. 36 S. 1902. — *Darin S. 23—36:* Die Bedeutung des Kleinen in der Erziehung. Referat von Herrn J[acob] Horlacher gehalten ... am 1. Dezember 1901.
17. Bericht. Vom Mai 1901 bis Mai 1902. 27 S. 1903.

Bericht (später Jahresbericht) der Schule des Gewerbevereins (später Gewerbeschule). Ostern ... bis Ostern ...
(1.), 1873/74. Kiel 1874; (4.), 1876/77. ebd. 1877; (16.). 1888/89, ebd. 1889; 18., 1890/91. ebd. 1891; 22., 1894/95. ebd. 1895. 8°.

Bericht über die k. polytechnische Schule zu München für 1868—69 u. 1874—75. München 1869 u. 75. 4.

Bericht über die Kgl. Polytechnische Schule (1877-78—1905-06: Technische Hochschule) zu München für (1906-07 ff.: Kgl. Technische Hochschule zu München. Bericht über) das Studienj. 1868-1869—1910-1911. 1869—1912. ¶ 1868—69. 1888—89. Ersch. auch ohne die Reden und Vorträge.

Darin:

1868-69. Neureuther, G(ottfried): Der Neubau der polytechnischen Schule in München. (Mit Abb.) — Reden und Vorträge zur Einweihungsfeier der Technischen Hochschule in München. Hrsg. von Carl Max Bauernfeind. (Darunter: Bauernfeind, C(arl) M(ax): Rede über den Einfluss der exacten Wissenschaften auf die allgemeine Bildung und auf die technischen Fachstudien insbesondere.) [Die Reden u. Vorträge sowie die Rede Bauernfeinds auch besonders bei Palm in München.]

1877-78. Kluckhohn, August: Ueber das technische Unterrichtswesen in Bayern bis zur

Gründung der polytechnischen Centralschule in München (1827). Antrittsrede geh. am 22. Dez. 1877.

1878-79. Kluckhohn, August: Ueber die Gründung und bisherige Entwicklung der k. technischen Hochschule zu München. Rede geh. am 26. Juli 1879.

1879-80. Kluckhohn, August v.: Ueber die wissenschaftlichen und künstlerischen Bestrebungen Wittelsbach'scher Fürsten aus dem Hause Pfalz. Festrede zur Vorfeier d. 700jähr. Regierungs-Jubiläums d. bayer. Herrscherhauses am 24. Juli 1880.

1893-94. Die Gedächtnisfeier für Gottfried von Neureuther.

1894-95. Das Ohm-Denkmal vor der K. technischen Hochschule in München und seine Enthüllung.

1896-97. Stieve, Felix: Festrede zur hundertjährigen Gedenkfeier der Geburt Kaiser Wilhelms I. am 22. März 1897.

1898-99. Du Moulin Eckart, Richard Graf: Festrede zum hundertjährigen Jubiläum der Wiedervereinigung der bayerischen Lande am 11. März 1899. [Auch in: Beilage zur Allg. Zeitung. Jg. 1899, Nr 64.]

1899-1900. Neubau der Landwirtschaftlichen Central-Versuchsstation für Bayern. 4 Taf. (Grundrisse u. Schnitte.)

1900-01. Reber, Franz von: Die Anfänge der Kunstpflege des Wittelsbachischen Hauses. Festrede zur Feier d. 80. Geburtstages des Prinz-Regenten am 7. März 1901. [Auch in: Beilage zur Allg. Zeitung. Jg. 1901, Nr 58.]

1904-05. Sulger-Gebing, Emil: Schillers Geistesentwicklung. Festrede bei d. Schillerfeier am 8. Mai 1905.

1905-06. Die Eröffnung der neuen chemischen Institute der K. Technischen Hochschule zu München.

1909-10. Der Neubau der Landwirtschaftlichen Abteilung der K. Technischen Hochschule zu München. (Mit 4 Taf.)

Darin ferner Nekrologe:

1872-73. [Bauernfeind, Carl Max v.]: Adolph Döhlemann. [Auch in: Zeitschrift d. bayer. Architekten- u. Ingenieur-Vereins. Bd 5. 1873.]

1873-74. Kluckhohn, A(ugust): Hermann Guthe.

1874-75. Klein, (Felix): Otto Hesse.

1879-80. Frauenholz, W[ilhelm]: Friedrich August Klingenfeld.

1885-86. Kohlrausch, F[riedrich]: Wilhelm v. Beetz. (Aus: Allg. Zeitung. Nr 144 v. 25. Mai 1886.)

1886-87. Geul, Albert: Gottfried v. Neureuther. — Voss, Aurel. Dy(c)k, Walter: Walfried Marx.

1888-89. Loewe, (Ferdinand): Wilhelm Frauenholz. — Kreuter, Franz: Heinrich Manderla.

1890-91. Thiersch, Aug(ust): Rudolph Gottgetreu.

1891-92. Geul, Albert: Joseph Mozet.

1892-93. Bauernfeind, Karl Max v.: Johann Nikolaus Bischoff. (Abgeändert aus: Allg. Zeitung. Nr 30 v. 4. Febr. 1893.)

1893-94. Schröter, Moritz: Johann Bauschinger. — Schmidt, M[ax]: Karl Max von Bauernfeind.

1894-95. Haushofer, Max: Karl von Haushofer. (Verändert u. erg. aus: Biograph. Blätter. Bd 1. 1895.)

1895-96. Braunmühl, A[nton] v.: Ludwig Muggenthaler. — Kiliani, H(einrich): Karl Stölzel.

1897-98. Finsterwalder, (S)[ebastian]. Ebert, (Hermann): Leonhard Sohncke. — Thiersch, Aug(ust): Albert Geul. — Günther, S[iegmund]: Felix Stieve. — Loewe, (F)[erdinand]: Gottfried Asimont. — Ammon, L[udwig] v.: Wilhelm von Gümbel.

1898-99. Lipp, A(ndreas): Wilhelm von Miller. — Reber, F[ranz] v.: Konrad von Knoll. — Loewe, (F)[erdinand]: Wilhelm Wittmann. — Bühlmann, J[oseph]: Philipp Sporrer.

1900-01. Soxhlet, F[ranz]: Martin Ewald Wollny. —

1901-02. Haushofer, Max. Sulger-Gebing, Emil: Wilhelm von Hertz.

1902-03. Loewe, (Ferdinand): Ernst Fischer. — Weber, Maximilian: Franz Bauer. — Günther, Siegmund: Carlo Meloier.

1906-07. Du Moulin-Eckart, Richard Graf: Max Haushofer. — Lynen, W(ilhelm): Georg Ultsch. — Giesenhagen, K(arl): Karl Otto Harz.

1907-08. Burckhardt, H(einrich). Finsterwalder, S(ebastian). Günther, S(iegmund): Anton Edler von Braunmühl. — Soxhlet, Franz v.: Karl von Voit. — Günther, S(iegmund): Alfred Blinkhorn.

1908-09. Thiersch, F(riedrich) v.: Karl von Reinhardstoettner. — Lipp, A(ndreas): Emil Erlenmeyer.

1910-11. Günther, S(iegmund): Wilhelm Goetz.

Darin ferner Reden bei d. Jahresschlussfeier (1889-90: beim Antritt d. Direktorats; 1890-91—1899-1900. 1901-02. 1902-03: bei d. Eröffnungsfeier d. Studienjahres; 1903-04: zur Übernahme d. ersten Wahlrektorates; 1900-01. 1904-05 ff.: bei d. akad. Feier bzw. Jahresfeier):

1880-81. Bauernfeind, Carl Max v.: Johannes Scharrer und seine Bedeutung für die Entwicklung der technischen Schulen und der Eisenbahnen in Bayern. (Mit 1 Portr.) [Einzeln bei G. Franz in München in Komm.]

1881-82. Bauernfeind, Carl Max v.: Gedächtnisrede auf Georg Simon Ohm den Physiker. [Einzeln bei G. Franz in München in Komm.; ohne die Anm. in: Bayer. Verkehrsblätter. Jg. 8. 1889.]

1882-83. Bauernfeind, Carl Max v.: Georg von Reichenbach und seine Leistungen auf den Gebieten der Mechanik und des Ingenieurwesens. [Einzeln bei G. Franz in München in Komm.]

1883-84. Bauernfeind, Carl Max v.: Gedächtnisrede auf Friedrich August von Pauli. [Einzeln bei G. Franz in München in Komm.]

1884-85. **Bauernfeind, Carl Max v.**: Johann Georg von Soldner und sein System der Bayerischen Landesvermessung. [Einzeln bei G. Franz in München in Komm.; etwas gekürzt in: Allg. Deutsche Biographie. Bd 34. 1892.]

1885-86. [s. Nr 2354.]

1886-87. **Haushofer, Karl**: Ziele und Wege des Studiums an Technischen Hochschulen.

1887-88. (Eine Schlußfeier wurde nicht abgehalten.)

1888-89. **Bauernfeind, Carl Max v.**: Benjamin Thompson Graf von Rumford. [Einzeln bei G. Franz in München in Komm.; auch in: Allg. Deutsche Biographie. Bd 29. 1889.]

1889-90. **Haushofer, Karl**: Ueber die Aufgaben der technischen Hochschule auf dem Gebiete der allgemeinen Bildung.

1890-91. **Sohncke, Leonhard**: Die Umwälzung unserer Anschauungen vom Wesen der elektrischen Wirkungen.

1891-92. **Schmidt, Max**: Die Methoden der unterirdischen Orientirung und ihre Entwickelung seit 2000 Jahren. [Etwas erw. u. mit 10 Fig. versehen in: Himmel u. Erde. Jg. 4. 1892 u. als: Sammlung populärer Schriften hrsg. von d. Gesellschaft Urania zu Berlin. No. 15.]

1892-93. **Schmidt, Heinrich Freiherr von**: Die Baugeschichte des Domes St. Peter in Worms und seine geplante Wiederherstellung.

1893-94. **Haushofer, K(arl) v.**: Rückblicke auf die Entwicklung der K. bayer. technischen Hochschule in den ersten 25 Jahren ihres Bestehens.

1894-95. [Eine Feier wurde nicht abgehalten.]

1895-96. **Hoyer, Egbert von**: Erörterungen über die Stellungnahme der technischen Hochschulen zu den neuesten Bestrebungen auf dem Gebiete des höheren technischen Unterrichts.

1896-97. **Miller, W[ilhelm] v.**: Die Entwicklung des Elementbegriffes bis zum Tode Lavoisiers.

1897-98. **Haushofer, Max**: Die Stellung des Technikers im modernen Staate.

1898-99. **Loewe, F[erdinand]**: Die geschichtliche Entwicklung der Landstrassen. [Mit etwas veränd. Schluß in: Beilage zur Allg. Zeitung. Jg. 1899, Nr 55. 56.]

1899-1900. **Thiersch, Friedrich von**: Die Baugeschichte des Klosters Ettal.

1900-1901. **Dyck, Walther**: Ueber die Beziehungen zwischen dem künstlerischen und dem wissenschaftlichen Erfassen der Natur. [Auch in: Beilage zur Allg. Zeitung. Jg. 1901, Nr 35.]

1901-02. **Föppl, August**: Die Mechanik im neunzehnten Jahrhundert. [Auch bei Reinhardt in München 1902.]

1902-03. **Oebbeke, Konrad**: Die Stellung der Mineralogie und Geologie an den Technischen Hochschulen. [Ausz. in: Hochschul-Nachrichten. Jg. 13. 1902/03.]

1903-04. **Dyck, Walther von**: Über die Errichtung eines Museums von Meisterwerken der Naturwissenschaft und Technik in München. [Auch in: Beilage zur Allg. Zeitung. Jg. 1904, Nr 68. 69.]

1904-05. **Kraus, C(arl)**: Die Pflege der Landwirtschaftswissenschaft in Bayern. [Auch in: Vierteljahresschrift d. Bayer. Landwirtschaftsrates. Jg. 10. 1905; daraus auch als S.-A.]

1905-06. **Dyck, Walther von**: Die wesentlichen Momente, welche die Entwickelung der Technik in Bayern eingeleitet und Bayerns Leistungen auf technischem Gebiete weit über seine Grenzen hinaus zur Anerkennung gebracht haben. [Etwas gekürzt in: Darstellungen aus d. Geschichte d. Technik. 1906. Nr 2356.] — **Burmester, Ludwig**: Die geschichtliche Entwicklung der Perspektive in Beziehung zur Geometrie. [Beide Reden in: Beilage zur Allg. Zeitung. Jg. 1906, Nr 6.]

1906-07. **Thiersch, Friedrich von**: Künstlerische Erziehung. [Auch in: Der Säemann. Jg. 3. 1907.]

1907-08. **Kreuter, Franz**: Die wissenschaftlichen Bestrebungen auf dem Gebiete des Wasserbaues und ihre Erfolge. [Auch in: Zentralblatt f. Wasserbau u. Wasserwirtschaft. Jg. 3. 1908.]

1908-09. **Schröter, Moritz**: Naturwissenschaft und Technik. [Auch in: Münchner Neueste Nachrichten. 1908, Nr 137. 138.]

1909-10. **Hocheder, Karl**: Gesichtssinn und baukünstlerisches Schaffen. [Auch in: Internat. Wochenschrift f. Wissenschaft, Kunst u. Technik. Bd 4. 1910.]

1910-11. **Lynen, Wilhelm**: Die Ausbildung zum Konstrukteur und ihre Bedeutung für die Allgemeinheit. [Auch in: Bayer. Industrie- u. Gewerbeblatt. Jg. 97. N. F. Jg. 43. 1911.]

Bericht d. landwirtschaftlichen Schule zu Chemnitz. 33: 1909/10. Chemnitz. U. A.

Landwirtschaftliche Schule in Heide in Holst. **Bericht** über das Schuljahr 1892/93. . . . erstattet v. H. Clausen. Heide. 1893. 8°.

Landwirtschaftliche Schule in Heide in Holstein.
Bericht über das Schuljahr . . . erstattet v. H. Clausen. 1893/94—95/96. Heide. 1894—96. 8°.
Fortges. u. d. T.:
Nachrichten aus dem letzten Schuljahre 1896/97. ebd. o. J. 1 Bl. Fol. geb. in 8°.

Bericht über die Schulen Nidwaldens von 1880—85. Stans.

Bericht des Vereins Israel. Schüler- und Lehrlingsheim zu Marburg a. L. Eingetr. Verein. 1. *Marburg 1903: H. Bauer.* 8° [F.] (03. 8847 4

Bericht über das Schüler-Rudern am Königlichen Friedrichs-Kollegium (zu Königsberg i. Pr.). (Hrsg.: Prof. Dr. [Georg] Ellendt, Dir.) [1.] In d. Jahren 1903, 1904. (Königsberg i. Pr. 1905.) 8° (05. 6419 10

Bericht über die physikalischen Schülerübungen der Unterstufe von den Physiklehrern der Anstalt. pg. 3 - 50. 8°. Mit einer Tafel und Textfiguren. Dr. C. Wolf & Sohn.
Progr. München 1911/12.

Bericht über die Schülerwerkstätten in Halle a. d. S. Im Namen d. Vorst. erstattet von Dr. W[ilhelm H.] Schrader, Stadtrat. 1–3. Halle a. S. 1888–93: Waisenhaus (2. 3: E. Anton). 3 Bde 8° [F.]
1. 1888. 2. 1890. 3. 1893. (06. 1312

Bericht über die Schulfeier beim Scheiden des Direktors Professor Dr. Buchenau aus dem Amte am 31. März 1903. Bremen 1904: A. Guthe. (S. 1 9.) 4°
Bremen, R beim Doventor P 1904 (843)

Bericht *über die vaterländische Schulfeier an dem Blücherdenkmale in Caub und an dem Niederwalddenkmale am 13. und 14. Juli 1894.* Elberfeld, gedr. bei S. Lucas, 1895; 24—28 S. 4.
Elberfeld, G, P 1895 (449)

Deutsche und Schweizer Schulgemeinde zu Constantinopel, gegr. 1868. Realschule (1910 ff. Oberrealschule m. Handelsklassen) u. höhere Mädchenschule zu Constantinopel u. dt. Schule zu Haidar-Pascha. Bericht über d. Schulj. 1904/05—1912/13. Cstpl '05—13. 4°

Bericht der Schulkommission des Kantons Glarus über ihre dreijährige Amtsthätigkeit 1845—48.

Bericht des schweiz. Schulrates an den Bundesrat über die Frage der Reorganisation der polytechnischen Schule. Zürich 1879.

Freiwillige Schulsynode von Basel-Stadt. ([2.] Bericht) 1901-1902. II + 75 S. 8. Basel, Emil Birkhäuser, 1902.

Freiwillige Schulsynode von Basel-Stadt. ([3.] Bericht) 1902—1903. II + 43 S. 8. Basel, J. Frehner, 1903.

Deutscher Schulverein in Brüssel. **Bericht** über d. Ver.- u. Schulj. 11—16. 19. 1902/03—1910/11. Brüssel.

Deutscher Schulverein von *Victoria*. (**Bericht** 1902.) 1907. 1909. 1910. (Melbourne '02—10.)

Schulwesen des Kantons Appenzell A. Rh. Bericht pro 1900/1901. Auszug aus dem 42. Rechenschaftsbericht des Regierungsrates.... II + 65 S. 8. Herisau, Schläpfer & Cie., 1901.

Schulwesen des Kantons Appenzell A. Rh. Bericht pro 1901/1902. Auszug aus dem 43. Rechenschaftsbericht des Regierungsrates.... II + 55 S. 8. Herisau, Schläpfer & Cie., 1902.

Basel-Land. Erziehungsdirektion. **Bericht** über das Schulwesen... erstattet vom Schulinspektor s. Amtsbericht des Schulinspektorates.

Schutzaufsichts-Verein für entlassene Sträflinge, 32. Bericht. 16 Stn. 8. Statuten. St. Gallen. 1872

Bericht über die Schutzpockenimpfung im Physicatsdistricte Rosenheim. O. O. 1816. V: *Schmid, Martin.* (Call)

— an den König v. Schweden; aus d. Französ. übers. v: A. v. Kotzebue. Französ. u. deutsch. 4. Königsb. 814. (Leipz., Michelsen. 12 gr. u. Ebd. L. Schumann). Hbg. Pr. 9 gr. Dass. 4. Bresl. 814. J. F. Korn. 8 gr.

Bericht an den König von Schweden, aus d. Franz. übersetzt von Kotzebue. 4. Königsb. Nicolovius. 814.

Bericht der Schwellen-Kommission über die Aare, Zihl, den Murten-Neuenburger- und Bieler-See. Bern 1816. V: *Koch, Carl.* (Bibliogr. d. Schweiz. Landeskunde. Bern 1892 ff. V, 2.) (Cat. d. Stadtbibl. Zürich.)

Bericht der Schwellen-Kommission über die Korrektion der Aar von Thun nach Bern. Bern 1826. 4.

Bericht über das Schwestern-Fest der Loge zum Morgenstern in Hof. [3. Jan. 1866.] Leipzig: Förster & Findel [1866]. 16 S. 8°
Aus: Bh. 9 (1866) S. 26—30.
Tt. 1956.

Bericht über das Schwesternhaus v. roten Kreuz in Fluntern-Zürich. 4—11. 1885—93.

— üb. d. Schwurgerichtsverhandlg v. 29 Juni bis 1 Juli 1885 gegen Julius Lieske, angeklagt d. Mordes an d. Kgl. Polizeirath Dr. Rumpff am 13. Jan. 1885 zu Frankfurt a/M. 8. (40) Heppenh. a/B. 85. (Lpzg, Milde.) — 20

Bericht des Reg. Rates Schwyz über das Gemeindewesen im Kt. Schwyz. 1879 u. 1886.

Bericht der See-Bataille zw. der Dän. unter Schoutbynacht Gabel u. der Schwed. Escadre unter Graff Wachtmeister, den 24. April 1715 zw. Fehmern u. Laaland. 4.

— an die königl. ungarische Seebehörde in Fiume über die v. Emil Stahlberger u. den Berichterstattern am Bord der Dampfyacht „Deli" u. des Dampfbootes „Nautilus" im Zeitraume von 1874 bis 1877 ausgeführten physikalischen Untersuchungen längs der Ostküste des adriatischen Meeres, im Nordbecken der Adria, im adriatischen Meere u. im Quarnero. Von Jul. Wolf, Jos. Luksch u. J. Köttstorfer. 4 Hfte. Lex.-8. (52, 27, 41 u. 37 S. m. Tab. u. 16 Steintaf.) Fiume 877 u. 78. (Dase.) n. 12. —

Deutsche Seemannsmission in Marseille. **Bericht.** [1.] Über d. J. 1908. Basel 1909: Kreis. 8° [09. 10204

Bericht von der schreckl. Seeschlacht am Ausflusse des Nils zw. der Engl. u. Französ. Flotte, welche Schlacht v. 1.—3. Aug. 1798 gewährt u. mit dem gänzl. Untergange der überwund. französ. Flotte endigte. A. d. Franz. (24.) 8. Constantinopel, 2. Sept. 1798.

Bericht von den blutigen Seetreffen, den 12., 13. u. 16. Junii mit der Venecian. u. Türk. Flotte, bey solchem die Venetianer e. complete Viktorie erhalten, d. 4. Aug. 1717. 4. s. l. & a.

— über die verflossenen 25 Segensjahre der Teschnerschen Schul- und Erziehungs-Anstalt zu Waldenburg in Schlesien. Waldenburg 863. Meltzer in Comm. gr. 8. (40 S.) n. 6 ngr.

— der Sektion „Seidenbau" des landwirthschaftlichen Vereins für Rheinpreußen an das Präsidium desselben über angestellte Versuche mit dem neuen Seideninsekt Ailanthus-Spinner. Crefeld 862. (Kühler.) gr. 8. (16 S.) n. 2½ ngr.

Zürcherische Seidenwebschule in Zürich-Wipkingen. Bericht über das 19. Schuljahr. Beendet den 6. Oktober 1900. 24 S. 8. Küsnacht, E. Gull, 1901.

Zürcherische Seidenwebschule in Zürich-Wipkingen. Bericht über das 20. Schuljahr. Beendet den 12. Oktober 1901. 36 S. 8. Küsnacht, E. Gull, 1902.

Zürcherische Seidenwebschule in Zürich-Wipkingen. Bericht über das 21. Schuljahr. Beendet den 11. Oktober 1902. 22 S. 8. Küsnacht, Buchdr. Stäfa A.-G., (1903).

- der für die Untersuchung des gegenwärtigen Zustandes der Vaccination bestimmten Section der in der Provinz beste-be[illegible] medicin. u. chirurg. Gesellschaft, abgestattet zu Liverpool a[illegible] 25. Juli 1839, u. zur öffentl. Mittheilung bestimmt. (Von M. D. John Baron.) Aus d. Engl. von Dr. F. G. Gmelin. gr. 8. Stuttg. u. Tübingen 840. Cotta'scher Verlag. 1/3 ß

Bericht der 2. Section über den Entwurf eines Gesetzes zur Regelung der Verhältnisse zwischen Arbeitgebern u. Arbeitnehmern. Sitzungen der n.-ö. Handels- u. Gewerbekammer am 14. u. 19. März 1870. 4°. Wien.

Bericht der 1. Sektion [der Handels- und Gewerbekammer in Wien] über das Madrider Abkommen, betreffend die Unterdrückung falscher Herkunftsangaben auf Waren. Wien 1908

Bericht der 2. Section (der Handels- und Gewerbekammer in Wien) über den Entwurf einer neuen Gewerbeordnung. 8°. Wien 1874—75.

Bericht der Naturwissenschaftlichen Sektion des Vereins 'Botanischer Garten' in Olmütz. 1: Vereinsjahre 1903/4 u. 1904/5. Olmütz: Sektion 1905. 8° [06. 1030 2

— 1., der naturwissenschaftlichen Sektion des Vereins „Botanischer Garten" in Olmütz. Vereinsj. 1903/4 u. 1904/5. (79 S.) 8. Olmütz 905. (F. Grosse.) n. 1. —

— 2., der naturwissenschaftlichen Sektion des Vereins „Botanischer Garten" in Olmütz. Vereinsjahre 1905—1909. (VIII, 78 S.) gr. 8. Olmütz 910. (F. Grosse.) 1. 40

Bericht der ersten Section an das Plenum der Budget-Commission. (1866.) Fol.

Bericht von der technischen Section über die Gewerbeverhältnisse in Hamburg. 8°. Hamburg 1861.

Bericht über das 1. bis 20. Semester der Theologischen Gesellschaft zu Greifswald [Diesdorf 1895? V: *Harder, Gotthilf.* (Berl)

Bericht über die ersten zwanzig Semester des Akademischen Naturwissenschaftlichen Vereins zu Breslau. Breslau o. J. V: *Heinz, Robert.* (Erman & Horn, Bibliogr. d. dtsch. Universitäten. 2. Leipz. u. Berlin 1904)

Bericht über das königl. Seminar zu Annaberg. Hrsg. v. Chrn. Frdr. Schmidt. Jahresschluß 1871. gr. 8. (131 S.) Annaberg 871. (Graser.) — 75

— erster, über das königl. Seminar zu Friedrichstadt-Dresden. Herg. von Frz. Wilh. Kockel. Ostern 1870. Dresden 870. Bach. gr. 8. (2 Bll., 58 S. u. 1 Tab. in 4.) n. 6 ngr.

Bericht über das Seminar für Romanische Philologie an der Königlichen vereinigten Friedrichs-Universität Halle-Wittenberg. 1877—1903. Anh. zur Universitätschronik 1903. *Halle ⟨Saale⟩ (1903): Waisenhaus.* (15 S.) 8°

— d. theolog. Seminariums d. Brüdergemeine in Gnadenfeld v. d. Studienj. 1897/98 u. 1898/99, hrsg. v. P Kölbing. Beigegeben: Steinmann, T: Der Primat d. Relig. im menschl. Geistesleben. 8° (120) Lpzg 99, F Jansa. 1.50
Bisher u. d. T.: Jahresbericht etc.

— d. Senats-Commission f. d. Prüfg. d. Arbeitsverhältn. i. Hamburger Hafen. gr. 4. (III, 128 S.) Hamburg 898. L. Gräfe & Sillem. n. 1. 60

— dasselbe. Mt. 6 Taf., 1 Karte u. 39 Anlagen. hoch 4. (215 S.) Ebd. 898. Kart. n. 3. -

(Hauptausschuß f. d. staatl. Pensionsversicherung d. Privatangestellten.) **Bericht** der Siebener-Kommission an den Haupt-Ausschuß. Hamburg 1907. 1. Aufl. Hamburg: Hauptausschuß (1907). (152 S.) 8° [F.] 108.8416

Bericht über die Siechenhäuser ⟨Anstalten Bethesda⟩ zu Angerburg ⟨Ostpr.⟩ von Superint. [Hermann Adalbert] Braun. [1.] 1003–1904. (Berlin 1904: Vaterl. Verl.- u. Kunst-Anst.) 8° [F.] 1.6. 2045 10

Emaillirwerk und Metallwaren-Fabrik Silesia Actien-Gesellschaft, Paruschowitz O.-S. **Bericht**. [1.] Für d. J. 1898. *o. O. (1898).* 4° 04. 5699 2

— über die 54. Sitzung des Abgeordneten-Hauses vom 20. Mai 1865. Ein wortgetreuer Abdr. Herg. von C. Große. Berlin 865. Herrmann. gr. 4. (24 S.) n. 4 ngr.

Bericht über die allgemeine ausserordentliche Sitzung der Prager Handels- und Gewerbekammer am 7. Dezember 1858, und am 26. October 1858. *Prag. Gottlieb Haase Söhne.* 4 u. 12 S. 8°.

Bericht über die allgemeine ordentliche Sitzung der Prager Handels- und Gewerbekammer vom 6. Juli 1854. 8. (6 S.) Prag. Druck der k. k. Hofbuchdruckerei von Gottlieb Haase Söhne. 1854.

Bericht über die allgemeine ordentliche Sitzung der Prager Handels- und Gewerbekammer vom 7. April 1855. Prag. Druck der k. k. Hofbuchdruckerei von Gottlieb Haase Söhne. (8 S. 8)

Bericht über die allgemeine ordentliche Sitzung der Prager Handels- und Gewerbekammer vom 23. Jänner 1855. Prag. 1855. Druck von Gottlieb Haase Söhne. (12 S. 8.)

Bericht über die allgemeine ordentliche Sitzung der Prager Handels- und Gewerbekammer vom 8. und 15 April 1856. K. k. Hofbuchdruckerei von Gottlieb Haase Söhne in Prag. (13 S. 8.)

Bericht über die allgemeine ordentliche Sitzung der Prager Handels- und Gewerbekammer vom 9. Februar 1856 K. k. Hofbuchdruckerei von Gottlieb Haase Söhne in Prag. (22 S. 8.)

Bericht über die allgemeine ordentliche Sitzung der Prager Handels- und Gewerbekammer vom 4. Juni 1856. K. k. Hofbuchdruckerei von Gottlieb Haase Söhne in Prag. (10 S. 8.)

Bericht über die allgemeine ordentliche Sitzung der Prager Handels- und Gewerbe-Kammer vom 25. November 1856. (12 S. 8.)

Bericht über die allgem. ordentliche Sitzung der Prager Handels- und Gewerbekammer v. 7. April 1857. Prag, 1857. K. k. Hofbuchdr. von Gottlieb Haase Söhne. (14 S. 8.)

Bericht über die allgemeine ordentliche Sitzung der Prager Handels- und Gewerbekammer am 2. Juni 1858. *Prag. Gottl. Haase Söhne.* 8 S. 8°. Nicht ber.

Bericht über die Sitzung des Auskunftsbeirats, abgeh. in d. Geschäftsräumen d. Central-Auskunftsstelle f. Auswanderer, Berlin. 3. 4. 6—12. 1904—1913. o. O. ('04—13.)

Bericht über die Sitzung des Ausschusses des Deutschen Handwerks- und Gewerbe kammertages. 1905 ff. Köln a. Rh. 1905 ff. 2°.
Zu Jena am 15. Mai 1905.
Zu Köln a. Rh. am 9. Aug. 1905.
Zu Hannover am 10. Nov. 1905.
Zu Berlin am 13. Dez. 1905.
Zu Berlin am 25. Jan. 1906.
Zu Leipzig am 22. u. 23. Mai 1906.
Zu Hirschberg i. Schl. am 30. Juli 1906.
Zu Nürnberg am 4. Sept. 1906.
Zu Berlin am 15. Nov. 1906.
Zu Berlin am 21. Febr. 1907.

— über die 4. Sitzung des Bürgervereins z. Stettin. Am 18. Febr. 1847. Mit den gestellten, den noch vorliegenden Anfragen u. den Statuten des Vereins hrsg. v. W. Lüders. gr. 8. (16 S.) Stettin 847, Effenbarts Erbin. 1/12 ₰

Breslauer Physikalischer Verein. — BERICHT ERSTATTET IN DER SITZUNG VOM 5. DEZEMBER 1884. Der Oxydationsprozess vom Standpunkt der Drucktheorie. (Ohne bes. Titelblatt. — Breslau. Druck von W. G. Korn.) 8°.

Centralbureau d. Europ. Gradmessung.
Bericht über die fünfte Sitzung der General-Conferenz der mitteleuropäischen Gradmessung. Berlin, 5. Oktober.

Bericht über die Sitzung der Kommission zur Prüfung und Untersuchung von Rauchverbrennungs-Vorrichtungen (Berlin, den 30. April 1894) und Bericht über die im Auftrage dieser Kommission ausgeführte Prüfung von Einrichtungen und Feuerungen zur Rauchverminderung bei Dampfkesseln. Berlin 1894

Bericht über die 4. Sitzung der Kommission zur Prüfung und Untersuchung von Rauchverbrennungs-Vorrichtungen zu Berlin am 4. Mai 1898. Stettin 1898

Bericht über die 5. Sitzung der Kommission zur Prüfung und Untersuchung von Rauchverbrennungs-Vorrichtungen zu Berlin am 24. November 1898.. Stettin 1899

— über die öffentliche Sitzung der kgl. preussischen Akademie der Wissenschaften am 27.I.1910. (S. 53—102.) Lex. 8. Berlin 910. G. Reimer. 2. —
Sonderabdr. aus „Sitzungsber. d. preuss. Akad. d. Wiss."

[Bericht über die Sitzung des Stuhlmeisterverbandes der Provinz Brandenburg.] 8°.
31. März 1910. 21 S.
11. Dez. 1910. 8 S.

Bericht über die 1. Sitzung der Turnsprach-Kommission. (Schweizer. Turnvereine.) 1886. 14 S.

BERICHT ÜBER DIE SITZUNG DES VORSTANDES DER DEUTSCHEN KOLONIALGESELLSCHAFT
am 9. und 10. November 1891 zu Hannover. (Von ROCKEMEYER.) Berlin 1891. Gedruckt bei Julius Sittenfeld. fol.
am 26. Mai 1893 zu Frankfurt am Main . . . (Von ROCKEMEYER.) ib. (1893.) —
am 2. Dezember 1893 . . . zu Magdeburg. (Von ROCKEMEYER.) ib. (1893.) —
am 17. März 1894 zu Berlin . . . (Von ROCKEMEYER.) ib. (1894.) —
am 16. Mai 1894 . . . zu Frankfurt a. M. (Von SEIDEL.) Streng vertraulich! ib. (1894.) —

— über die Sitzungen der naturforschenden Gesellschaft zu Halle im Jahre 1880. gr. 8. (117 S.) Halle 880. Niemeyer. n. 3. —

— dasselbe, im Jahre 1881. gr. 8. (49 S.) Ebend. 881. n. 1. —

— über die Sitzungen der naturforschenden Gesellschaft zu Halle im J. 1882. gr. 8. (57 S.) Halle 883. Niemeyer. n. 1. 20

— dasselbe. Im J. 1883. gr. 8. (122 S. m. 3 Steintaf.) Ebend. 884. n. 3. —

— dasselbe. Im J. 1884. gr. 8. (66 S.) Ebend. 884. n. 1. 20

—— über die Sitzungen der naturforschenden Gesellschaft zu Halle im J. 1885. gr. 8. (69 S.) Halle a. S. 885, Niemeyer. *

— üb. die Sitzungen der Naturforschenden Gesellschaft zu Halle im J. 1886. gr. 8. (48 S.) Halle 886. Niemeyer. n. 1. —

— dasselbe, im J. 1887. gr. 8. (112 S. m. 1 Taf.) Ebd. 888. n. 2. 40

— über die Sitzungen der naturforschenden Gesellschaft zu Halle in den J. 1888—1892. gr. 8. Halle a/S., M. Niemeyer. n. 4. 20
1888. 1889. 1890. (48 S.) 891. n. 1. —. — 1891. (90 S.) 891. n. 1. 20. — 1892. (126 S. m. 1 Plan.) 893. n. 2. —.

(Bericht über die) am 13. und 14. Januar 1844 in Kiel stattgehabten Sitzungen der Committee zur Förderung einer Landesbank. Kiel, den 23. Januar 1844. o. O. u. J. 1 Bl. Fol.

— über die Sitzungen des Spezial-Komitees des böhmischen Gewerbevereins für Berg- und Hüttenwesen. Prag 1864

— üb. d. allg. Sodalentag, Freiburg i. Schweiz '02 sowie z. Mannheim ('02). Hrsg. v. JB Mehler. 3. Afl. (125 m. Abb.) 8° Rgnsbg, Kongregat.-Präs. JB Mehler '03. (Nur dir.) — 50 d

— üb. d. 2. deut. Sodalentag, Köln a. R. '03, sowie Aachen '03. Nach d. Stenogramm hrsg. v. Komitee. (100 m. Abb.) 8° Paderb. '03. Rgnsbg, Kongregat.-Präs. JB Mehler. (Nur dir.) — 50 d

Hülfs- und Ersparnisskasse Solothurn-Lebern. Bericht über das Jahr 1870. Solothurn, Druck v. J. Gassmann, Sohn. 11 S. 4. 1871?

Hülfs- und Ersparnisskasse Solothurn-Lebern. Bericht üb. d. J. 1872. 10 Stn. 4. Solothurn, Druck v. J. Gassmann Sohn. 1873?

BERICHT, Sonderbarer, von dem beym Anfange des vorigen Seculi im Böhmer Walde, u. zwar in einem Bären-Bau, zufälliger Weise gefundenen Wunder-Knaben, dem in der Heil. Tauffe die Namen Jgnatius Augustinus Samson beygelegt; Selbiger nachhero zu einem ordentlichen vernünftigen Menschen, u. solchen qualificirten Cavalier educirt worden, daß er wegen seiner besondern Conduite u. extraordinairen Leibes-Stärcke sich endlich in den Fürsten-Stand empor geschwungen; Wie denn auch verschiedene noch jetzt lebende Krieges-Helden, nebst andern dessen hohen Descendenten, Ihn, aus überzeugenden Protocolls u. Beylagen vor Ihren Ur-Anherrn (!) zu erkennen das gröste Gloir u. Plaisir gefunden. Welchen dem Publico aus authentiquen alten Manuscriptis aufrichtig communiciret ein ehrlicher HistorioGraphus. Mit curiosem Titelkpf. (unten 7 Zeilen Erklärung gestoch.). Erfurt, druckts Joh. Dav. Jungnicol, 1747. 8°. (In Marburg, Univ.-Bibl.) (3 Mk. Franz Teubner, c. 1898; jetzt theurer!)
304 S. (incl. Titel in Roth u. Schwarz, u. 5 Bll. Vorr.). Selten u. sehr abentheuerlich!

— — Dasselbe. 2. Aufl. Mit Titelkpf. Ebend. 1748. 8°. 19 Bog. (8 Mk. Jacques Rosenthal, ca. 1963.)
M. M. V. 1747, D ib. — Weller, Lex. Pseud. p. 258, hat nur „1747" und als Verfasser: „Historiographus".

BERICHT, Sonderbarer, von dem in Anfange des jetzigen Seculi in der Gegend des Mayn-Stroms wunderbarer Weise als ein Fündel-Kind aufgefischeten Wunder-Mägdgen Beatrix, da denn nicht nur dieses Wunder-Kindes höchstbewundernswürdige Fata, sondern auch was dasselbe, nachdem es nun etwas in die Höhe gewachsen zu aller Menschen Verwunderung, sonderlich im Feuer und Wasser mehr als zu viel wunderthätig erzeigt. Das allerbewunderungswürdigste aber ist, dass dieses Wunder-Mägdgen wenig Jahr hernach mit einem hohen Printzen vermählet worden, und noch vorjetzo bey demselben als eine regierende Fürstin vergnügt lebt . . . . Mit Titelkpfr. Erfurt 1748. 8°. (5 Mk. 50 Pfg. M. Edelmann, Nürnberg, 1903.)
Bibl. Dr. Franz Schnitzer's. München 1902. Nr. 52.

Bericht der Sonderkommission des Verbandes keramischer Gewerke über die Verwendung von Bleiglasuren und -farben. (35 S) Berlin 1905

Rettungsanstalt Sonnenbühl. 6. Bericht, von den Jahren 1874 und 1875. 12 S. 8. 1876?

Rettungsanstalt Sonnenbühl (bei Brütten, Kt. Zürich). 19. Bericht über die Jahre 1900 bis 1902. IV + 20 S. 8. Wülflingen, G. Jucker, 1902.

— über die städtische Sonntags- u. Handwerker-fortbildungs-Schule zu Duisburg am Rhein. Duisburg 867. (Ewich.) 4. (36 S.) 15 ngr.

—— 2., über die von der Freimaurer-Loge Harpokrates zur Morgenröthe gegründete Sonntagsschule für Handwerkslehrlinge in Schwerin. — A. u. d. T.: Die Sonntagsschule f. Handwerkslehrlinge in Schwerin. 8. (3¼ B.) Schwerin 832. (Rostock, Stiller.)

Bericht, dritter, vierter u. fünfter, üb. die v. der Freimaurer-Loge Harpokrates z. Morgenröthe gegründete Sonntagsschule für Handwerkslehrlinge in Schwerin. 8. Schwerin 834—37. (Rostock. Stiller.) (à ¼ ℛ) n. ¾ ℛ. 1r u. 2r Bericht. ½ ℛ

Bericht über die von der Freimaurer-Loge zu Parchim daselbst gestiftete Sonntags-Schule für die Handwerkslehrlinge und Gesellen. Güstrow: Ebert 1823. 24 S. 4°

— über die Sonntagsschul-Convention in Berlin am 12., 13., 14. u. 15. Oktbr. 1878. Im Auftrage d. Comités f. Förderg. der Sonntagsschulsache in Deutschland hrsg. gr. 16. (128 S.) Berlin 878. [Verlag f. Sonntagsschul-Litteratur.] Deutsche Sonntagsschulbuchhdlg. n. — 20
Die Fortsetzung f. u. d. T.: Berichte üb. die Sonntagsschul-Konvention.

— d. kais. livländischen gemeinnütz. u. ökonom. Sozietät f. '07 u. d. liv-estländ. Bureau f. Landeskultur '06/7 nebst Übersicht d. J. 1897—1907. (145) Lex8° Dorpat ('08). (Berl., Puttk. & M.) 3 —

— d. kais. livländischen gemeinnütz. u. ökonom. Sozietät u. d. liv-estländ. Bureau f. Landeskultur nebst Versuchs-station u. meteorolog. Netz f. Kur-, Liv-, Estld '08. (105, 40 u. 89) Lex8° Ebd. ('09). 4 —

— d. kais. livländischen gemeinnütz. u. ökonom. Sozietät u. d. liv-estländ. Bureau f. Landeskultur nebst Versuchs-station '09 u. '10. Lex8° Ebd. '09. (78) ('10) 1.80 ‖ '10. (140) ('11) 3 —

Spar-, Leih- u. Disconto-Kasse des Handwerker- u. Gewerbevereins Aarau. Bericht pro 1871. 8 Stn. 8. Aarau, Druck v. F. G. Martin.

Spar-, Leih- und Disconto-Cassa des Handwerker- und Gewerbevereins Aarau. Bericht pro 1872. 9 Stn. 8. Aarau, Druck v. H. R. Sauerländer. 1873?

Sparkasse für das Personal der Firma Ryff & Co Strickwarenfabrik, Bern. Bericht über das Geschäftsjahr vom 30. September 1900 bis 30. September 1901. 3 S. 4.

Sparkasse für das Personal der Firma Ryff & Co, Strickwarenfabrik, Bern. Bericht über das Geschäftsjahr vom 30. September 1901 bis 30. September 1902. 3 S. 4.

Bericht über den hannoverschen Sparcassentag vom 25. November 1884. Osnabrück 1884

Speiseanstalt der untern Stadt Bern. 24. u. 25. u. 26. Bericht und Rechnung über das Betriebsjahr 1900—1901 u. 1901—1902 u. 1902—1903. 12 u. 13 u. 12 S. 8. Bern, Jules Lehmann, 1901 u. 1902 u. 1903.

(Gemeinde) Thun. ([Bericht erstattet vom] Spezialausschuss für Erstellung eines neuen Schulhauses) An den Tit. Gemeinderat. (1901 Juni 17.) 18 S. 4.

Bericht des Genfer Special-Comité's zur Unterstützung der aus Frankreich ausgewiesenen Deutschen. (Genf, Ende April 1871.) 8. Genf 1871.

Bericht der Special-Commission (der Gesellschaft freiwilliger Armenfreunde in Kiel) betr. die Erlassung eines Regulativs für die Verwaltung des Armenwesens der Stadt Kiel. Kiel. 1866. 8°.

Bericht der Specialkommission für Schulgesundheitspflege über den Stand der basleri-schen Schullokale. 1872.

Bericht, d. Spezialkommission z. Untersuchung d. Eisenbahnkonzessionswesens. Mit 3 Anlagen (sog. Lasker'sche Unters. Com.). Berlin 874.

—— der Special-Commission des Breslauer landwirthschaftlichen Vereins für Mähmaschinen-Concurrenz über das Ergebniß derselben. gr. 8. (19 S. mit 1 Tab. in qu. 4.) Breslau 872, Korn.

Bericht von der Special-Conferenz der Evangelisch-Lutherischen Prediger und Abgeordneten im Staat Virginien: 1806?—?
Title varies slightly: Verrichtung der Special-Conferenz der Evangelisch-Lutherischen Prediger und Abgeordneten im Staat Virginien, 1806, 1910. New Market, VA

Bericht d Special-Steuer-Commisairs ü Industrie, Handel, Gewerbe und Steuern. NY, 187-(?).

— über die Spinnschulen in Schönbach bei Löbau u. in Königshain beim Kloster St. Marienthal, verbunden mit der Beantwortung der Frage über den Nutzen der Spinnschulen überhaupt. gr. 8. (40 S. m. 1 lith. Taf.) Löbau 850. (Breyer.) baar n. n. 1/12 ₰

—— über den Spiritualismus von Seiten des Comité's der Dialektischen Gesellschaft zu London, ernannt zur Untersuchung der als „spirituelle Manifestationen" bezeichneten Phänomene. (In 3 Thln.) 1. und 2. Thl. gr. 8. Leipzig 875, Mutze. à Thl. ** ℳ 4,50. **

Inhalt:
Thl. 1. Bericht des Comité's und seiner Sub-Comité's, sowie deren Protokolle über ihre Prüfungs-Experimente, nebst Mittheilungen von Edmunds, E. Cox, A. R. Wallace u. A. In's Deutsche übersetzt von Greg. Const. Wittig und mit erläut. Anmerkungen hrsg. von Alex. Aksákow. (XXX, 155 S.)
2. Protokolle des Comité's. Mündliche Zeugnisse von 33 Personen aus deren persönlicher Erfahrung mediumist. Manifestationen. In's Deutsche übersetzt von Greg. Const. Wittig und mit erläut. Anmerkungen hrsg. von Alex. Aksákow. (VIII, 218 S.)

—— über den Spiritualismus von Seiten des Comités der Dialektischen Gesellschaft zu London, ernannt zur Untersuchung der als „spirituelle Manifestationen" bezeichneten Phänomene. 3. (Schluss-)Thl.: Schriftliche Zeugnisse von 31 Personen [Gelehrten und Schriftstellern], in's Deutsche übers. von Greg. Const. Wittig und mit einem Vorwort und erläut. Anmerkungen hrsg. von Alex. Aksákow. gr. 8. (VIII, 211 S.) Leipzig 875, Mutze. **
1. und 2. Thl. Ebendas. 1875. ** ℳ 9.

Bericht der Spitalpflege an den hohen Regierungsrath betreffend die Verhältnisse des alten Spitals und die Gebäranstalt. Zürich 1863. V: *Zehnder, Ulrich.* (Cat. d. Stadtbibl. Zürich. Zürich 1864—97.)

Bericht über die im Juni u. Juli 1876 ausgef. Sprengversuche auf dem Rothenberge. Mit Pl. (Lithogr.) Ingolstadt 1876. 43 S. 2°

Bericht des Staatsraths [des Cantons Freiburg] an den Grossen Rath über die Ereignisse des 22. Aprils 1853. (Freiburg, den 2. Mai 1853.) 8. *o. O.*

staatsräthl. Bericht an die Republik Neuenburg über den Royalisten-Aufstand v. 3. Sept., dessen Unterdrückung u. Folgen bis Okt. 1856. 8. Bern 1857.

Bericht. Staatsrathüber B an den Grossen Rath des Kantons und der Republik Neuenburg über den Royalisten-Aufstand v. 3. September, dessen Unterdrückung und Folgen bis zum Oktober 1856 (° *Vortitel:* Aktenmässige Darstellung der September-Ereignisse von 1856 im Kanton N°). 8. Bern 1856 (° *Umschlag:* 1857).

[C]Kanton Luzern. Bericht zur Staatsrechnung für das Jahr 1900. Der Regierungsrat... an den h. Grossen Rat.... (1901 Oktober 26.) 27 S. 4.

Kanton Luzern. Bericht zur Staatsrechnung für das Jahr 1901. Der Regierungsrat... an den hohen Grossen Rat.... (1902 Oktober 8.) 22 S. 4.

Kanton Zürich. Staatsrechnungsprüfungskommission. Bericht über die Staatsrechnung.... 8.
... vom Jahr 1900. 14 S. — ... vom Jahre 1901. 16 S.

Basel-Landschaft. Bericht der Staatsrechnungs-Prüfungskommission für 1875 an den h. Landrath des Kantons Basel-Landschaft. 7 S. 8. Liestal, Druck von Lüdin & Walser. 1877?

Bericht der Staats-Versammlung der Deutschen Katholischen Unterstützungsvereine von Wisconsin: no. 1—19?, 1890—1925? Milwaukee, WI

Bericht über die Staatsverwaltung des Kantons Bern für 1814—33, 36—39, 41—94. Bern. 8 u. 4.

[C]Kanton Bern. Bericht über die Staatsverwaltung für das Jahr 1900. VI + 297 S. 4. Bern, Stämpfli & Cie., 1901.

Kanton Bern. Bericht über die Staatsverwaltung für das Jahr 1901. VI + 225 S. 4. Bern, Stämpfli & Cie., 1902.

Kanton Bern. Bericht über die Staatsverwaltung für das Jahr 1902. VI + 279 S. 4. Bern, Stämpfli & Cie., 1903.

— in d. preuss. Staatszeitung ü. d. Gew.-Ausstellung zu Berlin 1844. gr4° Berlin 1844

— über die Stadtbibliothek von Bern von den Jahren 1871—79. Auszug aus dem Berichte des Bürgerrathes und der bürgerlichen Gemeindeverwaltung der Stadt Bern. In-8°, 52 S. Bern, Druck von K. J. Wyss. 1881?

Bericht über die Bernische Stadtbibliothek. [1.] In d. Jahren 1900, 1901, 1902. *Bern 1904: K. J. Wyss.* 8° [F.]
Aus: Bericht d. Bürgerrates d. Stadt Bern über d. bürg. Gemeindeverw. 04. 10079 3

Bericht des Stadtingenieurs . . . über den Zustand der Wasserversorgung . . . [Zürich 1884.] V· *Burkhard-Streuli, Wern.* (Zuwachsverz. d. Bibl. in Zürich 1898 ff)

Bericht d. Wiener Stadtphysikates üb. s. Amtstätigkeit u. d. Gesundheitsverh. d. Stadt Wien i. d. J. 1871—75, 77—82, 85—99. Wien 1872—1901. 10 Bde.

— d. Wiener Stadtphysikates üb. s. Amtsthätigkeit u. d. Gesundheitsverhältnisse d. Stadt Wien in d. J. 1887—1890. Erstattet v. E Kammerer, G Schmid u. A Löffler. XVII—XX. 8° (833 m. Tab.) Wien 92, W Braumüller. 10 —
Früher u. d. T.: Jahresbericht d. Wiener Stadtphysikates.

— d. Wiener Stadtphysikates üb. s. Amtsthätigkeit u. üb. d. Gesundheitsverhältnisse Wiens in d. J. 1891—93. Erstattet v. E Kammerer, G Schmid u. A Löffler. XXI—XXIII. 8° (1016) Wien 96, (W Braumüller). || 1894—96. XXIV—XXV. (555) 98. à 12 —

Bericht des Wiener Stadtphysikates über seine Amtsthätigkeit und über die Gesundheitsverhältnisse der k. k. Reichshaupt- und Residenzstadt Wien in den Jahren 1897—1899. Im Auftrage des löblichen Gemeinderathes erstattet von dem Ober-Stadtphysikus, k. k. Regierungs- und Sanitätsrathe Dr. Emil Kammerer, Stadtphysikus Dr. Gregor Schmid und Stadtphysikus Dr. Adolf Löffler. XXVII—XXIX. Wien. 1901. Verlag des Wiener Magistrates. In Comm. Braumüller. Lex.-8°. XXI, 610 S. K 12.—

— d. Wiener Stadtphysikates üb. s. Amtstätigk. u. üb. d. Gesundh.-Verhältn. d. k. k. Amtshaupt- u. Residenzstadt Wien in d. J. 1900—02. Erstattet v. Adf Löffler u. Thdr Szongott unter Mitwirkg v. Alois Grünberg, Paul Hasterlik u. Alfr. Freund. (593) Lex 8° Wien, (Gerlach & W.)'05. nn 12 — d

— d. Wiener Stadtphysikates üb. s. Amtstätigk. u. üb. d Gesundheitsverhältn. Wiens '03—06. (12, 576) Lex8° Wien, Gerlach & W. '10. nn 10 — d

An den Tit. Grossen Stadtrat, Schaffhausen. Bericht (des Stadtrates) über den gegenwärtigen Stand und die weitere Durchführung der Schwemmkanalisation im städtischen Baugebiet. 1902 September 13. 12 S. 8. [Schaffhausen, H. Meier & Cie.]

Bericht des Stadttheaters in Dortmund. [1.] (Entstehungsgeschichte ... u. Ergebnis d. 1. Spielzeit 1904/05.) Dortmund (1905): Gillessen. 4° A 12. 1374 6

Bericht über den Stand des Niederschlesisch-Märkischen Eisenbahn-Unternehmens. Sept. 1846. 4.

Bericht über den Stand und das bisherige Ergebniss der Untersuchung, den Aufruhr vom 8. Dez. 1844 betreffend, an den hohen Regierungsrath des Kantons Luzern zu Handen des hohen Grossen Rathes. (Namens des ausserordentlichen Verhöramtes: [Wilhelm] Ammann, Verhörrichter....) 8. Luzern 1846.

Bericht, [Erster], über den jetzigen Stand des Emscher-Kanal-Projektes. Hrsg. von dem Emscher-Kanal-Komitee. Düsseldorf, [1874]. 12 S.

(App. A Rh.) Irrenanstalt (in Herisau). Bericht über den Stand der Irrenanstalts-Angelegenheit zuhanden des Tit. Kantonsrates ([erstattet] Namens der Baukommission. 1902 März 6). 13 S. 8.

Bericht über den Stand der Justizverwaltung und Rechtspflege in Preußen. Seiner Majestät dem Kaiser u. König erstattet am 31. Jan. 1882. Als Ms. gedr. (Berlin 1882.)

Bericht über den Stand und die Leistungen des Gewerbevereins Nassau für 1874/75-1900. 4° Wiesbaden 1875-1900

— über Stand und Thätigkeit des schweizer. Centralvereins vom Rothen Kreuz pro 1884—86. Gr. in-8°. 8 S. Aarau, H. R. Sauerländer. 1887?

—— üb. d. Stand d. dem Ministerium d. Cultus u. öffentl. Unterrichtes unterstellten Unterrichts- u. Erziehungs-Anstalten im Königr. Sachsen. Schulj. 1876—1877. 4. (24) Dresd. 78. Baensch. || 1878. (29) 79. à n. 2. —

— über den Stand d. Unterrichtswesens im Königr. Sachsen. gr. 8. (55 S.) Dresden 873. Meinhold & Söhne. n. 1. —

— dasselbe. Mit beigegebenem Kataloge u. Plane der sächs. Ausstellg. f. Unterrichtswesen in Wien. gr. 8. (110 S. m. 1 lith. Plane.) Ebend. 873. 1. 50

Bericht über den Stand und die Verwaltung der Amtsangelegenheiten des Amtes Recklinghausen und der Gemeindeangelegenheiten der Gemeinden Recklinghausen Land, Oer und Suderwich. [1.] Für d. Zeit v. 1. Apr. 1909 bis z. 31. März 1910. Recklinghausen (1910): Neue Dr. 4° A 12. 10373

Bericht über den Stand und die Verwaltung der Gemeinde-Angelegenheiten der Stadt Eilenburg f. d. Zeit vom 1. April 1908 bis 31. März 1909. Tl 1—3. Eilenburg 1909. 8°.

—— üb. d. Stand u. d. Verwaltg d. Gemeinde-Angelegenheiten d. Stadt Freiberg in d. J. 1885 u. 1886. 8. (354 m. Pl.) Freib. 88. (Craz & G.). n. 5. —

Bericht über den Stand und die Verwaltung der Gemeinde-Angelegenheiten der Stadt Halle a. S. *[ist mit d. J. 1906 abgeschlossen].*
[Fortges. u. d. Tit.:]
Verwaltungs-Bericht der Stadt Halle a. S. f. d. Verwaltungsjahr 1907 ff. *[Wird fortges.]*

Bericht über den Stand und die Verwaltung der Gemeindeangelegenheiten der Stadt Cöln in den Etatsjahren 1891 bis 1900. Mit Abb., Karten u. Plänen. *Cöln 1902: M. DuMont Schauberg.* (XIII, 408 S.) 4° [F.]
[02. 13634 5]

— über den Stand u. die Verwaltung der Gemeindeangelegenheiten der Stadt Cöln in den Etatsj. 1891 bis 1900. Mit Abb., Karten u. Plänen. (XIII, 408 S.) gr. 4. Cöln 902. (P. Neubner.) Geb. in Leinw. n.n. 10. —

Bericht über den Stand und die Verwaltung der Gemeinde-Angelegenheiten der Stadt Köln in den Etatsjahren 1901—1905. Köln 1908. 4°.

Bericht über den Stand und die Verwaltung der Gemeindeangelegenheiten in der Stadt Militsch im J. 1910/1911 ff. (Militsch 1910) ff. 8°

Bericht über den Stand und die Verwaltung der Gemeindeangelegenheiten der Kreisstadt Plauen i. V. auf die Jahre 1865/66—1889/90. Plauen i. V. 1890

Bericht über den Stand und die Verwaltung der Gemeindeangelegenheiten der Gesamtstadt Saarbrücken. 1. Für d. Zeitraum v. 1. Apr. 1909 bis 31. März 1910. Saarbrücken: Saarbr. Neueste Nachrichten (1910). 4°
[Umschlagt.:] Stadt Saarbrücken. Verwaltungs-Bericht. 1909. [11. 10478]

Bericht über den Stand und die Verwaltung der Gemeinde-Angelegenheiten der Bürgermeisterei Schelsen. [1.] Für d. Zeit von 1891/92—1895/96. Rheydt: H. Leuchtenrath (1896). 4° [08. 13760]

Bericht über den Stand der Wasserleitung. [Köln 1870.] V: *Moore, I.* (StB Köln II, 173)

Bericht über Stand und Wirksamkeit des Vereins zur Verbesserung des evangelischen Volksschulwesens in Graubünden. Chur 1829. V: *Roder, Gg Wilh.* (Zuwachsverz. d. Bibl. in Zürich 1898 ff.)

Bericht der Standes- und Baukommission über die Rat- und Gerichtshaus-Bauten. Glarus 1865. 4.

Bericht an die Standeskommission der Kts. Glarus über die erste Fabrikinspektion 1864—65. Glarus 1865. 4.

Bericht an die hohe Standeskommission über die erste Fabrik-Inspektion 1864—65 . . . Glarus 1865. V: *Jenny, P., Nic. Tschudi & Jos. Müller.* (Zuwachsverz. d. Bibliotheken in Zürich 1898 ff.)

Bericht an die hohe Standeskommission über die zweite Fabrik-Inspection . . . Glarus 1869. V: *Schüler, Fridol., B. Marti* & *Pascal Müller.* (Zuwachsverz. d. Bibliotheken in Zürich 1898 ff.)

BERICHT DER METEOROLOGISCHEN STATION DES MEDICINISCH-NATURWISSENSCHAFTLICHEN VEREINS zu Weimar, insbesondere über das Jahr 1870, von B. ERFURTH. (Ohne bes. Titelblatt. Autographirt.) fol.

— zur Statistik des Herzogth. Braunschweig. Hrsg. vom statist. Bureau des herzogl. Staatsministeriums. Heft I—XIV. Brschwg. 874—898.

— statistischer, über den Bau der Rakonitz-Protiviner Staatsbahn. Verf. u. hrsg. im Auftrage d. k. k. Handelsministers v. der k. k. Direction für Staats-Eisenbahnbauten. hoch 4. (79 S. m. 8 Steintaf.) Wien 879. (k. k. Hof- u. Staatsdruckerei.) n. 8. —

Bericht, statist., üb. d. Betrieb d. sächs. Eisenbahnen im J. 1883. Hrsg. v. sächs. Finanz-Ministerium. Dresden 1884.

Bericht, statistischer, über den Betrieb der Königl. sächsischen Staats- und Privat-Eisenbahnen für 1869-98. 4° Dresden 1869-98

— statistischer, üb. den Betrieb der unter königl. sächsischer Staatsverwaltung stehenden Staats- u. Privat-Eisenbahnen m. Nachrichten üb. Eisenbahn-Neubau im J. 1870. Hrsg. v. königl. sächs. Finanz-Ministerium. gr. 4. (328 S.) Dresden 872. (Burdach.) n.n. 12. 50

— dasselbe im J. 1871. [Hierzu e. (lith.) Uebersichtskarte (in qu. Fol.) nach dem Stande vom Jan. 1872.] Hrsg. vom königl. sächs. Finanz-Ministerium. gr. 4. (VIII, 378 S.) Ebend. 873. n. 20. —

Bericht, statistischer, über den Betrieb der unter königl. sächsischer Staatsverwaltung stehenden Staats- und Privat-Eisenbahnen mit Nachrichten über Eisenbahn-Neubau und einem Anhang über die hauptsächlichsten Betriebsergebnisse der unter Privatdirection stehenden sächsischen Eisenbahnen im J. 1872. Hrsg. vom königl. sächs. Finanz-Ministerium. gr. 4. (412 S.) Dresden 874, (Burdach.) **

— dasselbe im J. 1873. [Hierzu e. (lith.) Uebersichtskarte vom Bahnnetz u. 2 dergleichen v. den Werkstättenanlagen zu Chemnitz u. Dresden-Neustadt (in qu. 4.)] Hrsg. von Königl. Sächs. Finanz-Ministerium. gr. 4. (420 S.) Ebend. 874. n. 28. —

—— statistischer, über den Betrieb der unter königl. sächsischer Staatsverwaltung stehenden Staats- und Privat-Eisenbahnen mit Nachrichten über Eisenbahn-Neubau und einem Anhang über die hauptsächlichsten Betriebsergebnisse der unter Privat-Direction stehenden sächs. Eisenbahnen im J. 1874. [Hierzu 1 (lithogr.) Uebersichtskarte vom Bahnnetz und 1 graph. Darstellung (in Chromolithogr.) des Verkehrs vom J. 1873 (in qu. Fol.)] gr. 4. (VII, 439 S.) Dresden 875, (Burdach.) *

— dasselbe im J. 1875. [Hierzu e. (lith.) Uebersichtskarte vom Bahnnetz u. e. (chromolith.) graph. Darstellg. üb. das gegenseit. Verhältniss d. Flächenraumes, der Bahnanlagen u. der Bewohnerzahl im Königr. Sachsen 1870 (in qu. Fol.) Hrsg. vom königl. sächs. Finanz-Ministerium. gr. 4. (VIII, 441 S.) Dresden 876. (Burdach.) n. 28. —

— statistischer, über den Betrieb der unter königl. sächsischer Staatsverwaltung stehenden Staats- u. Privat-Eisenbahnen, m. Nachrichten über Eisenbahn-Neubau u. einigen auf die chronolog. Zusammenstellung beschränkten Mittheilungen über die Betriebsergebnisse der unter Privat-Direction steh. Eisenbahnen im Königr. Sachsen im J. 1876. [Hierzu eine (lith. u. color.) Uebersichtskarte vom Bahnnetz u. ein (lith. u. color.) Blatt graph. Darstellungen über den Einfluss der Eisenbahnen auf die Steinkohlenindustrie im Königr. Sachsen etc.] Hrsg. vom königl. sächs. Finanz-Ministerium. gr. 4. (VIII, 484 S.) Dresden 877. (Burdach.) n. 28. —

—— dass. — im J. 1877. [Hierzu 1 (lithogr. und color.) Uebersichtskarte vom Bahnnetz und 1 (lithogr. und color.) Blatt graph. Darstellungen über die Zugfrequenz.] Hrsg. vom königl. sächs. Finanz-Ministerium. gr. 4. (VIII, 486 S.) (Ebendas.) 878. *

Bericht, statistischer, über den Betrieb der unter kgl. sächsischer Staatsverwaltung stehenden Staats- und Privat-Eisenbahnen, mit Nachrichten über Eisenbahn-Neubau und einigen auf die chronolog. Zusammenstellung beschränkten Mittheilungen über die Betriebsergebnisse der unter Privat-Direction stehenden Eisenbahnen im Königr. Sachsen im J. 1878. [Hierzu 1 (lithogr. und color.) Uebersichtskarte vom Bahnnetz und 2 graph. Darstellungen (in Chromolithogr.) über die Lastenbewegung.] Hrsg. vom königl. sächs. Finanz-Ministerium. gr. 4. (VIII, 494 S.) Dresden 879, (Burdach.) *

—— statistischer, über den Betrieb der unter königl. sächsischer Staatsverwaltung stehenden Staats- und Privat-Eisenbahnen, mit Nachrichten über Eisenbahn-Neubau im J. 1879. [Hierzu 1 (lithogr. und color.) Uebersichtskarte vom Bahnnetz und einigen (10 chromolithogr.) graph. Darstellungen.] Hrsg. vom königl. sächs. Finanz-Ministerium. gr. 4. (VIII, 452 S.) Dresden 880, (Burdach.)

— dasselbe, im J. 1880. [Hierzu eine (lith. u. color. Uebersichtskarte vom Bahnnetz u. eine (chromol.) graph. Darstellung.] Nebst Nachweisung der am Schlusse des J. 1880 vorhandenen Transportmittel, m. Angabe ihrer Konstructionsverhältnisse, Anschaffungs- u. Reparaturkosten, sowie Leistungen u. Verbrauch an Heizmaterial. gr. 4. (VIII, 440 u. 67 S.) Ebend. 881. n.n. 23. —

— dasselbe, im J. 1881. [Hierzu eine (lith. u. color.) Uebersichtskarte vom Bahnnetz u. eine (chromolith.) graph. Darstellung.] Nebst Nachweisung der am Schlusse des J. 1881 vorhandenen Transportmittel, mit Angabe ihrer Konstruktionsverhältnisse, Anschaffungs- u. Reparaturkosten, sowie Leistungen u. Verbrauch an Heizmaterial. Hrsg. vom königl. sächs. Finanz-Ministerium. gr. 4. (VIII, 418 u. 67 S.) Dresden 882. (Burdach.) n.n. 23. —

— statistischer, üb. den Betrieb der unter königl. sächsischer Staatsverwaltung stehenden Staats- u. Privat-Eisenbahnen, m. Nachrichten üb. Eisenbahn-Neubau im J. 1882. [Hierzu e. (lith. u. color.) Uebersichtskarte vom Bahnnetz u. 6 (chromolith.) graph. Darstellgn.] Nebst Nachweisg. der am Schlusse d. J. 1882 vorhandenen Transportmittel, m. Angabe ihrer Konstruktionsverhältnisse, Anschaffungs- u. Reparaturkosten, sowie Leistgn. u. Verbrauch an Heizmaterial. Hrsg. vom königl. sächs. Finanz-Ministerium. gr. 4. (VIII, 424 u. 69 S.) Dresden 883. (Warnatz & Lehmann.) n.n. 24. —

— dasselbe, im J. 1883. [Hierzu e. (lith. u. color.) Uebersichtskarte vom Bahnnetz u. 2 (chromolith.) graph. Darstellgn.] Hrsg. vom königl. sächs. Finanz-Ministerium. gr. 4. (VIII, 346 S.) Ebend. 884. n.n. 21. —

— dasselbe, im J. 1884. [Hierzu e. (lith. u. color.) Uebersichtskarte vom Bahnnetz u. 6 (chromolith.) graph. Darstellgn.] Nebst Nachweisg. der am Schlusse d. J. 1884 vorhandenen Transportmittel, mit Angabe ihrer Konstruktionsverhältnisse, Anschaffungs- u. Reparaturkosten, sowie Leistgn. u. Verbrauch an Heizmaterial. Hrsg. vom königl. sächs. Finanz-Ministerium. gr. 4. (VIII, 360 u. 73 S.) Ebend. 885. n.n. 21. —

— dasselbe, im J. 1885. [Hierzu e. (chromolith.) Uebersichtskarte vom Bahnnetz, sowie 1 dergleichen m. besond. Markirg. der im Secundärbetriebe befindl. Linien.] Nebst Nachweisg. der am Schlusse d. J. 1885 vorhandenen Transportmittel, m. Angabe ihrer Konstruktionsverhältnisse, Anschaffungs- u. Reparaturkosten, sowie Leistgn. u. Verbrauch an Heizmaterial. Hrsg. vom königl. sächs. Finanz-Ministerium. gr. 4. (VIII, 348 u. 77 S.) Dresden 886. (Warnatz & Lehmann.)

— statistischer, üb. den Betrieb der unter kgl. sächsisch. Staatsverwaltung stehenden Staats- u. Privat-Eisenbahnen, m. Nachrichten üb. Eisenbahn-Neubau im J. 1886. [Hierzu e. (chromolith.) Uebersichtskarte vom Bahnnetz, sowie 9 Situationskarten u. 1 Graphikon üb. Anlage u. Verkehrsverhältnisse der schmalspur. Sekundärbahnen.] Nebst Nachweisg. der am Schlusse d. J. 1886 vorhandenen Transportmittel, m. Angabe ihrer Konstruktionsverhältnisse, Anschaffungs- u. Reparaturkosten, sowie Leistgn. u. Verbrauch an Heizmaterial. Hrsg. vom königl. sächs. Finanz-Ministerium. gr. 4. (VIII, 364 u. 77 S.) Dresden 887 (Warnatz & Lehmann.) n.n. 20. —

Bericht, statistischer, üb. d. Betrieb d. unter kgl. sächs Staatsverwaltung stehenden Staats- u. Privat-Eisenbahnen, m. Nachrichten üb. Eisenbahn-Neubau im Jahre 1887. [Hierzu e. (chromolith.) Uebersichtskarte vom Bahnnetz, sowie 4 graph. Darstellgn.] Nebst Nachweisg. der am Schlusse d. J. 1887 vorhandenen Transportmittel, m. Angabe ihrer Konstruktionsverhältnisse, Anschaffungs- u. Unterhaltungskosten, sowie Leistgn. u. Verbrauch an Heizmaterial. gr. 4. (VIII, 282 u. 77 S.) Dresden 888. (Warnatz & Lehmann.) n.n. 18. —

— dasselbe, im J. 1888 u. Nachweisg. der am Schlusse d. J. 1888 vorhandenen Transportmittel m. Angabe ihrer Konstruktionsverhältnisse, Anschaffungs- u. Unterhaltungskosten, sowie Leistgn. u. Verbrauch an Heizmaterial. gr. 4. (VIII, 282 S. m. 1 Karte, 1 graph. Darstellg. u. 82 S.) Ebd. 889. n.n. 18. —

— dasselbe, im J. 1889 u. Nachweisung der am Schlusse d. J. 1889 vorhandenen Transportmittel m. Angabe ihrer Konstruktionsverhältnisse, Anschaffungs- u. Unterhaltungskosten, sowie Leistgn. u. Verbrauch an Heizmaterial. gr. 4. (VIII, 298 S. m. 1 Karte, 1 graph. Darstellg. u. 84 S.) Ebd. 890. n.n. 18. —

Bericht, statistischer, üb. den Betrieb der unter königl. sächs. Staatsverwaltung stehenden Staats- u. Privat-Eisenbahnen m. Nachrichten üb. Eisenbahn-Neubau im J. 1890, 1891, 1892, 1893 u. Nachweisung der am Schlusse d. J. 1890, 1891, 1892, 1893 vorhandenen Transportmittel m. Angabe ihrer Konstruktionsverhältnisse, Anschaffungs- u. Unterhaltungskosten, sowie Leistgn. u. Verbrauch an Heizmaterial. gr. 4. Dresden, (Warnatz & Lehmann). n.n. 77. 30
1890. (VIII, 304 S. m. 1 Karte, 1 graph. Darstellg. u. 91 S.) 891. n.n. 18. —
1891. (VIII, 332 S. m. 1 Karte, 1 graph. Darstellg. u. 96 S.) 892. n.n. 19. —
1892. (VIII, 326 S. m. 1 Karte, 5 graph. Darstellgn. u. 98 S.) 893. n.n. 21. 30
1893. (VIII, 319 S. m. 1 Karte, 2 graph. Darstellgn. u. 101 S.) 894. n.n. 19. —

— statist., üb. d. Betrieb d. unt. kgl. sächs. Staatsverwaltg. stehenden Staats- u. Privat-Eisenbahnen m. Nachrichten üb. Eisenbahn-Neubau i. J. 1894 u. Nachweisg. d. a. Schlusse d. J. 1894 vorhand. Transportmittel m. Angabe ihrer Konstruktionsverhältn., Anschaffgs.- u. Unterhaltungskosten, sow. Leistgn. u. Verbrauch an Heizmaterial. gr. 4. (VIII, 323 S. m. 1 Karte, 1 graph. Darstellg. u. 101 S.) Dresden 895. (Warnatz & Lohmann.) n.n. 18. —

— dasselbe f. d. J. 1895. gr. 4. (VIII, 331 S. m. 1 Karte, 2 graph. Darstellgn. u. 103 S.) Ebd. 896. n.n. 20. —

— dasselbe f. d. J. 1896. gr. 4. (VIII, 317 S. m. 1 Karte, 1 graph. Darstellg. u. 102 S.) Ebd. 897. n. 20. —

— dasselbe f. d. J. 1897. Hierzu 1 Uebersichtskarte vom Bahnnetz sow. 2 graph. Darstellgn. üb. d. gegenseit. Verhältn. d. Flächenraumes, d. Bahnanlage u. d. Bewohnerzahl i. Königr. Sachsen 1897. Hrsg. v. kgl. sächs. Finanz-Ministerium. gr. 4. (VIII, 327 S.) Dresden 898. (H Burdach.) n.n. 18. —

— statistischer, üb. den Betrieb der unter königl. sächs. Staatsverwaltung stehenden Staats- u. Privat-Eisenbahnen m. Nachrichten üb. Eisenbahn-Neubau i. d. J. 1898—1901. Hrsg. vom königl. sächs. Finanz-Ministerium. gr. 4. Dresden (H. Burdach).
1898. (Mit 1 Übersichtskarte vom Bahnnetz m. Angabe der Verwaltungsbereiche der Betriebsdirektionen u. Bauinspektionen, sowie 2 Karten üb. die Bedeutg. des Personen- u. des Güterverkehres bei den einzelnen Stationen der königl. sächs. Staatseisenbahnen in den J. 1877, 1887 u. 1897.) (VIII, 325 S.) 899. n. 20. —
1899. (Hierzu 1 Übersichtskarte vom Bahnnetz.) (VII, 288 S.) (900.) n. 18. —
1900. (Hierzu 1 Übersichtskarte vom Bahnnetz.) (IV, 169 S.) 901. 12. 50
1901. (Hierzu 1 Übersichtskarte vom Bahnnetz.) (IV, 167 S.) 902.

Bericht, statistischer, üb. d. Betrieb d. unter kgl. sächs. Staatsverwaltung stehenden Staats-Privat-Eisenbahnen m. Nachrichten üb. Eisenbahn-Neubau in d. J. 1902—1905. (Hierzu je 1 Übersichtskarte vom Bahnnetz.) Hrsg. vom königl. sächs. Finanz-Ministerium. gr. 4. Dresden (H. Burdach). n.n. 49. 70
1902. (IV, 167 S.) 903. n. 12. 50
1903. (IV, 171 S.) (904.) n. 12. 70
1904. (IV, 178 S.) (905.) n.n. 12. 50
1905. (IV, 163 S.) (906.) n. 12. —

Bericht, statistischer, über d. Betrieb der unter königl sächsischer Staatsverwaltung stehenden Staats- u. Privat-Eisenbahnen m. Nachrichten üb. Eisenbahn-Nenban i. d. J. 1906—1909. (Hierzu 1 Übersichtskarte vom Bahnnetz.) Hrsg. vom königl. sächs. Finanz-Ministerium. Lex. 8. Dresden (H. Burdach). 52. 40
1906. (IV, 167 S.) 907. 12.70. — 1907. (IV, 171 S.) (908.) 12.80. — 1908. (IV, 175 S.) (909.) nn 12.90. — 1909. (IV, 192 S.) (910.) 14.—

— Statistischer, üb. d. Betrieb d. unter kgl. sächs. Staatsverwaltg steh. Staats- u. Privat-Eisenbahnen m. Nachrichten üb. Eisenbahn-Neubau im J. '09—11. (Hierzu je 1 Übersichtskte v. Bahnnetz.) Lex8° Dresd., (H Burdach).
'09. (192) ('10) † 14 -- ‖ '10. (180) ('11) nn 12.75 ‖ '11. (4, 179) ('12) nn 10.75

Bericht, Statistischer, der Handels- und Gewerbekammer in Bozen an das k. k. hohe Ministerium für Handel und Volkswirthschaft für die Jahre 1860—1862. 8. Bozen 1864.

— statistischer, der Handels- u. Gewerbekammer in Bozen f. d. J. 1880, erstattet an Se. Exc. den Herrn k. k. Handelsminister. gr. 8. (V, 278 S. m. 2 Tab.) Bozen 881. Promperger in Comm. n. 4. —

Bericht, statistischer, der Handels- und Gewerbekammer in Graz über die Jahre 1886-90. 1895 und 96. Graz 1895. 97

Bericht, statistischer, der Handels- und Gewerbekammer in Innsbruck über die gesammten wirthschaftlichen Verhältnisse Nordtirols für das J. 1880, beziehungsweise für das Quinquennium 1876—1880, erstattet an das hohe k. k. Handelsministerium. Lex.-8. (VII, 386 S.) Innsbruck 881, Wagner'sche Universitäts-Buchh. *

Bericht, statistischer, d. Handels- u. Gewerbe-Kammer in Innsbruck über die gesammten wirthschaftlichen Verhältnisse Nordtirols. gr. 8. (VII u. 386 S.) geh. 2 fl. 50 kr. netto baar. Innsbruck: Wagner 1882.

—, Statistischer, der Handels- und Gewerbe-Kammer in Innsbruck über die gesammten wirthschaftlichen Verhältnisse Nord-Tirols. Für das Jahr 1885, beziehungsweise für das Quinquennium 1881—1885 erstattet an das hohe k. k. Handelsministerium. 8. Innsbruck 1889.

Bericht, Statistischer, der Handels- und Gewerbekammer in Laibach über die volkswirthschaftlichen Zustände in Krain. Erstattet an das hohe k. k. Handelsministerium für das Jahr 1875. 8. Laibach 1878.

—— statistischer, der Handels- und Gewerbekammer Oberösterreichs zu Linz über die gesammten wirthschaftlichen Verhältnisse Oberösterreichs in den J. 1870—1875, unter vorwiegender Bezugnahme auf Industrie, Handel und Verkehr, erstattet an Se. Exc. den Hrn. k. k. Handelsminister. Lex.-8. (XXII, 775 S.) Linz 876, (Danner's Verlag.) **

Bericht, statistischer — der Handels- und Gewerbekammer in Pilsen, an das hohe k. k. Ministerium für Handel, Gewerbe und öffentliche Bauten. 1855. Prag, 1856. Druck der k. k. Hofbuchdruckerei von Gottlieb Haase Söhne. (159 S. 4. Mit einer „Industrie-Karte des Pilsner und Piseker Kreises, beziehungsweise Pilsner Kammer-Bezirkes, nach der Gerichts-Organisirung vom Jahre 1855.")

Bericht, Statistischer, der Handels- und Gewerbekammer in Pilsen an das hohe k. k. Handelsministerium über die gesammten volkswirthschaftlichen Zustände ihres Bezirkes. Für die Jahre 1858, 1870—1875. (2 Bde.) 8. Pilsen 1860—1877.

Bericht, stat. der Handels- u Gewerbekammer Pilsen für 1870-80. Pilsen 1875-80

Bericht, statistischer — der Handels- und Gewerbekammer in Prag an das hohe k. k. Ministerium für Handel, Gewerbe und öffentliche Bauten. 1. Heft. 8. (113 und IV S.) Prag. Druck von K. Geržabek. 1853.

Bericht, Statistischer, der Handels- und Gewerbekammer in Prag für das Jahr 1854—1858, 1870, 1875, 1880. Erstattet an das hohe Handels-Ministerium. (4 Bde.) 8. Prag 1859, 1873, 1879, 1885.

Bericht, statistischer, der Handels- und Gewerbekammer in Prag an das hohe k. k. Ministerium für Handel, Gewerbe und öffentliche Bauten. 2. Heft. Lex.-8. (VI und 494 S.) Prag 859, Calve'sche Universitäts-Buchh. Thlr. * 1. Heft. Prag 1853, Tempsky. * 16 Ngr.

— statistischer, der Handels- u. Gewerbekammer in Prag für das J. 1865 erstattet an das hohe k. k. Ministerium für Handel u. Volkswirthschaft. Prag 867. (Calve.) Lex.-8. (XVI, 692 S.) n. 4

— statistischer, der Handels- u. Gewerbekammer in Prag f. d. J. 1870, erstattet an das hohe k. k. Handels-Ministerium. Lex.-8. (X, 465 S.) Prag 873. (Mercy.) n. 16. —

— statistischer, der Handels- u. Gewerbekammer in Prag f. d. J. 1885, erstattet an das Hohe k. k. Handels-Ministerium. Lex.-8. (X, 491 S.) Prag 889. (Rivnáč.) n.n. 8. —

—— statistischer, der Handels- u. Gewerbekammer in Prag f. d. J. 1885, erstattet an das Hohe k. k. Handels-Ministerium. Lex.-8. (X, 491 S.) Prag 890, (Rivnáč). ** 8 —

Bericht, Statistischer, der Grazer Handels- und Gewerbekammer erstattet an das hohe k. k. Handelsministerium. Für die Jahre 1869 und 1870; 1871—1874. (2 Bde.) 8. Graz 1872—1877.

Statistischer Bericht der Königl. Tierärztlichen Hochschule zu Berlin für d. J. 1896/97 – 1910/11. Berlin 1897–1911.
Aus: Archiv f. wissenschaftl. u. prakt. Tierheilkunde.

Bericht, statist., üb. das Immobiliar- u. Mobiliar-Brandversicherungswesen im Königr. Sachsen auf d. J. 1881. Bearb. bei der statist. Expedition der königl. sächs. Brandversicherungs-Commission. gr. 4. (IV, 218 S.) Dresden 883. (Burdach.) n. 10. —

—— statist., üb. d. Immobiliar- u. Mobiliar-Brandversicherungswesen im Königr. Sachsen f. 1881. 4. (218) Dresd. 83, Warnatz & L. n. 10. —

Bericht, Statistischer, über Industrie und Gewerbe Mährens in den Jahren 1881 bis 1885. Bearbeitet vom Bureau der Handels- und Gewerbekammer Brünn als gemeinsamem statistischen Bureau für die Kammerbezirke Brünn und Olmütz. 8. Brünn 1887—1889.

— statistischer, üb. Industrie u. Gewerbe d. Erzherzogth. Oesterreich unter der Enns im J. 1880. An das hohe k. k. Handels-Ministerium erstattet v. der Handels- u. Gewerbekammer in Wien. Mit e. (chromolith.) General-Karte v. Niederösterreich. Fol. (LII, 706 S.) Wien 883. (Braumüller.) n. 20. —

Bericht, statistischer, üb. Industrie u. Gewerbe d. Erzherzogth. Oesterreich unter der Enns im J. 1885. An das hohe k. k. Handels-Ministerium erstattet v. der Handels- u. Gewerbekammer in Wien. Imp.-4. (LXXII, 733 S.) Wien 889. (Braumüller.) n.n. 20. —

Bericht, statistischer, über die Industrie Schlesiens im J. 1870. Erstattet an das hohe k. k. Handelsministerium von der schles. Handels- u. Gewerbekammer in Troppau. gr. 8. (XI, 587 S.) Troppau (875). (Buchholz & Diebel.) n. 10. —

—, Statistischer, über die Industrie Schlesiens im Jahre 1875. Erstattet an das hohe k. k. Handelsministerium von der schlesischen Handels- und Gewerbekammer in Troppau. gr. 8. Troppau 1879.

—, Statistischer über die Industrie Schlesiens, sowie über die anderen wirthschaftlichen Verhältnisse dieses Kronlandes in den Jahren 1880, 1881 und 1885. Erstattet dem hohen k. k. Handelsministerium von der Handels- und Gewerbekammer für Schlesien. (2 Bde.) gr. 8. Troppau 1884 u. 1889.

—— statistischer, über das städtische Krankenhaus zu Allerheiligen in Breslau für das J. 1867 von v. Pastau. Lex.-8. (256 S.) Breslau 869, (Maruschke und Berendt.) *

Statistischer Bericht der Grossen Loge von Preussen genannt Royal York zur Freundschaft zu Berlin für die Zeiträume Johannis 1878/79 und 1879/80. Berlin o. J.: Fickert. 6 Bl. 2°. [Umschlagtit.]

Bericht, Statistischer, über die Sammelforschung betreffend die Erkrankungen an Tuberculose im Mannschaftsstande des k. u. k. Heeres in den Jahren 1895, 1896 und 1897. Über Anordnung des k. und k. Reichs-Kriegs-Ministeriums bearbeitet und herausgegeben von der III. Section des k. und k. technischen Militär-Comité. Mit 3 graphischen Beilagen. 4. Wien 1900.

Statistischer Bericht über die dem Ostmärkischen Gauverbande angehörenden Turnvereine im Vereinsj. 1862/63, 1864/65, 8 u. 8 S., 4°.

—, Statistischer, über die gesammten wirthschaftlichen Verhältnisse Oberösterreichs in den Jahren 1876—1880. Erstattet von der Handels- und Gewerbekammer in Linz an Seine Excellenz den Herrn k. k. Handelsminister. I. Bd. 1. Th. Das Land und die Bevölkerung. 2. Th. Staatswirthschaftliche Verhältnisse. 3. Th. Urproduction. Landwirthschaft, Forstcultur, Jagd und Fischerei, Bergbau. II. Bd. 4. Th. Industrie und Gewerbe. III. Bd. 5. Th. Handel. 6. Th. Verkehr. 7. Th. Geld- und Creditwesen. 8. Th. Unterrichtsverhältnisse. 9. Th. Humanitätsanstalten. 10. Th. Association. (3 Bde) gr. 8. Linz 1881.

Bericht, statist., über die gesammten wirthschaftl. Verhältnisse Oberösterreichs in den Jahren 1876—1880. gr. 8. I. Band. (118 S.) geh. In Comm. 1 fl. 80 kr. nur baar. Linz: Fink 1882

Bericht, statistischer, üb. die gesammten wirthschaftl. Verhältnisse d. Kronlandes Salzburg in den J. 1871 bis 1880. Erstattet v. der Handels- u. Gewerbekammer in Salzburg an das hohe k. k. Handelsministerium. gr. 8. (326 S. m. Tab.) Salzburg 883. (Dieter.) n. 6. —

Bericht, statist., üb. d. volkswirthschaftl. Verhältnisse d. Herzogth. Salzburg in d. J. 1886—1890. Erstattet v. d. Handels- u. Gewerbekammer f. d. Herzogth. Salzburg. 8° (240) Salzb. 92, (H Kerber). 4.20
Fortsetzg s. u. d. T.: Bericht üb. d. wirthschaftl. Verh. etc.

Bericht, statistischer, über die wirtschaftlichen Vorgänge im Bezirk der Handels- und Gewerbekammer Plauen für 1896 und 97. Plauen (1898)

Bericht, statistischer über die wirtschaftlichen Vorgänge im Bezirke der Handels- und Gewerbekammer Plauen. 1898-1905. Plauen 1900-06

Bericht, statistischer, über die wirtschaftlichen Vorgänge im Bezirke der Handelskammer Plauen. 1906 und 07. 1908 und 09. Plauen 1908. 10

Bericht, statist., üb. d. volkswirthschaftl. Zustände Kärntens in d. J. 1871—1878. 8. (182) Klagenfurt 79, (Bertschinger u. H.). n. 4. —

— statistischer, über die volkswirthschaftlichen Zustände Kärntens in den J. 1871—1878. Erstattet an das k. k. Handelsministerium v. der Handels- u. Gewerbekammer zu Klagenfurt. Mit einer lith. Taf. gr. 8. (VII, 182 u. Anh. XLVIII S.) Klagenfurt 879. (Heyn.) n. 4. —

— statist., üb. d. volkswirthschaftl. Zustände d. Erzherzogth. Österreich unter d. Enns im J. 1890. An d. hohe k. k. Handels-Ministerium erstattet v. d. Handels- u. Gewerbekammer in Wien. I. Bd. Gewerbestatistik. 2 Hlftn. 4° Wien, (W Braumüller). n.n. 24 —
1. Einl., Besond. Thl: Gruppe I—V d. Erzeugungsgewerbe. (734) 93. n.n. 10 —
2. Fortsetzg d. besond. Thls: Gruppe VII—XII d. Erzeugungsgewerbe, Gruppe I—X d. nichtindustriellen Gewerbe. Allg. Thl. (1118) 94 n.n. 14 —
Hieraus einzeln: Einl. Allg. Thl. (219) n.n. 2 —
I. Abth.: Erzeugungsgewerbe. Gruppe VI: Textil-Industrie. (184
VII: Bekleidungs- u. Putzwaaren-Industrie. (101) n.n. 2 —
VIII: Papier-Industrie. (108) n.n. 2 —
IX: Industrie in Nahrungs- u. Genussmitteln. (144) n.n. 2 —
X: Chem. Industrie. (158) n.n. 2 —
XI: Baugewerbe. (87) n.n. 2 —
XII: Polygraph. u. Kunstgewerbe. (108) n.n. 2 —
II. Abth.: Nichtindustrielle Gewerbe. (27) n.n. 1 —

Freiwilliger Armen-Unterstützungsverein Binningen. Bericht [und] Status. 4.
Nr. 38 (für das Jahr 1900). [4 S.] 1901.
Nr. 39 (für das Jahr 1901). [3 S.] 1902.

Freiwilliger Armen-Unterstützungsverein Binningen. Bericht [und] Status Nr. 40 (für das Jahr 1902). [2 S.] 4. 1903.

Bericht u. Statuten (des Weiblichen Vereins für Armen- und Krankenpflege in Altona). o. O. (1848.) 8°

Steiger-Stiftung in Luzern. 8. Bericht. 4 Stn. 4.
18717

Bericht, erster. über die zur Dampfschiffahrt geeigneten Steinkohlen Englands. Von Sir Henry de la Beche und Dr. Lyon Plairfair. Auf Veranlassung der kaiserl. Akademie der Wissenschaften in Wien aus den *„Memoirs of the geological survey of Great Britain"*. Vol. II, p. II, übersetzt und von ihr herausgegeben. Wien 1849. 8°

— über Oesterreichs ungünstige Stellung im Welthandel u. die Mittel der Abhilfe, erstattet von dem, in Folge a. h. Handschreibens vom 9. Febr. 1864, niedergesetzten Comité. [Revoltella-Comité.] Triest 865. Münster in Comm. gr. 8. (VII, 182 S. u. 1 Tab. in Fol.) n. 20 *ngr.*

— über den 3. internationalen Stenographen-Kongress, abgeh. zu München am 11., 12. u. 13. Aug. 1890. gr. 8. (287 S.) München 891. (G. Franz' Verl.) n.n. 5. —

— über den IV. internat. Stenographentag (System Gabelsberger) v. 7. bis 10. IX. 1907 in Graz. Hrsg. v. königl. stenograph. Landesamte zu Dresden als der geschäftsleit. Stelle d. internat. Stenographenverbds. Gabelsberger. (160 S. m. 1 Taf.) 8. Wolfenbüttel 907. Heckner. 1.50
Vergl.: Stenographentag, III. internationaler.

— Stenographischer, üb. d. 7. internat. Altkatholiken-Kongress Haag '07. Offiz. Ausg. (177) 8° Harmelen '07. (Haag [Galileistraat 132], Prof. JH Berends.) nnn 1.25
Mit holländ., deut. u. französ. Titel.

— dass. 8. Kongr. Wien '09. Offiz. Ausg. (160 m. 5 Bildn.) gr8° Wien (Wipplingerstr.), Alt-kathol. Kirchen-Gemeinde '10. 2.50

Bericht, stenographischer, über die Alt-Katholiken-Versammlung in Regensburg vom 14. Jan. 1872. gr. 8. (88 S.) Regensburg 872, Forchthammer. *

— stenographischer, über die Arbeiter-Versammlung in Cottbus am 3. April 1870. Enthltd. den Vortrag des Anwalts der Gewerkvereine u. Reichstagsabgeordneten Dr. Max Hirsch über die sociale Frage u. die Gründung u. Organisation der Gewerkvereine, ferner die zur Debatte gelangten, die Forster Angelegenheit berührenden Interpellationen. Cottbus 870. Heine. 8. (29 S.) 2½ *ngr.*

— stenographischer, üb. den Proceß Arnim, hrsg. unter Mitwirkg. der Vertheidiger, der Rechtsanwälte Munckel u. Dockhorn, verhandelt zu Berlin am 9. Decbr. 1874 u. den folg. Tagen. gr. 8. (XIX, 467 S.) Berlin 874. Rauh. n. 3. —

— ausführl. stenograph., des Prozesses gegen den Dichter Ferd. Freiligrath, angeklagt der Aufreizg. zu hochverrätherischen Unternehmgn. durch das Gedicht: Die Todten an die Lebenden, verhandelt vor dem Assisenhofe zu Düsseldorf am 3. Oktbr. 1848. Nebst e. zum ersten Male ausführl. bearb. Biographie des Dichters. Hrsg. v. Karl Arenz. br. gr. 8. (75 S.) Düsseldorf 848, Buddeus'sche B. [Schulte.] 2. durchaus vervollständ. Aufl. br. gr. 8. (75 S.) Ebd. 848. — 3. Aufl. br. gr. 8. (75 S.) Ebd. 848. n. ⅙ *ß*

—— stenogr., üb. d. stadtgerichtl. Behandlg betr. d. Ehrenkränkungs-Klage d. Dr. Rupprecht gegen Dr. v. Nussbaum in München. 8. (138) Münch. 74, A Ackermann. n. 1. —

Bericht, Stenographischer, über die vom Gewerkverein christlicher Bergarbeiter einberufene öffentliche Bergarbeiterversammlung zu Bochum am 31. Januar 1897. O. O., [1897].

Bericht, Stenographischer, über die Besprechung in der Privatsitzung der Stadtverordneten am 3. März 1873, betreffend die Entfernung der Auswurfstoffe aus Berlin. Berlin (1873) Fol.

— stenographischer, üb. den am 9. u. 10. VIII. 1903 in Salzburg abgeh. 1. Bundestag des allgemeinen deutschen Stenographenbundes (System Gabelsberger). Hrsg. v. der Geschäftsleitg. des Vororts Wien. (71 S.) gr. 8. Wien 904. (Leipzig, E. Fehl.) n.n. — 85

— stenographischer, üb. den 2. u. 3. Bundestag des allgem. deutschen Stenographenbundes (System Gabelsberger). 8. Leipzig, E. Zehl. 1.85
II. am 14. u. 15. VI. 1907 in Wels abgeh. Hrsg. v. der Leitg. des provisor. Vororts in Prag (Verein staatlich geprüfter Stenographielehrer in Österreich). (IV, 72 u. 18 S.) Prag 907. — 80
III. vom 16.—18. VII. 1910 in Prag abgeh. Hrsg. v. der Leitg. des allgem. deutschen Stenographenbundes. (IV, 74 S.) 910. 1. —

Bericht, Stenographischer, über die 1. Bundesversammlung des Deutschen Bauernbundes. (Berlin 1909.) 8°
1. in Gaesen am 6. Juli 1909.

Bericht, Stenographischer, über den vom Gewerkverein christlicher Bergarbeiter einberufenen 1. Delegiertentag der christlichen Bergarbeiter-Vereine Deutschlands am 1. und 2. Februar 1897. Bochum, 1897. 76 S.

— stenographischer, üb. die Delegierten-Versammlungen d. Deutsch. Werkmeister-Verbandes v. 9., 10. u. 11. IV. 1909 zu Düsseldorf im Kaisersaale der städtischen Tonhalle. (IV, 420 S.) 8. Düsseldorf 909. Werkmeister-Buchh. 8. —

— dasselbe der außerordentl. Delegierten-Versammlung v. 15. u. 16. V. (Pfingsten) 1910 in Hannover im großen hannov. Festsaale. (III, 224 S.) 8. Ebd. 910. 2. —

— stenograph., üb. d. im April 1881 im österreich. Ingenieur- u. Architecten-Ver. stattgehabte Discussion betr. d. Beseitigung d. Schifffahrts-Hindernisse auf d. unt. Donau. 8. (199 m. 1 L.) Wien 81, Hof- u. Staatsdr. n. 3. —

Stenographischer Bericht über die Feier des 10jähr. Bestehens der Fachschule des Vereins der Bankbeamten in Berlin am 18. Okt. 1909. — (Berlin 1909: Schmitz & Bukofzer.) 32 S. 8°

— stenogr., üb. d. 1. preuss. Fortbildgsschultag, sa Zeitschrift f. d. ges. Fortbildgsschulwesen in Preussen.

Stenographischer **Bericht** über den Preußischen Fortbildungsschultag. 1. 1906. Kiel & Leipzig: Lipsius & Tischer (1907). 8°
(Zeitschrift f. d. gesamte Fortbildungsschulwesen in Preussen. Sonderh. 2.)
[11. 15751 8

— Stenographischer, üb. d. 3. preuss. Fortbildungsschultag '09 zu Danzig. (141) gr8° Magdeburg, Creutz '10. 1.50
1 u. 2 sind nicht im Buchhandel.

— stenographischer, über die in Speyer vom 16. bis 24. Okt. 1848 abgehalt. außerordentl. General-Synode der vereinigten Kirche der Pfalz. Hrsg. von Hofer. gr. 8. (114 S.) Neustadt a. d. H. 848, Gottschick. *

Architekten- u Ingenieur-Vereine. Bericht, stenographischer, der ersten Generalversammlung der deutschen Architekten- u Ingenieur-Vereine 1874. Berlin 1875

— stenographischer, betreff. die General-Versammlung der Berliner Aussteuer-, Sterbe- u. Unterstützungskasse den 19. März 1852. gr. 8. (60 S.) Berlin 852, Hayn in Comm. baar n. n. 1/12 ℛ

STENOGRAPHISCHER BERICHT über die General-Versammlung des Bundes der Landwirthe am 17. Februar 1894 im Feenpalast und in Kellers Festsälen zu Berlin. Berlin. Verlag: Bund der Landwirthe. 8°.

STENOGRAPHISCHER BERICHT der General-Versammlung des Bundes der Landwirthe am 18. Februar 1895 im Feenpalast zu Berlin. Berlin 1895. Druck von Wilhelm Issleib (Inhaber Gustav Schuhr). 8°.

STENOGRAPHISCHER BERICHT der General-Versammlung des Bundes der Landwirthe am 18. Februar 1896 im Circus Busch zu Berlin. Berlin 1896. Druck von Wilhelm Issleib. 8°.

Bericht, Stenographischer, über die 3. Generalversammlung des Gewerkvereins christlicher Bergarbeiter am 1. Februar 1897. Bochum, 1897. 34 S.

— stenographischer, der IX. Generalversammlung deutscher Müller u. Mühlen-Interessenten in Nürnberg vom 12. bis 16. Aug. 1876. Abgehalten unter dem Präsidium v. Jos. J. van den Wyngaert. Nebst Mitglieder-Verzeichniß d. Verbandes deutscher Müller u. Mühlen-Interessenten. gr. 8. (174 u. 62 S.) Leipzig 877. M. Schäfer. n. 3. —

Stenographischer Bericht über die 11. ordentliche General-Versammlung der Landwirtschaftlichen Provinzial-Genossenschaftskasse für die Mark Brandenburg und die Niederlausitz e.G.m.b.H. am 30. Mai 1906 zu Berlin. Berlin 1906. DGK

Stenographischer **Bericht** über die ordentliche Generalversammlung des 1869 gegründeten Verbandes deutscher Frauen(bildungs)- und Erwerbsvereine. 1. 10. u. 11. Okt. 1872 zu Darmstadt. — Darmstadt: Bergsträßer 1873. 8°

Bericht, stenographischer, über die erste ordentliche Generalversammlung des 1869 gegründeten Verbandes deutscher Frauen- und Erwerbvereine, gehalten am 10. und 11. Octbr. 1872 zu Darmstadt. gr. 8. (134 S.) Darmstadt 873, Diehl's Sortimentsh. *

— Stenographischer, über die I., III., V., VIII.—X., XIV., XVI.—XX. ordentliche General-Versammlung des Tierärztlichen Vereins für das vormalige Königreich Hannover. Hannover 64—82.

Stenographischer *Bericht* üb. die 7. ordentliche Generalversammlung d. thierärztlichen Vereins f. die Provinz Hannover. 1870. Hann. 1871. 47 S. P.

— stenographischer, der zehnten Generalversammlung des Verbandes deutscher Müller und Mühlen-Interessenten in Hannover vom 3. bis 7. Juni 1877. Abgehalten unter dem Präsidium von Jos. J. van den Wyngaert. gr. 8. (II, 52 S.) Arnstadt 878, Frotscher. *

— stenographischer, der XIII. Generalversammlung des Verbandes deutscher Müller in Dresden vom 6. und 7. Septbr. 1880. Abgehalten unter dem Präsidium von Jos. J. van den Wyngaert. gr. 8. (IV, 204 S. mit eingedr. Holzschn.) Berlin 881. (Leipzig, M. Schäfer.) *
Die Berichte der XI. und XII. Generalversammlung erschienen 1878 und 1879 und waren nicht im Handel.

— stenographischer, der XIV. General-Versammlung d. Verbandes deutscher Müller in Stettin vom 25. bis 28. Juni 1882. Abgeh. unter dem Präsidium v. Jos. J. van den Wyngaert. gr. 8. (IV, 202 S.) Ebend. 882. n. 2. —

Bericht, stenographischer, der XV. General-Versammlung des Verbandes deutscher Müller in Cassel vom 17. bis 20. Juni 1883. Abgehalten unter dem Präsidium von Jos. J. van den Wyngaert. gr. 8. (IV, 186 S.) Leipzig 883, M. Schäfer. *

— stenographischer, der XVI. General-Versammlung des Verbandes deutscher Müller in Breslau vom 22. bis 25. Juni 1884. Abgehalten unter dem Präsidium von Jos. J. van den Wyngaert. gr. 8. (IV, 164 S. mit 1 Holzschntaf.) Ebendas. 884. *

Bericht, stenographischer, der XVII. General-Versammlung d. Verbandes deutscher Müller in Augsburg vom 10. bis 14. Juli 1886. gr. 8. (IV, 93 u. 63 S.) Leipzig 886. Schäfer. n. 2. —

— stenographischer, der XVIII. General-Versammlung des Verbandes deutscher Müller in Mainz vom 17. bis 20. Juni 1888. Abgeh. unter dem Präsidium v. Jos. J. van den Wyngaert. gr. 8. (IV, 143 u. 59 S.) Leipzig 888. Schäfer. n. 2. —

— dasselbe, der XIX. General-Versammlung in Berlin v. 26. bis 29. Mai 1889. gr. 8. (IV, 105 u. 58 S.) Ebd. 889. n. 2. —

— dasselbe, der XX. General-Versammlung in Hamburg vom 6. bis 9. Juli 1890. gr. 8. (IV, 140 u. 62 S.) Ebd. 890. n. 2. —

— stenographischer, der XXI. General-Versammlung d. Verbandes deutscher Müller in Berlin vom 19. bis 22. Juni 1892. Abgeh. unter dem Präsidium v. Jos. J. van den Wyngaert. Nebst Mitglieder-Verzeichnis d. Verbandes deutscher Müller. gr. 8. (IV, 146 u. 62 S.) Leipzig 892. M. Schäfer. n. 2. —

— dasselbe. 22. Versammlung in Dortmund vom 18. bis 19. Juni 1894. gr. 8. (76 u. 38 S.) Ebd. 894. n. 2. —

— stenograph., d. XXIII. General-Versammlg. d. Verbandes deutscher Müller i. Straßburg i. E. v. 6.—8. Juni 1895. Abgeh. unt. d. Präsidium v. Jos. van den Wyngaert. gr. 8. (49 u. 47 S.) Leipzig 895. M. Schäfer. n. 2. —; f. Verbandsmitglieder gratis.

— dasselbe. XXIV. General-Versammlg. a. 5. Juni 1896 z. Berlin. gr. 8. (45 S.) Ebd. 896. n. 2. —; f. Verbandsmitglieder kostenlos.

— dasselbe. XXV. General-Versammlg. v. 13.—17. VI. 1897 i. Dresden. gr. 8. (III, 104 S.) Ebd. 897. n. 2. —; f. Verbandsmitglieder kostenlos.

—— stenogr., üb. d. 1. u. 2. Gen.-Vers. d. Ver. d. Stärke-, Stärkesyrups- u. Stärkezucker-Fabr. Deutschl. 8. (163) Berl. 68. 69, Oppenheim. à n. 1 —

— stenographischer, üb. die Gerichtsverhandlung gegen Otto Sartorius-Mussbach, Gutsbesitzer u. Weinhändler, Mitglied des Reichstages etc. zu Frankenthal 19—31. Dezbr. 1905. 1. Hälfte. (66 S.) 4. Neustadt a. d. H., D. Meininger. 1905. 1. 50.

— stenographischer, üb. die Gerichtsverhandlung gegen Otto Sartorius-Mussbach, Gutsbesitzer u. Weinhändler, Mitglied des Reichstages etc. zu Frankenthal 19.—31. Dezbr. 1905. 1. Hälfte. (66 S.) 4. Neustadt a. d. H. 906. D. Meininger. n. 1. 50

Bericht, stenographischer, über den I. allgemeinen deutschen Handwerkertag zu Dresden 1872. Dresden 1872

Verband d. Deutschen Juden. Stenografischer Bericht über die … Hauptversammlung. 1. Berlin 1905: H. S. Hermann. 8° [J.] [06. 6440

— stenogr., d. 28. deut. Juristentages betr. d. Frage d. Haftg d. Tierhalters § 833 BGB. Berl., J Guttentag.

—— stenograph., üb. d. Conferenz d. Delegirten deut. Gewerbe- resp. Handels- u. Gewerbe-Kammern in Leipzig am 25. u. 26. März 1878. 8. (248) Hamb. 78. (Gräfe). n. 3. —

Stenographischer Bericht über den Deutschen Kongress für Krüppelfürsorge veranstaltet von d. Deutschen Vereinigung f. Krüppelfürsorge E. V. 1. Hamburg & Leipzig: Voss 1910. 8° [10. 1523

— stenographischer, üb. den 1. deutschen Kongress f. Krüppelfürsorge, veranstaltet v. der deutschen Vereinigg. f. Krüppelfürsorge E. V. (Geschäftsstelle: Berlin W., Bayreutherstr. 13) am 31. III. 1910 im preuss. Herrenhause zu Berlin. (VI, 188 S.) gr. 8. Hamburg 910. L. Voss. 6. —

Bericht, stenographischer, über den 2. Kongress deutscher Kunstgewerbetreibender in Düsseldorf 1907. Berlin 1907

— stenograph., üb. d. 2. Kongress d. deut. Verbandes f. d. kaufmänn. Unterr.-Wesen, s.: Veröffentlichungen d. deut. Verbandes etc.

— stenograph., d. Anhalt-Bernburgischen Landtages, abgehalt. in Bernburg 1848. 4. (654 S.) Bernburg 848, Gröning. n. 5 ₰ 26 ngr

—— stenographischer, des anhalt-bernburgischen Landtages, abgehalten in Bernburg. 1848. 4. (654 S.) Bernburg 849, Gröning'sche Buchh. *

Nationalliberaler Parteitag für Westfalen in Bochum, abgeh. am 9. Okt. 1904. Stenographischer Bericht. Berlin: Deutsche Stimmen (1904). (51 S.) 8° [J.] [05. 487

— stenographischer, üb. den 5. deutschen Philatelisten-Tag in Berlin am 2., 3. u. 4. Septbr. 1893. gr. 8. (68 S.) Berlin 893. (Dr. H. Brendicke.) n.n. 1. 20

Bericht (Stenogr.) des Processes gegen den Dichter Ferd. Freiligrath, angeklagt der Aufreizung zu hochverrätherischen Unternehmungen durch das Gedicht: „Die Todten an die Lebenden", verhandelt zu Düsseldorf am 3. Oct. 1848. Hrsg. von Karl Arenz. 8°. Düsseldorf, Buddeus, 1848.

— stenographischer, über die Prozeß-Verhandlung in der berüchtigten Glogauer Angelegenheit betr. Agnes Sander, Antonie Drogand u. die Pionier-Offiziere Krause u. v. Richthofen verhandelt vor dem königl. Kreisgericht zu Glogau gegen den niederschlesischen Anzeiger. Leipzig 865. Wienbrack. gr. 8. (68 S.) 7½ ngr

Bericht, stenographischer, der Rede des Hrn. Rekt. Ahlwardt, über Judenflinten, den 16. Mai 1892 zu Magdeburg. 8. (24 S.) [Magdeb. 892. Sachs u. Schwerdtner.] Berl., Dewald. [— 15.] — 10

Stenographischer Bericht über die von Waldeck, Volkmar, Berends (und Zunz, Bruno Bauer, Jung, Kaalzow, Fr. J. Berends u. Stieber) im 4. größeren Wahlbezirk von Berlin gehaltenen Reden. Gedruckt bei C. Lindow. 11 Bl. Fol.
Flugblatt. Berlin, 30. Jan. 1849.

— stenographischer, üb. die Schwurgerichts-Verhandlung betr. die Klage d. altkathol. Alois Anton gegen den hochwürd. Hrn Ant. Scherner, Pfr. v. Biedermannsdorf. 8. (120 S.) Wien 873. Kirsch. n. — 40

— stenographischer, über die Schwurgerichts-Verhandlung zu Mannheim am 15. December 1880 gegen Michelis in Freiburg i/B. u. Pfarrer Rieks in Heidelberg wegen Schmähung der römisch-katholischen Kirche. gr. 8. (27 S.) Mannheim 880. Bensheimer's Verl. n. — 40

—— stenographischer, der öffentlichen Schwurgerichts-Verhandlung gegen den Kaufmann Anton Theilkuhl zu Magdeburg wegen Wechselfälschung und betrüglichen Bankerutts. Verhandelt am 14. Juli 1878. 8. (89 S.) Magdeburg 878, Rathke. *

— stenograph., üb. d. Schwurgerichtsverhandlgn geg. d. früheren Direktor d. Geraer Handels- u. Kreditbank Rossbach u. Genossen weg. betrüger. Bankerotts, Vergehen geg. das Aktiengesetz, Veruntreug v. Depots u. s. w. vor d. Schwurgericht in Gera. 8° (200) Lpzg 92. (Berl., R Eisenschmidt.) 1.60

— stenographischer, üb. die Schwurgerichtsverhandlungen gegen den früheren Direktor der Geraer Handels- u. Kreditbank Roßbach u. Genossen wegen betrügerischen Bankerotts, Vergehen gegen das Aktiengesetz, Veruntreuung v. Depots u. s. w. vor dem Schwurgericht in Gera. gr. 8. (200 S.) Leipzig 892. (R. Reisewitz.) n. 1. 60

—— stenographischer, über die 17. und 18. Sitzung des tirolischen Landtages vom 25. Febr. 1863. Die Glaubenseinheit in Tirol betr. 1. und 2., unveränd. Aufl. gr. 4. (76 S.) Innsbruck 863, Wagner'sche Universitäts-Buchh. *

[J.] Stenographischer Bericht über die Sitzungen der vom Präsidium d. deutschen Handelstags zur Vorberatg d. III. Buches §§ 315—346 [handschriftl.: 440] d. Entwurfs e. neuen Handelsgesetzbuches niedergesetzten IV. Unterkommission. *München: Buchdr. v. C. Wolf & Sohn (1896).* 1 Bl., 86 S.) 1 Bd 4. [96. 7011

—— stenogr., Sparig gegen Bebel, m. Belegen aus dem offic. Journal d. Pariser Commune u. fcsm. Brandbriefe d. Communemitgliedes T Ferré. 8. (30) Lpzg 76, (Heitmann). — 25

Zweite Verbandsversammlung und Arbeitsnachweiskonferenz vom 23. bis 26. Sept. 1900 in Köln. Stenographischer Bericht … *Berlin: C. Heymann 1901.* (VIII, 212 S.) 8° [J.]
— Schriften d. Verbandes Deutscher Arbeitsnachweise. No 3. [01. 12603

Bericht, stenographischer
8.—9., des deutschen Vereins für Jugendsparkassen ü. d. J. 1886—87/88. Frankfurt a. M. 1887/88. gr. 8.

—— stenographischer, der öffentlichen Verhandlung des niederbayerischen Schwurgerichts vom 16. Juli 1869 gegen den Redakteur des „Straubinger Tagblattes", Georg Aichinger, wegen „Amtsehrenbeleidigung". gr. 8. (55 S.) Straubing 869, Attenkofer.

Bericht, Stenographischer, über die Verhandlung vor dem Wiener Schwurgericht vom 22./4. 1884 betr. die Ehrenbeleidigungsklage d. N. Recheis ca Heinrich Reschauer. Wien 1884. H: *Lustgarten, Simon & Sigfried Kohn.* (EB)

— stenographischer, üb. die stadtgerichtliche Verhandlung betreffs der Ehrenkränkungs-Klage d. Dr. Rupprecht gegen Dr. v. Nußbaum in München. Mit erläut. Bemerkgn. Lex.-8. (XI, 138 S.) München 874. A. Ackermann in Comm. n. 1. –

Verhandlung der dritten Strafkammer des Königlichen Landgerichts I Berlin gegen [Heinrich] Leckert, v. Lützow u. Genossen v. 2. bis 7. Dec. 1896. Stenographischer Bericht. Hrsg. v. Otto Cohnen. *Berlin: J. Harrwitz Nachf. 1897.* (2 Bl., 291 S.) 1 Bd 8. [97. 6288

— stenographischer, der Verhandlung über die Trichinen-Frage in der Versammlung des Berliner Schlächtergewerks [am 15. Decbr. 1865] unter Betheiligung der Herren Prof. Virchow, Hertwig, Cohnheim, Urban u. A. Berlin 866. Stilke & van Muyden. gr. 8. (38 S.) n. 5 ngr

Stenographischer Bericht der Verhandlung in der Untersuchung wider die fünf Kirchenpatrone des Herzogthums Magdeburg vor dem Königl. Stadtgericht zu Berlin am 9. Juni 1859. Berlin 1859. 82 S. 8.

Stenogr. Bericht über die Verhandlungen des (Alt-)Katholiken-Congresses, abgehalten vom 22. bis 24. Septbr. 1871 in München. Mit e. histor. Einleitung u. Beilagen. München, Th. Ackermann, 1871. Gr. 8⁰. Hübscher Ppb.
XX—223 S.

STENOGRAPHISCHER BERICHT ÜBER DIE VERHANDLUNGEN IN DER ARMENPFLEGER-KONFERENZ zu Berlin am 26. und 27. November 1880. (Ohne bes. Titelblatt. — Gedruckt bei Julius Sittenfeld in Berlin.) fol.

Bericht, stenographischer, über die Verhandlungen der schweiz. Bundesversammlung betreff. die Gotthardfrage. Juli—Aug. 1878. Bern 1878.

Stenographischer Bericht über die Verhandlungen des Delegiertentages der Deutschen Konservativen Partei zu Berlin am 25. März 1903. Hrsg. v. Hauptverein d. Deutschen Konservativen f. dessen Mitgl. *Berlin 1903: Möller, Borel & Ginzel.* (86 S.) 8° [F.] [03. 5591

— Stenographischer, üb. d. Verhandlgn d. Delegierten-Tages d. deut. Werkmeister-Verbandes '10 u. '11. 8° Düsseldf, Werkmeister-Bh. (Nur dir.) d
'10. Hannover. (224) '10. 2 — ‖ '11. Strassburg i. E. (466) '11. 3 —

Stenographischer Bericht über die Verhandlungen der ausserordentl. Delegierten-Versammlung des deutschen Werkmeister-Verbandes am 29., 30. u. 31. März 1902 im Ev. Vereinshause zu Dessau. *Düsseldorf: Verband 1892.* (312 S.) 8° [F.] [02. 7947 b

Stenographischer Bericht über die Verhandlungen der Delegierten-Versammlung der Deutschen Konservativen am 30. Nov. 1906 im Architektenhause zu Berlin. Hrsg. v. Hauptver. d. Deutschen Konservativen f. s. Mitglieder. Berlin 1906: Möller & Borel. (114 S.) 8° [F.] [07. 3389

Bericht, stenographischer, über die Verhandlungen des Wiener Fortbildungsschulrates 1907/08-10/11. Wien 1909-12

Bericht, Stenographischer, über (die Verhandlungen) den 1. ff. Preußischen Fortbildungsschultag. Kiel u. Leipzig 1907 ff. 8°

— stenographisch., üb. die Verhandlungen des 2. preuss. Fortbildungsschultages zu Hannover am 3. u. 4. X. 1907. (123 S.) gr. 8. Hannover 908. Helwing. 1. —

— dasselbe üb. den 3. preuss. Fortbildungschultag vom 7.—9. X. 1909 zu Danzig. (III, 141 S.) gr. 8. Magdeburg 910. Creutz. 1. 50
I. s.: Zeitschrift f. das gesamte Fortbildungsschulwesen in Preussen. Sonderheft.

Bericht, Stenographischer.

—— über die Verhandlungen der 1.—19. Generalversammlung der Vereinigung der Steuer- und Wirthschafts-Reformer zu Berlin ... 1876—94, erstattet vom Bureau des Ausschusses. Berlin 1876—1894. 8. (D.)

— stenographischer, üb. die Verhandlungen der XXVIII. bis XXXI. General-Versammlung der Vereinigung der Steuer- u. Wirtschafts-Reformer. Erstattet vom Bureau des Ausschusses. gr. 8. Berlin (Friedenau, Allgemeine Verlagsagentur). à n.n. 2. —
XXVIII. am 10. II. 1903. Als Anh.: Statut u. Verzeichniß der Mitglieder. (IV, 146 S.) 903.
XXIX. am Dienstag, den 16. II. 1904 im Architektenhause zu Berlin. Als Anh.: Statut u. Verzeichnis der Mitglieder. (IV, 159 S.) 904.
XXX. am 14. u. 15. II. 1905 im Architektenhause zu Berlin. (IV, 220 S.) 905.
XXXI. am 13. u. 14. II. 1906 im Künstlerhause zu Berlin, Bellevuestraße 3. (V, 237 S.) 906.

— stenogr., üb. d. Verhandlgn d. 31—34. Gen.-Vers. d. Vereinigg d. Steuer- u. Wirtschafts-Reformer 06—9 zu Berlin. Erstattet v. Bureau d. Ausschusses. (Als Anh.: Statut u. Verz. d. Mitglieder.) (287, 144, 158 u. 183) gr8° Berl. (SW. 47, Hagelbergerstr. 18), Bureau d. Vereinigg d. Steuer- u. Wirtschafts-Reformer (Sekr. Stephan) '06—9. Je 2 — d

— Stenographischer, üb. d. Verhandlgn d. 35—37. General-Versammlg d. Vereinigg d. Steuer- u. Wirtschafts-Reformer '10—12 zu Berlin. Erstattet v. Bureau d. Ausschusses. gr8° Berl. (SW. 47, Hagelbergerstr. 18), Bureau d. Vereinigg d. Steuer- u. Wirtschafts-Reformer. je 2 — d
35. '10. (4, 180) '10. ‖ 36. '11. (Anh.: Statut u. Verz. d. Mitgl.) (4, 238) '11. ‖ 37. '12. (241) '12.

— stenographischer, über die Verhandlungen vor dem Geschwornen-Gerichte zu Berlin in der Anklage gegen den Ober-Tribunal-Rath Dr. Waldeck u. den Kaufmann Ohm: „von einem hochverräther. Unternehmen Wissenschaft erhalten, es aber unterlassen zu haben, davon der Obrigkeit Anzeige zu machen." [Abdr. aus der Deutschen Reform.] 8. (318 S.) Berlin 849, Decker. 1/3 ß

—— stenograph., üb. d. Verhandlgn d. 1. allg. deut. Handwerkertages zu Dresden 1872. 8. (134) Dresd. 72, (Kubel.) n. 1. 80

— stenographischer, über die Verhandlungen des 2. norddeutschen Handwerkertages zu Dresden am 16., 17. u. 18. April 1868, nebst Beilagen. Herg. von Wilh. Zeibler. Dresden 868. Heinsius in Comm. gr. 8. (58 S.) n. 15 ngr

Bericht, (Stenogr.) über die Verhandlungen des 1. sächsischen Handwerkertages zu Dresden. 8⁰. Berlin, s.a.

— stenograph., üb. d. Verhandlgn d. Jahresversammlg d. deut. Vereins f. Armenpflege u. Wohlthätigkeit etc., s.a. Schriften d. deut. Ver. für Armenpflege u. Wohlthätigkeit.

Stenographischer Bericht über die Verhandlungen der ... Jahresversammlung des deutschen Vereins für Armenpflege und Wohlthätigkeit. 7 ff. 1886 ff. Leipzig 1886 ff. = Schriften des deutschen Vereins für Armenpflege und Wohlthätigkeit. Heft 2, 5 ff. 8°.

—— stenographischer, über die Verhandlungen der 12. Jahresversammlung d. deutschen Vereins f. Armenpflege u. Wohlthätigkeit rc., s.a. Schriften d. deutschen Vereins f. Armenpflege u. Wohlthätigkeit.

Bericht (Stenographischer) über die Verhandlungen der 12. Jahresversammlung des Deutschen Vereins f. Armenpflege u. Wohlthätigkeit am 24. u. 25. Sept. 1891 in Hamburg, betreffend die Grenzen der Wohlthätigkeit, den Haushaltungsunterricht u. das Zusammenwirken zwischen öffentlicher Armenpflege u. Privatwohlthätigkeit. (Schrift. d. Deutsch. Ver. f. Armenpflege, 15. Heft.) gr. 8°. Leipzig, Duncker u. H., 1891.

[S.] Stenographischer Bericht über die Verhandlungen der siebzehnten Jahresversammlung des deutschen Vereins für Armenpflege und Wohlthätigkeit am 23. u. 24. Sept. 1897 in Kiel ... M. e. die gesamten, bis 1897 erschienenen Schriften d. Ver. umfass. Sachreg. *Leipzig: Duncker & Humblot 1898.* (3 Bl., 138, XV S.) 1 Bd 8.
= Schriften d. deutschen Vereins f. Armenpflege u. Wohlthätigkt. H. 34. [98. 250

Stenographischer Bericht über die Verhandlungen der Interessenten der Mühlenindustrie und der Landwirtschaft im Saalbau zu Ulm am 26. April 1898. München o. J. Kaps.

Stenographischer Bericht über die Verhandlungen der zweiten Kammer der kurhessischen Landstände, die Verfassungs-Angelegenheit betreffend. Cassel 1860. 72 S. 8.

—— stenograph., üb. d. Verhandlgn d. Katholiken-Congresses abgeh. v. 22. bis 24. Septbr. 1871 in München. 8. (229) Münch. 72, Th Ackermann. n. 3. —

Bund der Landwirthe ... — STENOGRAPHISCHER BERICHT über die Verhandlungen der zur Berathung des Antrages Kanitz niedergesetzten Kommission des Deutschen Reichstages. Berlin 1895. Druck von Wilhelm Möller. 8°.

Die Verhandlungen der Konferenz zur Beratung über die Organisation der inneren Kolonisation am 14. und 15. Juni 1909 zu Berlin im Geschäftsgebäude des Hauses der Abgeordneten. Stenographischer Bericht. Berlin 1909: Moeser. 251 S. 8° [10. 3331 6

— stenographischer, üb. die Verhandlungen des 1. deutschen Kongresses f. Säuglingsschutz u. der Mitgliederversammlung der deutschen Vereinigung f. Säuglingsschutz am 19. VI. 1909 in Dresden. (143 S.) Lex. 8. Berlin 909. G. Stilke. 2. —

[Umschlagt.:] Verband Deutscher Okkultisten. Stenographischer Bericht über die Verhandlungen auf dem ersten Kongress Deutscher Okkultisten v. 23.—26. Mai ... 1896 in Berlin ... *Leipzig: M. Spohr (1896).* (59 S.) 1 Bd 8. [97. 2428

— stenograph., üb. d. Verhandlgn auf d. 1. Kongr. deut. Okkultisten, Berlin 1896. Hrsg. v. Verband deut. Okkultisten. 8° (59) Lpzg 97, E Fiedler. 1.20

— stenograph., üb. d. Verhandlgn. a. d. ersten Kongress deutscher Okkultisten v. 23.—26.V. (Pfingsten) 1896 i. Berlin. Hrsg. v. Verb. deutscher Okkultisten. gr. 8. (59 S.) Leipzig 897. M. Spohr. n. 1. 20

Bericht (Stenogr.) über die Verhandlungen des Congresses deutscher Tabaks-Interessenten zu Berlin am 3. und 4. März 1879. 8°. Berlin 1879.

Bericht, stenographischer
über die Verhandlungen des 6.—22. Congresses deutscher Volkswirthe. Im Auftrage der ständigen Deputation herausg. ... Berlin 1863—85. gr. 8.
(Vorher: Verhandlungen d. Congresses.) . . . . (LHK.; HC.)
6. Congress ... zu Dresden ... 1863., 7. ... zu Hannover ... 1864., 8. ... zu Nürnberg ... 1865., 9. ... zu Hamburg ... 1867., 10. ... zu Breslau ... 1868., 11. ... in Mainz ... 1869., 12. ... in Lübeck ... 1871., 13. ... in Danzig ... 1872., 14. ... in Wien ... 1873., 15. ... zu Crefeld ... 1874., 16. ... in München ... 1875., 17. ... in Bremen ... 1876., 18. ... in Posen ... 1878., 19. ... in Berlin ... 1880., 20. ... in Mannheim ... 1882., 21. ... in Königsberg ... 1883.

STENOGRAPHISCHER BERICHT ÜBER DIE VERHANDLUNGEN DES VOLKSWIRTHSCHAFTLICHEN CONGRESSES zu Elbing am 27. und 28. August 1860. Danzig. 1860. Druck von A. W. Kafemann. 8°.

STENOGRAPHISCHER BERICHT ÜBER DIE VERHANDLUNGEN DES 3. VOLKSWIRTHSCHAFTLICHEN CONGRESSES zu Königsberg am 12. und 13. December 1861. Danzig. 1862. Druck von A. W. Kafemann. 8°.

Stenographischer Bericht über die Verhandlungen des 4. deutschen Kornhaustages am 26. Juni 1906 zu Erfurt. Darmstadt 1906.

— stenographischer, üb. d. Verhandlungen d. VI. Deutschen Lehrertages zu Hannover. Nach Gabelsbergers System stenographiert v. M. Weiß u. M. Fröhliger. [Aus: „Allgem. deutsche Lehrerzeitg."] gr. 8. (159 S.) Hannover 886. (Lindemann.) n. 1. —

Stenogr. Bericht über d. *Verhandlungen der deutschen constituirenden Nationalversammlung zu Frankfurt a. M.* Hrsg. auf Beschluss der — durch die Redactions-Commiss. u. in deren Auftrag von Prof. *Franz Wigard.* 237 Nrn. (cplt. in 9 Bdn., nebst Reg.-Bd.). Frankf. a. M. Gedr. bei Joh. Dav. Sauerländer. 1848—50. 4°. Ppbde. (10 voll.)
6886 fortl. S. u. 132 S. Inh.-Vers.

— stenographischer, über die Verhandlungen der deutschen constituirenden Nationalversammlung zu Frankfurt a. M. Hrsg. auf Beschluß der Nationalversammlung durch die Redaktionskommission u. in deren Auftrag v. Frz. Wigard. 1—6. Abonnement. (à 100 Bog. oder à ca. 26 Nrn.) gr. 4. Leipzig 848. 49, Breitkopf & Härtel in Comm. (à Abonnement n. 2/3 ℛ) n. 4 ℛ

— stenographischer, üb. die Verhandlungen des Deutschen Parlaments zu Erfurt. Staatenhaus Bog. 1—11 u. Volkshaus Bog. 1—26. Imp. 4. Erfurt 850. (Otto.) 75 Bog. baar n. n. 1 1/2 ℛ

Bericht, stenograph., üb. d. Verhandlgn. d. 6. deutschen Philatelistentages i. Kiel a. 15. u. 16. Juli 1894. gr. 8. (96 S.) Kiel 894. (Berlin, H. Brendicke.) n. n. 1. 50

Stenographischer Bericht über die Verhandlungen des ... Rheinischen Provinziallandtags. 37. ff. 1892 ff. Düsseldorf. 1892 ff. 4°.

Stenographischer Bericht über die Verhandlungen des 27. ff. Schlesischen Provinzial-Landtages. Redigirt im Stenographen-Bureau. Breslau. 1879 ff. Siehe in: Verhandlungen des Provinzial-Landtages der Provinz Schlesien. 27 ff. 4°.

Stenographischer Bericht über die Verhandlungen des Prozesses betr. Rheinische Effectenbank in Köln. Verhandelt vor dem Zuchtpolizeigericht zu Köln. Köln 1876.

—— stenographischer, über die Verhandlungen des zweiten Realschultages zu Braunschweig vom 1. bis 3. Octbr. 1874. gr. 8. (79 S.) Berlin 874, Gülker und Comp. *
Aus: Central-Organ für die Interessen des Realschulwesens, besonders abgedruckt.

— stenographischer, üb. die Verhandlungen d. 2. Realschultages zu Braunschweig vom 1. bis 3. Octbr. 1874. [Aus: „Central-Organ f. die Interessen d. Realschulwesens".] gr. 8. (79 S.) Bielefeld 874. Gülker & Co. n. 1. 50

—— stenograph., üb. d. Verhandlgn d. 2. Realschultages zu Braunschweig vom 1. bis 3. Octbr. 1874. 8. (79) Lpzg 74, Gülker u. Co. n. 1. 50

—— stenogr., üb. d. Verhandl. d. verstärkten Reichsrathes betr. d. Berathg d. Gutacht. d. Comité's z. Prüfg d. Staats-Voranschlages. 4. (475) Wien 60, (Kirsch.) n. 1. —

— stenografischer, über die Verhandlungen des verstärkten Reichsrathes betr. die Berathung des Gutachtens des Comité's zur Prüfung des Staats-Voranschlages. Beilage zum „Vaterland." Wien 860. (Mechitharisten-Congreg.-Buchhdlg.) 4. (475 S.) n. 1 ℛ

(Bericht.) Verhandlungen des deutschen Städtetages. Berlin 17. Mai 1879. Stenographischer Bericht. O. O. o. J. [Berlin 1879.]

Bericht, Stenographischer, über die Verhandlungen des 20. ff. ordentlichen Brandenburg'schen Städtetages. Charlottenburg [u. a.] 1897 ff. 4°

20. 1. Schwedt a. O. am 25. u. 26. Juni 1897.
21. 1. Sorau N. L. am 19. u. 20. Sept. 1898.
23. 1. Spremberg am 25. u. 26. Juni 1900.
27. 1. Cottbus am 19. u. 20. Sept. 1904.
26. 1. Charlottenburg am 18. u. 19. Sept. 1905.
29. 1. Küstrin am 24. u. 25. Sept. 1906.
30. 1. Havelberg am 17. u. 18. Juni 1907.
31. 1. Frankfurt a. O. am 22. u. 23. Juni 1908.
32. 1. Rixdorf am 20. u. 21. Sept. 1909.
33. 1. Landsberg a. d. W. am 6. u. 7. Juni 1910.

— stenographischer, über die Verhandlungen d. Deutschen Vereins für Armenpflege u. Wohlthätigkeit am 11. u. 12. Novbr. 1881 zu Berlin, nebst den für diese Verhandlgn. erstatteten Berichten u. den Satzungen d. Vereins. gr. 8. (324 S. m. 1 Tab.) Berlin 882. C. Heymann's Verl. n. 4. —

— stenographischer, üb. die Verhandlungen d. Deutschen Vereins f. Armenpflege u. Wohlthätigkeit am 7. u. 8. Oktbr. 1882 zu Darmstadt, nebst den f. diese Verhandlgn. erstatteten Berichten. gr. 8. (228 S.) Berlin 883. C. Heymann's Verl. n. 3. —

— dasselbe. Am 5. u. 6. Oktbr. 1883 zu Dresden. gr. 8. (IV, 274 S. m. Tab.) Ebend. 884. n. 3. 60

—— über die Verhandlungen des deutschen Vereins für Armenpflege und Wohlthätigkeit, Stenographischer, 1881 zu Berlin, 1882 zu Darmstadt, 1883 zu Dresden, 1885 in Bremen, 1886 zu Stuttgart, 1887 zu Magdeburg, 1888 zu Karlsruhe, 1889 zu Kassel, 1890 in Frankfurt a. M., 1891 in Hamburg, 1893 in Görlitz, 1894 in Köln, nebst den für diese Verhandlungen erstatteten Berichten. Leipzig 1886—94 8.
1881 ff. sind: Schriften d. deut. Vereins f. Armenpflege etc. H. 2., 5., 7., 9., 13., 15., 17. . (HC.; D.)

Bericht, Stenographischer, über die Verhandlungen des Deutschen Vereins für Armenpflege und Wohltätigkeit. *[Wird fortges.]*

24: am 25. u. 26. Aug. 1904 in Danzig. Mit e. . . Sachreg. 1904.
25: am 21. u. 22. Sept. 1905 in Mannheim. 1905.
26: am 3. März 1906 in Berlin. 1906.
27: am 19. u. 20. Sept. 1907 in Eisenach. 1907.
28: am 17. u. 18. Sept. 1908 in Hannover. 1908.
29: am 23. u. 24. Sept. 1909 in München. Tl 1. 2. 1909.
Tl 1: m. Sachreg. u. e. vollst. Verzeichn. über alle bis Ende 1909 erschien. Vereinsschriften.
(Schriften d. deutschen Ver. f. Armenpflege u. Wohltätigkeit. H. 71 ff.)

— — über die Verhandlungen der 1. Versammlung des volkswirthschaftlichen Congresses zu Gotha . . . 1858.
Ist enthalten in: Der Arbeitgeber. Frankfurt a. M. 1858. Beilage zu Nr. 107 ff.

Bericht, Stenographischer, der 1. allgemeinen Versammlung deutscher Müller u. Mühlen-Interessenten in Berlin . . . 1867; der 2. . . . in Berlin . . . 1868; der 3. . . . in Leipzig . . . 1869.; der 4. . . . in Stuttgart . . . 1870; der 5. . . . in Köln . . . 1871; der 6. . . . in Berlin . . . 1872; der 7. . . . in Frankfurt a. M. . . . 1874; der 8. . . . in Hamburg . . . 1875; der 9. . . . in Nürnberg . . . 1876; der 10. . . . in Hannover . . . 1877; der 11. . . . 1878 und der 12. . . . 1879 [nicht im Handel.] Leipzig 1867—77. Arnstadt 1878. 8.
[Später: Stenogr. Bericht der Generalversammlung . . .]
——, —— d. 19. . . . in Berlin . . . 1889; d. 20. . . . in Hamburg . . . 1890; d. 21. . . . in Berlin . . . 1892; d. 22. . . . in Dortmund . . . 1894. Leipzig 1889—92. 8.

—— stenogr., d. 1. allg. Vers. deut. Müller u. Mühlen-Interess. in Berlin 1867. 8. (131) Lpzg 67, M Schäfer. *n.* — 15. || 2. u. 3. Vers. 1868 u. 69. (268) 68. 69. à *n.* — 20

STENOGRAPHISCHER BERICHT über die Versammlung des Bundes der Landwirthe zu Mainz am 25. März 1893. Berlin. Verlag: Bund der Landwirthe. 8°.

STENOGRAPHISCHER BERICHT über die Versammlung des Bundes der Landwirthe zu Posen am 24. März 1893. Berlin. Verlag: Bund der Landwirthe. 8°.

— stenogr., üb. d. Vers. d. „Bundes deut. Nahrgsmittel-Fabrikanten u. -Händler, Nürnberg" in Berlin 09. Tagesordng: Essig u. Holzessigsäure (Essigessenz). (34) 30,5×23,5 cm. Ebd. ('09). 1 — d

Bericht, Stenographischer, über die von der Handelskammer Dresden einberufene Versammlung gegen die Einführung von Schiffahrtsabgaben. Dresden 1907. 4°.

Stenographischer **Bericht** über die Versammlung des Hansa-Bundes für Handel, Gewerbe und Industrie am Sonntag d. 20. Febr. 1910 ... zu Halle a. S. (Halle 1910: Gebauer-Schwetschke.) 22 S. 8°
[10. 10516 3

—— stenograph., üb. d. kirchl. Versammlg f. Rheinland u. Westfalen im Ev. Vereinshause zu Barmen am 20. Oktbr 1886. 3. Afl. 8. (40) Barm. 86, Wiemann. *n.* — 30

—— 2. Versammlung des Congresses deutscher Volkswirthe zu Frankfurt a. M. . . . 1859. Stenographischer Bericht.
Ist enthalten in: Arbeitgeber. Herausg. von M. Wirth. Beilage zu Nr. 159.

Stenographischer **Bericht** über die konstituirende Versammlung des Bundes der Landwirthe am 18. Februar 1893 im Saale der Tivoli-Brauerei zu Berlin. *Berlin: Bund d. Landwirthe (1893).* (62 S.) 8° [F.] 101. 95,8

—— stenograph., d. 4. Versammlg deut. Müller u. Mühlen-Interessenten in Stuttgart am 30. u. 31. Mai u. 1. Juni 1870. 8. (175) Lpzg 70, M Schäfer. *n.* 3. — || 5. Versammlg in Köln a/R. am 3. u. 4. Septbr. 1871. (140) 72. *n.* 2. — || 6. Versammlg. (149) 73. *n.* 3. — || 7. Versammlg in Frankfurt a/M. 1874. (158) 74. *n.* 2. 25

—— stenograph., der 8. Versammlg deut. Müller u. Mühlen-Interessenten in Hamburg am 7. u. 8. Juni 1875. 8. (170) Lpzg 76, M Schäfer. || 9. Generalversammlg in Nürnberg vom 12—16. Aug. 1876. (236) 77. à *n.* 3. —

Stenographischer **Bericht** über die Versammlung vom 12. Juni 1909 im Zirkus Schumann zu Berlin betreffend Reichsfinanz-Reform und Gründung des Hansa-Bundes. Berlin: Hayn 1909. 63 S. 8° [09. 15416

Bericht, stenographischer, über die Versammlung der Torfinteressenten zu Schwerin am 22. Novbr. 1876. gr. 8. (72 S.) Rostock 877. (Bützow, Berg.) *

— stenographischer, über die Versammlung der Torfinteressenten zu Schwerin am 22. November 1876. gr. 8. (72 S.) Rostock 877. (Schwerin, Schmiedekampf.) n. 2. —

— stenographischer, über die Versammlung des Vereins der Stärke- u. Stärke-Syrups-Fabrikanten Deutschlands am 15. Febr. 1868. Redig. vom Vorstand des Vereins. Berlin 868. Gerschel. gr. 8. (84 S.) 1 ℳ

—— stenographischer, über die Versammlung der Vertreter der landwirthschaftlichen Vereine und rationeller Landwirthe, welche auf Veranlassung des Wirthschaftsrathes Franz Horsky den 28. Juli 1863 im großen Karolinsaale in Prag abgehalten wurde. 8. (98 S.) Prag 863, Petrik. *

Stenographischer Bericht über die Volksversammlung zu Frankfurt a. M. am 12. April 1849, die deutsche Verfassungs-Angelegenheit betreffend. (Frankfurt a. M.) 8 S. 8°.

Bericht, stenographischer, üb. die am 27. III 1905, abends 8 Uhr in den „Tannensälen" zu Pirna abgehaltene große öffentliche Volks-Versammlung, einberufen vom Gastwirts-Vereine Pirna u. Umgebg.: „Die Alkoholfrage u. die Übertreibgn. der Abstinenzler". Referent: Herr Oswald Zimmermann. (24 S.) gr. 8. Dresden (905). (C. Heinrich.) n. — 20

Bericht, Stenographischer, über die 30. Vollversammlung des Deutschen Handelstags in Berlin am 24. und 25. März 1904. Berlin

— der schweiz. Sterbe- und Alterskasse über das Jahr 1884. In-4°, 19 S. Basel, Buchdruckerei von Fr. Bürgin. 1885?

Schweizerische Sterbe- und Alterskasse (in Basel). Caisse de prévoyance suisse. 19. Bericht über das Jahr 1900. 26 S. 4. Basel, Fr. Bürgin, 1901.

Schweizerische Sterbe- und Alterskasse (in Basel), Caisse de prévoyance suisse. 20. Bericht über das Jahr 1901. [Mit Beilage.] 27 + *Beilage* 25 S. 4. Basel, Fr. Bürgin, 1902.
Beilage u. d. T.: Die Schweizerische Sterbe- und Alterskasse ... in den Jahren 1882—1901.... Basel, Fr. Bürgin, 1902.

Schweizerische Sterbe- und Alterskasse (in Basel) = Caisse de prévoyance suisse. 21. Bericht über das Jahr 1902. 27 S. 4. Basel, Fr. Bürgin, 1903.

Bericht über den Sterbekassen-Verein der Freimaurer-Logen in Dresden. Für 1851—1857.

Bericht der kgl. Sternwarte zu Berlin f. d. J. 1866—71. (W. Foerster.)

Bericht über die im Kanton Bern... gesammelten Steuern für die Wasserbeschädigten vom 27. August 1835 *s.* (May, [Albrecht] F[riedrich]).

Bericht über die Stickerei-, Baumwoll- und Maschinen-Industrie auf der Ausstellung in Philadelphia 1876. Winterthur 1877

Bericht über die Stiftung und den Bau des Vorosj nöer Bezirks-Spitals, erstattet durch den Verwaltungs-Ausschuß des borosjenöer Bezirks-, Armen- und Krankenhauses im Monat August 1857. Arod, 1857. Buchdr. von H. Goldscheider. (16 S. 4.) (Mit einem lithographir. Plane des Spitals.) (Deutsch und Ungarisch zugleich.)

Bericht über die seit 25 Jahren bestehende Stiftung der Loge Ferdinand zum Felsen 1868—1893. Hamburg [1893]: Altschwager. 22 S. 8° [Umschlagtit.]

BERICHT ÜBER DIE STIFTUNGSFEIER der Juristischen Gesellschaft zu Berlin am 8. Mai 1869. (Mit 1 Tafel. — Ohne bes. Titelblatt. Druck von G. Jansen in Berlin.) 4°.

Bericht über das 25jährige Stiftungsfest des Brudervereins in Schmölln den 11. März 1892 nebst einem Verzeichnis der Brüder, welche demselben angehört haben und noch angehören. Leipzig [1892]: Vollrath. 40 S. 8°
Anderer Bericht in: FZ. 46 (1892) S. 110 bis 112, 282—287, 291—294.
Reden von E. Lehmann, K. Höhn: Gesch. des Vereins.

Bericht über das 25jähr. Stiftungsfest des Akademischen Turnvereins zu Breslau, 1901, 40 S., 8°.

Bericht über das 15jährige Stiftungsfest der deutschen Studentenverbindung Germania zu Lausanne . . Marburg 1902. V Firnhaber, Walter Rudo'f. (Berl)

[F.] Bericht über das 50. Stiftungsfest der Burschenschaft Alemannia zu Bonn . . . vom 28. bis 31. Juli 1894. (Berlin: Langenscheidtsche Buchdr. 1894.) (35 S.) 1 Bd 8.

Bericht über das fünfzigjährige mit der Einweihung der neuen Räume verbundene Stiftungsfest der Loge zur alten Linde in Dortmund am 8. Okt. 1905. Dortmund 1905: Crüwell. 33 S. 8°
cf. Bbl. 19 (1905) S. 741—746 (W. K.).
Die Festrede von P. Sartori: Mahnung, wahre Frmr zu sein.

Bericht über das Stiftungsfest der Universität am 2. Mai 1877 bei Anwesenheit Seiner Majestät des Kaisers Wilhelm I. Bericht über die Preisbewerbung für das Jahr 1876/77 und über die Preisaufgaben für das Jahr 1877/78. Strassburg, Buchdr. R. Schultz u. Comp. Berger-Levrault's Nachf., 1877. 8. 31 S.

— üb. d. Prozess Stöcker contra Freie Zeitung. Tendenzfreie Asg. 8. (36) Berl. 85, Issleib. — 20

— über das Geschäftsjahr 1905 der Molkereigenossenschaft Stolp i. P., s.a. Schriften des deutschen milchwirtschaftlichen Vereins.

Bericht üb. das Geschäftsjahr 1905 der Molkereigenossenschaft Stolp i. P. . . . Leipz. 1906.
(Schriften d. deutschen milchwirtschaftlichen Vereins 32). 523.

Bericht des ständigen Strafgesetzausschusses üb. die Regierungsvorlage betr. e. neues Strafgesetz üb. Verbrechen, Vergehen u. Übertretungen, u. d. dazu gehörigen Einführungsgesetzes. 1889. Lex.-8. (248 S.) Wien 889, Hof- u. Staatsdruckerei. * 1 60

Bericht der Handelskammer Strassburg i. E. für 1871-75. Strassburg 1875

Bericht betr. Zürcher Strassenbahnen der Tit. Direction der öffentl. Arbeiten des Kantons Zürich erstattet von den Experten Joh. E. Brüstlein, Ing., E. Riggenbach, Ing. 4 Pläne u. 4 Karten m. Text. In Mappe. In-4°. Zürich, Hofer u. Burger. 1892? 5 —

Strassenbahn-Verwaltung der Stadt Winterthur. 4. Winterthur, Geschwister Ziegler.
3. Bericht und Rechnung pro 1900. 17 S. 1901.
4. Bericht und Rechnung pro 1901. 17 S. 1902.

Bericht von dem herrl. Streich, welchen die Kroatischen Granitzer den Türcken in Kroatien nach St. Catharina im Zriner Feld den 3. Juni 1717 beigebracht. 4. München 1717.

Deutscher Arbeitgeberbund f. d. Baugewerbe. Bericht über die diesjährigen Streiks im deutschen Baugewerbe. (Berlin 1903.) (30 S.) 4° [Kopft.]

(Kantonale) Landw(irtschaftliche) Schule Strickhof[-Zürich IV]. Bericht umfassend das Schuljahr 1900/1901. Erstattet an die tit. Direktion der Volkswirtschaft. [Mit Figuren.] 35 S. 8. Zürich, J. Rüegg, 1901.

(Kantonale) Landw(irtschaftliche) Schule Strickhof-[Zürich IV]. Bericht umfassend das Schuljahr 1901/1902. Erstattet an die Direktion der Volkswirtschaft. [Mit 2 Tabellen.] 49 S. 8. Zürich, J. Rüegg, 1902.

— üb. d. 1. allg. Studenten-Konferenz d. „Studentenbundes f. Mission", Halle 1897. 8° (104) Halle 97, (J Fricke's S.). 1 —

Bericht über die Studien und Versuche für Neubewaffnung der Artillerie. 1901—1903. Bern 1903: Haller. (60 S.) 8°
— Zeitschrift, Schweizerische, f. Artillerie u. Genie. Jg. 39, No 5, Beil.
— Blätter, Schweizerische Militärische. 1903, [Abt. 1], No 5, Beil.

Bericht der Studiengesellschaft für den Ausbau elsaß-lothringischer Wasserstraßen, G. m. b. H., Straßburg i. E. über das Projekt eines Rheinseitenkanals. Straßburg i. E., [1904]. 27 S.

— über e. bauwissenschaftliche Studienreise nach der Pommerschen Küste. Ausgeführt unter der Leitg. d. Hrn. L. Hagen im April d. J. 1885. Hrsg. v. den Reisegenossen. Mit 21 Taf. Lex.-8. (VI, 94 S.) Berlin 887, Springer. cart. n. 6. —

— über die Studienreise der Maschinenbau-Abteilung an d. grossherzogl. techn. Hochschule zu Darmstadt. 27. VII.—5. VIII. 1898. Lex.-8. (119 autogr. S. m. Fig.) Darmstadt 899. (A. Bergsträsser.) n.n. 8. —

Bericht üb. die Studienreise v. Nahrungsmittelchemikern nach Holland 4.—9. Oktober 1908. Den Haag 1909. 125 S. Fig.
(Ministerium f. Landwirtschaft, Gewerbe u. Handel. Generaldirektion f. Landwirtschaft).

Bericht über die von mehreren Mitgliedern des österreichischen Ingenieur- und Architekten-Vereins im Mai 1890 unternommene Studienreise nach Konstantinopel. Wien 1890. V: Gassebner, Ludwig. (EB)

— üb. d. v. Reichsverb. veranstalt. Studienreise n. Dänemark zwecks Studiums d. dän. Schlächtereigenossensch., s.a. Genossenschaftsbibliothek, deut. landw.

Bericht üb. die v. Reichsverbande veranstaltete Studienreise nach Dänemark zwecks Studiums der dänischen Schlächtereigenossenschaften. Darmstadt 1907. 32 S. P.
(Deutsche landwirtschaftliche Genossenschaftsbibliothek. 12).

— 50., d. Handelskammer Stuttgart üb. 05/6. 2 Tle. (197 u. 242) gr8° Stuttg., (C Grüninger) '07. 1 — (1. Tl d)
Bisher u. d. T.: Jahresbericht. — Fortsetzg s.: Jahresbericht.

Bericht der Volksbibliothek Stuttgart 1902-06. Stuttgart 1903-07

Bericht der Volksbibliothek Stuttgart. 1907-12. Stuttgart 1907-12

Bericht des Seitens der Wasserversorgungs-Kommission gewählten Subkomités zur Überprüfung der von der Firma C. Korte & Comp. in dem Schreiben vom 25. Juni 1888 enthaltenen Betriebsabrechnung und Erhebung derjenigen Beträge, welche aus der Einführung der Kanalisation in Verbindung mit einer Wasserleitung zu erwarten sind. Czernowitz: Selbstverl. d. Magistrats 1889.

Aargauischer Verfassungsrath. **Bericht** der Subkommission III betr. Finanzen u. Steuern. Aarau: Sauerländer 1884?

Bericht der Subkommission Nr. IV an die Grossrathkommission betreffend die Bern-Luzern-Bahn. [Bern 1875.] V: *Zyro, C., Michel & Scheurer.* (BSchwLk V 9 h)

Südbahn-Anleihen. Bericht. Aarau 1875. (33 St. in-4.)

Neue Schweizerische Aktiengesellschaft Sumatra, Solothurn. Bericht über das Rechnungsjahr 1900 u. 1901. *je* 8 S. 4. Solothurn, Gassmann, Sohn, 1901 u. 1902.

Bericht, Summarischer, nebst beygefügter Bitte und Erbieten: betreffend ein gemein erspriessliches Vorhaben, welches bereits in der Frankfurter Ostermesse 1716 ... zu bestem Behuf und Beförderung aller wahren und rechtschaffenen Gelehrtheit, ist vorgeschlagen und eröfnet ... worden ... Frankfurt 1719. V: *Lange, Johann Christian.* (ML) (stri)

— summar., d. Handels- u. Gewerbekammer in Brünn üb. d. geschäftl. Verhältnisse in ihrem Bezirke währ d. J. 1889, 1890, 1892—1894. 8° Brünn, Verl. d. Handels- u. Gewerbekammer. 17 —
1889. (162 m. 1 graf. Taf.) 90. 3 — ‖ 1890. (159) 91. 3 — ‖ 1892. (163) 93. 3 — ‖ 1893. (203 m. 11 Tab.) 4 — ‖ 1894. (211) 95. 4 —
Der Bericht üb. d. J. 1891 ist vergriffen.

— summar., d. Handels- u. Gewerbekammer in Brünn üb. d. geschäftl. Verhältn. in ihrem Bez. währ. d. J. 1895. 8° (226) Brünn 96, Handels- u. Gewerbekammer. ‖ 1896. (215) 97. à 4 —

— summar., d. Handels- u. Gewerbekammer in Brünn üb. d. geschäftl. Verhältnisse in ihrem Bezirke währ. d. J. 1897—1900. (199, 228, 235 u. 258) 8° Brünn, (C Winkler) 1898-'01. Je nn 4 — d

— summarischer, der Handels- u. Gewerbekammer in Olmütz üb. die geschäftlichen Verhältnisse in ihrem Bezirke während d. J. 1889. gr. 8. (XXIV, 167 S.) Olmütz 890. (Hölzel.) n. 1.40

summarischer, der Handels- u. Gewerbekammer in Olmütz üb. die geschäftlichen Verhältnisse in ihrem Bezirke während d. J. 1890—93. gr. 8. (XXIII, 129; XVIII, 114; XVIII, 78 u. XXII, 81 S. m. 1 graph. Taf.) Olmütz 891—894. (E. Hölzel.) à n. 2.80

— summarischer, der Handels- u. Gewerbekammer in Olmütz, Fortsetzg., s.: Jahresbericht.

— summar., der Handels- u Gewerbekammer f. Schlesien. 1898. 99. Troppau 1899. 1900

Bericht, summ., d. Handels- u Gewerbekammer f. Schlesien. 1900. Troppau 1901

Bericht, summar., d. kärntner. Handels- u. Gewerbekammer üb. d. Geschäftsverhältnisse in Kärnten 1879 u. 1880. 8. (25) Klagenf. 81, (Heyn). n. — 80

Bericht, Summarischer, der Handels- und Gewerbekammer Leoben über den Zustand der Gewerbe, des Handels und des Verkehres in Obersteier vom Jahre 1868. 8. Leoben, am 30. Juni 1869.

Bericht, summarischer, über die Rheinkorrektion im Domleschger-Thal. Zürich 1841. 4.

Summarischer **Bericht** von dem gegenwärtigen durch ein Supplicationsgesuch alterirten u. der Zeit sich befindenden Statu causae i. S. Hohenlohe-Neuenstein contra Hohenlohe-Waldenburg in pto. diversorum attentatorum et gravam. religionis. o. O. 1749. [13 in II.]

Bericht, Summarischer, von dem spanischen Successionsstreite und dem darauf erfolgten wienerischen Frieden. O. O. 1725. V: *Evers, Joachim Dietrich.* (schr)

Bericht. Summarischer B' der Theilungs-Ausschüsse an E. E. Grossen Rath des Kantons Basel-Stadttheil über die Theilungs-Verhandlungen und deren Ergebniss. Nebst verschiedenen Beilagen und den ergangenen Urtheilen und Beschlüssen des Schiedsgerichts [als Anhang]. Eingegeben am 5 October 1835. 4. Basel [1835].

—— summarischer, der Theilungs-Ausschüsse an E. E. Großen Rath d. Kantons Basel-Stadttheil üb. d. Theilungs-Verhandln. u. deren Ergebniß. Nebst verschied. Beiln. u. d. ergang. Urtheilen u. Beschlüssen d. Schiedsgerichts. Eingegeb. am 5 Oct. 1835. gr. 4. (43½ B.) Basel 836, Schweighauser'sche Bh. *

Bericht, Summarischer, betreffend die Verhältnisse der Industrie, des Handels und Verkehres Oberösterreichs in den Jahren 1868 und 1869. (Mit 3 Tabellen.) 8. Linz 1870.

Bericht, Summarischer, betreffend die Verhältnisse der Industrie, des Handels und Verkehres Oberösterreichs im Jahre 1877. Erstattet von der Handels- und Gewerbekammer in Linz an Seine Excellenz den Herrn k. k. Handelsminister. Linz 1878.

Summarischer **Bericht** über die wirthschaftlichen Verhältnisse des Herzogthumes Salzburg im Jahre 1892. Erstattet von d. Handels- u. Gewerbekammer f. d. Herzogth. Salzburg. Salzburg: Handels- u. Gewerbekammer 1893. 50 S. 8° A 12.10730

— summarischer, üb. die wirtschaftlichen Verhältnisse d. Herzogth. Salzburg im J. 1892. Erstattet v. der Handels- u. Gewerbekammer f. das Herzogth. Salzburg an Se. Exc. den Hrn. Handelsminister. gr. 8. (50 S. m. 1 Tab.) Salzburg 893. (H. Kerber.) n.n. 1. —

Bericht von der Halbinsel Sundewitt und dem Glücksburgischen Erblande, ... Altona 1778. V: *Gude, Joh. Christian.* (EngG) (Ky) (MS) (schles)

— v. d. Halbinsel Sündewitt u. d. Glücksburg. Erblande. gr. 8. Flensb. 788. Korte. 12 ℛ

Bericht des Superintendenten von Galizien über den Zustand der Diözese, sowie Protokolle und Beschlüsse der Superintendentialversammlung der Galizisch-Bukowiner Superintendenz von . Lemberg: Selbstverl. 1863, 1870, 1887, 1893, 1906. *(Erschienen für die Jahre 1863, 1870, 1887, 1893 u. 1906.)*

Bericht erstattet in der in Lemberg abgehaltenen Superintendential-Versammlung d. Galizisch-Bukowinaer ev. Superintendenz A. u. H.B. 8. 1906. Biala.

Gewerbl(iche) Fortbildungsschule Sursee. [1.] Bericht pro 1901/1902. II + 8 S. 8. Sursee, Huber, 1902.

Gewerb(liche) Fortbildungsschule Sursee. Bericht pro 1902/1903. II + 8 S. 8. Sursee, Huber, 1903.

Bericht des Synodal-Ausschusses der Propstei Altona. Altona. 8°
1884 1885. 1887 1890. 1893. 1896. 1907 ff

Bericht des Synodalausschusses der Propstei Apenrade. 1903 ff Apenrade (1903 ff) 8°

Bericht des Synodal-Ausschusses der Propstei Flensburg. Erstattet zur ordentlichen Propsteisynode Flensburg. 8°
18 ff, 1896 ff

Bericht des Synodalausschusses des Kreises Herzogtum Lauenburg über die kirchlichen und sittlichen Zustände des Bezirks erstattet in d. Versammlung d. Kreis-Synode am 30. Juli 1907. Ratzeburg (1907): H. H. C Freystatzky. (19 S.) 8° [F.] [07. 12849

Bericht (Geschäftsbericht) des Synodal-Ausschusses der Propstei Nordangeln erstattet für die Versammlung der Nordangler Propsteisynode Flensburg. 8°
18, 1896. 20 ff., 1899 ff

Bericht des Synodal Ausschusses der Propstei Pinneberg, (über die kirchlichen und sittlichen Zustände der Propstei Pinneberg) erstattet der ordentlichen Versammlung der Propsteisynode Blankenese 8°
1890 1892 18 ff, 1896 ff.

Bericht des Synodalausschusses der Propstei Plön für die Propsteisynode am 7. Juli 1892 (f. d. Jahr 1891). ebd. 1892. 8°

Bericht des Synodalausschusses der Propstei Plön für die Propsteisynode
1895—97, 1899. ebd. 1895—97, 1899. 8°
1901 Schönberg. 1901. 8°

Bericht des Synodal-Ausschusses der Propstei Plön für die Propsteisynode Schönberg 8°
21, 1901 ff

Bericht des Synodal-Ausschusses für die Propstei-Synode Rendsburg Hanerau. 8°
25 ff., 1909 ff

Bericht des Synodalausschusses der Propstei Südangeln über die kirchlichen u. sittlichen Zustände des Bezirks, erstattet in der Versammlung der Synode 1881—83. [Kappeln, 1881—83.] 8°

Bericht des Synodalausschusses für die Törninglehner Propstei-Synode Apenrade/Hadersleben 8°
25 ff, 1909 ff

Bericht des Synodalausschusses (über die kirchlichen und sittlichen Verhältnisse in) der Propstei Nordtondern 1883 ff Tondern (1883 ff) 8°

Bericht des Synodal-Ausschusses über die kirchlichen und sittlichen Verhältnisse der Propstei Sonderburg in den Jahren 1897/98 ff. Sonderburg (1888 ff) 8°

Bericht des Synodal-Ausschusses, erstattet in der am 28. Juni 1881 abgehaltenen Versammlung der Synode der Propstei Norder-Dithmarschen. Heide. 1881. 4°.

Bericht des Synodal-Ausschusses über die kirchl. u. sittl. Zustände der Propstei Eiderstedt erstattet für die Propstei-Synode
17 ff 1895 ff. (Garding. o. J.) 4° k.

Bericht des Synodalausschusses (über die kirchlichen und sittlichen Zustände in) der Propstei Hütten (über das Jahr) 1884 ff (Eckernförde) 1885 ff 8°

Bericht des Synodalausschusses (Kreissynodalausschusses) über die kirchlichen und sittlichen Zustände des Kreises Herzogtum Lauenburg Ratzeburg. 8°
1886. 1888 ff

Bericht des Synodal-Ausschusses über die kirchlichen und sittlichen Zustände der Propstei Neumünster 1880 ff Neumünster (1880 ff) 8°

Bericht des Synodalausschusses über die kirchlichen und sittlichen Zustände des Propsteibezirks (oder in der Propstei) Oldenburg im Jahre
1884 ff Neustadt i H. 1885 ff. 8°
Nach 1896 wird jedesmal über 2 Jahre berichtet.

Bericht des Synodalausschusses über die kirchlichen und sittlichen Zustände in der Propstei Ploen f d Jahr 1889—90 Plön 1890—91 8°

Bericht des Synodalausschusses über die kirchlichen und sittlichen Zustände in der Propstei Plön f. d. Jahr 1892—93. ebd. 1893—94. 8°

Bericht des Synodalausschusses über die kirchlichen und sittlichen Zustände in der Propstei Süderdithmarschen, erstattet in der . ordentlichen Versammlung der Propsteisynode. Meldorf. 8°
3—9, 1881—87 12, 1890 15, 1893. 18, 1896. 20 ff., 1899 ff.

BERICHT über die in Berlin, Amsterdam, Rochdale, Manchester, Croydon, Leamington und Abingdon eingeführten Systeme der Städtereinigung. Unter Mitwirkung von R. Blasius, W. Clauss, H. Gebhard, W. Götte, J. Landauer, Rossmann, F. W. Schöttler, erstattet von L. MITGAU. Mit in den Text gedruckten Holzschnitten und einem Plane von Abingdon. Braunschweig 1880. Comm. bei O. Haering & Co. 8°.

Bericht der Taback-Enquete-Kommission über den Tabackbau, den Handel mit Rohtaback, die Tabackfabrikation u. den Handel mit Tabackfabrikaten, sowie über die Tabackbesteuerung im Deutschen Reich. (Nebst) Anlagen Bd. 1-4 (Berlin 1878.)

Internat Assoziation d Akademien. **Bericht** über die Tagung des Ausschusses der Internationalen Assoziation vom 30. Mai bis 1 Juni 1900 in Wien Wien 1900 Hof- & Staatsdr 26 S. 4° A 12 17

Bericht über die Tagung der höheren technischen Baupolizeibeamten Deutschlands im Architektenhause zu Berlin am 23. Febr. 1910. Hannover (1910): Göhmann. 73 S. 4° [11. 5850 7

Bericht üb. d. Tagung d. österr. Gewerbeförderungsanst. 1906. 4° Reichenberg 1906

Bericht über die ordentl. Tagung der Dt. Evangel. La Plata-Synode (früher: über die ordentl. Synode der Dt. Evangel. Gemeinden in den La Plata-Staaten.) [1], 1899 ff. — Buenos Aires: (Dt. Evangel. La Plata-Synode 1899) ff.

— **üb. d. 6. Tagg d. freien Vereinigg f. Mikrobiologie**, s.a. **Zentralblatt f. Bakteriologie.**

Bericht (Originalbericht) über die Tagung der Freien Vereinigung für Mikrobiologie. 1-5. Jena 1906-11
1. Berlin, 7.-9. Juni 1906.
2. Berlin, 11.-13. Juni 1908.
3. Wien, 3.-5. Juni 1909.
4. Berlin, 19.-21. Mai 1910.
5. Dresden, 8.-10. Juni 1911.
(Centralblatt für Bakteriologie u. Parasitenkunde u. Infektionskrankheiten. Beihefte zu Referaten. Bd. 38.42.44.47.50.)

Arbeiterheim Tannenhof. **Bericht pro 1900.** [Mit Titelbild.] 14 S. 8. Bern, Buchdr. Berner Tagblatt, 1901.

Arbeiterheim Tannenhof. Bericht pro 1901. [Mit Titelbild.] 20 S. 8. Bern, Buchdr. Berner Tagblatt, 1902.

Bericht über die Tätigkeit der Absalom-Stiftung 1875—1895. Stiftung für Mitglieder der Loge „Absalom" in Hamburg Dec. 1895. Hamburg [1895]: Rademacher. 8 S. 8° [Umschlagtit.]

Bericht üb. d. Thätigkeit d. k. k. Ackerbauministeriums in der Zeit vom 1. Juli 1874 bis 30. Juni 1875. gr. 8. (V, 518 S.) Wien 875. Faesy & Frick. n. 6. —

Bericht über die Thätigkeit d. k. k. Ackerbau-Ministeriums in der Zeit vom 1. Jänner 1877 bis 31. Decbr. 1880. gr. 8. (VI, 697 S.) Wien 881. Hof- u. Staatsdruckerei. n. 5. —

Bericht über die Thätigkeit des k. k. Ackerbau-Ministeriums in der Zeit vom 1. Jänner 1881 bis 31. Decbr. 1886. gr. 8. (V, 613 S.) Wien 888. Hof- u. Staatsdruckerei. n. 5. —

Bericht über die Thätigkeit des k. k. Ackerbau-Ministeriums i. d. Zeit v. 1. Jänner 1887 b. 31. Decbr. 1893. gr. 8 (V, 773 S.) Wien 895. Hof- u. Staatsdruckerei. n. 5. —

Bericht üb. die Thätigkeit des k. k. Ackerbau-Ministeriums in der Zeit vom 1. I. 1894 bis 31. XII. 1897. gr. 8. (V, 662 S.) Ebd. 899. n 5. —

Agitations-Kommission d. sozialdemokr. Partei d. Prov. Pommern. **Bericht** über die Tätigkeit der Agitations-Kommission und der Wahlkreise nebst Kassen-Berichte der Provinz Pommern. [1.] Vom 1. Juli 1904 bis 30. Juni 1906. Stettin: A. Horn 1906. 8° [ꝟ.] [08. 13937 9

— üb. d. Tätigkeit d. k. k. arbeitsstatist. Amtes im Handelsministerium seit sr Errichtg bis Ende 1900. (58) 8° Wien, Hof- u. Staatsdr. '01. || '01. (33) '02. || '02. (27) '03. || '03. (27) '04. || '04. (33) '05. Je 1 —

— üb. d. Tätigk. d. k. k. arbeitsstatist. Amtes im Handelsministerium währ. d. J. '05—'7. (30, 30 u. 31) Lex8° Wien, Hof- u. Staatsdr. '06—8. Je 1 —

— üb. d. Tätigk. d. k. k. arbeitsstatistischen Amtes im Handelsministerium währ. d. J. '08—11. Lex8° Wien, Hof- u. Staatsdr. je 1 — '08. (20) '10. || '09. (30) '10. || '10. (22) '11. || '11. (22) '12.

— üb. d. Tätigk. d. kais. biolog. Anst. f. Land- u. Forstw., erstattet v. Aderhold u. Behrens, s. a. Mitteilungen a. d. kais. biolog. Anst. f. Land- u. Forstw.

Bericht üb. die Tätigkeit d. kaiserl. biologischen Anstalt f. Land- u. Forstwirtschaft im Jahre 1905—1914/15. Jahresbericht 2—11. Berl. 1906—16. 4°. (Mitteilungen aus der kaiserl. biolog. Anstalt f. Land- u. Forstwirtschaft. H. 2, 4, 6, 8, 10—12, 14—16). 58.

Bericht über die Tätigkeit der Kaiserl. Biologischen Anstalt für Land- und Forstwirtschaft. ⟨Erstattet v. Dir. Dr. [Rudolf] Aderhold.⟩ Jahresbericht 1. Berlin: P. Parey 1906. 8° [ꝟ.]
= **Mitteilungen** aus d. Kaiserlichen Biolog. Anstalt f. Land- u. Forstwirtschaft. H. 2. [06. 18411 8

— üb. d. Tätigk. in d. kgl. agrikulturbotan. Anst. in München in d. J. 06 u. 7. (4. u. 5. Bericht.) Erstattet v. L Hiltner. (188 u. 246) gr8° Münch., (M Rieger) '07. '08. Je 1.50 d oF
Die Berichte 1—3 sind nicht im Handel.

— üb. d. Tätigk. d. k. Anst. f. Bienenzucht Erlangen, s: Jahrbuch, Landwirtschaftl., f. Bayern.

Bericht üb. die Tätigkeit d. Kgl. Anstalt f. Pflanzenschutz in Hohenheim im Jahre 1903—1905. 1904—06. [Rostr. Saml.].

— üb. d. Thätigkeit d. Arbeiter-Unfallversicherungsanstalt f. Mähren u. Schlesien in Brünn f. 1891. 4° (201) Brünn 92, RM Rohrer. 7 —

— dass. f. 1893 u. 1894. 4° (à 55) Brünn 94. 95, (C Winiker). à 2 —
Der Bericht üb. d. J. 1892 ist im Selbstverl. d. Versicherungsanstalt erschienen.

— üb. d. Thätigkeit d. Arbeiter-Unfallversichergsanst. f. Mähren u. Schlesien in Brünn f. d. Verwaltgsj. 1895. 4° (68) Brünn 96, (RM Rohrer). || Für 1896. (60) 97. || Für 1897. (54 m. 1 Tab.) 99. || Für 1898. (52 m. 1 Tab.) 99. à 2 —

— üb. d. Tätigkeit d. Arbeiter-Unfallversichergsanst. f. Mähren u. Schlesien in Brünn f. 1899—1903. (52, 56, 58, 56 u. 64 m. je 1 Tab.) 4° Brünn, (RM Rohrer) '01-05. Je 2 —

— üb. d. Tätigk. d. Arbeiter-Unfallvers.-Anst. f. Mähren u. Schlesien in Brünn f. 04—8. (60 m. 8 Tab, 44, 44, 44 u. 44) 31 ×23,5 cm. Brünn, (RM Rohrer) '05—'9. Je 2 —

— üb. d. Tätigk. d. Arbeiter-Unfallversichergsanst. f. Mähren u. Schlesien in Brünn f. d. Verwaltgsj. '09'10 u. '11. (Je 44) 31×23,5 cm. Brünn, (RM Rohrer) '10—12. je 2 —

Bericht über die Tätigkeit der Deutschen Arbeiterzentrale (früher: Deutsche Feldarbeiter-Zentralstelle). Jg. 1906/07 u. 1908/09 ff. Berlin, 1907 ff.

Öffentliches Arbeitsnachweisbureau des Kantons Basel-Stadt. 12. Bericht über die Thätigkeit vom Jahre 1901. [Mit 2 Tabellen.] 9 S. 8. [1902.]

Öffentliches Arbeitsnachweisbureau des Kantons Basel-Stadt. 13. Bericht über die Tätigkeit vom Jahre 1902. [Mit 2 Tabellen.] 8 S. 8. (1903.)

— XV., üb. die Tätigkeit des öffentl. Arbeitsnachweisbureaus des Kantons Basel-Stadt vom J. 1904. Anh.: Bericht üb. die Vermittlungstätigkeit im J. 1904 m. 2 graph. Darstellgn., v. F. Mangold. (20 S.) gr. 8. Basel 905. (B. Wepf & Co) n.n. — 70

Bericht über die Tätigkeit des technischen Aufsichtsbeamten der Hessen-Nassauischen Landwirtschaftlichen Berufsgenossenschaft. (1.) Für d. J. 1910. (Cassel 1911.) 4° A 12.913

— über die Tätigkeit des deutschen Ausschusses f. den mathematischen u. naturwissenschaftl. Unterricht im J. 1908. Erstattet v. dem Vorsitzenden A. Gutzmer. (10 S.) gr. 8. Leipzig 909. B. G. Teubner. — 30
Sonderabdr. a. „Ztschr. f. mathem. u. naturwiss. Unterr."

— dasselbe im J. 1909, s.: Schriften des deutschen Ausschusses f. den mathemat. u. naturwiss. Unterr. 6. Hft.

— üb. d. Tätigk. d. Ausschusses f. Handelsgebräuche u. d. Kommission f. Gebräuche im Kartoffelhandel. (Verhandlgn d. 39. Plenarversammlg d. deut. Landw.-Rats '11.) [Aus: „Archiv d. deut. Landw.-Rats".] (380—427) Lex8° Berl., P Parey '11. nn — 60 d

Gemeinnützige Gesellschaft Biel. Bericht über die Thätigkeit... = Société d'utilité publique de Bienne. Rapport... . 8.

... für das Jahr 1900 = ... sur l'Exercice 1900. II + 16 S. Biel. Gebr. Würsten & Schurter. 1901.
... für das Jahr 1901 = ... sur la Marche pendant l'exercice de 1901. II + 19 S. Biel. Würsten & Schurter, 1902.

Gemeinnützige Gesellschaft Biel. Bericht über die Thätigkeit pro 1902, abgelegt durch den Präsidenten S(amue)l Gétaz, Pfr. = Société d'utilité publique de Bienne. Rapport sur la marche en 1902 par ... Samuel Gétaz, Président. II + 19 S. 8. Bienne (= Biel), W. Gassmann, 1903.

Bericht über die bisherige Thätigkeit der vom Deutschen Apotheker-Verein, durch seinen Vorstand und Ausschuss, zur Berathung über die Reform der pharmaceutischen Ausbildung niedergesetzten Commission und Zusammenstellung aller derselben als Material für ihre weitere Thätigkeit bisher zugegangenen gutachtlichen Aeusserungen von dem Vorsitzenden derselben THEODOR PUSCH. Dessau (1879). Druck von L. Reiter. 4°.

BERICHT ÜBER DIE BISHERIGE THÄTIGKEIT DES VOIGTL. VEREINS FÜR ALLGEMEINE UND SPECIELLE NATURKUNDE IN REICHENBACH. (Abdruck aus der „Reichenbacher Zeitung.") Reichenbach 1862. Druck von E. Berthold. 8°.

Bericht über die Tätigkeit des Deutschen Buchdruckervereins 1909/10 sowie über die Hauptversammlung zu Stuttgart 1910. Leipzig 1910

Internationales Bureau für maurerische Beziehungen [in Neuenburg]. **Bericht** über dessen Tätigkeit.
Von 1905 jährl.

Bericht über die Thätigkeit des deutschen Drogisten-Verbandes. Eingetragene Genossenschaft seit 1873. Bearbeitet von O Meissner. (116 S) Leipzig 1893

Bericht über die Thätigkeit der vom Vorstande des Börsenvereins ernannten Enquête-Commission. Als Manuscript gedruckt. Leipzig 1879. Verlag des Börsenvereins der Deutschen Buchhändler. 8°.

Bericht über die Tätigkeit und Entwicklung der Deutschen Gewerkvereine (Hirsch-Duncker) und ihres Verbandes. Erstattet auf dem 12., 13., 14. u. 16. Verbandstage. Berlin, 1895—1907.
Über 1892—1895. Danzig, 1895. 24 S.
Über 1895—1898. Magdeburg, 1898. 32 S.
Über 1898—1901. Köln, 1901. 32 S.
Über 1904—1907. Berlin, 1907. 34 S.

Schutzaufsicht für entlassene Sträflinge im Kanton Aargau. 10. Bericht über die Thätigkeit und das Ergebnis im Jahre 1900 und 1901. 15 S. 8. Seengen, Melliger, 1902.

BERICHT ÜBER DIE THÄTIGKEIT DES ERZGEBIRGS-VEREINS,
I. für die Zeit von Gründung des Vereins bis Ende Januar 1879. II. für die Zeit von Anfang Februar bis Ende September 1879. Zusammengestellt und vorgetragen vom ... Dr. P. NEESSE. Schneeberg, 1880. Selbstverlag des Vereins. 8°.

Halle a. S.: II. **Bericht** über die Thätigkeit des freimaurerischen Erziehungs-Vereins bei der Loge „zu den drei Degen" im Orient von Halle a/S. in den sechs Jahren seines Bestehens von 1870 bis inclusiv 1875. Halle 1876: Gebauer-Schwetschke. 16 S. 8°, 1 Bl. 2°.

Bericht üb. d. Tätigkeit d. Deutschen Feldarbeiter-Zentralstelle im Geschäftsj. 1906—1907 ff. Berlin 1907 ff. 8°

Bericht über die Tätigkeit des evangel. Feldlazaretts im russ.-japan. Feldzug, erstattet von Ernst Gelderblom. St. Peterburg, 1904.

3. **Bericht** über die Tätigkeit des Evangelischen Feldlazaretts im russisch-japanischen Feldzuge 1904/05. Hrsg. von E. Gelderblom. St. Petersburg 1905.

Ferienversorgungs-Kommission (in Schaffhausen). **Bericht über** ihre Thätigkeit im Jahre 1900. 15 S. 8. ([Schaffhausen, H. Meier & Cie.,] 1901.)

Bericht über die Thätigkeit der Ulmer Feuerwehr seit ihrer Gründung im Jahre 1847.

— üb. d. Tätigk. d. sozialdemokratischen Fraktion in d. Berliner Stadtverordneten-Versammlg (1.10.'07—30.9.'09 u. 1.10.'09—30.9.'11). 8° Berl., Buchh. Vorwärts. d
Bisher u. d. T.: Tätigkeit, Die, d. sozialdemokrat. Fraktion in d. Berliner Stadtverordneten-Versammlg.
(1. 10. '07—30. 9. '09.) (44) '10. — 75 ‖ (1. 10. '09—30. 9. '11.) (30) '12. — 50

Bericht über die Tätigkeit der konservativen Fraktionen des Reichtages u. des Abgeordnetenhauses in der Session 1905/06. Hrsg. v. Hauptverein d. Deutschen Konservativen. Berlin 1906: (Möller & Borel). (103 S.) 8° [F.] [07. 3390

Bericht über die Thätigkeit der Freimaurerloge zur Harmonie in Chemnitz für das Jahr 1860/61 bis 1883/84. 20 Hefte. Chemnitz 1861—1884. 8.
Sehr reichhaltig: neben dem statistischen Material werden die Skizzen der gehaltenen Vorträge mitgetheilt.

Bericht über die 25jährige **Thätigkeit** der Stettiner Stadtmission 1875—1900. *(Stralsund [1900]: E. Berndt.)* (3 Bl.) 4° [F.]
Beilage zu No 37 d. 'Bote f. Pommern.' [00. 10445 9

Bericht über die fünfundzwanzigjährige Tätigkeit des Unterfränkischen Tierschutz-Vereins in den Jahren 1878—1903. Würzburg: Stürtz 1903. 68 S. 8° [07. 9542 6

Bericht über die 25jährige Tätigkeit des Akademischen Naturwissenschaftlichen Vereins zu Breslau. Erstattet am 25jähr. Stiftungsfeste. Pfingsten 1899. Breslau (1899): A. Schreiber. (58 S.) 8° [06. 700 2

Bericht über die Tätigkeit der Fürsorgestelle für Lungenkranke und Tuberkulöse ⟨E. V.⟩ zu Königsberg i. Pr. [1.] Im J. 1905. (Königsberg i. Pr. 1906: [E. Rautenberg].) 4° [F.] [08. 7604 10

Bericht über die Tätigkeit der städtischen Fürsorgestelle für Lungenkranke zu Kiel. [1.] 23. Okt. 1905 bis 31. März 1907. Kiel 1907: Vollbehr & Riepen. 8° [F.] [08. 14111 3

— üb. d. Tätigk. d. Futtermittel- u. Samenkontrollabteilgn d. k. agrikulturbotan. Anst. '08 u. '09, v. L Hiltner, W Kinzel u. G Ihssen. (97) 8° Münch., M Rieger '10. — 50 d

— dass. in d. J. '10 u. '11, s: Jahrbuch, Landwirtschaftl., f. Bayern.

—— über die Thätigkeit der bayerischen Gartenbau-Gesellschaft in den J. 1861, 1863, 1864 und 1865. Redig. von Karl Effner. Lex.-8. München, (J. A. Finsterlin.) [Jahrg. 1861. (138 S. mit 2 Stnt.) * 20 Ngr., Jahrg. 1863. (186 S. mit 1 Stnt.) * 20 Ngr., Jahrg. 1864. (145 S. mit 2 Stnt.) * 20 Ngr., Jahrg. 1865. (65 S.) * 12 Ngr.] *

Gartenbau-Gesellschaft (schwäb.-bayer.). — Bericht über ihre Thätigkeit im XV. Jahrg. Augsb. 1880. 8⁰. Cart. *)
32 S. Mit color. Plan in qu.-Fol.

— 3. u. 4., üb. d. Thätigkeit d. schweizerischen Geflügelzucht-Vereins pro 1895 u. 1896. 4. (33 u. 34 S.) Aarau 896/97. (H. R. Sauerländer & Co.) à n. — 70

Bericht über die Thätigkeit des Gemeinderathes der Stadt Bielitz 1868—1898. Bd 1. [Mehr nicht ermitt.] — Bielitz: Stadtgemeinde Bielitz 1898. 451 S.

Bericht über die Thätigkeit der evangelisch-reformirten General-Synode der bernischen Geistlichkeit in den J. 1845 bis 1840. 8. (110 S.) Bern 840, Huber und Comp. Thlr. *

BERICHT ÜBER DIE THÄTIGKEIT DES SCHLESISCHEN GESCHICHTS-VEREINS in den Jahren 1871 und 1872. (Ohne bes. Titelblatt. — Druck von Robert Nischkowsky in Breslau.)*)

BERICHT ÜBER DIE THÄTIGKEIT DER CHEMISCHEN GESELLSCHAFT zu Würzburg.
I., von Wintersemester 1872/73 bis Sommersemester 1874 incl. Würzburg. Druck von Bonitas-Bauer. 8⁰.
II., im Wintersemester 1874/75. ib. —
III—X. Sommer-Semester 1875 — Winter-Semester 1878/79. ib. 1875—1879. Druck der Thein'schen Druckerei (Stürtz).
XI—XXII. Sommer-Semester 1879 — Winter-Semester 1884/85. ib. 1879—1885. Becker's Universitäts-Buchdruckerei.
XXIII., in ihrem 26. Semester. Sommer 1885. ib. 1885. —

BERICHT ÜBER DIE THÄTIGKEIT DER CHEMISCHEN GESELLSCHAFT zu Würzburg.
XXIV—XXV. Winter-Semester 1885/86 — Sommer-Semester 1886. Würzburg. 1886. Becker's Universitäts-Buchdruckerei. 8⁰.

Gemeinnützige Gesellschaft des Bezirkes Kriegstetten ⟨Solothurn⟩. Bericht über die Thätigkeit. Umfassend die Jahre 1890—1901. 61 S. 8. Solothurn, Zepfel, 1902.

Geograph. Gesellschaft zu Greifswald 1882—1907. **Bericht** über die Tätigkeit der Gesellschaft in den ersten 25 Jahren ihres Bestehens erstattet v. Vorstand. Greifswald 1907: J. Abel. (26 S.) 8° [F.] [07. 4023

BERICHT ÜBER DIE THÄTIGKEIT DER NATURWISSENSCHAFTLICHEN GESELLSCHAFT IN HAMBURG, seit ihrer Stiftung bis zu der 200sten Versammlung derselben am 29. November 1854; abgestattet von K. G. ZIMMERMANN. Hamburg s. a. Gedruckt bei F. H. Nestler und Melle. 8⁰.

— über die Thätigkeit der St. Gallischen naturforschenden Gesellschaft, Fortsetzung, s.: Jahrbuch der St. Gallischen naturwissenschaftlichen Gesellschaft.

— über die Thätigkeit der St. Gallischen naturwissenschaftlichen Gesellschaft während der Vereinsjahre 1858—1862. Red.: Wartmann. St. Gallen 860—62. (Scheitlin & Zollikofer.) gr. 8. n. 4 Thlr 20 ngr.
1858—60. (III, 128 S.) n. 1 Thlr 10 ngr. — 1860—61. (III, 110 S. u. 1 lith. Taf.) n. 1 Thlr 10 ngr. — 1861—62. (III, 212 S.) n. 2 Thlr

— über die Thätigkeit der St. Gallischen naturwissenschaftlichen Gesellschaft während des Vereinsjahres 1866—67. [Red.: Wartmann.] St. Gallen 868. Scheitlin & Zollikofer. gr. 8. (304 S. u. 3 lith. Karten in 4. u. Fol.) n. 1 Thlr 15 ngr.

— — während des Vereinsjahres 1867—68. Ebend. 869. gr. 8. (III, 221 S. u. 2 lith. Taff.) n. 1 Thlr 24 ngr.

— über die Thätigkeit der St. Gallischen naturwissenschaftlichen Gesellschaft während der Vereinsj. 1868—1874. [Red.: Wartmann.] gr. 8. St. Gallen 872—75. (Scheitlin & Zollikofer.) n. 41. —
1868—1869. (III, 370 S. m. 2 Steintaf. in gr. 8. u. qu. Fol.) n. 5. 40. — 1869—1870. (III, 400 S. m. 5 Steintaf. u. T. color. in qu. gr. Fol.) n. 6. —. — 1870—1871. (III, 580 S. m. 1 Chromolith.) n. 6. —. — 1871—1872. (572 S. m. 3 Chromolith. in qu. 4. u. Fol.) 6. 80. — 1872—1873. (522 S. m. 4 Chromolith. in qu. 4. u. Fol.) 6. 80. — 1873—1874. (517 S. m. 3 lith. u. chromolith. Taf. in gr. 8. u. qu. gr. Fol.) n. 10. —

— über die Thätigkeit der St. Gallischen naturwissenschaftlichen Gesellschaft während des Vereinsjahres 1876—77. [Red.: Wartmann.] gr. 8. (III, 545 S. m. 3 chromolith. Karten u. 1 lith. Längen-Profil.) St. Gallen 878. (Scheitlin & Zollikofer.) n. 7. —

— dasselbe, während d. Vereinsj. 1877—78. [Red.: Wartmann.] gr. 8. (III, 573 S. m. 2 lith. Karten.) Ebend. 879. n. 7. —

— üb. die Thätigkeit der St. Gallischen naturwissenschaftlichen Gesellschaft während der Vereinsj. 1878—82. Red.: Wartmann. gr. 8. St. Gallen, (Scheitlin & Zollikofer). n. 23. 90
1878/79. (III, 254 S.) 880. n. 4. 50. — 1879/80. (III, 450 S. m. 9 Taf.) 881. n. 7. —. — 1880/81. (III, 542 S. m. 2 Taf.) n. 882. n. 7. —. — 1881/82. (III, 372 S. m. 1 Taf.) 883. n. 5. 40

— über die Thätigkeit der St. Gallischen naturwissenschaftlichen Gesellschaft während der Vereinsj. 1886/87, 1887/88, 1888/89, 1889/90, 1890/91 u. 1891/92. Red.: Wartmann. 8. St. Gallen 894. (A. & J. Köppel.) à n.n. 6. —
1886/87. (III, 476 S. m. 1 Tab.) 888. — 1887/88. (III, 490 S. m. 1 Kartenskizze u. 5 lith. Taf.) 889. — 1888/89. (III, 443 S. m. 4 lith. Taf.) 890. — 1889/90. (III, 375 S. m. 1 lith. Taf.) 891. — 1890/91. (III, 370 S. m. 15 lith. Taf.) 892. — 1891/92. (III, 431 S.) 893.

— üb. d. Thätigkeit d. St. Gallischen naturwissenschaftl. Gesellschaft währ. d. Vereinsj. 1892/93—1895/96. Red.: Wartmann. gr. 8. St. Gallen (A. & J. Köppel). à n.n. 6. —
1892/93. (III, 377 S. m. 1 Bildn. u. 2 Taf.) 894.
1893/94. (III, 425 S. m. 11 Taf.) 895.
1894/95. (415 S. m. 14 Taf.) 896.
1895/96. (III, 418 S. m. 1 Taf.) 897.

— über die Thätigkeit der St. Gallischen naturwissenschaftlichen Gesellschaft während d. Vereinsj. 1896/97—1899/1900. Red.: Wartmann. gr. 8. St. Gallen (A. & J. Köppel). à n.n. 6. —
1896/97. (III, 399 S) m. 2 Karten.) 899.
1897/98. (III, 427 S. m. 1 Blldn.) 899.
1898/99. (III, 353 S.) 900.
1899/1900. (IV, 407 S. m. 14 Taf. u. 3 Karten.) 901.

Bericht über die Thätigkeit der St. Gallischen Naturwissenschaftlichen Gesellschaft während des Vereinsjahres 1899/1900. Redaktor: Direktor Dr. (B[ernhard]) Wartmann. [Mit 1 Abbildung im Text, 1 Tabelle, 17 Tafeln und 1 Karte.] IV + 407 S. 8. St. Gallen, Zollikofer, 1901.

— über die Thätigkeit der St. Gallischen naturwissenschaftlichen Gesellschaft während des Vereinsj. 1900/1901. Red.: Wartmann. (V, 347 S. m. 6 Taf.) gr. 8. St. Gallen 902. (A. & J. Köppel.) n.n. 6. —

Bericht über die Tätigkeit der St. Gallischen Naturwissenschaftlichen Gesellschaft während des Vereinsjahres 1900/01. Redaktor: Direktor Dr. (Bernhard) Wartmann. [Mit 6 Tafeln.] VI + 347 S. 8. St. Gallen, Zollikofer, 1902.

Bericht üb. d. Tätigk. d. Prager städt. Gesundheitsrates f. d. J. 1881 u. 82. Prag 1882/83.

Bericht über die Tätigkeit des Gewerbegerichts zu Danzig f. d. Jahre 1892–1907 und über d. Tätigkeit d. Kaufmannsgerichts zu Danzig f. d. Jahre 1905–1907. (Vorr.: Dr. F[elix] Mayer, Stadtrat.) (Danzig 1908.) (3 Bl.) 4° [Kopft. F.] 1a8. 1,497 10

Bericht über die Tätigkeit des Gewerbevereins für Hessen und der Grossherzoglichen Zentralstelle für das Gewerbe. 1900-02. 4° (Darmstadt 1901. 02)

Bericht über die Tätigkeit des Gewerbevereins für das Grossherzogtum Hessen u der grossh. Zentralstelle für die Gewerbe. 1902,03-12. 4° Darmstadt 1903-12

Bericht über die Thätigkeit des Gewerbe- und Industrie-Vereins in Bremen von 1861-1894. Bremen 1874-95

Bericht über die Thätigkeit des steiermärkischen Gewerbevereins. 1869. 1883.

Gewerbeverein Wald. Bericht (über die Tätigkeit seit der Gründung 1861). 23 S. 8. Wald, H. Hess, 1903.

Bericht üb. die Tätigkeit d. milchwirtschaftlichen Instituts Hameln — Institut d. Landwirtschaftskammer f. die Provinz Hannover. 1893/1902—1911. Von P. Vieth. Hameln 1903—12. 4°.

—— über die Thätigkeit der Handelskammer in Bremen im J. 1882, erstattet an den Kaufmanns-Konvent. gr. 8. (41 S.) Bremen 882, (Valett und Comp.)

Handelskammer, Bericht über die Thätigkeit der — im Jahre 1892. Bremen 1893.

Handelskammer, Bericht über die Thätigkeit der — im Jahre 1893–98. Bremen 1894–99.

Bericht über die Thätigkeit der Handelskammer in Bremen im J. 1896 ff. erstatt. an d. Kaufmanns-Konvent. Bremen 1897. 8°
1896—1899.
[1900 ff. fortges. u. d. Tit.:]
Bericht der Handelskammer in Bremen üb. d. J. 1900 ff. erstatt. an d. Kaufmannskonvent. Bremen 1901 ff. 8°

Bericht über die Tätigkeit der Handwerkskammer zu Arnstadt. 1900-06. Arnstadt

Bericht über die Tätigkeit der Handwerkskammer zu Arnstadt. 1906-11. *Augsburg.* (Gehren) Sondershausen 1908-11

Bericht über die Tätigkeit der Handwerkskammer zu Bromberg für 1900-03.

Bericht über die Tätigkeit der Handwerkskammer zu Bromberg f. d. Zeit 1901/03. Bromberg 1903. 8°.
1901/03 verf. von *Budjuhn*. 1903.

Bericht über die Tätigkeit der Handwerkskammer zu Bromberg. 1903-09. *Bukowina.* Bromberg 1909

Bericht über d. Tätigkeit d. Handwerksk. zu Hannover. 1900-06. Hannover 1902-06

Bericht über die Tätigkeit der Handwerkskammer zu Hannover. [1.] Für d. Zeit v. 17/4 1900 bis 31/3 1902. Hannover 1902: Ahlfeld. 8° [09. 4030 4

Bericht üb. d. Tätigkeit d. Handwerkskamm. zu Hannov. 1906-10. Hannover 1907-11

Bericht über die Thätigkeit der Handwerkskammer zu Coblenz in den Jahren 1900/1901 ff. Coblenz 1901 ff. 8°.
1900/01—1908.

Bericht über d. Tätigkeit d. Handwerksk. zu Koblenz. 1900-05. Koblenz (1902-06)

Bericht üb. d. Tätigkeit d. Handwerkskamm. zu Koblenz. 1906-11. Koblenz 1907-12

Bericht über die Tätigkeit der Handwerkskammer zu Meiningen 1900-05.

Bericht über die Tätigkeit der Handwerkskammer zu Oldenburg. 1900-04

Bericht üb. d. Tätigkeit d. Handwerksk. f. d. Herzogtum Oldenburg. 1905.06-09. 12. *Oppeln.* Oldenburg 1907-09. 12

Bericht über die Thätigkeit der Johannis-Loge Harpokrates in Magdeburg im 51. Jahre ihres Bestehens vom 24. Juni 1875 bis dahin 1876. 8. 15 S.

— über die Thätigkeit des k. k. Haupt-Münzamtes in den J. 1892 u. 1893 seit Einführung der Kronenwährung. Hrsg. m. Bewilligg. d. k. k. Finanzministeriums v. der Direction des k. k. Münzamtes. Lex.-8. (IV, 85 S. m. 3 Heliograv.) Wien 894. (Hof- u. Staatsdruckerei.) n. 2. —

Bericht über die Thätigkeit des Hauptvorstandes der allgemeinen deutschen Kunstgenossenschaft zu Düsseldorf in den Jahren 1882—1884. Düsseldorf 1884. 8°.

Bericht über die Thätigkeit des Hauptvorstandes der allgemeinen deutschen Kunstgenossenschaft zu München in den Jahren 1885—1887 und Mitglieder-Verzeichniss des Jahres 1887. München 1888. 8°.

—— über die Thätigkeit der Heilanstalt für Nervenkranke, s. Holst, Bericht.

— über die Thätigkeit der Hülfsgesellschaft im Jahre 1881 zu Aarau. In-8°, 8 S. Aarau, H. R. Sauerländer. 1882?

Schweizerische Hülfsgesellschaft (vorm. Société Suisse de Bienfaisance) in Pernambuco. Bericht über die Thätigkeit 1875—1900. II + 28 S. 8. Zürich, Art. Institut Orell Füssli, 1901.

Bericht über die Tätigkeit der Anstalt. Hochschule für Musik in Mannheim. Zugleich Opern-und Schauspielschule. Mannheim. 1. 1899/1900 - 5. 1903/1904.

— üb. d. Thätigkeit d. landw.-chem. Versuchsstation Hohenheim v. 1.IV.'96 bis 1.IV.'98, erstattet v. A Morgen. 8° (63) Stuttg. 98, E Ulmer. — 60

— üb. d. Tätigk. d. astronom. Instit. zu Heidelberg, v. W Valentiner, s.: Mitteilungen d. grossh. Sternwarte zu Heidelberg.

— üb. d. Thätigkeit d. milchwirthschaftl. Instituts i. Hameln i. d. J. 1895—1897. gr. 8. (34 S. m. 6 Anlagen.) Hannover. (Hameln, Th. Fuendeling.) n. 2. 50
1895. (34 S. m. 6 Anlagen.) 896. n. 1. —
1896. (32 S. m. 6 Anlagen.) 897. n. 1. —
1897. (40 S. m. 6 Anlagen.) 898. n. — 50

— über die Thätigkeit des milchwirtschaftlichen Instituts in Hameln im J. 1898. gr. 8. (40 S. m. 6 Anlagen.) Hannover 899. (Hameln, Th. Fuendeling.) n. — 50

Bericht üb. die Thätigkeit d. milchwirthschaftlichen Instituts zu Proskau. 1879/80, 88/89 (2 Vol.). U. St. o. A.

— üb. d. Tätigk. d. kgl. preuss. meteorologischen Instit., s. a. Veröffentlichungen d. kgl. preuss. meteorolog. Instit.

Berlin, Königl. Preuss. Meteorolog. Institut, Bericht über die Thätigkeit im Jahre 1891, 92. (Je 2 Expl.) Berlin 1893.

Berlin, Königl. Preuss. Meteorolog. Institut [v. Bezold. Wilh., Dr.], Bericht über die Thätigkeit des — im Jahre 1893—97. Berlin 1894—98.

Bericht über die Thätigkeit der Johannisloge zum Tempel des Friedens in Metz in dem Zeitraum 1897—1902, vom 25jährigen bis zum 30jährigen Stiftungsfest. Metz: Le Messin 1902. 14 S. 8° [Umschlagtit.]

Bericht über die Thätigkeit der Joh. Loge „zur Verschwiegenheit" Or. Pressburg während des Deceniums vom 24. Februar 1872 bis 24. Februar 1882. Pressburg, Druck v. Stampfel, Eder & Co. 1882. 8. 30 S. u. 2 Beilagen.
Giebt ein interessantes Bild reger maur. Thätigkeit.

[C]Kadetten-Korps der Stadt Bern. Bericht über die Thätigkeit im Jahre 1900. 47 S. 8. Bern, Suter & Lierow, 1901.

Kadetten-Korps der Stadt Bern. Bericht über die Thätigkeit im Jahre 1901. 46 S. 8. Bern, Obrecht & Käser, 1902.

Kadetten-Korps der Stadt Bern. Bericht über die Thätigkeit im Jahre 1902. 54 S. 8. Bern, W. Wälchli, 1903.

Bericht üb. die Tätigkeit d. Kaiser Wilhelms Instituts f. Landwirtschaft in Bromberg. 1909–11. Erstattet v. Gerlach. Berl. 4°.
(Mitteilungen d. Kaiser Wilhelms Instituts ... III, 1; IV, 1; V, 1). 373.

Bericht über die Tätigkeit des Kaiser Wilhelms Instituts für Landwirtschaft in Bromberg. Erstattet ... von Prof. Dr. [Max] Gerlach. Jg. 1909. Berlin: Deutsche Tageszeitung [1910]. 8°
(Mitteilungen d. Kaiser Wilhelms Instituts f. Landw. in Bromberg. Bd 3, H. 1.) (10. 16379 B

Bernischer Kantonalverband für Naturalverpflegung dürftiger Durchreisender. 8. Bern, Haller.
11. Bericht über die Thätigkeit im Laufe des Jahres 1900. [Mit 1 Doppel-Tabelle.] 18 S. 1901.
12. Bericht über die Tätigkeit im Laufe des Jahres 1901. [Mit 1 Doppel-Tabelle.] II + 28 S. 1902.

Bernischer Kantonalverband für Naturalverpflegung dürftiger Durchreisender. 13. Bericht über die Tätigkeit im Laufe des Jahres 1902. [Mit 1 Doppel-Tabelle.] 25 S. 8. Bern, Haller, 1903.

Thurg. Tierschutzverein. Bericht über die Tätigkeit des kant. Komitees im ersten Gründungsjahre (1902). 22 S. 8. [Frauenfeld, Huber & Co.]
Nebst: Mitglieder-Verzeichnis *und S. 17–22:* Eröffnungswort..., gesprochen von Jakob Christinger, ... 1. Dezember 1901.

Bericht über die Tätigkeit des Kolonial-Wirtschaftlichen Komitees. (Berlin 1906.) 2°.

Komitee für Krankenpflege in Olten. [1.] Bericht über die Thätigkeit vom 16. September 1901 bis 31. Dezember 1902. 8 S. 8. (1903.)

Bericht über die Thätigkeit des Komite's zur Veranstaltung der Jubiläumsfeier des am 15. Juni 1771 gebornen und am 21. November 1844 verstorbenen Phil(ipp) Em(anuel) v(on) Fellenberg, des edlen Stifters von Hofwyl. 8. Bern 1871.

Bericht ueber die Taetigkeit der Kommission C 1 (Geschäftsfuehrer Dr. Filip Trybom) in der Periode Februar 1903–Juli 1907. Mit 1 Karte. Copenhague: A. F. Høst & fils en comm. 1908. (120 S.) 4°
= Conseil permanent internat. pour l'exploration de la mer. **Rapports** et procès-verbaux. Vol. 9. (08. 8036

[Bericht.] Conseil permanent international pour l'exploration de la mer. Bericht über die Taetigkeit der Kommission C 2 in der Periode Febr. 1903 — Maerz 1906. Copenhague 1906. 4°.
(Rapports et procès-verbaux des réunions. Vol. 5.)

— üb. d. Thätigkeit d. v. Minister d. geistl., Unterrichts- u. Medicinal-Angelegenheiten einges. Kommission z. Prüf. d. Impfstofffrage. Berichterstatter: Frosch. gr. 8. (58 S. m. 2 Fig.) Berlin 896. J. Springer. n. 1. 20

... **Bericht** über die Tätigkeit der von der Deutschen anthropologischen Gesellschaft gewählten Kommission für prähistorische Typenkarten.
1. erstattet v. A. Lissauer in Greifswald a. 4. Aug. 1904. Berlin. 1904. 8°.

2. Bericht über die Thätigkeit der vom Deutschen Apotheker-Verein zur Berathung über die Reform der pharmaceutischen Ausbildung niedergesetzten Commission und des aus derselben gewählten Ausschusses. Erstattet unter Mitwirkung der Herren C. BEDALL, E. REICHARDT und FRIEDRICH SIEBERT von dem Vorsitzenden derselben THEODOR PUSCH ... im August 1880. Halle a/S., s. a. Druck der Buchdruckerei des Waisenhauses. 4°.

Verein für die Knaben-Arbeitsschule der Stadt St. Gallen. ... Bericht über die Tätigkeit seiner Kommission und den Verlauf der Arbeitsschule. 8.
17. Bericht ... im Wintersemester 1900/1901. 22 S. St. Gallen, Zollikofer, 1901.
18. Bericht ... im Wintersemester 1901/1902. 24 S. St. Gallen, Honegger, 1902.

[Bericht.] Die Kontrollvereine der Rheinprovinz im J. 1904 ff. Bericht üb. ihre Tätigkeit, erstatt. im Auftr. d. Landwirtschaftskammer f. d. Rheinprov. von J[oh.] *Hansen.* Bonn 1906 ff. 8°.
1904, 1906—1909, 1910.
(Veröffentlich. d. Landwirtschaftskammer f. d. Rheinprov. 1906, Nr 3. 5. 1908, Nr 1. 1909, Nr 1. 1910, Nr 1.)

Bericht üb. d. Tätigk. der v. Milit.-Inspekteur geleiteten dtschn freiw. Krankenpflege während d. Krieges 1870/71. Berlin 1871. 4.

— I., über die Thätigkeit d. Dresdner Kunstgewerbe-Vereins. Verwaltungsperiode 1876—1878. gr. 8. (32 S. m. 2 Lichtdr.) Dresden 879. Gilbers' Verl. in Comm. n. 1. 60

— 4., üb. die Thätigkeit d. Dresdner Kunstgewerbe-Vereins aus der Verwaltungsperiode 1883—1884. gr. 8. (48 S. m. 5 Lichtdr.-Taf.) Dresden 885. (Gilbers' Verl.) n. 2. —

— V., üb. die Thätigkeit d. Dresdner Kunstgewerbevereins. Verwaltungsperiode 1885—1886. gr. 8. (63 S. m. 4 Taf.) Dresden 887. (Gilbers' Verl.) n. 2. —

— über die Tätigkeit d. Staedelschen Kunstinstituts 1894—1907. (42 S.) Lex. 8. Frankfurt a/M. (908) Staedelsches Kunstinstitut. 1. —

— dasselbe im 1. Jahrzehnt seines Bestehens, gegründet 27. VI. 1899. (35 S. m. Abbildgn. u. 4 Taf.) Lex. 8. Ebd. (909). 8. —

BERICHT über die Tätigkeit des Kuratoriums der Unterstützungs-Kasse des Vereins Berliner Kaufleute und Industrieller. (Berlin, J. Schaal.) 8°.

Bericht über die Tätigkeit des Kuratoriums und des Vorstandes der Jubiläumsstiftung der deutschen Jndustrie im Jahre 1905. Berlin 1905

Bericht über die Tätigkeit des Kuratoriums und des Vorstandes der Jubiläums-Stiftung der deutschen Industrie im Jahre 1910. Berlin. 4°

— üb. d. Thätigkeit d. chemischen Laboratoriums u. Untersuchungsamtes d. kgl. Residenzstadt Stuttgart i. d. J. 1891 u. 1892. V. Aug. Klinger. gr. 8. (43 S.) Stuttgart 894. W. Kohlhammer. n. — 80
Weitere Berichte sind durch den Buchhandel nicht zu beziehen.

Bericht über die Tätigkeit des chemisch-technischen Laboratoriums und städtischen Untersuchungsamtes Heilbronn. 1854-1912. Heilbronn 1865-1913

Kantonales chemisches Laboratorium Basel-Stadt. Bericht über die Thätigkeit im Jahre 1900. Dem Sanitätsdepartement erstattet von Dr. H[ans] Kreis, Kantons-Chemiker. 23 S. 8. Basel, G. Krebs, 1901.

Kantonales chemisches Laboratorium Basel-Stadt. Bericht über die Thätigkeit im Jahr 1901. Dem Sanitätsdepartement erstattet von Dr. H[ans] Kreis, Kantons-Chemiker. II + 27 S. 8. Basel, G. Krebs, 1902.

Bericht üb. die Thätigkeit d. milchbacteriologischen Laboratoriums zu Jurjew (Dorpat). Für ... 1905 m. einem kurzen Ueberblick f. 1903—04; 1911—12. Verfasst v. C. Happich. Jurjew 1907—13.
[Russ. Tit. og Tekst, tysk Undertit. og Resumé].

Bericht über die Thätigkeit des Landes-Hilfskomitees für die durch die Ueberschwemmungen im Juli und August 1897 Geschädigten im Königreiche Sachsen. Dresden 1897: Dr. Güntz'sche Stiftung. (21 S.) 8° [F.] (05. 1951 B

Bericht über die Thätigkeit des Landesverbandes der landwirtschaftlichen Genossenschaften in Kärnten in Klgft. Klgft., v. Kleinmayr, Bertschinger, Gutenberghaus, 1902—. Folio.

— über die Thätigkeit des Oldenburger Landesvereins für Alterthumskunde vom 1. März 1875 bis dahin 1876. Mit 1 (lith.) Karte (in Fol.), 1 Photogr. u. 8 lith. Taf. gr. 8. (36 S.) Oldenburg 877. Schulze. n. 2. —

Bericht üb. die Thätigkeit d. Oldenburger Landesvereins f. Alterthumskunde. II—VI. gr. 8. Oldenburg, (G. Stalling's Verl.). n. 16. — (I—VI.: n. 18. —)
II. Vom 1. März 1877 bis 1. Jan. 1878. 1. Die Burgwälle im Münsterlande. Von Niemann. 2. Die Ruinen d. Klosters Hude. Von Sastus. (28 S. m. 7 Taf.) 879. n. 3. —
III. 1. Die Kreisgruben in den Watten der Nordsee. 2. Die Ausgrabgn. im Jeverland bei Haddien. 3. Die Ausgrabgn. in Butjadingen auf der Wurth. Von Frdr. v. Alten. (34 S. m. 3 Taf. u. 1 Karte.) 881. n. 2. —
IV. 1. Ueber e. merkwürdigen Runenkalender d. großherzogl. Museums zu Oldenburg. Von E. Schnippel. 2. Ueber Säugetiere der Vorzeit im Herzogt. Oldenburg. Von Wiepken. (136 S. m. 3 Taf.) 883. n. 4. —
V. Die Alterthümer u. Kunstdenkmäler d. Jeverlandes. Nach dem im Septbr. 1884 in der Generalversammlg. d. Vereins geh. Vortrage v. O. Tenge. (81 S. m. 2 Taf.) 885. n. 4. —
VI. Die Bohlenwege im Flußgebiet der Ems u. Weser. (Von Frdr. v. Alten.) [2. Ausg.] (XII, 47 S. m. 6 Taf. u. 1 farb. Karte.) 888. n. 4. —
Die Fortsetzung s. u. d. T.: Schriften des Oldenburger Vereins f. Altertumskunde u. Landesgeschichte.

— üb. d. Thätigkeit d. Oldenburger Landesver. f. Altertumskde u. Landesgesch., s.: Schriften d. Oldenburger Ver. etc.

Frauenverein Länggass-Brückfeld (in Bern). Bericht über seine Thätigkeit vom 1. November 1899 bis 1. Mai 1901. 8 S. 8.

Thurgauisches Lehrlingspatronat. Bericht über die Thätigkeit pro 1899/1900. 8 S. 8. ([Frauenfeld, Huber & Co.,] 1901.)

Thurgauisches Lehrlingspatronat. Bericht über die Tätigkeit pro (1. Januar) 1901/1902 (Dezember 31). 10 S. 8. ([Frauenfeld, Huber & Co.,] 1903.)

Bericht über die Thätigkeit und die Leistungen des k. k. (k. u. k.) technischen und administrativen Militär-Comité im Jahre 1870 (dann für die darauffolgenden Jahre bis 1895.) Im Auftrage des k. k. Reichs-Kriegs-Ministeriums. (Als Manuscript gedruckt.) (25 Bde.) 8. Wien 1871—1895.

Bericht über die Thätigkeit der Loge zur edlen Aussicht in Freiburg i. Bd. im Maurerjahr 1874/75 (Nr. 24), in den Maurerjahren 1875/76 und 1876/77 (Nr. 28) und in den Maurerjahren 1877/78 bis 1880/81 (Nr. 34). 3 Hefte. 8. 11, 18 u. 29 S.

[Bericht über die Tätigkeit der Loge „zur Harmonie" in Chemnitz. Seit 1860/61.]

Bericht über die Tätigkeit der Loge zur Leuchte am Strome im Or. Pirna im ersten Jahre ihres Bestehens vom 21. August 1902 bis 28. Juni 1903 [nebst Mitgliederverzeichnis].

Bericht üb. die Thätigkeit d. Magyar-Óvárer Rindviehzucht-Vereines im 6.—11. & 14. Geschäftsjahre 1901/02—1906/07 & 1909/10. Von E. Ujhelyi. Magyar-Óvár, Györ 1902—10.

Bericht über die Tätigkeit des deutschen Männer-Gesangvereines in Prag. Prag: Mercy. 1868/1869 - 1872/1873.

[Bericht.] Königliches Materialprüfungsamt der Technischen Hochschule Berlin. Bericht über die Tätigkeit im Betriebsjahre 1904 ff. 4°.
1904—1908.
Aus: Mitteil. a. d. Kgl. Materialprüfungsamt Gross-Lichterfelde-West. 1904—1908.

[Bericht] (Aus den Akten d. K. Preußischen Kultusministeriums.) Bericht über die Tätigkeit der Medizinal-Untersuchungsämter und Medizinal-Untersuchungsstellen im J. 1908. Von *Doepner*. Jena 1910. 8°

Bericht üb. die Tätigkeit d. landwirtschaftlichen Versuchsstation Münster i. W. im Jahre 1902, 03, 05. U. St. 4°.
[Se ogsaa Afd. 382 König].

BERICHT ÜBER DIE THÄTIGKEIT DES CREFELDER MUSEUMSVEREINS. (1) im Jahre 1885. (o. O. o. Dr.) 8°.

Bericht über die Tätigkeit des Städelschen Museums-Vereins in Frankfurt a. M. im 1. Jahrzehnt seines Bestehens. Gegründet 27. Juni 1899. Frankfurt a. M. 1909: Cramer in Offenbach a. M. 35 S. 4°
[Vort.:] Jahresbericht d. Städelschen Museumsvereins 1899—1900. [10. 7008

Bericht über die Thätigkeit des Znaimer Musikvereines. Znaim: F. M. Lenk. (1.1862) - 50. 1912?

Bericht über die parlamentarische Thätigkeit der Reichstags-Fraktion. Berlin 1893. V: *Singer, Paul*. (Stadtbibl. Frankf. a. M. Kat. d. Neueren Bestände.)

Bericht über die Thätigkeit des k. k. Patentamtes in den Jahren 1899 und 1900, erstattet von dem Präsidenten Beck. Wien 1901

Bericht über die Tätigkeit der Pflanzenschutzstelle der Landwirtschaftskammer für die Provinz Ostpreußen. [1.] Während d. Zeit v. 1. April bis 30. Sept. 1907. (Königsberg i. Pr. 1907: Ostpr. Dr.) 8° [F.] [07. 13737 10

BERICHT ÜBER DIE THÄTIGKEIT DES WISSENSCHAFTLICHEN PREDIGER-VEREINS DER EVANGEL. GEISTLICHKEIT BADENS UND DER RHEINPFALZ
für das Jahr 1876. ib. 1876. —

BERICHT ÜBER DIE THÄTIGKEIT DES WISSENSCHAFTLICHEN PREDIGER-VEREINS DER EVANGELISCHEN GEISTLICHKEIT BADENS
im Jahr 1878 und 1879. ib. 1880. —
in den Jahren 1880, 1881 und 1882. ib. 1883. —
für das (im) Jahr 1883. ib. 1884. Verlag der Macklot'schen Buchhandlung.

— dasselbe im J. 1884 u. 1885. 9. Hft. seit Herausgabe der Jahresberichte [1878] gr. 8. (II, 102 S.) Ebend. 885. 1. 50

BERICHT über die Thätigkeit des Wissenschaftlichen Predigervereins der evangelischen Geistlichkeit Badens
in den Jahren 1886, 1887 und 1888 [1]). 10. Mitteilung seit Herausgabe der Jahresberichte. Karlsruhe 1888. Buchdruckerei J. J. Reiff. 8°.
im Jahre 1889 nebst dem Verzeichnis seiner Mitglieder. 11. Mitteilung seit Herausgabe der Jahresberichte. ib. 1889. —
im Jahre 1890. 12. Mitteilung seit Herausgabe der Jahresberichte. ib. 1890. —
im Jahre 1891. 13. Mitteilung seit Herausgabe der Jahresberichte. ib. 1891. —
im Jahre 1893. 15. Mitteilung seit Herausgabe der Jahresberichte. ib. 1893. —
im Jahre 1894. 16. Mitteilung seit Herausgabe der Jahresberichte. ib. 1894. Buchdruckerei M. Gillardon.
im Jahre 1895. 17. Mitteilung seit Herausgabe der Jahresberichte. ib. 1895. Druck von Friedrich Gutsch.
im Jahre 1896. 18. Mitteilung seit Herausgabe der Jahresberichte. ib. 1896. —
im Jahre 1897. 19. Mitteilung seit Herausgabe der Jahresberichte. ib. 1897. —
im Jahre 1898. 20. Mitteilung seit Herausgabe der Jahresberichte. ib. 1898. —
im Jahre 1899. 21. Mitteilung seit Herausgabe der Jahresberichte. ib. 1899. —
im Jahre 1907. 29. Mitteilung seit Herausgabe der Jahresberichte. ib. 1907. Hofbuchdruckerei Friedrich Gutsch.

Bericht über die Tätigkeit der Provinzial-Kommission für Denkmalpflege und des Provinzial-Konservators der Provinz Brandenburg in den Jahren 1902 und 1903. (Berlin. 1905.) 4°.

Bericht über die Tätigkeit der Provinzial-Moorkommission der Landwirtschaftskammer f. d. Prov. Posen (pro 1906). Erstatt. von M. *Oehne*. Posen 1907. 8°.
Aus: Jahresber. d. Landwirtschaftskammer f. d. Betriebsj. 1906.

— üb. d. Tätigk. d. Prov.-Moorkommission f. d. Prov. Posen, erstattet v. M Oehme, s.a. Arbeit d. Landwirtschaftskammer f. d. Prov. Posen.

Bericht über die Tätigkeit des 'Quickborn', 'Vereinigung von Freunden der niederdeutschen Sprache und Literatur' in Hamburg. [1.] 1. Jan. 1907–30. Sept. 1908. ([Hamburg: Quickborn] 1908.) 8°
[Erscheint als Anlage zu d. Zeitschrift 'Quickborn'.] [11. 3270 9

Bericht über die Tätigkeit der Gemeinnützigen Rechtsauskunftsstelle zu Itzehoe im Jahre 1907. Itzehoe. (1908.) 8°
Fortges. u. d. T.:
Bericht über die Tätigkeit der Rechtsauskunftsstelle. . . 1908 ff.

Bericht über die Tätigkeit der Rechtsauskunftsstelle des Kreis Steinburger Gemeinnützigen Vereins zu Itzehoe im Jahre . . . (Itzehoe . . .) 8°
1908. (1909.)
1909. (1910.)
1910. (1911.)
Fortges. u. d. T.:
Tätigkeitsbericht der Rechtsauskunftsstelle

— 6., üb. d. Tätigk. d. kgl. ung. Reichsanst. f. Meteorol. u. Erdmagnetismus u. d. Observatoriums in Ogyalla im J. 05. (Deut. Ausg.) Zusammengest. v. Ant. Réthly. (80 m. 1 Karte.) gr8° Budap., (L Toldi) '06. || 7 u. 8. '06 u. '07. (19 u. 41) '07.9. Je 1 —
Bericht 1—5 sind nur in ungar. Sprache erschienen.

Bericht, 9., üb. d. Tätigk. d. kgl. ung. Reichsanst. f. Meteorologie u. Erdmagnetismus u. d. Observatoriums in Ogyalla '08. (Deut. Ausg.) (37) gr8° Budap., L Toldi '09. 1 —

Bericht über die Thätigkeit der Berliner Rettungsgesellschaft. Geschäftsjahr 2. 1898/99. Berlin

BERICHT ÜBER DIE THÄTIGKEIT DES RHÖNCLUB(S)
im Winter 1881/82. (o. O. o. Dr.) 8°. — im Wintersemester 1882/83. (o. O. o. Dr.) — im Wintersemester 1883/84. (o. O. o. Dr.) — im Wintersemester 1884/85. (Fulda. J. L. Uth's Hofbuchdruckerei.)

BERICHT ÜBER DIE THÄTIGKEIT DES RHÖNCLUBS
im Jahre 1890, welcher in der XV. Jahres-Versammlung zu Fulda am 15. August 1891 erstattet werden soll (o. O. o. Dr. ohne bes Titelbl.)
im Jahre 1891, welcher in der XVI. Jahres-Versammlung zu Brückenau am 7. August 1892 erstattet werden soll (o. O. o. Dr.).

BERICHT ÜBER DIE THÄTIGKEIT DES VEREINES RHÖNCLUB
in den Jahren 1880 bis 1883. Nebst einer populär-geologischen Abhandlung über Entstehung und Bildung des Rhöngebirges von JUSTUS SCHNEIDER. ib. 1883. —

BERICHT ÜBER DIE THÄTIGKEIT DES VEREINS RHÖNCLUB.
3., in den Jahren 1883 bis 1886. Nebst einer Beschreibung der Milseburg von JUSTUS SCHNEIDER. Fulda 1886. Druck von J. L. Uths Hofbuchdruckerei. 8°.
4., in den Jahren 1886 bis 1889. ib. 1890. —

Gotthelfstiftung Rohrbach und Umgebung. Bericht über ihre Thätigkeit von 1896 bis 1902. 15 S. 8. Huttwyl, Joh. Schürch, 1902.

Bericht über die Thätigkeit des Frankfurter Freiwilligen Sanitäts-Corps (Bureau Harmonie) . . . 1870/71. Frankfurt a. M. 1871. 8°.

Männerchor Schaffhausen. Bericht über die Thätigkeit vom 1. August 1899 bis 31. Juli 1902, samt Mitglieder-Verzeichnis auf 1. November 1902. 155 S. 8. Schaffhausen, Bolli & Böcherer, 1902.

Bericht über die Tätigkeit der Berliner Schulärzte ..., der städtischen Schul-Deputation erstattet von Dr. Arthur Hartmann. [1.] Im Jahre 1904/05. Berlin 1905: W. & S. Loewenthal. 4° [F.] 07. 43 9

Bericht über die schulärztliche Tätigkeit in Kiel. [1.] Bis z. 1. Nov. 1908. Kiel 1909: Vollbehr & Riepen. 8° 09. 6301 8

Bericht über die Tätigkeit des Eugenfelder Schulvereins. Januar. 1909 Febr. 1910. [Buch], Eugenfeld.

Bericht üb. die Thätigkeit d. deutschen Section d. Landesculturrathes f. das Königreich Böhmen. [8—]9. 1899—1900. Prag 1900—01. 4°.

— 11.—13., üb. die Tätigkeit d. dtsch. Sektion des Landeskulturrates f. das Königr. Böhmen in d. J. 1902—1904. Lex.-8. Prag (J. G. Calve). n.n. 8.—
1902. (167 S.) 903. n.n. 2.—
1903. (III, 187 S.) 904. n.n. 2.—
1904. (III, 267 S.) 905. n. 4.—

Breslau. Schles. Gesellschaft für vaterländische Cultur. Bericht über die Thätigkeit der geographischen Section der — im Jahre 1891 zu Breslau. (Sep.-Abdr.)

Bericht über die Thätigkeit des Severinus-Vereines auf dem Gebiete der christlichen Kunst für die Zeit vom 1. Mai 1852 bis letzten April 1854. 4. (4 Blätt.) Wien. Druck von Anton Schweiger. 1854.

Bericht über die Tätigkeit der Sicherheitslampen-Unterkommission der wissenschaftlich-technischen Abteilung der Preußischen Schlagwetter-Kommission. o. O., 1884. 56 S.

Bericht über die Tätigkeit des Stadtarztes und den schulärztlichen Dienst zu Halle a. S. ... erstattet von Prof. Dr. [Wilhelm] v. Drigalski u. Dr. A[lbert] Peters. [1.] 1908/09. Halle a. S. 1909: Hendrichs 8°(4°) 10. 1117 3

—— über die Thätigkeit des Gabelsberger Stenografen-Vereins zu Barmen in den J. 1880, 1881 und 1882. gr. 8. (23 S.) Barmen 883, Klein.

— 1., üb. die Thätigkeit d. Thier- u. Pflanzenschutz-Vereins f. das Herzogth. Coburg. Hrsg vom Ausschuss. gr. 8. (III, 100 S.) Coburg 888 (Bonsack.) n. 1.—

Bericht über die Tätigkeit des Tierseuchenamts der Landwirtschaftskammer für die Provinz Ostpreußen erstattet von Dr. O[tto] Müller. (Tierarzt in Königsberg). [1.] In d. Zeit v. 1. April 1907 bis 31. März 1908. Königsberg i. Pr. 1908: Ostpr. Dr. 8° [F. u. Ant.] 08. 13002 10

Bericht über die Tätigkeit des Chemischen Untersuchungsamtes der Stadt Elberfeld. Erstattet von Stadtchemiker Dr. J[akob] Heckmann unter Mitw. d. Assistenten Dr. A[lfred] Lauffs. [1.] Für d. J. 1905. Elberfeld 1906: A. Martini & Grüttefien. 4°
= **Jahresberichte** d. Naturwissenschaftl. Vereins in Elberfeld. H. 11, Beilage. 06. 6933

Bericht über die **Tätigkeit** d. chem. Untersuchungsamtes d. Stadt Ulm a. D. 1896-98. 1907. Ulm 1898. 1908

Bericht über die Tätigkeit des Untersuchungsamtes der Landwirtschaftskammer für die Provinz Ostpreußen, erstattet von Prof. Dr. [Georg] Klien. [1.] In d. Zeit v. 1. April 1907 bis 31. März 1908. Königsberg i. Pr. 1908: Ostpr. Dr. 8° [F.] 08. 13003 10

Bericht üb. die Tätigkeit d. milchwirtschaftlichen Untersuchungs-Laboratoriums in Barnaul (West-Sibirien) f. 1908/09. St. Petersb. 1910.
[Russ. Tit. og Tekst, tysk Undertit. og Resumé].

Bericht üb. die Tätigkeit d. milchwirtschaftlichen Untersuchungs-Laboratoriums in Jaroslaw (Russland). Jahr 1—3, 5: 1905—07, 1909. Jaroslaw 1905—11.
[Russ. Tit. og Tekst, tysk Undertit. og Resumé].

Bericht üb. die Tätigkeit d. milchwirtschaftlichen Untersuchungslaboratoriums in Kurgan (West-Sibirien) f. die Jahre 1906—07, 1908, 1909 **u. die erste Hälfte** 1910. St. Petersb. 1910.
[Russ. Tit. og Tekst, tysk Undertit. og Resumé].

Bericht üb. die Tätigkeit d. milchwirtschaftlichen Untersuchungs-Laboratoriums in Omsk (West-Sibirien) f. 1907. St. Petersb. 1909.
[Russ. Tit. og Tekst, tysk Undertit. og Resumé].

BERICHT über die Thätigkeit des Verbandes zur Besserung der ländlichen Arbeiterverhältnisse im Gebiete des Landwirthschaftlichen Centralvereins der Provinz Sachsen, der Herzogthümer Anhalt und Gotha, sowie der Fürstenthümer Schwarzburg-Rudolstadt und Schwarzburg-Sondershausen zu Halle a. S.
während des 1. Geschäftsjahres 1891, erstattet auf der 1. Generalversammlung des Verbandes am 18. Dezember 1891 zu Halle a. S. von H. SUCHSLAND. (Halle (Saale). Gebauer-Schwetschke'sche Buchdruckerei.) 8°.

Bericht über die Tätigkeit des Verbandes der größeren preußischen Landgemeinden. [1.] 1910/11. o. O. (1911). 8° 11. 13984

— über die Tätigkeit des Verbandes d. Metallarbeiter Österreichs in den Verwaltungsj. 1904 u. 1905. (640 S. m. 13 graph. Taf.) gr. 8. Wien 906. (Wiener Volksbuchh.) 5.—

Bericht über die Tätigkeit des Vereines der ungarischen Berg- und Hüttenwerks-Unternehmungen in Budapest. 1.—3. Jg. (1901—1903). Budapest, 1902—1904.

BERICHT ÜBER DIE THÄTIGKEIT DES DEUTSCHEN VEREINS FÜR DAS NÖRDLICHE SCHLESWIG in der Zeit vom 19. November 1890 bis zum 30. Juni 1892. — JAHRESBERICHT 1. Erstattet in der ordentlichen Generalversammlung zu Apenrade am 6. Juli 1892. Hadersleben. 1892. Gedruckt in der Buchdruckerei von W. L. Schütze. Deutscher Verein für das nördliche Schleswig. — JAHRESBERICHT 2. 1892—94. ib. 1894.[1]) —

Evangelisch-kirchlicher Verein der Stadt Bern. Bericht über seine Thätigkeit in den Jahren 1899—1901. [Mit 2 Porträt-Tafeln.] 27 S. 8. Bern, Buchdr. des Berner Tagblatt, 1901.

Casseler Geometer-Verein. — BERICHT ÜBER DIE THÄTIGKEIT DES VEREINS
in der Zeit vom 10. Februar bis zum 30. Juni 1878, erstattet in der 1. Hauptversammlung zu Cassel von ... RUCKDESCHEL. Cassel, Druck von C. Richartz. 8°.
in der Zeit vom 1. Juli 1878 bis dahin 1879, erstattet in der 2. Hauptversammlung zu Cassel von ... RUCKDESCHEL. ib. —
in der Zeit vom 4. Juli 1879 bis dahin 1880, erstattet in der 3. Hauptversammlung zu Cassel von RUCKDESCHEL. ib. —
in der Zeit vom Jahre 1880 bis 1881 erstattet in der 4. Hauptversammlung zu Cassel von RUCKDESCHEL. ib. —
in der Zeit vom Jahre 1881 bis 1882 erstattet in der 5. Hauptversammlung zu Cassel von RUCKDESCHEL. Karlsruhe. 1882. Buchdruckerei von Malsch & Vogel.

Casseler Geometer-Verein. — BERICHT ÜBER DIE THÄTIGKEIT DES VEREINS
in der Zeit vom Jahre 1882 bis 1883 erstattet in der Hauptversammlung am 29. Juli 1883 von RUCKDESCHEL. Karlsruhe. 1884. Buchdruckerei von Malsch & Vogel. 8°.
in der Zeit vom Jahre 1883 bis 1884 erstattet am 27. Juli 1884 in der 7. Hauptversammlung zu Cassel von ... RUCKDESCHEL. Cassel, 1885. Druck von C. Richartz.
in der Zeit vom Juli 1884 bis 1885. Erstattet am 19. Juli 1885 in der 8. Hauptversammlung zu Cassel von . . WOLFF. ib. 1885. —

Bericht über d. Thätigkeit d. histor. Vereins d. Kantons Solothurn über d. J. 1882—87, v. B. Wyss. Solothurn 1889.

Bericht über die Thätigkeit des kaufmännischen Vereins zu Leipzig. 1885-90

—— üb. d. Thätigk. d. Kosten-Fraustädter landwirthsch. Ver. v. J. 1855—61, hrsg. v. R Lehmann. 1. Sammlg. 8. (345) Lpzg 61, E Günther. 1. 10

—— über die Thätigkeit des Kosten-Fraustädter landwirthschaftlichen Vereins vom J. 1855—1861, hrsg. von Rob. Lehmann. 1. Sammlung. gr. 8. (VIII und 345 S.) Lissa 861(62), [Breslau], Günther's Verlag.

BERICHT ÜBER DIE THÄTIGKEIT DES VEREINS FÜR NATURKUNDE ZU CASSEL
(12). vom 18. April 1847 bis 18. April 1860, nebst der Geschichte dieses Vereins. Von O. SPEYER. s. l. & a. 8°.

BERICHT ÜBER DIE THÄTIGKEIT DES NATURWISSENSCHAFTLICHEN VEREINS ZU CREFELD
im Winterhalbjahre 1887/88. Crefeld. Druck von Kramer & Baum. 8°.
im Winterhalbjahre 1888/89. — im Winterhalbjahre 1889/90. —

BERICHT ÜBER DIE THÄTIGKEIT DES NATURWISSENSCHAFTL. VEREINS ZU CREFELD
in der Zeit von Herbst 1890 bis Herbst 1891. ib. —

BERICHT ÜBER DIE THÄTIGKEIT DES NATURWISSENSCHAFTLICHEN VEREINS ZU CREFELD
in der Zeit von Herbst 1891 bis Herbst 1892. ib. 1892. Druck von Heinr. Halfmann. 8°.

BERICHT ÜBER DIE THÄTIGKEIT DES NATURWISSENSCHAFTLICHEN VEREINS IN LÜNEBURG.
1. (Ohne bes. Titelblatt. Lüneburg 1852.) 4°.

BERICHT ÜBER DIE THÄTIGKEIT DES OFFENBACHER VEREINS FÜR NATURKUNDE
24. und 25., in den Vereinsjahren vom 4. Mai 1882 bis 11. Mai 1884. Zugleich Festbericht über die am 11. Mai 1884 begangene 25-jährige Stiftungsfeier. Nebst Mittheilungen wissenschaftlichen Inhalts. Offenbach a. M. 1885. C. Forger's Druckerei. 8°.

BERICHT . . . ÜBER DIE T(H)ÄTIGKEIT DES OFFENBACHER VEREINS FÜR NATURKUNDE.
26., 27. und 28., in den Vereinsjahren vom 7. Mai 1884 bis 11. Mai 1887. Nebst Mittheilungen wissenschaftlichen Inhalts und 2 lith. Tafeln. Offenbach a. M. 1888. C. Forger's Druckerei. 8°.
29., 30., 31. und 32., in den Vereinsjahren vom 2. Mai 1887 bis 6. Mai 1891. Nebst 5 wissenschaftlichen Abhandlungen, 1 lith. Tafel und 3 Holzschnitten. ib. 1892. Kommissionsverlag von Th. Steinmetz, Hofbuchhandlung (Karl Seyd).
33., 34., 35. und 36., in den Vereinsjahren vom 3. Mai 1891 bis 5. Mai 1895. Nebst 5 wissenschaftlichen Abhandlungen und 1 lithogr. Tafel. ib. 1895. —
37., 38., 39., 40., 41. und 42., in den Vereinsjahren vom 6. Mai 1895 bis 11. Mai 1901. Nebst 3 wissenschaftlichen Abhandlungen mit 5 Tafeln und 3 Textfiguren. ib. 1901. —
43—50., in den Vereinsjahren vom 12. Mai 1901 bis 2. Mai 1909. Nebst 5 Abhandlungen mit 3 Tafeln und 1 Porträt, sowie einem Inhaltsverzeichnis des 1.—50. Berichtes. ib. 1909. — NACHTRAG zum 43.—50. Jahresbericht des Offenbacher Vereins für Naturkunde. Zum Andenken an Erich Spandel. (Mit 1 Tafel. O. O. o. Dr. ohne bes. Titelbl.) 8°.

— üb. d. Tätigk. d. Oldenburger Ver. f. Altertumskde u. Landesgesch., (hrsg. v. G Rüthning), s.: Schriften d. Oldenb. Ver. f. Altertumskde u. Landesgesch.

Bericht über die Tätigkeit d. Oldenb. Vereins für verwundete Krieger. Oldenburg 1867.

BERICHT ÜBER DIE THÄTIGKEIT DES PROTESTANTISCH-LIBERALEN VEREINS VON ELSASS-LOTHRINGEN
in den beiden Jahrgängen Nov. 1882 — Nov. 1884 übersichtlich zusammengestellt durch ALB. ENGELMANN. ib. 1885. Druck von J. H. Ed. Heitz (Heitz und Mündel).

Bericht über die Tätigkeit des Vereins für bildende Volksunterhaltung Berlin. Im Auftr. d. Verwalt. erstattet von Willy *Lichtwarck*. 1.—3. Geschäftsj. Berlin 1910. 8°. Geschäftsj. 1—3. (1907/08—1909/10). 1910.

Zürcher. kantonaler landw(irtschaftlicher) Verein und seine Zweigvereine. Bericht über die Tätigkeit für das Jahr 1900. 19 S. 8. Zürich, J. Rüegg, 1901.

Bericht über die Thätigkeit und die Verhältnisse der Loge zur „Brudertreue an der Elbe" während der Zeit ihres zehnjährigen Bestehens, vom 15. Sept. 1845 bis zum 15. Sept. 1855. Hamburg 1855: Köhler. 8 S. 8° [Umschlagtit.]

BERICHT ÜBER DIE THÄTIGKEIT UND DIE VERHANDLUNGEN DER GESELLSCHAFT FÜR GEBURTSHÜLFE ZU LEIPZIG
Im 1. Jahre ihres Bestehens. Erstattet durch EMIL APOLLO MEISSNER jun. (Separat-Abdruck aus der Monatsschrift für Geburtskunde und Frauenkrankheiten.) Berlin 1856. Gedruckt bei Julius Sittenfeld. 8°.
Im 2—4. Jahre ihres Bestehens. Erstattet durch EMIL APOLLO MEISSNER jun. (Separat-Abdruck aus der Monatsschrift für Geburtskunde und Frauenkrankheiten, Bd. X—XIII. 1857—1859.) Leipzig 1857—(1859). Druck von A. Th. Engelhardt.

Bericht üb. die Thätigkeit d. Grossh. badischen pflanzenphysiologischen Versuchsanstalt in Karlsruhe 1—2, 4: 1884—85, 87. Karlsruhe 1885—88.

Bericht über die Tätigkeit der bakteriologischen Versuchsanstalt der Landwirtschaftskammer für die Provinz Ostpreußen, erstattet von Dr. O[tto] Müller, [Laboratoriumsleiter, Königsberg]. [1.] In d. Zeit v. 1. Okt. 1906 bis 1. Apr. 1907. Königsberg i. Pr. 1907: Ostpr. Dr. 4° [F. u. Ant.] 07. 17938 10

Bericht über die Thätigkeit des Vereins Versuchs- und Lehranstalt für Brauerei in Berlin. Jg. 1894/95. Berlin

Bericht über die Thätigkeit der Versuchsstation. Die landwirthschaftlich-chemische Versuchs- (und Samen-Control-)Station am Polytechnikum zu Riga. Lfg 1—10. Riga 1872—1901.

Bericht über die Thätigkeit der landwirtschaftlich-chemischen Versuchsstation der k. k. Landwirtschafts-Gesellschaft für Kärnten in Klagenfurt. Klgft., v. Kleinmayr, 1895—. (Von 1899 an S.-A. aus: Zeitschr. f. d. landwirtsch. Versuchswesen in Oesterreich. Wien, Fromme.)

Bericht üb. die Tätigkeit d. Versuchsstation u. Lehranstalt f. Molkereiwesen zu 1887/88, 1897/98, 1909/10 Kleinhof-Tapiau, 1911/12 Königsberg i. Pr. 1887/88, 1897/98, 1909/10, 1911/12. 1887/88 Danzig, 1897/98 ff. Königsb. 4°.
[1887/88 m. Tit.: Die Wirksamkeit d. Versuchs-Molkerei . . . v. W. Fleischmann].

Bericht über die Thätigkeit des Vorstandes (der Landwirtschaftskammer f. d. Prov. Schleswig-Holstein) und der von der Plenarversammlung am 15. März 1898 eingesetzten Kommission zur Vorbereitung neuer Handelsverträge. Kiel. 1902. Anlage zu: Protokoll der 14. Plenarversammlung. Kiel. 1902. 4°.

Schulsynode des Kantons Bern. Bericht über die Tätigkeit des Vorstandes pro 1899—1902. 9 S. 4.

Bericht über die Tätigkeit der Versuchswirtschaft Waldgarten der Landwirtschaftskammer für die Provinz Ostpreußen. Erstattet von Dr. Arthur Wenck. [1.] Im J. 1907. Königsberg: Ostpr. Dr. & Verlagsanst. (auf d. Umschl.: Gräfe & Unzer) 1908. 8° [F.]
= Arbeiten d. Landwirtschaftskammer f. d. Prov. Ostpreußen. No 21. 08. 15736

BERICHT ÜBER DIE THÄTIGKEIT des Thüringer Wald-Vereins vom 1. April 1882 bis 31. März 1883. (Ohne bes. Titelblatt.) 8°.

Bericht über die wissenschaftl. Thätigkeit d. Königsberger Tiergartens. (Königsberg 1899.) (4 S.) 8° [Kopft.] 05. 3937 10

Bericht über die Tätigkeit des Wohnungsausschusses für das 6. Deutsche Turnfest zu Dresden 1885, Dresden 1885, 29 S., 8°.

BERICHT über die zehnjährige Thätigkeit der Meteorologischen Gesellschaft zu Rudolstadt (Zweigvereins der Deutschen Meteorologischen Gesellschaft), erstattet im Auftrage der Gesellschaft von LEHMANN zu Rudolstadt. Rudolstadt 1887. Druck der Fürstlich priv. Hofbuchdruckerei (F. Mitzlaff). 4°.

Bericht über die zehnjährige Thätigkeit des Curatoriums des k. und k. Heeres-Museums. 1885—1894. Herausgegeben vom Curatorium. 8. Wien **1895.**

Bericht über die 10jährige Tätigkeit der Landes-Zentral-Kreditgenossenschaft für Ungarn. Budapest 1909.

— üb. d. Thätigkeit d. Centralbureaus d. internat. Erdmessg, s.: Veröffentlichungen d. Centralbureaus.

BERICHT ÜBER DIE THÄTIGKEIT DER ZENTRAL-KOMMISSION FÜR WISSENSCHAFTLICHE LANDESKUNDE VON DEUTSCHLAND. Von RICHARD LEHMANN. Im Namen der Kommission
auf dem 3. Deutschen Geographentag erstattet. (Sonderabdruck aus dem „Ausland" Nr. 29 Jahrg. 1883.) München, 1883. Buchdruckerei der J. G. Cotta-schen Buchhandlung. [1]) 8°.

Bericht über die Thätigkeit der königl. bayer. Meteorolog. Centralstation und der ihr angeschlossenen Stationen im Jahre 1888. München

Bericht über die Tätigkeit der Centralstelle für Arbeiter-Wohlfahrtseinrichtungen. Berlin 1904. 8°.

Bericht über die Tätigkeit der Zentralstelle für Volkswohlfahrt während d. J. 1. 4. 1907 bis dahin 1915, 8° u. 2°. 11 Bde.

— über die Taubstummen in Kurland im J. 1894 nach den vom kurländischen evangelisch-lutherischen Consistorium gesammelten Auskünften. gr. 8. (26 S.) Mitau 894. (F. Besthorn.) n. 1. —

— über den ersten deutschen Taubstummenlehrer-Kongress zu Berlin vom 25—27. Septbr. 1884. gr. 8. (115 S.) Berlin 885. Nicolai's Verl. n. 3. —

— üb. d. '02 in Wien abgeh. I. allg. österr. Taubstummenlehrertag. Hrsg. v. Ver. österr. Taubstummenlehrer. (86) 8° Wien. (Sallmayer'sche Bh.)'02 1 — 4

BERICHT DES LEPIDOPTEROLOGISCHEN TAUSCHVEREINES ... vom derzeitigen Geschäftsführer ... MARTINI
über das Jahr 1848 — über das Jahr 1858. (Ohne bes. Titelblatt.) 8°.

— erster, des schles. Tausch-Vereins für Schmetterlinge. 1840. (Von Reinhold Döring.) gr. 4. Brieg 840. Schwartz. 1/4 ₰

— zweiter — sechster, des schlesischen Tausch-Vereins für Schmetterlinge. Von Reinhold Döring. gr. 4. Brieg 841—46, Schwartz. 2. 6 1/2 ngr; 3.—6. à 1/4 ₰

BERICHT DES SCHLESISCHEN TAUSCH-VEREINS, später: TAUSCHVEREINS FÜR SCHMETTERLINGE.
1—5. 1840—1844. (Mit Tafeln. Ohne bes. Titelblatt. Brieg. Zu haben bei Carl Schwartz). 4°.
6—8. 1845—1846. (Ohne bes. Titelblatt. ib. Gedr. bei A. Klockau.)

Breitkopf & Härtel: Technischer Bericht 1905. Leipzig (1905)

Eisenbahn Solothurn-Burgdorf. Technischer Bericht über die Anlage und die Ertragsfähigkeit einer Eisenbahn Solothurn-Burgdorf. Solothurn, Druck v. J. Gassmann, Sohn. 44 S. 8. Mit 2 Plänen. 1871?

— technischer über die Grundwasser-Verhältnisse in Wien. Erstattet im Stadtbauamte im Februar 1880. 8. (41 S. mit 3 Tafeln) Cart. 2 fl. Brünn: Karafiat 1882

— technischer, über die Grundwasser-Verhältnisse in Wien. Erstattet vom Stadtbauamte im Febr. 1880. gr. 8. (41 S. mit 3 Stnt. in gr. Fol.) Wien 883, (Spielhagen und Schurich.) geb. *

Bericht, technischer. über das Projekt der Arlberg-Bahn, sammt Beilagen. Wien 1872. 4.

Bericht, Technischer, über die Zürichsee-Gotthardbahn 1874. O. O. [1874]. V: *Baumann, Hans* & *G. Franciscus.* (Cat. d. Stadtbibl. Zürich. Zürich 1864—97.)

— desjenigen Theiles der Kommission des Nationalrathes, welcher die Basis des französischen Münzsystems zur Annahme empfiehlt. gr. 4. (36 S.) (Zürich 850, Schulthess.)

Bericht über die Theilnahme der Artillerie an der im Herbst 1852 stattgefundenen Belagerungs-Übung bei Magdeburg. Berlin 1854. 8°.

Bericht, Erster — über die Tendenz und das Wirken des Privat-Blinden-Institutes in Linz. Linz, 1856. Aus der Eurich'schen Buchdruckerei. (14 S. 8.)

Bericht über das . . . Vereinsjahr, Ruderverein Teutonia: no. 1, 1890 ?
Report of the Ruderverein Teutonia, which was founded April 1890. Octavo, each about 48 pages; the meeting also called „Ordentliche Versammlung". Report year, no. 45 49 begins April of each year. Buenos Aires

Bericht des Lauchstedter Theater-Vereins. 1. Halle 1910: Gebauer-Schwetschke. 8° [11. 10107 3

Bericht, Eines Fürstlich-Mecklenburgischen Theologi in der That und Wahrheit gegründeter, von jetzt vorwaltender Landes-Kirchen Verwirrung nebst desselben vermehrt- und erläuterten Dubiis . . . Rostock und Neu-Brandenburg 1738. V: *Aepinus, Frz Alb.* (Zuwachsverz. d. Bibl. Zürich 1898ff. 8.) (Bachmann, Mecklenburg. Güstrow 1889. S. 331.)

Bericht, Eines schwedischen Theologi kurtzer, von Pietisten. Leipzig 1706. V: *Maver. Joh. Fr.* (Myl) (Schr)

— theol., v. Büchern u. Schriften, von einer Gesellschaft zu Danzig. 110 Stck. 8. Danz. Jacobder. 764—74.

— — fortgesetzte, ebenders. 10 Stck. 8. Ebend. 774.

Hamburg, Deutsche Seewarte, Bericht über die Thermometer-Prüfung an der —
(Aus dem Archiv der —. V. Jahrgang 1882 No. 4.) Hamburg 1882.

Bericht und Thesen, die badische Schulreform betreffend. Carlsruhe 1863. V: *Knies, Carl.* (Grossh. Hof- u. Landesbibl. Carlsruhe 1876.) (BaBb)

Verkehrs- und Kurverein Thun. 4. Bericht, umfassend das 6. Vereinsjahr 1900/1901. II + 46 S. 8. Thun, Eug. Stæmpfli, (1901).

Postverein Thurgau. Bericht über die Vereinsjahre 1897—1902. 12 S. 8. (1903.)

Königliche Tiefbauschule in Rendsburg. Bericht über das Schuljahr 1910/11—1913/14. Rendsburg. 1911—14. 4°
Mehr nicht erschienen.

Bericht üb. die königl. Thierarzneischule (1887-88 thierärztliche Hochschule) in Berlin, v. Müller. $18^{85}/_{86}$-$^{87}/_{88}$ (3 H.). [Berl.] (1886-88). (Særtr.).

Bericht üb. den 1886 in Wien abgehaltenen 1. österr. Thierärztetag. Wien 1886. 93 S.

— über die landwirthschaftliche Thier-, Maschinen- und Producten-Ausstellung zu Darmstadt am 24.—27. Septbr. 1868. gr. 8. (86 S.) Darmstadt 868, (Jonghaus'sche Hofbuchh.) *
Aus: Zeitschrift für die landwirthschaftl. Vereine des Großherzogth. Hessen, besonders abgedruckt.

Bericht üb. die temporäre internationale Thier-Ausstellung zu Wien, abgehalten v. 31. Mai bis 9. Juni 1873. Von W. Fleischmann. Bregenz 1873. 32 S. (Særtr.). P.

Bericht üb. die Thierheilanstalt bei der königl. Thierarzneischule zu Dresden u. ihre Leistungen, v. C. G. Prinz. 1834-35 (2 H.). U. A. (Særtr.).

— über die in den Tagen vom 16. bis incl. 21. Mai 1865 zu Stettin abgehaltene allgemeine Thierschau u. Ausstellung von landwirthschaftlichen Maschinen u. Geräthen, Erzeugnissen der Land- u. Forstwirthschaft, der Jagd u. des Gartenbaues. Erstattet vom Ausstellungs-Comité. Stettin 865. Dannenberg & Dühr, gr. 8. (79 S. u. 1 Tab. in Fol.) 12 ngr

— über das pommersche Thierschaufest zu Stettin am 18., 19. und 20. Mai 1857. 8. (128 S.) Stettin 1857, (Graßmann's Verlag.) **

Thierschutz-Verein, Aargauischer. 6. Bericht vom 30. Juni. 1875 bis 30. Juni 76. Aarau, J. J. Christen. 1876?

Bündn. Tierschutzverein in Chur. 9. Bericht über die Vereinsjahre 1901 und 1902. II + 438. 8. Chur, Sprecher & Valer, 1902.

Tierschutz-Verein des Kantons Luzern. Bericht über das Jahr 1900 u. 1901 u. 1902. [je Mit Titelvignette.] 96 u. 64 u. 68 S. 8. Luzern, Genossenschafts-Buchdr., 1901 u. H. Keller, 1902 u. 1903.

Bericht über die Töchterschule in Basel. Schuljahr 1886/87. In-4⁰, 24 S. Basel, Buchdruckerei Fr. Bürgin. 1887?

Töchterschule in Basel. Bericht. Schuljahr 1900-1901. Wissenschaftliche Beilage: Ueber Facies und Transgressionen der untern Kreide... im westlichen Jura. [Mit 2 Tafeln.] II + 35 + *Beilage* 44 S. 4. Basel, Franz Wittmer, 1901.
Beilage s. Baumberger, E(rnst).

Töchterschule in Basel. Bericht. Schuljahr 1901—1902. II + 37 S. 4. Basel, Kreis, 1902.

Bericht über die städtische höhere Töchterschule in Altona, mit welchem zugleich zu der . . . öffentlichen Prüfung einladet Wickenhagen. 4⁰.
2.—4. Altona. 1880—82.

Bericht über die städtische höhere Töchterschule in Altona für das Schuljahr . . . etc.
5.—18., 1882/83—1895/96. ebd. 1883—96.

—— üb. d. glorr. Tod v. 205 sel. Martyrern in Japan. 8. (63) Münch. 68, Lentner — 6

—— über den glorreichen Tod von 205 seligen Martyrern in Japan. Nach dem Italien. bearb. von einem Priester des Franciskaner-Ordens in Bayern. 8. (63 S.) München 868, Stahl. (60 Pf.)

Bericht über den Tod des Herrn (Eduard) Knobel (Arzt und Wundarzt in Nidau) und die daherige Untersuchung. Mit einem lithographierten Plane. 8. Biel 1851.

Bericht über die Ton-, Zement- und Kalkindustrie-Ausstellung 1905 in Berlin. (325 S) Berlin 1906

Neue Tonhalle-Gesellschaft (in Zürich). 8. Bericht. Geschäftsjahr (1. Mai) 1900/(30. April) 1901. 27 S. 4. Zürich, Meyer & Hendess, 1901.

Neue Tonhalle-Gesellschaft (in Zürich). 9. u. 10. Bericht. Geschäftsjahr 1901/1902 (April 30) u. 1902/1903 (April 30). *je* 27 S. 4. Zürich, Meyer & Hendess, 1902 u. 1903.

Bericht des Berliner Tonkünstler-Vereins. Berlin. 1868/1869 - 73. 1916.

Bericht über die am 24/6. 1888 in der Loge zu Königsberg abgehaltene Trauerfeier zu Ehren Kaiser Friedrichs. Königsberg: Bon 1888. 16 S. 8⁰

— über die am 24. Juni 1888 in der Loge zu den drei Kronen in Königsberg i. Pr. abgehaltene Trauerfeier zu Ehren Kaisers Friedrich. gr. 8. (16 S. Königsberg 889. Bon's Buchhandlg. n.n. — 50

Bericht über die in ausserordentlicher Versammlung der Grossen Freimaurerloge „Zur Eintracht" im Or.·. Darmstadt am 10. April 1892 abgehaltene Trauerloge zum Andenken ihres i. d. e. O. e. Durchlauchtigsten Schirmherrn, Grossherzog Ludwig IV. von Hessen und bei Rhein pp. Mainz 1892: Prickarts. 16 S. 8⁰ [Umschlagtit.] (Berichte üb. d. Verhandl. d. Versamml. d. Gr. Frmrl. zur Eintracht, Darmstadt. 111.)

Bericht über die gemeinsame Trauer-Loge der deutschen Brüder Freimaurer zum Gedächtniss des Allerdurchlauchtigsten Protektors, Sr. Majestät des Deutschen Kaisers und Königs von Preussen, Br. Friedrich III., abgehalten im Hause der Grossen Landes-Loge der Freimaurer von Deutschland zu Berlin am 24. Juni 1888. [Berlin 1888: Mittler & S.] 11 S. 2⁰ [Umschlagtit.] (Kreisschreiben d. deutschen Grlogenbundes. 1888—1889, 1.)

Trauriger Bericht von dem verheerenden Berg-Sturz in der Schweiz, welcher vier beträchtliche Dorfschaften in 331 Häuser bestehend, nebst 1400 Einwohnern in Zeit 5 Minuten ganz begraben. o.O. (Reutlingen: Jac. Fleischhauer jun.) 4 S. n.n.

— treuer, üb. die letzten Ereignisse in d. hiesigen jüdischen Gemeinde. 3. Aufl. gr. 8. Breslau 846, Leuckart. 1½ngl

Bericht über die Trocknung der Eichenlohrinde in den fiskalischen Eichenschälwaldungen des Regierungsbezirkes Trier. Erstattet im Auftrage der Königlichen Regierung zu Trier. – Trier 1891. 15 S., 1 Taf., m. Abb.

Gewerbliche Fortbildungsschule Trogen. Bericht 1900 u. 1901 u. 1902. 15 u. 14 u. 14 S. 8. Trogen, U. Kübler, 1901 u. 1902 u. 1903.

Die ... Internationale Tuberkulose-Konferenz. La ... Conférence Internat. Antituberculeuse. The ... Internat. Conference on Tuberculosis. **Bericht**. Rapport. Report. [1.] 1902. Im Auftr. d. Internat. Central-Bureaus z. Bekämpfung d. Tuberk. hrsg. von Prof. Dr. [Gotthold] Pannwitz. Berlin: Central-Bureau; Leipzig: J. A. Barth in Komm. 1903. 4⁰(8⁰) [07. 3391

— Tübingische, v. gel. Sachen d. J. 1752—57. 8. Tüb.

3.—5. Bericht über die Turnanstalt von H. O. Kluge in Berlin, Dresden 1862, o. J., 1868, 8⁰. 3 Bde.

Bericht über die Turnanstalt zu Thorn, Thorn 1848, 10 S., 8⁰.

Bericht des Turnausschusses der Deutschen Turnerschaft über die Ergebnisse des Wetturnens auf dem 12. Deutschen Turnfest in Leipzig 1913, 90 S., 4⁰.

Bericht des Turnausschusses der Deutschen Turnerschaft über das 10. Deutsche Turnfest in Nürnberg, Leipzig 1904, 4⁰.

Bericht des Turnausschusses der Deutschen Turnerschaft vom 11. Deutschen Turnfest in Frankfurt a. M. 18.—22. 7. 1908, Leipzig 1908, 70 u. 16 S., 4⁰.

Bericht des Turnausschusses für das 8. Deutsche Turnfest in Breslau 1894, 8 S., 1 Bl., 8⁰.

Turnverein Liestal. Bericht über das Eidgen. Turnfest in La Chaux-de-Fonds 1900. Erstattet von Ed(uard) Strübin. (1901 März.) II + 19 S. 8. (Liestal, L. Brodbeck.)

Bericht über das Turnfest zu Frankfurt a. M. am 31. 7., 1.—2. 8. 1847, Mannheim 1847, 16 S., 8⁰.

Bericht über das 1. Turnfest des IV. deutschen Turnkreises Norden zu Schwerin in Mecklenburg, 26.—28. 7. 1873, 10 S., 8⁰.

Bericht über das vom 9.—12. 6. 1886 zu Weißenfels a. S. stattgefundene 3. Turnfest des Kartellverbandes akademischer Turnvereine auf deutschen Hochschulen, Weißenfels, 16 S., Kl.-8⁰.

—— dritter, über die königl. Turnlehrer-Bildungsanstalt zu Dresden, die dritten sieben Jahre ihres Bestehens umfassend, hrsg. von Mor. Kloss. gr. 8. (45 S.) Dresden 871, (Schönfeld's Verlagsh.) *

—— vierter, über die königl. Turnlehrer-Bildungsanstalt zu Dresden, bei Gelegenheit der 25jähr. Wiederkehr ihres Eröffnungstages, den 23. Octbr. 1875 hrsg. von Mor. Kloss. gr. 8. (46 S.) Dresden 875, (Schönfeld's Verlagsh.) *

Bericht über die 5. deutsche Turnlehrerversammlung in Görlitz 1869. Von Th. Bach. Leipzig 1869. 30 S. 4° Beil. zur Deutschen Turnzeitung. 1869. Nr. 44.

— üb. d. XII. deut. Turnlehrer-Versammlg, Hof 1893. Von K Eulor. 8° (103 m. 1 Bildnis.) Hof 95. R Lion. 2.20

Bericht des Berliner Turnrathes. Berlin.
37.—56. 1893—1913. 69.—70. 1926—27. 72.—74. 1929—31. 76. 1933.

Turnspielplatz des Mattenhof-Sulgenbach-Weissenbühlbezirks (Bern). je II + 7 S. 8.
2. Bericht vom 1. März 1900 bis 28. Februar 1901. Bern, Jent & Co., 1901.
3. Bericht vom 1. März 1901 bis 28. Februar 1902. Bern, H. Jent, 1902.

Bericht über den am 17.—18. 4. in Breslau abgehaltenen Turntag des II. Deutschen Turnkreises, Breslau 1865, 16 S., 8°.

Bericht des Klagenfurter Turnvereines über die Thätigkeit in den Jahren 1862—1887. Klgft., Leon, (1887). 55 S.

Bericht des Wiener Akademischen Turnvereins. Wien. 1.—6. 1887—93.

Bericht üb. d. Turnwesen d. Breslauer Schulen f. d. Schulj. 1886/87 bis 1888/89, 1890/91, 1893/94, 1895/96, 1902/03, 4°.

Bericht über die Typhus-Epidemie in Bern im Winter 1873/74. gr. 4. Bern. Dalp. 3. — 1876?

Bericht von der am 18. Aug. 1717 bezwungenen Übergabe der Türckischen Haupt-Stadt und Vestung Belgrad. o. O. 1717. 8°.

Bericht wegen Uebergabe der Stadt Lemberg v. 31. Aug./10. Sept. 1704. (½ B.) 4.

[S.] Bericht über die Übergabe der beiden Ölbilder des Hn. Geh. Regierungsr. Prof. Dr. Karl Möbius, zu dessen 70. Geburtstage am 7. Febr. 1895. *Berlin: Dr. n. J. F. Starcke [1895].* (16 S., 1 Taf.) 1 Bd 8. [09. 1896]

Bericht von Uebergabe der türk. Haupt-Vestung Temeswar im Königr. Ungarn. 4. Wien, 16. Oct. 1716.

Bericht über die am 25. und 26. Mai 1872 in Böhmen stattgefundene Ueberschwemmungen ... Prag 1872. V: *Kořistka, Carl & Jos. Bernat.* (Kat. d. stat. Bureaus. Dresden 1890.)

[C]Kanton Appenzell Innerrhoden. Bericht und Uebersicht über die Amtsrechnungen vom Rechnungsjahr 1900. 49 S. 8. Appenzell, Genossenschafts-Buchdr., 1901.

Kanton Appenzell Innerrhoden. Bericht und Uebersicht über die Amtsrechnungen vom Rechnungsjahr 1901. 48 S. 8. Appenzell, Genossenschafts-Buchdr., 1902.

Kanton Appenzell Innerrhoden. Bericht und Uebersicht über die Amtsrechnungen vom Rechnungsjahr 1902. 50 S. 8. Appenzell, Genossenschafts-Buchdr., 1903.

[C]Kanton Uri. Bericht und Uebersicht über die Amts-Rechnungen vom Rechnungsjahr 1900. [Mit 2 Tabellen.] 99 S. 8. Altdorf, Huber, 1901.

Kanton Uri. Bericht und Uebersicht über die Amts-Rechnungen vom Rechnungsjahr 1901. [Mit 2 Tabellen.] 94 S. 8. Altdorf, Huber, 1902.

Bericht über das zweite bernische Übungslager an das Militärdepartement der Republik Bern 1843. Bern [1843]. V: *Zimmerli, David.* (Cat. d. Stadtbibl. Zürich. Zürich 1864—97.)

Bericht über den in Aussicht genommenen Umbau des Stecknitz-Canals oder Elbe-Trave-Canals, erstattet von dem vereinigten Lauenburg-Lübeckischen Canal-Comité. Lübeck. 1880. 4°

Städtische Strassenbahn ... Zürich. Bericht über den Umbau der Zürcher Pferdebahn auf Meterspur für elektrischen Betrieb. Erstattet von der Direktion der ... Strassenbahn und vom Strasseninspektorat der Stadt Zürich. [Mit 26 Tafeln.] 31 S. 4. Zürich, Jacques Bollmann, 1902.

Umständlicher Bericht in Sachen der Grafen zu Wied etc. Wien 1660. 4.

Umständlicher Bericht von dem Ursprung und Vertreibung des Nieren- und Blasen-Steins im Menschen wie auch verschiedener andern Krankheiten. L. C. T. Aus dem Holländischen ins Teutsche übersetzet durch J. KELLENHUYSEN. Glückstadt. 1744. — U.St. o. A. (her anføres Forf.s Navn: Leendert Jonckhout Tilly).

Bericht. Umständlich- und wahrhaffter B' / Von der beschreyten Execution, welche von dem 3ten May des jetz-lauffend 1726. Jahrs / biß hieher wider den 93. Jährigen Marechallen (Jacob Christoph) von Hallweil theils verhängt / theils zugelassen worden.... Der Tag zum Abspruch hierüber... ist... angesetzt auf den 15ten Augusti 1726. fol. *o. O.* [1726].

Umständlicher Bericht, Was seit dem 19. December bis den 24. vor Stralsund vorgefallen, u. wie selbige Vestung sich übergeben. (8.) 4. s. l. 1715.

Umbständlicher Bericht welchergestalt Se Königl. Majestät von Preussen die Stadt Breslau in Schlesien am 10. Aug. c. a. mit Dero Trouppen glücklich besetzen, auch darauf sofort die Huldigung einnehmen lassen. Deme vorangefüget eine kurtze Beschreibung von vorgedachter Stadt. Gedruckt nach dem Breslauer Exemplar. Anno 1741. 4. (4 Bl.)

Umständl. Bericht von höchst importanten aus Norwegen eingelauffenen Zeitungen, betreff. den Tod des Königs in Schweden, auch die schleunige Retirade der Schwed. Armee aus Norwegen. (8.) 4. Hamburg 1718.

Bericht über die anarchistischen Umtriebe in der Schweiz. Bern 1885.

Bericht über die Umtriebe der Frömmelei in Halle. Altenb. 1830. V: *Weidmann, Gottlob Friedrich.* (Mitth. Dr. Georg Herzfeld-Berlin.)

— über d. Umtriebe d. Frömmler in Halle, od.: Welch' Zeit ist es im preuß. Staate? Von Freimund Lichtfreund. 8. (3¼ B.) Altenburg 830. (Leipzig, Steinacker.)

— dass. 2., mit einer Vorr. u. Zusätzen verm. Aufl. 8. (5 B.) Ebds. 830.

Bericht über die Unfälle, welche mehreren aus dem heiligen Lande ausgewanderten Israelitischen Familien auf ihrer Reise von Akra nach Triest zugestoszen. Altona. 1827. P.

Bericht über die (1874) u. 1875 zu Bonn gehaltenen Unions-Conferenzen, im Auftr. des Vorsitzenden v. Döllinger hrsg. von Fr. Heinr. Reusch. Bonn 1874. 75.

Bericht über das Verwaltungsjahr ... [der] Kgl. Universitäts-Bibliothek zu Göttingen. [1902 f. fortges. u. d. Tit.:]
Jahresbericht der Kgl. Universitäts-Bibliothek zu Göttingen. [Göttingen] 1902—1909. 8° *[Forts. s. in: Chronik d. Univ. Göttingen.]*

Bericht der Zahnärztlichen Universitätspoliklinik zu Kiel. [1.] Über d. J. 1904. Erstattet von Dr. [Albin] Heutze. Kiel 1905: C. Donath. 8° [05. 8956 8]

— üb. d. volksthüml. Universitätsvorträge im Studienj. 1895/96. 8° (14) Wien 96. (Frankf. a/M., R Hülsen.) — 20 ‖ 1896/97. (32) 97. — 40 ‖ 1897/98 u. Statistik f. 1895—98. (60) 98. — 80

— unpartheiischer, v. d. Turnus, oder d. persönl. Reihe im Referiren am kaiserl. u. Reichskammergericht, (v. W. A. Rudloff). 4. Wiem. 771. Bödner. 4 gr.

Bericht, Unpartheiischer, vom Vor-Recht der Erstgebohrnen in illustren Familien. Gotha 1727. V: *Cyprian, Ernst Sal.* (Myl)

— d. v. Ausschuss f. techn. Angelegenh. d. Ver. deut. Eisenb.-Verwaltgn eingesetzten Unterausschusses üb. d. Abgabe e. Gutachtens betr. d. Frage d. Anordng d. Schienenstosses, s.: Organ f. d. Fortschritte d. Eisenb.-Wesens.

Bericht des Unterausschusses [des] Ausschuss[es] für technische Angelegenheiten [des] Verein[s] Deutscher Eisenbahnverwaltungen für das Studium der Frage, betreffend die Beseitigung der schädlichen Einflüsse des Schienenstosses. Wien 1910

— d. Unterausschusses f. d. Prüfg. v. Vereins-Lenkachsen üb. d. seit d. J. 1890 angest. Versuche m. Vereins-Lenkachsen. Hrsg. v. d. geschäftsführ. Verwaltg. d. Vereins deutscher Eisenbahn-Verwaltgn. Fol. (15 S. m. 23 Bl. Zeichngn.) Berlin 896. (Wiesbaden, C. W. Kreidel.) n. 4.—

Bericht des technischen Unterausschusses über die turnerischen Veranstaltungen beim 9. Deutschen Turnfest in Hamburg 23.—27. 7. 1898, Leipzig 1898, 96 S., 4°.

Bericht über die Unterbringung der internirten Mannschaften der französischen Ostarmee in der Stadt Bern. Bern 1871 s. (Büren, O[tto] v[on]).

— u. Unterr. v. d. sieben freytdg. Andacht zu d. heil. Vizenzi Ferreri ꝛc. 8. Wien, Gerold.

— u. Unterricht d. Glaubens, s. Fleischer.

Bericht üb. den Unterricht in der Milchwirthschaft in Dänemark v. H. v. St. [M. e. Vorw. v. R.] Schatzmann: Was eine vernünftige Theorie der Milchwirtschaft nützt. U. St. [1881]. 5 S. (Udsnit). 4°.

Bericht auf den Unterricht von der Privat-Communion. Guben 1733. V: *Wedisch, Michael, Caspar Stein, Michael Gottfried Mehlisch, Johann Christ. Gerstenberger & Justus Ludwig Schemel.* (Myl)

— über d. Unterrichts- u. Erziehungsanstalten im Bereiche des kgl. sächs. Ministeriums des Innern. Erhebung vom 1. XII. 1908. (86 S.) Lex. 8. Dresden (909). C. Heinrich. 1. 50

—— erster, über die gesammten Unterrichts- und Erziehungsanstalten im Königr. Sachsen. Erhebung vom 1. Decbr. 1884. Veröffentlicht im Auftrage der Ministerien des Cultus, des Innern, der Finanzen und des Krieges. gr. 4. (III, 49 S.) Dresden 885, Baensch. *

—— 2., üb. die gesammten Unterrichts- u. Erziehungsanstalten im Königr. Sachsen. Erhebung vom 2. Dec. 1889. Veröffentlicht im Auftrage der königl. Ministerien d. Cultus, d. Innern, der Finanzen u. d. Krieges. gr. 4. (IV, 79 S.) Dresd. 890, (Heinrich). * 3 —

1. Bericht. Dresd. 1885, Baensch. * 4 —.

— 3., üb. d. ges. Unterr.- u. Erziehgsanst. im Kgr. Sachsen. Erhebg v. 1. XII. '94. Veröffentlicht im Auftr. d. kgl. Ministerien d. Cultus, d. Innern, d. Finanzen u. d. Krieges. 4° (120) Dresd. 97, (C Heinrich). ‖ Erhebg v. 1. XII. '99. (124) 1900. à nn 3 — (1—4.: nn 13 —)

— 5., üb. d. ges. Unterr.- u. Erziehgsanst. im Kgr. Sachsen. Erhebg v. 1. XII. '04. Veröffentlicht im Auftr. d. kgl. Ministerien d. Kultus, d. Innern, d. Finanzen u. d. Krieges. (155) 8° Dresd., (C Heinrich) '05. nn 3 — (1—5.: nn 16 —)

— 6., üb. d. gesamten Unterrichts- u. Erziehgsanst. im Kgr. Sachsen. Erhebg v. 1. 6. '11. Zusammengest. im kgl. sächs. statist. Landesamt. (170) Lex8° Ebd. '12. † 8 —

— d. Unterr.-Kommission d. Gesellsch. deut. Naturforscher u. Ärzte üb. ihre bisher. Tätigk. (Sonderausg. d. Verhandlgn 1905. Allg. Tl.) (67) 8° Lpzg, FCW Vogel '05. 1 —

Bericht über das kaufmännische Unterrichtswesen im Bezirk der Handelskammer für den Regierungsbezirk Oppeln. [1.] 1908–1909. Oppeln 1909: Raabe. 8°
[Die früheren Berichte sind im Jahresbericht d. Handelskammer enthalten.]
[illegible]

—— über oesterreichisches Unterrichtswesen. Aus Anlass der Weltausstellung 1873 hrsg. von der Commission für die Collectiv-Ausstellung des oesterreich. Unterrichts-Ministeriums. 1. und 2. Thl. Lex.-8. Wien 873, Hölder. *

Inhalt:

Thl. 1. Ficker, Adf., Geschichte, Organisation und Statistik des oesterreich. Unterrichtswesens. Mit statist. Tabellen von Gust. Schimmer. (302 S. mit 1 chromolithogr. Karte in Fol.) * ℳ 4.

» 2. (XII, 638 S.) nebst Anhang: Schwab, die oesterreich. Musterschule. (15 S.) und 1 Karte in Farbendr., sowie 30 artist. (lithogr. und chromolithogr.) Beilagen, theils im Buche, theils in Enveloppe (in gr. 8., qu. 4. und Fol.) * ℳ 6.

Bericht über die Unterschriften-Sammlung bei Anlass des Auslieferungsfalles Wassiliew, Juli-August 1908. Ein Beitrag zur Lösung der Asylrechtsfrage. 24 S. 8. Zürich, Administration der Schweiz. Bürgerzeitung, [September 1908]. fr. —.20

Bericht über das evangel. Lehrerseminar Unterstrass. 1870—85, 89—91.

Arbeitslosen-Kommission (*1901/2:* in) der Stadt Zürich. Bericht über die Unterstützung der Arbeitslosen im Winter 1901/1902 u. 1902/1903. 10 u. 23 S. 4. Zürich, Conzett & Wirz, 1902 u. 1903.
Forts. von: (Morf, R[udolf].) Statistische Mitteilungen ... 1900/1901.
— *s. Bulletin 1902, S. 156.*

Unterstützungs- und Versicherungsverein schweiz. Post-Beamten und Bediensteter. Bericht üb. d. J. 1872. 8 Stn. 8 u. 1 Tabelle. **1873?**

— über die im höchsten Auftrage des Prinzen Karl von Preußen u. des Fürsten v. Schönburg-Waldenburg bewirkte Untersuchung einiger Theile des Mosquitolandes, erstattet von der dazu ernannten Commission (Fellechner, Regierungs-Rath, Dr. Müller, Kreisphysikus, Hesse, Kaufmann.) Mit 2 Kart. u. 3 Abbild. Lex.-8. Berlin 845, A. Duncker. n. 1½ ℳ

—— über die Untersuchung der Gegend zwischen Ems und Jade betreffend die Ausführbarkeit einer Kanalverbindung des Aper Tiefes mit einer der Siele an der Jade (von J. H. Jimmen). Amtl. Abdr. gr. 8. (39 S. und 1 lith. Karte in Imp.-4.) Oldenburg 851, Stalling. *

Bericht über die gerichtliche Untersuchung der ... Werbung eines bewaffneten Corps in der Stadt Bern. Bern 1840. V: *Blösch, Eduard.* (Cat. d. Stadtbibl. Zürich. Zürich 1864—97.)

—— über die Untersuchung der Heizungs- und Ventilations-Anlagen in den städtischen Schulgebäuden in Bezug auf ihre sanitären Einflüsse, erstattet im Auftrage des Magistrats zu Berlin. Mit Genehmigung desselben veröffentlicht. gr. 8. (IV, 79 S.) Berlin 879, [Beelitz.] (Toeche.) **

Bericht über die Untersuchg d. schweiz. Hochgebirgswaldungen, 1858-60. Bern 1862

Bericht über die Untersuchung betreffend die anarchistischen Umtriebe in der Schweiz, an den hohen Bundesrath der schweizer. Eidgenossenschaft erstattet durch Bundesanwalt Eduard Müller. 8°.– Bern, Wyss, 1885.

—— über die am 21. Juni 1888 vorgenommene Untersuchung an den Gebeinen Ludwig van Beethoven's gelegentlich der Uebertragung derselben aus dem Währinger Orts-Friedhofe auf den Central-Friedhof der Stadt Wien. gr. 4. (4 S.) Wien 888, (Hölder.) *

— über die am 22. Septbr. 1888 vorgenommene Untersuchung an den Gebeinen Franz Schubert's gelegentlich der Uebertragung derselben v. dem Währinger Orts-Friedhofe nach dem Central-Friedhofe der Stadt Wien. [Aus: „Mittheilgn. d. anthropolog. Gesellsch in Wien".] gr. 4. (3 S. m. 1 Lichtdr.-Taf.) Ebd. 888. n. 1. 20

Bericht über die Untersuchung des Tegeler Wassers. Berlin 1881

Bericht über die Untersuchung der schweizerischen Wildbäche 1858—1863. Zürich 1864. V: *Culmann, Carl.* (Cat. d. Stadtbibl. Zürich. Zürich 1864—97.)

Bericht über die Untersuchungen der Danziger Bucht vom 9. bis 15. September 1880. (Berlin. 1882.) Siehe in: 4. Bericht der Commission zur wissenschaftl. Untersuchung der deutschen Meere in Kiel. Jg. 7 bis 11. Abth. 1. Fol.

Bericht üb. d. Untersuchungen d. Heizungs- u. Ventilat.-Anlagen in d. städtisch. Schulgebäuden. Berlin 1879.

Bericht über die Untersuchungen betreffend (1904:* betr.) die Rentabilität der schweizerischen (**1902:* schweizer.) Landwirtschaft im Erntejahr 1902 *u.* 1903 *u.* 1904. [2. *u.* 3. *u.* 4. Bericht.] Dem schweiz' Landwirtschaftsdepartement erstattet vom schweiz' Bauernsekretariate. II + 44 *u.* II + 65 *u.* II + 116 S. 8. Bern, K. J. Wyss, 1904 *u.* 1905 *u.* 1906.**
Landwirtschaftliches Jahrbuch der Schweiz .... Jahrg. 18, 1904. Heft 1 *u.* Jahrg. 19, 1905. Heft 1 *u.* Jahrg. 20, 1906. Heft 1.
Forts. von: Untersuchungen über die Betriebseinrichtungen und die Rentabilität .... — *Forts. s.* Untersuchungen betreffend die Rentabilität ....

— des Chemischen Untersuchungsamtes d. Stadt Ulm a. D. 1900-04 Ulm 1902-04

— über das chemisch-hygienische Untersuchungsamt der Stadt Stralsund (zugleich amtliche Nahrungsmittel-Untersuchungsstation f. Kreis Grimmen) f. die Zeit vom 1. IV. 1894 bis 31. III. 1899. Von Alb. Schlicht. gr. 8. (III, 89 S.) Stralsund 899. (Bremer.) n.n. 2. —

BERICHT ÜBER DAS CHEMISCH-HYGIENISCHE UNTERSUCHUNGSAMT DER STADT STRALSUND (zugleich amtliche Nahrungsmittel-Untersuchungsstation für Kreis Grimmen) für die Zeit von 1. April 1894 bis 31. März 1899. Von A. Schlicht. Stralsund, 1900.

V[erband des] P[ersonals] S[chweizer.] T[ransportanstalten]. Bericht der Untersuchungs-Kommission (*etc.*) in den Feindseligkeiten entstanden zwischen Dr. [Theodor] Sourbeck, Generalsekretär der Eisenbahner, und dem Verbands-Komite einerseits, und einer Anzahl Mitglieder..., anderseits. (1901 September 22/Oktober 26.) 7 S. 4.
Beilage zu Nr. 48/1901 der «Schweizerischen Eisenbahn-Zeitung».

Bericht der Untersuchungskommission an die Generalversammlung der Aktionäre der Arth-Rigibahn-Gesellschaft. O. O. [1900]. V: *Sourbeck, Theod., Jos. Boesch & Klinger.* (BSchwLk V 9 h)

Bericht der Königlichen Untersuchungs-Commission in England über die jüngsten Aenderungen in den relativen Werthen der Edelmetalle Gold und Silber. Uebers. von E. Koch-Herne. ⟨T. 1–3.⟩ [Th. 2. 3 in 1 Bd.] Berlin: Walther & Apolant 1889. 2 Bde 8°
= **Schriften** d. Deutsch. Vereins f. internat. Doppelwährung. H. 14. 15. 106.4639

Bericht der zur Ausmittelung übelgesinnter Gesellschaften in Russland niedergesetzten Untersuchungs-Commission. 8°.– Petersburg 1826.

— der zur Ausmittelung übelgesinnter Gesellschaften in Rußland niedergesetzten Untersuchungs-Commission. gr. 8. St. Petersburg 827. (Hamburg, Nestler.)

Bericht der Untersuchungs- und Revisions-Kommission ... von dem Zustande der königl. Dänischen-Asiatischen Compagnie. Aus dem Dänischen. Hamburg und Kiel 1785. V: *Hennings, August.* (MGT) (Ky)

Bericht der Untersuchungskommission über die Sonderbundsrechnung an das schweizerische Militärdepartement. Vom 30. Juli 1853. [SA.] 8. [Bern 1853.]

Schweiz. Rettungsanstalt in der Bächtelen. Bericht der Untersuchungscommission über den Zustand derselben. 1871. Druck von J. Herzog. 12 Stn. 8.

— üb. d. Ursachen u. d. Verlauf d. Münchener Hafnerstreiks i. Frühjahr 1897. Versehen m. e. Kommentar üb. d. Verhalten d. „Fachsektion d. Hafner" d. Vereins „Arbeiterschutz" München. Hrsg. v. d. Streikkommission. gr. 8. (47 S.) München 897. M. Ernst. n. — 40

Bericht über die Ursachen u. den Verlauf des Münchener Hafnerstreiks im Frühjahr 1897. M. e. Kommentar üb. das Verhalten der „Fachsektion der Hafner" des Vereins „Arbeiterschutz" München. Hrsg. v. der Streikkommission. München 898.

— v. Urspr. Aufkomm. u. Zufällen d. böhm. Landtafel. 8. Dresd. Walther. 755.

— vaterländische, für das Großherzogth. Hessen u. die übrigen Staaten des deutschen Handelsvereins; herausg. von G. W. Frhrn. v. Wedekind. 1r Jahrg. 1835. 12 Hfte. gr. 8. Darmstadt 835. Dingeldey. 3 ß

Bericht über die Veränderungen in den Steuern, Wohnungs-, Holz-, Kohlen-, Pensions- und Lebensmittel-Preisen in einer Gegenüberstellung der für die Jahre 1901 und 1905 ermittelten Ziffern. Umfassend erbetenes Material von 650 Kommunalbehörden. Dem Tarifausschuß der Deutschen Buchdrucker als Beratungsmaterial vorgelegt für die Tarifrevision 1906. Bearbeitet und erstattet vom Tarifamt der Deutschen Buchdrucker. Berlin, 1906. 40 S.

Bericht von der Veranlassung zu den alt-christlichen Gedancken. Braunschweig 1713. V: *Raesewitz, Georg Christoph Ferdinand von.* (Myl)

Bericht über den Verband der kath. Arbeitervereine ⟨Sitz Berlin⟩ u. über dessen 7. Delegiertentag 1904 in Berlin. Nach d. stenogr. Protokoll. Berlin: 'Der Arbeiter' (1904). (107 S.) 8° [F.] 105.06

BERICHT DES VERBANDES VON ARBEITGEBERN im bergischen Industriebezirk für das Jahr 1900. (o. O. o. Dr.) 8°.

BERICHT DES VERBANDES VON ARBEITGEBERN IM BERGISCHEN INDUSTRIEBEZIRK mit dem Sitze zu Elberfeld über den Arbeiter-Ausstand auf dem Leverkusener Werk der Farbenfabriken vorm. Friedr. Bayer & Co., Elberfeld im August 1904. (o. O. 1904.) 8°.

BERICHT DES VERBANDES VON ARBEITGEBERN im bergischen Industriebezirk mit dem Sitze in Elberfeld.
für das Jahr 1901/2—1904/5. (o. O. o. Dr.)
für das Jahr vom 1. April 1905 bis 31. März 1906. (o. O. o. Dr.)
für das Jahr vom 1. April 1906 bis 31. März 1907. (o. O. o. Dr.)
für das Jahr vom 1. April 1907 bis 31. März 1908. (o. O. o. Dr.)
für das Jahr vom 1. April 1908 bis 31. März 1909. (o. O. o. Dr.)
für das Jahr vom 1. April 1909 bis 31. März 1910. (o. O. o. Dr.)
für das Jahr vom 1. April 1910 bis 31. März 1911. (o. O. o. Dr.)
für das Jahr vom 1. April 1911 bis 31. März 1912. (o. O. o. Dr.)
für das Jahr vom 1. April 1912 bis 31. März 1913. Elberfeld. Fastenrath & Schöpp m. b. H.
für das Jahr vom 1. April 1913 bis 31. März 1914. ib. —

Bericht des Verbandes Westfälischer Arbeitsnachweise. Hrsg. von F. Sunder. [Jg. 1904/05 erschien als No 1/2 der „Mitteilungen des Verbandes Westfälischer Arbeitsnachweise."] Jg. 1904/05. 1906. 1907. Dortmund [1904]—1908.

Bericht des Verbandes westfälischer Arbeitsnachweise f. d. Jahr 1906 ff. erst. von F. *Sunder.* Dortmund o. J. 4°.
1906—1909.

Bericht des Verbandes westfälischer Arbeitsnachweise ... erstattet von Dr. F[ranz] Sunder. [1.] Für d. J. 1907. Dortmund 1907: Crüwell.

— des Verbandes der Genossenschafts-Krankenkassen Wiens, sammt der Statistik der Verbandskassen f. d. J. 1893. gr. 8. (123 S. m. 1 Tab.) Wien, (1. Wiener Volksbuchh.). n. 1. —

— d. Verbandes d. Genossenschafts-Krankenkassen Wiens, sammt d. Statistik d. Verbandskassen f. d. J. 1894—1896. gr. 8. Wien (1. Wiener Volksbuchh.). à n. 1. —
1894. (136 S. m. 1 Tab.) 895. — 1895. (129 S. m. 1 Tab.) — 1896. (120 S. m. 3 Tab.)

— des Verbandes der Genossenschafts-Krankenkassen Wiens sammt der Statistik der Verbandskassen f. die J. 1897, 1899 u. 1900. gr. 8. Wien (Wiener Volksbuchh.) à n.n. 2.60
1897. (112 S. m. 2 Tab.) 898. — 1899. (127 S. m. 2 Tab.) 900.
1900. (205 S. m. 1 Tab.) 901.

— des Verbandes der Genossenschafts-Krankenkassen Wiens samt der Statistik der Verbandskassen f. die J. 1901—1904. gr. 8. Wien (Wiener Volksbuchh.). n.n. 8. —
1901. (167 S. m. 1 Tab.) 902. n. 1. —
1902. Mit e. Anh.: Denkschrift üb. die Bleierkrankgn. (208 S. m. 1. Tab.) 903. n. 1. —
1903. (176 S. m. 1 Tab.) 903. n.n. 3. —
1904. (171 S. m. 1 Tab.) 905. n.n. 3. —

— des Verbandes der Genossenschafts-Krankenkassen Wiens samt der Statistik d. Verbandskassen f. die J. 1905 u. 1906. (137 u. 88 S. m. je 1 Tab.) Lex.8. Wien 906.07. (Wiener Volksbuchh.) à nn 3. —

Bericht des Verbandes Alter Herren des Sängerbundes und der Silvania an der Hochschule für Bodenkultur. Herausgegeben vom Ausschusse.
Wien: Im Selbstverlage des Verb. 1.1895 - 13.1907?

Bericht des Verbandes landwirtschaftlicher Kreditgenossenschaften in Württemberg. 18,1899 - 31,1911. Stuttgart 1899-1911. DGK

Bericht des Verbandes deutscher Chocoladefabrikanten. Verbandsjahr 22. 1897/98 u. 26—44. 1901/02—1919/20. Dresden u. Berlin

Bericht des Wasserwirtschaftlichen Verbandes der westdeutschen Industrie über seine Tätigkeit von der Gründung bis zum 1. Oktober 1905. Hannover, 1905. 31 S.
[Forts. enthalten in „Zeitschrift f. d. gesamte Wasserwirtschaft".]

— üb. den 1. außerordentlichen Verbandstag u. Verhandlungsschriften üb. die beiden ersten deutschen Handlungsgehilfentage, s.: Schriften, hrsg. v. der Berufsgenossenschaft Deutschnationaler Handlungsgehilfen-Verband.

— üb. d. 10. Verbandstag deut. Berufsfeuerwehren '10 in Gross-Berlin, erstattet v. Ph. L Jung. [Aus: „Feuerpolizei".] (42) Lex8° Münch., PL Jung '10. 1 — d

Bericht über den 38. Verbandstag der Deutschen Erwerbs- und Wirtschaftsgenossenschaften der Provinz Posen am 22. und 23. Mai 1909 in Pilehne. Bromberg 1909. DGK

Bericht* über den 13. Verbandstag der Feuerbestattungsvereine deutscher Sprache am 11., 12. und 13. Sept. 1908 in Hagen i. W. Sonderdruck a. d. „Deutschen Feuerbestattungs-Zeitung in Krefeld, Oktobernummer 1908. Druck von Kramer und Baum in Krefeld.

Bericht über den . . . Verbandstag der schleswig-holsteinischen landwirtschaftlichen Genossenschaften zu Kiel.
12.—14. (Kiel.) 1896—98. 4°.

Bericht über den Verbandstag der schleswig-holsteinischen landwirtschaftlichen Genossenschaften. 14,1898 - 34,1918. Kiel 1898-1918. 22-29,33-34: DGK

— üb. d. 14. Verbandstag d. schlesw.-holstein. landwirtschaftl. Genossensch., Kiel 1898 u. Statistik d. d. Verbande angehör. Genossensch. f. 1896. 8° (40) Kiel 98, H Eckardt.
|| 15. Verbandstag, Lauenburg 1898 u. Statistik f. 1897. (18 u. 18 m. 1 Tab.) 98. à — 60

Bericht über den Verbandstag der Genossenschaften des Verbandes deutscher Erwerbs- und Wirtschaftsgenossenschaften. 24,1906. 26,1908 - 31,1913. Hannover 1906-13. DGK

— üb. d. 18. Verbandstag d. Genossensch. d. niedersächs. Verbandes, Hannover 1900. Erstattet v. Glackemeyer. (95) 8° Hannov., (Manz & L.)'01. 1.50 d

Bericht üb. d. Verbandstag d. württ. Genossenschaftsverb. 1889-94. Ulm 1889-94

— d. Verbandstages d. Württ. Handwerkergenossensch. 1905. 06 Stuttgart 1905-07

— üb. d. 1—3., 6. u. 7. Verbandstag d. Hilfssch. Deutschlds. (Halle, C Marhold.) 8 —
1. Hannover 1898. Hrsg. v. Ortsausschuss. Neudr. (108) 8° Mgdbg (1898). 1 — || 2. Cassel 1899. (69) gr8° Langens. 1899. 1 — || 3. Augsburg 01, erstattet v. Wehrhahn u. Henze. (168) gr8° Langens. 01. 2 — || 6. Charlottenburg '07, erstattet v. Wehrhahn u. Henze. (298) Mgdbg 07. 2 — || 7. Meiningen '09. Erstattet v. Wehrhahn u. A Henze. (224) '09. 2 —

Bericht üb. d. 4. u. 5. Verbandstag d. Hilfsschulen Deutschlds. 8° Hannov., (F Cruse). Je 2 —
4. Mainz '03, erstattet v. Wehrhahn u. Basedow. (196) '03.
5. Bremen '05, erstattet v. Wehrhahn u. Henze. (207) '05.
Die Berichte üb. d. 1—3. Verbandstag sind nicht im Handel.

— über den 16. ordentlichen Verbandstag u. den außerordentlichen Verbandstag d. schleswig-holsteinischen landwirtschaftl. Genossenschaften am 20. X. u. 9. XI. 1899 zu Kiel u. Statistik der dem Verbande der schleswig-holsteinischen landw. Genossenschaften zu Kiel angehörenden Genossenschaften f. d. J. 1898. Lex.-8. (18 u. 20 S. m. 1 Tab.) Kiel 899. Heidelberg, H. Eckardt. n. — 60

Bericht über den 16. ordentlichen Verbandstag und den ausserordentlichen Verbandstag d. schleswig-holsteinischen landwirtschaftlichen Genossenschaften am 20. X. und 9. XI. 1899 zu Kiel und Statistik der dem Verbande der schleswig-holsteinischen landwirtschaftl. Genossenschaften zu Kiel angehörenden Genossenschaften f. d. J. 1898. Lex.-8°. Kiel, H. Eckardt, 1900.

— über den 17. ordentlichen Verbandstag der schleswig-holsteinischen landwirtschaftl. Genossenschaften am 21. V. 1900 zu Kiel u. Statistik der dem Verbande der schleswig-holsteinischen landw. Genossenschaften zu Kiel angehörenden Genossenschaften f. d. J. 1899. Nebst Beilage: Lierke, E., die Kalisalze, deren Gewinnung, Vertrieb u. Anwendung in d. Landwirtschaft. Vortrag, geh. auf dem Verbandstage schleswig-holstein. landwirtschaftl. Genossenschaften zu Kiel am 21. V. 1900. Lex.-8. (10, 23 u. 22 S. m. 1 Tab. u. 13 Taf) Kiel 900. Heidelberg, H. Eckardt. n. — 60

— üb. d. 2. ordentl. Verbandstag d. Verbandes hinterpommerscher Molkereigenossenschaften, 1893 zu Stettin. 8° (27) Brem. 92, M Heinsius Nf. — 50

— üb. d. VI. ordentl. Verbandstag d. Verbandes hinterpommerscher Molkerei-Genossensch. zu Stettin m. voraufgegang. Butter-Prüfg zu Stargard/Pom. 1896. I. Verbandstag d. Molkerei-Verbandes d. Prov. Pommern. Von W Helm. 8° (44) Brem. 96. Lpzg, M Heinsius Nf. 1 —
Der 2. Bericht erschien u. d. T.; Berichterstattung etc. — Die Berichte üb. d. 3—5. Verbandstag kamen nicht in d. Handel.

Bericht über den Verbandstag des Verbandes württ. Baugenossenschaften. 1,1910 - 2, 1911. Ludwigsburg 1910 -11. DGK.

Bericht über den 1 ff. Verbandstag des Verbandes deutscher kaufmännischer Genossenschaften. E. V. Berlin. Berlin 1908 ff. 4°.
1: 1908.
2: zu Frankfurt a. M. am 5. u. 6. Juli 1909 nebst statist. Erhebungen.

Bericht über den Verbandstag des Verbandes deutscher kaufmännischer Genossenschaften e.V., Berlin. 3,1910. 5,1912. 6,1913. Berlin 1910-13. DGK

Bericht über den Verbandstag des Verbandes schlesischer ländlicher Genossenschaften in Breslau. 19,1908 - 23,1912. Breslau 1908-12.

— über den zweiten Verbandstag des Verbandes deutscher kaufmännischer Vereine, abgehalten zu Berlin, Pfingstsonntag den 24. Mai 1874. gr. 8. (47 S.) Brandenburg 874, (Wiesike.)

— üb. d. I. Verbandstag d. west- u. süddeut. Ver. f. römisch-german. Altertumsforschg, s.a. Zeitschrift, westdeut., f. Gesch. u. Kunst.

Bericht über den ersten Verbandstag der West- und süddeutschen Vereine für römisch-germanische Altertumsforschung zu Trier am 11. u. 12. April 1901. *Trier: J. Lintz 1901.* 8°
— Zeitschrift, Westdeutsche, f. Geschichte u. Kunst. Erg.H. 10.

Bericht über die Verbandstage des Verbandes ländlicher Genossenschaften Raiffeisenscher Organisation für Brandenburg, Pommern und beide Mecklenburg zu Kottbus, Köslin und Schwerin im Mai 1905. Neuwied: Raiffeisendruckerei 1905. DGK

Württemb. Genossenschaftsverband. Bericht des Verbands-Vorstandes über die Revision im Verbande. Sept. 1895. Ulm 1895. DGK

Württemb. Genossenschaftsverband. Bericht des Verbands-Vorstandes über die Vorgänge im Verband 1897 – 1899. Ulm 1899. DGK

Bericht über die Verbreitung der Reblaus [Phylloxera vastatrix] in Oesterreich 1883 und 1884. Veröffentlicht im Auftrage des k. k. Ackerbau-Ministeriums. gr. 8. (45 S. mit 1 Karte.) Wien 885, (Frick.) *
Vergriffen.

Bericht üb. die Verbreitung der Reblaus *(Phylloxera vastatrix)* **in Oesterreich.** Bis 1882; 1883/84, 85, 86, 87, 92/93 (3 Vol.). Wien 1883-88, 94.

Bericht üb. die Verbreitung d. Reblaus *(Phylloxera vastatrix)* **in Oesterreich.** 1888—91, 1894/95, 1904/06. Wien 1889—1907.

— üb. d. Verbreitg d. Reblaus (Phylloxera vastatrix) in Österr. im J. 1900, sowie üb. d. Massregeln, welche behufs Wiederherstellg d. Weinbaues getroffen wurden u. d. Erfahrgn, d. sich hiebei ergaben. Nebst d. Verordngn u. Erlässen d. J. 1900, betr. d. Reblaus. Veröffentlicht im Auftr. d. k. k. Ackerbauministeriums. (157) 8° Wien, (Hof- u. Staatsdr.)'01. 2 —

Bericht von des Duc de Luxemburgs Verbündniß mit dem Satan anno 1659 — 1698 und dessen erschrecklichen und traurigen Ende. s. l. 702. 4.

Akademisch-astronomischer Verein, Bericht von Oktober 1867 bis Oktober 1888. Berlin 1888.

Bericht des academisch-historischen Vereins zu Halle a. S. [1–5.] Halle a. S. 1894–1901: Plötz. 5 Bde 8°
[1.] Winter-Sem. 1891/92 bis Winter-Sem. 1893/94. 1894.
[2.] Für d. S.-S. 1894 bis S.-S. 1898. 1898.
[3.] Für d. S.-S. 1898 u. W.-S. 1898/99. 1899.
[4.] Für d. S.-S. 1899 u. W.-S. 1899/1900. 1900.
[5.] Für d. S.-S. 1900 u. W.-S. 1900/1901. 1901.

— VIII., üb. d. Annaberg-Buchholzer Verein f. Naturkunde, umfassend das 21., 22. u. 23. Geschäftsjahr [1885—1888]. Hrsg. v. Directorium d. Vereins. gr. 8. (147 S. m. 1 farb. Karte.) Annaberg 889. (Graser.) n.n. 2. 40
s.: Jahresbericht in Bd. XXIII, pag. 537.

— IX., üb. den Annaberg-Buchholzer Verein f. Naturkunde, umfassend das 24. bis 28. Geschäftsj. (1888 bis 1893). Hrsg. vom Direktorium des Vereins. gr. 8. (92 S. m. 2 Farbendr.-Taf.) Annaberg 891. (H. Graser.) n.n. 1. 75

— X., üb. den Annaberg-Buchholzer Verein f. Naturkunde. 29. bis 33. Geschäftsj. (1894—1898). Mit 1 Profilzeichng. Hrsg. vom Direktorium des Vereins. gr. 8. (145 S) Annaberg 898. (Graser.) n.n. 2. —

— 11., üb. den Annaberg-Buchholzer Verein f. Naturkunde. 34.—38. Geschäftsj. (1898—1903). Hrsg. vom Gesamtvorstand des Vereins. (46 S. m. 2 Taf. u. 1 Bl. Erklärgn.) gr. 8. Annaberg 903. (Graser.) n.n. 1. 50

Bericht, 12., üb. d. Annaberg-Buchholzer Ver. f. Naturkunde. 39.—44. Geschäftsj. (1904—1909). Hrsg. vom Gesamtvorstand des Vereins. (93 S. m. Abbildgn. u. 2 Taf.) 8. Annaberg 909. (Graser's Verl.) 2. —

BERICHT DES VEREINS FÜR ANTHROPOLOGIE ZU LEIPZIG
für das Jahr 1870. Leipzig 1871. (Druck von Ackermann u. Glaser.) 8°.

Appenzellischer Verein für Unterstützung armer Geisteskranker. 22. u. 23. u. 24. Bericht 1900 u. 1901 u. 1902. II + 47 u. II + 53 u. II + 49 S. 8. Herisau, Schläpfer & Cie., 1901 u. 1902 u. 1903.

Bericht des Vereins für Armenpflege, s.a. Schriften für Armenpflege.

Bericht des Vereins für Armenpflege in Erlangen. gr. 8°. Erlangen, Bläsing, 1850.

Verein der Aerzte Düsseldorf's. — BERICHT über das Vereinsjahr . . .
1892. Herausgegeben vom Ausschuss des Vereins: Dr. KEIMER, erster Vorsitzender; Stabsarzt Dr. HECKER, zweiter Vorsitzender, Dr. BENDER, Dr. ECKARDT, Dr. PFALZ, Dr. VOLKMANN, Dr. HOFFMANN, Schriftführer. Düsseldorf. 1893. Buchdruckerei von Gustav Jockwer. 8°.
1893. Herausgegeben vom Ausschuss des Vereins: Dr. KEIMER, erster Vorsitzender; Stabsarzt Dr. HECKER, zweiter Vorsitzender; Dr. PFALZ, Kassirer, Dr. BENDER; Dr. ECKARDT; Dr. VOLKMANN; Dr. HOFFMANN, Schriftführer. ib. Druck von Gustav Jockwer.
1894. Herausgegeben vom Ausschuss des Vereins: Dr. KEIMER, I. Vorsitzender; Dr. HOFFMANN, II. Vorsitzender; Dr. TIGGES, Kassirer; Dr. BERNDGEN; Dr. FLEISCHHAUER; Dr. SCHULTZE; Dr. ECKARDT, Schriftführer. ib. Gustav Jockwer.
1895. Herausgegeben vom Ausschuss des Vereins: Dr. KEIMER, I. Vorsitzender; Dr. VOLKMANN, II. Vorsitzender; Dr. HOFACKER, Kassirer; Dr. PERETTI; Dr. PFALZ; Dr. PÜTZ; Dr. HOFFMANN, Schriftführer. ib. —

Bericht. Barmer Verein zur Förderung der Jugend- u. Volksspiele. Barmen. 2—4. 1904—06.

Basler Verein für Frauenmission (in Basel). Bericht No. 1. Frühjahr 1901. ([Nebst] Jahresrechnung des Frauenvereins für weibliche Erziehung in den Heidenländern 1900.) 32 S. 8. Basel, M. Werner-Riehm, 1901.

Basler Verein für Frauenmission (in Basel). 8. Basel, M. Werner-Riehm.
Bericht No. 2. Herbst 1901. 24 S. 1901.

—— des Vereins z. Beförderung d. Elementar-Schulwesens in d. Kgl. Preuß. Staaten 1830. gr. 8. (2 B. u. 1 Tab.) Berlin 830, (Nicolai.)

... **Bericht** des Vereins zur Bekämpfung der Tuberkulose in Schöneberg. [1.] für d. J. 1904. Schöneberg 1905: W. Gronau. 8°

Bericht [des] Berliner Verein[s] für Ferien-Kolonien f. d. J. 1907—1909. Berlin o. J. 8°.

Erster (u.) zweiter Bericht des Vereins für die Besserung der Strafgefangenen in den östlichen Provinzen des Preußischen Staates. Berlin 1830. 33.

—— erster u. zweiter, d. Vereins für d. Besserung d. Strafgefangenen in der Provinz Schlesien. 8. (à 4½ B.) Breslau 813, 44. (Hirt's Verl.) à

Verein für Bildung christlicher Schullehrer in der Schweiz (in Basel). 32. Bericht. Jahrgänge 1899—1901. II + 15 S. 8. Basel, Basler Druck- und Verlags-Anstalt, 1902.

BERICHT DES BOTANISCHEN VEREINES IN LANDSHUT (Bayern).
1., über die Jahre 1864/66. (Landshut 1866.) Druck der Thomann'schen Buchdruckerei. 8°.
2., über die Vereinsjahre 1866/67 und 1867/68. (Mit 1 Tabelle.) Landshut, 1869. In Comm. der Jos. Thomann'schen Buchhandlung.
3., über die Vereinsjahre 1869/71. (Mit 1 Karte.) ib. 1871. Druck der Jos. Thomann'schen Buchdruckerei. Darin mit bes. Titelblatt: Zum Gedächtniss an Dr. August Max Einsele, k. Gerichtsarzt und Professor, seinen Freunden aus Dankbarkeit und Verehrung gewidmet von dem Botanischen Vereine in Landshut. s. l. 1871.
4—8., über die Vereinsjahre 1872/73 — über die Vereinsjahre 1880/81. Mit Tafeln. ib. 1873—1882. Druck der Jos. Thomann'schen Buchdruckerei.

BERICHT DES BOTANISCHEN VEREINES IN LANDSHUT (Bayern)
9., über die Vereinsjahre 1881—85. Landshut. 1886. Druck der Jos. Thomann'schen Buchdruckerei. 8°.

BERICHT DES BOTANISCHEN VEREIN(E)S IN LANDSHUT (BAYERN) (ANERKANNTER VEREIN).
10., über die Vereinsjahre 1886—87. Landshut, 1887. Druck der Jos. Thomann-schen Buchdruckerei. (Joh. Bapt. v. Zabuesnig.) 8°.
11., über die Vereinsjahre 1888—89. (Mit 1 Tafel.) ib. 1889. —
12., über die Vereinsjahre 1890—91. (Mit 3 Tafeln.) ib. 1892. —
13., über die Vereinsjahre 1892—93. (Mit 3 Tafeln.) ib. 1894. —
14., über die Vereinsjahre 1894—95. (Mit Tafeln, Tabellen und Beilagen.) ib. 1896. —
15., über die Vereinsjahre 1896—97. (Mit Tabellen und 1 Karte.) ib. 1898. —

— 16., d. botan. Ver. in Landshut (Bayern) üb. d. Vereinsj. 1898 m. 1900. (98, 72 m. 2 Bildnissen.) 8° Landsh., (P Krüll)'01. 4 —
Fortsetzg s. u. d. T.: Bericht d. naturwiss. Ver. Landshut.

„Bericht des Breslauer Vereins zur Abhilfe der Noth unter den Spinnern und Webern in Schlesien", Breslau 1847. — Vorh.: Preußische Staatsbibliothek Berlin.

Bericht des Vereines der Buchdrucker Kärntens. Klgft., Leon, St. Hermagoras-Druck., v. Kleinmayr, Röschnar, St. Josefs-Druck., (1869)—.

BERICHT DES VEREINS ZUR DARSTELLUNG UND ERHALTUNG DER ALTERTHÜMER UND KUNSTWERKE DER STADT LÜNEBURG UND DES KLOSTERS LÜNE. 1. (Ohne bes. Titelblatt. Lüneburg 1852.) 4°.

Deutscher Verein für Gasthaus-Reform. — BERICHT über die ersten beiden Vereinsjahre 1902 und 1903. Mitgliederliste vom Februar 1904. Weimar, 1904. Zu beziehen von der Verwaltung des Vereins. 8°.

— 8., d. Deutschen Vereins f. Jugendsparkassen üb. d. J. 1886. 2 Hfte. gr. 8. (46, 38 S.) Frankfurt a/O. 887. Harnecker & Co. à Hft. n. — 50

— dasselbe. 9. Bericht üb. d. Schulj. 1. April 1887/88. gr. 8. (35 S.) Ebd. 888. n. — 30

— 10., d. Deutschen Vereins f. Jugendsparkassen üb. das Schulj. 1. April 1888/89. gr. 8. (43 S.) Frankf. a. O. 889, Harnecker u. Comp. — 98

— 11., d. deutschen Vereins f. Jugendsparkassen üb. die J. 1889 u. 1890. gr. 8. (52 S.) Frankfurt a/O. 891. Harnecker & Co. n. — 40

— dasselbe, 12. Bericht, s.: Sendel, E., die Einrichtungen der deutschen Schul- u. Jugendsparkassen.

— XIII., d. deutschen Vereins f. Jugendsparkassen a. d. J. 1896 (abgeschl. a. 28. IX. 1896). D. statist. Tl. bearb. v. Hauffig. gr. 4. (II, 82 S.) Frankfurt a/O. 896. (G. Harnecker & Co.) n. — 60

— 14., des deutschen Vereins f. Jugendsparkassen, s.: Sendel, E., die Schul- u. Jugendsparkassen.

— 15., des deutschen Vereins f. Jugendsparkassen aus den J. 1901—1903. (27 S.) gr. 4. Frankfurt a/O. 903. (G. Harnecker & Co.) n. — 60

— dasselbe, 16., aus den J. 1903—1904. (18 S.) Lex.-8. Ebd. 904. n. — 20
m.: ein Wegweiser f. die Einrichtg. d. Schulsparkassen, von M. v. Brakenhausen. (18 u. 12 S.) n. — 40

Deutscher Verein für Versicherungswissenschaft (E.V.) zu Berlin. **Bericht** über das Jahr 1904. Ebd. 1905.

Bericht des Deutschen Vereins für Wohnungsreform. Ver. Reichs-Wohnungsgesetz. Gesch.-J. 7—12. Frankfurt a. M. 1905 ff. 8°.
7, 1904 (1905) – 12, 1129, 1909.
Forts. v. **Bericht** des Vereins Reichswohnungsgesetz.

— erster, d. Dresdner Vereins z. Unterstützung hülfsbedürft. Griechen. gr. 8. Dresd. 826. Walther. 4 gGr.

BERICHT DES VEREINS FÜR ERFORSCHUNG UND SAMMLUNG VON ALTERTHÜMERN IN DEN KREISEN ST. WENDEL UND OTTWEILER. 1. (Mit Tafeln.) Zweibrücken. 1838. Gedruckt bei G. Ritter. 8°.

— über den zu Oldenburg errichteten Verein z. Beförderung d. Volksbildung. gr. 8. (1½ B.) Oldenburg 840, Schulze'sche Buchh.

Verein zur Errichtung einer Heilstätte für Lungenkranke und zur Bekämpfung der Tuberkulose in Graubünden. 3. Bericht umfassend die Jahre 1900—1902. 56 S. 8. Chur, A.-G. Bündner Tagblatt, 1902.

— 11., d. Vereins zur Erziehung armer, verlassener u. verwahrloster Kinder in Familien zu Neukirchen bei Mörs f. d. J. 1868 bis 1870 nebst Uebersicht üb. die Wirksamkeit d. Vereins während der 25 Jahre seines Bestehens. 1845—1870. 8. (43 S.) Mörs 871. (Barmen, Klein.) n. — 30

— 12., d. Ver. z. Erziehg armer, verlass. u. verwahrlos'ter Kinder in Familien zu Neukirchen bei Moers 1871 bis 1875. 8. (43) Moers 76. (Barm., Klein.) n. — 60

— 12., des Vereins zur Erziehung armer, verlassener u. verwahrlos'ter Kinder in Familien zu Neukirchen bei Moers f. die J. 1871 bis 1875. 8. (43 S.) Moers 877. (Barmen, Klein.) n. — 60

Bericht, erster, des evangelischen Vereins zur christlichen Fürsorge für Proselyten aus Israel. 8. (16 S.) Cöln 869. (Barmen, Buchh. der evangelischen Gesellschaft.)

— d. Ver. f. Feuergsbetrieb u. Rauchbekämpfg in Hamburg üb. s. Thätigk. im J. 1902/03. (36) 8° Hambg, (Boysen & M.) ('03). || 1.X.'03—1.I.'05. (48) ('05.) Je 2 — d

— d. Ver. f. Feuergsbetrieb u. Rauchbekämpfg in Hamburg üb. s. Tätigk. in d. J. 05—8. (62, 68, 63 u. 76 m. Fig.) Lex 8° Hambg, (Boysen & M.) ('06—'09). Je 2 —

— d. Vereins f. Feuerungsbetrieb u. Rauchbekämpfg in Hamburg üb. s. Tätigk. '09—11. Lex8° Hambg, Boysen & M. je 2 —
'09. (88 m. Fig.) ('10) || '10. (79 m. Fig.) ('11) || '11. (73 m. Fig.) ('12)

Bericht des Vereins zur Förderung der Elbeschiffahrt in Magdeburg. [1.] Für d. J. 1901. Magdeburg: Verein 1901. 4°
Anf. s. u. d. T.: Bericht d. Magdeburger Schiffer-Vereins zu Magdeburg [09.310]

Bericht des Vereins zur Förderung weiblicher Erwerbsthätigkeit in Hamburg über die erste Generalversammlung. 1867.

Bericht des Vereins zur Förderung der Volks- und Jugendspiele zu Krefeld. Krefeld.
1—7. 1895—1901. 9—11. 1903—05.

Bericht des Vereins zur Förderung der Volks- und Jugendspiele zu Crefeld über das erste Vereinsjahr. Hrsg. v. Vorstand. Crefeld 1895: [Kramer & Baum]. 8° [F.] [08. 1395]

Verein für wirtschaftliche Frauenschulen auf dem Lande. **Bericht** 1906-1910. — Gotha (1910): Schmidt & Thelow. 8°

Fortges. u.d. T.: Vereinsschrift, allgemeine.

Verein der Freundinnen junger Mädchen, Sektion Basel. Bericht 1900. [6 S.] 8. ([Basel,] Basler Druck- und Verlags-Anstalt, 1901.)

Verein der Freundinnen junger Mädchen, Sektion Basel. Bericht 1901 u. 1902. je 12 S. 8. (1902 u. 1903.)

BERICHT ... Verein zur Fürsorge für die Blinden der Rheinprovinz nach ihrem Austritt aus der Provinzial-Blinden-Anstalt (auch: aus der Prov.-Blindenanstalt). (3.) über das Jahr 1888. (Brauweiler) 1889. Gedruckt in der Rhein. Prov.-Arbeits-Anstalt Brauweiler. — (4.) über das Jahr 1889. Nebst einem Anhange: „An die Eltern sehender uud blinder Kinder." ib. 1890. — (5.) über das Jahr 1890. Nebst einem Anhange: Blindheit, Blinden-Unterricht und Blinden-Fürsorge. ib. — (6.) über das Jahr 1891. (o. O. o. Dr.) — (7.) über das Jahr 1892. (o. O. o. Dr.) — (8.) über das Jahr 1893. (o. O. o. Dr.) — (9.) über das Jahr 1894. Düren. Hamd'sche Buchdruckerei. — (10.) über das Jahr 1895. ib. — (11.) über das Jahr 1896. ib. Act.-Ges. für Zeitungsverlag u. Druckerei. — (12.) über das Jahr 1897. ib. (o. Dr.)

— des Vereins ehemaliger Fürstenschüler üb. die Vereinsj. 1886/87—1901. hoch 4. Dresden. (Grimma, G. Gensel's Verl.) n. 9. —
1886/87. (14 S.) n. 3. 50. — 1888 u. 1889. (17 S. m. Abb.) n. — 60
1890. (18 S. m. Abb.) n. — 50. — 1891. (17 S.) n. — 60
1892 u. 1893. (20 S. m. Abb.) n. — 60
1894 u. 1895, zugleich 2. Jahrzehntsbericht. (19 S. m. Abb.) n. — 60
1896. 21. Vereinsj. (20 S.) n. 60
1897. 22. Vereinsj. (19 S.) n. — 50
1898. 23. Vereinsj. (20 S.) n. — 50
1899. 24. Vereinsj. (22 S.) n. — 50
1900. 25. Vereinsj. (24 S. m. Abb.) n. — 50
1901. 26. Vereinsj. (24 S. m. Abb.) n. — 50

— des Vereins ehemaliger Fürstenschüler üb. d. 27. bis 29. Vereinsj. 1902—1904. (23, 28 u. 24 S. m. Abbildgn.) hoch 4. Dresden (903—905). (Grimma, G. Gensel's Verl.) à n. — 50

— dasselbe üb. das 30. Vereinsj. 1905, zugleich üb. das 3. Jahrzehnt von 1896—1905. (26 S. m. Abbildgn.) Lex.-8. Ebd. (906). n. — 50

Bericht über den am 28. October 1839 gegründeten Litterarisch-geselligen V e r e i n zu Oldenburg. Von Adolf Stahr. Oldenburg, 1840. Gedruckt in der Schulzeschen Buchdruckerei. (W.Berndt.) 8°

B e r i c h t, zweiter — des geognostisch-montanistischen Vereins für Steiermark. 8. (88 S.) Gratz, C. Tanzer 1853)

B e r i c h t, Vierter — des geognostisch-montanistischen Vereines für Steiermark. 8. (X, 66 S.) Grätz. Aus der C. Tanzer'schen Buchdruckerei. 1854.

B e r i c h t, fünfter — des geognostisch-montanistischen Vereines für Steiermark. Gratz, 1856. Aus der C. Tanzer'schen Buchdruckerei. (XII. 110 S. 8. Mit Tabellen und Figuren.)

B e r i c h t, sechster — des geognostisch-montanistischen Vereines für Steiermark. Gratz, 1857. Dr. von C. Tanzer. (XII. 46 S. 8.)

Bericht des geognostisch-montanistischen Vereines für Steiermark. 7, 8, 9—12 und Schlussbericht. Graz 1858—74.

Bericht über das — Vereinsjahr — erstattet vom Vereine der Geographen an der Universität Wien. 9. 1883 — 27. 1900—1901. Wien 1884 ff. 8°.

—— üb. d. 15. Vereinsj. [16. Oktbr 1888 bis 24. Oktbr 1889], erstattet v. Vereine d. Geographen an d. Univ. Wien. 8. (56 m. 2 Karten.) Wien 89. (Hölzel). n. 1. —

— üb. d. 16. Vereinsj. [25. Oktbr 1889 bis 21. Oktbr 1890], erstattet v. Ver. d. G e o g r a p h e n an d. Univ. Wien. 8° (56) Wien 91, (E Hölzel). 1 —

— dass. XVII. Vereinsj. [21. Octbr 1890—27. Octbr 1891]. 8° Wien 92, Verein d. Geographen an d. Universität. 1 —
A. Geschäftl. Thl. B. Das Studium d. Geographie (namentlich f. Lehramtscandidaten) v. A Penck. Die deut. Bergnamen in d. Ostalpen. Von U Felbinger. (40)

BERICHT DES VEREINS für Geschichte und Alterthümer der Herzogthümer Bremen und Verden und des Landes Hadeln zu Stade, über die Jahre 1859 und 1860 bis zur Generalversammlung am 29. Mai 1861. Stade s. a. Druck von A. Pockwitz. 8°.

BERICHT DES VEREINS FÜR DIE GESCHICHTE LEIPZIGS.
1. Die Zeit seiner Thätigkeit von der Gründung des Vereins bis Anfang 1870 umfassend. Leipzig, 1870. (Druck von G. Reusche.) 8°.
2. Drittes Vereinsjahr. 1870. ib. 1870. (—)

BERICHT DES VEREINS FÜR LÜBECKISCHE GESCHICHTE UND ALTERTHUMSKUNDE
über seine Thätigkeit
im Jahre 1865 — im Jahre 1868. (Ohne bes. Titelblatt. Lübeck. Druck von H. G. Rahtgens.) 4°.
für 1869. (Ohne bes. Titelblatt. ib. —)
über das Jahr 1870 — über das Jahr 1877. (Ohne bes. Titelblatt. ib. —)
über das Jahr 1878 — über das Jahr 1879. (Ohne bes. Titelblatt. ib. —) 8°.
im Jahre 1880 — im Jahre 1883. (Ohne bes. Titelblatt. ib. —)

BERICHT DES VEREINS FÜR LÜBECKISCHE GESCHICHTE UND ALTERTHUMSKUNDE über seine Thätigkeit
im Jahre 1884. (Ohne bes. Titelblatt.) 8°.

BERICHT DES VEREINS FÜR LÜBECKISCHE GESCHICHTE UND ALTERTHUMSKUNDE ÜBER SEINE THÄTIGKEIT.
im Jahre 1885. (Ohne bes. Titelbl.) 8°.
im Jahre 1886 (Ohne bes. Titelbl.)

BERICHT DES VEREINS FÜR LÜBECKISCHE GESCHICHTE UND ALTERTHUMSKUNDE
für das Jahr 1887. (Ohne bes. Titelbl. Lübeck. Druck von H. G. Rahtgens.)
über seine Thätigkeit im Jahre 1888. (o. O. o. Dr.)
über seine Thätigkeit im Jahre 1889. (Lübeck. Druck von H. G. Rahtgens.)
über seine Thätigkeit im Jahre 1890. (ib. —).
über seine Thätigkeit im Jahre 1891. (ib. —)
über das Jahr 1892. (o. O. o. Dr.)
über das Jahr 1893. (o. O. o. Dr.)
für das Jahr 1894. (o. O. o. Dr.)
über das Jahr 1895. (o. O. o. Dr.)
über das Jahr 1896. (o. O. o. Dr.)
über das Jahr 1897. (o. O. o. Dr.)
über das Jahr 1898. (o. O. o. Dr.)

BERICHT DES VEREINS FÜR LÜBECKISCHE GESCHICHTE UND ALTERTUMSKUNDE
über das Jahr 1908 [1]).

—— zweiter, des im April 1837 z. Förderung d. Gesundheitspflege in Berlin gestifteten, anfangs im Stillen, seit Febr. 1839 aber öffentl. u. unter obrigkeitl. Schutze thätig gewesenen Vereins gegen d. Alkohol-Vergiftung. Hrsg. v. Vorstande desselb. gr. 8. (3¾ B.) Berlin 842. (Wohlgemuth. Vrlsb.) *

— 4r, des zur Förderung der Gesundheitspflege in Berlin gestifteten Vereins gegen die Alkohol- (Branntwein-) Vergiftung. Verfaßt vom Vorsteher u. herausgeg. vom Vorstande desselben. Mit 1 lith. Magenbilde. 8. Berlin 844, Wohlgemuth. n. 6 ngl

— zehnter, des im April 1837 zur Förderung der Gesundheitspflege gestifteten Vereins gegen die Vergiftung durch Alkohol [Branntwein]. Verfaßt u. hrsg. vom Vorstande. Zur Feier des Stiftungsfestes am 17. Septbr. 1850. 8. (40 S.) Berlin 850, Wohlgemuth's B. (W. Schultze.) baar n.n. 3 ngl

— 19., des seit dem Jahre 1837 zur Förderung der Gesundheitspflege in Berlin gestifteten Vereins gegen die Vergiftung durch Alkohol (Brandwein), der im Februar 1854 den Märkischen Central-Verein in sich aufgenommen hat. Diesem Bericht folgt in einer 2. Aufl. sein 3. (Bericht) mit weiter berichtenden Anmerkungen. Verfaßt u. herausg. vom Vorstande. Berlin 859. Beck in Comm. gr. 8. (71 S. u. 1 Kpfrtaf.) nn. 2½ ngr

Bericht erster, des im Monat Febr. 1839 in Berlin f. d. Enthaltsamkeit v. spirituösen, d. i. alkohol-gifthalt. Getränken u. Speisen zur Förderung d. Gesundheitspflege gestift. Vereins. Hrsg. v. Vorstande desselben. gr. 8. (4⅓ B.) Berlin 841, Wohlgemuth. Thlr.

— erster, des im Monat Februar 1839 in Berlin für die Enthaltsamkeit von spirituösen, d. i. alkohol-gifthaltigen Getränken u. Speisen zur Förderung der Gesundheitspflege gestifteten Vereins. Herausgeg. vom Vorstande desselben. gr. 8. Berlin 842, Wohlgemuth. ⅛ ℛ

Verein der H a n d a r b e i t s c h u l e n für Knaben (in Basel). 18. Bericht. 1. Oktober 1899 bis 30. September 1900. 21 S. 8. Basel, Schweighauser, 1901.

Verein der H a n d a r b e i t s c h u l e n für Knaben (in Basel). 19. Bericht. 1. Oktober 1900 bis 30. September 1901. 22 S. 8. Basel, Schweighauser, 1902.

BERICHT ÜBER DEN VEREIN FÜR GESCHICHTLICHE HÜLFSWISSENSCHAFTEN an der Universität Leipzig (»Roter Loewe«) seit seinem Bestehen. Verfasst im Auftrage des Vereins von G.(EORG) H.(EROLD). Als Manuscript gedruckt. Mai 1882. (Werdau. Druck von J. Booch.) 8°.

BERICHT DES HISTORISCHEN VEREINS FÜR DEN NIEDERRHEIN, INSBESONDERE DIE ALTE ERZDIÖZESE KÖLN. Herausgegeben von dem wissenschaftlichen Ausschusse des Vereins.
über das Jahr 1857. Köln 1858. Comm. der Langen'schen Buchdruckerei. (Lesimple.)
über das Jahr 1858.*) ib. 1859. Comm. der J. G. Schmitz'schen Buchhandlung.

BERICHT DES HISTORISCHEN VEREINS DER PFALZ.
2. (Mit Tafeln.) Speyer. 1847. Gedruckt bei Daniel Kranzbühler. 4°.

.. BERICHT DES HISTORISCHEN VEREINS FÜR DIE PFLEGE DER GESCHICHTE DES EHEMALIGEN FÜRSTBISTUMS BAMBERG ZU BAMBERG.
67., 1909. ib. Kommissions-Verlag der Buchnerschen Sortimentsbuchhandlung (Gustav Duckstein).
68 [1])., und Jahrg. 1910. (Mit Tafeln.) ib. —
69., und Jahrbuch 1911. ib. —
70., und Jahrbuch 1912. (Mit Tafeln.) ib. —

BERICHT DES HISTORISCHEN VEREINS VON SCHWABEN UND NEUBURG
für die Jahre 1907—1909 [1]). Augsburg im April 1910. Augsburg 1910. Druck der J. P. Himmer'schen Buchdruckerei. 8°.

[1]) In „Zeitschrift des Historischen Vereins für Schwaben und Neuburg". Jahrg. 36. 1910 Bericht . . . mit selbständigem Titel enthalten.

1897–1902. **Bericht** des Historisch-Geographischen **Vereins** an der Albertina zu Königsberg i. Pr. über seine ersten 10 Vereinssemester. (W.-S. 1897/98 bis S.-S. 1902.) *Königsberg i. Pr. 1903: Hartung.* (39 S.) 8° [J. u. Ant.] (03. 1931 10

Bericht des Vereins für bergbauliche Interessen im nordwestlichen Böhmen zu Teplitz über seine Tätigkeit. 1879–82 [u. d. T.: „Mitteilungen usw."] u. 1883–1902/03. Teplitz, 1879–1903.

— d. Vereins f. die bergbaulichen Interessen im nordwestlichen Böhmen zu Teplitz üb. seine Thätigkeit in den J. 1888, 1889 u. im 1. Semester 1890. gr. 8. (54 S.) Teplitz 890. (E. Pörzler.) n.n. 1. —

— dasselbe u. üb. die wirthschaftlichen Verhältnisse d. Braunkohlen-Bergbaues im Vereinsgebiete im II. Semester 1890 u. im J. 1891. gr. 8. (48 S.) Teplitz 892. (E. Pörzler.) n.n. 1. —

Bericht des Vereins für bergbauliche Interessen zu Zwickau über seine Tätigkeit, erstattet in der Plenarversammlung. Jg. 1901—1903. Zwickau, 1902—1904.

Bericht des Vereins der deutschen Kaliinteressenten (e. V.) zu Magdeburg über die Geschäftsjahre 1905—1907. Magdeburg, 1908. 17 S.

Bericht [des] Verein[s] der Kalksandsteinfabriken. Berlin.
Hauptversammlung 3. 4. 1903. 04 [u. d. T.] Protokoll . . .
" " 7-12. 1907-12.
[1. 2. 5. 6. vergriffen.]

BERICHT DES VEREINS BERLINER KAUFLEUTE UND INDUSTRIELLER IN BERLIN
(5.) für das Jahr 1883—1884. Anlagen: Vorstand. Immerwährende Mitglieder. Mitglieder. Statut. Casse. Petition an den Reichskanzler betr. Postsachen. Petition an den Reichskanzler betr. Postzollsachen. Stellungnahme zum Antwortschreiben des Aeltesten-Collegiums gegenüber den Handlungsgehilfen. Resolution mit Bezug auf den Entwurf zur Abänderung des Reichsstempelgesetzes. (Berlin 1885.) 8°.

Verein junger Kaufleute in Aarau. Zweiter Bericht, umfass. d. J. 1872. 16 Stn. 8. Aarau, Druck v. H. R. Sauerländer. 1873?

Verein junger Kaufleute in Horgen. 1. Bericht, umfassend den Zeitraum vom 6. Febr. 1870 bis 30. April 1871. 15 Stn. 8. 1871?

Bericht des Vereins junger Kaufleute in Langenthal, umfassend den Zeitraum vom 4. Sept. 1869 bis 31. Dez. 1870, erstattet der Hauptversammlung vom 26. Jan. 1871. Langenthal, Buchdr. Herzig. 16 Stn. 8. 1871?

Bericht des Vereins selbständiger Kaufleute. Verband Magdeburger Spezialgeschäfte. Geschäftsjahr 1906. Magdeburg

Bericht des Kaufmännischen Vereins zu Breslau für die Jahre 1884-85. Breslau 1885

Verein für Fröbel'sche Kindergärten in Schaffhausen. Bericht umfassend die Jahre 1899 und 1900. 12 S. 8. Schaffhausen, H. Meier & Cie., 1901.

BERICHT über den Verein der heiligen Kindheit. Im Auftrage Ihrer Durchlaucht der Fürstin Wrede. Pesth 1852: Emil Müller. 12 S. - 8°

BERICHT ÜBER DEN IN MECKLENBURG-SCHWERIN CONSTITUIRTEN THIERÄRZTLICHEN VEREIN. Abgefasst vom Thierarzte S. COHEN. (Ohne bes. Titelblatt. s. l. & a. 8°.)
Dasselbe. 2. Auflage. Schwerin. 1850. Kürschner'sche Verlagsbuchhandlung.

BERICHT DES VEREINS FÜR KUNDE DER NATUR UND DER KUNST IM FÜRSTENTHUM HILDESHEIM UND IN DER STADT GOSLAR.
Vom 1. August 1850 bis dahin 1854. Hildesheim, 1855. Druck der Gerstenberg-schen Buchdruckerei. 8°.
Vom 1. August 1854 bis dahin 1860. ib. 1860. Druck von Gebr. Gerstenberg.
Vom 1. August 1860 bis dahin 1864. ib. 1864. —
Vom 1. August 1864 bis 1. Januar 1869. ib. 1869. —
Vom 1. Januar 1869 bis 1. Januar 1871. ib. 1871. —
Vom 1. Januar 1871 bis 1. Januar 1874. ib. 1874. —
Vom 1. Januar 1874 bis 1. Januar 1877. ib. 1877. —
Vom 1. Januar 1877 bis 1. Januar 1880. ib. 1880. —
Vom 1. Januar 1880 bis 1. Januar 1883. ib. s. a. —

BERICHT DES VEREINS FÜR KUNDE DER NATUR UND DER KUNST IM FÜRSTENTHUM HILDESHEIM UND IN DER STADT GOSLAR
vom 1. Januar 1883 bis 1. Januar 1886. Hildesheim s. a. Druck von Gebr. Gerstenberg. 8°.

BERICHT DES VEREINS FÜR KUNDE DER NATUR UND DER KUNST IM FÜRSTENTHUM HILDESHEIM UND IN DER STADT GOSLAR, (später: (Museums-Verein).)
vom 1. Januar 1886 bis 31. December 1888. Hildesheim. Druck von Gebr. Gerstenberg. 8°.
vom 1. Januar 1889 bis 31. December 1891. ib. —

BERICHT DES VEREINS FÜR KUNDE DER NATUR UND DER KUNST IM FÜRSTENTHUM HILDESHEIM UND IN DER STADT GOSLAR (Museums-Verein).
vom 1. Januar 1892 bis 31. Dezember 1895. ib. Januar 1896. —
vom 1. Januar 1896 bis 31. Dezember 1898 mit 3 Tafeln u. 4 Autotypien im Text. ib. Januar 1899. —

BERICHT DES VEREINS FÜR KUNST UND ALTERTHUM IN ULM UND OBERSCHWABEN, unter dem Protektorate Sr. Königlichen Hoheit des Kronprinzen Karl von Württemberg.
3. Ulm, ausgegeben am 6. März 1845. (Ohne bes. Titelblatt.) 4°.
5. Ulm, ausgegeben im November 1847. (Ohne bes. Titelblatt.)

Bericht des Vereins für Landwirtschaft u. Gartenbau im Kt. Zürich f. 1865. Zürich 1866.

Bericht über den Verein kathol. deutscher Lehrerinnen. 17-23 (24?). — Paderborn 1902 ff.: Schöningh. 8°

— des litterarisch-geselligen Vereins zu Stralsund über sein Bestehen während der Jahre 1835—38. gr. 8. Stralsund 837—39. Löfflersche Buchh. (à n. 1/6 ℛ) 2/3 ℛ

— des literarisch-geselligen Vereins zu Stralsund über sein Bestehen während der Jahre 1839—1841. III. gr. 8. Stralsund 842, Löffler'sche Buchh. (C. Hingst.) n. 1/4 ℛ

— des literarisch-geselligen Vereins zu Stralsund über sein Bestehen während der Jahre 1852 u. 1853. (IX.) Stralsund 854. Hingst. 8. (56 S.) n. 7½ ngl.

—— d. literar.-gesell. Ver. zu Stralsund f. 1854 u. 55. 8. (66) Strals. 56, Dühr. n. — 8

—— des literarisch-geselligen Vereins zu Stralsund über sein Bestehen während der J. 1854 und 1855. gr. 8. (66 S.) Stralsund 856, Löffler'sche Buchh. *

BERICHT DES MATHEMATISCHEN VEREINS DER UNIVERSITÄT BERLIN für das Wintersemester 1876/77. (Ohne bes. Titelblatt. Autographirt.)

BERICHT DES MATHEMATISCHEN VEREINS DER UNIVERSITÄT BERLIN für das Sommer-Semester 1877. (Ohne bes. Titelblatt.) 8°.
über sein 33.—42. Semester. Winter 1877/1878 — Sommer 1882. Berlin. Druck von Otto Dreyer. 8°.

BERICHT DES MATHEMATISCHEN VEREINS DER UNIVERSITÄT BERLIN
über sein 43. und 44. Semester Winter 1882-83 und Sommer 1883. Berlin. Druck von Mesch & Lichtenfeld. 8°.
über sein 45—46. Semester Winter 1883-84 — Sommer 1884. ib. Druck von Hermann Blanke.
über sein 47—49. Semester Winter 1884/85 — Winter 1885/86. ib. Druck von Otto Dreyer.

BERICHT DES MATHEMATISCHEN VEREINS DER UNIVERSITÄT BERLIN
über sein . . .
. . . 50. Semester. Sommer 1886. Berlin. Druck von Otto Dreyer. 8°.
. . . 51. Semester Winter 1886/1887. ib. —
. . . 52. Semester. Sommer 1887. ib. —
. . . 53. Semester. Winter 1887/1888. ib. —
. . . 54. Semester. Sommer 1888. ib. —
. . . 55. Semester. Winter 1888/1889. ib. —
. . . 56. u. 57. Semester. Ostern 1889 bis 1890. ib. —
. . . 58. u. 59. Semester. Ostern 1890 bis Ostern 1891. ib. —
. . . 60. u. 61. Semester. Ostern 1891 bis Ostern 1892. ib. —
. . . 62. Semester. Sommer 1892. ib. —
. . . 63. u. 64. Semester. Winter 1892/93 u. Sommer 1893. ib. —
. . . 65. u. 66. Semester. W.—S. 1893/94 u. S.-S. 1894. ib. —
. . . 67. u. 68. Semester. W.—S. 1894/95 u. S.-S. 1895. ib. —
. . . 69. u. 70. Semester. W.—S. 1895/96 u. S.-S. 1896. ib. —
. . . 71. u. 72. Semester. W.—S. 1896/97 u. S.-S. 1897. ib. 1897. Karl Koepsel Buchdruckerei.
. . . 73. u. 74. Semester. W.-S. 1897/98 u. S.-S. 1898. ib. Druck von Liebheit & Thiesen.
. . . 75. u. 76. Semester. W.-S. 1898/99 u. S.-S. 1899. ib. 1899. —
. . . 77. u. 78. Semester. W.-S. 1899/1900 u. S.-S. 1900. ib. 1900. Druck von Bernhard Paul.
. . . 79. u. 80. Semester. W.-S. 1900/1901 u. S.-S. 1901. ib. 1901. —
. . . 81. u. 82. Semester. W.-S. 1901—1902 u. S.-S. 1902. ib. Druck von E. Ebering.
. . . 83. u. 84. Semester. W.-S. 1902/1903 u. S.-S. 1903. ib. 1903. Druck von Bernhard Paul.

BERICHT DES MATHEMATISCHEN VEREINS DER UNIVERSITÄT BERLIN.
Vorort des Verbandes mathematischer und naturwissenschaftlicher Vereine an deutschen Hochschulen über sein . . .
. . . 85. u. 86.[1]) Semester. W.-S. 1903/1904 u. S.-S. 1904. ib. 1904. —

BERICHT DES MATHEMATISCHEN VEREINS DER UNIVERSITÄT BERLIN über sein ...
... 91. und 92. Semester. W.-S. 1906/1907 und S.-S. 1907. ib. 1907. —
... 93. und 94. Semester. W.-S. 1907/1908 und S.-S. 1908. ib. 1908. —
... 95. und 96. Semester. W.-S. 1908/1909 und S.-S. 1909. ib. 1909. —
... 97. und 98. Semester W.-S. 1909/10 und S.-S. 1910. ib. 1910. —
... 99. und 100. Semester W.-S. 1910/11 und S.-S. 1911. August 1911. ib. —
... 101. und 102. Semester W.-S. 1911/12 und S.-S. 1912. August 1912. (ib. —
... 103. und 104. Semester. Verfasst im August 1913. (ib. —)

BERICHT DES MATHEMATISCHEN VEREINS AN DER UNIVERSITÄT GÖTTINGEN über das Sommer-Semester 1877, das XVII. des Vereins — Sommer-Semester 1878. Göttingen. 1877—1878. Druck der Gebrüder Hofer. 8°.
über sein XX—XXIX. Semester. Winter 1878/79 — Sommer 1883. ib. 1879—1883. Druck der Gebrüder Hofer, später: Druck von Louis Hofer.

BERICHT DES MATHEMATISCHEN VEREINS AN DER UNIVERSITÄT GÖTTINGEN über sein XXX—XXXIV. Semester. W.-S. 1883/84 — Winter 1885/86. Göttingen. 1884 — 1886. Druck von Louis Hofer. 8°.

BERICHT DES MINERALOGISCHEN VEREINES IN LANDSHUT über das 1. Jahr seines Bestehens 1866/67, erstattet von dem Vereins-Secretär. (Landshut.) Gedruckt bei Thomann. 8°.

Verein für ärztliche Mission. Bericht über das 2. Geschäftsjahr 1900 ⟨bezw. über die Periode 1. Januar bis 1. Nov. 1900⟩ ... erstattet von ... Missionsarzt Dr. [Eugen] Liebendörfer in Stuttgart.... [Illustriert.] II + 32 S. 8. (Stuttgart, J. F. Steinkopf, [1901].)

Verein für ärztliche Mission. Bericht über das 3. Geschäftsjahr 1901 ⟨1. November 1900 bis 31. Oktober 1901⟩ ... erstattet von ... Missionsarzt Dr. [Eugen] Liebendörfer in Stuttgart.... [Illustriert.] II + 24 S. 8.

Verein für ärztliche Mission. Bericht über das 4. Geschäftsjahr 1902 ⟨1. November 1901 bis 31. Oktober 1902⟩ ... erstattet von ... Missionsarzt Dr. [Eugen] Liebendörfer ⟨gestorben am 3. Oktober 1902⟩ in Stuttgart.... [Mit illustriertem Umschlag und Beilage.] IV + 24 + *Beilage* 4 S. 8.
Beilage: Missionsarzt Dr. med. (E[ugen]) Liebendörfer ... [Nekrolog. Mit Porträt.] (Beilage zum Jahresbericht 1902 des Vereins..., Stuttgart.) 4 S. (Stuttgart, J. F. Steinkopf.)

Bericht des naturhistorischen Vereins in Augsburg (des naturwissenschaftl. Vereins für Schwaben und Neuburg). 8—31, 1855—94.

BERICHT DES NATURHISTORISCHEN VEREINS IN AUGSBURG.
27. Veröffentlicht im Jahre 1883. Augsburg. Druck von Ph. J. Pfeiffer. 8°.
28. Veröffentlicht im Jahre 1885. (Mit Tafeln.) ib. —

BERICHT DES NATURHISTORISCHEN VEREIN(E)S IN PASSAU.
10., für die Jahre 1871 bis 1874. ib. 1875. —
11., für die Jahre 1875 bis 1877. (Mit 1 Karte.) ib. 1878. —
Darin mit bes. Titelblatt: JOS. G. EGGER, Morbiditäts-Statistik von Niederbayern (Jahr 1877). (Mit 1 Karte.) Passau 1878. F. W. Keppler'sche Buchdruckerei.
HERLEIN, Der Fichten-Borken-Käfer. Dessen Auftreten, Vermehrung und Verbreitung im Bayrischen- und im Böhmer-Walde. ib. 1878. —
Fauna der Süsswasser-Fische von Mittel-Europa nach C. Th. E. von Siebold, mit einer Anleitung zum Bestimmen bearbeitet von F. A. LORI. ib. 1878. —
12., für die Jahre 1878 bis 1882. (Mit Tafeln.) ib. 1882. —
Darin mit bes. Titelblatt: EGGER, Morbiditäts-Statistik von Niederbayern für die Jahre 1877, 1878, 1879 und 1880 unter Mitwirkung der niederbayerischen Aerzte bearbeitet. (Mit Tafeln.) ib. 1882. —

BERICHT DES NATURHISTORISCHEN VEREINS IN PASSAU
13., für die Jahre 1883 bis 1885. Mit einer Abhandlung: Die Graphiterde des Passauer Waldes, deren Reinigung und Werthbestimmung mit Rücksicht auf die Konkurrenz durch den Ceylon-Graphit von H. PUTZ. Passau. 1885.*) Druck der F. W. Keppler'schen Buchdruckerei. 8°.

— 13., d. naturhistorischen Vereins in Passau für die J. 1883 bis 1885. M. e. Abhandlg.: Die Graphiterde des Passauer Waldes, deren Reinigg. u. Wertbestimmg. mit Rücksicht auf die Konkurrenz durch den Ceylon-Graphit v. H. Putz. gr. 8. (98 S.) Passau 886. (Waldbauer.) n. 1. —

— 14. u. 15., des naturhistorischen Vereins zu Passau f. d. J. 1886—1889. gr. 8. Passau 891. (M. Waldbauer.) à n. 2. —
14. 1886 u. 1887. (IV, 91 u. 101 S.) 888. — 15. 1888 u. 1889. (IV, 180 S.) 889.

— 16. u. 17., d. naturhistor. Vereins z. Passau f. d. J. 1890—1897. gr. 8. Passau (M. Waldbauer). à n. 1. —
16. 1890—1895. (24 u. 40 S. m. 5 Taf.) 895.
17. 1896—1897. (20 u. 24 S.) 898.

BERICHT DES VEREINS FÜR NATURKUNDE ZU, später: IN FULDA.
I., über die Vereinsjahre vom 13. März 1865 bis dahin 1869 redigirt und im Namen des Vereins herausgegeben von OSCAR SPEYER. Nebst einem Anhang naturwissenschaftlicher Abhandlungen und einem Nekrolog. Fulda, 1870. Druck von J. F. Hammer & Comp. 8°.
II., über die Vereinsjahre vom 13. März 1869 bis dahin 1874. Im Namen des Vereins herausgegeben von OSCAR SPEYER. Nebst einem Anhang naturwissenschaftlicher Abhandlungen und einem Nekrolog. ib. 1875. —
III. (Mit 1 Tabelle.) ib. 1875. Druck von J. L. Uth.
IV.—VII. (Mit Tabellen.) ib. 1876—1883. Druck von J. L. Uth.

BERICHT DES VEREINS FÜR NATURKUNDE IN FULDA.
VIII., über die Vereinsjahre vom 13. März 1884 bis 13. März 1898. Nebst einem Anhang: Beiträge zur Klimatologie Fulda's und seiner Nachbarstationen. (Mit 43 Tabellen und einem Diagramm als Anlage.) Fulda 1898. (o. Dr.) 8°.
IX., über die Vereinsjahre vom 13. März 1898 bis 13. März 1909. ib. 1909. Fuldaer Actiendruckerei.

ERGÄNZUNGSHEFT DES VEREINS FÜR NATURKUNDE ZU FULDA.
1. Pfahlbauten im Fuldathale. Herausgegeben von JOSEPH VONDERAU. Mit 2 Plänen und 7 Tafeln. (Separat-Abdruck aus den Veröffentlichungen des Fuldaer Geschichts-Vereins.) Fulda 1899. Druck der Fuldaer Actiendruckerei. 4°.

BERICHT DES VEREINS FÜR NATURKUNDE ZU CASSEL
XIII. über die Vereinsjahre vom April 1860 bis dahin 1861 und vom April 1861 bis dahin 1862. Nebst einem Anhang naturwissenschaftlicher Abhandlungen. (Mit Tafeln.) Cassel 1863. Druck von Baier & Lewalter.
XIV. über die Vereinsjahre vom April 1862 bis dahin 1863 und vom April 1863 bis dahin 1864. Nebst einem Anhang naturwissenschaftlicher Abhandlungen. (Mit Tafeln.) ib. 1864. Druck von Gebrüder Gotthelft.

Bericht des Vereins für Naturkunde in Cassel. 13. 14. 15. 16/18. 24./25. 26./27. 28. 8. Cassel 1863—81.

—— 26. und 27., des Vereines für Naturkunde zu Cassel über die Vereinsj. vom 18. April 1878 bis dahin 1880, erstattet von E. Gerland. gr. 8. Cassel 880, (Freyschmidt.) *
Inhalt:
1. Gerland, E., ein bisher noch ungedruckter Brief Leibnizens an den Landgrafen Carl von Hessen. (S. 50—56.) — 2. Kessler, Herm. Friedr., neue Beobachtungen und Entdeckungen an den auf Ulmus campestris L. vorkommenden Aphiden-Arten. (S. 57—90 mit 2 lithogr. Taf.) — 3. Diemar, F. H., die Mollusken-Fauna von Cassel. (S. 91—122.)

Bericht, XXVIII, des Vereins für Naturkunde zu Cassel über das Vereinsjahr vom 18. April 1880 bis dahin 1881. gr. 8. Cassel 881. (Freyschmidt.) n. 2. —
1. Die auf Populus nigra u. P. dilatata vorkommenden Aphidenarten u. die v. denselben bewirkten Missbildungen v. Herm. Frdr. Kessler. (Mit 4 Steintaf.) — 2. Ueber die bisher in der Umgegend von Cassel beobachteten Lichenen von Gust. Egeling. — 3. Ueber den Schmalkalder Bergbau von R. Fulda. (Mit 3 Steintaf.) (128 S.)

— 29. u. 30., d. Vereins f. Naturkunde zu Cassel üb. die Vereinsj. vom 18. Apr. 1881 bis dahin 1883, erstattet vom zeit. E. Gerland. Nebst den Abhandlgn.: 1) Lepidopterologisches. Versuch e. Aufstellg. u. Begründg. e. Lokalfauna f. Cassel u. Umgegend v. L. Knatz. 2) Die Entwickelungs- u. Lebensgeschichte v. Schizoneura corni Fbr. v. H. F. Kessler. 3) Nachtrag zu dem Verzeichnis der bei Cassel in e. Umkreise v. ungefähr drei Meilen aufgefundenen Koleopteren v. K. Bartels. gr. 8. (104 S.) Cassel 883. (Freyschmidt.) n. 1. —

-- dasselbe. 31. Bericht üb. das Vereinsj. vom 18. April 1883 bis dahin 1884, erstattet v. E. Gerland. 8. (68 S.) Kassel 884. (Kessler.) — 75

—— 32. und 33., des Vereines für Naturkunde zu Cassel über die Vereinsjahre vom 18. April 1884 bis dahin 1886, erstattet von E. Gerland. Nebst einer Abhandlung: Ein Beitrag zur Kenntnis der Pilzflora in der Umgegend von Cassel. Bearb. von S. Schlitzberger. gr. 8. (III, 99 S.) Cassel 886, (Kessler). *

—— 34. u. 35., d. Vereins f. Naturkunde zu Kassel über das Vereinsj. vom 18. April 1886 bis dahin 1888. Von K. Ackermann. 8. (LXXVI, 108 S.) Kassel 889, (Kessler). ** 2 —

— 36. u. 37., d. Vereins f. Naturkunde zu Kassel üb. die Vereinsjahre 1889 u. 1890, erstattet v. K. Ackermann. Nebst 7 Abhandlgn. gr. 8. (IV, 110 S.) Kassel 891. Verein f. Naturkunde. n. 1. 20

— dasselbe. 38. Bericht, üb. d. Vereinsj. 1891—92. Nebst 5 Abhandlgn. gr. 8. (34 u. 64 S.) Ebd. 892. n. 1. 20

— dasselbe. 39. Bericht, üb. die Vereinsj. 1892—94. Erstattet vom zeit. Geschäftsführer. gr. 8. (82 u. 86 S. m. 1 Taf.) Cassel 894. (M. Siering.) n. 1. 20

— XXXX., d. Vereins f. Naturkunde zu Kassel, s.: Abhandlgn. u. Bericht.

Bericht über den naturwissenschaftlichen Verein. Detmold 1885. V: *Weerth, Otto.* (Landesbibl. Detmold. Kat. d. Zugänge 1869—95. Detm. 1896)

— 1., des naturwissenschaftlichen Vereines in Aussig a. d. Elbe. Für die J. 1876 u. 1877. Mit 2 lith. Taf. u. 2 (eingedr.) Holzschn. gr. 8. (64 S.) Aussig 878. Blömer & Grohmann in Comm. n. 1. —

— des naturwissenschaftlichen Vereines in Aussig a. d. Elbe, Fortsetzg., s.: Thätigkeits-Bericht.

Naturwissenschaftlicher Verein (für) Bielefeld u. Umgegend. Bericht. [1.] Über d. J. 1908. Bielefeld 1909: Gundlach. 8° [1:o. 1971 6

Bericht des naturwissenschaftlichen Vereins des Harzes für die Jahre 1840—1848. Quedlinburg. 4.

BERICHT DES NATURWISSENSCHAFTLICHEN VEREINS DES HARZES
für das Jahr 1851*)—1852. (Mit 1 Tafel.) (Ohne bes. Titelblatt.)
für die Jahre 1853 und 1854. Blankenburg 1855. Druck von W. Kircher.

— 17., d. naturwiss. (vormals botan.) Ver. Landshut (Bayern) (E.V.) üb. d. Vereinsj. 1900—03. (41, 88 m. 1 Taf.) 8° Landsh., (P Krüll) '04. 4 —
Bisher u. d. T.: Bericht d. botan. Ver. in Landshut.

— 18., des naturwissenschaftlichen (vormals botan.) Vereins Landshut (Bayern) (eingetragener Verein) üb. die Vereinsj. 1904—1906. (XVIII, 46 u. IV, 39 S.) 8. Landshut (907). (Ph. Krüll.) 2. —

— 19., d. naturwissenschaftlichen (vormals botan.) Vereins Landshut (Bayern) üb. d. Vereinsj. '07—10. (10, 145) 8° Landsh., (P Krüll) ('11). 4 —

—— über den naturwissenschaftlichen Verein für das Fürstenthum Lippe zur Feier seines 50jähr. Jubiläums. 8. (40 S.) Detmold 885, (Hinrichs'sche Hofbuchh.) *

BERICHT ÜBER DEN NATURWISSENSCHAFTLICHEN VEREIN FÜR DAS FÜRSTENTHUM LIPPE zur Feier seines fünfzigjährigen Jubiläums Detmold 1885. Detmold. Meyer'sche Hofbuchdruckerei (Quentin & Mewes). 8°.

BERICHT DES NATURWISSENSCHAFTL. VEREINS ZU PASSAU (EINGETRAGENER VEREIN) (später: e. V.)
18., für die Jahre 1898 bis 1900. (Mit Karten.) ib. 1901. Buchdruckerei von Ablassmayer & Penninger. — Darin m. bes. Titelbl.: LUDWIG WASSNER, Das Donauthal Pleinting-Passau-Aschach. Eine geologische Skizze. ib. 1901. —
XIX., für die Jahre 1901 bis 1904. ib. 1904. — Darin mit bes. Titelbl.: LUDWIG WASSNER, Flora von Niederbayern (mit Ausschluss des Juragebietes). Eine Anleitung zum Pflanzenbestimmen für Anfänger. Mit 18 Figuren im Text. ib. 1905. —

BERICHT DES NATURWISSENSCNAFTLICHEN VEREINS ZU PASSAU (e. V.)
XX., für die Jahre 1905 bis 1907. Mit einer wissenschaftlichen Beigabe: Mikrofauna der Kreideschichten des westlichen bayer. Waldes und des Gebietes um Regensburg. Beschrieben von JOSEPH GEORG EGGER. (Mit 10 Tafeln.) ib. 1908. —

BERICHT DES NATURWISSENSCHAFTLICHEN VEREINS PASSAU (eingetragener Verein)
21., für die Jahre 1908 bis 1911. Mit zwei wissenschaftlichen Beigaben. ib. 1911. — Die Beilagen mit bes. Titelbl.: Erstreckt sich das Vorkommen von Graphit im Bayerischen Walde in bedeutende Teufen oder nicht? Studien und Beobachtungen von HEINRICH PUTZ, Kgl. Hochschulprofessor in Passau. ib. 1911. — Dendrologischer Wegweiser durch die Stadt Passau und deren Umgebung von ALBERT GAMPERT, Kgl. Forstrat. ib. 1911. —

— d. naturwissenschaftl. Ver. zu Regensburg. II. Hft f. d. J. 1888—1889. 8° (95 m. 8 Taf.) Rgnsbg 90, (Nationale Verl.-Anst.). ‖ III. Hft f. d. J. 1890—1891. (313) 92. ‖ IV. Hft f. d. J. 1892—1893. (83 m. 2 Taf. u. 1 Karte.) 94. à n.n. 3 — (I—IV.: n.n. 12 —)

BERICHT DES NATURWISSENSCHAFTLICHEN VEREINS FÜR SCHWABEN UND NEUBURG (A. V.) IN AUGSBURG, früher Naturhistorischen Vereins in Augsburg.
29. Veröffentlicht im Jahre 1887. (Mit 1 Tafel.) Augsburg. Druck von Ph. J. Pfeiffer. 8°.

BERICHT DES NATURWISSENSCHAFTLICHEN VEREINS FÜR SCHWABEN UND NEUBURG (a. V.) (später: (E. V.)), früher Naturhistorischen Vereins in Augsburg.
30. Veröffentlicht im Jahre 1890. (Mit 32 Tafeln.) ib. — 31. Veröffentlicht im Jahre 1894. ib. — 32. Veröffentlicht im Jahre 1896. (Mit 1 Karte.) ib. — 33. Veröffentlicht im Jahre 1898. (Mit 3 Tafeln und 1 Querprofil.) ib. — 34. Veröffentlicht im Jahre 1900. (Mit 3 Tafeln.) ib. — 35. Veröffentlicht im Jahre 1902. (Mit 3 Tafeln.) ib. — 36. Veröffentlicht im Jahre 1904. (Mit vielen Tafeln.) ib. — 37. Veröffentlicht im Jahre 1906. (Mit Tafeln.) ib. — 38. Veröffentlicht im Jahre 1908. (Mit Tafeln.) ib. —

BERICHT ÜBER DEN NATURWISSENSCHAFTLICHEN VEREIN zu Zerbst.
1862—1875, erstattet von FRANZ KINDSCHER. Zerbst 1876. In Comm. von E. Luppes Buchhandlung. 8°.
1876—1880, erstattet von C. HAHN. ib. 1881. Druck von H. Zeidler's Buchdruckerei.
1881 und 1882, erstattet vom Vorstand des Vereins, mit den Beilagen: Fauna des Zerbster Kreises. Nachträge zur Flora des Zerbster Kreises. Die Insel Bangka. ib. 1883. Druck von H. Zeidler.

BERICHT ÜBER DEN NATURWISSENSCHAFTLICHEN VEREIN ZU ZERBST . . .
erstattet vom Vorstand des Vereins.
von 1883 ab bis zum 6. Mai 1887. Zerbst. 1887. Druck von H. Zeidler. 8°.
von 1887 bis 1892. ib. 1892. —

BERICHT DES NATURWISSENSCNAFTLICHEN VEREINS ZU ZERBST . . .
erstattet vom Vorstand des Vereins.
von 1892 bis 1898.[1]) ib. 1898. —

BERICHT DES NATURWISSENSCHAFTLICHEN VEREINS ZU ZERBST (EINGETR. VER.) . . .
erstattet vom Vorstande des Vereins.
von Mai 1902 bis Ende 1907. ib. 1908. H. Zeidler's Buchdruckerei.

— des naturwissensch.-medic. Vereines in Innsbruck. XIII. Jahrg. 1882—83. gr. 8. (XLVIII u. 108 S.) Innsbruck, Wagner'sche Univ.-Buchh. 1 fl. 80 kr. 1883?

— des naturwissenschaftlich-medicinischen Vereines Innsbruck. XV. Jahrg. 1884/85 und 1885/86. (XXXIX, 88 S. mit 1 Tafel.) gr. 8°. Innsbruck, Wagner'sche Universitäts-Buchhandlung. fl. —.90. 1886?

— d. naturwissenschaftlich-medizin. Ver. in Innsbruck. 19. Jahrg. 1889/90 u. 90/91. 8° (209 m. 1 Bildnis.) Innsbr. 91, Wagner. 6 — ‖ 20. Jahrg. 1891/92. (238 m. 5 Taf.) 92. 6 — ‖ 21. Jahrg. 1892/93. (105) 94. 4.80

— 1., d. nordoberfränk. Vereins f. Natur-, Geschichts- u. Landeskunde, erstattet im Juli 1896. gr. 8. (XIV, 110 S. m. 2 farb. Taf.) Hof 896. (W. Kleinschmidt.) n. 2. —

BERICHT DES NORDOBERFRÄNKISCHEN VEREINS FÜR NATUR-, GESCHICHTS- UND LANDESKUNDE IN HOF.
I., erstattet im Juli 1896. (Mit Tafeln.) Hof. Druck der Mintzel'schen Buchdruckerei (H. Hörmann). 8°.
II., erstattet im Januar 1900. (Mit 1 geologischen Karte.) ib. —
III., erstattet im März 1903. (Mit 3 Tabellen.) Hof. Druck der Mintzel'schen Buchdruckerei. (K. & H. Hoermann.)
IV., erstattet im März 1906. ib. —
V., erstattet im Mai 1909. ib. —

Bericht des Offenbacher Vereines für Naturkunde. 1. 8. 1859. 66. Offenbach.

— des Offenbacher Vereines für Naturkunde. Bericht I — IV. 1860 — 1862. Offenbach a./Main. 8.

Bericht des Offenbacher Vereins für Naturkunde über seine Thätigkeit vom 17. Mai 1863 bis zum 8. Mai 1864. Offenbach a/M., 1864.

BERICHT DES ORNITHOLOGISCH-OOLOGISCHEN VEREINS ZU HAMBURG.
1. 1897—1901. (Mit Tafeln.) (Hadersleben, Druck von Chr. Rohwer.) 8°[1]).
2. 1902—1903. (ib. —)[2])

BERICHT DES PROTESTANTISCH-LIBERALEN VEREINS IN ELSASS-LOTHRINGEN.
14. 1884—1885. Der Hauptversammlung vom 30. November 1885 vorgelegt von K. ENGEL. ib. 1886. —

BERICHT über das erste Geschäftsjahr des Vereins für Säuglingsfürsorge im Regierungsbezirk Düsseldorf. (Düsseldorf, Kgl. Hofbuchdr. L. Voss & Cie.) (Ohne bes. Titelbl.) 8°.

BERICHT über das zweite Geschäftsjahr des Vereins für Säuglingsfürsorge im Regierungsbezirk Düsseldorf 1908/1909. (Mit 1 Tafel.) Düsseldorfer Zeitung A.-G. (Mit bes. Titelbl.)

BERICHT über das dritte Geschäftsjahr des Vereins für Säuglingsfürsorge im Regierungsbezirk Düsseldorf 1909/10. (Mit 1 Tafel.) ib. —

Bericht des Schleswig-Holsteinischen Vereins zu Erlangen vom 15. Februar 1866. ⟨Separat-Abdruck aus dem Erlanger Tagblatt.⟩ (Erlangen. 1866.) 4° [Kopft.]

BERICHT DES VEREINS ZUM SCHUTZE UND ZUR PFLEGE DER ALPENPFLANZEN. (E. V.)
1. (Mit Tafeln.) Bamberg im Dezember 1901. (o. V.) 8°. — 2. ib. im Dezember 1902. — 3. (Mit Tafeln.) ib. im Dezember 1903. — 4. ib. im Dezember 1904. Druck von S. Mahlmeister. — 5. (Mit Tafeln.) ib. Dezember 1905. Gedruckt in der Handels-Druckerei. — 6. (Mit Tafeln.) ib. — 7. Mit 15 Illustrationen. ib. Dezember 1907. Gedruckt in der Handels-Druckerei (M. R. Schulz). — 8. Mit 3 Illustrationen. ib. — 9. Mit 15 Illustrationen. ib. 1910. Gedruckt in der Handels-Druckerei. — 10. Mit 11 Illustrationen. ib. 1911. — 11. Mit 9 Illustrationen. ib. 1912. —

Schweiz. Verein vom blauen Kreuz, Sektion Neumünster(-Zürich). Bericht vom 1. September 1899 bis 31. Dezember 1900. [3 S.] 4. [1901.]

Verein für deutsche Seeleute in Antwerpen. Bericht (1907: Jubiläumsbericht aus Anl. d. 25j. Bestehens). 1901—04. 06. 07. 12. 13. Antwerpen.

BERICHT DES STUDENTISCHEN VEREINS FÜR ERDKUNDE ZU HALLE A. S.
über das Sommer-Halbjahr 1888. Halle a. S. Buchdruckerei Carl Colbatzky.
über das Winter-Halbjahr 1888/89. ib. 1889. Heynemann'sche Buchdruckerei (F. Beyer).

BERICHT DES STUDENT. VEREINS FÜR ERDKUNDE ZU HALLE A. S.
über das Sommer-Halbjahr 1889. ib. Buchdruckerei Carl Colbatzky.

BERICHT DES STUDENTISCHEN VEREINS FÜR ERDKUNDE ZU HALLE A. S.
über das Sommer (sic! Winter) -Halbjahr 1889/90. ib. —
über das Sommer-Halbjahr 1890. ib. C. Colbatzky's Buchdr.
für das Winter-Halbjahr 1890/91. ib. Buchdruckerei Carl Colbatzky.
über das Sommer-Semester 1891. (ib.) C. Colbatzky's Buchdr.
über das Winter-Semester 1891/92. ib. Buchdruckerei Carl Colbatzky.
über das Sommer-Semester 1892. (ib. —)
über das Winter-Semester 1892/93. (ib.) C. Colbatzky's Buchdr.
über das Sommer-Semester 1893. ib. —
über das Winter-Semester 1893/94. ib. —
über das Sommer-Semester 1894. (ib.) —
über das Winter-Semester 1894/95. (ib.) —
über das Sommer-Semester 1895. ib. —.
über das Winter-Semester 1895/96. ib. —
über das Sommer-Semester 1896. (Leipzig, Fischer & Kürsten.)

BERICHT DES STUDENTISCHEN VEREINS FÜR ERDKUNDE IN HALLE A. S.
über das Sommer-Semester 1897 und das Winter-Semester 1897/98. (o. O. o. Dr.)
S.-S. 1902 und W.-S. 1902—03. (Halle.) Buchdr. C. Colbatzky.
W.-S. 1906—07 und S.-S. 1907. (o. O. o. Dr.) 1).
S.-S. 1909. Halle a. S. 1909. Schlesingersche Buchdruckerei.
W.-S. 1909/10. ib. 1910. —

— 26—31., d. westpreuss. botanisch-zoolog. Ver. (Mit Abb.) Lex8° Danz. (Lpzg, W Engelmann.) 21.50
26.27. (107 u. 60)'05. 3 — ‖ 28. (15 u. 117)'06. 3 — ‖ 29. (28 u. 126 m. 1 Taf.)'07. 3.50 ‖ 30. (46 u. 289 m. 6 Taf. u. 1 Karte.)'08. 9 — ‖ 31. (29 u. 173) '09. 4 —

Bericht, 32—34., d. westpreuss. botanisch-zoologischen Vereins. (Mit Abb.) Lex8° Danzig. Lpzg, W Engelmann.
32. (34 u. 100 m. 2 Taf.) '10. 4 — ‖ 33. (24, 251 m. 2 Taf.) '11. 4.50 ‖ 34. (20 u. 271 m. 3 Taf.) '12. 5 —

BERICHT DES WITTENBERGER VEREINS FÜR HEIMATHKUNDE DES KURKREISES
8., die Jahre 1865—69 umfassend. (Ohne bes. Titelblatt. ib. —)

Bericht der Vereinigung weiblicher Ärzte zur Gründung eines Frauenkrankenhauses in Gross-Berlin ⟨E. V.⟩ 1. — Berlin 1910. (:Schütthelm.) 8°

Dem ersten Bericht ist das Rundschreiben von 1908 angebunden, das über die Gründung und deren Zweck berichtet, die Mitglieder u. ‚Freunde der Vereinigung' namentl. aufführt.

— — d. engeren Vereinigg deut. Wäschereibesitzer Göttingen f. d. J. '07—28. (31) 8° Gött., (E Kelterborn)'08. — 50

Bericht der Vereinigung zur Schmückung und dauernden Erhaltung deutscher Kriegergräber bei Beaumont. (Gera: E. Günther 1905.) (34 S.) 4° [Umschlagt. J.] 07. 8c64 5

Bericht über das Vereinsfest der Oberlausitzer Logen [in Bautzen, Zittau, Lauban u. Görlitz] am 21. u. 22. Mai 1850 zu Görlitz. [Görlitz]: Heinze & Co. in Comm. [1850]. 72 S. 8°
Tt. 1955. Reden von A. T. E. Starke: Mission der Mrei, Schmidt: Losung der frmrischen Arbeit, L. Oberreit: Aufgeben des Geheimnisses, Schade: Wahre Mrei ist von Gott.

Bericht über das 20jährige Vereinsleben (1861—1881) des Männerturnvereins „Warner" zu Berlin, Templin, 12 S., Kl.-8°.

(Bericht) über den 5. Vereinstag der Deutschen Arbeitervereine, am 5.—7. Septbr. 1868 zu *Nürnberg*. Hrsg. vom Vorort Leipzig. 2. Aufl. Leipzig, C. W. Vollrath, o. J. (1868). Kl. 8°. 40 S. Cart.

— über den X. Vereinstag d. Vereins f. christliche Volksbildung zu Köln am 16. Juni 1892. gr. 8. (22 S.) Köln 892. (Hannover u. Celle, Schulbuchh.) — 20

Verein, Kaufmännischer, Stuttgart. Bericht über die Vereinsthätigkeit für 1879 bis 83. Stuttgart 1879-83

Bericht über die Vereins-Thätigkeit (des allgemeinen nieder-österr. Volksbildungs-Vereines, Zweigverein Wien und Umgebung) im Jahre 1892 erstattet in der am 14. April 1893 abgehaltenen Jahresversammlung. 8. Wien 1893.

Bericht über W. Aufermanns Verfahren zur Concentration von Erzen. New-York, 1861.

Bericht des Verfassungs-Ausschusses des Volkshauses. Berichterstatter: Camphausen und Goltdammer. Volkshaus. Nr. 3. (Erfurt den 4. April 1850.) o. O. (1850.) 4°.

—— der bürgerl. Verfassungs-Revisions-Commission, s. An eine ehrliebende Bürgerschaft.

Internat. Arbeitsamt ... vergleichender **Bericht** über die zur Durchführung der Arbeiterschutzgesetze getroffenen Massnahmen. 1. Jena: Fischer 1910. 8° 11. 18:75

— 1. vergleichender, üb. d. z. Durchführg d. Arbeiterschutzgesetze getroffenen Massnahmen. Die Gewerbeaufsicht in Europa. Der internat. Vereinigg f. gesetzl. Arbeiterschutz vorgelegt v. ihrem Bureau. (Internat. Arbeitsamt.) (15, 111 m. 2 Formularen.) gr8° Jena, G Fischer '11. 4 —

Bericht über das Vergleichsschiessen der Artillerie und Infanterie. Vorgenommen in Thun den 22. October 1873. kl. Fol. (Thun 1873.)

—— über das Vergleichsschießen zwischen Artillerie und Infanterie. Vorgenommen in Thun, den 22. Octbr. 1873. Fol. (4 S. mit 6 Stnt. in qu. Fol.) Basel 874, Schwabe. *

Bericht betreffend das Verhalten der Stadtpolizei im Schwurgerichtsfall Kleinhenne. O. O. [1899]. V: *Kundert, Rud.* (Zuwachsverz. d. Bibliothek. in Zürich 1898 ff.)

— über d. Verhältnisse d. Bagnetthales im Canton Wallis 2c. (von H. Escher.) gr. 8. Zürich 822. (Geßner.)

Bericht über die bäuerlichen Verhältnisse der Aemter Erlangen, Fürth, Forchheim und Höchstedt a. A. Von F. B. (Schrift. d. Ver. f. Soz.-Pol., Bd. 24, Leipzig 1883.)

—— über die finanziellen Verhältnisse der deutsch-israelit. Gemeinde in Hamburg. Abgestattet von dem Vorsteher-Collegium der Gemeinde. gr. 4. (109 S.) Hamburg 840, (Berendsohn.) *

— üb. d. ges. wirthschaftl. Verhältnisse Nordtirols f. 1880, beziehungsweise f. d. Quinquennium 1876—1880. 8. (336) Innsbr. 81, (Wagner). n. 6. 65

Bericht über die V e r h ä l t n i s s e der Gütergemeinschaft in der Herrschaft Broich. (Hs. in begl. Abschr., nach 1800.)

Bericht über die Verhältnisse der Kinderwelt in der Arbeiterbevölkerung Berlins. Veröffentlichung des evang. Erziehungsvereins zur Rettung sittlich gefährdeter Kinder. 8°. Berlin 1892.

Bericht über die kirchlichen und sittlichen Verhältnisse der Propstei Eiderstedt in betreff des Jahres 1883 erstattet für die 6. Eiderstedter Propstei-Synode. o. O. (1883.) 8°
Erster gedruckter Bericht.

Bericht über die kirchlichen und sittlichen Verhältnisse der Propstei Eiderstedt, betr. das Jahr . . . erstattet für die . . . Eiderstedter Propstei-Synode. Nebst einer statistischen Zusammenstellung.
1884—93. 7.—16. (Garding. o. J.) 4° k.

Bericht üb. die milchwirtschaftlichen Verhältnisse in Schleswig-Holstein. Kiel 1884. 11 S. P.

— über die sanitären Verhältnisse im Königr. Böhmen f. d. J. 1892. Hrsg. v. Ign. Polo. gr. 4. (VIII, 231 S. m. LVIII S. Tabellen, 7 Karten u. 3 graph. Taf.) Prag 894. (J. G. Calvo.) n.n. 10. —

— über die volkswirthschaftlichen Verhältnisse Obersteiermarks in den Jahren 1881 bis inclusive 1885. An das hohe k. k. Handels-Ministerium erstattet von der Handels- und Gewerbekammer in Leoben. gr. 8°. (820 S.) Leoben, Georg Schaufler. In Comm. fl. 3.—. 1887?

— üb. die volkswirtschaftlichen Verhältnisse Obersteiermarks in den J. 1886 bis incl. 1890. An Se. Exc. den Hrn. Handels-Minister erstattet v. d. Handels- u. Gewerbekammer in Leoben. gr. 8. (1026 S.) Leoben 893. (Wien, W. Frick.) n. 12. —

Bericht über die Verhältnisse und die Wirksamkeit der Polytechnischen Gesellschaft zu Berlin. Jg. 1—49. 1839—1887/88. Berlin
Von Jg. 13. 1851/52 ab: Verhandlungen der Polytechnischen Gesellschaft.
Jg. 17. 1854/55: Vorträge, gehalten in der Polytechnischen Gesellschaft zu Berlin.
Von Jg. 18. 1856/57 ab: Verhandlungen der Polytechnischen Gesellschaft.

— 2., üb. die Verhältnisse u. Wirksamkeit der landwirthschaftlichen Versuchs-Station zu Rostock. Erstattet v. dem Curatorium. Mit e. Zusammenstellg. der wissenschaftl. Arbeiten der Versuchs-Station v. R. Heinrich. Mit 1 farb. Bodenkarte u. 4 Holzschn. gr. 8. (VII, 383 S.) Berlin 894. P. Parey. n. 4. —

— üb. d. wirthschaftl. Verhältnisse d. Herzogth. Salzburg im J. 1892. Erstattet v. d. Handels- u. Gewerbekammer f. d. Herzogth. Salzburg. 8° (50 m. 1 Tab.) Salzb. 93, (H Kerber). n.n. 1 — || 1893. (233) 94. n.n. 3.50
Frühere Jahre s. u. d. T.: Bericht üb. d. volkswirthschaftl. Verh. etc. — Für 1891 ist e. Bericht nicht veröffentlicht.

— üb. d. wirthschaftl. Verhältnisse d. Herzogth. Salzburg i. J. 1893. Erstatt. v. d. Handels- u. Gewerbekammer f. d. Herzogth. Salzburg a. d. Handelsminister. gr. 8. (XIV, 233 S.) Salzburg 894. (H. Kerber.) n.n. 3. 50

— über die Verhältnisse u. Zustände der evangelisch-reformirten Kirche des Kantons Zürich in den J. 1892—1897. Der Kirchensynode im Namen des Kirchenrates erstattet durch Ad. Ritter. 2. Aufl. gr. 8. (96 S.) Zürich 899. Zürcher & Furrer. n. — 40

Bericht betreffend die Verhandlung der Frage über Einführung von Handelsgerichten auf dem Ende August d. J. zu Braunschweig abgehaltenen V. deutschen Juristentag erstattet an den bleibenden Ausschuss des deutschen Handelstages von dem Mitgliede desselben C. WEIGEL. Als Manuscript gedruckt. Berlin, 1864. Druck von G. Bernstein. 8°.

Bericht über die Verhandlungen der Abgeordneten am IV. kärntischen Feuerwehrtag zu Völkermarkt 1872. Klgft., Bertschinger, 1872. 53 S.

— üb. d. Verhandlgn. d. Abthellg. f. Hygiene u. Bacteriologie d. 69. Naturforscher-Versammlg. i. Braunschweig v. 20., 21. u. 23. IX. 1897. [Aus: „Monatsbl. f. öffentl. Gesundheitspfl."] gr. 8. (64 S.) Braunschweig 898. (J. H. Meyer.) n. 1. 20

Zentralverband christl. Holzarbeiter Deutschlands. 1. Konferenz der Stellmacher. **Bericht** über die am 25. April 1909 zu Düsseldorf stattgefund. Verhandlungen. Cöln: Zentralverband christl. Holzarbeiter Deutschl. (1909). 8° 10. 3903 5

—— erster, über die Verhandlungen und Arbeiten der vom Stadtmagistrate München niedergesetzten Commission für Wasserversorgung, Canalisation und Abfuhr in den J. 1874 und 1875. gr. 4. (47, 24 S. mit 15 lithogr. Plänen in gr. Fol.) München 876, (Ad. Ackermann.) cart. *

—— zweiter, über die Verhandlungen und Arbeiten der vom Stadtmagistrate München niedergesetzten Commission für Wasserversorgung, Canalisation und Abfuhr in den J. 1876 und Anfang 1877. gr. 4. (III, 212 S. mit 15 lithogr., zum Theil farb. Plänen.) (Ebendas.) 877. cart. *

—— dritter, über die Verhandlungen und Arbeiten der vom Stadtmagistrate München niedergesetzten Commission für Wasserversorgung, Canalisation und Abfuhr in dem J. 1877. gr. 4. (III, 88 S. mit 6 Beilagen und 9 lithogr., zum Theil farb. und phototyp. Plänen.) (Ebendas.) 878. cart. *

—— vierter, über die Verhandlungen und Arbeiten der vom Stadtmagistrate München niedergesetzten Commission für Wasserversorgung, Canalisation und Abfuhr in dem J. 1878. gr. 4. (225 S. mit 5 Beilagen und 9 lithogr. Plänen.) (Ebendas.) 879. cart. *

Bericht über die Verhandlungen des ... Deutschen Arbeiter-Kongresses. Hrsg. durch d. Ausschuß d. Kongresses. [2.] 1907. Cöln: A. Stegerwald 1907. 8° [F.]
[1 ist nicht selbständig erschienen.] 08. 2864

— über die Verhandlungen des 2. deutschen Arbeiter-Kongresses, abgeh. am 20., 21. u. 22. X. 1907 in Berlin. Hrsg. durch den Ausschuß des Kongresses. (240 S.) 8. Cöln 907. Verlag der christl. Gewerkschaften. 1. —
I erschien 1904 u. d. T.: 1.: Protokoll der Verhandlungen des deutschen Arbeiterkongresses.

— üb. d. Verhandlgn. d. Arbeitsnachweis-Konferenz z. Leipzig a. 5. IX. 1898. Hrsg. v. Arbeitgeber-Verb. Hamburg-Altona. 8. (107 S.) Hamburg 898. Verlagsanstalt u. Druckerei. n. 1. 50

Bericht über die Verhandlungen der Arbeitsnachweis-Konferenz zu Leipzig am 5. IX. 1898. Hrsg. vom Arbeitgeber-Verband Hamburg-Altona. Hamburg 899.

Internat. Assoziation d. Akademien 1907. Dritte Generalversammlung in Wien 1907 unter d. Vorsitze d. Kais. Akad. d. Wiss. in Wien. **Bericht** über die Verhandlungen. Wien 1907: Hof- & Staatsdr. 50, IX S. 4° A 12. 10

— üb. d. Verhandlgn. d. Ausschusses f. techn. Angelegenheiten d. Vereins deutscher Eisenbahn-Verwaltgn. betr. d. Prüfg. d. Frage e. allgem. Verstärkg. d. Zugvorrichtungen a. d. Fahrbetriebsmitteln. Ausg. v. d. geschäftsführ. Verwaltg. d. Vereins. Fol. (IV, 96 S. m. 37 Taf.) Berlin 898. (Wiesbaden, C. W. Kreidel.) n. 10. —

— über die Verhandlungen des Ausschusses f. technische Angelegenheiten betr. die Ueberprüfung der in den technischen Vereinbarungen enthalt. Bestimmgn. üb. die Tragfähigkeit der Schienen u. den zuläss. Raddruck, nebst I. Ermittelgn., welche unter Zugrundelegg. des neuen Belastungsschemas beim Entwerfen von Brückenkonstruktionen erforderlich sind, u. II. Bestimmgn., welche beim Entwerfen v. Lokomotiven zu beachten sind, damit die durch das Belastungsschema gegeb. Grenzen der Lastvertheilung eingehalten werden. Ausgegeb. v. der geschäftsführ. Verwaltg. des Vereins deutscher Eisenbahn-Verwaltgn. Fol. (VIII, 128 S. m. Fig. u. 5 Anlagen.) Berlin 900. (Wiesbaden, C. W. Kreidel.) n. 9. —

—— über die Verhandlungen u. Beschlüsse der vom k. k. Ackerbau-Ministerium im Einvernehmen m. dem k. k. Reichskriegs-Ministerium einberufenen Heeres-Approvisionirungs-Enquête. Lex.-8. (79 S.) Wien 889, Hof- u. Staatsdruckerei. * — 80

Bericht üb. die Verhandlungen u. Beschlüsse d. internationalen land- u. forstwirthschaftlichen Congresses. Wien 1890, bearb. v. M. v. Proskowetz. Wien 1890. 341 S.
(M. fransk Undertit.).

Bericht über die Verhandlungen u. Beschlüsse der Subsection für Moorcultur d. internationalen land- u. forstwirthschaftlichen Congresses zu Wien im Sept. 1890. Bearb. v. Hugo Grahl. gr. 8. (V, 151 S.) Wien 891, (Frick). * 3 —

[Bericht über die Verhandlungen des] Ersten deutschen Binnenschiffahrtstag[es] abgehalt. zu Berlin am 21. Mai 1909. O. O. u. J. 4⁰ (8⁰).

Bericht über die Verhandlungen des internationalen Bundestages der landwirtschaftlichen Genossenschaften. 1,1907. 3,1912. Darmstadt (3: Berlin): Verl. des Internationalen Bundes der landw. Genossenschaften 1907-14. = Bibliothek des Internationalen Bundes der landwirtschaftlichen Genossenschaften. 4. 8. DGK

Bericht über die Verhandlungen betreffend Einführung einheitlicher Gewinde von Befestigungsschrauben in die Feintechnik. Berlin 1892 (Mittheil. a. d. Physik.-Techn. Reichsanst.)

Bericht über die Verhandlungen des Elektrotechniker-Congresses zu Frankfurt a/M. Frankfurt a/M., 1892.

Bericht über die Verhandlungen des internationalen Elektrotechniker-Kongresses zu Frankfurt a. M. 1891. Frankfurt a. M. 1892

Internationale Conferenz für land- und forstwirthschaftliche Meteorologie. Bericht über die Verhandlungen und die Ergebnisse der —, abgehalten in Wien in den Tagen vom 6. bis 9. Septbr. 1880. Wien 1880.

Bericht über die Verhandlungen und die Ergebnisse der Internationalen Polar-Konferenz, abgehalten in Hamburg in den Tagen vom 1. bis 5. October 1879. — Rapport des discussions et des résolutions de la Conférence Polaire Internationale, tenue à Hambourg du 1er au 5. octobre 1879. Hamburg 1880. 13 S. 4⁰.

Bericht über die Verhandlungen und die Ergebnisse der 2. Internationalen Polar-Konferenz, abgehalten in Bern in den Tagen vom 7. bis 9. August 1880. — Rapport sur les actes et résultats de la deuxième Conférence Polaire Internationale tenue à Berne du 7. au 9. août 1880. Hamburg 1881. 8 S. 4⁰

Polar-Konferenz, Bericht über die Verhandlungen und Ergebnisse der 3. internationalen Polar-Konferenz, abgehalten in St. Petersburg in den Tagen vom 1.—6. August 1881. [Titel und Text in deutscher und französischer Sprache. Herausgegeben von H. Wild.] St. Petersburg [1881.]

Bericht über die Verhandlungen und Excursionen der Versammlung von Torfinteressenten zu Königsberg i. Pr. am 11. und 12. Juni 1873. Königsberg i. Pr. 1873

Bericht über die Verhandlungen zur Feststellung einer einheitlichen Methode der Gerbstoffbestimmung zu Berlin 1883. Kassel 1885

BERICHT ÜBER DIE VERHANDLUNGEN DES ALLGEMEINEN FÜRSORGE-ERZIEHUNGS-TAGES
am 11.—14. Juni 1906 zu Breslau. Selbstverlag des Vorstandes. 8⁰.
am 7.—10. Juli 1908 zu Strassburg-Elsass. ib. —
am 23.—27. Juni 1910 zu Rostock. Berlin 1910. Carl Heymanns Verlag.

Bericht über die Verhandlungen des Gautages des Mittelthüringer Gaues B (XIII) 1904 Weimar, 1906 Jena, 1909 Apolda, Schleiz, 8⁰. 3 Bde.

— über die zur Bekanntmachung geeigneten Verhandlungen der K. Preuss. Akad. d. Wissensch. zu Berlin, s.a. Monatsbericht.

—— üb. d. z. Bekanntmachg geeigneten Verhandlungen d. k. preuss. Akad. d. Wiss. zu Berlin. 1. Jahrg. 1836. N. Abdr. 8. (120) Berl. 74, Dümmler's V. n. 3. —

— über d. zur Bekanntmachung geeignet. Verhandlungen d. k. preuss. Akademie d. Wissenschaften zu Berlin. A. d. J. 1837—41. (1—5. Jahrg.) à 12 Hfte. gr. 8. Berlin, Dümmler. à J. *

— ders. Aus d. J. 1842. 12 Hfte. gr. 8. Ebd. 842. n. 1/2 Thlr.

— ders. Aus d. J. 1843. 12 Hefte. Mit 3 Steintaf. gr. 8. Ebd. 843. n. 1/2 Thlr.

— ders. aus d. J. 1844. 12 Hfte. gr. 8. Ebd. 844. n. 1/2 Thlr.

— ders. aus d. J. 1845. 12 Hfte. gr. 8. Ebd. 845. n. 1/2 Thlr.

— über die zur Bekanntmachung geeigneten Verhandlungen der Königl. Preuss. Akademie der Wissenschaften zu Berlin. Aus den J. 1846 — 52. à 10 Hfte. (Mit dem Umschlagstitel: Monatsbericht der Königl. Preuss. Akademie der Wissenschaften zu Berlin.) gr. 8. Berlin, Dümmler. à n. 2/3 Thlr.

Bericht über die zur Bekanntmachung geeigneten Verhandlungen der königl. preuss. Akademie der Wissenschaften zu Berlin. Aus den J. 1853—56. (Mit dem Umschlagstitel: Monatsbericht der k. preuss. Akademie der Wissenschaften zu Berlin.) à Jahrg. 12 Hefte. gr. 8. Berlin, Dümmler's Verlag. [1853 und 1854. à * 20 Ngr., 1855 und 1856. à * 1 Thlr. 10 Ngr.] Thlr. *
Jahrg. 1849—52. Ebendas. * 2 Thlr. 20 Ngr.

Bericht über die zur Bekanntmachung geeigneten Verhandlungen der königl. preuss. Akademie der Wissenschaften zu Berlin. Aus den J. 1857—61. (Mit dem Umschlagstitel: Monatsbericht der königl. preuss. Akademie der Wissenschaften zu Berlin.) à Jahrg. 12 Hefte. gr. 8. Berlin, (Dümmler's Verlagsb.) [1857 und 1861 à Jahrg. * 2 Thlr., 1858—60. à Jahrg. * 1 Thlr. 10 Ngr.] *
Jahrg. 1849—56. Ebendas. * 6 Thlr. 20 Ngr.

—— üb. d. z. Bekanntm. geeign. Verhandl. d. Akad. d. Wiss. zu Berlin. [Monatsber. d. Akad. d. Wiss.] 1851—60. à 12 Hfte. (à 70) 8. Berl., Dümmler's V. à *n.* 1. 10 || 1861—65. à *n.* 2. — || Reg. zu d. J. 1856—58. (364) 60. *n.* 2. —

—— üb. d. z. Bekanntm. geeign. Verhandl. d. Akad. d. Wiss. zu Berlin. [Monatsber. d. Akad. d. Wiss.] 1866—69. à 12 Hfte. (à ca. 60) 8. Berl., Dümmler's V. à *n.* 2. — || 1870. 12 Hfte. (à 100) 4. *n.* 4. —

Bericht über die Verhandlungen der Generalversammlung der Ehstländischen Abtheilung ... [Reval] 1817. V: *Salemann, Carl Johann.* (R-N)

— über die Verhandlungen der 56. Generalversammlung der Katholiken Deutschlands in Breslau vom 29. VIII.—2. IX. 1909. Hrsg. vom Lokalkomitee. (690 S. m. Vollbildern.) gr. 8. Breslau 909. Goerlich & Coch. 4.—; geb. 5. —
Vergl.: Verhandlungen der Generalversammlung der Katholiken Deutschlands.

Bericht über die Verhandlungen der 57. Generalversammlung der Katholiken Deutschlands in Augsburg vom 21—25. VIII. 1910. Hrsg. vom Lokalkomitee u. in dessen Auftrage red. v. J. Seiwert. (742 S. m. Vollbildern.) gr. 8. Augsburg 910. Kranzfelder. 4.—; geb. n 5. —

Verein zur Wahrung der wirthschaftlichen Interessen von Handel und Gewerbe. —
Bericht über die Verhandlungen der Constituirenden Generalversammlung am 1. October 1884. Herausgegeben vom Vorstande des Vereins. Berlin, 1884. Dr. der Norddeutschen Buchdr. u. Verl. Anst.

Bericht über die Verhandlungen der Generalversammlung des Vereins Deutscher Papierfabrikanten. 1903—12 (Biberach)
Nebst: Bericht über die außerordentliche Generalversammlung des Vereins Deutscher Papierfabrikanten in Berlin, 1904. Berlin

— über die Verhandlungen der General-Versammlung der Vereinigung der Steuer- u. Wirthschafts-Reformer zu Berlin am 15., 16. u. 17. Februar 1877, erstattet vom Bureau des Ausschusses. Als Anh.: Verzeichniß der Mitglieder. gr. 8. (128 u. XX S.) Berlin 877. Verlagshandl. (F. Graf Behr). n. 1. —

—— über die Verhandlungen der General-Versammlung der Vereinigung der Steuer- und Wirthschafts-Reformer zu Berlin am 14. und 15. Febr. 1878 erstattet vom Bureau des Ausschusses. Als Anhang: Verzeichniß der Mitglieder. gr. 8. (XVIII, 89; 22 S.) Ebendas. 878. *

—— über die Verhandlungen der vierten Generalversammlung der Vereinigung der Steuer- und Wirthschafts-Reformer zu Berlin am 26. und 27. Febr. 1879, erstattet vom Bureau des Ausschusses. Als Anhang: Statut und Verzeichniß der Mitglieder. gr. 8. (118, XXI S.) Berlin 879, Verlagsh. (F. Graf Behr.) *

— dasselbe, der 5. General-Versammlung zu Berlin am 16. u. 17. Februar 1880. Als Anh.: Statut u. Verzeichniß der Mitglieder. gr. 8. (175 u. Anh. 25 S.) Ebend. 880. n. 1. 50

Bericht üb. d. Verhandlgn d. 6. Generalversammlg d. Vereinigg d. Steuer- u. Wirthschaftsreformer zu Berlin. Als Anh.: Statut u. Verzeichniss d. Mitglieder. 8. (97) Berl. 81. (Charlottenb., Allg. Verl.-Agent.) || 7. Vers. (160) 82. || 8. Vers. (145) 83. || 9. Vers. (185) 84. || 10. Vers. (135) 85. || 11. Vers. (128) 86. || 12. Vers. (128) 87. || 13. Vers. (155) 88. || 14. Vers. (160) 89. || 15. Vers. (154) 90. à n. 2. —

— üb. d. Verhandlgn d. 16. Generalversammlg d. Vereinigg d. Steuer- u. Wirthschafts-Reformer, Berlin 1891, erstattet v. Bureau d. Ausschusses. 8° (122) Berl. 92, (Hagelberger-Str. 18), Bureau d. Steuer- u. Wirthsch.-Reformer. || 17 Vers. 1892. (136) 92. || 18 Vers. 1893. (144) 93. || 19. Vers. 1894. (220) 94. à 2 —

— üb. d. Verhandlgn d. 20. Generalversammlg d. Vereingg d. Steuer- u. Wirthschafts-Reformer, Berlin 1895, erstattet v. Bureau d. Ausschusses. Als Anh.: Statut u. Verzeichniss d. Mitglieder. 8° (199) Berl. 95. (Charlottbg., Allg. Verl.-Agentur.) || 21. Vers. 1896. (231) 96. || 22. Vers. 1897. (214) 97. || 23. Vers. 1898. (216) 98. || 24. Vers. 1899. (237) 99. || 25. Vers. 1900. (272) 1900. à nn 2 —

— üb. d. Verhandlgn d. 26—30. Generalversammlg d. Vereinigg d. Steuer- u. Wirthschafts-Reformer, Berlin 1901—05, erstattet v. Bureau d. Ausschusses. 8° Berl. (Charlttbg, Allg. Verl.-Agentur.) Je nn 2 — d
26. Als Anh.: Statut u. Vers. d. Mitglieder. (228)'01.
27. Als Anh.: Excerpte a. Zeitgn, Statut u. Verz. d. Mitglieder. (192)'02.
28. Als Anh.: Statut u. Verz. d. Mitglieder. (140)'03.
29. Als Anh.: Statut u. Verz. d. Mitglieder. (159)'04.
30. (220)'05.

Bericht über die V e r h a n d l u n g e n bei Gelegenheit der X. Generalversammlung des deutschen Weinbauvereines in Geisenheim a. Rh. am 29. September 1884. Erstattet (hrsg.) von H(einrich) W(ilhelm) Dahlen. Mainz: von Zabern 1885. 85 S.

Bericht über die V e r h a n d l u n g e n bei Gelegenheit der General-Versammlung des Deutschen Weinbauvereines in Neuenahr am 14. und 15. September 1893. Erstattet (hrsg.) von Heinr(ich) Wilh(elm) Dahlen. Mainz: von Zabern 1894. 111 S.

Bericht über die Verhandlungen des 1. ff. deutschen gewerblichen Genossenschaftstages zu Berlin 1907 ff. O. O. u. J. 8°.
4. 1907 – 6, 1909.

B e r i c h t über die Verhandlungen des Deutschen gewerblichen Genossenschaftstages. 5,1908 - 15,1919. [Berlin] 1908-19. DGK

— üb. d. v. d. „Verein d. deut. Irrenärzte" in d. Jahressitzg v. 25. Mai 1893 gepflogenen Verhandlgn u. gefassten Beschlüsse: I. Psychiatrie u. Seelsorge. Referenten: Siemens u. Zinn sen. II. Zur Reform d. Irrenwesens in Preussen u. d. Verfahrens in Entmündigungssachen weg. Geisteskrankheit. Referenten; Zinn sen. u. Pelman. Hrsg. v. Grashey, Jolly, Laehr, Ludwig, Pelman, Schüle, Zinn sen. 8° (115) Münch. 93, JF Lehmann's V. 2 —

—— üb. d. Verhandlgn d. deut. Gesellsch. f. Chirurgie, IX. Kongress, abgeh. vom 7—10. Apr. 1880. 8. (31) Lpzg 80, Breitkopf & H. n. 1. — || X. Kongress, abgeh. vom 6—9. Apr. 1881. 8. (63) 81. n. 1. 60 || XI. Kongress, abgeh. vom 31. Mai bis 3. Juni 1882. (90) 82. n. 2. — || XII. Kongress, abgeh. vom 4—7. Apr. 1883. (66 m. H.) 83. n. 1. 60 || XIII. Kongress, abgeh. vom 16—19. Apr. 1884. (88) 84. n. 2. — || XIV. Kongress, abgeh. vom 8—11. April 1885. (112) 85. n. 2. 80

— üb. d. Verhandlgn d. deut. Gesellschaft f. C h i r u r g i e, XV—XXIV. Kongress. Beilagen z. Centralblatt f. Chirurgie 1886—1895. 8° Lpzg, Breitkopf & H. 29.80
XV, abgeh. 1886. (107) 86. 2.80 || XVI, abgeh. 1887. (101) 87. 2.40 || XVII, abgeh. 1888. (73) 88. 2 — || XVIII, abgeh. 1889. (112) 89. 2.80 || XIX, abgeh. 1890. (104) 90. 2.80 || XX, abgeh. 1891. (157) 91. 4 — || XXI, abgeh. 1892. (117) 92. 3 — || XXII, abgeh. 1893. (107 m. Fig.) 93. 2.80 || XXIII, abgeh. 1894. (128) 94. 3.20 || XXIV, abgeh. 1895. (154 m. Fig.) 95. 4 —

— üb. d. Verhandlgn d. deut. Gesellsch. f. C h i r u r g i e. 29—33. Kongress. 1900—04. Beil. z. Zentralbl. f. Chirurgie. 1900—04. (Mit Abb.) 8° Lpzg, Breitkopf & H. 20 —
29. (145) 1900. 3.60 || 30. (151)'01. 4 — || 31. (147)'02. 4 — || 32. (162)'03. 4 — || 33. (176)'04. 4.40.

— üb. d. Verhandlgn d. deut. Gesellsch. f. C h i r u r g i e. 34—38. Kongr. 05—9. Beil. z. Zentralbl. f. Chirurgie. (Mit Abb.) gr8° Lpzg, JA Barth. 18.60
34—36. (125, 130, 118)'05—'7. Je 3.20 || 37. (163)'08. 5 — || 38. (184)'09. 4 —

— üb. d. Verhandlgn d. deut. Gesellsch. f. C h i r u r g i e. 39—41. Kongress, '10—12. [Aus: „Zentralbl. f. Chirurgie".] gr8° Lpzg, JA Barth.
39. (120)'10. 4 — || 40. (122)'11. 4 — || 41. (98 m. Abb.)'12. 3 —

Bericht über die Verhandlungen der naturforschenden Gesellschaft in Basel v. Aug. 1834-Juli 1838. Bd 1-3. gbd.

Basel: typ. Haas 1835-1838

Bericht über die Verhandlungen der naturforschenden Gesellschaft in Zürich 1825—37.

— über die Verhandlungen am IX. internationalen Getreide- u. Saatenmarkt in Wien am 29. u. 30. Aug. 1881. Hrsg. vom Vorstande der Wiener Frucht- u. Mehlbörse. gr. 8. (III, 265 S.) Wien 882. (Hölder.) n. 4. —

— über die Verhandlungen d. III. allgemeinen österreichischen Gewerbetages, abgeh. in Wien am 6., 7. u. 8. Septbr. 1884. gr. 8. (159 S.) Wien 884. (Vetter.) n.n. — 50

Bericht über die Verhandlungen der Grenzregulirungscommission in Rendsburg, 1851 u. s. w. Als Manuscript gedruckt. Kopenhagen. 1852. 4° k.

Bericht über die Verhandlungen der Handelskammer zu K ö l n am 8. Nov. 1897. Festsitzung zur Feier des 100jähr. Gedenktages der Errichtung eines Handelsvorstandes in Köln. — Köln 1897: DuMont Schauberg. 22 S. 8° **38.**

Bericht über die Verhandlungen des 21. Hessischen Handelskammertags in Mainz am 17. Februar 1907: [Über Schiffahrtsabgaben]. Mainz, 1907. 85 S.

B e r i c h t über die Verhandlungen des 1. allgemeinen deutschen Handwerkertages zu Dresden. ... 1872. Mit Anh.: Verzeichniß der vertretenen Städte u. Delegirten. Herausg. vom allgemeinen Dresdner Handwerker-Verein. Dresden 1872. gr. 8.

Bericht über die Verhandlungen des 9. deutschen Handwerks- und Gewerbekammertages zn Breslau am 24., 25. u. 26. Aug. 1908. Fol. Hannover, Druck v. H. Ahlefeld, 1908.

B e r i c h t üb. d. Verhandl. d. Hauptverb. deutscher gewerbl. Genossenschaften mit Vertret. d. d. Handw.- u Gewerbekamm. im Mai 1904 zu Berlin. (68 S) (Berlin 1904)

— über die Verhandlgn. der Hauptversammlg d. internationalen Elektrotechniker-Congresses zu Frankfurt am Main v. 6. bis 12. Septbr. 1891. Nach d. stenograph. Aufzeichngn. hrsg. unter Mitwirkg. der Geschäftsführer d. Congresses u. der Schriftführer d. Sectionen v. d. Elektrotechn. Gesellschaft zu Frankfurt am Main. Lex.-8. (1. Hälfte, XL, 142; 2. Hälfte, VIII, 395 S. m. Abbildgn.) Frankfurt a/M. 892. J. Alt. n. 12. —

—— über die Verhandlungen der 20. Haupt-Versammlung d. Congresses deutscher Landwirthe zu Berlin am 26. Febr. 1889. gr. 8. (III, 136 S.) Berl. 889, (Allg. Verlags-Agentur). * 2 —

—— üb. d. Verhandlgn d. 18. Haupt-Versammlg deut. Landwirthe zu Berlin am 1. u. 2. März 1887. 8. (207) Berl. 87. (Charlottenb., Allg. Verl.-Agent.) || 19. am 21. Febr. 1888. (121) 88. || 20. am 26. Febr. 1889. (136) 89. || 21. am 25. Febr. 1890. (138) 90. à n 2. —

Bericht über Verhandlgn. der 20. Jahresversammlg. des Deutschen Vereins f. Armenpflege u. Wohlthätigkeit, siehe Schriften des Deutschen Vereins f. Armenpflege 51. Bd. 1901.

Verein zur Wahrung gemeinsamer Wirtschaftsinteressen der deutschen Elektrotechnik. Bericht über die Verhandlungen der Jahresversammlung am 10. April 1907 in Berlin. Berlin 1907. 8°.
(Veröffentlichungen d. Ver. z. Wahrung gemeinsamer Wirtschaftsinteressen d. deutschen Elektrotechnik. Nr 11.)

Bericht über die Verhdl. b. d. Jubelfeier d. Münch. Kunstgewerbevereins 1876. (104 S)

Bericht über die Verhandlungen der 8. aargauischen Kantonal-Lehrer-Konferenz i. J. 1873. 88 Stn. 8. Muri, Druck v. J. B. Keller. 1874?

Evangelisch-rätische Synode. Bericht über die Verhandlungen in Klosters. Vom 27. Juni bis 1. Juli 1901. 15 S. 8. Chur, Sprecher & Valer, 1901.

Internationales Metereologisches Comite
Bericht über die Verhandlungen desselben. Versammlung in Kopenhagen, vom 1.—4. August 1882. Hamburg 1884.

Bericht über die Verhandlungen des Internationalen Meteorologischen Comités. Versammlung in Paris vom 1. bis 7. September 1885. Hamburg 1887. (II), 49 S. 8°.

Bericht über die Verhandlungen des Internationalen Meteorologischen Comités. Versammlung in Zürich im September 1888. Mit einem Vorwort über die Entwickelung der meteorologischen Forschung in Deutschland und einem Sachregister der verschiedenen Berichte des Internationalen Comités seit dem Meteorologen-Kongresse in Rom. Herausgegeben von Georg Neumayer. Hamburg 1889. VII. 24 S. 8°.

—— über die Verhandlungen der Commission zur Feststellung einer einheitlichen Methode der Gerbstoffbestimmung, geführt am 10. Novbr. 1883 zu Berlin. Redaction und Einleitung über die bisher. Verfahren der quantitativen Bestimmung des Gerbstoffs von C. Councler. Nebst einer krit. Orig.-Untersuchung über die Löwenthal'sche Methode von J. v. Schroeder. gr. 8. (IV, 79 S.) Kassel 885, Fischer.

Bericht über die Verhandlungen der Commission für die Revision der Vorschläge, betreffend die Ausführung der Gewerbestatistik im Deutschen Reiche. Berlin. 1875. Siehe in: Zeitschrift des Königlich Preussischen Statistischen Bureaus. Jg. 15. 4°.

BERICHT ÜBER DIE VERHANDLUNGEN der Commissionen des Thüringer Wald-Vereins in Erfurt am 17. und 18. März 1883. (Ohne bes. Titelblatt. Eisenach. — Hofbuchdruckerei.) 8°.

— über die Verhandlungen der vom 30. Septbr. bis 7. Octbr. 1867 zu Berlin abgehaltenen allgemeinen Conferenz der europäischen Gradmessung. Red. auf Grund der stenograph. Aufzeichnungen im Auftrage der permanenten Commission von C. Bruhns, W. Förster, A. Hirsch. Zugleich als General-Bericht für 1867 herausg. vom Centralbureau der europ. Gradmessung. Berlin 868. G. Reimer in Comm. 4. (61 S.) n. 1 ⅔ 10 ngr.

—— über die Verhandlungen der vom 21. bis 30. Septbr. 1871 zu Wien abgehaltenen dritten allgemeinen Conferenz der Europäischen Gradmessung. Redig. auf Grund der stenograph. Aufzeichnungen im Auftrage der permanenten Commission von C. Bruhns und A. Hirsch. Zugleich als Generalbericht für 1871 hrsg. vom Central-Büreau der Europ. Gradmessung. gr. 4. (136 S. mit 8 lithogr. Karten in gr. 4. und qu. Fol.) Ebendas. 872.

—— der 1874 in Dresden abgehaltenen 4. allgemeinen Conferenz der Europäischen Gradmessung. Redig. auf Grund der stenograph. Aufzeichnungen im Auftrage der permanenten Commission von C. Bruhns u. A. Hirsch. (Mit 6 Stnt. in gr. 4 u. qu.-gr.-Fol.) Berlin 1875.
A. u. d. T.: Generalbericht ü. d. europ. Gradmessung f. d. J. 1874.

— über die Verhandlungen der X. allgemeinen lutherischen Konferenz in Lund vom 3.—6. IX. 1901. Im Auftrage des Ortsausschusses hrsg. v. Otto Ahnfelt. 8. (III, 267 S.) Stockholm (902). P. A. Norstedt & Söner. n.n. 2. —

— üb. d. Verhandlgn d. allg. luther. Konferenz, Fortsetzg, s.: Konferenz.

— über die Verhandlungen der deutsch-niederländischen Conferenz evangelischer Prediger u. Gemeindeglieder, welche, im Anschluss an die 300jähr. Säcularfeier der Emdener Synode, am 3. u. 4. Octbr. 1871 zu Emden abgehalten wurde. Abgestattet vom Secretariate. gr. 8. (IX, 135 S.) Emden 872. Haynel. n. 2. 50

— üb. d. Verhandlgn d. Conferenz d. norddeut. Grossmeister d. I. O. O. F., Leipzig 1897. 8° (42) Lpzg 97, T Leibing. — 60

Bericht über die Verhandlungen in der Konferenz des Hauptverbandes deutscher gewerblicher Genossenschaften mit Vertretern der deutschen Handwerks- und Gewerbekammern, abgeh. am 13. u. 14. Mai 1904, zu Berlin ... (Berlin: Hauptverband 1904.) (68 S.) 8° [F.] 07. 359

— üb. d. Verhandlgn d. 1. internat. Konferenz christl. Gewerkschaftsführer, hrsg. v. A Stegerwald, s.a. Schriften d. Ges.-Verb. d. christl. Gewerksch.

Bericht über die Verhandlungen der 1. internationalen Konferenz christl. Gewerkschaftsführer. Hrsg. durch d. internationale Sekretariat d. christlichen Gewerkschaften. ⟨A. *Stegerwald.*⟩ Cöln 1908. 8°.
1. vom 2.—5. Aug. 1908 in Zürich. 1908.
[Nebst:] Rapport sur les délibérations . . .
Verslag van de handelingen . . .

III. Konferenz schweizerischer Obstbaulehrer und Kursleiter, 2. und 3. März 1901... in Wädensweil. Bericht über die Verhandlungen. Sonder-Abdruck aus der «Schweizerischen Zeitschrift für Obst- und Weinbau 1901.» 32 S. 8. Frauenfeld, Huber & Co., 1901.

Bericht über die Verhandlungen der 17. Konferenz der Vorstände der preußischen Landwirtschaftskammern zu Altona am 27. Mai 1905. Charlottenburg. (1905.) 8°

—— über die Verhandlungen des Allgemeinen Deutschen Kongresses zur Förderung überseeischer Interessen in Berlin vom 13. bis 16. Septbr. 1886. Hrsg. von der Schriftleitung. Fol. (88 S.) Berlin 886, (F. Luckhardt.) *

—— üb. d. Verhandlgn d. 1. Congresses d. gewerbtreib. Bäcker Deutschlands am 11—14. Oktbr. 1874 zu Berlin. 8. (76) Berl. 74. (Lpzg, Friese.) n. 1. 50

Bericht über die Verhandlungen des 11. Congresses zu Berlin am 18. u. 19. Febr. 1880. gr. 8. (III, 132 u. XVI S.) Berlin 880. Verlagshandlung (F. Graf Behr). n. 1. 60

—— üb. d. Verhandlgn d. 1. ev.-soz. Kongresses, abgeh. zu Berlin v. 27. bis z. 29. Mai 1890. 8. Berl. 90, Vaterländ. Verl.-Anst. H Oberwinder. n. 2. —

— üb. d. Verhandlgn d. 2. ev.-soz. Kongresses, 1891. 8° (140) Berl. 91, Vaterländ. Verl.-Anst. 1.50

— dass. 3. Kongress, Berlin 1892. 8° (128) Berl. 92, Rehtwisch & L. 1.50 || 4. Kongress, Berlin 1893. (132) 93. 1.50 || 5. Kongress, Frankfurt a. M. 1894. (190) 94. 2.50

— dass. 6. Kongress, Erfurt 1895. 8° (148) Berl. 95, KG Wiegandt. 2 —

— üb. d. Verhandlgn d. 7. evangel.-soz. Kongresses, Stuttgart 1896. 8° (163) Berl. 96, Carlsh., H Friedrich. 2 —

— über die Verhandlungen des VIII. Kongresses der deutschen dermatologischen Gesellschaft in Sarajevo vom 21.—23. IX. 1903. (VII, 95 S.) Lex.-8. Wien 904. W. Braumüller. n. 2. 50
Sonderabdruck aus: „Archiv f. Dermatologie u. Syphilis".

— üb. d. Verhandlgn d. Kongr. d. deut. dermatolog. Gesellsch., Fortsetzg, s.: Verhandlungen d. deut. dermatolog. Gesellsch.

— über die Verhandlungen des 1. Congresses f. Handelsgeographie u. Förderung deutscher Interessen im Auslande, geh. in Berlin am 26., 27. u. 28. Octbr. 1880. gr. 4. (IV, 40 S) Berlin 880. Leipzig, Friese in Comm. n. 2. —

—— über die Verhandlungen des ersten Congresses für Handelsgeographie und Förderung deutscher Interessen im Auslande, gehalten in Berlin am 26., 27. und 28. Octbr. 1880. gr. 4. (IV, 40 S.) Berlin 880, Walther und Apolant. *

(Rundschreiben.) Deutscher Handelstag. — An die Mitglieder des Deutschen Handelstages ... BERICHT ÜBER DIE VERHANDLUNGEN DES »INTERNATIONALEN CONGRESSES FÜR HANDELSRECHT« zu Antwerpen, betreffend das Seerecht. (Ohne bes. Titelblatt. — Berlin, Druck von Liebheit & Thiesen.) 4°.

—— über die Verhandlungen des 1—22. Congresses Deutscher Landwirthe zu Berlin ... erstattet vom Generalsecretär. Berlin 1872—92. gr. 8.

—— über die Verhandlungen des 10. Congresses deutscher Landwirthe zu Berlin, am 24. und 25. Febr. 1879. Auf Grund der stenograph. Aufzeichnungen erstattet vom Bureau des Ausschusses. gr. 8. (XVI, 160 S.) Berlin 879, Verlagsb. (F. Graf Behr). *

—— über die Verhandlungen des 11. Congresses deutscher Landwirthe zu Berlin am 18. und 19. Febr. 1880. Auf Grund der stenogr. Aufzeichnungen erstattet vom Bureau des Ausschusses. gr. 8. (III, 132 und XVI S.) Berlin 880, Verlagshandlung (F. Graf Behr). *

— über die Verhandlungen d. 18. Congresses deutscher Landwirthe zu Berlin am 1. u. 2. März 1887. Auf Grund der stenograph. Aufzeichngn. erstattet vom Bureau d. Ausschusses. gr. 8. (VI, 207 S.) Charlottenburg 887. (Allg. Verlags-Agentur.) n. 2. —

—— dass. — des 19. Congresses deutscher Landwirthe zu Berlin am 21. Febr. 1888. Auf Grund der stenograph. Aufzeichnungen erstattet vom Bureau des Ausschusses. gr. 8. (III, 124 S.) Ebendas. 888. *

— dasselbe, 20. Congreß, am 26. Febr. 1889. gr. 8. (III, 136 S.) Ebd. 889. r. 2. —

— dasselbe, 21. Congreß, am 25. Febr. 1890. gr. 8. (IV, 139 S.) Ebd. 890. n. 2. —

— über die Verhandlungen des 22. Congresses deutscher Landwirthe zu Berlin am 17. Febr. 1891. Auf Grund der stenograph. Aufzeichngn. erstattet vom Bureau des Ausschusses. gr. 8. (III, 184 S.) Berlin 892. (Charlottenburg, Allg. Verlags-Agentur.) n. 2. —

—— über die Verhandlungen des zweiten Kongresses norddeutscher Landwirthe zu Berlin vom 8.—13. Febr. 1869 im Auftrage des geschäftsführenden Ausschusses erstattet durch H. Schumacher. gr. 8. (III, 180 S.) Berlin 869, Moeser. *

—— über die Verhandlungen des 2.—3. Kongresses Norddeutscher Landwirthe zu Berlin im Auftrage ... erstattet durch H. Schumacher. Berlin 1869—70.

— über die Verhandlungen d. IV. Kongresses f. innere Medicin, abgeh. vom 8—11. Apr. 1885 zu Wiesbaden. [Beilage zum Centralbl. f. klin. Med.] gr. 8. (68 S.) Leipzig 885. Breitkopf & Härtel. n. 1. 60

—— dass. — des V. Kongresses für innere Medicin, abgehalten vom 14.—17. April 1886 zu Wiesbaden. [Gratisbeilage zum Centralblatt für klin. Medicin, 1886, Nr. 25.] gr. 8. (82 S.) Ebendas.

—— dass. — des VI. Kongresses für innere Medicin, abgehalten vom 13.—16. April 1887 zu Wiesbaden. [Gratisbeilage zum Centralblatt für klin. Medicin, 1887, Nr. 24.] gr. 8. (73 S.) Ebendas.

—— dass. — des VII. Kongresses für innere Medicin, abgehalten vom 9.—12. April 1888 zu Wiesbaden. [Gratisbeilage zum Centralblatt für klin. Medicin, 1888, Nr. 25.] gr. 8. (94 S.) Ebendas.

—— über die Verhandlungen des VIII., IX., X., XI. Kongresses für innere Medizin. [Gratisbeilage zum Centralblatt für klin. Medizin.] 8. (68; 85; 98; 77 S.) Lpz. 889—92, Breitkopf u. Härtel. — —

— üb. d. Verhandlgn. d. schweiz. Kongresses f. d. Interessen d. Frau, abgeh. i. Genf i. Septbr. 1896. Red. v. Sekretair d. Kommission f. d. Förderg. d. Interessen d. Frau. — Actes du congrès suisse des intérêts féminins. gr. 8. (VI, VIII, 253 S.) Bern 897. Steiger. 3. —

— üb. d. Verhandlgn d. schweiz. Kongr. f. d. Interessen d. Frau, Genf 1896. Red. v. Sekretariat d. Kommission f. d. Förderg d. Interessen d. Frau. — Actes du congrès suisse des intérêts féminins. 8° (253) Bern 97, C Sturzenegger. 3 —

— üb. d. Verhandlgn auf d. 3. Congress d. „Verbandes deut. Okkultisten", München 1898. (72) 8° Bitterf. (1899). (Schmiedebg, FE Baumann.) 1 —
Der Bericht üb. d. 3. Congress ist nicht im Handel. — Weitere Berichte sind nicht bei B. erschienen.

(Bericht) Verhandl.d.Kongress.dtscherVolkswirte 3.4.5.16.19. Berlin u a O. 1860-62.76.80

— über die Verhandlungen d. 12. Kongresses deutscher Volkswirthe in Lübeck am 28., 29., 30. u. 31. August 1871. Im Auftrag der ständ. Deputation erstattet durch W. Wackernagel. gr. 8. (180 S.) Berlin 872. Herbig. n. 3. —

— über die Verhandlungen d. 14. Kongresses deutscher Volkswirthe in Wien am 11., 12., 13. u. 14. August 1873. Im Auftrage der ständ. Deputation hrsg durch. W. Wackernagel. gr. 8. (220 S.) Berlin 873. Simion. n. 3. —

—— über die Verhandlungen des 15. Kongresses deutscher Volkswirthe in Crefeld am 17., 18. und 19. Aug. 1874. Im Auftrage der ständ. Deputation hrsg. von W. Wackernagel. gr. 8. (168 S) Berlin 874, Simion. *

—— über die Verhandlungen des 16. Kongresses deutscher Volkswirthe in München am 1., 2. und 3. Septbr. 1875. Im Auftrage der ständ. Deputation hrsg. von Alex. Dorn. gr. 8. (218 S.) Berlin 875, Simion. *

— über die Verhandlungen des 17. Kongresses deutscher Volkswirthe in Bremen am 25., 26. u. 28. Septbr. 1876. Im Auftrage der ständ. Deputation hrsg. durch W. Wackernagel. gr. 8. (IV, 208 S.) Berlin 876. Simion. n. 3. —

—— über die Verhandlungen des 18. Kongresses deutscher Volkswirthe in Posen am 2., 3., 4. und 5. Septbr. 1878. Im Auftrage der ständ. Deputation hrsg. durch W. Wackernagel. gr. 8. (IV, 164 S.) Ebendas. 878. *

Bericht über die Verhandlungen des 19. Kongresses deutscher Volkswirthe in Berlin am 21., 22. u. 23. Oktober 1880. Im Auftrage der ständ. Deputation hrsg. durch M. Broemel. gr. 8. (IV, 214 S.) Berlin 880. Simion. n. 3. —

—— über die Verhandlungen des 20. Kongresses deutscher Volkswirthe in Mannheim am 18., 19. und 20. Septbr. 1882. Im Auftrage der ständ. Deputation hrsg. durch M. Broemel. gr. 8. (IV, 239 S.) Ebendas. 882. *

—— über die Verhandlungen des 21. Kongresses deutscher Volkswirthe in Königsberg i. Pr. am 20., 21. und 22. Septbr. 1883. Im Auftrage der ständ. Deputation hrsg. von M. Broemel. gr. 8. (IV, 219 S.) Ebendas. 883. *

—— über die Verhandlungen des 22. Kongresses deutscher Volkswirthe in Nürnberg am 20., 21. und 22. Septbr. 1885. Im Auftrage der ständ. Deputation hrsg. von M. Broemel. gr. 8. (IV, 150 S.) Berlin 885, Simion. *

Bericht über die Verhandlungen des I. und II. Kongresses österreichischer Volkswirte 1875 und 77. (Schriften d. Ges. österreichischer Volkswirte) Wien 1875. 78

Bericht über die Verhandlungen des Congresses des deutschen Weinbauvereins zu Creuznach a/Nahe im September 1876. Nach den stenographischen Aufzeichnungen bearb. von H(einrich) W(ilhelm) Dahlen. Heidelberg: Winter (1877). 38 S. Aus: Annalen der Oenologie.

Bericht über die Verhandlungen der 14. und der 16. Kreisturnratssitzung 16. u. 17. 4. 1899 und über die 6. u. die 7. Gauturnwartsversammlung 17. u. 18. 4. 1889 in Dresden, Leipzig, 8°. 2 Bde.

—— üb. d. Verhandl. d. 1. Landeskirchenvers. Augsb. Bek. in Siebenb. 1861. 8. (32) Hermannst. 61, Schmiedicke. — 4

— über die Verhandlungen der ersten Landeskirchenversammlung Augsburger Bekenntnisses in Siebenbürgen, vom 12. bis 22. April 1861. Hermannstadt, Steinhaußen. 8. (32 S.) 4 ngr.

Bericht über die Verhandlungen der Lauenburgischen Landes-Versammlung zu Ratzeburg. Hrgg. auf Beschluss der Landes-Versammlung durch Julius Bärens. 4°.

—— über die Verhandlungen des Deutschen Landwirthschaftsrathes. Versammlung 1—14 [u. ff.] Berlin 1872—90. gr. 8.

—— über die Verhandlungen des ersten deutsch-österreichischen Lehrertages am 11., 12. und 13. Aug. 1884 in Troppau und die damit verbundene Lehrmittel-Ausstellung. Zusammengestellt vom Redactions-Comité des Lehrertages. gr. 8. (IV, 196 S.) Troppau 884, (Zenker.) *

Evangelisch-rhätische Synode. Bericht über die Verhandlungen in Maienfeld. Vom 25. bis 29. Juni 1903. 15 S. 8. Chur, Sprecher & Valer, 1903.

Wien, Internationaler Meteorologen-Congress, Bericht über die Verhandlungen des —. 2.—16. Sept. 1873. Protokolle und Beilagen. Wien 1873.
— — Zwei Beilagen zum Protokoll der 2. Sitzung des —. Geschäftsordnung und Programm der Verhandlungen.

Bericht über die Verhandlungen des internationalen Meteorologen-Congresses zu Wien. Protokolle und Beilagen. Lex.-8. (VI, 114 S.) Wien 874, Braumüller.

—— über die Verhandlungen der Meteorologen-Versammlung zu Leipzig. Protokolle und Beilagen. hoch 4. (31 S., Beilagen 39 S.) Wien 872. (Leipzig, Engelmann.) *

[Bericht.] Verein zur Wahrung gemeinsamer Wirtschaftsinteressen der deutschen Elektrotechnik. Bericht über die Verhandlungen der Mitgliederversammlung am 17. Dez. 1908 in Berlin. Berlin 1909. 8°.
(Veröffentlichungen d. Ver. z. Wahrung gemeinsamer Wirtschaftsinteressen d. deutschen Elektrotechnik. Nr 12.)

BERICHT ÜBER DIE VERHANDLUNGEN . . . DES ALLGEMEINEN DEUTSCHEN NEUPHILOLOGENVERBANDES (A. D. N. V.) . . .
. . . der XIV.[1]) Tagung . . . in Zürich vom 16.—19. Mai 1910. Herausgegeben vom Vorstande des Allgemeinen Deutschen Neuphilologen-Verbandes. Hannover-List, Berlin 1911. Verlag von Carl Meyer (Gustav Prior).

— üb. d. Verhandlgn d. 9. Obstbau-Vortragskurses d. Landwirtschaftskammer f. d. Prov. Brandenburg, s: Arbeiten d. Landwirtschaftskammer f. d. Prov. Brandenburg.

— dasselbe der Logen des Distrikts Württemberg in Stuttgart-Cannstatt am 22. V. 1904. (28 S.) 8. Ebd. 904. n. — 30

— über die Verhandlungen des ersten Odd-Fellow-Tages der Logen des Distrikts Hannover in Hannover am 24. IX. 1904. (20 S.) 8. Leipzig 905. Th. Leibing. n. — 30

— über die Verhandlungen des II. Odd-Fellow-Tages der Logen des Distrikts Hannover in Hildesheim am 8. IX. 1907. (27 S.) 8. Leipzig 908. Th. Leibing. — 30

— üb. d. Verhandlgn d. IX. deut. Odd-Fellow-Tages, Nürnberg 1896. 8° (83) Lpzg 96, T Leibing. — 60 || X. Tag. Greiz 1898. (90) 98. — 50

— üb. d. Verhandlgn d. IX. internat. Ophthalmologen-Congresses. Erstattet v. Junius, Kuhnt, Pfalz, s.: Zeitschrift f. Augenheilkde.

Bericht über die V e r h a n d l u n g e n des Parteitages der deutschen Sozialdemokratie. Abgehalten zu Schönewegen bei St. Gallen vom 2. - 6. Oct. 1887.

— üb. d. Verhandlgn d. 20. Parteitages d. deut. Volkspartei, s.: Flugschriften d. deut. Volkspartei.

Bericht über die Verhandlungen des Amerikanisch-Deutschen Priesterverein: Nos. 1 4. 1887 1890?
Title varies: Bericht über die Verhandlungen der General-Versammlung, 1888? 1890? Report for 1887 has „Beilage". Pittsburgh, PA

— üb. die Verhandlungen d. ersten Provinzial-Lehrer-Tages der höheren Unterrichtsanstalten der Prov. Preußen, geh. zu Königsberg am 6. u. 7. Oktbr. 1872. Hrsg. von dem Vorstande d. Vereins v. Lehrern höherer Unterrichtsanstalten der Prov. Preußen. 8. (37 S.) Tilsit 872. Loesch. n. — 50

Bericht über die Verhandlungen d. 1. ff. Preußischen Richtertages 1909 ff. Hannover [u. a.] 1909 ff. 8°
1. [v. 3. u. 4. April] 1909.
2. v. 17. Mai 1910.
3. v. 27. u. 28. Mai 1912.
4. v. 1./2. Juni 1914.

Evangelisch-rätische Synode. Bericht über die Verhandlungen in St. Moritz. Vom 26. bis 30. Juni 1902. 14 S. 8. Chur, Sprecher & Valer, 1902.

Bericht über die Verhandlungen der zürcher. Schulsynode von 1884. In-8°, 232 S. Zürich, Druck von Aschmann & Bollmann. 1885?

Zürcherische Schulsynode. Bericht über die Verhandlungen.... 8.
... von 1901 (nebst Geschäftsbericht der Erziehungsdirektion pro 1900 und Statistischem Jahresbericht für das Schuljahr 1900/1901). 107 + 141 S. Wetzikon, Aktienbuchdr., 1901.
... von 1902. ([Anhang:] Geschäftsbericht — — pro 1901 und Statistischer Jahresbericht — — 1900-1901 ⟨Stand 1. Mai 1901⟩.) [Mit Porträt-Tafel.] 176 + 127 S. Wädensweil, J. Baumann, 1902.

— über die Verhandlungen der gynäkologischen Sektion auf der 56. Versammlung deutscher Naturforscher u. Aerzte in Freiburg i/Br. Von M. Gräfe. [Aus: „Centralbl. f. Gynäkol."] gr. 8. (32 S. m. 2 eingedr. Holzschn.) Leipzig 883. Breitkopf & Härtel. n. 1. —

BERICHT ÜBER DIE VERHANDLUNGEN DER SECTION FÜR PHILOSOPHIE (am 29. August 1877). (Ohne besonderes Titelblatt.) 8°.

— über die Verhandlungen der Section f. Volkswirthschaft d. internationalen land- und forstwirthschaftlichen Congresses zu Wien im Septbr. 1890. Lex.-8. (119 S.) Wien 890. (W. Frick.) 3. —

Bericht über die V e r h a n d l u n g e n der Section für Weinbau auf der 16. Sectionsversammlung der Wein-und Obstproducenten des südwestlichen Deutschlands in Trier vom 28. - 30 September. (Hrsg.) von Georg David. Heidelberg: Winter 1875. 60 S.

BERICHT über die Verhandlungen in der erweiterten Sitzung des Ausschusses für die Errichtung einer Reichshandelsstelle vom 7. Januar 1901 zu Berlin im Palasthotel. Berlin 1901. Druck von Hermann Klokow. 8°.

Bericht über die Verhandlungen (08 ff.: Bericht) der Kaiserl. Livländischen Gemeinnützigen u. Ökonomischen Sozietät u. d. Liv-Estländ. Bureau f. Landeskultur. 1898—1900. 1902—11. o. O. 1898—1911.

— üb. d. Verhandlgn d. kais. livländ. gemeinnütz. u. oekonom. Sozietät in d. J. 1898 u. 99. 8° (160) Jurjew-Dorp. 1900. (Berl., Puttkammer & M.) 4 —

— üb. d. Verhandlgn d. kais. livländ. gemeinnütz. u. oekonom. Sozietät in d. J. 1900, '02 u. '03. 8° Jurj. (Dorp.). (Berl., Puttkammer & M.) 9 —
1900. (108) '01. 2 — ‖ '02. Im Anh.: Synopt. Tab. d. tägl. Niederschläge im J. 1900. (180 u. 58) 03. 4 — ‖ '03. Im Anh.: Bericht üb. d. Ergebn. d. Beobachtgn f. d. liv-estländ. Regenstationennetz (15jähr. Mittelwerte 1886—1900). (87 u. 47 m. 2 Kartentaf.) '04. 3 —
Der Bericht f. 1901 war nicht zu erhalten.

— üb. d. Verhandlgn d. kais. livländ. gemeinnütz. u. ökonom. Sozietät in d. J. 04—6. Lex 8° Jurj. (Dorpat). (Berl., Puttkammer & M.) 8 —
'04. (200 m. 2 Taf.) '05. 4 — ‖ '05. (108) (06.) 2 — ‖ '06. (181) ('07.) 2 —

Bericht über die Verhandlungen der allgemeinen Stände-Versammlung des Königsreichs Hannover im Jahre 1830. Von einem ständischen Deputirten. Luneburg 1831. V: *Stüve, Joh. Carl Bertram.* (Löwe, Bibliogr. der Hannov. u. Braunschw. Gesch. Hann. 1908. S. 143.)

Bericht über die Verhandlungen der vereinigten Ständeversammlung der Herzogthümer Schleswig-Holstein. [Georg Karl] Müller, [Georg] Löck, erwählte Redacteure. Rendsburg. 1848. Mit Beilagen (Heft 1—2.) 4°.

— über die Verhandlungen des am 20., 21. u. 22. Juli 1878 zu Berlin abgeh. ersten Stenographen-Tages der W. Stolze'schen Schule der Stenographie, erstattet von dem Präsidium desselben. 8. (738.) Berlin 878. (Kühl.) n.n. — 25

— über die Verhandlungen des II. allgemeinen deutschen Stenografentag in Frankfurt a/M. gr. 8. (20 S. in stenogr. Schrift.) Wien 879. Hölder in Comm. n. 1. 20

— über die Verhandlungen des christlichen Studentenkongresses, abgeh. zu Frankfurt a/M. am 18. u. 19. Mai 1894, m. den Vorträgen: Über die praktischen Ziele d. Kongresses. Von H. Cremer. Über die Sittlichkeit. Von H. Bauer. Das akademische Studium u. der Kampf um die Weltanschauung. Von M. Reischle. Der Student im Verkehr m. den verschiedenen Volkskreisen. Von Fr. Naumann. gr. 8. (IV, 104 S.) Göttingen 894. Vandenhoeck & Ruprecht. n. 1. 40

Bericht über die Verhandlungen der außerordentlichen Synode für die evangelischen Gemeinden des Konsistorialbez. Kassel. Erstattet von J. Lucius und H. Leuß. gr. 8. (116 S.) Kassel 885, Klaunig. *

— üb. d. Verhandlgn d. Tagg v. Hochschullehrern z. Beratg üb. volkstüml. Hochschulvorträge im deut. Sprachgeb. (2. deut. Volkshochschultag), Berlin 06. Veranstaltet v. Verb. f. volkstüml. Kurse v. Hochschullehrern d. Deut. Reichs u. v. Ausschusse f. volkstüml. Univ.-Vorträge an d. Wiener Univ. (116) Lex 8° Lpzg, BG Teubner'06. 3 —
Fortsetzg s. u. d. T.: Bericht üb. d. Verhandlgn d. 3. deut. Volkshochschultages.

— üb. d. Verhandlgn d. Tagg f. volkstüml. Hochschulvorträge im deut. Sprachgeb. (1. deut. Volkshochschultag), Wien '04. Veranstaltet v. Ausschusse f. volkstüml. Univ.-Vortr. an d. Wiener Univ. u. v. Verbande f. volkstüml. Kurse v. Hochschullehrern d. Deut. Reichs. (98) 8° Lpzg, BG Teubner 05. 2,50

— üb. die Verhandlungen der XIII. Tagung des allgem. dtschn. Neuphilologen-Verbandes (A.D.N.V.) zu Hannover vom 8. bis 12. VI. 1908. Hrsg. vom Vorstande des allgem. dtschn. Neuphilologen-Verbandes. (VII, 188 S.) gr. 8. Hannover 909. C. Meyer. 3. —
Vgl.: Verhandlungen d. 12. deut. Neuphilologentages.

— über die Verhandlungen d. 5. internationalen Thierschutz-Congresses in Zürich vom 2. bis 6. Aug. 1869. gr. 8. (IV, 180 S.) Zürich 871. (Herzog.) 2. —

—— üb. d. Verhandl. in d. Untersuchungss. wid. d. Dr. Ladendorf u. Gen. weg. Hochverrath. 8. (364) Berl. 54, Hayn's E. 1. 15

— üb. d. Verhandlgn d. Verbandes deut. Bahnärzte, Köln 1898. 8° (52) Nürnbg 98, F Weigel. 1,20
Fortsetzg s. u. d. T.: Protokoll d. Verhandlgn d. Versammlg deut. Bahnärzte.

— üb. d. Verhandlgn d. 5. Verbandstages deut. Bahnärzte, München '02. (187) 8° Nürnbg, F Weigel Nf. ('03). 2 —
Bisher u. d. T.: Protokoll üb. d. Verhandlgn d. Versammlg deut. Bahnärzte.

Bericht über die Verhandlungen des 12 Verbandstages der landwirtschaftlichen Genossenschaften in Westpreussen zu Marienburg am 7. Juni 1901. Berlin 1901.

Bericht über die Verhandlungen des ordentlichen Verbandstages zu Stettin und Jahresbericht des Molkereiverbandes der Provinz Pommern. 13,1903 - 15,1905. Stettin 1903-05. DGK

Bericht über die Verhandlungen des 16. ordentlichen Verbandstages des Verbandes der landwirtschaftlichen Genossenschaften der Provinz Brandenburg (e.V.) 15,1910 - 16,1911. Berlin 1910-11. DGK

Bericht über die Verhandlungen auf dem Verbandstage des Verbandes ländlicher Genossenschaften (Raiffeisenscher Organisation) für Brandenburg, Pommern und beide Mecklenburg, e.V. 1,1906. 2,1907. 5,1910. Neuwied: Landw. Zentral-Darlehnskasse für Deutschland 1906-10. DGK

Bericht über die Verhandlungen des 38. Verbandstages des Verbandes landwirtschaftlicher Genossenschaften für Ostpreußen in Cranz am 12. und 13. September 1909. Insterburg 1910.

Bericht über die Verhandlungen des 18. Verbandsturntages des Landesverbandes der Turnvereine in Elsaß-Lothringen, am 28. 3. 1909 in Straßburg. Straßburg i. E. 1909, 40 S., 8°.

BERICHT ÜBER DIE VERHANDLUNGEN DES ACADEMISCHEN NATURWISSENSCHAFTLICHEN VEREINS ZU BRESLAU während der Jahre 1850 und 1851. Breslau 1852. Druck von Robert Nischkowsky. 8°.

Bericht üb. die Verhandlungen d. baltischen Vereins für Förderung d. Landwirthschaft. 1838, 41, 44, 45/46, 48 (5 Vol.). Greifsw. (1845/48 Anclam) 1840-49. 1848 4°.
(1838 = 1. Versammlung, 1841 = 3. do., 1844 = 1844/45 1. Hälfte = H. 6, 1845/46 = H. 8).

—— über d. Verhandlungen d. Baltischen Vereins f. Förderung d. Landwirthschaft in d. ersten Versamml. zu Greifswald am 6. u. 7. Aug. 1838, u. währ. dess. zweiter u. dritter Versamml. im Sommer 1840 u. 1841. gr. 8. Greifswald, Koch. [1. (7½ B.) 840. * ½ Thlr., 2. (11¾ B.) 841. * 1 Thlr., 3. (8 B.) 842. * ⅔ Thlr.] *
1. Bericht bearb. u. hrsg. v. Friedr. G. Schulze, 2. u. 3., v. H. W. Pabst u. C. Grebe.

—— üb. die Verhandlungen d. baltischen Vereins für Förderung d. Landwirthschaft (4—6. Jahrg.) Hrsg. von dem Vorstande des baltischen Vereins. gr. 8. Greifswald, [Kochs Vrlsbuchh.] *
Jahrg. 4. Versammlungen im Sommer 1842 u. 1843. Bearb. v. H. W. Pabst u. C. Grebe. (7⅛ B.) 843. * 20 Ngr.
5. Versammlungen im Sommer 1843 u. 1844. Bearb. von Hugo Schober. (10¼ B. u. 1 Stnt.) 844. * 1 Thlr.
6. Versammlungen im Sommer 1844 u. 1845. 2 Hlftn. Bearb. v. Hugo Schober. [1. Hlfte. (10¾ B.) * 25 Ngr., 2. (5⅝ B.) 845. * 15 Ngr.] * 1 Thlr. 10 Ngr.

— ders. über die Verhandlungen rc. d. J. 1845/1846. Neu bearb. v. H. Schober. (Verhandl. rc. 8. Hft.) gr. 8. Anclam 846, Dietze. n. 1 ₰

Bericht über d. Verhandl. d. deut. Vereins f. Armenpflege u. Wohlthätigkeit am 5. u. 6. Oktbr. 1883 zu Dresden. Berlin 884.

— über die Verhandlungen des Vereins f. das Fortbildungsschulwesen in Elmshorn am 21. u. 22. IV. 1908. (26 S.) gr. 8. Kiel (908). Lipsius & Tischer. — 60

— dasselbe Schleswig-Holsteins auf der Haupt-Versammlung in Husum am Dienstag, den 13. u. Mittwoch, den 14. IV. 1909. (29 S.) gr. 8. Ebd. (909.) — 60

Bericht üb. d. Verhandlgn d. Ver. f. d. Fortbildungsschulwesen Schleswig-H.'s auf d. Haupt-Versammlg '10 u. '11. gr8° Kiel, Lipsius & T.
'10. Hohenwestedt. (53) ('10) 1.20 ‖ '11. Bad Oldesloe. (88) ('11) 1.60

— über die Verhandlungen der Vereinigung der Steuer- u. Wirthschafts-Reformer zu Berlin am 22., 23., 24. Febr. 1876, erstattet vom Büreau d. Ausschusses. Als Anh.: Verzeichniß der Mitglieder. gr. 8. (57 u. Anh. XIV S.) Berlin 876. Niendorf. 1. -

—— üb. d. Verhandlungen d. Vereinigg d. Steuer- u. Wirthschafts-Reformer zu Berlin 1876—1879. 8. (à ca. 120) Berl. 76—79. Verlagsh. (F Graf Behr). à 1. — ‖ 1880. (200) 80. n. 1. 50

Vereinigung deutscher landwirtschaftlicher Genossenschaften. Bericht über die Verhandlungen der Allgemeinen Vereinstage. Darmstadt, Offenbach 1887-93.

— über die Verhandlungen des 1. Vereinstages der deutschen Arbeitervereine abgehalten zu Frankfurt a. M. am 7. u. 8. Juni 1863. Veröffentlicht vom Ausschusse des Vereinstages. Frankfurt a. M. 863. (Boselli.) 8. (43 S.) 5 ngr

— über die Verhandlungen der allgemeinen Versammlung sächsischer Landwirthe zu Dresden, am 13. u. 14. März 1854. Herausg. vom landwirthschaftlichen Kreisverein zu Dresden. Dresden 854. Schönfeld. 8. (VI, 156 S.) n. 10 ngr

— über die Verhandlungen der 2. allgemeinen Versammlung sächsischer Landwirthe zu Bautzen am 15. und 16. Octbr. 1855. Herausg. vom landwirthschaftlichen Kreisverein für das Königl. Sächs. Markgrafenth. Oberlausitz. Ebend. 856. 8. (VIII, 256 S. u. 4 Tab. in Fol.) n. 20 ngr

— über die Verhandlungen der XIII. allgemeinen Versammlung deutscher Pomologen u. Obstzüchter u. des deutschen Pomologen-Vereins in Breslau vom 28. bis 30. Septbr. 1893. Erstattet v. F. Späth. gr. 8. (462 S.) Bochum 894. (Stuttgart, E. Ulmer.) n. 4. -

— üb. d. Verhandlgn. d. XIV. allgem. Versammlg. deutscher Pomologen u. Obstzüchter u. d. deutschen Pomologen-Vereins i. Kassel v. 1.—3. X. 1896. A. Gr. d. stenogr. Berichtes erstatt. v. K. Wissenbach. gr. 8. (III, 800 S. m. Abb.) Nebst Beilage: D. Normal-Sortiment d. Kern- u. Stein-Obstes, sow. d. Stachel- u. Johannis-Beeren, m. Uebersicht, in welchen Lokal-Normal-Sortimenten 20 verschied. Obstbaudistrikte Deutschlands d. v. deutschen Pomologen-Verein z. allgem. Anbau empfohl. Kernobst-Sorten enthalten sind. (39 S.) Ludwigsburg 897. (Stuttgart, E. Ulmer.) n. 2. 50

Bericht über die Verhandlungen der Versammlung württ. Gemeindevertreter, abgehalten **am** 19. Okt. 1902 in Stuttgart zum Zweck der Stellungnahme zu dem Entwurf **einer neuen** Gemeinde-Ordnung. Veröffentlicht vom Stadtschultheissenamt Stuttgart. Stuttgart: Neues Tagblatt (Nov.) 1902. Kaps.

—— über die Verhandlungen der 6. Versammlung der wirthschaftlichen Gesellschaft für das nordwestliche Deutschland, abgehalten in Oldenburg den 15. und 16. Mai 1865. gr. 8. (128 S. mit 1 Tab. in 4.) Oldenburg 865, Schulze'sche Buchh.

Bericht über die Verhandlungen in der Versammlung deutscher Gewerbetreibender in Leipzig am 7. Oct. 1844. 4°. Leipzig 1844.

Bericht über die Verhandlungen in der 3., (u.) 4. Versammlung deutscher Gewerbtreibender in Leipzig ... 1845. Leipzig 1845. Fol.

BERICHT ÜBER DIE VERHANDLUNGEN DER ERSTEN VERSAMMLUNG DES VOLKSWIRTHSCHAFTLICHEN CONGRESSES zu Gotha vom 20. bis 23. September 1858. (Offizielles Protokoll der Sitzungen.) enthalten in: Der Arbeitgeber. Centralorgan für die Arbeiter und Unternehmer aller Stände. ... Herausgegeben von MAX WIRTH. Frankfurt a. M. 1858. Beilage zu № 107 ff. fol.

— üb. d. Verhandlgn. d. XXIV. Versammlg. d. deutschen Landwirthschaftsraths v. 3. bis einschl. 6. Febr. 1896. A. Gr. d. Sitzungsprotokolle u. d. stenograph. Aufzeichngn. erstatt. v. Dade. Lex.-8. (IV, CXIV, 897 S.) Charlottenburg 896. (Berlin, P. Parey.) n. 12. —

— dasselbe. XXV. Versammlg. v. 8. bis einschl. 13. II. 1817. (XXI. Jahrg. d. Archivs.) J. Auftr. d. Vorstandes hrsg. v. Dade. gr. 8. (VI, 723 S.) Ebd. 897. n.n. 5. —

— dasselbe. Fortsetzg., s.: Archiv d. deutschen Landwirthschaftsraths.

— über die Verhandlungen in den aus Anlass der Jubelfeier des Münchener Kunstgewerbevereins am 25., 26. u. 27. September 1876 veranstalteten Versammlungen von Künstlern, Kunstindustriellen u. Freunden des Kunstgewerbes. Veröffentlicht nach stenographischen Aufzeichnungen vom Bureau der Versammlung. München 1876. 8°. brosch. (104 S.)

Bericht über die Verhandlungen der Vertreterversammlung deutscher Logengauverbände, betreffend die Einberufung eines Freimaurertags der deutschen Johannislogen zu Dresden am 9. Sept. 1899. Gedr. als Ms f. Frmr. [Köstritz 1899: Seifert.] 23 S. 8° [Umschlagtit.]
Auszug in: Bbl. 13 (1899) S. 472—474.
cf. Bh. 42 (1899) S. 385—387, abgedr. in: ML. 28 (1899—1900) S. 88—91. Vgl. ferner: ML. S. 49—51 (W. E. Metzener), 105—112 (F. L. Schroeter); L. 42 (1899) S. 178—180.

— Dritter, von den Verhandlungen der Veterinär-Gesellschaft. Abgestattet von dem Sekretär der Gesellschaft. Kopenhagen 19.

— üb. d. Verhandlgn d. 8. deut. Volkshochschultages, Dresden 08. Veranst. v. Verb. f. volkstüml. Kurse v. Hochschullehrern d. Deut. Reiches u. v. Ausschusse f. volkstüml. Univ.-Vorträge an d. Wiener Univ. (71) Lex8° Lpzg, BG Teubner '08. 4 —
Bisher u. d. T.: Bericht üb. usw. Hochschulvorträge.

— üb. d. Verhandlgn d. 4. u. 5. deut. Volkshochschultages '10 u. '12. Veranst. v. Ausschusse f. volkstüml. Univ.-Vorträge an d. Wiener Univ. u. v. Verb. f. volkstüml. Kurse v. Hochschullehrern d. Deut. Reiches. Lex8° Berl., C Heymann.
4. '10 in Wien. (82) ('10) 5 — || 5. '12 in Frankfurt a. M. (4, 176) ('12) 10 —

Bericht über die Verhandlungen des ... Deutschen Weinbau-Congresses in ... Erstatter (hrsg. von H(einrich W(ilhelm) Dahlen. Heidelberg (u.a.)
3.: ... in Freiburg i. b. im September 1877. (u.d.T.:) Bericht über die Verhandlung des 3. Congresses des Deutschen Weinbauvereins. Heidelberg: Winter 1877. 152 S. Aus: Annalen der Oenologie.
-- Dass. 4.: ... in Würzburg im September 1878. Würzburg: Steib 1879. VIII, 102 S.
-- Dass. 5.: ... in Coblenz im September 1879. Karlsruhe: Gutsch 1879. 99 S.
-- Dass. 6.: ... in Heilbronn im September 1881. Karlsruhe: Gutsch 1882. 91 S.
-- Dass. 7.: ... in Dürkheim a. d. Haardt im September 1882. Karlsruhe: Gutsch 1883. 159 S.
-- Dass. 8.: ... in Colmar (Elsass) im September 1885. Mainz: von Zabern 1886. 154 S.
-- Dass. 9.: ... in Rüdesheim im Rhein im September 1886. Ebd. 1887. 124 S.
-- Dass. 10.: ... in Freiburg im Breisgau im September 1887. Ebd. 1888. 130 S.
-- Dass. 11.: ... in Trier im September 1889. Ebd. 1889. 167, X S.
-- Dass. 12.: ... in Worms im September 1890. Ebd. 1891. 164, 16 S.
-- Dass. 13.: ... in Mainz im September 1894. Ebd. 1895. 139 S.
-- Dass. 14.: ... in Neustadt a. d. Haardt im August 1895. Ebd. 1896. 160, 32 S.
-- Dass. 15.: ... in Heilbronn am Neckar im September 1896. Ebd. 1897. 119, 50 S.
-- Dass. 16.: ... in Freiburg i. Br. im September 1897. Ebd. 1898. 100, 20 S.
-- Dass. 17.: ... in Trier im September 1898. Ebd. 1899. 125 S.
-- Dass. 18.: ... in Würzburg im September 1899. Ebd. 1900. 143, 15 S.
-- Dass. 19.: ... in Colmar i.E. im September 1900. Ebd. 1901. 128, 7 S.
-- Dass. 20.: ... in Kreuznach a. d. Nahe im September 1901. Ebd. 1902. 144 S.

— über die Verhandlungen des internationalen Weinbaucongresses u. die Sitzungen d. Ausschusses u. der General-Versammlung des deutschen Weinbauvereins zu Colmar im September 1876. Nach den Akten u. stenograph. Aufzeichngn. bearb. von A. v. Langsdorff. gr. 8. (101 S.) Heidelberg 876. C. Winter. n. 4. —

Bericht über die Verhandlungen des ersten österreichischen Weinbau-Congresses in Marburg a. Drau vom 20. bis 23. September 1876. Hrsg. vom Central-Ausschuss des ersten Österreichischen Weinbau-Congresses. Verf. (hrsg.) von Hermann Goethe. Graz: Leykam 1877. 194 S.

— üb. die Verhandlungen d. am 8. Apr. 1892 im Sofiensaale in Wien abgeh. österreichischen Weinbautages. (Nach stenograph. Aufzeichngn.) 8. (84 S.) Wien 892. (W. Frick.) n. — 40

— üb. d. wissenschaftl. Verhandlgn d. 29. Jahresversammlg d. preuss. botan. Ver., Elbing 1890, sowie üb. d. Thätigkeit desselben f. 1889/90. Erstattet v. J Abromeit. 4° (37) Königsb. 91, (W Koch). 1.20 || 30. Jahresversammlg, Königsberg 1891. (67) 92. 2.80 || 31. Jahresversammlg, Marienburg 1892. (53) 93. 1.60 || 32. Jahresversammlg, Mohrungen 1893. (40) 94. 1.35

Verkehrsverein für Basel und Umgebung. Bericht der Verkehrs-Kommission für das Jahr 1900. [Mit illustriertem Umschlag.] 56 S. 8. Basel, Schweizer. Verlags-Druckerei, 1901.

Verkehrsverein für Basel und Umgebung. 11. Bericht der Verkehrs-Kommission für das Jahr 1901, umfassend den Zeitraum vom 1. Oktober 1900 bis 30. September 1901. [Mit illustriertem Umschlag.] 61 S. 8. Basel, Kreis, 1901.

Verkehrsverein für Basel und Umgebung. 12. Bericht der Verkehrs-Kommission für das Jahr 1902, umfassend den Zeitraum vom 1. Oktober 1901 bis 30. September 1902. 62 S. 8. Basel, Kreis. 1902.

Engadiner Verkehrs-Verein. (Central-Bureau St. Moritz.) 8.

2. Bericht der Verkehrs-Kommission für das Jahr 1900,... vom 1. April 1900 bis 30. April 1901. 37 S. St. Moritz, Manatschal Ebner & Cie., 1901.
3. Bericht der Verkehrs-Kommission für das Jahr 1901,... vom 1. Mai 1901 bis 30. April 1902. 35 S. Samaden, Engadin Press Co., 1902.

Verkehrs- und Verschönerungs-Verein von Aarau. 3. Bericht vom Jahre 1900. [Illustriert.] II + 20 S. 8. Aarau, H. R. Sauerländer & Co., 1901.

Verkehrs- und Verschönerungs-Verein von Aarau. 8.
4. Bericht vom Jahre 1901. 8 S. (1902.)
5. Bericht vom Jahre 1902. [Illustriert.] 15 S. Aarau, A. Villiger-Amsler, (1903).

Bericht über die im Jahre 1891 herausgegebenen Verlagsunternehmungen. Zeitschriften, periodische und nichtperiodische Werke. Berlin 1892

Bericht über den Verlauf des hundertjährigen Betriebs-Jubiläums der Königlichen Friedrichsgrube bei Tarnowitz. 8°. Berlin 1884.

— über den Verlauf der Feier des 50jährigen Jubiläums der kgl. Erziehungs- u. Bildungs-Anstalten in Droyßig. gr. 8. (73 S. m. 9 Abbildgn.) Leipzig 902. Dürr'sche Buchh. n. 2. 40

Bericht über den Verlauf des Studiengenossen-Festes Kempten 1910. Kempten 1910. V: *Huber, Hermann.* (EB)

— üb. d. Verlauf d. 8. Verbandstages d. deutsch-österr.-ung. Verbandes f. Binnenschiffahrt in Linz, hrsg. v. Otto v. Schneller, s: Verbands-Schriften d. deutsch-österr. Verb. f. Binnenschiffahrt.

— verm., u. Abhandl. einer Gesellschaft auf den 4 Obersächsischen Academien. 1—6 Stck. 8. Leipz. 753.

Bericht, Vermehrter und verbesserter abgeforderter, von Ursprung, Beschaffenheit, Umständen und Verrichtungen der K. Reichs-Cammer-Gerichts-Visitationen . . . Freyburg [Frankf.] 1767. V: *Nettelbla [Nettelbladt], Christian Freih. v.* (Holz) (Pütter, Litt. d. Teutsch. Staatsr. Gött. 1773—91. III, 433.)

BERICHT über die Vermehrung der Sammlungen des Vereins zur Erforschung der rheinischen Geschichte und Altertümer zu Mainz.
Sonderabdruck aus der Westdeutschen Zeitschrift für Geschichte und Kunst.
im Jahre 1893/94. (Mit Tafeln.) Trier, 1894. Fr. Lintz'sche Buchdruckerei. 8°.
im Jahre 1895/96. (Mit Tafeln.) ib. 1896. —
im Jahre 1896/97. (Mit Tafeln.) ib. 1897. —
im Jahre 1897/98. (Mit Tafeln.) ib. 1898. —
im Jahre 1899/1900. ib. 1900. —
im Jahre 1900/1901. (Mit Tafeln.) ib. 1902. —
im Jahre 1901/1902. (Mit Tafeln.) ib. 1902. —
im Jahre 1902/1903. (Mit Tafeln.) ib. 1903. —
im Jahre 1903/1904. (Mit Tafeln.) ib. 1904. —

Bericht, Vernünftiger und unpartheiischer, über die neu aufkommende Herrnhutische Gemeinde. Hamburg 1740. V: *Gross, A.* (Cat. d. Stadtbibl. Zürich. Zürich 1864—97.)

[*Kopft.*] [*§.*] **Bericht** über die auf hiesiger Universität bestehende Verpflegungsanstalt für erkrankte Studirende. (*Am Ende:* Bonn im Juli 1844.) [Bonn], (1844). 2 Bl. 8.

Bericht von den Verrichtungen . . .; *1836:* Verhandlungen der . . .; *seit 1837:* Bericht von den Verrichtungen . . .; *seit 1853:* Verhandlungen der . . . Sitzung, der Evangelisch Lutherischen Tennessee Synod. *1820 jährlich ff.*

— über die Verrichtungen u. peinlichen Aussagen Kilian Kesselrings, s.a. Beiträge, thurgauische, zur vaterländ. Geschichte.

Bericht über die Verrichtungen und peinlichen Aussagen Kilian Kesselrings, Generalwachtmeister der Landgrafschaft Thurgau, betreffend den Einbruch des Generals Gustav Horn und die Belagerung der Stadt Konstanz im September 1633. (Thurg. Beitr. zur vaterl. Gesch. Heft 13.) 8. Frauenfeld 1873.

Bericht über die Verrichtungen des Direktoriums der schweiz. Centralbahn. April—Juni 1865. fol. Autogr.

Bericht über die Verrichtungen der Antiquarischen Gesellschaft in Zürich 1878 — 80. In-4°. 8 S. Zürich, Druck von Orell Füssli & Cie.
*** Beilage zum „Neujahrsblatt" der Antiq. Gesellschaft für 1881. **1881?**

Bericht über die Verrichtungen der antiquarischen Gesellschaft in Zürich in den Jahren 1881 u. 1882. In-4°, 9 S. **1883?**

Bericht über die Verrichtungen der Antiquarischen Gesellschaft in Zürich im J. 1885. In-4°, 7 S. **1886?**

Antiquarische Gesellschaft in Zürich (Kantonaler Verein für Geschichte und Altertumskunde). 4.
42. Bericht über die Verrichtungen in den Jahren 1900 und 1901. (1901 December.) 8 S.
Verzeichnis der Mitglieder. Dezember 1901. [4 S.] (Zürich-Selnau. Ed. Leemann.)

Bericht über die 1. Allgemeine Versammlung von Berg- und Hüttenmännern zu Wien (10. bis 15. Mai 1858). Redigiert und hrsg. vom Komitee der Versammlung. Wien, 1859. 154 S. mit 12 Abb. und 9 Taf.

Bericht über die 2. allgemeine Versammlung von Berg- und Hüttenmännern zu Wien (21.—28. Septbr. 1861). Redig. und hrsg. vom Comité der Versammlung. Lex.-8. (VI und 128 S. mit 3 Tab. in gr. 4., 8 lithogr. Fig.-Taf. in Fol. und Imp.-Fol. und 4 eingedr. Holzschn.) Wien 862, Bartelmus. geb.

Bericht über die 3. Allgemeine Versammlung von Berg- und Hüttenmännern zu Mährisch-Ostrau (14. bis 18. September 1863). Redigiert und hrsg. vom Komitee der Versammlung. Wien, 1864. 166 S. mit Abb. u. 9 Taf.

Bericht über die achte allgemeine Versammlung des historischen Vereins für Steiermark am 1. April 1857. Sine l. a. et t. i. 8 S. 8°.

Bericht über die X. allgemeine Versammlung des historischen Vereines für Steiermark am 16. April 1859. [Graz.]

Bericht über die XIV. Versammlung deutscher Architekten und Ingenieure, abgehalten am 30. August bis 2. September 1864 zu Wien. Wien 1865. 4.

— üb. d. Versammlg d. rhein. Bauberatgsstellen '12 im Vortragssaal d. Städteausstellg zu Düsseldorf. Hrsg. v. zur Nedden. (Umschl.: Rheinische Bauberatg.) (48) Lex8° Düsseld., A Bagel ('12). 1 —

Rheinischer Verein z. Förderung d. Arbeiterwohnungswesens. Bericht über die Versammlung der gemeinnützigen Bauvereine in der Rheinprovinz am 17. u. 18. Okt. 1900 in Köln. *[Köln 1900.]* (39 S.) 4°(2°) [§.] [04. 437]

Bericht über die Versammlung für kirchliche Berathung zu Köthen, 26. April 1848, nebst dem dort aufgestellten Entwurf einer Kirchenverfassung. gr. 8. (16 S.) Leipzig 848, Renger'sche Buchh. Thlr. *

BERICHT ÜBER DIE AUF VERANLASSUNG DER STÄNDIGEN DEPUTATION DES VOLKSWIRTHSCHAFTLICHEN CONGRESSES AM 4. AUGUST 1866 ZU BRAUNSCHWEIG ABGEHALTENE VERSAMMLUNG. Im Auftrage der ständigen Deputation erstattet durch ALEXANDER MEYER. Besonderer Abdruck aus der Vierteljahrschrift für Volkswirthschaft und Kulturgeschichte. 1866. Band II. Berlin. 1866. I A. Herbig. 8°.

Bericht über die dießjährige 9te Versammlung der Deutschen Naturforscher und Aerzte zu Hamburg . . . Hamb. 1831. V: *Sachs, Joh. Jac.* (Call)

—— über d. diesjähr. 9. Versamml. d. deutsch. Naturforscher u. Aerzte zu Hamburg. Mit krit. Anmerkn. für's größere Publikum. 12. (6 B.) Hamburg 831, Hoffmann u. Campe.

Bericht über die vom Herrn Reg.-Präsidenten einberufene und am 15. Oktober 1907 in Bielefeld abgehaltene Versammlung zur Beratung von Fragen aus dem Gebiete der öffentlichen Gesundheits- und Wohlfahrtspflege. (Minden 1907: J. C. C. Bruns.) (18 S.) 4° [Kopit. J.] [08. 16266]

— über die 1. Versammlung deutscher Forstmänner zu Braunschweig vom 8. bis 12. Septbr. 1872. gr. 8. (171 S.) Berlin 873. Wiegandt, Hempel & Parey. n. 3. —

— über die 2. Versammlung deutscher Forstmänner zu Mühlhausen i. Th. vom 7. bis 11. Septbr. 1873. gr. 8. (224 S.) Berlin 874. Springer's Verl. n. 3. 60

— über die 3. Versammlung deutscher Forstmänner zu Freiburg i. B. vom 1. bis 5. Septbr. 1874. gr. 8. (212 S.) Ebend. 875. n. 3. 60

— über die 4. Versammlung deutscher Forstmänner zu Greifswald vom 18. bis 22. Aug. 1875. gr. 8. (144 S. m. 8 S. Tab. in gr. 4.) Ebend. 876. n. 2. 80

— über die 5. Versammlung deutscher Forstmänner zu Eisenach vom 3. bis 6. Septbr. 1876. gr. 8. (VI, 183 S.) Berlin 877. Springer. n. 3. —

— über die 6. Versammlung deutscher Forstmänner zu Bamberg am 3., 4. u. 5. Septbr. 1877. gr. 8. (XIV, 218 S.) Ebend. 878. n. 3. 60

Bericht über die siebente Versammlung deutscher Forstmänner zu Dresdem vom 13., 14. und 15. Aug. 1878. gr. 8. (XX, 185 S.) Berlin 879, Springer. *

— über die 8. Versammlung deutscher Forstmänner zu Wiesbaden vom 14. bis 18. Septbr. 1879. gr. 8. (VIII, 194 S.) Ebend. 880. n. 3. —

— über die 9. Versammlung deutscher Forstmänner zu Wildbad vom 13. bis 17. Septbr. 1880. gr. 8. (VIII, 154 S.) Ebend. 881. n. 2. 80

— über die 10. Versammlung deutscher Forstmänner zu Hannover vom 16. bis 20. Aug. 1881. Mit 4 lith. Taf. in Farbendr. gr. 8. (203 S.) Hannover 882. Klindworth. n. 3. —

— über die XI. Versammlung deutscher Forstmänner zu Coburg vom 28. Aug. bis 1. Septbr. 1882. Mit 5 lith. Taf. gr. 8. (XVI, 276 S.) Berlin 883. Springer. n. 4. —

— über die XII. Versammlung deutscher Forstmänner zu Straßburg i. E. vom 27. bis 31. August 1883. gr. 8. (III, 179 S.) Ebend. 884. n. 3. —

— über die XIII. Versammlung deutscher Forstmänner zu Frankfurt am Main vom 16. bis 20. Septbr. 1884. gr. 8. (XX, 191 S.) Frankfurt a/M. 885. Sauerländer. n. 3. 60

— über die XIV. Versammlung deutscher Forstmänner zu Görlitz v. 7.—11. Septbr. 1885. gr. 8. (III, 196 S.) Berlin 886. Springer. n. 3. —

Bericht über die 15. Versammlung deutscher Forstmänner zu Darmstadt am 5. bis 9. Septbr. 1886. gr. 8. (VIII, 255 S.) Frankfurt a. M. 887, Sauerländer's Verlag. *

—— über die 16. Versammlung deutscher Forstmänner zu Aachen vom 4. bis 8. Septbr. 1887. gr. 8. (IV, 163 S.) Berlin 888, Springer. *

— dasselbe, 17. Versammlg. zu München vom 9. bis 12. Septbr. 1888. Mit 1 lith. Taf. gr. 8. (IV, 176 S.) Ebd. 889. n. 3. —

— dasselbe, 18. Versammlg. zu Dresden vom 27. bis 30. Aug. 1889. gr. 8. (VI, 164 S.) Ebd. 890. n. 3. —

— über die XIX. Versammlung deutscher Forstmänner zu Cassel vom 25. bis 28. Aug. 1890. gr. 8. (175 S.) Berlin 891. J. Springer. n. 3. —

— dasselbe üb. die XX. Versammlung zu Karlsruhe vom 21. bis 24. Septbr. 1891. gr. 8. (VI, 156 S.) Ebd. 892. n. 3. —

— dasselbe üb. die XXI. Versammlg. zu Stettin v. 22. bis 26. Aug. 1892. gr. 8. (III, 177 S.) Ebd. 893. n. 3. —

— dasselbe über die XXII. Versammlung zu Metz vom 21. bis 25. Aug. 1893. gr. 8. (IV, 200 S. m. 4 Abbildgn.) Ebd. 894. n. 3. —

*Bericht üb. die Versammlung deutscher Forstmänner. 23—41: 1895—1913. Berl. 1896—1914.
(28—41 = I.—XIV. Hauptversammlung d. deutschen Forstvereins).

— üb. d. XXIII.—XXV. Versammlg. deutscher Forstmänner. gr. 8. Berlin, J. Springer. à n. 3. —
XXIII. Versammlg. zu Würzburg v. 26.—30. Aug. 1895. (IV, 171 S.) 896.
XXIV. Versammlg. z. Braunschweig v. 14.—17. Sept. 1896. (IV, 155 S. m. 1 Tab.) 897.
XXV. Versammlg. z. Stuttgart v. 30. Aug. bis 2. Sept. 1897. (IV, 210 S.) 898.

— üb. die XXVI. Versammlung deutscher Forstmänner zu Breslau vom 23. bis 26. VIII. 1898. gr. 8. (IV, 198 S.) Berlin 899. J. Springer. n. 3. —

— üb. die XXVII. Versammlung deutscher Forstmänner zu Schwerin i. M. vom 21. bis 24. VIII. 1899. gr. 8. (IV, 212 S.) Ebd. 900. n. 3. —

Bericht über die ... Versammlung des Elsass-Lothringischen Forstvereins. - 1. -32. Vers. 1874-1912. - (M. n. ersch.)

Bericht über die ... Versammlung des Forstvereins für das Großherzogthum Hessen zu ... - 1. -17. Vers. 1876-1910.
Forts. s.: Ber. üb. d. Vers. d. Hess. Forstver.

Bericht über die ... Versammlung des Märkischen Forstvereins. - Potsdam. 1. -47. Vers. 1873-1925.
Forts. s.: Jahresber. üb. d. Vers. d. Märk. Forstver.

—— über die Versammlung des Pommer'schen Forstvereins im J. 1878. Nebst dazu gehör. einleitendem Vortrag über die ländl. Arbeiter-Verhältnisse vom Forstmeister Hollweg. gr. 8. (24 S.) Berlin 874, Springer's Verlag. *

— über die 29. Versammlung d. sächsischen Forstvereins, geh. zu Pirna am 25., 26. u. 27. Juni 1883. gr. 8. (VI, 153 S.) Tharand 884. Akadem. Buchh. n. 1. 50

— üb. die 30. Versammlung d. sächsischen Forstvereins, geh. zu Dippoldiswalde am 23. bis 25. Juni 1884. 8. (VI, 144 S.) Ebend. 885. n. 1. 50

— üb. die 31. Versammlung d. sächsischen Forstvereins, geh. zu Plauen i. V. am 22. bis 24. Juni 1885. gr. 8. (VI, 156 S.) Ebend. 886. n. 1. 50

— über die 32. Versammlung d. Sächsischen Forstvereins, geh. zu Oschatz am 21. bis 23. Juni 1886. gr. 8. (VI, 145 S.) Tharand 887. (Akadem. Buchh.) n. 1. 50

— dasselbe, 33. Versammlg., geh. zu Kamenz am 20. bis 22. Juni 1887. gr. 8. (VI, 162 S.) Ebd. 888. n. 1. 50

— dasselbe, 34. Versammlg., geh. zu Meißen am 30. Juli bis 2. Aug. 1888. gr. 8. (VII, 188 S.) Ebd. 889. n. 1. 50

— üb. d. 35. Versammlung d. sächsischen Forstvereins, geh. zu Schwarzenberg am 29. Juni bis 2. Juli 1890. gr. 8. (VIII, 154 S. m. 7 Lichtdr.-Taf.) Tharand 891. (Akadem. Buchhandlg.) n. 1. 50

— dasselbe. 36. Versammlung, geh. zu Schandau am 21. bis 24. Juni 1891. gr. 8. (VI. 158 S.) Ebd. 892. n. 1. 50

— dasselbe. 87. Versammlung, geh. zu Freiberg am 3. bis 6. Juli 1892. 8. (VI, 160 S.) Ebd. 893. n. 1.50

— dasselbe. 88. Versammlung, geh. zu Annaberg am 16. bis 19. Juli 1893. gr. 8. (VI, 179 S.) Ebd. 894. n. 1.50

— üb. d. 39.—42. Versammlg. d. sächs. Forstvereins. gr. 8. Tharand (Akadem. Buchh.). à n. 1.50
39. Versammlg., geh. zu Colditz a. 17.—20. Juni 1894. (IV, 109 S.) 895.
40. Versammlg., geh. zu Löbau a. 30. Juni bis 3. Juli 1895. (VI, 170 S.) 896.
41. Versammlg., geh. zu Olbernhau a. 21.—25. Juni 1896. (VI, 191 S.) 897.
42. Versammlg., geh. zu Zwickau a. 27.—30. Juni 1897. (VI, 197 S.) 898.

— über die 43.—46. Versammlung des sächsischen Forstvereins. gr. 8. Tharandt (Akadem. Buchh.). à n. 1.50
43. Geh. z. Bischofswerda v. 26.—29. VI. 1898. (VI, 204 S. m. 2 Taf.) 899.
44. Geh. zu Oberwiesenthal am 25.—28. VI. 1899. (VI, 167 S.) 899.
45. Geh. zu Grimma v. 24.—27. VI. 1900. (VI, 164 S. m. 1 Taf.) 900.
46. Geh. zu Eibenstock v. 30. VI. bis 3. VII. 1901. (VI, 208 S. m. 1 Taf.) 901.

— über die 47.—49. Versammlung des sächsischen Forstvereines. gr. 8. Tharandt (Akadem. Buchh.). à n. 1.50
47. Geh. zu Zittau vom 28. VI. bis 1. VII. 1903. (IV, 198 S.) 903.
48. Geh. zu Stadt Wehlen vom 26.—29. VI. 1904. (VI, 209 S.) 904.
49. Geh. zu Marienberg vom 25.—28. VI. 1905. (VI, 178 S.) 905.

— über die 50.—53. Versammlung des sächsischen Forstvereines. gr. 8. Tharandt, (Akadem. Buchh.) à 1.50
50. geh. zu Rossen vom 24 bis 27. VI. 1906. (VI, 197 S.) 906.
51. geh. zu Aue vom 7. bis 10. VII. 1907. (VI, 208 S.) 907.
52. geh. zu Oschatz vom 21. bis 24. VI. 1908. (VIII, 198 S.) 908.
53. geh. zu Schandau vom 20.—23. VI. 1909. (VIII, 208 S. m. 1 Taf.) 909.

— üb. d. 53.—55. Versammlg d. sächs. Forstvereines. 8° Thar., Akad. Buchh. je 1.50 d
53. Schandau '09. (208 m. 1 Taf.) '09. ‖ 54. Bautzen '10. (8, 255) '10. ‖ 55. Freiberg '11. (8, 255) '11.

Bericht über die ... Versammlung des Württembergischen Forstvereins zu ... - 8. -39. Vers. 1885-1933.
Früher s.: Vorträge, geh. b. d. Vers. d. Württ. Forstver.
Forts. s.: Jahresber. d. Landesgr. Württ. d. Dtsch. Forstver.

Bericht über die 8. Versammlung deutscher Forst- und Landwirthe zu München vom 30. September — 7. Oktober 1844. München 1845. 8°.

— üb. die freie Versammlung deutsch-mährischer Bürgerschullehrer, einberufen vom Vereine „Bürgerschule" in Brünn u. abgeh. am Sonntag, den 15. Octbr. 1893. [Aus: „Deutscher Lehrerfreund".] gr. 8. (28 S.) Znaim 894. Fournier & Haberler. n. —60

Bericht an die geehrte Versammlung des ordentlichen 45. General-Landtages der Ostpreussischen Landschaft, enth. d. Vorschläge u. Berichte d. Verwaltungsrats d. Ostpreuss. landschaftl. Darlehns-Kasse. Königsberg i. Pr. 1904. 4°.

BERICHT über die (I.) gemeinsame Versammlung der Deutschen und der Wiener anthropologischen Gesellschaft zugleich
XX. allgemeine Versammlung der Deutschen anthropologischen Gesellschaft in Wien vom 5. bis 10. August 1889 mit Ausflug nach Budapest vom 11. bis 14. August. Nach stenographischen Aufzeichnungen redigirt von JOHANNES RANKE in München. Correspondenz-Blatt Nr. 9, 10, 11 u. 12. 1889. München 1889. Akademische Buchdruckerei von F. Straub. 4°.

— üb. die gemeinsame Versammlung der deutschen u. der Wiener anthropologischen Gesellschaft, zugleich XX. allgemeine Versammlung der deutschen anthropologischen Gesellschaft in Wien vom 5. bis 10. Aug. 1889 m. Ausflug nach Budapest vom 11. bis 14. Aug. Nach stenograph. Aufzeichngn. red. v. Johs. Ranke. [Aus: „Mittheilgn. der anthropolog. Gesellsch. in Wien".] gr. 4. (140 S.) Wien 889. (Hölder.) n. 6.—

BERICHT über die II. gemeinsame Versammlung der Deutschen und der Wiener anthropologischen Gesellschaft zugleich
XXV. allgemeine Versammlung und Stiftungsfest der Deutschen anthropologischen Gesellschaft in Innsbruck vom 24. bis 28. August 1894. Nach stenographischen Aufzeichnungen, redigirt von JOHANNES RANKE in München. Correspondenz-Blatt Nr. 9, 10, 11 und 12. 1894. ib. 1894. —

— üb. d. XXII. Versammlg d. Hans. Geschichtsver. u. d. Ver. f. niederdeut. Sprachforschg zu Stralsund. (1893.) 8° (31) Strals. 93, Regiergs-Buchdr. —30

Bericht über die ... Versammlung der Agronomischen Gesellschaft zu Kiel. Separat-Abdruck aus „Der Norddeutsche Landwirth". Red. v. Karl Biernatzki. Die 8te, den 27. Mai 1881 in Kiel. Kiel. 1881. 4°.

— über die 16. Versammlung der Gesellschaft deutscher Naturforscher ... in Erlangen ... 1840. Erst. von J. M. Leupoldt u. L. Stromeyer. Mit Steintaff. Erlangen 1841. gr. 4.

BERICHT ÜBER DIE ... VERSAMMLUNG DER OPHTHALMOLOGISCHEN GESELLSCHAFT.
Redigirt durch F. C. DONDERS, W. HESS und W. ZEHENDER.:
16. Versammlung. Heidelberg 1884. Beilageheft zu den Klinischen Monatsblättern für Augenheilkunde. XXII. Jahrg. Mit 1 lithographirten Doppeltafel. Stuttgart. 1884. Ferdinand Enke. Ausgegeben den 29. November. 8°.
17. Versammlung. Heidelberg 1885. Ausserordentliches Beilageheft zu den »Klinischen Monatsblättern für Augenheilkunde«. XXIII. Jahrg. Mit 2 lithographirten Doppeltafeln. ib. 1885. —
18. Versammlung. Heidelberg 1886. Ausserordentliches Beilageheft zu den »Klinischen Monatsblättern für Augenheilkunde«. XXIV. Jahrg.
Heftchen 1.: Fest-Sitzung am 9. August 1886. ib. 1886. —
Heftchen 2.: Wissenschaftliche Sitzung am 10. August 1886. ib. 1886. — Ausgegeben am 27. September.

BERICHT ÜBER DIE ... VERSAMMLUNG DER OPHTHALMOLOGISCHEN GESELLSCHAFT.
Redigirt durch F. C. DONDERS, W. HESS u. W. ZEHENDER:
19. Versammlung. Heidelberg 1887. Beilageheft zu den „Klinischen Monatsblättern für Augenkeilkunde". (sic!) XXV. Jahrg. Mit 2 lithographirten Tafeln. ib. 1887. Ferdinand Enke. 8°.
Redigirt durch W. HESS und W. ZEHENDER:
20. Versammlung. Heidelberg 1889. Beilageheft zu den „Klinischen Monatsblättern für Augenheilkunde". XXVII. Jahrg. Mit 1 lithographirten Tafel. ib. 1889. —[1])
21. Versammlung. Heidelberg 1891. Ausserordentliches Beilageheft zu den Klinischen Monatsblättern für Augenheilkunde. XXIX. Jahrg. Mit 4 Abbildungen. ib. 1892. —
22. Versammlung. Heidelberg 1892. Ausserordentliches Beilageheft zu den Klinischen Monatsblättern für Augenheilkunde. XXX. Jahrg. Mit 6 Abbildungen. ib. 1892. —
23. Versammlung. Heidelberg 1893. Ausserordentliches Beilageheft zu den Klinischen Monatsblättern für Augenheilkunde. XXXI. Jahrg. ib. 1893. —
24. Versammlung. Heidelberg 1895. Ausserordentliches Beilageheft zu den Klinischen Monatsblättern für Augenheilkunde. XXXIII. Jahrg. Mit 9 Abbildungen. ib. 1895. —
Unter Mitwirkung von E. von HIPPEL und A. WAGENMANN redigirt durch W. HESS und TH. LEBER:
25. Versammlung. Heidelberg 1896. Mit 3 Abbildungen. Wiesbaden 1897. Verlag von J. E. Bergmann.
26. Versammlung. Heidelberg 1897. Mit 13 Tafeln und 9 Abbildungen im Text. ib. 1898. —
27. Versammlung. Heidelberg 1898. Mit 16 Tafeln und 11 Abbildungen im Text. ib. 1899. —
28. Versammlung. Heidelberg 1900. Mit 17 Tafeln und 8 Abbildungen im Text. ib. 1901. —
29. Versammlung Heidelberg 1901. Mit 7 Tafeln und 8 Abbildungen im Text. ib. 1902. —
Unter Mitwirkung von TH. LEBER redigirt durch A. WAGENMANN.
30. Versammlung. Heidelberg 1902. Mit 18 Tafeln und 13 Abbildungen im Text. ib. 1903. —
31. Versammlung. Heidelberg 1903. Mit 15 Tafeln und 26 Abbildungen im Text. ib. 1904. —
32. Versammlung. Heidelberg 1905. Mit 20 Tafeln und 10 Abbildungen im Text. ib. 1906. —
33. Versammlung. Heidelberg 1906. Mit 15 Tafeln und 10 Abbildungen im Text. ib. 1907. —
34. Versammlung. Heidelberg 1907. Mit 23 Tafeln und 23 Abbildungen im Text. ib. 1908. —
35. Versammlung. Heidelberg 1908. Mit 22 Tafeln und 17 Abbildungen im Text. ib. 1909. —
36. Versammlung. Heidelberg 1909. Mit 24 Tafeln und 13 Abbildungen im Text. ib. 1910. —
37. Versammlung. Heidelberg 1911. Mit 25 Tafeln und 25 Abbildungen im Texte. ib. 1912. —
38. Versammlung. Heidelberg 1912. Mit 45 Tafeln und 29 Abbildungen im Text. ib. 1913. —
39. Versammlung. Heidelberg 1913. Mit 44 Tafeln und 62 Abbildungen im Text. ib. 1913. —

Bericht üb. die 20. Versammlung d. ophthalmologischen Gesellschaft, s.a. Monatsblätter, Klinische, f. Augenheilkunde.

VI. BERICHT über die zweite Versammlung der Deutschen otologischen Gesellschaft am 20. und 21. Mai 1893 zu Frankfurt a. M. Von Prof. K. BÜRKNER, Sekretär der Gesellschaft. Separatabdruck aus dem Archiv für Ohrenheilkunde. XXXV. Band (o. O. o. Dr. Ohne bes. Titelbl.) 8°.

— über die in Hamburg am 5., 6. u. 7. Aug. (1848) abgehaltene 1. Versammlung des Vereins norddeutscher Volksschullehrer; von Th. Andresen, J. C. Horstmann, C. Straus, Schriftführern. Nebst J. C. Kröger's Rede über deutsche Nationalität u. National-Bildung; u. andern Anlagen. gr. 8. (104 S.) Hamburg 848, Kittler. n. 12 ngl

—— über die in Hamburg am 5., 6. und 7. Aug. abgehaltene 1. Versammlung des Vereins norddeutscher Volksschullehrer; von Th. Andresen, J. C. Horstmann, C. Straus. Nebst J. C. Kröger's Rede über deutsche Nationalität und National-Bildung, und andern Anlagen. gr. 8. (104 S.) Hamburg 849, Kittler.

— über die in Hamburg am 4., 5. u. 6. Aug. 1849 abgehaltene 2. Versammlung des Vereins norddeutscher Volksschullehrer; von d. Schriftführern Th. Andresen, F. Brandis, C. F. H. Hahn u. C. H. Wichmann. gr. 8. (74 S.) Hamburg 849, Erie. 9 ngl

Bericht über die Versammlung von Heizungs-und Lüftungsfachmännern. 4. 1903 ff. München. Von 6.1907 ab: Bericht über den . . . Kongress für Heizung und Lüftung.

—— üb. die 1. Versammlung deutscher Historiker in München 5.—7. Apr. 1893. Erstatet im Auftrage des Münchener Lokal-Ausschusses v. Max Lossen. gr. 8. (33 S.) München 893. M. Rieger. n. — 60

— üb. d. 2. Versammlg deut. Historiker, Leipzig 1894. Erstattet v. d. Bureau d. Versammlg. 8° (55) Lpzg 94, Duncker & H. ‖ 3. Vers. Frankfurt a/M. 1895. (44) 95. à 1.20
Den Bericht üb. d. 1. Versammlg in München s.a.u.d. T.: Lossen, M.

— üb. d. 4. Versammlg deut. Historiker, Innsbruck 1896. Erstattet v. d. Leitg d. Verbandes deut. Historiker. 8° (73) Lpzg 97, Duncker & H. ‖ 5. Vers., Nürnberg 1898. (68) 98. ‖ 6. Vers., Halle 1900. (55) 1900. à 1.40

— üb. d. 7. u. 8. Versammlg deut. Historiker. Erstattet v. d. Bureau d. Versammlg. 8° Lpzg, Duncker & H. 3.20 d
7. Heidelberg '03. (58) 03. 1.40 ‖ 8. Salzburg '04. (72)'05. 1.60.

— üb. d. 9. u. 10. Vers. deut. Historiker. gr8° Lpzg, Duncker & H. Je 1.60 d
9. Stuttgart 06. (69)'07. ‖ 10. Dresden '07, erstattet v. d. Schriftführern. (64)'08.

— üb. d. 11. u. 12. Versammlg deut. Historiker. gr8° Münch., Duncker & H. d
11. Strassburg i. E. '09. (66) Lpzg '10. 1.80 ‖ 12. Braunschweig. (55) Lpzg '11. 1.40

Bericht der II. internationalen Versammlung gegen den Missbrauch geistiger Getränke in Zürich 1887. Zürich 1888. 272 S.

Bericht der III. internationalen Versammlung gegen den Missbrauch geistiger Getränke. Christiana 1890. Christiana 1891.

BERICHT ÜBER DIE VERSAMMLUNG DEUTSCHER IRRENÄRZTE zu Eisenach am 12. und 13. September 1860. Anhang zur Allg. Zeitschr. f. Psychiatrie. 1860. 5. u. 6. Heft. Berlin, 1860. August Hirschwald. 8°.*)

BERICHT ÜBER DIE VERSAMMLUNGEN DEUTSCHER IRRENÄRZTE zu Frankfurt a. M. und Giessen im Jahre 1864. ib. 1864. — (Supplementheft zu: Allgemeine Zeitschrift für Psychiatrie und psychisch-gerichtliche Medicin, herausgegeben von Deutschlands Irrenärzten ... durch HEINRICH LAEHR. Bd. 21. ib. 1864. —) 8°.

—— üb. d. am 30. Juli 1851 in Naugardt stattgeh. Vers. pomm. Kirchenpatrone. 8. (33) Stett. 51, (v. d. Nahmer.) n. — 5

—— über die am 30. Juli 1851 in Naugardt stattgehabte Versammlung pommerscher Kirchenpatrone. gr. 8. (33 S.) Stettin 851, Weiß.

— über die Versammlung der Katholiken des Herzogth. Salzburg in Salzburg am 4. u. 5. XII. 1898. Hrsg. vom vorbereit. Comité. 8. (172 S.) Salzburg 899. (A. Pustet.) n. 2. —

. Schleswig-Holsteinischer Logen Gauverband. [**Bericht** über die 1.] Versammlung in Kiel am 24. Aug. 1902. Als Ms. f. Frmr gedruckt. Kiel: Handorff 1903. 30 S. 1 Taf. 8° [Umschlagtit.]

— d. kirchl. Versamml. d. luther. Gemeinde in Amsterdam ans Publikum, üb. d. Uneinigkeit ihrer Gemeinden. A. d. Holländ. (v. Frz. Jak. Müller). Mit Vorbericht u. Anmerkk. v. C. H. Mutzenbecher. gr. 8. Lingen 792. Jülicher. 10 gl

— üb. die kirchliche Versammlung gehalten zu Jena am 18. April 1849. [Nach den Protokollen.] gr. 8. (16 S.) Jena 849, Frommann. 2 ngl

Bericht über d. Versammlg. d. internationalen meteorologischen Komitees, s.a. Veröffentlichungen d. königl. preuß. meteorolog. Instituts Nr. 101 u. 227.

Bericht über die Versammlung des Internationalen Meteorologischen Komitees. Paris 1907. Berlin: Behrend & Co. 1908. (75 S.) 4° = Veröffentlichungen d. Kgl. Preuss. Meteorolog. Instituts. No 191. [08.10970]

— üb. die 1. konstituierende Versammlung d. „Evangel. Bundes" zu Frankfurt a/M. v. 15.—17. Aug. 1887, hrsg. vom Vorstande. Enthält die Predigt, sowie die verschiedenen Vorträge u. Referate. gr. 8. (120 S.) Halle 887. Strien. n. — 80

—— üb. die 1. konstituier. Versammlg d. „Ev. Bundes" zu Frankfurt a/M. v. 15—17. Aug. 1887. Enthält d. Predigt, sowie d. verschied. Vorträge u. Referate. 8. (120) Lpzg 87, Bh. d. Ev. Bundes v. C Braun. n. — 80

(BERICHT über die constituirende Versammlung der deutschen otologischen Gesellschaft [1892]. Von O. KÖRNER in Frankfurt a. M.) Separat-Abdruck aus der Zeitschrift für Ohrenheilkunde (XXIII) in deutscher und englischer Sprache von H. KNAPP und S. MOOS. Wiesbaden. Verlag von J. F. Bergmann. (Ohne bes. Titelbl.) 8°.

— über die konstituierende Versammlung der internationalen Gesellschaft zur Förderung des kaufmännischen Unterrichtswesens, s.: Veröffentlichungen der internation. Gesellschaft zur Förderung d. kaufm. Unterrichtswesens.

— über die erste u. constituirende Versammlung d. deutschen Landwirthschaftsrathes vom 8. bis 13. April 1872. Nach den Protokollen u. stenograph. Aufzeichngn. im Auftrage d. Vorstandes bearb. v. V. Funk. Lex.-8. (96 S.) Berlin 872. Wiegandt, Hempel & Parey. n. 2. 50

— üb. d. I.—III. Versammlg. d. deutschen Creditgenossenschaften. Erstatt. i. Auftr. d. Vorstandes d. freien Vereinigg d. deutschen Creditgenossenschaften v. Glackemeyer. gr. 8. Hannover 898. (Manz & Lange.) à n. 1. 50
I. Am 12., 13 u. 14. Aug. 1893 i. Hannover. (46 u. Beilage 35 S.) 893. 94.
II. Am 10., 11. u. 12. Aug. 1895 i. Hannover. (74 u. Beilage 14 S.) 896.
III. Am 7., 8. u. 9. Aug. 1897 i. Erfurt. (118 S.) 898.

— über die IV. Versammlung der deutschen Credit-Genossenschaften am 26., 27., 28. u. 29. V. 1899 in Dresden. Erstattet im Auftrage des Vorstandes der freien Vereinigg. der deutschen Credit-Genossenschaften v. Glackemeyer. gr. 8. (129 S.) Hannover 900. Manz & Lange. n. 1. 50

Fachverband für d. Wirtschaftl. Interessen d. Kunstgewerbes. **Bericht** über die Versammlung deutscher Kunstgewerbetreibender. [1.] Berlin 1906. (Berlin 1906: Bergmann.) 8° A 12.10755

Bericht üb. die 5. Versammlung dänischer Landwirthe, abgehalten v. 29. Mai bis z. 2. Juni 1854 in Flensburg. Von C. F. Linde. Aus d. Dänischen übers. Kopenh. 1855. 265 S. 12 Tvl.

— über die Versamml. deutscher Landwirthe in Dresden, s. H. W. Pabst.

Bericht über die Versammlung deutscher Land- u. Forstwirte. 2. 3. 6. 24. 27. 1838—69.

—— über die 8. Versamml. teutscher Land- u. Forstwirthe zu München v. 30. Septbr. bis 7. Oktbr. 1844. (Hrsg. v. Stichaner, v. Closen, v. Welden, Kaiser.) Lex.-8. (41 B., 2 Stnt. u. 3 Tabb.) München 845, Palm's Hofbuchh.

— über die im Jahre 1845 zu Breslau abgehaltene neunte Versammlung deutscher Land- u. Forstwirthe herausgeg. von d. Vorstande desselben. (F. Graf v. Burghauß. A. Block. Graf Hoverden. v. Görtz.) Mit 1 lith. Taf. Lex.-8. Breslau 846, Graß, Barth u. Comp. n. 2 ngl

—— über die 27. Versammlung deutscher Land- u. Forstwirthe zu Breslau vom 10. bis 15. Mai 1869. Hrsg. v. W. Korn. gr. 8. (XV, 551 S.) Breslau 69. (Korn.) n. 2 Rl

BERICHT über die am 18. und 19. Mai 1868 in Berlin abgehaltene Versammlung Norddeutscher Thierärzte und über die am 20. Mai stattgefundene Jubelfeier des Herrn Geheimen Medicinalrath Prof. Dr. Gurlt. Herausgegeben von den Vorständen des Berliner, Schlesischen und Rheinpreussischen thierärztlichen Vereins. Berlin 1868. **Gedr. bei Julius Sittenfeld. 8°.**

Bericht über die (7.) Versammlung deutscher Naturforscher und Ärzte zu Berlin ... 1828. Erstattet von A. v. Humboldt und H. Lichtenstein. Berlin 1829. 4. — (8.) ... in Heidelberg ... 1829. Erst. von F. Tiedemann u. L. Gmelin. Heidelberg. 4. — (9.) ... in Hamburg ... 1830. Erst. von J. H. Bartels u. J. C. G. Fricke. Hamburg 1831. 4. — (10.) ... in Wien ... 1832. Von Frh. von Jacquin u. J. J. Littrow. Wien. 4. — (11.) ... zu Breslau ... 1833. Erst. von J. Wendt u. A. W. Otto. Breslau 1834. 4. — (12.) ... in Stuttgart ... 1834. Herausg. von C. v. Kielmeyer u. G. Jäger. Stuttgart 1835. gr. 4. — (14.) ... in Jena ... 1836. Von D. G. Kieser u. J. C. Zenker. Mit lith. Taff. Weimar 1837. gr. 4. — (15.) ... in Prag ... 1837. Vom Grafen K. Sternberg u. J. V. Edlen von Krombholz. Mit Steintaff. Prag 1838. gr. 4. — (16.) ... in Freiburg ... 1838. Verf. von Leuckart. Freiburg 1839. Lex.-8.

— über die Versamml. deutscher Naturforscher u. Aerzte in Wien im Septbr. 1832. Von Frhrn. v. Jacquin u. J. J. Littrow. gr. 4. Wien 832. Beck. 1 1/2 Rß

— über die Versamml. deutscher Naturforscher u. Aerzte in Prag im September 1837, von Grafen Kaspar Sternberg und Prof. J. V. Edl. v. Krombholz. Mit 13 lithogr. Bl. mit Facsimiles. gr. 4. Prag 838. Haase Söhne. 1 1/2 Rß

— über die Versammlung deutscher Naturforscher u. Aerzte, abgehalten in Freiburg im September 1838, unter der Geschäftsführung Dr. G. F. Wucherer und Dr. F. S. Leuckart. Verfaßt von Leuckart. Lex.-8. Freiburg 839. Emmerling, Universitäts-Buchh. n. 2/3 Rß

Bericht über die 32. Versammlung deutscher Naturforscher und Aerzte zu Wien 1856. Wien 1858. 4.

Bericht über die 1. Versammlung badischer und württembergischer Obmänner des Vereins deutscher Freimaurer Sonntag, den 5. April 1908 in den Räumen der Loge „Reuchlin“ in Pforzheim. [o. O. 1908.] 12 S. 8° [Umschlagtit.]
Auszug in: HL. 42 (1908 1909) S. 44–47.
Dem Bericht ist ein von Kiessling aufgestellter Entwurf von Bestimmungen üb. die Abhaltung von Bezirksversammlungen angefügt.

—— **üb. e. öff. Vers., geh. v. d. Mitgl. d. Neu-Jerusalemskirche d. 19. Aug. 1851 zu London. A. d. Engl. 8. (126) Tüb. 52. (Bus., Riehm.)** n. — 10

—— über eine öffentliche Versammlung, gehalten von den Mitgliedern der Neu-Jerusalemskirche den 19. Aug. 1851 in Freemason's Hall zu London. Aus dem Engl. übers. gr. 8. (126 S.) Tübingen 852, Verlags-Expedition. *
Aus: Tafel's Wochenschrift für die Erneuerung der Kirche, besonders abgedruckt.

[A.] Bericht über die am 29. October 1893 in Mediasch abgehaltene Versammlung sächsischer junger Männer. *(Hermannstadt: Buchdr. W. Krafft [1893].)* (56 S.) 1 Bd 8. [\[illegible\]] 5

Bericht über die 15. ordentliche Versammlung der Propstei-Synode Segeberg. 1893. Segeberg. 1893. 8°.
Propstei-Synode Segeberg.

Bericht über die . . . ordentliche Versammlung der Propstei-Synode Stormarn. 8°.
2.—6. 1880—84. Brecklum. 1880—84.
7. 1885. Oldesloe. 1885. 8. 1886. Kiel. 1886.
9. ff. Wandsbek. 1887 ff.

BERICHT ÜBER DIE VERSAMMLUNG DER DEUTSCHEN ORNITHOLOGEN-GESELLSCHAFT UND DER NATURFORSCHENDEN GESELLSCHAFT DES OSTERLANDES zu Altenburg am 5. Juli 1852. [Auszug aus dem ausführlichen Protocolle der deutschen Ornithologengesellschaft, abgedruckt in: Zeitschrift für die Ornithologie, (Naumannia genannt), herausgegeben von E. BALDAMUS, Secretär der D. O. G.] s. l. & a. Druck der Hofbuchdruckerei in Altenburg. 8°.

—— 13. Versammlung d. Deutschen Ornithologen-Gesellschaft zu Stuttgart ... 1860. O. O. o. J., ... d. 14. Vers. ... zu Halberstadt u. Braunschweig ... 1862. O. O. o. J., ... d. 16. ... in Kiel ... 1868. Münster 1868. 8., ... d. 17. Cassel 1869. 8.
(—— ü. d. 18. in Münster nicht im Handel.)
—— ü. d. 19. ... Cassel ... 1872. Herausg. von F. Droste u. B. Borggreve. Münster 1872. 8.
—— ü. d. 20. ... Braunschweig 1873, ... herausg. von F. Droste. Braunschweig 1873. 8.
—— ü. d. 21. ... Braunschweig 1875. ... herausg. von W. Blasius u. R. Blasius. Braunschweig 1875. 8.

—— über die 17. Versammlung der deutschen Ornithologen-Gesellschaft. gr. 8. (65 S.) Cassel 869, Fischer. *

—— über die 19. Versammlung der deutschen Ornithologen-Gesellschaft zu Cassel am 23. und 24. Mai 1872. Hrsg. von Ferd. Droste und Bern. Borggreve. gr. 8. (97 S.) Münster 872. (Berlin, Friedländer und Sohn.) *

—— über die 20. Versammlung der deutschen Ornithologen-Gesellschaft zu Braunschweig, 5.—8. Juni 1873. Unter Mitwirkung von Wilh. Blasius hrsg. von Ferd. Droste. gr. 8. (47 S.) Braunschweig 873. (Berlin, Friedländer und Sohn.) *

Bericht über die 21. Versammlung der deutschen Ornithologen-Gesellschaft zu Braunschweig, 20.—23. Mai 1875, gemeinschaftlich mit der Frühjahrsversammlung der Berliner deutschen ornitholog. Gesellschaft hrsg. von Wilh. Blasius und R. Blasius. gr. 8. (116 S.) Braunschweig 875. (Berlin, Friedländer und Sohn.) *
Bericht über die zu Münster abgehaltene 18. Versammlung ist nicht in den Handel gekommen.

Bericht über die Versammlung der Rheinschiffahrtsinteressenten (Handelskammern, Städte u. wirtschaftl. Vereine) in Düsseldorf ... am 17. Dez. 1904. Betr.: Erhebung von Schiffahrtsabgaben auf d. Rhein. Mainz [1904]: Prickarts. 51 S. 8° [10. 775 5

Bericht über die Versammlung der Rheinschiffahrtsinteressenten (Handelskammern, Städte und wirtschaftlichen Vereine) in Düsseldorf am 17. Dezember 1904. Betr.: Erhebung von Schiffahrtsabgaben [auf dem Rhein. Mainz, 1905. 51 S.

—— über die Versammlung der Gabelsberger'schen Stenographen und Stenographen-Vereine des Königr. Sachsen zu Dresden vom 26. Aug. 1860. Unmittelbar von stenograph. Niederschriften abgesetzt durch die Mitglieder der Tironia. Hrsg. vom königl. stenograph. Institute. gr. 8. (66 S.) Dresden, (Adler und Dietze.) **

— über die 5. Versammlung v. Taubstummenlehrern Nordwestdeutschlands, geh. vom 20—22. Aug. 1871 zu Braunschweig. gr. 8. (24 S.) Wien 872. Pichler's Wwe. & Sohn. — 50

BERICHT ÜBER DIE ... VERSAMMLUNG DER TUBERKULOSE-ÄRZTE.
Herausgegeben von Prof. Dr. PANNWITZ.
I., Berlin, 1. bis 3. November 1903. Berlin 1904. Deutsches Central-Komite zur Errichtung von Heilstätten für Lungenkranke. 4°.
Herausgegeben von Oberstabsarzt a. D. Dr. NIETNER.
II., Berlin, 24. bis 26. November 1904. ib. 1905. —
III., Berlin, den 1. Juni 1906. ib. 1906. —
IV., Berlin, den 24. und 25. Mai 1907. ib. 1907. —
Redigiert von Prof. Dr. NIETNER.
V., München, den 15. und 16. Juni 1908. ib. 1908. —
VI., Berlin, den 25. und 26. Mai 1909. ib. 1909. —
VII., Karlsruhe, den 6. und 7. Juni 1910. ib. 1910. —
VIII., Dresden, den 12. und 13. Juni 1911. ib. 1911. —

Bericht üb. d. Versammlg. schlesischer Turnlehrer u. Turnwarte, verb. m. Schauturnen.
1. 21.–23. 4. 1862, 2. 6. u. 7. 4. 1863, 5. 2.—3. 4. 1868, **Breslau 1862, 1863, 1868, 8°. 3 Bde.**

Bericht über die Versammlung des Turnlehrer-Vereins der Mark Brandenburg.
3. Potsdam 1874.
4. Kottbus 1875.
5. Berlin 1877.
7. Frankfurt a. d. O. 1879.
8. Landsberg a. W. 1880.
9. Potsdam 1882.
10. Berlin 1883.
13. Berlin 1887. Berlin 1888. Sonderdr. aus d. Monatsschr. f. d. Turnwesen. Jg. 1888.
14. Sorau 1888.
15. Neuruppin 1890.
16. Berlin 1891.
17. Wriezen 1893.
18. Guben 1895.

Bericht über die 3. Versammlung d. Turnlehrer-Vereins der Mark Brandenburg abgeh. am 30. u. 31. März 1874 zu Potsdam. Nach stenograph. Aufzeichngn. u. m. e. Anh.: Lieder u. Reigen, hrsg. vom Vorstande. gr. 8. (139 S. m. 11 Steintaf.) Potsdam 874. Gräfe. n. 2. —

—— üb. d. 3. Versammlg d. Turnlehrer-Ver. d. Mark Brandenburg abgeh. am 30. u. 31. März 1874 zu Potsdam. 8. (139 m. 11 L.) Potsd. 74, Schilling. n. 2. —

Bericht üb. d. 35. Versammlung d. württembergischen Turnlehrerver. am 27.—28. 10. 1905 in Heilbronn a. Neckar, Heilbronn 1906, 65 S., 8°.

— über die Versammlung des Verbandes der Dampfkessel-Ueberwachungs-Vereine zu Kaiserslautern am 15. u. 16. Juni 1877. gr. 8. (III, 119 S. m. 5 autogr. Taf.) Breslau 878. Korn in Comm. n. 2. —

Bericht üb. die 1. Versammlung d. internationalen Verbandes forstlicher Versuchsanstalten zu Mariabrunn 1893. Erstattet v. J. Friedrich. Wien 1894. 130 S. 3 Lystr.-Tvl. 1 Pl. 4°.
(= Mittheilungen aus d. forstl. Versuchswesen Oesterreichs. H. 17). 6:2.

— über die 1. und 2. Versammlung des Vereins baltischer Aerzte. Aus den Greifswalder medicinischen Beiträgen. Danzig 863. Ziemssen. Lex.-8. (28 S.) 6 ngr.

—— über die 3. Versammlung des Vereins baltischer Aerzte, erstattet von dem allgemeinen ärztl. Verein zu Kiel. gr. 8. (69 S.) Kiel 866, Schwers'sche Buchh.

Bericht über die … [später:] Bericht des Ausschusses über die … Versammlung des deutschen Vereins für öffentliche Gesundheitspflege … Braunschweig 1873—86. — 1. Vers. … zu Frankfurt a. M. … 1873. …, 2. … zu Danzig … 1874. …, 3. … zu München … 1875. …, 4. … zu Düsseldorf … 1876. …, 5. … zu Nürnberg … 1877. …, 6. … Dresden … 1878. …, 7. … zu Stuttgart … 1879. …, 8. … zu Hamburg … 1880. …, 9. … zu Wien … 1881. …, 10. … zu Berlin … 1883. …, 11. … zu Hannover … 1884. …, 12. … zu Freiburg … 1885. …
Sep.-Abdr. aus: Deutsche Vierteljahrsschrift f. öff. Gesundheitspflege. Bd. 5—18.

Verein f. Förderung d. Arbeiterwohnungswesens u. verwandte Bestrebungen. **Bericht** über die Versammlung vom 19. März 1903 abgeh. … Frankfurt a. M. Frankfurt a. M.-Sa. 1903: Englert & Schlosser. 84 S. 8° [Umschlagt.] [11. 16434 6

Verein Mecklenburgischer Forstwirthe. Bericht über die … Versammlung (Hauptversammlung) zu …-3. -53. Vers. - 1875-1933.
Forts. s.: Ber. üb. d. Hauptvers. d. Gr. Mecklenburg d. Dtsch. Forstver.

Bericht über die Versammlung des geognostischen Vereins für die baltischen Länder Am 7ten und 8ten August 1844. Lübeck. Gedruckt bei H. G. Rahtgens. 8°.
Am 1sten und 2ten August 1845. ib. —
Am 31sten Juli 1847. ib. —

Bericht über die 6. und 7. Versammlung des geognostischen Vereins für die baltischen Länder Am 1. August 1849 und 6. August 1851. ib. Druck von Gebr. Borchers.

BERICHT ÜBER DIE VERSAMMLUNG DES NATURWISSENSCHAFTLICHEN VEREINS FÜR THÜRINGEN.
1. Versammlung, den 8. Juni 1842. (Ohne bes. Titelblatt.) 4°.
2. Versammlung, Erfurt, den 8. und 9. Juni 1843. (Mit 1 Tafel Ohne bes. Titelblatt.)
3. Versammlung, Erfurt, den 29. und 30. Juni 1844. (Ohne bes. Titelblatt.)
4. Versammlung, Ilmenau, den 14. und 15. Mai 1845. (Ohne bes. Titelblatt.)
5. Versammlung, Gotha, den 3ten und 4ten Juni 1846. (Ohne bes. Titelblatt.)
6. Versammlung, Bad Liebenstein, den 27. und 28. Mai 1847. (Ohne bes. Titelblatt.)

BERICHT ÜBER DIE … VERSAMMLUNG DES OBERRHEINISCHEN GEOLOGISCHEN VEREINS.
XVII. [1]) Versammlung zu Frankfurt am Main am 17. April 1884. Stuttgart. Druck von Alfred Müller. 8°
XVIII. Versammlung zu Stein am Rhein am 9. April 1885. ib. —
XXI. Versammlung zu Oberschaffhausen im Kaiserstuhl am 5. April 1888. ib. Alfred Müller & Co.
XXII. Versammlung zu Aschaffenburg am 25. April 1889. ib. 1889. —
XXIII. Versammlung zu Sigmaringen am 10. April 1890. Mit 5 Zinkographieen und 2 Holzschnitten. ib. —
XXIV. Versammlung zu Wolfach im Schwarzwald am 21. Mai 1891. Mit 1 Holzschnitte. ib. —
XXV. Versammlung zu Basel am 21. April 1892. Mit 1 Zinkographie. Beigeheftet: Bericht über die Excursionen des oberrheinischen geologischen Vereins vom 22. bis 24. April 1892. Von F. MÜHLBERG. Mit 1 Profiltafel. ib. —
XXVI. Versammlung zu Hohenheim am 6. April 1893. ib. —

BERICHTE ÜBER DIE … VERSAMMLUNGEN DES OBERRHEINISCHEN GEOLOGISCHEN VEREINS.
27. Versammlung zu Landau i. d. Pfalz am 29. März 1894. ib. —
28. Versammlung zu Badenweiler am 18. April 1895. Mit 5 Abbildungen. ib. —
29. Versammlung zu Lindenfels i/O. am 9. April 1896. Mit 7 Abbildungen. ib. —
30. Versammlung zu Mülhausen i/E. am 22. April 1897. Mit 10 Abbildungen. ib. 1897. —
31. Versammlung in Tuttlingen am 14. April 1898. Mit 2 Abbildungen. ib. 1898. —
32. Versammlung zu Marburg i. H. am 6. April 1899. Mit 4 Abbildungen. ib. 1899. Druck von Glaser & Sulz.
33. Versammlung zu Donaueschingen am 19. April 1900. Mit 14 Abbildungen und 1 Profiltafel. ib. 1900. —
34. Versammlung zu Diedenhofen am 10. April 1901. Mit 2 Tafeln. ib. 1901. —
35. Versammlung zu Freiburg i. B. am 2. April 1902. Mit 1 Tafel und 1 Textfigur. ib. 1902. —
36. Versammlung zu Nördlingen im Ries am 15. April 1903. Mit 1 Karte und 10 Textfiguren. ib. 1900. —
37. Versammlung zu Offenbach a. M. am 6. April 1904. Mit 4 Textfiguren. ib. 1904. —
38. Versammlung zu Konstanz a. B. am 26. April 1904. Mit 4 Textfiguren, 1 Kartenskizze und 2 Tabellen. ib. 1905. —
39. Versammlung zu Wörth a. d. Sauer am 17. April 1906. Mit 12 Textfiguren und 4 Tafeln. ib. 1907. J. Langs Buchdruckerei.
40. Versammlung zu Lindau i. Bodensee am 3. April 1907. Mit 3 Textfiguren und 8 Tafeln. ib. 1907. —
41. Versammlung zu Ulm a. D. am 21. April 1908. Mit 18 Textfiguren und 2 Tafeln. ib. 1909. —
42. Versammlung zu Heidelberg am 14. April 1909. Mit 11 Textfiguren und 2 Tafeln. Ausgegeben Mitte August 1909. ib. 1909. —
43. Versammlung zu Bad Dürkheim am 29. März 1910.
I. Teil (mit Programm). Mit 9 Textfiguren. Ausgegeben Mitte Februar 1910. ib. 1910. —

— über die 16. Versammlung des preussischen botanischen Vereins zu Neustadt [Westpr.] am 1. Octbr. 1877. Vom Vorstande. [Aus: „Schriften der physik.-ökonom. Gesellsch."] gr. 4. (48 S.) Königsberg 878. (Koch.) n. 1. 80

—— über die 17. Versammlung des preussischen botanischen Vereins zu Allenstein am 6. Octbr. 1878. Vom Vorstand. 4. (42 S.) Königsberg 880, (Koch und Reimer.) *

— über die 18. Versammlung des preussischen botanischen Vereins zu Graudenz am 10. Octbr. 1879. Vom Vorstande. [Aus: „Schriften d. physik.-ökonom. Gesellsch. zu Königsberg".] gr. 4. (51 S.) Ebend. 882. n. 1. 80

—— über die 19. Versammlung des preussischen botanischen Vereins zu Tilsit am 5. Octbr. 1880. 4. (44 S.) (Ebendas.) 881. *

—— über die 20. Versammlung des preussischen botanischen Vereins zu Thorn am 7. Octbr. 1881. 4. (46 S.) (Ebendas.) 882. *

—— über die 21. Versammlung des preussischen botanischen Vereins zu Osterode am 3. Octbr. 1882. 4. (56 S.) (Ebendas.) 883. *

— über die 22. Versammlung d. preussischen botanischen Vereins zu Marienburg in Westpr. am 9. Octbr. 1883. Vom Vorstande. [Aus: „Schriften d. phys.-ökonom. Gesellsch. zu Königsberg".] gr. 4. (67 S.) Königsberg 884. (Berlin, Friedländer & Sohn.) n. 2. 50

—— über die 23. Versammlung des preussischen botanischen Vereins zu Memel am 7. Octbr. 1884. Vom Vorstande. gr. 4. (48 S.) Königsberg 885. (Berlin, Friedländer und Sohn.) *

—— über die 24. Versammlung des preussischen botanischen Vereins zu Pr. Stargard am 6. Octbr. 1885. Vom Vorstande. gr. 4. (40 S. mit 1 Taf.) (Ebendas.) 886. *
25. zu Insterburg am 5. Octbr 1886. (27) 87. n. 1. 5 || 26. zu Königsberg am 4. Octbr 1887, (24) Königsb. 88, (Koch). n. — 75 || 27. zu Graudenz am 2. Octbr 1888. Erstattet v. Abromeit. (30) 90. n. — 80 || 28. zu Braunsberg am 8. Octbr 1889. Erstattet v. Abromeit. (32) 90. n. 1. —

BERICHT ÜBER DIE … VERSAMMLUNG DES VEREINS MECKLENBURGISCHER THIERÄRZTE.
2. Versammlung. Am 25. August 1846 in Schwerin. Abgefasst vom Thierarzte S. COHEN. Schwerin 1847. C. Kürschner'sche Buchhandlung. 8°.

BERICHT ÜBER DIE … VERSAMMLUNG DES VEREINS MECKLENBURG(I)SCHER, auch: MECKLENB. THIERÄRZTE und über das Vereinsjahr …
3. Versammlung. Vereinsjahr 1846/7. Abgefasst von S. COHEN. ib. 1848. —
4. Versammlung. Vereinsjahr 1847/8. Abgefasst vom Thierarzte W. LISS. ib. 1849. —
5. Versammlung. Vereinsjahr 1848/9. Abgefasst vom Dr. S. COHEN. ib. 1849. —
6—20. Versammlung. - Vereins-Jahr 1849-1850 — Vereinsjahr 1864-1865. Mit Tafeln. Abgefasst von G.(USTAV) J.(OHANN) G.(EORG) F.(RIEDRICH) FLEMMING. Laage 1851—1865. C. F. Meyer.
21—27. Versammlung. Vereinsjahre 1865-1866 & 1866-1867 — Vereinsjahr 1873-1874. Abgefasst von GUSTAV JOHANN GEORG FRIEDRICH FLEMMING. (Mit 1 Tafel.) Ludwigslust. 1868—1874. Hinstorff'sche Hofbuchhandlung.
28. und 29. — 32. und 33. Versammlung. Vereinsjahre 1874-1875 und 1875-1876 — Vereinsjahre 1878-79 und 1879-80. Abgestattet von (FR.) PETERS. ib. 1876—1880. —*)

Bericht über die 1.(-7.) Versammlung des thierärztlichen Vereins der Provinz Brandenburg zu Berlin. Berlin 1871 – 73.
1.2.1870. 3.1871. 4.5. 1872. 6.7. 1872.

— über die 1. Versammlung des westpreussischen botanisch-zoologischen Vereins zu Danzig am 11. Juni 1878. Vom Vorstande. [Aus: „Schriften d. naturforschenden Gesellsch. zu Danzig".] Lex.-8. (124 S. m. 1 Steintaf.) Danzig 878. (Anhuth.) n. 1. —

BERICHT UBER DIE 2. VERSAMMLUNG DES WISSENSCHAFTLICHEN VEREINS FÜR AERZTE UND APOTHEKER MECKLENBURGS. Entworfen vom Kreis-Physicus Dr. BARTSCH. Hierzu 2 Abbildungen in Steindruck. Rostock, 1888. Druck ... von J. M. Oeberg. (Auf Kosten des Vereins.) 4°.

BERICHT ÜBER DIE 1.–[12] VERSAMMLUNG DER FREIEN VEREINIGUNG BAYERISCHER VERTRETER DER ANGEWANDTEN CHEMIE IN REGENSBURG. Herausgegeben im Auftrage des geschäftsführenden Ausschusses von A. Hilger, R. Kayser, und T. Weigle. 12 vols., 8vo. Wiesbaden, 1883–94.

— über die 4. Versammlung der freien Vereinigung bayrischer Vertreter der angewandten Chemie zu Nürnberg am 7. u. 8. Aug. 1885. Hrsg. v. A. Hilger u. R. Kayser. Mit 2 Holzschn. gr. 8. (V, 118 S.) Berlin 886. Springer. n. 2. —

— üb. die 5. Versammlg. d. freien Vereinigung bayerisch. Vertreter der angewandten Chemie zu Würzburg am 6. u. 7. Aug. 1886. Hrsg. vom geschäftsführ. Ausschusse: A. Hilger, R. Kayser, E. List, D. Egger, Th. Weigle. gr. 8. (III, 103 S.) Berlin 887. Springer. n. 2. —

—— über die sechste Versammlung der freien Vereinigung bayerischer Vertreter der angewandten Chemie zu München am 20. und 21. Mai 1887. Hrsg. im Auftrage des geschäftsführenden Ausschusses von A. Hilger, R. Kayser, E. List. gr. 8. (127 S.) Ebendas. 887. *

— dasselbe. 7. Versammlung in Speier am 10., 11. u. 12. Septbr. 1888. Hrsg. v. A. Hilger, R. Kayser, E. List, Th. Weigle. gr. 8. (III, 159 S.) Ebd. 889. n. 3. —

— dasselbe. 8. Versammlung in Würzburg am 31. Mai u. 1. Juni 1889. gr. 8. (III, 123 S.) Ebd. 889. n. 2. 50

— dasselbe. 9. Versammlung in Erlangen am 16. u. 17. Mai 1890. gr. 8. (III, 82 S.) Ebd. 890. n. 2. —

— über die 10. Versammlung der freien Vereinigung bayerischer Vertreter der angewandten Chemie in Augsburg am 17. u. 18. Juli 1891. Hrsg. im Auftrage d. geschäftsführ. Ausschusses v. A. Hilger, E. List, R. Kayser u. Th. Weigle. gr. 8. (III, 142 S.) Wiesbaden 892. C. W. Kreidel. n. 3. 60

— dasselbe üb. die 11. Versammlung in Regensburg am 2. u. 3. Aug. 1892. Hrsg. im Auftrage d. geschäftsführ. Ausschusses v. A. Hilger, R. Kayser, Th. Weigle. gr. 8. (III, 112 S.) Ebd. 893. n. 3. —

— dasselbe üb. die 12. Versammlung in Lindau am 3. u. 4. Aug. 1893. Hrsg. v. dem geschäftsführ. Ausschusse. [Forschungs-Berichte üb. Lebensmittel u. ihre Beziehungen zur Hygiene, üb. forense Chemie u. Pharmakognosie, I. Jahrg. 3–5. Hft.] hoch 4. München 894. Dr. E. Wolff.
Die Forschungs-Berichte etc. kosten vierteljährlich n. 5. —

— dasselbe üb. die 13. Versammlung in Aschaffenburg am 5. u. 6. Aug. 1894. [Aus: „Forschungs-Berichte üb. Lebensmittel u. ihre Beziehgn. z. Hygiene etc."] 4. (III, 63 S.) München 894. Dr. E. Wolff. n. 4. —

— über die XI. Versammlung u. die Verhandlungen des schweizerischen Lehrervereins den 11. u. 12. Aug. 1876 in Bern. gr. 8. (107 S.) Bern 878. (Dalp.) n. 1. 20

Bayerische Handwerkergenossenschaften. Bericht über die Versammlung von Vertretern. München 1902.

—— über die 1.—5. Versammlung des deutschen Veterinärrathes. Erstattet von dem ständigen Ausschusse. Augsburg 1874—85. 8.
1—2.: Amtlicher Bericht.
1.: Berlin ... 1874., 2.: Berlin ... 1875., 3.: Cassel ... 1876., 4.: Hannover ... 1878., 5.: Leipzig ... 1885.

— über die am 25. u. 26. Septbr. 1876 in Cassel stattgefundene 3. Versammlung des deutschen Veterinärrathes. Erstattet v. dem ständ. Ausschusse. gr. 8. (146 S.) Augsburg 877. Lüderitz in Comm. n.n. 1. —

—— über die am 3. und 4. Aug. 1878 in Hannover stattgefundene vierte Versammlung des deutschen Veterinärrathes. Erstattet von dem ständ. Ausschusse. gr. 8. (95 S.) (Ebendas.) 879. *
Bericht über die erste Versammlung. (Ebendas.) 1875. **M 1.

BERICHT über die vorbereitende Versammlung der Comenius-Gesellschaft. Abgehalten zu Berlin am 9. und 10. October 1891. (Oberhausen, Buchdruckerei Rich. Kühne.) (Ohne bes. Titelbl.) 4°.

— über d. vorbereitende Versammlung d. Comenius-Gesellschaft. Abgeh. zu Berlin am 9. u. 10. Octbr. 1891. — Ueber Zweck, Entstehung u. Entwicklung der Comenius-Gesellschaft. Vortrag v. Keller, geh. zu Berlin am 10. Oct. 1891. gr. 4. (5 u. 5 S.) Münster i/W. 892. (E. Obertüschen.) n. — 60

Bericht über die Versammlung alpenländischer Waldbesitzer u. Holzinteressenten am 19. Dez. 1903 zu Klgft. Klgft., Leon, 1904. 55 S.

BERICHT ÜBER DIE 1. VERSAMMLUNG DER CENTRAL-VERTRETUNG DER THIERÄRZTLICHEN VEREINE PREUSSENS. Erstattet von dem ständigen Ausschusse. Halle a. S., 1886. Druck der Buchdruckerei des Waisenhauses. 8°.

Bericht über die Versammlungen deutscher Irrenärzte. 1864, s. Bericht über die Versammlung deutscher Irrenärzte.

— üb. d. Versammlgn d. internat. meteorologischen Komitees u. dessen Kommission f. Erdmagnetismus u. Luftelektrizität, s.a. Veröffentlichungen d. kgl. preuss. meteorolog. Instit.

Bericht über die Versammlungen des Internationalen Meteorologischen Komitees und dessen Kommission für Erdmagnetismus und Luftelektrizität, Berlin 1910. Berlin: Behrend 1910. 117 S. 4°(8°)
(Veröffentlichungen d. Kgl. Preuss. Meteorol. Instituts. Nr 227.) [10. 12048 3

BERICHT ÜBER DIE PSYCHIATRISCHEN VERSAMMLUNGEN zu Dresden im September 1868. Von HEINRICH LAEHR. Supplement-Heft der Allg. Zeitschrift f. Psychiatrie Bd. XXV. ib. 1868. — 8°.

— über die Versammlungen der „Freien Vereinigung bayerischer Vertreter der angewandten Chemie", Fortsetzg., s.: Mitteilungen.

Bericht über die Versammlungen in Wurzen, 18.—19. 4. 1892, Leipzig 1892, 43 S., 8°.

Verschönerungsverein der Stadt Bern und Umgebung. Bericht für das 12. und 13. Vereinsjahr 1899 und 1900, nebst Statuten, Jahresrechnung und Mitgliederverzeichnis pro 28. Februar 1901 und Kärtchen über die vom V. V. B. mit Farbe bezeichneten Spazierwege. IV + 80 S. 8. Bern, Jent & Co., 1901.

— über die Verschuldung d. Grundbesitzes u. deren Ursachen, s.a. Mitteilungen d. bernischen statistischen Bureaus.

Bericht über die Verschuldung des Grundbesitzes und deren Ursachen. Bern 1893. V: *Mühlemann, C.* (Berl)

Bericht d. eidg. Versicherungsamts üb. d. privaten Versicherungs-Unternehmungen in der Schweiz im J. 1886. Veröffentlicht auf Beschluss d. schweiz. Bundesrathes vom 15. Mai. 4. (LXVIII, 120 S.) Bern 888. Schmid, Francke & Co. n. 5. —
Französische Ausg. zu gleichem Preise.

— dasselbe, im J. 1887. gr. 4. (LXX, 131 S.) Ebd. 889. n. 5. —

— des eidg. Versicherungsamts üb. die privaten Versicherungs-Unternehmungen in der Schweiz im J. 1888. Veröffentlicht auf Beschluss d. schweiz. Bundesrathes vom 28. Apr. 1890. gr. 4. (LXIV, 136 S. m. 1 graph. Taf.) Bern 890. (Schmid, Francke & Co.) n. 5. —; französische Ausg. n. 5. —

— dasselbe im J. 1889. Veröffentlicht auf Beschluss d. schweiz. Bundesrathes vom 1. Mai 1891. gr. 4. (LXIV, 136 S.) Ebd. 891. n. 5. —; französische Ausg. n. 5. —

Bericht des eidg. **Versicherungsamts** üb. die privaten Versicherungs-Unternehmungen in der Schweiz im J. 1890. Veröffentlicht auf Beschluss d. schweiz. Bundesrathes vom 22. Apr. 1892. gr. 4. (II, LXXXIV, 117 S.) Bern 892. (Schmid, Francke & Co.) n. 5. —; französische Ausg. n. 5. —

— dasselbe im J. 1891. Veröffentlicht auf Beschluss d. schweiz. Bundesrates vom 5. Mai 1892. gr. 4. (II, LXXVI, 116 S.) Ebd. 893. n. 3. —; französische Ausg. n. 3. —

— d. eidg. Versicherungsamtes üb. d. privaten Versicherungs-Unternehmgn. i. d. Schweiz i. J. 1892. Veröffentl. a. Beschluss d. schweiz. Bundesrates v. 25. Mai 1894. gr. 4. (II, CXIII, 120 S.) Bern 894. (Schmid & Francke.) n. 3. —

— dasselbe i. J. 1893. Veröffentl. a. Beschluss d. schweiz. Bundesrates v. 29. Apr. 1895. gr. 4. (LXXI, 149 S. m. 3 graph. Taf.) Ebd. 895. n. 3. —

— dasselbe i. J. 1894. Veröffentl. a. Beschluss d. schweiz. Bundesrates v. 4. Mai 1896. gr. 4. (II, C, 127 S.) Ebd. 896. n. 3. —

— dasselbe i. J. 1895. Veröffentl. a. Beschluss d. schweiz. Bundesrates v. 30. IV. 1897. gr. 4. (II, CXIX, 127 S.) Ebd. 897. n. 3. —

Bericht d. eidg. **Versicherungsamtes** üb. d. privaten Versicherungs-Unternehmgn. i. d. Schweiz i. J. 1896. Veröffentl. a. Beschluss d. schweiz. Bundesrates v. 6. IV. 1898. gr. 4. (II, LXV, 150 S.) Bern 898. (Schmid & Francke.) n. 3. —
Auch in französ. Sprache u. d. T.: Rapport du bureau fédéral des assurances sur les entreprises privées en matière d'assurances en Suisse publié conformément à la décision du conseil fédéral suisse du 6. avril 1898.

— des eidg. Versicherungsamts üb. die privaten Versicherungs-Unternehmungen in der Schweiz im J. 1897. Veröffentlicht auf Beschluss des schweiz. Bundesrates vom 28. IV. 1899. gr. 4. (II, LXX, 126 S.) Bern 899. (A. Francke.) n. 3. —

— dasselbe, im J. 1898. Veröffentlicht auf Beschluss des schweiz. Bundesrates, vom 19. VI. 1900. gr. 4. (II, CVI, 160 S.) Ebd. 900. n. 3. —

— dasselbe, im J. 1899. Veröffentlicht auf Beschluss des schweiz. Bundesrates vom 28. V. 1901. gr. 4. (II, LXIV, 135 S. m. 1 Taf.) Ebd. 901. n. 3. —

— dasselbe im J. 1900. Veröffentlicht auf Beschluss des schweiz. Bundesrates vom 27. III. 1902. gr. 4. (II, LXII, 136 S. m. 1 Taf.) Ebd. 902. n. 3. —; französische Ausg zu gleichem Preise.

— des eidg. Versicherungsamts über die privaten Versicherungs-Unternehmungen in der Schweiz in d. J. 1901—1904. Veröffentlicht auf Beschluss d. schweiz. Bundesrates. gr. 4. Bern (A. Francke). à n. 3. — ; französische Ausg. à n. 3. —
1901. (II, LXXIX, 136 S.) 903. — 1902. (II, LX, 136 S.) 904. — 1903. (II, XCIII, 194 S. m. 7 farb. Taf.) 905. — 1904. (II, LXII, 150 S. m. 2 Tab.) 906.

— d. eidgenöss. Versichergsamtes. Die privaten Versichergs-Unternehmgn in d. Schweiz in d. J. 04—7. Veröffentlicht auf Beschl. d. schweiz. Bundesrates. Lex 8° Bern, (A Francke). 15 —; franz. Ausg. zu gl. Pr.
'04. (62, 150 m. 2 Tab.) '06. 3 — ‖ 05. (80, 152 u. 184 m. 4 Taf.) '07. 6 — ‖ '06. (62, 165 m. 4 Taf.) '08. 3 — ‖ 07. (68, 170 m. 1 farb. Taf.) '09. 3 —

— d. eidgenöss. Versicherungsamtes. Die privaten Versichergs-Unternehmgn in d. Schweiz '08—11. 23—25. J. Lex8° Bern, A Francke.
'08. 23. J. (68, 178 m. 4 farb. Taf. u. 1 farb. Kte.) '10. 3 —; französ. Ausg. 3 — ‖ '09. 24. J. (76, 178 m. 2 farb. Taf. u. 1 Kte.) '11. 3 —; französ. Ausg. 3 — ‖ '10. Mit rekapitulativen Darstellgn üb. d. ersten 25 Jahre d. Staatsaufsicht u. m. Anh. (Urteilssammlg.). 25. J. (120, 159 m. 5 [4 farb.] Taf.) '12. 6 —; französ. Ausg. 6 —

Bericht über die Bielefelder Versorgungs-Anstalten. *Bielefeld.* 1810.

Bericht der Versorgungscommission vom 19.—27. Armenjahre (vom 3. Junius 1811 — 3. Junius 1820). (Kiel. 1820.) 4°.

Ergänzung zum **Bericht** über die Versuche bezüglich der Abblendung der Schiffs-Seitenlichter, ausgef. auf Anordng d. Reichs-Marineamts v. d. Dir. d. Deutschen Seewarte. *Hamburg: Gedr. bei Hammerich & Lesser in Altona 1896.* (1 Bl., 6 S.) 4.
= Archiv, Aus dem, d. Deutschen Seewarte. Jg. 19. No 2. [96. 8719

Bericht üb. die Versuche d. auf allerhöchsten Befehl in den Orient abgeschickten Commission, betreffend die Reinigung verpesteter Gegenstände durch erhöhte Wärme. St. Petersb. 1845. 16 S. P.

Studiengesellschaft f. elektr. Schnellbahnen. **Bericht** über die Versuchsfahrten auf der Militär-Eisenbahn in den Monaten September bis November 1903. Als Ms. gedr. Berlin 1904: H. S. Hermann. (71 S.) 4°(8°) [07. 17939 2

... **Bericht** über das landwirtschaftliche Versuchsfeld der Königlichen Universität Breslau in Rosenthal, Kreis Breslau. [1.] Von K[urt] v. Rümker. Berlin: P. Parey 1904. 4°(8°) [05. 5161

Bericht über das Versuchsfeld der Universität in Waldgarten von Prof. Dr. [Friedr.] Albert, Dir., unter bes. Mitw. ... [1.] Im Jahre 1907. Berlin: Parey 1908. 4°(8°)
(Berichte d. Landw. Instituts d. Univ. Königsberg i. Pr. 10.) [09 4510 10

— üb. d. Versuchsfeld d. Univ. in Waldgarten '08 u. '09, s.a. Berichte d. landwirtschaftl. Instit. d. Univ. Königsberg i. Pr.

Bericht üb. das Versuchsfeld d. Universität in Waldgarten 1907, 1908 u. 1909. Berl. 1908—10. 4°.
(Berichte d. landw. Instituts d. Universität Königsberg. X. u. XII). 373.

Bericht aus der kgl. bayerischen biologischen Versuchsstation in München. Herausg. v. B. Hofer. Bd. I—II. Stuttg. 1908—09. 4°.

— d. Versuchsstation f. Zuckerindustrie in Prag f. d. J. 1896—1898. I—III. 8° (74 m. Abb. u. 1 Taf.; 157 m. Abb. u. 131) Prag 97—99, (F Řivnáč). à 1.50

— d. Versuchsstation f. Zuckerindustrie in Prag f. 1899—02. IV—VII. 8° Prag, (F Řivnáč). Je nn 3 —
1899. IV. (155 m. Abb. u. 1 Taf.) 1900. ‖ 1900. V. (139 m. Abb., 1 Taf. u. 3 Tab.) '01. ‖ '01. VI. (94 m. 1 Taf. u. 2 Tab.) '02. ‖ '02. VII. (146) '03.

— d. Versuchsstation f. Zuckerindustrie in Prag f. d. J. 03—8. VIII—XIII. (Mit Abb.) Lex8° Prag, (F Řivnáč). Je nn 3 —
'03. VIII. (142) '04. ‖ '04. IX. (9, 145) '05. ‖ '05. X. (11, 144 m. 2 Taf.) '06. ‖ '06. XI. (11, 183) '07. ‖ '06. XII. (11, 190) '08. ‖ '07. XIII. (182 m. 2 Tab.) '09.

— d. Versuchsstation f. Zuckerindustrie in Prag f. '09, '10 u. '11. XIV—XVI. (9, 192 m. Abb.; 10, 183 m. Abb. u. 5 Tab.; 9, 170 m. 6 Taf.) Lex8° Prag, (F Řivnáč) '10 '11 '12. je 3 —

Bericht üb. die Versuchstätigkeit d. höheren landwirtschaftlichen Landeslehranstalt Tetschen-Liebwerd 1899—1900. Wien 1900—01. (Sartr.).

Bericht üb. d. Verwaltg d. Stadt Aachen in d. Zeit v. 1. IV. 1897—31. III. 06. (14, 406 m. Abb., graph. Darstellgn u. Plänen.) Lex 8° Aach., (A Creutzer) '07. L. nn 6 — d

Bericht über die Verwaltung der Stadt Aachen in der Zeit vom 1. Apr. 1897 bis 31. März 1906. ⟨Mit Abb., graph. Darst. u. Plänen.⟩ Aachen 1907: La Ruelle. (XIV, 406 S.) 4° [F.] [08. 4176

Bericht über die Verwaltung des Archivs und der Bibliothek der Stadt Braunschweig. [1.] In d. Zeit 1. Apr. 1900—31. März 1911. (Braunschweig 1911): Krampe. 8°
Aus: Verwaltungsbericht d. Magistrats. A 12. 8624

Bericht üb. d. Verwaltung d. städtisch. Bahnen f. 1910/1911. Köln o. J.

Bericht über die Verwaltung der Westfälischen Berggewerkschaftskasse in Bochum. Jg. 1878—1903/04. Bochum, 1876—1904.

Bericht über die Verwaltung der Stadt Berlin. Berlin. 3 Bde.
In d. J. 1829 - 40. 1842.
In d. J. 1841 - 50. 1853.
In d. J. 1851 - 60. 1863.

—— über die Verwaltung der Stadt Berlin in den J. 1841 bis incl. 1850. Hrsg. von dem Magistrat. gr. 8. (VIII und 427 S.) Berlin 853, (Springer.) *

Bericht über die Verwaltung der Schleswig-Holsteinischen Landwirtschaftlichen Berufsgenossenschaft für das Jahr 1907 ff. Kiel. 1908 ff. 4°

Bericht über die Verwaltung und den Betrieb der Krankenanstalt (und der Desinfektionsanstalt) der Stadt Kiel für die Zeit vom . . . Kiel. 8°
1. April 1906 bis 31. März 1911. 1912.
1. April 1911 bis 31. März 1913. 1914.
Vorhergehendes vergl. S. 1545.

Bericht über Verwaltung und Betrieb des Piesberger Steinkohlen-Bergwerks im Jahre 1872. Osnabrück, 1873.

Bericht über die Verwaltung der Königlichen und Universitäts-Bibliothek zu Breslau. 1902 ff. [Breslau 1903 ff.] V. *Erman, Wilhelm.* (Stadtbibl. Frankf. a. M. Kat. der Neueren Bestände.)

Bericht über die Verwaltung d. öffentlichen Bibliothek d. Universität Basel 1886, 91—92.

Öffentliche Bibliothek der Universität Basel. Bericht über die Verwaltung im Jahre 1900. 20 S. 8. (1901.)

Öffentliche Bibliothek der Universität Basel. Bericht über die Verwaltung im Jahre 1901. S. 3—17. 8. (1902.)

Öffentliche Bibliothek der Universität Basel. Bericht über die Verwaltung im Jahre 1902. 17 S. 8. (1903.)

— üb. d. Verwaltg v. Bosnien u. d. Hercegovina 06—8. Hrsg. v. k. u. k. gemeinsamen Finanzministerium. 31×24 cm. Wien, (A Holzhausen). 26 —
'06. (10, 667) '06. 15 — ‖'07. (210) '07. 5 — ‖'08. (208) '08. 6 —

— üb. d. Verwaltg v. Bosnien u. d. Hercegovina '09 '10 '11. Hrsg. v. k. u. k. gemeinsamen Finanzministerium. 31,5 × 24,5 cm. Wien, (A Holzhausen). je 6 —
'09. (9, 273) '10. ‖ '10. (8, 247) '10. ‖ '11. (8, 270 m. 1 Taf.) '11.

Bericht über die Verwaltung der Eisenbahnen in Elsaß-Lothringen und Luxemburg im Etats-Jahre 1881/82. Straßburg 1882. 4°.

Bericht über die Verwaltung der Feuerwehr (2 ff.: **Bericht** über die Verwaltung des Feuerlösch- und Krankentransportwesens) der Stadt Dortmund. [1.] Dortmund (1908): Müller & Meyer. 4° 10.17473

Bericht über die Verwaltung der Feuerwehr u. d. Telegraphen v. Berlin f. d. J. 1880. gr. 8. (88 S.) Berlin 881. Springer. n. 1. 60

— dasselbe, für d. J. 1881. gr. 8. (89 S. m. 4 graph. Steintaf.) Berlin 882. C. Heymann's Verl. n. 2. —

Bericht über die Verwaltung des Grossfürstenthums Finnland 1855—61. Helsingfors 1862. Ü: *Rein, Gabriel.* (Kat. d. stat. Bureaus. Dresden 1890.)

Bericht über die Verwaltung der Großherzoglich Mecklenburgischen Friedrich Franz-Eisenbahn im Betriebsj. 1909/1910 ff. Schwerin 1910 ff. 4°

Gemeinde der Stadt Bern. Bericht üb. die Verwaltung i. J. 1872. 178 Stn. 8. u. 2 Tabellen. Bern, Druck v. K. J. Wyss. 1873?

—— über die Verwaltung und die Gemeindeangelegenheiten der Stadt Husum für die Jahre 1886—90. ebd. 1892. 4°.

—— über die Verwaltung der Gemeinde-Angelegenheiten der Stadt Stralsund während des J. 1874, nebst einleit. Darlegungen der Entwickelung der einzelnen Zweige dieser Verwaltung bis zum Schlusse des J. 1873. gr. 4. (139 S.) Stralsund 876, (Bremer.) *

— über die Verwaltung der Gemeinde-Angelegenheiten der Stadt Stralsund während der J. 1875 u. 1876. gr. 4. (92 S.) Stralsund 878. (Bremer.) n. 1. —

—— über die Verwaltung der Gemeinde-Angelegenheiten der Stadt Stralsund während der J. 1877, 1878 und 1879. 4. (76 S.) Stralsund 880, (Bremer.) *

—— über die Verwaltung der Gemeinde-Angelegenheiten der Stadt Stralsund während der J. 1880, 1881 und 1882. 4. (76 S.) (Ebendas.) 884. *

Verwaltung der Gemeindegüter der Stadt Winterthur. Bericht üb. d. J. 1870. 28 Stn. 4. Winterthur, Druck v. Bleuler-Hausheer & Co.
1872?

Gemeinderath der Stadt Bern. Bericht über die Verwaltung in d. J. 1869—1871, Bern, Druck v. K. J. Wyss. 297 Stn. 8. und 7 Tabellen.
1873?

—— über die gesammte Verwaltung und den Stand der Gemeindeangelegenheiten der k. Haupt- und Residenz-Stadt München im Rechnungsjahre 1875, mit einigen Rückblicken auf die frühere Zeit. gr. 4. (III, 281; 21, 21 S. mit lithogr. Plänen.) München 877, (Ad. Ackermann.) cart. *

—— dass. — im Rechnungsjahre 1876. gr. 4. (177 S.) (Ebendas.) 878. cart. *

—— über die gesammte Verwaltung und den Stand der Gemeinde-Angelegenheit der königl. Haupt- und Residenzstadt München in den Rechnungsjahren 1879, 1880 und 1881 mit einigen Rückblicken auf die frühere Zeit. 4. (658 S.) München 888, Lindauer'sche Buchh. *

Bericht über die Verwaltung des Gewerbemuseums in Kassel 1877-80. Kassel 1877-80

Bericht über die Verwaltung der Stadt Husum für die Jahre 1875—78 nebst Haushaltungsplan pro 1879 und Anhang. Husum. 1879. 4°.
—— pro 1879—85 nebst Voranschlag über Einnahme u. Ausgabe der Stadt Husum pro 1886. ebd. 1886. 4°.

Bericht über die Verwaltung des Kestner-Museums. Dem Magistrat d. Kgl. Haupt- u. Residenzstadt Hannover erstattet von C[arl] Schuchhardt. [1.] Vom 1. Juli 1888 bis 1. Jan. 1898. Hannover 1898: Schlüter. 8° A 12.3227

Bericht über die (kirchliche Verwaltung und die) kirchlichen und sittlichen Zustände in den Gemeinden der Propstei Rantzau für die . . . ordentliche Synode der Propstei Rantzau. Elmshorn. 8°
1884. 12—17, 1890—1895.

Fortges. u. d. T.:
Bericht des Synodalausschusses der Propstei Rantzau für die . . . ordentliche Rantzauer Propstei-Synode. Elmshorn. 8°
18 ff., 1896 ff.

Bericht über die Verwaltung der Klingbeutelgelder und andrer freiwilliger Gaben an die Armen in der Itzehoer Gemeinde von Pfingsten 1859 bis Ende 1868. Itzehoe. 1869. 8°

Bericht, 1. ff. über die Verwaltung der Knappschafts-Berufsgenossenschaft f. d. Zeit vom 1. Okt. bis 31. Dez. 1885 ff. Berlin (1886 ff.) 4°.
1. 1885 —24. 1909.

Bericht über die Verwaltung der Knappschafts-Berufsgenossenschaft. Berlin. 4°
Für d. J. 1910.
(Beil. zu „Der Kompass." Jg. 1911, No 17.)

—5ter, über die Verwaltung d. allgem. Krankenhauses zu Hamburg, betreff. die Jahre 1828—30. Bekannt gemacht von d. Verwaltungs-Collegio 1832. (Mit der Anlage: Aerztlicher Bericht über das allgem. Krankenhaus d. J. 1828 u. 29. Von d. Aerzten J. Sandtmann u. J. C. G. Fricke.) gr. 4. Hamb. 833, Nestler u. Melle. 1/2 ₰

Bericht üb. d. Verwaltg d. Landarmenhauses z. Trier 1841 u. 42. Trier 1843. 4.

—— über die Verwaltung der schweizerischen Landesausstellung Zürich 1883. Erstattet vom Bureau des Centralcomité. gr. 4. (VIII, 196 S.; Anhang 146 S. mit 25 Taf., 2 Plänen und 1 Karte.) Zürich 884, (Orell, Füssli und Comp.) cart. *

Bericht über die Verwaltung der ersten öffentlichen Lesehalle in Berlin im Jahre 1895. (36 S) Berlin 1895

Bericht üb. d. Verwaltg d. Stadt Riga f. 1870. 2 Thle. in 1 Bd. 4. (304) Riga 81, (Kymmel). *n.* 9. —

— über die Verwaltung der koeniglichen Sammlungen f. Kunst u. Wissenschaft zu Dresden in den Jahren 1870 u. 1871. 4. (16 S.) Dresden 873. (Burdach.) — 75

— über die Verwaltung der königl. Sammlungen für Kunst u. Wissenschaft zu Dresden in den J. 1874 u. 1875. gr. 4. (51 S.) Dresden 876. (Burdach.) — 75

Bericht über die Verwaltung der Sammlungen für Kunst und Wissenschaft zu Dresden. 1882–83. 4.

Bericht über die Verwaltung der kantonalen Irrenanstalt St. Urban in den Jahren 1886 und 1887. In-8°, 32 S. Luzern, Gebr. Räber. 1889?

Bericht über die Verwaltung der Invaliditäts- und Altersversicherungsanstalt Schleswig-Holstein für die Zeit vom 1. Juli 1890 bis 31. December 1891. (Jg. 1.) Kiel. 1892.
—— für das Jahr 1892 ff. Jg. 2 ff Kiel. 1893 ff. 4°.

Bericht über die Verwaltung der Invaliditäts- und Altersversicherungsanstalt Schleswig-Holstein f. d. Jahr 1896—98. Jg. 6—8. Kiel. 1897—99. 4°.

Bericht über die Verwaltung der Invaliditäts- und Altersversicherungs-Anstalt Schleswig-Holstein. F. d. J. 1897. 7. Jhrg. 4°. Kiel, Druck der Nord-Ostsee-Zeitung, 1898.

Bericht über die Verwaltung der Landes-Versicherungsanstalt Schleswig-Holstein f. d. Jahr 1899 ff. Jg. 9 ff. Kiel. 1900 ff. Fol.

Bericht über die Verwaltung der Stadtbibliothek zu Danzig erstattet durch d. Stadtbibliothekar Dr. O[tto] Günther. [1.] Während d. Jahre 1898-1900. Danzig (1900): Schroth. 8° [11. 1131

Bericht über die Verwaltung der Stadtbibliothek zu Frankfurt a./M. 18. Jahrg. 1901/1902. Frankfurt a./M. 1902.

Bericht über die Verwaltung der Stadtbibliothek zu Frankfurt am Main. Jg. 24. 1907/08ff. Frankfurt a. M.

Bericht über die Verwaltung der Stadtbibliothek zu Hamburg. [1.] Im J. 1902. *Hamburg 1903: Lütcke & Wulff.* 8°
Aus: Jahrbuch d. Hamburg. Wiss. Anstalten. [04. 5737 8

Bericht über die Verwaltung der Stadtbibliothek und des Stadtarchivs zu Breslau. Breslau 1906 ff.

Bericht über die Verwaltung der Stettiner Stadtbibliothek. [1.] Rechnungsjahr 1903/04. (Stettin 1904.) 4° [F. u. Ant.] [05. 1682 9

Bericht über die Verwaltung und den Stand der Gemeinde-Angelegenheiten der Stadt Apenrade für die Rechnungsjahre
1882/83 u. 83/84. Apenrade. 1885. 4°.
1884/85—87/88. ebd. 1889. 4°.
1888/89—95/96. ebd. 1897. 4°.

Bericht über die Verwaltung und den Stand der Gemeindeangelegenheiten der Stadt Barmen f. d. J. 1907 ff. Barmen o. J. 4°.
1907. (Mit e. Anh.: Jahresstatist. 1907. Jg 4.)
1908. (Mit e. Anh.: Jahresstatist. 1908. Jg 5.)

Bericht über die Verwaltung und den Stand der Gemeinde-Angelegenheiten des Fleckens Bredstedt in dem Zeitraum vom 1. April 1891 — 30. März 1896. Bredstedt. 1896. 8°.

Bericht üb. d. Verwaltung u. d. Stand d. Gemeinde-Angelegenheiten d. Stadt Brieg f. 1910. Brieg 1910. 8°

Bericht über die Verwaltung und den Stand der Gemeinde-angelegenheiten der Stadt Burg auf Fehmarn
pro 1872. Burg a. F. o. J. Fol.
pro 1876. ebd. (1877.) 8°.
für die Jahre 1891—95. ebd. 1896. 8°.

Bericht über die Verwaltung und den Stand der Gemeinde-Angelegenheiten der Stadt Cammin in Pommern. [1.] Für d. Jahre 1903 bis 1906. Erstattet von Nath, Bürgermeister. Cammin 1907: Formazin & Knauff. 4° [F.] [07. 17960 9

Bericht über die Verwaltung und den Stand der Gemeinde-Angelegenheiten der Stadt Castrop. [1.] Für d. Zeit v. 1. April 1902 bis z. 31. März 1906. Castrop 1906: H. Schmitz. 4°(8°) [07. 13333

— über die Verwaltung u. den Stand der Gemeinde-Angelegenheiten der Stadt Charlottenburg f. d. Verwaltungsj. 1897/98. 1898/99. 1899 u. 1900. Fol. Charlottenburg (C. Ulrich & Co.). à n. 3. —
1897/98 (IV, 170 S. m. 1 Bildn. u. 7 [5 farb.] Plänen.). 898. 1898/99 (IV, 230 S.). 900. — 1899 (VI, 280 S.). 901. — 1900 (VI, 227 S.). 902.

— über die Verwaltung u. den Stand der Gemeinde-Angelegenheiten der Stadt Charlottenburg f. d. Verwaltungsj. 1901—1904. (VII, 279; VII, 263; VII, 292 u. VII, 396 S.) 4. Charlottenburg 903—906. (C. Ulrich & Co.) à n.n. 3. —

— über die Verwaltung u. den Stand der Gemeinde-Angelegenheiten der Stadt Charlottenburg f. d. Verwaltungsj. 1905—1909. Bearb. im statist. Amt. (VII, 466 S. m. 5 Taf.; VI, 412 S.; IV, 220 S. m. 9 Taf.; IV, 281 S. m. 10 [1 farb.] Taf. u. 1 farb. Karte u. IV, 226 S. m. 9 Taf.) 32×21 cm. Charlottenb. 907—910. C. Ulrich & Co. à nn 3. —

Bericht über die Verwaltung und den Stand der Gemeindeangelegenheiten der Fabrik- und Handelsstadt Chemnitz auf das Jahr 1876. Chemnitz 1876

Bericht über die Verwaltung und den Stand der Gemeinde-Angelegenheiten der Stadtgemeinde Cottbus. [1.] 1892/93. Cottbus (1893): A. Heine. 4° [F.] [07. 14962

Bericht über die Verwaltung und den Stand der Gemeinde-Angelegenheiten der Stadtgemeinde Cottbus f. d. Verwaltungsj. 1909 ff. (Cottbus) o. J. 4°
1909—1913.

Bericht über die Verwaltung und den Stand der Gemeindeangelegenheiten der Stadt Elmshorn. [1.] Für d. Zeit v. 1. Jan. 1896 bis 31. März 1902. Elmshorn 1903: E. Koch. 8° [F.] [07. 13334

Stadtgemeinde Emmerich a. Rh. Bericht über die Verwaltung und den Stand der Gemeinde-Angelegenheiten der Stadt Emmerich am Rhein. [1.] Von 1898 bis 1908. Emmerich a. Rh. (1909): Emmericher Handelsdr. 4° [10. 17479

Bericht über die Verwaltung und den Stand der Gemeinde-Angelegenheiten der Stadt Flensburg pro (in dem Zeitraum) 1870 ff. Flensburg. 1872 ff. 4°

Bericht über die Verwaltung und den Stand der Gemeinde-Angelegenheiten der Stadt Flensburg in der Zeit vom 1. April 1895 bis Ende März 1902. Im Anhang: Uebersicht der Einnahmen und Ausgaben der Stadtkasse. Flensburg. 1903. 4°.

— über die Verwaltung u. den Stand der Gemeindeangelegenheiten d. Stadt Freiberg auf die J. 1899 u. 1900. 4. (IV, 350 S.) Freiberg (901). (Craz & Gerlach.) n.n. 6. —

— über die Verwaltung u. den Stand der Gemeindeangelegenheiten der Stadt Freiberg auf die J. 1901 u. 1902. (IV, 388 S. m. 2 Taf.) gr. 8. Freiberg (904). (Craz & Gerlach.) n.n. 5. —

— dasselbe d. Stadt Freiberg a. d. J. 1903/1904. 1905/1906. 1907/1908. gr. 8. Freib. (Craz & Gerlach.) nn 17. —
1903.04. (IV, 452 S. m. 3 Taf.) 906. nn 6. —
1905.06. (IV, 480 S. m. 1 farb. Taf.) (908). nn 6. —
1907.08. (IV, 500 S. m. 4 Taf.) (910). nn 5. —

Bericht über die Verwaltung und den Stand der Gemeinde-Angelegenheiten der Stadt Friedrichstadt.
(1. 1870—71.) Friedrichstadt. (1871): (2.) 1872—73. ebd. 1874; (4.) 1874—75. ebd. 1876: (5.) 1875—76. ebd. 1877. 4°. 10. für die Zeit vom 1. April 1887 bis Ende Dec. 1890. ebd. 1892: 11. für die Zeit vom 1. Jan. 1891 bis 31. März 1896. ebd. 1896. 4°.

Bericht über die Verwaltung etc. der Stadt Garding für die Zeit vom 1. April 1893 bis 31. März 1899. ebd. (1899.) 4°.

* **Bericht** über die Verwaltung und den Stand der Gemeinde-angelegenheiten der Stadt Glückstadt
im Jahre 1872. Glückstadt. 1874. 4°. geb. in Fol.
—— in den Jahren 1873—77 einschl. ebd. (1879.) Fol.
—— für die Zeit vom 1. April 1878—31. März 1883. ebd. (1884.) Fol.
—— 1883/90. ebd. (1891.) Fol.
—— 1890/96. ebd. (1897.) Fol.

Bericht üb. Verwaltung u. Stand d. Gemeinde-Angelegenheiten d. Stadt Graudenz f. 1909. Graudenz 1910. 4°

Bericht über die Verwaltung und den Stand der Gemeinde-Angelegenheiten in der Stadt Gronau i. W. [1.] 1898. *Gronau i. W. (1899): J. Schierink.* 8° [F.] [03. 8848 B

Bericht über die Verwaltung und den Stand der Gemeinde-angelegenheiten der Stadt Hadersleben für den Zeitraum . . . Hadersleben. 4°
1896/1900 ff.

Bericht über die Verwaltung und den Stand der Gemeinde-Angelegenheiten der Gemeinde und Bürgermeisterei Hamborn. [1.] Für d. Jahre 1900—31. März 1905. Hamborn 1905: General-Anzeiger. 4° A 12. 12331 B

Bericht über die Verwaltung und den Stand der Gemeindeangelegenheiten der Stadt Hattingen-Ruhr f. d. Zeit v. 1. April 1909 bis 31. März 1910 ff. Hattingen-Ruhr (1910) ff. 8°

Bericht über die Verwaltung und den Stand der Gemeinde-Angelegenheiten der Stadt Heide pro 1875. (Heide. 1876.) 4°.

Bericht über die Verwaltung und den Stand der Gemeinde-Angelegenheiten der Stadt Heide für die Rechnungsjahre 1895—1899. Heide i./H. 1902. 8°
Fortges. u. d. T.:
Verwaltungs-Bericht der Stadt Heide für die Zeit vom 1. April 1905 bis 31. März 1910. Heide. 1910. 4°

* **Bericht** über die Verwaltung und den Stand der Gemeinde-Angelegenheiten der Stadt Heiligenhafen
pro 1874. Schleswig. 1875: 75. 77/78. 78—80. Burg a. F. 1876. 79. 81; 81—83. 84—86. Heiligenhafen. 1884. 87. 8°.
—— für die Zeit vom 1. April 1887 bis 31. März 1894. ebd. 1894. 8°.
Angehängt sind:
Haushaltungsplan pro 1876. für das Rechnungsjahr 1877 78. 1881/82. 1884/85 u. 1887/88.

Bericht über die Verwaltung und den Stand der Gemeinde-Angelegenheiten der Stadtgemeinde Höhscheid. [1.] Erstattet in d. Sitzung d. Stadtverordneten v. 13. Dez. 1910. Ohligs (1910): Müller. 4° A 12. 0273

Bericht über die Verwaltung und den Stand der Gemeinde-Angelegenheiten der Bürgermeisterei u. Gemeinde Homberg a. Niederrhein f. 1. Jan. 1901—31. März 1909. Homberg 1910: Hadtstein. 005 S. 4° [10. 12777 3

Bericht über die Verwaltung und den Stand der Gemeinde-Angelegenheiten der Stadt Insterburg. [1.] Für d. J. 1902. *Insterburg 1903: Ostdeutsche Volkszeitung.* 4° [F.]
Anf. a. u. d. T.: Verwaltungsbericht d. Stadt Insterburg. [04. 8738 10

Bericht über die Verwaltung und den Stand der Gemeinde-angelegenheiten der Stadt Itzehoe pro
1869, 70 u. 71, 72 u. 73, 79 u. 80. (Itzehoe. 1870—81.) Fol.
—— für die Rechnungsjahre 1881/82—85/86. ebd. 1886; 1886/87 bis 96/97. Th. 3 ebd. 1897. 4°.
Für die Zeit von 1873—79 erschien kein Bericht.

Bericht über Verwaltung und den Stand der Gemeinde-Angelegenheiten der Stadt Itzehoe für die Rechnungsjahre 1886/87 bis 1896/97. Th. 3. o. O. (1897.) 4°
T. 1 u. 2 nicht erschienen.

Bericht über die Verwaltung und den Stand der Gemeinde-Angelegenheiten der Stadt Jüterbog. [1.] Für d. J. 1902/1903 u. 1903/1904. Jüterbog 1903: R. Krause. 4° [F.] [07. 14361

Bericht über die Verwaltung und den Stand der Gemeinde-angelegenheiten der Stadt Kellinghusen für die Jahre 1888, 1889 und 1890. Kellinghusen. (1891.) 4°
—— 1891—1895. ebd. (1896); 1896—1900. ebd. (1901); 1901—1905. ebd. (1906); 1906—1910. ebd. (1911); 1911—1915. ebd. (1916); 1916—1920. ebd. (1921.) Fol. Hektographiert.

Bericht über die Verwaltung und den Stand der Gemeinde-angelegenheiten der Stadt Kiel
in den Jahren 1869 bis einschliesslich 1875. Kiel. 1877; Beilage: Uebersicht der Einnahmen und Ausgaben der Kieler Stadt-Kasse in den Rechnungsjahren 1869/70 bis einschliesslich 1875. Aufgest. v. J. Raffel. ebd. 1877.
in der Zeit vom 1. Januar 1876 bis ult. März 1881. ebd. 1883; Beilage: Uebersicht der Einnahmen und Ausgaben der Kieler Stadtkasse für die Zeit vom 1. Januar 1876 bis ult. März 1881. ebd. 1882.
in der Zeit vom 1. April 1881 bis ult. März 1886. Aufgest. von [Heinrich August] Hardenberg. ebd. 1887; Beilage: Uebersicht u. s. w. für die Zeit vom 1. April 1881 bis ult.

—— über die Verwaltung und den Stand der Gemeinde-Angelegenheiten der Stadt Kiel. gr. 4. (VII, 47 S. mit 2 lithogr. Karten in qu. Fol.) Kiel 870, Universitäts-Buchh. *
Ohne Karten *

Bericht über die Verwaltung und den Stand der Gemeindeangelegenheiten der Stadt Kiel in der Zeit vom 1. April 1901 bis 31. März 1906. Kiel 1907

Bericht über die Verwaltung und den Stand der Gemeinde-angelegenheiten der Stadt Krempe für das Rechnungsjahr
1893, 94 u. 95. Krempe. 1894—96. 4°.

Bericht über die Verwaltung und den Stand der Gemeinde-Angelegenheiten der Stadt Luckenwalde f. d. J. 1909/1910 ff. Luckenwalde (1910) ff. 4°

Bericht über die Verwaltung und den Stand der Gemeinde-Angelegenheiten der Stadt Marne. [1.] Für d. Zeit v. 1. Oct. 1891 bis ult. Dec. 1895. Marne 1896: L. Altmüller. 8° [F.] [07. 17961

Bericht über Verwaltung und den Stand der Gemeinde-Angelegenheiten der Stadt Meldorf für die Zeit vom 1. April . . . bis ult. März . . .
1884—88. Meldorf. 1888: 1891—95. ebd. 1896. 4°.

Bericht über die Verwaltung und den Stand der Gemeindeangelegenheiten der Stadt Mülheim am Rhein. [1.] Von 1875/76 bis 1901. Mülheim a. Rh. 1901: C. G. Künstler Wwe. 4° [F.] [07. 11208

— üb. d. Verwaltg u. d. Stand d. Gemeindeangelegenh. d. Stadt Mülheim am Rh. v. 01—6. (835) Lex 8° Mülh.-Rhein, (J Hartmann) '07.
nn 2.50 d

* **Bericht** über die Verwaltung und den Stand der Gemeinde-Angelegenheiten der Stadt Neumünster
pro 1871. (Neumünster. 1873.) 4°.
—— in den Jahren 1872 u. 73. (ebd. 1874.) 4°.
—— in den Jahren 1874 bis einschl. 1878. ebd. 1880. 4°.
—— für die Zeit vom 1. April . . . bis dahin . . .
1879—84. ebd. 1884; 1884—88. ebd. 1889; 1888—92. ebd 1893: 1892—96. ebd. 1897. 4°.

Bericht über die Verwaltung und den Stand der Gemeinde-Angelegenheiten der Stadt Oberhausen i. Rheinland f. d. Zeit vom 1. April 1896 bis 31. März 1906. Oberhausen (1906). 4°.

Bericht über die Verwaltung und den Stand der Gemeinde-Angelegenheiten der Stadt Oldenburg i. H. in den 4 Jahren vom 1. April 1884 bis dahin 1888. Oldenburg. 1889. 4°.

—— in der Zeit vom 1. April 1888 bis Ende Dezember 1895. ebd. 1897. 4°.

Bericht über die Verwaltung und den Stand der Gemeinde-Angelegenheiten der Stadt Oldesloe (pro) für das Jahr
(3.) 1877. Oldesloe. 1878; (5.—13.) 1879—87. ebd. 1880—88
(15—18.) 1889—92. ebd. 1890—93. 8°.
(19.) für die Zeit vom 1. Jan. 1893 bis Ende März 1894 ebd. 1894.
(20. ff.) für 1894/95 ff. ebd. 1896 ff. 8°.

Bericht über die Verwaltung und den Stand der Gemeinde-Angelegenheiten der Stadt Orb. [1.] Im Geschäftsjahr 1901. Hersfeld 1902: E. Hoehl. 4° [F.] [07. 6063

Bericht über die Verwaltung und den Stand der Gemeinde-Angelegenheiten der Stadt Osnabrück. 1881/82 u. 1883/84. Osnabrück

Bericht über die Verwaltung und den Stand der Gemeinde-angelegenheiten der Stadt Plön in den Jahren . . . Plön. 8°
1872 u. 1873. 1895-1900. 1900-1904. 1905-1909. 1910-1914.

Bericht über die Verwaltung und den Stand der Gemeinde-Angelegenheiten der Stadt Preetz für die Jahre
1883/84—85/86. Preetz. 1887; 1886/87. ebd. 1887; 1887/88 bis 89/90. ebd. 1890; 1890/91—97/98. ebd. 1898. 4° k.

Bericht über die Verwaltung und den Stand der Gemeinde-Angelegenheiten der Stadt Quedlinburg f. d. Rechnungsj. 1. April 1909/10 ff. (Quedlinburg) 1910 ff. 8°

Bericht über die Verwaltung und den Stand der Gemeinde-Angelegenheiten der Stadt Rendsburg für das Rechnungsjahr ... Rendsburg. 4° u. Fol.
1870—1884/85. 1896/97—1901/02.

Bericht über die Verwaltung und den Stand der Gemeindeangelegenheiten der Stadt Rixdorf f. d. J. 1904 ff. Rixdorf-Berlin 1904 ff. 4°.
1904. 1905. 1906.

Bericht über die Verwaltung und den Stand der Gemeinde-Angelegenheiten der Stadt Schleswig
pro 1870. 71. 73. 74. Schleswig. 1872. 73, 75 u. 76. 4°.

Bericht über die Verwaltung und den Stand der Gemeinde-Angelegenheiten der Stadt Segeberg
im Jahre 1874, nebst einem Anhang enthaltend die zur Zeit gültigen städtischen Polizeiverordnungen. Segeberg. 1876.
im Jahre 1875. Anhang: Haushaltungsplan für 1877/78. ebd. 1877.
pro 1878/80 und das Rechnungs-Ergebniss des Etatsjahres 1877/78—1880/81. Anhang: Haushaltungsplan pro 1879/80—1880/81. ebd. 1879/80.
pro 1885 und das Rechnungs-Ergebniss des Etatsjahres 1884/85. Anhang: Haushaltungsplan pro 1886/87. ebd. 1886. 4°.

Bericht über die Verwaltung und den Stand der Gemeinde-Angelegenheiten der Stadt Sonderburg. 5-8 pro 1873/74 - 1875/76. Sonderburg. 1875 - 77. (1876/81.) ebd. 1881. Fol.

Bericht über die Verwaltung und den Stand der Gemeinde-Angelegenheiten der Stadt Sonderburg für die Jahre
1881—85. Sonderburg. 1886; 1886—90. ebd. 1891.
1891—95. ebd. 1896. Fol.

Bericht üb. d. Verwaltung u. d. Stand d. Gemeinde-Angelegenheiten d. Stadt Strehlen f. 1909/1910. Strehlen o. J. 4°

Bericht über die Verwaltung und den Stand der Gemeindeangelegenheiten in der Stadt Striegau f. d. Zeit v. 1. April 1909 bis 31. März 1910 ff. (Striegau 1910) ff. 4° *[Kopftit.]*

Bericht über die Verwaltung und den Stand der Gemeindeangelegenheiten der Stadt Stuttgart für 1873-75. 78-95. 4° Stuttgart 1874-96

Bericht über die Verwaltung und den Stand der Gemeindeangelegenheiten der Stadt Stuttgart 1896-98. 4° Stuttgart 1900

—— über die Verwaltung und den Stand der Gemeinde-Angelegenheiten der Stadtgemeinde Stuttgart. Erstattet auf 1. Decbr. 1875. 3. Jahrg. Fol. (87 S.) Stuttgart 875. (Kohlhammer.) *

Bericht über die Verwaltung und den Stand der Gemeinde-Angelegenheiten der Stadt Tönning
für 1895—1900, 1901/02 ff. Tönning. (1901, 1902 ff.) 8°.

Bericht über die Verwaltung und den Stand der Gemeinde-Angelegenheiten der Stadt Uetersen pro 1876, 1877, 1878 und 1879. Uetersen. (1880.) 4°

Bericht über die Verwaltung und den Stand der Gemeinde-Angelegenheiten der Landgemeinde Vohwinkel f. d. J. 1909 ff. Vohwinkel (1910) ff. 4°

Bericht über die Verwaltung und den Stand der Gemeinde-Angelegenheiten der Stadt Waldenburg i. Schles. f. d. Etatsj. 1910 ff. Waldenburg i. Schles. o. J. 4°

Bericht über die Verwaltung und den Stand der Gemeinde-angelegenheiten der Stadt Wandsbeck (später Wandsbek) in der Zeit vom 1. Jan. 1876 bis zum 31. März 1877. (Wandsbek.) 1878. 8°.

Bericht über die Verwaltung und den Stand der Gemeinde-Angelegenheiten der Stadt Wandsbek für die Jahre ... Wandsbek. 4°
1885/86—1888/89. 1894—99. 1899—1904 ff.

Bericht über die Verwaltung und den Stand der Gemeinde-angelegenheiten der Stadt Wedel für die Zeit vom 1. April ... bis 31. März ... Blankenese. (1905 ff.: Wedel i. H.) 4°
1889—1895. 1900—1905 ff.

Bericht über die Verwaltung und den Stand der Gemeinde-angelegenheiten der Stadt Wedel für die Zeit vom 1. April 1889 bis 31. März 1895. Blankenese. (1896.) 4°.

Bericht über die Verwaltung und den Stand der Gemeinde-Angelegenheiten der Stadt Werder (Havel) f. d. J. 1903—1908 erstatt. im Winter 1909/1910 von *Dilmichen*. o. O. u. J. 8° *[Umschlagtit.]*

Bericht über die Verwaltung und den Stand der Gemeinde-Angelegenheiten der Stadt Wesselburen für die Zeit von 1899—1909 ff. Wesselburen. 1909 ff. 8°

Bericht über die Verwaltung und den Stand der Gemeinde-Angelegenheiten der Stadt Wittenberge (Bez. Potsdam) f. d. Rechnungsj. 1909 ff. Wittenberge (1910) ff. 4° *[Umschlagtit.]*
1909. 1910.

Bericht über die Verwaltung und den Stand der Gemeinde-Angelegenheiten der Stadt Zörbig. Jg. 1. Verwaltungsjahre 1. April 1895 bis 31. März 1897. Zörbig 1897: Huster. 4° [09. 7175]

Bericht über die Verwaltung und den Stand der Kommunal-Angelegenheiten des Landkreises Flensburg für das Rechnungsjahr 1889/90 ff. Flensburg. 1889/90 ff. Fol.

* **Bericht** über die Verwaltung und den Stand der Kommunal-Angelegenheiten des Landkreises Flensburg für das Rechnungsjahr ... nebst Kreishaushalts-Etat für das (folgende) Rechnungsjahr.
1897/98 ff. Flensburg. 1898 ff. Fol.

Bericht über die Verwaltung und den Stand der Communal-Angelegenheiten des Kreises Steinburg für das Rechnungsjahr
1889/90. (Abschrift.) 1890/91. Itzehoe. 1891. 4°.
—— für das Jahr 1891. ebd. 1892. Fol.

Bericht über die Verwaltung und den Stand d. Kreiscommunal-Angelegenheiten des Kreises Ahaus. [1.] Für d. Zeit v. 1. Jan. 1901—31. März 1902. (Ahaus 1902: J. Bremm.) 8° [F. u. Ant.] [06. 9877 6]

Bericht über die Verwaltung und den Stand der Kreiskommunal-Angelegenheiten des Kreises Bremervörde f. d. Geschäftsj. 1910 ff. Bremervörde o. J. 8°
1910—1914.

* **Bericht** über die Verwaltung und den Stand der Kreiskommunal-Angelegenheiten des Kreises Norderdithmarschen.
1889/90. Heide. 1890; 1890/91. Wesselburen. 1891. 4°.
1891/92 ff. Wesselburen. (1892 ff.) Fol.

* **Bericht** über die Verwaltung und den Stand der Kreiskommunal-Angelegenheiten des Kreises Pinneberg.
1889/90. (Pinneberg. 1890.) 4°.
1890/91—97/98. Elmshorn. (1891—98.) 4°.
1898 ff. ebd. 1899 ff. 4°.

Bericht über die Verwaltung und den Stand der Kreiskommunalangelegenheiten für 1901 ff. Schloß vor Husum. 1901 ff. Fol.

Bericht über die Verwaltung und den Stand der Kreiskommunal-Angelegenheiten des Kreises Sonderburg im (Rechnungsjahre) Geschäftsjahre
1889/90—96/97. o. O. (1890—97.) Fol.
1897/98 ff. (Sonderburg. 1898 ff.) Fol.

Bericht über die Verwaltung und den Stand des Medizinal-Bezirkes Düsseldorf für das Jahr 1872 von Ed. Beyer. Oberhausen 1874. 126 S. 4°

(Dir. d. städt. Strassenbahnen zu Köln.) **Bericht** über die Verwaltung der Städtischen Strassenbahnen. [1.] Für d. Zeitraum v. 1. April 1900 bis 31. März 1901. (Köln): Kölner Verl.-Anst. u. Dr. (1901). 4° [08. 13761]

Bericht über die Verwaltung der Königlichen Universitäts-Bibliothek zu Kiel im Etatsjahre 1890/91. Kiel 1891. V: *Steffenhagen, Emil.* (Erman & Horn, Bibliogr. d. dtsch. Universitäten. 2. Leipz. u. Berl. 1904.)

Bericht über die Verwaltung der Königlichen Universitäts-Bibliothek, Kiel. Im Etatsjahre 1906. Kiel 1907: Schmidt & Klaunig. 8°
Aus: Chronik d. Univ. Kiel. [07. 13378]

Bericht über die Verwaltung der Königlichen Universitätsbibliothek zu Kiel. Kiel 1910—1915

Bericht über die Verwaltung der Kgl. Universitätsbibliothek zu Marburg im Jahre 1908. Marburg (1909)

— über die Verwaltung und Vermehrung der K. Sammlungen für Kunst u Wissenschaft in Dresden. 1906 u 07. 4° Dresden (1908)

Bericht über die Verwaltung des Vermögens und der Institute der westfälischen Berggewerkschaftskasse während der Jahre 1882—85 erstattet zur General-Versammlung am 28. April 1885. 8°. Bochum 1885. — Desgl. während 1885.

Bericht der Verwaltung der Volksbibliothek der Freimaurerloge Archimedes zum ewigen Bunde in Gera auf die ersten 25 Jahre ihres Bestehens 1874—1898. [Gera 1899.] 2 Bl. 8⁰ [Kopftit.]

Bericht üb. d. Verwaltung d. Schweiz. Landesausstellung Zürich 1883. Erstattet vom Bureau d. Centralcomité. In-4⁰, VIII u. 146 S. Mit 23 Taf., 2 Uebersichtsplänen u. 1 Industriekarte. Zürich, Druck von Orell Füssli & Cie. 1884?

Bürgermeisterei Godesberg. Bericht [1] über zwölfjährige Verwaltung 1. April 1889 bis 31. März 1901. Erstattet durch Bürgermeister (Anton) Dengler. Godesberg (1901): Schneider. 4⁰ A 12.300

Erster Bericht des Verwaltungs-Ausschusses der am 28sten May 1827. gestifteten Taubstummenschule für Hamburg und das Hamburgische Gebiet. *Hamburg* 1828.

Bericht des Verwaltungsausschusses des Vereins zur Beförderung und Vervollkommnung der bürgerlichen Gewerbe in der Stadt Schleswig. . . . (Schleswig.) 8⁰ [Kopft.]
22., umfassend den Zeitraum vom 30. April 1852 bis Okt. 1856. Erstattet an die Generalversammlung d. 17. Oct. 1856. (1856.)

⊙ Bericht (Jahres-Bericht) des Verwaltungsausschusses des Vereins zur Förderung des St. Nicolaichors zu Kiel für das Verwaltungsjahr . . . Kiel . . . 8⁰
(1)—16, 1872/73—1887/88. 1873—88.
Weitere Berichte sind nicht erschienen. Angebunden einige Konzert-Programme.

Vereinigung deutscher landwirtschaftlicher Genossenschaften. Bericht des Verwaltungsausschusses. Offenbach 1889–93.

***Ratibor:* Sechzehnter Bericht der Verwaltungs-Kommission der Taubstummen-Unterrichts-Anstalt der Freimaurer-Loge zu Ratibor für das Kalender-Jahr 1852. Ratibor 1853: Bögner's Erben. 12 S. 8⁰.**

— des Verwaltungsraths der Zürcher Aktien-Gesellschaft für Gasbeleuchtung. In-8⁰, 9 S. Zürich, Druck von Orell Füssli & Cie. 1880?

— des Verwaltungsrates der Zürcher Action-Gesellschaft für Gasbeleuchtung an die Generalversammlung, abgelegt im Juni 1884. In-8⁰, 8 S. Zürich, Orell Füssli & Cie.

Berner Stadttheater (in Bern). Bericht des Verwaltungsrates an die Aktionäre ([betr. den] Kostenanschlag über den Bau des neuen Stadttheaters. — 1901 Januar). 16 S. 8.

Bericht des Verwaltungsrathes der Baugesellschaft der St. Peterstrasse für das Jahr 1884. In-4⁰, 19 S. Zürich, Druck von Orell Füssli & Cie. 1885?

Bericht des Verwaltungsrates der Ruhrort-Crefeld-Kreis Gladbacher Eisenbahngesellschaft an die Aktionäre. Crefeld 1845. 4.

Wald-Rüti. Bericht des Verwaltungsrathes der Eisenbahngesellschaft, umfassend das 3. Rechnungsjahr 1875. 16 S. 8. Wald, Druck von Utzinger. 1876?

Witwen- u. Waisen- sowie Altersfonds der Geistlichkeit der thurg. evangel. Landeskirche. Bericht (des Verwaltungsrates) über die Entstehung, Entwicklung und gegenwärtige Lage an die Fondsanteilhaber und Rentenberechtigten. 1902 (September). 12 S. 8. Bischofszell, H. Aus-der-Au, 1902.

Glarner Aktiengesellschaft für Gasbeleuchtung [in Glarus]. 39. Bericht des Verwaltungsrates an die letzte Generalversammlung... vom 14. Mai 1902 (über das letzte Betriebsjahr, 1901). [6 S.] 4.

Bericht des Verwaltungsrates der Gotthardbahn betreff. die Rekonstruktion der Unternehmung. 22. März 1879. Luzern.

Bericht des Verwaltungsrates der schweiz. Nordostbahn an die Generalversammlung betreff. den Geschäftsbericht pro 1876.

Hypothekar- und Sparkasse des Kantons Wallis (in Sitten). 5. u. 6. u. 7. Bericht des Verwaltungs-Rathes vorgelegt dem Grossen Rathe für das Verwaltungsjahr 1900 u. 1901 u. 1902. II + 16 u. II + 16 u. 16 S. 4. Sitten, F. Aymon, 1901 u. 1902 u. 1903.

Gasbeleuchtungsgesellschaft in Biel. Bericht des Verwaltungsrathes zum 8. Rechenschaftsbericht p. 1870. 4 Stn. 8. 1871?

—— **d. Verwaltungsrathes d. Schweiz. Steinkohlenbohrgesellschaft an d. Generalversammlg d. Aktionäre. 4. (39 m. 3 L.) Aar. 74, (Sauerländer).** n.n. 2. 50

Bericht des Verwaltungsrates der schweiz. Steinkohlenbohrgesellschaft. Aarau 1876. 4.

— des Verwaltungsrathes der Schweizerischen Steinkohlenbohrgesellschaft an die Generalversammlung der Aktionäre. gr. 4. (39 S. m. 3 lith. u. chromolith. Taf.) Aarau 877. (Sauerländer.) n.n. 2. 50

Verein Hamburger Rheder. Bericht des Verwaltungsrats über das Jahr 1908/09ff. bis 1910/11.

Ortsgemeinde Frauenfeld. Bericht des Verwaltungsrates über die Vorarbeiten und das Projekt der Erweiterung der Wasserversorgung Frauenfeld. Mit zwei graphischen Beilagen. (1901 August 23.) II + 20 S. 8. [Frauenfeld,] Huber & Co.

Bericht des Verwaltungsrathes der Leihkasse Wädensweil über d. J. 1870. Druck von Rüegg. 14 S. 4. 1871?

Bericht des Verwaltungsrathes der Leihkasse Wädensweil über das am 31. Dez. 1874 abgeschlossene 2. Geschäftsjahr. 20 Stn. 4. Wädensweil, Ruegg. 1875?

Leihkasse Wädensweil. Bericht des Verwaltungsrathes über das am 31. Dezb. 1875 abgeschlossene 12. Geschäftsjahr. 20 S. 4. Wädensweil, Druck von Rüegg. 1876?

Gemeinde Urnäsch. Bericht über die Verwaltungs-Rechnungen pro 1902. ([Mit] Büdget für 1903. — 1903 Januar 20.) II + 49 S. 8. Herisau, W. Schiess & Zwicki, 1903.

Bericht über die Verwendung des Kanalwassers der Stadt Zürich. [Zürich 1874.] V: *Bürkli-Ziegler, Arn.* (Cat. d. Stadtbibl. Zürich. Zürich 1864—97.)

Bericht über die Verwendung der zur Einlösung von verpfändeten Betten und Kleidern freiwillig geflossenen Liebesgaben während des Winters 1879—1880 durch die Armencommission der Loge Concordia, St. Gallen. [Brugg 1880: Fisch, Wild & Cie.] 8 S. 8⁰ [Kopftit.]

Bericht — seit 1901/02: **Jahresbericht** — des Verwertungsverbandes deutscher Spiritusfabrikanten. Berlin 1899/1900—1913/14

— über das Veterinär-Institut m. Klinik u. Poliklinik bei der Universität Leipzig f. d. J. 1907 u. 1908, nebst e. Übersicht üb. die Institutionstätigkeit während des 10jähr. Zeitraumes vom Sommersem. 1899 bis Wintersem. 1908/09, erstattet v. Aug. Eber. Mit 1 Taf. u. 2 Grundrissskizzen. (68 S.) Lex. 8. Berlin 909. R. Schoetz. 2.—

— üb. d. Veterinär-Institut m. Klinik u. Poliklinik bei d. Univ. Leipzig '09 u. '10, v. Aug. Eber. (80) Lex8° Berl., R Schoetz '11. 2—

Bericht d. k. u(ngar.) Veterinär-Lehranstalt in Budapest. Veröffentlicht v. Béla Tormay. Budapest 18⁸⁰/₈₁. 1882.

— des Veterinärrates über die Sitzung in Nürnberg 1891. Ebd. 91.

— üb. d. österr. Veterinärwesen f. d. J. 1891 bis inkl. 1900. Bearb. im Veterinärdepartement d. k. k. Ministeriums d. Innern. (277 m. 32 Tableaus.) 8° Wien, A Hölder '05. 10 — || '01. (284 m. 14 kartogr. Darstellgn.) '05. 10 —
Früher u. d. T.: Sperk, B, Veterinärbericht.

— üb. d. österr. Veterinärwesen f. 02. Bearb. im Veterinärdepartement d. k. k. Ackerbauministeriums. (221 m. 13 kartogr. Darstellgn.) Lex8° Wien, A Hölder '08. 10 —

— üb. d. österr. Veterinärwesen f. '03 bis inkl. '07. Bearb. im Veterinärdepartement d. k. k. Ackerbauministeriums. (182 m. 12 Übersichts-Tableaus.) Lex8° Wien, A Hölder '10. 10 —

Bericht über das Veterinärwesen im Königreich Sachsen. Herausgegeben von der Königlichen Kommission für das Veterinärwesen. Zum Teil mit lithographischen Beilagen. Dresden, Schönfeld.
1.—14. Jahrgang (1856—69) à M. 1.50

—— üb. d. Veterinärwesen in Sachsen f. d. J. 1871. Hrsg. v. GC Haubner. 15—19. Jahrg. 8. (à 156 m. 4 L.) Dresd. 72—75, Schönfeld. à *n.* 3. 50

—— üb. d. Veterinärwesen im Königr. Sachsen f. 1875. Hrsg. durch GC Haubner. 20. Jahrg. 8. (126) Dresd. 76, Schönfeld. || 1876. 21. Jahrg. (136) 77. || 1877. 22. Jahrg. (210) 78. || 1878. 23. Jahrg. (157) 79. || 1879. 24. Jahrg. (162) 80. à *n.* 3. 50

—— üb. d. Veterinärwesen im Königr. Sachsen f. d. Jahr 1880—1884. 25—29. Jahrg. 8. (à ca. 166) Dresd. 81—85, Schönfeld. à Jahrg. *n.* 3. 50

—— üb. d. Veterinärwesen im Kgr. Sachsen f. 1885. 30. Jahrg. 8. (151) Dresd. 86, G Schönfeld's V. || 1886. 31. Jahrg. (178) 87. || 1887. 32. Jahrg. (123) 88. || 1888. 33. Jahrg. (168) 89. || 1889. 34. Jahrg. (203) 90. à *n.* 3. 50

— üb. d. Veterinär-Wesen im Kgr. Sachsen f. 1890. Hrsg. v. d. kgl. Commission f. d. Veterinärwesen zu Dresden. 35. Jahrg. 8° (201) Dresd. 91, G Schönfeld. || 1891. 36. Jahrg. (243) 92. || 1892. 37. Jahrg. (191 m. 1 Taf.) 93. || 1893. 38. Jahrg. (208) 94. || 1894. 39. Jahrg. (203) 95. à 3.50

Bericht üb. d. Veterinärwesen im Kgr. Sachsen f. 1895. Hrsg. v. d. kgl. Commission f. d. Veterinärwesen zu Dresden. 40. Jahrg. 8° (172) Dresd. 96, G Schönfeld. || 1896. 41. Jahrg. (213) 97. || 1897. 42. Jahrg. (240) 98. || 1898. 43. Jahrg. (207) 99. || 1899. 44. Jahrg. (270) 1900. à 3.50

— üb. d. Veterinärwesen im Kgr. Sachsen f. 1900—04. (Hrsg. v. d. kgl. Kommission f. d. Veterinärwesen zu Dresden.) 45—49. Jahrg. (278, 253, 324, 348 u. 359) 8° Dresd., v. Zahn & J '01-05. Je 3.50

— üb. d. Veterinärwesen im Kgr. Sachsen f. 05—8. gr8° Dresd., v. Zahn & J. nn 8.75
05. 50. J. (419) '06. nn 3.50 || 06—8. 51—53. J. (228, 222 u. 191) '07—'09. Je nn 1.75.
Die Berichte d. tierärztl. Hochsch. zu Dresden erscheinen v. 51. J. an gesondert.

— üb. d. Veterinärwesen im Kgr. Sachsen f. '09—11. Hrsg. v. d. kgl. Kommission f. d. Veterinärwesen. 54—56. J. gr8° Dresd., v. Zahn & J. Je nn 1.75
'09. 54. J. (4. 236) '10. || '10. 55. J. (5, 211) '11. || '11. 56. J. (5, 181) '12.

— dass. General-Reg. üb. d. Berichte 1856—1905. J. 1—50. Bearb. v. Osk. Röder. (5, 83) 8° Ebd. '09. nn 1.50

Bericht über das Veterinärwesen im Königreich Württemberg für d. J. 1908 - 1909. Im Auftrage d. K. Ministeriums d. Innern hrsg. von d. K. Medizinalkollegium. Stuttgart 1910-11. 4°
Aus: Medinzinalbericht von Württemberg.

Bericht üb. die schweizerische Viehausstellung in Langenthal 1868. Langenthal (1868). 21 S. 4°.
(M. vedlagt: Verzeichniss d. Prämien ... 8 S.).

Bericht über den städtischen Vieh- und Schlachthof für das Jahr 1899. Erst. von Hausburg. Hrsg. vom Magistrat d. Stadt Berlin. Berlin 1900. 20 S.

—— vlamischer, über Vasco da Gama's zweite Reise 1502—1503. Hrsg., übertr. und erläutert von H. C. G. Stier. 3. Ausg. des „Vlämischen Taschenbuchs". 8. (42 S.) Braunschweig 881, Schwetschke und Sohn. *

—— vlämischer, über Vasco da Gama's zweite Reise 1502—1503. Hrsg., übers. und erläutert von H. C. G. Stier. 4. Ausg. des „Vlämischen Tagebuches". 8. (42 S.) Braunschweig 887, Schwetschke und Sohn. *

Bericht v. d. kais. u. Reichs-Vogtey in Schwaben, wie auch dem kais. Landgericht auf Leutkircher Haid. *Lindau*, Otto. 758—59. 2 Thle. fol. (10 Thl. 16 Gr.)

Bericht an das Volk des Kantons Schwyz und Widerlegung der schwyzerischen Kreisschreiben, welche in der neuesten Zeit gegen die sogenannte Klauenpartei verbreitet worden. (Einsiedeln, den 13. Juni 1838.) 8. Einsiedeln 1838.

Solothurnische Volksbank. 3. Bericht über das Geschäftsjahr 1875. 7. S. 4. Solothurn, Druck von B. Schwendimann. 1876?

Solothurnische Volksbank (in Solothurn). 28. Bericht über das Geschäftsjahr 1900. II + 13 S. 4. Solothurn, Buch- und Kunstdruckerei Union, 1901.

Solothurnische Volksbank (in Solothurn). 29. Bericht über das Geschäftsjahr 1901. II + 13 S. 4. Solothurn, Buch- und Kunstdruckerei Union, 1902.

Solothurnische Volksbank (in Solothurn). 30. Bericht über das Geschäftsjahr 1902. II + 14 S. 4. Solothurn, Buch- und Kunstdr. Union, 1903.

— über den Volksgesundheitszustand und die Wirksamkeit der Civilhospitäler im russischen Kaiserreiche für das Jahr 1856. Auf Befehl des Hrn. Ministers des Innern zusammengestellt vom Medicinaldepartement, nach den bei demselben eingegangenen officiellen Berichten. Mit 3 lith. Abbildgn. (in Farbendr.) u. einer numerischen Uebersicht der in den Civilhospitälern behandelten Krankheiten, unter Angabe der Gouvernements. Petersburg 857. — Berlin, A. Hirschwald in Comm. Lex.-8. (2 Bl., 321 S.) n. 2 ℛ

— über den Volksgesundheitszustand und die Wirksamkeit der Civilhospitaler im russischen Kaiserreiche für das Jahr 1857 u. 1858. Auf Befehl des Herrn Ministers des Innern zusammengestellt vom Medizinaldepartement, nach den bei demselben eingegangenen officiellen Berichten. St. Petersburg 859, 60. (Berlin, Hirschwald.) Lex.-8. (XXX, 288 S.; VIII, 176 S.) Jeder Jahrg. n. 2 ℛ

Freie evangelische Volksschule in Basel. 12. Bericht 1900—1901. 22 S. 8. Basel, M. Werner-Riehm, 1901.

Freie evangelische Volksschule in Basel. 13. Bericht 1901—1902. II + 24 S. 8. Basel, M. Werner-Riehm, 1902.

Freie evangelische Volksschule in Basel. 14. Bericht 1902-1903. 22 S. 8. Basel, M. Werner-Riehm, 1903.

— üb. d. städt. Volks- u. Mittelsch. Münchens f. d. Geschäftsj. '08 v. Gg Kerschensteiner. [Aus: „Bericht üb. d. Stand d. Gemeindeangelegenh. München". (Tl 1 u. 2) f. '08.] (37 u. 193—243) Lex8° Münch., (J Lindauer) ('10). 2 — d

Bericht über das Volksschulwesen des Kantons Luzern für die Zeit vom Herbste 1897 bis zum Frühjahr 1900 dem Erziehungsrate erstattet durch den Kantonal-Schulinspektor A[nton] Erni in Altishofen. 41 S. 8. Luzern, Räber & Cie., 1901.

— üb. das Volksschulwesen d. Kanton Schwyz, v. Hochw. Erziehungsrathe desselben an d. hohen großen Rath erstattet unt. 23. Sept. 1842 u. 19. Febr. 1846. gr. 8. Einsiedeln 846, Gebr. Benziger. 8 ngl

Bericht über die in Aarberg am 26. Oktober 1834 stattgefundene patriotische Volksversammlung. 8. Bern 1835.

Bericht über die am 2. Mai auf dem *Judenbühl bei Nürnberg* abgehaltene, von 20,000 fränkischen Männern besuchte *Volksversammlung*. Nürnberg 1849. Druck von Wilh. Tümmel. 8⁰. Cart.
16 S. Enth. besonders ausführlich die Rede des Vorsitzenden Jakob Schmitt, Abg. d. bayer. Volkskammer.

Bericht über die am 1. Mai zu Weissenburg gehaltene Volksversammlung. Hrgg. vom Ausschuss des Schleswig-Holstein-Vereins für Weissenburg und Umgegend. (Stenographische Aufnahme.) Weissenburg. 1864. 8⁰

Bericht über eine am 22. Octbr. 1864 auf dem Gute Jensel probeweise ausgeführte Volkszählung. gr. 4. (III und 88 S. mit 4 Tab. und 1 lithogr. Karte in gr. Fol.) Dorpat 865, (Gläser's Verlag.) *

Bericht, Vollkommener, von der Beschaffenheit des Waisenhauses Unserer lieben Frau auf dem Rennwege zu Wien in Oesterreich. Im Jahre 1776 [Wien]. V: *Parhamer, Ignaz.* (Hch. Wolfg. Behrisch, Die Wiener Autoren. Wien 1781. S. 181.) (biblport)

— vollständiger, über die wunderbare Bekehrung des jungen Israeliten Maria Alphons Ratisbonne zu Rom, im Jan. 1842, s.a. Laur. Hecht.

—— vollständiger, üb. die wunderbare Bekehrung d. jungen Israeliten Maria Alphons Ratisbonne zu Rom im Jan. 1842, entnommen aus d. zuverlässigsten hierüber erschienenen Schriften, nebst Einleit. v. Laurenz Hecht. 2., verm. Aufl. 12. (V B.) Einsiedeln 843, Gebr. Benziger.

— vollständiger über die Feier des 67. Geburtstages des Herrn Consistorialrath u. Prof. Dr. David Schulz den 29. Novbr. 1845 u. die früheren Vorgänge. 8. (IV u. 130 S.) Leipzig 847, T. O. Weigel in Comm. 1/2 ℞

Vollständiger **Bericht** / Von allen ... Freuden-Festen / Welche ... begangen worden In- und nahe ... München Anno 1727. vom 28. Mertzen biß den 26. May Als ... Carolo Alberto, In Ob- und Nidern-Bayrn ... Herzogen ... gebohren worden Ein ... Chur- und Erb-Printz / Auch zu gleicher Zeit von denen ... Landstadten in Bayrn Die Erb-Lands-Huldigung ... abgelegt wurde. Verlegt von Philipp Blondeau, und Joseph Antoni Cavallo, beeden Churfl. Cammer-Fourieren. Gedruckt bey Joh. Lucas Straub ... allda [1727].
28 S.; 6 Taf. in Kupferst. von Elias Bäck. 4°.

Bericht, vollständiger, von allen Sehenswürdigen *Freuden-Festen*, welche hochfeyerlich begangen worden in und nahe der Churfürstl. Haupt- u. Residentz-Stadt München Anno 1727 vom 28. Mertzen biss den 26. May, als dem Durchl. Fürsten *Carolo Alberto* .... auss *Maria Amalia* .... gebohren worden Ein Durchl. Chur- u. Erb-Printz .... auch die Erb-lands-Huldigung .... abgelegt wurde .... (München) Verlegt von Blondeau u. Jos. Ant. Cavallo, beeden churf. Cammer-Fourieren. Gedr. bey Joh. Lucas Straub. Fol. Cart. m. Lwdrück. u. altem Orig.-Buntpapier-Ueberz. Mit Ex-libris (Jos. de Pettenkofer, cons. aul., sc. 1759.)
Selten u. gesucht! 28 S. Text m. 6 grossen gefalt. Kupfertaf. qu.-Fol. (auf Nr. 6 zwei Darstellgn.), sämmtl. beschrieb im Cat. Maillinger I. p. 97 no. 946.

— vollständ., v. d. Mordthat, welche am König v. Pohlen hat sollen ꝛc. m. K. 8. Frankf. u. L. Walsenh. 772.

Bericht, Vollständiger, über die landwirthschaftliche Regionalausstellung für ... Böhmen in Böhm.-Leipa im Jahre 1880. Böhm.-Leipa 1880. V: *Hackenberger, Carl M.* (EB)

— vollständiger, über die Reise Seiner Majestät des Königs von Preußen Friedrich Wilhelms IV. nach England im Jahre 1842. Mit dem Portrait des Königs. gr. 12. Berlin 842, Voß. 1/4 ℞

Vollständiger Bericht über die Sitzung der National-Versammlung in Brandenburg am 27. u. 28. November 1848. Druck von F. Reichardt. 1 Bl. Fol.
Flugblatt. Berlin, 27. Nov. 1848.

—— vollständiger, über die vierte Versammlung der Taubstummen-Lehrer Nordwestdeutschlands, die am 8. und 9. Juni in Petershagen tagte. gr. 8. (51 S.) Minden 871, A. Volkening. *

—— vollständ., üb. d. 4 Versammlg d. Taubstummen-Lehrer Nordwestdeutschlands, d. am 8. u. 9. Juni in Petershagen tagte. 8. (51) Mind. 71. Lpzg, Siegismund u. V. n. — 80 ‖ 5. Versammlg, geh. v. 20—22. Aug. 1871 zu Braunschweig. (24) Wien 72, Pichler. — 50

Handwerkskammer Cassel. **Bericht** über die Vollversammlung der Handwerkskammer zu Cassel ... [1.] 1. 2. Vollversammlung 1904. (Cassel 1904–05: Scheel, Landsiedel.) 2° [F.] 107. 8389 4

Bericht von dem, was ... in Marocco vorgefallen. Kopenhagen 1734. V: *Schumacher, Andr.* (Collin, Anonymer. Kiobenh. 1869.)

Bericht von dem, was auf dem Schwedischen Reichstage in den Jahren 1738 und 1739 vorgefallen ist. [Hamburg und Halle 1781.] V: *Lynar, Rochus Friedr. Graf zu.* (ML)

Gemeinde Aarau. Bericht zum Voranschlag pro 1901 über die Gemeindeverwaltung der Stadt Aarau. (1900 Dezember 14.) 13 S. 4. Aarau, H. R. Sauerländer & Co.

Gemeinde Aarau. Bericht zum Voranschlag pro 1902 über die Gemeindeverwaltung der Stadt Aarau. (1902 Januar 10.) 11 S. 4. Aarau, Emil Wirz.

Gemeinde Aarau. Bericht zum Voranschlag pro 1903. (1902 Dezember 19.) 12 S. 4. Aarau, H. R. Sauerländer & Co.

Bericht und Voranschlag über den voraussichtlichen Ertrag der projektirten Eisenbahn Lyss-Solothurn-Olten. Solothurn 1872. V: *Dietler, Herm.* (BSchwLk V 9h)

Bericht über die Vorarbeiten für die systematische Entwässerung und Reinigung der Stadt Riga, enthaltend die Arbeiten von A. Werner, M. Glasenapp, E. Bochmann und A. Agthe. Redigiert von A. Agthe. Riga 1886. Mit Atlas.

— über die Vorbereitung zum Tode des am 18. Februar 1839 in der Nähe von Gotha hingerichteten Mörders Heinrich Kästner aus Nelleben. gr. 8. Gotha 839. Beckersche B. 1/8 ℞

Bericht, Vorläufiger, von der ... Edda. Stettin 1776. V: *Schimmelmann, Jac.* (Collin, Anonymer. Kiobenh. 1869.)

Bericht, Vorläuffig-doch gründlicher, vom Adel in Teutschland. Frkf. a. M. 1721. V: *Lucius, Sam.* (weber)

Vorläufiger **Bericht** der Handelskammer zu Kiel über ihre Thätigkeit, sowie über Lage und Gang des Verkehrs im Jahre 1884 ff. Kiel, 1885 ff.

—— vorläufiger, der Handelskammer zu Kiel über ihre Thätigkeit sowie über Lage und Gang des Verkehrs im J. 1887. 17. Jahrg. (63 S.) Kiel 888, Lipsius und Tischer, Verlag. *

— vorläufiger, der Handelskammer zu Kiel üb. ihre Thätigkeit, sowie üb. Lage u. Gang d. Verkehrs im J. 1888. 17. Jahrg. Erstattet in der öffentl. Sitzung der Handelskammer am 31. Dezember 1888. 8. (63 S.) Kiel 889. (Lipsius & Tischer.) n. — 60

— vorläufiger, der Handelskammer zu Lübeck. 1891-94. Lübeck 1892-94

— Vorläufiger, der Handelskammer zu Lübeck. 1895. 96. 98. 1900. Lübeck 1896-1901

Bericht, vorläufiger, der volkswirtschaftlichen Kommission über d. Handelsvertrag zwischen der französischen und der preussischen Krone. fol Stuttgart (1863)

— — der volksw. Kommission der württemberg. Kammer der Abgeordneten über den preussisch-französ. Handelsvertrag und die weiteren Verträge. fol Stuttgart 1863

Vorläufiger Bericht über die internationale Konferenz für Bibliographie und Dokumentation. Brüssel. 10. u. 11. Juli 1908. Brüssel:(Internat. Inst. f. Bibliogr.) 1908. 24 S. 8⁰ (Internationales Institut f. Bibliographie. Publication. Nr. 101.)

Bericht, Vorläufiger, des Prüfungs-Ausschusses betreffs der Abrechnungs-Verlegung von der Jubilate auf die Michaelis-Messe. ... [Prag] 1847. V: *Borrosch, A.* (cb)

Bericht, vorläufiger, zu einer Reform des Zoll-Vereins-Tarifs vom Ausschuss des Kongresses deutscher Volkswirte. 4⁰ Berlin 1859

Bericht vorläufiger, über die am 4. und 5. Juni 1884 in Berlin stattgefundene Versammlung deutscher Rabbiner, hrsg. vom Präsidium der Rabbiner-Versammlung. gr. 8. (35 S.) Berlin 1884, (Mayer und Müller.) *

Bericht, Vorläufiger wahrhafter und standhafter, was es mit der zwischen der Universität Marburg an einem, der Universität Giessen an andern Theil, . . . entstandenen Streitigkeiten vor eine Beschaffenheit habe. [Göttingen] 1747. V: *Wahl, Johann Friedrich.* (stri)

Bericht, vorläufiger, erstattet . . . über die Wirksamkeit der Trinkerheilstätte zu Ellikon a. d. Thur pro 1889. Zürich. 10 S. 8⁰.

— — der Zentralstelle für Gewerbe u Handel betreffend den Handelsvertrag zwischen dem Zollverein und Frankreich. Stuttgart 1862

Bericht über die Vornahme einer allgemeinen Parzellar-Vermessung und über die Einführung der Grundbücher an den Direktor der öffentlichen Arbeiten. Zürich 1885. V: *Rebstein, Jacob.* (Cat. d. Stadtbibl. Zürich. Zürich 1864—97.)

Bericht des Vororts der Niedersächsischen Bezirks-Turnvereine üb. d. weitere Entwicklung d. Turnwes. im Niedersächs. Bezirke währ. d. Sommerhalbj. 1849, Braunschweig 1849, 8 S., 8⁰.

Bericht des eidgenössischen Vorortes an die hohe Tagsatzung, über die Angelegenheiten des Kantons Aargau. (Bern, den 13. März 1841.) [SA.] fol. .-. O.

Bericht des eidgenössischen Vororts an die hohe ausserordentliche Tagsatzung über die Intervention des Vororts im Kanton Wallis. Nachtrag zum vorörtlichen Kreisschreiben vom 5. Juni 1844, betreffend die seit dem Jahr 1815 statt gehabten eidgenössischen Interventionen. (Luzern, den 22. Brachmonat 1844.) 8. Luzern 1844.

Bericht des provisorischen Vororts des Allgemeinen Deutschen Turnerbundes n. Berufung e. allgem. Turntages nach Eisenach z. 31. 3. 1850, Braunschweig 1849, 7 S., 8⁰.

Bericht und Vorschläge der landwirtschaftl. Sektion betreff. Förderung der Landwirtschaft im Kt. Zürich. Zürich 1846.

Bericht und dadurch veranlasste Vorschläge und Gutachten über das Armenwesen in den Herzogthümern Schleswig und Holstein. gr. 8. *Altona, Hammerich.* 1 8 1 8

Die Alsener Kreisbahnen ⟨Kleinbahnen⟩. Bericht des Vorsitzenden der Kreis-Kleinbahn-Kommission des Kreises Sonderburg. Sonderburg. (1902.) 8⁰

Bericht des Vorstandes der Spinnerei und Weberei Aarburg an die Aktionäre für die Generalversammlung vom 31. Jan. 1875. 8 S. 4. 1876?

Bericht des Vorstandes der Aktienbaugesellschaft für kleine Wohnungen in Frankfurt a. M. Jg. 15–17 (1904–1906). Frankfurt a. M., 1905–1907.

Bericht des Vorstandes des Bauwesens I. Abt. an den Stadtrat Zürich betreffend das Ernstsche Bahnhofprojekt. Zürich 1896. V. *Süss, Joh.* (Zuwachsverz. d. Bibl. in Zürich 1898 ff., 7.)

BERICHT des Vorstandes der Geographischen Gesellschaft in Bremen. IX. (für 1885—1887.) Bremen 1888. Druck von Carl Schünemann. 8⁰.

BERICHT ERSTATTET VOM VORSTANDE DER MATHEMATISCHEN GESELLSCHAFT IN HAMBURG (früher genannt: Hamburgische Gesellschaft zur Verbreitung der mathematischen Wissenschaften.) 1878.**) (Ohne bes. Titelblatt.) 4⁰.

Bericht des Vorstandes der Handwerkskammer zu Bromberg für die Zeit 1900. Bromberg 1900. 8⁰.

Bericht des Vorstandes der Landes-Versicherungsanstalt Hannover über die Verwaltung der 6 Genesungshäuser, nebst 8 Berichten über die Krankenfürsorge in den Bädern Oeynhausen, Nenndorf und Rehburg, sowie in St. Andreasberg. Jg. 1903—1907. Hannover, 1904—1908.

Bericht des Vorstandes des Hauptfestausschusses für das 7. Kreisturnfest des VIII. Deutschen Turnkreises, 4.—7. 7. 1896 in Barmen, Barmen 1897, 23 S., 8⁰.

Bericht des Vorstandes (1902 ff.: Jahresbericht) d. Dt. Heilstätte f. minderbemittelte Lungenkranke in *Davos.* 1899 ff. (Davos.) 4⁰ u. 8⁰

Bericht d. Vorstandes d. Hilfsvereins f. kranke u. verwund. Krieger z. Frankfurt a. M. (307,45.) Frankfurt a. M. 1866. 4.

Bericht des Vorstandes des Vereins Deutsches Hilfswerk: no. 1, 1863–? Annual report of the Verein Deutsches Hilfswerk. Octavo, each report 18–24 pages; illustrated, including portraits. Title varies: Jahres-Bericht des Vorstandes des Deutschen Hilfsvereins „Kaiser Wilhelm-Stiftung" zu Sao Paulo, (1916–1933, or longer). Each report indicated as: 94. Vereinsjahr, etc. Name of Society (in 1957–60): Sociedade Beneficente Alema. Printed by Druck, Hennies Irmaos (in 1916–33); Typographia Gutenberg. Sao Paulo

Verein schweizerischer Maschinen-Industrieller. Bericht des Vorstandes ([und] 17. Jahresrechnung, 1900). Nebst Anhang. [Mit 3 Tabellen.] IV + 124 S. 8. Zürich, Berichthaus, 1901.

Verein schweizerischer Maschinen-Industrieller. Bericht des Vorstandes ([und] 18. Jahresrechnung, 1901). Nebst Anhang. [Mit 3 Tabellen.] IV + 134 S. 8. Zürich, Berichthaus, 1902.

Verein schweizerischer Maschinen-Industrieller. Bericht des Vorstandes ([und] 19. Jahresrechnung, 1902). Nebst Anhang. [Mit 3 Tabellen.] IV + 114 S. 8. Zürich, Berichthaus, 1903.

Bericht des Vorstandes für das Jahr . . . erstattet in der Jahresversammlung zu . . .
1908/09. 9. zu Segeberg am 12. Juni 1909. (Segeberg. 1909.) 4⁰
1909/10. 10. zu Rendsburg am 2. Juli 1910. (Berlin. 1900.?) 4⁰
Sonderabdruck aus: Zeitschrift für Wohnungswesen. Jg. 8, Nr. 20–21.

[Bericht des Vorstandes des Vereins Kinderfürsorge in Düsseldorf. Dat.:] Düsseldorf den 15. September 1906. 2 Bl. 4⁰.

Bericht des Vorstandes des Kreisvereins der rheinisch-westfälischen Buchhändler über den bisherigen Erfolg seiner Bestrebungen zur Herbeiführung einer allgemeinen Vereinbarung der deutschen Buchhändler zu gänzlicher Abstellung des missbräuchlich aufgekommenen Rabattgebens an Privat-Kunden, verbunden mit dem Antrage auf Anordnung eines zur Vervollständigung der Organisation des deutschen Buchhandels noch mangelnden, aus dem Schoosse des Börsenvereins, ... zu errichtenden »Central-Ausschusses zur Regulirung der Handelsverhältnisse der Buchhändler unter sich«. Für die Mitglieder des Börsenvereins zur Berathung in der diesjährigen Generalversammlung als Manuscript gedruckt. s. l. 1847. (Theissing'sche Buchdruckerei in Münster.) 8⁰.

Haushaltungsschulen des Bezirks Zofingen. Bericht an den tit. Vorstand der Kulturgesellschaft pro 1900/1901 *u.* pro 1902/1903. II + 7 *u.* 8 S. 8. Zofingen, (*1903:* Joh.) Fehlmann, 1901 *u.* 1903.

Ein Bericht pro 1901/1902 ist nicht erschienen.

Bericht des Vorstandes und Protokoll der 2.—7. ordentlichen Generalversammlung des Zentral-Vereins der Bergwerksbesitzer Österreichs (1899—1904). Wien, 1899—1904.

See-Berufsgenossenschaft, Bericht des Vorstandes der See-Berufsgenossenschaft betr. Selbstmorde unter dem niedern Maschinenpersonal, 1898.

Aargauischer Handels- und Industrie-Verein. 8.
Bericht des Vorstandes über seine Thätigkeit in den Jahren 1898, 1899 und 1900. II + 10 S. Aarau, Buchdr. der Aargauer Nachrichten, 1901.
Berichte über die Jahre 1901 und 1902. II + 44 S. Aarau, Buchdr. Aargauer Tagblatt, [1903].

Bericht des Vorstandes des Schweizer. Unterstützungs-Vereins in Ungarn üb. das 6. Vereinsjahr 1872. 11 Stn. 8. Pest, Druck v. J. Wilckens. 1873?

Bericht des Vorstandes des Vereins für ländliche Arbeiter-Colonien der Provinz Schleswig-Holstein. 8°.
(4.). (5.). (7.). (8.). Bordesholm. 1887. 88. 90. 91.
Fortges. u. d. T.:

Philharmonischer Chor, Dirigent: Prof. Siegfried Ochs. **Bericht** ... erstattet v. Vorstand d. Vereins. [1.] Über d. Vereinsjahre 1907–1910. (Berlin 1910: Lange.) 4° [10. 13747

Bericht des Vorstandes des Oberschlesischen Berg- und Hüttenmännischen Vereins über die Wirksamkeit des Vereins i. J. 1904/05 ff. Kattowitz 1905 ff. 2°.
1904/05—1907/08.

Bericht des Vorstandes des Oberschlesischen Berg- und Hüttenmännischen Vereins über die Wirksamkeit des Vereins. Kattowitz. 2°
Im Jahre 1906—1907. 1907.
„ „ 1907—1908. 1908.
„ „ 1910—1911. 1911.

Bericht des Vorstandes der schweizerischen Vereinigg. z. Förderg. d. internationalen Arbeiterschutzes üb. die Tätigkeit des Vereins im J. 1900/1901. (5 S.) gr. 8. Zürich 901. (Buchh. des schweiz. Grütlivereins.) —50.

— dasselbe im J. 1902/1903. (48 S.) 8. Bern (903). (Zürich, Buchh. des schweiz. Grütlivereins.) —50.
Vergl.: Vereinigung, schweizerische, zur Förderung des internationalen Arbeiterschutzes.

Verkehrsverein für Bern und Umgebung. 11. **Bericht** des Vorstandes der Verkehrskommission für das Jahr 1900. 47 S. 8. Bern, Haller, 1901.

Verkehrsverein für Bern und Umgebung. 12. **Bericht** des Vorstandes der Verkehrs-Kommission. 1. November 1900 bis 31. Oktober 1901. [Mit illustriertem Umschlag.] 42 S. 8. Bern, C. Sturzenegger, 1902.

Verkehrsverein für Bern und Umgebung. 13. **Bericht** des Vorstandes. 1. November 1901 bis 31. Oktober 1902. ([Mit illustriertem Umschlag und] Verzeichnis der Subvenienten und Mitglieder pro 1903.) 64 S. 8. Bern, Steiger, 1903.

Bericht des Vorstandes der Westdeutschen Versicherungs-Aktien-Bank in Essen und Bericht über die Generalversammlung. Jg. 1905—1907. Essen-Ruhr, 1906—1908.

— d. Vorstandes üb. d. 1. Geschäftsj. d. grossh. Zentrale f. Mutter- u. Säuglingsfürsorge in Hessen Juli '09—1. 4. '10. Nebst Anlagen. (38) gr8° Darmst., (Buchh. d. grossh. hess. Staatsverl.) '10. —50

Altersheim für Br Frmr Johannisstift zu Einbeck. **Bericht** über die Vorstandssitzung [1899] und die 2. bis 3. Hauptversammlung des Altersheim. [Einbeck 1899.] 2° [1900.] 4° [Kopftit.]
2. in der Loge zu den ehernen Säulen zu Dresden, den 11. Sept. 1899. 2 Bl.
3. in der Loge Georg z. d. 3 Säulen zu Einbeck, den 27. Okt. 1900. 3 Bl.
[Forts. u. d. Tit.:]
Altersheim für Freimaurer „Johannisstift“ (Eingetr. Verein) Einbeck. Bericht über die 4.—11. Haupt-Versammlung. [Einbeck 1901 ff.: Schroedter.] 8° [Umschlagtit.]
4. zu Hannover, den 29. Sept. 1901. 32 S.
5. [zu Einbeck] den 22. Sept. 1902. [Nebst] Bericht über die Feier der Grundstein-Legung zum Baue des Johannisstiftes den 21. Sept. 1902. 40 S.
6. zu Bremen am 20. Sept. 1903. 34 S. 2 Taf.
7. zu Magdeburg am 25. Sept. 1904. 38 S.
8. zu Hamburg am 17. Sept. 1905. 42 S.
9. zu Leipzig am 8. Juli 1906. 40 S.
10. zu Einbeck am 16. Sept. 1907. [Nebst] Bericht über die Einweihungsfeier am 15. Sept. 1907. 80 S.
11. zu Dessau am 16. Aug. 1908. 86 S.
12. zu Königsberg i. Pr. am 5. Sept. 1909 und Jahresbericht. 103 S.
13. zu Berlin am 25. Sept. 1910 und Jahresbericht. 103 S.
cf. f. 1909: L. 32 (1909) S. 344—345 (R. Lesser).

Bericht der Vorsteher der Kaufmannschaft zu Stettin. [1.] Über d. J. 1903. T. 1. *Stettin 1904: R. Graßmann.* 4° [F.]
Anf. s. u. d. T.: Stettin's Handels-Bericht. [04. 4004

Bericht d. Vorsteher d. Kaufmannschaft zu Stettin. 1906-11. 4° Stettin 1907-12

Bericht (Jahresbericht) des Vorsteheramtes der Kaufmannschaft zu Danzig für 1885-87. 93-99. Danzig 1885-99

Bericht d. Vorsteheramtes d. Kaufmannschaft zu Danzig. 1906-11. Danzig 1907-12

Bericht des Vorsteher-Amtes der Kaufmannschaft zu Danzig über seine Tätigkeit und über Danzigs Handel, Gewerbe und Schiffahrt. [1.] Im J. 1906, T. 1. Danzig: A. W. Kafemann 1907. 8° [F.] [07. 4768

Bericht der Vorsteherschaft des Kartenvereins Zürich. 1850—56.

Fortbildungsschultag, 10. deutscher, vom 9. bis 11. Okt. 1908 in Braunschweig. **Bericht** u. Vorträge. (Wittenberg 1908.) 8°.
(Schriften d. deutschen Ver. f. d. Fortbildungsschulwesen. Nr 25.)

(Gemeinverständliche Hochschulvorträge, Bern.) **Bericht** über die durch den Bern. Hochschulverein veranstalteten öffentlichen Vorträge im Winter 1901/1902. [2 S.] 4.

—— über die bei der feierlichen Sitzung der allgemeinen Versammlung Gabelsberger'scher Stenographen am 8. Aug. 1857 zu Dresden gehaltenen Vorträge, hrsg. vom königl. sächs. stenographischen Institut zu Dresden. Autographie von Heinr. Rätzsch. 8. (50 S.) Dresden 857, Adler und Dietze. *

BERICHT über die im Jahre 1894—1895 im Verein der Aerzte Düsseldorfs gehaltenen Vorträge und Demonstrationen. Sonderabdruck aus der „Deutschen Medicinischen Wochenschrift“ 1895—1896. Redaction: Prof. Dr. A. EULENBURG und Dr. JUL. SCHWALBE. Leipzig. 1895—1896. Verlag von Georg Thieme. 8°.

— üb. d. im Ver. d. Aerzte Düsseldorfs geh. Vortr. u. Demonstrationen. Zusammengest. v. Engelen. Jahrg. 1904. [S.-A.] (17) 8° Lpzg, G Thieme '05. 1 —

— üb. d. im Ver. d. Aerzte Düsseldorfs geh. Vortr. u. Demonstrationen. Zusammengest. v. Engelen. J. 05—7. [SA] (25 m. 1 Abb., 28 u. 29) gr8° Lpzg, G Thieme '06—'8. Je 1 —

— üb. d. im Verein d. Aerzte Düsseldorfs geh. Vorträge u. Demonstrationen. Zusammengestellt v. Engelen. J. '08—11. [Aus: „Deut. med. Wochenschr.“] gr8° Lpzg, G Thieme.
'08. (25 m. Abb.) '09. 1 — ‖ '09. (23) '10. 1 — ‖ '10. (18) '11. — 60 ‖ '11. (20) '12. 1 —

— über die Vorträge u. Verhandlungen der V. mährischen Landeslehrerconferenz (Abtheilung f. die deutschen Schulen), abgeh. zu Brünn am 5. u. 6. Septbr. 1892. gr. 8. (III, VIII, 175 S. m. 2 Taf.) Znaim 893. Fournier & Haberler. n. 1.60; geb. in Leinw. n. 2.25

Bericht über die volkstümlichen Vorträge der k. k. Universität Graz 1898–1907 u. über d. Univ.-Ferialkurs f. Lehrer v. 5. bis 24. Aug. 1907 in Graz. Graz: Univ. 1907. (78 S.) 4°(8°) [08. 8771

—— üb. d. wissenschaftl. Vorträge d. med. Ges. zu Leipzig in d. J. 1875 u. 1876. 8. (52) Lpzg 76, FCW Vogel. n. 1. —

— über die wissenschaftlichen Vorträge der medicinischen Gesellschaft zu Leipzig in den Jahren 1875 u. 1876. gr. 8. (VI, 52 S.) Leipzig 877. F. C. W. Vogel. n. 1. —

— über die Vortrags-Versammlung des österreichischen Betonvereins vom 26. I. 1909. Eingeleitet durch e. Vortrag von Fritz Edlen v. Emperger. (94 S. m. Abbildgn.) Lex. 8. Wien (909). Lehmann & Wentzel. 1.60

Bericht über den militärischen Vorunterricht, III. Stufe, in Bern u. Umgebung im Sommer 1893, 6. Kurs, Bern 1893, 30 S., 8°.

Militärischer Vorunterricht im Kanton Aargau. Bericht 1901 (7. Berichtsjahr). Erstattet vom kantonalen Comité an das eidgen. Militär-Departement und die Militär-Direktion des Kantons Aargau. [Mit 2 Beilagen.] II + 14 + *Beilagen* 5 + 14 S. 8. Muri, A. Schibli-Keller, (1901).

Militärischer Vorunterricht im Kanton Aargau. Bericht 1902 (8. Berichtsjahr). Erstattet vom kantonalen Comité an das eidgen. Militärdepartement und die Militär-Direktion des Kantons Aargau. [Mit Beilagen.] II + 8 + *Beilagen* 11 S. 8. Muri, A. Schibli-Keller, [1903].

Militärischer Vorunterricht im Kanton Zürich (**B. 1901 u. 1902:* in den Kantonen Zürich und Schaffhausen). Bericht 1900 *u.* 1901 *u.* 1902. Erstattet vom kantonalen Centralkomitee an das eidg. (**B. 1902:* Schweizerische) Militärdepartement und die Militärdirektion des Kantons Zürich (**B. 1902:* und an die Militärdirektionen der Kantone Zürich und Schaffhausen). 61 *u.* 67 *u.* 66 S. 8. Zürich, Dr. der Neuen Zürcher Zeitung, 1901 *u.* 1902 *u.* 1903.

— über die Voruntersuchung zum Hunte-Ems-Kanal. Gedr. u. vertheilt auf Veranlassung des Handels- und Gewerb-Vereins. Mit 1 Nivellements-Karte (lith. in Fol.) gr. 8. (133 S.) Oldenburg 847, Stalling. 1/2 ℛ

Krankenasyl Wädensweil (**1903:* Wädenswil). 8.

Bericht über das Betriebsjahr 1900 *u.* 1901. *je* 12 S. Wädensweil, J. Baumann, 1901 *u.* 1902.
Bericht bei Anlass des Fünfundzwanzigjährigen Bestandes 4. Juni 1902 ([und] Ueber das Betriebsjahr 1902). 20 S. Wädenswil, J. Baumann, 1903.

Leihkasse Wädensweil. Bericht üb. d. 7. Geschäftsjahr 1870. Wädensweil, Druck v. Rüegg. 14 Stn. 4. 1871?

Leihkasse Wädensweil. Bericht für 1871. 15 Stn. 4. Wädensweil, Druck von Rüegg. 1872?

Leihkasse Wädensweil. Bericht pr. 1872. 15 Stn. 4. Wädensweil, Druck v. Rüegg. 1873?

Leihkasse Wädensweil. Bericht über das elfte Geschäftsjahr. Wädensweil, Druck v. Rüegg zum Florhof, 1875? (20 Stn. in-4.)

Bericht über das Eisenbahnprojekt Wädenswyl-Einsiedeln 1871. O. O. [1871]. V: *Wetli, Caspar.* (Cat d. Stadtbibl. Zürich. Zürich 1864—97.)

Bericht an den Waffenchef des Genie, Oberst Lochmann in Bern über den . . . Kriegsbrückenbau bei Station Koblenz 1885. Frauenfeld 1885. V: *Ulrich, C. Conr.* (Zuwachsverz. d. Bibliotheken in Zürich 1898 ff.)

—— erster u. zweiter, üb. d. Wagenbauanstalt d. leipzig-dresdner Eisenbahn-Comp. Mit 23 Zeichnungen (wov. 16 in Imp.-Fol.) qu. Imp.-4. (2 B. Text.) Leipzig 842, (Fr. Fleischer.) à *

— erster u. zweiter, über die Wagenbauanstalt der Leipzig-Dresdner Eisenbahn-Compagnie. Mit 23 Zeichn. qu. Imp.-4. Leipzig 843, (Fr. Fleischer.) à n. 2/3 ℛ — Dritter, 30. Dec. 843. Mit 8 Zeichnungen. qu. Fol. Ebend. 844. n. 2/3 ℛ

Bericht über die Wagenstellung für den Transport von Stassfurter Salzen im J. 1897. [Hrsg. von d.] (Verkaufs-Syndikat d. Kaliwerke.) (Leopoldshall-Stassfurt 1898.) 2°.

—— über d. Wahl u. Einführung d. Nicolaus v. Amsdorf als Bischof zu Naumburg. gr. 8. (5¾ B.) Nordhausen 835, Förstemann. *
Abgedruckt aus den: Mittheilungen d. Thüring. Sächs. Vereins.

Erster Bericht an unsere Wähler von dem Verein in Westendhall. Frankfurt a. M., Streng u. Schneider, 1848. 29 S. 8°.

Bericht an unsere Wähler von dem Verein in Westendhall, betreffend das Kapitel: Reich und Reichsgewalt. (Frankfurt, Januar 1849.) 16 S. 8°.

Bericht an die Herren Wahlmänner der Kreise Aschersleben-Kalbe. Berlin 1852. 31 S. 8.

Nationaler Wahlverein Münster i. W. Bericht über die Wahlversammlung am 15. Januar 1907. (Münster i. W. 1907: J. Bredt.) (16 S.) 8° [Kopft. J.] [08. 1313 6

WAHRER Bericht über das Weinen der zweyten Pootscher Bildniß der allerseligsten Jungfrauen Maria, Welche würklich in der Ortschaft Pootsch der löblichen Saboltscher Gespannschaft einverleibet, einer öffentlichen Verehrung ausgesetzet ist, und hat den 1ten, 2ten, und 5ten Tag des Augustmonats im Jahr 1715 vielfältige Zähren vergossen. Kaschau 1777: Johann Mich. Landerer. 48 S. - 160 mm

Warhafter Bericht von der blutigen Action u. glorieusen Victorie so Gen.-Maj. Graf A. L. Löwenhaupt wider den Moscovit. Gen.-Feld-Marsch. Scheremethoff bey Gemäuerthoff d. 16. Jul. 1705 befochten. (1 B.) 4. Stockholm.

Wahrhaffter Bericht von der action u. Retraite s. d. 16. Juni 1704 bey Lesna in Wyerland des Gen.-Maj. v. Schlippenbach gegen 8000 Moscoviter. (1 B.) 4. Stockholm.

Wahrhafter und ausführlicher Bericht der in der Nacht vom 28. bis zum 29. December 1845 ausgeübten und bereits eingestandenen sechsfachen Nordthat und Mordbrennerei in Studenberg bei Magdeburg. o.O., o.J. (1846), 8 S.

Bericht, Wahrhaffter, daraus erhellet wie beyde löbliche Stände Zürich und Bern . . . den Friedenstractat in Roschach . . . behandeln helfen, . . . Anno 1714. V: *Nabholz, Hans Ulrich.* (Adel)

Bericht, Wahrhafter und eigentlicher, was in den nächst abgewichenen Jahren in dem von Sachsen-Altenburgischer Seiten erlangten Präcedenz- und Primogenitur-Streite vorgelaufen. V: *Hortleder, Friedrich.* (Jöch)

Wahrhaffter Bericht von denen von den feindlichen Oesterreichischen und Sächsischen Trouppen in Schlesien, gegen dessen Einwohner, begangenen grausahmen und enormen Excessen. Breslau (Berlin) 1745. 4. (8 S.)

Bericht, Wahrhafter, von dem seltenen und merkwürdigen Gnadenwerk Gottes in einem zehenjährigen Kinde Jonas Eilers . . . O. O. 1778. V: *Taute, Rudolph Heinrich.* (MGT)

Bericht. Wahrhaffter und gründlicher B. Der Ehrsamen Gmeinden Trimmiß, Igiß und Unter-Vatz; Darinn Der mit der Ehrsamen Gmeind Zizers vertierende Streit erklärt / und Dero hierüber ausgegebene Memorial und Sinceration beantwortet wird. 4. *o. O.* Anno 1716.

Bericht. Wahrhaffter B. Deren zu dem Toggenburger-Geschäfft Von Lobl. Ständen Zürich, Bern Basel, Verordneten Mediatoren, Uber Den unbegründten Eingang und Anhang, welcher enthalten in einem Tractätlj so in Truck außgegangen und intituliert / Endtlicher Schluß, und Gutachten Der Lobl. Cathol. Herren Mediatoren Uber Die Toggenburgische Streitigkeit. Proponirt, und abgelesen Vor allgemeiner Löbl. Eydtgnoßischer Session In Baden den 14. Septembr. 1709. (Geben den 31. Weinmonat im Jahr 1709.) 4. *o. O.*

Bericht, Wahrhafter, des Schulmeisters von Siebesreute, wie er mit dem Verfasser der »Briefe aus dem Volke« einen schweren Wettkampf erstanden, ... [Stuttgart 1818.] V: *Pahl, Joh. Gottfr.* (MGT)

Wahrhafft u. sicherer Bericht wegen Verhaltens der Besatzung in den zweyen Toggenb. Klösteren Magdenauw u. neu St. Johann. (12.) 4. s. l. 1712.

Warhaffter Bericht aus Straubing, v. 12. April. (4.) 4. s. l. & a. (1742.)

Warhaffter Bericht von dem d. 6. Dec. 1711 zu Stralsund angelangten Schwed. Transport aus Schonen. 4. 1711.

Warhafter Bericht von dem Treffen zw. der Schwedischen a. Russischen Armee d. 2. Sept. 1741. 4.

Wahrhafter Bericht vom Zauber-Sabbathe der St. Walpurgisnacht. Satansreden an die auf dem Blocksberge versammelten Unholde Deutschlands, nebst vielen Parallelstellen von D. Luther. Brockenhaus. 817. 8.

— wahrhafter, vom Zaubersabathe d. St. Walpurgisnacht des 3n Reform.-Jubeljahrs, enth. Satans Reden an d. auf dem Blocksberge versammelten Unholde Deutschlands. 8. (Halberst.) 817. 6 gr.

Wahrhafftiger Aussführlicher und gründlicher Bericht von der Altenstadt Magdeburgk Belagerung. 4. Magdeburgk 1737,

BERICHT, Wahrhafftiger, und noch nicht ſo umbſtändlich beſchriebener, des Dreßdniſchen Prieſter-Mords, Ingleichen einer Beſchreibung der wohl verdienten Execution des Meuchel-Mörders Frantz Laublers, Welche den 18. Juli 1726 in Dreßden geſchehen, Nebſt darzu gehörigen (2) Kupffern. O. O. Anno 1726. Kl. 4°. 37 S., 5 Bl.

Bericht, Warhafftiger, grundtlicher vnd getrewer, wie vor Alters Der guten Stadt Leyptzigk Rath und Eldiste zu Ehr vnd frummen derselbigen gessen vnd truncken, was massen dannen hero die Collation, so man nennet die Gelbe Suppen, ihren Vrsprung vnd Fortgang genommen. Leyptzingk 1877. V: *Kirchhoff, Albr.* (cb)

Bericht. Warhafftiger B' einer Herrschafft Bern gerechtsamen vnd geübten Iudicatur, gegen den Grafen von Neuwenburg, und deren Vnderthanen den Burgern daselbst.... Sampt den Actis gehaltener Procedur in jüngst an ein H. Bern angebrachten streitigkeiten: Zwischen Hertzogen von Longeville, Graffen zu Neuwenburg. etc. einstheils, Vnd den H. Ministrålen, Raht und Burgeren daselbst. anders theils. [Mit Titelvignette.] 4. Gedrukt zu Bern 1618. Und... frisch aufgelegt 1767.

Warhafftiger Bericht des Reuelschen Kriegs, Belagerung und fürnembsten Scharmützeln, auch was sich von beiden teilen, innen und ausserhalb der Stadt, von Anfang bis zum end, zugetragen hat, ordentlich und gründlich verfasset durch einen Studiosum, so in solchen Handeln bey und mitgewesen ist. Reval 1577. – Zum Gedächtniss des vor 300 Jahren gewonnenen Sieges wieder herausgegeben und mit Anmerkungen versehen von C. Russwurm. Reval 1877.

Wahrhafftiger Bericht des in derer Schwärmer und gute Tage wehler Hertzen fest-stehenden gelobten Landes Pennsylvanien in America, ein Land, darinnen Zucker und Holtz wächset, *abgefasset von zweyen gelahrten Männern, als treuen und wahrhafftigen Zeugen, deren der erste, von obgedachter Einbildung, der andere, von Gewissens-Bedrängung, hineingejaget worden; Jener, sich betrogen gesehen, bald wieder nach Teutschland kommen; Dieser, nachdem er 2 Jahr drinnen gewesen, und sein Gewissen unruhig geblieben, wieder herauseilen müssen. Allen denen mit gleicher phantastischen Schwärmer-Einbildung besessenen Geistern zur Warnung mitgetheilet im Jahr, da Babels Gefängnis in Pensylvanien noch hefftiger als in Deutschland war, wie aus diesem Bericht kund und offenbar. [s. l.] 1701. (32) S.*

— wahrhafftiger vnd volkommener, wie Jhro Keyserliche Majestät, Herr Wilhelm I., erwelter Keyser der Teutschen, die Stat Franckfurt an dem Mayn heimsuchet vnd daselbst begrüßet wardt, geschehen vff Donerstag, Freytag vnd Samstag den XVIII. XIX. v. XX. des Monaths Octobris des Jars nach Christi vnnsers lieben Herrn geburt Tausent acht hundert sieben vnd siebentzig, eygentlich; grüntlich vnd vnterschidlich nach vorhyn selb eingenommenem Augenschein beschryben vnd verfasset von einem Doctorn der Philosophia. gr. 8. (24 S.) Frankfurt a/M. 878. Alt. 1. 50;
Ausg. auf Holländ. Büttenpapier 3. —

Warhafftiger Bericht eines Volontairs bey d. Schwed. Armee von dem Verlauff der disjährigen Campagne, dat. Gr. Glogau 20/30. Nov. 1704. (8½ B.) 4.

Warhaffter Bericht von dem was dem Gen.-Maj. Schlippenbach die Retraite v Sagnitz, den 18. Julii 1702 über den Embach nach Hummelshoff zu setzen, Anlass gegeben, u. d. 19. zu Hummelshoff erfolgte Schlacht. 4. 1702.

Bericht, Wahrhaftiger, vom Zaubersabbathe der St. Walpurgisnacht des dritten Reformations-Jubeljahres... Brockenhaus [Halberst.] 1817. V: *Körte, Wilhelm.* (MGT) (Wr)

Bericht, wahrheitsgetreuer, über meine Reise in den Himmel. Verfaßt v. Imm. Kant. gr. 8. (IV, 47 S.) Gotha 877. F. A. Perthes. n. 1. —

— der bürgerlichen Waisenanstalt in Basel über das Jahr 1898. 8°. 15 S. Basel, Buchdruckerei G. Krebs. 1899?

Bürgerliche Waisenanstalt in Basel. Bericht über das Jahr 1900. 15 S. 8. Basel, Kreis, 1901.

Bürgerliche Waisenanstalt in Basel. Bericht über das Jahr 1901. 15 S. 8. Basel, Fr. Bürgin, 1902.

Bürgerliche Waisenanstalt in Basel. Bericht über das Jahr 1902. 16 S. 8. Basel, G. Krebs, 1903.

Waisenhaus in Basel. 29. Bericht üb. d. J. 1872, nebst den betreff. Rechnungen. 22 Stn. 8. Basel, Druck v. F. Wassermann. 1873?

Bericht über die ... Wanderversammlung des Nordwestdeutschen Forstvereins zu ... - 1. -38. Vers. 1884-1933.
Forts. s.: Jahresber. üb. d. Tagg. d. Gr. Preussen-Nordwesten d. Dtsch. Forstver.

Bericht über die Wanderversammlung badischer Landwirte und Gutsbesitzer. 2, Heidelberg 1867. 3, Karlsruhe 1868.

—— über die 18. Wanderversammlung bayerischer Landwirthe am 22. und 23. Mai 1876 zu Schweinfurt. gr. 8. (XII, 161 S.) Würzburg 876, Staudinger'sche Buchh. *

Bericht über die *XIX. Wanderversammlung bayer. Landwirthe,* am 28.-30. Mai 1877. Ebd. 8°. (Cart. *)
X–124 S., 1 Bl. Err. -- Mitgl.-Vers. Nr. 324: Pfister, Polizeirath, München.

Bericht über die *XXVI. Wanderversammlung bayer. Landwirthe*, abgehalten zu Tölz am 31. Mai, 1., 2. u. 3. Juni 1885. Nach stenogr. Aufzeichnungen. München, Druck d. Dr. Wild'schen Buchdr. (Gebr. Parcus). 8°. 72 S. Cart. *)

— üb. d. 31—33. Wanderversammlg d. deut. Photographen-Ver. [S.-A.] 8° Weim., Verl. d. deut. Photographen-Zeitg. 4 —
31. Düsseldorf '02. (110, 82, 45, 14 u. 16 m. Abb.) '03. 1.50
32. Dresden '03. (7, 83, 44, 44, 12 u. 26 m. Abb. u. 1 Taf.) '04. 1.50
33. Cassel '04. (7, 63, 66, 16, 85 u. 24 m. Abb.) '05. 1 —

— üb. d. 34—37. Wandervers. d. deut. Photogr.-Ver. [SA] (Mit Abb.) Lex 8° Weim., Verl. d. deut. Photogr.-Zeitg. Je 1 —
34. Darmstadt '05. (7, 80, 62, 28, 59 u. 28 m. 1 Taf.) '06. ‖ 35. Breslau '06. (7, 69, 59, 21, 31 u. 20) '07. ‖ 36. Bremen '07. (7, 64, 16, 61, 15, 20 u. 18 m. Abb.) '08. ‖ 37. Posen '08. (6, 101, 16, 11, 24 u. 16) '09.

— üb. d. 38. u. 39. Wanderversammlg d. deut. Photographen-Vereins. [Aus: „Deut. Photogr.-Ztg".] (Mit Abb.) Lex 8° Weim., Verl. d. deut. Photographen-Zeitg. je 1 —
38. Weimar '10. (8, 119, 25, 15, 27 u. 19) '10. ‖ 39. Elberfeld '11. (6, 72, 13, 13, 19 u. 20) '11.

— über die XII. u. XIII. Wander-Versammlung des Verbandes rheinisch-westfälischer Stenographen [System Gabelsberger] am 3. Juni 1877 in Solingen u. 2. Juni 1878 in Cöln. Hrsg. im Auftrage d. Verbandes vom derzeit. Vorort, dem Gabelsberger Stenographen-Verein zu Barmen. gr. 8. (43 S.) Barmen 878. Klein. n. — 80

— über die 25. Wander-Versammlung des westpreussischen botanisch-zoologischen Vereins zu Konitz am 29. IX. 1902. Im Auftrage des Vorstandes ausgeführt v. Paul Kumm. (II u. S. 51—324 m. Abbildgn. u. 1 farb. Taf.) Lex.-8. Danzig (905). (Leipzig W. Engelmann.) n. 4. —
Sonderabdr. aus: „Schriften d. naturforsch. Ges. in Danzig"

Vereinigung von Freunden der Astronomie und kosmischen Physik. Bericht über die am 9. und 10. Oktober 1893 zu Münster i. W. abgehaltene erste Wanderversammlung. Berlin 1893.

Bericht über die Wanderversammlungen der technischen Lehrer Bayerns. I—VI. 1866—74. 8°. (Unvollst.)

Bericht, Zweiter, der Gesell'schen Warte-, Schul- und Beschäftigungs-Anstalt für arme Kinder. Dresden 1840. V: *Gesell, Carl.* (Kat. d. statistisch. Bureaus. Dresden 1890.)

Bericht was v. 10. Dec. 1708 bis 30. März 1709 zw. d. Schwed. u. Moscowit. Armeen vorgefallen. 4.

— was wegen des Herz. Ant. Ulrich z. Sachs. Meiningen für seine mit Phil. Elis. Zeserin erzeugten Kinder ausgebrachten Legitimations- u. Standeserhebungs-Diplomats fürgegangen. Fol. Cob. Abl. 745.

Bericht über das städtische Wasserleitungswesen. 1. 2. 1879—80. Dresden

Bericht über den Wasserschaden vom 1. & 2. August 1888 und die Verwendung der geflossenen Gaben. Erstattet vom Hülfskomite von Uri. 8. Altdorf 1890.

Bericht der städt. Wasserversorgungs-Kommission, erstattet an den löbl. Gemeinderat der Landeshauptstadt Czernowitz. Czernowitz: Selbstverl. d. Magistrats 1889.

Bericht der weiteren Wasserversorgungscommission an den Rath der Königl. Hauptstadt Prag. Prag 1877. Beigeb.: 1. Bericht des engeren Fachcomités über die Errichtung eines neuen Wasserwerkes für die Königl. Hauptstadt Prag. Prag (1878?) 2. Bericht der weiteren Wasserversorgungscommission an den Rath der Königl. Hauptstadt Prag. Prag 1879

Bericht, 2., der weiteren Wasserversorgungscommission an den Rath der königl. Hauptstadt Prag. gr. 4. (87 S) Prag 880. Rziwnatz. n. 1. 68

Bericht über die österr. Webwaaren-, Eisenwaaren-, Maschinen- und Rübenzucker-Industrie in ihrer gegenwärtigen Stellung zur Konkurrenz des Auslandes. Erstattet an Seine Excellenz den Herrn Handels-Minister Georg Ritter v. Toggenburg von der n. ö. Handels- und Gewerbekammer. Wien, 1856. Gedr. bei Leopold Sommer. (24 S. 8.)

— üb. d. V. österr. Weinbau-Congress i. Wien v. 4.—6. Septbr. 1894. Hrsg. v. Central-Ausschuss d. V. österr. Weinbau-Congresses i. Wien. Vorf. v. Herm. Goethe. gr. 8. (IV, XXVI, 200 S.) Wien 895. (W. Frick.) n. 3. —

Bericht d. k. württ. Weinbauversuchsanst. Weinsb. 1901-05. Weinsberg 1904-06

Bericht der Kgl. Württembergischen Weinbau-Versuchsanstalt Weinsberg über ihre Tätigkeit an d. Kgl. Ministerium d. Kirchen- u. Schulwesens u. an d. Kgl. Zentralstelle f. d. Landwirtschaft erstattet v. Vorstande Prof. Dr. [Richard] Meißner. [1.] In d. Jahren 1901–1903. *Weinsberg (1904): Weinsberger Zeitung.* 8° [04. 19477] 10

Bericht d. K. Württ. Weinbau-Versuchsanstalt Weinsberg 1906-12. Weinsberg 1907-13

— über die Welt-Ausstellung zu Paris im J. 1867. Hersg. durch das k. k. österreich. Central-Comité. (17 Liefgn.) Mit in den Text gedr. Holzschn. Wien 867—69. Braumüller. Lex.-8. n. 20 ß 22 ngr
1. Liefg. [3. Heft]: Instrumente für Kunst u. Wissenschaft. Classe 10—12. 23. (199 S.) n. 24 ngr
2. Liefg. [5. Heft]: Verkehrsmittel. Classe 61—64 u. 66. Mit 51 Holzschn., 5 lith. Karten u. 15 lith. Taff. (317 S.) n. 1 ß 20 ngr
3. 8. 10. Liefg. [10. Heft]: Land- u. Forstwirthschaft. 1. Thl. Der Gartenbau. Classe 83—88. 1. u. 2. Aufl. Mit 1 lith. Taf. (S. 1—108.) n. 20 ngr — 2. Thl. Die Forstwirthschaft. Classe 48. 74. 75—82. u. 43. Mit 88 Holzschn. u. 8 Taff. (S. 1—374.) n. 1 ß 14 ngr — 3. Thl. Die Forstwirthschaft. Classe 41. 42. u. 49. Mit 2 lith. Taff. (S. 375—511.) n. 1 ß
4. Liefg. [8. Heft]: Garne, Gewebe, alle Arten Bekleidungs-Gegenstände u. Papier. Classe 27—34, dann 18. 35. 7. 19. u. 45. Mit 1 lith. Karte u. 18 Musterbeilagen (auf 6 Taff.). (372 S.) n. 1 ß 20 ngr
5. Liefg. [2. Heft]: Die Kunstwerke u. die histoire du travail. Classe 1—5. (172 S.) n. 24 ngr
6. Liefg. [4. Heft]: Die Motoren u. Maschinen der allgemeinen Mechanik. 1. Thl. Mit 140 Holzschn. u. 18 (lith.) Taff. n. 1 ß 20 ngr
7. Liefg. [7. Heft]: Nahrungsmittel u. Getränke. Classe 67—73 u. 50. Mit 31 Holzschn. (225 S.) n. 1 ß 10 ngr
9. Liefg. [6. Heft]: Chemisch-metallurgische Industrie. 1. Thl. Bergbau u. Hüttenwesen. Classe 40. u. 47. Mit 63 Holzschn. (169 S.) n. 24 ngr
11. Liefg.: Kunstgewerbe, Möbel u. Einrichtungsstücke. Classe 8. 14. 15. 24. 22. 21. 36. 26. 38. u. 89. (250 S.) n. 1 ß
12. Liefg.: Social-oekonomische Abtheilung der Welt-Ausstellung. Classe 6 u. 13, dann 89—95. Mit 16 Holzschn. u. 3 lith. Taff. (443 S.) n. 2 ß
13. Liefg. [4. Heft. 2. Thl.]: Maschinen u. Materialien für die Gewerbe. Mit e. Anh. Messerschmiedewaaren u. Waffenfabrikation. Classe 54, 58—60, 65, 20 u. 37. Mit 139 Holzschn., 1 Farbendr.-Blatt u. 8 lith. Taff. (294 S.) n. 1 ß 20 ngr
14. Liefg. [4. Heft. 3. Thl.]: Spinnerei-, Weberei- u. Näh-Maschinen. Classe 55—57. Mit 36 Holzschn. u. 6 lith. Taff. (166 S.) n. 1 ß 10 ngr
15. Liefg. [6. Heft]: Chemisch-metallurgische Industrie. [2. Thl.] Glas- u. Thonwaaren-Fabrikation. Classe 16 u. 17. [3. Thl.] Chemische Industrie. Classe 51, 9, 25, 46 u. 44. Mit 26 Holzschnitten u. 1 Musterbeilage. (S. 170—520.) n. 1 ß 20 ngr
16. 17. Liefg. Einleitung. Die Civilisation u. der wirthschaftliche Fortschritt von Fr. Xav. Neumann. Nachträge u. Berichtigungen. Inhalts-Verzeichnisse etc. (516 S.) n. 1 ß 6 ngr

— über die Weltausstellung in Paris 1878. Hrsg. m. Unterstützg. der k. k. österreich. Commission f. die Weltausstellg. in Paris im Jahre 1871. 1—9. Hft. gr. 8. Wien 879. Faesy. n. 41. 80
1. Das Hüttenwesen mit besond. Berücksicht. des Eisenhüttenwesens. Von Frz. Kupelwieser. (VIII, 175 S.) n. 4. 80
2. Die mechanische Holzbearbeitung, deren Hilfsmittel u. Erzeugnisse. Notizen v. W. F. Exner u. G. Lauböck. Mit 7 Illustr. im Text u. 2 (lith.) Taf. (66 S.) n. 2. —
3. Fleisch-, Gemüse-, Fisch- u. Obst-Conserven. Von Fritz Robert. (V, 96 S.) n. 2. —
4. Gas- u. elektrische Beleuchtung. Von Hub. Nachtsheim. (47 S.) n. 1. 20
5. Die Motoren f. das Kleingewerbe. Von Alfr. Musil. Mit 28 (eingedr.) Illustr. (V, 67 S.) n. 2. 20
6. Maschinen zur Bearbeitung der Metalle. Von Jos. Pechan. Mit 100 (eingedr.) Illustr. (VIII, 124 S.) n. 5. —
7. Neuere Krankenhäuser. Notizen von Frz. Gruber. Mit 13 Illustr. im Text u. 2 (lith.) Taf. (XI, 244 S.) n. 6. 40

8. Pflanzen-Rohstoffe. Von Jos. Moeller. [I. Gerb- u. Farbmaterialien. — II. Fasern.] Mit 37 (eingedr.) Illustr. (VI, 104 S.) n. 3. 20
9. Dampfmaschinen von A. Riedler. Mit 35 Fig. im Text u. e. Atlas v. 21 (autogr.) Taf. (in qu.-gr. Fol. u. Mappe.) (IV, 98 S.) n. 15. —

—— über die Weltausstellung in Philadelphia 1876. Hrsg. von der österreich. Commission für die Weltausstellung in Philadelphia 1876. 26 Hefte. gr. 8. Wien, Faesy und Frick. *

Inhalt:

Heft 1. Perels, Emil, die landwirthschaftlichen Geräthe und Maschinen. (VI, 248 S. mit 173 eingedr. Holzschn.-Illustr.) 877. * ℳ 4.
» 2. Kanitz, Ed., Kurzwaaren-Industrie. (S. 1—38.) — Hückel, Carl, Hüte aus Filz und Seide. (S. 41—47.) 877. * 80 Pf.
» 3. Kupka, P. F., geodätische Instrumente. — Fleischl, Ernst v., Mikroskope. — Fleischl, Ernst v., Medicin. (47 S. mit 7 eingedr. Holzschn.-Illustr.) 877. * ℳ 1,60.
» 4. Kupelwieser, Frz., das Hüttenwesen mit besond. Berücksicht. des Eisenhüttenwesens in den Vereinigten Staaten Amerikas. (VIII, 299 S. mit 5 lithogr. Taf.) 877. * ℳ 4.
» 5. Bochner jun., Thdr., Wolle, Wollwaaren und bei deren Fabrikation verwendete Maschinen. (V, 62 S.) 877. * ℳ 1,20.
» 6. Reifer, Fel., Holzbearbeitungs-Maschinen mit einem Anhang über Werkzeugmaschinen für Steinbearbeitung. (IV, S. 1—90 mit 28 eingedr. Holzschn.-Illustr. und 7 lithogr. Taf.) — Thonet, Frz., die Holzindustrie mit besond. Rücksicht auf die Anwendung gebogener Hölzer. (S. 91—111.) 877. * ℳ 3.
» 7. Goldschmidt, Guido, die chemische Industrie. (VI, 43 S. mit 1 eingedr. Holzschn.) 877. * 60 Pf.
» 8. Höfer, Hanns, die Petroleum-Industrie Nordamerikas in geschichtlicher, wirthschaftlicher, geologischer und technischer Hinsicht. (IX, 166 S. mit 40 eingedr. Holzschn.-Illustr. und 1 lithogr. Taf.) 877. * ℳ 3,60.
» 9. Wilhelm, Frz., pharmaceutische und technische Drogen und Chemikalien. (IV, 80 S.) 877. * 80 Pf.
» 10. Radinger, J. F., Dampfkessel und deren Ausrüstung in den Vereinigten Staaten von Nord-Amerika. (VI, 279 S. mit 107 Zeichnungen in eingedr. Holzschn.) 877. * ℳ 5.
» 11. Migerka, F., das Unterrichtswesen in den Vereinigten Staaten. (VI, 158 S.) 877. * ℳ 1,60.
» 12. Wencelides, Frz., Hilfsmaschinen und Werkzeuge für Eisen- und Metall-Bearbeitung. (IX, 237 S. mit 130 eingedr. Holzschn.-Illustr.) 877. * ℳ 4.
» 13. Pontzen, Ernest, das Eisenbahnwesen in den Vereinigten Staaten von Amerika, mit besond. Berücksicht. des Oberbaues, der mechan. Ausrüstung, der Wagen, dann des Verkehrs in Städten. (VIII, 229 S. mit 23 eingedr. Holzschn.-Illustr. und 18 lithogr. und photolithogr. Taf.) 877. * ℳ 5.
» 14. Poschacher, Ant., Architektur und öffentliche Bauten. (III, S. 1—32.) — Costenoble, Carl, Malerei und Sculptur. (S. 33—48.) 877. * 60 Pf.
» 15. Riedler, A., Gesteins-Bohrmaschinen und Luftcompressions-Maschinen. (IV, 148 S. mit 20 lithogr. Taf. und 49 Zeichnungen in eingedr. Holzschn.) 877. * ℳ 4.
» 16. Feyrer, Alois v., der Locomotivbau in den Vereinigten Staaten von Nordamerika. (VI, 112 S. mit 34 Zeichnungen, 8 photolithogr. Taf. und 1 Tab.) 877. * ℳ 3.
» 17. Strohmayer, Leop., Heizung, Ventilation und Wasserleitungen. (V, 80 S. mit 123 Illustr.) 876. * ℳ 3,50.
» 18. Eitner, Wilh., Leder-Industrie. (V, 98 S. mit 22 Holzschn. und 2 lithogr. Taf.) 877. * ℳ 3,50.
» 19. Spáčil, Joh., Wagen, Dynamometer und Materialprüfungs-Maschinen. (52 S. mit 7 eingedr. Zeichnungen und 2 lithogr. Taf.) 877. * ℳ 1,60.
» 20. Riedler, A., Personen- und Lastenaufzüge und Fördermaschinen. (81 S. mit 13 lithogr. Taf. und 9 Textfig.) 877. * ℳ 3,60.
» 21. Mannlicher, F., Pumpen und Feuerlöschapparate. (66 S. mit 46 eingedr. Zeichnungen.) 877. * ℳ 1,60.
» 22. Steiner, Friedr., über Brückenbauten in den Vereinigten Staaten von Nord-Amerika, mit einem Anhang über eiserne Dachstuhl-Constructionen. (VI, 263 S. mit 97 Illustr. und 13 Taf.) 878. * ℳ 7.
» 23. Höfer, Hanns, die Kohlen- und Eisenerz-Lagerstätten Nordamerikas, ihr Vorkommen und ihre wirthschaftliche Bedeutung. (XI, 260 S. mit 7 Taf.) 878. * ℳ 7.
» 24. Pfungen, Otto Frhr. v., Notizen über amerikanische Holz-Debitage. (23 S. mit 2 lithogr. Taf.) 878. * 40 Pf.

Bericht über die Weltausstellung in Philadelphia 1876 etc.

Heft 25. Radinger, J. F., Dampfmaschinen und Transmissionen in den Vereinigten Staaten von Nord-Amerika. (XLIV, 348 S. mit 256 eingedr. Zeichnungen und 1 Tab.) 878. * ℳ 6.
» 26. Migerka, F., administrativer Bericht der Commission über die Theilnahme Oesterreichs an der Weltausstellung in Philadelphia 1876. Beiträge zur Geschichte der Entwicklung der Vereinigten Staaten und zur Frage unseres Exportes. (57 S.) 878. * 60 Pf.

Bericht über die Welt-Ausstellung zu Wien i. J. 1873. Hrsg. durch die küstenländische Ausstellungs-Commission in Triest. Redig. v. F. Bömches. Triest 1874. 8. [2 Ex.]

Bericht über die Wiener Weltausstellung 1873. (Schweiz.) Schaffhausen 1874—1875

Gruppe 2. Landwirthschaft, Forstwirthschaft, Wein- und Obstbau und Gartenbau. Von E. Landolt. (Verb. mit Gruppe 13.)
Gruppe 3. Chemische Industrie. Von E. Kopp. (Verb. mit Gruppe 13.)
Gruppe 4. Nahrungs- und Genußmittel als Erzeugnisse der Industrie. Von A. Ott. (Verb. mit Gruppe 13.)
Gruppe 5. Textil-Industrie, Section 4. Von C. Baumann-Zürrer. Hausindustrie. Von J. Steiger-Meyer. Section 1. 2. 3. 5. 6 nebst Gruppe 21. (Verb. mit Gruppe 13.)
Gruppe 6. Cuirs et peaux. Par E. Mercier. (Verb. mit Gruppe 13.)
Gruppe 8. Holz-Industrie. Von S. Salvisberg. (Verb. mit Gruppe 13.)
Gruppe 9. Glas-, Stein-, Thon- und Cement-Industrie. Von B. v. Arx. (Verb. mit Gruppe 13.)
Gruppe 10. Kurzwaaren-Industrie. Von G. Kiefer-Baer. (Verb. mit Gruppe 13.)
Gruppe 13. Maschinenwesen und Transportmittel. Von G. Delabar.
Gruppe 14. 1. Instruments de précision et de l'art médical. Par E. Wartmann. 2. Horlogerie. Par A. Hirsch. (Verb. mit Gruppe 13.)
Développement de l'industrie horlogère dans le canton de Neuchâtel. Par C. Kopp. (Verb. mit Gruppe 13.)
Gruppe 16. Heereswesen. Von H. Herzog. (Verb. mit Gruppe 13.)
Gruppe 26. Erziehungs-, Unterrichts- und Bildungswesen. Th. 1. Von F. v. Tschudi. Th. 2. Von E. Rambert.

Bericht des Vereins Westendhall, betreffend: Den Reichstag. 20 S. 8°.

Bericht über den Wetternachrichtendienst im Grossherzogthum Baden während des Sommers 1882. Karlsruhe 1883.

Bericht, Zweiter, über die Wetterschiess-Versuche in St. Kathrein a. d. Lamming. Graz 1900. V: *Suschnig, G.* (JOANSTYRA)

Bericht über Wetter-Telegraphie und Sturmwarnungen, abgestattet an den Meteorologischen Congress in Wien von dem dafür auf der Leipziger Conferenz ernannten Comité. Herausgegeben mit Genehmigung der Kaiserlichen Admiralität als Beilage zu No. 17 der „Hydrographische Mittheilungen" und redigirt von G. von Boguslawski. Berlin 1874. III. 53 S. 8°.

Bericht wie die Sache der katholischen Dissidenten im K. Sachsen gefördert worden ist ... Leipzig 1845. V: *Sporschil, Johann.* (Th)

— wie die Sache d. kathol. Dissidenten im Königreiche Sachsen gefördert worden ist. Von e. unparth. Beobachter. gr. 8. Leipzig 846, Jackowitz. 1/4 ɼß

Bericht, wie es mit der Probe einer neuen Invention Canonen vortheilhafter zu gebrauchen als jemals möglich gewesen, abgegangen .. Kopenhagen, den 20. Julii 1749. V *Steuben, Chn Ludw. v.* (Bruun, Bibl. Danica. II, 334.) (Collin, Anonymer. Kiobenh. 1869.)

BERICHT wie man die neun hl. Rosenkränze in der Marterwoche beten soll. Nebst sieben hl. Messen für arme Seelen im Fegfeuer. Ofen 1880: Bagó. 8 S.

—— des k. k. Krankenhauses Wieden vom Solar-J. 1857 und 58. Im Auftrage des hohen Ministeriums veröffentlicht durch die Direction dieser Anstalt. gr. 4. Wien, [Gerold's Sohn.] [1857. (112 S. mit 37 Taf., wovon 1 chromolithogr. in gr. 4., qu. Fol. und qu. gr. Fol.) 859. * 24 Ngr., 1858. (IV und 185 S. mit einem Specialbericht über die Typhusepidemie von 1858—59 und 38 gedr. Taf. und 8 Stat. in gr. 4. und qu. Fol.) 860. * 1 Thlr.]

— — des k. k. Krankenhauses Wieden vom Solar-Jahre 1858. Mit einem Specialbericht über die Typhus-Epidemie von 1858—59, und 38 gedruckten und lithographirten Tafeln. Im Auftrage des h. Ministeriums veröffentlicht durch die Direction. 4. (134 S.) Wien 1860, Tendler & Comp. in Comm. 1 fl. 45 kr.

Bericht des k. k. Krankenhauses Wieden vom Solarjahre 1880. (Krankheitsgeschichte und Sektionsbericht einer akuten Alkoholvergiftung bei einem achtjährigen Knaben.) 8° 447 S. Verlag des k. k. Krankenhauses Wieden. Wien. 1881.

— des k. k. Krankenhauses Wieden vom Solar-J. 1884. Im Auftrage d. hohen Ministeriums veröffentlicht durch die Direction d. Krankenhauses. gr. 8. (IV, 344 S. m. 6 z. Thl. lith. Tab.) Wien 885. Braumüller. n. 6. —

— des k. k. Krankenhauses Wieden vom Solar-J. 1885—1888. Im Auftrage d. hohen Ministeriums veröffentlicht durch die Direktion d. Krankenhauses. gr. 8. Wien, (Braumüller). à Jahrg. n. 5. —
1885. (IV, 375 S. m. 2 Tab.) 886.
1886. (IV, 453 S. m. 2 Tab.) 887.
1887. (IV, 383 S. m. 2 Tab.) 888.
1888. (IV, 435 S. m. 2 Tab.) 889.

— des k. k. Krankenhauses Wieden vom Solar-J. 1889. Im Auftrage d. hohen Ministeriums veröffentlicht durch die Direction d. Krankenhauses. gr. 8. (IV, 405 S. m. 2 Tab.) Wien 890. W. Braumüller. n. 6. —

— über die Wiederherstellung der Marienkirche zu Reutlingen. Hrsg. unter Mitwirkg. v. Dolmetsch vom Kirchenbauverein Reutlingen 1899. Lex.-8. (18 S. m. Abbildgn.) Reutlingen 899. (J. Kocher.) n. 1. —

— v. d. Wiedertaufe z. Kupferzell. 8. Jena, Cröker, 731
Berichtigung der Gedanken eines Hannoveraners rc. gr. 8. Lüneb. Herold. 804.

Bericht der Universität Wien über das Studienjahr 1878—82, 90—91.

Bericht ... d. landwirtschaftlichen Winterschule zu Erfurt. 27: 1899/1900. Erfurt. U. A.

Landwirtschaftliche Winterschule des Landkreises Flensburg zu Flensburg. Bericht über das Schuljahr 1909/10 ff. ⟨1. Schuljahr ff.⟩ Flensburg. 1910 ff. 8°

— 6. u. 7. üb. d. landwirthschaftliche Winterschule i. Lüneburg. Winterhalbj. 1896/97 u. 1897/98. Von H. Putensen. gr. 8. (28 u. 27 S.) Lüneburg 897/98. Herold & Wahlstab. à n. — 50

Bericht der Landwirtschaftlichen Winterschule zu Marburg a. d. L. 26. Marburg 1903: J. A. Koch. 4°(8°)
[1—25 sind nicht im Druck erschienen.] 05. 418 4

Freie Schule Winterthur. 1. Bericht ... (*Umschlag:* Ein Rückblick auf ihre Geschichte und Jahresbericht pro 1900/1901. Ihren Freunden gewidmet Himmelfahrt 1901). IV + 40 S. 8. Winterthur, Buchdr. Winterthur, 1901.

Eisenbahn Winterthur-Herisau. 2. Bericht einer Anlage derselben (von Hrn. R. Dardier.) 10 Stn. 8. 1872²

Bericht über die Winter-Versammlung des Märkischen Forstvereins ... [1.] d. 9. Febr 1900. Potsdam 1900: Krämer. 8° [J.] 07. 7596

Arbeitergesellschaft, allg. bern., Bericht über d. Wirken ders. im ersten Jahre ihres Bestandes. Bern 1869,

Bericht, Erster — über das Wirken des mähr. schles. Blinden-Instituts nebst einer skizzirten Geschichte seiner Entstehung. Brünn den 1. November 1854. Brünn. 1855. Schnellpressendruck von Franz Gastl's Buchdruckerei. (36 S. und 1 Tabelle. 8.)

Bericht über das Wirken des Kreuzer-Vereines zur Unterstützung der Wiener Gewerbsleute, im Jahre 1855 und dessen neunte Generalversammlung am 12. März 1856. Wien, 1856. Gedruckt bei A. Pichlers Witwe und Sohn. (22 S. 8.)

Bericht über das Wirken des Kreuzer-Vereines zur Unterstützung der Wiener Gewerbsleute im J. 1856 und über dessen zehnte und eilfte Generalversammlung am 9. Juli 1856 und am 3. Juni 1857. Wien, 1857. Gedruckt bei A. Pichlers Witwe und Sohn. (30 S. 8)

— (1—4.,) über d. Wirken des Kunst- u. Gewerb-Vereines zu Leipzig. Mittheiln. aus d. im J. 1836—40 gehalt. Versammln. gr. 8. Leipzig 839—41. (Schreck.) [836 u. 38. (8½ B.), 839. (4½ B.), 840. (2¾ B.) à * ⅓ Thlr.] *

— über das Wirken d. Kunst-, Industrie- u. Gewerb-Vereins d. hrzgl. sächs. Residenzstadt Coburg, im 11—13. Jahre seines Bestehens 1836—38. gr. 4. (10½ B.) Coburg 837—39, (Riemann.)

— sechszehnter, über das Wirken des historischen Vereins zu Bamberg in Oberfranken in Bayern. Bamberg 853. (Buchner.) gr. 8. n. 20 ngr.
Inhalt: Jahresbericht. (30 S.) — Das Urkundenbuch des Abtes Andreas im Kloster Michelsberg bei Bamberg in vollständigen Auszügen mitgetheilt v. C. A. Schweitzer. (X, S. 1—147.) — Die Siechen- und Pesthäuser in Bamberg. 1. Abth. Die Siechenhäuser. Von Friedr. Wunder. (S. 149—198.)

BERICHT ÜBER DAS WIRKEN DES HISTORISCHEN VEREINS ZU BAMBERG.
18. ib. 1855. — Darin: C. HÖFLER, Deutsche Zustände im XIII. und XIV. Jahrhunderte vom fraenkischen Standpunkte aus. Als Einleitung zu dem Registrum Burghutariorum ecclesiae Babenbergensis. ib. 1855. —
19. ib. 1856. —
20. ib. 1857. — Darin: LEONARD CLEMENS SCHMITT, Geschichte des Ernestinischen Klerikal-Seminars zu Bamberg. ib. 1857. Comm. in der Buchner'schen Buchh.
21. ib. 1858. Gedr. bei J. M. Reindl.

BERICHT ÜBER DAS WIRKEN UND DEN STAND DES HISTORISCHEN VEREINS ZU BAMBERG.
22—33. 1858—1870. Mit Beilagen (und Tafeln). ib. 1859—1871. —

BERICHT ÜBER DAS WIRKEN UND DEN STAND DES HISTORISCHEN VEREINS FÜR OBERFRANKEN ZU BAMBERG.
34—36. 1871—1874.*) (Mit Tafeln.) ib. 1872—1874. —
37. 1874, erstattet von ... J. ROTHLAUF. (Mit geschichtlichen Beigaben.) ib. 1875. —
38. 1875, erstattet von VALENTIN LOCH. ib. 1876. —
39. 1876. (Mit 1 Tafel.) ib. 1877. —
40. 1877. ib. 1878. — Darin Seite 187—303: Dritter Einfall der Preussen in das Hochstift Bamberg während des siebenjährigen Krieges im Mai des Jahres 1759. Mitgetheilt von KILIAN. ib. 1878.

Bericht über die Wirksamkeit des weiblichen Arbeitsschulen-Vereins seit dessen Bestehen. Vorgetragen in der General-Versammlung am 8. Februar 1852. 4. (7 S.) Wien, Druck von J. B. Wallishausser, 1852.

Bericht, Erster, über die Wirksamkeit des Ausschusses für Unterstützung der hülfsbedürftigen Hinterlassenen der Brüder der Loge zum goldnen Apfel in den Jahren 1836 und 1837 vorgetragen am 3. April 1838 ... Dresden 1837. V: *Petschke, Maximilian Carl August.* (wolfstieg II, 697)

Bericht, Dritter, über die Wirksamkeit des Ausschusses für Unterstützung, der von den Brüdern der Loge zum goldnen Apfel Hinterlassenen; abgefasst am Osterfeste 1845 von dem abgetretenen Vorstande des Ausschusses. Die Maurerjahre von Joh. 1839 bis Joh. 1845 betreffend. Dresden 1845. V: *Petschke, Maximilian Carl August.* (wolfstieg II, 697)

Bericht über die Wirksamkeit der Evang. Bibelgesellschaft in Rußland. St. Petersburg. 1. 1832: 5. 1845: 17. 1891—1894: 22. 1911—1913

Achter Bericht über die Wirksamkeit der Evang. Bibelgesellschaft in Rußland in den Jahren 1853 bis 1857

Bericht über die W i r k s a m k e i t des Berliner Bürger-Rettungs-Instituts (1900 ff.:) und der mit demselben verbundenen Stiftungen. 2 Bde.

Bericht über die Wirksamkeit der Denkmalpflege in der Provinz Hannover im Jahre 1900/01 ff. Hannover. 1901 ff. Fol.

Bericht über die Wirksamkeit des Erziehungs-Beirats der Johannis-Loge Friedrich Wilhelm zur Morgenröte. Berlin (1905): Denter & Nicolas. 2 Bl. 4°. [Kopftit.]

Bericht über die Wirksamkeit des Frauenvereins für Arbeitsschulen seit der letzten Generalversammlung (13. Februar, 1853. 4. (16 S.) Wien. Mechitharisten-Buchdruckerei. 1854.

Bericht über die Wirksamkeit des unter dem Schutze Ihrer k. k. Hoheit der Frau Erzherzogin Marie stehenden Frauenvereines für Arbeitsschulen seit der letzten Generalversammlung den 15. Februar 1854. Wien. 1855. Mechitharistenbuchdruckerei. (16 S. 4.)

Bericht über die Wirksamkeit des unter dem Schutze Ihrer k. k. Hoheit der Frau Erzherzogin Marie stehenden Frauenvereines für Arbeitsschulen seit der letzten Generalversammlung den 25. Febr. 1855. Wien, 1856. Mechitharisten-Kongregations-Buchdruckerei. (15 S. 4.)

Bericht über die Wirksamkeit des unter dem Schutze Ihrer k. k. Hoheit der Frau Erzherzogin Maria stehenden Frauenvereines für Arbeitsschulen seit der letzten Generalversammlung am 10. Februar 1856. Wien, 1857. Mechitharisten-Buchdruckerei. (15 S. 4.)

Bericht über die Wirksamkeit des Fünfziger-Ausschusses. o. O. (1848.) 4°.

Bericht über die Wirksamkeit und Gebahrung der unter dem allerhöchsten Schutze Ihrer Majestät der Kaiserin Mutter Karolina Augusta stehenden ersten Kinder-Bewahranstalt in der Vorstadt Landstraße, für das Jahr 1853. (16 S.) Wien. Gedruckt bei Joh. B. Wallishausser. 1854.

Bericht über die Wirksamkeit und Gebahrung der unter dem allerhöchsten Schutze Ihrer Majestät der Kaiserin Witwe Carolina Augusta stehenden ersten Kinder-Bewahranstalt in der Vorstadt Landstraße für das Jahr 1854. Wien. 1855. Druck von J. B. Wallishausser. (16 S. 4.)

Bericht über die Wirksamkeit und Gebahrung der unter dem allerhöchsten Schutze Ihrer Majestät der Kaiserin Witwe Karolina Augusta stehenden ersten Kinder-Bewahranstalt in der Vorstadt Landstraße Pfarrbezirk am Rennwege, zu Maria Geburt, Steingasse Nr. 228, für das Jahr 1855. Wien, 1855. Aus J. B. Wallishausser's k. k. Hoftheater-Druckerei. (15 S. 4.)

BERICHT ÜBER DIE WIRKSAMKEIT DER GESELLSCHAFT FÜR POMMERSCHE GESCHICHTE UND ALTERTHUMSKUNDE in den Jahren 1850, 1851 und 1852. Vorgetragen am 4. Juni 1853. Greifswald 1854. Druck von F. W. Kunike.

BERICHT über die Wirksamkeit der Juristischen Gesellschaft München im Vereinsjahre 1896—1897. ib. —

Bericht über die Wirksamkeit des [zürcherischen] Hülfsvereins zum Besten der am 6. September 1839 Verunglückten. Vorgelegt dem Zürcherischen Volke durch den Verein. 8. Zürich 1840.
(*Darin:* Verzeichniss der gesammelten Liebesgaben .... Von S[igmund] Spöndli .... Zürich. im April 1840.)

Bericht über die Wirksamkeit der Kaiser Wilhelms-Stiftung für Deutsche Invaliden. Nr 9—11. 14. 16—19 für die Jahre 1879—81. 1884. 1885. 1887—90. Berlin 1880—91. 8°. (1. Nr 1871.)

Bericht 15—20. 22—28. 30 über die Wirksamkeit der Kaiser Wilhelms-Stiftung für deutsche Invaliden f. d. J. 1886 ff.—1891. 1893 ff.—1898. 1899 u. 1900. 1903 u. 1904.
Berlin 1887—1905.

Bericht über die Wirksamkeit des Kunstgewerbe-Museums zu Leipzig. 1875 bis 1881. Leipzig 1876-82

Bericht über die Wirksamkeit des Kunst-Vereins für Böhmen für das Jahr 1853—1854. 4. (16 S.) Prag. Druck der k. k. Hofbuchdruckerei von Gottlieb Haase Söhne. 1854.

Bericht über die Wirksamkeit des Kunstvereins für Böhmen für das Jahr 1854—1855. Prag, 1855. Druck der k. k. Hofbuchdruckerei von Gottlieb Haase Söhne. (15 S. 4.)

Bericht über die Wirksamkeit des Kunstvereins zu Kiel
v. 8. April 1854 — 31. Januar 1856. (Kiel. 1856.)
v. 1. Febr. 1856 — 31. März 1857. (ebd. 1857.)
im Jahre 1857 und 1858. (ebd. 1858 und 59.);
1859/60—1861/62. ebd. 1860—62;
1862/63 u. 1863/64. ebd. 1864; 1864/65—1866/67. ebd. 1866—68.
Siehe in Schriften d. Univ. zu Kiel. Bd. 2—14. 4°.
Diese Berichte erschienen als Anlage zur Chronik oder sind unmittelbar hinter die Chronik geheftet.
Die beiden erstgenannten Berichte in Separatabzug. Kiel. 1856 u. 57. 4°.
Fortges. u. d. T.:
Bericht des Schlesw.-Holst. Kunstvereins zu Kiel
für das Jahr 1873—77. Kiel. 1874—78. 1879—84. ebd. 1880—85.
Fortges. u. d. T.:

Bericht über die Wirksamkeit des **Kölnischen Kunstvereins** im Jahre 1888. Köln. 8°.

Bericht über die Wirksamkeit des (Schleswig-Holsteinischen) Kunstvereins zu Kiel im Jahre (in dem Zeitraume v.) 1854—1871. Kiel. 1856—72. 4° u. 8°
Fortges. u. d. T.:
Bericht des Schleswig-Holsteinischen Kunstvereins in Kiel für das Jahr 1872 ff. Kiel. 1873 ff. 8°

„1. bis 9. Bericht über die Wirksamkeit des Nachweisungs-Bureaus für Auswanderer in Bremen (1. März 1851 bis 31. Dezember 1862)", Bremen 1851 bis 1863. — Vorh.: Com. Bibl. Hamburg.

— vierter, über die Wirksamkeit des Nachweisungs-Büreau für Auswanderer in Bremen. (Während des Zeitraums vom 1. Jan. bis 31. Decbr. 1854.) Bremen 855. Strack. gr. 12. (95 S.) 7½ ngr.

Bericht, fünfter, über die Wirksamkeit des Nachweisungs-Büreau für Auswanderer in Bremen. (Während des Zeitraums vom 1. Jan. bis 31. Decbr. 1855.) 8. (III und 70 S.) Ebds. 856.

Bericht über die Wirksamkeit der Privat-Irren-Heilanstalt in Ofen, von ihrer Eröffnung den 1ten Jänner 1852 bis letzten Dez. 1856. Von Dr. Frz. Xaver Schwarzer, Eigenthümer und Director der Anstalt. Ofen, 1857. bei Martin Bagó. (8 S. 4.)

Bericht üb. die **Wirksamkeit** 1877-78 **d. Meierei-Institutes Raden,** 1881-83 d. milchwirthschaftlichen Versuchs-Station u. d. Molkerei-Institutes Raden, v. W. Fleischmann. 1877-78, 81-83 (5 H.). Rostock 1878-79, 82-84.

***Bericht üb. die Wirksamkeit 1879 d. Meierei-Institutes Raden, 1880 ff. d. milchwirthschaftlichen Versuchs-Station u. d. Molkerei-Institutes Raden,** v. W. Fleischmann. 1879—80, 84—85. Rost. 1880—81, 85—86.

—— zweiter, über die Wirksamkeit des Vereins zu Begründung von Spinnschulen im Kreisdirectionsbezirke Budissin, erstattet in der Generalversammlung, den 18. Jan. 1851, von dem Vorstande des Vereins. gr. 8. (31 S. und 4 Stnt.) Bautzen 851. (Radeberg, am Ende.) **

BERICHT ÜBER DIE WIRKSAMKEIT DES VEREINS zur Erforschung der rheinischen Geschichte und Alterthümer zu Mainz
Erstattet bei der Generalversammlung am 9. Mai 1855 durch ... JOS. WITTMANN. (Mainz. Seifert'sche Buchdruckerei.) 8°.

Erstattet bei der Generalversammlung am 11. Juni 1856 durch ... JOS. WITTMANN. Mainz, Druck der Seifert'schen Buchdruckerei. 8°.

Bericht über dio Wirksamkeit des in Altona gestifteten Vereins zur Unterstützung hülfsbedürfftiger Flüchtlinge aus Hamburg. Altona. 1814. P.

— erster, über die Wirksamkeit des Hamburg. Vereins zur Fürsorge f. entlassene Sträflinge, vom August 1839 bis März 1840. 8. Hamb. 840. Perthes, Besser u. Mauke. n. 1/6 ṅ

—— dritter, über d. Wirksamkeit d. hamburg. Vereins zur Fürsorge f. entlassene Sträflinge von ult. März 1841 bis ult. März 1843. Mit 3 Anlagen. gr. 8. (1 B.) Hamburg 843, Perthes-Besser u. Mauke.

—— vierter, üb. d. Wirksamkeit d. hamburg. Vereins zur Fürsorge für entlassene Sträflinge bis ult. Septbr. 1844. Mit 4 Anlagen. Erstattet v. d. Direction am 12. Decbr. 1844. gr. 8. (1 5/8 B.) Hamburg 845, Perthes-Besser u. Mauke.
1. u. 2. Bericht Ebendas. fehlen gänzlich.

— siebenter, über die Wirksamkeit des hamburg. Vereins zur Fürsorge für entlass. Sträflinge vom J. 1846—47. Erstattet von der Direction am 14. Decbr. 1847. gr. 8. (14 S. und 1 Tab. in qu. 4.) Hamburg 848, Perthes-Besser und Mauke.

Bericht über die Wirksamkeit des unter dem Allerh. Protectorate Sr. Majestät des Königs (1872ff.:) Kaisers u. Königs stehenden Vereins für Besserung der Strafgefangenen. Berlin 1871-1912. 1 Mappe mit Heften.
Im Jahre 1869-70. 1872-74. 1877-90. 1892-1904. 1906-11.

Bericht, erster, über die Wirksamkeit des Centralausschusses für die innere Mission der deutschen evangelischen Kirche von 1849—52. Hamburg 853. Agentur des Rauhen Hauses. gr. 8. (2 Bl., 160 S.) 7 1/2 ngl

Bericht über die Wirksamkeit der Centralstelle für das Gefangenen-Fürsorgewesen der Provinz Brandenburg. In den Etatsjahren 1900 - 10. Berlin 1901 - 11.

— über die zwölfjährige Wirksamkeit der Ackerbauschule zu Alach. (Von C. Hucke.) (Erfurt 857. Keyser.) gr. 8. (16 S.) nn. 2 1/2 ngl

Bericht, wirtschaftlicher, d. Handels- u Gewerbekammer f. Niederbayern. 1900-05.

Bericht, wirtschaftlicher, der Handels(und Gewerbe-)kammer für Niederbayern. 1906. 07. Passau 1907. 08

Bericht, wirtschaftlicher, der Handelskammer Passau. 1908-11. Passau 1909-12
Persien.

Wissenschaftlicher Bericht über das Bürgerliche Gesetzbuch. Ausgegeben v. d. Akadem. Buchhandlg v. G. Calvör Göttingen. *Göttingen: G. Calvör 1898.* (1 Bl., 68 S.) 1 Bd 8. 98. 8312

— des Finanzministers (Staatssekr. S. Witte) an So. Maj. den Kaiser üb. das Reichsbudget f. die J. 1902 u. 1903. (49 bezw. 47 S.) hoch 4. St. Petersburg 901. 902. (Berlin, Puttkammer & Mühlbrecht.) à n. 3. —

— wöchentlicher, f. den internationalen Zuckerhandel. Beilage zum Wochenblatt „Die deutsche Zuckerindustrie". Red.: J. Görtz. Jahrg. 1886/87. 52 Nrn. (1/2 B.) gr. 4. Berlin. (Friedländer & Sohn). n.n. 16. —

— wöchentlicher, f. d. internationalen Zuckerhandel. Beilage zum Wochenblatt: „Die deutsche Zuckerindustrie". Red.: J. Görz. Jahrg. 1887. 52 Nrn. (1/2 B.) gr. 4. Berlin, (Friedländer & Sohn). n.n. 16. —
Fortsetzung s.: Marktbericht, wöchentlicher, üb. den Zuckerhandel.

— über den I. allgemeinen deutschen Wohnungskongreß in Frankfurt a. M., 16.—19. X. 1904. Auf Grund der stenograph. Protokolle. (IV, 484 S.) gr. 8. Göttingen 905. Vandenhoeck & Ruprecht. n. 5 —

Bericht über den 2. deutschen Wohnungskongress, Leipzig 11.—14. Juni 1911. Auf Grund der stenogr. Protokolle hrsg. vom Kongressvorstand. 8°. Göttingen, Vandenhoeck u. Ruprecht, 1912.

Bericht über den 6. u. 7. Internationalen Wohnungskongreß. Berlin u. Lüttich, 1902—1906.
6. Düsseldorf: 15.—19. Juni 1902. 1902. 746 S. mit 8 Taf.
7. Lüttich: 7.—10. August 1906. 1906. 991 S.

— über den VI. internationalen Wohnungskongress, Düsseldorf, 15.—19. VI. 1902. Hrsg. vom Organisationskomitó. gr. 8. (XV, 746 S. m. 8 Taf.) Berlin 902. C. Heymann. n. 10. —

— üb. d. Wunderheilungen des Schäfers Heinr. Mohr. Von e. Freunde der Religion (sic!) 12. Aachen 1842, Cremer. 5 Ngr. — 18 kr.
Gesenkten Auges gehen wir vorüber an diesen betrübenden Erscheinungen d. kathol. Literatur, die der Religion wie der theolog. Wissenschaft weder Gewinn noch Achtung bringen können.

Bericht, Ein zeitgenössischer, über den Rastatter Gesandtenmord . . . Leipzig 1900. V: *Bray, François Gabriel Graf von.* (KA)

Bericht der meteorologischen Centralanstalt Zürich über den Gang der Witterungsprognosen 1880. Zürich 1880. V: *Billwiller, Rob.* (Cat. d. Stadtbibl. Zürich. Zürich 1864—97.)

Bericht (4. allg.) der Central-Armen-Deputation über ihre Wirksamkeit und den Zustand des hiesigen Armenwesens 1833—39 einschliesslich, nebst dem durch Decrete E. E. Raths vom 20. Febr. u. 13. Oct. 1841, 10. Sept. 1842 u. 7. Jan. 1843 von derselben geforderten Gutachten., eine Reform des gesammten hiesigen Armenwesens betreff. 2 Hefte. 4° u. fol. Lübeck 1844.

Bericht des Central-Ausschusses für die innere Mission der deutschen evangelischen Kirche. in Berlin und Hamburg. 8°.
9. 1866/67. Hamburg. 1867.
18 20. 1875/76 1877/78. Hamburg. 1876 78.
22 30. 1879/80 1887/88. ebd. 1880 88.
36 38. 1894 96. Berlin. 1894 96.

— 37., d. Central-Ausschusses f. d. innere Mission d. deut. ev. Kirche. 1.I.—31.XII.'95. 8° (87) Berl. (W, Genthinerstr. 38) 95, Centralausschuss. nn — 75

— dass. 38. Bericht, 1.I.—31.XII.'96. 8° (93) Berl. 96, (M Warneck). — 75

Schweizerische Centralbahn. 49. Bericht über das Geschäftsjahr 1900, erstattet vom Directorium an das Eidgenössische ...Eisenbahndepartement.... 2 Beilagen: 1. Acten der ausserordentlichen Generalversammlung vom 10. December 1900, 2. Acten der ausserordentlichen Generalversammlung vom 22. März 1901. IV + 143 + *Beilagen* (zus. 44) S. 4. Basel, Kreis, 1901.

Schweizerische Centralbahn. 50. Bericht über das Geschäftsjahr 1901, erstattet von der Kreisdirektion II der Schweizerischen Bundesbahnen in Basel an die Generaldirektion ... in Bern. IV + 143 S. 4. Basel, Kreis, 1902.

Schweiz. Centralbahn-Gesellschaft. 20. Bericht betr. d. Geschäftsjahr 1871. 44 Stn. 4. u. 2 Tabellen. Basel, Druck v. Bonfantini. 1872?

Bericht [der] Zentrale für Bergwesen, G. m. b. H., zu Frankfurt a. M. Geschäftsjahr 1—[6]. 1902—1907/08, 1. Frankfurt a. M.

Bericht der Centrale für Spiritus-Verwerthung G. m. b. H. über ihre Bestrebungen zur Hebung des Verbrauchs von denaturirtem Spiritus in wirthschaftlicher und technischer Beziehung. 1899/1901. Berlin

— üb. d. 8—10. Geschäftsj. d. preuss. Central-Genossensch.-Kasse. Vom 1. IV. '02—31. III. '05. (Etatsj. 1902—4.) (82, 71 u. 82) 4° Berl., (Puttkammer & M.) '03-05. Je 2 —

Bericht üb. d. 11—14. Geschäftsj. d. preuss. Zentral-Genossensch.-Kasse. Vom 1. IV. 05—31. III. 09. (Etatsj. 06—8.) (76, 96, 88 u. 103) Lex 8° Berl., Puttkammer & M. '06—'9. Je 2 —

— üb. d. 15. u. 16. Geschäftsj. d. preuss. Z(C)entral-Genossenschafts-Kasse. Vom 1. 4. '09—31. 3. '11. (Etatsj. '09/10.) (88 bezw. 69) Lex8° Berl., Puttk. & M. '10'11. jo 2 —

Bericht des eidg. Centralhülfscomite über seine Thätigkeit und speziell über die Sammlung und Vertheilung der Naturalgaben (für die Wasserbeschädigten im Jahr 1868). An den hohen Bundesrath. (Zürich, den 10. März 1869. – Hiezu zwei Beilagen [Tabellen].) 8. *o. O.*

Bericht des schweizerischen landwirthschaftlichen Central-Hülfs-Comite über Sammlung und Versendung der Liebesgaben für die durch den Krieg geschädigten Landwirthe von Frankreich, Elsass und Lothringen. 1871. 8. Solothurn.

— Schweizerischer Amtsbürgschafts-Verein. Genossenschaft eidgenössischer Beamter und Angestellter. (17. *u.* 18.) *u.* [19.] Bericht des Central-Comité (**19:* -Comitees) Für das Jahr 1900 *u.* 1901 *u.* 1902. II + 13 *u.* II + 15 *u.* II + 13 S. kl.-4. Lausanne, Ch. Viret-Genton (**18:* J. Couchoud), 1901 *u.* 1902 *u.* 1903.

Schweizerischer Lebens-Versicherungs-Verein. 4. Basel, Franz Wittmer.

(25.) Bericht des Central-Comités über das Geschäftsjahr 1900. [Mit 1 Tabelle.] II + 85 S. 1901.

(26.) Bericht des Central-Comités über das Geschäftsjahr 1901. II + 24 S. 1902.

Schweizerischer Lebens-Versicherungs-Verein. (27.) Bericht des Central-Comités (in Basel) über das Geschäftsjahr 1902. II + 29 S. 4. Basel, Franz Wittmer, 1903.

Bericht des Central-Comité's zur Pflege verwundeter und erkrankter Krieger. Berlin 1872. 4.

— des Centralcomites des schweiz. Typographenbundes über seine Geschäftsführung im Jahr 1883, sowie Geschäftsbericht u. Rechnung der Vereinsbuchdruckerei in Basel für das Jahr 1883. Anhang: Bericht der Revisionskommission. Gr. in-8°, 51 S. Basel, Vereinsbuchdruckerei.

Bericht des Central-Comités der Deutschen Vereine vom Rothen Kreuz über seine internationale Hülfsthätigkeit im südafrikanischen Kriege 1899/1900. *Berlin 1901: Norddeutsche Buchdr.* (87 S.) 8° [01. 5577

Bericht des Central-Comités der Deutschen Vereine vom Rothen Kreuz über seine internationale Hülfsthätigkeit während des türkisch-griechischen Krieges 1897. *Berlin: Dr. d. Norddeutschen Buchdr. 1897.* (50 S., 9 Taf.) 1 Bd 8. [98. 7007

Bericht des Central-Comités der Deutschen Vereine vom Rothen Kreuz über die Thätigkeit des Deutschen Rothen Kreuzes während der Expedition nach Ostasien 1900/1. *Berlin 1902: Norddeutsche Buchdr.* (150 S.) 8° [02. 9228

—— des Central-Comités der deutschen Vereine zur Pflege verwundeter und erkrankter Krieger über seine Thätigkeit und die Wirksamkeit der mit ihm verbundenen Vereine während des Krieges von 1870—71. Imp.-4. (VIII, 216 S. mit 1 chromolithogr. Uebersichtskarte in Imp.-Fol.) Berlin 872, (Th. C. F. Enslin.) *

Bericht der Zentral-Kommission für Bauarbeiterschutz. [1.] Für 1900–1907. Hamburg: Efftinge 1907. 8° [10. 6241

— der k. k. Central-Commission f. Erforschung u. Erhaltung der Kunst- u. historischen Denkmale üb. ihre Thätigkeit im J. 1884. gr. 8. (61 S.) Wien 884. (Gerold's Sohn.) n. 2. —

— dasselbe. Ueb. ihre Thätigkeit im J. 1885. gr. 8. (66 S.) Wien 886. (Kubasta & Voigt.) n. 1. 60

— der k. k. Central-Commission f. Erforschung u. Erhaltung der Kunst- u. historischen Denkmale üb. ihre Thätigkeit im J. 1886—1889. gr. 8. (79, 77, 109, 114 S.) Wien, (Kubasta & Voigt). à n. 1. 60

Bericht der k. k. Central-Commission f. Erforschung u. Erhaltung der Kunst- u. historischen Denkmale üb. ihre Thätigkeit im J. 1890, 1891, 1892. gr. 8. (97, 114, 125 S.) Wien 891—893. (Kubasta & Voigt.) à Jahr n. 1. 60

— d. k. k. Central-Commission f. Erforschg. u. Erhaltg. d. Kunst- u. historischen Denkmale üb. ihre Thätigkeit i. J. 1894 u. 1895. gr. 8. (118 u. 126 S.) Wien 1895 u. 96. (W. Braumüller.) à n.n. 1. 60

— dasselbe, üb. ihre Thätigkeit i. J. 1886. I. Auftrage d. Central-Commission zusammengest. u. bearb. v. Karl Lind. gr. 8. (138 S.) Ebd. 897. n. 1. 60

— dasselbe, üb. ihre Thätigkeit i. J. 1897. gr. 8. (III, 198 S.) Ebd. 898. n.n. 2. —

— der k. k. Central-Commission f. Erforschung u. Erhaltung der Kunst- u. historischen Denkmale üb. ihre Thätigkeit i. d. J. 1898—1901. Zusammengestellt im Auftrage des Präsidenten v. Max. Bauer. gr. 8. (XXXVIII, 193; LIV, 182; LVI, 160 u. LVI, 165 S.) Wien 899—902. (W. Braumüller.) à n.n. 2. —

BERICHT DER ZENTRAL-KOMMISSION FÜR WISSENSCHAFTLICHE LANDESKUNDE VON DEUTSCHLAND.

4. (Sonderabdruck aus dem „Ausland" Nr. 3, Jahrg. 1884.) ib. 1884. —
5. (Sonderabdruck aus dem „Ausland" Nr. 15, Jahrg. 1884.) ib. 1884. —

(6.) Für das Jahr April 1884 bis März 1885. ib. 1885. Druck von R. Oldenbourg.

Erstattet von A. KIRCHHOFF:

(7.) Separatabdruck aus den Verhandlungen des 7. Deutschen Geographentages in Karlsruhe. (Verlag von Dietrich Reimer in Berlin.) Berlin 1887. Druck von W. Pormetter.

(8.) Separatabdruck aus den Verhandlungen des 8. Deutschen Geographentages in Berlin. (Verlag von Dietrich Reimer in Berlin.) ib. 1889. —

BERICHT DER CENTRAL-KOMMISSION FÜR WISSENSCHAFTLICHE LANDESKUNDE.

(9.) über die zwei Geschäftsjahre von Ostern 1889 bis Ostern 1891 von A. KIRCHHOFF. Sonder-Abdruck aus den Verhandlungen des IX. D. Geographentages in Wien, 1891. (Verlag von Dietrich Reimer in Berlin.) ib. 1891. —

BERICHT DER CENTRAL-KOMMISSION FÜR WISSENSCHAFTLICHE LANDESKUNDE VON DEUTSCHLAND.

(10[1].) über die zwei Geschäftsjahre von Ostern 1891 bis Ostern 1893 von ALBRECHT PENCK. Sonder-Abdruck aus den Verhandlungen des X. Deutschen Geographentages in Stuttgart, 1893. (Verlag von Dietrich Reimer in Berlin.) ib. 1893. —

(12.) von Ostern 1895 bis Ostern 1897, erstattet vor dem XII. Deutschen Geographentage in Jena vom Vorsitzenden der Kommission EUGEN OBERHUMMER. Sonder-Abdruck aus den Verhandlungen des XII. Deutschen Geographentages. (Verlag von Dietrich Reimer in Berlin.) ib. 1897. —

Bericht der städtischen Zentralkommission für die Volkszählung. (Die Berliner Volkszählung 1861 und 1864) 3 Tle fol Berlin 1863. 66

Bericht der Centralkommission über den Stand der Arbeit an der Bibliographie der schweizerischen Landeskunde Ende März 1892 und Protokoll der Plenarsitzung vom 26. März 1892. (4. Mittheilung der Centralkommission für schweiz. Landeskunde.) Bern 1892. 37 S. 8°.

Bericht der Centralkommission üb. d. Stand d. Arbeit an d. Bibliographie d. schweiz. Landeskunde. Ende März 1898. In-8°. 14 S. Bern, K. J. Wyss.

Bericht der Centralkommission über den Stand der Arbeit an der Bibliographie der schweizerischen Landeskunde Ende März 1899, 1900, 1901, 1903 und Protokoll der X. XI. XII. XIV. Plenarsitzung. (XI. XII. XIII. XV. Mittheilung der Centralkommission für schweiz. Landeskunde.) (4 Bde.) 8. Bern 1899—1903.

— über die königl. bayerische landwirthschaftliche Centralschule zu Schleißheim im Jahre 1841. Mit 5 lith. Abbildungen. gr. 4. Landshut 841, v. Vogel'sche Verlagsbuchh. n. 2/3 ß

Bericht des Centralverbandes der Stickereiindustrie der Ostschweiz, umfassend die Periode vom 1. Juni 1889 bis 30. Mai 1893. 8°. St. Gallen 1893.

— des landwirthschaftlichen Central-Vereins für Schlesien über das abgelaufene Jahr 1869. Breslau 870. Korn. gr. 8. (39 S.) n. 5 ngr.

—— des landwirthschaftlichen Central-Vereins für Schlesien über das abgelaufene J. 1869. gr. 8. (39 S.) Breslau 871, Korn. *

— des landwirthschaftlichen Central-Vereins f. Schlesien üb. das abgelaufene J. 1872. 8. (80 S. m. 1 Tab. in qu. Fol.) Breslau 873. Korn. n. 1. —

Schweizer. Centralverein vom Roten Kreuz, Kantonalsektion Baselland. 3. Bericht über die Jahre 1900—1903. II + 23 S. 8. Sissach, J. Schaub-Buser, 1903.

Schweizerischer Centralverein vom Roten Kreuz und seine Sektionen. 7. Bericht für das Jahr 1901/1902. [Mit Figuren und 3 Beigaben.] II + 107 S. 8. Bern, Genossenschafts-Buchdr., 1902.

Beigaben: [1.] S. 43—68: Anleitung zur Vorbereitung und Ausrüstung von Kriegsspitälern des Roten Kreuzes. Bearb. vom schweiz. Centralsekretariat für freiwilligen Sanitätsdienst (Dr. med. Walter Sahli)...; *[2.] S. 69—87:* Anleitung zur Einrichtung und zum Betrieb von Krankenmobilien-Magazinen. Bearb. — — ...; *[3.] S. 89—107:* Les secours volontaires dans l'histoire des peuples. Conférence publique donnée ... par M. le docteur E[rnest] Miéville.

Schweizerischer Zentralverein vom Roten Kreuz und seine Sektionen. 8. Bericht für das Jahr 1902/1903. [Mit Figuren und Beigaben.] II + 150 S. 8. Bern, Genossenschafts-Buchdr., 1903.

Beigaben: [1.] S. 57—82: Directions pour l'Organisation et l'Installation d'Hôpitaux militaires de la Croix-Rouge. Rédigées par le Secrétariat central suisse du service sanitaire militaire (Dr. med. Walter Sahli), ... traduction française...; *[2.] S. 83—101:* Directions pour l'Installation et l'Exploitation de Magasins de mobilier sanitaire. Rédigées — — Sahli) ... [traduction française]; *[3.] S. 103—150:* Das Rote Kreuz und die Krankenpflege. Von Dr. W(alter) Sahli....

— des Zentralvorstandes des schweizerischen Gewerbevereins betreffend die Lehrlingsprüfungen. 1889. 93. 94. 95. 4° Zürich u St. Gallen 1889-95

Schweiz. Brauereiarbeiter-Verband (**1901:* Brauereiarbeiter-Verband der Schweiz). 8.

[1. sep. gedr.] Bericht des Centralvorstandes über seine Thätigkeit im Jahre 1901. 32 S. (1902.)
Bericht des Zentralvorstandes über seine Tätigkeit und die Entwicklung des Verbandes im Jahre 1902. 36 S. (1903.)

— d. Centralvorstandes üb. d. Thätigkeit d. Gustav-Adolf-Vereins im 60. Vereinsj. 1890/91 u. Bericht üb. d. gemeinsame Liebeswerk 1892. 8° (97) Ebd. 92. — 40

— dasselbe üb. ihre Thätigkeit im J. 1893. gr. 8. (128 S.) Wien 894. (W. Braumüller.) n. 1. 60

— d. Centralvorstandes üb. d. Tätigk. d. ev. Ver. d. Gustav Adolf-Stiftg im J. 1904, erstattet durch Braunschweig. (182) 8° Ebd. '05. 2 — d
Die f. 1905 in Aussicht genommene Hauptversammlg fiel aus.

Eidg. Unteroffiziers-Verein. Bericht des Centralvorstandes = Société fédérale de Sous-Officiers. Rapport du Comité central. 4.

... für das Jahr 1900-1901 (Juni 30) = ... pour l'exercice 1900-1901. [Mit 2 Tabellen.] IV + II + 80 S. Vevey, Säuberlin & Pfeiffer, 1901.
... für das Jahr 1901-1902 (Juni 30) = ... pour l'exercice 1901-1902. IV + IV + 86 S. Bern, Obrecht & Käser, 1902.

Bericht von Gottesdienstlichen Ceremonien in der Stadt Nürnberg, ... Schwabach 1751. V: *Zobel, Nicolaus Ernst.* (BB) (Ky) (ML)

Bericht über die Schauervolle Zerstörung der Dorfschaften Goldau und Lauwerz etc. und der umliegenden Gegend, im Kanton Schwyz, durch den Fall des Berges Spitzenbüel Abends 5. Uhr den 2. Herbstmonat (1806). Von einem Augenzeugen. 8. Zu haben in Schwyz beym Verfasser... 1806.
Ausg. A. — Ausg. B.

Bericht über die Zeugen-Aussagen in dem Prozesse gegen Herrn (Ludwig) Dahmen. [Elberfeld 1899.] 10 S. 8° [Kopft.] 10. 4967 5

Ziegler-Spital der Gemeinde Bern. Bericht über das Jahr 1901 *u.* 1902. IV + 24 S. 8. Bern, Büchler & Co., 1902 *u.* Fritz Obrecht, 1903.

(Die früheren Jahresberichte, bis 1900, *s.* in den Verwaltungsberichten der Gemeinde Bern.)

Bericht der Sächsischen Zinn- und Arsenik-Werke, Actien-Gesellschaft, über die Bergbau-Unternehmungen bei Ehrenfriedersdorf. [Berlin 1881.] V: *Bauer, Jul.* (Kat. d. stat. Bureaus. Dresden 1890.)

Bericht über den Zivilstand, die Todesursachen und die ansteckenden Krankheiten in Basel im Jahre 1893. 4°. Basel. 1894.

Bericht. 37. *u.* 38. B' über die Zivilstandsbewegung, die Todesursachen und die ansteckenden Krankheiten im Kanton Basel-Stadt 1906 *u.* 1907. Bearb. vom statistischen Amte in Verbindung mit dem I. Physikus (**38:* ... mit dem Ph' I). II + 62 *u.* II + 66 S. 4. Basel, J. Frehner, 1908 *u.* 1909.
Forts. von: Statistische Mitteilungen des Kantons Basel-Stadt. Bericht über den Zivilstand, die T' und die anst' Kr'....

Bericht. 39. B' über die Zivilstandsbewegung, die Todesursachen und die ansteckenden Krankheiten im Kanton Basel-Stadt 1908. Bearb. vom statistischen Amte in Verbindung mit dem Physikus I. II + 64 S. 4. Basel, J. Frehner, 1910.

— 38—40., üb. d. Zivilstandsbewegg, d. Todesursachen u. d. ansteck. Krankh. im Kanton Basel-Stadt '07—09. Lex8° Bas., (CF Lendorff). je 2 —
38. '07. (66) '09. ‖ 39. '08. (64) '10. ‖ 40. '09. (66) '11.

Verkehrs- und Verschönerungs-Verein Zofingen. 4. Bericht für die Jahre 1899 und 1900. [Illustriert.] II + 19 S. 8. Zofingen, Ringier, (1901).

— über die Zoll- u. Handelsverhältnisse im Innern d. Schweiz, erstattet an den eidgenössischen Vorort von der in Angelegenheiten des Handels im Christmonat 1833 einberufenen eidgenöss. Kommission. gr. 8. Zürich 834. (Schultheß.) 1/12 ₰

Bericht der Zucker-Enquête-Kommission über die Gründe des finanziellen Rückganges der Rübenzuckersteuer und die zur Abhülfe geeigneten Mittel. Mit Anlagen. 5 Bde. fol. Berlin 1884.

Bericht des Kantonal-Comite Zug über die dritte schweizer. Industrie-, Kunst- und landwirtschaftliche Ausstellung in Bern 1857.

Bericht über den Zug des Gross-Botschafters Ibrahim Pascha nach Wien im Jahre 1719. ([Türk.] Bin jüz otüz bir sana-sï ... Ibrāhim pāšā ḥaḍratleri Istānbōl-dan čiqüb Beče rawāna olduġunū wa-qonāqler-ile ma'an bajān eder.) Im Originaltexte hrsg., übers. u. erl. von Dr. Friedrich v. Kraelitz-Greifenhorst. Wien: A. Hölder in Komm. 1908. (66 S.) 8° [Umschlagt.]
= **Sitzungsberichte** d. Kais. Akademie d. Wiss. in Wien. Phil.-Hist. Kl. Bd 158, Abh. 3. [c8. 11350

Bericht über den Arbeiter-Lesesaal Zürich. 1889—94.

Bericht des Gewerbeschulvereins Zürich u. Umgebung 1873—92.

Hauseigentümerverband Zürich. Bericht über das Jahr 1900. 17 S. 8. Zürich, Fritz Amberger, 1901.

Hauseigentümerverband Zürich. Bericht über das Jahr 1901. 20 S. 8. Zürich, Jean Frey, 1902.

Hauseigentümerverband Zürich. Bericht über das Jahr 1902. 19 S. 8. Zürich, Aschmann & Scheller, 1903.

Bericht über das Kinderspital Zürich (Eleonoren-Stiftung). 1879—80. 85—92.

Kinderspital Zürich (Eleonoren-Stiftung). 28. u. 29. u. 30. Bericht. 1900 *u.* 1901 *u.* 1902. [*je* Mit 4 Tabellen.] 35 *u.* 36 *u.* 44 S. 8. Zürich, Berichthaus, 1901 *u.* 1902 *u.* 1903.

1. Bericht der Kunst- u. Frauenarbeit-Schule Zürich, umfassend den Zeitraum vom April 1880—April 1885. (Vorsteher Ed. Boos.) In-8°, 20 S. Zürich, Hofer & Burger.

1885?

Männerchor Zürich. Bericht über [das] 75. Vereinsjahr, Jubiläumsjahr 1901. Erstattet von Robert Thomann. Anhang: Mitglieder-Verzeichnis vom 31. Dezember 1901. [Mit 2 Illustrationen und 3 Tafeln.] 86 + *Anhang* 36 S. 8. Zürich, F. Lohbauer, 1902.

Männerchor Zürich. Bericht über [das] 76. Vereinsjahr 1902. Erstattet von Robert Thomann. Anhang: Mitglieder-Verzeichnis vom 31. Dezember 1902. [Mit 1 Porträt-Tafel.] 64 + *Anhang* 35 S. 8. Zürich, F. Lohbauer, 1903.

Bericht üb. die Tierarzneischule *Zürich* v. 1886 bis 1898. Zürich 1899. 20 S. P.
[S. 15—20 Fortegnelse over udg. Skrifter].
[Smaatryk angaaende enkelte fremmede Veterinærskoler]. 4°.

Verkehrs-Verein Zürich. 16. u. 17. Bericht der Verkehrskommission Zürich ... vom 1. Oktober 1900 bis 30. September 1901 u. vom 1. Oktober 1901 bis 30. September 1902. 52 u. 45 S. 8. Zürich-Selnau, Ed. Leemann, 1901 u. Zürich II, Gebr. Leemann & Co., 1902.

Bericht der meteorologischen Centralstation Zürich über den Gang der Witterungsprognosen i. J. 1880.

— üb. d. Zusammenkunft v. Abgeordneten land- u. milchwirtschaftl. Vereine sowie sonst. Betheiligter z. vertraul. Berathg v. Massregeln z. Bekämpfg d. überhandnehm. Butter-Verfälschgn am 18. Juli 1893 in Berlin. (Klub d. Landwirthe.) Nach d. Stenogrammen. 8°(42) Prenzl. 93, A Mieck. 1.35

— üb. d. Zusammenkunft d. Vereinigg d. techn. Oberbeamten deut. Städte, s.: Mitteilungen d. Vereinigg d. techn. Oberbeamten deut. Städte.

[Bericht über die Zusammenkunft der Vereinigung freimaurerischer Werktätigkeitsvereine.] 8°. [Umschlagtit.]
3. am 9., 10. u. 11. Okt. 1909 in Hamburg. [Hamburg 1909: Hartung & Co.] 9 S.
5. am 22. Oktober 1911 in Nürnberg. o. O. [1911]. 46 S.
6. am 5.—7. Okt. 1912 in Dresden. Dresden [1912]: Pässler. 24 S.

Bericht von der verrätherischen Zusammenrottung, welche wider die Stadt Freyburg zu Anfang des Maymonaths 1781 ausgebrochen, von dem Großen Rath offentlich bekannt gemacht, nach den Aussagen der Schuldigen... und nach dem Inhalt der schriftlichen Urkunden, die er bey Handen hat. 8. 1781.
Ausg. A [Titel mit Wappenvignette.] *56 S.* Freyburg in der Schweiz, Bey B. Ludw. Piller....
Ausg. B. *32 S.* Gedrukt zu Freyburg in der Schweiz.

—— über d. gegenwärt. Zustand d. Vaccination, s. Baron, J.

Bericht über den Zustand des Handels und der Gewerbe im Bezirke der Handels- und Gewerbekammer Leoben im Jahre 1853. 8. (26 S. und 1 Tab.) Gratz. Druck von A. Leykam's Erben.

Bericht der Handels- und Gewerbekammer für das Kronland Krain zu Laibach an das hohe k. k. Ministerium für Handel, Gewerbe und öffentliche Bauten, über den landwirthschaftlichen, industriellen und kommerziellen Zustand ihres Kammerbezirkes im Jahre 1853. 8. (50 S., 5 Tafeln und 10 Bl.) Laibach. Druck von Ignaz v. Kleinmayr und Fedor Bamberg. 1854.

Bericht über den Zustand des Handels und der Gewerbe im Bezirke der Handels- u. Gewerbekammer Leoben in den Jahren 1854—1857. Druck u. Papier v. *A. Leykam's Erben* in *Gratz.* 65 S. 8°. 12 kr.

— üb. d. Zustand v. Handel, Schiffahrt u. Industrie in Amsterdam in d. J. 06—8. Hrsg. v. d. Handelskammer v. Amsterdam. (9, 459 u. 9, 453 m. je 5 Tab. u. 9, 407 m. 5 [4 farb.] Taf. u. 1 Tab.) gr8° Amsterd., (J Müller) ('07—'9). Je 5 —

— üb. d. Zustand v. Handel, Schiffahrt u. Industrie in Amsterdam '09—11. Hrsg. v. d. Handelskammer v. Amsterdam. gr8° Amsterd., (J Müller).
'09. (9, 427 m. 1 Tab., 3 [2 farb.] Taf. u. 1 farb. Kte.) ('10) 5 — || '10. (9, 427 m. 2 Tab. u. 2 farb. Taf.) ('11) 5 — || '11. (11, 441 m. 3 [2 farb.] Taf. u. 1 farb. Pl.) ('12) 3.75

— v. d. Zustande der K. Dän. Asiat. Compagnie, a. d. Dän. gr. 8. Hamb. Bohn. 785.

— üb. den Zustand der evangelisch-lutherischen Landeskirche im Königr. Sachsen auf die J. 1886 bis 1890. Zusammengestellt f. die 5. ordentliche Landessynode v. dem evangelisch-luther. Landesconsistorium. gr. 4. (175 S.) Dresden 891. (Leipzig, B. G. Teubner.) n. 2. —

— üb. d. Zustand d. evang.-luth. Landeskirche im Königr. Sachsen a. d. J. 1891 b. 1895. Zusammengest. f. d. 6. ordentliche Landessynode v. evang.-luth. Landesconsistorium. 4. (212 S.) Dresden 896. (C. C. Meinhold & Söhne.) n. — 80

— über den Zustand der evangelisch-lutherischen Landeskirche im Königr. Sachsen auf die J. 1896 bis 1900. Zusammengestellt f. die 7. ordentl. Landessynode vom evangelisch-luth. Landesconsistorium. gr. 4. (216 S.) Dresden (901). (v. Zahn & Jaensch). n 3.—

Thurgauische Lehrerstiftungen (Witwen- und Waisenstiftung, sowie Alters- und Hülfskasse). 8. Bericht über den Zustand in den Jahren 1897—1901. Erstattet im April 1902 von dem Präsidenten der Verwaltungskommission, G[edeon] Schweizer, Sekundarlehrer. [Mit 2 Tabellen.] 38 S. 8. Frauenfeld, Huber & Co.

Bericht über den Zustand des Prager Privat-Erziehungs- und Heilinstitutes für Blinde, für die Zeit vom 1. Mai 1853 bis Ende April 1854; bei Gelegenheit der am 24. Juli 1854 im Institutshause am Hradschin Nr. 104 abgehaltenen Prüfung. 4. (6 Blätt.) Prag. Buchdruckerei von M. J. Landau. 1854.

Bericht über den Zustand des Prager Privat-Erziehungs- und Heilinstitutes für Blinde, für die Zeit vom 1. Mai 1854, bis Ende April 1855, bei Gelegenheit der am 24. Juli 1855 im Institutshause am Hradschin Nr. Conscr. 104 abgehaltenen Prüfung. Prag, 1855. Buchdruckerei von M. J. Landau. (6 Bl. 4.)

Bericht über den Zustand des Schulwesens in dem evangelischen Teile des Kantons St. Gallen 1816—22. St. Gallen [1822]. V: *Hartmann, Georg Leonhard.* (Zuwachsverz. d. Bibl. Zürich 1898 ff. 7.)

Bericht über den Zustand der Statistik im Grossh. Hessen. Darmstadt 1863

Bericht über den Zustand der Statistik im Grossh. Oldenburg. 4° Oldenburg 1863

[*Köpft.*] [*f.*] Bericht über den Zustand des Stipendienwesens auf der Rheinischen Friedrich-Wilhelms-Universität zu Bonn, und über die dazu bestimmten Kirchencollecten, in den Jahren 1828 bis 1833. (*Am Ende:* Bonn, d. 18 Oct. 1834. Der stellvertretende königl. ausserord. Regierungs-Bevollmächtigte *etc.*) [Bonn, gedr. bei C. Georgi 1834.] 2 Bl. 4.

Bericht, 32., über den Zustand des Waisenhauses der Stadt Basel. 16. S. 8. Basel, Druck von F. Wassermann. 1878?

Bericht v. d. dermal. zerrütt. Zustande d. deutschen Reichsverfassung rc. Fol. Frankf. 756. Rthlr.

Bericht von dem dermahligen zerrütteten Zustand der teutschen Reichs-Verfassung. — Zweitens: Vorläufiger Gegenbericht, von denen in Comitiis entstandenen Uneinigkeiten. — Drittens: Evangelische Gedanken über den Evangelischen Gegen-Bericht. 1756. 4. (48 S.)

— über die inneren u. äußeren kirchlichen Zustände im Konsistorialbez. Wiesbaden während der Synodalperiode 1891/94. Erstattet vom Ausschuß der V. ordentl. Bezirkssynode. gr. 8. (31 S.) Wiesbaden 894. (R. Bechtold & Co.) Nicht im Handel.

Bericht über die kirchlichen und sittlichen Zustände in der Propstei Fehmarn, der Fehmarnschen Propstei-Synode erstattet ... von dem Synodal-Ausschuss der Propstei Fehmarn. Burg a. F. 8°. 1887—97, 1899, 1901, 1903 ff.

Bericht über die kirchlichen und sittlichen Zustände in der Propstei Pinneberg. Erstattet von dem Synodalausschuss 1890. (Blankenese.) o. J. 8°.

Bericht über die kirchlichen und sittlichen Zustände erstattet in der ... ordentlichen Versammlung der Propsteisynode Husum-Bredstedt ... Husum. 8° (3) ff., 1881 ff.

Bericht, Zuverlässiger, von der bey Ablegung der neuen Wittwencasse für die Kön. dänische Staten angenommenen Theorie und gebrauchten Rechnungsart. Kopenhagen 1778. V: *Lous, Chn Carl.* (Bruun, Bibl. Danica. II, 773.) (Collin, Anonymer. Kiobenh. 1869.)

— über den Zweck, die Einrichtung u. die Verwaltung der Haushaltungsschule Naumburg a/S. f. die Zeit v. Octbr. 1889 bis Ende März 1891. gr. 8. (48 S.) Naumburg a/S. 891. (R. Domrich.) n. 1. 50

— dasselbe. 2. Bericht f. die Zeit vom 1. April 1891 bis Ostern 1892. Erstattet v. Kraatz. gr. 8. (27 S.) Ebd. 892. n. 1. —

Bericht über den Zweck, die Einrichtung und die Verwaltung der Haushaltungsschule, Naumburg a. S. (2: Erstattet v. Oberbürgermeister [F.] Kraatz; 3: von Dr. Rentner, Rektor, u. Kraatz.) [1]–3. Naumburg a. S.: H. Sieling 1891–95. 3 Bde 8° [F.]
[1.] Oct. 1889 bis Ende März 1891. 2. 1. April 1891 bis Ostern 1892. 3. Ostern 1892 bis Ostern 1895. [08. 1937]

Bericht über Zweck, Gründung etc. der freiwilligen Fortbildungsschule in St. Gallen. St. Gallen 1875

Bericht über die Zwinglihütte. O. O. [1898]. V: *Schönholzer, Gfr.* (Zuwachsverz. d. Bibliotheken in Zürich 1898 ff.)

—— der Zwischendeputation der 2. Kammer die Berathung des Entwurfs einer Kirchenvorstands- und Synodalordnung für die evangelisch-lutherische Kirche des Königr. Sachsen und des Gesetzentwurfs, die Vertretung der evangelisch-lutherischen Kirche betr. gr. 4. (135 S.) Dresden 867, Meinhold und Söhne. *

Bericht der Zwischendeputation der 2. Kammer die Berathung des Entwurfs e. Kirchenvorstands- u. Synodalordnung für die ev.-luther. Kirche des Königreichs Sachsen u. des Gesetzentwurfs, die Vertretung der ev.-luther. Kirche betr. Dresden 868. Meinhold & S. 4. (135 S.) n. 12 ngr.

— üb. e. v. S Simchowitz geh. Zyklus v. Vorträgen üb. „russische Lit. seit 1850", s: Mitteilungen d. lit.-histor. Gesellsch. Bonn.

Berichte s.a. Bericht

Berichte des k. k. Evangelischen Oberkirchenrates A. u. H. B. in Österreich an die Generalsynoden von 1871, 1877, 1883, 1889, 1895, 1901, 1907, 1913. - (1, 4, 10)

Berichte über d. Abschluß u. d. Verwaltung d. städtisch. Wasserwerke z. Berlin. 1. 4. 80—31. 3. 92. 4. D. folgenden Berichte in 475,13.

Berichte der Abteilung f. Praktische Geologie. 1910. s. Berg-, Hütten- u. Sal.-Wes., Allg. etc.: Kongress, Internationaler, f. Bergbau, Hüttenwesen, Angewandte Mechanik u. Prakt. Geologie, Düsseldorf 1910. [T. 4.]

Berichte über Ackerbau, Weinbau, Gartenbau, Viehzucht und landwirthschaftliche Gewerbe. Jg. 1-14. Mainz: Wirth 1857-70.

Berichte über Ackerbau, Weinbau, Gartenbau, Viehzucht u. landwirthschaftliche Gewerbe. Herausg. von H. K. Schneider. Jahrg. 861—64. à 24 Nrn. (à ½ Bgn.) Mainz, Wirth'sche Sortibdlg. gr. 8. Jeder Jahrg. 18 ngr.

— über Ackerbau, Weinbau, Gartenbau, Viehzucht u. landwirthschaftliche Gewerbe. Hrsg. von H. K. Schneider. 9—11. Jahrg. 1865—1867. à 24 Nrn. (à ½ Bgn.) Mainz, Wirth. gr. 8. Jeder Jahrg. 18 ngr.

— — Nebst landwirthschaftl. Literaturblatt. Hrsg. von H. K. Schneider u. P. Hexamer. 12—14. Jahrg. 1868—1870. à 12 Nrn. (à 1 Bgn.) Mannheim, Schneider. 4. Jeder Jahrg. n. 20 ngr.

Berichte der Basler Agentur des Internationalen Comite in Genf zur Unterstützung verwundeter Krieger 1870–1871 (*Vortitel: Zum Andenken an die internationale Agentur in Basel, 1870/71). (№ 1–20.) 8. Basel (1870–)1871.
(№ 20 Schluss-Bericht... Mit einer Karte des Arbeitsfeldes der Agentur.)

— actenmäß., über Oken's Dienstentlassung. No. 1. Leipz. 819. Brockhaus. 6 gr

— actenmäß.-histor., über d. Auseinandersetzung d. Huth- u. Weide-Reviere in d. Altenwieker Gemeinden vor Braunschweig, mit d. Haupt-Interessenten rc. 8. Braunschw. u. St. Petersb., Plüchart. 1 ℛ 8 gr

Berichte der Schweizerischen Alkoholverwaltung. Bern 1890—1899.

— allgem. u. Bericht üb. d. I.–XVI. Aufsichtsbezirk n. d. Berichte d. k. k. Gewerbe-Inspectoren üb. ihre Amtsthätigkeit i. J. 1895. Lex.-8. Wien 896. Hof- u. Staatsdruckerei. à n. — 40
Amtsbezirke: 1. Wien. (54 S.) — 2. Wiener-Neustadt. (53 S.) — 3. Linz. (43 S.) — 4. Graz. (50 S.) — 5. Klagenfurt. (41 S.) — 6. Triest. (35 S.) — 7. Innsbruck. (34 S.) — 8. Prag. (42 S.) — 9. Reichenberg. (49 S.) — 10. Pilsen. (48 S.) — 11. Budweis. (46 S.) — 12. Königgrätz. (49 S.) — 13. Brünn. (50 S.) — 14. Olmütz. (55 S.) — 15. Troppau. (51 S.) — 16. Lemberg. (42 S.)

— dasselbe. Fortsetzg., s.: Vorlage-, allgemeiner Bericht u. Bericht etc.

— allgem., u. Bericht d. Schifffahrts-Gewerbeinspectors (Amtssitz: Wien) a. d. Berichte d. k. k. Gewerbe-Inspectoren üb. ihre Amtsthätigkeit i. J 1895. Lex.-8. (52 S.) Wien 896. Hof- u. Staatsdruckerei. n. — 40

— allgem., v. Büchern u. Kunstsachen. 1r—16r Jahrg. 1808—22. gr. 8. Heidelb., Mohr. (à 16 gr) 10 ℛ 16 gr

— allgemeine deutsche, für Politik, Kulturgeschichte u. histor. Ueberlieferung. Redig. v. Karl Fr. Enoch Richter, 1830. 104 Numm. u. J. 1831. Numm. 1—39. (Schluß, nebst Beilagen.) Roy.-4. Hamb. (Brockhaus in Leipz.) (1r J. 12 ℛ 16 gr 2r J. 2 ℛ 8 gr) 15 ℛ

Berichte des Alterthums-Vereines zu Wien. Bd. I. Abtheilung I. (XVIII, 94 S. und 5 Abbildungen.) 4 Wien. Gedruckt bei A. Pichler's Wwe. und Sohn. 1854.

Inhalt: Ueber den Alterthumsverein zu Wien von seiner Entstehung bis zu Ende des Monats Juni 1854. — Statuten des Alterthumsvereines in Wien. — Protokoll der General-Versammlung vom 29. Mai 1854. — Verzeichniß der Mitglieder. — Verzeichniß der korrespondirenden Mitglieder. — Ueber die erste Publikation des Alterthumsvereines in Wien, von Joseph Feil. — Ueber Lautensack's Ansicht Wien's vom Jahre 1558, mit dem von Wolfgang Laz hierzu gelieferten Texte und Beiträgen zu dessen Lebensgeschichte, von Albert Camesina. — Ueber Burgen und Schlösser im Lande unter der Enns: I. Einleitendes, von Josef Feil. — II. Archäologische Beschreibung einiger Ritterburgen und Schloßruinen im Kreise U. W. W., von weil. J. D. Edlen v. Leber. Aichbichl. Aichhof. Arnstein. Feistritz. Grimmenstein. — Erzherzog Maximilian I. und Maria von Burgund und deren älteste Porträte in der k. k. Ambraser-Sammlung, von Josef Bergmann.

— d. statist. Amtes d. Stadt Dresden a. d. J. 1897. 20. Jahrg. Jahresbericht, Monatsberichte Nr. 1—12, Wochenberichte Nr. 1—52. gr. 4. (18, 96 u. 104 S.) Dresden 898. (v. Zahn & Jaensch.) n.n. 3. —

— des statistischen Amtes der Stadt Dresden auf d. J. 1898. 21. Jahrg. Jahresbericht, Monatsberichte Nr. 1 bis 12, Wochenberichte Nr. 1 bis 52. gr. 4. (19, 96 u. 104 S.) Dresden (v. Zahn & Jaensch). n.n. 3. —
Vorh. u.d. T.: Wochen- u. monatsberichte u. Jahresbericht.

— amtl., üb. Fellenbergs landwirthschaftl. Anstalt zu Hofwyl 2c. gr. 8. Basel 809. (Neukirch). 10 gr.

—— amtliche, der in d. von dem Buchhändler Gerhard in Danzig herausgeg. Brochüre: „Zur Würdigung zweier Pamphlete" aufgestellten, die Ausweis. d. beiden Alumnen Julius Rudolph u. Rudolph Dowiat aus dem bischöfl. Diöcesan-Clerikalseminar zu Pelplin betreffenden und aufgestellten Behaupt. u. Anführungen. 12. (1½ B.) Marienburg 845, Dormann. *

— amtliche, v. Burengeneralen an Präsident Krüger. Mit Ermächtigg. der Regierg. der Burenstaaten in deutscher Uebersetzg. hrsg. durch A. Schowalter. 2. Hft. gr. 8. München, J. F. Lehmann's Verl. n. — 60
Ein neuer Bericht v. J. C. Smuts, Staatsprokureur u. Generalkommandants-Assistent der südafrik. Republik, Jan. 1902. Beilage: Präsident Steyn's Antwort auf Lord Kitchener's Proklamation u. Begleitschreiben vom 6. VIII. 1901. (27 S.) 902.
Vergl.: Berichte u. s. w. üb. den südafrikanischen Krieg.

— amtliche, über die internationale Fischerei-Ausstellung zu Berlin 1880. 5 Hfte. gr. 8. Berlin 881. Parey. n. 26. —
I. Fischzucht von M. v. dem Borne, H. Haak, K. Michaelis. [Im Anh.: Die Angelfischerei.] Mit 30 in den Text gedr. Holzschn. (84 S.) n. 3. —
II. Seefischerei von M. Lindeman. Mit 162 in den Text gedr. Holzschn. (244 S.) n. 8. —
III. Süsswasserfischerei von A. Metzger. Mit in den Text gedr. Holzschn. (89 S.) n. 4. —
IV. Fischereiproducte u. Wasserthiere von H. Dohrn. Im Anh.: Perlen von S. Friedländer u. H. Nitsche. Mit in den Text gedr. Holzschn. (95 S.) n. 3. —
V. Wissenschaftliche Abtheilung von J. Asmus, E. Friedel, O. Hermes, F. Heldefleiss, P. Magnus, E. Thorner, L. Wittmack. Mit 101 in den Text gedr. Holzschn. (XIX, 256 S.)

— u. Abhandl., ämtl. u. gutachtl., über die neue Lesart Oliviers 2c. 8. Berl. Realsch. 803.

— u. Abhandl., ämtl. u. gutachtl., üb. d. neue Lesart Olivier's 2c. 8. Berl. 803. Reimer. 20 gr.

— amtliche, aus den königl. Kunstsammlungen. Monatlich erschein. Beiblatt zum Jahrbuch der kgl. preuss. Kunstsammlgn. 29.—32. Jahrg. Oktbr. 1907—Septbr. 1911. à 12 Nrn. (29.—31. Jhrg.: IV, 336; IV, 312 u. IV, 332 Sp. m. Abbildgn.) Lex. 8. Berlin, G. Grote. à Jhrg. 5.—; f. Abnehmer des Jahrb. 4. —
Erschienen bisher im Jahrbuch selbst.

—— amtl., üb. d. Maschinenausstellg d. Actienver. f. landw. Maschinen u. d. Gew.-Ausst. bei d. Jubelfeier d. meckl. patr. Ver. zu Güstrow 1852. 8. (195) Rost. 53, (Kuhn.) n. — 10

— amtliche, über die Maschinenausstellung, den Actienverein für landwirthschaftliche Maschinen und die Gewerbe-Ausstellung bei der Jubelfeier des Mecklenburgischen Patriotischen Vereins zu Güstrow im Juni 1852. Nachtrag zu Bd. VII. Abth. II. Heft 2. der Annalen des Mecklenburg. Patriot. Vereins. Rostock 853. (Leopold.) gr. 8. (195 S.) n. 10 ngl

Berichte, amtliche, u. Mittheilungen über die Berliner Barrikadenkämpfe, s.a. Revolutionen, die, d. Gegenwart.

Amtl. Berichte u. Mittheilungen über die berliner Barrikadenkämpfe am 18. u. 19. März. Von Augenz. u. Mitkämpfern. I. (64) 8. M. 2 Taf. Berlin 1848. 0,50.

— amtliche, des Generals J. H. de la Rey, des Generals J. C. Smuts u. des Generals P. J. Liebenberg sowie andere Urkunden üb. den südafrikanischen Krieg (insonderheit üb. die Grausamkeit der englischen Kriegsführung), welche die Vertreter der Buren in Europa kürzlich empfangen haben. Mit Zustimmg. der Regierg. der Burenstaaten in deutscher Uebersetzg. hrsg. durch A. Schowalter. gr. 8. (34 S.) München 902. J. F. Lehmann's Verl. n. — 60
Fortsetzung s.: Berichte, amtliche, v. Burengeneralen.

Amtliche Berichte über die Sitzungen des Ausschusses der Deutschen Turnerschaft, 1881 Frankfurt a. M., 1884 Dresden, 1888, 1889, 1890 München, 1892 Stettin, 1893 Regensburg, 1894 Breslau, 1895 Leipzig, 1896 Köln, 1897 Hamburg, 1909 Eisenach, 4°. 2 Bde.

— amtliche stenographische, der Verhandlungen des preußischen Abgeordnetenhauses über den Militair-Etat. (Separat-Ausgabe.) Berlin 862. Moeser. gr. 8. (672 S.) n. 15 ngr.

Berichte, amtliche, über Vermehrung und Erweiterung der kirchl. Anstalten in England, v. Otto v. Gerlach, Uhden, v. Sydow u. Stüler. Potsd. 1845. 8.

—— amtliche, üb. die 25. Versammlung deutscher Land- u. Forstwirthe zu Dresden vom 25. Juni bis 1. Juli 1865. gr. 8. (611 S. u. 1 Steintaf.) Dresden 66. Schönfeld's Verl. n. 1⅔ Rt.

— amtl., üb. die Versammlung deutscher Naturforscher u. Aerzte in Hamburg im Sept. 1830, erstattet von den damaligen Geschäftsführern J. H. Bartels u. J. C. G. Fricke. Nebst e. lithogr. Samml. eigenhänd. Namenszüge der Theilnehmer. gr. 4. Hamb. 831. Perthes u. Besser. 1 rß

Eidg. Fabrik- und Bergwerkinspektoren. Berichte über ihre Amtsthätigkeit in den Jahren 1900 und 1901. Veröffentlicht vom schweiz. Industriedepartement. — Inspecteurs fédéraux des fabriques et des mines. Rapports concernant leurs fonctions officielles dans les années 1900 et 1901.... [Mit Figuren, 1 Tafel und 2 Tabellen.] II + 272 S. 8. Aarau, H. R. Sauerländer & Co., 1902. (fr. 3. —)

Berichte d. Reichstags-Kommission üb. I. Aendergn. u. Ergänzgn. des Gerichtsverfassungsgesetzes, der Strafprozessordng. u. des Strafgesetzbuches. — II. den Entwurf e. Gesetzes, betr. Aendergn. der Civilprozessordng. u. der Strafprozessordng., sowie der Bestrafg. falscher uneidl. Aussagen. Berlin 899.

— von der anatom. Anstalt zu Königsberg, herausg. v. K. F. Burdach. 1r Ber. mit e. Beschreib. des untern Endes des Rückenmarks. 819. 4 gr. 2r Ber. Mit Bemerkk. aus d. zootom. Tagebuche v. K. E. v. Baer. 819. 4 gr. 3r Ber. Mit Bemerkk. üb. d. Mechanismus der Herzklappen. 820. 6 gr. 4r Ber. Mit Nachtrr. zur Morphologie des Kopfs. Mit 1 Steindr. 821. 5r Ber. Mit Ansichten des Elektro-Magnetismus. Mit 1 Kpft. 822. 6r Ber. 823. gr. 8. Leipz., Dyck. 1 rß 22 gr.

Berichte v. d. k. anatom. Anstalt zu Königsberg. 7r Bericht. ... 8r Bericht. Mit Bemerkk. über die ernährenden Gefäße der Puls- u. Blut-Adern. Herausg. v. Er. Burdach. gr. 8. Königsb. 835. (Gebr. Bornträger.) ⅓ rß

Berichte von der königl. anthropotomischen Anstalt zu Würzburg von Carl Friedrich Heusinger. Ber. 1. Würzburg: Etlinger 1826.
Ber. 1: für das Schulj. 1824/25. 1826.

—— von der königl. zootomischen Anstalt zu Würzburg. Zweiter Bericht für das Schuljahr 1847—48 von Albert Kölliker. gr 4. (93 S. und 5 Stnt.) Leipzig 840, W. Engelmann. Thlr. *
Der 1. Bericht, von C. F. Heusinger hrsg., erschien 1826 in der Ettinger'schen Vrlgsh. in Würzburg.

— von der königl. zootom. Anstalt zu Würzburg. Zweiter Bericht für das Schuljahr 1847/48 v. Albert Kölliker. Mit 5 Steintaf. gr. 4. (93 S.) Leipzig 851, W. Engelmann. n. 1 1/3 ℛ (1. Bericht s.: Heusinger, J. Chr. K. F., 1826. Kayser's Bücherlexicon. 3. Thl. S. 133.)

— u. Anträge, betr. die Reform des Irrenwesens. (87 S.) gr. 8. Wien 904. A. Hölder. n. 1. 60
Sonderabdruck aus: „Das österr. Sanitätswesen".

— u. Anzeigen d. Moden-Akademie z. Leipzig. Gleichzeit. Org. f. feine Herrenschneiderei, Damenschneiderei u. verw. Geschäftszweige. Schriftleiter: Alb. Thiel, I. u. II. Jahrg. 1894 u. 1895. à ca. 18 Nrn. (à ca. 12 S. m. Abb.) gr. 4. Leipzig, A. Thiel. à Jahrg. n. 3. —

— dasselbe. Fortsetzg., s.: „Moden-Akademie".

Berichte über die Arbeiten der Reichslimeskommission i. d. J. 1892/93 ff—1896/97, 1898, 1900, 1901, 1902. Berlin 1893—1903. 4°

— u. Arbeiten aus der Universitäts-Frauenklinik zu Dorpat. Hrsg. v. Otto Küstner. gr. 8. (XII, 912 S. m. 1 Fig. u. 5 Taf.) Wiesbaden 894. J. F. Borgmann. n. 24. —

Berichte des Basler Arbeitersekretariates. 8.
Nr. 5, 1901. Basel, [Emil Birkhäuser,] im Juli 1901 s. Wassilieff, N[icolaus].
Bericht — — Arbeitersekretariats. No. 6, 1902: Arbeitslosenkasse des Arbeiterbundes Basel. 1. Jahresbericht.... 16 S. [Basel,] Emil Birkhäuser.

Berichte des Basler Arbeitersekretariates (*No. 7 u. 8: Bericht des B' Arbeitersekretariats). No. 6, 1901 u. No. 6 [d. i. 7], 1902 u. No. 8, 1903. II + 10 u. 16 u. 16 S. 8. Basel, Oktober 1901 u. [Basel,] Emil Birkhäuser u. Basel, Genossenschafts-Buchdr.

Berichte und Armee-Befehle aus dem Feldzuge in Schleswig. Beiheft zum Militair-Wochenblatt für Nov. 1848, Nr. 3. Berlin. 1848. 4° k.

Berichte bayerisch. Aerzte üb. Cholera Morbus. Auf Allerh. Befehl ausgez. u. redig. v. Bern. Röser u. Aloys Urban. 2 Abthln. (Ausserord. Beil. Nro. 1—27 zu d. bayer. Annalen.) gr. 4. (27½ B.) München 832, 33, (Fleischmann.)

— ärztliche, über die k. k. Irren-, Heil- und Pflege-Anstalt zu Wien in den Jahren 1853, 54, 55 u. 56. Zu Folge hoher Anordnung des k. k. Ministeriums des Innern veröffentlicht. (Von Riedel.) Wien 858. Tendler u. Co. in Comm. Lex.-8. (VII, 328 S., 25 Tab. u. 7 lith. Taf. in Lex.-8., 4. u. Fol.) n. 2 ℛ 20 ngl

— üb. die Aufführung d. Bevollmächt. des National-Convents u. d. Kriegsministers. 8. Basel 796. Flick. 5 ℊ

— von Augenzeugen v. d. Feldzug im Oct. 1806 v. R. v. L. 2 Thle. gr. 8. Tübing. u. Stuttg. 2e A. 809. v. Cotta. 4 ℛ

Berichte von Augenzeugen üb. die neueste Revolution zu Constantinopel. 8. Berl. Kunst u. Indust. Comt.

— von Augenzeugen üb. die neueste Revolution zu Konstantinopel. 8. Berl., (Schlesinger). 8 ℊ

— von Augenzeugen, über die Schlachten bei Auerstädt, Jena u. das Gefecht bei Jena, herausg. v. J. Tr. L. Danz. 8. Jena 807.

—- der Augenzeugen über das münsterische Wiedertäuferreich, s. a. Geschichtsquellen, die, des Bisthums Münster.

Berichte von A u g e n z e u g e n über das Münsterische Wiedertäufer-Reich, hrsg. von C. Cornelius. 8°.– Münster 1853.

— vom Ausbruch d. Vesuvs, d. 15. Juni 1794. A. d. Italien. (v. K. S. Walther) u. fortgesetzte Berichte v. Breislach, Wiespeare u. d'Onofrio. A. d. Italien. M. 1 Kpf. Dresd. 795. Walther. 20 ℊ

— üb. d. Ausflüge d. oberrhein. geolog. Vereines in d. Pfalz '10, sowie Aufsätze, d. sich auf dass. Geb. beziehen v. O Botzong, D Häberle, OM Reis, Matth. Schuster, A Steuer u. H Thürach. [Aus: „Berichte üb. d. Versammlgn d. oberrhein. geol. Ver." 43. Versammlg '10.] (13—108 m. Abb. u. 1 Kte.) 8° Kaisersl., E Crusius '10. 1 —

Berichte, Ausführliche, von dem letztern Ausbruche des Vesuvs im Jahre 1794 . . . Dresden 1794—95. Ü: *Walther, Conr. Sal.* (Kläbe, Neuestes Gel. Dresden. Leipzig 1796.)

— ausführl., v. d. Schlacht bei Siptitz ohnw. Torgau, (v. Fr. Ldw. Aster). Mit 1 Pl. Fol. Leipz. 776. Hilscher. 2 ℛ 20 ℊ

— ausführl., wegen d. Verstoßung d. päbstl. Nuntius Acciajuoli, (v. Jh. Fr. le Bret). 4. Ulm 761. Stettin. 10 ℊ

Der Ausschuß der Genossenschaft für die Cultur im unteren Freisinger Mosse, **Berichte** des A u s s c h u s s e s der Genossenschaft für die Cultur im unteren Freisinger Moose. Freising 1859.

Berichte des Ausschusses des Schleswig-Holsteinischen Provinzial-Landtags nebst Actenstücken. (Rendsburg und Kiel. 1868–71) (Nr. 1–29.) 4°.

— üb. d. Ausspruch d. Commission zur Vertheilung d. Preise für d. öffentl. National-Ausstellung vaterländ. Fabrikate, welche im J. 1822 statt gefunden hat. Von d. Geh. Ober-Finanz-Rath Beuth erstattet. gr. 4. Berl. 823. Dunker u. H. 6 ℊ

Berichte über die allgemeine Ausstellung der schönen Künste zu Paris 1855. O. O. [1856]. V: *Gsell, J. G.* (Cat. d. Stadtbibl. Zürich. Zürich 1864—97.)

—— über die allgemeine Ausstellung zu Paris im J. 1867, erstattet von den für Preußen und die norddeutschen Staaten ernannten Mitgliedern der internationalen Jury. 7 Hefte. gr. 8. Berlin 868, (Steinthal.) [1. Heft. (S. 1—100.) * M 1,50.; 2. Heft. (S. 101—160.) * M 1,25.; 3. Heft. (S. 161—230.) * M 1,25.; 4. Heft. (S. 231—318.) * M 1,50.; 5. Heft. (S. 319—379.) * M 1,25.; 6. Heft. (S. 381—454.) * M 1.; 7. Heft. (S. 455—624.) * M 1,50.] *

— über die internationale landwirthschaftliche Ausstellung zu Bremen vom 13—21. Juni 1874. 1—7. Hft. Berlin u. Leipzig 874. H. Voigt. n. 12. 60
1. Die ausgestellten Pferde, Schweine, Ziegen, Kaninchen u. das Geflügel v. F. A. Zürn. gr. 8. (100 S.) n. 1. 60
2. Bericht üb. Rindvieh u. Schafe v. J. Bohm. gr. 8. (150 S.) n. 2. —
3. Bericht üb. Forstwirthschaft u. Jagd v. Schimmelpfennig. gr. 8. (59 S.) n. 1. 20
4. Die Productenhalle der internationalen landwirthsch. Ausstellg. v. Louis Wittmack. gr. 8. (87 S.) n. 1. 50
5. Die hervorragendsten Erscheinungen auf dem Gebiete d. Maschinenwesens v. Emil Perels. Mit 64 in den Text gedr. Holzschn. gr. 4. (42 S.) n. 4. 50
6. Die wissenschaftliche Abtheilung. Bericht v. E. Heiden. gr. 8. (48 S.) n. 1. 20
7. Bericht üb. Garten-, Obst- u. Weinbau v. Frz. Heineke gr. 8. (24 S.) n. — 60

Berichte üb. die nationale Ausstellung 1882 in Moskau. [Aus: „Austria".] gr. 8. (358 S. m. 10 Taf.) Wien 883. Hof- u. Staatsdruckerei. n. 4. —

— einzig vollständig authentisch., üb. den Rückzug d. Französ. Armee von Moskau. Neue verm. Ausg. gr. 8. Hamb. 813. (Herold jun.) 2 ℊ

— authent., v. d. an d. Französ. Gesandtschaft in der Nähe v. Rastadt verübt. Meuchel-Mord. 8. Frankf. a. M. 799. Gebhard u. K. (Braun in Karlsr.) 6 γ

— Authentische, üb. Luthers letzte Lebensstunden, hrsg. v. J Strieder, s: Texte, Kleine, f. Vorlesgn u. Übgn.

Internationales Comité für Kriegsgefangene in Genf. 1870/71, Berichte der Section Basel. Basel, G. A. Bonfantini. in-gr.-8. mit 1 Karte u. 1 lith. Taf. 1871?

— u. Bedenken, die Kriebelkrankheit betreffend. 8. Kopenh. 772. Rothe. 4 γ

— über d. Begebenheiten, welche sich, mit e. Landbauer in La-Beauce in d. ersten Monaten d. J. 1826 zugetragen haben. A. d. Französ. 8. Würzb. 827. Strecker. 12 γ

Berichte nebst Beylagen betr. die Arbeiten der Special-Commitee zur Unterstützung der vertriebenen Hamburger in Altona 1814. Hrsg. von J. D. Mutzenbecher. — Hamburg: Perthes & Besser 1814. 236 S. 8°

— vom Bergbau. Mit 18 Kpf. 4. Leipz. 772. (W. Vogel). 3 ℔

— d. k. k. Bergbehörden üb. ihre Thätigkeit im J. 1892 bei Handhabg d. Bergpolizei u. Beaufsichtigg d. Bergarbeiter-Verhältnisse. Veröffentlicht v. k. k. Ackerbauministerium. 8° (204) Wien 94. Hof- u. Staatsdr. 3.60

— d. k. k. Bergbehörden üb. ihre Thätigkeit im J. 1893 bei Handhabg d. Bergpolizei u. Beaufsichtigg d. Bergarbeiter-Verhältnisse. Veröffentlicht v. k. k. Ackerbauministerium. 8° (351) Wien 96, Hof- u. Staatsdr. 4 — ‖ 1894. (352) 97. 5 — ‖ 1895. (481) 97. 6 —
Fortsetzg s. u. d. T.: Bergwerks-Inspection, d.

Die Bergwerksinspektion in Österreich. Berichte der k. k. Bergbehörden über ihre Tätigkeit im Jahre 1901 bei Handhabung der Bergpolizei und Beaufsichtigung der Bergarbeiterverhältnisse. 10. Jahrg. 1901. Gr.-8°. (IV, 440 S.) K 6.—
Wien: Hof- u. Staatsdr. 1905

— Über das Bergsteigen. (Sammlung wissenschaftl. Vortr. NF 78) Hamburg 1889

Kongreß zur Bekämpfung der unsittlichen Literatur. Köln im J. 1904. **Berichte**, erstattet von d. außerdeutschen u. deutschen Berichterstattern. Bearb. von Pastor Lic. [Friedrich] Bohn, Generalsekr. Berlin: Deutsche Sittlichkeits-Ver. 1905. (70 S.) 4° [J.] ℳ. 6,40

Bericht(e), Berliner, aus der Zeit des schlesischen Krieges. Hggbn. von Chr. Meyer. [Berlin] 1880. V: *Gender, F. Chr. v.* (Liebisch 145/2257) (Biblport)

— u. Beschlüsse d. Börsen-Enquête-Commission, s.: Sammlung amtl. Veröffentlichgn a. d. Reichs- u. Staatsanzeiger.

Berichte über die bäuerlichen Besitz- und Wohlstands-Verhältnisse, erstattet von landwirtschaftlichen Vereinen. gr. 8°. Berlin 1883.

BERICHTE ÜBER DAS BESTEHEN DES LITERARISCH-GESELLIGEN VEREINS ZU STRALSUND seit Anfang des J. 1835 bis Ende des J. 1866.
Bd. 1. Bericht I. bis IX. (1835—1853.) Stralsund 1867. In der C. Hingst'schen Buchhandlung. 8°.
A. u. d. Spec. Tit.:
BERICHT DES LIT(T)ERARISCH-GESELLIGEN VEREINS ZU STRALSUND über sein Bestehen während der Jahre ...
I—II. 1835 und 1836 — 1837 und 1838. Stralsund. 1837—1839. In der Löffler-schen Buchhandlung.
III—IX. 1839, 1840 und 1841 — 1852 und 1853. ib. 1842—1854. In der Löffler'-schen Buchhandlung. (C. Hingst.).
Bd. 2. Bericht X. bis XVI. (1854—1866.). Stralsund 1867. In der C. Hingst'schen Buchhandlung.
A. u. d. Spec. Tit.:
BERICHT DES LITERARISCH-GESELLIGEN VEREINS ZU STRALSUND über sein Bestehen während der Jahre ...
X—XI. 1854 und 1855 — 1856 und 1857. Stralsund 1856—1858. In der Löffler'-schen Buchhandlung (C. Hingst).
XII—XIII. 1858 und 1859 — 1860 und 1861. ib. 1861—1862. In der C. Hingst'-schen Buchhandlung.
BERICHT ÜBER DAS BESTEHEN DES LITERARISCH-GESELLIGEN VEREINS ZU STRALSUND während der Jahre .
XIV—XVI. (Schluss-Bericht.) 1862 und 1863—1866. ib. 1864—1867. —

— über die Betheiligung der Schweiz an der internationalen Ausstellung von 1867, sammt Katalog. Administrativbericht des schweizer. Generalkommissärs für die internationale Ausstellung zu Paris im Jahre 1867. 8. (827 S.) Bern 868. (Jent und Reinert.) *

Berichte über die schweiz. Betheiligung bei der Wiener Weltausstellung 1873. Hsggb. von Mitgliedern der internat. Jury. gr. 8. Schaffhausen, C. Baader.
Heft 3. Nahrungs- und Genussmittel als Erzeugnisse der Industrie, von A. Ott in Bern. 54 Stn. 1. —
Heft 4. Holzindustrie, von F. Salvisberg in Bern. 46 Stn. 1874? 1. —

Berichte über die schweiz. Betheiligung bei der Wiener Weltausstellung 1873, hsggb. v. d. Mitgliedern der Internationalen Jury. gr. 8. Schaffhausen, C. Baader.
Heft 5: Instruments de précision et de l'art médical, p. E. Wartmann et A. Hirsch. 56 pp. 1. —
Heft 10. Kurzwaaren-Industrie, v. G. Kiefer-Bär. 32 Stn. —. 60
Heft 12. Glas-, Stein-, Thon- u. Cement-Industrie, v. B. von Arx. 16 Stn. 1874? —. 30

Berichte über die schweiz. Betheiligung bei der Wiener Weltausstellung 1873, hsggb. v. d. Mitgliedern der Internationalen Jury. gr. 8. Schaffhausen, C. Baader.
Heft 7: Textil-Industrie, Seidenwaaren von C. Baumann-Zürrer, Schafwollenwaaren, Baumwollenwaaren, Leinenwaaren u. Strohflechterei, Stickereien, Bekleidungsgegenstände; Hausindustrie v. J. Steiger-Meyer. 116 Stn. gr. 8. 2. 20
1874?

— der Beurtheilungs-Commission üb. die im J. 1829 unter d. Leitung d. Böhm. k. k. Landesguberniums statt gefund. öffentl. Ausstellung der Industrie-Erzeugnisse Böhmens. gr. 8. Prag 831. (G. Haase S.) 20 γ

— der von d. Könige in Frankreich ernannten Bevollmächtigten zur Unters. üb. d. Thier-Magnetism. 8. Altenb. 785. (Hennings in Neisse). 12 γ

Berichte des Dresdner Bezirksvereins gegen den Missbrauch geistiger Getränke. (Erschienen seit 1884.) Dresden.

Berichte der öffentlichen Bibliothek, des physikalischen Kabinets, der antiquarischen Kommission und der Kunstsammlung für das Jahr 1887. Beilage zum Jahresbericht der Akademischen Gesellschaft. In-8°, 40 S. Basel, Buchdruckerei von Fritz Wassermann.

Museum in Zofingen. Berichte des I. Bibliothekars der Stadtbibliothek, des Konservators der Historisch-antiquarischen und des Konservators der Naturhistorischen Sammlung über ihre Verwaltungen im Jahre 1901. [Mit illustriertem Umschlag.] 23 S. 8. Zofingen, P. Ringier, 1902.

— üb. Blitzschläge der J. 1884 bis 1899 in der Prov. Schleswig-Holstein, v. Hans Brodersen. Hrsg. vom naturwissenschaftl. Verein f. Schleswig-Holstein als Fortsetzg. v.: L. Weber, Berichte üb. Blitzschläge in der Provinz Schleswig-Holstein. 1.—4. Folge. Kiel 1885. (III u. S. 51—275 m. 4 Taf.) Lex. 8. Kiel 909. Lipsius & Tischer. 4. —

— u. Briefe, die, des Rats u. Gesandten Herzog Albrechts v. Preußen Asverus v. Brandt nebst den an ihn ergangenen Schreiben in dem königl. Staatsarchiv zu Königsberg. Im Auftrage der ostpreuß. Prov.-Verwaltg. hrsg. v. Adalb. Bezzenberger. 1. Hft. 1538—1545. (III, 136 S.) 4. Königsberg (904). (Gräfe & Unzer, Buchh.) n. 3. —

— u. Briefe, die, des Rats u. Gesandten Herzog Albrechts v. Preußen Asverus v. Brandt nebst den an ihn ergangenen Schreiben in dem königl. Staatsarchiv zu Königsberg. Im Auftrage der ostpreuß. Prov.-Verwaltg. hrsg. v. Adalb. Bezzenberger. 2. Heft. 1545. 1546. 1547. (IV u. S. 137—246.) 31×22,5 cm. Königsberg (908.) (Gräfe & Unzer.) 3. —

Berichte u. **Briefe**, Die, d. Rats u. Gesandten Herzog Albrechts v. Preussen Asverus v. Brandt nebst d. an ihn ergang. Schreiben in d. kgl. Staatsarchiv zu Königsberg. Hrsg. v. Adalb. Bezzenberger. 3. Heft. 1548. 1549. (4 u. 247—422) 32×23,5 cm. Königsbg. Gräfe & U. ('11). (je) 3 — d

— d. allgem. Buchhandlung d. Gelehrten 1781. 9 Stcke. u. J. 1782—84. à 12 Stcke. 8. Dessau 781—84. 13 ℳ 3 ℊ

Berichte an den Bundesrat über die allg. landwirtschaftliche und Gewerbeausstellung in Bern 1857.

Berichte an den Bundesrat über die wegen der Insurrektion in Neuenburg Verhafteten. 29. Sept. 1856.

— d. Volksrepräsentanten Camus, Bancal rc. üb. Beurnonville, Semonville u. Maret Gefangenschaft im Oesterreichischen. A. d. Französ. M. Anmerkk. 8. Frankf. u. Leipz. (Thurneysen in Paris u. Cassel). 9 ℊ

— über Cholera morbus, s. Frz. Hergt, u. Karl Sommerschu, Berichte rc.

— der Cholera-Commission f. das deutsche Reich. 1. u. 2. Hft. gr. 8. Berlin 875. C. Heymann's Verl. à n. 3. 50

1. Untersuchungsplan der Erforschung der Ursachen der Cholera u. deren Verhütung. Denkschrift, verf. im Auftrage d. Reichskanzleramts v. der Cholera-Kommission d. Deutschen Reiches, nebst den dazu gehörigen Schematen, sowie Begleitschreiben an den Bundesrath u. das Reichskanzleramt. Nach amtl. Quellen. 3. Aufl. — Das Auftreten u. der Verlauf der Cholera in den preussischen Provinzen Posen u. Preussen während der Monate Mai bis Septbr. 1873. Reise-Bericht d. A. Hirsch. Im Auftrage der Cholera-Kommission bearb. u. an das Reichskanzler-Amt erstattet. 2. Aufl. Mit 3 lith. Taf. (1 Plan u. 2 Karten in qu. gr. Fol.) gr. 4. (51 S.)
2. Die Cholera-Epidemie in der königl. baierischen Gefangenanstalt Laufen a. d. Salzach. Im Auftrage der Kommission bearb. u. veröffentlicht von Max v. Pettenkofer. Mit 8 lith. Taf. (in qu u. gr. Fol.) (108 S.)

— der Cholera-Kommission für das Deutsche Reich. 3—5. Hft. Imp.-4. Berlin, C. Heymann's Verl. n. 22. 50; (1—5: n. 29. 50)

3. Die Cholera-Epidemie des Jahres 1873 in dem Königreich Sachsen. Im Auftrage der Kommission bearb. u. veröffentlicht von Rud. Günther. Mit 14 (lith.) Taf. im Text (in Fol.) u. e. Atlas v. 19 (lith.) Karten (in qu. gr. Fol.) (VIII, 121 S.) 876. n. 12. —
4. Auftreten u. Verlauf der Cholera in dem königl. bairischen Strafarbeitshause Rebdorf, in dem königl. bairischen Zuchthause Wasserburg u. in dem königl. bairischen Zuchthause Lichtenau, u.: Die Cholera-Hausepidemien in den beiden Civil-Krankenhäusern u. das Verhalten d. Militär-Krankenhauses u. der Kasernen von München während der Epidemie 1873/74, nebst Nachtrag zum Berichte über die Cholera-Epidemie in der k. bair. Gefangenanstalt Laufen. Aus dem Referate von Max v. Pettenkofer. Mit 16 Taf. in Lith. u. Holzschn. (VII, 98 S.) 877. n. 7. —
5. Die Cholera-Epidemie des Jahres 1873 in der Armee des ehemaligen Norddeutschen Bundes. Im Auftrage der Kommission bearb. u. veröffentlicht von A. Mehlhausen. (88 S.) — Die Cholera-Epidemie des Jahres 1873 im Königreich Württemberg, hauptsächlich in der Stadt Heilbronn, im Grossherzogthum Baden u. Grossherzogthum Hessen. Im Auftrage der Kommission bearb. u. veröffentlicht von Rob. Volz. Mit e. (chromolith.) Stadtplane von Heilbronn. (S. 89—118.) 877. n. 3. 50

—— der Cholera-Kommission für das deutsche Reich. 6. Heft. gr. 4. (844 S.) Berlin 879, C. Heymann's Verlag. *

Inhalt:

Die Cholera-Epidemie des J. 1873 in Norddeutschland, sowie Allgemeine Darstellung der Cholera-Epidemie des J. 1873 in Deutschland. Im Auftrage der Kommission bearb. und veröffentlicht von Aug. Hirsch. Mit einer grossen Uebersichtskarte der Epidemie des J. 1873. — Die Verbreitung der Cholera im Königreiche Bayern während der J. 1873 und 1874, mitgetheilt vom Königl. Bayerischen Staatsministerium des Innern. — Die Verbreitung der Cholera im Regierungsbezirk Oppeln in dem Zeitraum von 1831 bis 1874 von Pistor. Mit 10 Taf. im Text und 25 Karten in einem Atlas. — Desinfection von Schiffen, sowie geschlossenen Räumen. Im Auftrage der Kommission erstattet von Max v. Pettenkofer und Mehlhausen.

Berichte des bayer. Dampfkesselrevisionsvereins von den Jahrg. 1871—79. München 1872—79. 8°. brosch.

— Danziger, von neuen theolog. Büchern u. Schriften. 120 Stcke. od. 12 Bde. gr. 8. Leipz. 771—88. (Brockhaus). 10 ℳ

— der Riga'schen Delegation üb. die Wiener-Weltausstellung. 1—4. Abth. u. Beilage. gr. 8. Riga 874. Kymmel. n. 8. 20

1. Bericht üb. die landwirthschaftl. Abtheilg. der Wiener Weltausstellg. im J. 1873. von O. v. Hehn. (VIII, 102 S.) n. 1. 50
2. Die mechanische Technologie v. E. Hoyer. Mit 62 (eingedr.) Holzschn. (122 S.) n. 2. —
3. Bericht üb. die Abtheilung f. das Maschinenwesen [Dampfkessel, Dampfmaschinen, Kraftmaschinen f. das Kleingewerbe, landwirthschaftl. Maschinen, Maschinen f. Ziegel- u. Röhrenfabrikation, Bierbrauereimaschinen] der Wiener Weltausstellung im J. 1873 v. Carl Lovis. Mit 26 Abbildgn. (in eingedr. Holzschn.) (123 S.) n. 2. —
4. Bericht üb. die Abtheilung f. das Unterrichtswesen [Schulhäuser-, Volks- u. Mittelschulen, Lehrmittel] der Wiener Weltausstellg. im J. 1873 v. A. Krannhals. Mit 4 Abbildgn. (in eingedr. Holzschn.) (120 S.) n. 1. 75

Beilage. Die königl. württembergische Zentralstelle f. Gewerbe u. Handel v. E. Hoyer. (58 S.) n. 1. —

Berichte der schweiz. Delegierten über die Weltausstellung in Wien 1873. Schaffh. 1874.

Berichte, Denkschriften und Verhandlungen des Fünften Internationalen Kongresses für Versicherungs-Wissenschaft zu Berlin vom 10. bis 15. Sept. 1906. Hrsg. im Auftr. d. Deutschen Ver. f. Versicherungs-Wissensch. von Alfred Manes, Dr., Generalsekr. Bd 1—3. Berlin: E. S. Mittler & Sohn 1906. 3 Bde 4°(8°)

1. Berichte. 2. Denkschriften. 3. Verhandlungen. Mit Anh. u. Reg.

— der zur Durchsicht d. Stadt-Kämmerei-Rechnung auf d. J. v. 1. Mai 1828 bis dahin 1829, erwählten Deputation d. Commun-Repräsentanten zu Dresden; nebst zehnjähr. Durchschnitt d. Communvermögens u. dessen Nutzungen u. and. Beilagen. gr. 8. Dresd. 831. Arnold. 14 ℊ

Berichte d. Deputation f. d. Verwaltg d. Kanalisationswerke. (Verwaltungsber. d. Magistrats z. Berlin v. 1. 4. 82—31. 4. 92.) 4.

—— deutsche allgem., f. Politik, Culturgeschichte u. histor. Ueberlieferung. Nebst Zugaben üb. Handel, Gewerbfleiss u. Literatur. Red. v. Carl Fr. Enoch Richter. 1. Jahrg. 1830. 104 Nrn. (Bog.), 2. Jahrg. 1831. No. 1—39. (Schluss.) Nebst Beiln. Roy.-4. Hamburg. (Leipzig, Brockhaus.) [1. J. 12 Thlr. 16 Gr., 2. J. 2 Thlr. 8 Gr.]

Berichte des Deutschen Drogisten-Verbandes E. G. über den Verkehr mit Arzneimitteln u. giftigen Stoffen, insbes. Mittheilungen über die betr. Gesetzgebung u. die entsprechenden gerichtl. Entscheidungen. Nr. 1-23. Leipzig 1894-1903. 3 Mappen u. 3 Bde.

Berichte des Deutschen Drogisten-Verbandes über den Verkehr mit Arzneimitteln, giftigen Stoffen u. s. w. Hrsg. vom Deutschen Drogisten-Verband von 1873. E. V. Berlin. (Potsdam 1908.) 8°.

Berichte. Der Königl. Dänischen Missionarien aus Ost-Indien eingesandten ausführlichen Berichten Erster [—neunter] Theil. Halle 1716—1848. H: [nacheinander]: *Ziegenbalg*, *Bartholomaeus*, *Gotthelf August Francke*. *Joh. Gg Knapp*. (Myl) (BrMm)

— e. Polnischen Einwohners, v. d. Schicksalen d. Dissidenten in Polen. 2 Thle. gr. 8. Lemgo 774—79. (Meyer). 14 ℊ

Berichte des Eisenbahncomité in Leipzig an das Publikum. Nr. 1—7. Leipzig. 1834. 35. ¾ Thlr.

Berichte der Eisenbahn-Kommission der Abgeordneten-Kammer (Württemberg). 1845.

Berichte über das projektierte Eisenbahnnetz im bern. Jura. Bern 1864. 4.

Berichte des vom h. k. k. Finanz-Ministerium bestellten Enquêten-Comité's und der Handels- und Gewerbe-Kammer in Brünn über die an Se. k. k. apost. Majestät gerichteten Eingaben verschiedener Industrieller. 8. Brünn 1859.

Berichte und Entwürfe [der] Kant. bern. Handels- & Gewerbekammer s. Handelskammer.

— u. **Entwürfe** der kantonalen bernischen Handels- u. Gewerbekammer. Chambre cantonale bernoise du commerce et de l'industrie. Nr. 17—20 u. 22. gr. 8. Bern, (A. Francke.) 7. 20

17. Rapport spécial de la section d'horlogerie pour l'année 1906. (43 S.) Bienne (907.) 1. 60
18. Tagesfragen, unsere, 1907 m. e. Uebersicht der heimischen u. internationalen Wirtschaftslage 1907/08. (63 S.) Bümplitz-Bern. 908. 1. 60
19. Rapport spécial de la section d'horlogerie pour l'année 1907. (27 S.) Bienne (908.) 1. 20
20. Schlussbericht üb. die Aufstellung e. bernischen Handelsgerichts. (78 S.) 908. 1. 60
22. Rapport spécial de la section d'horlogerie pour l'année 1908. (33 S.) Bienne (908.) 1. 20

Vergl.: Berichte.

Berichte über die Ergebnisse der Untersuchung des Zürichsee-Wassers [für die] Wasserversorgung der Stadt Zürich. Erstattet von Prof. Dr. O[tto] Roth, Dr. Alfred Bertschinger und Stadtchemiker E[mil] Rieter. [Mit 1 Figur und 6 Tabellen.] 30 S. 8. Zürich, Buchdr. Züricher Post. 1910.

— über die Erscheinung e. Kreuzes in d. Pfarrei Migne; aus d. Franzöſ. 8. Kobl. 827. Hölscher. 2 ℊ

— über neuerlich auf der Insel Santorin Statt gehabte vulcanische Erscheinungen. [Aus den Sitzungsber. d. k. Akad. d. Wiss.] Wien 866. (Gerold's Sohn.) gr. 8. (43 S. u. 2 lith. Taff.) n. 16 ngr.

Berichte über die neuerlich auf der Insel Santorin stattfindenden vulkanischen Eruptionen.
a) Schreiben des Herrn von Hahn, kais. österr. Konsul in Syra.
b) Bericht des Dr. Conte de Cigala.
c) Die neuesten vulkanischen Erscheinungen auf Santorin (mit 2 Taf. und 1 Holzschnitt). Von Dr. A. C. Christomanos.
d) Anhang zur vorstehenden Mitteilung, betreffend die chemische Zusammensetzung zweier Arten von Eruptivgesteinen der neuen Erhebung. Von A. Schrötter. S. 53. II. 411.
Separatabdruck

— üb. d. Pestalozzische Erziehungsanstalt zu Yverdun an d. Landammann. gr. 8. Winterth. 810. Steiner. 16 ℊ

— üb. d. Pestalozzische Erziehungs-Anstalt zu Yverdün an den Landammann. gr. 8. Winterthur, Steiner. 811.

Berichte von G. Rohlfs' Expedition in die Libysche Wüste. ([S.-A.] Verhandlungen der Gesellschaft für Erdkunde zu Berlin. Bd. 1. 1874. No. 6. 7.) (Berlin 1874.) 23 S. 8°.

— der zur Beobachtung der totalen Sonnenfinsterniss des J. 1868 nach Aden unternommenen oesterreichischen Expedition. [Aus den Sitzungsber. der k. k. Akad. der Wiss.] 1—7. Bericht. Wien 869, 70. (Gerold's Sohn.) gr. 8. n. 1 ℛ 6½ ngr.

Inhalt: 1. Beobachtungen des Leiters der Expedition, Edm. Weiss, während der Finsterniss. Mit 1 (lith.) Taf. u. 2 Holzschnitten. (24 S.) n. 6 ngr. — 2. Bericht von Thdr. Oppolzer. Mit 1 (lith.) Taf. (20 S.) n. 6 ngr. — 3. Spectralbeobachtungen des k. k. Linienschiffsfähnriches J. Riha während der Finsterniss. (4 S.) 1½ ngr. — 4. C. v. Littrow's Methode der Zeitbestimmung durch Circummeridianhöhen in ihrer praktischen Anwendung. (89 S.) n. 5 ngr. — 5. Beitrag zur Klimatologie von Aden von Edm. Weiss. (18 S.) n. 3 ngr. — 6. Geograph. Coordinaten von Aden [Leuchtthurm]. (15 S.) n. 3 ngr. — 7. Sternschnuppenbeobachtungen in Aden. Von Edm. Weiss. Mit 3 (lith.) Karten (in 4.). (15 S.) n. 12 ngr.

Berichte. Die B' der Expertencommissionen über die Ursachen... des... im Jahr 1868... angerichteten Schadens *s. auch* Schriftstücke. Schriftstüke betreffend die Wasserverheerungen vom Herbste 1868.... (Bern 1869.)

Berichte. Die B' der Expertencommissionen über die Ursachen und den Betrag des durch die Ueberschwemmungen im Jahr 1868 in den Cantonen Uri, St. Gallen, Graubünden, Tessin und Wallis angerichteten Schadens. [Mit Tabellen. SA.] 8. Bern 1869.

Berichte über die Fabrikinspektion im Jahr 1880. In-4°, 69 S., mit 2 Tabellen. Bern, Druck von Jent & Reinert. 1881² 2 —

Berichte über die Fabrikinspektion in den Jahren 1886 und 1887. — Rapport sur l'inspection des fabriques en Suisse, 1886 et 1887. Gr. in-8°, 152 S. Aarau, H. R. Sauerländer. 1888² 1 80

Berichte der eidgenöss. Fabrik- u. Bergwerkinspektion. 1906-11. Aarau 1908-12

Berichte (über die Fabrikinspektion) der eidgenössischen Fabrik- und Bergwerkinspektoren. 1880-99. Bern und Aarau 1881-1900

Berichte über die Fabrikinspection in der Schweiz 1879, 1880, 1881, 1882/83, 1884/85, 1886/87. gr. 8°. Aarau, Sauerländer, 1880 ff. (Jhrg. 1887—89 siehe unter: Amtsberichte der eidgen. Fabr.-Insp.)

Berichte über die Fabrikinspektion in der Schweiz. 1884—1917. Aarau
Seit 1888: **Amtsberichte** d. eidgen. Fabrikinspektoren
Seit 1890: **Berichte** der schweizer. Fabrikinspektoren über ihre Amtsthätigkeit
Seit 1896: **Berichte** der eidgen. Fabrik- und Bergwerkinspektoren über ihre Amtsthätigkeit

Berichte der eidg. Fabrikinspektoren über ihre Amtsthätigkeit in den Jahren 1879—93. Herausg. vom schweiz. Industrie- und Landwirtschaftsdepartement. Bern und Aarau 1890—94.

— d. eidg. Fabrikinspektoren üb. ihre Amtsthätigkeit i. d. J. 1894/95 u. 1896/97. Veröffentl. v. schweiz. Industriedepartement. (Deutsch u. franz.) gr. 8. Ebd. n. 6. 40
1894/95. (226 S.) 896. n. 2. 60. — 1896/97. (II, 404 S.) 898. n. 3. 80.

— der eidg. Fabrik- u. Bergwerkinspektoren üb. ihre Amtsthätigkeit in den J. 1898 u. 1899. Veröffentlicht vom schweiz. Industriedepartement. — Rapports des inspecteurs fédéraux des fabriques et des mines concernant leurs fonctions officielles dans les années 1898 et 1899. Publiés par le département fédéral de l'industrie. gr. 8. (II, 294 S. m. Abbildgn. u. Tab.) Aarau 900. H. R. Sauerländer & Co. n. 3. 20

— dasselbe, in den J. 1900 u. 1901. gr. 8. (II, 271 S. m. Tab.) Ebd. 902. n. 3. —

— d. eidgenössischen Fabrik- u. Bergwerkinspektoren üb. ihre Amtstätigkeit in d. J. 1902 u. 1903. Veröffentlicht vom schweiz. Industriedepartement. — Rapports des inspecteurs fédéraux des fabriques et des mines concernant leurs fonctions officielles dans les années 1902 et 1903. Publiés par le département fédéral de l'industrie. (II, 288 S m. Abbildgn.) Lex.-8. Aarau 903. H. R. Sauerländer & Co. n. 3. —

Berichte d. eidg. Fabrik- u. Bergwerkinspektoren üb. ihre Amtstätigkeit in d. J. '04—7. Veröffentlicht v. schweiz. Industriedepartement. — Rapports des inspecteurs fédéraux des fabriques et des mines concernant leurs fonctions officielles dans les années '04—7. Lex8° Aar., HR Sauerländer & Co. 6.20 d
'04.5. (300 m. Abb.) '06. 3.20 | '06.7. (219) '08. 3 —

— d. eidgenöss. Fabrik- u. Bergwerkinspektoren üb. ihre Amtstätigk. in d. J. '08—11. Veröffentlicht v. schweiz. Industriedepartement. — Rapports des inspecteurs fédéraux des fabriques et des mines sur leurs fonctions offic. dans les années '08—11. ('08/09: 251 m. Abb., '10/11: 246) Lex8° Aar., HR Sauerländer & Co. '10'12. je 3 —

— der schweiz. Fabrikinspektoren üb. ihre Amtsthätigkeit in den J. 1890 u. 1891. Veröffentlicht vom schweiz. Industrie- u. Landwirthschafts-Departement. gr. 8. (163 S. m. Fig.) Aarau 892. H. R. Sauerländer & Co. n. 2. —

— dasselbe üb. ihre Amtsthätigkeit in den J. 1892 u. 1893. (Deutsch u. französisch.) gr. 8. (236 S.) Ebd. 894. n. 2. 80

Berichte der Ungarischen Fabrikinspectoren über ihre Wirksamkeit im Jahre 1888. Budapest 1889. 8.

— der Fachabteilungen I—V, X, XII, XIII, XVIII u. XIX der k. k. Permanenzkommission f. die Handelswerte der Zwischenverkehrsstatistik im k. k. Handelsministerium üb. die Bewertung u. Bewegung des Zwischenverkehres zwischen den im Reichsrate vertretenen Königreichen u. Ländern u. den Ländern d. ungarischen Krone im J. 1902. (87 S.) Lex.-8. Wien 903. Hof- u. Staatsdruckerei. n. 1. —

Fachmännische Berichte über die österreichisch-ungarische Expedition nach Siam, China und Japan (1868—1871). Im Auftrage des k. k. Handelsministeriums redigirt und herausgegeben von Karl von Scherzer. Mit einer Karte von Indien, einer Weltkarte und Holzschnitten. Stuttgart 1872. XVI, 494 S. 8°.

— d. theolog. Facultät zu Leipzig. Erstattet zur höchsten Behörde in Bezug auf Krugs Schrift: „Was sollten jetzt die protestant. Katholiken in Deutschland thun?" Mit einigen Bemerkk. 8. Altenb. 828. Schnuphase. 3 gl.

— von d. gesegneten Feier d. ersten Secularfestes d. erneuerten Brüderkirche in Herrnhut am 17., 18., 19. Juni 1822. Mit 1 Kpf. gr. 8. (Leipz. 823. Kummer). 8 gl.

— über den Feldzug d. Französ. Armee in Spanien im J. 1808. 8. Leipz. 809. Baumgärtner. 4 gl.

Forstliche Berichte mit Kritik über das Hauptsächlichste der Litteratur des Jahres ... Hrsg. J. C. L. Schultze. - Osterode, Goslar. H. 1-9. (über die Litteratur der Jahre 1842-1850) 1845-1851.
Forts. s.: Forstl. Ber. m. Kritik üb. d. neueste forstl. Journal-Literatur

Forstliche Berichte mit Kritik über die neueste forstliche Journal-Literatur. - Nordhausen, Leipzig. N. F. Jg. 1-12. 1852-1864. (Ab 1864 jed. Jg. à 4 H.)
Früher s.: Forstl. Ber. m. Kritik üb. d. Hauptsächlichste...
Forts. s.: Forstl. Ber. m. Kritik üb. d. neueste forstl. Literatur

Berichte, forstliche, mit Kritik über die neueste forstliche Literatur. Hersg. von e. Vereine prakt. Forstmänner. Neue Folge. 13—16. Jahrg. 1865—1868. à 4 Hefte (à 4—6 Bgn.). Leipzig, Wilfferodt. gr. 8. Jeder Jahrg. n. 2 ℛ
Fortsetzung von „J. C. Schultze's forstliche Berichte."

—— und Miscellen, forstliche, s. a. Hundeshagen, J. Ch.

Forstliche Berichte und Miscellen. Eine Zeitschrift in zwanglosen Heften. Hrsg. v. J. Chr. Hundeshagen. - Tübingen. Bd. 1-2. 1830-1832. - (M. n. ersch.)

—— des Forstvereins für Nordtirol. Redig. vom Vereinsvorstande Andr. Sauter. 1. und 2. Heft. gr. 8. Innsbruck, (Wagner'sche Universitäts-Buchh.) [1. Heft. (VII und 166 S.) 858., 2. Heft. (III und 196 S. mit 2 Stnt.) 860. à Heft * 20 Ngr.] *

—— des Forstvereins für Nordtirol. Redig. vom Vereinsvorstande Andr. Sauter. 3. Heft. gr. 8. (III und 244 S. mit 1 Stnt.) Innsbruck 862, Wagner'sche Universitäts-Buchh. *
Fortges. u.d. T.: Berichte des Forstvereins für Tirol und Vorarlberg.

—— d. Forstver. f. Nordtirol. Red. v. (A Sauter) J v. Posch. 1—4. Hft. 8. (880 m. 4 L.) Innsbr. 62. 64, (Wagner.) à n. — 20

— d. Forst-Vereines f. Oberösterreich u. Salzburg. Red. v. Rud. Thoma. 37. Bd. 1897. 4 Vierteljahreshfte. gr. 8. (221 S.) Gmunden 897/98. (E. Mänhardt.) n n. 4.80
Vorh. u.d. T.: Berichte des Forstvereins für Österreich ob der Enns.

— des Forst-Vereines f. Oberösterreich u. Salzburg. Red. v. Rud. Thoma. 1898—1901. 38.—41. Bd. à 4 Hfte. gr. 8. Gmunden (E. Mänhardt). n.n. 16. 20
1898. (58, 88 u. 48 S.) (899). n.n. 4. —. — 1899. (85 u. 108 S.) (900). n.n. 4. —. — 1900. (1. Hft. 91 S.) 901. n.n. 4. 80. — 1901. (104 S.) 902. n.n. 2. 40.

Berichte d. Forst-Vereines f. Oberösterreich u. Salzburg. Red. v. Karl Wizlsperger. 1903. 42. Bd. (80 S. mit Abbildgn. u. 1 Bildnis.) gr. 8. Gmunden (E. Mänhardt). n.n. 2. 40

— dasselbe 1904—1906. 43.—45. Bd. à 2 Hfte. (à Heft 64 S.) gr. 8. Ebd. 905. 906. à Bd. n.n. 2. 40

— des Forst-Vereines f. Oberösterreich u. Salzburg. Red. v. Frz. Gabriel. 1907—1909. 46.—48. Bd. à 2 Hefte. (48. Bd.: 64 u. 68 S. m. Abbildgn.) gr. 8. Gmunden, E. Mänhardt. à Bd. nn 2. 40

— d. Forst-Vereines f. Oberösterr. u. Salzburg. Red. v. Frz Gabriel. '09—12. 48—51. Bd je 2 Hefte. (Das Heft ca 64 m. Abb.) gr8° Gmund., E Mänhardt. d. Bd. nn 2.40 d

Berichte des Forst-Vereines für Oesterreich ob der Enns. Redig. von Carl Reinisch. 1. Heft. gr. 8. (110 S. mit 1 Stnt.) Linz 856. Gmunden, (Schworella's Buchh.) *

—— des Forst-Vereines für Oesterreich ob der Enns. Redig. von Carl Reinisch. 2. Heft. gr. 8. (172 S. mit 2 Stnt. in gr. 8. und qu. Fol.) Linz 857, (Haslinger.) *

—— dass. — 3. und 4. Heft. gr. 8. (358 S.) (Ebendas.) 858. 61. [3. Heft. * 1 Thlr., 4. Heft. * 20 Ngr.] *
1. Heft. Linz 1856. Gmunden, (Hüllverding.) * 15 Ngr.

—— des Forst-Vereines für Oesterreich ob der Enns. Redig. von Jos. Weiser. 11. Heft. 1868 und 12. Heft. 1869. gr. 8. (186 S. mit 1 Stnt. in gr. Fol.; 123 S. mit 1 lithogr. Karte in qu. Fol.) Linz, (Haslinger.) à Heft * ℳ 3. *

—— des Forst-Vereines für Oesterreich ob der Enns. Redig. von Ludw. Dimitz. 13.—24. Heft. gr. 8. (116; 148; 119; 188; 160; 125; 121; 183; 167; 283; 277; 238 S.) Gmunden 871—82, (Mänhardt.) à Heft *

— des Forst-Vereines f. Oesterreich ob der Enns. Red. v. Ludw. Dimitz, von 1885 ab v. Gust. Rob. Förster. 24.—31. Bd. 1882—1889. gr. 8. (III, 192; 223; II, 192; III, 244; 240; 232; 255; 156 S. m. Tab. u. Taf.) Gmunden, (Mänhardt). à Bd. n. 4. 80

— des Forstvereines f. Oesterreich ob der Enns. Red. v. Leo Titz. 32. u. 33. Bd. 1890 u. 1891. (Vereinsj. vom Juni 1890 bis dahin 1891 u. 1891 bis 1892.) gr. 8. (255 u. 291 S.) Gmunden 891. 892. (E. Mänhardt.) à n.n. 4. 80

— d. Forstvereines f. Oesterreich ob d. Enns. Red. v. Leo Titz. 34. Bd. 1892. (Vereinsj. v. Juni 1892 b. dahin 1893.) gr. 8. (301 S.) Gmunden 895. (E. Mänhardt.) n.n. 4. 80

— Dasselbe. Red. v. Rud. Thoma. 36. Bd. 1896. 4 Vierteljahreshfte. gr. 8. (221 S.) Ebd. 896/97. n.n. 4. 80
Bd. 35 ist noch nicht erschienen.

— dasselbe. Fortsetzung, s.: Berichte d. Forst-Vereines f. Oberösterreich u. Salzburg.

Berichte des Forstvereins für Tirol und Vorarlberg. - Innsbruck. H. 4-6. 1864-1879.
Früher s.: Ber. d. Forstver. f. Nordtirol
Forts. s.: Mitt. d. Forstver. f. Tirol u. Vorarlberg

—— des Forstvereins für Tirol und Vorarlberg. Redig. vom Vereinsvorstande Jos. Edlen von Posch. 4. und 5. Heft. gr. 8. Innsbruck 864,67, Wagner'sche Universitäts-Buchh. [4. Heft. (V und 274 S. mit 3 Stat. in qu. Fol.) * 20 Ngr., 5. Heft. (IV und 276 S.) * 1 Thlr. 10 Ngr.] *

— über den Fortgang der „Los v. Rom-Bewegung". 1.—10. Hft. gr. 8. München, J. F. Lehmann's Verl. Einzelpr. à n. — 60; Subskr.-Pr. à n. — 50

1. Die neueste katholische Bewegung zur Befreiung vom Papstthum. Ein thüringer Gruß an die deutsche Ostmark. Von P. Bräunlich. 2. verm. Aufl. (IV. 56 S.) 899.
2. Die österreichische Los von Rom-Bewegung. Von P. Bräunlich. (68 S.) 899.
3. Los v. Rom?! Eine Studienreise nach Oesterreich. Von Otto Everling. (59 S.) 899.
4. Die Los v. Rom-Bewegung in Frankreich. Von Eug. Réveilland. (56 S.) 900.
5. Das Fortschreiten der Los v. Rom-Bewegung in Oesterreich. I. Böhmen. Von P. Bräunlich. (75 S.) 900.
6. Evangelisches Erwachen im katholischen Canada. Von J. L. Morin. (58 S.) 901.
7. Die Los v. Rom-Bewegung in Steiermark. Von P. Bräunlich. (53 S. m. 2 eingedr. Kartenskizzen.) 901.
8.9. Die Los v. Rom-Bewegung in Italien. Von K. Rönneke. (83 S.) 902.
10. Die Los v. Rom-Bewegung in Spanien. Von Leop. Hagemann. (48 S.) 902.

— über den Fortgang der „Los v. Rom-Bewegung". Hrsg. v. P. Braeunlich. II. Reihe. 1.—9. Heft. gr. 8. München, J. F. Lehmann's Verl. Einzelpr. à n. — 60; Vorzugspr. à n. — 50

1. Los v. Rom-Kämpfe im Böhmerland. Von P. Bräunlich. I. Wie Böhmen protestantisch wurde. (32 S.) 903.
2. — Dasselbe. II. Wie man Böhmen katholisch machte. 1. u. 2. Aufl. (à 56 S.) 903. 904.
3. 4. — Dasselbe. III. Wie die heutigen romfreien Kirchen in Böhmen entstanden. (71 S. m. 1 eingedr. Kartenskizze.) 904.
5. Los v. Rom u. hin zum Evangelium in Belgien. Von Geo. Fritze. (50 S.) 904.
6. Die evangelische Bewegung in Frankreich. Von Eug. Lachenmann. 1. Hälfte. (50 S.) 904.
7. Protestantismus u. Katholizismus in Irland. Von J. A. Bain, M. A. Deutsch v. H. Wegener. (46 S.) 905.
8. Was die Los v. Rom-Bewegung in Böhmen erlitt u. erkämpfte. I. Zwei entscheid. Jahre (1898 u. 1899). Von P. Braeunlich. (55 S.) 906.
9. Der gegenwärtige Stand der Los v. Rom-Bewegung in der Steiermark. Von Reinh. M. Krüger. (45 S.) 906.

— über den Fortgang der „Los v. Rom-Bewegung". Hrsg. v. P. Braeunlich. II. Reihe. 10. Heft. gr. 8. München, J. F. Lehmann's Verl. à Heft Einzelpr. n — 60; Vorzugspr. n — 50

Der klerikale Sturm in Österreich, Fall Wahrmund u. die Los v. Rom Bewegung. Von P. Braeunlich. (40 S.) 908.

— dasselbe. II. Bd. (Heft 1—10.) (Titel u. Register.) (XX S.) 8. Ebd. 909. — 30

Berichte, Fortgesetzte theologische, von neuen Büchern und Schriften ... Danzig 1774. H: *Gerber, J.* (Klüpfel)

Berichte über die Fortschritte der Geologie. Hrsg. von d. Deutschen Geol. Gesellschaft u. d. Geol. Vereinigung. Bd 1. Leipzig: W. Engelmann 19(10–)11. 8° [11. 12663] 10

Berichte, Frankfurtische, von den Staats- Kriegs- und Friedensangelegenheiten. – Frankfurt: 1745 - 1749.

Berichte an d. Bad. Frauenverein, erstatt. v. Vertrauensmännern üb. ihre Reisen zu d. bad. Truppen 1866. Karlsruhe 1866.

— freimüthige, üb. Deutschland. 8. Leipz. 814. Joachim. 20 gr

— fünf gutachtl. u. pädagogisch-amtl., über die Lautmethode Oliviers, herausg. v. Perschke u. Tillich. 8, Leipz. Gräff. 804.

— fünf gutachtl. u. pädagog.-amtl., üb. d. Lautmethode Olivier's. (Herausg. v. Perschke u. C. Tillich.) 8. Leipz. 804. (Wienbrack). 16 gr

Berichte d. kgl. Gärtnerlehranst. zu Dahlem, d. kgl. Lehranst. f. Wein-, Obst- u. Gartenbau zu Geisenheim a/Rh. u. d. kgl. Lehranst. f. Obst- u. Gartenbau zu Proskau f. d. Etatsj. '10/11, s: Jahrbücher, Landwirtschaftl.
Die Berichte üb. d. einzelnen Anstalten, s.: Bericht.

— über einzelne Gebiete der angewandten physikalischen Chemie. Von G. Bodländer, M. Buchner, F. Foerster, Brandeis, H. Danneel, H. Nissenson, G. Bredig, K. Elbs, Graf Schwerin. Hrsg. v. der deutschen Bunsen-Gesellschaft f. angewandte physikal. Chemie. (100 S.) Lex.-8. Berlin 904. (Deutscher Verlag.) n. 2. —

Berichte über die Gebrauchsmuster-Eintragungen des Kaiserlichen Patentamtes. Bd 2, Nr 14—22. 1892. Dresden

— üb. d. Gefecht bei Saalfeld. M. 1 vollständ. Situat.-Karte. 4. Dresd. 807. Arnold. 10 gr

Die geistlichen **Berichte** aus dem Kanton Uri aus den Jahren 1799, 1800 und 1801 an das helvetische Ministerium. *(Altdorf 1900: Gisler & Cie.)* (65 S.) 8°
= Neujahrs-Blatt. Historisches, hrsg. vom Verein f. Gesch. u. Alterthümer von Uri auf d. Jahr 1900. | No | 6. | 3. |

— an d. gesammte protestant. Geistlichkeit in Baiern, den Fortgang der in d. Schrift, Frage u. Bitten rc. zur Sprache gebrachten Angelegenheiten betreff. 8. 816. (Leipz., Dyck). 2 gr

Berichte über die 5.–11. Generalversammlung des Rheinischen Vereins zur Förderung des Arbeiterwohnungswesens und die 1.–6. Generalversammlung des Verbandes rheinischer Baugenossenschaften. 1903 - 1908. Düsseldorf (8–10: Berlin: Heymann) 1903–08. 11: DGK

— üb. die IX. (X.) Generalversammlung des rheinischen Vereins zur Förderung des Arbeiter-Wohnungswesens am 5. X. 1907 u. die V. Generalversammlung des Verbandes rhein. Baugenossenschaften am 6. X. 1907, s.a. Jahresbericht d. rheinischen Vereins zur Förderung des Arbeiterwohnungswesens.

Berichte über die Generalversammlung des rheinischen Vereins zur Förderung des Arbeiterwohnungswesens 1908. Duisburg 1908

BERICHTE ÜBER DIE . . . GENERALVERSAMMLUNG DES „RHEINISCHEN VEREINS FÜR KLEINWOHNUNGSWESEN"
XII., am 27. November 1909 und die VII. Generalversammlung des Verbandes Rheinischer Baugenossenschaften am 28. November 1909 im Ständehause zu Düsseldorf. Düsseldorf. Druck von August Bagel.
XIII., am 20. Juli 1910 im Ibachsaal zu Düsseldorf. ib. —
XIV., und über die IX. Generalversammlung des Verbandes Rheinischer Baugenossenschaften am 18. u. 19. November 1911. ib. —
XV., am 27. Juli 1912 im Vortragssaale der Städte-Ausstellung zu Düsseldorf. ib. —
XVI., und über die XI. Generalversammlung des Verbandes Rheinischer Baugenossenschaften am 15. und 16. November 1913 im Sitzungssaal des Ständehauses zu Düsseldorf. ib. —

[Berichte über die Generalversammlungen des Anhaltinischen Freimaurer-Sterbekassen-Vereins zu Cöthen seit 1875.]

Berichte über die in den Jahren 1843, 1845, 1846 abgehaltenen General-Versammlungen des Vereins zur geognostisch-montanistischen Durchforschung des Landes Tirol und Vorarlberg. Innsbruck 1843, 1845 und 1846. 8.

— üb. d. Generalversammlgn d. mitteleurop. Wirtschaftsver. in Deutschl., s.: Veröffentlichungen d. mitteleurop. Wirtschaftsver. in Deutschl.

Berichte über den Genesee-Distrikt in dem Staate von Neu-York der vereinigten Staaten von Nord-Amerika nach der im Jahr 1791 Englischen herausgegebenen Ausgabe übersetzt.
o. O. Gedruckt im December 1791. 32 S. 8°.
Niedersächsisches Staatsarchiv Wolfenbüttel
Übers. v. An Account of the Soil, Growing Timber ... of the Genesee Tract, London 1791.
Ausg. Kurze Beschreibung des Geneserdistrikts in Nordamerika, Bremen 1792 [Sabin 38359] konnte nicht gefunden werden.
Baginsky 1078.
Im Zusammenhang mit dem Auswanderungsprojekt der Genesee-Association findet sich im Reichsarchiv Kopenhagen eine dt. Druckschrift, zweifellos aus dem Jahr 1791, ohne Titel, Ort und Jahr [16 S. 8°], die den von den Auswanderwilligen zu unterschreibenden Vertragstext enthält.

— der antiquarischen Gesellschaft [der Gesellschaft für vaterländ. Alterthümer] in Zürich. Jahrg. 1868. 4 Hefte (à 1½ Bgn. m. lith. Taff.). Zürich, (Herzog.) gr. 8. n. 16 ngr

BERICHTE DER BAYERISCHEN BOTANISCHEN GESELLSCHAFT ZUR ERFORSCHUNG DER HEIMISCHEN FLORA.

Bd. (I.) (Mit 1 Tafel.) München 1891. Selbstverlag der Gesellschaft. Druck von Val. Höfling. 4°. — Darin mit bes. Titelblatt: Zur Lichenenflora von München. Von F. ARNOLD. ib. 1891. Druck von Val. Höfling's Buchdruckerei.

Bd. II. (Mit 1 Tafel.) ib. 1892. —. — Darin mit bes. Titelblatt: Zur Lichenenflora von München. Von F. ARNOLD. ib. 1892. Druck von Val. Höfling's Buchdruckerei.

Bd. III. (Mit 1 Karte.) ib. 1893. — — Darin mit bes. Titelblatt: Lichenes exsiccati. 1859—1893. Nr. 1—1600. Von F. ARNOLD. ib. 1894. Druck von Val. Höfling's Buchdruckerei.

Bd. IV. ib. 1896. — — Darin mit bes. Titelblatt: Vorarbeiten zu einer Flora Bayerns. Familie der Ranunculaceen. Herausgegeben von der Bayerischen Botanischen Gesellschaft zur Erforschung der heimischen Flora (e. V.). ib. 1896. —. —. H. REHM, Cladoniae exsiccatae. 1869—1895. Nr. 1—440. Von F. ARNOLD. ib. 1895. Druck von Val. Höfling.

Bd. V. ib. 1897. —. —. Darin mit bes. Titelblatt: Zur Lichenenflora von München. Von F. ARNOLD. ib. 1897. Druck von Val. Höfling's Buchdruckerei.

Bd. VI. ib. 1899. Selbstverlag der Gesellschaft. Druck von Val. Höfling. — Darin mit bes. Titelblatt: Zur Lichenenflora von München. Von F. ARNOLD. ib. 1898. Druck von Val. Höfling's Buchdruckerei.

Bd. VII. (Mit Tafeln.) ib. 1900. —. —. Darin mit bes. Titelblatt: Lichenes exsiccati. (1894—1899.) Nr. 1601—1800. Von F. ARNOLD. ib. 1899. — Zur Lichenenflora von München. Von F. ARNOLD. ib. 1900. —.

Bd. VIII. Abt. I. (Mit Tafeln.) ib. 1902. —. —. Darin mit bes. Titelblatt: Zur Lichenenflora von München. Von F. ARNOLD. ib. 1901. —. —.

Bd. VIII. Abt. II. ib. 1902. — A. u. d. T.: Flora des bayerischen Bodenseegebietes. Übersicht über die im bayerischen Bodenseegebiet bis jetzt beobachteten wildwachsenden Phanerogamen und Gefässkryptogamen. Von ALFRED ADE. Herausgegeben von der Bayerischen botanischen Gesellschaft zur Erforschung der heimischen Flora (e. V.). ib. —

Berichte der bayerischen botanischen Gesellschaft

Bd. IX. (Mit 1 Karte und 1 Tafel.) ib. 1904. —. —. Darin mit bes. Titelblatt: Neue Beobachtungen über die Phanerogamen- und Gefässkryptogamenflora von Bayern. Zusammengestellt sowie mit pflanzengeographischen und systematisch-kritischen Bemerkungen versehen von FR. VOLLMANN. ib. 1904. Druck von Val. Höfling. — Über den gegenwärtigen Stand der Lebermoosforschung in Oberbayern. Von M. SCHINNERL. (Mit 1 Karte.) ib. 1904. — Vorarbeiten zu einer Flora Bayerns. Die bayerischen Droseraceen. Von GEORG HOLZNER und FRITZ NAEGELE. (ib.) Selbstverlag der Gesellschaft. — Über den Schutz der Naturdenkmäler und insbesondere der Flora unter besonderer Berücksichtigung der bayerischen Rechtsverhältnisse. Vortrag, gehalten in der Monatsversammlung der Bayerischen Botanischen Gesellschaft zur Erforschung der heimischen Flora (E. V.) zu München am 13. Oktober 1903. (Ergänzt und erweitert.) Von G. EIGNER. ib. 1904. —

Bd. X. (Mit 1 Tafel.) ib. 1905. Selbstverlag der Gesellschaft. Druck von Val. Höfling. — Darin mit bes. Titelblatt: Vorarbeiten zu einer Flora Bayerns. Die bayerischen Polygalaceen. Von GEORG HOLZNER und FRITZ NAEGELE (ib.) — Vorarbeiten zu einer Flora Bayerns. Die bayerischen Arten, Formen und Bastarde der Gattung Alectorolophus. Von HERMANN POEVERLEIN. (ib.) —. Beiträge zur Pflanzengeographie der bayerischen Alpenflora. Von GUSTAV HEGI. (ib.) — —

Bd. XI. (Mit Tafeln.) ib. 1907. — —

Bd. XII. Heft I—II. (Mit 6 Karten und Tafeln.) ib. 1909—1910. — Druck von C. Brügel & Sohn, Ansbach.

Bd. XIII. (Mit Tafeln.) ib. 1912. —. —.

Bd. XIV. (Mit 1 Karte.) ib. 1914. —

Bd. XV. (Jubiläumsband.) (Mit Tafeln.) ib. 1915. —. —.

BERICHTE DER BAYERISCHEN BOTANISCHEN GESELLSCHAFT ZUR ERFORSCHUNG DER HEIMISCHEN FLORA (E. V.). — INHALTSVERZEICHNIS zu Bd. I—X (1891—1905).

Berichte der bayerischen botanischen Gesellschaft zur Erforschg. der heimischen Flora. (I.) München 1891. Lex.-8. (XXXII, 84 u. 147 S.) München, (E. Stahl sen.). n. 5. —

— dasselbe. II. Bd. 1892. Lex.-8. (LII, 83; 74 u. 76 S. m. 1 Kartenskizze.) München, (O. Galler). n. 5. —

— der bayerischen botanischen Gesellschaft zur Erforschung der heimischen Flora. XII. Bd. 1. u. 2. Heft. Lex. 8. München (Leipzig, C. Beck.) 16. —
1. (III, 61 S. m. 1 Taf. u. 1 Bl. Erklärgn. 909. 4. —
2. (IV, 228 S. m. Abb., Taf. u. 6 farb. Karten.) 910. 12. —

—— der deutschen botanischen Gesellschaft, gegründet den 17. Septbr. 1882. Redact.: S. Schwendener. 1. Jahrg. 1883. 10 Hefte. gr. 8. (à Heft ca. 30 S. mit Stnt.) Berlin, Gebr. Bornträger. *

—— dass. — Redact.: A. W. Eichler. 2. Jahrg. 1884. 10 Hefte. gr. 8. (à Heft ca. 30 S. mit Stnt.) Ebendas. *

—— d. deut. botan. Gesellsch. 3. Bd. 8. (650 m. H. u. 17 Taf.) Berl. 85, Gebr. Bornträger. || 4. Bd. (768 m. H. u. 20 Taf.) 87. à n. 15. — || 5. Bd. (705 m. H. u. 22 Taf.) 87. || 6. Bd. (657 m. H. u. 19 Taf.) 88. || 7. Bd. (588 m. H. u. 14 Taf.) 89. à n. 20. —

— d. deut. botan. Gesellsch. Gegründet am 17. Septbr 1882. 8. Bd. 8° (650 m. H. u. 20 Taf.) Berl. 91, Gebr. Borntraeger. || 9. Bd. (588 m. H., 2 Bildnissen u. 22 Taf.) 92. || 10. Bd. (886 m. H. u. 33 Taf.) 92. || 11. Bd. (706 m. H. u. 30 Taf.) 93. || 12. Bd. (557 m. H., 24 Taf. u. 1 Bildnis.) 94. à 20 —

Berichte d. deut. botan. Gesellsch. 13. Bd. 8° (517 u. 137 m. H. u. 40 Taf.) Berl. 95, Gebr. Borntraeger. 20 — || 14—16. Bd. 1896—1898. (1896. 400 u. 111 m. 27 Taf.) à Bd 24 — || 17. Bd. Jahrg. 1899 m. Ergänzgs-Hft. Bericht d. Floren-Commission f. 1892—95. (158) 1900. 30 — || 18. Bd. Jahrg. 1900. 24 —

— d. deut. botan. Gesellsch. 19. Jahrg. 19. Bd. Jahrg. 1901. (1. u. 2. Heft. 118 m. Abb. u. 5 Taf.) 8° Berl., Gebr. Borntraeger. 24 — || 20—23. Bd. Jahrg. 1902—5. Je 25 —

— d. deut. botan. Gesellsch. 24. J. 24. Bd. '06. (607 u. 100 m. Abb. u. 24 Taf.) Lex8° Berl., Gebr. Borntraeger. 25 — || 26. Bd. J. '08. Festschrift z. Feier d. 25jähr. Bestehens d. deut. botan. Gesellsch. (406 m. Fig u. 19 Taf.) '08. nn 20 — || 26. J. Bd 26 a. '08. 28 —
Der 25. J. ist vergriffen. — Fortsetzg war nicht zu erhalten.

— d. deut. botanischen Gesellsch. Gegründet am 17. 9. 1882. 27—30. Bd J. '09—12. (Mit Abb.) Lex8° Berl., Gebr. Borntraeger. d. Bd 28 —
27. (768 m. 20 Taf.) || 28. (642 m. 17 Taf.) || 29. (850 m. 29 Taf.)

— der deutschen chemischen Gesellschaft zu Berlin. 1. Jahrg. 1868. 20 Hefte (à ca. 1 Bgn.). n. 2 ℳ — 2. Jahrg. 1869. 20 Hefte (à ca. 2 Bgn.). n. 3 ℳ — 3. Jahrg. 1870. 20 Hefte (à 3—4 Bgn.). Berlin, Dümmler's Verlhdlg. gr. 8. n. 4 ℳ

— der deutschen chemischen Gesellschaft zu Berlin. 4—6. Jahrg. 1871—1873. à 20 Hfte. gr. 8. (à Hft. 75 S.) Berlin, Dümmler's Verl. à Jahrg. n. 18. —

— dasselbe. 7. Jahrg. 1874. ca. 20 Hfte. gr. 8. (1. Hft. 85 S.) Ebend. n. 21. —

— dasselbe. Red.: Wichelhaus. 8. Jahrg. 1875. ca. 20 Hfte. gr. 8. (1. Hft. 79 S.) Ebend. 875. n. 24. —

— dasselbe. 8. Jahrg. 1876. ca. 20 Hfte. gr. 8. (1. Hft. 108 S.) Ebend. n. 32. —

—— dass. Generalregister üb. d. ersten zehn Jahrgänge [1868—1877]. Bearb. v. C Bischoff. 8. (859) Ebd. 80. n. 30. —

Berichte d. deut. chem. Gesellschaft zu Berlin. 9—11. Jahrg. 1876—1878 à ca. 20 Hfte. 8. (à Hft. ca. 100) Berl., Dümmler's V. || 12. u. 13. Jahrg. 1879 u. 1880. Red.: Wichelhaus. Berl., Friedländer u. S. à Jahrg. n. 32. —

—— d. deut. chem. Gesellsch. Red.: Wichelhaus. 14—18. Jahrg. 1881—1885. à 20 Hfte. 8. (à Hft. ca. 126) Berl., Friedländer & S. à Jahrg. n. 32. —

—— d. deut. chem. Gesellschaft. Red.: F Tiemann. 19. Jahrg. 1886. ca. 20 Hfte. 8. (1. Hft. 131) Berl., (Friedländer & S.). n. 32. — || 20—23. Jahrg. 1887—1890. à Jahrg. n. 40. —

—— dass. General-Register üb. d. zweiten 10 Jahrgänge [1878—1887]. 2 Thle. 8. (1636) Ebd. 88. n. 40. —

— d. deut. chem. Gesellsch. Red.: F Tiemann. 24—28. Jahrg. 1891—1895 à ca 20 Hfte. 8° (1891. 1. Hft 272) Berl., (R Friedländer & S.). à Jahrg. 40 —

— dass. Generalregister üb. d. Jahrg. 21—29 (1888—96). Bearb. v. F v. Dechend u. A Reissert. 2 Thle in 3 Bdn. 8° (505 u. 1844) Ebd. 98. nn 40 —

— d. deutsch. chem. Gesellsch. Red. F Tiemann u., seit 1898, P Jacobson. 29—33. Jahrg. 1896—1900 à ca. 20 Hfte. 8° (1896. 1. Hft. 190 u. 62) Berl., (R Friedländer & S.). à Jahrg. nn 40 —

— d. deut. chem. Gesellsch. Red.: P Jacobson. 34—36. Jahrg. 1901—3 je etwa 20 Hefte. (1901. 1. Heft. 144) 8° Berl., (R Friedländer & S.). Je nn 40 — || 37. u. 38. Jahrg. 1904 u. 5. Je nn 50 —

— dass. Autoren-Generalreg. üb. d. J. 30—40 (1897—1907). Bearb. v. Rob. Stelzner. (200) gr8° Ebd. '08. nn 8 —

— d. deut. chem. Gesellsch. Red.: P Jacobsen. 39—42. J. 06—9 je ca 20 Nrn. (4929, 5586, 5348 u. 5508 m. Fig. u. 4, 4, 1 u. 5 Taf.) gr8° Berl., (R Friedländer & S.). Je nn 50 —

— d. deut. chemischen Gesellsch. 43—45. J. '10—12 je ca 20 Nrn. ('10: 4058; '11: 4097 m. 4 bezw. 1 Bildn.) gr8° Berl., R Friedländer & S. je nn 50 —; d. 45. J. nn 60 —

— der deutschen graphologischen Gesellschaft. Red.: Hans H. Busse. 1. u. 2. Bd. 1897 u. 1898. à 12 Hfte. gr. 8. (à ca. 16 S.) München (A. Ackermann's Nachf.) Postfrei à Bd. n.n. 8. —; einzelne Hfte. n.n. — 80

BERICHTE DER DEUTSCHEN GRAPHOLOGISCHEN GESELLSCHAFT.
Jahrg. I. 1897. Neue Ausgabe. Redigiert von HANS H. BUSSE und Dr. LUDWIG KLAGES. Mit Beiträgen von H. W. CORNELIS, JOHANNES MARER, Dr. med. GEORG MEYER, D. POPPÉE, Prof. Dr. W. PREYER, R. ROEMER, PAUL WÄCHTLER u. A. Mit 31 Schriftproben und Figuren im Text und mit einem Porträt Prof. Dr. W. Preyers München 1897. Expedition der Publikationen der Deutschen graphologischen Gesellschaft. gr. 8°. [2])
Jahrg II. Mit Beiträgen von HANS H. BUSSE, H. W. CORNELIS, IWAN DÖRY, RUDOLF FREIHERR von GROTTHUSS, RICHARD HÄHN, FRIEDRICH HUCH, LUDWIG KLAGES, JOHANNES MARER, Dr. med. GEORG MEYER, BARONESSE A. v. PFEILITZER-FRANCK, BARONESSE J. v. PFEILITZER-FRANCK, DOLPH. POPPÉE, R. ROEMER, J. SCHUNTER, W. SILIN, HELENE THÖL, SIGURD TRIER, PAUL WÄCHTLER und J. ZINNDORF. Redigiert von HANS H. BUSSE. Mit zahlreichen in den Text gedruckten Facsimiles, mit 6 Handschriften-Beilagen und einem Porträt des Abbé J. H. Michon. ib. 1898. Deutsche graphologische Gesellschaft. 8°. [1])

Berichte der Deutschen Historischen Gesellschaft für den District Columbia: Volume 1, no. 1—3; Volume 2, no. 1 - 2 (July?) 1905--July 1906.
Quarterly. Octavo, each issue 32—56 pages. Volume 2 also as Series 2. Edited by Werner Koch & published by the Society. Washington, DC.

BERICHTE DER DEUTSCHEN PHARMACEUTISCHEN, (später: PHARMAZEUTISCHEN) GESELLSCHAFT. Im Auftrage der Gesellschaft herausgegeben vom Vorstande.
Jahrg. 6. 1896. ib. — 7. 1897. (Mit Tafeln.) ib. — 8. 1898. (Mit 1 Tafel.) ib. 1898. Gebrüder Borntraeger. — 9. 1899. (Mit Tafeln.) ib. 1899. — 10. 1900. (Mit Tafeln.) ib. 1900. — 11. 1901. (Mit Tafeln.) ib. 1901. — 12. ib. 1902. — 13. (Mit Tafeln.) ib. 1903. — 14. (Mit Tafeln.) ib. 1904. — 15. (Mit Tafeln.) ib. 1905. — 16. (Mit 1 Tafel.) ib. 1906. — 17. (Mit Tafeln.) ib. 1907. — 18. (Mit Tafeln.) ib. 1908. — 19. (Mit Bildern.) ib. 1909. — 20. (Mit Tafeln.) ib. 1910. — 21. (Mit Tafeln.) ib. 1911. — 22. (Mit Tafeln.) ib. 1912. — 23. (Mit Tafeln.) ib. 1913. — 24. (Mit Tafeln.) ib. 1914. —

— d. deut. pharmaceut. Gesellsch. Hrsg. v. Vorstande. Red.: P Siedler. 6. u. 7. Jahrg. 1896 u. 1897 à 12 Hfte. 8° (1896. 1. Hft. 38) Berl., R Gaertner. à Jahrg. 8 —

BERICHTE DER DEUTSCHEN PHARMAZEUTISCHEN GESELLSCHAFT. Im Auftrage der Gesellschaft herausgegeben vom Vorstande. INHALTSVERZEICHNIS der Jahrgänge I—XV. Berlin 1909. Verlag von Gebrüder Borntraeger. 8°.

— d. deut. physikal. Gesellsch., enth. Verhandlgn d. deut. physikal. Gesellsch., hrsg. v. K Scheel u. halbmonatl. Lit.-Verz. d. „Fortschritte d. Physik“, dargest. v. d. deut. physikal. Gesellsch., red. v. K Scheel u. R Assmann. 1—3. Jahrg. 1903—5 je 24 Hefte. (1903. 1. Heft. 48 u. 16) 8° Brnschw., F Vieweg & S. Je 8 —; Lit.-Verz. allein je 4 —
Bisher u. d. T.: Verhandlungen d. deut. physikal. Gesellsch.

— d. deut. physikal. Gesellsch., enth. Verhandlgn d. deut. physikal. Gesellsch. (8—10 J.), hrsg. v. Karl Scheel u. halbmonatl. Lit.-Verz. d. „Fortschritte d. Physik“ (5—7. J.), red. v. Karl Scheel u. Rich. Assmann. '06—8. je 24 Hefte. (711, 446; 797, 456 u. 1001, 454) gr8° Brnschw., F Vieweg & S. Je 8 —; einz. Nrn — 40; Lit.-Verz. allein 4 —; einz. Nrn — 20 || (11. bezw. 8. J.) '09. (749 u. 450) 18 —; einz. Nrn nn — 50; Lit.-Verz. allein 6 —; einz. Nrn nn — 25

— d. deut. physikalischen Gesellsch., enth. Verhandlgn d. deut. physikal. Gesellsch. (12—14. J.), hrsg. v. Karl Scheel u. halbmonatl. Lit.-Verz. d. „Fortschritte d. Physik“ (9—11. J.), dargestellt v. d. deut. physikal. Gesellsch., red. v. Karl Scheel u. Rich. Assmann. J. '10—12 je 24 Hefte. (8, 1102, 470; 9, 1154, 464; 10, 1144, 490 m. Abb. u. Taf.) gr8° Braunschw., F Vieweg & S. je 12 —; einz. Nrn nn — 50; Lit.-Verz. allein 6 —; einz. Nrn nn — 25 || seit '11 je 16 —; einz. Hefte nn — 70; Lit.-Verz. allein 8 —; einz. Hefte — 35

— d. durst. chem. Gesellschaft. Unerhörter Jahrgang Nr. 20. [Asg. am 20. Septbr.] 8. (52) Ebd. 86. n. 1. —

— an die Gesellschaft der Freunde d. Constitution üb. die Verbesserung d. Juden im Elsaß. gr. 8. Straßb. 791. Acad. B. 3 K

— der naturforschenden Gesellschaft zu Freiburg i/B. 1. u. 2. Bd. [1886.] gr. 8. (à Hft. 29 S. m. Illustr.) Freiburg i/B. 885 u. 86. Mohr. à Bd. n. 10. —

Berichte d. naturforschend. Gesellsch. z. Freiburg i. B. Hrsg. v. dem Secretär der Gesellschaft Aug. Gruber. 2. u. 3. Bd. [1887. 1888.] gr. 8. (III, 278 S. m. 4 Holzschn. u. 6 Taf.; III, 158 S. m. 12 Steintaf.) Freiburg i. B., J. C. B. Mohr. à Bd. n. 10. —

— dasselbe. 4. Bd. gr. 8. (1. Hft. 58 S. m. 4 Zinkogr. u. 1 Steintaf.) Ebd. 888. n. 12. —

— dasselbe. 5. Bd. gr. 8. (1. Hft. 120 S. m. 6 Taf.) Ebd. 890. n. 12. —

— der naturforschenden Gesellschaft zu Freiburg i/B. In Verbindg. m. F. Hildebrand, J. Lüroth, J. v. Kries u. A. hrsg. v. Aug. Gruber. 6.—8. Bd. gr. 8. Freiburg i/B., J. C. B. Mohr. à n. 12. —
6. (193 S. m. 12 Taf. u. 20 Abbildgn. im Text.) 891. 892.
7. (243 S. m. 8 Taf. u. 47 Abbildgn. im Text.) 893.
8. Zoologische Abhandlungen, August Weismann zu seinem 60. Geburtstage 17. Jan. 1894 gewidmet v. C. Apstein, H. Blanc, O. Bürger, F. Dahl, A. Fritze, A. Gruber, V. Häcker, H. Henking, L. Ishikawa, E. Korschelt, O. vom Rath, H. E. Ziegler u. v. der Naturforschenden Gesellschaft zu Freiburg i/B. (VII, 209 S. m. 14 Abbildgn. u. 6 Taf.) 894.

— d. naturforschenden Gesellschaft z. Freiburg i/B. In Verbindg. m. F. Hildebrand, J. Lüroth, J. v. Kries u. A. hrsg. v. Aug. Gruber. 9. u. 10. Bd. gr. 8. Freiburg i/B., J. C. B. Mohr. à Bd. n. 12. —
9. (304 S. m. 52 Abb. u. 2 Taf.) 894/95.
10. (358 S. m. 30 Abb. u. 1 Kartenskizze.) 897.

— der naturforschenden Gesellschaft z. Freiburg i. B. In Verbindg. m. F. Hildebrand, F. Himstedt, J. Lüroth etc. hrsg. v. Aug. Gruber. 11. Bd. 3 Hfte. gr. 8. (IV, 214 S. m. 35 Abb. u. 12 Taf.) Freiburg i/B. 899. 901. Tübingen, J. C. B. Mohr. n. 12. —

— dasselbe, hrsg. v. K. Gerhardt. 12. Bd. Mit 17 Taf. u. 39 Abbildgn. im Text. Zugleich Festschrift zu dem 50jähr. Jubiläum des Regierungsantritts Sr. kgl. Hoh. des Grossherzogs Friedrich, des erhabenen Protectors der Gesellschaft. gr. 8. (XV, 231 S.) Ebd. 902. n. 12. —

Berichte der naturforschenden Gesellschaft zu Freiburg i.B.
Bd. 13. Ausgegeben im Juli 1903. Mit 14 Tafeln und 42 Abbildungen im Text. Selbstverlag der Gesellschaft. Kommissionsverlag von J. C. B. Mohr (Paul Siebeck) in Tübingen und Leipzig. Freiburg i. Br. 1903. C. A. Wagners Universitäts-Buchdruckerei.
Bd. 14. Ausgegeben im Oktober 1904. Mit 9 Tafeln und 26 Abbildungen im Text. ib. 1904. —
Bd. 15. Ausgegeben im Oktober 1907. Mit 19 Tafeln und 31 Abbildungen im Text. Selbstverlag der Gesellschaft. In Kommission bei J. C. B. Mohr (Paul Siebeck) in Tübingen. Freiburg i. Br. 1907. C. A. Wagners Hof- und Universitätsdruckerei.
Bd. 16. Ausgegeben im Juni 1906. Mit 13 Tafeln und 114 Abbildungen im Text. ib. 1906. —
Bd. 17. Ausgegeben im August 1908. 1. Heft. Mit 2 Tafeln und 11 Abbildungen im Text. ib. 1908. — Ausgegeben im Januar 1909. 2. Heft. Mit 6 Tafeln und 18 Abbildungen im Text. ib. 1909. —
herausgegeben von H. KNIEP.
Bd. 18. Ausgegeben im März 1910. 1. Heft. Mit 8 Tafeln und 5 Abbildungen im Text. ib. 1910. — Ausgegeben im Januar 1911. 2. Heft. Mit 14 Abbildungen im Text. ib. 1911. —
In Verbindung mit ASCHOFF, TH. AXENFELD, W. DEECKE, F. HIMSTEDT, J. von KRIES, A. WEISMANN, R. WIEDERSHEIM
herausgegeben von W. SCHLEIP.
Bd. 19.[1]). (Mit Abbildungen und Tafeln.) ib. 1911. —
Bd. 20. Mit 47 Abbildungen im Text und 3 Tafeln. 1913 u. 1914. Selbstverlag der Gesellschaft. In Kommission bei Speyer & Kaerner, Universitätsbuchhandlung in Freiburg i. Br. 1914. G. Pätzsche Buchdruckerei Lippert & Co. G. m. b. H. in Naumburg a. d. S.

Berichte der Oberhessischen Gesellschaft für Natur- und Heilkunde. 15—19. 1876—1880. Gießen

Berichte der österreichischen Gesellschaft zur Förderung der chemischen Industrie. Jg. 1—20. 1879—1898. Prag

— der pharmaceutischen Gesellschaft. Im Auftrage der Gesellschaft hrsg. vom Vorstande. Red.: H. Thoms. 1.—4. Jahrg. 1891—1894. à 12 Hfte. gr. 8. (à Hft. ca. 40 S.) Berlin, R. Gaertner. à Jahrg. n. 8. —

— d. pharmaceutischen Gesellschaft. Im Auftr. d. Gesellschaft hrsg. v. Vorstande. Red.: P. Siedler. 5.–8. Jahrg. 1895—1898. à 12 Hfte. (à ca. 40 S.) gr. 8. Berlin, R. Gaertner. à Jahrg. n. 8. —

Berichte der Pharmazeutischen Gesellschaft. Jg. 1—33. Berlin 1891—1923
Seit 1896: Berichte der Deutschen Pharmazeutischen Gesellschaft.
Reg. 1891–1905.
(Seit 1924 verbunden mit »Archiv der Pharmazie« = s 35)

Berichte der Schweizer. botan. Gesellschaft, s.a. *Bulletin de la Société botanique.*

— der schweizerischen botanischen Gesellschaft. [Bulletin de la société botanique suisse.] Red.: Ed. Fischer. I. u. II. Hft. gr. 8. Basel, Georg & Co. n.n. 5. 60
I. Mit Orig.-Arbeiten v. H. Christ, Cramer, J. Früh u. H. Schinz. (III, 165 S. m. 3 Taf.) 891. n.n. 3. 20
II. (III, 154 S.) 892. n.n. 2. 40

— dasselbe. III. u. IV. Hft. gr. 8. Bern, K. J. Wyss. n.n. 6. —
III. (143 S. m. 1 Taf.) 893. n. 3. —
IV. (XXXV, 115 S. m. Abbildgn.) 894. n. 3. —

— d. schweiz. botanischen Gesellschaft. Bulletin de la société botanique suisse. Red.: Ed. Fischer. V.—VIII. Hft. gr. 8. Bern, K. J. Wyss. n. 15. —
(I—VIII: n.n. 26. 60)
V. (XXXIII, 128 S. m. Abb. u. 5 Taf.) 895. n. 3. —
VI. (III, XVIII, 100 S.) 896. n. 4. —
VII. M. Orig.-Arbeiten v. H. Christ, E. Overton, H. C. Schellenberg u. Jos. Erb. (XVI, 134 u. 16 S.) 897. n. 4. —
VIII. M. Orig.-Arbeiten v. Bühler, H. Christ u. M. Rikli. (XVI, 128 S.) 898. n. 4. —

— der schweizerischen botanischen Gesellschaft. Bulletin de la société botanique suisse. Red.: Ed. Fischer. IX. Hft. Mit Orig.-Arbeiten v. E. Jacky u. M. Rikli. gr 8. (XII, 98 u. 43 S. m. 1 Taf.) Bern 899. K. J. Wyss. n. 4. —

— dasselbe. Red.: Hans Bachmann. X. Hft. Mit Orig.-Arbeiten v. Ed. Fischer, M. Rikli, H. C. Schellenberg. gr. 8. (XVII, 135 S.) Ebd. 900. n. 4. —

— dasselbe. XI. Hft. Mit Orig.-Arbeiten v. Ed. Fischer, H. Fischer-Sigwart, Arnold Engler etc. gr. 8. (XV, 204 u. 40 S. m. Fig. u. 1 Karte.) Ebd. n. 4. —

— dasselbe. XII. Hft. Mit Orig.-Arbeiten v. Ed. Fischer, Jaccard, Chodat, R. Keller. gr. 8. (XVI, 86 S) Ebd. 902. n. 4. —

— der schweizerischen botanischen Gesellschaft. — Bulletin de la société botanique suisse. Red.: Hans Bachmann. XIII.—XV. Hft. gr. 8. Bern, K. J. Wyss. n. 12. 80
XIII. (XIX, 157 u. 82 S. m. Abbildgn. u. 3 Taf.) 903. n. 4. 80
XIV. (XV, 135 S.) 904. n. 4. —
XV. (XII, 72 u. 112 S.) 905. n. 4. —

— der schweizerischen botanischen Gesellschaft. — Bulletin de la société botanique suisse. Red.: Hans Bachmann. XVI. u. XVIII. Heft. gr. 8. Bern, K. J. Wyss. 10. 40
16. Register zu den Jahrgängen I—XV (u. X. Bericht der zürcherischen botanischen Gesellschaft). (XX, 116 u. 93 S. m. Abbildgn.) 907. 4. —
17. Mit Orig.-Arbeiten v. A. Binz u. M. Rikli. (XIII, 201 S. m. 2 Taf.) 908. 4. —
18. Mit e. Orig.-Arbeit v. H. Christ. (XVI, 57 S.) 909. 2. 40

— d. schweiz. botan. Gesellsch. — Bulletin de la soc. botan. suisse. Red.: Hans Schinz. 19. u. 20. Heft. (22, 225 m. 1 farb. Taf.; 16, 259) gr8° Zür., Rascher & Co. '10'11. je 5.50

— der Gesetzgebungs-Commission, erstattet an Se. königl. Hoheit den Großherzog am 15. Nov. 1830, mit der Vorlegung d. Entwurfs der Proceßordnung &c. gr. 8. Frburg 831. Groos. 6 gGr.

Berichte der k. k. Gewerbe-Inspectoren über ihre Amtsthätigkeit im Jahre 1892. I. Aufsichtsbezirk. Amtssitz Wien. Lex.-8. (71 S.)
Wien 1893 (?): Hof- und Staatsdruckerei. —.40
— — II. Amtssitz Wiener-Neustadt. Lex.-8. (63 S.) —.40
— — III. Amtssitz Linz. Lex.-8. (51 S.) —.40
— — IV. Amtssitz Graz. Lex -8. (64 S.) —.40
— — V. Amtssitz Klagenfurt. Lex.-8. (64 S.) —.40
— — VI. Amtssitz Triest. Lex.-8. (41 S.) —.40
— — VII. Amtssitz Innsbruck. Lex.-8. (50 S.) —.40
— — VIII. Amtssitz Prag. Lex.-8. (62 S.) —.40
— — IX. Amtssitz Reichenberg. Lex.-8. (76 S.) —.40
— — X. Amtssitz Pilsen. Lex.-8. (50 S.) —.40
— — XI. Amtssitz Budweis. Lex.-8. (49 S.) —.40
— — XII. Amtssitz Brünn. Lex.-8. (69 S.) —.40
— — XIII. Amtssitz Olmütz. Lex.-8. (50 S.) —.40
— — XIV. Amtssitz Troppau. Lex.-8. (53 S.) —.40
— — XV. Amtssitz Lemberg. Lex.-8. (55 S.) —.40
— — XV. Bericht des Schiffahrts-Gewerbe-Inspectors. (Amtssitz Wien.) Lex.-8. (68 S.) —.40

Berichte der lübeckischen Gewerbekammer, 1881 ff.
Früher u.d. T.: Bericht der lübeckischen Gewerbekammer.

—— Hamburger Gewerbetreibender über die Pariser Ausstellung 1867. Hrsg. von einer Commission der Hamb. Gesellschaft zur Beförderung der Künste und nützl. Gewerbe. Mit Illustr. in Lithogr. und Buchdr. gr. 8. (VI, 287 S. mit 14 Stnt., wovon 2 in Buntdr., in 8. und qu. 4.) Hamburg 868, (Jowien.) *

— Hamburger Gewerbetreibender üb. die Wiener Weltausstellung 1873. Hrsg. auf Veranlassg. der Hamburg. Landes-Commission. 8. (VIII, 461 S. m. 6 Steintaf. in qu. gr. 4.) Hamburg 875. (Altona, Verlags-Bureau.) n. 3. —

BERICHTE PREUSSISCHER GEWERBTREIBENDEN ÜBER DIE INDUSTRIE-AUSSTELLUNG ZU PARIS im Jahre 1867. In Verbindung mit dem Komité zur Beförderung des Besuchs der Pariser Industrie-Ausstellung seitens preussischer unbemittelter Gewerbtreibenden herausgegeben vom Centralverein in Preussen für das Wohl der arbeitenden Klassen. Besonderer Abdruck aus dem »Arbeiterfreund«. Halle. 1868. Verlag der Buchhandlung des Waisenhauses. 8°.

Gleichzeitige Berichte und Actenstücke zur Ausbreitung des Wiclifismus in Böhmen und Mähren von 1410 bis 1419. Gesammelt u. m. krit. u. erl. Anm. hrsg. von Dr. Johann Loserth, Prof. Wien: Tempsky in Comm. 1895. 92 S. 8°
Aus: Archiv f. österr. Geschichte. Bd 82.
(Beiträge z. Geschichte d. husitischen Bewegung. 5.) [11. 3413

— gründl., v. d. löbl. Erzbrüderschaft d. heil. Rosenkranzes. 8. Augsb. 789. Rieger. 4 Kr

— gründl., v. d. Ueberfall, welcher d. König in Polen betr. M. Kpf. 4. Leipz. 772. Müller.

Berichte, Gutachten, Denkschriften und Verhandlungen des 6. ff. Internationalen Kongresses für Versicherungs-Wissenschaft. [Auch mit engl., franz. [6.] u. italien. Tit. u. Text.] Wien [u. a.] 1909 ff. 8°

Berichte, Hamburgische, von neuen Gelehrten Sachen, ... Hamburg 1732—1757. H: *Kohl, Joh. Peter.* (Myl) (schr)

Berichte, Hanauische, von Religions-Sachen. 1750—1751. H: *Moser, Johann Jacob.* (ML)

— über Handel u. Industrie. Zusammengestellt im Reichsamt des Innern. 1.—4. Bd. gr. 8. (IV, 818; IV, 829; IV, 795 u. IV, 790 S.) Berlin 899—902. C. Heymann. à Bd. n. 10. —

— üb. Handel u. Industrie. Zusammengestellt im Reichsamt des Innern. 5. Bd. 12 Hefte. gr. 8. Berlin 903. C. Heymann. n. 10 —; Einzelpr. n.n. 18.65
1. (S. 1—42.) 1.—. — 2. (S. 44—82.) —70. — 3. (S. 83—450.) 6.—. — 4. (S. 451—488.) —60. — 5. (S. 489—513.) —50. — 6. (S. 515—562.) —75. — 7. (S. 563—604.) —70. — 8. (S. 605—612.) —60. — 9. (S. 648—682.) —70. — 10. (S. 683—711.) —50. — 11. (S. 713—742.) —50. — 12. (S. 748—811.) n.n. 1.10.

— dasselbe. 6. u. 7. Bd. 14 Hefte. (IV, 780 u. IV, 808 S.) gr. 8. Ebd. 904. à Bd. n. 10. —

— dasselbe. 8. Bd. 9 Hefte. gr. 8. Ebd. 905. n. 13. 25
1. (S. 1—32 u. Inhaltsverzeichnis zu Bd. VII: S. 809 u. 810.) —50. — 2. (S. 33—50.) —30. — 3. (S. 51—134.) 1.40. — 4. (S. 135—458.) 5.15. — 5. (S. 459—496.) —60. — 6. (S. 497—584.) 1.40. — 7. (S. 585—634.) —90. — 8. (S. 635—710.) 1.25. — 9. (S. 711—818.) 1.75.

— üb. Handel u. Industrie. Zusammengest. im Reichsamt d. Inneren. 9. u. 10. Bd. (764 u. 798) gr8° Berl., C Heymann '06.'07. Je 10 — || 11—13. Bd. (788, 806 u. 808) '08.'09. Je 12 — d

— üb. Handel u. Industrie. Zusammengest. im Reichsamt d. Innern. 14—18. Bd. (18. Bd, 1. Heft: 24) gr8° Berl., C Heymann '10—12. je 12 —; einz. Nrn d. Bog. nn — 35 d

— üb. d. Handelsbewegg sowie Bewertg d. ein- u. ausgeführten Waren d. österr.-ungar. Zollgeb. s.a. Nachrichten üb. Industrie, Handel u. Verkehr.

Berichte über die Handelsbewegung, sowie Bewertung der im Jahre 1897 ein- und ausgeführten Waren des österreichisch-ungarischen Zollgebiets. Zusammengestellt von der k. k. Permanenz-Commission für die Handelswerte. Wien. 1898. Hof- und Staatsdruckerei. 4°. LVII, 801 S. fl. 1.20

Berichte über die Handelsbewegung, sowie Bewertung der im Jahre 1898 ein- und ausgeführten Waren des österreichisch-ungarischen Zollgebiets. Zusammengestellt von der k. k. Permanenz-Commission für die Handelswerte. Wien. 1900. Hof- und Staatsdruckerei. 4°. XLIX, 272 S. K 2.40

Berichte über die Handelsbewegung, sowie Bewertung der im Jahre 1900 ein- und ausgeführten Waren des österreichisch-ungarischen Zollgebiets. Zusammengestellt von der k. k. Permanenz-Commission für die Handelswerte. Wien. 1901. Hof- und Staatsdruckerei. 4°. LI, 814 S. K 2.40

Berichte über die Handelsbewegung sowie Bewertung der im Jahre 1902 ein- und ausgeführten Waren des österr.-ungar. Zollgebietes. [Nachrichten über Industrie, Handel und Verkehr. 81. Bd. 3. Heft.] Lex.-8°. (LVI, 355 S.) Wien 1903 (?): Hof- u. Staatsdruckerei.

Berichte über die Handelsbewegung sowie Bewertung der im Jahre 1903 ein- und ausgeführten Waren des österr.-ungar. Zollgebietes. [Nachrichten über Industrie, Handel und Verkehr aus dem statistischen Departement im k. k. Handelsministerium. 83. Bd. 3. Heft.] Lex.-8°. (LVIII, 347 S.) 1904. K 2.—

Berichte über die Handelsbewegung sowie Bewertung der im Jahre 1904 ein- und ausgeführten Waren des österr.-ungar. Zollgebietes. [Nachrichten über Industrie, Handel und Verkehr. 85. Bd.] Lex.-8°. (LVIII, 367 S.) 1905. K 2.—

— üb. d. Handelsbewegg sowie Bewertg d. im J. '06 ein- u. ausgeführten Waren d. österr.-ungar. Zollgeb. Zusammengest. v. d. k. k. Permanenzkommission f. d. Handelswerte. (31, 240) Lex8° Wien, Hof- u. Staatsdr. '08. 2 —
Für '05 nicht erschienen, bildeten je d. 3. Heft v. 04 u. früher: Nachrichten üb. Industrie, Handel u. Verkehr.

— üb. d. Handelsbewegg sowie Bewertg d. im J. '07 ein- u. ausgeführten Waren d. Vertragszollgeb. d. beiden Staaten d. österr-ungar. Monarchie. Zusammengest. v. d. k. k. Permanenzkommission f. d. Handelswerte (d. Aussenhandelsverkehres). (31, 332) Lex8° Ebd. '09. 2 —

Berichte über die Handelsbewegung sowie Bewertung der im Jahre 1908 ein- und ausgeführten Waren des Vertragszollgebietes der beiden Staaten der österr.-ungar. Monarchie. Lex.-8°. (XXVII, 550 S.) Ebenda 1910? K 6.-

— üb. d. Handelsbewegung sowie Bewertg d. ein- u. ausgeführten Waren d. Vertragszollgebietes d. beiden Staaten d. österreichisch-ungar. Monarchie. Zusammengest. v. d. k. k. Permanenzkommission f. d. Handelswerte (d. Aussenhandelsverkehres). (27, 550; 30, 605; 30, 419) Lex8° Wien, Hof- u. Staatsdr. '10'11'12. je 6 —

Berichte der Bukowiner Handels- und Gewerbekammer in Czernowitz. 1892-99

Berichte der Bukowiner Handels- und Gewerbekammer in Czernowitz. 1900-05.

— der kantonalen bernischen Handels- u. Gewerbekammer. Chambre cantonale bernoise du commerce et de l'industrie. Nr. 1. u. 2. gr. 8. Bern (A. Francke). n. 4. 50
1. Entstehung, Organisation u. Thätigkeit der Kammer u. ihres Sekretariates im J. 1898. (115 S.) 899. n. 1. —
2. Die heutige Entwicklung v. Handel, Industrie u. Kleingewerbe im Kanton Bern. (271 S.) 900. n. 3. 50

— der kantonalen bernischen Handels- u. Gewerbekammer. Chambre cantonale bernoise du commerce et de l'industrie. Nr. 16. 21. 88. gr. 8. Bern (A. Francke). 7. 40
16. Geschäftsbericht, summarischer, 1906 m. Sonderbericht üb. Auskunftsdienst u. Lehrlingswesen. (68 S.) 907. 1. 60
21. Zusammenstellungen, statistische, in den J. 1907—1909. Rapprochements statistiques. (354 S.) 909. 5. —

— d. kantonalen bern. Handels- u. Gewerbekammer. Chambre cantonale bernoise du commerce et de l'industrie. Nr 23—25. 8° Bern, (A Francke).
23. Geschäftsbericht, Summarischer, u. Wirtschaftsschau pro '09. [Aus: „Verwaltgsber. d. Direkt. d. Innern d. Kantons Bern".] (35 m. 1 Tab.) '10. — 80 || 24. Rapport spéc. de la section d'horlogerie pour l'année '09. (55) Bienne ('10) — 80 || 25. Wirtschaftsschau pro '10 u. '11, I. Sem. samt summar. Geschäftsbericht pro '10. (79) '11. — 80

Berichte der 8 Handels- u Gewerbekammern des Kgr. Württemberg über die Freigebung des Apothekergewerbes. (63 S) Stuttgart 1869
Sautermeister O, die obere Apotheke in Rottweil von den ältesten Zeiten bis 1903. (71 S 6 T) Rottweil 1903

— über chinesische Handels-Verhältnisse. Herausg. vom Königl. Dän. Ministerium. Aus dem Dänischen in's Deutsche übertragen von C. Resensmith. Hamburg 865. Nestler & Melle. gr. 8. (164 S.) n. 24 ngr.

Berichte der Hauptstelle Deutscher Arbeitgeberverbände. H. 1—4. Berlin, 1905—1908.
H. 1. Sitzung des Ausschusses der Hauptstelle Deutscher Arbeitgeberverbände am 4. Mai 1905. 1905. 27 S.
H. 2. Verhandlungen des Ausschusses und der Verbandsversammlung der Hauptstelle Deutscher Arbeitgeberverbände am 5. Dezember 1905. 1906. 60 S.
H. 3. Verhandlungen der Verbandsversammlung der Hauptstelle Deutscher Arbeitgeberverbände am 4. Dezember 1906 in Berlin. 1907. 68 S.
H. 4. Verhandlungen der Verbandsversammlung der Hauptstelle Deutscher Arbeitgeberverbände am 7. Dezember 1907 in Berlin. 1908. 59 S.

Berichte des Hauptvorstandes der deutschen Kunstgenossenschaft und Mitglieder-Verzeichnisse: 1876 von Otto Brausewetter, 1877 von F. O. Kuhn, 1878 von C. Steffeck. Berlin.

—— d. Haupt- u. Berlin-Märk. Centr.-Ver. geg. d. Vergiftg durch Alkohol, hrsg. v. FWG Kranichfeld. 17. Jahrg. 12 Nrn. (B.) 8. Berl. 57, akad. Bh. *n.n.* — 15

—— des Haupt- und Berlin-Märkischen Central-Vereines gegen die Vergiftung durch Alkohol (Branntwein) oder statistische Chronik der Alkohol-Vergiftung und der Vergiftung überhaupt. Ein Beiblatt zum „ärztlichen Volksfreunde", hrsg. von Friedr. Wilh. G. Kranichfeld. 17. Jahrg. 1857. 12 Nrn. (Bog.) gr. 8. Berlin, (Evangelische Buchh.) Thlr. * *
Vgl.: Bericht, 19., des seit dem J. 1837 zur Förderung der Gesundheitspflege in Berlin gestifteten Vereins.

Berichte aus der Hausindustrie in Berlin, Osnabrück, im Fichtelgebirge und in Schlesien. Leipzig 1890. 8.
Ist: Die deutsche Hausindustrie. Bd. 4. Schriften d. Ver. f. Soc.-Pol. 42.

—— aus der Hausindustrie im südwestlichen Deutschland. Von Graf von Armansperg, Neuburg, Muth u. A. Leipzig 1889. 8.
Ist: Die deutsche Hausindustrie. Bd. 3. Schriften d. Ver. f. Soc.-Pol. 41.

Berichte über fünf wunderbare Heilungen erfolgt auf die Fürbitte der allersel. Jungfrau, des h. Franz Regis u. des ehrw. Kaspar de Bufalo. 12. Augsburg 843, Kollmann. 1/12 ß

Berichte des Internationalen Hilfscomite für Kriegsgefangene in Basel 1870–1871. (N° 1–4.) 8. Basel (1870–)1871.
(N° 4. Letzter Bericht, nebst einer Karte und einem Plane.)

Länggass-Brückfeld-Leist (in Bern). Berichte der Hülfskommission, des Knabenhorts und des Patronats über die Jahre 1899/1900—1900/1901 (Mai 1). 22 S. 8. Bern, Stämpfli & Cie., 1901.

Länggass-Brückfeld-Leist (in Bern). Berichte der Hülfskommission, des Knabenhorts und des Patronats über die Jahre 1901/02 und 1902/03. 28 S. 8. Bern, Stämpfli & Cie., 1903.

Historische Berichte über die Juden der Stadt und des ehemaligen Fürstentums Aschaffenburg. Hrsg. von Salomon Bamberger. *Strassburg i. E.: J. Singer 1900.* (112 S.) 8° [00. 3462

BERICHTE DES FREIEN DEUTSCHEN HOCHSTIFTES für Wissenschaften, Künste und allgemeine Bildung in Goethe's Vaterhause zu Frankfurt a. M. herausgegeben im Auftrage der Verwaltung.

Neue Folge. No. 1. 1876.**) (Ohne bes. Titelblatt.) 8°.

— des Freien deutschen Hochstiftes für Wissenschaften, Künste u. allgemeine Bildung in Goethe's Vaterhause. Vom Lenzmonate 1878 bis zum Wintermonate 1879. Mit einer (Holzschn.-)Abbildung des Goethehauses. gr. 8. (XVI, 575 S.) Frankfurt a/M. 880. Leipzig, Brockhaus' Sort. in Comm. n. 8. —

Berichte des Freien Deutschen Hochstiftes für Wissenschaften, Künste und allgemeine Bildung in Goethe's Vaterhause (1882/83ff. u. d. T.: Berichte ... Hochstiftes in Frankfurt am Main; 1885/86ff.: Hrsg. v. Akad. Gesamt-Ausschuss). 1878 1901. Frankfurt a. M. 1880–1901: Freies Deutsches Hochstift (1885/86: Dr. von Kumpf & Reis; 1886/87ff.: Dr. von Gebr. Knauer). 21 Bde 8° [F.]

Vom Lenzmonate 1878 bis z. Wintermonate 1879. Mit 1 Abb. 1880. Jg. 1880/81–81/82. (In 8 Lfgen.) 1882–83. 1884. 1883–84. ⟨Nov. 1883 bis Mai 1884.⟩ 1884. 1884/85 = [N. F. Bd 1.] 1885/86 = [N. F. Bd 2.] 1886/87 = N. F. Bd 3. 1888–1901 = N. F. Bd 4–17.

Forts. s. u. d. T.: Jahrbuch d. Freien Deutschen Hochstifts. 1902. [07. 10162

— enthaltend d. Jahresberichte d. Rheinisch-Westphäl. Gefängnißgesellschaft zur sittl. u. bürgerl. Besserung d. Gefangenen. 1r—3r Bericht. 16. Düsseld. 828—30. (Schreiner). 10 gr

Dem Verein zum Besten der Basler Erziehungs-Anstalten für die männliche Jugend auf der Goldküste. *je* 24 S. 8. Basel, Missionsverwaltung (Buchdr. des Basler Anzeiger).

(Berichte [und] Jahresrechnung pro 1900) [Illustriert.] Juni 1901.
(Berichte [und] Jahresrechnung pro 1901.) Juni 1902.

— jährliche, über die Arbeiten d. k. Academie d. Wissenschaften in München, von 1808 bis 1813. 4. Münch., (G. Franz). 1 rf 6 gr Dies. über die Arbeiten der mathemat.-physikal. Classe d. Acad. d. Wissenschaften in München, von 1808—1811. 4. Ebd. 20 gr Dies. vierteljähr., von 1823—1826. 4. Ebd. 1 rf 12 gr Dies. jährl., von 1825 u. 1826. 4. Ebd. 10 gr Dies. von 1827

— jährl., üb. d. Arbeiten d. k. Academie d. Wissensch. in München, v. 1829—31, M. 5 Stnt. 4. ... München, (Franz.)

Berichte rc. v. 1808—13. 1 Thlr. 6 Gr — Dies. üb. d. Arbeiten d. mathem.-phys. Kl., v. 1808—11. 20 Gr. — Dies. vierteljährl., v. 1823—26. 1 Thlr. 12 Gr. — Dies. jährl., v. 1825, 26. 10 Gr. — Dies. v. 1827, 28. 1 Thlr. 6 Gr. 4. Ebendas.

— japanische, üb. die Kämpfe, die zur Einnahme der Landesbefestigungen v. Port Arthur führten. Deutsche Übersetzg. von Ritter v. Ursyn-Pruszyński. (III, 52 S. m. 1 farb. Karte.) gr. 8. Teschen 909. K. Prochaska. 1. —

Japanische Berichte über die Kämpfe, die zur Einnahme der Landbefestigung von Port Arthur führten. Deutsche Übsg. von Z. Rtt. v. Ursyn-Pruszyński. Mit 1 Beil. u. 1 Krt. Wien 1909. 48 S.

— einiger irrigen polit. Ideen von einem Staatsmanne. 4. Cassel u. Marb. Krieger. 814.

— illustrirte, über Gartenbau, Blumen- und Gemüsezucht, Obstbau und Forstkunde. Organ des pomolog. Instituts zu Ringelheim. Redig. und hrsg. durch die Verwaltung des Instituts unter Mitwirkung der tüchtigsten Fachmänner. 1. Jahrg. 1870. 6 Hefte. gr. 4. (à Heft ca. 24 S. mit eingedr. Holzschn. und Chromolithogr.) Braunschweig, J. H. Meyer. [Berlin, Wiegandt, Hempel und Parey.] *

— illustrirte, üb. Gartenbau, Blumen- u. Gemüsezucht, Obstbau u. Forstkunde. — Le moniteur horticole. — The illustrated gardener's guide. — Organ d. pomolog. Instituts zu Ringelheim. Hrsg. u. red. unter der Leitg. der Verwaltg. d. pomolog. Instituts u. d. Emil Rodigas. 2. Jahrg. 1871. 6 Hfte. gr. 4. (1. Hft. 40 S. m. 5 Steintaf., wovon 4 in Buntdr. u. 1 in Tondr.) Braunschweig. J. H. Meyer in Comm. n. 18. —

— dasselbe. Internationale Revue f. das Gesammtgebiet der Gärtner. Interessen m. besond. Rücksicht auf Pflanzen-Novitäten, decorative Gartenkunst, Baumzucht u. Treibhauskulturen. Red.: v. der Decken u. Emile Rodigas. 3. Jahrg. 1873. 6 Hfte. Imp.-4. (1. Hft. 36 S. m. eingedr. Holzschn., e. Steintaf. in Imp.-4. u. 3 Chromolith. in Imp.-4. u. qu. Fol.) Berlin 873. Wiegandt, Hempel & Parey. n. 20. —

Bericht(e) über die ausgeführten Impfversuche gegen die Maul und Klauenseuche nach Heckerscher Methode. Hrsg vom Ministerium für Landwirthschaft . . . – Berlin 1899. 51 S. 4°

[*Berichte* üb. Impfversuche mit der Rinderpest in den Steppen Russlands. Von M. Raupach (etc.). Herausg. v. P. Jessen]. Dorpat 1858. 110 S.

(Tit. er: Livländische Jahrbücher d. Landwirthschaft. Neue Reihenfolge. Bd. 13 H. 3).

Berichte über die Industrie- und Gewerbe-Ausstellung, Düsseldorf 1902. Hrsg. von d. Handelskammer zu Altona. *Kiel: Nord-Ostsee-Zeitung 1903.* (54 S.) 8° [F.] [04. 18335 8

Berichte über die internat. Industrie- und Kunstausstellung in London 1862, erstattet im Auftrage des schweiz. Bundesrates (von P. Bolley). Zürich 1863.

Berichte d. landwirtschaftl. Instit. d. Univ. Halle. Fortsetzg.

suchgn üb. d. Ursachen d. Hornlosigkeit. — Djémil, M: Untersuchgn üb. d. Einfluss d. Regenwürmer auf d. Entwickelg d. Pflanzen. Referirt v. P Holdefleiss. — Kühn, J: Versuche üb. d. Phosphorsäurewirkg d. Knochenmehles. (208 m. 8 Taf. u. 1 Karte.) 98.

14. Falke, F: Die Milchsekretion d. Rindviehes unter d. Einfluss fettreicher Fütterg. — Lutosławski, J: Beitrag z. Lehre v. d. Stickstoffernährg d. Leguminosen, spez.: Versuche, d. Zunahme d. Stickstoffgehaltes bei m. Bakterien in Symbiose getret. Erbsen u. Wicken in d. verschied. Entwicklgsperioden u. unter verschied. Düngsverhältn. zu bestimmen. — Święcicki, V v.: Die Bedeutg d. Kieselsäure als Bestandtheil d. Pflanzen u. ihre Beziehg z. Lagern d. Getreides. — Tryniszewski, S: Versuch üb. d. Bedeutg d. Asparagins f. d. Ernährg d. Kalbes. — Holdefleiss, P: Mittheilg üb. Anbauversuche a. d. Geb. d. landw. Pflanzenzüchtg. — Kühn, J: Der gemeine Teufelszwirn, Cuscuta europaea L., e. neuer Feind d. Lupinen, nebst Bemerkgn üb. Verbreitg u. Bekämpfg d. landw. schädl. Seidearten. (155 m. 1 Taf.) 1900.

— d. landwirtschaftlichen Instituts d. Universität Königsberg i/Pr. I.—III. Lex.-8. Berlin 898. P. Parey. n. 15. —

I. Mitteilgn. a. d. landwirtschaftl.-physiolog. Laboratorium. 1. Untersuchgn. üb. d. Nahrungsverbrauch insektenfress. Vögel u. Säugetiere. Von G. Röhrig. — 2. Magenuntersuchgn. land- u. forstwirtschaftl. wicht. Vögel. Von G. Rörig. — 3. Untersuchgn. üb. d. Nahrg. d. Krähen. Von G. Rörig. (104 u. LXV S.) n. 5. —

II. Mitteilgn. a. d. milchwirtschaftl. Laboratorium. 1. Untersuchgn. üb. Verwertg. d. Kaseins. Von Backhaus. — 2. Ueb. asept. Milchgewinng. Von Backhaus. Unt. Assistenz v. W. Cronheim. — 3. Forschgn. üb. Pflege u. Haltg. d. Milchkuh. Von Backhaus. — Jahresbericht üb. d. Thätigkeit d. landw. Instituts i. J. 1897. Von Backhaus. (99 S.) n. 3. —

III. Agrarstatist. Untersuchgn. üb. d. preuss. Osten im Vergleich z. Westen, m. Assistenz v. C. Steinbrück. Von A. Backhaus. (X, 303 S.) n. 7. —

— des landwirtschaftlichen Instituts der Universität Königsberg i. Pr. Hrsg. v. Backhaus. IV. V. gr. 8. Berlin, P. Parey. n 4. —

IV. Ueber landwirtschaftliche Verhältnisse der Prov. Posen. Von A. Backhaus. (37 S.) 899. n. 1. —
V. (136 S.) 900. n. 3. —
I—III. Ebd. 898, n. 19. —.

— d. landw. Instit. d. Univ. Königsberg i. Pr. Hrsg. v. Albert. VI. (62) 8° Berl., P Parey '05. 1.50 (I—VI.: 20.50)

— d. landw. Instit. d. Univ. Königsberg i. Pr. Hrsg. v. Albert. VII—XI., Lex8° Berl., P Parey. 10.50 (I—XI: 31 —)

VII. (170) '06. 3 — ‖ VIII. Studium, d., d. Landw. an d. Univ. Königsberg i. Pr. Zusammengest. v. Albert. (85) '07. — 50 ‖ IX. Ehlert, Ernst: Stand, Bedeutg u. Rentabilität d. westpreuss. Pferdezucht m. bes. Berücks. d. Kr. Marienburg. (114) '07. 2.50 ‖ X. Bericht üb. d. Versuchsfeld d. Univ. in Waldgarten im J. '07 v. Albert unter bes. Mitwirkg v. Smalakies, Reisch u. Seipoldy. (95 m. 1 Taf.) '08. 2.50 ‖ XI. Schmidt, B: Üb. Vererbgserscheingn beim Rinde. An d. Hand v. Untersuchgn in ein. Herden, die d. „Herdbuchgesellsch. z. Verbesserg d. in Ostpreussen gezüchteten Holländer Rindviehes" angehören. (56 m. Kurven.) '09. 2 —

— d. landwirtschaftlichen Instit. d. Univ. Königsberg i. Pr. Hrsg. v. Hansen. 12 u. 13. Lex8° Berl., P Parey. (1—13: nn 34 —)
12. Bericht üb. d. Versuchsfeld d. Univ. in Waldgarten '08 u. '09 v. Albert, unter Mitwirkg v. Smalakies, Reisch, Dombrowsky, Okrassa u. Skierlo. (122) '10. 2.50 ‖ 13. Hansen, J: Das Studium d. Landwirtsch. an d. Univ. Königsberg i. Pr. (68) '11. nn — 50

— interessante, u. Schilderungen vom Kriegsschauplatz. Eine Zusammenstellung der in der Times enthaltenen von ihren Berichterstattern nach eigener Anschauung entworfenen Schilderungen der Operationen der preußischen u. österreichischen Armeen während des soeben beendeten Krieges. Aus dem Engl. übers. Berlin 866. C. F. Weiß. gr. 8. (240 S.) n. 25 ngr.

Berichte, internationale, üb. die Arbeit der Frauen im Kampfe gegen den Alkoholismus, erstattet in der öffentl. Versammlg. des deutschen Bundes abstinenter Frauen im IX. internationalen Kongress gegen den Alkoholismus am 14. IV. 1903 in Bremen. Hrsg. vom deutschen Bunde abstinenter Frauen, Mitglied des „Bundes deutscher Frauen-Vereine" u. der „World's Woman's Christian Temperance Union". (VII, 81 S.) gr. 8. Bremen 904. (O. Melchers.) n. — 30
Sonderabdruck aus: „Offizieller Kongressbericht".

Berichte des Kampfgerichts und des Zentralkomitees nebst Festrechnung über das Eidgen. Turnfest in Basel vom 17. bis 20. Juli 1886, Basel 1886, 50 S., 8°.

Eidgenössisches Alkoholmonopol. Berichte der Kantone über die Verwendung der zur Bekämpfung des Alkoholismus bestimmten 10 Prozent ihrer Einnahmen aus dem Reinertrage.... 8. [Bern, Stämpfli & Cie.,] 1901.
...pro 1898. Vorlage 9 des Bundesrates an die Bundesversammlung... (Vom 18. März 1901.) [Mit 2 Tabellen.] 79 S.
...pro 1899. Vorlage 10 des Bundesrates an die Bundesversammlung.... (Vom 24. Juni 1901.) 81 S.

— der Kantonsregierungen betr. die Arbeit in den Fabriken 1883-99. Aarau 1885-1900

Berichte der Kantonsregierungen betreffend die Arbeit in den Fabriken 1899-1904.

Berichte der Kantonsregierungen betreffend die Arbeit in den Fabriken. 1905 bis 1910. Aarau 1907-11

Berichte der Kantonsregierungen über die Ausführung des Bundesgesetzes betr. die Arbeit in den Fabriken. 1878—94. Veröffentlicht vom schweiz. Industrie- und Landwirtschaftsdepartement. Schaffhausen und Aarau. 4 u. 8.

Berichte der Kantonsregierungen über die Ausführung des Bundesgesetzes betr. die Arbeit in den Fabriken 1885 und 1886. gr. 8. (III, 104 S.) Aarau 887, Sauerländer. *

— dasselbe. 1887 u. 1888. gr. 8. (III, 132 S.) Ebd. 889. n. 1. 50

— der Kantonsregierungen üb. die Ausführung d. Bundesgesetzes betr. die Arbeit in den Fabriken. 1889 u. 1890. gr. 8. (III, 120 S.) Aarau 891. H. R. Sauerländer & Co. n. 1. 50

— dasselbe. 1891 u. 1892. Veröffentlicht vom schweiz. Industrie- u. Landwirtschaftsdepartement. gr. 8. (III, 129 S.) Ebd. 893. n. 1. 60

— d. Kantonsregiergn. üb. d. Ausführg. d. Bundesges. betr. d. Arbeit i. d. Fabriken 1893/94 u. 1895/96. Veröffentl. v. schweizer. Industriedepartement. — Rapports des gouvernements cantonaux sur l'exécution de la loi fédérale concernant le travail dans les fabriques. gr. 8. Aarau, H. R. Sauerländer & Co. n. 3. 40
1893/94. (III, 135 S.) 895. n. 1. 80. — 1895/96. (III, 140 S.) 897. n. 1. 60.

— d. Kantonsregiergn üb. d. Ausführg d. Bundesges. betr. d. Arbeit in d. Fabriken 1895 u. 1896. Veröffentlicht v. schweiz. Industriedepartement. — Rapports des gouvernements cantonaux sur l'exécution de la loi fédérale concernant le travail dans les fabriques. 8° (146) Aar. 97, HR Sauerländer & Co. 1.60 ‖ 1897 u. 1898. (159) 99. 1.80

Berichte d. Kantonsregiergn üb. d. Ausführg d. Bundesges. betr. d. Arbeit in d. Fabriken 1899—'04. Veröffentlicht v. schweiz. Industriedepartement. — Rapports des gouvernements cantonaux sur l'exécution de la loi fédérale concernant la travail dans les fabriques. 8° Aar., HR Sauerländer & Co. 5.40 d
1899.1900. (144)'01. 1.80 ‖ '01.02. (142)'03. 1.80 ‖ '03.04. (146)'05. 1.80.

Berichte d. Kantonsregiergn üb. d. Ausführg d. Bundesges. betr. d. Arbeit in d. Fabriken 05—6. Veröffentlicht v. schweiz. Industriedepartement. — Rapports des gouvernements cantonaux sur l'exécution de la loi féd. concernant le travail dans les fabriques. (143) Lex8° Aar., HR Sauerländer & Co.'07. '07.8. (130)'09. Je 1.80 d

— d. Kantonsregiergn üb. d. Ausführg d. Bundesgesetzes betr. d. Arbeit in d. Fabriken '09 u. '10. Veröffentlicht v. schweiz. Industriedepartement. — Rapports des gouvernements cantonaux sur l'exécution de la loi fédérale concernant le travail dans les fabriques. (131) Lex8° Aar., HR Sauerländer & Co. '11. 1.80

— a. d. geburtsh.-gynäkologischen Klinik i. Wien. Hrsg. v. R. Chrobak. I. gr. 8. (IX, 853 S. m. eingedr. Kurven.) Wien 897. A. Hölder. n. 5. 20

Berichte aus der 2. geburtsh.-gynäkologischen Klinik in Wien. Hrsg. v. R. Chrobak. II. gr. 8. (XXVII, 849 S.) Wien 902. A. Hölder. n. 5. 20

— der Committee d. Britt. Unterhauses üb. d. Bittschr. d. Dr. Jenner, im Betr. d. Kuhpockenimpfung; a. d. Engl. v. C. S. Kramer. 8. Halberst. 803. (Vogler in Potsd.) 8 gr.

Berichte des Komites des Centralvereins der für das Wohl der arbeitenden Klassen zur Pariser Industrie-Ausstellung entsandten Gewerbtreibenden. 8°. Halle 1868.

Berichte, Kommerzielle, s.a. Loewenfeld, O.

Berichte, kommerzielle, hrsg. vom k. k. österreich. Handelsmuseum. Nr. 1—15. Lex. 8. Wien, Manz. 29. 65
Altman, S., Kanada. Land, Leute u. wirtschaftl. Verhältnisse. (IX, 121 S. m. Abb. u. 1 eingedr. Kurve.) 907. (Nr. 1) 8. 40
— Wirtschaftsverhältnisse Kanadas im J. 1907. Ein kommerzieller Bericht. (34 S.) 908. (Nr. 11) 1. 70
Bernauer, Karl, Handelsverhältnisse in der Mandschurei. Bericht. (20 S.) 908. (Nr. 12) 1. 70
Deutsch, Maurus, Anbau u. Präparationsmethoden v. Hanf u. Flachs, nebst e. Anh.: Situation der Leinweberei in Frankreich im J. 1906. (25 S.) 907. (Nr. 2) 2. 60
Galatti, Geo. Ritter v., Teneriffa. Import- u. Exportverhältnisse. Bericht. (10 S.) 907. (Nr. 7) — 85
Götz, Frdr., das kontinentale Ostafrika. Reisebericht des k. u. k. österreich.-ungar. Konsuls in Zanzibar. (28 S.) 907. (Nr. 5) 1. 70
Hirsch Edler v. Stronstorff, Emil, wirtschaftliche Verhältnisse in Hankow im J. 1907. Bericht des k. u. k. österreich.-ungar. Generalkonsulats in Shanghai. (15 S.) 908. (Nr. 9) — 85
Krawany, Frz., die Papierindustrie der Welt in ihrer Entstehg. u. heutigen Bedeutg. (78 S.) 909. (Nr. 13) 2. 60
Loewenfeld, Otto, über das russische Gerichtsverfahren in Handelssachen. (16 S.) 909. (Nr. 15) 1. 70
Lurie, Karl, industrielle u. kommerzielle Entwicklung in Mexiko. (40 S.) 908. (Nr. 10) 1. 70
— Torreon. Ein mexikan. Baumwoll- u. Gummigebiet in seiner kommerziellen u. industriellen Bedeutg. (9 S.) 907. (Nr. 3) 2. 60
Post, Nikol., die Eisenbahnen Brasiliens. Bericht des k. u. k. österr. Konsulats in Rio de Janeiro, erstattet v. P. (17 S.) 908. (Nr. 8) — 85
Radimský, Wladimir, Industrie- u. Gewerbeverhältnisse in Persien. (56 S. m. Abb.) 909. (Nr. 14) 2. 20
Tireer, die Amurprovinz. Aus d. „Wojennüj Ssbornjik" (Militärarchiv). Übers. v. Osk. Muszynski v. Arenhort. [Aus: „Öst. Monatsschr. f. d. Orient".] (42 S.) 907. (Nr. 4) 2. 60
Wirtschaftsgebiet, das argentinisch-brasilische, u. die österreichische Schiffahrt. Bericht der Direktion des k. k. österr. Handelsmuseums zur Frage der Neuregelg. des Schiffahrtsdienstes nach Südamerika. (45 S.) 907. (Nr. 6) 2. 60

— Kommerzielle, hrsg. v. k. k. österr. Handelsmuseum. Nr 16 u. 17. Lex8° Wien, Manz. (1—17: 33.05)
Bernauer, Karl: Südchina. Wirtschaftl. Verhältn. Reiseberichte. (20) '12 [16] 1.50
Pawlaczky, Fel.: Wirtschaftsverhältnisse Bosniens u. d. Hercegovina '11. Bericht d. bosnisch-hercegovin. Expositur in Sarajevo d. k. k. österr. Handelsmuseums. (40 m. 1 Kartenskizze.) '12 [17] 1.90

— der VI. Kommission (des Reichstags) üb. I. den Antrag des Abgeordneten Rintelen u. Genossen, betr. Aenderungen u. Ergänzungen des Gerichtsverfassungsgesetzes, der Strafprozeßordnung u. des Strafgesetzbuches. — Nr. 17 der Drucksachen —, II. den Entwurf e. Gesetzes, betr. Aendergn. der Civilprozeßordng. u. der Strafprozeßordng., sowie die Bestrafg. falscher uneidl. Aussagen — Nr. 108 der Drucksachen —. Fol. (164 S.) Berlin 899. C. Heymann's Verl. n. 4. —

Bericht der Kommission für das Gewerbemuseum Basel 1886-91. Basel 1886-91

Berichte der zur Erforschung der physikalischen Verhältnisse des Adriatischen Meeres eingesetzten Kommission (Adria-Kommission). I. Bericht. 1869. In 8°. Einsetzung der Adria-Kommission. Ausrüstung der Stationen und Installierung der Stationsbeobachter (mit 3 Taf.) . . . .
II. Bericht. 1871. In 4°. Übersicht der Wirksamkeit. Resultate der Stationsbeobachtungen von 1869—1870. Inventarium. Beschreibung der Apparate. Inspektionsbericht von F. Ritter v. Schaub (mit 7 Taf.) . . . .
III. Bericht. 1873. In 4°. Übersicht der Wirksamkeit. Resultate der Stationsbeobachtungen: *a)* meteorologische von 1870; *b)* maritime von 1870—1872 . .
IV. Bericht. 1878. In 4°. Übersicht der Wirksamkeit. Resultate der Stationsbeobachtungen: *a)* meteorologische von 1871—1873; *b)* maritime von 1873 (mit 2 Taf.) . . . .
V. Bericht. 1880. (Schlußbericht.) In 4°. Die Resultate der meteorologischen Beobachtungen zu Durazzo, Korfu, Lesina und (zur Vergleichung) von Neapel, bearbeitet von Ferdinand Osnaghi. — Maritime Beobachtungen: Spezialbeobachtungen über Temperatur und Salzgehalt in der Reede von Fiume, bearbeitet von Josef Luksch und Julius Wolf. Spezialbeobachtungen über die Meerestemperatur an den tiefsten Stellen der Adria, bearbeitet von F. Ritter von Hopfgartner. Vergleichung der adriatischen mit mediterranen Tiefentemperaturmessungen, bearbeitet von Dr. Josef Ritter von Lorenz-Liburnau. Die Ebbe und Flut im Meeresrayon von Zara und Triest, bearbeitet von K. Klekler (mit 7 graph. Taf. und 1 Karte) . . . .

— der v. industriellen u. wirthschaftlichen Vereinen nach England entsendeten Kommission zur Untersuchung der dortigen Arbeiterverhältnisse. Hrsg. v. den betreff. Vereinsvorständen. Lex.-8. (70 S.) Berlin 890. Mitscher & Röstell. n. 2. —

—— der Kommission über die Entwürfe der Reichs-Justizgesetze und die Beschlüße des Bundesrathes. Bericht über den Entwurf eines Gerichtsverfassungs-Gesetzes, einer Civilprozeß-Ordnung und einer Strafprozeß-Ordnung. Beschlüße des Bundesrathes. Suppl. zu der Zusammenstellung der Entwürfe der Reichs-Justizgesetze. Aus den Drucksachen des Reichstages. Imp.-4. (100 S.) Berlin 876, C. Heymann's Verlag.
2. Suppl. vgl.: Bericht, mündlicher, der Kommission zur Vorberathung der Entwürfe der Reichs-Justizgesetze.

— der Commission f. Erforschung d. östlichen Mittelmeeres. 1. Reihe. [Aus: „Denkschr. d. k. Akad. d. Wiss."] Imp.-4. (IV, 112 S. m. 2 Karten, 84 Taf. u. 4 Textfig.) Wien 892. (F. Tempsky.) Kart. n. 14. 80

Berichte der Commission für Erforschung d. östlichen Mittelmeeres. 2. Reihe. [Aus: „Denkschr. d. k. Akad. d. Wiss."] Imp.-4. (127 S. m. 13 Karten, 8 Taf. u. 1 Textfig.) Wien 893. (F. Tempsky.) Kart. n. 13. —

Berichte d. Commission f. Erforschung d. östl. Mittelmeeres. III. Reihe. [A.: „Denkschr. d. k. Akad. d. Wiss."] Imp.-4. (116 S. m. 7 Karten u. 6 Taf.) Wien 895. (C. Gerold's Sohn.) Kart. n. 12. 60
IX. Zoolog. Ergebnisse. III. Die Halocypriden u. ihre Entwicklungsstadien. Ges. 1890, 1891, 1892 und 1893. Bearb. v. C. Claus. M. 3 Taf. — X. Ueb. einige v. d. österr. Tiefsee-Expedition S. M. Schiffes „Pola" in bedeut. Tiefen gedredschte Cylindritesähnl. Körper und deren Verwandtschaft m. Gyrolithes. Von Theodor Fuchs. M. 3 Taf. — XI. Chem. Untersuchgn. im östl. Mittelmeer von Konr. Natterer. IV. Reise S. M. Schiffes „Pola" im J. 1893. Schlussbericht M. 1 Karte. — XII. Physikal. Untersuchgn. im östl. Mittelmeer v. J. Luksch, bearb. v. J. Luksch u. J. Wolf. IV. Reise S. M. Schiffes „Pola" im J. 1893. M. 6 Karten.

— dasselbe. IV. Reihe. [A.: „Denkschr. d. k. Akad. d. Wiss."] Imp.-4. (176 S. m. 19 Taf.) Ebd. 895. Kart. n. 16. —
XIII. Zoolog. Ergebnisse. IV. Die Sergestiden d. östl. Mittelmeeres. Ges. 1890, 1891, 1892, 1893 v. A. König. M. 5 Taf. — XIV. Tiefsee-Forschgn. im Marmarameer auf S. M. Schiff „Taurus" v. Konr. Natterer. M. 6 Tabellen u. 9 Taf. — XV. Bestimmungsliste d. v. Konr. Natterer auf S. M. Schiff „Taurus" im Marmara-Meer gedredschten Mollusken v. Rudolf Sturany. — XVI. Zoolog. Ergebnisse. V. Echinodermen. Ges. 1893, 1894 v. Emil von Marenzeller. M. 1 Taf. — XVII. dasselbe. VI. Sapphirinen d. Mittelmeeres u. d. Adria. Ges. währ. d. fünf Expeditionen S. M. Schiff „Pola" 1890—1894. Bearb. von Adolf Steuer. M. 4 Taf.

— d. Commission f. Erforschg d. östl. Mittelmeeres. 5. Reihe. 4° Wien, (C Gerold's S.). Kart. 14 — (1—5.: 70.40)
XVIII. Zool. Ergebnisse. VII. Sturany, R: Mollusken. I. (Prosobranchier u. Opisthobranchier; Scaphopoden; Lamellibranchier.) ‖ XIX. Dass. VIII. Sturany, R: Brachiopoden. ‖ XX. Dass. IX. Garbowski. T: Hyperienart. Amphipoden d. Mittelmeeres. 1. Thl. Die Sciniden. (117 m. 11 Taf.) 96. 14 —
Fortsetzg s. u. d. T.: Berichte d. Commission f. oceanograph. Forschgn.

Berichte der Commission für Erörterung der Gewerbs- und Arbeiterverhältnisse. Abtheilungsbericht. — Historischer Bericht. — Mittheilungen. 3 Bde. 4°. Dresden 1848—49.

— d. Kommission f. ozeanograph. Forschgn. Exped. S. M. Schiff „Pola" in d. Rote Meer, nördl. u. südl. Hälfte, 1895/96—1897/98. Zoolog. Ergebn. 28. [Aus: „Denkschr. d. k. Akad. d. Wiss."] 31,5×24,5 cm. Wien, A Hölder.
Balss, Heinr.: Stomatopoden d. Roten Meeres. (4 m. Fig.) '10 [28] — 90

— der Commission f. oceanographische Forschungen. 6. Reihe. Collectiv-Ausg. aus dem LXV. Bde. der Denkschriften der kaiserl. Akademie der Wissenschaften. A. Forschungen im Rothen Meer. — B. Forschungen im östl. Mittelmeere. gr. 4. (VI, 628 S. m. 23 Karten, 30 Taf. u. 7 Textfig.) Wien 898. (C. Gerold's Sohn.) Kart. n. 60. —

— dasselbe. 7. Reihe. Collectiv-Ausg. aus dem LXIX. Bde. der Denkschriften der kaiserl. Akademie der Wissenschaften. gr. 4. (V, 504 S. m. 8 Karten, 34 Taf. u. 19 Textfig.) Ebd. 901. Kart. n. 51. —

— der Commission f. oceanographische Forschungen. VIII. Reihe. Collectiv-Ausg aus dem LXXIV. Bde. der Denkschriften der kaiserl. Akademie der Wissenschaften. A. Forschungen im Rothen Meere. B. Forschungen im östl. Mittelmeere. (V, 323 S. m. 5 Fig., 12 Taf. u. 8 Karten.) 4. Wien 904. (A. Hölder.) Kart. n. 26. —

— der Kommission f. ozeanographische Forschungen. IX. Reihe. Kollektiv-Ausg. aus dem LXXX. Bde. der Denkschriften der kaiserl. Akademie der Wissenschaften. Forschungen im Roten Meere. (V, 97 S. u. 7 Fig., 31 Taf. u. 31 Bl. Erklärgn.) 30,5×24 cm. Wien 907. (A. Hölder). Kart. 17. 50

— dasselbe. X. Reihe. Kollektiv-Ausg. aus dem LXXXIV. Bde. der Denkschriften der kaiserl. Akademie der Wissenschaften. A. Forschungen im östl. Mittelmeere. B. Forschungen im Roten Meere. (V, 54 S. m. 9 Fig. u. 2 Taf.) 30,5×24,5 cm. Ebd. 909. Kart. 8. 20

— d. Kommission f. ozeanograph. Forschgn d. östl. Mittelmeeres. Zoolog. Ergebn. 18. [Aus: „Denkschr. d. k. Akad. d. Wiss."] 31,5×24,5 cm. Ebd. (17, 18 u. 28: 5.40)
1—16 u. 19—27 sind noch nicht erschienen.
Pesta, Otto: Copepoden d. östl. Mittelmeeres. (2. u. 3. Artenliste, 1891 u. 1892.) (18 m. 2 Taf. u. 2 Bl. Erklärgn.) '11 [18] 2.85

— d. geolog. Kommission d. Kgr. Kroatien-Slavonien f. '10 u. '11. Red. v. Karl Gorjanović-Kramberger. I u. II. (In kroat. u. deut. Spr.) (68 bezw. 112 m. Abb.) Lex8° Zagreb (Agram), L Hartman '11'12. je 3 —

—— der meteorologischen Commission des naturforschenden Vereins in Brünn über d. Ergebnisse d. meteorolog. Beobachtungen i. d. J. 1881—87. 7 Hefte. 8. (132, 150, 152, 175, 167, 168, 175 S. mit je 2 Karten.) Brünn 882—89, Verlag d. Vereins. à Heft ** 1 20; ** 8 40
Vgl.: Verhandlungen des naturforschenden Vereins in Brünn.

Berichte der Kommission über eine zu errichtende eidg. Universität und polytechnische Schule, nebst Gesetzentwürfen. Juli 1851.

— der Kommissionen über die Entwürfe der Reichs-Justizgesetze u. die Beschlüsse des Bundesrathes. Bericht üb. den Entwurf eines Gerichtsverfassungs-Gesetzes, einer Civilprozeß-Ordnung u. einer Strafprozeß-Ordnung. Beschlüsse des Bundesrathes. Suppl. zu der Zusammenstellung der Entwürfe der Reichs-Justizgesetze. Aus den Drucksachen des Reichstages. Imp.-4. (100 S.) Berlin 876. Heymann's Verl. n. 2. 40

— dasselbe. 18. Jahrg. 1880. 12 Nrn. (B.) gr. 8. Leipzig, Thiel. n. 3. —

Gesellschaft Freiwilliger Armenfreunde in Kiel. Berichte der Kommissionen für 1874—75. Kiel. 1875—76. 8°

Gesellschaft freiwilliger Armenfreunde in Kiel. *Berichte der Kommissionen für 1876—79. Kiel. 1877—(1880). 8°.

—— für die Zeit vom 1. April . . . bis ult. März . . . 1881/82 ff. ebd. 1883 ff. 8°.

Berichte der Kommissionen des National- und Ständerathes, sammt Bundesbeschluss, betreffend die Stellung der Schweiz bei der gegenwärtigen europäischen Weltlage. ⟨Vom 3. und 5. Mai 1859.⟩ [SA.] 8. [Bern 1859.]

Berichte an die Internationale Konferenz sozialistischer Frauen. (Nebst engl. Übers.) 2. Kopenhagen. 26. u. 27. Aug. 1910. Stuttgart [1910]: Singer. 8°

[Berichte vom] Internationale[n] Kongreß für Bergbau, Hüttenwesen, angewandte Mechanik und praktische Geologie. [5.] 1910 ff. Düsseldorf
[T. 1.] Mitgliederliste und Allgemeines.
[T. 2.] Berichte der Abt. für Bergbau.
[T. 3.] Berichte der Abt. für theoretisches Hüttenwesen.
[T. 4.] Berichte der Abt. für praktisches Hüttenwesen.
[T. 5.] Berichte der Abt. für angewandte Mechanik.
[T. 6.] Berichte der Abt. für praktische Geologie

— über den internationalen geographischen Congress u. die damit verbundene geographische Ausstellung zu Paris 1875. Hrsg. v. der k. k. geograph. Gesellschaftin Wien. gr. 8. (136 S.) Wien 875. Hölder in Comm. n. 1. 60

— kurze, über die neuesten Erfindungen, Entdeckungen und Verbesserungen im Gebiete des Gewerbewesens, des Handels u. der Landwirthschaft. Herausg. von J. Burger. 1. u. 2. Jahrg. 1863 u. 64. à 12 Nrn. (à 1—1½ Bgn.) Berlin, Th. Grieben in Comm. gr. 4. Jeder Jahrg. n. 20 ngr.

—— dass. — 3.—5. Jahrg. 1865—67. à Jahrg. 12 Nrn. (à 1—1½ Bog.) gr. 4. Mannheim, Schneider. à Jahrg. *

—— kurze, über die neuesten Erfindungen, Entdeckungen und Verbesserungen im Gebiete des Gewerbewesens, des Handels und der Landwirthschaft. Hrsgbr.: J. Burger. 6.—12. Jahrg. 1868—1874. à Jahrg. 12 Nrn. (à 1—1½ Bog.) gr. 4. Mannheim, Schneider's Verlag. 6.—11. Jahrg. à *
12. Jahrg. *

—— kurze, über die neuesten Erfindungen, Entdeckungen und Verbesserungen im Gebiete des Gewerbewesens, des Handels und der Landwirthschaft. Hrsg. von J. Burger. 13.—17. Jahrg. 1875—1879. à Jahrg. 12 Nrn. (Bog.) gr. 8. Mannheim, Schneider. à Jahrg. *

—— kurze, über die neuesten Erfindungen, Entdeckungen und Verbesserungen im Gebiete des Gewerbewesens, des Handels und der Landwirthschaft. Hrsg. von J. Burger. 18. Jahrg. 1880. 12 Nrn. (Bog.) gr. 8. Leipzig, Thiel. *
Nicht weiter erschienen.

— kurze, des Vereines zur Förderung des landwirthschaftlichen Versuchswesens in Oesterreich, red. von v. Liebenberg u. Em. v. Proskowetz jun. 1. Hft. 8. Wien 894. W. Frick. n. — 60
Die Ergebnisse der vom Vereine zur Förderung des landwirthschaftl. Versuchswesens in Oesterreich eingeleiteten Düngungsversuche zu Getreide u. Rübe v. Jul. Olschowy. (32 S.)

— kurze, d. Vereines z. Förderg. d. landwirthschaftl. Versuchswesens i. Oesterreich, red. von v. Liebenberg u. Em. v. Proskowetz jun. 2.—4. Hft. 8. Wien, W. Frick. à n. — 80 (1.—4.: n. 3. —)
2. D. Versuchsthätigkeit d. prakt. Landwirthes, a. Gr. d. Erfahrgn. d. Vereines z. Förderg. d. landwirthschaftl. Versuchswesens i. Oesterreich erört. von Adf. v. Liebenberg. (39 S.) 895.
3. D. Sortenprüfg. d. Zuckerrüben, Futterrüben u. Kartoffeln, a. d. Hand d. bezügl. Versuche d. Vereines z. Förderg. d. landwirthschaftl. Versuchswesens i. Oesterreich bespr. v. Em. v. Proskowetz jun. (39 S.) 895.
4. Zur Naturgeschichte u. Cultur d. Braugerste. Erfahrgn. a. Gr. d. Versuche d. Vereines z. Förderg. d. landwirthschaftl. Versuchswesens i. Oesterreich, mitgeth. von Adf. v. Liebenberg. (62 S.) 897.

— kurzgef., von den bei der Wahl u. Krönung e. röm. Kaisers gewöhnl. Feierlichkeiten. (Von Mich. Truckenbrot.) M. 2 Kpf. 8. Frankf. u. Leipz. (Nürnb.) 790. Stiebner. (Fleischer). 7 K

— aus dem physiologischen Laboratorium u. der Versuchsanstalt des landwirthschaftlichen Instituts der Universität Halle. Hrsg. v. Jul. Kühn. 1—4. Hft. gr. 8. Dresden 880—82. Schönfeld. n. 14. 20
1. Bericht über Kartoffelanbauversuche. Von Jul. Kühn. Mit 8 eingedr. Abbildungen in Holzschn. Neue (Titel-)Ausg. (III, 100 S.) (1872.) n. 1. 60
2. Untersuchungen üb. die Bodenwärme. Von v. Liebenberg. Über e. neue Methode zur Bestimmung d. Absorptionskraft d. Bodens. Von R. Zalomanoff. Untersuchungen über die Lupinenkrankheit d. Schafe. Von Jul. Kühn u. G. Liebscher. Mit 2 (eingedr.) Abbildgn. in Holzschn. (IV, 128 S.) n. 3. 60
3. Die Ergebnisse der Versuche zur Ermittelung der Ursache der Rübenmüdigkeit u. zur Erforschung der Natur der Nematoden. Von Jul. Kühn. Mit 3 lith. Taf. (III, 153 S.) n. 5. —
4. Die Wirksamkeit der Nematoden-Fangpflanzen nach den Versuchsergebnissen d. Jahres 1881. Von Jul. Kühn. [Mit 1 eingedr. Abbildg. in Holzschn.] (14 S.) Ueber Maltose, sowie über isomere Gluconsäuren. Von A. Herzfeld. (S. 15—56.) Untersuchungen über die Ursache der Kleemüdigkeit, mit besonderer Berücksichtigung der Kleemüdigkeit der Wiegendorfer Aecker. Von Vict. Kutzleb. [S. 57—146.) n. 4. —

— aus dem physiologischen Laboratorium u. der Versuchsanstalt d. landwirthschaftlichen Instituts zu Halle. Hrsg. v. Jul. Kühn. 6. u. 7. Hft. Lex.-8. Dresden, G. Schönfeld's Verlag. à n. 6. — (1—7.: n. 30. 70)
6. Versuche üb. den Einfluß der Fütterung eingesäuerten Maises auf die Milchproduction bei Kühen. Von W. Kirchner. Über das Lupanin, e. Alkaloid aus dem Samen der blauen Lupine. Von M. Hagen. Untersuchungen üb. die Einwirkung der frischen u. getrockneten Biertrābern auf die Milchsecretion d. Rindes. Von B. Weitzmann. Mit 2 lith. Taf. Über den Einfluß d. Chlormagnesiums u. Chlorcalciums auf die Keimung ꝛc. Von R. Hindorf. Bericht über weitere Versuche m. Nematoden-Fangpflanzen. Von J. Kühn. Anleitung zur Bekämpfung der Rübennematoden. Von J. Kühn. Mit 1 Lichtdr.-Taf. (IV, 184 S.) 886.
7. Ein Beitrag zur Prüfung u. Vervollkommnung der exakten Versuchsmethode zur Lösung schwebender Pflanzen- u. Bodenkulturfragen. Von F. Wohltmann. Mit Tabellen u. 2 lith. Taf. (III, 91 S.) Über die wildlebenden Wiederkäuer Nordpersiens u. Einiges üb. die dortige Landwirthschaft. Von H. Pohlig. (S. 92—105.) Die Soltsien'sche u. die Kellner'sche Lupinenentbitterungsmethode u. die Bedeutung derselben f. Erhaltung d. Kulturwerthes der Lupine. Von J. Kühn.

— aus dem physiologischen Laboratorium u. der Versuchsanstalt d. landwirthschaftlichen Instituts der Universität Halle. Hrsg. v. Jul. Kühn. 8.—11. Hft. Lex.-8. Dresden, G. Schönfeld's Verl. n. 24. — (1—11.: n. 54. 70)
8. Untersuchungen üb. die Schwankungen in der Zusammensetzung der Milch bei gebrochenem Melken. Von Hugo Kaull. — Ein Beitrag zur Prüfung u. Vervollkommnung der exakten Versuchsmethode zur Lösung schwebender Pflanzen- u. Bodenkulturfragen. Von Ferd. Wohltmann. — Das Drainagewasser u. die durch dasselbe hervorgerufenen Verluste an Pflanzennährstoffen. Von Heinr. Scheffler. (II, 168 S. m. Abbildgn. u. 6 Tab.) 891. n. 6. —
9. Erläuterungen zu dem gemauerten geologischen Profil im Garten des landwirthschaftlichen Instituts der Universität Halle. Von Karl v. Fritsch. (40 S. m. 1 Taf.) 892. n. 2. —

10. Oscinis frit (vastator Curt.) u. pusilla. Ein Beitrag zur Kenntniß der kleinen Feinde der Landwirthschaft. Von G. Rörig. — Die wirthschaftlich werthvollen Bestandtheile, insbesondere die stickstoffhaltigen Verbindungen im Roggenkorn unter dem Einfluß der Düngungsweise, der Jahreswitterung u. des Saatgutes. Von Max Fischer. — Die Überwinterung der Oscinis-Larven u. die durch diese Schmarotzer hervorgegangenen Schädigungen des zur Gewinnung v. zeitigem Grünfutter angesäten Roggen-Sandwickengemenges. Von Jul. Kühn. (VII, 144 S. m. 2 Taf.) 893. n. 6. —

11. Ueber e. Clematis-Krankheit. Von Max Fischer. Mit 1 lith. Taf. — Die Erhöhung des Reinertrages der deutschen Merinoschafzucht. Von Herm. Wilbbe. — Die Bestandtheile des Samens der Ackermelde, Chenopodium album L., u. ihr Vorkommen im Brodmehle u. in den Kleien. Von Karl Halpern. Mit 1 lith. Tafel. — Wissenschaftliche Ergebnisse der im Hausthiergarten des landwirthschaftlichen Instituts angestellten Versuche der Kreuzung des bornesischen Wildschweins u. dem europäischen Wild- bezw. Hausschwein. Von Rud. v. Spillner. Mit 6 Lichtdr.-Taf. — Ueber Untergrunddüngung, m. besond. Berücksicht. ihrer Bedeutg. f. den Zuckerrübenbau. Von Jul. Kühn. (III, 168 S.) 894. n. 10. —

— a. d. physiolog. Laboratorium u. d. Versuchsanstalt d. landwirthschaftl. Instituts d. Universität Halle. Hrsg. v. Jul. Kühn. 12. u. 13. Hft. Lex.-8. Dresden, G. Schönfeld. à n. 6. — (1.—12.: n. 66. 70)

12. Ueb. Entbitterg. u. Entgiftg. d. Lupinenkörner. M. 2 Holzschn. V. Leo Steiner. — D. Löhnert'sche Lupinen-Entbitterungsverfahren u. gemeinschaftl. m. W. Lenz u. L. Steiner ausgef. vergleich. Untersuchgn. V. G. Baumert. — D. Bedeutung d. verdauten Antheils d. Rohfaser f. d. thier. Ernährg. V. Paul Holdefleiß. — D. wirthschaftl. Bedeut. d. Gründüngg. u. d. Ausnutzg. d. Stickstoffs i. Stallmist u. Gründüngg. V. Jul. Kühn. (III, 207 S.) 896. n. 6. —

13. Ueb. d. Bedeutg. d. Asparagins f. d. thier. Ernährg. von Moses Chomsky. — Studien üb. d. ungehörnte Rindvieh i. nördl. Europa unt. bes. Berücksicht. d. nordschwed. Fjellrasse, nebst Untersuchgn. üb. d. Ursachen d. Hornlosigkeit. Von E. O. Arenander. M. 6 Lichtdr.-Taf. u. 1 Karte. — Untersuchgn. üb d. Einfluß d. Regenwürmer a. d. Entwickelg. d. Pflanzen v. Mehemed Djemil. Referirt v. Paul Holdefleiß. M. 2 Lichtdr.-Taf. — Versuche üb. d. Phosphorsäurewirkg. d. Knochenmehles v. Jul. Kühn. (III, 208 S.) 898. n. 6. —

— aus dem physiologischen Laboratorium u. der Versuchsanstalt des landwirthschaftlichen Instituts der Universität Halle. Hrsg. v. Jul. Kühn. 14—16. Hft. Lex.-8. Dresden. Leipzig, G. Schönfeld. n. 23. —

14. Die Milchsekretion des Rindviehes unter dem Einfluß fettreicher Fütterung. Von Frdr. Falke. — Beitrag zur Lehre v. der Stickstoffernährung der Leguminosen, speziell: Versuche, die Zunahme des Stickstoffgehaltes bei m. Bakterien in Symbiose getretenen Erbsen u. Wicken in den verschiedenen Entwicklungsperioden u. unter verschiedenen Düngungsverhältnissen zu bestimmen. Von Jan. Lutoslawski. — Die Bedeutung der Kieselsäure als Bestandtheil der Pflanzen u. ihre Beziehung zum Lagern des Getreides. Von Witold v. Swięcicki. — Versuch üb. die Bedeutung des Asparagins f. die Ernährung des Kalbes. Von Stanislaw Trzyniszewski. — Mittheilung üb. Anbauversuche aus dem Gebiete der landwirthschaftlichen Pflanzenzüchtung. Von Paul Holdefleiß. — Der gemeine Teufelszwirn, Cuscuta europaea L., e. neuer Feind der Lupinen, nebst Bemerkgn. üb. Verbreitg. u. Bekämpfg. der landwirthschaftlich schädl. Seidearten. Von Jul. Kühn. Mit 1 Lichtdr.-Taf. (III, 155 S.) 900. n. 6. —

15. (189 S.) 901. n. 8. —

16. (V, 161 u. 60 S. m. Abbildgn. u. 1 Taf.) 902. n. 9. —

Hft. 1—13. Ebd. 880—898. n. 66. 70.

— aus dem physiologischen Laboratorium u. der Versuchsanstalt des landwirtschaftlichen Instituts der Universität Halle. Hrsg. v. Jul. Kühn. 17. Heft. (III, 109, 55, 8 u. 61 S. m. Abbildgn. u. 1 Tab.) Lex.-8. Leipzig 904. R. C. Schmidt & Co. n. 9. 60

Hft. 1—16. Ebd. 880—902. n. 80. 70.

— aus dem physiologischen Laboratorium u. der Versuchsanstalt des landwirtschaftlichen Instituts der Universität Halle. Hrsg. v. Jul. Kühn. 18. u. 19. Heft. Lex 8. Hannover, M. & H. Schaper. 29. 50

18. (III, 197 u. 87 S. m. Abb. u. 1 Taf.) Leipzig 907. 14.

19. (VIII, 208 S. m. Abbildgn. u. 1 farb. Taf.) 900. 15. 50

Hft. 1—16 jetzt Ebd. 880 904. 99.30.

— an d. Hrn. Landammann rc. d. Schweiz über d. landwirthschaftl. Anstalten Fellenbergs zu Hofwyl. gr. 8. Zürich 808. Orell. 20 K

Berichte des niederösterr. Landesausschusses über seine Amtswirksamkeit v. 1. Juli 1884 bis 30. Juni 1885. gr. 8. (VI u. 359 S.) Wien, Hof u. Staatsdruckerei. 1 fl. 20 kr.

Berichte über die schweiz. Landesausstellung in Zürich 1883. 4 Bde.

—— über die bayerische Landes-Industrie-, Gewerbe- und Kunst-Ausstellung zu Nürnberg 1882. Hrsg. vom Ausschusse des polytechn. Vereins in München, redig. von Egb. Hoyer. gr. 8. (IV, 315 S. mit 42 Text-Fig.) München 884, Literarisch-artist. Anstalt. *

Aus: Bayer. Industrie- und Gewerbeblatt, besonders abgedruckt.

—— des k. Landes-Oeconomie-Collegiums und der Direction des heidelberger landwirthschaftl. Kreis-Vereins über Dr. Gall's Weinbereitungs-Verfahren, nebst den Gutachten der Univ.-Prof. Dr. Bergemann und Dr. v. Liebig und des königl. Kreis-Physikus Dr. Böcker über dasselbe. gr. 16. (43 S.) Trier 851, Gall's Vrlgsh.

Die B. Landessaatzuchtanstalt, Berichte der B. Landessaatzuchtanstalt.
Berichte Nr. 1-5 in den Vierteljahrsheften des Bayer. Landwirtschaftsrates, 6-7 als Eigendrucke.
München 1902.

Berichte über Landwirtschaft. [H. 1.] Berlin: Parey 1907. 4°(8°)
[illegible] 2

[H. 1]. Bericht, betreffend Untersuchungen über die Wirkung des Nahrungsfettes auf die Milchproduktion der Kühe . . .
A. Allgemeiner Bericht von O. Kellner. 1907

[H. 2]. Bericht, betreffend Untersuchungen über die Wirkung des Nahrungsfettes auf die Milchproduktion der Kühe . . .
B. Spezialberichte der Versuchsansteller. 1907

[H. 3]. Bericht, betreffend Mästungsversuche mit Schweinen über die Verwertung der Kartoffeln bei verschiedener Eiweißzufuhr, ausgeführt in 17 landwirtschaftlichen Betrieben.
A. Allgemeiner Bericht über den Plan, die Ausführung und die hauptsächlichsten Ergebnisse der Versuche, bearb. von O. Kellner.. 1908

[H. 4]. Bericht, betreffend Mästungsversuche mit Schweinen über die Verwertung der Kartoffeln bei verschiedener Eiweißzufuhr, ausgeführt in 17 landwirtschaftlichen Betrieben.
B. Berichte über die einzelnen Versuche . . . 1908

— üb. Landw. Hrsg. im Reichsamte d. Innern. 5—12. Heft. Lex 8° Berl., P Parey. 12.80 d

Bericht d. deut. Landw.-Rats betr. Füttergsversuche m. Pferden üb. d. Ersatz v. Hafer u. Mais durch Trockenkartoffeln, m. e. Einl. v. O Kellner. — Mästgsversuche m. Schweinen üb. d. Wirkg v. Trockenkartoffeln u. Mais, ausgeführt in 16 landw. Betrieben u. Versuchsanst. I. Allg. Bericht v. O Kellner. (88) '09. [11.] — 90 ‖ Dass. betr. Mästgsversuche m. Schweinen usw. II. Berichte üb. d. einz. Versuche. (227) '09. [12.] 2 —

Delcke, J: Bericht üb. d. Kontrollver. Petkus u. d. Ergebn. er ersten beiden Rechngsj. (30) '09. [10.] — 50

Frost, J: Flachsbau u. Flachsindustrie in Holld, Belgien u. Frankr. (142 m. Abb. u. 20 Taf.) '09. [9.] 3.80

Krankheiten u. Beschädigungen d. Kulturpflanzen im J. '05. Zusammengest. in d. kais. biolog. Anst. f. Land- u. Forstw. (108) '07. [5.] 1.50

Polis, P: Der Wetterdienst u. d. Meteorol. in d. Verein. Staaten v. Amerika u. in Canada. Studienreise. (48 m. Abb. u. 2 Kart.) [7.] 1.20

Veranstaltungen z. Förderg d. heim. Obstbaues u. d. heim. Obstverwertg. Bericht, erstattet v. deut. Pomologen-Ver. (177 m. 3 Tab.) '08. [6.] 1.70

Wegner: Beitr. z. Kenntnis südafrikan. Landw. Bericht üb. e. Studienreise durch d. englisch-südafrikan. Kolonien. — Üb. d. Schafzucht, Wollproduktionen u. Handhabg d. Wollgeschäftes in Argentinien. — Abessin. Sämereien. (120) '09. [8.] 1.20

Heft 1—4 bilden: Bericht d. deut. Landw.-Rats betr. Untersuchgn üb. d. Wirkg d. Nahrgsfettes auf d. Milchproduktion d. Kühe, A u. B, u. Dass. betr. Mästgsversuche mit Schweinen, A u. B.

— üb. Landwirtschaft. Hrsg. im Reichsamte d. Innern. 13—25. Heft. Lex8° Berl., P Parey. (1—7, 9, 10, 12—25: 44.10) d

Heft 8 u. 11 sind vergriffen.

— d. deut. Landwirtschaftsrats betr. Füttergsversuche m. Schweinen üb. d. Verdaulichk. verschied. Futtermittel, ausgeführt an den landwirtschaftl. Versuchsstationen zu Göttingen, Möckern u. Münster i. W. v. Fr. Lehmann, O Kellner u. J König. (5, 71) '09 [15] — 80

Bericht d. deut. Landwirtschaftsrats an d. Reichsamt d. Innern betr. Untersuchgn üb. d. Wirkg d. Palmkernkuchen auf d. Milchproduktion, ausgeführt v. Eichloff, Cl. Grimme, Prof. Th. Henkel u. a. B. Spezialberichte d. Versuchsansteller. (15, 843) '11 [24] 6.60; (A u. B: nn 7.10) (A, s. unten: Untersuchungen.)

Echtermeyer, Th.: Gartenbau auf Moorboden. Beitrag z. Ausnutzg uns. deut. Moore durch gärtner. Kulturen. (4, 36 m. 30 Taf., 1 Bl. Erklärgn u. 1 Kte.) '11 [22] 1.20

Goebel, O: Volkswirtsch. d. ostbaikal. Sibiriens '09. (6, 206 m. 7 Ktn.) '10 [19] 2 70

— Volkswirtschaft d. westbaikal. Sibirien. (10, 326 m. 4 Ktn.) ('10) [14] 3.20

Krankheiten u. Beschädiggn d. Kulturpflanzen '06. Zusammengest. in d. kais. biolog. Anst. f. Land- u. Forstw. (7, 179) '09 [13] 1.60 ‖ Dass. '07. (7,215) '09. [16] 1.80 ‖ Dass. '08. (8, 209) '10 [18] 1.80 ‖ Dass. '09. (8, 270) '11 [25] nn 2.30

Mästungsversuche m. Schweinen üb. d. Wirkg v. Presskartoffeln u. Kartoffelflocken. Mit zusammenfass. Bericht v. O Kellner. (5, 105) '11 [23] 1 —

Untersuchungen üb. d. Wirkg d. Palmkernkuchen auf d. Milchproduktion. A. Allg. Bericht, v. O Kellner. (35) '11 [21] nn — 50
B., s. ob.: Bericht üb. Palmkernkuchen.

Veranstaltungen z. Förderg d. heim. Obstbaues u. d. heim. Obstverwertg. Bericht v. deut. Pomologen-Ver. (6, 150) '10 [17] 1.50 ‖ Dass. '09 u. '10. (5, 200 m. Abb. u. 2 Taf.) '11 [20] 2 —

Berichte üb. Land- u. Forstwirtschaft im Auslande. Mitgeteilt v. auswärtigen Amt. Buchausgabe. Stück 1—25. Berl. 1902—16.
(Deutsche Landwirtschafts-Gesellschaft). [Specif.]

— über Land- u. Forstwirtschaft im Auslande. Mitgeteilt vom auswärt. Amt. Buchausg. 8.—13. Stück. Lex.-8. Berlin (P. Parey). n. 22. 50
Auhagen, zur Besiedelung Sibiriens. Bericht des landwirtschaftl. Sachverständigen für das östl. Rußland beim kaiserl. Generalkonsulat in St. Petersburg: A. (IV, 59 S.) 902. (4. Stück.) n. 2. —
— die Landwirtschaft in Transkaspien. Von dem landwirtschaftl. Sachverständigen bei dem kaiserl. deutsch. Generalkonsulat in St. Petersburg. (IV, 68 S.) 905. (8. Stück.) n. 2. —
Borchardt, A., aus dem östlichen Hinterlande der Wolga. (IV, 89 S.) 904. (7. Stück.) n. 2. —
— aus dem Kaukasus. I. Tl. Die ciskaukas. Landwirtschaft. (III, 57 S.) 906. (9. Stück.) n. 1. 50
— der Weizenbau im südwestlichen u. zentralen Rußland u. seine Rentabilität. Bericht d. landwirtschaftl. Sachverständigen beim kaiserl. Generalkonsulat in St. Petersburg, B. (III, 84 S.) 902. (3. Stück.) n. 1. —
Brödermann, E. A., Schaf- u. Schweine-Hochzuchten in England u. ihre Bedeutung f. deutsche Züchter. Bericht des zum Studium der engl. Schaf- u. Schweinezucht nach England entsandten Sachverständigen. (20 S.) 903. (5. Stück.) n. 1. —
Brutschke, die landwirtschaftlichen Maschinen in den Vereinigten Staaten von Amerika u. der Arbeiterersatz. Bericht des zum Studium des nordamerik. landwirtschaftl. Maschinenwesens entsandten Sachverständigen B. Mit 62 Textabbildgn. (VI, 79 S.) 904. (6. Stück.) n. 2. —
Frost, J., Agrarverfassung u. Landwirtschaft in den Niederlanden. Mit 6 Karten. (VIII, 495 S.) 906. (12. Stück.) 6. —
Hollmann, Haller u. J. Frost, der Butterhandel in Dänemark, Frankreich u. den Niederlanden. (III, 38 S.) 906. (13. Stück.) n. 1. —
Metzger, dänische Geräte zur Bodenbearbeitung in Buchensamenschlägen. Mit 3 photolith. Taf. (32 S. m. 3 Bl. Erklärgn.) 906. (10. Stück.) n. 2. —
Scheck, A., die forstlichen Verhältnisse Kanadas. Mit e. Karte v. Kanada. (IV, 122 S.) 906. (11. Stück.) n. 2. —
Hft. 1 u. 2 u. d. T.: Oetken, Fr., zur französischen Pferdezucht. — Borchardt, A., die bäuerlichen Verhältnisse im südwestlichen u. zentralen Rußland. Ebd. 902. à n. 2. —.

Berichte über Land- u. Forstwirtschaft im Auslande. Mitgeteilt v. auswärt. Amt. Buchausg. 14.—20. Stück. Lex. 8. Berlin, (P. Parey). 16. —
Auhagen, Hub., Beiträge zur Kenntnis der Landesnatur u. der Landwirtschaft Syriens. Mit 6 Kunsttaf. (IV, 85 S.) 907. (16. Stück) 2. —
Borchardt, A., aus dem Kaukasus. II. Tl. (III, 57 S.) 907. (14. Stück) 1. 50
— Finnländische Agrarwirtschaft. Von dem landwirtschaftl. Sachverständigen bei dem kaiserl. deutschen Generalkonsulat in St.-Petersburg. Mit 6 Textabbildgn. u. 2 Karten. (VII, 113 S.) 908. (17. Stück) 2. —
Frost, J., Agrarverfassung u. Landwirtschaft in Belgien. Mit 12 Taf. u. 2 Karten. (VIII, 555 S.) 909. (18. Stück) 6. —
Hollmann, Gras- u. Kleesamengewinnung in Dänemark. (81 S.) 909. (19. Stück) 1. 50
— u. Skalweit, Gras- u. Kleesaaten, Gewinnung u. Handel in Dänemark, Großbritannien u. Irland. (52 S.) 909. (20. Stück) 2.
Skalweit, der Obstbau in England. Von dem landwirtschaftl. Sachverständigen bei dem kaiserl. deutschen Generalkonsulat in London. (23 S. m. 1 Karte.) 907. (15. Stück) 1.

— über Land- u. Forstwirtschaft in Deutsch-Ostafrika. Hrsg. vom kaiserl. Gouvernement v. Deutsch-Ostafrika Dar-es-Salâm. I. Bd. 1. u. 2. Hft. gr. 8. Heidelberg, C. Winter's Univ.-Buchh. n. 5. 20
1. (136 S.) 902. n. 2. 80
2. Mit 3 Taf. u. 5 Textabbildgn. (S. 137—204.) 902. n. 2. 40

Berichte üb. Land- u. Forstwirtschaft in Deutsch-Ostafrika. Hrsg. v. kaiserl. Gouvernement v. Deutsch-Ostafrika Dar-es-Salâm. I. Bd. 3.—7. Heft. gr. 8. Heidelberg, C. Winter, Verl. n. 9. —
(I. Bd. kplt. n. 14. 20)
3. (S. 205—323.) 903. n. 2. 40. — 4. Mit 1 lith. Taf. u. 8 Textabbildgn. (S. 325—381.) 903. n. 2. 40. — 5. (S. 383—390.) 903. n. — 60. — 6. (S. 391—465.) 903. n. 1. 60. — 7. (IV u. S. 467—562.) 903. n. 2. —.

— dasselbe. Hrsg. v. kaiserl. Gouvernement v. Deutsch-Ostafrika (biologisch-landwirtschaftl. Institut in Amani) II. Bd. 8 Hefte. (IV, 531 S. m. Fig. u. 18 Taf.) gr. 8. Ebd. 904—906. n. 17. —

— dasselbe. III. Bd. 1. Heft. (S. 1—14 m. 3 Taf.) gr. 8. Ebd. 906. n. — 60

— dasselbe in Deutsch-Ostafrika. Hrsg. vom kaiserl. Gouvernement v. Deutsch-Ostafrika (biologisch-landwirtschaftl. Institut in Amani). III. Bd. 2.—4. Heft. (S. 15—217 m. 1 Taf.) gr. 8. Heidelberg 907. 08. C. Winter, Verl. 3. 50

Berichte, Landwirthschaftliche. – Ulm: 24.X.1840 - 6.I.1843. Fortges. u.d. T.: Donau-Bote.

— landwirthschaftliche. Herausg. von L. v. Babo. (1—4.) Jahrg. 1855—58. à 24 Nrn. (à ½ Bgn.) Heidelberg, Emmerling. gr. 8. Jeder Jahrg. n. 15 ngr

— landwirthschaftliche. Hrsg. von L. v. Babo. (1. und 2.) Jahrg. 1855 und 1856. à Jahrg. 26 Nrn. (½ Bog.) gr. 8. Heidelberg, Groos'sche Universitäts-Buchh. à Jahrg. *

— landwirthschaftliche. Herausg. von L. v. Babo. 5—8. Jahrg. 1859—62. à 12 Nrn. (à 1 Bgn.) (Heidelberg, A. Emmerling.) gr. 8. 5. u. 6.: à n. 15 ngr.; 7. u. 8. Jahrg à n. 10 ngr.

— landwirthschaft., aus Mittel-Deutschland. Enthalt. d. Neueste u. Wissenswürdigste f. Landwirthe, z. B. die Quintessenz d. ökonom. Tages-Literatur u. Journalistik, der agrar. Gesetzgebung, d. Protokolle d. landw. Vereine, d. Berichte üb. den Stand d. Feldfrüchte u. den Ertrag d. Ernten, d. Correspondenz u. Mittheilungen aus verschied. Gegenden, Recens. neuer Schriften ꝛc. ꝛc. Hrsg. v. Th. G. Gumprecht. In zwangl. Hftn. 1—6. Hft. M. 7 Stnt. gr. 4. (à 8 B.) Ilmenau 833, 34, Voigt. à

— landwirthschaftliche, aus Mittel-Deutschland. Enthalt. d. Neueste u. Wissenswürdigste f. Landwirthe. Hrsg. v. Th. G. Gumprecht. 7—25. Hft. M. 21 Stnt. Nebst Intelligenzbl. gr. 4. (à 8 B.) Weimar 835—42, Voigt. à H.
1—6. Hft. Ebendas. 1833, 34. 3 Thlr.

— landwirthschaftliche, aus Mittel-Deutschland, 26—38. Hft. gr. 4. (103 B. u. 12 Stnt.) Weimar 842—47, Voigt. à ⅓ Thlr.
Hft. 26. u. 27. Hrsg. v. Th. G. Gumprecht, 28—38. fortgesetzt von Wilh. Protz.
1—25. Hft. Ebendas. 1833—42. 12 Thlr. 15 Ngr.

— landwirthschaftliche, aus Mittel-Deutschland. Von Wilh. Protz. 39. und 40. (letztes) Heft. 4. (110 S. und 1 Stnt.) Weimar 847—48, Voigt. à Heft 15 Ngr.

Berichte, landwirthschaftliche, aus Westphalen. Hrsg. v. landw. Kreis-Vereine Minden. 1. Hft. — A. u. d. T.: Darstellung d. landw. Verhältnisse im Kreise Minden 1830—1840. gr. 8. (4 B.) Minden 841, Eßmann. * Thlr.

— landwirthschaftliche, aus Westphalen. 2. Hft. Hrsg. v. dem landwirthschaftl. Kreis-Vereine Minden. gr. 8. (3⅛ B.) Minden 843, Eßmann. *
1. Hft. Ebendas. 1841. * 5 Ngr.

— von Lehrern üb. d. Engel'sche Methode d. Stimmbildung od. d. prakt. phonet. Lautschulg. 8. (15 S.) Karlsruhe 898. (Müller & Gräff.) — 30

Berichte über die Lehr- und Lernmittel-Ausstellung des deutschen Lehrervereins, s.a. Bericht über die Lehr- und Lernmittel-Ausstellung.

— über die Lehr- und Lernmittel-Ausstellung des deutschen Lehrervereins, Bezirksverband Berlin im J. 1874. Redig. und hrsg. von dem Ausstellungs-Comitée. gr. 8. (306 S.) Berlin 876, [Kastner.] Wallroth. **

— der Leopoldinen-Stiftung (z. Unterstütz. kathol. Missionen in Amerika) im Kaiserth. Oesterreich. 6 Hfte. gr. 8. ... Wien 831—34, (Wimmer.)

— der Leopoldinen-Stiftung im Kaiserth. Oesterreich. 7. u. 8. Hft. 1835. gr. 8. (3 B. u. 1 Tab.) Wien, (Mechitaristen-Congreg.-Buchh.) à H. *
1—6. Hft. Wien 831—34, Wimmer. * 1 Thlr. 8 Gr.

Berichte der Leopoldinen-Stiftung im Kaiserthume Oesterreich. XXV. Heft. 1853. 8. (B. 117 — 122 und 1 Bl.) Wien, Verlag in der fürsterzbischöflichen Konsistorial-Kanzlei.

Berichte der Leopoldinen-Stiftung im Kaiserthume Oesterreich. XXVI. Heft 1854. 8. (68 S.) Wien. Mechitharisten-Buchdruckerei. Verlag in der f. e Konsistorial-Kanzlei. 1854.

Berichte der Leopoldinen-Stiftung im Kaiserthume Oesterreich. XXVII. Heft 1855. Wien, 1855. Mechitharisten-Buchdruckerei. Verlag in der F. E. Konsistorial-Kanzlei. (99 S. 1 Bl. 8.)

Berichte der Leopoldinen-Stiftung im Kaiserthume Oesterreich. 28. Heft 1856. Wien, 1857. Mechitharisten-Buchdr. Verlag in der F. E. Konsistorial-Kanzlei. (45 S. 1 Bl. 8.)

Literarische Berichte für Forstmänner. Hrsg. W. Widenmann. - Tübingen. Ber. 1-5. 1832, 1833. - (M. n. ersch.)

— literarische, aus Ungarn über die Thätigkeit der ungarischen Akademie der Wissenschaften u. ihrer Commissionen, d. ungar. National-Museums, der Kisfaludy-Gesellschaft, der histor. Gesellschaft, der naturwissenschaftl. u. anderer gelehrten Gesellschaften u. Anstalten, sowie auch einzelner Schriftsteller. Hrsg. v. Paul Hunfalvy. 1—4. Bd. 1877—1880. à 4 Hfte. gr. 8. (à Hft. ca. 190 S.) Budapest, Knoll. à Bd. n. 8. —

—— literarische, aus Ungarn über die Thätigkeit der ungarischen Academie der Wissenschaften und ihrer Commissionen, des ungar. National-Museums, der Kisfaludy-Gesellschaft, der histor. Gesellschaft, der naturwissenschaftl. und anderer gelehrten Gesellschaften und Anstalten, sowie auch einzelner Schriftsteller. Hrsg. von Paul Hunfalvy. 4. Bd. 1880. 4 Hefte. gr. 8. (VIII, 648 S.) Budapest. (Leipzig, Brockhaus' Sortiment und Antiq.) *
Die Fortsetzung erschien u. d. T.: Ungarische Revue.

— literarische, aus Ungarn, Register, s.a. Register.

Register zu literarische Berichte aus Ungarn. Band I.—IV. 1878—1881 und ungarische Revue. Jahrgg. I—XIII. (1882—1894.) Lex.-8. (54 S.) - .50
Budapest: Kilian 1895.

BERICHTE ÜBER DIE PHARMAKOGNOSTISCHE LITTERATUR ALLER LÄNDER, herausgegeben von der Deutschen Pharmaceutischen Gesellschaft.
Bericht für 1896. Teil I—III. (Druck von Leonhard Simion in Berlin.) (Ohne bes. Titelblatt.) 8°.
Bericht für 1897. Theil I. (Druck von A. W. Hayn's Erben in Potsdam.)
Bericht für 1898. Berlin. Verlag von Gebrüder Borntraeger. (Mit bes. Titelbl.)
Bericht für 1899. ib. —
Bericht für 1900. ib. —

— d. deutsch-österr. Literatur-Gesellsch., s.a. Echo, d. litterar.

Berichte der deutsch-österreichischen Literatur-Gesellschaft. 1. Jahrgang. 1898/99. 4. Wien 1899.

Loesers Berichte für Keramik, Glas und verwandte Gebiete ... Hrsg. von Dr.-Ing. Carl Loeser. Jg. 1, H. 1. Halle a. S.: Hrsg. 1909. 4°
(09. 1910 3)

Berichte. Luzernerische B' über die Bartholomäusnacht s. (L[iebenau], Th[eodor] v[on]).

— an Se. Maj. d. Könige v. Schweden abgestattet zu Stockholm d. 7. Jan. 1813 von s. Staatsminister d. auswärt. Angelegenh.; nebst d. Briefe d. Kronprinzen v. Schweden an Napoleon. gr. 8. Leipz. 804. Rein. 8 gr.

— d. Maschinenprüfgsstation d. Landw.-Kammer f. d. Prov. Ostpreussen üb. usw. Getreidemähemaschinen u. Grasmähemaschinen s.a. Arbeiten d. Landw.-Kammer f. d. Prov. Ostpreussen.

Berichte der Maschinenprüfungsstation der Landwirtschaftskammer für die Provinz Ostpreußen über die von ihr angestellten Prüfungen von A. Getreidemähemaschinen u. Grasmähemaschinen mit Handablage deutschen Fabrikates, B. Grasmähemaschinen deutschen Fabrikates. (Königsberg i. Pr. 1904: Ostpr. Dr.) (33 S.) 8° [F.]
= Arbeiten d. Landwirtschaftskammer f. d. Prov. Ostpreußen No 12. (05.6.6) 10

— mathematische u. naturwissenschaftliche, aus Ungarn. Mit Unterstützg. der ungar. Akademie der Wissenschaften u. der königl. ungar. naturwissenschaftl. Gesellschaft hrsg. v. Baron R. Eötvös, Jul. König, Jos. v. Szabó, Koloman v. Szily, Karl v. Than. Red. v. J. Fröhlich. 1—3. Bd. gr. 8. Budapest. Berlin, Friedländer & Sohn. n. 24. —
1. (Octbr. 1882—Juni 1883.) Mit 5 Taf. u. mehreren Holzschn. (419 S.) 884. n. 10. —
2. (Juni 1883—Juni 1884.) Mit 10 Taf. (VIII, 482 S.) 885. n. 8. —
3. (Juni 1884—Juli 1885.) (VIII, 320 S.) 886. n. 6. —

— mathematische u. naturwissenschaftliche, aus Ungarn. Mit Unterstützg. der ungar. Akademie der Wissenschaften u. der königl. ungar. naturwissenschaftl. Gesellschaft hrsg. v. Baron R. Eötvös, Jul. König, Jos. v. Szabó, Koloman v. Szily, Karl v. Than. Red. v. I. Fröhlich. 4. u. 5. Bd. [Juni 1885—Juni 1887.] gr. 8. (X, 303 S. m. 3 Taf.; XI, 323 S. m. 5 Taf.) Budapest, (Kilian. — Berlin, Friedländer & Sohn). à Bd. n. 6. —

— dasselbe. 6. u. 7. Bd. [Juni 1887—Octbr. 1889.] gr. 8. (X, 509 S. m. 4 Taf. u. Aug. Trefort's Portr.; XII, 525 S. m. 4 Taf.) Ebd. à Bd. n. 8. —

— mathematische u. naturwissenschaftliche, aus Ungarn. Mit Unterstützg. der ungar. Akademie der Wissenschaften u. der königl. ungar. naturwissenschaftl. Gesellschaft hrsg. v. Roland Baron Eötvös, Jul. König, Jos. v. Szabó, Karl v. Than. Red. v. I. Fröhlich. 8. Bd. [Octbr. 1889—Octbr. 1890.] gr. 8. (XVI, 525 S. m. 9 z. Th. farb. Taf.) Budapest 891. (Verlagsbureau der Ungar. Akademie d. Wissenschaften. — Kilián. — Berlin, Friedländer & Sohn.) n. 8. —

— dasselbe. 9. Bd. [Octbr. 1890—Octbr. 1891.] gr. 8. (XII, 478 S. m. 3 Taf.) Ebd. 892. n. 8. —

— dasselbe. 10. Bd. [Octbr. 1891—Octbr. 1892.] gr. 8. (XIII, 419 S. m. 7 Taf.) Ebd. 893. n. 8. —

— dasselbe. 11. Bd. [Octbr. 1892—Octbr. 1893.] gr. 8. (XV, 491 S. m. 26 Taf.) Ebd. 894. n. 8. —

— mathematische u. naturwissenschaftl. a. Ungarn. M. Unterstützg. d. ungar. Akademie d. Wiss. u. d. kgl. ungar. naturwissenschaftl Gesellschaft hrsg. v. Roland Baron Eötvös, Jul. König, Jos. v. Szabó, Karl v. Than. Red. v. I. Fröhlich. 12. Bd. [Octbr. 1893—Octbr. 1894.] gr. 8. (XVI, 478 S. m. Abb. u. 3 Taf.) Budapest 895. F. Kilian. n. 8. —

— dasselbe. 13. Bd. [Jan. 1895—Decbr. 1895.] gr. 8. (IV, 464 S. m. Abb. u. 3 Taf.) Ebd. 896. 97. n. 8. —

— dasselbe. 14. Bd. 1895—1896. gr. 8. (XVI, 487 S. m. Fig.) Ebd. 898. n. 8. —

Berichte, mathematische u. naturwissenschaftliche, aus Ungarn. Mit Unterstützg. der ungar. Akademie der Wissenschaften u. der königl. ungar. naturwissenschaftl. Gesellschaft hrsg. v. Roland Baron Eötvös, Jul. König, Karl v. Than. Red. v. Aug. Heller. 15. Bd. 1897. gr. 8. (XI, 459 S. m. Fig. u. 3 Taf.) Budapest 899. [F. Kilián's Nachf.] Leipzig, B. G. Teubner. n. 8. —

— dasselbe. 16 Bd. 1898. gr. 8. (X, 572 S.) Ebd. 899. n. 7. —

— dasselbe. 17. Bd. 1899. gr. 8. (VII, 364 S.) Leipzig 901. B. G. Teubner. n. 8. —

— mathematische u. naturwissenschaftliche, aus Ungarn. Mit Unterstützg. der ungar. Akademie der Wissenschaften u. der königl. ungar. naturwissenschaftl. Gesellschaft hrsg. v. Roland Baron Eötvös, Jul. König, Karl v. Than. Red. v. Aug. Heller. 18. Bd. 1900. (X, 477 S. m. Fig.) gr. 8. Leipzig 903. B. G. Teubner. n. 8. —

— dassolbe. Hrsg. v. Roland Baron Eötvös, Jul. König, Karl v. Than. Red. v. Jos. Kürschák u. Frz. Schafarzik. 19. u. 20. Bd. 1901 u. 1902. (XIV, 402 S. m. Fig. u. X, 410 S. m. 94 Fig. u. 6 Taf.) gr. 8. Ebd. 904. 905. à n. 8. —

— mathematische u. naturwissenschaftliche, aus Ungarn. Mit Unterstützg. der ungar. Akademie der Wissenschaften u. der königl. ungar. naturwissenschaftl. Gesellschaft hrsg. v. Roland Baron Eötvös, Jul. König, Karl v. Than. Red. v. Jos. Kürschák u. Frz. Schafarzik. 21.—26. Bd. gr. 8. Leipzig, B. G. Teubner. (Wien, K. Graeser & Co.) 60. —
21. 1903. (X, 295 S. m. 55 Fig. u. 4 Taf.) 907. 10.—. — 22. 1904. (VIII, 476 S. m. 42 Fig. u. 1 Taf.) 907. 18.—. — 23. 1905. (IX, 375 S. m. 29 Fig.) 8.—. — 24. 1906. (1. u. 2. Hft. 160 S.) 8.—. — 25. 1907. (1. u. 2. Heft. S. 1—176 m. 1 Abbildg. u. 2 Taf.) 908. 8.—. — 26. 1908. 1. Hft. (96 S.) 8.—.

— Mathematische u. naturwissenschaftl., a. Ungarn. Hrsg. v. Roland Baron Eötvös u. Jul. König. Red. v. Jos. Kürschák u. Frz Schafarzik. 27. u. 28. Bd je 4 Hefte. (27. Bd, 1. Heft: 80) gr8° Lpzg, BG Teubner. (Wien, K Graeser & Co.) '11'12. je 8 —

— üb. den 2. allgemeinen Milchwirtschaftstag Paris 1905, s. a.: Schriften, des deutschen milchwirtschaftlichen Vereins.

Berichte üb. den 2. allgemeinen Milchwirtschaftstag abgehalten zu Paris vom 16. bis 19. Oktober 1905 u. üb. die daran geknüpften Besichtigungen u. Ausflüge . . . Leipz. 1906. (79) S. Fig. 1 Kt.
(Schriften d. deutschen milchwirtschaftlichen Vereins Nr. 31). 523.

— militärisch politische, aus Frankreich. Von einem norddeutschen Officier. Berlin 859. F. Schneider. (Stilke & van Muyden.) gr. 8. (XIV, 227 S.) n. 1 ℛ

—— militair.-polit., a. Frankreich. 8. (227) Berl. 59, Weber. n. 1. —

Berichte über d. Mission v. Luisiana, gesammelt v. R(äß) und N. W(eiß). gr. 8. Mainz 821, Müller.

— über die Mission von Louisiana; gesammelt (von Räß und Weis). gr. 8. Straßburg 1821, Leroux. 30 kr.

—— der k. und k. Missionen und Consulate in handelspolitischen Angelegenheiten. Nr. 2. gr. 4. (204 S.) Wien 876, k. k. Hof- und Staatsdruckerei.
Nr. 1 vgl.: Correspondenzen des Ministerium des Aeußeren.

—— d. k. u. k. Missionen u. Consulate in handelspolit. Angelegenh. Nr. 2. 4. (204) Wien 77, Hof- u. Staatsdr. n. 4. —
cf. 1875: Correspondenzen d. Minist. d. Aeusseren.

— der Rheinischen Missionsgesellschaft. Red.: J. C. Wallmann. Jahrg. 1849—1853. 26 Nrn. gr. 8. (B.) Barmen. (Sartorius. — Berlin, J. A. Wohlgemuth.) à Jahrg. n. n. 5/12 ℛ (Fortsetzung der: Monats-Berichte d. Rheinischen Missionsgesellschaft.)

— der Rheinischen Missionsgesellschaft. Jahrg. 1854—57. Red.: J. C. Wallmann. — Jahrg. 1858. Red.: Fabri. à 24 Nrn. (à 1 Bgn. mit jährlich 12 lith. Abbildgn.) Barmen. (Sartorius. — Berlin, Wohlgemuth.) gr. 8. Jeder Jahrg. nn. 15 ngr

— der Rheinischen Missions-Gesellschaft. Red.: Fabri. Jahrg. 1859. 24 Nrn. (à 1 Bgn.) Mit Abbildungen. Barmen. (Halle, Fricke.) gr. 8. nn. 15 ngr

— — Jahrg. 1860—64. à 12 Hfte. (à 2 Bgn.) Mit Abbildungen. Ebend. gr. 8. Jahrg. 60—63.: à nn. 15 ngr; 64.: nn. 17½ ngr

— der rheinischen Missions-Gesellschaft. Herg. von Fabri. 22—27. Jahrg. 1865—1870. à 12 Hefte (à 2 Bgn. mit Abbildgn.). Barmen, (Buchhdlg. der ev. Gesellsch. — Halle, Fricke.) gr. 8. Jeder Jahrg. nn. 17½ ngr

— der rheinischen Missions-Gesellschaft. Hrsg. v. Fabri. 28—33. Jahrg. 1871—1876. à 12 Hfte. (2 B.) Mit Abbildgn. gr. 8. Barmen. (Klein. — Halle, Fricke). à Jahrg. n.n. 1. 75

Berichte der rheinischen Missions-Gesellschaft. Hrsg. v. Fabri. 34—39. Jahrg. 1877—1882. à 12 Hfte. (2 B. m. Holzschntaf.) gr. 8. Barmen, (Klein. — Wiemann. — Halle, Fricke's Verl.). à Jahrg. n.n. 1. 75

— der rheinischen Missions-Gesellschaft. Hrsg. v. Fabri. 40—43. Jahrg. 1883—1886 à 12 Hfte. (2 B. m. Holzschntaf.) gr. 8. Barmen. (Klein. — Wiemann. — Halle, Fricke's Verl.) à Jahrg. n.n. 1. 75

— der rheinischen Missions-Gesellschaft. Hrsg. v. A. Schreiber. 44.—47. Jahrg. 1887—1890. à 12 Hfte. (2 B. m. Holzschntaf.) gr. 8. Barmen, (Comptoir d. Missionshauses). à Jahrg. n.n. 1. 75

— der rheinischen Missions-Gesellschaft. Hrsg. v. A. Schreiber unter Mitwirkung v. R. Krafft. 48.—51. Jahrg. 1891—1894 à 12 Hfte. (2 Bog. m. 1 Holzschntaf.) gr. 8. Barmen, (Comptoir d. Missionshauses). à Jahrg. n.n. 1. 75

— d. rheinischen Missions-Gesellschaft. Hrsg. v. A. Schreiber unt. Mitwirkg. v. R. Krafft. 52. Jahrg. 1895. 12. Nrn. (à ca. 32 S. m. Taf.) gr. 8. Barmen (D. B. Wiemann). n.n. 1. 75

— d. rhein. Missions-Gesellsch. Hrsg. v. E Kriele. 53—57. Jahrg. 1896—1900 à 12 Nrn. 8° (1896. Nr. 1. 32 m. 1 Taf.) Barm., Comptoir d. Missionsh. à Jahrg. nn 1.75

— d. rhein. Missions-Gesellsch. Hrsg. v. E Kriele. 58—62. Jahrg. 1901—5 je 12 Nrn. (1901. Nr. 1. 32 m. Abb.) 8° Barm., Comptoir d. Missionsh. Je nn 1.75 ℳ

— d. rhein. Missions-Gesellsch. Hrsg. v. Ed. Kriele. 63—66. J. '06—9 je 12 Nrn. (Je 292) 8° Barm., Comptoir d. Missionsh. Je nn 1.75 ℳ

Berichte d. rhein. Missions-Gesellschaft. Hrsg. v. Ed. Kriele. 67—69. J. '10—12 je 12 Nrn. (67. J.: 4, 304) 8° Barm., Comptoir d. Missionshs. je nn 1.75 ℳ

[ð.] Berichte über den Stand der Missionssache in Hessen-Kassel, erstattet auf der Missionsconferenz in Marburg am 27. Oct. 1897. *Cassel: E. Röttger (1897.)* (48 S.) 1 Bd 8. [98. 5238 Ma

Berichte vom Jahr 1829—1832 an die Mitglieder der deutschen Gesellschaft zur Erforschung vaterländischer Sprache und Alterthümer in Leipzig. Leipzig 1829—32. II: *Stieglitz, Christian Ludwig.* (Ky)

BERICHT(E)[2]) ÜBER DIE . . . MITGLIEDER-VERSAMMLUNG DES WESTFÄLISCHEN (auch: WESTF.) VEREINS ZUR FÖRDERUNG DES KLEINWOHNUNGRWESENS . . .
III. . . . verbunden mit Bericht über den II. Verbands-Tag des Verbandes westfälischer Baugenossenschaften am 15. und 16. Dezember 1904 zu Dortmund. ib. —
IV. . . . zugleich 3. Jahresbericht und über den III. Verbandstag des Verbandes Westfälischer Baugenossenschaften, zugleich 2. Jahresbericht. 16. und 17. November 1905. ib. —
V. . . . (8. Oktober 1906) zugleich 4. Jahresbericht und über den IV. Verbandstag des Verbandes Westfälischer Baugenossenschaften (7. Oktober 1906) zugleich 3. Jahresbericht. ib. —
VI. . . . (18. November 1907) zugleich 5. Jahresbericht und über den V. Verbandstag des Verbandes Westfälischer Baugenossenschaften (17. November 1907) zugleich 4. Jahresbericht. ib. —
VII. . . . (19. November 1908) zugleich 6. Jahresbericht und über den VI. Verbandstag des Verbandes Westfälischer Baugenossenschaften (20. November 1908) zugleich 5. Jahresbericht. ib. Universitätsbuchdruckerei Johannes Bredt.
VIII. . . . am 11. Okt. 1909 zugleich 7. Jahresbericht und über den VII. Verbandstag des Verbandes Westfälischer Baugenossenschaften am 10. Oktober 1909, zugleich 6. Jahresbericht. ib. —
IX. . . . am 16. Juli 1910 in Münster zugleich 8. Jahresbericht und über den VIII. Verbandstag des Verbandes Westfälischer Baugenossenschaften am 17. Juli 1910 in Münster zugleich 7. Jahresbericht. ib. —
X. . . . am 21. Oktober in Witten (Ruhr) und über den IX. Verbandstag des Verbandes der westfälischen Baugenossenschaften am 22. Oktober 1911 in Witten (Ruhr). II. 9. Jahresbericht des Westfäl. Vereins zur Förderung des Kleinwohnungswesens. ib. —
XI. . . . am 16. November 1912 in Dortmund und über den X. Verbandstag des Verbandes westfälischer Baugenossenschaften am 17. November 1912 in Dortmund. ib. — [3]).
XII.[1]) . . . am 11. Oktober 1913 in Münster i. W. und über den XI. Verbandstag des Verbandes der westfälischen Baugenossenschaften am 12. Oktober 1913 in Münster i. W. II. 11. Jahresbericht des Westfälischen Vereins zur Förderung des Kleinwohnungswesens. ib. — 4°.

Berichte über die 3.—6. Mitglieder-Versammlung des Westfälischen Vereins zur Förderung des Kleinwohnungswesens, zugleich 2.—5. Jahresbericht, und über den 2.—5. Verbandstag des Verbandes Westfälischer Baugenossenschaften, zugleich 1.—4. Jahresbericht. Münster i. W., 1905—1908.

—— und **Mittheilungen** des Alterthums-Vereines in Wien. III. Bd. 2. Abthl. und IV. Bd. 4. (79 S. mit vielen Taf. in Bunt- und Tondr.) — Zunächst nur für die Mitglieder des Alterthums-Vereines. Wien 860, Prandel und Meyer.

— u. **Mittheilungen** d. Alterthums-Vereines zu Wien. 11. Bd. gr. 4. (XXX, 333 S. m. eingedr. Holzschn., 1 Holzschntaf. u. 6 Steintaf., in 4 u. qu. Fol., wovon 2 photolith. u. 1 chromolith.) Wien 870. Gronemeyer in Comm. n.n. 24. —

— — dasselbe. 12. Bd. Imp.-4. (XXXV, 198 S. m. eingedr. Holzschn. u. 19 Steintaf. in gr. 4., qu. Fol. u. qu. Imp.-Fol.) Ebend. 872. n.n. 24. —

— — dasselbe. 13. Bd. Imp. 4. (XVI, 206 S. m. 2 Steintaf. in qu. Fol.) Ebend. 874. n. 10. —

— — dasselbe. 14. Bd. Imp.-4. (XX, 118 S. m. eingedr. Holzschn. u. 2 Steintaf. in Fol.) Wien 874. (Gerold's Sohn.) n. 18. —

— — dasselbe. 15. Bd. Imp.-4. (XVIII, 200 S. m. eingedr. Holzschn. u. 19 Taf. in Kpfrst., Lith. u. Chromolith. in Imp.-4. u. qu. gr. Fol.) Ebend. 875. n. 18. —

— u. **Mittheilungen** d. Alterthums-Vereins zu Wien. 16. Bd. Imp.-4. (XVI, 89 S. m. eingedr. Holzschn. u. fcsm. lith. Plan von Wien aus dem J. 1684.) Wien 876. Gerold's Sohn in Comm. n. 18. —; Plan ap. n. 2. —; color. n. 4. —

— — dasselbe. 17. Bd. Imp.-4. (XLVI, 329 S. m. eingedr. Holzschn. u. Steintaf.) Ebend. 877. 78. n. 28. —

— — dasselbe. 18. Bd. gr. 4. (XXX, 170 S. m. 1 eingedr. Holzschn., 1 Steintaf. u. 7 Photolith.) Ebend. 880. n. 10. —

— — dasselbe. 19. Bd. gr. 4. (XVII, 137 S. m. eingedr. Holzschn.) Ebend. 880. n. 16. —

— — dasselbe. 20. Bd. gr. 4. (XXIII, 151 S. m. eingedr. Holzschn. u. 5 lith., chromolith. u. Lichtdr.-Taf.) Ebend. 881. n. 16. —

— u. **Mittheilungen** d. Alterthums-Vereines zu Wien. 21—23. Bd. gr. 4. (XXVIII, 162; XX, 219 u. XIV, 106 S. m. eingedr. Fig. u. 7 Taf.) Wien 882—86. Gerold's Sohn. n. 16. —

Berichte u. Mittheilungen d. Alterthums-Vereins zu Wien. 24. Bd. gr. 4. (XL, 224 S. m. eingedr. Illustr u. 11 Taf.) Wien 887. (Gerold's Sohn.) n. 16. —

— — dasselbe. 25. Bd. gr. 4. (XXX, 164 S. m. Textillustr. u. 4 Taf.) Ebd. 889. n. 14. —

— — dasselbe. 26. Bd. gr. 4. (162 S. m. eingedr. Abbildgn. u. 4 Taf.) Ebd. 889. n. 13. 60

— u. **Mittheilungen** d. Alterthums-Vereines zu Wien. 26. Bd. 3. (Schluss-)Hft. Imp.-4. (XXI u. S. 163—236 m. eingedr. Abbildgn.) Wien 890. (C. Gerold's Sohn.) n. 6. 80 (26. Bd. kplt.: n. 20. 40)
Ergänzung zur Ausgabe in Bd. XXV.

— — dasselbe. 27.—29. Bd. Imp.-4. Ebd. à n. 20. —
27. (XIV, 108 S. m. Abbildgn. u. 9 Taf.) 891.
28. (XXXVII, 148 S. m. Abbildgn. u. 5 Taf.) 892.
29. (XXV, 196 S. m. Abbildgn. u. 1 Taf.) 893.

— u. **Mittheilungen** d. Alterthums-Vereines z. Wien. 30.—33. Bd. gr. 4. Wien (C. Gerold's Sohn). n. 54. 40
30. (XXXVIII, 150 S. m. 5 Taf.) 894. n. 20. —
31. (XXXVIII, 157 S. m. Abb. u. 2 Taf.) 895. n. 20. —
32. (XXVIII, 128 S. m. Abb. u. 1 Taf.) 896. n. 10. —
33. (XXVI, 193 S. m. Abb. u. 5 Taf.) 898. n. 4. 40

— u. **Mittheilungen** des Alterthums-Vereines zu Wien. 34.—37. Bd. gr. 4. (III, XXX, 809 S. m. Abbildgn. u. 6 Taf.) Wien (Gerold & Co.) n. 18. —
34. (III, XXIII, 120 S. m. Abb. u. 2 Taf.) 899. n. 3. —
35. (III, XXI, 132 S. m. Abb. u. 6 [1 farb.] Taf. 900. n. 3. —
36. 37. (III, XXX, 809 S. m. Abb. u. 6 Taf.) 902. n. 12. —

— u. **Mitteilungen** des Altertums-Vereines zu Wien. 38. Bd. 2 Abtlgn. (XX, 95 u. XXI—XXX, 183 S. m. Abb. u. 16 Taf.) 4. Wien 903. 904. (Gerold & Co.) n. 25. —

— u. **Mitteilungen** d. Altertums-Ver. zu Wien. 39—41. Bd. 32×24,5 cm. Wien, (Gerold & Co.). 54 —
39. (16, 124 m. Abb. u. 20 Taf.) '06. 18 — ‖ 40. (85, 189 m. Abb. u. 17 Taf.) '06.'07. 24 — ‖ 41. (15, 93 m. Abb. u. 13 Taf.) '08. 12 —

— u. **Mitteilungen** d. Altertums-Vereines zu Wien. 42—44. Bd. 32×24,5 cm. Wien, Gerold & Co.
42. (20, 119 m. Abb. u. 7 Taf.) '09. 15 — ‖ 43. (26, 126 m. Abb. u. 8 Taf.) '10. 12 — ‖ 44. Red. v. Ant. Mayer. (39, 120 m. Abb. u. 13 Taf.) '11. 12 —

—— über die **Mittheilungen** von Freunden der Naturwissenschaften in Wien; gesammelt und hrsg. von Wilh. Haidinger. 7 Bde. gr. 8. Wien, (Braumüller.) *
Bd. 1. Mai bis October 1846. (XI und 263 S.) 847. * 1 Thlr. 6 Ngr.
- 2. November und December 1846 und Januar bis Juni 1847. (XV und 500 S.) 847. * 2 Thlr. 12 Ngr.
- 3. Juli bis December 1847. (XIII und 497 S.) 848. * 2 Thlr. 12 Ngr.
- 4. Januar bis Juni 1848. (X und 472 S. mit eingedr. Holzschn.) 848. * 1 Thlr. 28 Ngr.
- 5. Juli bis December 1848 und Januar bis März 1849. (XII und 281 S. mit eingedr. Holzschn. und 1 Stnt. in qu. 4.) 849. * 20 Ngr.
- 6. April bis December 1849. (IX und 185 S.) 850. * 1 Thlr.
- 7. Januar bis November 1850. (X und 325 S. mit eingedr. Holzschn. 851. * 1 Thlr. 10 Ngr.

Berichte, monatliche, über die Resultate aus den meteorolog. Beobachtungen an den k. sächsischen Stationen. Dresden 1866—71. 4.

Berichte, Monatliche, über die Resultate aus den meteorologischen Beobachtungen, angestellt an den königlich sächsischen Stationen im Jahre 1870, 1871. Mitgetheilt nach den Zusammenstellungen im statistischen Bureau des königlichen Ministeriums des Innern von Dr. C. Bruhns, Prof. der Astronomie und Director der Sternwarte in Leipzig. (2 Bde.)
4. Dresden 1871—1872.

Berichte, betr. die Mucury-Colonie in der brasilianischen Provinz Minas Geraes. H. 1. — Hbg: Jowien 1859. 29 S.

Berichte der Internationalen Musikgesellschaft. 1. Leipzig: Breitkopf & Härtel 1907. 8° 07. 3714

—nachträgl., über das Armenwesen in d. Herzogth. Schleswig u. Holstein, s. Schriften d. Schleswig-Holstein. Gesellsch. IV. 28 Hft.

Nähere Berichte von den Preussischen Armeen in Böhmen. Gedruckt im Juni 1757. (2 Bl. c. 7. adn.)

Berichte d. einzelnen Nationen an d. internat. socialist. Arbeiterkongress in Zürich üb. d. Stand d. socialdemokrat. Bewegg in ihren Ländern. Zürich, Bh. d. Schweiz. Grütliver.
Angekündigt, wird aber lt Anzeige d. Verlagsb. vom Mai 1894 nicht erscheinen.

Berichte über den Neubau und die Einweihung des Logenhauses der zur Gr. Loge von Preussen, gen. Royal York zur Freundschaft gehörigen vier vereinigten Johannis-Logen im Or. Berlin 1883. Berlin 1883: Fickert. 64 S. 4 Taf. 8°
cf. BstR. 3 (1883) S. 69—92.
Die Taf. stellen den Grundriss, einen Längs- u. Querschnitt durch den Neubau dar.

— neue 100, vom J. 1869 über die Krainer Biene aus der österreichisch-ungarischen Monarchie sowie aus Nord- u. Süddeutschland. Nebst Verzeichniß der Namen u. Wohnorte der Herren Berichterstatter u. Vereine u. dem Preis-Courant vom „Krainer Handelsbienenstand" des Freih. v. Rothschütz zu Pösendorf bei Laibach. Breslau 870. Trewendt in Comm. gr. 8. (16 S.) n. 2 ngr.

Berichte, Neue, von Gelehrten Sachen auf das Jahr 1762—[1765] ausgefertiget von einigen Mitgliedern der Akademie zu Rostock. Rostock 1762—65. H (1762): *Quistorp, Joh. Jac.* (1763—65) *Eschenbach, Christian Eberh.* (Bachmann, Mecklenburg. Güstrow 1889. S. 346.)

Berichte, neueste, vom Cap. d. guten Hoffnung üb. Sir John Herschel's höchst merkwürd. astronomische Entdeckungen, den Mond u. seine Bewohner betreff. Nebst kurzer Uebersicht einiger neu entdeckter u. beobacht. Doppelsterne u. Nebelflecken. 8. (7½ B.) Hamburg 836, Erie. *

Neuste Berichte aus dem Hannov. Lager u. aus Schlesien; Aug. 1757. (2 Bl.) 4.

Berichte. — Des Fliegenden Mercurii Neueste Berichte Aus der Physicalisch- und Politischen Welt [für das Jahr 1751]. O. O. Dr. u. J. [1751]. 52 Nummern zu je 8 S., in 1 Bde. Kl.8°. Zus. 416 S.

Berichte, neueste officielle, an die Regierung der verein. Staaten über die Lage und Zukunft Californiens, veröffentlicht durch J. C. L. Fleischmann. 8. (VIII und 64 S.) Stuttgart 850, F. Köhler. Thlr.

— über Nutzpflanzen, insbesondere über die Ergebnisse ihres Anbaues in verschiedenen Theilen Deutschlands. Hrsg. von Metz & Co. Jahrg. 1868. Berlin, Wiegandt & Hempel. gr. 8. (VIII, 116 S.) n. 18 ngr.

Berichte über neuere Nutzpflanzen, insbesondere über die Ergebnisse ihres Anbaues in verschiedenen Theilen Deutschlands. Herausg. von Metz & Comp. Jahrg. 1859. Berlin, Bosselmann. (Wiegandt & Hempel.) (VIII, 116 S.) n. 12 ngr. Jahrg 1860. Ebend. gr. 8. (VIII, 120 S.) n. 20 ngr.
Jahrg. 1861. Ebend. gr. 8. (VI, 93 S.) n. 15 ngr.

—— über neuere Nutzpflanzen, insbesondere über die Ergebnisse des Anbaues in verschiedenen Theilen Deutschlands. Hrsg. von Metz und Comp. Jahrg. 1862—1867. gr. 8. (à Jahrg. ca. 116 S.) Berlin, Wiegandt und Hempel. [Jahrg. 1862. * 20 Ngr., Jahrg. 1863—67. à * 18 Ngr.] *

Berichte d. Oberfeldarztes, bezw. des eidgenöss. Militärdepartem. f. d. J. 1874—78. Bern 1875—79.

— officiell., v. d. Schlacht v. Enzersdorf u. Wagram, deutsch u. französ. M. 3 Kart. 4. Weim. ... 2e A. 809. Geograph. Inst. 1 1/6 ...

Officielle Berichte von der Schlacht von Enzersdorf u. Deutsch-Wagram, 5. u. 6. Juli 1809. 4. M. 3 Pl. Weimar 1810. 3,75.

Officielle Berichte von den Schlachten bei Esslingen u. Gross-Aspern, 21. u. 22. Mai 1809, und bei Enzersdorf u. Wagram, 5. u. 6. Juli 1809.

— des VII. internationalen Orientalisten-Congresses, geh. in Wien im J. 1886. gr. 8. (129 S.) Wien 889, Hölder. n. 4.—

BERICHTE DES GEBIRGS-VEREINS OYBIN für die Vereinsjahre 1880—1883. Im Auftrage des Vereins erstattet von ALFR. MOSCHKAU. Oybin 1883. 8°.

Pennsylvanische Berichte 1745 1762
Germantown, PA

— d. k. k. Permanenzkommission f. d. Handelswerte, s.: Archiv, österr. wirtschaftspolit. (s. a.: Bericht.)

— üb. Pflanzenschutz d. Abteilg f. Pflanzenkrankh. d. Kaiser Wilhelm-Instit. f. Landwirtsch. in Bromberg. Die Vegetationsperiode '08/09. Hrsg. v. Schander. (161 m. Abb.) gr8° Berl., P Parey '11. 2.50

— der Phonogramm-Archivs-Kommission der kaiserl. Akademie der Wissenschaften in Wien. Nr. VIII. gr. 8. Wien (A. Hölder). n. —45
VIII. Ein Apparat zur Kopierung phonographischer Schrift v. Edison-Walzen auf die Platten des Archivphonographen. Von Fritz Hauser. Mit 4 Fig. (6 S.) 906.
Sonderabdruck aus: „Sitzungsber. d. k. Akad. d. Wiss." I—VII, s.: Bericht.

Berichte d. Phonogramm-Archivs-Kommission der kaiserl. Akademie der Wissenschaften in Wien. Nr. IX u. X. gr. 8. Wien, (A. Hölder.) 1. 90
IX. Phonographische Aufnahme der Eskimosprache, ausgeführt v. Rudolf Trebitsch u. Gustav Stiassny im Sommer 1906. Mit 2 Taf. (17 S.) 906. 1. 10
X. 2. Bericht üb. meine phonographischen Aufnahmen in Neu-Guinea (British-Neu-Guinea vom 7. X. 1905 bis zum 1. II. 1906). Von Rud. Pöch. (17 S. m. 3 Fig. u. 1 Taf.) 907. — 80
* Sonderabdrucke aus: „Sitzungsber. d. k. Akad. d. Wiss." Fortsetzg., s.: Mitteilung.

Photographische Berichte hrsg. von Dr. Adolf Hesekiel, Berlin. H. 1, No 1. (Berlin: A. Hesekiel 1900.) 8° [05. 9433]

—— Prager. Illustrirte Zeitschrift f. Gartenbau, Land- u. Forstwirthschaft in Oesterreich-Ungarn. Hrsg.: E. Bahlsen. Red.: Eman. Melis. 4. Jahrg. 1875. 24 Nrn. (B. m. eingedr. Holzschn.) 4. Prag, (Calve.) n.n. 4. —

— der deutschen Preisrichter an die Reichskommission f. die Weltausstellung in Philadelphia, nebst einem Verzeichniß der preisgekrönten Aussteller. Hrsg. von der Redaktion d. Deutschen Reichs- u. Kgl. Preuß. Staats-Anzeigers. gr. 8. (172 S.) Berlin 877. C. Heymann's Verl. n. 3. —

— aus der Privat-Frauenklinik v. Dr. med. F. Weindler. 1903—1904. 1. Tl. (III, 83 S. m. 12 Abbildgn.) gr. 8. Dresden 905. (v. Zahn & Jaensch.) n. 2. 50

— u. stenograph. **Protokoll** üb. d. Versammlg v. Nahrungsmittel-Chemikern u. Mikroskopikern, 1891 in Wien. 8° (100) Wien 92, (M Perles). 4 —

— und Protokolle, commissarische, über die auf Allerhöchsten Befehl stattgefundene ärztliche Beobachtung der in Dresden anwesend. sogenannten Somnambule Johanne Christiane Höhnin aus Draschwitz. Auf Anordnung des königl. sächs. Ministeriil des Innern in Druck gegeben. 8. Dresden 840. Bromme. n. 1/4 ...

Berichte und Protokolle über die Verhandlungen und die Ergebnisse der internationalen Conferenz für land- und forstwirthschaftliche Meteorologie, abgehalten in Wien in den Tagen vom 6. bis 9. September 1880. - Wien 1880

Berichte d. praktischen Prüfungs-Station für Maschinen u. Geräthe an der landw. Lehranstalt zu Kappeln an der Schlei. Referirt v. F. Schacht. H. 2. Kappeln a. d. Schlei 1889.

— u. **Rechnungs-Abschluss** d. Commission f. Verkehrsanlagen in Wien üb. d. Gebarungsperiode v. 25. Juli 1892 bis 31. Decbr 1893. 4° (131 m. 1 Pl.) Wien 93, (Hof- u. Staatsdr.) || Für 1894. (91 m. 1 Pl.) 95. à — 40

— u. **Rechnungs-Abschluss** d. Commission f. Verkehrsanlagen in Wien f. 1895. 4° (89 m. 2 Pl.) Wien 96, (Hof- u. Staatsdr.). || 1896. (98 m. 1 Pl.) 97. || 1897. (91 m. 1 Pl.) 98. || 1898. (121 m. 1 Pl.) 99. || 1899. (106 m. 1 Pl.) 99. à — 40

— u. Rechnungs-Abschluss d. Kommission f. Verkehrsanlagen in Wien f. 1900—04. 4° Wien, (Hof- u. Staatsdr.). Je — 40
1900. (109 m. 1 Pl.) '01. || '01. (93) '02. || '02. (123) '03. || '03. (101 m. 1 Taf.) '04. || '04. (79 m. 1 Taf.) 05.

—— während einer Reise um die Erde 1877/78 von F. P. gr. 8. (VII, 187 S. mit 1 autogr. Weltkarte.) Hamburg 880, Jenichen. *

Berichte über eine Reise nach den westl Staaten Nas u einen mehrjhr Aufenthalt am Missouri ... in Bezug auf Auswandg u Übervölkerung f d häusliche u pol Lage d Europäer dargestellt, (a) in einer Smlg v Briefen, (b) in einer pol Abhandl, (c) in einem ratgebenden Nachtrag. Gedruckt zu Elberfeld in Jahre 1829; 2d ed, w adds, Bonn, 1834. Auf Kosten der Schweizerischen Auswandgsgesell gedruckt. St. Gallen, 1832.

Berichte betreffend die beantragte Reorganisation des (Leipziger) Waisenwesens und der Kinderpflege. 8°. Leipzig 1883.

Berichte über Airol «Roche», [hrg. von] F. Hoffmann-La Roche & Cie., Basel ... [und] Grenzach.... [2. Aufl.] 24 S. 8. [Basel, Schweizer. Verlags-Druckerei G. Böhm, 1905.]

— d. Sachverständigen-Vernehmgn d. Börsen-Enquête-Kommission. Jetzt: Lpzg. (CF Winter). nn 20 —; m. d. Bericht d. Börsen-Enquête-Kommission nn 25 — 91/95

Berichte der westpreussischen Trinkerheilanstalt Sagorsch. 1886 - 1894. 8°. 22 S. 1895 ff.

Berichte usw. von Salbach, Schroeder u. a., betreffend die Anlage einer Wasserleitung in Mannheim. Dresden und Mannheim 1872. Fol. (Ms. gedr.)

— des Sanitäts-Collegiums v. Basel-Stadt vom J. 1870. gr. 8. (208 S. m. 6 Steintaf. in gr. 8., 4. qu. u. gr. Fol., u. 2 Tab. in gr. u. qu. Fol.) Basel 871. 72 (Schweighauser.) n. 3. 20

—— des Sanitäts-Collegiums von Basel-Stadt vom J. 1870. gr. 8. (208 S. mit 6 Stnt. in gr. 8., 4., qu. und gr. Fol., und 2 Tab. in gr. und qu. Fol.) Basel 872, (Schweighauser's Buchh.) *

— — d. Schifffahrts-Gewerbeinspectors (Amtssitz: Wien) a. d. Berichte d. k. k. Gewerbe-Inspectoren üb. ihre Amtsthätigkeit im J. 1895. 8° (52) Ebd. 96. — 40
Vgl. a. Vorlage-, allg. Bericht u. Bericht etc. — Jahrg. 1894 war nicht zu erhalten.

— u. Schlußanträge der Majorität u. Minorität der vom Großrathskollegium des Kantons St. Gallen unterm 24. Nov. 1838 niedergesetzten Fünfer-Commission über Regulirung der bisthümlichen Verhältnisse im Kanton St. Gallen. 8. St. Gallen 839. (Scheitlin u. Zollikofer.) ...

— üb. d. v. Frankreich den vormal. Kurhess. Schuldnern, vorzügl. in Mecklenburg, in d. J. 1806 — 10 abgedrungenen Schuldtilgungen, v. H. Grafen v. S. 8. Neubrandenb. 826. Dümmler. 6 gl.

— des theologischen Seminariums d. Brüdergemeine in Gnadenfeld. 7. Heft. gr. 8. Leipzig, F. Jansa. n. 1. 60
Die Geschichte der Verfassung der evangelischen Brüderunität in Deutschland m. besond. Berücksicht. d. kirchenrechtlichen Verhältnisse. Von Wilh. Ludw. Kölbing. (VIII, 103 S.) 906.
Die Hefte 1—6 erschienen ohne Sammeltitel.

— des theologischen Seminariums der Brüdergemeine in Gnadenfeld. 8. Heft. gr. 8. Leipzig 908. F. Jansa. 2. —
Der religiöse Unsterblichkeitsglaube. Eine religionsvergleich. Studie. Von Theophil Steinmann. (VIII, 71 S.)

VEREIN FÜR DIE DEUTSCHE NORDPOLARFAHRT. Begründet am 19. September 1870. BERICHTE ÜBER DIE SITZUNGEN NEBST ANLAGEN. Bremen 1870—(1876). Druck von Diercksen & Wichlein. 8°. (Erschienen sind die Protokolle der 1.—40. Versammlung 1870—1876 nebst Anlagen.)

BERICHTE ÜBER DIE SITZUNGEN DER GESELLSCHAFT FÜR BOTANIK ZU HAMBURG ...
Heft I. Während des Zeitraums vom 30. October 1884 bis zum 30. April 1885. Mit 2 Steindrucktafeln und 1 Holzschnitt. Separat-Abdruck aus dem Botanischen Centralblatt. Cassel. 1886. Theodor Fischer. 8°.
Heft II. Während des Zeitraums vom 30. October 1885 bis zum 27. Mai 1886. Hamburg 1886. Druck von Rob. Conrad.

BERICHTE ÜBER DIE SITZUNGEN DER GESELLSCHAFT FÜR BOTANIK ZU HAMBURG.
Zusammengestellt und herausgegeben von SADEBECK.
Heft III. Hamburg 1887. Druck von Rob. Conrad. 8°.
Heft IV. (Schlussheft der ersten Reihe.) ib. 1888. Druck von Gebr. Gotthelft, Cassel [1]).

BERICHTE ÜBER DIE SITZUNGEN DER MEDICINISCHEN GESELLSCHAFT ZU LEIPZIG
vom 26. April 1887 bis 27. März 1888. Leipzig. Druck von Walter Wigand. 8°.
vom 30. April 1889 bis 25. März 1890. ib. —
vom 25. April 1893 bis 13. März 1894. (Mit 1 Tabelle.) ib. —
vom 1. Mai 1894 bis 19. März 1895. (Mit 1 Tabelle.) ib. —
vom 28. April 1896 bis 16. März 1897. ib. —
vom 4. Mai 1897 bis 8. März 1898. ib. —

Berichte üb. d. Sitzung. d. Bukowiner Handels- u Gewerbek. in Czernowitz. 1906-10. Czernowitz 1907-11

Berichte über die Sitzungen der Handels- u Gewerbekammer zu Zittau. 1899-1905.

Berichte über die öffentlichen Sitzungen der Handels- und Gewerbekammer zu Zittau 1894-98. Zittau 1894-98

Berichte über die öffentlichen Sitzungen der Handels- und Gewerbekammer zu Zittau. 1905-09. Zittau 1905-09

— über die 4., 5. u. 6. Sonntagsschul-Konvention. Berlin 891. [Verlag f. Sonntagsschul-Litteratur.] Deutsche Sonntagsschulbuchhdlg. n.n. — 65
4. In Berlin am 27. u. 28. Septbr. 1882. Hrsg. vom Komitee f. Förderg. der Sonntagsschulsache in Deutschland. gr. 16. (128 S.) 882. n.n. — 20
5. In Bremen vom 2. bis 4. Novbr. 1886. Hrsg. vom Vorstande d. „Vereins f. Förderg. der Sonntagsschulsache in Deutschland“. gr. 8. (151 S.) 886. n.n. — 30
6. Aus Anlaß d. deutschen Sonntagsschul-Jubiläums in Berlin am 7., 8. u. 9. Oktbr. 1888. Besorgt durch Wachsmann. Hrsg. vom Komitee f. Förderg. der Sonntagsschulsache in Deutschland. (64 S.) 888. n.n. — 15
Vgl.: Bericht üb. die Sonntagsschul-Konvention.

— üb. Sortenversuche, s: Arbeiten d. deut. Landwirtschafts-Gesellsch.

„Berichte der preussischen Staatschulden-Commission 1818 bis 1843“, 2 Bände. — „Bericht der Hauptverwaltung der Staatsschulden über ihre Geschäftsführung seit dem Jahre 1820“, Berlin 1833. — „Bericht der Hauptverwaltung der Staatsschulden über ihre Geschäftsführung seit dem 1. Januar 1833 bis Ende Dezember 1842“, Berlin 1843. — Alle vorh.: Preuß. Staatsbibl. Berlin.

Berichte über die Deutsche Städteausstellung Dresden 1903. Gross-Lichterfelde 1903. 4°.
(Techn. Gemeindeblatt. Jg 6. Sonderbeil.)

Berichte über den Stand und die Leistungen des Gewerbevereins für Nassau. 1906-08. 4° Wiesbaden 1907-09

Berichte (Statistische) über Schankstellenverhältnisse und Trunksucht in den Gouvernementen Ssaratow und Kasan. „Porjadok.“ 1881.

Steiger's Literarische Berichte: May 1871-1910?
New York

Steiger's Literarische Berichte: no. 1—121†, June 1873—Nov. 12, 1877†
Irregular. Advertising medium for the German book trade. Published by Ernst Steiger.
New York, NY.

Berichte, stenographische, des preußischen Abgeordnetenhauses über den Antrag von Schulze-Delitzsch u. Genossen betr. das Coalitionsrecht der Arbeitgeber u. Arbeiter. [Sitzung vom 11., 14. u. 15. Febr. 1865.] Berlin 865. Moeser. gr. 8. (155 S.) 5 ngr.

Berichte, stenographische, des preußischen Abgeordnetenhauses über die Verhandlungen betr. den im Königreich Polen ausgebrochenen Aufstand. Berlin 863. Moeser. gr. 8. (232 S.) 10 ngr.

—— stenographische, über die Adreß-Debatte des preußischen Abgeordnetenhauses am 27., 28. und 29. Jan. 1863. 6. Aufl. gr. 8. (288 S.) Berlin 863, Moeser.

Berichte Stenogr. üb. d. Prozess Arnim. Berlin 874.

— stenographische, üb. d. 2. u. 3. Berathg. d. Entwurfs e. Bürgerlichen Gesetzbuchs i. Reichstage. hoch 4. (386 S.) Berlin 896. J. Guttentag. n. 6. —

Berichte, Stenographische, über die ordentlichen Generalversammlungen des Vereins für die bergbaulichen Interessen im Oberbergamtsbezirk Dortmund zu Essen. 1.—46. G.-V. (1859—1904). Essen, 1859—1904.

— stenogr. üb. d. Prozess geg. Dr. Lafaurie, Candidat Rothe, Candidat Lange u. Student Amelung weg. Verleitg d. Militärs z. Ungehorsam. Verhandelt vor d. Geschworenengericht zu Weimar d. 1—4.III.1849. Weim., H Grosse. ca 1 — Erscheint nicht.

— stenographische, über die wichtigern polit. Prozesse, welche vor dem am 26. Febr. d. J. zusammengetretenen Geschwornengericht zu Weimar verhandelt werden. 1.: Der Prozeß gegen Dr. Lafaurie, Cand. Rothe, Cand. Lange u. Stud. Amelung „wegen Verleitung des Militärs zum Ungehorsam.“ 1. Liefrg. gr. 4. (96 S.) Jena 849, Hochhausen. n. 1/2 ℳ

— stenographische, üb. die Sachverständigen-Vernehmungen der Börsen-Enquete-Kommission. Nebst Register u. Sitzungsprotokollen. Berlin 892. 893. (Puttkammer & Mühlbrecht.) n.n. 70. —
1.—56. Verhandlungstag, nebst e. Anh., enth. 7 Gutachten üb. Terminhandel, insbesondere in Kammzug u. Baumwolle. Fol. (3622 S.) — Register, nebst Verzeichniß der Mitglieder u. Sachverständigen. Fol. (246 S.) — Sitzungsprotokolle üb. die 1.—93. Sitzung. gr. 4. (XXII, 455 S.) — Protokolle der Unterkommission f. das Kommissionsgeschäft. gr. 4. (28 S.) — Protokolle der Unterkommission f. die statistischen Erhebungen. gr. 4. (15 S.) — Referat üb. die Frage der Haftung der Emissionshäuser. Zum Protokoll der 35. Sitzg. überreicht v. E. Mendelssohn-Bartholdy. gr. 4. (7 S.)

— stenographische, über die Verhandlungen des Ausschusses des Bundesraths des norddeutschen Bundes für Handel u. Verkehr, betr. die Enquête über das Hypotheken-Bankwesen. Vom 13. März 1868 bis zum 19. Juni 1868. Berlin 868. v. Decker. Fol. (258 S.) n. 1 ℛ 10 ngr.

Berichte, stenographische, über die Verhandlungen der Enquete in Betreff der Revision des Patentgesetzes vom 25. Mai 1877. Imp.-4. (169 S.) Berlin 887, v. Decker's Verlag.

Stenographische Berichte über die Verhandlungen des Fünfziger-Ausschusses 17. April bis 12. Mai 1848. 4.

Vereinigung der Steuer- und Wirtschafts-Reformer. Stenographische Berichte über die Verhandlungen der 22. General-Versammlung (1897) ff.

— stenographische, über die Verhandlungen der durch die Allerhöchste Verordnung vom 12. Novbr. 1855 einberufenen beiden Häuser des Landtages. Herrenhaus. 2 Bde. — Haus der Abgeordneten. 5 Bde. Ebend. 856. Imp.-4. (XVI, 472, XV; Anlagen: V, 311; XVIII, S. 1—456; VI, S. 457—886; V, S. 887—1350, XI S.; Anlagen 1. Thl.: V, S. 1—312; 2. Thl.: VI, S. 313—702, IV S.) n. 9 ℛ 15 ngr.

— stenographische, über die Verhandlungen der durch die allerh. Verordnung vom 11. Novbr. 1856 einberufenen beiden Häuser des Landtages. Haus der Abgeordneten. 4 Bde. Herrenhaus. 2 Bde. Imp.-4. (LVII und 2542 S.) Berlin 857, Decker'sche geheime Ober-Hofbuchdruckerei. *

— dass. — der vom 18. Dezbr. 1857 einberufenen beiden Häuser des Landtages. Haus der Abgeordneten. 2 Bde. Herrenhaus. 2 Bde. Imp.-4. (LI und 1748 S.) Ebendas. 858. *

— stenographische, über die Verhandlungen der durch die Allerh. Verordnung vom 9. Oktbr. 1858 einberufenen beiden Häuser des Landtages. Enthaltend: Die Sitzungen des Herrenhauses, des Hauses der Abgeordneten u. der Vereinigten beiden Häuser des Landtages der Monarchie. Vom 20. bis 26. Oktbr. 1858. Nebst den dazu gehörigen Anlagen. Ebend. 858. Imp.-4. (V, 32 S.) n. 5 ngr.

Berichte, stenographische, über die Verhandlungen der durch die allerh. Verordnung vom 18. Dezbr. 1858 einberufenen beiden Häuser des Landtages. Haus der Abgeordneten. 4 Bde. Herrenhaus. 2 Bde. Imp.-4. (LXI und 2761 S.) Berlin 859, Decker'sche geheime Ober-Hofbuchdruckerei. Tblr. *

— stenographische, über die Verhandlungen der durch die Allerh. Verordnung vom 22. Dezember 1859 einberufenen beiden Häuser des Landtages. Haus der Abgeordneten. 5 Bde. — Herrenhaus. 3 Bde. Ebend. 860. Imp.-4. (LXXXV, 1031 S.) n. 9 ℛ 10 ngr.

— stenographische, über die Verhandlungen der durch die Allerh. Verordnung vom 27. Dezbr. 1860 einberufenen beiden Häuser des Landtages. Haus der Abgeordneten. 7 Bde. — Herrenhaus. 2 Bde. Ebend. 861. Imp. 4. (LXXIX, 4568 S.) n. 15 ℛ

— stenographische, über die Verhandlungen der durch die Allerh. Verordnung vom 21. Dezbr. 1861 und 6. Mai 1862 einberufenen beiden Häuser des Landtages. Herrenhaus. 2 Bde. Imp.-4. (XXX und 583 S.) Berlin 862, v. Decker'sche geheime Ober-Hofbuchdruckerei.

Berichte, stenographische, über die Verhandlungen der durch die Allerhöchste Verordnung vom 22. Dezbr. 1862 einberufenen beiden Häuser des Landtages. Herrenhaus. Imp.-4. (XXIII und 436 S.) Berlin 863, v. Decker'sche geheime Ober-Hofbuchdruckerei.

— stenographische, über die Verhandlungen der durch die Allerhöchste Verordnung vom 18. April 1867 einberufenen beiden Häuser des Landtages. Haus der Abgeordneten. 1. Bd. Berlin, Moeser. gr. 4. (XIX, 280 S.) n. 20 ngr.

Stenographische Berichte über die Verhandlungen der durch Allerhöchste Verordnung vom 7. November 1867 einberufenen beiden Häuser des Landtages. (Mit Sach- & Sprechregistern und Petitions-Verzeichnissen.)

Haus der Abgeordneten. 10. Legislatur-Periode ff. Berlin. 1867 ff. 4°.

Herrenhaus. Session 1867/68 ff. Berlin. 1868 ff. 4°.

Berichte, stenographische, über die Verhandlungen der durch die allerhöchste Verordnung vom 15. Octbr. 1868 einberufenen beiden Häuser des Landtages. Herrenhaus. 2 Bde. gr. 4. Berlin 869, v. Decker'sche Geh. Ober-Hofbuchdr. *

Inhalt:

Bd. 1. Von der Eröffnungs-Sitzung der beiden vereinigten Häuser des Landtages am 4. Novbr. 1868 und der ersten bis zur 21. und Schluß-Sitzung am 6. März 1869. (XX, 500 S.)

„ 2. Anlagen zu den Verhandlungen des Herrenhauses. (X, 497 S.)

— — über die Verhandlungen der durch Verordnung vom 21. Septbr. 1869 einberufenen beiden Häuser des Landtages. Herrenhaus. 2 Bde. Ebend. Fol. n. 1 ℛ 10 ngr.

Inhalt: 1. Bd.: Von der Eröffnungs-Sitzung der beiden vereinigten Häuser des Landtages am 6. Oktbr. 1869 u. der ersten bis zur 17. u. Schluß-Sitzung am 12. Febr. 1870. (XVIII, 308 S.) — 2. Bd.: Anlagen zu den Verhandlungen des Herrenhauses. (VII, 386 S.)

— stenographische, üb. die Verhandlungen der durch die Allerhöchste Verordnung vom 1. Novbr. 1872 einberufenen beider Häuser d. Landtages. Herrenhaus. 2 Bde. gr. 4. Berlin 874. v. Decker. n. 12. —

1. Von der Eröffnungs-Sitzg. der vereinigten beiden Häuser d. Landtags am 12. Nov. 1872 u. der ersten bis zur 36. u. der Schluß-Sitzg. am 20. Mai 1873. (IX, 670 S.)

2. Anlagen zu den Verhandlgn. d. Herrenhauses. Von No. 1—183. (IX, 724 S.)

— stenographische, üb. die Verhandlungen der durch die Allerhöchste Verordnung vom 4. Nov. 1873 einberufenen beiden Häuser d. Landtages. Herrenhaus. 2 Bde. gr. 4. Berlin 874. v. Decker. n. 9. —

1. Verhandlungen d. Herrenhauses (454 S.)

2. Anlagen zu den Verhandlungen d. Herrenhauses (VIII, 570 S.)

Berichte, stenographische, über die Verhandlungen der durch die Allerhöchste Verordnung vom 3. Octbr. 1877 einberufenen Häuser des Landtages. Herrenhaus. 2 Bde. Fol. (XX, 438; VI, 207 S.) Berlin 878, (v. Decker's Verlag.)

Berichte, stenographische, über die Verhandlungen der durch Allerhöchste Verordnung vom 8. Novbr. 1878 einberufenen Häuser d. Landtages. Herrenhaus. 2 Bde. Fol. (XX, 280 u. VII, 565 S.) Berlin 879. v. Decker. n.n. 7. —

Berichte, stenographische, über die Verhandlungen der durch die Allerhöchste Verordnung vom 15. Oktbr. 1879 einberufenen beiden Häuser des Landtages. Herrenhaus. 2 Bde. Fol. (VII, 384; VI, 576 S.) Berlin 880, (v. Decker's Verlag.) **

— stenographische, über die Verhandlungen der durch die Allerhöchste Verordnung vom 13. Oktbr. 1880 einberufenen beiden Häuser des Landtages. Herrenhaus. 2 Bde. Fol. (VII, 256; VI, 517 S.) (Ebendas.) 881. **

— dasselbe, der am 4. Jan. 1881 einberufenen beiden Häuser des Landtages. Herrenhaus. 2 Bde. Fol. (VII, 320 u. VI, 288 S.) Ebend. 882. n. 4. 20

— stenographische, über die Verhandlungen der durch Allerhöchste Verordnung einberufenen beiden Häuser des Landtages. Haus der Abgeordneten. Nebst Anlagen. Session 1885, 1886, 1887 u. 1888. 4. Berlin, W. Moeser, Hofbuchdr. n.n. 110. 80

1885. Berichte. 3 Bde. [1. Bd. (XLII, S. 1 624); 2. Bd. (IX, S. 625 1294); 3. Bd. (VII, S. 1295 1863).] — Anlagen. 4 Bde. [1. Bd. Nr. 1 23 (S. 1 614); 2. Bd. Nr. 24 (S. 615 1040); 3. Bd. Nr. 25 163 (S. 1041 bis 1624); 4. Bd. Nr. 164 249 (S. 1625 2041). Preis für alle 7 Bde. n.n. 27. 50.]

1886. Berichte. 4 Bde. [1. Bd. (XLV, S. 1 616); 2. Bd. (VIII, S. 617—1312); 3. Bd. (VIII, S. 1313—2026); 4. Bd. (VIII, S. 2027 2667).] Anlagen. 4 Bde. [1. Bd. Nr. 1 6 (S. 1 683); 2. Bd. Nr. 7 70 (S. 684—1064); 3. Bd. Nr. 71 184 (S. 1065—1664); 4. Bd. Nr. 185—270 (S. 1665 2099). Preis für alle 8 Bde. n.n. 31. 30.]

1887. Berichte. 2 Bde. [1. Bd. (XLV, S. 1 622); 2. Bd. (IX, S. 623 1293).] — Anlagen. 3 Bde. [1. Bd. Nr. 1 4 (S. 1 760); 2. Bd. Nr. 5 46. (S. 761 1560); 3. Bd. Nr. 47 203 (S. 1561 2400). Preis für alle 5 Bde. n.n. 25. .]

1888. Berichte. 3 Bde. [1. Bd. (XLII, S. 1—532); 2. Bd. (VII, S. 533 1040); 3. Bd. (IX, S. 1041 1681). Anlagen. 3 Bde. [1. Bd. Nr. 1 5 (S. 1—784); 2. Bd. Nr. 6 79 (S. 785 1480); 3. Bd. Nr. 80 231 (S. 1481 bis 2068). Preis für alle 6 Bde. n.n. 27. .]

— dasselbe. Außerordentliche Session. 1888. Nebst Anlagen, 4 Nrn. 4. (XXXI, 18 S.; Anlagen 2 S.) Ebd. n.n. — 35

— stenographische, über die Verhandlungen der durch Allerhöchste Verordnung einberufenen beiden Häuser des Landtages. Haus der Abgeordneten. Nebst Anlagen. Session 1889, 1890, 1890/91, 1892. 4. Berlin, W. Moeser. n.n. 159. 25

1889. (XLVIII, 1682 S. u. Anlagen 1960, 64 S.) n.n. 34. 40
1890. (XLVIII, 2098 S. u. Anlagen 2362, 54 S.) n.n. 39. 30
1890/91. (XLVII, 2940 S. u. Anlagen 2967, 60 S.) n.n. 53. 30
1892. (XLVIII, 2186 S. u. Anlagen 2396, 56 S.) n.n. 32. 25

Berichte, stenographische, üb. die Verhandlungen der durch Verordnung vom 28. Decbr. 1891 einberufenen beiden Häuser d. Landtages. Herrenhaus. 2 Bde. gr. 4. (IX, 404; VIII, 430 S.) Berlin 892. (R. v. Decker.) n.n. 5. 50

— dasselbe, durch Verordnung vom 15. Oktbr. 1892 einberufen. Herrenhaus. 2 Bde. gr. 4. (VII, 356 u. VIII, 476 S.) Ebd. 893. n.n. 5. 50

— dasselbe, durch Verordnung vom 26. Dezbr. 1893 einberufen. Herrenhaus. 2 Bde. Fol. (IX, 275 u. VIII, 286 S.) Ebd. 894. n. 4. 65

Berichte, stenograph., üb. d. Verhandlgn. d. durch Verordng. v. 23. Dezbr. 1895 einberufen. beiden Häuser d. Landtags. Herrenhaus. 2 Bde. Fol. (XV, 400 u. VIII, 508 S.) Berlin 896. (R. v. Decker.) n. 6. 60

— dasselbe, d. durch Verordng. v. 26. X. 1896 einberufen. beiden Häuser d. Landtags. Herrenhaus. 2 Bde. Fol. (XVII, 617 u. X, 535 S.) Ebd. 897. n. 8. —

— stenographische, üb. die Verhandlungen der durch die Allerhöchste Verordnung vom 8. Jan. 1885 einberufenen beiden Häuser d. Landtages der Monarchie. Herrenhaus. 2 Bde. Fol. (VII, 330 u. VI, 450 S.) Berlin 885. (v. Decker.) n. 5. 35

— dasselbe der vom 4. Jan. 1886 einberufenen beiden Häuser d. Landtages der Monarchie. Herrenhaus. 2 Bde. Fol. (VII, 378 u. VI, 440 S.) Ebend. 886. n. 5. 50

— stenographische, üb. die Verhandlungen der durch die Allerhöchste Verordnung vom 8. Jan. 1887 einberufenen beiden Häuser d. Landtages der Monarchie. Herrenhaus. 2 Bde. Fol. (VII, 282 u. VI, 420 S.) Ebd. 887. n. 4. 80

— dasselbe, üb. die Verhandlungen der durch die Allerhöchste Verordnung vom 30. Dezbr. 1889 einberufenen beiden Häuser d. Landtages d. Monarchie. Herrenhaus. 2 Bde. Fol. (VII, 323 u. VII, 274 S.) Ebd. 890. n. 4. —

— stenographische, üb. die Verhandlungen der durch die Allerhöchste Verordnung vom 21. Oktbr. 1890 einberufenen beiden Häuser d. Landtages der Monarchie. Herrenhaus. 2 Bde. Fol. (IX, 466 u. VIII, 579 S.) Berlin 891. (R. v. Decker.) n.n. 7. 25

— stenograph., üb. d. Verhandlgn. d. durch Verordng. v. 30. Dezbr. 1894 einberuf. beiden Häuser d. Landtages d. Monarchie. Herrenhaus. 2 Bde. gr. 4. (XI, 410 u. IX, 672 S.) Berlin 895. (R. v. Decker.) n. 7. 75

— stenograph., üb. d. Verhandlgn d. z. 15.I.'96 einberuf., am 20.VI.'96 geschloss. beiden Häuser d. Landtages d. Monarchie. Herrenhaus. 2 Bde. Fol. (400 u. 508) Berl. 96, (R v. Decker). 6.60 || Verhandlgn v. 20.XI.'96—24.VII.'97. 2 Bde. (617 u. 535) 97. 8 —

— Stenographische, üb. d. Verhandlgn d. preuss. Herrenhauses in d. Session '10. Berl., R v. Decker. ca 8.15

Stenographische Berichte über die Verhandlungen der ersten und zweiten Kammer. 20 Bde. Berlin 1848—1851. 4°.

Stenographische Berichte über die Verhandlungen der 1. Kammer vom 26. Februar 1849 bis 3. Mai 1855. Nebst Anlagen.

Stenographische Berichte über die Verhandlungen der 2. Kammer vom 26. Februar 1849 bis 3. Mai 1855. Nebst Anlagen.

Stenographische Berichte über die Verhandlungen der durch das allerhöchste Patent vom 5. Dezember 1848 einberufenen Kammern. Beilage zum preußischen Staatsanzeiger. Erste Kammer 5 Bde. Berlin, Decker 1849—50. 3014 S. 4.
Bd. 1. Vom 26. Febr. bis zur Vertagung am 27. April.
Bd. 2. Vom 7. Aug. bis zum 4. Okt.
Bd. 3. Vom 5. Okt. bis zum 26. Novemb.
Bd. 4. Vom 27. Nov. bis zur Vertagung am 20. Dez. 1849.
Bd. 5. Vom 4. Jan. bis 26. Febr. 1850.
Zweite Kammer. Vom 26. Febr. bis zur Auflösung am 27. April 1849. Berlin 1849. 778 S. 4.

Stenographische Berichte über die Verhandlungen der durch allerhöchste Verordnung vom 30. Mai 1849 einberufenen zweiten Kammer. Beilage zum preußischen Staatsanzeiger. 5 Bde. Berlin, Decker 1849, 1850. 3321 S. 4.
Bd. 1. Vom 7. Aug. bis 5. Okt.
Bd. 2. Vom 9. Okt. bis 15. Novemb.
Bd. 3. Vom 16. Novemb. bis 19. Dez. 1849.
Bd. 4. Vom 4. Jan. bis 8. Febr. 1850.
Bd. 5. Vom 9. Febr. bis 26. Febr. 1850.

— stenographische, über die Verhandlungen der durch die Allerhöchste Verordnung vom 2. Novbr. 1850 einberufenen Kammern. Erste Kammer 2 Bde. u. Zweite Kammer 4 Bde. Imp. 4. (LXIII u. 4191 S.) Berlin 851, Decker. 11 ℛ︁

Berichte, stenographische, über die Verhandlungen der durch die allerhöchste Verordnung vom 4. Novbr. 1851 einberufenen Kammern. Erste Kammer 2 Bde. und zweite Kammer 3 Bde. Imp.-4. (LXXVII und 2765 S.) Berlin 852, Deckersche geheime Ober-Hofbuchdr. Thlr. *

— stenographische, über die Verhandlungen der durch die Allerhöchste Verordnung vom 13. Novbr. 1852 einberufenen Kammern. Erste Kammer 2 Bde. Zweite Kammer 3 Bde. Berlin 853. Decker. Imp.-4. (I.: XXII, S. 1—628; XXVII, S. 629—1148; II.: XIX, S. 1—472; V, S. 473—973; V, S. 975—1575.) n. 9 ℛ︁ 15 ngr

Berichte, stenographische, über die Verhandlungen der durch die Allerhöchste Verordnung vom 29. Octbr. 1853 einberufenen Kammern. Erste Kammer 3 Bde. Zweite Kammer 3 Bde. Berlin 854. Decker. Imp.-4. (I.: XIV, XI, S. 1—422; V, XIV, S. 423—714; VI, 431 S.: II.: XIX, S. 1—482; VI, S. 483—986 u. X S.; VI, 518 u. IV S.) n. 8 ℛ︁

—— stenographische, über die Verhandlungen des anhalt-bernburgischen ersten ordentl. Landtags vom 23. Aug. 1849 bis zum 13. März 1850. 2 Bde. 4. (1892 S.) Bernburg 850, Gröning'sche Buchh. à Bd. *

— stenographische, der Verhandlungen des Reichstags. 1. Legislaturperiode. 3. ordentliche Session. Berlin 869. Kortkampf. gr. 4. n. 4 ℛ︁

— — 1. Legislaturperiode. 4. ordentliche Session. Ebend. 870. gr. 4. pro 360 Bg. incl. Anlagen. n. 6 ℛ︁ 20 ngr.

Stenographische Berichte über die Verhandlungen des Reichstages des Norddeutschen Bundes. (1. Legislatur-Periode vom 24. Februar 1867 bis zum 10. Dezember 1870.) Nebst Anlagen und Register. Berlin. 1867—70. 4°.

——üb. d. Verhandlungen d. Reichstages d. Norddeut. Bundes u. d. deut. Reiches, v. 1867—91. 126 Bde. Vollständ. sehr selten! ca.

Berichte, stenographische, üb. d. Verhandlgn. d. deutschen Reichstages. 6. Legislatur-Periode. 4 Sessionen. Fol. Berlin 884—888. (Puttkammer & Mühlbrecht.) n. 125. 50
Session 1. 1884—1885. Verhandlungen. 4 Bde. (LV, VII, VII, VI, 2882 S.) — Anlagen. 3 Bde. (VI, VI, VI, 2084 S.) n. 60. —. — Uebersicht der Geschäftsthätigkeit des Reichstages in der 1. Session d. 6. Legislatur-Periode. (639 S.) n. 4. 50.
„ 2. 1885—1886. Verhandlungen. 3 Bde. (XLIV, VIII, VII, 2239 S.) — Anlagen. 3 Bde. (V, V, IV, 1707 S.) n. 45. —
„ 3. 1886. (IV, 102 S.) n. 2. —. — Uebersicht der Geschäftsthätigkeit des Reichstages in den Sessionen 2 und 3 der 6. Legislatur-Periode. (699 S.) n. 5. —.
„ 4. 1886—1887. Verhandlungen. (XIV, 444 S.) — Anlagen (IV, 370 S. m. 1 Karte.) n. 9.

— dasselbe. 7. Legislatur-Periode. 1.—3. Session. Fol. Ebd. 887. 888. n. 75. —
Session 1. 1887. Verhandlungen. 2 Bde. (XXXVII, VII, 1168 S.) Anlagen. 2 Bde. (IV, VI, 1505 S.) n. 30. . Uebersicht der Geschäftsthätigkeit des Reichstages in der 4. Session der 6. Legislatur-Periode und der 1. Session der 7. Legislatur-Periode. (753 S.) n. 5. 50.
„ 2. 1887—1888. Verhandlungen. 2 Bde. (XXXVI, IX 1427 S.) — Anlagen. 2 Bde. (IV, IV, 918 S.) Mit Beigabe: Mitglieder-Verzeichniß. 8. (478 S.) n. 30. —
„ 3. 1888. (S. 1—16.) n. 1. — — Uebersicht der Geschäftsthätigkeit des Reichstages in der 2. und 3. Session der 7. Legislatur-Periode. (444 S.) n. 3. 50.

— dasselbe. 7. Legislaturperiode. 4. Session. 1888—1889. Fol. Ebd. n. 47. —
Verhandlungen. 3 Bde. (XLVI, VII, VI, 2041 S.) — Anlagen. 3 Bde. (IV, IV, IV, 1512 S. Fol., sowie 48 S. in 8.) n. 40. — [Die Anlagen vergriffen.] — Uebersicht der Geschäftsthätigkeit. (659 S.) n. 7. —.

— dasselbe. 7. Legislaturperiode. 5. Session. 1889—1890. Fol. Ebd. n. 26. —
Verhandlungen. 2 Bde. (XXX, VIII, 1280 S.) — Anlagen. (VI, 586 S. Fol. u. 48 S. in 8.) n. 22. —. — Uebersicht der Geschäftsthätigkeit. (335 S.) n. 4. —.
Verzeichniß der früheren Berichte über die Verhandlungen des Reichstages des norddeutschen Bundes u. des deutschen Reiches. 1867—84: 1867 [constituir.]. n. 30. —; 1867 [erste ordentl. Session]. n. 15.—; 1868. 2 Bde. n. 17.—; 1869. 3 Bde. n. 25.—; 1870. 4 Bde. n. 25.—; 1870 [erste außerordentl. Session]. n. 3.—; 1870 [zweite außerordentl. Session]. n. 5. —; 1871. I. 3 Bde. n. 25. —; 1871. II. 2 Bde. n. 15.—; 1872. 3 Bde. n. 22.—; 1873. 4 Bde. n. 30. —; 1874. I. 3 Bde. n. 45.—; 1874|75. II. 4 Bde. n. 48.—; 1875|76. 3 Bde. n. 36.—; 1876. 3 Bde. n. 50. —; 1877. 3 Bde. n. 25. —; 1878. I. 4 Bde. n. 38.—; 1878. II. 2 Bde. n. 8. —; 1879. 6 Bde. n. 50. —; 1880. 4 Bde. n. 30.—; 1881. 4 Bde. n. 36. —; 1881|82. 2 Bde. n. 18. —; 1882|1883. 6 Bde. n. 50. —; 1883. n. 3. —; 1884. 4 Bde. n. 30. —.

— stenographische, über die Verhandlungen d. deutschen Reichstages. 8. Legislaturperiode. 1. Session 1890/92. gr. 4. Berlin 891. 892. (Puttkammer & Mühlbrecht.) n.n.n. 76. 45
Verhandlungen. 7 Bde. (CV, VIII, VII, VII, VII, VIII, VIII, 5265 S.)
Anlagen. 6 Bde. (IV, IV, VI, VI, IV, VI, 4350 S.)
Besondere Anlagen. 2 Bde. (315, 306 S.)
Übersicht über die Geschäftsthätigkeit d. Reichstags in der 1. Session der 8. Legislaturperiode. (1201 S.)

Berichte, stenograph., üb. d. Verhdlgn. d. deut. Reichstages.
VIII. Legislatur-Periode.
2. Session. 1892—93. 6 Bde.
IX. Legislatur-Periode.
1. Session. 1893. 1 Bd.
2. „ 1893—94. 6 Bde.
3. „ 1894—95. 6 Bde.
4. „ 1. Abschnitt 1895—96. 8 Bde.
2. „ 1896—97. 8 Bde.
5. „ 1897—98. 6 Bde.
X. Legislatur-Periode.
1. Session. 1898—900. 14 Bde.

Berichte, stenographische, über die Verhandlungen des Deutschen Reichstags 1901-07 mit Anlagen. 4° Berlin 1901-07

Stenographische Berichte über die Verhandlungen der zur Vereinbarung der preußischen Staatsverfassung berufenen Versammlung. Berlin, Decker 1848. (Beil. z. pr. Staatsanzeiger.) 2090 S. 4.
Bd. 1. Vom 22. Mai bis 11. Aug.
Bd. 2. Vom 15 Aug. bis 11. Oktober.
Bd. 3. Vom 12. Oktober bis 1. Dezember.

Stenographische Berichte über die Verhandlungen des durch die Allerhöchste Verordnung vom 13. April 1868 einberufenen Deutschen Zoll-Parlaments. Von der Eröffnungs-Sitzung am 27. April 1868 bis zur Schluss-Sitzung des Deutschen Zollparlaments am 23. Mai 1868. Nebst Anlagen Nr. 1—48. Berlin. 1868. 4°.

Stenographische Berichte über die Verhandlungen des deutschen Zollparlaments vom 27. April bis 23. Mai 1868, vom 3. Juni bis 22. Juni 1869, vom 21. April bis 7. Mai 1870. 3 Bände.

Berichte des Steuerreform-Ausschusses über die Regierungs-Vorlagen. Oesterr. Abgeordn.-Haus, 8. Session. 4°. Wien 1877.

[Berichte über Stiftungsfeste des Eklektischen Bundes in Frankfurt a. M. 1882. 1883.]
1882: FZ. 37 (1883) S. 116—118.
1883: M. 1 (1882—1883) S. 125—126, 133—134; Bk. 2 (1883) No 6; L. 6 (1883) S. 57—59: MitthW. 15 (1883—1884) S. 72—79.

Berichte der Schweizerischen Studienkommission für elektrischen Bahnbetrieb. Red. v. Gen.Sekr. Prof. Dr. W. Wyssling. H. 1. Zürich, Rascher in Komm. 1908. 4° [illegible]

—— summarische, der Handels- u. Gewerbekammer Brünn über d. geschäftl. Verhältnisse in ihrem Bezirke während d. J. 1889—1891. (X, 144; XVIII, 144; XVI, 135 S.) Brünn 890—92, (Winkler). à Bericht [illegible] 3

Berichte der Superintendenten von Galizien über den Zustand der Diözese, sowie Protokolle und Beschlüsse der Superintendentialversammlungen der Galizisch-Bukowiner Superintendenz von 1863, 1870, 1887 (V. Vers.), 1893 und 1906 (VIII. Vers.).

Berichte des Synodal-Ausschusses über die kirchlichen und sittlichen Zustände etc. in den Gemeinden der Propstei Norder-Dithmarschen erstattet in der ... ordentlichen Versammlung der Propstei-synode. Heide. 4°.
9., 1887; 12., 1890; 15., 1893; 16., 1894; 18., 1896.

Berichte über ... Tabakbau in Italien, auf Java u. Sumatra u. Tabakmarkt in Holland. Berl. 1913. (84) S. 4°.
(Berichte üb. Landwirtschaft ... H. 26). 373.

Berichte des Tages v. Tagsbericht.

Berichte des Tages. № 1. (Basel den 7. Jenner 1831) s. (Tagsberichte.) Tagsbericht № 1–29.

— üb. die 17. Tagung d. Association littéraire et artistique internationale, Dresden 1895. Deutsche Ausg. Hrsg. v. Arbeits-Ausschuss. gr. 8 (IV, 141 S.) Berlin 895. Deutsche Schriftsteller-Genossenschaft. n. 3. —; französ. Ausg. n. 3. —

— der Tagung deutscher Berufsvormünder, s.: Zur Frage der Berufsvormundschaft.

Berichte über die Tätigkeit der Altertums- und Geschichtsvereine und über die Vermehrung der kirchlichen, städtischen und Vereinssammlungen innerhalb der Rheinprovinz. 15. 1910. Bonn 1910. 4°

[Berichte über die Tätigkeit, die Arbeiten und die Ereignisse in der Loge Archimedes zu den 3 Reissbretern in Altenburg. Seit 1801.]
Unter obigem Sammeltitel sind gleichgeartete Schriften zusammengezogen, die als eine Art Jahresberichte unter wechselndem Titel erschienen sind als „Übersicht der merkwürdigsten Ereignisse", „Übersichtliche Nachricht von den Arbeiten und Ereignissen", „Übersicht über die wichtigeren Ereignisse", „Tätigkeits-Berichte".

Berichte üb. ihre ärztl. Tätigkeit u. ihre Erfahrgn i. Kriege 1866, sowie Vorschläge f. d. künftige Gestaltg d. Milit.-Medizinalwesens. Erstatt. v. Middeldorpf. Esse. Esmarch. Busch, Velten, Frerichs, Langenbeck, Wilms, Lauer, Boeger, Bardeleben, Stromeyer. Wagner, Löffler, Steinberg. 4. (O. J.)

— üb. d. Tätigk. d. kgl. preuss. meteorolog. Instit., s. Veröffentlichungen d. kgl. preuss. meteorolog. Instit.

Berichte, 1880 und folgende über die Thätigkeit des Jenner'schen Kinderhospitals in Bern. Bern 1880—1900.

BERICHTE ÜBER DIE ÖFFENTLICHE THÄTIGKEIT AUF GEISTIGEM GEBIETE IN DER DEUTSCHEN BUNDESSTADT FRANKFURT A. M., erstattet im Auftrage des Freien Deutschen Hochstiftes für Wissenschaften, Künste und allgemeine Bildung in Goethe's Vaterhause.
Jahrg. 6. Enthaltend Flugblatt 35 und 36 — 49 und 50.*) 1865. Wonnemonat. 25. Mai. — Lenzmonat. 10. März 1866. (Ohne bes. Titelblatt.) — 4°.
2. Folge. Flugblatt 1. Lenzmonat, 15. März 1866. (Ohne bes. Titelblatt.) —

Berichte über die Thätigkeit der Provinzial-Kommission für die Denkmalspflege in der Rheinprovinz und der Provinzialmuseen zu Bonn und Trier. [1.] 1896. *Bonn 1896: C. Georgi.* 4°(8°) [illegible]

— üb. d. Tätigk. d. Prov.-Kommission f. d. Denkmalpflege in d. Rheinprovinz u. d. Prov.-Museen zu Bonn u. Trier. III—IX. 8° Bonn. (Düsseldf, L Schwann.) Je 2.50
III. 1898. (69 m. Abb. u. 4 Taf.) 1898. ‖ IV. 1899. (64 m. Abb. u. 4 Taf.) 1899. ‖ V. 1900. (110 m. Abb. u. 10 Taf.) 1900. ‖ VI. '01. (86 m. Abb. u. 6 Taf.)'01. ‖ VII. '02. (85 m. Abb. u. 7 Taf.)'02. ‖ VIII. '03. (70 m. Abb. u. 6 Taf.)'04. ‖ IX. '04. (58 m. Abb. u. 8 Taf.)'05.
I u. II kamen nicht in d. Handel u. sind vergriffen.

— üb. d. Tätigk. d. Prov.-Kommission f. d. Denkmalpflege in d. Rheinprov. u. d. Prov.-Museen zu Bonn u. Trier. X—XIII. (Mit Abb.) Lex8° Düsseldf, (L Schwann). 10.50
X. '05. (66 m. 8 Taf.) 06. 2.50 ‖ XI. '06. (79 m. 9 Taf.) 07. 2.50 ‖ XII. '07. (90 m. 7 Taf.)'08. 2.50 ‖ XIII. '08. (143 m. 21 Taf.)'09. 3 —

— üb. d. Tätigk. d. Prov.-Kommission f. d. Denkmalpflege in d. Rheinprov. u. d. Prov.-Museen zu Bonn u. Trier. XIV—XVI. '09—11. (105, 100, 94 m. Abb. u. 10, 9, 11 Taf.) Lex8° Düsseld., L Schwann '10'11'12. je 2.50

BERICHTE DES LEPIDOPTEROLOGISCHEN TAUSCHVEREINES
über die Jahre 1842 bis 1847, herausgegeben vom derzeitigen Geschäftsführer FRIEDRICH SCHLÄGER. Jena 1848. 8°.

— über den landwirthschaftlichen Theil der Pariser Weltausstellung von 1867, hersg. im Auftrage des königl. preuß. Ministeriums für die landwirthschaftl. Angelegenheiten von C. v. Salviati. 2 Thle. Berlin 868, 69. Wiegandt & Hempel. gr. 4. n. 10 ℛ

1. Thl.: Die Erzeugnisse des Pflanzen- u. Thierreichs u. das Rüstzeug des Landwirths [mit Ausnahme der Maschinen u. Geräthe] auf der Weltausstellung zu Paris 1867. Bericht erstattet von verschiedenen Verff. Mit 11 lith. Taff. (in Fol.) u. 78 Holzschn. (im Text). (XVI, 380 S.) n. 6 ℛ

2. Thl.: Die landwirthschaftlichen Maschinen u. Geräthe auf der Weltausstellung zu Paris 1867. Von Emil Perels. Mit 15 lith. Taff. (in Fol.) u. 80 Holzschn. (im Text). (VIII, 160 S.) n. 4 ℛ

— über den landwirthschaftlichen Theil d. Pariser Weltausstellung 1878, erstattet dem k. Pr. Ministerium für Landwirthschaft, Domänen u. Forsten. gr. 8. (VI, 322 S.) Berlin 879. Parey. n. 8. —

Berichte über den landwirthschaftlichen Theil der Pariser Weltausstellung 1878, erstattet dem k. Pr. Ministerium für Landwirthschaft, Domänen und Forsten. gr. 8. (VI, 322 S.) Berlin 879, Wiegandt, Hempel und Parey. *

— theolog., von neuen Büchern u. Schriften, v. e. Gesellsch. zu Danzig. 110 Stcke. 8. Danzig 764—74. Jacobäer. 9 ℛ 4 𝒩 Fortgesetzte, 1s — 10s Stck. 8. Ebd. 774. 20 𝒩

Berichte über deutsche Turntage.
4. Weimar 1869, Protok., 8°.
5. Bonn 1872, v. J. C. Lion, 4°.
6. Dresden 1875, v. K. Boethke,
7. Berlin 1879, Amtl.,
8. Eisenach 1883, Amtl.,
9. Coburg 1887, Amtl. Protok.,
10. Hannover 1891, Amtl. Protok., M.-8°.
11. Eßlingen 1895, Amtl. Ber., M.-8°.
12. Naumburg 1899, Zeitungsber., 4°.

— über die Umtriebe d. Frömmler in Halle, oder: Welch' Zeit ist es im Preuß. Staate? Von Freimund Lichtfreund. 8. Altenb. 830. (Steinacker in Leipz.) 6 𝒩 Dass. 2e mit e. Vorrede u. Zusätzen verm. Aufl. 8. Ebd. 830. 6 𝒩

Berichte des technischen Unterausschusses über die turnerischen Vorführungen auf dem Deutschen Turnfeste zu Frankfurt a. M. u. Dresden 1880 u. 1885, 4°.

Berichte über die wissenschaftlichen Unternehmungen des Deutschen und Oesterreichischen Alpenvereins. 1—8. 11—15 Wien 1896 ff. 8°.

Berichte über den mathematischen Unterricht in Österreich.
— veranlasst durch d. internat. mathematische Unterr-Kommission. 4—7. (Mit Fig.) gr8° Lpzg, BG Teubner. 3.20
Heft 1—3 sind vergr.
4. (39—54) '10. — 50 ‖ 5. u. 6. (55—88) '11. 1.10 (5: — 60; 6: — 50) ‖ 7. (89—127) '12. 1.60

Berichte über den mathematischen Unterricht in Österreich. Veranlaßt durch d. Internationale Mathematische Unterrichtskommission. H. 1–12. Wien: Hölder in Komm. 1910–12. 8°

1. Bergmann, Franz: Der math. Unterricht an d. Realschulen. Kraus, Konrad: Der math. Unterricht an d. Volks- u. Bürgerschulen. 1910. 2. Konrath, Theodor: Der math. Unterricht an d. Bildungsanst. f. Lehrer u. Lehrerinnen. Dolinski, Myron: Der math. u. physik. Unterricht an d. höh. Handelsschulen. Adamiĉka, Milos: Der math. Unterricht an d. höh. Forstlehranstalt Reichstadt. 1910. 3. Dintzl, Erwin: Der math. Unterricht an den Gymn. 1910. 4. Konrath, Theodor: Der math. Unterricht an d. Mädchenlyzeen. Loos, Jos.: Die prakt. Vorbildung f. d. höh. Lehramt in Österreich. Rulf, Wilh.: Der math. Unterricht an den gewerbl. Lehranst. 1910. 5. Czuber, E.: Der math. Unterricht an d. techn. Hochschulen. 1910. 6. Freud, Philipp: Die math. Schulbücher an d. Mittelschulen u. verwandten Anst. 1910. 7. Sterneck, R. v.: Der math. Unterricht an den Univ. 1911. 8. Zaremba, S.: Bericht über d. speziellen Verhältnisse d. öffentl. Mathematikunterrichts an d. Volks- u. Mittelschulen Galiziens. 1911. 9. Adler, August: Der Unterricht in der darstellenden Geometrie an d. Realschulen u. Realgymnasien. Müller, E[mil]: Der Unterricht in d. darstellenden Geometrie an d. techn. Hochschulen. 1911. 10. Unterricht, Der math., an d. Hochschule f. Bodenkultur, den montanist. Hochschulen, den Militär-Erziehungs- u. Bildungs-Anst. u. am Technolog. Gewerbemuseum. Von Oskar Simony, Engelbert Kobald, Alfred Mikuta, Karl Reich. 1911. 11. Lanner, Alois: Die Mathematik im Physik-Unterricht d. österr. Mittelschulen. 1912. 12. Höfler, Alois: Die neuesten Einrichtungen in Österreich f. d. Vorbildung d. Mittelschullehrer in Mathematik, Philosophie u. Pädagogik. 1912. A 12. 13463

1 s. 10. 7533 2 s. A 12. 10160 3 s. 10. 13149 4 s. A 12. 10191 5 s. 10. 17387
6 s. 11. 1205 7 s. 11. 0604 8 s. 11. 15830 9 s. 11. 18023 10 s. A 12. 205
11 s. A 12. 5547 12 s. A 12. 0487

— über die bei der Schwurgerichts-Sitzung der Oberpfalz u. von Regensburg im 2. Quartale 1850/51 zur Verhandlung u. Aburtheilung gekommenen strafrechtlichen Untersuchungen. Verfaßt v. einem Juristen. 1. Hft. gr. 8. (40 S.) Amberg 851. (Pohl.) n. 1/6 ℛ

— der zur Ausmittelung übelgesinnter Gesellschaften in Rußland niedergesetzten Untersuchungs-Commission. gr. 8. St. Petersb. 827. (Hamb., Nestler). 1 ℛ 4 𝒩

— der Untersuchungs- u. Revisions-Commission des im Jahr 1783 entdeckten Cassenmangels; von dem Zustande d. Dänischen Asiat. Compagnie. A. d. Dän. (v. A. Hennings). gr. 8. Hamb. 785. (Schnuphase in Altenb.) 9 𝒩

— vom Ursprung, Aufkomm. u. Zufällen d. Böhm. Landtafel. 8. Dresd. 755. Walther. 4 𝒩

Berichte, Utescher's. Zeitschrift für die Gesammtinteressen der deutschen Nahrungs- und Genußmittel-Industrie. Jg. 1898. Hamburg

— vaterländische, f. d. Großhrzgth. Hessen u. d. übrigen Staaten d. deutschen Handelsvereins, hrsg. v. G. W. Frhrn. v. Wedekind. 1. Jahrg. 1835. 12 Hfte. gr. 8. Darmstadt, Dingeldey. *

— d. Verbandes d. Laboratoriums-Vorstände an deut. Hochsch. 1—3. Hft. 8° Lpzg, Veit & Co. 3.60
1. (20) 98. — 60 ‖ 2. (71) 99. 1 — ‖ 3. (72) 1900. 2 —

— d. Verbandes d. Laboratoriums-Vorstände an deut. Hochsch. 4—7. Heft. 8° Lpzg, Veit & Co. 9 — (1—7.: 12.60)
4. (21.IX.'02.) (118)'02. 3 — ‖ 5. (20.IX.'03.) (82)'03. 2 — ‖ 6. (18.IX.'04.) (72)'04. 2 — ‖ 7. (24.IX.'05.) (70)'05. 2 —

— d. Verb. d. Laboratoriums-Vorstände an deut. Hochsch. 8—11. Heft. (69, 78, 77 u. 82) gr8° Lpzg, Veit & Co. '06—9. Je 2 — (1—11: 20.60)

— d. Verbandes d. Laboratoriums-Vorstände an deut. Hochsch. 12—14. Heft. (80, 78, 78) gr8° Lpzg, Veit & Co. '10'11. je 2 — (1—14: 26.60)

— des Vereins zur Beförderung des Elementar-Schulwesens in d. königl. Preuß. Staaten 1830. gr. 8. Berl. u. Stettin 830. (Nicolai). 4 𝒩

Deutscher Ver. z. Schutz d. gewerbl. Eigentums. Kongreß für gewerblichen Rechtsschutz. Frankfurt a. M., 14. u. 15. Mai 1900. Berichte. *(Berlin 1900: J. Sittenfeld.)* (46 S.) 4° [Umschlagt.] [04. 3871 10

BERICHTE DES NATURWISSENSCHAFTLICHEN VEREINES DES HARZES
für die Jahre 1840/41 bis 1845/46. 2., im Zusammenhang abgedruckte Auflage. (Mit 1 Tafel.) Wernigerode 1856. Druck von B. Angerstein.
für die Jahre 1846/7 — für das Jahr 1849. (Mit Tafeln.) (Ohne bes. Titelblatt.)

BERICHTE DES NATURWISSENSCHAFTLICHEN VEREINS DES HARZES
für die Jahre 1855—1858. Wernigerode 1857—1859. Druck von B. Angerstein.

BERICHTE DES NATURWISSENSCHAFTLICHEN VEREINS DES HARZES ZU BLANKENBURG
für die Jahre 1859—1864. Wernigerode 1861—(1865.) —

— des naturwissenschaftlichen Vereines an der k. k. technischen Hochschule in Wien. I. u. II. gr. 8. (V, 82 u. III, 55 S.) Wien 877. Hölder in Comm. à n. 4. —

— des naturwissenschaftlichen Vereines an der k. k. Technischen Hochschule in Wien. 3.—5. Heft. Redig. von E. Kittl. gr. 8. (66 S. mit 1 lithogr. Taf.; 50 S.; III, 56 S.) Wien 878—82, (Hölder.) à Heft *

— des naturwissenschaftlichen Vereins zu Regensburg. [Fortsetzung d. „Correspondenzblattes".] I. Hft. f. die J. 1886—1887. Mit 8 lith. Taf. gr. 8. (95 S.) Regensburg 888. (Verlags-Anstalt.) n.n. 3. —

— des naturwissenschaftlichen Vereines zu Regensburg. 2. u. 3. Hft. gr. 8. Regensburg, (Nationale Verlagsanstalt). à n.n. 3. —
2. Für d. J. 1888—1889. (95 S. m. 3 Taf.) 890.
3. Für die J. 1890—1891. (313 S.) 892.

— d. naturwissenschaftlichen Vereines z. Regensburg. 4. Hft. f. d. J. 1892—1893. gr. 8. (83 S. m. 2 Taf. u. 1 Karte.) Regensburg 894. W. Wunderling. n.n. 3. —

— dasselbe. V. Hft. f. d. J. 1894—1895. (Festschrift z. Feier d. 50jähr. Bestehens d. Vereines.) gr. 8. (XL, 207 S. m. 6 Taf.) Ebd. 896. n.n. 5. —

— dasselbe. VI. Hft. f. d. J. 1896—1897. gr. 8. (87 S.) Ebd. 898. n.n. 2. 50

— des naturwissenschaftlichen (früher zoologisch-mineralogischen) Vereines zu Regensburg. VII. Hft. f. die J. 1898 u. 1899. gr. 8. (XXVI, 189 S. m. 5 Taf. u. 2 Bildnissen.) Regensburg 900. (W. Wunderling.) n.n. 4. 50

— dasselbe. VIII. Hft. f. d. J. 1900. gr. 8. (XX, 63 S.) Ebd. 901. n. 4. —

— des naturwissenschaftlich-medizinischen Vereines in Innsbruck. 1. Jahrg. gr. 8. (XXIV, 178 S. m. e. Tab. u. 5 Steintaf. in qu. Fol.) Innsbruck 870. 71. Wagner. n. 4. —

— dasselbe. 2. Jahrg. gr. 8. (L, 308 S.) Ebend. 872. n. 6. 80

— dasselbe. 3. Jahrg. (LXXII, 319 S. m. 2 Steintaf.) Ebend. 873. n. 6. 60

— dasselbe. 4. Jahrg. gr. 8. (LXIV, 182 S.) Ebend. 874. n. 4. —

—— des naturwissenschaftlich-medizinischen Vereins in Innsbruck. 5. Jahrg. 1874. gr. 8. (XXXVI, 167 S.) Innsbruck 875, Wagner'sche Universitäts-Buchh. *

— dasselbe. 6. Jahrg. 1875. 1. Hft. gr. 8. (XXVII, 122 S. m. 2 Steintaf. in gr. 8. u. qu. 4.) Ebend. 876. n. 2. 40

— dasselbe. VII. Jahrg. 1876. 3 Hfte. gr. 8. (XXIV, 147 u. LXIII, 122 S. m. eingedr. Holzschn.) Ebend. 877. 78. n. 4. 80

— dasselbe. VIII. Jahrg. 1877. 3 Hfte. gr. 8. (XI, 90, XV, 132 u. XII, 78 S. m. 2 Steintaf.) Ebend. 879. n. 7. 20

— dasselbe. IX. Jahrg. 1878. Mit 4 Holzschn. gr. 8. (III, 186 S.) Ebend. 879. n. 3. —

— dasselbe. X. Jahrg. 1879. gr. 8. (XVI, 132 S.) Ebend. 880. n. 2. 40

— dasselbe. XI. Jahrg. 1880/81. gr. 8. (XXXV, 170 S.) Ebend. 881. n. 3. —

— des naturwissenschaftlich-medizinischen Vereins in Innsbruck. XII. Jahrg. 1881/82. gr. 8. (XXVII, 152 S.) Innsbruck 882. Wagner. n. 3. —

— dasselbe. 13. Jahrg. 1882/83. gr. 8. (XLVIII, 109 S. m. 2 Steintaf. u. 1 Photogr.) Ebend. 883. n. 3. 60

Berichte des naturwissenschaftlich-medizinischen Vereins in Innsbruck. 14. Jahrg. 1883/84. gr. 8. (XXXVIII, 55 S.) Innsbruck 884. Wagner. n. 1. 50

— dasselbe. 15. Jahrg. 1884/85 u. 1885/86. gr. 8. (XXXIX, 88 S. m. 1 Taf.) Ebend. 886. n. 1. 80

— des naturwissenschaftlich-medizinischen Vereines in Innsbruck. 16. Jahrg. 1886/87. gr. 8. (233 S.) Innsbruck 887. Wagner. n. 4. 80

— dasselbe. 17. Jahrg. 1887/88. gr. 8. (XXXIV, 165 S.) Ebd. 888. n. 4. —

— dasselbe. 18. Jahrg. 1888/89. gr. 8. (XLVII, 168 S. m. 4 Taf.) Ebd. 889. n. 6. —

— des naturwissenschaftlich-medizinischen Vereines in Innsbruck. 19. Jahrg. 1889/90 u. 90/91. gr. 8. (XLVII, 162 S. m. 1 Lichtdr.-Bildnis.) Innsbruck 891. Wagner. n. 6. —

— dasselbe. 20. Jahrg. 1891/92. gr. 8. (LIV, 184 S. m. 5 Taf.) Ebd. 892. n. 6. —

— dasselbe. 21. Jahrg. 1892/93. gr. 8. (XXXI, 134 S.) Ebd. 894. n. 4. 80

Schweizerischer Verein vom Rothen Kreuz, Sektion Basel, und Samariter-Verbände Basel, Binningen und Birsfelden. Berichte über das Jahr 1900. II + 48 S. 8. Basel, Kreis, 1901.

Schweizerischer Verein vom Rothen Kreuz, Sektion Basel, Samariter-Vereine Basel, Binningen, Birsfelden und Klein-Hüningen und Verein für Anschaffung künstlicher Glieder und Apparate. Berichte über das Jahr 1901. II + 59 S. 8. Basel, Kreis, 1902.

Schweizerischer Verein vom Rothen Kreuz, Sektion Basel, Samariter-Vereine Basel, Binningen, Birsfelden und Klein-Hüningen und Verein für Anschaffung künstlicher Glieder und Apparate. Berichte über das Jahr 1902. II + 57 S. 8. Basel, Franz Wittmer, 1903.

— des Vereines ostböhmischer Zuckerfabrikanten. 2. Generalversammlung, abgehalten in Pardubic am 26. Decbr. 1869. Mit 7 Holzschn. (im Text) u. 2 lith. Beilagen (in Fol.). Vereins-Red.: Carl Ota-kar Čech. Prag 870. Grégr & Dattel in Comm. gr. 8. (57 S.) n. 20 ngr.

Berichte des Vereins ostböhmischer Zuckerfabrikanten. 3. Generalversammlung, abgehalten in Caslau am 28. April 1870. Mit 1 lith. Beilage (in Fol.). Ebend. 870. gr. 8. (69 S.) n. 20 ngr.

— — 4. Generalversammlung, abgehalten in Chrudim am 29. Juni 1870. Mit 1 (lith.) Beilage (in Fol.). Ebend. 870. gr. 8. (44 S.) n. 20 ngr.

— des Vereines ostböhmischer Zuckerfabrikanten. 5. u. 6. Generalversammlung gr. 8. Prag 871. Grégr & Dattel in Comm. à n. 2. —

5. abgehalten in Kolin am 4. Septbr. 1870. (40 S.)
6. abgehalten in Pardubitz am 26. Decbr. 1870. [Mit e. lith. Beilage (in qu. Fol.)] (57 S.)

— dasselbe. 7. Generalversammlg. abgehalten in Prag am 15. Mai 1871. [Mit lith. Beilagen.] gr. 8. (68 S. m. 1 Steintaf. in 4.) Prag 871. Rziwnatz in Comm. n. 2. —

— dasselbe. 8. u. 9. Generalversammlg., abgeh. in Prag am 17. Juli u. in Kolin am 17. Septbr. 1871. gr. 8. (47 u. 26 S.) Ebend. 872. n. 2. —

— üb. d. Verhältnisse d. Wagnethales im Kanton Wallis ꝛc. (v. H. Escher). gr. 8. Zürich 822. (Geßner). 6 gr.

Berichte über die Verhandlungen der königlichen Akademie der Wissenschaften zu Berlin. Jahrgänge 1838—1855. Fortgesetzt unter dem Titel: Monatsberichte der königlich preussischen Akademie der Wissenschaften. Jahrgänge 1856—1863. 8.

Berichte (theilweise auch unter dem Titel „Protocoll") über die Verhandlungen der schweizerischen Grossloge Alpina. 10 Hefte. 1856—1874. 8.

7. Versammlung 16. u. 17. Mai 1856 Bern; 8. Versamml. 26. October 1856 La Chaux-de-Fonds; 9. Versamml. 23. u. 24. Octob. 1858 Lausanne (enthält eine Rede von A. D. Meystre); 14. Versamml. 6. u. 7. October 1866 Zürich (enthält S. 20—42 eine vortreffliche Rede von Gelpke über die Reformbestrebungen im Mrbunde); 15. Versammlung 27. October 1867 Bern; 16. Versammlung 22. u. 23. Aug. 1868 Genf und 4. October 1868 Aarau (enthält eine Rede von C. A. Mercanton); 17. Versamml. 1. Aug. 1869 Aarau; 20. Versamml. 28. und 29. October 1871 Bern; 21. Versamml. 20.—22. Juni 1874, Neuenburg (enthält Reden von Laurent, Karcher und A. Humbert); 22. Versamml. 22. u. 23. Aug. 1874. St. Gallen (enthält eine Rede v. H. Szadrowsky). Sitzungen der schweiz. Grossloge wurden ferner noch abgehalten: I. Zürich 1844, II. Chaux-de-Fonds 1846, III. Basel 1848, IV. Bern 1850, V. Neuenburg 1851, VI. Basel 1853, X. Basel 1860, XI. Neuenburg 1861, XII. Lausanne 1862, XIII. Bern 1864, XVIII. Lausanne 1870, XIX. Neuenburg 1871. Die neueren Berichte sind in der „Alpina" (Nr. 99) erschienen. — Vgl. auch Nr. 765.

— über die Verhandlungen der Gesellschaft für Beförderung der Natur-Wissenschaften zu Freiburg im B. Redig. vom Sekretär der Gesellschaft Maier, unter Mitwirkung von Ecker und Müller. 1. u. 2. Heft. (à 8 Nrn.) Freiburg im Br. 855, 56. Diernfellner. 8. (2 Bl., 275 S. u. 6 lith. Taf. in 8. u. 4.) Jedes Heft n. 20 ngr.

— über die Verhandlungen der Königl. Böhmischen Gesellschaft der Wissenschaften in ihren Sectionsversammlungen von 1840 u. 1841. gr. 4. (Mit 1 Holzschn.) Prag 842, (Calve.) 5/8 ₰

—— üb. d. Verhandl. d. naturforsch. Ges. zu Freiburg i. B. Red. v. Maier. 1. u. 2. Bd. à 4 Hfte. u. 3. Bd. 1. u. 2. Hft. 8. (I. II.: 1124, III.: 1—206 m. 25 L.) Freib. 55—64, Trömer. à Hft. n. — 20

—— üb. d. Verhandl. d. naturforsch. Ges. zu Freiburg i. B. Red. v. Maier. 3. Bd. 3. u. 4. Hft., 4. Bd. 4 Hfte. u. 5. Bd. 1. Hft. 8. (III: 248, IV: 510, V: 1—128 m. 13 L.) Freib. 65—69, Troemer. à Hft. n. — 20

— über die Verhandlungen der naturforschenden Gesellschaft zu Freiburg im B. Red. vom Sekretär der Gesellschaft Maier, unter Mitwirkg. von Ecker u. Mueller. 1. Bd. 3. u. 4. Hft. Freiburg im Br. 859. Diernfellner. gr. 8. (VI, S. 281—600 u. 8 lith. Taf.) Jedes Heft n. 20 ngr.
— 2. Bd. 1—4. Heft. Ebend. 859—62. gr. 8. (VI, 524 S. u. 7 lith. Taf.) Jedes Heft n. 20 ngr.
— 3. Bd. 1. u. 2. Heft. Ebend. 864. gr. 8. (130 S. u. 4 lith. Taf.; 136 S. u. 3 lith Taf.) Jedes Heft n. 20 ngr.

— über die Verhandlungen der naturforschenden Gesellschaft zu Freiburg i. B. Redig. von Maier, unter Mitwirkung von Ecker u. Mueller. 3. Bd. 3. 4. Heft. Mit 3 (lith.) Taff. Abbildgn. (248 S.) — 4. Bd. 1—4. Heft. Mit 9 (lith.) Taff. (510 S.) — 5. Bd. 1. Heft. Mit 1 Taf. (in Holzschn.) (S. 1—128.) Freiburg i. Br. 865—69. Diernfellner. gr. 8. Jedes Heft n. 20 ngr.

— dasselbe. 6. Bd. 1—4. Hft. Mit 22 Farbentaf. u. eingedr. Holzschn. gr. 8. (IV, 527 S.) Ebend. 873—75. n. 15. 50

— über die Verhandlungen der naturforschenden Gesellschaft zu Freiburg i/Br. Red. v. Frdr. Klocke. 7. Bd. gr. 8. (IV, 559 S. m. 8 Steintaf.) Freiburg i/Br. 877—80. (Schmidt.) n. 8. —

— über die Verhandlungen der naturforschenden Gesellschaft zu Freiburg i/B. Red. v. F. Himstedt. 8. Bd. gr. 8. (335 S. m. 10 Steintaf.) Freiburg i/Br. 882—85. (Stoll & Bader.) n. 6. 20

— dasselbe. Suppl. zum 8. Bd. gr. 8. Ebend. 888. n. 6. — Festschrift, der 56. Versammlung deutscher Naturforscher u. Aerzte gewidmet v. der naturforschenden Gesellschaft zu Freiburg i. B. Mit 18 Holzschn. u. 4 Taf., davon 3 in Farbendr. (III, 176 S.)

— über die Verhandlungen der Königl. Sächs. Gesellschaft d. Wissenschaften zu Leipzig. I. Bd.: Aus den J. 1846 u. 1847. III—XII. (Hft.) gr. 8. (IV S. u. S. 79—458 m. 1 Karte in 4.) Leipzig, Weidmann (jetzt Hirzel.) à n. 1/3 ₰ (I. Bd. n. 4 ₰)

— dies. II. Bd. VI Hfte. gr. 8. (IV u. 248 S.) Ebd. 848. n. 2 ₰

—— dass., 2. Bd. Aus dem Jahre 1848. 6 Hefte. Mit Kupfern. gr. 8. (248 S.) Ebds. 849. à Heft * 10 Ngr. *

Berichte über die Verhandlungen d. Königl. Sächs. Gesellschaft der Wissenschaften zu Leipzig.

— dies. Mathematisch-physische Classe. Jahrg. 1849. III Hfte. gr. 8. (188 S.) Ebd. n. 1 ₰

—— dass. — Mathematisch-physische Classe. Jahrg. 1849 und 1850. à 3 Hefte und Jahrg. 1851. I. Heft. gr. 8. Ebds. [1849 (IV und 188 S.) 1850 (IV und 204 S. mit 3 Stnt., wovon 1 ill.) à Jahrg. * 1 Thlr., 1851. I. (S. 1—61.) * 10 Ngr.] *

— dies. Mathematisch-physische Classe. Jahrg. 1850. III Hfte. gr. 8. (IV u. 204 S. m. 3 lith. u. zum Thl. color. Taf. in 8. u. gr. 4.) Ebd. n. 1 ₰

— dies. Mathematisch physische Classe. Jahrg. 1851. II Hfte. gr. 8. (IV u. 129 S. m. 1 lith. Taf.) Ebd. 852. (à n. 1/3 ₰) n. 2/3 ₰

— über die Verhandlungen der Königl. Sächsischen Gesellschaft der Wissenschaften zu Leipzig. Leipzig 855. Hirzel. gr. 8. Jedes Heft n. 10 ngr.
Mathematisch-physische Classe: Jahrg. 1852. (4. Bd.) 2 Hefte. (IV, 164 S. u. 1 lith. Taf.) — 1853. (5. Bd.) 3 Hefte. (IV, 196 S. u. 4 lith. Taf.) — 1854. (6. Bd.) 3 Hefte. (VIII, 150 S. u. 9 lith. Taf.) — 1855. (7. Bd.) 2 Hefte. (VIII, 140 S.) — 1856. (8. Bd.) 2 Hefte. (VIII, 196 S. u. 1 lith. Taf.) — 1857. (9. Bd.) 3 Hefte. (VIII, 198 S. u. 4 lith. Taf.) — 1858. (10. Bd.) 1. Heft. (S. 1—76. u. 4 lith. Taf.)

— über die Verhandlungen der Königl. Sächs. Gesellschaft der Wissenschaften zu Leipzig. Leipzig 859—64. Hirzel. gr. 8. Jedes Heft n. 10 ngr.
Mathematisch-physische Classe. Jahrg. 1858. (10. Bd.) 2. 3. Heft. (XII, S. 77—204.) — 1859. (11. Bd.) 4 Hefte. (X, 264 S. u. 1 lith. Taf. in Fol.) — 1860. (12. Bd.) 3 Hefte. (X, 232 S. u. 1 lith. Taf.) — 1861. (13. Bd.) 2 Hefte. (XI, 124 S.) — 1862. (14. Bd.) 1 Heft. (X, 137 S.) — 1863. (15. Bd.) 2 Hefte. (XII, 174 S.)

— über die Verhandlungen der königl. sächsischen Gesellschaft der Wissenschaften zu Leipzig. Mit lith. Taff. u. Holzschn. Leipzig, Hirzel. gr. 8. Jedes Heft (à 5—6 Bgn.) n. 10 ngr.
Mathemat.-physische Classe: 16. Bd. 1864. (XII, 68 S.) — 17. Bd. 1865. (XII, 116 S.) — 18. Bd. 1866. 5 Hefte. (XII, 372 S.) — 19. Bd. 1867. 4 Hefte. (XV, 275 S.) — 20. Bd. 1868. 3 Hefte. (XX, 194 S.) — 21. Bd. 1869. 4 Hefte. (XVI, 391 S.) — 22. Bd. 1870. 1. 2. Heft. (S. 1—183.)

— über die Verhandlungen der königl. sächsischen Gesellschaft der Wissenschaften zu Leipzig. Mathematisch-physische Classe. 1870. III. u. IV. gr. 8. (XIX u. S. 185—470 m. 6 Steintaf., davon 5 in qu. Fol.) Leipzig 871. Hirzel. à n. 1. —

— dasselbe. 1871. I—VII. Mit 12 lith. Taf., (wovon 2 in Buntdr.) (in gr. 8., qu. gr. 4. u. qu. Fol. (u. 55 (eingedr.) Holzschn.) gr. 8. (XVI, 780 S.) Ebend. 872. à n. 1. —

— dasselbe. 1872. I—IV. Mit 6 (lith. u. color.) Taf., nebst e. Extrahft.: Elemente d. ersten Cometen vom J. 1830 m. Berücksicht. v. 319 Beobachtgn. v. L. R. Schulze. gr. 8. (XII u. S. 203—369 u. Extrahft. 56 S.) — Ebend. 873. à n. 1. —

dasselbe. 1873. I—VI. Mit (eingedr.) Holzschn. u. 18 (lith. u. chromolith.) Taf. (gr. 8. u. qu. Fol.) gr. 8. (XVI, 694 S.) Ebend. 873. 74. à n. 1. —

— dasselbe. 1874. I—V. Mit 18 (lith.) Taf. (in qu. 4.) u. 52 (eingedr.) Holzschn. gr. 8. (XIX, 472 S.) Ebend. 875. à n. 1. —

— dasselbe. 1875. I—IV. gr. 8. (XVIII, 421 S. m. 36 eingedr. Holzschn. 12 Steintaf. u. 7 Tab. in qu. Fol.) Ebend. 875. 76. à n. 1. —

—— üb. d. Verhandlgn d. k. sächs. Ges. d. Wiss. zu Leipzig. Mathemat.-phys. Classe. 1875. II—IV. 8. (161—421 m. 17 H., 12 L. u. 7 Tab.) Lpzg 76, Hirzel. || 1876. I. II. (274 m. 4 L.) 76. || 1877. I. II. (234 m. 1 L.) 77. 78. à Hft. n. 1. — || 1878. (100 m. 3 L.) 79. n. 1. — || 1879. (64) 80. n. 1. — || 1880. I. (75 m. II.) 80. n. 1. —

—— üb. d. Verhandlgn d. k. sächs. Gesellsch. d. Wissensch. zu Leipzig. Mathematisch-phys. Classe. 1880. II. 8. (77—147 m. 2 L.) Lpzg 81, Hirzel. n. 1. — || 1881. (71) 82. n. 1. — || 1882. (107 m. H.) 83. n. 1. — || 1883. (137 m. 1 L.) 84. n. 1. — || 1884. (192) 85. n. 2. — || 1885. (290 m. H. u. 2 L.) 85. n. 2. —

—— üb. d. Verhandlgn d. kgl. sächs. Gesellsch. d Wissensch. zu Leipzig. Mathemath.-phys. Classe. 1885. III Mit 1 Taf. u. 3 H. 8. (291—438) Lpzg 86, Hirzel. n. 1. — (cplt: n. 3. —) || 1886. (365) 87. n. 5. — || 1887. (214 m. 2 Taf.) 88. n. 2. — || 1888. (167 m. H.) 89. n. 2. — || 1889. (458) m. H. u. 5 Taf.) 89. 90. n. 4. — || 1890. 1. u. 2. Hft. (440 m. Fig.) 90. n. 2. —

— üb. die Verhandlungen der königl. sächs. Gesellschaft der Wissenschaften zu Leipzig. Mathematisch-phys. Classe. 1890. III. u. IV. gr. 8. (IV u. S. 341—524 u. XXV S. m. 2 Fig.) Leipzig 891. Hirzel. à Hft. n. 1. —

— dasselbe. 1891. 5 Hfte. gr. 8. (IV, XXIII, 678 S. m. 1 Taf. u. 25 Holzschn.) Ebd. 891. 892. à Hft. n. 1. —

— dasselbe. 1892. 6 Hfte. gr. 8. (IV, 579 u. XXVIII S. m. 8 Fig.) Ebd. 892. 893. à Hft. n. 1. —

— dasselbe. 1893. 9 Hfte. gr. 8. (IV, XXVII, 848 S. m. 18 Fig.) Ebd. 893. 894. à Hft. n. 1. —

— dasselbe. 1894. 1. u. 2. Hft. gr. 8. (278 S. m. 3 Fig.) Ebd. 894. à Hft. n. 1. —

— üb. d. Verhandlgn. der königl. sächsischen Gesellschaft d. Wissenschaften z. Leipzig. Mathemat.-phys. Classe. 1894. III. gr. 8. (IV, S. 279—348 u. XXIV S.) Leipzig 895. (B. G. Teubner.) n. 1. —

— dasselbe. 1895. 6 Hfte. gr. 8. (IV, XXVI, 688 S. m. 6 Fig. u. 1 Taf.) Ebd. 895/96. à Hft. n. 1. —

— dasselbe. 1896. 6 Hfte. gr. 8. (IV, XXVI, 719 S. m. 9 Fig.) Ebd. 896. 97. à Hft. n. 1. —

— dasselbe. 1897. 6 Hfte. gr. 8. (IV, XXIV, 747 S. m. 13 Fig. u. 2 Taf.) Ebd. 897. 98. n. 7. —

— dass. 50. Bd. 1898. Mathemat. Thl. I—IV. 8° (220 m. Fig.) Ebd. à 1 — || 51. Bd. 1899. I—VI. (455 m. Fig.) 9.50

— über die Verhandlungen der königl. sächsischen Gesellschaft der Wissenschaften zu Leipzig. Mathematisch-phys. Classe. 50. Bd. 1898. Naturwissenschaftlicher Thl. gr. 8. (III, VI, 62 u. XXVI S m. 3 Fig. u. 2 Abbildgn.) Leipzig (B. G. Teubner). n. 1. 20

— dasselbe. 51. Bd. 1899. 1. Allgemeiner Thl. gr. 8. (VII, 104 S.) Ebd. n. 1. 50

— dasselbe. II. Mathematischer Thl. I.—VI. gr. 8. (III, 455 S. m. Fig.) Ebd. n. 9. 50

— dasselbe. III. Naturwissenschaftlicher Thl. gr. 8. (III, 24 S.) Ebd. n. — 80

— dasselbe, 52. Bd. 1900. I.—VII. gr. 8. (III, 245 S. u. XXVII S. m. 1 Taf. u. 4 Karten.) Ebd. n. 5. 90

— dasselbe. 53. Bd. 1901. I.—IV. gr. 8. (III, 115 S. u. XXXVI S.) Ebd. n. 3. 10

— dasselbe. 54. Bd. 1902. I u. II. gr. 8. (S. 1—134.) Ebd. n. 4. 60

— dasselbe. 54. Bd. 1902. I.—V. (S. 1—331 m. 4 Abbildgn., 2 Kartenskizzen u. 2 Taf.) Ebd. n. 7. 60

— dasselbe. Sonderheft. gr. 8. Ebd. n.n. — 70
Zur Vorgeschichte des deutschen Kartells u. der internationalen Association d. Akademien. Von Wilh. His. (33 S.) 902.

— üb. die Verhandlungen der königl. sächsischen Gesellschaft der Wissenschaften zu Leipzig. Mathematisch-phys. Classe 54. Bd. 1902. VI u. VII. (IV, S. 333—423 u. XXVIII S. m. 18 Abbildgn. u. 2 Taf.) gr. 8. Leipzig (B. G. Teubner). n. 1. 75 (1902 kplt. n. 9. 35)

— dasselbe, 55. Bd. 1903. I—VI. (IV, 428 u. XXIX S. m. 6 Fig., 1 Tab. u. 4 Taf.) gr. 8. Ebd. n. 10. 70

— dasselbe, 56. Bd. 1904. I—V. (IV, 348 u. XXVIII S. m. 6 Fig., 5 Tab. u. 6 Taf.) gr. 8. Ebd. (905). n. 10. 40

— üb. d. Verhandlgn d. kgl. sächs. Gesellsch. d. Wiss. zu Leipzig. Mathematisch-phys. Kl. 57. Bd. 05. V. u. VI. Heft; 58. Bd. '06. 8 Hefte; 59. Bd. '07. 4 Hefte; 60. Bd. '08. 8 Hefte u. 61. Bd. '09. I—III. Heft. gr8° Lpzg, (BG Teubner). 42.80
57. '05. V. VI. (331—395 u. 30) 1.60 (Vollst.: 7.60) ‖ 58. '06. (646 u. 20 m. Fig.) 14.80 ‖ 59. '07. (408 u. 28 m. Fig., 7 Taf. u. 1 Karte.) 11.20 ‖ 60. 08. (390 u. 20 m. Fig. u. 2 Taf.) 11.00 ‖ 61. '09. I—III. (110 m. 1 Taf.) 8.00.

— üb. d. Verhandlgn d. kgl. sächs. Gesellsch. d. Wissenschaften zu Leipzig. Mathemat.-phys. Kl. 61. Bd, '09, 5 Hefte; 62. Bd, '10, 7 Hefte; 63. Bd, '11, 9 Hefte; 64. Bd, '12, I—IV. Heft. gr8° Lpzg, BG Teubner. 42 —
61. '09. (170 u. 29 m. 1 Taf.) 5.40 ‖ 62. '10. (418 u. 27 m. Fig.) 13.40 ‖ 63. '11. (28, 555) 19.10 ‖ 64. '12. I—IV. (1—143 m. Fig.) 4.10

Berichte über die Verhandlungen d. Königl. Sächs. Gesellschaft der Wissenschaften zu Leipzig.

— dies. Philologisch-historische Classe. Jahrg. 1849. V Hfte. gr. 8. (IV u. 301 S. m. 9 lith. Taf. in 8. u. qu. gr. 4.) Ebd. n. 1⅓ ℛ

— dies. Philologisch-historische Classe. Jahrg. 1850. IV Hfte. gr. 8. (IV u. 330 S. m. 8 lith. Taf. in gr. 8., qu. Imp. 4. u. qu. gr. Fol.) Ebd. n. 1⅓ ℛ

—— dies. Philol.-histor. Cl. 3. Bd. 5 Hfte. (403), 4. Bd. 4 Hfte. (284), 5. Bd. 5 Hfte. (209), 6. Bd. 6 Hfte. (272), 7. Bd. 4 Hfte. (242), 8. Bd. 4 Hfte. (305), 9. Bd. 2 Hfte. (205), 10. Bd. 2 Hfte. (116), 11. Bd. 4 Hfte. (194), 12. Bd. 4 Hfte. (232), 13. Bd. 4 Hfte. (385), 14. Bd. (1 Hft.) (109), 15. Bd. 3 Hfte. (231) || 1864. 3 Hfte. (320) 8. Ebd. 51—65. à Hft. n. — 10

—— dies. Philol.-histor. Cl. 17. Bd. (1 Hft.) 8. (112) Ebd. 66. || 1866. 4 Hfte. (342) || 1867. 2 Hfte. (220 m. 7 L.) || 1868. 3 Hfte. (309) || 1869. 3 Hfte. (210 m. 4 L.) à Hft. n. — 10

—— dass. Philol.-hist. Cl. 1870. II. III. 8. (295) Ebd. || 1871 I. II. (226) || 1872. I. (103) || 1873. I. (128 m. 2 L.) || 1874. I. II (227) || 1875. I. (148) à Hft. n. 1. —

—— dass. Philolog.-histor. Classe. 27. Bd. 1875. II. (Schl.) 8. (149—277 m. 4 L.) Ebd. 76. n. 1. — || 28. Bd. 1876. (132 m. 2 H.) 77. n. 1. — || 29. Bd. 1877. (156 m. 5 L.) 78. n. 2. — || 1878. 1. Abth. (220 m. 9 L.) 79. n. 2. — || 2. Abth. (147 m. 5 L.) n. 1. — || 1879. 2 Abthlgn. (154 m. 1 L.) 80. n. 2. —

— dasselbe. 1880. I. II. Mit einer inschriftl. Beigabe u. 8 Taf. gr. 8. (XIV, 190 S.) Ebend. 881. n. 2. —

— dasselbe. 1881. I. II. Mit 3 (eingedr.) Holzschn. gr. 8. (XVIII, 250 S.) Ebend. 882. n. 2. —

— dasselbe. 35. Bd. 1883. Mit 1 (lith.) Taf. gr. 8. (XVI, 137 S.) Ebend. 884. n. 1. —

— dasselbe. 36. Bd. 1884. gr. 8. (III, 197 u. XVI S.) Ebend. 885. n. 2. —

— dasselbe. 37. Bd. 1885. gr. 8. (XVIII, 480 S.) Ebend. 885 u. 86. n. 4. —

— dasselbe. Philologisch-histor. Classe. 38. Bd. 1886. II. gr. 8. (III, S. 119—247 u. XXII S.) Ebd. 887. n. 1. — (38. Bd. cplt.: n. 2. —)

— dasselbe. 39. Bd. 1887. 5 Hfte. gr. 8. (III, 444 S. u. XXIII S. m. 5 Taf.) Ebd. 888. à Hft. n. 1. —

— dasselbe. 40. Bd. 1888. 4 Hfte. gr. 8. (III, 325 u. XXI S. m. 2 Taf.) Ebd. 889. à Hft. n. 1. —

— dasselbe. 41. Bd. 1889. 4 Hfte. gr. 8. (III, 324 u. XXIII S.) Ebd. 889. n. 4. —

— dasselbe. 42. Bd. 1890. I. gr. 8. (126 S.) Ebd. 890. n. 1. —

— dasselbe. Philologisch-histor. Classe. 1890. II. u. III. gr. 8. (III, S. 127—279 u. XXV S.) Ebd. 891. à Hft. n. 1. —

— dasselbe. 1891. 3 Hfte. gr. 8. (III, 294 u. XXIII S. m. 7 Taf. u. 17 Holzschn.) Ebd. 891. 892. à Hft. n. 1. —

— dasselbe. 1892. 3 Hfte. gr. 8. (III, 256 u. XXVIII S. m. 3 Taf. u. 1 Karte.) Ebd. 892. 893. à Hft. n. 1. —

— dasselbe. 1893. 3 Hfte. gr. 8. (III, 352 u. XXVII S. m. 6 Taf. u. 2 Fig.) Ebd. 893. 894. à Hft. n. 1. —

— dasselbe. 1894. 1. Hft. gr. 8. (128 S. m. 1 Karte.) Ebd. 894. n. 1. —

— dasselbe. Philolog.-histor. Classe. 1894. II. gr. 8. (III, S. 129—228 u. XXIV S.) Ebd. 895. n. 1. —

— dasselbe. 1895. 4 Hfte. gr. 8. (III, XXVI, 368 S. m. 8 Fig. u. 4 Taf.) Ebd. 895. 96. à Hft. n. 1. —

— dasselbe. 1896. 3 Hfte. gr. 8. (III, XXVI, 337 S. m. 1 Lichtdr.-Taf.) Ebd. 896. à Hft. n. 1. —

— dasselbe. 49. Bd. 1897. 2 Hfte. gr. 8. (III, XXIV, 208 S. m. 1 Fig.) Ebd. 897. à Hft. n. 1. —

— dasselbe. 50. Bd. 1898. 4 Hfte. gr. 8. (176 S.) Ebd. 898. n. 4. 00

— dasselbe. Philologisch-histor. Classe. 50. Bd. 1898. IV. u. V. 8. (III, S. 177—228 u. XXVI S.) Ebd. n. 1. 60; (50. Bd. kplt.: n. 5. 60)

— dasselbe. 51. Bd. 1899. I.–V. gr. 8. (III, 241 S. u. XXVI S.) Ebd. n. 6. —

— dasselbe. 52. Bd. 1900. I.—IX. gr. 8. (III, 425 S. u. XXVII S. m. 2 Taf. u. 1 farb. Karte.) Ebd. n. 10. 30

— dasselbe. Philologisch-histor. Classe. 54. Bd. 1902. III. (III, S. 135—208 u. XXVIII S.) gr. 8. Ebd. n. 2. 40 (1902 kplt. n. 7. —)

— dasselbe. 55. Bd. 1903. I—VI. (III, XXIX u. 298 S. m. 2 Kartonskizzen.) gr. 8. Ebd. n. 8. 60

— dasselbe. 56. Bd. 1904. I—V. (III, 300 u. XXVIII S.) gr. 8. Ebd. n. 7. 60

— dass. Philologisch-histor. Kl. 57. Bd.'05. V. u. VI. Heft; 58. u. 59. Bd. '06.'07. je 5 Hefte; 60. Bd.'08. 8 Hefte. gr8° Ebd. 24.90
57.'05. V. VI. (253—304 u. 30) 2 — (Vollst.: 9 —) ‖ 58.'06. (205 u. 29) 6.20 ‖ 59.'07. (253 u. 28) 7.40 ‖ 60.'08. (225 u. 20 m. 2 Kartenskizzen u. 4 Taf.) 9.30.

— dass. 61. Bd. '09. I. u. II. Heft. gr8° Ebd. 6.60
Meister, Rich.: Beitr. z. griech. Epigraphik u. Dialektologie VII. 2 kypr. Inschriften. (13 m. 1 Taf.) '09. [61,I.] — 60
Roscher, Wilh. Heinr.: Die Tessarakontaden u. Tessarakontadenlehren d. Griechen u. and. Völker. Beitrag z. vergleich. Relig.-Wiss., Volkskde u. Zahlenmystik sowie z. Gesch. d. Medizin u. Biologie. (21—206) '09. [61,II.] 6 —

— dass. Philolog.-histor. Kl. 61. Bd, '09, III. Heft; 62. Bd, '10, 11 Hefte; 63. Bd, '11, 10 Hefte; 64. Bd, '12, I—III. Heft. gr8° Ebd. 39.70
Birch-Hirschfeld, Adf: Zum Gedächtn. an Richard Wülker. — Verz. d. Mitgl. d. kgl. sächs. Gesellsch. d. Wiss. Verz. d. eingegang. Schriften. (491—500, 27) '10 [62,XI] — 50
Brugmann, K: Zur umbr. u. pälign. Sprachgesch. (151—175) '11 [63,VII] — 80
Fischer, A: Auflösg d. Akkusativrektion d. transitiven Verbs durch d. Präposition li im klass. Arabisch. (161—188) '10 [62,VI] 1 —
Heinrici, CFGeo.: Nachträgliches zu d. „griechisch-byzantin. Gesprächsbb." (167—183) '12 [64,III] — 40
— Nekrolog auf Max Heinze, gesprochen in d. öffentl. Gesamtsitzg beider Klassen am 14. 11. '09. — Verz. d. Mitgl. — Verz. d. eingegang. Schriften. (207—234 u. 29) '09 [61,III] — 80
Heinze, Rich.: Tertullians Apologeticum. (279—490) '10 [62,X] 6.60
Hertel, Johs: Ein altind. Narrenb. 1. (67) '12 [64,I] 2.80
Lamprecht, Karl: Worte z. Gedächtn. an Kurt Damm Paul v. Seydewitz. — Verz. d. Mitgl. d. kgl. sächs. Gesellsch. d. Wiss. — Verz. d. eingegang. Schriften. (28 u. 211—219) ('11) [63,X] — 80
Leskien, A: Üb. Dialektmischg in d. serb. Volkspoesie. (127—160) '10 [62,V] 1 —
— Zur Wanderg v. Volksliedern. (177—192) '11 [63,VIII] — 50
Marx, Frdr.: Naenius. (39—82) '11 [63,III] 1.50
Meister, Rich.: Beiträge z. griech. Epigraphik u. Dialektol. VIII. Synoikievertrag a. d. arkad. Orchomenos. (11—26) '10 [62,II] — 50 ‖ Dass. IX. Kypr. Inschriften. (231—247 m. 3 Taf.) '10 [62,VIII] 1.20 ‖ Dass. X. Kypr. Inschriften (m. e. Exkurs üb. d. altphryg. Arezalis-Inschrift). (17—38 m. 2 Taf.) '11 [63,II] 1.20 ‖ XI. Das Urteil v. Mantineia. (193—210 m. 1 Taf.) '11 [63,IX] — 80
Menzel, A: Protagoras als Gesetzgeber v. Thurii. (189—229) '10 [62,VII] 1.20
Mitteis, Ludw.: I. Üb. d. privatrechtl. Bedeutg d. ägypt. βιβλιοθήκη ἐγκτήσεων — II. Zu d. Stelle d. Ulpian D. 27, 10, 1 pr. — III. Das Receptum nautarum in d. Papyrusurkdn. (249—278) '10 [62,IX] — 80
— Zur Lehre v. d. Libellen u. d. Prozesseinleitg n. d. Papyri d. früh. Kaiserzeit. (61—126) '10 [62,IV] 2 —
Naber, JC: Zum Text d. Berliner latein. Papyri BGU 611 u. 628. (127—132) '11 [63,V] — 20
Peter, Herm.: Die Schrift Origo gentis romanae. Mit e. Abhandlg. üb. ihr Verhältn. zu and. Zitatenfälschgn d. griech. u. röm. Altertums u. m. Anmerkgn. (67—166) '12 [64,II] 3 —
Sethe, K: Ägypt. Inschrift auf d. Kauf e. Hauses a. d. alten Reich. (133—150 m. 1 Taf.) '11 [63,VI] 1 —
Stieda, Wilh.: Zur sächs. Gelehrtengesch. (27—59) '10 [62,III] — 80
Studniczka, Frz: Polybios u. Damophon. (1—15 m. Abb. u. 2 Taf.) '11 [63,I] 1 —
Weissbach, FH: Üb. d. Inschriften d. Darius Hystaspis v. Nakš-i-Rustam. (9) '10 [62,I] — 40
Zimmern, Heinr.: Zur Herstellg d. grossen babylon. Götterliste An = (ilu) Anum. (83—125) '11 [63,IV] 1.50

— dasselbe. Register, s.: Namen- u. Sachregister.

— dasselbe, s.: Sachregister.

— u. Verhandlungen d. deutsch-österr. Gewerbeschutz-Conferenz am 12. u. 13. X. 1896. z. Berlin. Im Auftr. d. deutschen u. österr. Vereins f. d. Schutz d. gewerbl. Eigenthums hrsg. v. A. Osterrieth u. J. Wechsler. gr. 8. (X, 168 S.) Berlin 896. C. Heymann's Verl. n. 2. 50

Berichte und Verhandlungen der deutsch-österreichisch. Gewerbeschutz-Conferenz am 12. u. 13. Okt. 1896 zu Berlin. Hrsg. v. DD. A. Osterrieth u. J. Wechsler. gr. 8°. Berlin, C. Heymanns Verlag, 1897.

BERICHTE ÜBER DIE VERHANDLUNGEN DES FREIEN DEUTSCHEN HOCHSTIFTES für Wissenschaften, Künste und allgemeine Bildung (in Goethe's Vaterhause) zu Frankfurt am Main.
Jahrg. 1. Frankfurt am Main, 1861. Verlag des Hochstiftes. Für den Buchhandel: J. D. Sauerländer's Auswahl-Buchhandlung. 8°.
Jahrg. 5.*) Enthaltend die Flugblätter 1—34 nebst ihren Beilagen. ib. 1864. Verlag des Freien Deutschen Hochstiftes. 4°

Internationaler thierärztlicher Kongress.
Berichte und Verhandlungen. 6. 1895 ff. Bern [u.a.] 1896 ff.
6. Bern, 16.- 21. Sept. 1895 Hrsg. von E. Noyer. Bern 1896. XL, 907 S.
7. Baden-Baden, 7. - 12. Aug. 1899. Bd. 1.2. Baden-Baden 1899-1900.
1. Organisation, Mitgliederliste u. Berichte. 1899.
2. Verhandlungen, Beschlüsse u. Festlichkeiten. 1900.
8. Budapest 1905. Bd. 1–3. Budapest 1906.

— u. Verhandlungen des 4. internationalen Kongresses f. Versicherungs-Medizin zu Berlin vom 10. bis 15. IX. 1906. Hrsg. im Auftrag des deutschen Vereins f. Versicherungs-Wissenschaft v. Geo. Florschütz u. Alfr. Manes. 2 Bde. (1. Bd. X, 539 S.) Lex.-8. Berlin 906. E. S. Mittler & Sohn. n. 24. —; geb. n. 26. 50

Berichte und Verhandlungen der National Gross Logen der Orden der Hermanns-Söhne
1903? -1933?
New Ulm, MN

Berichte und Verhandlungen der Orden der Hermanns-Söhne: no. 1—8, 1896—1908
Annual reports. Organ of Orden der Hermanns-Söhne. Title varies: EINJÄHRIGER BERICHT no. 1—2. Columbus, NE

[Berichte über die Verhandlungen des Provinzial-Ausschusses für die Provinz Schleswig-Holstein. Kiel. 1872 ff.] 8°

— über die Verhandlungen d. D. Reichstags mit Anlagen. 1908-13. 4° Berlin 1908-13

Berichte über die Verhandlungen der Versammlungen der Gr. Freimaurerloge „Zur Eintracht". No 100—130. Darmstadt 1886 ff.: Herbert, [von 1891—1900:] Mainz: Prickarts. 8° [Umschlagtit.]
100—101 . . . abgehalten im O.·. Alzey am 10. Okt. 1886 und im O.·. Darmstadt am 14. Nov. 1886. 25 S.
102 . . . abgehalten im O.·. Offenbach am 17. April 1887. 10 S.
103 . . . abgehalten im Or.·. Friedberg am 11. Dez. 1887. 29 S.
104 . . . abgehalten im Or.·. Darmstadt am 18. März 1888. 20 S.
105 . . . abgehalten im Or.·. Bingen am 7. Okt. 1888. 16 S.
106 . . . abgehalten im Or.·. Mainz am 5. Mai 1889. 11 S.
107 . . . abgehalten im Or.·. Worms am 20. April 1890. 17 S.
108 . . . abgehalten in Giessen am 5. Okt. 1890. 13 S.
109 . . . abgehalten im Or.·. Darmstadt am 19. April 1891. 15 S.

110 . . . abgehalten im Or.·. Darmstadt am 10. April 1892. 22 S.
111 . . . Bericht üb. d. abgehaltene Trauerloge z. Andenken Grossherzog Ludwig IV von Hessen und bei Rhein im Or.·. Darmstadt am 10. April 1892. 16 S.
112 . . . abgehalten im Or.·. Darmstadt am 30. Okt. 1892. 16 S.
113 . . . abgehalten im Or.·. Mainz am 23. April 1893. 16 S.
°114.
115 . . . abgehalten im Or. Offenbach am 8. April 1894. 22 S.
116 . . . abgehalten im Or. Darmstadt am 21. April 1895. 11 S.
117 . . . abgehalten im Or. Darmstadt am 3. Nov. 1895. 12 S.
118 . . . abgehalten im Or.·. Friedberg am 3. Mai 1896. 29 S.
119 . . . abgehalten im Or. Mainz am 30. Mai 1897. 21 S.
120 . . . abgehalten im Or. Bingen am 27. Nov. 1897. 19 S.
121 . . . abgehalten im Or. Giessen am 17. April 1898. 18 S.
122 . . . abgehalten im Or. Worms am 26. März 1899. 14 S.
123 . . . abgehalten im Or. Mainz am 29. April 1900. 14 S.
124 . . . abgehalten im Or. Darmstadt am 21. Okt. 1900. 16 S.
°125—129.
130 . . . abgehalten im Or. Darmstadt am 20. Mai 1906. 23 S.

[Berichte.] Deutschnationaler Handlungsgehilfen-Verband. Handlungsgehilfentag. Berichte und Verhandlungsschriften (und Zeitungsstimmen), Geschäftsberichte und Abrechnungen. Verbandstag 1 ff. Hamburg 1902 ff. 8°.
1. ausserord. Verbandstag in Hamburg am 1. Dez. 1895. 1902.
1: Handlungsgehilfentag u. Verbandstag in Hamburg am 5. April 1896. 1902.
2: in Berlin am 18. April 1897. 1902.
3: in Leipzig am 10. u. 11. April 1898. 1902.
4: in Kassel am 2. u. 3. April 1899. 1902.
5: in Hannover am 5. u. 6. April 1900. 1902.
6: in Mannheim am 8. u. 9. April 1901. 1902.
7: in Magdeburg am 30. u. 31. März 1902. 1902.
8: in Köln a. Rh. am 12. u. 13. April 1903. 1903.
9: Handlungsgehilfentag. Tl 1. 2. 1905.
1: in Hamburg vom 25.—28. Mai 1904. Bd 1—4. 1904.
2: „ „ am 17.—18. Juni 1905. Bd 1—4. 1905.
Verbandstag in Hamburg am 19. Juni 1905 [nebst] Bericht 1905.
10: Handlungsgehilfentag. Tl 1. 2. 1907.
1: in Hamburg vom 6.—10. Juni 1906. Bd 1—4. 1906.
2: in Dresden am 8.—10. Juni 1907. Bd 1—4. 1907.
Verbandstag in Dresden am 10. Juni 1907. 1907.
11: Handlungsgehilfentag am 12. u. 13. Juni 1909 in Stuttgart. 1909.
(Schriften d. Deutschnat. Handlungsgehilfen-Verbandes. Bd 1 ff.)

— üb. d. Vers. d. internat. meteorolog. Komitees Paris '07, s.: Veröffentlichungen d. kgl. preuss. meteorolog. Instit.

Berichte der constituierenden Versammlung in Hamburg. Hamburg 1848—49. H: *Lehmann, Johann Frdr. Emil, Joh. Wilh. Rautenberg & Gfr. Cohen.* (schr)

Alphabetisches Register zu den Berichten über die I.—XX. Versammlung des Vereins Mecklbg. Thierärzte. (Ohne bes. Titelblatt. Ludwigslust. Druck der Hinstorff'schen Buchdruckerei.) 8°.

Berichte über die Versammlungen des Botanischen und des Zoologischen Vereins für Rheinland-Westfalen. Jahrg. 1907 bis 1910. Bonn, 1907 ff.

Berichte über die Versammlungen des Vereins deutscher Grosshändler in Dünge- und Kraftfuttermitteln E. V. i. J. 1906. Berlin (1906). 4°.

Berichte über die Versammlungen des Oberrheinischen geologischen Vereins. 29. bis 32. Versammlung. Stuttgart 1896—99. 8.

Berichte über die Versammlungen des Oberrheinischen geologischen Vereins. 8. Stuttgart, Glaser & Sulz. (*je* M. —.50)
34. Versammlung zu Diedenhofen am 10. April 1901. Mit 2 Tafeln. II + 39 S. 1901. — (*Ohne die* Beilage: Besonderer Abdruck aus Mitteil. d. geol. Landesanstalt v. Els.-Lothr. 5, Heft 3, 1901, S. 139—246.)
35. V' zu Freiburg i. B. am 2. April 1902. Mit 1 Tafel und 1 Textfigur. II + 36 S. 1902.
36. V' zu Nördlingen im Ries am 15. April 1903. Mit einer Karte und 10 Textfiguren. II + 82 S. 1903.
37. V' zu Offenbach a. M. am 6. April 1904. Mit 4 Textfiguren ([und] Anhang: Verzeichnis der Mitglieder). II + 32 + *Anhang* VII S. 1904.

Berichte über die Versammlungen des Oberrheinischen geologischen Vereins. 38. Versammlung zu Konstanz a. B. am 26. April 1904 (*d. i.* 1905). Mit vier Textfiguren, einer Kartenskizze und zwei Tabellen ([sowie] Anhang: Verzeichnis der Mitglieder). II + 45 + *Anhang* VII S. 8. Stuttgart, Glaser & Sulz, 1905 (**Umschlag:* 1906). (M. —.50)

Berichte über die Versammlungen des Oberrheinischen geologischen Vereins. [2 Teile. Teil 1:] 39. Versammlung zu Wörth a. d. Sauer am 17. April 1906. Mit 12 Textfiguren und 4 Tafeln; [Teil 2:] 40. Versammlung zu Lindau i. Bodensee am 8. April 1907. Mit 3 Textfiguren und 8 Tafeln ([sowie] Anhang: Verzeichnis der Mitglieder). 62 *u.* 85 + *Anhang* VII S. 8. Karlsruhe i. Baden, J. Lang, 1907. (Doppelheft zu M. 1.—)
Die 2 Teile a. u. bes. Titeln.

Berichte über die Versammlungen des Oberrheinischen geologischen Vereins (**43:* Vereines). 8. Karlsruhe i. B., J. Lang.
41. Versammlung zu Ulm a. D. am 21. April 1908. Mit 18 Textfiguren und 2 Tafeln ([sowie] Anhang: Verzeichnis der Mitglieder). 68 + VII S. 1909. (M. —.50)
42. V' zu Heidelberg am 14. April 1909. Mit 51 Textfiguren und 2 Tafeln. Ausgegeben Mitte August 1909. VI + 150 + 1 S. 1909. (M. 1.—)
43. V' zu Bad Dürkheim am 29. März 1910. Teil 1 ⟨mit Programm⟩. Mit 9 Textfiguren. Ausg' Mitte Februar 1910. 48 S. (M. —.50)

Berichte über die Versammlungen des Oberrheinischen geologischen Vereines. 43. Versammlung zu Bad Dürkheim am 29. März 1910. Teil 2. Mit 2 Tafeln, 4 Kartenskizzen und 18 Textfiguren ([sowie] Anhang: Der Oberrheinische geologische Verein in den vier ersten Jahrzehnten seines Bestehens, 1871—1910, und seine Berichte. Geschichte des Vereins u. Verzeichnis seiner Veröffentlichungen. Mit Autoren-, Orts-, Sachregister und Mitgliederverzeichnis. Von D[aniel] Häberle, Heidelberg...). Unter der Schriftleitung des... Prof. Wilhelm Salomon in H'. Ausgegeben Mitte Juli 1910. IV + 183 S. 8. Selbstverlag des Vereines (J. Langs Buchdr., Karlsruhe). M. 3.50
⟨Vom nächsten Jahre ab erscheinen die Veröffentlichungen d. Vereines unter dem Titel «Jahresbericht u. Mitteilungen, Neue Folge, Jahrg. ...»⟩

— der Versuchsanstalt f. Brauindustrie in Böhmen. II. Decennium. 1.—5. Hft. Prag (J. G. Calve). n. 8.60
1. Eine Studie üb. böhmische Brauwässer. Von G. A. Neumann. gr. 8. (42 S.) 898. n. —80
2. Ueber die Werthschätzung des Hopfens nach dessen äusseren Eigenschaften. Von Fr. Chodounský. gr. 8. (82 S. m. Abbildgn. u. 1 farb. Taf.) 898. n. 2.—
3. Über die Werthschätzung des Hopfens nach dessen äusseren Eigenschaften. Von Fr. Chodounský. gr. 8. (28 S. m. Abbildgn.) 899. n. —80
4. Zur Oekonomie in der Brauindustrie. Von Frz. Chodounský. gr. 8. (116 S. m. Abbildgn. u. 1 Taf.) 900. n.n. 2.—
5. Der Hopfen. Ein Beitrag zur Wertschätzg. der Qualität. Von Frz. Chodounský. gr. Fol. (14 S. m. Abbildgn. u. 13 [1 farb.] Taf.) 900. n.n. 3.—

— der Versuchsanstalt f. Brauindustrie in Böhmen. II. Decennium. 6—11. Heft u. III. Decennium 12. Heft. Prag, (J. G. Calve). nn 9.80
6. Züchtung botanisch reiner Formen böhmischer Gerste auf Grund der erblichen Eigenschaften. Von Jos. Nolč. — Ueber den Einfluss der Haufenführung u. der Temperatur auf den Keimungsprocess. Von Frz. Chodounský. Ueber geschwefelte Malze. Von Joh. Šatava. (49 S. m. Abbildgn.) gr. 8. 902. nn 1.—
7. Ueber die Bedeutung der Spindel bei Werthschätzung des Hopfens den äusseren Eigenschaften nach. Von Frz. Chodounský. (87 S. m. Abbildgn.) 35×24 cm. 902. nn 3.
8. Zur Frage der Qualität der böhmischen Gerste. (Vortrag.) Von F. Chodounský. (39 S. m. 1 Taf.) Lex. 8. 903. nn —60
9. I. Statistik des Gerstenbaues in Böhmen. (Thdr. Erben.) II. Gerste-Anbauversuche, vergleichende, der landwirtschaftlichen Central-Gesellschaft f. das Königreich Böhmen. (Thdr. Erben.) III. Beurteilung der Bonität der Gerste. Böhmische Gerste im J. 1902. (Thdr. Erben u. Frz. Chodounský.) IV. Schlussreferat. (Frz. Chodounský.) (39 S. m. 1 Karte u. 2 farb. Taf.) Lex. 8. 903. nn 1.—
10. Ungar. Hopfen. Ein Beitrag zur Wertschätzg. des Hopfens den äusseren Eigenschaften nach. Von Frant. Chodounský. (23 S. m. Abbildgn.) 35,5×28 cm. 904. nn 1.50
11. Chemische Untersuchungen üb. die Hopfen des J. 1904. Von J. Šatava. (40 S. m. 1 Karte.) gr. 8. 905. nn 1.50
12. Zwei Studien üb. Saccharometer. (Über die normale Oberflächenspanng. v. Flüssigkeiten in der aräometr. Technik. — Das Brauereisaccharometer.) Von J. Šatava. (58 S.) gr. 8. 908. nn 1.20
1.—5. Heft. Ebd. 898—900. 8.60

— d. Versuchsfeldes f. Werkzeugmaschinen an d. techn. Hochsch. Berlin. I. u. 2. Heft. 31,5×24,5 cm. Berl., J Springer.
Ludwig: Der Azetylen-Sauerstoff-Schweissbrenner, s. Wirkungsweise u. s. Konstruktionsbedinggn. (30) '12 (2) 1.60
Schlesinger, G: Vorbericht: Das Versuchsfeld u. s. Einrichtgn. 1. Fachbericht: Untersuchg e. Drehbank m. Riemenantrieb. (26 m. Fig.) '12 (1) 1.20

— aus der kgl. bayerischen biologischen Versuchsstation in München. Hrsg. v. Bruno Hofer. I. u. II. Bd. Lex. 8. Stuttgart, E. Schweizerbart. 20. —
I. Mit Taf. I—VI, 2 Textbeilagen u. 10 Textfig. (XV, 220 S.) 908. 10.
II. Mit Taf. I—V u. 20 Textfig. (V, 205 S.) 909. 10.

Berichte der Versuchsstation f. landwirthschaftliche Geräthe u. Maschinen an der k. ung. landwirthschaftl. Lehr-Anstalt in Ung.-Altenburg. Jahrg. 1870. Zusammengestellt im Auftrage d. k. ung. Ministeriums f. Handel, Industrie u. Ackerbau. v. J. M. Fuchs. gr. 8. (52 S. m. eingedr. Holzschn.) Pest 871. (Wien, Faesy & Frick.) n. — 80

— dasselbe. Jahrg. 1871. Lex.-8. (IV, 82 S. m. eingedr. Holzschn.) Ebend. 872. n. 2. —

— der Versuchsstation f. Zuckerrohr in West-Java, Kagok-Tegal [Java]. Hrsg. v. W. Krüger. 1. Hft. gr. 8. Dresden 890. G. Schönfeld's Verl. geb. n. 15. —; holländ. Ausg. zu gleichem Preise.
Untersuchungsmethoden auf dem Gebiete der Rohrzuckerindustrie. Von H. Winter. — Die chemische Zusammensetzung d. Zuckers. Von H. Winter. — Zur Gewinnung d. Rohrzuckers aus Zuckerrohr. Von H. Winter. — Ueber Krankheiten u. Feinde des Zuckerrohrs. Von W. Krüger. Mit 11 lith. Taf., wovon 5 in Farbendr. (VII, 179 S. u. 4 S. Erklärg. d. Abbildgn.)

Berichte d. Versuchsstation f. Zuckerrohr in West-Java, Kagok-Tegal (Java). Hrsg. v. Wilh. Krüger. II. Hft. gr. 8. Leipzig 896. A. Felix. n. 13. — (I. u. II.: n. 28. —)
Untersuchungsmethoden a. d. Geb. d. Rohrzuckerindustrie. 2. Mittheilg. Von A. Scholvien u. W. Krüger. — Beiträge z. Kenntn. d. chemisch. Zusammensetz. d. Zuckerrohrs. 2. Mittheilg. Von F. Szymanski, W. Landers u. W. Krüger. — Z. Gewinng. d. Rohrzuckers a. Zuckerrohr. 2. Mittheilg. Von F. Szymanski, W. Landers u. W. Krüger. — Zur Kultur d. Zuckerrohrs. Von W. Krüger u. W. Landers. — Ueb. Krankheiten u. Feinde d. Zuckerrohrs. 2. Mittheilg. Von W. Krüger — Meteorolog. Wahrnehmgn. d. Versuchsstation v. 1. Septbr. 1888 bis 1. Mai 1891. Von A. Scholvien, F. Szymanski, W. Landers, Setja Wikarto u. W. Krüger. (VIII, 274 S. m. 2 lith. Taf. u. 1 Autotypie.)

BERICHTE DER ÄRZTLICHEN VERTRAUENSMÄNNER, mit Einschluss sämmtlicher während der Dauer der Arbeiten der Vertrauenskommission eingesendeter Aufsätze über die Reform des Medicinalwesens. Supplementband zu den Jahrgängen 1848 und 1849 des Würtembergischen medicinischen Correspondenzblattes. (Mit 1 Tafel.) Stuttgart 1849. Carl Erhard. 4°.

Berichte über die Verwaltung der Königl. Niederschlesisch-Märkischen Eisenbahn und der Bahnhofs-Verbindungsbahn zu Berlin pro 1860 ff. Berlin, 1861—1865. 5 Bde. 4.

Berichte über die Verwaltung der Saarbrücker Eisenbahn f. 1858 ff. Trier 1863 ff. 4.

Berichte über die Verwaltung der westphälischen Eisenbahn f. 1858 ff. Münster, 1859 ff. 4.

Berichte über die Verwaltung der Ostbahn f. 1859 ff. Bromberg, 1860 ff. 4.

Berichte des Verwaltungsausschusses der Schlesw.-Holsteinischen Bibelgesellschaft über die Gründung und den Fortgang dieser Gesellschaft. ⟨Aus den N. S.H. Prov.Ber. besonders abgedruckt.⟩ Kiel. 1816. 8°.

Berichte des Verwaltungsrathes der Schweizerischen Grossloge Alpina. 4 Hefte. 1858—1879. 8. VIII, 1856/57, 57 S. X, Supplement 1863, 38 S. XIII, 1866/67, 135 S. XVI u. XVII, 1875/78, 44 S.
VIII. Bericht 1. Januar 1856 bis 31. December 1857. Burgdorf 1858. 57 S. Supplement zum 10. Jahresbericht. Bern 1863. 38 S. XIII. Jahresbericht vom 1. Jan. 1866 bis 31. December 1867. Burgdorf 1868. 135 S. XVI. und XVII. Jahresbericht vom September 1875 bis December 1878. Bern 1879. 44 S.

Berichte. Vier B' über die Schlacht bei St. Jakob s. [Fechter, Daniel Albert].

— eines Visionärs s.a. G. H. v. Schubert.

Berichte eines Visionairs über den Zustand der Seelen nach dem Tode. Aus dem Nachlasse Joh. Friedr. Oberlins, gewesenen Pfarrer im Steinthale. Nebst einem Fragment: die Sprache des Wachens. Leipz. 837. 8.

— üb. das Volksschulwesen des Kanton Schwyz, v. hochw. Erziehungsrathe desselben an den hohen großen Rath erstattet unt. 23. Septbr. 1842 u. 19. Febr. 1840. gr. 8. (4 B.) Einsiedeln 840, Gebr. Benziger.

— vollständ., v. d. Mordthat, welche am König von Polen hat follen ꝛc. M. Kpf. 8. Frankf. u. Leipz. 772. Waisenhaus-B. 4 gr.

— vollständige stenographische, über den Antrag der Herren Graf v. Arnim, v. Blöh und Dr. Stahl wegen Vorlegung eines Gesetz-Entwurfs betr. die Entrichtung einer außerordentlichen, temporären Steuer vom fundirten Einkommen behufs Deckung der Kosten der Reorganisation der Armee im Herrenhause am 16. Febr., 14., 15. und 16. März 1861 nebst Aktenstücken. gr. 8. (IV und 311 S. mit 2 Tab. in gr. 4.) Berlin 861, Decker'sche geheime Ober-Hofbuchdruckerei.

— vollständige stenographische, über den Antrag des Frhrn. v. Vincke und Genossen betr. die kurhessische Verfassungs-Angelegenheit im Hause der Abgeordneten am 20. und 21. April 1860 nebst Kommissions-Bericht. gr. 8. (183 S.) Berlin 860, Decker'sche geheime Ober-Hofbuchdruckerei.

— vollständige stenographische, über drei Petitionen das Herzogth. Schleswig betr. im Hause der Abgeordneten am 3. und 4. Mai 1860 nebst Kommissions-Bericht. gr. 8. (120 S.) Berlin 860, Decker'sche geheime Ober-Hofbuchdruckerei.

— vollständige, über die Verhandlungen der constituir. Versammlung in Hamburg. Bog. 1—109. 4. Hamburg 849, Niemeyer. à Bog. n. 1 sgr

— vorläufige, der Balkan-Commission. (Treitl-Stiftung der kaiserl. Akademie der Wissenschaften.) 1. Hft.: I - VI. gr. 8. (III, 106 S.) Wien 900. (C. Gerold's Sohn). n. 1, 70

— und Vorschläge über d. Armenwesen ꝛc., s. Schriften d. Schleswig-Holstein. patriot. Gesellsch., 1r Bd.

Berichte d. Vorstandes der Schleswig-Holstein-Lauenburgischen Gesellschaft f. die Sammlg. u. Erhaltg. vaterländ. Alterthümer. 1869—71. gr. 4. (16 S.) Kiel 871. v. Maack in Comm. n. — 60

Berichte des Vorstandes der Schleswig-Holstein-Lauenburgischen Gesellschaft etc. 4°.
Nr. 31. 1869—71. Kiel. 1872.
32.—34. Vorgeschichtliche Steindenkmäler in Schleswig-Holstein. Heft 1-3. Von Heinrich Handelmann. ebd. 1872—74.

Der Zentralverband deutscher Konsumvereine im Jahre ... Berichte des Vorstandes und des Sekretärs über die Entwicklung des Zentralverbandes deutscher Konsumvereine im Verbandsjahre ... Erstattet ... von Max Radestock u. Heinrich Kaufmann. [2.] Hamburg: H. Kaufmann & Co. 1905. 8° [F.]
1 erschien im Jahrbuch d. Zentralverb. deutscher Konsumvereine. 1904.

[Berichte.] Zentralverband deutscher Konsumvereine. Berichte des Vorstandes und des Sekretärs über die Entwicklung des Zentralverbandes deutscher Konsumvereine im Verbandsj. 1904—1908. Hamburg 1905—1909. 8°.

Berichte über d. städt. Wasserleitungswesen z. Dresden. 1870—90. 8. u. Fol.

— üb. die Weltausstellung in Paris 1900. Hrsg. v. dem k. k. österreich. General-Commissariate. 12 Bde. hoch 4. Wien, C. Gerold's Sohn. à n. 2. —
1. Administrativer Bericht. (IX, 227 S. m. 1 Titelbild u. 1 Plan.) Mit 2 Beilagsbdn. I. Sammlung der wichtigsten Documente, wie Reglements, Verzeichnisse, Formularien u. s. w. (X, 487 S. m. 1 Taf.) II. Listen der Ausstellungspreise u. Decorationen. (III, 204 S.) 902.
2. Einleitung zu den Fachberichten. — Die österreich. Installationen. — Installationsdaten. (III, 100 S. m. 25 Taf. u. 2 Plänen.) 902.
3. Socialökonomie, Hygiene, Handel. (III, 101 S. m. 1 Taf.) 901.
4. Hüttenwesen, landwirtschaftliche Maschinen, Petroleum. (III, 57 S. m. Abbildgn.) 901.
5. Dampfkessel, Dampfmotoren, Explosions-Kraftmaschinen, Turbinen. (III, 83 S. m. Fig. u. 4 Taf.) 901.
6. Metall- u. Holzbearbeitung, Material-Prüfungsmaschinen, Messwerkzeuge. (III, 87 S.) 901.
7. Elektrotechnik. (III, 55 S. m. Abbildgn.) 901.
8. Wasserbau, Schiffahrt, Ingenieurwesen, Automobile. (III, 118 S.) 901.

9. Eisenbahnen, Tramways, Bau u. Betrieb, Locomotiven, Waggons. (III, 108 S. m. Abbildgn. u. 3 Taf.) 901.
10. Chemische Industrien. (III, 68 S.) 901.
11. Diverse Industrien. (III, 66 S. m. Abbildgn.) 901.
12. Hilfsmittel der Kunst u. Wissenschaft. Kunstgewerbe. (III, 103 S. m. Abbildgn. u. 5 Taf.) 901.

Berichte über die Wertbestimmung des Pariser Postserums, im Auftrage des Hrn. Kultusministers erstattet v. R. Koch, E. v. Behring, R. Pfeiffer, W. Kolle, Martini. (Aus den Akten des königl. preuss. Kultusministeriums.) gr. 8. (62 S.) Jena 902. G. Fischer. n. 1. 60
Sonderabdruck aus: „Klin. Jahrbuch".

Berichte üb. d. v. d. Landw.-Kammer f. d. Prov. Sachsen veranst. Wettbewerbe v. Schrotmühlen u. Heuwendern, Berichterst.: O Hevlandt, s.: Arbeiten d. Landw.-Kammer f. d. Prov. Sachsen.

Berichte über das Wirken des Hauptvorstandes der deutschen Kunstgenossenschaft im Jahre 1867 von Max Stieler, in den Jahren 1868 und 1869 von J. M. Aigner. München 1867. Wien 1868, 1869. 8°.

Berichte üb. d. Wirksamk. d. Alkohols bei d. Händedesinfektion, s.a. Veröffentlichungen aus usw. Militär-Sanitätswesens.

Berichte über die Wirksamkeit des Alkohols bei der Händedesinfektion. Zsgest. in d. Medizinal-Abteilung d. Kgl. Preuss. Kriegsminist. Mit 8 Textfig. Berlin: Hirschwald 1910. 89 S. 8°
(Veröffentlichungen aus d. Gebiete d. Militär-Sanitätswesens. H. 44.) [10. 6267

— wissenschaftliche. Unter Mitwirkung von Mitgliedern der Erfurter Akademie gemeinnütziger Wissenschaften herausg. von Selig Cassel. 1. Bd. 1. (Heft.) Erfurt 853. Keyser. gr. 8. (IV, 170 S.) 22½ ngr

— — 1. Bd. II. III. (Heft.) Erfurt 854. Villaret. gr. 8. (VIII, 327 S.) n. 1 ₰ 10 ngr

Berichte, Zeitgenössische, über die Eroberung der Stadt Rom 1527. (Aus: „Materialien zur neueren Geschichte" Nr. 2.) 8. Halle 1881.

— zeitgenössische, zur Geschichte Russlands. Hrsg v. Ernst Herrmann. A. u. d. T.: Russland unter Peter dem Grossen. Nach den handschriftl. Berichten Joh. Ghilf. Vockerodt's u. Otto Pleyer's. gr. 8. (XV, 140 S.) Leipzig 872. Duncker & Humblot. n. 2. 80

— zeitgenössische, zur Geschichte Russlands. Hrsg. v. Ernst Herrmann. II. gr. 8. Leipzig 880. Duncker & Humblot. n. 6. 40; (I. u. II.: n. 9. 20)
Peter der Grosse und der Zarewitsch Alexei. Vornehmlich nach u. aus der gesandtschaftl. Correspondenz Frdr. Chrn. Webers hrsg. v. Ernst Herrmann. (LXXXII, 225 S.)

Berichte der Central-Kommission für wissenschaftliche Landeskunde von Deutschland. (Sonderabdrücke a. d. Ausland und den Verhandlungen der Deutschen Geographentage.) 1—6. 1883—1885. 7. 1887. 8. 1889. 9. 1891. 10. 1893. 12 1897. (Stuttgart, München), Berlin 1883ff. 8°.

Berichte des Centralverbandes Deutscher Industrieller, siehe Verhandlungen.

Kaiserl. Akademie d. Wissenschaft. Berichte über die 2. und 3. Zuerkennung der von dem Kammerherrn Paul v. Demidow gestifteten Preise für das Jahr 1832, 33. St. Petersburg 1833, 31.

—— zusammengestellte, über das große Hagelwetter in Leipzig und dessen Umgegend am 27. Aug. 1860. Ein Denkblatt zur Erinnerung für Alle, die dasselbe mit erlebten. 1—8., durchgeseh. Aufl. 12. (24 S.) Leipzig 860, Sturm und Koppe.

— — Nachtrag zur 1—3. Aufl. Ebend. 860. 12. (10 S.) 1 ngr.

Berichte über die Zustände und die Reform des ländlichen Gemeindewesens in Preussen. (Schriften des Vereins für Sozialpolitik 44) Leipzig 1890

ZWEY Berichte über die Erscheinung des Kreuzes in dem Pfarrsprengel von Migné, dargereicht dem hochw. Herrn Bischof von Poitiers. Aus dem Französischen übersetzt. Pressburg 1828: Mit Beinay'schen Schriften. 15 S. - 8°

—— zwei, über die Erzeugung und Verarbeitung von Bessemer-Stahl. Erstattet an das k. k. Ministerium für Handel und Volkswirthschaft von Friedrich Münichsdorfer in Heft und E. A. Frey in Storé. gr. 4. (16 S.) Wien 865, Manz. *
Aus: Oesterr. Zeitschrift für Berg- und Hüttenwesen, Nr. 5, besonders abgedruckt.

Berichte. Zwei B' von der schweizerisch-italienischen Grenze an den Centralausschuss der Helvetia. I. Mémoire sur les affaires de Savoie. II. Das Veltlin. 8. Basel. Chr. Krüsi, *o. J.* [1859/1860].

Demokratischer Berichter: 1845 -? **Aaronsburg, PA**

Der Unpartheyische Berichter: Jan. 1, 1816—1899?
Weekly. Democratic, 1880—99. Sub-title [in 1835]: Ein republikanisches Volksblatt der Bürger von Libanon- und den benachbarten Caunties. Motto [in 1816]: „Wir sind alle Republikaner. — Wir sind alle Federalisten." Title varies: 1) Der Unpartheyische Berichter, Jan. 1, 1816—1826?; 2) Der Pennsylvanische Beobachter, 1826?—1835; 3) Der Pennsylvanische Beobachter und Wahre Demokrat, von Lebanon Caunty, 1836—37?; 4) Der Wahre Demokrat und Volks-Advokat, 1837?—45; 5) Der Wahre Demokrat, 1846—1857; 6) Wahrer Demokrat, 1857—1899. (Edited by O. Eichholz.) Circulation: 1870, 1200 (est.); 1880, 900; 1899, 900. Edited & published by Joseph Hartman, Jan. 1, 1816—1849?; by Joseph Hartman und Sohn, 1849—60; by Henry Hartman, 1860—69; by Wilhelm Rosenthal, 1869—71; by Ludwig A. Wollenweber, 1872—73; by S. Danelius, 1874—75; by Otto Eichholz, 1876—92; by John Breslin, 1893—94; by Stanley Bros., 1895—99. **Lebanon, PA**

Der Berichterstatter: 1897?—1903?
Independent weekly, the only paper published in Glidden, 1902—03. Circulation: 1903, 600. Edited & published by Herman Roethig, 1897—1902; edited by Emil Bandely, & published by Herman Roethig, 1903. **Glidden, WI**

Berichterstatter, Ein arabischer, aus dem 10. Jahrhundert über Fulda, Schleswig, Soest Paderborn . übertragen . . . von Georg Jacob. 2. Ausg. Berlin 1891. V: *Kazwinî.* (Berl)

Berliner Berichterstatter. Hersg. von C. E. Braune. Nr. 6 vom Mai 1848. 8.

Berichterstatter, Breslauer. Monatsschrift. Redig. u. herausgeg. von Carlo. 1. J. 1844. . . . 2. J. 1845. Oct.—Decbr. 3 Numm. (à 2 B.) 3. J. 1846. 12 Numm. Roy.-4. Breslau, (Trewendt); Scholz. 2. J. n. ½ ₰ — 3. J. n. 1 ₰

Berichterstatter, dramatisch-literarischer. Allgemeines Interessen-Blatt f. Bühnen-Vorstände, dramat. Schriftsteller u. Künstler. Red.: A. Kühling. 3. Jahrg. 1873. 36 Nrn. (1½ B.) Fol. Berlin 873. (Kühling.) n. 18. —

— dasselbe. 4. Jahrg. 1874. 24 Nrn. (1½ B.) Fol. Ebend. n.n. 12. —

Berichterstatter aus Berlins gesellschaftlichem Leben. Dritter Jahrgang 1848. Nr. 1 bis 8. Berlin. 4.

Berichterstattung üb. d. Absetzg d. Pfrs Jatho. Reden v. K Schrader, C Jatho, Baumgarten, Fischer u. Traub. (1—3. Taus.) (24) gr8° Berl.-Schönebg, Protestant. Schriftenvertrieb ('11). —25 d

Berichterstattung, Allerunterthänigste, der zur Wiederbesitznahme der Herzogthümer Schleswig und Holstein usw. Allerhöchst angeordneten Commission über ihre Geschäftsführung mit besonderer Rücksicht auf die Verpflegung der Kaiserlich Russ. Armee und Pohlen unter dem Oberbefehl des Generals Grafen Bennigsen. Altona 1815. Ü: *Aubert, Jacques d & Andere.* (I.S)

Gesellschaft des Stadt-Theaters in Basel. Berichterstattung an die Generalversammlung der Aktionäre ... (über die Bühnensaison 1900/1901 *u.* 1901/1902 *u.* 1902/1903). *je* 4 S. 4. 1901 *u.* 1902 *u.* 1903.

Schweiz. evangelisch-kirchlicher Verein. Berichterstattung über die am 25. September 1900 in Olten abgehaltene 29. Hauptversammlung ([und] Jahres-Rechnung der Central-Kasse [in] Basel vom 1. September 1899 bis 31. August 1900). 23 S. 8. Basel, Basler Druck- und Verlags-Anstalt, 1901.

Schweiz. evangelisch-kirchlicher Verein. Berichterstattung über die am 17. und 18. September 1901 in Lausanne abgehaltene 30. Hauptversammlung ([und] Jahres-Rechnung der Central-Kasse vom 1. September 1900 bis 31. August 1901). 23 S. 8. Basel, Basler Druck- und Verlags-Anstalt, 1901.

Schweiz. evangelisch-kirchlicher Verein. Berichterstattung über die am 29. und 30. September 1902 in Baden abgehaltene 31. Hauptversammlung ([und] Jahres-Rechnung der Central-Kasse vom 1. September 1901 bis 31. August 1902). 14 S. 8. Basel, Basler Druck- und Verlags-Anstalt, 1902.

Berichterstattung der Künstlergesellschaft in Zürich und des Zürcherischen Kunstvereins über die Jahre 1885—94. Zürich.

Basler Kunst-Verein (in Basel). Berichterstattung über das Jahr 1900. [Mit 1 Porträt-Tafel und 2 Illustrationen.] II + 79 S. 8. Basel, M. Werner-Riehm, 1901.

Darin S. 3—23: Der Kunstfreund Ratsherr J(ohann) J(acob) Im Hof ([von] J[acob] P[robst]); *S. 25—28:* Ansprache, gehalten von Professor Heinrich Wölfflin bei Anlass der Böcklin-Gedenkfeier.

Basler Kunstverein (in Basel). Berichterstattung über das Jahr.... 8. Basel, M. Werner-Riehm.

... 1901. ([Mit] Beilagen: 1. Die Baslerischen Kunstsammler des 18. Jahrhunderts von Prof. Daniel Burckhardt. Teil 1; 2. Hans Sandreuter. Nachruf von Prof. Heinr[ich] Alfred Schmid. (Aus dem Katalogo der Sandreuter-Ausstellung.) [Mit 4 Illustrationen und 8 Tafeln.]) 103 S. 1902.

... 1902. ([Mit] Beilagen: 1. Die Baslerischen Kunstsammler des 18. Jahrhunderts von Prof. Daniel Burckhardt (Schluss); 2. Johann Friedrich Hartmann† von Emil Beurmann. [Mit 4 Tafeln.]) II + 54 S. + *Beilage 1:* S. 71—116. 1903.

Berichterstattung v. Lootsen-Kommandeuren, Hafenmeistern, Vorständen v. Signalstellen etc. üb. d. Wirksamkeit d. Sturmwarnungswesens an d. deut. Küste, s.: Monatsbericht d. deut. Seewarte.

Berichterstattung. Erste B' und Rechnung des [zürcherischen] Vereins zur Beförderung der Volksbildung. 8. Zürich 1840.

Darin: Überblick über die vom Verein während des Straussenhandels verbreiteten Flugschriften.

Berichterstattung üb. d. schweizerische Unterrichtswesen v. K Grob. 4° Bern 1880

Berichterstattung üb. den 2. ordentlichen Verbandstag des Verbandes hinterpommerscher Molkereigenossenschaften, abgeh. am 4. Apr. 1892 zu Stettin. gr. 8. (27 S.) Bremen 892. M. Heinsius Nachf. n. — 50

Berichterstattung über den ordentlichen Verbandstag des Verbandes hinterpommerscher Molkereigenossenschaften, Fortsetzung, s.: Bericht.

Berichterstattung, die, üb. die landwirtschaftlichen Verhältnisse im Auslande. (Verhandlungen der XXXIV. Plenarversammlg. des deutschen Landwirtschaftsrats.) (S. 561—590.) Lex. 8. Berlin 906. P. Parey. nn 1.—
Sonderabdruck aus „Archiv d. deut. Landwirtschaftsrats".

Berichthaus: Das Berichthaus in St. Gallen
⑤ 2. 5. 1844—Sommer 1844 ⑥ 4° ⑦ Wochenblatt ⑧ St. Gallen: F. D. Kälin ⑩ Franz Schlumpf ⑪ BGSZ: 1046, 1047 ⑭ Lichtensteig: Nummer v. 27. 6. 1844 im Toggenburger Heimatmuseum.

Berichthaus-Anzeiger: Luzernerischer Berichthaus-Anzeiger
② Berichthaus-Anzeiger (4. 10. 1833—27. 12. 1833). Anzeiger (ab 3. 1. 1834) ④ Die Waldstätter-Bötin ⑤ 5. 7. 1833—1. 10. 1836 ⑥ 8° ⑦ Wochenblatt ⑧ Zug: Joh. Michael Aloys Blunschi (Nr. 1 und 2, 1833); Sursee: Anton Schnyder (Nr. 3/4—13, 1833 und vielleicht ab Nr. 33, 1833 — sicher ab Nr. 1, 1834 — bis Nr. 16, 1835); Luzern: Joh. Baptist Scherer (Nr. 14—32, 1833), Buchdruckerei Berichthaus (Nr. 17/18, 1835—Nr. 40, 1836) ⑨ Berichthaus Luzern ⑫ Anzeigeblatt mit Textteil ⑬ BGSZ: 1028 ⑭ Lu: Z.

Berichtigung, s.a. Berichtigungen

Berichtigung, Aktenmässige, einer ... Geschichte der von sämtlichen Landständen des Hochstifts Hildesheim den 19. Dec. 1789 ernannten Deputation ... O.O. 1790. V: *Goffaux [oder Goffaur], Franz Leopold.* (MGT)

— amtliche, der in der von dem Buchhändler Gerhard in Danzig herausgeg. Broschüre: „Zur Würdigung zweier Pamphlete" aufgestellten, die Ausweisung der beiden Alumnen Julius Rudolph und Rudolph Dowlat aus dem Bischöfl. Diöcesan-Clerikalseminar zu Pelplin betreffenden und aufgestellten Behauptungen u. Anführungen. 12. Marienburg 845, Dormann. n. 1/12 ß

Berichtigung einiger statistischen Angaben ... den Flächeninhalt und die Zahl der Einwohner der Preussischen Fürstenthümer in Franken betreffend. [Bayreuth 1801.] V: *Fikenscher, Georg Wolfgang Augustin.* (MGT)

Zur Berichtigung der Ansichten üb. d. Aufhebung der Ehelosigkeit b. d. kathol. Geistlichen. Ein Zuruf mehrerer kathol. Seelsorger Schlesiens an ihre Gemeinden. *Weimar*, (Teubner in *Leipzig.*) 828. gr. 8. (8 Gr.)

Berichtigung einiger Ansichten der neuesten Ereignisse in Frankreich. St. Petersburg 1815. V: *Wintzingerode, Hnr. Carl Frdr. Levin Reichsgraf v.* (Tübz 1851—52, 24.)

Berichtigung der Ansichten eines österreichischen Staatsbürgers über die böhmischen Provinzialzustände in dem Werke: Oesterreich und seine Staatsmänner. Von einem kompetenten Böhmen. gr. 8. Leipzig 842, Müller. n. 1/6 ß

Berichtigung eines Artikels in F. K. G. Hirsching's historisch-litterarischen Handbuche B. 3. Abth. 1. S. 257 u. ff. [Leipzig 1799.] V: *Fikenscher, Georg Wolfgang Augustin.* (MGT)

Berichtigung der Baudienst-Vorschriften für das k. u. k. Heer. III. Theil. 8°. (17 S.) K —.25
Wien: Staatsdruckerei 1903?

Aus vollständigen Orig.-Akten geschriebene Berichtigung einiger der Wahrheit untreuer Behauptungen in d. Vorr. zur Constitution der freien Stadt Frankfurt a.M. im Verl. bei P.W. Eichenberg. Frankfurt a.M. 1814.

Berichtigung (der Bekanntmachung des politischen Clubs vom 15. d. M.). Der politische Club. — Die Majors und Hauptleute der Berliner Bürgerwehr. Gedruckt bei Moeser und Kühn. 1 Bl. Fol.
Flugblatt. Berlin, 17. Apr. 1848.

Berichtigung der Bemerkungen des Herrn J. Maniel .. üb r eine Relation des H. Francesconi. Wien 1861. V: *Francesconi, Hermenegild Ritt. v.* (WFM)

— der unterm 1. Sept. v. J. (1818) bei d. hohen deutschen Bundesversamml. v. d. fürstl. Schaumburg-Lippeschen Regier. geführten Beschwerde, das rechtl. Verfahren des Lippischen Hofgerichts in e. bei demselben anhäng. Proceßsache betreff. Mit Anlagen I — V. Fol. Lemgo 819. (Meyer).

Berichtigung zu den organischen Bestimmungen für die k. u. k. Traintruppe vom Jahre 1891. A — 1 cc — Taschenausgabe. Mit 2 Schemen. (4 S.) Wien: Staatsdruckerei. 1896? —.06

Berichtigung zu den organischen Bestimmungen für die k. u. k. Traintruppe vom Jahre 1891. A — 1. CC. Taschenausgabe. Mit 2 Tabellen. 8. (4 S.) Wien: Staatsdruckerei 1898? —.06

Berichtigung, die curam absentium betr. [Leipzig 1780.] V: *Hohenthal, Peter Carl Wilhelm Graf von.* (NN)

Berichtigung einer den Stadtrath zu Düsseldorf, betr. irrigen Darstellung nebst der Sr. Majestät vom Stadtrathe vom 12. Sept. 1817 überreichten Vorstellung. Düsseldorf 1817. (KGBerlin I, 1915)

Berichtigung des Datums des von dem römischen Könige Heinrich dem rigaschen Bischof Albrecht ertheilten Investitur-Diploms. [Riga 1790.] V: *Schwartz, Johann Christoph.* (R-N)

Berichtigung einiger unrichtig erklärten Denkmäler in Görlitz. Görlitz 1796—1797. V: *Hortzschansky, Johann.* (MGT) (OL)

Berichtigung und Ergänzung der in dem Orts-Verzeichnisse des Regierungs-Bezirks Köln ausgemittelten Irrthümer u. Mängel. Köln 1819.

Berichtigung der Erörterung über das Verhältnifs der Stromprofile, in Beziehung auf den Canalbau am Opernhause in Berlin. Berlin 1816. 8.

— d. Gedanken e. Hannoveraners ꝛc. gr. 8. Lüneb. 804. Herold u. W., 6 gr.

Berichtigung der Geschichte des jungen Werthers. Frankft. u. Leipz. 1775. V: *Breidenbach [Breitenbach], H. von.* (Appell) (Wr) (Haydinger) (VLBS VI, 152) *nicht: Goué, August Siegfried von.* (BrMm) (ML) (ADB)

Berichtigung der ersten Gründe der Geometrie, dafs ein einzelnes Körpertheilchen einen Raum einnimmt. Maynz, Wailandt. 3 Bog. 8. 1786
Gött. Gel. Anz. 1787. 3. B. S. 1390.
N. Leipz. Gel. Zeit. 1786. 3. B. S. 1695.

Berichtigung, Historische, des öffentlichen Urtheils über die durch die französ. Occupation des Churfürstenth. Hannover daselbst veranlassten militair. Maassregeln. Niedersachsen [Helmstädt] 1803—1804. V: *Koppe, K. W.* (Ky) (MGT)

— histor., des öffentl. Urtheils üb. die durch die Französ. Occupation Hannovers daselbst veranl. militär. Maaßregeln. 2 Hefte. gr. 8. Helmst. 803, 4. Fleckeisen. 1 ℛ 13 gr.

Berichtigung d. Holzhausischen Hordenfütterung d. Schaafe zu Gröbzig; od. Beytrag zu den Schrifften d. Herrn Schubart v. Kleefeld u. Riem. V.... B. v. W. in Schlesien. Leipz. 1787. 70 S.

Berichtigung vom Jahre 1882. Zur Geschäftsordnung und Censur-Vorschriften für die Fachrechnungs-Abtheilung des k. k. Reichs-Kriegsministeriums vom Jahre 1880. (Heft 35 der Taschen-Ausgabe.) 8°. (8 S.) Wien, Hof- und Staatsdruckerei. fl. —.4. 1887.

Berichtigung der unreifen Ideen, welche ein ungenannter Buchhalter in Hamburg über die Benennung: Fallitenbuchhalter ... bekannt gemacht hat. ... Hamb. und Altona [1806]. V: *Hingstedt, Christian Ernst.* (Schr)

— kleine, eines K. K. Officiers über d. Versuch e. Geschichte des Bayr. Erbfolgekriegs. gr. 8. Dresd. Walther. 784.

Berichtigung, Kurze, des Gegenstücks zur Supplik an Max Joseph IV. 1806. V: *Aschenbrenner, Beda.* (MGT)

— kurze, des Gegenstücks zur Supplik an Max Joseph IV., von unangestellten Exreligiosen. 8. Landsh. 806. Krüll. 2 gr.

Berichtigung einiger im Publikum verbreiteter Meinungen und Urtheile in Bezug auf Homöopathie von einem homöopathischen Arzte. gr. 8. (III, 192 S.) Leipzig 872, (Dr. Schwabe.) *

Berichtigung einer Nachricht der Berliner Zeitungshalle). — Der Chef-Präsident des Königl. Geheimen Ober-Tribunals Mühler. Deckersche Geh. Ober-Hofbuchdruckerei. 1 Bl. Fol.
Flugblatt. Berlin, 12. Nov. 1848.

Berichtigung der Nachrichten von Altdorf in des Hrn Nicolai Reisebeschreibung. Nürnberg 1784. V: *Will, Georg Andreas* (ML)

Berichtigung zum Nachtrage des Beiheftes III des VII. Theiles vom „Instructionsbuche für die Einjährig-Freiwilligen des k. u. k. Heeres, Oekonomisch-administrativer Dienst". 8. (1 S.) —.05
Linz: Haslinger 1892.

Berichtigung und Nachträge zur denkwürdigen Geschichte der Kriegsvorfälle unserer Zeiten. 8. (1816.)

Berichtigung, Noch nähere, des Mährchens von 1000 Dukaten oder Judas Ischarioth dem zweyten. [Regensburg] Monath Dezember 1779. V: *Lessing, Gotthold Ephraim.* (GGr)

— nöthige, der kurzen Geschichte der ältesten deutschen Kirchengesänge (Tellers), besonders von Dr. M. Luther, (von J. F. A. Kinderling). 8. Dessau 782.

Berichtigung, Nöthige, der kurzen wahrhaften Geschichte der ältesten teutschen Kirchengesänge, ... Dessau 1782. V: *Kinderling, Johann Friedrich August.* (Ky) (MGT) (Adel)

Berichtigung, Nothwendige, einer in der französischen Zeitung: «der Etoile» über den ... verstorbenen König Friedrich August befindlichen necrologischen Notiz. Strasburg 1827. V: *Hebenstreit.* (Bem I, 1 S. 454)

— der Schrift: das gepriesene Preussen mit Bezug auf das schwarze Buch. 8. Grätz, Henning. 803.

Berichtigung d. v. Hrn. Prof. H. Zoepfl in Heidelberg verf. Rechtsausführg: „Rechtl. Gutachten, d. Rechte d. Agnaten d. Kurhauses Hessen an d. Hausfideicommiss betr." 4. (15) Kass. 76, (Württemberger). n. — 50

— üb. die Religionsgesch. d. Oelsnischen Fürstenthums in Schlesien. gr. 8. Bresl. 789. (J. F. Korn). 4 gr.

Berichtigung einer Schmähschrift, das gepriesene Preussen genannt, mit Bezug auf das schwarze Buch, o.O. 1803.

Berichtigung d. Schrift geg. d. Feuerversicherungsbank f. d. deutschen Handelsstand ꝛc. gr. 8. Gotha 822, Gläser.

Berichtigung der Häberlinschen Schrift üb. v. Berlepsch. gr. 8. Hannov. 797. Hahn. 8 gr

Berichtigung der Schrift: Welch Zeit ists im Reiche Gottes. Görl. 1799. V: *Schirach, Traugott Ferdinand.* (OL)

Berichtigung einiger der neuesten Schriften, die Fürstenthümer Bayreuth und Ansbach betreffend. [Bayreuth 1804.] V: *Fikenscher, Georg Wolfgang Augustin.* (MGT)

Berichtigung berühmter Staats-, Finanz- und anderer Schriften (v. Joh. Friedr. v. Pfeiffer). 6 Bde. gr. 8°. Frankfurt a. M., Esslinger, 1781—84.

— berühmt. Staats-, Finanz- u. and. Schriften. 6 Bde. gr. 8. Frankf. a. M. 782. Eßlinger. (Schäfer). 6 rthl

Berichtigung einer Stelle in der N. allg. deutsch. Bibl. [Leipzig 1799.] V: *Schmid, Christian Heinrich.* (ML) (MGT)

Berichtigung einer Stelle in der Venturinischen Chronik für das Jahr 1808. Berlin 1815. V: *Schmals, Theodor Anton Heinrich.* (ADB)

— des Tagebuchs von d. letzten Krankheit Sr. Durchl. Max. III. in Baiern. 8. Münch. 778. J. Lindauer. 3 gr

Berichtigung (Zur) der Theorie vom Anerbenrechte bei Osnabrückischen freyen, jedoch reihepflichtigen Bauerngütern. 8°. Osnabrück 1802.

Berichtigung önologischer Unrichtigkeiten. Wien 1824. V: *Doll, Alois.* (EB)

Berichtigung oenologischer Unrichtigkeiten. Eine nothwendige Beylage zu dem Werke des Herrn Ritters v. Heintl.: der Weinbau des Oesterreichischen Kaiserthums. Wien: Doll 1824. IV, 15 S.

Berichtigung önologischer Unrichtigkeiten. Ein Beitrag z. Heintl's Weinbau. 8. Wien, 1824. (Leipzig, Liebeskind).

Berichtigung über den Unterschied der Stände in Nürnberg im 13ten Jahrhundert. [Leipz. 1797.] V: *Siebenkees, Johann Christian.* (MGT)

Berichtigung und Verbesserung des Verzeichnisses der wissenschaftlichen Almanache. [Fulda und Nürnberg 1792.] V: *Schmid, Christian Heinrich.* (ML) (MGT)

Berichtigung des zwischen hiesigem Arzte titul. Hofrath Abel und dem Verfasser vorgefallenen Zwists bei Gelegenheit eines Kranken. [Düsseldorf] 1791. V: *Odendahl, Egidius.* (Call)

Berichtigungen, s.a. Berichtigung

Berichtigungen und Abänderungen in dem Unterrichte in den Waffenübungen für die Landwehr-Infanterie des Königreich Baiern v. J. 1835. 8. München 840. Franz. 1/12 rthl

Berichtigungen der Abhandl. über den Tod der Brüder Philaeni. [Berlin 1794.] V: *Schmidt, Chn Heinr.* (ML) (MGT)

Berichtigungen. Allerlei B' (SA.) s. [Dübi, Heinrich].

Berichtigungen, Einige, der Druckschrift: Kurze Übersicht des Lütticher Aufruhrs vom Jahre 1789. Wetzlar 1789. V: *Hofmann, Caspar Friedrich.* (MGT)

Berichtigungen über die letzten Ereignisse des Krieges zw. Oesterreich u. Frankreich i. J. 1809. 8. Wien 1810. 1,00. — (97.) 8. Frankfurt u. Leipzig 1810.

— üb. die letzten Ereignisse d. Kriegs zwischen Oesterreich u. Frankreich im Jahr 1809. 8. Wien 811. Schaumburg u. C. 8 gr

Berichtigungen und Ergänzungen, Einige, zur Geschichte des Kronprinz Ferdinand 4 Cürassier-Regiments in den Schlachten bei Regensburg, Aspern und Wagram. Reichenberg 1877. V: *Müller, Frz.* (KA)

Berichtigungen, Einige, in dem von Asmus Hansen dem hiesigen geehrten Publikum erzählten sogenannten Factum. Hamb. 1793. V: *Lochet, Jean Pierre François.* (schr)

— einiger aufgeworf. Fragen, die d. Separatfriede Preußens mit Frankreich veranlaßt hat. 8. Frankf. a. M. 795. (Schäfer). 3 gr

Berichtigungen ein. üb. d. preuss. Separatfrieden aufgeworf. Fragen. Mitte Jan. 1795. Nebst Gegenbericht. In d. Mitte April 1795. 8.

Berichtigungen, Einige, zur Geschichte des Kronprinz Ferdinand 4. Cuirassier-Regiments. Reichenberg 1877. V: *Müller.* (Zitterhofer, Die Heeres- und Truppengeschichten Österreich-Ungarns. Wien 1897. S. 13.)

Berichtigungen zu den Grundzügen des Heerwesens 1892. Gr.-8 (VII—IX und S. 25—31) Wien: Staatsdruckerei 1892! —.05

Historische Berichtigungen des öffentl. Urtheils über die durch die französ. Occupation Hannovers daselbst veranlassten militär. Massregeln. 2 Hft. 8. Helmstädt 1803, 4. 4.65.

— einiger irrigen polit. Ideen, von einem Staatsmanne, (H. C. E. v. Gagern). 4. 813. (Cassel u. Marb., Krieger). 6 gr

BERICHTIGUNGEN ZUM CATALOG DER ASTRONOMISCHEN GESELLSCHAFT. Erste Abtheilung. Cataloge für 1875. Für die Astronomische Gesellschaft besonders abgedruckt aus dem von der Kgl. Preussischen Akademie der Wissenschaften herausgegebenen Fehlerverzeichniss zu den Sterncatalogen des 18. und 19. Jahrhunderts. Leipzig (1908). In Kommission bei Wilhelm Engelmann. 4°.

Berichtigungen, Kleine, über den Versuch einer militairischen Geschichte des bayerschen Erbfolgekrieges. Frankfurt u. Leipzig, Dresden 1784. V: *Waldeck, Prinz von.* (Ky) (Pr)

Kleine **Berichtigungen** über das 1781 zu Königsberg erschien. Werk: „Versuch einer milit. Gesch. des bayr. Erbfolge-Kriegs i.J. 1778“. Frankfurt 1784. 222 S.
(s.a. Versuche e. milit. Geschichte des bayr. Erbfolgekriegs.)

Berichtigungen, Kleine, über das 1781 zu Königsberg erschienene Werk: Versuch einer Militär-Geschichte des Baierischen Erbfolge-Kriegs im Jahre 1778 im Gesichtspunkte der Wahrheit betrachtet, von einem Königl. Preuss. Officier.
8. Königsberg 1784.

Berichtigungen zum 3ten Band der Pütterischen Litteratur des Teutschen Staatsrechts. [Leipzig 1797.] V: *Siebenkees, Johann Christian.* (MGT)

Berichtigungen zu dem Militär-Marsch-Routen-Buche für Tirol und Vorarlberg. Bemerkung. Nach diesen Berichtigungen sind die bezüglichen Routen des im Jahre 1857 aufgelegten Routenbuches abzuändern. (Donation Liechtenstein.) 8. Wien 1859.

Berichtigungen zur Münzkunde d. Mittelalters u. neuerer Zeit. 1. Lfg. gr. 8. (21 B.) Coblenz 830, (Hoelscher.)

Berichtigungen einiger Punkte in dem „Bericht eines Augenzeugen über die Kriegsereignisse in Schleswig 1848." (Berlin 1848.) 8°. (Aus Bh. z. M. W. B.)

Berichtigungen Gasparis Regenten-Almanach auf 1800 betreffend. [Leipz. 1800.] V: *Wolffram von Wolfframitz, K. J. G. Freiherr von.* (MGT)

Berichtigungen berühmter Staats-, Finanz-, Policey-, Cameral-, Commerz- und ökonomischer Schriften dieses Jahrhunderts. Frankfurt a. M. 1781—1783. V: *Pfeiffer, Johann Friedr. von.* (ML) »und anderer Schriften. Frankfurt a. M. 1781—1784.« (wö)

Berichtigungen einiger Stellen des Werks über den Religionszustand in den Brandenburgischen Staaten unter Friedrich dem Grossen. Berlin 1778. V: *Catel, Samuel Heinrich.* (MGT) (NN)

Berichtigungen, Thatsächliche, zu dem Vortrage des Staatsrathes von Hermann, gehalten in der K. d. A. München 1861. V: *Hailer, Florian.* (Bücher-Samml. d. hist. Ver. v. u. f. Oberbayern. Münch. 1867.)

Berichtigungen zu Dr. Franz Mischels deutscher Uebersetzung von Aquetil Dupperon's Oupnek'hat. Aus einem hinterlassenen Manuscript des Verfassers. 8. (V, 70 S.) Dresden 887, Heinrich. * 1 --
Hauptwerk, s. Oupnek'hat.

— der Urtheile d. Publikums üb. Kant, (v. J. G. Heynig). gr. 8. Köln. (Hennings in Neisse). 1 ߀

Berichtigungen der Urtheile des Publikums über Kant und seine Philosophie. Cöln [Altenburg] 1797. V: *Heynig, Johann Gottlob.* (MGT) (Wr)

Berichtigungen des Verzeichnisses jetztlebender Teutscher Schriftstellerinnen. [Gotha 1788.] V: *Schmid, Christian Heinrich.* (ML)

— u. Zusätze z. Hochheimers Haus- u. Kunstbuche, siehe Hochheimer.

— u. Zusätze zu d. Institut d. Röm. Rechts, als Anh. zu Höpfner's Commentar. gr. 8. Leipz. 801. (Brockhaus). 14 ߀

— u. Zusätze z. d. Institutionen des Röm. Rechts, als Anhang z. Höpfners Commentar. gr. 8. Leipzig, Gleditsch. 801.

Berichtigungs-Oleate aller evident gehaltenen Kartenwerke des k. k. Milit. Geogr.-Institutes. Wien (Depôt und Versendung Ebds. bei Artaria & Comp.: in Krakau bei D. E. Friedlein; Lemberg bei J. Milikowski; in Pest bei H. Geibel und in Prag bei F. Ehrlich) *). In Specialkarten-Formate à 5 kr., in grösseren Formaten
1869. 6—10 kr.

Berieselung, Grubenbrand, Rettungswesen, Beleuchtung, Sprengstoffwesen, Versuchsstrecke. [= „Die Entwicklung des Niederrheinisch-Westfälischen Steinkohlen-Bergbaues in der zweiten Hälfte des 19. Jahrhunderts, Bd 7"]. Berlin, 1904. 517 S. mit 363 Abb. und 3 Taf.

Berieselungsprojekt, das. Zürich 1875 (Bericht des Stadtrates).

Beriila ali Listi in Evangelii na nedelje in praznike celega leta in vse dni svetega posta. S terpljenjem našega Odrešenika, in s navadnimi molitvami pri službi božji. 8. (232 S.) Becu (Na Dunaju), Natisnil L. Grund. 1851. (Episteln und Evangelien für Sonn- und Feiertage des ganzen Jahres und die ganze Fastenzeit; nebst dem Leiden unseres Erlösers und Meßgebeten.) Ungebunden 21 kr., gebunden 28 kr. C. M.
Verlag der Schulbücher-Verschleiß-Administration

Berilo, za drugi klas malih šol na kmetih. 8. (216 S.) Na Dunaju. Natisn. L. Grund. 1852. (Lesebuch für die zweite Klasse in den Volksschulen.) Gebunden 19 kr., ungebunden 14 kr. C. M.
Verlag der Schulbücher-Verschleiß-Administration

Bering: D. preuss. Enteignungsrecht ...,
s. Bering, Rudolf.

Bering, Carl Friedrich von (Göteborg/Schweden), Diss. de bilance gentium. Präs. Joh. Christoph Muhrbeck. Greifswald (A. F. Röse) Mai 1772. 24 S. (4.50) 2270
Gew.: Carl Aug. Freih. v. Behr-Negendanck (Semlow ..), Frz. Widm. v.: Jaques L. Westman, El. Falck.

Bering, D. E.: Kurze historische und physikalische Nachricht von dem in Hannover zuerst erfundenen Getränk Brolhan. Hannover. 1750.

Bering, C., Leben M. Ant. Corvini. 8. Hannov. Helwing. 749.

Bering, Fr.: Üb. kongenitale Syphilis, s: Sammlung zwangloser Abhandlgn aus usw. Dermatol.

Bering, Frid. Augustus (geb. Beringhoff in Westf. 24. 10. 1817): Quaedam de meningitide cerebrali. Berolini (1842). (27 S.) 8°
Berlin, Med. Diss. v. 7. Febr. 1842

Bering, Friedrich, approb. Arzt aus Fröndenberg ⟨Westf.⟩: **Aus d. Kgl. chirurg. Klinik.** Supramalleolare **Längsfracturen** der Fibula. *Kiel 1902 (auf d. Umschlag 1903): L. Handorff.* (20 S.) 8°
Kiel, Med. Diss. v. [6. Febr.] 1903

Bering, Friedrich, Dr. med., 1. Assistent d. Klinik: **Aus d. Kgl. Universitäts-Klinik f. Hautkrankheiten in Kiel. Die** Verwendung der Lichtstrahlen in der Dermatologie, mit besonderer Berücksichtigung des Lupus vulgaris. [Kiel] (1907) E. Rodewoldt. (68 S.) 8°
Kiel, Med. Fak., Hab.-Schrift v. 1907
(Nicht für den Austausch)

Bering, Hugo, kurze Anleitung zur Ausführung maassanalytischer Untersuchungen für Fabrikanten, Berg- und Hüttenmänner, Chemiker etc. 8. (X und 134 S. mit Tab. und 21 in den Text gedr. Holzschn.) Leipzig 861, Barth. *

Bering, Jh.
Bering, J., philos. Beweis des Daseyns Gottes. 8. Marb. Krieger. 780.
Rthlr.

Bering, Jh., († d. 3. Juni 1825.) Prüfung d. Beweise für d. Dasein Gottes. 8. Marb. 780. Krieger. 3 ₰

Gedenkblatt zur sechshundertjährigen Jubelfeier der Königlichen Haupt und Residenz-Stadt Königsberg in Preussen. Eigentlicher Abris undt Contrafactur Der Weit Berumten Churfurstlichen Sehe-Stadt Königsperg In Preussen Wie Die Selbe Anno 1613 Mit Allen Vorstedten Erbauwet Gewesen. Joch **Bering** inuen. et excvd. Revidirt v. Meckelburg. Königsberg i.Pr. im August 1855. Verlag von Pfitzer und Heilmann. gr. fol.

Bering, Rudolf

Bering, Rud., das preussische Enteignungsrecht in seiner practischen Anwendung, unter Berücksicht. der Reichs-Gesetzgebung betrachtet. gr. 8. (IV, 126 S.) Erfurt 883, Villaret. *

Bering, R., zum Fluchtliniengesetz vom 2. VII. 1875 u. seine Beziehung z. Kommunalabgabengesetz vom 14. VII. 1893. 12. (42 S.) Düsseldorf (899). L. Schwann. n. —60
Sonderabdruck aus: „Gemeinde-Verwaltungsblatt".

Bering, Rud., Die Rechte d. Anlieger an e. Straße im Sinne d. Gesetzes v. 2. VII. 1875, betr. d. Anlegg. u. Veränderg. v. Straßen u. Plätzen in Städten u. ländl. Ortschaften. Ges. Samml. S. 561. 8. (43 S.) Berlin 898. F. Vahlen. n. 1.—

Bering, Rud., die Rechte an öffentlichen Wegen, vom Standpunkte des preuß. Allgemeinen Landrechts, des Gemeinen Rechts, der Hannoverschen Wegegesetze u. der Wegeordnug. f. die Prov. Sachsen unter Berücksicht. der neuesten Entscheidgn. des Reichs- u. des Ober-Verwaltungsgerichts erörtert. gr. 8. (V, 189 S.) Berlin 894. F. Vahlen. n. 3. 50

Beringen, Heinrich von, Schachgedicht, s.: Bibliothek d. litterar. Vereins in Stuttgart. 166.

Beringer, Rechte u. Pflichten d. Miether u. Vermiether nach elsass.-lothring. Recht. Metz 899.

Beringer, Vereinsrechte u. jurist. Personen des öffentl. Rechts in Elsass-Lothringen. Metz 900.

Beringer, A., kritische Vergleichung der elektrischen Kraftübertragung mit den gebräuchlichsten mechanischen Uebertragungssystemen. Gekrönte Preisschrift. gr. 8. (V, 104 S.) Berlin 883, Springer. *

Beringer, F.: Die Ablässe..., s. Beringer, Franz

Beringer, F., Vasallen und Bürger, s. Aehrenlese auf dem Felde der Romantik.

Beringer, Fr.: Bummler-Panorama..., s. Beringer, Fritz

— De congregationibus marianis documenta et leges. (VI, 215 S.) 8. Graz 904. Styria. 2. 40

— De congregationibus marianis documenta et leges. (215) 8° Graz, Styria '09. 2.40

Beringer, Franz
Kleines Ablaßbuch. Auszug aus P. Franz Beringers größerem Werke 'Die Ablässe, ihr Wesen u. Gebrauch'. Von Joseph Hilgers, Priester d. Ges. Jesu. [Nebst Erg.] *Paderborn: F. Schöningh 1896–1903.* 2 Bde 8° [F.] [Erg. u. d. T.:] Hilgers: Die neuesten Ablaßbewilligungen. [04. 477]

Beringer, F: Die Ablässe, Bearbeitg, s.: Hilgers, J, kl. Ablassb.

Beringer, Frz., die Ablässe, ihr Wesen und Gebrauch. Ein Handbuch für Geistliche und Laien, welche über die Ablässe und die mit Ablässen bereicherten Gebete und frommen Uebungen, Andachtsgegenstände, Orte und Zeiten, Bruderschaften und frommen Vereine Belehrung wünschen. Auf Grund der Arbeiten und früheren Auflagen der Priester PP. Antonin Maurel und Jos. Schneider nach der letzten Aufl. der röm. Raccolta von 1886 verm. und gemäß den neuesten Entscheidungen der heil. Ablaßcongregation umgearb. 9. von der heil. Ablaßcongregation approbirte und als authentisch anerkannte Aufl. 8. (X, 944 S.) Paderborn 887, F. Schöningh. *

Beringer, Frz., die Ablässe, ihr Wesen u. Gebrauch. Handbuch f. Geistliche u. Laien, nach den neuesten Entscheidgn. u. Bewilliggn. der hl. Ablaßcongregation bearb. 10., v. der heil. Ablaßcongregation approbirte u. als authentisch anerkannte Aufl. gr. 8. (XXV, 852 u. 52 S.) Paderborn 893. F. Schöningh. n. 7. —; geb. in Halbfrz., m. Formularen in Leinw. n.n. 9. —

Beringer, Frz., S. J., d. Ablässe, ihr Wesen u. Gebrauch. Handb. f. Geistl. u. Laien, n. d. neuesten Entscheidgn. u. Bewilliggn. d. hl. Ablaßkongregation bearb. 11., v. d. hl. Ablaßkongregation approb. u. als authent. anerkannte Aufl. gr. 8. (XXIV, 860 u. IV, 56 S.) Paderborn 895. F. Schöningh. n. 7. —; geb. in Halbfrz., Anh. in Leinw. n.n. 9. —

— dasselbe. Anh. zur 10. Aufl. 8. (45 S.) Ebd. 895. n. —60; geb. n.n. 1. —

Beringer, Frz., S. J., die Ablässe, ihr Wesen u. Gebrauch. Handbuch f. Geistliche u. Laien, nach den neuesten Entscheidgn. u. Bewilliggn. der hl. Ablaßkongregation bearb. 12., v. der hl. Ablaßkongr. approb. u. als authentisch anerkannte Aufl. gr. 8. (XXIV, 850 u. IV, 67 S.) Paderborn 900. F. Schöningh. n. 7. —; geb. n. 9. —

Beringer, Frz., S. J., die Ablässe, ihr Wesen u. Gebrauch. Handbuch f. Geistliche u. Laien, nach den neuesten Entscheidgn. u. Bewilliggn. der hl. Ablaßkongregation bearb. 13., v. der hl. Ablaßkongregation approbierte u. als authentisch anerkannte Aufl. (XXIII, 869 u. IV, 64 S.) 8. Paderborn 906. F. Schöningh. n. 7. 40; in 2 Bde. geb. n. 9. 80

Beringer, Frz., S. J., die Ablässe, ihr Wesen u. Gebrauch. 13. Aufl. Anh. Neueste Entscheidgn. u. Bewilliggn. aus den J. 1906—1910 v. Jos. Hilgers, S. J. (VII, 64 S.) 8. Paderborn 910. F. Schöningh. —80

— dass. Auszug, s.: Hilgers, J, kl. Ablassbuch.

Beringer, Fr(itz), Bummler-Panoramen aus Berlin's Straßen. Eine Promenade in Versen. gr. 16. (38 S.) Berlin 819, (Stuhr'sche Sortiments-Buchh.) *

—— der Krankenkorb, s. Corso.

— ein Liebhaber auf der Wache, s.: Novellen-Sammlung.

— Mistiwoi der Wenden-Fürst. Historischer Roman. 2 Thle. 8. (392 S.) Potsdam 850, Berlin, Janke. 1 ₰

—— die Todten-Mühle, s. Corso.

Beringer, Geo.: Cantuarium sacrum. Geistl. Männerchöre z. Gebr. b. kathol. Gottesdienste f. alle kirchl. Festzeiten. op. 24. (31) 8° Hildesh., F Borgmeyer ('12). HL —80

[Umschlagt.:] [F.] Lesebüchlein des Berliner Tierschutz-Vereins '(z. Bekämpfg d. Tierquälereien im Deutschen Reich)'. Hrsg. v. H. **Beringer** ... *[Berlin:] (Dr.: Deutscher Verl.) [1896].* (95 S.) 1 Bd 8. [08. 4669]

Beringer, Hans

Beringer, H., Notizen u. Zahlen. Statist. Nachschlagebüchlein. 12. (16 S.) Berlin 895. Dtsch. Verl. n. —25

Notizen und Zahlen. Statist. Nachschlagebüchlein. Herausgeber u. Verleger H[ans] **Beringer**. *Berlin: Deutscher Verl. in Komm. [1901].* (31 S.) 8° [F.] [03. 351]

Beringer, J.G.: Grundzüge der Bienenzucht. Freising 1902.

Beringer, J. G., Lateinische Messe für 4stimmigen Männerchor mit Physharmonika oder Orgel-Begleitung. Salzburg, Mayrische Buchh. 1 fl. 50 kr. 1862.

Beringer, Johann Bartholomaeus Adam: Lithographiae Wirceburgensis, ducentis lapidum figuratorum a potiori insectiformium, prodigiosis imaginibus exornatae specimen I. Wirceburgi: Fuggart 1726.
I: (Resp.:) Georgius Ludovicus Hueber. (1726)
Würzburg, Med. Diss. v. Mai 1726.

Beringer (J. B. A.), Lithographia Wirceburgensis, ducentis lapidum figuratorum, a potiori, insectiformium prodigiosis imaginibus exornata. Editio II. Francofurti et Lipsiae 1767. Fol.

Beringer, I. B. A., Litographia Wirceburg. icon. ducent. lapid. figuratorum exornata. fol. Frft. et L. Göbhard. 767.

Beringer (J. B. A.), & L. A. Dercum. Plantarum quarundam exoticarum . . . in hort. med. herbipolensi anno 1721 . . . catalogus. Wirceburgi, 1722. fol.

Beringer, Joh. Geo., Lebensbild üb. Dr. Karl Barth, kgl. Gerichtsarzt in Kipfenberg u. Eichstätt, m. besond. Rücksicht seiner erfolgreichen Tätigkeit f. Bienenkunde u. Bienenzucht, nach Zeitungsberichten u. mündl. Mitteilgn. zusammengefaßt. Vorgetragen bei der Kreisversammlg. mittelfränk. Imker in Eichstätt 16. IX. 1900. Mit e. Beigabe: Eine Auslese aus der v. Dr. Karl Barth geschriebenen Sammlg. eigener Gedanken u. Aufsätze. (34 S. m. 2 Abbildgn. u. 1 Bildnis.) 8. Neustadt a. H. 907. (D. Meininger.) — 60

Beringer, Joseph August
Beringer, Jos. Aug.: Hermann Braun, s: Studien z. deut. Kunstgesch.

Beringer, Jos. Aug.: Geschichte der Mannheimer Zeichnungsakademie. *Straßburg 1902: J. H. E. Heitz.* (112 S.) 8°
¶ (Als Ergänzung erscheint: 'Peter A. v. Verschaffelt, sein Leben u. Werk' in: Studien zur deutschen Kunstgeschichte.)
Heidelberg, Phil. Diss. v. 1902

[F.] **Beringer,** Jos. August: Handfertigkeitsunterricht und Mittelschule. E. Darlegg ihrer Beziehgn. Mannheim, Druck v. Gremm & Lorenz, 1895; 40 S. 4.
Mannheim, R, MP 1895 (641)

Beringer, Jos. Aug., Handfertigkeitsunterricht u. Mittelschule. E. Darlegg. ihr. Beziehgn. Progr. gr. 4. (40 S.) Mannheim 895. (J. Hermann.) n. 1. –

Beringer, Jos. Aug., Ferdinand Kobell. Eine Studie üb. sein Leben u. Schaffen. (77 S. m. Abbildgn. u. 1 eingedr. Bildnis.) 8. Mannheim 909. (F. Nemnich.) 1. 50

— Kurpfälzische Kunst u. Kultur im 18. Jahrh. s.a. **Baden. Seine Kunst u. Kultur.**

Jos. Aug. **Beringer.** Kurpfälzische Kunst und Kultur im achtzehnten Jahrhundert. Freiburg ⟨Baden⟩: J. Bielefeld 1907. (191 S.) 8°
— **Baden,** seine Kunst u. Kultur. [2.] 07. 13874

— Landschaften, s: Lüdke, Alfr.

— Badische Malerei im 19. Jahrh., s: Baden, s. Kunst u. Kultur.

— Peter A. v. Verschaffelt, s.a. **Studien zur deutsch. Kunstgeschichte.**

Peter A. von Verschaffelt, sein Leben u. sein Werk. Aus d. Quellen dargest. von Dr. Jos. Aug. Beringer. Mit 2 Abb. u. 20 Lichtdrucktaf. *Strassburg: J. H. E. Heitz 1902.* (VI, 138 S.) 8°
— Studien z. deutschen Kunstgeschichte. H. 40. 03. 13555

Beringer, Jos[eph] Aug[ust]. Albert Welti. [Mit Illustrationen und 2 Tafeln.] 4.
In: Die Kunst für Alle. Jahrg. 25. Heft 6. 15. Dezember 1909. München, F. Bruckmann A.-G. M. 1.—. S. 121–136.

Beringer, Ludwig
Beringer, L., Die Gesetzgebung der Innungen in Deutschland u. der gewerblichen Genossenschaften in Österreich während der letzten 100 Jahre. Eine rechtshistor. u. vergleich. Darstellg. unter besond. Berücksicht. der stenograph. Berichte. (XII, 224 S.) 8. Mainz, Druckerei Lehrlingshaus. 1165 2. 50.; geb. in Leinw. 3. 50.

Die Gesetzgebung der Innungen in Deutschland und der gewerblichen Genossenschaften in Österreich während der letzten hundert Jahre. Eine rechtshist. u. vergleich. Darstellung unter besond. Berücks. d. stenogr. Berichte von Dr. jur. Ludwig **Beringer.** Mainz: Druckerei Lehrlingshaus 1906. (XII, 224 S.) 8° [F.] 06. 4035

Beringer, L., Die Gesetzgebungen der Innungen in Deutschland u. der gewerblichen Genossenschaften in Oesterreich während der letzten 100 Jahre. 8°. Mainz 1896.

Beringer, Ludwig: Die Retorsion bei Beleidigungen und Körperverletzungen. Eine rechtsvergleichende Studie unter besonderer Berücksichtigung des deutschen und schweizerischen Rechts. Mainz 1900. 70 S. 8°.
Freiburg i. Schw. Jur. Diss. 1900/1901.

Beringer, Minna, s. Apranzow.

Beringer, Minna, Dichtungserstlinge. 8. Berlin, Maurer'sche Buchhandl. 815.

Beringer, Osc., eine complete Klavierschule. Praktisch-theoret. Anleitg. zur Erlerng. des Klavierspiels. Mit e. Auswahl v. Melodien aus Volksliedern, aus Werken klass. Meister u. einigen Beispielen guter moderner Kompositionen f. Klavier, zweihändig, sowie vierhändig. (In deutscher u. englischer Sprache.) gr. 4. (II, 175 S. m. 3 Fig.) Leipzig (901). Bosworth & Co. 4.—

Beringer, Ulr. Geschichte des Zofingervereins. Kulturbilder aus d. schweizerischen Studentenleben des neunzehnten Jahrhunderts. Erstes Buch: Der Zofingerverein während der Restaurationszeit 1819—30. Mit 15 Vollbildern. Gr. in-8°. XVI, 426 S. Basel, Buchdruckerei Kreis (Georg & Co.). **1895** 6 —

Beringer, Ulr., Geschichte d. Zofingervereins. Kulturbilder a. d. schweiz. Studentenleben d. 19. Jahrh. Im Auftr. d. Zofingervereins bearb. 1. Buch. gr. 8. Basel 895. (R. Reich.) n. 6. —
D. Zofingerverein währ. d. Restaurationszeit. 1819—1830. M. 15 Vollbild. (XVI, 426 S.)

Beringer, Ulr., Geschichte des Zofingervereins. Kulturbilder aus dem schweiz. Studentenleben des 19. Jahrh. Im Auftrage des Zofingervereins bearb. 2. Buch: Der Zofingerverein während der Regenerationszeit. 1830—1847. (XVIII, 563 S. m. 16 Vollbildern.) gr. 8. Basel 907. Helbing & Lichtenhahn. 10. —
Bd. 1. Jetzt Ebd. 895. 16. —

Allgemeiner **Völker-Friede.** Die Nothwendigkeit u. Möglichkeit desselben. Ein Beitrag z. Förderung d. Friedensidee von Ulr. **Beringer.** Pfarrer. *Elgg 1898: H. Büche.* (56 S.) 8° [F.] 98. 3474 5

Beringer, Werner: Die Dictio dotis ... Metz, Buchdr. P. Even, 1891; 46 S. 8.
Strassburg, Rechts- u. staatswiss. Fak., Inaug.-Diss. v. 1891

Beringer, Werner, juristische Handbibliothek nach d. bürgerl. Gesetzbuche gemeinverständl. erklärt. 1.—3. Hft. 8. Metz, Deutsche Buchh. n. 2. 25
1. Mieter u. Vermieter, ihre Rechte u. Pflichten. (38 S.) 899. n. — 50
2. Vereinsrechte nebst kurzem Ueberblick üb. die juristischen Personen des öffentlichen Rechts in Elsass-Lothr. (III, 56 S.) 900. n. 1. —
3. Handlungsgehülfen u. Handlungslehrlinge. (III, 52 S.) 901. n. — 75

Beringer, Werner M.: Das uneheliche Kind und seine Mutter, ihre Ansprüche geg. d. unehelichen Vater, Legitimation d. unehel. Kindes, dargest. nach d. Bürgerl. Gesetzbuch unter Berücks. d. französ. Rechts. — Metz: Müller 1903. 58, IV S. 8°

— Locataires et propriétaires, leurs droits et leurs devoirs, avec des éclaircissements à la portée de tous d'après le nouveau code civil 1900. (27) 8° Metz, Deut. Bh.'01. — 50

Jos. Berington's Gesch. Abälard's u. d. Heloise, nebst beider ächten Briefen, nach des *d'Amboise* Ausg.; a. d. Engl. v. Sm. Hahnemann. *Lpz.*, Weygand. B. 789. 8° 1 ß 12 gl

Berington, Jos., history of Henry II. of England. III Voll. gr. 8. Basel 793. Tourneysen. 3 ß

Berington, Jos. History of Henry II. and of Richard (Coeur de Lion) and John, his sons. 4. Birmingham 1790. — 3 v. 8. Basel 1793.

[BERINGTON, SIMON?]. Geschichte des Gaudentio di Lucca: oder merkwürdige Nachricht seiner sonderbahren Reise durch die Sandwüsteneyen des innern Africa nach Mezzoranien, nebst der Einwohner Ursprung, Religion, Regierungsart, Sitten, Gewohnheiten u. s. w. mit gelehrten Anmerkungen des Herrn RHEDI. In das Deutsche übersetzt von Johann Bernhard Nack. Frankfurt und Leipzig, Gebrüder van Duren, 1751. 8°. Titel (in rot und schwarz), 4 Bl. 40 & 204 S.; Titel, 271 & 16 S. *Mit Titelvignette und hübschen Ornamenten.* Unbedeutend beriebener schöner hellbrauner Ldbd. d. Z. mit reicher Rv. und rotem Rsch.

Béringuier, Leop. (Ferd.) (geb. Berlin Juni 1822): De neonatorum asphyxia. Berolini (1846). (31 S.) 8°
Berlin, Med. Diss. v. 5. Mai 1846

BERLINISCHE BAUWERKE.
Tafel 13. (R. BÉRINGUIER), Das Königliche Schauspielhaus. Mit Abbildungen. Berlin, den 1. September 1883. 2½ Bogen.

Béringuier, Richard

Béringuier, Rich., ausführliche Beschreibung der Feier zum 200jähr. Gedächtnisse des Ediktes von Potsdam [29. Oktbr. 1685], begangen von den französisch-reformirten Gemeinden in Brandenburg-Preußen. gr. 8. (III, 103 S.) Berlin 885, Mittler und Sohn. *

Béringuier, Rich. Ausführliche Beschreibung der Feierlichkeiten aus Anlaß d. 25jährigen Bestehens d. Vereins für die Geschichte Berlins, s.a. Schriften des Vereins für die Geschichte Berlins.

Ausführliche Beschreibung der Feierlichkeiten aus Anlaß des 25jährigen Bestehens des Vereins für die Geschichte Berlins. Von Richard Béringuier. — Berlin: Verein f. d. Gesch. Berlins; Mittler in Komm. 1890. 196 S. 8°
(Schriften d. Vereins f. d. Geschichte Berlins. H. 28.)

Béringuier, Rich., Geschichte des Zoologischen Gartens in Berlin. 8. (36 S. m. Plan in Holzschn.) Berlin 877. Weile. n. — 50

Béringuier, d. franz. Kolonie in Berlin, s.: Tollin.

— die Colonieliste von 1699. Rôle général des françois refugiez dans les estats de sa Sérénité Electorale de Brandenbourg, comme ils se sont trouvez au 31. décembre 1699. Im Auftrage der gesell. Vereinigg. der Mitglieder der französ. Colonie zu Berlin „der Mittwochsgesellschaft" hrsg. gr. 8. (VII, 279 S.) Berlin 888. Mittler & Sohn. n. 18. —

Béringuier, Richard von (Hrsg.), s. Korrespondenzblatt des Gesammtvereins der Deutschen Geschichts-und Alterthumsvereine.

Béringuier, Richard (Hrsg.), s. Mittheilungen des Vereins für Geschichte Berlin.

Reden bei der Säkularfeier der Geburt Karl Friedrich von Klödens am 21. März 1886 gehalten von Dr. iur. R. Béringuier, W. Bonnell und Wilhelm Gallenkamp. I (S. 3–22). Friedrichs-Werdersch. Gewerbesch. *Berlin* 1887 Progr.

— W. Bonell u. W. Gallenkamp, Reden, bei der Säkularfeier der Geburt Karl Friedrich v. Klödens am 21. Mai 1886 geh. — Über das Übungsbuch z. Übersetzen aus dem Deutschen ins Französische auf der Oberstufe der Oberrealschulen. Von O. E. A. Dickmann. gr. 4. (28 S.) Berlin 887. Gaertner. n. 1. —

— Die Rolande Deutschlands, s.a. Schriften des Vereins für die Geschichte Berlins.

Béringuier, Rich., Die Rolande Deutschlands. Festschrift zur Feier des 25jähr. Bestehens des Vereins für die Geschichte Berlins am 28. Jan. 1890. Im Auftrage des Vereins herausg. mit eingedr. Abbildungen. Berlin 1890. gr. 8.
Ist: Schriften d. Ver. f. Gesch. Berlins. II. 27. (D.)

— Stammbäume der Mitglieder der französischen Colonie in Berlin, s.a. Schriften d. Vereins f. die Geschichte Berlins.

⊙ Die Stammbäume der Mitglieder der Französischen Colonie in Berlin. Hrgg. v. Richard Béringuier. Berlin. 1885—87. Fol.
Aus den Folioschriften des Vereins für die Geschichte Berlins.

Charles de Bériot. Compositionen für Violine u. Pianoforte. Nach modernen techn. u. Vortrags-Ansprüchen genau rev. u. bezeichnet ... von Emil Kross. Compositions for violin and piano ... Airs variés. No 1. Leipzig: Bosworth & Co. (1901). 4°
(Bosworth Edition. No 96.) (os. 11378

Bériot, Ch[arles] de: Thème et Variation (f. Violine u. Pianof. arrang.). Elbing: C. J. Schultz [um 1900]. (3 S.) 4°
= Schultz, A.: Leichte klass. u. moderne Vortragsstücke. 3. [1.] (os. 9008 10

Beris, Chevalier. Inbegrif sämtlicher Kriegswissenschaften. Vierter Theil. Von Anlegung, Dienst und Gebrauch der Minen und Kontre-Minen. 8. Magdeburg 1788.

Beris, des Chevalier, kl. Schriften. 8. Wien, Mößle. 784.

BERIS, Chevalier de (d. i. *Henrich Wolfg. Behrisch*), Spaziergänge. Wien 1782. 8°.
Karajan's Bibl. II. no. 1258.

Beris, Heinrich Wolfgang, s.a. Behrisch.

Berisch, C. L., Anweisung z. zahmen u. wilden Fischerey. 8. Lpz. Leo 794.

Berisch C. L.: Gründliche Anweisung, wie sowohl die zahme als wilde Fischerei gehörig zu betreiben, um den höchstmöglichen Ertrag hiervon zu erlangen ... Leipz. 1794. 178 S.

Berisch, H. W., s. Chrysophil.

Berisch, Heinrich Wolfgang, s.a. Behrisch.

Berisch, Hnr. Wolfg., (sonst v. Beris,) kl. Schriften. 8. Wien 784. v. Mößle. 6 gl

Berittbuch, s.a. Unteroffizier-Kalender, deutscher.

Berittbuch. [Aus: „Unteroffizierkalender" Ausg. B.] 16. (69 S.) Berlin 894. Liebel. Kart. n. — 40

Berittbuch f. 1900/1901. gr. 16. (71 S.) Berlin, Liebel. Kart. n. — 40

Berju, Georg (geb. Görlitz 28. 9. [vielmehr 4. 10.] 1855): Ueber einige Abkömmlinge des Amidoazobenzols. Berlin 1884. (34 S.) 8°
Berlin, Phil. Diss. v. 28. Juli 1884

Berk, F., Alte und neue Gesänge. 8°. Charlottenburg, s. a.

Berk's, Fr., über d. restitutio in integrum. gr. 4. Würzb. (Stahel.) 819. Rthlr.

Berk, Th., Napoleons Disciplinargesetz f. Advocaten rc., s. Napoleon.

— Geschichte des westphälischen Fehmgerichts. 2 Thle. gr. 8. Bremen, Kaisers Comt. 814.

— u. D. Maier franz. Wechsel-Ordnung, verglichen mit den Wechselordnungen Bremens u. Hamburgs, nebst hist. pragmat. Einleitung. 8. Bremen, Heyse. 811.

Berka [Schlagwort]
Berka, s.; Preussen. Messtischblätter.

Berka a. d. Ilm, s.: Woerl's Reisehandbücher.

Berka [Verfasser]
Berka, Ilse (Beelitz), Gedichte. 1. u. 2. Aufl. (105 S.) 8. Magdeburg 909. 10. Creutz. 1. 80; geb. 2. 60

— Wartburg-Klänge. (59) 8° Ebd. '11. m. G 1.20 d

Berka, Karl: Zur Analogiewirkung im Französischen. 8 (S. 3—31). (Fortsetzung und Schluss.) 8 (S. 3—30). **Progr.**
K. k. Staats-Rsch. im VI. Bezirke (vormals Gumpendorfer Communal-Oberrsch.) *Wien* 1898. 1899.

Berkaer Forst [Schlagwort]
Berkaer Forst, s.: Ausflug-Karten.

Berkamp, Osc., Karyatiden. Sechs Novellen. 8. (409 S.) Berlin 883, Walther und Apolant. *

Berke, Albert. August. Wald. (geb. Ruptau in Schles. 16. 2. 1841): De apoplexia cerebri. Berolini (1866). (31 S.) 8°
Berlin, Med. Diss. v. 26. Juni 1866

Berke, K., Aufruf an Preußens Lehrer zur allgemeinen Petition an das Abgeordnetenhaus. 8. (18 S.) Neuhaldensleben 870. Eyraud in Comm. n. — 30

Berke, K., volksthümlich-practischer Sprachunterricht durch grammatische Leseübungen in der Volksschule. Ausgearbeitet nach den Forderungen der Regulative. Neuhaldensleben 870. Eyraud. 8. (48 S.) n. 6 *ngr.*

Berke, Phpp., Gedichte. 8. (VIII, 96 S.) Stuttgart 887, Metzler's Verlag. *ℳ 1.80.; geb. *

Berké, Theodor, a. Kaiserslautern ⟨bayr. Rheinpfalz⟩, Oberarzt der Schutztruppe für Kamerun: Anthropologische Beobachtungen an Kammerunnegern. ⟨Hiezu 20 Tabellen und 1 Karte.⟩ Straßburg i. E. 1905: C. Müh. (41 S.) 8°
Straßburg, Med. Fak., Ref. Schwalbe, Diss. v. 5. Jan. 1906
[Geb. 20. Mai 70 Kaiserslautern; Wohnort: Kamerun; Staatsangeh.: Preußen; Vorbildung: Gymn. Lahr Reife S. 91; Studium: Straßburg 12 S.; Coll. 16. Nov. 05; Approb. 14. Juni 97.]

Berkebusch. Zur Vergleichung der französischen und englischen Syntax. Göttingen, G. u. R., 1873. 16 S. 4.

Berkefeld, Herm., u. Du Nord, Wilh., Neue Grundlagen für sociale Gesetzgebung. Vorschlag zur Begründung eines allgem. Hilfsverbandes der Arbeiter Oesterreichs. gr. 8°. Wien, C. A. Müller, 1887.

Berkefeld, W: Jll. Preisliste über Berkefeld-Filter. Celle (1892?)

Berkefeld, Willy [aus Doebeln]: Ueber Substitutionsprodukte des o-Xylols ... Freiburg i. B., Buchdr. v. Chr. Ströcker, 1891; 38 S., 1 Bl. 8.
Freiburg i. B., Phil. Fak., Inaug.-Diss. v. 1891

Berkefeld-Filter-Gesellschaft: Jll. Preisliste über Berkefeld-Filter System Nordtmeyer-Berkefeld. Celle 1898

Berkel, Andreas van
van Berkel, Andr., Beschreib. seiner Reisen n. Rio de Berbice u. Surinam; aus d. Holländ. mit Blumenbachs Vorr., (v. G. Fr. Benecke). 8. Memming. 789. Seyler. 18 gl.

Berkel, Paul
Berkel, P., Führer durch Lauban u. Umgegend. Mit mehr als 100 Spaziergängen, Halb- u. Ganztags-Ausflügen. Mit Plan der Stadt u. Karte des Kreises. 12. (IV, 48 S.) Lauban (901). G. Köhler. n. — 75

Führer durch Lauban und Umgegend. Mit mehr als 100 Spaziergängen, Halb- u. Ganztags-Ausflügen. Mit Plan d. Stadt u. Karte d. Kreises. Bearb. von P[aul] **Berkel**. *Lauban: R. Schirdewahn (1901).* (48 S.) 8°
[02. 4614

Berkel, Paul, Geschichte der Stadt Lauban, f. Schule u. Haus zusammengest. M. e. Bilde Laubans um d. J. 1760 u. d. genauen Wappen d. Stadt. gr. 8. (VIII, 152 S.) Lauban 896. G. Reipprich. n. 1.50; geb. n n. 2. —

Berkel, P., s.a. Wanderbuch, Laubaner.

Berkel, P., Laubaner Wanderbuch nebst Führer durch die Stadt u. ihre Umgebung. 2., bedeutend verm. Aufl. (VII, 63 S.) kl. 8. Lauban (905). G. Köhler. n. — 60

Laubaner Wanderbuch nebst Führer durch die Stadt und ihre Umgebung von P[aul] **Berkel**. 2., bedeutend verm. Aufl. Lauban: M. Wendt [1905]. (VII, 63 S.) 8° [06 8034

— das Wichtigste aus der Heimatskunde des Kreises Lauban. Beilage zur Flemmingschen Schulkarte d. Kreises Lauban. (15 S.) 8. Glogau (905). Berlin, C. Flemming. n. — 10

van **Berkelaar,** Leendert, De efficacia repetitae venaesectionis in laesionibus capitis. 32 pp. Duisb. 4°. *Baldinger,* Ausg. I, 23. 1766

Berkeley's Abhandlgn üb. d. Principien d. menschl. Erkenntniss, s. Berkeley, George.

Berkeley, Charles de, d. alte Geschichte, s.: Engelhorn's Romanbibliothek.

Berkeley, Charles de, zwischen Lipp u. Kelchesrand (Le journal de Mlle de Sommers), s.a. Engelhorn's allgemeine Romanbibliothek.

[F. u. Ant.] Zwischen Lipp' und Kelchesrand. '(Le journal de Mlle de Sommers)'. Roman in 2 Bdn v. Charles de **Berkeley**. Autoris. Uebs. a. d. Französ. v. Auguste Scheibe. Bd 1. 2. *Stuttgart: J. Engelhorn 1893.* 2 Bde 8.
1. (164 S.) 2. (156 S.)
= Romanbibliothek, Engelhorns Allgemeine. Jg. 9. Bd 13. 14. [98.10321 Gr

– E. Reiseabenteuer, s. Engelhorn's Romanbibliothek.

Berkeley, George
Berkeley's Abhandlung üb. die Prinzipien d. menschlichen Erkenntnis, s.a. Bibliothek, philosoph. 20.

(George) **Berkeley's** Abhandlung über die Prinzipien der menschlichen Erkenntnis [Treatise on the principles of human knowledge]. Ins Deutsche übers. u. mit erl. u. prüfenden Anm. versehen von Dr. Friedrich Ueberweg, Prof., Königsberg. 3. Aufl. Leipzig: Dürr 1900. (XIV, 149 S.) 8°
= **Bibliothek,** Philosophische. [Neue Ausg.] Bd 20. [04. 6445 II

(George) **Berkeleys** Abhandlung über die Prinzipien der menschlichen Erkenntnis [Treatise concerning the principles of human knowledge]. Ins Deutsche übers. u. mit erl. u. prüfenden Anm. vers. von Dr. Friedrich Ueberweg, Prof. 4. Aufl. Leipzig: Dürr 1906. XIV, 149 S. 8°
(Philosophische Bibliothek. Bd 20.) A 12. 1510 2

Berkeley's Abhandlungen üb. die Principien der menschlichen Erkenntniss. In's Deutsche übers. u. m. erläut. u. prüf. Anmerkgn. versehen von Frdr. Ueberweg. 2. Aufl. 8. (XIV, 149 S.) Heidelberg 879. Weiss' Verl. n. 1. —

Berkeley's Abhandlungen über die Principien der menschlichen Erkenntniss. In's Deutsche übers. und mit erläut. und prüfenden Anmerkungen versehen von Friedr. Ueberweg. 2. Aufl. 8. (XIV, 149 S.) Leipzig 879, Koschny. *

— drei Dialoge zwischen Hylas u. Philonous, s.a. Bibliothek, philosophische. 102. Bd.

(George) **Berkeley's** drei Dialoge zwischen Hylas und Philonous. Ins Deutsche übers. u. mit e. Einl. versehen von Dr. Raoul Richter, Privatd., Leipzig. *Leipzig: Dürr 1901.* (XXVII, 131 S.) 8°
= Bibliothek, Philosophische. Bd 102. [00. 11813

Berkeley, George: Gründliche historische Nachricht vom Theer-Wasser, dessen herrlichen medicinischen Tugenden, Zubereitung und Gebrauch... Aus d. engl. Original zusammen getragen u. hrsg. von Diederich Wessel Linden. Amsterdam & Leipzig: Mortier 1745. 8°
Neue Aufl. Leipzig: Dyck 1747.

Berkeley: Versuch e. neuen Theorie d. Gesichtswahrnehmg u. Die Theorie d. Gesichtswahrnehmg, verteidigt u. erläutert, übers. u. m. Anmerkgn vers. v. Raymund Schmidt, s: Bibliothek, Philosophische.

G. Berkeley's philos. Werke a. d. Engl. *Lpz.*, Schwickert. 781. 8° 20 gl

Berkelmann, M. L.: De nervorum in arterias imperio, s.a. Haller, A.v. (Praes.)

Berkelmann, M. L. B. De nervorum in arterias imperio. Gottingae 1744. 4.

Berkemeier, Gottlieb C.

Berkemeier, Glieb. C., ein Abecedarium, christl. Jungfrauen gewidmet. Bevorwortet v. Adolf Stöcker. 8. (VIII, 147 S.) Bremen 899. Halle, C. E. Müller. n. 2. —; geb. n.n. 3. —

Berkemeier, Glieb C: Ein Abecedarium, christl. Jungfrauen gewidmet. 2. Afl. (210 m. Abb.) 8° Halle, R Mühlmann's V.'08. 3 —; geb. 4 — d

Ein Abecedarium, christlichen Jungfrauen gewidmet von Dr. Gottlieb C. **Berkemeier**, Pastor, New York. Bevorwortet von Adolf Stöcker. 2. verm. Aufl. Halle: C. E. Müller 1908. (VII, 207 S.) 8° [F.] [08. 3378 3

Ein Abecedarium, für christliche junge Männer. Von Dr. Gottlieb C. **Berkemoier**, Mt. Vernon, N.-Y. *Halle a. S. & Bremen: C. E. Müller 1901.* (VII, 340 S.) 8° [F.] [01. 5077

Hirtenschalmei. Gedichte von Dr. Gottlieb C. **Berkemeier.** Halle a. S. & Bremen: C. E. Müller 1904. (V, 153 S.) 8° [F.] [05. 18,1 3

Hirtenstab und Hirtenschalmei. Aus e. 25-jähr. Amtsleben. Von Dr. Gottlieb C. **Berkemeier**, Dir., Mt. Vernon N. Y. (Hrsg.: Suzette Berkemeier, geb. Kräling.) *Halle a. S. & Bremen: C. E. Müller 1903.* (X, 592 S.) 8° [F.] [04. 7149

Berken, J.H.W. v.d.

Berken, v. d., Beytr. z. Geschichte d. westphäl. Adels rc. 8. Dortm. Mallinkrodt. 804.

v. d. Berken, J. H. W., († d. 24. März ?) Beitr. zur Gesch. d. Westphäl. Adels rc. 8. Dortm. 804. (Hamm, Schulz). 14 gr.

Berken, J.H.W.: Einige Bemerkungen über die beim Wasserbau in Gebirgsgegenden vorkommenden Rechtsfragen. Essen u. Duisburg 1819.

v. d. Berken, J. H. W.: Ein. Bemerkk. üb. d. beim Wasserbau in Gebirgsgegenden vorkommenden Rechtsfragen. *Essen*, Bädecker. 819. 8. (8 Gr.)

Uebersichtskarte der Stadt Dortmund. Im Auftr. d. Magistrats angefert. i. J. 1898 durch d. Stadtgeometer [Robert] von den **Berken.** Massst. 1:10,000. Eigenth. d. Magistr. *Berlin: Lith. Anst. v. B. Giserius (1898).* 1 Ktnbl. gr. 2. (☐) [98. 9989

Berkenbusch, Ferdinand, aus Bückeburg: Zur Messung von Flammentemperaturen durch Thermoelemente. *Leipzig: J. A. Barth 1898.* (38 S.) 8° ¶ [Vgl. 1897/98 Bonn No 103.] Bonn, Phil. Diss. v. 6. Aug. 1898

Berkenbusch, Ferdinand: Zur Messung von Flammentemperaturen durch Thermoelemente, insbesondere über die Temperatur der Bunsenflamme. *Bonn 1898: C. Georgi.* (4 S.) 8° ¶ [Nur Titelblatt, Vita und Thesen.] Bonn, Phil. Diss. v. 6. Aug. 1898 (Nicht für den Austausch)

Berkenbusch, Florenz, aus Braunschweig: Die deutsche Portland-Cement-Industrie und ihre Kartellbestrebungen. *Heidelberg 1903: K. Rößler.* (95 S.) 8° Heidelberg, Phil. Diss. v. 1903

Berkenbusch, H.: Die Religionen der Völker, s. Berkenbusch, Heinrich.

Berkenbusch, Hans [app. Arzt aus Göttingen]: Die innern Proportionen des menschlichen Halses in den verschiedenen Lebensaltern und die Fascienverhältnisse dieses Körperteiles. (Am 20. März 1889 mit dem Preise der Petsche-Stiftung gekrönt.) . . . Göttingen, Druck d. Dieterichschen Univ.-Buchdr. W. Fr. Kaestner, 1890; 43 S. 8° Göttingen, Med. Fak., Inaug.-Diss. v. 15. März 1890

Berkenbusch, Hans. Die innern Proportionen des menschlichen Halses in den verschiedenen Lebensaltern u. die Fascienverhältnisse dieses Körperteiles. [Mit dem Preise der Petsche-Stiftg. gekrönt.] Diss. gr. 8. (43 S.) Gött. 890, (Vandenhoeck u. Ruprecht). * — 80

Berkenbusch, Heinr., der Gegensatz d. göttl. Traurigkeit u. der Traurigkeit d. Welt. Preispredigt üb. 2. Kor. 7, 10. gehalten am 27. Mai 1844. gr. 8. (1 B.) Göttingen, Dieterichsche Buchh.

Die Religionen der Völker. Vorträge, geh. in d. Loge z. schwarzen Bären in Hannover von Oberl. Dr. H[einrich] **Berkenbusch.** *Hannover: A. Kiepert 1901.* (100 S.) 8° [F.] [01. 6369 7

Mathematisches Übungsbuch für Realschulen, Realprogymnasien und Progymnasien. Aufgaben aus d. Abgangsprüfungen sechsstufiger höh. Lehranst. zsgest. u. mit Resultaten versehen von Dr. H[einrich] **Berkenbusch**, Oberl. in Hannover. [Nebst] Lösungen. *Berlin: L. Simion 1902.* 2 Bde 8° [F.] [03. 4811

Berkenbusch, Heinrich [aus Bremen]: Über die aus achten Wurzeln der Einheit entspringenden Zahlen. . . . Marburg, Buchdr. O. Ehrhardt, 1891; 55 S. 8° Marburg, Phil. Fak., Inaug.-Diss. v. [12. Mai] 1891

Berkenbusch, L., über die Stellung des Adjectivs im Französischen. gr. 4. (40 S.) Göttingen 868, (Vandenhoeck und Ruprecht's Verlagsh.) *

Berkenbusch, L., Übungen zum Übersetzen aus dem Deutschen ins Französische für obere Klassen höherer Lehranstalten. gr. 8. (III, 192 S.) Hannover 886, Meyer. *

Berkenheier, Jacob, appr. Arzt: Aus d. kgl. chirurg. Univ.-Kinderklinik in München ⟨Prof. Dr. Herzog.⟩ Beiträge zur Kenntnis von Atresia ani vaginalis und vestibularis. München 1906: B. Heller. (29 S.) 8° München, Med. Fak., Ref. v. Angerer, Diss. v. 14. Febr. 1906 [Geb. 31. März 67 Hatzenport, Rheinprov.; Wohnort: Hatzenport; Staatsangeh.: Preußen; Vorbildung: Gymn. Diedenhofen, Lothringen Reife Juli 87; Studium: Bonn 3, Freiburg i. B. 2, Erlangen 3, Leipzig 4, Heidelberg 1, Würzburg 7 S.; Coll. 14. Febr. 06; Approb. Würzburg 13. März 01.]

Berkenheim s. a. Birkenheim.

Berkenheim, *Abraham:* Ueber Menthol . . . Göttingen, Druck d. Dieterichschen Univ.-Buchdr., 1892; 43 S. 8. Göttingen, Phil. Fak., Inaug.-Diss. v. [12. Dez.] 1892

Berkenheim, A., üb. Menthol. Diss. gr. 8. (43 S.) Göttingen 892. (Vandenhoeck & Ruprecht.) n. — 80

Berkenkamp, Bruno: Der falsche Doktor! s: Radermacher's, J, Vereinsbühne.

[Berkenkamp (W. A.).] Cat. plant. horti bot. coloniensis. Colon. Agrippinae, 1816. 8°.

Berkenmeyer, P. L. Poetische Anleitung zur Universal-historie, samt deren Erleuterung, wodurch der Jugend . . . diese Wissenschaft gar leicht kan beygebracht werden . . . zum sechstenmal vermehrter herausgegeben. Hamburg, J. C. Kißner, 1728. Kl.8°. *Titelkupfer*, 5 Bl. 178 S.

Berker, A., des Zigeuners Rache. Tragödie in 1 Akte. (III, 31 S.) 8. Dresden (907.) E. Pierson. — 75

Berker, Oskar, Gerichtsreferendar in Düsseldorf: § 278 in spezieller Anwendung auf die Frage, inwieweit der Mieter für Schaden bei Verschulden Dritter ⟨Frau, Kinder, Dienstboten, Aftermieter, Gäste, Mitmieter im selben Hause⟩ aufzukommen hat. Borna-Leipzig 1908: R. Noske. (VIII, 60 S.) 8° [F.] Leipzig, Jur. Fak., Diss. v. 28. Jan. 1908 [Geb. 18. Febr. 83 Mülheim (Ruhr); Wohnort: Düsseldorf; Staatsangeh.: Preußen; Vorbildung: Gymn. Mülheim Reife O. 02; Studium: Bonn 1, München 2, Berlin 1, Bonn 2 S.; Rig. 22. Juli 05.]

Berkermann u. Flamm, Ortschaftsverzeichniß u. Entfernungstabelle des Reg.-Bez. Arnsberg. Im Auftrage des Hrn. Regierungs-Präsidenten nach amtl. Material bearb. u. hrsg. gr. 4. (IV, 245 S.) Arnsberg 889. F. W. Becker. n. 6. —

Berkermann u. Flamm, Ortschafts-Verzeichniß, nebst Entfernungs-Tabelle d. Reg.-Bez. Arnsberg. Im Auftr. des Reg.-Präsidenten n. amtl. Material bearb. u. hrsg. 4. (IV, 245 S.) Arnsberg 899. F. W. Becker. n. 6. —

Klänge aus dem Zellerthal. Walzer f. Pianof. zu 2 Händen komp. von Friedrich Berkes. Danzig: H. Lau [1905]. (9 S.) 4° [05. 6481 10

Berkes, Koloman. Das Leben und Treiben der Gauner. Nach dem Ung. deutsch bearb. v. Vict. Erdélyi. 8. (157 S.) Budapest 889, (Robicsek). * 2 80

Berkes, K., d. Leben u. Treiben der Gauner. Nach dem Ungar. 8. (157 S.) Budapest 899. Preßburg, G. Heckenast Nachf. n. 2. 80; ermäß. Pr. 1. 40

BERKES, Paulus: Psychiatria pastoralis. — (1904) 145 Bl. 4° (Handschr.) Diss. 570
Diss. Wien Univ.

Berkes, Theo, Weibertreue u. Weiberschläue!, s.: Geschichten, intime.

Berkhahn, Geo. Hnr., († d. 2. Decbr. 1795.) neues Beicht- u. Kommunionbuch. 8. Magdeb. 778. 2e A. 786. Scheidhauer. 4 gr

— Entw. d. gehaltenen Predigten üb. die Evangelien. 1r bis 6r Jahrg. gr. 8. Hamb. 787—92. Herold. (à 20 gr) 5 Thlr 7r bis 9r Jahrg. 793—95. gr. 8. Hamb., Gundermann. 3 Thlr

— Gebete f. d. Jugend in Liedern. 16. Hamb. ... 2e A. 797. (Aue in Altona). 3 gr

Berkhan, C.A.W., s.a. Berkhan, W.

Berkhan, (CA)W, d. Anwendg d. Algebra auf prakt. Arithm. 8. (292) Halle 59, Schmidt. n. 1. 10

Berkhan, C. A. W., die Anwendung der Algebra auf Geometrie. Eine Anleitung zum Auflösen geometr. Aufgaben vermittelst der algebr. Analysis. Zum Gebrauche für die oberen Classen in Gymnasien, Real- u. Gewerbeschulen, sowie auch zum Selbstunterrichte. Mit 8 (lith.) Figurentaf. Halle 858. Schmidt. gr. 4. (XII, 96 S.) n. 24 ngr

—— d. Anwendg d. Geometrie auf Arithm. u. Algebra. 8. (90 m. 9 L.) Ebd. 61. n. — 24

—— d. Anwendg d. Trigonom. auf Arithm. u. Algebra. 8. (139) Ebd. 63. n. — 24

Berkhan, C. A. W., die merkwürdigen Eigenschaften der pythagorischen Zahlen, ihr Bildungsgesetz und ihr Gebrauch in der unbestimmten Analytik. gr. 8. (48 S. mit 1 Stnt.) Eisleben 853, Reichardt. *

—— Lehrbuch der unbestimmten Analytik für höhere Lehranstalten. 1. Abthl. A u. d. T.: Die Auflösung der diophantischen Gleichungen ersten Grades für höhere Lehranstalten. gr. 8. (VIII und 212 S.) Halle 855, Schmidt. *

—— dass. — 2. Abthl. A. u. d. T.: Die Auflösung der diophantischen Gleichungen zweiten Grades für höhere Lehranstalten. gr. 8. (VIII und 204 S.) Ebds. 856. *

—— 200 neue Lehrsätze der Geometrie zum Gebrauche für Lehrer und Lernende an Gymnasien, Real- und Gewerbeschulen. gr. 8. (105 S. mit 8 Stnt. in qu. gr. 4.) Eisleben 854, Reichardt.

—— d. Probl. d. Pappus v. d. Berührgn, durch d. geom. Oerter aufgelöst u. erweit. 8. (40) Halle 57, Schmidt. n. — 15

Berkhan, Gustav: Zur projektivischen Behandlung der Dreiecksgeometrie. Leipzig 1905: B. G. Teubner. (31 S.) 8°
Königsberg, Phil. Fak., Ref. Meyer, Diss. v. 25. Mai 1905
[Geb. 17. Juni 82 Hamburg: Wohnort: Hamburg; Staatsangeh.: Hamburg; Vorbildung: Realgymn. d. Johanneum in Hamburg Reife M. 00; Studium München 6, Königsberg 3 S.; Rig. 26. Jan. 05.]

Berkhan, O.: Beitr. z. Gesch. d. Psychiatrie, s. Berkhan, Osw.

Berkhan, O., üb. Störungen der Sprache u. d. Schriftsprache. Für Aerzte u. Lehrer dargestellt. Mit Holzschnitten u. 2 Taf. gr. 8. (VII, 89 S.) Berlin 889. Hirschwald. n. 2. 40

Berkhan, Osw., Beiträge zur Geschichte der Psychiatrie. 1. Heft. Das Irrenwesen der Stadt Braunschweig in den früheren Jahrh. gr. 8. (43 S.) Neuwied 863. (Braunschweig, Wagner.) *

Berkhan, Osw., Deutschlands Improvisatoren, s.: Herrmann, Wilh.

Berkhan, Osw., Irrsein bei Kindern. Vortrag, gehalten in der medicin. Gesellschaft zu Braunschweig den 12. Jan. 1862. gr. 8. (16 S.) Neuwied 863, Heuser. *

Über den angeborenen und früh erworbenen Schwachsinn. F. Ärzte u. Lehrer dargest. v. Dr. O(swald) Berkhan, Sanitätsr. in Braunschweig. *Braunschweig: F. Vieweg & Sohn 1899.* (8 Bl., 64 S.) 1 Bd 8. [99. 1090]

Über den angeborenen und früh erworbenen Schwachsinn, Geistesschwäche des Bürgerlichen Gesetzbuches, für Psychiater, Kreis- u. Schulärzte dargest. von Dr. O(swald) Berkhan, San.R. in Braunschweig. 2. durch Nachträge erg. Aufl. Mit Abb. *Braunschweig: F. Vieweg & Sohn 1904.* (98 S.) 8° [04. 4003]

Berkhan, Wilh., s.a. Berkhan, C.A.W.

Berkhan, W., die Anwendung der Algebra auf praktische Arithmetik, enth. die Rechnungen des Geschäftslebens mit vielen vollständigen Beispielen und beigefügter algebraischer Begründung sämmtlicher Rechnungsregeln. Ein Uebungsbuch für die obern Klassen in Gymnasien, Real- und Gewerbeschulen, so wie auch zum Selbstunterrichte. gr. 8. (IV und 292 S.) Halle 859, Schmidt's Verlagsh. *

—— die Anwendung der Algebra auf Geometrie. Eine Anleitung zum Auflösen geometr. Aufgaben vermittelst der algebraischen Analysis. Zum Gebrauche für die oberen Classen in Gymnasien, Real- und Gewerbeschulen, sowie auch zum Selbstunterrichte. gr. 8. (XII und 96 S. mit 8 Stnt. in qu. gr. 4.) Halle 858, Schmidt's Verlagsh. *

—— die Anwendung der Geometrie auf Arithmetik und Algebra, enth. die wichtigsten Lehrsätze der Arithmetik und Algebra durch geometr. Constructionen dargestellt, mit Hinweisung auf Dr. Wiegand's Lehrbuch der Arithmetik. gr. 8. (V und 90 S. mit 9 Stnt. in qu. Fol.) Halle 861, Schmidt's Verlagsh.) *

Berkhan, Wilh., die Anwendung der Trigonometrie auf Arithmetik und Algebra. Zum Gebrauche für angehende Mathematiker, Techniker und solche Schüler, welche sich durch Selbstunterricht weiter ausbilden wollen. gr. 8. (VI und 139 S.) Halle 863, Schmidt's Verlagsh. *

Berkhan, W. Auflösung diophantischer Gleichungen 1. und 2. Grades. Halle 1855–56, 2 Bde.

— die merkwürdigen Eigenschaften der Pythagorischen Zahlen, ihr Bildungsgesetz u. ihr Gebrauch in der unbestimmten Analytik. Eisleben 853. Reichardt. gr. 8. (48 S. u. 1 lith. Taf.) n. 10 ngr

— Lehrbuch der unbestimmten Analytik für höhere Lehranstalten. 1. Abth. A. u. d. T.: Die Auflösung der Diophantischen Gleichungen ersten Grades für höhere Lehranstalten. Halle 855. Schmidt. gr. 8. (VIII, 212 S.) n. 1 Thlr 5 ngr

— — 2. Abth. A. u. d. T.: Die Auflösung der Diophantischen Gleichungen zweiten Grades für höhere Lehranstalten. Ebend. 856. gr. 8. (VIII, 294 S.) n. 1 Thlr 15 ngr

— zweihundert neue Lehrsätze der Geometrie, zum Gebrauche für Lehrer u. Lernende an Gymnasien, Real- u. Gewerbeschulen. Mit 8 lith. Figurentaf. (in qu. 4.) Eisleben 854. Reichardt. gr. 8. (105 S.) 15 ngr

—— das Problem des Pappus von den Berührungen, durch die geometr. Oerter aufgelöst und erweitert, nebst einer Reihe von Lehrsätzen und Aufgaben über Berührungen. Zur Beförderung des geometr. Studiums in den mittleren und oberen Classen der Gymnasien, Real- und Gewerbschulen. gr. 8. (IV und 40 S. mit 4 Stnt. in 4.) Halle 857, Schmidt's Verlagsh. *

Berkheim s.a. Birkenheim.

— vergl. v. Berckheim.

v. Berkheim, Karl Chr., s. 1) Briefe üb. d. Zustand d. Schweiz. 2) *Lettres* sur Paris.

Berkhey, Jh. Frz. v.

* Berkhey, J. F. de, expositio charact. struct. florum. 4. Lugd. Bat. 760

— expositio structurae Florum compositorum, c. fig. 4. Lugd. Bat. 760. (Luchtmans). 1 Thlr 12 gr

v. Berkhey, Jh. Frz., natürl. Geschichte v. Holland; aus d. Holländ. (v. J. Chr. W. Redlich). 2 Bde. 8. Leipz. 779—83. Linke. 1 Thlr

Berkhey J. F. v.: Naturgeschichte v. Holland. Aus d. Holländ. übers. 2 Bd. Leipz. 1779-82. 2 Tvl.

Berkhoff, C. J. *Bernhard* [aus Altona]: Zur Beurteilung der Wirbelkörperbrüche am unteren Abschnitt der Wirbelsäule ... Leipzig, Druck v. A. Pries, 1897; 16 S. 8.
Würzburg, Med. Fak., Inaug.-Diss. v. 1897

Berkhoff, J., Tabellen über Reichs- und preußische Stempel- resp. Erbschaftssteuer. 1.—6. Aufl. gr. 8. (22 S.) Altona 875—84, (Harder.) *

Berkhoff, J. Tabellen üb. Reichs- u. preußische Stempel- resp. Erbschaftssteuer. 7. Aufl. gr. 8. (23 S.) Altona 889, (Harder Verlag). * 1 —

Berkhoff, J., Tabellen üb. Reichs- u. preußische Stempel- resp. Erbschaftssteuer, in 1.—7. Aufl. entworfen v J. B. Fortgeführt v. C. Kayser. 8. Aufl. gr. 8. (23 S.) Altona 894. J. Harder Verl. n. 1. —

Berkhoff, J., Tabellen üb. Reichs- u. preuß. Stempelabgaben u. Erbschaftssteuer, in 1.—7. Aufl. entw. v. B. Fortgeführt v. C. Kayser. 9. Aufl. Lex.-8. (26 S.) Altona 896. (J. Harder, Verl.) n. 1. —

Berkhoff, J., Tabellen üb. Reichs- u. preußische Stempelabgaben u. Erbschaftssteuer, in 1.—7. Aufl. entworfen von B. Fortgeführt von C. Kayser u. O. Rihtmöller. 10. Aufl. Lex.-8. (28 S.) Altona 900. (J. Harder Verl.) n. 1. 20

⊙ Tabellen über Stempel- u. Erbschaftssteuer, entw. v. J. Berkhoff. 3. Aufl. Altona. 1879. 8°

Berkhoff, Otto [aus Braunschweig]: Einwirkung von Chlorwasserstoff auf Cymol in Gegenwart von Aluminiumchlorid. . . . Rostock, C. Boldt'sche Hof-Buchdr., 1890; 28 S. 8°
Rostock, Phil. Fak., Inaug.-Diss. v. [16. März] 1891

Berkholz, Handelsverträge, s. Abhandlgn., volkswirtsch.

Berkholz, A. v., Riga, s. Carlberg.

Kommunale Säuglingsfürsorge und Findlingspflege. Vortrag geh. 1908 von Dr. med. August **Berkholz**. Riga 1908: Häcker. S. 105–182. 8°
(Hefte d. Gesellschaft f. kommunale Sozialpolitik in Riga. Nr 7.) (10. 1133) 10

Berkholz, Aug., experimentelle Studien üb. die Wirkung dos Physostigmins, Santonins, Codeins, Cocains, Strychnins u. dor Carbolsäure auf dio psychomotorischo Zono der Grosshirnrindo. Diss. gr. 8. (91 S.) Riga 893. (Jurjow, E. J. Karow.) n. 2. 40

Berkholz, Chrn. Aug.

Berkholz, C. A.: Beiträge zur Geschichte der Kirchen und Prediger Riga's. Abth. 1. — Riga 1867: Häcker. 216 S. [mehr nicht ermitt.]

Berkholz, C. A., Beiträge zur Geschichte der Kirchen und Prediger Riga's. 1. Abthl.: Geschichte der einzelnen Kirchen nebst chronolog. Verzeichniß der Prediger und statist. Auszügen aus den Kirchenbüchern. gr. 8. (III, 216 S.) Riga 868, Bacmeister. [Brutzer und Comp.] *

Berkholz, C. A., Beiträge zur Geschichte der Kirchen u. Prediger Riga's. 1. Abth. Geschichte der einzelnen Kirchen nebst chronolog. Verzeichniß der Prediger u. statist. Auszügen aus den Kirchenbüchern. Riga 870. Bacmeister. (Brutzer & Co.) gr. 8. (2 Bll., 216 S.) n. 1 ₰

— Dr. Johannes Breverus, Superintendent von Riga, Pastor, Professor u. Inspector. Eine Erinnerung aus dem 17. Jahrh. Ebend. 869. gr. 8. (2 Bll., 60 S.) n. $12\frac{1}{2}$ ngr.

—— Dr. Johannes Breverus, Superintendent von Riga, Pastor, Professor und Inspector. Eine Erinnerung aus dem 17. Jahrh. gr. 8. (III, 60 S.) Riga 870, Bacmeister. [Brutzer und Comp.] *

Berkholz, Chrn. Aug., Zur Erinnerung an Arnold Möller, weil. Inspector der Domschule in Riga, geb. den 15. Septbr. 1802, gest. den 20. Novbr. 1851. Ein Vortrag, gehalten den 12. Decbr. 1851 in der Jahresversammlung der literärisch-practischen Bürger-Verbindung. gr. 8. (24 S.) Riga 852, Götschel's Buchh.

Berkholz, Chrn. Aug., drei ernste Fragen in Zeiten schmerzlicher Heimsuchung. Predigt am Sonnt. Esto mihi, d. 5. März 1850, zu Riga gehalten. 8. (16 S.) Riga 850, Götschel. 3 ngr.

—— 95 geistliche Gesänge aus dem Liederschatz der evangel. Kirche, zum Auswendiglernen für die Jugend. Eingeleitet durch eine Betrachtung über das Kirchenlied. 12. (XXXVIII und 120 S.) Riga 850, Götschel.

Berkholz, C. A., das Buch Hiob. Ein Versuch. 8. (XXI und 66 S.) Riga 859, Götschel's Buchh. *

Berkholz, CA, d. Buch Hiob. 8. (66) Riga 59. (Lpzg, Köhler.) *n.* — 15

—— die sieben Jahrhunderte Livlands, von 1159—1859. Ein Rückblick aus der Gegenwart. 1. Hälfte. Die vier Jahrhunderte 1159—1559. gr. 8. (58 S.) Riga 860, Götschel's Buchh. *

—— Katechismus der evangelisch-lutherischen Kirche, s. Katechismus.

—— Jakob Lange, Generalsuperintendent von Livland. Ein kirchengeschichtl. Zeitbild aus der Mitte des 18. Jahrh. gr. 8. (III, 196 S.) Riga 884, Stieda. *

—— die Offenbarung Johannis. Ein Versuch, zum Verständniß dieses bibl. Buches für Alle, die Gottes Wort lieb haben. gr. 8. (79 S.) Riga 860, Götschel's Buchh. *

—— d. Offenbarg Johannis. 8. (79) Riga 60. (Lpzg, Köhler.) *n.* — 20

Berkholz, Chr. Aug., christlich-evangel. Religionslehre, für Confirmanden u. confirmationsfähige Schüler auf Grundlage der Luther. 5 Hauptstücke, und mit Bibelsprüchen versehen. 8. Riga 843, Deubner. 5/8 ₰

Berkholz, Ch. A., M. Hermann Samson, Rigascher Oberpastor, Superintendent von Livland rc. Eine kirchenhistor. Skizze aus der 1. Hälfte des 17. Jahrh. Riga 856. Götschel. gr. 8. (4 Bl., 199 S., lith. Bildniß u. 1 Tab. in qu. Fol.) n. 1 ₰ 10 ngr.

Berkholz, C. A., Vermehrung, nicht Verminderung, der geistlichen Arbeitskräfte für die lutherischen Kirchen Rigas. Ein veranlaßtes Wort, seinen alt-eingesessenen Rigaschen Mitbürgern gewidmet. gr. 8. (22 S.) Riga 884, (Mellin und Neldner.) **

—— Zeugnisse des christl. Glaubens s.a. Zeugnisse.

Berkholz, C. A., Zeugnisse des christlichen Glaubens von der Evang.-Luth. Geistlichkeit in Rußland. Riga 1851

Berkholz, G., d. Grafen Ludwig August Mellin bisher unbekannter Originalbericht üb. das angebliche Griechengrab an der livländischen Meeresküste. gr. 8. (22 S.) Riga 875. Kymmel in Comm. n. — 75

Berkholz, G., das Testament Peters d. Grossen e. Erfindung Napoleons I. [Aus: „Russ. Revue".] gr. 8. (33 S.) St. Petersburg 877. Röttger. n. 1. —

Berkholz, Georg

Berkholz, Geo., Festvortrag bei Enthüllung des Herderdenkmals. — Geschichte des Wortes „baltisch", s.a. Aus baltischer Geistesarbeit. VIII.

Georg **Berkholz**. Festvortrag bei Enthüllung d. Herder-Denkmals. Geschichte des Wortes 'baltisch'. Friedrich Bienemann. Reval um 1500. Riga: Jonck & Poliewsky 1909. S. 68–117. 8°
(Aus baltischer Geistesarbeit. 8.) (09. 6318

Berkholz, Georg: Geschichte des Wortes „baltisch". Baltische Monatsschrift 1882; wieder abgedruckt: Aus baltischer Geistesarbeit. Reden und Aufsätze, neu hrsg. v. Deutschen Verein in Livland. II. S. 86–98. Riga 1909: Jonck & Poliewsky.

„Baltisch", vom selben Stamm wie die dänischen „Belte", bedeute ursprünglich den westlichen Teil der Ostsee (= Gürtelmeer), sei erst später, seit Adam von Bremen, auf die ganze Ostsee erweitert, dann im 19. Jahrhundert durch Bedeutungsverengung auf die russischen Ostseeprovinzen übertragen. Anders Carl Erich Gleye, Rigaischer Almanach 1902, S. 115–130, Herleitung aus dem Lettischen: das „weiße" Meer.

Berkholz, Loo, die Wirkung der Handelsverträge auf Landwirtschaft, Woinbau u. Gewerbe in Els.-Loth., s.a.: Abhandlungon, volkswirtsch. dor bad. Hochschulon. VI. 1.

Berkholz, Leo: Die Wirkung der Handelsverträge auf Landwirtschaft, Weinbau und Gewerbe in Elsass-Lothringen. Mit einer Vorbemerkung von Prof. Dr. C[arl] Johannes Fuchs. Mit Tabellen. *Tübingen & Leipzig: J. C. B. Mohr 1902.* (VII, 208 S.) 8° ¶(Aus: Volkswirtsch. Abhandl. d. Badischen Hochschulen, Bd 6. H. 1.)
Freiburg i. B., Rechts- u. staatswiss. Diss. v. 1901
(Nicht für den Austausch)

Berkholz, Osw. Alb. Aemil. Frid. (geb. Lobsens 31. 5. 1837): De laryngoscopia ejusque usu practico. Berolini (1861). (32 S.) 8°
Berlin, Med. Diss. v. 15. März 1861

BERKHOLZ, WILHELM. Ueber den Einfluss der Temperatur und der Ernährung auf die Kohlensäureproduktion im Thierkörper. Erlangen, 1889. **Diss.**

Berkhout, A(lbert) D(irk), aus Den Haag: Über die Einwirkung von Formaldehyd auf p-substituierte Phenole. *Hildesheim 1903: A. Lax.* (58 S.) 8°
Göttingen, Phil. Diss. v. [19. Aug.] 1903

Berkhout, A. D., über die Einwirkung v. Formaldehyd auf p-substituierte Phenole. Diss. (58 S.) gr. 8. Hildesheim (903). (Göttingen, Vandenhoeck & Ruprecht.) n. 1. 40

Berkhout, Anton H.
Berkhout, A. H.: Ziele, Resultate und Zukunft der indischen Forstwirtschaft. Tübingen 1909: Schnürlen. V, 190 S. 8°
Tübingen, Staatsw. Diss. v. 27. April 1909, Ref. Bühler
(Nur in beschränkter Anzahl für den Austausch)
[Geb. 16. Okt. 54 Zutphen; Wohnort: Wageningen; Staatsangeh.: Holland; Vorbildung: Oberrealsch. Reife; Studium: Eberswalde Forstakad. 5, Berlin 3 S.; Coll. 12. Jan. 09.] [U 09. 3969

Berkhout, H. T. v. Experimentell-anatomischer Beitrag zur Kenntnis der secundären Degenerationen im Rückenmarke. (Aus dem histologischen Laboratorium des Herrn Prof. Loewenthal in Lausanne.) M. 2 col. Taf. In-8°. 56 S. Bern. These. **1894**

— Pet. Jacob Teding van (Amsterdam), De eo, an et quatenus a jure naturali jus positivum recedere juste possit. Dissert. philos.-jur. Rector Jacob Nieuwenhuis. Leyden, 25. I. 1834. Amsterdam (S. v. Grebber). 124 S. (5.50) 2273
Gewidmet: Janus Cornel. Teding u. Jan. Pet. Teding van Berkhout, Ferdin. Rendorp.

Berkhout, Pet. Teding v. (Delph. Bat.), De tutela dativa. Disp. jur. Rector Joh. Voet. Leyden (Abrah. Elzevier) 1. XI. 1709. 16 S. (4.80) 2272
Gew.: Pet. Teding u. Joh. Teding v. Berkhout, Conr. Ruysch.

Berkitz, Paul, Induktionsmotoren. Ein Kompendium f. Studirende u. Ingenieure. Deutsche autoris. u. erweit. Bearbeitg. v. B. A. Behrend, „The induction motor". Unter Mitwirkg. v. W. Kübler hrsg. (VII, 182 S. m. Fig.) gr. 8. Berlin 903. M. Krayn. n. 10. —; geb. n. 11. 50

— Leitf. f. d. elektrotechn. u. elektrochem. Seminar, s.: Roloff, M.

— Zur Theorie d. Elektrophors, s.a. Marguerre, F, experimentelle Untersuchgn am polycykl. Stromverteilgssystem Arnold —Bragstadt—la Cour.

Zur Theorie des Elektrophors. Von Dr. Paul **Berkitz**, Köln a/Rh. *Stuttgart: F. Enke 1904.* (S. 463–475.) 8°
= Sammlung Elektrotechn. Vorträge. Bd 5, H. 11. 12, [2.] [04. 46..

Berkitz, Paul, die Wechselstrom-Leitungen in ihren Anordnungen u. Berechnungen. Mit Tab., Fig. u. Beispielen. gr. 8. (III, 38 S.) Dresden 901. G. Küthmann. n. 1. 80; geb. n. 2. 60

— Die Wechselstrom-Leitgn in ihren Anordngn u. Berechngn. (88 m. Fig. u. Tab.) 8° Dresd. 01. Lpzg, HAL Degener. 1.80; geb. 2.60

Berkley, C., das Verhängniß, s.: Familien-Bibliothek.

Berkley, Johann Franz von.

Natürliche Geschichte von Holland; aus dem Holländ. Leipzig 1779—1782. Ü: *Redlich, Johann Christian Wilhelm.* (KY) (MGT)

Berklitz, P.: I n d u k t i o n s m o t o r e n , s. B e r k i t z , Paul.

Berkmüller, Alph., 12 dreizehnstimmige Gesänge f. die Jugend, s. Gesänge.

Berkmüller, Alph., 12 vierstimmige Lieder, s. Lieder.

Berkmüller, Alph., Männergesänge, s. Männergesänge.

Berkmüller, Joh. Baptist, Festpredigt zum 50 jährigen Priesterjubiläum d. hochwürd. hochwohlgeborenen Herrn Joseph Martin, d. geistl. Rates, Dekans u. Stadtpfrs., Landrats rc., geh. am 21. Septbr. 1885 in der Stadtpfarrkirche zu Landsberg. gr. 8. (14 S.) Landsberg a/L. 885. Verza. n. — 20

Berkner, Friedrich, Direktor d. landwirtschaftl. Lehranstalt u. Wiesenbauschule in Königsberg Nm.: Die Entwicklung der Preise und der Hypothekarverschuldung beim ländlichen Immobiliarbesitz des Amtsgerichtsbezirkes Königsberg Nm. gleichnamigen Kreises. Halle a. S. 1907: J. G. Striese, Königsberg Nm. (93 S.) 8° [F.]
Halle, Phil. Fak., Ref. Conrad, Diss. v. 30. Dez. 1907
[Geb. 12. Febr. 74 Görlsdorf, Kr. Königsberg Nm.; Wohnort: Königsberg Nm.; Staatsangeh.: Preußen; Vorbildung: Gymn. Königsberg Nm. Reife O. 95; Studium: Halle 8 S.; Rig. 10. Jan. 07.]

Berkofsky, Aemilius Eduard. Theod. (geb. Sorau in d. Lausitz 12. 4. 1838): De elementis sputorum. Berolini (1861). (32 S.) 8°
Berlin, Med. Diss. v. 7. Aug. 1861

Berkofsky, Gerhard, appr. Arzt a. Prenzlau: Ueber die auf der I. med. Abteilung des städt. Krankenhauses München l. I. in der Zeit vom 1. I. 1890 bis 1. X. 1904 beobachteten Fälle von Perityphlitis. München 1905: Kastner & Callwey. (25 S.) 8°
München, Med. Fak., Ref. v. Bauer, Diss. v. 22. Dez. 1904
[Geb. 3. April 81 Prenzlau; Wohnort: Prenzlau; Staatsangeh.: Preußen; Vorbildung: Askanisches Gymn. Berlin Reife O. 99; Studium: Göttingen 1, Berlin 4, München 5 S.; Coll. 22. Dez. 04; Approb. 9. März 04.]

Berkofsky, Konrad, approb. Arzt aus Prenzlau i. U.: **Vergleichsversuche** zwischen Jodipin- und Salolmethode zur Bestimmung der motorischen Thätigkeit des Magens. *Göttingen 1902: L. Hofer.* (24 S.) 8°
Göttingen, Med. Diss. v. [24. Apr.] 1902

Berkofsky, Konr., Vergleichsversuche zwischen Jodipin- u. Salolmethode zur Bestimmung der motorischen Thätigkeit des Magens. Diss. gr. 8. (26 S.) Göttingen 902. (Vandenhoeck & Ruprecht.) n. — 60

Berkold, Oswald: Ueber Stickstoffbindung durch Bariumcarbidbildungsgemische und technisches Bariumcarbid. (Berlin 1908: Ebering.) 58 S. 8°
Berlin, Phil. Diss. v. 11. Dez. 1908, Ref. Gabriel
[Geb. 17. (5.) Febr. 84 Riga; Wohnort: Berlin; Staatsangeh.: Rußland; Vorbildung: Gymn. Kaiser Nikolaus I. Riga Reife Juni 01; Studium: Moskau 7, Bern 1, Berlin 4 S.; Rig. 19. Nov. 08.] [U 09. 140

BERKOVICH, Augustinus Alexander: De initiis civilis principatus sanctae sedis. — (1885) VIII, 244 S. 8° (Handschr.) Diss. 432
Diss: Wien Univ.

Berkovits, Jos., Zusammenstellung der anweisenden Behörden u. auszahl. Cassen, s.: **Vittorelli**, Paul v.

Berkow, Karl (Pseud.), s. W o l f e r s d o r f f , Elise Charlotte Freiin v.

Berkow, Karl (Elise Charlotte Freiin v. Wolfersdorff), uns. Backfische. Erzählg. 8. (189 S.) Berlin 896. O. Janke. n. 1. —

Berkow, Karl [Elise Charlotte Freiin v. Wolfersdorf]. Im Dämmerschein. Vier Erzählgn. 8. (224 S.) Berl. 890, Janke. 1 50

Berkow, Karl (Elise Charlotte Freiin v. Wolfersdorff), Elternhaus. E. Erzählg. f. junge Mädchen. M. 1 farb. Titelbilde u. 4 Ill. v. Hans Schulze. gr. 8. (295 S.) Berlin 898. F. Schirmer. Geb. in Leinw. 4. —

Berkow, Karl, der rechte Erbe. Erzählung. 8. (80 S.) Berlin 885. Janke. n. — 50

— D. rechte Erbe. Erzählg. 2. Aufl. 8. (80 S.) Berlin 897. O. Janke. n. — 50

Berkow, K., Frauenliebe. Roman in 2 Bdn. 8. (264; 256 S.) Berlin 874, Wedekind und Schwieger. *

—— Frauenliebe. Roman. 2. Aufl. 8. (258 S.) Ebendas. 887. *

Frauenliebe. Roman von Karl Berkow [d. i. Elise Charlotte v. Wolfersdorff]. 3. Aufl. *Berlin: O. Janke [1901].* (276 S.) 8° [F.]
(Collection Otto Janke.) [01. 1703

Berkow, Karl, Fürst u. Vasall. Historischer Roman. 3 Bde. 8. (252, 220 u. 214 S.) Berlin 882. Janke. n. 10. —

Berkow, Karl, Heinrich Gulse. Historischer Roman. 3 Bde. 8. (256, 265 u. 300 S.) Berlin 893. O. Janke. n. 12. —

Berkow, Karl, erstarrte Herzen. Roman. 2 Bde. 8. (275; 319 S.) Leipzig 877, Dürr'sche Buchh.

—— erstarrte Herzen. Roman. 2. Aufl. 8. (284 S.) Ebendas. 884. *

— am Hofe Lorenzos. Historischer Roman. 3 Bde. 8. (245, 251 u. 245 S.) Ebd. 891. n. 12. —

— Frau Ilse. Lebensbild aus dem 15. Jahrh. 2 Tle. in 1 Bde. 8. (211 u. 234 S.) Ebd. 903. n. 5. —

[F.] Kämpferinnen. Roman v. Karl Berkow [d. i. Elise Charlotte Freiin v. Wolfersdorff]. Tl 1. 2 (in 1 Bd). *Berlin: O. Janke (1898).* 1 Bd 8.
1. (2 Bl., 220 S.) 2. (2 Bl., 203 S.) [97. 7092

— E. Kind d. Straße. 16. (99 S.) Anklam 897. H. Wolter, Verl. Geb. in Leinw. n. 1. —

— Kinderaugen. Erzählung. 8. (328 S.) Ebd. 892. n. 6. —

—— unter dem Kreuze. Histor. Roman. 3 Bde. 8. (248; 231; 262 S.) Ebendas. 888. *

— d. Lebenslauf e. Glücklichen. Erzählg. 8. (127 S.) Berlin 896. O. Janke. n. 1. —

— die Namenlosen. Roman. 3 Bde. 8. (281, 276 u. 320 S.) Ebd. 889. n. 12. —

Berkow, Karl, die wilde Rose. Roman. 2 Bde. 8. (317; 321 S.) Berlin 876, [Wedekind und Schwieger.] Leipzig. Dürr'sche Buchh. (*M 8.)

Berkow, Karl, die wilde Rose. Roman. 2. Aufl. 8. (271 S.) Berlin 884, Janke. *

Berkow, Karl (E v. Wolfersdorff): Die wilde Rose. Roman. 3. Afl. (311) 8° Berl., O Janke '10. 2 — d

Berkow, Karl (E. v. Wolfersdorff), der Schatten. Roman. (371 S.) 8. Berlin (904). O. Janke. n. 4. —

[F.] Schuldlos geopfert. Histor. Roman v. Karl Berkow [d. i. Elise Charlotte Freiin v. Wolfersdorff]. Bd 1—3 ... *Berlin: O. Janke 1896.* 3 Bde 8.
1. (2 Bl., 256 S.) 2. (2 Bl., 250 S.) 3. (2 Bl., 288 S.) [97. 1333

— Schwestern. Roman. 2 Tle. in 1 Bd. 8. (195 u. 207 S.) Ebd. 894. n. 7. —

— die Söhne Gustav Wasas. Historischer Roman. 3 Bde. 8. (267, 213 u. 221 S.) Ebend. 886. n. 10. —

Berkow, Karl, an des Thrones Stufen. Roman. 3 Bde. 8. (276, 310 u. 270 S.) Leipzig 878. Dürr'sche Buchh. 12. —

— an des Thrones Stufen. Roman. 2. Aufl. 8. (332 S.) Ebd. 888. n. 2 —

— aus dunklen Tagen. Histor. Roman. 3 Bde. 8. (195, 197 u. 240 S.) Ebd. 888. n. 10. —

Berkow, Karl (E. v. Wolfersdorff), Tag- u. Nachtgedanken. (141 S. m. Bildnis.) 16. Magdeburg (908.) R. Zacharias. 1. —; geb. in Leinw. 1. 50

— um Seinetwillen. Roman. 3 Bde. 8. (311, 318 u. 306 S.) Ebend. 884. n. 12. —

— um Seinetwillen. Roman. 2. Aufl. (4.—7. Taus.) 8. (352 S.) Ebd. 902. n. 2. —

— die Unbegehrten. Erzählung. 8. (158 S.) Ebd. 892. n. 1. —

— Vae victis! Historischer Roman. 4 Bde. 8. (238, 240, 250 u. 221 S.) Ebend. 877. 15. —

—— Vae victis! Historischer Roman. 4 Bde. 8. (238; 246; 250; 221 S.) Ebendas. 879.

— vae victis. Roman. 2. Aufl. 8. (328 S.) Ebend. 886. n. 2. —

— e. Vergessener. Hektor. Zwei Erzählgn. 8. (140 S.) Ebd. 896. n. 1. —

— ein Vorurteil. Erzählung. 8. (156 S.) Ebd. 890. n. 1. —

—— Wintersonne. Historische Erzählung aus dem 30jähr. Kriege. 2 Bde. 8. (VIII, 227; 202 S.) Ebendas. 884.

[F.] Wintersonne. Histor. Erzählg aus d. Dreissigj. Kriege v. Karl Berkow [d. i. Elise Charlotte Freiin v. Wolfersdorff]. 2. Aufl. *Berlin: O. Janke [1896].* (2 Bl., 288 S.) 1 Bd 8.
(Collection Otto Janke.) [96. 4723

Berkow, W. Resimius-
s. **Resimius**-Berkow. [11. 4748

Berkowicz, Michael
Berkowicz, Mich.: Der Strophenbau in d. Psalmen u. s. äusseren Kennzeichen, s. Sitzungsberichte d. kais. Akad. d. Wiss. in Wien.

Berkowicz Mechel: Der Strophenbau in den Psalmen und seine äußeren Kennzeichen.
1906 PN 2126 Diss. Wien, Univ.

Der Strophenbau in den Psalmen und seine äußeren Kennzeichen. Von Dr. Michael Berkowicz. Wien: Hölder in Komm. 1910. 41 S. 8°
(Sitzungsberichte d. Kais. Akademie d. Wiss. in Wien. Philos.-hist Kl. Bd 165, Abh 4.) [11. 4047

Berkowitz, R., neues Lehrbuch der Damen-Schneiderkunst. Für den Selbstunterricht bestimmt. 2. (Titel-)Aufl. gr. 8. (19 S. mit 6 Stnt. in gr. Fol. verschied. Modelle in natürl. Größe.) Berlin 852, Th. Grieben.

Berkowitz, R., neues Lehrbuch der Damen-Schneiderkunst. Für den Selbstunterricht bestimmt. 3., verb. Aufl. gr. 8. (15 S. mit 6 Stnt. verschied. Modelle in natürl. Größe in qu. Imp.-Fol.) Berlin 858, Vossische Buchh. * 1 Thlr.; geb. Thlr. *

Berkowitz, R., neue leicht faßliche Methode zur Selbsterlernung der Damen-Schneiderkunst. Mit 6 (lith.) Taf. (in gr. Fol.) verschied. Modelle in natürl. Größe. gr. 8. (21 S.) Berlin 851, Th. Grieben. n. 1 ₰; in Engl. Einb. n. 1 1/3 ₰ — 2. (Titel-)Aufl. gr. 8. Ebd. (851) 852. 3/4 ₰

Berkowski, Adolf (Berlin), De pemphigo quaedam. Diss. med. Bln. (Aug. Petsch) 16. XII. 1826. 23 S. mit Biogr. (M.: Koellner.) (4.—) 2274
Oppon.: C. Hasse, Jungnickel, Ramberg.

Berks Caunty Adler: Dec. 1, 1826—1839.

Weekly. Independent, but Whig 1837—39; suppofted Harrison. Title varies: BERKS CAUNTY DEMOKRAT, 1837—39. Absorbed READINGER DEMOKRAT. Subscription held by Harmony Society, 1836—39. Edited & published by Carl F. Egelmann, 1926—37; by Schünemann, 1837—39.

Reading, PA

Der Berks Caunty Demokrat: Sept.? 1822—May 1824.

Weekly. Edited & published by Friedrich Wilhelm Miiller.

Kutztown, PA

Berks County Demokrat: 1837–1839

Reading, PA

Berks Caunty Demokrat: Jahrgang 1, no. 1—52, Sept. 15, 1858—Sept. 6, 1859.

Weekly. Democratic; opposed READING ADLER; the DER LIBERALE BEOBACHTER, Aug. 30, 1859, states that it was an organ of anti-Lecompten Democracy in Berks County. Served as campaign organ for Major John Swartz, independent candidate for Congress, and helped assure his election. Followed by BOYERTOWN DEMOKRAT (Boyertown, Pa.). Edited & published by Samuel L. Young & Jacob M. Sallade, Sept. 15—Oct. 1858; by Samuel L. Young, George M. Lauman, A. Jordan Swartz & Andrew M. Sallade, Nov. 4, 1858—Aug. 1859 [issue for Nov. 10, 1858 states that it was published by Samuel L. Young & Co., with D. Winkel as associate editor]; edited & published by J. Robley Dunglison, Aug. 19—Sept. 6, 1859. **Reading, PA**

Berks Caunty Zeitung: May—Dec.? 1864.

Weekly. Continued from DER LIBERALE BEOBACHTER, issue of which, for May 3, 1864, states that it now ceases publication and turns its subscription list over to BERKS CAUNTY ZEITUNG. Edited & published by E. H. Rauch. **Reading, PA**

Berks, Fr., über d. restitutio in integrum. gr. 4. Würzb. 819. (Stahel). 16 gr.

Berks, Mara v.: Ins Bad. Militärisch-humorist. Roman. 1—5.Taus. (121) 8° Wien, C Konegen '09. 1.50 d

— Gestrandet. Roman aus der Gesellschaft. (168 S.) 8. Ebd. 908. 2. —; geb. 2. 50

Berks, Mara v.: Die Sünderin. Roman a. d. österr. Gesellsch. (187) 8° Wien, C Konegen '07. 2—; geb. 2.50 d

Berks, Marie Edle v., s.: Cop Marlet.

Berkun, Geschichte des Infanterie-Regiments von Alvensleben (6. brandenburgischen) Nr. 52. 1860—1897. Bearb. v. B. Zusammengestellt von v. Schwemler. Mit Abbildgn., Bildnissen, Karten u. Plänen. gr. 8. (XI, 362 S.) Berlin 899. E. S. Mittler & Sohn. n. 9. —; geb. in Leinw. n.n. 10. 50

Berkun: Stammliste d. Offiziere, Sanitätsoffiz. u. Beamten d. Infant.-Regts v. Alvensleben (6. brandenburg.) Nr 52. Neu bearb. u. hrsg. v. Krüger. (5, 269) gr8° Oldenbg, G Stalling's V. '12. nn 8.10; geb. nn 9.60 d

Berkun, Hermann (Paderborn), De lassitudine morborum symptomate. Diss. noso-semiologica. Bln. (Kraus) 29. XI. 1825. 30 S. mit Biogr. (4.—) 2275
Oppon.: B. Loewenthal, J. Arnheimer, A. Blumensaat. — Gewidmet: Heinr. Friedr. Link, Frh. H. v. Arnim.

Berkusky, W., Platon's Theaitetos u. dessen Stellung in der Reihe seiner Dialoge. Diss. 1878. 92 S. 1.50

Berl, Ernst (Hrsg.), s. Lunge, Georg: Taschenbuch für die anorganisch-chemische Großindustrie.

Berl, Ernst: Taschenb. f. d. organisch-chem. Grossindustrie, s.: Lunge, Geo.

Berl, Ernst [Ingenieur-Chemiker aus Freudenthal, (Österreich-Schlesien), derzeit Assistent am chem. Universitäts-Laboratorium]: Untersuchungen über Kobaltammoniak-Verbindungen. Zürich 1901. 67 S. 8°.
Zürich. Phil. Diss. II. S. 1900/1901.

Berl, Ernst. Untersuchungen über Kobaltammoniak-Verbindungen. Diss. Phil. [II.] Univ. Zürich. [Mit Figuren.] 67 S. 8. Zürich, Müller, Werder & Cie., 1901.

Berl, Ernst, s: Untersuchungsmethoden, Chemisch-technische.

Berl, Jh. Er.

Berls, Jh. Er., Ausarbeitungen f. d. kirchl. Feier d. 18n Octobers. Reden, Gebete, Texte u. kurze Entwürfe zu Predigten rc. 8. Erfurt 816. Keyser. 8 gr.

— Dass. f. d. 31. Oct., s. S. J. Ramann.

— Physiologie in Verbind. mit Diätetik, f. Kinder, oder Abendunterhaltungen über d. Gesundheitspflege. 1r Thl, mit 11 Kpf. 8. Berl. 810. Dunker u. H. 1 Thlr 8 gr.

* **Berl, J. C.,** Physiologie in Verbindung mit Diätetik: muß heißen, statt 4r Theil für Kinder.

— drei Predigten, wie das Ende d. merkwürd. Jahres 1813 sie heischte. 8. Erfurt 814. (Voigt in Ilm.) 6 gr.

— drei Predigten, wie das Ende d. merkwürdigen Jahres 1813 sie heischt. 8. Sondersh. Voigt. 814.

— Predigten am Gedächtnißtage d. Kirchweihe. 8. Erfurt u. Gotha 804. Hennings. 1 Thlr

— physikal. Schlösser, geöffnet ohne Schlüssel, oder Beispiele f. den künftigen Unterricht in d. Naturlehre. 8. Berl. 804. Dunker u. H. 1 Thlr

Berl, M.: Anl. z. Selbstunterrichte im Schnittzeichnen, s. Berl, Minna.

Berl, Max, Medizinalprakt.: Aus d. II. gynäkol. Klinik München. ⟨Amann.⟩ Zur palliativen Behandlung des inoperablen Uteruscarcinoms. Hildesheim [1910]: Gerstenberg. 21 S. 8°
München, Med. Diss. v. 23. März 1910, Ref. Döderlein
[Geb. 6. März 83 Luxemburg; Wohnort: München; Staatsangeh.: Bayern; Vorbildung: Gymn. Göttingen Reife M. 02; Studium: Berlin 3, Freiburg i. B. 2, München 5 S.; Coll. 23. März 10; Approb. 1. Aug. 09.] [U 10. 3480

Berl, Minna, Anleitung zum Selbstunterrichte im Schnittzeichnen f. Damenkleider. 8. (21 S. m. 1 Schnittmusterbogen.) Sarajevo 894. M. Šarič. n. 2. —

Berl, Wilhelmine, Selbstunterr. i. Anfertigen v. Damenkleidern. 12. (18 S.) Berlin 896. F. Schirmer. Kart. n.n. — 30

— Selbstunterr. i. Schnittzeichnen. 12. (16 S. m. 1 Schnittbog.) Ebd. 895. Kart. n.n. — 30

Berla, Alois: Eine Ausnahme von der Regel, s. Theater-Repertoir, Wiener.

– Das tägliche Brot, s.a. Theater-Repertoir, Wiener.

Berla, Alois. Das tägliche Brot. Charaktergemälde mit Gesang in 3 Akten. Musik vom Kapellmeister Franz von Suppé. *Wien* 1858. *Ant. Schweiger.* 40 S., 8°.
Als Manuscript gedruckt.

– Chorist u. Balletmädel, s. Theater-Repertoir, Wiener

Berla, Alois —. Ein alter Deutschmeister. Charaktergemälde in 3 Akten mit Gesang, nebst einem Vorspiele, von — —. Musik vom Kapellmeister A. Müller. 8. (53 S.) Wien. Gedruckt bei Karl Ueberreuter. 1854.

– Die von der Nadel, s. Theater-Repertoir, Wiener.

– Der Einschleicher, s. Theater-Repertoir, Wiener

– Ein Faschings-Souper, s. Theater-Repertoir, Wiener.

Berla, A, Fortunatus, s.: Kinder-Theater, Wiener.

– Freigesprochen, s. Theater-Repertoir, Wiener.

– Das Gänsemädchen, s. Theater-Repertoir, Wiener.

– Gasflamme und Schusterkerze, s. Theater-Repertoir, Wiener.

Berla, A., Gervinus, der Narr vom Untersberg, s. Theater-Repertoir, Wiener.

– Die Gewerbsfreiheit, s. Theater-Repertoir, Wiener.

– Das Herzbünkerl, s. T h e a t e r - R e p e r t o i r , Wiener.

—— d. Kinder v. Ungefähr, s.: Theater-Repert., Wiener.

– Die Kindsmadeln, s. T h e a t e r - R e p e r t o i r , Wiener.

– Unsere Lehrbuben, s. T h e a t e r - R e p e r t o i r , Wiener.

B e r l a , A. „Die Leidenschaften." Allegor. Mährchen mit Gesang, Tanz und Gruppirungen in drei Akten, nebst einem Vorspiel. (Bühnen-Manuskript.) 8. (64 S.) Wien, U. Klopf sen. und Alex. Eurich 1853.

– Kleines Mißverständnis, s. T h e a t e r - R e p e r t o i r , Wiener.

Berla, Alois, drei Paar Schuhe, s.: Görlitz, Karl.

– Enge Sperre, s. T h e a t e r - R e p e r t o i r , Wiener.

— der Strohwittwer, s.: Bloch's, E., Dilettanten-Bühne.

– Die Jungfer Tant', s. T h e a t e r - R e p e r t o i r , Wiener.

– Verdächtig, s. T h e a t e r - R e p e r t o i r , Wiener.

– Die neue Wirthschafterin, s. T h e a t e r - R e p e r t o i r , Wiener.

Berla, A: Der Zigeuner, s.: Theater, neues Wiener.

—— d. Zigeuner, s.: Theater-Repert., Wiener.

Berlaere, L. Fr. Ponthieure de, Cabinet d'amusemens instructifs à l'usage des jeunes personnes etc. — Taschenbuch z. Belehr. u. Unterhalt. d. weibl. Jugend, die sich in d. französ. Sprache zu vervollkomm. wünscht. Enth.: Das Schreiben der Mark. v. Lambert an ihre Tochter, nebst einer Samml. gehaltvoller Stellen franz. Schriftsteller, u. einer Auswahl anmuth. franz. Räthsel ꝛc. gr. 12. (7½ B.) Wien 829, [C. Doll.]

B e r l a e r e , L. Fr. Ponthieure de, l'Hermite dans l'île de Lampodosa, ou les Soirées morales dans le voisinage des Barbaresques. gr. in-12. (18 B.) Vienne 830, [C. Doll.] Thlr.

Berlage, s.: Blätter f. Kanzel-Beredsamkeit.

Berlage, Anton, Apologetik der Kirche, oder Begründung der Wahrheit u. Göttlichkeit des Christentums in seiner Fortpflanzung u. Entwicklung. Münster, Theissing, 1834, VIII, 418 S., gr. 8°, ermäß. Preis 1,50 Mk.

B e r l a g e , Ant. (Professor zu Münster), christkathol. Dogmatik. (In 4 Bänden.) 1r Bd. Einleitung, 2r Bd. System d. Dogmat. 1e Abtheilung. gr. 8. Münster 1839—46, Theissing. à 1⅓: 2⅔ Thlr. — 4 fl. 48 kr.

B e r l a g e , Ant., katholische Dogmatik. 2. Bd. A. u. d. T.: System d. kathol. Dogmatik. 1. Thl. 1. Abthl.: Die Lehre von Gottes Dasein, Wesen u. Eigenschaften. gr. 8. (22½ B.) Münster 846, Theissingsche Buchh.
1. Bd. Ebendas. 1839. 1 Thlr. 10 Ngr.

Berlage, Ant., kathol. Dogmatik. 3. Bd.: System der kathol. Dogmatik, 1. Thl., 2. Abth.: die Lehre v. d. Persönlichkeit Gottes. gr.8. (VIII S. u. S. 353—583.) Münster 848, Theissing. ⅔ ₰ (1—3.: 3⅓ ₰)

B e r l a g e , Ant., katholische Dogmatik. 4. Bd. A. u. d. T.: System der katholischen Dogmatik. 2. Thl. 1. Abthl.: Die Lehre von der Kreatur in ihrem urspünglichen Verhältnisse zu Gott. gr. 8. (VIII und 415 S.) Münster 853, Theissing'sche Buchh.

Berlage, Ant., katholische Dogmatik. 5. Bd. A. u. d. T.: System der katholischen Dogmatik. 2. Thls. 2. Abth. Die Lehre von der Sünde. Ebend. 856. gr. 8. (VII, 391 S.) 1 ₰ 5 ℳ

B e r l a g e , Ant., katholische Dogmatik. 6. Bd. A. u. d. T.: System der kathol. Dogmatik. 2. Thl. 3. Abthl. Die Lehre von der Erlösung und Gnade. gr. 8. (XV und 772 S.) Münster 858, Theissing'sche Buchh.
1—5. Bd. Ebendas. 1839—56. 8 Thlr. 25 Ngr.

Berlage, Ant., katholische Dogmatik. 7. Bd. A. u. d. T.: Die dogmatische Lehre von den Sakramenten und letzten Dingen. Münster 864. Theissing. gr. 8. (XV, 954 S.) 3 ₰

Berlage, Anton, Einleitung in die christkathol. Dogmatik. [Auch u. d. Titel: Christkathol. Dogmatik. 1. Bd.: Einleitung.] Münster, Theissing, 1839, 8°, XIV, 381 S.

Berlage, Anton, Über die Wichtigkeit des dogmatischen Studiums. Lateinisches Programm zum Index lectionum der kgl. Akadem. zu Münster. 1838, 4°.

B e r l a g e , C. Beiträge zur Gelehrtengeschichte Osnabrücks. 28 S. Progr. Rg. *Osnabrück* 1876.

Berlage, C., s.: Chrysologus.

Berlage, FE, s: Blätter f. Kanzel-Beredsamk. — Chrysologus.

— Erzählgn a. alter u. neuer Zeit. — Märchen u. Sagen a. Nord u. Süd, wie sie d. Mutter erzählt, s: Unterhaltungsbibliothek f. Jung u. Alt.

Berlage, FKJ, s.: Chrysologus.

— Bibl. Gesch., s.: Overberg, B.

Berlage, Franz: Der Einfluss von Artikulation und Gehör beim Nachsingen von Stimmklängen. Mit 4 Fig. im Text. Leipzig: W. Engelmann 1910. 106 S. 8° ¶(Aus: Psychol. Studien hrsg. v. Wundt. Bd 6, H. 1. 2.)
Leipzig, Phil. Diss. v. 19. April 1910, Ref. Wundt, Sievers
[Geb. 3. Juli 80 Gnissau; Wohnort: Jever; Staatsangeh.: Oldenburg; Vorbildung: Gymn. Jever Reife O. 00; Studium: Erlangen 3, Berlin 2, Leipzig 4, Göttingen 1, Heidelberg 1, Leipzig 6 S.; Rig. 8. Febr. 10.] [U 10. 3098

Berlage, Franz Carl
Gedächtnisrede bei der Trauerfeierlichkeit für Seine Erzbischöflichen Gnaden den Hochseligen Herrn Dr. Hubertus Simar, Erzbischof von Köln, 1902 geh. von Dompropst Dr. F[ranz] C[arl] **Berlage.** *Köln: J. P. Bachem (1902).* (7 S.) 8° [F.]

Berlage, Franz Carl J.
[F.] Lesebuch für katholische höhere Mädchenschulen. Unter Mitw. v. prakt. Schulmännern hrsg. v. Dr. [F. Carl J.] **Berlage,** Dompropst in Köln ..., u. Dr. [Franz] S c h e u f f g e n , Dompropst in Trier ... Tl 1—3. *Düsseldorf: L. Schwann 1897. 98.* 3 Bde 8.
1. F. d. zweite u. dritte Schuljahr. 1897. (X, 219 S.)
2. F. d. vierte, fünfte u. sechste Schuljahr. 1897. (VIII, 451 S.)
3. F. d. siebente, achte, neunte u. zehnte Schuljahr. 1898. (XI, 551 S.) [98. 10399

— — Lesebuch f. katholische höh. Mädchenschulen. Unt. Mitwirkg. v. prakt. Schulmännern hrsg. 2. Tl. Für das 4., 5. u. 6. Schulj. 2. Aufl. gr. 8. (VIII, 443 S.) Düsseldorf 899. L. Schwann. Geb. in Leinw. n. 3. 30

Lesebuch für katholische höhere Mädchenschulen. Unter Mitw. von prakt. Schulmännern hrsg. von Dr. [Franz Carl J.] **Berlage,** Dompropst in Cöln, u. Dr. [Franz] S c h e u f f g e n , Dompropst in Trier. 4. Aufl. T. 1–3. Düsseldorf: Schwann 1903–11. 8°
1. 2. 1903. 3. 1911. [11. 7558

— u. Scheuffgen, Lesebuch f. katholische höhere Mädchenschulen. Unter Mitwirkg. v. prakt. Schulmännern hrsg. 3 Tle. gr. 8. Düsseldorf, L. Schwann. Geb. in Leinw. n. 9. 80
I. Für das 2. u. 3. Schulj. 4. Aufl. (VIII, 254 S.) 903. n. 2. —
II. Für das 4., 5. u. 6. Schulj. 4. Aufl. (VIII, 432 S.) 903. n. 3. 80
III. Für das 7., 8., 9. u. 10. Schulj. 3. Aufl. (XI, 354 S.) 903. n. 4. —

— u. Scheuffgen, Lesebuch f. kathol. höhere Mädchenschulen. Unter Mitwirkg. v. prakt. Schulmännern hrsg. 1. u. 2. Tl. 8. Düsseldorf, L. Schwann. Geb. 5. 80
I. Für das 2. u. 3. Schulj. 5. Aufl. (VIII, 254 S.) 907. Geb. 2. —
II. Für das 4., 5. u. 6. Schulj. 5. Aufl. (VIII, 432 S.) 907. Geb. 3. 80

— u. Scheuffgen, Gottes Reich auf Erden in Wort u. Bild od. die Geschichte des Alten u. Neuen Testaments u. die Geschichte der kathol. Kirche bis auf die heut. Zeit. Für das kathol. Volk hrsg. Pracht-Ausg. in rother Linieneinfassg. Mit üb. 200 Bildern in Holzschn., e. Familienregister u. 17 Vollbildern in reichstem Farbendr. gr. 4. (XXII, 696 S.) Münster 899. Aschendorff. n. 9.—; geb. in Leinw. n.n. 12.50; ohne Vollbilder, geh. n. 7.50

Berlage, H.: De asthmate sanguineo, s. T e i c h m e y e r , H. Fr. (Praes.)

Berlage, H. P., Gedanken üb. Stil in der Baukunst. (58 S. m. Abbildgn.) gr. 8. Leipzig 905. J. Zeitler. n. 1.50

Grundlagen und Entwicklung der Architektur. 4 Vorträge geh. im Kunstgewerbemuseum zu Zürich von H[endrik] P[etrus] **Berlage**. Mit 29 Abb. Berlin: Bard 1908. 121 S. 8° (09. 2114

Berlage, Hermann Christoph (Jever), De infantatione, per concordiam lactis et mellis baptismali. Präs. Chph. Heinr. Zeibich. Wittenbg. (Joh. Dav. Scheffler) April 1736. 56 S. (5.—) 2276

Berlage, Johs., commentatio de Euripide philosopho. Diss. gr. 8. (VII, 216 S.) Leiden 888. Buchh. u. Druckerei vorm. E. J. Brill. n. 3. —

Berlanga, M. R. de, Estudios numismáticos. 1896. 89 S. 1.—

Berlé, Bernhard [aus Wiesbaden]: Über die chemische Natur der Benzimidazole. . . . München, Buchdr. v. M. Ernst, 1891; 62 S. 8°
München, Phil. Fak., Inaug.-Diss. v. 1891

Berlé, Fritz: Wechselforderungen zwischen Kontokorrentgenossen. *Heidelberg 1897: J. Hörning.* (IX, 105 S.) 8°
Erlangen, Jur. Diss. v. 23. Juli 1897

Berleburg [Schlagwort]
Berleburg, s.: Preussen. Messtischblätter.

Berleburg, s.: **Rheinprovinz**, **Liebenow.**

Berleburg, s.: **Westfalen. Grundkarte.**

Berlein, Mart., üb. zwei Fälle v. alveolärem Sarcom d. Oberkiefers. Inaugural-Dissertation. gr. 8. (30 S. m. 2 Steintaf.) Göttingen 876. (Vandenhoeck & Ruprecht.) n. 1. —

Berlepsch [Sachliches OW]
Berlepsch. Mit 1 Karte der Gotthard-Bahn in 3 Blatt. Gotha. 1881. = Petermanns Mittheilungen aus Perthes' geogr. Anst. Ergänzungsband 14. Nr. 65. 4°.

Berlepsch [Verfasser]
Berlepsch: Die Alpen, s. Berlepsch, Hermann Alexander v.

Berlepsch, Frhr. v.: Soziale Entwicklungen. . . , s. Berlepsch, Hans Hermann

Berlepsch, A.v.: Bienenzucht, s. Berlepsch, Aug. Frhr.v.

Berlepsch, Adph. v., Erklärung der Kriegsartikel für Unteroffiziere und Soldaten der königl. sächs. Armee. 8. (IV und 84 S.) Dresden 858, Meinhold und Söhne. *

Berlepsch, Hauptm. Adph. v., Erklärung der früheren Kriegsartikel für Unteroffiziere und Soldaten der königl. sächsischen Armee. In neuer Bearbeitung zum Besten vaterländ. Invaliden hrsg. von Oberst Rich. v. Meerheimb. gr. 8. (VI, 48 S.) Pirna 876, Eberlein. *

Berlepsch, Adph. v., wilder Wein. Lieder u. Balladen. 16. (XV, 176 S.) Leipzig 871. Matthes. geb. m. Goldschn. n. 3. —

— dasselbe. 2. verm. u. verb. Aufl. 16. (XII, 204 S.) Leipzig 871. Duncker & Humblot. geb. n. 3. — —

Berlepsch, August v.
—— **kurzer Abriß der Bienen-Zucht. Nach Monaten geordnet mit freiem Raum zu Notizen. 1. und 2. Aufl. 8. (162 S.) Mannheim 869, Schneider's Verlag.** *
Aus: Berlepsch' Bienen-Kalender, besonders abgedruckt.

Berlepsch, Aug. Freih. v., kurzer **Abriß** der Bienen-Zucht. Nach Monaten geordnet m. freiem Raum zu Notizen. 3. sehr verb. u. verm. Aufl. bearb. v. **Frdr. Wilh. Vogel.** 8. (115 S.) Straßburg 873. Schneider. 1. 80

Berlepsch, A v., kurzer Abriss d. Bienen-Zucht. 3. Afl. bearb. v. FW Vogel. 8. (115) Mannh. 74. Schneider. 1. 80

Berlepsch, Aug. Frhr. v., kurzer Abriß der Bienenzucht. Nach Monaten geordnet, mit freiem Raum zu Notizen. 4. gänzlich umgearb. und sehr verm. Aufl., bearb. von Friedr. Wilh. Vogel. 8. (IV, 129 S.) [Mannheim 882, Schneider.] Quedlinburg, Ernst'sche Buchh.) cart. *

Berlepsch, Aug. de.: Anthropologiae christ. dogmata brevit exposita atque contra nostri temporis haereticos defensa ed. (Operis totam theologiam dogmaticam contin. Prodomus). 8 maj. (18 B.) Monachii 1842, Franz.

Berlepsch, Aug. de (Thuringus), Anthropologiae christianae dogmata breviter exposita atque contra nostri temporis haereticos defensa. (Operis totam theologiam dogmaticam contin. Prodromus.) 8. maj. Monachii 1843, Franz. 1⅓ Thlr. — 2 fl. 24 kr.

Berlepsch, Aug. v., die Biene und die Bienenzucht in honigarmen Gegenden nach dem gegenwärtigen Standpunct der Theorie und Praxis. Mühlhausen 860. Heinrichshofen. gr. 8. (XV, 175 S. mit Holzschn. im Text u. Portr. in Holzschn.) n. 3 *Thlr.* 10 *ngr.*

Berlepsch, Aug., Freiherr v., die Biene und ihre Zucht mit beweglichen Waben in Gegenden ohne Spätsommertracht. 2. sorgfältigst revid. und mit den genauesten Sach- und Autorenregistern verm. Aufl. Mit vielen in den Text gedr. Holzschn. 8 Lfgn. gr. 8. (XXXVIII, 584 S. mit 1 Holzschntaf.) Mannheim 868, Schneider's Verlag. à Lfg. ℳ 1,50.

—— **daff. — 3. Aufl. gr. 8. (XXXVIII, 584 S. mit dem Portrait des Verf. [Holzschntaf.] und vielen in den Text gedr. Holzschn.) Ebendas. 873.**

Berlepsch, A. v., Die Biene und ihre Zucht mit beweglichen Waben in Gegenden ohne Spätsommertracht. Mit Portrait des Verfassers und Holzschn. im Text. 3. Aufl. Mannheim 1875. 8°.

— Bienen-Kalender, s. Bienen-Kalender.

Berlepsch, A. v., u. Geo. Lehzen, Bienenzucht, s.a. **Thaer-Bibliothek. 13. Bd.**

Berlepsch, August Baron v., u. W. Vogel: Die Bienenzucht nach ihrem jetzigen rationellen Standpunkte. – Berlin 1875. 157 S. – (Thaer-Biblioth. Bd. 13)

— Bienenzucht nach ihrem jetzigen rationellen Standpunkte. 2. Aufl., umgearbeitet v. W. Vogel. Mit in den Text gedr. Holzschn. 8. (VI, 162 S.) Berlin 883. Parey. geb. n. 2. 60

Berlepsch, A. v., Bienenzucht nach ihrem jetzigen rationellen Standpunkte. 3. Aufl., bearb. v. W. Vogel. 8. (VIII, 140 S. m. Abbildgn.) Berlin 891. P. Parey. Geb. n. 2. 60

Berlepsch, A. v: **Die Bienenzucht nach ihrem jetzigen rationellen Standpunkte.** 4. Aufl. von G. Lehzen. **Berlin 1899**

A[ugust Frh.] v. **Berlepsch**' Bienenzucht nach ihrem jetzigen rationellen Standpunkte. 5. Aufl. bearb. von Georg Lehzen. Mit 32 Textabb. Berlin: P. Parey 1907. (VII, 164 S.) 8° [F.]
— Thaer-Bibliothek. Bd 13. (07. 13301

Berlepsch, Aug. de, Quattuor evangelia Novi Testamenti. Graeca ad Vulgatam, quam apposuit, accurate recognita, orthodoxe explanata, in Latinum sermonem conversa edidit. Vol. I. evangelium secundum Matthaeum. Regensburg, Manz, jetzt Verl.-Anst., 1849, Lex.-8°, X u. 479 S., 10,50 Mk.
Mehr nicht erschienen.

Berlepsch, Aug. Baron v., die deutschen Mittel- und Kleinstaaten und die preußische Annexionspolitik. 1. Aufl. und 2., revid. Aufl. 8. (XI und 68 S.) Dresden 862, Klemm's Verlag. *

Berlepsch, E., Luzern, s. Renaissance, deutsche.

Berlepsch, E. H. v.

— **Der Gotthardführer. Ein Reisehandbuch für den Vierwaldstätter-See, die ganze Gotthardbahn mit den hauptsächlichsten Seitentouren und die italienischen Seen. 3. verb. Aufl. in-8⁰. München, Exped. v. Berlepsch's Reisebüchern. Cart. 1 85**
1884

Berlepsch, E. H. v. Die Rheinlande, Süddeutschland und die Schweiz bis an die oberit. Seen. 18te Bearb. d. Schweiz. Ein Anzeiger u. Rundreiseführer. Mit vielen Plänen und Ansichten. In-8⁰. München, Expedition von Berlepsch's Reisebüchern. 1884 Lwd. 4 —

— **Durch die Centralschweiz über den Gotthard nach Oberitalien. Ein Reisehandbuch mit ausführlicher Behandlung der west- u. süddeutschen Eintrittsrouten. Mit ca. 45 Karten, Plänen und Ansichten. Dritte, stark vermehrte Aufl. in-8⁰. München, Expedition v. Berlepsch's Reisebüchern. 1884 Lwd. 6 75**

— **Dasselbe. 3. Aufl., m. Uebersichtskarten. Kleine Ausgabe. Ebenda. 1884 cart. 1 50**

Berlepsch, Emilie v.

— **einige Bemerkk. zur Beurtheil. d. Schweizer Revolution u. Mallet dü Pans Gesch. derselben. gr. 8. Leipz. 799. Dyck. 9 ggr.**

v. Berlepsch, Emilie, geb. v. Oppel, Samml. kl. Schriften u. Poesien. 8. Götting. 787. Dieterich. 18 ggr.

— **Sommerstunden,** s.a. **Sommerstunden.**

Berlepsch (Emilie von). — Sommerstunden. Neue Ausgabe. – *Zürich, Orell, Füssli und Comp.* 1811, 231 SS. in-8⁰.
Un portrait gravé par *M. G. Eichler*, d'après *N. Sonnenschein.*

Berlepsch, Friedrich Ludw. von

v. Berlepsch, Fr. Ldw., († d. 22. Dec. 1818.) Abfertigung des Hedemannischen Zurufs. 8. Braunschw. 803. Vieweg. 6 ggr.

— **die bei dem Berliner Executions- u. Protectionshofe in meiner Dienstentsetzungs- u. Proscriptionssache erfolgten letzten Actenstücke, meine, mit Schulenburg gehabte Unterredung &c. gr. 8. Götting. 807. Dieterich. 8 ggr. (Auch mit d. Umschlagstitel: Ueber das Königr. Westphalen, rücksichtl. e. gewagten Blicke in d. Zukunft.)**

Berlepsch, F. L. v., d. neuesten Aktenstücke in meinem Prozesse. 8. Erfurt, Müller. 816.

Berlepsch, Friedrich Ludewig v.: Die wichtigsten Actenstücke in meiner Dienst- Entsetzungs- u. Proscriptionssache, s.a. Actenstücke...

Berlepsch, Friedr. Lud. v.: Die wichtigsten Actenstücke in meiner Dienst-Entsetzungs- und Proscriptions-Sache nebst e. dazu nöthigen Einl. der Beurtheilung des unpartheiischen Publicums vorgelegt. (Nebst) Verfolg. Wetzlar 1801. 03.

Berlepsch, F. L. v., wicht. Aktenstücke in s. Dienstentsetz. u. Proscriptionssache. gr. 8. Wenzlar, Hever. 803.

— **Beitrr. zur Beantwort. d. Fr.: Wer darf die Einwohner der Kurbraunschw. Staaten während d. Französ. Occupation mit Rechtsbestand besteuern? gr. 8. Braunschw. 803. Vieweg. 10 ggr.**

— **Beitrr. zu d. Hessen-Casselschen Landtags-Verhandlungen d. J. 1815, 16. gr. 8. Erf. 817. Müller. (Leipz., Weygand). 12 ggr.**

— **üb. die im Königr. Westphalen erhaltenen gutsherrl. Berechtigungen. gr. 8. Ebend. 812.**
s.a. Berlepsch, H.v.

— **Berufung auf die Entscheidung d. öffentl. Meinung in 2 Beschwerden, welche von &c. gr. 8. Erf. 817. Müller. (Leipz., Weygand). 8 ggr.**

— **öffentl. Erklärung gegen die Besteuerung u. Beschatz. d. Fürstenth. Göttingen. gr. 8. Braunschw. 803. Vieweg. 8 ggr.**

— **pragmat. Gesch. d. landschaftl. Finanz- u. Steuerwesens d. Fürstenth. Calenb. u. Götting. gr. 8. (Braunschw.) 799. Vieweg. 1 Thlr. 12 ggr.**

Berlepsch, Friedrich Ludw. von: Pragmatische Geschichte des landschaftlichen Finanz-und Steuerwesens der Fürstenthümer Calenberg und Göttingen in Hinsicht auf dasjenige, welches noch jetzt einen praktischen Nutzen schafft. Frankfurt a. M. u. Leipzig 1799.

— **die Grundsätze d. Berlin. Hofes, in Ansehung d. höchsten Gerechtigkeitspflege in Deutschland. gr. 8. Erfurt, Müller in Comm. 818.**

Grundsteuer (Ueber die) in Deutschland, oder vollständiger Abriss der westphälischen Finanzgeschichte und Verwaltung des Königreiches Westphalen. 2 Thle. (Von F. L. v. Berlepsch.) gr. 8⁰. Göttingen, Dieterich, 1814. (A. u. d. T.: Westphälische Finanzgeschichte, 2 Thle.)

Ders., Ueber Grundsteuer in Deutschland und vollständ. Abriß der Westphälischen Finanz-Geschichte und der Verwaltung des Staatsvermögens im ehemal. Königr. Westphalen. Auch u. d. Tit.: Westphälische Finanzgeschichte. Ebd. 1816. gr. 8.

— **Kritik d. beiden Druckschr., über d. Befugniß d. Calenberg. Collegii &c. gr. 8. Berl. (Braunschw.) 804. Vieweg. 4 ggr.**

— **pro memoria, dem Friedens-Congreß in Rastadt überreicht. 8. 8. Hamb. 798. Hoffmann. 8 ggr.**

— **üb. die Nothwendigkeit d. Anordnungen eines deutschen Reichs- u. Bundesgerichts. 8. Cassel u. Marb. Kri:ger. 815.**

— **an das deutsche Publikum. 8. Erfurt 819. Maring. (Otto). 5 ggr.**

— **Reclamation, mit Bitte ab Seiten Berlepsch wider die Regierung zu Hannover. gr. 8. o. O. (Erfurt) 818. Müller. 10 ggr.**

Berlepsch, Fr. Ldw. v. Sammlung wichtiger Actenstücke zur Geschichte des landwirthschaftlichen Finanz- und Steuerwesens der Fürstenthümer Calenberg und Göttingen. gr. 8⁰. Braunschweig, Vieweg, 1799.

Berlepsch, Friedrich Ludw.: Sammlung einiger wichtiger Aktenstücke zur Geschichte des landschaftlichen Finanz-und Steuerwesens der Fürstenthümer Calenberg und Göttingen, in Hinsicht auf dasjenige, welches noch jetzt einen praktischen Nutzen schafft. – Frankfurt a. M. und Leipzig 1799.

Berlepsch, Fr. Ldw. v. Sammlung einiger wichtiger Actenstücke, welche sich aus der Zeit des Königreichs Westphalens herschreiben und die zur anhebenden Gesetzgebung in finanzieller Rücksicht sowol im Allgemeinen für alle diejenigen Provinzen, welche dazu gehörten, als insonderheit in Ansehung des Kurfürstenthums Hessen-Kassel dienen möchten. gr. 8°. Göttingen, Dieterich, 1814. (A. u. d. T.: Materialien zur anhebenden Gesetzgebung im aufgelöseten Königreich Westphalen, in finanzieller Rücksicht.)

— Sammlung wichtig. Urkunden u. Aktenstücke z. Kenntniß e. finanziellen Zustandes d. verschwundenen Königr. Westphalen. gr. 8. Gött. Dieterich. 813.
Auch unt. d. Titel:
Beiträge z. Finanz-Geschichte d. verschwundenen Königreichs Westphalen.

Berlepsch, F. L. v. Sammlung einiger wichtiger Urkunden und Aktenstücke zur Kenntniss des finanziellen Zustandes des verschwundenen Königreichs Westphalen bis zur Veränderung des v. Bülow'schen Finanzministerii in Cassel. gr. 8°. Göttingen 1814. A. u. d. T.: Beyträge zur Finanzgeschichte des verschwundenen Königreichs Westphalen.

Berlepsch, Friedr. Lud. v.: Über die v. Berlepsche Verbannung aus den Kurbraunschweigschen Landen. o.O. 1801.

— der Vorläufer zur Beendigung meines Dienstentsetzungs-Prozesses. 8. Erfurt, Müller. 816.

— was bedeuten die Landstände in Hannover? Der Vorläufer f. Beendigung meines Dienst-Entsetz.-Processes. gr. 8. o. O. (Erfurt) 816. Müller. 3 gr.

— was bedeuten die Landstände in Hannover? gr. 8. Ebend. 818.

— wer darf die Einwohner d. churbraunschw. Staaten während d. franz. Occupation m. Rechtsbestande besteuern. gr. 8. Ebend. 803.

Berlepsch, Goswina v., Befreiung. Roman. (365 S.) 8. Dresden 907. M. Seyfert. 4.—; geb. 5.—

Berlepsch, G. v., Bergvolk. Novellen. 2. Aufl. 8. (225 S.) Stuttgart 898. Deutsche Verlags-Anstalt. n. 2.50; geb. n.n. 3.50

Berlepsch, G v.: Bergvolk. Novellen. 2. Afl. 8° (225) Stuttg. 99, Deut. Verl.-Anst. 2.50; geb. nn 3.50

Berlepsch, Goswina von. Episode. [Novelle.] gr.-8.
In: Velhagen & Klasings Monatshefte. Jahrg. 18, 1903/1904. Heft 1, September 1903. Berlin, Bielefeld und Leipzig, Velhagen & Klasing. (à M. 1.50.) S. 57—80.

— Heimat. Schweizer Novellen. 8. (281 S.) Stuttgart 899. Deutsche Verlags-Anstalt. n. 3.—; geb. n.n. 4.—

Heimat. Schweizer Novellen von G[oswina] v. Berlepsch. 2. Aufl. *Stuttgart & Leipzig: Deutsche Verl.-Anst. 1899.* (281 S.) 8° [F.] (03. 668)

— Jakobe s.a. Verein f. Verbreitung guter Schriften, Basel.

Berlepsch, Goswina v., Jakobe. Eine Gestalt u. Geschichte aus dem Zürich v. ehedem. 2. Aufl. m. Illustr. (191 S. m. Bildnis.) 8. Zürich (908). Art. Institut Orell Füßli. Geb. in Leinw. n. 5.—

Berlepsch, G[oswina] von. Jakobe. Eine Schweizergeschichte. 128 S. 8. Basel, Emil Birkhäuser, April 1908. fr. —.25
Verein für Verbreitung guter Schriften. Basel, No. 77.

Berlepsch, G. v., ledige Leute. Zwei Novellen. 8. (243 S.) Leipzig 886. Friedrich. *

— Mann u. Weib. Novellen. 2. Aufl. 8. (288 S.) Ebd. 898. n. 3.—; geb. n.n. 4.—

— Mann u. Weib. Novellen. 3. [Titel-]Aufl. 8. (288 S.) Ebd. [898.] (902). n. 1.—; geb. n. 1.25

— Mutter. E. Erzählg. 12. (304 S.) Bielefeld 895. Velhagen & Klasing. Geb. in Leinw. n. 5.50

— u. A. Baumberg, der Nachtwächter v. Schlurn. Drama in 2 Acten. 8. (67 S.) Wien 901. C. Konegen. n. 1.20

Berlepsch, Goswina v.: Hanbischli Rheingold, s: Verein f. Verbreitg guter Schriften, Zürich.

Fortunats Roman. Erzählung von G[oswina] v. Berlepsch. *Bielefeld & Leipzig: Velhagen & Klasing 1901.* (258 S.) 8° [F.] (01. 2387)

— an Sonnengeländen. Schweizer Novellen. (199 S.) 8. Zürich (905). Art. Institut Orell Füßli. n. 2.—; geb. in Leinw. n. 2.50

— Spätrot. Rosen i. Schnee, s.a. Verein f. Verbreitung guter Schriften, Zürich. Nr. 59.

Berlepsch, G[oswina] von. Spätrot – Rosen im Schnee. Schweizer Novellen. 80 S. 8. Zürich, Jacques Bollmann, August 1905. fr. —.15
Verein für Verbreitung guter Schriften. (Zürich) No. 59. 1905.

Berlepsch, G. v., Thalia in der Sommerfrische. Eine Novelle. 8. (230 S.) Leipzig 892. Dresden, C. Reißner. n. 3.—; geb. n. 4.—

— Thalia in der Sommerfrische. Eine Novelle. 2. Aufl. 8. (232 S.) Ebd. 900. n. 3.—; geb. n.n. 4.—

Berlepsch, Goswina v[on]. Der Treubund. Eine Jugendgeschichte aus dem vorigen Jahrhundert. 262 S. 8. Zürich, Orell Füssli, [1907]. [fr. 3.50, geb. 4.—]

— Der Treubund. Eine Jugendgeschichte aus dem vor. Jahrhundert. (260 S.) 8. Zürich (909.) Art. Institut Orell Füßli. 3.—; geb. in Leinw. 3.50

— Wenn's dämmert . . ., s: Konegen's Kinderbb.

Berlepsch, H. Frhr. v.: Aufhängen v. Berlepsch'scher Nisthöhlen, s. Berlepsch, Hans Frhr. v.

Berlepsch, H.A.: Alpen. . ., s. Berlepsch, Hermann Alexander

Berlepsch, H.A. (Red.), s. Alpina.

Berlepsch, H. A., Chronik vom ehrbaren Bäckergewerk. St. Gallen o. J. (1851.) 8.
A. u. d. T.: Chronik der Gewerke. Bd. 6. (D.; BRG.)

Berlepsch, H. A.: Chronik vom ehrbaren Bäckergewerk. St. Gallen: Scheitlin & Z. [1855].

Berlepsch, H.A.: Chronik vom ehrbaren Böttchergewerk. Nebst unterhaltenden Historien und Nachrichten aus dem Bereiche des Brauwesens und der Weinkultur früherer Zeiten. St. Gallen: Scheitlin & Zollikofer o.J. (um 1820). II, 220 S., Abb. (Berlepsch: Chronik der Gewerbe. Bd.9.)

Berlepsch, H. A., Chronik vom ehrbaren Böttchergewerk. Nebst Historien u. Nachrichten aus dem Bereiche des Brauwesens und der Weinkultur früherer Zeiten. St. Gallen o. J. (1853.) 8.
A. u. d. T.: Chronik der Gewerke. Bd. 9. (D.; BRG.)

Berlepsch, H. A., Chronik der Feuerarbeiter. Namentlich der Huf-, Waffen-, Klingen- und Messerschmiede, der Schlosser und Maschinenbauer. Mit besonderer Rücksicht der im Mittelalter bestandenen, nunmehr aber eingegangenen Gewerke der Plattner, Harnischmacher, Hauben- und Helmschmiede, Salwirthe und Bogner. St. Gallen (1852). 8.
A. u. d. T.: Chronik der Gewerke. Bd. 7. (D.; BRG.)

v. Berlepsch, H. A., Chronik der Gewerke. Nach Forschungen in d. alten Quellensammlungen u. Archiven vieler Städte Deutschlands u. der Schweiz zum Erstenmale zusammengestellt u. unter Mitwirkg. bewanderter Obermeister aller Innungen in den Druck gegeben. 1. Bd. A. u. d. T.: Deutsches Städtewesen u. Bürgerthum in Beziehung zu den Gewerken u. deren Innungen. gr. 8. (120 S.) St. Gallen 850, Scheitlin & Zollikofer. 1/3 ₰

— dies. 2. Bd. A. u. d. T.: Chronik vom ehrbaren u. uralten Schneidergewerk. Nebst einer kurzen Geschichte der Trachten u. Moden. gr. 8. (244 S.) Ebd. 850. 2/3 ₰

— dies. 3. Bd. A. u. d. T.: Chronik der Gold- u. Silberschmiedekunst. Nebst Nachrichten üb. die inneren Beziehungen dieser Kunst zu dem Münzwesen früherer Zeiten u. der Erfindung d. Kupferstiches. gr. 8. (288 S.) Ebd. 850. 24 ngr

— dies. 4. Bd. A. u. d. T.: Chronik vom ehrbaren Schuhmachergewerk. Nebst einer kurzen Geschichte der vorzüglichsten Fußbekleidungen früherer Zeiten. gr. 8. (VI u. 176 S.) Ebd. 850. 12 ngr

— dies. 5. Bd. A. u. d. T.: Chronik vom ehrbaren Metzgergewerk. Nach den Rechtsquellen u. histor. Ueberliefergn. des deutschen Mittelalters bearb. gr. 8. (VI u. 164 S.) Ebd. 851. 12 ngr

— dies. 6. Bd. A. u. d. T.: Chronik vom ehrbaren Bäckergewerk. Nach den Rechtsquellen u. histor. Ueberlieferungen d. deutschen Mittelalters bearb. gr. 8. (VI u. 194 S.) Ebd. 851. 18 ngr

— dies. 7. Bd. A. u. d. T.: Chronik der Feuerarbeiter. Namentlich der Huf-, Waffen-, Klingen- u. Messerschmiede, der Schlosser u. Maschinenbauer. Mit besond. Rücksicht der im Mittelalter bestandenen, nunmehr aber eingegangenen Gewerke der Plattner, Harnischmacher, Hauben- u. Helmschmiede, Salwirthe u. Bogner. gr. 8. (VI u. 218 S.) Ebd. 852. 18 ngr (1—7.: 3 ₰ 24 ngr)

Berlepsch, H. A., Chronik der Gewerke. Nach Forschungen in den alten Quellensammlungen u. Archiven vieler Städte Deutschlands u. der Schweiz zum Erstenmal zusammengestellt u. unter Mitwirkung bewanderter Obermeister aller Innungen in den Druck gegeben. 8. u. 9. Bd. St. Gallen (1853.) Scheitlin u. Zollikofer. gr. 8.

8. Bd.: Chronik der Maurer und Steinmetzen. Nebst einer Uebersicht der Geschichte der Baukunst aller Zeiten u. Völker. Bearb. von A. W. Dammann. Herausg. von H. A. Berlepsch. (VI, 215 S.) 21 ngr

9. " Chronik vom ehrbaren Böttchergewerk. Nebst unterhaltenden Historien u. Nachrichten aus dem Bereiche des Brauwesens u. der Weinkultur früherer Zeiten. (3 Bl., 218 S.) 18 ngr

Berlepsch, H. A., Chronik der Gold- und Silberschmiedekunst. St. Gallen o. J. (1850.) 8. Nebst Nachrichten über die innern Beziehungen dieser Kunst zu dem Münzwesen früherer Zeiten und der Erfindung des Kupferstiches.
A. u. d. T.: Chronik der Gewerke, Bd. 3. . . . . (D.; BRG.)

Berlepsch, H. A.: Chronik vom ehrbaren Metzgergewerk. Ebd. [um 1855].

BERLEPSCH, H. A., Chronik vom ehrbaren und uralten Schneidergewerk. Nebst einer kurzen Geschichte der Trachten und Moden. In den Druck gegeben durch —. St. Gallen. Druck und Verlag von Scheitlin und Zollikofer (1850). 8⁰. (In Berlin: Bibl. Lipperheide.)
Haupttitel, Untertitel, 244 S. mit 12 eingedr. Holzschnitten. Auch tit.: Chronik der Gewerke. Nach Forschungen in den alten Quellensammlgn. u. Archiven .... zusammengestellt .... durch H. A. Berlepsch. Bd. 2.
S. 23—99: Von den Kleiderordnungen. — S. 99-169: Trachten u. Moden.

Berlepsch, H. A. Chronik vom ehrbaren Schuhmachergewerk. Nebst einer kurzen Geschichte der vorzüglichsten Fußbekleidungen früherer Zeiten. In den Druck gegeben durch H. A. Berlepsch. St. Gallen, Druck und Verlag von Scheitlin und Zollikofer [1850].
3 Bl., 176 S. m. 24 Holzschn. 8°.
(Chronik der Gewerke. Nach Forschungen in den alten Quellensammlungen und Archiven ... zusammengestellt ... durch H. A. Berlepsch. Bd. 4.)

— Concordanz der poetisch. National-Literatur der Deutschen. 1. Bd. 8 Hfte. 2. Bd. 1. u. 2. Hft. 4. (S. 1—640.) Erfurt 847—49, Hennings & Hopf. à Hft. 1/4 ₰

—— München. Seine Kunstschätze und Sehenswürdigkeiten. Supplement zu jedem Reisehandbuch. Mit 1 (chromolithogr.) Plane der Stadt und Kärtchen der Umgebung (in qu. Fol.) 8. (IV, 139 S.) München 870, Bruckmann. geb. *

Berlepsch, H. A., Munich. Its art-treasures and curiosities. Supplement to every travelling-guide. With a plan of the city, and a map of its environs. 8. (IV, 123 S. mit 1 Chromolithogr. in gr. Fol.) München 871, Bruckmann. geb. *

Berlepsch, H. A., Deutsches Städtewesen und Bürgerthum in Beziehung zu den Gewerken und deren Innungen. Basel (1850). 8.
A. u. d. T.: Chronik der Gewerke Bd. 1. . . . . (D.; BRG.)

Berlepsch, H. E. v., Walter Crane. E. Studio. [Aus: „Graph. Künste".] Fol. (IV, 86 S. m. Abb. u. 2 Taf.) Wien 897. Gesellschaft f. vervielfältig. Kunst. n. 12.—

Berlepsch, H. E. v. Die 1. Münchener Jahres-Ausstellung, s. Kunst, die, unserer Zeit.

Berlepsch, HE v., s.a. Katalog d. Sammlg Buchner in Bamberg.

Berlepsch HEv und Fv Weysser, Katalog der Sammlung Buchner in Bamberg. (100 S mit Abbildungen und 26 T) 4° Bamberg 1891

— Gottfried Keller als Maler. Nach seinen Erzählgn., seinen Briefen u. dem künstler. Nachlasse dargestellt. gr. 8. (V, 152 S. m. Abbildgn. u. 4 Taf.) Leipzig 895. E. A. Seemann's Sep.-Cto. n. 2. 75; geb. n. 3. 50

von Berlepsch, H. E. Die Kunst unserer Zeit. Die erste Münchener Jahres-Ausstellung. München 1889. 4°.

Berlepsch, H. E. v., Luzern, s.: Renaissance, deutsche.

— Motive der deutschen Architektur d. 16., 17. u. 18. Jahrh., s.a. Lambert, A., u. E. Stahl.

Berlepsch, H. E. von, Motive der deutschen Architektur des 16., 17. und 18. Jahrhunderts. Stuttgart 1888 ff. Fol.

-- München. Seine Kunstschätze u. Sehenswürdigkeiten. Supplement zu jedem Reisehandbuch. Mit 1 (lith.) Plane der Stadt u. Kärtchen der Umgebung (in Fol.). München 870. Bruckmann. 8. (IV, 139 S.) n. 25 ngr

— Munich. Its art-treasures a. curiosities. Supplement to every travelling guide. With a plan of the city, a. a map of its environs. 8. (IV, 123 S. m. 1 Chromolith. in gr. Fol.) München 871. Bruckmann. geb. n. 2. 50

Berlepsch, H. E. v., s. Rembrandt's sämmtliche Radirungen.

— s. Riefstahl's, W., Handzeichnungen.

— Skizzenbuch e. Architekten d. 16. Jahrh., s.: Renaissance, italienische.

Berlepsch, H.E. (Red.), s. Zeitschrift des Münchener Altertums-Vereins.

Berlepsch, H. E. v., Zürich und Wettingen, s. Renaissance, deutsche.

Berlepsch, Hans Frhr. v., Aufhängen v. Berlepsch-scher Nisthöhlen. 8. Aufl. (14 S. m. Abbildgn.) 8. Halle 905. H. Gesenius. — 10
Sonderabdruck aus: „Der gesamte Vogelschutz".

Berlepsch, Frhr. Hans v., om fågelskyddet hvarför det är nödvändigt och huru det bör utföras. Öfversättning och bearbetning af C. J. Gardell. 8. (VI, 66 S. m. Abbildgn. u. 6 farb. Taf.) Gera-Untermhaus 900. F. E. Köhler. n. 1. —

Berlepsch, Frhr. Hans v., Manuel de protection des oiseaux en général, ses motifs et les moyens de la réaliser. Traduit de l'allemand par A. Clevisch. 8. (VIII, 87 S. m. 17 Abbildgn. u. 8 farb. Taf.) Gera-Untermhaus 900. F. E. Köhler. Geb. in Leinw. n. 1.20

— la protezione degli uccelli. 1. ed. italiana tradotta della 2. tedesca. 8. (IV, 75 S. m. Abbildgn. u. 8 farb. Taf.) Ebd. 900. Kart. n. 1. —

— systematisches Verzeichnis der von Hrn. Professor Willy Kükenthal während seiner Reisen im malayischen Archipel im J. 1894 auf den nördl. Molukken-Inseln gesammelten Vogelbälge. gr. 4. (S. 299—317.) Frankfurt a/M. 900. (M. Diesterweg.) n. 1. —
Sonderabdruck a.: „Abhandlgn. d. Senckenberg. naturforsch. Gesellsch."

Systematisches Verzeichnis der von Herrn Professor Willy Kükenthal während seiner Reisen im Malayischen Archipel im Jahre 1894 auf den nördlichen Molukken-Inseln gesammelten Vogelbälge. Von Hans Graf v. **Berlepsch**. (Frankfurt a. M.: M. Diesterweg in Komm. 1901.) (S. 299–317.) 4°
— Ergebnisse e. zool. Forschungsreise in d. Molukken u. Borneo. T. 2, Bd 3, H. 2, [2.]
— **Abhandlungen** hrsg. v. d. Senckenbergischen naturforschenden Gesellschaft. Bd 25, H. 2, [2.] [07. 394

— systematisches Verzeichnis der v. Dr. Alfred Voeltzkow in Ost-Afrika u. auf Aldabra gesammelten Vogelbälge, s.a. Reichenow, v. Berlepsch u. Voeltzkow, Verzeichnis der etc. Vogelarten.

Berlepsch, H[ans] Graf v.: Verzeichnis der von Dr. Voeltzkow in West-Madagaskar gesammelten Vogelarten. Nach d. Bestimmgn v. Prof. Dr. Reichenow, H. Graf v. Berlepsch u. Dr. A. Voeltzkow. Systemat. Verzeichnis der von Dr. Alfred Voeltzkow in Ost-Afrika u. auf Aldabra '(Ind. Ocean)' gesamm. Vogelbälge. *(Frankfurt a. M. 1898.)*
in: Ergebnisse, Wissenschaftl., d. Reisen in Madagaskar u. Ostafrika. Bd 1. H. III.
= **Abhandlungen** hrsg. v. d. Senckenbergischen naturforschenden Gesellschaft. Bd 21. H. 3. [99. 7103

! **Berlepsch, H Graf v.: Verz. v. usw. Vogelbälgen. Jetzt: Frankf. a/M. (Viktoria-Allee 7), Senckenberg. naturforsch. Gesellsch. nn — 50**

Berlepsch, Hans Frhr. v.: Der gesamte V o g e l s c h u t z , seine Begründung und Ausführung. – Gera-Untermhaus 1899. II, 90 S., 17 Abb., 8 Taf. – 4. Aufl. ebd. 1900. 89 S., 8 Taf. – 7. Aufl. Halle 1903. VIII, 100 S., 34 Abb., 8 Taf.

Der gesamte **Vogelschutz, seine Begründung** und Ausführung. Von Hans Frh. v. **Berlepsch**. Mit 8 Chromotaf. u. 34 Textabb. 6. verm. u. verb. Aufl. *Gera-Untermhaus: F. E. Köhler 1903.* (VI, 100 S.) 8° [03. 6990

— Der ges. Vogelschutz, s. Begründg u. Ausführg. 7. [Tit.-] u. 8. Afl. (100 m. Abb. u. 8 Farbdr.) 8° Ebd. '03. Kart. 1.20; geb. 1.60 || 9. Afl. (132 m. Abb. u. 9 Farbdr.) '04. Kart. 1.50; geb. 2 —

Der gesamte Vogelschutz, seine Begründung u. Ausführung von Hans Frh. v. **Berlepsch**. 9. verm. u. verb. Aufl. Mit 9 Chromotaf. u. 47 Textabb. Halle: H. Gesenius 1904. (IX, 132 S.) 8° [05. 14516 3

— dass. Öfversättning och bearbetning af CJ Gardell. 8° (66 m. Abb. u. 6 Farbdr.) Ebd. 1900. 1 —

— dass. Traduit par A Clevisch. 8° (87 m. Abb. u. 8 Farbdr.) Ebd. 1900. Geb. in L. 1.20

— dass. Tradotta della 2. ed. tedesca. 8° (75 m. Abb. u. 8 Farbdr.) Ebd. 1900. Kart. 1 —

Berlepsch, Hans Frhr. v.: Die V o g e l s c h u t z f r a g e , soweit dieselbe durch Schaffung geeigneter Nistgelegenheiten zu lösen ist. – Kassel o.J., 22 S.

— Winterfütterung. 8. Aufl. (26 S. m. Abbildgn.) 8. Ebd. 905.
Sonderabdruck aus: „Der gesamte Vogelschutz".

— Naturgemässe Winterfütterg d. Vögel. 7. Afl. [S.-A.] (19 m. Abb.) 8° Ebd. ('03). nn — 10 || 8. Afl. (26 m. Abb.) '05. nn — 15

Berlepsch, H[ans] E[duard von]. Bauernhaus und Arbeiterwohnung in England. Eine Reisestudie von H. E. B' Valendas B. D. A. [Mit Illustrationen und 20 Tafeln.] 20 S. fol. Stuttgart, J. Engelhorn, [1907]. [in Mappe M. 18. —]

(Berlepsch, H[ans] E[duard] v[on].) Der neue Bodenseedampfer «Lindau». ⟨Hierzu die Abbildungen 2—6.⟩ ([Von] B'-Valendás.) 4.
In: Kunst und Handwerk. Zeitschrift des Bayerischen Kunstgewerbe-Vereins, München. Jahrg. 56, 1906, Heft 1. Muenchen und Berlin, R. Oldenbourg. [M. 2. —.] S. 1–6.

Berlepsch, H[ans] E[duard] v[on]. Nordische Freiluft-Museen. Von H. E. v. B'-Valendas. (Illustriert.) [Teil 1.] 4.
In: **Zeitschrift für bildende Kunst. Ausgabe mit Kunstgewerbeblatt. Neue Folge [Bd.] 16..., Heft 6, März 1905. Leipzig, E. A. Seemann. [M. 3. —.] Kunstgew' S. 101—120.**

Berlepsch. H[ans] E[duard] v[on]. Gottfried Keller als Maler. Nach seinen Erzählungen, seinen Briefen und dem künstlerischen Nachlasse dargestellt. [Mit Illustrationen und 5 Tafeln.] 8. Leipzig 1895.

Berlepsch, [Hans Eduard von]. Japanische Kunst. [Von] B'-Valendás. (Den Besuchern der von der Münchner Orientalischen Gesellschaft im Frühjahre 1906 ... veranstalteten Japanausstellung von der M. O. G. und dem Verfasser überreicht.) [Mit Vignetten.] II + 37 S 8. München 1906.

Berlepsch, [Hans Eduard von]. Das künstlerische Leben der Japaner. Vortrag gehalten am 16. Dezember 1903 in der Münchner Orientalischen Gesellschaft von Professor B'-Valendás. IV + 16 S. 8. Halle a. S., Gebauer-Schwetschke, 1905. (M. —. 45)
«Der Orient». Vorträge und Abhandlungen zur Geographie u. Kulturgeschichte der Länder des Ostens. Hrg. von Hugo Grothe.... Heft 2.

Berlepsch, [Hans] E[duard] v[on]. Skandinavische Museen. Eine Reisestudie. Von E. v. B'-Valendas. Sonderdruck aus der Zeitschrift des Bayerischen Kunstgewerbe-Vereins «Kunst und Handwerk», Jahrg. 55, 1905, Heft 7 und 8. [Illustriert.] II S. + S. 169—192 u. 201—227 + 1 S. 4. München und Berlin, R. Oldenbourg, 1905. [M. 2. —]

Berlepsch, Hans Hermann Frhr. v.

Berlepsch, Frhr. v., soziale Entwickelungen im ersten Jahrzehnt nach Aufhebung des Sozialistengesetzes. Vortrag, auf dem 12. evangelisch-sozialen Kongreß in Braunschweig am 30. V. 1901 geh. gr. 8. (32 S.) Göttingen 901. Vandenhoeck & Ruprecht. n. — 80
Sonderabdruck aus „Verhandlgn. d. 12. ev.-soz. Kongresses".

Berlepsch, Hans Hermann: Die E r r i c h t u n g eines Reichsarbeitsamtes, s. P a c h n i c k e , Hermann.

Berlepsch, v., soz. Reform, s. Schriften d. Ges. f. soz. Reform.

— Reichsarbeitsamt, s. Schriften f. soz. Ref.

Berlepsch, v.: Zur Reichsfinanzreform, s.: Nostiz, Hans v.

Berlepsch, Frhr. v., warum betreiben wir die soziale Reform?, s.a. Schriften der Gesellschaft f. soziale Reform. 11. Hft.

Berlepsch, Frhr. v., Warum betreiben wir die soziale Reform? Nebst einem Bericht über die Tätigkeit der Gesellschaft für soziale Reform im J. 1903. gr. 8°. Jena, G. Fischer, 1903. (Schriften der Gesellschaft f. soziale Reform, Heft 11.)

Warum betreiben wir die soziale Reform? Von Dr. [Hans Herm.] Frh. v. **Berlepsch**, Staatsmin. Nebst e. Bericht über d. Tätigkeit d. Gesellschaft f. Soz. Reform im J. 1903, sowie d. Namen d. Vorst.- u. Ausschußmitglieder u. d. Satzungen. *Jena: G. Fischer 1901.* (32 S.) 8° [G.] 04.1376,10

Berlepsch, Heinr. Frhr. v., Bericht üb. die im Auftrage d. k. k. Ackerbau-Ministeriums in die Vereinigten Staaten v. Nord-Amerika unternommene Reise. 2. Aufl. gr. 8. (45 S.) Wien 880. Hof- u. Staatsdruckerei. n. 1. —

Berlepsch, Hermann Alexander

Berlepsch, Herm. A. v., die Alpen in Natur- u. Lebensbildern, s.a. Natur-Bibliothek. 11.

Berlepsch. H[ermann] A[lexander]. Die Alpen in Natur- und Lebensbildern. Dargestellt von H. A. B'. Mit 16 Illustrationen [Tafeln] und einem Titelbilde in Tondruck nach Originalzeichnungen (*Titelbild:* Illustrirt) von Emil Rittmeyer. 8. Leipzig, St. Gallen, Zürich 1861.

Berlepsch, H. A., die Alpen in Natur- und Lebensbildern. Lex.-8. (VIII und 441 S. mit 16 Illustr. und 1 Titelbilde in Holzschn. und Tondr. nach Original-Zeichnungen von Emil Rittmeyer.) Leipzig 861, Costenoble. *

Berlepsch, H. A., die Alpen in Natur- und Lebensbildern, Wohlfeile Volksausg. 2., unveränd. Aufl. gr. 8. (XII und 392 S. mit 16 Illustr. in Holzschntaf. nach Originalzeichnungen von Emil Rittmeyer.) Leipzig 862. [Jena], Costenoble. *
geb. *

—— dass. — 3. Aufl. Für den Reisegebrauch red. gr. 16. (236 S. mit 6 Illustr. in Holzschn.) Jena 866, Costenoble. geb.

Berlepsch, H. A., die Alpen, in Natur- und Lebensbildern dargestellt. Mit 22 Illustr. und einem Titelbilde in Tondr. nach Orig.-Zeichnungen von Emil Rittmeyer. 4., sehr verm. und verb. Aufl. 9 Lfgn. gr. 8. (VIII, 511 S. mit 22 Holzschntaf. und 1 Titelbl. in Tondr.) Jena 869,70, Costenoble. à Lfg. *
compl. geb. *
Mit Goldschn. *

Taschen-Ausg. 3. Aufl. Ebendas. 1866. * M 2,70.; geb. * M 3.

Berlepsch. H[ermann] A[lexander]. Die Alpen, in Natur- und Lebensbildern dargestellt von H. A. B'. Mit 22 Illustrationen [Tafeln] und einem Titelbilde in Tondruck nach Originalzeichnungen (*Titelbild:* Illustrirt) von Emil Rittmeyer. 4., sehr vermehrte und verbesserte Aufl. 8. Jena 1871.

Berlepsch, H. A. v., die Alpen, in Natur- u. Lebensbildern dargestellt. Mit 18 Illustr. nach Orig.-Zeichngn. v. Emil Rittmeyer. 5., sehr verm. u. verb. Aufl. 2. wohlf. Volksausg. Umgearb., verm. u. ergänzt vom Sohne d. Verf. H. E. v. Berlepsch. gr. 8. (X, 570 S.) Jena 885. Costenoble. n. 6. —; geb. n. 7. 50

Berlepsch, Hermann A[lexander] v(on). Die Alpen in Natur- und Lebensbildern. Ausgewählte Abschnitte aus: H. A. Berlepsch: Die Alpen in N'- und L'. Mit einem Bild und einer biographischen Skizze von F[Hans Eduard] v(on) Berlepsch-Valendas, hrg. von R[aoul] H France. 78 S. 8. Leipzig, Theod. Thomas, (1910). (M. —. 25)
(Natur-Bibliothek. Hrg. von R[aoul] H France. Nr. 11.)

Berlepsch, Hermann Alexander, s.a. Alpenführer, Illustrirter.

[Berlepsch. Hermann Alexander.] Illustrirter Alpen-Führer. Malerische Schilderungen des Schweizerlandes. Ein Reise-Handbuch für die Besucher der Alpenwelt. Mit Zweihundert Illustrationen, einer Uebersichtskarte der Schweiz und einem Rigi-Kulm-Panorama. 8. Leipzig 1854.

Berlepsch (H.-A.). — Les Alpes, description et récits. — *Leipzig*, 1868. In-8° de 418 pp.
Ornée de 16 illustrations d'après les dessins de *E. Rittmeyer.*

Berlepsch. H[ermann] A[lexander]. Les Alpes. Descriptions et récits par H. A. B'. Avec seize illustrations [planches] d'après les dessins de E[mil] Rittmeyer. Traduction autorisée par l'auteur.... 8. Bâle & Genève, Paris 1869.

Berlepsch, H. A., Basel und Umgebung. 2. verm. und verb. Aufl. Mit 2 (lithogr.) Plänen der Stadt und Umgebung (in gr. 4. und Fol.). gr. 16. (158 S.) Basel 876, [Festersen.] Jenke. cart. *

Berlepsch, H[ermann] A[lexander]. Basel und seine Umgebungen. Ein Nachschlagebüchlein für Einheimische und Fremde. Mit einem Plane der Stadt und einem Kärtchen der umliegenden Gegend. 8. Basel [1867].

—— Basel und seine Umgebungen. Ein Nachschlagebüchlein für Einheimische und Fremde. 16. (IV, 171 S. mit 1 lithogr. Plane der Stadt und 1 lithogr. Kärtchen der umliegenden Gegend in gr. 4.) Basel 868, Amberger's Verlag. *

Berlepsch, H[ermann] A[lexander]. Nothgedrungene Erklärung gegen absichtliche oder unbedachtsame Angriffe auf meinen Charakter. 8. St. Gallen 1850.

—— schweizerische Fremden-Führer. Nr. 1—8. gr. 16. Leipzig 858. 59, Weber. à Nr. * 10 Ngr. *

Inhalt:

Nr. 1. Der Boden-See und das appenzeller Land. Ein Führer für Fremde. (VI und 96 S. mit 18 Abbild. in eingedr. Holzschn., 1 Panorama in Holzschn. in qu. Fol. und 2 lithogr. Karten.)
» 2. Graubünden. Ein Führer für Fremde. (VI und 120 S. mit 21 in den Text gedr. Abbild. in Holzschn. und 4 lithogr. Karten.)
» 3. Das Berner Oberland. Ein Führer für Fremde. (VI und 120 S. mit 21 in den Text gedr. Abbild. in Holzschn. und 1 lithogr. Karte.)
» 4. Der Genfer-See und das Chamouny-Thal. Ein Führer für Fremde. (VII und 124 S. mit 27 Abbild. in eingedr. Holzschn. und 2 lithogr. Karten.)
» 5. Der Rigi, der Vierwaldstätter-See und die Urkantone. Ein Führer für Fremde. (V und 108 S. mit 27 Abbild. in eingedr. Holzschn. und 1 lithogr. Karte.)
» 6. Der Rheinfall, der Zürich-See und der Wallen-See. Ein Führer für Fremde. (VI und 89 S. mit 20 Abbild. in eingedr. Holzschn. und 1 lithogr. Karte.)
» 7. Der St. Gotthard und die italienischen Seen. Ein Führer für Fremde. (VI und 113 S. mit 21 Abbild. in eingedr. Holzschn. und 3 lithogr. Karten.)
» 8. Wallis und die Simplon-Strasse. Ein Führer für Fremde. (V und 77 S. mit 17 Abbild. in eingedr. Holzschn. und 2 lithogr. Karten.)

—— der Führer auf den vereinigten Schweizerbahnen und deren Umgebungen. Ein Reisetaschenbuch für die Ostschweiz. 16. (V und 156 S. mit 31 Ansichten in eingedr. Holzschn.) St. Gallen 859, Scheitlin und Zollikofer. *

— —, Führer durch Südfrankreich. Hildburghausen 1869. 8.

— —, Führer durch Westdeutschland. Hildburghausen 1867. 8.

Berlepsch, H. A., die Gotthard-Bahn, s.a. Petermann's, A., Mittheilungen aus J. Perthes' geographischer Anstalt.

Berlepsch, H. A.: Die Gotthard-Bahn. Beschreibendes und Geschichtliches. Mit einer Karte der Gotthard-Bahn in 3 Blatt. Gotha 1881. (II). 78 S.
= Ergänzungsheft zu Petermann's Geographischen Mittheilungen. No. 65. 8°.

—— die Gotthard-Bahn und die italienischen Seen. Beschreibendes Reisebuch für alle Eintrittsrouten nach dem Vierwaldstätter-See und dem Tessin. Mit 33 Karten, Plänen, Ansichten und Panoramen (in Holzschn., Lithogr., Chromolithogr., Lichtdr. und Stahlst.) von Orig.-Zeichnungen von E. F. Graf und J. Zeller und vielen in den Text gedr. Holzschn. 8. (XII, 182 S.) [Zürich 882]. München, Expedition von Berlepsch' Reisebüchern. geb. *

— die Gotthard-Bahn u. die italienischen Seen. Ein Reisehandbuch m. allen Eintrittsrouten f. den Vierwaldstätter-See, die ganze Gotthardbahn u. das Tessin, Mailand u. Genua. 2. verb. Aufl., m. ca. 40 Karten, Plänen u. Orig.-Ansichten. 8. (XVI, 218 S.) Ebend. 883. geb. n. 4. —

— — der Gotthard-Führer. Ein Reisehandbuch für den Vierwaldstätter-See, die ganze Gotthardbahn mit den hauptsächlichsten Seiten-Touren, den italien. Seen, Mailand und Genua. 2. Aufl. 8. (129 S. mit eingedr. Holzschn.) Ebendas. 883. *

—— nouveau guide en Suisse. 1. Édit. 1863. und 2. Édit. illustrée. 8. (XVI und 626 S. mit 23 Karten und Plänen in Stahlst. und ill. oder chromolithogr., 10 Alpenpanoramen in Stahlst. und lithogr. und 38 Stahlst. nach Photographien in 8., 4. und Fol.) Hildburghausen 865, Bibliographisches Institut. geb.

—— nouv. guide en Suisse. 2. Éd. illustr. 8. (626 m. 23 K.) Hildb. 65, Exped. v. Meyer's Reiseb. geb. 2. 15

—— dass. — (Kleinere Ausg. Nr. II.) 2. Edit. 8. (XVI und 626 S. mit 17 Karten, 6 Städteplänen und 1 Panorama vom Righi in Stahlst. und ill. oder chromolithogr. in 8., 4. und Fol.) Ebendas. 866. geb. *

— nouveau guide en Suisse. 2. édit. illustrée. Avec 23 cartes et plans, 10 panoramas des Alpes et 38 gravures en acier d'après des photographies (in 8., 4. u. Fol.). 865. (XVI, 626 S.) 2 ₰ 15 ngr. — 3. édit. revue et augm. par E. Rambert. Hildburghausen 868. Bibliogr. Institut. 8. (XVI, 719 S.) n. 3 ₰

Berlepsch, [Hermann Alexander]. Nouveau guide en Suisse par B'. 3ᵉ éd. Revue et augmentée par E(ug[ène]) Rambert. 8 cartes, 4 plans de ville par L[udwig] Ravenstein. 23 panoramas par P(lato) Ahrens. 8. Hildbourghausen, Paris (1871).
(Avant-propos *datiert:* Zurich, juillet 1868. — *Vortitel:* Nouveaux Guides Meyer. Suisse. Ed. revue, 1871.)

Berlepsch, H. A., Lucerne, the lake of the four cantons and of the Gothard. A guide for visitors to the Alps. Translated by H. E. Worley. With panoramas, maps and views. in-12. Lucerne, C. F. Prell. cloth bound 1872 3. 50

—— Lucerne, the Lake of the four cantons, the Gothard a. parts of the Bernese Oberland. Transl. by HE Worley. 16. (143 m. L.) Luz. 76, Prell. geb. n. 3. —

—— Lucerne-Rigi. Chemin de fer de Vitznau, s.a. l'Europe illustrée.

— Lucerne-Righi chemin de fer de Vitznau, lac des Quatre-cantons. Avec 22 illustr. (gravées sur bois) et 2 cartes. 8. (40 S.) Zürich 877. Orell, Füssli & Co. Verl. n. — 50

— the Lucerne-Rigi rail at Vitznau, Lake of the four cantons. With 22 illustr. (woodcuts) and 2 maps. 8. (40 S.) Ebend. 877. n. — 50

—— Luzern und der Vierwaldstätter See. Ein Wander-Buch für die Pensions-Gäste und alle Alpenfreunde in der Urschweiz. Mit 2 (lithogr.) Panoramen (in qu. Fol.), 3 (lithogr.) Karten (in 8. und 4.), mehren Plänen und vielen Ansichten (in eingedr. Holzschn.). 8. (VIII, 151 S.) Luzern 872, Prell. geb. *

—— Luzern, der Vierwaldstätter-See und die Urkantone. Ein Wander-Buch. Mit 2 (lithogr.) Panoramen (in qu. gr. Fol.), 3 (lithogr.) Karten (in 4. und gr. Fol.), mehreren (lithogr.) Plänen und vielen Ansichten (Holzschntaf.). Ergänzt 1876. gr. 16. (VIII, 151 S.) Luzern 876, Prell. geb. *

Berlepsch, H[ermann] A[lexander]. Luzern, der Vierwaldstätter-See und die Urkantone. Ein Wanderbuch für die Pensions-Gäste und alle Alpenfreunde in der Urschweiz von A. H. B'. Mit drei Panoramen, einer Karte, mehren Plänen und Ansichten [Tafeln]. 2. verbesserte Aufl. 8. Luzern [1877].

—— The Luzerne-Rigi-Rail at Vitznau, s.a. Europe, illustrated.

—— Nord-Deutschland. Illustr. Ausg. 27 Karten und 80 Pläne (lithogr. und chromolithogr.) von L. Ravenstein, 5 (lithogr.) Panoramen, 88 Ansichten in Stahlst. von Plato Ahrens (in 8., qu. 4. und Fol.) 8. (XX, 904 S.) Hildburghausen [Leipzig] 870, Bibliograph. Institut. geb. *

—— Panorama des unteren Neckarthales von Heidelberg bis Heilbronn, nebst einem Anhang der bad. Eisenbahn bis Konstanz. 8. (32 S. mit 4 Stnt.) [Zürich 880.] München, Expedition von Berlepsch' Reisebüchern. *

—— neuestes Reisehandbuch für Paris. Illustrirte Ausg. Mit 4 (lithogr.) Karten (wovon 2 in Buntdr.), 17 (lithogr.) Plänen, wovon 9 in Buntdr. und 28 Ansichten in Stahlst. (in 8., gr. 4., Fol. und gr. Fol.) 2. Abdr. 8. (X, 704 S.) Hildburghausen [Leipzig] 867, Bibliograph. Institut. geb. *

—— neuestes Reisehandbuch für die Schweiz. 1.—4., ergänzte und bericht. Aufl. 8. (XVII und 796 S. mit 17 Karten in Stahlst. und ill. und chromolithogr., 6 lithogr. Stadtplänen, 10 Panoramen und 38 Ansichten in 8., 4. und Fol.) Hildburghausen 862—66, Bibliographisches Institut. geb. *

—— dass. — (Kleinere Ausg. Nr. II.) 8. (XVII und 796 S. mit 15 Karten in Stahlst. und ill. und chromolithogr., 6 lithogr. Stadtplänen und dem Rigi-Panorama in 8., 4. und Fol.) Ebendas. 866. geb. *

—— neuestes Reisehandbuch für die Schweiz. 5. Aufl. mit 8 Karten (in Stahlst. und color. oder chromolithogr.), 4 (lithogr.) Stadtplänen und 23 Gebirgs-Panoramen in Stahlst. und Lithogr. A. u. d. T.: Meyer's Reisebücher. Reduction: Berlepsch. 1. Bd.: Schweizerführer. 8. (XVI, 815 S.) Hildburghausen [Leipzig] 868, Bibliograph. Institut. geb. *
Ausg. mit 17 Karten, 6 Stadtplänen, 32 Panoramen und 37 Ansichten. geb. *

Berlepsch, H. A., Neuestes Reisehandbuch f. d. Schweiz, nebst Chamounix und Veltlin u. d. ital. Seen; sowie Eingangsrouten von Deutschland und Oesterreich. 2. gänzl. umgearbeitete u. vermehrte Auflage von Berlepsch und Kohl, die Schweiz. M. 1 Generalkarte, 8 Spezialkarten, 8 Plänen und vielen Panoramen. 8. Zürich, C. Schmidt. 1875

Berlepsch, H. A., neuestes Reisehandbuch für die Schweiz nebst Chamounix, Veltlin und den italien. Seen, sowie Eingangsrouten von Deutschland u. Oesterreich. 3. Aufl. mit Karten und Plänen. Zürich, C. Schmidt. gebd. 1877 8. 75

—— und Hey'l, neuestes Reisehandbuch für West-Deutschland, s.a. Hey'l.

— — und Heyl, neuestes Reisehandbuch für West-Deutschland. Mit Karten, Plänen und Illustrat. Hildburghausen 1867. 8.

—— d. Rheinlande, s.a. Hey'l.

—— Die Rheinlande, Süd-Deutschland u. die Schweiz bis an die ober-italienischen Seen. 18. Bearbeitung der Schweiz. Ein Anzeiger u. Rundreiseführer. (Mit vielen Plänen, Ansichten u. Panoramen.) München 1883. 8.

Berlepsch, H. A. Die Rheinlande, Süddeutschland und die Schweiz bis an die oberitalienischen Seen. 18. Bearbeitung der Schweiz. In-8⁰. Zürich, Expedition von Berlepsch Reisebücher. 1883 geb. 3 75

— Rhododendron, s.a. Closs, G., u. O. Frölicher.

Berlepsch. H[ermann] A[lexander]. Rhododendron. Bilder aus den Schweizer Alpen von G[ustav] Closs u: O[tto] Frölicher [24 photographische Tafeln], mit Illustrationen von G[ustave] Roux. Beschreibender Text von H: A: Berlepsch. fol. München u: Berlin [1872].

—— die Luzerner Rigi-Bahn zu Vitznau am Vierwaldstättersee. Mit 22 (Holzschn.-)Illustr. und 2 (lithogr.) Karten. 8. (40 S.) Zürich 877, Orell, Füssli und Comp. *

Berlepsch. H[ermann] A[lexander]. Die Luzerner Rigi-Bahn zu Vitznau am Vierwaldstättersee. Mit 23 Illustrationen [wovon 6 Tafeln] von G[ustave] Roux, J[ohann] Weber und K[arl] Corradi, nebst (*Umschlag:* Roux u. J. W' und) 2 Karten. 3. Aufl. (Europäische Wanderbilder. № 3.) 8. Zürich (*Umschlag:* Paris, London) [1882].

Berlepsch. H[ermann] A[lexander]. Grand Hotel Ritschard in Interlaken und seine Umgebungen. [Mit 2 Tafeln.] 4. verbesserte und vermehrte Aufl. 8. Interlaken *o. J.* [ca. 1874].

[Berlepsch, Hermann Alexander.] St. Gallen und seine Umgebungen. Für Einheimische und Fremde. 8. St. Gallen 1859.

—— Schweiz, s.a. Meyer's Reisebücher.

Berlepsch, Schweiz etc., s.a. Schmidt's Reisebücher.

Berlepsch, die Schweiz. Neuestes Reisehandbuch f. d. Schweiz. (Aus: „*Meyer's* Reisehandbücher".) 5. Aufl. Ausgabe II. Mit 8 Kart., 4 Plänen von *L. Ravenstein*, 23 Gebirgspanoramen von *P. Ahrens*. Hildburghausen 1868. 8°. Orig.-Lwdb.
XVI—814 S.

—— **Schweiz.** 6. Aufl. 1870, und revid. Abdruck für 1871. Illustr. Ausg. 18 (chromolithogr.) Karten (in qu. 4. und gr. Fol.) und 6 (chromolithogr.) Stadt-Pläne (in qu. 4.) von L. Ravenstein, 31 Panoramen (in eingedr.) Holzschn. von Plato Ahrens und 35 Ansichten (in Stahlst.). gr. 8. (XX, 815 S.) Hildburghausen [Leipzig] 871, Bibliograph. Institut. geb. *

—— **dass.** — Ausg. II. Mit 10 (chromolithogr.) Karten, 5 (chromolithogr.) Stadt-Plänen, 21 Panoramen (in eingedr. Holzschn.) Ebendas. 871. geb. *

Berlepsch, H[ermann] A[lexander]. Schweiz von H. A. B'. 7. Aufl. 18 Karten und 6 Stadt-Pläne von L[udwig] Ravenstein, 29 Panoramen und 22 Ansichten [11 Tafeln] von Plato Ahrens. 8. Hildburghausen 1873.
Meyers Reisebücher.

Berlepsch, H. A., und Kohl, die Schweiz. Neuestes Reisehandbuch. 1872 und Abdruck für 1873. Mit 10 (lithogr. und chromolithogr.) Karten (in 8. und 4.), 6 (lithogr.) Städte-Plänen, 6 (lithogr.) Panoramen (in qu. 4.) und 22 Ansichten (Holzschn.). 8. (XXXII, 528 S.) Leipzig 873, Arnoldische Buchh. *

—— u. **Kohl**, d. Schweiz. Neuestes Reisehandbuch. Abdr. f. 1874. 8. (528 m. H. u. K.) Lpzg 74, Arnold. geb. n. 6. —

—— —— dass. — Mit (lithogr. und chromolithogr.) Karten (in qu. 4. und qu. Fol.), (lithogr.) Stadtplänen, (chromolithogr.) Panoramen (in qu. Fol.) und Ansichten (Holzschntaf.) [Bis zum Frühjahr 1874 ergänzte Ausg.] 8. (XXXII, 528 S.) Zürich 874, Schabelitz'sche Buchh. geb. *

Berlepsch, H. A., u. Kohl, Schweiz. Neuestes Reise-Handbuch. Mit (lith. u. chromolith.) Karten (in qu. 4. u. qu. Fol.), (lith.) Stadtplänen, (chromolith.) Panoramen (in qu. Fol.) u. Ansichten (Holzschntaf.) [Bis zum Frühjahr 1874 ergänzte Ausg.] 8. (XXXII, 528 S.) Zürich 874. Schmidt. geb. n. 6. —

—— die **Schweiz** nebst Chamounix, Veltlin und den italienischen Seen, sowie Eingangsrouten von Deutschland und Oesterreich. 2., gänzlich umgearb. und verm. Aufl. von „Berlepsch und Kohl, die Schweiz", sowie 14. Aufl. von „Berlepsch, Reisebuch für die Schweiz". Mit 1 (chromolithogr.) Generalkarte (in qu. gr. Fol.), 8 (lithogr.) Specialkarten, 8 (lithogr.) Plänen (in gr. 8. und qu. 4.) und vielen Panoramen (in Lithogr. und Holzschn. in qu. Schmal-Fol. und qu. gr. 4.). 8. (XXXII, 512 S.) Zürich 875, Schabelitz'sche Buchh. geb. *

— die **Schweiz** nebst Chamounix, Veltlin u. den italien. Seen, sowie Eingangsrouten v. Deutschland u. Oesterreich. 2. gänzlich umgearb. u. verm. Aufl. v. „Berlepsch u. Kohl, die Schweiz", sowie 14. Aufl. v. „Berlepsch, Reisebuch f. die Schweiz". Mit 1 (chromolith.) Generalkarte (in qu. gr. Fol.), 8 (lith.) Specialkarten, 8 (lith.) Plänen (in gr. 8. u. qu. 4.) u. vielen Panoramen (in Lith. u. Holzschn. in qu. Schmal-Fol. u. qu. gr. 4.) 8. (XXXII, 512 S.) Zürich 875. Schmidt. geb. n. 7. —

—— **die Schweiz, Chamounix, Veltlin und die italienischen Seen, sowie Eingangsrouten von Deutschland und Oesterreich. 3. umgearb. und verm. Aufl., gleichzeitig 15. Bearbeitung von „Berlepsch, Reisebuch für die Schweiz". Mit 1 (chromolithogr.) Generalkarte, 9 (chromolithogr.) Specialkarten, 8 (lithogr.) Plänen und vielen (lithogr.) Panoramen. 8. (XXXII, 528 S.) Zürich 877, Schmidt. geb. ***

— — **die Schweiz, Chamounix, Veltlin und die italienischen Seen, sowie Eingangsrouten aus Deutschland und Oesterreich. 3. grossentheils umgearb. und bis 1881 fortgeführte Aufl., gleichzeitig 15. Bearbeitung von „Berlepsch, Reisebuch für die Schweiz". 8. (XXXII, 528 S. mit 1 Generalkarte, 9 Specialkarten, 8 Plänen und vielen Panoramen.) Zürich 881, Schmidt. geb. ***

Berlepsch, H. A., die Schweiz, Chamounix, Veltlin und die italienischen Seen, sowie Eingangsrouten aus Deutschland und Oesterreich. 4. grossentheils umgearb. und bis 1882 fortgeführte Aufl., gleichzeitig 17. Bearbeitung von „Berlepsch, Reisebuch für die Schweiz". 12. (XXXII, 472 S. mit 1 Generalkarte, 9 Spezialkarten, 8 Plänen und vielen Panoramen.) Zürich 882, Schmidt. geb. *

Berlepsch, Hermann Alexander *s.* Schweiz, Chamonix, Veltlin.... Zürich 1890 *u.* 1894 *u.* 1895.

Berlepsch, H[ermann] A[lexander]. Schweizerkunde. Land, Volk und Staat. geographisch-statistisch ... dargestellt. Unter Mitarbeiterschaft der Herren Redaktor (F[lorian]) Gengel und Professor Gustav Vogt in Bern. Professor Dr. Alois von Orelli und Hermann von Marschall in Zürich hrg. von H. A. B'. 8. Braunschweig (1858–)1864.
Lieferungsweise erschienen.

— Schweizerkunde. Land, Volk und Staat, geographisch-statistisch, übersichtlich vergleichend dargestellt. Unter Mitarbeiterschaft von Gengel, Gust. Vogt, Alois v. Orelli u. Herm. v. Marschall. Braunschweig 859–64. Schwetschke & Sohn. gr. 8. (XII, 907 S.) n. 3 ℛ 15 ngr.

Berlepsch, H. A., Schweizerkunde. Land, Volk und Staat. Volks-Ausgabe. 1. Lfg. gr.-8. Braunschweig, Schwetschke & Sohn. —. 80

— Schweizerkunde. Land, Volk u. Staat, geographisch-statistisch, übersichtlich dargestellt. Unter Mitarbeiterschaft v. Rud. Gengel u. Gust. Vogt, Alois v. Orelli u. Herm. v. Marschall hrsg. 2. Aufl. (VII, 798 S. m. eingedr. Holzschn.) Braunschweig 872–75. Schwetschke & Sohn. n. 5. —

Berlepsch. H[ermann] A[lexander]. Schweizerkunde. Land und Volk übersichtlich vergleichend dargestellt. Unter Mitwirkung der Herren Dr. A[rmin] Baltzer, Dr. [August] Nath[anael] Boehner, Pfarrer [Hans] Frick[-Forrer], Oberlehrer [Gerold] Eberhard, Prof. Alb[ert] Heim, Dr. [Conrad] Meyer-Ahrens, Dir. Cas[imir] Moesch, [Johann] Müller-Wegmann, Dir. Dr. [Rudolf] Th[eodor] Simler, Musik-Dir. [Heinrich] Szadrowsky, Prof. [Friedrich] Sal[omon] Voegeli[n], [Heinrich] Zeller-Horner und vieler Anderen, hrg. von H. A. B'. 2., umgearbeitete Aufl. Mit zahlreichen Original-Illustrationen ausgestattet. 8.
Ausg. A. Braunschweig 1875.
Ausg. B. *Titelausgabe.* St. Gallen, Hausknecht, *o. J.*

Berlepsch. [Hermann Alexander], und Kohl, . Der Züricher See und seine Umgebung. Separat-Abdruck aus dem Reisebuch: „Die Schweiz von B' & K'." 8. Leipzig *o. J.* [1872–1880].

—— **Süd-Deutschland. Mit 20 Karten und Plänen (lithogr. und chromolithogr.) von L. Ravenstein, 1 Panorama (auf 1 Holzschntaf.), 12 Ansichten in Stahlst. von Plato Ahrens und 13 Ansichten in Holzschn. (in 8. und 4.) 8. (XXVIII, 852 S.) Hildburghausen [Leipzig] 870, Bibliograph. Institut. geb. ***
Grössere Ausg. mit 25 Karten und 10 Plänen, 5 Panoramen, 56 Ansichten in Stahlst. und 13 Ansichten in Holzschn. geb. *

— —, Süddeutschland 2. Aufl. Hildburghausen 1870. 8.
3. „ „ 1874. 8.

— Süd-Deutschland u. die Schweiz bis an die Alpen. Ein Anzeiger u. Rundreise-Führer über Heidelberg, Baden-Baden, Stuttgart, Schwarzwald, München, Zürich, Rheinfall, Luzern, Vierwaldstätter-See, Berner Oberland u. Genfer-See. 16. Bearbeitung der Schweiz. 5. Tausend dieses Buches. Mit 8 Panoramen, 2 Vogelschau-Bildern, 2 Karten u. vielen Ansichten (in Holzschn. u. Steindr.). 8. (XVI, 272 S.) Zürich 879. Exped. v. Berlepsch's Reisebüchern. geb. n. 1. 20

—— **Süd-Deutschland und die Schweiz bis an die Alpen. Ein Anzeiger und Rundreise-Führer über Heidelberg, Baden-Baden, Stuttgart, Schwarzwald, München, Zürich, Rheinfall, Luzern, Vierwaldstätter-See, Berner Oberland und Genfer-See. 17. Bearbeitung der Schweiz. 11. Tausend dieses Buches. 8. (XVI, 272 S. mit 11 Panoramen, 3 Vogelschau-Bildern, 2 Karten und vielen Ansichten.) [Zürich 880.] München, Expedition von Berlepsch' Reisebüchern. geb. ***

—— **dass. — 17. Bearbeitung der Schweiz. 12. Tausend dieses Buches. 8. (XVI, 270 S. mit 11 Panoramen, 2 Vogelschau-Bildern, 4 Karten, 6 Souveniers d'Hôtel und vielen Ansichten.) Ebendas. 881. geb. ***

— dasselbe. Ein Rundreise-Führer u. Anzeige-Blatt üb. Heidelberg, Baden-Baden, Rheinfall, Luzern, Stuttgart, Rigi u. Vierwaldstätter-See. — München, Berner Oberland, Schwarzwald u. Genfer-See. Mit Panoramen, Vogelschau-Ansichten (lith. u. in Holzschn.) u. Karten. 8. (271 S.) Zürich 878. Schmidt. cart. 2. —; geb. 2. 50

— —, Süddeutschland, Tyrol und Vorarlberg. Hildburghausen 1873. 8.

—— **Süd-Frankreich, s. Gsell-Fels.**

Berlepsch and Kohl, Switzerland. New guidebook for travellers. With a map, 8 special maps, 8 panoramas, 6 plans of towns, 22 views. 8. Zürich, C. Schmidt. 1874 cloth. 7. 50

—— —— Switzerland and the principal parts of Southern Germany. Handbook for travellers. With maps, plans, panoramas, and designs (chromolithogr. und lithogr. in 8., 4. und qu. Fol.) 8. (XXIV, 504 S.) Leipzig 873, Arnoldische Buchh. *

Berlepsch. [Hermann Alexander], und Kohl, . Switzerland and the principal parts of Southern Germany. Handbook for travellers by B' and Kohl. With maps, plans, panoramas, and designs [plates]. 8. Zürich. London. Paris 1874.

—— —— dass. — With (lithogr. and chromolithogr.) maps (in qu. 4. und qu. Fol.), (lithogr.) plans, (chromolithogr.) panoramas (in qu. Fol.), and designs (Holzschntaf.). (XXIV, 504 S.) 1874, and New edition. 8. (XXIV, 525 S.) Zürich 875, Schabelitz'sche Buchh. geb. *

— Switzerland and the principal parts of Southern Germany. New edit. W. maps, plans, panoramas and designs. 8. Zurich, C. Schmidt. 7. 50

Berlepsch, H[ermann] A[lexander]. Villeggiatura. Bilder aus den Schweizer Bergen von G[ustav] Closs und O[tto] Frölicher. Zwölf Photographien [Tafeln] mit beschreibendem Text von H. A. B' und 26 Vignetten in Holzschnitt (*Illustrierter Vortitel:* Beschreibender Text von H. A. B'). 4. München [1882].

—— von Deutschland durch die Central-Schweiz zur Gotthard-Bahn, den italienischen Seen und den Hauptrouten von Ober-Italien. Ein Reisehandbuch mit allen Eintrittsrouten für den Vierwaldstättersee und die Gotthardbahn, nach dem Tessin, den Seen, Mailand, Turin, Genua und Venedig. 3. verb. und wesentlich verm. Aufl. Besorgt von H. E. v. Berlepsch. 8. (XVI, 291 S. mit ca. 45 Karten, Plänen und Orig.-Ansichten.) Ebendas. 884. geb. *

Berlepsch, H. A., Wegweiser durch den Harz. 1. Ausg 1864. und 2., bedeutend verm. Aufl. 8. (X und 152 S mit 1 lithogr. Uebersichtskarte in Fol. und 8 Routenkärtchen in eingedr. Holzschn.) Hildburghausen 865, Bibliographisches Institut. cart

—— Wegweiser durch den Harz. 3. bericht. Aufl. 8. (X, 152 S. mit 1 lithogr. und color. Uebersichtskarte in Fol. und 3 Routenkärtchen in eingedr. Holzschn.) Hildburghausen [Leipzig] 868, Bibliograph. Institut. cart. *

—— dass. — 4. Aufl. gr. 16. (X, 166 S. mit Panorama in Stahlst. in 4., 1 lithogr. und color. Übersichtskarte in Fol. und 15 Routennetzen in eingedr. Holzschn.) Ebendas. 870. cart. *

Berlepsch. H[ermann] A[lexander]. Wegweiser durch die Schweiz. Mit 1 Übersichtskarte und 1 Routenkarte. 8. Hildburghausen.
Ausg. A. 1864. — Meyer's Reisebücher No. 4.
Ausg. B. Berichtigte Ausg. 1865. — Meyer's Reisebücher. Redaction von Berlepsch. (No.) 4. Schweizer Wegweiser.

—— **Wegweiser durch die Schweiz. 1. Ausg. 1864. und (2.) bericht. Ausg. 8. (VIII und 190 S. mit 1 Uebersichtskarte in Stahlst. und ill. und 1 chromolithogr. Routenkarte in 4. und Fol.) Hildburghausen 865, Bibliographisches Institut.** geb. *

—— Wegweiser durch die Schweiz. 2. Aufl. 1870, und neue revid. Ausg. gr. 16. (X, 208 S. mit 2 chromolithogr. Übersichtskarten in 8. und Fol. und 5 Routennetzkarten auf 1 Stnt. und 4 eingedr. Holzschn.) Hildburghausen [Leipzig] 870, Bibliograph. Institut. *

Berlepsch. H[ermann] A[lexander]. (*Umschlag:* Wegweiser durch die) Schweiz. 2. Aufl. Mit 2 Übersichtskarten und 5 Routennetzen. 8. Hildburghausen 1871 (* *Umschlag:* 1872).
Meyer's Reisebücher.

— **Wegweiser durch Thüringen, s. Anding.**

—— **West-Deutschland, s. Hey'l.**

— die Central-Schweiz, die Gotthard-Bahn u. die italienischen Seen. Ein Reisehandbuch f. den Vierwaldstättersee u. die Gotthardbahn, nach dem Tessin u. den Seen. 3. verb. u. wesentlich verm. Aufl. Besorgt von H. E. v. Berlepsch. 8. (XII, 150 S.) München 884. Exped. v. Berlepsch's Reisebüchern. cart. n. 1. 20

—— **Zürich und seine Umgebungen. Ein Führer für Einheimische und Fremde. 16. (186 S. mit 1 lithogr. Plan der Stadt und der umliegenden Gemeinden in gr. Fol.) Zürich 867, Schabelitz.**
Vgl.: Rüblsühli, J. E., das Schweizerland.

Berlepsch, Jo. Wilh. Ludwig von (Hessen), Filius perjuris et rebellis Henricus V. praedicatur pius et justus. Präs. Georg Werenberg. Lüneburg, Juli 1734. Halle u. Lpz. (Joh. Chph. Krebs). 48 S. (5.—) 2277

Göttingen und Umgegend. '(Kreis Göttingen.)' F. d. heimatkundl. Unterr. bearb. v. K. Berlepsch in Göttingen. Massstab 1:25,000. *Göttingen: Deuerlich [1897].* 1 Ktnbl. quer-gr. 2. (...) [91. 9990 Gö

Berlepsch, K: Karte v. Göttingen u. Umgegend. (Kreis Göttingen.) Für d. heimatkundl. Unterr. bearb. 1:25,000. 2 Bl. à 49×90 cm. Farbdr. Gött. 97, Deuerlich. Auf L. m. St. nn 12 —

Berlepsch, K: Masszeichnen u. Modellen f. Feinmechaniker u. Elektrotechniker, s.: Lehrhefte f. d. Einzelunterr. an Gewerbe- u. Handwerkersch.

Berlepsch, K.L.v., s.a. Berlepsch, Fr. Ludw. v.

K. L. v. Berlepsch, Pragmat. Geschichte des landschaftl. Finanz- u. Steuerwesens der Fürstenth. Calenberg und Göttingen, in Hinsicht auf dasjenige, welches noch jetzt einen praktischen Nutzen schafft. Braunschw. 1799.

Berlepsch, Karl Frhr v., s.: Kränze.

Berlepsch, Lina v.: Zur Bühne, s. Familien-Bibliothek.

Berlepsch, Lina v.: Philipp's Feiertag, s. Familien-Bibliothek.

– ein wahnsinniger Führer, s. Familien-Bibliothek.

Berlepsch, Lina Freifr. v., amerikanische Geschichten, s.: Für Herz u. Haus 45. Bd.

Berlepsch, Lina Freifrau v., Vetter Gottfried, s. Familien-Bibliothek.

Berlepsch, Lina Freifrau v., Hochlandsgeschichten, s.: Für Herz u. Haus. 3. Bd.

Berlepsch, Lina Freifr. v., meine sentimentale Köchin, s. Familien-Bibliothek.

– kurirt, s. Familien-Bibliothek

– der Menschenjäger, s. Familien-Bibliothek.

– eine Nacht auf Java, s. Familien-Bibliothek.

– Nebelbilder, s. a. Für Herz u. Haus. 38. Bd.

v. Berlepsch, Lina, Nebelbilder. Skizzen. Mannheim 869. Schneider. 8. (VII, 189 S.) 20 ngr.

– in der Prärie, s. Familien-Bibliothek.

– nur eine Puppe, s. Familien-Bibliothek.

Berlepsch, Lina Freifrau v., Romanbibliothek. 1.—24. Bd. 8. Regensburg, J. Habbel. à Bd. in Leinw. 1.50

1. Um ihretwillen. Roman, n. d. amerikan. Orig. v. May Agnes Fleming frei bearb. 2. Aufl. (429 S.) 897.
2. Regina. Roman, n. dem amerikan. Orig. v. May Agnes Fleming frei bearb. (349 S.) 895.
3. In Ebbe u. Fluth. Roman, n. d. amerikan. Orig. v. May Agnes Fleming frei bearb. (385 S.) 896.
4. E. Weibes Martyrium. Roman, n. d. amerikan. Orig. v. May Agnes Fleming frei bearb. — Unter Syringen. Dem amerikan. Orig. v. Dora Thorne nacherz. (370 S.) 896.
5. Dem Irrlicht gefolgt. Roman, n. dem amerikan. Orig. v. May Agnes Fleming frei bearb. (439 S.) 896.
6. Geheimnißvoll. Roman, n. dem amerikan. Orig. v. May Agnes Fleming frei bearb. 2. Aufl. (519 S.) 897.
7. Dem Volke entstammt. Roman. Dem amerikan. Orig. v. May Agnes Fleming nacherz. (273 S.) 896.
8. E. furchtbares Geheimniß. Roman. D. amerikan. Orig. v. May Agnes Fleming nacherz. (326 S.) 896.
9. Ediths Geheimniß. Roman. D. amerikan. Orig. v. Mary J. Holmes nacherz. (469 S.) 896.
10. Die Kinder e. Hauses. Roman. Dem amerikan. Orig. v. May Agnes Fleming nacherz. (258 S.) 896.
11. Am Rande d. Abgrundes. Roman. D. amerikan. Orig. v. May Agnes Fleming nacherz. (329 S.) 896.
12. Infelice. D. amerikan. Orig. d. Mrs. Evans-Wilson nacherz. (430 S.) 897.
13. Du bist wie e. Blume. Roman. Dem amerikan. Orig. der Herzogin — — nacherz. (274 S.) 897.
14. Mariola. Roman. E. amerikan. Orig. nacherz. (295 S.) 897.
15. Auf einsamem Felsenriff. Roman. Dem amerikan. Orig. v. May Agnes Fleming nacherz. (444 S.) 897.
16. Dämon Gold. Roman. N. d. Orig. v. Ann S. Steffens frei bearb. (384 S.) 897.
17. Mein ist die Rache. Roman. D. amerikan. Orig. v. May Agnes Fleming nacherz. — Nach dunkelen Stunden. Dem amerikan. Orig. v. Mary J. Holmes nacherz. (354 S.) 898.
18. D. Erbherren v. Millbank. Roman, n. d. amerikan. Orig. v. Mary J. Holmes frei bearb. (517 S.) 898.
19. ‚Bis Euch scheidet der Tod'. Roman. D. amerikan. Orig. v. Augusta Evans-Wilson nacherz. (202 S.) 898.
20. Um welchen Preis. Roman. D. amerikan. Orig. v. Bertha M. Clay nacherz. (232 S.) 898.
21. Wie der Morgen tagt. Roman, n. d. amerikan. Orig. v. Mary J. Holmes frei bearb. (258 S.) 898.
22. Lilis Brautschatz. Roman. D. amerikan. Orig. v. Mary J. Holmes nacherz. (335 S.) 898.
23. Die Hoffnung v. Ulmenhorst. Roman, n. d. amerikan. Orig. v. J. Caldow frei bearb. (275 S.) 898.
24. Es fiel e. Reif. Roman, n. dem amerikan. Orig. v. May Agnes Fleming frei bearb. (392 S.) 898.

Berlepsch, Lina Freifrau v., Romanbibliothek. 1.—6., 10. u. 25.—59. Bd. 12. Regensburg, J. Habbel. à 1.25; geb. in Leinw. à 1.50

1. Um Ihretwillen. Roman. Nach d. amerikan. Original der Mrs. May A. Fleming frei bearb. 3. Aufl. (429 S.) 900.
2. Regina. Roman. Nach dem amerikan. Originale der Mrs. May Agnes Fleming frei bearb. 3. Aufl. (319 S.) (900.)
3. In Ebbe u. Flut. Roman. Nach d. amerikan. Originale der Mrs. May A. Fleming frei bearb. 3. Aufl. (385 S.) (900.)
4. Eines Weibes Martyrium. Roman, nach dem amerikan. Originale der Mrs. May Agnes Fleming frei bearb. — Unter Syringen. Dem amerikan. Originale v. Dora Thorne nacherzählt. 3. Aufl. (370 S.) (900.)
5. Dem Irrlicht gefolgt. Roman. Nach dem amerikan. Originale der Mrs. May A. Fleming frei bearb. 3. Aufl. (439 S.) (900.)
6. Geheimnißvoll. Roman, nach dem amerikan. Originale der Mrs. May Agnes Fleming frei bearb. 3. Aufl. (519 S.) (900.)
10. Die Kinder e. Hauses. Roman, nach dem amerikan. Origin. d. Mrs. Agnes Fleming nacherzählt. 2. Aufl. (258 S.) 899.
25. Wessen Schuld? Roman, nach dem amerikan. Originale der Mary Grace Halpine frei bearb. (242 S.) 899.
26. Des Verbrechens letzte Sühne. Roman, dem amerikan. Originale d. Mrs. Meta Victoria Victor nacherz. (264 S.) 899.
27. Im Irrsinn. Roman. Dem amerikan. Originale der Mrs. Mary Holmes nacherzählt. (345 S.) (899.)
28. Die Erbin v. Redcliff. Roman. Nach dem amerikan. Originale der Lucy Randall Comfort frei bearb. (324 S.) (899.)
29. Dunkele Räthsel. Erlebnisse e. Erzieherin. Nacherzählt. — Im Traum geschaut. Dem engl. Originale der Mathilde Blanchó nacherzählt. (310 S.) (899.)
30. Im Thurmhause. Nach d. amerikan. Originale der Mrs. Mary A. Fleming frei bearb. — Eduard u. ich. Dem amerikan. Originale der Mrs. Mary Holmes nacherzählt. (283 S.) (900.)
31. Wessen Juwelen? Roman. Nach dem amerikan. Originale der Mrs. Meta Victoria Victor frei bearb. (324 S.) (900.)
32. Vermählt u. doch keines Mannes Weib. Roman, nach dem amerikan. Originale der Mrs. May Agnes Fleming frei bearb. (452 S.) (900.)
33. Passionsblumen. Dem Amerikan. nacherzählt. — Verwaist. Dem amerikan. Originale der Frau Mary J. Holmes nacherzählt. (290 S.) (900.)
34. Dem Grabe entblüht. Roman. Nach dem amerikan. Originale v. Charles T. Manners frei bearb. (263 S.) (900.)
35. Das Geheimniß des roten Zimmers. Roman. Dem amerikan. Originale der Marg. Blount nacherzählt. — In Versuchung. Roman. Dem amerikan. Originale der Mrs. Florence Norton nacherzählt. (354 S.) (900.)
36. Der Liebe Wunderwalten. Roman. Dem amerikan. Originale v. Mrs. C. M. B. nacherzählt. — Der Letzte seines Stammes. Roman. Dem amerikan. Originale v. Talbot Groymer nacherzählt. (410 S.) (900.)
37. In elfter Stunde. Roman. Dem Amerikan. nacherzählt. (224 S.) 901.
38. Bis ins dritte Glied. Roman. Dem amerikan. Originale v. Etta Pierson nacherzählt. (311 S.) 901.
39. Aus den Straßen Newyorks. Roman. Dem amerikan. Originale v. Charles Geyler nacherzählt. (378 S.) 901.
40. Die Erbin v. Redstone Hall. Roman. Dem amerikan. Originale der Mrs. Mary Holmes nacherzählt. (415 S.) 901.
41. Vermißte Dokumente. Roman. Dem amerikan. Originale des Generals *** nacherzählt. (356 S.) 901.
42. Finstere Mächte. Einem amerikan. Originale nacherzählt. (412 S.) 901.
43. Zweier Gatten Weib. Dem amerikan. Originale v. C. Conklins nacherzählt. (451 S.) 901.
44. New-Yorks geheime Polizei. Aus den Erlebnissen e. Geheimpolizisten. Dem Amerikan. nacherzählt. (298 S.) 901.
45. Der Familienschatz. Dem amerikan. Originale von Charl. Wanner nacherzählt. (403 S.) (902.)
46. Hagar's Geheimniß. Nach dem amerikan. Originale d. Mrs. Mary Holmes. — Esmeralda Thau. Nach dem Amerikan. (255 S.) (902.)
47. Röslein, Röslein, Röslein rot. Einem amerikan. Originale nacherzählt. (275 S.) (902.)
48. Lina. Dem amerikan. Originale der Mrs. Mary Holmes nacherzählt. (306 S.) (902.)
49. In der Prairie. Dem Amerikan. nacherzählt. — An der Grenze der Civilisation. Nach e. amerikan. Originale frei bearb. — Das Wrack. Eine Skizze aus dem Buschleben in Australien. (206 S.) (902.)
50. Das Geheimnis v. Glenhampton. Dem amerikan. Originale der Lucy Randall Comfort nacherzählt. (231 S.) (902.)
51. Ein Adoptivkind. Nach dem amerikan. Originale der Mrs. Mary Holmes. — Im Dunkeln. Nach dem Amerikan. (271 S.) (902.)
52. Des Goldes Macht u. Wucht. Nach e. amerikan. Originale frei bearb. (300 S.) (902.)
53. Die schwarze Maske. Nach e. amerikan. Originale frei bearb. — Das Gespenst im alten Herrenhause. Dem Amerikan. nacherzählt. — Verraten. Dem Amerik. nacherzählt. (208 S.) (902.)
54. Im Banne der Rache. Nach dem amerikan. Originale des Ned Buntline frei bearb. (270 S.) (902.)
55. Zwischen ihnen die Welt. Nach e. amerikan. Originale der Berta M. Clay frei bearb. (480 S.) (902.)
56. Verlockt! Geschichte e. Traurings. Nach e. amerikan. Originale frei bearb. — Treupflicht. — Wieder erstanden. — Die Liebe hört nimmer auf. Nach amerikan. Originalen frei bearb. (211 S.) (902.)

57. Im fernen Westen. Nach dem amerikan. Originale der Mrs. Mary J. Holmes frei bearb. (290 S.) (902.)
58. Vergeltung. Nach dem amerikan. Originale der Mrs. Mary J. Holmes. — Philipp's Vermächtnis. Nach dem amerikan. Originale der Mrs. Emma Wenborn frei bearb. (290 S.) (902.)
59. Der Schuld geziehen. Nach dem amerikan. Originale der Mrs. Carrie Conklin frei bearb. (258 S.) (902.)

— Romanbibliothek. 60. Bd. 8. Regensburg, J. Habbel. Geb. in Leinw. n. 1. 50

Düstere Schatten. Nach dem amerikan. Originale der Mrs. Mary J. Holmes frei bearb. (464 S.) (903.)

—— Verrathen, s. Familien-Bibliothek.

Berlepsch, L. Freifrau v., im fernen Westen, s.: Bachem's Novellen-Sammlung.

Berlepsch, Maria Goswina von, s.a. Berlepsch, Goswina v.

Berlepsch, Maria Goswina von

Bergvolk. Novellen. 2. Aufl. Stuttgart, Leipzig: Dt. Verl.-Anst. 1898. 225 S, 8°

Berlepsch, Therese von

Berlepsch u. der Belagerungszustand Erfurts im Herbst 1848. Ein Beitrag zur Geschichte der Willkürherrschaft im konstitutionellen Preußen. (Von Therese v. Berlepsch.) 8. (28 S.) St. Gallen 849, Scheitlin & Zollikofer. 3 ngr.

Berlepsch-Valendas, HE: Decorative Anreggn. Fol. (33 Farbdr. m. IX S. Text.) Lpzg 99. Meissner & Buch. In Mappe 36 —

Berlepsch-Valendàs, Hans Eduard

Berlepsch-Valendas, H. E., Bauernhaus u. Arbeiterwohnhaus in England. Eine Reisestudie. (20 Taf. u. 20 S. Text m. 87 Abb.) 40×29,5 cm. Stuttgart (907). [J. Engelhorn.] Esslingen, P. Neff. In Mappe. 18. —

[Hans Eduard] Berlepsch-Valendàs. Bodenpolitik und gemeindliche Wohnungsfürsorge der Stadt Ulm an der Donau. München: Reinhardt (1910). 49 S. 4°

[Umschlagt.:] Berlepsch-Valendàs. Bodenpolitik ... e. deutschen Mittelstadt. [10. 13477

Berlepsch-Valendàs, HE v.: Das künstler. Leben d. Japaner, s.a. Orient, d.

Das künstlerische Leben der Japaner. Vortrag geh. 1903 in d. Münchner Orient. Gesellsch. von [Hans Eduard] Berlepsch-Valendàs. Halle: Gebauer-Schwetschke 1905. (16 S.) 8°

— Orient, Der. H. 2. [06. 5998

Die Gartenstadt München-Perlach. Von [Hans Eduard v.] Berlepsch-Valendàs u. Hansen. München: Reinhardt 1910. IV, 96 S. 8° [10. 4102

— Skandinavische Museen. Eine Reisestudie. (S. 169—228 m. Abbildgn.) 4. München 905. R. Oldenbourg. n. 2. —

Sonderabdruck aus: „Kunst u. Handwerk".

Berlepschische, über die von, Verbannung a. d. Kurbraunschw. Landen. gr. 8. Leipz. 801. Schmidt. 1 Thl 6 gr.

Berlese, A., Acari, Myriopoda et Scorpiones hucusque in Italia reperta. Fasc. I—XL. gr. 8. (à 10 farb. Taf. m. 10 Bl. Erklärgn.) Padova 882—887. (Berlin, R. Friedländer & Sohn.) à n.n. 3. 20

Berlese, A., Acari, Myriopoda et Scorpiones hucusque in Italia reperta. Fasc. LXXI—LXXIII. gr. 8. (80 S. m. 24 z. Tl. farb. Taf.) Padova 894. (Berlin, R. Friedländer & Sohn.) n.n. 9. 60
(1—73 m. Suppl. I.: n.n. 291. 40)

— dass. Suppl. II. Ordo Prostigmata (Trombidiidae). 8° (155 m. 171 Taf.) Ebd. 94. n.n. 14.40

Berlese, A., Acari, Myriopoda et Scorpiones hucusque in Italia reperta. Fasc. 74—97. (421 S. m. 199 z. Tl. farb. Taf.) gr. 8. Padova 895-908. (Berlin, R. Friedländer & Sohn.) nn. 76. 80
(1—97 u. Suppl. I u. II n.n. 385. 80)

Berlese, A. N., icones fungorum ad usum sylloges Saccardianae. Fasc. I. [Pars 1.] gr. 8. Asculi Picenorum 890. (Berlin, Friedländer & Sohn.) n.n. 8. —

Lophiostomaceae — Sphaeriaceae p.p. (VI, 28 S. m. 17 farb. Taf.)

— icones fungorum ad usum sylloges Saccardianae. Fasc. I. [Pars 2.] gr. 8. Asculi Picenorum 891. (Berlin, Friedländer & Sohn.) n.n. 12. — (I. 1. 2.: n.n. 20. —)

Sphaeriaceae Phaeophragmiae (S. 29—50 m. 24 farb. Taf.)

— dasselbe. Fasc. II—V. gr. 8. Ebd. n.n. 88. —

II. Sphaeriaceae Phaeophragmiae [contin. et finis. (S. 51—90 m. 44 farb. Taf.) Patavii 892. n.n. 24. —
III. Sphaeriaceae, Hyalophragmiae. Pars I. (S. 91—118 m. 42 z. Tl. farb. Taf.) Patavii 893. n.n. 24. —
IV. V. Sphaeriaceae, Hyalophragmiae (finis) et Genera. (X u. S. 119—235 m. 39 z. Tl. farb. Taf.) Abellini 894. n.n. 40. —

Berlese, A. N., Icones fungorum ad usum sylloges Saccardianae accomodatae. Vol. II. Fasc. I—IV. Sphaeriaceae dictyosporae. (112 S. m. 145 farb. Taf.) Lex.-8. Patavii 895—97. (Berlin, R. Friedländer & Sohn.) n.n. 88. — (I—II, 4.: n.n. 196. —)

— dasselbe. Phycomycetes. Fasc. I. Peronosporaceae p. p. Lex.-8. (S. 1—40 m. 67 farb. Taf.) Ebd. 898. n.n. 40. —

Berlese, A. N., Icones fungorum ad usum sylloges Saccardianae accommodatae. Vol. II Fasc. V. Sphaeriaceae dictyosporae (continuatio et finis). Lex.-8. (S. 113—216 m. 43 Taf.) Patavii 899. (Berlin, R. Friedländer & Sohn.) n.n. 24. —

— dasselbe. Vol. III. Fasc. I—IV. Sphaeriaceae allantosporae. Lex.-8. (S. 1—104 m. 124 Taf.) Ebd. 900. 902. n.n. 80. —

Berlese, A. N., Icones fungorum ad usum sylloges Saccardianae accommodatae. Vol. III. Fasc. V (postumus). Sphaeriaceae allantosporae (continuatio). Curantibus Ant. Berlese et P. A. Saccardo. (S. 105—120 m. 36 Taf.) Lex.-8. Patavii 905. (Berlin, R. Friedländer & Sohn.) n.n. 22. 40
(Kplt. erhöhter Pr. n.n. 430. —)

— Laboulbeniaceae, s.: Saccardo, P. A., sylloge fungorum.

Berlèse, Abbé Laur., Beschreib. u. Cultur d. Camellia. Nebst 2 Tab., deren e. d. Namen v. ungefähr 260 Varietäten in Farbe, Gestalt d. Blüthen, d. Gattung od. d. Varietät, welche sie hervorgebracht hat, d. Ort ihres Ursprungs u. d. Zeitraum ihrer Einführung in Europa; d. zweite aber, in zwei aufsteigenden Abstufungen, d. Schattir. d., d. bekannten Camellien eigenthüml. Farben u. ihre besond. Benennungen enthält. Aus d. Französ. gr. 8. Quedlinburg, 1838. Basse. — 22½

Berlèse, Abbé, über Camellien, oder Versuch über die Cultur und Gattungen derselben. Aus d. Franz. zu Paris ins Deutsche übersetzt u. mit Anmerkk begleitet von e. Gartenfreunde. gr. 8. Berlin 838. Dümmler. 1 Thl

— üb. Camellien, od. Versuch üb. d. Cultur u. Gattungen ders. Aus d. Französ. in's Deutsche übers. u. mit Anmerk. begleitet v. e. Gartenfreunde. gr. 8. Berlin, 1838. (Leipzig, T. O. Weigel). (1. —) — 18

— Kultur und Beschreibung der schönsten bis jetzt bekannten Camellien, nach d. Franz. v. G. P. v. Gemünden. (Nebst 2 Tabb. u. 1 lithogr. Farbentaf. 8. Weißensee 838. Großmann. 1 Thl

Berlèse, Abbé, Kultur und Beschreibung der schönsten, bis jetzt bekannten Kamellien. — Nachtrag, nach der 2. franz. Aufl. bearbeitet und mit Bemerkungen begleitet vom wirkl. Rathe G. P. von Gemünden. 8. Weißensee 841, Großmann. ¾ Thl (Complet: 1¾ Thl

Berlet, Alban, Gedichte. 12. (66 S.) Annaberg 886. van Groningen. n. 1. 50

Berlet, Bruno, u. Brechensbauer, kleiner Führer durch das böhmische Mittelgebirge nebst Zugangsrouten v. Sachsen u. Nordböhmen. (IV, 558. m. 2 Karten.) kl. 8. Annaberg (907). Graser's Verl. — 80

Berlet, B., sächsische Geschichte in Biographien, s.: Spieß, M.

Berlet, B. Ueber Adam Riese. Annaberg 1855. 4.

Berlet, Bruno, Adam Riese, sein Leben, seine Rechenbücher u. seine Art zu rechnen. Die Coß v. Adam Riese. Mit dem Brustbild u. der Handschrift v. Adam Riese. gr. 8. (VIII, 62 S.) Frankfurt a/M. 892. Kesselring. n. 1. 20

Berlet, B. Adam Riese, sein Leben, seine Rechenbücher und seine Art zu rechnen. Leipzig 1892.

Berlet, B., Schulgrammatik, s. Schulgrammatik, deutsche.

Berlet, B., und M. Spieß, deutsche Schulgrammatik, s. Schulgrammatik.

Berlet, Bruno, deutsche Schulgrammatik, s. Spieß, M.

Berlet, B., deutsche Schulgrammatik für höhere Schulen, s. Schulgrammatik.

—— Wegweiser durch das sächsisch-böhmische Erzgebirge. gr. 16. (VIII, 168 S. mit eingedr. Holzschn. und 1 lithogr. Karte in gr. 4.) Annaberg 872, Graser. cart. *

—— Wegweiser durch das sächsisch-böhmische Erzgebirge. 2. umgearb. Aufl. Mit 1 (lith. u. color.) Uebersichtskarte (in gr. Fol.) u. 20 (eingedr.) Routennetzen. gr. 16. (VIII, 180 S.) Annaberg 876. Graser. n. 2. —

—— Wegweiser durch das sächsisch-böhmische Erzgebirge. 3. umgearb. Aufl. 16. (VIII, 216 S. mit 1 lithogr. Uebersichtskarte [in Fol.] und 21 eingedr. Routennetzen.) Annaberg 880, Graser. cart. *

Berlet, Bruno, Wegweiser durch das sächsisch-böhmische Erzgebirge. 4. verm. Aufl. Mit 1 Spezialkarte u. 1 Orientierungstaf. vom Fichtelberg. 12. (XV, 238 S.) Annaberg 884. Graser. cart. n. 2. 50

—— Wegweiser durch das sächsisch-böhmische Erzgebirge. 5. verm. Aufl. 12. (XVI, 255 S. mit Übersichtskarte, 1 Orientierungstaf. vom Fichtelberg und 1 graph. Höhendarstellung.) Annaberg 887, Graser. cart. *

— Wegweiser durch das sächsisch-böhmische Erzgebirge. 6., verm. Aufl. Mit Übersichtskarte, e. Orientirungstaf. v. Fichtelberg u. e. graph. Höhendarstellg. 12. (XIV, 276 S.) Annaberg 889. Graser. geb. n. 3. —

— Wegweiser durch das sächsisch-böhmische Erzgebirge. 7. Aufl., neu bearb. v. E. A. Prasse. Mit 4 Übersichtskarten, 1 Orientirungstafel vom Fichtelberg u. 1 Routenkärtchen. 12. (XII, 266 S.) Annaberg 893. H. Graser's Verl. Geb. in Leinw. n. 3. —

— Wegweiser durch d. sächs.-böhm. Erzgebirge, 9. Aufl., m. Unterstützg. d. Erzgebirgsvereine bearb. durch E. A. Prasse u. Ernst Köhler. M. 4 Übersichtskarten, 1 Routenkärtchen, 1 Karte d. Zugangswege n. Keil- u. Fichtelberg u. 1 Rundschau v. diesen Bergen, sow. d. Pöhl- u. Auersberg. 12. (VIII, 276 S.) Annaberg 898. Graser. Geb. in Leinw. n. 2. —

Berlet, Bruno, Wegweiser durch das sächsisch-böhmische Erzgebirge. 10. Aufl., m. Unterstützg. der Erzgebirgsvereine bearb. durch E. A. Prasse u. Ernst Köhler. Mit 1 Übersichtskarte, 1 Routenkärtchen, 1 Karte der Zugangswege nach Keil- u. Fichtelberg u. 1 Rundschau v. diesen Bergen, sowie dem Pöhl- u. Auersberg. 12. (VIII, 286 S.) Annaberg (902). Graser. Geb. in Leinw. n. 2. —

Berlet, Bruno, Wegweiser durch das Erzgebirge, Nordböhmen u. böhm. Mittelgebirge. 11. Aufl. m. Unterstützg. der Erzgebirgszweigvereine bearb. durch P. Kabisch u. Jos. Brechensbauer. Mit e. Routenkärtchen Übersichtskarte u. Spezialkarten nebst Rundschau v Keil- u. Fichtelberg, Pöhl- u. Auersberg. (XVIII, 312 S.) kl. 8. Annaberg 908. Graser's Verl. Kart. 2. —

Berlet, Bruno: Wegweiser durch d. Erzgebirge, Vogtland, Nordböhmen, Duppauer Gebirge u. böhm. Mittelgebirge. 12. Afl. v. P Kabisch u. Jos. Brechensbauer. (24, 328 m. Ktn.) kl8° Annabg. Graser's V. '11. geb. 2 —

Berlet, Bruno, Weltgeschichte in Biographien, s.: Spieß, Mor.

Berlet, B., Weltgeschichte in Biographien, s. Weltgeschichte.

Berlet, Erich, Oberl. an d. Realschule zu Oschatz: Die sächsisch-böhmische Grenze im Erzgebirge. *Oschatz 1900: F. Oldecop's Erben.* (84 S.) 8° [F.] ¶[= Progr. Oschatz, Realsch. 1899.]
Leipzig, Phil. Diss. v. [1. Febr.] 1900

Berlet, Erich, die sächsisch-böhmische Grenze im Erzgebirge. Ein Beitrag zur polit. Geographie. Progr. gr. 8. (III, 84 S.) Oschatz 900. (Annaberg, Graser.) n.n. 1. 80

Berlet, [Ernst Erich]: [Bericht über die Feier des 50jährigen Bestehens der Anstalt.] S. 4—11. 4.
Progr. Realprogymn. i. E. mit Realschule *Glauchau* 1910

Berlet, Friedrich: Der gegenwärtige Stand der Schleich'schen Lokal-Anästhesie. *Neustadt a. d. H. 1898: Pfälzische Verl.-Anst.* (25 S.) 8°
Heidelberg, Med. Diss. v. [18. Mai] 1898

Berlet, Otto, s: Altertümer v. Pergamon.

Berlėung, Rudolf: Entwicklungsgeschichte des Arbeitsvertrags in den deutschen Territorien seit dem Reichsschluß von 1731 bis zur Einführung der Reichsgewerbeordnung von 1870/71. (Kaiserslautern [1906]: Buchdr. Pfälzer Volksbote.) (XI, 93 S.) 8° [F.]
München, Staatswirtsch. Fak., Ref. Brentano, Diss. v. 30. Mai 1906
[Geb. 31. Dez. 79 Kaiserslautern; Wohnort: Kaiserslautern; Staatsangeh.: Bayern; Vorbildung: Gymn. Speyer Reife Juli 01; Studium: München 9 S.; Rig. 30. Mai 06.]

Berlić, Andreas Torquat —, Grammatik der illirischen Sprache wie solche im Munde und Schrift der Serben und Kroaten gebräuchlich ist, von — —. 8. (2 Blätt. und 164 S.) Mechitharisten-Buchdruckerei. 1854.

Berlić, Andr. Torquat., Grammatik der illyrischen Sprache wie solche im Munde und Schrift der Serben und Kroaten gebräuchlich ist. gr. 8. (VIII und 164 S.) Wien 854, (Leo.) Thlr. *

(Berlić, F.) Die freiwillige Theilnahme der Serben und Kroaten an den vier letzten österreichisch-türkischen Kriegen (1683—1699, 1716—1717, 1737—1739 u. 1788—1790) dargethan in einer Sammlung gleichzeitiger geschichtlicher Urkunden. 8. Wien 1854

—— s.a. Quellen f. serb. Geschichte.

Berlić, Ign. Al., Grammatik der illirischen Sprache, wie solche in den südslaw. Ländern Serbien, Bosnien, Slavonien, Dalmatien, Kroatien u. v. den Illiriern u. Serben in Ungarn u. der Wojwodina gesprochen wird. Für Deutsche verfaßt u. hrsg. 3. durchges. u. verb. Aufl. gr. 8. (XVI u. 415 S., m. 1 lith. Tab. in Fol.) Agram 850, Suppan. n. 1⅓ ℳ

Berlich, Conclusiones ordine Augusti Sax. Elect. fol. Lps.

Berlichingen, s.a. Götz v. Berlichingen.

Berlichingen, Gottfrieds v., ritterliche Thaten. Mit d. Vorw. ein. Ungenannten u. ergänz. Einleitungen. Hrsg. v. Karl Riedel. 8. (13½ B.) Leipzig 843, Schreck.
Aus: Bibliothek der Unterhaltung.

Berlichingen, über Götz v., eine dramat. Abhandlung. 8. Lpz. Wevaand. 774.

Berlichingen, Götz von, mit der eisernen Hand. Ein Schauspiel. [Frankf. a. M.] 1773. 2. Aufl. Frankf. a. M. 1774. V: *Goethe, Johann Wolfgang von.* (Ky) (Mn) (GGr)

Berlichingen, Götz v., mit der eisernen Hand. Schausp. 8. Frankf. Eichenberg. 774.

— — dasselbe. 8. Leipz. Böhme, 773.

— — dasselbe. Schausp v. Göthe. 8. Leipz. Göschen. 787.

Berlichingen, Frhr. Adph. v., die Befreier Wiens 1683. Dramatisches Gedicht. 8. (X, 383 S.) Wien 894. C. Konegen. n. 4. —

— Dokumente zu Luthers Ablass-Streit m. Tetzel. Ergänzgsheft z. II. Abtlg (Luther u. s. Werk) d. populär-histor. Vortr. üb. Reformation, Revolution u. 30jähr. Krieg. (1. u. 2. Afl.) (40) 8° Ebd. 03/04. — 50 d

Berlichingen, Frhr. Adf. v., Gedächtnis-Rede aus Anlaß der Trauer-Feier zu Ehren des am 31. III. 1902 dahingeschiedenen Centrum-Führers Dr. Ernst Maria Lieber, geh. im Centrums-Verein Würzburg am 6. IV. 1902. gr. 8. (16 S.) Würzburg 902. Göbel & Scherer. n. — 25

— Jugendlehr u. Jugendwehr. Ein sicheres Mittel zur Rettg. des Volkes. gr. 8. (14 S.) Ebd. 902. n. — 20

Berlichingen, A. v., der Kaiser in Vorarlberg. Gedenkblüemla, z'sammegsucht u. z'sammebunde, i Musik g'setzt vo W. Briem, m. Randzeichnunge versehe vo J. Huber. gr. 4. (IV, 326 S.) Einsiedeln 883. Benziger. geb. m. Goldschn. n. 36. —; Volksausg. ohne Illustr. Lex.-8. (VIII, 323 S.) cart. n. 5. —

Berlichingen, Ad. v. Die heiligen drei Könige. Ein Weihnachtsspiel m. Gesang. Componiert v. Wunibald Briem. Textbuch. gr. 8. (II, 96 S.) Graz 891, Styria. * 1 —
Gesänge dazu. qu.-Fol. (48 S.) * 3 35
u. 4 Stimmen. Fol. (28 S.) à * — 30

Berlichingen, Adf. Frhr. v., S. J., Lazarett-Fahrten im deutsch-französischen Kriege. 2. Aufl. (255 S.) kl. 8. Essen (909). Fredebeul & Koenen. 2. —; geb. in Leinw. 2. 60

—— Lieder zu dem Krippenspiele: Die Hirten von Bethlehem, s. Able, J. N., geistlicher Christbaum.

— Luther u. sein Werk in populär-histor. Vorträgen geschildert. Der samten populär-histor. Vorträge II. Abtlg. I. Tl. (Heft 9—22 u. Dokumente zu Luthers Ablaßstreit m. Tetzel). I. Abschn.: Luthers innerer Abfall u. Vorbereitg. zum äußeren Abfall. (III u. S. 143—395 u. 40 S.) gr. 8. Ebd. 904. n. 3. 20
1 bildet: Die gift. Quellen des Abfalls in der Reformation.

—— Don Gabriel Garcia Moreno, Präsident der Republik Ecuador. Ein Leben im Dienste des Vaterlandes und des Glaubens. 8. (137 S. mit 1 Titelbild in Holzschn.) Einsiedeln 884, Gebr. Benziger.

— Don Gabriel Garcia Moreno, Präsident der Republik Ecuador. Ein Leben im Dienste des Vaterlandes u. des Glaubens. (142 S. m. 1 Bildnis.) kl. 8. Ebd. (909). 1. 40; geb. in Leinw. 2. —

Berlichingen, Frhr. Adf. v., ob Berlichingen e. bewußter absichtlicher Geschichts-Lügner ist. Antwort auf die Angriffe des Professors Dr. Horst Kohl aus Leipzig im Leipziger Tageblatt. (20 S.) gr. 8. Würzburg 904. Göbel & Scherer. n. — 25

—— Ozanam oder das Senf-Körnlein des heil. Vincenz v. Paul. Festspiel zur 50jähr. Gründungsfeier der Vincenz-Vereine. 8. (92 S., Musikbeilage 4 S.) [Münster 883, Nasse'sche Buchh.] Paderborn und Münster, Schöningh. *

— Predigt behufs Anschaffung neuer Glocken f. die Kirche v. St. Adalbero in der Sanderau, geh. Sonntag, den 16. II. 1902 zu Würzburg. gr. 8. (10 S.) Ebd. 902. n. — 20

— Predigt behufs Anschaffung neuer Glocken für die Kirche v. St. Adalbero in der Sanderau, geh. Sonntag, den 16. II. 1902 zu Würzburg. 2. Aufl. (10 S.) gr. 8. Ebd. 903. n. — 20

— Predigt behufs Anschaffung e. neuen Orgel für die Kirche v. St. Adalbero in der Sanderau, geh. Sonntag, den 15. II. 1903 zu Würzburg. (11 S.) gr. 8. Ebd. 903. n. — 20

— Predigten üb. das hl. Sakrament der Ehe, geh. in der St. Adalbero-Kirche in Würzburg, m. Zugrundelegg. der „oberhirtl. Unterweisg. des hochwürdigsten Hrn. Bischofs Dr. Ferdinand v. Schlör üb. das Sakrament der Ehe" (Würzburg 1901). I.—V. Predigt. gr. 8. Ebd. 902. à n. — 20
I. Die Ehe im Paradies. (12 S.)
II. Die Ehe der Patriarchen. Die Ehe nach dem Gesetze Mosis. (11 S.)
III. Die Ehe durch Jesus Christus zum Sakrament erhoben. (9 S.)
IV. Trennung der Gatten v. Tisch u. Bett, d. h. Trennung der äußeren Lebensgemeinschaften. (10 S.)
V. Von der Unauflöslichkeit der Ehe hängt das Wohl u. Wehe ganzer Völker ab. (12 S.)

— Predigten über das hl. Sakrament der Ehe, geh. in der St. Adalbero-Kirche in Würzburg, m. Zugrundelegg. der „oberhirtl. Unterweisung des hochwürdigsten Herrn Bischofs Dr. Ferdinand v. Schlör üb. das Sakrament der Ehe" (Würzburg 901). VI. u. VII. Predigt. gr. 8. Würzburg, Göbel & Scherer. à n. — 20
VI. Trennung der Gatten v. Tisch u. Bett, d. h. Trennung der äußeren Lebensgemeinschaft. (10 S.) 902.
VII. Die Einheit der christl. Ehe, d. h. nur ein Mann u. ein Weib im Sakrament der Ehe verbunden. (14 S.) 902.

Berlichingen, Frhr. Adf. v., die giftigen Quellen des Abfalls in der Reformation, in populär-histor. Vorträgen geschildert. Der gesamten populär-histor. Vorträge I. Abtlg. (Heft 1—8). (III, 141 S.) gr. 8. Würzburg 903. Göbel & Scherer. n. 1. 60

— die beiden Tilly. Historisches Drama in 5 Akten. 8. (VIII, 251 S. m. 1 Musikbeilage.) Regensburg 891. Nationale Verlags-Anstalt. n. 2. —

— Garcia Morenos Tod s.a. Vereinstheater, neues, Nr. 92.

Berlichingen, A. v., Garcia Moreno's Tod. Historisches Trauerspiel in 5 Acten. Mit e. Titelbild (in Holzschn.). 8. (207 S.) Einsiedeln 884. Benziger. 2. 40

— der Volksverein ist Rettung u. Sieg der katholischen Sache. Rede, geh. auf der Versammlg. des Volksvereins der Sektion Würzburg am 29. IV. 1902. gr. 8. (22 S.) Ebd. 902. n. — 25

— populär-histor. Vorträge üb. Reformation — Revolution u. 30jährigen Krieg, geh. im großen Schrannensaal zu Würzburg 1902—1903. (In 100 Heften.) 1.—27. Hft. gr. 8. Ebd. à n. — 20
1. Einleitung u. erste Ursache des großen Abfalles: Die Verweltlichung der Kirche. (S. 1—16.) 903.
2. Zweite Ursache des großen Abfalles: Der neuheidnische Humanismus in Italien. (S. 17—32.) 903.
3. Der ältere Humanismus in Deutschland u. seine wahre Reformthätigkeit. (S. 33—48.) 903.
4. Weitere Ursache des großen Abfalles: Einfluß der kirchen-

feindlichen Humanisten des 16. Jahrh. in Deutschland. Reuchlin u. der Reuchlin'sche Streit. (S. 49—67.) 903.
5. Erasmus v. Rotterdam, der Vorläufer Luthers. (S. 69—88.) 903.
6. 7. Ulrich v. Hutten, der revolutionäre Journalist der Reformation u. Luthers böser Geist. (S. 89—120.) 903.
8. Einführung des römisch-heidnischen Rechts in Deutschland u. Italien, die letzte giftige Quelle des Abfalls. (S. 121—141.) 903.
9. Luthers Jugend, Charakter u. Erziehung. (Luther u. sein Werk.) (S. 143—158.) 903.
10. Luthers Klosterleben als Augustiner-Mönch. (Luther u. sein Werk.) (S. 159 - 175.) 903.
11. 12. Luthers Ablaß-Streit gegen Tetzel. (Luther u. sein Werk.) 1. u. 2. Tl. (S. 177—208.) 903.
13.—20. Luthers Unterhandlungen m. dem päpstlichen Legaten Cajetan u. dem päpstlichen Kämmerer Miltiz. (II. Abtlg.: Luther u. sein Werk. 9. Vortrag. [3—10 Tl.]). (S. 209—360). 903.
21. 22. Dasselbe. (II. Abtlg.: Luther u. sein Werk. 9. Vortrag. [11. u. 12. Tl.)]. (S. 361—395.) 904.
23—27. Die Leipziger Disputation zwischen Luther u. Karlstadt einerseits u. Johannes Eck andererseits. (Luther u. sein Werk. 2. Abschn.: Luthers öffentl. Abfall v. der kathol. Kirche Christi.) (S. 397—482.) 904.

— ein offenes Wort an die gläubigen Protestanten. Antwort auf die Flugschrift Nr. 216 des evangel. Bundes u. dessen Aufruf an die bayer. Protestanten. (128 S.) gr. 8. Ebd. 904. n. 1.20

Berlichingen, d. Ritters Götz v., Leben, Fehden u. Händel, s.a. Memoirenbibliothek.

— Lebens-Beschreibg, hrsg. v. Karl Wolff, s.a. Bücher, Die, d. Lese.

Berlichingen's, Göz v., Lebensbeschreibung, s.a. Quellenschriften zur neueren deutschen Litteratur.

v. **Berlichingen, Götz.** Eigene Lebensbeschreibung. Herausg. von Joh. G. Gottl. Büsching und Frdr. Hch. v. d. Hagen. 8. Berlin 1810. — 8. ib. 1812. — Breslau. 8. ib. 1813. 4,00. — 8. ib. 1814.

Berlichingen, Götz v. (1480—1562), *Stammbuch der eisernen Hand des —.* In Druck gegeben durch *Frhrn. v. Hallberg*, ehemals Feldoberst-Hauptmann am Rhein. München 1828, b. Frdr. Wilh. Michaelis. 4⁰ min. Illustr. Orig.-Ppb.

36 S. (incl. 1 Bl. Vorw. u. 2 Bll. histor. Bemerkgn., dat. Birkeneck, am 26. Febr. 1828). Letztere besagen: „Die eiserne Hand des Götz von Berlichingen kam vormals durch Heirath an die Familie von Staufenberg, und von dieser 1789 an den kaiserlich-königlichen Obersten und Commandanten der Festung Comorn Emanuel von Berlichingen, dessen Gattinn Franziska, eine geborne Gräfinn von Hadik, als Wittwe zu Wien lebte. Diese machte daraus ein Stammbuch, in das sich Kaiser Franz, die Erzherzoge . . . . und viele Vornehme und bekannte Gelehrte eingeschrieben, und deren Mehrere artige Epigramme beigesetzt haben."

v. **Berlichingen, Götz**, zubenannt mit der eisernen Hand. Leben, Fehden und Handlungen, durch ihn selbst beschrieben. Hrsg. von O. F. H. Schönhut. (76) 8. Heilbronn 1858. 1,20.

Berlichingen, des Ritters Götz v., zugenannt m. der Eisern Hand, Lebens-Beschreibung. (Leben, Fehden u. Handlungen.) Aufs neu zum Druck befördert, in unsre Schriftweis gesetzt u. m. e. Index versehen v. Engelb. Hegaur. (108 S.) 8. München (909). A. Langen. 2.50; geb. in imit. Perg. 4.—; in Halbfrz. 6.—

— dass., hrsg. v. J. Dieffenbacher, s.a. Diesterweg's deut. Schulausg.

v. Berlichingen, Graf Jos., s. Göthe, Herrmann u. Dorothea.

Berlichingen-Rossach, Frdr. Wolfg. Götz Graf v., Geschichte des Ritters Götz v. Berlichingen mit der eisernen Hand und seiner Familie. Nach Urkunden zusammengestellt u. herausg. Mit 10 lith. Taf. (in Lex.-8. u. Fol.) Leipzig 861. Brockhaus. Lex.-8. (XII, 778 S.) n. 6 ℛ

B(ERLICZA), F(RANZ): Das alte christliche und heutige Ägypten geschildert von B. F. Budapest 1880: Druckerei Athenaeum. XIII, 781, 3 S. 1 t. - 230 mm

BERLICZA, FRANZ: Predigt bei Eröffnung der zu Német-Próna (Deutsch-Proben) den Töchtern der christlichen Liebe des heil. Vincenz von Paul anvertrauten kath. Mädchen-Lehr- und Erziehungs-Anstalt in der dortigen Pfarrkirche im Jahre 1890 am Feste der heil. Schutzengel von Franz Berlicza gehalten. Neusohl 1890: o. Dr. (Philipp Machold.) 20 S. - 8⁰

BERLIEN, EMIL. Ueber die Trennung der Cerit-Oxyde. Göttingen, 1864. Diss.

Beweis, dafs weder der Herzog von Augustenburg, noch irgend ein anderer Descendent König Christian's des Ersten etc. etc. an dem jetzigen ganzen Herzogthume Holstein, . . . irgend welch rechtlichen Anspruch besessen etc. etc. v. Johann Heinrich Friedrich **Berlien.** Mit 11 urkundlichen und 34 genealogischen Beilagen. Kopenhagen. 1864. 8⁰.

Der Elephanten-Orden und seine Ritter, eine historische Abhandlung über die ersten Spuren dieses Ordens und dessen fernere Entwickelung etc. v. Johann Heinrich Friedrich **Berlien.** (Mit 1 Titelbilde u. 10 Tafeln.) Kopenhagen. 1846. 8⁰.

Berlien, Joh. Heinr. Fr.: Das Herzogthum Schleswig von seiner ältesten Zeit bis auf den Tod des letzten Herzogs aus schauenburgischem Grafenstamme Adolph des Achten. Eine Geschichte für Stadt und Land. Hamburg. 1853. 8⁰

Berlien, Joh. Heinr. Frdr., historisch-genealogische Stammkarten des oldenburgischen Königshauses, nebst allen aus demselben hervorgegangenen Haupt- u. Nebenlinien; mit besond. Rücksicht auf die geschichtl. Verhältnisse der Herzogth. Schleswig, Holstein u. Lauenburg nach urkundlichen Quellen verfertigt. gr. Fol. (12 Taf.) Copenhagen 849. (Höst.) n. 4 1/2 ℛ

Berlin. [Sachliches Ordnungswort]

Berlin, s.a. Berolina.

Berlin, s.a. Beroliniana.

Berlin oder Darstellung der interessantesten Gegenstände dieser Residenz. Berlin 1793—1794. V: *Rumpf, Johann Daniel.* (HS) (MGT) (NN)

Berlin. Eine Zeitschrift für Freunde der schönen Künste, des Geschmacks und der Moden. Berlin 1799—1800. H: *Rhode, Joh. Gottlieb.* (BrMm) (Ky)

— eine Zeitschrift rc. a. d. J. 799. 800. gr. 8. Berlin, Dunker u. H. (à 4 Thlr. 12 gr.)

Berlin. Eine Zeitschrift für Freunde der schönen Künste, des Geschmacks und der Moden .. 1. und 2. Jahrgang. Berlin, In Commission bei Heinrich Fröhlich 1799 und 1800. Mit kol. Modekupfern. 8⁰. *Mehr nicht erschienen.*

— humorist.-satyr. Panorama in Distichen-Spielen von Κάλλος. 1s Hundert. 32. (Berl.) 832. Verlags-Expedition. (Cosmar u. Kr.) 6 gr

—— humorist.-satyr. Panorama in Distichen-Spielen von *Κάλλος*. 1. Hundert. 16. (3 1/2 B.) Berlin 832, (Zesch.)

Berlin. Eine Wochenschrift. Redig. v. L. Rellstab. 1. Jahrg. 1835. 52 Nrn. (Bog.) gr. 8. Berlin, Duncker u. Humblot. *

Berlin. Ein Buch f. junge u. alte Preußen. Mit 7 (lith.) Abbildgn. gr. 8. (XLVIII u. 207 S.) Berlin 852, A. Duncker. n. 1 1/3 ℛ

Berlin. Buch f. junge u. alte Preussen. 8. (207) Berl. 52, Paetel. n. 1. 15

Berlin. Ein Führer durch die Sehenswürdigkeiten Berlins und Potsdams sowie ihrer Umgebungen. Mit einem Nachweis der hauptsächlichsten Handel- u. Gewerbetreibenden u. der bedeutendsten Magazine Berlins. Berlin 855. Barthol. 16. (2 Bl., 194 S. u. 2 lith. Pläne in 4.) 15 ngr

Berlin. Illustrirte Montags-Zeitung. Red.: Hs. Wachenhusen. 1. Jahrg. Oktbr. — Decbr. 1856. 13 Nrn. — 2. Jahrg. 1857. Red.: E. Dohm. — 3. Jahrg. 1858. Red.: E. M. Oldenberg (später Ad. Glasbrenner). à 52 Nrn. (à 1½ Bgn. mit Holzschn. im Text.) Berlin, Hofmann u. Co. gr. Fol. Jeder Jahrg. n. 3 ₰

—— Illustrirte Montags-Zeitung. 2—6. Jahrg. 1857—61. à Jahrg. 52 Nrn. (Bog. mit eingedr. Holzschn.) Mit Beilagen. gr. Fol. Berlin, Hofmann und Comp. à Jahrg. *
(2. Jahrg. redig. von E. Dohm, 3. von E. M. Oldenberg, 4. und 5. von Adf. Glasbrenner. 1861. 1. Quart. von Matthias, 2—4. Quart. von A. Braß.)
1. Jahrg. 1856. October—December. Ebendas. * 22½ Ngr.

— Ein Führer durch die Stadt und ihre Umgebung mit Einschluss von Potsdam. 3. Aufl. Ebend. 856. (1 Bl., VIII, 260 S. 1 Stahlst. u. 2 lith. Pläne in 4.) 15 ngr

Berlin. Ein Führer durch die Stadt und ihre Umgebungen mit Einschluss von Potsdam. 5., verm. Aufl. 16. (VII und 370 S. mit 4 Kpfrst. und 2 lithogr. Plänen in qu. 8.) Berlin 857, Barthol und Comp.

Berlin. Stadt- u. Gemeinde-Kalend. u. städt. Jahrb. f. 1867. 1. Jahrg. Berlin.

Berlin. Den Mitgliedern der 18. allgemeinen deutschen Lehrer-Versammlung. 18., 19., 20. Mai 1869. Berlin 1869. V: *Engelien, August.* (Stadtbibl. Berlin XVI.)

— Volkszählung v. 1875, II—IV, 1880 u. 1885 I, v. Rich. Böckh. Berlin 1878—90. 4°.

Berlin. städt. Jahrb. f. Volkswirtsch. u. Statistik f. d. J. 1874—77. (3 Bde.) — Forts.: **Statist. Jahrb. d. Stadt Berlin.** Jahrg. 1878—1903. (Bd. 23, 25 u. 26 dopp.; Bd. 27 fehlt.) 27 Bde. 30 Bde.

Berlin, Die Bewegung der Bevölkerung 1869—78, von Rich. Böckh. Berlin 1884. 4°.

Berlin. Photograph. Aufnahme u. unveränderl. Lichtdr. v. E. Mertens & Co. gr. Fol. (25 Blatt.) Berlin 890. Dr. E. Mertens & Co. In Leinw.-Mappe. n. 25. —

— Typen u. Bilder. qu. gr. 8. (VII, 110 S. m. Abbildgn.) Berlin 894. S. Fischer Verl. Geb. in Leinw. n. 2. —

Berlin. (Deckelt.: Führer durch Berlin.) Prakt. Wegweiser m. neuen Kt. u. Pl. 40. verm. Aufl. *Berlin: A. Goldschmidt 1895.* (IV, 171, 12 S., 5 Pl. u. Kt.) 1 Bd 8.
— Reisebücher, Griebens. Bd 49. [96. 2589

Berlin. (20) Ansichten i. Photogravüre nebst 1 Farben-Lichtdr. u. 1 Photogravüre n. Momentaufn. v. R. Neuhauss (als Titelblatt-Beigabe) u. Inhalts-Verzeichn. qu. gr. 4. Berlin 895. D. Schweitzer. In Leinw.-Mappe n. 10. —

Berlin. Prakt. Wegweiser m. neuen Kt. u. Pl. 41. verm. Aufl. [Voran geht m. Sondert.:] Führer durch d. Gewerbe-Ausstellg in Berlin 1896. Von A[lfred] Lange. M. 1 Spezialpl. d. Ausstellg. *Berlin: A. Goldschmidt 1896.* (2 Bl., LXIV S., 1 Pl.; IV, 176, 24 S., 4 Pl., 1 Kt.) 1 Bd 8.
— Reisebücher, Griebens. Bd 6. [96. 6550

Berlin. Prakt. Wegweiser m. neuen Kt. u. Plänen. 41. verm. Aufl., berichtigt bis März 1897. *Berlin: A. Goldschmidt (1897).* (XII, 176 S., 1 Kt., 4 Pl.) 1 Bd 8.
— Reisebücher, Griebens. Bd 6. [97. 4274

Berlin. Prakt. Wegweiser m. neuen Kt. u. Pl. 22. Aufl. *Berlin: A. Goldschmidt 1898.* (VII, 181, 20 S., 5 Pl., 1 Kt.) 1 Bd 8.
— Reisebücher, Griebens. Bd 6. [98. 9866

Berlin. *(Berlin-Schöneberg [1902]: A. Dameke.)* (48 S.) quer-4°
[Umschlagt.:] Ansichten von Berlin. [02. 13323

Berlin. 1. Stuttgart, Berlin, Leipzig: Union [1905]. 8°
— Cicerone, Moderner. [6.] [07. 1348

Berlin. Für die Teilnehmer am international. Kongress f. histor. Wissenschaften. Berlin, 6—12. VIII. 1908. (XI, 491 S. m. Fig. u. 1 farb. Plan, nebst 1 farb. Plan u. 1 farb. Karte u. XVIII S. Strassenverzeichnis in Mappe.) kl. 8. Berlin 908. W. Weber. Geb. 2. —

„Berlin“, Doppelschrauben-Passagier- u. Frachtdampfer, des Norddeutschen Lloyd. Erbaut v. der Schiffswerft u. Maschinenbauanstalt A.-G. „Weser“, Bremen. (Schiffbau, Sondernr.) (58 S. m. Abb. u. 23 [1 farb.] Taf.) Lex. 8. Berlin (909). Verlag C. Marfels. Kart. 3. —

Berlin 1848. Historisch-romantische Bummleriade. 1. u. 2. Hft. gr. 16. (S. 1—131.) Berlin 851—52, (Brandis.) à Heft *

Berlin 1848. Historisch-romantische Bummleriade. 3. Heft. gr. 16. (S. 132—209.) Berlin 852, (Brandis.) *

— das akademische, s.: Mayer & Müller's akademische Hilfsbücher.

Berlin, Das alte. 1. Folge in 36 Bl. 2. Afl. Nach Photographien a. d. letzten 5 Jahrzehnten aufgenommen. (Mit 2 S. Text.) 10×15 cm. Berl., FA Schwartz ('09). 3.50 d

— d. alte. N. F. in 36 Bl. Nach Photographien a. d. letzten 5 Jahrzehnten aufgenommen. (Mit 4 S. Text.) 10×15 cm. Berl., FA Schwartz ('09). 3.50 d
Die 1. Sammlg erschien als Postkarten-Serie.

Das alte und das neue Berlin. (Aus den Grenzboten. 7. Jahrgang, Nr. 27.) Leipzig, Herbig 1848. 22 S. 8.

Berlin, altes u. neues, od. Nachricht. v. Berlin, zusammengetragen v. Müller u. Küster. 1r Thl. m. K. Fol. Berl. 737.

— das amusante. Wandgemälde im Stallmannschen Künstler-Keller, Berlin W., Jägerstr. 14. Im Auftrage der Kaiser-Keller Aktien-Gesellschaft ausgeführt v. d. Künstlern der „Lust. Blätter“. (16 [15 farb.] Bl.) 15,5×24 cm. Berlin (910). Verlag d. „Lustigen Blätter“. — 50

Berlin anno 1690. Zwanzig Ansichten a. J. Stridbeck's d. Jüngeren Skizzenbuch. Nach d. in d. königl. Bibliothek zu Berlin aufbewahrten Originalen. Hrsg. u. erläut. v. W. Erman. Mit e. Plan von Berlin a. d. Jahre 1685. 4. (28 m. 21 Taf. in Lichtdruck.) Berl. 81, Amsler & R. geb. 25. —

— in 64 Ansichten (in Photograv.) 12. Berlin 896. E. Gaillard. In Leinw.-Mappe 3. —

— u. seine Arbeit. Amtl. Bericht d. Berl. Gewerbe-Ausstellg. 1896, zugl. e. Darstellg. d. gegenwärt. Standes uns. gewerbl. Entwicklg. Hrsg. v. Arbeits-Ausschuss Fritz Kühnemann, B. Felisch, L. M. Goldberger. Mit 1 Plan d. Ausstellg. u. 357 Abb. nach Orig.-Zeichngn. v. Otto Eckmann, Otto Günther-Naumburg, Wilh. Kuhnert, W. Weimar u. n. photograph. Aufn. gr. 4. (XI, 891 S.) Berlin 898. D. Reimer. n. 16. —; geb. in Leinw. n. 18. —

— u. Athen. Eine Zeitschrift. Redig. v. L. Rellstab. Jahrg. 1836. 1s u. 2s Quartal. (N. 1—79.) gr. 4. Berlin 836. Duncker u. H. n. 2⅔ ₰

Berlin und Babelsberg. Die Wohnsitze Sr. königl. Hoh. d. Prinzen von Preußen. 4. (2 Chromolithogr. mit 4 S. Text in engl. und französ. Sprache.) Berlin 858, (Ernst und Korn.) * *

Berlin und Babelsberg. Die Wohnsitze Sr. Königl. Hoheit des Prinzen v. Preußen. Berlin 858. Riegel's Verlag in Comm. 1. (4 S. u. 2 Lithogr. in Farbendr.) n. 1 ₰ 10 ngr.

—— und seine Bauten. Hrsg. vom Architekten-Verein zu Berlin. 2 Thle. (in 1 Bd.) Lex.-8. (X, 487 und 801 S. mit 609 eingedr. Holzschn. nebst 8 Kpfr.- und Karten-Beilagen.) Berlin 877, (Ernst und Korn.) * ℳ 36.; geb. *

— u. s. **Bauten.** Bearb. u. hrsg. v. Architekten-Verein z. Berlin u. d. Vereinigg. Berliner Architekten. M. 2150 Abb. i. Text, 18 Lichtdr.-Taf., 1 Stichtaf. u. 4 Anlagen. 3 Tle. in 2 Bdn. gr. 4. (XVI, LXXXVIII, 680; X, VIII, 577 u. III, 296 S.) Berlin 896. W. Ernst & Sohn. n. 60. —; geb. in Halbfrz. n.n. 72. —

Berlin und seine Bauten. Neubearbeitung Hrsg. vom Architekten-Verein zu Berlin und der Vereinigung Berliner Architekten. Bd 1—3. Berlin 1896 —1898

Berlin's Bauwerke in malerischen Ansichten. qu.gr.8. (20 Stahlst.) Berlin 852, Ernst & Korn. n. 1 ℛ

Berlin, Das belobte, ... von Ludwig L—r. Berlin 1828. V: *Lesser, Ludwig.* (Zeitschr. f. Büch. 1923, S. 80.)

Berlin, das belobte, ein Seiten- u. Gegenstück zu d. verkehrten, vertheidigten, verdolmetschten u. modernen Berlin, deren Verfn., u. namentl. Hrn. O. v. Deppen gewid. v. Ludwig L—r. 16. (2 B.) Berlin 828, Bethge.

— und die **Berliner.** Genrebilder u. Skizzen von Edw. Lenz. 3. Hft. „Droschken." — „Auctionsscenen." Mit 1 Federzeichn. v. Hosemann. 8. Berlin 841, Klemann. ¼ ℛ

— dass. 4.—6. Hft. oder: neue Folge von L. Eichler. 1.—3. Hft. Jedes Hft. mit 1 Federzeichn. v. Hosemann. 8. Ebd. 841. à ¼ ℛ

— u. die **Berliner.** Leute. Dinge. Sitten. Winke. (509 S.) 8. Karlsruhe 905. Freiburg i/B., J. Bielefeld. Geb. in Leinw. n. 4. 50

— in **Bildern 1810—1910.** Mit e. Einleitg. v. Max Osborn. Zu Erinnerg. an das Universitäts-Jubiläum. (IX S. u. 72 Doppels.) 18,5×19,5 cm. Berlin 910. J. Spiro. 4.50

— **buntes,** s.a. Ad. Brennglas.

—— **buntes** (v. Ado. † Brennglas). Interessante Charakteristiken aus d. berliner Volksleben. 12 Hfte. gr. 12. Berlin, Plahn'sche Buchh. à *
Hft. 1. Die Menagerie. Komische Briefe. Anekdoten. 1. u. 2. Aufl. (à 3 B.) 837, 38.
„ 2. Scene im Amphitheater. — Komische Briefe. Anekdoten. 1. u. 2. Aufl. (à 2 B.) 837, 38.
„ 3. Die Landparthie. Die Blumensprache. 1. u. 2. Aufl. (à 2½ B.) 837, 39.
„ 4. Die Landparthie, Schluß. Aus d. Stammbuche e. berl. Schustergesellen. 1. u. 2. Aufl. (à 2½ B.) 838.
„ 5. Der ächte Eckensteher Nante. 1. u. 2. Aufl. (à 2½ B.) 838.
„ 6. Ein Polterabend. 1. u. 2. Aufl. (à 2½ B.) 838, 40.
„ 7. Redoute. Erdbeben. (2 B.) 839.
„ 8. Der Weihnachtsmarkt. (2 B.) 840.
„ 9. Das Antiken- u. Raritäten-Cabinet. M. Federzeichn. v. Th. Hosemann. (2½ B.) 840.
„ 10. 1. Prozeß d. Kleidermacher. 2. Häusliche Scene. 3. Berliner Weinkarte. 4. Der Eisbär Sülzenthal. 5. Kaiser u. Volk. 6. Kleines a. d. Tagebuche Berlins. (2½ B.) 841.
„ 11. Herrn Buffeys schönster Tag, od. Huldas Hochzeit. (2½ B.) 842.
„ 12. Der Schützenplatz. (2 B.) 842.

Berlin und **Charlottenburg** mit nächster Umgebung. Aufgenommen und hrgg. von der topographischen Abtheilung des Königl. Preuss. Grossen Generalstabes. 1:12500. Berlin. 1857. Farbendruck. 4 Bl. Fol.. 55/73,5 cm.

BERLIN ohne Dach. (Berliner Mysterien.) Ein Sittengemälde der Neuzeit. 6 Thle. in 1 Bde. Berlin 1854. (2 Mk. 50 Pfg. Schnabel & Walter, Potsdam, 1906; Th. 1—2: 5 Mk. E. Frensdorff, 1907.)
I. Die Amazone. II. Die Raubvögel.

—— **ohne Dach.** (Berliner Mysterien.) Ein Sittengemälde der Neuzeit. 2 Thle. 8. (864 S.) Berlin 861, van Severen.

—— ohne Dach. [Berl. Mysterien.] 2 Thle. 8. (864) Berl. 61, Untze. (?) 1. 24

— — **Prof. Drews—Johann Michelsen.** Ein Werbebrief zur Begründg. des religiösen Modernismus. (16 S.) 8. München(-Schwabing) (910). (E. W. Bonsels & Co.) — 85

Berlin, du bist gerettet! oder die entdeckte Pulververschwörung!! in der Nacht vom 27. zum 28. August. Zu haben bei A. Hofmann u. Comp. 1 Bl. Fol.
Flugblatt. Berlin 1848/49.

Berlin I u. III in Deutsch-Ostafrika u. in Deutschland. 1. Cor. 14, 40. Lasset alles ehrlich u. ordentlich zugehen. (Von Wangemann.) gr. 8. (52 S. m. 1 Abbild.) Berl. 892, Buchh. der Berliner evangel. Missionsgesellschaft. * — 15
Aus: Berliner Missionsberichte, besonders abgedruckt.

— u. s. **Eisenbahnen 1846—1896.** Hrsg. i. Auftr. d. kgl. preuss. Ministers d. öffentl. Arbeiten. 2 Bde. gr. 4. (XV, 875 u. VIII, 491 S. m. Abb. u. 58 Taf., Karten u. Plänen.) Berlin 896. J. Springer. Geb. in Leinw. n. 40. —

Berlin's Ende. (Umschlag: Dekamerone v. Berlin.) Zeitroman v. Heimdall. (152 S.) 8. Berlin (908). H. Seemann Nachf. (Urspr. Pr. 1. —)

— **von seiner Entstehung bis auf gegenwärt. Zeit.** 8. Berl. 798. Dieterici. (Mittler). 8 ℊℊ

Berlin und seine Entwickelung. Gemeinde-Kalender und städtisches Jahrbuch für —. Herausgegeben vom Statistischen Bureau der Stadt. Jahrg. 2. 1868. 4. (1870) — 7. (1874). Berlin 1868—1874. 5 Bde. 8°.

—— und seine **Entwickelung.** Gemeinde-Kalender und städtisches Jahrbuch für 1868. 2. Jahrg. Hrsg. vom statist. Büreau der Stadt. Lex.-8. (VIII, 328 S. mit 1 lithogr. und color. Stadtplan und 3 lithogr. Taf. in 8. und Fol.) Berlin 868, Guttentag. cart. *

—— dass. — Städtisches Jahrbuch für Volkswirthschaft und Statistik. 3.—6. Jahrg. (1869—1872.) Hrsg. vom statist. Bureau der Stadt. Lex.-8. (XL, 366 S. mit 1 lithogr. Plan von Paris in 4.; VIII, 312 S. mit 5 graph. Darstellungen auf 1 Stnt.; VI, 282 S. mit 2 graph. Darstellungen; VIII, 264 S.) Ebendas. à Jahrg. *

—— dass. — 7. Jahrg., s. **Jahrbuch,** Berliner städtisches.
Vgl.: Stadt- und Gemeinde-Kalender, Berliner.

Das erfreute Berlin, über der von Sr. Königl. Majestät in Preussen, unsers allergnädigsten Königs und Herrn glorieusen Eroberung der Haupt-Stadt Praag in Böhmen, worinnen sich die gantze feindliche Besatzung, 16 000 Mann starck, zu Kriegs-Gefangenen ergeben müssen. Berlin 1744. (4 Bl.)

Berlin. Erfurt. Paris. Berlin 1850. V: *Huber, Victor Aimé.* (BrMm) (Ky)

—— **Erfurt. Paris.** gr. 8. (IV und 46 S.) Berlin 850, Herz.

Berlin, Fabrik- und Handels-Stadt, Sitz der Künste und Wissenschaften; ... Berlin 1832. V: *Schmitz, J. W.* (EngG)

Die drei städtischen Feuersozietäten **Berlin,** Breslau, Stettin ⟨Zwangssozietäten⟩. Spandau 1908: R. Grassmann in Stettin. (30 S.) 8° [F.]
Aus: Verhandlungen d. 11. ordentl. Landesverbandstages 1908 in Berlin.
= **Mitteilungen** d. Preuss. Landesverbandes d. Haus- u. Grundbesitzer-Vereine. H. 40. 108. 11834 9

Die Filiale **B e r l i n** der Landw. Zentral-Darlehnskasse für Deutschland und der Verband ländlicher Genossenschaften Raiffeisenscher Organisation für Brandenburg, Pommern u. beide Mecklenburg in dem Dezennium 1895 - 1905. Bearb. u.hrsg. vom Verbandsdirektor Kreth. Neuwied 1905: Landw. Zentral-Darlehnskasse für Deutschland. DGK

Berlin's Freuden u. Leiden. Ein gesellschaftl. Würfel- u. Lotteriespiel z. erheiternden Unterhaltung, für Jung u. Alt, v. A. C. Mit 1 Plan u. 61 Abbildd. 8. Berl. 833. (Cosmar u. Krause.) 1 ℛ

[F.] **Berlin** und Friedrichsruh. E. Jahr aus d. Leben Bismarcks. Von H. H. H. *Berlin: M. Wieland 1898.* (64 S.) 1 Bd 8. [98. 2287

— **ganz, f. 1 Mark!** D. Reichshauptstadt, wie sie wurde u. wie sie ist. Schilderqn. in Wort u. Bild! Text v. Gerh. Stein. gr. 4. (67 S.) Berlin 896. F. Schirmer. Geb. n. 1. —

— ganz, mit neuestem Plan von Berlin, Potsdam und Sanssouci für 6 Sgr. Neuester Fremdenführer durch Berlin und seine Umgebungen. 16. (88 S. mit 1 lithogr. Plan in Imp.-Fol.) Altona 864, Verlagsbureau.

— — mit neuestem Plan von Berlin, Potsdam und Sanssouci für 7½ Sgr. Neuester Fremdenführer durch beide Residenzen und ihre Umgebung. 16. (112 S. mit 1 lithogr. Plan in Imp.-Fol.) Altona 864, Verlagsbureau.

— und Potsdam, ganz, für 5 Sgr. Neuester Fremdenführer durch die beiden Residenzen und ihre Umgegend. 9. Aufl. 1864., 10. Aufl. 1865., und 11., verm. und verb. Aufl. 16. (84 S. mit neuen lithogr. Plänen von Berlin und Potsdam in Fol., mit den Abbild. des Denkmals Friedrich Wilhelm III. und des Nationaldenkmals in Holzschn., dem Omnibus-Fahrplan und 1 Tab. zur schnellen Auffindung sämmtl. Strassen und öffentl. Gebäude in Berlin.) Berlin 868, Seehagen. *

Berlin u. Potsdam, ganz, für fünf Sgr. Neuester Fremdenführer durch die beiden Residenzen u. ihre Umgebung. Mit neuen (lith.) Plänen von Berlin u. Postdam (in qu. Fol.), mit den Abbildgn. des Denkmals Friedrich Wilhelm III. u. des Nationaldenkmals (Holzschn.), dem Omnibus-Fahrplan u. 1 Tab. zur schnellen Auffindung sämmtlicher Strassen u. öffentlichen Gebäude in Berlin. 10. Aufl. 865. — 11. Aufl. 868. — 12. verm. u. verb. Aufl. Berlin 869. Seehagen. 16. (64 S.) n. 5 ngr.

— u. Potsdam, ganz, f. 5 Sgr. Neuester Fremdenführer durch die beiden Residenzen u. ihre Umgegend. Mit neuen Plänen v. Berlin u. Potsdam, m. den Abbildgn. d. Denkmals Friedrich Wilhelm III. u. des Nationaldenkmals, dem Omnibus-Fahrplan u. e. Tabelle zur schnellen Auffindg. sämmtl. Strassen u. öffentl. Gebäude in Berlin. 13. verb. Aufl. 16. (80 S. m. 2 Steintaf. in qu. Fol. u. 1 Holzschntaf.) Berlin 872. Seehagen. n. — 50

— — ganz, für 7½ Sgr. Neuester Fremdenführer für diese Städte und ihre Umgegend. 7., verm. und verb. Aufl. 82. (127 S. mit 1 lithogr. Plane von Berlin und Potsdam in gr. Fol., mit den Abbild. des Denkmals Friedrich Wilhelms III. und des Nationaldenkmals in Holzschn. etc.) Berlin 862, Seehagen. *

— ganz, für 5 Sgr. Neuester Fremdenführer durch die Stadt und ihre Umgegend. 1—6., verm. und verb. Aufl. 32. (82 S. mit 1 lithogr. Plane von Berlin in gr. Fol., mit den Abbildungen des Denkmals Friedrich Wilhelm III. und des Nationaldenkmals in Holzschn. etc.) Berlin 859—61, Seehagen. *

Berlin, ganz, für 5 Sgr. Neuester Fremdenführer durch die Stadt und ihre Umgegend. 7. Aufl. 1862. und 8., verm. und verb. Aufl. 32. (30 S. mit 1 neuen lithogr. Plane von Berlin in gr. Fol. und mit den Abbild. des Denkmals Friedrich Wilhelm III. und des Nationaldenkmals in Holzschn.) Berlin 863, Seehagen. *

— ganz, für funfzehn Silbergroschen, s.a. Cosmar's Wegweiser durch Berlin.

Berlin, Ganz, für fünfzehn Silbergroschen. 5. Aufl. Berl. 1841. V: *Cosmar, Alexander.* (EB)

Berlin mit u. ohne Gasbeleuchtung. Ein lustiger Führer für lustige Leute durch das lustige Berlin. Altona 869. Verlags-Büreau. 16. (80 S.) 7½ ngr.

BERLIN mit und ohne Gasbeleuchtung. Ein lustiger Führer durch das lustige Berlin für lustige Leute. Altona, o. J. (c. 1870). 12°.

BERLIN mit und ohne Gasbeleuchtung. Liebesgeschichten in Zick-Zack. O. O. u. J. (187*). 12°. (75 Pfg. Gust. Klötzcsh, Lpz., 1885.)

— — Dasselbe. Ebd., Aug. Prinz, 1871. 12°. 80. S. Mit lithogr. Umschl. (6 Mk. Adolf Weigel, 1907.)

— — Dasselbe. 3. Aufl. Ebd., o. J. 12°. 80 S. (1 Mk. 50 Pfg. A. Bielefeld, 1092.)

— Gegenwart u. Zukunft. gr. 8. (16 S.) Berlin 848, L. Schlesinger. 3 ngr.

Das geistige Berlin. E. Encykl. d. geist. Lebens Berlins. Hrsg. v. Richard Wrede u. Hans v. (Januszkiewicz-)Reinfels. Bd 1. *Berlin: H. Storm 1897.* 8. [97. 1850

— das geistige. E. Encyklopädie d. geist. Lebens Berlins. Hrsg. v. Rich. Wrede u. Hans v. Reinfels. 1. Bd.: Leben u. Wirken d. Architekten, Bildhauer, Bühnenkünstler, Journalisten, Maler, Musiker, Schriftsteller, Zeichner. 8. (VI, 608 S.) Berlin 897. Dr. R. Wrede. n. 10. —; geb. 12. —

— dasselbe. 3. Bd.: Leben u. Wirken d. Ärzte, Apotheker, Ingenieure, Militärschriftsteller, Naturwissenschaftler. gr. 8. (VI, 232 S.) Ebd. 898. n. 9. —; geb. n. 10. —; (1 u. 3.: n. 19. —; geb. n. 22. —)
Der 2. Bd. ist noch nicht erschienen.

Berlin, Gelehrtes, im Jahre 1845. Berlin 1846. V: *Koner, W.* (AarK)

— gelehrtes, im J. 1825. Zu e. milden Zwecke herausgeg. (v. J. E. Hitzig.) gr. 8. (Berlin, Dümmler.)

Berlin, Gelehrtes, im Jahr 1825. Zu einem milden Zwecke herausgegeben. Berlin 1826. V: *Hitzig, Julius Eduard.* (BrMm) (Ky) (Petz)

Berlin-Hamburg. Führer für Reisende auf der Eisenbahn zwischen Berlin und Hamburg, s. Brockhaus' Reise-Atlas.

Berlin, die Praechtigst u: maechtigste Hauptstatt dess Churfürstenthums Brandenburg, auch Residenz des Königes in Preussen und florissanter Handels-Plaz. verfertigt und verlegt v. Tobias Conrad Lotter. Augsburg o. J. Kupferstich, kol. 1 Bl. Fol., 57,5.66 cm.
Mit einem Prospect von Berlin.

Von Berlin nach Helgoland (v. K. Leipzig. 1853). 8° Ausschnitt aus: Unterhaltungen am häuslichen Herd, hrgg. v. Karl Gutzkow. Bd. 2, Nr. 8—10.

Berlin, das hülfreiche. Central-Organ f. Wohlthätigkeits-Bestrebgn. in der Reichshauptstadt. Unter Mitarbeit hervorrag. Persönlichkeiten der Adels-, Finanz- u. Geistes-Aristokratie. Chef-Red.: Ulr. Kracht. 1. Jahrg. Novbr. u. Dezbr. 1902. 9 Nrn. gr. 4. (à ca. 12 S.) Berlin, U. Kracht. n. 1. —

Berlin, das hülfreiche. Central-Organ f. Wohlthätigkeits-Bestrebgn. in der Reichshauptstadt. Chef-Red.: Ulr. Kracht. 2. Jahrg. 1903. 52 Nrn. (à ca. 12 S.) gr. 4. Berlin, U. Kracht. n. 6. —

Berlin im J. 1786. Schilderungen der Zeitgenossen. Leipzig 1886. B: *Eyssenhardt, Frz.* Vgl. Cbl. f. Bibliotheksw. 19 (1902), S. 101. (DARP)

Berlin im J. 1786. Schilderungen der Zeitgenossen. 8. (VIII, 269 S.) Leipzig 886. Grunow. n. 4. 50; geb. in Leinw. n.n. 5. 75; in Halbfrz. n.n. 7. —

Berlin im J. 1796, S 78, Rest an OB Griesbach in Gera

BERLIN in seinem Jlanze. Nach bekannter Melodie. (Der Bänkelsänger.) Chemnitz 1848. 8°. 4 S. (1 Mk. 50 Pfg. Rich. Bertling, c. 1906.)
Gedicht, theilweise in Berliner Mundart. Politisches Flugblatt.

—— in seinem Jlanze. (Gedicht.) 8. (4 S.) Chemnitz 848, (Ernesti.) *

Das illustrirte Berlin. ein unpartheiischés Carricaturenblatt. Nr. 1. 2. Nach Autographien gedruckt bei C. W. Ehrentraut. 2 Bl. Fol.
Flugblatt. Berlin 1848/49.

—— im Monat Juli — October 1850. Der neueste Wegweiser für Fremde und Einheimische. 2—5., verb. und verm. Aufl. 16. (34 S. und 1 lith. Plan in qu. 4.) Berlin 850, Hermes. **

Berlin's Jungfrauen u. Schauspieler; e. Beitrag zur Hospitalgeschichte d. 19n Jahrh. 8. Berl. 804. Maurer's B. 6 ℋ

Berlin vom 25. Junius. (Erste Bekanntmachung der Niederlage bei Kollin.) 4.

BERLIN im Keller und im ersten Stock. Berlin, o. J. (c. 1880). Kl. 8°.
Dr. Franz Schnitzer's Bibl. München 1902. No. 677, Beibd. 3.

— f. Kenner, s: Grossstadtführer.

— d. lachende, s.a. Humor, Berliner, vor Gericht.

Berlin, das lachende. Heitere Scenen aus den Berliner Gerichtssälen. 8. (III, 156 S.) Berlin 890. Steinitz' Verlag. n. 1. 50

— —Leipzig—(Nürnberg)—München, e. neue Eisenbahn, entlang d. uralten Handelsstrasse. Zeitgsnachrichten hierüber, gesammelt v. d. Eisenbahnkomitee zu Schleiz. (148) gr8° Schleiz, (W Krämer) '11. nn — 50 d

Berlin-Leipzig-Wittenberge. Führer für Reisende auf den Eisenbahnen zwischen Berlin, Potsdam, Magdeburg, Wittenberge und Leipzig, s. Brockhaus' Reise-Atlas.

Berlin unter Lißt, oder der Wertherin Leiden. 16. Leipzig 842, Böhme. n. 1/4 ℋ

—— das Lißt—ge, s. Witze.

—— das lustige, für 5 Sgr. Nr. 1 und 2. A. u. d. T.: Berlin in der Lehnekluft und im Schlafrock und Pantoffeln. Nr. 1 und 2. 16. (76 S. mit 1 Stnt. und 78 S. mit 1 Stnt.) Altona 860. 61, Verlagsbureau. à Nr. * 5 Ngr. *

BERLIN, Das lustige, für 10 Sgr.| Nr. 1—2: Berlin in der Lehnekluft und in (!) Schlafrock und Pantofeln. Altona, o. J. (1864). 12°. (Ldpr. à 5 Sgr.) (à 1 Mk. Fischhaber; zus. 3 1/2 Mk. Bielefeld.)
Mit 9 Titelbildern u. 1 pikanten Umschlag.

— Das malerische. Bilder u. Blicke. Hrsg. v. märk. Museum. 1. u. 2. Lfg. (22 Taf. m. je 3 S. Text.) 37×30 cm. Berl., J Bard ('11'12). je 3 —

— das medicinische. Ein Führer f. Studirende u. Aerzte. Mit Straube's Plan v. Berlin. 12. (VI, 138 S.) Berlin 892. S. Karger. n. 1. —

— dasselbe. 2., verm. Aufl. Mit Straube's Plan v. Berlin. 12. (VI, 160 S.) Ebd. 894. n. 1. —

— d. medicinische E. Führer f. Aerzte u. Studirende. 4., verm. u. verb. Aufl. 12. (V, 176 S. m. Stadtplan) Berlin 897. S. Karger. n. 1. —

Das Medicinische Berlin. E. Führer f. Aerzte u. Studirende. 5. Aufl. *Berlin: S. Karger 1899.* (2 Bl., 200 S.) 1 Bd 8. [99. 4360

— das medicinische. Ein Führer f. Aerzte u. Studirende. 6. Aufl. 12. (IV, 152 S. m. Stadtplan.) Berlin 901. S. Karger. n. 1. —

— das medizinische. Ein Führer f. Ärzte u. Studierende. 7. Aufl. (VIII, 154 S. m. 1 Plan.) kl. 8. Berlin 905. S. Karger. n. 1. —

— das medizinische. Ein Führer f. Arzte. 8. umgearb. Aufl. (128 S. m. 1 farb. Plan.) kl.8. Berlin 910. S. Karger. 1. —

— Das medizinische. Ein Führer f. Ärzte. 9. Afl. (154 m. farb. Pl.) kl8° Berl., S Karger '13. 1.50

—— das moderne, ein Winter-Scherz f. fröhl. Leser. Von e. gänzl. unbekannt. Verf. 8. (2 B.) Berlin 828, Burchhardt. (?)

Berlin und Mottenburg. Ein Rothbuch hrsg. von ††† [einem Kreuzritter]. gr. 8. (203 S.) Brünn 869, Karafiat's Verlag. *

BERLIN bei Nacht. Gründlicher Wegweiser durch das nächtliche Berlin vom frühen Abend bis zum späten Morgen. Berlin, o. J. (187*). 12°. (75 Pfg. Pfg. Paul Neubner, Cöln, c. 1890).

— bei Nacht. E. gründl. Wegweiser durch d. nächtl. Berlin v. frühen Abend b. z. späten Morgen. 8. (111 S.) Berlin 896. M. Marcus. n. 1. —

Berlin bei Nacht. Erste Berliner ill. Nachtzeitung. Jg. 1, No 1–7. [Mehr nicht erschienen.] Berlin: F. Harnisch & Co. 1907. (27 Bl.) gr. 2° [08. 11343

BERLIN bei Nacht und Nebel, bei Regen und Sonnenschein. Berlin, o. J. (188* ?). 8°. (1 Mk. 25 Pfg. G. Priewe, Heringsdorf.)

BERLIN bei Nacht in Wort und Bild. 6 Bdchn. Mit (freien Holzschnitt-) Illustrationen. Berlin, J. Weinberg, o. J. (1887). 8°. (1—3: 6 Mk. 50 Pfg. Adolf Weigel, Lpz., 1907.)
I. Vornehme Sünderinnen. II. Faschingsscherze der Venus im Tricot. III. Elsa, eine unschuldige Theaterprinzessin. IV. Ninas Tugendkampf. V. In wilder Ehe. VI. Von der Liebe zum Laster.

— in farbigen Naturaufnahmen v. Otto Troitzsch. qu. 4. (20 Farbenlichtdr. m. 1 Bl. Text.) Stuttgart 895. Deutsche Verlags-Anstalt. In Leinw.-Mappe n. 5. —

—— das neue. Eine deutsche Wochenschrift, hrsg. von Paul Lindau. 1. Jahrg. 1886. 10 Nrn. (à Nr. 2 Bog.) hoch 4. Berlin, Spemann. 1. (Probe-)Quartal *
Nicht weiter erschienen.

— neuest. gelehrt., oder literar. Nachr. v. itzt lebend. Berl. Schriftstellern v. W. H. Schmidt u. Mehring. 2 Thle. gr. 8. Berl Maurer. 705. (1r 21 gr. 2r 23 gr.)

Berlin Daily News: Feb. 9, 1878 – Oct. 16, 1878
Newspaper in English, but with German section. Berlin (since 1916, Kitchener) was founded 1806 by German settlers from Pennsylvania; named Berlin in 1830. In 1950, had population of 35,657.
Kitchener, Ont.

Berlin in Paris. Topographische Karte der Gegend um Berlin. 1:100,000. Fol. Berlin 871, Schropp'sche Landkartenh. *

-- das perverse. Kulturkritische Gänge. Von ***. (240 S.) 8. Berlin (908). R. Eckstein Nachf. 3. —

Pharus-Plan Berlin (mit Vororten. Grosse Ausg.). [Nebst] Führer durch Berlin. *Berlin: Pharus-Verl. [1902]; Druck von B. Gisevius.* (1 Kartenbl. 84 × 68 cm, 50 S.) 8° [kol.] [02. 15663

Pharus-Plan Berlin. (Kleine Ausg.) [Massst. ca 1:20,000.] [Nebst] Strassen, Plätze u. Brücken in Berlin. *Berlin, Pharus-Verl. [1902].* (1 Kartenbl. 50 × 33 cm, 16 S.) 8° [kol.] [02. 9728

Pharus-Plan Berlin (mit Vororten). [Maßst. ca 1:17,000.] [Nebst] Führer durch Berlin ... *(Berlin: Pharus-Verl. [1903].)* (1 Kartenbl. 72 × 57 cm, 47 S.) 8° [gestochen] [kol.] [04. 13770

—— im Porte-Monnaie. 1873. 8 Nrn. Mit Berücksicht. des neuesten Fahrplanes. 64. (à 134 S.) Berlin, Staude. à Nr. **

—— dass. — 1874. 10 Nrn. 64. (à ca. 128 S.) Ebendas. à Nr. **

Berlin im Porte-Monnaie oder in der Westentasche. 1875—1879. à Jahrg. ca. 10 Hefte mit Gratisbeilage „Plan der Pferdebahnlinien Berlins". 124. (à Heft ca. 160 S.) Berlin, [Staude.] Dolfuss. à Jahrg.

—— u. Potsdam. Ihre Vergangenheit, Gegenwart u. Zukunft. Geschild. von Beta. Mit 24 Ansichten. Nach d. Natur gez. u. in Stahl gest. v. J. Poppet u. M. Kurz. 8 Hfte. Lex.-8. (5¼ B. Text.) München 840, Poppel u. Kurz. à Hft. * ¼ Thlr. *
Vgl. Gallerie europäischer Städte.

Berlin und Potsdam mit neuestem (lith.) Plan von Berlin, Potsdam u. Sanssouci (in Fol.) für 7½ Sgr. Neuester Fremdenführer durch beide Residenzen u. ihre Umgebung. Altona 864. Verlagsbureau. 16. (112 S.) 7½ ngr

— Potsdam u. Umgebung. Mit einl. Text v. Ludw. Pietsch. 2 Bde. Je 15 Vollbilder in photograph. Kunstdr., aufgenommen u. ausgeführt v. E. Mortons & Cie. in Berlin. Imp.-4. (à 30 S.) Berlin 894. C. Skopnik. Geb. in Leinw. m. Goldschn. à n. 20. —; einzelne Bl. 1. —; auf schwarzem Glacékarton 1. 25
I. Berlin u. Umgebung. — II. Potsdam u. Umgebung.

Berlin, Potsdam und Umgebungen. 8. (89 S. mit 1 lithogr. Karte, 4 chromolithogr. Plänen und mehreren eingedr. Grundrissen.) Leipzig 878, Baedeker. geb. *
Aus: Baedeker's Nord-Deutschland, besonders abgedruckt.

—— nebst Potsdam und Umgebungen. Mit 2 (chromolithogr.) Plänen, 2 (lithogr. und chromolithogr.) Karten und mehreren (eingedr.) Grundrissen. 8. (VI, 90 S.) Leipzig 880, Baedeker. geb. *
Aus: Baedeker's Nord-Deutschland, besonders abgedruckt.

—— Potsdam und Umgebungen. Mit 1 grossen Plan von Berlin, 1 Uebersichtsplan von Berlin, 1 Karte der Berliner Pferdebahnen, 1 Umgebungskärtchen von Berlin und 1 Karte von Potsdam und seinen Umgebungen. 8. (94 S.) Leipzig 883, Baedeker. geb. *
Aus: Baedeker's Nord-Deutschland, besonders abgedruckt.

Berlin, Potsdam und Umgebungen. Prakt. Wegweiser. 45., neu bearb. Aufl. Mit 6 Karten, 19 Grundr. v. Museen u. 16 Ill. *Berlin: A. Goldschmidt 1901.* (IV, 225 S.) 8°
= Reisebücher, Griebens. Bd 6. [04. 5990 11

Berlin, Potsdam und Umgebungen. Prakt. Wegweiser. 46., neu bearb. Aufl. Mit 6 Karten. *Berlin: A. Goldschmidt 1902.* (IV, 205 S.) 8°
= Reisebücher, Griebens. Bd 6. [03. 1339 11

Berlin, Potsdam und Umgebungen. Prakt. Wegweiser. 47., neu bearb. Aufl. Mit 6 Karten, 16 Grundrissen u. zahlr. Ill. *Berlin: A. Goldschmidt 1903.* (IV, 206 S.) 8°
= Reiseführer, Griebens. Bd 6. [04. 3834

—— dass. — s.a. Grieben's Reise-Bibliothek.

— Potsdam u. Umgegend. Wegweiser f. Fremde u. Einheimische. Mit 1 Plan u. 16 Ansichten. 8. Berlin 836. Schlesinger. ... dass. Französisch. Ebd. 841. ⅓ ß

Berlin und St. Petersburg. Zur Geschichte der Russisch-Deutschen Beziehungen. Leipz. 1880. V: *Eckard, Julius Wilh. Alb. von.* (Hauptkat. d. Univ.-Bibl. Tübingen. F. Nachtr. 11.) (Kürschner's Dtscher Litt.-Kalender 1891.) (Kat. d. ständ. Bibl. Stuttg. 1907. S. 558.)

— u. St. Petersburg. Preussische Beiträge zur Geschichte der russisch-deutschen Beziehungen. 1. u. 2. unveränderte Aufl. 8. (VIII, 270 S.) Leipzig 880. Duncker & Humblot. n. 6. —

Berlin und seine Sehenswürdigkeiten. Den Teilnehmern am 14. Internat. Kongreß f. Hygiene u. Demogr. v. Ortskomitée gewidmet. (Berlin 1907: A. Scherl.) (124 S.) 8° [07. 14119

BERLIN'S Spelunken und Verbrecherkneipen. Beiträge zur Sittengeschichte der Residenz aus Vergangenheit und Gegenwart. Berlin, o. J. (1848). 8°. (1 Mk. 25 Pfg. G. Priewe.)

Berlin's Spelunken und Verbrecherkneipen. Beiträge zur Sittengeschichte der Residenz aus der Vergangenheit und Gegenwart. 8. (106 S.) Berlin 858, Verlags-Magazin. *

(VII. Intern. Geographen-Kongr. 1899.) Die Stadt Berlin. Festschr. d. Stadtgemeinde f. d. Teilnehmer am VII. internat. Geogr.-Kongr. (Hrsg.: M[elchior] Busemann.) *Berlin 1899: O. Elsner.* (X, 371 S.) 8° [o. 344

Berlin, eine französische Stadt. Vorschlag einer einträglichen Steuer von einem Deutschen. 8°. Berlin, A. Deinecke, 1891.

— e. französ. Stadt. Vorschlag e. einträgl. Steuer v. e. Deutschen (A Branmann). 8° (50) Berl. 91, (Verl.-Anst. Frei-Deutschland). — 80

—'s Steuerverordnungen. Gültig v. 1. Apr. 1895 ab. [A.: „Berliner Auskunftsbuch".] gr. 8. (III, 32 S.) Berlin 895. R. Siegismund. n. — 40

'Durch Berlin' mit Strassenbahn und Omnibus. Strassenbahn- u. Omnibus-Plan ... Mit vollst. Verz. sämmtl. Strassenbahn- u. Omnibus-Linien u. Strassenverz. (Massst. 1 : 20,250.) *Berlin: Liebel 1900.* (1 Kartenbl. 36 × 42 cm.) 8° [01. 9447

Taschenplan. Durch Berlin mit Strassenbahn und Omnibus. Strassenbahn- u. Omnibus-Plan ... Mit vollst. Verz. sämmtl. Strassenbahn- u. Omnibus-Linien u. Strassenverz. (Massst. 1 : 20,250.) *Berlin: Liebel 1901.* (1 Kartenbl. 36 × 42 cm.) 8° [01. 9448

Berlin bei Tag, ein Epos in Knüttelversen. Hamburg (857.) Hoffmann u. Campe. 16. (104 S.) 12 ngr.

Berlin bei Tag und Nacht. Ein Führer durch die Theater, Conzert-, Tanz- und Vergnügungs-Lokale, nebst Umgebung. 32. (64 S.) Berlin 883. Dreyer.

— Typen u. Bilder. 8° (110 m. Abbildgn.) Berl. 94, S Fischer, V. Geb. in Lnw. 2 —

— das überspannte. Galante Telephon-Geschichten. gr. 8. (32 S. m. Abbildgn.) Berlin 891. H. Schmidt's Verl. n. 1. —

Berlin und Umgebung. Prakt. Wegweiser. 49., neu bearb. Aufl. Mit 5 Karten, 17 Grundrissen u. zahlr. Ill. Berlin: A. Goldschmidt 1905. (IV, 216 S.) 8°
= Reiseführer, Griebens. Bd 6. [06. 2303

Berlin und Umgebung. Prakt. Wegweiser. 50., neu bearb. Aufl. Mit 6 Karten u. 17 Grundrissen. Berlin: A. Goldschmidt 1906. (IV, 197 S.) 8°
= Reiseführer, Griebens. Bd 6. [06. 7618 11

Berlin und Umgebung. Prakt. Wegweiser. 51. Aufl., neu bearb. von Dr. Marschall. Mit 6 Karten u. 15 Grundr. Berlin: A. Goldschmidt 1907. (IV, 200, 20 S.) 8°
= Reiseführer, Griebens. Bd 6. [07. 8489

Berlin und Umgebung. Prakt. Reiseführer. 52. Aufl., neu bearb. von Dr. Marschall. Mit 6 Karten u. 15 Grundr. Berlin: A. Goldschmidt 1908. (198, 20 S.) 8°
= Reiseführer, Griebens. Bd 6. [08. 15559

Berlin und Umgebung. Prakt. Reiseführer. 53. Aufl., neu bearb. von Dr. [O.] Marschall. Mit 6 Kt. u. 15 Grundrissen. Berlin: Goldschmidt 1909. 101 S. 8°
(Griebens Reiseführer. Bd 6.) [09. 7794

Berlin und Umgebung. Prakt. Reiseführer. 54., neu bearb. Aufl. Mit 7 Kt. u. 14 Grundr. Berlin: A. Goldschmidt 1910. 186 S. 8°
(Griebens Reiseführer. Bd 6.) [10. 9373

Berlin und Umgebung in Bild und Wort. Zur Erinnerung an d. 24. Verbandstag d. Centralverbandes d. städt. Haus- u. Grundbesitzer-Vereine Deutschlands. Gestiftet vom Bunde d. Berliner Grundbesitzer-Vereine. Mit e. Rückblick auf d. 15jähr. Bestehen d. Bundes. *[Berlin:] (1902.)* (XI, 471 S.) quer-8° [03. 8004

Berlin's nähere Umgebg, s: Miniatur-Bibliothek 1101.

— weitere Umgebg (Der Spreewald u. d. Mark), s: Miniatur-Bibliothek 1108.

Berlin und Umgebungen. Prakt. Wegweiser m. neuen Kt., Pl. u. Ill. 43. Aufl. *Berlin: A. Goldschmidt 1899.* (IV, 219, 24 S., 5 Kt.) 1 Bd 8.
= Reisebücher, Griebens. Bd 6. [91. 6465

Berlin und Umgebungen. Prakt. Wegweiser. 24., neu bearb. Aufl. Mit 5 Kartenbeil. *Berlin: A. Goldschmidt 1900.* (IV, 225 S.) 8°
= Reisebücher, Griebens. Bd 6. [00. 10600

—— und seine Umgebungen. Plan der Stadt s. Brockhaus' nebst einem Führer für Fremde, Reise-Atlas.

Berlin und seine Umgebungen. Malerische Ansichten nach Original-Zeichnungen in Stahl gestochen von A. H. Payne. Mit Erläuterungen. 1.—7. Heft. 16. (à 3 Tafeln.) Leipzig 841—44, Thomas. à n. 1/6 ℛ

—— und seine Umgebungen im 19. Jahrh. Eine Samml. in Stahl gest. Ansichten, von d. ausgezeichnet. Künstlern Englands, nach an Ort u. Stelle aufgenomm. Zeichn. v. Mauch, Gärtner, Biermann u. Hintze, nebst topograph.-histor. Erläutern. v. S. H. Spiker. (1—13. Hft. od.) No. 1—13. gr. 4. (26 Taf. m. 52 Ansicht., u. 13 B. Text incl. 1 Holzschnitt.) Berlin 833—35, Gropius. à No.

—— und seine Umgebungen im 19. Jahrh. Eine Samml. in Stahl gest. Ansichten, von d. ausgezeichnetesten Künstlern Englands nach an Ort u. Stelle aufgenomm. Zeichnn. etc., nebst topograph.-histor. Erläutern. v. S. H. Spiker. (14—20. Hft. od.) No. 14—20. gr. 4. (26 Taf. m. 52 Ansicht. u. 10 B. Text.) Berlin 836—38, Gropius. à No. *
1—13. Hft. Ebendas. 1833—35. à * 12 Gr.

Berlin u. seine nächsten Umgebungen; e. gedrängte Uebersicht d. Wissenswerthen f. Einheimische u. Fremde. Nebst 1 Karte. 8. Berlin 823, Magaz. f. Kunst. Rthlr.

— vergl. Rockstroh.

Berlin und Umgegend (Karte). Fol.

— unterwegs. Ein Führer durch die Reichshauptstadt fürs Portemonnaie u. d. Westentasche. 1889. Sommer-Ausg. Mit den neuesten Fahrplänen. 128. (807 S.) Berlin 889. Lüstenöder. — 25

Berlin's Vergnügungs-Lokale. qu. 16. (12 Photogr.-Imitationen.) Berlin 876, Lichtwerck. geb.

—— das verkehrte, im J. 1842. Strafpredigt, gehalten in freien Knüttelversen, in des Aeltervaters Abraham a Santa Clara Manier, von Hans Qualm. 2. Aufl. 8. (1 1/4 B.) 843. [Krause'sche Buchh. u. Sort.-Buchh.]

—— verproviantire Dir, Dein Benedek d. ist bald hier! 8. (8) Berl. 66, Brigl. — 1 1/2

Berlin verproviantire Dir, Dein Benedek der ist bald hier! Berlin 866. C. Mecklenburg. 8. (8 S. u. 1 color. Holzschn.) 1 1/2 ngr

—— kirchliche Verwahrlosung. Hülferuf zu dem neuen Kirchenbau in der Friedrich-Wilhelmstadt. gr. 8. (15 S.) Berlin 851, (W. Schultze.) *

— kirchliche Verwahrlosung. Hülferuf zu dem neuen Kirchenbau in der Friedrich-Wilhelmstadt. gr. 8. (15 S.) Berlin 851, Wohlgemuth's B. in Comm. n. 2 ngr

Berlin u. Voigtland. Komische Schilderungen aus d. Volksleben. Von J. T. J. Amor. 1s Hft. 8. Berlin 840. Stackebrandt. 1/6 ℛ

— Volks-Kampf. Eine übersichtl. Darstellg. der März-Ereignisse u. treue Schilderg. des Kampfes in d. Nacht vom 18. zum 19., nebst einer histor. Einleitg. v. L. B. gr. 8. (51 S.) Berlin 848, Springer. 1/6 ℛ

— das vornehme. Bilder aus dem High-life d. Reichshauptstadt. *** 8. (395 S.) Berlin 889. Eckstein Nachf. n. 4. —; geb. n.n. 5. 60

BERLIN, Das vornehme. Bilder aus dem High life der Reichshauptstadt. Berlin, o. J. (c. 1900?). 8°. (2 Mk. Schnabel & Walter, Potsdam, 1906.)

[F.] Aus dem 'Wasserkopf' Berlin. E. ill. Brötchen serviert v. e. Provinzialen. *Zürich: J. Schabelitz 1897.* (47 S.) 1 Bd 8. [97. 1394

§ **BERLIN wie es ist.** Fortsetzung der Sitten- u. Charaktergemälde von London, Madrid und Wien, v. *C. v. K..y.* — 2 Bde. Leipzig. Magazin für Literatur, 1827. 8°. 178 S. (In Berlin, Magistratsbibl.)

Hofleben. Hoffeste. Fackeltanz. Theater. — Die Nähterinnen, Luxus, Kupplerinnen, Dirnen, Volksfeste etc. (4 Mk. Emil Hirsch, München, 1904; 5 Mk. Max Jaeckel, Potsdam, 1906; 4 Mk., Orig.-Umschl., Ferd. Schöningh, Osnabr., 1907.)

Berlin wie es ist. Ein Gemälde des Lebens dieser Residenzstadt und ihrer Bewohner ... Berlin 1831. V: *Kertbeny, C. von.* (Stadtbibl. Berlin XII, S. 192)

—— wie es ist. Ein Gemälde d. Lebens dies. Residenzst. u. ihrer Bewohner, dargest. in genauer Verbind. m. Geschichte u. Topographie. M. 6 Kpfr. (in Aqua tinta) u. d. neuesten Grundrisse v. Berlin, (in Fol. u. ill.) Lex.-8. (21 1/4 B.) Berlin 831, Natorff u. Comp.

Berlin, wie es ist. Neuester Wegweiser für Einheimische und Fremde durch Berlin und Potsdam. (Unter der Regierung Sr. Maj. Friedrich Wilhelm IV.) Oder: Wie kann der Einheimische u. Fremde augenblicklich jedes öffentliche u. Privatgebäude in beiden Residenzen finden und sich über alles Sehenswerthe in denselben belehren. Mit der Revier- und Bezirks-Eintheilung (und Titelvign.) 12. Berlin 840, Krause. 1/4 ℛ

— wie es ist u. — trinkt, s.a. Brennglas.

Berlin wie es isst und — trinkt. 1832—1850. 33 Hefte. V: *Glassbrenner, Adolph Georg Theodor.* (schr)

— wie es ist u. — trinkt. Von Ad. Brennglas. 1s Hft.: „Eckensteher". Mit 1 Steindr. 4e u. 5e Aufl. 16. Berlin 833. 6e u. 7e Aufl. 835. Bechtold und Hartje. 1/4 ℛ — dass. 2s Hft.: „Höckerinnen". Mit 1 Steindr. 16. Ebd. 833. 5e Aufl. 837. 1/4 ℛ — dass. 3s Hft.: „Holzhauer u. Beschreib. d. Stralower Fischzuges". Mit 1 Steindr. 16. Ebd. 833. 1/4 ℛ — dass. 4s Hft.: „Köchinnen" Mit Titelkpfr. 16. Ebd. 833. 3e Aufl. 834. 1/4 ℛ — dass. 5s Hft.: „Berliner Fuhrleute". Mit 1 Steindr. 16. Ebd. (Leipzig, Rostosky u. Jackowitz.) 1/4 ℛ

— dass. 6s Hft.: „Zirngibler u. Guckkästler". Mit 1 Steindr. 834. 2e Aufl. 835. 3e Aufl. 838. 6s Hft. Guckkästler 2e Lfrg. 836. 2e Aufl. 840. 1/4 ℛ 3e Lfrg. Bildermann 837. Ebd. 1/4 ℛ (Leipzig, Vetter u. Rostosky.) 1/4 ℛ — dass. 7s Hft.: „Nachtwächter". Mit Titelkpfr. 16. Leipzig 835. Ebd. 1/4 ℛ — dass. 8s Hft.: „d. Schnapsläden". Mit Titelkpfr. 16. Ebd. 836. Ebd. 1/4 ℛ — dass. 9s Hft.: „Puppenspiele". 16. Ebd. 836. 1/4 ℛ 2e Aufl. 838. 1/4 ℛ — dass. 10s Hft.: „Moabit". Mit ill. Titelbild. 16. Ebd. 837. 1/4 ℛ — dass. 11s Hft.: „Straßenbilder". Mit ill. Titelbild. 8. Leipz. 837. Rostowsky u. Jackowitz. 1/4 ℛ — dass. 12s Hft.: „Unterhaltungen". Mit ill. Titelbild. 8. Ebd. 837. 1/4 ℛ

— wie es ist und — trinkt. Von Ad. Brennglas. 1. Heft: „Eckensteher." Mit color. Titelbild. 9. durchaus veränd. u. verm. Aufl. gr. 16. Leipzig 841, Jackowitz. 1/4 ℛ — 10te Aufl. 845. 1/4 ℛ

— dass. 2. Heft: „Höckerinnen." Mit color. Titelbild. 6. durchaus veränd. u. verm. Aufl. gr. 16. Ebend. 841. 1/4 ℛ — 7. Aufl. 845. 1/4 ℛ

— dass. 3. Heft: „Berliner Holzhauer" und „Beschreibung des Stralower Fischzuges." Mit color. Titelbild. 5. durchaus veränd. u. verm. Aufl. gr. 16. Ebd. 841. 1/4 ℛ — 6. Aufl. 845. 1/4 ℛ

— dass. 4. Heft: „Köchinnen." Mit col. Titelbild. 5. durchaus veränd. u. verm. Aufl. gr. 16. Ebd. 841. 1/4 ℛ — 6. Aufl. 845. 1/4 ℛ

— dass. 5. Heft: „Berliner Fuhrleute." 3. verm. Aufl. Mit 1 Kpf. 8. Ebd. 843. 1/4 ℛ

— dass. 6. Heft: „Zirngibler und Guckkästner." 1. Liefg. 4. verb. Aufl. gr. 16. Ebd. 843. 1/4 ℛ

— dass. 6. Heft: „Guckkästner." 2. Lfg. 3. verb. Aufl. Ebd. 845. 1/4 ℛ

— dass. 6. Heft: „Guckkästner." 3. Lfg. Mit col. Titelbild. 2. veränd. u. verm. Aufl. gr. 16. Ebd. 841. 1/4 ℛ

— dass. 7. Heft: „Nachtwächter." 4. verm. Aufl. Mit 1 Kpf. 8. Ebd. 843. 1/4 ℛ

— dass. 8. Heft: „Die Schnapsläden." 3. Aufl. 8. Ebend. 843. 1/4 ℛ

— dass. 9. Heft: „Puppenspiele." 3. Aufl. 8. Ebd. 845. 1/4 ℛ

— dass. 10. Heft: „Moabit." 2. Aufl. 8. Ebd. 841. 1/4 ℛ

— dass. 11. Heft: „Straßenbilder." 2. verm. Aufl. Mit 1 col. Titelbild. gr. 16. Ebd. 842. 1/4 ℛ

— dass. 12. Heft: „Unterhaltungen." 2. verm. Aufl. Mit 1 col. Titelbild. gr. 16. Ebd. 842. 1/4 ℛ

— dass. 13. Heft: „Komische Scenen und Gespräche." Mit col. Titelbild von Th. Hosemann. gr. 16. Ebd. 841. 1/4 ℛ — 2. Aufl. 8. Ebd. 846. 1/4 ℛ

— dass. 14. Heft. — A. u. d. T.: Franz Liszt in Berlin. Eine Komödie in 3 Akten. Mit 1 color. Titelbild. gr. 16. Ebd. 842. 1/4 ℛ

— dass. 15. Heft: „Ein Sonntag in Tempelhof." Mit color. Titelbild. gr. 16. Ebd. 843. 1/4 ℛ

— dass. 16. Heft: „Herr Buffey in der Zaruck=Gesellschaft." Mit color. Titelbild. gr. 16. Ebd. 843. 1/4 ℛ

— dass. 17. Heft: Sylvesterfeier der Bürger=Gesellschaft „Vorwärts". Mit 1 Kpf. Ebd. 843. 1/4 ℛ

— dass. 18. Heft: „Das Fastnacht=Orakel." Mit 1 Kpf. 8. Ebd. 843. 1/4 ℛ

— dass. 19. Heft: „Nante Nantino, der letzte Sonnenbruder," oder: „Die Entstehung der norddeutschen Volkspoesie." Histor.=romant.=komische Tragödie in 5 Akten. Mit 1 color. Kpf. 8. Ebd. 843. 1/4 ℛ

— dass. 20. Heft: „1843 im Berliner Guckkasten." Mit 1 col. Titelk. 8. Ebd. 844. 1/4 ℛ

— dass. 21. Heft: „Herr Buffey auf der Berlin=Leipziger=Eisenbahn." Mit 1 Titelk. 8. Ebd. 844. 1/4 ℛ

— dass. 22. Heft: „1844 im Berliner Guckkasten." Mit color. Titelk. 8. Ebd. 845. 1/4 ℛ

— dass. 23. Heft: „Antigone in Berlin." Frei nach Sophokles. Mit 1 col. Kpf. 3. Aufl. 8. Ebd. 846. 1/4 ℛ

— dass. 24. Heft: „Hr. Buffey im Tugend=Verein." Mit 1 col. Kpf. 8. Ebd. 846. 1/4 ℛ

— dass. 25. Heft: „Eine Werkstatt." Mit 1 col. Kpf. 8. Ebd. 846. 1/4 ℛ

— wie es plappert und schnattert. Pudelnärrische Begebenheiten, Schilderungen und Scenen aus dem jetzigen Berliner Volksleben von Brennecke, Stiebel u. Lott is dodt. Berlin 861. Geelhaar in Comm. 8. (15 S.) 2½ ngr

— wie es weint u. lacht, s.a. Humor, Berliner, vor Gericht.

— wie es weint u. lacht. Heiteres u. Ernstes aus dem Berliner Volksleben. 1. u. 2. Bd. 8. Berlin, R. Eckstein Nachf. à n. — 60

1. Berliner Humor vor Jahrzehnten. (8 Geschichten.) Von F. Truloff. 1.—6. Tausf. (94 S.) (901.)
2. Aus den Kinderjahren der Weltstadt. Von C. F. Liebetreu (F. Truloff). (96 S.) (902.)

Berlin—Wien—Rom. Betrachtungen über den neuen Kurs u. die neue europ. Lage. (Von Jul. Eckardt.) gr. 8. (IX, 273 S.) Lpz. 892, Duncker u. Humblot. * 5 —

BERLIN wird Weltstadt. Ernste und heitere Culturbilder. Berlin. o. J. (c. 189*). 2 Bl. u. 233 S. (6 Mk. 50 Pfg. E. Frensdorff, 1907.)

Aus dem Inhalte: Das Leihamt. — Sommerwohnungen. — Landpartien. — Berliner Schriftsteller. — Die möblirten Stuben. — Berliner Bock-Walpurgis. — Berlin bei Tage. — Berlin bei Abend. — Das Intelligenz-Blatt. — Berlins Père la Chaise. — Die Wettrennen. — Berliner Aerzte. — Kleine Leiden eines Weltstadtbürgers. — Der Berliner Milchbart. — Eine Berliner Leihbibliothek. — Die Angler u. die Segelfritzen. — Berliner Winterfreuden. — Der Ritter der Berliner Blonden. — Gerson's Magazin zu Weihnachten. — Berlin's Thore. — Die Börse. — Die Bahnhöfe. — Berliner Konditoreien. — Berliner Läden. — Die Feuerwehr. — Das neue Museum. — Berliner Fuhrwerke. — Reisende Berliner. — Der Berliner in der Fremde.

Berlins bauliche Zukunft, s. Bruch, Ernst.

Berlin, seine Zustände, seit dem 18. März 1848. 8. Berlin 24. Nov. 1848.

BERLIN'S sittliche und sociale Zustände. Nach Berliner Berichten dargestellt. 3. Aufl. Freiburg i. B. 1872. 8°. (50 Pfg. A. Bielefeld.) (In Dresden, Bibl. d. Gehe-Stiftg.)
Ed. I—II wohl von demselben Jahre.

—— sittliche und sociale Zustände. Nach Berliner Berichten dargestellt. gr. 8. (60 S.) Freiburg im Br. 872, Herder'sche Buchh.

Berlin [Schlagwort]

— s. a.: Charlottenburg, Straube.

— s. a.: Deutschland. Karte (Abt. Preussen). Übersichtskarte. — Einzelkarten.

— s.a. Einzelkarten

— s.: Eisenbahnkarten.

— s. a.: Europa. Uebersichtskarte.

— s.a. Geologische Karten (Preussen)

— s.a. Hand- u. Reisekarten

— s.a. Pharus-Städte-Atlas

— s.a. Preussen. Messtischblätter.

— s.a. Radfahrerkarten. Straube, J.

— s.a. Wanderkarten

Berlin, Adreß= und Geschäftshandbuch für, s. Wohnungs=Anzeiger.

Berlin. Bebauungsplan der Umgebungen Berlins. Abth. III—VII, X, 1. Lith. u. kolor. Berlin, (D. Reimer). n.n. 16. —

III. Rev. im J. 1891. 1 : 4000. 75,5×60 cm. n.n. 2. —
IV. Rev. im J. 1891. 1 : 4000. 60×75,5 cm. n.n. 2. —
V. Charlottenburg. Rev. im J. 1893. 3. Sect. 1 : 6250. 72×93 cm. n.n. 3. —. — 4. u. 5. Sect. (Westend.) 1 : 4000. 80,5×98 cm. n.n. 3. —
VI. Rev. im J. 1893. 1 : 4000. 60×75,5 cm. n.n. 2. —
VII. Rev. im J. 1891. 1 : 4000. 63,5×92,5 cm. n.n. 2. —
X, 1. Rev. im J. 1891. 1 : 4000. 78,5×97 cm. n.n. 2. —

Abth. 3. Rev. im J. 1883. Ebd. 1883.
Abth. 5. Rev. im J. 1885. Abd. 1885.

Berlin. Bebauungsplan der Umgebungen Berlins. Abth. VI. Rev. im J. 1902. 1 : 4000. 47×67 cm. Farbdr. Berlin (D. Reimer). n.n. 2. —

— — dasselbe. Abth. XIII. Sect. 2. Rev. im J. 1902. 1 : 4000. 56×82 cm. Farbdr. Ebd. n.n. 2. —

Berlin. Bebauungsplan der Umgebungen Berlins. XI. u. XIV. Abth. 1 : 4000. Farbdr. Berlin, D. Reimer. à n.n. 2. —

XI. Rev. im J. 1903. 80×55 cm. 903.
XIV. Rev. im J. 1905. 80,5×64,5 cm. 905.

Berlin. Bebauungsplan der Umgebungen Berlins. Abtlg. X, 2. Rev. im J. 1907. 1 : 4000. 53×76 cm. Farbdr. Berlin 907. D. Reimer. nn 2. —

Berlin. Bebauungsplan der Umgegend Berlins. In 17 Blättern. Blatt 1—4, 6—9, 10 I u. II, 11, 12, 13 I u. II, 14, 15. 1 : 4000. Imp.-Fol. Berlin 887—889. D. Reimer. à n. 2. —

— — dasselbe. Blatt 5. Charlottenburg. 1 : 6250. Imp. Fol. Ebd. 888. n. 3. —

— Borrmann, R., Plan der Entwickelungsgeschichte Berlin's auf Grund des Sineck'schen Planes gezeichnet. 1 : 10,000. 4 Blatt à 51½×69,5 cm. Farbendr. Berlin 893. D. Reimer. n. 12. —; auf Leinw. in Mappe od. m. Stäben n. 14. —

— Diercke, C., Schulwandkarten. Berlin u. Umgegend. 1 : 40,000. 4 Blatt je 72×86,5 cm. Farbdr. Braunschweig (904). G. Westermann. n. 18. —; auf Leinw. m. Stäben n. 26. —

Berlin. „Durch Berlin" m. Strassenbahn u. Omnibus. Strassenbahn- u. Omnibus-Plan. 1 : 20,250 55×68 cm. Farbdr. Mit vollständ. Verzeichniss sämmtl. Strassenbahn- u. Omnibus-Linien u. Strassenverzeichniss (an den Seiten u. auf d. Rückseite). Berlin (901). Liebel. — 20

— Gaebler, E.: Karte v. Berlin u. Umgegend. 4°.— Berlin 1884, Engelhardt.

— Gebhardt, R., Monumental-Plan v. Berlin. Entw. u. gez. v. J. Ascher. 4 Blatt à 65,5×85 cm. Farbdr. Mit Verzeichnis der Strassen, Plätze, Gebäude etc. 8. (8 S.) Leipzig 902. Renger. In Mappe n. 8. —; auf Leinw. m. Ringen n. 14. —; u. m. Stäben n. 15. —

— — dasselbe. (Kleine Ausg.) 29,5×38,5 cm. Farbdr. Nebst alphabet. Verzeichnis der Strassen, Plätze, Gebäude etc. 8. (8 S.) Ebd. 902. n. — 60

Berlin — Grundriss von — Aufgen. und gez. mit Genehmigung der K. Akad. d. Wissensch. von J. C. Selter. Im Verlage bey S. Schropp et Comp. 1826. 1 : 4,600. 4 Bl.

Berlin — Grundriss der K. Residenzstadt — gez. von Boehm. 1848. 12,500. Berlin, Reimer. Col. Ausgabe. 1 Bl.

— Häusler, H., Plan d. Berliner zoologischen Gartens. 1 : 3000. Chromolith. gr. Fol. Berlin 889. Hugo Spamer. n. — 10

— Hornbogen, F., Berlin-Helgoland. Vergleichskarte v. Berlin u. Helgoland. (Plan v. Helgoland m. untergedrucktem Plan v. Berlin.) Lith. 4. Weimar 890. Geograph. Institut. n. — 20

— Karte von Berlin u. Umgebung. Hrsg. v. der kartograph. Abteilg. der königl. preuss. Landesaufnahme. 1 : 50,000. (12 Bl.) à 47×47,5 cm. Farbdr. Berlin 904. (R. Eisenschmidt.) n.n. 15. —; auf Leinw. in Kapsel n.n. 22. 60; einzelne Bl. n.n. 1. 50; auf Leinw. n.n. 2. —

1. Nauen. — 2. Oranienburg. — 3. Bernau. — 4. Freienwalde. — 5. Potsdam. — 6. Berlin. — 7. Cöpenick. — 8. Strausberg. — 9. Werder. — 10. Zossen. — 11. Königs-Wusterhausen. — 12. Fürstenwalde.

Berlin. Karte d. Umgegend v. Berlin. Hrsg. v. der kartogr. Abtheilg. der königl. preuss. Landes-Aufnahme 1898. 1 : 100,000. 58×69,5 cm. Farbdr. Berlin 898. (R. Eisenschmidt). n n. 2. —

— — der Umgegend v. Berlin. Nach früh. Aufnahmen des kgl. preuss. Generalstabes hrsg. von der kartogr. Abth. der kgl. Landesaufnahme. Recognoscirt u. in d. Hauptsachen nachgetr. bis 1896. 1 : 50,000. 59,5×70,5 cm. Lith. u. kolor. Ebd. 896. n.n. 1. —

— Karten der Ethnographischen Sammlung der königl. Museen zu Berlin, um die Wohnsitze der im Katalog aufgeführten Stämme zu erläutern. 3. (6 Karten m. 7 Bl. Text.) Berlin 887. Spemann. n.n. — 30

— Kasch, Alfr., u. Alfr. Monde, grosser Gerichtsplan Berlin u. seine Vororte. 1 : 27,300. 88×119 cm. Farbdr. Mit Text. (62 S.) schmal gr. 8. Berlin (905). A. Monde. n. 2. —

— Kiessling:
— — kleine Karte der Umgegend von Berlin u. Potsdam. [Sep.-Abdr. aus Kiessling's Topograph. Karte der Umgegend von Berlin auf dem Flächenraum von 85 □Meilen.] 1 : 150,000. Entworfen u. gest. v. Th. Delius. 3. Aufl. Ebd. 888. n. — 25; 3farbig n. — 50

— Kiessling's topograph. Karte der Umgegend v. Berlin, umfass. 19 gröss. u. klein. Städte wie Potsdam, Freienwalde, Buckow, Fürstenwalde u. s. w., sowie sämmtl. Dörfer, Vorwerke, Mühlen, Ziegeleien, Colonien, Förstereien etc. auf ca. 85 □ M. um Berlin. Entworfen u. gez. v. Th. Delius. 1 : 150,000. 23. Aufl. 43×58 cm. Farbendr. Mai 1894 bericht. u. ergänzt. Mit prakt. Entfernungsmesser u. alphabet. Namenverzeichnis. 8. (8 S.) Berlin 894. A. Kiessling. 1. —

— — dasselbe (Umschlag Radfahrer-Karte). 26. Aufl. 1898 bericht. u. ergänzt. Wohlfeile Ausg. Ebd. 898. n. — 50; 4farbig m. Namensverzeichnis. 12. (6 S.) n. 1. —

— Kiessling's topographische Karte der Umgegend v. Berlin, umfassend 19 grössere u. kleinere Städte wie: Potsdam, Freienwalde, Buckow, Fürstenwalde u. s. w., sowie sämmtl. Dörfer, Vorwerke, Mühlen, Ziegeleien, Colonien, Förstereien etc. auf ca. 85 □M. um Berlin. Entworfen u. gez. v. Th. Delius. Mit prakt. Entfernungsmesser. 27. Aufl. 1900. berichtigt u. ergänzt. 1 : 150,000. 43×58,5 cm. Farbdr. Wohlfeile Ausg. Berlin, A. Kiessling. — 50; 4farbig m. Namensverzeichnis. 12. (6 S.) 1. —

— Kiessling's grosser Plan v. Berlin, Charlottenburg u. Westend etc. 8. Aufl. Fol. Nebst Strassenverzeichniss etc. 8. (8) Berl. 82, Kiessling.

— Kiessling's grosser Plan der südwestlichen Vororte v. Berlin: Schöneberg, Wilmersdorf, Kolonie Grunewald, Schmargendorf, Friedenau, Steglitz, Gross-Lichterfelde, Südend, Lankwitz, Horstenstein, Marienfelde, Zehlendorf, Schönow, Seehof, Teltow. 1 : 15,000. Mit Angabe der Gemarkungsgrenzen, aller fert. u. projektierten Strassen auf Grund der amtl. Bebauungspläne der betr. Gemeinde-Verwaltgn. 81×65 cm. Farbendr. Mit Strassenverzeichnis. 12. (10 S.) Berlin 893. A. Kiessling. n. 3. —

— — kleiner Plan v. Berlin. 8. Aufl. Fol. Nebst Strassenverzeichniss etc. 8. (8) Ebd. 82.

— **Kiessling's neuer grosser Plan von Berlin u. den nächstgelegenen Ortschaften. 1:15,000. In 3farb. Druck. Imp.-Fol. Nebst alphabet. Verzeichniss sämmtl. Strassen, Plätze u. Brücken u. e. Stundenplan der Sehenswürdigkeiten Berlins. 8. (8 S.) Berlin 886. Kiessling. n. 1. —; in 4farb. Druck n. 1. 50; in 5farb. Druck n. 2. —; in Leinw.-Carton n. 2. 50**

— — neuer grosser Plan v. Berlin u. den nächstgeleg. Ortschaften, m. Angabe d. Weichbildgrenze, des Bebauungsplans, d. Strassen- u. Häuser-Numerierg., d. Post-Bezirke, des vollständ. Pferde-Eisenbahn- u. Dampfschiff-Netzes, sowie der Stadt- u. Ringbahn-Linie nach amtl. Mitteilgn. 1 : 15,000. 8. Aufl. Bearb. v. Gust. Müller. 66 × 82 cm. In 5farb. Druck. Nebst alphabet. Verzeichnis sämtl. Strassen, Plätze u. Brücken u. e. Stundenplan der Sehenswürdigkeiten Berlins. 8. (8 S.) Berlin 895. A. Kiessling. 2. —; auf Leinw. 3. 50; in Karton 4. —

Berlin. Kiessling's neuer kleiner Plan von Berlin. 1 : 15,000. Nebst alphabet. Verzeichniss sämmtlicher Strassen, Plätze u. Brücken u. e. Stundenplan der Sehenswürdigkeiten Berlins. 3. Aufl. Berlin 888. Kiessling. n. — 25; 2farbig n. — 50; 3farbig n. — 75; 5farbig n. 1. —

Berlin. Kiessling's neuer kleiner Plan v. Berlin, m. Angabe d. Postbezirke, der Strassen- u. Häuser-Numerierg., d. vollständ. Pferde-Eisenbahn-Netzes, sowie der Stadt- u. Ringbahn-Linie nach amtl. Mitteilgn. 1 : 15,000. 9. Aufl. 47 × 63 cm. In 5farb. Druck. Nebst alphabet. Verzeichnis sämtl. Strassen, Plätze u. Brücken u. e. Stundenplan der Sehenswürdigkeiten Berlins. 8. (8 S.) Ebd. 895. 1. —; auf Leinw. 2. —; in Karton 2. 50

— — neuer kleiner Plan v. Berlin. 1 : 15,000. 11. Aufl. 47 × 63 cm. In 3farb. Druck. Mit allen Verkehrslinien u. Verzeichnis der Strassen u. Sehenswürdigkeiten. 8. (10 S.) Ebd. 898. n. — 50

— — neuer kleiner Plan v. Berlin. 1 : 15,000. 14. Aufl. 47×63 cm. In 3farb. Druck. Mit allen Verkehrslinien u. Verzeichnis der Strassen u. Sehenswürdigkeiten. 8. (10 S.) Ebd. 902. — 50

— — grosse Special-Karte (Umschlag Radfahrer-Karte) der Umgegend v. Berlin. Auf Grund der Generalstabs-Aufnahmen bearb. u. gezeichnet v. Gust. Müller, gestochen von Frz. Werner. 4. Aufl. 1 : 75,000. 66,5 × 86,5 cm. In 11farb. Druck. Mit alphabet. Namen-Verzeichnis. 8. (6 S.) Ebd. 898. n. 3. —; in 2farb. Druck n. 2. —

— — grosse Special-Karte der Umgegend v. Berlin. Auf Grund der Generalstabs-Aufnahmen bearb. u. gezeichnet v. Gust. Müller. 5. Aufl. 1:75,000. 66,5×86,5 cm. In 11farb. Druck. Mit alphabet. Namen-Verzeichnis. 8. (6 S.) Ebd. (900). n. 3. —; in 2farb. Druck n. 2. —

— — Taschenatlas der Umgegend Berlins f. e. Gebiet v. 140 Quadratmeilen. Mit e. Übersicht v. 100 Ausflügen u. Namensverzeichnis. (4 farb. Karten m. 32 S. Text.) kl. 8. Ebd. (908.) Geb. in Leinw. 2. —

— Kiessling's Taschenatlas v. Berlin u. Vororten. Mit e. Übersichtsplan u. Verzeichnis der Strassen u. Sehenswürdigkeiten. (3 farb. Karten à 81,5×17,5 cm m. 32 S. Text.) 19×10,5 cm. Berlin 909. A. Kiessling. Kart. 1.50

— — Taschen-Plan v. Berlin. Grosse Ausg., das gesamte Weichbild umfassend. 1 : 25,000. (Neue Ausg.) 39,5 × 45,5 cm. Farbdr. Nebst Strassenverzeichnis (auf der Rückseite). Ebd. 898. n. — 30

— — dasselbe. (Kleine Ausg.) 31 × 40 cm. Farbdr. Mit roten Verkehrslinien der Pferdebahnen, Dampfstrassen- u. elektr. Bahnen u. vollständ. Strassen-Verzeichnis m. Angabe der Postbezirke. 16. (27 S.) Ebd. 898. n. — 20

— — dasselbe (Umschlag Radfahrer-Plan). Grosse Ausg., das gesamte Weichbild umfassend. (Neue Ausg.) 1 : 25,000. 40×46 cm. Farbdr. Nebst Polizeiverordng. 16. (2 S.) Ebd. 898. n. — 50

— — Taschen-Plan von Berlin. Grosse Ausg., das gesamte Weichbild umfassend m. roten Verkehrslinien der Strassenbahnen. 1 : 25,000. 40×46 cm. Farbdr. Mit Text auf der Rückseite. Ebd. (902). — 30

— — dasselbe m. roten Verkehrslinien der Strassenbahnen. 1 : 25,000. 31×40,5 cm. Farbdr. Mit vollständ. Strassen-Verzeichnis m. Angabe der Postbezirke. 32. (28 S.) Ebd. (902). n. — 20

— — Uebersichtskarte (Umschlag Radfahrer-Karte) v. 300 Quadratmeilen um Berlin. Bearb. unt. Mitwirkg. v. B. Graupe. Mit Kilometer-Einteilg. d. Chausseen u. Pflasterwege u. Ortschaften-Verzeichnis. 12. (9 S.) 3. Aufl. 1 : 300,000. 41,5 × 55 cm. Farbdr. Ebd. 898. n. 1. —

— — dasselbe v. 900 Quadratmeilen um Berlin. 4 Blatt. (Nordosten, Nordwesten, Südosten und Südwesten.) à 37 × 46 cm. Farbdr. Ortsverzeichnis. 12. (à 16 S.) Ebd. 898. à n. 1. —

— — grosser Verkehrs-Plan v. Berlin bis Spandau u. Lichterfelde. Ausg. 1882. Lith. (2 farbig). Fol. Nebst Strassenverzeichniss u. Stundenplan der Sehenswürdigkeiten. 8. (16) Ebd.

— — grosser Verkehrs-Plan v. Berlin m. Vororten u. vollständ. Stadt- u. Ringbahn. 1 : 20,000. 2. Aufl. 66,5 × 82,5 cm. Ausg. in 5 Farben. Mit allen Verkehrslinien u. Verzeichnis der Strassen u. Sehenswürdigkeiten. 8. (16 S.) Ebd. 898. n. 1. 50; Ausg. in 6 Farben n. 2. —

— — grosser Verkehrs-Plan v. Berlin m. Vororten u. vollständiger Stadt- u. Ringbahn. 1 : 20,000. 6. Aufl. 67×83 cm. Ausg. in 3 Farben. Mit allen Verkehrslinien u. Verzeichnis der Strassen- u. Sehenswürdigkeiten. 8. (16 S.) Ebd. 902. 1. —; Ausg. in 5 Farben 1. 50; Ausg. in 6 Farben 2. —

— — Grosser Verkehrs-Plan v. Berlin m. Vororten u. vollständiger Stadt- u. Ringbahn. 1:20,000. 12. Aufl. 66×83 cm. 4farbig. Mit Strassenverzeichnis. (24 S.) 8. Ebd. (910.) 1.—; 5farbig 1.50; 6farbig 2. —

— — kleiner Verkehrsplan von Berlin m. Vororten. 1 : 20,000. 3. Aufl. 51 × 65 cm. In 6farb. Druck. Mit allen Verkehrslinien u. Verzeichnis der Strassen u. Sehenswürdigk. 8. (16 S.) Ebd. 898. n. 1. —

— — kleiner Verkehrsplan von Berlin m. Vororten. 1 : 20,000. 8. Aufl. 51,5×65,5 cm. In 3farb. Druck. Mit allen Verkehrslinien u. Verzeichnis der Strassen u. Sehenswürdigkeiten. 8. (16 S.) Ebd. 902. — 50; Ausg. in 4 Farben — 75; Ausg. in 6 Farben 1. —

— — Kleiner Verkehrsplan v. Berlin m. Vororten. 1 zu 20.000. 16. Aufl. 51×65 cm. 4farbig. Mit Strassenverzeichnis. (24 S.) 8. Ebd. (910.) —50; 5farbig —75; 6farbig 1. —

Berlin. Kiessling's neuer Verkehrs-Plan v. Berlin u. nächster Umgebg. Gezeichnet v. H. Berger. 1:25,000. Ausg. 1882. Lith. (2 farbig). Fol. Nebst Strassenverzeichnis. 8. (10) Berl., Kiessling.

— — neuer Verkehrsplan der südwestlichen Vororte v. Berlin. 1 : 20,000. 2. Aufl. 53×55,5 cm. Farbdr. Mit Angabe aller Verkehrslinien, der Gemarkungsgrenzen u. alphabet. Strassen-Verzeichnis. 8. (6 S.) Ebd. (900). n. 1. —

— Kühnlein, M., Plan v. Berlin m. den 10 Baupolizei-Bezirken nach der Eintheilung am 1. April 1890. 1 : 14,550. Nach amtl. Materialien bearb. Farbendr. Imp.-Fol. Berlin 890. Schropp. n. 2. —

— Liebenow, W., Situations-Plan v. der Haupt- u. Residenz-Stadt Berlin u. Umgegend. 1 : 6250. 12 Blatt u. Suppl. 2. Aufl. Lith. qu. gr. Fol. Berlin 888. Schropp. n. 30. —; auf Leinw. in Mappe n. 40. —; m. Stäben n. 42. —

— Maraun's grosser Verkehrsplan v. Berlin. Sommer 1894. 1 : 13,500. Pferdebahn-Linien, einzeln in verschiedenfarb. Zeichen dargestellt, ferner Dampfstrassenbahn, Eisenbahn- u. Dampfschiff-Linien. (Omnibus-Linien im Text.) 59,5×69 cm. Farbendr. Mit Fahrplänen, Strassenverzeichnis etc. Ausg. A. gr. 8. (IV, 51 S.) Berlin, Liebel. n. 2. —; geb. n. 2. 20; auf Leinw. u. geb. 3. 50; auf Pappe 3. —

— — dasselbe. Ausg. B. Mit Strassenverzeichnis etc. 8. (8 S.) Ebd. n. 1. 50; geb. n.n. 1. 70; auf Leinw., kart. 3. —; auf Pappe 2. 50

— Maraun's grosser Verkehrsplan v. Berlin u. seinen Vororten. 1 : 13,500. 1898. Pferdebahn-Plan. Der Weg jed. Pferdebahn-Linie m. ihrer Farbe (Laterne) übereinstimm. dargest. Ferner elektr. Bahn-, Dampfstrassenbahn- u. Dampfschiff-Linien. 75,5 × 96 cm. Farbdr. Mit Strassenverzeichnis etc. gr. 4. (15 S.) Berlin 898. Liebel. 2. —

— Maraun's grosser Verkehrsplan v. Berlin u. seinen Vororten. 1902. Strassenbahn- u. Omnibus-Plan. 75,5×96 cm. Farbdr. Mit Strassenverzeichnis etc. gr. 4. (20 S.) Berlin, Liebel. 2. —

— Mende's, Alfr., Hand-Plan v. Berlin. 1 : 23,500. (Ausg. 1902.) 48×57,5 cm. Schwarzdr. Mit Verzeichnis der Strassen, Plätze etc. 12. (63 S.) Berlin, (Berolina-Versand-Buchh.) n. — 30; 8farbig m. sämtl. Strassenbahnlinien — 75

— Mende's, Alfr., neue Karte der südöstlichen Vororte Berlins bis Köpenick u. Grünau reichend. 1 : 27,300. 62,5×68 cm. Farbdr. Ebd. (905). n. 1. 10

— — neue Karte der südwestlichen Vororte Berlins bis Teltow u. Stahnsdorf reichend. 1 : 27,300. 67×71,5 cm. Farbdr. Ebd. (905). n. 1. 10

— — grosser Plan „Berlin u. seine Vororte", umfassend 430 Quadratkilometer. 1 : 23,500. (Neue Ausg.) 88,5×95,5 cm. Farbdr. Mit sämtl. Strassenbahn- u. Omnibuslinien; nebst Verzeichnis d. Strassen, Theater, Sehenswürdigkeiten, Kirchhöfe, Postämter u. deren Bestellbezirksgrenzen etc. Die letzteren m. Ermächtigg. der kaiserl. Ober-Post-Direktion Berlin unter Zugrundelegg. des amtl. Materials. 4. (30 S.) Ebd. (901). 3. —; auf Pappe n. 5. —; auf Leinw. in Taschenform n. 6. —; m. Stäben n. 7. 50

— — Taschen-Atlas v. Berlin u. seinen Vororten. Mit 1 Uebersichtskarte, e. aus 84 Sektionen besteh. Spezialkarte u. zahlreichen Verzeichnissen. Bearb., gezeichnet u. hrsg. v. A. Ewan u. A. Mende. (153 S.) kl. 8. Ebd. (904). 2farbig (Ausg. C.) n. — 30; 8farbig (Ausg. B.) kart. n. — 75; (Ausg. A.) geb. in Leinw. n. 1. 50

— — neuester Taschen-Plan v. Berlin m. Vororten. 1 : 33,333 1/3. 46,5×56,5 cm. Farbdr. Mit sämmtl. Strassenbahnlinien; nebst Verzeichniss der Strassen, Postämter, Theater, Kirchhöfe u. Sehenswürdigkeiten. 12. (40 S.) Berlin (900). (Berolina-Versand-Buchh.) 1. —
Ausg. 1882 Ebd.

Berlin. Mende's, Alfr., grosser Verkehrs-Plan. Berlin u. seine Vororte. Umfassend 772 1/2 Quadratkilometer. (Beilage f. das Berliner Adressbuch 1905.) 1 : 27,300. 89×120 cm. Mit Text. (32 S.) Lex.-8. Berlin, A. Mende. n. 3. —; auf Leinw. in Taschenform n. 7. —; m. Leisten od. auf Pappe n. 8. —

— — kleiner Verkehrsplan Berlin. Beilage f. das Berliner Adressbuch. 1 : 23,500. 28×42,5 cm. Farbdr. Mit Strassenverzeichnis usw. (32 S.) 16. Ebd. n. — 20

Berlin. Mende's, Alfr., südwestliche Vororte v. Berlin. 1 : 23,500. (Ausg. 1902.) 49×43 cm. 7farbig. Ebd. n. — 50; 8farbig m. Strassen-Verzeichnis. 12. (63 S.) — 75

— Menke, H., Plan der Berliner Gewerbe-Ausstellung 1896. 1 : 6000. 27,5 × 39 cm. Farbendr. Berlin 896. (Carlshorst, H. Friedrich.) — 30

— Müller, Gust., Karte zur Berechnung des Grund- u. Bodenwerthes in Berlin, Charlottenburg, Westend, Weißensee, Neu-Hohen-Schönhausen, nebst e. Darstellg. d. Werthes mass. Wohn-Gebäude in d. verschied. Baustadien u. der Wohnungsmiethen. Ein Rathgeber f. Bauunternehmer, Hypothekenbanken, Kapitalisten, Spekulanten u. Grundbesitzer bei Kauf, Verkauf u. Beleihg. der Grundstücke. 6. Jahrg. 1898—1899. 53 × 78 cm. Farbdr. Mit Text. 8. (56 S.) Berlin 898. Deutscher Verlag. In Leinw.-Decke n.n. 10. —

— Müller, Gust., Karte zur Berechnung des Grund- u. Bodenwerthes in Berlin, Charlottenburg, Westend, Weißensee, Wilhelmsberg, nebst e. Darstellg. d. Werthes massiver Wohn-Gebäude in den verschiedenen Baustadien u. der Wohnungsmiethen. Ein Rathgeber f. Bauunternehmer, Hypothekenbanken, Kapitalisten, Spekulanten u. Grundbesitzer bei Kauf, Verkauf u. Beleihg. der Grundstücke. 8. Jahrg. 1902. 53×78 cm. Farbdr. Mit Text. 8. (75 S.) Berlin, Deutscher Verl. In Leinw.-Decke n. 10. —

— — dasselbe in Berlin, innere Stadt. Jahrg. 1900—1901. 67,5×96,5 cm. Farbdr. Mit Text. 8. (57 S.) Ebd. 900. In Leinw.-Decke n. 20. —

— — in den Vororten v. Berlin, umfassend 48 Ortschaften. Ein Rathgeber für Bauunternehmer, Hypothekenbanken, Kapitalisten, Spekulanten u. Grundbesitzer bei Kauf, Verkauf u. Beleihg. der Grundstücke. 3 Karten in Farbdr. Mit Text. 8. (à 61 S.) Ebd. 901. In Leinw.-Decke n. 19. 50; alle 3 Karten zus. in 1 Leinw.-Decke n. 17. —
Nördliche Vororte. 39×52 cm. n. 6. —. — Südöstliche u. östliche Vororte. 58×42,5 cm. n. 6. —. — Südwestliche u. südliche Vororte. 58×42 cm. n. 7. 50.

— Müller, Gust., Karte zur Berechnung des Grund- u. Bodenwertes in Berlin, Charlottenburg, Westend, Weißensee, Wilhelmsberg, nebst e. Darstellung des Wertes massiver Wohn-Gebäude in den verschiedenen Baustadien u. der Wohnungsmieten. Ein Ratgeber für Bauunternehmer, Hypothekenbanken, Kapitalisten, Spekulanten u. Grundbesitzer bei Kauf, Verkauf u. Beleihg. der Grundstücke. 10. Jahrg. 1906. 53×78 cm. Farbdr. Mit Text. (87 S.) 8. Berlin, Deutscher Verlag. In Leinw.-Decke n. 10. —

— Müller, Gust., Karte zur Berechnung des Grund- u. Bodenwertes in Berlin, Charlottenburg, Westend, Weißensee, Wilhelmsberg, nebst e. Darstellg. d. Wertes massiver Wohngebäude in den verschiedenen Baustadien u. der Wohnungsmieten. Ein Ratgeber f. Bauunternehmer, Hypothekenbanken, Kapitalisten, Spekulanten u. Grundbesitzer bei Kauf, Verkauf u. Beleihung der Grundstücke. 12. Jahrg. 1910—1911. 53×78 cm. Farbdr. Mit Text. (104 S.) kl. 8. Berlin, Deutscher Verlag. Geb. in Leinw. 12. —

— — topographische Karte der Umgegend von Berlin, umfassend 19 grössere u. kleinere Städte, sowie sämmtl. Dörfer, Vorwerke, Mühlen, Ziegeleien, Colonien, Förstereien etc. auf ca. 85 □Meilen um Berlin. 1 : 150,000. Entworfen u. gest. v. Th. Delius, neu bearb. v. G. Müller. 19. Aufl. Chromolith. gr. Fol. Mit alphabet. Ortsverzeichniss. 8. (6 S.) Ebd. 888. n. 1. —

— — Karten zur Berechnung des Grund- u. Bodenwertes in den Vororten von Berlin, umfassend 43 Ortschaften. Ein Ratgeber für Bauunternehmer, Hypothekenbanken, Kapitalisten, Spekulanten u. Grundbesitzer bei Kauf, Verkauf u. Beleihg. der Grundstücke. Ausg. 1905. 3 Karten in Farbdr. Mit Text. (69 S.) 8. Ebd.
In Leinw.-Decke n. 19. 50;
alle 3 Karten zusammen in 1 Leinw.-Decke n. 17. —
Nördliche Vororte. 39×52 cm. 6. —
Südöstliche u. östliche Vororte. 57,5×42,5 cm. 6. —
Südwestliche u. südliche Vororte. 57,5×42 cm. 7. 50

— — Karten zur Berechnung des Grund- u. Bodenwertes in den Vororten v. Berlin, umfassend 43 Ortschaften. Ein Ratgeber f. Bauunternehmer, Hypothekenbanken, Kapitalisten, Spekulanten u. Grundbesitzer bei Kauf, Verkauf u. Beleihg. der Grundstücke. Ausg. 1909. 3 Karten in Farbdr. Mit Text. (89 S.) kl. 8. Ebd.
In Leinw.-Decke 22. —;
alle 3 Karten zusammen in 1 Leinw.-Decke 20. —

— — u. Emil Querner, neuer Schulwand-Plan von Gross-Berlin. 1 : 8000. 4 Blatt à 84×108 cm. Farbdr. Ebd. (900). Auf Leinw. m. Stäben n.n. 25. —

— — große Spezialkarte zur Berechnung des Grund- u. Bodenwertes in Berlin, innere Stadt m. den eingezeichneten einzelnen Grundstücken u. ihren Hausnummern, umfassend das Gebiet innerhalb der früheren Stadtmauer, 1 : 5700, nebst e. Darstellg. des Wertes massiver Wohn-Gebäude in den verschiedenen Baustadien u. der Wohnungsmieten. Ein Ratgeber f. Bauunternehmer, Hypothekenbanken, Kapitalisten, Spekulanten u. Grundbesitzer bei Kauf, Verkauf u. Beleihg. der Grundstücke. 3. Jahrg. 1905. 68×96,5 cm. Farbdr. Mit Text. (61 S.) 8. Berlin, Deutscher Verlag. In Leinw.-Decke n. 20. —

Berlin. Müller, Gust., große Spezial-Karte z. Berechng. d. Grund- u. Bodenwertes in Berlin, innere Stadt m. d. eingezeichneten einzelnen Grundstücken u. ihren Hausnummern, umfassend das Gebiet innerhalb der früheren Stadtmauer, 1 : 5700, nebst e. Darstellung des Wertes massiver Wohn-Gebäude in den verschiedenen Baustadien u. der Wohnungsmieten. Ein Ratgeber f. Bauunternehmer, Hypothekenbanken, Kapitalisten, Spekulanten u. Grundbesitzer bei Kauf, Verkauf u. Beleihg. der Grundstücke. 5. Jahrg. 1909. 68×100 cm. Farbdr. Mit Text. (69 S.) kl. 8. Berlin, Deutscher Verlag.
In Leinw.-Decke 20. —

— — grosse Special-Karte der Umgegend von Berlin. 1 : 75,000. Auf Grund der Generalstabs-Aufnahmen entworfen u. gez. v. G. Müller. Ebd. 888.
3farbig n. 2. —; auf Leinw. n. 3. 25; 11farbig n. 3. —; auf Leinw. n. 4. 25

— — Spezial-Plan v. Gross-Berlin. Unter Benutzg. der neuen Messtischblätter u. Bebauungspläne nach eigenen Erkundgn. bearb. 1 : 20,000. 90×103 cm. Farbdr. Berlin (906). Gea Verlag. In Umschlag n. 6. —

— — grosser Verkehrs-Plan von Berlin bis Spandau u. Lichterfelde, mit vollständ. Bebauungsplan von den Umgebungen Berlins, der Berliner Weichbildgrenze, den Gemarkungsgrenzen u. sämmtl. Eisenbahnen u. Pferdebahnen. Nebst alphabet. Strassen-Verzeichniss Berlins u. sämmtl. Ortschaften der Umgegend u. Stundenplan der Sehenswürdigkeiten. 1 : 25,000. Entw. von H. Berger, neu bearb. von G. Müller. Ebd. 888. n. 2. —; 3farbig n. 2. 50; 5farbig n. 3. —; auf Leinw. n. 5. —

Berlin. Müller, Gust., Neuer Verkehrsplan v. Gross-Berlin. 1 : 20,000. 81×103 cm. 2 Blatt. Farbdr. Mit ausführl. Verzeichnis aller auf d. Plane vorkomm. Namen. 8. (32 S.) Berlin 897. D. Reimer.
In Karton n. 3. —

— — neuer Verkehrs-Plan v. Gross-Berlin. 1:8000. 4 Blatt à 84×108 cm. Farbdr. Berlin (S.W. 13, Neuenburgerstr. 5) (900). Hans Bethcke.
Auf Leinw. m. Stäben n.n. 25. —

— — dasselbe. 1:20,000. (Neue Ausg.) 97,5×104,5 cm. Farbdr. Mit Strassenverzeichnis. schmal gr. 8. (22 S.) Ebd. (900). Auf Leinw. 4. —

—— die königl. Museen zu, s. Schasler, Max.

— Oeser, R., Verkehrsplan v. Berlin u. Umgegend, nach amtl. Quellen. 9 Blatt à 44×48,5 cm. Farbendr. Berlin 893. C. Chun. 9. —; auf Leinw. in Mappe n. 12. —; m. Stäben n. 14. —

— Peip, Chr., Taschen-Atlas v. Berlin u. Umgebung. 16 Sektionen in Farbendr. Ausgeführt in Phototyp. u. Buchdr. kl. 4. Mit Text. gr. 16. (4 S.) Leipzig 892. Körner & Dietrich. Geb. in Leinw. n. 2. —

— Peip's, Chr., Taschenatlas v. Berlin u. weiterer Umgebung. Neue verm. u. verb. Ausg. Enth.: 18 Karten in feinstem Farbendr., 1 Plan v. Berlin, innere Stadt, 1 Spezialkarte v. Potsdam u. Umgebg., 1 Spezialkarte v. Spreewald, nebst Führer v. Paul Lindenberg (Berlin), m. Anh.: Verzeichnis der hauptsächlichsten Sehenswürdigkeiten Berlins m. Angabe der Besuchsbedinggn. u. s. w. 12. (48 S.) Stuttgart 897. Hobbing & Büchle. Geb. in Leinw., in 12, n. 2. —

— Peip, Chr., Taschenatlas v. Berlin u. weiterer Umgebung. Neue verm. u. verb. Aufl., enth. 18 Kartenblätter, 1 Plan der inneren Stadt Berlin, 1 Spezialkarte v. Potsdam u. Umgebung, 1 Spezialkarte vom Spreewald, sowie 2 Textbeigaben: 1. Märkische Landschaft. Eine Skizze v. Wolfg. Kirchbach. 2. Führer durch die Umgebung Berlins. Von Paul Lindenberg. (51 S.) 12. Stuttgart 903. Hobbing & Büchle.
Geb. in Leinw. n. 2. —

Ⓢ — Peip, Chr., Taschenatlas v. Berlin. 903. (KBL 34.) Jetzt: Stuttgart, A. Zimmer.

— — Wandkarte v. Berlin u. weiterer Umgebung, entworfen nach eigener Methode, gezeichnet v. P. 1 : 75,000. 4 Blatt à 53×63,5 cm. Farbdr. Ebd. 897.
In Mappe n. 6. —; auf Leinw. in Mappe n. 9. —; lackiert u. m. Stäben n. 12. —; einz. Blätter n. 1. 75; auf Leinw. n. 2. 50

— Pharus-Plan v. Berlin. 70×86 cm. Farbdr. Nebst: Führer durch Berlin. schmal 8. (49 S.) Berlin (902). Pharus-Verlag. n. 1. 50

— — dasselbe. Kleine Ausg. 34×51 cm. Mit Strassenverzeichnis. schmal 8. (14 S.) Ebd. (902). — 30

— Pharus-Plan Berlin. 68,5×74,5 cm. Farbdr. Nebst: Führer durch Berlin m. Hinweis auf den Pharus-Plan Berlin. (47 S.) kl. 8. Berlin (904). Pharus-Verlag. n. 1.50

— — dasselbe. (Schulausg.) Entworfen v. Cornelius C. Loewe. 34,5×51 cm. Farbdr. Mit Strassenverzeichnis auf der Rückseite. Ebd. (904). n. —20

— — dasselbe. Geltungsbereich der Baupolizeiverordngn. f. Berlin u. seine Umgebg. Bearb. in der Plankammer des Ministeriums der öffentlichen Arbeiten. 1:30,000. 73,5×119 cm. Farbdr. Mit Text am Fusse. Ebd. (903). 7.—; auf Leinw. in Leinw.-Umschlag n. 10.—; auf Leinw. od. Pappe m. Leisten od. Oesen n. 11.—

— — dasselbe m. Vororten. Mittel-Ausg. 58×73,5 cm. Farbdr. Nebst: Verzeichnis der Strassen m. Hinweis auf den Pharus-Plan Berlin. (43 S.) kl. 8. Ebd. n. 1.—

— — Gross-Berlin. 1:23,100. 90×119,5 cm. Farbdr. Nebst: Führer durch Berlin, sämmtliche Vororte im Nachbarpostbezirk u. Ortschaften der weiteren Umgebg. m. Hinweis auf den Pharus-Plan Berlin. Grösste Ausg. (28 S.) gr. 8. Ebd. (903) 3.—; auf Leinw. 6.—; m. Leisten u. Oesen 7.—

— — West- u. Südwest-Vororte v. Berlin. 1:23,100. 52×73,5 cm. Farbdr. Nebst: Führer durch die West- u. Südwest-Vororte von Berlin m. Hinweis auf den Pharus-Plan. (12 S.) 8. Ebd. 1.—

— Pharus-Plan v. Berlin. 36,5×52 cm. Farbdr. Nebst Verzeichnis der Strassen u. Plätze (in russ. Sprache). (12 S.) 8. Berlin (910). Pharus-Verlag. —60

— Pharus-Wanderkarte rund um Berlin. Die Karte umfasst das ganze Gebiet von Neuruppin bis Luckenwalde, von Rathenow bis Freienwalde u. darüber hinaus. 1:133,000. 77,5×102,5 cm. Farbdr. Nebst Ortsverzeichnis. (13 S.) 8. Ebd. (910.) 1.50

— Pharus-Wand-Plan Berlin. 1:7700. 189×201 cm. Farbdr. Mit Text. (42 S.) gr. 8. Berlin (907.) Amelang'sche Lehrmittelh. Auf Leinw. m. Stäben 27.—; m. Segeltuchschutz u. Ringen 28.—

— — neuer, v. Berlin m. Umgebung. 1:18,000. Ausg. 1898. 43×60,5 cm. Farbdr. Mit Strassen-Verzeichnis. 16. (16 S.) Berlin 898. A. Goldschmidt. —30

Berlin — Plan von — und der umliegenden Gegend. Aufgenommen und gezeichnet durch den K. Pr. Major von Both. Berlin bey Simon Schropp et Comp. Gedr. v. d. W. Kurtz. Gestochen von J. C. Richter. 1 : 50,000 1 Bl.

— Plan von Berlin aus der Vogel-Perspektive. Gezeichnet von Frz. Wiese. 39,5×74 cm. Farbendr. Mit e. Verzeichnis der Strassen, Plätze, Bahnhöfe, Brücken, Denkmäler, Kirchen, Museen, Theater u. anderer Sehenswürdigkeiten. Anh.: Allerlei üb. die Verhältnisse der Reichshauptstadt. 12. (IV, 20 u. 7 S.) Berlin 896. D. Reimer. —50

Berlin — Plan von — mit dem Weichbilde u. der Umgegend bei Charlottenburg Aufg. und gez. von Boehm. 1852. 15, 384. Berlin 1852, Reimer. 1 Bl.

— Plan, neuer, von Berlin m. nächster Umgebung. 1:180,000. [Aus: „Grieben's Reisebücher".] 41×79 cm. Farbdr. Mit Strassen-Verzeichnis. 16. (22 S.) Berlin 902. A. Goldschmidt. n. —50

Berlin. Plan, neuer v. Berlin m. nächster Umgebung. [Aus: „Grieben's Reiseführer".] 1:18,000. 41×79 cm. Farbdr. Nebst Strassen-Verzeichnis. (20 S.) 16. Berlin 904. 905. A. Goldschmidt. In Mappe —50

— Plan, neuer, von Berlin m. nächster Umgebung. 1:18,000. (Neue Ausg.) 41×78,5 cm. Farbdr. Mit Strassen-Verzeichnis. (20 S.) 16. Berlin 907. A. Goldschmidt. In Tasche —50

Berlin — Neuer Geometrischer Plan der Königl. Haupt. und Residenz Stadt — nach dermaliger Beschaffenheit auf Veranstaltung der K. Acad. d. W. aufs genaueste verfertigt im Jahre 1772 von J. C. Rhoden. A. G. renovirt 1783. F. G. Berger Sen. sculps. Berolini 1772. 1 : 9600. 1 Bl.

— Plan d. Berliner Stadt- u. Ring-Bahn nebst Anschluss-Bahnen 1882. Nach d. Angaben d. königl. Eisenbahn-Direction zu Berlin. Chromol. Fol. Berl., Straube.

Berlin — Plan de la Ville de — Levé et dessiné par Ordre et privilege privatif du Roy Sous la Direction du Marechall Comte de Schmettau par Hildner etc. Gravé sous la Direction de G. F. Schmidt Graveur du Roy. 1 : 4500. 4 Bl.

Berlin — Plan de la Ville de — réduit trés exactement d'aprés le Plan en 4 feuilles Levé et dessiné par ordre et privilege privatif du Roi sous la direction de M. le Feld Maréchal Comte de Schmettau à Berlin et à Amsterdam chez le Sr. Neaulm Libraire 1758. S. Oesterreich Boehmen top. G. K. 1 : 8600. 1 Bl.

— Reimer's, Dietr., neuester Taschen-Plan v. Berlin u. den nächsten Vororten. 1:25,000. 47,5×63 cm. Farbendr. Mit e. Verzeichnis der Strassen, Plätze, öffentl. Gebäude u. Sehenswürdigkeiten (u. der Ring- u. Strassenbahnen am Rande). 12. (II, 34 S.) Berlin 896. D. Reimer. n. 1.—; auf Karton u. lackiert n. 1.50

Berlin — Die K. Pr. u. Churf. Brandenburg. Residenz-Stadt — entworfen von Johann Friederich Walter zu Berlin 1737 etc. herausgegeben Nürnberg von Homanns Erben. 1 : 11,600. 1 Bl.

— Rundsicht üb. Berlin u. Umgegend vom Kreuzberg aus. Steindr. 17×55 cm. Mit Text. 12. (2 S.) Berlin 892. Jul. Straube. n. —10; in Tondr. n. —20

— Schropp's Karte der Gegend nördlich Berlin, Lindow-Joachimsthal [Kreis-Niederbarnim]. 1:125,000. Gez. v. E. Platt. Farbendr. gr. Fol. Berlin 890. Schropp. n. 3.—

— Schwarz, Rich., Pläne der Vororte v. Berlin, im Maasstab 1:8000 hrsg. Bearb. nach amtl. Material m. Angabe der einzelnen Grundstücke u. den darauf befindl. Baulichkeiten in 31 Blättern. 2.—5., 9.—11., 14.—16. u. 19.—30. Blatt. Berlin-Treptow (S.O. 36, Beermannstr. 6) (909). Rich. Schwarz. Gebrochen in gr. 8., Subskr. à 1.50; Einzelpr. à 2.—

Buckow. Bebauungsplan nach dem Entwurf v. Härtel u. Jeschal. 55×66,5 cm. (Bl. 29.)
Charlottenburg-Wilmersdorf. 61×57 cm. (Bl. 15.)
Gr.-Lichterfelde-Lankwitz. 58,5×54,5 cm. (Bl. 27.)
Haselhorst-Nonnendamm. 57×52 cm. (Bl. 9.)
Hohen-Schönhausen. 62×63 cm. (Bl. 11.)
Hundekehle-Paulsborn. 55×52 cm. (Bl. 19.)
Jungfernheide-Ploetzensee. 52×52 cm. (Bl. 10.)
Lichtenberg-Friedrichsfelde. 53,5×61 cm. (Bl. 16.)
Mariendorf-Marienfelde. 70×59 cm. (Bl. 28.)
Pankow-Heinersdorf. 71×53 cm. (Bl. 5.)
Reinickendorf-Ost-Rosenthal-Ndr.Schönhausen. 71×52,5 cm. (Bl. 4.)
Rixdorf. 63×62 cm. (Bl. 22.)
Rudow Johannisthal. 68×52 cm. (Bl. 30.)
Sadowa-Ostend. 58×52 cm. (Bl. 24.)
Schlachtensee-Wannsee. 55,5×52,5 cm. (Bl. 25.)
Schöneberg-Tempelhof. 54,5×52 cm. (Bl. 21.)
Steglitz-Friedenau. 54,5×54 cm. (Bl. 20.)
Tegel-Tegelort. 56×61,5 cm. (Bl. 2.)
Treptow-Obr. u. Ndr.-Schönweide. 55×58 cm. (Bl. 23.)
Westend-Grunewald. 52×52 cm. (Bl. 14.)
Wittenau-Reinickendorf-West. 68×52,5 cm. (Bl. 3.)
Zehlendorf. 64×52 cm. (Bl. 26.)

— Sineck, Situations-Plan v. Berlin m. dem Weichbilde u. Charlottenburg. 1 : 10,000. Neue, vollständig bericht. Ausg. 1889. 4 Blatt. Lith. qu. gr. Fol. Berlin 889. D. Reimer. n. 6. —; m. roth eingedr. Bebauungsplan n. 8. —; nach Stadttheilen color. n. 9. —; Ausg. m. Bebauungsplan u. Polizeireviergrenzen n. 10. — Ausg. 1884 Ebd.

— Sineck, Situations-Plan v. Berlin m. dem Weichbilde u. Charlottenburg. 1 : 10,000. Neue, vollständig bericht. Ausg. 1893. 4 Blatt à 51×69,5 cm. Steindr. Berlin 893. D. Reimer. n. 6. —; m. rot eingedr. Bebauungsplan n. 8. —; nach Stadtteilen kolor. Ausg. n. 9 —; f. Aufzug auf Leinw. in Mappe od. m. Stäben n. 2. —

— Sineck, Situations-Plan v. Berlin m. dem Weichbilde u. Charlottenburg. Neu aufgenommen u. gezeichnet. Neue vollständ. bericht. Ausg. 1901. 1 : 10,000. 4 Blatt à 51×69 cm. Steindr. u. kolor. Berlin, D. Reimer. n. 10. —; m. Stäben n. 14. —

— Sineck, Situations-Plan v. Berlin m. dem Weichbilde u. Charlottenburg. Neu aufgenommen u. gezeichnet. 1 : 10,000. Neue vollst. bericht. Ausg. 1905. 4 Blatt à 51×69 cm. Farbdr. Berlin, D. Reimer. n. 10. —; auf Leinw. in Mappe od. m. Stäben n. 14. —

— Straube, Jul., Bebauungsplan f. die Vororte v. Berlin auf Grund der Baupolizei-Ordnung vom 5. Decbr. 1892. Im Auftrage der königl. Regierg. zu Potsdam bearb. u. hrsg. I. Übersichtskarte. 1 : 60,000. Farbendr. 61,5×77,5 cm. Mit Text. 8. (8 S.) Berlin 893. J. Straube. n. 4. —

— Straube, Jul., Berolina. Neuester Plan u. Führer v. Berlin. 1 : 22,000. 42×52 m cm. Farbdr. Nebst Text. (27 S.) 8. Berlin (904). J. Straube. n. — 50

— Straube, Jul., graphische Darstellung der auf Grund des Zonentarifs sich f. den Vorortverkehr Berlin ergebenden Fahrpreise. 9 × 11 cm. Farbendr. Berlin (893.) J. Straube. n. — 10

— Straube, J., amtlicher Droschkenwegemesser von Berlin u. f. die Umgegend. 1 : 17,777. 2 Blatt. Berlin 888. Geograph. Institut, Jul. Straube. In Carton n. 2. —; 1 Bl. auf Leinw. in Carton n. 2. 50; 2 Bl. auf Leinw. in Carton n. 3. —

— — Karte v. Berlin u. nächster Umgebung mit der am 1. VI. 1906 in Kraft tretenden Gerichtseinteilung. 1 : 23,000. 52,5×64 cm. Farbdr. — Karte von Berlin u. weiterer Umgebg. m. der am 1. VI. 1906 in Kraft tretenden Gerichtseinteilg., nebst Darstellg. der Amts- u. Gemeinde-Bezirksgrenzen. 1 : 60,000. 79×62 cm. Farbdr. Im Auftrage des königl. Justizministeriums bearb. u. hrsg. Nebst: Nachweiser f. Berlin u. Umgebg. nach Gemeinde-, Gerichts- u. Posteinteilg. Bearb. im Bureau des Justizministeriums. I. Strassenverzeichnis. II. Behördenverzeichnis. III. Ortschaftsverzeichnis. Anh.: Gesetz u. Ausführungsbestimmungen, betr. die am 1. VI. 1906 in Kraft getretene Gerichtsorganisation. Ausg. im Juni 1906. (117 S.) kl. 8. Berlin 906. R. v. Decker. n. 5. —

— — Karte des Geltungsgebietes der Baupolizeiordnung f. die Vororte v. Berlin vom 5. Dezbr. 1892, unter Berücksicht. der durch die Verordng. vom 31. Mai 1894 eingeführten Ändergn. Im Auftrage der königl. Regierg. zu Potsdam bearb. u. hrsg. I. Uebersichtskarte. 1 : 60,000. 78×61 cm. Farbendr. Mit Erläutergn. 8. (8 S.) Ebd. 894. n. 5. —

— — grosse Karte der weiteren Umgegend v. Berlin, e. Gebiet v. ca. 132 □-Meilen umfassend. 1:130,000. 62×78,5 cm. 8 farbig. Ebd. (901.) n. 1. —; 5 farbig n. 1. 50; auf Leinw. n. 3. 50; Radfahrerausg. zu gleichen Preisen.

— — Karte der Umgegend v. Berlin, e. Gebiet von ca. 85 □Meilen umfassend, m. genauem Entfernungsmesser in Meilen bezw. Kilometern, nach amtl. Quellen bearb. u. hrsg. 1 : 130,000. Chromolith. gr. Fol. Ebd. 889. n. — 50; Ausg. f. Radfahrer m. Ortschaftsverzeichniss. 12. (11 S.) n. 1. —

— — dasselbe. Chromolith. in 5 Farben. qu. gr. Fol. Nebst alphabet. Ortschafts-Verzeichnis. 12. (11 S.) Ebd. 889. n. 1. —; in Leinw.-Decke n. 1. 20

Berlin. Straube, Jul., Karte der Umgegend v. Berlin, e. Gebiet v. ca. 85 □ Meilen umfassend, m. genauem Entfernungsmesser in Meilen bezw. Kilometern, nach amtl. Quellen bearb. u. hrsg. 1 : 130,000. Ausg. 1892. 2 farbig. 58×54 cm. Berlin, J. Straube. n. — 50

— — dasselbe. In 5 Farben. 58×54 cm. Nebst alphabet. Ortschafts-Verzeichnis. 12. (11 S.) Ebd. 892. n. 1. —; in Leinw.-Decke n. 1. 25

— Straube's, Jul., Karte der Umgegend v. Berlin, e. Gebiet von ca. 85 □Meilen umfassend, m. Entfernungsangaben in Kilometern von Ort zu Ort 1 : 130,000. (Ausg. 1902.) 58,5×54,5 cm. 5 farbig. Berlin, J. Straube. n. 1. —; 3 farbig n. — 50

— — Karte der Umgegend v. Berlin u. Potsdam, e. Gebiet v. ca. 85 □Meilen umfassend, m. genauem Entfernungsmesser in Meilen bezw. Kilometern. 1 : 130,000. Ausg. 1898. 58 × 54,5 cm. 6 farbig. Mit Ortschaftsverzeichnis. 8. (6 S.) Ebd. 898. n. 1. —; 3 farbig, ohne Ortschaftsverzeichnis n. — 50

— — Karte der Umgegend v. Berlin m. den Vorschlägen zu Einverleibung der Vororte. Im Auftrage des Magistrats der Stadt Berlin nach amtl. Material graph. dargestellt. 1 : 36,000. 62 × 77 cm. Lith. u. kolor. Ebd. 895. n. 3. —

— — Lageplan d. Berliner Gewerbe-Ausstellung 1896. Im Auftr. d. Arbeitsausschusses der Berliner Gewerbe-Ausstellg. 1896. Nach amtl. Material entw. u. gez. 1 : 5000. 32 × 43,5 cm. Farbendr. Mit Text. 8. (16 S. m. 4 eingedr. Plänen.) Ebd. 896. n. — 50

— — Monumental-Plan der Reichs-Hauptstadt Berlin m. nächster Umgebung. Nebst e. Verzeichniss der Strassen, Plätze u. öffentl. Gebäude, sowie der Sehenswürdigkeiten Berlins etc. Chromolith. qu. gr. Fol. Mit Text. 8. (31 S.) Ebd. 887. geb. n. 2. —

— — Monumental-Plan der Reichs-Hauptstadt Berlin m. nächster Umgebung. In 7 farb. Ausführung m. 54 Abbildgn. öffentl. Gebäude u. Denkmäler. 1 : 17,777. 62,5 × 77,5 cm. Mit Verzeichnis der Strassen u. Plätze Berlins m. Angabe der Lage nach den Himmelsrichtgn. (Postbezirke.) 8. (14 S.) Ebd. 896. n. 2. —

— — Netz-Plan der Eintheilung von Berlin 1 : 4000. 1 : 32,500. 30 × 31 cm. 2 farbig. Ebd. 895. — 25

— — dasselbe f. die vom städtischen Vermessungs-Amt hrsg. Druckpläne. 1 : 14,500. 61,5 × 76 cm. Farbendr. Ebd. (892). n. 1. —

— — amtlicher Plan der Berliner Stadt- u. Ringbahn, nebst Anschluss-Bahnen. 1 ; 17,777. (Nach den Angaben d. kgl. Eisenbahn-Betriebsamtes Stadt- u. Ringbahn. Ausg. 1892. Farbendr. 62×78 cm. Ebd. n. 2. —

— — Plan v. Berlin m. der Eintheilung in Kirchspiele u. Diözesen, nebst Angabe der Standesamts-Bezirke, im Auftrage d. Vorstandes der vereinigten Kreissynoden von Berlin nach amtl. Materialien bearb. 1 : 14,500. Chromolith. Imp.-Fol. Nebst Text. 8. (31 S.) Ebd. 888. n. 2. —

— — Plan v. Berlin. Mit der Einteilg. in die 4 Kataster-Amts-Bezirke. Nach amtl. Quellen bearb. u. hrsg. 1 : 14,500. 61,5 × 75,5 cm. Farbendr. Mit Strassen-verzeichnis. 8. (16 S.) Ebd. (891). n. 2.—

— — Plan von Berlin m. Uebersicht der katholischen Kirchengemeinden. Sonderausgabe zum amtl. Führer durch die fürstbischöfl. Delegatur. 1 : 22,000. 42,5× 52,5 cm. Lith. u. Farbdr. Mit Strassenverzeichnis auf der Rückseite. Berlin 906. Germania. n. — 50

– Straube, J.: Plan v. Berlin m. nächster Umgebung. Chromol. Fol. Nebst e. Verzeichniss d. Strassen . . . 24 S. 8°
Berlin: Straube 1882.

— — Plan von Berlin m. nächster Umgebung, wie Charlottenburg, Westend, Schmargendorf, Wilmersdorf, Friedenau, Schöneberg, Tempelhof, Rixdorf, Stralau, Friedrichsberg, Weissensee. Nebst Bezeichng. der Post-Bezirke, Post-, Rohrpost-, Telegraphen-Aemter, Polizei-Bureaux u. sämmtl. Pferdebahn-Linien. 1 : 17,777. In 10 Farben ausgeführt. gr. Fol. Nebst e. Verzeichniss der Strassen, Plätze, öffentl. Gebäude u. Sehenswürdigkeiten Berlins etc. 8. (31 S.) Ebd. 888. geb. n. 2. 50

— — Plan v. Berlin m. nächster Umgebung, wie Charlottenburg, Westend, Schmargendorf, Wilmersdorf, Friedenau, Schöneberg, Tempelhof, Rixdorf, Stralau, Friedrichsberg, Weissensee. Nebst Bezeichng. der Post-Bezirke, Post-, Rohrpost-, Telegraphen-Aemter, Polizei-Bureaux u. sämmtl. Pferdebahn-Linien. 1 : 17,777. Ausg. 1891. In 10 Farben ausgeführt. 62×78 cm. Nebst e. Verzeichniss der Strassen, Plätze, öffentl. Gebäude u. Sehenswürdigkeiten Berlins etc. 8. (31 S.) Ebd. In Leinw.-Decke. n. 2. 50

— — grosser Plan v. Berlin, nebst sämtl. Vororten u. vollständ. Stadt- u. Ring-Bahn. 1 : 17,777. Ausg. 1892. In 10 Farben. 62×78 cm. Mit Verzeichnis der Strassen u. Plätze. 8. (15 S.) Ebd. n. 2.—; in 8 Farben n. 1.—

— — grosser Plan v. Berlin nebst Vororten u. vollständiger Stadt- u. Ringbahn. 1 : 17,777. Ausg. 1898. 62,5 × 77,5 cm. 3 farbig. Mit prakt. Führer. 8. (24 S.) Ebd. 898. n. 1.—

— — grosser Plan v. Berlin nebst Vororten u. vollständiger Stadt- u. Ringbahn. (Ausg. 1902.) 1 : 17,777. 62,5×78 cm. Farbdr. Mit prakt. Führer. 8. (30 S.) Ebd. n. 1.—; auf Leinw. od. Pappe n. 2. 50; in Mappe (m. Titel: Verkehrsplan) n. 1. 50; auf Leinw. od. Pappe n. 3.—

— Straube's, Jul., grosser Plan v. Berlin nebst Vororten u. vollständiger Stadt- u. Ringbahn. (Ausg. 1907.) 1 : 17,777. 62,5×78 cm. Farbdr. Mit prakt. Führer. (23 S.) 8. Berlin, J. Straube. 1.—

– – neuester Plan v. Berlin, m. Angabe d. Postämter, nebst e. Verzeichniss d. Strassen. . . 8. (24) Ebd. 82.

Berlin. Straube, J., neuester Plan v. Berlin m. praktischem Führer. Lith. in 4 Farben. Ausg. A. gr. Fol. Mit Text. 8. (15 S.) Berlin 890. Geograph. Institut, Jul. Straube. n. — 75

— — neuester Plan v. Berlin m. praktischem Führer. 1 : 17,777. Ausg. 1892. Ausg. A. 4 farbig. 51×65,5 cm. Mit Text. 8. (15 S.) Ebd. n. — 75; Ausg. B 3 farbig n. — 50; Ausg. C 1 farbig n. — 25

Berlin. Straube's, Jul., neuester Plan v. Berlin (ganzes Weichbild der Stadt). 1 : 17,777. Ausg. 1898. 51 × 66 cm. Ausg. A. 4 farbig. Mit prakt. Führer. 8. (24 S.) Berlin 898. J. Straube. n. — 75; Ausg. B. 3 farbig. n. — 50; Ausg C. 1 farbig. n. — 25

— — neuester Plan v. Berlin (ganzes Weichbild der Stadt). (Ausg. 1902.) 1 : 17,777. Ausg. B (3 farbig). 51×66 cm. Mit prakt. Führer. 8. (30 S.) Ebd. n. — 50

— — (neuester) Plan v. Berlin (ganzes Weichbild der Stadt). 1 : 17,777. 51×66 cm. Ausg. A. (5 farbig.) Mit prakt. Führer. (27 S.) kl. 8. Berlin (904). J. Straube. n. — 75

— — dasselbe. Ausg. B. (3 farbig.) Mit prakt. Führer. (27 S.) kl. 8. Ebd. (904). n. — 50

— — dasselbe. Ausg. D. 44,5×60,5 cm. Farbdr. Nebst Verzeichnis der Strassen u. Plätze v. Berlin u. Vororten in e. Alphabet. (23 S.) 8. Ebd. (904). n. — 30

– – neuester Plan d. Kaiserstadt Berlin. Fol. Mit Strassenverzeichniss. Ebd. 82

— — neuester Plan: Berlin u. seine Strassenbahnen, nebst seinen Omnibuslinien. 1 : 22,000. 50 × 67 cm. Farbdr. Mit Text am Rande u. Verzeichnis der Strassen etc. 8. (16 S.) Ebd. 897. n. — 50

– – neuester Plan u. Führer v. Berlin (ganzes Weichbild.) Fol. Nebst e. Verzeichniss d. Strassen, . . 8. (24) Ebd. 82.

– – dass. Asg. B. Chromol. Fol. Nebst. e. Verzeichniss d. Strassen. . . 8. (24)Ebd. 82

– – Post-Plan v. Berlin. Mit Strassenverzeichnis. 16 S. 8°
Ebd. 1884.

— — Post-Plan v. Berlin, im Auftrage d. Reichs-Postamts nach amtl. Quellen bearb. u. hrsg. 1 : 14,500. Ausg. 1887. Chromolith. Imp.-Fol. Mit Text. 8. (16 S.) Ebd. 887. n. 1.—

— — Schulplan v. Berlin. 1 : 17,777. Chromolith. gr. Fol. Mit Strassenverzeichniss auf der Rückseite. Ebd. 886. — 30

— — neuer Schul-Plan v. Berlin. 1:22,000. 42,5×53 cm. Mit Strassenverzeichnis auf der Rückseite. Ebd. (901). n.n. — 10; farbig n. — 30

— — Situationsplan der Berliner elektrischen Hoch- u. Untergrundbahn. [Aus: „St.'s Plan von Berlin, 1 : 22,000".] 26,5×44 cm. Mit Fahrplan auf der Rückseite. Ebd. (902). n. — 10

— — Grosse Spezialkarte der Umgegend v. Berlin bis Potsdam-Werder, Nauen, Oranienburg, Wandlitz, Erkner, Schmöckwitz, e. Gebiet v. ca. 47□ Mln. umfassend. 1 : 60,000. 77×102,5 cm. Farbdr. Mit Orts-Verzeichnis. Ebd. (910). 2.—

Berlin. Straube's, Jul., neue Specialkarte d. nördlichen Vororte v. Berlin, wie Spandau, Tegel, Blankenburg etc. 1 : 36,000. 45×61 cm. Farbdr. Berlin (901). J. Straube. n. 1.—

— — neue Spezialkarte der nördlichen Vororte Berlin's, wie Spandau, Tegel, Blankenburg, Blankenfelde, Borsigwalde, Dalldorf, Franz. Buchholz, Glienicke, Heiligensee, Heinersdorf, Hennigsdorf, Hermsdorf, Kolonie Hohen-Schönhausen, Karow, Lübars, Malchow, Nieder-Schönhausen, Pankow, Reinickendorf, Rosenthal, Schildow, Schönerlinde, Schönfliess, Schönholz, Schulzendorf, Waidmannslust, Weissensee u. Neu-Weissensee. 1 : 36,000. 45,5×62 cm. Farbdr. Ebd. (904). n. 1.—

— — Spezialkarte der Umgegend v. Berlin u. Potsdam. 1 : 6000. Grosse Ausg. In Generalstabsmanier m. 11 Farben ausgeführt. qu. gr. Fol. Nebst alphabet. Namens-Verzeichnis. 8. (8 S.) Ebd. 887. In Leinw.-Decke. n. 2.—; auf Leinw. in Decke n. 3. 50

— — Spezialkarte der nördlichen Vororte v. Berlin m. Spandau, Tegel, Jungfernheide. 1 : 36,000. 45,5× 61 cm. Farbdr. Ebd. (909). 1.—

— — Spezial-Plan v. Berlin. 1 : 14,500. 3farbig. Imp.-Fol. Mit e. Verzeichnis der Strassen u. Plätze, Bade-Anstalten, Konzert-Häuser u. -Gärten, Theater, Vergnügungslokale, Hôtels etc., sowie der Sehenswürdigkeiten Berlins. 8. (32 S.) Ebd. 889. n. 1. 50

— — dasselbe. 5farbig. Imp.-Fol. Mit e. Verzeichnis etc. 8. (32 S.) Ebd. 889. n. 2. —; in Leinw.-Bd. n. 2. 50; geb. u. Karte auf Leinw. n. 4. —

— — Spezial-Plan v. Berlin. 1 : 14,500. 3farbig. Imp.-Fol. Mit e. Verzeichnis der Strassen u. Plätze, Konzert-Häuser, Theater etc., sowie der Sehenswürdigkeiten Berlins. 8. (15 S.) Ebd. 892. n. 1. 50

— — Spezialplan v. Berlin-Südost m. Treptow u. den angrenz. Ortschaften. 1 : 17,777. 51 × 66 cm. 5farbig. Mit Strassenverzeichnis. 8. (11 S.) Ebd. 894. n. 1. —

— — Spezial-Plan vom Tiergarten zu Berlin m. Bezeichnung sämtl. Fahr-, Reit- u. Fusswege. 1 : 7500. 53,5 × 33,5 cm. Farbendr. Ebd. 896. n. 1. —

— — Tableau d. neuen Kommunal-Wahlbezirke in Berlin, im Auftrage d. Magistrats bearb. u. hrsg. Fol. Ebd. 83.

— — Taschen-Plan von Berlin. Mit sämtl. Verkehrslinien der Lokomotiv-, Pferde-, Dampf- u. elektr. Bahnen. 1 : 26,000. 30,5 × 39,5 cm. Farbdr. Mit Strassenverzeichnis. 32. (36 S.) Ebd. 898. — 25

— — Taschenplan der Reichshauptstadt Berlin nebst ihren drei Nachbar-Städten Charlottenburg, Rixdorf, Schöneberg u. ihren sämtlichen Vororten, im Norden: bis Reinickendorf, Tegel, Niederschönhausen, im Süden: bis Steglitz, Lichterfelde, Mariendorf, im Westen: bis Schmargendorf, Grunewald, Haselhorst, im Osten: bis Biesdorf, Carlshorst, Schönweide. 1 : 36,000. 50,5×62,5 cm. Farbdr. Nebst Text. (31 S.) 8. Ebd. (903). n. 1. —

— — Touristen-Plan v. Berlin. 1 : 17,777. 5farbig. qu. gr. Fol. Mit e. Verzeichnis der Strassen u. Plätze, Bade-Anstalten, Konzert-Häuser u. -Gärten, Theater, Vergnügungslokale, Hôtels etc. Berlins. 8. (16 S.) Ebd. 889. Plan auf Leinw. n. 2. —; in Leinw. geb. m. Führer (32 S.) n. 2. 25

— — Uebersichtskarte des Geltungsgebietes der Baupolizei-Verordnung vom 21. IV. 1903 f. die Vororte v. Berlin. Im Auftrage der königl. Regierg. zu Potsdam. Auf Grundlage amtl. Materiales bearb. u. hrsg. 1 : 130,000. 60×78 cm. Farbdr. Mit der Baupolizei-Verordng. u. e. graph. Darstellg. der Bauweisen. (60 S.) gr. 8. Ebd. 903. n. 6. — ; auf Kartonleinen n. 7. 50; m. Leisten n. 8. —

— — Uebersichtskarte des Geltungsbereiches u. der Bauklassen-Verteilung der Baupolizei-Verordnung f. die Vororte v. Berlin vom 28. V. 1907. Auf Grund amtl. Materiales bearb. 1 :130,000. 2. Aufl. 60×77 cm. Farbdr. Nebst Text: Geltungsbereich u. Bauklassenverteilg. der Baupolizeiverordng. f. die Vororte v. Berlin vom 28. V. 1907. (20 S.) gr. 8. Berlin (907). J. Straube. nn 4. 50

— — Uebersichtskarte der neuen Gerichtsorganisation f. Berlin u. Umgebung — Gesetz vom 16. IX. 1899 —, nebst Darstellung der Amts- u. Gemeinde-Bezirksgrenzen. Im Auftrage des königl. Justizministeriums bearb. u. hrsg. 1 : 60,000. 61,5 × 78,5 cm. Farbdr. Mit dem Gesetze vom 16. IX. 1899, dem Verzeichnisse der Strassen, Plätze etc. derjenigen Gemeinden, welche zu verschiedenen Gerichtsbezirken gehören, sowie dem Verzeichnisse der übrigen Gemeinden u. Gutsbezirke, die in dem Bereiche der neuen Gerichtsorganisation f. Berlin u. Umgebung einbezogen sind. gr. 8. (60 S.) Ebd. 900. n. 4. —

— — Uebersichts-Karte der Wasserläufe zwischen Berlin—Rüdersdorf—Schmöckwitz—Fürstenwalde—Teupitz—Königswusterhausen—Leibsch. Ergänzung zu Straube's Spezial-Karte der Oberspree. 1 : 120,000. 44×43,5 cm. Farbdr. Ebd. (904). n. — 50

— — Uebersichtsplan v. Berlin. 1 : 4000. Blatt I A. I M. II F. III A. III B. III F. III G. III L. IV A. Nach den städt. Specialplänen gezeichnet. à 32 × 42 cm. 3farbig. Ebd. 893—98. à n. 2. —; in 1 farb. Ausführg. à n. 1. 80

— — Übersichtsplan von Berlin. 1 : 4000. Blatt I. B. C. F. G. H. L. Q, II. C. G. L. M. V/W., III. I. M. N/Q. R, IV. B. C. D. F. H. I. L. M. N. O. Q. R. S. T. X. Y. Nach den städt. Specialplänen (aufgen. 1881—98) gezeichnet. à 32×42 cm. 3farbig. Ebd. 899—902. à n. 2. —; in 1 farb. Ausführg. à n. 1. 80

— — Uebersichtsplan v. Berlin. 1 : 4000. Blatt IV, A. (Neue Aufl.) Nach den städt. Specialplänen (aufgen. 1876—81) gezeichnet. Einzelne Nachträge 1903. 32×42 cm. Farbdr. Ebd. 903. n.n. 2. —

Berlin. Straube, Jul., Uebersichtsplan von Berlin. 1 : 4000. Blatt II, B u. G; II, H u. N; III, D, H. Nach den städt. Specialplänen (aufgen. 1881—98) gezeichnet. à 32×42 cm. 3farbig. Berlin 903. J. Straube. à n. 2. —; 1farbig à n. 1. 80

— — dasselbe. Auf Grund der städt. Neuvermessg. u. unter Mitwirkg. des Vermessungsamtes Berlin bearb. u. hrsg. 1 : 10,000. Mittlerer Tl. 58×73,5 cm. Farbdr. Ebd. (903). n.n. 2. —

Berlin. Straube's, Jul., Übersichtsplan v. Berlin. Auf Grund der städt. Neuvermessg. u. unter Mitwirkg. des Vermessungsamtes Berlin bearb. u. hrsg. 1 : 10,000. (Neue rev. Ausg.) 4 Blatt à 51×68,5 cm. Lith. Berlin (909). J. Straube. à 2. 50

— — Uebersichts-Plan der Einteilung v. Berlin in die Kataster-Amts-Bezirke, nebst Angabe der Kataster-Amts-Lokale. Nach amtl. Quellen bearb. u. hrsg. 1 : 14,500. Chromolith. gr. Fol. Mit Strassenverzeichniss. 8. (16 S.) Ebd. 889. n. 2. —

— — Verkehrs-Plan v. Berlin m. nächster Umgebg. Nebst Bezeichng. d. Post-Bezirke. . . Fol. Nebst e. Verzeichniss d. Behörden. . . Ebd. 82.

— — Verkehrs-Plan v. Berlin m. nächster Umgebung. Nebst Bezeichng. der Post-Bezirke, Post-, Rohrpost-, Telegraphen-Aemter, Polizei-Bureaux u. sämmtl. Pferdebahn-Linien, sowie e. Verzeichniss der Strassen, Plätze, öffentlichen Gebäude u. Sehenswürdigkeiten Berlins etc. Chromolith. qu. gr. Fol. Nebst Text. 8. (31 S.) Ebd. 887. geb. 1. 50

— — Verkehrsplan v. Berlin m. nächster Umgebung. 1 : 17,777. Ausg. 1892. In 3 Farben. 62 × 78 cm. Mit Führer. 8. (15 S.) Ebd. In Leinw.-Decke. n. 1. 50; auf Leinw. 3. —

Berlin — Umgegend von — Aufgenommen unter Leitung des Major Decker von 7 Officieren und 1 Ingen. Geogr. Unter Leitung des Majors von Reiche in Stein geschnitten von 3 Lithographen. Gezeichnet von 5 Officiers und 1 Ing. Geogr. 1 : 50,000. 6 Bl.

— Verkehrs-Plan v. Berlin. 41,5 × 49,5 cm. Farbendr. Mit Verzeichn. der Pferdebahnlinien am Rande. Nebst Orientirungstableau d. Berliner Gewerbe-Ausstellung 1896, 33 × 58,5 cm., u. Strassenverzeichniss. 12. (16 S.) Berlin (c, gr. Hamburgerstr. 21) 896. P. Sperber. n. — 50

— Wander, Jul., neue Karte der königl. Haupt- u. Residenzstadt Berlin u. Umgebung. 1 : 100,000. Für den Unterricht in der Heimatskunde hrsg. Chromolith. qu. gr. Fol. Dresden 887. Jaenicke. —. 60

— Zickerick, Wilh., Wifarich-Plan v. Berlin. Wie fahre ich Strassenbahn, Hochbahn, Stadtbahn, Omnibus. Ausg. A. 50,5×63,5 cm. Farbdr. Nebst Text. (78 S.) kl. 8. Berlin (910). Wifarich-Verlag. 1.—; auf Leinw. od. Pappe 1.50; Ausg. B. 75×93 cm. 2.—; auf Leinw. od. Pappe 3.—

Berlin-Breslau, s.: Automobilkarten. Automobil-Tourenkarte. Mittelbach. Pharus-Auto-Strecke.

Berlin-Danzig, s.: Automobilkarten. Automobil-Tourenkarte. Mittelbach.

Berlin-Dresden, s.: Automobilkarten. Automobil-Tourenkarte. Pharus-Auto-Strecke.

Berlin and environs, s. Grieben's Reise-Bibliothek.

Berlin-Görlitz, s.: Automokilkarten. Automobil-Tourenkarte. Pharus-Auto-Strecke.

Berlin-Halle, s.: Automobilkarten. Pharus-Auto-Strecke.

Berlin-Hamburg, s.: Automobilkarten. Automobil-Tourenkarte. Mittelbach. Pharus-Auto-Strecke.

Berlin-Hannover, s.: Automobilkarten. Automobil-Tourenkarte. Mittelbach.

Berlin-Heringsdorf, s.: Automobilkarten. Mittelbach.

Berlin-Kiel, s.: Automobilkarten. Automobil-Tourenkarte. Mittelbach.

Berlin-Kolberg, s.: Automobilkarten. Automobil-Tourenkarte.

Berlin-Königsberg N.-M., s.: Automobilkarten. Pharus-Auto-Strecke.

Berlin-Landsberg a.W., s.: Automobilkarten. Pharus-Auto-Strecke.

Berlin-Leipzig, s.: Automobilkarten. Automobil-Tourenkarte. Pharus-Auto-Strecke.

Berlin-Magdeburg, s.: Automobilkarten. Pharus-Auto-Strecke.

Berlin-Posen, s.: Automobilkarten. Automobil-Tourenkarte. Mittelbach. Pharus-Auto-Strecke.

Berlin-Prag, s.: Automobilkarten. Mittelbach.

Berlin-San Remo, s.: Automobilkarten. Automobil-Tourenkarte.

Berlin-Sassnitz, s.: Automobilkarten, Automobil-Tourenkarte.

Berlin-Stettin, s.: Automobilkarten. Pharus-Auto-Strecke.

Berlin-Stralsund, s.: Automobilkarten. Pharus-Auto-Strecke.

Berlin-Swinemünde, s.: Automobilkarten. Automobil-Tourenkarte. Pharus-Auto-Strecke.

Berlin-Warnemünde, s.: Automobilkarten. Pharus-Auto-Strecke.

Berlin-Weimar, s.: Automobilkarten. Mittelbach.

Berlin [Verfasser]

Berlin, kurzgefaßter Abriß der hebräischen Laut- und Formenlehre. gr. 8. (21 S.) Hamburg 873, Hoffmann und Campe's Sortiment. cart. *

Berlin: Forstwirtschaft, s.: Meyer.

— u. Lessing, Friedrich der Große u. die deutsche Litteratur. Von Xanthippus. 8. (45 S.) München 886. Heinrichs. n. 1.—

Berlin, Handbuch der Waffenlehre, s.a. Handbibliothek des Offiziers. 3. Bd.

Handbuch der Waffenlehre. Für Offiziere aller Waffen z. Selbstunterr., besonders z. Vorbereitung f. d. Kriegsakad. von **Berlin,** Hauptm., Metz. Mit 302 Abb. u. 4 Steindrucktaf. *Berlin: E. S. Mittler & Sohn 1904.* (XVIII, 520 S.) 8° [F.]
= **Handbibliothek** d. Offiziers. Bd 3. [04. 1164]

Berlin, Hauptmann und Lehrer an der Kriegsschule Metz. Handbuch der Waffenlehre. Für Offiziere aller Waffen zum Selbstunterricht, besonders zur Vorbereitung für die Kriegsakademie. Mit 302 Abbildungen und 4 Steindrucktafeln. 8. Berlin 1904.

Handbuch der Waffenlehre. Für Offiziere aller Waffen z. Selbstunterr. bes. z. Vorbereitung f. d. Kriegsakademie von **Berlin,** Major. 2., neubearb. Aufl. Mit 283 Abb. im Text u. auf 15 Taf. Berlin: E. S. Mittler & Sohn 1908. (XVI, 515 S.) 8° [F.]
= **Handbibliothek** d. Offiziers. Bd 3. [08. 1393]

— die Neuerungen der Handfeuerwaffen u. Maschinengewehre. Zugleich 1. Nachtrag zum Handbuch der Waffenlehre. Für Offiziere aller Waffen zum Selbstunterricht, besonders zur Vorbereitg. f. die Kriegsakademie. (IV, 42 S. m. 22 Abbildgn.) gr. 8. Berlin 906. E. S. Mittler & Sohn. n. — 80

Berlin, A.W.: De salutario somni natura et tempore, s. Richter, G.G. (Praes.)

Berlin, Alb., im Dienste dreier Herren. Eine Plauderei üb. Erfahrgn. (29 S.) kl. 8. Dresden (907). M. Knappe. — 20

Berlin, Alb.: Im Dienste dreier Herren. Plauderei üb. Erfahrgn. (29) kl8° Dresd., H Schrader (07). — 20 d

Berlin, August (Friedland/Meckl.-Str.), De cranii trepanatione quaedam. Diss. chirurg. Bln. (A. Petsch) 22. VIII. 1828. 24 S. mit Biogr. (M.: Fried. Maass.) (4.—) 2280
Oppon.: G. Benedix, L. Kersten, L. Mac Lean. — Gew.: Carl Berlin.

— **Carl Christian Friedrich** (Friedland/Meckl.), De furunculo. Diss. med. Götting. (H. M. Grape) 7. XI. 1797. 35 S. (4.80) 2281
Gew.: Jac. Ernst Friedr. Berlin.

Berlin, Dorothea, Erinnerungen an Gustav Nachtigal. Mit e. (Lichtdr.-)Portr. Gustav Nachtigal's. 8. (VII, 232 S.) Berlin 887. Gebr. Paetel. n. 5. —; geb. n.n. 6. 50

Berlin, D: Erinnergn an Gust. Nachtigal. Jetzt: Berl., H Michel.

Berlin, E: Tagesanbruch am Kongo. Die 25jähr. Missionsarbeit d. „schwed. Missionsbundes" in Niederkongo. (83 m. Abb.) 8° Berl., Buchh. d. Berliner ev. Missionsgesellsch. '12. — 60 d

Berlin, F: Fremden-Mission durch junge Männer an jungen Männern. Referat. (16) 8° Dresd., Verbandsbh. (E Zacharias) (02). — 15 d

Berlin, F., s.: Jünglingsverein, der.

— F., Zur Condictionenlehre. Diss. Bern 1878.

Berlin, F. u. W. Thiele, seid männlich u. seid stark. Festpredigten u. Ansprachen. F. uns. Jünglinge u. ihre Freunde ges. u. hrsg. gr. 8. (166 S.) Berlin 896. Buchh. d. Ostdeutschen Jünglingsbundes. n. 2. 20

Berlin, G., s.a. Berlin, G.A.

Berlin, (G.,) Handbuch f. Schiffer bei Havarieangelegenheiten. 8. Greifswalde 820. (Koch.)

— können d. Ladungseigner d. Schiffers Parow geg. e. gehabte Havarie-Größe Einwand machen? rc. 8. Greifsw. 823. Koch.

— können die Ladungseigner des Schiffes Parow gegen eine üb. seine auf der Reise von Antwerpen nach Stettin zu Armdal in Norwegen gehabte Havarie-Große, am Bestimmungsorte aufzunehmende Dispache, d. Einwand machen rc. Ebd. 823. 1/2 ß

— Was können Ladungseigner u. d. Schiffer Parow für einen Ersatz außer d. von seinen Commiss. berechn. Kosten annoch in Havarie-Größe verlangen? gr. 8. Greifsw. 823. Koch.

Berlin, G., was können Ladungseigner u. der Schiffer Parow f. einen Ersatz des auf der Reise von Antwerpen nach Elsegneur u. Stettin 1819 erlittenen Seeschadens verlangen? 8. Greifswald 824. Koch. 1/2 ℛ

Berlin, G.A., s.a. B e r l i n , G.

Berlin, G. A., Darstell. d. im J. 1819 zu Arendal stattgehabten Havarie d. Greifswalder Schiffers J. J. Parow, beurtheilt nach d. Arend. gerichtl. Verhandl. 8. Greifsw. 823. Koch. 1 ℛ 16 gr

— Handbuch f. Schiffer bei Havarieangelegenheiten. 8. Greifsw. 820. (Koch). 16 gr

— können d. Ladungseigner d. Schiffers Parow gegen e. gehabte Havarie-Größe Einwand machen? rc. 8. Greifsw. 823. Koch. 8 gr

— was können Ladungseigner u. d. Schiffer Parow f. einen Ersatz außer d. von seinen Commiss. berechn. Kosten annoch in Havarie-Größe verlangen? gr. 8. Greifsw. 823. Koch. 11 gr

Berlin, H.: Arbeitsplan f. Grammatik, s. B e r l i n , Herm.

Berlin, H., Die Voruntersuchung n. bayr., frz., engl. R. u. d. Entw. d. dt. Str. Pr. O. Diss. Bern 1876.

Berlin, H. Jul.
— chronolog. Abriß d. Brandenburg. Geschichte f. d. Jugendunterricht. Mit Vorwort v. C. G. G. Zerenner. 8. Helmst. 821. 2e A. 827. Fleckeisen. 6 gr

Berlin, H. Jul., Abriß der brandenburgischen Geschichte. Ein Leitfaden für d. Unterricht. Nebst e. dreifachen Anhange der preußischen, schlesisch. u. pommerschen Geschichte. Mit e. Vorworte vom Consistorial-Rath Zerrenner. 3e gänzlich umgearb. Aufl. 8. Helmstädt 836. Fleckeisen. 1/3 ℛ

Berlin, H. Jul., merkwürd. Begebenheiten aus d. deutschen Geschichte, in chronolog. Ordn. Ein Leitfaden f. d. Unterricht. 8. Helmst. 819. 2e A. 825. Fleckeisen. 6 gr

Berlin, H. Jul.: L e h r b u c h d. Geographie, s. B e r l i n , Jul.

Berlin, Hans, Approb. Arzt aus Köpenick: Über intraoculare Galvanokaustik. *Rostock 1903: C. Hinstorff.* (41 S.) 8°
Rostock, Med. Diss. v. [31. Okt.] 1903

Berlin, Heinr., Mittheilungen eines sichern u. praktisch geprüften Mittels gegen die Lungenseuche des Rindviehes. 8. (1 B.) Neustadt-Eberswalde 845. (Berlin, Springer.) **

Berlin, Herm., Arbeitsplan für Grammatik, Rechtschreibung u. Zeichensetzung, nach dem „Führer durch die deutsche Sprache" usw. f. das 2. bis 8. Schulj. entworfen. (20 S.) 8. Breslau 905. M. Woywod. n. — 25

Berlin, Herm., Führer durch d. deutsche Sprache z. Entwickelg. d. Sprachgefühls b. z. richt. Sprechen, Schreiben u. Zeichensetzen. 5 Hfte. 2., verb. Aufl. 8. Breslau 897. M. Woywod. n. 1. 60
1. (II, 25 S.) 898. n. — 15
2. (48 S.) 897. n. — 25
3. (60 S.) 897. n. — 30
4. (II, 80 S.) 897. n. — 40
5. (II, 121 S.) 898. n. — 50

Berlin, Herm., Führer durch die deutsche Sprache zur Entwickelung des Sprachgefühls bis zum richtigen Sprechen, Schreiben u. Zeichensetzen. 1.—5. Hft. 3. Aufl. 8. Breslau 901. M. Woywod. n. 1. 60
1. (24 S.) n. — 15. — 2. (48 S.) n. — 25. — 3. (60 S.) n. — 30. — 4. (88 S.) n. — 40. — 5. (120 S.) n. — 50.

— Führer durch die deutsche Sprache zur Entwickelung des Sprachgefühls bis zum richtigen Sprechen, Schreiben u. Zeichensetzen. 4. verb. Aufl. (Mit neuer Orthographie.) 1.—5. Heft. 8. Breslau, M. Woywod. n.n. 1. 60
1. (24 S.) 903. n.n. — 15. — 2. (48 S.) 903. n. — 25.
3. (56 S.) 903. n. — 30. — 4. (92 S.) 903. n. — 40.
5. (120 S.) 906. n. — 50.

Berlin, Herm.: Führer durch d. deut. Sprache z. Entwickelg d. Sprachgefühls bis z. richt. Sprechen, Schreiben u. Zeichensetzen. IV. Heft. 5. Afl. (92) 8° Bielef., Velh. u. Kl. '12. — 40

Grammatik, Rechtschreibung, Zeichensetzung. Ein Gang durch die deutsche Sprache auf grammatischer Grundlage. Von Hermann Berlin, Hauptl. in Neu-Ruppin. *Breslau: M. Woywod 1899.* (54 S.) 8° [F.] [00. 8383]

Berlin, Herm., Leitfaden für den Unterricht in der Orthographie der deutschen Sprache, nebst zwei alphabet. Wörterverzeichnissen. Für die Hand des Schülers und Lehrers gearb. Nach der neuen preuß. Orthographie. 8. (VI, 94 S.) Magdeburg 880, Friese. *

— brandenburgisches Spruchbuch mit Unterrichtsergebnissen aus der Katechismuslehre f. Schule u. Konfirmandenunterricht. (88 S.) 8. Potsdam (906). A. Stein. Kart. n. — 80

Berlin, J.: Neue Gedanken über die Entstehung der Familie u.d. Religion, s. B e r l i n , Israel.

Berlin, Jak. Er. Fr., († d. 5. März 1806.) kurze Prüfung d. Gedanken über d. Kornausfuhr. 8. Neubrandenb. 792.

Berlin, J.E.F.: Kurze Prüfung der Gedanken eines Ungenannten über die Kornausfuhr aus Mecklenburg. . . Neubrandenburg 1792.

Berlin, R. Jesaja, Additamenta zu Natan ben Jechiel's Lexikon „Aruch." Nach dem Autograf des Verfassers, nebst Zusätzen von S. D. Luzatto und S. Hurwiz, und einem Vorworte von Ad. Jellinek. Hrsg. von L. Rosenkranz. (2. Thl.) Buchstabe ל—ת. gr. 8. (260 S.) Wien 859. (Leipzig, Leiner.) **
Der 1. Bd. erschien bereits 1830.

Berlin, Th. Jul. Hnr., s. 1) Abriß d. Gesch. Deutschlands. 2) Anfangsgründe in d. Kenntn. d. Naturlehre.

Berlin, Joh., Berlinchen. Seine Vergangenheit u. seine Umgebg., s.a. V o l k s b ü c h e r, Prignitzer, 17. Heft.

Berlinchen. Seine Vergangenheit u.s. Umgebung. Von Johann Berlin. Pritzwalk: Tienken [1900]. 15 S. 8°
(Prignitzer Volksbücher. II. 17.) [09. 13359

Berlin, Johann Daniel: A n l e i t u n g zur Tonometrie,. . . nebst einem Unterrichte von dem 1752 erfundenen und eingerichteten Monochordum. . . – Kobenhavn und Leipzig: Friedrich Christian Pelt. 1767. 48 S. 8°

Berlin, Johannes, appr. Arzt: Aus d. Univ.-Augenklin. zu Giessen. Zur Kasuistik der Schussverletzungen des Auges. Mit 2 Taf. Giessen 1908: v. Münchow. 39 S. 8°
Gießen, Med. Diss. v. 4. Nov. 1908, Ref. Vossius
[Geb. 27. Dez. 81 Zabelsdorf; Wohnort: Gießen; Staatsangeh.: Preußen; Vorbildung: Prinz-Heinrichs-Gymn. Berlin Reife M. 00; Studium: Berlin K. W. A. 9 S.; Coll. 17. Juli 08; Approb. 28. Nov. 06.] [U 09. 1098

Berlin, Israel, neue Gedanken üb. d. Entstehg. d. Familie u. d. Religion. 8. (16 S.) Bern 898. (Steiger & Co.) n. — 40

Berlin, I: Neue Gedanken üb. d. Entstehg d. Familie u. d. Relig. 8° (16) Bern 98, (C Sturzenegger). — 40

— d. Haushaltg. d. Gesellschaft. E. Abhandlg. üb. d. Bedarf u. d. Herstellg. d Existenzmittel. gr. 8. (36 S.) Bern 898. (F. Semminger.) n. — 70

Berlin, Jul.: A b r i ß d. brandenburg. Geschichte, s. B e r l i n , H. Jul.

Berlin, Jul., Elementar-Atlas der neuesten Erdkunde in 19 (lith. u.) illuminirten Karten nebst dem Lehrbuche der Geographie für Volksschulen. 3. verb. Aufl. Wolfenbüttel 853. Holle. qu. gr. 4. (56 Sp. Text auf 14 Bl.) n. 10 ngr

— kleine Geographie f. Schulen, nach d. neuesten Begrenzungen. 8. Helmst. 821. Fleckeisen. 4 gl

Berlin, H. Jul., Lehrbuch d. Geographie, z. Gebr. in unt. Klassen u. Elementarschulen (nach Selten's hobeget. Handbuch bearb.) 8. (4¼ B.) Helmstedt 830, Fleckeisen.

Berlin, Jul., Lehrbuch d. Geographie f. Volksschulen. 2., verb. Aufl. 8. (4 B.) Helmstedt 840, Fleckeisensche Buchh.

—— Lehrbuch der Geographie für Volksschulen. 3., verb. und verm. Aufl. 8. (59 S.) Wolfenbüttel 853, Holle's Verlag.

Berlin, Jul., Lehrbuch der Geographie für Volksschulen. 5., verb. und verm. Aufl. gr. 8. (59 S.) Wolfenbüttel 860, Holle.

Berlin, Knud, Islands staatsrechtliche Stellung nach Untergang des Freistaates. 1. Abtlg.: Islands Unterwerfg. unter Norwegens Krone. Aus dem Dän. v. Otto Völckers. (X, 272 S.) gr. 8. Berlin 910. Puttkammer & Mühlbrecht. 6. —

— L., Zur Lehre v. Adhäsionsproc. Diss. Bern.

Berlin, Leo, die Beitreibung v. Schuldforderungen in Russland, s.a. Wie treibt man Schuldforderungen im Auslande ein? 4. Bd.

Die Beitreibung von Schuldforderungen in Rußland. Zum prakt. Gebr. f. d. Geschäftswelt bearb. von Dr. Leo Berlin, Rechtsanw. in St. Petersburg. *Berlin: Universum (1904).* (XVI, 100 S.) 8°
— Wie treibt man Schuldforderungen im Auslande ein? Bd 4. [04. 498

Berlin, M., die Eigennamen u. ihre Moden, s.: Schulze's Zehnpfennigbücher in vereinf. deutscher Stenographie.

Berlin, Maria, aus Nevel, Assistentin am Jennerschen Kinderspital in Bern. Über Veränderungen in retinierten Placenten. [Mit 1 Tafel.] Leipzig 1907. 32 S. 8°. S.-A. aus: Beiträge zur Geburtshilfe u. Gynäkologie 11. [4. VII. 06.]
Bern. Med. Diss. 1906/1907.

Berlin, Maria. Über Veränderungen in retinierten Placenten. Diss. Med. Bern. ([Mit 1 Tafel. Sep.-Abdr. aus:] Beitr[äge] z. Geburtshilfe u. Gynäkologie, [Band] 11.) 32 S. 8. Leipzig, Georg Thieme, 1907.

Berlin, M[oyses]: •De ratione formarum scribendarum in Paraphrasibus Chaldaicis Onkelos et Ben Usiel nominatis. Ueber die Orthographie in den (sogen.) babylonischen Targumen. 81 S. 4° (2°)
Halle-Wittenberg, Phil. Diss. v. 1. März 1876
Geb. [Hamburg 14. 3. 1849]
S. 1—10 lat., Rest deutsch.

Berlin, N. J., die Natur. Ein Lesebuch für Schule und Haus. Nach dem Schwed. frei bearb. von Lor. Tutschek. 8. (X und 585 S. mit 175 eingedr. Holzschn.) München 861, Literarisch-artistische Anstalt. *

Berlin, N. J., die Natur. Ein Lesebuch für Schule u. Haus. Nach dem Schwedischen frei bearb. von Lor. Tutschek. Mit 175 Holzschn. (im Text). 861. (X, 585 S.) — 2. verb. Aufl. München 863. Literar.-artist. Anstalt. 8. (X, 585 S.) n. 1 ₰

Berlin, N. J., die Natur. Ein Lesebuch für Schule u. Haus. Nach dem Schwedischen frei bearb. von Lor. Tutschek. Mit 175 Holzschn. im Text. 3—5. verb. Aufl. Stuttgart 866—70. Cotta. 8. (X, 576 S.) n. 1 ₰

Berlin, N. J., die Natur. Ein Lesebuch f. Schule u. Haus. Nach dem Schwed. frei bearb. v. Lorenz Tutschek. Mit 175 (eingedr.) Holzschn. 6. verb. Aufl. 8. (XIV, 573 S.) Stuttgart 874. Cotta. n. 3. 60

Berlin, N. J., die Natur. Ein Lesebuch für Schule und Haus. Nach dem Schwed. frei bearb. von Lor. Tutschek. 7. verb. und verm. Aufl. 8. (XXIV, 596 S. mit 175 eingedr. Holzschn.) Stuttgart 878, Cotta'sche Buchh. *

Berlin,* N. M., s. *Psalmi.

Berlin O, Bestimmungsgründe für Arbeitslöhne und Unternehmungsgewinn. Neustrelitz 1848

Berlin, O. H., Ansichten über die für die verschied. Bodenarten Mecklenburg's consequentesten Fruchtfolgen. Eine von dem Mecklenb. Patriot. Vereine gekrönte Preisschrift. gr. 8. Güstrow 839. Opitz u. Comp. ¼ ₰

Berlin, Oskar *Friedrich Julius* [aus Nordhausen]: Über die Einwirkung von Benzoïn und Cuminoïn auf einige Diamine ... Erlangen, k. b. Hofbuchdr. v. A. Vollrath, 1895; 17 S. 8.
Erlangen, Phil. Fak., Inaug.-Diss. v. 16. Mai 1893

Berlin, Otto v., die preussische Militär-Gerichtsbarkeit. gr. 8. (81 S.) Freiburg i/B. 891. F. E. Fehsenfeld. n. — 60

— kaleidoskopische Studie üb. Hypnotismus u. Suggestion. 8. (73 S.) Ebd. 892. n. 1. —

Berlin, Paul, über die Verpfändung von Forderungen. Civilistische Abhandlung. gr. 8. (28 S.) Jena 856, (Doebereiner.) •

— Pet. (Nürnberg), De praemiis nuntiorum, vulgo Vom Botten-Brod. Altdorf (Jod. Wilh. Kohles) Juli 1718. 50 S. (5.—) 2284

Berlin, Philipp: Die Bayerische Spiegelglasindustrie. Berlin 1910: Ebering. 144 S. 8° ¶ (Ersch. auch als Buch ebd.) Erlangen, Phil. Diss. v. 16. Febr. 1910, Ref. v. Eheberg
[Geb. 1. Febr. 87 Fürth i. B.; Wohnort: Fürth; Staatsangeh.: Bayern; Vorbildung: Gymn. Fürth Reife 05; Studium: Erlangen 2, Grenoble 1, München 1, Berlin 4 S.; Rig. 17. Dez. 09.] [U 10. 837

Berlin, R., eine besondere Art der Wortblindheit [Dyslexie]. gr. 8. (74 S. mit 1 Taf.) Wiesbaden 887, Bergmann. *

Berlin, R., Max Sussdorf und L. Hoffmann: Festschrift zur Feier des XXV. Regierungs-Jubiläums S.M. des Königs Karl von Württemberg verfasst im Auftr. d. Lehrerkollegiums d. K. Tierarzneischule zu Stuttgart. Stuttgart 1889.

— u. **H. Sattler,** die Krankheiten der Orbita. Mit (1) Fig. in Holzschn. [Aus: „Graefe u. Saemisch, Handbuch der Augenheilkunde" Bd. VI.] gr. 8. (522 S.) Leipzig 880. Engelmann. n. 10. —

Berlin, R., u. **Rembold,** Untersuchungen üb. den Einfluss d. Schreibens auf Auge u. Körperhaltung d. Schulkindes. Bericht an die zur Begutachtg. dieses Gegenstandes niedergesetzte Kommission, erstattet am 23. Septbr. 1882, nebst den v. der Kommission vereinbarten hygien. Vorschlägen. Lex.-8. (III, 58 S. m. 2 lith. Curventaf.) Stuttgart 883. Kohlhammer. n. 2.40

Berlin, R. (Hrsg.), s. Zeitschrift für vergleichende Augenheilkunde.

Berlin, R., über den anatomischen Zusammenhang zwischen orbitalen und intracraniellen Entzündungen, s. Sammlung klinischer Vorträge.

Berlin, S., Leitfaden für den Unterricht in der Bibelkunde und biblischen Geschichte. 8. (56 S.) Hamburg 878, Hoffmann und Campe. cart. *

— Vocabularium zum Gebetbuche nach method. Stufenfolge bearb. 1. Cursus. gr. 8. (60 S.) Ebend. 877. n. 1. —

—— Vocabularium zum Gebetbuche nach method. Stufenfolge bearb. 1. Cursus. gr. 8. (60 S.) Hamburg 878, Hoffmann und Campe. *

Berlin, W., die Diphtheritis u. ihre Behandlg. n. d. Grundsätzen d. Naturheilmethode. gr. 8. (15 S.) Leipzig-Reudnitz (Elsastr. 6) 898. R. Reuther. n. — 30

Berlin, W., Leitfaden beim Unterricht in dem ersten Lehrgange d. Erdbeschreib. d. Preuß. Staats; verbunden mit vaterländ. Geschichte u. eingestreuten histor., naturhistor. u. techn. Erläuterungen. 8. Hildburgh. 827. (Kesselring). 8 gl

—— der kleine Singschüler, od.: Singfibel f. Elementarschulen. Enthalt.: Die erst. Elemente d. Notensingens nach einer stufenweisen Fortschreitung, mit e. Anh. v. ein- u. zweistimm. Kinderliedern u. Choralmelodien. qu. gr. 8. (4 B.) Neustadt a. d. O. 829, Wagner.

— Vaterlands-Katechismus f. Preuß. Volksschulen. 8. Neust. 831. Wagner. 3 gl

—— Vaterlands-Katechismus f. preuß. Volksschulen. Enthalt. d. Wissenswürdigste a. d. Erdbeschreib. u. Gesch. d. preuß. Staates. 8. (4 B.) Neustadt a. d. O. 832, Wagner.

Berlin, WJ, s.: Berechnung d. Servises.

Berlin, W. J., Ergänzungen zum Reglement über die Geld-Verpflegung der Truppen im Frieden. Enthaltend: die in dem Reglement angezogenen Gesetze rc. u. die seit Erscheinen desselben ergangenen erläuternden Rescripte. Magdeburg u. Leipzig 856. Gebr. Baensch. gr. 8. (VIII, 175 S.) n. 20 ngl

—— Ergänz. z. Regl. üb. d. Geld-Verpfleg. d. Truppen im Frieden. 8. (175) Magdeb. 56. (Potsd., Döring.) n. — 20

Berlin, W. J., das Pensions-Wesen im Königreich Preußen. Sammlung der Reglements und Verordnungen über die Pensionirung der Offiziere und der übrigen Militair-Personen vom Feldwebel abwärts, sowie der unmittelbaren und mittelbaren Staatsbeamten. gr. 8. (VIII und 140 S.) Magdeburg und Leipzig 857. [Potsdam, Döring.] Thlr.

—— Reglement über den, den Truppen auf Märschen zustehenden Vorspann nebst den ergänzenden Bestimmungen. Gesammelt und geordnet. gr. 8. (X und 188 S.) Magdeburg [und Leipzig] 855, Gebr. Baensch. * –

—— Reisekosten-Regulativ für die Armee und vorläufige Bestimmungen wegen Bewilligung von Tagegeldern bei Dienst- und Versetzungsreisen nebst den erläuternden und ergänzenden Bestimmungen. Systematisch geordnet. gr. 8. (XII und 160 S.) Magdeburg [und Leipzig] 855, Gebr. Baensch. * –

—— Sammlung der Verordnungen und Rescripte über die Tagegelder und Fuhrkosten bei Dienst- und Versetzungs-Reisen der Civil-Staats-Beamten und derjenigen Militair-Beamten, denen ein bestimmter Militair-Rang nicht beigelegt ist. gr. 8. (VIII und 214 S.) Magdeburg und Leipzig 856(57,) Gebr. Baensch.

Berlin, Wilhelm [app. Arzt aus Berlinchen]: Aus d. patholog. Institut zu Kiel. Über einen Fall von Atelektatischer Bronchiektasie. . . . Kiel, Druck v. C. Böckel, 1891; 14 S., 1 Bl. 8°

Kiel, Med. Fak., Inaug.-Diss. v. [15. Apr.] 1891

Berlin Noskowyj, Pavl (geb. am 11 Apr. 1840 in Gross-Leipe bei Breslau): Maqrizii „De valle Hadhramavt" libellvs Arabice editvs et illvstratvs ... Bonnae, typ. C. Georgii 1866. 2 Bl., 37 S., 1 Bl. 8.

Bonn, Phil. Fak., Diss. v. 13 März 1866

* **Berlindus,** die Reise der Hexen nach dem Blocksberge und die Walpurgis-Nacht mit poetischer Feder. s. l. 732. 8.

Die Reise der Hexen nach dem Blocks-Berge, und die dadurch berufene Walpurgis-Nacht, zum vergnügten Zeit-Vertreib mit Poetischer Feder beschrieben von Berlindo. Gedruckt auf dem Hartz, mit Bleyernen Schriften, IM Jahre, aLs nVr Wenig HeXen aVf Den BLoCks-Berg hIn fVhren. (1739.) 8°.

Eine Fortsetzung erschien unter dem Titel „Die Rückreise von dem Blocksberge."

Berlindus (ps.). — Die Reise der Hexen nach dem Blocks-Berge, und die dadurch berufene Walpurgis-Nacht, zum vergnügten Zeit-Vertreib mit Poetischer Feder beschrieben von *Berlindo.* Gedruckt auf dem Hartz, mit Bleyernen Schriften, IM Jahre, aLs nVr Wenig HeXen aVf Den BLoCks-Berg hIn fVhren. (1739.) 8°. (8 Mk., mit dem folgenden Gedicht, L. Rosenthal, 1906.)

In Alexandrinern. 32 S. (incl. Titel, Vorwort und „Avertissement"). — Vgl. auch W. v. Maltzahn, p. 440, no. 929.

Die Rück-Reise von dem Blocks-Berge, wobey nebst andern lustigen Begebenheiten die Herkunft, das wunderbare Schicksal und endlich erfolgte Glück der schönen Zigeunerin CIRCE, wie auch das Lebens-Ende der alten PYTHIA, mit poetischer Feder beschrieben wird von *Berlindo.* Gedruckt auf dem Harz, mit bleyernen Schriften. IM Iahre, aLs DIe LIebe HeXen-WaLLfahrt Ietzt Vorbey War. (1740.) 8°.

Ebenfalls in Alexandrinern. 44 S. (incl. Titel). — Heinze: Nach H. Pröhle's Vermuthung dürfte der pseudonyme Verfasser dieser beiden Gedichte in Blankenburg zu suchen sein. (Vgl. Pröhle's Harz und Kyffhäuser, Vorwort, S. X). — Weller hat die unrichtigen Jahrzahlen 1732, 1737, 1750.

Berliner! Der berühmte Verfasser ungeheurer Anschlagezettel (Held) ist zum Generalzettelmajor ernannt. — J. G. Brüschke. 1 Bl. 4.

Flugblatt. Berlin, 12. Sept. 1848.

Berliner, der. Illustrirtes Familien-Journal. Chefredact.: Karl Teschner. Redact.: T. Walloch. 1. Jahrg. Octbr. 1884—Septbr. 1885. 52 Nrn. (à Nr. 2—2½ Bog.) gr. 4. Breslau und Berlin 884, Schottländer. *

Berliner, der. Illustr. Familien-Journal. Redact.: Karl Teschner. 2.—4. Jahrg. 1885/86, 1886/87 und 1887/88. à Jahrg. 52 Nrn. (à Nr. 2 Bog.) gr. 4. Breslau, Schottländer. à Jahrg. *

Berliner, der. Illustrirtes Familien-Journal. Red.: K. Teschner. 3.—5. Jahrg. 1886/87, 1887/88, 1888/89. à 52 Nrn. (2 B.) gr. 4. Breslau, Schlesische Verlagsanstalt. à Jahrg. n. 5. 20

— dasselbe. Red.: O. Wilda. 6. u. 7. Jahrg. Octbr. 1889 bis Septbr. 1891. à 52 Nrn. (2 B.) gr. 4. Ebd. à Jahrg. n. 5. 20

Berliner, der. Illustrirtes Familien-Journal. Red.: Osc. Wilda. 8. u. 9. Jahrg. Octbr. 1891—Septbr. 1893. à 52 Nrn. (2 Bog.) gr. 4. Breslau, Schlesische Verlags-Anstalt. à Jahrg. n. 5. 20

Berliner, Die, in Berlin. (Seid ihr Schwaben oder Wiener). Berlin 1825. V: *Bernstein, Caroline.* (GGr)

Berliner, der fidele. Humorist. Vorträge in allen Mund- und Versarten. Zu Vorträgen in geselligen Kreisen und zur Selbsterheiterung. Hrsg. von Brenngas. 16. (IV und 92 S.) Berlin 858, [Mecklenburg.]

Berliner, der fidele. Humoristische Vorträge in allen Mund- und Redensarten. Zu Vorträgen in gesell. Kreisen und zur Selbsterheiterung. 2. Aufl. 32. (92 S.) Berlin 865, E. Mecklenburg.

Berliner, der fidele. Humoristische Vorträge in allen Mund- und Versarten. Zu Vorträgen in geselligen Kreisen und zur Selbsterheiterung. 16. (IV, 95 S.) Berlin 870, E. Mecklenburg.

Ein freiwilliger Berliner an den unfreiwilligen Magdeburger Schlöffel. (Ein wilder Frühlingsabend wars im Klubb der Demokraten) Geschrieben zu Berlin im September 1848. Druck von E. Litfaß. 1 Bl. Fol.

Flugblatt.

Namhafte **Berliner.** Tafel 9. Johann Adolph Heese. Mit 1 Abbildung. Berlin, den 24. April 1884. 1 Bogen.
Tafel 10. Friedrich Holtze, Magdalena, Gräfin zu Arneburg. Mit Portrait. Berlin, 4. Juni 1885. 2 Bogen.

— der richtige, im Gerichtssaal s.a. Humor, Berliner, vor Gericht.

—— der richtige, im Gerichtssaal. 8. (159 S.) Berl. 892, Steinitz Verlag. * 1

Berliner, der richtige, in Wörtern und Redensarten. gr. 8. (IV, 46 S.) Berlin 878, Hermann.

Berliner, Der richtige, in Wörtern und Redensarten. 3. A. Berlin 1880. V: *Meyer, H.* (Baer 737/1785)

Berliner, der, in der sächsischen Schweiz. Ein illustrirtes Reise-Handbuch für alle Berliner, welche das Meißner Hochland profitabel durchwandern, oder mit dem Vollgenuß aller Annehmlichkeiten sich daselbst aufhalten wollen. Für seine Landsleute herausg. von einem vielgereisten Berliner. Mit 25 Abbildgn. (Holzschn. im Text) u. 1 (lith.) Karte der sächsischen Schweiz (in Fol.) Dresden 861. Klemm. 16. (V, 88 S.) 7½ ngr.

Berliner, Ein, e. Stündchen im Münchner Hofbräuhaus. Wahre Begebenh. (14) gr8° Münch., Em. Stahl ('11). — 25 d

Die Berliner Tänzerinnen wollen nicht aufgehen! Adresse der Berliner Tänzerinnen an das Staats-Ministerium. Mit Bild. Berlin, 1848. Druck von W. Fähndrich. 1 Bl. Fol. Flugblatt.

Berliner, senr (Berlin) Petroleum-, Heiz- u Kochöfen. (Plan) 1 Bogen kl Fol

Berliner, A, s.: Abhandlung üb. d. Siddur d. Schabtai ha-Sofer a. Przemyśl.

Berliner, A., die altfranzösischen Ausdrücke im Pentateuch-Commentar Raschi's. Alphabetisch geordnet u. erklärt. (21 S.) 8. Frankfurt a/M. 905. J. Kauffmann. n. 1. —

Berliner, A., Beitrag z. Geographie u. Ethnographie Babyloniens i. Talmud u. Midrasch. gr. 8. (71 S.) Berlin 884. [Mampo] M. Poppelauer. n. 3. —

— Beiträge zur Geschichte der Raschi-Commentare. (III, 51 S.) gr. 8. Berlin 903. E. Rosenstein. n. 2. —

Berliner, A., Beiträge zur hebräischen Grammatik im Talmud und Midrasch. gr. 8. (59 S.) Berlin 879, Benzian. *

—— Rabbi Jesaja Berlin, eine biographische Skizze, im Rabbiner-Seminar zu Berlin vorgetragen. gr. 8. (30 S.) Ebendas. 879. *

Vorstehende zwei Schriften sind aus: Magazin für die Wissenschaft des Judenthums, besonders abgedruckt.

—— persönliche Beziehungen zwischen Christen und Juden im Mittelalter. 8. (29 S.) Halberstadt 881, Meyer's Buchdruckerei.

Aus: Illustrirter jüdischer Familien-Kalender, besonders abgedruckt.

— Blicke in die Geisteswerkstatt Raschi's. Vortrag, in der jüdisch-literar. Gesellschaft zu Frankfurt a. M. geh. (24 S.) 8. Frankfurt a. M. 905. J. Kauffmann. n. 1. —

— hebräische Büchertitel. Eine literar. Causerie. (22 S.) gr. 8. Ebd. 905. n. 1. —

Sonderabdruck aus: „Jahrb. d. jüd.-lit. Gesellsch."

—— s.: Chananel, Migdal.

— zur Charakteristik Raschi's. gr. 8. (XIX S.) Breslau 900. (Berlin, M. Poppelauer.) n. 1. 20

Sonderabdruck aus: „Gedenkbuch zur Erinnerg. an David Kaufmann".

Berliner, A., cours complet de tous les genres d'écritures usités en France, composée de 147 planches lith. 4 Part. qu. Lex.-8. Strasbourg 843, Levrault'sche Buchh.

Part. 1. Les écritures françaises batarde, coulée et ronde. (61 Bl.) 1 Thlr.
- 2. Nouveau cours d'écriture anglaise. (50 Bl.) 1 Thlr.
- 3. Neueste deutsche Schulvorschriften. (28 Bl.) 20 Ngr.
- 4. Les Gothiques anciennes et modernes, les Romaines et italiques en relief, fleuronnées, arabesques etc. (28 Bl.) 20 Ngr

— Üb. d. Einfl. d. 1. hebr. Buchdrucks auf d. Cultus u. d. Cultur d. Juden. 8° (49) Frankf. a/M. 96, J Kauffmann. 2 —

—— ein Gang durch die Bibliotheken Italiens. Vortrag, gehalten im Sefath-Emeth-Verein. gr. 8. (34 S.) Berlin 877. (Leipzig, Hinrichs'sche Buchh.) *

— d. Gebetbuch d. Dr. Vogelstein, beurtheilt v. B. gr. 8. (16 S.) Berlin 894. (E. Rosenstein.) n. — 50

— Geschichte d. Juden in Rom v. d. ältesten Zeit bis z. Gegenwart (2050 Jahre). 8 Tle in 2 Bdn. 8° (482 m. Abbildgn.) Frankf. a/M. 93, (J Kauffmann). 10 —

—— hebräische Grabschriften in Italien. 1. Thl.: 200 Inschriften aus Venedig, 16. und 17. Jahrh. Hrsg. und mit Noten versehen. 8. (110 S.) Frankfurt a. M. 881, Kauffmann. *

— s.: Ganganelli's Gutachten in Angelegenheit d. Blutbeschuldigg d. Juden.

— s.: Commentar zu d. Sprüchen d. Väter.

Berliner, A., Professor Paul de Lagarde, nach seiner Natur gezeichnet. gr. 8. (32 S.) Berlin 887. Benzian. — 75

Berliner, A., aus dem innern Leben der deutschen Juden im Mittelalter. Nach gedr. und ungedr. Quellen. Zugleich ein Beitrag für deutsche Culturgeschichte. gr. 8. (VIII, 61 S.) Berlin 871. Benzian. **

— aus dem Leben der deutschen Juden im Mittelalter, zugleich als Beitrag für deutsche Culturgeschichte. Nach gedruckten u. ungedruckten Quellen. gr. 8. (V, 142 S.) Berlin 900. M. Poppelauer. n.n. 4. —; geb. in Leinw. n.n. 4. 80

— zur Lehr' u. zur Wehr üb. u. gegen die kirchliche Orgel im jüdischen Gottesdienste. (VII, 68 S.) gr. 8. Berlin 904. L. Lamm. n. — 50

Berliner, A.: Lehrb. d. Experimentalphysik, s. Berliner, Arnold.

Berliner, A., Lehrgedicht über die Accente der biblischen Bücher אמ״ת nebst Commentar von Jos. b. Kalonymos [in der 2. Hälfte des 13. Säculums]. gr. 8. (11 S.) Berlin 886, Rosenstein. *

— s.: Machsor Vitry.

Berliner, A. (Hrsg.), s. Magazin für die Wissenschaft des Judenthums.

Berliner, A. (Hrsg.), s.a. Die Massorah zum Targum Onkelos.

—— die Massorah zum Targum Onkelos, enth. Massorah magna und Massorah parva. Nach Handschriften und unter Benutzung von seltenen Ausgaben zum ersten Male edirt und commentirt. 8. (VIII, XXIV, 148 S.) Leipzig 877, Hinrichs'sche Buchh. *

— s.: Meir ben Elia, hebräische Poesieen.

— s.: Michael, Heimann u. Leop. Zunz, Briefwechsel.

— Pletath Soferim, Beiträge zur jüd. Schriftauslegg. im Mittelalter, nebst Midrasch üb. die Gründe der defectiva u. plena, aus handschriftl. Quellen hrsg. u. näher beschrieben. gr. 8. (103 S.) Breslau 872. Skutsch. n.n. 2. 50

— s.: Quellenschriften z. jüd. Geschichte u. Literatur.

— Raschi. Vortrag, im Verein f. jüd. Geschichte u. Literatur zu Berlin geh. (27 S.) gr. 8. Berlin 906. M. Poppelauer. n. 1. 20

Sonderabdruck aus: „Jüd. Presse", m. e. Nachtrag am Schlusse.

— die Schriften d. Dr. M. Steinschneider, zu seinem 70. Geburtstage 30. März 1886 zusammengestellt. gr. 8. (31 S.) Berlin 886. Mampe. n. 1. 50

—— aus den letzten Tagen des römischen Ghetto. Ein histor. Rückblick. gr. 8. (III, 35 S.) Berlin 886, Rosenstein und Hildesheimer.

— s.: Targum Onkelos.

— a. schweren Zeiten. E. Beitrag z. Geschichte d. Juden in Rom. [Aus: „Jubelschr. z. 70. Geburtstag d. Dr. Isr. Hildesheimer".] gr. 8. (24 S.) Berlin 890. (S. Calvary & Co.) n. 1. 20

Berliner, A, Censur u. Confiscation hebr. Bücher im Kirchenstaate. Auf Grund d. Inquisitions-Akten in d. Vaticana u. Vallicellana dargestellt. 8° (65) Frankf. a/M. 91. (Berl., S Calvary & Co.) 1.80

Berliner, A., Censur u. Confiscation hebräischer Bücher im Kirchenstaate. Auf Grund der Inquisitions-Akten in d. Vaticana u. Vallicellana dargestellt. gr. 8. (65 S.) Frankfurt a/M. 891. J. Kauffmann. n. 2. —

Berliner, Abraham
Beiträge zur Geschichte der Raschi-Commentare. Von Dr. A[braham] Berliner. *Berlin: E. Rosenstein 1903.* (51 S.) 8° [04. 10680

Aus dem Leben der deutschen Juden im Mittelalter zugl. als Beitrag f. deutsche Culturgesch. Nach gedr. u. ungedr. Quellen von Dr. A[braham] Berliner. *Berlin: M. Poppelauer 1900.* (IV, 142 S.) 8° [00. 7593

Berliner, Abr. (geb. Ostrowo 2. 12. 1832): De somno. Berolini (1854). (32 S.) 8°
Berlin, Med. Diss. v. 6. Sept. 1854

—— Synagogal-Poesieen. Hebräische Texte mit der deutschen Uebertragung aus der synagogalen Poesie des Mittelalters von Zunz. I. 8. (80 S.) Berlin 884, Gerschel. *

—— Synagogal-Poesien. Hebräische Texte m. der deutschen Uebertragg. aus der synagogalen Poesie d. Mittelalters v. Zunz. I. 8. (80 S.) Berlin 884. P. Lehmann. n. 1. 60

Berliner, Adf., die Actiengesellschaften der Provinz Hannover zusammengestellt und bearb. 8. (XI, 164 S.) Hannover 875, [Cohen und Risch.] Cohen's Verlag. geb. *

Berliner, Adolf: Beiträge zur Geographie und Ethnographie Babyloniens im Talmud und Midrasch. (Beilage zum Jahres-Berichte des Rabbiner-Seminars zu Berlin pro 1883.) Berlin 1884. 71 S. 8°.

Berliner, A., Beiträge zur Geographie und Ethnographie Babyloniens im Talmud und Midrasch. gr. 8. (71 S.) Berlin 884, Gorzelanczyk und Comp. *

Berliner, A., aus meiner Bibliothek. Beiträge z. hebräischen Bibliographie u. Typographie. gr. 8. (VI, 77 u. XXXV S.) Frankfurt a/M. 898. J. Kauffmann. n. 4. —

Berliner, Adolfus (*geb. Ratibor 9. 6. 1842*): De cysticerco oculi. Vratislaviae 1866. (23 S.) 8°
Breslau, Med. Diss., nachgeliefert von dem am (16. Juni) 1866 auf Thesen promovierten Verf.

Berliner, Adf., die wirthschaftliche Krisis, ihre Ursachen u. ihre Entwickelung. gr. 8. (96 S.) Hannover 878. Meyer. n. 1. 60

Berliner, Adf., Die Lage des deutschen Handwerker-Standes. Betrachtungen über die beabsichtigte Reform der Gewerbe-Ordnung. 1. u. 2. Aufl. gr. 8°. Hannover, Meyer, 1877.

Berliner, Adolf (Hrsg.), s. Lehr', Zur, und zur Wehr über und gegen die kirchliche Orgel ...

Randbemerkungen zum täglichen Gebetbuche (Siddur) von Prof. A[dolf] **Berliner**. Buch [1.] 2. Berlin: Poppelauer 1909–12. 8°
A 12. 11566

Berliner, Alfred [aus Berlin]: Zur Kenntniss der tuberculösen Erkrankungen an Diphtherie verstorbener Kinder ... Freiburg i. B., Buchdr. H. Epstein, 1895; 28 S., 2 Bl. 8.
Freiburg i. B., Med. Fak., Inaug.-Diss. v. 1895

Berliner, Alfr., therapeut. u. casuist. Mitteilungen. (Aus R. Ledermann's Poliklinik f. Hautkrankheiten.) [Aus: „Allg. med. Central-Zeitg."] gr. 8. (24 S. m. Abb.) Berlin 896. O. Coblentz. n. 1. —

Berliner, Alfred [aus Breslau]: Ueber die katalytische Wirkung der Metalle auf Knallgas und ihre Fähigkeit Wasserstoff zu occludieren .... Freiburg i. B., Buchdr. v. Chr. Ströcker, 1888; 40 S. + 1 Bl. u. 2 Taf. 8°
Freiburg i. B., Phil. Fak., Inaug.-Diss. v. 1888

Berliner, Arnold, Lehrbuch der Experimentalphysik in elementarer Darstellung. Mit 3 lith. Taf. u. 695 zum Tl. farb. Abbildgn. im Texte. (XVI, 857 S.) gr 8. Jena 903. G. Fischer. n. 14. —; geb. n. 16. 50

Berliner, Arnold: Lehrb. d. Experimentalphysik in elementarer Darstellg. 2. Afl. (16, 720 m. z. Tl farb. Abb. u. 2 Taf.) Lex8° Jena, G Fischer '11. 18 —; geb. 19.50

Berliner. Arnold: Zur Molecularrefraction organischer Flüssigkeiten .... Breslau, Druck v. S. Lilienfeld, 1886; 39 S. 8°.
Breslau, Phil. Fak., Inaug.-Diss. v. 23. Jan. 1886.

Berliner, Arnold, zur Molecularrefraction organischer Flüssigkeiten. Inaugural-Dissertation. gr. 8. (37 S.) Breslau 886, (Köhler.) *

Berliner, Bernhard: Der Anstieg der reinen Farbenerregung im Sehorgan. Mit 14 Fig. im Text. Leipzig: W. Engelmann 1907. (71 S.) 8° ¶(Aus: Psychol. Studien Bd 3 H. 2 u. 3.)
Leipzig, Phil. Fak., Ref. Wundt-Wiener, Diss. v. 2. Aug. 1907
[Geb. 23. März 85 Hannover; Wohnort: Hannover; Staatsangeh.: Preußen; Vorbildung: Lyzeum I Hannover Reife O. 03; Studium: Freiburg i. B. 1, Leipzig 7 S.; Rig. 30. Apr. 07.]

Berliner, Bernhard: Aus d. Univ.-Augenklinik zu Freiburg i. B. Opticusatrophie bei Myxoedem. Freiburg i. B.: Speyer & Kaerner 1909. 38 S. 8°
Freiburg i. B., Med. Diss. v. 1909, Ref. Axenfeld
Geb. 23. März 85 Hannover; Wohnort: Freiburg i. B.; Staatsangeh.: Preußen; Vorbildung: Lyz. I Hannover Reife O. 03; Studium: Freiburg i. B. 1, Leipzig 7, Freiburg i. B. 2 S.; Coll. 18. Juni 09.] [U 09. 904

Berliner, Curt: Aus d. Chir. Abt. d. Stadtkrankenh. zu Posen. ⟨Dir.: Jaffé.⟩ Die Luxatio claviculae supraacromialis und ihre operative Behandlung. Breslau 1910: Breslauer Genossensch.-Buchdr. 48 S. 8°
Breslau, Med. Diss. v. 26. Jan. 1910, Ref. Küttner
[Geb. 6. Jan. 85 Krappitz; Wohnort: Breslau; Staatsangeh.: Preußen; Vorbildung: Gymn. Oppeln Reife O. 03; Studium: Breslau 5, München 1, Berlin 1, Breslau 3 S.; Coll. 30. Nov. 09; Approb. 4. Aug. 09.] [U 10. 556

Berliner, E., Professor Dr. M. Lazarus und die öffentliche Meinung. gr. 8. (42 S.) Berlin 877, Walther und Apolant. *

Berliner, Ernst: Flagellatenstudien. Berlin 1909: (Lippert, Naumburg a. S.). 32 S. 8° ¶(Aus: Archiv f. Protistenkunde. Bd 15, H. 3.)
Berlin, Phil. Diss. v. 8. Mai 1909, Ref. F. E. Schulze
[Geb. 15. Sept. 80 Berlin; Wohnort: Berlin; Staatsangeh.: Preußen; Vorbildung: Humboldt-Gymn. Berlin Reife M. 01; Studium: Berlin Techn. Hochsch. 8, Univ. 10 S.; Rig. 30. Juli 08.] [U 09. 141

Berliner, Ernst, aus Berlin: Über die **Ionenwanderung.** *Gräfenhainichen 1902: W. Hecker.* (35 S.) 8°
Berlin, Phil. Diss. v. 21. März 1902

Berliner, Fritz, Kammergerichts-Referendar: Der Eröffnungsbeschluss im Konkurse und seine Aufhebung, insbesondere deren Wirkungen auf entstandene Masseverbindlichkeiten. Liebenwalde 1907: H. Seeger. (35 S.) 8° [F.]
Heidelberg, Jur. Fak., Ref. v. Lilienthal, Diss. v. 16. Juli 1907
[Geb. 10. Juni 84 Berlin; Wohnort: Liebenwalde (Mark); Staatsangeh.: Preußen; Vorbildung: Wilhelms-Gymn. Berlin Reife M. 02; Studium: Berlin 2, München 1, Berlin 4 S.; Rig. 20. Apr. 07.]

Berliner, H. Schweizer. Auskunftsbuch. I. Jahrgang. 1896. Mit 1 Tabelle. In-12°. IV, 134 S. Zürich, Cäsar Schmidt. 1896 1 25
*** Mit deutschem u. französ. Text.

Berliner, H., Zwei Vorträge über Buchhaltung, gehalten im Reichsverein der Privatbeamten Österreichs. Gr. 8°. (31 S.) Wien: Derflinger & Fischer. 1910. K 1.—

Berliner, Hananias (G. M. Loewen), d. Erlöser u. Erretter. Leben, Thaten u. Lehren d. Messias Jeschua, s.a. Schriften d. Institutum judaicum z. Berlin.

[Hebr.] Hap-pôdeh u-maṣṣil a bešreibung fon dem Leben, die ma'aśim un die tôrôt fon Ješû'a ham-mešiaḥ ... fon Ḥananjâ Berliner '(Môše Lewen)'. [Ant.] Der Erlöser und Erretter. Leben, Thaten und Lehren des Messias Jeschua geschildert v. Hananias Berliner '(G. M. Loewen)'. *Leipzig: J. C. Hinrichs 1898.* (2 Bl., 122 S., 1 Bl.) 1 Bd 8.
= Schriften d. Institutum Judaicum zu Berlin. No 23. [98. 7354

Berliner, Hans, Bad Harzburg u. das Sanatorium Harzburg. 1893. 16. (18 S.) Bad Harzburg 893. (H. Woldag.) n. — 20

— Bad Harzburg u. das Sanatorium Harzburg, sowie einige Krankenberichte, kurz erzählt. 2. Aufl. 12. (29 S.) Ebd. 894. n. — 30

Berliner, Hnr. Mos.
Berliner, H. Moses, Spiegel d. Tugend u. Weisheit. 8. Goslar, (Macklot, Carlsruhe, a. Gebhardt u. K. in Frankf. in Comm.) 800.

Berliner, Hnr. Mos., Spiegel d. Tugend u. Weisheit. 8. Goslar 800. 2e A. 8. Karlsr., (Braun). 12 $\mathcal{K}$

Berliner, Hermann (Glogau), De graviditate extrauterina. Diss. med. Bln. (Gebr. Schlesinger) 25. VIII. 1845. 32 S., mit Literatur u. Biographie. (M.: L. Seelig.) (3.80) 2285
Oppon.: L. Sachs, J. Jacobi. F. Skutsch.

Berliner, Herm.: Handb. d. Buchhaltg m. bes. Berücks. d. doppelt-amerikan. Systems. (59 u. 4 m. 1 Formular.) gr8° Wien, Derflinger & F. '05. 2 —

Sonderstellung der Orthodoxen. Ein Beitrag z. Geschichte d. Israelit. Kultusgemeinde in Zürich von Herm. Berliner, Red. Zürich & Leipzig: T. Schröter 1898. (IV, 100 S.) 8° [F.] [c5 6:18

Berliner, Herm., 2 Vorträge üb. Buchhaltung, geh. im Reichsverein d. Privatbeamten Oesterreichs. 1. Fabrikbuchführung u. Kalkulation. 2. Die Lehren d. Insolvenz (A.-G. Eyck & Strasser, Berlin), nebst. e. Besprechg. der kameralist. Buchführg. (82 S.) gr. 8. Wien 911. Derflinger & Fischer. — 80

Berliner, Herrm. Moses, Spiegel d. Weisheit u. Tugend für jetzige Zeiten. 2te Auflage. 8. Karlsruhe. Braun. 814.

Berliner, J. [prakt. Arzt aus Lissa]: Beitrag zur Casuistik von Emphysema cutaneum, insbesondere ein Fall von Emphysema cutaneum nach Intoxicatio acidi sulfurici .... Berlin, Buchdr. v. Gustav Lange jetzt Otto Lange (1886); 32 S. 8°.
Berlin. Med. Fak., Inaug.-Diss. v. 22. Mai 1886.

Berliner, J., Beitrag zur Casuistik von Emphysema cutaneum, insbesondere ein Fall von Emphysema cutaneum nach Intoxicatio acidi sulfurici. Diss. Berlin 1886 Mayer & Müller. 8°. 32 S.

Berliner, Joseph. (geb. Leobschütz 1819): De solis atque lunae in corpus humanum influxu. Berolini (1841). (29 S.) 8°
Berlin, Med. Diss. v. 26. Juli 1841

Berliner, Kurt, Volontärassist. d. Kgl. Univ.-Poliklinik f. Nervenkranke: Aus d. entwicklungsgeschichtl. Abt. d. anat. Instituts d. Universität Breslau. Beiträge zur Histologie und Entwicklungsgeschichte des Kleinhirns. *Breslau 1904: Schles. Druckerei-Genossenschaft.* (31 S.) 8°
Breslau, Med. Diss. v. 28. Apr. 1904

Berliner, Kurt, Dr. med., 2. Assistenzarzt an d. Klinik f. psych. u. nerv. Krankh.: Aus d. Klinik f. psych. u. nerv. Krankh. d. Univ. Gießen. Akute Psychosen nach Gehirnerschütterung. Mit 1 Taf. sowie 1 Abb. u. Kurve im Text. Halle a. S.: Marhold 1908. 51 S. 8° ¶(Aus: Klinik f. psych. u. nerv. Krankh. Bd 3, H. 4.)
Gießen, Med. Hab.-Schr. v. 1908 [U 09. 1246

BERLINER, Leopold (München): Ueber Eczema.- München 1847. 18 S.
9.8.1847 - Urk (Titel: De eczemate.); F 66
Diss. Ingolst.-Landsh.-Mchn.

Berliner, Lippmann (geb. Lissa in Posen 27. 12. 1858): Ein Fall von Hypopyon-Keratitis durch Schimmelpilze. Berlin (1882). (30 [vielmehr 28] S.) 8°
Berlin, Med. Diss. v. 22. Juli 1882

Berliner, Ludw.: Die staatskirchenrechtl. Stellg d. israelit. Relig.-Gemeinden u. sonst. israelit. Relig.-Verbände Süddeutschlds. (4, 71) gr8° Frankf.M., J Kauffmann '12. 1.50

Berliner, M. (Handelsschuldirektor), s. Berliner, Manfred

Berliner, M., die Israelitischen Notablen zu Speier. Erläuterung einiger, ihren Berathungen zu Grunde gelegten Fragpunkte. gr. 8. (Manheim ... Hoff.) $^1/_{12}$ ℛ

Berliner, M: Vater, Sohn u. Schwiegervater, s: Bühne, Moderne.

— Weihnachtskerzen, s: Weihnachts-Bühne.

Banknoten und Notenbanken. Ein Vortrag von Manfred Berliner, Hannover. Hannover & Leipzig: Hahn 1905. (24 S.) 8° [F.] [04 2046 7

[F. u. Ant.] Die Kaufmännische Buchführung im Entwurf zum neuen Handelsgesetzbuche. Kritik u. Gegenvorschläge. Von Manfred Berliner, Handelsschuldir. in Hannover ... *Hannover & Leipzig: Hahn 1896.* (37 S.) 1 Bd 8. [96. 6707

Berliner, Manfr., schwierige Fälle der kaufmännischen Buchhaltung u. ihre Lösung, nebst e. Darlegg. der allgemeinen Lehrsätze d. kaufmänn. Buchhaltg. gr. 8. (VII, 144 u. III S.) Hannover 893. Hahn. n. 2. 25

Schwierige Fälle und Allgemeine Lehrsätze der kaufmännischen Buchhaltung nebst e. Anh.: Die Ausdrucksweise d. Handelsgesetzbuches u. anderer Gesetze bezügl. d. Bestimmungen über Buchhaltung u. Rechnungsführung ... von Manfred Berliner. 2. verb. Aufl. *Hannover & Leipzig: Hahn 1902.* (X, 276 S.) 8° [03. 7812 7

Berliner, Manfr., schwierige Fälle u. allgem. Lehrsätze der kaufmännischen Buchhaltung. 1. Bd. Praxis der Buchhaltung. Ein Hand- u. Nachschlagebuch f. Buchhalter, Vorstände u. Aufsichtsräte v. Aktiengesellschaft., Verwaltungsbeamte, Juristen u. Lehrer der Buchhaltg. 8. verb. Aufl. (IX, 286 S.) Lex. 8. Hannover 909. Hahn. 6.—; geb. in Leinw. 6. 50

Berliner, Manfr.: Schwierige Fälle u. allg. Lehrsätze d. kaufmänn. Buchhaltg. 2. Bd. (Theoret. Tl.) Buchhaltgs- u. Bilanzen-Lehre. 3. Afl. Der neuen Ausg. 1. Afl. (12, 325) Lex8° Hann., Hahn '11. 8 —; L 8.75 (vollst.: 14 —; geb. 15.25)

— Gold u. Währg. Vortr. (22) gr8° Ebd. '11. — 40 d

Das Handelsgesetzbuch (mit Ausschluß d. Seerechts), ergänzt durch d. einschlägigen Vorschriften d. BGB. u. anderer Gesetze. Für Handelsschulen u. z. prakt. Gebr. d. Kaufleute. Bearb. von Manfred Berliner u. Paul Meyer in Hannover. *Hannover & Leipzig: Hahn 1903.* (VII, 219 S.) 8° [F.] [03. 7813 7

Die Handels-Hochschule. Ein Beitrag zu ihrer Würdigung, von Manfred Berliner, Handelsschuldirektor in Hannover. *Hannover & Leipzig: Hahn 1899.* (14 S.) 8° [00. 7371 7

— die kaufmännische Handschrift. Muster u. Anleitg. (16 Taf. m. 4 S. Text.) qu. 16. Ebd. (905). n. 1. 20

— 50 Leitsätze zur Theorie der kaufmännischen Buchhaltung. Für den Unterrichtsgebrauch bearb. (III, 35 S.) gr. 8. Ebd. 906. n. — 40

— 50 Leitsätze zur Theorie der kaufmännischen Buchhaltg. 2. verb. Aufl. (III, 36 S.) 8. Ebd. 910. — 60

Berliner, Manfr., zwei Monate in einem Engros-Geschäfte. Aus der Praxis entnommene Geschäftsvorfälle als Grundlage für den Unterricht in der Buchführung. Mit Berücksichtigung neuester Verhältnisse. gr. 8. (VI, 41 S.) Hannover 879. Hahn. geb. n. 1. —

— 2 Monate in e. Engros-Geschäfte. Der Praxis entnommene Geschäftsvorfälle als Grundlage f. den Unterricht in der Buchführg. Mit Berücksicht. neuester Verhältnisse. 2., verb. Aufl. gr. 8. (IV, 42 S.) Ebd. 892. n. 1. —

Zwei Monate in einem Engros-Geschäfte. Der Praxis entnommene Geschäftsvorfälle als Grundlage f. d. Unterr. in d. Buchführung u. Handelscorrespondenz ... von Manfred Berliner. 3. verb. Aufl. *Hannover & Leipzig: Hahn 1900.* (VI, 45 S.) 8° [F.] (03. 781) 7

— 2 Monate in e. Engrosgeschäfte. Der Praxis entnommene Geschäftsvorfälle als Grundlage f. den Unterricht in der Buchführg. u. Handelskorrespondenz. Mit Berücksicht. neuester Verhältnisse. 4., verb. Aufl. 7. u. 8. Tauf. gr. 8. (VI, 46 S.) Ebd. 902. Kart. n. 1. —

— 2 Monate in e. Engros-Geschäfte. Der Praxis entnommene Geschäftsvorfälle als Grundlage f. den Unterricht in der Buchführg. u. Handelskorrespondenz. Mit Berücksicht. neuester Verhältnisse. 6. unveränd. Aufl. 11. u. 12. Tauf. (V, 48 S.) 8. Ebd. 906. Kart. n. 1. —

Berliner, Manfr.: 2 Monate in e. Engros-Geschäfte. Der Praxis entnommene Geschäftsvorfälle als Grundl. f. d. Unterr. in d. Buchführg u. Handelskorrespondenz. 8. u. 9. Afl. (57) 8° Hannov., Hahn '08. Kart. 1 — d

— Zwei Monate in e. Engros-Geschäfte. Der Praxis entnommene Geschäftsvorfälle als Grundlage f. d. Unterricht in der Buchführg. u. Handelskorrespondenz. Mit Berücksicht. neuester Verhältnisse. 10. u. 11. verb. Aufl. 19.—22. Tauf. (V, 60 S.) 8. Ebd. 911. Geb. 1. —

— **Rechenbuch f. Handelsschulen u. kaufmännische Fortbildungsschulen. Methodisch geordnete Aufgaben u. Beispiele. (VIII, 151 S.) gr. 8 Ebd. 903.** Geb. in Leinw. n. 2. —; Antwortenheft (36 S.) kart. n. 1. —

— dasselbe. 2. verb. Aufl. (VIII, 155 S.) 8. Ebd. 905. Geb. in Leinw. n. 2. —

— Rechenbuch f. Handelsschulen u. kaufmännische Fortbildungsschulen. Methodisch geordnete Aufgaben u. Beispiele. 4. verb. Aufl. (VIII, 160 S.) 8. Ebd. 909. Geb. 2. —

— **Rechenb. f. Handelssch. u. kaufmänn. Fortbildgssch. 5. Afl. (8, 160) 8° Ebd. '12.** L 2 —

Berliner, Paul: Beitrag zur klinischen Bedeutung der articulären und periarticulären Neubildungen. . . . Breslau, F. W. Jungfer's Buchdr. (1890); 39 S. 8°
Breslau. Med. Fak.. Inaug.-Diss. v. 10. Jan. 1890

Berliner, Rud.: Zur Datierg d. Miniaturen d. Cod. Par. Gr. 139. (50) gr8° Weida '11. (Berl., H Streisand.) 1.60

Berliner Rudolf: Die Miniaturen des Pariser Psalters. (ms. gr. 139). **Diss.** Wien, Univ.
D: Erschien unter dem Titel „Zur Datierung der Miniaturen des Cod. Par. Gr. 139". Weida 1911.
1910 PN 2848 1902

Berliner, S: Polit. Arithmetik. 1. Bd. Renten u. Anleihen. (10, 141 m. 7 Tab.) gr8° Lpzg, CE Poeschel '12. 4.80; geb. 6 — *Den 2. Bd bildet:*

Der Erfinder des sprechenden Telephons. Von Dr. S. **Berliner.** Hannover & Leipzig: Hahn 1909. 24 S. 8° (10. 10626) 7

Berliner, S., das Spielen in der Königlich Preußischen Klassen-Lotterie. Plan der Königl. Preuß. Klassen-Lotterie nebst Einsatz u. Gewinn-Tabellen. Als Anhang: Nachweisung erlaubter Staats-Lotterie-Anlehen, die sich zu sicheren kleinen Ersparnissen eignen. Glogau 860. Reisner in Comm. 4. (15 S.) 2 ngr.

Berliner, S., das Spielen in der königl. preuß. Klassen-Lotterie. Einsatz- u. Gewinn-Berechngn. von 1/1 bis 1/96 Loos nach Thalern u. Reichsmark-Währg. 32. (84 S.) Berlin 874. Lorentz. n. — 50

— **Versichergsrechng f. Nicht-Mathematiker. (8, 141 u. 16) gr8° Ebd. '11.** 4.80; geb. 6 —

Berliner, S. F., die warme Destillation sämmtl. in- u. ausländ. Liqueure, des Rums, Cognacs u. Aracs, mit den nöthigen Vorkenntnissen, nebst e. Nachtrag über die Behandlung des Ratafia u. e. ausführl. Beschreibung der ätherischen Oele und deren Anwendung bei d. Destillation, für Destillateurs u. Conditors. 8. Glogau 835. Flemming. 1/3 ꝛf

Berliner, S(igfrid), a. Hannover: Über das Verhalten des Gusseisens bei langsamen Belastungswechseln. Leipzig: J. A. Barth 1906. (59 S.) 8° ¶ (Aus: Annalen der Physik.)
Göttingen, Phil. Fak., Ref. Prandtl, Diss. v. 4. Mai 1906
[Geb. 15. Febr. 84 Hannover; Wohnort: Göttingen; Staatsangeh.: Preußen; Vorbildung: Realgymn. I Hannover Reife O. 02; Studium: Leipzig 4, Göttingen 4 S.; Rig. 6. Dez. 05.]

Berliner, Sigism., die Fabrication d. veredelten Branntweine auf warm. u. kaltem Wege für Destillateure, Kaufleute, Conditoren u. Schenkwirthe. 8. (3¾ B.) Grünberg 844, Levysohn.

Berliner, Theodor *(geb. Batavia 4. 11. 1853)*: Beiträge zur Frage von der Fortpflanzung und Entwickelung der Organismen. Breslau (1876). (44 S.) 8°
Breslau, Med. Diss. v. 22 Juli 1876

Berliner, Wilhelm
— **u. Rich. Engländer: Das österr. Wuchergesetz (Gesetz v. 28. 5. 1881). Histor. u. systemat. Darstellg m. e. Anh. üb. d. Reformfrage. (6, 173) gr8° Wien, Manz '11.** 3.40 d

Berlinerblau J.: Indol aus Dichlorather und Anilin. S. 95. II. 507 . . . . vgr.
Separatabdruck

— und Poljkiev H.: Über die bei der Indolbildung aus Bichlorather und aromatischen Aminen entstehenden Zwischenprodukte. S. 95. II. 514 . . . . vgr.
Separatabdruck

Berlinerblau, J., s. Vergiftung durch die Speiselorchel in Folge von Ptomainbildung.

BERLINERBLAU, JOSEPH. Ueber die Einwirkung von Chlorcyan auf Ortho- und Paraamidophenetole. (Bern) Dresden, 1884. **Diss.**

Berlinerblau, Jos., d. Erdwachs (Ozokerit u. Ceresin), s.a. Handbuch d. chem. Technologie.

Das Erdwachs. Ozokerit und Ceresin. Geschichte, Vorkommen, Gewinnung u. Verarbeitung. Von Dr. phil. Joseph **Berlinerblau,** Wien. Mit 59 in d. Text eingedr. Abb. *Braunschweig: F. Vieweg & Sohn 1897.* (VIII, 239 S.) 8° [F.]
= Handbuch d. chemischen Technologie. Bd 1, 2, 3. (04. 44) 10

Berliner-Bluthochzeit (Die). Von einem Augenzeugen. 2. verb. und mit den Namen der Gefallenen verm. Aufl. 8°. Leipzig, E. Keil, 1848.

Berlinerin, die. Bilder u. Geschichten von G. v. Beaulieu, Geo. Ebers, Geo. Engel u. a. Hrsg. v. Ulr. Frank. Mit 90 Illustr. v. Frdr. Stahl. 2. [Titel-]Aufl. (VIII, 423 S.) 8. Berlin [897] 904. Concordia. n. 4. —; geb. n. 5. —

Die praktische Berlinerin. Wochenschrift f. Haushalt, Mode u. Handarbeiten mit 'Berliner Jugendpost'. Jg. 1, No 1. Berlin: Ullstein & C°. [1905]. 4° (05. 49)

— **die praktische, m. Berliner Jugendpost. Wochenschrift f. Haushalt, Mode u. Handarbeiten. Red.: Ad. Hoffmann u., seit Nr. 8, Bernh. Zoller; f. Hauswirtschaft Helene Faber; f. Mode u. Handarbeiten Käthe Krause. 1. Jahrg. April—Dezbr. 1905. 39 Nrn. m. monatlich 2 Schnittmusterbogen. (à ca. 20 u. 8 S. in gr. 8. m. Abbildgn.) 4. Berlin, Verlag der prakt. Berlinerin. n. 3. 90**

— **dasselbe. Wochenschrift f. Haushalt, Mode, Kindergarderobe, Wäsche u. Handarbeiten. Red.: Antonie Steimann u. Elsa Herzog. 2. Jahrg. 1906. 52 Hefte m. monatlich 2 Schnittmusterbogen. (à ca. 20 S. u. 8 S. in gr. 8. m. Abbildgn.) 4. Ebd.** n. 5. 20

Berlinerin, die praktische. Zeitschrift f. Haushalt, Mode, Kindergarderobe, Wäsche u. Handarbeiten. Red.: Antonie Steimann u. Elsa Herzog. Gratisbeilagen: Berliner Jugendpost. (18 Nrn.), Handarbeitsbogen u. Schnittmusterbogen (18 Nrn.). 3. Jahrg. Jan.—Septbr. 1907. 39 Nrn. (876 S. m. Abbildgn.) 32,5×24,5 cm. Berlin, Ullstein & Co. 3. 90

— dasselbe. Red.: Marie Gerbrandt, Elsa Herzog u. M. Donner. 4.—6. Jahrg. Oktbr. 1907—Septbr. 1910 à 52 Hefte. (6. Jhrg. 1. Heft. 30 u. XIV S. u. Das Blatt der Kinder. Nr. 1. 8 S. in gr. 8. m. Abbildgn., 1 Extra-Beilage [14 S. m. Abbildgn.] in Lex. 8. u. 1 Musterbog.) 34×24,5 cm. Ebd. à Jhrg. 7. 80

Berlinerin, Die prakt. Red.: EL Meyer, Marie Gerbrandt, (Elsa Herzog) u. M Donner. 7—9. J. Okt. '10—Sept. '13 je 52 Hefte. (8. J., 1. Heft: 30 u. 18 u. Das Bl. d. Kinder. Nr 1: 8 in gr8° m. Abb. u. 1 Musterl og.) 34×24,5 cm. Berl., Ullstein & Co. viertelj. 1.95; einz. Hefte — 15; v. 8. J. an viertelj. 1.80; einz. Hefte — 15 d

Berlinertum, das, in Litteratur, Musik u. Kunst v. e. Unbefangenen. (Von R. Schuster.) 1. u. 2. Aufl. 8. (28 S.) Wolfenbüttel 895. J. Zwißler. n. — 50

Berling, Lustig un Trurig, as't jerer hewe will, s. Berling, Geo.

—— vier Osterlieder. Allen deutschen Männern gewidmet. 8. (15 S.) (Anclam 860, Dietze.)

—— der practische Thier-Ausstopfer (Taxidermist), oder gründl. Anweisung, Säugethiere, Vögel, Amphibien, Fische und Schaalthiere nach einer neuen Methode, mittelst eines einfachen künstl. Skelettes naturgetreu auszustopfen und zu conserviren, nebst einem Anhang, über die zweckmäßige Anfertigung und Bearbeitung der Bälge und Häute. Ein Leitfaden zum Selbstunterrichte für Conservatoren, Forstmänner, Jagdliebhaber rc. gr. 8. (VI und 147 S. mit 3 Stnt.) Berlin 861, Schotte und Comp. *

Berling, Eduard Wilh. u. Olaus Hörman (Scani), Excursiones intra territorium historiae populorum Slavicorum, quarum partem primam, continent. conspectum praecipuorum quorundam scriptorum historiae Poloniae magnique Ducatus Lithuaniae usque ad medium saeculi duodevigisimi brevemque adumbrationem status scientiae historicae in eodem regno ab hoc tempore usque ad nostram aetatem. Lund (C. F. Berling) 22. V. 1833. 34 S. (5.—) 2286

Berling, G: Neue Versuche über Oberflächenkondensation mit getrennter Kaltluft- und Warmwasserförderung. Vortrag. Berlin 1903

Berling, Geo.
Berling, Lustig und Trurig, as't jerer hewn will. Eine Sammlung plattdeutscher Gedichte in vorpommerscher Mundart. 1. und 2. Heft. 12. (XII und 96 S., VIII und 144 S.) Anclam 860. 61, Dietze. à Heft * 10 Ngr. Thlr. *

Berling, Lustig un Trurig, as't jerer hewe will. Eine Sammlung Plattdeutscher Gedichte in Neupommerscher Mundart. 1. u. 2. Hft. Anclam 860, 62. Dietze. 12. (XII, 96; VIII, 144 S.) Jedes Heft n. 10 ngr.

Berling, Geo., lustig un trurig. Plattdeutsche Gedichte. Neue Ausg., besorgt v. Karl Thdr. Gaedertz. 12. (XII, 118 S.) Berlin 886. Klönne Nachf. n. 1. 80; geb. n. 2. 50

Berling, K., die Fayence- u. Steingutfabrik Hubertusburg. Ein Beitrag zur Geschichte d. sächs. Keramik. gr. 8. (IV, 30 S. m. 1 Abbildg. u. 4 Taf. in Lichtdr.) Dresden 891. Stengel & Markert. 3. —

Berling, K., d. kursächs. Hofbuchbinder Jakob Krause. M. Unterstützg. d. kgl. Ministeriums d. Innern. gr. 4. (19 S. m. 2 Fig. u. 12 Lichtdr.-Taf.) Dresden 897. W. Hoffmann. 6. —

Berling, Karl, das Meissner Porzellan u. seine Geschichte. Mit 15 Chromolith., 15 Heliograv., 1 Markentaf. u. 219 Textabb. gr. Fol. (XVII, 211 S.) Leipzig 900. F. A. Brockhaus. Geb. in Leinw. m. Goldschn. n. 160. —

— kunstgewerbl. Stilproben, e. Leitfaden z. Unterscheidg. d. Kunst-Stile m. Erläuterungen. Für Kunstgewerbeschulen, gewerbl. Fortbildungs- u. Fachschulen, sow. z. Selbstunterr. f. Laien, Kunstfreunde u. Gewerbetreibende. M. 240 Abb. a. 30 Taf. A. Veranlassg. d. kgl. sächs. Ministeriums d. Innern hrsg. v. d. Direction d. kgl. Kunstgewerbeschule zu Dresden. Lex.-8. (24 S.) Leipzig 898. K. W. Hiersemann. n. 2. —

— kunstgewerbliche Stilproben. Ein Leitfaden zur Untersuchg. der Kunststile f. Schulen u. zum Selbstunterrichte. Mit Erläutergn. Auf Veranlassg. d. königl. sächs. Ministeriums des Innern hrsg. v. der Direktion der königl. Kunstgewerbeschule zu Dresden. 2., verb. u. verm. Aufl. Mit 248 Abbildgn. auf 32 Taf. Lex.-8. (34 S.) Leipzig 902. K. W. Hiersemann. n. 2. —

BERLING, Theodor, Humoristische Dichtungen in Versen und Prosa. Brünn 825. 8°.
Gmähle's Leihbibl., München, no. 10213.
Inhalt: Namens-Chiffer. Weibliche Gewalt. Die Rivale. Der Zimmermann aus Batavia. Die Abentheurer. Marlborough's Liebe. Corona. Milton's Schlummer. Die Erbschaft im Traume.

Berling, Thom., humoristische Dichtungen in Versen u. Prosa. 8. Brünn 825. Traßler. 1 ℛ︎ 4 gl.

Berlingen, Friedrich von.. Ritterschauspiel in 5 Akten. 8. Wien, Gammer. 802.

Berlinger, J., die Peschitta z. I. (3.) Buch d. Könige u. ihr Verhältnis z. MT., LXX u. Trg. gr. 8. (50 S.) Berlin 897. (Frankfurt a/M. J. Kauffmann.) n. 1. 50

Berlinger, Karl: Fortschritt des katholischen Religionsunterrichtes.., s. a. Jahresbericht über das k. k. akademische Gymnasium in Wien . . .

Berlinger, K.: Fortschritt des katholischen Religionsunterrichtes an den k.k. österreichischen Gymnasien seit dem Jahre 1850. 24 S. Progr. Wien ak. G. 1857.

Berlingerode [Schlagwort]
Berlingerode, s.: Geologische Karten. Preussen 112.

Berlinghieri, Andr. Vacca, Handbuch d. vener. Krankheiten. Frei bearb. mit Zusätzen v. J. G. F. Leune. gr. 8. Leipz. 801. (Reinike u. Comp. in Halle). 18 gl.

Berlinghieri, D. A. V., Handb. d. vener. Krankh. m. Zus. v. D. Leune. gr. 8. Leipz. Baumgärtner. 809.

Berlinghieri, Andrea Vaccà (Ed.):

s.: Mascagni, Paolo: Anatomia universa XLIV. tabulis aeneis juxta archetypum hominis adulti accuratissime repraesentata... Pisis: 1823

JB 6.490

Berlinghieri, (Ritter A. V.,) über d. Methode, d. Stein aus d. Harnblase durch d. Mastdarm auszuziehen. A. d. Franz. des Dr. C. J. Morin übers. v. L. Cerrutti. 8. Leipzig 824, Hartmann.

— über d. Methode, d. Stein aus d. Harnblase durch d. Mastdarm auszuziehen. Aus d. Französ. d. C. J. Morin übers. v. L. Cerrutti. 8. Leipz. 824. (Lehnhold). 8 gl.

Berlin-Guide, the new english illustrated. A complete handbook for american, british and colonial travellers, tourists and visitors to the city of Berlin, capital of the german empire and of Prussia. Handsomely illustrated by eminent artists. With map of city and suburbs. Printed and published by the American Exchange in Europe. 1st edit. 1885. 8. (VIII, 197 S.) . Berlin 885, Friedländer und Sommerfeld. geb. *

Berlin-Guide, the new english illustrated. A complete handbook for american, british and colonial travellers, tourists and visitors to the city of Berlin, capital of the german empire and of Prussia. Handsomely illustrated by eminent artists. With map of city and suburbs. Printed and published by the American Exchange in Europe. 1. ed. 1885. 8. (VIII, 197 S.) Berlin 885. (Speyer & Peters.) geb. n. 2.—

Der Berlinismus oder Freundschaftsgespräch über [Joh. Aug. Frh. v.] Star[c]k und seine Gegner. Templin und Ephesus. [Leipzig: Crusius] 1788. 132 S. 8⁰
cf. D. neuesten Religionsbegebenheiten. 11 (1788) S. 589—590.
Kl. 3411 gibt als Verl. Leipzig: Vogel an.

Berlinismus, d., od. Freundschaftsgespr. üb. Stark u. s. Gegner. 8. Templin. (F. C. W. Vogel in Leipzig.) 788. Rthlr.

Berlins Ehre ist gerettet! Der Volksmänner Wahlkampf und Sieg. Druck von B. Schlesinger. 1 Bl. Fol.
Flugblatt. Berlin, 9. Mai 1848.

Berliński, Marçus (geb. Kalisch 1810): De nascentium morientiumque numero ex lege naturae diversis dici temporibus diverso. Berolini (1834) (VI, 34 S.) 8°
Berlin, Med. Diss. v. 9. Juli 1834

Beatrice und Benedict. Komische Oper in 2 Akten nach Shakespeare von Hector **Berlioz**. Deutsche Übers. d. Gesangstexte von Emma Klingenfeld, die der Sprechsätze rev. von Felix Weingartner. [Textbuch.] Leipzig: Breitkopf & Härtel [1907]. 44 S. 8°
(Breitkopf & Härtels Musikbücher. Abt. 1. Nr 383.) [09. 8622

Briefe von **Hector Berlioz** an die Fürstin Caroline Sayn-Wittgenstein. Hrsg. von La Mara [d. i. Marie Lipsius]. *Leipzig: Breitkopf & Härtel 1903.* (VI, 188 S.) 8° [03. 2930

Berlioz, Benvenuto Cellini, — dasselbe, f. Dresden, — dasselbe, f. München, } s.a. **Breitkopf & Härtel's Textbibliothek. 167. 185. 187.**

... Benvenuto **Cellini**. Oper in 3 Akten v. Léon de Wailly u. Auguste Barbier. Deutsch v. Peter Cornelius. Musik v. **Hector Berlioz** ... Clavier-Ausz. m. Text. *Braunschweig: H. Litolff [1896].* (1 Bl., 365 S.) 1 Bd 4.(8.)
= Collection Litolff. No 1865. [96. 2534

Hector **Berlioz**. The damnation of Faust [La Damnation de Faust]. Dramatic legend in 4 parts. Engl. version by William Wallace. [Textbuch.] Leipzig: Breitkopf & Härtel [1903]. 42 S. 8°
(Breitkopf & Härtels Musikbücher. Abt. 1. Nr 297.) [09. 8617

Berlioz, Hector, d. moderne Instrumentation u. Orchestration. Aus d. Franz. übertr. v. J. C. Grünbaum. Grand Traité d'Instrumentation et d'Orchestration modernes. 8 Lfgn. Fol. (83 B.) Berlin 845, Schlesinger'sche Buchh. *

—— die moderne Instrumentation und Orchestration. — Grand traité d'instrumentation et d'orchestration. 2., verm. und verb. Aufl. 12 Lfgn. Fol. (330 S.) Berlin 864,65, Schlesinger'sche Verlagsh. à Lfg. * 1 Thlr. *
Der Preis ist auf 6 Thlr. ermässigt.

Die moderne Instrumentation und Orchestration, enth. e. genaue Angabe d. Umfangs, d. Mechanismus, d. Klang- u. Ausdruckcharakters d. verschiedenen Instrumente, nebst e. großen Anzahl von Beispielen ... [Verf.:] Hector **Berlioz**. [Nebst] Anhang. Berlin: Kunz [1908]. 267, 20 S. 4° [09. 6412

— Die moderne Instrumentation u. Orchestration, enth. e. genaue Angabe des Umfangs, des Mechanismus, des Klang- u. Ausdruckcharakters der verschiedenen Instrumente, nebst e. grossen Anzahl v. Beispielen aus den Partituren d. grössten Meister: Auber, Beethoven, Gluck etc. u. einigen noch ungedr. Werken des Verf. (267 S.) 35,5×27,5 cm. Berlin 909. A. Kunz. Geb. in Leinw. 10.—

— dass. Anh., enth. a) Der Orchesterdirigent. b) Die neuen Instrumente. (20) 34×28 cm. Ebd. (09). 1 —

—— Instrumentationslehre. Ein vollständ. Lehrbuch zur Erlangung der Kenntniß aller Instrumente und deren Anwendung, nebst einer Anleitung zur Behandlung und Direction des Orchesters. Autoris. deutsche Ausg. von Alfr. Dörffel. gr. 8. (VII und 285 S. mit 70 Notentaf. und vielen in den Text gedr. Notenbeispielen.) Leipzig 864, Heinze. *

— Instrumentationslehre . . . (Dörffel.) 2. Auflage. Leipzig 1875.

— Instrumentationslehre . . . (Dörffel.) 3. Auflage. Leipzig 1881.

[3.] Instrumentationslehre v. **Hector Berlioz**. E. vollst. Lehrb. z. Erlangg d. Kenntniss aller Instrum. u. deren Anwendg ... M. 65 Notentaf. u. 192 ... Notenbeisp. Autoris. deutsche Ausg. v. Alfred Dörffel. 3. Aufl. *Leipzig: G. Heinze 1893.* (VI, 222, 65 S.) 1 Bd 8.
= Edition Peters. No 2285ᵃ. [95. 6869

Instrumentationslehre [Traité d'instrumentation] von Hector **Berlioz**. Ergänzt u. rev. von Richard Strauß. T. 1. Leipzig: C. F. Peters 1905. 4°
(Edition Peters. No 3120.) [05. 10,60

Des Heilands Kindheit [L'Enfance du Christ]. Geistl. Trilogie von Hector **Berlioz**. ⟨Op. 25.⟩ Deutsche Übers. von Peter Cornelius u. Felix Weingartner. [Textbuch.] Leipzig: Breitkopf & Härtel [1905]. 16 S. 8°
(Breitkopf & Härtels Musikbücher. Abt 1. Nr 288.) [09. 8610

--- die Kunst des Dirigierens. Anleitung zur Direktion, Behandlg. u. Zusammenstellg. v. Orchestern u. Chören. Auf moderner Grundlage neu bearb. u. erweitert von C. Frhr. v. Schwerin. Mit 7 Taf., enth. die verschiedenen Taktierarten, sowie Musik-Beispiele. gr. 8. (33 S.) Heilbronn 900. C. F. Schmidt. n. 1.20

Berlioz, Hector, die Kunst der Instrumentirung. Aus dem Französ. übers. von J. A. Leibrock. gr. 8. Leipzig 843, Breitkopf u. Härtel. ½ ₰

Berlioz, Hector, sein Leben u. seine Werke v. Arth. Hahn, L. Voltz, Adph. Pochhammer, Aug. Grüters u. Fritz Volbach. (Musiker u. ihre Werke.) gr. 8. (157 S.) Leipzig 901. H. Seemann Nachf. Geb. in Leinw. n. 3.—

(S) Berlioz, Hector, sein Leben u. seine Werke. 901. (KBl. 31.) Jetzt: Berlin, Schlesinger'sche Buchh. Ladenpr. aufgeh.

—— der Orchester-Dirigent. Eine Anleitung zur Direction, Behandlung und Zusammenstellung des Orchesters. Autoris. deutsche Ausg. von Alfr. Dörffel. gr. 8. (48 S. mit 5 lithogr. Notentaf.) Leipzig 864, Heinze. *

— Partitur-Beispiele zu Hector Berlioz' Instrumentationslehre. Mit den Original-Partituren verglichen von Alfred Dörffel. Leipzig (1864).

—— musikalische Reise in Deutschland. In Briefen an seine Freunde in Paris. A. d. Franz. 12. (7 B.) Leipzig 843, Friedlein u. Hirsch. —

Requiem ⟨Große Totenmesse⟩ von Hector **Berlioz**. Op. 5. Textbuch lat. u. deutsch. Leipzig: Breitkopf & Härtel [1900]. 13 S. 8°
(Breitkopf & Härtels Musikbücher. Abt. 1. Nr 123.) [09. 8595

Romeo und Julie. Dramat. Symphonie von Hector **Berlioz**. Op. 17. Text von Emile Deschamps. Deutsch von Emma Klingenfeld. [Textbuch.] Leipzig: Breitkopf & Härtel [1900]. 14 S. 8°
(Breitkopf & Härtels Musikbücher. Abt. 1. Nr 271.) [09. 8607

Kgl. Schauspiele. Benvenuto Cellini. Oper in 3 Aufz. von [Léon] de Wailly u. [Auguste] Barbier. Deutsche Bearb. v. Peter Cornelius. Mus. von Hector **Berlioz**. Nach Anordng d. Kgl. General-Intendantur. *Leipzig: Breitkopf & Härtel [1897].* (44 S.) 8° [3.]
— Textbibliothek, Breitkopf & Härtel's. No 372. [97. 2765

Berlioz, Hect., gesammelte Schriften. Autorisirte deutsche Ausg. von Rich. Pohl. 1—15. Liefg. Leipzig 863, 64. Heinze. gr. 8.
1. Bd.: A travers chants. Musikalische Studien, Huldigungen, Einfälle u. Kritiken. (VII, 400 S.) n. 2 ₰
2. 3. Bd.: Orchester-Abende. Musikalische Novellen u. Genrebilder. 2 Bde. (VII, 304 S. u. 1 Photogr.; VI, 209 S.) n. 2 ₰ 5 ngr.
4. Bd.: Musikalische Grotesken. Humoristische Feuilletons. (VI, 212 S.) n. 25 ngr.

Berlioz, Hector, gesammelte Schriften. Uebers. und hrsg. von Rich. Pohl. 4 Bde. 8. (VI, 400; VI, 304; VI, 209; VI, 242 S.) Leipzig 876,77, Leuckart. *M 10,50.; geb. *

—— dass.. übers. v. C Philippi, s.: Schriften, ausgew., der Verf. d. Fam. Schönberg-Cotta.

Berlioz, H., Ausgewählte lyrische Stücke aus d. Oper: Benvenuto Cellini, f. 1 Singst. m. Pfte. (Arr. v. H. v. Bülow.) Berlin, Schlesinger, Wien, *Carl Haslinger. Nr. 1. Cavatine u. Rondo d. Teresa. 1 fl. 8 kr. Nr. 2. Recitativ u. Romanze des Cellini. 60 kr. Nr. 3. Buffo-Arie des Fieramosca. 1 fl. 8 kr. Nr. 4. Rondo d. Arcanio. 1 fl. 20 kr. 1885. 121

Berlioz, Hektor, Studien u. Erinnerungen üb. ihn, s.: Pohl, R.

Grosse Todtenmesse. (Grande messe des morts.) Von Hector Berlioz. Op. 5. Vollst. Klavier-Ausz. mit Text. Einrichtung d. Singstimmen entspr. den Aufführungen durch d. Philharm. Chor (Siegfried Ochs) zu Berlin. *Berlin: E. Bote & G. Bock (1900).* (111 S.) 4°
(Bibliothek class. u. mod. Oratorien u. gröss. Chorwerke in vollst. Klav.Ausz. mit Text.) [00. 1636

Faust's Verdammung. Dramat. Legende in 4 Abt. von Hector Berlioz. Deutsche Uebers. [Textbuch.] Leipzig: Breitkopf & Härtel [1900]. 35 S. 8°
(Breitkopf & Härtels Musikbücher. Abt. 1. Nr 267.) [09. 8599

Fausts Verdammung [La damnation de Faust]. Dramat. Legende in 5 Akten von Hector Berlioz. Für d. Bühne bearb. von Raoul Gunsbourg. [Text.] *Berlin, Köln, Leipzig: A. Ahn 1902.* (30 S.) 8°
— Operntext-Bibliothek. Ahns. No 88.

—— musikalische Wanderung durch Deutschland. In Briefen. A. d. Franz. von Aug. Gathy. gr. 8. (5¾ B.) Hamburg 844, Schuberth u. Comp. *.

Hector Berlioz Werke. Hrsg. von Ch(arles) Malherbe und F(elix) Weingartner. Bd 1. *Leipzig: Breitkopf & Härtel (1900).* 4° [00. 4010

Berlioz, Hect., literarische Werke. 1. Gesamtausg. 1.—5., 7., 9. u. 10. Bd. 8. Leipzig, Breitkopf & Härtel. à n. 5.—; geb. n. 6.— (1—5, 7, 9, 10 u. Partitur-Beispiele zu Bd. 10 n. 45.—; geb. n. 54.50)
1. Memoiren m. der Beschreibung seiner Reisen in Italien, Deutschland, Russland u. England. 1803—1865. I. Aus dem Franz. übers. v. Elly Ellès. (X, 304 S.) 903. n. 5.—; geb. n. 6.—
2. Dasselbe. II. Aus dem Franz. übers. v. Elly Ellès. (VIII, 378 S.) 905. n. 5.—; geb. n. 6.—
3. Vertraute Briefe. Aus dem Franz. übers. v. Gertr. Savic. (VIII, 200 S.) 904. n. 5.—; geb. n. 6.—
4. Neue Briefe. Aus dem Franz. übers. v. Gertr. Savic. (VIII, 259 S.) 904. n. 5.—; geb. n. 6.—
5. Ideale Freundschaft u. romantische Liebe. Briefe an die Fürstin Carolyne Sayn-Wittgenstein u. Frau Estelle Fornier. Aus dem Franz. übers. v. Gertr. Savic. (178 S. m. 1 Bildnis.) 903. n. 5.—; geb. n. 6.—
7. Groteske Musikantengeschichten. Aus dem Franz. übertr. v. Elly Ellès. (VI, 231 S.) 906. n. 5.—; geb. n. 6.—
9. Die Musiker u. die Musik. Ins Deutsche übertr. v. Gertr. Savic. (V, 225 S.) 903. n. 5.—; geb. n. 6.—
10. Große Instrumentationslehre. Mit Anh.: Der Dirigent. Zur Theorie seiner Kunst. Hrsg. v. Fel. Weingartner. (XII, 307 S.) 904. n. 5.—; geb. in Schulbd. n. 5.50; in Leinw. n. 6.—; Partiturbeispiele dazu. Hrsg. v. Fel. Weingartner. (VI, 125 S.) 4. n. 5.—; geb. n. 6.50

Berlioz, Hect., literarische Werke. 1. Gesamtausg. 8. Bd. 8. Leipzig, Breitkopf & Härtel. 7.—; geb. n 8.50
8. Abendunterhaltungen im Orchester. Aus dem Franz. übertr. v. Elly Ellès. (VI, 463 S.) 909.
Bd. 6 ist noch nicht erschienen.

Berlioz, Hector, s. Widor.

Berlioz d'Auriac, Jules
s. Auriac, Jules-Berlioz d'

Berlit, Berthold, appr. Arzt: Ueber Nystagmus unter Berücksichtigung des Nystagmus rotatorius in Anlehnung an einen Fall von Nystagmus rotatorius nach Trauma. Leipzig 1905: B. Georgi. (37 S.) 8°
Leipzig, Med. Fak., Ref. Flechsig, Diss. v. 23. Dez. 1905
[Geb. 28. Mai 80 Leipzig; Wohnort: Berga a. d. Elster; Staatsangeh.: Sachsen; Vorbildung: Thomas-Gymn. Leipzig Reife O. 00; Studium: Leipzig 9 S.; Coll. 23. Dez. 05; Approb. 25. März 05.]

Berlit, Bruno, vor Paris und an der Loire 1870 und 1871. Feldpostbriefe des Ref.-Lieutenants im 83. Reg. Alfred Berlit und des einjährig. Freiwilligen im 88. Reg. Georg Berlit theils vollständig, theils auszugsweise mitgetheilt. Mit 1 (lithogr.) Karte der Loire-Gegend (in 4.). 8. (XVI, 212 S.) Kassel 872, Fischer.

Berlit, Br. Vor Paris u. an der Loire 1870 u. 1871. Feldpostbriefe d. Res.-Lt. im 83. Reg. Alfr. B. u. d. einj. Freiw. im 83. Reg. Geo. B. (XVI. 212) 8. M. Krte. Kassel 1875. 1.50.

Berlit, Geo., Rudolf Hildebrand. E. Erinnerungsbild. [A.: „Neue Jahrbb. f. class. Philol. u. Pädag." Nebst e. Beilage z. Geschichte d. deutschen Wörterbuchs d. Brüder Grimm.] gr. 8. (41 S.) Leipzig 895. B. G. Teubner. n. 1.—

Berlit, Geo.: Deut. Leseb. f. höh. Lehranst., s.: Hiecke, Rob. Heinr.

— Regeln u. Wörterverzeichnisse f. die Rechtschreibung, s.: Weber, F. A., Handwörterbuch der deutschen Sprache.

— neues englisch-deutsches u. deutsch-englisches Taschenwörterbuch, s.: Wessely, J. E.

Berlit, *Georg* Leipziger Innungsordnungen aus dem XV. Jahrhundert. 4 (40 S.). Progr. Nicolaig. *Leipzig* 1886

Berlit, Georg [Vorr.]
s. Koch, Karl Heinrich: Kleine Beiträge z. deutsch. Sprachgesch.

Berlit, Georg. Martin Luther, Thomas Murner und das Kirchenlied des 16. Jahrhunderts. (Sammlung Göschen.) Leipzig 1900.

Martin Luther, Thomas Murner und das Kirchenlied des 16. Jahrhunderts. Ausgew. u. mit Einl. u. Anm. vers. von Prof. Georg Berlit. Neudr. Leipzig: Göschen 1906. 160 S. 8°
(Sammlung Göschen. 7.) [11.14.9 11

Berlit, Otto: Quelques principes sur la lecture à haute voix, spécialement sur la liaison des mots en français. 13 S. 4.
Progr. Städt. Oberrealschule i. E. am Zietenring *Wiesbaden* 1908 (550).

Berlit, Otto: Quelques principes sur la lecture à haute voix, spécialement sur la liaison des mots en français. Wiesbaden 1908: Schwab. S. 3—13. 4°
Wiesbaden, st. OR i. E. P 1908 (550) [S 08. 24

Berlit, Otto, aus Hersfeld: Die Sprache des altfranzösischen Dichters Robert von Blois. *Halle a. S. 1900: H. John.* (41 S.) 8°
Halle, Phil. Diss. v. 1900

Berlit, S., s.: Weinschwelg, der.

Berlitz, Maximilian D.
Berlitz, M. D., the Berlitz method for teaching modern languages. English part. 1. and 2. book. European edition. 8. Berlin, Cronbach. geb. n. 5.50
1. (98 S.) 888. n. 2.50; 2. (VI, 170 S.) 890. n. 3.—.

—— The Berlitz method for teaching modern languages. English part. 1st and 2d book. European edit. gr. 8. Ebd. [1st book 2d revised edit. (98 S.) 891. geb. * 2 50, 2d book (VI, 170 S.) 890 * 3 —.] * 5 50

—— dass. — Illustrations for the object lessons in the first book. gr. 8. (16 farb. Taf.) Ebd. 891. geb. * 2 —

— the Berlitz method for teaching modern languages. English part. 1. and 2. book. gr. 8. Berlin, S. Cronbach. Geb. n. 5.50
1. 4. revised ed. European ed. (98 S.) 894. n. 2.50
2. 3. European ed. (IV, 172 S.) 894. n. 3.—

The Berlitz method for teaching modern languages. English part. By M[aximilian] D. Berlitz. European ed. Book 1. 2. Berlin: S. Cronbach 1897. 2 Bde 8°
1. 7. rev. ed. 2. 5. ed. [05. 8348 11

Berlitz, M. D., The Berlitz method for teaching modern languages. English part. 1. and 2. book. European ed. gr. 8. Berlin, S. Cronbach. Geb. in Leinw. n. 5.50
1. 11. rev. ed. (98 S.) 899. n. 2.50
2. 6. rev. ed. (IV, 172 S.) 898. n. 3.—

— dasselbe. Illustr. ed. for children. gr. 8. (112 S.) Ebd. 897. n. 2.—; geb. n. 2.50

Berlitz, M. D., The **Berlitz** method for teaching modern languages. English part. 2 books. European ed. gr. 8. Berlin, S. Cronbach. Geb. in Leinw. n. 5. 50
I. 12.—22. rev. ed. (à 98 S.) 899—901. n. 2. 50
II. 8.—16. rev. ed. (à 172 S.) 899—902. n. 3. —

— dasselbe. Illustrated ed. for children. 2. ed. gr. 8. (112 S.) Ebd. 901. Geb. in Leinw. n. 2. 50

— dass. Illustr. ed. for children. 6. ed. (112) 8° Ebd.'05. Geb. 2.50

— The Berlitz method for teaching modern languages. Illustrated ed. for children. English part. European ed. 8. ed. (112 S.) 8. Ebd. 906. Geb. in Leinw. n. 2. 50

— The Berlitz method for teaching modern languages. Illustrated ed. for children. English part. European ed. 16. ed. (112 S.) 8. Ebd. 909. Geb. in Leinw. 2. 50

— Methode Berlitz. Russisch. 7. Aufl. (III, 149 S.) 8. Ebd. 909. Geb. in Leinw. 4. —

—— méthode Berlitz pour l'enseignement des langues modernes. Nouvelle édit., revue et augmentée. Partie française. 1re livre. Édition européenne. 8. (102 S.) Ebendas. 888. geb. *

—— Méthode Berlitz pour l'enseignement des langues modernes. Nouvelle édit. revue et augmentée. Partie française. 1er et 2e livre. Edit. européenne. 8. Berl., Cronbach. [1re (103 S.) 891. geb. * 2 50; 2e (IV, 154 S.) 889. geb. * 3 —.] * 5 50

— méthode Berlitz pour l'enseignement des langues modernes. Nouvelle éd., revue et augmentée. Partie française. 1. et 2. livre. Éd. européenne. gr. 8. Ebd. 891. Geb. in Leinw. n. 5. 50
1. 4. tirage revu et corrigé. (103 S.) n. 2. 50
2. 3. tirage revu et corrigé. (IV, 154 S.) n. 3. —

Méthode Berlitz pour l'enseignement des langues modernes. Nouv. éd., rev. et augm. Partie franç. Par M[aximilian] D. Berlitz. Éd. europ. Livre 1–[3]. Berlin: S. Cronbach 1890–97. 3 Bde 8°
1. 6. tirage revu et corr. 1897. 2. 4. tir. revu et corr. 1896.
[3 u. d. T.:] Littérature française, avec extraits et exercices. Par P. Rogez et M. D. Berlitz. 1896. [05. 5362 II

— Méthode Berlitz pour l'enseignement des langues modernes. Nouv. éd., revue et augmentée. Partie française. 3 livres. Éd. européenne. gr. 8. Ebd. Geb. in Leinw. n. 10. 50
1. 10. tirage rev. et corr. (103 S.) 898. n. 2. 50
2. 6. tirage rev. et corr. (IV, 151 S.) 898. n. 3. —
3. Littérature française, avec extraits et exercices. Par P. Rogez et M. D. Berlitz. (246 S.) 896. n. 5. —

— dasselbe. Édition ill. pour les enfants. Partie franç. Éd. européenne. 2. tirage. gr. 8. (110 S.) Ebd. 898. n. 2. —; geb. in Leinw. n. 2. 50

— Méthode Berlitz pour l'enseignement des langues modernes. Nouvelle éd., revue et augmentée. Partie française. I. et II. livre. Éd. européenne. gr. 8. Ebd. Geb. in Leinw. n. 5. 50
I. 11.—34. tirage, revu et corrigé. (à 103 S.) 899—902. n. 2. 50
II. 8.—18. tirage, revu et corrigé. (IV, 154 S.) 899—902. n. 3. —

— Méthode Berlitz pour l'enseignement des langues modernes. Éd. illustrée pour les enfants. Partie française. Éd. européenne. 16. tirage. (110 S.) 8. Ebd. 905. Geb. in Leinw. n. 2. 50

— Méthode Berlitz pour l'enseignement des langues modernes. Édition illustrée pour les enfants. Partie française. Éd. européenne. 32—34. tirage. (Je 110 S.) 8. Ebd. 909. Geb. in Leinw. 2. 50

— Méthode Berlitz pour l'enseign. des langues modernes. Éd illustrée pour les enfants. Partie franç. Éd. européenne. 38. tir. (110) 8° Ebd. '10. L 2.50

— u. Penchenier: Methode Berlitz z. Erlerng moderner Sprachen. Tschech. Tl. Europ. Ausg. (Neue Ausg.) (In tschech. Spr.) (183) 8° Ebd. '12. L 4 —

— methodo Berlitz per l'insegnamento delle lingue moderne. Parte italiana. Nuova ed. europea rivista ed aumentata. gr. 8. (VIII, 184 S.) Ebd. 895. Geb. in Leinw. n. 4. —

Berlitz, M. D. Methode Berlitz für den Unterricht in den neueren Sprachen. Neu bearb. u. verm. Aufl. Deutscher Tl. 1. u. 2. Buch. Europäische Ausg. 8. Berl., Cronbach. [1. (95 S.) 890. geb. * 2 50; 2. (VI, 172 S.) 891. geb. * 3 —.] geb. * 5 50

— Methode Berlitz für den Unterricht in den neueren Sprachen. Neu bearb. u. verm. Aufl. Deutscher Tl. 2. Buch. 2., verb. europ. Ausg. gr. 8. (VI, 172 S.) Ebd. 894. Geb. in Leinw. n. 3. —

— u. **Breitfuss**, Methode Berlitz f. den Unterricht in den neueren Sprachen. Russischer Tl. gr. 8. (VI, 176 S.) Ebd. 895. Geb. in Leinw. n. 4. —

— Methode Berlitz f. d. Unterr. i. d. neueren Sprachen. Deutscher Tl. 1. Buch. Europ. Ausg. 5. Aufl. 8. (95 S.) Ebd. 899. Geb. in Leinw. n. 2. 50

— dasselbe. Ill. Ausg. f. Kinder. gr. 8. (111 S.) Ebd. 897. n. 2. —

— Methode Berlitz f. den Unterricht in den neueren Sprachen. Deutscher Tl. I. u. II. Buch. Europäische Ausg. gr. 8. Ebd. Geb. in Leinw. n. 5. 50
I. 6.—14. Aufl. (à IV, 95 S.) n. 2. 50
II. 4.—7. verb. Aufl. (à VI, 172 S.) n. 3. —

— dasselbe. Illustrierte Ausg. f. Kinder. Deutscher Tl. 3. u. 4. Aufl. gr. 8. (à 111 S.) Ebd. 902. Geb. in Leinw. n. 2. 50

— Methode Berlitz f. den Unterricht in den neueren Sprachen. Illustrierte Ausg. f. Kinder. Deutscher Tl. 10. Aufl. (111 S.) 8. Ebd. 905. Geb. in Leinw. n. 2. 50

— Methode Berlitz f. d. Unterr. in d. neueren Sprachen. Illustr. Ausg. f. Kinder. Deut. Tl: 21. Afl. (111) 8° Ebd. '10. L 2.50 d

Berlitz, MD: Svensk bok. 3. uppl. (8, 184) 8° Berl., S Cronbach '11. L 4 —

— I. u. II. book for teaching modern languages. English part for adults. European ed. gr. 8. Ebd. Geb. in Leinw. n. 5. 50
I. 28.–36. rev. ed. (à 100 S.) 902, 903. n. 2. 50
II. 17.–20. rev. ed. (à IV, 172 S.) 902. n. 3. —

Berlitz, M. D., I. and II. book for teaching modern languages. English part for adults. New, revised, European ed. 8. Berlin 906. S. Cronbach. Geb. in Leinw. n. 5. 50
I. 71. revised ed. (91 S.) n. 2. 50
II. 43. revised ed. (IV, 176 S.) n. 3. —

Berlitz, M. D., I. and II. book for teaching modern languages. English part for adults. Revised European ed. 8. Berlin 909. S. Cronbach. Geb. in Leinw. 5. 50
I. 123—127. rev. ed. (Je 91 S.) Geb. 2.50. — II. 65—67. rev. ed. (Je IV, 176 S.) Geb. 3.—

— I. book for teaching modern languages. Engl. part for adults. European ed. 146. ed. (91) 8° Ebd. '10. L 2.50

— 1. Buch f. d. Unterr. in d. neueren Sprachen. Deut. Tl f. Erwachsene. Europ. Ausg. 66. Afl. (100) 8° Ebd. '10 L 2.50 d

— I. u. II. Buch f. den Unterricht in den neueren Sprachen. Deutscher Tl. f. Erwachsene. Europäische Ausg. gr. 8. Ebd. 903. Geb. in Leinw. n. 5. 50
I. 16. Aufl. (IV, 95 S.) n. 2. 50
II. 9. verb. Aufl. (VI, 172 S.) n. 3. —

— I. u. II. Buch f. den Unterricht in den neueren Sprachen. Deutscher Tl. f. Erwachsene. Europäische umgearb. Ausg. 8. Ebd. Geb. in Leinw. n. 5. 50
I. 28. Aufl. (96 S.) 905. n. 2. 50
II. 15. verb. Aufl. (VI, 172 S.) 905. n. 3. —

— I. u. II. Buch f. den Unterricht in d. neueren Sprachen. Deutscher Tl. f. Erwachsene. Europäische umgarb. Ausg. 8. Ebd. 909. Geb. in Leinw. 5. 50
I. 54. Aufl. (100 S.) 2.50. — II. 28. Aufl. (VII, 169 S.) 3.—

Compendio di Letteratura italiana con saggi d'Autori ed esercizi compilato da M[aximilian] D. Berlitz. Colla collaborazione del Sig. Alessandro Molteni. Berlino: S. Cronbach 1901. (304 S.) 8°

— Compendio di letteratura ital. Con saggi d'autori ed esercizi. Colla collaborazione del Alessandro Molteni. 2. ed. (304) 8° Ebd. '11. L 4 —

A course in business English. By M[aximilian] D. Berlitz. Berlin: S. Cronbach 1904. (124 S.) 8°

— A course in business English. 3. ed. (VII, 124 S.) 8. Ebd. 906. Geb. n. 2. —

— A course in business Engl. 4. ed. (124) 8° Ebd. '08. L. 2 —

— A course in business English. 7. ed. (VII, 124 S.) 8. Ebd. 911. Geb. in Leinw. 2. —

— Éléments de la littérature française à l'usage d'élèves de nationalité étrangère. Texte et extraits. Éd. européenne. (306 S.) 8. Ebd. 908. Geb. in Leinw. 4. —

— Ensino dos idiomos modernos. Parte portugueza. (X, 148 S.) 8. Ebd. 910. Geb. in Leinw. 4. —

— El español comercial. (VII, 105 S.) 8. Ebd. 908. Geb. in Leinw. 2. —

Le Français commercial. Par M[aximilian] D. Berlitz et Ed. Wellhof. Éd. Européenne 1906. Berlin: S. Cronbach (1906). (138 S.) 8°

— et Ed. Wellhoff: Le Franç. commercial. Ed. europ. 5. tir. (138) 8° Ebd. '12. L 2 —

— French with or without a master. A pract. course in French conversation for self-instruction and schools. Part. I. 8. (VI, 193 S.) Ebd. 897. Geb. in Leinw. n. 3. —

[F.] Das Geschlecht der Hauptwörter. Prakt. Regeln u. Übgn v. M. D. Berlitz. Berlin: S. Cronbach 1898. (22 S.) 1 Bd 8.

Das Geschlecht der Hauptwörter. Prakt. Regeln u. Übungen von M[aximilian] D. Berlitz. Europäische Ausg. 2. Aufl. Berlin: C. Cronbach 1902. (22 S.) 8° [F.]

Das Geschlecht der Hauptwörter. Prakt. Regeln u. Übungen von M[aximilian] D. Berlitz. Europ. Ausg. 3. Aufl. Berlin: S. Cronbach 1904. (22 S.) 8° [F.]

— Das Geschlecht d. Hauptwörter. Regeln u. Übgn. Europ. Ausg. 5. Afl. (22) kl8° Ebd. '11. — 50 d

— Grammaire pratique de la langue française en 3 vols. 8. Ebd. Geb. in Leinw. n. 6. -
I. Les verbes appris par la conversation. 5ème tirage. (X, 156 S. m. 1 Tab.) 905. n. 2. —
II. Nom, pronom, adjectif et article. (127 S.) 904. n. 2. —
III. Adverbe, préposition et conjonction. (124 S.) 904. n. 2. —

— Grammaire pratique de la langue française en 3 volumes. 8. Ebd. 908. Geb. in Leinw. 6. —
I. Les verbes appris par la conversation. 7. tirage. (VIII, 158 S.) Geb. 2.—
II. Nom, pronom, adjectif & article. 2. tirage. (VII, 104 S.) Geb. 2.—
III. Adverbe, préposition et conjonction. 2. tirage. (VI, 115 S.) Geb. 2.—

— Grammaire prat. de la langue franç. en 3 vols. Vol. I. Les verbes appris par la conversation. 13. tir. (8, 158) 8° Ebd. '11. L 2 —

Deutsche Handelssprache von M[aximilian] D. Berlitz. Berlin: S. Cronbach 1906. (136 S.) 8° [F.]

Berlitz, M. D., deutsche Handelssprache. 2. Aufl. (V, 136 S.) kl. 8. Berlin 908. S. Cronbach. Geb. in Leinw. 2. —

— Deut. Handelssprache. 3. Afl. (5, 136) kl8° Ebd. '11. L 2 —

— Illustrations (for the first book). (Neue Aufl.) (16 farb. Taf.) 8. Ebd. (905). In Mappe n. 3. —

— Insegnamento delle lingue moderne. Parte italiana. Nuova ed. europea, (16ma ed.) riveduta ed aumentata. (VIII, 184 S.) 8. Ebd. 906. Geb. in Leinw. n. 4. —

— Insegnamento delle lingue moderne. Parte italiana. Nuova ed. europea (23. ed.) riveduta ed aumentata. (VIII, 192 S.) 8. Ebd. 909. Geb. in Leinw. 4. —

— Insegnamento delle lingue moderne. Parte ital. Ed. europea (27. ed.). (8, 192) 8° Ebd. '10. L 4 —

— Lehrgang neuerer Sprachen. Poln. Buch. (Mit poln. Titel.) (4, 131) 8° Ebd. '12. L 4 —

— Libro español. 18. ed. (8, 215) 8° Ebd. '11. L 4 —

— Libro italiano. 29. ed. (8. 192) 8° Ebd. '11. L 4 —

— and A. Sommerville-Story, English literature with extracts and exercises. (The Berlitz method. 3. book.) gr. 8. (VI, 322 S.) Ebd. 902. Geb. in Leinw. n. 4. —

— and A. Sommerville-Story, English literature with extracts and exercises. 2. rev. ed. (VI, 322 S.) 8. Ebd. 905. Geb. in Leinw. n. 4. —

— and A Sommerville-Story: Engl. lit. with extracts and exercises. 3. ed. (322) 8° Ebd. '09. L. 4 —

— and A. Sommerville-Story, English literature with extracts and exercises. 4. rev. ed. (VI, 322 S.) 8. Ebd. 910. Geb. in Leinw. 4. —

Berlitz, M. D., littérature française, s.: Rogoz, P.

— Livre illustré pour les enfants. Partie franç. 42. tir. (110) 8° Ebd. '11. L 2.50

— I. u. II. livre pour l'enseignement des langues modernes. Partie française pour adultes. Éd. européenne. gr. 8. Berlin 903. S. Cronbach. Geb. in Leinw. n. 5. 50
I. 36.—39. tirage, revu et corrigé. (103 S.) n. 2. 50
II. 22. tirage, revu et corrigé. (IV, 154 S.) n. 3. —

— dasselbe. Ed. illustrée pour les enfants. Partie française. Éd. européenne. 8.—10. tirage. gr. 8. (à 110 S.) Ebd. 899—903. Geb. in Leinw. n. 2. 50

— I. et II. livre pour l'enseignement des langues modernes. Partie française pour adultes. Nouvelle éd. européenne. Revue et complètement remaniée. 8. Ebd. 906. Geb. in Leinw. n. 5. 50
I. 72. tirage. (103 S.) n. 2. 50.
II. 41. tirage. (IV, 159 S.) n. 3. —.

— I. et II. livre pour l'enseignement des langues modernes. Partie française pour adultes. Nouvelle éd. européenne. Revue et complètement remaniée. 8. Ebd. 909. Geb. in Leinw. 5. 50
I. 114—119. tirage. (Je 105 S.) Geb. 2.50
II. 65—67. tirage. (Je IV, 159 S.) Geb. 3.—

— I. et II. livre pour l'enseign. des langues modernes. Partie franç. pour adultes. Ed. européenne. 8° Ebd. '10. I. 134. tir. (105) L 2.50 ‖ II. 76 tir. (105) L 3 —

Berlitz, M. D., u. H. Pencheniera, Berlitzova methoda. Kvyučování novým řečem. Díl český. Europské vydání. gr. 8. (174 S.) Berlin 900. S. Cronbach. Geb. in Leinw. n. 4. —

— Methode f. den Unterricht in den neueren Sprachen. Illustr. Ausg. f. Kinder. Deutscher Tl. 17. Aufl. (111 S.) 8. Ebd. 908. Geb. in Leinw. 2. 50

Metod för inlärande af de nyare språken. Svensk del af M[aximilian] D. Berlitz. Berlin: S. Cronbach 1904. (184 S.) 8°

— Metod för inlärando af de nyare språkon. Svensk del. (VIII, 184 S.) 8. Ebd. 904. Geb. in Leinw. n. 4. —

— Metod för inlärande af de nyare språken. Svensk del. 2. genomsedda upplagan. (VIII, 184 S.) 8. Ebd. 908. Geb. in Leinw. 4. —

— método-Berlitz para la enseñanza de idiomas modernos. Parte española. Con la colaboración del M. Florentino Martinez. Edit. de Europa. gr. 8. (VI, 217 S.) Ebd. 891. geb. * 4 —

— método Berlitz para la enseñanza de idiomas modernos. Parte española. Con la colaboración del Sr. Don M. Florentino Martinez. gr. 8. (221 S.) Ebd. 894. Geb. in Leinw. n. 4. —

— Método-Berlitz para la enseñanza de idiomas modernos. Parte española. Con la colaboración del Don M. Florentino Martinez. 2a ed. gr. 8. (221 S.) Ebd. 897. Geb. in Leinw. n. 4. —

— Método-Berlitz para la enseñanza de idiomas modernos. Parte española. Con la colaboración de señor Don M. Florentino Martinez. 3. u. 4. ed. gr. 8. (à 221 S.) Ebd. 899—901. Geb. in Leinw. n. 4. —

— Método-Berlitz para la enseñanza de idiomas modernos. Parte española. Con la colaboración de Don Benito Collonge. 10. ed. (III, IV, 188 S) 8. Ebd. 906. Geb. in Leinw. n. 4. —

— Método-Berlitz para la enseñanza de idiomas modernos. Parte española. Con la colaboración de Don Benito Collonge. 16. ed. (VIII, 215 S.) 8. Ebd. 910. Geb. in Leinw. 4. —

— metodo Berlitz per l'insegnamento delle lingue moderne. Parte italiana. Ed. europea. gr. 8. (VII, 183 S.) Ebd. 891. Geb. n. 4. —

Metodo Berlitz per l'insegnamento delle lingue moderne. Parte italiana. Nuova ed. europea riv. ed. aum. da M[aximilian] D. Berlitz. Berlino: S. Cronbach 1895. (VIII, 184 S.) 8° [95. 11

— Metodo Berlitz per l'insegnamento delle lingue moderne. Parte italiana. Nuova ed. europea. 4.—8. ed. revista ed aumentata. gr. 8. (à VIII, 184 S.) Ebd. 899—903. Geb. in Leinw. n. 4. —

— Metodo Berlitz per l'insegnamento delle lingue moderne. Parte italiana. Nuova ed. europea. (14. ed.) rivista ed aumentata. (VIII, 184 S.) 8. Ebd. 906. Geb. in Leinw. n. 4. —

Berlitz módszere a modern nyelvek elsajátítására. Magyar rész. Felnőttek részére. Szerzők Berlitz M[aximilian] D., New-York, & Boisserée, O., Budapest. Európai kiadás. *Berlin: S. Cronbach [1903].* (XI, 207 S.) 8° [Die Berlitz-Methode z. Aneignung moderner Sprachen. Ungar. Teil. Für Erwachsene ... Europäische Ausg.] [04.

— u. O. Boisserée, Berlitz módszere. A modern nyelvek elsajátítására. Magyar rész. Felnőttek részére. Europai kiadás. Második javított kiadás. (XI, 207 S.) 8. Ebd. 909. Geb. in Leinw. 4. —

— Nippon go Kyo Kwa shio. (Methode Berlitz japanisch, m. Vorwort in engl. Sprache.) (183 S.) 8. Ebd. 909. Geb. in Leinw. 10. —

— Onderwijs in de moderne talen. Nederlandsch boek. (VIII, 167 S.) 8. Ebd. 910. Geb. in Leinw. 4. —

[Russ.] Prepodavanie novych jazykov. Russkij učebnik. Sostavil M[aximilian] D. Berlic [Berlitz]. Prisposobil k russkomu jazyku L. L. Brejtfus [Breitfuß]. 3. izd. *Berlin: Z. Kronbach 1902.* (III, 168 S.) 8° [Unterricht in neueren Sprachen. Russ. Lehrbuch von Berlitz. Für d. russ. Sprache bearb. von Breitfuß. 3. Ausg.] [04.

— Prakt. deutsche Schulgrammatik, e. kurzgef. Lehrbuch d. Hauptschwierigkeiten im Deutschen. M. zahlr. Übgn. (F. Ausländer.) 8. (VII, 120 S.) Ebd. 897. Kart. n. 1. 50

— praktische deutsche Schulgrammatik, e. kurzgefaßtes Lehrbuch der Hauptschwierigkeiten im Deutschen. Mit zahlreichen Übgn. Europäische Ausg. 2. Aufl. 8. (VII, 120 S.) Ebd. 902. Kart. n. 1. 50

Praktische Deutsche Schulgrammatik, e. kurzgefaßtes Lehrbuch d. Hauptschwierigkeiten im Deutschen. Mit zahlr. Übungen. Von M[aximilian] D. Berlitz. Europäische Ausg. 3. Aufl. Berlin: S. Cronbach 1904. (120 S.) 8° [F.] [05.

— praktische deutsche Schulgrammatik. Ein kurzgefaßtes Lesebuch der Hauptschwierigkeiten im Deutschen. Mit zahlreichen Übgn. Europäische Ausg. 4. verb. Aufl. (VII, 120 S.) 8. Ebd. 906. Kart. n. 1. 50

— Praktische deutsche Schulgrammatik. Ein kurzgefaßtes Lehrbuch der Hauptschwierigkeiten im Deutschen. Mit zahlreichen Übgn. Europäische Ausg. 6. verb. Aufl. (VII, 120 S.) 8. Ebd. 908. Kart. 1. 50

— Prakt. deut. Schulgrammatik. Lehrb. d. Hauptschwierigk. im Deutschen. 11. Afl. (7, 120) 8° Ebd. '12. geb. 1.50 d

— Undervisning i de levende sprog. Den danske del. (VI, 180 S.) 8. Ebd. 908. Geb. in Leinw. 4. —

— Unterricht in den neueren Sprachen. Russisches Lehrbuch. In das Russ. übertr. v. L. L. Breitfuss. 3. Aufl. gr. 8. (V, 168 S.) Ebd. 902. Geb. in Leinw. n. 4. —

— Unterricht in den neueren Sprachen. Russisches Lehrbuch. In das Russ. übertr. v. L. L. Breitfuss. 5. Aufl. (III, 168 S.) gr. 8. Ebd. 906. Geb. in Leinw. n. 4. —

Berlitz, MD: Unterr. in d. neueren Sprachen. Russ. Lehrb. (In russ. Spr.) 9. Afl. Berl., S Cronbach '10. L 4 —

— les verbes appris par la conversation. Suivis des règles sur l'emploi des temps et des modes. Ed. européenne. 8. (VIII, 156 S. m. 1 Tab.) Ebd. 897. n. 1. 50; geb. n. 2. —

— les verbes appris par la conversation. Suivis des règles sur l'emploi des temps et des modes. Éd. européenne. 2. et 3. tirage. 8. (à VIII, 156 S. m. 1 Tab.) Ebd. 900. 901. Geb. in Leinw. n. 2. —

— Les verbes en deux tableaux. (2 S. in Lex. 8 u. 2 S. Text.) 8. Ebd. (907.) — 50

— Los verbos aprendidos por la conversación. (7, 128) 8° Ebd. '11. L 2 —

Berlizheimer, Sigmund [aus Hanau]: Aus d. kgl. patholog. Institut d. Friedrich-Wilhelms-Univ. zu Berlin. Zur Pathologie des Wurmfortsatzes ... Würzburg, Becker's Univ.-Buchdr., 1895; 32 S. 8.
Würzburg, Med. Fak., Inaug.-Diss. v. 1895

Berlocken an den Schillerschen Musenalmanach auf das Jahr 1797. Jena und Weimar [Weissenfels]. V: *Voigt, Chn Friedr. Traugott.* (GGr) (Euphorion II, 639)

Berlocken an Schiller's Musenalmanach f. 1797. 8. Jena 797. (Severin in W.) 6 gr.

Berlocken, zur Unterhaltung in müßigen Stunden. 8. Lpzg. 813. Joachim. 1 rthl 6 gr.

Berlowitz, Max: Der Wärmedurchgang in Maischbottichen. 1910. 14 S. 4°
¶ Aus: Gesundheits-Ingenieur. Jg. 33.
Berlin, Dr.-Ing.-Diss. v. 27. 5. 1910

Berlowitz, Selimar, Referendar: Die erbrechtliche Auflage nach dem Bürgerlichen Gesetzbuch. Tilsit 1909: v. Mauderode. VIII, 55 S. 8°
Jena, Jur. Diss. v. 16. Okt. 1909, Ref. Danz
[Geb. 27. Juni 87 Eydtkuhnen; Wohnort: Tilsit; Staatsangeh.: Preußen; Vorbildung: Realgymn. Königsberg i. P. Reife O. 05; Studium: Königsberg 1, Berlin 1, Freiburg i. B. 1, Berlin 1, Königsberg 2 S.; Rig. 27. Juli 09.]
[U 10. 2228

Berls, Jh. Er., s. B e r l , Jh. Er.

Berly, ..., s. 1) Beauties, the, of Shakspeare. 2) Bibliothek, ausgewählte, historische. 3) Kern der Osmanischen Reichsgeschichte. 4) J. Linyard, Gesch. v. England.

Berly, C. P., s. Bibliothek d. wicht. neuern Geschichtswerke d. Auslandes.

(Berly, C. P.,) Musterstücke aus Shakspeare's Dramen, s. Beauties.

Berlyn, Gust., der Geburtstag. Festspiel in 3 Acten. Mainz 859. Kirchheim. 16. (IX, 55 S.) n. 10 ngr.

Berlyn, Gust., Gedichte. 1855. (VIII, 280 S.) — 2. verm. Ausg. Paderborn 857. Schöningh. gr. 16. (XXXII, 384 S.) n. 1 ℛ 15 ngr.

Berlyn, Gust., Gedichte. 2. Bd.: Geistliche Lieder. gr. 16. (282 S.) Paderborn 877. F. Schöningh. n. 3. —; geb. m. Goldschn. n. 4. 50; (1. u. 2.: n. 7. 50; geb. n. 10. 50)

Berlyn, Gust., die Herrlichkeit der Kirche Gottes. Didactisches Gedicht. gr. 16. (VIII und 79 S.) Mainz 862, Kirchheim. * geb. mit Goldschn. *

Berlyn, S., s. Handels-Correspondent, Frankfurter.

Bermann: Ueber die durch einfache Brechung an einer ebenen Grenzfläche bewirkte scheinbare Aenderung des Orts und der Gestalt. 23 S.
Progr. Liegnitz G. 1866.

BERMANN u. Altmann: Zum Wiener Antiquar. Fachkatalog enthaltend gediegene Bücher aus dem Gebiete der Curiosa. Abthlg. I: Zur Kulturgeschichte der Liebe. Hrsg. von der Buch- und Antiquariatshandlung —. Nr. 62. Druck von Hugo Hoffmann. (Wien 1880.)
Verboten vom L.-G. Wien, 1880. § 516.

Bermann: Ueber die Kreisschnitte der Oberfläche zweiter Ordnung. Progr. Stolp 1857.

Bermann's fonografisches Schreibheft. Hilfsmittel zur Erlernung der Fonografie. 8. (40 S.) Wien 877, Bermann und Altmann. *

— stenografisches Schreibheft. Hilfsmittel zur Erlernung der deutschen Stenografie. 8. (40 S.) Ebend. 877. n. — 80; m. Vorschriften. 3. Aufl. (48 S.) n. — 40

Bermann's stenographisches Schreibheft. Hilfsmittel zur Erlernung der deutschen Stenographie. 8. Aufl. 8. (40 S.) Wien 888, Bermann und Altmann. *

Bermann's stenographisches Schreibheft. Hilfsmittel zur Erlernung der Stenographie. 9. Aufl. 8. (40 S.) Wien: Bermann u. Altmann 1891. —.15

Bermann's stenographisches Schreibheft m. Vorschriften. Hilfsmittel zur Erlerng. der deutschen Stenografie nach Gabelsberger's System u. Faulmann's Methode. 2. Aufl. 8. (48 S.) Wien 875. Bermann & Altmann. n. — 40

Bermann's stenographisches Schreibheft m. Vorschriften. Hilfsmittel zur Erlernung der deutschen Stenographie nach Gabelsberger's System u. Faulmann's Methode. 6. Aufl. 8. (48 S.) Wien 890, Bermann & Altmann. n. — 40

Bermann: Ueber die scheinbare Veränderung des Orts und der Gestalt durch einfache Brechung. 28 S. u. Tabelle.
Progr. Stolp 1863.

Bermann, Chn. Heinr. (Topfseifersdorf), Quaestio num quis propter Christum sine fide in Christum aeternam salutem consequitur. Präs. Carl Gottlob Hofmann (Wittenberg). Wittbg. (Gerdes) 7. IV. 1772. 40 S. (4.80) 2287
Gew.: Chn. Nicol. Bermann (Wechselbur u. Goehren).

Bermann, E. O., astronomische [mathematische] Geographie, s. Jaenicke, H., Lehrbuch der Geographie.

Bermann, E. O., üb. Schwerpunkts- Oerter- u. Umhüllungsflächen bei Triëderschnitten. 4. (22 S. m. 2 Steintaf.) Liegnitz 874. (Berlin, Calvary & Co.) n. 1. 20

Bermann, Ernestus Oscar, scholae superioris Lippstadensis collega (geb. 1824 in Mayen): De chordis asymptotarum pro curvis secundi ordinis ... Bielefeldiae, typ. Velhagen & Klasing 1853. 26 S., 1 Taf. 4.
Bonn, Phil. Fak., Diss. v. 12 Febr. 1853

Bermann, Ernst Oskar Zur Lehre vom mittleren Radius. 4 (S. 3—26, 2 Taf.). Progr. Ev. G. *Liegnitz* 1888

Bermann, Ferdinand [pr. Arzt aus Frankfurt a. M.]: Ueber traumatische Neurosen ... Strassburg i. E., Buchdr. C. Gœller, 1892; 56 S., 1 Bl. 8.
Strassburg, Med. Fak., Inaug.-Diss. v. 1892

Bermann, G.: Die G e s c h ä f t s f ü h r u n g ..., s. B e r m a n n , Gustav

Bermann, G: Max Liebermann, s.: Künstler, jüd.

– s. U n t e r h a l t u n g e n f. Knaben u. Mädchen

– s. V e r z e i c h n i s der Stell- u. Gesellschaftswagen

– s. W e g w e i s e r v. Wien

– s. W ö r t e r b u c h in Bildern

Bermann, Georg Friedrich
Ordinis philosophici in academia Wittebergensi h. t. decanus *Georg. Frid. Bermannus* Math. Sup. P. P. solennia doctorum philosophiae et magistrorum artium pridie Calendas Majas creandorum indicit praemissa brevi de angulis solidis commentatione.
Am Ende: Vitembergae prelo Ephraim Gottl. Eichsfeldi academiae a typis. 4. 24 Seiten. 1764.

— Georg Friedrich (Rector d. Wittenberg. Univers.), Institutum Caroli Friderici Wirthgen (Dresden) habenda publ. orat. legi liberalit. Weyrauchianae satisfact. civib. commend. — Praemitt. antiquit. Germaniae spec. XIV. intercalarium I. de geographicorum, quae sub Ptolemaei nomine circumferuntur, fide et auctoritate. Wittbg. (E. G. Eichsfeld) 6. IX. 1764. 4 Bl. (2.50) 2288

Bermann, Gustav, aus Trier: Die Geschäftsführung ohne Auftrag nach schweizerischem Obligationenrecht. Zür. E. Lehmann Dr. 1896. 4 Bl., 114 S., 1 Bl. 8°.
Zürich, Jur. Diss. [v. 11. Juli 1896].

Bermann, G. Die Geschäftsführung ohne Auftrag nach schweiz. Obligationenrecht. In-8°. 114 S. Zürich. These. **1897?**

Die rechtlichen Grundlagen für die Berechnung des Rückkaufswertes der schweizerischen Eisenbahnen. Von Dr. jur. G[ustav] **Bermann.** Zürich: Speidel 1897. 69 S. 8° A 12. 3239

Bermann, H. A. W., Predigt am Regierungsjubelfeste d. Königs v. Sachsen. gr. 8. Leipz. 819. Kollmann. 2 gr.

— Heinr. Aug. Wilh. (Pastor z. Penig), Commentatio historico-theolog. in locum I Petri III, 15. Ad recolendam memoriam traditae ante hos trecentos annos Augustanae confessionis accommodata. Penig (Friedr. Ernst Sighart) 14. VI. 1830. 36 S. (4.—) 2289
Gew.: Friedr. Aug. Zinsmann (Lunzenau u. Hohenstein).

Bermann, J., Verzeichniss aller in Oesterreich erschienenen Kunstsachen, — Verzeichniss aller in Oesterreich erschienenen Musikalien, } s. Catalog, österreichischer.

Bermann, J. S., s. J. *Pezzl*, nouv. descript. de Vienne.

Bermann, Joseph, s. A B C - und Lesebuch

Bermann, Joseph, s. Bilderwelt

Bermann, Joseph, s. Blumengewinde

Bermann, Josef (Red.), s. Gartenzeitung, Wiener Illustrirte.

Bermann, Joseph, s. Jugendfreuden

Bermann Josef: Die Lehre Humes und Kants von Raum und Zeit. Diss. Wien, Univ.
II. 1906 PN 2060

Bermann, Joseph, s. Orbis pictus

Bermann, Isidor, über Resorption der Knochensubstanz, s.: Lieberkühn, N.

— über die Zusammensetzung der Glandula submaxillaris aus verschiedenen Drüsenformen u. deren functionelle Structurveränderungen. Mit 2 lith. Taf. (in qu. Fol.). gr. 4. (40 S.) Würzburg 877. Staudinger. n. 7.—

Bermann, Isidor, über die Zusammensetzung der Glandula submaxillaris aus verschiedenen Drüsenformen und deren functionelle Structurveränderungen. gr. 4. (40 S. mit 2 lithogr. Taf. in qu. Fol.) Würzburg 878, Staudinger'sche Buchh. *

Bermann, Maurice, Catalogue d'une très-belle collection d'autographes colligée par un amateur allemand. 8. (IV und 115 S.) Vienne 853, Bermann Vve. et fils.

Bermann, Moritz
Bermann, Mor., s. Abenteuer in der Prater-Allee, s.: Volkstheater, Wiener.

Bermann, Mor., Die Adamitin. Histor. Erzählg. 12. (58 S.) Preßburg 897. M. Natali. n. — 60

Bermann, Mor., die Adamitin. Histor. Erzählg. 8. Aufl. (58 S.) kl. 8. Preßburg (907). M. Natali. — 60

Bermann, Mor., Alt u. Neu. Vergangenheit u. Gegenwart, in Sage u. Geschichte dargestellt. Mit 200 (Holzschn.-)Illustr. (In 25 Lieferungen.) 1—14. Lieferung. gr. 8. (S. 1—672.) Wien 882. Hartleben. à — 60

Bermann, Mor., Alt u. Neu. Vergangenheit u. Gegenwart. In Sage u. Geschichte dargestellt. 15—25. (Schluß-) Lfg. gr. 8. (VIII u. S. 673—1200 m. eingedr. Illustr. u. Taf.) Wien 883. Hartleben. à — 60

Bermann, M., Alt-Wien in Geschichten u. Sagen f. d. reif. Jug. 8. (199 m. 7 Hlzschntf.) Wien 65, (Bermann & A.) n. 1. 10

Bermann, Mor., Alt-Wien in Geschichten u. Sagen für die reifere Jugend. Wien 865. (Jolsdorf.) 8. (VI, 199 S. u. 7 Holzschn.) n. 1 ~~n~~ 10 ngr.

Bermann, Mor., Alt-Wien in Geschichten und Sagen für die reifere Jugend. gr. 8. (234 S. mit 8 Illustr.) Wien 886, Anger's Verlag. *

Bermann, Mor., Alt-Wien in Geschichten und Sagen für die reifere Jugend. 2. verm. Aufl. gr. 8. (VI, 224 S. mit 8 Illustr.) Wien 888, Bermann und Altmann. geb. *

Bermann, Mor., Alt- und Neu-Wien. Geschichte der Kaiserstadt und ihrer Umgebungen seit dem Entstehen bis auf den heut. Tag und in allen Beziehungen zur gesammten Monarchie geschildert. Mit 312 Illustr., Bildnissen, Initialen und Plänen von hervorrag. Künstlern. In 25 Lfgn. gr. 8. (VIII, 1200 S.) Wien 879—80, Hartleben's Verlag. à Lfg. 60 Pf. * geb. *

Bermann, Moriz. Alt- und Neu-Wien. Geschichte der Kaiserstadt und ihrer Umgebungen seit dem Entstehen bis auf den heutigen Tag und in allen Beziehungen zur gesammten Monarchie geschildert. 2. vollkommen neu bearbeitete Auflage von K. E. Schimmer. Mit über 500 Illustrationen, Ansichten, Porträten und Plänen. 1. und 2. Band. (2 Bde.) 8. Wien u. Leipzig 1904.

Bermann, Mor., illustrirter Führer durch Wien u. Umgebungen. s.a. Hartleben's illustr. Führer. Nr. 2.

—— illustrirter Führer durch Wien und Umgebungen. Mit 95 (Holzschn.-)Illustr. (eingedr. und auf Taf.) und 8 (chromolithogr.) Orientirungskarten. 8. (XXXII, 176 S.) Ebendas. 880. geb.

—— dass. — Mit 55 (Holzschn.-)Illustr. und 3 (lithogr. und color.) Orientirungskarten. 2. Aufl. 8. (XXXII, 176 S.) Ebendas. 881. geb.

—— dass. — Mit 70 Illustr. und 8 Orientirungskarten. 3. verm. und neu bearb. Aufl. 8. (XXXII, 226 S.) Ebendas. 883. geb.

—— illustrirter Führer durch Wien und Umgebungen. 4. verm. und neu bearb. Aufl. 12. (XXXII, 240 S. mit 84 Illustr. und 4 Orientirungskarten.) Wien 885, Hartleben. geb. *

— illustrirter Führer durch Wien und Umgebungen. Mit 100 Illustr. u. 4 Orientirungskarten. 5., neu bearb. Aufl. 12. (XXXII, 272 S.) Wien 889. Hartleben. geb. n. 3. 60

— ill. Führer durch Wien u. Umgebgn. M. 115 Ill., 1 Plan v. Wien u. 5 Orientirungskarten. 6., verm. u. neu bearb. Aufl. 12. (XVI, 254 S.) Wien 895. A. Hartleben. Geb. in Leinw. n. 3. 60

BERMANN, Moriz
Illustrirter Führer durch Wien und Umgebungen. Von Moriz Bermann. Mit 123 Illustrationen, 1 Plan von Wien, 1 Karte der Umgebungen von Wien, 1 Karte der Donaufahrt von Passau bis Pressburg, 1 Karte des Semmerings und 2 Plänen mit Text. 7., vermehrte und bearbeitete Auflage. Wien. Pest. Leipzig. 1901. Hartleben. 8°. VIII, 271 S. Geb. K 4.—

Bermann, M., Illustrierter Führer durch Wien und Umgebung. 8. Aufl. [Hartleben's illustrierter Führer. Nr. 2.] 8°. (VIII, 224 S.) geb. K 5.—
Wien: Hartleben 1908.

Mühlfeld, Louis (d. i. *Moritz Bermann*) Die Geheimnisse des Praters, oder An der blauen Donau. Historischer Roman. 3 Bde. Mit 24 Illustrationen. Wieen 1874. 8°. (Kr. 16,80.) (5 Kr., eleg. Hfz., A. H. Huber, Salzburg, c. 1905.)
Anon.-Lex. V. p. 126 (Eigenbericht).

—— Geschichte der merkwürdigsten Attentate älterer bis neuester Zeit. 8. (96 S. mit 17 eingedr. Holzschn.-Abbild.) Ebendas. 882.

—— Geschichte der Wiener-Stadt und Vorstädte von ihrem Entstehen bis in die neueste Zeit. In volksthüml. Schilderung der histor. und romant. Begebenheiten (mit Benutzung aller bis jetzt aufgehellten Forschungen). 28 Hefte. gr. 4. (VI und 674 S. mit eingedr. Holzschn.) Wien 863—66, Benedikt. à Heft 7½ Ngr.

—— dunkle Geschichten aus Oesterreich. Mit Illustrationen von Vinc. Katzler. 3. Aufl. 12 Lfgn. Lex.-8. (IV und 576 S. mit 12 Holzschntaf.) Wien 867,68, v. Waldheim's Verlagsh. à Lfg. 5 Ngr.

BERMANN, Galante Geschichten. Illustrirt v. V. Kätzler. Wien 1870. Gr. 8⁰. (5 Kr. Halm u. Goldmann, 1904.)

MÜHLFELD, Louis (d. i. *Moritz Bermann*), Der Goldteufel oder Die 7 Todsünden. Roman. 3 Bde. Mit 60 Illustrationen. (Wien, c. 1875.) Gr. 8⁰. (Kr. 10—.) (3 Kr. 60 H. Victor Eytelhuber, Wien, 1905, ohne Angabe von Ort u. Jahr.)

HAUS, Das graue, oder die neuen Geheimnisse von Wien. Historischer Roman .... (von *Moritz Bermann*). Wien 1876.
Anon.-Lex. V. p. 152 (Eigenbericht).

Bermann, Moritz. Der kleine Hausadvocat. Rechtsrathgeber für Jedermann. Gr.-8. (149 S.)
Wien: Bauer 1893 ? —.75

— der kleine Haus-Advokat. Rechts-Rathgeber f. Jedermann. gr. 8. (III, 151 S.) Wien 894. A. Bauer. n. 1.25

Bermann, M., vollständiger Haus-Advokat. Rechtsratgeber u. Privatsekretär f. alle Stände, nach den neuesten Gesetzen vollständig neu bearb. v. D. Springer. Allgemein verständl. Anleitg. zur Selbstabfassg. aller Gesuche u. Eingaben, zur Selbstvertretg. in Rechtsfällen, m. zuverläss. Angabe der nöt. Stempel ꝛc. Sämtlich m. Formularen. Mit 222 Orig.-Formularen f. Majestäts- u. andere Gesuche, f. Eingaben ꝛc. ꝛc. Mit Anh.: Fremdwörterbuch, 2., vollständ. umgearb. u. verm. Aufl. (VIII, 158 S.) gr. 8. Wien 910. A. Bauer. 2.50

—— Hof- und Adels-Geschichten. (In 12 Lfgn.) 1.—6. Lfg. Lex.-8. (S. 1—288 mit 6 Holzschntaf.) Wien 867,68, v. Waldheim's Verlagsh. à Lfg. 5 Ngr.

—— Hof- und Adels-Geschichten. 7.—16. Lfg. gr. 8. (IV, S. 289—768 mit 10 Holzschntaf.) Wien 868, v. Waldheim. à Lfg. 50 Pf.
1.—6. Lfg. Ebendas. 1867,68. ℳ 3.

HOF- und Adels-Geschichten. Vom Vf. der „Dunklen Geschichten aus Österreich" *(Moritz Bermann)*. Wien 1869. Lex.-8⁰. 760 S. (6 Mk. Taussig, 1904.)
Opfer der Keuschheitskommission. — Die Hexenamme des Fürsten Lichtenstein. — Vieles zur Geschichte Kaiser Josephs II., etc.
Anon.-Lex. V. p. 158. (Eigenbericht.)

— illustrirte Jugendbibliothek zur Unterhaltung u. Belehrung f. die gesammte Jugend. Nr. 1. 16. Wien 890. Joh. L. Bondi. n. —10
Kronprinz Josef als Bettelrichter. — Alpenkönig Laurin u. die treue Mutter. (64 S.)

— der König des Gebirges. Der erste Patient. Was die Liebe thut. Die silberne Lampe. Der Pfaff vom Kahlenberg. Als Frau — zu schlau. Die Barmherzige von Lissabon, s.: Zeitvertreib.

Bermann, Mor., Coulissen-Geheimnisse aus der Künstlerwelt. 12 Lfgn. gr. 8. (576 S. mit 12 Holzschntaf.) Wien 868,69, v. Waldheim. à Lfg. 50 Pf.

Courier. Wiener —. Eigenthümer und Redakteur: Moritz Bermann. Druck und Verlag v. J. Holzwarth. Erscheint täglich, kl. Fol. 3spaltig.

Bermann, Mor., österreichisches biographisches Lexikon. Genaue Lebensbeschreibung berühmter und denkwürd. Personen jedes Standes in der österreich. Monarchie von der frühesten Zeit bis auf unsere Tage. 1 Bd. 1. und 2. Heft. (A — Arthus.) Lex.-8. (VIII und S. 1—250.) Wien 851, Bermann's Wwe. und Sohn. à Heft *

Bermann, Moritz, österreichisches biographisches Lexikon. Genaue Lebensbeschreibungen berühmter und denkwürdiger Personen jedes Standes in der österreich. Monarchie von der frühesten Zeit bis auf unsere Tage. 3. Heft. (Artim — Babenberger.) Lex.-8. (1. Bd. S. 257—384.) Wien 852, Bermann's Wwe. und Sohn. Thlr. *
1. und 2. Heft. Ebendas. 1851. * 20 Ngr.

—— Maria Theresia und Kaiser Joseph II. in ihrem Leben und Wirken. Mit besond. Berücksicht. der interessantesten Zeitereignisse geschildert. Mit 200 Illustr., Bildnissen und Initialen von hervorragenden Künstlern (in 20 Holzschntaf. und eingedr. Holzschn.). 20 Lfgn. gr. 8. (VII, 960 S.) Wien 880,81, Hartleben's Verlag. à Lfg. 60 Pf.

Bermann, Moritz: Mord in der Judenstadt, s. Zeitvertreib.

Bermann, Mor., Oesterreich-Ungarn im 19. Jahrh. Mit besond. Berücksicht. aller wichtigen Vorfälle in der Geschichte, Wissenschaft, Kunst, Industrie und dem Volksleben geschildert. 22 Lfgn. gr. 8. (VII, 982 S. mit eingedr. Illustr.) Wien 883,84, Engel. à Lfg. 50 Pf.

—— dass. — Neue wohlf. Ausg. 30 Lfgn. gr. 8. (VII, 982 S. mit eingedr. Illustr.) Ebendas. 884. à Lfg. * 35 Pf. *

Bermann, Moritz, Oesterreich-Ungarn im neunzehnten Jahrhundert. (Vollständig in 25 Lief.) gr. 8⁰. Lief. 1—7. (S. 1—224.) Wien, Anger. Baar à fl. —.20. 1887.

Bermann, Moritz, Oesterreich-Ungarn im neunzehnten Jahrhundert. (Vollständig in 25 Lief.) gr. 8⁰. Lief. 8—11 (S. 225—352) Wien, Gilbert Anger. à fl. —.20. 1887.

—— Oesterreich-Ungarn im neunzehnten Jahrhundert. Mit besond. Berücksicht. aller wichtigen Vorfälle in der Geschichte, Wissenschaft, Kunst, Industrie und dem Volksleben geschildert. Lex.-8. (VIII, 982 S. mit 200 Illustr.) Wien 888,89, Moritz Stern.
Erschien auch in 31 Lfgn. à 35 Pf.

— der praktische Tarokspieler in Wort u. Bild od. die Kunst, das edle Tarokspiel u. dessen Vortheile u. Feinheiten erfolgreich anwenden zu können. Nebst histor. Erläutergn. u. e. Reihe v. Illustr., welche die prakt. Ausführg. ermöglichen. 8. (VIII, 159 S.) Wien 894. C. Daberkow. n. 1.40

Das Testament des Freimaurers oder Der Schatz des Geächteten. Historischer Roman von Louis Mühlfeld [d. i. Mor. Bermann]. Illustriert. Bd. 1—3. Wien, Pest, Leipzig: Hartleben 1875. 8⁰.
1. 2 Bl., 367 S., 7 Taf.; 2. 335 S., 7 Taf.; 3. 343 S., 8 Taf.
W. 41784 ist dementsprechend zu ergänzen.

Bermann, M., Teufelsmühle am Wienerberg u. Spinnerin am Kreuz. Aus den Papieren einer Wiener Scharfrichter-Familie. Mit vielen Orig.-Illustr. 1.—11. Lfg. gr. 8. (S. 1—352.) Wien 887. Anger. à — 30

— Gr. Universal-Briefsteller. Privat-Sekretär u. Haus-Advokat f. alle Stände. 3. Afl. Der Rechtsratgeber v. B Schapira. (486) 8⁰ Wien, A Bauer '05. 6 — d

(F) **Bermann, M**, Großer Universalbriefsteller. 4. Aufl. Gr.-8⁰. (VIII, 486 S.) Wien: A. Bauer 1906? K 6.—

Bermann, M., großer Universal-Briefsteller. Privat-Sekretär u. Haus-Advokat f. alle Stände. Allgemein verständl. Anleitg. zur Abfassg. aller im gesellschaftl. Verkehr u. im prakt. Leben vorkomm. Briefe, Aufsätze, Gesuche u. Eingaben zur Selbstvertretg. in vielen Rechtsfällen m. Angabe der nöt. Stempel etc. Mit zahlreich. Orig.-Musterbriefen f. alle Vorkommnisse des Familienlebens, des freundschaftl. u. geschäftl. Verkehres, ferner Orig.-Formularen f. Majestäts- u. andere Gesuche, f. Eingaben in Gemeinde-, Zuständigkeits-, Steuer-, Militär-, Gewerbe-, Schul- u. Vereins-Angelegenheiten, in zivilrechtl. Fällen — dann m. vollkommen neuen Glückwünschen, Gelegenheits-Gedichten, Toasten, Tischreden u. allen Behelfen f. schriftl. Ausarbeitgn. des prakt. Lebens. 4. verb. Aufl. (in neuer Rechtschreibg.). Der Rechtsratgeber nach den neuesten Gesetzen bearb. v. B. Schapira. (VIII, 486 S.) gr. 8. Wien 907. A. Bauer. n. 5.—

(F) Bermann, M., Großer Universalbriefsteller. Privatsekretär und Hausadvokat für alle Stände. 5. Aufl. Gr.-8°. (346, 156 S.) Wien: Bauer 1909? K 6.—

— Großer Universal-Briefsteller. Privat-Sekretär u. Haus-Advokat f. alle Stände. Allgemein verständl. Anleitg. zur Abfassg. aller im gesellschaftl. Verkehr u. im prakt. Leben vorkomm. Briefe, Aufsätze, Gesuche u. Eingaben zur Selbstvertretg. in vielen Rechtsfällen, Alles m. genauen Musterformularen u. m. zuverläss. Angabe der nöt. Stempel 2c., nach den neuest. Gesetzen bearb. v. D. Springer. Mit ca. 800 Orig.-Musterbriefen f. alle Vorkommnisse des Familienlebens, des freundschaftl. u. geschäftl. Verkehres, Orig.-Formularen 2c., dann m. vollkommen neuen Glückwünschen, Gelegenheits-Gedichten, Toasten u. allen Behelfen f. schriftl. Ausarbeitg. des prakt. Lebens. Alles in neuer Rechtschreibg. Mit Anh.: Fremdwörterbuch. 5., vollst. umgearb. u. verb. Aufl. (VIII, 346 u. 156 S.) gr. 8. Wien 910. A. Bauer. (Urspr. Pr. 5.—)

— Grosser Universal-Briefsteller. 10. Afl. (8, 346 u. 156) gr8° Wien, A Bauer '11. (5 —) d

Bermann, Moritz, Neuester Universal-Briefsteller und Privat-Secretär für alle Stände. Allgemein verständliche Anleitung zur Abfassung aller im gesellschaftlichen Verkehr und im praktischen Leben vorkommenden Briefe, Aufsätze, Gesuche und Eingaben. Gr.-8. (VIII, 484 S.) 2.—
Wien: Bauer 1890 ?

— neuester Universal-Briefsteller u. Privat-Secretair f. alle Stände. gr. 8. (VIII, 484 S.) Wien 891. Bauer. n. 3. 50; auch in 10 Lfg. à n. —35

Bermann, Moritz. Neuester Universal-Briefsteller und Privat-Secretär für alle Stände. II. Aufl. 8. (VIII, 480 S.) Wien: Bauer 1893? 2.—

Bermann, Mor., neuester Universal-Briefsteller u. Privat-Secretär f. alle Stände. 2. Aufl. gr. 8. (VIII, 484 S.) Wien 894. A. Bauer. n. 3. 50

Bermann, Moriz und Ebenbach, Franz, Die neuen Väter der Groß-Commune Wien, hervorgegangen aus der freien Wahl und dem Vertrauen ihrer Mitbürger im Jahre 1861. 8. (V. 74 S.) Wien, Selbstverlag. 50 kr.

—— ein schauerlicher Zeuge, f. Zeitvertreib.

Bermann, Osk., Repertorium zur Zoll- und Steuer-Gesetzgebung, einschließlich der hierbei connexen Finanzbranchen im Königreiche Sachsen. Für Handel- u. Gewerbtreibende herausgegeben. Leipzig 853. Teubner. gr. 8. (VI, 190 S.) 24 ngr

Bermann Richard: Die Sprache der Fueros von Navarra.
H. 1906 PN 2049 Diss. Wien, Univ.

Bermann, Rich. A: Der Hofmeister. Geschichte e. Niederganges. (Roman.) (319) 8° Münch., G Müller '11. 3.50; geb. 5 — d

Bermann, Salo [approb. Arzt aus Gleiwitz]: Über die Behandlung des Brustkrebses .... München, M. Possenbacher'sche Buchdr. (Eigenth. Max Franz), 1886; 16 S. 8°.
München, Med. Fak., Inaug.-Diss. v. 1886.

Bermannschläger, L.J., s. Bermanschläger, Ludwig Joseph

Bermanschläger, Ludwig: Prolog zur Schillerfeier am 9. Mai 1905. 1 Bl. 8. Progr. K. k. Staats-Gymn. Linz 1905.

Bermanschläger, Ludwig Joseph
Bermanschläger, Ludw. Jos., unter der Asche, s.a. Schul- u. Vereinsbühne, christliche. Nr. 10.

(F) Bermanschläger, L. J., Unter der Asche. Volksstück in 3 Akten. [Christl. Schul- und Vereinsbühne. Nr. 10.] 16°. (48 S.) K —.40
Linz-Urfahr: Verlag d. kath. Pressevereins 1902?

Bermanschläger, Ludw. J.: Das Bild d. toten Mutter, s.a. Schul- u. Vereinsbühne, Christl.

(F) Bermannschläger, L. J., Das Bild der toten Mutter. Schauspiel in 5 Akten. [64. Bd. Christliche Schul- und Vereinsbühne.] 8°. (88 S.) Linz a/D: Pressverein 1906? K —.40

— eine Christbescherung, s.a. Schul- u. Vereinsbühne, christliche. Nr. 9.

(F) Bermanschläger, L. J., Eine Christbescherung. Dramatischer Scherz in 1 Akt. [Christl. Schul- und Vereinsbühne. Nr. 9.] 16°. (20 S.) K —.24
Linz-Urfahr: Verlag d. kath. Pressevereins 1902?

Bermanschläger, Ludw. Jos., Deutsch u. Christlich. Tragödie in 5 Acten. 12. (VII, 112 S.) Wien 893. „St. Norbertus". n. — 80

— zwei patriotische Festspiele. 1. Die Huldigg. Oberösterreichs. 2. Kreuz u. Krone. 12. (47 S.) Linz-Urfahr 898. Verlag des kathol. Preßvereines. n. — 30

— führe uns nicht in Versuchung, s.a. Schul- u. Vereinsbühne, christliche, Nr. 8.

(F) Bermanschläger, L. J., Führe uns nicht in Versuchung. Ein Bild aus dem Arbeiterleben. [Christl. Schul- und Vereinsbühne. Nr. 8.] 16°. (20 S.) K —.24
Linz-Urfahr: Verlag d. kath. Pressvereins 1902?

— Kuno v. Höllenstein u. die Fluderwirtin, od. der Sieg des deutschen Durstes, s.a. Schul- u. Vereinsbühne, christliche. Nr. 12.

(F) Bermanschläger, L. J., Kuno von Höllenstein und die Fluderwirtin oder: Der Sieg des deutschen Durstes. Lustspiel in 5 Akten. [Christl. Schul- und Vereinsbühne. Nr. 12.] 16°. (64 S.) K —.50
Linz-Urfahr: Verlag d. kath. Pressvereins 1902?

— Immakulata, f.: Schul- u. Vereinsbühne, christliche. Nr. 64.

Bermanschläger, Ludw. J., um des Kindes willen. (Das Stiefkind), f.: Schul- u. Vereinsbühne, christliche.

— das Krippenopfer des Waisenknaben. Ein Weihnachtsspiel nach e. alten Legendenmotiv in 3 Acten. 8. (51 S.) Linz 900. Qu. Haslinger. n. — 60

— mutterlos u. doch nicht verwaist, s.a. Schul- u. Vereinsbühne, christliche. Nr. 24.

(F) Bermanschläger, L. J., Mutterlos und doch nicht verwaist. [Christl. Schul- und Vereinsbühne. Nr. 24.] 8°. (16 S.) K —.24
Linz-Urfahr: Verl.d. kath. Pressvereins 1904?

— Der Ruhm des Kreuzes, f.: Schul- u. Vereinsbühne, christl.

— Im Schatten des Kreuzes, f.: Schul- u. Vereinsbühne, christl.

— der verwunschene Schloßbarbier, s.a. Schul- u. Vereinsbühne, christliche. Nr. 7.

(F) Bermanschläger, L. J., Der verschwundene Schlossbarbier. Schwank in 1 Akt. [Christl. Schul- und Vereinsbühne. Nr. 7.] 16°. (26 S.) K —.30
Linz-Urfahr: Verlag d. kath. Pressvereins 1902?

— treu dem Kaiser, s.a. Schul- u. Vereinsbühne, christliche. Nr. 11.

Bermanschläger, L. J., Treu dem Kaiser. Volksstück in 3 Akten. [Christl. Schul- und Vereinsbühne. Nr. 11.] 16°. (40 S.) K —.40
Linz-Urfahr: Verlag d. kath. Pressvereins 1902?

Bermant, Jacob [pr. Arzt]: Ueber Pfortaderverschluss und Leberschwund ... Königsberg i. Pr., Druck v. H. Jaeger, 1897; 2 Bl., 28 S., 2 Bl. 8.
Königsberg, Med. Fak., Inaug.-Diss. v. 28. Juli 1897

Bermant, Jac., Ueber Pfortaderverschluss u. Leberschwund. Diss. gr. 8. (28 S.) Königsberg 897. (W. Koch.) n. — 80

Bermaringen [Schlagwort]

Bermaringen, s.: Württemberg. Höhenkurvenkarte.

**Bermbach: Formulare z. Verwendg bei Bekämpfg d. Maul- u. Klauen-Seuche. Hann., M & H Schaper.

Bermbach, s.: Veröffentlichungen aus den Jahres-Veterinär-Berichten der beamteten Thierärzte Preußens.

Bermbach, J: Baustoffe, besonders Kunststeine, ihre Herstellung und Verwendung. Köln a. Rh. 1910

Bermbach, Jakob Paul Julius, s. Bermbach, Paul

Bermbach, Jos., neuester Plan von Köln und Deutz. Chromolithogr. qu. gr. Fol. Mit Strassenverzeichniss. 12. (16 S.) Köln 881, Stupin.

Bermbach, *Jakob* Paul *Julius* [app. Arzt aus Köln a. Rh.]: Aus d. chirurg. Univ.-Klinik zu Bonn. Ueber monarticuläre Arthritis deformans ... Bonn, Buch- u. Steindr. J. Bach Wwe, 1897; 31 S. 8.
Bonn, Med. Fak., Inaug.-Diss. v. [1. Apr.] 1897

Bermbach, Paul
Bermbach, P., die Kochsalzinfusion u. ihre Verwertung bei Krankheiten, s.a. Sammlung klinischer Vorträge. Nr. 350.

Die Kochsalzinfusion und ihre Verwertung bei Krankheiten von P[aul] **Bermbach**, Cöln. *Leipzig: Breitkopf & Härtel 1903.* (20 S.) 8°
— Sammlung Klinischer Vorträge. N. F. No 350. [o3. 979

Bermbach, Willibald
Bermbach, W., die Akkumulatoren, ihre Theorie, Herstellung, Behandlung, Verwendg., m. Berücksicht. der neueren Sammler (VII, 173 S. m. 25 Abbildgn.) 8. Leipzig 905. O. Wigand. n. 3. —

Bermbach, W: Die Akkumulatoren, ihre Theorie, Herstellg, Behandlg u. Verwendg. 2. Afl. (4, 187 m. Abb.) 8° Lpzg, O Wigand '11. 3 —

Bermbach, W., Einführung in die Elektrochemie, s.a. Wissenschaft u. Bildung. 20. Bdchn.

Einführung in die Elektrochemie. Von Prof. Dr. W[illibald] **Bermbach** in Köln. Leipzig: Quelle & Meyer 1907. (IV, 140 S.) 8° [J.]
— **Wissenschaft** u. Bildung. 20. [o8. 2232

Bermbach, W., Elektricitätswerke, elektr. Kraftübertragg. u. elektr. Beleuchtg. Gemeinverständl. Darstellg. nebst e. Nachtrage: „D. Nernst'sche u. die Auer'sche Erfindg." gr. 8. (IV, 90 S. m. 64 Abb.) Wiesbaden 898. Lützenkirchen & Bröcking. n. 2. —

Bermbach, W., Elektricitätswerke, elektrische Beleuchtung u. elektrische Kraftübertragung. Gemeinverständliche Darstellg. 2., verb. u. verm. Aufl. gr. 8. (IV, 170 S. m. 130 Abbildgn.) Wiesbaden 900. [Lützenkirchen & Bröcking.] Bonn, E. Strauss. n. 3. 60; geb. n. 4. 50

— u. C. Müller, Elektrizitätswerke, elektrische Beleuchtung u. elektrische Kraftübertragung. Gemeinverständliche Darstellg. 3., umgearb. u. stark verm. Aufl. (VII, 472 S. m. 267 Abbildgn.) gr. 8. Stuttgart 904. A. Kröner. n. 7. —; geb. in Leinw. n. 8. —

— die wichtigsten Grundbegriffe der Elektrochemie u. ihre Verwertung bei den neueren Theorien der galvanischen Elemente u. Akkumulatoren. Nach e. Vortrage. gr. 8. (42 S. m. 6 Abbildgn.) Leipzig 900. O. Wigand. 1. —

— d. elektr. Strom u. s. wichtigsten Anwendgn. in gemeinverständl. Darstellg. gr. 8. (VIII, 108 S. m. 90 Abb.) Leipzig 895. O. Wigand. n. 2. —

— Der elektr. Strom u. s. wichtigsten Anwendgn. 2. Afl. 8° (198 m. Abb.) Ebd. 99. 3 —

— Der elektr. Strom u. s. wichtigsten Anwendgn. 3. Afl. (445 m. Abb.) gr8° Lpzg, O Wigand (05). (12 —) 7 —; geb. 8.50

Bermbach, Willibald [aus Cöln]: Ueber n-mal nacheinander angewandte Substitutionen, durch welche drei Quadrate in sich selbst transformirt werden .... Bonn, Univ.-Buchdr. v. Carl Georgi, 1887; 50 S. + 1 Bl. 8°.
Bonn, Phil. Fak., Inaug.-Diss. v. 16. Apr. 1887.

Bermbach, Willibald, ueber n-mal nacheinander angewandte Substitutionen, durch welche drei Quadrate in sich selbst transformirt werden. Diss. Bonn 1887, Emil Strauss. 8°. 50 S.

Bermel, Matthias (geb. Gondorf bei Coblenz 10. 3. 1842): Ueber Bleivergiftung. Berlin (1868). (32 S.) 8°
Berlin, Med. Diss. v. 27. Juli 1868

Bermer, Angelus, O. Cap., dem Heiland treu! Der schulentlassenen Jugend e. Mitgabe ins Leben. (68 S.) 11. 8. Saarlouis (907). F. Stein Nachf. — 80

— Missionsbüchlein f. Eheleute. Kurze Anleitg. zur heilsamen Benutzg. der hl. Mission u. Ermahngn. fürs Leben. 4. Aufl. (VI, 167 S. m. Titelbild.) 16. Ebd. 907. Geb. in Leinw. — 50

— Missionsbüchl. f. Eheleute. 5. Afl. (167 m. Titelbild.) 16° Ebd. '08. L. †— 50 d

Bermer, A: Missionsbüchl. f. christl. Eheleute. (166 m. Titelbild.) 16° Saarl., F Stein Nf.'04. — 45; L. — 50 d

Bermer, Angelus, O. Cap., Missionsbüchlein f. christliche Eheleute. Kurze Anleitg. zur heilsamen Benutzg. der hl. Mission u. Ermahngn. fürs Leben. 3. Aufl. (167 S. m. Titelbild.) 16. Saarlouis 905. F. Stein Nachf. Geb. in Leinw. n. — 50

— Missionsbüchl. f. Jünglinge u. Jungfrauen. (166 m. Titelbild.) 16° Ebd.'04. — 45; L. — 50 d

— Missionsbüchlein f. Jünglinge u. Jungfrauen. Kurze Anleitg. zur heilsamen Benutzg. der hl. Mission u. Ermahngn. fürs Leben. 3. Aufl. (167 S. m. Titelbild.) 16. Ebd. 905. Geb. in Leinw. n. — 50

— dass. f. Jünglinge u. Jungfrauen. 6. Afl. (167 m. Titelbild.) 16° Ebd.'08. L. — 50 d

— Eucharistische Segensquelle. Belehrungen u. Andachten zur Verehrg. des allerheil. Altarssakraments. (399 S. m. farb. Titel u. Titelbild.) 10,5×6,5 cm. Ebd. 907. — 90

Bermich, Rob., der practische Jäger. Hand- und Hülfsbuch für angehende Jäger und Jagdliebhaber. 2., verb. Aufl. gr. 8. (V und 110 S. mit 1 Stnt. in qu. gr. 4.) Dresden 869, Adler und Dietze. *

Bermich, Rob., der praktische Jäger. Hand- u. Hilfsbuch f. angeh. Jäger u. Jagdliebhaber. 2., verb. Aufl. Neue (Titel-)Ausg. gr. 8. (V, 110 S. m. 1 Taf.) Dresden 893. G. Dietze. Kart. n. 1.20

Bermiller, Wlfg. F.

Bermiller, l'abbé; abrégé de tout ce qu'il y a de remarquable à voir à Munic. 8. München, Fleischmann. 790.

— — dasselbe. Leipz. Gräff.

Bermiller, Wlfg. F., (†d 9. Jan. 1814.) abrége de tout ce qu'il y a de remarquable à voir à Munic. 8. Münch. 790. 9 ℋ (Wienbrack in Leipz) 8 ℋ

— d. kluge Landwirth, e. Geschichte unsrer Zeiten. 8. Münch. 791. Fleischmann. 16 ℋ

— — dasselbe. 8. Leipzig, Graff. 791.

— d. kluge Landwirth, oder Unterr. in d. Landwirthschaft. gr. 8. Leipz. 791. (Wienbrack). 1 ℔ 4 ℋ

Bermoth, Franz, Karl d. Erste, König v. Großbritannien. Trauersp. in 5 Acten. 8. (10 B.) Magdeburg 840, (Rubach'sche Buchh.) *

Bermpohl, A., Fraglehre für Seefahrtschulen, s. Breusing, A.

Bermpohl, A., und Arthur Breusing, Katechismus der Steuermannskunst und Seemannschaft, s. Breusing, Arthur.

Bermpohl, A., engl. Lesebuch nebst Formenlehre für Navigationsschulen, sow. engl.-deutsches seemänn. Wörterbuch. 4., vollst. umgearb. Aufl., hrsg. v. Otto Fulst. gr. 8. (VII, 249 S.) Leipzig 896. M. Heinsius Nachf. n. 4. —; geb. in Leinw. n. 4. 60

Bermpohl's englisches Lesebuch nebst Formenlehre f. Navigationsschulen, sowie englisch-deutsches seemännisches Wörterbuch, hrsg. v. Otto Fulst. 5. Aufl. gr. 8. (VII, 252 S.) Leipzig 900. M. Heinsius Nachf. n. 4. —; geb. n. 4. 60

Bermpohl's engl. Leseb. nebst Formenlehre f. Navigationssch., sowie englisch-deut. seemänn. Wrtrb. 6. Afl. v. O Fulst. (252) 8° Lpzg, M Heinsius Nf. '03. Geb. 4.60 d

Bermpohl's englisches Lesebuch nebst Formenlehre f. Navigationsschulen, sowie englisch-deutsches seemännisches Wörterbuch, hrsg. v. Otto Fulst. 7. Aufl. (Unveränd. Abdr. der 6. Aufl.) (III, 252 S.) gr. 8. Leipzig 906. M. Heinsius Nachf. Geb. in Leinw. n. 4. 60

Bermpohl's engl. Leseb. nebst Formenlehre u. Wörterb. f. Navigationssch. 8. Afl. v. Otto Fuest. (4, 248) gr8° Lpzg, M Heinsius Nf. '11. L 4.60 d

Bermpohl, A., englisches Lesebuch, sowie englisch-deutsches seemännisches Wörterbuch nebst kurzgefaßter Formenlehre. Zum Gebrauch auf Navigationsschulen und zum Selbstunterricht für Steuerleute. gr. 8. (IV, 186 und Wörterbuch 71 S.) Bremen 876, [Riemschneider.] Heinsius. cart. *

Bermpohl, A., englisches Lesebuch, sowie englisch-deutsches seemännisches Wörterbuch, nebst kurzgefasster Formenlehre. Zum Gebrauche auf Navigationsschulen und zum Selbstunterrichte für Steuerleute. 2. verb. u. verm. Aufl. gr. 8. (V, 290 S.) Bremen 879. Heinsius. n. 4. 50

Bermpohl, A., englisches Lesebuch, sowie englisch-deutsches seemännisches Wörterbuch, nebst kurzgefasster Formenlehre. Zum Gebrauche auf Navigationsschulen u. zum Selbstunterricht f. Steuerleute. 3. verb. Aufl. gr. 8. (V, 287 S.) Bremen 886. Heinsius. n. 4. —; geb. n. 5. —

—— englisches Lesebuch, sowie englisch-deutsches seemännisches Wörterbuch, nebst kurzgefasster Formenlehre. Zum Gebrauche auf Navigationsschulen und zum Selbstunterricht für Steuerleute. 3. verb. Aufl. gr. 8. (V, 287 S.) Bremen 886, Heinsius. **M* 4.50.; geb. *

—— englisch-deutsches seemännisches Wörterbuch. 8. (71 S.) Ebendas. 878. geb. *

Bermuda-Inseln [Schlagwort]

Bermuda-Inseln, s.: Kriegsschauplatzkarten.

Bermühler's Städteführer in Bildern. 1—5., 8., 9. u. 14. Bd. (Mit Abb.) kl8° Berl., H Bermühler.

Bd 6, 7 u. 10—13 sind noch nicht erschienen.

Berlin u. Umgebg. 2. Afl. (159 m. 1 farb. Pl.) '12'13 [1] 1.20 ‖ Dresden u. Umgebg. (67 m. 1 farb. Pl.) '12'13 [4] 1 — ‖ Frankfurt a. M. u. Umgebg. (71 m. 1 Pl.) '12'13 [9] 1 — ‖ Hamburg u. Umgebg. (75 m. 1 farb. Pl.) '12'13. [2] 1 — ‖ Köln u. Umgebg. (69 m. 1 Plan.) '12'13 [5] 1 — ‖ München u. Umgebg. (72 m. 1 farb. Pl.) '10'11 [3] 1 — ‖ Rheinreise. (85 m. 2 Pl.) '12'13 [14] 1 — ‖ Wiesbaden u. Umgebg. (61 m. 1 Pl.) '12'13 [8] 1 —

Bermuth, J. M.: D. Jus in Germ. commune inter et Bavaricum circa appellationem in causis civilibus, nec non hujus prae illo breviter demonstrans commoda. *Würzburg*. 818. 8.

Bern [Sachliches OW]

Bern. 1:20,000. S. Top. Sp. K. der Schweiz: „Der Canton Bern von V. Weiss. Bern 1830."

Bern. Bilder aus Vergangenheit und Gegenwart. Unter Mitwirk. der Kunstmaler *Ch. Baumgartner*, *W. Benteli*, *Ph. Ritter*, *R. Münger*, *R. v. Steiger* u. *W. Gorgé* mit Text von *H. Türler*. Mit zahlr. Taf. u. Textabb. Gr. in-4°. XVIII, 246 u. 16 S. Bern, W. Kaiser. Leinw. 50 —
1896?

Bern. Stadt Bern vom Martinshubel aus. [Panorama in Lithographie.] ⟨Hrg. vom Verschönerungsverein der Stadt Bern und Umgebung.⟩ 1 Bl. quer-gr.-fol. Bern, Steiger & Benteli, [1902].

Bern. [Waffenplatz. Lithographischer Überdruck aus den Blättern VII, VIII, XII, XIII der Dufour-[Karte.] Massstab 1 : 100000. [Hrg. vom] Eidg. topogr. Bureau. Ueberdruck 1899. Nachträge 1902. 362/494 mm. 1 Bl. quer-fol. Bern, H. Kümmerly & Frey. [fr. 1. —, aufgezogen fr. 1. 70]

Bern. [Waffenplatz. Lithographischer Überdruck der Blätter 317, 319, 320 und 322 des Topographischen Atlas Siegfried.] Massstab 1 : 25000. [Hrg. durch die] Schweizerische Landestopographie, Bern. Ueberdruck 1903. 505/727 mm. 1 Bl. quer-fol. fr. 2. — [aufgezogen in Taschenformat 3. —]

Bern. [Guide. Avec des vues dans le texte, et plan et carte sur 1 planche.] II + 24 p. 8. (Bern, A. Benteli, [1905].)

Bern & seine künftigen Bahnen. Massstab 1:300,000. 505/403 mm. 1 Bl. fol. Bern, Dr. Balmer, graph. Anstalt, [1902].

Gratisbeilage *zu vielen bernischen Zeitungen.*

Bern und Biel. Eine Erinnerung an die grosse Vorzeit. Biel 1853 s. (Blösch, C[äsar] A[dolf]).

Bern im Bunde! Festgedichte und eine poetische Erklärung des historischen Zuges. (Von Ludw. Eckardt.) Bern 853. Blom. 8. (16 S.) n. 2 ngr

Bern im Bunde! Festgedichte (v. L Eckardt). 8. (16) Bern 53, Fiala. n. — 2

BERN, Carl, oder Schwärmerei und Liebe. Ein Roman aus der wirklichen Welt. Quedlinburg, Basse, 1813. Kl. 8°. 229 S. Zahm. (12 Mk. [!] Hugo Streisand, Berlin, 1909, unter „Wertheriana!")

Bern. In B' im Februar 1831 s. T[ürler], H[einrich].

Ehemalige (Städtische) Gewerbeschule (Bern). 1867—1880. (Geschichtliches; Schulkommission, Lehrerschaft [und] Verzeichnis der ehemaligen Schüler; Vereinigung ehemaliger Gewerbeschüler. — 1901 Juni.) [Mit Ansicht.] II + 24 S. 8. Bern, Obrecht & Käser. (fr. 1.—)

Bern — Canton — sive Illustris Helvetiorum Respublica Bernensis etc. delineata à Gabriele Walsero edenti-bus Homannianis Heredibus. Norimbergae 1766. 1 : 450,000. 1 Bl.

Bern. Der Kanton B', oder ein Jahr aus dem Leben einer loyalen, frommen und freisinnigen Regierung. 8. Bern 1851.

Bern-Lötschberg-Simplon, Die Berner Alpenbahn. Geschichte und Beschreibung mit 5 Illustrationen, worunter 2 Karten. Zürich 1907. V: *Zurlinden, Samuel.* (Bibliogr. Bull. d. Schweiz 1907.)

Bern—Loetschberg—Simplon. (16 Taf. m. deut., französ., italien.u.engl.Unterschriften.) 24×32cm. Bern,A Francke ('11). in M nn 4 —

Bern im Portemonnaie. Ein Miniaturreisebegleiter f. die Schweiz. 144 S. mit Eisenbahnkarte. Bern, G. Frobeen. 1877? —. 25

Bern im Portemonnaie. Sommerhalbjahr 1879. Bern, Rud. Costenoble. 1879! — 30

Bern, Schweiz. [Illustrierter Führer, mit Plan und Karte auf 1 Tafel.] Hrg. vom Verkehrsverein Bern. IV + 24 S. 8. [Bern, A. Benteli, 1907.] [fr. —.35]
Ausg. A.
Ausg. B, mit Aufdruck: [Zum] Zentralfest [des] Schweizer Alpen-Club 1907.

Das schweizerische Serum- & Impfinstitut Bern. [Illustrierte Beschreibung.] II + 48 S. 8. (Bern, A. Benteli, [1902].)

Bern, d. Stadt, vornehmste Merkwürdigk. nebst Chronik d. Gesch. dies. Stadt ic. m. K., Plan d. Stadt u. Geg. von Bern. gr. 8. Bern, Burgdorfer.

Bern, Town Council of. Neue Nachricht alter und neuer Merkwürdigkeiten enthaltend ein vertrautes Gespräch und sichere Briefe von der Landschaft Carolina und übrigen Englischen Pflanzstädten in Amerika, zufinden zu Zürich, Bern, Basel, Schaffhausen, und St. Gallen in den Berichtshäusern gegen Ende des Jahres Siebzehn hundert und vier und dreissig. Bern, 1735.

Bern und Umgebung. Illustrierter Führer. ... 1908 s. [Blösch, Hans].

Bern u. seine Volkswirtschaft 1905. Hrsg. v. der kantonalen bern. Handels- u. Gewerbekammer. (XXVII, 672 S. m. Abbildgn.) Lex.-8. Bern 905. A. Francke. Geb. in Leinw. n. 25. —

Bern und seine Volkswirtschaft 1905. Hrg. von der Kantonalen bernischen Handels- und Gewerbekammer. [Mit Illustrationen, 5 Tafeln, 1 Plan und 2 Karten.] XXVIII + 672 S. gr.-8. Bern, Stämpfli & Cie., 1905. [geb. fr. 25.—]

Bern, was es werden könnte! Bern 1798. V: *Bidermann, H. J.* (MGT)

Bern wie es ist. Von † Eugen v. St. Alban. 2 Bde. 8. (20⅓ B.) Leipzig 835, [Klinkhardt.]

Bern, wie es war, ist, und seyn wird. Bern 1798. V: *Müslin, David.* (Ky) (MGT)

Bern [Schlagwort]
—s.a. Geologische Karten. Kissling, E., u. E. Baltzer.

Bern — Plan von der Stadt, und dem Stadtbezirk — Mit hoher Bewilligung etc. reducirt, gezeichnet und zum Theil aufgenommen Ao. 1809 durch R. J. Bollin etc. Bern herausgegeben durch Joh. Jak. Burgdorfer 1811. Gestochen v. L. I. Scheurmann. 1 : 17,000, 1 Bl.

Bern. Plan der Stadt Bern mit Strassenverzeichnis und Hausnummern. 1 : 6250. 5. Aufl. Rev. v. *K. Mischler.* 50×60 cm. Farbendr. Bern, H. Körber. 1895? 1 50

Bern. Plan der Stadt Bern m. Strassenverzeichnis u. Hausnummern (am Rande). 1 : 6,250. 6. Aufl., nach amtl. Quellen rev. v. Karl Mischler. 58 × 72,5 cm. Farbendr. Bern 896. H. Koerber. n. 1. 50

Bern, Umgebung von, s.: Geologische Karten. Excursionskarte.

Bern, Kanton [Schlagwort]

Bern. Kutter, W. R., Karte d. Kantons Bern. Nach den eidg. Aufnahmen bearb. u. hrsg. Terrainzeichnung v. Rud. Leuzinger. 1 : 200,000. 3., auf Grund amtl. Materials völlig neu bearb. Aufl. Ausg. 1888. Chromolith. qu. gr. Fol. Bern 888. Schmid, Francke & Co. Auf japan. Pap. n. 2.—; auf Leinw. n. 4.—

Bern, Kanton. Kutter, W. R., Karte des Kantons Bern, nach den eidg. Aufnahmen bearb. u. hrsg. Lith. v. R. Leuzinger. 1 : 200,000. Ausg. 1894. 80,5×70 cm. Farbendr. Bern, Schmid, Francke & Co. Auf japanes. Pap. n. 3. —; auf Leinw. n. 4. 20

Bern, Kanton. Kutter, W. R., Karte des Cantons Bern, nach den eidg. Aufnahmen bearb. u. hrsg. 1 : 200,000. Nachträge 1901. 81×69,2 cm. Farbdr. Bern, Geograph. Karton-Verlag. n. 2. 80; auf Papyrolin n. 3. 20; auf Leinw. n. 4. —

— Leuzinger, R., Karte des Kantons Bern zum Gebrauch f. Schulen. 1 : 400,000. 38,5×42 cm. Farbdr. Ebd. (902). n. — 16; auf Leinw. n. — 40

Bern, Kanton. Leuzinger, R., Karte des Kantons Bern zum Gebrauch f. Schulen. 1 : 400,000. (Ausg. 1905.) 38,5×42 cm. Farbdr. Bern, Geograph. Kartenverlag. Auf Javapap. n. — 16; auf Leinw. n. — 40

Bern, Kanton. Leuzinger, R., u. W. R. Kutter, Karte des Kantons Bern, nach den eidg. Aufnahmen bearb. u. hrsg. Ausg. 1907. 1 : 200,000. 81×70 cm. Farbdr. Bern 907. Geograph. Kartenverlag. 2.80; auf Papyrolin 3.20; auf Leinw. 4. —

— Leuzinger, R., Karte des Berner Oberlandes. 1 : 200,00. Ausg. 1888. Chromolith. qu. gr. Fol. Bern 888. Schmid, Francke & Co. n. 1. 60; auf Leinw. n. 2 20

Bern, Stadt [Schlagwort]
— s. a.: Europa Spezialkarte.

— s. a.: Schweiz. Atlas. Karte.

— s.a. Westentaschen-Sammlung. — Westentasche-Panorama-Collection.

Bern, Stadt. Exkursionskarte v. Bern. (Umschlag: Kärtchen der Umgebung v. Bern m. Distanzenzeiger. 6. verb. Aufl.) 1:200000. Mit Text auf der Rückseite. 18,5×19 cm. Farbdr. Bern 907. Raillard & Co. — 50

Bern, Stadt. Kärtchen der Umgebung v. Bern mit Distanzenzeiger. 1:200,000. 5. verb. Aufl. 18,5×19,5 cm. Lith. Mit Text auf der Rückseite. Bern 906. H. Körber. n. — 50

— Kümmerly's, H., Monumentalplan v. Bern. 48,5 ×59 cm. Farbdr. Nebst Strassen-Verzeichnis. (8 S.) 8. Bern (904). Geograph. Karten-Verlag. n. — 80

Bern, Stadt. Mischler, Karl, Quartier- u. Strassenplan der Stadt Bern 1902 (m. Strassenverzeichnis [an den Seiten] u. Hausnummern.) Nach amtl. Quellen hrsg. 9. Aufl. 1 : 6250. 50×60 cm. Farbdr. Bern, H. Körber. n. 1. 50

Bern, Stadt. Plan der Stadt Bern. Mit Hausnummern. 1 : 6,250. 4., nach amtl. Materialien ergänzte Aufl. Farbendr. 44×59,5 cm. Mit Strassenverzeichnis an den Seiten. Bern 892. H. Körber. n. 1. 50

— Plan d. Stadt Bern. 1:10,000. 36×52,5 cm. Farbdruck. Mit Strassen-Verzeichnis. (6 S.) 21×10,5 cm. Zürich (907). Art. Institut Orell Füssli. — 50

Bern (Stadt). Plan et vue de Berne. Lith. 4°. Bern 85, (Jenni). n. 1.-

— Quartier- u. Strassenplan (Umschlag: Plan m. Strassenverzeichnis u. Hausnummern) der Stadt Bern 1908. 11. (nach amtl. Quellen rev.) Aufl. 1:6250. 59×72,5 cm. Farbdr. Bern, Raillard & Co. 1. 50
2. Aufl. 1884. Bern: Huber.

— — Spezialkarte des Exkursionsgebietes v. Bern in Relief-Bearbeitung. Hrsg. unter Mitwirkg. des Verkehrs-Vereins Bern. 1 : 75,000. 63×85,5 cm. Farbdr. Ebd. (905). n. 1. 80; auf Papier in Taschenform n. 2. 40; auf Leinw. in Taschenform. n. 3. 20

— Uebersichtsplan f. d. Gemeindebez. Bern. Hrsg. v. Kataster-Bureau der Stadt Bern. 1:10,000. 67×91 cm. Farbdr. Ebd. 907. 3. 50

Bern [Verfasser]
Bern, Adolphe [Autorname] = Schindler, Fritz.

Bern, Adolph[e]. Schweizer Album. 10 charakteristische Salonstücke für Piano von A' B'. Op. 15. [Mit illustriertem Titel.] 35 S. 4. Leipzig u. Zürich *etc.*, Gebrüder Hug & C°, [1905]. M. 1. 50

Bern, Adolphe. Aus Berg und Tal = Echos des Monts et des vallées. Eine Reihe leichter Fantasien über Schweizerische Volkslieder für Piano zu 2 Händen = Suite de Fantaisies faciles.... Op. 7. [Mit illustriertem Umschlag.] 10 N°° Zürich u(nd) Leipzig, Gebrüder Hug & C°, ([19]03). jede Nummer fr. 2.—/M. 1.50

N° 1: 10 S. — N° 2. 3. 5. 6: *je* 6 S. — N° 4. 7—10: *je* 8 S.

Bern, Adolphe. Blick ich in meines Kindes Auge. Gedicht von Ernst Freisinn. Für eine mittlere Singstimme mit Klavierbegleitung komponiert von A' B'. Op. 5 N° 1. 3 S. 4. Basel, Max Pohl-Wohnlich. [1903]. fr. 1. 25
s. auch Für Herz und Gemüt! ... N° 1

Bern, Adolphe. Garde à vous! [Marsch für] Piano. Op. 6. S. 3—6. 4. Basel, Max Pohl-Wohnlich, 1904.
In: Neues Schweizer Tanz-Album. Basel ... (1904). [N° 4.]

Bern, Adolphe. Grindelwaldorlied. Leichte Phantasie über J[ohann] R[udolf] Krenger's Gr' ⟨Gedichtet v. Pfr. Gott[fried] Strasser⟩. Für Piano zu 2 Händen von A' B'. Op. 3. [Titel illustriert.] 7 S. 4. St. Gallen, Zweifel-Weber, [1904]. fr. 2. —

Bern, Adolph[e]. Klänge aus der Schweiz = Sons de la Suisse. 24 leichte Stücke für Piano von = 24 morceaux faciles pour piano par Adolph B'. Op. 11. 2 Bände = 2 volumes. [Mit illustriertem Titel.] 4. Biel = Bienne, A. Juvet, [1906]. *je* fr. 2.70
Band = Volume 1. 39 S. — Band = Volume 2. 43 S.

Bern, Adolph[e]. [Carl] Attenhofers schönste Lieder. Für Klavier zu 2 Händen bearb. von A' B'. Op. 13. [Titel mit Porträt.] 13 S. 4. Leipzig und Zürich *etc.*, Gebrüder Hug & C°, [1905]. M. 1. 50 = fr. 2. —
Dabei: Text zu »Attenhofer's sch' L'«. [2 S.] 8. (Zürich, Aktien-Buchdr., [1905].)

Bern, Adolphe. Leichte Phantasie über's Vreneli ab-em Guggisberg. ⟨Melodie nach mündlicher Ueberlieferung des Hans Nydegger.⟩ Für Piano zu 2 Händen komponiert. Op. 1, N° 1. [Titel illustriert.] 7 S. 4. Bern und Freiburg, Otto Kirchhoff, [1901]. fr. 2. —

Bern, Adolphe. Singend durch die Schweiz = Chantant par la Suisse = Cantando per la Svizzera. Grosses Lieder-Potpourri über schweizerische Volkslieder aller 22 Kantone. arrangirt von Adolphe Bern. Op. 2. St. Gallen, Zweifel-Weber.
Ausgabe für Piano à 2 ms mit Text. [Titel illustriert.] 31 S. 4. [1903.] fr. 3. 50 — Komplete Lieder-Texte. 24 S. 8. 1903. fr. —. 30

Bern, Adolphe. Mein Sternlein. Für eine mittlere Singstimme mit Klavierbegleitung komponiert von A' B'. Op. 5 N° 2. 3 S. 4. Basel, Max Pohl-Wohnlich, [1903]. fr. 1. 25
s. auch Für Herz und Gemüt! ... N° 2

Bern, Ad(olphe). Studentenmarsch für Pianoforte zu 2 Händen, der bernischen Studentenschaft zur Einweihung der neuen Hochschule gewidmet. (O alte Burschenherrlichkeit! — op. 4.) [Titel illustriert.] 5 S. 4. Bern, Otto Kirchhoff, [1903]. fr. 1. 50

Bern, Adolph(e). Schweizer Tanzalbum. 12 leichte Tänze für Piano von A' B'. Op. 12. [Mit illustriertem Titel.] 34 S. 4. Leipzig u. Zürich *etc.*, Gebrüder Hug & C°, [1905]. M. 2. —.

Bern, Carl (Architekt): Der Neubau des Progymnasiums. S. III bis VI, 1 Abb. 4.
Parität. Progymn. der Stadt Hörde 1903.

Bern, Maximilian
Ahoi! Deutsche Meereslyrik. Ausgew. von Maximilian Bern. Ill. von C. Schön. *Berlin: K. Siegismund [1899].* (352 S.) 8° [F.]

Bern, Maxim., Anthologie für die Kinderstube. Eine Auswahl der besten Ammenscherze, Spielverse, Puppengedichte, Räthsel, Fabeln, Neckmärchen, Kindergebete, altherkömmlicher Reime, sowie der neuesten Kinderlieder. Methodisch geordnet. Mit zahlreichen (eingedr. Holzschn.) Illustr. von H. Bürkner, Fed. Flinzer, C. Offterdinger u. A. und einem Titelbild in Farbendr. von C. Offterdinger. gr. 8. (X, 190 S.) Stuttgart 879, Nitzschke. geb.

Bern, Max., Anthologie für die Kinderstube. Eine Auswahl der besten Ammenscherze, Spielverse, Puppengedichte, Räthsel, Fabeln, Neckmärchen, Kindergebete, altherkömmliche Reime, sowie der neuesten Kinderlieder. Methodisch geordnet. Mit zahlreichen (eingedr. Holzschn.) Illustr. v. H. Bürkner, Fed. Flinzer, C. Offterdinger u. A. u. e. Titelbild in Farbendr. v. C. Offterdinger. gr. 8. (X, 190 S.) Stuttgart 880. Nitzschke. geb. 4. —

Bern, Max. Anthologie f. die Kinderstube. Eine Auswahl der besten Ammenscherze, Spielverse 2c. Mit zahlr. Illustr. u. 1 Titelbilde in Farbendr. 2. durchgeseh. Aufl. gr. 8. (XVI, 183 S.) [Stuttg. 889, Nitzschke.] Berl., Ab. Engel. geb. 4 —

Bern, M., Anthologie f. die Kinderstube. Eine Auswahl der besten Ammenscherze, Spielverse, Puppengedichte, Rätsel, Fabeln, Neckmärchen, Kindergebete, altherkömmlichen Reime, sowie der neuesten Kinderlieder. Methodisch geordnet. Mit zahlr. Illustr. v. H. Bürkner, Fed. Flinzer, C. Offterdinger u. a. u. 1 Titelbilde in Farbendr. v. C. Offterdinger. 2. Aufl. gr. 8. (XVI, 183 S.) Stuttgart 890. Nitzschke. geb. 4.—

—— s. Aus der Gesellschaft.

— d. Buch d. Erinnerung. E. Gedenkbuch f. alle Tage d. Jahres. M. Denksprüchen, ges. v. B. u. 4 Abb. v. Jul. Höppner nebst e. Titelb. v. Therese Laudien. gr. 8. (V, 392 S.) Leipzig 896. E. Haberland. Geb. in Leinw. m. Goldschn. 8.—

Bern, Max, Deklamatorium, s.a. Universal-Bibliothek Nr. 2291—2295.

— evangel. Deklamatorium. E. Mustersammlg. christl. Vortragsdichtgn. gr. 16. (VIII, 874 S.) Leipzig 895. Fr. Richter. n. 2.—; geb. n. 2.50

Dichtergrüsse. Eine Auswahl deutscher Poesien mit bes. Berücks. d. modernen Dichter zsgest. von Maximilian Bern. *Berlin: Tessaro-Verl. [1902].* (176 S.) 8° [F.] [02. 863.

— liebe Erinnerungen. E. Gedenkbuch f. alle Tage d. Jahres. M. Denksprüchen, ges. v. B. gr. 8. (V, 392 S.) Leipzig 896. E. Haberland. Geb. in Leinw. m. Goldschn. 6.—; m. 12 Bild. in Farbendr. n. Originalen v. Jul. Höppner. Geb. in Celluloid u. Leinw. m. Goldschn 8.—

Maximilian Bern. Es sagen die Leute. Fremdländ. Sinnsprüche Nationalsprichwörtern nachgebildet. Berlin: Concordia [1905]. (128 S.) 8° [06. 1144 II

— meine geschiedene Frau, s.: Universal-Bibliothek.

Bern, Max., christliches Gedenkbuch. Mit Sinnsprüchen f. alle Tage des Jahres, ausgewählt v. M. B., u. 13 Blumengewinden in Farbendr. nach Aquarellen v. Marie Beeg. Lex.-8. (VIII, 390 S.) Stuttgart 893. W. Nitzschke. Geb. in Leinw. m. Goldschn.

— Gedenkbuch f. Frauen u. Mädchen. M. Denksprüchen f. alle Tage d. Jahres, ges. v. B. gr. 8. (V, 392 S.) Ebd. 896. Geb. m. Goldschn. 6.—; m. 12 Bild. in Farbendr. n. Originalen v. Therese Laudien. Geb. m. Goldschn. 8.—

— Geleitworte fürs Leben, s.a. Bibliothek der Gesammtlitteratur.

Geleitworte fürs Leben. Zurufe geistl. u. weltl. Dichter. Zu christl. Erbauung u. sittl. Veredelung ausgew. von Maximilian Bern. Mit e. Einführung von P. C[arl] Werckshagen. *Halle a. d. S.: O. Hendel (1900).* (IV, 206 S.) 8° [F.]
= Bibliothek d. Gesamtlitteratur d. In- u. Auslandes. No 1358–60. [00. 9876

Bern, M., Gestrüpp, s.: Universal-Bibliothek.

Bern, Maximilian: Auf schwankendem Grunde, s.a. Universal-Bibliothek

— auf schwankem Grunde. Novelle. 2. Aufl. 16. (211 S.) Stuttgart 879. Göschen. geb. m. Goldschn. n. 4.—

Bern, Maxim., illustrirter Hausschatz für die Jugend. Eine Auswahl der besten Fabeln, Lieder, Sprüche, Märchen, Erzählungen, sowie vieler Mittheilungen aus der Natur- und Erdkunde, der Thier- und Pflanzenwelt. gr. 8. (VIII, 304 S. mit eingedr. Holzschn. und Holzschntaf.) Stuttgart 880, Nitzschke. geb.

— Heimatklänge. Ein nach Schlagwörtern alphabetisch geordnetes poet. Handbuch. Mit 8 Lichtdr.-Kunstbeilagen u. e. Heliograv. von C. v. Bodenhausen, O. Herrfurth u. A. 8. (VI, 736 S.) Stuttgart 892. Süddeutsches Verlags-Institut. Geb. in Leinw. m. Goldschn. n. 7.—

—— am eignen Herd. Ein deutsches Hausbuch. 12. (XXIV, 459 S.) Leipzig 887, Titze. geb. *

Bern, Max, Am eignen Herd. E. deutsches Hausbuch. 2. Aufl. 12. (XXII, 450 S. m. 9 Bild.) Leipzig 898. A. Titze. Geb. in Leinw. m. Goldschn. n. 5.—

[F.] Für junge Herzen. Dichtgn d. Neuzeit ausgew. v. Maximilian Bern. Bildschmuck v. Fidus. *Berlin: A. Wertheim [1897].* (2 Bl., 172 S., 4 Taf.) 1 Bd 8. [98. 851

— himmelan! Eine Blütenlese christl. Lyrik. Mit einem Briefe als Vorwort v. Jul. Sturm. Mit Porträt Jul. Sturm's in Lichtdr. u. 8 Vollbildern. 8. (VI, 552 S.) Stuttgart 889. Greiner & Pfeiffer. geb. mit Goldschn. n. 6.—

— für die Kinderstube. Eine Auswahl der besten Ammenscherze, Wiegen- u. Koseliedchen, Spielverse, Neckmärchen, Kindergebete, altherkömmlichen Reime, sowie der neusten Kinderlieder. 3., verb. Aufl. Methodisch geordnet. Mit zahlreichen Illustr. v. E. Baerwinkel, H. Bürkner, Fed. Flinzer u. A. u. 1 Titelbild in Farbendr. v. C. Offterdinger. (XVI, 211 S.) gr. 8. Leipzig (903). O. Drewitz Nachf. Geb. in Halbleinw. 4.50; in Leinw. 5.50

[F.] Neue Klänge. E. Sammlg lyr. Gedichte. F. Frauen u. Litteraturfreunde ausgew. v. Maximilian Bern. Ill. v. Richard Scholz. *Berlin: A. Wertheim [1897].* (2 Bl., 188 S., 4 Taf.) 1 Bd 8. [98. 851

Maximilian Bern. Aus einem Leben. Gedichte. Fremdländ. Sinnsprüche. Romanfragmente. *Berlin: Concordia 1900.* (110, II S.) 8° [00. 4011

—— für kleine Leute. Eine mannigfalt., sorgsame, aus alten und ganz neuen Quellen geschöpfte Auswahl der besten Gedichte für kindl. Leser. gr. 8. (XVI, 144 S. mit zahlreichen Illustr. von H. Bürkner, Ferd. Flinzer, H. Lüders rc.) Leipzig 886, E. Twietmeyer. geb. *

—— deutsche Lyrik seit Goethe's Tode, s.a. Universal-Bibliothek, Nr. 951—955.

— Deutsche Lyrik seit Goethe's Tode bis auf unsere Tage. Neue Ausg. 17. Aufl. Buchschmuck v. Al. Baranowsky. (X, 725 S.) kl. 8. Köln (909). Hoursch & Bechstedt. 1.80; geb. in Leinw. 2.50; in Ldr. 4.50

— Neue deut. Lyrik, ausgewählt. (304) kl8° Berl., Th. Knaur Nf. ('11). Ldr (6 —) d

— Die 10. Muse. Dichtgn fürs Brettl u. v. Brettl. Aus vergang. Jahrh. u. a. uns. Tagen ges. 1—11. Taus. (371) 8° Berl., O Elsner'02-04. 2 —; L. 3 —

— die zehnte Muse. Dichtungen vom Brettl und fürs Brettl. Aus vergangenen Jahrhunderten u. aus unsern Tagen gesammelt. 17. u. 18. Tausend. (à V, 371 S.) schmal 8. Berlin 906. O. Elsner. n. 2.—; geb. in Leinw. n. 3.—

Die zehnte Muse. Dichtungen vom Brettl u. fürs Brettl. Aus vergangenen Jahrh. u. aus unsern Tagen gesammelt von Maximilian Bern. 25. Taus. Jub.Ausg. Berlin: O. Elsner 1908. (371 S.) 8° [F.] [08. 14430 II

— Die zehnte Muse. Dichtungen vom Brettl u. fürs Brettl. Aus vergangenen Jahrhunderten u. aus unseren Tagen gesammelt. Neue, verb. Aufl. 48. Taus. (V, 372 S.) 8. Berlin 909. O. Elsner. 2.—; geb. in Leinw. 3.—

— Die 10. Muse. Dichtgn v. Brettl u. fürs Brettl. Aus vergang. Jahrhh. u. a. uns. Tagen. 85. Taus. (5, 376) 8° Berl., O Elsner '11. 2 —; L 3 —; Kollegen-Ausg., geb. 3 — || 100. Taus. '13. auf Büttenpapier, in Perg. 5 —

—— ein stummer Musikant. Die Geschichte einer Künstlerliebe. 16. (141 S.) Stuttgart 880, Göschen'sche Verlagsh. geb. mit Goldschn.

Ein stummer Musikant. Die Gesch. einer Künstlerliebe. Von Maximilian Bern. 3. Ausg. *Breslau: S. Schottlaender 1899.* (175 S.) 8° [F.]
= Unterwegs und Daheim. [7, 4.]

[F.] Aus der Puppen-Stube. E. Büchlein f. artige Puppenmütterchen. Von Maximilian Bern. *Berlin: A. Wertheim [1897].* (32 S.) 1 Bd 8.

—— sich selbst im Wege. Ein Stimmungsbild. 1. und 2. Aufl. 16. (90 S.) Berlin 877, Bichteler und Comp. *

Bern, Max., sich selbst im Wege. Ein Stimmungsbild. 1. u. 2. Aufl. 16. (90 S.) Berlin 877. Straßburg, Schultz & Co. n. 1. 50

—— Sich selbst im Wege. Ein Stimmungsbild. 3. verb. Aufl. 12. (112 S.) Leipzig 883, Schulze und Comp. geb.

Sich selbst im Wege. Ein Stimmungsbild aus d. Bühnenleben von Maximilian **Bern**. [4. Aufl.] Berlin-Charlottenburg: A. Mehlhorn [1907]. (100 S.) 8° [F.]

— Sonntagsglocken. Ein dichter. Hausbuch f. jung u. alt. Hrsg. v. B. Mit 1 Photograv. u. 19 Holzschn. 8. (252 S.) Regensburg 900. Verlagsanstalt vorm. J. G. Manz. Geb. in Leinw. m. Goldschn. n. 5. 50; in Celluloid m. Goldschn. n. 6. 50

— lustige Stunden. Eine reichhaltige Sammlg. heiterer Märchen, Geschichten und Schnurren. Für die Jugend ausgewählt. gr. 8. (VIII, 237 S.) Wiesbaden 887. Bechtold & Co. cart. n. 3. —

Bern, Mich. Gründliche und völlige Wiederlegung Der Bezauberten Welt Balthasar Beckers ... Nebst einem Anhange vom Licht und Recht der Natur. Mit völligen Registern versehen. Von M. Hamburg, S. Heyl & Joh. G. Liebezeit 1708. 4°. 3 Bl. 70, 958 S. 7 Bl. (davon 1 leer). Pgt. d. Z. (Rückdeckel leicht fleckig).
Vgl. H.-G. III, 178. Graeße, Bibl. Mag. p. 62.

Bern, W., die Zenz. Wann der Kirschbaum blüht, s.: Volksschriften. Münchener. Nr. 23.

Bern von Stein, Frhr., Dr. Ego der fahrende Homöopath. Elhorama einiger Kunst- und Zunftverwandten u. mehrerer Zeit- u. Unzeitgenossen. Nebst Anhang, Hahnemann-Album enthaltend. gr. 12. Leipzig 839. Weinedel. 1 1/4 ₰

Berna. Eine Weihnachtsgabe zu Gunsten der unglücklichen Zweisimmer. Dargebracht vom Kauzenkränzchen in Bern. gr. 16. (112 S.) Bern 863, Haller'sche Buchdruckerei. *

Berna. Album schweizerischer Dichter. 2. Jahrg. Herausg. von den Chutzen in Bern. Bern 864. Haller in Comm. 16. (VIII, 303 S. u. 1 Holzschn.) 24 ngr.

Berna
① Organ des gleichnamigen bernisch-kantonalen Frauenvereins (29. 4. 1899—18. 8. 1900). Zeitung für bernische Fraueninteressen für Stadt und Land und obligatorisches Organ des Hausfrauenvereins Bern (26. 1. 1951 cont.) ② Frauenzeitung Helvetia (Titel einer besonderen Ausgabe, 11. 10. 1913—27. 7. 1918), Frauen-Zeitung Berna (17. 6. 1916 cont.) ⑤ 29. 4. 1899 (cont.) ⑥ 4° ⑦ alle 14 Tage (29. 4. 1899—1. 7. 1947), Monatsblatt (18. 8. 1947 cont.) ⑧ Bern: Jenzer & Siebenmann (29. 4. 1899—22. 7. 1899), Siebenmann & Co. (5. 8. 1899—28. 4. 1900), Haller'sche Buchdruckerei (Fritz Haller-Bion) (12. 5. 1900—23. 9. 1905), Stämpfli & Co. (7. 10. 1905—21. 9. 1907), Haller'sche Buchdruckerei (5. 10. 1907—5. 8. 1911 ?); Basel: J. Haupt (? 11. 10. 1913—27. 3. 1915 ?); Bern: Karl Baumann (? 19. 6. 1915—18. 12. 1951), Baumann AG (25. 1. 1952 cont.) ⑨ Berna — Die Frau und das Haus (31. 3. 1900—10. 2. 1906, 8°, Monatsblatt); Buttericks Modenblatt (November 1904—Juli 1905. 2°, Monatsblatt, Berlin: Rudolf Mosse); Modebeilage der «Berna» (November 1905—Juni 1914, 4°, Monatsblatt); Die Frau und das Haus ,Untertitel: Berner Haushaltungsblatt (28. 1. 1925—9. 6. 1933), Offizielles Mitteilungsblatt des Hausfrauenvereins Bern (1. 7. 1933 cont.) (7. 4. 1906 cont., 8°, 7. 4. 1906—9. 6. 1933, 4°, ab 1. 7. 1933 cont., Red.:Redaktionskommission des Hausfrauenvereins Bern); Die Stauffacherin — Offizielles Organ des Bundes junger Stauffacherinnen (8. 4. 1922—15. 12. 1923, 4°, alle 14 Tage); «Der Erzieher» (6. 1. 1923—17. 9. 1948, 8°, v. 6. 1. 1923—2. 6. 1944, 4°, v. Juli 1944—17. 9. 1948, Monatsblatt, Red.: Marguerite Gobat, dann Marie von Greyerz; vorher als selbständiges Blatt erschienen; seit Oktober 1899); «Der Garten» (29. 6. 1929—26. 2. 1943, 4°, Monatsbeilage) ⑩ Frau M. Marti-Lehmann, Oberburg (29. 4. 1899—27. 9. 1913), die Drucker (11. 10. 1913 cont.) ⑪ Frau M. Marti-Lehmann, Oberburg (29. 4. 1899—27. 3. 1915 ?), Frau Prof. Müller-Glinz, Biel (7. 10. 1905—19. 9. 1908), Frau H. Lotter-Correvon, Bern (? 16. 6. 1915—15. 12. 1923), Dr. Agnes Debrit-Vogel, Bern (12. 1. 1924—15. 12. 1950), der Drucker (26. 1. 1951 cont.) ⑫ Frauenbewegung ⑭ Be: L.

Berna litterata ... 1746. V: *Gruner, Johann Rudolph.* (ML)

Berna, D. A., Kritik der preußischen Politik u. Rechtfertigung Oesterreichs in Behandlung der Fragen, welche Dänemark, Deutschland u. die Herzogthümer betreffen, dargelegt. Frankfurt a. M. 866. Verlag für Kunst u. Wissensch. gr. 8. (59 S.) n. 10 ngr.

Berna, Karl [aus Winzenheim (Ober-Elsass)]: Zur Contagiositätsfrage der Warzen und spitzen Condylome. . . . Strassburg, Univ.-Buchdr. v. J. H. Ed. Heitz (Heitz & Mündel), 1890; 34 S. + 1 Bl. 8°
Strassburg, Med. Fak., Inaug.-Diss. v. 1890

Bernacchi s. Mannstein.

BERNACKI, Johannes: De matrimonio civili ejusque relatione ad matrimonium ecclesiasticum. — (1883) 200 S. 4° (Handschr.) Diss. 367
Diss. Wien Univ.

Bernadette-Kalender zu Ehren Unserer Lieben Frau von Lourdes f. d. J. 1890—1893. 4. (104; 104; 176; 176, 16 S. m. Textillustr., je 1 Farbendr. u. je 1 Wandkalender.) Donauwörth Auer. à Jahrg. * — 50

Bernadette-Kalender, zu Ehren Unserer Lieben Frau von Lourdes f. d. J. 1895. Illustr. v. Jak. Bradl. 4. (176 Sp. u. 16 S. m. 1 Farbendr. u. Wandkalender.) Donauwörth, L. Auer. n. — 50

Bernadette-Kalender z. Ehren Uns. Lieben Frau v. Lourdes f. d. J. 1898. Red. v. Frz. Vogt. 4. (128 Sp. u. 15 S. m. Abb., 1 Farbdr. u. farb. Wandkal.) Donauwörth, L. Auer. — 30

Bernadette-Kalender zu Ehren Unserer Lieben Frau v. Lourdes f. d. J. 1899. Red. v. Frz. Vogt. 4. (128 Sp. u. 15 S. m. Abbildgn., 1 Farbdr. u. farb. Wandkalender.) Donauwörth, L. Auer. — 30
Fortsetzung s.: Heilig-Kreuz-Kalender.

BERNADOTTE (ps.), Die strenge Klavierlehrerin. O. O. u. J. (190*.) Privatdruck. (3 Kr. 60 H. W. Schindler, Pressburg, 1910.)
„Eine hübsche junge Lehrerin kuriert die Faulheit und Widerspenstigkeit ihrer Zöglinge mit Rohrstock und Rute."

Bernadotte, Prinz Oef., s.: Aus Lapplands Bergen.

Bernagle, S'bastian (Curaçoviâ Americanus), De fidejussoribus. Disp. jur. Rector Ger. Noodt. Leyden (Abr. Elzevier) 15. I. 1705. 27 S. (5.—) 2290
Gew.: Jac. Beck, Pet. Nuyts, Joh. Goedurind, Ger. Noodt, Joh. Voet. — Widm. v.: P. Nuyts, J. Plulmer, Joh. van Alphen.

Bernaleken, Theob.
—— Aus der deutschen Mythologie. 1. Zur Erläuterung der Siegfriedsage. 2. Über Schlangen u. Nattern. Wien 1869, 4°, 18 S., Schottenfeld-Realschul-Progr.

Bernander, s.a. Gottfried Behrndt, Sammelung Verirrter Musen, Magdeburg und Leipzig (1735).

Bernander, Samml. verirrt. Musen. 10 Thle. 8. Magdeburg, Scheidhauer. 736.

Bernandis, d. afrikan. Prinzessin Gesch. 8. Delitsch. 750. –

Bernaner: Der Bernaner
Ergänzen: ⓑ Festschrift der akademischen Verbindung »Berna Bernensis« 1881—1956 (1956), p. 38—40.

Bernania. Von Brandassekuranzanstalten überhaupt, mit einem besonderen Entwurf zu einer Brandasseeuranz für den Canton Bern. 1789.

Bernard von Clairvaux, sein Leben und Wirken, s. Hüffer, G.

Bernard, Fürstbischoff, s. Abendunterhaltungen in Gesprächen eines Landpfarrers.

Bernard, ein geistlicher Vater seiner leibl. Brüder. Schauspiel v. Meisner. gr. 8. Insbruck, Wagner. 769.

Bernard, Abt zu Clairvaux, d. heil, s. Bernardus Claraevallensis.

Bernard's, Klausners zu Falkenberg, Aphorismen über katholische Behandlung der Bibel in Theorie und Praxis. Herausg. von seinem Nachfolger auf der Klause. Freiburg im Br. 862. Herder. gr. 8. (XI, 335 S.) n. 25 ngr.

Bernard v. Rouvenac, e. provenzalischer Dichter des XIII. Jahrh. Kritische Ausg. m. Einleitg., Übersetzg., Kommentar u. Glossar. v. Günth. Bosdorff. (75 S.) gr. 8. Erlangen 907. (F. Junge). 2. —
Sonderabdruck aus „Roman. Forschgn."

Bernard, Grundlehren d. Hydraulik, a. d. Fr. v. K. C. Langsdorf m. K. gr. 8. Marburg, Krieger. 790.

Bernard, P., O. Cap., Handbüchl. f. Priester in Sachen d. 3. Ordens d. hl. Franziskus. gr. 16. (VIII, 136 S.) Mainz 896. F. Kirchheim. n. — 60; geb. in Halbleinw. n. — 80

Bernard, P., Laboratorium chemicum, enthalt. eine Samml. höchst merkwürd. Arcane, im Gebiete d. Färberei, Druckerei rc. 8. Nürnb. 818. (Riegel u. W.) 1 ₰ 8 gr

Bernard, Dr. Martin Mendelsohn zw. ärztl. Kunst u. medizin. Wissenschaft. gr. 8. (26 S.) Frankfurt a/M. 895. J. Alt. n. — 80

Bernard, apologet. Vortr., s.: Vorträge, apologet.

Bernard, A.
— medicin.-chirurg. Beobachtungen in d. Kriegshospitälern zu Kobrin u. Slonim gesammelt. 2 Stcke. 8. (o. D. u. Jahrz.)

Bernard, A. de, les frais de la guerre. 2 Vols. (Suivi de le trait-d'union par Moléri.) 16. (320 S.) Paris 856, (Leipzig, Gerhard.)

Bernard, A., Gründe f. die Inokulation. 16 Stck. 8. Mitau 799.

— Observations sur l'Enterrement prématuré des Juifs. 8. Mitau 799. Auch deutsch, u. d. T.: Bemerkk. über das zu frühe Beerdigen d. jüd. Leichen. 8. Ebd. 802.

Bernard, A. de, le portrait de la marquise. 2 Vols. (Bibliothèque choisie. Vol. 240 et 241.) 16. (307 S.) Paris 858. [Naumburg, Pätz.]

Bernard, A., Predigten auf d. Festtage d. seligsten Jungfrau. Zur Erbau. f. Verehrer Mariens. M. 1 Stahlst. 3. Jahrg. gr. 8. (11¼ B.) Augsburg 839, Rieger'sche Buchh.

Bernard, A., Predigten auf d. Festtage d. seligsten Jungfrau Zur Erbauung für Verehrer Mariens. 3. Jahrg. 2. Aufl. gr. 12. (7½ B. u. 1 Stahlst.) Augsburg 842, Rieger'sche Buchh.

Bernard, A., Predigten über unsers Herrn Versuchungen, Leiden und Tod. Zur Erbauung für Verehrer und Anbeter Jesu während der Fasten. gr. 8. Augsburg 837. Matth. Riegersche Buchh. (Himmer.) 7/12 ₰

— Predigten über unsers Herrn Versuchungen, Leiden u. Tod. Zur Erbauung für Verehrer und Anbeter Jesu während der Fasten. 2. Aufl. gr. 8. Augsburg 841, Matth. Rieger'sche Buchh. (Himmer.) 7/12 ₰

Bernard (A. C. I.): Vergleichung der Floren des Westindischen und Ostindischen Archipels, s. Bernard, Alfred

Bernard, A. Herm., legends of the Rhine. Transl. from the German by Fr. Arnold. 8. ed. 12. (VIII, 316 S. m. 6 Stahlst.) Wiesbaden 894. G. Quiel. Geb. in Leinw. m. Goldschn. n. 4. —

— legends of the Rhine Translated from the German by Fr. Arnold. 9. ed. 12. (VIII, 316 S. m. 6 Stahlst.) Ebd. 895. 3. —

Bernard, A. H., Legends of the Rhine. Translated from the German, by Fr. Arnold. 10.—13. ed. 12. (à VIII, 316 S. m. 5 Stahlst.) Wiesbaden (900—902). G. Quiel. n. 2. 50; geb. in Leinw. m. Goldschn. n. 4. —

Bernard, A. Herm., Eine Sammlung von Rheinsagen. Mainz (1862). 8. . . . . . (D.)

— eine Sammlung v. Rhein-Sagen. 9. Aufl. 12. (319 S. m. 6 Stahlst.) Ebd. 894. 2. 50; geb. in Leinw. m. Goldschn. 4. —

Bernard, A. Herm., e. Sammlg. v. Rhein-Sagen. 10. Aufl. 12. (VII, 319 S. m. 6 Stahlst.) Wiesbaden 896. G. Quiel. 2. 50

— dass. Translated by F Arnold. 11. ed. 12° (316 m. 6 St.) Ebd. 1900. 2.50; geb. m. G. 4 —

— eine Sammlung v. Rhein-Sagen. 10. Aufl. 12. (VII, 319 S. m. 5 Stahlst.) Ebd. (902). 2.50; geb. in Leinw. m. Goldschn. 4. —

— dass. Translated by F Arnold. 13. ed. (316 m. 5 St.) 12° Ebd. (902). 2.50; L. m. G. 4 —

Bernard, Albert, Medizinalpraktikant: Ein Beitrag zur Spontanheilung bei Netzhautablösung. Freiburg i. B.: Speyer & Kaerner 1909. 29 S. 8°
Freiburg i. B., Med. Diss. v. 1909, Ref. Axenfeld
[Geb. 26. Juni 84 Berlin; Wohnort: Freiburg i. B.; Staatsangeh.: Preußen; Vorbildung: Viktoria-Gymn. Potsdam Reife M. 02; Studium: Lausanne 1, Freiburg i. B. 5, München 3, Freiburg i. B. 2 S.; Coll. 15. Jan. 09.] [U 09. 905

Bernard Alex.: Josef Riss. †. 4. Tabor 00. **Progr.**

Bernard, Alfred: Vergleichung der Floren des westindischen und ostindischen Archipels. Ein Beitrag zur Pflanzen-Geographie. Halle a. S. 1877: (Hermann in Berlin). 92 S. 8°
Halle-Wittenberg, Phil. Diss. v. 6. Aug. 1877
Geb. Berlin 3. 10. 1853. V.
Verf. erlebte die Diplomerneuerung des Dr. sc. nat. 1927 als Apothekenbesitzer i. R. in Wernigerode

Bernard, A[uguste]. Pfarrer L(udwig) von Fellenberg, gew. Präsident der Evangel. Gesellschaft von Bern. Ein Lebensbild.... nebst Beigabe mehrerer Aufsätze des Verewigten. [Mit Porträt-Tafel.] 8. Verlag Bern. Gedruckt... in Schaffhausen. 1879.

Bernard, A[uguste]. Le piétisme à Berne à la fin du dix-septième siècle. 8. Berne 1867.

Bernard, Baylo, Platonic attachments, s.: Theatre, the modern English comic, Serie IV. Vol. 12.

Bernard, Bayle. A storm in a tea cup, s. Theatre, modern English comic.

Bernard, Bruno: Die Cretine Pöhl. Ein Beitr. z. Kenntnis d. Cretinen ... M. 6 Taf. nach Photogrammen. Würzburg, Druck d. Stahel'schen k. Hof-Buchdr., 1892; 31 S. 8.
Würzburg, Med. Fak., Inaug.-Diss. v. 1892
(Die Tafeln nicht für den Austausch)

Bernard, C.: Atlas zur operativen Medizin, s. Bernard, Claude

Bernard, C. de: Erzählungen, s. Bernard, Ch.

Bernard, C. Beck-, s. Beck-Bernard

Bernard, C. Dav., letzte Worte Davids üb. d. 70 Woch. Daniels. 8. Ulm. 715.

Bernard, Carl Amb.: Die Functionen d. elektrischen Fluidums, s. Bernard, Karl Amb.

Bernard, Ch. de, Erzählungen, s. Ausland, das belletristische.

Bernard, Ch., flore dévonienne de l'étage H. de Barrande, s.: Potonié, H.

Bernard, C., der erste Kranke — eine Liebe mit Dampf s. Bloch's, E., Theater-Gartenlaube.

Bernard, Ch. de, die Löwenhaut, s. Universal-Bibliothek Nr. 2074.

Dép. de l'agric. aux Indes Néerlandaises. Protococcacées et Desmidiées d'eau douce recoltées à Java et décrites par Ch. **Bernard**. Batavia 1908: Landsdr. (230 S.) 4°(8°) 08. 13762

Bernard, C., Studentenstreiche, s. Bloch's, E., Theater-Correspondenz.

— Studentenstreiche, s. Theater des Auslandes.

de Bernard, Charles, Christian VII. und sein Hof. 3 Bde. 8. Leipzig 841, Weber. 3 Thlr.

Bernard, Charles de

Ausgewählte Erzählungen. Aus d. Französ. von Chr. Fr. Grieb. Bd. 1.2.
Stuttgart: Franckh 1859. 340 S. 8°

de Bernard, Charles, die Frau ohne Furcht u. Tadel. Aus d. Franz. v. St. Friedrich. 8. Breslau 840. Verlags-Compt. 1 Thlr.

Bernard, Charles de, die Frau von vierzig Jahren, s.a. Collection Kikeriki.

Bernard, Charles de, die Frau v. 40 Jahren, s.a. Makart Bouquet.

Bernard, C de: Eine Frau v. 40 Jahren, s.a. Neufeld's Reisebibliothek.

[S.] Die Frau von vierzig Jahren. Von Charles de Bernard. Deutsch v. Fritz Wohlfahrt. 2. Aufl. *Berlin: Neufeld & Henius [1898].* (163 S.) 1 Bd 8.
Reise-Bibliothek, Neufelds. Bd 40.

Bernard, Charles de, ein Freundschaftsstreich. A. d. Franz. von St. Friedrich. 8. (11 B.) Leipzig 845, Literar. Museum.

— die Ikarus Flügel. A. d. Franz. v. St. Friedrich. 2 Bde. 8. (30¼ B.) Breslau 840, Verlags-Comtoir.

— Jung u. Alt. A. d. Franz. v. Fr. Steger. 8. (16 B.) Braunschweig 841, G. C. E. Meyer sen.

— der gordische Knoten. Aus d. Franz. von Francois Robert u. St. Friedrich. 2 Thle. 8. Bresl. 840. Verlags-Compt. 2½ Thlr.

— der Krankenwärter, s. Franzosen, die, d. neuesten Zeit.

de Bernard, Charles, der Landedelmann. A. d. Franz. v. Ant. Langer. 5 Thle. 8. (828 S.) Leipzig 847, Hartleben. 1⅓ Thlr.

— dass. Aus d. Franz. übers. von A. F. Rudolph. 1. Thl. 8. (336 S.) Nordhausen 848, Fürst. 1 Thlr.

— dass. s.: Lese-Cabinet, belletrist., 77—86. Lfg.

— die Liebhaberjagd. Novelle. — Der verliebte Löwe. Novelle von Frederic Soulié. Aus d. Franz. übersetzt von Karl Ziegler. gr. 12. Lemgo 840. Meyersche Hofbuchh. ½ Thlr.

— List über List. Novelle. Aus dem Franz. von Isidorus Orientalis. 8. (227 S.) Altenburg 848, Helbig. [Leipzig, Literarisches Museum.]

— ein gesetzter Mann. Uebers. v. Fanny Tarnow. 2 Thle. 8. (43¼ B.) Leipzig 844, Kollmann.

— die gelbe Rose. A. d. Franz. v. St. Friedrich. 8. (9½ B.) Breslau 838, Verlags-Comtoir.

Bernard, Charles de, die Vergeltung. Novelle, s. Kock, P. de, Jenny.

— die spanische Wand. A. d. Franz. v. St. Friedrich. 2 Bde.: Die gelbe Rose. Der alte Drache. — Abenteuer e. Gerichtsperson. Der verliebte Alte. 16. (38½ B.) Breslau 839, Verlags-Comtoir. Thlr.

Bernard, Claude

Bernard, Cl., und Ch. Huette, Atlas zur operativen Medicin, chirurgischen Anatomie und Instrumentenlehre. 112 nach der Natur gezeichnete (lith.) Taf. Mit erklärendem Text von C. Kolb. Stuttgart 862. Nitzschke. 8. (VIII, 113 S.) n. 2 Thlr 12 Ngr.

— und Ch. Huette, Atlas der chirurgischen Operationslehre mit Einschluss der chirurg. Anatomie und Instrumentenlehre. 8. (136 S. Erklärung mit 13 Stahlt.) Würzburg 853, Halm. *
Ill. *

— u. Ch. **Huette,** Atlas der chirurgischen Operationslehre mit Einschluss der chirurgischen Anatomie u. Instrumentenlehre. Enthaltend 113 nach der Natur gez. in Stahl gest. Original-Taf. sammt (136 S.) Erklärung. Würzburg 855. Halm. 8. n. 4 Thlr 10 Ngr; color. n. 7 Thlr 10 Ngr.

— — 2. (Titel-) Aufl. Leipzig 858. Hoffmann. n. 4 Thlr 15 Ngr; color. n. 7 Thlr 15 Ngr.

Bernard's, Claude, neue Funktion der Leber als zuckerbereitendes Organ des Menschen und der Thiere. Deutsch von V. Schwarzenbach. Würzburg 853. Halm. gr. 8. (VI, 110 S.) n. 20 Ngr.

Bernard, C, neue Funktion d. Leber als zuckerbereit. Organ. Deutsch v. V Schwarzenbach. 8. (110) Würzb. 53, Julien. n. — 20

—— —— Hand-Atlas der chirurgischen Operationslehre mit Einschluss der chirurg. Anatomie und Instrumentenlehre. Deutsche Orig.-Ausg. 2. und 3. Aufl. 10 Lfgn. 8. (187 S. Erklärungen mit 118 in Paris in Stahl gest. Orig.-Tafeln.) Leipzig 860, R. Hoffmann.

—— —— Handbuch der operativen Medicin, chirurg. Anatomie und Instrumentenlehre. Nach dem Franz. Frei bearb. von Rob. Dürr. 2 Bde. 2. (Titel-)Aufl. 8. (666 S. mit 112 nach der Natur gezeichn. Stnt.) Schw. Hall (854. 55.) 57, Nitzschke.

— — Handbuch der operativen Medicin, chirurgischen Anatomie und Instrumentenlehre. Mit 112 nach der Natur gez. (lith.) Taf. Nach dem Französ. Frei bearb. von Rob. Dürr. 2 Bde. 2. (Titel-) Aufl. Ebend. (856.) 8. n. 5 ℛ

— — die operative Medicin und chirurgische Anatomie. In mehr als 100 Taf. u. erläuterndem Text. Nach dem Französ. Frei bearb. von Rob. Dürr. 2 Bde. Schw. Hall 855. Nitzschke. 8. (302 S.; VI, 340 S. u. XVI S. Erklärung.) 9 ℛ

Bernard's, Claude, Vorlesungen über den Diabetes u. die thierische Zuckerbildung. Deutsch hrsg. u. ergänzt von Carl Posner. gr. 8. (XVI, 359 S.) Berlin 878. Hirschwald. n. 8. —

Bernard's, Claude, Vorlesungen üb. die thierische Wärme, die Wirkungen der Wärme u. das Fieber. Uebers. v. Adf. Schuster. Mit 8 (eingedr.) Holzschn. gr. 8. (XIV, 485 S.) Leipzig 876. F. C. W. Vogel. n. 8. —

Bernard, David, De statu mortuorum ex mente veterum druidum ad Lucani lib. I. V. 404 seq. diss. . . scholae Cizensi. Lpz. (Langenheim) Mai 1732. 4 Bl. (3.—) 2291
J. Fr. Schreiter (Lpz.), J. Wilh. Ritter (Lpz.), Chn. Benj. Wachter (Zeitz).

— — In veterum per orbem scribendi morem. Zeitz (Huch) 5. VI. 1740. 11 S. (3.—) 2292
C. Chph. Fritsch (Zeitz).

Bernard, E., geb. Gad. Briefe während meines Aufenthalts in England und Portugal an einen Freund. 8. Hamburg 1802.

Bernard, E., (jetz. Domeier.) Briefe währ. meines Aufenthaltes in Engl. u. Portugal. 2 Thle. gr. 8. Hamb. Campe. 808. (1r 2 Rthlr., 2r 1 Rthlr. 20 gr.)
Velinp. (à 3 Rthlr.)

Bernard, E. Mitteilungen aus dem englischen Schulleben. 30 S. *Creuznach* 1881. Progr.

— — Neueste Reise durch England und Portugal, in Briefen. 8. Hamburg 1803.

Bernard, E: Eine intrigante Stiefmutter, s: Roman-Perlen.

Bernard, Emil, William Langland. A grammatical treatise. gr. 8. (94 S.) Bonn 874. Strauss. n. 2. —

Bernard, Emil ⟨geb. am 21 Okt. 1850 in Posen⟩: Grammatical treatise on the language of William Langland preceded by a sketch of his life and his poem Piers the Plowman ... Bonn, Druck v. C. Georgi 1874. 2 Bl., 94 S., 1 Bl. 8. ¶ Erschien in dems. J. selbständig bei Strauss in Bonn *u. d. T.*: William Langland. A gramm. treatise.
Bonn, Phil. Fak., Diss. v. 8 Aug. 1874

Bernard, Esther, s. Esther Domeier.

Bernard, Eug., s. a.: Staberow, Paul.

Bernard, Eug., Léon Michel Gambetta. Vom Krämersohn bis zum Dictator oder der Ruf der Sylvesterstunde. Historisch-romant. Erzählung aus Frankreichs jüngster Vergangenheit. 1.—17. Heft. gr. 8. (1. Bd. S. 1—403.) Elbing 883, Ostdeutsche Verlags-Anstalt. à Heft 10 Pf.
Nicht weiter erschienen. Vergriffen.

Bernard, Eugen

Bernard, Eug., das Geheimnis der Düne, od. der Schatz des Montezuma. Eine abenteuerl. Geschichte aus Kalifornien u. Mexiko. 8. (128 S.) Leipzig (900). Erfurt, F. Bartholomäus. — 60

Das Geheimnis der Düne oder Der Schatz des Montezuma. Eine abenteuerliche Geschichte aus Kalifornien u. Mexiko. Von Eugen **Bernard**. *Erfurt: F. Bartholomäus [1901].* (128 S.) 8° [F.]
(Kollektion Fahrten u. Abenteuer. No 23.) [03. 05]

Bernard, Eug. (Paul Staberow), Kloster Marienberg od. d. Schrecknisse der Irrenzelle. Kulturhistor. Roman. 55 Lfgn. gr. 8. (1828 S. m. je 1 Vollbild.) Berlin (896). Deutscher Volksschriften-Verlag. à — 10

—— die Nihilisten. Roman aus den jüngsten Tagen. 40 Hefte oder 3 Thle. gr. 8. (362; 422; 496 S. mit 40 Holzschntaf.) Dresden 881—83. C. G. Lohse. à Heft 25 Pf.

—— Schloß Ravenhorst oder der Sünde Fluch. Neuester Volksroman. 100 Hefte oder 4 Bde. gr. 8. (402; 356; 380; 464 S. mit je 1 Chromolithogr.) Neusalza 883,84, Oeser. à Heft 10 Pf.

— Wer war's?, s.: Bibliothek, interessante, Nr. 30.

Bernard, F., aus Ketten u. Banden. Berühmte Fluchten u. Abenteuer a. d. Geschichte. In deutscher Übertragg. v. A. Rudolph u. Rich. Otto. 1.—3. Taus. 8. (332 S. m. Abb.) Großenhain 897. H. Starke. n. 2. 50; geb. in Leinw. n. 3. 50

Bernard, F., u. D. E. **Stöber,** vie d'Oberlin, s.: Textausgaben französischer u. englischer Schriftsteller f. den Schulgebrauch.

Bernard, G., Recueil de poésies fugitives, s. a. Recueil.

Bernard, G., Recueil de poésies fugitives et d'essais-traductions en vers libres et métriques. De plusieurs pièces de classiques allemands les plus estimés, ainsi qu'une traduction en prose d'un des contes à mes fils, par Kotzebue. Hambourg 853. (Engel.) gr. 8. (1 Bl., 98 S.) 10 ngr

Bernard, G. L., Variétés philosophiques et littéraires. 2 Voll. 8. Braunschw. 816. Pluchart. 1 ℛ 8 ℊ

Bernard, H., der kleine Ludwig. Eine wahre Geschichte. 7. Aufl. (16 S. m. Abbildgn.) 8. Basel (900). Basler Missionsbuchh. — 10

Bernard, Hans, approb. Arzt aus Potsdam: Die geburtshilfliche Bedeutung der Doppelbildungen von Uterus und Vagina. Nach Zusammenstellung von 100 Fällen. *Leipzig 1904: B. Georgi.* (46 S.) 8°
Leipzig, Med. Diss. v. (23. Febr.) 1904

Bernard, J, s. a.: Muschi, JB.

Bernard, J., Repetitorium der Chemie für studirende Mediciner, Pharmazeuten etc. nach dem neuesten Standpunkte der Wissenschaft und auf Grund der atomist. Theorie bearb. 1. Thl.: Anorganische Chemie. 8. (VI, 200 S.) Breslau 872, Maruschke und Berendt.

Bernard's, J., Repetitorium der Chemie für studierende Mediziner und Pharmazeuten, sowie zum Gebrauche bei Vorlesungen. 1. Thl.: Anorganische Chemie. 2. nach dem neuesten Standpunkte der Wissenschaft umgearb. Aufl. von Jos. Spennrath. 8. (VI, 198 S.) Aachen 884, Mayer. *

Bernard's, J., Repetitorium der Chemie f. studierende Mediziner u. Pharmazeuten, sowie zum Gebrauche b. Vorlesungen. 2 Tle. Aachen. 888. 889. C. Mayer's Verl. n. 6. —
1. Anorganische Chemie. 3., umgearb. Aufl. v. Jos. Spennrath. (VI, 204 S.) n. 2. 80
2. Chemie der Kohlenstoffverbindgn. [organ. Chemie]. 2., verm. Aufl., bearb. v. Jos. Spennrath. (IV, 239 S.) n. 3.20

Bernard, J, Wörterbüchlein u. Biographie Krams, s.: Kram, J, Kraut u. Arbes.

Bernard, J. B. C., fleurs de la galanterie françoise, ou choix de madrigaux et d'autres pièces fugitives. Wien, Wimmer. 813.

Bernard, J. C., Faust, s.: Breitkopf & Härtel's Textbibliothek.

Bernard, J. C., Faust, s.: Mode's Opern-Text-Bibliothek.

Bernard, (J. C.,) Libussa, romant. Oper in 3 Aufz. Musik v. Kreutzer. gr. 12. Wien 823, Wallishauser.

Bernard, J. Muschi, s. Bernard, Jean

***Bernard,* J. P. C.,** fleurs de la galanterie française, ou choix de madrigaux et d'autres pièces fugitives. Wien 813. Wimmer. 12 gr

Bernard, J. P. C., petit Guide, des amateurs de l'histoire universelle, par C. A. G. Ouvrage traduit de l'allemand et enrichi d'une table chronologique. Nouv. edit. 12. Vienne, Geistinger. (Leips. Weygand.) 812.

Bernard, I. St., s. Bernard, Johann Stephan

Bernard, Jak., Abhandl. von d. Vortrefflichkeit d. Religion. 8. Wism. 754. Bödner. 16 gr

Bernard, Jac., v. d. spät. Buße. 8. Braunschweig, Schulbuchh. 740.

Bernard, Jean, s. a.: Muschi, Jean Bernard.

† Bernard, Jean [Muschi], mein Anhalt. Sagen und Märchen, für Jung und Alt erzählt. 6 Lfgn. gr. 8. (284 S.) Dessau 886, Baumann's Verlag. à Heft * compl. geb. *

Bernard, Jean, Goethe und Schiller in der Schule. Eine Spruchsammlung für die Hand des Schülers zum Gebrauche bei Anfertigung deutscher Aufsätze. Ausgewählt und mit einem ergänzenden Register versehen. gr. 16. (VIII, 112 S.) Leipzig 878, Wartig's Verlag. *

Bernard, Jean, zwei Herzen u. ein Schlag. Epische Dichtung. 8. (VIII, 60 S.) Leipzig 880. Wartig's Verl. n. — 80

Bernard, Jean (Muschi), Seine Hoheit. Eine Hofgeschichte. 8. (352 S.) Dresden 900. E. Pierson. n. 3.—; geb. n. 4.—

— Seine Hoheit. 900. (KBV 31.) Jetzt: Berlin, Berl. Berlin-Wien.

Bernard, Jean, die Jungfrau v. Oldenwörd, s.a. Muschi, Jean Bernard.

— die Jungfrau von Oldenwörd. Novellen in Versen. 12. (39 S.) Dresden 888, Pierson's Verlag. * geb. mit Goldschn. *

— d. Jungfrau v. Oldenwörd. Novelle in Versen. 12 (39) Dresd. 89. Pierson. n. — 75; geb n 1. 75

— die deutschen Klassiker in der Schule. Eine Spruchsammlung für die Hand des Schülers zum Gebrauche bei Anfertigung deutscher Aufsätze. Ausgewählt u. mit vollständ. Register beider Bdchn. versehen. 2 Bdchn. gr. 16. (VIII, 112 u. XVI, 126 S.) Ebend. 879. n. 2. —; geb. n. 2. 80

— Lieben und Leben. Novelletten. 1. und 2. Aufl. gr. 8. (VIII, 105 S.) Dessau 884, Baumann. *

— Isidore v. Lohma. Epische Dichtung aus dem 15. Jahrh. 1. und 2. Aufl. gr. 8. (XVIII, 163 S.) Kaiserslautern 875, Muschi. *

Bernard, Jean, Isidore v. Lohma. Epische Dichtg. aus dem 15. Jahrh., 3., durch e. poet. Vorwort verm. Aufl. gr. 8. (XVII, 163 S. m. e. Holzschntaf.) Kaiserslautern 876. Muschi. n. 4. —

— Isidore v. Lohma. Ep. Dichtg a. d. 15. Jahrh. 3. Afl. 8. (163 m. e. H.) Würzb. 76, Stuber. n. 4. —; geb. n. 6. —

— Isidore v. Lohma. Epische Dichtg. 4. Aufl. Mit dem Bilde d. Dichters. 8. (VIII, 160 S.) Leipzig 880. Wartig's Verl. n. 3. —; geb. n. 4. —

— Magnus. Eine epische Dichtung. 8. (XII, 255 S.) Ebendas. 881. * M 4.; geb. *

Bernard, Jean (Jean Bernard Muschi), unter Ruinen. Kriminal-Roman. 2 Bde. (112 u. 119 S.) 8. Mülheim a/R. (904). J. Bagel. à n. — 80; in 1 Bd. n. — 60

Bernard, Jean, Wörterbüchlein u. Biographie Krams, s.: Kram, J., Kraut u. Arbes.

Bernard, Jean, aus alter Zeit. Eine Gedankensammlung aus der ersten Blütezeit deutscher Literatur. Für Freunde des Mittelhochdeutschen hrsg. 8. (XII, 276 S. mit Kopfleisten, Initialen und Schlußvignetten.) Leipzig 880, Wartig's Verlag. * M 4.; geb. *

Bernard, Ign., Katechismus der Rechenkunst für Banquiers, Münzbeamte u. vorzüglich für Gold- u. Silberarbeiter u. Juweliere. Nebst Münz- u. Gewichtstabellen rc. 2. Ausg. Berlin 868. Mode. 8. (VI, 164 S.) 15 ngr.

Bernard, Ign., Katechismus der Rechnenkunst für Gold- und Silberarbeiter u. Juweliere, so wie auch für angehende Münzbeamte. Enthaltend: Die 4 Species rc. Zum Selbstunterricht, und zur Vorbereitung auf das Gehilfen- u. Meisterexamen. Weimar 855. Jansen u. Co. 8. (VI. 164 S.) 25 ngr.

Bernard, Jh. Aloy., die Vorzüge d. Christenthums rc., f. alle Menschen nach Offenbarung u. Vernunft. gr. 8. Landsh. 795. Weber in Münch. 9 gr

Bernard, Johann

Bernard, J., vollständ. Forst- u. Jagdlehre in Fragen u. Antworten. Nach d. besten Forstautoren. 8. Prag, Enders. Rthlr.

Bernard, Johann: Vollständige Forst - und Jagd lehre in Fragen und Antworten. – Prag 1811. 200 S.–

Bernard, Jh., Skizze d. kleinskaler Meyerhofes u. d. dort eingeführt. regelm. Klee-Anbaues. 4. Prag 822. (G. Haase S.) 12 gr

Bernard, (J.) Skizze d. kleinstaler Meyerhofes u. d. dort eingeführt. regelmäß. Klee-Anbaues. gr. 8. Prag 822. (Krauß.)

— **Johann Andreas** (Amsterdam), De jure personarum in statu naturali. Diss. jur. Rector Luc. vande Poll. Utrecht (W. vande Water) 10. VIII. 1705. 15 S. (4.50) Gew.: Dan. Bernard. 2293

Bernard, Johann Stephan

— s. Th. Hoani, epitome.

Bernard, I. St., reliquiae medico-criticae ed. C. G. Gruner. gr. 8. Jena, Academ. Buchh. 795.

Bernard, Jh. Steph., († Aug. 1793.) reliquiae medico-criticae ed. C. G. Gruner. 8maj. Jena 795. (Hennings in Neisse). 6 gℓ

Bernard, Johann Stephan: R e l i q u i a e medico-criticae.
4. 6. Ienae (1796:) Fiedler 8°
4: (1796) Einladungsschrift zur Dr. med.-Promotion von Johann Gottfried Bremser, Jena, 30. März 1796.
6: (1796.) Einladungsschrift zur Dr. med.-Promotion von Michael Brandt. 1772, Jena, 4. Juni 1796.

Bernard, Johannes [cand. med. aus Gross-Strehlitz (Schlesien)]: Über Kastration bei Fibromyom des Uterus .... Würzburg, Anton Boegler'sche Buchdr., 1887; 28 S. + 1 Bl. 8°.
Würzburg, Med. Fak., Inaug.-Diss. v. 1887.

B e r n a r d, J o h a n n e s, über Kastration bei Fibromyom des Uterus. Diss. Würzburg 1887, Stahelsche Univ.-Buchh. 8°. 28 S.

Bernard, Jos., formale Logik f. Gymnasien. gr. 8. (123 S.) Prag 890. (H. Dominicus.) n. 2. —

Das Liebeswerk der Frauen 'Vom guten Hirten'. Von Julius **Bernard**, Rektor. Dülmen: A. Laumann 1905. (76 S.) 8° [J.] [06. 10770

Bernard, Karl Amb., die Functionen des elektrischen Fluidums, vorzüglich in Hinsicht des menschlichen Körpers im gesunden u. kranken Zustande. gr. 8. Wien 838. (Rohrmann u. Schweigerd.) 5/6 ℛ

Bernard, L.: Das Elektrizitätswerk, s. B e r n a r d , Louis

— **Leop. Prosper** (Dinant), De missione in possessionem bonorum absentis ex ultimo decreto, secundum jus civile hodiernum. Diss. jur. Rector J. M. Vanderheyden. Lüttich (P. J. Collardin) 10. II. 1819. 24 S. (4.—) 2294
Fac. jur. Decan: P.-J. Destriveaux.

Bernard, Louis

Bernard, L., Das Elektrizitätswerk. Erläuterungen für Gemeinden über Errichtung und Betrieb kleinerer Elektrizitätswerke in den österr. Alpenländern. Gr.-8°. (143 S.) K 5. — Wien: R. v. Waldheim 1905.

Bernard, L: Das Elektrizitätswerk. Erläutergn f. Gemeinden üb. Errichtg u. Betrieb kleinerer Elektrizitätswerke in d. österr. Alpenländern. (143) 8° Wien, R v. Waldheim '06. 4.50

Bernard, Louis, Stadtbaurat: Die Entwickelung und Bedeutung der elektrotechnischen Industrie in Oesterreich. München [1909]: Meisenbach, Riffarth & Co. 50 S. 8°
Tübingen, Staatsw. Diss. v. 2. April 1909, Ref. Fuchs
[Geb. 23. Nov. 75 Sacco, Südtirol; Wohnort: Villach; Staatsangeh.: Österreich; Vorbildung: Höh. Staatsgewerbesch. Pilsen; Studium: Aachen Techn. Hochsch. 2, München 4 S.; Coll. 4. März 09.] [U 09. 3970

Bernard, Louis, die Gemeindebetriebe in Osterreich, s.: H o r á d e k , E.

— Sammlung v. V e r t r ä g e n u. Bedingnissen für Gründung, Bau u. Betrieb v. Elektrizitätswerken. (VI, 255 S.) gr. 8. Brixen 908. (Graz, O. Erber.) 18. —

— **Die V e r w a l t u n g v. Elektrizitätswerken (besonders in Österreich). (VII, 828 S. m. 5 Taf.) Lex. 8. Wien 908. A. Hartleben. 10.—; geb. 12. —**

Bernard, M., Gold im Handwerk, s. T h e a t e r - R e p e r t o i r, Wiener.

Bernard, O., Noch ein Wort an die deutsche constituirende Nationalversammlung. gr. 8. (7 S.) Frankfurt a. M. 847. (Leipzig, Verlagsbureau.)

Bernard, O., Noch Ein Wort an die deutsche constituirende Nationalversammlung. Frankfurt a. M., C. Adelmann, 1848. 7 S. 8°.

Bernard, O., Noch ein Wort an die deutsche constituirende Nationalversammlung. gr. 8. (7 S.) Frankfurt a. M. 848. (Leipzig, Verlagsbureau.) 1 ngℓ

Bernard, Paul, Dr. Des attentats à la pudeur sur les petites filles. (Laboratoire de médecine légale de Lyon.) Avec 2 plchs. Gr. in-8°, 145 p. Bâle, Genève, Lyon, H. Georg. 1886? 5 —

Bernard, Robert *(geb. Katscher in Oberschles. 24. 4. 1848)*: Beitrag zur Geschichte der Oberkieferresection. Breslau (1873). (21 S.) 8°
Breslau, Med. Diss. v. 11. Aug. 1873

Bernard, Rodolphe [aus Roppentzweiler (Elsass)]: Ueber die Oxydation des Dimethyl- respektive Diaethylhydrotoluchinons und einige Derivate desselben. Basel 1897. 40 S. 8°.
Basel. Phil. Diss. 1897/98.

Bernard, Tristan, ein sanftes **Männchen.** Roman. Einzig berecht. Übersetzg. aus dem Franz. v. F. Gräfin zu Reventlow. (192 S.) 8. München 903. A. Langen. n. 2. —; geb. in Leinw. n. 3. —

Bernard, Tristan, ein Musterjüngling. Roman. Einzige berecht. Übersetzung a. d. Franz. v. F. Gräfin zu Reventlow. 8. (245 S.) München 902. A. Langen. n. 2. 50; geb. n. 3. 50

— das tolle Paris, s.: B i b l i o t h e k berühmter Autoren. 27. Bd.

Bernard, Tristan, jagdbares Wild. Abenteuer zweier Frauenjäger. Autoris. Uebersetzg. aus dem Franz. (195 S.) 8. Berlin 910. Verlag Dr. Wedekind & Co. 3.—; geb. 4. —

Bernard, Vincenzia, Hilfsbuch beim Clavier-Unterricht in 3 Abtheilungen mit Beilage „Notenbeispiele". gr. 8. (VIII u. 44 S.) geh. 1 fl. 50 kr. Wien: Moritz Perles 1881.

B e r n a r d, W. B., the man about town, s. T h e a t r e the british

Morgendämmrung. Ein dramat. Gedicht von **Walter Bernard**. *Berlin: Verl. Aufklärung 1901.* (55 S.) 8° [F.] [01. 1639

Bernard, W: **Morgendämmerg. Dramat. Gedicht. (55) 8° Berl., Dr. J Edelheim '01. (Lpzg, CF Fleischer.) 1.50 d**

Bernard Derosne, Judith [wirkl. Name]
s. Judith, Madame [Pseud.] [11. 16926

Bernardakis, D. N., Fausta. Schausp. in 5 Aufz. Mit Zustimmg. d. Dichters metr. übers. v. Ludw. v. Rephasrovich. 8. (141 S.) Leipzig 898. W. Friedrich. n. 2. —; geb. n. 3. 20

Bernardakis, Greg., Symbolae criticae in Strabonem vel censura Cobeti emendationum in Strabonem. gr. 8. (58 S.) Leipzig 877, (Teubner.) *

—— Symbolae criticae et palaeographicae in Plutarchi vitas parallelas et moralia. gr. 8. (VIII, 147 S.) Ebendas. 879. *

Bernardakis, Greg. N.
Bernardakis, G. N., Κριτικὰ καὶ ἑρμηνευτικὰ εἰς Πλουτάρχου παραλλήλους βίους. 8.-A 1878. 82 S. 1.—

Bernardakis, Greg. N., s.: Πλουτάρχου τὸ ἐν Δελφοῖς Ε προσφωνεῖται Ἐρνέστου Κουρτίῳ ἄγοντι ὀγδοήκοντα ἐτήριδα.

— Πλουτάρχου τὸ ἐν Δελφοῖς ε. Gel. 1894. 86 S.

St. Bernard-Combin [Schlagwort]
St. Bernard-Combin, s.: Schweiz. Atlas. Volksatlas.

Bernardi, s.a. Bernardus

Bernardi, la république ou du meilleur gouvernement etc. en latin et en françois. II Vol. 8. Strasbourg, König, 808.

Bernardi, Alph., 1. Tl. E. neues kombin. Verfahren zur einz. wahren Heilg. d. Nervenschwäche (Neurasthenie). 2. Tl.: Kneipp'sche Heilkräuter u. der. Verwendg. i. d. verschied. Krankheiten, sow. d. Bereitg. d. Thee's, Tinkturen, Salben, Pulver u. Oele. gr. 8. (27 S.) Wörishofen 897. F. Krause. — 60

Bernardi, Augustin (Hrsg.), s. Beiträge zu verschiedenen Wissenschaften...

Bernardi, Clara, Lebensblätter. Eine Sammlg. sinn. Gedichte u. Aussprüche f. Geist u. Herz. gr. 8. (128 S. m. Abbildgn. u. 5 Farbdr.) Nürnberg (900). Th. Stroefer. Geb. in Leinw. m. Goldschn. 3.—; m. Konfirmations-Widmung zu gleichem Preise.

Bernardi, G. E., Oden, Erzähl., Lieder rc. gr. 8. Dresden, Walther. 751.

Bernardi, I. St., s. Bernard, Johann Stephan

[J.] Tugenden und Herrlichkeiten der allerseligsten Jungfrau Maria. E. Blumenkranz, aus d. Ital. übs. u. d. lieben Gottesmutter gewidmet v. Dr. Joseph Anton Keller, Pfarrer in Gottenheim b. Freiburg. (Vf.: Jacopo Bernardi.) ... Kevelaer: Butzon & Bercker 1897. (XVI, 364 S., 1 Taf.) 1 Bd 8. 98. 1843

Bernardi, M., Cavour, s.a. Sammlung gemeinverständlicher wissenschaftl. Vorträge.

Bernardi, Cavour. Hamburg 888.

Bernardi M. Cavour. (Sammlung wiss. Vortr. NF 64) Hamburg 1889

— die Waise v. Warschau. Roman. 8. (302 S.) Breslau 887. Schlesische Verlagsanstalt. n. 4.50; geb. n. 5.50

Bernardi, M., die Waise von Warschau. Roman. 8. (302 S.) Breslau 887, Schottländer. *ℳ 4.50.; geb. *

Bernardi, Oronzio de
Bernardi, O. de, Lehrbegr. d. Schwimmkunst, a. d. Ital. 2 Bde. m. K. gr. 8. Weimar, Industrie Comt. 797. (à 1 Rthlr.)

Bernardi, Oronzio de, Vollständiger Lehrbegriff der Schwimmkunst, auf neue Versuche üb. d. spezifische Schwere d. menschl. Körpers gegründet, a. d. Ital. übers. u. m. Anm. begleit. v. Friedrich Kries, Weimar 1797, XXVI u. 251 u. 242 S., 12 Taf., 8°.

Bernardin de Picquigni, P., O. Cap., Vorbereitg. auf e. guten Tod, od. mehrtäg. Exercitien f. alle Stände. N. d. Franz. frei bearb. v. e. Weltpriester. 12. (427 S.) Steyl 897. Missionsdruckerei. Geb. in Leinw. n. 1.80

Bernardin de Saint-Pierre, s.a. Saint-Pierre.

Bernardin, de St. Pierre, J. H.
— vermischte kleine Aufsätze, ins Neugriech. übersetzt. Paris u. Leipzig 825, Bossange.

Bernardin de St. Pierre, I. H., Betracht. üb. d. Natur, a. d. Franz. 2 Thle. 8. Görlitz, Anton. 795. 796. (à 12 gr.)

— études de la nature. 8 Vol. av. Fig. 12. Münster, Coppenrath. 791.

— le même ouvrage 5 Vol. 8. ibid.

— le même ouvrage. X Vol. av. Fig. 18 Par. (Sommer in Leipz.) 793.

— Oeuvres complett. VII Vol. 18. Leipz. G. Fleischer. 797.

— Paul et Virginie. av. fig. 18. Bern, Typogr.

— Paul et Virginie. 16. Leipz. Sommer. 810. av. fig. color.

Bernardin, J. H. de St. Pierre, Paul et Virginie, Nouv. Edit. gr. 8. Lips. Sommer. 820.

— — le même av. figures color. gr. 8. Ebend, 820.

Bernardin de St. Pierre, (J. H.,) Paul u. Virginie, ins Neugriech. übers. 12. Paris u. Leipz., 824, Bossange.

Bernardina s.a. Maria Bernardina.

Bernardina, Schwester Maria, P. Martin von Cochem. Sein Leben, sein Wirken, seine Zeit. Nach histor. Quellen bearb. 8. (III, 215 S. mit Bildnis und facs. Handschrift.) Mainz 886, Kirchheim. ℳ 1.80.; geb.

Bernardini a Piconio Triplex expositio beati Pauli apostoli epistolae ad Romanos: Analysi, qua textus apostolici ordo et connexio declaratur; paraphrasi, qua mens apostoli breviter exponitur et clare; commentario, quo litterales notae, variae lectiones sensusque textui conformiores afferuntur. Accedunt et observationes dogmaticae, morales et asceticae, pastorales per totum commentarium dispersae et in corrollario pietatis vel doctrinae post singula capita collectae. Ad usum studiosorum s. Theologiae et sacerdotum in vinea Domini laborantium emendata et aucta per Michaelem Hetzenauer. Innsbruck, Vereinsbuchh., 1891, gr. 8°, XXXVIII und 603 S., 9,60 Mk. (4,80 fl.)

Bernardini a Piconio, triplex expositio beati Pauli apostoli epistolae ad Romanos: analysi, qua textus apostolici ordo et connexio declaratur; paraphrasi, qua mens apostoli breviter exponitur et claro; commentario, quo litterales notae, variae lectiones sensusque textui conformiores afferuntur. Accedunt et observationes dogmaticae, morales et asceticae, pastorales per totum commentarium dispersae et in corollario pietatis vel doctrinae post singula capita collectae. Ad usum studiosorum s. theologiae et sacerdotum in vinea domini laborantium emendata et aucta per Michaelem Hetzenauer. gr. 8. (XXXVIII, 603 S.) Innsbruck 892. Vereins-Buchh. u. Buchdruckerei. n. 9.60

Bernardini Senensis, S, de dominica passione, resurrectione et ss. nomine Iesu contemplationes. Excerptae ex operib. eiusdem sancti per singulos anni dies distributae titulis distinctae notisque illustratae a IO Vives. (674) 12° Rom, (F Pustet)'08. 3.20

Bernardini Senensis, S., de dominica passione, resurrectione et ss. nomine Iesu contemplationes. Excerptae ex operibus eiusdem sancti per singulos anni dies distributae titulis distinctae notisque illustratae. a I. C Vives, O M. Cap. (IV, 674 S.) 12. Rom 908. (F. Pustet.) n. 3. 20

Bernardini, Antonio

Bernardini, A, grammat. della lingua portoghese ad uso degl' Italiani. 8. (692) Triest 58, (Dase.) n.n. 3. 15

Bernardini, Antonio, Grammatica della lingua portoghese ad uso degl' Italiani sulle traccie della grammatica filosofica della lingua portoghese dell' Jeronimo Soares Barbosa. Con vari esercizi nelle due lingue compilata. 8. (692 S.) Triest 858(60), (Schubart.) **

Bernardini, Francesco, Novellen. Vom Verf. autoris. Uebersetzung. 8. (164 S.) Leipzig 880, Friedrich. *

Bernardo u. Emmelina, s.a. **Alexis, der Wanderer.**

Bernardo und Emmelina; oder die Schrecknisse der Folterkammer und Woldemar von Alex dem Wanderer. Altona 1825. V: *Förster, Lebrecht Günther.* (MGT)

Bernardo de Nantes, O. Cap., catecismo da lingua Kariris. Publicado de novo por Julio Platzmann. Edição facsimilar. 8. (VI, XXIII, 363 S.) Leipzig 896. B. G. Teubner. n. 20. —

Ⓑ **Bernardo** de Nantes, Catecismo da lingua Kariris. 896. (KBL 29.) Jetzt: Leipzig, O. Harrassowitz. Erm. Pr. nn 12.—

BERNARDON, s. *Kurz, Josef v.*

Bernardon; od. der ohne Holz verbrannte Zauberer. 8, Wien, Trattnet. 770.

Bernards, J., Aufsatzübungen der Volksschule, s.: Werner, A.

Bernards, Jos., Anleitung zur Erteilung des Unterrichtes im Singen in der dreiklassigen Volksschule. (VI, 59 S.) 8. Aachen 904. A. Jacobi & Co. n. — 80

Bernards, Jos., Erstes Arbeitsheft z. allgem. Musik- u. Harmonielehre. gr. 8. (III, 16 S.) Aachen 898. A. Jacobi & Co. n. — 50

Bernards, Jos., zweites Arbeitsheft zur allgemeinen Musik- u. Harmonielehre. gr. 8. (16 S.) Aachen (899). A. Jacobi & Co. n. — 50

Bernards, Jos., Borussia. Zweiundzwanzig der beliebtesten Vaterlandslieder für vierstimmigen Männerchor, zunächst für höhere Lehranstalten und Gesangvereine hrsg. gr. 8. (29 S.) Aachen 878, Jacobi und Comp. *

— 20 deutsche Choräle in vierstimmiger Bearbeitung. Für den Gebrauch an Lehrer-Seminarien u. Praeparanden-Anstalten. Op. 10. qu. gr. 4. (16 S.) Aachen 878. Barth. — 75

Bernards, J., die Complet. Für den vierstimmigen Männer- [Frauen-] Chor in leichter Bearbeitg. hrsg. Op. 34. gr. 8. (28 S.) Aachen 888. A. Jacobi & Co. n. — 40

Sechs Fugen für die Orgel, sowie auch f. d. Harmonium comp. von Jos. Bernards, Sem.-Musiklehrer in Kempen. Opus 12. 2. Aufl. *Aachen: A. Jacobi & Co. [1899].* (13 S.) quer-8° [00. 4979

Bernards, Jos., kurze Gesangmethode für Lehrer an Volksschulen. 8. (IV, 62 S.) Aachen 882, Jacobi und Comp. *

— kurze Gesangmethode f. Lehrer an Volksschulen. 2., verm. Aufl. 8. (94 S.) Ebd. 888. n. — 80

— Kirchengesänge f. die verschiedenen Zeiten d. Kirchenjahres, zum Gebrauche in Seminarien u. Kirchenchören gesammelt u. f. Männerstimmen bearb. 8. (IV, 93 S.) Stolberg (899). J. Mathes. Geb. in Leinw. n. 1. 25

Kirchengesänge für die verschiedenen Zeiten des Kirchenjahres zum Gebr. in Seminarien u. Kirchenchören gesammelt u. f. 4 Männerstimmen bearb. von Jos. Bernards, Sem.-Musiklehrer. *Stolberg (Rheinl.): J. Mathes [1900].* (91 S.) 8° [F.] [00. 5511 5

— Kirchengesänge f. d. verschied. Zeiten d. Kirchenj., z. Gebr. in Seminarien u. Kirchenchören ges. u. f. 4 Männerstimmen bearb. (93) 8° Stolbg, J Mathes ('01). Geb. 1.25 d

Bernards, Jos., katholische Kirchenlieder f. den Gebrauch beim öffentlichen Gottesdienste, sowie auch f. den Schulunterricht gesammelt u. hrsg. 12. (64 S.) Paderborn 885. F. Schöningh. n. — 50

Klavierunterricht. Theoret.-prakt. Anweisung z. leichten u. schnellen Erlernung d. Klavierspiels bearb. von Jos. **Bernards**, Sem.- u. Musiklehrer. op. 75. Aachen: A. Jacobi & Cie 1904. (120 S.) quer-8° [F.] [04. 10134

— 58 Lieder für die Schulen des Reg.-Bez. Düsseldorf zur Einübung bestimmt [laut Verfügung der königl. Regierung zu Düsseldorf vom 13. April 1887]. 1.—3. Aufl. 8. (IV, 56 S.) Kempen 887,88, Heesen und Kaiser. **

— 58 Lieder, f. die Schulen des Reg.-Bez. Düsseldorf zur Einübung bestimmt (lt. Verfügg. der königl. Regierg. zu Düsseldorf vom 13. IV. 1887). 21. Aufl. (52 S.) 11. 8. Kempen (905). Heesen & Kaiser. n.n. — 20

— Liederkranz f. die oberen Klassen der Volksschule, sowie f. die unteren Klassen der Gymnasien, Real- u. Bürgerschulen. 4., verm. u. verb. Aufl. Unter Berücksicht. des Grüwell'schen Lesewerkes bearb. 12. (81 S.) Stolberg (Rhld.) 891. J. Mathes. n. — 30

Bernards, Jos., **Liederkranz nebst Lehrgang f. den Singunterricht in der Volksschule, sowie f. die unteren Klassen der Gymnasien, Real-, Bürger- u. höh. Töchterschulen.** 9. Aufl. 2 Hefte. 8. Stolberg, J. Mathes.
Geb. od. in 1 Bd. kart. nn — 50
1. Unter- u. Mittelstufe. (52 S.) 907. — 20.
2. Oberstufe. (99 S.) 907. nn — 30

Bernards, Jos.: Liederkranz nebst Lehrg. f. d. Singunterr. in d. Volksch., sowie f. d. unt. Kl. d. Gymn., Real-, Bürger- u. höh.Töchtersch. 2 Hefte. 8° Stolbg, J Mathes. nn — 50; in 1 Bd geb. nn — 50 d
1. Unter- u. Mittelst. 9. Afl. (52) ('10) — 20 ‖ 2. Oberst. 10. Afl. (99) ('10) nn — 30

— vierstimmige Männerchöre, s.: Alers, C.

[F.] Allgemeine Musik- und Harmonielehre f. Seminaristen u. Schulamts-Präparanden, sowie auch f. Musikfreunde hrsg. v. Jos. Bernards ... *Aachen: A. Jacobi & C. 1898.* (4 Bl., XIV, 43 S.) 1 Bd 8. [98. 3706 18.

Allgemeine Musik- und Harmonielehre für Seminaristen ... hrsg. von Jos. Bernards, Sem.Musiklehrer. 2., verm. Aufl. Aachen: A. Jacobi & Cie 1904. (72 S.) 8° [F.] [07. 17963

— 60 Orgel-Präludien. Op. 24. 2., erweit. Aufl. qu. 4. (47 S.) Aachen (900). A. Jacobi & Co. n. 2. —

Sieben und zwanzig leicht ausführbare Orgelstücke, sowie Präludium und Doppelfuge in D moll für volles Werk, comp. von **Jos. Bernards**, Sem.-Musiklehrer in Kempen. Opus 9, Nr. 2. 2. Aufl. *Aachen: A. Jacobi & Co. [1899].* (23 S.) quer-8° [00. 4695

—— **Singfiebel.** Nach der Solmisations-Methode für die Hand des Volksschülers bearb. 8. (35 S.) Aachen 885, A. Jacobi und Comp. *

—— **Singschule** für den Gebrauch an höheren Unterrichtsanstalten, sowie auch für die oberen Klassen gehobener Volksschulen. Nach der Solmisations-Methode bearb. 8. (76 S.) Ebendas. 885. *

Vor- und Nachspiele für Orgel oder Harmonium von J(os.) **Bernards**. Sem.-Musikl. op. 35. *Aachen: A. Jacobi & Cie [1900].* (87 S.) quer-8° [01. 3059

Bernards, Josef, Gerichtsref. aus Kempen (Rh.): 'Die Gemeinschaft' des Bürgerlichen Gesetzbuchs und die 'communio incidens' des Gemeinen Rechts. *Kempen (Rh.) 1903: E. Müller.* (48 S.) 8° [J. u. Ant.]
Rostock, Jur. Diss. v. [12. Aug.] 1903

Bernards, O: Taschenb. f. Kanalisations-Ingenieure, s: Imhoff, K.

Bernardus I., speculum monachorum seu quaestio de his, ad quae in professione obligatur monachus, et quae sint in regula, quae habeant vim praecepti, que mandati et quae consilii. Denuo ed. Hilarius Walter, O. S. B. 8. (XXVIII, 250 S.) Freiburg i/B. 901. Herder. n. 2.40; geb. in Leinw. n. 3.—

Bernardus, Prinz von Baden, zu unterthänigster Ehrbezeugung des durchleuchtigsten Fürsten und Herrn, Herrn August Georg, Marggrafens zu Baden und Hochberg, Landgrafens zu Sausenberg etc., gnädigsten Stifters der frommen Schulen zu Rastatt, durch die der ersten und zweiten Schule obliegende Jugend Schaubühnweis vorgestellt Im Jahr der Seligsprechung des obbenannten Bernardus, Prinzens von Baden. Den . . . Tag des Heumonats. MDCCLXX. 4 S. Folio.
Rastatt, gedr. bey M. M. Schellin, Wittib, Hof-Buchdr., v. J. Matth. Mieth.

Bernardus Claraevallensis

—— über Bekehrung u. Besserung ꝛc., s.a. **Mayer, Joh. B.**
Vgl. : Bernard.

— über Bekehrung und Besserung des Lebens. Mit Morgen-, Abend-, Meß-, Beicht- u. Kommunionsgebeten, besonders für studirende Jünglinge. Aus dem Latein. übers. von Jh. Bapt. Mayer. Mit 1 Stahlst. kl. 8. Neuburg a/D. 846, Brechter. 1/3 Thlr.

Bernhard, des heil., Betrachtungen üb. d. innern Menschen. 12. (3 B.) Landshut 841, Thomannsche Buchh.

Bernhard v. Clairvaux, der hl. Ein Buch v. der Liebe Gottes. Aus d. Latein. übers. v. Otto Grillnberger. Mit Andachtsübgn. v. Rob. Riepl. 12. (VI, 126 S.) Paderb. 892, F. Schöningh. * — 60

Bernardi, sancti, abbatis Clarae-Vallensis, de consideratione libri V et tractatus de moribus et officio episcoporum, s.a. **Patrum**, sanctorum, opuscula selecta.

— de Consideratione libri V. ad Eugenium III. Accedunt duae ejusdem epistolae etc. Ad codd. Monacc. veterumque edd. fidem recens. et annotat. crit. adjecit Jo. Geo. Krabinger. 8maj. Landishuti 845, Thomann. n. 1 Thlr.

Bernhard, d. hl., Erbauungsreden üb. d. XC. Psalm: „Qui habitat in adiutorio Altissimi." Ins Deutsche übertr. v. Rud. Schmidtmayer, S. Ord. Cist. 12. (XX, 186 S.) Regensburg 895. Nationale Verlagsanstalt. n. 1.—

Bernardus, 73 Ermahnungsreden über die Hauptpflichten d. Christen. Aus dem Latein. mit einem Anh. von Gebeten und Liedern desselben heil. Kirchenlehrers von M. A. Nickel. 8. (XXXII und 504 S.) Mainz 865, Kirchheim.

Bernhard, des heil., Festpredigten. Ein Zeugniss für die evangel. Wahrheit aus der mittelalterl. Kirche. Mit einer Einleitung und kurzen Anmerkuhgen hrsg. von G. L. Plitt. gr. 8. (III und 144 S.) Erlangen 860, Blaesing.

—— Festpredigten. Mit e. Einl. u. Anm. hrsg. v. GL Plitt. 8. (144) Erl. 60, Deichert. n. — 16

— die Geburt, die Leiden u. Auferstehung Christi ꝛc., s.a. **Burchard, (C. H.)**

— die Geburt, die Leiden u. Auferstehung Christi, in 12 Reden. A. d. Latein. v. C. T. Burchard. gr. 8. Berl. 821. Reimer. 12 gr

Bernhard, des heil., Gedanken und Betrachtungen, s. **Perlen** katholischer Ascetik.

Geist des heiligen Bernhard [**Bernardus Claraevallensis**]. Geistl. Lesung auf alle Tage d. Jahres aus d. Schriften d. hl. Abtes u. Kirchenlehrers. Hrsg. v. Dr. P. Nivard Schlögl, Prof. im Stifte Heiligenkreuz. Mit Bild. Bd 1–4. *Paderborn: F. Schöningh 1898–99.* 4 Bde 8° [Th.]
1. Jan., Febr., März. 1898. 2. April, Mai, Juni. 1898.
3. Jul., Aug., Sept. 1899. 4. Oct., Nov., Dec. 1899. [00. 1345

Bernardus, hl., d. Kunst gut zu leben! s.a. **Bernardus**, Nachfolge d. göttl. Erlösers.

Bernardus, hl.: Die Kunst gut zu leben! Für d. allg. Gebr. bearb. u. m. e. vollständ. Gebetb. versehen v. B Schmitz. 16° (315) Münst. 96, Alphonsus-Bh. Geb. in L. 1 —

Bernhard, der heil., über Leben u. Wandel der Geistlichen. A. d. Lat. übers. v. Joh. Bapt. Mayer. 12. (4⅓ B.) Augsburg 843, Kollmann'sche Buchh.

Bernhardi, Abbatis Claraevall., S., libelli de diligendo Deo et de gratia et libero arbitrio. Post Io. Mabilloni curas denuo ad codicum Mss. fidem recens. et annotatione critica instruxit Io. Georg. Krabingerus. 8maj. Landishuti 842, Attenkofer. (Thomann.) $1^1/_{12}$ Thlr.

— Nachfolge d. göttlichen Erlösers od. D. Kunst gut zu leben! F. d. allgem. Gebrauch bearb. u. mit e. vollst. Gebetbuche vers. v. Bernard Schmitz. (Neue [Titel] Ausg. v.: „B., D. Kunst gut zu leben".) 16. (315 S. m. 1 Stahlst.) Münster (896) 898. Alphonsus-Buchh. Geb. in Leinw. n. 1 —

Bernardi, Santi, Opera omnia, post Horstium denuo recognita, repurgata, et in meliorem digesta ordinem, necnon novis praefationib., admonitionib., notis et observationibus, indicibusq. copiosissimis locupletata et illustrata, cur. Joan. Mabillon etc. Gr. et lat. II Vol. (à 2 Pts.) 8maj. Paris 839. (Lipsiae, Michelsen.)

Bernardi S. opera omnia. Curante C. F. Th. Schneider. Tom. I. Et. s. t.: De consideratione libri V. 8. (VIII und 126 S.) Berolini 850, [Wiegandt und Grieben.] *

Bernardi, Sancti, opera omnia ad postremam Joannis Mabillon aliasque insignioris notae editiones novissimis curis retractata et aucta. (In III vol.) Dispensa 1—16. gr. 4. (1. Bd. XLVII und 1152 S. oder 80 Bog. und 2. Bd. XVI und S. 1—1088 oder 69 Bog.) Mediolani 851. 52. (Oeniponte, Pfaundler.) à Disp. *

—— operum omnium medulla. Sex libri ex ipsius S. Bernardi verbis collecti a P. J. A. (In V. fasc.) Fasc. I. gr. 8. (XXVIII und S. 1—72 mit 1 Holzschnt.) Monasterii 855, Cazin. *

—— operum omnium medulla. Sex libri ex ipsius S. Bernardi verbis collecti a P. J. A. Fasc. 2—5. gr. 8. (S. XXIX—XLVIII und S. 73—414.) Münster 856—58, Cazin. à Fasc. 10 Ngr.
Fasc. 1. Ebendas. 1855. * 10 Ngr.

Bernardus, S., opera omnia edidit notasque variorum selectas adjecit J. M. Mandernach. Tom. I.: Sermones de tempore. gr. 8. (X und 502 S.) Trier 861, (Braun's Verlag.) *

Bernardi, S., opera omnia edidit notasque variorum selectas adjecit J. M. Mandernach. Tom. I.: Sermones de tempore. Trier 862. Braun in Comm. gr. 8. (X, 502 S.) 20 ngr

Bernard, Oeuv. choisies, 1 vol. in 18, édit. stéréot. (Leipz. Barth.) Pap. ord., 9 Gr. Pap. fin, 12 Gr. Pap. vélin, 1 Thlr. format. in-12, pap. vél. 1 Thlr. 8 Gr.

Bernard, pauis auimae s. meditationes sacrae. 8. Regensb.

— Papst u. Papstthum n. d. Zeichnung des Hl. Bernh. v. Kl. Uebers. u. Erl. der Schrift de consideratione v. Reinkens. Münster 1870. 8.

— Predigten Bernhards v. Clairvaux, nach d. Feuillantiner Handschrift in Paris z. ersten Mal vollständig hrsg. v. W Foerster. 8. (192) Erlang. 85. Deichert. n. 6 —

— Predigten in altfranz. Ubertragg., s.: Bibliothek d. litterar. Vereins i. Stuttgart.

Bernhard v. Clairvaux, ausgewählte Predigten, s.: Predigt, die, der Kirche.

—— Reden über d. Geburt, das Leiden, die Auferstehung u. die Himmelfahrt uns. Herrn Jesu Christi. Zur Erbau. rc. übers. v. Joh. Bapt. Mayer. gr. 12. (12 B.) Sulzbach 840, v. Seidelsche Buchh.

Bernhard, des heiligen, Reden über das Hohelied. Zur Erweiterung ihres Leserkreises und ihrer Segenswirkung deutsch bearb. von Vict. Fernbacher, bevorwortet von Delitzsch. 8. (XL und 804 S.) Leipzig 862, Dörffling und Franke. *

Bernard, des heil., sämmtliche ächte Reden auf die Festtage des Herrn, Mariä u. der vorzügl. Heiligen des Kirchenjahres, sowie einige Gelegenheitsreden. A. d. Latein. u. mit e. Einleit. v. Matth. Sautner. 2 Bde. gr. 8. (72¼ B.) Regensburg 845, Manz.

Bernhard, d. heil., Schriften. A. d. Lat. übers. v. J. P. Silbert. 2r Bd. gr. 8. Frankfurt. 822, Andreä. 1 Rthlr. 12 gr. 1r Bd. 819, bei Mayer in Wien.

Bernhard, d. heil., Frz., Schriften. Aus d. Latein, übers. von J. P. Silbert. 1r Bd. Mit e. Vorr. v. J. Mch. Sailer. gr. 8. Wien 819, Gräffer u. Schmidl. 1 rf 8 gl Schrbp. 2 rf 2r Bd. gr. 8. Frankf. 822. Andreä. 1 rf 12 gl

—— drei kleine Schriften, s.a. Leitsterne rc. (4.) Supplembd.

— — 3 kleine Schriften (nämlich üb. Liebe Gottes, üb. Gnade rc., üb. Demuth). Uebers. von Prof. Joh. Bapt. Mayer (s. Leitsterne rc. 4r Supplmtbd.) gr. 12. Regensburg 1842, Manz. ⅓ Thlr. — 45 kr.

Bernart, Saint, li sermon. Älteste französ. Übersetzg. der latein. Predigten Bernhards v. Clairvaux, nach der Feuillantiner Handschrift in Paris zum ersten Mal vollständig hrsg. v. Wendelin Foerster. gr. 8. (XVI, 192 S.) Erlangen 885. Deichert. n. 6. —

— ausgewählte Sermone üb. das Hohelied, s.: Sammlung ausgewählter kirchen- u. dogmengeschichtlicher Quellenschriften.

Bernardi, sancti, abbatis Clarae-Vallensis, sermones in cantica canticorum, s.a. Patrum, sanctorum, opuscula selecta.

S. Bernardi sermones in cantica canticorum. Opuscula ss. Patrum selecta . . . edidit et commentariis auxit Hugo Hurter. Innsbruck, Wagner. Opuscula ss. Patrum selecta. Serie II, Bd. 5, 1888. K. 8°. 740 S., 3 Mk.

—— sermones de tempore ed. JM Mandernach. 8. (502) Cöln 63, Heberle. — 15

Synodalrede d. heil Bernhard. Ein Bild f. Zeitalters. 8. Frankfurt 1823, Hermann. 3 ggr. — 12 kr.

Bernhardus, d. heil., Weg z. Himmel, od. Anleit. zu ein. frommen u. gottgefäll. Leben. A. d. Latein. übers. u. mit vielen Anmerkn. aus Kirchenvätern u. a. bewährt. kathol. Schriftstellern versehen. 8. (15¾ B.) Aachen 834, Cremer.

Bernardus, Sanctus, s.: Xenia Bernardina.

Die Summa Libellorum des Bernardus Dorna. Innsbruck: Wagner 1905. (XXIV, 104 S.) 4°(8°)
= Quellen z. Geschichte d. römisch-kanon. Processes im Mittelalter. Bd 1, H. 1.

Bernardi de Lutzenburgo collationes de quindecim virtutibus gloriosissimae Virginis Mariae. 8. (78 S. mit 1 Holzschnitttaf.) Mainz 869, Kirchheim.

Bernardus Monachus, s.: Descriptiones terrae sanctae.

Bernardi, Praepositi Papiensis, Breviarium Extravagantium cum Gregorii IX. P. Decretalium collectione ad harmoniam revocatum, varietate lectionum, et variorum notis illustratum a Jos. Ant. Rieggero. 4maj. Augsb. 779. Wagner. 3 rf

Bernardus papiensis, summa decretalium. Ad librorum manuscr. fidem cum aliis ejusdem scriptoris anecdotis edid. Ern. Ad. Theod. Laspeyres. Accedit tabula scripturae codicum exhibens specimina. Lex.-8. (LXIII und 868 S. mit 1 Chromolithogr. in gr. 4.) Regensburg 860, Manz. *

—— summula de matrimonio e codice monacensi nunc primum edidit. Frid. Kunstmann. Lex.-8. (VI und 40 S.) Innsbruck 861. (München, Kaiser.) *

Bernardi Silvestris de mundi universitate libri II, s. Bibliotheca philosophorum mediae aetatis.

Bernardus, Trevisanus: Des Herrn Bernhards Abhandlung von der Natur des (philosophischen) Eyes. Ein hermetisches Sendschreiben. (Übers.:) Jetunn Ytlikhemt Ronb. (d. i. Johann Christoph Lentz.). – Hildesheim: Schröder 1780. 112 S. 8°

Bernardus, Trevisanus: Chymische Schrifften von dem gebenedeyten Stein der Weisen. Aus dem Lat. ins Teutsche übers., ingleichen mit des Joachim Tanckens (Tancke) u. anderer Gelehrten Anm. ans Liecht gest. durch Caspar Horn (1747). Nürnberg: Krauß 1747. 390 S. 8°
(Sondert. 1:) (Tancke) Tanckius, Joachim: Anhang etlicher nützlicher chymischer Tractätlein, so zu deutlicher Erklärung und besserem Verstand des Grafen Bernhardi Schrifften dienen.
(Sondert. 2.:) Beyer, Albert: Kurtze Auslegung des Fontinleins oder 4. Th. Bernhardi.
(Sondert. 3:) Alanus de Insulis: Dicta, das ist: Kurtze Lehr-u. Unterricht-Sprüche von der Bereitung des grossen Steins der Weisen.
(Sondert. 4:) (Tancke) Tanckius, Joachim: Metallurgia. Das ist: Von der Generation u. Geburt der Metallen u. daß aus ihnen allein der grosse Stein der Weisen könne gemacht werden.

Bernart, Saint, s. Bernardus Chlaraevallensis

Bernart Amoros, la première partie du chansonnier de B. A., conservée par les mss a c^a F^a. Publiée par Edm. Stengel. gr. 8. (328 S.) Leipzig 902. Dieterich. n. 12. —

Bernartz, Heinrich, approb. Arzt aus Bonn: Aus d. kgl. Universitätsaugenklinik zu Bonn a. Rh. Ueber Magnetoperationen am Auge. *Bonn 1904: E. Eisele.* (54 S.) 8°
Bonn, Med. Diss. v. 27. April 1904

Bernát, Desider., s.: Kalender u. Wegweiser f. Acetylen-Techniker u. -Installateure.

— u. Karl Scheel, Wegweiser f. Acetylen-Techniker u. -Installateure. 8. (IX, 231 S. m. Fig.) Halle 901. C. Marhold. Geb. in Leinw. n. 3.—

Bernat, Jos., Schematismus der Bierbrauereien in Böhmen, Mähren und Schlesien mit Anführung des Standortes, Besitzers, des betreff. Gerichts-, resp. Steuerbezirkes, dann mit Angabe des vollen Gusses, der Betriebsart, des erzeugten Bier-Quantums und der entfallenden Steuer. [Auf Grund officieller Daten vom J. 1880.] [Beilage zur „Statistik der Bierindustrie".] 8. (64 S.) Prag 883, (Calve'sche Hofbuchh. **

Bernat, Josef: Schematismus d. Bierbrauereien in Böhmen, Mähren u. Schlesien mit Anführung d. Standortes, Besitzers etc. 8 ^{O}. (64 S.) – Prag, J. G. Calve'sche H.-u. U.B. 1 fl. 50 kr. 1884.

Bernat, Jos.: Statistik der Bierproduktion im Königreiche Böhmen mit Berücksichtigung anderer Länder nebst einem Schematismus der im Solarjahre 1873 im Betriebe gestandenen Bierbrauereien Böhmens. Auf Grund officieller Daten zusammengestellt. 1 Bl. 63 S. 8°. Prag. 1875.

Bernat, Jos., Uebersichtskarte der Rübenzucker-Production im Königr. Böhmen. Für das Betriebsj. 1876. Auf Grund officieller Daten redig. Chromolithogr. Mit eingedr. statist. Tabellen. Imp.-Fol. Prag 877, (Calve'sche Universitäts-Buchh.)

Bernát, Steph., d. verpfändete Ungarn. M. e. Vorwort v. Gust. Ruhland gr. 8. (VI, 48 S.) Budapest 896. Berlin, E. Hofmann & Co. n. 1.20

Bernáth, Béla, u. Hegedüs, Sandor, Geschichte des Nationalturnvereins und die Turnlehrerbildung, Ungar., Budapest 1885, 10 S., 8°.

Bernáth, Béla, Gründung und Entwicklung des Nationalturnvereins, m. kurzgefaßt. Geschichte d. Turnlehrerbildung, Ungar., Budapest 1896, 32 S., 1 Tab., 8°.

Bernáth, János, System der Stabübungen, Ungar., m. Abb., Eger, 60 S., 16°.

Bernath, Morton H: New York u. Boston, s: Kunststätten, Berühmte.

Bernatowicz, F., Nalencz. Ein Roman aus d. poln. Geschichte. 2 Thle. Nach d. Poln. von P. H. W. Schnaase. 8. Leipzig 834. Hartmann. 2 ₰

—— Pojata, die Tochter Lezdeiko's, od. d. Litthauer im 14. Jahrh. Histor. Roman n. d. Poln. v. P. H. W. Schnaase. 4 Thle. 8. (74 B.) Leipzig 834, Hartmann.

Bernatsky, Alfred: Kurze Beschreibung des Weinbaues der mit M.-R. bekleideten Stadt Versecz. Versecz 1909.

Bernátsky, J., Resultate der phytophänologischen Beobachtungen in der Umgebung des Balatonsees, s.: Staub, Mor.

Kampf um vorbereitete Stellungen. Von Kornelius Bernatsky, k. u. k. Hauptm. Freie Bearb. des im 'Ludovika Akademia Közlönye' veröffentl. ungar. Originalaufsatzes. Mit 8 Fig. u. 2 Anl. Berlin: R. Eisenschmidt 1904. (75 S.) 8° [F.] [04. 7847]

— zum Problem der Feuerüberlegenheit. Mit 5 Textfig. u. 5 Anlagen. (III, 84, 7, 2 u. 8 S.) gr. 8. Wien 905. L. W. Seidel & Sohn. n. 3.—

Bernatz, Hans, Schönerer-Lueger-Steinwender. Deutsche Zeit- u. Streitfragen. gr. 8. (19 S.) Wien 895. (H. Kirsch.) n. —40

Bernatz, J(oh.) M(art.), Album des heiligen Landes. 50 ausgewählte Orig.-Ansichten biblisch wichtiger Orte treu nach der Natur gezeichnet. Ausgeführt in Farbendr. Nebst einer (lithochrom.) Karte von Palästina (in gr. Fol.) Mit (VI und 128 S. deutschem, engl. und französ.) erläut. Texte von G. H. v. Schubert und J. Roth. qu. gr. 4. Stuttgart 855, J. F. Steinkopf. *

— Bilder aus Aethiopien. Nach der Natur gezeichnet und beschrieben. In 2 Abthlgn. Hamburg 854. R. Besser. qu. Fol. n. 56 ₰

Inhalt. 1. Abth.: Aden und das heisse vulkanische Tiefland der Danakil. (Lith. Titel, 6 S. 24 Bl. u. 24 lith. Taf. in Farbendruck.) — 2. Abth.: Das Hochland von Süd-Abyssinien oder Schoa. (Lith. Titel, 26 Bl. u. 24 lith. Taf. in Farbendr.)

—— Bilder aus Aethiopien. Nach der Natur gezeichnet und beschrieben. 2 Abthlgn. (Aden und das heisse vulkan. Tiefland der Danakil. — Das Hochland von Süd-Abyssinien oder Schoa.) qu. gr. Fol. (47 lithochrom. Taf., 2 lithogr. Titel in Tondr., 1 lithogr. Karte und XII S. und 90 Bl. Text.) Stuttgart 854, R. Besser. Thlr. *

Bernatz, Wilh., der Engerling u. der Maulwurf auf der Wiese. Nebst Anleitung zur Vertilgung der Maikäfer. München 869. L. Finsterlin. 8. (V, 70 S. mit Holzschn. im Text.) n. 10 ngr.

Bernatz, Wilh., Erfahrungen über den Anbau des gemeinen Rohres (Arundo phragmites) und solcher Sumpfgewächse, die theils als Handelspflanzen gebräuchlich, theils zur Streunutzung dienlich sind. Beantwortung einer Preis-Aufgabe. gr. 8. (36 S.) München 863(65), (L. Finsterlin.) *

—— das Geruchlosmachen, die jährliche Menge und der Werth des Abtrittdüngers. Ein Beitrag zur Cloakenfrage. Den Städten und Freunden der Landwirthschaft gewidmet. gr. 8. (36 S.) München 865, (L. Finsterlin.) *

Bernatzick, :Edm.: Die Zulassung d. Frauen z. d. juristischen Studien. . . . , s.a. Bernatzik

Bernatzig, Wenzel: Pharmakologisch-therapeutische Abhandlung, s. Bernatzik, Wenzel

Bernatzik: Der Anarchismus. Eine akademische Antrittsrede. (Schmoller's Jahrb. f. Gesetzg. etc., Jhrg. 19, 1895.) S.-A. 8°. Leipzig 1895.

Bernatzik, Edm.: Die Ausgestaltg d. Nationalgefühls im 19. Jahrh. Rechtsstaat u. Kulturstaat, s: Beiträge z. staats- u. rechtswissenschaftl. Fortbildg.

Bernatzik, E., Frauenbildung, s. Jahresbericht.

Über nationale Matriken. Inaugurationsrede geh. von Dr. Edmund Bernatzik. Wien: Manz 1910. 52 S. 4°(8°) [10. 27911]

Bernatzik, Edm. Die juristische Persönlichkeit der Behörden. Zugleich ein Beitrag zur Theorie der jurist. Personen. gr. 8. (III, 150 S.) Frelb. i. Br. 890, J. C. B. Mohr. * 2 80
Aus: Archiv für öffentliches Recht, besonders abgedruckt.

Bernatzik, Edm., Rechtsprechung und materielle Rechtskraft. Verwaltungsrechtl. Studien. gr. 8. (X, 326 S.) Wien 886, Manz'sche Hof-Verlags- und Universitäts-Buchh. *

Bernatzik, Edm., s.: Rechtswissenschaft, systematische.

Republik und Monarchie. Von Dr. Edmund Bernatzik, Prof. Freiburg i. B.: J. C. B. Mohr 1892. (52 S.) 8° [93. 1630 11]

Bernatzik, Verwaltungsrechtl. Studien üb. Rechtsprechung u. materielle Rechtskraft. Wien 886.

— Die österr. Verfassgsgesetze, s.a. Studienausgabe österr. Gesetze.

Die österreichischen Verfassungsgesetze. Hrsg. von Edmund Bernatzik. Leipzig: C. L. Hirschfeld 1906. (7, 772 S.) 8°
= Studienausgabe Oesterreichischer Gesetze. Bd 3. [06. 6115 2]

Bernatzik, Edm., s.: Studien, Wiener staatswissenschaftliche.

— die Zulassung der Frauen zu den jurist. Studien, s.a. Jahresbericht des Ver. f. erweit. Frauenbildung in Wien.

Bernatzik, Edmund: Die Zulassung der Frauen zu den juristischen Studien. Ein Gutachten. — Wien: Verein f. erweiterte Frauenbildung 1900. 16 S. 8° (Jahresbericht d. Vereines f. erweiterte Frauenbildung in Wien. 12. 1899/1900. Beil. [4.])

Bernatzik, Wenzel

Bernatzik, W, pharmak.-therap. Abhandlg üb. d. gebräuchl. Jodpräparate. 8. (110) Wien 53, (Braumüller.) n. — 20

Bernatzik, Wenzel —. Pharmakologisch-therapeutische Abhandlung über die gebräuchlichsten Jodpräparate. Eine gekrönte Preisschrift von — —. 8. (X. 156 pag. und 2 Blätter.) Wien. Gedruckt bei J. P. Sollinger's Witwe. 1853.

Bernatzik, Wenzel —. Pharmakologisch-terapeutische Abhandlung über die gebräuchlichsten Jodpräparate. Eine gekrönte Preisschrift von 1854. 8.

Bernatzik, W., Handbuch der allgemeinen und speciellen Arzeneiverordnungslehre. Mit Zugrundelegung der österreich., deutschen und französ. Pharmakopöe, sowie mit besond. Berücksicht. aller wichtigeren nicht officinellen Mittel, als auch der neuesten Bereitungsformen der Arzneien und ihrer Anwendungsweise. 2 Thle. gr. 8. Wien, Braumüller. *
Inhalt:
Thl. 1. Allgemeine Arzeneiverordnungslehre [Receptirkunde]. (X, 402 S.) 876. * ℳ 11.
» 2. Specielle Arzeneiverordnungslehre [Dosologie]. (VIII, 456 S.) 878. * ℳ 13.

Bernatzik, Wenzel, Commentar zur oesterreichischen Militär-Pharmakopöe vom J. 1878. Mit steter Hinweisung auf die Vorschriften der Landespharmakopöe und der Militärpharmakopöe vom J. 1859. gr. 8. (III, 509 mit 68 eingedr. Holzschn. und 1 Holzschntaf.) Wien 874, Braumüller. *

Bernatzik, W., und A. E. Vogl, Lehrbuch der Arzneimittellehre. Mit gleichmäss. Berücksicht. der österreich. und deutschen Pharmacopoe bearb. 1. Hälfte. gr. 8. (288 S.) Wien 884, Urban und Schwarzenberg. *

Bernatzik, W., und A. E. Vogl, Lehrbuch der Arzneimittellehre. Mit gleichmäss. Berücksicht. der österreich. und deutschen Pharmacopoe bearb. 2. Hälfte. 1. und 2. Abthl. gr. 8. (LXXVIII, S. 289—764.) Wien 886, Urban und Schwarzenberg. à Abthl. * ℳ 6. *
1. Hälfte. Ebendas. 1884. * ℳ 6.—.

Bernatzik, W., u. A. E. Vogl, Lehrbuch der Arzneimittellehre mit gleichmässiger Berücksichtigung der österreichischen u. deutschen Pharmacopoe. 2., verm. u. m. Rücksicht auf die neue österreich. Pharmacopoe vom J. 1890 [edit. VII.] umgearb. Aufl. gr. 8. (VIII, 884 S.) Wien 890. Urban & Schwarzenberg.
n. 18. —; geb. n. 20. —

Bernatzik, W. u. AE Vogl, Lehrb. d. Arzneimittellehre m. gleichmäss. Berücks. d. österr. u. deut. Pharmacopoe. 3. Afl. 2. Hälfte. 8° (401—884) Wien 91, Urban & Sch. 9 — (kplt: 18 —; geb. 20 —)

Bernatzik-Vogl's Lehrbuch der Arzneimittellehre. Mit gleichmässiger Berücksichtigung der österreichischen und deutschen Pharmakopoe neu bearbeitet von Dr. A. E. von Vogl. 3. vermehrte und mit Rücksicht auf die Nachträge zur österreichischen Pharmakopoe vom Jahre 1889 (Edit. VII.) umgearbeitete Auflage Berlin. Wien. 1900. Urban & Schwarzenberg. 8°. erscheint in 8 Abtheilungen. compl. K 24.—

—— die österreich. Militär-Pharmacopöe im Auszuge. 16. (III und 92 S.) Wien 859, Braumüller's Verlags-Conto. geb. *

Bernatzik, Wenzel, die österreichische Militär-Pharmakopöe. 4., im J. 1860 erschienene Ausg. Mit steter Hinweisung auf die Landes-Pharmakopöe, und auf die bisher giltigen Vorschriften der Militär-Pharmakopöe vom J. 1841 erläutert. 1. Bd. gr. 8. (VI und 362 S. mit zahlreichen in den Text gedr. Holzschn.) Wien 860, Braumüller's Verlags-Conto. Thlr. *

—— dass. — 2. Bd. Mit allen seit ihrem Erscheinen vom k. k. Kriegsministerium getroffenen Aenderungen. gr. 8. (503 S. mit 1 Holzschnt. und 46 in den Text gedr. Holzschn.) Wien 861, Braumüller's Verlags-Conto. *

Bernatzik, Professor Dr. Wenzel, Die Receptur in dem von der Pharmakopöe neu eingeführten metrischen Gewichtssystem. kl. 8. (70 S.) Wien, Braumüller. 1869. 50 kr.

Bernatzik, Wenzel, die Receptur in dem von der Pharmacopöe neu eingeführten metrischen Gewichtssystem. Wien 870. Braumüller. 16. (70 S.) n. 10 *ngr.*

Bernatzik-Vogl's Lehrbuch der Arzneimittellehre, s. Bernatzik, Wenzel

Bernatzky, E.

— die österreich. Bierbesteuerungsgesetze erläutert. Wien 894.

Bernatzky. Biersteuer. Oesterr. Staatswörterbuch, I. gr. 8°. Wien 1895.

Bernatzky, E., Branntweinbesteuerg., s. Gesetze, österr.

Bernatzky, E.: Branntweinsteuer im Österreichischen Staatswörterbuch. (Hrsg. Mischler & Ulbrich.) 8°. Hölder. Wien. 1897.

— österr. Gesetze üb. d. Besteuerung des Branntweins. 2. Aufl. Wien 900.

Bernatzky, Edmund (Hrsg.), s. Gesetze und Verordnungen über die Besteuerung des Brantweines.

Bernatzky, Edmund (Hrsg.), s. Gesetze und Verordnungen über die Bierbesteuerung.

Bernatzky Edler v. Treuwart, E, A Carmine u. L Joas: Ges. u. Verordngn üb. d. Bierbesteuerg. — Dass. üb. d. Zollbehandlg u. Besteuerg d. Mineralöles, s.: Taschenausgabe, Manz'sche, d. österr. Ges.

— — — Gesetze u. Verordnungen üb. die Zuckerbesteuerg., s.: Gesetze, österreichische. Bd. 22. II.

Bernatzky, Edm., Verfassungs- und Dienstvorschriften für die k. k. Finanzwache, systematisch dargestellt. gr. 8. (IV, 843 S.) Wien 887, Manz'sche Hof-Verlags- und Universitäts-Buchh. *

Bernatzky, Franz: Über die Entwicklung der typischen Motive in den mhd. Spielmannsdichtungen, besonders in den Wolfdietrichen. Greifswald: Kunike 1909. 84 S. 8°
Greifswald, Phil. Diss. v. 18. Febr. 1909, Ref. Reifferscheid †-Stosch
[Geb. 10. Jan. 81 Gr.-Peterwitz i. Schl.; Wohnort: Gr.-Peterwitz; Staatsangeh.: Preußen; Vorbildung: Gymn. Treptow a. R. Reife M. 03; Studium: Berlin 5, Greifswald 4 S.; Rig. 27. Juli 08.] [U 09. 1513

Bernatzky, Viktor: Die Promotion in der philosophischen Fakultät an der Universität Frankfurt a. O. *Breslau 1901: R. Galle.* (44 S.) 8°
Breslau, Phil. Diss. v. 15. Apr. 1901

Bernatzky Edler v. Treuwart, E., s. Bernatzky, Edmund

Bernau [Sachliches OW]

Bernau, Eduard, eine Geschichte aus welcher Kinder Menschen kennen lernen sollen, von Fr. Herrmann, 2 Th. 8. Warschau, 797. Wilke. 20 sgl.

Bernau [Schlagwort]

Bernau, s.: Berlin. Karte.

Bernau, s.: Deutschland. Kürschner-Peip.

— s. a.: Geolog. Karten (Preussen).

Bernau, s.: Mark. — Wanderkarten.

– s.a. Preussen. Messtischblätter.

Bernau. Straube's, Jul., Spezialkarte der Umgegend v. Bernau, Biesenthal, Lanke, Liepnitz- u. Wandlitz-See. 1 : 60,000. 33,5 × 39 cm. Farbdr. Berlin 897. J. Straube. n. 1.—

Bernau [Verfasser]

Bernau, die Abschaffung der Todesstrafe. Anmerkungen zu dem Entwurfe eines Strafgesetzbuches für den norddeutschen Bund vom Juli 1869. gr. 8. (III, 67 S.) Berlin 870, v. Decker'sche Geh.-Ober-Hofbuchdr. *

Bernau: Studien im Disciplinar-Wesen der Preußischen Justiz-Verwaltung. Von e. ehemal. Richter. Berlin 1872.

Bernau, Anna

Beruna, A. [d. i. Anna **Bernau**]: Darf die Frau denken? — Minden & Leipzig: W. Köhler (1892). 47 S. 8°

— — 2. umgearb. u. verm. Aufl. (1892). 48 S.

— — 3., nach d. 2. unveränd. Aufl. (1893).

— — 4., durchges. Aufl. 1893.

— Hunger u. Liebe in der Frauenfrage, s.a. Warte, freie. 5. Hft.

Bernau, Anna: Hunger und Liebe in der Frauenfrage. Minden: Bruns 1901. 31 S. 8° (Freie Warte. 5.)

Bernau, Anna: Kann es Grenzen der Pietät geben? Vortrag. Nebst Ergänzungen. — Berlin: Dümmler 1900. 35 S. 8°

Bernau, Anna (A. Beruna), Ungereimtes a. d. Frauenleben. (Verbot. Wissen — verbot. Waffen. Jugend u. Alter. Stellg. z. Ehe; Angebot u. Nachfrage.) gr. 8. (42 S.) Berlin 898. F. Dümmler's Verl. n. — 60

Bernau, Arnold, Denkwürdiges aus dem Anwaltstande. Studien im ehrengerichtl. Verfahren der Anwaltskammern. Im Auftrage des verstorbenen Verf. hrsg. v. Anna Bernau. (104 S.) Lex.-8. Minden 906. (J. Bleek.) n. 1.—

Bernau, Friedr., Album der Burgen und Schlösser im Königreich Böhmen. 1. Bd. 1.—7. Lfg. qu. Fol. (S. 1—168 mit eingedr. Holzschn. und 14 Holzschntaf.) Saaz 878—79. (Prag, Calve'sche Hofbuchh.) à Lfg. * M 1,20. *

**Bernau, Friedr., Album der Burgen und Schlösser im Königr. Böhmen. Mit Illustr. von B. Kutina. 1. Bd. 8.—20. (Schluss)-Lfg. qu. Fol. (IV, S. 169—488 mit eingedr. Holzschn. und Holzschntaf.) Saaz 880,81. (Prag, Calve'sche Hofbuchh.) à Lfg. * M 1,20. *
1. Bd. compl. geb. * *
1.—7. Lfg. (Ebendas.) 1878,79. à Lfg. * M 1,20.**

Bernau, Friedrich, Album der Burgen u. Schlösser im Königreiche Böhmen. II. Bd. 1. Lief. Qu.-Fol. Mit eingedruckten Holzschn. u. Holzschn.-Tafeln (S. 1—16), in Umschlag 60 kr.
Wien: A. Hartleben's Verlag 1882.

Bernau, Friedrich, Album der Burgen und Schlösser im Königreiche Böhmen. II. Band 3. Lief. Qu.-Fol. Mit eingedruckten Holzschn. und Holzschn.-Taf. (S. 33—48). Saaz, Brüder Butter. 60 kr. ca. 1883.

Bernau, Friedr., der Böhmerwald. (In ca. 25 Lfgn.) 1.—9. Lfg. Fol. (108 S. mit Orig.-Illustr. von den hervorragendsten Künstlern.) Prag 888, Otto. à Lfg. * M 1.—. *

Bernau, Friedr. Der Böhmerwald. Mit 200 Illustr. 10.—24. Lfg. Fol. (S. 109—288.) Prag 889,90, Otto. à Lfg. * 1 —; * 15 —
1.—9. Lfg. Ebd. 1888. * 9 —. compl. geb. * 30 —.

Bernau, Friedrich, Der politische Bezirk Dauba (umfassend die Gerichtsbezirke Dauba u. Wegstädtl). Eine Heimatkunde für Haus und Schule, unter Mitwirkg. der Bezirkslehrerschaft verfaßt. Mit 24 Abbildg. und 1 Siegeltafel. Herausgeb. vom Dauba Wegstädtler Bezirkslehrervereine. 8. (XXIII, 588 S) * 3,—
Böhm.-Leipa: Künstner 1889.

Bernau, Frdr., die Ruine Engelsburg bei Carlsbad. Eine Monographie. 16. (39 S. m. 1 Holzschntaf.) Karlsbad 874. Feller. n. — 60

Bernau, Frdr. Die Ruine Engelsburg bei Carlsbad. (39) 16. Carlsbad 1875. 0,60.

Bernau, Frdr. Geschichte des alten Schlosses Petschau bei Carlsbad. (111) 16. Carlsbad 1875. 1,00.

—— Geschichte des alten Schlosses Petschau bei Carlsbad. 16. (111 S. mit 1 Holzschntaf.) Karlsbad 876, Feller. *

—— Geschichte der ehemaligen Herrschaft Winteritz und der einstigen Schutzstadt Radonitz [in Böhmen]. gr. 8. (IV, 99 S.) Komotau 877. (Prag, Calve'sche Hofbuchh.) *

Studien und Materialien zur Specialgeschichte und Heimatkunde des deutschen Sprachgebiets in Böhmen und Mähren. Von Friedrich **Bernau**. Mit vielen Ill. Lfg 1. *Prag: Selbstverl. 1900.* 4°(8°) [F.] [01. 6140]

Bernau, Friedrich: Studien und Materialien zur Spezialgeschichte und Heimatkunde des dt. Sprachgebiets in Böhmen und Mähren. Mit 220 Textbildern, 30 Beilagen in Kunstdr. u. 100 Wappenabb. in Farbendr. — Prag: Calve 1902—1903. 705 S. 4°

Bernau, K: Naturwiss. Unterr.-Werk f. höh. Mädchensch., s.: Smallun, Karl.

— Die geolog. Verhältn. d. Umgegend v. Halle a. S., s.: Festschrift z. 25jähr. Amtsjubiläum d. usw. Prof. D. Dr. Wilh. Fries.

Bernau, M. von (Pseud.), s. Bechtolsheim, Rosemarie Freiin von

Bernau, Reinhold, Gerichtsassessor: Die Amtsniederlegung der Mitglieder des Aufsichtsraths einer Aktiengesellschaft. *Jena: G. Fischer 1901.* (39 S.) 8° [F.] ¶ (Erscheint vollst. in Jhering's Jahrbüchern.) *)
Breslau, Jur. Diss. v. [3. März] 1902

Bernau, Rhold., D. Begriff d. gefährl. Workzeugs im § 223a St. G. B., s.a. Abhandlungen, strafrechtl.

Der Begriff des gefährlichen Werkzeugs im § 223a St.G.B. Von Reinhold Bernau, Ger.Ref. *Breslau: Schletter 1897.* (IV, 77 S.) 8° = Abhandlungen, Strafrechtliche. H. 2.

Bernauer, Agnes, Trauerspiel in 5 Akten, von J. Körner. 8. Leipzig, Hartmann. 821.

Bernauer, s.: Gesetzartikel XXXVII. v. J. 1895 üb. d. Erfindungspatente f. Ungarn.

Bernauer, Andr., die Freiheit des menschlichen Willens. Eine historisch-philosophische Darstellung. München 854. (Passau, Elsässer u. Waldbauer.) gr. 8. (2 Bl., 34 S.) 5 ngr

O du lieber Augustin. Zeitgemässer Text zu dem alten Liede von *H. B.* Nach bekannter Melodie. (Vf.: *Hans Bernauer.*) Wien, o. J. (1885).
Anon.-Lex. V. p. 222 (Eigenbericht).

Bernauer, Hans: Die Betstunde, s: Bühne, Soziale.

— Das Blumenmädel. — Dämon Gold, s: Volksbühne, Neue.

Bernauer, Hans, der rote Humorist. Eine neue Sammlg. ernster u. heiterer Vorträge, Couplets, Solo- u. Duoszenen f. Arbeiter-Feste. (64 S.) kl. 8. Berlin (905). A. Hoffmann. n. — 50

Bernauer, Hans, D. Nachtwächter v. Pimpelshausen. Gesangsposse i. 1 Akt. Musik v. Herm. Halle. gr. 8. (16 S.) Berlin 898. A. Hoffmann. — 30

— s.a. Pipifax-Almanach.

— Das Wunderkind, s.: Lustspiele. Nr. 28.

Bernauer, I.: Brot d. Engel, s. Bernauer, Irenäus

Bernauer, Johann Ferdinand (Görlitz), De nexu unionis et imperii. Exercit. jur. Lpz. (Langenheim) 9. VII. 1761. 24 S. (4.—) 2295
Gewidmet: Baron v. Hund u. Altengrotkau (U. wurde . .).

Bernauer, Joseph

O du verflixte Sonntagsruh'. Komische Soloszene mit Gesang (von *Joseph Bernauer*). Wien, o. J. (1885).
Anon.-Lex. V. p. 222 (Eigenbericht).

Bernauer, Irenaeus: Besuchgn d. allerhlst. Altarsakramentes, s: Liguori, Alphons. Maria v.

Brot der Engel. Unterweisungen u. Gebete, insbes. f. d. Verehrer d. allerheiligsten Altarssakraments u. d. allerseligsten Jungfrau Maria. Von P. Irenäus Bernauer, Franziskaner-Ordens-Priester. *Saarlouis: F. Stein Nachf. 1903.* (384 S.) 8° [F.] [04. 8499

— besondere Gewissenserforschung für Ordensfrauen. 5. neubearb. Aufl. (95 S.) 16. Ebd. 907. n. — 35; geb. in Leinw. n. — 50

Bernauer, Irenäus, O. S. F., hin zur Gnadenmutter! Innige, fromme Gebete u. Beherzigungen f. alle treuen Verehrer Mariens insbesond. f. Pilger nach marian. Gnadenorten. Unter Benutzg. altbewährter Schriften hrsg. (320 S. m. Titelbild.) 16. Sarlouis 910. F. Stein Nachf. Geb. in Leinw. — 60

Der fromme Katholik beim Gebet und Gesang. Hrsg. von P. Irenäus Bernauer. *Saarlouis: Hausen & Co. 1902.* (197 S.) 8° [F.] [03. 16171 5

Bernauer, Irenäus, O. S. F., der fromme Katholik b. Gebet u. Gesang. 32. (197 S. m. Titelbild.) Saarlouis 902. F. Stein Nachf. n. — 20, geb. — 30; in Leinw. m. Goldschn. — 45; in Chagrin m. Goldschn. — 80

— der fromme Katholik beim Gebet u. Gesang. 2. Aufl. (197 S. m. Titelbild.) 16. Ebd. 908. n. — 20; geb. n. — 30

— Marianische Liebesblumen. Gebet- u. Andachtsbuch f. fromme Verehrer Mariä unter besond. Berücksicht. der marian. Festtage. (352 S.) 16. Ebd. 908. — 60; geb. in Leinw. — 75

Lob Gottes. Hrsg. von P. Irenäus Bernauer. *Saarbrücken: Hausen & Co. 1902.* (165 S.) 8° [F.] [03. 16171 5

— Lob Gottes. Gebet- u. Andachtsbuch f. fromme Christen. 2. Aufl. (165 S. m. Titelbild.) 16. Ebd. 903. n. — 20; geb. n. — 30

— s.: Manna.

— s.: Perlen der Andacht.

— s.: Schritte zur ewigen Heimat.

Bernauer, Karl, Handelsverhältnisse in der Mandschurei, s.a. Berichte, kommerzielle, hrsg. vom k. k. österreich. Handelsmuseum. Nr. 12.

Handelsverhältnisse in der Mandschurei. Bericht von Dr. Karl Bernauer, Konsul. Wien: Manz 1908. 20 S. 4°
(Kommerzielle Berichte hrsg. v. K. k. österr. Handelsmuseum. Nr 12.) [09. 2113

Bernauer, Karl: Südchina. Wirtschaftl. Verhältn., s: Berichte, Kommerzielle, hrsg. v. k. k. österr. Handelsmuseum.

Bernauer, Rudolf

Bernauer, Rud. s.a. Kunst, die, im Leben des Kindes.

Die Kunst im Leben des Kindes. Ein Wort z. Abwehr gegen d. 'Struwwelpeter' u. z. Reform d. Hampelmanns. (Verf.: Rudolf Bernauer, Mitarb.: Carl Meinhard, Zeichnungen von Julius Klinger.) Berlin: Harmonie [1904]. (17 Bl.) 4° [F.] [04. 368

Bernauer, Rud., Lieder e. bösen Buben. Zeichnungen v. Jul. Klinger. (59 S.) gr. 8. Berlin (907). Harmonie. 3.—; geb. 4.—

— u. C. Meinhard: Die einsamen Menschen vom Schliersee, s.a. Fastnachts-Bühne.

Die einsamen Menschen vom Schliersee. Moderne Bauerntragödie in 1 Akt. Von Rudolf Bernauer u. Carl Meinhard. Uraufführung im Künstlerhaus Berlin W. *Berlin: E. Bloch (1902).* (15 S.) 8° [F.]
= Fastnachts-Bühne. H. 88.

Monika-Harmonika oder La recherche de la paternité est interdite (code Napoléon) oder d. Geheimnisse d. Villa Papiniano. [Verse von Rudolf Bernauer, Bilder von Julius Klinger.] Berlin: Bühne & Brettl [1905]. (5 Bl.) quer-8° [Bildert. F. u. Ant.]
= Bilderbogen, Berliner, d. 'Bösen Buben'. No 1. [05. 3938 3

— Nora, letzter Akt, letzte Scene, s.a. Fastnachts-Bühne.

Nora, letzter Akt, letzte Scene. In d. Bearbeitung von Frank Wedekind, Maeterlinck, Georg Hirschfeld, Alexander Bisson, Josef Lauff, anempfunden von Rudolf Bernauer. Uraufführung im Künstlerhaus Berlin W. *Berlin: E. Bloch (1902).* (15 S.) 8° [F.]
= Fastnachts-Bühne. H. 89.

Bernauerin, Agnes; für das Berlin. Theater abgeändert. Berlin und Leipzig 1783. V: *Engel, Johann Jacob.* (MGT)

Bernauerin, Agnes. Vaterländisches Trauerspiel. Neue Ausgabe. Mannh. 1791. V: *Törring und Cronsfeld, Jos. Aug. Graf zu.* (BrMm) (EE) (Ky) (MGT) (Mn)

Bernauerin, Agnes, Vaterländisches Trauerspiel. gr. 8. Mannheim, Schwan u. G. 791.

— — dasselbe. 8. München, Fleischmann. 799.

Bernauerin, üb. d. Trauerspiel Agnes, u. dessen Vorstellung in Mannheim. gr. 3. Mannh. Schwan u. G.

Bernay, tabellar. Uebersicht d. Arznei-Verordnungs-Lehre f. d. Zöglinge d. medizin.-chirurg. Lehranstalt in Münster. (Hauptsächlich nach Phoebus.) (1 B.) Roy.-Fol. Münster 838, Theissingsche Buchh.

— dass. Neue Ausg. (99) 8° Berl., Oesterheld & Co. '12. 2 —

Bernay, Alex.: Armin. Drama. (75) 8° Berl., Boll & P. '11. 1.80 d

de Bernay, Alex., li romans d'Alixandre, siehe: **Bibliothek** des literar. Vereins, XIII. Thl.

Bernay, Carl (Münster), De cerebro quaedam. Diss. phys. Bln. (Nietack) 13. VI. 1835. 30 S. mit Liter. u. Biogr. (M.: S. Greweler.) (4.—) 2296
Oppon.: B. Ketteler, C. Dieckhoff, L. Petri. — Gew.: J. Schulten.

Bernays, d. Dialoge d. Arist. in ihr. Verh. zu s. übr. Werken. Brsl.
Schul-/Univ.-Schrift 1863.

Bernays, Albert James (Derby)
Household Chemistry; or, Rudiments of the Science applied to every-day life.
London 1853. 2. ed. 276 S.
[An Stelle einer Dissertation eingereicht.]
Dr. phil. Giessen 9.11.1853. vorh. Brit. Mus.

Bernays, Carl Ldw., Deutschland und seine fränkischen Repräsentativ-Verfassungen. 12 Stunden patriot. Gedanken. Pfalz 1841. gr. 8. Mannheim 841, Bensheimer. 1/4 ₰

Bernays, Carl Ludw., die Ermordung der Herzogin von Praslin. Ein Beitrag zur Geschichte des Kampfes d. Leidenschaften mit den modernen Gesellschafts-Elementen. Mit 1 (lith.) Plane in Fol. 8. (330 S.) Flawyl 848, Literarische Verlags-Anstalt. 1 ₰

Bernays, Carl Ludw., die Ermordung der Herzogin von Praslin. Ein Beitrag zur Geschichte des Kampfes der Leidenschaften mit den modernen Gesellschafts-Elementen. 8. (300 S. und 1 lith. Plan in Fol.) Flawyl 848. [Herisau, Schläpfer und Meisel.]

Bernays, Carl L. Der junge Goethe. Lpz. 1875.

Bernays, F. C., Schandgeschichten z. Charakteristik d. deutsch Censoren- u. Redactorenpacks. Censor Fuchs aus Mannheim u. die Führer d. servil. Presse. Actenstücke z. Gesch. unserer Tage. 8. (4½ B.) Straßburg 843. (Schmidt u. Grucker.) **

Bernays, Geo., Depeschenkürzer, s.: **Hillger,** Herm.

Bernays, Guillaume, Schicksale des Großherzogthums Frankfurt und seiner Truppen. Eine kulturhistor. und militär. Studie aus der Zeit des Rheinbundes. gr. 8. (VII, 469 S. mit 1 lithogr. Karte von Spanien.) Berlin 882, Mittler und Sohn. *

Bernays, Heinr., Geschichte des Großherzoglich Hessischen Hauses. Chronologisch u. genealogisch in einer Stammtafel dargestellt. Mainz 853. Kirchheim. (2 Bl. mit 2 Holzschn. im Text in gr. Fol.) n. 1 ₰; color. n. 1 ₰ 14 ngr

Bernays, J.: Gesammelte Abhandlgn., s. Bernays, Jac.

Bernays, I.: Z. Kritik karolingischer Annalen, s. Bernays, Isaac

Bernays, Jac., gesammelte Abhandlungen. Hrsg. von H. Usener. 2 Bde. gr. 8. (XXVI, 856; IV, 396 S.) Berlin 885, Hertz.

Bernays, Jac., zwei **Abhandlungen** über die aristotelische Theorie des Drama. gr. 8. (III, 187 S.) Berlin 880, Hertz. *

! Bernays. J: Abhandlgn. Jetzt: Stuttg., JG Cotta Nf. Preis 6

Bernays, J., Zu Aristoteles und Clemens. S.-A. s. a. (1864). 10 S. —.80

Bernays, Jac., die Heraklitischen Briefe. Ein Beitrag zur philosoph. und religionsgeschichtl. Literatur. Lex.-8. (III, 159 S.) Berlin 869, Hertz.

Bernays, Jac., über die Chronik des Sulpicius Severus. Ein Beitrag zur Geschichte der klass. und bibl. Studien. gr. 4. (III und 72 S.) Berlin 861, Hertz.

Bernays, J, Ueber die Chronik des Sulpicius Severus. [= Jahresbericht des jüdisch-theologischen Seminars „Fraenckelscher Stiftung".] Breslau 1861. 4°

Bernays, Jac., über die Chronik des Sulpicius Severus. Ein Beitrag zur Geschichte der klassischen u. biblischen Studien. Berlin 862. Hertz. gr. 4. (III, 72 S.) n. 1 ₰

Bernays, J., Commentarius in Lucreti librum I. S.-A. o. J. 70 S. 4.—

Bernays, Jac., die Dialoge des Aristoteles in ihrem Verhältniss zu seinen übrigen Werken. Lex.-8. (III und 175 S.) Berlin 863, Hertz.

— De emendatione Lucretii commentatio. S.-A. 1847. 55 S. 2.50

Bernays, J., Florilegium renascentis latinitatis. Pr. 1848. 83 S. 4°.

Natalicia ... Friderici Gvilelmi IIII vniversitatis Fridericiae Gvilelmiae Rhenanae conservatoris ... ab eadem vniversitate d. XV m. Oct. a. 1849 ... concelebranda ... indicit Fridericvs Ritschl, eloq. Prof. P. O. — Inest Iacobi **Bernaysii** Florilegivm renascentis latinitatis. Bonnae, litt. C. Georgii (1849). IV, 33 S. 4. ¶ Vorw. wieder abgedr. in des Verf. Ges. Abh. hrsg. v. Usener II 1885 S. 325 ff.

Bernays, Jac., über das Phokylideische Gedicht, ein Beitrag zur hellenistischen Litteratur. gr. 4. (43 S.) Berlin 856, Hertz. *

Bernays, Jac., Grundzüge der verlorenen Abhandlung d. Aristoteles über Wirkung der Tragödie. Aus d. Abhandlgn. d. histor.-phil. Gesellschaft in Breslau. Breslau 857. E. Trewendt. Lex.-8. (69 S.) n. 25 ngr

Bernays, Iacobus ⟨geb. am 18 Sept. 1824 in Hamburg⟩: Heraclitea. Part. I [un.] ... Bonnae, form. C. Georgii 1848. 2 Bl., 36 S., 1 Bl. 8. ¶ Wieder abgedr. in des Verf. Ges. Abh. hrsg. v. Usener I 1885 S. 1 ff.
Bonn, Phil. Fak., Diss. v. 14 März 1848

Bernays, Jac., Lucian und die Kyniker. Mit einer Uebersetzung der Schrift Lucians über das Lebensende des Peregrinus. gr. 8. (111 S.) Berlin 879, Hertz. *

Natalicia ... Friderici Gvilelmi IIII vniversitatis Fridericiae Gvilelmiae Rhenanae conservatoris ... ab eadem vniversitate d. XV m. Oct. a. 1850 ... concelebranda ... indicit Fridericvs Ritschl, eloq. Prof. P. O. — Inest Pentas versionvm Homericarvm Iacobi **Bernaysii** stvdio collecta. Bonnae, litt. C. Georgii (1850). IV, 29 S. 4. ¶ Vorw. wieder abgedr. in des Verf. Ges. Abh. hrsg. v. Usener II 1885 S. 327 ff.

Bernays, J., Petrus Martyr Anglerius u. sein Opus epistolarum. 8. Strassburg 890. Trübner, Verl. n. 6. —

Bernays, J, Petrus Martyr Anglerius u. s. opus epistolar. 8° (247) Strassb. 91, KJ Trübner, V. 6 —

—— **Phokion** und seine neueren Beurtheiler. Ein Beitrag zur Geschichte der griech. Philosophie und Politik. gr. 8. (III, 139 S.) Berlin 881, Hertz. *

—— **Joseph Justus Scaliger.** gr. 8. (VIII und 310 S. mit lithogr. Portr.) Berlin 855, Hertz. *

Bernays, Jac., die unter Philon's Werken stehende Schrift „Ueber die Unzerstörbarkeit des Weltalls" nach ihrer ursprünglichen Anordnung wiederhergestellt und ins Deutsche übertragen. gr.4. (72 S.) Berlin 876, (Dümmler's Verlagsh.) *
Aus: Abhandlungen der k. Akademie der Wissenschaften zu Berlin, besonders abgedruckt.

Bernays, J., Ueb. die unter Philon's Werken stehende Schrift: Ueb. die Unzerstörbarkeit des Weltalls. Ak. 1883. 82 S. 4°. 2.40

—— über die unter Philon's Werken stehende Schrift über die Unzerstörbarkeit des Weltalls. gr. 4. (82 S.) Berlin 883, (Dümmler's Verlagsh.) *
Aus: Abhandlungen der k. preuss. Akademie der Wissenschaften zu Berlin, besonders abgedruckt.

—— Theophrastos' Schrift über Frömmigkeit. Ein Beitrag zur Religionsgeschichte. Mit krit. und erklär. Bemerkungen zu Porphyrios' Schrift über Enthaltsamkeit. gr. 8. (195 S.) Berlin 866, Hertz.

Bernays, Jr., Steud., (Schiff, Herm.)

Bernays, Isaac: Zur Kritik Karolingischer Annalen. Strassburg, Karl J. Trübner, 1883. 8. VIII, 194 S.
Diss. Strassburg

Bernays, Isaak, Luftschlösser, s. Luftschlösser.

Bernays, Isaak, Schief-Levinche mit seiner Kalle oder polnische Wirthschaft. Ein komischer Roman nebst Vorrede. 8. (XXXVI und 287 S.) Hamburg 848, Hoffmann und Campe.

—— die Waise von Tamaris, s. Waise, die, von Tamaris.

Bernays, L., Die Ermordung der Herzogin von Praslin, ein Beitrag zur Geschichte des Kampfes der Leidenschaften mit den modernen Gesellschaftselementen. Mit Plan des Schlafgemachs der Herzogin. Flawyl 1847. 8°. (3/4 Rthl. H. W. Schmidt, Halle, vor 1870.)
Die Herzogin, geb. Gräfin Sebastiani, war in der Nacht vom 16. zum 17. August 1847 von ihrem Gemahl ermordet worden.

Bernays, Lazarus. Vide: Vorwärts!

Bernays, M.: Goethe's Briefe an Frdr. Aug. Wolf, s. Bernays Michael

Bernays, M., s. Goethe, der junge.

Bernays, M.: Schriften des Vereins f. Sozialpolitik, s. Bernays, Marie

— M., J. H. Voss und der Vossische Homer. 2 Tle. S.-A. 1874. 18, 17 S. 1.20

Bernays, Marie: Auslese u. Anpassg d. Arbeitersch. d. geschloss. Grossindustrie, s.a. Schriften d. Vereins f. Sozialpolitik.

Bernays, Marie, Auslese u. Anpassung der Arbeiterschaft der geschlossenen Großindustrie, s.a. Untersuchungen üb. Auslese u. Anpassung der Arbeiter in den verschiedenen Zweigen der Großindustrie. 1. Bd.

Auslese und Anpassung der Arbeiterschaft der geschlossenen Großindustrie. Dargest. an d. Verhältnissen d. 'Gladbacher Spinnerei u. Weberei' A.-G. z. München-Gladbach. Von Dr. phil. Marie **Bernays.** Leipzig: Duncker & Humblot 1910. XXI, 417 S. 8°
[Ein T. erschien als Inaug.-Diss. Heidelberg 1910.]
(Untersuchungen über Auslese u. Anpassung ... d. Arbeiter in ... der Großindustrie. Bd 1.)
(Schriften d. Vereins f. Sozialpolitik. Bd 133.) [10. 1785

— dass. in d. Lederwaren- usw. Industrie, s: Schriften d. Vereins f. Sozialpolitik, Morgenstern.

Bernays, Marie: Die Geschichte einer Baumwollspinnerei, ihr Produktionsprozeß und ihre Arbeiterschaft. (Leipzig: Duncker & Humblot) 1910. 46 S. 8° ¶(Ersch. vollst. u. d. T.: Auslese u. Anpassung d. Arbeiterschaft d. geschloss. Großindustrie, dargest. an d. Verhältnissen d. 'Gladbacher Spinnerei u. Weberei', A.-G. zu M.-Gladbach im Rheinland, als: Schriften d. Vereins f. Sozialpolitik. Bd 133.)
Heidelberg, Phil. Diss. v. 19. Juli 1910, Ref. A. Weber
[Geb. 13. Mai 83 München; Wohnort: Heidelberg; Staatsangeh.: Bayern; Vorbildung: Gymn. Heidelberg Reife Sommer 06; Studium: Heidelberg 8 S.; Rig. 14. Juni 10.] [U 10. 2110

Bernays, Michael

Bernays, Mich., s.a. Briefe von u. an Michael Bernays.

Briefe von und an Michael **Bernays.** Mit 1 Bildn. (Hrsg.: Hermann Uhde-Bernays.) Berlin: B. Behr 1907. (XIV, 220 S.) 8° [F.] [07. 17911

Bernays, Mich., Göthe's Briefe an Frdr. Aug. Wolf. [Aus den preuß. Jahrbüchern.] Berlin 868. G. Reimer. gr. 8. (2 Bll., 144 S.) n. 20 ngr.

Bernays, Mich., zur Entstehungsgeschichte des Schlegelschen Shakespeare. gr. 8. (VI, 260 S.) Leipzig 872, Hirzel. *

Bernays, Mich., Festspiel zur Säcularfeier von Schillers Geburtstag. Bonn 860. Cohen & Sohn. 8. (32 S.) 6 ngr.

Bernays, Michael, J. W. v. Goethe. J. C. Gottsched. Zwei Biographieen. 8. (144 S.) Leipzig 880, Duncker und Humblot. *ℳ 2,80.; geb. *
Aus: Allgemeine deutsche Biographie, besonders abgedruckt.

Ueber die Composition des Hebbelschen Demetrius, v. Michael Bernays. ⟨Aus der Deutschen Vierteljahres-Schrift besonders abgedruckt.⟩ [Stuttgart.] o. J. 8°.

Michael Bernays: Über Kritik und Geschichte des Goetheschen Textes. An Nicolaus Delius. Berlin. 1866. 8°.

— **über Kritik u. Geschichte des Goethe'schen Textes.** Berlin 867. Dümmler's Verlhdlg. gr. 8. (90 S.) n. 15 ngr.

Bernays, Michael. Prolog zu Mozart's Requiem, s.a. Breitkopf u. Härtel's Text-Bibliothek.

Bernays, Mich., Prolog zu Mozart's Requiem. gr. 16. (10 S.) Leipzig 892. Breitkopf & Härtel. n. — 10

Bernays, Mich., Schriften z. Kritik u. Litteraturgeschichte. 1.—3. Bd. gr. 8. [Stuttgart, G. J. Göschen]. Berlin, B. Behr's Verl. à Bd. n. 9. —; in Liebhaberbd. n. n. 10. 20
1. Zur neueren Litteraturgeschichte. (X, 454 S.) 895.
2. Dasselbe. (X, 394 S. m. Bildn.) 898.
3. Zur neueren u. neuesten Litteraturgeschichte. (XV, 351 S. m. Bildn.) 899.

Bernay's, Mich., Schriften z. Kritik u. Litteraturgeschichte 4. (Schluß-) Bd. Zur neueren u. neuesten Litteraturgeschichte. II. Aus dem Nachlaß hrsg. v. Geo. Witkowski. gr. 8. (VI, 392 S.) Berlin 899. B. Behr's Verl. n. 9. —; in Liebhaberbd. n. n. 10. 20
Bd. 1—3. Ebd. 895—899 à n. 9. —; geb. à n. n. 10. 20.

Bernays, Mich., Schriften zur Kritik u. Litteraturgeschichte. Neue wohlfeile [Titel-]Ausg. in 4 Bdn. gr. 8. Berlin, B. Behr's Verl. à n. 3. —; geb. à n. n. 4. 25
1. (X, 454 S.) [895] 903. — 2. (394 S. m. Bildnis.) [898] 903.
3. Aus dem Nachlaß hrsg. v. Geo. Witkowski. (XV, 351 S. m. Bildnis.) [899] 903.
4. (Schluß.) Aus dem Nachlaß hrsg. v. Geo. Witkowski. (VI, 392 S.) [899] 903.

Bernays, Michael, verbindender Text zu Beethoven's Musik zu Goethe's Egmont, s. Breitkopf und Härtel's Textbibliothek Nr. 71.

Bernays, Paul, das Moralprinzip bei Sidgwick u. bei Kant. (S. 503—582.) gr. 8. Göttingen 910. Vandenhoeck & Ruprecht. 2. 60
Sonderabdruck aus „Abhandlgn. d. Fries'schen Schule".

Bernays, Ulrich: Die Sage vom grossen König Alexander für die Jugend erzählt von Adolf Ausfeld. Aus d. Nachlasse d. Verf. hrsg. Lörrach 1908: Gutsch. 22 S. 4°
Lörrach, großh. G u. RPG P 1908 (804) [S 08. 25

Bernays, Ulrich, a. München: Studien zu Dionysius Periegetes. Heidelberg: C. Winter 1905. (73 S.) 8° ¶[Auch selbständig in gleichem Verlage erschienen.]
München, Phil. Fak., Ref. Crusius, Diss. v. 24. Jan. 1905
[Geb. 15. Aug. 81 München; Wohnort: München; Staatsangeh.: Bayern; Vorbildung: Gymn. Karlsruhe Reife Juli 98; Studium: Heidelberg 5, München 1, Heidelberg 3, München 1 S.; Rig. 31. Okt. 03.]

Bernays, Wilhelm. Schicksale des Grossherzogtums Frankfurt und seiner Truppen. Eine kulturhistorische und militärische Studie. Berl. 1882. H: *Ardenne, von.* (schz)

Bernaysius, Jacobus [Recogn.]: De rerum natura, s. Lucretius Carus, Titus.

Bernbach [Schlagwort]
Bernbach, s.: **Württemberg. Höhenkurvenkarte.**

Bernbeck, Frdr., Kitzinger Chronik. 745—1565. Hrsg. u. m. sachl. Erläutergn. versehen v. Leop. Bachmann. 1. Abtlg. 745—1546. gr. 8. (XI, VIII, 144 S.) Kitzingen 899. (K. Rehbein.) n.n. 1.30

Bernbeck, Frdr., Kitzinger Chronik. 1547—1565. Hrsg. u. m. sachl. Erläutergn. versehen v. Leop. Bachmann. 2. Abtlg. 1547—1565. (IX—XIV u. S. 145—254.) 8. Kitzingen 900. (A. Wirth Nachf.) n. 1.60

(B) **Bernbeck**, Frdr., Kitzinger Chronik. 899. 900. (KBL 31. 38.) Jetzt: Kitzingen, Chr. Schmitt.

Bernbeck, Herm., die Stadtkirche zu Michelstadt. Festschrift zu ihrer Wiederherstellg. u. Neueinweihg. Im Auftrag des Kirchenvorstandes verf. (96 S. m. Abb. u. Titelbild.) 8. Michelstadt 910. H. Kraft. —70

Bernbeck, Jak., katechetische Skizzen zunächst f. die ungeteilte u. zweiteilige Landschule. (XV, 355 S. m. 10 Taf.) 8. Kempten 909. J. Kösel. 8.—; geb. 8.60

Bernbeck, Karl, die Denkwürdigkeiten der Markgräfin Friederike Sophie Wilhelmine v. Bayreuth u. die englisch-preußische Heirathsverhandlung v. 1730, s.a. Studien, Gießener, auf dem Gebiet der Geschichte.

Bernbeck, K., Die Denkwürdigkeiten der Markgräfin Friederike Sophie Wilhelmine v. Bayreuth u. d. engl.-preuss. Heiratsverhandlung v. 1730. Mit Vorwort von W. Oncken. (104 S.) Giessen 1894. Ricker. 2.80

[F.] Bernbeck, Karl: Zur Kritik der Denkwürdigkeiten der Markgräfin Friederike Sophie Wilhelmine von Bayreuth ... Giessen, 1894; 3 Bl., 33 S. 8.
Giessen, Phil. Fak., Inaug.-Diss. v. 1894

Bernbeck, Oskar, a. München: Der Wind als pflanzenpathologischer Faktor. Stuttgart 1907: (C. Liebich.) (VIII, 116 S.) 8°
Bonn, Phil. Fak., Ref. Strasburger, Diss. v. 6. Aug. 1907
[Geb. 1. Juli 77 Germersheim; Wohnort: München; Staatsangeh.: Bayern: Vorbildung: Gymn. München Reife Juli 06; Studium: München 5, Bonn 3 S.; Rig. 19. Juni 07.]

Bernberg, Paul (Hamburg), Catalogum imperatorum qui post Francicos, ad interregnum usq. Imperio Germanico praefuerunt. Diss. jur. publ. Präs. Joh. Chph. Wagenseil. Altdorf (J. H. Schönnerstaedt) 15. III. 1676. 68 S. mit 1 Kupf. (6.50) 2298
— — Dasselbe. Lpz. (Gabr. Trog) 1736. Ohne Kupfer. (6.—) 2299

v. Bernbrun, M. E., die Söhne des Staatsgefangenen. Erzählung aus längstvergangenen Tagen. 2 Bdchn. 16. (508 S.) Wien 852. Wallishausser. 18 *ngl*

Bernburg [Sachliches OW]
BERNBURG, Die, oder der Jungfern-Kerker. Eine Sage aus der Vorzeit (in jocosen u. derben Reimen). Rotweil 1803. 8°. Sehr selten!
— — Dasselbe. Freiburg i. B., Herder, 1808. 8°.

Bernburg, Graf Werner von, v. Verf. d. Walter v. Montbarry. 2 Thle. 8. Lpzg. Weygand. 790.

Bernburg in Wort u. Bild. Führer durch Bernburg u. Umgeg. 2. Afl. v. Gust. Sommer. (55 m. Abb. u. 1 farb. Pl.) 8° Bernbg. G Sommer '11'12. (Nur dir.) —50 d

Bernburg [Schlagwort]
Bernburg, s. a.: Deutschland. Grundkarte. Karte (Abt. Preussen).

Bernburg, s.a. **Deutschland. Karte. (Abt. Preussen.) — Preussen. Messtischblätter. — Radfahrerkarte n. Mittelbach.**

Bernburg, Kreis [Schlagwort]

Bernburg. Schroeter, E., Handkarte vom Kreise Bernburg u. Umgegend. 1 : 100,000. Farbendruck. 38×36,5 cm. Bernburg 891. A. Mehrhardt. n. —50; in Karton n. —60; auf Leinw. n. 1.—; m. Stäben n. 1.25

Bernburg, Kreis. Schroeter, E., Handkarte vom Kreise Bernburg. 1:100,000. 38×37 cm. Farbdr. Mit e. Verzeichnisse sämtl. Ortschaften u. Wohnstätten des Kreises u. Angabe der Einwohnerzahl **nebst kurzen Bemerkgn. (8 S.) 8. Bernburg (907). P. Böttger. 1.—; Schulausg. nn —60; auf Pappe nn 1.20; auf Leinw. in Futteral 1.50**

Bernburg [Verfasser]
Bernburg, Bertha v., Ludchen. Im Thüringer Pfarrhause. Eine Kränzchensitzung. Humoresken. Mit 18 Illustr. v. Osc. Herrfurth. gr. 8. (82 S.) Braunschweig 895. Wißmann. n. 1.25

Bernburg, Jul., D. Buch d. Gesellschaftsspiele. Ausgew. Sammlg. origin. u. unterhalt. Pfänderspiele sowohl im Freien als i. Zimmer. 12. (96 S.) Preßburg 897. M. Natali. n. —80

Berncastel [Schlagwort], s.a. Bernkastel
Berncastel, s.a. **Rheinprovinz,** Liebenow, W.

Berncastel. Schiffels, Joh., Schulwandkarte des Kreises Berncastel. 1 : 40,000. 4 Blatt à 51×54 cm. Farbendr. u. kolor. Trier 894. H. Stephanus' Verl. n. 8.—; auf Leinw. m. Stäben n.n. 12.—; u. lackiert n.n. 13.—

Berncastel, Lion: De artis medicae Exercitio imperitis in republica bene constituta non permittendo. Ienae (1797:) Fiedler. 20 S. 8°
Jena, Med. Diss. v. 23. Sept. 1797.

Bernd: Cornelius Hermann von Ayrenhoff. Eine literarische Skizze. 31 S.
Progr. Wien ak. G. 1852.

Bernd, Prof Dr. — Prolog am Tage der hohen Vermählung Sr k. k. Apostolischen Majestät Franz Josef I. mit Ihrer königl. Hoheit der Durchlauchtigsten Prinzessin Elisabeth, Herzogin in Baiern. Im Museum des k. k. akad. Gymnasiums nach abgehaltenem feierlichen Gottesdienste an die versammelten Schüler aller acht Klassen gesprochen und verfaßt von — —. 4. (2 Blätter.) Wien. 1854. Gedruckt bei Leopold Sommer.

Bernd A. H.: Die Entwicklung d. Pecten im Auge d. Hühnchens aus den Blättern d. Augenblase. Diss. Bonn 1905. 50 S. 1 Tvl. P.

Bernd, Adam
— Abhandl. v. Gott u. d. menschl. Seele ꝛc. 8. Leipzig, Gleditsch. 741.

Bernd, Ad., Abhdl. v. Gott u. d. menschl. Seele. 1742. 8°.

— Abhandl. v. d. höchst. Uebel des Mensch. ꝛc. 8. Ebend. 744.

Bernd, Adam, theol.-philos. Betracht. üb. Stell. d. A. u. N. Test. s. dess. letzt. Predigt. 8. Leipz. Gleditsch. 749.

Bernd, Adm., sonderbare Bußpredigten. 8. Leipz. 750. (Brockhaus). 16 K

— geistl. Ehe zwisch. Christo u. d. Seele. 12. 729.

— Einleit. z. christl. Sittenlehre. 8. Leipzig, Gleditsch. 733.

— nützl. Gebrauch d. Moral üb. d. Evangelia. 4. Altona. 732.

— Leben des Glaubens in der Liebe gegen Gott, geg. den Nächsten ꝛc. 8. Ebend. 736.

Bernd, Adam, Eigene Lebensbeschreibung, sammt einer aufrichtigen Entdeckung u. deutlichen Beschreibung einer der größten, obwohl großentheils noch unbekannten Leibes- und Gemüthsplage, welche Gott zuweilen über die Welt-Kinder, u. auch wohl üb. seine eigenen Kinder verhänget; den Unwissenden zum Unterricht, den Gelehrten zum weiteren Nachdenken, den Sündern zum Schrecken u. den Betrübten und Angefochtenen zum Troste. 760 S. Lpz. 8°.
Auch in *Unger*, Arzt. Hamb. 1769. Bd. I, S. 347. 1738

Bernd, Adam, eigene Lebensbeschr. 3 Thle. 8. Ebend. 738—44. Rthlr.

— siebenzig Predigten üb. d. Evang. 4. Leipzig, Gleditsch. 725.

— Quellen des gottlos. Lebens üb. d. Evang. 4. 720.

— Stand d. Sicherheit d. Knechtsch. u. d. Freyheit ꝛc. 8. Ebend. 736.

— Unterschied d. Moral Christi u. d. Pharisäer. 8. Ebend. 727.

— Vertheidigung wider Neumeister. 4. Ebend. 723.

— Wahrheit uns. christluther. Relig. wid. d. Socinianer ꝛc. vertheid. 8. Ebend. 735.

Bernd, Adolf Hugo, Assistent d. anatom. Inst. d. Univ. zu Bonn: Aus d. anatom. Institut d. Universität Bonn. Die Entwicklung des Pecten im Auge des Hühnchens aus den Blättern der Augenblase. Bonn 1905: E. Eisele. (52 S.) 8°
Bonn, Med. Fak., Ref. Nussbaum, Diss. v. 28. März 1905
[Geb. 21. April 78 Coblenz; Heimatsort: Bonn; Staatsangeh.: Preußen; Vorbildung: Kaiserin Augusta-Gymn. Coblenz Reife O. 99; Studium: Bonn 1, Berlin 3, Bonn 1, Berlin 1, München 1, Bonn 2 S.; Coll. 28. März 05; Approb. 4. März 04.]

Bernd, Christian Samuel Theodor

Bernd, Chrst. Sam. Theod., merkwürd. altes Bruchstück e. griech.-latein. Glossarii in Köln, erläut. u. mit e. in Kupfer gestoch. Schrifttaf. vers. hrsg. gr. 8. (2 B.) Bonn 837, Weber.
Aus dem: Rhein. Museum f. Philologie, besond. abgedruckt.

Bernd, Chr. Sam. Theodor, die drei deutschen Farben und ein deutsches Wappen, eine geschichtlich-wissenschaftl. Untersuchung, und ein darauf gegründ. Vorschlag. Mit Abbildungen in Farben. 12. (56 S. und 1 Stnt.) Bonn 848, (Weber.) *

Bernd, Chr. S. Th., Handbuch der Wappenwissenschaft in Anwendung und Beispielen von wirklich geführten Wappen. Mit Abbildungen. Lex.-8. (VIII und 112 S. mit 13 Stnt.) Leipzig 856, T. O. Weigel. *

! Bernd: Hdb. d. Wappenwiss. Jetzt: CH Tauchnitz. 2 —

—— die Hauptstücke d. Wappenwissenschaft, mit vielen Beispielen u. Abbildn. erläut. 1. Abthl., enth. d. Ursprung d. Wappen, Geschichte d. Wappenwesens v. d. ältesten bis auf d. neuere Zeit, u. d. Allgem. v. Schilden, Helmen, Fahnen ꝛc., mit mehr als 900 Abbildn. auf 17 Taf. erläut. — A. u. d. T.: Das Wappenwesen d. Griechen u. Römer u. and. alter Völker, e. Vorbild d. mittelalterl. u. neuen. Aus den Schriften u. Kunstdenkmählern d. Alterthums u. Mittelalters dargest. gr. 8. (30¼ B.) Bonn 841, Weber. *

—— die Hauptstücke der Wappenwissenschaft, verfaßt und mit vielen Abbildungen erläutert. 2. Abthl. A. u. d. T.: Die allgemeine Wappenwissenschaft in Lehre und Anwendung, nach ihren Grundsätzen in Europas Ländern aus den Quellen dargestellt, und mit Tausenden von Beispielen wirklicher Wappen aus jenen Ländern, auch mit nahe an 2000 Abbild. begründet und erläutert. gr. 8. (X und 558 S. mit 20 Stnt.) Bonn 849, (Weber.) Thlr. **
1. Abthl. Ebendas. 1849. * 4 Thlr.

Bernd, Chr. Sm. Thdr., die Lehre v. d. deutschen Aussagern (verbis). 8. Bonn 821. Weber. 2 Rthlr. 4 Gr.

— allgem. Schriftenkunde d. gesammten Wappenmeisterschaft, mit beurtheilenden u. andern z. Bücher- u. Gelehrtengesch. gehörenden Bemerkk. u. Nachweis. 2 Bde. gr. 8. Bonn 830. (Leipz., Weigel). 5 Rthlr. Fein Pap. 6 Rthlr.

Bernd, Chr. Sam. Thdr., allgemeine Schriftenkunde der gesammten Wappenwissenschaft, mit beurtheilenden, und andern zur Bücher- u. Gelehrtengeschichte gehörenden Bemerkungen u. Nachweisungen. 4. u. letzter Thl. gr. 8. Bonn 841; Leipzig, T. O. Weigel. n. 1⅙ Rthlr.

— die deutsche Sprache in dem Großherzogthum Posen u. einem Theile d. angrenzenden Königreichs Polen, mit Vergleichungen sowohl d. Mundarten, als auch anderer Sprachen u. mit eigenen Forschungen. 8. Bonn 820, (Weber). 2 Rthlr. 4 Gr.

— die Verwandtschaft d. german. u. slavischen Sprachen mit einander, u. zugleich mit d. griech. u. römischen. gr. 8. Bonn 822. (Weber). 1 Rthlr. 4 Gr.

Bernd, Chr. Sam. Theod., Wappenbuch der Preuss. Rheinprovinzen s.a. Wappenbuch.

— Wappenbuch d. Preuß. Rheinprovinzen. 2 Thle. in 9 Hften. Mit 192 lithogr. Taf. schmal gr. 4. Bonn 823. Henry u. Cohen. 14 Rthlr.

Bernd, Christ. Sam. Theod., Wappenbuch der preuss. Rheinprovinz mit Beschreib. der Wappen. Nachtrag zu d. Wappen d. immatrikulirten Adels. gr. 8. (26 Kpftn., 2½ B. Text u. gestoch. Ttl.) Bonn 842, Marcus. *

Bernd, Christ. Sam. Theod. Das Wappenwesen der Griechen u. Römer u. anderer alter Völker, ein Vorbild des mittelalterlichen u. neuen. Bonn 1841. 8.

Die allgemeine Wappenwissenschaft in Lehre und Anwendung. Von Christian Samuel Theodor **Bernd**. — Bonn: Weber 1849. X, 558 S. 8°
(Bernd: Die Hauptstücke d. Wappenwissenschaft. Abth. 2.)

—— die doppelform. Zeitwörter d. deutschen Sprache, mit Zuzieh. d. verwandten Sprachen. Ein Beitr. z. Sprachwissenschaft u. z. Verständniß d. altdeutschen Dichter. 1. Hälfte. A—L. gr. 8. (14¾ B.) Aachen 837, Mayer.

Bernd, Fr. Neu versuchter Beweis, dass das Systema Copernici der h. Schrift nicht zu nahe trete. Magdeburg 1742. 4.

Bernd Dr. Fr.: Zur Geschichte der österr. Unruhen v. 1608—9 in ihrem Zusammenhange mit der kurpfälzischen Politik. 36. Krems R. 76. Progr.

Bernd, Fr. Die Logik nach Aristoteles und Kant. 54 S. 8.
Progr. Ther. *Wien* 1881.

Bernd, J.: Systemat. Handb. d. Medicin.-Wesens nach d. k. k. österr. Medicinalgess., zum Gebr. f. Aerzte, Wundärzte, Apotheker, Polizeibeamte u. z. Behufe öffentl. Vorlesungen. *Wien.* 819. gr. 8. (1 Thlr. 8 Gr.)

Bernd, Joh. Amadeus (Eisenberg/Dresden), De carcinomate hepatis. Diss. med. Lpz. (Ernst Stange) 5. XII. 1851. 24 S. mit Biogr. (M.: J. H. Lamm.) (3.50) 2300
Gew.: Friedr. Helmuth Degner.

Bernd, Karl

Programm ... des kais. kön. akademischen Staatsgymnasiums in Wien ... 1852. Cornelius Hermann von Ayrenhoff. Eine literarische Skizze von Dr. Karl Bernd. 4°.

Bernd, M. Adam, diss. de ignorantia mentis humanae circa spiritus puros. Lips. 708. 4.

Bernd v. Guseck, vom Borne der Zeiten. Novellen. 1.—3. Bd. (Die Tscherkessen. — Johanniter auf Malta. — Des Frommlers Kind. — Der Fürst der Serben. — Mirandola. — Das Diadem. — Die gefesselte Leon.) 8. Berlin 844, 45, v. Puttkammer. (1., 2. Bd. à 1¾ Rthlr. 3. Bd. 1½ Rthlr.) 5 Rthlr.

— s. Dante, Aligh., die göttl. Komödie.

— das Erbe von Landshut. Ein historischer Roman. 2 Thle. gr. 8. Cottbus 842, Meyer. 2½ ℳ

Bernd v. Guseck, (Gustav v. Berneck), siehe: Bielliebchen.

— Wildfeuer. Novellen. 2 Bde. 8. Berlin 845, v. Puttkammer. 3 ℳ

Berndal, G. G., Ansichten über Errichtung einer dramatischen Hochschule. gr. 8. (28 S.) Berlin 876, Behr's Buchh. *

Berndgen, Joseph: Ueber Variola. Halle (1867): Plötz. 29 S. 8°
Halle-Wittenberg, Med. Diss. v. 19. Dez. 1867
Geb. Dansweiler bei Köln a. Rh. 1. 11. 1843. V.

Berndis, Panthaleon Rudolph (Osterburg/Altmark), De jure limitum provincialium. Vom Recht der Land-Gräntzen. Dissert. jur.-polit. Präs. Jacob Brunnemann. Halle (Orphanotrophii) 1704. 72 Seiten. (5.20) 2300a

Berndl, Ludw., der Todsucher. Bluette in 3 Aufzügen. 8. (40 S.) Dresden 901. E. Pierson. n. 1. —

Berndl, Raim., unsere Haustiere. Entwürfe z. Unterrichtsbildern f. die Volksschule m. einleit. Bemerkgn. üb. die Methode des naturgeschichtl. Unterrichts. (VI, 93 S.) 8. Wien 909. A. Pichler's Wwe. & Sohn. 1. 60

Berndorf, Franz von
Berndorf, F v., Beerdigg od. Verbrenng d. Leichen?, s.a. Flugschriften, kath., z. Wehr u. Lehr'.

Berndorf, **Franz v.*** Beerdigung oder Verbrennung der Leichen. Kathol. Flugschriften zur Wehr und Lehr. Berlin. Verlag der „Germania". 1. März 1892.

Berndorfer, Isidor [app. Zahnarzt]: Zur Behandlung der Empyeme der Highmorshöhle ... o. O., *1892;* 26 S. 8.
Erlangen, Med. Fak., Inaug.-Diss. v. 3. Juni 1892

Berndorff, Max, Referendar aus Cöln a. Rh.: Das Lagergeschäft mit Ausschluß des Lagerscheines nach dem Handelsgesetzbuch vom 10. Mai 1897. *Borna-Leipzig 1903: R. Noske.* (VIII. 71 S.) 8°
Leipzig, Jur. Diss. v. 1903

Berndorff, Wilhelm, Kammergerichtsref.: **Die Annahme an** Erfüllungsstatt. *Berlin 1904: W. Pilz.* (X, 104 S.) 8°
Berlin, Jur. Diss. v. 10. Mai 1904

Berndorff, Wilh., die Annahme an Erfüllungsstatt. Diss. (X, 104 S.) gr. 8. Berlin 904. Struppe & Winckler. n. 3. —

Die Gattungsschuld. Von Wilhelm Berndorff. Preisgekr. von d. Jur. Fak. d. Univ. Berlin. *Berlin: Struppe & Winckler 1900.* (160 S.) 8°

Berndsen, K: Germanisches Gottestum. (77) gr8° Lpzg (-Stö, Naunhofer Str 33), Deut. nationale Kanzlei '11. (Nur dir.) 2 — d

Berndt, die Arbeitslosigkeit, ihre Bekämpfung u. Statistik. Berlin 899.

Berndt. Cornelius von Ayrenhoff. Wien 1852.

Berndt und Baldermann, Erläuterung der Gasfeuerungsanlagen. Berlin 1884

Berndt (Stadt-Syndikus), Der Geist der allgemeinen Gewerbe-Ordnung v. 17. Jan. 1845 und die zeitgemässe Neugestaltung der Innungen nebst dahin abzielenden Vorschlägen. 2 Vorträge, gehalten in den Bürger-Versammlungen zu Gr. Glogau. gr. 8⁰. Glogau, Flemming, 1846.

Berndt, systematisches Handb. d. gerichtl. Arzneikunde. gr. 8. Prag, Calve. 813.

Berndt, ..., das Hausiren u. d. Gewerbebetrieb im Umherziehen. Eine geordnete Zusammenstellg. der hierüber in dem Königr. Preußen geltenden gesetzl. Vorschriften. 8. (32 S.) Berlin 852, Hayn. ¹/₁₂ ℳ

— Leitfaden für den Unterricht der einjährigen Freiwilligen der Infanterie bei ihrer Ausbildung zum Landwehr-Offizier. br. 8. (VI und 91 S.) Berlin 863, [Schlesier.]

Berndt, Leitfaden für den Unterricht der einjährigen Freiwilligen der Infanterie bei ihrer Ausbildung zum Landwehr-Offizier. Berlin 863. v. Warnsdorff. 8. (VI, 91 S.) 12 ngr.

Berndt: Probe aus einer Vorschule für die Differenzial- u. Integral-Rechnung. 32 S. und Figurentafel.
Progr. Stolp 1860.

Berndt, Übersichts-Karte d. Dislocation d. k. u. k. österr.-ung. Heeres u. d. Landwehren im J. 1894/95. 1:1,500,000. 84×64 cm. Farbendr. Wien 94, G Freytag & B. 2 —

Berndt. Experimentelle Untersuchungen über die Genauigkeit der Indicatordiagramme. Chemnitz 1874. 4.

Berndt's Verkehrs-Handbuch für Neu-Vorpommern, Rügen und Mecklenburg. Mit Karte. Sommer-Saison 1888. 32. (63 S.) Stralsund 888. Hingst Nachf. n.n. — 25

Berndt, der Zweikampf und seine heutige Bedeutung. Aachen 862. Benrath & Vogelgesang. gr. 8. (28 S.) 6 ngr.

Berndt, der Zweikampf und seine heutige Bedeutung. gr. 8. (28 S.) Aachen 862. [Berlin, Schlesier.]

Berndt, A., Quaestiones Velleianae. Diss. 1871. 76 S.

— **Quaestiones criticae Velleianae. Diss. 1878. 89 S.**

Berndt, Adam: Dissertatio de lingua Hebrea. . . , s. O d e l e m u s, Johan. Phil. [Praes.]

Berndt, Alb., Ueber die Aufhebung der Wuchergesetze. 8⁰. Berlin 1857. 2. Ausgabe mit Berücksichtigung der neuesten litterarischen Erscheinungen u. der Verhandlungen im Abgeordneten- resp. Herrenhause aus den Jahren 1858 und 1860. 8⁰. Berlin 1860.

Friedr. Aug. Gottlob Berndt. Eine biogr. Skizze von Albert Berndt. Greifswald u. Leipzig: Koch 1856. 278 S. 8⁰
Erwähnt auf S. 255—256 Berndts Zugehörigkeit zum Frmrbunde, auf S. 276 die Trauerfeierlichkeit der Greifswalder Loge für den Verstorbenen.

— der Kredit für den ländlichen Grundbesitz. In der Bedürfnißfrage und den Mitteln zur Abhülfe behandelt. Berlin 858. Wagner. gr. 8. (IV, 228 S.) n. 1 ℳ

— die Wucher-Gesetze und ihre Aufhebung. Berlin 857. F. Schneider. 8. (1 Bl., 95 S.) n. 15 ngr

—— d. Wucher-Gesetze u. ihre Aufhebg. 8. (95) Berl. 57, Wober. n. — 15

Berndt, Albert Wilhelm Eduard
Berndt, Albertus (Guilelmus Eduardus) (*geb. Sprottau 3. 6. 1812*): De nonnullis chromii praeparatis. Vratislaviae (1837). (26 S.) 8°
Breslau, Med. Diss. v. 5. Sept. 1837

Berndt, Arnold, a. Berlin: Entstehungsgeschichte der „Pickwick Papers". Greifswald 1908: J. Abel. (VIII, 52 S.) 8°
Greifswald, Phil. Fak., Ref. Konrath, Diss. v. 2. Juli 1908
[Geb. 15. April 86 Berlin; Wohnort: Berlin; Staatsangeh.: Preußen; Vorbildung: Friedrichs-Werdersche Oberrealsch. Berlin Reife O. 04; Studium: Berlin 8 S.; Rig. 1. Juni 08.]

Berndt, Arthur *(geb. Oberau bei Lüben in Schles. 10. 8. 1845)*: Zur Behandlung einfacher Oberschenkelfrakturen. Trebnitz (1874). (28 S.) 8° [F. u. Ant.]
Breslau, Med. Diss. v. 5. [vielmehr 7.] Dez. 1874

Berndt, Arthur, aus Berlin: Beitrag zur Kenntnis der im Darme der Larve von Tenebrio molitor lebenden Gregarinen. ⟨Aus d. zool. Institut in Berlin.⟩ *Berlin (1902): G. Schade.* (30 S.) 8° ¶ (Erscheint vollst. u. mit Abb. in einer Zeitschrift.)
Berlin, Phil. Diss. v. 20. März 1902

Berndt, Arthur, Referendar am Königl. Amtsgericht zu Dramburg: Die Verpflichtung des Vermieters zur „Gewährung" des Gebrauchs, verglichen mit der Verpflichtung des Verleihers zur „Gestattung" des Gebrauchs. Greifswald 1906: J. Abel. (58 S.) 8°
Greifswald, Jur. Fak., Ref. Pescatore, Diss. v. 22. Nov. 1906
[Geb. 9. Apr. 84 Stargard i. Pomm.; Wohnort: Dramburg; Staatsangeh.: Preußen; Vorbildung: Gymn. Stargard Reife 03; Studium: München 2, Berlin 2, Greifswald 2 S.; Rig. 12. Juli 06.]

Berndt, B. Geschichte der Stadt Gross-Glogau währ der ersten Hälfte des 17. Jahrh. bis z. J. 1814. 2 Bde. 8. Gross-Glogau 1879. 80.

Berndt, C.: Der Asche- und Erd-Stampfbau, s. B e r n d t , Carl

Berndt, C., die Riff-Piraten. 1. u. 2. unveränd. Aufl. Pasewalk 856. Braune. gr. 8. (31 S.) n. 5 ngr.

Berndt, C, d. Riff-Piraten. 2. Afl. 8. (31) Pasew. 57, Schnurr. n. — 5

B e r n d t , C., Pearsall Smith und sein Auftreten in Europa. Eine geschichtl. Beleuchtung der sogenannten Oxforder Bewegung. Vortrag, gehalten auf der Kreissynode zu Wolgast den 11. Novbr. 1875. gr. 8. (24 S.) Wolgast 876, Reinecke. **

Berndt, Carl, der Asche- u. Erd-Stampfbau. Gesammelte Erfahrgn. üb. Nutzen u. Anwendg. desselben bearb. v. Clemens Gebhardt. gr. 8. (32 S. m. 9 eingedr. Holzschn.) Leipzig 873. Scholtze. n. 1. 20

—dasselbe. 2. m. Nachtrag verm. Aufl. Mit 9 (eingedr.) Holzst. gr. 8. (39 S.) Ebend. 875. n. 1. 60

Berndt, Carl [z. Z. Assistenzarzt in Pankow bei Berlin]: Die Castration bei Uterusmyomen ... München, kgl. Hof- u. Univ.-Buchdr. v. Dr. C. Wolf & Sohn, 1895; 38 S. 8.
München, Med. Fak., Inaug.-Diss. v. 1895

B e r n d t , Chr. G. Th., die deutsche Sprache in dem Großherzogth. Posen und einem Theile des angrenzenden Königreichs Polen, mit Vergleichungen sowohl der Mundarten, als auch anderer Sprachen u. mit eigenen Forschungen. 8. Bonn, Weber. 820.

[F.] **Berndt,** Conrad [Referendar]: Der rechtliche Schutz völkerrechtlicher Normen nach deutschem Reichsrecht ... Greifswald, Druck v. J. Abel, 1894; 58 S. 8.
Greifswald, Jur. Fak., Inaug.-Diss. v. 1894

Berndt, E.: Beitr. z. Lehre v. d. Systinomyelie, s. B e r n d t , Ernst

B e r n d t , C., u. C. Engel, Form u. materielle Grundsätze der landwirthschaftl. Buchhaltung in ihrer Bestimm. als Leitfaden u. Controlle des Wirthschafts-Betriebs unter Berücksichtigung d. Verhältnisse e. jeden Gutes. gr. 8. (10 B.) Leipzig 845, Rein'sche Buchh. *

Berndt, E. G. Friedr., die Krankheiten der Wöchnerinnen. gr. 8. (37¹/₄ B.) Erlangen 846, Heyder.

Berndt, Eduard, sicherer Weg zur Heilung der Syphilis. Die Mittel u. Wege zur Heilung der Syphilis im Anfangsstadium u. Besserg. in veralteten, fast trostlosen Fällen. (29 S.) 8. Hamburg (908). Stuttgart, W. Digel. 1. —

Berndt, Emil, approb. Arzt aus Nitzow: Aus d. chirurg. Klinik zu Kiel. Zur Casuistik der Angiome an der Stirn. *Kiel 1900: H. Fiencke.* (15 S.) 8°
Kiel, Med. Diss. v. [17. Apr.] 1900

Berndt, Emil Cäsar (Kurniko/Posen), De ligatura arteriarum. Diss. med. Bln. (A. Petsch) 20. IV. 1826. 48 S. mit Biogr. (M.: Born.) (4.50) 2301
Oppon.: A. Muehlmann, F. Kuhk, H. Grimm. — Gew.: C. L. Schwickart.

— Emil Ludw. (Kamenz), Nonnulla de struma. Diss. med. Lpz. (Staritz) 7. X. 1853. 24 S. mit Biogr. (M.: Em. Müller.) (3.50) 2302
Gew.: Moritz Grahl.

Berndt, Ernst [pr. Arzt]: Beitrag zur Lehre von der Syringomyelie ... Königsberg i. Pr., Druck v. M. Liedtke, 1894; 2 Bl., 52 S., 2 Bl. 8.
Königsberg, Med. Fak., Inaug.-Diss. v. 5. Mai 1894

Berndt, Ernst, Beitrag zur Lehre v. der Syringomyelie. Diss. gr. 8. (52 S.) Königsberg 894. (W. Koch.) n. 1. —

Berndt, F.: Farbenharmonie-Lehre, s. B e r n d t , Friedr.

Berndt jun, F.: D. Non plus ultra d. Zauberei, s. B e r n d t , jun. Fritz

Wie schützt man sich gegen Falschspieler? Genaue Erklärung aller von Falschspielern angewendeten Kniffe u. Anleitung, wie man sich dagegen schützen kann. Von F. **Berndt,** Kartenkünstler. Mit Abb. *Berlin-Charlottenburg: Allg. Verl.-Agentur [1900].* (32 S.) 8° [02. 234

Berndt, F., der gewandte Zauberkünstler. Sammlung v. 40 ganz neuen überrasch. u. sehr leicht ausführbaren Taschenspieler- u. Karten-Kunststücken, speciell f. Dilettanten berechnet. gr. 16. (66 S.) Köln 876. Heyn. — 50

Berndt, F., der gewandte Zauberkünstler. Sammlung von 40 ganz neuen überrasch. u. sehr leicht ausführbaren Taschenspieler- u. Karten-Kunststücken, speciell f. Dilettanten berechnet. 12. (60 S.) Köln 882. Heyn. n. — 50

Berndt, F.: Systematischer Zeichenunterricht, s. B e r n d t , Friedr.

Berndt, Fr., Geschenk für Verlobte u. Neuvermählte oder Geheimnisse der Ehe. Ein aufrichtiger Rathgeber für beide Geschlechter vor u. nach der Ehe unter Berücksichtigung der körperlichen u. geistigen Erziehung der Kinder in den ersten Jahren. Nebst ärztlicher Anweisung zur Heilung des männlichen Unvermögens u. der weiblichen Unfruchtbarkeit. Mit e. Schwangerschaftskalender. Berlin 867. Mode. 8. (IV, 119 S.) 15 ngr.

Berndt, Fr., s. Repertorium gesetzl. Bestimmungen. 2) Repertorium, Frankfurter, für Handel.

Berndt, Fr., Vorschriften, geschrieben, in Stein gravirt u. allen Privat- u. öffentl. Lehranstalten gewidmet. 18 Hft. Deutsche Schrift. 4. Lörrach ... Gutsch. 3/8 ng.

Berndt, Friedrich, Leutn. a. D.: Ehekonsens und Ehekautionen für die deutschen Offiziere. Borna-Leipzig 1909: Noske. VIII, 47 S. 8°
Heidelberg, Jur. Diss. v. 13. Jan. 1910, Ref. Endemann
[Geb. 22. Aug. 78 Kassel; Wohnort: Kassel; Staatsangeh.: Preußen; Vorbildung: Gymn. Korbach Reife O. 98; Studium: Leipzig 1, Berlin 1, Marburg 4 S.; Rig. 11. Dez. 09.] [U 10. 1837

Berndt, Friedrich: E h e k o n s e n s und Ehekautionen für die deutschen Offiziere. Heildelb. Diss. 1909.

Berndt, Friedr., Farbenharmonie-Lehre. Zur prakt. Anwendung für alle jene Künstler, Handwerker und Industrielle, deren **Geschäft es erfordert durch Farbenzusammenstellung** bildl. **Darstellungen zu erzeugen. Nach Motiven der Natur und** Selbststudium **verfasst und gemalt.** 1. **Aufl.** 1860. und 2., verb. Aufl. Imp.-4. (10 S. mit 2 Ill. Stnt.) Leipzig 861, Schrag's Verlag

Berndt, Frdr., Farbenharmonie-Lehre. Zur praktischen Anwendung für alle jene Künstler, Handwerker u. Industrielle, deren Geschäft es erfordert durch Farbenzusammenstellung bildliche Darstellungen zu erzeugen. Nach Motiven der Natur u. Selbststudium verfasst u. gemalt. Mit 2 (lith. u. color.) Taf. 860. — 2. verb. Aufl. Leipzig 862. (Dresden, Schrag's Verlag.) gr. 4. (10 S.) 1 ᴧ 6 ngr.

—— systematische Ornamentenschule. Meistens nach Motiven deutscher Gewächse. Für den öffentl., wie auch für den Privat- und Selbst-Unterricht entworfen, gez. und verfasst. 4 Hefte. gr. 4. (24 lithogr. Bl. nebst Text 10 S.) Leipzig 860, Schrag's Verlag. à Heft * 18 Ngr. *

—— Rapporte der Manufacturzeichnung nebst Fantasie-Entwicklung. Für Künstler, Industrielle, Decorateurs, Handwerker, so wie für den Privat- und öffentl. Unterricht. gr. 4. (6 Stnt., wovon 2 ill., und 10 S. Text.) Leipzig 861, Schrag's Verlag.

Berndt, Frdr., Rapporte der Manufacturzeichnung nebst Fantasie-Entwicklung. Für Künstler, Industrielle, Decorateurs, Handwerker, so wie für den Privat- u. öffentl. Unterricht. Leipzig 862. (Dresden, Schrag's Verlag.) gr. 4. (6 lith. Taf. u. 10 S. Text.) 1 ᴧ 15 ngr.

—— systematischer Zeichnungs-Unterricht. (Basirt auf 30jähr. Erfahrung.) Theoret. und prakt. erläutert und der wissbegierigen Jugend so wie den Freunden der Zeichnungs-Kunst gewidmet. Zum Selbstunterrichte, so wie zum Gebrauche für Privat- und öffentl. Schulen. Imp.-4. (10 S. mit 4 Stnt., wovon 1 in Tondr.) Leipzig 860, Schrag's Verlag.

Berndt, Friedrich August Gottlob

— Anweis. zur medizin. Praxis für d. Bedürfniß u. d. Wirkungskreis d. Chirurgen in kleinen Städten u. auf d. Lande. gr. 8. Berlin 821, L. Oehmigke.

Berndt, Friedr. Aug. Gtl., Bemerkungen üb. d. Ruhr, mit besond. Berücksichtig. d. Epidemien, welche im J. 1834 u. 1839 in Greifswald geherrscht haben u. der in dies. gewonn. Resultate d. Leichenöffn., nebst e. bildl. Darstell. d. letzteren. M. 2 col. Taf. gr. 8. (5 B.) Greifswald 840, Koch. *
Abgedruckt aus: Dess., klinische Mittheilungen, 3. Hft.

— Bemerkk. über d. Scharlachfieber, mit besonderer Rücksicht auf d. J. 1825 u. 26 in Greifswald u. dess. Umgegend herrschend gewes. Epidemien. gr. 8. Greifswalde 827, Mauritius.

Berndt, F(riedrich A(ugust) G(ottlob): Die Fieberlehre nach dem jetzigen Standpuncte der medicinischen Erfahrung zum Gebrauche für praktische Aerzte bearbeitet. Th.1 - 2, gbd.

Leipzig: Voß 1830
(Berndt, F.A.G.: Die specielle Pathologie und Therapie nach dem jetzigen Standpuncte der medicinischen Erfahrung... Abth.1)

JB $2.496/_{1,1-2}$

Berndt, (Fr. A. G.,) die allgem Grundsätze d. prakt. Medizin. 1r Thl. — A. u. d. T.: Die allgem. Krankheitslehre, od. d. Theorie d. Krankheit. gr. 8. Berlin 825, Boicke.

Berndt, Fr. A. Gtlo., die allgem. Grundsätze d. prakt. Medizin. 2. Thl. — A. u. d. T.: Die Theorie d. Krankheitsheil. u. Verhüt. gr. 8. (25 B.) Berlin 827. (Leipzig, Nauck.)

Berndt, Fr. A. Gtlo., die allgem. Grundsätze d. prakt. Medizin. 3. Thl. — A. u. d. T.: Die allgem. Grundsätze für die Methodik d. ärztl. Kunstausüb. gr. 8. (44 B. u. ½ B. Tab.) Berlin 827. (Leipzig, Nauck.) Thlr.
1. Thl. Krankheitslehre. Berlin, [Recht.] 1825. 2 Thlr. 18 Gr.

— allgemeine Grundsätze für d. Methodik d. ärztlichen Kunstausübung. gr. 8. Berlin 827, Nauck.

Berndt, F(riedrich) A(ugust) G(ottlob): Die Lehre von den Entzündungen nach dem jetzigen Standpunkte der medicinischen Erfahrung zum Gebrauch für praktische Aerzte bearbeitet. Th.1 - $2/_{1-2}$, gbd.

Greifswald: Koch 1836 - 1838
(Berndt, F.A.G.: Die specielle Pathologie und Therapie nach dem jetzigen Standpunkte der medicinischen Erfahrung... Abth.2, Bd 1 - $2/_{1-2}$)

JB $2.496/_{2,1} - 2/_{1-2}$

Berndt, Fr. Aug. Gtlo., klinische Mittheilungen. 1s—4s Hft. Mit 2 color. Taf. gr. 8. Greifsw. 833—40. Koch. 4¼ ᴧ

—— die spec. Pathologie u. Therapie nach d. jetzigen Standpuncte d. medicin. Erfahrung, z. Gebr. f. prakt. Aerzte bearb. 1. Abthl. — A. u. d. T.: Die Fieberlehre. 2 Thle. gr. 8. Leipzig 830, Voß. [1. (61 B.) 5 Thlr., 2. (42¼ B.) 3 Thlr. 12 Gr.]

—— die specielle Pathologie u. Therapie nach d. jetzigen Standpunkte d. medicin. Erfahr., z. Gebr. f. prakt. Aerzte. 2. Abthl. — A. u. d. T.: Die Lehre v. d. Entzündungen. 2 Bde. gr. 8. Greifswald, Koch. [1. (49 B.) 836. 4 Thlr. 2. (69¾ B.) 838. 5¾ Thlr.]
1. Abthl. 2 Bde. Leipzig 830, Voß. 8 Thlr. 12 Gr.

— die Scharlachfieber-Epidemie im Küstrin'schen Kreise in d. Jahren 1817, 18 u. 19, u. die aus solchen gezogenen Bemerkk., so wie die mit d. Belladonna als Schutzmittel angestellten Versuche. gr. 8. Berl. 820. L. Oehmigke). 12 gr.

— Theorie d. Krankheitsheilung u. Verhütung. gr. 8. Berlin 827. Nauck.

Berndt, Friedr. Wilh.

Berndt, Fr. W., deutsche Sprachlehre f. Schulen u. Selbstunterricht, mit Stoff zu schriftlichen Arbeiten üb. jede Regel. 2. Ausg. 8. (16 B.) Berlin 830, Natorff u. Comp.

Berndt, Friedr. Wilh., deutsche Sprachlehre für Schulen u. Selbstunterricht. 3., verb. Aufl. 8. (16 B.) Berlin 842, Klemann. 12½ Ngr. Herabges. Pr.

Berndt, Fritz, die Gefässe unseres Hauses. Drei Vorträge über Keramik. Mit 1 (phototyp.) Taf. Abbildgn. gr. 8. (85 S.) Aachen 880. M. Jacobi. n. 1. 20

Berndt jun., Fritz, das Non plus ultra der Zauberei oder die moderne Magie im 19. Jahrhundert. Enth. das Neueste, Schönste und Interessanteste von Kunststücken berühmter Taschenspieler aller Zeiten, nebst vielen neuen Eskamotagen. Wien 862. Wenedikt in Comm. 32. (96 S.) 6 ngr.

Berndt. Fritz [aus Stolp]: Zur Pathologie und Therapie der Darmruptur. . . . Greifswald. Druck v. Julius Abel. 1889; 35 S. 8"
Greifswald. Med. Fak., Inaug.-Diss. v. 29. März 1889

Berndt, G.: Alpenföhn. . . , s. Berndt, Gustav

Berndt, G: Moderne Anschaugn üb. d. Konstitution d. Materie, s.: Vorträge u. Abhandlungen, hrsg. v. d. Zeitschrift „Das Weltall".

Berndt, G., Schreiblesefibel, Vorschriften u. Lesebuch. 4. (18 lith. u. 16 S.) Schweidnitz 851, Weigmann in Comm. n. 6 ngr.

Berndt, G. H., das Buch der Wunder u. der Geheimwissenschaften. Populär-wissenschaftlich u. in ihren Beziehgn. zur prakt. Heilkunde dargestellt. gr. 8. (956 S. m. Abbildgn. u. 2 Taf.) Leipzig (900). O. Mutze. n. 16. —; geb. n. 20. —
Erschien auch in 30 Lfgn. à — 50.

Berndt, G. H., das Buch der Wunder u. der Geheimwissenschaften. Populär-wissenschaftlich u. in ihren Beziehgn. zur prakt. Heilkunde dargestellt. 2. Aufl. 2 Bde. (956 S. m. Abb. u. Taf.) gr. 8. Leipzig (909. 10). O. Mutze. 16. —; geb. n 20. —; auch in 30 Lfgn. à — 50

Berndt, G. H., kalte Frauen. Ärztliche Ratschläge f. Frauen, die nichts empfinden u. deren Gatten, die unter der Kälte leiden. (43 S.) 8. Leipzig (906). A. Kade. n. 2. —

— Kalte Frauen. Ärztliche Ratschläge f. Frauen, die nichts empfinden u. deren Gatten, die unter der Kälte leiden. 2. erweit. Ausg. 7. Taus. (85 S.) 8. Leipzig (907). A. Kade. 3. —

— keine Fußleiden mehr! Neue Mittel u. Wege zur Heilg. f. alle, die an kalten Füßen, Schweißfüßen, Frostbeulen, eingewachsenem Nagel, Plattfüßen, schlechtem Gang u. s. w. leiden. (46 S. m. 2 Abbildgn.) 8. Leipzig (905). R. Nitzschke. n. — 50

— Keine Fußleiden mehr! Neue Mittel u. Wege zur Heilg. f. alle, die an kalten Füßen, Schweißfüßen, Frostbeulen, eingewachsenem Nagel, Plattfüßen, schlechtem Gang u.s.w. leiden. Neue [Titel-]Ausg. (46 S. m. 2 Abb.) 8. Leipzig [905] (907). Modern-medizin. Verlag. — 50

! — Fussleiden. Jetzt: Lpzg, R Ehlert. Erh. 1 —

— Das Geheimnis der Selbstbeherrschung od. die Heilg. der Leidenschaften u. der seelischen Leiden. (VIII, 162 S.) 8. Halle (907). Modern-literar. Bureau. 8. —

— die Heilung v. Schwerhörigkeit, Ohrensausen u. Ohrenleiden durch die Methode des Dr. Marage. Gemeinverständlich beschrieben. gr. 8. (15 S.) Leipzig (902). Modern-medizin. Verlag. n 1. 50

— die Heilung von Schwerhörigkeit, Ohrensausen u. Ohrenleiden durch die Methode des Dr. Marage. Gemeinverständlich beschrieben. 2. Aufl. (15 S.) gr. 8. Ebd. (904). n. 1. 50

— Hochzeitsreisen u. Flitterwochen. Aerztliche Erfahrgn. u. Ratschläge f. junge Eheleute. 2. Aufl. 8. (113 S.) Leipzig (902). Ernst. 1. 50
1. Aufl. (111 S.) Ebd. 900. n. 1. 50.

— Hochzeitsreisen u. Flitterwochen. Aerztliche Erfahrgn. u. Ratschläge f. junge Eheleute. 3. Aufl. (113 S.) 8. Leipzig (903). Ernst. 1. 50

— Hochzeitsreisen u. Flitterwochen. Aerztl. Erfahrgn. u. Ratschläge f. junge Eheleute. 4. Aufl. (113 S.) 8. Leipzig (908). Ernst. 1. 50

— Krankh. od. Verbrechen? Gemeinverständl. Darstellg d. Geschlechtslebens, d. Mordes, d. Körperverletzgn, d. Unfallserkrankgn, Geisteskrankh., d. Hypnotismus etc. in ihren Beziehgn z. Gesetz u. z. öffentl. Moral. (Neue Folge v.: W Eckrud's illustr. Entwickelgsgesch. d. Welt u. d. Wissens.) 20 Lfgn. 8° (2 Bde à 640 m. Abb.) Lpzg 99.1900, E Wiest Nf. à — 60; auch in 80 Hftn à — 15

— die Schüchternheit sowie andere Angstzustände u. ihre sofortige Beseitigung durch e. einfaches Verfahren. Mit Unterstützung v. W. Gebhardt. 2.—4. vollständig umgearb. u. verm. Aufl. 8. (à III, 160 S.) Leipzig 902. Modern-mediz. Verlag. n. 3. —

— Die Schüchternheit sowie andere Angstzustände u. ihre sofort. Beseitigg durch e. einfaches Verfahren. Mit Unterstützg v. W Gebhardt. 5. Afl. (160) 8° Lpzg, Modern-medizin. Verl. (04). 3 —: L. 4 — d

— die Schüchternheit sowie andere Angstzustände u. ihre sofortige Beseitigung durch e. einfaches Verfahren. Mit Unterstützg. v. W. Gebhardt. 6. vollständig umgearb. u. verm. Aufl. (III, 160 S.) 8. Leipzig (906). Modern-medizin. Verlag. n. 3. —

— Schüchternh., nervöse Angst- u. Furchtzustände sowie and. seel. Leiden u. ihre dauernde Heilg. 7. Afl. (160) 8° Ebd. (08). 3 — d

— Schüchternheit, nervöse Angst- u. Furchtzustände sowie andere seelische Leiden u. ihre dauernde Heilung. 8. verb. Aufl. (III, 160 S.) 8. Leipzig (910). Modern-medizin. Verlag. 3. —

Berndt, Geo. W: Kompendium d. Experimental-Physik, s: Kollegienhefte.

Berndt, Geo. W., physikalisches Praktikum. 1. Tl. (XIX, 309 S. m. 74 Fig.) 8. Halle 906. C. Marhold. n. 3. 80; geb. in Leinw. n. 4. —

Berndt, G. W., Physikalisches Praktikum. Jetzt: Jena, H. W. Schmidt.

— u. Carl Boldt, physikalisches Praktikum. 2. Tl.: Elektrische Messgn. (XIV, 277 S. m. 95 Fig.) 8. Ebd. 906. n. 3. 80; geb. in Leinw. n. 4. —

— u. C. Boldt, Physikalisches Praktikum. Jetzt: Jena, H. W. Schmidt.

Berndt, Geo. W: Selenzellen. Drahtlose Telephonie. Fernphotogr. u. Fernsehen, s.: Vorträge u. Abhandlungen, hrsg. v. d. Zeitschr. „Das Weltall".

Berndt, Georg, Dr., Assist. am Physikal. Inst. d. Univ. Breslau: Beiträge zur Kenntnis der Gasspektra. *Breslau 1903: H. Fleischmann.* (38 S.) 8° ¶ (Aus: Abhandl. d. Naturf. Ges. zu Halle, Bd 26.)
Breslau, Phil. Hab.-Schr. v. 30. Okt. 1903
(Nicht für den Austausch)

Berndt, Georg, aus Stettin: Über den Einfluss von Selbstinduction auf die durch den Inductionsfunken erzeugten Metallspectra im Ultraviolett. *Halle a. S. 1901: C. A. Kaemmerer & Co.* (29, 32 S.) 4°
Halle, Phil. Diss. v. 24. Apr. 1901

Berndt, Gust., der Alpenföhn in seinem Einfluss auf Natur- und Menschenleben, s.a. Petermann's, A., Mitteilungen aus Just. Perthes' geographischer Anstalt.

Berndt, G. Der Alpenföhn in seinem Einfluss auf Natur- und Menschenleben. In-4°, 56 S., mit 1 Karte. Gotha, Justus Perthes. 4 80
*** A. Petermann's Mittheilungen aus J. Perthes' geographischer Anstalt. Ergänzungsheft, N° 83.
1886!

— der Föhn. Ein Beitrag zur orograph. Meteorologie und comparativen Klimatologie. gr. 8. (VIII, 346 S. mit 10 Taf. und Karten.) Göttingen 886, Vandenhoeck und Ruprecht's Verlag. *

Berndt, G. Der Föhn. Ein Beitrag zur orograph. Meteorologie u. comparativen Klimatologie. 2. wohlf. Ausg. Mit 10 Taf. u. Karten, sowie e. Vorwort von *St. Wanner.* Gr. in-8°. VIII, 346 S. Göttingen, Vandenhoeck & Ruprecht 8 —
1896!

Berndt, Gust., s. Germania, e. Blumenlese.

— die Plaine de la Crau od. die provençalische Sahara. Eine vergleich. Studie als Beitrag zur physikal. Geographie der Mittelmeerländer. 1. Hälfte. gr. 4. (32 S.) Breslau 886. (Göttingen, Vandenhoeck & Ruprecht's Verl.) n. 1. 60

Berndt, Gustav Die Plaine de la Crau oder die provençalische Sahara. Eine vergleichende Studie als Beitrag zur physikalischen Geographie der Mittelmeerländer. Erste Hälfte. 4 (XXXII S.). Zweite Hälfte. 4 (XXXVI S.).
Progr. Oberr.- u. Baugewerksch. *Breslau* 1886 (198). 1887

Berndt, G., das Val d'Anniviers und das Bassin de Sierre, s.a. Petermann's, A., Mittheilungen aus J. Perthes' geographischer Anstalt, Ergänzungsheft.

Berndt, Gustav: Das Val d'Anniviers und das Bassin de Sierre. Ein Beitrag zur physikalischen Geographie und Ethnographie der Walliser Alpen. Mit einer Karte des Val d'Anniviers. Gotha 1882. (II). 56 S.
= Ergänzungsheft zu Petermann's Geographischen Mittheilungen. No. 68. 8°.

Berndt, Gustav Carl August [aus Erfurt]: Über die Leibesübungen bei den Philanthropisten ... Erfurt, Druck v. A. Stenger, 1892; 63 S., 1 Bl. 8.
Leipzig, Phil. Fak., Inaug.-Diss. v. [4. Jan.] 1893

Berndt, H.: Das Buch d. Hausfrau, s. Berndt, Heinr.

Berndt, H.: Häuser in Stein-u. Putzbau . . ., s. Berndt, Hans

— Deut. Kulturgesch., s: Kremser, W.

Berndt, H., Leitfaden für Grammatik u. Orthographie in der Vorschule, s.: Schnitger, C. Rud.

— K. Granz, H. Grobe, deutsches Lesebuch f. Vorschulen. 1. u. 2. Tl. gr. 8. Leipzig 890. Dürr'sche Buchh. Geb. in Halbleinw. n.n. 3. 05
1. 2. Schulj. (144 S.) n.n. 1. 40. — 2. 3. Schulj. (205 S.) n.n. 1. 65.

Berndt, H., K. Granz, H. Grobe, deutsches Lesebuch für Vorschulen. 2 Tle. 2., verm. Aufl. gr. 8. Leipzig, Dürr'sche Buchh. Geb. n. 3. 50
I. 2. Schulj. (VII, 168 S.) 903. n. 1. 60
II. 3. Schulj. (VIII, 247 S.) 903. n. 1. 90

Berndt, H., K. Granz, H. Grobe, deutsches Lesebuch f. Vorschulen. 2 Tle. 8. Leipzig, Dürr'sche Buchh. Geb. 3. 70
I. 2. Schulj. 3., verm. Aufl. (VIII, 184 S.) 907. 1.70
II. 3. Schulj. 3., umgearb. Aufl. (X, 208 S.) 908. 2.--

— K Granz, H Grobe: Deut. Lesob. 2 Tle. 8° Lpzg, OR Reisland '11. L 4.40 d
I. 2. Schulj. 4. Afl. (12, 192) L 2 — II. 3. Schulj. 4. Afl. (14, 281) L 2.40

Berndt, Hans, Häuser in Stein- u. Putzbau. Eine Sammlg. v. Entwürfen zu bürgerl. Bauten u. Villen in verschiedenen Stilarten, vorwiegend in Putzbau m. Stein- u. Holz-Architekturteilen. Zum Gebrauch f. Baumeister, Architekten, Bauunternehmer u. Bauschüler. 26 Taf. m. erklär. Text. Lex.-8. (IV S.) Leipzig 900. B. F. Voigt. In Mappe 4. 50

Berndt, Heinr., das Buch der Hausfrau. Eine Mitgabe für Frauen und Töchter gebildeter Stände. Hrsg. zur Verbreitung häusl. Wohlstands und Comforts und nach den Anforderungen der Gegenwart bearb. (5 Lfgn.) gr. 8. (IX und 429 S. mit 170 eingedr. Abbild. in Holzschn.) Leipzig 851—52, Spamer. *

Berndt, Heinr., das Buch der Hausfrau. Eine Mitgabe für Frauen und Töchter gebildeter Stände. Hrsg. zur Verbreitung häuslichen Wohlstandes und Comforts und nach den Anfoderungen der Gegenwart bearb. 2., durchgeseh. Ausg. gr. 8. (V und 429 S. mit 170 in den Text gedr. Abbild. in Holzschn.) Leipzig 856, Spamer. *

Berndt, Heinr., illustrirtes Ehestands-Brevier für Verlobte und Neuvermählte bei Begründung des Hausstandes. Glück und Hoffnungen des ersten Jahres. Nebst Anhang: Familiengedenkbuch für alle Tage des Jahres. Mit 40 (Holzschn.-)Abbild. nach Zeichnungen von Jul. Jürß u. A. 8. (VIII, 264 S.) Leipzig 879, Spamer. geb. *
Prachtbd. mit Goldschn. *

Berndt, Heinr., Mitgabe für Verlobte und Neuvermählte bei der Begründung eines neuen Hausstandes. 2. Ausg. 8. (VIII, 264 S. mit 40 Text-Illustr. und 1 Titelbild.) Leipzig 882, Spamer. geb. *

Berndt, Hugo: * De casuum usu apud Sophoclem quaestiones grammaticae et criticae. 40 Bl. 4° (2°)
Halle-Wittenberg, Phil. Diss. v. 10. Juli 1874
Geb. [Halle a. d. S. 10. 4. 1850]
Vom Verf. fortgeführt u. d. T.: Quaestiones grammaticae et criticae in Sophoclis Trachinias. Halle a. S. 1887: Heynemann. 19 S. 8° (4°) Stadtgymn., Progr.

Berndt, *Hugo* Quaestiones grammaticae et criticae in Sophoclis Trachinias. 4 (19 S.) Stadtg. *Halle a. S.* 1887 Progr.
De accus., dat., genet. usu.

Berndt, J.: Feuerversicherung u. Feuerwehr, s. Berndt, Johs.

Berndt, J., Ueber die Londoner Pantomimen. (Europa, Nr. 12.) Leipzig 1870.
Bartholomäus p. 2.

Berndt, J.: Zur Reform d. ev. Relig.-Unterr. v. Standpunkte d. neueren Theol., s.: Magazin, pädagog.

Berndt, I. C. Abd-el-Kader, oder drei Jahre eines Deutschen unter den Mauren. (17 B.) 8. Berlin 1840. 8,75.

Berndt, J. C. T., französische Grammatik und Uebungsbuch für Anfänger. 8. (IV und 70 S.) Berlin 852, Nicolai'sche Buchh.

Berndt, J. Chr. Gtli., Postwegweiser f. d. kgl. preuß. Provinz Schlesien. Nach d. besten Hülfsmitteln bearb. M. 1 Postkarte. gr. 8. (4¼ B.) Breslau 828, [Hentze.]
Ohne die Postkarte 8 Gr.

—— Predigt, am Nachmittage d. 3. Jubeltages d. augsburg. Confession (25. Juni 1830) gehalten. gr. 8. (1 B.) Breslau 831, [Hentze.]

Berndt, (J. C. G.,) Wegweiser durch das Sudeten-Gebirge. Mit e. Karte. gr. 8. Breslau 826, Grüson u. Comp., geb. in Futeral.

—— Wegweiser durch d. Sudeten-Gebirge. gr. 8. (46 B. u. 1 Karte.) Breslau 828, [Hentze.]
32 lithogr. Ansichten hierzu. Ebendas. 1 Thlr.

Berndt, J. Ch. Gli., s. J. W. R. Wiesners Wand-Karte.

Berndt, J. Ch. Gli., s. Wochenblatt für Volksschulwesen

Berndt, J. F.

— der Jugendfreund. 2 Hefte. 8. Frankf. a. M. 812, 13. Ders. auch französisch.

Berndt, J. F., Lecture morale et sentimentale etc. Francf. Hermann. 810.

Berndtii, J. G., Lexicon Homericum seu Index vocabulor. quae in Iliade occurrunt. Stendal 795. 96. 2 Tom. 8.

— Lexicon Homericum s: index vocabulor. plerumque omnium etc. 8 maj. Stendal 795, 96. Franzen u. Gr. 2 Rthlr 12 gr

— s. 1) Plutarch, zwei Abhandll 2) Theophrasti Peripat.

Berndt, Jh. Geo., Versuch zu e. Schles. Idiotikon rc. 8. Stend. 787. Franzen u. Gr.. 16 gr

Berndt, Jh. Karl, Abdelkader, oder drei Jahre eines Deutschen unter den Mauren. Nebst e. Anhange von Darstellungen und Erklärungen maurischer Sitten, Gebräuche, Sprüchwörter, Redensarten rc. 8. Berlin 840. Nicolaische Buchh. 1¼ Rthlr

Berndt, Joann. Christ. Theophil.: Nonnullae in opus Arabicum quod inscribitur: mille et una noctes animadversiones collectae. Ḥikājat aṯ ṯalāṯa nafar wasaijidnā ʿĪsā watalāmiḏatihi. Historia trium hominum et domini nostri Jesu discipulorumque ipsius. Specimen ejusdem operis nondum editum typis descriptum et in Latinum sermonem conversum, cum aliquot adnotationibus. Vratislaviae 1817. (20 S.) 4° [Ant. u. Arab.]
Breslau, Progr. f. d. Arletius-Stipendium v. 1817

— Joh. Christ. Theophil (Breslau), Psalmus CLI. Apocryphus quibusdam annotationibus illustratus. In memoriam Johannis Casparis Arletii 25. I. 1784 beata morte defuncti. Breslau 1818. 33 S. (4.80) 2303

— Psalmus CLI. apocryphus quibusdam annott. illustratus. 4. Bresl. 819. (Leipz., Göthe). 6 gr

Berndt, Johs: Bibelkde, s.: Kauffmann, Karl.

Berndt, Johs., Feuerversicherung und Feuerwehr. Ein Mahnwort an die deutschen Gemeinden. 1. Aufl. (43 S.) 1878; 2. ergänzte Aufl. gr. 8. (VIII, 43 S.) Berlin 879, Angerstein. *

Berndt, J., Feuerversicherung und Feuerwehr. 2. Aufl. gr. 8. Berlin 879. Hof, Lion. *

— die Feuerwehr in Baltimore. Eine Skizze aus dem Kultur- u. Städteleben der Union. gr. 8. (24 S.) Ebend. 877. n. — 80

—— die Feuerwehr in Baltimore. Eine Skizze aus dem Kultur- und Städteleben der Union. gr. 8. (24 S.) Ebendas. 878. *

— Geschichtsbetrachtungen, s.: Kauffmann, Karl.

Grundriß der Kirchengeschichte, insbes. z. Unterr. an Lehrerseminaren ... bearb. von Johannes Berndt, Sem.Lehrer. Breslau: F. Hirt 1904. (232 S.) 8° [F.]

— Grundriß der Kirchengeschichte, insbesond. zum Unterricht an Lehrerseminaren u. zum Gebrauch f. Religionslehrer. 2., verb. Aufl. (240 S.) gr. 8. Breslau 910. F. Hirt. Geb. 3. —

— s.a. Lehrbuch f. d. evang. Relig.-Unterr.

— Methodik des Unterrichts in der evangel. Religion, s.a. Methodik des Volks- u. Mittelschulunterrichts.

Methodik des Unterrichts in der evangelischen Religion von Johannes Berndt, Oberl. Leipzig & Berlin: Teubner 1909. VI, 139 S. 8° (Methodik d. Volks- u. Mittelschulunterrichts. 1, 1.)

— Präparationen f. den Geschichtsunterricht, s.a. Bücherschatz, der, des Lehrers. 15. Bd.

Präparationen für den Geschichtsunterricht. Von Johannes Berndt. T. 1. Osterwieck/Harz & Leipzig: Zickfeldt 1909. 8° (Der Bücherschatz d. Lehrers. Bd 15, T. 1.)

Berndt, Johs., zur Reform des evang. Religionsunterrichtes vom Standpunkte der neueren Theologie, s.a. Magazin, pädagogisches.

Zur Reform des evangelischen Religionsunterrichtes vom Standpunkte d. neueren Theologie. Von Johannes Berndt in Neuzelle. *Langensalza: H. Beyer & Söhne 1900.* (30 S.) 8° = Magazin, Pädagogisches. H. 153.

Berndt, Josef (Red.), s. Bau- und Submissions-Anzeiger, Allgemeiner.

Berndt, K., allerhand vom Fulleschdrand. Casseläner Geschichderchen u. Gedichderchen. (110 S.) 8. Cassel 910. C. Vietor. 1.—; geb. 1.50

Berndt, K., Hilfsbuch zur Fleischbeschau- u. Schlachtungsstatistik f. nichttierärztl. Beschauer. (56 S.) Lex. 8. Berlin (909). R. Schoetz. Kart. 1.80

Berndt, Konrad, Referendar in Dresden: Das Ruhen der elterlichen Gewalt des Vaters nach dem BGB. (§§ 1676, 1677). Borna-Leipzig 1906: R. Noske (VIII, 43 S.) 8°
Leipzig, Jur. Fak., Diss. v. 25. April 1906
[Geb. 16. Juli 81 Deuben b. Dresden; Wohnort: Döhlen b. Dresden; Staatsangeh.: Sachsen; Vorbildung: Gymn. z. hl. Kreuz Dresden Reife O. 00; Studium: Leipzig 6 S.; Rig. 3. Juli 03.]

Berndt, L., Das opt. Drehungsvermögen organ. Substanzen, s.: Landolt, H.

Berndt, L., welche Bedeutung hat d. richtig erteilte geogr. Unterricht f. die Gesamtbildung der Schüler?, s.: Lehrer-Prüfungs- u. Informations-Arbeiten. 16. Hft.

Berndt, Louis, Grammatik der Chemigraphie, nebst Lexikon des Nützlichen und Wissenswerten auf chemigraph. Gebiete. 8. (VIII, 180 S. mit vielen Text- und Probe-Illustr.) Leipzig 884, M. Schäfer. *

Berndt, *Ludwig* [aus Pasewalk]: Ein Beitrag zur Kenntnis der Chinolinsulfosäuren ... Berlin, Druck v. A. Ostrowski, 1893; 53 S., 1 Bl. 8.
Berlin, Phil. Fak., Inaug.-Diss. v. 18. Jan. 1893

Berndt, M., Jakob Grimms Leben und Werke, s. Zeit- und Charakterschilderungen, deutsche, für Jung und Alt.

Berndt, Mor., Dispositionen zu 100 deutschen Aufsätzen. Für höhere Lehranstalten bearb. 8. (VIII, 182 S.) Halle 878. Buchhandlung des Waisenhauses. n. 1. 20

Berndt, Mor., Dispositionen zu 100 deutschen Aufsätzen. Für höh. Lehranstalten bearb. 2., unveränd. Aufl. (VIII, 116 S.) 8. Halle 908. Buchh. des Waisenhauses. 1.50

Berndt, Mor., Gneisenau, s. Zeit- und Charakterschilderungen, deutsche, für Jung und Alt.

Berndt, Mor., Hamburg-Bremen, die Missionsstätte des scandinavischen Nordens,
— Heinrich der Erste und Otto der Große,
—— das Leben Karls des Großen,
} s. Erzählungen aus dem deutschen Mittelalter.

Berndt, O: Baggermaschinen usw., s: Weihe, H.

Berndt, O., Baggermaschinen, Rammen u. zugehör. Hülfsmaschinen, s.: Handbuch d. Ingenieurwissenschaften. IV, 1.

Berndt, O.: Das neue Exercier-Regl., s. Berndt, Otto

Berndt, O., s.: Handbuch d. Ingenieurwissenschaften.

Berndt, O.: Das Hildebrandslied, s. Berndt, Olga

Der rationelle Obstbau. Prakt. Anleitung nebst e. Anhang über die den Obstbau schädigenden Insekten für Gartenbesitzer, Landwirte u. Schulen von O. Berndt, Landschaftsgärtner, Friedrichshagen. *Friedrichshagen: Lemke & Kunzke* [übergestemp.: *Berlin: C. Boutemps 1896*]. (43 S.) 8° [F.]

— u. K. Wirtz: Versuche üb. d. Einfluss d. Elektrizität auf Eisenbeton, s: Ausschuss, Deutscher, f. Eisenbeton.

—— u. W. Müller: Versuche üb. d. elektr. Widerstand v. unbewehrtem Beton, s: Ausschuss, Deutscher, f. Eisenbeton.

Berndt, Olga, das Hildebrands-Lied. Dramatisiert. (80 S.) 8. Braunau 906. F. Bocksch. n. — 60

BERNDT, Otto
Das neue Exercier-Reglement für die k. und k. Cavallerie. II. Theil verglichen mit dem alten von Otto Berndt. Wien. 1899. Seidel & Sohn. 8° 84 S. mit 1 Tafel. fl. —.80

Übersichtskarte der Dislocation des k. u. k. österr.-ungar. Heeres und der Landwehren im J. 1897/98. Entw. v. Hauptmann [Otto] Berndt. Massst. 1:1,800.000. *Wien: G. Freytag & Berndt [1897].* (1 Ktnbl.) 1 Bd 8.

Berndt, Otto, Die Zahl i. Kriege. Statist. Daten a. d. neueren Kriegsgeschichte in graph. Darstellg. gr. 8. (XII, 174 S. m. farb. Fig. u. 1 farb. Karte.) Wien 897. G. Freytag & Berndt. Geb. in Leinw. n. 5.—

Berndt. Die Zahl im Kriege. Wien 1898.

Berndt, Paul, aus Köln: Die Arbeitslosigkeit, ihre Bekämpfung und Statistik. *Halle a. S. 1899: (W. Isleib, Berlin).* (51 S.) 8°
¶ [Erschien vollst. 1899 im Verl. d. Arbeiter-Versorgung in Berlin.]
Halle, Phil. Diss. v. 1899

— Kritische Betrachtung über Arbeitslosigkeit, Arbeiterversicherung u. Entwurf einer freien fakultativen Reichs-Arbeitslosen-Versicherung. gr. 8⁰. Strassburg 1898.

Berndt, R.: Anleitung zur Arbeitsordnung. . . , s. Berndt, Richard

*Berndt, R. Die Entwicklung des Versicherungswesens in Magdeburg. Magdeburg 1902.

Berndt, R. v., deutsches Flottenbuch, s.a. Jugend- u. Hausbibliothek, illustrirte.

Berndt, R. v., deutsches Flotten-Buch, s.a. Jugend- und Hausbibliothek, neue.

v. Berndt, R. Deutsches Flottenbuch oder das neue illustrierte Seemannsbuch. Fahrten u Abenteuer zur See in Krieg u. Frieden. 3. Aufl. verb. von H. Schmidt. (372) 8. M. Taf. Leipzig 1863. 4,50. — 4. gänzl. umgearb. Aufl. (X. 342) 8. M. Abbild. u Taf. ib. 1874. 5,00.

Berndt, R. v., u. Heinr. Smidt, deutsches Flottenbuch oder das neue illustrirte Seemannsbuch. Fahrten u. Abenteuer zur See in Krieg u. Frieden. Das Wissenswürdigste aus der Schiffahrtskunde, sowie aus dem Seeleben. In 5., umgearb. Aufl. hrsg. von v. Holleben. Mit 115 Text-Abbildungen, 4 Tonbildern, einer (chromolith.) Flaggenkarte u. einem (chromolith.) Titelbilde. gr. 8. (VIII, 336 S.) Leipzig 881. Spamer. cart. n. 6. —

Berndt, R., Geschichte der Juden in Gross-Glogau. gr. 8. (VI, 111 S.) Glogau 876, (Zimmermann). *

Berndt, R. v., das illustrirte Seemannsbuch s.a. Jugend- u. Hausbibliothek, neue.

Berndt, R. v., das illustrirte Seemannsbuch. Fahrten und Abenteuer zur See im Krieg und Frieden. In Mittheilungen über das Wissenswürdigste aus der Schifffahrtskunde und dem Seeleben. 2. (Titel-)Ausg. br. 8. (VIII und 256 S. mit 150 theils ill. Bildern ꝛc. in Holzschn.) Leipzig (855)60. Spamer. geb. *

— das Illustrirte Soldatenbuch. Erlebnisse und Mittheilungen aus dem Soldatenleben im Krieg und Frieden. Den Erinnerungen des alten Generals und seines Waffengenossen nacherzählt und für die Jugend bearbeitet. Mit 85 Abbildgn., vielen Uniformbildern, Schlachtenscenen u. s. w. (Holzschn.) Leipzig 854. Spamer. br. 8. (VI, 176 S.) 1 ℳ; color. n. 2 ℳ 20 ngr

— das illustrirte Soldatenbuch. Erlebnisse u. Mittheilungen aus dem Soldatenleben im Krieg u. Frieden. Den Erinnerungen des alten Generals u. seines Waffengenossen nacherzählt u. für die Jugend bearb. 2. Ausg. Mit 85 color. Abbildgn. ꝛc. (in Holzschn.) Ebend. 860. 8. (VI, 176 S.) n. 2 ℳ 20 ngr

— im Spiegel einer 50jährigen Vergangenheit, von *R. Berndt*, Magdeburg 1894.

Berndt, Richard

Berndt, R., Anleitung zur Aufstellung v. Arbeitsordnungen f. gewerbliche Betriebe u. offene Verkaufsstellen. Unter Berücksicht. der bei der Beschäftigg. v. Arbeiterinnen u. jugendl. Arbeitern nach §§ 138, 138a der Gewerbeordng. erforderl. Anzeigen u. Gesuche. (47 S.) 8. Leipzig, Röder & Schunke. —. 90.
1910.

Berndt, Rich., Anleitung zur Aufstellung v. Arbeitsordnungen f. gewerbl. Betriebe u. offene Verkaufsstellen. Unter Berücksicht. der bei der Beschäftigg. v. Arbeiterinnen u. jugendl. Arbeitern nach §§ 138, 138a der Gewerbeordng. erforderl. Anzeigen u. Gesuche. (47 S.) 8. Leipzig 911. Röder & Schunke. — 90

Berndt, Richard: Beiträge zur Behandlung der lateinischen Kasussyntax im Gymnasialunterricht. Insterburg 1910: Bittner. 25 S. 8°
Insterburg, k. G u. RG OP 1910 (5)

Berndt, Ricardus, Allensteinensis: De Charete, Chaeride, Alexione grammaticis eorumque reliquiis. P. prior: Charetis Chaeridisque fragmenta, quae supersunt. *Regimonti Bor. 1902: Hartung.* (67 S.) 8° ¶(T. 2 erscheint demnächst.)
Königsberg, Phil. Diss. v. 22. Nov. 1902

Berndt, Richard, Dr.: De Charete, Chaeride, Alexione grammaticis eorumque reliquiis. P. II. Alexionis grammatici quae supersunt. Königsberg Pr. 1906: Hartung. (90 S.) 8° ¶(T. 1 erschien als Diss. Königsberg 1902.)
Lyck, k. G 1906 (12)

Berndt, Richard: Der innere Zusammenhang der in den platonischen Dialogen Hippias minor, Laches, Charmides und Lysis aufgewiesenen Probleme. Königsberg Pr. 1908: Hartung. 28 S. 4°
Lyck, k. G P 1908 (12) [S 08. 26

[F.] **Berndt,** *Rudolf* [Regierungsr. Prof., Dir.]: *Geheimer Rath Eduard Theodor Böttcher, Abtheilungsdirektor im Kgl. Ministerium des Innern, gest. am 10. Mai 1893.* Chemnitz, Druck v. J. C. F. Pickenhahn & Sohn, *1894;* 17—20 S. 4.
Chemnitz, techn. Staatslehr-A, OP 1894**

Die Entwickelung des Versicherungswesens in Magdeburg. Der Handelskammer zu Magdeburg auf Wunsch z. Veröff. überreicht von d. Magdeburger Feuerversicherungs-Ges. (Verf.: [Rudolf] **Berndt**, früh. Dir. d. Magdeb. Feuer-Versich.-Ges.) *Magdeburg 1902: Faber.* (24 S.) 8°
= Sonderberichte über einzelne Geschäftszweige. H. 1.
= Jahresbericht d. Handelskammer zu Magdeburg. 1901, Beil. [illegible]

(**Berndt, R.**:) Die Magdeburger Feuerversicherungs-Gesellschaft im Spiegel einer 50jährigen Vergangenheit. Der Gesellschaft gewidm. zu ihrem Jubiläum am 2. Sept. 1894. Magdeburg 1894: Haenel. 136 S. 8°

Berndt, Rudolf v. (Mitarb.), s. Larisch, Rudolf von: Beispiele künstlerischer Schrift.

Berndt, Rud.: Ub. d. maschinentechn. Unterr. an techn. Mittelsch. 2 Tle. 8° Dresd., A Urban '11. d
1. Maschinenkonstruieren m. Anh.: Das Skizzieren. (6, 67 m. Fig.)
2 — ‖ 2. Theoret. Mechanik, Maschinenlehre, mechan.Technol., Spezialfächer m. Anh.: Prüfun. (4. 104 u. 8 m. Fig.) 2.50

Berndt, [Theodor], Prof. Dr.: [**Ansprache** bei der Schulfeier am 15. Juni 1898, dem Todestage Kaiser Friedrichs und dem vor 10 Jahren erfolgten Regierungsantritt S. M. des Kaisers Wilhelm II.] *Hamm i. W. 1899: E. Griebsch.* (S. 22—24.) 4° [F.]
Hamm, k. G, OP 1899 (373)

Berndt, [Theodor], Prof. Dr.: [**Ansprache** bei der Sedanfeier 1901.] *Hamm i. W. 1902: E. Griebsch.* (S. 23—25.) 4°
Hamm i. W., k. G, P 1902 (392)

Berndt, [Theodor]: [Ansprache bei der Vorfeier des Sedantages.]
S. 23—25. 4. Kgl. Gymn. *Hamm* 1902
Progr.

Berndt, Theodor [Oberl. Dr.]: Kritische Bemerkungen zu Griechischen und Römischen Schriftstellern. (Herford, Buchdr. v. Gebr. Heidemann, 1890); S. 1—10; 8°
Herford, ev. Friedrichs-G, Festschr. 1890 [=1891 (347)] ••

Berndt, Theodor Bemerkungen zu Platon's Menexenos. 4 (XI S.).
Progr. Ev. Friedrichs-G. *Herford* 1888

Berndt, T., Die Empfindung der Naturschönheit bei d. Griechen. Pr. 1878. 23 S. 4°. 2.—

[F.] **Berndt,** *Theodor* [Prof. Dr.]: *Festrede, gehalten am Geburtstage Sr. Maj. des Kaisers 1897.* Hamm i. W., Druck v. E. Griebsch, 1897; 27—29 S. 4.
Hamm, k. G, OP 1897 (366)

Berndt, Theodor: Aeltere Geschichte des Königlichen Gymnasiums in Hamm 1781—1836. Mit einer der 300j. Jubelfeier d. Grafschaft Mark gewidmeten Einl. Hamm i.W. 1909: Griebsch. 86 S. 8°
Hamm i. W., k. G OP 1909 (472) [S 09. 22

Berndt, Thdr., ältere Geschichten des kgl. Gymnasiums in Hamm 1781—1836. Mit e. der 300jähr. Jubelfeier der Grafsch. Mark gewidmeten Einleitg. (86 S.) gr. 8. Hamm 909. (C. Dietrich). 1. 25

— T., De ironia Menexeni Platonici. Diss. 1881. 59 S. 2.—

Berndt, *Theodor Ernst Adolf Emanuel: Aus der Rede zur Feier der 25jährigen Wiederkehr des Sedantages.* 4 (S. 29—31). Progr. Kgl. G. *Hamm* 1896

Berndt, *Theodor Ernst Adolf Emanuel: Aus der Rede zur Geburtstagsfeier Sr. Majestät des Kaisers und Königs.* 4 (S. 27—29). Progr. Kgl. G. *Hamm* 1897

Stammtafel der Familie Berndt zsgest. von Theodor **Berndt**, Referendar. *Hamm i. W. 1901: E. Griebsch.* (1 Bl.) gr. 2° [Umschlagt. F.] [illegible]

Berndt, Theodor Ernst Adolf Emanuel, s. Berndt, Theodor

Berndt, Walther: Aus der Königl. chirurgischen Klinik zu Breslau. Über 18 Fälle von gonorrhoischer Rektalstriktur und ihre Behandlung. *Breslau 1898: Bresl. Gen.-Buchdr.* **(68 S.) 8°**
Breslau, Med. Diss. v. 1. Aug. 1898

Berndt, Wilhelm, aus Reetz i. d. N.: Das Alter der Firma. *(Lucka S.-A.) 1901: (Berger & Behrend).* (71 S.) 8°
Leipzig, Phil. Diss. v. [30. Nov.] 1901

Berndt, Wilhelm, appr. Arzt a. Meseritz ⟨Prov. Posen⟩: Beitrag zur Pathologie der Varicellen. Leipzig 1906: B. Georgi. (27 S.) 8°
Leipzig, Med. Fak., Ref. Hoffmann, Diss. v. 28. Mai 1906
[Geb. 15. Aug. 76 Meseritz; Wohnort: Berlin; Staatsangeh.: Preußen; Vorbildung: Gymn. Meseritz Reife O. 97; Studium: Kaiser Wilh.-Akad. Berlin 9 S.; Coll. 28. Mai 06; Approb. 30. Jan. 03.]

Berndt, Wilhelm, aus Oldenburg: Zur Biologie und Anatomie von Alcippe lampas Hancock. *Berlin (1902): G. Schade.* (39 S.) 8° ¶(Erscheint vollst. in einer Zeitschrift.)
Berlin, Phil. Diss. v. 13. Okt. 1902

Berndt, Wilh., die Concurrenzverhältnisse am Weltmarkt. Percentueller Antheil der bedeutendsten Handelsstaaten am Gesammthandel aller Länder der Erde. Auf Grund officieller Daten nach dem Durchschnitte der letzten 3 Jahre dargestellt. 67×91,5 cm. Farbdr. Nebst: Begleitworte. schmal gr. 8. (1 Bl.) Wien 901. G. Freytag & Berndt. n.n. 1. 70

Berndt, Wilh., Studien an bohrend. Cirripedien. (Ordng. Acrothoracica Gruvel, Abdomilalia Darwin.) I. Tl.: Die Cryptophialidae. (III u. S.167—210 m. 4 Doppeltaf.) Lex. 8. Berlin 907. (R. Friedlaender & Sohn.) nn 6. —
Sonderabdruck aus „Archiv f. Biontol."

Berndt, Wilh.: Das Süss- u. Seewasser-Aquarium, s. Einrichtg u. s. Lebewelt. s: Naturforscher, Der.

BERNDT, Wilhelm
Der neue deutsche Zolltarif. (Gesetzentwurf.) Vergleich der grösseren Erhöhungen zwischen dem jetzigen Vertragszoll und dem neuen Tarif, nebst einer eingehenden Darstellung der Ein- und Ausfuhr-, sowie der Agrarverhältnisse des Deutschen Reiches in populär-graphischer Darstellung von Wilhelm Berndt. Wien. [1901.] Freytag & Berndt. Gr.-8°. 6 Tafeln. K 1.—

Berndt, Wilhelm. Der Neue Deutsche Zolltarif! ⟨Gesetz-Entwurf.⟩ Vergleich der grösseren Erhöhungen zwischen dem jetzigen Vertragszoll und dem neuen Tarif nebst einer eingehenden Darstellung der Ein- und Ausfuhr, sowie der agraren Verhältnisse des Deutschen Reichs. In populär-graphischer Darstellung. VIII S. + 6 Doppel-Tafeln. 8. Wien, G. Freytag & Berndt, (1902). (M. —. 80)

Berndtson, B., über d. Bezeichnung d. Zahlen mit Ziffern. gr. 8. Leipz. 819. Kummer. 3 gr.

Berndtson, C. J. B., svensk-fransk Ordbok. 1. Häftet. 8. (224 S.) Stockholm 879. Looström & Comp. n. 5. —

Berndtson, F., Ur Lifvets Strid. Skadespel i 5 Acter. 2. Upplagan. 8. Helsingfors 851. (Leipzig, Brockhaus.) n. ⅔ ℛ

Bernbütsch. Eine Auswahl berndeutscher Gedichte zum Vortragen in geselligen Kreisen. 1. Bdchn. 8. (102 S.) Bern 884, Jenni's Buchh. *

Berne [Sachliches OW]

Berne. Dessiné du Chemin de l'Engue. A Berne chez l'auteur. F. N. König. 2 Bl. I. Ansicht, II. Umriss von Bern mit den topographischen Benennungen der Alpenkette.

Berne
① Journal hebdomadaire et feuille d'annonces. Chronique hebdomadaire et feuille d'annonces (dès 28. 5. 1887) ⑤ 1. 1. 1887—2. 7. 1887 ⑥ in-2° ⑦ hebdomadaire ⑧ Berne: Imprimerie Koerber; Bienne: Imprimerie typographique (dès 28. 5. 1887) ⑩ E. Magron ⑪ M. Bessire ⑫ neutre en politique ⑬ BGSZ: 973 ⑭ Be: L.

Berne et les Bernois, Zurich 1820 s.a. [Meister, Jacob Heinrich].

Berne et les Bernois. Zurich 1820. V: *Meister, Leonhard.* (BrMm)

Berne, et les Bernois, avec fig. 12. Zürich, Orell. br. 820.

Berne et ses environs. Avec 1 carte, 1 plan et 12 illustrations. 8. (28 S.) Bern 883, Haller. *

Berne et ses environs. Avec une carte, un plan et 12 illustrations. 8. (28 S.) Bern 888. Nydegger & Baumgart. n. — 50

Berne et ses environs. Guide illustré. Bümpliz 1909 s. [Blösch, Hans].

Berne, Suisse. [Guide illustré, avec plan et carte sur 1 planche.] Publié par la Société de développement de Berne. IV + 24 p. 8. [Berne, A. Benteli, 1907.] [fr. —. 35]

Berne and its surroundings. Illustrated guide book. Bümpliz-Berne 1910 s. [Blösch, Hans].

Berne, Switzerland. [Illustrated Guide, with Plan and Map on 1 plate.] Published by the Society for the Developpement of Tourist Traffic, Berne. IV + 24 p. 8. [Berne, A. Benteli, 1907.]

Berne Witness: Sept. 3, 1896—1918.
Weekly, 1896—Oct. 1901; semi-weekly, Nov. 1, 1901—1913, tri-weekly, 1914—18. Published in English and German, Nov. 1901—1918. Also dated Elkhart, Ind. Organ of Die Allgemeine Conferenz der Mennoniten von Nord-Amerika. Circulation: 1905, 1438; 1910, 1558; 1915, 1352; 1918, 1250. Edited by Fred Rohrer, 1896—1915; by C. T. Hobegger, 1916; by E. A. Sprunger, 1917—18; published by Berne Witness Co., 1896—1918. See *Ayer, 1901—18; Bender; Bockstahler.*
Berne, JN.

Berne [Schlagwort]
Berne, s.: Preussen. Messtischblätter.

Berne [Verfasser]

***Berne,* Grhrd. Jos., (✝ nach 1754.) carmina. 8maj. Altenb. 754. Richter. 8 gr.**

Berne, Julius: Reise nach dem Mittelpunkt der Erde. Octav-Ausg. Sechste Auflage. Autorisirte Ausgabe. (283 S.) Geb. 1 fl. 50 kr. in Originalband 2 fl.
Wien: A. Hartleben 1881.

***Berne,* T. B. W., Tableau des Poids des principales villes de l'Europe, comparés entre eux, et calculés sur les données du célèbre Mr. Gerhard à Berlin. Fol. Bern 811. Walthard. (Leipz., Schmidt). 5 gr.**

Berneaud, Ars. Thieb. v.

Berneaud, A. Th., die Insel Elba, histor.-polit. dargestellt. Aus d. Französ., nach d. Pariser Ausg. übers. v. Fr. v. Haller. 8. Wien 814. Gerold. 4 gr.

— Schilderung d. Insel Elba. Aus d. Französ., mit Anmerkk. von T. F. Ehrmann, s.a. Bibliothek d. Reisebeschreibb. 39r Bd.

Berneaud, Ars. Thieb. v., Schilderung d. Ins. Elba. a. d. Franz. m. Anm. v. T. F. Ehrmann. m. Char. gr. 8. Weim. Land. Ind. Comt. (a. d. Biblioth. d. Reisebeschr. 39r Bd.)

Berneaud, George, appr. Arzt: Über seltene Aetiologie des Puerperalfiebers. Greifswald (1910): Adler. 31 S. 8°
Greifswald, Med. Diss. v. 11. Juli 1910, Ref. Kroemer
[Geb. 5. April 83 Stettin; Wohnort: Stettin; Staatsangeh.: Preußen; Vorbildung: Städt. Gymn. Danzig Reife O. 04; Studium: Freiburg i. B. 1, Leipzig 7, Würzburg 2 S.; Coll. 20. Juni 10; Approb. 16. Juni 10.] [U 10. 1563

Berneaud, H., franz. Lesebuch, in einer Auswahl pros. u. poetischer Lesestücke aus den besten franz. Schriftstellern älterer u. neuerer Zeit, mit Erklärungen u. Wörterverzeichnissen versehen und zum Schulgebr. hrsg. I. Thl. gr. 8. (8⅛ B.) Stettin 840, Weiss. *

— dass., 2. Thl. gr. 8. (10⅛ B.) Ebds. 847.

Berneaud, H, franz. Lesebuch. 1. Thl. 2. Afl. 8. (127) Stett. 58, (v. d. Nahmer.) n. — 9

Berneaud, H., französisches Lesebuch, in einer Auswahl prosaischer u. poetischer Lesestücke aus den besten französischen Schriftstellern älterer u. neuerer Zeit, mit Erklärungen u. Wörterverzeichnissen versehen u. zum Selbstgebrauch herausg. 1. Thl. 2., verb. u. verm. Aufl. Stettin 858. Weiss. gr. 8. (VI, 127 S.) n. 9 ngr

Berneaud, H., der deutsche Sprachunterricht in der Volksschule mit Anschluß an die Regulative. Ein Conferenz-Vortrag. Stettin 857. Graßmann. 8. (16 S.) n. 2½ ngl

Berneaud, P., Dr. K. G. Bretschneider's Reformationspredigt, angegriffen von Const. Christ, vertheidigt von rc. 8. Gotha 845, Müller. ¼ ₰

Berneburg, Ernst: Charakterkomik bei Molière, s: Beiträge, Marburger. z. roman. Philol.

Die Arbeit der Ansiedelungs-Commission in nationaler und sozialpolitischer Hinsicht. Vortrag d. Kaufmanns Ferdinand Berneburg zu Cassel 1900. *Cassel: Selbstverl. 1901.* (24 S.) 8° [Umschlagt.]

Berneburg. Otto Paul, Amtstierarzt in Buttstädt S.-W.: Untersuchungen über die Rektal- und Vaginaltemperatur des Schafes und der Ziege. Jena 1908. 84 S. und vier Tafeln. 8°. [17. I. 08.]
Bern. Vet.-med. Diss. 1907/08.

Berneburg, Otto Paul. Untersuchungen über die normale Rektal- und Vaginaltemperatur des Schafes und der Ziege. Diss. Vet.-Med. Bern. ([Mit Anhang:] Tabellen und [4 Tafeln] Kurven.) 56 [+ *Tabellen* 28] S. 8. Jena, G. Neuenhahn, 1908.

Berneck, s.a. Koch v. Berneck, M.

Berneck, C. G. v., s.a. Bernd v. Guseck (Pseud.)

Berneck, G., s. Berneck, Karl Gustav v.

v. Berneck, Gustav, s.a. **Bernd v. Guseck**. (Pseud.)

Berneck, Karl Gustav v., s.a. Bernd v. Guseck (Pseud.)

Berneck, Karl Gust. v., und Jos. Schott, Atlas des Kriegswesens. 28 Taf. in Stahlst., Holzschn. und Lithogr. nebst erläut. Texte von Jos. Schott. qu. Fol. (82 S.) Leipzig 875, Brockhaus. * M 6.; geb. *
Aus: Bilder-Atlas, 2. Aufl., besonders abgedruckt.

Berneck, Karl Gustav von

Madame de Brandebourg. Historischer Roman von Bernd von Guseck [d.i. K.G.von Berneck]. Th.2.
Wien: Markgraf 1863. 241 S. 8°

Berneck, (Karl) Gust. v., das Buch der Schlachten. Marathon. Arbela. Cannae. Pharsalus. Im Teutoburger Wald. Hunnenschlacht auf den Catalaun. Feldern. Antiochia. Pavia. Lützen. Höchstädt. Pultawa. Leuthen. Marengo. Trafalgar. Austerlitz. Jena und Auerstädt. Leipzig. Waterloo. Leipzig 856. Gumprecht. 8. (VI, 409 S.) 1 ₰ 22½ ngl

Berneck, KG v., d. Buch d. Schlachten. 8. (409) Lpzg 56, Haessel. 1. 22½; geb. *n.* 2. —

Berneck, G., Elemente der Taktik f. alle Waffen innerhalb der Bestimmungen f. das Officier-Examen der Königl. Preuß. Armee. gr. 8. (X u. 181 S.) Berlin 852, Mittler's Sort.-B. n. 1 ₰

—— Elemente der Taktik aller Waffen für Officier-Aspiranten und Subaltern-Officiere. 1. Aufl. (X und 181 S.) 1852, und 2., verm. Aufl. gr. 8. (XVI und 228 S. mit 33 eingedr. Holzschn.) Berlin 854(55,) Mittler's Sortimentsh. Thlr. *

Berneck, C. G. v. Elemente der Taktik aller Waffen für Officier-Aspiranten und Subaltern-Officiere. 3., verm. Aufl. gr. 8. (XII und 216 S. mit 34 in den Text gedr. Holzschn.) Berlin 858, Mittler'sche Sortimentsbuchh. *
Vgl.: Guseck, Bernd v.

Berneck, K. Gust. v., Elemente der Taktik aller Waffen für Officier-Aspiranten und Subaltern-Officiere. 4., verm. Aufl. 1862. und 5., mit den Ergebnissen der letzten Kriege verm. Aufl. gr. 8. (VIII und 208 S. mit 39 in den Text eingedr. Holzschn.) Berlin 867, Bath. *

Berneck, K. Gust. v., Elemente der Taktik für Officier-Aspiranten und jüngere Officiere. 6. Aufl. gr. 8. (X, 219 S. mit 39 in den Text eingedr. Holzschn.) Berlin 870, Bath. *

Berneck, Karl Gustav von

König Murat's Ende. Historischer Roman von Bernd von Guseck [d.i. K.G.von Berneck]. Bd. 1 - 3.
Leipzig: Günther 1865. 8°

—— Form und Fassung von Militär-Dienstschriften für Offiziere und Offizier-Aspiranten. 2. Aufl. 8. (VI und 60 S.) Berlin 862, Bath. cart. *

Berneck, Karl Gustav von

Die Freifrau. Novelle. Von Bernd von Guseck [d.i. Karl Gustav von Berneck]. Stuttgart 1863.

In: Hausblätter. Bd 4.

Berneck, Karl Gustav von

In Frieden. Novelle. Von Bernd von Guseck [d.i. Karl Gustav von Berneck]. Stuttgart 1859.

In: Hausblätter. Bd 4.

—, preuss. Major und Militär-Lehrer beim Cadetten-Corps etc. Geschichte der Kriegskunst für Militär-Akademien und Officiere aller Grade. 2., bis auf die neueste Zeit fortgesetzte Auflage. Berlin 1861.
— 3. Aufl. 8. Berlin 1867.

Berneck, K. Gust., Geschichte der Kriegskunst für Militair-akademien und Offiziere aller Grade. 3., bis auf die neueste Zeit fortges. Aufl. gr. 8. (IX und 275 S.) Berlin 867, Voss'sche Buchh. *
Vgl.: Guseck, Bernd v.

— Grundriß der Geschichte des Kriegswesens. Ein Hülfsbuch für das Studium der Kriegsgeschichte. Berlin 854. Voß. 8. (X, 226 S.) n. 1 ₰

v. Berneck, K. G. Grundriss der Geschichte des Kriegswesens. (X. 226) 8. Berlin 1854. – 2. Aufl. (233) 8. ib. 1861. – 3. Aufl. ib. 1867. 3,00.

—— Grundr. f. Milit.-Dienstschriften. 8. (59) Berl. 55, Bath. *n.* — 10

— Grundriß für Militär-Dienstschriften. Berlin 855. Mittler's Sorthdlg. 8. (VI, 59 S.) n. 10 ngl

v. Berneck, K. G.) Grundriss des Vortrages der Taktik. [Grundriss für die Vorträge auf der Königl. Artillerie- und Ingenieur-Schule zu Berlin II.] (39) 8. Berlin 1850. 0,60.

Berneck, v., Grundriss des Vortrages der Taktik und der Geschichte der Kriegskunst, s. Grundriss der Vorträge auf der Artillerie- und Ingenieur-Schule zu Berlin.

Berneck, Karl Gustav von

Heimath und Ferne. Historischer Roman. Von Bernd von Guseck [d.i. K.G.von Berneck]. Bd.1.2.
Prag, Leipzig: Kober 1857. 8°

(Album. Bibl. dt. Originalromane. Jg.12. Bd.6.7.)

Berneck, Karl Gustav von

Karl X. Gustav. Historischer Roman von Bernd von Guseck [d.i. K.G.von Berneck]. Th.1.2.
Wien: Markgraf 1862. 8°

(Album. Bibliothek deutscher Originalromane. Jg.17. Bd.13.14.)

Berneck, Karl Gustav von

Aus eig'ner Kraft. Historischer Roman von Bernd von Guseck [d.i. K.G.von Berneck.]. Bd.1.2.
Prag, Leipzig: Kober 1858. 8°

(Album. Bibl. dt. Originalromane. Jg.13. Bd.12.13.)

Berneck, Karl Gustav von

Unter dem Krummstabe. Hist. Roman. Von Bernd von Guseck [d.i. Karl Gustav von Berneck]. Bd 1-3.
Hannover: Rümpler 1865. 8°

Berneck, Karl Gustav von

In Nacht gehüllt. Novelle. Von Bernd von Guseck [d.i. Karl Gustav von Berneck]. Stuttgart 1864.

In: Hausblätter. Bd 4.

Berneck, Karl Gustav von

Salvator. Roman von Bernd von Guseck [d.i. K.G.von Berneck.]. Bd.1.2.
Bremen: Schlodtmann 1851. 8°

— die Schlachten bei Leipzig. 8. (IV und 152 S. mit 2 Plänen in Kpfrst.) Leipzig 855, Brockhaus. *
Vgl.: Brockhaus' Reise-Bibliothek.

Berneck, Karl Gustav von

Katharina von Schwarzburg. Historischer Roman von Bernd von Guseck [d.i. K.G.von Berneck.]. Bd. 1 - 3.
Leipzig: Günther 1868. 8°

— Soldatenbuch, s. Jugend- u. Hausbibliothek, illustrirte.

Berneck, K. G. von. *Neues Soldatenbuch.* Die Welt in Waffen von der Urzeit bis zur Gegenwart. 2 Bde. in 1. 3. Aufl. Leipzig, Spamer, 1869—70. VIII, 240, VIII, 326 S. m. vielen Textholzschn. u. 2 farb. Frontisp., sowie 7 Tonbildern. 8°. Orlwd. m. farb. Deckelbild. SPJHB. — Beliebtes Jungensbuch, gut illustr. — 1 Bl. eingerissen u. geklebt. 15.—

Berneck, K. G. v., neues Soldatenbuch. Die Welt in Waffen von den ältesten Zeiten bis zur Gegenwart. 1. 2. Bd. Leipzig, Spamer. n. 11. —; geb. n. 14. —
1. Heldenzeit, Rittertum u. Kriegswesen im Altertum, Mittelalter u. in der neuern Zeit bis zur ersten französ. Revolution. 4. Aufl. d. „Illustrirten Soldatenbuches", neu bearb. v. E. Schnackenburg. Mit 300 Text-Abbildgn. u. 1 Titelbilde. gr. 8. (XVI, 430 S.) 887. n. 5. 50; geb. n. 7. —
2. Kriegswesen u. Kriegführg. vom Ausbruch der französ. Revolution im J. 1789 bis zum J. 1860. 4. Aufl. d. „Illustr. Soldatenbuches", neu bearb. v. E. Schnackenburg. Mit 188 Text Abbildgn., 4 Buntbildern u. 1 Titelbilde. gr. 8. (XII, 384 S.) 888. n. 5. 50; geb. n. 7. —

Berneck, Karl Gustav von

Im Strom der Zeit. Roman aus der Zeit Kaiser Leopold des Ersten von Bernd von Guseck [d.i. K.G. von Berneck.]. Bd. 1 - 4.
Prag: Kober &.Markgraf 1860. 8°

(Album. Bibl. dt. Originalromane. Jg.15. Bd. 2 - 5.)

Berneck, Karl Gustav von

Der Sturmvogel. Novelle. Von Bernd von Guseck [d.i. Karl Gustav von Berneck]. Stuttgart 1860.

In: Hausblätter. Bd 4.

— glorreiche Tage s.a. Welt der Jugend.
Vgl.: Guseck, Bernd v. (†).

v. Berneck, K. G. Glorreiche Tage. Bilder aus der ersten Zeit des deutschen Nationalkrieges gegen Frankreich 1870. Streitkräfte und Heerführer der kriegführenden Parteien. (98) 8. Leipzig 1870. 0.75.

Berneck, Karl Gustav von

Das Taufkreuz. Novelle. Von Bernd von Guseck [d.i. Karl Gustav von Berneck]. Stuttgart 1857.

In: Hausblätter. Bd 3

Berneck, Karl Gustav von

Der Thalhof. Novelle. Von Bernd von Guseck [d.i. Karl Gustav von Berneck]. Stuttgart 1855.

In: Hausblätter. Bd 4.

— und O. M. Mohl, die glorreiche Zeit während des deutschen Nationalkrieges gegen Frankreich im J. 1870. gr. 8. (XLII, 104 S. mit 1 Buntbilde und mehr als 40 in den Text gedr. Abbild. in Holzschn., wovon 1 in qu. 4.) Leipzig 871, Spamer. * *M* 1,25.; geb. *
Aus: Welt der Jugend, besonders abgedruckt.

Berneck, M. v., „Führe uns nicht in Versuchung!" Roman. (309 S.) 8. Dresden (906). E. Pierson. n. 5. —; geb. n.n. 6. —

Berneck, M. v., Stelltheim. Roman in 8 Tln. (402 S.) 8. Dresden (907). E. Pierson. 4.—; geb. n 5. —

Berneck, M. Koch v., s.: Koch v. Berneck, M.

Berneck, Xaver, Referendar a. Straßburg i. E.: Die Nebenintervention, insbesondere die prozessualische Rechtsstellung des Nebenintervenienten. Straßburg i. E. 1907: M. Du Mont Schauberg. (94 S.) 8°
Heidelberg, Jur. Fak., Ref. Heinsheimer, Diss. v. 28. Juli 1907
[Geb. 24. Febr. 84 Haesern; Wohnort: Straßburg i. E.; Staatsangeh.: Elsaß-Lothringen; Vorbildung: Gymn. Straßburg Reife Juli 02; Studium: Straßburg 7. München 2 S.; Rig. 5. Juli 07.]

Bernecker, Hilfsbuch f. den Unterricht in der Geographie, s.: Zweck.

Bernecker, Strafproceß-Kostentaxe für diejenigen mit der preuß. Monarchie vereinigten Landestheile, für welche die Strafproceßordnung vom 25. Juni 1867 erlassen ist, nebst dazu ergangenen Vorschriften und Ergänzungen. Speciell für die Prov. Hannover zusammengestellt. gr. 8. (48 S.) Hannover 872, Meyer.

Bernecker, A., kurzer Leitfaden der Naturgeschichte für die mittleren Klassen an Realschulen, Gymnasien und anderen Lehranstalten. gr. 8. (IX, 164 S.) Tübingen 887, Osiander'sche Buchh. *

Bernecker, Adolf: Aus d. zool. Inst. d. Univ. Tübingen. Zur Histologie der Respirationsorgane bei Crustaceen. Naumburg a. S. 1909: Lippert. 48 S. 8° ¶(Aus: Zool. Jahrbücher. Bd 27. Abt. f. Anat.)
Tübingen, Naturw. Diss. v. 2. März 1907, Ref. Blochmann
[Geb. 13. Mai 75 Herrenberg; Wohnort: Heilbronn; Staatsangeh.: Württemberg; Vorbildung: Realgymn. Stuttgart Reife Sommer 94; Studium: Tübingen 9, München 1, Stuttgart Techn. Hochsch. 4 S.; Coll. 2. März 07.] [U 09. 3997

Bernecker, Ernst, Beiträge zur Chronologie der Regierung Ludwig IV. des Heiligen, Landgrafen von Thüringen. Inaugural-Dissertation. gr. 8. (74 S.) Königsberg 880, (Beyer's Buchh..) *

Bernecker, Ernst, Geschichte des königl. Gymnasiums zu Lyck. 1. Tl.: Die Lycker Provinzialschule von ihrer Gründung bis zur Umwandlung in ein humanist. Gymnasium. gr. 8. (VII, 103 S.) Königsberg 887, Hartung'sche Verlagsdruckerei. *

Bernecker, Ernst Geschichte des Königl. Gymnasiums zu Lyck. Teil I. Die Lycker Provinzialschule von ihrer Gründung bis zur Umwändlung in ein humanistisches Gymnasium. 8 (VII, 103 S.). Festschrift zur Feier des 300jährigen Bestehens am 28., 29. und 30. Juni 1887. I. Teil. Progr. G. *Lyck* 1887

Bernecker, E., Geschichte d. königl. Gymnasiums zu Lyck. 2. Tl. Das humanistische Gymnasium von 1818 bis zum 300jähr. Jubiläum. gr. 8. (III, 112 S.) Königsberg i/Pr. 891. Hartung. n. 1. 50
(1. u. 2.: n. 2. 50)

Bernecker, Ernst Rob. (Schlegler), ein Blumenstrauß aus meiner Jugend. (VI, 206 S.) 8. Dresden 905. E. Pierson. n. 2. 50; geb. n. 3. 50

Bernegau, Henr. (geb. Rheinberg im Rheinl. 18. 1. 1830): De singulis pulsus speciebus ut symptomatis et signis. Berolini (1855). (31 S.) 8°
Berlin, Med. Diss. v. 10. Aug. 1855

Bernegau, L. D. Bedeutg. d. Kola-Nuss als Beifutterstoff in Verbindg. mit aufgeschloss. Körnerfrüchten. Hrsg. v. d. Hamburg-Altonaer Nährmittel-Gesellschaft Bosthorn & Gerdtzen, Altona. gr. 8. (15 S. m. 2 Abb. u. 2 Tab.) Hamburg 897. (G. W. Seitz Nachf.) n. — 50

Bernegau, Max [aus Rheinberg]: Aus d. chirurg. Klinik zu Bonn. Ueber Exostosen.... Bonn, Buchdr. J. Bach Wwe., 1891; 48 S., 1 Bl. 8°
Bonn, Med. Fak., Inaug.-Diss. v. [14.] März 1891

Bernegg, des Ritters v., Geschichte der Kriege und Unruhen &c., herausg. von v. Mohr, s. Archiv f. d. Geschichte d. Republik Graubünden.

Bernegger, Alb. F., Exam. institution. imperial. 8, Nürnb. 714.

Bernegger, Johann Christian (Hohenlohe), Diss. de ecclesiis filiabus, vulgo Filial-Kirchen. Präs. Joh. Nicol. Herte. Giessen (Henn. Müller) Mai 1705. 24 S., tlws. dtsch. (5.—) 2304
Widm. v.: Präs., Sim. Nicol. Orth, B. A. Staudacher (dtsch.).

— **Joh. Ernst (Öhringen/Hohenl.), De alimentis, eorumque computatione in detrahenda q. falcidia occasione l. 68 ff. ad l. falcid. Altdorf (M. D. Meyer) 19. XI. 1720. 56 S. (5.—)** 2305
Widm. v.: Joh. Gg. Fichtner, Carl Moritz Hoffmann, Franz Bernh. Pantzer (Sulzbach/Pfalz, dtsch.), P. Gerike (dtsch.), Dan. Gottlieb Pietsch (Königsberg/Pr.), B. V. Stisser (Wolfenbüttel), G. L. Hoffmann (Nürnberg), Gg. Aug. v. Lersner Frankfurt/M.), Jo. Lud. Carl Schelhas (Jena).

Bernegger, M. Briefe, s. Quellen zur Geschichte des geistigen Lebens in Deutschland während d. 17. Jahrh.

Berneick, Eugen [pr. Arzt]: Die Sozojodoltherapie bei Ohren-, Nasen- und Rachenkrankheiten ... Königsberg i. Pr., Druck v. M. Liedtke, 1897; 2 Bl., 29 S., 1 Bl. 8.
Königsberg, Med. Fak., Inaug.-Diss. v. 23. Juni 1897

Berneick, Eug., Die Sozojodoltherapie b. Ohren-, Nasen- u. Rachenkrankheiten. Diss. gr. 8. (29 S.) Königsberg 897. (W. Koch.) n. 1. --

Berneker, Constanz. Christus, der ist mein Leben, s. Breitkopf u. Härtel's Text-Bibliothek.

Herr, der König freuet sich in deiner Kraft. Krönungs-Kantate. Text nach d. Worten d. heil. Schrift von A[rnold] Wellmer. Für Chor, Soli u. Orchester (Orgel ad libitum) komp. von Constanz Berneker. Text. Berlin: Ries & Erler [1907]. 8 S. 8° A 12. 7266

Berneker, Christi Himmelfahrt, s.: Breitkopf & Härtel's Textbibliothek. 280.

Berneker, Erich, Slavische Chrestomathie m. Glossaren. gr. 8. (IX, 484 S.) Strassburg 902. K. J. Trübner. n. 12. —; geb. in Leinw. n. 13. —

Berneker, Erich: Russisch-deut. Gesprächsb. s.a. Sammlung Göschen 68.

Russisch-deutsches Gesprächsbuch. Von Dr. Erich Berneker, Prof. 2. Aufl. Leipzig: Göschen 1907. 135 S. 8°
(Sammlung Göschen. 68.) [11. 14384 II

– Russ. Grammatik, s.a. Sammlung Göschen. 66.

Russische Grammatik von Dr. Erich Berneker. *Leipzig: G. J. Göschen 1897.* (VI, 174 S.) 8° [J.]
(Sammlung Göschen. 66.) [00. 6577 II

Russische Grammatik von Erich Berneker. 2. verb. Aufl. Neudr. Leipzig: Göschen 1906. 182 S. 8°
(Sammlung Göschen. 66.) [10. 9738 7

— **russisches Lesebuch m. Glossar, s.a. Sammlung Göschen.**

Russisches Lesebuch mit Glossar von Erich Berneker. Leipzig: Göschen 1897. IV, 159 S. 8°
(Sammlung Göschen. 67.) [11. 11800

Russisches Lesebuch mit Glossar von Dr. Erich Berneker, Prof. 2., verb. Aufl. Leipzig: Göschen 1903. IV, 176 S. 8°
(Sammlung Göschen. 67.) [11. 13968 II

- **s.: Sammlung slavischer Lehr- u. Handbücher.**

Berneker, Erich *Carl* [aus Königsberg, Pr.]: Die preussische Sprache. Texte, Grammatik, etymolog. Wörterbuch. I. Lautlehre ... [Erschien vollst. 1896 im gl. Verl.] Strassburg, K. J. Trübner, 1895; 1 Bl., 54 S., 1 Bl. 8.
Leipzig, Phil. Fak., Inaug.-Diss. v. [4. Okt.] 1895

Berneker, Erich, d. preuss. Sprache. Texte, Grammatik, etymolog. Wörterbuch. gr. 8. (XI, 334 S.) Strassburg 896. K. J. Trübner, Verl. n. 8. —

— **Graf Leo Tolstoj, s.a. Volksbücher, biographische.**

Graf Leo Tolstoj. Von Dr. Erich Berneker. Mit 1 Bildnis. *Leipzig: R. Voigtländer 1901.* (114 S.) 8° [J.]
= **Volksbücher, Biographische.** 108–111. [01. 1316

— **Slav. etymolog. Wörterb., s.a. Bibliothek, Indogermanische.**

Slavisches etymologisches Wörterbuch von Dr. Erich Berneker, Prof. in Prag. Lfg 1. Heidelberg: C. Winter 1908. 8°
= **Bibliothek,** Indogermanische. Abt. 1, Reihe 2, 2. [08. 10743

Berneker, Erich: Slavisches etymologisches Wörterbuch. Heidelberg Bd 1. A—L. 1908—1913
(= Indogermanische Bibliothek, Abt. 1. Reihe 2. Bd 2)

— **die Wortfolge in den slavischen Sprachen. gr. 8. (XI, 161 S.) Berlin 900. B. Behr's Verl.** n. 6. —

Berneker, Oswald, approb. Arzt aus Königsberg i. Pr.: Die medizinischen Gesichtspunkte bei der Bekämpfung der venerischen Krankheiten. *Berlin (1903): G. Schade.* (39 S.) 8°
Berlin, Med. Diss. v. 13. März 1903

Bernelot-Moens, H. M., Wahrheit. Experimentelle Untersuchgn. üb. die Abstammg. des Menschen. (80 S.) gr. 8. Leipzig 908. [A. Owen & Co.] London, Siegle, Hill & Co. 1. —

Die Berner belagern Nydau. 1388. [Bernische Neujahrsstücke XXI.] 4 Bern 1828.

Berner Hinkende Bot. 1901. 4°. 112 S. Bern, Buchdruckerei Stämpfli & Co. **1900?** — 40

Berner. Der B' im Entlebuch ⟨Aus dem Sonderbundskrieg 1847⟩; Washington und der Farmer; Johann Imthal, der Schweizersenn. Drei wahre Geschichten (*Umschlag: Der B' im E' ⟨Aus dem S' 1847⟩, nebst 2 andern wahren Geschichten). 3. Aufl. Mit Bild [Tafel]. 20 S. 8. Basel, Verein zur Verbreitung christlicher Schriften ([Nr.] 517), 1902. [fr. —. 15]

Berner, die, im Entlibuch. (Aus dem Sonderbundskrieg 1847.) — Washington u. der Farmer. — Johann Imthal, der Schweizersenn. 3 wahre Geschichten. 3. Aufl. 12. (20 S. m. 1 Farbdr.) Basel 902. (Missionsbuchh.) n. — 15

Berner. Die B' erobern Nydau. Bern 1828 *s.* [Stierlin, Emanuel].

Berner: Der Freie Berner (I)
① 1. Probenummer am 29. 6. 1865; 1865—1866 ⑥ 2° ⑦ halbwöchentlich ⑧ Bern: J. J. Romang, Fürsprecher, J. Allemann ⑩ J. J. Romang, H. Gusset ⑪ J. J. Romang, H. Gusset ⑫ politisch unabhängig, der freisinnigen Gedankenwelt verpflichtet ⑬ BGSZ: 973 ⑭ Be L, S, St ⑮ Das Blatt führt als literarischen Teil: »Schweizerische Dichterblüthen«, enthaltend »Erzählungen ... vorzugsweise dem schweizerischen Volksleben entnommen ...« — v. Der Freie Berner (II) sub 15.

Berner: Der Freie Berner (II)
④ Berner Nachrichten (I) ⑤ 1866 ⑧ Biel ⑬ BGSZ: 959 ⑮ Lt. BGSZ 595 ein in Biel erschienenes Blatt. Es hatte nur kurzen Bestand und ging im August 1866 ein. Vermutlich zu unterscheiden von der Zeitung »Der Freie Berner« (I), der in Bern bei Romang und später bei Allemann gedruckt wurde. — v. Der Freie Berner (I).

Berner: Der Freie Berner (III)
① Organ der Freisinnigen des Oberaargaus ④ Berner Landbote (II) (v. sub 15) ⑤ 1881—Juli 1893 ⑥ 2° ⑦ wöchentlich 1X, später wöchentlich 2X ⑧ Herzogenbuchsee: Ritzert & Moser ⑩ Ritzert & Moser ⑪ Chr. Gertsch, Johann Spahr, früherer Redaktor der Berner Volkszeitung (II) und Mitarbeiter des Schweizerischen Handels-Courrier, Ritzert & Moser ⑫ freisinnig ⑬ BGSZ: 973 ⑭ Be: L ⑮ Das Blatt fusionierte mit der »Allgemeinen Zeitung für Dorf und Stadt«. Aus der Verschmelzung ging der »Berner Landbote« (II) hervor.

Berner. Die B' am Laubeckstalden. Bern 1823 *s.* [Stierlin, Emanuel].

Berner Studien zur Philosophie und ihrer Geschichte, s. Studien, Berner ...

Berner Synodus von 1532. Neu aufgelegt. Basel 1830. 8.

— Synodus. Neue Ausgabe. Basel. 1870. 8.

Berner Taschenbuch f. d. Jahr 1879, 29. Jahrg., hrsg. v. Dr. Emil Bloesch. In-8°. Bern, B. F. Haller. **1878?** 4 —

die Berner im Valtlin unter Nicolaus von Mülinen. Bern 1862.

Die Berner im Wallis. 1418. [Bernische Neujahrsstücke XXV.] 4. Bern 1832.

Berner Oberland [Schlagwort]
Berner Oberland, s.a. Schweiz. Atlas.

— s.a. **Westentasche-Panorama-Collection.**

Berner Oberland. Distanzenkarte des Berner Oberlandes in Marschstunden. Auf Grundl. d. Karte v. W. R. Kutter u. R. Leuzinger, neu bearb. von Gebr. Kümmerly. 1 : 200,000. 50,5 × 70 cm. Farbendr. Bern 896. Schmidt & Francke. n. 2. 40; auf Leinw. n. 3. 60

Berner Oberland. Distanzen- u. Touren-Karte des Berner Oberlandes. 1 : 200,000. (Neue Aufl.) 50,5 ×70 cm. Farbdr. Bern (904). Geograph. Karten-Verlag. 2. 40; auf Leinw. 3. 60; erm. Pr. n. 1. 60; auf Leinw. n. 2. 80

— Excursions-Karte des Berner Oberland (Schweiz). Bearb. nach den eidgenöss. Kartenwerken (v. Studer). Hrsg. v. den Verkehrs-Anstalten d. Berner Oberlandes. 1 : 200,000. 23,5 × 41,5 cm. Farbendr. Ebd. 895. n. — 50; auf Leinw. n. — 80

Berner Oberland. Frey, J. Spezialkarte des Exkursionsgebietes der Montreux-Berner Oberland-Bahn. 1 : 75,000. 64,5×89 cm. Farbdr. Bern (907). Geograph. Kartenverlag. 2.40; auf Leinw. 3. 20

— Karte, neueste, des Berner Oberland. 1 : 200,000. 39 × 35,5 cm. Farbdr. (Bruckmann's illustr. Reiseführer, Nr. 102.) München 896. A. Bruckmann. n. — 50

Berner Oberland. Kutter, W. R., u. R. Leuzinger, Karte des Berner Oberlandes. 1 : 200,000. Ausg. 1894. 50,5×69,5 cm. Farbendr. Bern, Schmid, Francke & Co. n. 1. 60; auf Leinw. n. 3. 20

— Leuzinger, R. u. Kutter, Karte des Berner Oberlandes. (Distanzen- u. Touren-Karte.) 1:200,000. (Ausg. 1905.) 50,5×70 cm. Farbdr. Ebd. n. 1. 60; auf Leinw. 2. 80; erm. Pr. n. 1. 20; auf Leinw. n. 2. 40

— Wagner, E., Reise- u. Touristenkarte des Berner Oberlandes m. rot bezeichneten Ausflügen, Berg- u. Gletschertouren, einzelnen Hotels u. Restaurants. Nach dem neuesten topograph. Material bearb. u. hrsg. 3. rev. Aufl. 1 : 100,000. 47×63 cm. Farbdr. Zürich 908. (Kartograph. Union.) 1.40; auf Leinw. 2.—

Berner, f.: Entscheidungen des königl. preußischen Oberverwaltungsgerichts.

Berner, Diss. Aeger ruminans cum asthmate hypochondr. Hal. 4°. 1709

Friedrich z. Goldnen Zepter: Jahres-Schluss-Lied für die Frey-Maurer-Gesellschaft der Loge Friedrich zum goldnen Zepter in Breslau. Text hinterlassen vom Br. [Georg Gust.] Fülleborn. Comp. vom Br. **Berner.** o. O. u. J. 2 Bl. 8⁰ [Umschlagtit.]
Ohne Noten: „Horcht auf! das Grabgeläute schallt . . ."

Berner: Strafrecht, s. Berner, Albert Friedrich

Trauer-Cantate zu der dem Andenken Seiner Majestät des hochseligen Königs Friedrich Wilhelm III. gewidmeten Trauer-Loge abgehalten den 3. Aug. 1840 in der Loge zum Tempel der Eintracht im Or. zu Posen. Text von [Karl Imman.] Kudrass. [Komp. von **Berner.**] Posen [1840]: Decker & Co. 2 Bl. 8⁰ [Umschlagtit.]
Ohne Noten: „In des Vaterlandes Trauer . . ."

Berner, A., giftfreie Selbstheilmethode m. Anwendungsformen. 12. (39 S.) Erfurt (900). Selbstverlag. n. — 60

Berner, A. F., das deutsche u. lateinische Alphabet. Vorlegeblatt für Schüler. Lith. 4. Hamburg 880. (Kriebel.) — 15

Berner, A. F.: Gutachten für den deutschen Juristentag (über die Frage: Ist der beendigte Versuch im Strafgesetzbuche beizubehalten, u. ist event. dabei die freiwillige Verhinderung der Vollendung als Strafaufhebungsgrund anzuerkennen?) Berlin 1876.

— die Rundschrift, für die Schule bearb. qu. 4. (23 S.) Ebend. 881. n. — 60

Berner, A. F., die Rundschrift, für die Schule u. den Selbstunterricht bearb. 3., verb. Aufl. qu. 4. (32 S.) Hamburg 888. Kriebel. n. — 60

Berner, A. F., d. Rundschrift, f. d. Schule u. den Selbstuntorr. bearb. 5., verb. Aufl. qu. 4. (32 S.) Hamburg 895. J. Kriebel. n. — 60

Berner, A. F., die Rundschrift, für die Schule u. den Selbstunterricht bearb. 9. Aufl. (32 S) qu 4. Hamburg 903. J. Kriebel. n. — 60

Berner, A. F., die Rundschrift, f. d. Schule u. d. Selbstunterricht bearb. 11. Aufl. (32 S.) 21×28 cm. Hamburg 907. J. Kriebel. — 60

Berner, Albert Friedrich

Berner, Alb. Friedr., Abschaffung der Todesstrafe. Lex.-8. (42 S.) Dresden 861, v. Boetticher.

Berner, AF, Abschaffg d. Todesstrafe. 8. (42) Dresd. 64, v. Boetticher. — 7½

Berner, Albert. Frid.: De divortiis apud Romanos. Berolini 1842. (90 S.) 8°
Berlin, Jur. Diss. v. [2. Juli] 1842

Berner, Alb. Friedr., Grundlinien d. criminalist. Imputationslehre. gr. 8. (20½ B.) Berlin 843, Dümmler.

— Grundsätze des preußischen Strafrechts. gr. 8. (XVIII und 142 S.) Leipzig 861, B. Tauchnitz.

Berner, Albertus Frid.: De impunitate propter summam necessitatem proposita. Berolini 1861. (24 S.) 4°
Berlin, Jur. Fak., Antrittsprogr. v. 26. Okt. 1861

Berner, criminalist. Imputationslehre. Berlin 843.

Berner, Alb. Frdr., Judenthum u. Christenthum u. ihre Zukunft. Vortrag, geh. im Berliner Unions-Verein am 30. Jan. 1891. Lex.-8. (40 S.) Leipzig 891. B. Tauchnitz. n. — 80

Berner, Alb. Friedr., Kritik des Entwurfes eines Strafgesetzbuches für den norddeutschen Bund. gr. 8. (74 S.) Leipzig 869, B. Tauchnitz.

Berner, Alb. Frdr., Lehrbuch d. deutschen Preßrechtes. gr. 8. (XIV, 338 S.) Leipzig 876. B. Tauchnitz. 7. 50; geb. n. 9. —

Berner, Alb. Friedr., Lehrbuch des deutschen Strafrechtes. Leipzig 857. B. Tauchnitz. gr. 8. (XVI, 566 S.) 2 *rf* 22½ *ngr*

— Lehrbuch des deutschen Strafrechtes. 2., sehr verb. Aufl. Ebend. 863. gr. 8. (XVI, 575 S.) 2 *rf* 22½ *ngr*

Berner, Alb. Friedr., Lehrbuch des deutschen Strafrechtes. 2. Aufl. 1863., 3., verb. Aufl. 1866. und 4. Aufl. gr. 8. (XVI und 595 S.) Leipzig 868, B. Tauchnitz.

—— Lehrbuch des deutschen Strafrechtes. 5. im Anschluß an das Strafgesetzbuch für das deutsche Reich bearb. Aufl. gr. 8. (XVI, 647 S.) Leipzig 871, B. Tauchnitz.

—— 6., umgestalt. Aufl. 1872. *M* 8,25., und 7. umgearb. Aufl. gr. 8. (XVI, 622 S.) Ebendas. 874.

—— Lehrbuch des deutschen Strafrechtes. 8. Aufl. (XVI, 623 S.) 1876; 9. nach dem neuesten Stande der Gesetzgebung bearb. Aufl. (XVIII, 626 S.) 1877 und 10. wesentlich verb. Aufl. gr. 8. (XX, 639 S.) Ebendas. 879. *

Berner, Alb. Friedr., Lehrbuch des deutschen Strafrechtes. 11. und 12. vervollständ. und verb. Aufl. (XX, 660 S.) 1880,82; 13. großentheils neu bearb. Aufl. gr. 8. (XVIII, 665 S.) Leipzig 884, B. Tauchnitz.

Berner, Alb. Friedr., Lehrbuch des deutschen Strafrechtes. 14. fortgebildete Aufl. (XXIV, 654 S.) 1886; 15. verb. und verm. Aufl. gr. 8. (XXIV, 734 S. mit Portr.) Leipzig 888, B. Tauchnitz.

— Lehrbuch d. deutschen Strafrechtes. 16. Aufl. gr. 8. (XXIV, 734 S. m. rad. Portr.) Ebd. 891. 9.—

— dasselbe. 17. Aufl. gr. 8. (XXXII, 736 S. m. Bildnis.) Ebd. 895. 9.—

Berner, Alb. Frdr., Lehrbuch d. deutschen Strafrechtes. 18. Aufl. gr. 8. (XXXII, 752 S. m. Bildn.) Leipzig 898. B. Tauchnitz. 9.—

Berner, Alb. Friedr., die Lehre von der Theilnahme am Verbrechen und die neueren Controversen über Dolus und Culpa. gr. 8. (XII und 515 S.) Berlin 847, C. Heymann.

Berner, Alb. Friedr., die Lehre von der Theilnahme am Verbrechen u. d. neueren Controversen üb. Dolus u. Culpa. gr. 8. (XII u. 515 S.) Berlin 848, Heymann. 2½ *rf* — Register. gr. 8. (16 S.) Ebd. 848. 3 *ngr*

Berner, Alb. Friedr., die Orientfrage. Beantwortet durch die Verträge von 1856 und 1878. Zum Handgebrauch. gr. 8. (III, 124 S.) Berlin 878, Puttkammer und Mühlbrecht. *

— die Strafgesetzgebung in Deutschland vom J. 1751 bis zur Gegenwart. gr. 8. (XIV und 344 S.) Leipzig 867, B. Tauchnitz.

Berner, preuss. Strafrecht. Leipz. 861.

Berner, Alb. Frdr., wie kommt es, daß Adolf Merkel im Strafrecht den Determinismus vertritt?, s.a. Festgabe f. Heinrich Dernburg.

Wie kommt es, daß Adolf Merkel im Strafrecht den Determinismus vertritt? Von Albert Friedrich Berner. *Berlin: H. W. Müller 1900.* (10 S.) 8°
Aus: Festgabe f. H. Dernburg, überreicht v. d. Juristenfak. d. Univ. Berlin. [03. 991] 6

Berner, Albert Friedr., Wirkungskreis des Strafgesetzes, nach Zeit, Raum und Personen, besonders von der Bestrafung der im Auslande begangenen Verbrechen, vom Asylrecht und von der Auslieferung der Verbrecher, von der Rückwirkung der Strafgesetze und vom Rechtsirrthum. gr. 8. (XII und 216 S.) Berlin 853, Decker'sche geheime Ober-Hofbuchdr.

Berner, Alex.: Die Theorie v. Arbeitslohn, s: Studien, Rechts- u. staatswissenschaftl.

Berner, Arthur, Kgl. preuß. Gerichtsref.: Eigenes **Verschulden** des Beschädigten. *Borna-Leipzig 1902: R. Noske.* (X, 58 S.) 8°
Leipzig, Jur. Diss. v. 1902

Berner, Arthur, Dr. jur., a. Greiffenberg in Schlesien: Das Wesen der Steuern insbesondere der indirekten. München 1905: J. Schweitzer. (42 S.) 8° [F.]
Erlangen, Phil. Fak., Ref. von Eheberg, Diss. v. 17. Dez. 1905
[Geb. 14. Nov. 77 Greiffenberg; Staatsangeh.: Preußen; Vorbildung: Gymn. Guben Reife O. 99; Studium: München 1, Berlin 2, Breslau 3, Berlin 1, Erlangen 2 S.; Rig. 28. Febr. 05.]

Giftfreie Selbstheilmethode mit Anweisungsformen. Hrsg. von A[ug.] Berner. *(Erfurt): Selbstverl. [1900].* (39 S.) 8° [F.] [01. 441] 3

Berner, Christoph Heinr. (Schwerin), De remediis suspensivis ordinariis in Megapoli consuetis. Diss. jur.-pract. Präs. Jacob Carmon. Rostock (Jo. Jac. Adler) 21. V. 1733. 48 S., teilw. deutsch. (5.—) 2307

Kritik der Preussischen Politik und Rechtfertigung Oestreichs in Behandlung der Fragen, welche Dänemark, Deutschland und die Herzogthümer betreffen, dargelegt v. D. A. Berner. Frankfurt a. M 1866. 8°.

Berner, E. (Kgl. preuss. Hausarchivar), s. Berner, Ernst

Berner, E.: Die 3 neuen Feuerschutzmittel,
s. Berner, Eugen

Berner, E: Der männermord. völkerverderb. Militarismus in Österr., s.a. **Lichtstrahlen.**

Berner, E., Der männermordende völkerverderbende Militarismus in Österreich. (64 S.) Wien, Wiener Volksbuchh. 1903. —. 20.
(Lichtstrahlen No. 7.)

Berner, E., s.: Verhandlungen des Kongresses der Berg- u. Hüttenarbeiter Oesterreichs in Wien.

Berner, E. u. G. B. Volz. Aus der Zeit des siebenjährigen Krieges. Tagebuchblätter und Briefe der Prinzessin Heinrich und des Kgl. Hauses. Berlin 1908. 8° (Sb 1900—9)

Berner, Else, Einst u. Jetzt. Lustspiel m. Gesängen nach bekannten Melodien in 3 Acten. 8. (28 S.) Mainz 894. F. Kirchheim. —50

Berner, Else, Pariser Hüte, s.: Theater, kleines.

Berner, Else (E. Markstein), die geprellten Musen, s.: Theater f. die weibliche Jugend.

Berner, Ernst: Das rote A B C oder Sozialdemokratischer Katechismus. Ein Gesprächsbüchlein für das arbeitende Volk. (Abdr. aus dem „Gesellschafter".) 8°. Aussig a. E., Berner, 1894.

Berner, Ernst, s.: Aus der Zeit des siebenjähr. Krieges.

—s.a. Wilhelm's d. Grossen, Kaiser, Briefe, Reden u. Schriften.

Berner, E: Kaiser Wilhelms des Großen Briefe, Reden und Schriften. 1.—3. Aufl. Berlin 1906
Bd 1. 1797—1860.
Bd 2. 1861—1888

Berner, Ernst, s.: Aus dem Briefwechsel König Friedrichs I. v. Preußen u. seiner Familie.

Berner, Ernst, Denkschrift des Berliner Stadtraths Dracke üb. die Nachtheile der Gewerbefreiheit, s.: Dracke.

Berner, Ernst, d. rothe Einmaleins od. so leben wir! E. sociales Bilderbuch. 2., durchges. u. verm. Aufl. 12. (63 S.) Wien 896. 1. Wiener Volksbuchh. n. — 20

— **das rothe Einmaleins od.: So leben wir! Ein sociales Bilderbuch.** 3. umgearb. u. verm. Aufl. schmal gr. 8. (64 S.) Wien 899. Wiener Volksbuchh. n. — 20

Berner, Ernst, Genealogie des Gesammthauses Hohenzollern, s.: Grossmann, Jul.

Berner, Ernst. Geschichte des preußischen Staates. 8 Abtlgn. gr. 8. (X, 758 S. m. 109 Beilagen, davon 17 in Farbendr., etwa 400 Abbildgn. im Text u. 7 Karten.) Münch. 890,91, Verlagsanstalt für Kunst u. Wissenschaft. à Abtl. * 2 —; * 16 —
geb. in 1 Bd. * 20 —; in 2 Bdn. * 24 —

Berner, Dr. Ernst, k. preuss. Hausarchivar. Geschichte des preussischen Staates. (789—1888.) Mit 17 Taf. und Beilagen in Farbendruck, 92 Buchdruckbeilagen, etwa 400 Abbild. im Text und 7 Karten. 8. München und Berlin 1891.

Berner, Ernst, Geschichte d. preuß. Staates. M. 68 Taf. u. Beilagen i. Farbendr. u. Buchdr., etwa 400 Abb. i. Text u. 6 Karten. 2., verm. u. verb. Aufl. gr. 8. (VII, 758 S.) Bonn 896. E. Strauß. Geb. in Leinw. n. 16. —; in Halbkalbldr. n. 18. —

Die Gründung und die Geschäftsführung der Offenen Handelsgesellschaften, Kommanditgesellschaften, Aktiengesellschaften ... Nebst Auseinandersetzungen über die bei Gründung ... zu zahlenden Reichsstempelabgaben ... Unter Beifügung von ausgearb. Gesellschaftsverträgen ... Von Dr. jur. Ernst Berner, Rechtsanw. *Leipzig: R. Buschmann 1904.* (IV, 410 S.) 8° [04. 535

Berner, E., Die Gründung u. die Geschäftsführung der offenen Handelsgesellschaften, Kommanditgesellschaften, Aktiengesellschaften, Kommanditgesellschaften auf Aktien, Gesellschaften m. beschränkter Haftung, stillen Gesellschaften u. der minderkaufmännischen Gewerbebetriebe im gemeinsamen Namen. Nebst Auseinandersetzgn. üb. die bei Gründg. der verschiedenen Gesellschaften zu zahl. Reichsstempelabgaben, üb. die Zulassg. der Wertpapiere zum Börsenhandel u. üb. das Emissionsgeschäft. Unter Beifügg. v. ausgearbeiteten Gesellschaftsverträgen u. den Texten der in Betracht komm. Reichsgesetze. 2. Titel-Aufl. (IV, 410 S.) gr. 8. Berlin, Dr. W. Rothschild. 1905. 8. —; geb. 10. —

Berner, Ernst, die Gründung u. die Geschäftsführung der offenen Handelsgesellschaften, Kommanditgesellschaften, Aktiengesellschaften, Kommanditgesellschaften auf Aktien, Gesellschaften mit beschränkter Haftung, stillen Gesellschaften u. der minderkaufmännischen Gewerbebetriebe im gemeinsamen Namen. Nebst Auseinandersetzgn. üb. die bei Gründg. der verschiedenen Gesellschaften zu zahl. Reichsstempelabgaben, üb. die Zulassg. der Wertpapiere zum Börsenhandel u. üb. das Emissionsgeschäft. Unter Beifügg. v. ausgearbeiteten Gesellschaftsverträgen u. den Texten der in Betracht kommend. Reichsgesetze. 2. [Titel-]Aufl. (IV, 410 S.) gr. 8. Berlin [904] 906. Dr. W. Rothschild. n. 8. —; geb. n.n. 10. —

— s.: Jahresberichte der Geschichtswissenschaft.

–Die Natur als Staatengründerin. Eine sozialnaturwissenschaftliche Studie. 8°.– München, „Münchener Post", 1894.

— s.: Quellen u. Untersuchungen zur Geschichte des Hauses Hohenzollern.

— Der Regiergs-Anfang d. Prinz-Regenten v. Preussen u. s. Gemahlin, s.a. Quellen u. Forschungen z. Gesch. d. Hauses Hohenzollern.

— der Regierungs-Anfang des Prinz-Regenten v. Preußen u. seine Gemahlin, s.a. Quellen u. Untersuchungen zur Geschichte des Hauses Hohenzollern. III.

Der Regierungs-Anfang des Prinz-Regenten von Preussen und seine Gemahlin von Ernst Berner. *Berlin: A. Duncker 1902.* (191 S.) 8° [F.] = Quellen u. Untersuchungen z. Geschichte d. Hauses Hohenzollern. Bd 3. [02. 255

Berner, Ernst, D. Steinkohlengräber i. Ostrau-Karwiner Bergrevier, s.a. Arbeiter-Bibliothek, Wiener.

Berner, Ernst, Die Steinkohlengräber im Ostrau-Karwiner Bergrevier. (Wiener Arbeiter-Bibliothek. 5. Heft.) 8. (40 S.) * —.15
Wien: Wiener Verlagsbuchhandlung (Ig. Brand) 1898?

Berner, Ernst, die Unhaltbarkeit der Reifeprüfung an den Mittelschulen. Der wirkliche Wert der Nationalität [Volkzugehörigkeit]. In gemeinverständl. Darstellung. gr. 8. (15 S.) Brünn 887, Knauthe.

Berner, E., zur Verfassungsgeschichte der Stadt Augsburg vom Ende der römischen Herrschaft bis zur Kodification d. zweiten Stadtrechts im J. 1276, s.a. Untersuchungen zur deutschen Staats- u. Rechtsgeschichte.

Berner, Ernst: Zur Verfassungsgeschichte der Stadt Augsburg vom Ende der römischen Herrschaft bis zur Kodifikation des zweiten Stadtrechts im Jahre 1276. – Breslau 1879.
(Untersuchungen z. Dt. Staats-u. Rechtsgeschichte hrsg. v. Gierke J. 5.)

— Wilhelm der Große. E. Bild s. Lebens. Historisch erforscht. (In 5 Lfgn.) 1. u. 2. Lfg. gr. 8. (S. 1—160.) Berlin 897. A. Duncker. à n. 1. —

Berner, Ernst, s. Zeit. – Aus der Zeit des Siebenjährigen Krieges.

Berner, Eug.

Berner, E. Die drei neuen Feuerschutzmittel für Eisenkonstruktionen jeder Art. Nürnberg 1903.

Berner, Eug., die drei neuen Feuerschutzmittel für Eisenkonstruktionen jeder Art. Unentbehrliches Handbuch für Architekten, Ingenieure, Baumeister, Techniker, sowie f. Schüler techn. Lehranstalten u. Baugewerkschulen. (18 S. m. Abbildgn. u. 25 Taf.) 4. Nürnberg 905. (J. L. Schrag.) n. 2. 50

Berner, F.: Die Druckerei in ihrem ganzen Umfange, s. Berner, Friedrich

Berner F, das Organisationsedikt über die Rechtspflege in den untern Instanzen in Würtemberg. 2. Auflage. Stuttgart 1847

Berner, F., das Verfahren in bürgerlichen Streitsachen vor den württembergischen Gerichten, dargestellt in Zusätzen zu H. J. P. v. Bayer's Vorträgen über den gemeinen ordentl. Civil-Prozeß. (8. Aufl., München 1856.) Nach dessen Tode ergänzt und hrsg. von v. Schäfer. 3 Hefte. gr. 8. Stuttgart, Belser'sche Buchh. [1. Heft. Allgemeiner Thl. (VIII und S. 1—295.) 858. * 1 Thlr. 12 Ngr., 2. und 3. Heft. Besonderer Thl. und Index. (S. 296—526 und Index.) 859. * 28 Ngr. *

—— dass. — Nachtrag, s. Verzeichniß der Gebühren rc.

Berner, Ferd.: Dienstunterr. d. deut. Infanteristen, s: Menzel, Max.

Berner, Franz. Die Geschichte eines Glücklichen. Von dem Verf. von „Die Jungen von Holzgrün". (263 S.) 8. Leipzig 904. F. Schneider. n. 2. —; geb. n. 2. 75

Berner, Frz., neuester Rechnungs-Faulenzer für Bäcker und Müller. Für das neue Geld berechnet nebst einer Tabelle zur Bemessung der Verzehrungssteuer. 8. (IV und 244 S.) Wien 859, Mayer und Comp. geb.

Berner, Friedr., die Druckerei in ihrem ganzen Umfange, auf Wollen-, Halbwollen-, Seide und Filzstoffe, sammt der Buntdruckerei. Vollständig und unter Zugrundlegung langjähriger praktischer Erfahrungen gemeinfaßlich dargestellt. 2 Bde. 16. (XLVIII und 680 S.) Stuttgart 853, Scheible.

Berner, F., die Färberei, s.a. Bibliothek der Künste und Gewerbe.

Berner, F: Die Färberei in ihrem ganzen Umfange, oder die Woll-, Seide- und Baumwoll-Färberei, sammt der Blaugrund-Druckerei. Stuttgart 1850

Berner, G. A B C für Lebensversicherungs-Agenten. Haynau 1877.

— Sechs Assekuranz-Briefe. Eine Unterhaltung über Lebensversicherung mit Versicherten und Unversicherten. 1881.

Berner, G., unsere Jugend. Ratgeber zur Gründg. u. Leitg. christl. Jugendvereine. 12. (VII, 156 S.) Buffalo, N. Y. 892. Basel, Missionsbuchh. n. 1. 60

Berner, G., die Krone unsrer Versammlungen, s.: Wells, Amos R.

Berner, G.: Licht und Schatten aus dem nordamerikanischen Kirchenleben, s. Berner, Gottfried

Berner, Georg [app. Arzt aus Neu-Altmannsdorf in Schles.]: Die Herniotomieen in der k. Poliklinik zu München von 1886—1889. Ein statistischer Beitrag. . . . München, k. Hof- u. Univ.-Buchdr. v. Dr. C. Wolf & Sohn, 1891; 45 S. 8°
München, Med. Fak., Inaug.-Diss. v. 1891

Berner, Gottfried

Berner, G. Licht und Schatten aus dem nordamerikanischen Kirchenleben, dargestellt in der Geschichte der Andreasgemeinde zu Hildrizburg. Hrsg. v. der deutschen evangel. Synode v. Nord-Amerika. 8. (XII, 224 S.) St. Charles, Mo. 888. (Philadelphia, Schäfer u. Koradi.) geb. * 3

Berner, Gottfr., der Pfarrherr v. Silberburg. (XII, 509 S. 8. Dresden 908. E. Pierson. 5.—; geb. n 6. —

Berner, Gottl. Ephr., exercitatio de efficacia et usu aëris. 8. Francf. Brönner. 738.

Berner, Gustav (Red.), s. Versicherungsbote, Der.

Berner, H., praktische Anweisung zum Flachs- und Hanfbau in seinem ganzen Umfange. 8. (46 S.) Quedlinburg 850, Basse.

Berner, Herm., Wohnungs-Anzeiger für die Gesammtstadt Halle, s. Wohnungs-Anzeiger.

Berner, Jul., der Blumenfreund oder die Pflege und Vermehrung von 130 der schönsten Blumen und Ziergewächse für Wohnzimmer, Blumenbrett und Garten. Nebst einem Anhang über die Topfobstorangerie. 12. (VI, 120 S.) Bern 882, Heuberger's Verlag.

—— **praktische Nutzgärtnerei. Anleitung zur vortheilhaftesten Cultur der Gemüse und Küchenkräuter, sowie zur Anpflanzung und Pflege der Obstbäume und Fruchtsträucher, nebst einem Anhang: Die Blumenrabatten im Nutzgarten. Nach den neuesten Erfahrungen bearb. 12. (VIII, 82 S.) Ebendas. 882.**

Ficke, Hugo: [Gedicht.] Einem Siebzigjährigen [d. i. Hugo Ficke]. [Unterz.:] K. **Berner**. [Freiburg 1911?] 2 Bl. 8°. [Kopftit.]
„Liebe Brüder, seid nicht bang" . . .

Berner, K. Die Schweiz. Siehe: „Grieben's Reisebibliothek".

Récréations instructives. Morceaux dialogués tirés du manuel de Kossmann et Schmidt par Karl **Berner**, Fribourg en Br. Bielefeld & Leipzig: Velhagen & Klasing 1906. (VII, 80 S.) 8° [06. 3499

Berner, Karl: Reigen d. Jahre. Gedichte. (89) 8° Lpzg, F Eckardt '12. 2 —; geb. 3 — d

Berner, Karl Gust. Heinr., schlesische Landsleute. Ein Gedenkbuch hervorrag., in Schlesien geborener Männer u. Frauen aus der Zeit von 1180 bis zur Gegenwart, zusammengestellt u. hrsg. gr. 8. (VI, 326 S.) Leipzig 901. P. Schimmelwitz. n. 4. —; geb. in Leinw. n. 5. —

Berner, L. Das eidgenössische Übungslager bey Wohlen (Aug. 1820). Zürich 1821. 45 S.

Berner, (L.,) das eidgenössische Uebungslager bei Wohlen 1820. 8. Zürich 822, Orell.

Berner (Ludwig). — Bemerkungen auf einer Reise durch die Kantone Solothurn, Bern u. Luzern auf den Rigikulm. — *Aarau, J. J. Christen*, 1827. iv. u. 94 SS. In 8°.
1 frontispice d'après *J. B. Huber*, lithographie par *Engelmann*.

Berner, Max, der Grundsatz d. ne bis in idem im Strafprozeß. gr. 8. (XII, 132 S.) Leipzig 891. B. Tauchnitz. n. 4. —

Kriegs-Erklärung an Dänemark v. Max **Berner**. Berlin. 1849. 2 Bl. 4°

Berner, Max, Michel-Lieder. 1. Hft. gr. 8. (6 S.) Berlin 849. (Hoffmann & Co.) 1⅓ ℳ

Berner, Max, Michel-Lieder. 1. Heft. gr. 8. (6 S.) Berlin 849, (Reichardt und Comp.)

Berner, Max. An die Süddeutschen. Berlin, S. Löwenherz 1848. 8 S. 8.
Flugblatt.

BERNER, Nils.
Die mit der Partikel *ge-* gebildeten Wörter im Heliand. Lund 1900. 8:o. (98 s.)
Diss. Lund. phil.

Berner, Nils, die m. der Partikel ge- gebildeten Wörter im Heliand. Diss. gr. 8. (98 S.) Lund 900. (Hj. Möller). n.n. 1. 75

Die Erzeugung des überhitzten Wasserdampfes. Von Dr.-Ing. Otto **Berner** in Berlin. *(Berlin: J. Springer in Komm. 1904.)* (206 S.) 4°(8°) = **Mitteilungen** über Forschungsarbeiten auf d. Geb. d. Ingenieurwesens. H. 14—16. [04. 6060

Berner, O., Die Fortleitung des überhitzten Wasserdampfes. Berlin, 1905.

Berner, Otto: Untersuchungen über den Einfluss der Art und des Wechsels der Belastung auf die elastischen und bleibenden Formänderungen. Mit 5 Fig. im Text u. 5 lithogr. Taf. Berlin: (Springer) 1903. 72 S., 5 Taf. 8° ¶ Auch als Buch.
Stuttgart, Dr.-Ing.-Diss. v. 18. 12. 1902

Berner, Otto [Gerichtsref.]: Verrechnung von Zahlungen. Imputation des paiements. Appropriation of payments . . . Hofgeismar, Druck d. Hof-Buch- u. Steindr. v. L. Keseberg, 1892; 4 Bl., 44 S. 8.
Göttingen, Jur. Fak., Inaug.-Diss. v. [24. Dez.] 1892

Berner, Otto, Verrechnung v. Zahlungen. Diss. gr. 8. (44 S.) Hofgeismar 892. (Göttingen, Vandenhoeck & Ruprecht.) n. — 80

Berner, P. : Fest-Predigten . . , s. Berner, Peter

Berner, Paul (geb. Berlin 30. 12. 1848): Ueber Trismus und Tetanus. Berlin (1873). (25 S.) 8°
Berlin, Med. Diss. v. 25. Aug. 1873

Berner, Peter, Fest-Predigten auf alle Festtage d. Kirchenjahres. gr. 8. (VIII, 221 S.) Ebingen 872. (Sigmaringen, Tappen.) 2. 40

Berner, Thdr., der Platinschwamm, oder deutlicher Unterricht, wie man den zu der Döbereinerschen Platina-Zündmaschine nöthigen Zündstoff schnell und sicher verfertigen kann; nebst Anweisung zur Füllung und Behandlung der Maschine selbst. gr. 8. Schleiz 834. Michel. ⅓ ℳ

Berner, Thdr., de transformatione secundi ordinis ad figuras geometricas adhibita. Dissertatio inauguralis. 4. (24 S.) Berlin 865, (Calvary und Comp.) *

Berner, W., aus der Praxis, f. die Praxis. 1.—4. Hft. gr. 8. Berlin 900. H. W. Berner. à n.n.n. — 60
1. Deutsch-englische Hilfstabellen f. Buchhändler. (16 S.)
2. Deutsch-französische Hilfstabellen f. Buchhändler. (16 S.)
3. Deutsch-englische Hilfstabellen f. Kunsthändler. (16 S.)
4. Deutsch-französische Hilfstabellen f. Kunsthändler. (16 S.)

Berner, W., aus der Praxis, f. die Praxis. 2 Hefte. Begr. v. W. 2., wesentlich verm. u. verb. Aufl. Hrsg. v. Wolfg. Schaumburg. 8. Leipzig (906). G. Uhl. à n.n — 30
1. Deutsch-englische Hilfstabellen f. Buchhändler. (28 S.)
2. Deutsch-französische Hilfstabellen f. Buchhändler. (27 S.)

Berner, Wilhelm, Stadtbauinsp.: Der **Neubau** des König Wilhelms-Gymnasium. *Magdeburg 1903: E. Baensch jun.* (S. 1—3.) 4°
Magdeburg, st. König Wilhelms-G, OP 1903 (281)

Berner-Alpendurchstich s. Alpendurchstich. Berner-A'.

Bernerbote und Bauernzeitung
v. Berner Bote (1).

Berner-Chronik, die, s.a. Justinger, Conr.

Die Berner-Chronik des Valerius Anshelm. Herausgegeben vom Historischen Verein des Kantons Bern. I. Bd. Gr. 8⁰, 441 S. u. I—VIII. Bern, K. J. Wyss. 1884! 7 50

Berner-Kalender, neuer, für die Jahre 1849—51. 4. Bern, [Blom.] [1849 (47 S. und 8 Stnt.) 2½ Ngr., 1850 und 1851. (à 64 S. mit eingedr. Holzschn.) à 3 Ngr.]

Bernerland (Schweiz). Bern [1900] s. [Hartmann, Hermann].

Berner-Oberland II. [Exkursionskarte. Lithographischer Überdruck aus den Blättern 391—393, 395—397, 488—490 des Siegfried-Atlas.] Massstab 1 : 50000. [Hrg. vom] Eidg. topogr. Bureau. Ueberdruck 1902. 538/751 mm. 1 Bl. quer-fol. Bern, H. Kümmerly & Frey. fr. 2. — [aufgezogen fr. 3. —]

Bernert: Die sicherste und notwendigste Grundlage des Berufes kann nur eine allgemeine humane Bildung geben. 28 S. 8⁰. Progr. Budweis R. 1853.

Kardiale Dyspnoe. Von Dr. Richard Bernert. Mit 3 Kurven. Leipzig & Wien: Deuticke 1910. 111 S. 8° [10. 1911]

— Zur Klinik d. Pericarditis exsudativa, s: Klinik, Medizinische.

Berner-Taschenbuch. Gegründet v. L. Lauterburg, fortges. v. G. Ludwig. Jahrg. 1870 u. 71. br. 8. à 1. 50

Bernest, Dr... Anweis., d. Elixir zum langen Leben zu bereiten. Aus seinen Schriften gezogen. Köln, Imhof-Schwarz. 4 gr.

Bernet, Adam [app. Arzt aus Darmstadt]: Zur Casuistik des Echinococcus multilokularis ... Giessen, C. v. Münchow, Univ.-Dr., 1893; 34 S. 8.
Giessen, Med. Fak., Inaug.-Diss. v. 1893

Bernet, Albert Friedrich (Mitarb.), s. Festgabe für Heinrich Dernburg . . .

[Bernet, Daniel.] Die Bezirke Ober- und Unterrheinthal. Mit dem Bilde von Rheinek [Tafel]. Njbl. Wissensch. Ver. S. Gallen 1834. 4. S. Gallen.

[Bernet, Daniel.] Die Bezirke Sargans und Werdenberg. Mit dem Bilde von Sargans [Tafel]. Njbl. Wissensch. Ver. S. Gallen 1836. 4. S. Gallen.

Bernet, F. Freiheit statt Zwang. Ein Wort für Freigebung der Assekuranz. St. Gallen 1865.

Bernet (Friedrich). — Helvetien, in seine wesentlichen, ökonomischen, politischen, kirchlichen Beziehungen und Hauptrevolutionen, tabellarisch dargestellt. — *St. Gallen, bey Huber und Co,* 1789. In-f°.
Avec une vignette de titre par *J. H. Schellenberg.*

Bernet, F[riedrich]. Nach zwanzig Jahren. Streiflichter auf politische und soziale Zustände der Gegenwart. 8. St. Gallen 1868.

Bernet, H. (Resp.): Prolusio, qua lapillos glandulae pinealis... proponit, s. Guenz, J. G. (Praes.)

Bernet, Hans Joach., des alten Webermeisters schriftl. hinterlassenes Allerlei. Für den gemeinen Mann anmuthig u. nützl. zu lesen. 1s u. 2s Hft. 8. St. Gallen 836 u. 38. Scheitlin u. Zollikofer. 5 gr.

Bernet, Henri, üb. Arterienverletzungen der Hohlhand. Inaugural-Dissertation. gr. 8. (30 S.) Jena 876. (Neuenhahn.) — 75

Bernet, Henri. Dr. Catalogue des Hépatiques du Sud-ouest de la Suisse et de la Haute-Savoie. In-8⁰. 135 p. avec 4 planches. Genève, Bâle, Lyon, H. Georg. 1888: 6 —

Bernet, Joh. Jak., über d. Auffassung d. Wesens Christus. Eine Pred. 8. (1½ B.) St. Gallen 838, (Scheitlin u. Zollikofer.)

Bernet, J[ohann] J[acob]. Beschreibung des Kantons S. Gallen. Ein Leitfaden für den Unterricht in höhern Primar- und Realschulen. [Mit 1 Karte.] 8. S(t). Gallen 1841.

Bernet, Jh. Jak., Bilder aus d. Alt. Testamente, in 30 Kupferstichen mit Erklärung. gr. 4. St. Gallen 830. Verf. (Huber u. Comp.) 5 ₰ 8 gr.

Bernet, Joh. Jak., Bilder a. d. N. Testamente, in 30 Kpfrst. n. d. besten Meistern. gr. 4. (8¾ B.) St. Gallen 832, (Huber u. Comp.)

Bernet, Joh. Jac., das Buch d. Andacht u. d. häusl. Gottesverehrung. Zur Erbauung für christl. Familien. Enthaltend Morgen-, Abend-, Fest- u. Gelegenheitsgebete auf alle Tage d. Jahres. 2., verb. Aufl. 12 Lfgn. (3 Bde.) Lex.-8. (80⅔ B.) St. Gallen 844, 45, Scheitlin u. Zollikofer. à L. 7½ Ngr., mit Stahlst. à Lfg. 10 Ngr. — Vollständig, mit 12 Stahlst. 3 Thlr., ohne die Stahlst.

—— Christus, ein Gespenst od. e. Wirklichkeit für uns? Pred. gr. 8. (1½ B.) St. Gallen 839, (Scheitlin u. Zollikofer.)

—— 50 Denksprüche f. Confirmanden. 4. St. Gallen 843, Scheitlin u. Zollikofer.

Bernet, J(oh.) J(ac.), 50 Denksprüche für Confirmanden. 4. St. Gallen 849, Scheitlin und Zollikofer.

—überdie Ehe, ein Wort in Laune und Ernst (von *Johann Jacob Bernet*). St. Gallen 1832.
Anon.-Lex. IV. p. 216 (nach Kayser).

—— Erweckung z. Buße. Predigt am vaterländ. Buß-, Dank- u. Bettage. Lex.-8. (1 B.) St. Gallen 842, Scheitlin u. Zollikofer.

[Bernet, Johann Jacob.] Die Bezirke Gaster und Seebezirk. Mit dem Bilde von Wesen [Tafel]. Njbl. Wissensch. Ver. S. Gallen 1833. 4. S. Gallen.

—— zehn Gebote aus Gottes Wort an die Jugend, s. Gebote.

Bernet, Joh. Jak., Gedanken üb. d. Einführung e. kirchl. Bibelübersetzung. Ein Vortr. im Namen d. diesfalls gesetzten Kommiss. gehalt. vor d. Synode in St. Gallen, d. 12. Mai 1835. gr. 8. (1½ B.) Zürich 830, Orell, Füßli u. Comp. Thlr.

— die Gewissenspflicht in d. Niederlegung meines Amtes. An der Stelle einer Predigt vorgetragen. gr. 8. St. Gallen 840. Scheitlin u. Zollikofer. n. 1/12 ₰

—— das Gleichniß vom verlornen Sohne, od. die Menschennatur in ihrem Verfall u. ihrer Wiedererheb., dargest. in vier Predigten. Als Anh. eine Predigt üb. die begnadigte Sünderin. gr. 12. (4 B.) St. Gallen 842, Scheitlin u. Zollikofer.

[Bernet, Johann Jacob.] Der Bezirk Gossau. Mit dem Bilde von Gossau [Tafel]. Njbl. Wissensch. Ver. S. Gallen 1830. 4. S. Gallen.

—— Gruß an die Beleuchtenden, od. an die Hren. Pfarrer K. M. Wirth, J. Scherrer, K. H. Laquai, A. J. Aepli, von d. Beleuchteten. Abermals „zur Verständigung." gr. 8. (1⅛ B.) St. Gallen 845, Scheitlin u. Zollikofer.

—— das neue Heil u. d. geschrieb. Wort, durch etliche zufäll. Gedanken beleuchtet, im Gewand e. Antwort an Dr. Henne, üb. dess. Sendschreiben an d. Zürchervolk. gr. 8. (2½ B.) St. Gallen 839, (Scheitlin u. Zollikofer.)

Bernet, Joh[ann] Jacob. Johann Kessler, genannt Ahenarius, Bürger und Reformator zu Sankt Gallen. Von Joh. Jakob B. (Mit Kesslers Bildnisse [Porträt-Tafel].) 8. St. Gallen 1826.
(Denkwürdige Männer der Stadt St. Gallen. 1. [und einziges] Heft.)

Bernet, Joh. Jakob, Mangel u. Frist. Eine Bußtagspredigt, am 17. Sept. 1848 zu St. Gallen gehalten. 8. (16 S.) St. Gallen 848, Scheitlin & Zollikofer. 1/12 ₰

—— Mangel und Frist. Eine Bußtagspredigt, am 17. Sept. 1848 zu St. Gallen gehalten. 8. (16 S.) St. Gallen 849, Scheitlin und Zollikofer.

— Helvetiens berühmte Männer in Bildnissen s.a. J. H. Pfenninger, Helvet. ber. Männer.

—— Helvetiens berühmte Männer in Bildnissen, nebst kurzen biograph. Nachrn. 1. Hft. — A. u. d. T.: Helvetiens berühmte Männer in Bildn., nebst kurzen biograph. Nachrn., v. Leonard Meister; fortges. v. Bernet. 3. Bd. 1. (Supplem.:) Hft. gr. 8. (6 Bildn. u. 4½ B.) St. Gallen 833, (Huber u. Comp.)
1—3. Bd. (Bildn. gest. v. J. H. Pfenninger.) hrsg. v. Leon. Meister. 8. 1782—93., 2. Aufl. hrsg. v. J. K. Füssli 1799 ff. Winterthur, Steiner. 22 Thlr.

—— verdienstvolle Männer der Stadt St. Gallen, in Bildnissen u. kurzen Lebensnachrichten. Ein Taschenbüchlein. 12. (6⅓ B. u. 12 Bildn. in Kpfrst., nach Orig.-Gemälden.) St. Gallen 830, (Huber u. Comp.)

Bernet, Johann Jacob. Nekrolog von Peter Scheitlin, Dekan und Professor. Eine Vorlesung von J' Jakob B', Pfarrer. 8. St. Gallen und Bern 1852.

Bernet, Joh. Jak., Nekrolog von Peter Scheitlin, Dekan und Professor. Eine Vorlesung. 16. (IV und 78 S.) St. Gallen 852, Huber und Comp.

[Bernet, Johann Jacob.] Die Bezirke Neu- und Obertokenburg. Mit dem Bilde von Lichtensteig [Tafel]. Njbl. Wissensch. Ver. S. Gallen 1832. 4. S. Gallen.

— die Prediger-Versammlung u. Immanuel, oder: was sie will, das wird nicht sein, und was sie nicht will, das ist. Sonntags, den 18. Aug. 1844, in der Kirche zu St. Leonhard vorgetragen. gr. 8. Ebd. 845. n. 1/12 ₰

Bernet, Joh. Jak., Predigten. 1. Bd. Fest-Ciclus. — 2. Bd. Festloser Ciclus. St. Gallen 853. Huber u. Co. gr. 8. 2 ₰ 12 ngr
1. Bd.: Vermischte Predigten aus d. Jahren 1850 u. 1851. (VIII, 308 S.)
2. „ Predigten über die Bergrede unseres Herrn. (VI, 292 S.)

—— Predigten f. d. Christenthum, an Agrippiner unt. den Christen. Hrsg. v. ein. seiner Freunde. 2 Thle. gr. 8. (26 B.) Berlin 834, Reimer.

Bernet, Joh. Jac., sechs Predigten, gehalt. in neuerer Zeit. gr. 12 (5¾ B.) St. Gallen 847, Scheitlin u. Zollikofer.

[Bernet, Johann Jacob.] Der Bezirk Rorschach. Mit dem Bilde von Rorschach [Tafel]. Njbl. Wissensch. Ver. S. Gallen 1829. 4. S. Gallen.

[Bernet, Johann Jacob.] Der Bezirk S. Gallen. Mit dem Bilde der Stadt S. Gallen [Tafel]. Njbl. Wissensch. Ver. (S. Gallen) 1828. 4. S. Gallen.

—— der apostolische Segens-Spruch. Letzte Predigt vorgetragen in St. Leonhard bei St. Gallen, am 13. Juli 1851. 8. (11 S.) St. Gallen 852, Huber und Comp.

Bernet, Johann Jacob. Trauungsrede an Herrn Daniel Bernet und Jungfrau Weibrat Gerung. Vorgetragen in St. Leonhard bei S. Gallen. Dienstags den 30. Weinmonats; von J' Jakob B'. 8. [St. Gallen] 1827.

—— geschichtl. Unterhaltungen. 1—3. Bd. Mit Abbildn. — A. u. d. T.: Die Menschheit auf ihrem Schicksals- u. Bildungsgange während d. 4 ersten Jahrtaus. 1—3. Bd. gr. 8. [1. u. 2. Bd. ... 828, 29, St. Gallen, (Huber u. Comp.) 6 Thlr. 16 Gr.; 3. (26 B. u. 52 Abbild.) 835. St. Gallen, Bureau d. Freimüthigen. 1 Thlr. 15 Gr.]

[Bernet, Johann Jacob.] Der Bezirk Untertokenburg. Mit dem Bilde von Mosnang [Tafel]. Njbl. Wissensch. Ver. S. Gallen 1831. 4. S. Gallen.

—— kirchliches Wort bei der Bestattungsfeier vom Hrn. Reg.-Rath. Dr. Frz. Ed. Erpf von St. Gallen. Gesprochen den 27. Jan. 1851. gr. 8. (14 S.) St. Gallen 851, Huber und Comp.

—— Jesus einzelne Worte, s. Jesus.

—— Worte d. Liebe an junge Christen. 2. Aufl. 16. (4 B.) St. Gallen 841, Scheitlin u. Zollikofer.

—— Worte d. Liebe an junge Christen bei ihrer Confirmation. 3. Aufl. 16. (64 S.) St. Gallen 846, Scheitlin u. Zollikofer.

Bernet, Johann Jacob. Der Stadtschreiber (Georg) Zörnlin von St. Gallen und sein Prozess. Eine Vorlesung vor dem wissenschaftlichen Vereine in St. Gallen. Von J' Jakob B'. SA. 8. St. Gallen [1832].

Bernet, Stephanie. Heitere und ernste Bilder zum Aufführen für Kinder frühern und reifern Alters. In-12⁰. 92 S. St. Gallen, Fehr'sche Buchhdlg. (Huber & Co.) 1892?

Bernet, S. Heitere und ernste Bilder zum Aufführen f. Kinder früheren und reifern Alters. In-8⁰. 91 S. St. Gallen, Huber & Co. (E. Fehr). 1893?

Bernet, St. Heitere und ernste Bilder zum Aufführen für Kinder früheren und reiferen Alters. In-12⁰. 92 S. St. Gallen, Fehr'sche Buchhdlg. 1894?

Bernet, Stephanie, kleine Fest- u. Lustspiele. 1.—5. Bdchn. 8. Aarau, H. R. Sauerländer & Co. à n. — 50
1. Max u. Moritz als Hausregenten. Lustspiel in 6 kleinen Aufzügen für größere Knaben u. Mädchen. (85 S.) 903.
2. I. Storch u. Kind. II. Der Kinder Morgensang an Mutters Geburtstag. III. Taufegruß. IV. Papas Geburtstag. V. Charade f. e. Tauffest. VI. Maßliebchen. VII. Großpapas Freuden u. Leiden. (81 S.) 903.
3. Doktor u. Bräutigam, od.: Liebe schützt vor Torheit nicht. Lustspiel in Versen in e. Aufzug für Jünglinge u. junge Mädchen, auch f. e. Hochzeit passend. (22 S.) 903.
4. I. Komischer Wechselgesang. II. Sankt Gallus. III. Einst u. jetzt. IV. Die singenden Milchfläschchen. (25 S.) 903.
5. I. 's Wettermache. II. Die Liebe höret nimmer auf. III. Zollrevision. (43 S.) 903.

Bernet, Stephanie, kl. Fest- u. Lustspiele f. Kinder u. junge Leute. D. heit. u. ernsten Bilder z. Aufführen 2. Sammlg. 12. (96 S.) St. Gallen 894. Huber & Co. n. 1. 20

Bernet, Stefanie. Was die Welt erzählt. Zeichnungen von C[arl] Steiger. 47 S. 4. Zürich und Leipzig, Th. Schröter, 1903. [fr. 3. —]

Bernet-Hanhart, T: Diplom-Prüfgn an schweiz. Handelssch., s.: Gesellschaft, schweiz., f. kaufmänn. Bildgswesen.

Bernett, Wilhelm [aus Nürnberg]: Statistische Untersuchungen über das Auftreten der fettigen Degeneration der Herzmuskulatur bei Klappenfehlern des Herzens ... Erlangen, Druck d. Univ.-Buchdr. v. E. Th. Jacob, 1892; 32 S. 8.
Erlangen, Med. Fak., Inaug.-Diss. v. Dez. 1890

v. Bernewitz, ..., s. Blanchard, d. empfindsame Träumer.

Bernewitz, A., E. Beitrag z. Bau d. Hauses Gottes, s.: Boettcher, F.

Bernewitz, A. v.: Rev. Gesindeordnung, s. Bernewitz, F. A. v.

Bernewitz, Alex., Album Curonorum. — Mitgliederverzeichniß der Curoni 1808—1885. kl. 4. (IX, 125 S.) Mitau 885 Felsko.

Bernewitz, E.v.: Z. Frage v. Verhältnis d. Kirche z. Staat, s. Bernewitz, Erwin Frhr. v.

Bernewitz, Elsa, Mutters Kinder, s.: Gensichen, Gertrud.

Bernewitz, Erwin Frhr. v., zur Frage vom Verhältnis der Kirche zum Staat. (Vortrag.) 8. (22 S.) Plauen 876, Neupert. *

Bernewitz, F.A.v. (Bearb.), s. Ackermann, Gust.Adph.: Sächsische Gesindeordnung.

Bernewitz, F. A. v., die Brandversicherungsgesetzgebung des Königreich Sachsen. Unter Zugrundelegung der Landtagsverhandlungen mit Erläuterungen hrsg. Mit ausführlichem Sachregister. 2 Hefte. 8. Dresden 877, Meinhold und Söhne. *
Inhalt:
Heft 1. Gesetz, die Landes-Immobiliar-Brandversicherungsanstalt betr., vom 25. Aug. 1876, nebst den dazu gehörigen Ausführungsbestimmungen. (XVIII, 243 S.) * ℳ 2.
" 2. Gesetz, das Mobiliar- und Privatfeuerversicherungswesen betr., vom 28. Aug. 1876, nebst den dazu gehörigen Ausführungsbestimmungen. (63 S.) * 40 Pf.

Bernewitz, A. v., die Brandversicherungs-Gesetzgebung des Königr. Sachsen. Unter Zugrundelegg. der Landtagsschriften m. Erläutergn. hrsg. Mit ausführl. Sachregister. 2., verm. Aufl. 8. (IV, 416 S.) Dresden 894. Warnatz & Lehmann. n. 6.50; kart. n. 7. —

Bernewitz, F. A. v., die Erfüllung der Militärpflicht im deutschen Reiche. Die gesetzl. Vorschriften üb. Ableistg. der Militärpflicht u. die Bestimmgn. üb. den Freiwilligen-Dienst, die Ergänzg. der Officiere im stehenden Heere, die Aufnahme in das k. preuß. Cadettencorps 2c. Mit e. ausführl. Sachregister. 8. (VIII, 168 S.) Leipzig 871. Roßberg. n. 1. 20

—— königl. sächs. Gesetz betr. die Organisation der Verwaltung vom 21. April 1873 nebst den damit in Verbindung stehenden Gesetzen und Verordnungen. Unter Berücksichtigung der Landtagsverhandlungen mit Erläuterungen. Mit ausführl. Sachregister. 1. und 2. Aufl. 8. (XXIV, 220 S.) Leipzig 874, Roßberg'sche Buchh. *

— königl. sächs. Gesetz, betr. die Organisation der Behörden f. die innere Verwaltg. vom 21. April 1873, nebst den damit in Verbindg. steh. Gesetzen u. Verordngn. Unter Berücksicht. der Landtagsverhandlgn. m. Erläutergn. hrsg. Mit ausführl. Sachregister. 2. vollständ. Aufl. 8. (VIII, 243 S.) Ebend. 875. n. 2. —

— die revidirte Gesindeordnung f. das Königr. Sachsen v. 2. Mai 1892. Im Auftrage d. Kgl. Ministeriums d. Innern nach den Quellen erläutert. Mit ausführl. Sachregister. 8. (VI, 186 S.) Leipzig 893. Roßberg. n. 2. 80 kart. n.n. 3. 20

Bernewitz, A. v., Revid. Gesindeordnung f. das Königr. Sachsen i. d. Fassg. v. 31. V. 1898. J. Auftr. d. kgl. Ministeriums d. Innern n. d. Quellen erl. Mit ausführl. Sachreg. 2., verm. Aufl. 8. (VIII, 224 S.) Leipzig 898. Roßberg. Geb. in Leinw. n. 3. 60

v. Bernewitz, d. sächs. Gewerbegerichte. Leipzig 897.

Bernewitz, A. v., das Gewerbegerichtsgesetz, nebst den damit in Verbindung stehenden königl. sächsischen Vorschriften, s.: Handbibliothek, Leipziger juristische.

Bernewitz, v., die Gewerbe-Novelle vom 1. Juli 1883, nebst den damit in Verbindung stehenden Reichs- und sächs. Landesgesetzen und Verordnungen. Suppl.-Heft zur 4. Aufl. der Reichsgewerbe-Ordnung. Mit Erläuterungen und einem Sachregister. 8. (III, 135 S.) Leipzig 884, Roßberg'sche Buchh. *

Bernewitz, F. A. v., Gewerbe-Ordnung für den norddeutschen Bund vom 21. Juni 1869 nebst den königl. sächs. Ausführungsverordnungen vom 16. Septbr. und 18. Decbr. 1869. Zum Handgebrauch für Juristen und Gewerbetreibende. Mit erläut. Bemerkungen und einem ausführlichen Sachregister. 8. (IV, 166 S.) Dresden 870, Meinhold und Söhne.

— D. Handwerkergesetz. Gesetz betr. d. Abänderg. d. Gewerbeordng. v. 26. VII. 1897 u. d. dazu erlass. Reichs- u. sächs. Landes-Ausführungsbestimmgn. N. d. Gesetzgebungsmat. bearb. Nebst e. Anh., enth. sonst. Nachträge zur 6. Aufl. d. Handausg. d. Reichsgew.-Ordng. Mit Sachreg. 8. (IV, 220 S.) Ebd. 898. Geb. in Leinw. n. 3. 40

— Reichsges., betr. d. Gewerbegerichte, nebst d. dazu gehör. kgl. sächs. Vorschriften. [Aus: „B., Reichs-Gewerbeordng. 2c."] M. ausführl. Sachreg. 8. (IV, 87 S.) Ebd. 897. Kart. n. 1. 40

— die Reichsgewerbeordnung, s.a. Handbibliothek, Leipziger juristische.

Bernewitz, A. v. Die Reichs-Gewerbeordnung in ihrer dermaligen Fassung, nebst den damit in Verbindg. steh. Reichs- u. sächs. Landesgesetzen, sowie den einschläg. Verordngn. Mit Erläutergn. u. e. Sachregister. Neu bearb. 5. [verm.] Aufl. 1. Abthl. 8. (176 S.) Lpz. 892, Roßberg. * 2 50

— die Reichs-Gewerbeordnung in ihrer dermaligen Fassung, nebst den damit in Verbindg. steh. Reichsgesetzen, sowie den einschläg. Verordngn. Nach den Gesetzgebungsmaterialien u. der Judikatur der höchsten Gerichts- u. Verwaltungsbehörden neu bearb. Mit ausführl. Sachregister. 8. (VI, 472 S.) Ebd. 893. n. 7. —; geb. in Leinw. n.n. 8. —

— dasselbe, nebst den damit in Verbindg. steh. Reichs- u. sächs. Landesgesetzen, sowie den einschläg. Verordngn. Nach den Gesetzgebungsmaterialien u. der Judikatur der höchsten Gerichts- u. Verwaltungsbehörden neu bearb. 6., verm. Aufl. Mit ausführl. Sachregister. 2 Abthlgn. 8. Ebd. 893. n. 10. —; in Leinw. geb. n.n. 11. —
1. (176 S.) 892. n. 2.50 — 2. (VII, 680 S.) 893. n. 7.50.

— d. Reichs-Gewerbeordnung i. ihrer dermal. Fassg., nebst d. damit in Verbindg. steh. Reichs- u. sächs. Landesgesetzen sowie d. einschläg. Verordngn. Nach d. Gesetzgebungsmat. u. d. Judikatur der höchsten Gerichts- u. Verwaltungsbehörden bearb. 6., verm. u. verb. Aufl., m. ausführl. Sachreg. (In 2 Bdn) 8. (436 S.) Ebd. 897. n. 10. —; geb. n. 11. —
1. (436 S.) n. 6. —. — 2. (VIII u. S. 437—826.) n. 4. —.

v. Bernewitz, F. W., Anleit. zu Abfass. aller Arten von militär. Aufsätzen u. Briefen 2c. 8. Leipz. 808... 2e A. 816. Baumgärtner. 1 ₰ 8 K

Bernewitz, F. W. v. Anleitung zur Abfassung aller Arten milit. Aufsätze u. Briefe. 2. verm. Aufl. Leipzig 1817. 318 S.

— Unterr. f. Unteroffiziersubjekte in den nöth. Vorbereitungskenntnissen 2c. gr. 8. Weißenfels ... 2e Aufl. 806. (Baumgärtner in Leipz.) (Weygand). 15 K

v. Bernewitz, F. W., Verzeichniß von Schriften f. Offiziere. 8. Weißenf. 804. Böse.

FORTUNA'S Launen. Eine Sammlung wirklicher Begebenheiten (von *Friedr. Wilh. v. Bernewitz*). Mit feiner Titelvignette. Weissenfels, Severin, 1796. 8°. 174 S. (3 Mk. Taussig, 1906.)
Anon.-Lex. III. p. 11 (nach Meusel).
— — Dasselbe. Leipzig 1811. 8°.

v. Bernewitz, Frdr. W. Leben des Hannibal. 2 Bde. 8. Pirna 1802. — 2 Bde. 8. Dresden 1806. 08. 8,25.

Bernewitz, G. Frh. v., die Sankt Marienkirche zu Zwickau, dargestellt. 1. u. 2. Lfg. gr. Fol. Annaberg, Rudolph u. Dieterici. [1. (6 Abbild. u. 3½ B. Text.) 839., 2. (5 Abbild. u. 1 B. Text.) 840. à * ⅚ Thlr.]

Bernewitz, Ghard. Frhr. v., Fantasie und Sage ausgesprochen in Balladen, Romanzen und erzählenden Gedichten. 8. (VIII, 160 S.) Dresden 880. Jaenicke.

Berney, Jacques. De la procédure suivie en Suisse pour l'extradition des malfaiteurs aux pays étrangers. Exposé critique en vue de l'élaboration d'une loi fédérale. Memoire couronné par la Société suisse des juristes. gr. 8. (III, 160 S.) Basel 889, [Detloff.] Reich. * 2 40

Bernfeld, Isidor: Studien über Schwefelmetallelektroden. M. 1 Fig. im Text. *Leipzig: W. Engelmann 1898.* (32 S.) 8°
¶ (Aus: Zeitschrift für physikalische Chemie, Bd 25 H. 1.)
Leipzig, Phil. Diss. v. [7. Febr.] 1898

Bernfeld, S., D. Buch d. Bücher. Populär-wissenschaftl. dargest. 8. (VII, 298 S.) Berlin 899. S. Cronbach. n. 4. —; geb. n. 5. —

Bernfeld, S., s.: Schrift, die heilige.

Kämpfende Geister im Judentum. 4 Biographien von Dr. S[imon] Bernfeld. Berlin: L. Lamm 1907. (151 S.) 8° [07. 7825

— Juden u. Judentum i. 19. Jahrh., s.a. Am Ende d. Jahrhunderts.

[J.] Juden und Judentum im neunzehnten Jahrhundert. Von Dr. S. Bernfeld. *Berlin: S. Cronbach 1898.* (VI, 167 S.) 1 Bd 8.
= Ende, Am, d. Jahrhunderts. [Bd] III. [97. 6634

Bernfeld, S., die religiöse Poesie der Juden in Spanien, s.: Sachs, Mich.

Der Talmud. Sein Wesen, s. Bedeutung u. s. Gesch. Dargest. von Dr. S[imon] Bernfeld. *Berlin: S. Calvary & Co. 1900.* (IV, 120 S.) 8° [00. 8867

[Hebr.] Tôledôt Š. J. R. '(R. Selomo Jehûda Rappaport)' ... mêêt D. R. Šim'ôn Bernfeld ... *Berlin: Bi-defûs Š. H. Itzkowski 659.* [Biographie des S. J. Rappaport von Š. B. *Berlin: Dr. v. S. H. Itzkowski 1899.*] (VIII, 139 S.) 1 Bd 8. [99. 518

[Hebr. u. Russ.] Da'at elôhim. Tôledôt hal-filôsôfia had-datit. Mê-êt D"r Sim'ôn Bernfeld. Ḥêleq 1. 2. Daat élogim t. e. Istorija religioznoj filosofii u evreev. Soč. D-ra Bernfel'da. Izdanie 'Achiasaf'. Čast 1. 2. Varšava 1897–99: Šul'dberg i Komp. 2 Bde 8°
[Jüd. Religionsphilosophie. Hrsg. v. Verein Achiasaf. T. 1. 2.] [08. 3379

Berges, C. L. W., geograph. Tabelle von Europa. Fol. Giessen, Heyer. 818.

Bernges, C. L. W., geograph. Tabelle von Europa. Fol. Giessen 819. Heyer. 4 gl.

Bernhard [sachl. OW]

Bernhard, Eduard, od. Geschichte der Familie Egerton. 8. Heidelb. 813. Engelmann. 18 gl.

Bernhard, Eduard, od Geschichte d. Familie Egerton, von S. Pilkington, aus d. Franz. 12. Heidelberg, Mohr. 813.

Bernhard. — Franz Bernhard ..., s.a. Bernhardt. —

Bernhard, Franz, der Heilige genannt, eine pragmatische Geschichte, 3 Thle. 8. Quedlinburg, 794 - 95. Ernst. 2 Rthlr. 23 sgl.

Bernhard Hartung. Ein Criminalproceß aus der Gegenwart, s. Hartung.

Bernhard u. Hermann. Eine lehrr. Erzähl. f. Christenkinder, v. d. Verf. d. „armen Anton." 12. (5 B.) Bern 834. (Basel, Bahnmaier.)

Bernhard u. Hermann. Eine lehrreiche Erzählung f. Christenkinder, von dem Verfasser des „armen Anton" (C. Möhrle). 12. Bern 834. (Basel, Spittler.) 1/6 rf

Bernhard und Hermann. Eine lehrreiche Erzählung für Christenkinder. (Von Cph. Möhrle.) Mit 2 col. Bildern. 8. Basel 843, Bahnmalers W. 3/8 rf

Bernhard, Herzog von Sachsen-Weimar. Eine Gedächtnissrede in der Freimaurerloge Amalia zu Weimar gehalten von Gottfr. Theod. Stichling. (Auch unter dem Titel: Freimaurer-Analecten. X. Heft.) Weimar. Böhlau. 1863. 8. 1 Bl. 62 S.
Interessante, meisterhaft ausgeführte Charakteristik. Ins holländische übersetzt: Hertog Bernhard van Saxen Weimar. Met een voorwoord van W. A. Rees. Arnhem Thieme 1863. Heft IX der Analecten s. Nr. 2?5. — Bauh. 1863. S. 87 u. 342. Frmztg. 1863. S. 2?6. Handb. d. Freimaurerei S. 1?2.

Bernhard u. Hildebrand, e. poet. Phanthasie. 8. Eisenach, Wittekind. 781.

Bernhard, Markgraf v. Baden, s. Ringholz, Odilo.

Bernhard Naphtali, od. die Religion der Religionen. 8. Lpz. 811. Hinrichs. 18 gl. (Aus d. Palmsonntag v. H. Frohreich.)

BERNHARD, Pater, der lüsterne Jesuit. (Zahmer Roman.) 2 Thle. O. O. u. J. (c. 1885). 8°.

Bernhard, der selige, Markgraf v. Baden. Lith. Farbendr. (m. Text auf der Rückseite). 16. Freiburg i/B. 892. Herder. Für 50 Stück n.n. 1. 50

Bernhard, genannt Spiel-Bähn, s.: Prophezeihungen.

Bernhard [persönl. Name]
Bernhard v. Clairvaux, s. Bernardus Clareavallensis

Bernhard, hl., s. Bernardus Claraevallensis.

In den Jagdgründen Deutsch-Ostafrikas. Erinnerungen aus meinem Tagebuch mit e. kurzen Vorw. über d. Ostafrik. Schutzgebiet von Bernhard Graf zur Lippe (Detmold). Mit 23 Lichtdruckbild. auf 16 Taf. Berlin: D. Reimer 1904. (XI, 154 S.) 8° [05. 3364

Bernhard aus Nordalbingien, (Joh. Bernh. Basedow,) Schreiben an Johannem Turicensem (Lavater). 769.

Bernhard, Herzog zu Sachsen-Weimar-Eisenach: Reise Sr. Hoheit des Herzogs Bernhard zu Sachsen-Weimar-Eisenach durch Nord-Amerika in den Jahren 1825 und 1826. *Herausgegeben von Heinrich Luden. 2 Bde. Weimar: Wilhelm Hoffmann; Jena: Druck von Friedrich Mauke 1828. XXXI, 317 S., ill., Karten; IV, 323 S., ill., Karten.*

Bernhard, (Herzog zu Sachsen-Weimar-Eisenach,) Reise durch Nord-Amerika in d. J. 1825 u. 1826. Hrsg. v. H. Luden. 2 Thle. M. 26 Vign., 4 Kpfr., 5 Chart. u. 4 Planen. Lex.-8. (43 B.) Weimar 828, Hoffmann. 6 Thlr., Vlnp. mit ill. Charten

Bernhard (II). Vom heiligsten Sakramente, Geist des Oratorianers P. Fr. W. Faber. Perlen aus seinen Schriften in systemat. Ordng. 12. (XL, 382 S. m. 1 Portr.) Regensb. 889, Verlags-Anstalt. 3 —

Bernhard v. heiligst. Sakramente, O. Carm., das Gnadenbild des göttlichen Jesuskindes in Prag. Erzählungen v. den Früchten seiner Verehrg. Nach authent. Berichten dargest. 8. (XV, 190 S. m. farb. Titelbild.) Mainz 899. F. Kirchheim. n. 1. 50; geb. in Leinw. n. 2. —

Die Zierde des Karmel. Gebetbüchlein für die Mitglieder d. Bruderschaft U. L. Frau vom Berge Karmel oder vom heiligen Skapulier. Vom P. Bernhard vom heiligsten Sakramente, aus d. Orden d. unbeschuhten Karmeliten. *Kevelaer: Butzon & Bercker 1899.* (160 S.) 8° [F.] [00. 8403

Bernhard von Weimar, s. Droysen, G.

Bernhard [Familienname]
v. Bernhard, Graf, Abhandl, von d. Natur d. philosoph. Eies. 8. Braunschw. 788. Schröder. 5 gl.

Bernhard, d. Ausbildg d. Bataillons nach d. Exerzir-Reglement f. d. Infanterie. Abdruck v. 1889. 8° (67 m. Abbildgn.) Hannov. 92. Lpzg, Zuckschwerdt & Co. 1,20

Bernhard, die Beleuchtungseinrichtung im Zeichensaale der gewerblichen Fortbildungsschule in Balingen. (1 Blatt Handzeichnung) 4° 1870

Bernhard, Graf von
— v. d. Ey d. Philosophen. 8. Leipz. Sommer. 790.

Bernhard, d. Eisenbahnbau i. Deutsch-Ostafrika m. bes. Berücksicht. d. Baues d. Linie Tanga-Muhesa. gr. 4. (VIII, 319 S. m. 32 Holzschn. u. 16 lith. Taf.) Berlin 898. L. Simion. Geb. in Leinw. n. 20. —

Bernhard, Franz Ludwig von Erthal, Fürstbischof von Bamberg, s.a. Lebensbilder aus den letzten Jahrzehnten des deutschen Kaiserreiches.

Bernhard. (Dr. H. Reuchlin.) Franz Ludwig von Erthal, Fürstbischof von Bamberg und Würzburg, Herzog zu Franken. Ein Lebensbild aus den letzten Jahrzehnten des deutschen Reichs. Tübingen 1852. 236 S.

Bernhard, Gedichte. 8. (VIII, 219 S.) Danzig 881. Art. geb. m. Goldschn. n. 5. —

Bernhard, Geschichte der Rückenmühler Anstalten in Stettin, s.: Bilder aus d. kirchlichen Leben u. der christlichen Liebesthätigkeit in Pommern. II. 3.

Bernhard, das Grabmal an meinem Friederich. 8. Leipz Rein. 800.

Herrn *Bernhards*, Condirectors der Königl. Sternwarte beym Seewesen zu Marseille. ...... Neue Grundlehren der Hydraulik, mit ihrer Anwendung auf die wichtigsten Theile der Hydrotechnik, aus dem Französischen übersetzt, und mit Anmerkungen herausgegeben von *Carl Christian Langsdorf*, Brandenburgisch. Rathe und Salinen-Inspektor zu Gerabronn. ...... Leipz. und Frankf. am Mayn, b. Krieger dem jüng. 8. 568 S. nebst 4 Kupfert. (Der berühmte deutsche Herausgeber hat gegen manche Behauptungen des französischen Mathematikers wichtige Erinnerungen gemacht.) 1790.
Götting. gel. Anz. 1790. S. 1078.
Allg. Jenaer Litt. Zeit. 1791. I. B. S. 317.
Allg. d. Bibl. 102. B. II. St. S. 447.
Goth. gel. Zeit. 1791. I. B. S. 252.

Bernhard, ..., neue Grundlehren d. Hydraulik, mit ihrer Anwend. auf d. wicht. Theile d. Hydrotechnik; aus d. Französ., mit Anmerkk. v. K. Chr. v. Langsdorf. Mit 3 Kpf. gr. 8. Frankf. u. Leipz. 790. (Krieger in Cassel). 3 ₰

— Jubelgesang, s. Führer, treue, zum himmlischen Vaterlande. 4. Thl.

Bernhard, ..., der erste Kranke, s.: **Album für Bühnen.** 3. Hft.

Bernhard, der erste Kranke, s. Theater, das, des Auslandes.

— s.a. **Leben des heil. Malachias.**

— **Leben des heil. Malachias,** Bischofs in Irland. Mit einem Anhang von Gebeten. Aus d. Latein. übers. ... Einsiedeln 844. (Gebr. Benziger.) 6¼ ngl

Bernhard, de, une position délicate, s. **Répertoire du Théâtre fr. No. 174.**

Bernhard, Andreas Räß, Bischof von Straßburg, s. Episcopat, Deutschlands, in Lebensbildern.

Bernhard's praktische Routenkarte für Touristen in's bayerische Hochland. 1:350,000. Fol. München 872, J. A. Finsterlin. — Franz'sche Buchh. In Umschlag *

— **das Schutzkleid Mariens.** Eine Sammlg. bewährter Geschichten v. dem Nutzen u. Segen des hl. Skapulieres Unserer Lieben Frau vom Berge Karmel. 8. (XVI, 248 S. m. 1 Stahlst.) Ebd. 899. n. 1. 80; geb. in Leinw. n. 2. 25

Bernhard, über Schillers Maria Stuart. Progr. der Löbnichtschen Stadtschule Königsberg i. P. 1845, Graefe & Unzer

Bernhard, Stütze der Hausfrau. Eine Sammlung aller für Haushaltung und Familienglück wicht. Grundsätze, Regeln, Vorschriften und Thatsachen, zusammengestellt für unsere Frauen und Töchter und mit kurzen auf naturwissenschaftl. Grundlage beruhenden Erklärungen versehen. 8. (XII, 199 S.) Breslau 888, Preuß und Jünger. geb. *

— **Vorschlag an d. Selbstdenker d. 19. Jahrh. zum Frieden zwischen dem wohlverstandenen Urchristenthum u. d. wohlgesinnten Vernunft.** 2 Thle. 8. Irenopel 780. (W. Vogel in Lpz.) 14 ₰

Bernhard, ..., Weissagungen zukünft. Begebenheiten. 8. Lpz., Joachim. 1 ₰ 16 ₰

Bernhard: Österreich-Ungarns Zettelbankinstitut, s. Bernhard, Bruno

— die **Zierde des Karmel.** Gebetbüchlein f. die Mitglieder der Bruderschaft U. L. Frau vom Berge Karmel. 16. (160 S. m. Titelbild.) Kevelaer 899. Butzon & Bercker. Geb. in Leinw. n. — 50

A. Bernhard, Gesch. des Waldeigenthums, der Waldwirthschaft u. Forstwissenschaft in Deutschland. Berlin. J. Springer. 1875. 3 Bde.

Bernhard, Adelheim [prakt. Arzt aus Bremen]: Über Leberabscesse im Kindesalter, im Anschluss an drei in der Strassburger Kinder-Klinik beobachtete Fälle .... Leipzig, Druck v. B. G. Teubner, 1886; 50 S. 8°.
Strassburg, Med. Fak., Inaug.-Diss. v. 1886.

Bernhard, Adelheim, über Leberabscesse im Kindes alter, im Anschluss an drei in der Strassburger Kinder-Klinik beobachtete Fälle. Diss. Strassburg i. Els. 1886, Trübners Buchh. u. Antiqu. (E. d'Oleire). 8°. 50 S.

Bernhard, Alfred

Bernhard, Alfr., die Parodie „Chapelain décoiffé", s.a. **Beiträge, Münchener, zur roman. u. engl. Philologie. L.**

Die Parodie 'Chapelain décoiffé'. Von Dr. Alfred Bernhard. Leipzig: Deichert 1910. XII, 40 S. 8°
(Münchener Beiträge z. roman. u. engl. Philologie. H. 50.) [10. 14514

Bernhard, Alfred: Die Parodie 'Chapelain décoiffé'. Naumburg a. S. 1910: Lippert. X, 46 S. 8° ¶ (Ersch. vollst. als: Münchener Beiträge z. roman. u. engl. Philol. H. 50.)
München, Phil. Diss. v. 18. Dez. 1909, Ref. Breymann, Schick
[Geb. 10. Juni 85 München; Wohnort: München; Staatsangeh.: Bayern; Vorbildung: Ludwigs-Gymn. München Reife Juli 05; Studium: München 9 S.; Rig. 18. Dez. 09.] [U 10. 3619

Bernhard, Alfr.: Burg Oberstein. Trauersp. (104) 8° Lpzg-Raschw., B Volger '12. 2.50 d

Bernhard, Ans., Sendschreiben an alle christ.-kathol. Gemeinden des apost. Glaubensbekenntnisses, s. Czerski, Jh.

Bernhard, Ant. Aug., das posit. Privatrecht in Fragen, Antworten u. Tabellen I. nach d. röm. Rechte; II. nach d. gemeinen in Deutschland geltend. Rechte; u. III. nach d. Allgem. Landrechte f. d. k. preuß. Staaten; als Leitfaden f. d. Rechtskand. Behufs ihrer Vorbereit. zur Prüfung. 1. Hft. gr. 8. (11½ B. u. 2 Tab.) Breslau 835, (Schulz u. Comp.) *

Bernhard, Arnold, die Gralsburg. Eine Lebens-Dichtung. (47 S.) 8. Straßburg 904. J. H. E. Heitz. n. 1. 20

Bernhard, August Gottlieb (Quedlinburg). De potuum varii generis in corpus humanum effectibus sectio I. Diss. med. Helmstedt (Ww. B. P. D. Schnorr) 28. XI. 1782. 32 S. (4.80) 2308
Gew.: Johann Gottlieb Warmholz.

Bernhard, Auguste, ein Erbvertrag. Roman. 8. (223 S.) Breslau 852, [Trewendt.]

Bernhard, Auguste, Aus der Jugend. Gedichte. 8. (VI und 208 S.) Breslau 851, Trewendt und Granier.

Bernhard, Bernard, recherches sur l'histoire de la ville de Ribauvillé publiées sous les auspices du conseil municipal par X. Mossmann. gr. 8. (XVI, 384 S. mit 10 Lichtdr.-Bildern.) Colmar 888, Barth. *

Bernhard, Bruno, Österreich-Ungarns Zettelbankinstitut u. seine Beziehungen zu den Geld- u. Valutaverhältnissen der Monarchie. Diss. gr. 8. (60 S.) Berlin 890. M. Günther. n. 1. —

Bernhard, Bruno, aus Goldberg i. Schl.: Österreich-Ungarns Zettelbankinstitut und seine Beziehungen zu den Geld- und Valutaverhältnissen der Monarchie. *Berlin: M. Günther 1899.* (59 S.) 8°
Würzburg, Jur. Diss. v. 1899

Bernhard, C, s: Gnadenfrei. Brüdergemeine.

Bernhard, C. (Red.), s. Handels- und Gewerbezeitung.

Bernhard, C., Märchen m. Zeichngn. v. Hans Looschen. 4. (III, 40 S.) Berlin 893. A. Hofmann & Co. Kart. n. 3. —

Bernhard, O, München's nächste Partieen. Prakt. u. verläss. Wegführer d. besuchtesten Orte in d. nächsten Nähe Münchens auf 6—16 Stunden im Umkreis. 1:170,000. 29,5×26,5 cm. Farbendr. Münch. 95, W Keller. —50

Bernhard, C.: Die Berliner Sanitäts-Wachen, s. B e r n h a r d , Karl

Bernhard, C., Schul-Atlas v. Bayern. qu. gr. 8. (5 lith. u. color. Karton.) (München 872. J. A. Finsterlin.) n. — 80

B e r n h a r d, C., Special- und Touristen-Karte für das südöstliche Algäu, auf Grund amtl. Materials gezeichnet, revid. von A. Waltenberger. 1 : 100,000. Chromolithogr. Fol. Kempten 886, Dannheimer. In Carton *

Bernhard, C., Touristen-Karte vom Bayerischen Hochland, Nordtirol u. Salzkammergut zwischen Bodensee und Traunsee, München und Innsbruck nebst Brennerbahn. 1:500000. 7. Aufl. Farbendruck. 25,5×62 cm. München 1881.

—— Touristenkarte vom Bayerischen Hochland, Nordtirol und Salzkammergut. 1 : 500,000. 1.—3. Aufl. Chromolithogr. qu. gr. Fol. München 885,86, Keller. Auf Leinw.

—— Touristen-Karte vom bayerischen Hochland, Nordtirol und Salzkammergut zwischen Bodensee und Traunsee, München und Innsbruck, nebst Brennerbahn. 1 : 500,000. 4. und 5. neu revid. Aufl. Chromolithogr. qu. Fol. Ebendas. 887,88. Auf Leinw.

B e r n h a r d, O. Touristen-Karte vom Bayerischen Hochland, Nordtirol u. Salzkammergut zwischen Bodensee u. Traunsee, München u. Innsbruck, nebst Brennerbahn. 1 : 500,000. 7. Aufl. Farbendr. 25,5×62 cm. Münch. 891, W. Keller. 1 —; auf Leinw. 1 50

Bernhard, C: Touristen-K. v. bayer. Hochl., Nordtirol u. Salzkammergut (zw. Bodensee u. Traunsee, München u. Innsbruck, nebst Brennerbahn). 1 : 500,000. 10. Afl. 26×68 cm. Farbdr. Münch. 97, W Keller. Auf L. 1 —

— dass., v. e. Teile Tirols u. d. Salzkammergut zw. Wendelstein u. Schafberg, Wasserburg u. Zell am See. (Oestl. Tl.) 1 : 250,000. 8. Afl. 33×46 cm. Farbdr. Ebd. 97. Auf L. 1 —

— dass. u. e. Teile Tirols zw. Füssen u. Wendelstein, München u. Achensee, (Westl. Tl.) 1 : 250,000. 6. Afl. 33×46 cm. Farbdr. Ebd. 97. Auf L. 1 –

— prakt. Touristenkarte f. d. bayer. Hochland u. sicherer Wegführer f. Besucher d. kgl. Schlosses Herrenchiemsee. Oestl. Thl. 1:250,000. 2. Afl. 33×45,5 cm. Farbendr. Mit Text. 16° (8 m. 1 Abbildg.) Ebd. 95. — 80; m. d. westl. Thl 1.50

— dass., nebst e. Theile Tyrol's. Sicherer Wegführer f. Besucher d. kgl. Schlösser Berg, Hohenschwangau m. Neuschwanstein, Linderhof (Hundinghütte), Schachen, Herzogstand u. s. w. Westl. Thl. 5. Afl. 33×45,5 cm. Farbendr. Mit Text. 16° (4 m. Abbildgn.) Ebd. 95. — 80; m. d. östl. Thl. 1.50

— Umgebgsk. v. München zw. Ammersee u. Holzkirchen, Dachau u. Starnbergersee. 1 : 170,000. 4. Afl. 29,5×28 cm. Farbdr. Ebd. 97. Auf L. — 60

Bernhard, C. A., s. Unterricht z. Feldbaue.

Bernhard, Carl, s. B e r n h a r d , Karl

— **Carl Heinrich August** (Leipzig), De periculoso aggressu rite probato moderaminis inculpatae tutelae exceptionem haud probante. Diss. jur. Präs. Jac. Friedr. Kees. Lpz. (Holl) 28. I. 1779. 8 S. (3.—) Gew.: Chph. Bened. Funck. 2309

— **Christian Gottfried** (Naumburg), Meletemata quaedam de natura contagiorum. Diss. med. Lpz. (Hoehm) 18. III. 1814. 31 S. (4.50) 2310
Gew.: Carl Christian Braune.

BERNHARD, Claire, Der halbe Mensch. Dresden. o. J. (1907). 8°. 155 S.
„Alberner Phantasieroman, der Homosexualität und Sodomie behandelt." (Dr. K i n d t.)

Bernhard, Claus

— Onkel Toms Hütte, s.: Becher-Stowe, Harriet.

— Lederstrumpf-Erzählungen, s.: Cooper, J. F.

Bernhard, Claus, Gullivers Reisen, s.: Swift, Jonath.

Bernhard, E.: Traumbuch, s. B e r n h a r d, Ernst

Bernhard, E., „Wie die heldenhaften Briten m. den frechen Buren stritten!" Reuter'schen Telegrammen gemäß bearb. Mit vielen Karrikaturen v. N. A. 12. (40 S.) Leipzig (900). Ficker's Verlag. n. — 40

— **Emil** (Leipzig), De tussi convulsiva. Diss. med. Lpz. (Hoehm) 30. VI. 1846. 30 S. mit Literatur. (4.—) 2311

Bernhard, Ernst: Höh. Arbeitsintensität bei kürzerer Arbeitszeit, ihre personalen u. technisch-sachl. Voraussetzgn, s. a. Forschungen, staats- u. sozialwiss.

Bernhard, Ernst: Höhere Arbeitsintensität bei kürzerer Arbeitszeit. Ihre personalen und technisch-sachlichen Voraussetzungen. ⟨T. 1. 2.⟩ (Altenburg 1909: Pierer.) IV, 47 S. 8° ¶ (Ersch. vollst. als: Staats- u. sozialwissenschaftliche Forschungen. H. 138.) *)
Berlin, Phil. Diss. v. 27. Febr. 1909, Ref. v. Schmoller
[Geb. 29. Dez. 84 Berlin: Wohnort: Berlin; Staatsangeh.: Preußen; Vorbildung: Dorotheenstädt. Realgymn. Berlin Reife M. 04; Studium: Berlin 7 S.; Rig. 21. Jan. 09.] [U 09. 142

Höhere Arbeitsintensität bei kürzerer Arbeitszeit, ihre personalen u. technisch-sachl. Voraussetzungen. Von Ernst **Bernhard**. Leipzig: Duncker & Humblot 1909. x, 94 S. 8°
(Staats- u. sozialwissenschaftl. Forschungen H. 138.) 109. 6486

***Bernhard, Ernst:** Die Entlöhngsmethoden in d. Berliner Eisenkonstruktion. Berl., L Simion Nf. Erscheint nicht.

Bernhard, Ernestus, De idiotismi endemii, quem vocant Cretinismum, et Strumae geographia. Berolini 1846.

Bernhard, Ernst, Traumbuch. N. alten Überliefergn. u. neueren Erfahrgn. ges. 8. (VIII, 204 S.) (Berlin 895. C. Georgi.) Erfurt, F. Bartholomäus. n. 1. —

(Grosses arabisches) Traumbuch. Nach alten Überlieferungen u. neueren Erfahrungen gesammelt von **Ernestus Bornhardus**. *Erfurt: F. Bartholomaeus [1902].* (VII, 152 S.) 8° [F.] 102. 8631 3

Bernhard, Eugen: (I.) Über eine neue Pflanzenfettsäure. (II.) Siedepunktskonstanten der niedrigen Fettsäuren. *Giessen 1897: E. Ottmann.* (31 S.) 8°
Erlangen, Phil. Diss. v. 28. Juli 1897

Bernhard, F. Der deutsche Bürgerkrieg in Baden. Von Augenzeugen. (246) 32. Stuttgart 1849. 0,55.

Bernhard, K., s. *Isocrates.*

Bernhard, F., zwischen Lachen u. Weinen. (36 S.) 8. Leipzig 906. Modernes Verlagsbureau. n. 1. —

B e r n h a r d, F., Predigt am 77. Geburtsfeste des Kaisers und Königs Wilhelm, über Psalm 61, 7—9. gr. 16. (12 S.) Barmen 874, Klein.

Bernhard, F: Untersuchungen über die Ursachen der Bildung des Staubes auf Steinschlagstraßen und über Versuche zur Bekämpfung desselben. Leipzig 1908

B e r n h a r d, F. J., der alte Georg. Eine christliche Erzählung. 8. (IV und 167 S.) Leipzig 859, Bredt. *

Bernhard, F. J.: Bibl. Concordanz . . . , s. B e r n h a r d , Frz. Jul.

Bernhard, Fr. (Pseud.), s. a. R e u c h l i n , Hermann

Bernhard, Fr.: Der prakt. Buchhalter od. d. gebräuchlichsten Buchhaltgssysteme. (86 m. 10 Tab.) gr8° Lpzg, B Friede (07). (2.80) 2 —

Bernhard, Fr., Führer durch Leipzig u. dessen engere u. weitere Umgebung. (128 S. m. 1 eingedr. Skizze u. Theaterplänen, 3 Karten u. 1 Stadtplan.) 8. Leipzig (905). R. Friede. n. 1. —; erm. Pr. n. — 60

— Führer durch Leipzig u. dessen engere u. weitere Umgebung. 2. Aufl. (III, 130 S. u. 1 eingedr. Kartenskizze, 3 Karten u. 1 Plan.) 8. Ebd. (907). 1. —; erm. Pr. — 50

Bernhard, Fr., der erfolgreiche Jäger. (196 S.) 8. Hamburg (Raboisen 32) 909. Internationale Verlags-Anstalt. Geb. 3. —

Bernhard, Fr. Der Krieg in Schleswig-Holstein 1850. (219.) 32. Stuttgart 1851. 0.55.

Bernhard, Fr. Theodor Preusser, schleswig-holsteinischer Oberfeuerwerker, als Sieger gestorben bei Eckernförde 5. Apr. 1849. (192.) 8. Stuttgart 1849. 0.55.

Bernhard, Fr.: Der deutsche Soldat, s.a. Reuchlin, Hermann

Bernhard, Fr., der deutsche Soldat. Wahre und schöne Geschichten von ruhmwürd. Thaten deutscher Krieger aus neuer und neuester Zeit. 10 Bdchn. 32. Stuttgart, Scheible. à Bdchn. 5⅓ Ngr.

Auch unter den Titeln:
Bdchn. 1. Theodor Preußer, schleswig-holstein'scher Oberfeuerwerker, als Sieger gestorben bei Eckernförde am 5. April 1849. Mit Erzählungen von andern wackern Soldaten. (192 S.) 849.
» 2. Der deutsche Bürgerkrieg in Baden von Augenzeugen geschildert, nebst andern Geschichten von und für Soldaten. (246 S.) 849.
» 3. Der deutsche Soldat in Baden, Italien und Schleswig-Holstein, nebst anderen Geschichten von und für Soldaten. (262 S.) 849.
» 4. Blücher, Wrede und Neuestes aus Baden und Ungarn von und für Soldaten. (256 S.) 849.
» 5. Der deutsche Soldat von Zieten [1740.] bis zu den Feldzügen 1848 und 1849. (240 S.) 850.

Bernhard, Fr., der deutsche Soldat rc. 10 Bdchn.
Bdchn. 6. Seydlitz und Schill, Wrangel, Willisen und von der Tann. (272 S.) 850.
» 7. Lebens- und Todesbilder aus Schleswig-Holstein, Baden und Ungarn, nebst hessischen Geschichten für deutsche Soldaten. (222 S.) 850.
» 8. Der deutsche Soldat in den Freiheits-Kriegen 1813 und 1850. (224 S.) 850.
» 9. Der Krieg in Schleswig-Holstein 1850, von Verwundeten beschrieben und Landwehrgeschichten. (219 S.) 851.
» 10. Des deutschen Soldaten Abschied. Soldaten-Geschichten aus den Nationalkriegen der Deutschen. (210 S.) 851.

Bernhard, Fr. Der deutsche Soldat in Baden, Italien u. Schleswig-Holstein. (262) 32. Stuttgart 1849. 0,55.

v. Bernhard, Fr. L.) das deutsche Landrecht. 1r Bd. 1s Heft. gr. 8. Münch. 830. Weber. 14 gr.

—— das teutsche Land-Recht. 1. Bd. 1. Hft. gr. 8. (7 B.) München 831, Weber.

Bernhard, Franz Die Frage nach der chronologischen Reihenfolge der erhaltenen sophokleischen Tragödien. 8 (34 S.). Progr. Staats-G. *Oberhollabrunn* 1886.

Bernhard, Frz. Jul., dichterische Blumenlese. Eine Sammlung lehrreicher deutscher Gedichte, geistl. Lieder und Gebete. Zum Nutzen der Jugend zusammengestellt und hrsg. 8. (XVI und 416 S.) Leipzig 847, Dyk'sche Buchh.

Bernhard, Frz. Jul.: August Hermann Francke, s. Volksbücher, neue

Bernhard, Frz. Jul., der alte Georg. Eine christliche Erzählung. Leipzig 859. Bredt. 8. (IV, 167 S.) n. 12 ngr.

Bernhard, Frz. Jul., s. v. Kempen, Th., 4 Bücher von der Nachfolge Christi.

—— biblische Concordanz oder dreifaches Register über Sprüche im Allgemeinen, über Textstellen für besond. Fälle und über Sachen, Namen und Worte der von Dr. Luther übers. heil. Schrift, darin der ganze Reichthum der letzteren dargelegt und den Suchenden mit Leichtigkeit zugänglich gemacht ist. 1. Hälfte und 2. Hälfte 1—3. Lfg. hoch 4. Leipzig, G. Mayer. [1. Hälfte. (III u. 300 S.) 850, 2. Hälfte 1—3. Lfg. (S. 1—480.) 850—51.]

Bernhard, Frz. Jul., biblische Concordanz oder dreifaches Register über Sprüche im Allgemeinen, über Textstellen rc. der heil. Schrift. 2. Hälfte. 4. Lfg. hoch 4. (2. Thl. VIII und S. 481—674.) Leipzig 852, G. Mayer.
Der Ladenpreis des vollständ. Werkes 1850—52. ist 3 Thlr. 22½ Ngr.

—— biblische Concordanz oder dreifaches Register über Sprüche im Allgemeinen, über Textstellen für besondere Fälle und über Sachen, Namen und Worte der von Dr. Luther übers. heil. Schrift rc. Ein Handbuch für Diener des Worts, sowie für Candidaten, Schullehrer und Bibelfreunde überhaupt. 2., durchaus revid., verm. und verb. Aufl. 1. Lfg. 4. (S. 1—96.) Leipzig 856, G. Mayer. Subscr.-Pr. *

Bernhard, Frz. Jul., biblische Concordanz oder dreifaches Register über Sprüche im Allgemeinen, über Textstellen für besondere Fälle und über Namen, Sprüche und Worte der von Luther übersetzten heiligen Schrift, darin der ganze Reichthum der letzteren dargelegt und den Suchenden in jeder beliebigen Hinsicht mit Leichtigkeit zugänglich gemacht ist. Ein Handbuch für Diener des Worts, sowie für Candidaten, Schullehrer und Bibelfreunde überhaupt. 2 Thle. 2. verb. und verm. Aufl. 3. Ster.-Abdr. 1868. *M.* 11,25., und 4. Ster.-Abdr. Lex.-8. Altona [Gotha] 870, Haendcke und Lehmkuhl. *

Inhalt:
Thl. 1. Abthl. 1. Allgemeines Spruch-Register. — Abthl. 2. Casuales Text-Register. (X, 306 S.)
2. Sachen-, Namen- und Wort-Register. (680 S.)

Bernhard, Frz. Jul., bibl. Concordanz oder dreifaches Register über Sprüche im Allgemeinen, über Textstellen für besondere Fälle und über Sachen, Namen und Worte der von Dr. M. Luther übersetzten heil. Schrift, darin der ganze Reichthum der letzteren dargelegt und den Suchenden mit Leichtigkeit zugänglich gemacht ist. 2 Thle. in 1 Bd. 5. und 6. Abdr. der durchaus verm. und verb. Ster.-Aufl. und 7. Aufl. Lex.-8. (X, 306; 680 S.) Dresden 885,88, Dieckmann. *
geb. *

Bernhard, Frz. Jul. Biblische Concordanz od. dreifaches Register üb. Sprüche im Allgemeinen, üb. Textstellen f. besondere Fälle u. üb. Sachen, Namen u. Worte der v. Dr. Martin Luther übersetzten heil. Schrift rc. 2 Thle. in 1 Bd. 7. Aufl. Neue billige Ausg. Lex.-8. (X, 306, 680 S.) [Dresd. 890, Dieckmann.] Lpz., Dürr'sche Buchh. * 6 —; geb. * 8 —

—— dass. — Allgemeines Spruchregister, Spruchanfänge, alphabet. geordnet. Lex.-8. (S. 1—174.) Ebd. 891. * 2 —

—— dass. — Casuales Textregister. (S. 177—306.) Ebd. 890. [* 3 —] * 2 —

Bernhard, Franz Jul., deutsches Lesebuch. Eine Samml. belehr. u. unterhalt. Stücke aus d. Werken deutsch. Prosaiker u. Dichter, f. d. oberen Klassen höh. Bürgerschulen. gr. 8. (28 B.) Leipzig 838, Serig'sche Buchh.

—— Joh. Fr. Oberlin, s.: Volksbücher, neue.

Bernhard, Frz. Jul., evangelische Seelenweide. Zur Förderung gläubigen Schriftverständnisses, und zur Erbauung heilsbegieriger Seelen. I. 8. (VII und 155 S.) Leipzig 862, Bredt. *

—— Phil. Jac. Spener, s.: Volksbücher, neue.

—— Verzeichniß theolog. Schriften, s. Bibliographia theolog.

—— Weckstimmen f. Christi Reich. Pred. 1. Hft. 8. (96) Lpzg 52. (Hamb., Haendcke u. L.) — 15

—— Weckstimmen für Christi Reich. Predigten. 1. Heft. gr. 8. (V und S. 1—96.) Leipzig 852, G. Mayer.

Bernhard, Franz Jul.: Winfried, genannt Bonifacius, s. Volksbücher, neue.

Bernhard, Friedr. v., die wahre Grundlage des europäischen Friedens in Bezug auf die orientalische Angelegenheit betrachtet. gr. 8. (VI und 70 S.) Augsburg 854, Kollmann'sche Buchh.

v. Bernhard, Frdr. Freyh., die zwey Schwerter Gottes auf Erden. Vaterländische Betrachtungen. br. gr. 8. (XXII u. 366 S.) Erlangen 847, Bläsing. n. 2 ₰ 12 ngr

Bernhard (Friedr.), Untersuchungen über die Ursachen der Bildung des Staubes auf Steinschlagstrassen und über Versuche zur Bekämpfung desselben. (Borsdorf-Leipzig) [1908.] 63 S. 4°
Berlin, Ing.-Diss. v. 1908

Bernhard, Friedrich von, Von der Verlegung des Reichstags nach Augsburg und dem endlichen Ausgang des Zwischenreichs. München, J. G. Cotta, 1848. IV, 81 S. 8°.

— von der Verlegung d. Reichstages nach Augsburg u. dem endlichen Ausgang d. Zwischenreichs. gr. 8. (IV u. 81 S.) München 848, Literar.-artist. Anstalt. n. 8 ngl

Bernhard, Friedrich Heinrich, appr. Arzt: Doppelseitige Recurrenslähmung infolge von Aortenaneurysma. Leipzig 1905: B. Georgi. (46 S.) 8°

Leipzig, Med. Fak., Ref. Curschmann, Diss. v. 22. Dez. 1905

[Geb. 4. Aug. 76 Potschappel; Wohnort: Zittau; Staatsangeh.: Sachsen; Vorbildung: Kreuzgymn. Dresden O. 97; Studium: Leipzig 7, München 3 S.; Coll. 22. Dez. 05; Approb. 2. Juni 02.]

BERNHARD, Friedrich Ludwig (Augsburg): Vom Eidesantrag über fremde Handlungen. Eine civilistische Abhandlung.- Augsburg: 1823. 32 S., 1 Bl. Diss. Ingolst.-Landsh.-Mchn.
1823 - Pe 998; F 48

— vom Eidesantrag über fremde Handlungen, Eine civilist. Abhandl. 4. Augsb. 823. (Münch., Weber). 5 gl.

Bernhard, Friedr. Ludw. Frhr. v., das Räthsel der österreichischen Politik im Streite mit Dänemark. Ein staatsrechtl. Gutachten. gr. 8. (62 S.) München 864, Büttner. *

— über d. Restauration d. deutschen Rechts, insbesondere in Beziehung auf d. Grundeigenthum. gr. 4. Münch. 829. Weber. 14 gl.

—— **Rom und Deutschland. Meditationen über das Kaiserthum und die Beendigung des dermaligen Zwischenreichs. gr. 8. (XVI und 447 S.) München 862, Lentner'sche Buchh.**

(**Bernhard, Friedr. Ludw. Freih. v.**) Theophanie. Ein kirchlich-politisches Bekenntnis aus Anlaß von Friedrich Becks „Theophanie". [Gotha, Perthes, 1855.] Regensburg, Manz (jetzt Verlagsanst.). 1857. gr. 8°. 32 S., 10 Pf.

Bernhard, Fritz, Wertheim u. die Untergrundbahn. (18 S.) gr. 8. Berlin (908). Verlag Continent. n. — 80

Bernhard, G., über d. Bildung d. Kinder in Schulen, u. deren Vernachlässigung im häusl. Leben. Ein Beitr. zu nützl. u. unterhalt. Volksschriften. 8. (2 B.) Leipzig 841, Glück.

Bernhard, G. A., s. B e r n h a r d , Gustav Alwin

Bernhard, Georg

Bernhard, Geo., Berliner Banken, s.a. Großstadt-Dokumente.

Berliner Banken von Georg Bernhard. 3. Aufl. Berlin & Leipzig: H. Seemann Nachf. [1905]. (76 S.) 8° [F.]
= Großstadt-Dokumente. Bd 8. [05. 13440 11

— s.a. **Rußland's Bankerott.**

— die Börse, s.a. **Handel, Industrie u. Verkehr in Einzeldarstellungen.**

Die Börse. Ihre Geschichte, ihr Wesen u. ihre Bedeutung. Von Georg **Bernhard**. Berlin: S. Simon [1900]. (71 S.) 8° [F.]
= **Handel**, Industrie u. Verkehr in Einzeldarstellungen. Bd 7. [01. 1033

— **Geld u. Credit, s.a. Ullstein's Sammlung praktischer Hausbücher.**

Geld und Credit. Ein Ratgeber in allen Geld-, Geschäfts- u. Hypotheken-Angelegenheiten. Von Georg **Bernhard**. *Berlin: Ullstein & Co. [1903].* (129 S.) 8° [F.]
= **Sammlung**, Ullstein's, prakt. Hausbücher. Bd 20. [03. 10686

Georg Bernhard: Krach – Krisis und Arbeiterklasse. *Berlin: Vorwärts 1902.* (48 S.) 8° [Ant. u. F.] [02. 1965

Bernhard, Geo, s.a. Plutus.

Armes reiches Rußland! Ein Mahnwort an Deutschlands Kapitalisten von Georg Bernhard. Berlin: G. Reimer 1905. (79 S.) 8° [05. 11380

Der Verkehr in Wertpapieren. Ein Handb. f. alle Interessentenkreise. Von Georg Bernhard. *Berlin: Ullstein & Co. 1899.* (VII, 160 S.) 8° [99. 11085

Der Verkehr in Wertpapieren. Ein Handbuch von Georg **Bernhard**. 2., völlig umgearb. Aufl. *Berlin: Ullstein & Co. 1901.* (214 S.) 8°
= **Sammlung**, Ullstein's, prakt. Hausbücher. [5. 6.] [01. 765

Der Verkehr in Wertpapieren. Ein Handbuch von Georg **Bernhard**. 3. Aufl. *Berlin: Ullstein & Co. 1901.* (210 S.) 8°
= **Sammlung**, Ullstein's, prakt. Hausbücher. Bd 5. 6. [03. 6999 11

Die Warenhaus-Steuer. Ein wirtschaftl. Unfug. Ein Mahnruf in zwölfter Stunde von Georg Bernhard. *Berlin: Welt am Montag 1900.* (32 S.) 8° [F.] [02. 4186

Bernhard, Gottfried, appr. Arzt a. Geroldshausen: Ueber Erysipel-Gangrän des Hodensackes und der Penishaut. München 1905: C. Wolf & Sohn. (24 S.) 8°

München, Med. Fak., Ref. v. Angerer, Diss. v. 27. Juli 1905

[Geb. 24. Sept. 79 Sachrang, Bez.-A. Rosenheim; Wohnort: Geroldshausen; Staatsangeh.: Bayern; Vorbildung: Ludwigs-Gymn. München Reife Juli 99; Studium: München 10 S.; Coll. 27. Juli 05; Approb. 4. März 05.]

— Gotthilf Adam (Trachenau), De jure liberorum illegitimorum succedendi in sextantem bonorum paternorum secundum Saxoniae leges, artem politicam, et usum fori Saxonici. Diss. jur. Präs. Chph. Carl Stübel. Wittenbg. (Tzschiedrich) 16. V. 1795. 26 S. (4.50) 2312
Gewid.: Joh. Gg. Friedr. Frh. v. Friesen (Rötha . .).

Bernhard, Gust., die Frau u. Bebel, s.: Arbeiterbühne Nr. 21.

Bernhard, Gust., über die Bildung der Kinder in Schulen, und deren Vernachlässigung im häuslichen Leben. Ein Beitrag zu nützl. u. unterhalt. Volksschriften. 8. Leipzig 841, Glück. 1/8 ngl

Bernhard, Gust., Fata Morgana. Dichtungen. 8. (9 B.) Leipzig 843, Goetz. (?)

—— **die 7 Grabhügel in Leipzig. Gedicht in Bezug auf die Vorfälle v. 12—15. Aug. 1845. gr. 8. (1/2 B.) Leipzig 845. (Rein'sche Buchh.)** *

— die 7 Grabhügel in Leipzig. Gedicht in Bezug auf die Vorfälle v. 12.—15. Aug. 1845. gr. 8. Leipzig 846. (Rein'sche Buchh.) n. 1/12 ngl

—— **Carnevalslieder dem Eremit Abd-el-Kader gewidmet. 8. (44 S. und 2 Federzeichn.) Leipzig 848, Jackowitz.**

—— **die Gräfin Landsfeld weiland Lola Montez und die münchner Studenten. (Gedichte.) gr. 16. (32 S.) Leipzig 848, Kößling'sche Buchh.**

—— **der sächs. Landtag 1845—46; ein patriot. Gedicht. gr. 8. (1 B.) Leipzig 843. Rein'sche Buchh.**

— der Sächsische Landtag 1845—46; ein patriot. Gedicht. gr. 8. Ebd. 846. 3 ngl

Bernhard, Gust., An das deutsche Parlament. Politisches Lied nebst mehr. Zeitgedichten aus dem Völkerfrühling 1848. Mit einer Composition des Liedes: „An das deutsche Parlament" von A. Emil Büchner. 8. (36 S.) Leipzig 848, Jackowitz.

Bernhard, Gust.: Schaufenster zu! Zur Frage d. Schliessens od. Verhängens d. Schaufenster an d. Sonn- u. Feiertagen. (22) 8° Lpzg, O Dittmar ('11). nn — 50 d

—— **die Symbole. Eine komische Novelle. 8. (10 3/4 B.) Bautzen 846, Schlüssel.**

Bernhard, Gust. Alwin, Fragmente aus dem Briefwechsel zweier Brüder oder Vernunftglaube und Mysticismus mit seinem Einfluß auf's Familienleben. 8. (128 S.) Leipzig 850, Kollmann.

—— **Sphärenklänge der heiligen Schrift in gottbegeisterten Gesängen unserer gefeiertsten Dichter. Zu Morgen- und Abendbetrachtungen ausgewählt. 8. (XVI und 307 S.) Leipzig 853, Kollmann.**

Bernhard, Gust. (Alwin), des Dichters Tempel. Dichtungen. gr. 16. (X und 244 S.) Leipzig 855(56,) Roßberg'sche Buchh. *

Bernhard, H., üb. unricht. Ideen v. Richtung u. der Folg in d. Tactik 2c. 8. Halle, Hendel. 794.

Bernhard, H. (Red.), s. O f f e r t e n - B l a t t für den Export.

Bernhard, J.: Ehrenpreis, s. B e r n h a r d , Jos.

Bernhard, J., vollständ. Forst- u. Jagdlehre in Fragen u. Antworten. 8. Prag 811. Enders. 10 kr

Bernhard, J., Von d. Conventionalstrafe. Diss. Würzb. 1843.

Bernhard J, Reise- und Industriehandbuch für Württemberg. Stuttgart 1879

Bernhard, J., Uebungen für Auge und Hand [für die erste Schulzeit]. qu. gr. 4. (12 Stnt.) Eichstätt 875, Krüll'sche Buchh. *

Bernhard, J., der königl. bayerische Unteroffizier in der Garnison und im Felde. 16. (VIII, 55 S.) München 870, Th. Ackermann. *

Bernhard, J.: Biblisch-theologische Untersuchungen, s. Bernhard, Johannes

Bernhard, J. Ch.

— Abhandl. v. Wiesenbau umgearb. v. Steeb. 2 Thle. 8. Stuttgart, Metzler. 798. (1r 1 Rthlr. 4 gr., 2r 1 Rthlr.)

Bernhard, J. F., Anleit. z. Kenntniß d. Pflanzen, m. K. 1r Thl. gr. 8. Erfurt, Hennings. 803. (dass. unt. d. Tit.: Handb. d. Botanik. 1r Bd. 1r Thl.)

— Ehrenpreisarten, m. 1 K. Erfurt, Beyer u. Mar. 808.

Bernhard, J. F., Tagebuch aus Paris, von 1808 an. 2 Bde. 8. Cölln, (Hesse, Amsterd.) 809. Rthlr.

Bernhard, J. M., Adventsandachten. 8. Breslau, Korn d. j. 780.

— Andachtsbuch auf jeden Tag d. Woche. 8. Koburg 796. (Riemann). 12 kr

— moral. Betrachtt. über Stellen d. Alt. u. N. Testam. 2 Bde. 4. Kob. 797. (Riemann). 1 fl 20 kr

— Betracht. üb. d. christl. Religionstheorie f. gem. Leben. 8. Ebend. 788. (ist das vorsteh. B.)

— Gebete u. Betracht. für Soldaten. 8. Ebend. 791.

— Morgen- u. Abendandachten in d. Passionsz. 8. Bresl. Korn d. j. 779.

— Morgen- u. Abendandachten auf alle Tage in d. Woche, f. Soldaten. 8. Danzig 782. 6 kr

— Predigt am Dankfeste wegen d. Sieges bei Kaiserslautern d. 29. Dec. 1793. gr. 8. Bresl. 794. J. F. Korn. 4 kr

Bernhard, J. G., Anleitung, den menschl. Körper nach seinen verschied. Abweichungen nach Grundsätzen zu kleiden u. verschönern. Ein Handb. f. die, welche Damenkleider, Schnürleiber u. Beinkleider nach Regeln zeichnen u. verfertigen wollen. 2 Bde. mit K. gr. 8. Dresd. Arnold. (in Comm.) 811.

Bernhard, J. G. Anleitung, den menschl. Körper, besonders aber den weiblichen zu kleiden und zu verschönern. 2 Thle. mit 15 Kupfert. u. mehrern Tabellen. 2te wohlf. Aug. gr. 8. Dresd., Arnold. 820.

Bernhard, Jh. Cr. Fr., († d. 10. Jan. 1798.) Samml. einiger neuen Schriften u. Verordnn., d. Ursprung, Wachsthum u. Einschränkung d. Ordensgeistlichen betreff. rc. 8. 769.

Bernhard, Joh., unsere liebe Frau v. Lourdes. Andachtsbüchlein m. 5 Bildern u. e. Anh. v. Liedern. 1.—5. Taus. (VI, 408 S.) 16. Linz (910). Zentraldruckerei. Geb. in Leinw. 1. —

Die Höllenmaschine. Lustspiel in 2 Aufz. von Joh. Bernhard. *Essen: Fredebeul & Koenen 1896.* (21 S.) 8° [F.]
= Vereinstheater, Neues. No 7. [04. 7071

Bernhard, Johann Adam
Bernhard, J. A., Alterthümer d. Wetterau rc. 2 Thle. 4. Frankf. Guilhaumann. 745.

Johann Adam Bernhards Antiquitates Wetteraviae, oder Alterthümer der Wetterau, Darinnen von dem Zustand dieses Landes unter den Völkerschafften, Gowen und Reichs-Vogteyen gehandelt … wird. Wozu noch kommt Erasmi Alberi und Marquardi Frehen unter dem Nahmen Weyrich Wettermanns Kurtze Beschreibung der Wetterau. Hanau. 1731. 4° k.

— v. d. Comitia in d. Wetterau. 4. Frankfurt, Eßlinger. 748.

BERNHARD, Joh. Ad. Kurtzgefaſte curieuſe Hiſtorie derer Gelehrten, darinnen von der gelehrten Erziehung, Sitten, Fatis, Schrifften etc. gelehrter Leute gehandelt. Mit Titelkupfer. Frankfurt 1718. 8°. 15 Bl. 894 S.
Enthält u. a.: Von gelehrten Buchdruckern und Correctoribus, von curieuſen Titulen derer Bücher, von raren Büchern, von curieuſen Kupffern derer Bücher; von verſprochenen, aber niemals edirten Büchern; von verbottenen und confiſierten Büchern etc.

§ **BERNHARD**, Joh. Adam (Hanoviensis), Kurtzgefaste (!) curieuse Historie derer Gelehrten etc. Mit Titelkpfr. Franckfurt a. M., Joh. Martin v. Sand, 1718. 8°. 894 S. (20 Mk. M. Edelmann, Nürnb., 1904.)
894 SS. Handelt u. a. von gelehrten Hurenkindern, verliebten oder verhurten Gelehrten, von gelehrten Hahnreyen (S. 330—334) etc. Selten, da die meisten Expll. bei einem Brande in Frankf. a. M. zerstört wurden.

Bernhard, Joh(ann) Christoph: Vollständige Abhandlung vom Wiesenbau, sowohl dem natürlichen als künstlichen …, Franckfurt & Leipzig: Mezler 1763. 912 S
— Dass. Neue, verb. u. verm. Aufl. Ebd. 1764. 912, 158 S.
— Dass. 3. Aufl. … zum Theil neu verf., zum Theil umgearb. von Johann Gottlieb Steeb. Th. 1.2. Stuttgart: Metzler 1798.

Bernhard, Jo. Chr., Chemische Versuche u. Erfahrungen rc. Lpz. 8°. (Obs. 8 Agaricus muscarius gegen Epilepsie, 1 Dr. semel die cum aceto.)
1755

Bernhard, Jh. Chr., chym. Versuche u. Erfahrr. aus Vitriol, Salpeter, Ofenruß rc. kräftige Arzneien zu machen. Mit Kpf. 8. Leipz. 755. Breitkopf u. H. 12 kr

Bernhard, Jh. Chr., († d. 25. Mai 1784.) Vorschläge zu e. Polizei d. Dörfer. 8. Würzb. 787. (Frankf., Wesché; auch Leipz., Göthe). 6 kr

Bernhard, Jh. Chr.: Vorschläge zu einer wirthschaftlichen Polizey der Dörfer; oder wie die Landwirthschaft daselbst überhaupt, sowohl in Absicht auf die Polizey und der Communen gemeinschaftliche Einkünfte und Cassen, als auch der Inwohner besondere Haushaltung zu verbessern. – Stuttgart 1768 (Metzler.)

Bernhard, Joh. G., an Frankreichs Gnadenstätten. Erinnerungen vom 1. oberösterreichischen Lourdes-Pilgerzug. (152 S. m. Abbildgn. u. 1 Taf.) 8. Linz 906. Preßverein. Geb. in Leinw. n. 2. 50

— u. Karl Burtscher, von Wien nach Lourdes. Erinnerungsblätter an d. österreich. Jubiläums-Pilgerzug nach Lourdes vom 6. bis 20. VI. 1904. (120 S. m. Abbildgn.) 8. Ebd. 905. Geb. in Leinw. n. 2. 50

Bernhard, Joh. Georg, Tischgebete vor u. nach d. Mahlzeit. Für fromme Haushaltungen u. Institute hrsg. 8. (1 B.) Leipzig 834, Friese.

Bernhard, Jh. Mch., Prüfung d. neuen Gedanken von d. heil. Abendmahl rc. 8. Berl. u. Stralſ. 784.

— Verſuche d. Lehre d. chriſtl. Religion a. d. gem. Leben anzuwend. 8. Coburg, Ahl. 787.

— Verſuche, d. Lehre d. chriſtl. Religion auf d. gem. Leben anwendbar dazuſtelleh. 8. Kob. 787. (Riemann). 1 ℳ

Bernhard, Johannes
Bernhard, Johs., Halte, was du haſt! Ein Lehr- und Mahnwort an evangeliſch-luther. Chriſten. gr. 8. (X, 126 S.) Leipzig 888, Dreſcher. *ℳ 1,50.; geb. *

Bernhard, Johs., Halte was du haſt! Ein Lehr- und Mahnwort an evangeliſch-luther. Chriſten. 8. Leipzig 888, Wilh. Weber. [*ℳ 1.50.] *
geb. in Leinw. [*ℳ 2.—.] *

Bernhard, Johs. Ich bin der HErr, dein Arzt! Eine Zeitpredigt üb. d. Evangelium d. 14. Sonntages p. trin. Luc. 17, 11—19. gr. 8. (15 S.) Lübeck 892, Lübcke u. Hartmann. * — 40

— Joſeph in Ägypten. Deklamationen z. 9 leb. Bildern. 8. (20 S.) Münſter 895. A. Ruſſell. n. — 70

—— Kommt und helfet! Ein Miſſions-Tractat. 8. (VI, 66 S.) Breklum 888, Chriſtl. Buchhandlung. *

Bernhard, Johs., Friedrich Nietzsche Apostata. E. Vortrag. gr. 8. (56 S.) Lübeck 898. Lübcke & Hartmann. n. 1.—

Aus Nordfriesland. Skizzen v. Johannes Bernhard. Hagen i. W. und Leipzig. 1881. 8°.

Bernhard, Johs., aus Nordfriesland. Skizzen. 8. (V, 69 S.) Hagen 881. Riſel & Co. n. 1. 60

—— Biblisch-theolog. Untersuchungen. 1. Heft: Die Versuchung unseres Herrn Jesu Christi. gr. 8. (VII, 60 S.) Lübeck 890, [Dittmer.] Lübcke u. Hartmann. * 1 50

— die wunderbaren Vorgänge beim Tode unſeres HErrn JEſu Chriſti, nach Matthäus. 8. (55 S.) Ebend. 882. n. — 90

Bernhard, Johs., Wort u. Gedanke. Freunden des Wortes Gottes dargeboten. 1.—3. Tauſ. 8. (à 171 S.) Lübeck 900. Lübcke & Nöhring. n. 1. 20

Bernhard, Joſ., Ehrenpreis. Gelegenheitsdichtgn. z. Jubiläen, Vereinsfeſten rc. 8. (68 S.) Eſſen 895. Fredebeul & Koenen. — 60

Bernhard, Jos., formale Logik f. Gymnasien. gr. 8. (123 S.) Prag 890. (H. Dominicus.) n. 2.—

Bernhard, Josef, Formale Logik für Gymnasien. Gr.-8. (121 S.) 2.—
Prag: Dominicus 1891.

Bernhard, Jos.: St Ludgerus, d. Apostel d. Sachsen, s: Radermacher's, J, Herrenbühne.

Bernhard, Joſ., St. Ludgerus, der Apoſtel der Sachſen, ſ.: Vereins-Theater, katholiſches.

— empirische Psychologie f. Gymnasien. gr. 8. (III, 136 S.) Ebd. 892. n. 2.—

Bernhard, Jul., der kleine Buffon. Berichtigt u. ergänzt nach d. neueren Forſchungen insbeſond. nach Oken u. d. Beobacht. im Jardin des Plantes. 1. Abth. A. u. d. Ttl.: Das Thierreich. 1. u. 2. Bdchn. 8. Karlsruhe, Macklot. à Bdchn. 25 Ngr. col. à
Bdchn. 1. Säugethiere. Mit 90 Abbild. auf 18 Taf. (23¼ B.) 843.
2. Vögel. Mit 111 Abbild. auf 22 Taf. (32¼ B.) 844.

Bernhard, Jul., der kleine Büffon. Pragmatiſche Naturgeſchichte des Thierreichs für das Volk und die reifere Jugend. 3 Thle. 8. Stuttgart 847, Müller's Vrlgsh.
Mit ill. Abbildungen
Thl. 1. Säugethiere. Mit 90 Abbild. (XII und 354 S. mit 18 Taf.) 24 Ngr. ill. 1 Thlr. 4 Ngr.
- 2. Vögel. Mit 111 Abbild. (VI und 508 S. mit 22 Taf.) 24 Ngr. ill. 1 Thlr. 4 Ngr.
- 3. Amphibien. Reptilien. Fiſche. Mit 47 Abbild. (386 S. und 12 Taf.) 18 Ngr. ill. 25 Ngr.

Bernhard, Jul., Madame Lafarge unſchuldig! nachgewieſen aus den Vollſtänd. Verhandln. u. allen darauf bezügl. Aktenſtücken, Briefen rc. d. Proceſſes Lafarge, (Vergiftung u. Diamantendiebſtahl) nebſt Anmerkn. u. Beleucht. nach franzöſ. u. deutſchem Strafverfahren u. d. geſunden Vernunft. Mit d. wohlgetroff. Bildn. d. Mad. Lafarge. gr. 8. (35 B.) Karlsruhe 841, Macklot.

Bernhard, Julius Adolf *Administrator der Vitzthumschen Gymnasialstiftung Hermann Graf Vitzthum von Eckstädt, † 24. Juni 1892.* 4 (S. 32—33). Progr. Vitzthumsch. G. *Dresden* 1893

Bernhard, Julius Adolf: Festschrift zur Einweihung des neuen Vitzthumschen Gymnasiums den ehemaligen Zöglingen der Blochmann-Bezzenbergerschen Erziehungsanstalt und des Vitzthumschen Gymnasiums gewidmet. Enthaltend: I. Verzeichnis der Administratoren und Königlichen Kommissare des Vitzthumschen Gymnasiums bis zu der Übernahme der Schule durch die Stadt Dresden; II. Verzeichnis der Lehrer sowie III. Verzeichnis der Schüler vom Jahre 1824 bis zur Gegenwart. V S., 1 S. ungez., 148 S., 1 Abb. 8.
Progr. Vitzthumsches Gymn. *Dresden* 1903.

Bernhard, Julius Adolf: Kunstgeschichtliches für die Schule. 4 (S. 1—26). Progr.
Festschrift d. 44. Versammlung d. Phil. u. Schulmänner dargeboten v. d. öffentl. höh. Lehranstalten Dresdens. *Dresden* 1897. (Vitzthumsch. G.).
Nicht im Tauschverkehr.

Bernhard, Julius Adolf, Prof. Dr., Rekt.: **Mitteilungen** zur Geschichte des (Vitzthumschen) Gymnasiums. (Rückblick bei Gelegenheit d. Feier d. Überganges d. Schule in die städtische Verwaltung.) *Dresden 1899: B. G. Teubner.* (S. 45—51.) 4°
Dresden, Vitzthumsches G, OP 1899 (565)

Bernhard, Julius Adolf, Rektor Prof. Dr.: Mitteilungen zur Geschichte des Vitzthumschen Gymnasiums. Dazu 4 Beilagen. Dresden 1905: B. G. Teubner. (S. 1—32.) 4°
Dresden, Vitzthumsches G P 1905 (642)

Bernhard, Julius Adolf [Prof. Dr., Rekt.]: Über Ciceros Rede von den Konsularprovinzen. Dresden, Druck v. B. G. Teubner, 1890; S. 3—28; 4°
Dresden, Vitzthumsches G, OP 1890 (527)

Bernhard, Jul. Ad., Schriftquellen z. antiken Kunstgeschichte. Ausw. f. d. ob. Gymnasialklassen. gr. 8. (VIII, 60 u. 64 S.) Dresden 898. L. Ehlermann. Geb. n. 2.—

Bernhard, Julius Adolf, Prof. Dr., Rekt.: **Verzeichnis** der in den Programmen und Festschriften des Vitzthumschen Gymnasiums enthaltenen Abhandlungen. (1862—1899.) *Dresden 1900: B. G. Teubner.* (1 S.) 4°
Dresden, Vitzthumsches G, OP 1900 (572)

Bernhard, Julius Adolf, Prof. Dr., Rekt.: **Verzeichnis** der in den Programmen und Festschriften des Vitzthumschen Gymnasiums enthaltenen Abhandlungen. (1862—1901.) *Dresden 1901: B. G. Teubner.* (1 ungez. S.) 4° ¶ [Vgl. Progr. 1900.]
Dresden, Vitzthumsches G, OP 1901 (581)

Bernhard, K.: G e b e t e f. Kinder, s. B e r n h a r d , Karl

Bernhard, Karl: Eiserne Brücken, s: Bauhandbuch, Deutsches.

Bernhard, Karl, Erinnerungsblätter aus Algerien. Mit einer musikal. Beilage von L. S....... (in Fol.) 12. (174 S.) Straßburg 848. (Treuttel & Würtz.) n. 1/3 Thlr.

Bernhard, Karl, approb. Arzt aus Völklingen ⟨Rheinl.⟩: **Aus d.** Universitäts-Hautklink [!] ⟨Prof. Jacobi⟩ zu **Freiburg i. B.** Ein **Fall** von **Pemphigus vegetans** mit besonderer **Berücksichtigung** der Histologie. *Freiburg i. B. 1902: E. Kuttruff.* (42 S.) 8°
Freiburg i. B., Med. Diss. v. 1902

Bernhard, Karl, Gebete für Kinder in Schule und Haus. Friedberg 858. Scriba. 16. (VIII, 143 S.) 7 1/2 Ngr.

Bernhard, Carl, das Glückskind, e. Novelle. Auf dän. u. auf deutsch hrsg. 8. (30 B.) Kopenhagen 837, Schubothes Bh.

Bernhard, Carl, pract. Arzt aus Strassburg i. E.: Ueber **Immunisierung** durch die Milch typhöser Ammen. *Strassburg i. E. 1899: C. & J. Goeller.* (31 S.) 8°
Strassburg, Med. Diss. v. 1899

Bernhard, Karl: Kindersegen oder Kindersorgen, s. V o l k s b i b l i o t h e k des Lahrer hinkenden Boten.

Bernhard, Carl, neues illustriertes Conditoreibuch, s.: Krackhart, Carl.

— u. **Th. Landsberg**: Die Konstruktion d. eisernen Balkenbrücken. Die Brückenbahn, s.a. Handbuch d. Ingenieurwiss.

Die Konstruktion der eisernen Balkenbrücken. Die Brückenbahn. Bearb. von K[arl] **Bernhard** u. Th[eodor] **L a n d s b e r g** hrsg. von Th. Landsberg, in 1. u. 2. Aufl. von Dr. Th. Schäffer u. Ed. Sonne. 3. verm. Aufl. Mit 276 Textfig., Sachreg. u. 16 lith. Taf. Leipzig: W. Engelmann 1907. (X, 271 S.) 4°(8°)
— Handbuch d. Ingenieurwissenschaften. Bd 2, Abt. 3. [07. 11307]

Bernhard, Carl (II.), die sieben Landplagen in sieben Briefen an meinen lieben Vetter. 8. (18 S.) Langensalza 848, Körner.

Bernhard, Karl, Lebensbilder aus Dänemark, in Novellen u. Erzählungen. 1r Bd. A. u. d. T.: Die Hospital-Verlobung. Novelle. 8. Leipzig 840. Weber. 1 Thlr. — dass. 2r Bd. A. u. d. T.: Eine Familie auf dem Lande. Novelle. 8. Ebd. 840. 1 Thlr. — dass. 3r Bd. A. u. d. T.: Der Eilwagen u. Ein Sprichwort. 8. Ebd. 840. 1 Thlr. — dass. 4r Bd. A. u. d. T.: Die Deklaration. Novelle. 8. Ebd. 840. 3/4 Thlr. — dass. 5r Bd. A. u. d. T.: Der Kommissionär und Tante Franciska. Novellen. 8. Ebd. 841. 1 1/4 Thlr. (1r—5r Bd. 5 Thlr.)

— Lebensbilder aus Dänemark in Novellen und Erzählungen. 6. Bd. Der Kinderball. 8. Ebd. 841. 1 Thlr. (1.—6.: 6 Thlr.)

Bernhard, Karl: Neues Not- und Hilfsbüchlein, s.a. V o l k s b i b l i o t h e k des Lahrer hinkenden Boten.

Bernhard K, neues Not- und Hilfsbüchlein. (331 S) Frankfurt a. M. (1888)

Bernhard, Karl, neues Not- und Hülfsbüchlein. 12. (VII, 331 S.) Lahr 888, Schauenburg. *

Bernhard, Carl, die Berliner Sanitäts-Wachen. Ihre Entstehg., Einrichtg. u. Wirksamkeit. Hrsg. im Auftrage d. Vereinigg. d. Berliner Sanitäts-Wachen. 2. Aufl. gr. 8. (48 S. m. 2 Bildnissen.) Berlin 896. J. Springer. n. — 60

Bernhard, Karl, die Stubenrauch-Brücke üb. die Oberspree bei Berlin. Mit 52 in den Text gedr. Abbildgn. u. 1 Textblatt. (19 S.) 32,5×24,5 cm. Berlin 909. J. Springer. 2. —
Sonderabdruck aus „Ztschr. d. Ver. deut. Ingen."

Bernhard, Karl, die Treskow-Brücke zu Oberschöneweide bei Berlin. (25 S. m. Abbildgn. u. 1 Taf.) 4. Berlin 905. J. Springer. n. 2. —
Erweiterter Sonderabdruck aus der „Zeitschr. d. Ver. deut. Ingenieure".

— Die Überbrückg d. Haveltales durch d. Döberitzer Heerstrasse. [Erweit. Sonderdr. a.: „Ztschr. f. Bauwesen".] (21 m. Abb. u. 5 Taf.) 36×26,5 cm. Berl., W Ernst & S. '11. 3.60

Bernhard, Carl (III.), gesammelte Werke. Vom Verf. selbst besorgte Ausg. 1—15. Bd. 8. Leipzig, Lorck. *
Auch unter den Titeln:
Bd. 1—6. Novellen. Deutsch von G. L. Kannegießer. (2. Ausg.) 6 Bde. (1126 S.) 847. * 5 Thlr.
" 7—9. Christian VII. und sein Hof. Deutsch von G. L. Kannegießer. (2 Ausg.) 3 Bde. (608 S.) 847. * 3 Thlr.
" 10—13. König Christiern II. und seine Zeit. Deutsch von G. L. Kannegießer. 4 Bde. (848 S.) 847. * 4 Thlr.
" 14. Das Glückskind. Deutsch von G. L. Kannegießer. (304 S.) 847. * 1 Thlr.
" 15. Zwei Freunde. Novelle. (246 S.) 850. * 1 Thlr.

Bernhard, Carl, sämmtliche Werke. Aus d. Dän. im Vereine mit K. L. Kannegießer u. D. L. B. Wolff v. Verfasser. 10 Bde. 8. Leipzig. [Lorck.]
Bd. 1—6. Lebensbilder aus Dänemark. 6 Bde. 840, 41. 6 Thlr.
" 7—9. Christian VII. u. sein Hof. (38 3/4 B.) 3 Bde. 847. 3 Thlr.
" 10. Schooßsünden. Novelle. (8 1/2 B.) 843. 22 1/2 Ngr.

Bernhard, Carl, der Wettbewerb um den Entwurf e. Strassenbrücke üb. den Neckar bei Mannheim. gr. 4. (38 S. m. 100 Abbildgn. u. 1 Taf.) Berlin 901. J. Springer. n. 2. —
Sonderabdruck aus: „Zeitschr. d. Ver. deut. Ingen."

Bernhard, Karl, der Wettbewerb um e. feste Strassenbrücke üb. den Rhein zwischen Ruhrort u. Homberg. (33 S. m. 145 Abbildgn. u. 2 Taf.) 4. Berlin 905. J. Springer. n. 2. —
Sonderabdruck aus: „Ztschr. d. Ver. deutsch. Ingenieure".

Bernhard, Karl: Wohlthaten, s. V o l k s b i b l i o t h e k des Lahrer hinkenden Boten.

Bernhard, Karl: Wohnungsnot u. Hilfe, s. V o l k s b i b l i o t h e k des Lahrer hinkenden Boten.

Bernhard, Klaus

— Onkel Toms Hütte, s.: Beecher-Stowe, Harriet.

Bernhard, Klaus: Lederstrumpf-Erzählgn, s.: Cooper, James Fenimore.

Bernhard, L.: Die A k k o r d a r b e i t in Deutschland, s. B e r n h a r d , Ludwig

Bernhard, L: Alles durch Reklame, s: Danner's, G, Herren-Bühne.

Bernhard L., Das klassische Alterthum u. d. höbere Bürgerschule. Pr. 1854. 24 S. 4°. — .90

Bernhard, L., les atrocités russes en Bulgarie et en Arménie pendant la guerre de 1877. Constatées par des documents authentiques. gr. 8. (75 S.) Berlin 878. Abelsdorff. n. — 80

Bernhard, L., die Braut als Schwiegermutter, s.: Meißner's Herrenbühne.

Bernhard, L: Der Dritte im Bunde, s: Vereinstheater.

— Ehestandsregeln, s: Hochzeits-Album.

Bernhard, L.: Ueber den Einfluss Friedrichs des Grossen auf die vaterländische Literatur, besonders auf die Poesie Deutschlands. 26 S.
Progr. Königsberg i/Pr. st.R. 1870.

— Im Forsthause, s.a. Danner's, G., deutsche Volksbühne.

Im Forsthause. Trauerspiel in 1 Akt von L. Bernhard. Mühlhausen i. Th.: Danner [1900]. 20 S. 8°
(Danner's deutsche Volksbühne. Nr 15.) [03. 1198]

— die Grausamkeiten der Russen in Bulgarien u. Armenien im J. 1877. Nach authent. Documenten. gr. 8. (92 S.) Ebend. 878. n. 1. —

— Heil uns. Kaiser, s: Meissner's Jugendbühne.

— Der Heiratsantrag auf Helgoland, s.: Schneider, L.

Bernhard, L., über die Idyllenpoesie m. näherer Beziehung auf Theokrit u. metrische Uebersetzung einiger Dichtungen desselben. 8. (57 S.) Leipzig 881. Friedrich. n. 1. —

Bernhard, L: Das Kind u. s. hl. Schutzengel, s.: Christbaum, geistl.

— Die Millionenerbsch., s: Danner's G. deut. Volksbühne.

— Soldatenliebe in d. Küche, s.: Meissner's Vereinsbühne.

— Das Sonntagsräuschchen, s.: Flote, Wilh.

— Auf d. Standesamt, s: Danner's, G. Herren-Bühne.

— Straf-Instruktionsstunde, s.: Meissner's Herrenbühne.

—— Verschwunden — gefunden. Novelle. 8. (259 S.) Hagen 883, Risel und Comp. *

— Weihnachtswünsche, s.: Meissner's Weihnachtsbühne.

— Wo brennt's denn? s.: Danner's, G., Theater-Abend.

Bernhard, Leopold

Bernhard, L., Beitrag zur Kenntnis der Schlafverhältnisse Berliner Gemeindeschüler, s.a. Beiträge zur Kinderforschg. u. Heilerziehung.

Beitrag zur Kenntnis der Schlafverhältnisse Berliner Gemeindeschüler. Vortrag, geh. auf d. Kongr. f. Kinderforschung u. Jugendfürsorge 1906 zu Berlin von Dr. L[eopold] **Bernhard**, Schularzt. Langensalza: H. Beyer & Söhne 1907. (13 S.) 8°
— **Beiträge** z. Kinderforschung u. Heilerziehung. H. 39. [07. 13329

Bernhard, L: Zur Kenntn. d. Ernährgsverhältn. Berliner Gemeindeschüler, s.a. Beiträge z. Kinderforschg u. Heilerziehg.

Zur Kenntnis der Ernährungsverhältnisse Berliner Gemeindeschüler von Dr. L[eopold] **Bernhard**, Schularzt in Berlin. Langensalza: Beyer 1910. 28 S. 8°
(Beiträge z. Kinderforschung u. Heilerziehung. H. 71.) [11. 3654

Bernhard, Leopold [Assist. am Kaiser u. Kaiserin Friedrich Kinder-Krankenhaus in Berlin]: Untersuchungen über Hämoglobingehalt und Blutkörperchenzahlen in der letzten Zeit der Schwangerschaft und im Wochenbett ... (Aus d. Münch. Med. Wochenschr.) München, J. F. Lehmann, 1892; 2 Bl., 17 S., 1 Tab. 8.
Erlangen, Med. Fak., Inaug.-Diss. v. 1892

Bernhard, Lewis, Fidele. 16. Wien, Beck's Verlag. 1870.

Bernhard, Lewis, Fidèle. 16. (273 S.) Wien 871, F. Beck's Verlag.

Bernhard, Ludw., Die Akkordarbeit in Deutschland. gr. 8⁰. Leipzig, Duncker & Humblot, 1903.

Bernhard, Ludw., Der Arbeitslohn. Schmoller-Festschrift, 1908.

Bernhard, Ludw., die Entstehung u. Entwicklung der Gedingeordnungen im deutschen Bergrecht, s.a. Forschungen, staats- u. socialwissenschaftl. XX. 7.

Bernhard, Ludwig, Dr. d. Staatswiss.: Die **Entstehung** und Entwicklung der Gedingeordnungen im Bergrecht. *(Altenburg) 1902: (Pierer).* (31 S.) 8° ¶ [Erschien vollst. 1902 als: Schmollers Staats- u. socialwiss. Forschungen, Bd 20, H. 7.]
Berlin, Jur. Diss. v. 2. Juni 1902

Die Entstehung und Entwicklung der Gedingeordnungen im deutschen Bergrecht. Von Ludwig Bornhard. *Leipzig: Duncker & Humblot 1902.* (74 S.) 8°
— Forschungen, Staats- u. socialwissenschaftl. Bd 20, H. 7. [02. 7651

Bernhard, Ludw.: Unerwünschte Folgen d. deut. Sozialpolitik. 1. u. 2. Afl. (7, 116) gr8° Berl., J Springer '12'13. 1.60

Das polnische Gemeinwesen im preußischen Staat. Die Polenfrage. Von Ludwig **Bernhard**, Prof., Kiel. Mit 2 Karten. Leipzig: Duncker & Humblot 1907. (x, 686 S.) 8° [J.] [08. 17

Das poln. Gemeinwesen im preuß. Staat. Die Polenfrage. Von Ludwig **Bernhard**, Prof., Berlin. Mit 2 Kt. 2., bearb. Aufl. Leipzig: Duncker & Humblot 1910. XI, 620 S. 8° [10. 6766

Bernhard, Ludw., Gipsabgüsse, Stuckarbeiten u. künstlicher Marmor. Ein Handbuch f. die Gips verarbeit. Gewerbe u. Industrien unter besond. Berücksicht. f. die Gewerbe der Gipsfiguren-Giesser, Stuckateure, Modelleure, Vergolder, Anstreicher, sowie auch f. Künstler. gr. 8. (92 S.) Frankfurt a/M. 893. H. Bechhold. n. 2. —

Bernhard, Ludwig, Handbuch der Löhnungsmethoden. Eine Bearbeitung von David F. Schloss: Methods of industrial remuneration. 8⁰. Leipzig, Duncker u. Humblot, 1906.

Bernhard, Ludwig: Die Lohnsysteme in der deutschen Holz- und Metallindustrie. *München 1898: Kastner & Lossen.* (81 S.) 8°.
München, Staatswirtsch. Diss. v. 1898

Bernhard, Ludwig (Hrsg.), s. Städte, Preußische, im Gebiete des polnischen Nationalitätenkampfes.

— Die Städtepolitik im Gebiet des deutsch-polnischen Nationalitätenkampfes. [Aus: „Preuß. Städte im Gebiete d. poln. Nationalitätenkampfes".] (42 S.) gr. 8. Ebd. 909. 1. —

Bernhard, Ludw., Tabelle der Grundsteuerwerte v. landwirtschaftlichen Grundstücken in Bayern u. Text hiezu. (16 S.) gr. 8. Sulzbach (909). J. E. v. Seidel. — 50

Bernhard, Ludwig (Hrsg.), s. Untersuchungen über die Entlöhnungsmethoden in der deutschen Eisen-und Maschinenindustrie.

— Verfassung u. Verwaltungsorganisation der preuß. Städte im Gebiete des polnischen Nationalitätenkampfes, s.: Bitzlaff.

— das Wasserglas, seine Darstellung u. Anwendung. gr. 8. (VIII, 176 S. m. 13 Abbildgn.) Ebd. 893. n. 5. —

Bernhard, M.: Meine Ansicht v.d. Geschicht. d. Entsteh. d. Buchdruckerkunst, s. Bernhart, Jh. Bapt. Matth.

Bernhard, M.: Beschreibung d. Klosters u. der Kirche zu Ottobeuren, s. Bernhard, Magnus

Bernhard, M., das Buch der Gesundheit. Eine populäre Diätetik für die Gebildeten aller Stände. 29 Lfgn. gr. 8. Berlin 857—59, Hollstein. [1. Abthl. (488 S.) 2. Abthl. (828 S.) mit Populäre Heilkunde (XXI und 600 S.) à Lfg. * 5 Ngr.] *

Bernhard, M.: Die hl. C a e c i l i e , s. B e r n h a r d , Marie

Bernhard, M.: H e m e r a l o p i e , s. B e r n h a r d , Matthäus

Bernhard, M., Krankenwesen, s. Kultur u. Fortschritt.

Bernhard, Magnus, Beschreibung des Klosters und der Kirche zu Ottobeuren. Ein Andenken an die 1100jähr. Jubelfeier. 1. und 2. Aufl. 8. (128 S.) Ottobeuren, Ganser'sche Buchdruckerei. 1883. *

Bernhard, M., zur Schulfrage. Votum eines prakt. Schulmannes zur Vermittelung und Verständigung, der preuß. National-Versammlung gewidmet. gr. 8. (20 S.) Lissa 848, (Günther.)

Bernhard, Margar.: Die Frauen u. d. Krankenkassen, s.a. Kultur u. Fortschritt.

Bernhard, Margar., Die Frauen und die Krankenkassen. 8°. Leipzig, Fel. Dietrich, 1907. (Kultur u. Fortschritt, Heft 111.)

Bernhard. Margarete. aus Charlottenburg: Die Holzindustrie in der Grafschaft Glatz. Berlin 1906. VIII + 144 S. 8°. [20. III. 06.]
Zürich. Jur. Diss. 1905/1906.

Bernhard, Margarete. Die Holzindustrie in der Grafschaft Glatz. VIII + 144 S. 8.
Ausg. A: Diss. Rechts- und Staatswiss. Univ. Zürich. Berlin, Druck Leonhard Simion Nf., 1906.
Ausg. B, sep.: Berlin, Verlag R. L. Prager, 1906. [M. 2.—]

Bernhard, Marie, die hl. Caecilie. Roman. 2 Tle. (263 u. 248 S.) 8. Leipzig 905. E. Bolz. n. 5. —; geb. n.n. 6. —

Bernhard, M., die hl. Caecilie. Jetzt: Leipzig, P. List.

Bernhard, Marie, das corpus delicti. Roman. 8. (278 S.) Dresden 902. E. Pierson. n. 3. —; geb. n. 4. —

Bernhard, Marie: Zu Dreien. Roman. (547) 8° Berl., A Schall ('11). 5 —; geb. 6 — d

Bernhard, Marie. Ein Ehrenwort. Roman. 8. (V, 283 S.) Minden i. W. 890, Köhler. * 2 80; geb. * 3 60

Bernhard, Marie, ein Ehrenwort. Roman. 6. Taus. (304 S.) 8. Minden 910. W. Köhler. 3.—; geb. 4. —

Bernhard, M: Die Erbin v. Glückshafen, s.a. Goldschmidt's Bibliothek f. Haus u. Reise.

[F.] Die Erbin von Glückshafen. Roman v. Marie Bernhard. 2. Aufl. *Berlin: A. Goldschmidt 1897.* (306 S.) 1 Bd 8.
= Bibliothek, Goldschmidts, f. Haus u. Reise. Bd 46. [97. 3373

Die Erbin von Glückshafen. Roman von Marie Bernhard. 3. Aufl. Berlin: Goldschmidt 1910. 306 S. 8° [11. 11741

— Frau Fama. Roman. 2 Tle. in 1 Bd. 8. (262 u. 244 S.) Leipzig (901). Ph. Reclam jun. n. 6. —; geb. in Leinw. n.n. 7. 50

— Familiensinn u. and. Erzählgn, s: Bonnier's, Alb., 30 Pfennig-Bücherei.

—— Felix u. Felicia. Roman. 8. (340 S.) Lpz. 892, Keil's Nachf. 4 50; geb. in Leinw. * 5 50

— Leonore Flottwell. Roman. (369 S.) 8. Berlin (902). H. Steinitz. n. 5. —

— „Für wen?" Roman. 2 Tle. in 1 Bde. 1. u. 2. Aufl. (à 255 u. 252 S.) 8. Leipzig (909). P. List. 4.—; geb. 5. —

— Die Glücklichen, s: Reclam's Novellen-Bibliothek.

— Die Glücklichen, s.: Universal-Bibliothek.

— ein Gottesmann. Roman. 2 Bde. 8. (350 u. 353 S.) Dresden 900. E. Pierson's Verl. n. 8. —; geb. n. 10. —

—— Ein Götzenbild. Roman. 8. (413 S.) Ebd. 892. 4 50 geb. in Leinw. * 5 50

— herrenloses Gut. Roman. 2 Tle. in 1 Bde. (231 u. 222 S.) 8. Leipzig (904). Ph. Reclam jun. n. 4. —; geb. n. 5. —

— Heimatluft. s.a. Hesse's, Max, Volksbücherei. Nr. 127.

— Heimatluft. Erzählung. Illustriert v. J. G. Mohr. 8. (138 S.) Ebd. 901. n. 2. —; geb. n. 3. —

— Helm u. Spitzentuch. Salon- u. Manöver-Geschichten. 8. (103 S.) Berlin 893. F. L. B. Laverrenz. n. 1. —

— Schloß Josephsthal. Roman. 8. (359 S.) Leipzig 899. E. Keil's Nachf. 3. —; geb. in Leinw. n. 4. —

Bernhard, Marie: Schloß J o s e p h s t h a l . Jetzt: Stuttgart, Union.

— die Kinder. Novelle. 8. (241 S.) Dresden 899. E. Pierson. n. 3. —; geb. n. 4. —

—— Eva Leoni. Roman. 1. u. 2. Aufl. 8, (524 S.) Berl. 890, Schirmer. * 5 —; geb. * 6 —

— Eva Leoni. Roman. 3. Afl. 8° (524) Berl. 91, F Schirmer. 5 —; geb. 6 —

— Eva Leoni. Erzählg. Ausg. f. junge Mädchen. M. 1 farb. Titelb. u. 4 Ill. v. Hans Schulze. gr. 8. (528 S.) Berlin 898. F. Schirmer. Geb. in Leinw. 6. —

— Große u. kleine Leute, s.a. Kürschner's Bücherschatz.

Große und kleine Leute. Novellen von Marie Bernhard. Berlin, Leipzig: Hillger [1909]. 112 S. 8°
(Kürschners Bücherschatz. Nr 694.) [10. 7393

— Die chines. Mauer, s.a. Veröffentlichungen d. Ver. d. Bücherfreunde.

— die chinesische Mauer. Roman. 2. [Titel-]Aufl. 8. (510 S.) Berlin [899.] (901). A. Schall. n. 6. —; geb. n. 7. —

—— Novellen. 8. (196 S.) Minden i. W., 890, Bruns. * 2 — geb. * 2 75

Opfer. Roman von Marie Bernhard. Stuttgart, Berlin, Leipzig: Union [1906]. (418 S.) 8° [F.] [07. 631

— Pallas Athene. Roman. 2 Bde. (239 u. 244 S.) 8. Leipzig (906). P. List. n. 6. —; in 1 Bd. geb. n. 7. 50

— die Perle. Roman. 8. (323 S.) Leipzig 894. E. Keil's Nachf. 4. 50; geb. in Leinw. n. 5. 50

— Vogel Phönix. Roman. 2 Bde. (272 u. 282 S.) 8. Leipzig (907). P. List. 6. —; geb. 8. —

— Prüfg d. Herzens, s. a. Kürschner's Bücherschatz 733.

Prüfung des Herzens. Novellen von Marie Bernhard. Berlin, Leipzig: Hillger [1910]. 112 S. 8°
(Kürschners Bücherschatz. Nr 733.)

— Forstmeister Reichardt. Roman. 8. (216 S.) Leipzig 896. E. Keil's Nachf. 3. —; geb. in Leinw. n. 4. —

— Forstmeister Reichardt. Roman. 2. Aufl. 8. (275 S.) Leipzig (900). E. Keil's Nachf. 3. —; geb. n. 4. —

– Forstmeister Reichardt. – Jetzt: Stuttgart. Union.

Bernhard, Marie, Buen Retiro. Um meinetwillen. Die Freunde. 3 Erzählgn. 8. (III, 316 S.) Leipzig 895. E. Keil's Nachf. 4. 50; geb. in Leinw. n. 5. 50

— Illustrierte Romane. 1.—10. Bd. 8. Leipzig (908. 09.) P. List. à 3.—; geb. à 4.—; auch in 75 Lfg. à — 40
1. Sonnenwende. Roman. Mit Illustr. v. Ad. Wald. (400 S.)
2. Eine unverstandene Frau. (Im Strom der Zeit.) Roman. Mit Illustr. v. Fritz Bergen. (448 S.)
3. Schule des Lebens. Roman. Mit Illustr. v. Otto Meyer-Wegner. (307 S.)
4. Die Perle. Roman. Mit Illustr. v. F. B. Doubek. (352 S.)
5. Ein Gottesmann. Roman. Mit Illustr. v. M. Barascudts. (380 S.)
6. Die hl. Cäcilie. Roman. Mit Illustr. v. Aug. Mandlick. (370 S.)
7. Vogel Phönix. Roman. Mit Illustr. v. F. Juderna. (392 S.)
8. Opfer. Roman. Mit Illustr. v. Hans W. Schmidt. (380 S.)
9. Forstmeister Reichardt. — Das Corpus delicti. Roman. (332 S.)
10. Pallas Athene. Roman. Mit Illustr. v. F. Schwormstädt. (348 S.)

— Adelheid Rolands Schicksal. Roman. (515) 8° Berl., A. Schall ('12). 4 —; geb. 5 — d

— Schule d. Lebens. Roman. 2 Bde. 8. (323 u. 324 S.) Dresden 896. E. Pierson. n. 8. —; geb. n. 10. —

— Sich selbst getreu. Der Weg zum Herzen u. andere Novellen. 8. (216 S.) Minden i. W. 890, Köhler. * 2 40; geb. * 3 20

Bernhard, Marie, ihr einziger Sohn u. andere Novellen. 8. (303 S.) Leipzig (902). E. Keil's Nachf. 3. —; geb. in Leinw. n. 4. —

— Ihr einz. Sohn u. and. Novellen. (303) 8° Lpzg (02). Stuttg., Union. 3 —; L. 4 — d

— Sonnenwende. Roman. 8. (325 S.) Lpz. 891, Keil's Nachf. 4 50; geb. in Leinw. * 5 50

— Im Strom d. Zeit. (E. unverstand. Frau.) Roman. 2 Bde. 8. (315 u. 369 S.) Ebd. 899. n. 8. —

— das Teufelchen. Roman. 8. (256 S.) Dresden 893. E. Pierson. n. 4. —; geb. n. 5. —

– das Teufelchen. Roman. 2. Aufl. (285 S.) 8. Dresden 903. E. Pierson. n. 4. —; geb. n. 5. —

— in Treue fest. 8. (272 S.) Ebd. 893. n. 4. —; geb. n. 5. —

— unweiblich. Roman. 2 Bde. 8. (212 u. 178 S.) Dresden 894. Verlag des Universum. n. 6. —; in 1 Leinw.-Bd. n.n. 7. 50

— unweiblich. Roman. 2. Aufl. 2 Tle. in 1 Bd. 8. (256 u. 213 S.) Leipzig (899). Ph. Reclam jun. n. 6. —; geb. n.n. 7. 50

— verkauft u. verloren. Roman. 8. (V, 290 S.) Dresden 894. E. Pierson. n. 4. —; geb. in Leinw. n. 5. —

— verkauft u. verloren. Roman. 3. Aufl. (306 S.) 8. Ebd. 905. n. 3. —; geb. n. 4. —

— der Zeuge. Roman. 2 Tle. in 1 Bd. (Neue wohlf. [Titel-]Ausg.). 8. (288 u. 236 S.) Stuttgart [892]. 899. Deutsche Verlags-Anstalt. n. 1. 50; geb. n. 1. 75

Bernhard, Martin [Übers.]
s. James, G.P.R.: Frauenbilder. 1839.

Bernhard, Matthäus, approb. Arzt aus Baisingen, O. A. Horb: Aus d. Tübinger Universitäts-Augenklinik. Hemeralopie und Xerosis conjunctivae bei Potatoren. *Tübingen 1902: G. Schnürlen.* (26 S.) 8°
Tübingen, Med. Diss. v. 1902

Bernhard, Max, Beitrag zur Lehre von den Schussverletzungen der Arterien. Inaugural-Dissertation. gr. 8. (38 S.) Breslau 885, (Köhler.) *

Bernhard, Max, darstellende Geometrie m. Einschluss der Schattenkonstruktionen. Als Leitfaden f. den Unterricht an techn. Lehranstalten, Oberrealschulen u. Realgymnasien, sowie zum Selbstunterricht hrsg. gr. 8. (VIII, 195 S. m. 229 Fig.) Stuttgart 901. H. Enderlen. n. 4. 60; geb. n. 5. 20

Bernhard, Max, darstellende Geometrie m. Einschluss der Schattenkonstruktionen u. der Perspektive. Als Leitfaden f. den Unterricht an techn. Lehranstalten, Oberrealschulen u. Realgymnasien, sowie zum Selbststudium hrsg. 2., verb. u. stark verm. Aufl. (XI, 278 S. m. 311 Fig.) gr. 8. Stuttgart 905. H. Enderlen. n. 5. 20; geb. n. 5. 80

Bernhard, Max, darstellende Geometrie m. Einschluss der Schattenkonstruktionen u. der Perspektive. Als Leitfaden f. den Unterricht an techn. Lehranstalten, Oberrealschulen u. Realgymnasien, sowie z. Selbststudium hrsg. 3., verb. u. verm. Aufl. (VIII, 294 S. m. 321 Fig.) gr. 8. Stuttgart 909. H. Enderlen. 5.20; geb. in Leinw. 5. 80

Bernhard, Max, neues Kochbuch f. Einzel-Wirtschaft. Prakt. Wegweiser zu Nutz u. Frommen aller Junggesellen u. Strohwitwer, wie Jungfrauen u. Matronen. Zum Selbstgebrauch bearb. (62 S.) 8. München 908. Halle a. S., A. H. Müller. Ausgestanzt 1. —

Bernhard, Max, neues illustriertes Conditoreibuch, s.: Krackhardt, Carl.

Bernhard, Max [aus Laimnau in Württemb.]: Über Lineare Scharen von Kurven und Flächen ... Stuttgart, J. B. Metzlersche Buchdr., 1897; 1 Bl., 30 S. 4.
Tübingen, Naturw. Fak., Inaug.-Diss. v. 1897

Bernhard, *Max* [Dr., vorm. Hilfsl. am Gymn., jetzt Prof. an d. Kgl. Baugewerksch. in Stuttgart]: Über lineare Scharen von Kurven und Flächen. Stuttgart, J. B. Metzlersche Buchdr., 1897; 1 Bl., 30 S. 4.
Ehingen a. D., k. G, P 1897 (607)

Bernhard, Maximilian, Rechtsprakt.: Die Beteiligung von Staat, Gemeinde und Kirche an der Verwaltung der öffentlichen Volksschule in Bayern. München: Reinhardt 1909. 60 S. 8°
Würzburg, Jur. Diss. v. 19. Juli 1909, Ref. Piloty
[Geb. 15. Aug. 83 München; Wohnort: München; Staatsangeh.: Bayern; Vorbildung: Gymn. München Reife Juli 02; Studium: München 8 S.; Rig. 10. Febr. 09.] [U 09. 4036]

Wem gehört die Volksschule? Das Verhältnis von Staat, Gemeinde u. Kirche z. Volksschule. Von Dr. jur. et rer. pol. Maximilian **Bernhard**. München: Reinhardt 1909. 60 S. 8° [09. 14080

Bernhard, Mor., medicina castrensis. Hand- und Hilfsbuch für Feld-Aerzte u. Wundärzte deutscher Armeen im Kriege. Nach den vorzüglichsten Quellen bearb. Berlin 855. Hempel. 8. (XV, 420 S.) n. 2 ₰

Bernhard, Mauritius N. *(geb. Lissa in Pos. 3. 8. 1821)*: De tenotomia et myotomia libri tres. Vratislaviae (1846). (VI, 41 S.) 8° *(Breslauer gekr. Preisschr. v. 1846.)*
Breslau, Med. Diss. v. 2. Sept. 1846

Bernhard, O.: Höllenqualen, s. Bernhard, Otto

Bernhard, Osk. Ein Beitrag zur Lehre v. d. künstl. Unterbrechung d. Schwangerschaft. Diss. gr. 8. (30 S. m. 2 Tab.) Samaden 888. (Bern, Körber.) * — 60

Bernhard, Osk.: Heliotherapie im Hochgebirge. Mit bes. Berücks. d. Behandlg d. chirurg. Tuberkulose. (96 m. 11 Taf.) Lex8° Stuttg., F Enke '12. 4 —

Bernhard, Oscar. Manuel du samaritain. Avec des considérations particulières sur les secours à donner aux blessés dans les accidents de montagne Trad. de l'allemand par le Dr. *Garot*. Avec 173 fig. sur 55 planches. In-16°. VIII. 102 p. Samaden, Simon Tanner. Cart. 3 — 1898!

Bernhard, Osc., Samaritordionst. M. bes. Berücksicht. d. Verhältn. i. Hochgobirgo. E. Taschenbuch f. Samaritor, Borgführor, Gobirgsroisondo oto. 8. (VIII, 96 S. m. Abb.) Samadon 896. S. Tannor. Kart. n. 2. 40

Bernhard, Otto (geb. Werben 1793): De arteriarum e corde prodeuntium aberrationibus. Berolini (1818). (16 S.) 4°
Berlin, Med. Diss. v. 11. Aug. 1818

Bernhard, O., Höllenqualen, s.a. **Album f. Liebhaber-Bühnen.**

Bernhard, Otto, Höllenqualen, s.a **Vereinstheater.**

Höllenqualen. Posse in 1 Akt von Otto **Bernhard**. *Mühlhausen i. Th.: G. Danner [1902]*. (48 S.) 8° [F.]
— Vereinstheater. 115. [03. 3563

Bernhard, Otto: Neue Methode zur Ermittlung der Dampfspannung und deren Messung bei zwei Amalgamen. Heidelberg 1909: Hörning. 40 S. 8°
Heidelberg, Naturw.-math. Diss. v. 28. Juli 1909, Ref. Lenard
[Geb. 8. Dez. 78 Berlin; Wohnort: Berlin; Staatsangeh.: Preußen; Vorbildung: Friedrichs-Werdersche Oberrealsch. Berlin Reife O. 99; Studium: Heidelberg 2, Berlin 6, Heidelberg 7 S.; Rig. 29. Juni 09.] [U 09. 2033

Bernhard, P.: Christ ist erstanden, s. Bernhard, Paul

Bernhard, P., der unschuldige Kulicke, s.: Vereinstheater, neues.

Bernhard, Paul, Christ ist erstanden! E. Osterspiel i. 1 Aufz. 12. (16 S.) Essen 896. Fredebeul & Koenen. n. — 50

Bernhard, Paul, Denk- u. Sprechübungen als Vorbereitung des schriftl. Gedankenausdruckes verfaßt u. hrsg. gr. 8. (VIII u. 153 S.) Wien 848. (Wallishausser.) n. 16 ngr

Bernhard, Paul, Denk- und Sprechübungen als Vorbereitung des schriftl. Gedankenausdruckes verfaßt und hrsg. gr. 8. (VIII und 153 S.) Wien 850, (Wallishausser.) *

Bernhard, Paul —. Denk- und Sprechübungen als Vorbereitung des schriftlichen Gedankenausdruckes, verfaßt und herausgegeben von — —. Zweite, stark vermehrte Auflage. Wien, 1855. Aus J. B. Wallishausser's k. k. Hoftheater-Druckerei. Verlag von J. B. Wallishausser. (VIII, 196 S. 8.)

Bernhard, Paul, approb. Arzt aus München: Drei Fälle von Tabes dorsalis. *München 1902: C. Wolf & Sohn.* (32 S.) 8°
München, Med. Diss. v. 1902

Bernhard, P., die Geburt Christi, s.: Theater, kleines.

Bernhard, Paul, der schriftliche Gedankenausdruck und das naturgeschichtlich Sachliche in der 3. Hauptschulklasse. Ein bequemes Handbuch zum 3. Sprach- und Lesebuche, mit 160 Aufgaben und zahlreichen Erläuterungen. 2 Thle. gr. 8. Wien 858, Sallmayer und Comp. *

Inhalt:
Thl. 1. Der schriftliche Gedankenausdruck. Satz und Aufsatz. (X und 140 S.) * 12 Ngr.
2. Naturgeschichtliche Mittheilungen. Zur Ergänzung und Beschreibung der in dem 3. Sprach- und Lesebuche namentlich aufgezählten Thiere oder in Lesestücken erwähnten Naturkörper. (VI und 70 S.) * 8 Ngr.

Bernhard, Paul. Ueber Gesichtsfeldstörungen u. Sehnervenveränderungen bei Neurasthenie u. Hysterie. Diss. gr. 8. (45 S.) Zürich 890. (Wiesb., Bergmann.) ** 1 —

— d. Gewinn in d. Preussischen od. „freu' dich nicht zu früh!" Lustspiel. 12° (16) Ess. 95, Fredebeul & K. — 50

Bernhard, Paul, die deutsche Rechtschreibung für Schüler der österreichischen Volksschulen. 8. (IV und 108 S.) Wien 867, Sallmayer und Comp. *

Bernhard, Paul, die deutsche Rechtschreibung für Schüler der österreichischen Volksschulen. Wien 868. Sallmayer & Co. 8. (IV, 108 S.) n. 10 ngr

Bernhard, P., d. Revolution in Puffertsdorf, s.a. **Vereinstheater, neues.**

Die Revolution in Puffertsdorf. Ein Lustspiel in 2 Aufz. von P(aul) **Bernhard**. *Essen: Fredebeul & Koenen (1897)*. (16 S.) 8°
— Vereinstheater, Neues. No 9. [04. 7074

Bernhard, Paul, religiöse Revolution. Betrachtungen über den Stand des gegenwärt. geist. Lebens. (56 S.) kl. 8. Dresden (906). (Christl. Verlagshaus.) n. — 40

Bernhard, Paul: Relig. Revolution. Betrachtgn üb. d. Stand d. gegenwärt. geist. Lebens. (56) kl8° Dresd., (H Schrader) (06). — 40 d

Religiöse Revolution. Betrachtungen über d. Stand d. gegenwärt. geistigen Lebens von Paul **Bernhard**. Dresden: Schulze, Braun & Knappe in Komm. [1906]. (56 S.) 8° [F.] [07. 17040 7

Bernhard, P: Tobias, s.a. Radermacher's, J, Vereinsbühne.

Tobias. Ein bibl. Schausp. in 4 Aufz. von P. Bernhard. (2. Aufl.) *Duisburg: J. Hoffmann 1898*. (24 S.) 8° [F.]
= Vereins-Theater, Katholisches. Bdch. 01. [00. 3196

— ein Wort über deutsche Rechtschreibung an die Lehrer u. das intelligente Publikum. Ebend. 867. 8. (IV, 54 S. u. 3 Tabb. in 4.) n. 8 ngr

Bernhard, Rud., aus den Musestunden e. Studenten! (128 S.) Leipzig-Gohlis 910. B. Volger. 2. —

Bernhard, Rudolf: Über einige zum Dianilido-μ-cyanhydrobenzoïn in Beziehung stehende Verbindungen. 1906. 51 S., 2 Taf. 8°
¶ Vgl. Berichte d. Deutschen Chem. Gesellschaft. Jg. 43. 1910. S. 2276 ff.
München, Dr.-Ing.-Diss. v. 31. 12. 1906

Bernhard, Serafin, Welt-Italienisch Franca [Universalsprache]. 2.: allen Künstlern u. Künstlerinnen gewidmete mehrfach verb. u. durch e. reichh. Vocabularium verm. Aufl. der Grammatik der Lingua franca nuova. 8. (74 S.) Wien 891. G. Szelinski. n. 1. —

Bernhard, Serafin, Grammatik der Lingua franca nuova, eine ungleich der Volapük allen Nationen gleich gut verständl. Universalsprache. Zum Selbstunterricht. gr. 8. (IV, 75 S.) Wien 888, Perles. *

Bernhard, Sigism. (geb. Guttentag 1. 2. 1819): De myrmeciasi. Berolini (1843). (26 S.) 8°
Berlin, Med. Diss. v. 31. März 1843

BERNHARD, SIGMUND, S. J.: Die vollkommene Reue, der Schlüssel zur Seligkeit, nach von den Driesch geschrieben. Budapest o. J. Verlag der Marien-Kongregation.

Bernhard, W., s.a. Frey, B.

Bernhard, W. (Übers.):

s.: Esquirol, (Jean) E(tienne Dominique): Die Geisteskrankheiten in Beziehung zur Medizin und Staatsarzneikunde vollständig dargestellt. (Des Maladies mentales, considérées sous le rapport médical, hygiénique et médico-légal. Dt.) Bd 1 - 2. Berlin: 1838

JB 4.543

Bernhard, W. Ueber das Naturgesetz v. der Erhaltung der Kraft. Ein populärer Vortrag. gr. 8. (III, 30 S.) Schw.-Hall 890, (Staib). * — 50

Bernhard, W., Repetitorium der Naturwissenschaften, od. Abriß der Physik, Chemie, Botanik, Zoologie und Mineralogie für Studirende der Medicin. gr. 8. Berlin 839. Bechtold u. Hartie. 2 ℛ︀

Bernhard, W., Repetitorium der Naturwissenschaften, oder Abriß d. Physik, Chemie, Botanik ꝛc. 8. Berlin 839. 2 ℛ︀ - Verlag von Em. Mai u. der Pr. nur 1/3 ℛ︀

Bernhard, W. A., evangelische Glaubenszeugen aus Luthers und Calvins Tagen, s. Hausschatz, christlicher.

Bernhard, Wilhelm Über die analytische Behandlung des Kegels zweiter Ordnung. 18 S. Progr. *Schw. Hall* 1881.

Bernhard, Wilh.: Hilfsb. f. d. Unterr. in d. deut. Gesch., s: Mertens, Mart.

Geschichte der Kückenmühler Anstalten in Stettin v. J. 1863 bis 1900 von Dir. Pastor [Wilh. Emil] **Bernhard**. *Stettin: J. Burmeister 1900.* (77 S.) 8° [ß.]
= Bilder aus d. kirchl. Leben in Pommern. 2, 3. [01. 3336 9

— **Wilhelm Ludwig** (Kleinjena/Th.), De utilitate acidi nitrici et muriatici inter se mixtorum nonnullis in morbis eximia. Diss. med. Präs. Chn. Friedr. Schwaegrichen. Lpz. (Rückmann) 29. X. 1824. 20 S. (4.—) 2313
Gew.: Chn. Gottfr. Bernhard (Bruder).

Bernhard-Schalk, Anna. Ein Märchenstrauß. 12. (187 S. m. Abbildgn.) Lahr 888, Schauenburg. geb. * 2 50.

Bernhardi, s.a. Bernardus

Bernhardi: Üb. d. Alphabet; (a.d. Pantheon bes. abgedr.), s. Bernhardi, Aug. Fd.

Bernhardi, Anfechtung, s. Gesetze d. dtsch. Reiches.

Bernhardi, Beitr. zur nähern Kenntniß d. regelmäß. Crystallformen. Mit 1 Kupfertaf. 4. Erfurt 826, Maring.

Bernhardi, Beiträge zu einer historisch-statistischen Skizze der Saline und des Soolbades zu Salzungen. Meiningen 1815. 8.

Bernhardi: Berlin arm und reich, s. Bernhardi, Wolfgang.

Bernhardi, Erzählungen f. d. reifere Jugend. 16. ($8\frac{1}{2}$ B.) Magdeburg 845, Falckenberg u. Comp.

Bernhardi: Matteo di Giovenazzo, s. Bernhardi, Wilh.

BERNHARDI, Bis in's dritte und vierte Glied. Roman aus der Gegenwart., s. Bernhardi, Wolfgang.

Bernhardi: Handwörterb. zum bürgerlichen Gesetzbuch, s. Bernhardi, Heinr.

Bernhardi. Der Herbst-Feldzug 1813. (Aus:) „Denkwürdigkeiten aus dem Leben des k. russ. Gen. d. Inft. C. F. Grafen Toll." 3. Bd., 2. Auflg. — Leipzig 1866.

Bernhardi: Unsere Kavallerie im nächsten Kriege, s. Bernhardi, Friedrich

Bernhardi, der Kirchenfreund, s. Kirchenfreund.

BERNHARDI, Der König der Bauernfänger. Ein Berliner Sittengemälde. Mit color. Umschl. Ebd. 1870. 8°. (l. c. no. 29,271.)

Bernhardi, Lage u. Aussichten des weiblichen Gesindes. 8°. Königsberg 1845.

Bernhardi. Aus dem Leben etc. 5. Theil. Der Streit um die Elbherzogthümer. 1863—1864. Leipzig 1895.

Bernhardi. Aus dem Leben etc. 6. Th. Aus den letzten Tagen des deutschen Bundes. 1864—1866. — Leipzig 1897.

Bernhardi. Aus dem Leben ..... 7. Th. Der Krieg 1866 gegen Oesterreich und seine unmittelbaren Folgen. Leipzig 1897.

Bernhardi: Ausgesuchte Poesien, s. Bernhardi, Georg Christian

Bernhardi. Das Studium der Fridericianischen Kriege in seiner Bedeutung für die moderne Kriegskunst, Beihft. z. „Milit.-Wochenblatt". — Berlin 1892.

Bernhardi sen., A., die Aerzte als Gesundheitsbeamte. Eine Medizinal-Organisation mit unentgeltl. Krankenbehandlung und einer progressiven Gesundheitssteuer. gr. 8. (32 S.) Eilenburg 887, Selbstverlag des Verfassers.

— über die Fortschritte der Kalkziegelfabrikation und des Kalkziegelbaus, deren ausserordentliche Vortheile andern Bauten gegenüber. (2. Bericht.) gr. 8. (8 S.) Eilenburg 858, Offenhauer.

— über die ferneren Fortschritte der Kalkziegelfabrikation und des Kalkziegelbaus. (3. Bericht.) gr. 8. (6 S.) Eilenburg 859, Offenhauer.

Bernhardi, A., Der Handarbeiterstand u. sein Nothstand nebst einer gelegentl. Erörterung der diätetischen Bedeutung u. bedingungsweisen Nothwendigkeit des Branntweins in gewissen Ständen und Verhältnissen. gr. 8°. Eilenburg, Schreiber, 1847.

Bernhardi sen., A., die Kalkziegelfabrikation und der Kalkziegelbau. (1. Bericht.) Eilenburg 858. (Offenhauer.) gr. 8. (8 S.) 1½ ngr

Bernhardi, sen., A., die Kalkziegelfabrikation und der Kalkziegelbau, eine Vervollkommnung des Kalksandbaus, auf ihrem gegenwärt. Standpunkte nach eigenen und fremden Erfahrungen dargestellt. 1. Aufl. 1862. und 2. Aufl. gr. 8. (VI und 78 S. mit eingedr. Holzschn.) Eilenburg 864, Bernhardi sen.

Bernhardi, A., die Kalkziegelfabrikation und der Kalkziegelbau. gr. 8. Eilenburg 873. Leipzig, Spohr.

Bernhardi, A., die Kalkziegelfabrikation und der Kalkziegelbau auf ihrem gegenwärtigen Standpunkte nach eigenen und fremden Erfahrungen mit Einschluss der Cementziegel-, Schlacken- und Aschenziegel-Fabrikation dargestellt. 4. vollständig umgearb., durch viele Abbild. (in eingedr. Holzschn.) illustr. Aufl., mit einem Anh. über Kalkziegelbauten. gr. 8. (80 S.) Eilenburg 873, Bernhardi.

—— die Luftcirculationsheizung. Eine Darstellung der besten und profitabelsten Erwärmung von Wohn-, Geschäfts-, Kranken- und andern Räumen. gr. 8. (IV und 28 S.) Eilenburg 864, Bernhardi sen. *

— Ueber die socialen Nachtheile des gewerbl. Maschinenwesens. gr. 8°. Eilenburg, Schreiber, 1848.

Bernhardi, A., über die verschiedenen ärztlichen Richtungen. Ein Wort zur gemeinverständlichen Beantwortung der Frage: welche Aerzte sind die besten? gr. 8. (16 S.) Eilenburg 856, Offenhauer.

— die hohe Schulter [Scoliosis]. Ein Beitrag zu ihrer Verhütung u. Heilung. (Aus dessen Zeitschrift für wissenschaftliche Therapie.) Ebend. 864. gr. 8. (52 S.) n. 20 ngr.

Bernhardi, A. B., gemeinfaßl. Darstell. d. Kant. Lehr. üb. Sittlichkeit ꝛc. 2 Thle. 8. Freyberg, Craz u. Gerlach. 796. 97. (à 20 gr.)

Bernhardi, A. F.. Ueber den Ajax des Sophocles. Pr. 1818. 26 S.

* Optica oculorum vitia sub praesidio *Georgii Alberti Hambergeri* mathematum professoris publici in academia Jenensi, doctorum oculis subjicit *Adamus Bethmannus Bernhardi*, Allled. Saxo Palat. S. Theol. Stud. Jenae. Typis et sumtibus Gollnerianis. 4. 64 Seit. m. 1 Kupft. 1707.

Bernhardi, A(lexander)(Hrsg.):

s.: Zeitschrift für Erfahrungsheilkunst.
Bd 1-2/1. Eilenburg: 1847-1848

JB 6.102

Ambr. Bethm. **Bernhardi**'s gemeinfassl. Darstell. d. Kant. Lehren üb. Sittlichk., Freyh., Gotth. u. Unsterbl. *Freyb.*, Craz. 796-97. 8° 2 Thle. à 20 gl

Züge zu einem Gemählde des Russischen Reichs unter der Regierung von Catharina II., gesammelt bey einem vieljährigen Aufenthalte in demselben. In vertrauten Briefen (von *Ambrosius Bethmann Bernhardi*). 2 Bde. O. O. (Freiberg) 1798—99. 8°. (3 Mk. E. Frensdorff, 1905; 8 Mk., ohne Theilsangabe, 1798, XVI u. 304 S., Derselbe, 1906.) (In Leipzig: Bibl. d. Börsenvereins d. deutsch. Buchh.) „Sehr selten und gesucht". — Anon.-Lex. IV. p. 435 (nach Meusel u. Engelmann, mit Angabe des Druckorts): „Freiberg 1798—1807".

— Züge z. e. Gemälde d. russ. Reichs unt. Cathar. II. 3 Thle. 8. Ebend 798—807.

Stamm-Tafeln des Geschlechts Bernhardi. (Verf.: Anna Bernhardi.) *Berlin 1903: Denter & Nicolas 1903.* (60 S., 8 Taf.) 4° [03. 10603

Bernhardi, Aug. Fd., († d. 2. Juni 1820.) über d. Alphabet. Eine Abhandl. (Aus d. Pantheon besond. abgedr.) 8. Berl. 810. Saalfeld. (A. Wolf.) 4 gl

— Anfangsgründe d. Sprachwissenschaft. 8. Berl. 805. Dunker u. H. 1 ℔ 12 gl

— Ansichten über d. Organisation d. gelehrten Schulen. gr. 8. Jena 818. Frommann. 1 ℔ 12 gl

Bernhardi, A. F., Ansichten über die Organisation gelehrter Schulen. Jena 819. 8. 1 rthl. 12 gr.

Bernhardi, Aug. Ferd., s. Bambocciaden.

— latein. u. deutsche Chrestomathie, s. unten Grammatik.

Bernhardi, A. F., märkische lat. u. deutsche Chrestomathie ist der 2te Theil d. folgend. Gramm.

— latein. Grammatik f. Schul. (a. u. märk. Grammatik.) 2 Thle. 8. Berlin. (Kummer in L.) 795—97. (à 7 gr.)

Bernhardi's, A. F., neue verbesserte Märkische latein. Grammatik, nebst Chrestomathie und Wörterbuch. Berlin 795. 97. 2 Thle. 8. 21 gr. Auch unter dem Titel: *Vollständige lateinische Grammatik.*

— vollständ. griech. Grammatik (od. neue Märk. Grammatik). 8. Berl. 797. (Leipz., Kummer). 14 gl

— vollständ. latein. Grammatik f. Schulen. 1r Thl. A. u. d. T.: neue verbess. vollständ. Märk. latein. Grammatik. 8. Berl. 795. (Leipz., Kummer). 7 gl 2r Thl. A. u. d. T.: Märk. latein. u. deutsche Chrestomathie. 8. Ebd. 797. 7 gl

— Kynosarges, e. Quartalschr. 1n Bdes 1s Heft. 8. Berl. Dunker u. H. 802.

Bernhardi, A. F. Mathematik und Sprachen, Gegensatz und Ergänzung. Berlin, Friedrichs-G., 1815. 37 S.

Bernhardi, A. F. Ueber die Natur der Buchstaben und die Consecution derselben. Berlin, Friedrichs-G., 1820. 28 S.

— über den Philoctet d. Sophocles. (Aus d. Pantheon besond. abgedr.) gr. 8. Berl. 811. 2e A. 825. Rücker. 3 gl

Bernhardi, A. F., und dessen Gattin S. Bernhardi, geb. Tieck, Reliquien. Erzählungen und Dichtungen. Hrsg. von deren Sohne Wilh. Bernhardi. Mit einem Vorworte von Varnhagen v. Ense. 3 Bde. gr. 16. (X und 831 S.) Altenburg 847, Pierer.

— Sprachlehre. 2 Thle. (1r Thl. reine Sprachlehre. 2r Thl. angewandte Sprachlehre). gr. 8 Berl. 800. Erweiterte Umarbeitung. 2 Thle. 801—3. Dunker u. H. 3 ℔

Bernhardi's, A. F., Allgemeine Sprachlehre. Berl. 800. 803. 2 Theile. 8. 3 rthlr.

Bernhardi, A. F., über den Zweck allgemeiner Leibesübungen und über die öffentlichen Schulen für dieselben, Turnplätze genannt, 33 S., 8°.

BERNHARDI, B.: Zur Beantwortung der Replik im Rauchschaden-Prozesse der Herrschaft Myslowitz-Kattowitz und der dazu gehörigen zweiten Schrift des Oberforstrat Reuß. - Kattowitz 1896. 25 S.

Bernhardi, C., De incisionibus anapaesti in trimetro comico Graecorum. Diss. 1871. 84 S. 1.20

Bernhardi, C., die Veranlassung zum Streit in Bremen. Eine nöthige Abwehr unnöthiger Angriffe. gr. 8. (18 S.) Dortmund 884, Köppen'sche Buchh. *

Bernhardi, C. Chr. S., Commentatio de causis quibus effectum sit, ut regnum Judae diutius persisteret, quam regnum Israel. Praemio ornata. Cum tab. geograph. 4maj. Lovanii 824. (Frank, Leipz., Hinrichs). 2 ₰ (Bei Bohne in Cassel) 1 ₰ 12 gr

Bernhardi, Car. Frid. Guil. (geb. Süptitz bei Torgau 28. 9. 1824): De hydrophobia. Berolini (1848). (32 S.) 8°
Berlin, Med. Diss. v. 12. Aug. 1848

Bernhardi, Carl, s. B e r n h a r d i , Karl

Bernhardi, Christian Ludwig (Liegnitz), De agris vectigalibus. Von Erbzinss-Aeckern. Diss jur. Präs. Friedr. Philipp. Lpz. (Joh. Wilh. Krüger) 12. X. 1697. 58 Bl., tlws. dtsch. (4.—) 2314

— — Dasselbe. Wittenbg. (Hake) 1754. 118 S. (5.—) 2315

Bernhardi, Daniel

Bernhardi, Dan., Laokoon, ob. Hermes u. Perrone. gr. 8. (23 1/2 B.) Köln 840, Eisen.

Bernhardi, Dr. Daniel (Pseudon.), Laokoon und Hermes. gr. 8. Cöln 1841. Eisen. 1 2/3 Thr. — 3 fl.
Dass. lateinisch: Laocoon sive Hermesius et Perronius, variis additam. auct. 8. maj. Bonn 1842, Weber. 1 1/3 Thlr. — 2 fl. 24 kr.

— Laocoon, sive Hermesius et Perronius. Latine conversus et variis additamentis auctus. 8maj. Bonn. 842, Weber. n. 1 1/3 ₰

Bernhardi, Dan., Laocoon sive Hermesius et Perronius. Latine conversus et variis additamentis auctus. 8maj. (23 1/3 B.) Bonnae 843, Weber. *

Bernhardi, Daniel, Obelisken. gr. 8. Köln 839. Eisen. 1/8 ₰

— Obelisken. gr. 8. Cöln 1840. Eisen. 1/5 Thlr. — 36 kr.

Bernhardi, D., üb. den Philoktet des Sophokles aus d. Pantheon besond. abgedruckt. gr. 8. Berl. Rücker. 811. –

Bernhardi, E.: B e i t r . z. Währungsfrage, s. B e r n h a r d i , Ernst

Bernhardi, E., einige kritische Bemerkungen über die anonyme Schrift: Die Secession. [Aus: „Gewerbliche Zeitschr. Dortmunds".] Lex.-8. (36 S.) Berlin 881. Burmester & Stompell. n. — 75

Bernhardi, E., üb. Handelsverträge, s.: Deutschlands Zoll- u. Handelsverträge.

Bernhardi, E v., s.: Vorlagen f. Brandmalerei.

Bernhardi, E. G., alphabetische Zusammenstellung der in dem Königr. Sachsen rücksichtlich der Schriften-, Werth-, Karten- und Kalender-Stempelsteuer, geltenden Vorschriften, für Beamte und Geschäftsmänner jeder Art. Lex.-8. (V und 96 S.) Radeberg 850, am Ende. *

Bernhardi, El. Louise, s. 1) Anweis. f. Mütter. 2) Elementar-Unterricht. 3) Reise e. Tante. 4) Wochenblatt f. d. mitleidige Jugend. 5) Wort zu seiner Zeit f. Mütter.

Bernhardi, Elis. Eleon., s. 1) Julie u. Friederike. 2) Menschen, ungewöhnliche. 3) Philogyn.

PHILOGYN (d. i. *Elisabeth Eleonore Bernhardi*, geb. im Juli 1768 zu Freiberg, Vorsteherin einer Töchterschule daselbst, lebte noch 1823. — Goedeke VII, 292, 57, nach Meusel, Schindel etc.), J u l i e u n d F r i e d e r i k e , ein (zahmer) Roman. Freiberg 1799. 8⁰. (1 1/3 Rthl.)

REISE e i n e r T a n t e i n v i e l e r H e r r e n L ä n d e r. (Zahmer Roman von *Elisabeth Eleonore Bernhardi.*) O. O. (Freiberg, Craz) 1817. 8⁰. (2/3 Rthl.)

[Bernhardi, Elisabeth Eleonore:] Ein Wort zu seiner Zeit. Für verständige Mütter u. erwachsene Töchter. In Briefen einer Mutter. Hrsg. v. Karl Gottlob Sonntag. — Freyberg: Craz 1798. XXVI, 308 S. 8⁰

Bernhardi, Ernst (Hrsg.), s.a. B e i t r ä g e zur Währungsfrage.

Bernhardi, Ernst, Beiträge zur Währungsfrage. Auf Veranlassung der Handelskammer zu Dortmund hrsg. 8. (84 S.) Dortmund 885, Köppen'sche Buchh. *
Aus: Jahresbericht der Handelskammer, besonders abgedruckt.

[Kopft.:] [J.] Gedächtnissrede auf den Tod des Fürsten Bismarck v. Ernst Bernhardi. *(Dortmund: W. Crüwell) [1898]*. (4 Bl.) 1 Bd 8. [99. 1579 7

Bernhardi, E. Die derzeitige Lage der Währungsfrage. Vortrag, gehalten am 12. März 1886 in Dresden. Dortmund 1886.

—— die derzeitige Lage der Währungsfrage. Vortrag, gehalten am 12. März 1886 in Dresden. 2. Aufl. 8. (53 S.) (Ebendas.) 886. *

—— Hr. Prof. Erwin N a s s e und der Dortmunder Handelskammerbericht. Eine währungspolit. Streitschrift. gr. 8. (48 S.) Ebendas. 886. *

Maurerische Reden, gehalten in der Loge „Zur alten Linde" in Dortmund von E[rnst] Bernhardi. Dortmund 1888: Crüwell. 53 S. 8⁰
14 kurze Reden, Toast.

Bernhardi, F. Ein Beitrag zu der Frage: Welche Kartoffelsorten sollen wir anbauen? 1. u. 2. Aufl. gr. 8. (38 S.) Züllichau 892, Liebich. * — 60

Bernhardi, F.: d. norddeut. Diluvium, s. B e r n h a r d i , Franz

Bernhardi, F, s.: Geschichte d. Bergwerksgesellsch. Georg v. Giesche's Erben.

Bernhardi, F., Zur Karte der Beuthener Erzmulde. Kattowitz, 1892. 15 S.

— Unsere Zukunft. Ein Mahnwort an d. deut. Volk. 1—7. Taus. (7, 154) 8° Stuttg., J G Cotta Nf. '12. 1.20; L 1.75 d

Bernhardi, F. A., s. J. Soph. Richterin, Samml. v. Gedichten.

Bernhardi, F. C., Asträa. Briefe über Astronomie an eine Dame. 2. (Titel-)Aufl. 16. (VI und 387 S. mit erläuternden eingedr. Holzschn. und 1 lithogr. Sternkarte in qu. 8.) Hannover (858)68, C. Rümpler. * 1 Thlr.; geb. *

Bernhardi, Franz

Bernhardi, Frz., das norddeutsche Diluvium eine Gletscherbildung. Ein Versuch, die Richtigkeit der Torell'schen Theorie aus der Beschaffenheit und Gestaltung unseres heim. Bodens zu erweisen. gr. 8. (III, 48 S.) Züllichau 883, (Augustin.) *

Bernhardi, Friedrich von (Hrsg.), s. B e r n h a r d i , Theodor von: Der Krieg 1866 gegen Oesterreich ...

Bernhardi, Friedrich

Bernhardi, Frdr. v.: Clausewitz üb. Angriff u. Verteidigg, s: Militär-Wochenblatt.

— Deutschld u. d. nächste Krieg. 1—5. Afl. (12, 333 m. 1 Ktc.) gr8° Stuttg., J G Cotta Nf. '12. 6 —; L 7.50; HF 8.50 d

Bernhardi, F v.: Die Elemente d. modernen Krieges s.a. Beiheft z. Militär-Wochenblatt.

Die Elemente des modernen Krieges. Vortrag, geh. 1898 von [Friedr.] v. Bernhardi, Oberst. *Berlin: E. S. Mittler & Sohn 1898.* (S. 429-453.) 8° [F.]
= Militär-Wochenblatt. 1898. Beiheft 9, [1.] [00. 11236

(Bernhardi, F. v.) Praktische Fingerzeige für die Anlage kleinerer Manöver. Berlin 1890. 8°. (Bh. z. M. W. B.)

Bernhardi, Friedr. v. Delbrück, Friedrich d. Große u. Clausewitz. Streiflichter auf die Lehren d. Prof. Dr. Delbrück üb. Strategie. gr. 8. (III, 114 S.) Berl. 892, Peters. * 2 —
Vgl.: Delbrück, Hans. Friedrich, Napoleon, Moltke.

Gedanken zur Neugestaltung des Kavallerie-Reglements. Von [Friedrich] v. Bernhardi, Gen. Berlin: Mittler 1908. V, 110 S. 8° A 12. 3323

Bernhardi, Frdr. v., unsere Kavallerie im nächsten Kriege. Betrachtungen üb. ihre Verwendg., Organisation u. Ausbildg. gr. 8. (VI, 202 S.) Berlin 899. E. S. Mittler & Sohn. n. 5.—; geb. in Leinw. n.n. 6.50

— dasselbe. 3., durch Bezugnahme auf die Nebengesetze, die Litteratur, die Entscheidgn. des Reichsgerichts u. die preuss. Ausführungsbestimmgn. verm. Aufl. gr. 8. (VIII, 419 S.) Ebd. 902. n. 6.50; geb. n.n. 7.50

Bernhardi, Frdr. v., unsere Kavallerie im nächsten Kriege. Betrachtungen üb. ihre Verwendg., Organisation u. Ausbildg. 2., neubearb. u. verm. Aufl. (VII, 218 S.) gr. 8. Berlin 903. E. S. Mittler & Sohn. n. 5.50; geb. n.n. 6.50

— Vom heut. Kriege. 2 Bde. gr8° Berl., ES Mittler & S. '12. je 8.50; geb. je 10 — d
1. Grundlagen u. Elemente d. modernen Krieges. (16, 421 m. Skizze u. 5 Anlagen.) ‖ 2. Kampf u. Kriegführg. (11, 485 m. Skizzen.)

— über angriffsweise Kriegführung, s.a. **Beiheft zum Militär-Wochenblatt 1905. Hft. 4.**

Über angriffsweise Kriegführung. Vortrag, geh. 1905 von [Friedrich] v. Bernhardi, Gen.Lt. Berlin: E. S. Mittler & Sohn 1905. (S. 125-152.) 8° [F.]
— Militär-Wochenblatt. 1905, Beih. H. 4, [1.] [05. 3160

Organisation und Ausbildung der Kavallerie für den modernen Krieg von [Friedrich] v. **Bernhardi**, Gen.Lt. Vortrag, geh. zu Berlin 1907. Berlin: E. S. Mittler & Sohn 1907. (68 S.) 8° [08. 7603

Reiterdienst. Krit. Betrachtungen über Kriegstätigkeit, Taktik, Ausbildung u. Organisation unserer Kavallerie ... Von Fr[iedrich] v. **Bernhardi**. Berlin: Mittler 1910. XIX, 397 S. 8° [10. 2615

— d. Schlacht bei Prag, s.a. **Beiheft z. Militär-Wochenblatt.**

Friedrich **Bernhardis** gesammelte Schriften. Mit 3 Profilen u. 6 Taf. Hrsg. v. Oberschles. Berg- u. Hüttenmänn. Ver. in Kattowitz. Kattowitz: Gebr. Böhm in Komm. 1908. (XIII, 499 S.) 8° [08. 18194

—— Das Studium der Fridericianischen Kriege in seiner Bedeutung f. d. moderne Kriegskunst. Niedergeschrieben auf Grund e. Vortrages. gr. 8. (26 S.) Berl. 892, Mittler u. Sohn. * — 60
Aus: Beiheft z. Militär-Wochenbl., besonders abgedruckt (s. d.).

Taktik und Ausbildung der Infanterie. Gedanken u. Erwägungen im Geiste d. modernen Gefechts. Von Friedrich v. **Bernhardi**, Gen. z. D. Berlin: Mittler 1910. XII, 194 S. 8° [10. 7009

Bernhardi, F. v. Über die Weiterentwickelung der deutschen Wehrkraft. Berlin 1901. 8°.

Bernhardi, F. v. Die Schlacht bei Prag. (Berlin 1895.) 8°. (Bh. z. M. W. B.)

— **Friedr. Aug. Anton** (Sueptitz), De bubone syphilitico. Diss. med. Bln. (Friedlaender) 9. XII. 1837. 32 S. mit Biographie. (M.: J. Ch. Commerovska.) (4.—) 2317
Oppon.: B. S. Baerensprung, H. R. Dietrich, A. Schuetze.

Bernhardi, George Christian
—— Meine Beschäfftigungen einsamer Stunden. Leipzig und Lübeck, 1759.

— **die reizende Großmuth. Eine Erzähl. 4. Magdeb. 765.**

Bernhardi, Geo. Chr., († ... 178..) Oden, Lieder, Erzähll. u. Briefe. gr. 8. Dresd. 751, Walther. 8 gr

Georg Christian Bernhardi ... Ausgesuchte Poesien. Dresden, 1755. 8°.

— **Versuche im Singen u. Dichten. 8. 750. Vermehrte u. kastrirte Aufl. 8. Magdeb. 765.**

BERNHARDI, Versuche im Singen u. Dichten. Magdeburg. Hechtel, 1765. — Angebd.: Authentische Nachricht von den Schicksalen des Verfassers im letzten Kriege, besonders 1759. Von ihm selbst aufgezeichnet. Magdeburg 1764. 8°. (6 Mk. Ludw. Rosenthal, München, 1907.)

Bernhardi, Gf. Aug., († d. 9. Oct. 1808.) s.a. **Beitrr. zu e. Gesch. v. Geringswalde.**

(Bernhardi. Gf. A.) Beiträge zu e. Geschichte der Stadt u. des Klosters Geringswalde, 4. Leipzig 1784. 1,25.

Bernhardi, Gf. Aug., s. Nachrichten v. Rochlitz

— **Gottfried August** (Wildschütz), Spec. cont. caput jur. controv. de usuris ex mora in donatione. Präs. Chn. Heinr. Breuning. Lpz. (Langenheim) 26. IX. 1767. 8 S. (3.—) 2320

Bernhardi, Gthlf. Benj., († d. 8. Mai 1821.) drei Fragen über d. Berggerichtsbarkeit im Königr. Sachsen rc. gr. 8. Freiberg 808. Craz u. G. 1 ₰ 8 gr

BERNHARD-HERMANNUS: De autochiria et philosophice et ex legibus Romanis considerata, Dissertatio quam illustris jurisconsultorum ordinis auctoritate in facultate juridica Lipsiensi obtinendo die 26. Jan. 1819 ad disceptandum proposuit D. Godofred. Guilielm. Hermannus assumto socio Gustavo Eduardo Bernhardi Lipsiensi. Lipsiae ex officina Hoehmiana 36 et 10 pp. — Rec.: Neues Arch. f. Criminalrecht III, S. 690.

Bernhardi, H., Anleitung des Referendars beim Eintritt in die preußische Gerichtspraxis. Anhang: Regulativ vom 1. Mai 1883, betr. die jurist. Prüfungen und die Vorbereitung zum höheren Justizdienst. 16. (IV, 43 S.) Berlin 887, Vahlen. cart. *

Bernhardi, H., Gesetz, betr. die Anfechtung v. Rechtshandlungen e. Schuldners außerhalb des Konkursverfahrens, s.a. **Gesetze, die, des Deutschen Reichs in kurzgefaßten Kommentaren. IV.**

Bernhardi, H.: Gesetz, betr. die Anfechtung von Rechtshandlungen eines Schuldners außerhalb des Konkursverfahrens vom 21. Juli 1879 in der Fassung der Bekanntmachung vom 20. Mai 1898. – Berlin 1903. •
(Die Gesetze des Dt. Reiches in kurzgef. Kommentaren, 4.)

Bernhardi, Heinr., Handwörterbuch z. bürgerl. Gesetzbuch. 8. (VI, 366 S.) Berlin 898. F. Vahlen. n. 6.—; geb. n.n. 7.—

Bernhardi, Heinr., Handwörterbuch zum bürgerlichen Gesetzbuch. 2., durch Bezugnahme auf die Nebengesetze u. die Literatur verm. Aufl. gr. 8. (VII, 403 S.) Berlin 899. F. Vahlen. n. 6 —; geb n.n. 7.—

Handwörterbuch zum Bürgerlichen Gesetzbuche von Heinrich Bernhardi, Landger.Präs. in Marburg a/L. 3., durch Bezugnahme auf d. Nebengesetze ... verm. Aufl. *Berlin: F. Vahlen 1902.* (VIII, 419 S.) 8° [F.] [02. 7293

Bernhardi, J. A., Steinmetz, weiland Abt des Klosters Bergen, Konsistorial-Rath und General-Superintendent des Herzogthums Magdeburg, in seinem gottseligen Leben und segensreichen Wirken. Berlin 841, Oehmigke's Buchhandl. n. 2/3 ₰ — Velinpap. 5/6 ₰

Bernhardi, J. J.: Zwey botanische Abhandlungen ..., s. Wildenow, C. L.

— **Johann** (Wolffhaga-Hassus), Diss. ac. priscos Hassiae incolas sistens. Präs. Joh. Adolf Hartmann. Marburg (Phil. Cas. Müller) 16. XI. 1743. 8 S. (3.50) 2321

Bernhardi, Jh. Glo., († d. 10. März 1812.) zwei letzte Predigten, gehalten am 23. u. 28. Febr. 1812, nach seinem Tode herausg. gr. 8. Leipz. 812. Märker. 4 ggr

— **Joh. Gottlob** (Diacon. zu St. Thomas), De privato theologiae studio futuris ecclesiae ministris accommodato. Lpz. (Carl Tauchnitz) 2./3. X. 1799. 83 S. (5.—) 2322

Bernhardi, Johann Jakob

Bernhardi, J. Jak., Anleit. zur Kenntniß d. Pflanzen. 1r Thl. A. u. d. T.: Handbuch d. Botanik. 1r Thl. 1r Bd., mit 5 Kpf. gr. 8. Erfurt 803. Hennings in Gotha. 1 Rthlr 16 ggr

Bernhardi, *Johann Jakob.* Anleitung zur Kenntniss der Pflanzen, zum Gebrauch bei Vorlesungen. (Handbuch der Botanik.) Erster Band. Erfurt 1804. 8. VIII, 410, 40 p., 5 tab. (1⅔ *th.*)

Bernhardi, Johann Jakob, s. A n n a l e n des Nationalmuseums der Naturgeschichte.

— über Asplemnia u. e. ihr verwandten Gattungen. 8. Erf. 808.

Bernhardi, Jh. Jak., über den Begriff der Pflanzenart u. seine Anwendung. 4. Erfurt 834. Otto. ⅔ Rthlr

— Beitrag zur Kenntniß d. Krystallformen, mit 1 Kpf. 4. Erf. 827. Maring (Otto). 12 ggr

Bernhardi (J. J.), Beiträge zur näheren Kenntniss der regelmässigen Krystallformen. Erfurt 1826. 4.

— Bemerkung. über d. Pflanzengefäße ꝛc. gr. 8. Ebend. 805

— Beobachtt. über Pflanzengefäße u. e. neue Art derselben. Mit 2 Kpf. gr. 8. Erf. u. Gotha 805. Hennings. 14 ggr

— von Beurtheil. d. kranken u. gesunden Zustandes organ. Körper. 8. Erf. u. Gotha 805. Hennings. 6 ggr

Bernhardi (J. J.). Cat. pl. horti erfurtensis. [Erfurt], 1799. 8°. Supp. 1801–8.

— über e. minder bekannte Ehrenpreisarten. Mit 1 Kpf. 8. Erf. 808. Maring. (Otto). 6 ggr

Bernhardi, Johann Jakob: Über einige minder bekannte Ehrenpreißarten des südlichen Deutschlands. – Erfurt: Beyer & Maring 1806. 43 S. 8°
(=Neue physikalische Abhandlungen der Akademie nützlicher Wissenschaften zu Erfurt. 1805,4.)

— s.: Garten-Magazin. — Gartenzeitung, allgem. Thüringische.

Bernhardi, J. J., Handbuch d. Botanik. mit K. gr. 8. Erf. Hennings. 803.

— Handbuch der allgemeinen und besondern Contagienlehre. 1r Bd.
Hat auch den Titel:
Ueber die Natur ꝛc. des Spitaltyphus ꝛc. gr. 8. Ebend. 815.

Bernhardi, Johann Jakob (Hrsg.):

s.: Hecker, August Friedrich: Practische Arzneimittellehre. 2.Aufl. Th.1 - 2. Gotha u.Erfurt: 1819 - 1820

JB 2.287/3-4

Bernhardi, Johann Jakob (Hrsg.):

s.: Hecker, August Friedrich: Praktische Arzneimitellehre. 3.Aufl. Th.2. Gotha u.Erfurt: 1830

JB 2.288/4

—— Lichenum gelatinosorum illustratio (Schrader's Journ. 4. Stück. p. 1—17.)

— **Johann Jacob** (Erfurt), De icteri natura. Diss. med. Erfurt (Joh. Chr. Görling) 26. IX. 1799. 48 S. (4.60) 2323

— über d. Verhältniß d. Thonerde zu d. übrigen Bestandtheilen d. Mineralien. (Aus Trommsdorffs N. Journal d. Pharmacie abgedr.) 8. Leipz. 829. W. Vogel. 8 ggr

Bernhardi, Johann Jakob: Versuch einer Vertheidigung der alten Eintheilung der Functionen, und einer Classification der organischen Körper. – Erfurt: Beyer & Maring 1804. 48 S. 8°

— Versuch e. Vertheidigung d. alten Eintheilung d. Functionen d. organ. Körper. gr. 8. Erf. 805. Maring. (Otto). 8 ggr

— Vertheidigung d. alten Eintheilung d. organischen Körper ꝛc. gr. 8. Erfurt, Beyer u. M. 805.

— systemat. Verzeichn. d. Pflanzen, welche in d. Gegend um Erfurt gefunden werden. 8. Erf. 800. Rudolphi. (Hennings in Gotha). 1 Rthlr

Bernhardi, Johannes [wirkl. Name]
s.a. Velcurio, Johannes [Pseud.] [09. 10193

Bernhardi, Johs., aus Feldkirch, ein Brief, mitgeteilt v. Otto Clemen, s.: A r c h i v f. Reformationsgeschichte, Nr. 2.

Bernhardi, K. (Hrsg.), s. F l u g b l ä t t e r aus d. deutschen Nationalversamml.

Bernhardi, K., s. G e r a n d o , de: die Fortschritte des Gewerbfleisses.

Bernhardi, K., s. S c h o m b u r g , K.: Briefwechsel und Nachlass.

Bernhardi, K., s. Z e i t s c h r i f t des Vereins für hessische Geschichte.

(Bernhardi, Karl),[1]) Urkundliche Bestimmungen über Deutschlands Freiheit und Einheit, in so weit solche bereits zu wirklicher Geltung gelangt sind. Zum Handgebrauch der Reichstags-Abgeordneten und zur Erinnerung für Alle, welche die Errungenschaft der letzten Monate unverrückt im Auge behalten wollen. Frankfurt a. M., Jäger, 1848. 32 S. 8°.

Bernhardi, Karl, vier Briefe die Gründung der Kurfürstlichen Landesbibliothek zu Kassel betreffend. Zur Feier des fünfzigsten Jahrestages der von Herrn Staatsarchiv- u. Bibliotheks-Direktor Ghph. v. Rommel am 14. Mai 1803 zu Göttingen erlangten philosophischen Doctorwürde herausg. Kassel 853. Bohné. gr. 8. (16 S.) n. 4 ngr

Bernhardi, K, vier Briefe d. Gründg d. Kurf. Landesbibliot h. zu Kassel betr. 8. (16) Kass. 53, Freyschmidt. n. — 4

Bernhardi, Karl, Deutschland u. Rom. Katholicismus u. Protestantismus. Zwei Betrachtungen aus dem Jahre 1845. [Aus „Kirchenfreund."] gr. 8. (IV, 36 S.) Kassel 872. Freyschmidt in Comm. n. — 75

Bernhardi, K., die evangelische Kirche und ihre Mitglieder. Eine Vorlesung. Kassel 862. Freyschmidt. 8. (23 S.) n. 5 ngr

— erster Nachtrag zu dem Wegweiser durch die deutschen Volks- u. Jugendschriften. Ein Versuch unter Mitwirkung Mehrerer herausg. ꝛc. Nebst einer kurzen Uebersicht der Volks- u. Jugendschriften von 1854 von A. L ü b e n. Leipzig 856. G. Mayer. gr. 8. (VIII, 211 S.) n. 24 ngr

Bernhardi, Karl, Philipp d. Großmüthige, Landgraf z. Hessen, über Gewissensfreiheit u. üb. das Bedürfniß e. allgem. evangel. Kirchenversammlung in Deutschland. Vorlesung gehalten am 30. Oct. 1845. gr. 8. (1 B.) Cassel 846, Bohné.

Bernhardi, Karl, die Sprachgrenze zwischen Deutschland und Frankreich ermittelt und erläutert. gr. 8. (16 S. mit 1 lithogr. und color. Karte in Fol.) Kassel 871. Freyschmidt.

Sprachkarte von **Deutschland.** entw. v. Karl **Bernhardi.** Kassel. 1843. Farbendruck. 1 Bl. Fol., 32/58,6 cm. Aufgez. a. Papier.
Mit 2 Nebenkärtchen: Die 7 und 13 deutschen Gemeinden im Vicentinischen und Veronesischen, und Sachsenland in Siebenbürgen.

—— Sprachkarte von Deutschland. Als Versuch entworfen u. erläut. gr. 8. (1½ B. u. col. Karte.) Kassel 844, Bohné. *

Bernhardi, Carl, Sprachkarte von Deutschland, entworfen und erläutert. 2. Aufl., unter Mitwirkung des Verf. besorgt und vervollständigt von Wilh. Stricker. Lith. und illum. Imp.-Fol. (Mit XII und 136 S. Text in gr. 8.) Kassel 849, Bohné. Thlr.

Bernhardi, Karl, Sprachkarte v. Deutschland, entworfen u. erläutert. 2. Aufl., unter Mitwirkung des Verf. besorgt u. vervollständigt v. Wilh. Stricker. Imp. Fol. Lith. u. color. (Mit XII u. 136 S. Text in gr. 8.) Kassel 850, Bohné. 1½ ℳ

— Sprachlehre. 2 Thle. gr. 8. Ebend. 801—3.

Bernhardi, (Joan.) Car. (Adolph.) (geb. Königsberg i. Pr. 10. 9. 1843)
De transfusione sanguinis. Berolini (1867). (32 S.) 8°
Berlin, Med. Diss. v. 15. Aug. 1867

—— Wegweiser durch die deutschen Volks- und Jugendschriften. Ein Versuch unter Mitwirkung von Bedau, Bezzenberger, Bodemann rc. hrsg. gr. 8. (XII und 172 S.) Leipzig 852, G. Mayer. *

—— Wegw. durch d. deut. Volks- u. Jugendschriften. 8. (172) Lpz 52, (Klinkhardt.) *n.* — 20 || 1. Nachtr. (211) 56. *n.* — 24

Bernhardi, Karl Christian Siegmund: Urkundliche Bestimmungen ..., s. Bernhardi, Karl

Bernhardi, Karol. Louise, e. Wort zu seiner Zeit f. Mütter u. erwachs. Töchter in Briefen, herausg. v. K. G. Sonntag. 8. Freiberg, Craz u. G. 798.

Bernhardi, *Kurt* [Rekt. Prof. Dr.]: *Bericht über die Einweihungsfeier des neuen Schulgebäudes.* Grimma, Druck v. J. Schiertz, 1892; 14—26 S. 4.
Grimma, Fürsten- u. Landes-S, P 1892 (536)

—— s. Bilderatlas, kulturhistorischer. Textbuch.

Bernhardi, Kurt *Schilderung der Festlichkeiten bei der Einweihung des neuen Schulgebäudes.* 4 (S. 14—25 der Schuln.).
Progr. Fürsten- und Landessch. *Grimma* 1892

Bernhardi, Kurt De tonis in mediis syncopatis usu aeschyleo. 21 S.
Progr G. *Chemnitz* 1879.

Bernhardi, Kurt, das Trankopfer bei Homer. 4. (23 S.) Leipzig 885, (Hinrichs' Sortiment.) *

Bernhardi, (L. T.,) das Fürstenhaus. 2 Thle., s.a. Gallerie neuer Original-Romane. 2r u. 3r Thl.

Bernhardi, L. T., das Fürstenhaus. 2 Thle. 8. Leipz. 826. Wienbrack. 2 ℛ (A. u. d. T.: Gallerie neuer Original-Romane. 2r u. 3r Thl.)

Die Alchimisten. Erzählung für die Jugend von Luise Bernhardi. o. O. 1881. 8°

— **Martin** (Pommern), De tortura ex foris christianorum proscribenda. Disp. jur. Präs. Christian Thomasius. Halle (Chph. Andr. Zeitler) 22. VI. 1705. 44 S. (5.—) 2324
Widm. v.: S. P. Gasser (dtsch.), Joh. Christ. Gruel (Greifswald), Präs., Jac. Friedr. Ludwig, Christoph Lau (Preuss., dtsch.).

— — Dasselbe. Von Abschaffung der Tortur in denen Christlichen Gerichten. Halle (Hendel) 1743. 40 S. Ohne Widm. (4.80) 2325

Bernhardi, Otto Carl. Don Juan. Berlin, Ernst Hofmann & Co., 1903. 8°. 199 S., 1 S. Inhalt.
Verfasser ist Richard Zoozmann.

Bernhardi, R., Beitr. zu e. histor.-statist. Skizze der Saline u. des Soolbades zu Salzungen. 12. (7⅔ B.) Salzungen 846, Bocke. —
Aus: Histor.-statistisch. Taschenbuch v. Bechstein u. Brückner, 1845 besond. abgedruckt.

Bernhardi, R. Darstellung des gegenwärtigen Zustandes der Geologie. Eine gekrönte Preisabhandlung. Harlem. 1832. 4.

Bernhardi, Reinhard [aus Crefeld]: Ueber Strukturbestimmung aliphatischer Säuren durch Bromirung ... Dortmund, Druck v. W. Crüwell, 1891; 63 S., 1 Bl. 8.
Heidelberg, Naturw.-math. Fak., Inaug.-Diss. v. [28. Aug.] 1892

Bernhardi, S.

— Betrachtungen über den innern Menschen. 12. Landshut 841, Attenkofer. (Thomann.) ¼ ℳ

Bernhardi, Sophie, geb. Tieck, nachherige v. Knorring, s. Bambocciaden.

Bernhardi, Sophie s.a. Knorring, Sophie v.

Bernhardi, Sophie, (s. Tiek.) dramat. Phantasieen. 8. Berl. Realsch. 804.

Bernhardi, Sophie, geb. Tieck, (später verehel. v. Knorring), u. Pellegrin, (Fr. Bar. de la Motte Fouqué,) Schillers Todtenfeier. Prolog. gr. 8. Berl. 806. Himburg. 4 gr.

– s. Wunderbilder u. Träume

Bernhardi, Theodor v.

Bernhardi, Thdr. v., der französische Adel in seinem Verhältniß zur Revolution und zur Fusion. gr. 8. (136 S.) Leipzig 856, O. Wigand. *

Die Anfänge der neuen Aera. Tagebuchblätter aus der Zeit der Stellvertretung und Regentschaft des Prinzen von Preussen v. Theodor von **Bernhardi.** Leipzig. 1894. = Aus dem Leben Theodor von Bernhardis. Th. 3. 8°.

Bernhardi, Thdr. von, Bemerkungen zu dem Bericht der Militair-Commission des Abgeordneten-Hauses die Reform der Heeresverfassung betreffend. gr. 8. (75 S.) Leipzig 861, Hirzel. Thlr. *

—— Denkwürdigkeiten aus dem Leben des kaiserl. russ. Generals von der Infanterie Carl Friedrich Grafen v. Toll. (In 4 Bdn.) 1. und 2. Bd. gr. 8. (XXIII und 912 S. mit 5 lithogr. Karten und Plänen in gr. 4. und Fol.) Leipzig 856, O. Wigand. *

—— Denkwürdigkeiten aus dem Leben des kaiserl. russ. Generals von der Infanterie Carl Friedrich Grafen v. Toll. 3. und 4. Bd. gr. 8. Leipzig 857. 58, O. Wigand. [3. Bd. (VI und 524 S.) * 2 Thlr. 20 Ngr., 4. (VIII und 871 S.) * 4 Thlr. 10 Ngr.] *
1. und 2. Bd. Ebendas. 1856. * 4 Thlr. 20 Ngr.

Bernhardi, Thdr. v., Denkwürdigkeiten aus dem Leben des kaiserl. russ. Generals von der Infanterie Carl Friedr. Grafen v. Toll. 2., verm. Aufl. 4 Bde. gr. 8. Leipzig 865,66, O. Wigand. [1. und 2. Bd. (XXIII und 1035 S. mit 2 lithogr. Karten und 2 Plänen in 8., 4. und Fol.) à Bd. * 2 Thlr. 20 Ngr., 3. Bd. (IV und 620 S.) * 3 Thlr., 4. Bd. (XII und 892 S.) * 4 Thlr. 10 Ngr.] *

Bernhardi, Thdr. v., Friedrich der Große als Feldherr. 2 Bde. gr. 8. (X, 468; V, 647 S.). Berlin 881, Mittler und Sohn. *

Bernhardi, Th., Geschichte Rußlands u. der europäischen Politik in den J. 1814 bis 1831, s.a. Staatengeschichte der neuesten Zeit.

Geschichte Russlands und der europäischen Politik in den Jahren 1814 bis 1831. Von Theodor von **Bernhardi.**
Th. 1. Vom Wiener Congress bis zum zweiten Pariser Frieden. Leipzig. 1863.
Th. 2. Einleitung. Abth. 1. ebd. 1874. Abth. 2. ebd. 1875.
Th. 3. ebd. 1877.
= Staatengeschichte der neuesten Zeit. Bd. 7, 19, 21 u. 23. 8°.

Jugenderinnerungen **Theodor** von **Bernhardi**'s. Mit 1 Bildnis der Geschwister Tieck. Leipzig. 1893. 8°. (= Aus dem Leben Theodor von Bernhardis. Th. 1.)

[F.] Der Krieg 1866 gegen Oesterreich und seine unmittelbaren Folgen. Tagebuchblätter aus d. J. 1866 und 1867. Von Theodor v. **Bernhardi.** M. e. Bildn. Bernhardis. (Hrsg.: Friedrich v. Bernhardi, Oberst ...) *Leipzig: S. Hirzel 1897.* (XIV, 378 S., 1 Portr.) 1 Bd 8.
= **Bernhardi,** Th.: Aus d. Leben. Th. 7.
197. 8215

Zwischen zwei Kriegen. Tagebuchblätter aus d. Jahren 1867 bis 1869. Von Theodor v. Bernhardi. *Leipzig: S. Hirzel 1901.* (X, 429 S.) 8° [F.]
— Bornhardi: Aus d. Leben. Th. 8. [01. 10176

Bernhardi, Thdr. v. Aus dem Leben Thdr. v. Bernhardi's. 1.—8. Tl. gr. 8. Leipzig, S. Hirzel. n. 18. 50; geb. n.n. 26. —
1. Jugenderinnerungen. Mit e. (Lichtdr.-) Bildnis der Geschwister Tieck. (XIV, 230 S.) 893. n. 4. 50; geb. n.n. 7. —
2. Unter Nikolaus I. u. Friedrich Wilhelm IV. Briefe u. Tagebuchblätter aus den J. 1834—1857. (368 S. m. Bildnis.) 893. n. 7. —; geb. n.n. 9. 50
3. Die Anfänge der neuen Aera. Tagebuchblätter aus der Zeit der Stellvertretg. u. Regentschaft des Prinzen v. Preußen. (XVII, 349 S.) 894. n. 7. —; geb. n.n. 9. 50

Bernhardi, Thdr. v., a. d. Leben Thdr. v. Bernhardis. 4.—7. Thl.: Tagebuchblätter a. d. J. 1860—1867. gr. 8. Leipzig, S. Hirzel. n. 30. —; geb. n.n. 40. — (1.—7. n. 48. 50; geb. n.n. 66. —)
4. D. ersten Regierungsjahre König Wilhelms I. (IX, 340 S. m. 1 Bildn.) 895. n. 7. —; geb. n.n. 9. 50
5. D. Streit um d. Elbherzogthümer. (X, 412 S.) 895. n. 8. —; geb. n.n. 10. 50
6. A. d. letzten Tagen d. deutschen Bundes. (X, 338 S.) 897. n. 7. —; geb. n.n. 9. 50
7. D. Krieg 1866 geg. Oesterreich u. s. unmittelbaren Folgen. (XIV, 378 S. m. Bildn.) n. 8. —; geb. n.n. 10. 50

— dasselbe. 1. Thl.: Jugenderinnergn. M. 1 Bildn. d. Geschwister Tieck. 2. Aufl. gr. 8. (XIV, 230 S.) Ebd. 898. n. 5. —; geb. nn. 7. 50

Bernhardi, Thdr. v. Aus dem Leben Thdr. v. Bernhardi's. 2. Aufl. 2. u. 8 Thl. gr. 8. Leipzig, S. Hirzel. n. 15. —; geb. n.n. 20. —
2. Unter Nikolaus I. u. Friedrich Wilhelm IV. Briefe u. Tagebuchblätter aus dem J. 1834—1857. (368 S. m. Bildnis.) 899. n. 7. —; geb. n.n. 9. 50
8. Zwischen zwei Kriegen. Tagebuchblätter aus den J. 1867 bis 1869. (X, 429 S.) 901. n. 8. —; geb. n.n. 10. 50
1. u. 3.—7. Thl. Ebd. 893—897. n. 41.50; geb. n.n. 56. 50.

[Bernhardi, Thdr. v.] — Aus dem Leben Theodor v. Bernhardis. 9. Thl. In Spanien u. Portugal. Tagebuchblätter aus den J. 1869—1871. (VI, 544 S.) gr. 8. Leipzig 906. S. Hirzel. n. 10. —; geb. n.n. 12. 50
1.—8. Tl. Ebd. 893—901. n. 56. 50; geb. n. 76. 50.

Unter Nicolaus I. und Friedrich Wilhelm IV. Briefe und Tagebuchblätter aus den Jahren 1834—1857 v. Theodor v. **Bernhardi.** Mit einem Bildniss Bernhardis. = Aus dem Leben Theodor von Bernhardis. Th. 2. Leipzig. 1893. 8°.

—— die Reform der Heeresverfassung. Eine Denkschrift. Lex.-8. (44 S.) Leipzig 860, Hirzel. *

Die ersten Regierungsjahre König Wilhelm I. Tagebuchblätter aus den Jahren 1860 - 1863 v. Theodor von **Bernhardi.** Mit einem Bildnis Bernhardis. Leipzig. 1895. = Aus dem Leben Theodor von Bernhardis. Th. 4. 8°.

Bernhardi, Th. v., Reise-Erinnerungen aus Spanien. Blätter aus einem Tagebuche. 8. (482 S.) Berlin 886, Hertz. * geb. *

— Reiserinnergn a. Spanien. Jetzt: Stuttg., JG Cotta Nf. Preis 6

Bernhardi. Vermischte Schriften. I. Bd., 2. Kriegsscenen aus den Zeiten der Kaiserin Katharina. I. Bd., 7. Das russische Heer im Frühjahr 1854. Nachtrag zu den Kriegsscenen etc. Berlin 1879.

Bernhardi. Vermischte Schriften. I. Bd. 4. Die neuere Literatur der Befreiungskriege und ihre Ergebnisse. Berlin 1879.

Bernhardi. Vermischte Schriften etc. I. Bd. 5. Der Feldzug 1812 in Russland noch einmal. Berlin 1879.

Bernhardi. Vermischte Schriften. I. Bd. 7. Das russische Heer im Frühjahre 1854 Berlin 1879.

Bernhardi. Vermischte Schriften. II. Bd. 4. Frankreich, Oesterreich und der Krieg in Italien (1859). Berlin 1879.

Bernhardi. Vermischte Schriften. II. Bd. 5. Die Reform der Heeresverfassung (März 1860). II. Bd. 6. Die Reform der Heeresverfassung. (Januar 1861.) Berlin 1879.

—— vermischte Schriften. 2 Bde. gr. 8. (471; 484 S. mit 2 lithogr. Taf.) Berlin 879, G. Reimer. *

In Spanien und Portugal: Tagebuchblätter aus d. J. 1869–1871. Von Theodor v. **Bernhardi.** (Schlußwort von Friedrich v. Bernhardi, Gen.Lt.) Leipzig: S. Hirzel 1906. (VI, 544 S.) 8° [F.]
— **Bernhardi**: Aus d. Leben. T. 9. [06. 5469

Der Streit um die Elbherzogthümer. Tagebuchblätter aus den Jahren 1863—64 v. Theodor von **Bernhardi.** Leipzig. 1895. = Aus dem Leben Theodor von Bernhardis. Th. 5. 8°.

Bernhardi, Theodor von. Aus den Tagebuchblättern ..... (1866, 1867). — Siehe: „Rundschau, Deutsche." 99. u. 105. Bd. Berlin 1899 u. 1901.

[F.] Aus den letzten Tagen des deutschen Bundes. Tagebuchbl. aus d. Jahren 1864—1866. Von Theodor v. **Bernhardi.** *Leipzig: S. Hirzel 1897.* (X, 338 S.) 1 Bd 8.
= **Bernhardi,** Th. v.: Aus d. Leben. Th. 6. [97. 747

Bernhardi, Th.: Versuch einer Kritik der Gründe, die für grosses und kleines Grundeigenthum angeführt werden. – St. Petersburg 1848.

Bernhardi, Th. v., Versuch einer Kritik der Gründe, welche für grosses und kleines Grundeigenthum angeführt werden. gr. 8°. St. Petersburg, 1849. (Leipzig, Voss.)

Bernhardi, Thdr. v., Volksmährchen u. epische Dichtung. Ein Vortrag. gr. 8. (77 S.) Leipzig 871. Hirzel. n. 1. 60

Bernhardi, W.: E. Abendgesellschaft b. Graf Bismarck, s. Bernhardi, Wolfg.

Bernhardi, W., die Cholera, ihre Abwehr und Behandlung. Rathschläge für Behandlung an Cholera Erkrankter bis zur Ankunft des Arztes. kl. 8. (16 S.) Berlin 886, O. Dreyer. *

— Friedrich Wilhelm III., unter seinen schweren Anfechtungen und in seiner treuen Bewährung. Predigt zur Gedächtnißfeier des Königs. gr. 4. Berlin 840. Dümmler. $^1/_{12}$ ℛ

Bernhardi, W. Friedrich Wilhelm der grosse Churfürst von Brandenburg und erster souveräner Herzog von Preussen. 8. Berlin 1840.

— Friedrich Wilhelm der Große, Kurfürst von Brandenburg und erster souverainer Herzog von Preußen, nach seinem thatenreichen, gottsel. Leben, mit besond. Rücksicht seiner nachahmungswürdigen Jugend ꝛc. 8. Ebend. 841. n. $^1/_2$ ℛ Velinpap. $^2/_3$ ℛ

— Jugendgeschichte Friedrich Wilhelms des Großen, Kurfürsten von Brandenburg, mit einigen Nachrichten über seine 48jähr. segensreiche Regierung. Ein Denkmal zur 2. Säcularfeier seiner Thronbesteigung. 8. Berlin 841. (Oehmigke's Buchh.) n. $^1/_6$ ℛ

— Leitfaden beim Unterrichte in der biblischen Geschichte u. in der Bibelkunde mit e. Anhange A u. B. 2. verb. u. mit dem Anh. B verm. Aufl. 8. Potsdam 842. (Berlin, Oehmigke's Buchh.) geb. n. $^1/_2$ ℛ — Der Anh. B apart u. d. T.: Die Sonn- und Festtage der evangel. Kirche u. das 6. Hauptstück des Katechismus, oder vom Amt der Schlüssel. 8. Ebend. 842. n. $^1/_6$ ℛ

— dass. 3. mit dem Anhange C vermehrte Auflage. 8. Ebend. 844. n. $^7/_{12}$ ℛ

Bernhardi, W., Leitfaden beim Unterricht in der biblischen Geschichte u. in der Bibelkunde, mit einer (lith. u. col.) Karte von Palästina u. mit den Anhängen A. B. C., enthaltd.: Luthers Katechismus, die Unterscheidungslehren der kathol. u. evangel. Kirche; B. Nachrichten über alle Sonn- u. Festtage des Kirchenjahres u. geistliche Lieder für dieselben; C. Abriß der Geschichte der christlichen Kirche u. Zeittafel über die wichtigsten Ereignisse u. Personen derselben. 4. verb., mit Nachrichten über den Irvingismus u. 1 (lith.) Plan von Jerusalem verm. Aufl. Potsdam 852. (Berlin, Oehmigke's Buchhdlg.) 8. (XVI, 286 S.) nn. 12 1/2 Ngr.

— — mit 1 (lith. u. color.) Karte von Palästina, 1 (lith.) Plane von Jerusalem u. 4 Anhängen, enthltd. A. Luthers Katechismus ꝛc.; B. Nachrichten über alle Sonn- u. Festtage des Kirchenjahres ꝛc.; C. Abriß der Geschichte der christl. Kirche ꝛc.; D. Die Augsb. Confession ꝛc. 5. verb., mit dem Anh. D. verm. Aufl. Berlin 857. Oehmigke's Buchhdlg. 8. (X, 312 S.) n. 15 Ngr.

BERNHARDI, W. Die Macht der Liebe oder Entschleierte Geheimnisse aus dem Liebesleben des Weibes. (um 1895). 8°.
Verb. d. Ldg. Köln G. Ia 7/98.

— s. Predigten von Berliner Kanzelrednern.

PUMPAUF und Pumprich. Eine Novelle (von *W. Bernhardi*). Zerbst 1826.
Anon.-Lex. III. p. 322 (nach Goedeke). — Selten!

—— die Sonn- u. Festtage d. evangel. Kirche u. das 6. Hauptstück des Katechismus, od. vom Amt der Schlüssel. 8. (2 1/2 B.) Ebds. 842. *

Bernhardi, W., Johann Adam Steinmetz, weiland Abt des Klosters Bergen ꝛc., in seinem gottseligen Leben und segensreichen Wirken. Mit e. Anhange. gr. 8. Berlin 840. (Oehmigke'sche Buchh.; J. Bülow.) n. 2/3 Thlr., fein Pap. n. 3/4 Thlr.

Bernhardi, W., Joh. Adam Steinmetz, weiland Abt d. Klosters Bergen, Consistorialrath u. Generalsuperint. d. Hzgth. Magdeburg, in seinem gottsel. Leben u. segensreich. Wirken. gr. 8. (10 B.) Berlin 840, (Oehmigke's Buchh.; Wohlgemuth.) *

Bernhardi, W. Der Uranismus. Lösung e. mehrtausendjähr. Räthsels. gr. 8. (28 S.) Berl. 892, Volksbuchh. (Bernhardi). * 1 —

—— Worte ernster Liebe an den Archidiakonus u. Senior zu St. Bernhardin zu Breslau, Hrn. Krause, u. an die Hörer u. Leser seiner Predigt: „der Meinungsstreit üb. d. Person Jesu." gr. 8. (1 1/2 B.) Potsdam 840, Stuhr'sche Buchh.

Bernhardi, W. A., kurze Darstellung der zum Lesen der heil. Schrift erforderlichen Kenntnisse. Ein Handbuch für Bürger- und Elementarschulen. gr. 8. Berlin 839. Dümmler. 1/4 Thlr.

—— Luther's kleiner Katechismus mit Fragen ꝛc., s. Luther.

Bernhardi, Wilhelm

Bernhardi, Wilh., Chronik d. Stadt Naumburg u. ihres Stiftskreises. N. d. besten Quellen bearb. 8. (24 1/4 B.) Zeitz 838, Schieferdecker. Thlr.

— das Gespensterbuch, s. H. Paulmann.

—— Matteo di Giovenazzo. Eine Fälschung des 16. Jahrh. gr. 4. (46 S.) Berlin 868, (Weber.) *

Bernhardi, Wilh., Shakespeare's Kaufmann von Venedig. Eine kritische Skizze. gr. 8. (48 S.) Altona 859, Verlags-Bureau.

Bernhardi, W., Konrad III., s.a. Jahrbücher der deutschen Geschichte.

Bernhardi, Wilh., Konrad III. 2 Thle. 1138—1152. Auf Veranlassung Sr. Maj. des Königs von Bayern hrsg. durch die histor. Commission bei der königl. Akademie der Wissenschaften. gr. 8. (XXVIII, 968 S.) Leipzig 883, Duncker und Humblot. *

Bernhardi, Wlh. s.a. Liederkrone, tausendblättrige.

Bernhardi, Wilh., Tausendblättrige Liederkrone des deutschen Volkes. Grimma [1845.] 12.

(**Bernhardi, Wilh.**,) Allgemeines deutsches Liederlexicon oder vollständige Sammlung aller bekannten deutschen Lieder und Volksgesänge in alphabetischer Folge. Bd. 1—4. Leipzig 1844—46.

Bernhardi, Wilh., zur dramatischen Literatur der Gegenwart. Lua's Tragödie „Thomasine", kritisch beleuchtet. gr. 8. (28 S.) Leipzig 874, Volksbuchh. *

Bernhardi, Wilhelm: Lothar v. Supplinburg,
s.a. Jahrbücher der deutschen Geschichte.

Bernhardi, Wilh., Lothar von Supplinburg. Hrsg. durch die histor. Commission bei der königl. Akademie der Wissenschaften. gr. 8. (XXIV, 873 S.) Leipzig 879, Duncker und Humblot. *

Bernhardi's, Wilh., Theater-Album. (Neue Titel-Ausg.) 1. und 2. Heft. gr. 16. Berlin 847, Rocca. à Heft
Inhalt:
Heft 1. Doctor Robin. Lustspiel in 1 Aufz. Frei nach dem Franz. von X. Schrader. Mit einer Anleitung zu einer richtigen Auffassung und Darstellung der Rollen. (57 S.)
" 2. Drei Feen. Lustspiel in 2 Aufz. Frei nach Bayard bearb. von W. Friedrich. (55 S.)

Bernhardi, Wolfgang

Bernhardi, Wolfg., eine Abendgesellschaft bei Graf Bismarck. Diplomatische Enthüllungen. gr. 8. (8 S.) Berlin 866, (Hasselberg'sche Verlagsh.)

—— d. Afrikanerin in Meseritz. 8. (16) Berl. 66, Brigl. — 2 1/2

Bernhardi, Wolfg., die Afrikanerin in Meseritz. Große phantast. Oper von Scribesax, mit Musik von Beyermeer und verb. Text. 8. (16 S.) Berlin 866, (C. Mecklenburg.)

Bernhardi, Wolfg., die Banditen des Salons. Roman aus der Gegenwart. 2 Bde. 8. (187; 138 S.) Berlin 870, Langmann und Comp. [Posen, Jolowicz.] (* M. 3.)

—— Berlin arm und reich. Romantisches Lebensbild. gr. 16. (202 S.) Berlin 870, Langmann und Comp. [Posen, Jolowicz.] (* M. 2.) *

BERNHARDI, Berlin arm und reich. Romantisches Lebensbild. Ebd. 1871. (1870?). 8°. (Mk. 2.—.) (1 Mk. 50 Pfg. A. Bielefeld.)

—— Berlin im Keller und im ersten Stock. Ein Berliner Sittengemälde. gr. 16. (155 S.) Berlin 870, Langmann und Comp. [Vereinsbuchh. für Volksliteratur.] *

—— Blondin der Held des Niagara, s. Theatrum mundi.

—— Finette oder: die Perle des Ballets. Ein Sittengemälde der Gegenwart. gr. 16. (III, 228 S.) Berlin 870, Langmann und Comp. [Vereinsbuchh. für Volksliteratur.] *

BERNHARDI, Finette, oder: Die Perle des Ballets. Ein Sittengemälde der Gegenwart. Ebd. 1871. 8°. (l. c. no. 29,268.)

—— der Prozeß Fournier. Actenmäßig zusammengestellt. gr. 16. (44 S. mit eingedr. Holzschn.) Berlin 869, Bergmann. * *

—— Bis ins dritte und vierte Glied. Roman aus der Gegenwart. gr. 16. (302 S.) Berlin 870, Langmann und Comp. [Posen, Jolowicz.] (* M. 2.) *

—— Hamburg in Licht und Schatten. Modernes Sittengemälde. gr. 16. (439 S.) Berlin 870, Schlesinger's Verlag. *

—— die Heiligen und ihr unheiliges Thun im Jahre des Heils 1869. gr. 16. (114 S.) Berlin 870, Langmann und Comp. [Vereinsbuchh. für Volksliteratur.] *

Bernhardi, Wolfg., Hundswut u. Wasserscheu. Populär dargestellt. gr. 8. (28 S.) Berlin 881. Volksbuchhandlung. n. — 60

—— der König der Bauernfänger. Ein Berliner Sittengemälde. 1. Aufl. (III, 208 S.) 1870. * M. 2., und 2. Aufl. gr. 16. (148 S.) Berlin 872, Langmann und Comp. [Vereinsbuchh. für Volksliteratur.] *

Bernhardi, Wolfg., Robert Greene's Leben u. Schriften. Eine histor.-krit. Studie. gr. 8. (50 S.) Leipzig 871. Volksbuchhandlung. n. 1. 50

Bernhardi, Wolfg., Hamburger Leierkasten. Original-Couplets u. Bänkellieder. Hamburg 863. B. S. Berendsohn. 16. (IV, 124 S.) 12 ngr.

—— Prinz Peter Napoleon vor dem höchsten Gerichtshofe zu Tours. 8. (96 S.) Berlin 870, Bergmann.

Bernhardi, Wolfg., Pathologie und Therapie des Diabetes mellitus. gr. 8. (52 S.) Berlin 881, Volksbuchhandlung. *

—— der Roman einer Kunstreiterin. gr. 16. (312 S.) Berlin 870, Langmann und Comp. [Vereinsbuchh. für Volkslitteratur.] *

—— Schulze und Müller auf dem Concil im römischen Keller. Zeitgemäße Humoreske. gr. 16. (16 S.) Berlin 870, Bergmann. *

—— Schulze und Müller als siamesische Zwillinge oder ich bin Ihnen sehr verbunden. Komisches Trauerspiel. 8. (16 S.) Berlin 870, Bergmann.

—— die Spree-Piraten oder Berlin vor 100 Jahren. Romantisches Sittengemälde aus der Zeit Friedrichs des Großen. gr. 8. (960 S.) Berlin 867, Conrad.

—— d. Spree-Piraten od. Berlin vor 100 Jahren. 8. (960) Berl. 67, Gensch. 2. —

—— die vornehmen Sünder, s. Zeit- und Lebensbilder.

—— humoristischer Talisman. Komische Vorträge in Poesie und Prosa. Original-Piecen. 2 Bde. gr. 16. (133; 134 S.) Berlin 871, Langmann und Comp. [Posen, Jolowicz.] à Bd. (* M. 1.) 75 Pf.

—— Nanettens Unterhosen-Prozess, s.a. Theatrum mundi.

BERNHARDI, Wolfgang. Nannettens Unterhosenprozeß, oder die lange verfolgte, endlich aber doch triumphierende Unschuld. Kulturhistorisches Genre-Bild. 5. Aufl. Berlin, Uthemann & Müller, o. J. (um 1870). Mit Titelbild. 8°. 60 S.

—— d. geheimnissv. Verschwinden, s.: Theatrum mundi.

—— das Volksbuch vom Grafen Bismarck. gr. 8. (156 S.) Berlin 870, Bergmann. *

—— dass. — 2. und 3. Aufl. 8. (160 S. mit 1 Holzschntaf.) Ebendas. 870. *

—— Waldeck der Mann des Volkes! Sein Leben und Wirken, sein Tod und Begräbniß. gr. 8. (17 S.) Berlin 870, Bergmann.

— Wallhalla-Couplets, s. Stadtklatsch, Berliner.

—— die Wollarbeiterin. Ein Sittenbild der Gegenwart. gr. 16. (136 S.) Berlin 870, Langmann und Comp. [Posen, Jolowicz.] (* M. 1,50.)

Bernhardi-Grisson, Rulemann Friedrich: Die kathodische Reduktion der Wolframsäure. (Berlin 1910: A. W. Schade.) 44 S. 8°
Berlin, Phil. Diss. v. 13. April 1910, Ref. Nernst
[Geb. 25. Juli 86 Berlin; Wohnort: Wilmersdorf-Berlin; Staatsangeh.: Preußen; Vorbildung: Askan. Gymn. Berlin Reife O. 05; Studium: Grenoble 1, Berlin 7 S.; Rig. 3. Febr. 10.] [U 10. 129

Bernhardiner-Stammbuch. (BSB.) Hrsg. v. St. Bernhards-Klub (Sitz in München). III u. IV. Bd. (376 S. m. Abbildgn. u. VIII, 515 S m. Abb. u. Taf.) gr. 8. München 899. 904. (J. Schön.) Geb. in Leinw. à n. 8. —

Bernhardiner-Stammbuch. (BSB.) Hrsg. v. St. Bernhards-Klub (Sitz in München.) V. Bd. (XXXII, 304 S. m. Abbildgn. u. Taf.) gr. 8. München 907. (J. Schön.) Geb. in Leinw. 8. —

Bernhardiner-Stammbuch. (BSB.) Hrsg. v. St Bernhards-Klub (Sitz in München). 6—8. Bd. gr8° Münch., (J Schön). 6. (24, 407 m. Abb. u. Taf.) '09. L 8 — || 7. (16, 196 m. Abb.) '09. L 6 — || 8. (20, 191 m. Abb.) '12. L 5 —

Bernhardini, W., s. Th. Ad. Steinmetz.

BERNHARDO, Franz, oder der Irrthum der Liebe. Mit Titelvign. Breslau, Meyer, 1783. 8°. (In Oettingen, Fürstl. Bibl.) (3 Kr. Halm & Goldmann, 1907.)
„Gut geschriebener, vom „Werther" stark beeinflusster Roman."

Bernhardo, Franz, od. die Irrthümer der Liebe. 8. Bresl. 777. (Gosohorsky). 14 gr

Bernhardo, Franz, od. d. Irrthümer d. Liebe. 8. Breslau, Meyer. 777.

Bernhard's, Herzog, Mission. Dramat. Scene a. d. Zeiten d. grössten Oraniers. Von WK Alexander. 8° (80) Jena 93, (F Mauke). (?) — 40

Bernhard's, Herzog, Mission. Dramatische Scene aus den Zeiten d. größten Oraniers. Von Wilh. Karl Alexander. 8. (30 S.) Jena 893. (F. Mauke.) n. — 40

Bernhardt. – Franz Bernhardt . . . , s.a. Bernhard. –

Bernhardt, Franz, d. Heilige gen. Eine pragm. Gesch. m. K. 3 Thle. 8. Quedl. Ernst. 794. 95.

Bernhardt, die Priorie St. ; e. altengl. Geschichte. 2 Thle. 8. Gera 791. Rothe. 12 gr

Bernhardt
— vergl. Bernhard, Bernhart.

Bernhardt: Bemerkungen über die Elementarbücher des Oberschulrathes Zeller, s. Bernhardt, Er.

Bernhardt. Ein Blick auf die türk. Geschichte. 8. (62 S.) Lemgo 878, Wagener. * — 60

Bernhardt: Magia naturalis von Joh. Baptista Porta. 14 S. Progr. Wittenberg 1845.

Bernhardt, Philipp Melanchthon als Mathematiker und Physiker. gr. 8. (VI und 74 S.) Wittenberg 865, (Herrosé.) *

[F.] Philipp Melanchthon als Mathematiker und Physiker v. Prof. Dr. **Bernhardt** (weil. Prof. am Gymn. zu Wittenberg). *Wittenberg: Verl. d. Ver. f. Heimatkunde 1865* (a. d. Umschl.: *P. Wunschmann 1897*). (VI, 74 S.) 1 Bd 8. [98. 3674

Bernhardt, Philipp Melanchthon als Mathematiker u. Physiker. (Neue [Umschlag-] Ausg.) gr. 8. (VI, 74 S.) Wittenberg (865) 896. (P. Wunschmann.) n. 1. —

Bernhardt: Das Unendliche nach der Stufenfolge der kosmischen Anschauungen. 20 S. und Figurt. Progr. Wittenberg 1852

Bernhardt (Red.), s. Volkszeitung, Deutsche, für Stadt und Land.

Bernhardt, A.: Ueber phil. Grammatik als Unterrichtsgegenstand in Gymn. 15 S. Progr. Kreuznach 1826.

Bernhardt, Adelheid

Bernhardt, Adelh., Erinnerungsblatt an Hedwig Reicher-Kindermann, nebst deren Briefe an e. Freundin. gr. 8. (43 S. m. Lichtdr.-Portr.) Dresden 883. Pierson. n. 2 —; neue wohlf. Ausg. n. n. 1. —

Bernhardt, Adelheid, aus dem Dresdner Hoftheater. Biographische Skizzen. gr. 8. (IV, 154 S.) Dresden 882, (Pierson.) ** M 3.; geb. **

Bernhardt, A., Künstler-Erlebnisse. 8. (V, 137 S.) Leipzig 890. (Elischer Nachf.) n. 3. —; geb. n. 4. —

Bernhardt, Adelheid. Künstler-Erlebnisse. gr. 8. (V, 137 S.) Lpz. 891, (Elischer Nachf.). * 3 —; geb. * 4 —

—— ein Verhängniß, s. Novellen-Sammlung.

Bernhardt, Adolphus *(geb. Kempen in Pos. 23. 7. 1804)*: Symbolae ad ovi mammalium historiam ante praegnationem. Vratislaviae (1834). (48 S., 1 Taf.) 4° *[Buchausg. 1835 bei Schulz & Ko. in Breslau.]*
Breslau, Med. Diss. v. 6. Okt. 1834

Bernhardt, Arno, a. Ossla ⟨Reuß j. L.⟩: Grundpreise der Stadt Gera ⟨Reuß j. L.⟩ während der letzten 50 Jahre. Borna-Leipzig 1908: R. Noske. (112 S., 1 Taf., 1 Pl.) 8°
Erlangen, Phil. Fak., Ref. v. Eheberg, Diss. v. 15. Juni 1908
[Geb. 1. Juni 81 Oßla; Wohnort: Leipzig; Staatsangeh.: Reuß j. L.; Vorbildung: Oberrealsch. Coburg Reife O. 03; Studium: Leipzig 3, Tübingen 3, Handelshochsch. Leipzig 3 S.; Rig. 3. Jan. 08.]

Bernhardt, August

Bernhardt, Aug., über die Benutzung des praktischen Bienniums und die Führung des Tagebuches des Forstcandidaten nach den in Preußen geltenden Bestimmungen. gr. 8. (31 S.) Berlin 873, Springer's Verlag. *

Bernhardt, Aug., Chronik des deutschen Forstwesens in den J. 1873 bis 1876. 1. und 2. Jahrg. gr. 8. (47; 55 S.) Berlin 875,76, Springer. à Jahrg. *

Bernhardt, Aug., Chronik des deutschen Forstwesens im Jahre 1876. 2. Jahrg. gr. 8. (55 S.) Berlin 877. Springer. n. 1. —

—— dass. — in den J. 1877 und 1878. 3. und 4. Jahrg. gr. 8. (65; 88 S.) Ebendas. 878,79
Jahrg. 1877 *
Jahrg. 1878 *

BERNHARDT, August (Hrsg.): Chronik des deutschen Forstwesens ... - Berlin 1876-1899. Jg. I-XIV (Berichtszeitraum 1873-1888) - Jg. V u. VI hrsg., v. Friedrich Sprengel. Ab Jg. VII hrsg. v. Wilhelm Weise

BERNHARDT, August: Eichen-Schälwald-Katechismus. Gemeinfassliche Anleitung zur Anlage, Pflege und Nutzung der Eichenschälwaldungen. - Berlin 1877. 76 S.

—— über die historische Entwicklung der Waldwirthschaft und Forstwissenschaft in Deutschland. Vorlesung gehalten in der königl. Forstakademie zu Neustadt-Eberswalde. gr. 8. (27 S.) Berlin 871, Springer's Verlag. (75 Pf.) *

—— die preußischen Forst- und Jagd-Gesetze mit Erläuterungen. s. Oehlschläger, O.

—— Forststatistik Deutschlands. Ein Leitfaden zum akademischen Gebrauche. gr. 8. (VIII, 149 S.) Berlin 872, Springer's Verlag. (* M. 2,80.) *

Bernhardt, Aug. Zur Geschichte der Staatsforstwirthschaftslehre im 19. Jahrh. (Aus „Forstl. Blätter".) 8°. Leipzig, Schmidt u. Günther, 1873.

— Geschichte d. Waldeigenthums, der Waldwirthschaft u. Forstwissenschaft in Deutschland. 3 Bde. gr. 8. (XXI, 260; XV, 407 u. XVI, 420 S.) Berlin 872—75. Springer's Verl. n. 26. —

Bernhardt, A., Gesetz, betr. den Forstdiebstahl, s.a. Öhlschläger, O.

Gesetz betreffend den Forstdiebstahl vom 15. April 1878 mit Erl. hrsg. von Dr. O[tto] v. Öhlschläger, Präs. d. Reichsger., u. A[ugust] Bernhardt, Oberforstmeister. 5. verm. Aufl. neu bearb. durch J[ulius] Peltzer, Ober-Landeskulturger.R., u. W[ilhelm] Schultz, Landforstm. a. D. *Berlin: J. Springer 1904.* (134 S.) 8° [F.]
= **Ohlschläger**, Otto v.: Die preuß. Forst- u. Jagd-Gesetze. Bd 1. [03. 15387

BERNHARDT, August: Die Gesetzgebung zum Schutze der Wälder. - Berlin 1877. 15 S. Vortrag

BERNHARDT, August: Die Haubergswirthschaft im Kreise Siegen. - Münster 1867. 44 S.

Bernhardt, Aug., Kinder der Zeit, s. Ausland, das belletristische.

—— die forstlichen Verhältnisse von Deutsch-Lothringen und die Organisation der Forstverwaltung im Reichslande. gr. 8. (III, 79 S.) Berlin 871, Springer's Verlag. (* M. 1,75.) *

Bernhardt, Aug., die Waldbeschädigungen durch Sturm- und Schneebruch in den deutschen Forsten während der J. 1868—1877, s.a. Forst- und Jagd-Zeitung, allgemeine.

Bernhardt A.: Die Waldbeschädigungen durch Sturm- u. Schneebruch in den deutschen Forsten während d. zehn Jahre 1868—1877. Frankf. a. M. 1880. (89) S. 3 Tvl. (Særtr.). 4°.

BERNHARDT, August: Die Waldbeschädigungen durch Sturm und Schneebruch in den deutschen Forsten während der Jahre 1868-1877. - Frankfurt a. M. 1889. 141 S.

Bernhardt, Aug., die Waldwirthschaft u. der Waldschutz mit besonderer Rücksicht auf die Waldschutzgesetzgebung in Preußen. Berlin 869. J. Springer. gr. 8. (V, 198 S.) n. 1 ...

—— Waldbeschädigungen durch Windbruch, Schnee-, Eis- und Duftbruch in der Zeit vom 1. October 1875 bis dahin 1876. Nach amtl. Materialien der Hauptstation des forstl. Versuchswesens zu Eberswalde bearb. gr. 8. (112 S. mit 1 lithogr. Karte und 2 graph. [lithogr.] Darstellungen.) Berlin 877, Springer. *
Aus: Zeitschrift für Forst- und Jagdwesen, besonders abgedruckt.

Bernhardt, C.: Evoë! Novelletten u. Skizzen, s. Bernhardt, Claire

Bernhardt, C.M.: De Cicerone Graecae philosophiae interprete. 38 S.
Progr. Berlin Fr.W. 1865

Bernhardt, Carolus Eduardus Mauritius, s. Bernhardt, Moritz

Gottes Brünnlein. Illustr. Festbüchlein f. jung u. alt. Bearb. u. zsgest. von Christian **Bernhardt**. No 1. Mülheim a. d. Ruhr: Rhein.-Westf. Kinderfreund-Verl. 1904. 8° [F.] [05. 4933

Bernhardt, Chr., der Einsiedler aus dem St. Annawald, s.a. Aus lichten Höhen.

Der Einsiedler aus dem St. Annawald. Erzählung von Chr[istian] **Bernhardt**. L[engerich i. W.]: B[ischof] & K[lein 1903]. (16 S.) 8° [Umschlagt. F.]
= **Höhen**, Aus lichten. No 6. [04. 3980

Bernhardt, Chr., freue dich, o Christenheit! Ein Weihnachtsgedicht f. Kinder. 8. (8 S.) Mülheim a/R. 899. Buchh. des ev. Vereinshauses. — 10

— **die drei Gräber s.a. Aus lichten Höhen.**

Die drei Gräber. Erzählung von Chr[istian] **Bernhardt**. L[engerich i. W.]: B[ischof] & K[lein 1903]. (16 S.) 8° [Umschlagt. F.]
= **Höhen**, Aus lichten. No 20. [04. 3996

Für unsere Kinder. Ein Bilderbuch mit Versen von Christian **Bernhardt**. Mülheim a. d. Ruhr: Rhein.-Westf. Kinderfreund-Verl. 1904. (14 Bl.) 8° [F.] [05. 4613

Lustgärtlein fürs kleine Volk. Von Christian **Bernhardt**. Mülheim a. d. Ruhr: Rhein.-Westf. Kinderfreund 1904. (6 Bl.) 8° [F.] [05. 4614

— **unter d. Schwedenkanzel, s.a. Aus lichten Höhen.**

Unter der Schwedenkanzel. Erzählung von Chr[istian] **Bernhardt**. L[engerich i. W.]: B[ischof] & K[lein 1903]. (16 S.) 8° [Umschlagt. F.]
= **Höhen**, Aus lichten. No 5. [06. 3981

Claire **Bernhardt**. Evoë! Novelletten u. Skizzen. Kreuzburg O.-S.: E. Thielmann [1905]. (128 S.) 8° [F.] [06. 3493

— **Johanniskind. Roman. (192 S.) 8. Dresden (907). R. Kraut.** 3.—; geb. 4. —

— **Himmlische u. irdische Liebe. Roman. (257 S.) 8. Berlin (909). E. Hofmann & Co.** 3.50; geb. 4. 50

— **Der halbe Mensch. Die Tragödie d. 3. Geschlechts. (155) 8° Dresd. (08). Paukow b/Berl., HL Diegmann.** 3.50

— **Der halbe Mensch. Die Tragödie des dritten Geschlechts. (155 S.) 8. Dresden (908). Pankow, O. Linser Verl.** 3. 50

Allsiegerin Venus. Novellen von Claire **Bernhardt**. Dresden: Diegmann [1908]. 191 S. 8° [10. 18396 2

Bernhardt, Claire, Allsiegerin Venus. Novellen. (191 S.) 8. Dresden (908). Pankow, O. Linser Verl. 3. —

Bernhardt, E. (I.), Abriss der mittelhochdeutschen Laut- und Flexionslehre zum Schulgebrauche. 8. (VI, 80 S.) Halle 879, Buchh. des Waisenhauses. *

Bernhardt, E., Abriss der mittelhochdeutschen Laut- und Flexionslehre zum Schulgebrauche. Mit einem Anhang über mittelhochdeutschen Versbau. 2. verb. Aufl. 8. (VI, 83 S.) Halle 881, Buchh. des Waisenhauses. *

Bernhardt, E., Begriff u. Grundform der griech Periode. Pr. 1854. 82 S. 4°.

Bernhardt, E., Bruder Berthold v. Regensburg. Ein Beitrag zur Kirchen-, Sitten- u. Literaturgeschichte Deutschlands im XIII. Jahrh. (III, 11, 78 S.) gr. 8. Erfurt 905. H. Güther. n. 1. 50

—— die gotische Bibel des Vulfila, s. Sammlung germanistischer Hilfsmittel.

Bernhardt, E., kurzgefasste gotische Grammatik, s. Sammlung germanischer Hilfsmittel.

Bernhardt, E. Ueber Handelsverträge, s. Deutschlands Zoll- u. Handelsverträge.

Bernhardt, E., u. F. Schwabe, Lebensbilder u. Sagen aus der Geschichte der Prov. Sachsen u. der Thüringischen Staaten. (81 S.) 8. Leipzig 910. F. Hirt & Sohn. — 40

Bernhardt, E.: Englisches Lesebuch, s. Bernhardt, Ernst

Bernhardt, E, u. H Greven, Merkbüchlein f. Turner. 8. (40) Elberf. 71, Fröhling. n. — 75

Bernhardt, E., & H. Greeven: Merkbüchlein für Turner. Elberfeld 1872. 44 S. Ec 21
— — 2. Aufl. von W. Engel. 1876. Ec 21[2]

Bernhardt, E. (II.), und H. Greeven, Merkbüchlein für Turner. 2. Aufl., besorgt von W. Engel. gr. 16. (44 S.) Elberfeld 876, Fassbender's Buchh.

— Nachrichten über das Leben des Oberschulrats J. Ph. Krebs u. seines Sohnes des Prof. Rud. Krebs. S. 28—53. *Weilburg* 1882. Progr.

Bernhardt, E. Nekrolog des Professors A. Schenck. 8 S. *Weilburg* 1878. Progr.

Bernhardt, E.: Neue Orig.-Couplets u. Vorträge m. leichter Clavierbegleitung, s. Bernhardt, Eugen

Bernhardt, E.: Krit. Unters. über d. goth. Bibelübersetzg., s. Bernhardt, Ernst

Bernhardt, E. Verzeichnis der in der Gymnasialbibliothek vorhandenen alten Drucke. S. 9—29. Progr. *Weilburg* 1878.

Forts Harburg der grossen Wilhelmsburger Brücke und der neu angelegten Verschanzungs Werken so wie selbige im Juny 1814 sich befanden. Zum Gedächtniss der Belagerungszeit von 1813 und 1814. Componirt und gez. v. **E. F. Bernhardt.** o. O. u. J. Kupferstich, kol. 1 Bl. Imp.-Fol., ca. 52/65 cm (beschn.).

Bernhardt, E. F. Neue topogr. Karte von Hamburg, Altona u. Harburg, mit den nächsten Umgebungen der Wilhelmsburger Brücke u. den neuen Verschanzungen 1814.

Bernhardt, Ed., Haus-Turn-Tafel. Sammlung von heilgymnastischen Freiübungen ausführbar im Zimmer ohne Geräth u. Unterstützung für jedes Lebensalter u. für beide Geschlechter, aus der Praxis gesammelt u. herausg. Mit 14 Abbildgn. 1 Tab. (mit eingedr. Holzschn.) Berlin 864. (Leipzig, Fernau.) Fol. n. 5 ngr.

Bernhardt, Eduard. (geb. Warschau 31. 7. 1840): De coxitide. Berolini (1863). (31 S.) 8°
Berlin, Med. Diss. v. 1. Aug. 1863

Bernhardt, Eduard, aus Polen, Anatomische und physiologische Untersuchungen über den Nervus depressor bei der Katze. Diss. Dorpat 8°. 35 pp. mit 2 lithographirten Tafeln. 1868

Bernhardt, *Emanuel* [Dir.]: Bericht über die Feier des 350jährigen Bestehens des Gymnasiums. Weilburg, Druck v. A. Cramer, *1891;* S. 17—21; 4°
Weilburg, k. G, P 1891 (390)

Bernhardt, *Emanuel* [Dir.]: Festrede *bei der Feier des 350jährigen Bestehens des Gymnasiums.* (Ergänzt z. Th. d. Festschr. 1890.) Weilburg, Druck v. A. Cramer, *1891;* S. 21—28; 4°
Weilburg, k. G, P 1891 (390)

Bernhardt, *Emanuel* [Dir.]: Zur Geschichte des Gymnasiums zu Weilburg in den letzten 50 Jahren. Festschrift... Wiesbaden, Druck v. K. Ritter, 1890; 67 S. 4°
Weilburg, k. G, Festschr. 1890 (387)

Bernhardt, Er., Bemerkk. über d. Elementarbücher d. Oberschulraths Zeller; mit Anmerkk. v. Hofr. Gutsmuths. 8. Neust. a. d. O. 815. Wagner. 12 gr.

— aus Luthers Leben u. Schriften. Ein deutsches Volksbuch f. d. 3e Jubelfest d. evangel. Kirche. Mit Luthers Bildniß. 4. Berl. 817. Reimer. 18 gr.

Bernhardt, Ernst, die Armspange. Annita. 2 Novellen. (198 S.) 8. Blaubeuren (908). H. Baur. 2.—; geb. 3. —

Bernhardt, Ernst, Characterbilder aus der Alten Welt, s. Henneberger.

—— und Adf. Schaubach, römische Geschichte in Biographien. Nach den Quellen bearb. gr. 8. (VI und 371 S.) Hildburghausen 865, Nonne.

— **Der Haremsfürst od. das Geheimnis der Mädchenhändler. Roman.** 17 Hefte. (421 S.) 8. Blaubeuren (909). (Leipzig, H. Dege.) à — 10

Bernhardt, Ernst, englisches Lesebuch, zusammengestellt aus den Werken der besten englischen Geschichtschreiber, zum Gebrauche für Schulen u. zum Selbstunterrichte. — The historical classbook, selected from the works of the best english historians. Meiningen 859. Brückner & Renner. gr. 8. (XIII, 482 S.) n. 1 Rf 7½ ngr.

Bernhardt, *Ernst* Sibylle Herzogin zu Sachsen. Lebensbild aus dem sechzehnten Jahrhundert. 8 (19 S.).
Progr. Kgl. G. *Erfurt* 1894.
Dem Kgl. Rg. zu Erfurt zum Jubelfeste seines 50jähr. Bestehens.
Nicht im Tauschverkehr.

—— **kritische Untersuchungen über die gothische Bibelübersetzung. Ein Beitrag zur deutschen Literaturgeschichte und zur Kritik des Neuen Testaments.** gr. 8. (81 S.) Meiningen 864, Brückner und Renner. *

Bernhardt, Ernst, kritische Untersuchungen über die gothische Bibelübersetzung. 2. Heft. gr. 8. (32 S.) Elberfeld 868, (Volkmann.) *
1. Heft. Meiningen 1864, Brückner und Renner. * 80 Pf.

— **Unter fremden Völkern.** (505 S.) 8. Berlin (908). Blaubeuren, H. Baur. Geb. in Leinw. 6.—; erm. Pr. 4. 50

Neue Original-Couplets und Vorträge mit leichter Clavierbegleitung v. Eugen **Bernhardt,** Regisseur in Hamburg. *Erfurt: F. Bartholomäus [1897].* (IV, 132 S., 1 Portr.) 1 Bd 8. [98. 7833

Bernhardt, F. A., das Rauchen in den Gemächern durch Küchenöfen u. Kaminfeuerungen. Eine Nachweisung, wie diesem bis jetzt noch nicht mit Sicherheit begegneten Uebelstande überall vollkommen abgeholfen werden kann ꝛc. 8. Berl. 830. Herbig. 3 gr.

Bernhardt, F.C.: De philosophia et orationis mutua ratione. Fragment einer Abhandlung. (Inwiefern die Philosophie durch die Sprache leicht oder schwer darzustellen sei.) 5 S. Progr. Saarbrücken 1836.

Bernhardt, F. E., s. Grundriß der Stadt Hamburg.

Bernhardt, F.K.: Andeutungen üb. die allgemeinen grammatischen Begriffe und Regeln, namentl. in Bezug auf d. griech. Sprache. 9 S.
Progr. Sobernheim 1829.

Bernhardt, F.K.: Ueber eine häufig übersehene Eigenheit der deutschen Sprache. (Gebrauch des Conj. Imperf. statt des Conj. Präs.) 11 S.
Progr. Sobernheim 1828.

Bernhardt, Franz [Arzt]: Ein Fall von kyphotischem Becken in der geburtshilflichen Klinik zu Strassburg. ... Bad Reinerz, Druck v. R. Pohl, *1890;* 27 S., 1 Bl. 8°
Strassburg, Med. Fak., Inaug.-Diss. v. 1890

Bernhardt, Friedr. Karl

Bernhardt, Fr. K., Elementarbuch d. deutsch. Sprache, oder Anleit. u. method. geord. Stoff zu deutsch. Sprach-, Lese- u. Recitir-Uebungen. 8. (16½ B.) Coblenz 828, Hölscher.

Bernhardt, Friedr. Karl, Elementarbuch d. deutschen Sprache, od. Anleit. u. method. geordn. Stoff zu deutschen Sprach-, Lese- u. Recitir-Uebungen. 2., nach d. Verf. Tode besorgte, sehr veränd. Aufl. 8. (15 B.) Coblenz 837, Hölscher.

— deutsche Grammatik f. d. höhern Schulunterricht. 8. Frankf. a. M. 825. Hermann. 1 rß

—— deutsche Grammatik f. d. höh. Schulunterr. 2., verm. Aufl. (d. Elementarbuchs.) gr. 8. (20 B.) Coblenz 834, Hölscher.

—— dass. mit Wörterbüchlein. gr. 8. (26 B.) Ebds. 834.
Wörterbüchlein apart. (6 B.) 6 Gr.

—— deutsche Grammatik. 2., ganz umgearb. Ausg. gr. 8. (32½ B.) Coblenz 836, Hölscher.

Bernhardt, F[riedrich] W[ilhelm]: Wie kann der französische Unterricht auf der Oberstufe noch mehr für die Erziehung zu selbständigem Denken nutzbar gemacht werden? Neumünster 1907: J. Gottesleben. (S. 3—5.) 4° [F.]
Neumünster, st. HM OP 1907 [193]

Bernhardt, Georg, Arzt: Aus der Universitäts-Ohren- und Kehlkopf-Klinik zu Rostock. Anginen, Scharlach und Gelenkrheumatismus in Anschluß an die Entfernung hyperplastischer Rachenmandeln und andere Operationen in den oberen Luftwegen. Borna-Leipzig 1905: R. Noske. (IX, 44 S.) 8°
Rostock, Med. Fak., Ref. Körner, Diss. v. 5. Juli 1905
[Geb. 22. Aug. 81 Berlin; Wohnort: Berlin; Staatsangeh.: Preußen; Vorbildung: Joachimsthalsches Gymn. Berlin Reife O. 00; Studium: Berlin 2, Heidelberg 1, Berlin 1, Freiburg i. B. 1, Berlin 3, Rostock 1 S.; Coll. 16. Jan. 05; Approb. 31.[!] Juni 05.]

Bernhardt, Gust. Drei Bücher deutscher Dichtungen, s.a. Knauth, Frz. Sieben Bücher deutscher Dichtung.

Bernhardt, Gust., drei Bücher deutscher Dichtungen von Albrecht v. Haller bis auf die Gegenwart. Mit einem literaturgeschichtlichen Ueberblick, den Biographien der Dichter und einem Abriß der Poetik. Für den Gebrauch in Gymnasien, Seminarien, Real-, höheren Bürger- und Töchterschulen. 5. Aufl. in Rücksicht auf Vermehrung und Verbesserung besorgt von Frz. Knauth. 8. (XX, 658 S.) Halle 871, Hendel. geb.

Bernhardt, Gust., drei Bücher deutscher Dichtungen zum Schulgebrauch. br. 12. (XII und 413 S.) Halle 855, Hendel.

Bernhardt, Gust., Kollege Flachsmann. Komödie. (61 S.) 8. Meißen (910). (Leipzig, W. Heichen.) 1.—

Bernhardt, G., die Käfer, s.a. Schüler, der, der Natur.

Bernhardt, Gust., die Käfer. Eine Anleitung zur Kenntniß der Käfer im Allgemeinen, wie auch zur zweckmäß. Einrichtung von Käfersammlungen. 4.—6. verb. Aufl. gr. 16. (IV, 140 S. mit 72 illum. Abbild. auf 6 lithogr. Taf.) Halle 872—79, Hendel.

Bernhardt, G., die Käfer. Eine Anleitg. zur Kenntnis der Käfer im Allgemeinen, wie auch zur zweckmäß. Einrichtg. v. Käfersammlgn. Mit 54 kolor. Abbildgn. auf 5 Taf. 9., verb. Aufl. 12. (IV, 135 S.) Halle 888. Hendel. geb. n. 1.—

Bernhardt, Gust., die Käfer. Eine Anleitg. zur Kenntnis der Käfer im Allgemeinen, wie auch zur zweckmäß. Einrichtg. v. Käfersammlgn. Mit 54 illuminierten Abbildgn. auf 5 Taf. 10., verb. Aufl. 12. (IV, 135 S.) Halle 892. O. Hendel. Geb. in Leinw. n. 1.—

Bernhardt, Gust., Kleines Käferbuch. Eine Anleitung zur Kenntniss der Käfer im Allgemeinen wie auch zur Anlegung und zweckmässigen Einrichtung von Käfersammlungen. Mit 72 illum. Abbildd. auf 6 (lith.) Taff. 3. verb. Aufl. Halle 1857. 16.
Ist: Der Schüler der Natur. Bdchn. 1.
——, —— 4. verb. Aufl. Halle 1870. 16.

—— kleines Käferbuch. Eine Anleitung zur Kenntniß der Käfer im Allgemeinen, wie auch zur Anleitung und zweckmäßigen Einrichtung von Käfersammlungen. 4. verb. Aufl. gr. 16. (IV, 140 S. mit 72 ill. Abbild. auf 6 lithogr. Taf.) Halle 870, Hendel. geb. **

Bernhardt, Gust., Käferbuch. Eine Anleitung zur Kenntnis der Käfer im Allgemeinen, wie auch zur zweckmäß. Einrichtung von Käfersammlungen. 8. Aufl. 12. (IV, 141 S. mit 72 color. Abbild. auf 5 Taf.) Halle 886, Hendel. geb. *

—— Käferbuch. Eine Anleitung zur Kenntniss der Käfer im Allgemeinen, wie auch zur zweckmässigen Einrichtung von Käfersammlungen. 8. Aufl. Mit 72 Abb. auf 5 Taf. Halle 1886. 12.
——, — 9. Aufl. Mit 54 kolor. Abb. auf 5 Taf. Ebda 1888. 12.

Bernhardt, Gust., die Schmetterlinge. Eine Anleitung zur Kenntniß der Schmetterlinge und Raupen, welche in Deutschland vorkommen, nebst einer Anweisung Schmetterlings- und Raupensammlungen zweckmäßig anzulegen. 3., verb. Aufl. 16. (VI und 136 S. mit 84 ill. Abbild. auf 6 Stnt.) Halle 863, Hendel. cart. *

—— die Schmetterlinge. Eine Anleitung zur Kenntniß der Schmetterlinge und Raupen, welche in Deutschland vorkommen, nebst einer Anweisung, Schmetterlings- und Raupensammlungen zweckmäßig anzulegen. 5. verb. Aufl. 16. (VI, 146 S. mit 84 lithogr. und color. Abbild. auf 6 Taf.) Halle 870, Hendel. geb. *

Bernhardt, Gust., die Schmetterlinge. Eine Anleitung zur Kenntniß der Schmetterlinge und Raupen, welche in Deutschland vorkommen, nebst einer Anweisung Schmetterlings- und Raupensammlungen zweckmäßig anzulegen. 8. verb. Aufl. 16. (VIII, 143 S. mit 84 color. Abbild. auf 6 lithogr. Taf.) Halle 880, Hendel. cart. *

—— die Schmetterlinge. Eine Anleitung zur Kenntnis der Schmetterlinge und Raupen, welche in Deutschland vorkommen, wie auch Schmetterlings- und Raupensammlungen zweckmäßig anzulegen. 12. Aufl. 12. (VIII, 144 S. mit 31 kolor. Abbild. und 6 Taf.) Ebendas. 888. geb. *

—— Die Schmetterlinge. Eine Anleitg. zur Kenntnis der Schmetterlinge u. Raupen, welche in Deutschland vorkommen, wie auch Schmetterlings- u. Raupensammlgn. zweckmäßig anzulegen. Mit 31 kolor. Abbildgn. u. 6 Taf. 13. Aufl. 12. (VIII, 144 S.) Halle 890, Hendel. geb. * 1 —

— d. Schmetterlinge. Anl. z. Kenntnis d. Schmetterlinge u. Raupen, welche in Deutschland vorkommen, wie auch e. Schmetterlings- u. Raupensammlg anzulegen. 13. Afl. 12° (144 m. H. u. 6 farb. Taf.) Ebd. 95. Geb. in Lnw. 1 —

—— dass., s.a. Schüler, d., d. Natur.

—— Schmetterlingsbuch. Eine Anleitung zur Kenntnis der Schmetterlinge und Raupen, welche in Deutschland vorkommen, nebst einer Anweisung, Schmetterlings- und Raupensammlungen zweckmäßig anzulegen. 11. Aufl. 12. (VIII, 143 S. mit 34 kolor. Abbild. auf 6 Taf.) Ebendas. 886. geb. *

— Der Schusterfranz od. d. radioaktive Quelle. Schwank. (III. 61 S.) gr. 8. Leipzig (910). W. Heichen. 1.50

— Über den Wolken. Schauspiel. (46 S.) gr. 8. Ebd. (910). 1.20

Bernhardt, H, s.: Ehrhardt, H.

Bernhardt, H., humoristische Polizei-Silhouetten, s. Gerichts-Scenen, komische.

[F.] **Bernhardt,** Hans *Otto* [aus Lemgo]: Chronologie der Mithridatischen Kriege und Aufklärung einiger Teile derselben ... [= Progr. d. Realgymn. Dortmund 1896.] Marburg, *Druck v. W. Crüwell in Dortmund,* 1896; 30 S., 1 Bl. 4.
Marburg, Phil. Fak., Inaug.-Diss. v. [17. Febr.] 1896

Bernhardt, Hans: Hurra Zeppelin, s. D ö r n e r , Ernst [Komp.]

Bernhardt, Hans: Über die Vererbung der inneren Knochenarchitektur beim Menschen und die Teleologie bei Julius Wolff. Heilbronn 1907: C. Rembold. (19 S., 1 Taf.) 8° [Umschlagt.]
München, Med. Fak., Ref. Rückert, Diss. v. 29. Aug. 1907
[Geb. 18. Juni 82 Berlin; Wohnort: Berlin; Staatsangeh.: Preußen; Vorbildung: Friedrichs-Werdersches Gymn. Berlin Reife O. 01; Studium: Berlin 2, München 1, Berlin 4, München 6 S.; Coll. 29. Aug. 07; Approb. 31. Juli 07.]

Bernhardt, Heinr.: Heimgefunden, s: Weihnachtsbühne.

Bernhardt, Heinrich (Red.), s. M i s s i o n s b l a t t , Das, aus Hessen.

Bernhardt, Heinr., Vater u. Sohn. Lebensbild in 1 Akt. (12 S.) 8. Berlin (910). A. Hoffmann. 1.—

Bernhardt, Helene, s.: E h r h a r d t , H.

Bernhardt's, Henry, Orig.- u. Repertoire-Vorträge. (15 m. Bildn.) 8° Lpzg, (E Grude) ('08). — 10 d

Bernhardt, Henr. (geb. Warschau 9. 10. 1838): De sycosi. Berolini (1862). (31 S.) 8°
Berlin, Med. Diss. v. 11. Aug. 1862

Bernhardt, Hermann, Referendar in Leisnig i. S.: Das Vermächtnis einer bestimmten zur Erbschaft gehörenden Sache nach Bürgerlichem Gesetzbuche. Borna-Leipzig 1907: R. Noske. (VIII, 48 S.) 8°
Leipzig, Jur. Fak., Diss. v. 22. Juni 1907
[Geb. 6. Aug. 79 Dresden; Wohnort: Leisnig; Staatsangeh.: Sachsen; Vorbildung: König-Albert-Gymn. Leipzig Reife M. 99; Studium: München 1, Leipzig 8 S.; Rig. 25. Jan. 04.]

Bernhardt, Hugo (*geb. Breslau [14. 5. 1847]*): Theognis quid de rebus divinis et ethicis senserit. Vratislaviae (1875). (31 S.) 8°
Breslau, Phil. Diss. v. 17. Juli 1875

Bernhardt, Hugo, a. Baerwalde in Pommern: Die Thränenschlauchatresie der Neugeborenen. Rostock 1907: Adlers Erben. (57 S.) 8°
Rostock, Med. Fak., Ref. Peters, Diss. v. 15. Sept. 1907
[Geb. 18. März 82 Baerwalde; Wohnort: Baerwalde; Staatsangeh.: Preußen; Vorbildung: Gymn. Kolberg Reife O. 01; Studium: Berlin, Straßburg, Freiburg i. B., Rostock; Coll. 24. Jan. 07; Approb. 21. Juli 07.]

Bernhardt, J. G., gen. Blumenauer, s. B e r n h a r d t , Johann Gottfried.

BERNHARDT, J. S., Anleitung, den menschlichen Körper, besonders aber den weiblichen, seinen verschiedenen Abweichungen gemäß, zu kleiden und zu verschönern. Ein Handbuch . . . Zweite unveränderte . . . Ausgabe. Dresden, 1820 in der Arnoldischen Buchhandlung. 8°. (l. c. no. 3786m.)
112 + XII + 120 S.; 15 Taf. in Kpfst. (bez. I—XV), 3 Tabellen. — 1. Ausgabe ebd. 1810. (1811?) (3 Thlr.)

Bernardt, Johann, kurzgefaßtes Handbuch der Gesetze über Entlastung von Grund und Boden im weiteren Sinne. Mit einer Einleitung über die gesetzliche Einrichtung des Grundbesitzes nach dem gegenwärtigen Standpunkte der Gesetzgebung. Für die böhmischen Kronländer der österr. Monarchie. Zugleich als 1. Supplement zu dem im Jahre 1847 erschienenen Werke des Verfassers „Handbuch der provinziellen Gesetzkunde von Mähren und Schlesien." 8. (XI und 114 S.) Brünn 864, (Rohrer.) *

Bernhardt, Johann Christian: Chymische V e r s u c h e und Erfahrungen aus Vitriole, Salpeter, Ofenruß, Quecksilber, Arsenik Galbano, Marrhen, der Peruvianer Fieberrinde u. Fliegenschwämmen kräftige Arzneyen zu machen. – Leipzig: Breitkopf 1755. 328 S. 8°

Bernhard, Johann Christoph: Vollständige Abhandlung vom Wiesenbau, sowol dem natürlichen als künstlichen, welcher unter Beschreibung der guten und schädlichen Grasarten und Futtergewächse nach den Gründen der neuern Landwirtschaft erörtert, und durch ein neues System mit dem Akker-und Weinbau vereiniget worden. – Frankfurt & Leipzig: Mezler 1763. 912 S. 8°

Bernhardt, Johann Gottfried

— Feuerlilien f. heil. Gemüther. 8. Freiberg 807. Craz u. G. 2 gr

Bernhardt, Jh. Gf., gen. Blumauer, Irisblumen in heil. Osterliedern. 8. Freiberg 808. Craz u. G. 4 gr

— Nachtviolen in Abendliedern. 8. Freiberg 809. Craz u. G. 4 gr

— Passionsblumen f. Christusverehrer. 8. Freiberg 806. Craz u. G. 2 gr

Bernhardt, Johann Samuel

Bernhardt, Jh. Sam., († d. 27. Nov. 1817.), Anleit., d. menschl. Körper, besonders aber den weibl., zu kleiden u. zu verschönern. 2 Thle, mit 15 Kpft. u. mehr. Tabellen. gr. 8. Dresd. 810, 11. 2e wohlf. A. 820. Arnold. 2 Rthl 8 gr

Bernhardt, J[ohann] S[amuel]. Anleitung, den menschlichen Körper, besonders aber den weiblichen, seinen verschiedenen Abweichungen gemäß, zu kleiden und zu verschönern. Ein Handbuch ... Zweite unveränderte ... Ausgabe. Dresden 1820, in der Arnoldischen Buchhandlung.
112 + XII + 120 S.; 15 Taf. in Kupferst., 3 Tabellen. 8°.
1. Ausg. 1811

Bernhardt, Julius Über den deutschen Unterricht an höheren Lehranstalten. 4 (7 S.) Progr. Rprg. u. Vorsch. *Solingen* 1890
Nicht im Tauschverkehr.

Bernhardt, Julius Adolf: [Bericht über die Feier der Übersiedelung in das neue Heim.] S. 3—8. 4.
Progr. Vitzthumsches Gymn. *Dresden* 1904

—: Mitteilungen zur Geschichte des Vitzthumschen Gymnasiums. Beilagen: 1. Der Bau des neuen Hauses. Von E[mil] Sachße, Stadtbauinspektor. 2. Die Räume und Sammlungen für den physikalischen Unterricht. Von M[artin] Gebhardt. 3. Die Sammlungen für Naturgeschichte und Chemie. Von O[tto] Koepert. 4. Verzeichnis der in den Programmen und Festschriften des Vitzthumschen Gymnasiums enthaltenen Abhandlungen. S. 3—32, 5 Abbild. 4. Vitzthumsches Gymn. *Dresden* 1905 **Progr.**

Bernhardt, Julius Adolf Über Ciceros Rede von den Konsularprovinzen. 4 (S. 3—28). Vitzthumsch. G. *Dresden* 1890 Progr.

Bernhardt, K. (Red.), s. S o n n t a g s b l a t t , Mährisch-schlesisches.

Bernhardt, Karl: Die Bremse. s: Volger's Mehrakter.

Bernhardt, Karl (Red.), s. M i t t e i l u n g e n , Gräfenberg-Freiwaldauer.

Bernhardt, Karl, 3500 kurze Sätze u. Formen z. Einübg. d. franz. unregelmäß. Konjugation, f. d. Hand d. Schüler zusammengest. gr. 8. (74 S.) Stuttgart 899. K. Aue. n. 1. —

Bernhardt, Karl, Z. II od. d. Zukunftskrieg, s.: T h e a t e r - A l b u m , militärisches.

— dasselbe, s.: V o l g e r ' s Vereins-Bühne.

B e r n h a r d t , L. Auf Umwegen, s. a. U n t e r h a l t u n g s - B i b l i o t h e k , christliche.

B e r n h a r d t , L., auf Umwegen. Roman. 8. (347 S.) Halle 886, Fricke's Verlag. *

Bernhardt, Ludwig [app. Thierarzt aus Heilbronn a. N.]: Zur Kenntniss des Toluylendiaminikterus. E. experiment. Untersuchg ... Giessen, grossh. Hof- u. Univ.-Dr. C. v. Münchow, 1896; 51 S. 8.
Giessen, Med. Fak., Inaug.-Diss. v. 1896

B e r n h a r d t , M., Beiträge zur Symptomatologie und Diagnostik der Hirngeschwülste. gr. 8. (VIII, 336 S.) Berlin 881, Hirschwald. *

Bernhardt, M.: Die Betriebsunfälle der Telephonistinnen, s. B e r n h a r d t , Martin

Bernhardt, M., und F. A. C. Ritter, das Buch der Gesundheit. Eine volksthüml. Belehrung über die Pflege und die Erhaltung der Gesundheit, sowie über die Heilung der Krankheiten des Menschen und die Eigenschaften und Wirkungen der bewährtesten Heilmittel. 3. (Titel-)Aufl., mit vielen lithogr. Taf. 30 Lfgn. gr. 8. (à Lfg. 48 S.) Berlin (872)77, E. Mecklenburg Verlag. à Lfg. 50 Pf.

Bernhardt, M., s.: **Elektrizität u. Licht in d. Medizin.**

Bernhardt, M., Elektrizitätslehre f. Mediziner u. Elektrotherapie, s.: Rosenthal, J.

Bernhardt, M.: Erkrankungen der Nerven . . . , s. B e r n h a r d t , Martin

Bernhardt, M., die Sensibilitäts-Verhältnisse der Haut. Für die Untersuchung am Krankenbette übersichtlich dargestellt. gr. 8. (25 S. mit 1 lithogr. Taf. in qu. 4.) Berlin 874, Hirschwald. *

— s.: Untersuchungen, chem. u. medicin. — **Zentralblatt f. d. medicin. Wiss.**

Der erste Leseunterricht nach der reinen Lautiermethode v. Marcus **Bernhardt.** (Sonderburg.) 1883. 8° geb. in 4°. Realprogymn.-Progr.

Der erste Rechenunterricht an der Hand eines wenig bekannten Veranschaulichungsmittels v. Marcus **Bernhardt.** Sonderburg. 1877. 4°. Progr. d. höb. Bürgersch.

Die Betriebsunfälle der Telephonistinnen. Von Prof. Dr. M[artin] **Bernhardt**, Geh. Med.R. Berlin: A. Hirschwald 1906. (71 S.) 8° [04. 1333

Bernhardt, Martin, Referendar: **Der Einfluss persönlicher Verhältnisse auf die Strafbarkeit der Teilnehmer. ⟨§ 50 St.G.B.⟩ Posen 1909: Decker. 71 S. 8°**

Breslau, Jur. Diss. v. 17. Sept. 1909, **Ref. Gretener, Schott**

[Geb. 11. Mai 86 Kriewen; Wohnort: Posen; Staatsangeh.: Preußen; Vorbildung: Friedrich-Wilhelms-Gymn. Posen Reife O. 05; Studium: Genf 1, München 2, Berlin 1, Breslau 2 S.; Rig. 23. Juli 08.] [U 10. 467

— **d. Erkrankgn. d. peripherischen Nerven**, s.a. **Pathologie u. Therapie, specielle.**

Die Erkrankungen der peripherischen Nerven. Von Prof. M[artin] **Bernhardt** in Berlin. Th. 1. 2. *Wien: A. Hölder 1895—97.* 2 Bde 8.

1. M. 33 Abb. u. 5 Taf. 1895. (VII, 431 S., 5 Taf.)

2. Nebst Anh.: Akroparästhesien. Von Priv.-Doc. Dr. L(othar) v. Frankl-Hochwart in Wien. M. 10 Abb. (In 2 Hälften.) 1896. 97. (X S., 1 Bl., 405 S.)

= **Pathologie, Specielle, u. Therapie.** Bd XI. Th. 1. 2. [98. 1251

— **die Erkrankungen der peripherischen Nerven. 1. Thl. 2., neu bearb. u. verm. Aufl. gr. 8. (VII, 545 S. m. 98 Abbildgn. u. 6 Taf.) Wien 902. A. Hölder. n. 12. 80**

Bernhardt, M., die Erkrankungen der peripherischen Nerven. II. Thl. Nebst Anh: Akroparästhesien. Von L. v. Frankl-Hochwart. 2., neu bearb. u. verm. Aufl. (VIII, 537 S. m. 7 Abbildgn) Lex.-8. Wien 904. A. Hölder. n. 12. 20

1. Tl. Ebd. 902. n. 12. 80

Bernhardt, Mart. (geb. Potsdam 10. 4. 1844): Qua in re uraemiae natura posita sit. Berolini (1866). (31 S.) 8°

Berlin, Med. Diss. v. 1. Mai 1866

Bernhardt, Mart., üb. Franklin'sche od. Spannungsströme vom elektrodiagnostischen Standpunkt, s.: Sammlung klinischer Vorträge.

Bernhardt, Max: Ein Fall von Sternopagus mit besonderer Berücksichtigung der **Musculatur und des Knochensystems. Halle 1870: Plötz. 29 S., 2 Taf. 8°**

Halle-Wittenberg, Med. Diss. v. 30. Mai 1870

Geb. Wittenberg 1. 3. 1845. V.

Bernhardt, Moritz

Bernhardt, Carol[us] Eduard[us] **Mauritius:** *Quaestionum Euripidearum specimen. 65 S. 8° (4°)

Halle-Wittenberg. Phil. Diss. v. 15. März 1847

Geb. [Driesen (Neumark) 25. 2. 1823]

Bernhardt, O.: Zur griechischen Florilegienliteratur. Sorau 1865. Schul-/Univ. Schrift.

Bernhardt, O.: Zur G. Musonius Rufus. 12 S. Progr. Sorau 1866.

Bernhardt, O.: Q u a e s t i o n e s Stobenses, s. B e r n h a r d t , Otto.

Bernhardt, O. : Die sieben Weisen Griechenlands. 16 S. Progr. Sorau 1864.

Bernhardt, Oscar. **Aus fernen Landen. Reise-Erlebnisse und Erzählungen. (Jahrg. 1, Band 2.) [Illustriert.] 94 S. 8. Bern, Verlagsanstalt «Zu Hause», Victor Schlüter, [1906].** ([cart.] fr. 1. —)

Bernhardt, Otto **(geb. 1838 in Meiningen): Qvaestiones Stobenses** ... Bonnae, form. C. Georgi 1861. 1 Bl., 31 S., 1 Bl. 8. **¶ In Komm. bei Lempertz in Bonn.**

Bonn, Phil. Fak., Diss. v. 19 März 1861

Bernhardt, P: Die Fortbildgssch. f. Mädchen, s.a. **Abhandlungen, pädagog.**

Die Fortbildungsschule für Mädchen. (Vortrag, geh. im Bezirkslehrerverein Dresden-Land 1903.) Von P. **Bernhardt**, Lehrer in Radebeul. *Bielefeld: A. Helmich [1903].* (13 S.) 8° [𝔉.]

= **Abhandlungen, Pädagogische.** N. F. Bd 9, H. 7. [04. 709

Bernhardt, Paul, Assist.-Arzt an d. Irrenanstalt Stephansfeld: **Die Radicaloperation der Leistenbrüche nach Kocher's Verlagerungsmethode auf Grund von Erfahrungen der Strassburger chirurgischen Klinik.** ***Strassburg i. E.: J. Singer 1899.*** (78 S.) 8°

Strassburg, Med. Diss. v. 1899

Bernhardt, Paul, die Verletzungen des Gehörorgans, besonders auch ihre Beziehungen zum Nervensystem. Forensische Abhandlg. (III, 181 S.) gr. 8. Berlin 903. A. Hirschwald. n. 3 —

Sonderabdruck aus: „Vierteljahrsschr. f. gerichtl. Medicin u. öffentl. Sanitätswesen".

Bernhardt, R.: D a r s t e l l u n g aus dem Gebiete des Eisenbahnwesens, s. B e r n h a r d t , Robert

Bernhardt, R.: Erbgrind Favus, s. B e r n h a r d, Robert

Bernhardt, R.: C u l t u r - V e r s u c h e , s. B e r n h a r d t , Richard.

Bernhardt, R.: Die schweiz. Ostalpen, s. B e r n h a r d t , Robert

Bernhardt, R.: Üb. S c h u l h y g i e n e . . . , s. B e r n h a r d t , Robert

Bernhardt, Rich., Cultur-Versuche. gr. 8. (84 S.) Riga 880, Fluthwedel und Comp. *

Bernhardt, Rob[ert]. **Darstellungen aus dem Gebiete des Eisenbahnwesens. Heft 1: Betrachtungen über den Eisenbahntarif; Begriff und Einrichtung der Eisenbahntarifverbände; Die Verkehrsteilung im Tarifgesetz der schweizerischen Bundesbahnen. [Mit 1 Figur.] IV + 101 S. 4. Bern, Stämpfli & Cie., 1908.** [fr. 4. —]

Bernhardt, Rob[ert]. **Das Eisenbahnprojekt Donaueschingen-Schaffhausen ⟨Randenbahn⟩. ([Mit Text-Beilagen, 4 Karten u. 1 Profil im Text und 1 Karten-Beilage, sowie einem] Anhang betreffend den Fahrplan von M[ax] O[tto] Wild, in Bern.) VI + 216 S. 4. Bern, Buchdr. Stämpfli & Cie., Komm. A. Francke, 1908.** [fr. 10. —]

Erbgrind ⟨Favus⟩. Von Dr. Robert **Bernhardt**, Arzt in Warschau. Mit 5 Abb. *Berlin, Wien: Urban & Schwarzenberg 1901.* (S. 265—294.) 8°

= **Klinik, Wiener.** 1901, H. 9. [01. 11241

Bernhardt, Rob[ert]. **Die Schweizerische Ostalpenbahn in historischer, technischer, kommerzieller und volkswirtschaftlicher Beleuchtung. 2 Teile. 4. Zürich, Orell Füssli (Buchh. A. Francke, Bern), 1903—1905.**

Teil 1: Allgemeines. Die Splügenbahn. Die Fern-Ortler Bahn. ([Mit] Anhang, enthaltend die Beilagen I bis V [wovon 12 Karten].) X + 138 [+ *Anhang* 34] S. 1903. ([*urspr.* fr. 15. —] *reduz.* 5. —)

Teil 2: Die Greinabahn. Vergleichungen mit der Splügenbahn. ([Mit] Anhang, enth' die Beil' I bis XVII [wovon 12 Karten].) VIII + 176 S. 1905. (fr. 10. —)

Bernhardt, Rob., üb. Schulhygieine, deren Zwecke u. einige Hauptfordergn. derselben an Schule u. Lehrer. [Mit besond. Berücksicht. der Schulbankfrage.] Vortrag, geh. in Paulinzolla am 27. Juni 1890. Nachträglich erweitert u. m. e. Tab. üb. Massverhältnisse zur Anfertigg. v. Subsellien versehen. gr. 8. (30 S. m. 1 Taf.) Leutenberg i/Thür. 891. (Rudolstadt, Müller.) n. — 80

Bernhardt, Rudolf, aus Vreden (Westf.): Die Inanspruchnahme des deutschen Reiches durch die Husitenfrage in den Jahren 1419—1423. *Halle a. S. 1901: H. John.* (69 S.) 8°
Halle, Phil. Diss. v. 1901

Bernhardt, Sarah, mein Doppelleben. Memoiren. Deutsch v. Frz. Neubert u. Frohwalt Küchler. Mit zahlr. Kunstbeilagen. (VIII, 460 S.) gr. 8. Leipzig 908. Schulze & Co. 10.—; geb. 12.—; Luxusausg. auf Büttenpap., geb. in Perg. nn 60. —

Bernhardt, T.: Diokletian in s. Verhältn. zu d. Christen, s. Bernhardt, Theodor

Bernhardt, Th., Lord Palmerston, s.a. Sammlung gemeinverständlicher wissenschaftlicher Vorträge.

Bernhardt Th, Lord Palmerston. (Slg w. Vortr. 107) Berlin 1870

—— und Carl v. Noorden, zur Würdigung Johann Wilhelm Löbells. 4 literarisch-histor. Untersuchungen nebst vorausgeh. biograph. Notizen. gr. 8. (III und 104 S.) Braunschweig 864, Schwetschke und Sohn. *

Bernhardt, Theodor
—— Machiavellis Buch vom Fürsten und Friedrichs des Grossen Antimachiavelli. gr. 8. (64 S.) Braunschweig 864, Schwetschke und Sohn.

Bernhardt, Thdr., Diokletian in seinem Verhältnisse zu den Christen. Eine geschichtl. Untersuchung. gr. 8. (IV und 63 S.) Bonn 862, Cohen und Sohn. *

—— Preussens moderne Entwickelung. 8 Vorträge. gr. 8. (V und 74 S.) Berlin 867, Guttentag. *

Bernhardt, Theodor. Politische Geschichte des römischen Reiches von Valerian bis zu Diokletians Regierungsantritt. (1. Abth. aus: „Geschichte Roms von Valerian bis zu Diokletians [illegible] 8 Berlin 1867.

Bernhardt, Thdr., Geschichte Roms von Valerian bis zu Diokletians Tode [253—313 n. Chr.]. (In 3 Abthlgn.) 1. Abth.: Politische Geschichte des röm. Reiches von Valerian bis zu Diokletians Regierungsantritt [253—284 n. Chr.]. Berlin 867. Guttentag. gr. 8. (XIV, 318 S.) n. 1 *ℛ* 24 *ngr.*

Bernhardt, Theod[orus]: • Quibus causis motus Diocletianus sit persecutus Christianos. 86 S. 8° (4°)
Halle-Wittenberg, Phil. Diss. v. 9. Okt. 1860
Geb. [Saarbrücken 30. 1. 1837]
Eine deutsche Bearbeitung davon ist wohl des Verf. Schrift: Diokletian in seinem Verhältnisse zu den Christen. Eine geschichtliche Untersuchung. Bonn: Cohen 1862. IV, 63 S. 8°

Bernhardt, W., Dr. Ernst Chladni der Akustiker. Eine Biographie und geschichtliche Darstellung seiner Entdeckungen zur Erinnerung an seinen 100jähr. Geburtstag den 30 Nov. 1856. Wittenberg (Großenhain) 856. Mohr. gr. 8. (V, 105 S. u. lith. Bildniß.) n. 15 *ngr*

Bernhardt, W.: Keplers Lehre von den Kräften des Weltalls. 23 S. Progr. Wittenberg 1872.

Bernhardt, Gualterus, Gothanus: De allitterationis apud Homerum usu. Gotha 1906: F. A. Perthes. (121 S.) 8°
Jena, Phil. Fak., Ref. Hirzel, Diss. v. 28. März 1906
[Geb. 11. Dez. 82 Gotha; Wohnort: Gotha; Staatsangeh.: Sachsen-Coburg-Gotha; Vorbildung: Gymn. Gotha Reife O. 01; Studium: Jena 2, München 2, Berlin 2, Jena 4 S.; Rig. 25. Nov. 05.]

Bernhardt, Wilhelm
Bernhardt, Wilh., die Anschauung des Seneca vom Universum, dargestellt nach den „naturales quaestiones“ desselben. Wittenberg 861. Herrosé in Comm. gr. 4. (28 S.) n. 10 *ngr.*

Bernhardt, Wilh., die Bannbulle Leo X. gegen Luther, nach dem Orig.-Text der im Lutherhause zu Wittenberg befindl. Ausg. vom 17. Juli 1520. Nebst der deutschen Übersetzg. 16. (68 S. m. 1 Fksm.) Wittenberg 891. M. Senf. 1. —

Bernhardt, Wilhelm: Ludwig Uhlands politische Betätigungen und Anschauungen. (Rochlitz 1910: Meltzer.) 103 S. 8°
Leipzig, Phil. Diss. v. 5. Aug. 1910, Ref. Brandenburg, Köster
[Geb. 1. Okt. 83 Dickeln, Livland; Wohnort: Leipzig; Staatsangeh.: Preußen; Vorbildung: Wilhelm-Gymn. Braunschweig Reife O. 06; Studium: Theol. Erlangen 2, Leipzig 5 S.; Rig. 13. Mai 10.] [U 10. 3099

Bernhardt, *Wilhelm* Das Gymnasium zu Wittenberg von 1520 bis 1868. 4 (S. 33—67).

Bernhardt, *Wilhelm* Verzeichnis der Schüler, welche seit Ostern 1817 das Gymnasium zu Wittenberg mit dem Zeugnis der Reife für Universitätsstudien verlassen haben. 4 (S. 145—169). In: Festschrift zur Feier der Einweihung des neuen G.-Gebäudes *Wittenberg* 1888
Progr.

Bernhardt, Wilhelm [aus Weimar]: Die Werke des Trobadors N'At de Mons zum ersten Male herausgegeben. I. Teil. . . . (Sonderabdr. aus . . . Altfranzösische Bibliothek . . . XI. Bd.) Leipzig, Druck v. Breitkopf & Härtel, 1887; 46 S. + 1 Bl. 8°.
Bonn, Phil. Fak., Inaug.-Diss. v. 11. Aug. 1886.

Bernhardt, Wilhelm [aus Weimar]: Die Werke des Trobadors N'At de Mons zum ersten Male herausgegeben. I. Theil . . . . Bonn. Univ.-Buchdr. v. C. Georgi, 1886; (nur Titelbl.. Vita u. Thesen.) 8°.
Bonn, Phil. Fak., Inaug.-Diss. v. 11. Aug. 1886.

Bernhardt. Wittenberg vor 50 Jahren. Geschichte seiner Belagerung und Einnahme. Wittenberg 1863. 8°.

—— Wittenberg vor 50 Jahren. Die Geschichte seiner Belagerung und Einnahme (13. Jan. 1814.) gr. 8. (IV und 63 S. mit 1 lithogr. Plane von Wittenberg im J. 1813 in qu. Fol. gez. von v. Lochow.) Wittenberg 864, (Herrosé.) *

Bernhardt, (Wilh. L.,) de utilitate acidi nitrici et muriatici inter se mixtorum nonnullis in morbis eximia. 4. Lips. 825, Cnobloch.

Bernhardt von Gera, s.a. **Gera, Bernh.**

Bernhardt v. Gera, das Haus- u. Zimmerturnen. Sammlung der wichtigsten heilgymnast. Uebungen, ausführbar in u. ausser dem Zimmer, mit u. ohne Lehrer, Geräth u. Unterstützung, zum Gebrauch für jedes Lebensalter u. für beide Geschlechter. In 2 Abthlgn. [I.: Freiübungen (Gliederübungen). II.: Rüstübungen (Geräthübungen).] Mit 85 (eingedr. Holzschn.-)Abbildungen. Aus der Praxis gesammelt u. bearb. gr. 8. (VI, 60 S.) Berlin 881. Issleib. geb. n. 4. —

— dasselbe. Anh.: Das Croquetspiel. Mit 47 (eingedr.) Abbildungen. Aus der Praxis gesammelt u. bearb. 2. unveränd. Aufl. 12. (98 S.) Ebend. 882. geb. n. 1. —

Bernhardus, s.a. Bernardus

Bernhardus Graf von der Marck und Tervis: Chymische Schriften von dem gebenedeyten Stein der Weisen. Aus dem Lat. übers. von Kaspar Horn. Th. 1-4 u. Anhang hrsg. von Joachim Tanck, Auslegung des 4. Theils von Frater Albertus Beyer. 297 S., gbd. Abb.
Nürnberg: Krauß 1747.

Bernhardus, Ernestus, s. Bernhard, Ernst

Bernhardus-Kalender, badischer, f. d. J. 1897. 4. (28 u. 60 S. m. Abb. u. Titelbild.) Baden-Baden (P. Weber). n. — 40

Bernhardy, Gottfried

Bernhardy, Godofr., Analecta in geographos Graecorum minores. Commentatio academica certaminibus litterariis in a. 1850 indicendis edita. 4maj. (48 S.) Halae 840, Hendel.

Bernhardy, Godofredus: Analecta in geographos Graecorum minores. Halis 1850: Hendel. S.2—48. 8° (4°)

Halle-Wittenberg, Progr. z. akad. Preisverteilung 1849

Im Buchhandel 1850 bei Hendel in Halle.

Ankündigung des 50jährigen Dr.-Jubiläums von Jul. Aug. Ludw. **Wegscheider** am 27. Dez. 1846. [Verf.: Gottfried **Bernhardy**.] Auch abgedr. A L Z. 1847, Int.-Bl. S. 33 f.

Bernhardy, G[odofredus]: Quaestionum de Harpocrationis aetate auctarium. Halae (1856): Hendel. S. IV—XVII. 4°

Halle-Wittenberg, Ind. schol. SS 1856

— siehe: Bibliotheca scriptorum Latin.

Bernhardy, G[odofredus]: Epicrisis disputationis Wolfianae de carminibus Homericis. Halae (1846): Hendel. S. IV—VIII. 8° (4°)

Halle-Wittenberg, Ind. schol. WS 1846/47

— De Horatii epistola ad Pisones. Gel. 1847. 23 S. •

Bernhardy, Gottfr. (Landsberg/Neum.), Eratosthenicorum specimen. Bln. (G. Reimer) 30. X. 1822. 60 S., mit Biogr. (4.—) 2326

Oppon.: Kritz, Steinhardt, Schubart.

Bernhardy, Gottfr., zur Erinnerung an sein Leben und Wirken, s. Volkmann, R.

— s. Geographi graeci,

Bernhardy, Gttfr., Grundlinien zur Encyclopädie der Philologie. gr. 8. Halle 832. Anton. $1\frac{1}{2}$ ℛ

— Grundriß der Griech. Literatur, mit e. vergleich. Ueberblick der Römischen. 1r Thl. gr. 8. Halle 836. Anton. $2\frac{1}{2}$ ℛ

Bernhardy, Gottfr., Grundriß der Griech. Literatur, mit e. vergleich. Ueberblick der Römischen. 2. Thl. Geschichte der griech. Poesie. gr. 8. Halle 841 (845), Anton. $4\frac{2}{3}$ ℛ — 1. Thl. $2\frac{1}{2}$ ℛ

— Grundriss der Griechischen Litteratur; m. e. vergleichenden Ueberblick der Römischen. 2. Bearbeitung. 1. Thl.: Innere Geschichte der Griechischen Litteratur. gr. 8. (XXIV u. 662 S.) Halle 852, Anton. 3 ℛ

—— dass. — 2. Bearbeitung. 2. Thl.: Geschichte der griechischen Poesie. 1. Abthl.: Epos, Elegie, Jamben, Metrik. gr. 8. (677 S.) Ebds. 855(56.)

Bernhardy, G., Grundriss der griechischen Litteratur; mit einem vergleichenden Ueberblick der römischen. 2. Bearbeitung. 2. Thl.: Geschichte der griech. Poesie. 2. Abthl. Dramatische Poesie, Alexandriner, Byzantiner. gr. 8. (XXXII und 699 S.) Halle 859, Anton.

Bernhardy, G., Grundriss der griechischen Litteratur; mit einem vergleichenden Ueberblick der römischen. 3. Bearbeitg. 1. Thl.: Innere Geschichte der griechischen Litteratur. Halle 861. Anton. gr. 8. (XXVI, 764 S.) 3 ℛ 15 ngr

Bernhardy, G., Grundriss der griechischen Litteratur. 3. Bearbeitung. 2. Thl. Geschichte der griech. Poesie. 1. Abthl.: Epos, Elegie, Jamben, Melik. gr. 8. (758 S.) Halle 867, Anton.

1. Thl. Ebendas. 1861. 3 Thlr. 15 Ngr.

Bernhardy, G., Grundriss der griechischen Litteratur. 3. Bearbeitung. 2. Thl.: Geschichte der griech. Poesie. 2. Abthl.: Dramatische Poesie, Alexandriner, Byzantiner, Fabel. gr. 8. (XXXII, 815 S.) Halle 872, Anton.

1. Thl. und 2. Thl. 1. Abthl. Ebendas. 1861,67. ℳ 20,70.

—— Grundriss der griechischen Litteratur. 4. Bearbeitung 1. Thl.: Innere Geschichte der griechischen Litteratur. gr. 8. (XXII, 782 S.) Ebendas. 876.

Bernhardy, G., Grundriss der griechischen Litteratur. 1. Thl.: Innere Geschichte der griech. Litteratur. (Einleitung u. allgemeine Uebersicht.) 5. Bearbeitg. v. Rich. Volkmann. gr. 8. (XVI, 844 S.) Halle a/S. 892. E. Anton. n. 15. —

—— Grundriss d. Röm. Litteratur. gr. 8. (23 B.) Halle 830, Schwetschke u. Sohn.

— Grundriss der Römischen Litteratur. 2. Bearbeitung. gr. 8. (XVIII u. 705 S.) Halle 850, (Braunschweig) Schwetschke & Sohn. n. 4 ℛ

Bernhardy, G., Grundriss der Römischen Literatur. 3. Bearbeitung. (In 2 Abth.) Braunschweig 855, 57. Schwetschke u. Sohn. gr. 8. (XXIV, 814 S.) n. 4 ℛ

—— Grundriss der römischen Litteratur. 8 Abthlgn. Bearbeitung. gr. 8. (930 S.) Braunschweig 862—65, Schwetschke und Sohn.

— Grundriss der römischen Literatur. 5. Bearbeitung. Braunschweig 869. Schwetschke & S. gr. 8. (1. Abth.: 384 S.) n. 4 ℛ 15 ngr

Bernhardy, G., Grundriss der römischen Literatur. **5. Bearbeitung.** Braunschweig 1872. 8°.

Bernhardy, G., Grundriss der griechischen Literaturgeschichte. 3. Bearbeitung. 2. Thl. Geschichte der griech. Poesie. 1. u. 2. Abth. 2. Abdr. gr. 8. (756 S.) Halle 877. 880. Anton. 25. 50

1. Epos, Elegie, Jamben, Melik. (756 S.) 12. —

2. Dramatische Poesie, Alexandriner, Byzantiner, Fabel. (XXIV, 816 S.) 13. 50

— — (Prorector), Index scholarum in univers. litt. Frideric. Halensi c. Viteberg. per hiemen 1841 bis 1842. Halle (Hendel). XII, 12 S. (2.50) 2327

Bernhardy, Godofredo, . . . memoriam summorum in philosophia honorum quos ante hos quinquaginta annos . . capessivit . . . congratulantur scholarum Franckianarum directores . . . Halis 1872. V: *Muff*, *Chr.* & *August Müller*. (KatDMG)

Bernhardy, Godofredus: Paralipomena syntaxis Graecae. Halis 1854: Ploetz. S. 2—32. 8° (4°)

Halle-Wittenberg, Progr. z. akad. Preisverteilung 1853

[Umschlagt.:] Commentationes academicae quibus paralipomena syntaxis Graecae continentur.

Mit d. Verf. Progr. z. Preisverteilung v. 1861 zus. erschienen 1862 bei Anton in Halle unter gleichem Titel.

Bernhardy, Godofredus: Paralipomena syntaxis Graecae continuata. Halis 1862: Ploetz. S. 34—69. 8° (4°)

Halle-Wittenberg, Progr. z. akad. Preisverteilung 1861

Mit d. Verf. Progr. z. Preisverteilung v. 1853 zus., verm. um eine Vorrede, die §§ 27 u. 28 und einen Index auctorum, erschienen 1862 bei Anton in Halle unter gleichem Titel, 74 S.

Bernhardy, G[odofredus]: Prooemium de Horatii Epistola ad Pisones. Halae (1847): Hendel. S. IV—XII. 8° (4°)

Halle-Wittenberg, Ind. schol. SS 1847

Bernhardy, G[odofredus]: Prooemii de Scriptoribus Historiae Augustae P. l. Halae (1845): Hendel. S. IV—X. 8° (4°)

Halle-Wittenberg, Ind. schol. WS 1845/46

P. 2 ist Ind. schol. SS 1846.

Bernhardy, G[odofredus]: Prooemii de Scriptoribus Historae Augustae P. 2. Halae (1846): Hendel. S. IV—VI. 8° (4°)

Halle-Wittenberg, Ind. schol. SS 1846

P. 1 ist Ind. schol. WS. 1845/46.

Buchausg. von P. 1. u. 2. zusammen 1847 bei Hendel in Halle, 32 S. gr. 8°

[Bernhardy, Gottfried: Historischer Rückblick auf das Wachstum der Universität Halle im 1. Jahrhundert, dazu ein Ueberblick über die Schicksale der klassischen Studien in Halle. Vermehrte Rektoratsrede.] Halae (1841): Hendel S. II—XII. 8° (4°)
Halle-Wittenberg, Ind. schol. WS 1841/42

Sacra Universitatis litterariae Fridericianae Halensis consociationem cum academia Vitebergensi ante quinquaginta annos initam die XXI. mensis Junii anni 1867. celebraturae indicunt Rector et Senatus. Halis (1867): Hendel. 14 S. 4°
Verf.: Gottfried Bernhardy.

— de scriptoribus historiae augustae. Prooemia II scholis universitatis Friedericanae indicendis scripsit. 8maj. (32 S.) Halae 847, Hendel.

— s. Suidae Lexicon Graece et Latine.

— wissenschaftl. Syntax d. Griech. Sprache. gr. 8. (53 B.) Berlin 829, Duncker u. Humblot. 2 Thlr. 8 Gr., Schrbp.

Bernhardy, G[odofredus]: Theologumenorum Graecorum P. 1. Halae (1856): Hendel. S. IV—XVI. 4°
Halle-Wittenberg, Ind. schol. WS 1856/57
P. 2 3 sind Ind. schol. SS 1857, WS 1857/58.

Bernhardy, G[odofredus]: Theologumenorum Graecorum P. 2. Halae (1857): Hendel. S. IV—XIV. 4°
Halle-Wittenberg, Ind. schol. SS 1857
P. 1 3 sind Ind. schol. WS 1856/57, 1857/58.

Bernhardy, G[odofredus]: Theologumenorum Graecorum P. 3. Halae (1857): Hendel. S. IV—XI. 4°
Halle-Wittenberg, Ind. schol. WS 1857/58
P. 1. 2 sind Ind. schol. WS 1856/57, SS 1857.

Bernhardy (J. B.), Drey Fragen über die Berggerichtsbarkeit im Königreich Sachsen. Freyberg 1808. 8.

Bernhardy, Rena, Antonia, s.a. Theater, kleines. 361. Hft.

Antonia. Ein religiöses Schauspiel in 5 Akten von Rena Bernhardy. Paderborn: B. Kleine [1906]. (48 S.) 8° [J.]
=Theater, Kleines. H. 361.

Bernhart, Matthias. [Tübingen 1808.] H: *Docen, Bernhard Joseph.* (MGT)

Bernhart, Frz., Methodik u. Praxis des Unterrichtes in Naturlehre an Volks- u. Bürgerschulen. 2. Aufl. (VI, 116 S.) 8. Gotha 910. R. Wöpke. 1.80; geb. 2.30

Bernhart, Franz Xaver [app. Arzt aus Reit im Winkel]: Ueber die Anwendung der Kocks'schen Zangen bei vaginaler Uterustotalexstirpation ... München, Buchdr. v. M. Ernst, 1891; 24 S. 8.
München, Med. Fak., Inaug.-Diss. v. [17. Juli] 1891

Bernhart, J. B., Verfahren, die Verhältnißrechnungen durch Vernunftschlüsse anschaulich u. zugleich bequem, leicht u. schnell aufzulösen. gr. 8. (5 1/8 B.) Ulm 843. [Ebner, Müller's Buchh.] Thlr.

Bernhart, J. B., Verfahren, die Verhältnißrechnungen durch Vernunftschlüsse anschaulich und zugleich bequem, leicht und schnell aufzulösen. gr. 8. Ulm 843, Seitz. 1/3 nβ

Bernhart, Joh. [app. Arzt aus Reit in Winkel]: Ueber einen Fall von Irresein nach Kopfverletzung. ... München, Buchdr. v. M. Ernst, 1889; 17 S. 8
München, Med. Fak., Inaug.-Diss. v. 1889

Bernhart, Jh. Bapt. Matth. († d. 17. Juni 1807.) meine Ansichten von d. Geschichte d. Entstehung, Ausbildung u. Verbreitung d. Buchdruckerkunst. gr. 8. Münch. 807. Fleischmann. 4 1/2

Bernhart, Jh. Bapt., († d. 20. Juni 1821.) Bemerkk. über die Geschichte d. Entstehung d. Buchdruckerkunst u. über d. Ausgaben Theuerdanks, von 1517 u. 1519. 8. Münch. 807.

Bernhart, Jos., s.: Ars sacra.

— Leben Jesu u. Mariae. Blätter hl. Kunst m. begleit. Worten. (55 Taf. m. 55 Bl. Erläutergn. u. 7 S. Text.) 32,5×26,5 cm. Kempten (910). J. Kösel.
Geb. in Leinw. 12. —

Bernhart, Karl (Mitarb.) s. Lesebuch für ... Bürgerschulen...

Bernhart, Max, Medaillen u. Plaketten, s.: Bibliothek f. Kunst- u. Antiquitätensammler. 1. Bd.

Bernhart, Max: Zwei römische Münzfunde aus Südbayern. München 1910: Straub. 64 S. 8°
München, Phil. Diss. v. 22. Juli 1909, Ref. Wolters, Poehlmann
[Geb. 12. Okt. 83 Krumbach; Wohnort: München; Staatsangeh.: Bayern; Vorbildung: Ludwigs-Gymn. München Reife Juli 04; Studium: München 10 S.; Rig. 22. Juli 09.] [U 10. 3620

Bernhart, Rud., Fleckenreinigungskunst. (K. k. Lehrmittelbureau f. gewerbl. Unterrichtsanstalten. Chemischtechn. Abt.) (9 S.) kl. 8. Wien 908. F. Tempsky. —20

Bernhauer, Max, Staphylinidae, s.a. Fauna, die, Südwest-Australiens. II, 1—4.

Bernhauer, Max, die Staphyliniden der paläarktischen Fauna. I. Tribus: Aleocharini (II. Thl.). Hrsg. v. der k. k. zoologisch-botan. Gesellschaft in Wien. (198 S.) gr. 8. Wien (XVIII, Dittesgasse 11) 902. (Brüder Ortner & Co.) n. 5. —
Der I. Thl. ist in den Verhandlungen der zoologisch-botanischen Gesellschaft in Wien enthalten.

Bernhauer, M: Die Staphyliniden d. paläarkt. Fauna. I. Tribus: Aleocharini (II. Thl.). (198) 8° Wien (XVIII, Dittesgasse 11), (Winkler & Wagner)'02. 5 —
Der I. Thl ist nur in d. Verhandlgn d. zool.-botan. Gesellsch. in Wien erschienen.

Bernhaupt, Jos.: Die Anfänge d. Perfekt-Lit., s: Perfect-Literatur, Harth.

Bernhaupt, J, Übungsbuch sammt Sprachlehre u. Wörterbuch in 5 Sprachen z. Erlerng d. Weltsprache Volapük d. Hrn JM Schleyer. 8. (201) Ueberling. 86, Feyel. n. 2. 40

Bernhaupt, Jos., Ubungsbuch sammt Sprachlehre u. Wörterbuch in 5 Sprachen zur Erlernung der Weltspache Volapük d. Hrn. Joh. Mart. Schleyer. gr. 8. (VII, 201 S.) Ueberlingen 886. Schoy. n.n. 2. 40

Bernhaupt, Jos., das Weltsprache-Problem, s.: Lebenskunst-Bibliothek. Nr. 3.

Bernheim, d. Familie v., e. angenehm. u. lehrr. Lesebüchl. (h. a. d. Kit. Kinderalmanach 18 Bd.) 12. Brschw. Schulbchh. 793.

Bernheim, Neuste Erfahrungen, den Mauerfraß, Mauer- und Holzschwamm etc. zu verhüten. Nordhausen 1837. 8.

Bernheims Telegraphist. Ersparniss beim Telegraphiren bis 60%, Bewahrung des Geheimnisses Unbefugten gegenüber, selbst wenn sie im Besitz des „Telegraphist" sind. Ausg. A. In-16°, 36 S. Basel, M. Bernheim. 1888? 1 —

Bernheim. Le Télégraphiste. Édit. B. In-16°, 36 p. Bâle, M. Bernheim. 1888? 1 —

Bernheim, Albert [app. Arzt aus Schmieheim]: Beitrag zur Statistik über die Ursachen (Aetiologie) der Placentarretention. ... Freiburg i. B., Buchdr. H. Epstein, 1890; 46 S., 1 Bl. 8°
Freiburg i. B., Med. Fak., Inaug.-Diss. v. 1890

Bernheim, Arthur, med. pract. von Zürich, Assistenzarzt der medicinischen Klinik in Zürich: Aus der medicinischen Klinik des Herrn Professor Dr. Eichhorst in Zürich. Beiträge zur Chemie der Exsudate und Transsudate. (S.A. aus: Virchow's Archiv f. pathol. Anatomie u. Physiologie, Bd 131 (S. 274—303)). Berl. (G. Reimer) 1893. 34 S. 8°.
Zürich, Med. Diss. [v. 10. Jan. 1893].

Bernheim, Benedikt: Der ambulante Gerichtsstand der Presse. Referat. München (1899). 8°

Bernheim, Carolus Otto: • De Euripidis Supplicibus. 70 S. 4° (2°) Halle-Wittenberg, Phil. Diss. v. 29. Juli 1862
Geb. [Berlin 29. 4. 1840]

Bernheim, E., s. Altmann u. B., Urkunden.

Bernheim, Ernst, Auswahl europäischer Verfassgs.-urkunden von 1791—1871. Zu histor. u. staatsrechtl. Seminarübgn. zusammengestellt. (IV, 163 S.) gr. 8. Greifswald 910. Bruncken & Co. 2.—; geb. 2.80

Bernheim, Ernst, Einleitung in die Geschichtswissenschaft, s.a. Sammlung Göschen.

Einleitung in die Geschichtswissenschaft. Von Dr. Ernst Bernheim, Prof. in Greifswald. Leipzig: G. J. Göschen 1905. (150 S.) 8° [Š.]
(Sammlung Göschen. 270.) [05. 1:307

Einleitung in die Geschichtswissenschaft. Von Dr. Ernst Bernheim, Prof. Neudr. Leipzig: Göschen 1909. 156 S. 8°
(Sammlung Göschen. 270.) A 12.121411

Bernheim, Ernst, Entwurf e. Studienplans f. das Fach der Geschichte u. die damit verbundenen Nebenfächer nebst Beilage: Beispiele v. Anfängerübgn. gr. 8. (57 S.) Greifswald 901. J. Abel. n. 1. 50; Ausg. ohne Beispiele n. — 75

Bernheim, Ernst, zur Geschichte des Wormser Concordates. gr. 8. (VI, 66 S.) Göttingen 878. Peppmüller. n. 2. 25

Bernheim, E., zur Geschichte des Wormser Concordates. gr. 8. Göttingen 878, Vandenhoeck und Ruprecht's Verlag. *

Bernheim, Ernst, Geschichtsforschung und Geschichtsphilosophie. 8. (III, 138 S.) Göttingen 880, Peppmüller.

— Geschichtsunterricht u. Geschichtswissenschaft im Verhältnis zur kultur- u. sozialgeschichtlichen Bewegung unseres Jahrhunderts, s.a. Zeit- u. Streitfragen, pädagogische. 56. Hft.

Geschichtsunterricht und Geschichtswissenschaft im Verhältnis zur Kultur- und sozialgeschichtl. Bewegung unseres Jahrhunderts. Von Ernst Bernheim, Prof., Greifswald. *Wiesbaden: E. Behrend 1899.* (56 S.) 8°
Aus: Neue Bahnen. 1899, H. 5. 6.
= Zeit- u. Streitfragen, Pädagogische. H. 56. [04. 6781 9

— das Wormser Konkordat u. seine Vorurkunden, s.a. Untersuchungen zur deutschen Staats- u. Rechtsgeschichte. 81. Hft.

Das Wormser Konkordat und seine Vorurkunden hinsichtlich Entstehung, Formulierung, Rechtsgültigkeit von Dr. Ernst Bernheim, Prof. Breslau: M. & H. Marcus 1906. (VIII, 88 S.) 8°
= Untersuchungen z. Deutschen Staats- u. Rechtsgeschichte. H. 81. [06. 4491

Bernheim, Ernst. Lehrbuch der histor. Methode. Mit Nachweis d. wichtigsten Quellen u. Hülfsmittel zum Studium d. Geschichte. gr. 8. (XI, 530 S.) Lpz. 889, Duncker u. Humblot. 10 —

Bernheim, Ernst, Lehrbuch der historischen Methode. Mit Nachweis der wichtigsten Quellen u. Hülfsmittel zum Studium der Geschichte. 2., völlig durchgearb. u. verm. Aufl. Mit e. alphabet. Autoren- u. Sachregister. gr. 8. (XI, 624 S.) Leipzig 894. Duncker & Humblot. n. 12. —; geb. n. 14. —

— Lehrbuch der historischen Methode u. der Geschichtsphilosophie. Mit Nachweis der wichtigsten Quellen u. Hilfsmittel zum Studium der Geschichte. 3. u. 4., völlig neu bearb. u. verm. Aufl. (XII, 781 S.) gr. 8. Leipzig 903. Duncker & Humblot. n. 15. —; geb. n. 17. —

— Lehrbuch der historischen Methode u. der Geschichtsphilosophie. Mit Nachweis der wichtigsten Quellen u. Hilfsmittel zum Studium der Geschichte. 5. u. 6., neu bearb. u. verm. Aufl. (X, 842 S.) gr. 8. Leipzig 908. Duncker & Humblot. 16.—; geb. 18.40

Bernheim, Ernst [aus Hamburg]: Lothar III und das Wormser Concordat. (Buchdruckerei von Georg Otto in Darmstadt), s. a. (1873). 8. II, 77 S. **Diss. Strassburg**

Bernheim, Ernst, Lothar III. und das Wormser Concordat. gr. 8. (77 S.) Strassburg 874, Trübner. *

— Quellen z. Gesch. d. Investiturstreites, s.a. Quellensammlung z. deut. Gesch.

Quellen zur Geschichte des Investiturstreites von Ernst Bernheim. H. 1. 2. Leipzig & Berlin: B. G. Teubner 1907. 2 Bde 8°
1. Zur Geschichte Gregors VII. u. Heinrichs IV.
2. Zur Geschichte d. Wormser Konkordates.
= Quellensammlung z. deutschen Geschichte. 2. [08. 6935

— — die Sage von den treuen Weibern zu Weinsberg, s. Taschenbuch, historisches.

— Staatsbürgerkde, s: Wissenschaft u. Bildung.

— die gefährdete Stellung unserer deutschen Universitäten s.a. Festreden d. Universität Greifswald. Nr. 8.

Die gefährdete Stellung unserer deutschen Universitäten. Rede z. Antritt d. Rektorats ... am 15. Mai 1899 v. Ernst Bernheim, Prof. d. Gesch. *Greifswald: J. Abel 1899.* (28 S.) 8°
= Festreden d. Univ. Greifswald. No 8. [00. 6803

— das akademische Studium der Geschichtswissenschaft. Mit Beispielen v. Anfängerübgn. u. e. Studienplan. 2. erweit. Aufl. der Schrift „Entwurf e. Studienplans' usw. (83 S.) gr. 8. Greifswald 907. J. Abel. n. 1. 80

— Das akademische Studium der Geschichtswissenschaft. Mit Beispielen v. Anfängerübgn. u. e. Studienplan. 3. erweit. Aufl. der Schrift „Entwurf e. Studienplans' usw. (84 S.) gr. 8. Greifswald 909. Bruncken & Co. 1.80; geb. 2. 40

Bernheim, Ernst: Der Universitätsunterricht und die Erfordernisse der Gegenwart, s.a. Bernheim, Gustav

Der Universitätsunterricht und die Erfordernisse der Gegenwart v. Ernst Bernheim, o. ö. Prof. an d. Univ. in Greifswald. *Berlin: S. Calvary & C. 1898.* (2 Bl., 76 S.) 1 Bd 8. [98. 954

— ausgewählte Urkunden zur Erläuterung der Verfassungsgeschichte Deutschlands im Mittelalter, s.: Altmann, Wilh.

Bernheim, Gust.: Der Universitätsunterricht u. d. Erfordernisse d. Gegenwart, s.a. Bernheim, Ernst

Bernheim, Gust., d. Universitätsunterr. u. d. Erfordernisse d. Gegenwart. gr. 8. (76 S.) Berlin 898. S. Calvary & Co. n. 1. —

Bernheim, H., Entwurf e. Leichenschaugesetzes f. das Königr. Preussen. Vortrag, geh. zu Halle a/S. auf der 64. Versammlg. deutscher Naturforscher u. Aerzte, Abth. f. ger. Medicin. 8. (73 S. m. 3 Formularen.) Leipzig 893. Verlag d. „Reichs-Medicinal-Anzeigers", B. Konegen. n. 1. 20

Bernheim, H.: Gedichte ohne Titel, s. Bernheim, Hugo.

— die Gefahren der Barbierstuben. Improvisierte Hülfeleistung im Felde u. auf Märschen. (Nach e. Vortrage.) 8. (48 S.) Heidelberg 894. J. Hörning. — 60

Bernheim, H.: Die Sterblichkeit der Kinder in den ersten Lebensjahren,. . . , s. B e r n h e i m , Hugo

— neue Studien üb. Hypnotismus, Suggestion u. Psychotherapie. Uebers. v. Sigm. Freud. Lex.-8. (XII, 380 S.) Wien 892. F. Deuticke. n. 8. —

Bernheim, H., die Suggestion und ihre Heilwirkung. Autoris. deutsche Ausg. von Sigm. Freud. gr. 8. (1. Hälfte. VIII, 175 S.) Wien 888, Deuticke. *

Bernheim, H., d. Suggestion u. ihre Heilwirkg. Autoris. deutsche Ausg. v. Sigm. Freud. 2., umgearb. Aufl., bes. v. Max Kahane. gr. 8. (XI, 218 S.) Wien 896. F. Deuticke.

— dasselbe. 3. Aufl., s.: Abel, Rud.

Bernheim, H. L., s.a. Geo. E. L. Schöpfer.

Bernheim, H. L., die zweckmäß. Einrichtung d. Hagelableiter. Nebst e. Einleit. üb. Entsteh. u. Wesen d. Hagels, u. e. Anh. üb. d. Verfertig. d. Frostableiter. 16. (4 B.) Nordhausen 837, Fürst.

Bernheim, H. L., d. zwekmäss. Einrichtung d. Hagelableiter. Nebst e. Einleit. üb. Entsteh. u. Wesen d. Hagels, u. c. Anh. üb. d. Verfertigung d. Frostableiter. 16. Nordhausen, 1837. (Leipzig, Hentze). (— 16) — 10

— neueste Erfahrungen, d. Mauerfraß, Mauer- u. Holzschwamm, so wie auch d. Feuchtigkeit u. schlechten Ausdünstungen in Gebäuden u. Gewölben zu verhüten u. zu vertilgen ꝛc. 16. (4½ B.) Nordhausen 837, Fürst.

— der Zeichnenmeister, od. vollständ. Unterr., wie man, ohne besond. Fertigkeit im Zeichnen, nach d. Natur u. nach Abbildn. auf e. schnelle u. leichte Art getreue Kopien entwerfen kann, nebst Anweis. alle Arten v. Gemälden u. Kupferstichen abzudrucken ꝛc. Als Anh.: Die Kunst Münzen ꝛc. abzudrucken, zu gießen u. zu bronciren ꝛc. 12. (4½ B. u. 1 Stnt.) Nordhausen 836, Fürst.

Bernheim, Heinrich, Die Hausindustrien des südlichen Schwarzwaldes. Schriften d. Ver. f. Soz.-Pol., Bd. 84. gr. 8⁰. Leipzig 1899.

Bernheim, Hugo, Gedichte ohne Titel. gr. 16. (117 S.) Rotterdam 871, van Baalen und Söhne. *

Bernheim, H, Gedichte ohne Titel. 16. (117) Rotterd. 71, van Hengel u. E. n. 2. 60

Bernheim, Hugo [Dr. med., pr. Arzt u. Sanitätsofficier d. R., Kais. Cantonalarzt a. D. zu Würzburg]: Die Intensitats-Schwankungen [sic!] der Sterblichkeit in Bayern und Sachsen und deren Factoren. . . . (Aus: Zeitschr. f. Hygiene. 4. Bd.) Leipzig. Veit & Comp., 1888: 59 S. 8°
Würzburg. Med. Fak.. Inaug.-Diss. v. 1888

Bernheim, Hugo. Die Sterblichkeit d. Kinder im ersten Lebensjahre u. die zu ihrer Vermeidung geeigneten hygien. Massregeln. gr. 8. (28 S.) Würzb. 891, Stahel. * 1 20

Bernheim, Hugo: Taschenbuch f.d. bakteriologischen Praktikanten, s.a. A b e l , Rudolf.

— Taschenbuch f. den bakteriologischen Praktikanten, enth. alle techn. Detail-Vorschriften zur bakteriolog. Laboratoriumsarbeit. 2., verm. Aufl. 12. (VI, 56 S.) Würzburg 891. Stuber's Verl. Kart. u. durchsch. n. 1.50

— Taschenbüchlein f. den bakteriolog. Praktikanten, enth. alle techn. Detail-Vorschriften zur bakteriolog. Laboratoriumsarbeit. 12. (36 S.) Würzb. 889, Stuber's Verlag. geb. u. durchsch. * 1 20

Bernheim, J.: Die Fabrikation der Nachtlichte in Fürth und Nürnberg. pg. 3 - 10. 4⁰. Mit 3 Textfiguren. Julius Volkhart.
Progr. Fürth 1860/61.

Bernheim, J.: Über die Pathogenese. . . , s. B e r n h e i m , Jakob.

Bernheim, J.: Rathschläge zur Beseitigung des üblen Geruches in den Häusern. pg. 3 - 10. 4⁰. Jul. Volkhart.
Progr. Fürth 1848/49.

Bernheim, J.H.: Die Sammlung von Rohstoffen und Handelswaaren der Königlichen Gewerb- und Handelsschule in Fürth. pg. 1 - 30. 4⁰. J. Volkhart.
Progr. Fürth 1854/55.

Bernheim, Jakob. Med. Pract. aus Zürich. Assistenzarzt am Kinderspital Zürich: Über die Antisepsis des Bindehautsackes und die bakterienfeindliche Eigenschaft der Thränen. [S. A. aus: Beiträge z. Augenheilkunde — Deutschmann, Heft VIII. S. 61—127]. '(Hamburg, Leopold Voss)' 1893. 72 S. 8°.
Zürich, Med. Diss. [v. 21. Jan. 1893].

Bernheim, Jakob [Dr. med. aus Zürich]: Über die Pathogenese und Serumtherapie der schweren Rachendiphtherie. Leipzig und Wien 1898. 66 S. mit 2 Tabellen. 8°.
Zürich. Med. Habil.-Schr. 1897/98.

Bernheim, Dr. J., Ueber die Pathogenese und Serumtherapie der schweren Rachen-Diphtherie. Klinische und experimentelle Untersuchungen. Mit zwei Tafeln. Gr.-8. (66 S.) Wien: Deuticke 1898. 1.20

Bernheim, J. Ueber die Pathogenese und Serumtherapie der schweren Rachendiphtherie. Hab. In-8⁰. 66 S. m. 2 Tafeln. Zürich. 1898

Bernheim, Louis, allgemeine u. zum Gebrauche der Schulen ganz besonders geignete Conjugations-Tabelle der französ. Zeitwörter. 1 Bog. in Imp. Fol. Hechingen 850, Egersdorff. 3 ngl.

Bernheim, Paul: Zur Casuistik der cavernösen Angiome. Halle (1873): Plötz. 31 S. 8°
Halle-Wittenberg, Med. Diss. v. 17. März 1873
Geb. Berlin 11. 4. 1850. V.

Bernheim, Renatus, a. Zillisheim ⟨Elsaß⟩: Über die Einwirkung von Ammoniak und Aminen auf Sulfonsäureester und über Äthylsulfonderivate des p-Phenetidins. Freiburg i. B.: Speyer & Kaerner 1904. (62 S.) 8°
Freiburg i. B., Phil. Fak., Ref. Gattermann, Diss. v. 23. Jan. 1905
[Geb. 3. Juni 79 Zillisheim (Elsaß): Wohnort: Freiburg; Staatsangeh.: Elsaß-Lothringen; Vorbildung: Progymn. Altkirch, Einj.-Freiwill. Zeugnis 94; Studium: Freiburg 7 S.; Rig. 25. Febr. 04.]

Die Tuberkulose und ihre Behandlung mit Phosote ⟨Kreosot-Phosphat⟩ und Taphosote ⟨Kreosot-Tannophosphat⟩. Von Dr. S[amuel] **Bernheim**. Bonn 1901: Georgi. 28 S. 8° [Umschlagt.]
[11. 1268] 11

Bernheim, Wilhelm, Assistenzarzt b. Inf.-Reg. Nr. 24: Die Erysipeltherapie. Rostock 1909: Adler. 56 S. 8°
Rostock, Med. Diss. v. 7. April 1909, Ref. Martius
[Geb. 15. Juli 82 Berlin; Wohnort: Neu-Ruppin; Staatsangeh.: Preußen; Vorbildung: Friedrich-Wilhelms-Gymn. Berlin Reife O. 01; Studium: Berlin Univ. 1, K.W.A. 11 S.; Coll. 11. März 09; Approb. 26. Mai 08.] [U 09. 3708

Bernheim-Karrer, J: Gesundheitspflege d. Kindes. (12, 144 m. 9 Taf.) kl8° Zür., Schulthess & Co. '12. L 2.80

Bernheimer Oskar: Über organische Ferricyanverbindungen. S. 79. II. 296 . . . . . vgr.
Separatabdruck

Bernheimer, Osc., zur Kenntniss der Röstproducte des Caffees. [Aus dem Universitäts-Laboratorium v. Barth XLIII.] [Aus: „Sitzungsber. d. k. Akad. d. Wiss.“] Lex.-8. (12 S.) Wien 880. (Gerold's Sohn.) n.n. — 25

— Über organische Nitroprusside. S. 80. II. 388 . . . ., —.10
Separatabdruck

Bernheimer, Oscar: Verbesserung der Weine durch Anwendung von reingezüchteten Weinhefen.
Wien: Verf. o.J. [um 1900]. 8 S.

Bernheimer, St., Ätiologie u. pathologische Anatomie der Augenmuskellähmungen, s.: Graefe, Alfr., u. Thdr. Saemisch, Handbuch der gesamten Augenheilkunde.

Bernheimer, Stefan [D: Assist. a. d. Univ.-Augenklinik]: Über die Entwickelung und den Verlauf der Markfasern im Chiasma nervorum opticorum des Menschen. . . . (Aus: Archiv f. Augenheilkunde, XX. Bd.) Wiesbaden, J. F. Bergmann, 1889; 61 + 1 S. u. 1 Taf. 8°
Heidelberg, Med. Fak., Hab.-Schr. v. [18. Mai] 1889

Bernheimer, Stef., zur Kenntniss der Nervenfaserschichte der menschlichen Retina. [Aus dem physiolog. Institute der Wiener Universität.] Lex.-8. (6 S.) (Ebendas.) 884. *
Aus: Sitzungsberichte der k. Akademie der Wissenschaften, besonders abgedruckt.

Bernheimer, Stef., üb. die Sehnerven-Wurzeln d. Menschen. Ursprung, Entwickelg. u. Verlauf ihrer Markfasern. gr. 8. (VII, 92 S. m. 3 farb. Taf. u. 3 Bl. Erklärgn.) Wiesbaden 891. J. F. Bergmann. n. 5. 60

BERNHEIMER, St.
Experimentelle Studien zur Kenntniß der Bahnen der synergischen Augenbewegungen beim Affen und der Beziehungen der Vierhügel zu denselben von Dr. St. Bernheimer. (Mit 1 Textfigur.) (Aus den Sitzungsberichten der kaiserl. Akademie der Wissenschaften in Wien. Mathem.-naturw. Classe; Bd. CVIII. Abth. III. Mai 1899.) Wien. 1899. In Comm. Gerold's Sohn. Gr.-8°. 19 S. fl. —.20

Bernheimer, St., experiment. Untersuchgn. üb. d. Bahnen d. Pupillarreaction. [Aus: „Sitzungsber. d. k. Akad. d. Wiss.“] gr. 8. (16 S. m. 1 Fig.) Wien 898. (C. Gerold's Sohn.) n. — 40

— das Wurzelgebiet des Oculomotorius beim Menschen. gr. 8. (V, 80 S. m. 4 farb. Taf. u. 4 Bl. Erklärgn.) Ebd. 894. n. 6. —

— die Wurzelgebiete der Augennerven, ihrer Verbindgn. u. ihr Anschluss an die Gehirnrinde, s.: Graefe, Alfr., u. Thdr. Saemisch, Handbuch der gesamten Augenheilkunde.

Bernher, JC, 900 Räthsel. 8. (269) Münch. 63, Franz. — 16

Bernher, J. C., 909 Räthsel bestehend aus Wort-, Sylben- und Buchstaben-Räthseln. 8. (VIII und 269 S.) München 863, Franz.

Bernhofer, J. — Eine Buchdruckerei. Charakterbild mit Gesang und lebenden Bildern in vier Akten von — —. Als Manuskript gedruckt. Ausschließlich zu beziehen durch J. B. Schneider, Theateragent, Laimgrube Nr. 37, und das Aufführungsrecht nur von diesem Bureau zu erlangen. Druck von U. Klopf und Alex. Eurich. (47 S. 8.)1856!

Bernhoff, John, a brief psychology of the chief characters in Wagner's Lohengrin. Preceded by a short sketsch of the original legend on which the text of the opera is founded. Concluding with a short description of the plot to enable foreigners to easily follow the action on the stage. (Introduction to the dramas of Rich. Wagner.) [Aus: „Bayreuth“.] 12. (S. 23—38.) Leipzig (899). C. Wild. n. — 30

— a short psychology of the chief characters in Wagner's „Parsifal“. Followed by a brief commentary on the drama to enable foreigners to easily follow and understand the action on the stage. (Introduction to the dramas of Richard Wagner.) [Aus: Bayreuth“.] 12. (S. 39—64.) Ebd. (899). n. — 30

— dass. in Wagner's „Parsifal“. 12° (26) Ebd. 99. — 30

— Tannhäuser and the ministrel's tournament at the Wartburg. A short discourse on the drame itself to facilitate the understanding of the work, and to enable foreigners to follow the action on the stage. With a short introduction on the origin of the story. (Introduction to the dramas of Richard Wagner.) [Aus „Bayreuth“] 12. (22 S.) Ebd. (899). n. — 30

Bernhöft: Rechtswissenschaften, s. Bernhöft, Franz

Bernhoeft, C, s.: Bilder a. d. Pfalz.

Bernhöft, Ch., Straßburg, Metz u. die Vogesen. 150 Bilder in Phototypie, m. Unterstützg. des Vogesen-Clubs nach der Natur aufgenommen u. hrsg. 30 Lfgn. hoch 4. Straßburg 891—894. W. Heinrich. à n. 2. —; erläuternder Text v. Hans Luthmer (deutsch u. französisch.) (XI, 40 S.) n. 2. —; Leinw.-Mappe dazu n.n. 2. — (kplt. in Mappe: n. 64. —)

Bernhöft, Elisabeth: Das Lied vom Hörnenen Sigfrid. Vorgeschichte der Druckredaktion des XVI. Jahrhunderts. Rostock 1910: Boldt. 128 S. 8°
Rostock, Phil. Diss. v. 1. Febr. 1910, Ref. Golther
[Geb. 23. Sept. 80 Rostock; Wohnort: Rostock; Staatsangeh.: Mecklenburg-Schwerin; Vorbildung: Gymn. Doberan Reife M. 07; Studium: Rostock 9 S.; Rig. 28. Jan. 10.] [U 10. 3939

Bernhöft, F., Titulus just. u. titulus putativus i. just. R. Diss. Greifsw. 1873.

Bernhöft, Franz
Bernhöft, F., Beitrag zur Lehre vom Kaufe. [Aus: „Jhering's Jahrbücher.“] gr. 8. (150 S.) Jena 874. Dufft. n. 3. —

Bernhöft, Frz., s.: Beiträge zur Auslegung des bürgerlichen Gesetzbuches.

Bernhöft, F., der Besitztitel im römischen Recht. gr. 8. (IV, 108 S.) Halle 875, Buchh. des Waisenhauses. *

Bernhöft, F., Erbrecht, s. Bibliothek der Rechts- u. Staatskunde.

Bernhöft, F., Fiktionen, s. Aus röm. u. bürgerl. Recht.

Frauenleben in der Vorzeit. Von F[ranz] Bernhöft, Prof. Wismar: Hinstorff 1893. (78 S.) 8° [J.] [08. 8778 11

— s.: Jahrbuch der internationalen Vereinigung f. vergleichende Rechtswiss. u. Volkswirtschaftslehre.

Bernhöft, F[ranz], Prof. Dr., d. Z. Rector: Das neunzehnte Jahrhundert als Vorläufer einer neuen Bildungsstufe. *Rostock 1900: Adler's Erben.* (23 S.) 8°
Rostock, Rede zur Feier d. 28. Febr. 1900

— **das 19. Jahrhundert als Vorläufer e. neuen Bildungsstufe. Rede, geh. zur Universitäts-Feier am 28. II. 1900. gr. 8. (23 S.) Rostock 900. (G. B. Leopold.) n. — 60**

Bernhöft, F., die Inschrift von Gortyn, übers. von F. B. gr. 8. (38 S.) Stuttgart 886, Enke. *

Bernhöft, Frz. Kauf, Miethe u. verwandte Verträge, s.a. Beiträge zur Erläuterung u. Beurtheilung d. Entwurfes e. bürgerl. Gesetzbuches f. d. deutsche Reich.

Bernhöft, Franz: Kauf, Miethe und verwandte Verträge in dem Entwurfe eine BGB für das Deutsche Reich. – Berlin 1889. (Beiträge z. Erl. u. Beurth. d. Entw. e. BGB. hrsg. von Bekker. H 12.)

— **Zur Lehre v. den Fiktionen,** s.a. Aus römischem u. bürgerlichem Recht.

Bernhoeft, Franz, Zur Lehre von den Fiktionen. Weimar 1907. 8°. [Umschlagtit.]
Aus: Festschrift f. Bekker, Aus Röm. u. Bürgerl. Recht.

— das neue bürgerliche Recht in gemeinverständlicher Darstellung, s.a. Volksbücher der Rechts- u. Staatskunde.

Das neue bürgerliche Recht in gemeinverständlicher Darstellung mit Beispielen aus d. prakt. Leben von Dr. jur. Franz **Bernhöft,** Prof in Rostock. 1–5. Stuttgart: E. H. Moritz 1902–07. 6 Bde 8° [F.]
1. Einleitung u. allgem. Teil. 1902. 2. Recht d. Schuldverhältnisse. 1903. 3. Sachenrecht. Abt. 1. Rechte an Grundstücken ... 1904. Abt. 2. Rechte an bewegl. Sachen. 1905. 4. Familienrecht. 1906. 5. Erbrecht. 1907.
= **Volksbücher** d. Rechts- u. Staatskunde. Bd 5–7. 7a. 8. 9. [07. 1299

— **Das neue bürgerl. Recht in gemeinverständl. Darstellg m. Beisp. a. d. prakt. Leben. 5 Bde in 6 Tln. kl8° Stuttg., E H Moritz ('11). L 12 — d**
1. Einleitg u. allg. Tl d. neuen BGB. 3—5. Taus. (204) L 1.50 ‖ 2. Das Recht d. Schuldverhältn. 3—5. Taus. (296) L 2 — ‖ 3. I. Tl. Das Sachenrecht. I. Tl: Rechte an Grundstücken, insbes. Hypothekenrecht, nebst Grundbuchordng u. Zwangsversteigergsgesetz. 3—5. Taus. (192) L 1.50 ‖ 3. II. Tl. Dass. II. Tl: Rechte an bewegl. Sachen. 3—5. Taus. (124) L 1.50 ‖ 4. Das Familienrecht. 3—5. Taus. (303) 2 —; L 2.50 ‖ 5. Das Erbrecht. 3—5. Taus. (356) L 3 —

— **Rechtsfragen des täglichen Lebens, f. Gebildete aller Stände an Beispielen erörtert. 1. Heft. Vom Finden. (79 S.) 8. Stuttgart (908). E. H. Moritz. 1.20**

Bernhöft, F., die Rechtsstellung d. Niessbrauchers u. der Hypothekengläubiger bei der Feuerversicherung nach gemeinem u. mecklenburgischem Rechte. Gutachten in Sachen d. Bankiers S. zu S. gegen die Feuerversicherungs-Societät zu X. [Aus: „Festschr. der Rostocker Juristenfakultät zum 50jähr. Doctorjubiläum Sr. Exc. d. Staatsr. Dr. v. Buchka".] gr. 4. (36 S.) Rostock 891. W. Werther. n. 1. —

Bernhöft, F, Rechtswissensch., siehe Encyclopädie.

Bernhöft, Frz., zur Reform des Erbrechts. gr. 8. (139 S.) Berlin 894. J. Guttentag. n. 3. —

Bernhöft, Frz., Staat und Recht der römischen Königszeit im Verhältniss zu verwandten Rechten. gr. 8. (IV, 252 S.) Stuttgart 882, Enke. *

— Verwandtschaftsnamen u. Eheformen d. nordamerik. Volksstämme, ein Beitr. z. Vorgeschichte d. Ehe. vide Festgabe.

— **Verwandtschaftsnamen** u. Eheformen d. nordamerikan. Volksstämme. Ein Beitrag zur Vorgeschichte d. Ehe. gr. 8. (66 S.) (Ebd.) 889. * 2 —
Aus: Festgabe d. Rostocker Juristenfakultät zum 50jähr. Doctorjubiläum v. Bernh. Windscheid, besonders abgedruckt.

— s.: Zeitschrift f. vergleich. Rechtswissenschaft.

Bernhöft, Friedrich, Referendar a. Rostock i. M.: Die Verbuchung der dinglichen Rechte an Grundstücken im griechischen Rechte. Rostock 1907: Adlers Erben. (74 S.) 8°
Rostock, Jur. Fak., Ref. Matthiaß, Diss. v. 5. Mai 1907
[Geb. 17. Juni 83 Rostock; Wohnort: Rostock; Staatsangeh.: Mecklenburg-Schwerin; Vorbildung: Gymn. Rostock Reife O. 02; Studium: Rostock 2, München 1, Berlin 1, Rostock 4 S.; Rig. 5. Apr. 07.]

Bernhold's Lateinisches Wörterbuch. Onolzb. 757. 4. Zusätze. Eb. 759. 4. 4 rthlr. 16 gr.

Bernhold, Anton Sigfrid von (Elsäss. Adel), De personis feudi capacibus, Von Lehens-fähigen Personen. Diss. jur. Präs. Jo. Heinrich Boecler. Strassburg (Joh. Pastor) 12. XII. 1719. 32 S., stellenweis deutsch. (4.50) 2330

Bernhold, J. B., de T. Fl. Clemente, utriusque in ecclesia cathedrae ornamento. Altorf. 1725. 4.

Bernhold, J.B.: De Deo ignoto Atheniensium. – Altorf. 1740.

Bernhold, J. B., de doxologia ecclesiastica: Gloria Patri etc. Altorf. 1727. 4.

Bernhold, J. B., de jejunio spirituali. Altorf. 1736. 4.

Bernhold, J. B., jejunium exemplo Joannis Bapt. Altorf. 1725. 4.

Bernhold, J. B., (Altorf. 1725. 4.) Neubauer, E. F., (Giess. 1733. 4.) de Michaële archangelo.

Bernhold, J. B., de natura et constitutione historicae theologiae. Altorf. 1742. 4.

Bernhold, J. B., de prudentia pastorali circa admittendos patrinos. Altorf. 1737. 4.

Bernhold, J. B., de Simsone Naziraeo, Christi typo. Altorf. 1740. 4.

Bernhold, J. B., de summa evangelii in symbolo apostolico comprehensa. Altorf. 1740. 4.

***Bernhold,* Jh. Geo. Jak., initia doctr. de ossibus ac ligamentis corpor. hum. tabulis expressa. 8. Nürnb. 794. Monath u. K. 14 Kr**

— **rudimenta osteologiae ac syndesmologiae. 8. Erl. 793.**

Bernhold, Jh. Geo. Sam.
— **Anleit. zum gründl. u. nützl. Uebersetzen. 8. Heilbr. 753. 2e A. Ebd. 762. Class. 6 Kr**

Bernhold, Jh. Geo. Sam., († d. 14. Jan. 1760,) latein. Aufsätze u. Sammll. aus d. class. Schriftstellern. 8. Frankf. 750. 2e A. Ebd. 789. Bronner. 4 Kr

— Wörterbuch z. Erlern. d. latein. Sprache, mit Zusätzen. 4. Onolzbach u. Augsb. 757. 4 Rthlr 16 Kr

Bernhold
— **Johann Gottfried,** Argumentum ad hominem. h. e. Disp. philos. de argumentatione *ΚΑΤ' ΑΝΘΡΩΠΟΝ.* Präs. Joh. Andr. Mich. Nagel. Altdorf (J. G. Meyer) 28. VIII. 1739. 24 S. (5.—) 2331
Gewidmet: Hier. Wilh. Ebner v. Eschenbach, Ad. Rud. Geuder v. Heroldsberg, Gg. Christoph Volckamer von Kirchensittenbach, Burch. Sig. Holzschuher v. Aspach. — Widm. v.: Joh. Carl Ebner v. Eschenbach (dtsch.), Gg. Jac. Nagel, Just. Jac. Hauk, Joh. Bartholom. Riederer.

— — De Carolo M. naevis majoribus purgando. De summa majestate Caroli M. Romae agnita in adorante Leone III. p. m. maxime conspicua. Altdorf (J. G. Meyer) Febr. 1753. 20 Bl. (4.50) 2333

— — Problema psychologicum de praejudiciis promiscue non damnandis. Präs. Joh. Albert Spis. Altdorf (J. G. Meyer) 28. VI. 1740. 16 S. (3.—) 2332
Gew.: Gust. Phil. Moerl, Joach. Negelin, Joh. Jac. Pfizer, Nic. Haecker, Joh. Herdegen, Conr. Fried. Feuerlin, Gg. Andr. Wagner. — Widm. v.: Joh. Balth. Bernhold.

la Pucelle d'Orleans oder Johanna die Heldin von Orleans Ein Trsp. verfertiget von M. Johann Gottfried Bernhold. Nürnberg, bey Stein und Raspe. 1752. — Irene oder die von der Herrschsucht erstickte Mutterliebe Ein Trsp. verfertiget von M. Johann Gottfried Bernhold. ... 1752. 8°.

Bernhold, Jh. Gttfr., († d. 21. Jan. 1766.) Register über Köhlers Münzbelustigungen, 8. Nürnb. 764. Felßecker. 2 ꝛß

Bernhold, Jh. Gttfr., Register über Köhler's Münzbelustigungen ist der Pr. (bei Schneider u. Weigel) 4 ꝛß

Bernhold, J. M.
— *Quae exstant.* Rec. et var. lectt. add. J. M. Bernhold. S. l. et a. (1789.) Tom. I. 8.

Bernhold, Jh. Mch.
— s. 1) Apicii Cael. 2) Aepinus. 3) Cato Disticha.

Bernhold, **Jh. Mch.,** († d. 12. Jan. 1797.) medicina in legalem Teichmeierianam tabulis expr. 8. Leipz. 760. (W. Vogel), 2 ɤ

– s. Prisciani Theodori

– s.a. Scribonii Largi

Bernhold, Scribonius Largus. 8. Paris et Strasbourg, König. 786.

Bernholt, Otto, Gerichtsreferendar a. Altona: **Rechtsfolgen der Verbindung eigener Sachen nach gemeinem und geltenden bürgerlichen Recht. Wandsbek-Hamburg 1907: A. B. Ueberwasser.** (52 S.) 8° [F.]
Münster, rechts- u. staatsw. Fak., Ref. Erman, Diss. v. 29. Mai 1907
[Geb. 1. Okt. 79 Ottensen; Wohnort: Altona; Staatsangeh.: Preußen; Vorbildung: Gymn. Christianeum Altona Reife O. 01; Studium: Berlin, Kiel; Rig. 9. Nov. 06.]

Bernhuber, F. X., die Blatternseuche im Pfarrbezirke Eschelkam; die Entstehungsweise ders. u. ihr Verlauf, nebst einigen hieraus gezog., üb. d. Ursache ihrer Entstehung u. in Bezug auf d. Schutzpockenimpfung beachtungswerthen, Resultn. 8. (2½ B.) Passau 829, Ambrosi.

Bernhuber, F. X., Jahresberichte üb. die während eines Zeitraumes von 6 Jahren im Stadt-Krankenhause zu Passau aufgenommenen Kranken u. behandelten Krankheitsformen. gr. 8. (8¼ B.) Landshut 843. (Krüll'sche Universitäts-Buchh.) *

Bernhuber, Fr. Xav., Jahresberichte üb. die während e. Zeitraumes v. 6 Jahren im Stadt-Krankenhause zu Passau aufgenommenen Kranken u. behandelten Krankheitsformen. 2. Seytennium. gr. 8. (31 S.) Passau 850, Elsäßer & Waldbauer. n. ⅙ ꝛß

BERNHUBER, Franz Paul (Passau): Ueber ein Xanthelasma der Conjunctiva bulbi.- München: Pössenhacher 1884. 1 Bl.,19 S.
9.3.1884 - Urk (Titel: De coniunctivae bulbi xanthelasmate.); Chr 1883/84,14
Diss. Ingolst.-Landsh.-Mchn.

Bernhuber, Karl [app. Arzt aus Passau]: Beobachtungen über die Wirkung von Chloralamid an der II. medicinischen Klinik. . . . München, Buchdr. v. M. Ernst, 1891; 37 S. 8°
München, Med. Fak., Inaug.-Diss. v. 1891

BERNHUBER, Carl (Passau): De pterygio.- Passau: Pustet 1853. 19 S.
4.8.1853 - Urk: F 67
Diss. Ingolst.-Landsh.-Mchn.

Bernicken, Percy F.: Der Präventivakkord. **Bonn: Marcus & Weber 1910.** 98 S. 8°
Würzburg, Jur. Diss. v. 20. Mai 1910, Ref. Mendelssohn-Bartholdy
[Geb. 5. März 82 Bergisch-Gladbach; Wohnort: Koblenz; Staatsangeh.: Preußen; Vorbildung: Gymn. Neuwied Reife O. 01; Studium: Bonn 6 S.; Rig. 9. Febr. 09.] [U 10. 4284

Bernier, L., Amalia oder Triumph der Gottesfurcht. Eine Erzählung für die kathol. Jugend und ihre Freunde. Aus dem Französ. übers. 8. (III und 252 S.) Würzburg 855, Kellner.

Bernier Louviani, J.v., s. Bernieres-Louvigny, Jean de

Bernieres-Louvigni, s.a. Louvigni.

Bernieres Louvigni, Joh. v., s. Bernieres-Louvigny, Jean de

Bernieres- Louvigny, Jean de
— verborgenes Leben mit Christo. Aus d. Französ. 4 Bde. 3e A. 12. Luzern, Anich. 10 ɤ

v. Bernier, Louviani, J., verborgenes Leben mit Christo in Gott; aus d. Französ. übers. v. G. Tersteegen. 8. Duisb. 809. N. A... (Bädeker). 1 ꝛß 8 ɤ

— verborgenes Leben mit Christo in Gott. 3 Thle. 12. Nürnb. 809. Raw. 6 ɤ

Bernieres Louvigni, Joh. v., das verborgene Leben m. Christo in Gott. Aus den Schriften des erleuchteten J. v. B. L. Ins Deutsche übertr. u. kurz zusammengezogen v. Gerh. Ter-Stegen u. a. Mit e. Anh. v. Liedern. Ster.-Ausg. 16. (269 S.) Stuttgart 891. J. F. Steinkopf. — 40

Bernieres Louvigni, Joh. v., d. verborg. Leben m. Christo in Gott. A. Schriften d. erleucht. B. L. ins Deutsche übertr. u. kurz zusammengez. v. Gerh. Ter-Stegen u. a. M. e. Anh. v. Liedern. Ausg. m. großem Druck. 8. (359 S.) Stuttgart 895. J. F. Steinkopf. n. 2. —; geb. in Leinw. n. 3. —

— dasselbe. A. d. Schriften d. gottsel. B. L. ges. f. innige u. fromme Seelen. M. e. Anh.: D. gewöhnl. Andachtsübgn. M. e. Stahlstich. Neueste, rechtmäß. Ausg. (5. Abdr.) 16. (416 S.) Regensburg 897. Nationale Verlagsanstalt. — 60

v. Berniers, s. Louvigni.

Bernigau, (Christian Ferdinand) (Hrsg.):

s.: Faust, (Bernhard Christoph): Der Gesundheits-Katechismus. 11.Aufl. Leipzig: 1830

JB 2.965

Bernigau Gg. C. Beiträge zur Kinematik. 1874. 8.
Math. Diss. Jena

Bernigau, J. C., die Worte d. ewigen Lebens, z. Erbauung betrachtet mit gebild. Christen. gr. 8. (12 B.) Göttingen 834, Vandenhoeck u. Ruprecht.

Bernigau, Hier.: Excursio in antquitates ad servi medici ..., s. Schulze, Jo. Henr. [Praes.]

Bernigau, Karl, aus Mühlhausen i. Th.: **Orthographie und Aussprache in Richard Stanyhursts englischer Übersetzung der Äneide ⟨1582⟩. Unvollständiger Abdruck.** ***Marburg 1903: R. Friedrich.*** (32 S.) 8° ¶ (Erscheint vollst. in: Marburger Studien zur engl. Philol., H. 8.)
Marburg, Phil. Diss. v. [18. Dez.] 1903

Orthographie und Aussprache in Richard Stanyhursts englischer Übersetzung der Äneide ⟨1582⟩. Von Karl **Bernigau**, Dr. phil. *Marburg: N. G. Elwert 1904.* (114 S.) 8°
[Ein T. erschien als Inaug.-Diss. Marburg 1903.]
= Studien, Marburger, z. engl. Philologie. H. 8.

Bernigeroth, Carl Gottfr. (Leipzig), Quaestionem utrum per condictionem indebiti repeti possint usurae continens. Exercit. jur. Präs. Friedr. Gottlieb Zoller. Lpz. (Loeper) 22. VI. 1768. 12 Seiten. (3.50) 2334

Les Coutumes des francs-maçons dans leurs assemblées, principalement pour la réception des apprentifs et des maîtres, tout nouvellement et sincèrement découvertes. [Aufs accurateste in Kupfer gebracht von Joh. Martin Bernigeroth.] Leipzig: Breitkopf in Comm. 1745. 7 Bl. quer 2°
[Nebentit.]: Neu und aufrichtig entdeckte Gebräuche der Freymåurer bey ihren Versammlungen, besonders bey Aufnahme ihrer Lehrlinge und Meister, nach dem in Deutschland noch nie gesehenen französischen Original.
In verkleinertem Maasstabe wiedergegeben in: Le Maçon demasqué 1757; Allerneuste Geheimnisse d. Frmrey. 1770 u. 2. Aufl. 1780; Geheime Untersuchungen d. Frmr. 1787 u. 1788.
Kl. 1855. Selten. Etwas freie Nachbildung von Nr 34506. Die Grösse der Platten ist bei verschiedenen Stichen nicht immer gleich.
Kl. 1845 gibt eine Ausg. Frankfurt 1740 an.

Berniker, Nikolai, aus Friedrichstadt (Russland): Die zerstückelnden Operationen am lebenden und toten Kinde. (Aus dem Frauenspital Basel-Stadt, 1896—1907.) Basel 1908. 33 S. 8°.
Basel. Med. Diss. 1907/08.

Berniker, Nikolai. Die zerstückelnden Operationen am lebenden und toten Kinde. (Aus dem Frauenspital Basel-Stadt, 1896—1907.)
Diss. Med. Basel. II + 32 S. 8. Basel, Friedrich Reinhardt, 1908.

Bernikow, Theodor, aus Tobolsk (Russl.): Die Augenheilkunde des Avicenna. Nach dem 'Liber Canonis' zum erstenmal ins Deutsche übertragen (III. Teil). *Berlin (1900): G. Schade.* (34 S.) 8° ¶(Enthält d. Übers. v. Avicenna, Canon Medicinae, Buch 3, Fen 3, Traktat 3 u. Liber 5, Summa 1, Tractatus 2.)
Berlin, Med. Diss. v. 4. Dez. 1900

Berninapass [Schlagwort]
Berninapass, s.: Schweiz. Atlas.

Berning: Ueber den Geist der horazischen Briefe. 12 S.
Progr. Recklinghausen 1856.

Berning, Herm.: Dissertatio de satirica poesi Q. Horatii Flacci collata cum satirica poesi D. Junii Juvenalis. 20 S.
Progr. Recklinghausen 1843.

Berning, Herm., Repertorium von Aufgaben zu schriftl. Aufsätzen in deutscher, latein. und französ. Sprache für Gymnasien und ähnliche Lehranstalten. gr. 8. (IV und 124 S.) Paderborn 858, Schöningh. *

Berning, Herm.: De satirarum scriptoribus Romanis. 14 S.
Progr. Recklinghausen 1850.

Berning, Wilhelm, (Presb. dioec. Osnabrug.): Die **Einsetzung der** heiligen Eucharistie in ihrer ursprünglichen Form nach den Berichten des neuen Testamentes. Ein Beitrag zur Evangelienforschung. *Münster i. W. 1901: Aschendorff.* (47 S.) 8° ¶(Erscheint vollst. im gleichen Verl.)
Münster, Kath.-theol. Diss. v. (14. März) 1901

Berninger, A. B., das Institut der Staatsanwaltschaft im Verfahren über bürgerliche Rechtsstreitigkeiten, mit Rücksicht auf eine gemeinsame deutsche Civilprozeßordnung. gr. 8. (48 S.) Erlangen 861, Enke's Verlagsbuchh. *

Berninger, E. (Red.), s. Hausfrauen-Zeitung.

Berninger, Johannes

Berninger, Johs: Dur u. Moll. Schule u. Elternhaus in harmon. Wirken. (125) gr8° Münch., Verl. d. ärztl. Rundschau '11. 2.40

Berninger, Johs., Elternabende. Ihre Bedeutg. f. Haus u. Schule. Zugleich e. prakt. Ratgeber zur Einrichtg. v. Elternabenden. (VII, 120 S.) gr. 8. Wiesbaden 904. Leipzig, O. Nemnich. n. 2.20; geb. n. 3.—

— Üb. Elternabende u. deren Bedeutg in uns. Zeit, s.a. Magazin, Pädagogisches.

Über Elternabende und deren Bedeutung in unserer Zeit. Eine zeitgemässe Skizze. Von Johannes **Berninger.** Langensalza: Beyer 1910. 18 S. 8°
(Pädagogisches Magazin. H. 427.) III. 9360

— zwei „Elternabende" im Dienste der Volks- u. Schul-Hygieine. A. Wie kann das Elternhaus zur Förderg. u. Wahrg. der gesundheitl. Verhältnisse unserer Jugend beitragen? B. Die schädl. Wirkgn. des Alkohols auf den Körper u. Geist des Kindes. Zeitgemäße Mahnworte. 8. (63 S.) Donauwörth 902. L. Auer. n. — 60

— 2 „Elternabende" im Dienste d. Volks- u. Schul-Hygieine. A. Wie kann d. Elternhaus z. Förderg u. Wahrg d. gesundheitl. Verhältn. uns. Jugend beitragen? B. Die schädl. Wirkgn d. Alkohols auf d. Körper u. Geist d. Kindes. (63) 8° Donauw. '02. Lpzg, O Nemnich. — 60 d

Berninger, Johs., Elternhaus, Schule, Lehr- u. Werkstätte. Vorschläge u. Anleitg. zur gemeinsamen Erziehg. u. Pflege der Jugend durch Eltern, Lehrer u. Meister, unter Berücksicht. der Schul- u. Volkshygiene. (107 S.) gr. 8. Leipzig 908. O. Nemnich. 1.80; geb. 2.50

Berninger, Johannes, appr. Arzt a. Wiesbaden: Über Herzverletzungen im Anschluß an einen Fall von nicht perforierender Herzschußwunde mit nachgefolgter Ruptur. Neuwied 1905: Heuser. (43 S.) 8°
München, Med. Fak., Ref. v. Bollinger, Diss. v. 25. Juli 1905
[Geb. 29. Nov. 79 Wiesbaden; Wohnort: Wiesbaden; Staatsangeh.: Preußen; Vorbildung: Gymn. Wiesbaden Reife O. 00; Studium: München 6, Berlin 3 S.: Coll. 25. Juli 05; Approb. Berlin 4. Mai 05.]

— **Pädagogik u. Hygiene. Schul- u. Volksgesundheitspflege in der prakt. Berufstätigkeit des Lehrers.** Nach e. Vortrag, geh. auf der am 24. V. 1904 zu Strassburg i. Els. stattgefundenen XI. Hauptversammlg. des kathol. Lehrer-Verbandes des Deutschen Reiches. (VIII, 78 S.) gr. 8. Hamburg 904. L. Voss. n. 1.20

Berninger, Joh., die Schulärztefrage in sozialpädagogischer Beleuchtung, s.: Vorträge u. Abhandlungen, pädagogische. 29. Hft.

— Schul- u. Volkshygiene, e. notwendige Forderung unserer Zeit. Vortrag, geh. zu Montabaur am 16. XI. 1902. (71 S.) gr. 8. Ebd. 903. n. 1.—

— Ziele u. Aufgaben der modernen Schul- u. Volkshygiene. Winke u. Ratschläge f. Lehrer, Schulärzte u. Eltern. (VII, 90 S.) gr. 8. Wiesbaden 903. Leipzig, O. Nemnich. n. 2.—; geb. in Leinw. n. 2.80

Berninger, M. A., Erstkommunikanten-Unterricht. gr. 16. (64 S.) Würzburg 897. A. Göbel. Kart. n. — 25

Berninger, M. A., Erstkommunikanten-Unterricht, den Kommunionkindern gewidmet. 2. Aufl. gr. 16. (75 S.) Würzburg 902. Göbel & Scherer. Kart. n. — 25

Berninger, M. A., die geistliche Schulaufsicht in der Volksschule, ihre Berechtigg. u. Ausübg. gr. 8. (54 S.) Würzburg 894. A. Göbel. n. — 70

— dasselbe. 2., verm. Aufl. gr. 8. (VIII, 65 S.) Ebd. 894. n. — 70

— Johann Ludwig Vives, der Begründer der neuen Pädagogik, s.: Vorträge u. Abhandlungen, pädagog.

Bernini, Lelio — und Adela. Eine Erzählung. Leipzig 1805. V: *Laukhard, Friedrich Christian.* (BGE IV, 41)

Bernini, Lelio, u. Adela; e. Erzählung. 8. Leipz. 805. Gr. Fleischer. 12 gr.

Bernini der Jüngere, s.: Zukunft, die, des Barockstils.

Bernini's, L., Biographie u. Charakteristik, s.: Dohmo, R.

Bernis, oeuvres, 2 vols. Paris, Herhan, (Leipz. Fr. Fleischer.)

— oeuvres complettes. 2 Tom. 12. Londr. Seitzer. 779.

Bernis, le Card. de; oeuvres mêlées. 8. Francf. Hermann. 761.

— — les mêmes. 8. Francfurt, Gebhardt et K. 761.

— — les mêmes. 8. Francf. Brönner. 762.

Bernis, le Cardinal, la réligion vengée, poëme en 10 chants. gr. 8. Braunschweig 796. Leibrock. 1 ꞵ

— la religion vengée, poeme. gr. 8. Strassb. 797. König. 1 ꞵ (Leipz., W. Nauck) 16 gr.

— le même. gr. 8. Leipz. Sommer. 805.

Bernis, François Joachim de Pierre. Prosaische Werke . . . aus dem Franz. Breslau, Thorn und Leipzig 1762. Ü: *Schenk.* (KV) (MGT)

— pros. Werke u. Montesquieu, Versuch über d. Geschmack; aus d. Französ. (v. . . Schenk). 8. Bresl. 762. Horn. 5 gr.

Lat. caput und *capum nebst ihren Wortsippen im Französischen. Ein Beitrag z. franz. bezw. roman. Wortgeschichte von Dr. Paul-Friedrich **Bernitt.** Kiel: R. Cordes 1905. (229 S.) 8°
[Ein Teil erschien als Inaug.-Diss. Kiel 1904.] [06. 701 6

Bernius, Fritz, Assistenzarzt im Sanatorium Borlachbad zu Bad Kösen: Aus d. Universitäts-Frauenklinik zu Gießen. Über die Komplikation von Uteruscarcinom und Geburt. *Mainz 1904: H. Prickarts.* (25 S.) 8°
Gießen, Med. Diss. v. 1904

Bernius, Karl, das Becken v. Parras. Eine monograph. Skizze. (54 S. m. Abbildgn. u. 1 Karte.) gr. 8. Berlin 905. D. Reimer. n. 1. 50

Bernius, Karl, z. Z. Rektor der Höheren Bürgerschule zu Grünberg (Hessen): Das Becken von Parras. Eine monographische Skizze. Gießen 1905: v. Münchow. (20 S.) 8°
Gießen, Phil. Fak., Ref. Sievers, Diss. v. 26. Mai 1905
[Geb. 18. Sept. 73 Überau; Wohnort: Grünberg; Staatsangeh.: Hessen: Vorbildung: Realgymn. Darmstadt Reife O. 92; Studium: Darmstadt T.H. 5, München 2, Gießen 4 S.; Rig. 20. Febr. 05.]

Bernkastel [Schlagwort] s.a. Berncastel

Bernkastel, s.: Deutschland. Karte (Abt. Preussen). — Preussen. Messtischblätter.

Bernkastel, s.: Geologische Karten. Preussen. 79. — Rheinprovinz. Liebenow. — Trier, Reg.-Bez.

Bernkastell, Carl Heinrich von. Karl Heinrichs von B' Gedanken über die Frage: Verliert, oder gewinnt vielmehr Deutschland, wenn es der herrschenden Familie das Erbrecht zu seinem Kaiserthron überlässt? 8. Basel 1806.

Bernkopf, Martin, approb. Arzt aus Forth: Über ein haematoblastenhaltiges Osteoidsarkom. *Freiburg i. B.: Speyer & Kaerner 1902.* (32 S.) 8°
Würzburg, Med. Diss. v. 1902

Bernkopf, Mart., über e. haematoblastenhaltiges Osteoidsarkom. Diss. (33 S.) gr. 8. Freiburg i/B. 903. Speyer & Kaerner. n. — 80

Bernlocher, M., Fannys Geheimnis, s.: Kornblumen. Nr. 6.

— wie der kleine Joseph seinen Vater fand, s.: Rosen-Knospen.

Die **Bern-Luzern-Bahn** vor d. Forum d. Grossen Rathes des Kant. Bern. Sep. Abdr. a. d. Pilger. 26 Stn. 12. Schaffhausen, C. H. Mann. 1876.

Bernn, Julius, Arzt a. Ludwigshafen a. Rh.: Ueber die in der Heidelberger Chirurgischen Klinik 1900—1905 behandelten Fälle von Carcinoma penis. Heidelberg, Heidelberger Verlagsanstalt & Druckerei 1907. (37 S.) 8°
Heidelberg, Med. Fak., Ref. Narath, Diss. v. 1907
[Geb. 31. Mai 76 Ludwigshafen a. Rh.; Wohnort: Heidelberg; Staatsangeh.: Bayern; Vorbildung: Gymn. Zweibrücken Reife M. 95; Studium: Math. München 4, Berlin 1, Med. Kiel 1, Erlangen 2, Straßburg 1, Heidelberg 2, Tübingen 1, Heidelberg 2 S.; Coll. 25. Juli 07; Approb. 4. April 05.]

Berno v. Reichenau, St. Ulrichs Leben, latein. beschrieben, u. um das J. 1200 in deutsche Reime gebracht v. Albertus. Hrsg. von Joh. Andr. Schmeller. gr. 8. (6 B. u. 1 Stnt.) München 844, Literar.-artist. Anstalt.

Bernois, Chr., Religionscharaktere deutscher Frauenzimmer. 8. Dresd. 796. Gerlach. 10 gr.

Bernolak, Anton, Pfarrer zu Neuhäussel. Slowakische Grammatik. Aus dem Lateinischen ins Deutsche übersetzt und nach der in k. k. österreichischen Erbländern für die National-Schulen vorgeschriebenen Ordnung eingerichtet. 8. Ofen 1801.

Bernolák, Antal. Schlowakische Grammatik . . . Aus dem Lateinischen . . . Ofen 1817. Ü: *Brestyansky, A.* (BrMm)

Bernolák, Ant., slowakische Grammatik; aus d. Latein. ins Deutsche übersetzt u. f. Normalschulen eingerichtet. 8. Ofen 817. Universitätsbuchdr. 8 gr.

Bernold v. St. Blasien, Chronik, s.a. Geschichtschreiber, die, der deutschen Vorzeit.

Bernold. Die Chronik Bernolds von St. Blasien. Nach der Ausgabe der Monumenta Germaniae übersetzt von Dr. Eduard Winkelmann.... 8. Berlin 1863.
Die Geschichtschreiber der deutschen Vorzeit. XI. Jahrhundert. Band 10.

Bernold v. St. Blasien. Leben, s. Strelau, Ernst.

Bernold, Franz Joseph Benedict s. Götzinger, Ernst. Aus den Papieren des Barden von Riva. St. Gallen 1891.

(Bernold, [Joseph] Leonhard.) Bruderdenkmal ([zum Andenken an] Joseph Franz Bernold): gesetzt auf das Geheiss des Vaters ([von] Leonard B'. Wallenstadt den 10ten Februar 1840). 8. o. O.

Bernouilli, Ch(ristoph), s. Bernoulli, Christoph

Bernouilli, J.: Essay d'une nouvelle théorie de la manoeuvre des vaisseaux, s. Bernoulli, J.

Bernoulet, Charles, Anleitung auf einfachem prakt. Wege rothes Krapp-Pigment (Alizarin, Purpurin) zu echten Dampffarben zu erzeugen. gr. 8. Wien 842, Mayer u. Comp. Verklebt. *

Bernoulet, Charles, die Kunst des Colorirens auf Schafwollstoffe; oder Anleitung, alle Farben auf Schafwolle zu drucken. 8. Wien 842, Mayer u. Comp. verklebt. n. 2/3 ß

—— die Kunst d. Colorirens auf Schafwollstoffe; od. Anleit. alle Farben auf Schafwolle zu drucken. 8. Wien 843, Mayer u. Comp. Verklebt. *

—— die Seidenfärberei auf ihrem jetzigen Standpunkte, in allen ihren Zweigen u. Verfahrungsarten, auf Roh, Souple oder Demi-cuitte, gesotten, beschwert, gestreckt, griffig rc. in gewöhnlichen, u. gegen Säuren u. Seifen echten Farben. gr. 8. (10¼ B.) Wien 843, Mayer u. Comp. *

Bernoulli [Sachl. OW]

Bernoulli, l'ami d'Israel, s. Ami.

Bernoulli und Leonhard Euler, Die Basler Mathematiker Daniel, gefeiert ... Basel 1884. V: *Burckhardt, Frdr.* & *Eduard Hagenbach-Bischoff.* (Cat. d. Stadtbibl. Zürich. Zürich 1864—97.

Bernoulli, Daniel, und Leonhard Euler, die Basler Mathematiker, 100 Jahre nach ihrem Tode gefeiert von der Naturforschenden Gesellschaft. Anhang zu Thl. VII der Verhandlungen der Naturforsch. Gesellschaft zu Basel. gr. 8. (96 S.) Basel 884, Georg. *

(Bernoulli, Nicolaus.) Personale von Niklaus B', heimgegangen im Alter von 83 Jahren und 4 Tagen, den 6. Juli 1876. (SA.) 8. ([Basel] 1877.)

Bernoulli [Verfasser]

Bernoulli, Die Aufbereitung von kupfer- und schwefelkieshaltigem Magneteisenstein zu Traversella in Oberitalien. (Preufsische Zeitschr., Bd. 9.) Berlin 1861. 4.

Bernoulli: Dampfmaschinenlehre, s. Bernoulli, Christoph

Bernoulli, die Eroberung Konstantinopels 1453. Basel. Schul-/Univ.-Schrift 1865.

Bernoulli (Hrsg.), s. Magazin, Leipziger

Bernoulli's Vademecum des Mechanikers, s. Bernoulli, Christoph

Wahrheit in der Liebe. Synodalpredigt, geh. in Burbach von Pfarrer Bernoulli. Hagen i.W.: Buchh. Immanuel 1899. (10 S.) 8° [F.] (o?. 1981

Bernoulli, Wahrheit in der Liebe. Synodalpredigt, geh. in Burbach. 8. (10 S.) Hagen (899.) O. Rippel. n. — 10

Bernoulli, A., Die Pilgerfahrt Hans Bernhards von Eptingen. [A. aus den Beiträgen zur vaterl. Geschichte. Neue Folge. Band 2 Heft 1. Der ganzen Reihe 12. Band.] Basel 1885.

Bernoulli, A. s. Verzeichnis der Gauner...

Bernoulli, (Frid.) Adolph. (geb. Berlin 16. 9. 1835): De wolframo nonnullisque eius coniunctionibus. Berolini (1860). (36 S.) 4°
Berlin, Phil. Diss. v. 30. Juli 1860

Bernoulli, August

Bernoulli, Aug., Basels Antheil am Burgunderkriege. Die Schlacht bei Grandson, s.a. Neujahrsblatt, hrsg. v. der Gesellschaft zur Beförderung des Guten u. Gemeinnützigen. 1899.

— dasselbe. Murten u. Nancy, s.a. Neujahrsblatt, 78, hrsg. v. der Gesellschaft zur Beförderung des Guten u. Gemeinnützigen.

[F.] Basels Anteil am Burgunderkriege ... Von August Bernoulli. Th. 1. *Basel: In Komm. b. R. Reich; (Buchdr. Baur) 1897.* 4.
= Neujahrsblatt hrsg. v. d. Gesellschaft z. Beförderung des Guten u. Gemeinnützigen. [No] 76. [98. 1729

Bernoulli, August. Basels Antheil am Burgunderkriege. 3 Theile. Njbl. Basel 1898–1900. 4. Basel 1897–1899.
Theil 1: 1474—1475. [Mit Illustrationen, 1 Tafel und 1 Karte.]
[Theil] 2: Die Schlacht bei Grandson. [Mit 1 Illustration, 1 Tafel und 1 Karte.]
[Theil] 3: Murten und Nancy. [Mit 1 Tafel und 2 Karten.]

Bernoulli, August (Hrsg.), s. Balcus

Bernoulli, Aug., Basel in den Dreißigerwirren, s.a. Neujahrsblatt 85—88, hrsg. v. d. Gesellschaft zur Beförderung des Guten u. Gemeinnützigen.

Bernoulli, August. Basel in den Dreissigerwirren. [Teil] 1: Die erste Revolution bis zur neuen Verfassung vom Februar 1831. [Mit 4 Porträts und 1 Ansichts-Tafel.] 79 S. 4. Basel, Komm. Helbing & Lichtenhahn. [fr. 1.—]
85. Neujahrsblatt hrg. von der Gesellschaft zur Beförderung des Guten und Gemeinnützigen. 1907.

Bernoulli, August. Basel in den Dreissigerwirren. [Teil] 2: Die zweite Revolution bis zur teilweisen Trennung im März 1832. [Mit 3 Porträts und 1 Ansichts-Tafel.] 83 S. 4. Basel, Komm. Helbing & Lichtenhahn. [fr. 1.—]
86. Neujahrsblatt hrg. von der Gesellschaft zur Beförderung des Guten und Gemeinnützigen. 1908.

Bernoulli, August. Basel in den Dreissigerwirren. [Teil] 3: Von der teilweisen Trennung im März bis zur Anerkennung des Kantons Basellandschaft im Oktober 1832. [Mit 4 Porträts und 1 Tafel.] 66 S. 4. Basel, Komm. Helbing & Lichtenhahn. [fr. 1.—]
87. Neujahrsblatt hrg. von der Gesellschaft zur Beförderung des Guten und Gemeinnützigen. 1909.

Bernoulli, August. Basel in den Dreissigerwirren. [Teil] 4: Von der Anerkennung des Kantons Basellandschaft bis zur gänzlichen Trennung von 1833. [Mit 4 Porträts und 1 Karte.] 96 S. 4. Basel, Komm. Helbing & Lichtenhahn. [fr. 1.—]
88. Neujahrsblatt hrg. von der Gesellschaft zur Beförderung des Guten und Gemeinnützigen. 1910.

Bernoulli, Aug., Basel im Kriege mit Oesterreich 1445—1449. 61. Neujahrsblatt, hrsg. von der Gesellschaft zur Beförderung des Guten und Gemeinnützigen. 1883. gr. 4. (42 S. mit 1 Lichtdr.) Basel 882. Detloff's Sortiment. *

Bernoulli, August. Die Luzerner Chronik des Melchior Russ. Diss. Phil. Basel. 8. Basel 1872.

Bernoulli, A, s.: Chroniken, Basler.

Bernoulli, Aug., die Deckengemälde in der Krypta des Münsters zu Basel, s.a Mittheilungen der histor. und antiquar. Gesellschaft zu Basel.

Bernoulli, A. Die Deckengemälde in der Krypta d. Münsters von Basel. Mit 7 Tfln. in Farbendr. von A. Grœter. (Mittheil. d. histor. u. antiquar. Gesellsch. zu Basel. N. F. I.) 4°, 11 S. Basel, Bahnmaier. 1878? 7 50

Bernoulli, August. Die Dreissigerwirren des vorigen Jahrhunderts im Kanton Basel. Hrg. von der Neujahrsblattkommission der Gesellschaft zur Beförderung des Guten und Gemeinnützigen. [Mit 15 Porträts und 1 Karte.] XVI + 558 S. 8. Basel, Helbing & Lichtenhahn, 1910. [fr. 6.—]
(Abgesehen von den Quellenverweisen, Abdruck der vier Basler Neujahrsblätter von 1907—1910)

Bernoulli, August. Die Entstehung des ewigen Bundes der Eidgenossen. [Mit 1 Tafel.] Njbl. Basel 1891. 4. Basel 1890.

Bernoulli, A[ugust]. Die Eroberung des Steins zu Rheinfelden. Vorgelesen in der historischen und antiquarischen Gesellschaft [in Basel], den 21. November 1878. [A.] 8. [Basel 1882.]

Bernoulli, August s. Fiala, Friedrich. und Bernoulli, August — (Rot, Hans. und Rot, Peter.) Pilgerreisen. Basel.

Bernoulli, Aug., s. Neujahrsblatt

Bernoulli, August: Die Passivität des Chroms nach der Faradayschen Theorie. *Leipzig: G. Fock 1904.* (61 S.) 8° München, Phil. Diss. v. 1903

Die zweite Revolution bis zur teilweisen Trennung im März 1832. Von August **Bernoulli**. Basel: Helbing & Lichtenhahn in Komm. 1908. (81 S.) 4°
= Basel in den Dreißigerwirren. 2.
= **Neujahrsblatt** hrsg. von d. Gesellschaft z. Beförderung d. Guten u. Gemeinnützigen. 86. [08. 1074

— die Sagen v. Tell u. Stauffacher. Eine krit. Untersuchg. gr. 8. (V, 55 S.) Basel 899. Helbing & Lichtenhahn. **n. 1. 20**

Die Sagen von Tell und Stauffacher. E. krit. Untersuchg v. August Bernoulli. *Basel: R. Reich 1899.* (V, 54 S., 1 Bl.) 1 Bd 8. [99 5411

Bernoulli, Aug.. die Schlacht bei St. Jakob an der Birs. Eine kritische Untersuchung. gr. 8. (48 S. m. 1 autogr. Plan.) Basel 877. Bahnmaier. n. 1. —

Bernoulli, August. Die Schlacht bei St. Jakob an der Birs. [Mit 1 Tafel.] Njbl. Basel 1882. 4. Basel 1881.

Bernoulli, August. Die Schlacht bei St. Jakob an der Birs. [Mit 1 Tafel, 1 Abbildung, 1 Plan und illustriertem Umschlag.] 8. Basel 1892.
[Hrg. vom] Verein für Verbreitung guter Schriften. (Basel.)

Bernoulli, A[ugust]. Die verlorene Schwyzerchronik. (SA.) 8. [Zürich 1881.]

Bernoulli, Aug., **Winkelrieds That bei Sempach. Eine krit. Untersuchung.** gr. 8. (40 S.) **Basel 886, Detloff's** Verlag. *

—— Winkelrieds **That bei Sempach. Eine krit. Untersuchg. 8. (40) Bas. 86, Reich.**

Bernoulli, C.
— Beleuchtung der vornehmsten Einwürfe gegen die Nützlichkeit der Brandassekuranzen. Basel 1827.

Bernoulli, C.: Dampfmaschinenlehre, s. Bernoulli, Christoph

Bernoulli, C. **Über** die Vorzüge der gegenseitigen Brandassekuranzen vor Prämiengesellschaften, mit besonderer Beziehung auf die schweizerischen und namentlich auf die neue Mobiliarassekuranz. Basel 1827.

Bernoulli, C. **Über Zweck und Nutzen der Lebensversicherungs-Anstalten mit besonderer Berücksichtigung der Pariser Union und ihrer Nützlichkeit für die Schweiz. Basel 1829.**

Bernoulli, C.A., s. Bernoulli, Carl Albrecht

Bernoulli, C. Chr., siehe: *Beiträge.*

Bernoulli, C. Chr. Sechszehnter Bericht über die Dr. J. M. Ziegler'sche Kartensammlung 1893—1894. In-8°. 8 S. Basel (Georg & Co.). 1894?

Bernoulli, C. Chr, Basler Büchermarken b. z. Anfang d. 17. Jahrh., s.: Heitz, Paul.

Bernoulli, Carl Albrecht. Die Ausgrabung von Wichtern. Ein Roman. II + 243 S. 8. Jena, Eugen Diederichs, 1909. [M. 3.—, geb. 4.—]

Bernoulli, Carl Albr(echt). Christus in (Gustav Frenssens) Hilligenlei. Ein Wort zur Klarstellung. 42 S. 8. Jena, Eugen Diederichs, 1906. [M. —. 50]

Bernoulli, Carl Albrecht (Mitarb.), s. Unterm Firnelicht.

Bernoulli, Carl Albrecht. **Zum Gesundgarten. Roman. [Mit Titelbordüre.] IV + 441 S. 8. Jena und Leipzig, Eugen Diederichs, 1906. [M. 6.—, geb. 7. —]**

Bernoulli, Carl Albrecht. Die Heiligen der Merowinger. 8. Tübingen, Freiburg i. B. und Leipzig 1900.

Die Heiligen der Merowinger von Carl Albrecht Bernoulli. *Tübingen: J. C. B. Mohr 1900.* (XVI, 336 S.) 8° [F.] [00. 1968

Bernoulli, Carl Albrecht. Lucas Heland. Roman. Neue Ausgabe. 264 S. 8. Berlin, Wiegandt & Grieben, 1901. [br. M. 3.—, geb. M. 4. —]

— Lucas Heland. Jetzt: Lpzg, GK Sarasin.

Bernoulli, Carl Albr., s.a Hieronymus u. Gennadius, de viris inlustribus.

Das Konzil von Nicäa. Habilitationsvorlesung von Lic. Carl Albr. **Bernoulli**, Privatd. Freiburg i. B. & Leipzig: J. C. B. Mohr 1896. (36 S.) 8°
= [**Sammlung** gemeinverständl. Vorträge u. Schriften aus d. Geb. d. Theol. u. Religionsgeschichte. 4.] [96. 5573

(Bernoulli, Carl Albr[echt].) **Nicänisches Konzil von 325. S.-A. aus Realencyklopädie für protestantische Theologie und Kirche. 3. Aufl. [Band 14.] S. 9—18. gr.-8. [Leipzig, J. C. Hinrichs, 1904.]**

[F.] Die wissenschaftliche u. die kirchliche Methode in der Theologie. E. encyklopäd. Versuch v. Carl Albrecht **Bernoulli**, Privatd. ... in Basel. *Freiburg i. B., Leipzig & Tübingen: J. C. B. Mohr 1897.* (XV, 229 S.) 1 Bd 8. [97. 3650

— Orpheus. Ein Morgenlied in 7 Gesängen. (405) 8° Jena, E Diederichs '11.

Bernoulli, Carl Albrecht. **Franz Overbeck und Friedrich Nietzsche. Eine Freundschaft. Nach ungedruckten Dokumenten und im Zusammenhang mit der bisherigen Forschung dargestellt. 2 Bände. 8. Jena, Eugen Diederichs, 1908. [*je* M. 7. 50, geb. 9. —]**
Band 1. Mit Porträt[-Tafel] und drei Beilagen [1 Ansichts-Tafel und 2 Facsimiles]. XVI + 451 S.
Band 2. Mit Porträt[-Tafel] und 2 Beilagen [Facsimiles]. XVIII + 535 + *Erklärung des Verf.* 6 S.

Bernoulli, Carl Albrecht. **Herzog von Perugia. Ein Renaissancedrama.** II + 86 S. 8. Jena, Eugen Diederichs, 1910. [M 2. —, geb. 3. —]

Bernoulli, Carl Albrecht. **Hugenottische Publizistik der Reformationszeit. 4.**
In: Sonntagsbeilage N° 32 u. 33 zur Vossischen Zeitung N° 367 u. 379. S. 249—251 u. 260f. Berlin, 7. u. 14. August 1904.

Bernoulli, Carl Albrecht. **Der Ritt nach Fehrbellin. Ein Schauspiel.** IV + 120 S. 8. Jena, Eugen Diederichs, 1908. [M. 2. —, geb. 3. —]

— d. Schriftstellerkatalog d. Hieronymus. Ein Beitr. z. Geschichte d. altchristl. Litt. 8° (342) Freib. i. B. 95, JCB Mohr.

Bernoulli, Carl Albr. Seneca. Novelle. Kl. 8°. 106 S. Zürich, Schulthess & Co. 2 80 gebd. 3 60
1900?

— Seneca. Novelle. 8. (106 S.) Zürich 901. Schultheß & Co. n. 2. 20; geb. in Leinw. n. 3. —

— der Sonderbündler. Roman. (330 S.) 8. Berlin 904. S. Fischer. Verl. n. 4. —; geb. n.n. 5. —

Der Sonderbündler. Roman von Carl Albrecht Bernoulli. 2. Aufl. Berlin: S. Fischer 1904. (336 S.) 8° [F.]

Bernoulli, Carl Albrecht. Aus dem «Sonderbündler» von C' A' B'. 8.
In: Kunstwart. Herausgeber Ferdinand Avenarius. Jahrg. 18, Heft 18. 2. Juniheft 1905. Muenchen, Callwey. (M. —. 70.) S. 296—307.

Bernoulli, Carl Albrecht. Das Testament. Familien-Drama in drei Aufzügen. 116 S. 8. Berlin, Wiegandt & Grieben, 1901. [M. 2. 40]

(Bernoulli, Carl Albr[echt].) Martin von Tours, gest. 400. S.-A. aus Realencyklopädie für protestantische Theologie und Kirche. 3. Aufl. [Band 12.] S. 389—391. gr.-8. [Leipzig, J. C. Hinrichs, 1903.]

Bernoulli, Carl Albrecht. Wahn und Ahnung. Erste Lieder. IV + IV + 104 S. 8. Berlin, Wiegandt & Grieben, 1901. [br. M. 2. 40, geb. M. 3. —]

Bernoulli, Carl Albrecht. Ulrich Zwingli. Schauspiel. 144 S. 8. Berlin, S. Fischer, 1905. [M. 2. —, geb. 3. —]

Bernoulli, Carl Christoph. Ein Karteninkunabelnband der öffentlichen Bibliothek der Universität Basel. Beilage zum [26.] Bericht über die Dr. J. M. Ziegler'sche Kartensammlung [1904]. Separatabdruck aus den Verhandlungen der Naturforschenden Gesellschaft in Basel. Band 18, Heft 1. II + 25 S. 8. Basel, [Georg & Co., 1905.

Bernoulli, Carl Christoph, s.: Statuten, die, der juristischen Fakultät der Universität Basel

Bernoulli, Carl Christoph, s.: Statuten, die, der philosophischen Fakultät der Universität Basel.

Bernoulli, Carl Christoph, s: Statuten, Die, d. theolog. Fakultät d. Univ. Basel.

Bernoulli, Carl Gust., die Gefässkryptogamen der Schweiz. gr. 8. (VIII und 96 S.) Basel 857, (Amberger.)

Bernoulli, Carl Gust., die Gefässkryptogamen der Schweiz. Basel 857. (Schweighauser'sche Sortbdlg.) gr. 8. (VIII, 96 S.) n. 20 ngr

—— Uebersicht der bis jetzt bekannten Arten von Theobroma. Zürich, Zürcher und Furrer. 1869. 4. 15 p., 7 tab.
Denkschriften der Schweizerischen Naturf. Gesellschaft. Band 24.

Bernoulli, Christoph

— Anfangsgründe d. Dampfmaschinenlehre, f. Techniker u. Freunde d. Mechanik. Mit 9 Steindr. gr. 8. Basel 824. Neukirch. 2 rß 16 K

Bernoulli, C. Schweizerisches Archiv für Statistik und Nationalökonomie. Bd. 1—5. Basel 1827—30.

Bernoulli, (C.,) schweizerisches Archiv f. Statistik u. Nationalökonomie oder Beitrr. z. Kenntniß u. Förderung unsers National-Wohlstandes. 1s Bdchn. gr. 8. Basel 827, Neukirch.

Bernoulli, Chrstph., Schweizer. Archiv f. Statistik u. Nationalökonomie, od. Beiträge z. Kenntniß u. Förderung uns. Nationalwohlstandes. 5 Bdchn. gr. 8. Basel, (Schweighausers Neukirch.) [1. (10½ B.), 2. (10½ B.), 3. (10¼ B.) 828., 4. (10 B.) 830. à 1 Thlr. 3 Gr., 5. 1. (7 B.), 5. 2. (8 B.) 830. à 18 Gr.]

—— über zweckgemäße Behandlung d. mathem. Elementar-Unterr. 8. (2 B.) Basel 828, Schweighauser.

Bernoulli, Cph. Beiträge zur richtigen Würdigung der Staats-Anleihen überhaupt und der verschiedenen Anleihensformen. gr. 8°. Karlsruhe, Braun, 1833.

— Betrachtt. über d. wunderbaren Aufschwung d. gesammten Baumwollen-Fabrikation, nebst Beschreib. einiger d. neuesten engl. Maschinen. Mit 5 Steintaf. gr. 8. Basel 825. Neukirch. 1 rß 8 K

Bernoulli's Dampfmaschinenlehre, s.a. Freytag, Fr.: Die ortsfesten Dampfmaschinen.

Bernoulli's Dampfmaschinenlehre. 4. und 6.-8. Auflage von Fr Freytag. (484 S 7 T) Stuttgart 1854-1900

Bernoulli, Chph., Dampfmaschinenlehre. 5. Aufl. gänzlich umgearb. u. stark verm. durch E. Th. Böttcher. 1. Abth. m. 97 in den Text gedr. Holzschn. u. 2 Kpfrtaf. (in Fol.) Stuttgart 861. Cotta. gr. 8. (S. 1—240.) n. 1 rß 6 ngr

Bernoulli's Dampfmaschinenlehre. 5. Aufl. gänzlich umgearb. u. stark verm. durch E. Th. Böttcher. 2. Abth. mit 168 in den Text gedr. Holzschn. Stuttgart 865. Cotta. gr. 8. (VI, S. 241—487.) n. 1 rß 24 ngr

Bernoulli's Dampfmaschinenlehre. 6. Aufl., umgearb. u. verm. durch Frdr. Autenheimer. Mit 320 in den Text gedr. Holzschn. u. Kpfrtaf. (in qu. Fol.) gr. 8. (VIII, 520 S.) Stuttgart 877. Cotta. n. 11. —

Bernoulli's Dampfmaschinenlehre. 7. Aufl., umgearb. u. verm. durch F. Autenheimer. 8. (VIII, 586 S. m. 330 Holzschn. u. 4 Taf.) Stuttgart 890. Cotta'sche Buchh. Nachf. n. 11. —

Bernoulli's Dampfmaschinenlehre. Handbuch zum Gebrauch in der Praxis u. zum Selbstunterricht f. angeh. Ingenieure, sowie f. den Unterricht an techn. Lehranstalten. 8. Aufl. Neu bearb. u. verm. v. Fr. Freytag. gr. 8. (VIII, 484 S. m. 896 Abbildgn. u. 7 Taf.) Stuttgart 900. A. Bergsträßer. n. 14. —; geb. in Leinw. n. 15. —

—— ration. od. theoret.-prakt. Darstellung d. gesammten mechanisch. Baumwollenspinnerei, f. Fabrikanten, Technologen, Mechaniker u. alle Freunde d. Industrie entworfen. M. 14 Stnt. (in gr. Fol.) gr. 8. (19 B.) Basel 829, Schweighauser.

Bernoulli, Cph., Ueber den nachtheiligen Einfluss der Zunftverfassung auf die Industrie. Mit bes. Rücksicht auf Basel. 8°. Basel, Neukirch, 1822.

Bernoulli, (Ch.,) üb. d. Entbehrlichkeit d. Lateinlernens f. Nicht-Studierende. 8 Basel 825, Neukirch.

Bernoulli, Chrstph., neuere Ergebnisse der Bevölkerungsstatistik. Zugl. als Nachtrag zum Handb. der Populationistik. gr. 8. (5⅓ B.) Ulm 843, Stettin'sche Vrlsh.

— Grundriß d. Mineralogie, od. methodischer Leitfaden f. den mineral. Unterricht auf höhern Schulanstalten. 8. Basel 821. Neukirch. 20 K

Bernoulli, Christoph: Grundriß der Naturlehre des erwachsenen Menschen. . . Halle: Hemmerde & Schwetschke 1804. 285 S. 8°
(= Bernoulli: Versuch einer physischen Anthropologie. Th.1.)

— Grundz. d. Elementarphysik rc. m. K. 8. Halle, Hemmerde u. Schw. 807.

— Grundzüge d. Elementarphysik rc. Mit 1 Kpf. 8. Halle 807. Schwetschke u. S. 12 K

Bernoulli, Cph., Handbuch der Dampfmaschinenlehre, für Techniker und Freunde der Mechanik. Mit 12 Steintaf. 8. Stuttgart u. Tübingen 833. v. Cotta. 2⅙ rß

— Handbuch der Dampfmaschinen-Lehre für Techniker und Freunde der Mechanik. 2. gänzlich umgearbeitete Aufl. Mit 9 Steindrucktafeln. gr. 8. Stuttgart 843, Cotta'sche Buchh. 2½ ℛ

Bernoulli, Chrstph., Handbuch der Dampfmaschinenlehre für Techniker und Freunde der Mechanik. 3., umgearb. Aufl. gr. 8. (VIII und 411 S. mit 9 Stnt. in gr. 4.) Stuttgart 847, Cotta'sche Buchh.

Bernoulli, Chrstph., Handbuch der Dampfmaschinenlehre für Techniker und Freunde der Mechanik. 4., stark verm. Aufl. gr. 8. (VIII und 444 S. mit 9 Stnt. in qu. Fol.) Stuttgart 854, Cotta'sche Buchh. *

Bernoulli, Chr. Handbuch der Dampfmaschinenlehre. 6. A. durch Autenheimer. Stuttg. 1877.

Bernoulli, Chr. Handbuch der Dampfmaschinenlehre. 7. A. durch Autenheimer. Stuttg. 1890.

Bernoulli, Ch. Handbuch der Dampfmaschinenlehre. 8. Aufl., bearbeitet von Fr. Freytag. Stuttgart 1900.

—— elementar. Handb. d. industriellen Physik, Mechanik u. Hydraulik, 1. Bd., ein. Abriß d. allgem. u. industriellen Physik enthalt. M. 7 Stnt. (in gr. 4.) 8. (24 B.) Stuttgart 834, Cotta.

Bernoulli, Chrstph., elementar. Handbuch d. industriellen Physik, Mechanik u. Hydraulik. 2. Bd., industr. Mechanik u. industr. Hydraulik enth. M. 11 Stndrtaf. gr. 8. (20 B.) Stuttgart u. Tübingen 835, Cotta'sche Buchh. *
1. Bd. Ebendas. 1834. * 2 Thlr. 4 Gr.

Bernoulli, [Johann Gustav]. Handbuch des Maschinentechnikers. Bernoullis Vademecum des Mechanikers. 22. Aufl. Nachschlagebuch für Techniker, Gewerbetreibende und technische Lehranstalten. Neu bearb. von Heinrich Berg, Professor... in Stuttgart. [Mit vielen Figuren im Text.] XII + 540 S. 8. Stuttgart, Arnold Bergsträsser, 1901. [geb. M. 6. —]

Bernoulli, [Johann Gustav]. Handbuch des Maschinentechnikers. Bernoulli's Vademekum des Mechanikers. Nachschlagebuch für Techniker, Gewerbetreibende und technische (* *24. Aufl.:* und Schüler technischer) Lehranstalten. [Mit vielen Figuren im Text.] 23. *u.* 24. Aufl. 8.
23. Aufl. Bearb. von Heinrich Berg ... in Stuttgart. XIV + 587 S. Stuttgart, Arnold Bergsträsser, 1904. [geb. M. 8.—]
24. Aufl. Bearb. von R[ichard] Baumann ... in Stuttgart. VIII + 600 S. Leipzig, Alfred Kröner, 1908. [geb. M. 6.—]

Bernoulli, Ch. Handbuch der industriellen Physik. Theil I, II in 1 Bd. Stuttgart, 1834—1835.

—— Handbuch d. Populationistik od. d. Völker- u. Menschenkunde nach statist. Erhebnissen. gr. 8. (40 B.) Ulm 840, 41, Stettin'sche Vrlsbuchh.

—— Handb. d. Technologie, od. ration. Darstellung d. techn. Gewerbe nach d. neuesten Ansichten u. Erfindn. 2 Bde. M. 7 Stnt. (in qu. ½ Fol.) gr. 8. (50½ B.) Basel 833, 34, Schweighauser.

—— Handbuch d. Technologie, od. ration. Darstell. d. techn. Gewerbe nach d. neuesten Ansichten u. Erfindn. 2 Bde. 2., neu bearb. Aufl. M. (4) Stndrtaf. gr. 8. (40¾ B.) Basel 840, Schweighauser'sche Buchh.

—— technologische Hand-Encyklopädie oder eine gedrängte Darstellung der techn. Gewerbe, ihrer wesentlichsten Fortschritte in neuester Zeit und ihres dermaligen Betriebs, zumal in Deutschland. Lex.-8. (239 S.) Stuttgart 850, Franckh'sche Vrlgsh.
Aus: Neue Encyklopädie der Wissenschaften und Künste. 1. Bd. ꝛc., besonders abgedruckt.

— über d. Leuchten d. Meeres, mit besond. Hinsicht auf d. Leuchten thier. Körper. 8. Götting. 803. Dieterich. 16 gr.

— Populationistik od. Bevölkerungswissensch. 1e Hälfte. Allgem. Bevölkerungswissenschaft oder Verhältnisse der Lebenden, Gebornen, Verehelichten und Sterbenden. Lex.-8. Ulm 840. Stettin'sche Buchh. 1⅞ ℛ

— Populationsstatistik oder Bevölkerungswissenschaft. 2 Bände. Ulm 1840/1841. Nachtrag 1843.

Bernoulli, Ch. Über anthropologische Statistik. Basel 1842.

— Taschenbuch f. d. schweizerisch. Mineralogie. 1r Bd. 8. Halle, Hemmerde u. Schw. 810.

— Taschenbuch d. schweizer. Mineralogie. Mit Kpf. 8. Basel 811. Schweighäuser. 1 ℛ (Schwetschke u. S. in Halle): 22 gr. (A. u. d. T.: geognost. Uebersicht d. Schweiz ꝛc.)

— Technologie, s. Encyklopädie, neue, der Wissenschaften.

Bernoulli, Christoph. Geognostische Uebersicht der Schweiz nebst einem systematischen Verzeichnisse aller in diesem Lande vorkommender Mineralkörper und deren Fundörter. [Mit 1 Tafel.] 8. Basel. Halle und Leipzig 1811.

— tabellar. Uebersicht d. französ. Conjugation. 8. Basel 805. Flick. (Neukirch). 2 gr.

—— Untersuchungen üb. d. angebl. Nachtheile d. zunehmenden Fabrik- u. Maschinenwesens, nebst Betrachtn. üb. d. Zerrüttung d. oberrhein. Industrie, Anfangs 1828. gr. 8. (6 B.) Basel, Neukirch.
Aus d. 2. Bdchn. d. „schweiz. Archiv's" besond. abgedruckt.

Bernoulli's Vademekum des Mechanikers, s. a. Handbuch d. Maschinentechnikers.

— Vademekum d. Mechanikers, od. prakt. Handbuch f. Mechaniker, Maschinen- u. Mühlenbauer, u. Techniker überhaupt. Nach Rob. Brunton bearb., mit 2 Steindrckt. 2 Bde. 16. Stuttg. 829, 30. 2e von Jh. G. Bernoulli umgearb. u. verm. Aufl., mit 3 Steint. 16. Ebd. 832. v. Cotta. 1 ℛ

— Vademecum des Mechanikers, oder prakt. Handbuch für Mechaniker, Maschinen- u. Mühlenbauer u. Techniker überhaupt. 3e Aufl., nochmals verb. u. verm. von dessen Sohn Jh. Gust. Bernoulli. 2 Bdchn. Mit 3 Steintaf. 16. Stuttg. u. Tübingen 835. v. Cotta. 1 ℛ

—— Vademecum d. Mechanikers, od. prakt. Handb. f. Mechaniker, Maschinen- u. Mühlenbauer, u. Techniker überh. 3. Aufl., nochmals verb. u. verm. von d. Obigen Sohne, Joh. Gust. Bernoulli. 2 Bdchn. M. 3 Stndrtaf. 16. (27 B.) Stuttgart u. Tübingen 836, Cotta'sche Buchh.

—— Vademecum des Mechanikers oder prakt. Handb. f. Mechaniker, Mühlbauer, Ingenieurs, Techniker u. Gewerbsleute. 4. u. 5. Aufl., umgearb. u. verm. von Joh. Gustav Bernoulli. Stuttgart, Cotta'sche Buchh. [4. (24 B.) 844, 5. (25⅓ B. u. Holzschn.) 46.] à *

Bernoulli, Joh. Gust., Vademecum d. Mechanikers od. prakt. Handbuch f. Mechaniker, Mühlbauer, Ingenieurs, Techniker u. Gewerbsleute. 7. Aufl. 8. (XII u. 424 S.) Stuttgart 851, Cotta. n. 1 ℛ

Bernoulli, Joh. Gust., Vademecum des Mechanikers oder Praktisches Handbuch f. Mechaniker, Mühlbauer, Ingenieurs, Techniker u. Gewerbsleute. 8. Aufl. gänzlich umgearbeitet unter Mitwirkung von Friedr. Autenheimer. Stuttgart 855. Cotta. 8. (XI, 484 S.) n. 1 ℛ 10 ngr

— — 9. Aufl. gänzlich umgearb. unter Mitwirkung von F. Autenheimer. Ebend. 857. 8. (XIV, 479 S. m. Holzschn. im Text.) n. 1 ℛ 14 ngr

Bernoulli, Joh. Gust., Vademecum des Mechanikers oder praktisches Handbuch für Mechaniker, Mühlbauer, Ingenieurs, Techniker und Gewerbsleute. 9. und 10. Aufl. unter Mitwirkung von Friedr. Autenheimer. 8. (XVI und 479 S. mit eingedr. Holzschn.) Stuttgart 859, Cotta'sche Buchh. geb. *

Bernoulli, Joh. Gust., Vademecum des Mechanikers oder praktisches Handbuch für Mechaniker, Mühlbauer, Ingenieurs, Techniker und Gewerbsleute. 10. Aufl. 859. — 11. Aufl. bearb. von Frdr. Autenheimer. Stuttgart 862. Cotta. 8. (XVI, 479 S. m. Holzschn. im Text.) n. 1 ℛ 14 ngr.

Bernoulli's Vademecum des Mechanikers, oder: Praktisches Handbuch für Mechaniker, Mühlbauer, Ingenieurs etc. bearb. von F. Autenheimer. 12. Aufl. Stuttgart 1865. 8°.

Bernoulli, Joh. G., Vademecum des Mechanikers oder praktisches Handbuch für Mechaniker, Mühlbauer, Ingenieurs, Techniker, Gewerbsleute und technische Anstalten. Hrsg. von Fr. Autenheimer. 13. Aufl. Stuttgart, J. G. Cotta'sche Buchh. 8. (479 S.) geb. n. 1 ℛ 14 ngr.

Bernoulli, Joh. G., Vademecum des Mechanikers oder prakt. Handbuch für Mechaniker, Mühlbauer, Ingenieurs, Techniker, Gewerbsleute und techn. Lehranstalten, bearb. von Friedr. Autenheimer. 15. Aufl. (XVI, 516 S. mit eingedr. Holzschn.) 1874; 16. Aufl. 8. (XIV, 518 S. mit eingedr. Holzschn.) Stuttgart 878, Cotta'sche Buchh. *

Bernoulli's Vademecum d. Mechanikers od. prakt. Handbuch f. Mechaniker, Techniker, Gewerbsleute u. techn. Lehranstalten, bearb. v. Frdr. Autenheimer. 17. Aufl. 8. (XII, 524 S. m. eingedr. Holzschn.) Stuttgart 884. Cotta. geb. n. 6. —

Bernoulli's Vademecum des Mechanikers oder praktisches Handbuch für Mechaniker, Techniker, Gewerbsleute und techn. Lehranstalten, bearb. von Friedr. Autenheimer. 18. Aufl. 8. (XII, 512 S.) Stuttgart 888, Cotta'sche Buchh. geb. *

Bernoulli's Vademecum d. Mechanikers od. prakt. Handbuch f. Mechaniker, Techniker, Gewerbsleute u. techn. Lehranstalten, bearb. v. Frdr. Autenheimer. 19. Aufl. gr. 8. (XII, 512 S. m. Fig.) Stuttgart 891. J. G. Cotta Nachf. Geb. in Leinw. n. 6. —

— dasselbe. 20. Aufl. 8. (XII, 524 S. m. Fig.) Ebd. 894. Geb. in Leinw. n. 6. —

Bernoulli's Vademecum d. Mechanikers od. prakt. Handbuch f. Mechaniker, Techniker, Gewerbsleute u. techn. Lehranst., bearb. v. Heinr. Berg. 21. Aufl. 8. (XII, 528 S. m. Fig.) Stuttgart 897. A. Bergsträßer. Geb. in Leinw. n. 6. —

— Vademecum des Mechanikers. 22. Aufl., s.: Berg, Heinr., Handbuch des Maschinentechnikers.

Bernoulli: Vademekum des Mechanikers. 23. Aufl. u. d. T.: Berg, H: Handbuch des Maschinentechnikers. Stuttgart 1904

Bernoulli, Chr., Vers. e. physisch. Anthropologie. 2 Thle. 8. Halle, Hemmerde und Schwetschke. 804. (à 18 gr.)
(auch unt. d. Tit.: Grundr. d. Naturlehre d. erwachsen. Menschen, und Versuch ein. vergleichenden Physiologie d. Entwickl. u. Naturg. sch. d. Menschen.)

— über d. Vorzüge d. gegenseit. Brandassekuranzen od. Prämiengesellschaften, mit besond. Beziehung auf d. Schweizerischen 2c. 8. Basel 827. Neukirch. 8 K

Bernoulli, Cph. Was ist von Staatsschulden zu halten? Oder Beleuchtung einiger Ansichten des Herrn Geh. Raths Zachariae über das Schuldenmachen (-wesen) der heutigen Staaten. gr. 12°. Basel, Schweighäuser, 1832.

Bernoulli, Daniel *II* [1751–1834]. Abschiedsrede und Personalien von Herrn Dr B', Med. Dr., gewesenem Domprobsteischaffner, an seine Hinterlassenen. 8. Basel 1834.

Bernoulli, Dan., Basel. Dissertatio inauguralis physico-medica de respiratione.
Basel: Med. Diss. 1721.

Bernoulli, Daniel *III* [geb. 1843]. Vorhistorische Gräberfunde aus dem Binnenthal ‹Oberwallis›. Mit [1 Textfigur und] Tafel 5. SA. 4. ‹[Zürich] 1899.›

Bernoulli, Dan., d. Grundlage d. mod. Wertlehre: Versuch e. neuen Theorie d. Wertbestimmg. v. Glücksfällen, s.a. Sammlung ält. u. neuerer staatswissenschaftl. Schriften d. In- u. Auslandes.

Die Grundlage der modernen Wertlehre: Daniel **Bernoulli**, Versuch e. neuen Theorie d. Wertbestimmg v. Glücksfällen '(Specimen Theoriae novae de Mensura Sortis)'. A. d. Lat. übs. u. m. Erläut. vers. v. Prof. Dr. Alfred Pringsheim. M. e. Einl. v. Dr. Ludwig Fick. *Leipzig: Duncker & Humblot 1896.* (2 Bl., 60 S.) 1 Bd 8.
= Sammlung älterer u. neuerer staatswiss. Schriften d. In- u. Auslandes. No 9. [96. 7250

Bernoulli, Dan., hydrodynamica, s. de viribus et motile fluidor. c. fig. 4. Strasbourg, König. 738.

[Bernoulli, Daniel *II*.] (Lebensbeschreibung Isaac Iselins. [Mit Porträt-Tafel.]) Njbl. Basel 1821. 4. Basel.

Bernoulli, Daniel: De litteris cambialibus praesertim propriis. 17 S.– Basel, Jur.Diss.v. 29.Mai 1812.

Bernoulli, Dan., als Bewerber um die anatom.-botan. Professur. — Wegelin, Adrian, St. Gallen. Observatio anatomica (de scleropaedio).
Basel; med. Diss. 1776.

Bernoulli, Dan., als Bewerber um die Professur f. prakt. Medizin. – Wolleb, Dan., Basel. Positiones medicae tumultuariae.
Basel: med. Diss. 1777

Bernoulli, Dan., Basel, als Bewerber um die anatom.-botan. Professur. Positiones miscellaneae medico-anatomico-botanicae.
Basel: med. Diss. 1721.

Bernoulli, Dan., Basel. Positiones subitariae medico-physiologicae (de corde, de pulsu) atque botanicae.
Basel; med. Diss. 1774.

Bernoulli, Dan., Basel. Specimen inaugurale de usu medico tabularum baptismalium, matrimonalium et emortualium.
Basel; med. Diss. 1771.

Bernoulli D, Versuch einer neuen Theorie der Wertbestimmung von Glücksfällen. Aus dem Lateinischen von A Pringsheim. (60 S) (Brentano und Leser, Sammlung staatswissenschaftlicher Schriften 9) Stuttgart 1896

Bernoulli, D., Vertheidigung d. wegen Kindermord angeklagten M. Schulz 2c. 8. Basel, Flick. 811.

Bernoulli, Dn., (†180 ..) Vertheidigung d. wegen Kindermords angeklagten M. Schulz. 8. Basel 811. (Neukirch). 3 K

Bernoulli, Eduard: Arien von H.Albert. s. Albert, Heinrich

Bernoulli, Eduard. Hector Berlioz als Aesthetiker der Klangfarben. Antritts-Vorlesung von Dr. E' B', Privatdozent an der Universität Zürich. 28 S. 8. Zürich, Hug & Co., 1909. [fr. 1. —]

Bernoulli, Ed., der Brand, durch Jesum angezündet. Predigt, gehalten in der Spitalkirche am 22. Jan. 1860. gr. 8. (14 S.) Basel 860, Bahnmaier's Verlagsh. *

Bernoulli, Ed., D. Choralnotenschrift b. Hymnen u. Sequenzen, s.a. Breitkopf & Härtel's Sammlg. musikwissenschaftl. Arbeiten.

Bernoulli, Eduard: Die Choralnotenschrift bei Hymnen und Sequenzen im späteren Mittelalter. *Leipzig 1897: Breitkopf & Härtel.* (97, 16 S. mit Taf.) 8°
Leipzig, Phil. Diss. v. [29. Okt.] 1897

Bernoulli, Eduard. Die Choralnotenschrift bei Hymnen und Sequenzen. Leipzig 1898. = Breitkopf & H.'s Sammlung musikwiss. Arbeiten v. deutschen Hochschulen. Bd. 1.

Bernoulli, Ed., das Gleichniß vom verlorenen Groschen. Morgen-Predigt üb. Luk. 15, 8—10 gehalten den 21. Juni 1874 in der Kirche zu Mülhausen (Elsaß). 8. (14 S.) Basel 875. Spittler. — 15

Bernoulli, Ed., das Gleichniß vom verlorenen Sohn. Morgen-Predigt über Luc. 15, 8—10 gehalten den 21. Juni 1874 in der Kirche zu Mülhausen (Elsaß). 8. (14 S.) Basel 874, Spittler.

(Bernoulli, Eduard. Der Sechszehnte Heumonat 1830. Sendschreiben an die Gemeinde Höllstein, verfasst ([von] E' B') im Juli 1833. ([Hrg. von] H H[äner].) 8. (St. Chrischona bei Basel) *o. J.* [ca. 1880].

Bernoulli, Ed[uard]. Leichenrede bei Beerdigung des Herrn Alt-Stadtrath Leonhard Bernoulli, gehalten Donnerstags den 20. April 1871 in der St. Peters-Kirche zu Basel .... 8. [Basel.]

Bernoulli, Ed[uard]. Leichenrede, gehalten bei der Beerdigung von Herrn Niklaus Bernoulli den 2. April 1841 im Betsaale des Münsters [zu Basel]. 8. Basel.

Bernoulli, Eduard. Leichenrede bei Beerdigung des (*Umschlag:* von) Herrn Johann Jakob Bischoff, Pfarrers zu St. Theodor in Basel, gehalten den 23. Christmonat 1864 in der St. Theodorskirche. 8. Basel 1864.

Bernoulli, Eduard. Leichenrede bei der Beerdigung von Frau Helena Burckhardt-Bachofen, gehalten Samstags den 24. Oktober 1857 in der Kirche zu St. Elisabeth in Basel. 8. Basel.

Bernoulli, Eduard. Leichenrede, gehalten bei der Beerdigung des Herrn Architekt Christoph Riggenbach, Montags den 15. Juni 1863 im Münster [zu Basel]. 8. [Lithographiert.] *o. O.*

Bernoulli, Eduard. Leichenrede, gehalten bei der Beerdigung von Frau Louise Ryhiner geb. Bernoulli, in der Kirche zu St. Peter in Basel. Mittwochs den 19. August 1857. 8. [Basel.]

Bernoulli, Eduard. Aus Liederbüchern der Humanistenzeit. Eine bibliographische und notentypographische Studie. Habilitationsschr. Phil. ⟨I.⟩ Univ. Zürich. Mit 33 Notenbeilagen. 116 S. 8. Leipzig, Breitkopf & Härtel, 1910. [im Buchh. M. 3.50]

Bernoulli, Ed., s.: Liederhandschrift, die Jenaer.

Bernoulli, Eduard, Oratorientexte Händels. Streifzüge im Gebiete der Chrysanderschen Händelforschg. Mit vielen in den Text gedr. Notenbeispielen. (VII, 68 S.) 8. Zürich 905. Schulthess & Co. n. 1.40

Bernoulli. Ed[uard]. Personalien und Leichenrede bei der Bestattung von Frau Pfarrer (Esther Emilie) Sarasin, geb. Forkart. Samstags den 28. April 1866 in der St. Elisabethenkirche [zu Basel]. 8. Basel.

Bernoulli. Eduard. Predigt bei der Beerdigung von sechszehn Personen, welche zu Höllstein am 16. Juli 1830 in einer Wasserfluth verunglückt sind. Gehalten den 19. Juli. 8. Basel.

Bernoulli, Ed., Predigt bei d. Beerdigung v. 16 Personen, welche zu Höllstein am 16. Juli 1830 in einer Wasserfluth verunglückt sind. gr. 8. (1 B.) Basel 830, Schneider.

Bernoulli, Eduard. Proben vokaler Kleinkunst aus dem 17. und beginnenden 18. Jahrhundert in der Schweiz. [Mit Melodien. SA. aus: Festschrift zum 2. Kongress der Internationalen Musikgesellschaft ....] S. 104—156. 8. [Basel, Friedrich Reinhardt, 1906.]

Bernoulli, E[duard]. Quellen zum Studium Händel'scher Chorwerke. Von Dr. E. B', Zürich. [Mit Notenbeispielen. Sep.-Abdr. aus: Vier Vorträge gehalten anlässl. der 1. Aufführungen der Kaiserin Friedrichstiftung ... in Mainz am 17. und 18. Mai 1906. Hrg. durch die Mainzer Liedertafel und Damengesangverein.] 23 S. 8. [Mainz, Verlag der Kaiserin Friedrich-Stiftung..., Karl Theyer's Druckerei, 1906.]

— von der Schmach um Christi willen. Predigt, gehalten in der Spitalkirche am 12. Febr. 1860. gr. 8. (11 S.) Basel 860, Bahnmaier's Verlagsb. *

Bernoulli, Ed., s. Spruchregister, biblisches.

Bernoulli, Ed., Verflucht oder gesegnet? Predigt, gehalten in der Spitalkirche am 26. Febr. 1860. gr. 8. (11 S.) Basel 860, Bahnmaier's Verlagsb. Thlr. *

Bernoulli, Ed., Wir sind Gottes Tempel. Predigt, gehalten zu Basel am 5. Aug. 1849. 8. (12 S.) Basel 849, Bahnmaier. 1/12 ß

Bernoulli, Ed(uard), Wir sind Gottes Tempel. Predigt, gehalten zu Basel am 5. Aug. 1849. 8. (12 S.) Basel 850, Bahnmaier's Buchh. *.

— Wo euer Schatz ist, da ist auch euer Herz. (Matthäi 6, 21.) Predigt, gehalten am Sonntag Rogate den 17. Mai 1857, in der Münsterkirche zu Basel. gr. 8. (18 S.) Basel 857, (Schneider.) *

Bernoulli, Edu., einige evangel. Zeugnisse. gr. 8. (10 B.) Basel 845, Schneider. *

Bernoulli, Eug[en]. Magen-Darmkrebs in den beiden ersten Lebensdezennien. Diss. Med. Basel. [Mit 2 Figuren.] (Sonder-Abdruck aus dem Archiv für Verdauungskrankheiten. Bd. 13. Heft 2.) *Kopftitel:* Aus der pathologisch-anatomischen Anstalt der Universität Basel. Vorsteher: Prof. Dr. E[duard] Kaufmann. 27 S. 8. Berlin, S. Karger, 1907.

Bernoulli, Frid. Adolph, s. Bernoulli, Adolph

Bernoulli, Hieronymus: Specimen philosophicum, s. Annone, Joh. Jakob d' (Praes.)

— et Leibnitz. commercium philos. et mathemat. II Tmi. c. fig. gr. 4. Lausan. (Stage, A.) 745.

Bernoulli, J., essai d'une nouvelle théorie de la manoeuvre des vaisseaux, av. fig. gr. 8. Basle, Tourneysen. 714. Rthlr.

Bernoulli, J.: Über unendliche Reihen, s. Bernoulli, Jacob

Bernoulli, J. J.: Griechische und römische Ikonographie, s. Bernoulli, Johann Jacob

Bernoulli, J. J., über Medicinalgewicht. Ein Vortr., gehalten in d. Versammlung d. naturforsch. Gesellschaft zu Basel, am 25. Febr. 1835. Mit Tabn. gr. 8. (1½ B.) Basel 835, Schweighauser'sche Buchh.

Bernoulli, Jacob
— u. Leonh. Euler: Abhandlgn üb. d. Gleichgewicht u. d. Schwinggn d. ebenen elast. Kurven, s.a. Ostwald's, Wilh., Klassiker d. exakten Wissensch.

Bernoulli, Jacob, und Euler, Leonh(ard). Abhandlungen über das Gleichgewicht und die Schwingungen der ebenen elastischen Kurven. Von Jakob B' ⟨1691, 1694, 1695⟩ und Leonh. E' ⟨1744⟩. Übersetzt und hrg. von H Linsenbarth. Mit 35 Textfiguren. 126 S. 8. Leipzig, Wilhelm Engelmann, 1910. (geb. M. 2.80)
(Ostwald's Klassiker der exakten Wissenschaften. Nr. 175.)

Bernoulli, Jacob: Abhandlungen (über Variations-Rechnung). ⟨1697.⟩ 1894
in: Abhandlungen über Variations-Rechnung. Th. 1
= Klassiker, Ostwald's, d. exakten Wissenschaften. No 46.

Bernoulli, Jak. Analysin problematis isoperimetrici. Basileae 1701. 4.

* Q. D. O. M. B. V. Analyſin magni problematis iſoperimetrici. In actis Erudit. Lipſ. menſ. Mai. 1697. propoſiti. Sub praeſidio *Jacobi Bernoulli* Math. Prof. et Academiae p. t. rectoris publice defendendam ſuſcepit *Joh. Jacobus Epiſcopius*, Baſil. Ipſis calendis Martiis 1701. Edita primum Baſileae.
Act. Erud. Lipſ. 1701. p. 213. und *Jac. Bernoulli* opera omnia. Tom. 2. p. 897.

Bernoulli, J., Ars conjectandi, opus posthumum. Accedit tractatus de seriebus infinitis et epistola Gallice scripta de ludo pilae reticularis. Basileae 1713. 4°.
Praecedit vita Jac. Bernoulli, exposita 23. Nov. 1705 a Jac. Battierio cum variorum epicediis. Basileae 1705. 4°.

— Ars Conjectandi etc. cum fig. 4. Basel, Schweighaeus. et Tourneysen. 713.

Bernoulli, Jakob: Ars conjectandi, opus posthumum. Acc. Tractatus de seriebus infinitis, et epistola Gallice scripta De ludo pilae reticularis. Basileae: Thurnisius 1713. 306, 35 S. 8°

Bernoulli, Jak. Conamen novi systematis cometarum. Ed. 2. Praemissa est J. F. Weidleri de recursu cometarum dissertatio. Vitembergae 1719. 4.

Bernoulli, Jakob: O b s e r v a t i o n e s juridicae varii argumenti. 10 S.– Basel, Jur.Diss.v. 7.April 1778.

Bernoulli, Jakob: O b s e r v a t i o n e s juridicae varii argumenti. 7 S.– Basel, Jur.Diss.v. 7.Sept.1779.

Bernoulli, Jak. Opera. 2 vol. Genevae 1744. 4.

Poſitionum de ſeriebus infinitis earumque uſu in quadraturis ſpatiorum et rectificationibus curvarum. Pars quinta, quae ſub praeſidio Viri Clariſſimi *Jacobi Bernoulli*, Math. Prof. utr. ſoc. reg. ſcient. Gall. et Brandeb. Sodalis, Patrui ſui honoratiſſimi defendit *Nicolaus Bernoulli*, Nic. fil. Baſil. Mag. Cand. Ad diem 8 Aprilis, MDCCIV. Edita primum Baſileae. 1704
S. *J. Bernoulli* opera omnia. Tom. 2. p. 957.

Bernoulli, Jak., über unendliche Reihen. s.a. **Ostwald's, Wilh., Klassiker der exakten Wissenschaften.**

B e r n o u l l i, Jacob. **Über unendliche Reihen ⟨1689—1704⟩ von Jakob B'. Aus dem Lateinischen übersetzt und hrg. von Dr. G[erhard] Kowalewski.... Mit 12 Figuren im Text. 142 S. 8. Leipzig, Wilhelm Engelmann, 1909. (geb. M. 2.50)**
(Ostwald's Klassiker der exakten Wissenschaften. Nr. 171.)

Bernoulli, Jak., Wahrscheinlichkeitsrechnung u. Brief an e. Freund üb. das Ballspiel, s.a. **Ostwald's, W.. Klassiker der exakten Wissenschaften.**

Wahrscheinlichkeitsrechnung ⟨Ars conjectandi⟩ von Jakob Bernoulli. ⟨1713.⟩ 1.–4. Th. Uebers. u. hrsg. von R. Haussner. *Leipzig: W. Engelmann 1899.* 2 Bde 8°
1. 1. u. 2 Th. Mit 1 Fig. im Text. 2. 3. u. 4 Th. mit d. Anhange: Brief an einen Freund über das Ballspiel ⟨Jeu de Paume⟩. Mit 3 Fig.
= Klassiker, Ostwald's, d. exakten Wissenschaften. No 107. 108. [illegible]

Bernoulli, Jean (Hrsg.), s. D e s c r i p t i o n historique et géographique de l'Inde . . .

Bernoulli, Jean: Dissertationes physico-mechanicae de motu musculorum, de effervescentia, et fermentatione. Hagae Comitum: 1743

in: Borrelli, Giovanni Alfonso: De motu animalium. Editio nova... P.1-2.

JB 996

Bernoulli, Jean: De motu musculorum, de effervescentia, et fermentatione dissertationes physico-mechanicae. Accedunt Pietro Antonio Michelotti...animadversiones X. Ad ea, quae...Jacobus Keill M.D.protulit in tentamine V. quod est de motu musculari. 124 S., gbd., Abb.

Venetiis: Pinelli 1721
an: Michelotti, P.A.: De separatione fluidorum in corpore animali dissertatio physico-mechanico-medica. 1721.

JB 1.244

Recherche de catoptrique et de dioptrique où par le principe de l'équilibre on explique la nature de la réflexion et de la réfraction d'une manière nouvelle. Par *Jean Bernoulli*. Tiré des Journaux de Leipſic de l'année 1701.
1703

Bernoulli, Joh. P.: V a d e m e c u m des Mechanikers . . ., s. B e r n o u l l i , Christoph

Bernoulli, Johann

Bernoulli, Joh., Jac. Bernoulli u. Leonh. Euler, Abhandlungen üb. Variations-Rechnung, s.a. **Ostwald's, W., Klassiker der exakten Wissenschaften.**

Bernoulli, Johann: Abhandlungen (über Variations-Rechnung). ⟨1696.⟩
1894
in: Abhandlungen über Variations-Rechnung. Th. 1
= Klassiker, Ostwald's, d. exakten Wissenschaften. No 46. 190. 8827

Bernoulli. Joh. III. Analyse de l'Opus Palatinum de Rheticus et du Thesaurus mathematicus de Pitiscus. Berlin 1786. 4.

– s. A p e l b l a d s Reise

Bernoulli, Jh., (†d. 13. Juli 1807.) Archiv, z. n. Geschichte, Geographie, Natur- u. Menschenkenntniß. 8 Thle, mit Kpf. gr. 8. Leipz. 786—88. (Graffé). 6 ℛ 21 𝔤𝔯

Bernoulli, Joh.: De legis Falcidiae b e n e f i c i o . 23 S.– Basel, Jur.Diss.v. 5.Juli 1763.

– s. B e s c h r e i b. v. W.Neuenburg

Bernoulli, Johann, Des Peter Joseph Tieffenthaler's historisch-geographische Beschreibung von Hindustan; u.s.w. Bd. I—III. Berlin 1785, 88, 87.

– s. I.F. B e u c h, Geschichte

Bernoulli, Johann (Joh. fil. Basil.), De compensationibus. Diss. jur. Basel (Joh. Heinr. Decker) 27. V. 1729. 20 S. (4.80)

– s. C o u r t a n v a u x : Seereise.

Bernoulli, Joh. III. Description historique et géographique de l'Inde. 3 vol. Berlin 1786–88. 4.

– s. E c k e b e r g: ostind. Reise

Bernoulli. Joh. Epistola ad J. J. de Mairan. Edid. L. Sieber. Basileae 1874. 4.

– s. Ign. K r a s i c k i, Gesch.

– s. I.H. L a m b e r t: Abhandl. u. Briefwechsel

Bernoulli. Joh. III. Lettres astronomiques. Berlin 1771.

— lettres astronomiques. 8. Berl. 771. Autor, Matzdorf. 10 𝔤𝔯. 8. Ebd. 771. Rottmann. 20 𝔤𝔯

Bernoulli, Johannes *IV* [1744–1807]. Lettres sur différens sujets, écrites pendant le cours d'un voyage par l'Allemagne, la Suisse, la France méridionale et l'Italie; en 1774. et 1775. avec des additions & des notes plus nouvelles... Par Mr. Jean B'... [Avec des figures et 1 planche.] 3 tomes. 8. Berlin.
Tome 1—2: 1777. — Tome 3: 1779.

— Liste des astronomes connus actuellement. 8. Berl. 776.

Bernoulli, Joh. III. Nouvelles littéraires de divers pays. 6 cah. Berlin 1776—79.

– s. M a g a z i n, Leipz., z. Mathematik

– s. M. v. M e r i a n: Einfluß

Bernoulli, Joh.: M i s c e l l a n e a juridica II, s. A n n o n e ,Joh. Jakob d' (Praes.)

– s. J.K.K. O e l r i c h s Cabinet

— Opera omnia. IV Tmi. gr. 4. Lausanne, (Stage in Augsburg.) 742.

— Opera omnia mathematica, IV Tom: c. fig. 4. maj. Lausannae, (Walther, Dresd.) 742.

– s. I.R. v. P a t k u l: Berichte

— Recueil pour les Astronomes III Tom. av. I T. de Supplém. gr. 8. Berl. Autor, auch Matzdorf. 771—79.

— Reisen d. Brandenb. Pommern, u. s. w. 6 Bde. 8. Lpz. Fritsch. 779—80.

Bernoulli, Jb., Reisen durch Brandenburg, Pommern, Preußen, Kurland, Rußland u. Polen, in d. J. 1777 u. 78. 6 Bde. 8. Leipz. 779—80. (Hahn). 3 ₰

– s. I. R e n n e l: Abhandl.

— Samml. kurzer Reisebeschreibungen u. anderer z. Erweiterung d. Menschenkenntniß dienender Nachrr. 18 Bde. Mit Kpf. 8. Berl. 781—87. Verfass. (Maßdorf). 18 ₰

— — derselben 1r u. 2r überzähl. Band. m. K. 8. Ebend. 787.

— Samml. kurz. Reisebeschreibungen. 4 Bde. 8. Jena, Academ. Buchhdl. 781.

— Samml. kurz. Reisebeschreib. rc. 15 Bde. m. K. 8. Leipz. Graffe. 781—84.

Bernoulli, Joh.: T h e s e s juridicae ex vario jure. 7 S.–
Basel, Jur.Diss.v. 27.April 1731.

Bernoulli, Joh.: T h e s e s juridicae miscellaneae. (Resp.: Daniel Legrand). 7 S.–
Basel, Jur.Diss.v. 22.Nov.1746.

Bernoulli, Joh.: T h e s e s miscellaneae ex jure naturae. (Resp.: Joh.Leonhard Walz). 7 S.–
Basel, Jur.Diss.v. 16.Febr.1734.

– s. I. T i e f f e n t h a l e r: Beschreib.

— unterrichtend. Verzeichniß e. Berlin. Privatbibliothek. 1r Thl. 8. Jena 783. Akadem. B. 10 gr

– s. N. W o l f: Observat.

Bernoulli, Johann: Zusätze zu den neuesten Reisebeschreibungen (Nachrichten) von Italien nach der in Herrn D. J. J. Volkmann's historisch kritischen Nachrichten angenommenen Ordnung zusammengetragen und als Anmerkung zu diesem Werke, sammt neuen Nachrichten von Sardinien, Malta, Sicilien und Grossgriechenland herausgegeben. Bd. 1. 2. 3. Leipzig 1777. 1778 u. 1782. 3 Bde. XIV. 622; X, 816; 661 S. 8º.

— Zusätze zu d. neuesten Reisebeschreibb. v. Italien, nach Volkmanns Ordnung. 3 Bde. gr. 8. Leipz. 777—82. (Hahn). 5 ₰ 12 gr

Bernoulli, Johann Gustav: Dampfmaschinenlehre,
s. B e r n o u l l i , Christoph

Bernoulli, Johann Jacob

Bernoulli, J. J., Aphrodite. Ein Baustein zur griech. Kunstmythologie. Mit e. lith. Titelbl. gr. 8. (XII, 426 S.) Leipzig 874. Engelmann. n. 8. —

–Die erhaltenen Bildnisse berühmter Griechen. Basel, Pädagogium 1877. Progr.-Schr.

–Die Bildnisse des ältern Scipio. Basel, Pädagogium 1875. Progr.-Schr.

Bernoulli. J. J. Ueber die Bildnisse des ältern Scipio. Basel 1875. 4.

Bernoulli, Johann Jakob: Die antiken B i l d w e r k e ,
s. G i p s a b g ü s s e , Die, in der Skulpturenhalle zu Basel

Bernoulli. J[ohann] J[acob]. Ueber den Charakter des Kaisers Tiberius. [Progr.] 8. Basel 1859.

Bernoulli, J[ohann] J[acob]. Die erhaltenen Darstellungen Alexanders des Grossen. Ein Nachtrag zur griechischen Ikonographie. (Mit 40 Abbildungen und 9 Lichtdrucktafeln.) II + 156 S. gr.-8. München, F. Bruckmann A.-G., 1905. [M. 9. —]

Bernoulli, J. J.: Das römische F o r u m.
Basel. 27 p. Schul-/Univ.-Schrift.1864.

Bernoulli, J[ohann] J[acob]. Griechische Ikonographie. Mit Ausschluss Alexanders und der Diadochen. 2 Teile. gr.-8. München, F. Bruckmann A.-G., 1901.
Teil 1. (Die Bildnisse berühmter Griechen von der Vorzeit bis an das Ende des V. Jahrh. v. Chr.) [Mit 37 Textabbildungen und 26 Tafeln.] XX + 216 S. [M. 16. —]
Teil 2. (Die Bildnisse berühmter Griechen vom IV. Jahrhundert v. Chr. bis in die römische Zeit.) [Mit 22 Textabbildungen und 34 Tafeln.] XII + 242 S. [M. 20. —]

Bernoulli, J. J., römische Ikonographie. 1. Thl. A. u. d. T.: Die Bildnisse berühmter Römer m. Ausschluss der Kaiser u. ihrer Angehörigen. Mit 24 Lichtdr.-Taf. u. 48 (eingedr. zinkogr. u. Holzschn.-)Illustr. gr. 8. (XII, 305 S.) Stuttgart 882. Spemann. n. 20. —

— römische Ikonographie. I. Thl. u. II. 1—3. Lex.-8. Stuttgart 882—894. Berlin, G. Reimer. n. 98. —
I. (XII, 305 S. m. Abb. u. 24 Taf.) 882. n. 20. —
II. 1. (XIV, 438 S. m. Abb. u. 35 Taf.) 886. n. 30. —
II. 2. (XII, 266 S. m. Abb. u. 69 Taf.) 891. n. 24. —
II. 3. (XII, 275 S. m. Abb. u. 66 Taf.) 894. n. 24. —

Bernoulli, J. J., römische Ikonographie. 2. Tl.: Die Bildnisse der röm. Kaiser und ihrer Angehörigen. I. Das Julisch-Claudische Kaiserhaus. Lex.-8. (XIV, 438 S. mit 35 Lichtdr.-Taf. und 59 eingedr. Illustr.) Stuttgart 886, Spemann. *

Bernoulli, J. J., römische Ikonographie. 2. Tl. Die Bildnisse der röm. Kaiser u. ihrer Angehörigen. II. Von Galba bis Commodus. Mit 69 Lichtdr.-Taf. u. 8 Textillustr. Lex.-8. (XII, 266 S.) Stuttgart 891. Union. n. 24. — (I. u. II.: n. 74. —)

Bernoulli, J. J. Catalog für die antiquarische Abtheilung des Museum in Basel (mit Ausschluss der Pfahlbauten- und ethnographischen Alterthümer). In-8º, 72 S. Basel, Druck von F. Wassermann. 1881? — 50

Bernoulli, J. J., Die Laokoongruppe. Basel, Pädagogium 1863. Progr.-Schr.

Bernoulli, J. J., über die Minerven-Statuen. Basel. 1867. br. 4. 1. –

—— üb. d. Minerven-Statuen. 4. (31) Bas. 71, Schweighauser. n. -- 50

Bernoulli, Johs., s.a. Acta pontificum helvetica.

Bernoulli, J. Acta pontificum helvetica. Bd. 1. Basel 1891. 4.

Bernoulli, N., das Recht und die Juristen. gr. 8. Basel, Riehm. 1874? —. 30

Bernoulli, N. Die drohende Zerrüttung unseres Staatshaushalts. Basel 1867.

Bernoulli, Nikolaus: De culpa. 10 S.– Basel, Jur.Diss.v. 17.Nov.1817.

Bernoulli, Niklaus, die Gemeine zu Beroe u. das apostolische: Prüfet alles und das Gute behaltet. gr. 8. (84 S.) Basel 871. Riehm. — 60

Bernoulli, Nikolaus: De jure detractionis (Abzug). 17 S.– Basel, Jur.Diss.v. 13.Sept.1715.

—— die herrschende Kirche und ihre Gründe, andern zu wehren Nach einem öffentl. Vortrage. gr. 8. (50 S.) Basel 864, (Riehm.) *

—— Kirche und Separation. 1. Die Kirche. 2. Predigt und Versammlung. 3. Kirche und Separation. gr. 8. (67 S.) Basel 872, Riehm. *

—— von der Lauheit und der Abhülfe dagegen. Nach einem öffentl. Vortrage. 8. (86 S.) Basel 868, (Riehm.) *

Bernoulli, Nikolaus: Observationes juridicae, s. Wettstein, Joh. [Praes.]

Bernoulli, Nikolaus: Theses juridicae controversae. (Resp.: Emanuel Hess). 6 S.– Basel, Jur.Diss.v. 22.Nov.1720.

Bernoulli, Nikolaus: Theses juridicae miscellaneae. 6 S. – Jur.Diss.v. 22.Febr.1714.

Bernoulli, Nikolaus: Theses juridicae miscellaneae. 6 S.– Basel, Jur.Diss.v. 17.Juli 1722.

Bernoulli, Nikolaus: Theses juridicae miscellaneae. (Resp.: Joh. Grynaeus). 6 S.– Basel, Jur.Diss.v. 1.Sept.1722.

Bernoulli, Nikolaus: Theses juridicae miscellaneae. (Resp.: Ernst Ludwig Burckhardt). 7 S.– Basel, Jur.Diss.v. 6.April 1731.

Bernoulli, Nikolaus: De usu artis conjectandi in jure (Wahrscheinlichkeitsrechnung mit Bezug auf Lebenserwartung, Rentenkauf, Versicherung, Spiel, Glaubwürdigkeit von Zeugen etc.). Basel, Jur.Diss.v. 14.Juni 1709.

Bernoulli, Nik., Gottes Wort und der Menschen Aufsatz: Die Dreieinigkeit. Nach zwei öffentlichen Vorträgen. Basel 863. Balmer & Riehm in Comm. 8. (56 S.) n. 5 ngr.

Bernoulli, Nikl., über den Civilgesetzentwurf, dessen schädliche Eingriffe in das Beste an unserm dermaligen Recht, u. den verderblichen Einfluß, den er auf Wohl u. Frieden der Familie haben würde. Basel 866. Riehm in Comm. 8. (62 S.) n. 6 ngr.

Bernoulli, Paul Daniel: Ueber primäre Lungensarkomatose. München 1907: Kastner & Callwey. 39 S. 8.

München, Med. Diss. v. 19. Dez. 1908, Ref. v. Bollinger

[Geb. 20. Okt. 82 Berlin; Wohnort: Berlin-Grunewald; Staatsangeh.: Preußen; Vorbildung: Friedrich-Wilhelms-Gymn. Berlin Reife O. 01; Studium: Freiburg i. B. 4, Göttingen 2, Berlin 1, München 3 S.; Coll. 19. Dez. 08; Approb. 30. Nov. 08.]

Bernoulli, Rudolf [aus Basel]: Ueber den Einfluss des Lösungsmittels auf die electromotorische Kraft ... Leipzig, J. A. Barth, 1894; 23 S. 8.
Leipzig, Phil. Fak., Inaug.-Diss. v. [5. Dez.] 1894

Bernoulli, Rud.: Die bild. Künste, s: Schultz, Alwin.

Bernoulli, Rud., die romanische Portalarchitektur in der Provence, s.a. Zur Kunstgeschichte des Auslandes, 38.

Bernoulli, Rudolf. Die romanische Portalarchitektur in der Provence. gr.-8. Strassburg, J. H. Ed. Heitz, 1906.

Ausg. A: Mit 19 Abbildungen und 1 Übersichtskarte [im Text]. VIII + 87 S. (M. 4.—.) — (Zur Kunstgeschichte des Auslandes. Heft 38.)

Ausg. B: Diss. Phil. Bern. [Mit 19 Abb' und 1 Üb' im Text.] (... erschien als Heft 38 der Serie »Zur K' des A'« ....) IV + 87 S.

Bernoulli, Walter, aus Basel: I. Über die elektrolytische Reduktion von Sulfochloriden. II. Über Umlagerungen bei ungesättigten Säuren. Basel 1908. 71 S. 8⁰. [18. VI. 08.]
Basel. Phil. Diss. 1907/08.

Bernoulli, Walter. 1. Über die elektrolytische Reduktion von Sulfochloriden; 2. Über Umlagerungen bei ungesättigten Säuren. Diss. Phil. Basel. [Mit Figuren.] 71 S. 8. Basel, Friedrich Reinhardt, 1908.

Bernoulli, Dr. Wilh., Bericht an das Sanitäts-Collegium von Basel-Stadt über das Blattern-Spital am u. Rheinweg, 1871. 46 Stn. u. 14 Tafeln. 8. Basel, Druck v. C. Schultze. 1872!

Bernow, L, s. a.: Jung, L.

Bernow, L. Des Schwarzwalds schönste Sagen, auf fröhl. Fahrt erzählt. 12. (VIII, 190 S.) Baden-Baden 889, Spies. cart. * 2 —
Ausgabe m. den 14 Fresken d. Trinkhalle in Lichtdruck. * 4 —

Bernow, L., d. Schwarzwalds schönste Sagen, auf fröhl. Fahrt erz. u. allen Besuchern Badens gewidm. Mit 14 Abb. d. Fresken d. Trinkhalle. 12. (VIII, 190 S.) Baden-Baden (891). F. Spies. Kart. n. 3. —; geb. in Leinw. 3. 50

Bernow, L., die Sagen der Trinkhalle zu Baden-Baden. [Aus: „Des Schwarzwalds schönste Sagen".] 12. (31 S.) Baden-Baden 889. Spies. n. — 50

Bernow, L., die Sagen der Trinkhalle zu Baden-Baden. 2. Aufl. [Aus: „B., d. Schwarzwalds schönste Sagen".] 12. (31 S.) Baden-Baden 893. F. Spies. n. — 50

— die Sagen der Trinkhalle in Baden-Baden. 3. Aufl. (32 S.) 12. Baden-Baden (903). F. Spies. n. — 50; m. 14 Vollbildern, 6. Aufl. (904) n. 1. —
Sonderabdruck aus: „Des Schwarzwalds schönste Sagen".

Bernow, Ludw., dreißig Jahre. Erzählung aus unserer Zeit. 8. (329 S.) Leipzig 882, Abel. *M 4.; geb. *

Bernow, Ludw., miterlebt. Drei Novellen. 8. (222 S.) Baden-Baden 883. Sommermeyr. n. 3. —; geb. n. 3. 50

BERNPOINTNER, Josef (München): Wird das tuberculöse Virus durch Kochen zerstört? - München: Wolf 1880. 21 S.
26.2.1880 - Urk (Titel: Num virus tuberculosum coquendo deleatur.); Chr 1879/80,14

Diss. Ingolst.-Landsh.-Mchn.

Anekdoten aus Schwaben (von *Friedr. Bernritter*, 1754—1803). Heft 1. (einz.). O. O. 1790. 8⁰.
Gradmann, J. J., Das gelehrte Schwaben. (Tüb.) 1802. p. 35.

Briefe, Wirtembergische (so!). (Vf. *Friedr. Bernritter.*) Mit origineller Titelvignette. O. O. (Ulm, Stettin'sche Buchhandlg.) 1786. 8⁰. 179 S. u. 6 Bll. (12 Mk. E. Frensdorff, 1906:)
Aus dem Inhalt: Empfehlungsschreiben für den Advokaten an die Tochter des Oberamtmanns. Ein dito von der Dienstmagd des Advokaten an die Köchin des Oberamtmanns. Nebst theatralischen Nachrichten. — Die Frau eines benachbarten Pfarrers benachrichtiget ihre Schwägerin von den Dingen, die sich bei der Kirchen-Visitations-Mahlzeit zugetragen haben. — Die Magd eines Schulmeisters befindet sich von ihm schwanger, und gibt ihm davon Nachricht, u. dergl. m.
Anon.-Lex. I. p. 275 (nach Kayser u. Meusel).

§ **ZAUPSER**, Der jüngere (d.i. *Friedr. Bernritter*, 1754—1803), Der wohlgenüzte (!) Hammel, oder kurzweilige und wahrhafte Liebs- und Diebs-Historia, wie ein verschlagener Fleischerknecht und lustiger Geselle sich einst an dem hochwürdigen Herrn Pater Frank im Bayerlande puncto criminis Stellionatus gröblichen vergriffen und dem geistlichen Herrn zu Tisch und Bette gar unfein mitspielen thät. In hochdeutsche Reimlein gebracht von —, Schulmeistern und Ex-Illuminaten. O. O. Gedruckt in diesem Jahr (1789). 8⁰. (10 Mk. H. Hugendubel, München, 1905; 12 Mk. Emil Hirsch, München, 1907.)
Derb-pikanter Schwank in 83 vierzeil. Strophen. — Vgl. über den Vf. Gradmann's gelehrtes Schwaben. (Tüb.) 1802. S. 35 u. 824. Die Geschichte findet sich in Meissner's Skizzen. 10. Sammlg. Tübingen 1788. S. 204—11: Der wohlgenützte Hammel. Nach einem alten Fabliau, und ist wahrscheinlich Bernritter's Quelle. — Langbein brachte die Erzählung in Verse: Gedichte. Th. 2. Leipzig 1800. S. 19—44; Sämmtliche Gedichte, Th. 1. Stuttgart, Rieger, 1854. S. 219—29.

REDEN u. Dialogen, hinten an ein Recept-Büchlein. Hrsg. von Kasimir Randglosse, eines ehrsamen Schneiderhandwerks der Kais. freyen Reichsstadt N. Zunftmeisters (d. i. *Friedr. Bernritter*, geb. 1754 zu Eßlingen, Rechenbanks-Rath zu Stuttgart, 1802 auch Gestüts-Kassier). 1. (einz.) Bdchn. Köln, P. Marteau (Tübingen, Cotta), 1788. 8⁰. (1 Mk. 20 Pfg. Scheible, vor 1900.)
Gradmann, Gelehrtes Schwaben, S. 35 u. 824; Weller, fing. Dr. — Zahm.

SIEGWART, oder der auf dem Grab seiner Geliebten jämmerlich verfrohrene Kapuciner. Eine abentheuerliche, aber wahrhaffte Mord- und Kloster-Geschichte, die sich vor etlichen Jahren im Fürstenthum Oettingen mit eines Amtmanns Sohn und eines Hofraths Tochter aus Ingolstadt zugetragen. Der christlichen Jugend, zur Lehr und Ermahnung in Reime gebracht, und abzusingen nach dem Lied: Hört zu ihr Junggesellen etc. (verfasst von *Friedr. Bernritter*, geb. 1754 zu Eglingen, † am 31. Oktob. 1803 als Rechenbankrath bei der Rentkammer zu Stuttgart). O. O. u. J. (Mannheim 1777). 8⁰. 39 S. (Im British Museum.) (18 Mk., am Rande gering tintenfl., Leo Liepmannssohn, Berlin, 1906; 10 Mk. C. G. Boerner, Lpz., 1907.)
Unterz.: *F. B—r* von B. (d. i. *Friedrich Bernritter* von Böblingen). Sehr selten gewordene Parodie auf *Joh. Mart. Miller's* „Siegwart". — Anon.-Lex. IV p. 84 (nach Goedeke, Meusel, Kayser).
— — Dasselbe (ohne Unterschrift u. mit abgekürztem Titel). O. O. 1783. 8⁰. 39 S.
* — — Dasselbe, abgedr. in: Ludwig Geiger's Firlifimini und andere Curiosa. Berlin 1885. 8⁰. S. 144—168. (Goedeke IV, 236, 22.)

Bernrode, Sophie von, od. Verirrungen in d. Liebe, theils Welt= theils Klostergesch. 8. Lpz. Kramer. (Schiegg.) (Vollmer. Hamb.) 799. Rthlr.

Berns steigender Flor während des 18. Jahrhunderts. Neujahrs-Blatt. Der bernischen Jugend gewidmet für das J. 1851. Mit 1 (lith.) Abbildg. Bern, Huber u. Co. 4. (25 S.) n. 12½ ngr

Berns, d. Verstand in s. central. Wesen. 8. Hamb.

Berns, A. W. C., Beiträge zur Transfusionslehre. gr. 8. (89 S. mit 3 lithogr. Tab. in qu. 4.) Freiburg i. Br. 874, Wagner'sche Buchh. *

Berns, Arnold, approb. Arzt aus Hülsdonk (Reg.-Bez. Düsseld.): **Aus d. med. Universitätspoliklinik in Marburg. Zur Kenntnis der traumatischen trockenen Peritonitis.** *Marburg 1901: R. Friedrich.* **(27 S.) 8°**
Marburg, Med. Diss. v. 23. Aug. 1901

Berns, C., De comitiorum tributorum et conciliorum plebis discrimine. Diss. 1875. 56 S. 1.60

Berns, Emil: Ueber Sarkom der Choroidea. Halle a/S. (1874): Plötz. 45 S. 8°
Halle-Wittenberg, Med. Diss. v. 4. Nov. 1874
Geb. Mülheim a. d. Ruhr (Rheinprov.) 12. 5. [1851]. V.

Berns, Karl

Berns, zu Ciceros Ansicht von der Geschichte. 4. (25 S.) Attendorn 880. (Leipzig, Fock.) *

Berns, Kurt, s. a.: Matull-Berns, Kurt.

Berns, Kurt, der rote Pfarrer. Drama in 4 Akten aus den amerikan. Kohlenfeldern. (98 S.) 8. Berlin (907). F. Harnisch & Co. 1.50

— Der Schuldschein. Roman. (208 S.) 8. Berlin (910). C. Duncker. 3.—

Berns, Wilhelm [aus Vennickel-Capellen bei Moers]: Beiträge zur Kenntnis der Phenylessigsäure und des Desoxybenzoïns, insbesondere zur Constitution der Diäthylcarbobenzonsäure. . . . Bonn, Univ.-Buchdr. v. Carl Georgi, 1889; 42 S. 8°
Bonn, Phil. Fak., Inaug.-Diss. v. 5. Febr. 1889

Berns, Wilhelm. Beiträge zur Kenntniss des Phenylessigsäure und des Desoxybenzoïns, insbesondere zur Constitution der Diäthylcarbobenzonsäure. Bonn, 1891. **Diss.** G. S., S. I.

Bernsau, Heinrich Wilhelm
— Onomasticum definitivum, exhibens notiones rerum distinctas sive definitiones in logica, metaphysica etc., cujus T. I. complectitur literas A—H, T. II. literas I—Z. 4. Leipz. 760.

Bernsau, H. W., Theologia dogmat. et de Trinitate et decretis div. II. Tmi. 4. Halae, Renger. 745. 47.

Bernsau, **Hnr. Wlh., († d. 16. Apr. 1763.) Theologia dogmatica scientifica pertractata; c. praefatione C. Wolfii. Sectio prior et posterior. 4. Leyden 747. Beide Abschnitte mit n. Titel. 4. Leipz. 755.**

Bern-Schwarzenburg-Bahn.

Rentabilitats - Berechnung. [Bern 1899.] V: *Erlach, Rob. v.* & *G. v. Erlach.* (BSchw Lk V 9 h.)

Bernsdorf [Schlagwort]
Bernsdorf, s.: Sachsen, Karte.

Bernsdorf, s.: Sachsen. Messtischblätter.

Bernsdorf, Alfred, approb. Arzt aus Cöthen i. Anh.: **Aus d. Hygien. Institut zu Rostock. Die Schwankungen des Grundwassers und der Grundwassertemperaturen während der Zeit vom September 1899 bis Dezember 1900 nach den Beobachtungen im Hygienischen Institut zu Rostock.** *Rostock 1901: Adler's Erben.* (20 S.) 8°
Rostock, Med. Diss. v. [22. Mai] 1901

Bernsdorf, E., neues Universal-Lexikon der Tonkunst, f. Universal-Lexikon.

Bernsdorf, G., Hülfsbuch für den Gesangunterricht in Knaben- und Mädchenschulen. gr. 16. (38 S.) Halle 872, Schmidt's Verlag. **

Bernsdorf G. die einfache Schönschrift. 4° Köthen 1877

Bernsdorf, G., die einfache Schönschrift. Methodische Anleitung zum Gebrauche in Schulen und zum Selbst-Unterricht hrsg. gr. 4. (48 S., zum Theil lithogr.) Köthen 878, Schulze. *

Bernsdorff, Hellmuth v., die Egloffsteins. Roman. (47 S.) schmal gr. 8. Zürich 903. C. Schmidt. n. — 80

Bernsdorff, Mor., die Schule des Schuhmachers. Eine deutliche u. praktische Belehrung über das vom Schuhmacher verwandte Rohmaterial und dessen Behandlung, die wichtigsten Werkzeuge, die üblichsten und vortheilhaftesten Verfahrungsarten bei Anfertigung der Schuhe u. Stiefel, mit Hand- u. mit Maschinenarbeit, sowie über die zweckmäßigsten Ersatzmittel des Leders, die Verarbeitung der Gutta-Percha u. des Kautschuks, die Anfertigung der vorzüglichsten Lacke rc. Für Meister, Gesellen u. Lehrlinge. Mit vielen Abbildgn. (Holzschn. im Text u. 2 lith. Taf. in qu. Fol.) Leipzig 858. Hennings. 8. (VII, 237 S.) 1 ₰

Bernsgrün [Schlagwort]
Bernsgrün, s.: Preussen. Messtischblätter. — Sachsen. Karte. Messtischblätter.

Bernsmann, F., vom Hirtenjungen zum Evangelisten, s.a. Missions-Traktate, kleine. Nr. 42.

Vom Hirtenjungen zum Evangelisten. (Eine Geschichte aus Deutsch-Südwest-Afrika.) Von Missionar F. Bernsmann. *Barmen: Missionshaus 1904.* (16 S.) 8° [F.]
— Missions-Traktate, Kleine. No 42. [04. 14943

Bernso, J. F., Fresco-Bilder in auf- und absteigender Linie. gr. 12. Berlin 833. Krause (jetzt Stackebrandt). 1 ₰

Bernso, J. F., Fresco-Bilder in auf- und absteigender Linie. 8. 1833. Verlag der Coldis'schen Buchh. in Halle. 1 ₰

Bernstadt [Schlagwort]
Bernstadt, s.: Oberlausitz.

Bernstein [Schlagwort]
Bernstein, s.: Geologische Karten. Preussen 102.

Bernstein [Verfasser]
Bernstein: Die Geschlechtskrankheiten, s. Bernstein, Moritz

(Bernstein,) Humor! „„„Wo bist Du?"""" s. † Lotus, Dr.

Bernstein, ..., Mosaik. I. — III. Taf. gr. 12. Leipzig 837, 38. L. Schumann. (I. 1/2 ₰, II. 5/8 ₰, III. 1/2 ₰) 1 5/8 ₰

Bernstein: Die Revision der Wechselordnung, s. Bernstein, Wilhelm

—— Sehnsuchtsklänge e. wandernd. Hagestolzen. gr. 12. (12 B. u. Titvign.) Hamburg 840, (Hoffmann u. Campe.)

Bernstein: Vergleichungs-Tabelle der mohammedanischen Zeitrechnung mit der christlichen, s. Bernstein, Georg Heinrich

Bernstein: auf d. Wanderschaft in Egypten, s. Bernstein, Sigismund.

Bernstein, A., 1849. Verfassungskämpfe und Kabinets-Intriguen. Historische Erinnerungen. Fortsetzung von „März-Tage" und „Aus dem Jahre 1848". gr. 8. (63 S.) Berlin 874, F. Duncker. *

Bernstein, A., 1849. gr. 8. Berlin 874, Hempel. *

Bernstein, A., über Bäder u. deren Wirkung, s.: Victoria-Bibliothek.

— Blicke in das Leben der Natur, s.a. Volks-Bibliothek, allgem. deutsche.

Bernstein, A, Blicke in d. Leben d. Natur. 8. (178) Berl. 53, Springer's V. n. — 10

—— Blicke in das Leben der Natur. Ein Buch für Jedermann aus dem Volke. 8. (V und 178 S.) Berlin 853, Verlagsh. des allgemeinen deutschen Volksschriften-Vereins. *

BERNSTEIN, A.
Die neuere Chemie. Berlin, 1880. 8vo.
Kurzes Lehrbuch der organischen Chemie. Braunschweig, 1887.

Bernstein, A., die neuesten Fortschritte in der Erkenntniß der ansteckenden Krankheiten. [Aus: „Naturwissenschaftl. Volksbücher, neue Folge".] 8. (III, 64 S.) Berlin 883. Dümmler's Verl. n. 1. —

Bernstein, A. (I.), die neuesten Fortschritte in der Erkenntniß der ansteckenden Krankheiten. 8. (III, 64 S.) Berlin 883, Hempel. *
Aus: Naturwissenschaftl. Volksbücher, Neue Folge, besonders abgedruckt.

Bernstein, A., Mendel Gibbor, s.a. Novellenschatz, neuer deutscher.

— Mendel Gibbor. Neuer Abdruck. Berlin 865. Gerschel. 8. (180 S.) 18 ngr.

—— Mendel Gibbor. Novelle aus dem Kleinleben einer jüdischen Gemeinde. 8. (231 S.) Berlin 872, F. Duncker. *

—— Alex. v. Humboldt, s.a. Sammlung gemeinverständlicher wissenschaftlicher Vorträge.

Bernstein A, Alex. v Humboldt und der Geist zweier Jahrhunderte. (Sammlung gemeinverständlicher wissenschaftlicher Vorträge 89) Berlin 1869

Aus dem Jahre 1848. Historische Erinnerungen. Forts. d. März-Tage von A. Bernstein. — Berlin: Duncker 1873. 148 S. 8°.

Bernstein, A., aus dem Jahre 1848. Historische Erinnerg. Fortsetzung der März-Tage. 8. (148 S.) Stuttgart 873. Krabbe. n. — 50

Bernstein, A. (I.), die Jahre des Volkes. Geschichtliche Skizzen. [Die Märztage. — Aus dem J. 1848—1849. Verfassungskämpfe und Cabinetsintriguen. — Bis nach Olmütz.] 2. Aufl. 8. (86, 148, 63 und 103 S.) Berlin 875, [F. Duncker.] Hempel. **

—— deutscher Kalender, 1869 und 1870, für Jedermann aus dem Volke. 16. (242 S. mit eingedr. Holzschn. und 4 Holzschnitttaf. in Tondr. in qu. 8.; 343 S. mit eingedr. Holzschn.) Berlin, (F. Duncker.) à Jahrg. *

Bernstein, A.: Microstoma hiemale, s. Bernstein, Heinr. Agathon

—— Natur und Kultur. Betrachtungen. gr. 8. (VIII, 300 S.) [Leipzig 880, Albrecht]. Berlin, Neufeld. *

Bernstein, A., *Natur- u. Kultur-Betrachtungen.* Leipzig, R. F. Albrecht, 1880. 8°. Eleg. Hsrsb.*)
VIII—300 S. Dr. Herm. Schulze-Delitzsch gewidmet.

—— Naturkraft und Geisteswalten. Betrachtungen über Natur- und Kultur-Leben. gr. 8. (312 S.) Berlin 874, F. Duncker. * ℳ 4,50.; geb. *

—— Naturkraft und Geisteswalten. Betrachtungen über Natur- und Kulturleben. Neue Ausg. gr. 8. (312 S.) [Stuttgart 876, Krabbe.] Berlin, Hempel. (* ℳ 4,50.) * geb. mit Goldschn. *

—— Naturkraft und Geisteswalten. Betrachtungen über Natur- und Kultur-Leben. 2. umgearb. und verm. Aufl. gr. 8. (V, 256 S.) Berlin 884, Hempel. *

Bernstein, A, Naturkraft u. Geisteswalten. Betrachtgn üb. Natur- u. Kultur-Leben. 2. Afl. Neue Volks-Asg. 8. (256) Berl. 89, Dümmler's V. n. 2. 40; geb. n. 3. —

—— Bis nach Olmütz. Historische Erinnerungen. Fortsetzung von „1849". 8. (103 S.) Berlin 874, F. Duncker. (* 80 Pf.) *

Bernstein, A., Aus dem Reiche der Naturwissenschaft, s.a. Volksbücher, naturwissenschaftliche.

Bernstein, A., Aus dem Reiche der Naturwissenschaft. Für Jedermann aus dem Volke. 1. Bd. 853. (2 Bl., 167 S.) — 2. Aufl. Berlin 858. Besser's Verlhdlg. 8. (2 Bl., 160 S.) n. 10 ngr

— — 2—12. Bd. Ebend. 854—57. 8. Jeder Bd. n. 10 ngr
2. Bd.: Vom Erdleben. Vom Instinkt der Thiere. (VI, 182 S.)
3. „ Ein wenig Chemie. (3 Bl., 175 S.)
4. „ Von den geheimen Naturkräften I. (3 Bl., 215 S.)
5. „ Von d. geheimen Naturkräften II. (3 Bl., 159 S.)
6. „ Von der Entwickelung des thierischen Lebens. Nutzen ec. des Fettes im menschlichen Körper. Nur eine Schiebe-Lampe. (3 Bl., 157 S.)
7. „ Wandelungen u. Wanderungen der Natur. Von der Geschwindigkeit des Lichtes. Ueber Bäder u. deren Wirkung. (3 Bl., 157 S.)
8. „ Vom Leben der Pflanzen, der Thiere u. der Menschen. I. (VI, 158 S.)
9. „ Vom Leben der Pflanzen, der Thiere und der Menschen. II. (VI, 172 S.)
10. „ Die praktische Heizung. (3 Bl., 144 S.)
11. „ Eine Phantasie-Reise im Weltall. (VI, 163 S.)
12. „ Der Mensch wie er ist — und was er erfindet. (VI, 182 S.)

Bernstein, A.: Revolutions- und Reaktionsgeschichte..., s. Bernstein, Aaron.

— Ursprung der Sagen v. Abraham, Isaak u. Jacob. Kritische Untersuchg. gr. 8. (VI, 95 S.) Ebend. 871. n. 1. 50

—— Vögele der Maggid. — Mendel Gibbor. Zwei Novellen. 8. (252 S.) Berlin 860, Gerschel. *
Aus: Wertheim's Kalender. 5618, 5619, besonders abgedruckt.

—— Vögele der Maggid. Eine Geschichte aus dem Leben einer kleinen jüd. Gemeinde. Neue Bearbeitung. 8. (205 S.) Leipzig 864, Keil. geb. * —

—— Vögele der Maggid. Eine Geschichte aus dem Leben einer kleinen jüdischen Gemeinde. 4. Aufl. Der neuen Bearbeitung 2. Aufl. 8. (205 S.) Leipzig 878, F. Duncker. * ℳ 4.; geb. *

— wie man Kriege einfädelt! Populärer Beitrag zur Kennzeichnung der russ. Politik m. besond. Berücksicht. des Krimkrieges. [Aus: „Volkszeitung".] 8. (IV, 80 S.) Leipzig 877. F. Duncker. n. 1. —

—— wie man Kriege einfädelt! Populärer Vortrag zur Kennzeichnung der russ. Politik mit besond. Berücksicht. des Krimkrieges. 8. (IV, 80 S.) Berlin 877, Verlag der Volkszeitung. *
Aus: Volkszeitung, besonders abgedruckt.

Bernstein, Dr. A., ein Wort zur Judenfrage. Autorisirter Sep.-Abdr. a. d. Berliner Volks-Zeitung. O. O. u. J. Gr. 8°. 11 Bll. Beibd.

Bernstein, Aaron, s.a. Bernstein, Aron David

Bernstein, A., (Rebenstein), Die Gesetze der Rotation. (Als Manuskript gedr.) Berlin 1840.

Bernstein, Aaron. Die Jahre der Reaktion. Historische Skizze. Berlin, M. Bading 1881. IV 260 S. 8.

REBENSTEIN, A. (d. i. *Aaron Bernstein*, geb. zu Danzig 1812, † 1885 od. 86), Übersetzung und Bearbeitung des „Hohen Liedes". Berlin 1834.
Citirt Carl Wallstein ohne Formatsangabe.

Bernstein, A(ron). Die März-Tage. Geschichtliche Skizze. Berlin, Duncker 1873. 86 S. 8.

—— die März-Tage. 2. Aufl. 8. Ebendas. 873. *

† Bernstein (A. Rebenstein), Plan zu e. neuen Grundlage f. d. Philosophie d. Geschichte. Wissenschaftl. Versuch, nebst einigen literar. Studien. 8. (7½ B.) Berlin 838, Heymann. (?)

Bernstein, A. (Aaron Rebenstein). Plan zu einer neuen Grundlage für die Philosophie der Geschichte. Wissenschaftlicher Versuch nebst einigen literarischen Studien. Berlin, Natorff und Comp. 1838. 118 S. 8.

—— Revolutions- und Reaktions-Geschichte Preußens und Deutschlands von den Märztagen bis zur neuesten Zeit. 15 Lfgn. oder 3 Bde. gr. 8. (IV, 383; 260; IV, 364 S.) Berlin 882, Wortmann'sche Buchh. à Lfg. * 50 Pf. *

Bernstein, Aaron. Revolutions- und Reaktions-Geschichte Preußens und Deutschlands von den Märztagen bis zur neuesten Zeit. Bd. 3. Die neue Aera. Anhang. Berlin, C. Wortmann 1882. IV 364 S. 8.

— Das Rotations-Gesetz. Ein Versuch, den Männern der Wissenschaft vorgelegt von —. (Als Manuskript gedruckt.) Berlin 1840.

Bernstein, Aaron. Schulze-Delitzsch. Leben und Wirken. Berlin, Buchdruckerei der Volkszeitung (C. Schilke) 1879. 190 S. 8.

Bernstein, Dr. A., . Schulze-Delitzsch. Leben u. Wirken. 2. Aufl. gr. 8°. Berlin, Max Bading, 1879. 3. Aufl. Ebd. s. a. (1883).

— naturwissenschaftliche Volksbücher. Neue wohlf. Gesammt-Ausg. 20 Bde. (à ca. 160 S.) Berlin 867—69. F. Duncker. 8. n. 4 ngr

—— naturwissenschaftliche Volksbücher. Wohlfeile Gesammt-Ausg. 4. vielfach verb. und verm. Aufl. 20 Bde. gr. 16. Berlin 874, F. Duncker. à Bd. * 60 Pf. *
Inhalt:
Bd. 1. Die Geschwindigkeit. — Die Schwere der Erde. — Das Licht und die Entfernung. — Zur Witterungskunde. — Von der Blüthe und der Frucht. — Die Nahrungsmittel für das Volk. (160 S.)
„ 2. Die Ernährung. — Vom Instinkt der Thiere. (160 S.)
„ 3—5. Von den geheimen Naturkräften. 3 Bde. (164; 153; 147 S.)
„ 6. Ein wenig Chemie. I. (132 S.)
„ 7. dass. — II. — Ueber Bäder und deren Wirkung. (148 S.)
„ 8. Etwas vom Erdbeben. — Von der Umdrehung der Erde. — Von der Geschwindigkeit des Lichts. (159 S.)
„ 9. Von der Entwicklung des thierischen Lebens. — Nutzen und Bedeutung des Fettes im menschlichen Körper. (143 S.)
„ 10—13. Vom Leben der Pflanzen, der Thiere und der Menschen. 4 Bde. (202; 139; 164; 147 S.)
„ 14. Die praktische Heizung. I. (147 S.)
„ 15. dass. — II. — Nur eine Schiebelampe. — Wandelungen und Wanderungen der Natur. (161 S.)
„ 16. Die Bewegung im Sonnensystem. — Eine Phantasie-Reise im Weltall. I. (153 S.)
„ 17. Eine Phantasie-Reise im Weltall. II. — Ueber die Größe der Erdbahn. — Von den Himmelserscheinungen. (189 S.)
Bd. 18. 19. Die Sonne und das Leben. 2 Bde. (172; 148 S.)
„ 20. Erweiterte Kenntniß des Weltalls. — Das Räthsel der Sternschnuppen und Kometen. (221 S.)

—— dass. — Supplement. 2 Lfgn. gr. 16. (160 S.) Berlin 874, F. Duncker. à Lfg. * 30 Pf. *
Inhalt:
Die Spektralanalyse. — Unsere Sinne, unsere Seele, unsere Sprache. — Die Unendlichkeit und die Naturwissenschaft. — Die Lage der Sonne und ihr Rang unter den Fixsternen.

—— naturwissenschaftliche Volksbücher. Wohlfeile Gesammt-Ausg. 20 Bde. und Suppl.-Bd. 4. vielfach verb. und verm. Aufl. 2. Abdr. gr. 16. (IV, 160; IV, 160; IV, 164; IV, 153; IV, 147; IV, 132; IV, 148; IV, 159; IV, 143; IV, 202; IV, 139; VI, 164; IV, 147; IV, 147; IV, 161; IV, 153; IV, 190; IV, 172; IV, 148; IV, 221 und III, 140 S.) [Berlin.] Leipzig 876, F. Duncker. à Bd. * 60 Pf. * geb. in 5 Bdn. *

—— dass. — 20 Bde. und Suppl.-Bd. 3. Abdruck. gr. 16. (Gleiche Seitenzahl.) [Stuttgart 880, Krabbe.] Berlin, Hempel. * geb. in 5 Bde. *

— naturwissenschaftliche Volksbücher. Wohlfeile Gesammt-Ausg. 21 Bde. 4. vielfach verb. u. verm. Aufl. III. Abdr. 12. (IV, 175; IV, 160; IV, 164; IV, 153; IV, 147; IV, 132; IV, 148; IV, 159; IV, 143; IV, 202; IV, 139; IV, 164; IV, 147; IV, 147; IV, 161; IV, 153; IV, 190; IV, 172; IV, 148; IV, 221 u. III, 140 S.) Stuttgart 880. Berlin, Hempel. n. 12. 60
einzelne Bde. à n. — 60; in 5 Bde. geb. 17. —

— naturwissenschaftliche Volksbücher. Wohlf. Gesammt-Ausg. der 4. verb. u. verm. Aufl. 3. Abdr. 40 Lfgn. 12. (21 Bde à ca. 160 S.) Berlin 883. 84. Dümmler's Verl. à n. — 40

—— naturwissenschaftliche Volksbücher. Neue Folge. 22. Lfg. oder 10. [Schluß-]Thl., enthaltend: Die elektrische Eisenbahn, von H. Zwick. 8. (III, 68 S.) Berlin 885, Dümmler's Verlag. *
1.—21. Lfg. oder 1.—9. Thl. Ebendas. 1880—84. * ℳ 12.60.

— naturwissenschaftliche Volksbücher. Wohlf. Gesammt-Ausg. der 4., verb. u. verm. Aufl. 4. Abdr. (In 42 Lfgn.) 1.—41. Lfg. 8. (à ca. 6 B.) Ebd. 890. à n. — 30

Bernstein's, A., naturwissenschaftliche Volksbücher. Wohlf. Gesammt-Ausg. der 4., verb. u. verm. Aufl. 4. Abdr. 42. (Schluß-)Lfg. 8. (6 Bog.) Berlin 891. Dümmler's Verl. n. — 30 (kplt.: n. 12. 60)

— dasselbe. 21 Thle. 8. (IV, 160; IV, 160; IV, 163; IV, 153; IV, 147; IV, 132; IV, 148; IV, 159; IV, 143; IV, 202; IV, 139; IV, 164; IV, 147; IV, 147; IV, 161; IV, 153; IV, 191; IV, 172; IV, 148; IV, 221; III, 140 u. 18 S.) Ebd. 891. In 5 Bde. geb. n. 17. —

Naturwissenschaftliche Volksbücher von A[ron] Bernstein. 5., reich ill. Aufl. Durchges. u. verb. von H[enry] Potonié u. R[ichard] Hennig. T. 1–21. (In 40 Lfgn.) *Berlin: F. Dümmler (1897–99).* 21 Bde 8°

Bernstein, A., naturwissenschaftliche Volksbücher. 5., reich illustr. Aufl. Durchgesehen u. verb. v. H. Potonié u. R. Hennig. 38.—40. Lfg. 8. (20. Tl. IV u. S. 65—160 u. 21. Tl. III, 87 S.) Berlin 899. F. Dümmler's Verl. à n. — 30; (kplt. in 4 Bdn. n. 12. —; geb. in Leinw. n. 16. —)

Hieraus einzeln:

1. Der Zusammenhang der Naturkräfte. Witterungskunde. Blüte u. Frucht. Nahrungsmittel. (VI, 170 S.) n. 1. —
2. Die Ernährung. Vom Instinkt der Tiere. (IV, 104 S.) n. — 60
3. Anziehungskraft u. Elektrizität. (IV, 116 S.) n. — 60
4. Die Elektrizität in ihrer Anwendung. (III, 100 S.) n. — 60
5. Von den chemischen Kräften u. Elektrochemie. (IV, 104 S.) n. — 60
6. Chemie. (III, 75 S.) n. — 50
7. Angewandte Chemie. Bäderkunde. (IV, 112 S.) n. — 60
8. Vom Alter der Erde (Geologie). Von der Umdrehung der Erde, die Geschwindigkeit des Lichts. (IV, 148 S.) n. 1. —
9. Das Hühnchen im Ei. Vom Hypnotismus. (IV, 123 S.) n. — 80
10. Bau u. Leben v. Pflanze u. Tier. (IV, 159 S.) n. 1. —
11. Das Geistesleben v. Mensch u. Tier. (III, 96 S.) n. — 60
12. Physiologie u. Atmung. (IV, 120 S.) n. — 80
13. Herz u. Auge. (IV, 131 S.) n. — 80
14. Anleitung zu chemischen Experimenten. Praktische Heizung. (IV, 187 S.) n. 1. —
15. Naturkraft u. Geistesgewalten. Volkswirtschaftliches. Vom Spiritismus. (III, 159 S.) n. 1. —
16. Eine Phantasiereise im Weltall. (Astronomie.) (IV, 267 S.) n. 1. 60
17. Ansteckende Krankheiten u. die Bakterien. Die Pflanzenwelt unsrer Heimat sonst u. jetzt. Die Spektralanalyse u. d. Fixsternwelt. (IV, 174 S.) n. 1. —
18. Abstammungslehre u. Darwinismus. (IV, 124 S.) n. — 80
19. Von der Erhaltung der Kraft. (III, 100 S.) n. — 60
20. Die Entwickelung der Beleuchtungstechnik. Klimatologie. (IV, 160 S.) n. 1. —
21. Die Naturwissenschaft im Erwerbsleben. Wissenschaft u. Philosophie. (III, 87 S.) n. — 60

Bernstein, Aaron David, s. B e r n s t e i n , Aron David

Bernstein, A(ba): Aus d. I. med. Klinik in München. Zur klinischen Diagnose des primären Lungencarcinoms. München: Steinicke 1909. 43 S. 8°
München, Med. Diss. v. 7. Mai 1909, Ref. v. Bauer
[Geb. 27. April 82 Rowno; Wohnort: Rowno; Staatsangeh.: Rußland; Vorbildung: Handels-Hochsch. Warschau Reife Mai 02; Studium: Heidelberg 3, Berlin 1, Leipzig 1, München 5 S.; Rig. 7. Mai 09.]

Bernstein, Adolf [aus Bevern]: Ueber die Erkrankungen der Tuba Follapiae und ihre chirurgische Behandlung .... Würzburg, Druck d. Ferdinand Röhrl'schen Buchdr., 1888: 31 S 8°
Würzburg, Med. Fak., Inaug.-Diss. v. 1888

Bernstein, Adolf, über die Erkrankungen der Tuba Follapiae und ihre chirurgische Behandlung. Diss. Würzburg 1888, Stabelsche Univ.-Buchh. 8°. 31 S.

Bernstein, Agathon, s. B e r n s t e i n , Heinr. Agathon

Bernstein, Alex, die electrische Beleuchtung. gr. 8. (IV, 80 S. mit 16 in den Text gedr. Holzschn.) Berlin 880, Springer. *

Bernstein, Alex. v., außerordentl. doch wahrhafte Gesch. m. K. 8. Nrnbg. 727.

Die Milch. Gemeinfaßl. Darstellung d. Eigenschaften, Bestandtheile u. Verwertung d. Milch, d. Versorgung d. Städte u. d. Ernährung durch Milch. Von Alexander **Bernstein**. Berlin: J. Springer 1904. (99 S.) 8° [F.]
.05. 1107

Bernstein, Alex., üb. die Umwandlung d. elektrischen Stromes in Licht. Vortrag, geh. am 1. Mai 1889. gr. 8. (24 S. m. 9 Fig.) Hamburg 891. Friederichsen & Co. n. — 60

Bernstein, Arnold, aus Berlin: Einwirkung von Chloriden des Phosphors auf einige substituierte Phenole. *Rostock 1903: C. Boldt.* (42 S.) 8°
Rostock, Phil. Diss. v. [1. Aug.] 1903

Bernstein, Aron, s. B e r n s t e i n , Aaron

Bernstein, Aron David, s.a. B e r n s t e i n , Aaron

Bernstein, Aron Dav., Novellen. (Vögele der Maggid. Mendel Gibbor.) 7. Aufl. 8. (V, 272 S.) Berlin 892. Freund & Jeckel. n. 3. —

Bernstein, Aaron David

Naturwissenschaftliche Volksbücher. 3. vielf. verb. und vermehrte Aufl. Wohlf. Gesammt-Ausgabe. Bd 10. Berlin: Duncker 1868. 155 S. 8°

Bernstein, Arthur [app. Arzt in Mittenwalde i. M.]: Ein Beitrag zur Genese und Prophylaxe der Puerperal-Krankheiten ... Berlin, Buchdr. v. M. Bading, 1894; 33 S., 1 Bl. 8.
Leipzig, Med. Fak., Inaug.-Diss. v. 12. Okt. 1894

Bernstein, Bela (Varpalota/Ungarn), Die Schrifterklärung des Bachja b. Ascher ibn Chalâwa u. ihre Quellen. Diss. philos. Lpz., Bln. (H. Itzkowski) 1891. 88 S. mit Biogr. (5.—)

Bernstein, Benno, Referendar aus Züllchow b. Stettin: Die mora creditoris nach gemeinem Rechte und dem Rechte des Bürgerlichen Gesetzbuchs für das Deutsche Reich. *Greifswald 1900: J. Abel.* (60 S.) 8° [F. u. Ant.]
Greifswald, Jur. Diss. v. [22. Aug.] 1900

Bernstein, Berth. Bernh., die Protistution in ihrer Beziehung zu den Geschlechtskrankheiten. Besprechung alter und neuer Präventivmittel. gr. 8. (35 S.) München 878, Weinreich. *

Bernstein, C., s. Abhandlungen, juristische.

Bernstein, Carl: Zur Lehre von der dotis dictio. Berlin 1885.
(in: Jur. Abhandlungen. Festgabe f. Beseler)

Bernstein, Carl, zur Lehre vom alternativen Willen und den alternativen Rechtsgeschäften. Abthl. I.: Der alternative Wille und die alternative Obligation. gr. 8. (IV, 114 S.) Berlin 878, Puttkammer und Mühlbrecht. *

Bernstein, Car.: De delegationis natura. Berolini (1864). (119 S.) 8°
Berlin, Jur. Diss. v. 14. März 1864

Bernstein, Carl, de delegationis natura. gr. 8. (IV und 120 S.) Berlin 865, Hertz. *

Bernstein, Caroline

ZIPPELTRINCHEN in Hamburg. (Kauft Zippeln! schallt's in Hamburg.) (Vf.: *Caroline Bernstein.*) (Berlin 1827.)
Anon.-Lex. IV. p. 433 (nach Goedeke).

— Daniel (Leipzig), De judicium circa torturam excedentium emenda. Diss. jur. Präs. Gottfr. Nicol. Ittig. Lpz. (Chn. Michaelis) 6. IX. 1683. 22 Bl. (4.80)
— — Dasselbe. o. O. u. J. (1740.) 53 S. (4.50)
— — Dasselbe. Was für Satisfaction ein Richter demjenigen / mit dem er in der Folter allzustrenge verfahren / zu geben schuldig sey. Lpz. (A. M. Schede) 1716. 20 Bl. (4.50)

Bernstein, Frau E., s. Bernstein, Frau Elsa

Bernstein, (E.,) Hlyn's Thale, in Erzählungen u. Bildern aus d. wirkl. u. romant. Welt. 8. (Frankf. a. M., Sauerländer.) 821.

Bernstein, E., Hlyn's Thale, in Erzähll. u. Bildern aus der wirkl. u. romant. Welt. 8. Hanau 821. Edler. 8 gr.

Bernstein, (Ed.,) Lehrb. d. Geographie f. Schulen. gr. 12. Hanau 826, Edler.

Bernstein, Ed., Lehrbuch d. Geographie, f. Schulen. gr. 12. Hanau 827. Edler. 6 gr.

Bernstein, Eduard: Die Arbeiter-Bewegg s.a. Gesellschaft, Die.

Die Arbeiterbewegung von Eduard Bernstein. Frankfurt a. M.: Rütten & Loening (1910). 203 S. 8°
(Die Gesellschaft. Bd 35/36.) [10. 11105

— Ignaz Auer, eine Gedenkschrift. (72 S. m. 4 Taf. u. 1 Fksm.) 8. Berlin 907. Buchh. Vorwärts. 1.—

— Die Bedeutung der gewerkschaftlichen Organisation der Arbeiter. Referat, gehalten auf dem Arbeiterkongress zu Bern. 8°.
Berlin, „Vorwärts", s.a.

Bernstein, E. d. kommunist. u. demokratisch-sozialist. Beweggn in England währ. d. 17. Jahrh., s.: Geschichte, d., d. Sozialismus in Einzeldarstellgn.

Bernstein, Eduard, s.: Dokumente des Socialismus.

— gesellschaftliches u. Privat-Eigenthum. Ein Beitrag zur Erläuterg. d. sozialist. Programms. Mit Benutzg. der Schrift: „Le Programme du Parti Ouvrier" v. Jules Guesde u. Paul Lafargue. gr. 8. (31 S.) Berlin 891. Verl. d. „Vorwärts", Berliner Volksblatt. n. — 15

Die heutige Einkommensbewegung und die Aufgabe der Volkswirtschaft. Von Eduard Bernstein. *Berlin: Socialist. Monatshefte 1902.* (41 S.) 8° [F.] [02. 4371

— die verschiedenen Formen des Wirtschaftslebens. Ein Vortrag, geh. vor Berliner Arbeitern. (32 S.) 8. Berlin 904. Buchh. Vorwärts. n. — 50

— Die verschiedenen Formen des Wirtschaftslebens. Ein Vortrag, geh. vor Berliner Arbeitern. 2. u. 3. durchgesch. Aufl. (32 S.) 8. Ebd. (907. 909). — 50

— Die Geschichte der Berliner Arbeiter-Bewegung. Ein Kapitel zur Geschichte der deutschen Sozialdemokratie. 3 Tle. Lex. 8. Ebd. à 5.—; geb. in Leinw. 6.50; in Halbfrz. 7.50; auch in je 17 Lfgn. à — 80
1. Vom J. 1848 bis zum Erlaß des Sozialistengesetzes. Illustriert m. Bildern u. Dokumenten aus d. Zeit. (VI, 401 S.) 907.
2. Die Geschichte des Sozialistengesetzes in Berlin. Illustriert m. Bildern u. Dokumenten aus der Zeit. (VI, 359 S.) 907.
3. 15 Jahre Berliner Arbeiterbewegg. unter dem gem. Recht. Illustriert m. Bildern u. Dokumenten aus der Zeit. (VI, 439 S.) 910.

Bernstein, Ed., Geschichte d. franz Revolution, s.: Höritier, Louis.

Bernstein, E., s.: Geschichte, die, des Sozialismus in Einzel-Darstellungen.

— Zur Geschichte und Theorie des Socialismus. Gesammelte Abhandlungen. gr. 8°.
Berlin, Akad. Verl. f. sociale Wissenschaften, 1900.

Bernstein, Ed., zur Geschichte u. Theorie des Socialismus. Gesammelte Abhandlgn. gr. 8. (426 S.) Berlin 901. [Akad. Verl. f. soc. Wissensch.] Vita. n. 5. —; geb. n. 7. 50

Zur Geschichte und Theorie des Socialismus. Gesammelte Abhandlungen von Eduard Bernstein. (2. Aufl.) *Berlin, Bern: J. Edelheim 1901.* (426 S.) 8° [02. 9898 A

Der Geschlechtstrieb. Von Eduard Bernstein. Berlin: Vorwärts 1908. 24 S. 8° [09. 2309

Die Grundbedingungen des Wirtschaftslebens. Wirtschaftswesen u. Wirtschaftswerden. 2. Ein Vortrag, geh. vor Berliner Arbeitern von Eduard Bernstein. Berlin: Vorwärts 1906. (32 S.) 8° [F.] [07. 4405

— Ferdinand Lassalle u. seine Bedeutung f. die Arbeiterklasse. Zu seinem 40. Todestage. (95 S. m. 1 Bildnis.) 8. Ebd. 904. n. — 50

Bernstein, Eduard (Hrsg.), s. Lassalle, Ferdinand: Intime Briefe an Eltern und Schwester

— die Leiden des armenischen Volkes u. d. Pflichten Europas. Rede, geh. in e. Berliner Volksversammlg. (26. VI. 1902.) gr. 8. (44 S.) Berlin 902. Dr. J. Edelheim. n. — 50

— Die Leiden d. armen. Volkes u. d. Pflichten Europas. Rede. (44) 8° Berl., Dr. J Edelheim '02. (Lpzg. CF Fleischer.) — 50

Bernstein, E., Der politische Massenstreik und die politische Lage der Sozialdemokratie in Deutschland. Vortrag mit einem Anh.: 12 Leitsätze über den politischen Massenstreik. Breslau, 1905. 40 S.

— Die Natur u. die Wirkungen d. kapitalistischen Wirtschaftsordng. Wirtschaftswesen u. Wirtschaftswerden III. Ein Vortrag, geh. vor Berliner Arbeitern. (31 S.) 8. Ebd. 909. — 50

— Parlamentarismus u. Sozialdemokratie, s.a. Zeitfragen, moderne.

Parlamentarismus und Sozialdemokratie. Von Eduard **Bernstein**, M. d. R. (2. Taus.) Berlin: Pan-Verl. (1906). (60 S.) 8° [F.]
— **Zeitfragen**, Moderne. No 17. [06. 7148

Bernstein, Edu., Parlamentarismus und Sozialdemokratie. Berlin [1907]. 8°.
(Moderne Zeitfragen, hrsg. von Hans *Landsberg*. Nr 17.)

— die neuen Reichssteuern, wie sie wurden u. was sie bedeuten. Mit e. Schlußkapitel: Agrarisch-kapitalist. u. sozialdemokrat. Steuerpolitik. (64 S.) gr. 8. Berlin 906. Buchh. Vorwärts. n. — 80

— Der Revisionismus in der Sozialdemokratie. Ein Vortrag, geh. in Amsterdam vor Akademikern u. Arbeitern. Mit e. Anh.: Leitsätze f. e. sozialdemocrat. Programm. (48 S. m. Bildnis.) Lex. 8. Amsterdam 909. Verlagsgesellschaft M. G. Cohen Nachf. — 75

— die heutige Sozialdemokratie in Theorie u. Praxis. Eine Antwort auf die Artikelserie der „Kölnischen Zeitg.": Die heut. Sozialdemokratie. (61 S.) 8. München (906). G. Birk & Co. n. 1. —

— dasselbe. 2. Aufl. (Volksausg.) (47 S.) 8. Ebd. (906.) n. — 40

— Sozialismus u. Demokratie in der großen engl. Revolution. 2., durchgeseh., verm. u. illustr. Ausg. (XIV, 367 S.) 8. Stuttgart 908. J. H. W. Dietz Nachf. 3.50; geb. 4. —

Bernstein, Eduard (Hrsg.), s. Socialist, Der.

— zur Frage: Socialliberalismus od. Collectivismus? gr. 8. (19 S.) Berlin 900. Verlag der socialist. Monatshefte. n. — 50

— der Streik, sein Wesen u. sein Wirken, s.a. Gesellschaft, die. 4. Bd.

Der Streik. Sein Wesen u. s. Wirken von Eduard **Bernstein**. Frankfurt a. M.: Rütten & Loening (1906). (118 S.) 8°
— **Gesellschaft**, Die. Bd 4. [06. 13009

— d. kommunist. u. demokrat.-sozialist. Strömgn. i. England währ. d. 17. Jahrh., s.: Geschichte, die, d. Sozialismus in Einzeldarstellgn.

— zur Theorie u. Geschichte des Socialismus. Gesammelte Abhandlgn. Neue, umgearb. u. ergänzte Ausg. 4. Aufl. 3 Tle. gr. 8. Berlin 904. F. Dümmler's Verl. à n. 2. —
1. Zur Theorie des Lohngesetzes u. Verwandtes. (XIV, 139 S.)
2. Probleme des Socialismus. (147 S.)
3. Socialistische Controversen. (160 S.)

— die Voraussetzungen des Sozialismus u. die Aufgaben der Sozialdemokratie. 1.—10. Taus. gr. 8. (à XX, 188 S.) Stuttgart 899—902. J. H. W. Dietz Nachf. n. 2. —

— die Voraussetzungen des Sozialismus u. die Aufgaben der Sozialdemokratie. 11. u. 12. Taus. (à XX, 188 S.) gr. 8. Stuttgart 904. 906. J. H. W. Dietz Nachf. n. 2. —

— Die Voraussetzgn d. Sozialismus u. d. Aufg. d. Sozialdemokratie. 13. Taus. (20, 188) gr8° Stuttg., JHW Dietz Nf. '09. 2 — ; L. n 3 — d

— s.: Was will d. Zeit?

Wie ist wissenschaftlicher Socialismus möglich? Ein Vortrag von Eduard **Bernstein**. *Berlin: M. Mundt 1901* (50 S.) 8° [F.] [01. 6974

— wie ist wissenschaftlicher Socialismus möglich. Ein Vortrag. 2. Aufl. gr. 8. (50 S.) Ebd. 901. 1. —

[Eduard **Bernstein** Wirtschaftswesen und Wirtschaftswerden. 1.] Berlin Vorwärts (1904). 8° [09. 13475

Bernstein, Frau Elsa, s.a. Porges, Elsa.

Bernstein, Frau Elsa, geb. Porges, s.a. Rosmer, Ernst.

Achill. Tragödie in 3 Akten von Ernst **Rosmer** [d. i. Elsa Bernstein]. Berlin S. Fischer 1910. 123 S. 8° [10. 6 . 3

Maria Arndt. Schauspiel in 5 Akten von Ernst **Rosmer** [d. i. Elsa Bernstein]. Berlin: S. Fischer 1908. (112 S.) 8° [F.] [08. 6070

[Ant. u. F.] Ernst Rosmer [d. i. Elsa **Bernstein**]. Dämmerung. Schausp. in 5 Akten. *Berlin: S. Fischer (1894).* (139 S.) 1 Bd 8.
(Sammlung moderner Dramen.) [96. 6551

Bernstein, Elsa: Königskinder, s.a. Humperdinck, Engelbert [Komp.]

[F.] Königskinder E. deutsches Märchen in 3 Akten v Ernst Rosmer [d. i. Elsa **Bernstein**]. *Berlin: S. Fischer 1895.* (127 S.) 1 Bd 8.
(Sammlung moderner Dramen.) [96. 6552

[Ant. u. F.] Ernst Rosmer [d. i. Elsa **Bernstein**]. Madonna. *Berlin: S. Fischer 1894.* (173 S.) 1 Bd 8. [96. 6553

Ernst Rosmer [d. i. Elsa **Bernstein**]. Tedeum. Gemütskomödie in 5 Akten. *Berlin: S. Fischer 1896.* (4 Bl., 162 S., 1 Bl.) 1 Bd 8. [96. 8327

[Ant. u. F.] Ernst Rosmer [d. i. Elsa **Bernstein**]. Themistokles. Tragödie in 5 Akten. *Berlin: S. Fischer 1897.* (142 S., 1 Bl.) 1 Bd 8. [97. 3517

Bernstein, Felix, Dr. phil.: Über den Klassenkörper eines algebraischen Zahlkörpers. (Mitteilung 1.) *[Göttingen: Dieterich 1903.]* (S. 46—58.) 8° [Umschlagt.] ¶ [Aus: Nachrichten v. d. Kgl. Ges. d. Wiss. zu Göttingen, Math.-physik. Kl. 1903, H. 2.]
Halle, Phil. Hab.-Schr. v. 27. Apr. 1903

Bernstein, Felix, aus Halle a. S.: Untersuchungen aus der Mengenlehre. *Halle a. S. 1901: Waisenhaus.* (54 S.) 8°
Göttingen, Phil. Diss. v. [25. Mai] 1901

Bernstein, Fel., Untersuchungen aus der Mengenlehre. Diss. gr. 8. (54 S.) Halle 901. (Göttingen, Vandenhoeck & Ruprecht.) n. 1. 20

Bernstein, Georg Heinrich

Bernstein, Geo. Heinr., Ankündigung und Probe einer neuen kritischen Ausgabe und neuen Uebersetzung der syrischen Chronik des Gregor Bar-Hebraeus. gr. 8. (36 S.) Berlin 847, Asher und Comp. *

— Nachträge zu seiner Ausgabe d. J. D. Michaelischen arab. Chrestomathie 1. Abtheil. gr. 8. Götting. 818. Vandenhöck u. R. 10 Gr

Bernstein, G H., Die Syrische Chronik des Gregor Bar-Hebraeus. o. O. [1846.]

Bernstein, (G. H.,) Hipopadaesi particula, s. Hipopadaesi.

Bernstein, Georg Heinrich (Hrsg.), s. Kirsch, Georg Wilhelm: Chrestomathia Syriaca.

— lexicon linguae syriacae collegit digessit edidit etc. Vol. I. fasc. 1. Berolini 857. Dümmler's Verlhdlg. Fol. (Sp. 1—144.) n. 2 Thlr 20 Ngr

Bernstein, Georg Heinrich (Hrsg.), s.a. Liber de initiis...

Bernstein, Geo. Hnr., de initiis et originibus religionum in Oriente dispersarum, quae differunt a religione christiana, liber. E cod. mscrpto Arab. Biblioth. Universitat. litter. regiae Gottingensis. 4. Berl. 816. Maurer's B. 1 Thlr 16 Gr

Bernstein, Georgius Henricus: Gregorii Bar-Hebraei chronici Syriaci e codd. mss. passim emendati atque illustrati spec. I., continens observationes et supplementa quaedam ad Ferd. Gregorii Mayeri in hujus chronici textum et versionem emendationes. Lipsiae: F. Ch. G. Vogel 1822. (16 S.) 4° *[Erschien zugleich ebenda vollst. mit 53 S.]*

Breslau, Phil. Fak., Antr.-Progr. als ord. Prof. v. 9. Mai 1822

Bernstein, Ge[orgius] Henr.: Gregorii Bar-Hebraei scholia in librum Jobi e codd. mss. emendata, quae denuo edidit, difficiliorum locorum interpretatione illustravit, notis criticis instruxit. Vratislaviae 1858. (16 S.) 4° *[Im Buchhandel 1858 bei Teubner in Leipzig.] (Neue Ausg. der in G. W. Kirsch's Chrestomathia Syriaca 1832. S. 186 ff. abgedr. Scholien. — Dat.: m. Julio a. 1858.)*

Breslau, Glückwunsch d. Univ. z. 300-jähr. Jubil. d. Univ. Jena 1858

— — Szafieddini Hellensis. vide Szafieddini.

Bernstein, Geo. Henr., s.: Thesaurus syriacus.

Bernstein, Georg. Henr., de Charklensi novi testamenti translatione syriaca commentatio. 4 maj. Vratislaviae 837. (Lipsiae, Guil. Vogel.) n. 1/2 ℳ

Bernstein, Georgius Henricus: De Hharklensi novi testamenti translatione Syriaca commentatio recognita et aucta. Vratislaviae 1854. (37 S.) 4° *[Erschien zuerst als Rekt.-Progr. 1837. Buchausg. 1854 bei Gosohorsky in Breslau.]*

Breslau, Progr. z. Geburtstage d. Königs am 15. Okt. 1854

— Vergleichungs-Tabelle d. mohamed. Zeitrechnung mit d. christl. gr. 8. Jena 812. (Knobloch in Leipz.) 6 gr.

Bernstein, Vergleichungs-Tabelle d. mohammedanischen Zeitrechnung mit d. christlichen. gr. 8. Jena, Gabler. 812.-

— Versus ludicri in Romanor. Caesar. prior. praef. H.-K. A. Eichstädt. 8. Halle 810. Hendel. 10 gr.

Bernstein, Heinr., d. Familiengeheimniß. Novelle. 8. (18 B.) Hamburg 843, Heroldsche Buchh.
Aus: Wintergrün f. 1842 besond. ausgegeben.

— das Lösegeld. Histor. Novelle. 8. (17¾ B.) Hamburg 843, Heroldsche Buchh.
Aus: Wintergrün f. 1843 besond. ausgegeben.

— s. auch Wintergrün.

Bernstein, Heinr. Agathon, de anatomia corvorum. Pars I. Osteologia. Dissertatio inauguralis zootomica. Vratislaviae 853. (Gosohorsky.) gr. 8. (VI, 65 S. u. 2 lith. Taf.) n. 10 ngr

Bernstein, Henr. Agathon, de anatomia Corvorum. Pars I.: Osteologia. Dissertatio inauguralis zootomica. 8maj. (VI und 65 S. mit 2 Stnt.) Vratislaviae 854, (libr. Gosohorsky.) *

Bernstein, H. A., Beiträge zur näheren Kenntniss der Gattung Collocalia Gr. (Cypselus esculentus et nidificus.) gr. 4. (19 S. mit 1 Stnt.) Breslau und Bonn 857, Weber. *

Bernstein, Agathon, Microstoma hiemale, eine neue Pilzgattung aus der Gruppe der Pezizoideen. (Für die kaiserl. Leopold-Carol. Akad. der Naturforscher.) gr. 4. (14 S. mit 1 ill. Stnt.) Breslau und Bonn 852, Weber. *

Bernstein, Henr. Gideon, Quaestiones nonnullae Koheletthanae. Dissertatio. 8maj. (75 S.) Vratislaviae 854, (libr. Gosohorsky.) *

Bernstein, Henry, Bakkarat, s.a. Universal-Bibliothek.

Bakkarat. Ein Stück in 3 Aufz. von Henry Bernstein. Für d. deutsche Bühne bearb. von Rudolf Lothar (früher Spitzer). Leipzig: Reclam [1908]. 86 S. 8°
(Universal-Bibliothek. 5004.) [og. 5431

— Der Dieb, s.: Universal-Bibliothek.

Bernstein, I., d. Dyspepsie d. Phthisiker., s. Bernstein, Iwan

Bernstein, J., Ueber den Einfluss der Reizfrequenz auf die Entwickelung der Muskelkraft, s. Archiv für Anatomie und Physiologie.

— Ueber elektrische Oscillationen im inducirten Leiter. (Poggendorff's Ann., Bd. CXLII.)

Bernstein, J., Ueber elektrische Oscillationen in geradlinigen Leitern nach der Eröffnung eines Kettenstromes. (Sitzung der physik.-mathem. Classe vom 17. Juli 1871.)

Bernstein, J., Untersuchungen über den Erregungsvorgang im Nerven- und Muskelsysteme. gr. 8. (VII, 240 S. mit 29 in den Text eingedr. Holzschn. und 4 lithogr. Taf. in qu. 4.) Heidelberg 871, C. Winter's Universitäts-Buchh. *

Bernstein, J., u. A. Tschermak, über das thermische Verhalten des elektrischen Organs v. Torpedo. (13 S. m. 1 Abbildg.) gr. 8. Berlin 904. (G. Reimer.) n. — 50
Sonderabdr. aus: „Sitzungsber. d. preuss. Akad. d. Wiss."

Bernstein, I. C., epistola ad Bonnium, sistens observat. luxat. femoris etc. 4. Halle, Hemmerde et Schw. 809.

Bernstein J. G.: Anti-Typographus, od. Widerlegung d. Meinung, dass der Borkenkäfer an der Trockniss fichtener Waldungen Schuld sey ... M. e. Vorr. üb. die nöthigen Vorkenntnisse eines Jägers od. Forstmanns. Leipz. 1793. (34) 178 S.

Bernstein, J. G., Geschichte der Chirurgie vom Anfange bis auf die jetzigen Zeiten. Leipzig 822. Theil 1. 8.

Bernstein, Ignaz

Bernstein, Ign., jüdische Sprichwörter u. Redensarten. Gesammelt u. erklärt unter Mitwirkg. v. B. W. Segel. 2., verm. u. verb. Aufl., m. gegenüberstehender Transkription, Index u. Glossar. (Hebräisch u. deutsch.) (XV S., Doppels. 3—294, S. 296—329 u. 84 S.) Lex. 8. Warschau 908. (Frankfurt a/M., J. Kauffmann.) Geb. in Leinw. 10. —

BERNSTEIN, Ignaz. Jüdische Sprichwörter und Redensarten. Gesammelt und erklärt (»Erotica« u. »Rustica«). Als Manuskript gedruckt. Wien, R. Löwit, 1908. 12 S. (Enth. 227 Sprichwörter in hebräischer Sprache und gegenüberstehender Übersetzung.) 8°. V, 377 S.

— — Dasselbe. 2. Aufl. 1927.

BERNSTEIN, Johann Gottlob: Anti-Typographus, oder Widerlegung der Meinung, daß der Borkenkäfer an der Trockniß fichtener Waldungen schuld sey, aus der Naturgeschichte und mit praktischen Erfahrungen bewiesen. Mit einer Vorrede über die nöthigen Vorkenntnisse eines Jägers oder Forstmanns. - Leipzig 1793. XXXIV, 178 S.

Bernstein, Joh. Gtlo., Bibliotheca medico-chirurgica, od. Verzeichniss d. medic.-chirurg. Schriften, ingl. d. in sämmtl. Zeitschriften d. In- u. Auslandes befindl. Abhandln., Beobachtn. u. Erfahrungen. Von 1750 bis mit Einschluss 1828, gr. 8. (45 B.) Frankfurt a. M. 829, Andreä.

Jo. Glo. Bernstein medicinisch-chirurgische Bibliothek oder Verzeichniss der medicinisch-chirurgischen Schriften, ingleichen der in sämmtlichen Zeitschriften des In- und Auslandes befindlichen Abhandlungen, Beobachtungen und Erfahrungen. Von 1750 bis mit Einschluss 1828. Frankf. a. M. 1829. 8. (Copiosum opus, 12 et 702 pagg., sed absque idonea literaturae notitia compilatum.)

Bernstein, Johann Gottlob: Systematische Darstellung des chirurgischen Verbandes, sowol älterer als neuerer Zeiten. Jena: Akadem. Buchh. 1798. XXX, 544 S.

— systemat. Darstell. d. chirurg. Verbandes, sowohl älterer als neuerer Zeiten. gr. 8. Jena 798. (Hennings in Neisse). 1 ℳ 12 gr. Supplemente hierzu, mit 52 Kpft. gr. 8. Ebd. 801. 4 ℳ

Bernstein, Johann Gottlob: Epistola ad Bonnium V.C. anatomes professorem apud Amstelodamenses sistens observationem luxationis femoris, cui add. sunt meletemata quaedam de auxiliis ad extensionem et contraextensionem. . . Halis Sax.: Hemmerde 1809. 20 S. 8°

BERNSTEIN, Johann Gottlob: Etwas über den Borkenkäfer oder die Baumtrockniss fichtener Waldungen. - Leipzig 1786. 86 S.

Bernstein, Johann Gottlob: Geschichte der Chirurgie vom Anfange bis auf die jetzige Zeit. Th.1 - 2, gbd.

Leipzig: Schwickert 1822 - 1823

JB 3.309

Bernstein, Johann Gottlob: Handbuch nach alphabetischer Ordnung über die vorzüglichsten Gegenstände der Anatomie, Physiologie u. gerichtliche Arzneigelahrtheit. . . Th. (1.) 2. Leipzig: Schwickert 1794-95. 8°

— prakt. Handbuch d. Geburtshülfe, f. angehende Geburtshelfer; mit e. systemat., auch e. französ. u. e. deutschen Wortregister. gr. 8. Leipz. 790. 2e A. 797. Schwickert. 2 Rthl 6 gr Zusätze. gr. 8. Ebd. 803. 16 gr

Bernstein, Johann Gottlob: Praktisches Handbuch der Geburtshülfe für angehende Geburtshelfer. Nebst einem systematischen, auch einem französischen und einem deutschen Wortregister. Bd 1 - 4, gbd.

Frankenthal: Gegel 1791

JB 3.821

Bernstein, Johann Gottlob: Praktisches Handbuch für Wundärzte nach alphabetischer Ordnung nebst einem französischen und einem vollständigen deutschen Register. Th.1 - 2, gbd.

Leipzig: Schwickert 1786

JB 3.305

Bernstein, Johann Gottlob: Praktisches Handbuch für Wundärzte nach alphabetischer Ordnung. Nebst einem französischen und einem vollständigen deutschen Register. Bd 1 - 8, gbd.

Frankenthal: Typographische Gesellschaft 1786 - 1787

JB 3.061

Bernstein, Johann Gottlob: Praktisches Handbuch f. Wundärzte nach alphabetischer Ordnung in 4 Th. Neue verb. u. verm. Ausg. Th. 1-4. Leipzig: Schwickert 1799-1800. 8°
Th. 1.2.:1799.
Th. 3.4.: 1800.

Bernstein, Johann Gottlob: Praktisches Handbuch für Wundärzte und Geburtshelfer. Th.1 - 2 (nebst) Zusätzen, gbd.

Leipzig: Schwickert 1790 - 1792

JB 3.306

— chirurgisches Handwörterbuch z. Gebrauch angehender deutscher Wundärzte. gr. 8. Jena, Frohmann. 801.

— chirurg. Handwörterbuch, z. Gebrauch angeh. deutscher Wundärzte. gr. 8. Jena 818. Frommann. 1 Rthl 12 gr

— chirurg. Krankengeschichten, z. Erläuter. prakt. Gegenstände, jungen Wundärzten zur Beherzigung. Mit prakt. Anmerkk. begleitet. 8. Erf. 792. Keyser. 16 gr

— Lehre des chirurgischen Verbandes, z. Gebrauch f. Vorlesungen besond. f. Anfänger u. Unterchirurgen, m. K. gr. 8. Jena, Academ. Buchh. 805.

— Lehre d. chirurg. Verbandes, zum Gebr. f. Vorles., besond. f. Anfänger u. Unterchirurgen.. Mit Kpf. gr. 8. Jena 805. (Hennings in Neisse). 1 Rthl 12 gr

— neues chirurg. Lexikon, od. Wörterbuch d. Wundarzneikunde neuerer Zeiten. 2 Thle. gr. 8. Gotha 783, 84. N. A. 787. Ettinger. 2 Rthl 8 gr Neue umgearb. Aufl. unt. d. T.: Handb. f. Wundärzte, nach alphabet. Ordn. 2 Thle. 8. Leipz. 786. Dass., neue A., s. oben Handbuch, prakt.

Bernstein, Johann Gottlob: Über Verrenkungen und Beinbrüche. 622 S., gbd.

Jena u.Leipzig: Frommann 1802

JB 3.308

Bernstein, Jh. Glo., über Verrenkungen u. Beinbrüche. gr. 8. Jena 802. 2e A. 819. Frommann. 2 Rthl

Bernstein, J(ohann) G(ottlob): Zusätze zum praktischen Handbuch für Wundärzte zur neuen, verbesserten und vermehrten Ausgabe vom Jahr 1799. 209 S., gbd.

Leipzig: Schwickert 1803

JB 3.307

— Zusätze zum prakt. Handbuch f. Wundärzte. 5e Ausg. vom J. 1820. gr. 8. Leipzig 824. Schwickert.

Bernstein, Jh. Hnr. Tob., Ostindian. Erdbeschreib., zum Gebr. d. Jugend. 8. Gera 783. Haller. 12 gr

Bernstein, Joh. Theod. Christ.

Bernstein, J. Theod. Ch., kleine mediz. Aufsätze. 8. Frankf. am M. Brönner. 814.

Bernstein, Jh. Thdr. Chr., kleine medicin. Aufsätze. 8. Frankf. a. M. 815. Andreä. 12 gr

— Beiträge z. Wundarzneikunde u. gerichtl. Arzneikunde. 1r Bd. 8. Jena 804. (Hennings in Neisse). 1 Rthl 2r Bd. A. u. d. T.: neue Beiträge rc. 1r Thl. 8. Kobl. 810. Lassaulx. 18 gr 3r Bd. A. u. d. T.: Neue Beitrr. 2r Thl. gr. 8. Frankf. a. M. 812. (Andreä). 1 Rthl 6 gr

— — desselb. 2r Bd. a. u. d. Tit.: neue Beiträge rc. 1s. 8. Coblenz, Lassaulx. 810.

Bernstein, Joh. Theod. Christ., Bruchstücke a. d. Leben Joh. Gtlob. Bernstein's Doct. d. Arzneiwissenschaft u. Prof. an d. Univers. zu Berlin. (Mit dess. Bildn.) gr. 8. (5½ B.) Frankfurt a. M. 830, Andreäische Buchh. Thlr.

— **Johann Theodor Christian** (Ilmenau), De fungo articulorum. Diss. med.-chir. Jena (Frommann & Wesselhoeft) April 1801. 43 S. (4.50)
Gew.: Carl Autenrieth (Karlsruhe), Carl Berge (Halberstadt).

Bernstein, Joseph (geb. Warschau 1797): De phthisi pulmonali. Berolini (1818). (27 S.) 8°
Berlin, Med. Diss. v. 17. Aug. 1818

Bernstein, Julius (geb. Berlin 8. 12. 1839): De animalium evertebratorum musculis nonnulla. Berolini (1862). (32 S.) 8°
Berlin, Med. Diss. v. 1. Aug. 1862

Bernstein, Jul.: Elektrobiologie, s: Wissenschaft, Die.

Die Kräfte der Bewegung in der lebenden Substanz. Von Dr. Julius Bernstein, Prof., Halle. *Braunschweig: F. Vieweg & Sohn 1902.* (28 S.) 8° [02. 6985

Bernstein, Jul., über die Kräfte der lebenden Materie. gr. 4. (22 S.) Halle 888, Niemeyer. *

Bernstein, Jul., Lehrbuch der Physiologie des thierischen Organismus, im Speciellen des Menschen. (Bibliothek des Arztes.) gr. 8. (XIV, 755 S. m. 271 Abbildgn.) Stuttgart 894. F. Enke. n. 16. —

Lehrbuch der Physiologie des thierischen Organismus, im speciellen des Menschen. Von Julius Bernstein, Prof., Halle. 2., umgearb. Aufl. Mit 276 Abb. *Stuttgart: F. Enke 1900.* (XIV, 696 S.) 8°
(Bibliothek d. Arztes.) [01. 11

Lehrbuch der Physiologie des tierischen Organismus, im speziellen des Menschen. Von Dr. Julius Bernstein, Prof. Mit 270 Abb. 3. verm. u. verb. Aufl. Stuttgart: Enke 1910. XVI, 724 S. 8° [10. 17480

— los cinco sentidos del hombre. Traducido al castellano por F. Gillman. Con 93 grabados en el texto. 8. (X, 273 S.) Leipzig 889. F. A. Brockhaus. Geb. in Leinw. n. 4. —

— die fünf Sinne d. Menschen, s.a. Bibliothek, internationale wissenschaftliche.

Bernstein J. die fünf Sinne des Menschen. (Bibl. Internat. wiss. 12) Leipzig 1875

—— Die mechanistische Theorie d. Lebens, ihre Grundlagen u. Erfolge. Rede, bei d. Übernahme d. Rectorats an d. Universität Halle-Wittenberg am 12. Juli 1890 geh. gr. 8. (26 S.) Braunschw. 890, Vieweg u. Sohn. * — 60

Bernstein, Jul., s.: Untersuchungen aus dem physiologischen Institut der Universität Halle.

Bernstein, Iulius: De viribus materiae vivae. Halis 1880: Hendel. S. 4—22. 4°
Halle-Wittenberg, Progr. z. akad. Preisverteilung 1880
[Kopft.:] Über die Kräfte der lebenden Materie.
Wortlaut der Abhandlung in deutscher Sprache.

Die Vorbildung der Medicin-Studirenden im Hinblick auf den Entwurf der neuen Prüfungsordnung. Von Dr. med. Julius Bernstein, o. ö. Prof. ... a. d. Univ. Halle ... *Braunschweig: F. Vieweg & S. 1899.* (2 Bl., 25 S.) 1 Bd 8. [99 6315

Bernstein, Iwan, die Dyspepsie der Phthisiker. Inaug.-Diss. gr. 8. (72 S.) Dorpat 889. (Karow.) n. 1. 20

Zur Lehre vom römischen Voraus (legatum per praeceptionem). Von Prof. Dr. K[arl] Bernstein. *Weimar 1894: Hof-Buchdr.* (122 S.) 8°
Aus: Zeitschr. d. Savigny-Stift. f. Rechtsgesch. Roman. Abt. Bd 15. [03. 15284 B

Bernstein, Leon, ein Beitrag zur Lehre von der puerperalen Involution des Uterus. Inaugural-Dissertation. gr. 8. (41 S. mit 1 Stnt.) Dorpat 885, (Karow.) *

Bernstein, M.: Anleitung zur Verhütung geschlechtlicher Erkrankung f. das männliche Geschlecht, s. Bernstein, Moritz.

Bernstein, Malvina. Die Erkrankungen und Sterblichkeit der Kinder an Gastro-Enteritis im Jahre 1898 in Zürich in Hinsicht auf ihre Abhängigkeit von der Blasenseuche (Maul- und Klauenseuche) der Kühe. Diss. Med. Univ. Zürich. *Kopftitel:* Aus dem Kinderspital in Zürich. 26 S. 8. Zürich, J. F. Kobold-Lüdi, 1905.

Bernstein, Mathias [aus Odessa]: Über die Phenyl- und Kresyl-Ester der Bernsteinsäure und anderer Dicarbonsäuren, ihre Derivate und Umsetzungen .... Freiburg i. B., Univ.-Buchdr. v. Chr. Lehmann, 1886; 2 + 61 S. 8°.
Freiburg i. B., Phil. Fak., Inaug.-Diss. v. 1886.

Bernstein, Max, blau, s.: Universal-Bibliothek.

Bernstein, M., Ritter Blaubart, — Coeur-Dame, } s.: Universal-Bibliothek.

Bernstein, Max, Dagmar. Trauerspiel in 1 Aufzuge. 8. (44 S.) München 884, Behrens. *

Bernstein, Max, s.: Geschichten, heitere.

—— kleine Geschichten. 8. (162 S.) München 888, Bassermann'sche Verlagsh. *M 2.—; geb. *

— kleine Geschichten. 8. (162 S.) München 889. Bassermann. n. 2. —; geb. n. 2. 50

Bernstein, Max, Kleine Geschichten. 2. (Titel-)Aufl. 8. (V, 162 S.) Berlin (889) 898. S. Fischer, Verl. n. 2. —

Bernstein, Max: Das Münchner Hof-Schauspiel, s. Philippi, Felix

—— mein neuer Hut, s. Universal-Bibliothek Nr. 1552.

—— der kleine Hypriot. Epigramme auf Bilder des Münchener Kunstvereins und der Münchener Kunstausstellungen 1879 und 1883. Nebst einem Anhang: Kunstberichte über die internationale Kunstausstellung des J. 1883 enthaltend. 8. (106 S.) München 884, Behrens. *

Bernstein, Max, s.a. Jahresausstellung, Münchener.

Bernstein, Max. Münchener Jahres-Ausstellung von Kunstwerken aller Nationen 1889. München. 4°.

— e. Kuß, s.: Universal-Bibliothek.

Bernstein, Max, narrische Leut'. (179 S.) 8. Berlin 904. S. Fischer, Verl. n. 2. —; geb. n.n. 3. —

[F.] Mädchentraum. Spiel in 3 Akten v. Max Bernstein. *Berlin: S. Fischer 1898.* (134 S.) 1 Bd 8. [98 12011

Max Bernstein. D'Mali. Schauspiel in 4 Aufz. *Berlin: S. Fischer 1903.* (154 S.) 8° [F.] [03. 14093

Der goldene Schlüssel. Kleine Dramen von Max Bernstein. Berlin: S. Fischer 1907. (174 S.) 8° [F.] [07. 11534

— Die Sünde, s.a. Universal-Bibliothek.

Die Sünde. Lustspiel in 3 Aufz. von Max Bernstein. Leipzig: Reclam [1909]. 64 S. 8°
(Universal-Bibliothek 5085.) [09. 11161

Bernstein, Max Ernst, Unbefangen. Lustsp. in 1 Aufz. gr. 8. (24 S.) Frankfurt a/M. 878. (München, Rubinverlag.) n. 1. —

Bernstein, Moritz
Anleitung zur Verhütung geschlechtlicher Erkrankungen für das männliche Geschlecht. Kurzgefasst u. gemeinverst. dargest. von Dr. M[oritz] Bernstein. Mit e. Vorw. von Dr. Max Joseph, Berlin. *Cassel: Th. G. Fisher & Co. 1900.* (48 S.) 8° [F.]
[Umschlagt.:] Wie schützt man sich vor geschlechtl. Erkrankungen? [00. 12414

Bernstein, Mor., einige kulturhistorische Blicke über die Juden in Galizien, nebst kleinen Andeutungen auf den Bildungszustand anderer Nationen, spekulativ aufgefaßt. gr. 8. (45 S.) Wien 850, (Leo.)

Bernstein, die Geschlechtskrankheiten. Merkbüchlein f. Gesunde u. Kranke. 2., umgearb. Aufl. (24 S.) gr. 16. Cassel (903). Berlin, Th. G. Fisher & Co. n. — 20

— dasselbe. Ratschläge f. Männer. (Umschlag: Bernstein's Merkbüchlein.) 3. veränd. u. erweit. Aufl. (45 S.) gr. 16. Ebd. 904. n. — 30

— dasselbe. 4. unveränd. Aufl. (45 S.) gr. 16. Berlin (904). Th. G. Fisher & Co. n. — 30

Die Geschlechtskrankheiten. Ratschläge f. Männer. Von Dr. med. [Moritz] Bernstein, Arzt, Cassel. 6. Aufl. *Berlin-Charlottenburg & Leipzig: Th. G. Fisher & Co. 1904.* (28 S.) 8° [F.]
[Umschlagt.:] Bernsteins Merkbüchlein. [04. 4400

Bernstein, Nic. D: Anton Rubinstein, s: Universal-Bibliothek 5302.

Bernstein, Nikolai Dawidowitsch, Russlands Theater u. Musik zur Zeit Peters des Grossen. (60 S.) 8. Riga (904). A. Gizycki. — Leipzig, P. Pabst. n. 1. 20

Bernstein, O. S., s.: Strafgesetzbuch, das neue russ.

Bernstein, Ossip, die Bestrafung des Selbstmords u. ihr Ende, s.a. Abhandlungen, strafrechtliche. 78 Hft.

Bernstein, Ossip, a. Shitómir in Rußland: Die Bestrafung des Selbstmords und ihr Ende. Breslau 1907: Schletter. (63 S.) 8°
Heidelberg, Jur. Fak., Ref. v. Lilienthal, Diss. v. 8. Mai 1907
[Geb. 2. Okt. 82 Shitómir; Wohnort: Heidelberg; Staatsangeh.: Rußland; Vorbildung: Gymn. Shitómir Reife M. 00; Studium: Berlin 6, Heidelberg 2 S.; Rig. 28. Nov. 06.]

Bernstein, Otto: Das Börsenges. nebst d. Bekanntmachg d. Bundesrats, betr. d. Zulassg v. Wertpapieren z. Börsenhandel, s: Handbibliothek, Juristische.

Bernstein, Otto, das Börsengesetz in der vom 1. VI. 1908 an geltenden Fassung, s.a. Handbibliothek, juristische.

Bernstein, Otto: Das Börsengesetz in der vom 1. Juni 1908 an geltenden Fassung nebst d. Bekanntmach. d. Bundesrats, betr. d. Zulass. von Wertpapieren z. Börsenhandel vom 4. Juli 1910 unt. Berücks. d. Börsenordn. f. Berlin u. d. sächs. Börsen erl. Leipzig 1910. 8°

— u. Jos. **Kupferberg:** Versichergsgesetz f. Angestellte v. 20.12.'11, s: Guttentag's Sammlg deut. Reichsgesetze.

Bernstein, P: Der Buddhismus u. d. Christentum vor d. Forum d. philosoph. u. eth. Denkens. Vortr. (32) 8° Essl., S Mayer '11. — 60

Bernstein, P., Hydraulische Luftkompressionsanlagen. Essen-Ruhr. 1906. 11 S. mit 16 Abb.

— Monismus u. Monotheismus vor e. Schiedsgericht. Vortr. Zum Trost vorgelegt denen, d. an d. Dasein u. d. Existenz e. unsterbl. Seele glauben wollen, aber nicht glauben können. (35) 8° Ebd. '11. — 70

Bernstein, Paul, Neue Bahnen f. d. Nebengottesdienst. (Vorschläge zugl. f. d. Jugendunterr.) E. Handreichg. a. d. Praxis f. d. Praxis. 8. (40 S.) Lissa 897. (F. Ebbecke.) n. — 60

Bernstein, Paul [(aus Konitz Wpr.) Arzt]: Über einen Fall von primärem Sarkom der Blase. . . . Konitz, Druck v. Wilhelm Dupont, 1890; 2 Bl. + 9 S. + 1 Bl. 8°
Würzburg, Med. Fak., Inaug.-Diss. v. 1890

Bernstein, Paul, s.: Fürs Evangelium!

Bernstein, Paul, vaterländisch-kirchliche Gedenkblätter f. die evangelische Gemeinde Pogorzela, Diözese Krotoschin, Prov. Posen. Festglocken zur Feier ihres 50jähr. Bestehens u. zur Wiedereinweihg. ihres Gotteshauses. (II, 90 S. m. Abbildgn.) 8. Pogorzela 904. (Lissa, F. Ebbecke.) n. — 50

— Himmelreichsbild i. Synagoge u. Kirche. Predigt üb. Matth. 18, 1—11, a. Anordng. d. hoh. herzogl. Oberkirchenrates i. S.-Meiningen geh. a. Sonntag Michaelis 1897 i. d. Stadtkirche z. Hildburghausen, nebst Lebenslauf. gr. 8. (16 S.) Stuttgart 897. (Greiner & Pfeiffer.) n. — 30

Vorträge über: Der Materialismus im Kampfe u. im Bunde mit d. Religion, geh. in Stuttgart u. Karlsruhe 1898/99. Im Anschluß daran: Die Leidensgeschichte d. Verf. P(aul) **Bernstein,** Vikar. *Hamburg: Selbstverl. 1901.* (108 S.) 8° [F.] [04. 8741

— der Materialismus im Kampfe u. im Bunde m. der Religion. In Stuttgart, Karlsruhe u. Cassel geh. Vorträge. Im Anschluß daran: Die Lebensschicksale des Verf. Eine Weihnachtsgabe an das evangel. Volk. 3. verm. u. umgearb. Aufl. gr. 8. (114 S.) Elberfeld 901. (Baedeker.) n. 2. —

— Der Materialismus im Kampfe u. im Bunde m. d. Relig. Vorträge. Im Anschl. daran: Die Lebensschicksale d. Verf. 3. Afl. (114) 8° Elberf., (A Martini & Gr.)'01. 2 — d

— Morgen- u. Abendandachten, s.: Starck, Joh. Frdr.

Eine kirchliche Schwebebahn. Eine Beschreibung meines unsteten Wanderlebens auf d. Schwebebahn in d. preuß. Landeskirche, nebst aktenmäß. Angabe der mir von d. Kirchenbehörden angebotenen Reiselektüre von P[aul] **Bernstein,** Vikar in Wülfrath. Herne i. W.: Kalkkuhl in Komm. 1908. 68 S. 8° [09. 6195

Bernstein, P., eine kirchliche Schwebebahn. Eine Beschreibg. meines unsteten Wanderlebens auf der Schwebebahn in der preuß. Landeskirche, nebst aktenmäß. Angabe der mir v. den Kirchenbehörden dargebotenen Reiselektüre. (III, 68 S.) 8. Rheydt 908. Herne, F. Halbach. 1. 20

Bernstein, Paul, wie sollen wir uns kleiden? s.a. Arbeiter-Gesundheits-Bibliothek. 9. Hft.

Wie sollen wir uns kleiden? Von Dr. med. Paul **Bernstein.** (Mit Abb.) Berlin: Vorwärts 1906. (16 S.) 8° [F.]
— **Arbeiter-Gesundheits-Bibliothek.** H. 9. [06. 4379

Bernstein, Paulus, s.: Liebe, die praktische christliche, in dem Ideal der Judenmission.

Bernstein, Pius (geb. Tismenitz in Galizien [12. 11. 1833]): De urolithiasis causis. Berolini (1857). (32 S.) 8°
Berlin, Med. Diss. v. 4. Aug. 1857

Bernstein, Rahel: Über Spina bifida. Freiburg i. B.: Hammerschlag & Kahle 1909. 34 S. 8°
Freiburg i. B., Med. Diss. v. 1909, Ref. Krönig
[Geb. 30. Sept. 69 Kischineff; Wohnort: Odessa; Staatsangeh.: Rußland; Vorbildung: Gymn. Kischineff Reife 88; Studium: Bern 11, Freiburg i. B. 2 S.] [U 09. 906

Meinen Kindern. Von Recha **Bernstein.** *Berlin: F. Dümmler 1900.* (30 S.) 8° [F.] [01. 88

Bernstein, Rich., die Berufskrankheiten der Land- u. Forstarbeiter. Mit besond. Berücksicht. ihrer Berufshygiene. Für Ärzte, Forstbeamte u. Versicherungspraktiker. (VIII, 211 S.) Lex. 8. Stuttgart 910. F. Enke. 6. —; geb. in Leinw. 7. 20

Bernstein, Richard, approb. Arzt aus Leipzig: Acuter Gelenkrheumatismus und Trauma. *Berlin 1901: L. Schumacher.* (15 S.) 8° ¶ (Aus: Zeitschrift f. klinische Med., Bd 42, H. 5 u. 6.)
Leipzig, Med. Diss. v. (21. Sept.) 1901

Bernstein, Rudolf, Diplom-Ing.: Untersuchung über den Magnetismus einiger Gase und Dämpfe. Halle a. S. 1909: Kaemmerer. 59 S. 8°
Halle, Phil. Diss. v. 6. April 1909, Ref. Dorn
[Geb. 3. Jan. 80 Halle a. S.; Wohnort: Halle; Staatsangeh.: Preußen; Vorbildung: Stadt-Gymn. Halle Reife O. 99; Studium: Braunschweig Techn. Hochsch. 1, Heidelberg 1, München Techn. Hochsch. 2, Halle 2, Berlin Techn. Hochsch. 5, Danzig Techn. Hochsch. 2, Halle 3 S.; Rig. 5. März 09.] [U 09. 1631

Bernstein, S., über Pietät gegen die Todten, s.a. Baginsky, A., die Leichenverbrennung.

Bernstein, S.* Ueber Pietät gegen die Todten. Berlin. Denicke. 1874.

[F.] Auf der Wanderschaft in Egypten v. Dr. [Sigism.] Bernstein-Steglitz. *Berlin: J. Becker [1895].* (2 Bl., 240 S.) 1 Bd 8. [94. 947

Auf der Wanderschaft in Egypten. Von [Sigismund] Bernstein-Steglitz. 2. verm. Aufl. *Berlin: H. Paetel 1903.* (303 S.) 8° [F.] [04. 30434

Bernstein, Sigm. Ritter v., Humoristika medica. Aus der Kneipe des Vereines deutscher Aerzte in Prag. 12. (238 S.) Prag 881. Kotka. * M 3.; geb. *

Bernstein, Simon Gerson. König Nebucadnezar von Babel in der jüdischen Tradition. Ein Beitrag zur Untersuchung der haggadischen Elemente, unter Vergleichung arabischer, syrischer und patristischer Quellen. Diss. Phil. Bern. 72 S. 8. Berlin, H. Itzkowski, 1907.

Bernstein, Victor (geb. Warschau 23. 2. 1820): De galvanismi usu medico. Berolini (1846 [vielmehr 1847]). (31 S.) 8°
Berlin, Med. Diss. v. 23. Jan. 1847

Bernstein, Wilhelm

Bernstein, Wilh., die Reform des Wechselprotestes, s.a. **Veröffentlichungen des Berliner Anwalt-Vereins. 22.**

Die Reform des Wechselprotestes. Ein Vortrag geh. im Berliner Anwalt-Ver. von Dr. Wilhelm **Bernstein,** Justizrat. Berlin: F. Vahlen 1907. (36 S.) 8° [F.]
= **Veröffentlichungen** d. Berliner Anwalt-Vereins. H. 22. [07. 3393 9

Bernstein, Wilh., die Revision der Wechselordnung. Eine gesetzgeber. Studie. gr. 8. (IV, 79 S.) Berlin 900. O. Liebmann. n. 1. 50

— Vorlesungen üb. das deutsche Wechselrecht. Im Anh.: Die Wechselgesetze des deutschen Reiches u. das Reichsscheckgesetz. (VIII, 160 u. 89 S.) 8. Tübingen 909. J. C. B. Mohr. 3. 80; geb. 4. 80

Bernstein, Wilh., Allgem. deutsche u. allgem. österr. Wechselordnung, erläut. gr. 8. (VIII, 432 S.) [Breslau 897/98. E. Morgenstern, Berl.] Leipzig, C. L. Hirschfeld. n. 9. —; geb. n. 10. —

Bernstein, W, allg. deut. Wechselordng. Allg. Wechselordng f. d. k. k. österr. Staaten (In 3 Lfgn.) 1. Lfg. 8° (180) Bresl. 96, E Morgenstern's V. 2.40

Bernstein, Wolf: Ein Beitrag zur Kasuistik der Spina bifida. Berlin 1909: Ebering. 28 S. 8°
Berlin, Med. Diss. v. 7. Juli 1909, Ref. Hildebrand
[Geb. 5. Juni 85 Lutzk; Wohnort: Berlin; Staatsangeh.: Rußland; Vorbildung: Gymn. Baku Reife M. 03; Studium: Heidelberg 4, Berlin 6 S.; Rig. 2. Juli 09.] [U 09. 27

Bernstein-Kohan, Alexander, aus Kischineff (Russland): Untersuchungen über den Verlauf und die Dauererfolge der Lungentuberkulose im Hochgebirge. (Arosa 1750—1850 m über M.) Mit besonderer Berücksichtigung sozial-medizinischer Momente. Zürich-Selnau 1910. 92 S. 8°. [22. III. 10.]
Zürich. Univ. Med. Diss. 1909/10.

Bernstein-Kohan, Alexander. Untersuchungen über den Verlauf und die Dauererfolge der Lungentuberkulose im Hochgebirge ⟨Arosa 1750—1850 Meter ü. M.⟩ mit besonderer Berücksichtigung sozialmedizinischer Momente. Diss. Med. Univ. Zürich. 92 S. 8. Zürich-Selnau, Gebr. Leemann & Co., 1910.

Bernstein-Kohan, Jacob

Bernstein-Kohan, Jac., Wirkung d. Wolframs auf den thierischen Organismus. Inaug.-Diss. gr. 8. (152 S. m. 6 Tab.) Dorpat 890. (Karow.) n. 3. —

Bernstein-Kohan, Jacob, Wirkung des Wolframs auf den thierischen Organismus. Diss. Dorpat. 8°. 150 pp. mit 6 Tabellen. Abgedruckt in: Arbeiten des pharmakologischen Institutes zu Dorpat. Herausgegeben von Prof. Dr. R. Kobert. Bd. V. Stuttgart, Ferdinand Enke. 1890.

Bernstein-Kohan, Leontine. Das Verhalten des Patellarsehnenreflexes bei Meningitis. Aus der medizinischen Klinik in Zürich… . Diss. Med. Univ. Zürich … von L' B'-Kohan, geb. Grünfeld. 51 S. 8. Zürich, Schereschewsky, 1909.

Bernstein-Sawersky, Vorbestraft! Ein Schauspiel in 4 Akten. („Theaterbibliothek Harmonie".) (108 S.) 8. Berlin (905). Harmonie. n. 2. —; geb. n. 3. —

Bernstein-Sawersky, A., Berliner Pflanzen. Typen aus dem Großstadtleben. (IV, 128 S.) 8. Berlin (909.) A. Pulvermacher & Co. 1. 50

— u. A. S. Pordes-Milo, König Zipapek, der edle Zwerg. Mod. Märchen-Operette in 3 Akten. Musik v. Bertrand Sänger. (Textbuch.) (70 S.) 8. Leipzig (909.) G. Richter. — 80

König Zipapek der edle Zwerg. Moderne Märchen-Operette in 3 Akten von A. Bernstein-Sawersky u. A. S. Pordes-Milo. Musik von Bertrand **Sänger.** [Textbuch.] Leipzig: G. Richter [1910]. 70 S. 8° [10. 5010

Bernsteine, gesamm. am Strande d. Ostsee, während meines Aufenthalts in Memel, od. Umriß d. Geschichten dieses Kriegs von d. Schlacht bei Auerstädt bis zum Frieden v. Tilsit, entworfen v. Guillaume H … Mit 2 ill. Kpf. 8. Magdeb. 808. v. Schütz. (Leipz., Lauffer). 1 Rthlr

Bernsteingräberei, über, in Hinterpommern. 8. Berl. 805. (Leipz., Hinrichs). 4 gr

Ueber die Bernstein-Gräbereien in Hinterpommern. Berlin 1802. 8.

Bernsten, Karl Hamilkar, Kammergerichtsreferendar: Die Schiffsgewalt. Göttingen 1904: Dieterich. (96 S.) 8°
Göttingen, Jur. Fak., Ref. Schoen, Diss. v. 20. Okt. 1904
[Geb. 15. März 81 Berlin; Wohnort: Berlin; Staatsangeh.: Preußen; Vorbildung: Askanisches Gymn. Berlin Reife M. 99; Studium: Lausanne 2, Würzburg 2, Göttingen 3 S.; Rig. 1. Aug. 04.]

Bernstorf, de

— recueil de tous les traités, conventions, mémoires etc. ou les années 1766 jusqu'en 1794. gr. 8. Berl. 796. (Lpz., Brockhaus). 1 Rthlr 12 gr

Bernstorf, de, Recueil de tous les Traités, Conventions, Mémoires etc. ou les annees 1766. jusqu'en 1794. gr. 8. Berl. Unger. 796.

Bernstorf, A. P. Graf, eine biographische Skizze v. R. Nyerup, aus d. Dän. v. C. F. Sander. gr. 8. Copenh. Bonnier. 812.

Bernstorf, H. L., und L. Köhne, Fibel. Hannover 861. Hahn. 8. (40 S.) 1½ ngr; geb. 3 ngr.

Bernstorf, H. L., und L. Köhne, Fibel. 3. Aufl. 8. (42 S.) Hannover 876, Hahn'sche Buchh.

Bernstorf, Johann Hartwig Ernst, s. Bernstorff, Johann Hartwig Ernst von

v. Bernstorf, Graf Jh. Joach. Karl, Proben e. Uebersetzung d. Plinius. 8. Berl. 775. (Vandenhöck u. R. in Götting.) 3 gr

Bernstorff, Graf: Blaujacken, s.: Eckstein's 50-Pfennig-Bibliothek.

Bernstorff, Graf (Red.), s. Gemeinschaftsfreund, Der.

— Jagdausflüge e. Marineoffiziers, s.: Eckstein's 50-Pfennig-Bibliothek.

— Die Könige des Meme. Wahre Gesch. a. Kameruns Werdezeit. (200 m. Abb. u. 5 farb. Vollbild.) 8° Berl., Meidinger's Jugendschriften-Verl ('12). L 3 — d

Bernstorff s.: Papiere, Bernstorffsche.

Bernstorff, A. Graf v. (Hrsg.), s. Auf der Warte.

Bernstorff, A. Graf v., die mecklenburgische Pferdezucht. 8. (50 S.) Stavenhagen 878, Beholtz. *

Bernstorff, Albrecht von

Bernstorff, Graf Albr. v., u. Gräfin Anna v. Bernstorff, geb. Freiin v. Koenneritz. s.a. Im Kampfe f. Preußens Ehre.

Im Kampfe für Preußens Ehre. Aus d. Nachlaß d. Grafen Albrecht v. **Bernstorff**, Staatsministers, u. s. Gemahlin Anna (v. Bernstorff) geb. Freiin v. Koenneritz. Hrsg. von Dr. phil. Karl Ringhoffer. Mit 2 Bildn. u. d. Nachbildung e. Briefes. Berlin: E. S. Mittler & Sohn 1906. (xv, 686 S.) 8° [F.] [06. 6196

Bernstorff, Andreas von

[F.] Die Evangelische Allianz. Zu ihrem 50j. Jubil. v. Andreas Graf v. **Bernstorff**, z. Z. Vors. d. dtsch. Zweiges. *Berlin: Dtsch. Evang. Buch u. Tractat-Ges. 1896.* (20 S.) 1 Bd 8. [97. 3063

Die Evangelische Allianz. Von Adréas Graf v. **Bernstorff**. 2. rev. Aufl. Berlin: Deutsche Ev. Buch- u. Tract.-Gesellsch. 1905. (22 S.) 8° [F.] [07. 13340

Die Apostelgeschichte. 100 Betrachtungen von Andreas Graf v. **Bernstorff**. Berlin: Deutsche Ev. Buch- u. Tractat-Ges. 1904. (472 S.) 8° [F.] [06. 89761I

Bernstorff, A Gr. v., d. ev. Bewegg in Spanien. 8. (32) Berl. 70, Beck. n. — 50

Bernstorff, Andr. Graf v., die evangelische Bewegung in Spanien. Reisebericht. 8. (32 S.) Berlin 870, Matthies. *

Bernstorff, Graf Andr., der Brief des Jakobus, s.a. Bibelerklärung, praktische.

Bernstorff, Andr. Graf v., der Brief d. Apostels Jacobus. Kurze Betrachtgn. f. Bibelleser. 8. (III, 86 S.) Berlin 892. Deutsche Evangel. Buch- u. Tractat-Gesellschaft. n. — 60

— die Briefe d. Apostels Johannes. Kurze Betrachtgn. f. Bibelleser. 8. (III, 64 S.) Ebd. 891. n. — 40

— Die Briefe des Apostels Johannes. Kurze Betrachtgn. f. Bibelleser. 2. Aufl. (68 S.) 8. Berlin 907. Deutsche ev. Buch- u. Traktat-Gesellschaft. — 40

Bernstorff, Graf A. v., der erhöhte Christus im Himmel, s.: Israel.

'Er hat alles herrlich gemacht'! Eine autobiogr. Skizze von Graf Andreas v. **Bernstorff**. (Ein Bild s. Lebens u. s. Arbeit von ihm selbst gezeichnet.) Hamburg: Rauhes Haus [1907]. (30 S.) 8° [F.]
Aus: Wie d. Meister uns in d. Weinberg rief! hrsg. von P. M. Hennig. [07. 9251

Bernstorff, A. Graf v., die Freude am Geben. 8. (22 S. Berlin 889. Evangel. Buch- u. Tractat-Gesellschaft. n. — 1[illegible]

— tägliche Handreichung. Ein Hülfsbuch f. die Hausandacht. Im Auftrage des Vereins f. Innere Mission in Schleswig-Holstein (Gemeinschaftsverein) hrsg. (300 S.) 8. Neumünster (905). Vereinsbuchh. G. Ihloff & Co. Geb. in Leinw. n. 2. —

Bernstorff, Andr. Graf v., Laienbetrachtgn. üb. d. Pastoralbriefe. 8. (164 S.) Berlin 898. Deutsche evang. Buch- u. Tractat-Gesellschaft. n. 1. —

Bernstorff, Andr. Graf v., evangelisches Leben in Spanien. Reise-Bericht. gr. 8. (16 S.) Berlin 887, (Buchh. der Berliner Stadtmission.)

Andreas Graf von **Bernstorff**. Ein Lebensbild nach seinen Briefen und persönlichen Aufzeichnungen v. H. von Redern. Mit 9 Abb. 2. Aufl. Schwerin i. Meckl. 1909. (1908.) 8°

Bernstorff, Andr. Graf v., die christliche Sonntagsschule. Ein kurzer Wegweiser. gr. 8. (20 S.) Berlin 883, (Prochnow jun.)

— die Stellung des Gläubigen zum Sonntag. (15 S.) gr. 16. Ebd. (903). n.n. — 05

Die Stellung des Gläubigen zum Sonntag v. Andreas Graf v. **Bernstorff**. Neumünster. o. J. [1904.] 8°.
Traktat des Schleswig-Holsteinischen Traktat-Vereins.

— die Thessalonicherbriefe. Betrachtungen. (III, 98 S.) 8. Berlin 905. Deutsche ev. Buch- u. Tractat-Gesellschaft. n. — 75

Bernstorff, B. Graf, die Verbesserung des Schlachtverfahrens in Norddeutschland durch Einführung der Brausewaldtschen Schlachtmaske. 8. (20 S.) Bremen 883, Heinsius. *

Bernstorff, Graf Christian v.

(——) Freundesgräber, s. Freundesgräber.

(**Bernstorff**, Graf Chrstn. v.,) Stimmen aus Gräbern, s.a. Stimmen.

Stimmen aus Gräbern [v. Christian Graf von **Bernstorff**]. 2. Aufl. Berlin. 1832. 8°

Bernstorff, Eberhard

[F.] Die Zucht und Behandlung des Schweisshundes. Von Graf **Bernstorff**, Grh. Meckl.-Str. Forstmstr zu Forsthof Hinrichshagen. *Neudamm: J. Neumann 1898.* (30 S., 1 Bl.) 1 Bd 8. [98. 254

[F.] Die Zucht und Behandlung des Schweisshundes. Von [Eberhard] Graf **Bernstorff**, ... Forstmeister zu Forsthof Hinrichshagen. 2. Aufl. *Neudamm: J. Neumann 1899.* (32 S., 1 Taf.) 1 Bd 8. [99. 2317

Bernstorff, Elise von

v. **Bernstorff**, ein Bild aus der Zeit von 1789 bis 1835. Aus ihren Aufzeichngn. 2 Bde. Berlin 895.

Gräfin Elise von **Bernstorff**, geborene Gräfin von Dernath. Ein Bild aus der Zeit von 1789 bis 1835. Aus ihren Aufzeichnungen (hrgg. v. Elise v. d. Busche-Kessell). Bd. 1—2. Berlin. 1896. 8°.

Bernstorff, Gräfin Elise v., geb. Gräfin v. Dernath. Ein Bild aus der Zeit von 1789 bis 1835. Aus ihren Aufzeichngn. 4. [Titel-]Aufl. 2 Bde. gr. 8. (VIII, 340 u. V, 270 S. m. 3 Bildnissen u. 1 Stammtaf.) Berlin [897.] 899. E. S. Mittler & Sohn. n. 10. —; in 1 Leinwbd. n.n. 11. 50

von **Bernstorff**, Ernst *Friedrich* [app. Arzt aus Mühlenrade]: Aus d. patholog. Institut zu Kiel. Ein eigenthümlicher Fall von hernienartiger Verwölbung des Zwerchfelles. ... Kiel, Druck v. L. Handorff, 1890; 13 S., 1 Bl., 1 Taf. 8°
Kiel, Med. Fak., Inaug.-Diss. v. [20. Dez.] 1890

Bernstorff, Ernst v. Ein eigenthüml. Fall v. hernienartiger Verwölbung d. Zwerchfelles. Diss. gr. 8. (18 S. m. 1 lithogr. Taf.) Kiel 890, (Lipsius u. Tischer). * 1 —

Bernstorff, Ernst Friedrich von, s. Bernstorff, Ernst von

Bernstorff, F. v., Alfred u. Nanny b. d. Zwergen. E. lust. Geschichte a. d. Reiche d. Heinzelmännchen. Zeichngn. u. Text v. B. gr. 4. (16 S. m. farb. Bild.) Kiel 895. A. Weiß. Kart. 1. 80

Schneemännchen. 16 Lithographien nach Originalzeichnungen v. F. von **Bernstorff**. Kiel. 1895. 8°.

Bernstorff, Fanny, Franz u. Minchens Abenteuer, m. 21 (farb.) Illustr. 8. (43 S.) Zürich (899). Art. Institut Orell Füssli. Geb. n. 2. 50

von Bernstorff, Georg Ernst Graf [aus Wehningen]: Lüneburgisches Deichrecht ... Göttingen, Druck d. Univ.-Buchdr. v. W. F. Kästner, 1896; 41 S. 8.
Göttingen, Jur. Fak., Inaug.-Diss. v. [24. Sept.] 1896

An Bord des Panzerkreuzers „Yorck" rund um die Erde v. Graf [Hans] **Bernstorff.** Mit 1 farb. Titelbild und 8 Tondruckbildern nach Originalaquarellen v. Willy Stöwer. 2. Aufl. Stuttgart. Berlin. Leipzig. [1910.] 8⁰

Bernstorff, Graf, an **Bord** des Panzerkreuzers „Yorck" rund um die Erde. Mit 1 farb. Titelbild u. 8 Tondr.-Bildern nach Orig.-Aquarellen v. W. Stöwer. (V, 359 S.) 8. Stuttgart (910.) Union. Geb. in Leinw. 6. —

Bernstorff, Graf: An Bord d. Panzerkreuzers „Yorck" rund um d. Erde. 6. Afl. (5, 359 m. 9 farb. Bild.) 8° Stuttg., Union ('11). L 6 — d

— Hans Eisenhart, s.a. Lindner, Ferd.

Hans Eisenhart. Ein deutsches Flottenbuch. Hrsg. von Ferdinand Lindner, Marinemaler. Text von [Hans] Graf **Bernstorff,** Korvettenkapitän a. D., Ill. von Ferdinand Lindner. 194 Abb., 4 mehrfarbige u. 16 einfarb. Kunstbeil. 3. Aufl. Stuttgart, Berlin, Leipzig: Union [1906]. (IV, 549 S.) 4°(8°) [F.] [07. 630

[Hans] Graf **Bernstorff.** Auf Großer Fahrt. Erlebnisse e. Fähnrichs z. See. 4. Aufl. Stuttgart, Berlin, Leipzig: Union [1905]. (349 S.) 8° [F.]
= **Kamerad-Bibliothek.** [11.] [07. 633

— Auf großer Fahrt. Erlebnisse e. Fähnrichs zur See. 9. Aufl. (Kamerad-Bibliothek.) (V, 349 S. m. Abbildgn. u. 1 Vollbild.) kl. 8. Stuttgart (910). Union. Geb. in Leinw. 3.—.

— **Auf grosser Fahrt.** Erlebnisse e. Fähnrichs z. See. 11. Afl. (Kamerad-Bibliothek.) (5, 349 m. Abb. u. Vollbild.) kl8° Stuttg., Union ('12). L 3 — d

— unter deutscher Flagge, s.: Allers, C. W.

Deutschlands Flotte im Kampf. Eine Phantasie v. Graf Hans **Bernstorff.** Minden i. W. u. Leipzig. 1909. 8°

— Deutschlands Flotte im Kampf. Eine Phantasie. (208 S.) gr. 8. Minden 909. W. Köhler. 3. —; geb. 8. (X)

— dasselbe. Mit 4 Illustr.-Beilagen u. zahlr. Abbildgn. im Text. (Geschenk-Ausg.) (216 S.) 8. Ebd. 909. Geb. in Leinw. 3. —

— dasselbe. (Volks-Ausg.) (216 S.) kl. 8. Ebd. 909. (Urspr. Pr. 1. —)

Bernstorff, Graf, Uns. blauen Jungen. Ernstes u. Heiteres a. d. Leben d. Matrosen uns. Kriegsmarine. M. reichem Bilderschmuck vers. v. F. Lindner u. G. Martin. gr. 8. (III, 175 S. m. 1 Bildn.) Berlin 899. W. Pauli's Nachf.) Geb. in Leinw. 3. —

— unsere blauen Jungen. Ernstes u. Heiteres aus dem Leben d. Matrosen uns. Kriegsmarine. Mit reich. Bilderschmuck vers. v. F. Lindner u. G. Martin. 2. Aufl. gr. 8. (III, 175 S. m. 1 Bildn.) Berlin 900. [W. Dünnhaupt.] Cöthen, P. Dünnhaupt. Geb. n. 2. —

— unsere blauen Jungen. Ernstes u. Heiteres aus dem Leben der Matrosen unserer Kriegsmarine. Mit reichem Bilderschmuck versehen v. F. Lindner u. G. Martin. 16.—25. Taus. (VII, 216 S. m. 1 Bildnis.) gr. 8. Leipzig (903). G. Fock, Berl. Geb. in Leinw. n. 4. —

Marie-Magdalen. Seenovelle von Graf Hans **Bernstorff.** Berlin: A. Goldschmidt 1909. (103 S.) 8° [F.]
= **Bibliothek,** Goldschmidts, f. Haus u. Reise. [Bd 140.] [08. 17038

Bernstorff, Graf Hans: Marie Magdalen. Seenovelle. In vereinfachter deut. Stenogr. Stolze-Schrey. (104) 8° Berl., Frz Schulze ('12). L 1.75

Deutsches Marineleben. Eine Erzählung aus d. Leben u. Treiben an Bord deutscher Kriegsschiffe. Von [Hans] Graf **Bernstorff.** Korv.-Kap. Mit 6 Ill.-Beil. u. 150 Abb. Minden i. W.: Köhler 1908. 240 S. 8° [09. 990

Im bunten Rock. Von [Hans] Graf **Bernstorff,** Korvettenkapitän a. D. Mit 26 Abb. von A. Wald. 3. Aufl. Stuttgart, Berlin, Leipzig: Union [1906]. (280 S.) 8° [F.] [07. 634

— Im bunten Rock. Mit 26 Abbildgn. v. A. Wald. 5. Aufl. (III, 280 S.) 8. Stuttgart (908.) Union. Geb. in Leinw. 4. 50

— **Im bunten Rock.** 8. Afl. (280 m. Abb.) 8° Berl., Meidinger's Jugendschriften Verl. ('10). L 4.50 d

Bernstorff, Johann Hartwig Ernst de

Bernstorff, Graf von. Apologie. Schutzschrift. O. O. 1772. H & Ü: *Hess, Heinrich Ludwig von.* (Ky) (schr)

Apologie de Monsieur le Comte [Johann Hartwig Ernst] de **Bernstorf.**
Schutzschrift des Grafen von **Bernstorf.** (Hrgg. v. Ludwig **von Hess.**) o. O. 1772. 8°.

Erinnerungen aus dem Leben des Grafen Johann Hartwig Ernst **von Bernstorff** (v. Helferich Peter Sturz). Leipzig. 1777. 8°.

Über das Leben und den Charakter des Grafen **Johann Hartwig Ernst** von **Bernstorff** v. Georg Ludwig Ahlemann. Hamburg. 1777. 8°.

Memoire des Ministers Grafen **Johann Hartwig Ernst Bernstorff** an die Höfe zu Wien und Versailles, vom 31. Decbr. 1761, betreffend den Austausch des Grossfürstlichen Antheils von Holstein. Mitgetheilt von Heinrich Handelmann. (Separat-Abdruck aus den „Jahrbüchern für die Landeskunde der Herzogthümer Schleswig, Holstein und Lauenburg". Bd. 7. Kiel. 1864.)

Bernstorff, Joh. Joach. Car. de

— **analecta historica ad doctrinam testamentorum.** 8. Götting. 775. Vandenhöck u. R. 3 gl.

Die verlorne Unschuld. Ein Lstsp. von Johann Joachim Carl von Bernstorff. Göttingen, bey B. Bossiegel 1775. 8°.

Bernstorff, Klara

Bernstorff, Gräfin Clara, die Hausindustrie der Frauen in Berlin, s.a. Hefte d. freien kirchl.-soz. Konferenz. 17. Hft.

—Die Hausindustrie der Frauen in Berlin. gr. 8⁰. Berlin, Buchh. d. Berliner Stadtmission, 1901. (Hefte der Freien kirchl.-soc. Konferenz, Heft 17.)

Bernstorff, Gräfin, u. Stoecker, Heranziehung der Frauen an die kirchliche Arbeit, s.a. Hefte der freien kirchlich-sozialen Konferenz.

Heranziehung der Frauen an die kirchliche Arbeit. Von Gräfin [Klara] **Bernstorff** und D. [Adolf] Stoecker. Berlin: Berliner Stadtmission 1905. (40 S.) 8° [F.]
= **Hefte** d. freien kirchlich-sozialen Konferenz. H. 33. [06. 1333

Bernstorff, Klara Gräfin, und [Adolf] Stöcker: Heranziehung der Frauen an die kirchliche Arbeit. — (Berlin: Vaterl. Verlags- u. Kunstanstalt 1905. 40 S. 8⁰ (Hefte d. Freien Kirchl.-soz. Konferenz. 33.)

Bernstorff, Sigfrid Graf: Ueber Regentschaft unter besonderer Berücksichtigung der zur Zeit in Braunschweig stattfindenden. Hannover: Feesche 1909. 76 S. 8° ¶ (Ersch. auch als Buch ebd.)
Heidelberg, Jur. Diss. v. 1. März 1909, Ref. Jellinek
[Geb. 3. Okt. 82 Hinrichshagen; Wohnort: Berlin; Staatsangeh.: Mecklenburg-Strelitz; Vorbildung: Gymn. Karlsruhe i. B. Reife Aug. 02; Studium: Heidelberg 3, Rostock 3, Lausanne 1, Freiburg i. B. 1 S.; Rig. 2. Aug. 07.] [U 09. 1744

Bernt, A., s.: Dichter, neuere, f. die studierende Jugend.

Bernt, Alois: Deutsche Flugschriften und urkundliche Geschichtsquellen des XVI. Jahrhunderts in der *Tetschener* Schlossbibliothek. Leitmeritz '04. 15 S. Leitmeritz, Staats-Ober-G., Jahresb. 1904.

Bernt, Alois, s.: Heinrich v. Freiberg.

Bernt, Alois: Katalog der Lehrer-Bibliothek (des k. k. Staatsgymnasiums in Leitmeritz nach d. Stande v. J. 1902). T. 1—4 [u.] Ergbd. Leitmeritz '02—11. Leitmeritz, Staats-Ober-G., Jahresb. 1902—05. 1911.

Bernt, Alois: Katalog der Lehrer-Bibliothek des k. k. Staats-Gymnasiums in Leitmeritz nach dem Stande vom Jahre 1902. (Generaltitel: . . . bibliothek . . . Leitmeritz. Auf Grund einer Neuordnung in den Schuljahren 1902 bis 1908 angelegt.) S. 3—40. 8. II. Teil. S. 41—92. 8. *III. Teil. S. 93—120. 8. *IV. Teil. S. 121—136. 8. *V. Teil. S. 137—152. 8. *VI. Teil. S. 153—174. 8. *VII. Teil. (Schluß.) 1 Bl., S. 175—198. 8. **Progr.**
K. k. Staats-Obergymn. *Leitmeritz i. Bö.* 1902. 1903. 1904. 1905. 1906. 1907. 1908.

Car. Bernt diss. inaug. med. litterar. exhibens loimographos saeculi XIII. et XIV. Vindob. 1831. 8

Bernt, Ferd., der Bund der Freien. Erzählung. Buchschmuck v. George Karau. (372 S.) kl. 8. Leipzig (910.) Abel & Müller. 4. —; geb. in Leinw. 5. —

— Tills Irrgänge. Roman in 2 Büchern. (304 S.) kl. 8. Leipzig 907. L. Staackmann. 4. —; geb. in Leinw. 5.

Bernt, Ferdinand: Johann *Schicht.* Sein Leben u. Wirken. Mit e. Anh.: Literar. Nachlaß. Wien '09. 294 S.

Bernt, Ferd., zwischen zwei Sprachen. Tragödie in 4 Aufzügen. Buchschmuck v. Heinr. Hönich. (105 S.) kl. 8. Leipzig 906. L. Staackmann. n. 2. —

Bernt, Joh. Nep., über die Würste. Inaugural-Dissertation. gr. 8. Wien 839. Wallishauser. 5 gr.

Bernt, Joseph: Anleitung zur Abfassung medicinisch-gerichtlicher Fundscheine und Gutachten, für angehende Ärzte, Wundärzte und Gerichtspersonen. 284 S., gbd.

Wien: Gerold 1821

Bernt, Jos.: Anleitung zur Abfassung medizin.-ger. Fundscheine u. Gutachten. *Wien*, Gerold. 822. gr. 8. (1 Thl. 8 Gr.)

Bernt, Jos., Anleitung z. Abfassung gerichtl.-medicin. Fundscheine u. Gutachten, f. angeh. Aerzte, Wundärzte u. Gerichtspersonen. 2., durchges. Aufl. gr. 8. (18 B.) Wien 836, Wallishausser.

Bernt, Jos.: Beiträge zur gerichtlich. Arzneikunde, für Wundärzte u. Rechtsgelehrte. Mit ein. d. Lungenprobe betreff. Tab. 6 Bde. *Wien*, Gerold. 818—23. gr. 8. (à 1 Thl. 8 Gr.)

— *Ders.*: Ergänzungen d. syst. Handb. d. gerichtl. Arzneikunde, 1. Bd. A. u. d. T.: Das Verfahren bei der gerichtl.-medizin. Ausmittel. zweifelhafter Todesarten der Neugebornen. *Wien*, Wallishäuser. 826. gr. 8. (1 Thl. 6 Gr.)

— Experimentorum docimasiam pulmonum hydrostaticam illustrantium Centur. I. Cum tab. aen. 4maj. Wien 823. Heubner. 2 fl 10 kr

— Handbuch d. Medicinalwesens, nach den k. k. Oesterr. Medicinal-Gesetzen. Zum Gebr. f. Aerzte, Wundärzte, Apotheker etc., u. z. Behuf öffentl. Vorlesungen. gr. 8. Wien 819. Gerold. 3 fl 12 kr

Bernt, Joseph: Systematisches Handbuch der gerichtlichen Arzneykunde, zum Gebrauche für Aerzte, Wundärzte, Rechtsgelehrte und zum Leitfaden bey öffentlichen Vorlesungen. 339 S., gbd.

Prag: 1813
Ergänzg.-Bd 1: Das Verfahren bey der gerichtlich-medicinischen Ausmittelung zweifelhafter Todesarten der Neugebornen. 1826
1.Anh.: Visa reperta und gerichtlich-medicinische Gutachten. Bd 1-3. 1827-1845
2.Anh.: Visa reperta und gerichtlich-medicinische Gutachten über gesunde und kranke Zustände des Menschen. 1829
JB 5.316

Bernt, Jos., systemat. Handb. d. gerichtl. Arzneikunde zum Gebrauch f. Aerzte, Wundärzte u. Rechtsgelehrte. gr. 8. Wien, Kupfer u. Wimmer. 813.

— systemat. Handb. d. gerichtl. Arzneykunde zum Gebrauch f. Aerzte, Wundärzte etc. u. z. Leitfaden bey öffentl. Vorlesungen. 2te Aufl. gr 8. Wien, Geistinger. (Leipzig, W. Vogel.) 818.

Bernt, Joseph: Systematisches Handbuch der gerichtlichen Azneykunde, zum Gebrauche für Aerzte, Wundärzte, Rechtsgelehrte und zum Leitfaden bey öffentlichen Vorlesungen. 2.verm.und verbess.Aufl. 420 S., gbd.

Wien u.Triest: Geistinger 1818
1.Anh.: Visa reperta und gerichtlich-medicinische Gutachten. 2.Aufl. Bd 1. 1841
2.Anh.: Visa reperta und gerichtlich-medicinische Gutachten über gesunde und kranke Zustände des Menschen. 2.Aufl. 1836

JB 5.317

— systemat. Handbuch d. gerichtl. Arzneikunde, z. Gebr. f. Aerzte, Wundärzte etc., u. z. Leitfaden bei öffentl. Vorlesungen. gr. 8. Wien 813. 2e A. 818. 3e verb. A. gr. 8. Ebd. 827. Wallishauser. 2 fl 12 kr Ergänzungen d. systemat. Handbuchs d. gerichtl. Arzneikunde. 1r B. A. u. d. T.: das Verfahren bei d. gerichtl. medicin. Ausmittelung zweifelhafter Todesarten d. Neugebornen. gr. 8. Wien 826. Wallishauser. 1 fl 6 kr Visa reperta u. gerichtl.-medicin. Gutachten über gesunde u. kranke Zustände d. Menschen etc. Als erläut. Anh. zu seinem Handb. d. gerichtl. Arzneik. gr. 8. Wien 827. Wallishauser. 2 fl

Bernt, Joseph: Systematisches Handbuch der gerichtlichen Arzneikunde; zum Gebrauche für Aerzte, Wundärzte, Rechtsgelehrte und zum Leitfaden bei öffentlichen Vorlesungen. 3.verm.und verbess.Aufl. 444 S., gbd.

Wien: Wallishausser 1828

JB 5.318

Bernt, Jos., systemat. Handbuch d. gerichtl. Arzneikunde; zum Gebr. f. Aerzte, Wundärzte, Rechtsgelehrte u. z. Leitfaden bei öffentl. Vorlesn. 4., verm. u. verb. Aufl. gr. 8. (30 B.) Wien 834, Wallishausser.

Bernt, Jos., system. Handbuch der gerichtl. Arzneikunde, zum Gebr. f. Aerzte, Wundärzte, Rechtsgelehrte, u. zum Leitfaden bei öffentl. Vorlesungen. 5., verm. u. verb. Aufl. gr. 8. (27½ B.) Wien 846, Wallishausser.

Bernt, Joseph: Systematisches Handbuch des Medicinal-Wesens nach den k.k.Österreichischen Medicinalgesetzen, zum Gebrauche für Ärzte, Wundärzte, Apotheker, Polizeybeamte, und zum Behufe öffentlicher Vorlesungen. 482 S., gbd.

Wien: Gerold 1819

JB 5.453

Bernt, Joseph: Systematisches Handbuch der Staats-Arzneykunde, zum Gebrauche für Aerzte, Rechtsgelehrte, Polizeybeamte und zum Leitfaden bey öffentlichen Vorlesungen. Th.1: Die öffentliche Gesundheitspflege; Th.2: Die öffentliche Krankenpflege; gbd.

Wien: { Bd 1: Kupffer & Wimmer 1816
Bd 2: Geistinger 1817 }

JB 5.452

Bernt, Josef: Die öffentliche Krankenpfiege. . . Wien: Geistinger'sche Buchh. 1817. IV, 304 S. 8°
(=Bernt: Systematisches Handbuch der Staats-Arzneykunde. Th.2.)

Bernt, Ioseph

— monographia Choreae Sti. Viti. 8maj. Prag 810. Calve. 12 gr Schrbp. 16 gr Dass. deutsch bearb. unt. d. Tit.: J. A. Gobler, Abhandl. üb. d. Veitstanz. 8. Wien 826. Wimmer. 20 gr

—— über d. Pestansteckung u. deren Verhütung. gr. 8. (10 B.) Wien 832, Wallishausser.

—— das Rettungsverfahren beim Scheintode u. in plötzl. Lebensgefahren. Ein Taschenbuch f. Aerzte u. Laien. gr. 12. (6½ B. u. 1 Tab. in Fol.) Wien 830, Wallishausser.

Bernt, Joseph: Das Verfahren bey der gerichtlich-medicinischen Ausmittelung zweifelhafter Todesarten der Neugebornen. 206 S., gbd.

Wien: Wallishausser 1826
(Bernt, J.: Systematisches Handbuch der gerichtlichen Arzneykunde... Ergänzg.-Bd 1)

JB 5.316/Erg.-Bd 1

— Visa reperta u. gerichtl.-medicin Gutachten. Als erläut. Anh. zu seinem Handb. d. gerichtl. Arzneikunde. gr. 8. Wien 827, Wallishausser.

—— Visa reperta u. gerichtl.-medic. Gutachten üb. gesunde u. kranke Zustände des Menschen. Gesamm. aus älteren u. neu. Quellen, u. als erläut. Anh. zu sein. systemat. Handbuche d. gerichtlichen Arzneikunde hrsg. gr. 8. (24¼ B.) Wien 829, Wallishausser.

—— Visa reperta u. gerichtl.-medicin. Gutachten üb. gesunde u. kranke Zustände d. Menschen. Gesammelt aus älteren u. neueren Quellen u. als erläut. Anh. zu sein. systemat. Handb. d. gerichtl. Arzneikunde hrsg. 2. Aufl. gr. 8. (24¼ B.) Wien 830, Wallishausser.
Dess., Handb. d. gerichtl. Arzneik. 4. Aufl. gr. 8. Ebendas. 834. 2 Thlr. 16 Gr. Obige beide Schriften bilden die Anhänge hierzu.

—— Visa reperta u. gerichtl.-mediz. Gutachten. Als erläut. Anh. zu sein. systemat. Handb. d. gerichtl. Arzneikunde. 1. u. 2. Bd. gr. 8. Wien, Wallishausser.
Bd. 1. Abthl. 1. Visa rep. u. ger.-med. Gutachten üb. todte Neugeborne u. Säuglinge. Abthl. 2. — üb. ein. natürl. Todes gestorb. jugendl. u. erwachs. Personen. Abthl. 3. — üb. ein. gewalsam. Todes gestorb. jugendl. u. erwachs. Personen. Abthl. 4. — üb. faule Leichenüberreste. 2. Aufl. (26 B.) 840. 2 Thlr.
„ 2. Visa rep. u. ger.-med. Gutachten an Leichen. (29¼ B.) 838. 2 Thlr. 6 Gr.

—— Visa reperta u. gerichtlich-medicinische Gutachten. Hrsg. v. Karl Bernt. 3. Bd. 8. (28 B.) Wien 845, Wallishausser.
1. u. 2. Bd. mit Anh. Ebendas. 1836—40. 6 Thlr. 7½ Ngr.

— Vorlesungen über gerichtl. Arzneikunde, s. F. B. Vietz, Vorlesungen.

— Vorlesungen üb. d. Rettungsmittel beim Scheintode u. in plötzl. Lebensgefahren. Mit 5 Kpf. gr. 8. Wien 819. Gerold. 1 rß 8 gr N. A. gr. 12. Ebd. 830. Wallishauser. 18 gr

—— Vorlesungen üb. Rettungsmittel beim Scheintode u. in plötzl. Lebensgefahren. 2., verm. u. verb. Aufl. M. 5 Stnt. gr. 8. (16 B.) Wien 837, Wallishausser.

— Vorschlag zu e. hydrostat. Lungenprobe. A. u. d. T.: Programma quo nova pulmonum docimasia hydrost. propon. Mit 1 Kpf. deutsch u. latein. gr. 8. Wien 821. Gerold. 16 gr

Bernt, R.: Der Automobil-Fritz, s. Goebel, N.

Bernt, Nisa, der Automobil-Fritz, s.: Goebel, Nelly.

Bernth, K., sogenannt Heinrich der Wepper, sämmtliche Gedichte. 4. sehr verm. Aufl. 12. (188 S.) Brüx 886, Kunz. *

Bernth, K., sogenannt Heinrich der Wepper, sämtliche Gedichte. 5. verm. Aufl. (187 S.) 8. Brüx 907. A. Kunz. 1.50

Bernthal, Lina, die perfekte Gemüseköchin, s.: Deffner's Nickelbibliothek. Nr. 2.

Bernthsen, August (geb. am 29 Aug. 1855 in Krefeld): Ueber einige Derivate des Benzylcyanids, besonders die aus ihm entstehenden Amidine ... Bonn, Buchdr. v. P. Neusser 1876. 2 Bl., 69 S., 1 Bl. 8.

—— und Fritz Bender, über einige Derivate des Styrols. [Mittheilung aus dem Laboratorium von A. Bernthsen in Heidelberg.] gr. 8. (6 S.) Ebendas. 882.
Vorstehende zwei Schriften sind aus: Verhandlungen des naturhistorisch-medicinischen Vereins zu Heidelberg, besonders abgedruckt.

Bernthsen, Aug., zur Frage nach der Constitution der Safranine und verwandter Farbstoffe. gr. 8. (12 S.) Heidelberg 886, C. Winter's Universitäts-Buchh. *
Aus: Verhandlungen des naturhistorisch-medicinischen Vereins zu Heidelberg, besonders abgedruckt.

Bernthsen, August. Zur Kenntniss der Amidine und Thiamide einbasischer organischer Säuren. Heidelberg, 1878. Diss.

Bernthsen, Aug., über die Constitution der Thiocarbaminsäurederivate und über die Nomenclatur der näheren Kohlensäurederivate und der Isothiamide. gr. 8. (23 S.) Heidelberg 881, C. Winter's Universitäts-Buchh. *

—— kurzes Lehrbuch der organischen Chemie. 8. (XV, 488 S.) Braunschweig 887, Vieweg und Sohn. *

Bernthsen, A. Kurzes Lehrbuch d. organischen Chemie. 2. Aufl. (XVI, 524 S.) 890. 3. Aufl. 8. (XVI, 544 S.) Braunschw. 891, Vieweg u. Sohn. * 10 —

— dasselbe. 4. Aufl., bearb. unter Mitwirkg. v. Ed. Buchner. 8. (XVI, 568 S.) Ebd. 893. n. 10. —; geb. n. 10. 80

Kurzes Lehrbuch der organischen Chemie v. Prof. Dr. A[ugust] **Bernthsen,** ... früher Prof. ... zu Heidelberg. 6. Aufl., bearb. in Gemeinschaft m. Dr. Eduard Buchner, Prof. ... zu Tübingen. *Braunschweig: F. Vieweg & Sohn 1896.* (XV, 573 S.) 1 Bd 8. [98. 2038 12

Kurzes Lehrbuch der organischen Chemie v. ... A[ugust] Bernthsen ... früher Prof. a. d. Univ. zu Heidelberg. 7. Aufl. bearb. in Gemeinschaft m. Dr. Eduard Buchner, Prof. a. d. Landw. Hochsch. zu Berlin. *Braunschweig: F. Vieweg & Sohn 1899.* (XV, 571 S.) 1 Bd 8. [99. 5775 11

Kurzes Lehrbuch der organischen Chemie von Prof. Dr. A[ugust] **Bernthsen,** Grossh. bad. Hofr. 8. Aufl. *Braunschweig: F. Vieweg & Sohn 1902.* (XVII, 593 S.) 8° [02. 4615 7

Kurzes Lehrbuch der organischen Chemie von Prof. Dr. A[ugust] **Bernthsen,** Ludwigshafen a. Rh. 9. Aufl. bearb. in Gemeinschaft mit Ernst Mohr, Privatd. Braunschweig: F. Vieweg & Sohn 1906. (XX, 637 S.) 8° [06. 1334 7

Kurzes Lehrbuch der organischen Chemie von Prof. Dr. A[ugust] **Bernthsen.** 10. Aufl., bearb. in Gemeinsch. mit Dr. Ernst Mohr, a. o. Prof. Braunschweig: Vieweg 1909. XIX, 640 S. 8° [09. 10353 7

Kurzes Lehrbuch der organischen Chemie. Von Prof. Dr. A[ugust] **Bernthsen.** Bearb. in Gemeinschaft mit Dr. August Darapsky, Prof. 11. Aufl. Braunschweig: Vieweg 1911. XX, 663 S. 8° [11. 17283

—— Studien in der Methylenblaugruppe. gr. 8. (134 S.) Heidelberg 885, C. Winter's Universitäts-Buchh. *
Aus: Verhandlungen des naturhistorisch-medicinischen Vereins zu Heidelberg, besonders abgedruckt.

Bernthsen, Frau Maria, s.a. **Grad, Max.**

Djayi. Roman von Max **Grad** [d. i. Maria Bernthsen]. Berlin: E. Fleischel & Co. 1905. (284 S.) 8° [F.] {05. 13430

Frauen-Erzählungen von Max **Grad** [d. i. Maria Bernthsen] u. Franziska Maun. Berlin & Leipzig: Frauen-Rundschau [1905]. (86 S.) 8° [F.] {05. 4035

Max **Grad** [d. i. Maria Bernthsen], Gute Nacht, Herr Major! Berlin: Vita [1808]. (S. 45–50.) 8° [F.]
= **Geschichten,** Kurze. 1, 11, [2.] {05. 3349

Der Heigirgl. Roman von Max **Grad** [d. i. Maria Bernthsen]. Mit Ill. von A. Lewin. Berlin, Leipzig: H. Hillger [1907]. (96 S.) 8° [F.]
— **Bücherschatz,** Kürschners. No 551. {07. 15567

Lebensspiele. Novellen von Max **Grad** [d. i. Maria Bernthsen]. Berlin: E. Fleischel & Co. 1908. (299 S.) 8° [F.] {c8. 3877

Der **Mantel** der Maria. Novellen von **Max Grad** [d. i. Maria Bernthsen]. *Berlin: E. Fleischel & Co. 1903.* (327 S.) 8° [F.] {03. 10004

Bernthsen, Sophie, der Spinozismus in Shelley's Weltanschauung. gr. 8. (VII, 162 S.) Heidelberg 900. C. Winter. n. 4. —

Bernus, Adelheid v. Sybel-
s. Sybel-Bernus {09. 3172

Bernus, Al. v. Don Juan. Eine moralische Szene mit einem unmoralischen Nachspiel. Privatdruck. München 1907. Auf echtem Bütten. 8°.

Bernus, Alexander von

Bernus, Alex. v.: Das schwarze Bilderb., s: Hoerschelmann, Rolf v.

Bernus, Alex. v., s.: Brentano, Clem., u. Edward v. Steinle, Dichtungen u. Bilder.

Carmina Priapeia. In Nachdichtung von *Alexander von Bernus*, mit einer kritischen Einführung von Adolf Dannegger. Privatdruck des Verlages Schuster & Loeffler, Berlin und Leipzig 1905. 8°. Geripptes imitiertes Büttenp., unbeschn. Eleg. kirschrother Saffianbd. mit Goldtit. auf Rücken u. Vorderdecke, oberer Schnitt vergoldet. Vergriffen! (10 Mk. H. Lüneburg, tadellos neu im Origldrbd., München 1906; 25 Mk., unbeschn. im Origldrbd., Adolf Weigel, 1908.)

Lat. Lett. XVI—91 S. Enth. 86 witzreiche erotische Epigramme u. kleinere Gedichte römischer Dichter in gelungenen Nachdichtungen. Auf Rücks. d. Vortitels: „Dieses Werk wurde in 530 Exemplaren gedruckt. Eine Neuauflage findet nicht statt. Vorliegendes Exemplar trägt die No. (—)." In Danneggers (durch einige Druckf. verunstalt.) Einleitung „über die Entstehung u. die Geschichte der Carmina Priapeia" wird über den „Priapus- u. Phalluskultus" gehandelt.

Der erste Druck der „Carmina Priapeia s. Diversorum poetarum in Priapum lusus" erschien als Beigabe der Ausgabe des Virgil zu Rom, durch Sweynheim u. Pannartz, 1469, dann Venedig 1517. Die erste Ausgabe des Ingolstädter Philologen Scioppius erschien Francof. ad Moenum 1606. (Vervollst. durch Scaliger's u. Lindenbruch's Noten: Patavii 1664; s. Anmerkg. zum vorigen Titel.)

— s: Dichter, Englische, d. 18. u. 19. Jahrh.

— **Die Fragmente des Petronius u. vier Liebeselegien des Ovid in Umdichtung. Bereichert durch e. Weih-Hymne u. e. Nachwort. (40 Bl.) Lex. 8. München 908. G. Müller. Geb. 15.—; Luxus-Ausg. auf Japan. Nr. 2—6 à 40. —; Nr. 7—25 à 30. —**

— An Caroline Günderode. Hymnen. (53) Lex8° Darmst., H Hohmann ('11). Ldr 36 —

Bernus, Alex. v., Leben, Traum u. Tod. Ein Gedichtbuch. (171 S.) kl. 8. Berlin 904. Schuster & Loeffler. n. 3. —; geb. n. 4. —

— aus Rauch u. Raum. Ein Gedichtbuch. (99 u. III S.) 12. Ebd. 903. n. 2. —

— 7 Schattenspiele m. 14 Schattenbild. (7, 132) 8° Münch., G Müller '10. geb. 4 —; Luxus-Ausg. 10 —

— Der Tod des Jason. (38) gr8° Karlsr. ('12). Durlach, Dreililien-Verl. 5 —

— **Vorabend. (27 S.) 8. Darmstadt 910. H. Hohmann. 2. —**

Bernus, Aug., Notice bibliographique sur Richard Simon. gr. 8. (48 S.) Basel 882, Georg. **

Aus: Essai de bibliographie oratorienne, par M. M. P. Ingold, besonders abgedruckt.

Bernus, Mor., Beiträge zur Schrifterkenntniß. 1. Heft. A. u. d. T.: Gedanken über Kirche, Gemeinde, Reich Gottes. gr. 8. (S. 1—71.) Stuttgart 881, J. F. Steinkopf. *

Bernuth, L v.: Die deutsch-österr. Alpenländer als Fleisch- u. Milch-Produzenten, s.a. **Ostara.**

Bernuth, L. v., Die deutsch-österreichischen Alpenländer als Fleisch- und Milch-Produzenten. E. volkswirtschaftl. Studie. Rodaun bei Wien [1906]. 8°.
(Ostara. H. 8.)

Bernuth, L v., s.: Beitrag z. Gesch. d. Schwemmsystems.

Bernuth, L. v.: Beitrag zur Geschichte des Schwemm-Systems, s. Mittermaier, Ph.

Bernuth, Ludwig von

Bernuth, L. v., West-Ungarn zwischen Donau und Drau und die Mittel zu dessen wirtschaftlicher Hebung, s.a. Vorträge und Abhandlungen, technische.

Bernuth, Ludwig v., West-Ungarn zwischen Donau und Drau und die Mittel zu dessen wirthschaftlicher Hebung. Eine technisch-wirthschaftliche Studie. (Techn. Vorträge u. Abhandlungen II.) gr. 8. (37 S.) Wien, Spielhagen & Schurich. 60 kr.
1884.

[Lied.] Zum Geburtsfeste des Durchlauchtigsten Protectors Sr. Königlichen Hoheit des Prinzen von Preussen am 22. März 1858. [Unterz.: Ludw. Theod.] v. **Bernuth** und [Jul.] **Gürich.** Posen [1858]: Zoern. 1 Bl. 8° [Kopftit.]
Ohne Noten: „Ein Stern ging auf in dieser Nacht, ..."

[Dasselbe u. d. Tit.:]

Festlied zum Toaste auf den Durchlauchtigsten Protector Prinz-Regenten von Preussen Königl. Hoheit, gesungen am 9. Sept. 1860 bei der Anwesenheit des Br. [Karl Friedr. v.] Messerschmidt. [Unterz.: Ludw. Theod.] v. Bernuth und [Jul.] Gürich. Posen [1860]: Zoern. 1 Bl. 8° [Kopftit.]

[Dasselbe u. d. Tit.:]

Festlied zum Allerhöchsten Geburtstage des Durchlauchtigsten Protectors Seiner Majestät des Königs von Preussen Wilhelm I. gesungen am 22. März 1861 in der ger. u. vollk. St. Johannis-Loge Tempel der Eintracht im Or. Posen. [Unterz.: Ludw. Theod.] v. Bernuth und [Jul.] Gürich. [Posen 1861: Zörn.] 2 Bl. 8° [Umschlagtit.]

Bernuth, Max, s.: Märchen, zwei.

Bernward's, des heil., Biographie und Charakteristik, s. Schultz, A.

Bernward's Buch. Lebensgeschichte, Mittwochs- und Sonntagsandacht zum heil. Bernward nebst Morgen-, Beicht-, Communion-, Meß- und Abendgebeten. 12. (200 S.) Hildesheim 863, Kornacker'sche Buchh. geb. -

Bernwardus-Kalender f. die Diöcese Hildesheim auf das J. 1887. 1. Jahrg. 4. (45 S.) Hildesheim 886. Borgmeyer. n. — 30

—— für die Diöcese Hildesheim auf das J. 1889. 3. Jahrg. 4. (59 S.) Ebendas. *

Bernwardus-Kalender f. die Diöcese Hildesheim auf d. J. 1890—1892. 4.—6. Jahrg. 4. (à Jahrg. 80 S. m. 1 Wandkalender.) Hildesheim, Borgmeyer. à Jahrg. * — 50

—— Hildesheimer, für das katholische deutsche Volk. 1888. 2. Jahrg. 4. (56 S. mit Illustr. und 1 Wandkalender.) Ebendas. *

—— Hildesheimer, auf d. J. 1893. 7. Jahrg. 4. (80 S. m. Bildern, 1 Farbendr. u. 1 Wandkalender.) Ebd. 892. * — 50

Bernwardus-Kalender, Hildesheimer, auf d. J. 1894. 8. Jahrg. 4. (80 S. m. 4 Bildern u. 1 Wandkalender.) Hildesheim, F. Borgmeyer. n. — 40

— dasselbe, s.a. Sankt Bernwards-Kalender f. das Bist. Hildesheim.

FSC
www.fsc.org
MIX
Papier | Fördert gute Waldnutzung
FSC® C083411

Kolibri 360 GmbH
Ferdinand-Jühlke-Straße 7
99095 Erfurt, Deutschland
produktsicherheit@kolibri360.de